$$\int_0^{\infty} \frac{\sin ax}{x}\,dx = \begin{cases} \frac{1}{2}\pi & a > 0 \\ 0 & a = 0 \\ -\frac{1}{2}\pi & a < 0 \end{cases}$$

$$\int_0^{\pi} \sin^2 x\,dx = \int_0^{\pi} \cos^2 x\,dx = \frac{\pi}{2}$$

$$\int_0^{\pi} \sin mx \sin nx\,dx = \int_0^{\pi} \cos mx \cos nx\,dx = 0;\ m \neq n,\ m \text{ and } n \text{ integers}$$

$$\int_0^{\pi} \sin mx \cos nx\,dx = \begin{cases} 0 & m - n \text{ even} \\ \dfrac{2m}{m^2 - n^2} & m - n \text{ odd} \end{cases}$$

A Short Table of Trigonometric Identities

$$\sin(\alpha \pm \beta) = \sin\alpha\cos\beta \pm \cos\alpha\sin\beta$$

$$\cos(\alpha \pm \beta) = \cos\alpha\cos\beta \mp \sin\alpha\sin\beta$$

$$\cos(\alpha \pm 90^\circ) = \mp \sin\alpha$$

$$\sin(\alpha \pm 90^\circ) = \pm \cos\alpha$$

$$\cos\alpha\cos\beta = \frac{1}{2}\cos(\alpha + \beta) + \frac{1}{2}\cos(\alpha - \beta)$$

$$\sin\alpha\sin\beta = \frac{1}{2}\cos(\alpha - \beta) - \frac{1}{2}\cos(\alpha + \beta)$$

$$\sin\alpha\cos\beta = \frac{1}{2}\sin(\alpha + \beta) + \frac{1}{2}\sin(\alpha - \beta)$$

$$\sin 2\alpha = 2\sin\alpha\cos\alpha$$

$$\cos 2\alpha = 2\cos^2\alpha - 1 = 1 - 2\sin^2\alpha = \cos^2\alpha - \sin^2\alpha$$

$$\sin^2\alpha = \frac{1}{2}(1 - \cos 2\alpha)$$

$$\cos^2\alpha = \frac{1}{2}(1 + \cos 2\alpha)$$

$$\sin\alpha = \frac{e^{j\alpha} - e^{-j\alpha}}{j2}$$

$$\cos\alpha = \frac{e^{j\alpha} + e^{-j\alpha}}{2}$$

$$e^{\pm j\alpha} = \cos\alpha \pm j\sin\alpha$$

$$A\cos\alpha + B\sin\alpha = \sqrt{A^2 + B^2}\,\cos\left(\alpha + \tan^{-1}\frac{-B}{A}\right)$$

ENGINEERING CIRCUIT ANALYSIS

Hayt의 회로이론

9TH EDITION
수정판

9TH EDITION 수정판

ENGINEERING CIRCUIT ANALYSIS

Hayt의 회로이론

최윤호 | 김성찬 | 류정탁 | 신원재 | 이일근 | 진경복 옮김

WILLIAM H. HAYT, JR.
JACK E. KEMMERLY
JAMIE D. PHILLIPS
STEVEN M. DURBIN

McGraw Hill

ENGINEERING CIRCUIT ANALYSIS, NINTH EDITION

2 3 4 5 6 7 8 9 10 MHE-KOREA 20 23

Original: Engineering Circuit Analysis, 9th Edition
By William H. Hayt, Jr., Jack E. Kemmerly,
Jamie D. Phillips & Steven M. Durbin
ISBN 978-0-07-354551-6

Korean ISBN 979-11-321-0211-3 93560

Printed in Korea

Hayt의 회로이론 9TH EDITION | 수정판

발 행 일 / 2019년 2월 22일 1쇄
2023년 1월 5일 2쇄
저 자 / William H. Hayt, Jr., Jack E. Kemmerly, Jamie D. Phillips & Steven M. Durbin
역 자 / 최윤호, 김성찬, 류정탁, 신원재, 이일근, 진경복
발 행 인 / SHARALYN YAP LUYING(샤랄린얍루잉)
발 행 처 / 맥그로힐에듀케이션코리아 유한회사
등록번호 / 제2013-000122호(2012.12.28)
주 소 / 서울시 마포구 양화로 45, 8층 801호(서교동, 메세나폴리스)
전 화 / 02) 325-2351

I S B N : 979-11-321-0211-3

판 매 처 / 텍스트북스
문 의 / 02)702-5725~6
정 가 / 39,000원

저자 서문

책을 저술함에 있어 대상으로(목표로) 하는 독자에 따라 모든 것이 영향을 받게 된다. 크고 작은 결정의 주요 요소, 특히 난이도와 전체적인 기술 방식 등 모든 사항에 큰 영향을 준다. 그렇기 때문에 저자들은 이 책을 강의하는 사람을 대상으로 하지 않고 **학생**들을 대상으로 쓰기로 의식적으로 결정한 점에 주목하는 것이 중요하다. 저자들의 근본적인 철학은 책에 담겨 있는 기술적인 세부내용의 난이도와 관계없이 책을 읽는 것이 즐거워야 한다는 것이다. 이 책의 초판을 되돌아보면 책에 담겨야 할 기본적인 주제를 따분하게 설명하기보다는 좀 더 대화하는 형태로 기술하려고 특별히 저술했음이 분명하다. 이 기조를 유지하기 위해 이 책을 수정하면서 전 세계에서 이 책을 사용하는 다양한 학생들에게 이것을 전달하려고 상당한 노력을 기울였다.

많은 공학 교과과정에서 회로 교과목을 시작하면서 전기자기학에서 다룬 물리학 개론을 (일반적으로 전기장 및 자기장의 관점에서) 설명하고 있지만 이 책을 사용하는 데에는 이러한 것이 필요하지 않다. 본 과정을 마친 후에 많은 학생들은 그렇게 다양한 해석기법들이 **단지 세 개의 간단한 과학 법칙**인 옴의 법칙, 키르히호프의 전압법칙 및 전류법칙으로부터 유래되었다는 사실에 깜짝 놀라게 될 것이다. 앞 부분의 6개 장은 대수학과 연립방정식에 익숙하기만 하면 되고 후속되는 장에서는 기본적인 미적분학만 알고 있으면 불편함이 없도록 하였다. 그 외에도 이 책은 독자 스스로 책을 읽을 수 있도록 충분한 세부 사항을 포함시키려고 노력하였다.

그러면 이 책에서 학생들을 염두에 두고 시도한 주요 특징은 무엇일까? 먼저 각 장을 비교적 짧은 부분절로 나누고 각 부분절에서는 주요 주제를 하나씩만 다루었다. 문체는 평이하고 부드러운 어조를 유지하도록 하였다. 각 페이지는 단순히 보기 좋게만 배열한 것이 아니라 중요한 내용을 강조하기 위해 색을 입혔으며, 요점과 질문을 메모할 수 있도록 여백을 마련하였다. 새로운 용어는 나오는 대로 정의하고 예제는 기본적인 개념만이 아니라 문제를 풀이하는 방법도 강조하기 위하여 전략적으로 배치하였다. 익힘문제는 관계되는 예제와 가까이 배치하여 학생들이 각 장의 말미에 있는 연습문제를 풀기 전에 스스로 풀이하는 기법을 익힐 수 있도록 하였다. 연습문제는 난이도가 다양한데 가급적 간단한 문제부터 좀 더 복잡한 문제 순서로 배열하였으며, 각 장의 본문에 있는 관련 절의 순서대로 모아놓았다.

공학은 공부하기가 어려운 과목이며, 학생들은 마감일정과 과중한 학습량에 직면하게 되는 경우가 있음을 스스로 느낄 때가 있다. 그렇다고 이것이 교재가 무미건조하고 딱딱해야 하거나 학습과정에 재미있는 구석이 전혀 없어야 한다는 것을 의미하지는 않는다. 실제로 어떤 문제를 성공적으로 풀고 나면 즐거움을 느낄 수 있고 풀이방법을 배우는 것도 마찬가지로 재미있을 수 있다. 교재의 본문에서 이러한 것을 잘 달성하는 방법은 집필하는 과정에 달려 있다. 저자들은 언제나 강의를 하면서 Purdue University, Fullerton에 있는 California State University, Fort Lewis College in Durango, Florida A&M University와 Florida State University의 합동 공학교과과정, New Zealand의 University of Canterbury, University at Buffalo, Western Michigan University 및 University of Michigan의 학생들로부터 매우 솔직한 의견을 경청하면서 개정작업을 진행하였다. 또한 전 세계의 강의하는 사람과 학생들로부터 받은 의견, 수정 및 제안에도 의존했다. 이번 판에서는 여러 웹사이트에 실명이나 가명으로 올라와 있는 의견도 새로이 반영하였다.

회로이론(*Engineering Circuit Analysis*)의 초판은 Bill Hayt 교수와 Jack Kemmerly 교수가 저술하였는데, 두 교수님은 학생들을 가르치고 자기 학생들과 교감을 나누며 장래의 엔지니어를 양성하는 것을 매우 즐거워하셨다. 초판은 격식에 얽매어 집필하지 않고 논리적으로 작성된 간결한 구조로 잘 구성되어 있었다. 특정한 주제에 의존하는 이론은 과감히 삭제하고 수학적 수식을 유도하는 것은 가급적 피했다. 그러나 모든 것들은 회로를 해석하는 방법을 배우는 학생들에게 도움이 될 수 있도록 주의 깊게 처리하고 진솔하게 기술하였으며 깊이 있는 이론은 다른 문헌을 참조하도록 하였다. 두 교수님은 이 책의 초판을 집필하면서 엄청나게 생각을 많이 하였으며, 교과목에 대한 자기들의 열정을 독자들에게 전하고 싶어 했다.

제9판의 주요 특징

제8판에서 잘 작업되었던 주요 특징들을 유지하기 위해 상당한 주의를 기울였다. 이러한 것에는 각 장의 배치 및 순서, 본문 및 선 그리기의 기본적인 형태, 필요한 곳에서는 4가지 색상으로 표현하기, 다수의 실용적인 예제 및 예제와 관련된 익힘문제, 각 장의 말미에 있는 연습문제를 절에 따라 묶기가 포함되어 있다. 변압기는 여전히 한 장으로 설명할만한 가치가 있다. 그리고 복소 주파수는 라플라스 변환 적분만을 기술하여 간접적으로 설명하는 대신에 학생들이 친근하게 느낄 수 있도록 페이저 기법의 연장이라는 관점에서 간단하게 설명하였다. 또한 다음과 같은 아이콘을 계속 사용하기로 하였는데, 이 아이디어는 제6판에서 처음 사용하였다.

일반적인 오류에 대한 정보 제공

유의할 필요가 있다는 표시

해가 유일하지 않은 설계문제 표시

컴퓨터를 이용한 해석이 필요한 문제 표시

회로 해석은 학생들이 분석적으로, 단계적으로 사고하며, 답을 재확인하는 것을 배우는 유용한 방법이다. 일반적인 문제 해결 방법의 흐름도가 1장에 제시되어 있으며, 이러한 단계는 개념을 강화하기 위해 후속되는 각 장의 한 예제에 명시적으로 포함되어 있다.

이 책에서 공학 기반 해석 및 설계용 소프트웨어는 학습과정을 보조하는 것이지 대체할 수는 없다는 생각을 가지고 설명하였다. 결론적으로 컴퓨터 아이콘은 일반적으로 소프트웨어를 사용하여 답을 검증하는 것이지 단순히 답을 구하는 것이 아닌 문제임을 표시하는 것이다. MATLAB®과 LTspice® 둘 다 검증용으로 사용된다.

제9판에서 달라진 특이점

- 수백 개의 연습문제를 새로 추가하거나 개정하였다.
- 배터리의 에너지 저장과 회로의 전력소모와 관련된 에너지의 개념 및 계산을 중점적으로 다루었다.
- 비교기 및 슈미트 트리거를 포함한 정궤환 연산 증폭기의 적용 범위를 확대하였다.
- *RLC* 회로에서 에너지 전달에 대한 직관적인 설명을 추가하여 과도 해석 범위를 개정하였다.
- 라플라스 변환과 **s**-영역에서의 회로 해석을 하나의 장으로 통합하였다.
- 단일 극점/영점으로부터 시작해 공진 동작으로 진행되는 과정이 자연스럽도록 주파수 응답 부분을 개선하였다.
- 새로운 그림과 사진을 수록하였다.
- 컴퓨터 이용 설계 소프트웨어의 화면 캡처 및 텍스트 설명을 개정하였으며, 윈도우 및 맥 운영체제에서 동작하는 프리웨어 소프트웨어인 LTspice의 사용으로 전환하였다.

- "실제 문제에서의 적용"을 수정하여 학생들로 하여금 공학에 대한 개념을 넓힐 수 있도록 각 장의 내용과 관련된 주제를 소개하였다. 이러한 주제에는 증폭기에서의 왜곡, 자동차 현가장치의 모델링, 접지의 실제 모습, 안정성과 극점의 관계, 저항률과 "빠진 소자(missing element)"라고 부르기도 하는 멤리스터(memristor)가 포함되어 있다.
- 요점을 빨리 파악할 수 있도록 본문, 특히 예제를 정리하였다.

1999년에 Steven Durbin이 책의 공동저자로 합류하였고, 안타깝게도 개정 과정에 대해서 Bill이나 Jack과 함께 이야기할 기회가 없었다. 그는 Purdue 대학 재학중에 Bill Hayt 교수에게서 회로 강좌를 수강한 것을 행운이라고 여기고 있었다.

9판을 위해 새롭게 공동저자로 참여해 준 Jamie Phillips를 기쁜 마음으로 맞이하였고, 그의 기운과 열정이 개정의 전 과정을 좋은 경험으로 만들어 주었다. Steven과 Jamie는 이 프로젝트의 시작을 담당해준 세계적인 출판가인 Raghu Srinivasan, 수석 포트폴리오 관리자인 Thomas Scaife, 제품 개발자인 Tina Bower 그리고 우리가 처음으로 순수 전자 플랫폼에서 개정을 수행할 때 끝없는 세부 사항을 파악하는 데 도움을 준 컨텐츠 프로젝트 관리자인 Jane Mohr의 지속적인 지원에 감사를 표한다. Steven은 또한 기술적 제안 또는 사진을 제공해 주신 Western Michigan University의 Damon Miller 교수, Waseda University의 Masakazu Kobayashi 교수, Wade Enright 박사, Pat Bodger 교수, Rick Millane 교수, University of Canterbury의 Gray Turner, University of Otago의 Richard Blaikie 교수 그리고 Florida A&M University와 the Florida State University의 Reginald Perry와 Jim Zheng 교수에게 감사를 표한다. Jamie는 그들의 마이크로프로세서 회로의 사진을 제공해 준 University of Michigan의 David Blaauw 교수와 Michigan Integrated Circuits Laboratory에 감사의 뜻을 전한다.

마지막으로, Steven은 9판을 내는 데 직간접적으로 도움을 준 여러 다른 분들에게 간단하게나마 감사드리고 싶다. 맨 먼저 아내 Kristi와 아들 Sean은 개정 작업을 인내를 가지고 지켜보면서 이해하고 도와주고 산만한 분위기를 감내하고 유익한 조언을 해주었다. 종일 친구, 동료들과 무엇을 가르쳐야 하고 어떻게 가르쳐야 하며 어떻게 하면 학습 정도를 알 수 있는지를 이야기하는 것은 언제나 즐거운 일이었다. 특히 Martin Allen, Richard Blaikie, Steve Carr, Peter Cottrell, Wade Enright, Jeff Gray, Mike Hayes, Bill Kennedy, Susan Lord, Philippa Martin, Chris McConville, Damon Miller, Reginald Perry, Joan Redwing, Roger Reeves, Dick Schwartz, Leonard Tung, Jim Zheng 외 많은 분들이 Indiana Institute of Technology를 졸업하신 전기공학자인 아버지 Jesse Durbin이 내게 해주신 것과 같이 나에게 많은 유용한 것들을 알게 해주었다.

마찬가지로 Jamie는 9판에 직접적인 또는 간접적인 도움을 준 많은 사람들에게 감사해 하고 있다. 먼저 아내 Jamie와 딸 Brooke의 확고한 지원과 이 프로젝트의 과정 전체를 이해해 준 것에 대해 고마움을 표시하고 싶다. 지난 몇 년 동안 회로 해석에 대한 이해도를 다듬어주고 영감이 되어 준 University of Michigan의 학생들에게도 고마움을 전한다. 또한 이들 학생들과 함께한 수업은 나에게는 매우 즐거운 일이었다. 회로와 교수법에 대해 수많은 토론을 해준 University of Michigan의 동료들 특히, Cynthia Finelli, Alexander Ganago, Leo McAfee, Fred Terry, Fawwaz Ulaby에게 감사하게 생각한다.

미시간주 Kalamazoo에서 Steven M. Durbin
미시간주 Ann Arbor에서 Jamie D. Phillips

역자 소개

최윤호	경기대학교 전자공학과 교수	*yhchoi@kyonggi.ac.kr*	7, 8, 9장
김성찬	한밭대학교 전자공학과 교수	*sckim@hanbat.ac.kr*	4, 5, 6장
류정탁	대구대학교 전자공학과 교수	*jryu@daegu.ac.kr*	1, 2, 3장
신원재	아주대학교 전자공학과 교수	*wjshin@ajou.ac.kr*	13, 14장, 부록
이일근	한남대학교 전기전자공학과 교수	*ikrhee77@gmail.com*	10, 11, 12장
진경복	한국기술교육대학교 메카트로닉스공학부 교수	*kbjin@koreatech.ac.kr*	15, 16, 17장

*역자 순서는 대표역자를 앞에 놓고 가나다 순으로 나열하였습니다.

역자 서문

회로이론은 전기 공학, 전자, 정보 및 통신 공학 분야의 심화 과정을 학습하기 위한 기초 교과목이므로, 회로이론을 다룬 교재들은 상당히 많이 출간되어 사용되고 있다. 이들 교재들 중에 세계적으로 유명하고 오랜 기간 동안 널리 사용되고 있는 교재중의 하나가 본 교재인 "Engineering Circuit Analysis"이다. 이 책은 1962년에 이미 고인이 되신 William H. Hayt, Jr 교수와 Jack E. Kemmerly 교수에 의해 초판이 발간된 이래 시대적 기술 추세에 적합하게 개정되어 왔으며 현재 개정 9판이 출간되었다. 이번 개정 9판은 1999년에 합류한 Steve Durbin 교수와 이번에 새로 합류한 Jamie Phillips 교수가 주도하여 작업하였다.

원서의 저자들은 강의자가 아닌 학습자를 대상으로 하여, 기술적 내용의 난이도와는 별개로 학습자가 즐기며 학습하도록 저술하였으며, 이를 위해 각 장은 비교적 짧은 소절로 구성하며 각 소절은 한 개의 주요 주제를 담고 있다. 또한 학습자가 이 책의 내용을 이해하기 위해서는 대수학, 연립방정식과 미적분에 대한 기초적인 지식만이 필요하며, 학습자의 문제 해결 능력을 함양하기 위해 다양하고 적절한 예제와 연습문제들을 다수 수록하고 있다.

한편, 이번 개정 9판의 기본적인 저술 형태는 개정 8판을 그대로 유지하였고, 이번에 크게 개정된 내용은 다음과 같다. 8장의 과도해석 부분과 주파수 응답 부분, 양의 피드백 연산증폭기 부분의 내용이 수정 및 보완되었다. 컴퓨터 시뮬레이션 도구로 무상 소프트웨어인 LTspice를 채택함에 따라 이와 관련된 부분의 서술이 이에 적합하게 변경되었고, Laplace 변환과 s-영역 회로해석에 관한 각기 2개의 장이 하나의 장으로 통합되었다. 또한 새로운 연습문제들을 다수 수록하였고, 학습자의 학습에 도움을 주고자 연습문제의 홀수 번 정답을 웹사이트 www.mhhe.com/haytdurbin9e에 게시하였다. 그리고 기존의 사진과 그림들이 새로운 사진과 그림들로 교체되었다.

역자들은 저자들의 집필 내용을 학습자들에게 올바르게 전달하고 학습에 도움이 되도록 번역에 최대한 노력을 다하였으나 번역 상에 미흡한 점이나 수정 사항이 없지 않으리라 생각된다. 이번 개정 번역판부터는 독자들과의 직접적이고 원활한 소통을 위해 역자들의 번역 부분을 명기하였으니, 담당 역자들이나 출판사에 독자 여러분의 많은 의견을 제시하여 주시기 바란다.

마지막으로, 역자들이 이 책을 번역하고 출간하는데 많은 도움을 주신 맥그로힐에듀케이션코리아에 심심한 감사를 드린다.

2019년 1월

역자 일동

McGraw Hill Education **connect**®

Required=Results

McGraw-Hill Connect®
Learn Without Limits

Connect은 강의와 학습 플랫폼으로 학생과 강사에게 더 나은 결과를 전달하는 것으로 입증되었다.

Connect은 학생들이 요구하는 것을 필요한 시점에 필요한 방식으로 정확히 전달하기 위해 끊임없이 적응함으로써 학생들에게 힘을 실어 준다.

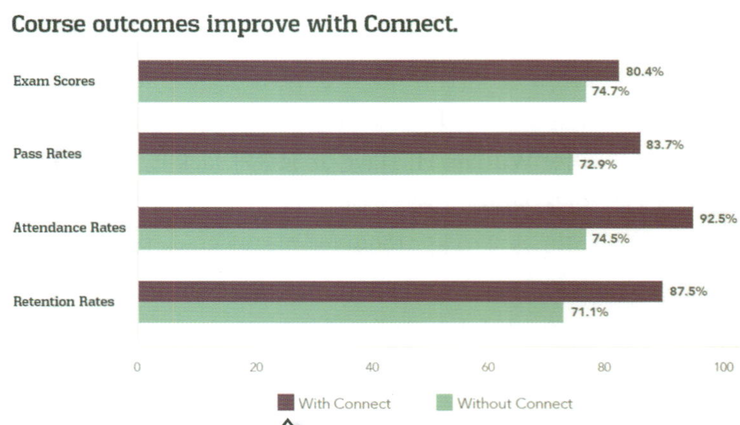

Connect을 사용하는 강사의 73%가 **Connect**을 필수로 하며, **Connect**을 필수로 할 때 강사 만족도가 28% **증가**한다.

Connect을 이용하면 P/F의 합격률을 **10.8%**, 숙지율을 **16.4%** 개선한다.

분석

Connect Insight®

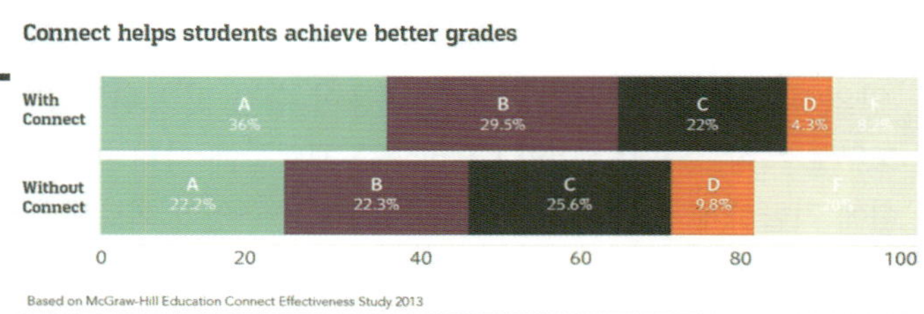

Connect Insight는 Connect의 새롭고 독특한 시각적 분석 대시보드로 현재 강사와 학생 모두 사용 가능한데 학생의 성과에 대한 정보를 한눈에 볼 수 있고 즉시 실행 가능하다. Connect Insight는 전체 결과 및 개별 결과를 쉽게 볼 수 있는 시간 측정과 함께 과제, 평가 그리고 시사와 관련된 수행 결과를 제공함으로써 사용자에게 강의와 학습에 적시 접근방법을 택할 수 있는 능력을 준다. 이는 이전에는 이용할 수 없었다. Connect Insight는 데이터를 제시해 학생들에게 능력을 주고 강사가 효율적이며 효과적인 방법으로 학급 성과를 개선하도록 돕는다.

학생들은 모든 **Connect** 수업에서 결과를 볼 수 있다.

모바일

Connect의 새로운 직관적인 모바일 인터페이스는 학생과 강사에게 유연하고 편리하게 언제 어디서든지 Connect 플랫폼의 모든 구성요소에 접근하도록 한다.

적응형(Adaptive)

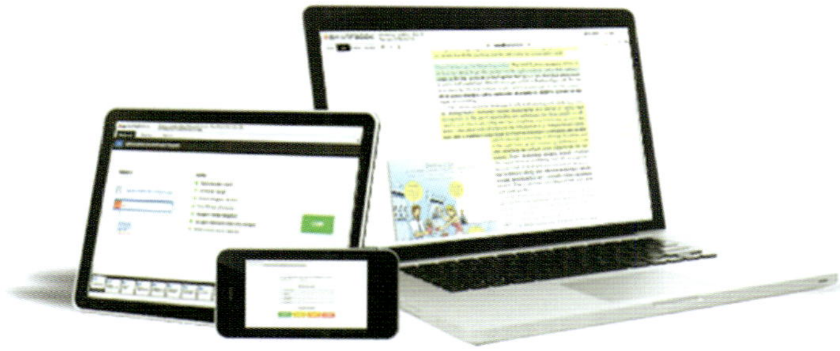

학생들의
독서 방법을 바꾸도록
설계된 최초의 유일한
적응형(ADAPTIVE)
독서 경험

McGraw-Hill Education의
Adaptive 제품을 사용할 때 더 많은
학생들이 **A**학점과 **B**학점을 받는다.

SmartBook®

학생들의 학점을 개선하고 더 효율적으로 학습하도록 돕는 것이 입증된 SmartBook은 인쇄된 책과 같은 내용을 담고 있으나 개인의 요구에 맞게 그 내용을 능동적으로 맞춘다. SmartBook의 적응형 기술은 학생이 주요 개념을 숙달하고 기억하도록 안내하고, 부족한 지식을 채우기 위하여 맞춤형 피드백을 제공하며, 학생을 주제에 대해 이해하고 숙지하도록 이끌기 위해 정확한 개인별 지침을 준다. 스마트폰과 태블릿에서도 사용할 수 있어 SmartBook은 학생들이 언제 어디서든지 학습할 수 있게 해준다.

70억 개 이상의 질문에 답해
McGraw-Hill Education 제품은 더욱
지능적이고 신뢰할 수 있으며 정확하다.

STUDENTS WANT
SMARTBOOK®

95% SmartBook이 리딩자료로써 더욱 효과적인 방법이 되길 원합니다.

100% SmartBook의 실용퀴즈가 학습에 실제 도움이 되기를 원합니다.

100% 캠퍼스 wifi를 벗어난 환경에서도 이용가능하기를 원합니다.

90% Print 기능만을 제공하는 SmartBook 버전을 구입하기를 원합니다.

95% SmartBook이 학습을 긍정적인 방향으로 변화하기를 원합니다.

https://www.mheducation.com/highered/connect.html

Mc Graw Hill Education

*Findings based on a 2015 focus group survey at Pellissippi State Community College administered by McGraw-Hill Education

차례

CHAPTER 6

연산증폭기_195

CHAPTER 7

커패시터와 인덕터_243

CHAPTER 8

기본적인 *RL*과 *RC* 회로_291

CHAPTER 9

RLC 회로_349

CHAPTER 10

정현파의 정상상태 해석_409

CHAPTER 11

교류 회로 전력 해석_467

CHAPTER 12

다상 회로_513

CHAPTER 13

자기 결합 회로_555

CHAPTER 14

s-영역에서의 회로 해석_597

CHAPTER 15

주파수 응답_673

CHAPTER 16

2포트 회로망_753

CHAPTER 17

푸리에 회로 해석_803

1 서론

Design elements: Cockpit: ©Purestock/SuperStock; Wind Turbins: ©Russell Illig/Getty Images; Circuit Board: ©Shutterstock

머리말

공학에는 명확하게 전문분야가 있지만, 모든 엔지니어는 상당한 공통점을 공유하고 있으며, 문제 해결에 직면하면 특히 그러하다. 실제로 현장경험이 있는 엔지니어들은 여러 다양한 환경에서 일을 하게 되고 자기의 능력이 다른 환경에 적용되어 자신의 전공을 벗어난 일까지 할 가능성이 있음을 알게 된다. 오늘날 대학에서 공학을 전공한 사람들은 개별 부품 및 시스템의 설계에서부터 공기 및 물의 오염, 도시 계획, 통신, 대량 운송, 발전 및 배전, 천연자원의 효율적인 이용 및 보존과 같은 사회경제적인 문제를 해결하려는 것까지 광범위한 직업에 종사한다.

회로 해석은 오랫동안 공학적인 측면에서 **문제를 해결하는 기법**으로 소개되어 왔으며, 전기공학을 전공하지 않는 사람들에게도 마찬가지이다. 여기에는 많은 이유가 있지만, 그중에서 가장 큰 이유는 오늘날 어떤 엔지니어도 어떤 방식으로든 전기회로가 포함되어 있지 않은 시스템을 다루는 경우가 극히 드물기 때문이다. 회로는 점점 작아지고 전력은 적게 요구되며, 전원도 작아지고 저렴해지면서 임베디드(내장된) 회토는 어디에나 볼 수 있게 되었다. 대다수의 공학 환경은 일부 단계에서 팀원들의 협조가 필요하다. 그렇기 때문에 회로 해석에 대한 지식을 가지는 것은 프로젝트에 참여하는 모든 이에게 효과적인 커뮤니케이션에 필요한 배경을 제공하는 데 도움이 된다.

결론적으로 이 책은 공학적 관점에서의 '회로 해석'만이 아니라 엔지니어가 마주칠 수 있는 상황에 적응하는 기본적인 문제해결 능력을 계발하는 것에 중점을 둔다. 그 과정에서 일반적인 수준의 직관적인 이해를 할 수 있게 되고 때에 따라서는 복잡한 시스템을 등가인 전기회로로 변환하여 이해할 수 있게 됨을 알게 된다. 그러나 이 모든 것을 시작하기 전에 이 책의 나머지 부분에서 다루게 될 주제를 빠르게 살펴보고 해석

중요한 개념

- 선형회로 대 비선형회로
- 회로 해석의 4개 주요 범주
  - 직류 해석
  - 과도 해석
  - 정현 해석
  - 주파수 응답
- 회로를 넘어 회로 해석
- 해석과 설계
- 공학용 소프트웨어의 이용
- 문제해결 전략

모든 전기공학자들은 기계적으로 회로 해석 기법을 사용하는 것이 아니라 때때로 경험상 습득한 분석 기법 및 문제해결 기법을 사용한다. 회로 해석 과정은 이러한 개념에 대한 첫 경험 중 하나이다. (태양 반사경: ©Darren Bakers/Shutterstock; 스카이 라인: ©Eugene/Shutterstock; 석유굴착장치: ©Photodisc/Getty Images; RF 포물면 반사기: ©Jonathan Larsen/iStock/Getty Images)

과 설계의 차이를 잠시 생각해본 다음에 현대 공학에서 발전하는 컴퓨터 툴의 역할을 살펴본다.

1.1 책의 개요

이 책에서는 기본적으로 선형회로 해석을 다룬다. 그러면 일부 독자들은

"비선형회로 해석이 있기는 한가요?"

라고 질문하고 싶을 것이다. 물론 있다! 우리는 매일 비선형 회로를 접하고 있다. 이러한 비선형 회로는 TV와 라디오 신호를 수신하고 코드를 풀어서 우리가 시청할 수 있도록 해주며 마이크로프로세서 내부에서는 1초에 수백만 번의 계산을 수행한다. 그리고 음성을 전기신호로 바꾸어서 광섬유 케이블 및 셀룰러 네트워크를 통해 전송하고 우리 눈에 보이지 않는 분야에서도 많은 기능을 수행한다. 이러한 비선형회로를 설계하고 시험하며 구현하려면 구체적인 해석이 불가피하다.

평판 디스플레이에는 비선형회로가 많이 포함되어 있다. 그러나 이 비선형회로의 대부분은 선형 모델을 사용하여 이해할 수 있고 해석할 수 있다. (©Scanrail1/Shutterstock)

"그렇다면 왜 선형회로 해석을 공부하나요?"

라고 질문할 수 있다. 좋은 질문이다. 실제에 있어서 (전기회로를 포함해서) 완전히 선형인 물리적 시스템은 하나도 없다. 그러나 다행스럽게도 대다수의 시스템은 한정된 영역에서 선형 형태로 잘 동작하며, 따라서 범위한정을 유념한다면 이 시스템들을 선형시스템으로 모델링할 수 있다.

예를 들어, 다음과 같은 일반적인 함수를 고려해보자.

$$f(x) = e^x$$

이 함수를 선형적으로 근사화하면 다음과 같다.

$$f(x) \approx 1 + x$$

이 함수를 계산해보자. 표 1.1은 이 함수 $f(x)$의 값에 따른 정확한 값과 근사값을 나타낸 것이다. 흥미롭게도 선형 근사값이 $x = 0.1$ 근처까지 대단히 유사하며 상대오차가 1% 미만이다. 많은 사람들이 계산기로 빠르게 계산하고 있지만 단지 1만 더하는 방법보다 더 빠른 방법이 없다는 것을 부인하지 못할 것이다.

표 1.1 e^x의 정확한 값에 대한 선형 모델의 비교.

x	$f(x)$*	$1 + x$	Relative Error**
0.0001	1.0001	1.0001	0.0000005%
0.001	1.0010	1.001	0.00005%
0.01	1.0101	1.01	0.005%
0.1	1.1052	1.1	0.5%
1.0	2.7183	2.0	26%

*Quoted to four significant figures.

**Relative error $\triangleq \left| 100 \times \frac{e^x - (1 + x)}{e^x} \right|$

근본적으로 선형문제는 비선형문제보다 훨씬 쉽게 풀이할 수 있다. 이러한 이유로 실제 상황에서는 합리적으로 정확한 선형 근사모델(또는 선형 **모델**)을 구하는 경우가 많다. 더군다나 선형 모델은 더 쉽게 다룰 수 있고 이해할 수 있으므로 보다 간단한 과정을 통해 설계할 수 있도록 해준다.

이 책의 뒤에서 다루게 될 모든 회로는 물리적인 전기회로를 근사화한 선형 모델을 나타낸다. 필요한 경우에는 이러한 선형 모델의 부정확성과 한계의 정도를 간단히 언급한다. 그러나 일반적으로 이 선형 모델도 대부분의 경우에 충분히 정확한 것이다. 보다 더 정확한 결과가 요구되는 경우에는 비선형 모델을 사용하지만 풀이가 상당히 복잡해진다. **선형 전기회로**를 구성하는 소자에 대해서는 2장에서 자세히 다룬다.

선형회로 해석은 다음과 같이 크게 네 가지 범주로 나눌 수 있다. 즉, (1) 에너지원이 시간에 따라 변하지 않는 경우의 **직류 해석**(*dc analysis*), (2) 물리량이 빠르게 변하는 경우의 **과도 해석**(*transient analysis*), (3) 교류 전력 및 신호에 적용되는 **정현 해석**(*sinusoidal analysis*), 그리고 (4) 네 범주 중에서 가장 일반적이지만 취급하는 양이 시간에 따라 변하는 **주파수 응답**(*frequency response*)의 네 가지로 나눌 수 있다. 이 책에서는 먼저 저항성 회로를 다루는데, 이러한 회로의 간단한 예로는 손전등(flashlight)이나 토스터(toaster)가 있다. 저항성 회로의 해석을 통해 **마디 해석법**, **메쉬 해석법**, **중첩 정리**, **전원 변환**, **테브난의 정리**, **노턴의 정리**, 소자가 직렬 또는 병렬로 접속되어 있는 회로의 여러 단순화 기법과 같은 매우 강력한 회로 해석 기법을 배우게 된다. 저항성 회로의 가장 두드러진 특성은 관심 대상인 전기량의 시간 의존성이 회로 해석 절차에 아무런 영향을 주지 않는다는 것이다. 바꿔 말하면 저항성 회로에서 특정한 시간에서의 전기량이 필요한 경우에도 회로를 한 차례 이상 해석할 필요가 없다. 이에 따라 전기적인 파라미터가 시간에 따라 변하지 않는 직류회로만을 먼저 다룬다.

현대의 열차는 전동기로 구동된다. 교류 해석기법이나 위상 해석기법을 사용하면 열차의 전기 시스템을 잘 해석할 수 있다.
(©Dr. Masakazu Kobayashi)

플래시나 자동차 뒷유리창의 제습장치 같은 직류회로들이 일상생활에서 중요하기는 하지만, 어떤 일들이 갑자기 발생했을 때의 현상이 더 관심의 대상이 될 수 있다. 회로 해석 용어에서 갑자기 에너지가 인가하거나 제거되는 회로를 해석하는 일련의 기법을 **과도 해석**이라고 부른다. 이러한 회로에서는 전기량의 변화율에 반응하는 소자들을 추가하고 미분과 적분을 포함한 회로방정식을 세울 필요가 있다. 다행스럽게도 이 책의 전반부에서 배우게 되는 간단한 기법을 사용하면 이러한 방정식들을 얻을 수 있다.

그러나 모든 시변회로(time-varying circuit)가 갑자기 턴온되고 턴오프되지는 않는다. 에어컨, 선풍기, 형광등은 우리가 매일 볼 수 있는 많은 예 중 일부일 뿐이다. 이러한 상황에서 모든 회로를 미적분을 포함하는 기법으로 해석하는 것은 지루하고 시간 낭비일 수 있다. 다행히도 장치가 오래 동작하므로 과도현상이 소멸된 경우에 적합한 대체 해석기법이 있는데, 이것을 보통 교류 해석(ac analysis) 또는 정현 해석이라고 부르며, 때로는 **페이저 해석**(*phasor analysis*)이라고도 한다.

주파수 의존 회로는 많은 전자 장치의 핵심 부분이며 설계하는데 큰 재미를 준다. (©Jirapong ManuS-trong/Shutterstock)

마지막으로 우리가 다룰 것은 **주파수 응답**(*frequency response*)으로 알려진 것이다. 시간영역 해석에서 얻어지는 미분방정식을 직접 풀어보면 에너지 저장소자(예를 들면 커패시터와 인덕터)를 포함하는 회로의 동작을 직관적으로 이해하는데 도움이 된다. 그러나 소자가 몇 개 들어 있지 않은 회로라고 하더라도 해석이 매우 성가신 일이 될 수 있음을 알게 될 것이다. 이에 따라 매우 간단한 방법이 개발되었다. 라플라스 해석과 푸리에 해석을 포함하고 있는 이러한 방법들을 사용하면 미분방정식을 대수방정식으로 변환할 수 있다. 이 해석법을 사용하면 특정 주파수에서 특정 방식으로 응답하는 회로를 설계할 수도 있다. 우리는 전화를 걸거나 좋아하는 라디오 방송을 선택하거나 인터넷에 접속하면서 매일 주파수 특성을 응용한 회로를 이용하고 있다.

1.2 회로 해석과 공학의 관련성

이 책에서 배우는 다양한 개념들은 주목할 만한 가치가 있다. 이 외에도 회로 해석 기법을 다루다 보면 문제를 조직적으로 해결하는 방법, 특정한 문제의 목표를 설정하는 능력, 문제 해결에 필요한 정보를 모으는 기술이 향상될 수 있으며, 어쩌면 해결 결과의 정확성 검증에 실전 경험을 가질 수도 있을 것이다.

유체 흐름, 자동차 완충장치, 교량 설계, 공급 유통체인 관리 및 로봇공학과 같은 다른 분야의 공학을 공부하는 데 익숙한 학생들은 여러 가지 회로의 동작을 기술하기 위하여 개발한 방정식과 이들 시스템의 식이 형태가 동일하다는 것을 알게 될 것이다. 새로운 형태의 문제를 풀기 위해서는 이미 알고 있는 해석법에서 변수들을 변환하는 방법만 배우면 된다(예를 들면, **전압**은 **힘**, **전하**는 **거리**, **저항**은 **마찰계수** 등으로 바꾸어 주면 된다). 흔히 비슷한 종류 또는 연관성이 있는 문제를 풀어본 경험이 있다면 전혀 새로운 형태의 문제라고 할지라도 우리는 이러한 통찰력을 통해 그 해를 구할 수 있게 된다.

선형회로 해석을 배운 결과는 전기공학에서 후속되는 여러 교과목을 이수하는 데 필요한 기초를 만들어 준다. 전자공학을 공부하면 전원장치, 증폭기 및 디지털 회로를 구성하는 데 사용되는 다이오드와 트랜지스터로 알려진 소자들이 있는 회로를 해석할 수 있다. 앞으로 배울 기법들은 전자공학 기술자들이 신속하고 조직적으로 적용할 수 있는 해석법으로서, 경우에 따라서는 복잡한 회로도 아주 쉽게 해석할 수 있게 된다. 본 교재에서 시간 영역 및 주파수영역 해석에 해당되는 각 장들은 신호처리, 전력전송, 제어이론 및 통신을 직접 다룰 수 있게 한다. 특히 주파

로봇을 이용한 조종장치의 한 예. 동작이 불안정해질 수 있는 상황을 설정하기 위해 선형 회로소자를 사용하여 궤환제어 시스템을 모델링할 수 있다. (출처: NASA Marshall Space Flight Center)

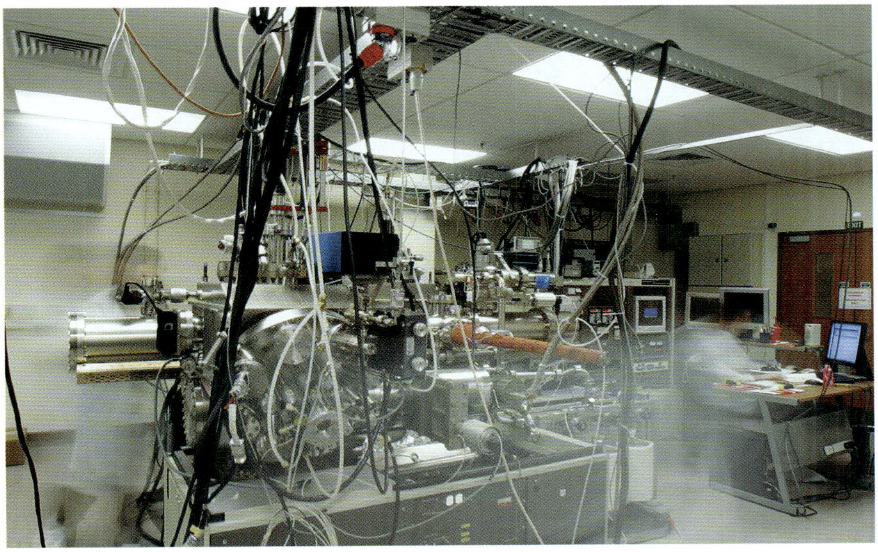

분자선 에피택시 결정성장 설비. 이 설비의 동작을 나타내는 수식은 간단한 선형 회로를 나타낸 수식과 매우 유사하다. (©Steve Durbin)

수영역 해석은 매우 강력한 기법으로서 구동력이 시간에 따라 변하는 물리적인 시스템에 쉽게 적용할 수 있으며, 특히 필터 설계에 도움이 된다.

1.3 해석과 설계

공학자들은 과학적 원리의 기본적인 이해에 수학적으로 표현되는 실제적인 지식을 결합시켜서 (흔히 창조력을 가미하여) 주어진 문제를 해결한다. **해석**은 문제의 범위를 설정하고 문제를 이해하는 데 필요한 정보를 얻은 후에 관심의 대상이 되는 파라미터를 계산하는 과정이다. **설계**는 문제에 대한 해결책의 일부로 새로운 것을 종합하는 과정이다. 일반적으로 해석단계에서는 유일한 해가 있지만 설계가 필요한 문제의 해결책은 유일하지 않고 여럿일 수 있다. 따라서 설계의 마지막 단계는 설계 결과가 요구되는 명세를 만족하는지의 여부를 알아보기 위해 설계 결과를 해석하는 것이다.

이 책은 문제를 분석하고 그 해를 구하는 능력을 개발하는 데 초점을 맞추었는데, 이것은 모든 공학분야에서 출발점이 된다. 이를 위하여 이 책에서는 설명을 명확하게 하고 적재적소에 예제를 두었으며 풍부한 연습문제를 수록하였다. 따라서 설계문제를 각 장의 끝에 있는 연습문제에 모아 두었으며, 후속되는 장을 공부하는데 지장이 없도록 하였다.

차세대 우주왕복선으로 설계된 두 우주선. 두 우주선은 유사한 장치를 가지고 있지만 각각 독창적인 것이다. (출처: NASA Dryden Flight Research Center)

1.4 컴퓨터를 이용한 해석

회로를 해석하여 얻은 수식 중에는 회로가 별로 복잡하지 않아도 쉽게 풀이할 수 없는 경우가 있다. 이러한 경우에는 당연히 계산에 상당한 시간이 소요될 뿐만 아니라 실수할 가능성이 높아진다. 이러한 과정에 실제로 도움이 되는 도구에 대한 욕구는 전자식 컴퓨터의 출현 이전에도 있었으며, 1880년대에 Charles Babbage가 설계한 Analytical Engine과 같은 순수한 기계식 컴퓨터가 가능한 해결책으로 등장하였다. 미분방정식을 풀기 위해 설계된 초기의 전자식 컴퓨터 중 성공적인 것은 1940년대의 ENIAC인데, 이 컴퓨터에 사용된 진공관들을 모아놓으면 대형공간을 꽉 채울 정도의 크기였다. 그러나 저렴한 가격의 탁상용 컴퓨터가 출현하면서 컴퓨터를 이용한 회로 해석은 일상생활에서 빼놓을 수 없이 중요한 자리를 차지하게 되었고 해석뿐만 아니라 설계에도 적용하게 되었다. 오늘날 모든 컴퓨터 칩들은 "현실 세계" 성능 특성을 설명하기 위한 경험적 데이터와 결합된 물리 법칙들을 기반으로 하는 컴퓨터 시뮬레이션을 통해 먼저 설계되고 해석된다. 설계에서 얻은 바람직한 시뮬레이션 결과는 실제 회로 또는 시스템을 제조하는 데 필요한 정보를 제공하기도 한다. 단일 회로에 수백만 개의 장치가 포함된 오늘날의 칩 설계는 컴퓨터를 이용한 해석과 설계 없이는 거의 불가능해졌다.

컴퓨터를 이용한 설계의 가장 두드러진 장점은 최근 여러 가지 프로그램을 하나로 통합하여 사용자가 쉽게 이용할 수 있다는 점이다. 이와 같은 프로그램을 사

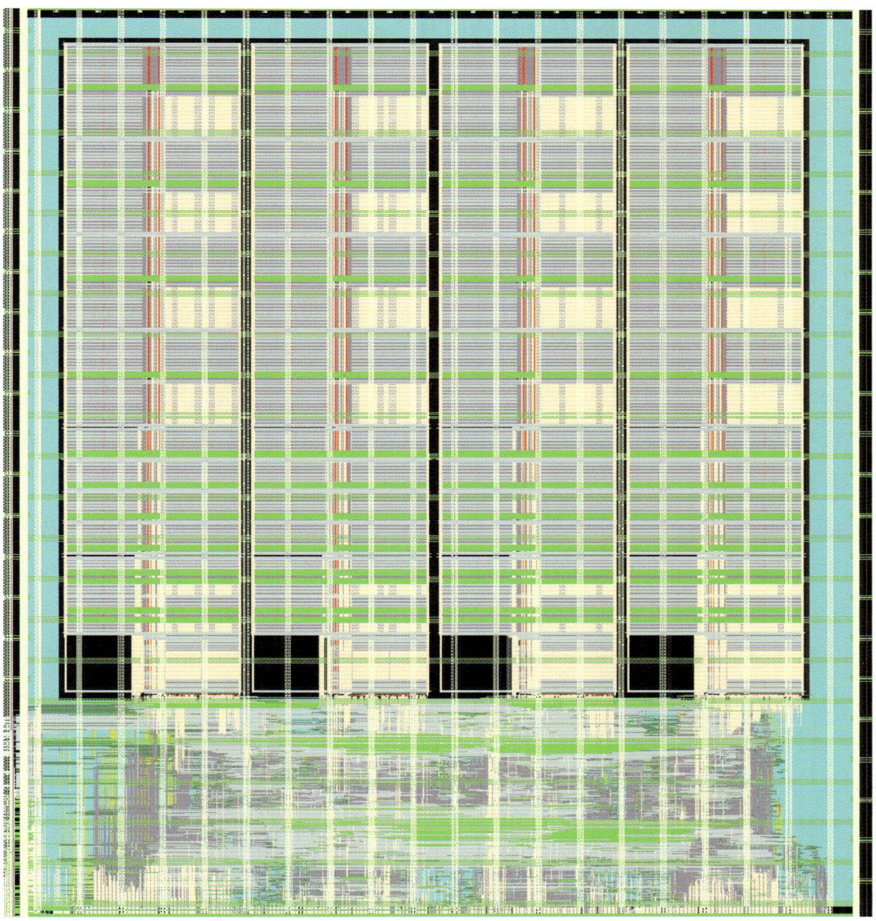

약 2천만 개의 트랜지스터로 구성된 딥러닝 신경망 프로세서의 컴퓨터 이용 설계 이미지.
(출처: Jingcheng wang, Suyoung Bang, David Blaauw and Dennis Sylvester, 미시간대학교의 미시간 집적회로연구소)

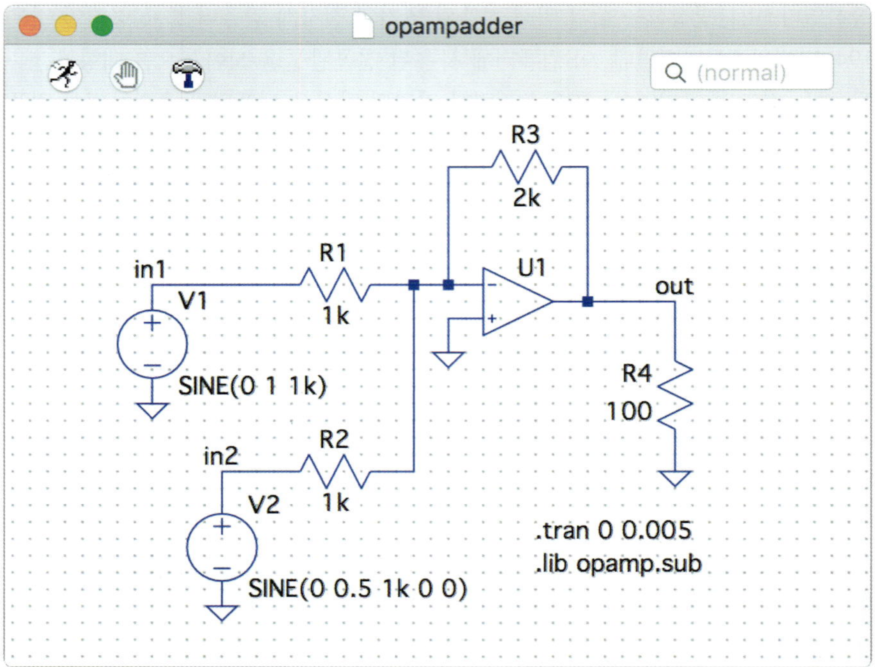

상용의 스키매틱 캡쳐 소프트웨어 패키지를 이용해 그려진 증폭 회로

용하면 회로의 개략도를 화면에서 그릴 수 있고 (제4장에서 소개하는 SPICE와 같은) 해석 프로그램에서 요구하는 포맷으로 자동적으로 변환되며, 회로의 동작을 나타내는 여러 전기량을 그릴 수 있는 제3의 프로그램으로 결과를 전달하여 확인할 수 있게 한다. 일단 시뮬레이션한 설계 성능이 만족스러우면 같은 소프트웨어에서 부품 라이브러리에 있는 소자들을 사용하여 회로기판을 설계할 수 있다. 이러한 통합과정이 증가하여 개략도를 그릴 정도가 되면 버튼 몇 개를 클릭하여 바로 제품 생산을 위한 회로를 얻어 시험할 수 있다.

그러나 독자들이 한 가지 경계할 것이 있다. 비록 회로 해석용 소프트웨어가 사용하기는 좋지만 이것이 종이와 연필을 이용하는 기존의 훌륭한 회로 해석방식을 대체할 수는 없다. 회로를 설계할 수 있는 능력을 키우려면 회로가 어떻게 동작하는지를 제대로 이해할 필요가 있다. 단순히 특정한 소프트웨어 패키지를 사용하는 것은 어느 정도 복권을 뽑는 것과 같다. 소프트웨어 사용시에는 사용자의 입력 실수가 있을 수 있고 메뉴를 선택하면서 감춰진 결점이 있을 수 있으며, 인간이 작성한 코드에 단점이 있을 수도 있고 회로의 동작을 어림잡을 수 있는 대안이 없다. 만약 시뮬레이션 결과가 예상한 결과와 다르다면 더 늦기 전에 오류를 찾아야 한다.

그럼에도 불구하고 컴퓨터를 이용한 해석은 강력한 도구이다. 컴퓨터를 사용하면 파라미터 값을 변화시켜 회로 성능의 변화를 평가할 수 있어서 회로를 설계함에 있어서 쉽게 여러 변화를 줄 수 있다. 결과적으로 반복적인 작업을 줄이게 되며, 보다 많은 시간을 공학적인 문제 해결에 집중할 수 있도록 해준다.

1.5 성공적인 문제 해결 전략

독자가 하기 나름으로 이 책을 통해 회로를 해석하는 것만큼이나 문제를 해결하는 방법을 습득할 수 있다. 현 시점에서 아직 기술이 완전하지는 않지만 공학도인 여러분은 문제를 해결하는 방법을 배우고 있어야 한다. 이 책을 계속 공부하면 여러분에게 도움이 되는 기술을 습득하게 되고 현장 기술자가 되어서도 도움이 될 것이다.

공학도들이 직면하는 가장 공통적인 어려움은 단연코 문제풀이를 **시작하는 방법을 알지 못한다는 것이다.** 이것은 경험에 의해 향상되는 것이어서 초기에는 아무런 도움이 되지 않는다. 저자가 해줄 수 있는 최상의 조언은 먼저 문제의 내용을 천천히 그리고 주의 깊게 (필요하다면 한 번 이상) 읽고 조직적으로 접근하라는 것이다. 경험이 쌓이면 특정한 문제를 다루는 방법에 대한 안목이 생기므로 이 책의 전반에 걸쳐 실행예제를 수록하였다. 그러나 이 예제들을 읽기만 하는 것보다는 종이에 연필로 풀어보는 것이 도움이 된다.

일단 문제를 다 읽고 나면 써먹을 수 있는 경험이 있는지 생각해본다. 다음 단계는 문제의 목표를 인식하는 것인데, 아마도 전압 또는 전력을 계산하거나 소자값을 선정하는 것이 될 것이다. 우리가 어디로 가고 있는지를 안다는 것은 큰 도움이 된다. 다음에는 가능한 한 많은 정보를 수집하고 그것을 어떻게든 체계화하는 것이다.

아직 계산할 시점은 아니다. 먼저 계획을 수립하는 것이 최상이다. 계획은 경험에 의해 수립할 수도 있고 단순히 직감으로 수립할 수도 있다. 때에 따라 계획대로 작업할 수도 있고 아닐 수도 있다. 계획에 따라 먼저 방정식을 세운다. 이 방정식들이 완전하다면 풀면 된다. 그러나 방정식이 완전하지 않다면 정보를 더 얻거나 계획을 수정할 필요가 있으며, 경우에 따라서는 정보의 추가수집과 계획 변경 둘 다를 해야 한다.

일단 어떤 것이 해결책인 것으로 보이면 비록 지쳐서 쉬고 싶더라도 멈추어서는 안된다. **어쨌든 해결책을 시도해보지 않는 한 어떠한 공학적 문제도 해결되지 않는다.** 문제를 해결하기 위하여 컴퓨터로 시뮬레이션하거나 다른 방법으로 문제를 해결하는데, 심한 경우에는 어떤 답이 합리적일 수 있는지를 판단하여 해결하기도 한다.

배우기 위해 읽는 것을 좋아하는 사람은 없기 때문에 문제를 해결하는 단계를 다음의 순서도(flowchart)로 요약한다. 이것은 문제를 해결하는 특별한 전략 중 하나일 뿐이고 독자들은 필요에 따라 전략을 수정해도 좋다. 그러나 정말 중요한 것은 산만하지 않으면서도 긴장을 풀고 스트레스를 적게 받으면서 시도하고 배우는 것이다. 경험은 최고의 스승이며, 실수를 통해서 배우게 되는 지식이야말로 언제나 능숙한 엔지니어로 성장해 가는 과정의 일부가 된다.

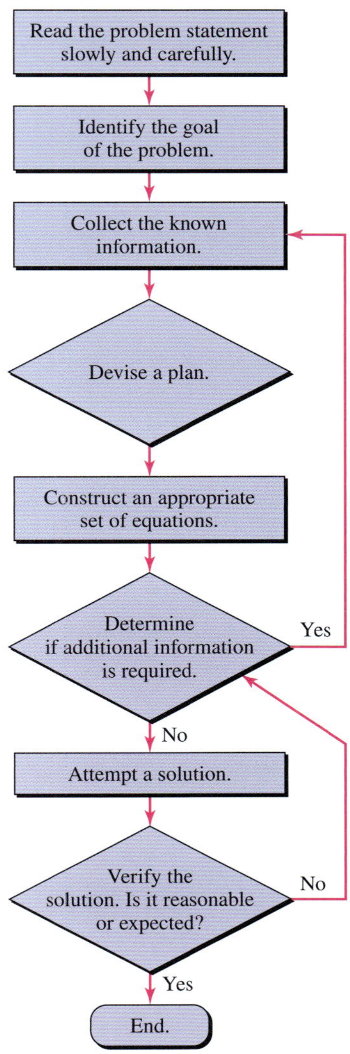

추천 도서

다음의 도서는 가격이 비교적 저렴한 베스트셀러로서, 외관상 불가능해 보이는 문제에 대한 성공전략을 개발하는 방법을 제시하고 있다.

G. Polya, *How to Solve It*, Princeton, N.J.: Princeton University Press, 1971.

2 기본 회로소자와 전기회로

Design elements: Cockpit: ©Purestock/SuperStock; Wind Turbins: ©Russell Illig/Getty Images; Circuit Board: ©Shutterstock

서론

회로를 해석함에 있어 종종 특정한 부분의 **전류**, **전압** 그리고 **전력**을 구하게 된다. 그래서 먼저 이러한 전기량들을 간단히 설명한다. 전기회로를 구성하려면 몇 개의 소자를 사용해야 한다. 우선 간단한 수동소자인 **저항**을 살펴보고 능동소자인 이상적인 전압원과 전류원을 살펴본다. 이후 좀 더 복잡하지만 유용한 회로를 해석하게 되면 새로운 소자를 추가할 예정이다.

본론으로 들어가기 전에 언급할 사항은 전압의 극성을 나타내는 데 사용하는 "+" 및 "−" 부호의 역할과 전류를 정의할 때 사용되는 화살표의 의미에 각별한 주의를 기울여야 한다는 것이다. 이 전압의 극성과 전류의 방향을 잘못 이해하면 정확한 해가 오답으로 바뀔 수도 있기 때문이다.

중요한 개념

- 기본적인 전기량과 관련 단위: 전하, 전류, 전압 및 전력
- 전류 방향과 전압 극성
- 전력 계산을 위한 수동부호 규약
- 이상적인 전압원 및 전류원
- 종속전원
- 저항과 옴의 법칙

2.1 단위와 척도

어떤 측정값을 나타내기 위해서는 '3미터'와 같이 **숫자**와 **단위**를 둘 다 사용해야 한다. 다행히도 우리 모두는 동일한 숫자 체계를 사용한다. 그러나 단위에 대해서는 동일한 체계를 사용하지 않으므로 어떤 적절한 단위 체계에 익숙해지려면 얼마간의 시간이 필요하다. 표준단위란 우리가 모두 동의하는 것이어야 하고 영구성이 있고 일반적인 신뢰성을 가져야 한다. 예를 들면, 길이의 표준 단위를 어떤 고무 밴드 위의 두 점 사이의 거리로 정의해서는 안 된다. 왜냐하면 고무 밴드는 영구성이 없을 뿐만 아니라 개개인이 서로 다른 표준을 사용하고 있기 때문이다.

가장 흔히 사용되는 단위 시스템은 1964년에 미국국립표준국에서 채택한 것이다. 이 시스템은 모든 주요 전문 기술자 사회에서 사용되고

있으며, 오늘날 교재를 집필함에 있어서도 사용되고 있다. 이것은 1960년에 개최된 General Conference on Weights and Measures에서 채택된 국제단위계(International System of Units, 약어로 ***SI***)이다. 그 후 몇 차례의 개정을 거쳐 7개의 기본 단위인 **미터**, **킬로그램**, **초**, **암페어**, **켈빈**, **몰** 및 **칸델라**(표 2.1 참조)에 대한 국제규약을 구축하였다. 이것을 "미터법"이라고 하며, 미국에서는 아직 널리 사용하지 않지만 대부분의 나라에서 공통으로 사용하고 있다. 부피, 힘, 에너지 등과 같은 다른 물리량들의 단위는 이 7개의 기본 단위로부터 만들어진다.

사람의 이름을 따서 명명한 단위는 대문자로 표시하여야 하지만 아닌 경우도 일부 있다. 이 책에서는 가장 최신의 규약[1,2]을 채택한다. 이러한 일부 단위를 소문자(예: watt, joule)로 표시하되 약어로 표시할 경우에는 대문자(예: W, J)로 표시한다.

1 H. Barrell, *Nature* 220, 1968, p. 651.
2 V. N. Krutikov, T. K. Kanishcheeva, S. A. Kononogov, L. K. Isaev, and N. I. Khanov, *Measurement Techniques* 51, 2008, p. 1045.

표 2.1 SI 기본단위.

Base Quantity	Name	Symbol
length	meter	m
mass	kilogram	kg
time	second	s
electric current	ampere	A
thermodynamic temperature	kelvin	K
amount of substance	mole	mol
luminous intensity	candela	cd

식품, 음료 및 운동 분야에서 사용하는 '칼로리' 단위는 실제로는 킬로칼로리이며 4.187 J이다.

일 또는 에너지의 기본 단위는 **주울**(J)이다. 1주울은 SI 단위로 1 kg m^2 s^{-2}이며 0.7376 ft·lbf(피트-파운드)와 같다. 다른 에너지 단위로는 칼로리(cal)가 있으며 4.187 J과 같다. 영국의 열량단위 1 Btu는 1055 J이고 1 kWh는 3.6×10^6 J과 같다. 전력은 일을 하거나 에너지가 사용되는 비율로 정의되는데, 기본 단위는 **와트**(W)이고 1 W는 1 J/s와 같다. 1와트는 0.7376 ft·lbf/s 또는 1/745.7 마력(hp)과 같다.

SI 시스템은 십진법을 사용하여 매우 크거나 작은 단위를 기본 단위와 연계하여 나타내는데 10의 지수에 대해 정해진 접두어를 사용하여 나타낸다. 이 접두어의 목록과 기호는 표 2.2와 같다. 여기서 밝게 나타낸 부분은 공학 분야에서 많이 쓰이는 접두어이다.

이들 접두어는 이 책에서는 물론 다른 기술 분야에서도 자주 사용되므로 기억해 두는 것이 좋다. 밀리마이크로 초와 같이 여러 개의 접두어를 함께 사용하는 것은 허용되지 않는다. 거리에 대해서 "마이크로미터"보다는 "미크론(μm)"을 사용하는 것이 보통이며 옹스트롬(Å)은 10^{-10} m를 나타내는 데 사용되기도 한다. 또한 일반적으로 회로 해석과 공학에서 흔히 공학단위라고 부르는 형태로 수치를 표현하기도 한다. 공학적 기호법에서 수량은 1에서 999까지의 숫자와 3으로 나누어지는 지수를 사용한 적절한 미터 단위로 나타낸다. 예를 들어 0.048 W는 4.8 cW, 4.8×10^{-2} W, 또는 48,000 μW로 나타내지 않고 48 mW로 나타낸다.

표 2.2 SI 접두어.

Factor	Name	Symbol	Factor	Name	Symbol
10^{-24}	yocto	y	10^{24}	yotta	Y
10^{-21}	zepto	z	10^{21}	zetta	Z
10^{-18}	atto	a	10^{18}	exa	E
10^{-15}	femto	f	10^{15}	peta	P
10^{-12}	pico	p	10^{12}	tera	T
10^{-9}	nano	n	10^{9}	giga	G
10^{-6}	micro	μ	10^{6}	mega	M
10^{-3}	milli	m	10^{3}	kilo	k
10^{-2}	centi	c	10^{2}	hecto	h
10^{-1}	deci	d	10^{1}	deka	da

익힘문제 2.1

불화크립톤 레이저는 파장이 248 nm인 빛을 방출한다. 이것은 다음 중 어느 것과 동일한가?

(a) 0.0248 mm (b) 2.48 mm (c) 0.248 mm (d) 24,800 Å

답: (c)

익힘문제 2.2

어떤 집적회로에 있는 단일 논리 게이트가 12 ps만에 'on' 상태에서 'off' 상태로 스위칭할 수 있다. 이와 동일한 값은 어느 것인가?

(a) 1.2 ns (b) 120 ns (c) 1,200 ns (d) 12,000 ns

답: (d)

익힘문제 2.3

어떤 백열전구가 60 W를 소비하고 있다. 이 전구가 계속 켜져 있다면 하루 동안 얼마만큼의 에너지(J)를 소비하는가? 또한 kWh당 12.5센트로 요금이 부과된다면 주당 비용은 얼마인가?

답: 5.18 MJ; $1.26.

2.2 전하, 전류, 전압 및 전력

전하

표 2.1에서 알 수 있듯이 SI의 기본 단위는 기본적인 물리량으로부터 유래된 것이 아니다. 그보다는 측정에 부합되는 단위로 보아야 하며, 가끔은 거꾸로 물리량을 이용하여 기본단위를 정의하기도 한다. 예를 들어, 암페어는 전하량을 기반으로 하여 정의하는 것이 더 나을 수 있다.

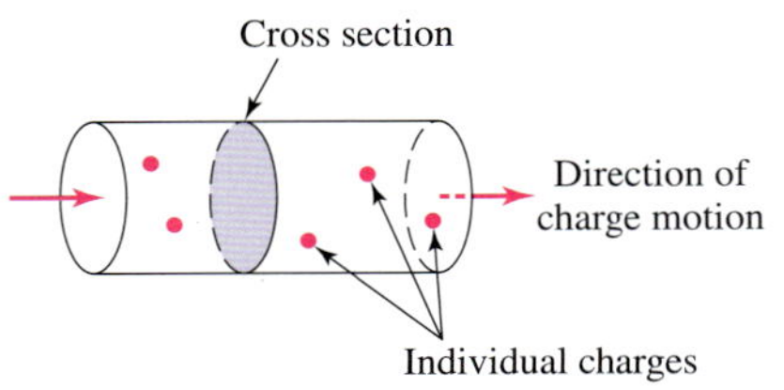

그림 2.1 도선을 통해 이동하는 전하를 사용하여 나타낸 전류의 정의. 1암페어는 1초 동안 임의의 단면을 통과한 1쿨롬의 전하에 대응된다.

전기회로를 해석함에 있어 가장 기본적인 개념 중의 하나는 전하량 보존 법칙이다. 물리학적인 사실에 의하면 전하에는 양의 전하(양자에 대응됨)와 음의 전하(전자에 대응됨) 두 종류의 전하가 있다. 이 책에서는 대부분 전자의 흐름에만 관련된 회로를 대상으로 한다. 배터리, 다이오드, 트랜지스터 같은 장치들의 경우에는 그 내부 동작을 해석하기 위하여 양전하의 운동을 이해하는 것이 매우 중요하지만 이 장치들의 외부에 대해서는 이들을 연결하는 도선을 통해서 이동하는 전자의 운동에 주목하는 것이 보통이다. 회로의 각 부분으로 계속해서 전하가 이동하지만 전하의 총 수량에는 전혀 변화가 없다. 달리 말하면 전기회로를 동작시킴으로써 전자(또는 양자)를 만들어 내거나 없앨 수는 없다.[3] 이동하는 전하는 **전류**가 된다.

SI 시스템에서 전하의 기본 단위는 **쿨롬**(C, *coulomb*)이다. 이 단위는 1초 동안에 도선의 임의의 단면을 통과하여 흐르는 전하의 수를 세어서 **암페어**의 단위로 나타낸다. 즉, 1쿨롬은 1 A의 전류가 흐르는 도선의 단면을 1초 동안 통과한 전기량을 나타낸다(그림 2.1). 이 단위 시스템에서 1개의 전자는 -1.602×10^{-19} C의 전하를 갖고 있으며, 1개의 양전자는 $+1.602 \times 10^{-19}$ C의 전하를 가진다.

시간에 따라 변하지 않는 전하량은 보통 Q로 나타낸다. (시간에 따라 변하든 변하지 않든) 전하량의 순시값은 $q(t)$ 또는 간단히 q로 표시한다. 이러한 규약은 이 책에서 계속 적용한다. 즉, 대문자는 일정한 양(시불변량)을 나타내는 반면에 소문자는 보다 일반적인 경우를 나타낸다. 따라서 일정한 전하량은 Q 또는 q로 나타낼 수 있지만 시간에 따라 변화하는 전하는 반드시 소문자 q로 나타내야 한다.

전류

전하가 한 곳에서 다른 곳으로 이동하면 에너지도 한 점에서 다른 점으로 이동하기 때문에 "전하의 전달" 또는 "이동 중인 전하"의 개념은 전기회로를 공부하는 데 매우 중요하다. 인접한 지역 사이의 송전선은 에너지를 전송하는 장치의 실제 예이다. 정보를 교환하거나 전달하기 위하여 전하가 전달되는 비율을 변화시키는 것도 마찬가지로 중요하다. 이러한 과정은 라디오, TV 및 원격측정과 같은 통신 시스템의 기본이 된다.

금속 도선과 같은 경로를 통해 흐르는 전류는 전류의 **크기**와 **방향**이 있다. 전류는 주어진 기준점을 통해 특정 방향으로 흐르는 전하의 이동률을 측정한 것이다. 일단 전류의 기준방향이 결정되면 어떤 기준시간 $t = 0$ 이후에 정의된 방향으로 기준점을 통과한 전하의 총량을 $q(t)$라 할 수 있다. 음의 전하가 기준 방향으로 이동하거나 양의 전하가 기준의 반대 방향으로 이동했으면 전하 총량에 대한 기여도는

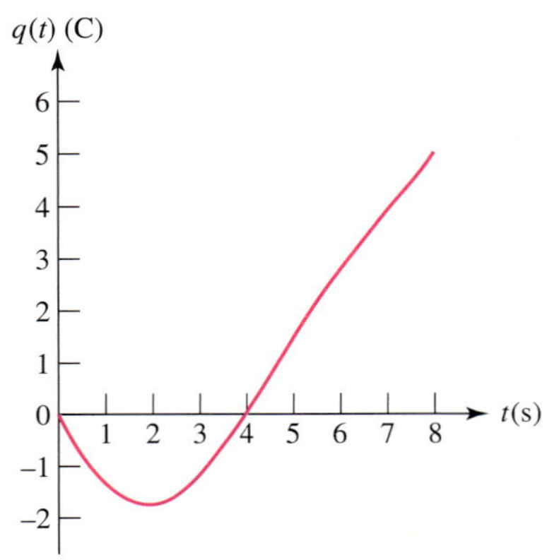

그림 2.2 시간 $t = 0$ 이후에 기준점을 통과한 전하의 순시값 $q(t)$를 나타낸 그래프.

3 심지어 연기가 피어나는 경우가 발생하더라도…

음수가 된다. 예를 들면 그림 2.2는 그림 2.1에 나타낸 것과 같은 도선에서 주어진 기준점을 통과한 전하의 총량 $q(t)$의 변화를 나타낸 것이다.

특정한 점에서 규정된 방향으로 흐르는 전류는 그 점을 통해서 규정된 방향으로 이동하는 순수한 양전하의 순시 이동률로 정의된다. 이것은 불행하게도 도선에 흐르는 전류가 실제로는 양의 전하가 아닌 음의 전하의 이동에 의해서 결정된다는 사실을 알기 이전에 널리 사용되어온 역사가 있는 정의이다. 전류는 기호로 I 또는 i를 사용하며 다음과 같이 정의된다.

$$i = \frac{dq}{dt} \qquad [1]$$

전류의 단위는 암페어(A)이며 프랑스의 물리학자 A. M. Ampère의 이름에서 따온 것이다. 비공식적이기는 하지만 보통 약어로 "amp"라고 나타내기도 한다. 1암페어는 초당 1쿨롬의 전하와 같다.

식 [1]을 사용하면 순시전류를 계산할 수 있으며, 그 결과는 그림 2.3과 같다. 다시 말하지만 소문자 i는 순시값을 나타내며 대문자 I는 시간에 따라 변하지 않는 양(즉, 시불변량)을 나타낸다.

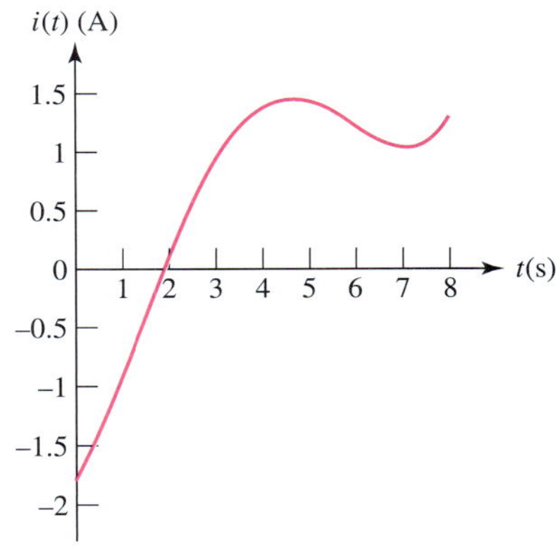

그림 2.3 그림 2.2에 주어진 전하 q에 대한 순시 전류 $i = dq/dt$.

시간 t_0에서 t까지 전달된 전하는 다음과 같이 정적분 형태로 나타낼 수 있다.

$$\int_{q(t_0)}^{q(t)} dq = \int_{t_0}^{t} i\, dt' \qquad [2]$$

따라서 t까지 전체 시간 동안에 전달된 총 전하량은 다음 식과 같다.

$$q(t) = \int_{t_0}^{t} i\, dt' + q(t_0) \qquad [3]$$

여러 종류의 전류를 그림 2.4에 나타내었다. 그림 2.4*a*는 시간에 따라 변하지 않는 일정한 전류를 나타내는데 이것을 직류 전류 또는 간단히 dc라고 한다. 시간에 따라 정현적으로 변화하는 전류의 예(그림 2.4*b*)는 실제로 가정용 전기회로에 흐르는 전류이다. 이러한 형태의 전류를 흔히 교류 전류 또는 ac라고 부른다. 지수형 전류와 감쇠 정현파 전류(그림 2.4*c* 및 그림 2.4*d*)는 나중에 뒷부분에서 다루게 된다.

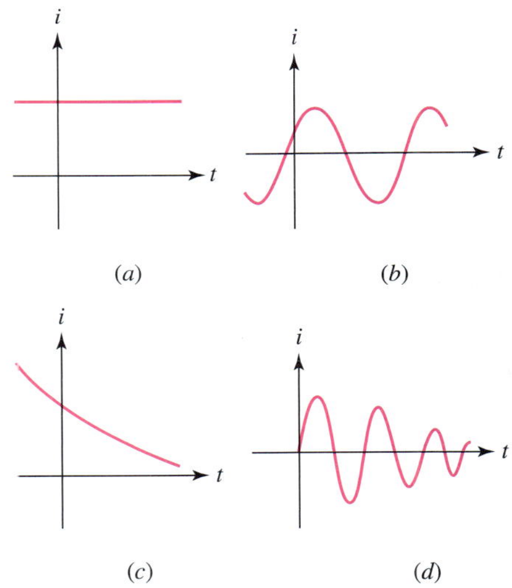

그림 2.4 여러 종류의 전류. (*a*) 직류(dc). (*b*) 정현파 전류(ac). (*c*) 지수형 전류. (*d*) 감쇠 정현파 전류.

도선에 화살표를 사용하여 전류를 표시한다. 그림 2.5*a*에서 화살표의 방향과 수치 3 A는 양의 전하 3 C이 매초 오른쪽으로 이동하는 것 또는 음의 전하 −3 C이 매초 왼쪽으로 이동하는 것을 의미한다. 그림 2.5*b*의 경우도 마찬가지로 −3 A가 왼쪽으로 흐르거나 또는 +3 A가 오른쪽으로 흐르는 두 방법으로 설명할 수 있다. 이 4가지 설명 모두와 2개의 그림은 전기적으로 동일한 전류를 나타낸다. 이러한 상황을 설명하기 위하여 전기적인 것은 아니지만 개인 예금계좌를 생각하면 쉽게 이해할 수 있다. 즉, 예금은 (−)의 돈이 계좌에서 **인출**되는 것 또는 (+)의 돈이 계좌에 **입금**되는 것으로 볼 수 있다.

금속 도체에서의 전류 흐름이 전자의 이동에 의한 것이라는 것은 알지만 전류를 양전하의 이동으로 생각하면 편리하다. 이온화된 기체, 전해용액 및 일부 반도체 물질에서는 양전하의 운동이 전류의 일부 또는 전부를 구성한다. 따라서 전류

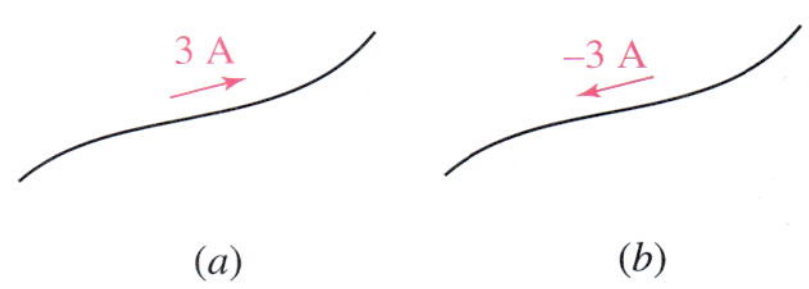

그림 2.5 동일한 전류를 나타내는 두 가지 방법.

를 어떻게 정의하든 도체의 물리적 특성에 일치시킬 수 있다. 우리가 여기서 채택한 정의와 기호는 표준이다.

전류는 도선 또는 회로의 부품을 **통해** 흐르는 전하의 흐름이다. 전류 경로는 화살표로 표시하며 도선 또는 회로의 부품 **안쪽** 또는 **바깥쪽**으로 흐르는 전하의 흐름으로 정의한다.

전류의 방향을 표시하는 화살표는 실제로 전류가 흐르는 방향을 나타내는 것은 아니며 '도선에 흐르는 전류'를 보다 확실하게 표시하기 위한 규약의 일부분에 불과하다. 화살표는 전류의 정의에 있어 기본적인 사항이다. 따라서 전류에 대해 값만 이야기하고 방향을 명시하지 않으면 바른 표현이 아니다. 예를 들면, 그림 2.6*a*와 그림 2.6*b*는 전류 $i_1(t)$에 대한 무의미한 표현이다. 반면에 그림 2.6*c*는 전류 $i_1(t)$에 대한 적절한 표현이다.

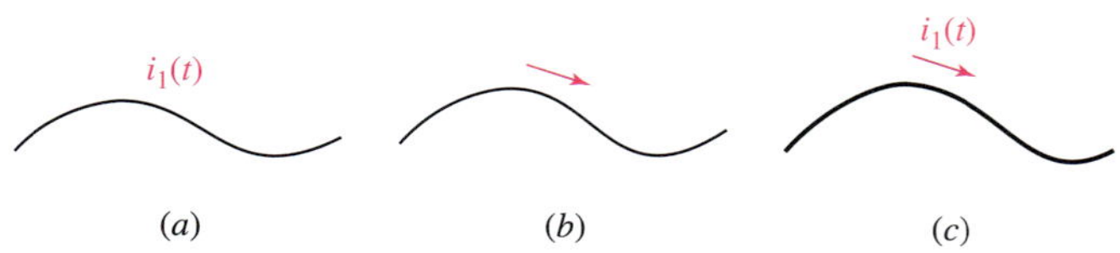

그림 2.6 (*a*, *b*) 전류 $i_1(t)$에 대한 불완전하고 부적절하며 부정확한 표현. (*c*) $i_1(t)$에 대한 올바른 표현.

익힘문제 2.4

그림 2.7의 도선에서 전자가 왼쪽에서 오른쪽으로 이동하여 1 mA의 전류를 생성한다. I_1과 I_2를 구하라.

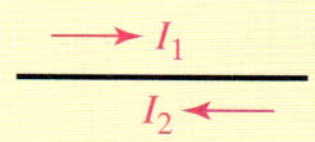

그림 2.7

답: $I_1 = -1$ mA; $I_2 = +1$ mA.

전압

이제 회로소자를 살펴보자. 퓨즈, 전구, 저항, 배터리, 커패시터, 발전기 및 점화 코일 같은 전기장치들은 간단한 회로소자의 조합으로 나타낼 수 있다. 먼저 매우 일반적인 회로소자를 형태는 없지만 다른 소자와 접속할 수 있는 2개의 단자를 가진 것으로 나타낸다(그림 2.8).

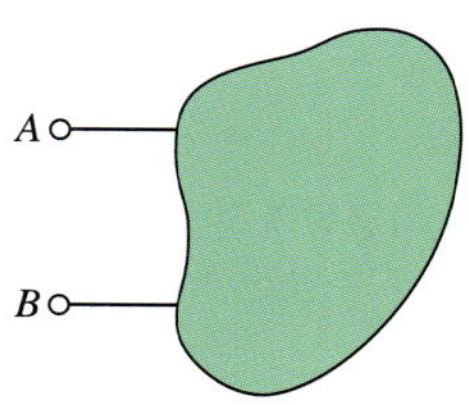

그림 2.8 일반적인 2단자 회로.

전류가 이 소자로 흘러 들어가거나 또는 흘러 나갈 수 있는 경로가 2개 있다. 이 이후로는 단자에 나타나는 전기적 특성을 나타냄으로써 특정한 회로소자를 정의한다.

그림 2.8에서 직류 전류가 단자 A로 흘러 들어가서 회로를 거쳐 단자 B로 흘러 나간다고 가정하자. 또한 전하를 이 소자 속으로 밀어 넣기 위해서는 에너지가 필요하다고 가정하자. 이 경우에 전압(또는 전위차)이 두 단자 사이에 존재한다라고 하거나 또는 회로소자의 양단에 전압이 걸려있다고 한다. 따라서 한 쌍의 단자 양단에 걸리는 전압은 전하가 이 소자를 통과하는 데 요구되는 일의 양을 나타낸다.

전압의 단위는 볼트이며[4] 1볼트는 1 J/C이다. 볼트는 기호 V 또는 v로 나타낸다.

전압은 전류가 흐르든지 흐르지 않든지 상관없이 두 단자 사이에 존재할 수 있다. 예를 들면, 자동차의 배터리는 배터리 단자에 아무것도 접속되어 있지 않은 경우에도 단자 양단에 12 V의 전압이 걸려 있다.

에너지 보존법칙에 의하면 소자 내부로 전하를 들여보내는 데 사용된 에너지는 다른 어딘가에 나타나야만 한다. 뒤에서 구체적인 회로소자들을 다루게 되면 이 에너지가 전기적 에너지로 저장되었다가 다시 사용할 수 있거나 열, 빛 또는 다른 비전기적 형태의 에너지로 변환됨을 알게 된다.

어떤 소자가 외부로부터 공급받는 에너지와 소자 자체에서 외부로 공급하는 에너지를 구분하기 위하여 규약을 정할 필요가 있다. 이 규약은 단자 B에 대한 단자 A의 전압 부호를 선정하면 된다. 만일 양의 전류가 단자 A로 흘러 들어가고 외부 전원이 전류를 공급하기 위해 에너지를 소모한다면 단자 A는 단자 B에 비해 전압이 높다고 한다. (달리 말하면 단자 B는 단자 A에 비해 전압이 낮다고 말할 수 있다.)

이러한 전압의 극성은 '+'와 '−' 기호를 사용하여 나타낸다. 예를 들면, 그림 2.9*a*에서 단자 A에 +기호를 붙인 것은 단자 A가 단자 B에 비해 v 볼트만큼 높다는 것을 나타낸다. 이 v의 값이 −5 V이면, 단자 A는 단자 B에 비해 −5 V만큼 높다고 말하거나 단자 B가 단자 A에 비해 5 V 높다고 말할 수 있다. 그림 2.9*b*, 2.9*c* 및 2.9*d*는 다른 경우를 나타낸다.

전류의 정의에서 언급했던 것과 마찬가지로 대수적으로 부호를 표시할 때 사용하는 '+'와 '−'의 극성 표시는 전압의 실제 극성을 나타내는 것은 아니며, 한 쌍의 단자 사이에 걸리는 전압을 명확하게 표시하기 위하여 사용하는 규약의 일부분일 뿐이다. **전압은 반드시 '+'와 '−' 기호 2개로 표시하여 정의하여야 한다.** 전압 $v_1(t)$를 나타낼 때 그 극성을 표시하지 않으면 잘못된 표현이 된다. 그림 2.10*a* 및 그림 2.10*b*는 전압 $v_1(t)$을 제대로 정의하지 못한 경우이며, 그림 2.10*c*는 제대로 정의한 경우이다.

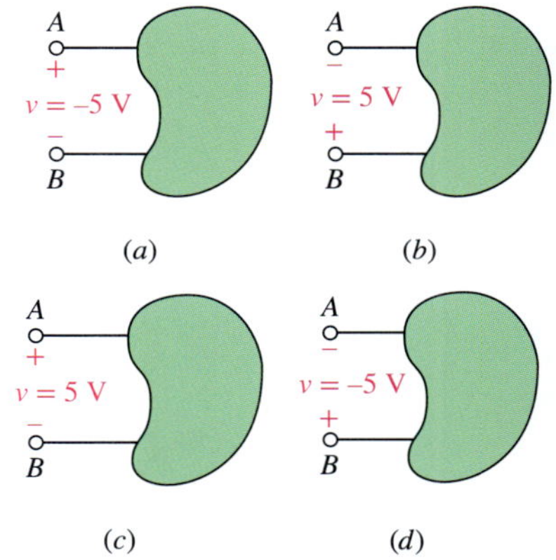

그림 2.9 (*a*, *b*) 단자 *B*가 단자 *A*에 비해 5 V가 높은 경우. (*c*, *d*) 단자 *A*가 단자 *B*에 비해 5 V가 높은 경우.

전압은 회로 부품의 두 단자 **사이**의 전위차이다. 두 단자 사이에 양-음 기호를 표시하여 걸린 전압을 정의한다.

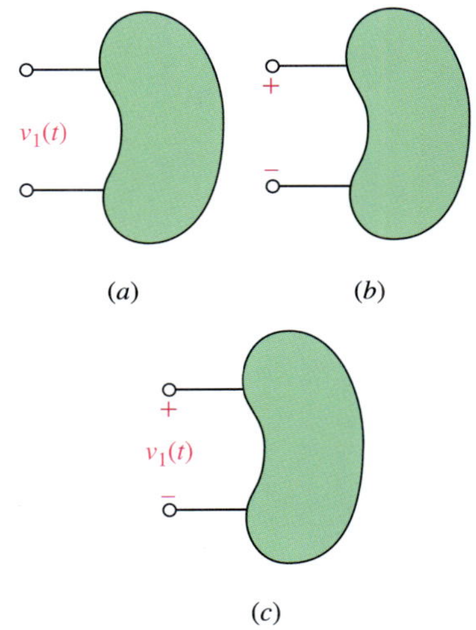

그림 2.10 (*a*, *b*) 전압이 제대로 정의되지 않은 경우. (*c*) 전압이 제대로 정의된 경우로서 변수의 기호와 (+) 및 (−) 기호가 표시되어 있다.

익힘문제 2.5

그림 2.11의 회로에서 $v_1 = 17$ V일 때 v_2를 구하라.

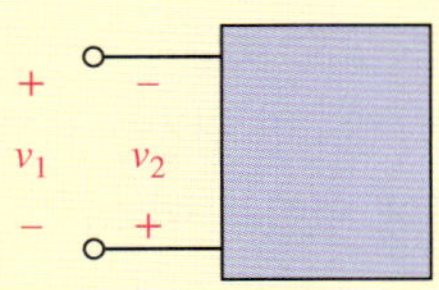

그림 2.11

답: $v_2 = -17$ V.

4 18세기 이탈리아의 물리학자인 알렉산드로 주세페 안토니오 아나스타냐 볼트의 전체 이름이 전위차의 단위에 사용되지 않는 것이 다행스러운 일이다!

전력

이미 앞에서 정의한 바 있는 전력은 기호 P 또는 p를 사용하여 나타낸다. 1쿨롬의 전하를 어떤 소자에 1초 동안 전달하는 데 소모된 에너지가 1주울이라고 하면 이 때의 에너지 전달률이 1와트이다. 소모전력은 매초 전달되는 쿨롬 수(전류)와 1쿨롬을 소자에 전달하는 데 필요한 에너지(전압) 모두에 비례한다. 따라서,

$$p = vi \qquad [4]$$

이다. 이 식의 단위를 살펴보면 우변은 J/C과 C/s의 곱으로서 예상했던 대로 J/s 또는 와트(W)가 된다. 전압, 전류 및 전력에 대한 규약을 그림 2.12에 나타내었다.

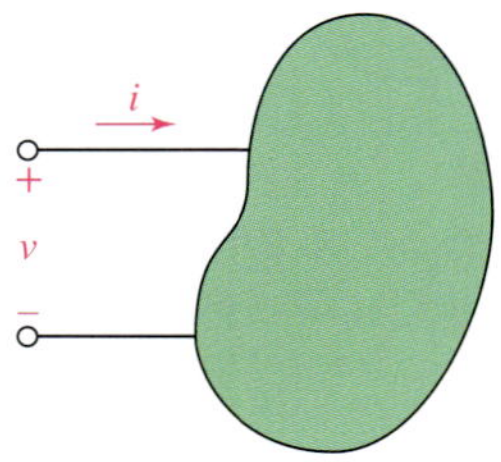

그림 2.12 소자에서 소모되는 전력은 $p = vi$이다. 달리 말하면 이 소자는 전력 vi를 생성한다. 또한 $-vi$를 공급한다고 말할 수 있다.

이제 회로소자에 의해 소모되는 전력을 소자의 양단전압과 소자를 통해 흐르는 전류로 나타내보자. 전압은 에너지 소모량으로 정의하였는데, 전력은 이 에너지가 소모되는 비율이다. 그러나 그림 2.9에 나타낸 네 가지 경우 모두에서 에너지 전달에 관한 설명을 할 수가 없다. 그 이유는 전류의 방향이 규정되어 있지 않기 때문이다. 그림 2.9에서 2 A의 전류가 단자 A로 흘러 들어간다고 가정하자. 먼저 그림 2.9c의 경우를 살펴보자. 단자 A가 단자 B에 비해 5 V가 높으며, 따라서 1 C의 양전하가 단자 A로 들어가서 회로를 돌아 단자 B로 나오게 하는데 5 J의 에너지가 필요하다. 그리고 단자 A로 2 A(초당 2쿨롬의 양전하에 해당됨)의 전류가 흘러 들어가므로 이 소자에서는 초당 (5 J/C) × (2 C/s) = 10 J의 일을 한다. 다른 말로 하면 이 회로는 전류를 주입시키는 전원으로부터 10 W의 전력을 흡수한다.

앞에서 언급했듯이 그림 2.9c와 그림 2.9d는 실제로 차이가 없으므로 그림 2.9d의 회로에서도 10 W를 소모하게 된다. 이것은 쉽게 확인할 수 있다. 회로의 단자 A로 +2 A를 주입시키므로 단자 B로 +2 A가 흘러나오는데, 이를 바꿔 말하면 −2 A를 단자 B로 주입시킨다는 뜻이다. 단자 B에서 단자 A로 전하를 이동시키는 데 5 J/C이 소모되므로 회로에서는 예상한 대로 (−5 J/C) × (−2 C/s) = +10 W만큼을 흡수한다. 이러한 경우를 다룰 때에는 음의 부호에 유의하여야 한다. 그렇게 하면 양의 기준단자(그림 2.9c의 단자 A, 그림 2.9d의 단자 B)를 어떻게 선정하더라도 정확한 답을 얻을 수 있다.

이제 단자 A로 +2 A가 주입되는 그림 2.9a의 경우를 생각해보자. 단자 A에서 단자 B로 전하를 이동시키는 데에 −5 J/C가 소모되므로 이 회로는 (−5 J/C) × (2 C/s) = −10 W를 흡수한다. 이것은 무슨 뜻일까? 어떻게 **음의** 전력을 흡수할 수 있을까? 에너지 전달과 관련하여 생각해보면 단자 A로 흘러 들어가는 2 A에 의해 매초 −10 J이 회로에 전달된다. 실제에 있어서 이 회로는 10 J/S의 비율로 에너지를 잃고 있다. 다시 말해 이 회로는 그림에 나타나 있지 않은 다른 회로로 10 J/S (즉, 10 W)를 공급하고 있다. 따라서 음의 전력을 **흡수**한다는 것은 양의 전력을 **공급**하는 것과 마찬가지이다.

이상을 정리해 보자. 그림 2.12는 소자의 한 단자가 다른 단자에 비해 v 볼트만큼 높고 그 단자를 통해 전류 i가 흘러 들어가서 소자에서 전력 $p = vi$를 **흡수**

하는 경우를 나타내고 있다. 즉 전력 $p = vi$가 소자에 전달되고 있는 것이다. 전류의 방향이 '+'로 표시된 단자로 흘러 들어가게 표시되어 있으면, **수동부호규약**을 만족한다고 말한다. 이러한 수동부호규약은 주의 깊게 검토하고 이해하고 기억해야만 한다. 다시 말해 전류의 방향과 전압의 극성에서 전류가 소자의 전압 극성이 '+'로 표시된 단자로 흘러 들어가도록 표시되어 있으면, 이때 소자가 **흡수**하는 전력은 그 전압 변수와 전류 변수의 곱으로 나타낼 수 있다. 만일 이 곱의 수치가 음의 값이면 이 소자가 음의 전력을 흡수한다라고 하거나 또는 실제로는 전력을 발생시켜 그 전력을 어떤 외부의 소자에 전달한다고 말한다. 예를 들어, 그림 2.12에서 $v = 5$ V이고 $i = -4$ A이면 소자는 전력 −20 W를 흡수하거나 또는 20 W를 공급한다고 말한다.

만일 전류의 화살표가 어떤 소자의 '+' 단자로 흘러들어가는 방향으로 표시되어 있다면 전력 $p = vi$는 **흡수**되는 전력을 나타낸다. 이 전력의 값이 '−'(음의 수)이면 이 전력은 실제로는 소자에서 생성되는 것을 나타낸다.

만일 전류의 화살표가 어떤 소자의 '+' 단자에서 흘러나오는 방향으로 표시되어 있다면 전력 $p = vi$는 **공급**전력을 나타낸다. 따라서 이 경우 전력의 값이 '−'이면 그 전력은 흡수되는 전력을 의미한다.

이 규약은 한 가지 이상의 방법이 있는 경우에만 필요하고 2개의 서로 다른 집단이 의사소통을 하려고 할 때 혼란을 일으킬지도 모른다. 예를 들면, 지도의 위쪽을 '북'으로 나타내는 것은 임의로 선택한 것이다. 나침반의 바늘이 항상 위쪽을 가리켜야 할 필요는 없다. 그러나 지도에서 북쪽 방향을 임의로 선택할 수 있다고 해서 비밀리에 자기들의 지도의 위쪽을 '남'으로 정한다면 이러한 지도를 사용할 때 큰 혼란이 발생한다. 마찬가지로 어떤 소자가 전력을 흡수하든지 또는 공급하든지 상관없이 전류가 전압의 '+' 단자로 흘러 들어가는 방향으로 표시하는 것이 일반적인 규약이다. 이 규약이 틀린 것은 아니지만 전류의 방향을 이 규약에 어긋나게 표시하기도 한다. 이렇게 하는 이유는 회로소자에 양의 전력을 공급하는 전압원 또는 전류원에서는 양의 전류가 흘러 나가는 방향으로 전류 방향을 표시하는 것이 더 자연스러울 수 있기 때문이다.

예제 2.1

그림 2.13의 각 회로가 흡수하는 전력을 계산하라.

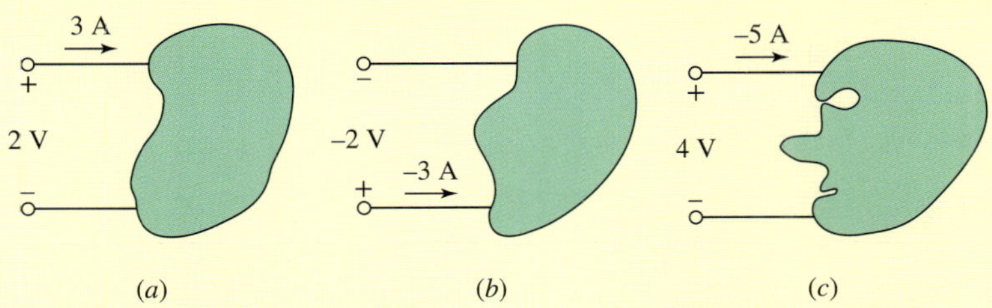

그림 2.13 (*a*, *b*, *c*) 2단자 소자의 세 가지 예.

그림 2.13*a*에서는 기준 전류가 수동부호규약과 일치하도록 정의되어 있어서 소자가 전력을 흡수하는 것으로 되어 있다. 양의 단자로 +3 A의 전류가 흘러 들어가므로 소자가 흡수하는 전력은 다음과 같다.

$$P = (2\,\mathrm{V})(3\,\mathrm{A}) = 6\,\mathrm{W}$$

그림 2.13*b*는 약간 다르게 그려져 있다. 여기서 −3 A의 전류가 양의 단자로 흘러 들어간다. 그러나 전압이 그림 2.13*a*와 반대로 표시되어 있으므로 소자가 흡수하는 전력은

$$P = (-2\,\mathrm{V})(-3\,\mathrm{A}) = 6\,\mathrm{W}$$

가 된다.

따라서 위의 두 경우는 실제로는 동일하다. 그 이유는 회로에서 위 단자로 +3 A의 전류가 흘러 들어가는 것은 아래 단자에서 +3 A의 전류가 흘러나오는 것과 같고 마찬가지로 아래 단자에서 −3 A의 전류가 흘러 들어가는 것과 같기 때문이다.

그림 2.13*c*에서 수동부호규약을 적용하여 흡수되는 전력을 계산하면 다음과 같다.

$$P = (4\,\mathrm{V})(-5\,\mathrm{A}) = -20\,\mathrm{W}$$

흡수전력이 음의 값이므로 실제로는 그림 2.13*c*의 회로가 (에너지원으로 동작하여) +20 W의 전력을 **공급**하고 있는 것이다.

익힘문제 2.6

그림 2.14*a*에서 회로소자가 흡수하는 전력을 계산하라.

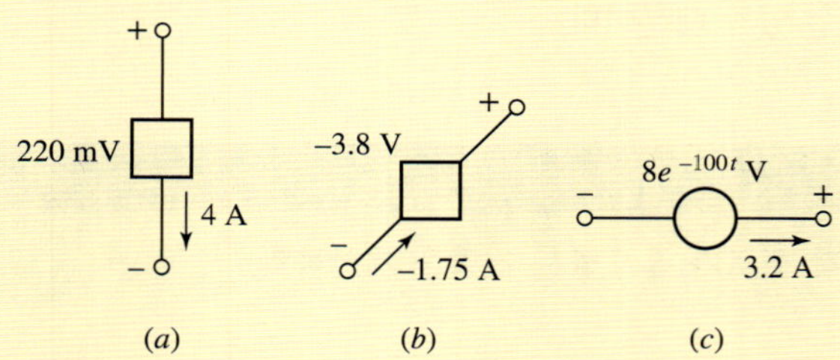

그림 2.14

답: 880 mW.

익힘문제 2.7

그림 2.14*b*에서 회로소자가 발생하는 전력을 계산하라.

답: 6.65 W.

익힘문제 2.8

그림 2.14*c*에서 $t = 5$ ms일 때 회로소자에 전달되는 전력을 계산하라.

답: 15.53 W.

에너지

전기회로에서 전압과 전류의 곱으로 주어지는 전력에 종종 관심을 가지게 된다. 많은 경우에 주어진 일정 시간 동안에 전달되는 총 에너지에 대해 또한 알고 싶어 한다. 예를 들어, 에너지 사용량은 회로에서 배터리의 지속 시간 또는 전기 요금이 얼마인가를 결정하게 된다. 전력이 일률임을 상기하면 에너지(w)는

$$w(t) = \int_{t_0}^{t} p\, dt = \int_{t_0}^{t} vi\, dt \qquad [5]$$

로 정의된다.

에너지의 SI 단위는 **주울**(J)이다. 에너지는 전력과 시간의 곱(1주울 = 1와트 × 1초)이므로 **와트 시간**(Wh) 또는 **킬로와트 시간**(kWh)으로 정의하는 것이 종종 편리하다. 일반적으로 전기의 이용은 kWh 단위로 전기요금이 청구되며, 단위의 변환은 다음과 같은 관계식으로 나타난다.

$$1 \text{ Wh} = 3600 \text{ J} \qquad [6]$$

$$1 \text{ kWh} = 3.6 \times 10^6 \text{ J} \qquad [7]$$

에너지를 저장된 배터리 용량 또한 Wh로 정의할 수 있다. 배터리의 전압은 일정하므로, 배터리 전압을 분리하여 단순히 총 전하저장용량(Q)으로 나타내는 것이 편리하다. 따라서

$$w = \int vi\, dt = V \int i\, dt = VQ \qquad [8]$$

총 전하량 Q는 **암페어 시간**(Ah) 또는 **밀리암페어 시간**(mAh) 단위로 표시된다.

$$1 \text{ Ah} = 3600 \text{ C} \qquad [9]$$

$$1 \text{ mAh} = 3.6 \text{ C} \qquad [10]$$

예제 2.2

배터리로 작동하는 어떤 연기 감지기의 평균 전력 소비가 0.5 W이고 1200 mAh 용량의 9 V 배터리로 동작한다. 예상되는 배터리 교체 주기는 얼마인가?

배터리는 연기 감지기에 의해 소비되는 총 에너지가 배터리에 저장된 총 에너지와 같아질 때 교체가 필요해질 것이다. 연기 감지기에 의해 소비되는 에너지는

$$w = (0.5 \text{ mW})(t)$$

이고, 배터리에 저장되는 총 에너지는 다음과 같다.

$$w = (1.2 \text{ Ah})(9 \text{ V})$$

두 식을 같게 하고 t에 대해 풀면,

$$t = \frac{(1.2\ \text{Ah})(9\ \text{V})}{(0.5 \times 10^{-3}\ \text{W})} = 2.16 \times 10^4\ \text{h}$$

$$t = 2.16 \times 10^4\ \text{h} \times \frac{(1\ \text{day})}{(24\ \text{h})} \times \frac{(1\ \text{year})}{(365\ \text{days})} = 2.47\ \text{years}$$

이다.

익힘문제 2.9

충전용 스마트 폰의 배터리 전압은 3.8 V이고 용량은 1.5 mAh이다. 한 번의 배터리 충전이 12시간의 통화시간 또는 10일의 대기시간을 제공할 때 (a) 통화 모드 및 (b) 대기 모드의 평균 전력소비는 얼마인가?

답: (a) 475 μW; (b) 23.75 μW

2.3 전압원 및 전류원

정의에 의하면 회로소자는 2개의 단자를 가진 전기장치의 수학적 모델이며 그 특성은 전압-전류 관계에 의하여 완전히 결정된다. 또한 간단한 회로소자는 다른 2단자 소자들로 분리할 수 없다.

전류와 전압의 개념을 사용하면 좀 더 구체적으로 **회로소자**를 정의할 수 있다.

회로소자를 정의하는 데 있어서 물리적 소자 자체와 회로에서의 회로 동작을 해석하는 데 사용하는 수학적 모델을 구별하는 것이 중요하다. 수학적 모델은 실제 소자에 대한 근사 모형일 뿐이다.

회로소자라는 표현은 바로 이 수학적 모델을 가리킨다고 하자. 어떤 실제 소자에 대한 특정 모델을 선택할 때는 실험 데이터나 경험을 바탕으로 이루어져야 한다. 대부분의 경우 이러한 선택은 이미 결정되었다고 본다. 문제에 쉽게 접근하기 위해서 처음에는 단순한 모델로 표시된 이상적인 소자를 다루기로 한다.

앞으로 다루게 될 모든 간단한 회로소자는 그 소자를 통해 흐르는 전류와 양단에 걸리는 전압의 관계에 따라서 분류된다. 예를 들어, 소자의 양단에 걸리는 전압이 소자에 흐르는 전류에 선형적으로 비례하면 그 소자를 저항이라고 부른다. 다른 간단한 회로소자의 경우에는 양단의 전압이 그 소자를 통해 흐르는 전류의 시간 **미분**에 비례하거나(인덕터의 경우) 또는 그 전류의 **적분**에 비례한다(커패시터의 경우). 어떤 소자는 전압이 전류에 완전히 독립적이거나 전류가 전압에 완전히 독립적인데, 이러한 소자를 **독립전원**이라고 부른다. 이 외에 특별한 형태의 전원을 정의할 필요가 있는데, 전원의 전압 또는 전류의 크기가 회로 내부의 다른 소자의 전류 또는 전압에 의해 정해지며 이러한 전원을 **종속전원**이라고 한다. 종속전원은 전자회로에서, 특히 증폭기 회로에서 트랜지스터의 직류동작 및 교류동작을 모델링하는 데에 많이 사용된다.

독립전압원

독립전압원을 먼저 고려한다. 회로 기호는 그림 2.15*a*에 나타낸 바와 같으며 첨자 *s*는 이 전압이 전원의 전압임을 의미하는 것으로서 꼭 필요한 것은 아니다. **독립전압원의 특성은 단자 전압이 전원을 통해 흐르는 전류에는 전혀 영향을 받지 않고 독립적이라는 점이다.** 따라서 어떤 독립전압원의 단자 전압이 12 V라고 하면 여기에 회로가 연결되어 전류가 흐르더라도 흐르는 전류에 상관없이 항상 12 V가 유지된다.

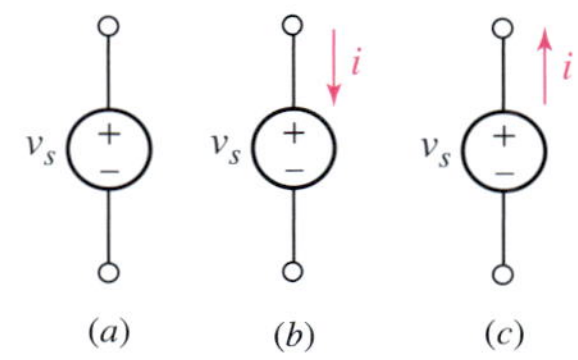

그림 2.15 독립전압원의 회로 기호.

독립전압원은 하나의 이상적인 전원으로서 실제의 물리적인 전원은 아니다. 그 이유는 실제 전원과는 달리 이상적인 전원은 이론적으로 단자로부터 무한대의 에너지를 공급할 수 있기 때문이다. 그런데 이러한 이상적인 전압원은 실제의 전압원에 대해 상당히 양호한 근사 모델이 된다. 예를 들면, 자동차의 배터리는 여기에 흐르는 전류가 수 암페어를 초과하지 않는 한 단자전압은 12 V를 유지한다. 이 배터리에서는 작은 전류가 양방향 중 어느 한 쪽으로 흐를 수 있다. 흐르는 전류가 '+' 값이고 양의 단자로부터 흘러나오면 배터리는 전력을 외부로 공급하는 상태이며, 반대로 전류가 '+' 값이고 양의 단자로 흘러 들어가면 자동차의 교류발전기로부터 에너지를 흡수하여 배터리가 충전되는 상태를 나타낸다.[5] 보통 가정에 들어오는 전원도 $v_s = 115\sqrt{2}\cos 2\pi 60t$ V의 전압을 공급하는 독립전압원에 가까운 특성을 갖는다. 가정에 공급되는 전원을 독립전압원으로 볼 수 있는 것은 전류가 대략 20 A 미만일 경우이다.

집에서 에어컨을 켜는 순간 전구의 불빛이 약간 흐려지는 이유는 큰 전류가 갑자기 요구됨에 따라 전압이 일시적으로 낮아지기 때문이다. 전동기가 기동된 후에는 전류가 감소되어도 전동기가 계속 회전한다. 전류 수요가 감소되면 전압이 원래의 크기로 회복되며, 콘센트의 전압이 이상적인 전압원과 유사하게 전력을 공급한다.

그림 2.15*a*의 독립전압원 기호에서 위쪽의 '+' 기호가 아래쪽 단자에 대해 수치상으로 반드시 더 높은 전압을 의미하는 것은 아니라는 사실에 유의하여야 한다. 이 기호가 실제로 나타내는 것은 위쪽의 단자('+' 표시)는 아래쪽 단자('−' 표시)에 비하여 v_s 볼트만큼 높다는 의미이다. 어떤 시점에서는 v_s가 음의 값을 갖는데, 이 경우에 실제로는 그 시점에서 위쪽 단자가 아래쪽 단자에 비해 전압이 낮은 것이다.

2.15*b*에 표시된 전원에서 위쪽에 있는 "*i*"라고 표시된 전류의 화살표를 검토하자. 이 전류는 '+' 표시가 있는 단자로 흘러 들어가므로 수동부호규약을 만족하며, 따라서 전원은 전력 $p = v_s i$를 **흡수**한다. 흔히 전원은 회로에 전력을 **공급**하지 전력을 흡수하지는 않는다고 본다. 기술적으로 말하면 전류의 방향은 어느 방향으로 지정해도 된다. 이 책에서는 수동소자와는 달리 전압원과 전류원에 대해서는 가급적 그림 2.15*c*와 같은 규약을 채택하기로 한다.

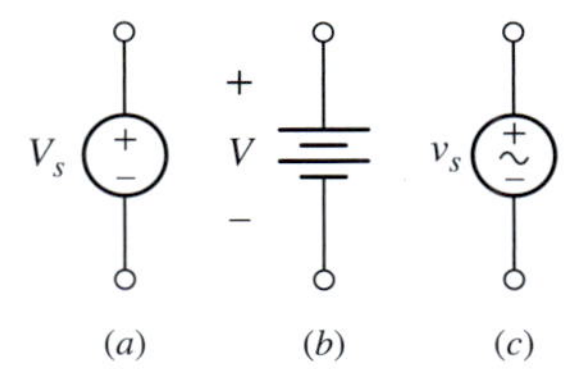

그림 2.16 (*a*) 직류전압원 기호. (*b*) 배터리 기호. (*c*) 교류전압원 기호.

독립전압원의 단자전압이 일정하면 독립 직류전압원이라고도 하며, 그림 2.16*a*나 그림 2.16*b*와 같은 기호로 나타낸다. 그림 2.16*b*에는 배터리의 실제 극판 구조가 표시되어 있으며, 긴 극판이 '+' 단자이므로 '+'와 '−'의 극성 표시가 별 필요 없으나 관례상 '+'와 '−' 표시를 하는 것이 보통이다. 독립 교류전압원은 그림 2.16*c*와 같은 기호로 나타낸다.

직류전압원 및 직류전류원과 같은 용어는 일반적으로 많이 사용된다. 이 용어는 각각 'direct-current voltage source' 및 'direct-current current source'를 의미한다.

5 또는 네가 실수로 전조등을 켜 놓은 채 내린 친구 차의 배터리는 방전된다.

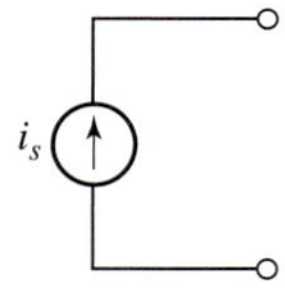

그림 2.17 독립전류원의 회로 기호.

독립전류원

또 하나의 이상적인 전원으로 **독립전류원**이 있다. 독립전류원에 흐르는 전류는 이 전류원 양단에 걸리는 전압에는 전혀 무관하다. 독립전류원의 기호는 그림 2.17과 같다. 만일 i_s의 값이 일정하면 이 전원을 독립 직류전류원이라고 한다. 교류전류원은 그림 2.16*c*의 교류전압원과 유사하게 그림 2.17의 화살표에 '~'를 추가한 기호를 사용하기도 한다.

독립전압원과 마찬가지로 독립전류원은 물리적 소자에 대한 매우 합당한 근사 모델이다. 이론적으로 이 독립전류원은 전류원 양단에 걸리는 전압이 어떤 값이든 상관없이 동일한 전류를 공급하기 때문에 독립전류원의 단자로부터 무한대의 전력을 공급할 수 있다. 독립전류원은 다수의 실제 전원을 (특히 전자회로에서) 제대로 근사한 것이다.

대부분의 학습자들은 일정한 전압을 공급하여 전류를 흘려주는 독립전압원은 제대로 알고 있지만 독립전류원이 일정한 전류를 공급하는 동안 전류원의 양단전압이 0볼트인 것으로 잘못 알기 쉽다. 사실상 전류원의 양단전압이 얼마인지는 미리 알 수 없으며, 전류원이 접속되는 회로의 상태에 따라 결정된다.

종속전원

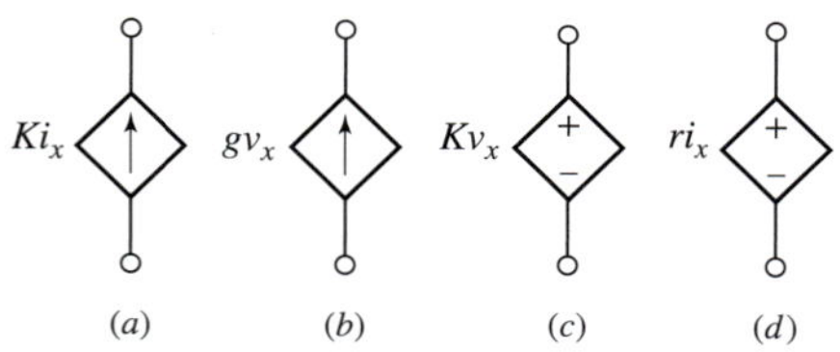

그림 2.18 4가지 다른 종류의 종속전원. (*a*) 전류제어 전류원. (*b*) 전압제어 전류원. (*c*) 전압제어 전압원. (*d*) 전류제어 전압원.

지금까지 소개한 2개의 이상적인 전원은 전원의 크기가 회로의 다른 소자에 의하여 어떤 형태로도 영향을 받지 않기 때문에 **독립전원**이라고 부른다. 이와는 달리 이상적인 전원이지만 전원의 크기가 회로 내부의 다른 전압이나 전류에 의하여 결정되는 전원이 있는데, 이러한 전원을 **종속전원**이라고 한다. 이러한 전원은 트랜지스터, 연산증폭기, 집적회로와 같은 많은 전자장치의 등가 모델에서 자주 등장한다. 종속전원을 독립전원과 구분하기 위하여 그림 2.18과 같이 다이아몬드 형태의 기호를 사용하여 표시한다. 그림 2.18*a*와 그림 2.18*c*에서 K는 단위가 없는 비례상수이다. 그림 2.18*b*에서 g는 단위가 A/V인 비례상수이고 그림 2.18*d*에서 r은 V/A의 단위를 갖는 비례상수이다. 제어전류 i_x와 제어전압 v_x는 반드시 그 회로 내에 정의되어 있어야 한다.

우선 크기가 전압에 비례하는 전류원이나 전압의 크기가 다른 소자에 흐르는 전류에 비례하는 전압원이 이상하게 느껴질 것이다. 심지어는 전압의 크기가 따로 떨어진 다른 전압에 비례하는 전압원도 낯설 것이다. 그러나 이러한 전원들은 복잡한 시스템을 모델링하는 데에 아주 유용하게 사용되며, 시스템을 쉽게 대수적으로 해석할 수 있도록 해준다. 이러한 예로는 게이트 전압에 비례하는 전계효과 트랜지스터의 드레인 전류나 입력전압의 차이에 비례하는 아날로그 집적회로의 출력전압이 있다. 종속전원이 포함되어 있는 회로를 해석할 때, 독립전원에 숫자로 표시되어 있는 크기를 사용하는 것과 마찬가지로 종속전원에 수식으로 표시되어 있는 크기를 그대로 사용한다. 종속전원이 포함되어 있는 회로를 제대로 해석하려면 보조방정식이 더 필요하다. 단, 종속전원의 제어전압이나 제어전류가 이미 시스템 방정식에서 미지수 중의 하나로 규정되어 있다면 보조방정식이 필요 없다.

예제 2.3

그림 2.19a의 회로에서 $v_2 = 3$ V라고 할 때 v_L을 구하라.

그림 2.19a에 이미 변수가 표시되어 있으며 필요한 정보인 $v_2 = 3$ V를 추가하면 그림 2.19b와 같다.

다음 단계에서는 수집된 정보를 검토한다. 회로도를 살펴보면 전압 v_L은 종속전원의 양단전압과 동일함을 알 수 있다. 따라서,

$$v_L = 5v_2$$

이다. 이 시점에서 v_2의 값을 안다면 문제가 해결된다. 그림을 다시 보면 이미 v_2가 3 V임을 알 수 있다.

$$v_2 = 3$$

위의 간단한 수식 2개에서 미지수가 2개이므로 v_L을 구하면 $v_L = 15$ V이다.

이상으로부터 **회로에 기호와 추가 정보를 표시하는 것이 중요함을 알 수 있을 것이다.** 마지막 단계에서는 처음으로 돌아가서 해석한 결과가 정확한지를 점검하여야 한다.

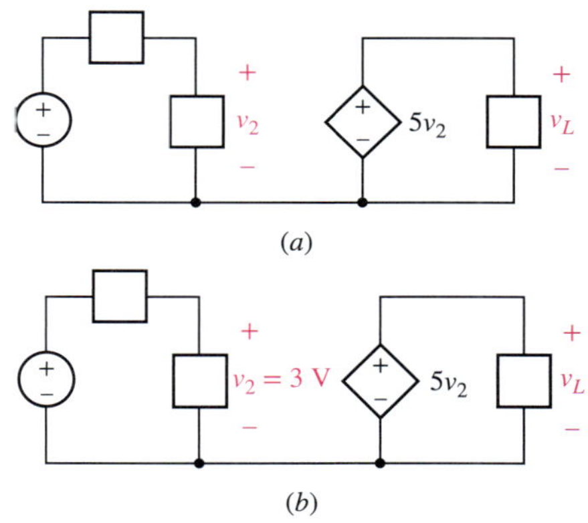

그림 2.19 (*a*) 전압제어 전압원을 포함하는 회로의 예. (*b*) 회로에 추가 정보를 표시한 경우.

익힘문제 2.10

그림 2.20의 회로에서 각 소자가 흡수하는 전력을 구하라.

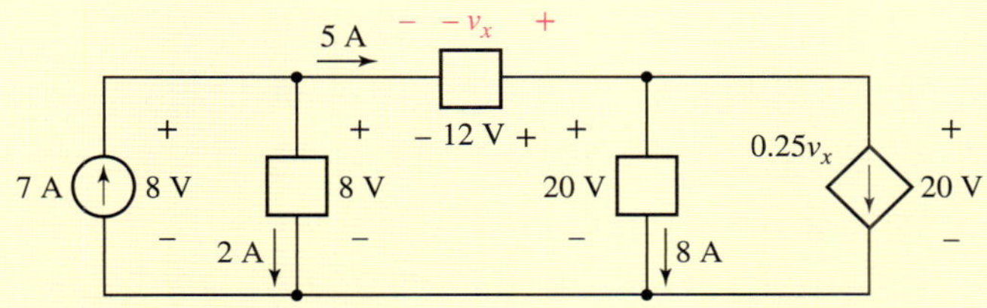

그림 2.20

답: (왼쪽으로부터) −56 W; 16 W; −60 W; 160 W; −60 W.

종속전원과 독립전원은 능동소자이다. 즉, 이들은 외부로 전력을 공급할 수 있는 능력을 가지고 있다. 현 단계에서는 **수동소자**를 전력을 받기만 하는 소자로 생각한다. 그러나 수동소자 중에는 한정된 양의 에너지를 저장하였다가 나중에 다른 외부소자로 에너지를 되돌려줄 수 있는 소자도 있다. 이러한 소자도 수동소자로 부르기 때문에 여기서 정의한 능동과 수동의 기준을 나중에 약간 수정할 필요가 있다.

회로망과 회로

2개 이상의 간단한 회로소자를 연결하면 전기 **회로망**이 된다. 회로망이 적어도 1개의 폐경로를 포함하면 전기**회로**라고 한다. 회로는 모두 회로망이지만 회로망이 모두 회로인 것은 아니다(그림 2.21 참조).

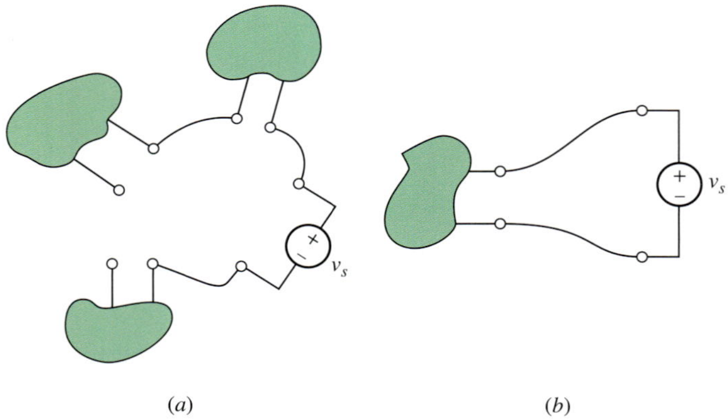

그림 2.21 (*a*) 회로망이지만 회로는 아니다. (*b*) 회로망이자 회로이다.

독립전압원 또는 독립전류원과 같은 능동소자를 하나 이상 포함하는 회로망은 능동 회로망이다. 이에 비해 능동소자를 하나도 포함하지 않는 회로망은 수동 회로망이다.

이제까지 회로소자라는 용어가 무엇인지를 정의하였으며, 독립적이거나 종속적인 전압원 및 전류원의 정의를 설명하였다. 이 책의 나머지 부분에서는 저항, 인덕터, 커패시터, 변압기 및 이상적인 연산증폭기(op amp)의 다섯 소자만을 더 정의할 것이다. 이 소자들은 모두 이상적인 소자이다. 이러한 소자들로 회로 및 회로망을 구성하여 실제의 장치를 필요한 만큼의 정확도로 나타낼 수 있기 때문에 이상적인 소자들은 매우 중요한 요소이다. 따라서 그림 2.22a와 그림 2.22b에 나타낸 트랜지스터를 그림 2.22c와 같이 v_{gs}로 표시한 전압 단자와 종속전류원 1개를 사용하여 모델링할 수 있다. 이 종속전류원은 회로 내부의 어떤 전압에 종속되는 전류를 생성한다. 보통 상호컨덕턴스라고 부르는 파라미터 g_m은 트랜지스터에 접속되어 있는 회로에서 정해지는 동작점뿐만 아니라 트랜지스터의 명세 내용을 사용하여 산정된다. 이 파라미터의 값은 보통 $10^{-2} \sim 10$ A/V 정도의 작은 값이다. 이 모델은 정현파 전원의 주파수가 너무 높거나 낮지 않다면 아주 잘 들어맞는다. 만일 주파수에 의한 영향을 고려해야 한다면 저항과 커패시터와 같은 이상적인 회로소자를 추가하여 모델을 수정할 수 있다.

이와 같은 트랜지스터는 대개 집적회로의 극히 일부분일 뿐이며, 집적회로 하나는 크기가 2 mm × 2 mm, 두께가 200 μm 미만이며 내부에 수천 개의 트랜지스터와 여러 가지의 저항 및 커패시터를 포함하고 있다. 따라서 일 만 개 정도의 이상

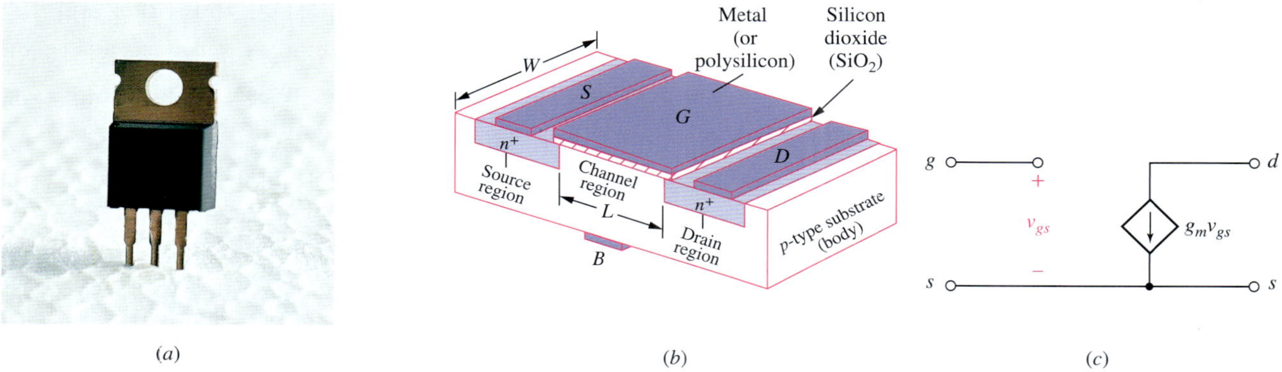

그림 2.22 산화금속 반도체 전계효과 트랜지스터(MOSFET). (*a*) TO-220 패키지 내의 N채널 전력용 MOSFET인 IRF540. 정격전압이 100 V이고 정격전류가 22 A이다. (*b*) 기본적인 MOSFET 단면도 (*c*) 교류회로 해석용 등가회로모델. ((*a*) ©Steve Durbin (*b*) R. Jaeger, Microelectronic CircuitDesign, McGraw-Hill, 1997)

적인 간단한 회로소자로 구성되어 있지만 크기가 본 교재의 글자 1개 크기 정도인 실제 소자가 있을 수 있다. 이러한 '회로 모델링'의 개념은 전자회로, 에너지 변환공학, 안테나 공학과 같은 다른 여러 전기공학 교과목에서도 사용된다.

2.4 옴의 법칙

지금까지 독립적이거나 종속적인 전압원 및 전류원을 다루었는데, 이 전원들은 실제 회로에서 근사화시킨 **이상적인** 능동소자이다. 이제 또 하나의 이상적인 소자인 저항을 만나보자. 저항은 가장 간단한 수동 소자이다. 무명의 독일 물리학자 조지 시몬 옴(George Simon Ohm)은 1827년 발표한 논문에서 최초로 전류와 전압의 측정 결과와 이들 간의 관계를 수학적으로 기술하였는데, 그의 연구 결과를 고려함으로써 저항의 특성을 고찰하고자 한다. 그 결과 중의 하나는 우리가 **옴의 법칙**이라고 부르는 전압-전류 사이의 기본적인 관계에 대한 것이었다. 이후에 이 결과는 이미 46년이나 앞서 영국에서 헨리 캐번디시(Henry Cavendish)에 의해 발견되었음이 확인되었다.

옴의 법칙에 의하면 도체의 양단에 걸리는 전압은 그 도체를 통해 흐르는 전류에 직접 비례한다. 수식으로 표현하면

$$v = Ri \qquad [11]$$

이며, 비례상수 R을 저항이라고 한다. 저항의 단위는 옴(Ohm)으로서 기호 Ω을 사용하며 1 Ω = 1 V/A이다.

이 식을 v-i 평면에 그리면 그림 2.23과 같이 원점을 지나는 직선이 된다. 식 [11]은 선형 방정식이며 이 식을 **선형 저항**의 정의로 사용하기로 한다. 일반적으로 저항 값은 양의 값이지만 특별한 회로를 시뮬레이션 할 때에는 음의 값이 될 수도 있다.

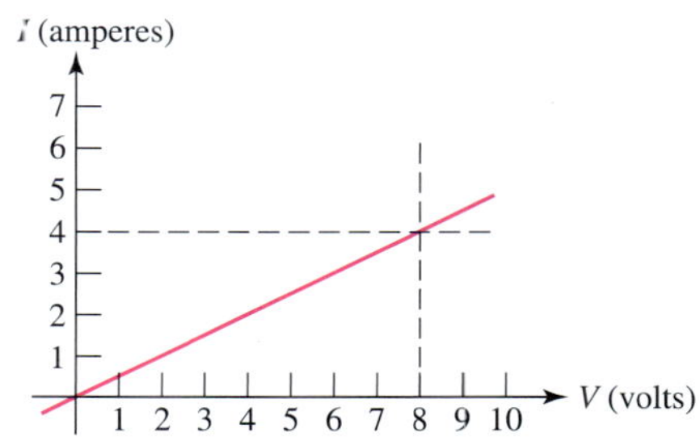

그림 2.23 2 Ω 선형저항의 전압-전류 관계. 직선의 기울기가 0.5 A/V 또는 500 mΩ^{-1}임에 유의하라.

이 선형 저항은 이상적인 회로 소자이며 실제의 물리적 저항에 대한 하나의 수학적 모델이다. 저항은 쉽게 구매하거나 제조할 수 있다. 그러나 실제 저항의 전압-전류 관계는 어떤 특정 범위 내의 전류, 전압, 또는 전력에 한해서 선형이며, 온도와 기타 주변 환경 요인에 따라 변한다. 선형 저항은 간단히 저항이라고 부르는 것이 보통이며 비선형 특성을 갖는 저항은 비선형 저항이라고 부른다.

전력 소모

그림 2.24는 저항을 표시하는 가장 일반적인 회로 기호와 여러 종류의 실제 저항을 보여준다. 이미 채택한 전압, 전류 및 전력 규약에 의하면 v와 i의 곱이 저항에서 소모되는 전력이다. 이때 v와 i는 수동부호규약을 만족하도록 선택하였다. 저항에서 소모된 전력은 물리적으로 열 및(또는) 빛의 형태로 나타나며, 항상 양의 값이다. 저항은 전력을 공급하거나 에너지를 저장하지 못하는 수동소자이다. 소모 전력을 전압과 전류의 함수로 나타내면 다음과 같이 여러 형태로 표현된다.

$$p = vi = i^2R = v^2/R \qquad [12]$$

저자 중의 한 사람은 부주의로 100 Ω, 2 W짜리 탄소 저항에 110 V 전원을 연결하였더니 불꽃에 이어 연기가 나고 조각 조각으로 파열되는 황당한 경험을 하게 되었다. 이것은 실제 저항은 이상적인 선형 모델로 동작되는 범위가 상당히 제한적이라는 사실을 시사해 주는 사건이다. 이 경우, 불행하게도 저항에는 121 W가 흡수되었다. 그런데 저항의 전력용량이 2 W에 불과하므로 이러한 사태가 발생하였다.

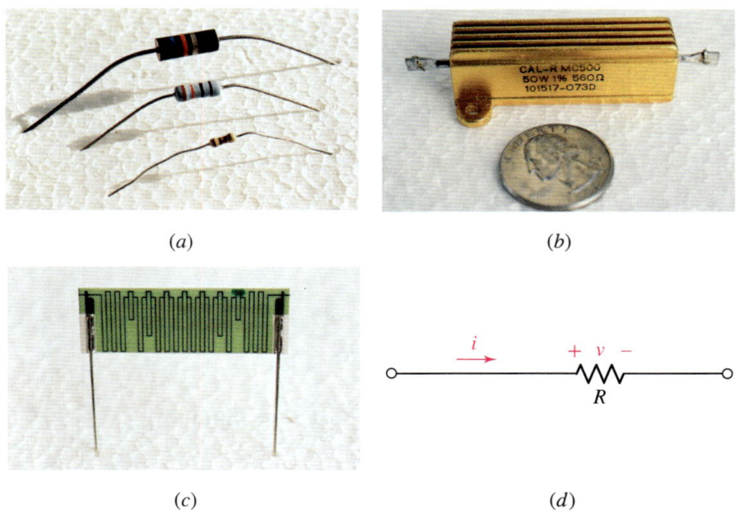

그림 2.24 (a) 일반적인 저항. (b) 560 Ω 짜리 전력용 저항. 50 W 용량까지 있다. (c) Ohmcraft사가 제작한 정밀도 5%, 10^{13} Ω 짜리 저항. (d) 이상의 (a)~(c)에 모두 적용할 수 있는 저항의 회로기호. ((a)-(c) ©Steve Durbin)

예제 2.4

그림 2.24b에 나타낸 560 Ω 저항이 회로에 연결되어 42.4 mA의 전류가 흐른다. 저항 양단에 걸리는 전압과 저항에서 소모되는 전력을 구하라.

저항 양단에 걸리는 전압은 옴의 법칙에 의해 구할 수 있다.

$$v = Ri = (560)(0.0424) = 23.7 \text{ V}$$

저항에서 소모되는 전력은 여러 가지 방법으로 구할 수 있다. 예를 들어

$$p = vi = (23.7)(0.0424) = 1.005 \text{ W}$$

이며, 아래와 같이 다른 방법으로 구할 수도 있다.

$$p = v^2/R = (23.7)^2/560 = 1.003 \text{ W}$$
$$p = i^2R = (0.0424)^2(560) = 1.007 \text{ W}$$

여기서 몇 가지 유의할 점이 있다.

첫째, 전력을 서로 다른 세 가지 방법으로 구하였는데, 세 가지 다른 답을 얻은 것으로 보인다.

그러나 실제에 있어 우리는 전압을 유효숫자 세 자리로 전압을 구했으며, 이것이 정밀도에 영향을 주어 전력 값이 다르게 나타난 것이다. 위의 답들은 오차 범위가 1% 이내이므로 모두 합당한 값으로 보아야 한다.

그리고 저항의 정격 전력용량이 50 W임에 유의해야 한다. 위의 경우에 저항에서 50 W의 2% 정도만을 소모하므로 저항이 과열될 염려가 없다.

익힘문제 2.11

그림 2.25에서 다음을 계산하라.
$i = -2\ \mu$A이고 $v = -44$ V일 때의 R.

답: 22 MΩ.

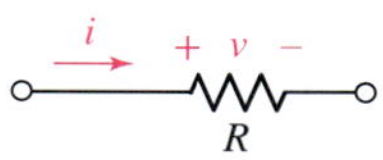

그림 2.25

익힘문제 2.12

$v = 1$ V이고 $R = 2$ kΩ일 때의 소모전력.

답: 500 μW.

익힘문제 2.13

$i = 3$ nA이고 $R = 4.7$ MΩ일 때의 소모전력.

답: 42.3 pW.

실제 문제에의 적용

전선 게이지

기술적으로 말하자면, 모든 재료(초전도체 제외)는 전류의 흐름에 저항한다. 그러나 모든 회로입문서와 마찬가지로 본 교재에서도 회로도에 있는 전선의 저항이 영(0)이라고 가정하고 있다. 이것은 도선의 양단 사이에 전위차가 없어서 소모되는 전력이 없거나 열이 발생하지 않는다는 것을 의미한다. 비록 이 가정이 일반적으로 비합리적인 가정은 아니지만 특정한 용도에 사용할 전선의 적절한 직경을 선정할 때의 실제적인 문제를 고려하지 않은 것이다.

저항은 (1) 재료가 가지고 있는 고유한 **저항률**(*resistivity*)과 (2) 외적 형태에 의하여 결정된다. 기호 ρ로 나타내는 저항률은 어떤 재료를 전자가 얼마나 쉽게 통과할 수 있는지를 나타내는 척도이다. 저항률은 재료에 흐르는 전류의 면적밀도(A/m^2)에 대한 전기장(V/m)의 비율이므로 ρ의 일반적인 단위는 $\Omega \cdot m$이다. 재료는 모두 각각의 고유한 저항률을 가지고 있는데 온도에 따라 변한다. 몇 가지 예를 표 2.3에 나타내었다. 표에서 알 수 있듯이 같은 구리라면 형태가 다르더라도 별 차이가 없지만 (1% 미만) 재료의 종류가 다르면 저항률 차이가 매우 크다. 특히 강철선은 물리적으로 구리보다 더 강하지만 저항률은 구리의 저항률에 비해 몇 배가 된다. 일부 기술적인 면에서는 재료의 도전율(σ로 표시)을 더 많이 사용하는데, 도전율은 단순히 저항률의 역수이다.

특정한 물체의 저항은 식 [13]과 같이 저항률에 저항의 길이 ℓ을 곱한 후에 단면적(A)으로 나누어 구한다. 이들 파라미터를 그림 2.26에 도시하였다.

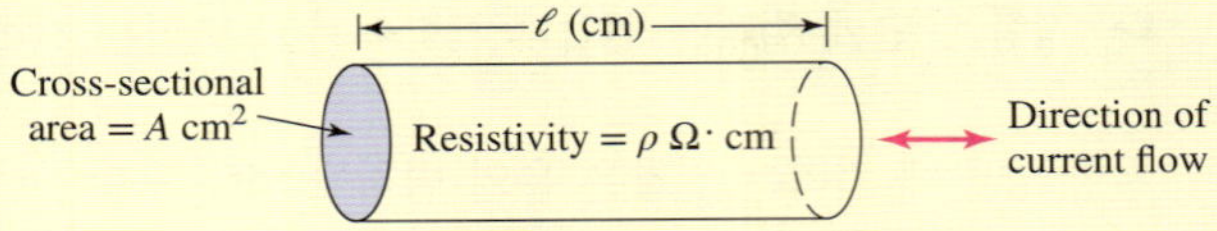

그림 2.26 전선의 저항을 계산하는 데 사용하는 기하학적인 파라미터의 정의. 재료의 저항률은 재료 전체가 균일하다고 가정한다.

$$R = \rho \frac{\ell}{A} \qquad [13]$$

전선을 만들기 위해 사용한 재료의 종류를 알고 사용할 때의 온도를 측정하면 저항률을 계산할 수 있다. 전선에서는 전선의 저항 때문에 흡수되는 전력의 양이 제한되므로 전류가 흐르면 열이 발생되게 된다. 굵은 전선일수록 저항 값이 낮고 따라서 쉽게 열을 발산할 수 있지만 무거워지고 부피가 커지며 가격이 비싸진다. 따라서 실제로 전선을 선정할 경우에는 단순히 저항 손실을 줄이기 위해 좀 더 굵은 전선을 선정하기보다는 용도에 적합한 한 가는 전선을 선정한다. 미국전선게이지(AWG)는 전선의 굵기를 규정하는 표준시스템이다. 전선게이지를 택함에 있어 AWG 숫자가 작을수록 전선의 직경이 더 크다. 일반적인 게이지를 요약하면 표 2.4와 같다. 일반적으로 국가마다 전선이 설치되는 장소뿐만 아니라 예상되는 최대 전류 값을 근거로 한 화재 및 전기안전규정을 제정하여 전선의 용도마다 필요한 게이지를 규정하고 있다.

예제 2.5

24마일 떨어져 있는 두 섬 사이에 직류전력선이 설치되어 있다. 동작전압은 500 kV이고 용량은 600 MW이다. 최대로 흐를 수 있는 직류전류값을 구하고 전선의 저항률을 산정하라. 전선은 직경이 2.5 cm인 (여러 가닥을 꼬아서 제작한 연선이 아니고) 단선이라고 한다.

최대 전력(600 MW 또는 600×10^6 W)을 동작전압(500 kV 또는 500×10^3 V)으로 나누면 최대 전류를 구할 수 있다.

$$\frac{600 \times 10^6}{500 \times 10^3} = 1200 \text{ A}$$

표 2.3 일반적인 전선재료 및 저항률.*

ASTM Specification**	Temper and Shape	Resistivity at 20°C (μΩ · cm)
B33	Copper, tinned soft, round	1.7654
B75	Copper, tube, soft, OF copper	1.7241
B188	Copper, hard bus tube, rectangular or square	1.7521
B189	Copper, lead-coated soft, round	1.7654
B230	Aluminum, hard, round	2.8625
B227	Copper-clad steel, hard, round, grade 40 HS	4.3971
B355	Copper, nickel-coated soft, round Class 10	1.9592
B415	Aluminum-clad steel, hard, round	8.4805

* C. B. Rawlins, "Conductor materials," *Standard Handbook for Electrical Engineering,* 13th ed., D. G. Fink and H. W. Beaty, eds. New York: McGraw-Hill, 1993, pp. 4-4 to 4-8.

** American Society of Testing and Materials.

표 2.4 일반적인 전선게이지 및 (연)고체 구리 전선의 저항.*

Conductor Size (AWG)	Cross-Sectional Area (mm^2)	Ohms per 1000 ft at 20°C
28	0.0804	65.3
24	0.205	25.7
22	0.324	16.2
18	0.823	6.39
14	2.08	2.52
12	3.31	1.59
6	13.3	0.3952
4	21.1	0.2485
2	33.6	0.1563

* C. B. Rawlins et al., *Standard Handbook for Electrical Engineering,* 13th ed., D. G. Fink and H. W. Beaty, eds. New York: McGraw-Hill, 1993, p. 4-47.

전선의 저항은 단순히 전류에 대한 전압의 비율이다.

$$R_{\text{cable}} = \frac{500 \times 10^3}{1200} = 417\,\Omega$$

전선의 길이는 다음과 같다.

$$\ell = \left(24\,\text{miles}\right)\left(\frac{5280\text{ ft}}{1\text{ mile}}\right)\left(\frac{12\text{ in}}{1\text{ ft}}\right)\left(\frac{2.54\text{ cm}}{1\text{ in}}\right) = 3{,}862{,}426\text{ cm}$$

대부분 유효숫자를 두 자리로 하므로 길이를 3.9 $\times 10^6$으로 한다. 전선의 직경이 2.5 cm이므로 단면적을 구하면 4.9 cm^2이다. 따라서 저항률을 구하면 다음과 같다.

$$\rho_{\text{cable}} = R_{\text{cable}}\frac{A}{\ell} = 417\left(\frac{4.9}{3.9\times10^6}\right) = 520\ \mu\Omega\cdot\text{cm}$$

익힘문제 2.14

길이가 500 ft인 24 AWG 동선에 100 mA가 흐르고 있다. 이 선 양단에서의 전압강하는 얼마인가?

답: 3.26 V.

퓨즈

회로를 설계할 때 전류 흐름을 처리할 수 있는 능력은 중요한 고려사항이다. 전기 부품과 연결선들은 회로가 설계한 전류의 흐름을 전달할 수 있어야 한다. 예를 들어, 전기 자동차에 전력을 취급하기 위해 1/8 W 저항 또는 매우 가는 배선을 사용하지 않을 것이다. 마찬가지로 의도하지 않은 단락회로 상태와 관련된 위험을 최소화하는 것이 바람직하다. 이러한 단락 상태는 전기 부품을 손상시키는 매우 큰 전류 스파이크를 유발하거나 화재 또는 감전을 일으킬 수 있다. 과전류를 방지하기 위하여 퓨즈는 회로와 직렬 연결부와 통합되어 사용된다. 퓨즈는 특정 전류 조건에서 (안전하게) 장애가 발생되도록 설계된 단순한 저항이다. 이 전류 흐름의 크기에서 퓨즈에 있는 물질이 녹아 회로가 위험 전류 크기로부터 보호되도록 개방회로 상태가 된다. 퓨즈는 특정 전류 크기에서 고장을 일으키는 것뿐만 아니라 전력 소비를 최소화하기 위해 매우 낮은 저항으로 구현된다. 퓨즈를 끊어내는 것은 백열 전구를 연소시키는 고장 메커니즘과 매우 유사하며 고장난 퓨즈는 교체해야 된다. 회로 차단기는 과전류 보호를 위해 사용된다. 과전류 방지를 위한 회로 차단기의 물리적 메커니즘은 퓨즈와 매우 다르며, "트립" 조건에 따라 재설정 및 재사용할 수 있다. 회로 차단기의 크기와 가격은 일반적으로 퓨즈보다 훨씬 크고 비싸며, 어떤 장치를 사용할 것인지의 선택은 적용되는 응용분야의 요구에 따라 달라진다.

컨덕턴스

선형 저항에서 전압에 대한 전류의 비율도 상수이며 다음과 같다.

$$\frac{i}{v} = \frac{1}{R} = G \qquad [14]$$

여기서 G를 **컨덕턴스**라고 한다. 컨덕턴스의 SI 단위는 지멘스(S)이며 1 G = 1 A/V이다. 이전에 사용하던 비공식적인 단위는 모우(mho)이고 기호는 ℧를 사용하였으며, 아직도 종종 Ω^{-1}로 표기한다. 이 기호는 카탈로그와 문헌뿐만 아니라 일부 회로도에서 사용되기도 한다. 컨덕턴스와 저항의 회로기호는 동일하며 그림 2.24d의 기호를 사용한다. 흡수하는 전력은 양(+)의 값이며 컨덕턴스로 표시하면 다음과 같다.

$$p = vi = v^2 G = \frac{i^2}{G} \qquad [15]$$

따라서 2 Ω 저항은 컨덕턴스 $\frac{1}{2}$ S이며, 저항에 흐르는 전류가 5 A이면 저항 양단에 10 V의 전압이 걸리고 50 W의 전력이 소모된다.

이 절에서 지금까지 언급한 $v = iR$ 및 $p = vi$와 같은 수식에서 전류, 전압, 전력은 모두 순시 값이다. 이것은 간단한 표현으로서 실제로는 $v(t) = Ri(t)$ 및 $p(t) = v(t)i(t)$를 나타내는 것이다. 저항에 흐르는 전류와 저항 양단에 걸리는 전압은 같은 형태로 시간에 따라 변하게 된다. 따라서 만일 $R = 10$ Ω, $v = 2 \sin 100t$ V이면 전류는 $i = 0.2 \sin 100t$ A가 된다. 이때 흡수되는 전력은 $p = 0.4 \sin^2 100t$ W이며, 그림으로 나타내면 전압, 전류와는 다른 형태로 시간에 따라 변함을 알 수 있다. 전압과 전류는 시간 구간에 따라 음(−)의 값이 되기도 하지만 소모전력은 결코 음(−)이 되지 않는다.

저항은 흔히 사용되고 있는 단락회로(short circuit) 및 개방회로(open circuit)라는 두 용어를 정의하는 데에도 사용된다. 단락회로는 저항 값이 영(0)인 저항으로 정의한다. 따라서 단락회로는 $v = iR$에 의하여 흐르는 전류가 어떤 값이든 단락회로 양단의 그 전압이 0이 된다. 마찬가지로 개방회로는 저항 값이 무한대인 경우로 정의한다. 이 경우는 옴의 법칙에 의하여 단자 양단에 걸리는 전압이 어떤 값이든 전류가 0이 된다. 단락되어 있는 실제의 전선은 작은 값의 저항을 가지고 있지만 특별히 언급하지 않는 한 저항이 0인 것으로 가정한다. 따라서 우리가 다루는 모든 회로도에서 전선은 완전한 단락회로로 간주한다.

컴퓨터를 이용한 해석

MATLAB과 같은 도구는 시간에 따라 변하는 양을 분석하는 데 매우 유용하다. 시변 에너지 변환기를 예로 들어보자.

압전 에너지 변환기는 바다의 해파의 기계적 움직임으로부터 회로에 전기를 발생시키는데 사용된다.

변환기에 의해 발생되는 전압은 다음의 구간적 공식에 따라 주기적이며, 이 전압은 50 Ω 저항에 가해진다. 두 주기(10초) 동안 시간의 함수로 전압, 전력 및 에너지의 그래프를 도시하고, 각 주기 동안 수확되는 에너지를 구하라.

$$v(t) = 24 \sin(\pi t) \text{ V}; (0 < t < 1s)$$

$$v(t) = -18 \sin\left(\frac{\pi}{2}(t-1)\right) \text{ V}; (1 < t < 2s)$$

$$v(t) = -18 \exp(2-t) \text{ V}; (2 < t < 5s)$$

해법:

전력은 $p(t) = v(t)i(t) = v^2(t)/R$이고, 에너지는 $w(t) = \int_{t_0}^{t} p\,dt$이다. 에너지의 누적 적분은 합계 $w(t) \approx \Sigma p(t)\Delta t$를 이용하여 수치적으로 근사화 할 수 있으며,

여기서 Δt는 두 점 사이의 시간 간격이다. MATLAB에서 합계는 수동으로 계산하거나 내장된 함수인 *cumsum*()를 이용해 구할 수 있다.

```
% Example for piezoelectric energy harvester
t_end = 10; % End time in seconds
t_pts = 500; % Number of points for time vector
t=linspace(0,t_end,t_pts); % Define time vector
dt=t_end/t_pts; % Separation between time points
R=50; % Resistance in ohms
for i=1:t_pts; % Iterate for each point in time
   if (t(i)<=1) v(i) = 24*sin(pi*t(i)); end
   if (t(i)>1) & (t(i)<=2); v(i) = -18*sin(pi/2*(t(i)-1)); end
   if (t(i)>2) & (t(i)<=5); v(i)=-18*exp(1*(2-t(i))); end
   if (t(i)>5) & (t(i)<=6); v(i) = 24*sin(pi*(t(i)-5)); end
   if (t(i)>6) & (t(i)<=7); v(i) = -18*sin(pi/2*(t(i)-6)); end
   if (t(i)>7) & (t(i)<=10); v(i)=-18*exp(1*(7-t(i))); end
   p(i)=v(i)^2/R;
end
w=cumsum(p)*dt; % Energy from cumulative sum times time
separation
```

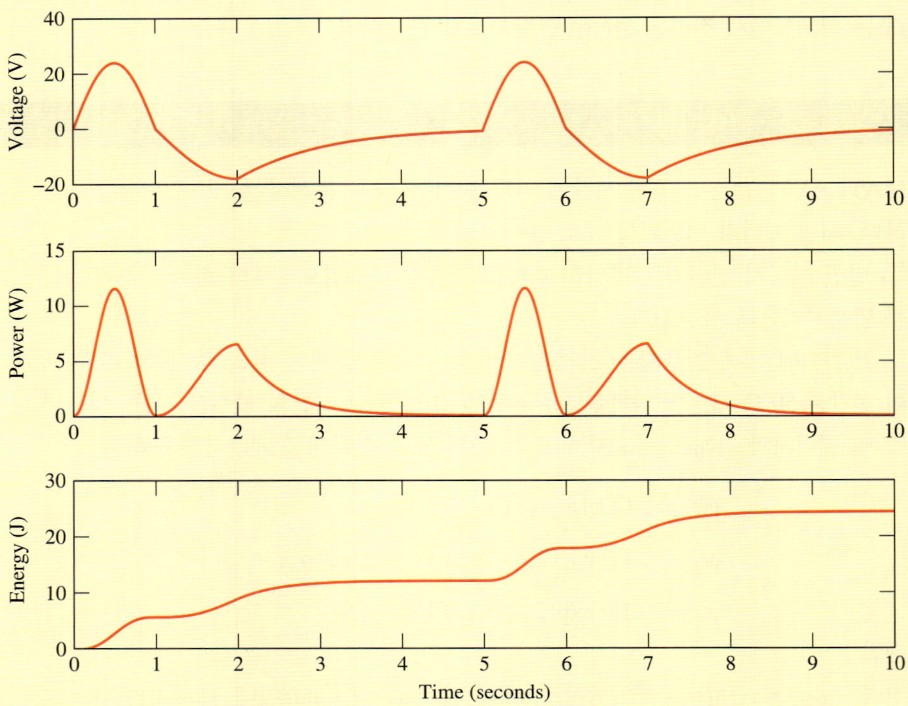

그림 2.27 두 주기 동안의 압전 에너지 변환기에 대한 전압, 전력 및 에너지 그래프.

```
% Plot results together on one plot using 'subplot' function
figure(1)
subplot(3,1,1); plot(t,v,'r'); % Plot voltage
ylabel('Voltage (V)');
subplot(3,1,2); plot(t,p,'r') % Plot power
ylabel('Power (W)')
subplot(3,1,3); plot(t,w,'r') % Plot energy
xlabel('Time (seconds)')
ylabel('Energy (J)')
```

결과 그래프를 그림 2.27에 보였으며, 한 주기 동안의 에너지는 12.207 W이다.

요약 및 복습

이 장에서는 전기회로와 연관지어 단위를 소개하고 이들과 기본적인 SI 단위와의 관계를 설명하였다. 또한 전류와 전류원, 전압과 전압원을 설명하고 전압과 전류의 곱이 전력(에너지가 소모 또는 생성되는 비율)이 됨을 기술하였다. 전력은 전류의 방향 및 전압의 극성에 따라 양의 값이 될 수도 있고, 음의 값이 될 수도 있기 때문에 소자가 에너지를 **흡수**하는지 아니면 회로의 다른 부분에 에너지를 **공급**하는지를 확실하게 하기 위해 수동부호규약을 기술하였다. 종속전원으로 알려져 있는 네 가지 전원을 추가로 소개하였다. 이 종속전원들은 일반적으로 복잡한 시스템 및 전기소자를 모델링할 때 사용되는데, 공급하는 전압이나 전류의 실제값은 전체 회로를 해석해 보아야 알 수 있다. 이 장은 이제까지 가장 일반적인 소자이면서 전압과 전류가 선형적인 관계이어서 옴의 법칙으로 설명되는 저항으로 마무리한다. 재료의 **저항률**이 기본적인 특성 중 하나로서 Ω·cm로 측정되는 반면에, Ω으로 측정되는 **저항**은 소자의 특성이어서 저항률 뿐만 아니라 소자의 구조(즉, 길이 및 면적)에도 관계가 있다.

이 장을 복습하기 위해 주요한 점을 해당 예제와 함께 요약하면 다음과 같다.

i 또는 *i*(*t*)로 나타낸 전류는 상수(dc)이거나 시간에 따라 변할 수도 있다. 그러나 기호 *I*로 표시하는 전류는 시간에 따라 변하지 않는 경우이어야 한다.

- ❑ 전기공학에서 가장 보편적으로 사용되는 단위 시스템은 SI이다.
- ❑ 양(+)의 전하가 이동하는 방향은 양의 전류의 방향이다. 다른 말로 표현하면 양의 전류의 흐름은 전자의 이동방향과 반대이다.
- ❑ 전류를 정의하려면 그 크기와 방향이 주어져야 한다. 상수 값의 전류는 대문자 '*I*'로 표시하고 나머지 경우는 *i* 또는 *i*(*t*)로 나타낸다.
- ❑ 소자의 양단에 걸리는 전압을 정의하려면 그 크기와 양 단자에 + 및 − 기호를 사용하여 극성을 분명하게 표시해야 한다.

- 소자는 어느 것이라도 양(+)의 전류가 '+' 전압 단자에서 흘러나오면 양의 전력을 공급한다고 한다. 양의 전류가 '−' 전압 단자로 흘러 들어가면 그 소자는 양의 전력을 흡수한다고 한다. (예제 2.1과 예제 2.2)
- 전원은 6종류가 있다. 즉, 독립전압원, 독립전류원, 전류제어 종속전류원, 전압제어 종속전류원, 전압제어 종속전압원, 전류제어 종속전압원이 있다. (예제 2.3)
- 옴의 법칙은 선형 저항의 양단에 걸리는 전압은 저항에 흐르는 전류에 정비례한다(즉, $v = Ri$)는 것이다. (예제 2.4)
- 저항에서 소모하는 전력(이 전력은 열을 발생시킴)은 $p = vi = i^2 R = v^2/R$이다. (예제 2.4)
- 회로 해석에서는 보통 전선(도선)의 저항은 영(0)이라고 가정한다. 그러나 특정한 용도로 사용하기 위해 전선 게이지를 선택할 때에는 그 나라에서 적용되는 전기 및 화재 규정을 준수하여야만 된다. (예제 2.5)

추천 도서

저항의 특성과 제조법을 심도 있게 잘 다룬 도서로는 다음이 있다.

Felix Zandman, Paul-Rene Simon, and Joseph Sz warc, *Resistor Theory and Technology*. Raleigh, N.C. : SciTech Publishing, 2002.

다목적 전기공학 핸드북으로는 다음 도서가 좋다.

Donald G. Fink and H. Wayne Beaty, *Standard Handbook for Electrical Engineers*, 16th ed., New York : McGraw-Hill, 2013.

SI의 구체적인 기준은 National Institute of Standards의 웹에서 찾아볼 수 있다.

Ambler Thompson and Barry N. Taylor, *Guide for the Use of the International System of Units (SI)*, NIST Special Publication 811, 2008 Edition, www.nist.gov.

연습문제

2.1 단위와 척도

1. 다음을 공학적 표현으로 변환하라.

(a) 0.045 W (b) 2000 pJ

(c) 0.1 ns (d) 39,212 as

(e) 3 Ω (f) 18,000 m

(g) 2,500,000,000,000 bits (h) 10^{15} atoms/cm^3

2. 다음을 공학적 표현으로 변환하라.
   (a) 1230 fs
   (b) 0.0001 decimeter
   (c) 1400 mK
   (d) 32 nm
   (e) 13,560 kHz
   (f) 2021 micromoles
   (g) 13 deciliters
   (h) 1 hectometer

3. 다음을 공학적 단위로 나타내라.
   (a) 1212 mV
   (b) 10^{11} pA
   (c) 1000 yoctoseconds
   (d) 33.9997 zeptoseconds
   (e) 13,100 attoseconds
   (f) 10^{-14} zettasecond
   (g) 10^{-5} second
   (h) 10^{-9} Gs

4. 다음의 길이를 m로 나타내라.
   (a) 1 Zm
   (b) 1 Em
   (c) 1 Pm
   (d) 1 Tm
   (e) 1 Gm
   (f) 1 Mm

5. 적절한 공학적 표현을 사용하여 다음을 SI 단위로 변환하라.
   (a) 212°F
   (b) 0°F
   (c) 0 K
   (d) 200 hp
   (e) 1 yard
   (f) 1 mile

6. 적절한 공학적 표현을 사용하여 다음을 SI 단위로 변환하라.
   (a) 100°C
   (b) 0°C
   (c) 4.2 K
   (d) 150 hp
   (e) 500 Btu
   (f) 100 J/s

7. 열역학 과제를 끝내는데 약 2시간이 걸린다. 영원히 걸린다고 느껴지는 이 시간은 몇 은하년에 해당되는가?(1은하년 = 2억 5천만 년)

8. 어떤 크립톤 풀루오르화물 레이저의 길이가 15 ns이고 각각 550 mJ의 에너지를 함유하고 있다.
   (a) 이 레이저의 최대 순시 출력전력을 구하라.
   (b) 매 초마다 최대 100개의 펄스를 발생할 수 있다고 한다. 이 레이저의 최대 평균 출력전력을 구하라.

9. 음식의 일일 권장 섭취량은 2500 kcal이다. 이 모든 에너지를 효율적으로 사용할 때 출력되는 평균 전력은 얼마인가?

10. 40 hp인 전동기가 전기자동차를 구동하고 있다. 이 전동기가 최대 출력으로 3시간 동안 연속적으로 동작하였을 때 소모된 전력을 구하라. 구한 답을 공학적 표현을 사용하여 SI 단위로 나타내라.

11. 햇빛의 직사광이 500 W/m^2이고 태양전지의 효율(태양 에너지에 대한 전기적인 출력의 비율로 정의)이 10%일 때 10번 문제의 전동기를 절반 출력으로 구동하는 데 필요한 태양전지 배열(array)의 면적을 구하라.

12. 어떤 금속 산화 나노선 압전 발전기 하나가 한 사람이 천천히 조깅하는 동작으로부터 100 pW의 가용 전력을 발생할 수 있다.

(a) 1 W의 전력을 필요로 하는 개인용 MP3 플레이어를 동작시키려면 몇 개의 나노선 장치가 필요한가?

(b) 옷감 조각에 제곱 미크론당 5개의 밀도로 나노선을 설치할 수 있다면 얼마의 면적이 필요한가? 또 이것이 실용성이 있을까?

13. 90억 명의 사람이 각자 매일 100 W의 전력을 사용한다면 광기전성 발전소를 설치하는 데 필요한 대지 면적을 구하라. 태양 전력밀도가 800 W/m^2이고 햇빛을 전기로 변환하는 효율이 10%라고 한다.

2.2 전하, 전류, 전압 및 전력

14. 한 작은 구리선에서 흘러나가 미지의 장치로 흘러 들어가는 총 전하가 $q(t) = 5e^{-t/2}$ C이다. 여기서 t의 단위가 초일 때, 이 장치로 흘러 들어가는 전류를 부호에 유의하여 구하라.

15. 어떤 BJT의 콜렉터로 1 nA가 흘러 들어가고 있다. $t = 0$ 이전에 콜렉터로 흘러 들어가거나 흘러 나간 전하가 없고 1분 동안 전류가 흘렀다고 한다. 콜렉터를 통과한 총 전하량을 구하라.

16. 직경이 1 cm인 절연판에 저장된 총 전하가 -10^{13} C이다.

(a) 절연판 위에 있는 전자는 몇 개인가?

(b) 전자의 면적밀도(제곱미터당 전자의 수)는 얼마인가?

(c) 외부의 전원으로부터 초당 10^6개의 전자가 판에 추가되고 있다면 전원과 판 사이에 흐르는 전류의 크기는 얼마인가?

17. 어떤 오래된 실험실에서 발견된 신비한 장치가 스위치를 켠 순간부터 $q(t) = 9 - 10t$ C의 비율로 전하를 축적한다.

(a) $t = 0$일 때 장치에 축적되어 있는 총 전하를 구하라.

(b) $t = 1$ s일 때 장치에 축적되어 있는 총 전하를 구하라.

(c) $t = 1$ s, 3 s 및 10 s일 때 장치로 흘러 들러가는 전류를 구하라.

18. 어떤 새로운 장치에 축적되는 총 전하가 $q(t) = 10t^2 - 22t$ mC (t의 단위는 초)이라고 한다.

(a) $0 \le t < 5$ s 범위에서 장치에 흘러 들어가는 전류가 0이 되는 시간은 언제인가?

(b) $0 \le t < 5$ s 범위의 $q(t)$와 $i(t)$를 그려라.

19. 텅스텐 필라멘트 전구에 흐르는 전류가 $i(t) = 114 \sin(100\pi t)$ A이다.

(a) $0 \le t \le 2$ s 범위에서 전류가 몇 번 0 A가 되는가?

(b) 첫 1 s 동안 전구를 통해 이동한 전하는 얼마인가?

20. 그림 2.28에 나타낸 전류 파형의 주기가 8 s이다.

(a) 한 주기 동안 전류의 평균값은 얼마인가?

(b) $q(0) = 0$일 때 $0 < t < 20$ s에 대한 $q(t)$를 그려라.

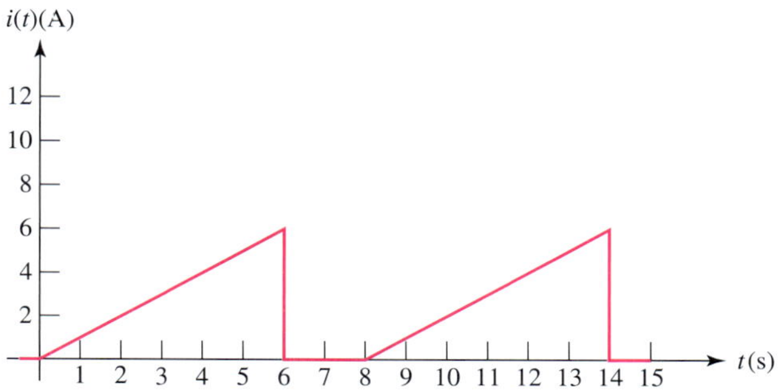

그림 2.28 시변 전류의 한 예.

21. 그림 2.29에 나타낸 전류 파형의 주기가 4 s이다.

(a) 한 주기 동안 전류의 평균값은 얼마인가?

(b) $1 < t < 3$ s에서의 평균전류를 구하라.

(c) $q(0) = 1$ C일 때 $0 < t < 4$ s에 대한 $q(t)$를 그려라.

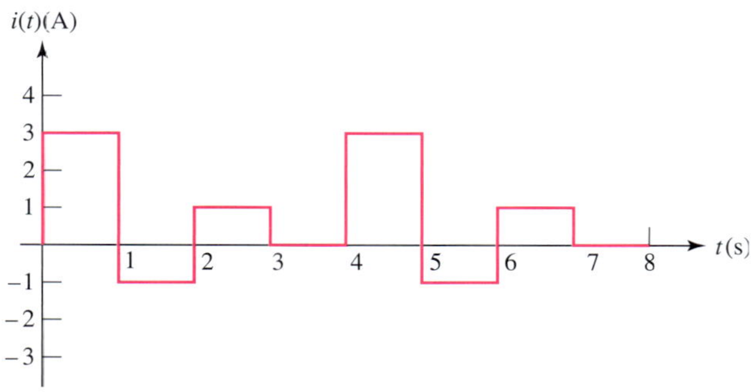

그림 2.29 시변 전류의 한 예.

22. 풍속이 증가하는 풍압 시스템에는 아래의 방정식과 같은 전류가 저항 80 Ω에 전달된다. 60초 동안의 전류, 전력 및 에너지 파형을 도시하고, 60초 동안 수집된 총 에너지를 계산하라.

$$i(t) = \frac{1}{2}t^2 \sin\left(\frac{\pi}{8}t\right)\cos\left(\frac{\pi}{4}t\right)A$$

23. 어떤 장치에 2개의 단자가 돌출되어 있다. 왼쪽에 있는 단자를 '+' 기준단자로 보면 전압이 v_x라 한다. (다른 단자가 '−' 기준단자이다.) 오른쪽에 있는 단자를 '+' 기준단자로 보면 전압이 v_y라 한다. (다른 단자가 '−' 기준단자이다.) 왼쪽 단자로 전자 하나를 밀어 넣는 데 1 mJ이 필요하다고 한다. 전압 v_x와 v_y를 구하라.

24. 전압계에서 '−' 단자에는 검은 선을 연결하고 '+' 단자에는 빨간 선을 연결하여 사용하기로 한다.

(a) 전압을 측정하는 데 2개의 선이 필요한 이유를 설명하라.

(b) 주위가 어두워 우연히 전압계에 연결하는 두 선이 바뀌었다. 다음에 전압을 측정할 때 무슨 일이 벌어지겠는가?

25. 그림 2.30에서 각 소자가 흡수하는 전력을 구하라.

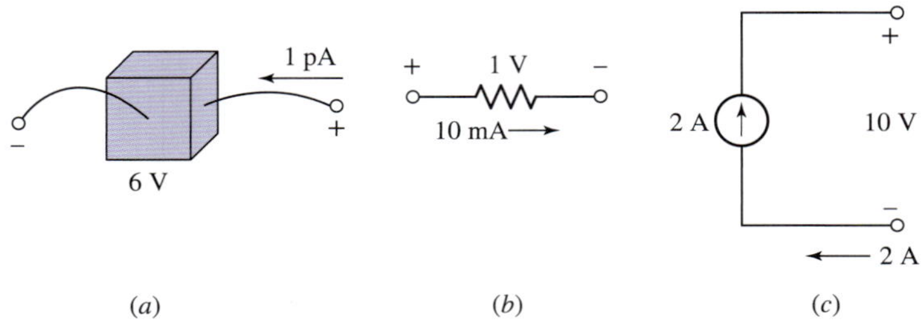

그림 2.30 25번 연습문제용 소자.

26. 그림 2.31에서 각 소자가 흡수하는 전력을 구하라.

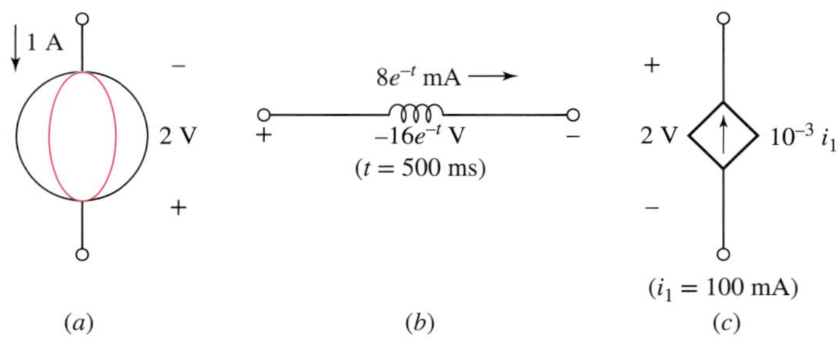

그림 2.31 26번 연습 문제용 소자.

27. 그림 2.32의 회로에서 알려지지 않은 전류 i를 구하고, 각 소자에 공급되거나 흡수되는 전력을 계산하라. 또한 총 전력이 0인지 확인하라.

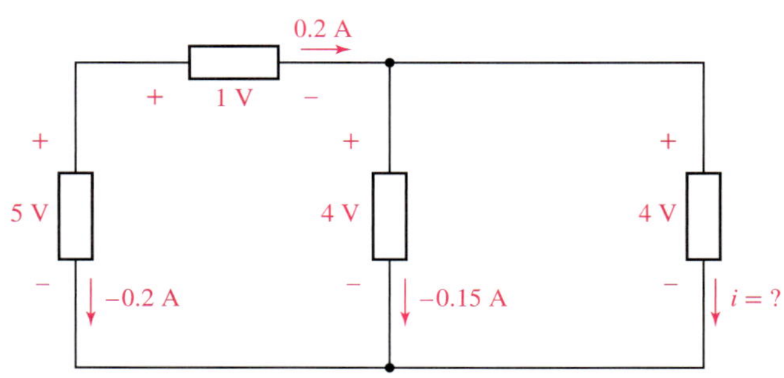

그림 2.32

28. 어떤 소자의 양단전압이 v_p이고 '+' 단자로 1 A의 일정한 전류가 흘러 들어가고 있다. $v_p(t)$가 다음과 같을 경우 $t = 1$ s일 때 흡수되는 전력을 구하라.

(a) +1 V (b) −1 V

(c) $2 + 5\cos(5t)$ V (d) $4e^{-2t}$ V

(e) 흡수되는 전력의 값이 음의 값이면 무엇을 의미하는지 설명하라.

29. 그림 2.33의 회로에서 맨 왼쪽에 있는 소자가 공급하는 전력을 구하라.

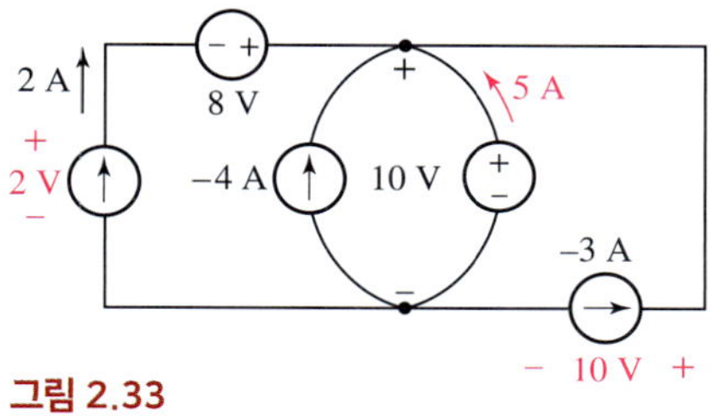

그림 2.33

30. 플로리다에서 한여름 정오에 햇빛에 직접 노출된 실리콘 태양전지의 전압-전류 특성이 그림 2.34와 같다. 이 특성은 전지의 양단에 다른 크기의 저항을 삽입하고 그 전류와 전압을 측정하여 얻는다.

(a) 단락전류의 값은 얼마인가?

(b) 회로가 개방되었을 때의 전압은 얼마인가?

(c) 이 전지로부터 얻을 수 있는 최대전력을 계산하라.

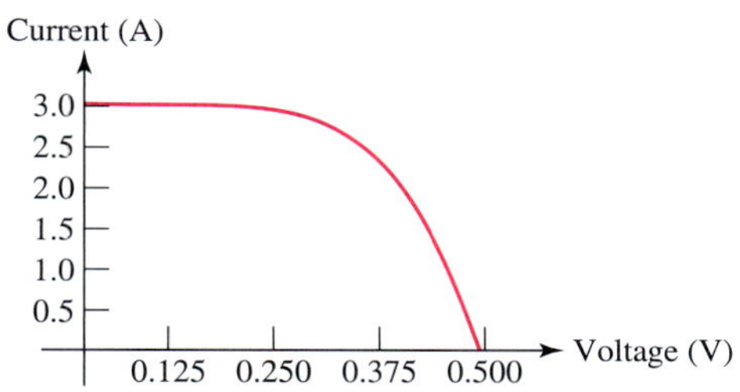

그림 2.34

31. 어떤 전기공사는 고객의 일일 에너지 소비율에 따라 24시간 동안 20 kWh까지 $0.05/kWh, 20 kWh 이상의 사용량에 대해 $0.10/kWh의 요금을 부과한다고 한다.

(a) 1주일 동안 요금이 $10 미만인 경우, 지속적으로 사용한 100 W 전구의 수는 몇 개인가?.

(b) 연속적으로 2000 kW의 전력을 사용할 때, 일일 에너지 요금을 계산하라.

32. Tilting Windmil 전력공사가 지역의 사업용 수요가 가장 많은 낮 시간대에 에너지 소모를 줄이기 위해 시간대에 따라 요금이 다른 제도를 시행하고 있다. kWh당 요금이 오후 9시부터 다음 날 오전 6시까지는 $0.033이고 다른 시간대에는 $0.057이라면 30일 동안 계속 2.5 kW 휴대용 히터를 사용했을 때의 요금은 얼마인가?

33. 노트북 컴퓨터는 평균 20 W의 전력을 소비한다고 한다. 충전용 배터리는 12 V의 전압과 5800 mAh의 용량을 가지고 있을 때, 이 노트북은 한 번 배터리 충전으로 얼마 동안 사용할 수 있는가?

34. 최대 태양광 조건에서 각각 180 W의 전력을 공급하는 40개의 태양광 모듈로 구성된 옥상 태양광 발전시스템을 설치하였다. 이 지역은 하루에 평균 5시간의 최고 햇빛을 받게 된다. 해당 지역에서 전기의 가치가 15 ¢/kWh일 경우 발전시스템 설치로 발생되는 전기의 연간 가치는 얼마인가?

35. 5 W용 휴대용 음악 재생기에는 4000 mAh 용량의 3.7 V Li-ion 배터리가 탑재된다. 이 배터리는 2 A 전류와 80% 효율성을 제공하는 충전기에 의해 충전할 수 있다.

(a) 음악 재생기는 완충된 배터리로 얼마 동안 동작하겠는가?

(b) 배터리를 완전히 충전하는 데 걸리는 시간은 얼마인가?

2.3 전압원 및 전류원

36. 그림 2.33의 회로에 있는 이상적인 전원에서 일부는 전력을 공급하고 나머지는 전력을 흡수하고 있다. 어느 전원이 전력을 공급하고 어느 전원이 흡수하는지를 말하고 각 전원에서 흡수하는 전력의 대수적인 합이 0임을 증명하라 (부호에 유의할 것).

37. 기존의 백열전구와 새로운 고효율 LED 전구를 비교하고자 한다. 두 제품의 출력이 모두 800루멘(lumens)으로 약 5 W 광학전력(optical power)에 해당된다. 하지만 백열전구는 60 W의 전력을 소비하고 LED 전구는 12 W의 전력을 소비한다. 왜 광학전력과 전기전력이 다른가? 에너지 절약 측면에서 두 양이 동일해야 하는지 않는가?

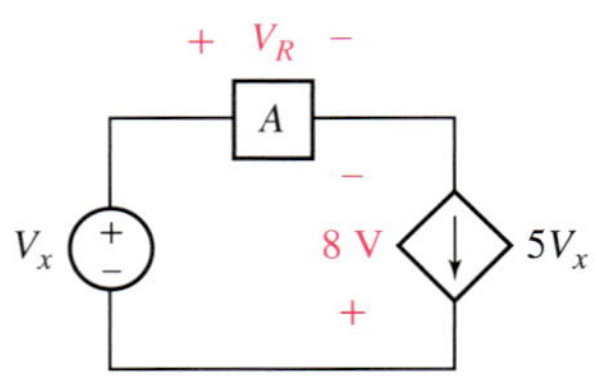

그림 2.35

38. 그림 2.35에 나타낸 회로에서 각 소자에는 동일한 전류가 흐른다. 전압제어 종속전원이 V_x의 5배만큼 큰 전류를 공급하고 있다.

(a) $V_R = 10$ V이고 $V_x = 2$ V일 때 각 소자에서 흡수하는 전력을 구하라.

(b) 소자 A가 수동전원인지 아니면 능동전원인지를 말하고 그 이유를 설명하라.

39. 그림 2.35에 나타낸 회로에서 각 소자에는 동일한 전류가 흐른다. 전압제어 종속전원이 V_x의 5배만큼 큰 전류를 공급하고 있다.

(a) $V_R = 100$ V이고 $V_x = 92$ V일 때 각 소자가 공급하는 전력을 구하라.

(b) 공급하는 전력의 대수적인 합이 0임을 증명하라.

40. 그림 2.36에 있는 종속전류원의 크기가 전압 v_1에 의해 정해지고 방향은 그림에서와 같다. $i_2 = 3\ v_1$임에 유의하여 $v_2 = 33\ i_2$이고 $i_2 = 100$ mA일 때의 전압 v_1을 구하라.

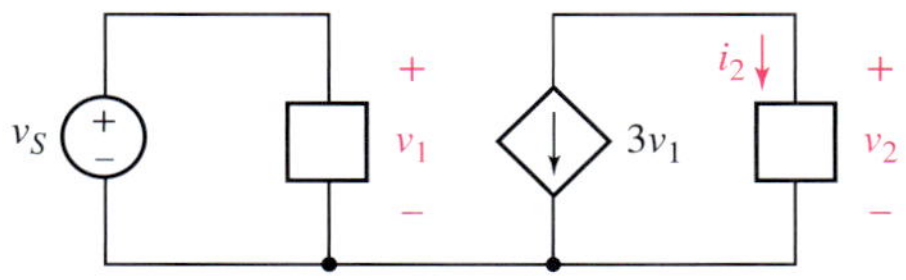

그림 2.36

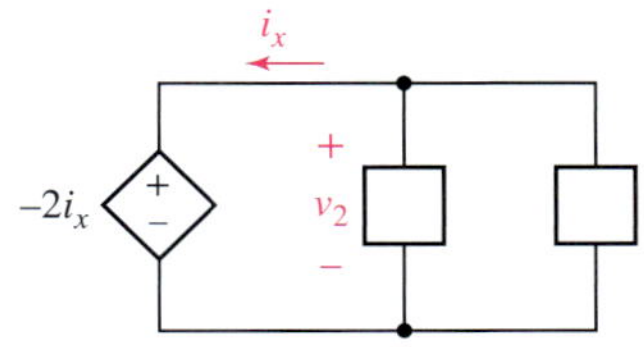

그림 2.37

41. 그림 2.37의 회로에 있는 종속전원이 전류 i_x에 관계되는 전압을 공급한다. 이 종속전원이 1 W를 공급하는 데 필요한 i_x의 값은 얼마인가?

2.4 옴의 법칙

42. 4.7 kV인 저항의 양단전압이 다음과 같을 때 저항에 흐르는 전류를 구하라.

(a) 1 mV (b) 10 V (c) $4e^{-t}$ V

(d) 100 cos(5t) V (e) −7 V

43. 실제의 저항은 허용오차가 있어서 사실상 정확한 값은 아니다. 예를 들어 허용오차가 5%인 1 Ω 저항은 실제에 있어서 0.95 ~ 1.05 Ω 범위 내의 한 값을 갖는다. 허용오차가 10%인 2.2 kΩ 저항에 다음과 같은 전류가 흐를 때 이 저항의 양단에 걸리는 전압을 구하라.

(a) 1 mA (b) 4 sin 44t mA

44. (a) $-10\ \text{V} \leq V_{\text{resistor}} \leq +10\ \text{V}$의 전압범위에서 2 kΩ 저항의 전압-전류 관계를 그려라. 전류를 y축으로 하고 적절하게 눈금을 표시하라.

(b) 기울기의 값은 얼마인가? 지멘스 단위로 답하라.

45. $0 < t < 2\pi$ s의 범위에서 33 Ω 저항의 양단에 걸리는 전압을 그려라. 저항에 흐르는 전류가 2.8 cos(t) A이고 전압과 전류는 수동부호규약을 따른다고 한다.

46. 그림 2.38은 서로 다른 세 저항의 전압-전류 관계를 나타내고 있다. 각 저항의 저항 값을 구하라. 전압과 전류는 수동부호규약을 따른다고 한다.

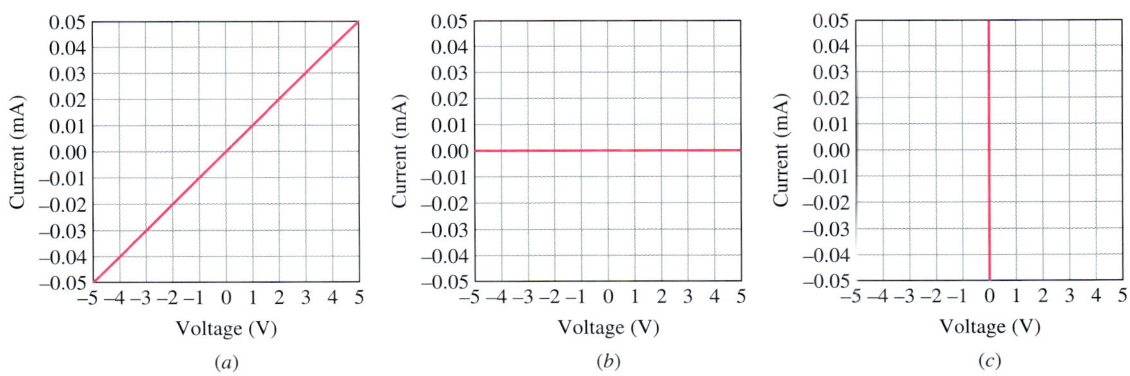

그림 2.38

47. 그림 2.38에서 I-V 특성에서 어떤 것이 퓨즈에 가장 적합한가? 설명하라.

48. 저항 값이 다음과 같을 때 컨덕턴스(S로 표기)를 구하라.

(a) 0 Ω (b) 100 MΩ (c) 200 mΩ

49. 소자 양단의 전압이 다음과 같을 때 10 mS의 컨덕턴스에 흐르는 전류의 크기를 구하라.

(a) 2 mV (b) −1 V (c) $100e^{-2t}$ V

(d) 5 sin(5t) V (e) 0 V

50. 허용오차가 1%인 1 kΩ인 저항의 실제 저항 값은 990 V ~ 1010 V 범위내의 한 값이다. 이 저항의 양단에 9 V의 전압을 인가할 때 다음을 구하라.

(a) 대응되는 전류의 범위

(b) 대응되는 소모전력의 범위

(c) 저항을 허용오차가 10%인 1 kΩ인 저항으로 대체하였을 때 (a)와 (b)를 반복하라.

51. 저항값을 알 수 없는 저항을 가변전압 전원장치와 전류계로 실험하여 아래와 같은 데이터를 얻었다. 불행하게도 전류계의 지침이 약간 불안정하여 측정에 오차가 발생하였다.

(a) 측정된 데이터를 사용하여 전압-전류 관계를 그려라.

(b) (a)의 그래프에서 적절한 직선으로 근사화하여 저항값을 추산하라.

Voltage (V)	Current (mA)
−2.0	−0.89
−1.2	−0.47
0.0	0.01
1.0	0.44
1.5	0.70

52. 그림 2.39의 회로에서 전압원에 의해 공급되는 전력이 두 저항에서 소모되는 전력과 같아야 한다는 사실을 이용하여 다음을 증명하라.

$$V_{R_2} = V_S \frac{R_2}{R_1 + R_2}.$$

53. 그림 2.39의 회로에서 저항 R_2가 매우 민감하고 비싼 전자 장치라고 가정하자. 장비가 손상되지 않도록 R_1이 정격 5 A이고 0.1 Ω의 저항을 갖는 퓨즈를 나타내고 있다. 전압원이 12 V인 경우 퓨즈가 끊어지기 전에 R_2가 단락 회로 조건이 되는 가장 낮은 저항값은 얼마인가?

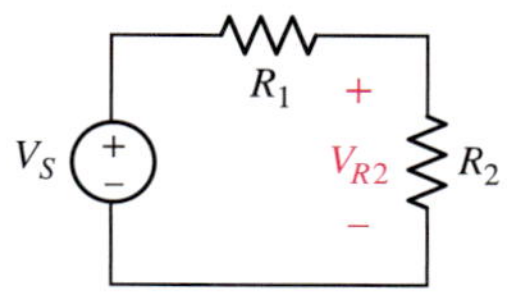

그림 2.39

54. 그림 2.40의 각 회로에서 전류 I를 구하고 저항에서 소비되는 전력을 계산하라.

55. 100 Ω 저항에서 소비되는 전력을 $-2\ \text{V} \le V_{\text{resistor}} < +2\ \text{V}$ 범위의 전압에 대해 그려라.

56. 전원공급기, 촉각센서, 전류를 250 mA 이하로 유지시키는 퓨즈가 포함된 부회로를 내장한 안드로이드를 구현하였다. 전원공급기가 12.2 W 전력을 공급하며 센서가 12 W를 소모하고 퓨즈에서 전압이 500 mV 강하된다. 회로가 안전하게 보호되고 있는가?

57. 표 2.4의 데이터를 사용하여 AWG 2, AWG 14 및 AWG 28 크기의 50 ft 전선에 대한 저항 및 전도도를 각각 계산하라.

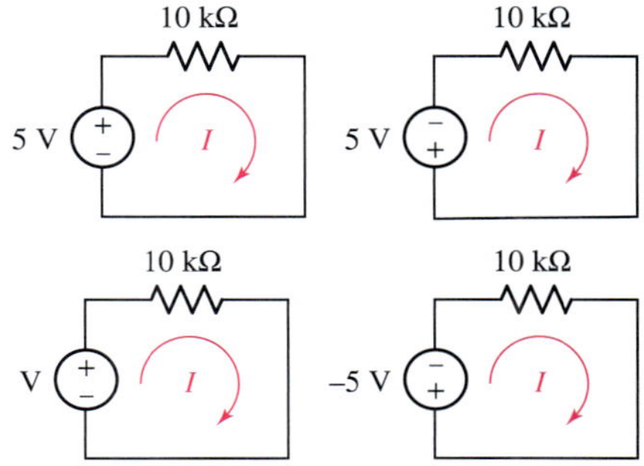

그림 2.40

2장 통합문제

58. 전력이 너무 많이 전달되어 값비싼 회로소자가 소손되는 것을 막기 위하여 고속으로 동작하는 퓨즈를 설치하기로 하였다. 회로 소자는 12 V에 연결되어 최대 12 W의 전력을 소모하며 안전하게 흡수할 수 있는 최대전력이 100 W라고 한다. 사용할 수 있는 세 퓨즈의 정격이 1 A, 4 A, 10 A이다. 어떤 퓨즈를 사용하는 것이 좋겠는지 말하고 그 이유를 설명하라.

DP **59.** n형 실리콘의 저항률이 $\rho = (-qN_D\mu_n)^{-1}$이다. 여기서 N_D는 cm^3당 인불순물(phosphorus) 원자의 수이고 μ_n는 전자의 이동도($\text{cm}^2/\text{V}\cdot\text{s}$)이며 $q = -1.602 \times 10^{-19}$ C은 각 전자의 전하량이다. 이동도와 N_D의 관계는 그림 2.41과 같다. 8인치 직경의 실리콘 웨이퍼(디스크)의 두께가 300 μm라고 한다. $2 \times 10^{15}\ \text{cm}^{-3} \le N_D \le 2 \times 10^{17}\ \text{cm}^3$ 범위의 인 집중도 및 적절한 구조를 결정하여 10 Ω 저항을 설계하라. (웨이퍼를 자를 수는 있지만 얇게 할 수는 없다.)

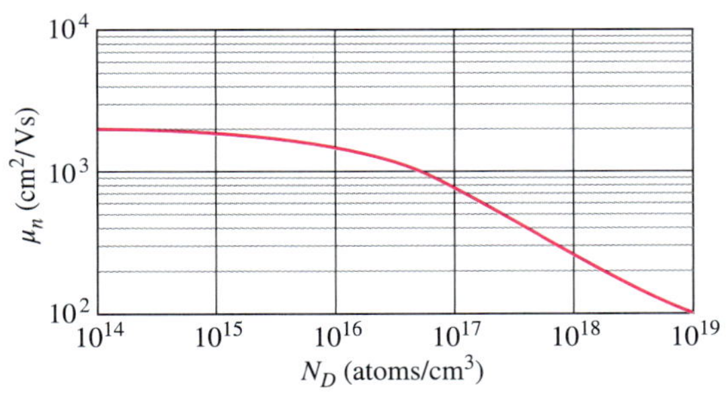

그림 2.41

60. 어떤 직류전원장치가 250 ft 떨어져 있는 전구에 25 A의 전류를 공급하고 있다. 만일 14 AWG 도선을 사용한다면 도선에서 소비되는 전력은 얼마인가? 전력을 공급하려면 두 선이 필요하므로 도선 길이가 500 ft임에 유의하라.

61. 표 2.4에 있는 저항값은 20°C에서 동작하는 경우이다. 다른 온도에서 동작하는 경우에는 다음 식을 사용하여 보정할 수 있다.[6]

$$\frac{R_2}{R_1} = \frac{234.5 + T_2}{234.5 + T_1}$$

단, T_1 = 기준 온도(여기서는 20°C)

T_2 = 원하는 동작온도

R_1 = T_1일 때의 저항

R_2 = T_2일 때의 저항

장치에 연결된 외부 도선이 28 AWG인 연선으로서 20°C에서 50.0 Ω의 저항을 가진다. 동작온도가 변하여 110.5°F가 되었다.

(a) 원래 도선의 길이를 구하라.

(b) 온도가 변한 후에 다시 50.0 Ω이 되려면 도선이 얼마만큼 짧아져야 하는가?

DP **62.** 당신의 마음에 드는 계측기에 허용오차가 1%인 저항이 내장되어 있다. 그런데 이 계측기를 마지막으로 빌려간 사람이 잘못하여 저항이 소손되어 교체하여야 한다. 표 2.4에 있는 각 전선 게이지 1,000 ft씩만을 사용할 수 있다고 한다. 적절한 교체물을 설계하라.

63. 직경이 1 mm이고 길이가 2.3 m인 ASTM B415(표 2.3 참조) 도선에 1 mA의 전류를 흘린다면 저항손(resistive loss)으로 얼마만큼의 전력이 소비되는가? 이 도선 대신에 직경과 길이가 같은 B75 도선을 사용하면 저항손이 얼마만큼 감소하는가?

64. 그림 2.42는 순방향 능동모드에서 BJT(Bipolar Junction Transistor)의 동작을 정확하게 모델링한 회로이다. 회로에서 β는 전류이득이다. 이 소자에서 $\beta = 100$이고 I_B가 100 μA라고 한다. 다음을 구하라.

(a) 콜렉터 단자로 흘러들어가는 전류 I_C

(b) 베이스-이미터 영역에서 소모되는 전력

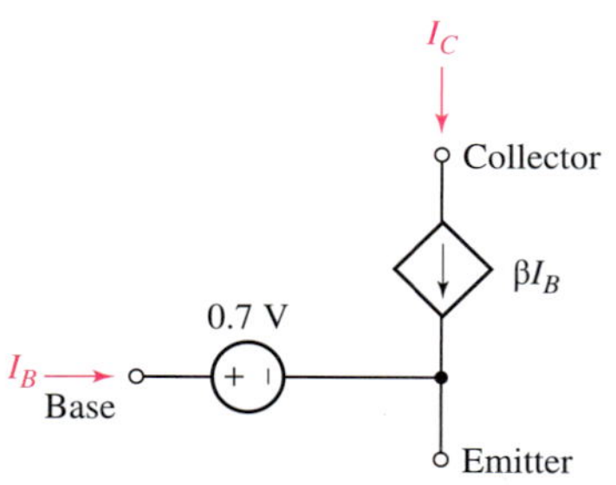

그림 2.42 순방향 능동모드로 동작하는 BJT의 직류 모델.

6 D. G. Fink and H. W. Beaty, *Standard Handbook for Electrical Engineers*, 13th ed. New York: McGraw-Hill, 1993, p. 2–9.

65. 100 W인 텅스텐 필라멘트 전구가 전원으로부터 초당 100 J의 에너지를 소모하고 있다. 초당 얼마만큼의 광에너지(optical energy)를 발생하겠는가? 또 이것이 에너지보존의 법칙을 위반하는 것인가?

66. LED는 순방향 전압이 2.4 V이고 40 mA의 전류에서 동작한다. 그림 2.43의 직렬 회로를 구성하여 용량이 2000 mAh인 1.5 V 배터리 2개를 사용하여 LED에 전원을 공급하였다. 필요한 저항값과 배터리의 에너지가 고갈되기 전까지 회로의 동작시간을 계산하라.

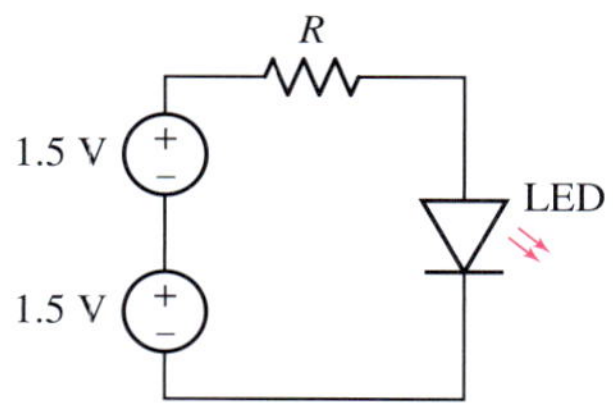

그림 2.43

67. 당신은 AA 배터리를 대신하여 실내 조명으로부터 전력을 수집하는 태양 전지를 사용하여 0.5 mW 전력을 소모하는 벽시계에 직접 전원을 공급하는 방법을 찾았다. 각 태양전지와 배터리는 시계에 필요한 1.5 V 전압과 적절한 전류를 제공한다. 태양전지의 효율은 15%이고 가격은 $6이며, AA 배터리는 각각 1200 mAh 및 $1이다. 배터리 대신 태양전지 사용에 대한 투자 회수 시간(태양전지 비용이 배터리 공급 비용과 일치하는 시점)은 얼마인가?

3 전압법칙과 전류법칙

Design elements: Cockpit: ©Purestock/SuperStock; Wind Turbins: ©Russell Illig/Getty Images; Circuit Board: ©Shutterstock

서론

제2장에서 독립전압원, 독립전류원, 종속전원과 저항을 소개하였다. 종속전원에는 네 가지의 형태가 있으며, 회로 내의 다른 곳에 있는 전압 또는 전류에 의해 제어된다. 저항에서는 저항의 양단에 걸리는 전압을 알면 저항에 흐르는 전류를 알 수 있지만 (그리고 저항에 흐르는 전류를 알면 저항에 걸리는 전압을 알 수 있지만) 전원에서는 그렇지 **않다**. 일반적으로 전압과 전류를 구하기 위해서는 회로를 해석해야만 한다. 회로를 해석하기 위해 옴의 법칙에 두 가지의 간단한 법칙만을 추가한다. 이 새로운 법칙이 키르히호프(Kirchhoff)의 전류법칙(KCL) 및 전압법칙(KVL)이며, 이 법칙들은 각각 전하의 보존법칙과 에너지의 보존법칙에 기초를 두고 있다. 이 법칙은 우리가 접하게 될 어떤 회로에도 적용되지만 이후 장에서는 구체적인 형태의 상황에서 회로를 보다 더 효율적으로 해석할 수 있는 기법을 더 배운다.

중요한 개념

- 회로 용어: *마디, 경로, 루프* 및 *가지*
- 키르히호프의 전류법칙(KCL)
- 키르히호프의 전압법칙(KVL)
- 기본적인 직렬회로와 병렬회로의 해석
- 직렬전원 및 병렬전원
- 직렬저항 및 병렬 저항의 조합
- 전압분배 및 전류분배
- 접지 접속

3.1 마디, 경로, 루프 및 가지

2개 이상의 소자로 구성된 간단한 회로에서 전압-전류 관계를 살펴보자. 이 소자들은 도선(흔히 리드선이라고도 함)에 의해 접속되는데, 도선의 저항값은 0(영)이다. 이와 같은 회로망은 여러 개의 간단한 소자와 이 소자들을 연결하는 접점들로 구성되며, 이를 **집중파라미터 회로망**(*lumped parameter network*)이라고 부른다. 더욱 어려운 분석문제는 무수히 많은 수의 회로소자를 포함하는 **분포파라미터 회로망**(*distributed parameter network*)을 직면 할 때 발생한다. 이 책에서는 주로 집중파라미터 회로망을 해석한다.

2개 또는 그 이상의 소자가 연결되어 있는 공통 접속점을 **마디**(*node*)

실제로 존재하는 회로에서 도선은 항상 유한한 크기의 내부저항을 갖게 된다. 그러나 이 저항은 일반적으로 회로 내의 다른 저항에 비해서 저항 값이 작으므로 내부저항은 무시해도 오차가 별로 발생하지 않는다. 따라서 이제부터 우리가 다루는 이상적인 회로에서는 다르게 말하지 않는 한 도선의 내부저항은 없는 것으로 간주한다.

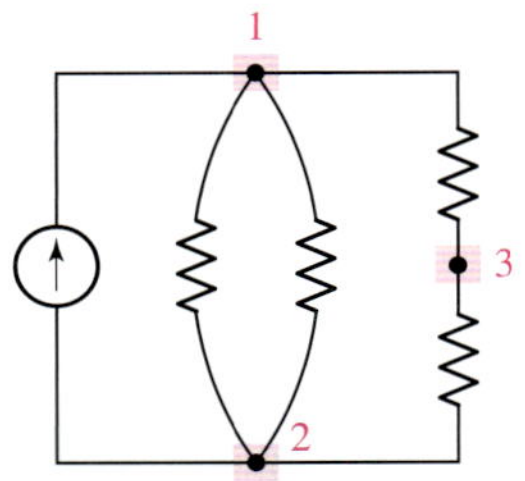

(*a*)

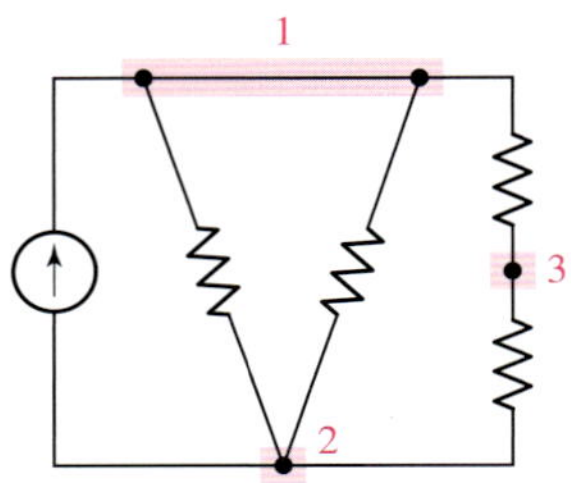

(*b*)

그림 3.1 (*a*) 3개의 마디와 5개의 가지를 갖는 회로. (*b*) 마디 1을 2개인 것처럼 분리시켜서 그린 회로. 그러나 실제로 마디 1은 1개의 마디이다.

라고 부른다. 예를 들면 그림 3.1*a*의 회로에는 3개의 마디가 있다. 때때로 어떤 회로는 부주의한 학생을 함정에 빠뜨려서 실제보다 더 많은 마디가 있다고 믿게 만든다. 이러한 경우로 그림 3.1*b*가 있다. 그림 3.1*b*는 그림 3.1*a*의 마디 1을 별도의 두 마디로 분리시키고 저항이 0인 도선으로 연결함으로써 언뜻 보기에는 2개의 마디로 착각하게 만든다. 그러나 실제로는 그림 3.1*a*의 마디 1을 저항 값이 없는 전선을 사용하여 분리시켜 놓은 것에 불과하다. 따라서 마디를 식별하는 간단한 방법은 마디와 이 마디에 접속되어 있는 모든 전선을 하나의 마디로 보는 것이다. 또한 모든 소자는 각 단자마다 하나의 마디를 가짐에 유의하라.

하나의 마디에서 시작해서 소자를 지나 다른 단자의 마디로 이동해 간다고 생각해보자. 그런 다음 다른 마디를 거쳐 다른 소자를 지나서 다음 마디로 이동하는 식으로 여러 소자와 마디를 계속 지나갈 수 있다. 이런 과정에서 각 마디를 단 한 번만 지나가도록 마디와 소자를 선택하였다면 이 마디와 소자로 구성되는 통로를 **경로**(*path*)라고 정의한다. 이와 같은 경로 중에서 출발 마디와 끝나는 마디가 같으면 **폐경로**(*closed path*) 또는 **루프**(*loop*)라고 한다.

예를 들면, 그림 3.1*a*의 마디 2에서 전류원을 거쳐 마디 1로, 그 다음에 오른쪽 위의 저항을 지나 마디 3으로 움직여 가면 이것은 하나의 경로를 구성한다. 이 경우는 마디 2로 돌아오지 않았으므로 경로이기는 하지만 루프는 아니다. 만일 마디 2에서 출발하여 전류원을 거쳐 마디 1로 가고 중앙의 왼쪽 저항을 지나 마디 2로 내려오고 다시 중앙 오른쪽 저항을 거쳐 마디 1로 간다면 이 경우는 마디 1과 마디 2를 한번 이상 지나가므로 경로가 아니다. 경로가 아니므로 루프도 아니다.

또 하나의 용어는 **가지**(*branch*)이다. 가지는 회로에서 단일 경로로 정의되는데, 하나의 소자와 그 소자의 양쪽 끝에 있는 마디로 구성된다. 따라서 경로는 여러 개의 가지로 구성된다. 그림 3.1*a* 및 그림 3.1*b*의 회로에서 가지는 5개이다.

3.2 키르히호프의 전류법칙(KCL)

우리는 이제 옴이라는 과학자가 그의 실험적인 일을 할 즈음에 출생한 독일 대학 교수인 구스타프 로베르트 키르히호프(두 *h*'s와 두 *f*'s)의 이름을 딴 두 가지 법 중 첫 번째를 고려할 준비가 되었다. 이 공리적 법칙은 키르히호프의 전류법칙(KCL로 약칭됨)이라고 불리며, 단순히 다음과 같이 기술하고 있다.

> 임의의 마디로 흘러 들어가는 전류의 대수적인 합은 영(0)이다.

이 법칙은 전하는 마디에 축적될 수 없다는 사실을 수학적으로 표현한 것이라 할 수 있다. **마디는 회로소자가 아니며** 전하를 저장하거나, 파괴하거나 또는 만들어 낼 수 없다. 따라서 각각의 마디로 유입하는 전류를 모두 합하면 당연히 영이 되어야 한다. 이 사실은 수압시스템의 비유를 연상하면 쉽게 이해할 수 있다. 예를 들어 수도 파이프 3개가 Y형으로 연결되어 있다고 생각하자. 여기서 3개의 파이프로 흘러 들어가는 물을 각각 3개의 전류라고 정의하는 경우, 물을 강제로 흐르게 한다면 3개의 전류는 모두 다 (+)값을 갖게 할 수는 없다. 그 이유는 모두 다 (+)값을 갖는 전류만 있다면 이 파이프는 결국 터지고 말 것이기 때문이다. 이러한 사실로 미루어 볼 때 이들 전류의 방향은 실제 물이 흐르는 방향과는 무관하게 임의로 정할 수 있다는 것을 알 수 있다. 따라서 이 경우 1개 또는 2개의 전류의 실제 값은 그 값이 (−)가 되어야 한다.

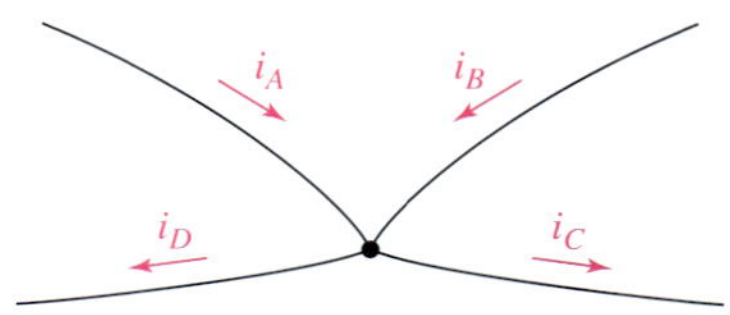

그림 3.2 KCL을 적용하기 위한 마디의 예.

그림 3.2에 나타낸 마디를 생각해 보자. 이 마디로 흘러 들어오는 4개의 전류의 대수적인 합은 0이어야 한다. 즉,

$$i_A + i_B + (-i_C) + (-i_D) = 0$$

혹은 마디에서 **흘러 나가는** 전류의 대수적인 합이 0이라고 KCL을 정의해도 좋다.

$$(-i_A) + (-i_B) + i_C + i_D = 0$$

또한 화살표 기준으로 어떤 마디로 흘러들어가는 전류의 합이 그 마디에서 흘러나가는 전류의 합과 같다.

$$i_A + i_B = i_C + i_D$$

이 식에서 한 마디로 흘러 들어가는 전류의 합이 그 마디에서 흘러 나오는 전류의 합과 같아야 함을 알 수 있다.

예제 **3.1**

그림 3.3*a*의 회로에서 전압원이 3 A의 전류를 공급한다고 할 때 저항 R_3에 흐르는 전류를 계산하라.

문제의 목표를 확인한다.

구하고자 하는 R_3에 흐르는 전류를 그림에 i로 표시하였다.

알고 있는 정보를 수집한다.

R_3의 상단에 있는 마디에는 4개의 가지가 접속되어 있다.

이들 전류 중 2개는 확실하게 표시되어 있다. 하나는 이 마디에서 R_2로 2 A로 흘러 들어가고 있고 다른 하나는 전류원에서 마디로 5 A가 흘러 들어오고 있다. 그리고 10 V 전원에서 3 A가 흘러나오는 것을 알고 있다.

계획을 세운다.

그림 3.3*b*에서 R_1에 흐르는 전류를 i_{R_1}이라고 표시하면 R_2와 R_3의 상단 마디에서 KCL을 적용할 수 있다.

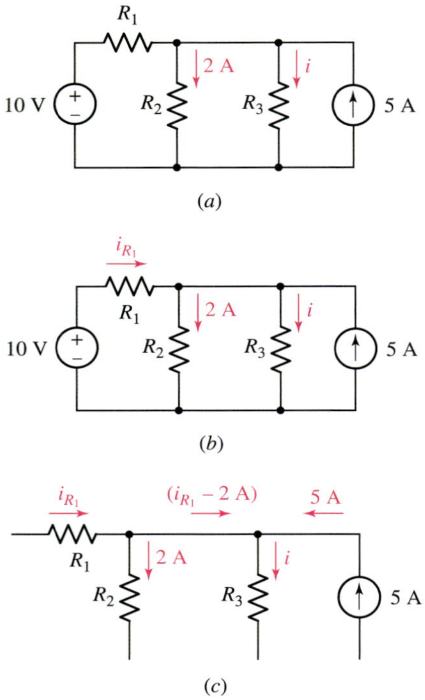

그림 3.3 (*a*) R_3에 흐르는 전류를 구하기 위한 회로. R_1, R_2, R_3 간의 연결은 2개의 마디처럼 보이지만 실제로는 하나의 마디임에 주의하라. (*b*) KCL을 적용하기 위해 저항 R_1에 흐르는 전류를 표시한 경우. (*c*) R_3의 상단 마디에 흐르는 전류를 분명하게 표시한 경우.

필요한 수의 방정식을 세운다.

이 마디에 흘러 들어오는 전류를 합하면

$$i_{R_1} - 2 - i + 5 = 0$$

이다. 이 마디로 흘러 들어오는 전류를 자세히 표시하면 그림 3.3c와 같다.

해를 구하는데 정보가 더 필요한지 검토한다.

위에서 하나의 식을 세웠지만 미지수가 2개이므로 방정식이 하나 더 필요하다. 문제에서 10 V 전원에 흐르는 전류가 3 A라고 하였는데 KCL에 의하면 이 전류가 i_{R_1}과 같다는 것을 알 수 있다. 즉 $i_{R_1} = 3$ A.

해를 구한다.

위의 식에 $i_{R_1} = 3$ A를 대입하면 $i = 3 - 2 + 5 = 6$ A를 얻는다.

구해진 해가 예상하던 결과인지 또는 합리적인지를 검토한다.

얻어진 해를 검토하는 것은 매우 중요하다. 적어도 해의 크기가 합당한 범위의 값을 갖는지 따져보아야 한다. 이 문제에서는 두 전원에서 각각 5 A와 3 A를 공급한다. 이 이외의 다른 전원은 없으므로 이 회로에서는 어떤 곳을 흐르는 전류라도 8 A보다 큰 값을 가질 수는 없다.

익힘문제 3.1

그림 3.4에서 가지와 마디의 수를 구하라. $i_x = 3$ A이고 18 V 전원이 8 A의 전류를 공급한다면 저항 R_A의 값은 얼마인가? (힌트: KCL과 옴의 법칙을 사용)

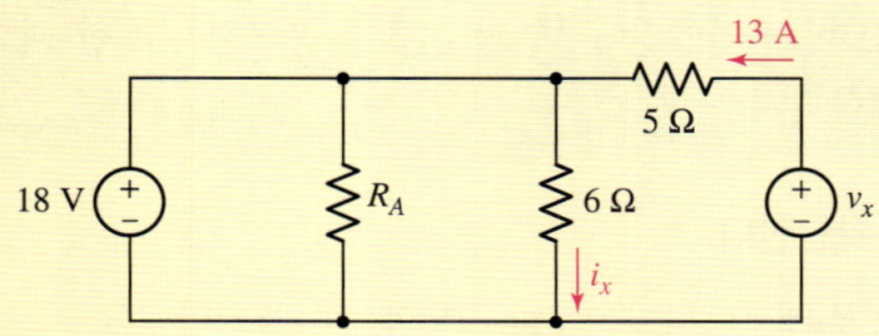

그림 3.4

답: 가지 5개, 마디 3개, 1 Ω.

키르히호프의 전류법칙을 식으로 나타내면

$$\sum_{n=1}^{N} i_n = 0 \qquad [1]$$

이 되는데 이 식은 다음 식을 간단히 나타낸 것이다.

$$i_1 + i_2 + i_3 + \cdots + i_N = 0 \qquad [2]$$

식 [1] 또는 식 [2]에서 N개의 전류의 방향(즉, 전류의 화살표)은 문제의 마디로 모두 흘러 들어오거나 또는 마디에서 모두 흘러 나가는 경우를 가정한 결과이다.

3.3 키르히호프의 전압법칙(KVL)

전류는 회로 소자를 통해 흐르는 전하와 관련이 있는 반면에 전압은 소자 양단의 위치에너지의 차이를 나타낸다. 이 사실은 종종 학생들이 회로 해석을 배우는 초기에 혼란스러워한다. 회로이론에서 임의의 전압을 나타내는 값은 단 하나가 있을 뿐이다. 따라서 회로 내에서 하나의 단위 전하를 점 A에서 점 B로 이동시키는 데 필요한 에너지는 점 A에서 점 B로 가기 위해 선정한 경로와 무관하게 하나의 값을 가져야 한다. (이러한 경로는 대개 하나 이상 존재한다.) 이러한 사실을 키르히호프의 전압법칙(간단히 **KVL**이라고 함)으로 설명하면 다음과 같다.

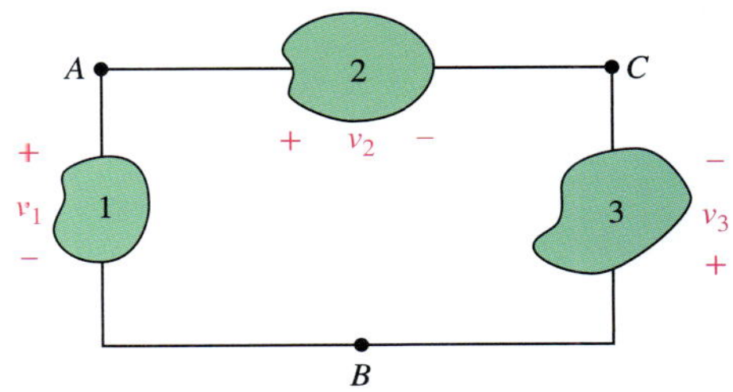

그림 3.5 두 점 A 와 B 사이의 전위차는 경로의 선택과 무관하다.

임의의 폐경로를 따라 취한 전압의 대수적인 합은 영(0)이다.

그림 3.5에서 1 C의 전하를 소자 1을 경유하여 A에서 B로 이동시킨다면 전압 v_1의 극성 부호를 기준으로 하면 v_1 주울의 일을 한 것이다.[1] 이제 이 경로 대신에 마디 C를 경유하여 A에서 B로 이동시키는 경우에는 $(v_2 - v_3)$ 주울의 에너지가 필요하다. 그러나 수행된 일은 회로 내의 경로와는 무관하며, 따라서 이 두 값은 동일해야 한다. 어떤 경로를 따르든 전압은 동일한 값이 되어야 한다. 이를 수식으로 표현하면 다음과 같다.

$$v_1 = v_2 - v_3 \qquad [3]$$

즉, 하나의 폐경로를 따라 간다면 개별 소자의 양단에 걸리는 전압의 대수적인 합은 0이 되어야 한다. 결론적으로 다음과 같이 표현할 수 있다.

$$v_1 + v_2 + v_3 + \cdots + v_N = 0$$

더 간단히 나타내면

$$\sum_{n=1}^{N} v_n = 0 \qquad [4]$$

이다. 실제로 KVL을 회로에 적용하는 방법은 여러 가지가 있다. 오류를 줄일 수 있는 한 가지 방법은 폐경로를 마음속에서 시계방향으로 이동하면서 각 소자에 걸리는 전압에 대해 (+) 단자로 들어가는 경우에는 +라고 적고 값을 더하고, (−) 단

1 여기서는 계산이 용이하도록 1 C의 전하를 선택하였으며, 수행한 일은 (1 C) (v_1 J/C) = v_1 J이 된다.

자로 들어가면 −라고 적고 값을 더해주면 된다. 이 방법을 그림 3.5에 적용해 보면

$$-v_1 + v_2 - v_3 = 0$$

을 얻는데 이 결과는 위에서 이미 구한 식 [3]과 일치한다.

예제 3.2

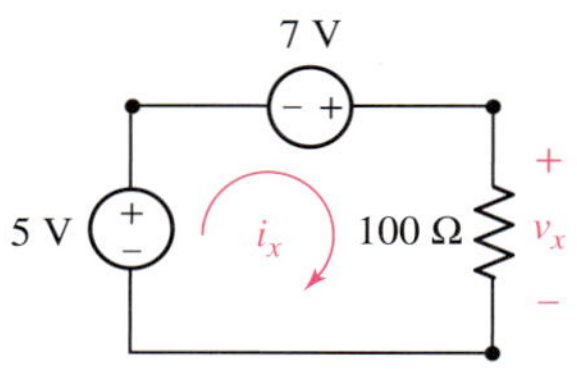

그림 3.6 2개의 전압원과 하나의 저항을 가진 회로.

그림 3.6의 회로에서 v_x와 i_x를 구하라.

이 회로에서는 3개의 소자 중에서 두 소자 양단의 전압을 이미 알고 있다. 따라서 KVL을 적용하면 바로 v_x를 구할 수 있다.

5 V 전원의 아래 단자에서 시작하여 시계방향으로 루프를 따라가면서 KVL을 적용하면 다음 식을 얻는다.

$$-5 - 7 + v_x = 0$$

이 식을 풀면 v_x = 12 V를 얻는다.

KCL을 이 회로에 적용해 보면 동일한 전류 i_x가 3개의 소자에 흐르는 것을 알 수 있다. 이제 100 Ω 저항에 걸리는 전압이 12 V임을 알았으므로 저항에 흐르는 전류는 옴의 법칙을 사용하면

$$i_x = \frac{v_x}{100} = \frac{12}{100}\text{A} = 120 \text{ mA}$$

와 같이 구해진다.

익힘문제 3.2

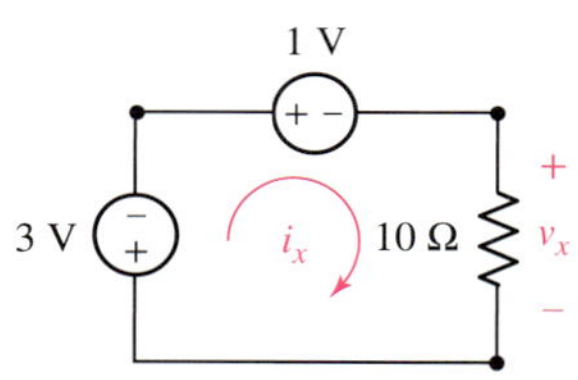

그림 3.7

그림 3.7의 회로에서 i_x와 v_x를 구하라.

답: v_x = −4 V; i_x = −400 mA.

예제 3.3

그림 3.8의 회로에는 8개의 회로소자가 있다. 저항 R_2의 양단에 걸리는 전압 v_{R2}와 전압 v_x를 구하라.

이 회로를 해석하는 최선의 방법은 KVL을 적용할 루프를 찾아보는 일이다. 루프는 여러 개일 수 있으나 회로를 살펴보면 맨 왼쪽에 있는 루프가 루프 내의 두 전압이 명확하게 규정되어 있어 쉬운 경로임을 알 수 있다. 왼쪽에 있는 루프를 따라 KVL을 적용하면 v_{R2}를 구할 수 있다. 마디 c에서 시작하면

$$4 - 36 + v_{R2} = 0$$

이 식에서 $v_{R2} = 32$ V가 구해진다.

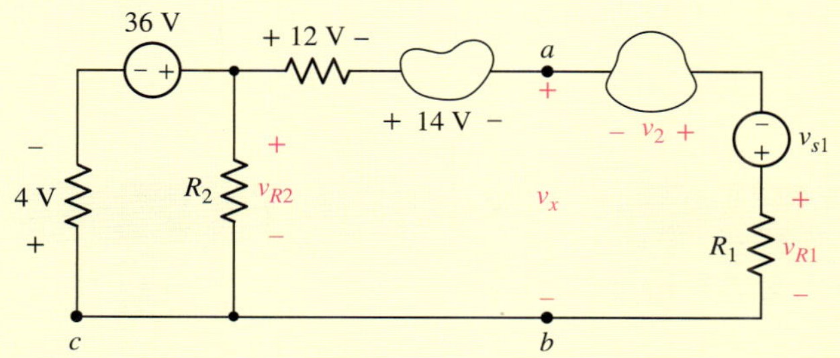

그림 3.8 v_{R2} 및 v_x를 구하려고 하는 회로. 8개의 소자로 구성되어 있다.

v_x를 구하기 위해서 오른쪽에 있는 소자 3개의 전압을 모두 더할 수도 있다. 그러나 전압 값들을 모르므로 해를 구할 수 없다. 대신에 점 c에서 시작하여 위로 올라가 점 a로 간 다음에 v_x를 통해 b로 가고 다시 도선을 통해 시작점인 c에 이르는 경로를 따라 KVL을 적용하면

$$+4 - 36 + 12 + 14 + v_x = 0$$

이 되고 이 식을 풀면 다음과 같다.

$$v_x = 6\text{ V}$$

다른 해법: v_{R2}값을 알고 있으므로 R_2를 통하는 지름길을 따라 KVL을 적용할 수 있다.

$$-32 + 12 + 14 + v_x = 0$$

로부터 $v_x = 6$ V를 얻는다.

점 b 및 점 c와 두 점 사이의 도선은 모두 동일한 마디이다.

익힘문제 3.3

그림 3.9의 회로에서 $v_{R1} = 1$ V일 때 다음을 구하라.

(a) v_{R2} (b) v_2

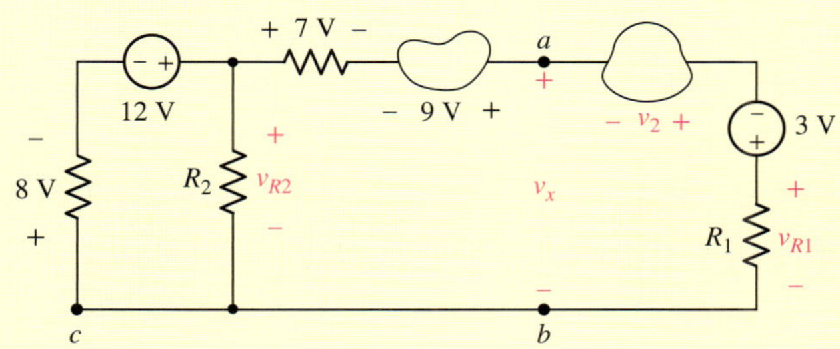

그림 3.9

답: (a) 4 V; (b) −8 V.

회로를 정확하게 해석하기 위해 가장 먼저 할 일은 회로도에 전류와 전압을 표시하는 일이다. 여기에 KVL 또는 KCL을 적절히 사용하여 방정식을 얻은 다음에 방정식의 수보다 미지수의 수가 더 많은 경우에는 옴의 법칙을 적용하여 방정식을 추가한다.

예제 3.4

그림 3.10*a*의 회로에서 v_x를 구하라.

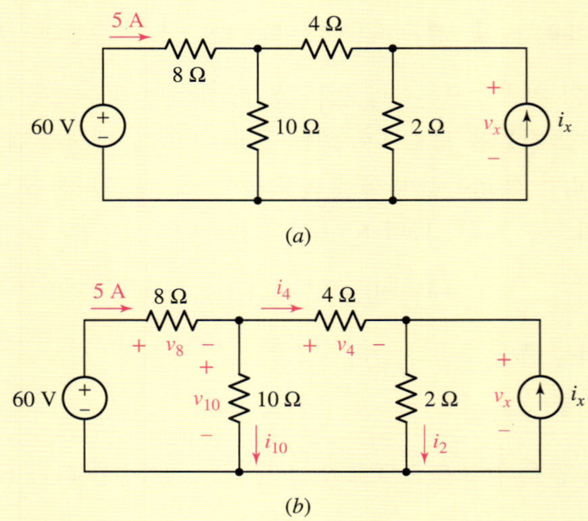

그림 3.10 (*a*) KVL을 사용하여 v_x을 구해야 하는 회로. (*b*) 전압과 전류를 표시한 회로도.

먼저 회로의 각 소자에 전압과 전류를 표시한다. 이것을 나타내면 그림 3.10*b*와 같다. 전압 v_x는 2 Ω 저항과 전류원 i_x의 전압임에 유의할 필요가 있다.

계획 *A*: 2 Ω의 저항에 흐르는 전류를 알면 옴의 법칙을 사용하여 v_x를 구할 수 있다. KCL을 적용하면

$$i_2 = i_4 + i_x$$

불행하게도 이 식에서 미지수 3개에 대해 아는 값이 하나도 없다. 결국 이 식으로부터 해를 구하기는 현재 상태로는 불가능하다. 즉, 이 식을 풀려면 다른 정보가 더 필요하며 이는 계획 *B*에서 얻을 수 있다.

계획 *B*: 60 V 전원에 흐르는 전류가 5 A임을 알고 있으므로 이 사실을 이용하기로 한다. i_2를 이용하여 v_x를 구하는 대신에 직접 KVL을 적용하여 v_x를 구할 수 있다. 이러한 견지에서 2개의 루프에 KVL을 적용하면

$$-60 + v_8 + v_{10} = 0$$

와

$$-v_{10} + v_4 + v_x = 0 \qquad [5]$$

의 두 식을 얻는다.

이상과 같이 세운 식은 2개인데 미지수가 4개이므로 모든 항이 미지수인 방정식을 바꾸어 줄 필요가 있다. 8 Ω의 저항에 5 A의 전류가 흐르므로 옴의 법칙에 의해 $v_8 = 40$ V임을 알 수 있다. 따라서 $v_{10} = 0 + 60 - 40 = 20$ V가 되어 식 [5]는 다음과 같이 된다.

$$v_x = 20 - v_4$$

이제 v_4를 구하면 문제가 풀린다.

이 경우에 전압 v_4를 구하는 가장 좋은 방법은 옴의 법칙을 사용하는 것인데, 그러려면 i_4의 값을 알아야 한다. KCL로부터

$$i_4 = 5 - i_{10} = 5 - \frac{v_{10}}{10} = 5 - \frac{20}{10} = 3 \text{ A}$$

임을 알 수 있으므로 $v_4 = (4)(3) = 12$ V가 되고, 따라서 $v_x = 20 - 12 = 8$ V이다.

익힘문제 3.4

그림 3.11의 회로에서 v_x를 구하라.

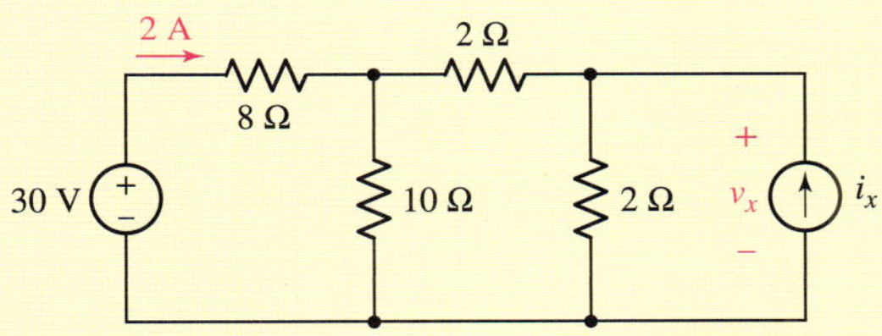

그림 3.11

답: $v_x = 12.8$ V.

3.4 단일 루프로 구성된 회로

KCL과 KVL을 옴의 법칙과 함께 반복적으로 사용하는 것이 여러 루프와 여러 요소가 포함 된 간단하지 않은 회로에 적용될 수 있음을 확인하였다. 더 진도를 나가기 전에 직렬회로의 개념을 알아볼 시점이다. (병렬회로의 개념은 다음 절에서 알아본다.) 이 개념은 우리가 앞으로 다루게 되는 회로망의 기본이 된다.

회로에서 동일한 전류가 흐르는 소자는 **직렬**(*series*)로 연결되어 있다고 말한다. 예로서 그림 3.10을 살펴보자. 60 V 전원은 8 Ω의 저항과 직렬로 접속되어 있으며, 따라서 두 소자에는 동일한 5 A의 전류가 흐른다. 그러나 8 Ω의 저항은 4 Ω의 저항과 직렬로 접속된 상태가 아니며, 서로 다른 전류가 흐른다. 주의할 점은

크기가 같은 전류가 흐른다고 해서 소자들이 직렬로 접속된 상태가 아닐 수도 있다는 사실이다. 예를 들어, 이웃집에 있는 2개의 100 W 전구에 같은 크기의 전류가 흐를 수가 있지만 두 전류는 동일한 전류가 아니며, 따라서 직렬로 접속되어 있는 것이 아니다.

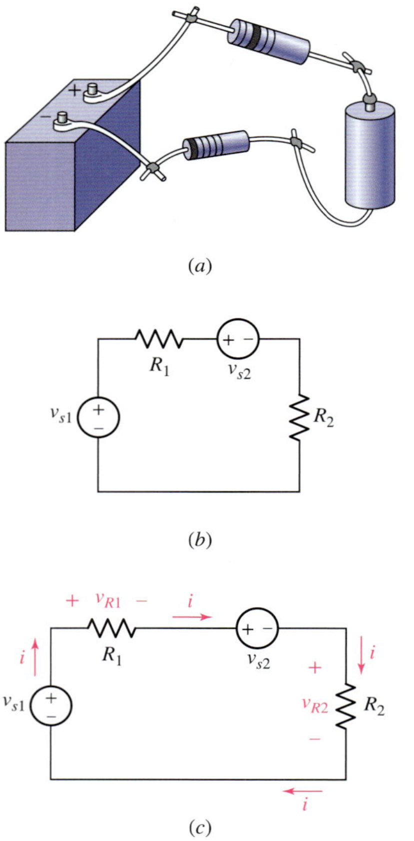

그림 3.12 (*a*) 소자가 4개인 단일 루프 회로. (*b*) 전압원 및 저항의 값이 주어진 회로 모델. (*c*) 전압의 극성과 전류의 방향이 추가된 회로.

그림 3.12*a*는 2개의 건전지와 두 저항으로 구성된 회로를 나타낸다. 각 단자, 소자 연결에 사용된 도선 및 접합용 접점은 저항이 0이라고 가정한다. 이들이 모여서 그림 3.12*b*에 나타낸 것처럼 각 마디를 구성한다. 건전지는 이상적인 전압원으로 모델링하며 내부 저항은 무시할 수 있을 정도로 작다고 가정한다. 이 2개의 저항은 이상적인 (선형) 저항이라고 가정한다.

각 소자에 **흐르는** 전류, 각 소자의 **양단** 전압 및 각 소자에서 **흡수**하는 전력을 구하려고 한다. 해석의 첫 단계는 미지의 전류에 대한 기준 방향을 설정하는 일이다. 이 전류의 방향은 임의로 설정할 수 있는데 그림 3.12*c*에서는 시계방향을 선택하였다. 즉, 왼쪽에 있는 전압원의 (+) 단자에서 흘러 나가는 방향으로 설정하였으며, KCL을 적용하면 이 회로에서는 각 소자에 흐르는 전류가 모두 같으며 동일한 방향으로 흐르는 것을 알 수 있다. 이것을 그림 3.12*c*에 여러 개의 동일한 전류 표시인 i로 나타내었다.

해석의 두 번째 단계는 각 저항에 대해 전압의 기준을 선정하는 일이다. 수동부호규약에 따르면 각 저항의 전류는 (+) 전압이 표시된 단자로 흘러 들어 가는 방향으로 설정해야 한다. 위의 예제에서는 이미 전류의 방향을 정하였으므로 전압 V_{R1}과 V_{R2}의 극성을 그림 3.12*c*와 같이 설정한다.

세 번째 단계는 하나뿐인 폐경로에 키르히호프의 전압법칙을 적용하는 일이다. 회로의 왼쪽 하단에서 시작하여 시계방향으로 KVL을 적용하자. 이때 소자의 (+) 단자를 먼저 만나면 (+) 전압으로, 소자의 (−) 단자를 먼저 만나면 (−) 전압으로 한다. 즉,

$$-v_{s1} + v_{R1} + v_{s2} + v_{R2} = 0 \qquad [6]$$

이다. 이 단계에서 저항에 대해 옴의 법칙을 적용하면

$$v_{R1} = R_1 i \quad \text{및} \quad v_{R2} = R_2 i$$

이다. 이 식을 식 [6]에 대입하면 다음 식을 얻는다.

$$-v_{s1} + R_1 i + v_{s2} + R_2 i = 0$$

이 식에서 미지수는 i 하나뿐이며, i를 계산하면 다음과 같다.

$$i = \frac{v_{s1} - v_{s2}}{R_1 + R_2}$$

각 소자에서의 전압이나 전력은 $v = Ri$, $p = vi$ 또는 $p = i^2R$을 적용하여 구한다.

익힘문제 3.5

그림 3.12b의 회로에서 v_{s1} = 120 V, v_{s2} = 30 V, R_1 = 30 Ω, R_2 = 15 Ω일 때 각 소자에서 흡수하는 전력을 계산하라.

답: $p_{120\text{V}} = -240$ W; $p_{30\text{V}} = +60$ W; $p_{30\Omega} = 120$ W; $p_{15\Omega} = 60$ W.

예제 3.5

그림 3.13a의 회로에서 각 소자에서 흡수하는 전력을 계산하라.

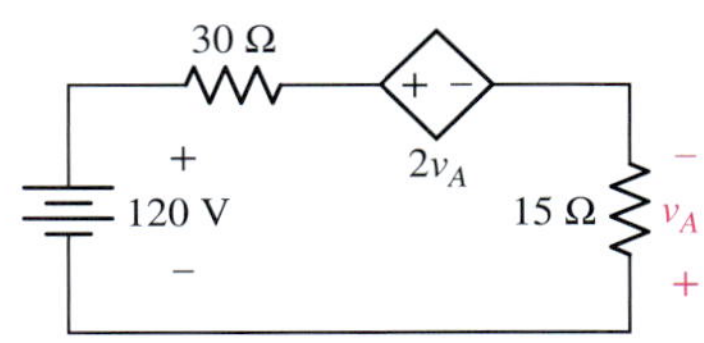

(*a*)

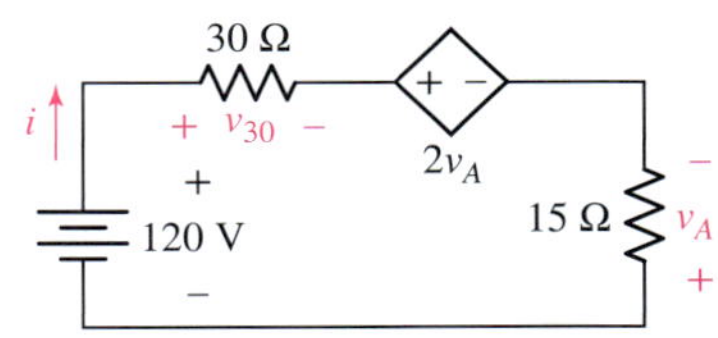

(*b*)

그림 3.13 (*a*) 종속전원을 포함한 단일 루프 회로. (*b*) 전류 i와 전압 v_{30}을 지정한 회로.

먼저 전류의 기준 방향을 정하고 전압 v_{30}에 대한 기준 극성을 표시하면 그림 3.13b와 같다. 15 Ω의 저항에는 전압을 따로 정할 필요가 없다. 왜냐하면 종속전원의 제어전압이 되는 v_A가 이미 표시되어 있기 때문이다. (그러나 수동부호규약에 의해 정해지는 부호를 따르기 위해 v_A의 기준부호를 반대로 정할 수 있다.)

이 회로에는 종속전압원이 하나 있는데, v_A를 구하기 전에는 그 크기를 알 수 없다. 그러나 대수적인 값 $2v_A$를 숫자 값처럼 사용할 수 있다. 따라서 KVL을 적용하면

$$-120 + v_{30} + 2v_A - v_A = 0 \qquad [7]$$

를 얻는다. 옴의 법칙을 사용하면 다음의 식을 얻는다.

$$v_{30} = 30i \quad \text{및} \quad v_A = -15i$$

이 식에서 (−) 부호는 전류 i가 v_A의 (−) 단자로 흘러 들어가기 때문이다.

식 [7]에 이 결과를 대입하면 다음 식이 얻어진다.

$$-120 + 30i - 30i + 15i = 0$$

이를 풀면 i = 8 A를 얻는다.

각 소자에 흡수되는 전력을 계산하면 다음과 같다.

$$\begin{aligned} p_{120\text{V}} &= (120)(-8) &&= -960\text{ W} \\ p_{30\Omega} &= (8)^2(30) &&= 1920\text{ W} \\ p_{\text{dep}} &= (2v_A)(8) &&= 2[(-15)(8)](8) \\ & &&= -1920\text{ W} \\ p_{15\Omega} &= (8)^2(15) &&= 960\text{ W} \end{aligned}$$

익힘문제 3.6

그림 3.14의 회로에서 5개의 소자 각각에서 흡수하는 전력을 계산하라.

답: (왼쪽으로부터 시계방향으로) 0.768 W; 1.92 W; 0.2048 W; 0.1792 W; −3.072 W.

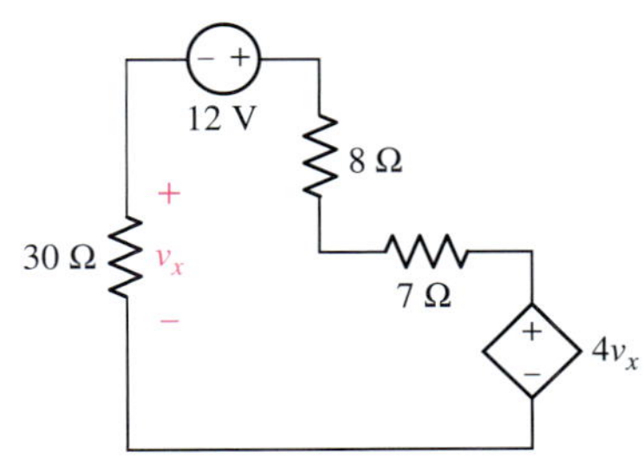

그림 3.14 루프가 하나인 회로.

예제 3.5와 익힘문제 3.6에서 회로의 각 소자에서 흡수하는 전력을 계산하였다. 그러나 회로에 흡수된 전력량이 모두 양의 값을 보이는 상황을 생각하기는 어렵다. 왜냐하면 에너지가 어딘가에서 오는 것이기 때문이다. 그러므로 에너지 보존의 법칙으로부터 **회로의 각 소자에서 흡수하는 에너지의 합은 영**이어야 한다. 다시 말해 흡수하는 전력량 중 최소한 하나는 음의 값이어야 한다(회로가 동작하지 않은 경우는 제외함). 달리 말하면, **각 소자에서의 공급전력의 합은 영**이어야 한다. 더 실제적으로 흡수전력의 합은 공급전력의 합과 같다고 하면 액면 그대로 받아들이기에 합리적이다.

예제 3.5에 있는 그림 3.13의 회로를 가지고 알아보자. 이 회로는 2개의 전원(독립전원 및 종속전원 각 1개)과 2개의 저항으로 구성되어 있다. 각 소자에서 흡수하는 전력을 더하면 다음과 같다.

$$\sum_{\text{all elements}} p_{\text{absorbed}} = -960 + 1920 - 1920 + 960 = 0$$

(위의 식에서 부호는 흡수전력을 기준으로 하였으므로) 실제에 있어서는 120 V 전원은 +960 W를 공급하고 종속전원은 +1920 W를 공급한다. 따라서 전원들이 공급하는 총 전력은 960 + 1920 = 2880 W이다. 저항소자들은 양의 전력을 흡수하게 되며, 그 양은 총 1920 + 960 = 2880 W이다. 따라서 각 소자에서의 전력의 흡수 및 공급 상황을 고려하면 예상한 대로 다음이 성립한다.

$$\sum p_{\text{absorbed}} = \sum p_{\text{supplied}}$$

익힘문제 3.6를 다시 살펴보면 흡수되는 전력의 합이 0.768 + 1.92 + 0.2048 + 0.1792 − 3.072 = 0임을 알 수 있다. 매우 흥미롭게도 12 V의 독립전압원이 +1.92 W를 흡수하고 있는데, 이 전력은 소비전력이지 공급하는 전력이 아니다. 대신에 종속전압원이 이 특별한 회로 내의 모든 전력을 공급하는 것으로 나타난다. 이러한 상황이 가능한 일일까? 일반적으로 전원은 양의 전력을 공급하지만 우리가 다루고 있는 회로에서는 이상적인 전원을 사용하고 있기 때문에 임의의 전원으로 양의 전력이 흘러 들어가는 것이 사실상 가능하다. 만일 이 회로를 다른 형태로 바꾸어주면 동일한 독립전압원이지만 양의 전력을 공급함을 알 수 있을 것이다. 회로 해석이 다 끝나기 전에는 그 결과를 알 수 없다.

3.5 마디쌍이 하나인 회로

3.4절에서 다룬 단일 루프로 구성된 회로와 짝을 이루는 회로로 한 쌍의 마디를 갖는 회로를 들 수 있다. 이 회로에는 여러 개의 소자가 동일한 마디쌍에 접속되어 있다. 이러한 회로의 예를 그림 3.15a에 나타내었다. KVL을 적용하면 각 가지의 양단에 걸리는 전압이 다른 가지의 양단전압과 동일함을 알게 된다. 한 회로에서 소자들의 양단에 걸리는 전압이 공통이면 이 소자들이 **병렬**로 접속되어 있다고 말한다.

예제 3.6

그림 3.15a의 회로에서 각 소자에서의 전압, 전류 및 전력을 계산하라.

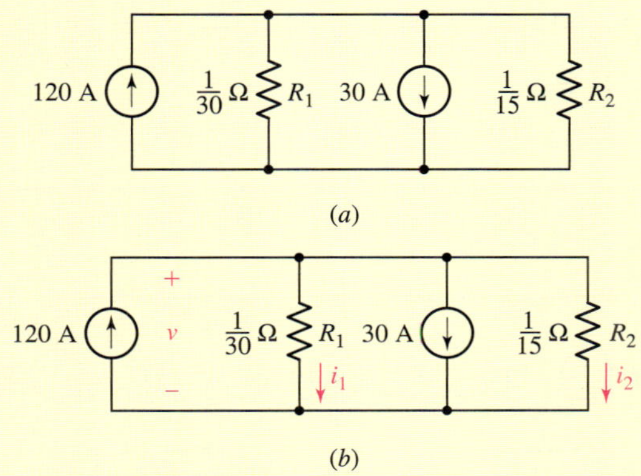

그림 3.15 (a) 마디쌍이 하나인 회로. (b) 전압 하나와 전류 둘을 지정한 회로.

먼저 전압 v를 설정하고 극성을 그림 3.15b와 같이 임의로 정한다. 두 저항에 흐르는 전류는 수동부호규약에 따라서 방향을 설정하면 그림 3.15b에 표시된 것과 같다.

전류 i_1과 i_2 중에서 하나를 안다면 전압 v를 구할 수 있다. 따라서 다음 단계는 2개의 마디 중 하나에 KCL을 적용하는 일이다. 위의 마디에서 흘러 나가는 전류의 대수적인 합이 0이므로 다음 식을 얻는다.

$$-120 + i_1 + 30 + i_2 = 0$$

옴의 법칙을 사용하여 두 전류를 전압 v로 표시하면

$$i_1 = 30v \text{ 및 } i_2 = 15v$$

를 얻는데 이 식을 대입하면 다음 식이 나온다.

$$-120 + 30v + 30 + 15v = 0$$

이 식을 풀면 v가 다음과 같이 구해진다.

$$v = 2 \text{ V}$$

옴의 법칙을 사용하면 전류 i_1과 i_2가 다음과 같이 구해진다.

$$i_1 = 60 \text{ A} \quad \text{및} \quad i_2 = 30 \text{ A}$$

이제 각 소자에 흡수되는 전력을 구할 수 있다. 두 저항에서는

$$p_{R1} = 30(2)^2 = 120 \text{ W} \quad \text{및} \quad p_{R2} = 15(2)^2 = 60 \text{ W}$$

이고, 두 전원에 대해서는 다음과 같다.

$$p_{120A} = 120(-2) = -240\text{ W} \quad 및 \quad p_{30A} = 30(2) = 60\text{ W}$$

120 A 전원은 240 W를 흡수하므로 실제로는 회로 내의 다른 소자에 전력을 공급하고 있다. 한편 30 A 전원은 전력을 **공급**하는 것이 아니라 실제로는 60 W의 전력을 **흡수**한다.

익힘문제 3.7

그림 3.16의 회로에서 v를 구하라.

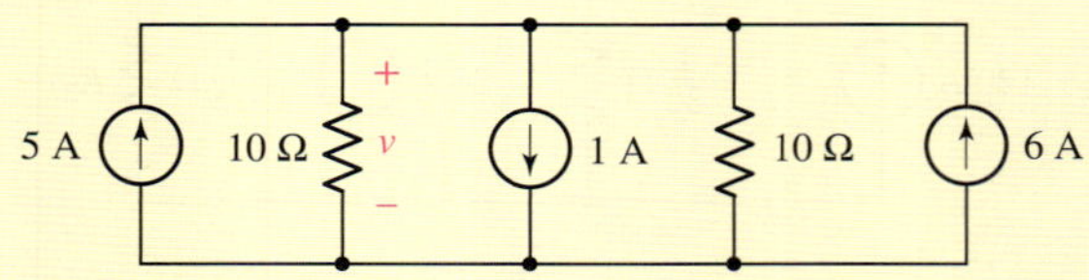

그림 3.16

답: 50 V.

예제 3.7

그림 3.17의 회로에서 v의 값과 독립전류원이 공급하는 전력을 구하라.

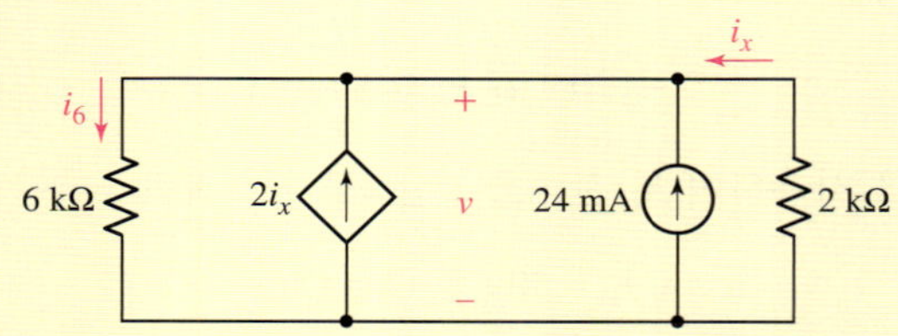

그림 3.17 하나의 종속전원을 가지고 있는 마디쌍이 하나인 회로에 지정된 전압 v와 전류 i_6.

위쪽의 마디에서 흘러나가는 전류의 합이 0이어야 하므로 KCL을 적용하면,

$$i_6 - 2i_x - 0.024 - i_x = 0$$

를 얻는다.

종속전류원의 값($2i_x$)은 아직 모르지만 다른 전류값과 마찬가지로 취급하면 된다.

각 저항에 옴의 법칙을 적용하면

$$i_6 = \frac{v}{6000} \quad 그리고 \quad i_x = \frac{-v}{2000}$$

이다. 따라서

$$\frac{v}{6000} - 2\left(\frac{-v}{2000}\right) - 0.024 - \left(\frac{-v}{2000}\right) = 0$$

이다. 이 식을 풀면 $v = (600)(0.024) = 14.4$ V이다.

이제 다른 정보는 쉽게 계산할 수 있다. 예를 들면, 독립전원이 공급하는 전력은 $p_{24} = 14.4(0.024) = 0.3456$ W (345.6 mW)이다.

익힘문제 3.8

그림 3.18의 회로에서 i_A, i_B 및 i_C를 구하라.

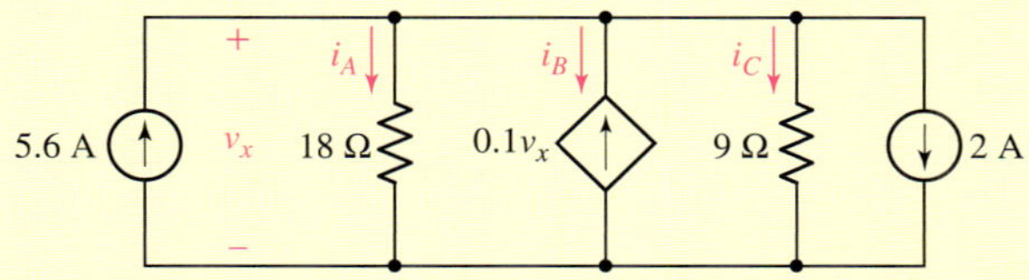

그림 3.18

답: 3 A; −5.4 A; 6 A.

3.6 전원의 직렬연결 및 병렬연결

회로 해석에 있어서 직렬 또는 병렬로 접속되어 있는 전원을 하나로 합하면 편리한 경우가 흔히 있다. 이때 유의할 점은 나머지 회로의 전압, 전류 및 전력 관계는 변하지 않는 것이다. 예를 들면 직렬로 접속되어 있는 전압원은 각 전압원의 대수적인 합과 동일한 크기의 전압을 갖는 1개의 등가 전압원으로 대체할 수 있다(그림 3.19*a*). 또한 병렬로 접속되어 있는 전류원도 각 전류원의 값을 대수적으로 합한 것과 동일한 크기의 전류를 갖는 하나의 등가 전류원으로 대체할 수 있으며, 병렬로 접속되어 있는 소자들은 필요에 따라 순서를 바꾸어도 된다(그림 3.19*b*).

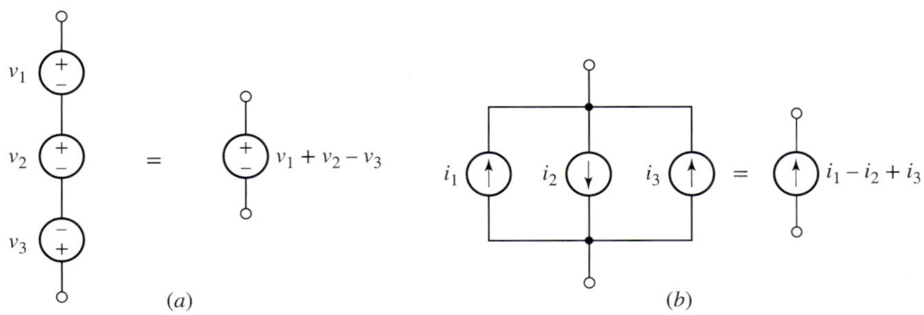

그림 3.19 (*a*) 직렬로 접속되어 있는 전압원은 하나의 등가전압원으로 대체할 수 있다. (*b*) 병렬로 접속되어 있는 전류원은 하나의 등가 전류원으로 대체할 수 있다.

예제 3.8

그림 3.20a의 회로에서 전원들을 하나의 등가 전압원으로 바꾼 후에 전류 i를 구하라.

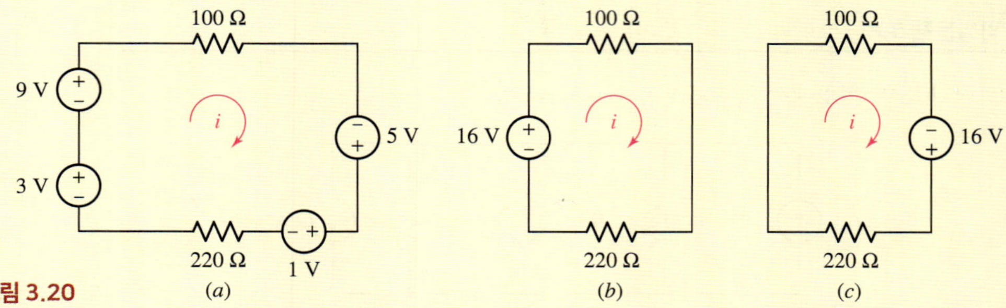

그림 3.20

전압원을 조합하려면 이 전압원들이 직렬로 접속되어 있어야 한다. 각 전압원에 흐르는 전류가 동일하므로 이 조건을 만족한다.

왼쪽 아래에 있는 마디에서 시작하여 시계방향으로 합하면 다음과 같다.

$$-3 - 9 - 5 + 1 = -16 \text{ V}$$

따라서 4개의 전압원을 그림 3.20b와 같은 극성을 갖는 하나의 16 V 전압원으로 대체할 수 있다.

이제 옴의 법칙을 이용하여 KVL을 적용하면

$$-16 + 100i + 220i = 0$$

이므로 전류 i는 다음과 같다.

$$i = \frac{16}{320} = 50\,\text{mA}$$

그림 3.20c의 회로도 역시 등가임에 유의하여야 한다. 이것은 전류 i를 구해 보면 쉽게 알 수 있다.

익힘문제 3.9

그림 3.21의 회로에서 먼저 4개의 전압원을 하나로 통합한 후에 전류 i를 구하라.

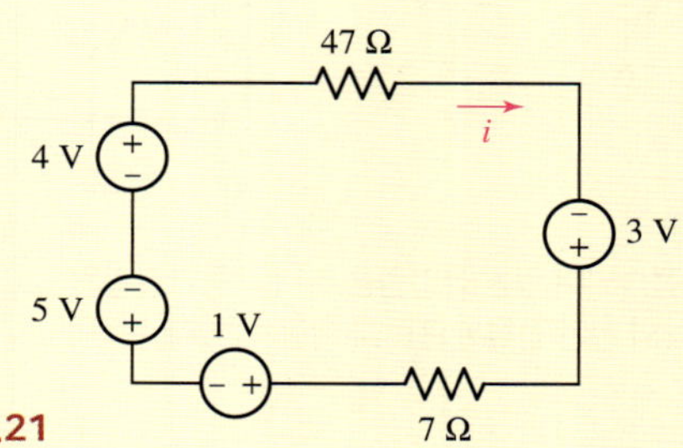

그림 3.21

답: −54 A.

예제 3.9

그림 3.22*a*의 회로에서 먼저 전원들을 하나의 등가 전류원으로 바꾼 후에 전압 *v*를 구하라.

각 전원의 양단에 걸리는 전압이 동일하다면 전류원들을 통합할 수 있으며, 이 회로에서는 이를 만족함을 쉽게 알 수 있다. 따라서 화살표가 위의 마디를 향하는 하나의 전류원을 생성할 수 있으며 전류원의 값은 다음과 같이 위의 마디로 향하는 전류들의 합이 된다.

$$2.5 - 2.5 - 3 = -3 \text{ A}$$

그림 3.22*b*는 그림 3.22*a*의 등가회로이다.

KVL을 적용하면,

$$-3 + \frac{v}{5} + \frac{v}{5} = 0$$

이므로, 전압은 $v = 7.5$ V이다.

그림 3.22*c*의 회로는 또 다른 등가회로이다.

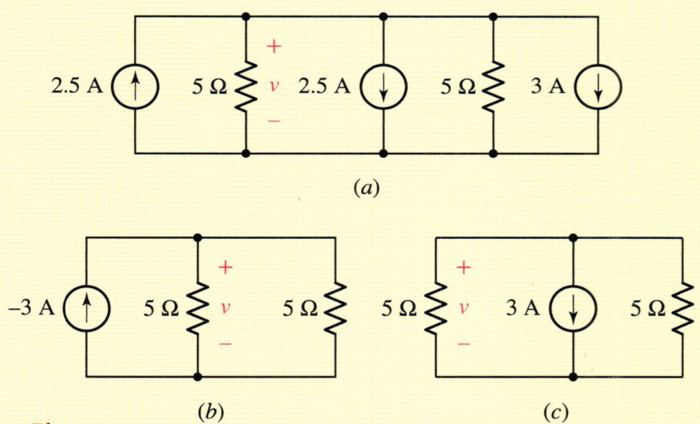

그림 3.22

익힘문제 3.10

그림 3.23의 회로에서 먼저 3개의 전류원을 하나의 등가 전류원으로 통합한 후에 전압 *v*를 구하라.

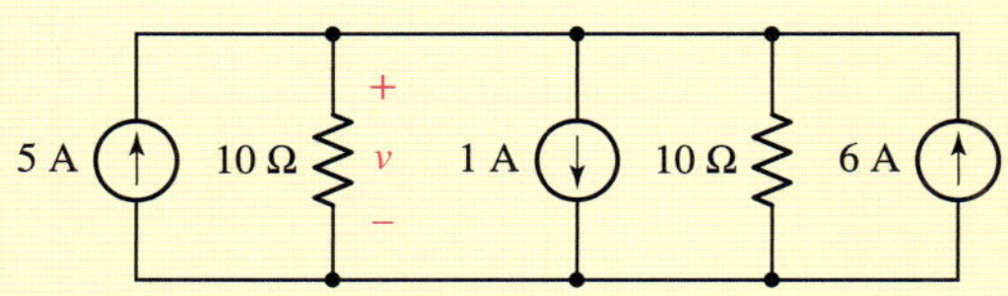

그림 3.23

답: 50 V.

끝으로, 2개의 전압원이 병렬로 접속되어 있는 경우와 2개의 전류원이 직렬로 접속되어 있는 경우를 생각해 보자. 예를 들어, 5 V의 전압원이 10 V의 전압원과 병렬로 접속되어 있다면 등가전원은 어떤 것일까? 전압원의 정의에 따르면 전압원의 양단전압은 변할 수 없다. 따라서 KVL에 의해 5가 10과 같아야 하는데 이것은 물리적으로 불가능하다. 그러므로 이상적인 전압원을 병렬로 연결할 수 있는 경우는 각 전압원이 동일한 극성 및 크기의 전압을 갖는 경우뿐이다. 마찬가지 이유로 전류원을 직렬로 연결할 수 있는 경우는 동일한 크기와 방향을 갖는 전류원에 국한된다.

예제 3.10

그림 3.24의 회로 중에서 어느 것이 유효한 회로인지 결정하라.

그림 3.24a의 회로에는 두 전압원이 병렬로 접속되어 있다. 두 전원의 값이 서로 다르며, 따라서 이 회로는 KVL에 위배된다. 만일 이 회로에서 5 V 전원에 저항 하나를 병렬로 접속하더라도 5 V 전원은 10 V 전원에 병렬이다. 따라서 저항 양단에 걸리는 전압이 규정될 수 없기 때문에 역시 타당한 회로 구성이 되지 못한다. 그러나 실제로는 이상적인 전원은 존재하지 않고 약간의 내부 저항을 포함하고 있기 때문에 이러한 병렬연결도 실제로는 있을 수 있다. 이러한 저항이 있기 때문에 두 실제 전압원 사이에 전압차가 있어도 병렬접속이 가능해진다. 이와 같은 관점에서 볼 때 그림 3.24b는 완벽한 회로이다.

그림 3.24c의 회로는 KCL에 위배되는 경우이다. 이유는 저항 R에 흐르는 전류가 명확하지 않기 때문이다.

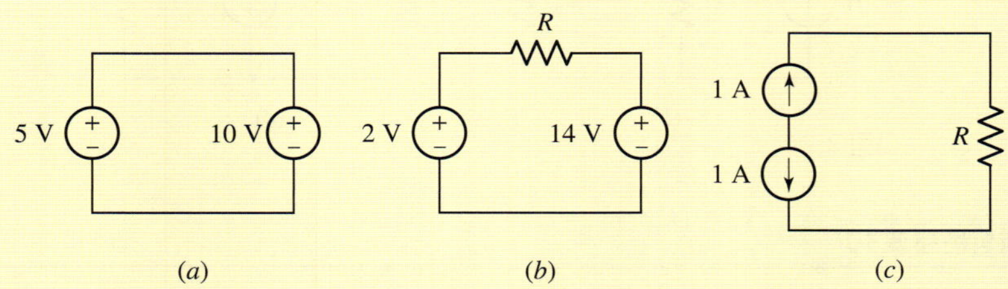

그림 3.24 (a)~(c) 전원이 여러 개인 회로의 예. 이중에는 키르히호프 법칙에 위반되는 회로가 있다.

익힘문제 3.11

그림 3.25의 회로가 키르히호프 법칙에 위배되는지의 여부를 결정하라.

답: 위배되지 않음. 그러나 만약 저항이 제거된다면 키르히호프의 법칙에 위배된다.

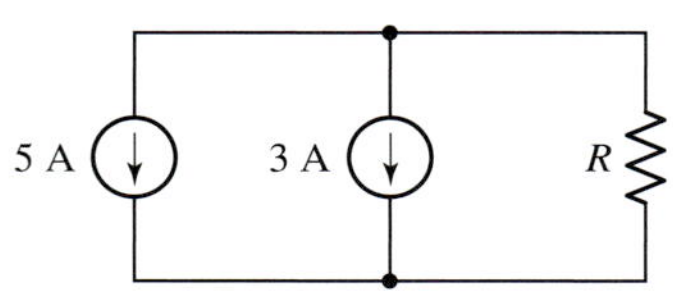

그림 3.25

3.7 저항의 직렬연결 및 병렬연결

복잡한 회로에서 여러 개의 저항을 통합하여 하나의 등가 저항으로 나타낼 수 있는 경우를 흔히 볼 수 있다. 복잡하게 구성된 저항에서 개별 저항의 전류, 전압 또는 전력을 구하려는 경우가 아니라면 이와 같이 등가 저항을 사용하여 회로를 해석하면 매우 편리하다. 이렇게 하더라도 이 회로의 나머지 부분에서는 전류, 전압 및 전력의 관계가 전혀 변하지 않는다.

그림 3.26*a*에는 *N*개의 저항이 직렬로 접속되어 있다. *N*개의 저항을 하나의 등가저항 R_{eq}로 대체하여 회로를 간략하게 만들고자 한다. 이때 등가저항 R_{eq}를 사용하더라도 회로의 나머지 부분(이 경우는 전압원)은 영향을 받지 않는다. 이 회로에서 전압원에서의 전류, 전압 및 전력은 대체 이전이나 대체 이후나 동일해야 한다.

먼저 KVL을 적용하면,

$$v_s = v_1 + v_2 + \cdots + v_N$$

을 얻으며, 옴의 법칙을 적용하면 다음 식이 된다.

$$v_s = R_1 i + R_2 i + \cdots + R_N i = (R_1 + R_2 + \cdots + R_N) i$$

이제 이 결과를 그림 3.26*b*의 등가회로와 비교하자. 등가회로에 옴의 법칙을 적용하면 다음과 같다.

$$v_s = R_{eq} i$$

따라서 *N*개의 직렬로 접속되어 있는 저항의 등가 저항은 다음과 같다.

$$\boxed{R_{eq} = R_1 + R_2 + \cdots + R_N} \qquad [8]$$

그러므로 *N*개의 저항이 직렬로 접속되어 있는 2단자 회로망을 동일한 $v-i$관계를 갖는 하나의 2단자 소자 R_{eq}로 대체할 수 있다.

물론 특정한 저항의 전류, 전압 또는 전력을 구하려고 하는 경우에는 등가 저항을 계산할 때 이 저항은 제외시키는 것이 필요하다. 예를 들어 종속전압원의 전압이 R_3의 양단전압과 관계가 있을 수 있다. 그런데 이 R_3가 여러 개의 직렬저항과 조합되어 하나의 등가저항을 구성하고 나면 종속전원의 기준이 사라져서 종속전압

도움이 되는 요령: 직렬 회로에 KVL을 적용하는 경우 소자가 연결된 *순서*에는 관계가 없음에 주목할 필요가 있다. 즉, 직렬 연결된 저항의 순서를 바꾸어도 회로 특성은 *바뀌지 않는다*.

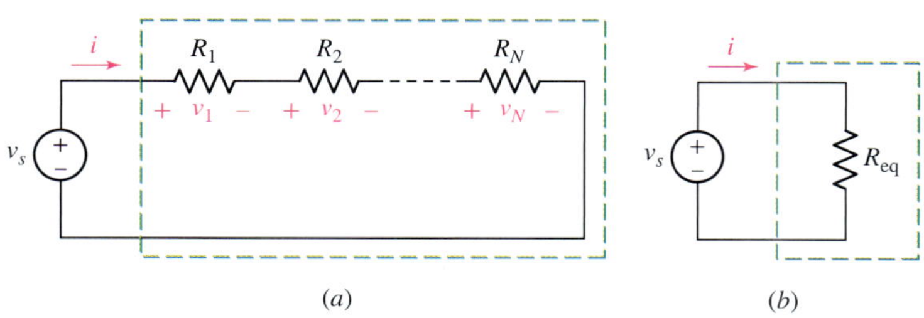

그림 3.26 (*a*) *N*개 저항의 직렬연결. (*b*) 전기적 등가회로.

원의 크기를 정할 수 없게 된다. 이러한 경우에는 애초에 R_3를 제외한 나머지 저항만으로 등가저항을 계산하는 것이 좋다.

익힘문제 3.12

그림 3.27의 회로에 표시된 두 단자 사이의 단일 등가저항의 값을 구하라.

(a) a 단자와 b 단자 사이(c는 연결되지 않음)

(b) a 단자와 c 단자 사이(b는 연결되지 않음)

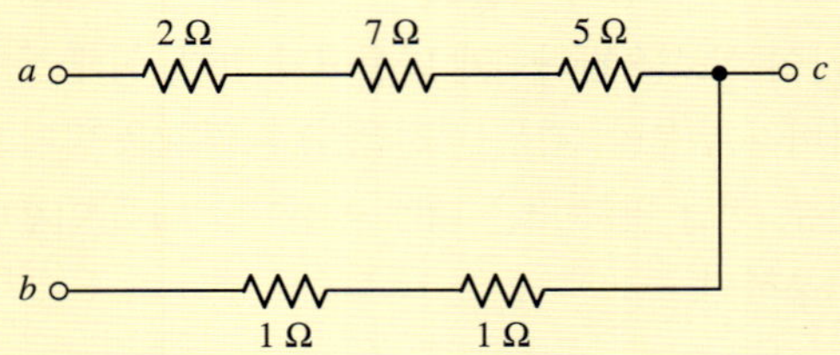

그림 3.27

답: 16 Ω; 14 Ω.

예제 3.11

그림 3.28a의 회로에서 저항과 전원을 통합하여 등가로 나타내고 전류 i와 80 V 전원이 공급하는 전력을 구하라.

먼저 전원의 극성에 주의하면서 소자의 위치를 교환하여 재구성하면 그림 3.28b와 같다. 다음 단계로 그림 3.28b에서 전원 3개를 합하여 하나의 등가 전원 90 V로 통합하고 저항 4개를 하나의 등가저항 30 Ω으로 통합하면 그림 3.28c와 같이 된다. 따라서 그림 3.28a에 KVL을 적용하면, 다음 수식을 얻을 수 있다.

$$-80 + 10i - 30 + 7i + 5i + 20 + 8i = 0$$

대신에 그림 3.28c에서 수식을 세우면

$$-90 + 30i = 0$$

가 되고, 다음과 같이 전류가 구해진다.

$$i = 3 \text{ A}$$

80 V 전원에서 회로에 공급하는 전력을 계산하기 위해서는 전류 i가 3 A임을 알고 있는 그림 3.28a로 돌아가서 구하면 된다. 80 V × 3 A = 240 W이다.

흥미롭게도 등가회로에는 원래의 회로소자가 하나도 남아있지 않다.

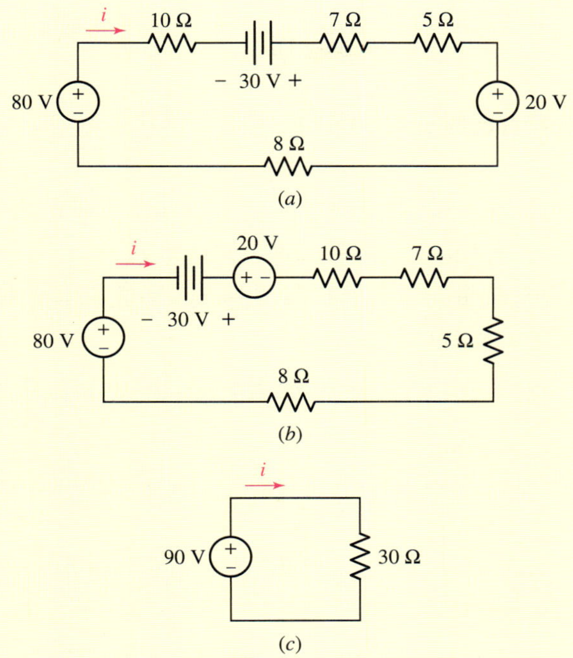

그림 3.28 *(a)* 여러 개의 전원과 저항을 가진 직렬 회로. *(b)* 해석이 쉽게 재구성된 회로. *(c)* 간단해진 등가회로.

익힘문제 3.13

그림 3.29의 회로에서 i를 구하라.

답: −333 mA.

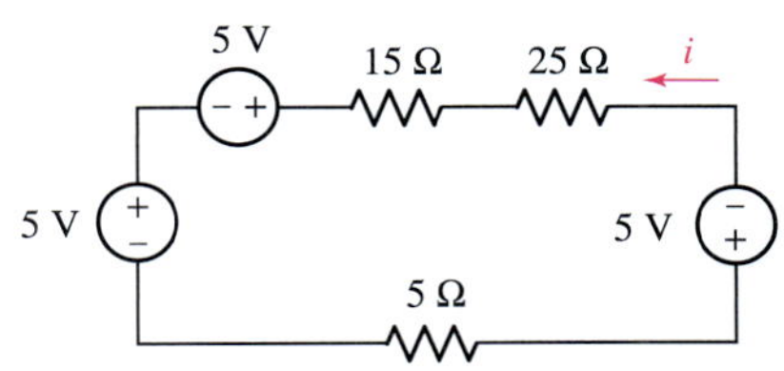

그림 3.29

직렬연결의 경우와 마찬가지로 병렬회로에서도 등가저항을 사용하여 회로를 간단하게 바꾸어서 해석할 수 있다. 그림 3.30a와 같이 N개의 저항이 병렬로 접속되어 있는 회로에 KCL을 적용하면

$$i_s = i_1 + i_2 + \cdots + i_N$$

또는 전압-전류 간의 관계를 사용하여 다시 쓰면 다음 식을 얻는다.

$$\begin{aligned} i_s &= \frac{v}{R_1} + \frac{v}{R_2} + \cdot\cdot\cdot + \frac{v}{R_N} \\ &= \frac{v}{R_{eq}} \end{aligned}$$

따라서 등가저항은 다음과 같이 표현된다.

$$\boxed{\frac{1}{R_{eq}} = \frac{1}{R_1} + \frac{1}{R_2} + \cdots + \frac{1}{R_N}} \quad [9]$$

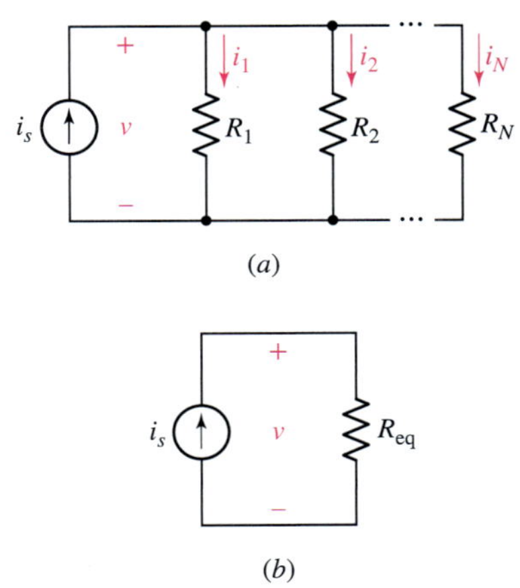

그림 3.30 *(a)* N개의 저항이 병렬인 회로. *(b)* 등가회로.

이 식을 다시 쓰면 다음과 같다.

$$R_{\mathrm{eq}}^{-1} = R_1^{-1} + R_2^{-1} + \cdots + R_N^{-1}$$

또는 컨덕턴스(conductance)로 나타내면

$$G_{\mathrm{eq}} = G_1 + G_2 + \cdots + G_N$$

이다. 간략화된 (등가)회로를 그림 3.30*b*에 나타내었다.

병렬연결을 간단히 표현하기 위해 기호 '‖'를 사용한다. 예를 들어 저항 R_1, R_2, R_3가 병렬이면 다음과 같이 나타낸다.

$$R_{\mathrm{eq}} = R_1 \| R_2 \| R_3$$

특히 2개의 저항이 병렬인 경우 등가저항은

$$R_{\mathrm{eq}} = R_1 \parallel R_2 = \frac{1}{\frac{1}{R_1} + \frac{1}{R_2}}$$

이며, 더욱 간단히 정리하면 다음과 같다.

$$\boxed{R_{\mathrm{eq}} = \frac{R_1 R_2}{R_1 + R_2}} \qquad [10]$$

이 식을 기억해 두면 회로 해석에 편리하게 적용할 수 있다. 그러나 이 식을 다음과 같이 확대 적용하는 것은 잘못이므로 주의를 요한다.

$$R_{\mathrm{eq}} \neq \frac{R_1 R_2 R_3}{R_1 + R_2 + R_3}$$

이 식의 단위를 살펴보면 이 식이 맞지 않음을 바로 알 수 있다.

익힘문제 3.14

그림 3.31의 회로에서 3개의 전류원과 10 Ω인 2개의 저항을 각각 등가 전류원과 등가 저항으로 나타내고 전압 v를 구하라.

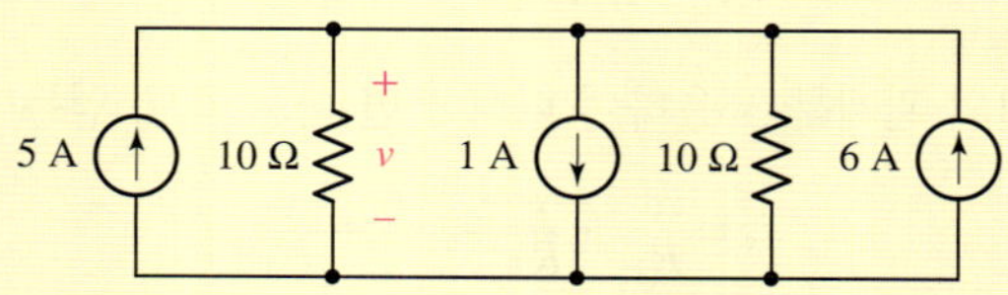

그림 3.31

답: 50 V.

예제 3.12

그림 3.32*a*에서 종속전원의 전압과 전력을 계산하라.

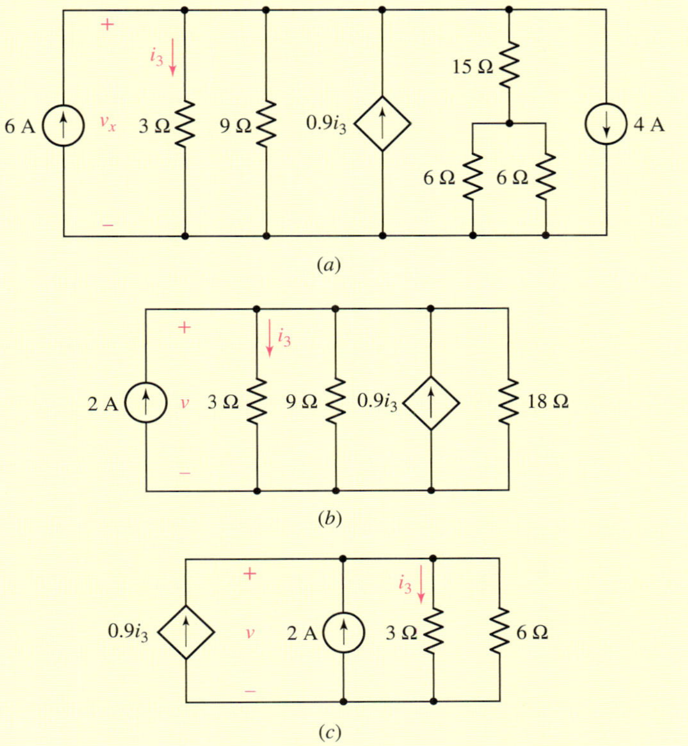

그림 3.32 (*a*) 마디가 여러 개인 회로. (*b*) 2개의 독립전류원을 2 A의 전류원으로 대체하고 병렬인 두 6 Ω과 직렬로 접속되어 있는 15 Ω 저항을 하나의 18 Ω 저항으로 대체한 회로. (*c*) 간략화된 등가회로.

회로를 해석하기 전에 회로를 간략화한다. 종속전원의 전압과 전력을 구해야 하므로 종속전원이 간략화 과정에 포함되지 않도록 주의하여야 한다.

2개의 독립전류원은 서로 인접해 그려져 있지는 않지만 사실상 병렬로 접속되어 있으므로 2 A 전류원으로 대체한다.

2개의 6 Ω 저항이 병렬로 연결되어 있으므로 이것을 15 Ω 저항과 직렬로 접속된 3 Ω 저항으로 대체할 수 있다. 따라서 2개의 6 Ω 저항과 15 Ω 저항은 18 Ω 저항으로 대체된다. (그림 3.32*b*)

아무리 마음이 끌리더라도 남아있는 3개의 저항을 조합해서는 안 된다. 그 이유는 종속전원의 제어변수 i_3가 3 Ω 저항과 관계가 있기 때문이며, 따라서 저항은 손대지 말고 그냥 두어야 한다. 그러므로 유일한 간략화는 그림 3.32c 처럼 9 Ω ‖ 18 Ω = 6 Ω으로 대체하는 것이다.

그림 3.32*c*에서 위의 마디에 KCL을 적용하면 다음 식을 얻는다.

$$-0.9\,i_3 - 2 + i_3 + \frac{v}{6} = 0$$

종속전원의 양단에 걸린 전압을 계산하기 위해 전류를 먼저 알아야 한다. 옴의 법칙을 적용하면

$$v = 3\,i_3$$

이고, 이 두 식으로부터 i_3를 계산하면

$$i_3 = \frac{10}{3}\ \text{A}$$

따라서 종속전원에 걸리는 전압(3 Ω 저항의 양단에 걸리는 전압과 동일)을 구하면 다음과 같다.

$$v = 3\,i_3 = 10\ \text{V}$$

그러므로 종속전원이 회로의 나머지 부분에 공급하는 전력은 $v \times 0.9i_3$ = 10(0.9)(10/3) = 30 W이다.

만일 이 회로에서 15 Ω 저항에서 소모하는 전력을 계산하려면 원래의 회로로 돌아가서 해석하면 된다. 이 저항은 3 Ω의 등가저항과 직렬로 접속되어 있으며, 전체 저항 18 Ω의 양단에 10 V가 걸려있다. 따라서 15 Ω의 저항에 흐르는 전류는 5/9 A이고 이 소자에 흡수되는 전력은 $p_{15\Omega} = R(i_{15\Omega})^2 = 15 \times (5/9)^2 = 4.63$ W가 된다.

익힘문제 3.15

그림 3.33의 회로에서 전압 v_x를 구하라.

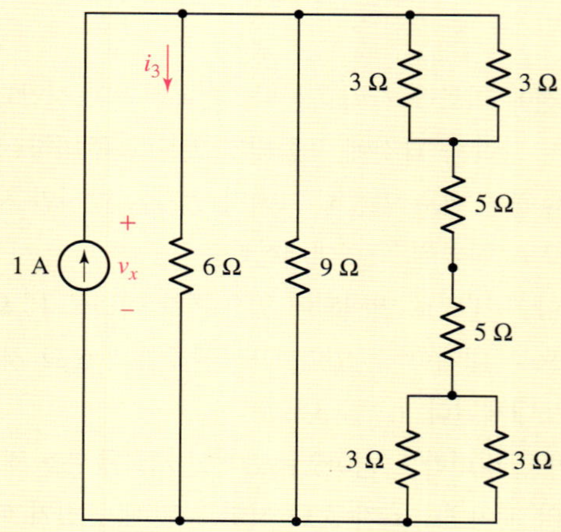

그림 3.33

답: 2.819 V.

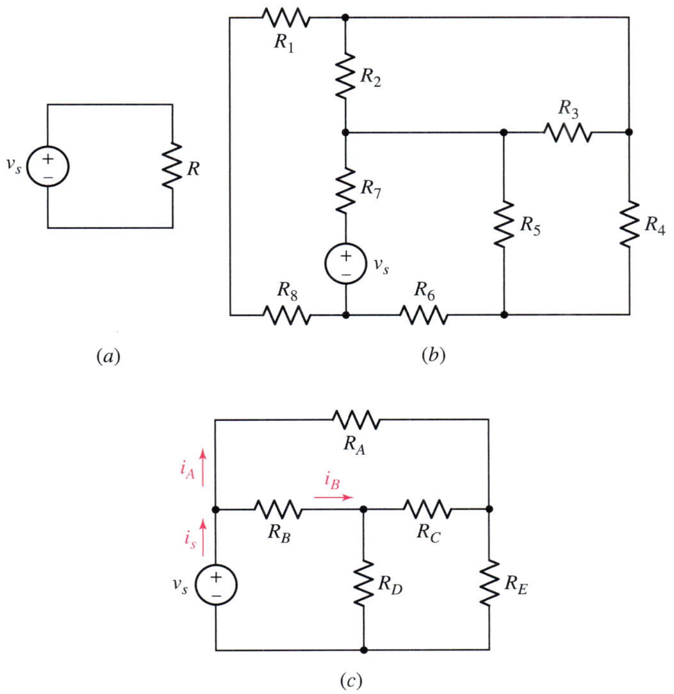

그림 3.34 (*a*) 두 소자는 보기에 따라 직렬연결이기도 하고 병렬연결이기도 하다. (*b*) R_2와 R_3는 병렬연결이고 R_1과 R_8은 직렬연결이다. (*c*) 회로 안에서 서로간에 직렬 또는 병렬로 접속되어 있는 소자가 없다.

직렬연결과 병렬연결에 관하여 다음의 세 가지를 유의하면 도움이 된다. 먼저 그림 3.34a의 회로에서 "v_s와 R의 접속상태가 직렬연결이냐 아니면 병렬연결이냐"고 묻는다면 그 답은 '둘 다'이다. 두 소자에 동일한 전류가 흐른다는 견지에서는 직렬연결이고 두 소자에 동일한 전압이 걸린다는 견지에서는 병렬연결이다.

두 번째 설명은 조심스런 말이다. 자칫 잘못하면 소자들의 직렬연결 또는 병렬연결을 알아보기 어렵게 회로를 그릴 수 있다. 예를 들면 그림 3.34b와 같은 경우인데 회로에서 병렬로 접속되어 있는 저항은 R_2와 R_3뿐이고 직렬로 접속되어 있는 저항은 R_1과 R_8뿐이다.

마지막 유의사항은 간단한 회로소자는 회로에서 다른 회로소자와 반드시 직렬 또는 병렬일 필요는 없다는 사실이다. 예를 들면, 그림 3.34b에서 저항 R_4와 R_5는 다른 어떤 소자와도 직렬도 아니고 병렬도 아니다. 그림 3.34c의 경우에는 어느 소자도 다른 소자와 직렬 또는 병렬의 관계에 있지 않다. 달리 말해, 이 회로는 본 장에서 설명한 어떤 기법을 사용해도 더 이상 간략화될 수 없다.

3.8 전압분배와 전류분배

앞에서 저항과 전원을 통합하여 등가저항이나 등가전원으로 나타냄으로써 복잡한 회로를 간단하게 만들어 해석을 좀 더 쉽게 할 수 있었다. 또 다른 유용한 방법 한

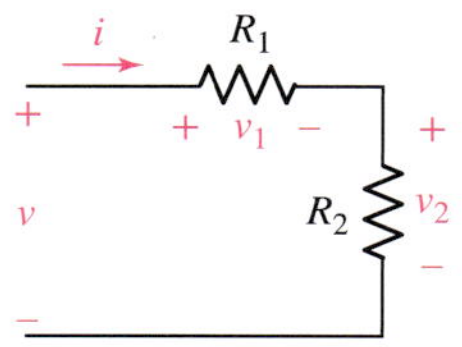

그림 3.35 전압분배의 예.

가지는 전압과 전류의 분배원리를 이용하는 것이다. 전압분배는 직렬로 접속되어 있는 여러 개의 저항 중에서 한 저항에 걸리는 전압을 저항 조합 전체에 걸린 전압으로 나타내는 데에 사용된다. 그림 3.35에서 저항 R_2에 걸리는 전압에 대해 KVL과 옴의 법칙을 적용하면

$$v = v_1 + v_2 = iR_1 + iR_2 = i(R_1 + R_2)$$

이다. 따라서 전류는

$$i = \frac{v}{R_1 + R_2}$$

이고, 전압은

$$v_2 = iR_2 = \left(\frac{v}{R_1 + R_2}\right)R_2$$

또는

$$v_2 = \frac{R_2}{R_1 + R_2}v$$

이다. 마찬가지로 계산하면 R_1의 양단에 걸리는 전압은 다음과 같다.

$$v_1 = \frac{R_1}{R_1 + R_2}v$$

만일 그림 3.35에서 R_2를 R_2, R_3, ..., R_N의 직렬조합으로 대체하여 일반화시키면 N개의 직렬접속 저항열 양단에 전압분배법칙을 적용하여 다음과 같은 일반적인 결과를 얻는다.

$$\boxed{v_k = \frac{R_k}{R_1 + R_2 + \cdots + R_N}v} \qquad [11]$$

이 식을 사용하면 N개의 저항이 직렬로 접속되어 있는 저항열에서 임의의 k번째 저항인 R_k의 양단에 나타나는 전압 v_k를 계산할 수 있다.

예제 3.13

그림 3.36a의 회로에서 v_x를 계산하라.

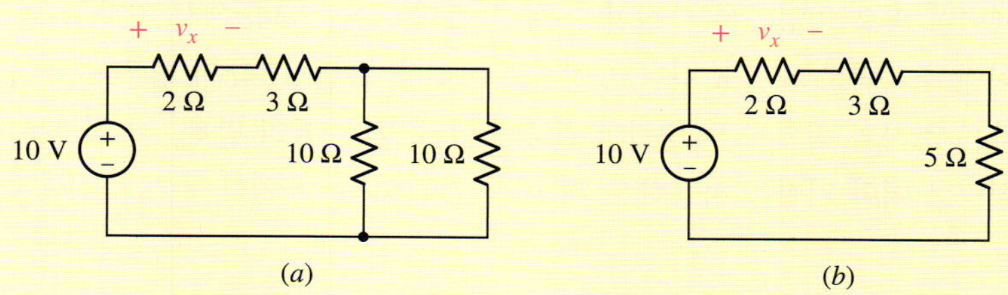

그림 3.36 저항 조합과 전압분배를 설명한 예. (*a*) 원래 회로. (*b*) 간략화된 회로

먼저 10 Ω인 두 저항을 조합하여 등가저항으로 나타내면 (10)(10)/(10 + 10) = 5 Ω이다. 이 등가저항을 사용하여 회로를 간략화하면 그림 3.36b와 같다. 여

기에서 성급하게 2 Ω과 3 Ω의 저항을 조합하면 구하고자 하는 v_x가 사라진다.

따라서 그림 3.36b의 회로에 전압분배법칙을 적용하면 다음과 같이 v_x가 구해진다.

$$v_x = 10\frac{2}{2+3+5} = 2\ V$$

익힘문제 3.16

그림 3.37의 회로에서 전압분배법칙을 사용하여 v_x를 구하라(정현파 전원에 당황하지 말 것).

답: $v_x = 4 \sin t$ volts.

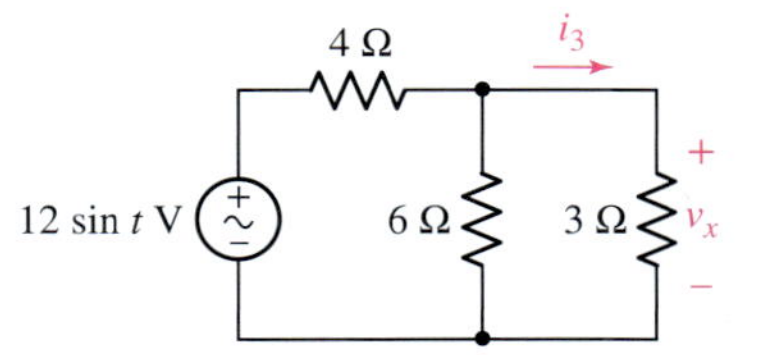

그림 3.37

전류분배법칙은 전압분배법칙에 대해 쌍대적[2]이다. 그림 3.38과 같이 병렬인 두 저항에 전류 i가 어떻게 분배되는지 계산해 본다.

저항 R_2에 흐르는 전류는

$$i_2 = \frac{v}{R_2} = \frac{i(R_1 \| R_2)}{R_2} = \frac{i}{R_2}\frac{R_1 R_2}{R_1 + R_2}$$

또는

$$i_2 = i\frac{R_1}{R_1 + R_2} \qquad [12]$$

마찬가지로 R_1에 흐르는 전류 i_1은 다음과 같다.

$$i_1 = i\frac{R_2}{R_1 + R_2} \qquad [13]$$

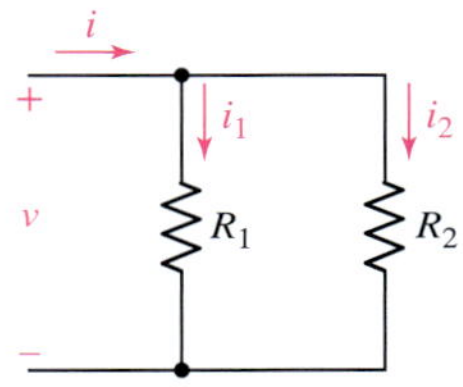

그림 3.38 전류분배의 한 예.

위의 두 식을 보면 전류분배법칙은 전압분배법칙과 특성이 약간 다르다는 것을 발견하게 된다. 즉, 직렬인 저항에 전압이 분배될 때는 저항 크기에 비례하여 나누어지지만 병렬인 두 저항에 전류가 분배될 때는 저항 크기에 역비례하여 분배된다는 사실이다. 이러한 차이점 때문에 우리는 전류분배법칙을 적용할 때 가끔 오류를 범할 수도 있다. 그러나 병렬저항 2개 중에서 저항 값이 클수록 더 작은 전류가 흐른다는 사실을 인식하면 위의 식을 정확하게 적용하는 데 도움을 준다.

N개의 저항이 병렬로 접속되어 있는 경우에 임의의 k번째 저항 R_k에 흐르는 전류는 다음과 같다.

$$i_k = i\frac{\frac{1}{R_k}}{R_1 + R_2 + \cdots + \frac{1}{R_N}} \qquad [14]$$

이것을 컨덕턴스를 사용하여 다시 나타내면

2 쌍대성(duality)은 공학에서 흔히 접하게 되는 원리이다. 제7장에서 인덕터와 커패시터를 비교할 때 이 주제를 간략하게 다루기로 한다.

$$i_k = i\frac{G_k}{G_1 + G_2 + \cdots + G_N}$$

이 되는데, 이 식은 전압분배에 대한 식 [11]과 매우 유사하다.

예제 3.14

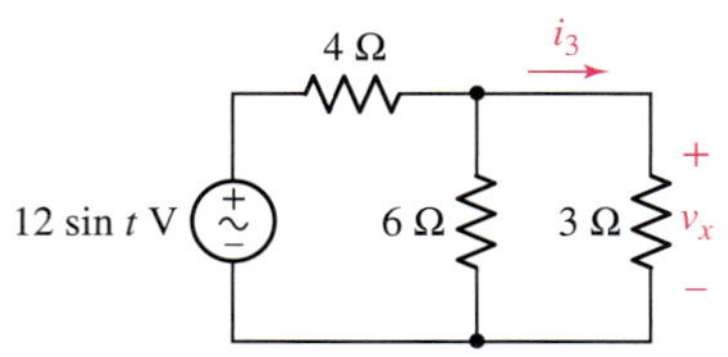

그림 3.39 전류분배의 회로 예. 전압원 기호에 사용된 '~'표시는 전압원이 시간에 따라 정현적으로 변함을 나타낸다.

그림 3.39의 회로에서 3 Ω 저항에 흐르는 전류를 구하라.

3 Ω과 6 Ω의 병렬조합에 흐르는 전류는 다음과 같다.

$$i(t) = \frac{12 \sin t}{4 + 3\|6} = \frac{12 \sin t}{4 + 2} = 2 \sin t \text{ A}$$

따라서 전류분배법칙을 병렬 접속된 3 Ω과 6 Ω에 적용하면

$$i_3(t) = (2 \sin t)\left(\frac{6}{6+3}\right) = \frac{4}{3} \sin t \text{ A}$$

를 얻는다.

익힘문제 3.17

그림 3.40의 회로에서 등가저항 및 전류분배법칙을 사용하여 전류 i_1, i_2와 전압 v_3를 계산하라.

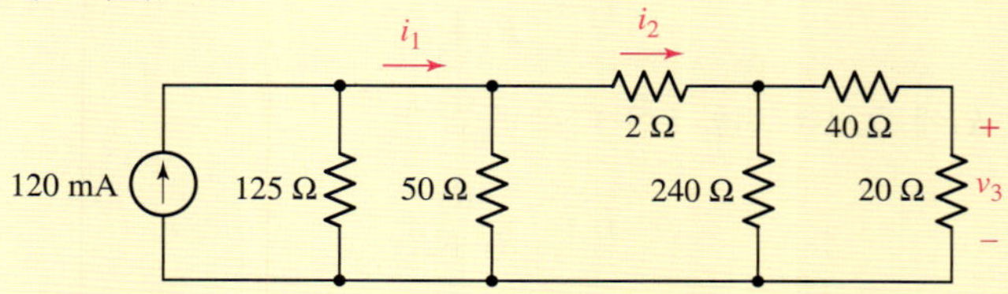

그림 3.40

답: 100 mA, 50 mA, 0.8 V.

불행하게도 전류분배법칙을 적용할 수 없는 상황에서 이 법칙을 적용하는 경우가 가끔 있다. 예를 들면, 그림 3.34*c*의 회로에는 이미 설명하였듯이 병렬이나 직렬로 접속되어 있는 회로소자가 없다. 병렬로 접속되어 있는 저항이 없으면 전류분배법칙을 적용할 수 없다. 그런데도 불구하고 어떤 사람은 저항 R_A와 R_B가 언뜻 보아 병렬인 것으로 착각하고 전류분배법칙을 적용하여

$$i_A \neq i_S\frac{R_B}{R_A + R_B}$$

와 같이 전류를 계산하는데 이것은 틀린 결과이다.

저항이 병렬이려면 그 저항들은 반드시 동일한 두 마디 사이에 있는 가지이어야 함을 기억해야 한다.

실제 문제에의 적용

지질학에서 유래한 지면 접지가 아닌 경우

지금까지 회로도를 그릴 때에는 그림 3.41에 나타낸 것처럼 전압은 분명하게 극성이 표시된 단자에 대해서 정의하였다. 주의해야할 사항은 전압은 한 점에 대해서는 결정할 수 없는데, 그 이유는 전압이란 두 점 간의 전위차로 정의되기 때문이다. 그러나 회로도에서는 흔히 대지를 전위 0으로 정의하는 규약을 사용하여 모든 다른 전압은 이 대지를 기준으로 하여 나타낸다. 이러한 개념을 **대지접지**(*earth ground*)라고 부르며 근본적으로 화재, 치명적인 전기쇼크 및 관련 신체 상해를 방지하기 위한 안전규정에 규정되어 있다. 지면접지의 기호를 그림 3.42*a*에 나타내었다.

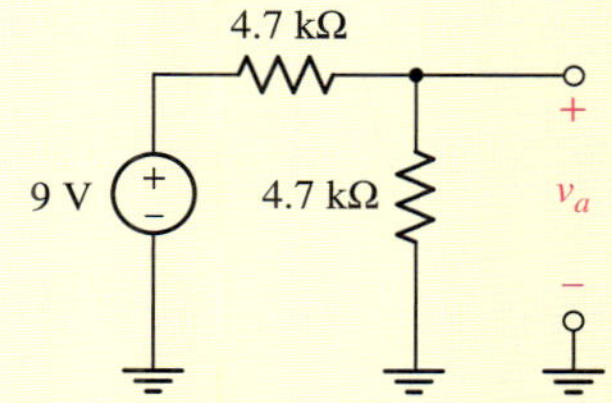

그림 3.43 그림 3.41의 회로를 대지접지 기호를 사용하여 다시 그린 회로. 그림에서 맨 오른쪽의 접지 기호는 별 필요가 없다. 이 기호는 v_a의 (+)단자를 표시하는 데 필요할 뿐이다. 이 기호를 표시하지 않을 경우 (−) 기준은 당연히 대지 또는 0 V가 된다.

대지접지는 0 V로 정의되므로 회로도에서 공통의 단자로 사용하면 편리하다. 그림 3.41의 회로를 이와 같은 기준으로 다시 그리면 그림 3.43과 같다. 여기서는 대지접지점이 공통의 마디이다. 주목할 사항은 이 두 회로에서 전압 v_a의 값은 4.5 V로 동일하지만, 이 두 회로는 정확하게 말하면 동일하지 않다. 그림 3.41의 회로는 부동형(floating)이라고 하며 지구정지궤도에 있는 위성의 회로보드에 설치될 수 있다. 반면에 그림 3.43의 회로는 어떤 형태로든 물리적으로 지면에 도체를 통하여 접지되어 있다. 이런 이유에서 공통의 단자를 나타내기 위해 사용되는 두 가지 다른 기호가 있다. 그림 3.42*b*는 **신호접지**(*signal ground*)로 많이 사용되는 기호이며, 대지접지와 신호접지 간 전압은 크게 차이가 날 수 있다.

회로에서 공통의 단자는 저항이 매우 작은 경로를 통하여 대지접지에 접속되기도 하고 접속되지 않을 수도 있다는 사실은 잠재적으로 위험한 상황을 초래한다. 그림 3.44*a*를 생각해보자. 이 그림은 전기에 대해 무지한 사람이 교류 전원으로부터 전력을 공급받는 장비에 접촉하려는 순간을 보여준다. 이 장비에는 전도성(즉, 금속) 섀시가 있으며, 장비의 모든 회로의 공통 단자는 함께 묶여져 있고 전기적으로 섀시에 도선으로 연결되어 있다. 이 단자를 흔히 **섀시접지**(*chassis ground*)라고 부르며 기호는 그림 3.42*c*를 사용한다. 불행하게도 제작이 부실하거나 마모로 인해 배선이 잘못되어 있다. 어쨌든 섀시가 접지되어 있지 않아서 섀시접지와 대지접지 사이에는 매우 큰 저항(기본적으로 무한)이 존재하여 장비가 정상적으로 작동하지 않는다. 이 상황을 회로도로 개략적으로 나타내면 그림 3.44*b*와 같다. 인체의 저항값은 무한하지 않으며, 특히 고무로 만든 신발은 신지 않고 있다면 매우 낮은 값이다. 사람이 장비가 왜 제대로 동작하지 않는지를 알아보기 위해 이 장비를 만진다면…. 이 모든 이야기가 해피엔딩은 아니라고 말하고 싶다.

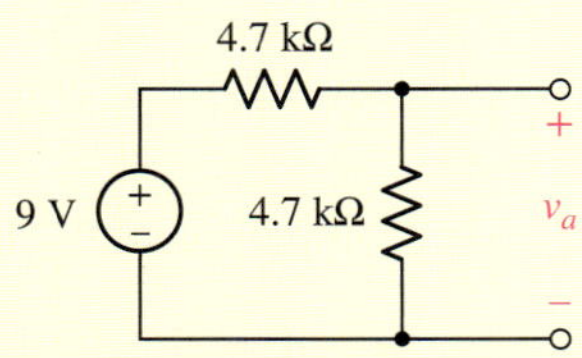

그림 3.41 두 단자 사이의 전압 v_a가 정의된 회로.

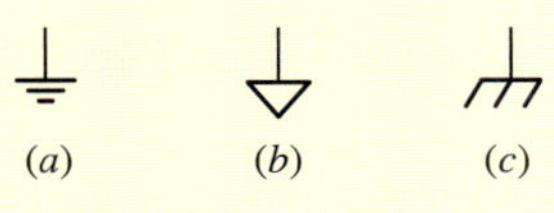

그림 3.42 대지 또는 공통단자를 나타내는 데 사용되는 세 가지 다른 기호. (*a*) 대지접지. (*b*) 신호접지. (*c*) 섀시접지.

"접지"가 항상 "대지접지"는 아니라는 사실은 여러 가지 안전 및 전기적 잡음 문제를 야기할 수 있다. 한 가지 예를 들면, 오래된 건물에 본래 설치된 수도관은 전기를 잘 통하는 구리 파이프로 되어있는 것이 보통이다. 이런 건물에서 수도관은 어느 것이나 대지접지에 대해 저항이 매우 작은 경로로 간주되므로 여러 가지 전기적 접선에 사용된다. 그러나 이 낡은 구리 파이프를 교체할 때 비용이 적게 드는 PVC 파이프를 사용하면 대지접지에 대한 저항이 낮은 경로는 더 이상 존재하지 않게 된다. 접지를 구성할 때 구역별로 매우 다르기 때문에 관련된 문제가 발생하게 된다. 이러한 상황에서는 실제로 두 건물이 있을 때, 2개의 서로 다른 대지접지가 존재하게 되고 결과적으로 접지 사이에 전류가 흐를 수도 있다.

이 책에서 대지접지 기호는 구별해서 사용하기로 한다. 그러나 모든 접지가 똑같은 방식으로 만들어지는 것은 아니라는 사실을 기억해야 한다.

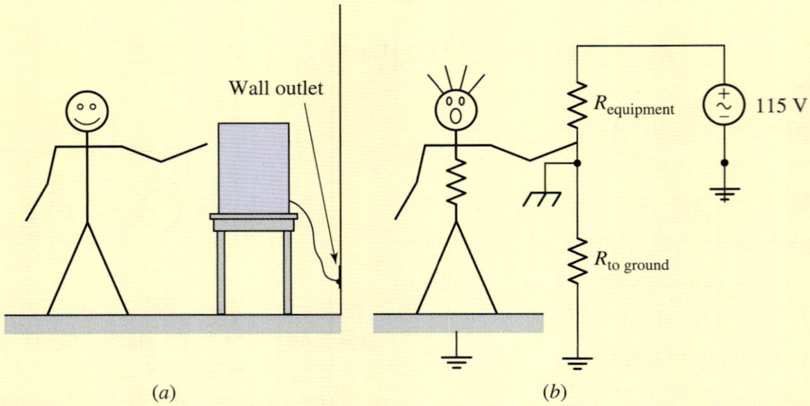

그림 3.44 (a) 전기에 무지한 사람이 접지가 적절치 않은 장비를 접촉하려는 순간. (b) 문제가 발생한 상황을 등가회로로 나타낸 그림. 사람을 등가저항으로 나타내고, 접지에 대한 장비의 등가저항도 나타내었다. 절연 장갑이나 신발이 없는 사람은 대지접지로의 저저항 경로로 나타난다.

요약 및 복습

이 장에서는 먼저 회로소자의 접속을 설명하고 용어로서 **마디**, **경로**, **루프** 및 **가지**를 소개하였다. 다음으로는 이 책 전반에서 가장 중요한 두 주제인 키르히호프의 전류법칙(KCL)과 키르히호프의 전압법칙(KVL)을 다루었다. 이 두 법칙은 우리가 수동소자에 관련된 전압과 전류의 관계(예: 저항에 대한 옴의 법칙)를 준수하는 한 선형회로이든 아니든 모든 회로를 해석할 때 사용할 수 있다. 단일 루프 회로의 경우에는 소자들이 **직렬**로 접속되어 있어서 각 소자에 동일한 전류가 흐른다. 마디쌍이 하나인 회로는 소자들이 **병렬**로 접속되어 있어서 각 소자에 같은 전압이 걸린다. 이 개념을 확장하면 직렬 또는 병렬로 접속되어 있는 저항들에 대한 수식을 얻을 수 있다. 마지막 주제는 전압분배와 전류분배에 관한 것으로서 특정한 전압 또는 전류가 필요하지만 전원의 선택에 제한이 없는 회로 설계에 유용하게 사용할 수 있다.

이 장의 주요한 점을 해당 예제와 함께 요약하면 다음과 같다.

- ❑ 키르히호프의 전류법칙(KCL): 임의의 마디로 흘러 들어가는 전류의 대수적인 합은 영(0)이다. (예제 3.1 및 3.4)
- ❑ 키르히호프의 전압법칙(KVL): 한 회로에서 임의의 폐경로를 따라 만나는 전압의 대수적인 합은 영(0)이다. (예제 3.2 및 3.3)
- ❑ 한 회로에서 동일한 전류가 흐르는 모든 소자는 직렬로 연결되어 있다고 말한다. (예제 3.5)
- ❑ 한 회로에서 양단 사이의 전압이 공통인 소자는 병렬로 연결되어 있다고 말한다. (예제 3.6 및 3.7)

- 직렬로 접속되어 있는 전압원들은 각 전압원의 극성을 고려하여 하나의 전압원으로 대체할 수 있다. (예제 3.8 및 3.10)
- 병렬로 접속되어 있는 전류원들은 각 전류원의 방향을 고려하여 하나의 전류원으로 대체할 수 있다. (예제 3.9 및 3.10)
- 직렬로 접속되어 있는 N개의 저항을 하나의 저항으로 대체할 수 있으며, 등가저항은 $R_{eq} = R_1 + R_2 + \cdots + R_N$이다. (예제 3.11)
- 병렬로 접속되어 있는 N개의 저항을 하나의 저항으로 대체할 수 있으며, 등가저항은 다음과 같다. (예제 3.12)

$$\frac{1}{R_{eq}} = \frac{1}{R_1} + \frac{1}{R_2} + \cdots + \frac{1}{R_N}$$

- 전압분배법칙을 사용하면 직렬로 접속되어 있는 저항렬 양단에 걸려 있는 총 전압 중에서 어느 정도가 임의의 한 저항 양단에 걸리는지를 계산할 수 있다. (예제 3.13)
- 전류분배법칙을 사용하면 병렬로 접속되어 있는 저항렬로 흘러 들어가는 총 전류 중에서 어느 정도가 임의의 저항 하나에 흐르는지를 계산할 수 있다. (예제 3.14)

추천 도서

다음 도서에 키르히호프의 법칙뿐 아니라 에너지 보존 법칙과 전하 보존 법칙이 설명되어 있다.

R. Feynman, R. B. Leighton, and M. L. Sands, *The Feynman Lectures on Physics*, Reading, Mass.: Addison-Wesley, 1989, pp. 4–1, 4–7, and 25–9.

2017판 NEC(National Electrical Code®)에 부합되는 접지 실무의 다양한 형태가 다음 도서에 자세하게 설명되어 있다.

F. P. Hartwell , J. F. McPartland and B. J. McPartland, *McGraw-Hill's National Electrical Code 2017 Handbook*, 29th ed. New York, McGraw-Hill, 2017.

연습문제

3.1 마디, 경로, 루프 및 가지

1. 그림 3.45의 회로에서 다음이 몇 개인지 말하라.
   (a) 마디 (b) 소자 (c) 가지

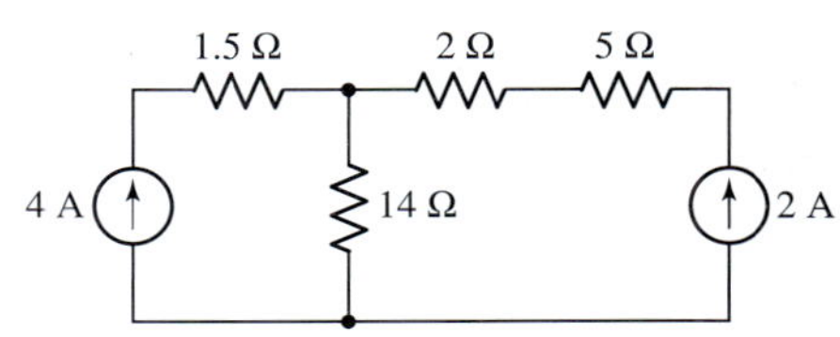

그림 3.45

2. 그림 3.46의 회로에서 다음이 몇 개인지 말하라.

(a) 마디 (b) 소자 (c) 가지

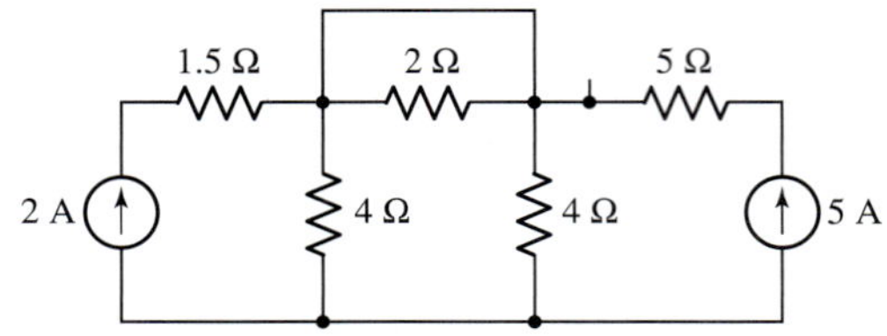

그림 3.46

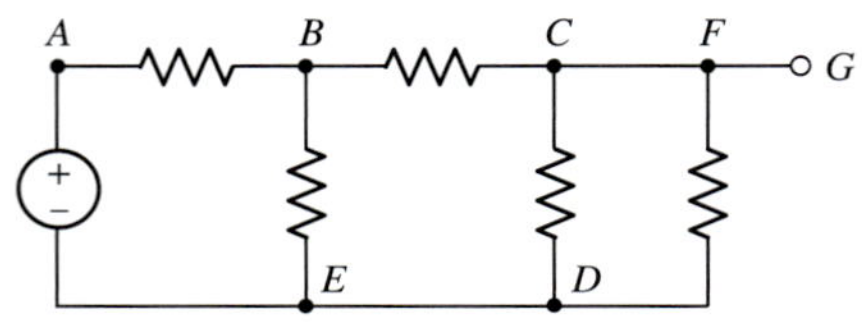

그림 3.47

3. 그림 3.47의 회로에서

(a) 마디는 몇 개인가?

(b) A에서 B로 이동한다면 하나의 경로를 구성하는가? 또 루프를 구성하는가?

(c) $C \rightarrow F \rightarrow G$로 이동한다면 하나의 경로를 구성하는가? 또 루프를 구성하는가?

4. 그림 3.47의 회로에서

(a) 회로소자는 몇 개인가?

(b) $B \rightarrow C \rightarrow D$로 이동한다면 하나의 경로를 구성하는가? 또 루프를 구성하는가?

(c) $E \rightarrow D \rightarrow C \rightarrow B$로 이동한다면 하나의 경로를 구성하는가? 또 루프를 구성하는가?

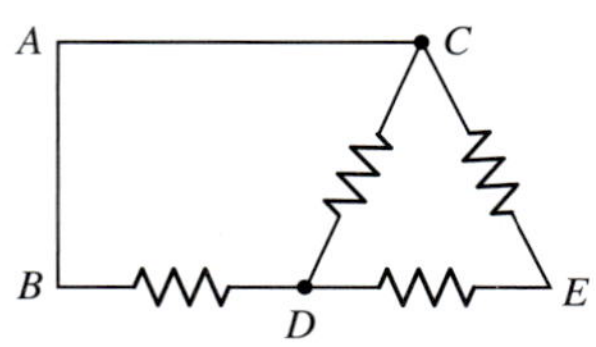

그림 3.48

5. 그림 3.48의 회로에서 다음에 답하라.

(a) 회로에 몇 개의 마디가 있는가?

(b) 회로에 몇 개의 소자가 있는가?

(c) 회로에 몇 개의 가지가 있는가?

(d) 다음의 각각이 경로인지, 루프인지, 경로 및 루프 둘 다인지, 또는 경로나 루프 아무 것도 아닌지를 말하라.

i) $A \rightarrow B$

ii) $B \rightarrow D \rightarrow C \rightarrow E$

iii) $C \rightarrow E \rightarrow D \rightarrow B \rightarrow A \rightarrow C$

iv) $C \rightarrow D \rightarrow B \rightarrow A \rightarrow C \rightarrow E$

3.2 키르히호프의 전류법칙

6. 지방의 어떤 식당에 12개의 전구로 구성된 네온사인이 있는데, 전구 하나가 고장이면 저항이 무한대가 되어 전류가 흐를 수 없다. 이 네온사인을 결선함에 있어서 제작자가 그림 3.49와 같은 두 가지 방법을 제시하였다. KCL의 관점에서 볼 때 식당 주인이 어느 것을 선택해야 하는가? 이유를 설명하라.

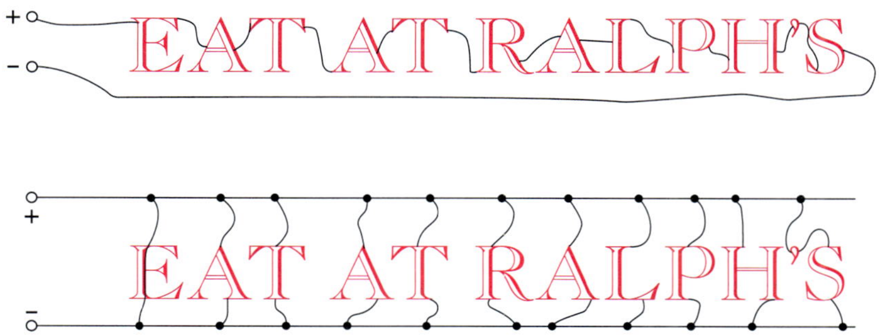

그림 3.49

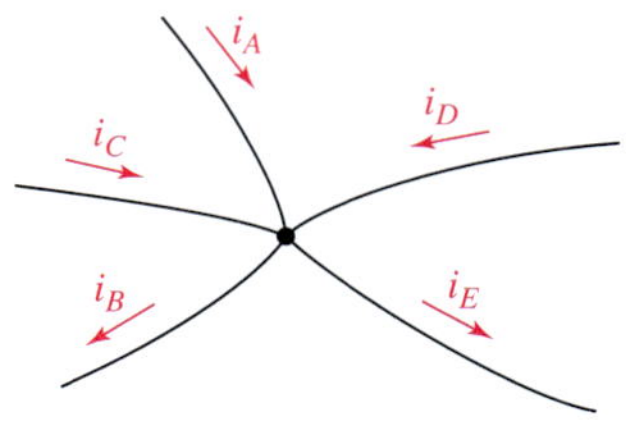

그림 3.50

7. 그림 3.50의 단일 마디에서 다음을 구하라.
   (a) $i_A = 1$ A, $i_D = -2$ A, $i_C = 3$ A, $i_E = 0$ A일 때의 i_B
   (b) $i_A = -1$ A, $i_B = -1$ A, $i_C = -1$ A, $i_D = -1$ A일 때의 i_E

8. 그림 3.51의 각 회로에서 전류 I를 구하라.

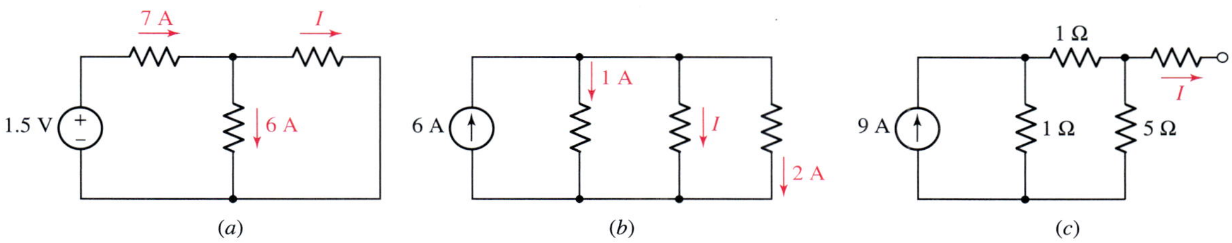

그림 3.51

9. 그림 3.52의 회로에서 저항값은 모르지만 2 V 전압원이 회로의 나머지 부분에 7 A의 전류를 공급하고 있다고 한다. 전류 i_2를 구하라.

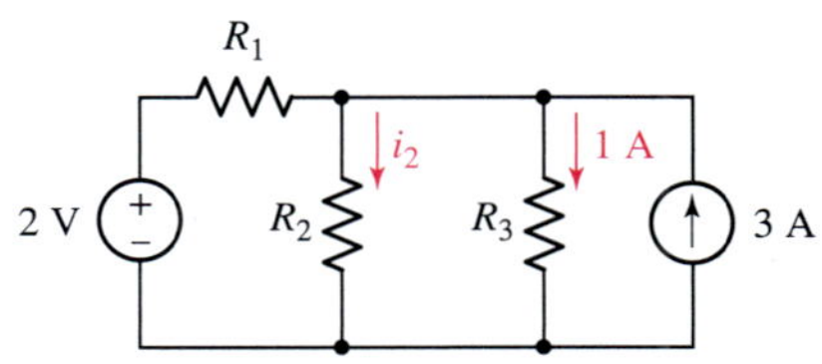

그림 3.52

10. 그림 3.53의 회로는 3개의 태양열 판넬과 배터리 저장장치에 의해 구동되는 LED 표시장치를 나타낸다. 각 패널이 동일한 빛에 노출되지 않으므로 전압은 같지만 전류는 서로 달라진다. LED 표시에 5.1 A를 나타내고 $I_A = 4.5$ A, $I_B = 4.3$ A, $I_C = 4.6$ A인 경우, 배터리 속으로 흘러 들어가는 전류를 계산하라.

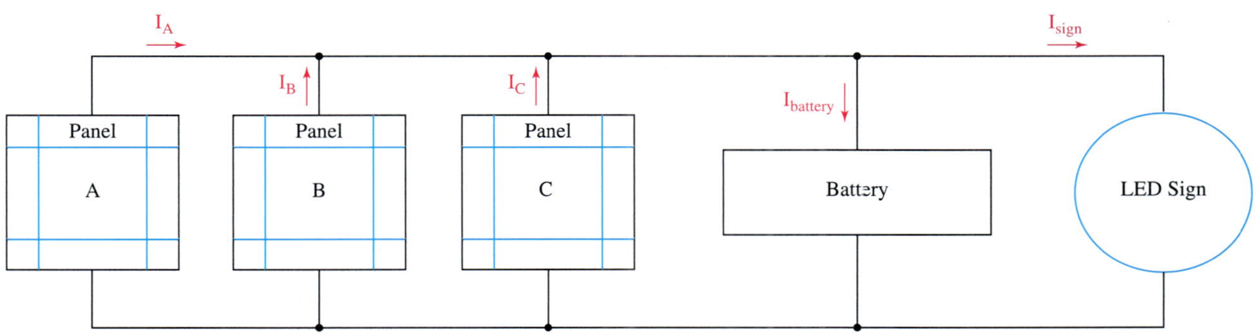

그림 3.53

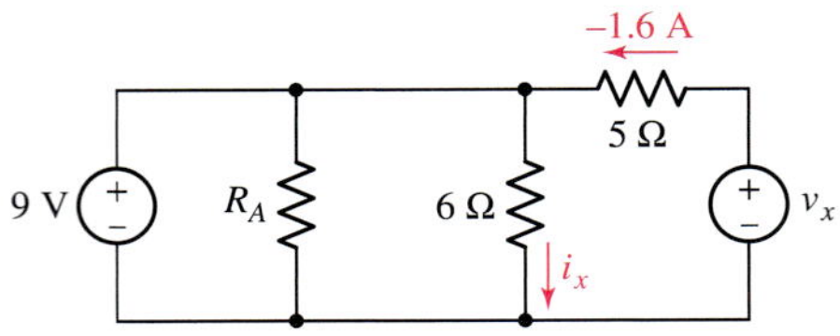

그림 3.54

11. 그림 3.54의 회로에서 $i_x = 1.5$ A이고 9 V 전압원이 7.6 A의 전류를 공급하고 있다. 저항 R_A의 값을 구하라.

12. 쌍극성 접합 트랜지스터(Bipolar junction transistor)의 순방향 활성영역에서의 직류동작모델인 그림 3.55의 회로에서 I_C가 1.5 mA로 측정되었다. I_B와 I_E를 구하라.

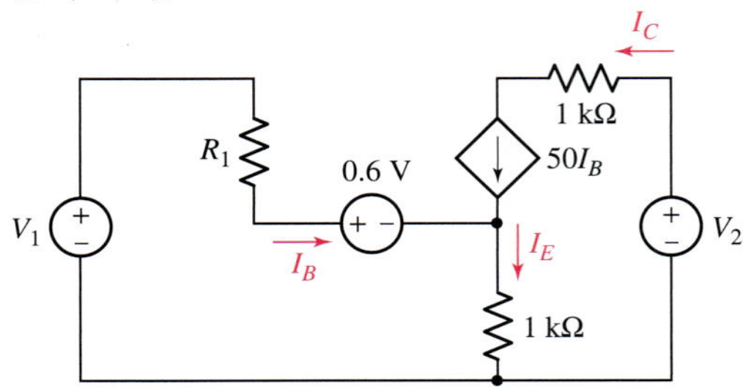

그림 3.55

13. 그림 3.56의 회로에서 전류 I_3를 구하라.

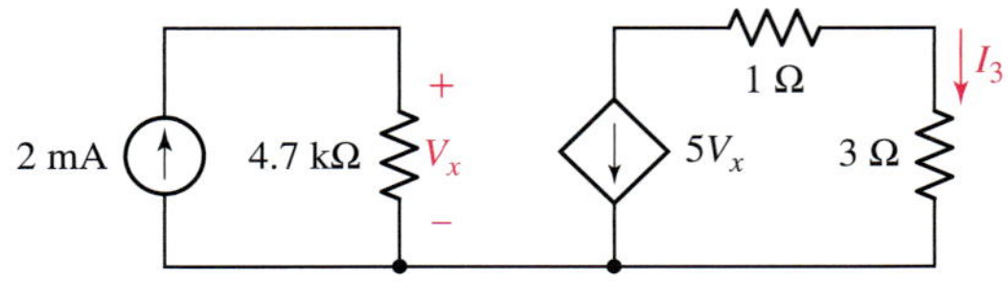

그림 3.56

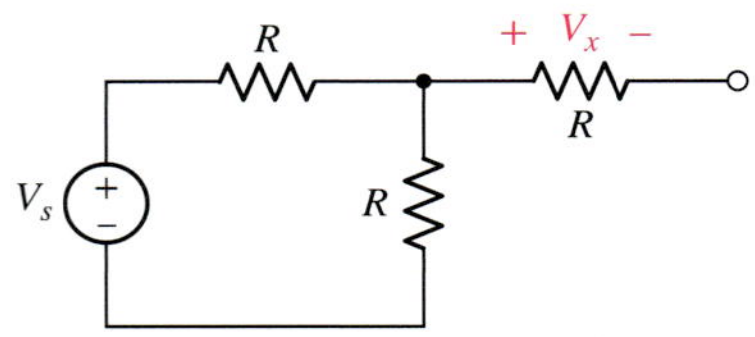

그림 3.57

14. 그림 3.57의 회로를 살펴보고 전압 V_x가 0이 되어야 하는 이유를 (KCL을 사용하여) 설명하라.

15. 대부분의 가정에서 한 방에 있는 여러 개의 전기 콘센트는 동일한 회로의 일부이다. 벽마다 전기 콘센트가 하나씩이고 각 콘센트에 400 Ω 짜리 전구가 하나씩 접속되어 있다. 벽면이 4개인 방에 대한 회로를 그려라.

3.3 키르히호프의 전압법칙

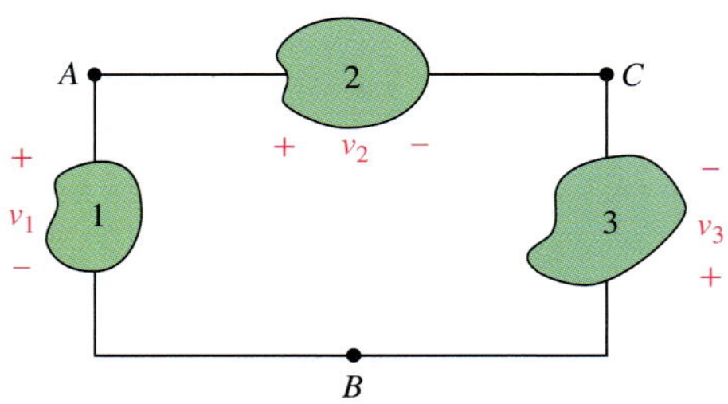

그림 3.58

16. 그림 3.58의 회로에서 다음을 구하라.
    (a) $v_2 = 0$이고 $v_3 = -17$ V일 때의 전압 v_1.
    (b) $v_2 = -2$ V이고 $v_3 = +2$ V일 때의 전압 v_1.
    (c) $v_1 = 7$ V이고 $v_3 = 9$ V일 때의 전압 v_2.
    (d) $v_1 = -2.33$ V이고 $v_2 = -1.70$ V일 때의 전압 v_3.

17. 그림 3.59의 각 회로에서 전압 v_x와 전류 i_x를 구하라.

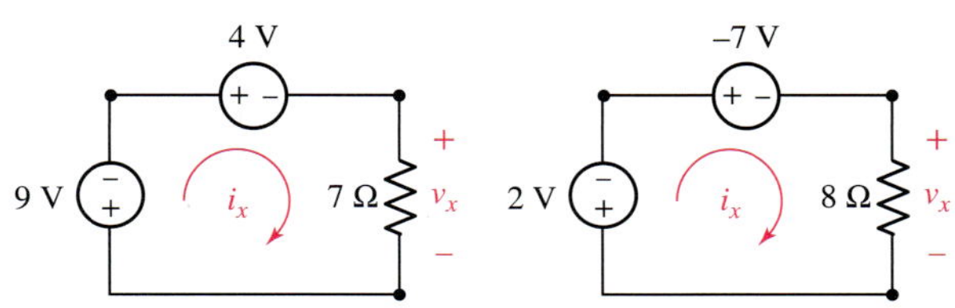

그림 3.59 (a) (b)

18. 그림 3.60의 각 회로에서 KVL을 사용하여 전류 i를 계산하라.

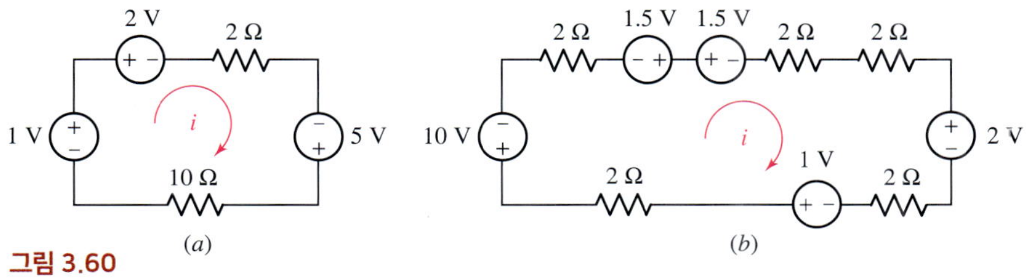

그림 3.60

19. 그림 3.61의 회로에서 $v_1 = 3$ V이고 $v_3 = 1.5$ V이다. v_R과 v_2를 구하라.

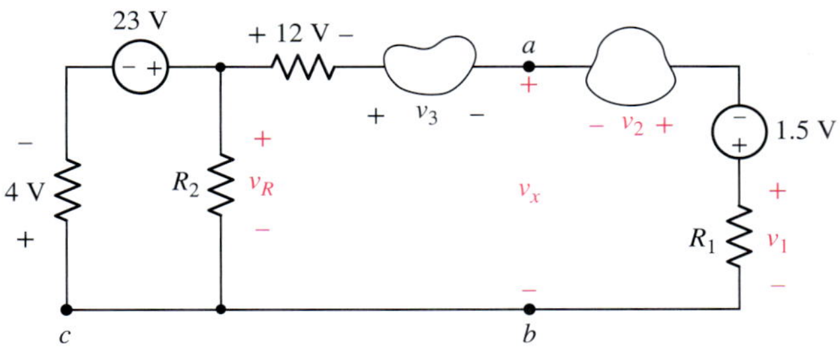

그림 3.61

20. 그림 3.55의 회로에서 $V_2 = 15$ V이고 $I_B = 20$ μA일때 종속전압원의 양단전압을 구하라(위가 (+) 단자).

21. 그림 3.62의 회로에서 v_x를 구하라.

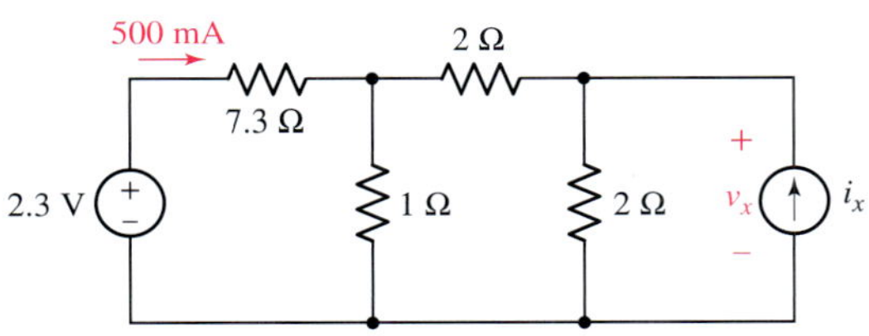

그림 3.62

22. 그림 3.63의 간단한 회로에서

(a) KVL을 적용하여 다음의 두 식을 유도하라.

$$v_1 = v_s \frac{R_1}{R_1 + R_2} \quad \text{및} \quad v_2 = v_s \frac{R_2}{R_1 + R_2}$$

(b) $|v_2| < |v_s|$가 되는 조건을 구하라.

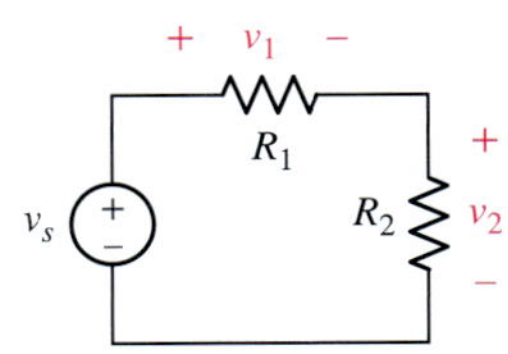

그림 3.63

23. (a) 그림 3.64의 회로에서 각 전류와 전압을 모두 구하라.

(b) 각 소자에서 흡수하는 전력을 계산하고 이들의 합이 0임을 보여라.

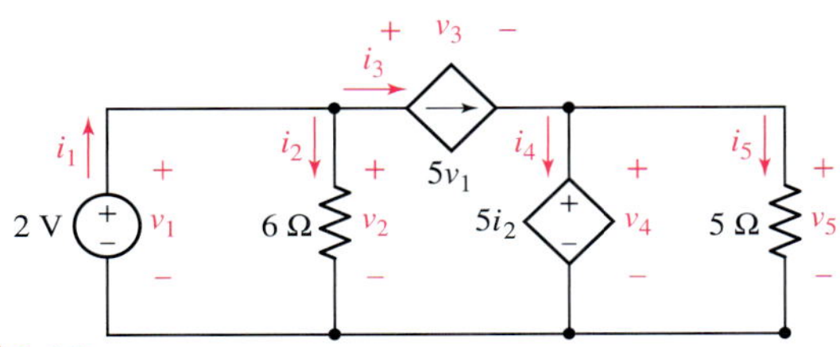

그림 3.64

24. 그림 3.65의 회로에는 연산증폭기로 알려진 소자가 포함되어 있다. 회로 내에서 이 소자는 다음과 같은 두 가지 유별난 특성을 가지고 있다. (1) $V_d = 0$ V. (2) (소자에 '−'와 '+'로 표시되어 있는 두 단자 중) 어느 입력단자로도 전류가 흘러 들어가지 않는다. 그러나 ('OUT'로 표시되어 있는) 출력단자로는 전류가 흐를 수 있다. 이것은 KCL과 직접적으로 상충되어 외관상 불가능해 보이는 상황이지만, 소자 내에 표기되어 있지 않은 소자로 전력이 흐른 결과이다. 이러한 사항을 기반으로 하여 V_{out}을 계산하라. (힌트: 2개의 KVL 방정식이 필요하며, 둘 다 5 V 전원을 포함한다.)

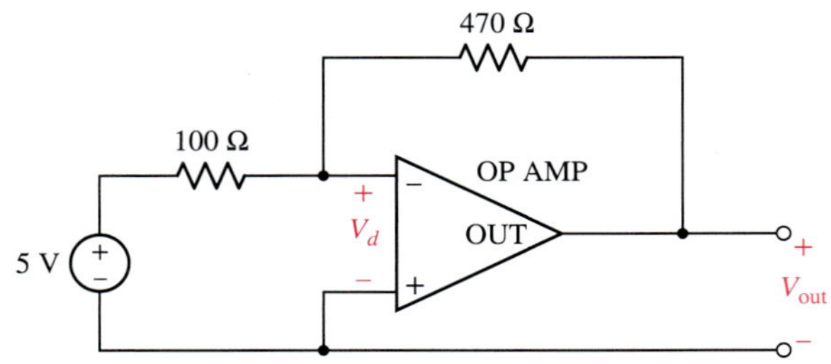

그림 3.65

3.4 단일 루프로 구성된 회로

25. 그림 3.12*b*의 회로에서 $v_{s1} = -8$ V, $R_1 = 1$ Ω, $v_{s2} = 16$ V, $R_2 = 4.7$ Ω이다. 각 소자에서 흡수하는 전력을 계산하라. 또 흡수되는 전력의 합이 0임을 입증하라.

26. 그림 3.66의 회로에서 각 소자가 흡수하는 전력을 구하라.

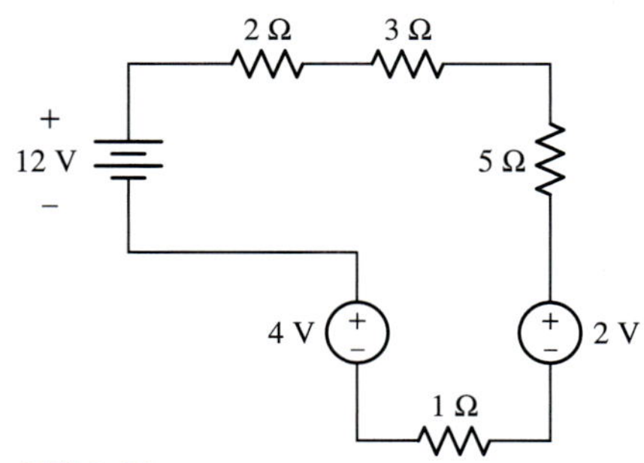

그림 3.66

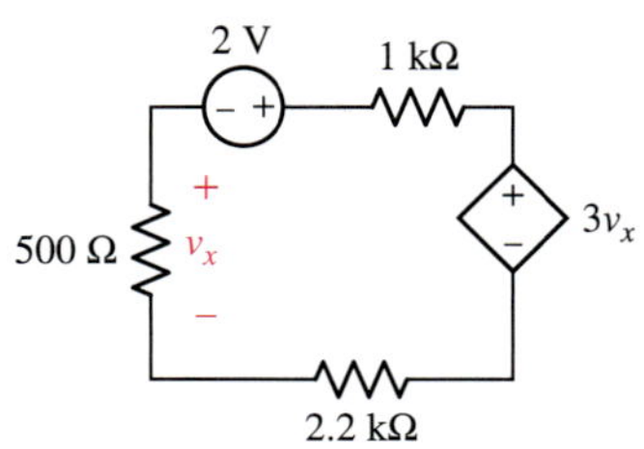

그림 3.67

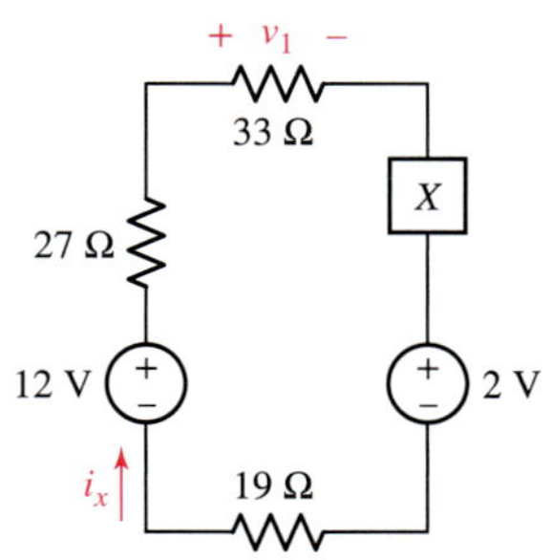

그림 3.68

27. 그림 3.67의 회로에서 각 소자가 흡수하는 전력을 계산하라.

28. 그림 3.68의 회로에서 소자 *X*가 다음과 같을 때 각 소자가 흡수하는 전력을 계산하라.

(a) 13 Ω의 저항.

(b) $4v_1$인 종속전압원. 위가 (+) 단자.

(c) $4i_x$인 종속전압원. 위가 (+) 단자.

29. 키르히호프의 법칙은 옴의 법칙이 적용되든 아니든 상관없이 적용된다. 다이오드의 전압-전류 특성이 다음과 같이 주어진다.

$$I_D = I_S(e^{V_D/V_T} - 1)$$

이때 실온에서 $V_T = 27$ mV이고 I_S는 10^{-12} A에서 10^{-3} A까지 변한다. 그림 3.69의 회로에서 $I_S = 29$ pA일 때 KVL과 KCL을 사용하여 V_D를 구하라. (이 문제를 풀기 위해 방정식을 세우면 초월함수의 형태이므로 수치 해를 구하려면 반복법을 사용하여야 한다. 대부분의 공학용 계산기에는 이러한 기능이 있다.)

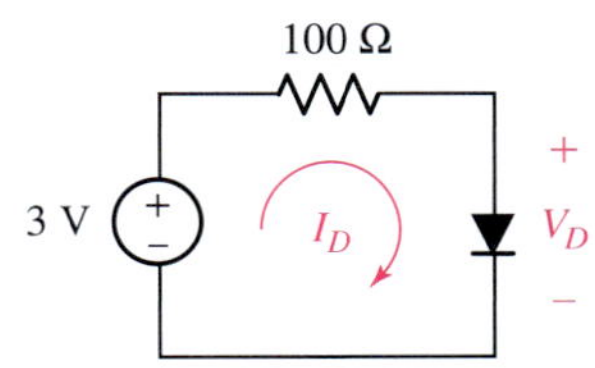

그림 3.69

3.5 마디쌍이 하나인 회로

30. 그림 3.70의 회로에서
   (a) 전류 i_1과 i_2를 구하라.
   (b) 각 소자에서 흡수하는 전력을 계산하라.

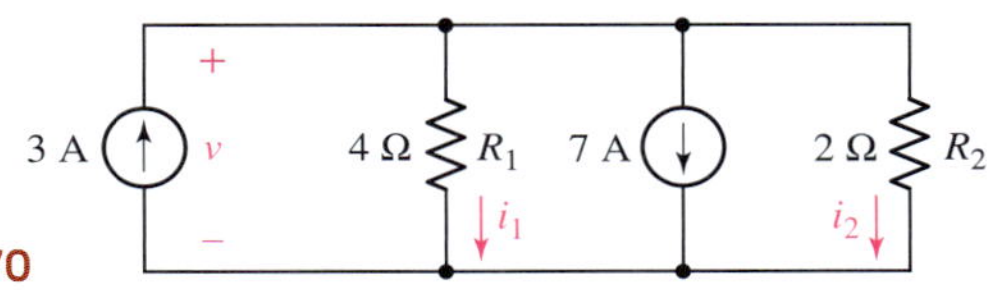

그림 3.70

31. 그림 3.71의 회로에서 전압 v를 구하고 두 전류원이 공급하는 전력을 계산하라.

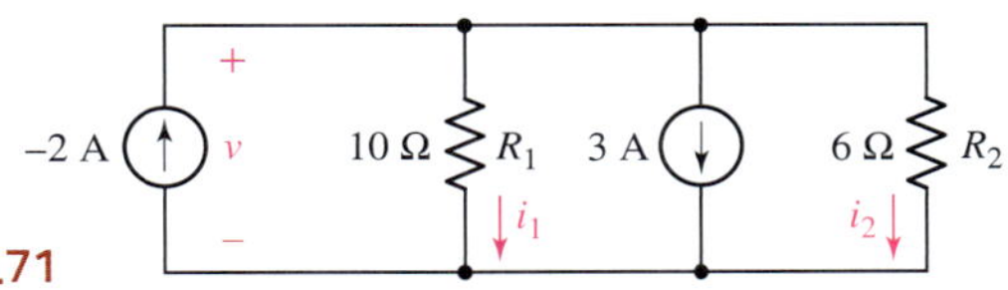

그림 3.71

32. 그림 3.72의 회로에서 X로 표시된 소자가 다음과 같을 때 전압 v를 구하라.
   (a) 2 A 전류원이고 화살표 방향이 아래일 때.
   (b) 2 V 전압원이고 위쪽이 "+" 단자일 때.
   (c) $2v$에 의해 제어되는 종속전류원이고 화살표 방향이 아래일 때.

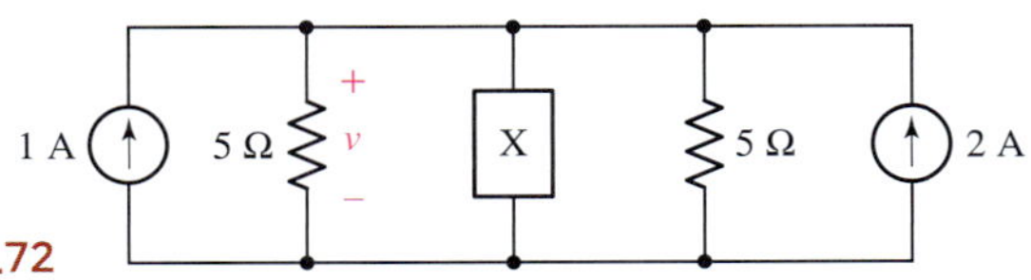

그림 3.72

33. 그림 3.73의 회로에서 전압 v를 구하고 각 전류원이 공급하는 전력을 계산하라.

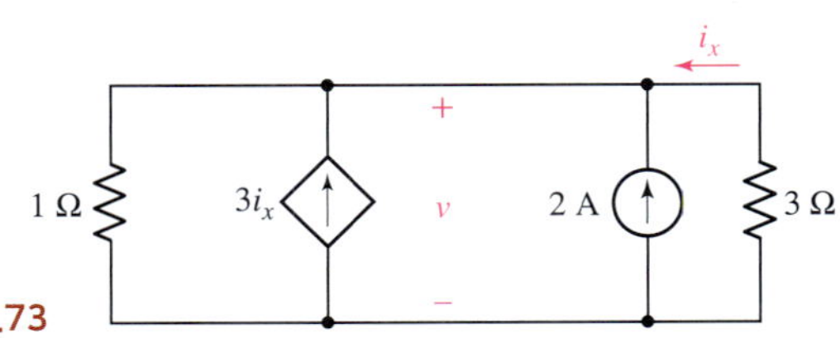

그림 3.73

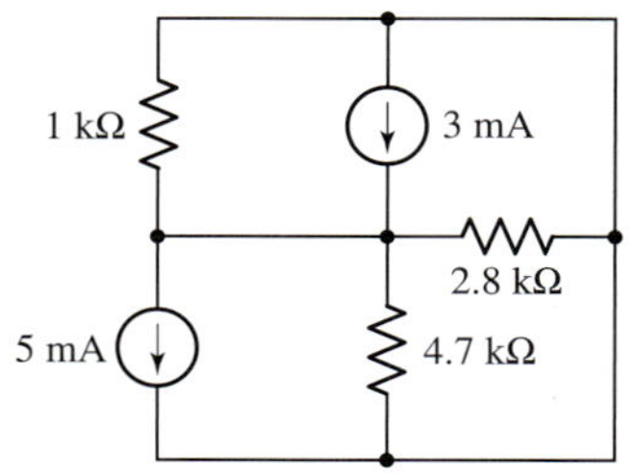

그림 3.74

34. 그림 3.74의 회로는 얼핏 보기에는 아닌 것 같아도 실제로는 마디쌍이 하나인 회로이다.

(a) 각 저항에 흡수되는 전력을 구하라.

(b) 각 전류원이 공급하는 전력을 구하라.

(c) (a)에서 계산한 흡수전력의 합이 (b)에서 계산한 공급전력의 합과 같음을 보여라.

3.6 전원의 직렬연결 및 병렬연결

35. 그림 3.75*a*의 회로에서 다음과 같을 때 v_{eq}를 구하라.

(a) $v_1 = 0$ V, $v_2 = -3$ V, $v_3 = +3$ V일 때.

(b) $v_1 = v_2 = v_3 = 1$ V일 때.

(c) $v_1 = -9$ V, $v_2 = 4.5$ V, $v_3 = 1$ V일 때.

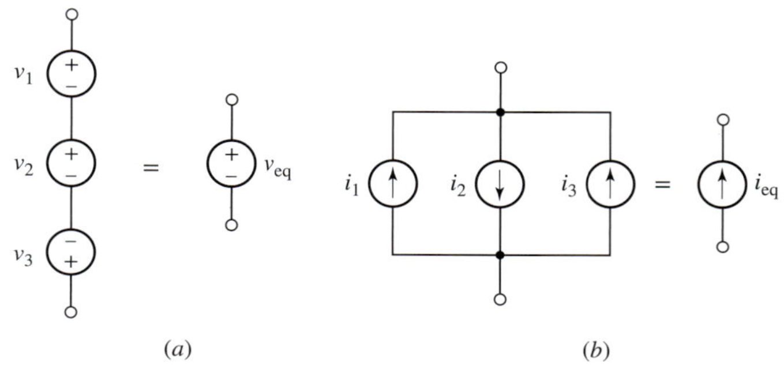

그림 3.75

36. 그림 3.75*b*의 회로에서 다음과 같을 때 i_{eq}를 구하라.

(a) $i_1 = 0$, $i_2 = -3$ A, $i_3 = +3$ A일 때.

(b) $i_1 = i_2 = i_3 = 1$ A일 때.

(c) $i_1 = -9$ A, $i_2 = 4.5$ A, $i_3 = 1$ A일 때.

37. 그림 3.76의 회로에서 먼저 4개의 전원을 하나의 등가 전원으로 바꾼 후에 전류 i를 구하라.

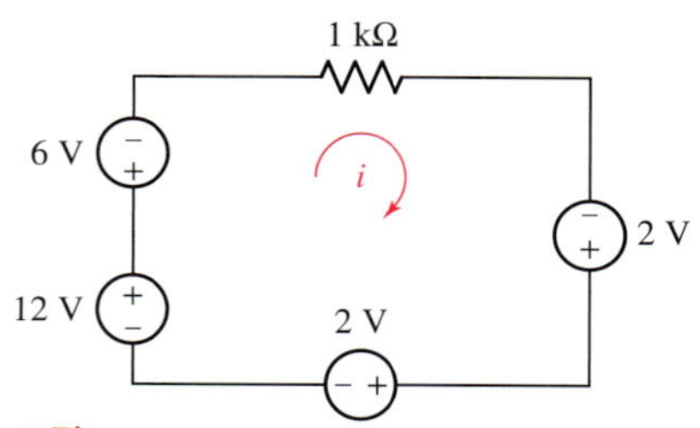

그림 3.76

38. 그림 3.77의 회로에서 전류 i가 0이 되기 위해 필요한 전압 v_1의 값을 구하라.

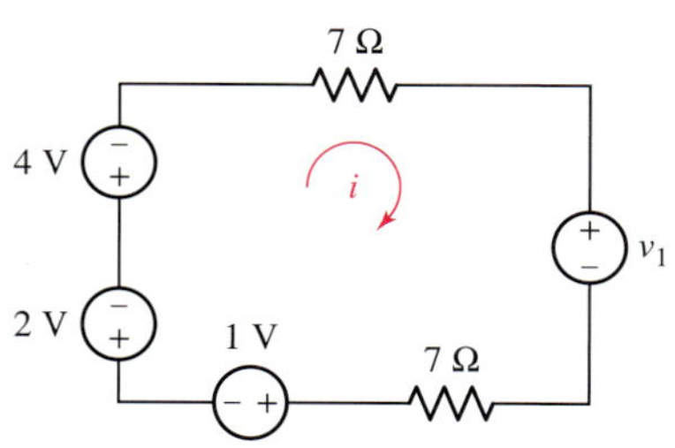

그림 3.77

39. (a) 그림 3.78의 회로에서 먼저 병렬로 접속되어 있는 전류원을 하나의 전류원으로 간략화한 후에 전압 v을 구하라.

(b) 등가전원에서 공급하는 전력이 원래 회로에 있는 개별 전원이 공급하는 전력의 합과 같음을 증명하라.

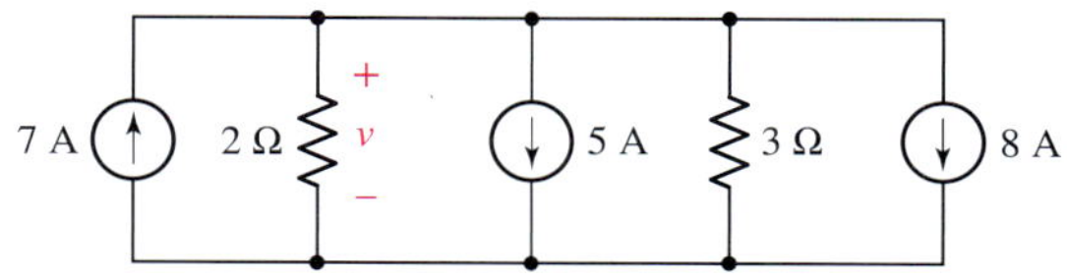

그림 3.78

40. 그림 3.79의 회로에서 전압 v가 0이 되려면 I_S의 값이 얼마가 되어야 하는가?

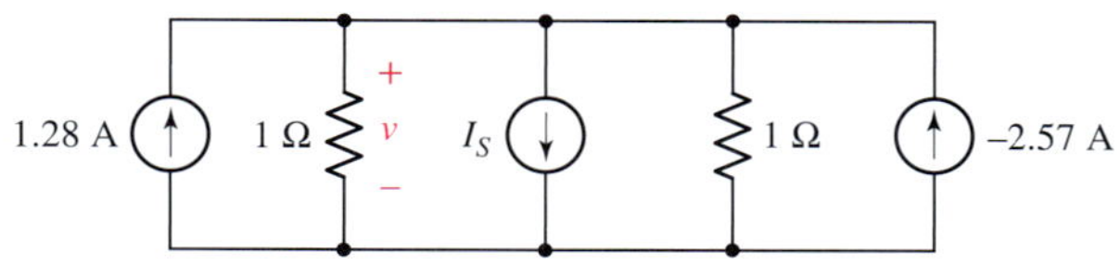

그림 3.79

41. (a) 그림 3.80의 회로에서 I_X와 V_Y의 값을 구하라.

(b) 위에서 구한 값들이 이 회로에서 유일한 값인가? 설명하라.

(c) v와 i의 값을 유지한 채 그림 3.79의 회로를 가능한 한 최대로 간략화하라. (간략화된 회로에 1 Ω 저항이 포함되어 있어야 한다.)

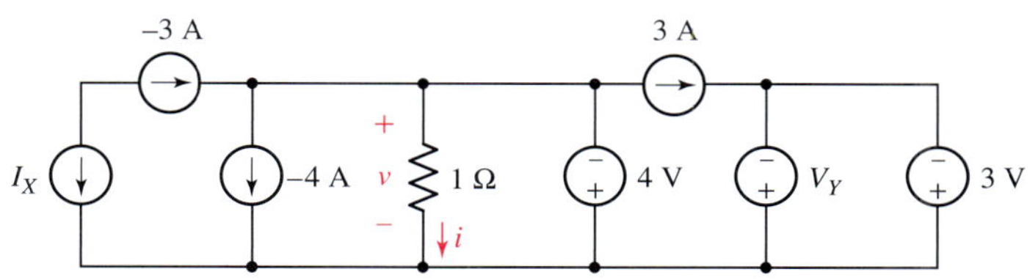

그림 3.80

3.7 저항의 직렬연결 및 병렬연결

42. 그림 3.81의 각 회로에서 등가저항을 구하라.

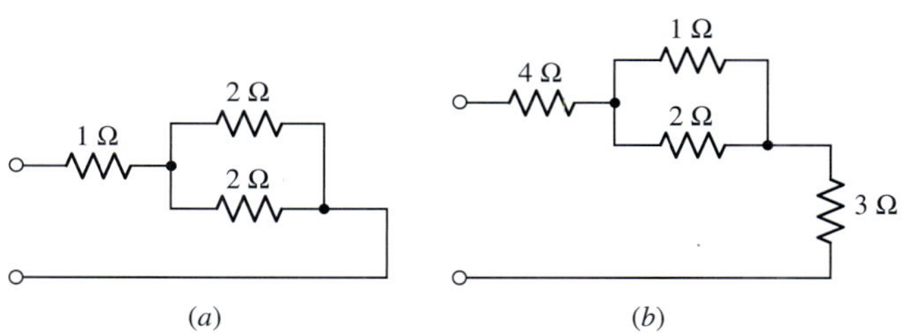

그림 3.81

43. 그림 3.82의 각 회로에서 R의 값이 다음과 같을 때 단일 등가저항을 구하라.

(a) 2 Ω (b) 4 Ω (c) 0 Ω

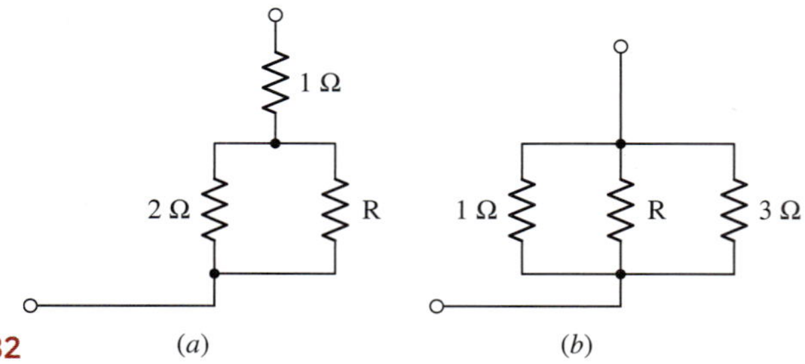

그림 3.82

44. (a) 전원과 저항을 조합하여 그림 3.83의 회로를 가능한 한 최대로 간략화하라.

(b) 간략화한 회로를 사용하여 i를 구하라.

(c) i의 값이 0이 되려면 1 V 전원이 몇 V로 변화되어야 하는가?

(d) 1 Ω 저항이 흡수하는 전력을 계산하라.

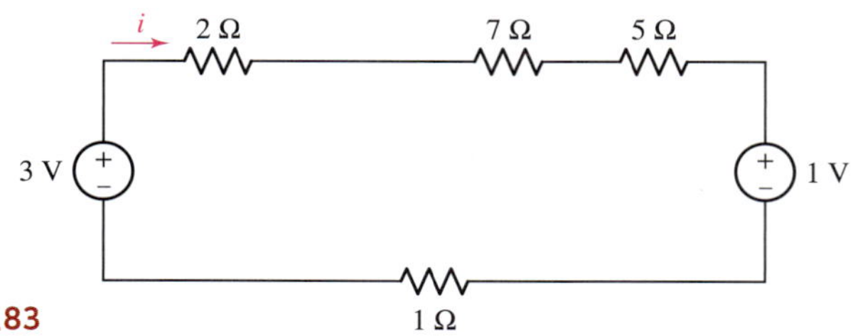

그림 3.83

45. (a) 전원과 저항을 적절하게 조합하여 그림 3.84의 회로를 간략화하라.

(b) 간략화한 회로를 사용하여 전압 v를 구하라.

(c) 2 A 전원이 공급하는 전력을 구하라.

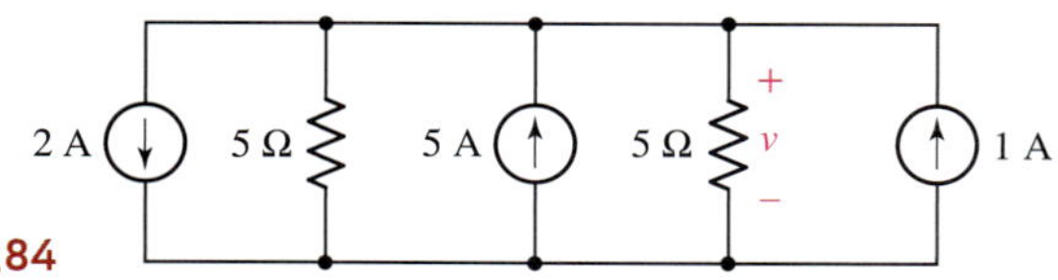

그림 3.84

46. 그림 3.85의 회로에서 저항을 적절히 조합하여 전류 i_3와 전압 v_x를 구하라.

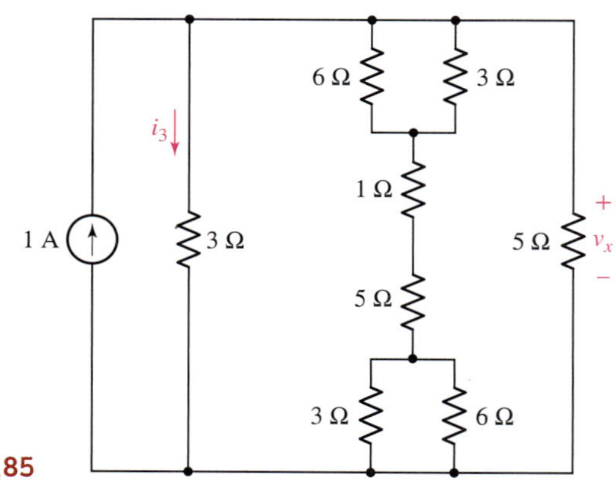

그림 3.85

47. 그림 3.86의 회로에서 먼저 전원과 저항을 적절히 조합하여 회로를 간략화한 후에 전압 v_x를 구하라.

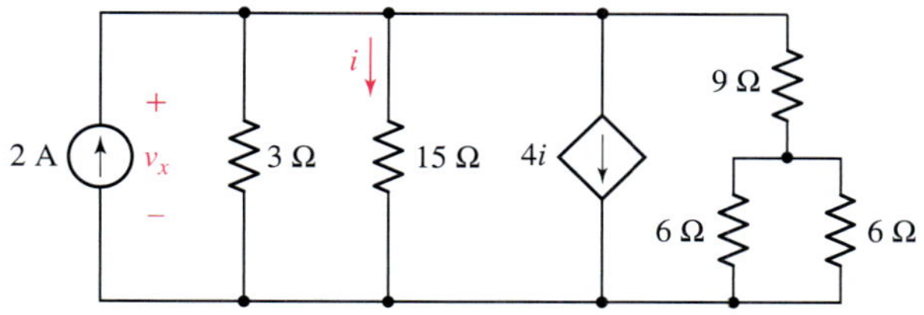

그림 3.86

48. 그림 3.87의 회로에서 15 Ω 저항이 흡수하는 전력을 구하라.

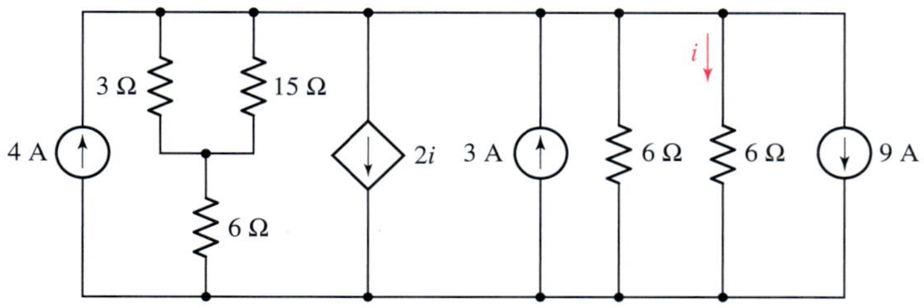

그림 3.87

49. 그림 3.88의 회로에서 $R_1 = R_2 = \cdots = R_{11} = 10\ \Omega$일 때 등가저항 R_{eq}를 계산하라.

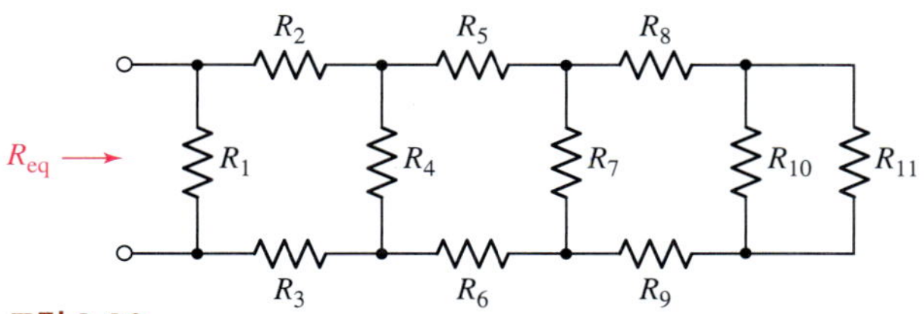

그림 3.88

50. 4개의 100 Ω 저항을 조합하여 다음의 등가저항을 얻기 위한 방법을 말하라.

(a) 25 Ω (b) 60 Ω (c) 40 Ω

3.8 전압분배와 전류분배

51. 그림 3.89의 전압분배회로에서 다음을 구하라.

(a) $v = 9.2$ V, $v_1 = 3$ V일 때의 v_2

(b) $v_2 = 1$ V, $v = 2$ V일 때의 v_1

(c) $v_1 = 3$ V, $v_2 = 6$ V일 때의 v

(d) $v_1 = v_2$일 때의 R_1/R_2

(e) $v = 3.5$ V, $R_1 = 2R_2$일 때의 v_2

(f) $v = 1.8$ V, $R_1 = 1$ kΩ, $R_2 = 4.7$ kΩ일 때의 v_1

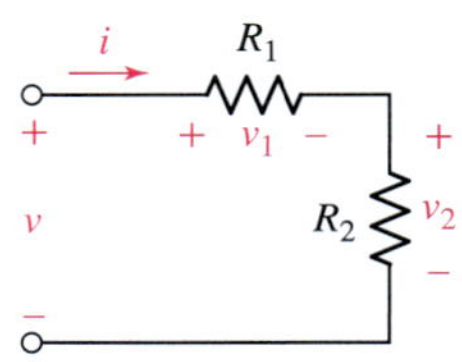

그림 3.89

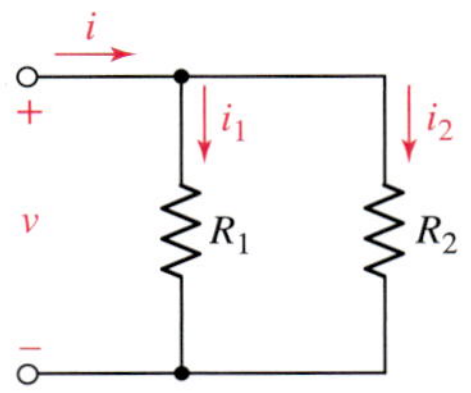

그림 3.90

52. 그림 3.90의 전류분배회로에서 다음을 구하라.

(a) $i = 8$ A, $i_2 = 1$ A일 때의 i_1

(b) $R_1 = R_2 = 100$ kΩ, $i = 1$ mA일 때의 v

(c) $i = 20$ mA, $R_1 = 1$ Ω, $R_2 = 4$ Ω일 때의 i_2

(d) $i = 10$ A, $R_1 = R_2 = 9$ Ω일 때의 i_1

(e) $i = 10$ A, $R_1 = 100$ MΩ, $R_2 = 1$ Ω일 때의 i_2

DP **53.** 그림 3.91의 회로에서 $i_1 = 1$ A, $i_2 = 1.2$ A, $i_3 = 8$ A, $i_4 = 3.1$ A가 되도록 R_1, R_2, R_3, R_4의 값과 $v < 2.5$ V 범위의 v 값을 선정하라.

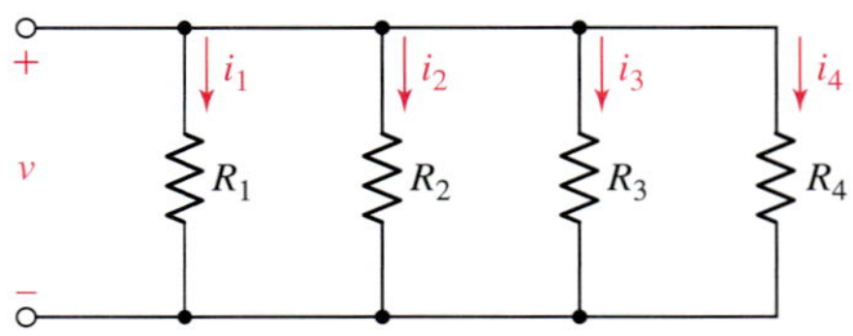

그림 3.91

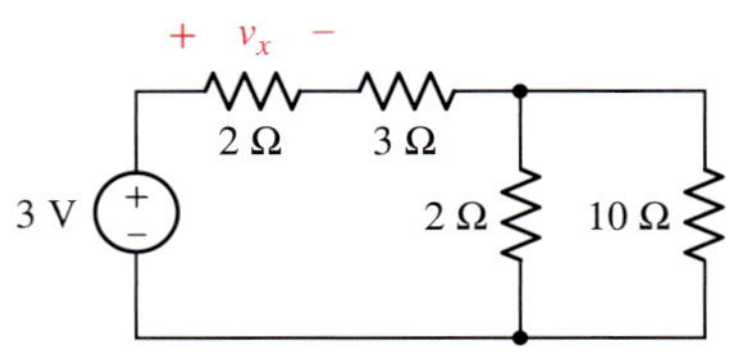

그림 3.92

54. 전압분배법칙을 사용하여 그림 3.92의 회로에서 전압 v_x를 계산하라.

55. 1 Ω, 3 Ω, 5 Ω, 7 Ω, 9 Ω인 5개의 저항이 직렬로 접속되어 있는 회로가 있다. 이 회로의 입력단에 9 V의 전압을 인가하였다고 한다. 전압분배법칙을 사용하여 3 Ω 저항과 7 Ω 저항의 양단에 걸리는 전압을 계산하라.

56. 그림 3.93의 회로에서 저항을 적절히 조합하고 전류분배법칙을 적절히 사용하여 i_1, i_2 및 v_3의 값을 구하라.

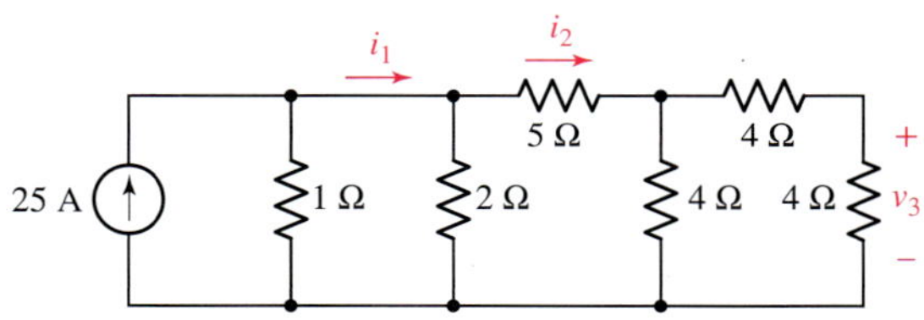

그림 3.93

57. 그림 3.94의 회로에서 전압 v_x만이 관심의 대상이다. 저항을 적절히 조합하고 전압분배법칙을 순차적으로 적용하여 회로를 간략화한 후에 v_x를 구하라.

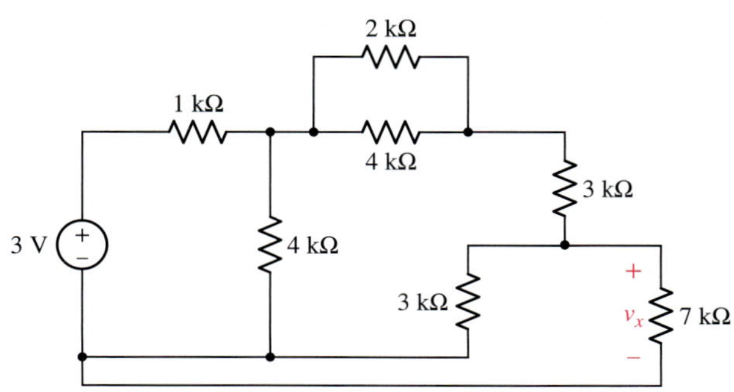

그림 3.94

3장 통합문제

58. 그림 3.95의 회로는 BJT(bipolar junction transistor)의 순방향 활성영역에서의 선형모델이다. 이 회로에서 두 47 kΩ 저항에 걸리는 전압을 구하기 위해 전압분배법칙을 사용하는 것이 적절하지 않은 이유를 설명하라.

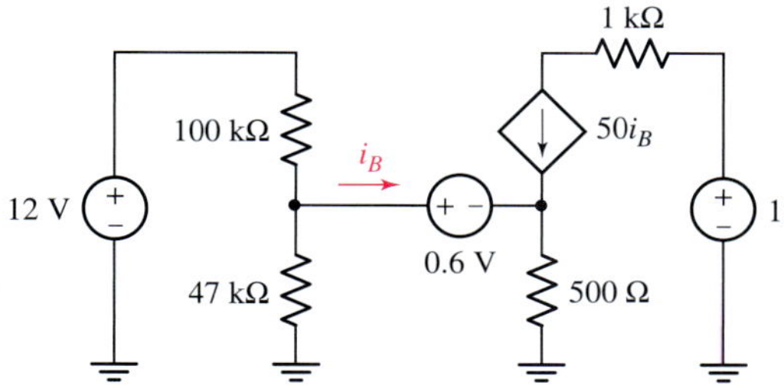

그림 3.95

59. 그림 3.96은 전계효과(field effect) 기반 증폭기 회로의 일반적인 중간주파수 모델을 나타내고 있다. 제어 파라미터 g_m(*transconductance*로 알려져 있음)이 1.2 mS일 때 다음을 구하라.

(a) 전류분배법칙을 사용하여 1 kΩ 저항에 흐르는 전류

(b) 증폭기의 출력전압 v_{out}

(c) 회로가 신호(정현파 신호원)를 증폭하는가?

(d) 입력이 v_π라고 할 때 증폭되는가?

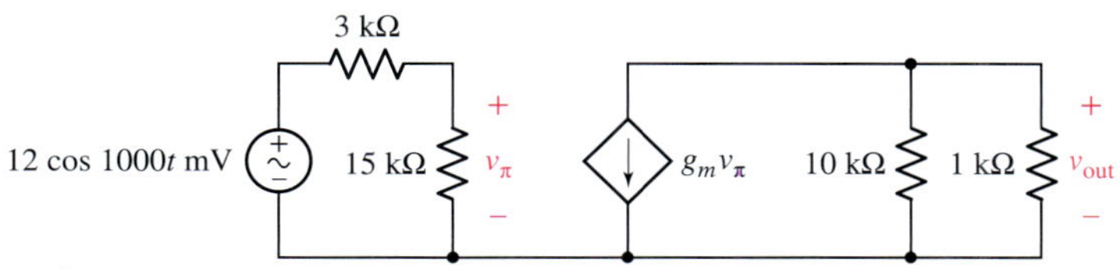

그림 3.96

60. 그림 3.97의 회로는 BJT 기반 증폭기의 보편적인 중간주파수 동작을 모델링한 회로이다. g_m = 322 mS일 때 증폭기의 출력전압 v_{out}을 계산하라.

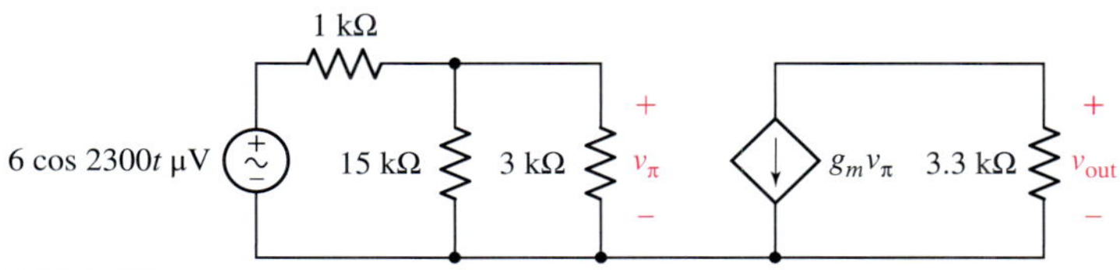

그림 3.97

61. 그림 3.98의 회로에서 다음을 구하라.

(a) 2개의 10 Ω 저항 양단에 걸리는 전압. 위의 단자가 (+) 단자이다.

(b) 47 Ω 저항에서 소비되는 전력

(c) 47 Ω 저항의 최대 정격이 0.25 W이면 이 회로에 의해 초과되는가? 설명하라.

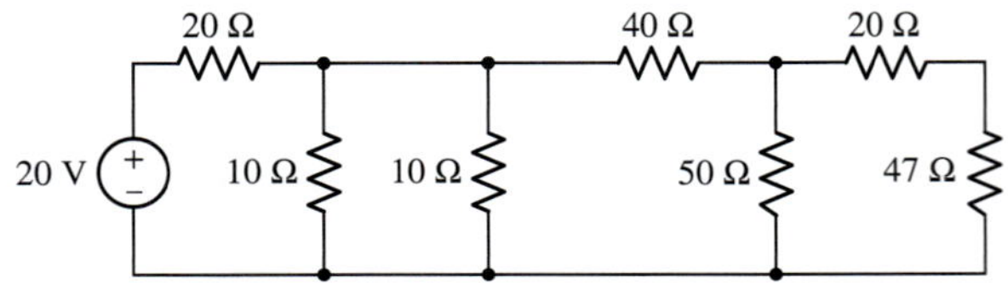

그림 3.98

62. 그림 3.98의 회로에서 맨 왼쪽의 10 Ω 저항을 제거하고 다음을 구하라.
    (a) 40 Ω 저항의 왼쪽 단자로 흘러 들어오는 전류
    (b) 20 V 전원에서 공급하는 전력
    (c) 50 Ω 저항에서 소비되는 전력

63. 그림 3.99은 7개의 소자로 구성된 회로이다.
    (a) 이 회로에서 마디, 루프 및 가지는 몇 개인가?
    (b) 각 저항에 흐르는 전류를 계산하라.
    (c) 전류원의 양단전압을 구하라. 위의 단자가 (+) 단자이다.

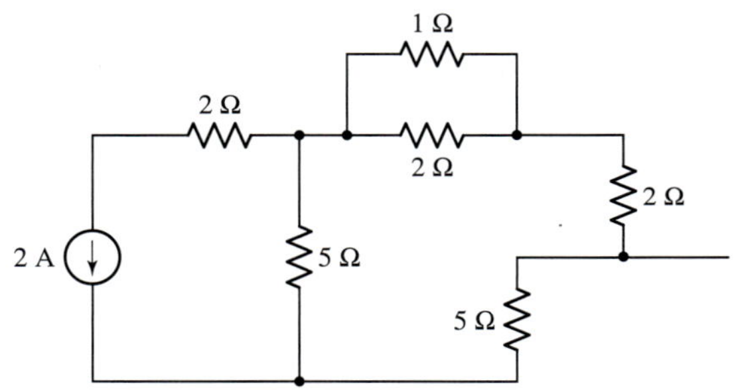

그림 3.99

4 기본적인 마디해석법 및 메쉬해석법

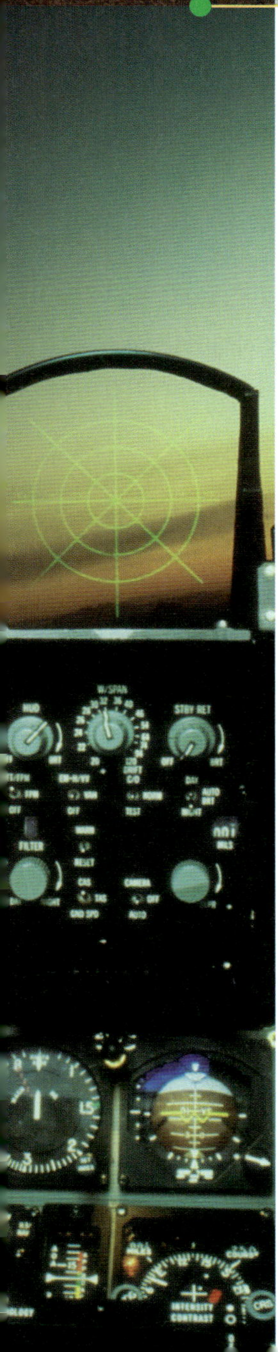

Design elements: Cockpit: ©Purestock/SuperStock; Wind Turbins: ©Russell Illig/Getty Images; Circuit Board: ©Shutterstock

서론

옴의 법칙과 키르히호프의 두 법칙을 사용하여 간단한 선형회로를 해석함으로써 특정 소자와 관련된 전류, 전압 또는 전력과 같은 유용한 정보를 얻는 것은 큰 위험 없이 시작한 것으로 보인다. 그러나 적어도 현재 시점에서 당장은 모든 회로가 독특해서 회로를 해석하려면 어느 정도 창조성이 요구되고 있다. 이 장에서는 두 가지 기본적인 회로 해석 기법을 배운다. 이 기법은 **마디해석법**(nodal analysis)과 **메쉬해석법**(mesh analysis)인데, 이 두 해석법을 사용하면 많은 다른 회로들을 시종일관 조직적인 방식으로 해석할 수 있게 된다. 그 결과, 능률적으로 회로를 해석할 수 있고 방정식을 덜 복잡하게 하며 해석상 오류가 더 적어진다. 아마도 가장 중요한 것은 "어떻게 시작해야 하는지조차 모르겠어!"라고 말하는 빈도가 줄어드는 것일 것이다.

우리가 이제까지 다룬 회로들의 대부분은 (솔직히 말하면) 비교적 간단하였고, 실제적으로 사용하기에는 문제가 좀 있는 회로이었다. 그러나 이러한 회로들은 우리가 기본적인 기법을 적용하는 방법을 익히는 데 유용한 것들이다. 이 장에서 만나게 되는 좀 더 복잡한 회로에는 비전기적인 시스템의 전기회로 모델은 물론이고 제어회로, 통신회로망, 전동기, 집적회로를 포함한 다양한 전기적 시스템이 있다. 그러나 현재의 초기 단계에서는 이 회로들의 특성에 중점을 두지 않는 것이 더 낫다고 생각한다. 그보다는 이 책을 통해 계속 익혀야 할 문제해결의 방법론에 먼저 초점을 맞추는 것이 중요하다.

중요한 개념

- 마디해석법
- 초마디 기법
- 메쉬해석법
- 초메쉬 기법
- 마디해석법과 메쉬해석법의 선택
- SPICE와 MATLAB을 포함한 컴퓨터를 이용한 해석

4.1 마디해석법

이제 회로를 조직적으로 해석할 수 있는 일반적인 방법을 공부해보자. 먼저 KCL에 기반을 둔 강력한 방법으로서 **마디해석법**(nodal analysis)으로 알려진 해석기법을 다룬다. 제3장에서는 2개의 마디를 갖는 간단한 회로를 해석하였다. 간단한 회로에서는 대부분 하나의 미지수(한 쌍의 마디 사이의 전압)에 대한 1개의 방정식을 구하는 것이 주요 관심사였다.

이제 마디의 수를 늘려보자. 마디가 추가되면 그만큼 미지량이 추가되므로 추가된 마디의 수만큼 방정식의 수도 추가되어야 한다. 따라서 마디가 3개인 회로는 미지전압이 2개이므로 방정식이 2개 있어야 하며, 마디가 10개인 회로는 미지전압이 9개이므로 9개의 방정식이 필요하다. 즉, 마디가 N개인 회로에는 미지전압이 $(N-1)$개 있으며, 따라서 $(N-1)$개의 방정식이 필요하다. 각 방정식은 간단한 KCL 방정식이다.

이 기법의 기본 기술을 설명하기 위해 그림 4.1*a*에 나타낸 마디가 3개인 회로를 고려한다. 이 회로에 마디가 3개뿐이라는 것을 강조하기 위해 각 마디에 번호를 매기고 다시 그리면 그림 4.1*b*와 같다. 각 소자의 양단에 걸리는 전압을 구하는 것이 목적이며, 이 해석에서 다음 단계가 중요하다. 마디 중 하나를 **기준마디**(reference node)로 지정한다. 이 기준마디는 그림 4.1*c*에 나타낸 것처럼 $N-1=2$개 마디전압의 (−)단자가 된다.

가장 많은 수의 가지가 접합되어 있는 마디를 기준마디로 정하면 결과 수식이 좀 더 간결해진다. 만일 회로에 접지마디가 있다면 이 접지마디를 기준마디로 선정하면 편리하다. 특별히 접지가 표시되어 있지 않다면 대부분은 회로의 아래에 있는 마디를 기준마디로 잡는 것이 좋을 것이다.

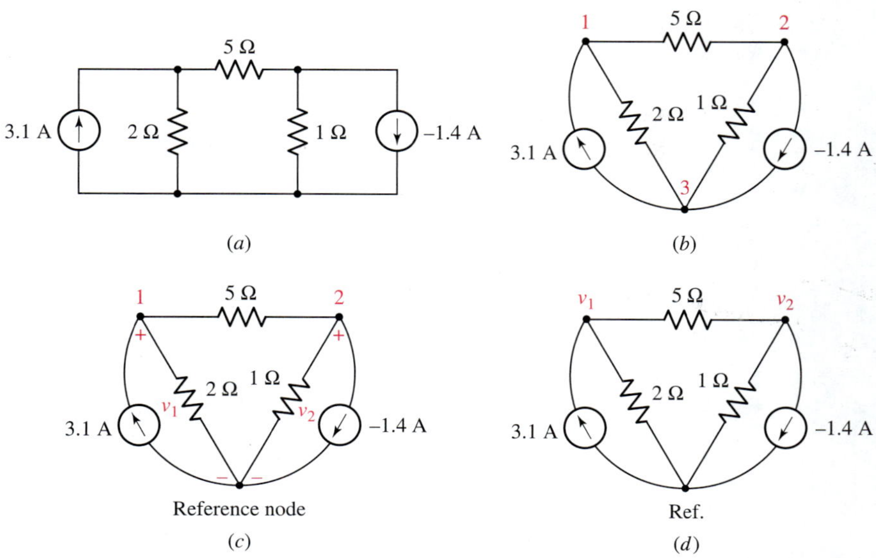

그림 4.1 (*a*) 마디가 3개인 간단한 회로. (*b*) 마디를 강조하여 다시 그린 회로. (*c*) 기준마디를 선정하고 각 전압을 표시. (*d*) 전압을 간단히 나타낸 회로. 필요하다면 기준마디에 접지표시를 추가해도 된다.

> 그림에서 기준마디의 전압을 0 V로 정의한다. 그러나 어느 마디라도 기준마디로 정의할 수 있다는 점을 유의해야 한다. 따라서 기준마디는 다른 마디전압에 대해 0 V일 뿐이며 반드시 대지 접지에 대해서 0 V이어야 할 필요는 없다.

기준마디에 대한 마디 1의 전압을 v_1으로 정의하며, v_2는 기준마디에 대한 마디 2의 전압으로 정의한다. 이 두 전압을 알면 이 회로를 해석하는 데 충분하다. 왜냐하면 다른 전압은 이 두 전압만 알면 계산할 수 있기 때문이다. 예를 들어, 마디 2에 대한 마디 1의 전압은 $v_1 - v_2$이다. 전압 v_1 및 v_2와 기준 극성은 그림 4.1*c*와 같다. 일단 회로에서 기준마디가 결정되면 전압의 극성을 분명하게 나타내기 위해 사용하는 (+)나 (−) 부호는 생략해도 무방하다. 그 이유는 기준마디가 (−) 단자에 해당되고 각 마디전압이 (+) 단자의 역할을 하기 때문이다(그림 4.1*d*). 이것은 극성 표시를 간단하게 나타낸 것이라고 할 수 있다.

이제 마디 1과 마디 2에 KCL을 적용한다. 한 마디에서 여러 저항을 통해 흘러 나가는 전류의 합은 전류원으로부터 이 마디로 흘러 들어오는 전류의 합과 같다고 놓으면 된다. 따라서 마디 1에서 다음 식을 얻는다.

$$3.1 = \frac{v_1}{2} + \frac{v_1 - v_2}{5} \qquad [1]$$

또는

$$3.1 = 0.7 v_1 - 0.2 v_2 \qquad [2]$$

마디 2에서 다음 식을 얻는다.

$$-\left(-1.4\right) = \frac{v_2}{1} + \frac{v_2 - v_1}{5} \qquad [3]$$

또는

$$1.4 = -0.2 v_1 + 1.2 v_2 \qquad [4]$$

식 [2]와 식 [4]는 2개의 미지수를 구하는 데 필요한 2개의 수식이며, 쉽게 풀이할 수 있다. 풀이하면 $v_1 = 5$ V, $v_2 = 2$ V이다.

이 v_1, v_2로부터 5 Ω 저항에 걸린 전압을 구하면 $v_{5\Omega} = v_1 - v_2 = 3$ V이다. 마찬가지로 각 전류와 전력도 쉽게 계산할 수 있다.

이제 마디해석법을 적용하기 위해 KCL 방정식을 세우는 방식이 하나 이상 있다는 사실을 알아야 한다. 예를 들어 어떤 사람은 한 마디로 흘러 들어가는 모든 전류의 합을 구하고 이 값을 0으로 놓는다. 이에 따라 마디 1에서 식을 세우면 다음과 같다.

$$3.1 - \frac{v_1}{2} - \frac{v_1 - v_2}{5} = 0$$

또는

$$3.1 + \frac{-v_1}{2} + \frac{v_2 - v_1}{5} = 0$$

위의 두 식은 어느 것이든 식 [1]과 같다.

어느 방식이 더 좋을까? 사람마다 자기가 좋아하는 방식을 사용하지만, 중요한 것은 일관성이 있어야 한다는 것이다. 저자는 마디해석법을 적용할 때 식의 한 쪽에는 전류원 관련항을 놓고 다른 쪽에는 저항 관련항을 놓아 KCL 방정식을 세우는 방식을 선호한다. 확실하게 표현하면 다음과 같다.

Σ(마디에서 저항으로 흘러 나가는 전류)
(= Σ 전류원으로부터 마디로 흘러 들어오는 전류)

이러한 방식을 사용하면 몇 가지 이점이 있다. 첫째, 어떤 항이 '$v_1 - v_2$'인지 아니면 '$v_2 - v_1$'인지 혼동이 발생하지 않는다. 그 이유는 식 [1] 및 식 [3]에서 알 수 있듯이 모든 저항 관련 전류식에서 앞에 오는 전압이 KCL 방정식을 세우는 마디의 전압이기 때문이다. 둘째, 식에서 어떤 항이 빠지지 않았는지 신속하게 확인할 수 있다. 먼저 해당 마디에 접속되어 있는 전류원의 수를 세고 저항의 수를 센 다음에 수식의 등호 양 쪽에 있는 항의 수와 비교하면 쉽게 확인할 수 있다.

예제 4.1

그림 4.2*a*의 회로에서 15 Ω 저항을 통해 왼쪽에서 오른쪽으로 흐르는 전류를 구하라.

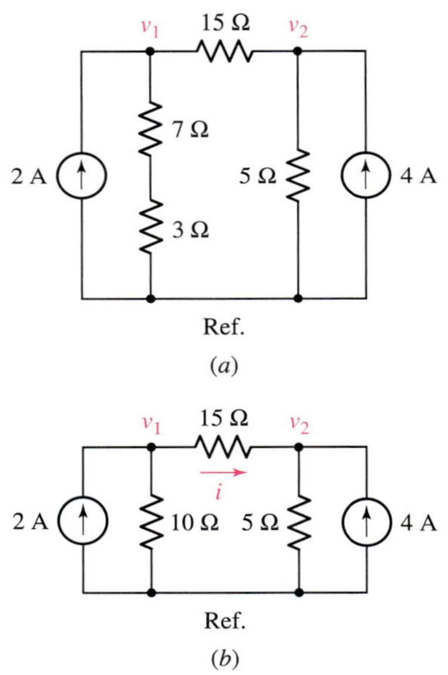

그림 4.2 (*a*) 독립전류원이 2개이고 마디가 4개인 회로. (*b*) 직렬로 접속된 2개의 저항을 하나의 10 Ω 저항으로 대체하여 마디가 3개로 줄어든 회로.

마디해석법을 적용하면 마디전압의 수치를 구할 수 있으며, 구하고자 하는 전류는 $i = (v_1 - v_2)/15$가 된다.

마디해석법을 적용하기 전에 7 Ω 저항 또는 3 Ω 저항이 관심의 대상이 아님을 알 수 있다. 따라서 직렬로 접속되어 있는 두 저항을 하나의 10 Ω 저항으로 대체할 수 있으며, 그림 4.2*b*와 같이 된다. 이렇게 하면 풀어야 할 방정식의 수가 줄어든다.

마디 1에서 KCL 방정식을 세우면

$$\frac{v_1}{10} + \frac{v_1 - v_2}{15} = 2 \qquad [5]$$

이 되고 마디 2에서 KCL 방정식을 세우면 다음과 같다.

$$\frac{v_2}{5} + \frac{v_2 - v_1}{15} = 4 \qquad [6]$$

위의 두 식을 정리하면 다음과 같다.

$$5v_1 - 2v_2 = 60$$
$$-v_1 + 4v_2 = 60$$

위의 식을 풀면 $v_1 = 20$ V, $v_2 = 20$ V이며 따라서 $v_1 - v_2 = 0$이다. 그러므로 이 회로에서 15 Ω을 통해 흐르는 **전류는 0**이다.

익힘문제 4.1

그림 4.3의 회로에서 마디전압 v_1 및 v_2를 구하라.

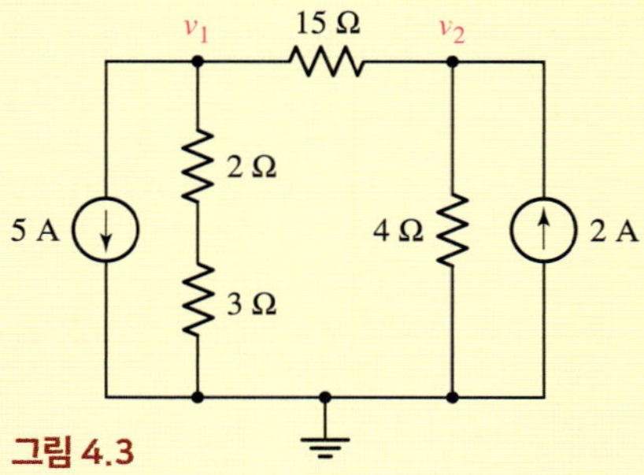

그림 4.3

답: $v1 = -145/8$ V; $v2 = 5/2$ V.

다음에는 마디의 수가 더 많은 경우에 대해 마디해석을 적용해 보자.

예제 4.2

그림 4.4*a*의 회로에서 아래에 있는 마디를 기준마디로 잡고 각 마디의 전압을 구하라.

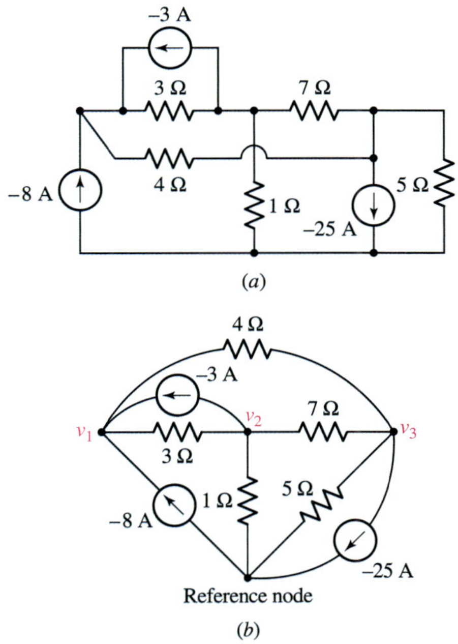

그림 4.4 (*a*) 마디가 4개인 회로. (*b*) 기준마디와 마디전압을 표시한 회로.

문제의 목표를 확인한다.

이 회로에는 4개의 마디가 있다. 맨 아래의 마디를 기준마디로 잡고 나머지 3개의 마디에 그림 4.4*b*와 같이 마디전압을 표시한다. 이 회로는 4 Ω 저항의 양단에 있는 마디에 유의하여 원래의 회로를 좀 더 명확하게 다시 그린 것이다.

알고 있는 정보를 모두 수집한다.

이 회로에는 3개의 미지전압 v_1, v_2, v_3가 있다. 전류원과 저항은 모두 그 값을 그림에 나타내었다.

계획을 세운다.

이 문제는 마디해석법을 적용하기에 적합한 문제이다. 각 저항에 흐르는 전류와 전류원의 항으로 3개의 독립적인 KCL 방정식을 세운다.

적절한 수의 방정식을 만든다.

먼저 마디 1에서 KCL 방정식을 세운다.

$$\frac{v_1 - v_2}{3} + \frac{v_1 - v_3}{4} = -8 - 3$$

또는

$$0.5833\,v_1 - 0.3333\,v_2 - 0.25\,v_3 = -11 \qquad [7]$$

마디 2에서

$$\frac{v_2 - v_1}{3} + \frac{v_2}{1} + \frac{v_2 - v_3}{7} = -(-3)$$

또는

$$-0.3333\,v_1 + 1.4762\,v_2 - 0.1429\,v_3 = 3 \qquad [8]$$

마디 3에서

$$\frac{v_3}{5} + \frac{v_3 - v_2}{7} + \frac{v_3 - v_1}{4} = -(-25)$$

또는 간단히 하면

$$-0.25\,v_1 - 0.1429\,v_2 + 0.5929\,v_3 = 25 \qquad [9]$$

추가로 필요한 정보가 있는지 결정한다.

3개의 미지수에 대한 방정식이 3개이다. 이 방정식들이 서로 독립적이면 세 전압을 구하는 데 충분하다.

방정식의 해를 구한다.

과학용 계산기(부록 2)나 MATLAB과 같은 소프트웨어 패키지 또는 변수 소거법, 행렬 해석법이나 크레머(Cramer)의 법칙과 같은 기존의 기법을 사용하여 식 [7]~[9]를 풀 수 있다. 계산기를 이용한 행렬 역변환 방법(부록 2)을 사용하면, 시스템을 다음과 같은 $\mathbf{Av} = \mathbf{B}$의 행렬 형태로 표현할 수 있다.

$$\begin{bmatrix} 0.5833 & -0.3333 & -0.25 \\ -0.3333 & 1.4762 & -0.1429 \\ -0.25 & -0.1429 & 0.5929 \end{bmatrix} \begin{bmatrix} v_1 \\ v_2 \\ v_3 \end{bmatrix} = \begin{bmatrix} -11 \\ 3 \\ 25 \end{bmatrix}$$

여기서

$$\mathbf{A} = \begin{bmatrix} 0.5833 & -0.3333 & -0.25 \\ -0.3333 & 1.4762 & -0.1429 \\ -0.25 & -0.1429 & 0.5929 \end{bmatrix}$$

그리고

$$\mathbf{B} = \begin{bmatrix} -11 \\ 3 \\ 25 \end{bmatrix}$$

이다. 행렬 $\mathbf{A}$와 벡터 $\mathbf{B}$를 사용하여 $\mathbf{v} = \mathbf{A}^{-1}\mathbf{B}$의 최종 해를 구한다.

$$\mathbf{v} = \begin{bmatrix} v_1 \\ v_2 \\ v_3 \end{bmatrix} = \begin{bmatrix} 5.4124 \\ 7.7375 \\ 46.3127 \end{bmatrix} \text{ V}$$

해가 타당한지 또는 기대했던 결과인지 검토한다.

계산 착오가 없는지 확인하려면 마디전압들을 3개의 마디방정식 중 하나에 대입해 보는 것으로 충분하다. 이 외에 구해진 전압들이 합당한 값인지를 알 수 있는 방법이 있을까? 이 회로에서는 어디든 최대로 흐를 수 있는 전류가 3 + 8 + 25 = 36 A이다. 가장 큰 저항값이 7 Ω이므로 어떠한 전압이라도 7 × 36 = 252 V보다 클 수는 없다.

물론 선형연립방정식을 풀 수 있는 방법은 여럿 있으며, 부록 2에 몇 가지 방법을 자세하게 설명해 놓았다. 과학용 계산기가 출현하기 전에는 예제 4.2에서 사용한 크레머의 법칙이 비록 번거로운 경우도 있지만 회로 해석에 가장 많이 사용되었다. 그렇지만 이 법칙은 간단한 사칙연산 계산기만 사용해도 되므로 이 기법을 익혀둘 필요가 있다. 반면에 MATLAB은 비록 시험 도중에는 사용하기 어렵지만 풀이과정을 대폭 간략화시킬 수 있는 강력한 소프트웨어 패키지이며, 부록 6에 간략하게 수록되어 있다.

예제 4.2에서 MATLAB을 이용하여 풀이할 수 있는 방법이 몇 가지 있다. 먼저 식 [7]~[9]를 예제처럼 행렬 형태로 표현할 수 있다.

MATLAB에서는 다음과 같이 쓴다.

```
≫ A = [0.5833 −0.3333 −0.25; −0.3333 1.4762 −0.1429;
       −0.25 −0.1429 0.5929];
≫ B = [−11; 3; 25];
≫ v = A\B
v =
   5.4124
   7.7375
  46.3127
≫
```

여기서 스페이스는 각 행(row)에서의 요소를 구분하고 있고 세미콜론은 행을 구분하고 있다. 행렬 **v**는 열(column)이 하나뿐이므로 **벡터**로 볼 수도 있는데 이것이 우리가 구하는 해다. 따라서 v_1 = 5.412 V, v_2 = 7.738 V, v_3 = 46.31 V이다(반올림으로 인하여 약간의 오차가 발생하였다). 해를 구하기 위해 MATLAB에서는 `v=A^-1/B` 혹은 `v=inv(A)*B` 대신에 `v=A\B` 형태의 백슬래시(backslash) 연산자를 사용한다.

만일 MATLAB의 기호프로세서(symbolic processor)를 사용한다면 초기에 KCL 방정식을 사용할 수도 있다.

```
≫ syms v1 v2 v3
≫ eqn1 = −8−3 == (v1 − v2)/ 3 + (v1 − v3)/ 4;
≫ eqn2 = −(−3) == (v2 − v1)/ 3 + v2/ 1 + (v2 − v3)/ 7;
≫ eqn3 = −(−25) == v3/ 5 + (v3 − v2)/ 7 + (v3 − v1)/ 4;
≫ answer=solve(eqn1,eqn2,eqn3,[v1 v2 v3]);
```

```
≫ answer.v1
ans =
720/133
≫ answer.v2
ans =
147/19
≫ answer.v3
ans =
880/19
≫
```

위의 해는 반올림 오차가 없는 정확한 해이다. solve() 루틴에는 eqn1, eqn2, eqn3으로 명명한 기호방정식의 목록이 있으며, 변수 v1, v2, v3도 규정되어 있어야 한다. 방정식의 수보다 적은 수의 변수를 규정하고 solve()를 사용하면 해가 구해지지 않는다. 해의 형태를 간단히 말하면 프로그래밍 용어로 **구조체**(*structure*)라고 하는데, 이 경우에는 구조체를 'answer'로 하였다. 구조체의 각 요소는 명칭에 따라 별도로 처리된다.

익힘문제 4.2

그림 4.5의 회로에서 각 전류원의 양단에 걸리는 전압을 계산하라.

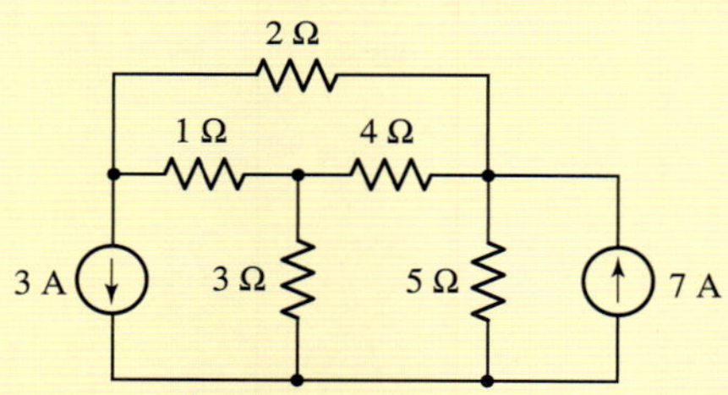

그림 4.5

답: $v_{3A} = 5.235$ V; $v_{7A} = 11.47$ V.

앞의 두 예제는 마디해석법에 접근하는 기본적인 방법을 설명하고 있다. 이제 종속전원이 있는 경우에는 어떻게 되는지 알아본다.

예제 4.3

그림 4.6*a*의 종속전원에 의해 공급되는 전력을 구하라.

아래에 있는 마디에 가장 많은 가지가 접속되어 있으므로 이 마디를 기준마디로 선정한다. 그리고 그림 4.6*b*에 나타낸 것과 같이 마디전압 v_1 및 v_2를 표시한다. v_x의 값은 사실상 v_2와 같다.

마디 1에서 식을 세우면 다음과 같다.

$$\frac{v_1 - v_2}{1} + \frac{v_1}{2} = 15 \qquad [10]$$

마디 2에서

$$\frac{v_2 - v_1}{1} + \frac{v_2}{3} = 3\,i_1 \qquad [11]$$

운 나쁘게 미지수는 3개인데 방정식이 2개뿐이다. 이것은 종속전원이 존재하고 그 크기가 마디전압에 의해 제어되지 않기 때문이다. 따라서 i_1과 마디전압과의 관계를 나타내는 방정식을 하나 추가하여야 한다.

이 경우 우리는 다음을 알 수 있다.

$$i_1 = \frac{v_1}{2} \qquad [12]$$

위 식을 식 [11]에 대입하여 정리하면

$$3v_1 - 2v_2 = 30 \qquad [13]$$

이다. 그리고 식 [10]을 간단히 하면

$$-15\,v_1 + 8\,v_2 = 0 \qquad [14]$$

이다. 위의 식들을 풀면 $v_1 = -40$ V, $v_2 = -75$ V이고 $i_1 = 0.5v_1 = -20$ A임을 알 수 있다. 그러므로 종속전원에 의해 공급되는 전력은 $(3i_1)(v_2) = (-60)(-75) = 4.5$ kW이다.

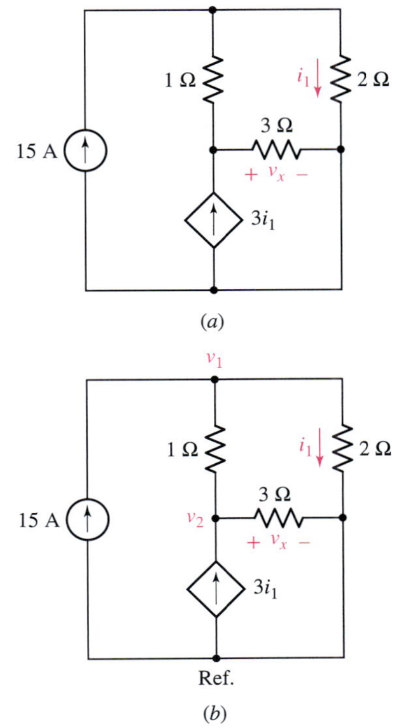

그림 4.6 (*a*) 종속전류원이 포함되어 있고 마디가 4개인 회로. (*b*) 마디해석법을 적용하기 위해 마디전압을 표시한 회로.

예제 4.3에서 종속전원이 있고 그 크기를 결정하는 제어량이 마디전압이 아니라면 회로를 해석하기 위해 방정식을 추가할 필요가 있음을 알았다. 이제 같은 회로지만 종속전류원의 제어변수가 사실상 마디전압인 3 Ω 저항의 양단전압으로 바뀌었을 경우를 살펴보자. 이렇게 하면 단지 2개의 방정식으로도 해석이 가능하다는 것을 알게 될 것이다.

예제 4.4

그림 4.7*a*의 종속전원에 의해 공급되는 전력을 구하라.

아래 마디를 기준마디로 선정하고 그림 4.7*b*와 같이 마디전압을 표시한다. 명확하게 하기 위해 마디전압 v_x를 표시하였다. 이 경우에 있어서 기준마디의 선정이 중요한데, 아래 마디를 기준마디로 선정하였기 때문에 v_x가 마디전압이 되었다.

마디 1에서 KCL 방정식을 세우면

$$\frac{v_1 - v_x}{1} + \frac{v_1}{2} = 15 \qquad [15]$$

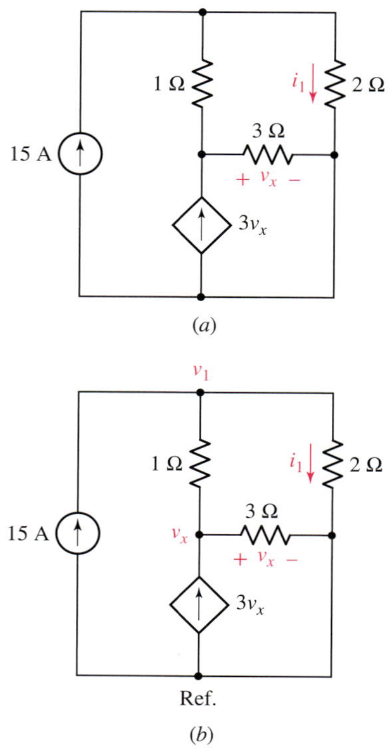

그림 4.7 (a) 종속전류원이 포함되어 있고 마디가 4개인 회로. (b) 마디해석을 위한 회로.

이고, 마디 x에서는 다음과 같다.

$$\frac{v_x - v_1}{1} + \frac{v_x}{3} = 3\,v_x \qquad [16]$$

이 두 식을 정리하여 풀면, $v_1 = \frac{50}{7}$ V와 $v_x = -\frac{30}{7}$ V를 얻는다. 따라서 이 회로에서 종속전원이 공급하는 전력은 $(3v_x)(v_x) = 55.1$ W이다.

익힘문제 4.3

그림 4.8의 회로에서 A가 다음과 같을 때 마디전압 v_1을 계산하라.

(a) $2i_1$ (b) $2v_1$

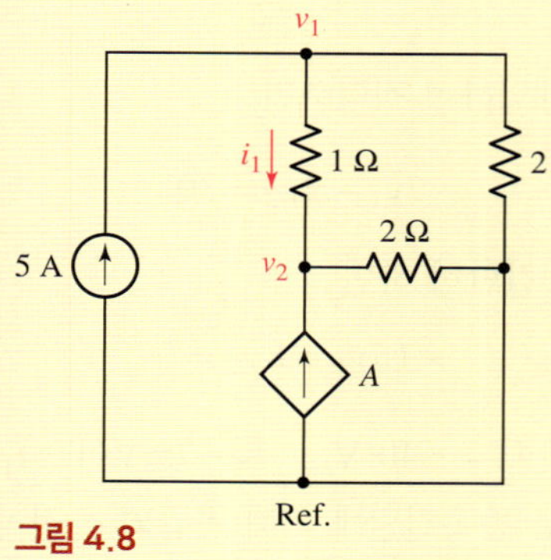

그림 4.8

답: (a) $\frac{70}{9}$; (b) −10 V.

지금까지 우리는 회로의 모든 전원이 전류원인 경우에 마디해석을 적용하였다. 만약 회로 가지에 전압원이 있다면, 전압원을 통하여 흐르는 전류를 알지 못하는 상황에서 어떻게 마디해석법을 적용할 수 있을까? 예를 들어 그림 4.9의 회로에서 미지의 마디전압 v_x를 구하기 위하기 마디해석법을 사용해 보자. 회로의 아래 마디를 기준 마디로 선정하고 나머지 마디의 마디전압 v_1과 v_2를 표시한다. 주어진 전압원에 의하여 $v_1 = 9$ V, $v_2 = 4$ V이므로 미지의 마디전압 v_x를 KCL 방정식으로 세우면 다음과 같다.

$$\frac{v_x - v_1}{30} + \frac{v_x}{10} + \frac{v_x - v_2}{20} = 0 \qquad [17]$$

$v_1 = 9$ V, $v_2 = 4$ V를 대입하면

$$\frac{v_x - 9}{30} + \frac{v_x}{10} + \frac{v_x - 4}{20} = 0 \qquad [18]$$

정리하면 다음과 같다.

$$v_x\left(\frac{1}{30} + \frac{1}{10} + \frac{1}{20}\right) = \frac{9}{30} + \frac{4}{20} \qquad [19]$$

$$v_x = \frac{30}{11} = 2.7273\ V \qquad [20]$$

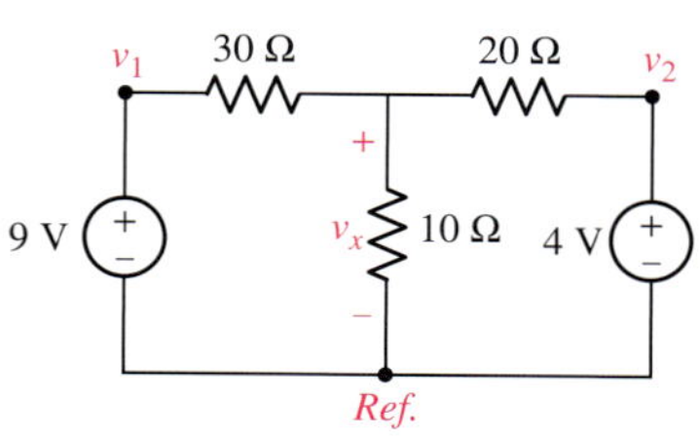

그림 4.9 전압원을 갖는 마디해석 예.

30 Ω 저항과 20 Ω 저항에 걸리는 전압을 $(v_x - 9)$와 $(v_x - 4)$로 설정하면 KCL 방정식은 30 Ω 저항과 20 Ω 저항을 통하여 흐르는 전류로서 규정되는 것에 주목하라. 마디해석법을 사용함에 있어 저지르는 흔한 실수는 KCL 방정식을 세울 때 전압원을 생략하는 것이다. 예를 들면 30 Ω 저항을 통해 흐르는 전류는 $(v_x)/30$이 아니고 $(v_x - 9)/30$으로 표현된다. 이와 같은 실수를 되풀이하지 마라.

기본적인 마디해석법의 절차 요약

1. **기준마디를 선정한다.** 접속되어 있는 가지의 수가 가장 많은 마디를 기준마디로 선정하면 마디방정식에서 항의 수를 최소화할 수 있다.
2. **회로에서 마디의 수를 계산하고 마디전압 각각을 표시한다.** 선정한 기준마디를 고려하여 표시한다.
3. **기준마디가 아닌 각 마디에서 KCL 방정식을 세운다.** 식의 한쪽에는 전원으로부터 마디로 흘러 들어오는 전류의 합을 쓰고, 다른 쪽에는 마디에서 저항으로 흘러 나가는 전류의 합을 쓴다. 여기서 '−' 부호에 유의하라.
4. **마디전압이 아닌 다른 미지수(전압 또는 전류)가 더 있다면 이 미지수를 적절한 마디전압으로 나타낸다.** 이러한 상황은 회로에 전압원이나 종속전원이 있으면 발생할 수 있다.
5. **방정식을 체계화한다.** 방정식의 항들을 마디전압에 따라 정리한다.
6. **연립방정식을 풀어서 마디전압을 구한다.**

이러한 기본적인 일곱 단계는 이제껏 우리가 접했던 모든 회로에 적용된다. 그러나 전압원이 존재하면 특별한 주의가 필요하다. 전압원이 있는 회로에 마디해석법을 적용하는 방법은 다음 절에서 설명한다.

4.2 초마디

앞의 예에서는 전압원이 존재할 때 마디해석법이 사용될 수 있는 경우를 해석하였다. 그러나 이런 상황에는 전압원과 직렬로 직접 연결된 저항이 포함되므로 KCL 방정식의 전류를 정의할 수 있었다. 만약 전압원이 존재하지만 이를 통하여 흐르는 전류를 정의하는 다른 방법이 없다면 어떻게 해석할까? 마디해석법을 적용할 때 전압원을 잘 취급하는 방법의 예로서 그림 4.10a에 나타낸 회로를 고려해 보자. 이 회로는 앞에서 해석한 적이 있는 그림 4.4의 마디 4개짜리 회로에서 마디 2와 마디 3 사이의 7 Ω 저항을 22 V 전압원으로 대체시킨 것이다. 이 경우에도 여전히 동일한 마디 전압 v_1, v_2, v_3를 설정하였다. 이전에는 다음 단계가 각 마디에 KCL을 적용하는 것이었다. 지금의 경우에 KCL을 적용하려고 하면 마디 2와 마디 3에서 어려움을 만나는데, 그 이유는 전압원이 있는 가지에 흐르는 전류가 얼마인지 모르기 때

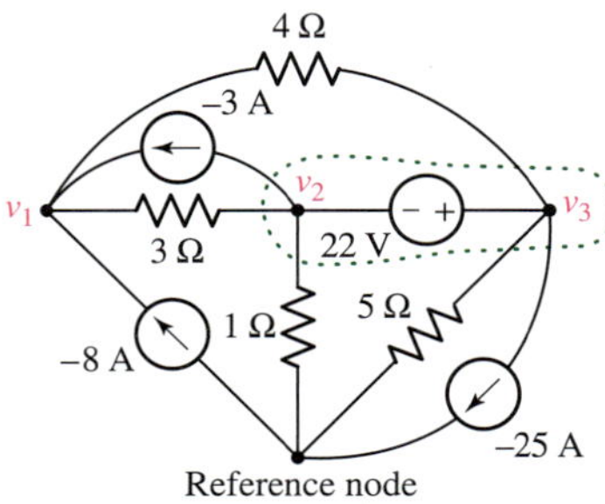

(*a*)

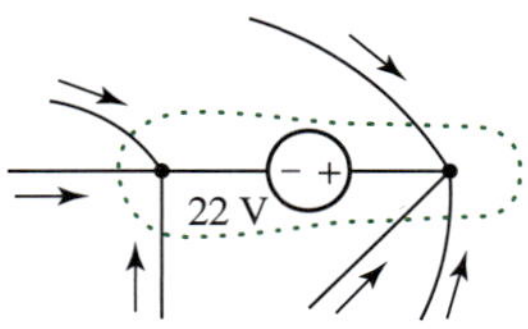

(*b*)

그림 4.10 (*a*) 그림 4.2의 회로에서 7 Ω 저항을 22 V 전원으로 대체시킨 회로. (*b*) 초마디로 정의한 부분의 상세도. KCL에 의하면 이 초마디로 흘러 들어가는 전류의 대수적인 합이 0이어야 한다.

문이다. 전압원의 정의에 의해 전압원의 전압은 전류와 완전히 무관하기 때문에 전압원이 있는 가지에 흐르는 전류를 전압원의 전압으로 표현할 수 있는 방법은 없다.

이 난국을 극복하는 방법은 두 가지이다. 비교적 어려운 방법으로는 이 전압원에 흐르는 전류를 미지수로 지정하고 각 마디에 KCL을 적용하는 것이다. 그런 다음에 마디 2와 마디 3 사이에 KVL($v_3 - v_2 = 22$)를 적용한다. 그러면 4개의 미지수를 갖는 4개의 방정식이 만들어진다.

좀 더 쉬운 방법은 마디 2와 마디 3, 그리고 전압원 22 V를 하나의 **초마디**(supernode)로 간주하고 여기에 KCL을 적용하는 것이다. 이 초마디는 그림 4.10*a*에 점선으로 둘러싸인 부분이다. 이러한 해석법은 마디 2로부터 흘러 나가는 전류의 합이 0이고 마디 3에서 흘러 나가는 전류의 합도 0이므로, 이 두 마디를 조합한 영역에서 흘러 나가는 전류의 합이 0이 되기 때문에 가능한 것이다. 초마디 내에서 정의된 모든 전류는 KCL 방정식에서 간단하게 상쇄된다. 예를 들어 마디 2에서 흘러 나가는 전류는 마디 3에서 흘러 나가는 전류와 크기는 같고 방향은 반대이다. 이 개념을 그림 4.10*b*에 확대하여 나타내었다.

초마디의 개념은 KCL에 대해 보다 일반적인 정의를 사용한다. 임의 마디 **혹은 닫힌 표면**(closed surface)으로 들어가는 전류의 대수 합은 0이다.

예제 4.5

그림 4.10*a*의 회로에서 마디전압 v_1의 값을 구하라.

마디 1에 KCL을 적용하면 예제 4.2에서와 같다.

$$\frac{v_1 - v_2}{3} + \frac{v_1 - v_3}{4} = -8 - 3$$

또는

$$0.5833\,v_1 - 0.3333\,v_2 - 0.2500\,v_3 = -11 \qquad [21]$$

다음에는 마디 2와 마디 3이 포함되어 있는 초마디를 고려한다. 초마디에는 2개의 전류원과 4개의 저항이 접속되어 있다. 따라서

$$\frac{v_2 - v_1}{3} + \frac{v_3 - v_1}{4} + \frac{v_3}{5} + \frac{v_2}{1} = 3 + 25$$

또는

$$-0.5833\,v_1 + 1.3333\,v_2 + 0.45\,v_3 = 28 \qquad [22]$$

이다. 미지수가 3개이므로 1개의 방정식이 더 필요하다. 마디 2와 마디 3 사이에 22 V 전압원이 있으므로 다음의 방정식 하나를 추가로 얻을 수 있다.

$$v_2 - v_3 = -22 \qquad [23]$$

이제 식 [21]~[23]를 풀면 $v_1 = 1.071$ V이다.

익힘문제 4.4

그림 4.11의 회로에서 각 전류원의 양단에 걸리는 전압을 구하라.

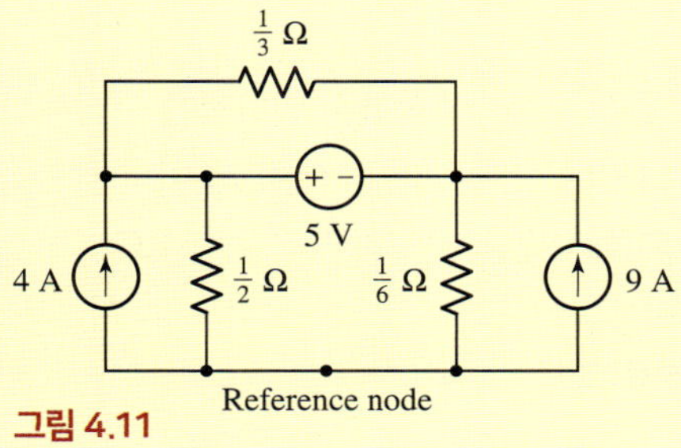

그림 4.11

답: 5.375 V; 375 mV.

따라서 전압원이 있으면 이것이 어느 마디 사이에 연결되어 있는지에 관계없이 KCL을 적용해야 하는 마디(기준마디 제외)의 수가 하나 줄어들게 된다. 익힘문제 4.4의 회로와 같은 회로를 해석할 경우에는 주의하여야 한다. 한 저항의 양쪽 단자가 모두 초마디에 접속되어 있기 때문에 KCL 방정식을 세울 때 이 저항에 대응되는 전류 항이 2개이지만 두 전류는 서로 상쇄된다. 초마디 해석법을 요약하면 다음과 같다.

초마디해석법의 절차 요약

1. **기준마디를 선정한다.** 접속되어 있는 가지의 수가 가장 많은 마디를 기준마디로 선정하면 마디방정식에서 항의 수를 최소화할 수 있다.
2. **회로에서 마디의 수를 계산하고 마디전압 각각을 표시한다.** 선정한 기준마디를 고려하여 표시한다.
3. **회로에 전압원이 있으면 각 전압원에 대한 초마디를 구성한다.** 전압원 및 전압원의 두 단자와 이 두 단자 사이에 접속되어 있는 모든 다른 소자를 하나의 점선으로 둘러싸면 된다.
4. **기준마디가 아닌 각 마디와 기준마디를 포함하지 않은 각 초마디에서 KCL 방정식을 세운다.** 식의 한 쪽에는 전류원으로부터 마디나 초마디로 들어오는 전류의 합을 쓰고, 다른 쪽에는 마디나 초마디에서 저항으로 흘러 나가는 전류의 합을 쓴다. 여기서 '−' 부호에 유의하라.
5. **각 전압원의 양단전압을 마디전압으로 표시한다.** 이것은 KVL을 적용하면 간단하게 해결된다. 정의된 초마디마다 1개의 방정식이 필요하다.
6. **다른 미지수(즉, 마디전압이 아닌 전류 또는 전압)가 더 있다면 이 미지수를 적절하게 마디전압으로 나타낸다.** 이러한 상황은 회로에 종속전원이 있으면 발생할 수 있다.

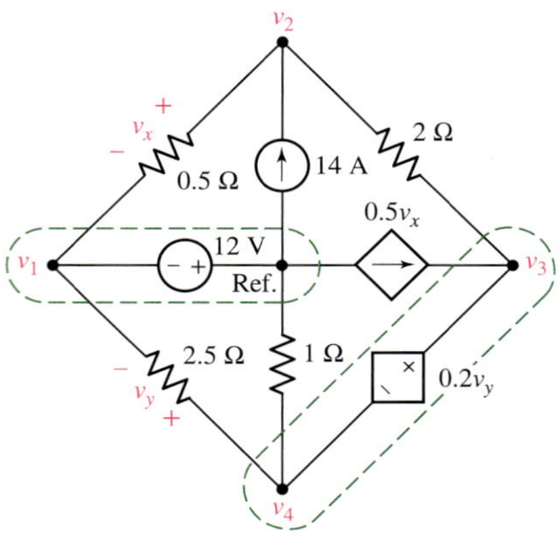

그림 4.12 4종류의 전원과 5개의 마디가 있는 회로.

7. **방정식을 체계화한다.** 마디전압에 따라 정리한다.
8. **연립방정식을 풀어서 마디전압을 구한다.**

이상에서 알 수 있듯이 초마디해석법은 일반적인 마디해석법보다 두 단계의 절차를 더 거쳐야 한다. 그러나 실제에 있어서는 기준마디에 접속되어 있지 않은 전압원이 있는 회로에 초마디해석법을 적용하면 필요한 KCL 방정식의 수가 줄어든다. 이러한 점을 유념하면서 그림 4.12의 회로를 살펴보자. 이 회로에는 네 종류의 전원이 모두 있고 마디가 5개이다.

예제 4.6

그림 4.12의 회로에서 기준마디에 대한 각 마디의 전압을 구하라.

각 전압원에 대해서 초마디를 구성하고 나면 마디 2와 종속전압원을 포함하고 있는 초마디에서만 KCL 방정식을 세우면 됨을 알 수 있다. 회로를 살펴보면 명백하게 $v_1 = -12$ V이다.

마디 2에서 KCL 방정식은

$$\frac{v_2 - v_1}{0.5} + \frac{v_2 - v_3}{2} = 14 \qquad [24]$$

이고, 초마디 3-4에서의 KVL 방정식은 다음과 같다.

$$\frac{v_3 - v_2}{2} + \frac{v_4}{1} + \frac{v_4 - v_1}{2.5} = 0.5v_x \qquad [25]$$

다음 단계는 전원 전압과 마디전압 사이의 관계를 나타내는 일이다. 초마디 내에서

$$v_3 - v_4 = 0.2v_y \qquad [26]$$

이고, 제어전압 v_y가 2.5 Ω 저항에서

$$0.2v_y = 0.2(v_4 - v_1) \qquad [27]$$

이다. 마지막으로 종속전류원 $0.5v_x$를 마디전압으로 나타내면 다음과 같다.

$$0.5v_x = 0.5(v_2 - v_1) \qquad [28]$$

마디가 5개이면 일반적인 마디해석법에서는 4개의 KCL 방정식이 필요하다. 그러나 별개의 초마디 2개를 잡음으로써 필요한 KCL 방정식이 2개로 줄어들었다. 각 초마디에는 KVL 방정식이 필요하였다(식 [26]와 직감적으로 세운 $v_1 = -12$). 종속전원 둘 다 마디전압으로 제어되지 않기 때문에 2개의 방정식이 추가로 필요하였다.

이렇게 함으로써 v_x와 v_y를 제거할 수 있으며, 4개의 식을 4개의 마디전압에 대해 정리하면 다음과 같다.

$$\begin{aligned} -2v_1 + 2.5v_2 - 0.5v_3 \quad &= 14 \\ 0.1v_1 - v_2 + 0.5v_3 + 1.4v_4 &= 0 \\ v_1 \quad &= -12 \\ 0.2v_1 + v_3 - 1.2v_4 &= 0 \end{aligned}$$

위의 네 식을 풀이하면 $v_1 = -12$ V, $v_2 = -4$ V, $v_3 = 0$ V, $v_4 = -2$ V이다.

익힘문제 4.5

그림 4.13의 회로에서 마디전압을 구하라.

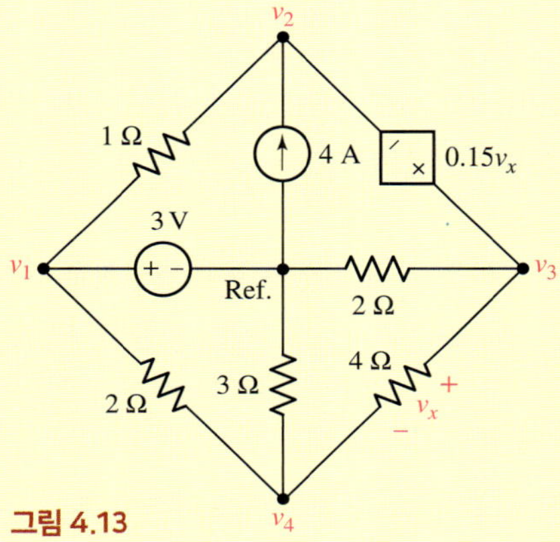

그림 4.13

답: $v_1 = 3$ V; $v_2 = -2.33$ V; $v_3 = -1.91$ V; $v_4 = 0.945$ V.

4.3 메쉬해석법

우리가 알아본 바와 같이 마디해석법은 전류원만 있을 경우에는 바로 해석할 수 있는 기법이며, 전압원이 있더라도 초마디 개념을 도입하여 쉽사리 해결할 수 있다. 마디해석법은 KCL에 기반을 둔 해석기법이다. 그렇다면 독자들은 KVL에 기반을 둔 유사한 해석방법이 있지 않을까 하는 생각이 들 수 있다. 이러한 방법으로 **메쉬해석법**(mesh analysis)이 있다. 메쉬해석법은 다음에 정의하는 평면회로에만 적용할 수 있다는 단점이 있기는 하지만 많은 경우에 마디해석법보다 더 쉽게 적용할 수 있다.

어떠한 가지도 다른 가지의 위로 또는 아래로 겹쳐지지 않게 하면서 평면 위에 회로를 그릴 수 있다면 이 회로를 **평면회로**(planar circuit)라고 한다. 따라서 그림 4.14*a*는 평면회로이고 그림 4.14*b*는 비평면회로이다. 그림 4.14*c*는 언뜻 보기에는 비평면회로 같아 보이지만 사실은 평면회로이다.

3.1절에서 **경로**, **폐로** 및 **루프**를 정의하였다. 메쉬를 정의하기 전에 그림 4.14에

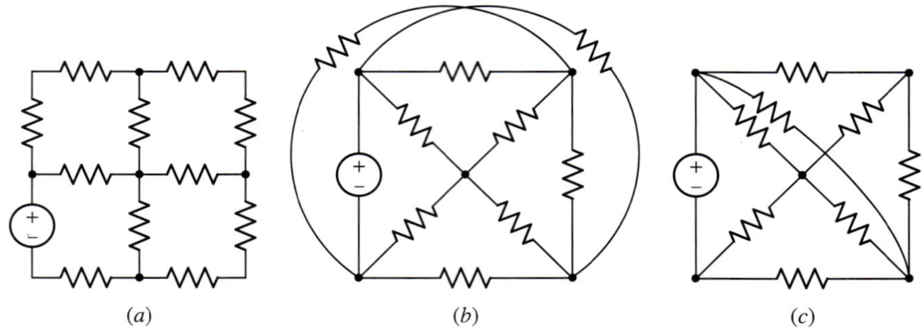

그림 4.14 평면회로와 비평면회로의 예. 그림에서 점이 없이 가로지르는 선은 물리적으로 서로 접속되어 있지 않은 선이다. (*a*) 평면회로 (*b*) 비평면회로 (*c*) 평면회로.

서 진한 선으로 표시되어 있는 가지들의 집합을 생각해 보자. 첫 번째 가지의 집합은 4개의 가지가 가운데에 있는 마디에 접속되어 있으므로 경로가 아니며, 물론 루프도 아니다. 두 번째 가지들의 집합은 중앙의 마디를 두 번 통과하므로 경로를 형성하지 못한다. 나머지 4개의 경로는 모두 루프이다. 이 회로에는 11개의 가지가 있다.

메쉬를 이용한 해석법을 비평면회로에 적용할 수는 있지만 비평면회로에 대해서는 완전한 메쉬 집합을 유일하게 정의할 수 없으므로 유일한 메쉬전류를 정의할 수 없음에 주의하여야 한다.

메쉬는 평면회로의 특성을 가지고 있으며 비평면회로에 대해서는 정의할 수 없다. **메쉬**는 루프 중에서 그 내부에 다른 루프를 포함하지 않는 루프로 정의된다. 따라서 그림 4.15*c*와 그림 4.15*d*에 표시한 루프는 메쉬가 아니다. 반면에 (*e*)와 (*f*)의 루프는 메쉬이다. 일단 회로를 평면에 정리하여 그려 놓으면 종종 유리창이 여러 개인 창문처럼 보인다. 이 창문에서 각 유리창의 경계선을 하나의 메쉬로 볼 수 있다.

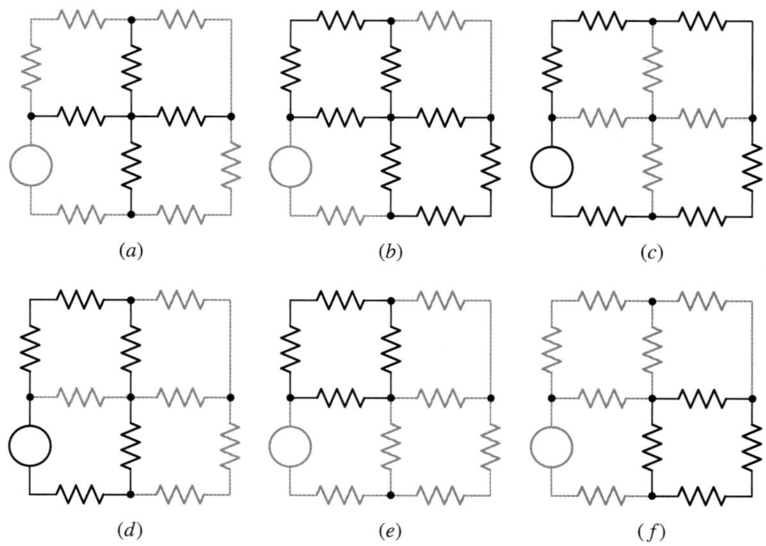

그림 4.15 (*a*) 진한 선으로 표시된 가지의 집합은 경로도 아니고 루프도 아니다. (*b*) 이 가지의 집합은 중앙의 마디를 두 번 통과하므로 경로가 아니다. (*c*) 이 경로는 루프이지만 루프 내부에 다른 루프를 포함하기 때문에 메쉬는 아니다. (*d*) 이 경로도 루프이지만 메쉬는 아니다. (*e*, *f*) 이들 각 경로는 루프이며 동시에 메쉬이다.

만일 어떤 회로망이 평면회로이면 메쉬해석법을 사용하여 회로를 해석할 수 있다. 이 기법은 **메쉬전류**라는 개념을 사용하는데 그림 4.16에 있는 메쉬가 2개인 회로를 해석하면서 소개한다.

루프가 하나인 회로에서와 마찬가지로 먼저 가지 중에서 한 가지에 흐르는 전류를 정의한다. 6 Ω 저항을 통해 오른쪽으로 흐르는 전류를 i_1이라 하자. 2개의 메쉬 각각에 KVL을 적용하여 2개의 방정식을 얻으면 두 미지 전류를 구할 수 있다. 다음에는 4 Ω 저항을 통해 오른쪽으로 흐르는 전류를 i_2라 한다. 또한 가운데에 있는 가지를 통해 아래쪽으로 흐르는 전류를 i_3로 정의할 수도 있지만 이 i_3는 KCL에 의해 이미 정의한 두 전류로 $(i_1 - i_2)$와 같이 표시할 수 있다. 이들 전류를 나타내면 그림 4.16*b*와 같다.

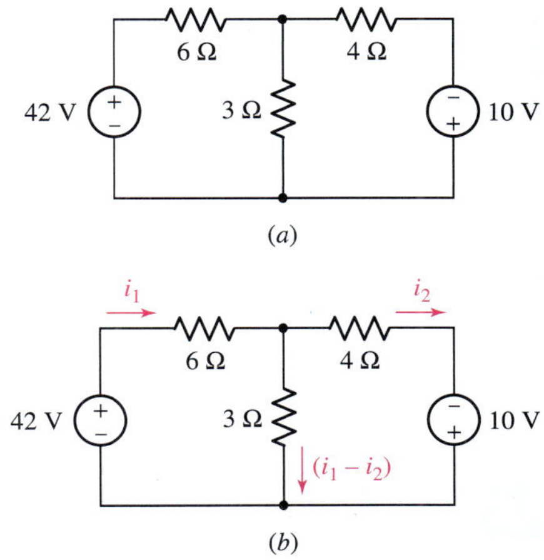

그림 4.16 (*a*) 전류의 표시가 필요한 간단한 회로. (*b*) 전류를 표시한 동일회로.

루프가 하나인 회로에 대한 해석방법을 따라 왼쪽의 메쉬에 KVL을 적용하면

$$-42 + 6i_1 + 3(i_1 - i_2) = 0$$

또는

$$9i_1 - 3i_2 = 42 \qquad [29]$$

이다. 오른쪽의 메쉬에 KVL을 적용하면 다음을 얻는다.

$$-3(i_1 - i_2) + 4i_2 - 10 = 0$$

또는

$$-3i_1 + 7i_2 = 10 \qquad [30]$$

식 [29]와 식 [30]은 서로 독립적이다. 즉, 한 식을 다른 식으로부터 얻을 수 없다. 미지수가 2개이고 식이 2개이므로 쉽게 해를 구할 수 있다.

$$i_1 = 6\,\text{A} \qquad i_2 = 4\,\text{A} \qquad \text{그리고} \qquad (i_1 - i_2) = 2\,\text{A}$$

만일 어떤 회로에서 메쉬가 *M*개이면 *M*개의 메쉬전류가 있고 따라서 *M*개의 독립적인 방정식을 세워야 한다.

이제 메쉬전류를 사용하여 위의 문제를 조금 다른 방식으로 풀어보자. 메쉬의 둘레만을 따라서 흐르는 전류를 **메쉬전류**(mesh current)로 정의한다. 회로에서 왼쪽의 메쉬를 메쉬 1로 잡으면 이 메쉬를 따라 시계방향으로 흐르는 전류를 메쉬전류 i_1으로 잡을 수 있다. 메쉬전류는 그림 4.17에서와 같이 해당 메쉬의 안쪽에 화살표로 표시한다. 나머지 메쉬에서도 시계방향으로 메쉬전류 i_2를 잡는다. 메쉬전류의 방향은 임의로 잡을 수 있지만 여기서는 항상 시계방향으로 잡는다. 이렇게 하면 결과 수식이 대각선으로 대칭이 되기 때문에 오류를 최소화할 수 있다.

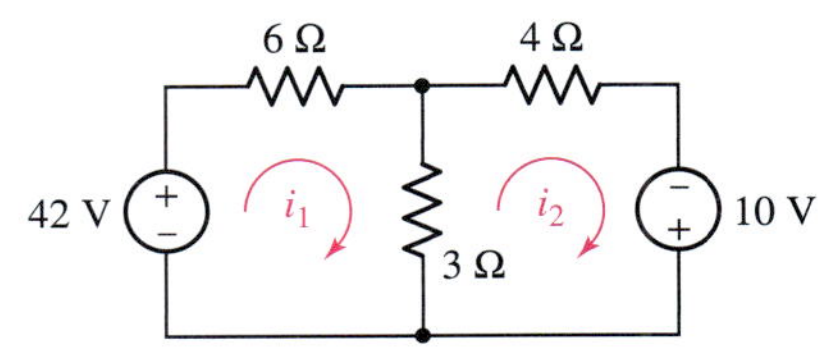

그림 4.17 그림 4.16*b*와 동일한 회로이나 약간 다르게 표시되어 있다.

이 회로에는 각 가지에 흐르는 전류 또는 전류 화살표를 직접 표시한 것이 없다. 임의의 가지에 흐르는 전류는 이 가지와 만나는 모든 메쉬에 흐르는 메쉬전류를 이용하여 구해야 한다. 이것은 어렵지 않다. 왜냐하면 어떤 가지이든 만나는 메쉬가 최대 2개이기 때문이다. 예를 들면 3 Ω 저항은 2개의 메쉬와 만나며, 따라서 아래 방향으로 흐르는 전류는 $i_1 - i_2$이다. 6 Ω 저항은 메쉬 1만 만나므로 이 가지

메쉬전류는 종종 가지전류와 같은 때가 있는데, 이 예제에서는 6 Ω 저항의 가지전류와 4 Ω 저항의 가지전류가 각각 i_1, i_2로서 메쉬전류와 같다. 그러나 가지전류와 메쉬전류가 항상 같은 것은 아니다. 예를 들면, 9개의 메쉬를 갖는 직사각형 회로에서 중앙의 메쉬전류는 어느 가지전류와도 같지 않다.

에서 오른쪽으로 흐르는 전류는 메쉬전류 i_1과 같다.

메쉬 1(왼쪽 메쉬)에서 KVL을 적용하면

$$-42 + 6i_1 + 3(i_1 - i_2) = 0 \quad [31]$$

이고, 메쉬 2(오른쪽 메쉬)에서는

$$3(i_2 - i_1) + 4i_2 - 10 = 0 \quad [32]$$

가 얻어진다. 이 두 방정식은 식 [29], [30]과 동일하다.

예제 4.7

그림 4.18*a*에서 2 V 전원이 공급하는 전력을 구하라.

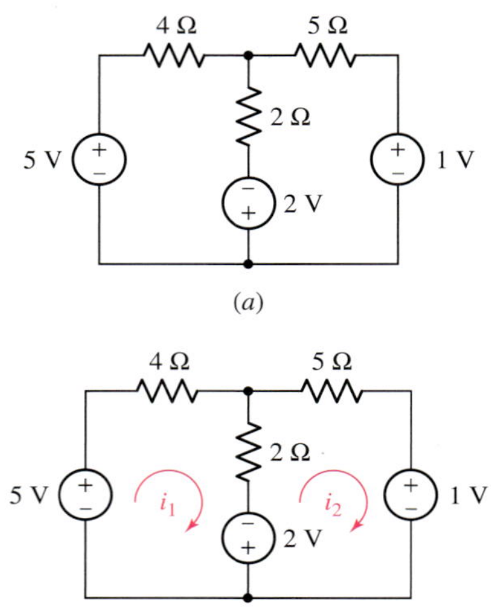

그림 4.18 (*a*) 전원이 3개이고 메쉬가 2개인 회로. (*b*) 메쉬해석법을 적용하기 위해 메쉬전류를 표시한 회로.

먼저 그림 4.17*b*에서와 같이 시계방향으로 두 메쉬전류를 정의한다.

메쉬 1의 왼쪽 아래에 있는 마디에서 시작하여 시계방향으로 돌면서 만나는 가지들에 대해 KVL 방정식을 세우면 다음과 같다.

$$-5 + 4i_1 + 2(i_1 - i_2) - 2 = 0$$

메쉬 2에서도 똑같은 과정을 거치면

$$+2 + 2(i_2 - i_1) + 5i_2 + 1 = 0$$

이고, 두 식을 메쉬전류에 대해 정리하면 다음과 같다.

$$6i_1 - 2i_2 = 7$$
$$-2i_1 + 7i_2 = -3$$

위의 식을 풀면, $i_1 = \frac{43}{38} = 1.132$ A이고 $i_2 = -\frac{2}{19} = -0.1053$ A이다.

2 V 전원의 양의 단자에서 흘러 나가는 전류는 $i_1 - i_2$이다. 따라서 2 V 전원이 공급하는 전력은 (2)(1.237) = 2.474 W이다.

익힘문제 4.6

그림 4.19의 회로에서 i_1과 i_2를 구하라.

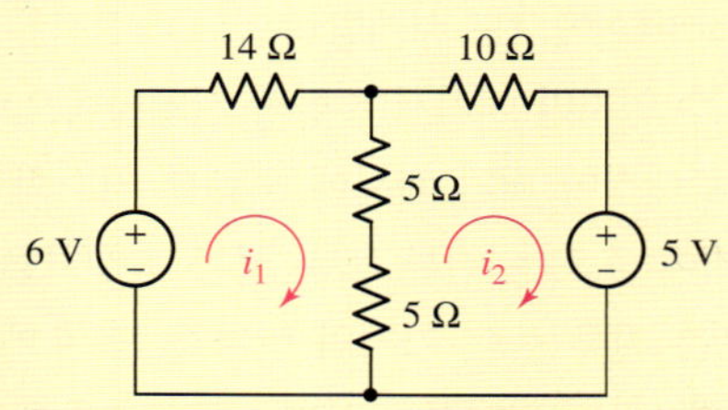

그림 4.19

답: +184.2 mA; −157.9 mA.

다음에는 마디 5개, 가지 7개 및 메쉬 3개를 갖는 그림 4.20의 회로를 고려해 보자. 이 문제는 메쉬가 하나 더 추가되었기 때문에 조금 더 복잡하다.

예제 4.8

그림 4.20의 회로에서 메쉬해석법을 사용하여 3개의 메쉬전류를 구하라.

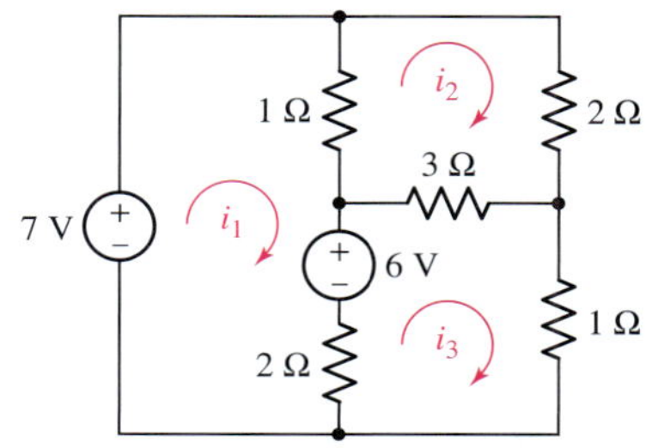

그림 4.20 마디가 5개, 가지가 7개, 메쉬가 3개인 회로.

해석에 필요한 3개의 메쉬전류를 그림 4.20와 같이 정한다. 각 메쉬에 KVL을 적용하면

$$-7 + 1(i_1 - i_2) + 6 + 2(i_1 - i_3) = 0$$
$$1(i_2 - i_1) + 2i_2 + 3(i_2 - i_3) = 0$$
$$2(i_3 - i_1) - 6 + 3(i_3 - i_2) + 1i_3 = 0$$

이 식들을 간단히 하면

$$3i_1 - i_2 - 2i_3 = 1$$
$$-i_1 + 6i_2 - 3i_3 = 0$$
$$-2i_1 - 3i_2 + 6i_3 = 6$$

이다. 이 식들을 풀면 $i_1 = 3$ A, $i_2 = 2$ A, $i_3 = 3$ A이다.

익힘문제 4.7

그림 4.21의 회로에서 i_1과 i_2를 구하라.

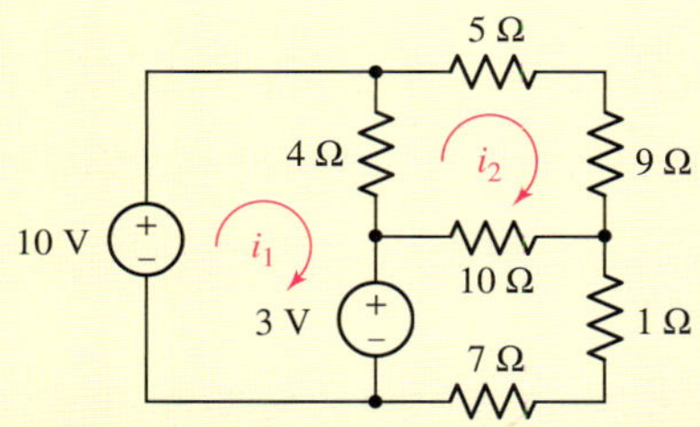

그림 4.21

답: 2.220 A; 470.0 mA.

앞의 예제에서는 독립전압원에 의해서만 전력을 공급받는 회로를 다루었다. 만일 이 회로에 전류원이 포함되어 있다면 4.4절에서 설명하겠지만 해석이 간단해질 수도 있고 복잡해질 수도 있다. 마디해석법에서 보았듯이 종속전원이 있으면 일반적으로 방정식이 추가로 필요하다. 종속전원이 포함되어 있는 회로에 메쉬해석법을 적용할 경우, 종속전원의 제어변수가 메쉬전류(또는 메쉬전류의 합)이 아닌 한 M개의 메쉬방정식 외에 추가로 방정식이 필요하다. 다음 예제에서 이것을 알아본다.

예제 4.9

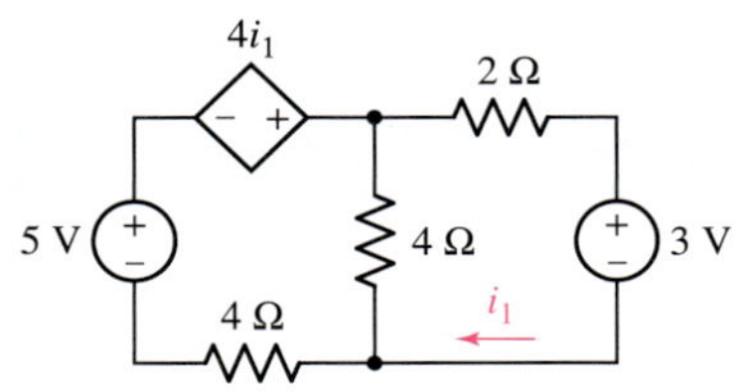

(a)

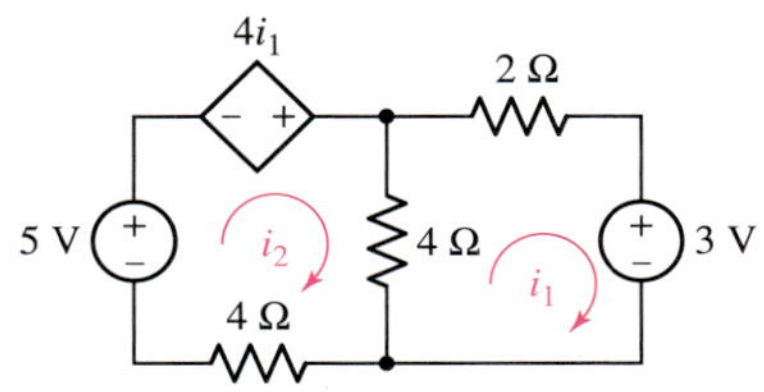

(b)

그림 4.22 (a) 종속전원을 포함하고 메쉬가 2개인 회로. (b) 메쉬해석법을 적용하기 위해 메쉬 전류를 표시한 회로.

그림 4.22a의 회로에서 전류 i_1을 구하라.

전류 i_1이 사실상 메쉬전류이므로 메쉬전류를 달리 재정의하지 않고 오른쪽의 메쉬전류를 i_1으로 한다. 그리고 왼쪽 메쉬에서 메쉬전류를 i_2로 정의하면 그림 4.22b와 같다.

왼쪽 메쉬에서 KVL을 적용하면

$$-5 - 4i_1 + 4(i_2 - i_1) + 4i_2 = 0 \quad [33]$$

이고, 오른쪽 메쉬에서 KVL을 적용하면 다음과 같다.

$$4(i_1 - i_2) + 2i_1 + 3 = 0 \quad [34]$$

양 변의 항을 정리하면 아래와 같이 보다 간결한 방정식을 얻을 수 있다.

$$-8i_1 + 8i_2 = 5$$

그리고

$$6i_1 - 4i_2 = -3$$

위의 두 식을 풀면 $i_1 = -250$ mA, $i_2 = 375$ mA이다.

그림 4.22의 종속전원이 메쉬전류 i_1에 의해 제어되기 때문에 이 회로를 해석하기 위해서는 2개의 방정식(식 [33] 및 [34])만이 필요하였다. 다음 예제에서는 제어변수가 메쉬전류가 아닌 경우에 발생하는 상황에 대해 알아본다.

예제 4.10

그림 4.23a의 회로에서 전류 i_1을 구하라.

예제 4.9와 비교하기 위해 그림 4.23b에서와 같이 메쉬전류를 동일하게 정의한다.

왼쪽 메쉬에서 KVL을 적용하면

$$-5 - 2v_x + 4(i_2 - i_1) + 4i_2 = 0 \quad [35]$$

이고, 오른쪽 메쉬에서 KVL을 적용하면 앞의 예제 4.9에서와 같은 식을 얻는다.

$$4(i_1 - i_2) + 2i_1 + 3 = 0 \quad [36]$$

종속전원이 미지전압 v_x에 의해 제어되기 때문에 미지수는 3개인데 방정식은 2개인 문제가 생긴다. 이러한 딜레마에서 벗어나는 방법은 아래와 같이 v_x를 메쉬전류로 나타내는 식을 세우는 것이다.

$$v_x = 4(i_2 - i_1) \qquad [37]$$

식 [35]에 식 [37]을 대입하여 정리하면 다음과 같다.

$$4i_1 = 5$$

이 식으로부터 $i_1 = 1.25$ A임을 알 수 있다. 이 경우는 특별한 경우로서 i_2의 값이 필요하지 않으면 식 [36]이 필요 없다.

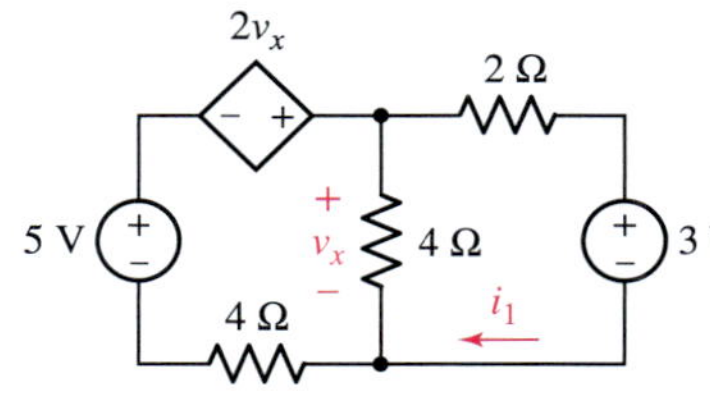

(a)

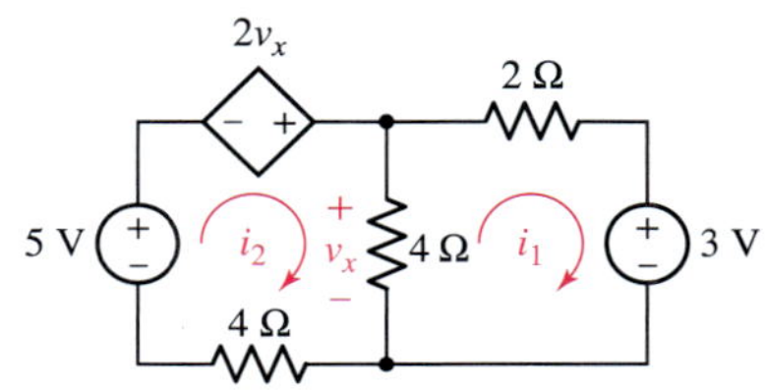

(b)

그림 4.23 (a) 전압으로 제어되는 종속전원을 가진 회로. (b) 메쉬해석법을 적용하기 위해 메쉬전류를 표시한 회로.

익힘문제 4.8

그림 4.24의 회로에서 제어량 A가 다음과 같을 때 i_1을 구하라.

(a) $2i_2$ (b) $2v_x$

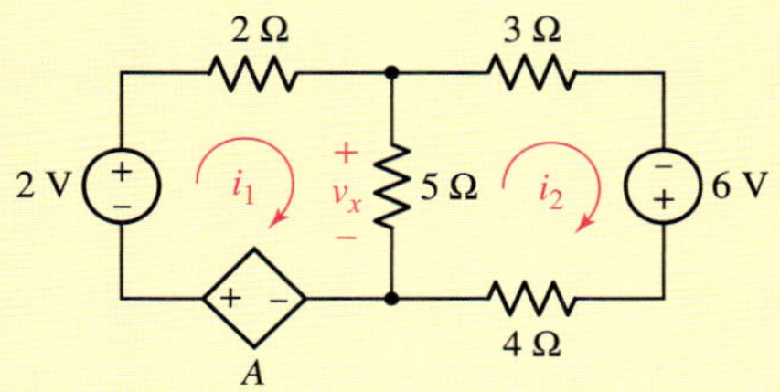

그림 4.24

답: (a) 1.35 A; (b) 546 mA.

메쉬해석법의 절차는 다음과 같이 6단계로 요약할 수 있다. 이제껏 우리가 접했던 어떠한 평면회로에도 적용할 수 있지만 전류원이 있는 경우에는 특별한 주의가 필요하다. 4.4절에서 전류원이 있는 경우를 설명한다.

기본적인 메쉬해석법의 절차 요약

1. **회로가 평면회로인지 확인한다.** 만약 평면회로가 아니라면 메쉬해석법 대신에 마디해석법을 적용한다.
2. **회로에서 메쉬의 수를 계산하고 메쉬전류 각각을 표시한다.** 필요한 경우에는 회로를 다시 그린다. 일반적으로 모든 메쉬전류를 시계방향으로 잡으면 해석이 좀 더 간편해진다.
3. **각 메쉬를 따라서 KVL 방정식을 세운다.** 편한 마디에서 시작하여 메쉬전류의 방향을 따라 식을 세운다. 이때 '–' 부호에 특히 주의하여야 한다. 만일 전류원이 메쉬의 바깥쪽에 있어서 전류원을 지나는 메쉬전류가 하나이면 KVL 방정식이 필요 없다. 이때의 메쉬전류는 전류원에 의해 바로 정해진다.

4. **메쉬전류가 아닌 다른 미지수(전압 또는 전류)가 더 있다면 이 미지수를 적절한 메쉬전류로 나타낸다.** 이러한 상황은 회로에 전류원이나 종속전원이 있으면 발생할 수 있다.
5. **방정식을 체계화한다.** 방정식의 항들을 메쉬전류에 따라 정리한다.
6. **연립방정식을 풀어서 메쉬전류를 구한다.**

4.4 초메쉬

회로에 전류원이 있을 때 위의 간단한 절차를 어떻게 수정해야 하나? 마디해석법에서의 경험에 비추어보면 두 가지 가능한 방법이 있음을 짐작할 수 있다. 첫째 방법은 전류원의 양단전압을 미지수로 놓고 각 메쉬를 따라 KVL을 적용한 다음에 이 전원 전류를 메쉬전류로 나타내는 것이다. 일반적으로 이 방법은 비교적 힘든 접근방식이다.

좀 더 나은 방법은 마디해석법에서의 초마디와 아주 유사한 접근법을 사용하는 것이다. 초마디해석법에서는 전압원을 내포한 초마디를 잡아서 기준마디가 아닌 마디의 수를 전압원의 수만큼 줄였었다. 여기서는 전류원을 공통 소자로 갖는 2개의 메쉬의 외곽 경로를 따르는 하나의 **초메쉬**(supermesh)를 구성한다. 이렇게 하면 전류원이 초메쉬의 내부에 있게 된다. 따라서 메쉬의 수는 전류원의 수만큼 줄어든다. 만일 전류원이 회로의 가장자리에 있는 경우에는 이 메쉬를 무시하면 된다. 따라서 새로 구성된 회로에서 메쉬 또는 초메쉬에 대해서만 KVL을 적용하면 된다.

예제 4.11

그림 4.25*a*의 회로에서 3개의 메쉬전류를 구하라.

7 A의 독립전류원이 두 메쉬의 공통 경계에 있음에 유의하자. 이에 따라 그림 4.25*b*에 나타낸 것처럼 메쉬 1과 메쉬 3의 외곽경로로 구성되는 초메쉬를 잡는다. 이 루프에 KVL을 적용하면

$$-7 + 1(i_1 - i_2) + 3(i_3 - i_2) + 1\,i_3 = 0$$

또는

$$i_1 - 4\,i_2 + 4\,i_3 = 7 \qquad [38]$$

이고, 메쉬 2를 따라 식을 세우면 다음과 같다.

$$1(i_2 - i_1) + 2\,i_2 + 3(i_2 - i_3) = 0$$

또는

$$-i_1 + 6\,i_2 - 3\,i_3 = 0 \qquad [39]$$

마지막으로 독립전류원의 전류를 메쉬전류로 표현하면 다음이 얻어진다.

$$i_1 - i_3 = 7 \qquad [40]$$

식 [38]~[40]을 풀면 $i_1 = 9$ A, $i_2 = 2.5$ A, $i_3 = 2$ A를 얻는다.

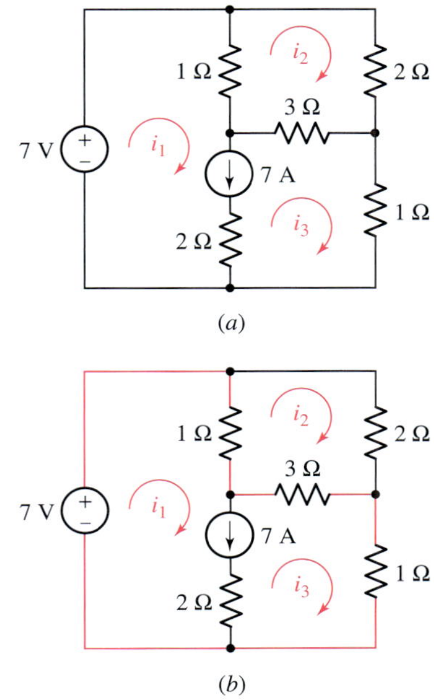

그림 4.25 (*a*) 독립전류원이 있는 메쉬가 3개인 회로. (*b*) 초메쉬를 점선으로 표시한 회로.

익힘문제 4.9

그림 4.26의 회로에서 전류 i_1을 구하라.

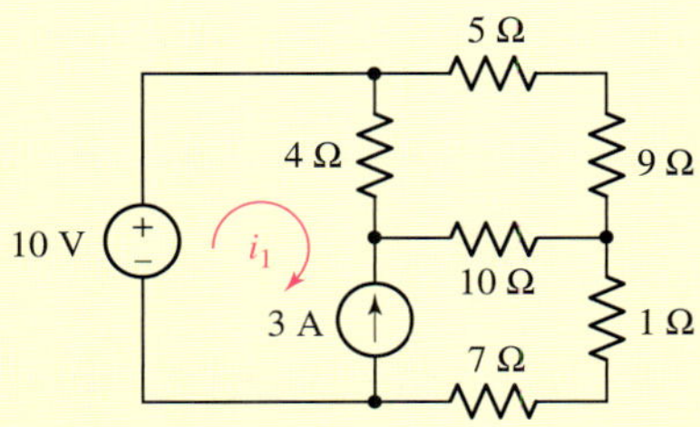

그림 4.26

답: −1.93 A.

1개 또는 그 이상의 종속전원이 있는 경우에는 이 전원의 값 및 제어변수를 메쉬전류의 항으로 나타내기만 하면 된다. 예를 들면 그림 4.27의 회로에는 독립전류원과 종속전류원이 하나씩 있다. 종속전원이 있음으로 인해서 회로 해석에 미치는 영향과 실제로 회로 해석을 간략화하는 방법을 알아보자.

예제 4.12

그림 4.27의 회로에서 3개의 미지전류를 계산하라.

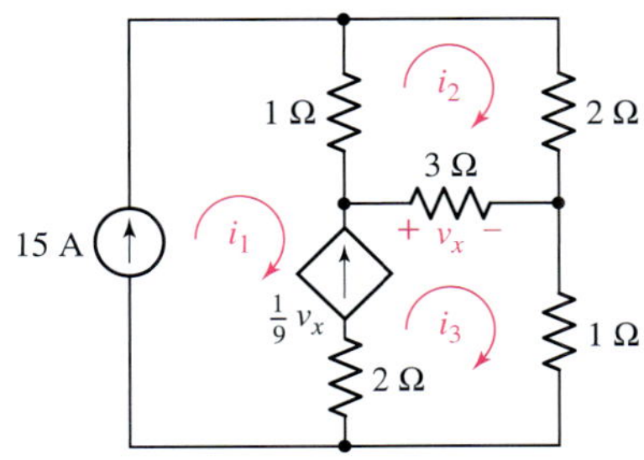

그림 4.27 독립전류원과 종속전류원이 하나씩 있고 메쉬가 3개인 회로.

두 전류원이 메쉬 1과 메쉬 3에 있다. 15 A 독립전류원은 메쉬의 가장자리에 있으므로 메쉬 1은 해석에서 무시하고 제외시킨다. 왜냐하면 $i_1 = 15$ A임이 명백하기 때문이다.

종속전류원과 관련되어 있는 두 메쉬전류 중에서 하나를 이미 알고 있으므로 메쉬 1과 메쉬 3에 대한 초메쉬 방정식을 세울 필요가 없다. 대신에 KCL을 적용하여 종속전류원의 전류를 다음과 같이 i_1과 i_3으로 나타낸다.

$$\frac{v_x}{9} = i_3 - i_1 = \frac{3(i_3 - i_2)}{9}$$

좀 더 간단하게 정리하면 다음과 같다.

$$-i_1 + \frac{1}{3}i_2 + \frac{2}{3}i_3 = 0 \qquad \text{또는} \qquad \frac{1}{3}i_2 + \frac{2}{3}i_3 = 15 \qquad [41]$$

미지수가 2개인데 방정식이 하나이다. 메쉬 2에서 KVL 방정식을 세우면 다음과 같다.

$$1(i_2 - i_1) + 2i_2 + 3(i_2 - i_3) = 0$$

또는

$$6i_2 - 3i_3 = 15 \qquad [42]$$

식 [41]과 식 [42]를 풀면 $i_2 = 11$ A, $i_3 = 17$ A이다. 그리고 이미 앞에서 언급하였듯이 $i_1 = 15$ A이다.

익힘문제 4.10

그림 4.28의 회로에서 v_3를 구하라.

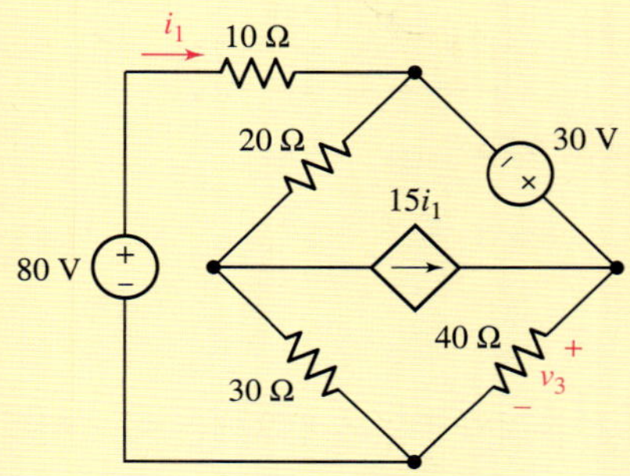

그림 4.28

답: 104.2 V.

이제 메쉬방정식을 세우기 위한 일반적인 접근방식을 다음과 같이 요약할 수 있다. 이 방식은 종속전원, 전압원 및/또는 전류원의 존재 여부와 상관없이 회로가 평면회로로 그려질 수만 있다면 적용된다.

초메쉬해석법의 절차 요약

1. **회로가 평면회로인지 확인한다.** 만약 평면회로가 아니라면 마디해석법을 적용한다.
2. **회로에서 메쉬의 수를 계산하고 메쉬전류 각각을 표시한다.** 필요한 경우에는 회로를 다시 그린다. 일반적으로 모든 메쉬전류를 시계방향으로 잡으면 해석이 좀 더 간편해진다.
3. **2개의 메쉬에 의해 공유된 전류원을 포함한 회로라면 두 메쉬를 둘러 쌓도록 초메쉬를 잡는다.** 초메쉬의 경계를 눈에 띄게 강조하여 그려놓으면 KVL 방정식을 세울 때 도움이 된다.

4. **각 메쉬/초메쉬를 따라서 KVL 방정식을 세운다.** 편한 마디에서 시작하여 메쉬전류의 방향을 따라 식을 세운다. 이때 '−' 부호에 특히 주의하여야 한다. 만일 전류원이 메쉬의 바깥쪽에 있어서 전류원을 지나는 메쉬전류가 하나이면 KVL 방정식이 필요 없다. 이때의 메쉬전류는 전류원에 의해 바로 정해진다.
5. **각 전류원으로부터 흘러 나오는 전류를 메쉬전류로 표시한다.** 이것은 KCL을 적용하면 간단히 해결된다. 정의된 초마디 마다 1개의 방정식이 필요하다.
6. **메쉬전류가 아닌 미지수(전압 또는 전류)가 더 있다면 이 미지수를 적절한 메쉬전류로 나타낸다.** 이러한 상황은 회로에 종속전원이 있으면 발생할 수 있다.
7. **방정식을 체계화한다.** 방정식의 항들을 메쉬전류에 따라 정리한다.
8. **연립방정식을 풀어서 메쉬전류를 구한다.**

4.5 마디해석법과 메쉬해석법의 비교

지금까지 서로 다른 두 가지 회로 해석 기법을 살펴보았다. 이들 두 가지 기법이 어떤 장점들이 있는지 알아보자. 만일 회로가 평면회로가 아니면 선택의 여지가 없이 마디해석법만 적용할 수 있다.

그러나 평면회로인 경우에는 이 두 가지 방법 중 어느 한 방법이 나머지 방법에 비해 약간의 장점을 갖는 경우가 있다. 만일 마디해석을 사용하면 N개의 마디를 갖는 회로는 최대 $N-1$개의 KCL 방정식이 얻어진다. 초마디가 있다면 각 초마디마다 방정식이 하나씩 줄어든다. 만일 동일한 회로가 M개의 메쉬를 갖는다면 최대 M개의 KVL 방정식을 얻게 된다. 초메쉬가 있다면 각 초메쉬마다 방정식이 하나씩 줄어든다. 풀어야 할 방정식의 수를 기준으로 한다면 얻어지는 연립방정식의 수가 더 적은 방법을 선택하여야 한다.

회로에 하나 또는 그 이상의 종속전원이 포함되어 있다면 각 종속전원의 제어변수에 따라 마디해석법 또는 메쉬해석법을 선택한다. 예를 들어 마디전압으로 제어되는 종속전압원이라면 마디해석법을 적용해도 방정식을 추가할 필요가 없다. 마찬가지로 메쉬전류로 제어되는 종속전류원이라면 메쉬해석법을 적용해도 방정식을 추가할 필요가 없다. 전류로 제어되는 종속전압원이 있다면 어느 방법을 적용해야 할까? 반대로 전압으로 제어되는 종속전류원이 있다면? 종속전원의 제어변수를 쉽게 메쉬전류로 나타낼 수 있다면 메쉬해석법이 좀 더 쉬울 것이다. 마찬가지로 제어변수를 쉽게 마디전압으로 나타낼 수 있다면 마디해석법이 더 나을 것이다. 마지막으로 고려해야 할 것은 전원의 위치이다. 전류원이 한 메쉬의 가장자리에 있다면 이 전류원이 종속전류원이든 독립전류원이든 메쉬해석법을 적용해도 쉽게 처리할 수 있다. 그리고 전압원이 기준마디에 접속되어 있다면 마디해석법을 적용해도 쉽게 처리할 수 있다.

어느 해석법을 적용해도 방정식의 수가 같다면 궁극적으로 구하려고 하는 값이

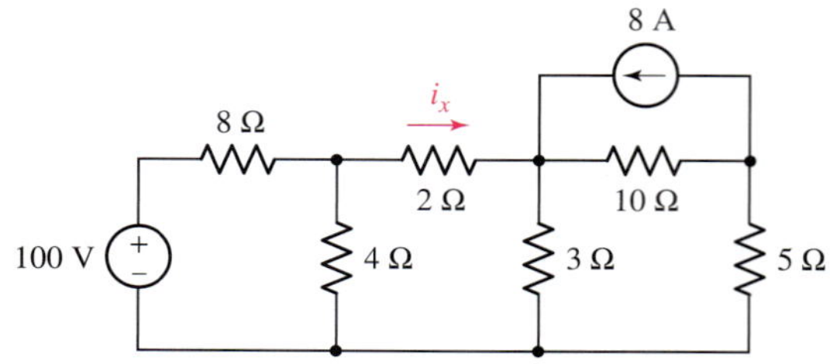

그림 4.29 마디가 5개이고 메쉬가 4개인 평면회로.

무엇인지에 따라 선택하면 도움이 된다. 마디해석법을 사용하면 마디전압이 직접 계산되는 반면에 메쉬해석법을 사용하면 메쉬전류가 직접 계산된다. 따라서 우리가 원하는 것이 전류라고 하면 메쉬해석을 적용하는 것이 유리하다. 반대로 이 경우에 마디해석법을 사용하면 마디전압이 계산되므로 옴의 법칙을 사용하여 전류를 다시 계산해야 한다.

예로서 그림 4.29의 회로에서 전류 i_x의 값을 구한다고 하자.

5개의 마디 중에서 맨 아래의 마디를 기준마디로 정한다. 나머지 4개의 마디에 대해 마디전압을 지정할 수 있지만 100 V 전원과 8 Ω 저항 사이의 마디는 그 전압이 100 V인 것이 명백하므로 마디전압을 따로 지정하지 않는다. 나머지 마디에 대하여 그림 4.30과 같이 마디전압 v_1, v_2, v_3를 지정한다.

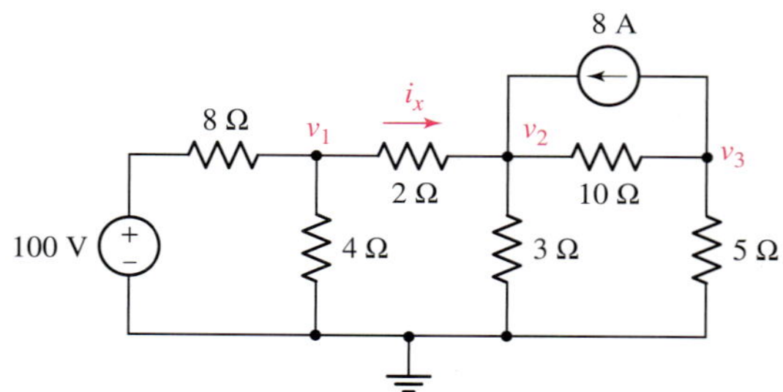

그림 4.30 그림 4.29의 회로에 마디전압을 표시한 회로. 기준마디를 나타내는 데 대지접지 기호를 사용하였다.

각 마디에 KVL을 적용하면 다음과 같은 3개의 식을 얻는다.

$$\frac{v_1 - 100}{8} + \frac{v_1}{4} + \frac{v_1 - v_2}{2} = 0 \quad \text{또는} \quad 0.875\,v_1 - 0.5\,v_2 = 12.5 \qquad [43]$$

$$\frac{v_2 - v_1}{2} + \frac{v_2}{3} + \frac{v_2 - v_3}{10} - 8 = 0 \quad \text{또는} \quad -0.5\,v_1 - 0.9333\,v_2 - 0.1\,v_3 = 8 \qquad [44]$$

$$\frac{v_3 - v_2}{10} + \frac{v_3}{5} + 8 = 0 \quad \text{또는} \quad -0.1\,v_2 + 0.3\,v_3 = -8 \qquad [45]$$

이 식을 풀면 $v_1 = 25.89$ V, $v_2 = 20.31$ V이다. 전류 i_x는 2 Ω 저항에 옴의 법칙을 적용하여 구한다.

$$i_x = \frac{v_1 - v_2}{2} = 2.79 \text{ A} \qquad [46]$$

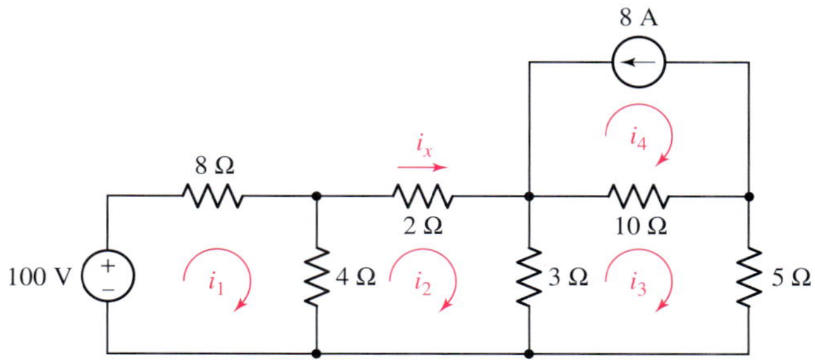

그림 4.31 그림 4.29의 회로에 메쉬전류를 표시한 회로.

이제 동일한 회로에 메쉬해석법을 적용해보자. 그림 4.31에서 알 수 있듯이 메쉬가 4개이다. 그러나 $i_4 = -8$ A는 명백하므로 3개의 방정식만 세우면 된다.

메쉬 1, 2, 3에서 KVL 방정식을 세우면 다음과 같다.

$$-100 + 8i_1 + 4(i_1 - i_2) = 0 \quad \text{또는} \quad 12i_1 - 4i_2 = 100 \qquad [47]$$

$$4(i_2 - i_1) + 2i_2 + 3(i_2 - i_3) = 0 \quad \text{또는} \quad -4i_1 + 9i_2 - 3i_3 = 0 \qquad [48]$$

$$3(i_3 - i_1) + 10(i_3 + 8) + 5i_3 = 0 \quad \text{또는} \quad -3i_2 + 18i_3 = -80 \qquad [49]$$

이 식을 풀면 $i_2\ (= i_x) = 2.79$ A이다. 특정한 이 예제에서는 메쉬해석법이 더 간단하다는 것이 입증되었다. 그러나 두 해석법은 모두 효과적인 해석법이므로 같은 문제를 두 방법으로 풀이하면 구한 해답을 점검하는 수단으로 이용할 수도 있다.

4.6 컴퓨터를 이용한 회로 해석

회로를 상당히 복잡하게 만드는 데는 많은 소자가 필요하지 않다는 것을 여러 번 보아 왔다. 좀 더 복잡한 회로를 해석한다면 오류를 범할 가능성이 더 커지고 이미 구해진 해를 검증하는 데도 시간이 많이 소요된다. 컴퓨터 지원 설계(CAD) 소프트웨어는 흔히 회로를 신속하게 분석하기 위해 사용되며, 대개 PCB(Printed Circuit Board, 인쇄회로기판)나 회로 레이아웃(layout) 도구와 함께 하나의 패키지로 만들어지는 schematic capture 도구를 포함한다.

원래 1970년대 초에 캘리포니아 대학교 버클리 캠퍼스에서 개발된 SPICE(*Simulation Program with Integrated Circuit Emphasis*)로 알려진 범용 오픈 소스(open-source) 회로 시뮬레이터가 현재 산업체의 표준이다. SPICE 프로그램을 핵심 기반으로 하고 직관적인 그래픽 인터페이스를 구축한 소프트웨어 패키지가 많이 있으며, 각 패키지는 고유한 강점과 한계를 가지고 있다. 이 책에서는 널리 사용되며 Windows와 Mac OS X 모두에서 실행되는 Linear Technology(현재 Analog Devices의 일부)의 프리웨어 패키지인 LTspice를 사용한다.

컴퓨터를 이용한 회로 해석은 회로에서 각 전압과 전류를 비교적 손쉽고 신속히 계산하는 수단으로 이용할 수는 있지만 연필과 종이를 사용하여 손으로 해석하는 전통적인 방법을 완전히 무시하고 소프트웨어에만 의존해서는 안 된다. 몇 가지 이유를 들자면 다음과 같다. 첫째, 설계를 하려면 먼저 해석하는 능력을 갖추어야 한다. 소프트웨어 도구들에만 너무 의존하다 보면 필수적인 해석에 숙련된 능력을 얻을 수 없기 때문이다. 둘째, 복잡한 소프트웨어 패키지를 오랫동안 아무런 입력오류 없이 사용한다는 것은 사실상 불가능한 일이기 때문이다. 즉, 기본적으로 시뮬레이션으로 얻기를 기대하는 결과에 대한 직관적인 답을 갖고 있지 못하면 소프트웨어 도구를 사용하여 얻은 결과가 맞는지 틀리는지 확인할 방법이 없게 된다. 따라서 소프트웨어를 이용한 해석을 일컬어 컴퓨터를 이용한 (보조적으로 이용하는) 해석이라고 하는데 이것은 참으로 의미 있는 표현이다. 사람의 두뇌는 쓸모없는 것이 아니며 결코 소프트웨어에 뒤질 수 없다.

예로서 그림 4.16의 회로를 고려해 보자. 이 회로에는 전압원이 2개, 저항이 3개 있다. SPICE를 사용하여 이 회로를 해석하여 전류 i_1과 i_2를 구해 보자. 그림 4.32*a*

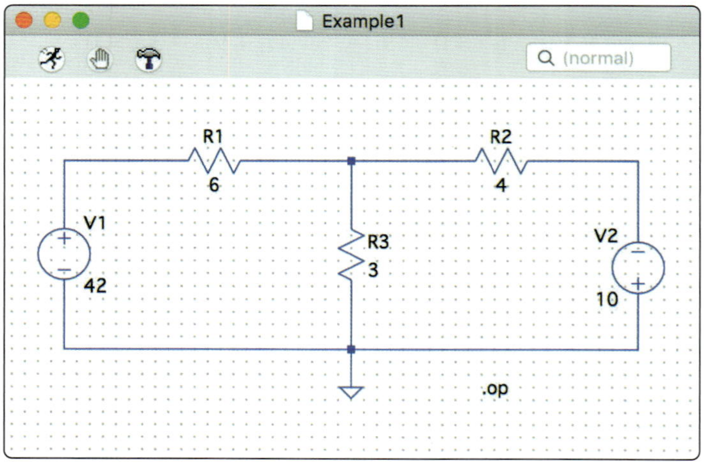

(*a*)

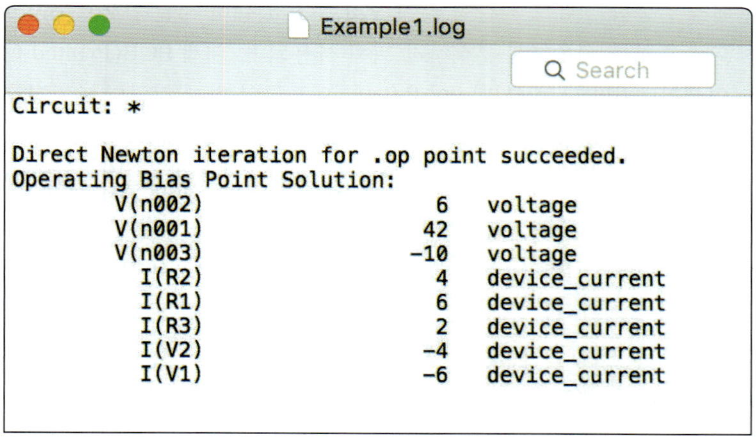


```
Circuit: *

Direct Newton iteration for .op point succeeded.
Operating Bias Point Solution:
        V(n002)             6    voltage
        V(n001)            42    voltage
        V(n003)           -10    voltage
          I(R2)             4    device_current
          I(R1)             6    device_current
          I(R3)             2    device_current
          I(V2)            -4    device_current
          I(V1)            -6    device_current
```

(*b*)

그림 4.32 (*a*) LTspice 사용하여 그린 그림 4.16*a*의 회로. (*b*) 시뮬레이션 후 출력 로그 화일. 각 마디의 전압과 각 구성요소에 흐르는 전류를 보여준다.

는 LTspice를 사용하여 그린 회로이다.

메쉬전류를 구하기 위해서는 단지 바이어스 포인트 시뮬레이션을 동작시키기만 하면 된다. **Draft**하에서 **SPICE directive**를 선택하고 **.op**를 입력한다. 그런 다음 **Run!**을 클릭한다. 시뮬레이션 결과는 Waveform Data 창에서 .op Data Labels 혹은 log file을 사용하여 schematic에서 직접 확인할 수 있다. Log file(키보드 바로가기 명령-L)은 그림 4.32*b*에 나타나 있다. 전류 i_1과 i_2의 값은 각각 6 A와 4 A이며, 이 결과는 앞에서 우리가 계산한 결과와 일치한다. 지정된 전류 방향에 유의한다. LTspice 및 기타 패키지는 일반적으로 지정된 전류 방향을 표시하지 않는다. LTspice의 경우, 시뮬레이션 후 커서를 schematic의 회로 구성요소 위로 이동하면 정의된 전류 방향을 확인할 수 있다(방향을 정의하는 화살표를 가지는 전류 프르브 아이콘이 표시된다). LTspice는 수동 부호 규칙을 가정하지만 구성요소에 지정된 극성을 알아야 한다(보다 자세한 내용은 이 섹션의 끝부분에 있는 실제 문제에의 적용에 나와 있다).

또 다른 예로 그림 4.33*a*의 회로를 고려한다. 이 회로에는 직류전압원 1개, 직류전류원 1개 및 전압제어 종속전류원 1개가 포함되어 있다. 이 회로에서 3개의 마디전압을 구하려고 한다. 마디해석법 또는 메쉬해석법을 사용하여 마디전압을 구해보면 그림의 윗부분에서 왼쪽부터 오른쪽 방향으로 각각 82.91 V, 69.9 V, 59.9 V이

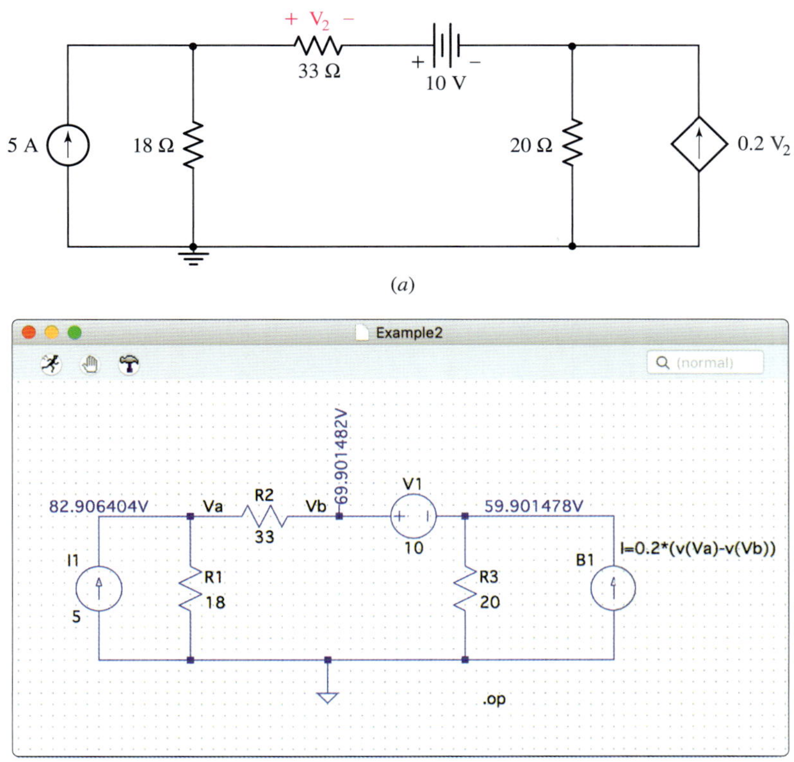

그림 4.33 (*a*) 종속전류원이 있는 회로. (*b*) Schematic capture를 사용하여 그린 회로. 시뮬레이션 결과가 화면의 회로에 직접 표시되어 있다.

실제 문제에의 적용

마디를 기반으로 한 회로 정의

컴퓨터를 이용하여 회로를 해석하기 위해 회로를 나타내는데 사용하는 가장 일반적인 방법은 그림 4.33에 나타낸 것과 같이 개략도를 그릴 수 있는 몇 가지 형태의 도형 패키지를 사용하는 것이다. 그러나 SPICE는 이러한 패키지가 나오기 전에 개발되었기 때문에 특별한 형태의 텍스트(text)에 기반한 포맷(format)을 사용한다. 포맷은 천공카드(이 카드는 컴퓨터용 직사각형 용지에 구멍을 뚫어 명령문을 입력하는 특별한 모양을 하고 있다)용 신택스(syntax)에 근원을 두고 있다. 회로를 컴퓨터로 나타내려면 먼저 소자를 정의하고 소자의 각 단자에 마디 번호를 지정한다. 따라서 앞에서 두 가지 일반적인 회로 해석법인 마디해석법과 메쉬해석법을 배웠지만 SPICE는 분명하게 정의된 마디해석법을 사용하여 만들어졌다는 사실은 흥미로운 일이다.

그래프 기반 대화식 소프트웨어가 편리할지라도 schematic capture 도구에 의해 만들어지는 텍스트 기반 입력 덱(input deck)을 판독할 수 있는 능력이 있다면 특정한 문제를 추적하는 데 도움이 된다. 이러한 능력을 개발하는 데 가장 쉬운 방법은 사용자가 작성한 입력 덱에서 직접 SPICE 시뮬레이션을 수행하는 방법을 배우는 것이다. 능숙한 사용자들은 때때로 텍스트 기반의 회로 정의가 그래픽 인터페이스를 사용하는 것보다 더 빠르고 더 편리하다라는 것을 알게 된다.

한 예로서 다음의 전압 분배 회로와 해당 입력 덱(여기서 별표(*)로 시작되는 줄은 주석을 나타내므로 SPICE에서는 무시되고 처리되지 않는다)를 고려해 보자. 각 구성요소가 정의되고 그 다음에 마디 번호, 구성요소 값이 정의된다. 구성요소의 단자 극성은 첫 번째 나열된 마디는 양극 단자로 정의되며, 두 번째 마디는 음극 단자로 정의된다.

* Example SPICE input deck for simple voltage divider circuit.	
.OP	(Requests dc operating point)
R1 1 2 1k	(Locates R1 between nodes 1 and 2; value is 1 kΩ)
R2 2 0 1k	(Locates R2 between nodes 2 and 0; also 1 kΩ)
V1 1 0 5	(Locates 5 V source between nodes 1 and 0)
.end	(End of input deck)

LTspice에서 텍스트 편집기 혹은 New ASCII File 기능을 사용하여 입력 데크를 생성할 수 있다. Example_text.cir 이라는 이름으로 파일을 저장하면 LTspice가 호출된다(부록 4 참조). 이와 같이 시뮬레이션을 수행하기 위한 명령어를 포함하는 넷리스트(netlist)는 schematic capture 소프트웨어를 사용하거나 이 예에서와 같이 수동으로 작성할 수 있다.

다. 그림 4.33*b*는 시뮬레이션을 수행한 후의 회로를 나타내고 있다. Schematic 회로에 세 마디전압이 직접 표시되어 있다. 종속 전원은 “behavioral” 전류 전원 구성요소 **bi**를 사용한다. 여기서 전류는 회로의 다른 전압 또는 전류로 정의될 수 있다. 마디 **Va** 및 **Vb**는 **Net Name**을 사용하여 정의되었으며 종속전원의 전류 값은 **I = 0.2*(v(Va) − v(Vb))** 함수로 정의할 수 있다.

이러한 관점에서 컴퓨터를 이용한 해석의 실제 위력은 분명하게 나타난다. 일단 schematic capture 프로그램에서 회로를 그리기만 하면 소자값을 간단하게 바꾸어 가면서 전압과 전류에 미치는 영향을 관찰함으로써 간단하게 회로를 시험할 수 있다. 여기서 약간의 경험을 얻으려면 이전의 예제와 익힘문제에 있는 아무 회로나 시뮬레이션해보면 된다.

시뮬레이션은 **Run!**(왼쪽 상단의 사람 아이콘 실행)을 클릭함으로써 수행할 수 있다. 결과를 보기 위해 **Open Log File**(바로가기 명령+L)을 사용하면 그림 4.34*b*에 나타낸 창이 나타난다. 여기서 출력이 예상되는 마디전압(마디 1 전압이 5 V, 저항 R2 양단 전압이 2.5 V)을 제공하고 수동부호 규약에 따른 전류(즉, 저항에 +2.5 mA, 전압원에 −2.5 mA가 흐름)를 제공함에 유의할 필요가 있다.

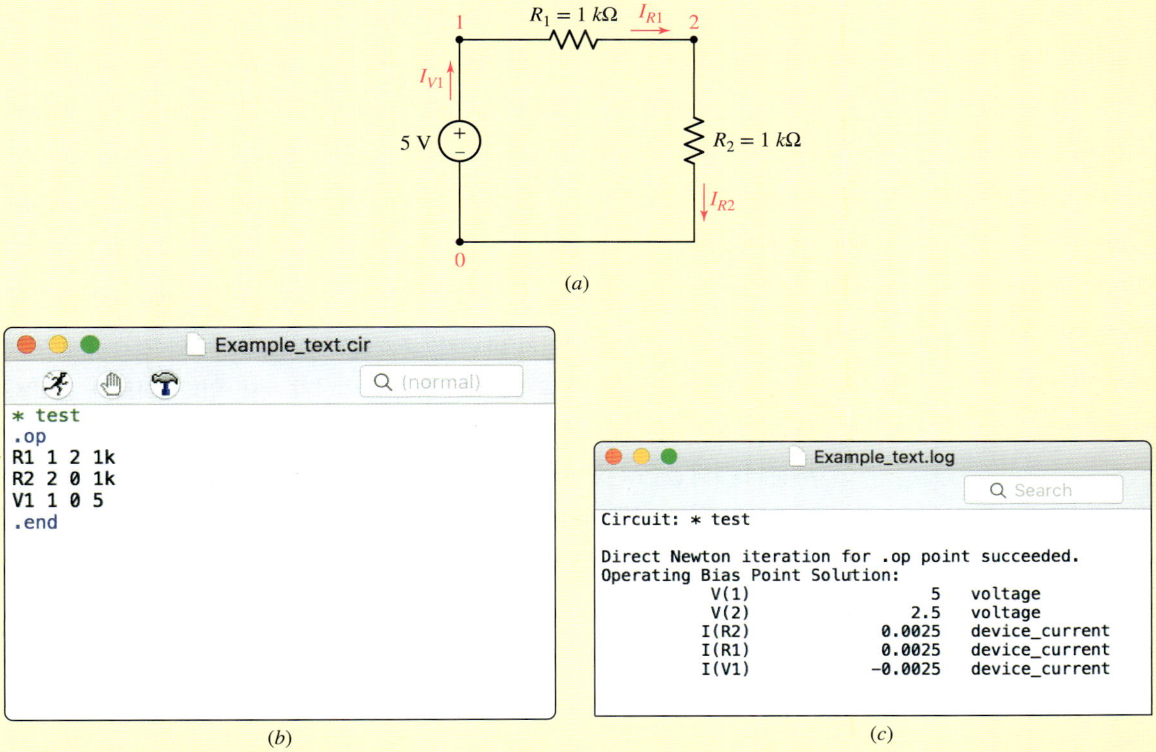

그림 4.34 (*a*) 전압 분배기의 개략도. (*b*) 전압분배회로를 나타내는 입력 덱을 보여주는 LTspice 창. (*c*) 출력 로그 파일. 마디전압들과 각 구성요소에 흐르는 전류를 보여준다. R1에 걸리는 전압은 시뮬레이션을 수행한 후에 빼기를 하여 구해야 함에 유의하라.

요약 및 복습

3장에서 소개한 KCL과 KVL은 두 법칙 모두 임의의 회로를 해석하는 데 충분한 방법이지만 일상적인 상황에서는 좀 더 조직적인 기법이 도움이 된다. 이에 따라 본 장에서는 KCL에 기반을 둔 마디해석법을 소개하였는데, 이 기법은 (기준마디로 지정한 마디에 대한) 각 마디의 전압을 구할 수 있다. 이 기법에서는 전압원이 자동적으로 마디전압이 되도록 접속되어 있지 않는 한 연립방정식을 풀이하여야 한다. 종속전원의 제어량은 독립전원의 수치를 기입하는 것과 마찬가지로 기입한다. 종속전원이 마디전압에 의해 제어되지 않는 한 추가적인 방정식이 필요하다.

두 마디 사이에 전압원이 있는 경우에는 **초마디**를 잡아서 해석할 수 있다. 초마디에 KCL을 적용하면 초마디로 흘러들어가는 전류의 합은 이 초마디에서 흘러나가는 전류의 합과 같다.

마디해석법과는 다른 해석법으로 KVL에 기반을 둔 메쉬해석법이 있다. 이 기법에서는 **메쉬전류**를 구하게 되는데, 이 메쉬전류가 항상 어떤 특정한 **소자**를 통해 흐르는 전류를 나타내는 것은 아니다. (예를 들어 한 소자에 흐르는 전류가 2개의 메쉬전류로 나타날 수 있다.) 전류원이 있더라도 이 **전류원**을 지나는 메쉬전류가 하나이면 쉽게 해석할 수 있다. 만일 전류원을 지나는 메쉬전류가 둘이면 **초메쉬**기법을 사용하는 것이 좋다. 초메쉬를 잡는 경우에는 전류원이 포함된 초메쉬 경로를 따라 KVL을 적용하여 수식을 세우는데, 이 식은 전류원을 지나는 2개의 메쉬전류로 표현된다.

여기서 '**나는 어떤 해석기법을 사용해야 하나?**'라는 의문이 들 수 있다. 앞에서 어떤 주어진 회로에 대한 해석기법을 선정하기 위한 것을 설명한 바 있다. 이러한 것으로는 회로가 평면회로인지 아닌지, 존재하는 전원의 형태와 접속상태 및 필요한 정보(예를 들어 전압, 전류 또는 전력)가 무엇인지 등이 있다. 회로가 복잡하면 어떤 해석법이 최적의 해석방법인지를 결정하는 데 노력이 필요하다. 이런 경우에 대부분의 사람들은 본인이 편하다고 느끼는 해석법을 선택하게 된다. 이 장에서는 마지막으로 회로 시뮬레이션 도구로서 LTspice를 소개하였는데, 이것은 해석결과를 점검하는 데 매우 유용하다.

이 장의 주요한 점을 해당 예제와 함께 마무리하면 다음과 같다.

- ❑ 회로도를 간결하고 명료하게 정리하고 해석한다. 모든 소자와 전원의 값을 표시한다. (예제 4.1)
- ❑ 마디해석법의 경우
  - 마디 하나를 기준마디로 선정한다. 그리고 각 마디의 전압을 v_1, $v_2, \dots,$ v_{N-1}으로 표시한다. 각 마디전압은 기준마디에 대한 전압이다. (예제 4.1, 예제 4.2)
  - 회로에 전류원만 포함되어 있으면 기준마디를 제외한 각 마디에 KCL을 적용한다. (예제 4.1, 예제 4.2)
  - 만일 전압원이 포함되어 있으면 각 전압원에 대하여 초마디를 형성하고 기준마디가 아닌 모든 마디와 초마디에 KCL을 적용한다. (예제 4.5, 예제 4.6)
- ❑ 메쉬해석법의 경우에는 먼저 회로가 평면회로인지 확인한다.
  - 각 메쉬에 시계방향으로 메쉬 전류를 i_1, $i_2, \dots,$ i_M와 같이 지정한다. (예제 4.7)
  - 회로에 전압원만 있다면 각 메쉬를 따라서 KVL을 적용한다. (예제 4.7, 예제 4.8, 예제 4.9).

- 회로에 전류원이 있으면 두 메쉬 사이에 있는 각 전류원에 대하여 초메쉬를 구성하고, 각 메쉬와 초메쉬를 따라 KVL을 적용한다. (예제 4.11, 예제 4.12)

❑ 종속전원이 있는 회로에 마디해석법을 적용할 때, 제어변수가 전류이면 방정식이 추가되지만 제어변수가 마디전압이면 방정식을 추가할 필요가 없다. (이에 비해 종속전원이 있는 회로에 메쉬해석법을 적용할 때에는 제어변수가 전압이면 방정식을 추가하지만 제어변수가 메쉬전류이면 추가할 필요가 없다.) (예제 4.3, 예제 4.4, 예제 4.6, 예제 4.9, 예제 4.10, 예제 4.12)

❑ 평면회로에 대해 마디해석법을 적용할 것인지 또는 메쉬해석법을 적용할 것인지를 결정할 때, 마디/초마디의 수가 메쉬/초메쉬의 수보다 적은 경우에는 마디해석법을 적용하면 방정식의 수가 줄어든다.

❑ 컴퓨터를 이용한 회로 해석은 해석 결과를 점검하고 소자의 수가 많은 회로를 해석하는 데 유용한 수단이 된다. 그러나 시뮬레이션 결과를 점검하는 데에는 회로 해석에 대한 상식이 있어야 한다.

추천 도서

다음의 책에 마디해석법과 메쉬해석법이 자세히 다루어져 있다.

R. A. DeCarlo And P. M. Lin, *Linear Circuit Analysis,* 2nd ed. New York: Oxford University Press, 2001.

충실한 SPICE 지침서로는 다음이 있다.

P. Tuinenga, *SPICE: A Guide to Circuit Simulation and analysis Using PSPICE,* 3rd ed. Upper Saddle River, N. J.: Prentice-H All, 1995.

연습문제

4.1 마디해석법

1. 다음의 수식을 풀어라.

(a) $2v_2 - 4v_1 = 9,\ v_1 - 5v_2 = -4$

(b) $-v_1 + 2v_3 = 8,\ 2v_1 + v_2 - 5v_3 = -7,\ 4v_1 + 5v_2 + 8v_3 = 6$

2. (a) 아래의 연립방정식을 풀어라.

$$3 = \frac{v_1}{5} - \frac{v_2 - v_1}{22} + \frac{v_1 - v_3}{3}$$
$$2 - 1 = \frac{v_2 - v_1}{22} + \frac{v_2 - v_3}{14}$$
$$0 = \frac{v_3}{10} + \frac{v_3 - v_1}{3} + \frac{v_3 - v_2}{14}$$

(b) MATLAB을 이용하여 해를 검증하라.

3. (a) 아래의 연립방정식을 풀어라.

$$7 = \frac{v_1}{2} - \frac{v_2 - v_1}{12} + \frac{v_1 - v_3}{19}$$
$$15 = \frac{v_2 - v_1}{12} + \frac{v_2 - v_3}{2}$$
$$4 = \frac{v_3}{7} + \frac{v_3 - v_1}{19} + \frac{v_3 - v_2}{2}$$

(b) MATLAB을 이용하여 해를 검증하라.

4. 다음의 MATLAB 코드를 수정하라. 그리고 시행하여 제대로 수정되었는지 확인하라.

```
syms e1 e2 e3
e1 = 3 = v1/7 – (v2 – v1)/2 + (v1 – v3)/3;
e2 = 2 == (v2 – v1)/2 + (v2 – v3)/14;
e = 0 == v3/10 + (v3 – v1)/3 + (v3 – v2)/14;
a = sove(e e2 e3,[v1 v2 v3]);
```

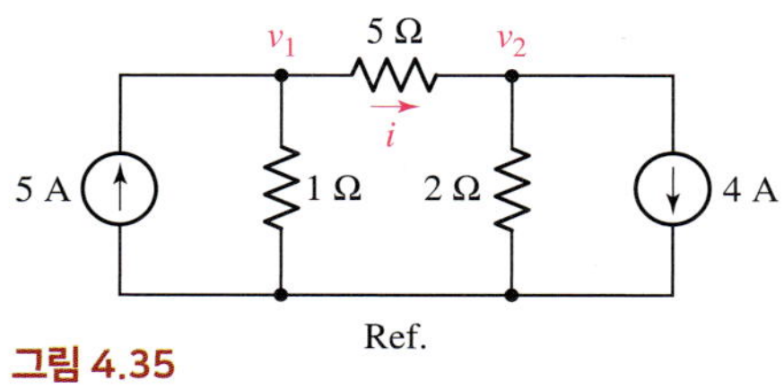

그림 4.35

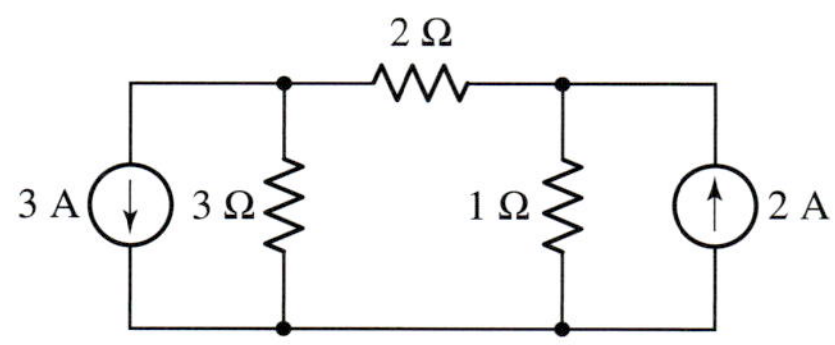

그림 4.36

5. 그림 4.35의 회로에서 마디해석법을 사용하여 전류 i를 구하라.

6. 그림 4.36의 1 Ω 저항에서 소비되는 전력을 계산하라.

7. 그림 4.37의 회로에서 전류 i_x를 구하라.

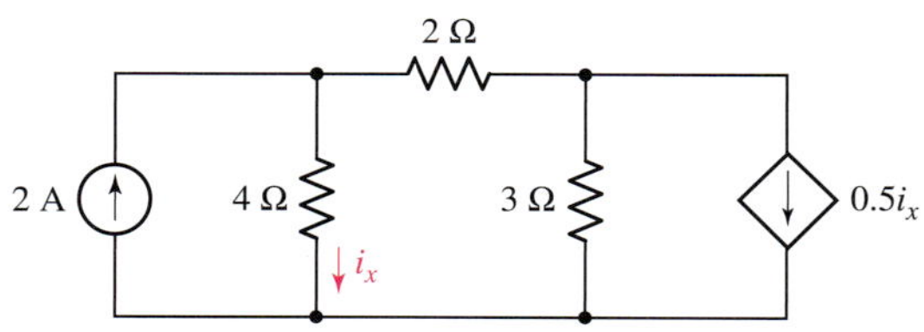

그림 4.37

8. 그림 4.38의 회로에서 마디해석법을 사용하여 $v_1 - v_2$를 구하라.

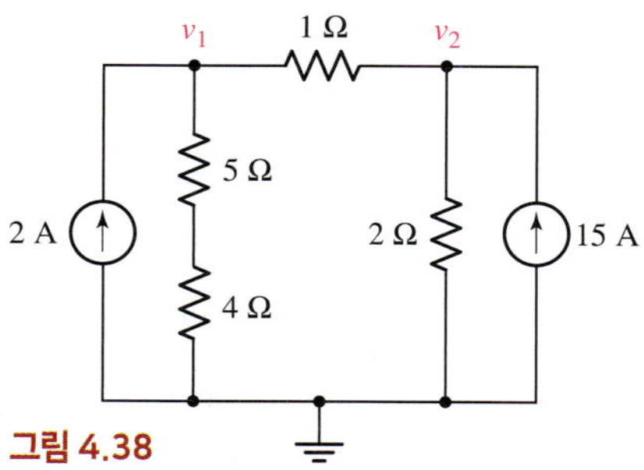

그림 4.38

9. 그림 4.39의 회로에서 전압 v_x를 구하라.

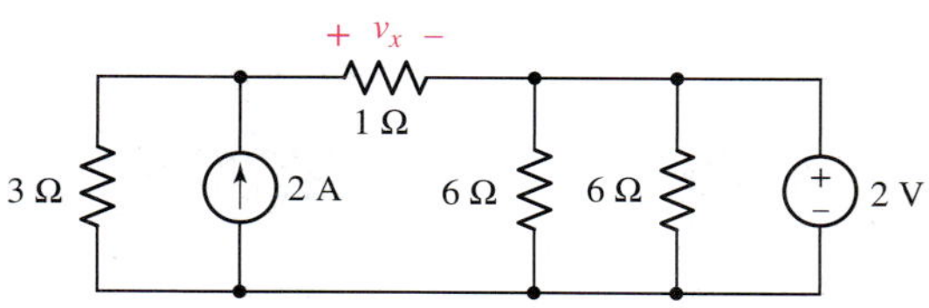

그림 4.39

10. 그림 4.40의 회로에서 전압 v_o를 구하라.

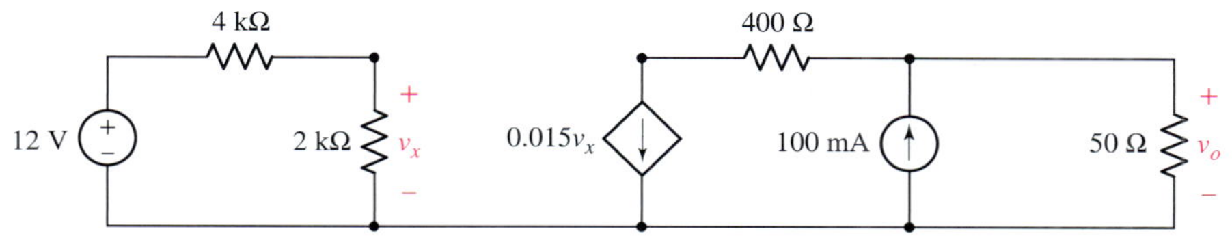

그림 4.40

11. 그림 4.41의 회로에서 마디해석법을 사용하여 v_P를 구하라.

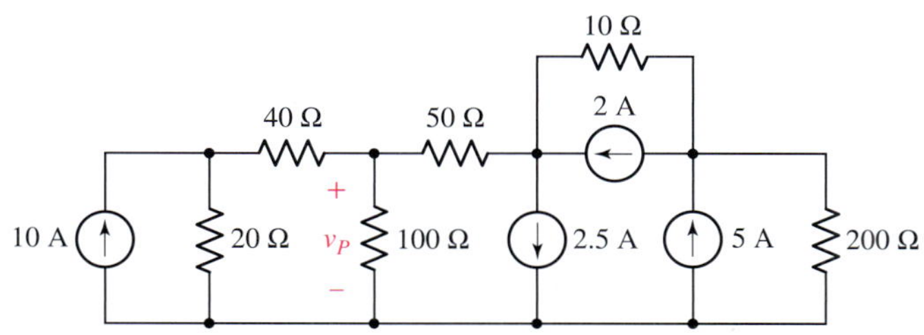

그림 4.41

12. 그림 4.42의 회로에서 아래 마디를 기준마디로 잡은 후에 5 Ω 저항 양단에 걸리는 전압을 구하고 7 Ω 저항에서 소비되는 전력을 계산하라.

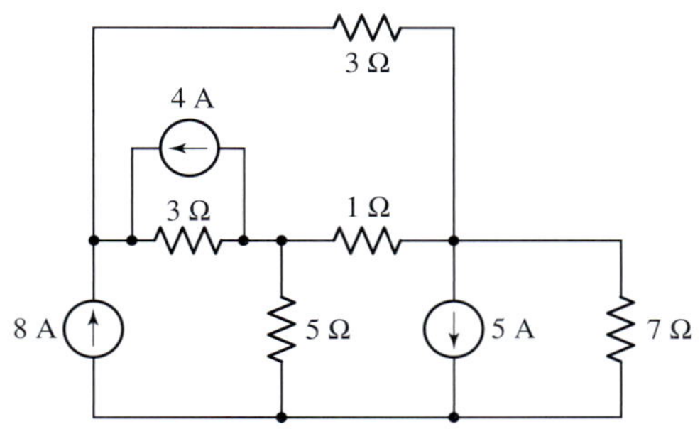

그림 4.42

13. 그림 4.43의 회로에서 마디해석법을 사용하여 전류 i_5를 구하라.

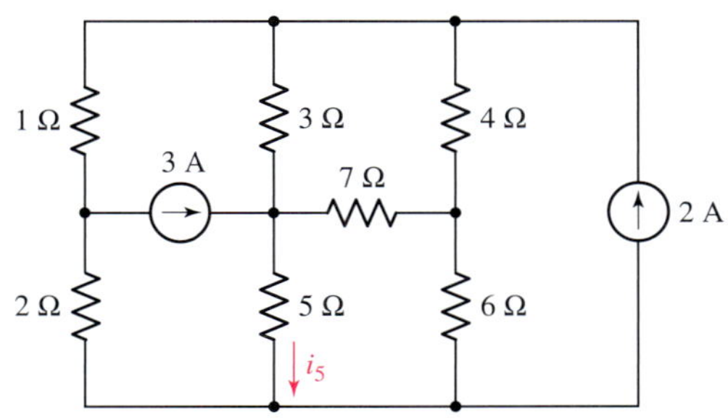

그림 4.43

14. 그림 4.44의 회로에서 아래 마디를 기준마디로 잡은 후에 각 마디의 전압을 구하라.

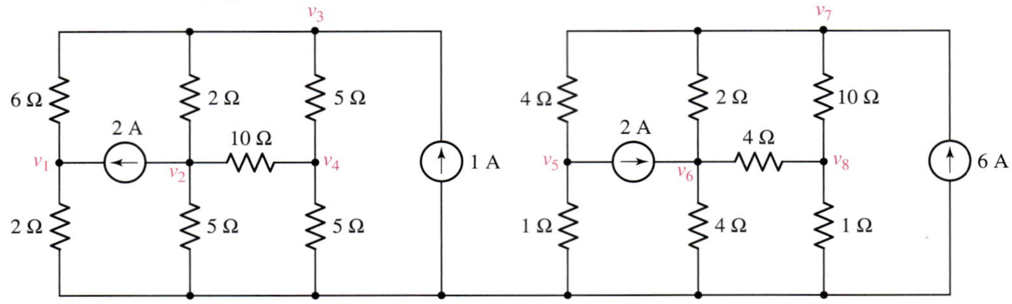

그림 4.44

15. 그림 4.45의 회로에서 마디해석법을 사용하여 전류 i_2를 구하라.

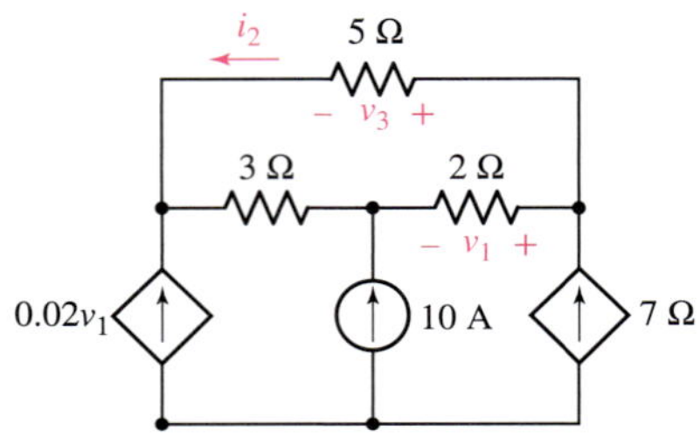

그림 4.45

16. 그림 4.46의 회로에서 마디해석법을 적절히 사용하여 전류 i_1을 구하라.

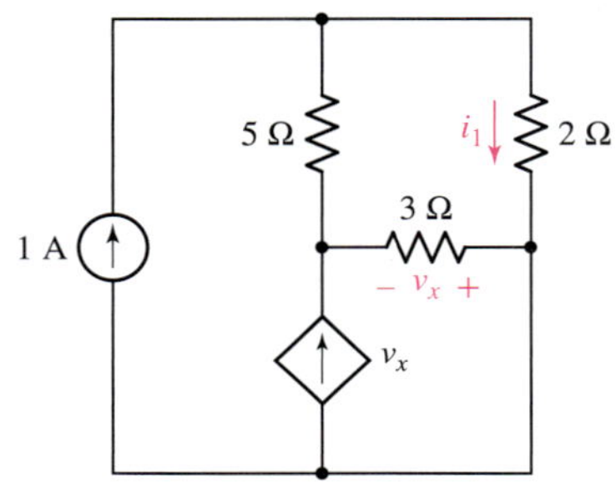

그림 4.46

17. 그림 4.47의 회로에서 전압 v_x를 구하라.

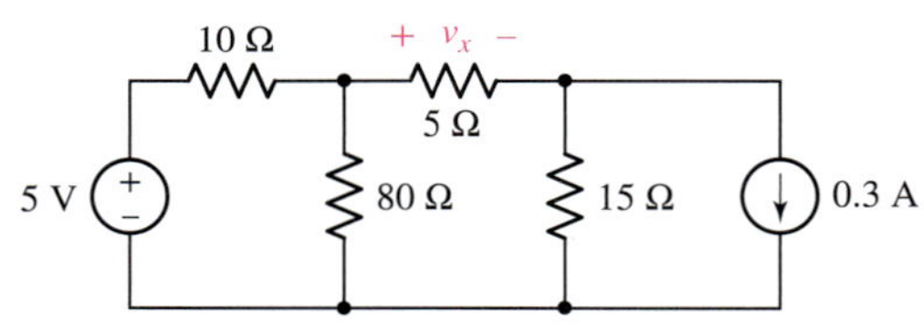

그림 4.47

4.2 초마디

18. 그림 4.48의 회로에서 초마디 기법을 적절히 사용하여 각 마디의 전압을 구하라.

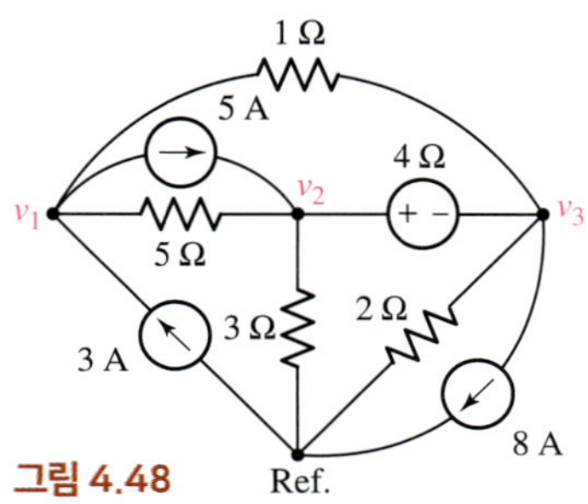

그림 4.48

19. 그림 4.49의 회로에서 전압 v_1의 값을 구하라.

20. 그림 4.50의 회로에서 4개의 마디전압을 모두 구하라.

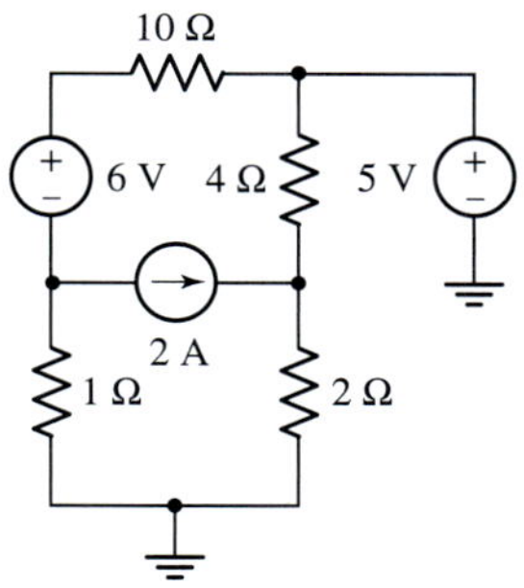

그림 4.50

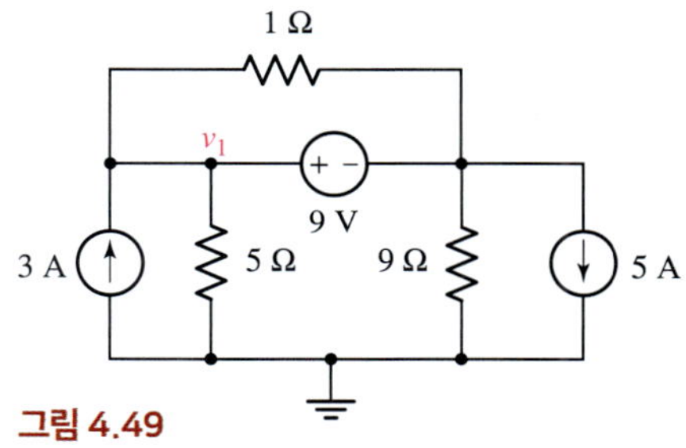

그림 4.49

21. 그림 4.51의 회로에서 초마디/마디해석 기법을 적절히 사용하여 1 Ω 저항에서 소비되는 전력을 구하라.

22. 그림 4.52의 회로에서 1 V 전원이 공급하는 전력 값을 구하라.

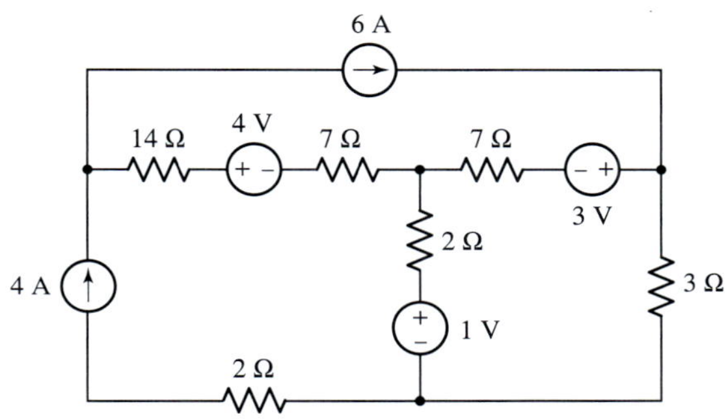

그림 4.52

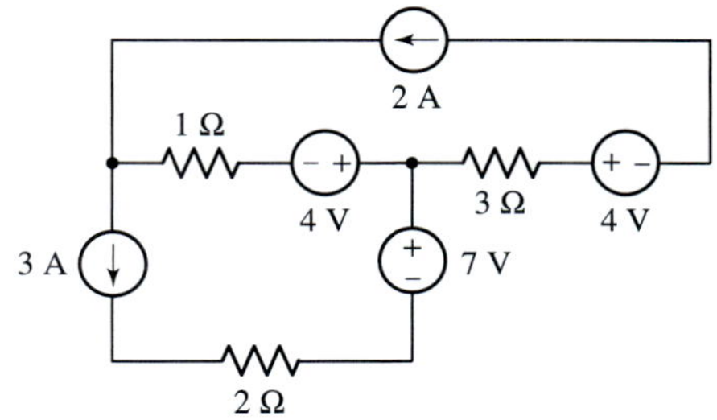

그림 4.51

23. 그림 4.53의 회로에서 마디전압 v_1과 v_2를 구하라.

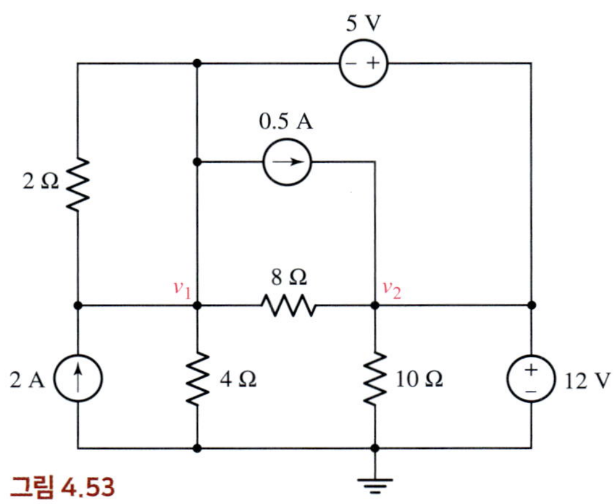

그림 4.53

24. 그림 4.53의 회로에서 5 V 전압원을 제거한 후, 마디전압 v_1과 v_2를 구하라.

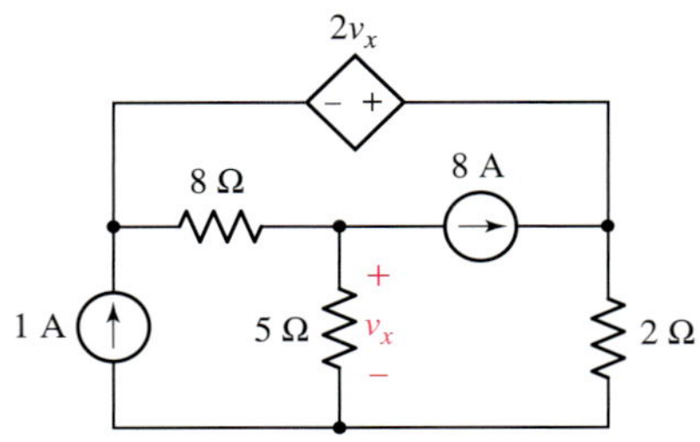

그림 4.54

25. 그림 4.53의 회로에서 12 V 전압원을 위쪽으로의 전류 방향을 갖는 1 A 전류원으로 대체한 후, 마디전압 v_1과 v_2를 구하라.

26. 그림 4.54의 회로에서 전압 v_x와 1 A 전원이 공급하는 전력을 구하라.

27. 그림 4.55의 회로에서 전류 i_1을 구하라.

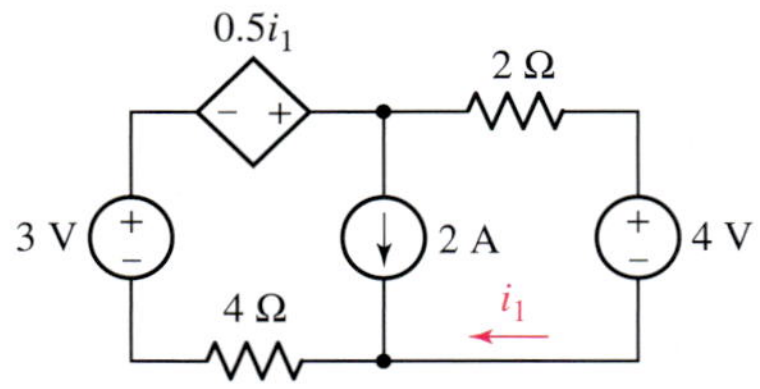

그림 4.55

28. 그림 4.56의 회로에서 v_x가 0이 되도록 하는 k값을 구하라.

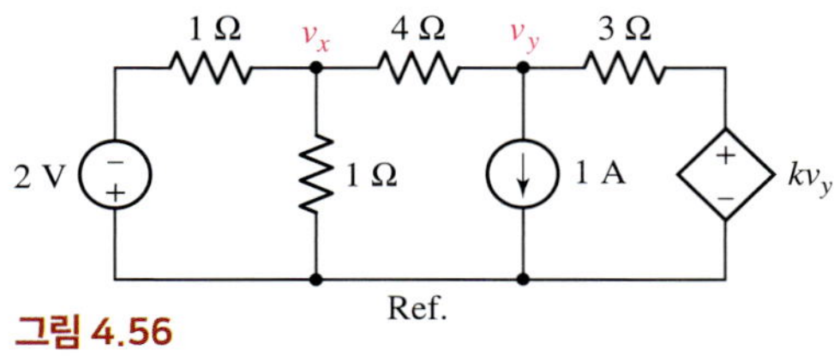

그림 4.56

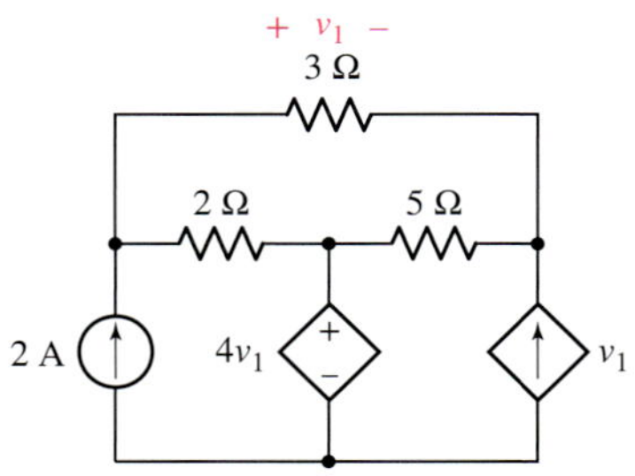

그림 4.57

29. 그림 4.57의 회로에서 3 Ω 저항 양단에 걸리는 전압 v_1을 구하라.

30. 그림 4.58의 회로에서 네 마디의 전압 모두를 구하라.

31. 그림 4.59의 회로에서 미지의 마디 전압 v_1, v_2, v_3, v_4를 구하라.

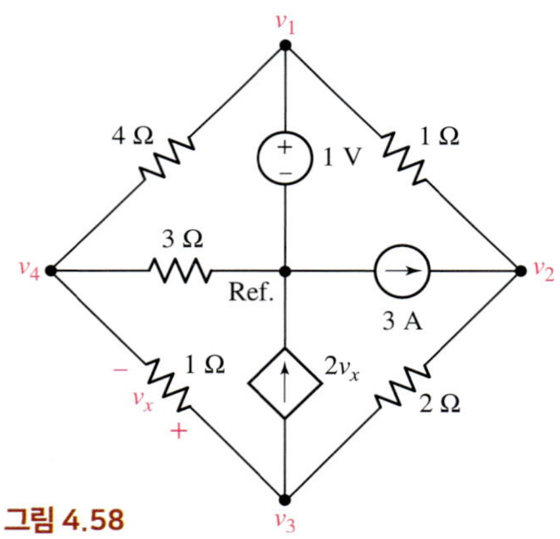

그림 4.58

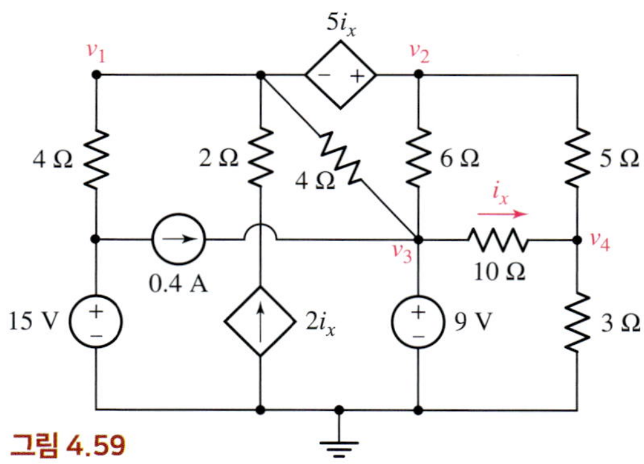

그림 4.59

4.3 메쉬해석법

32. 그림 4.60의 회로에서 각 전압원의 (+)단자에서 흘러나가는 전류를 구하라.

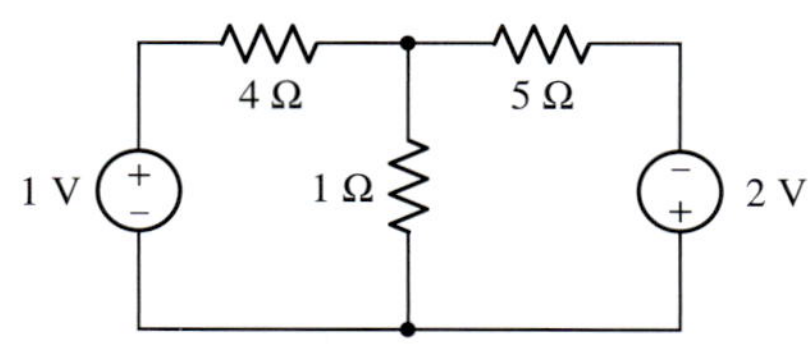

그림 4.60

33. 그림 4.61의 회로에서 두 메쉬전류 i_1과 i_2의 값을 구하라.

34. 그림 4.62의 회로에서 메쉬해석법을 적절히 사용하여 두 메쉬전류를 구하라.

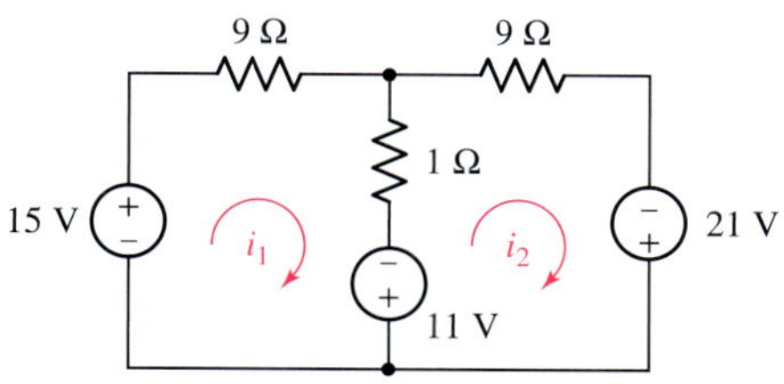

그림 4.62

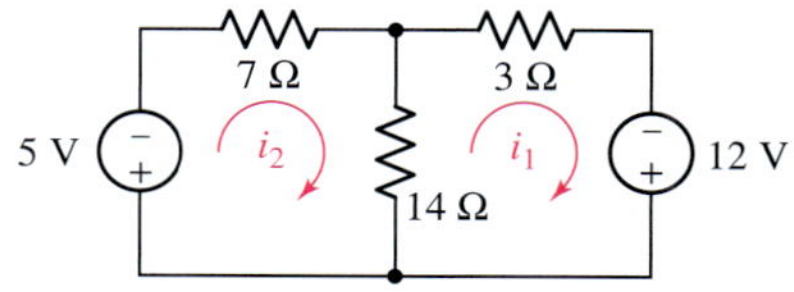

그림 4.61

35. 그림 4.63의 회로에서 세 메쉬전류의 값을 구하라.

36. 그림 4.64의 회로에서 각 저항에서 소비되는 전력을 계산하라.

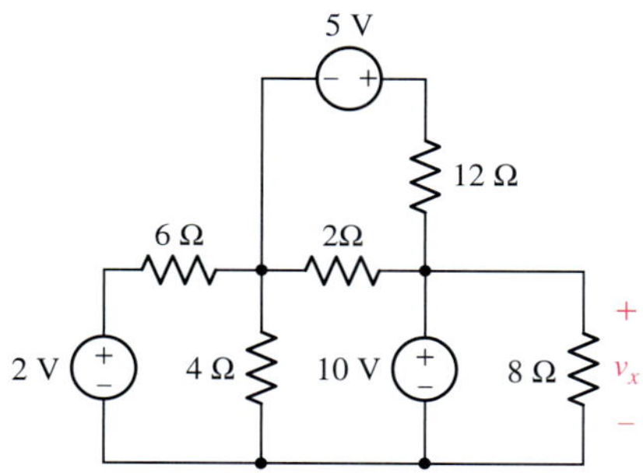

그림 4.64

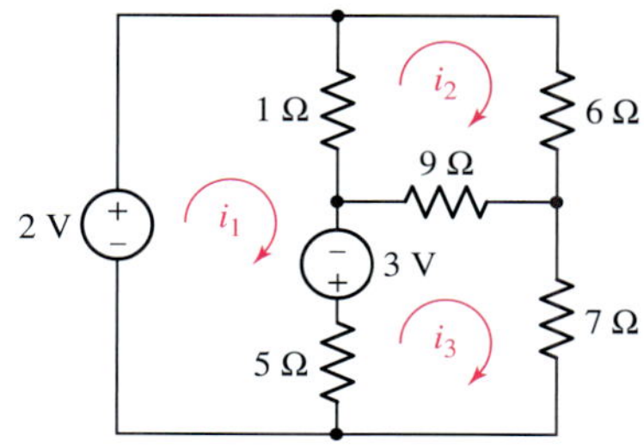

그림 4.63

37. 그림 4.64의 회로에서 미지의 전압 v_x를 구하라.

38. 그림 4.65의 회로에서 전류 i_x를 계산하라.

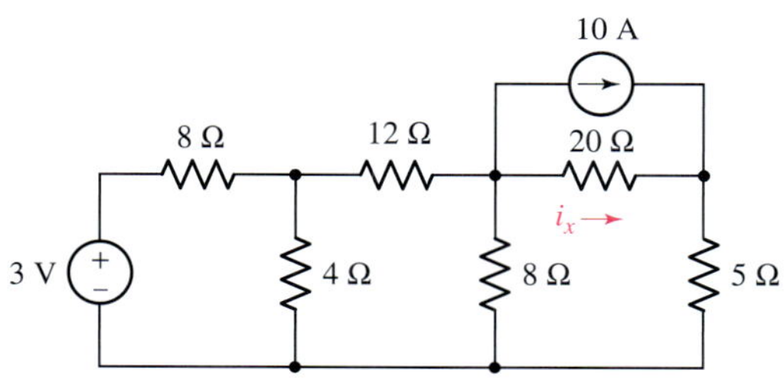

그림 4.65

39. 그림 4.66의 회로에서 메쉬해석법을 적용하여 전류 i의 값을 구하라.

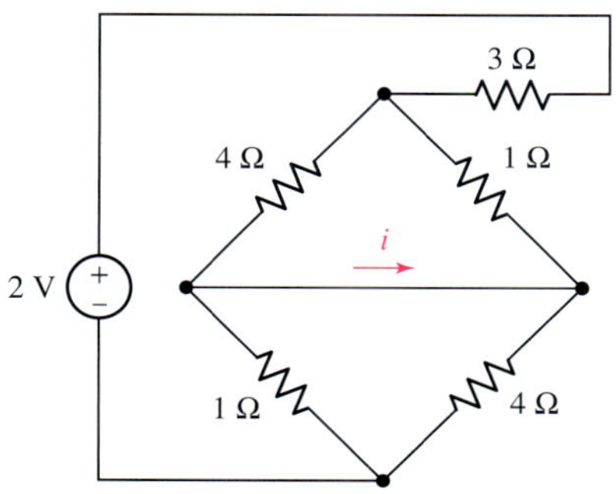

그림 4.66

40. 그림 4.67의 회로에서 4 Ω 저항에서 소비되는 전력을 구하라.

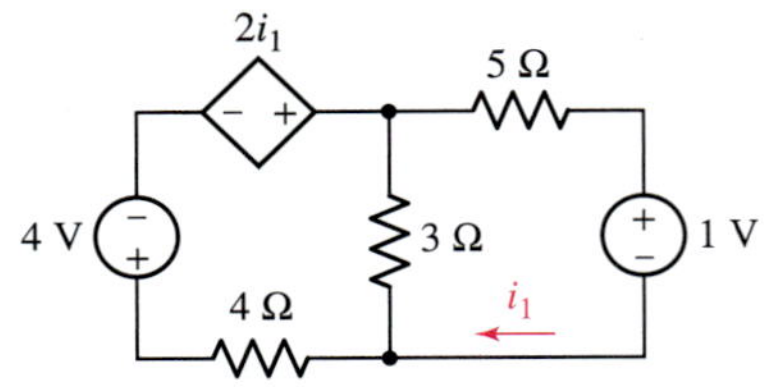

그림 4.67

41. (a) 그림 4.68의 회로에서 1 Ω 저항에서 소비되는 전력을 구하라.
(b) 마디해석법을 사용하여 구한 해를 검증하라.

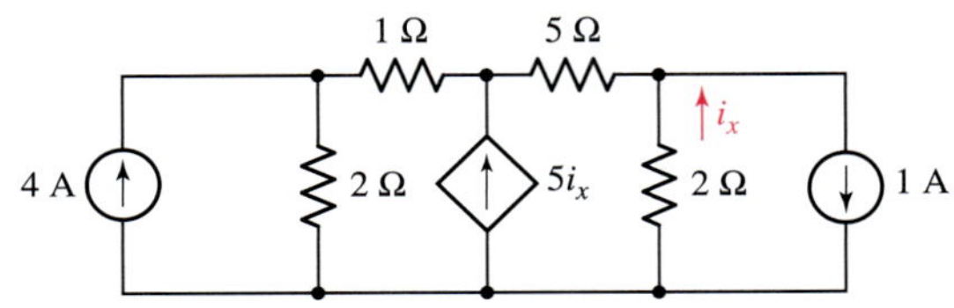

그림 4.68

42. 그림 4.69의 회로에서 3개의 메쉬전류를 시계방향으로 잡은 후에 메쉬해석법을 적용하여 각 메쉬전류의 값을 구하라.

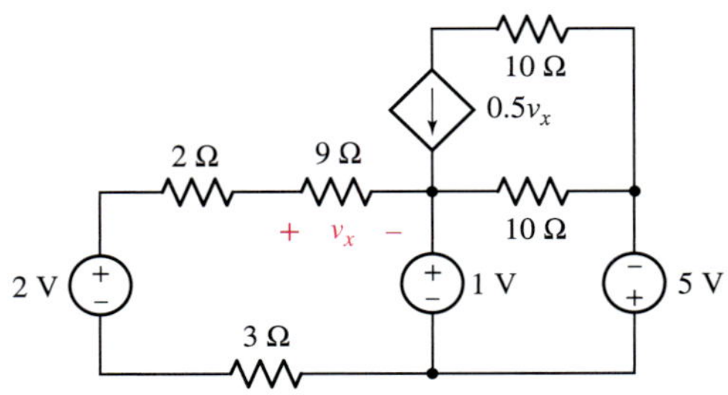

그림 4.69

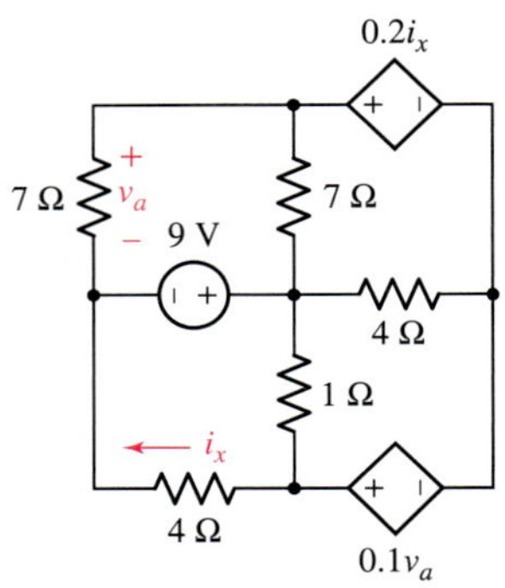

그림 4.70

43. 그림 4.70의 회로에서 메쉬해석법을 적용하여 i_x와 v_a의 값을 구하라.

4.4 초메쉬

44. 그림 4.71의 회로에서 3개의 메쉬전류 값을 구하라.

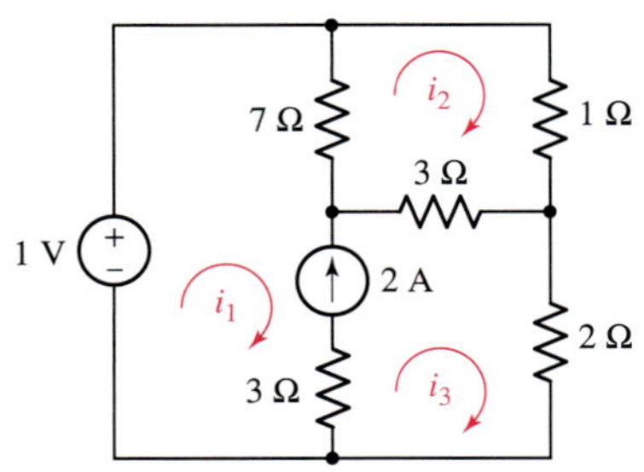

그림 4.71

45. 그림 4.72의 회로에 초메쉬 기법을 적절히 적용하여 메쉬전류 i_3의 값을 구하고 1 Ω 저항에서 소비되는 전력을 계산하라.

46. 그림 4.73의 회로에서 메쉬전류 i_1과 1 Ω 저항에서 소비되는 전력을 구하라.

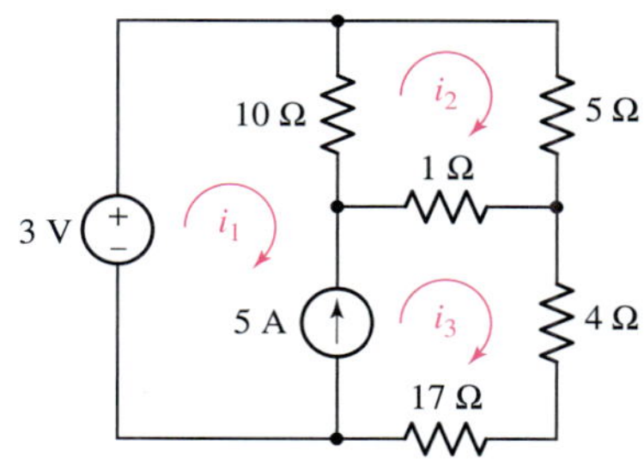

그림 4.72

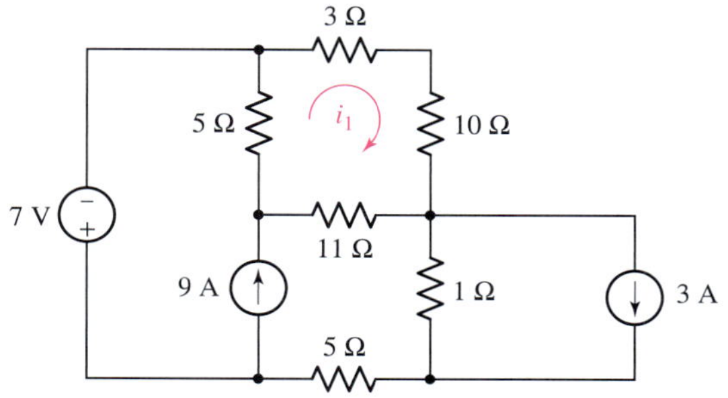

그림 4.73

47. 그림 4.74의 회로에 표시되어 있는 3개의 메쉬전류를 계산하라.

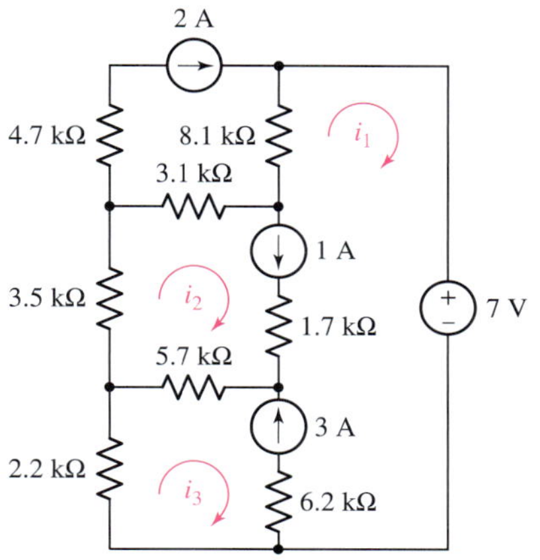

그림 4.74

48. 그림 4.75의 회로에서 전류 i_x를 구하라.

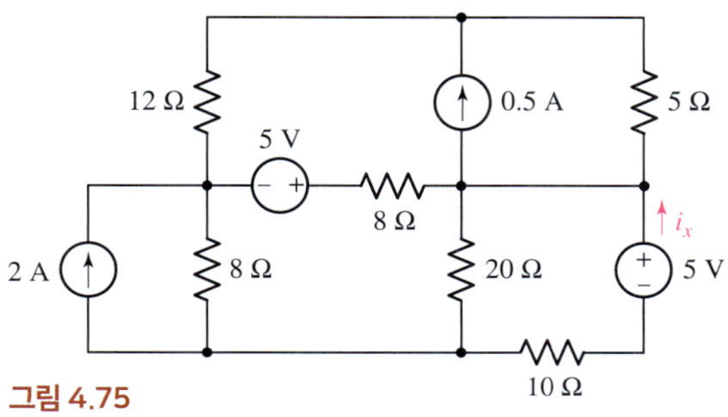

그림 4.75

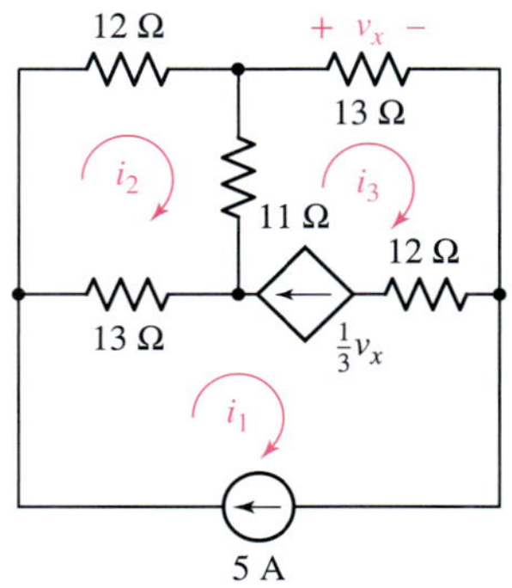

그림 4.76

49. 초메쉬 기법을 적용하여 그림 4.76의 회로에 표시되어 있는 세 메쉬전류 모두의 값을 구하라.

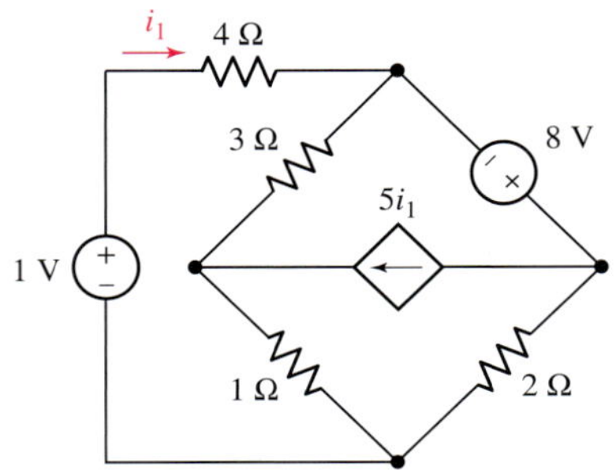

그림 4.77

50. 그림 4.77의 회로에서 1 V 전원이 공급하는 전력을 구하라.

51. 그림 4.78의 회로에서 시계방향으로 세 메쉬전류를 잡은 후에 초메쉬 기법을 적용하여 v_3의 값을 구하라.

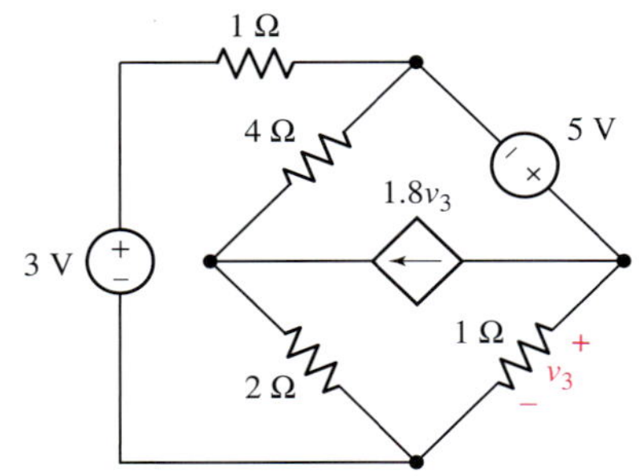

그림 4.78

52. 그림 4.79의 회로에서 10 Ω 저항이 소비하는 전력을 구하라.

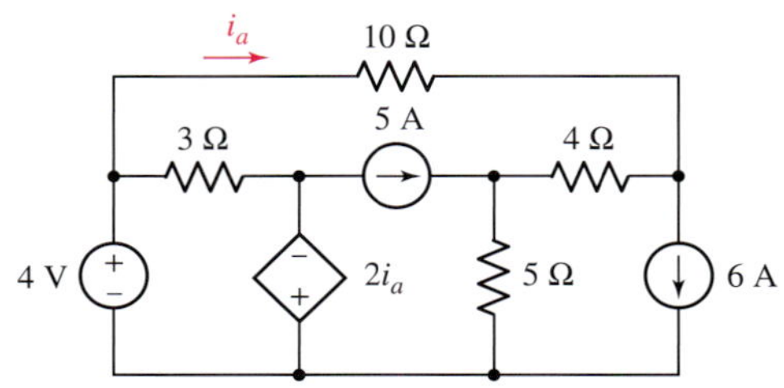

그림 4.79

4.5 마디해석법과 메쉬해석법의 비교

53. 그림 4.80의 회로에서

(a) i_5를 구하려면 몇 개의 마디방정식이 필요한가?

(b) 메쉬해석법을 사용한다면 몇 개의 방정식이 필요한가?

(c) 7 Ω 저항에 걸리는 전압만을 구한다면 어느 해석법을 선택하겠는가? 그 이유를 설명하라.

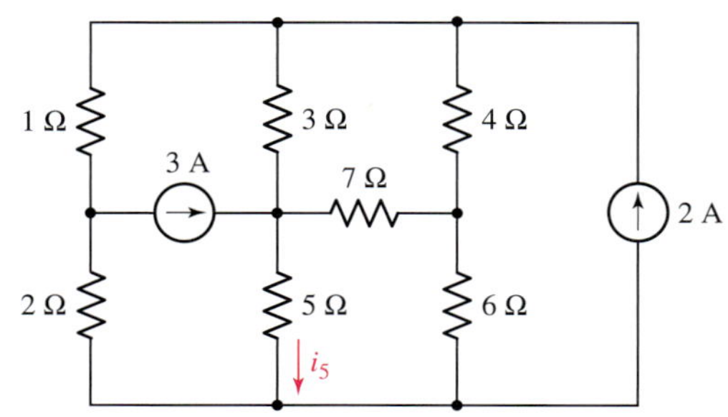

그림 4.80

54. 그림 4.80의 회로에서 3 A 전원을 3 V 전원으로 대체하였다. 이때 7 Ω 저항 쪽 단자가 (+)단자이다.

(a) i_5를 구하려면 몇 개의 마디방정식이 필요한가?

(b) 메쉬해석법을 사용한다면 몇 개의 방정식이 필요한가?

(c) 7 Ω 저항에 걸리는 전압만을 구한다면 어느 해석법을 선택하겠는가? 그 이유를 설명하라.

55. 그림 4.81의 회로에 3개의 전원이 있다.

(a) 현재 회로에서 v_1과 v_2를 구하기 위한 방정식이 더 적은 해석법은 마디해석법과 메쉬해석법 중 어느 것인가? 그 이유를 설명하라.

(b) 만일 전압원을 전류원으로 대체하고 전류원을 전압원으로 대체한다면 위의 (a)항에서의 답을 바꾸겠는가? 그 이유를 설명하라.

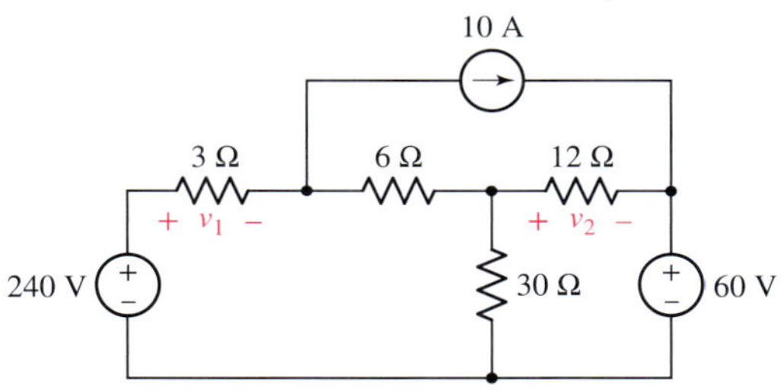

그림 4.81

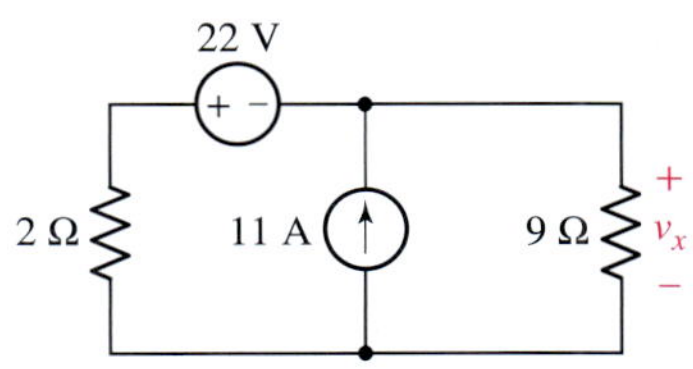

그림 4.82

56. 그림 4.82의 회로에서 전압 v_x를 구하려고 한다.

(a) 메쉬해석법을 사용하여 풀이하라.

(b) 마디해석법을 사용하여 다시 풀이하라.

(c) 어느 해석법이 더 쉬웠는가? 그 이유는?

57. 다섯 개의 전원이 있는 그림 4.83의 회로에서 v_1를 구하려고 한다.

(a) 마디해석법을 사용하면 몇 개의 연립방정식이 필요한가?

(b) 메쉬해석법을 사용하면 몇 개의 연립방정식이 필요한가?

(c) 어느 해석법을 선택하겠는가? 40 Ω 저항의 어느 쪽 단자를 기준마디로 선택하느냐에 따라 달라지는가? 그 이유를 설명하라.

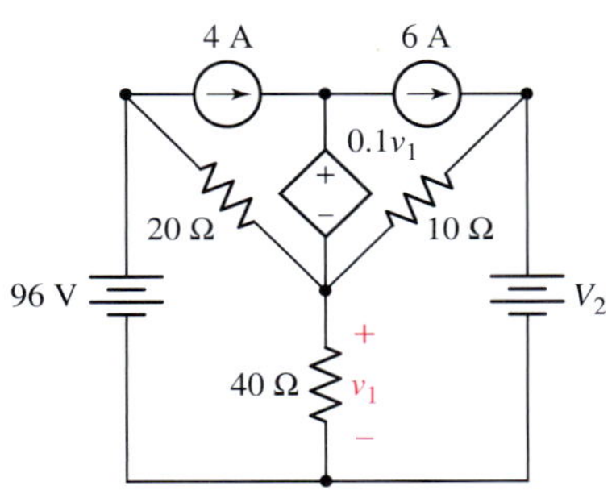

그림 4.83

58. 그림 4.83의 회로에서 종속전압원을 종속전류원으로 대체하였다. 대체된 종속전류원의 화살표는 위쪽 방향이고 제어변수는 $0.1v_1$ 그대로이며 V_2의 값이 0이라고 한다.

(a) 마디해석법을 적용하여 40 Ω 저항에서 소비되는 전력을 구하는 데 필요한 연립방정식의 수를 말하라.

(b) 마디해석법 대신에 메쉬해석법을 사용하는 것이 더 나은가? 그 이유를 설명하라.

59. 그림 4.84의 회로를 살펴본 후에 v_1과 v_3를 구하는 데 필요한 연립방정식의 수를 말하라.

(a) 마디해석법을 사용하는 경우.

(b) 메쉬해석법을 사용하는 경우.

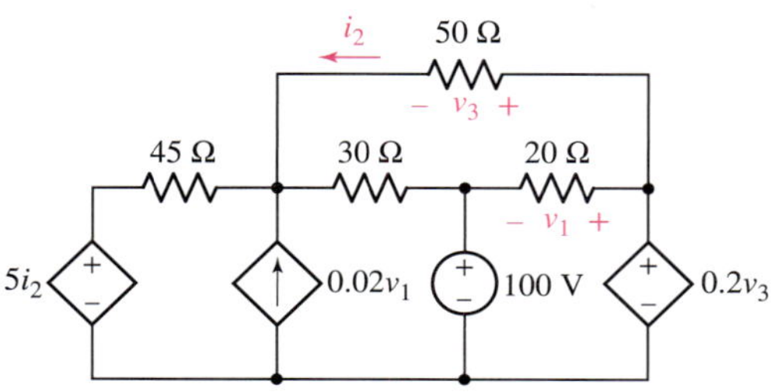

그림 4.84

60. 모든 소자에서의 전압과 전류를 구하려고 한다.

(a) 마디해석법을 사용하여 해석하기에 더 편한, 마디가 5개이고 메쉬가 4개인 회로를 설계하라.

(b) 메쉬해석법을 사용하여 해석하는 것이 더 편하도록 (a)항에서 설계한 회로에서 소자 하나만을 바꾸어라.

4.6 컴퓨터를 이용한 회로 해석

61. LTspice(또는 유사한 CAD 도구)를 사용하여 연습문제 5의 해를 검증하라. 적절히 표시된 그림과 답을 눈에 띄게 표시한 출력물을 손으로 계산한 것과 함께 제출하라.

62. LTspice(또는 유사한 CAD 도구)를 사용하여 연습문제 8의 해를 검증하라. 적절히 표시된 그림과 두 마디전압을 눈에 띄게 표시한 출력물을 제출하라. 손으로 두 마디전압을 계산한 것도 같이 제출하라.

63. LTspice(또는 유사한 CAD 도구)를 사용하여 연습문제 12의 회로에서 5 Ω 저항의 양단에 걸리는 전압을 검증하라. 적절히 표시된 그림과 답을 눈에 띄게 표시한 출력물을 제출하라. 손으로 계산한 것도 같이 제출하라.

64. LTspice 또는 유사한 CAD 도구를 사용하여 연습문제 14에서 각 마디전압의 수치를 검증하라. 적절히 표시된 그림과 마디전압을 눈에 띄게 표시한 출력물을 제출하라. 손으로 계산한 것도 같이 제출하라.

65. LTspice 또는 유사한 CAD 도구를 사용하여 그림 4.46의 회로에서 i_1과 v_x의 값을 검증하라. 적절히 표시된 그림과 답을 눈에 띄게 표시한 출력물을 제출하라. 손으로 계산한 것도 같이 제출하라.

66. 그림 4.55의 회로를 시뮬레이션하기 위한 LTspice 개략도가 그림 4.85에 나타나있다. 시뮬레이션된 값은 $i_1 = -1.4544$ A를 나타내지만 이는 잘못된 값이다. 오류를 찾아 정확한 답을 얻기 위해 회로를 시뮬레이션하라.

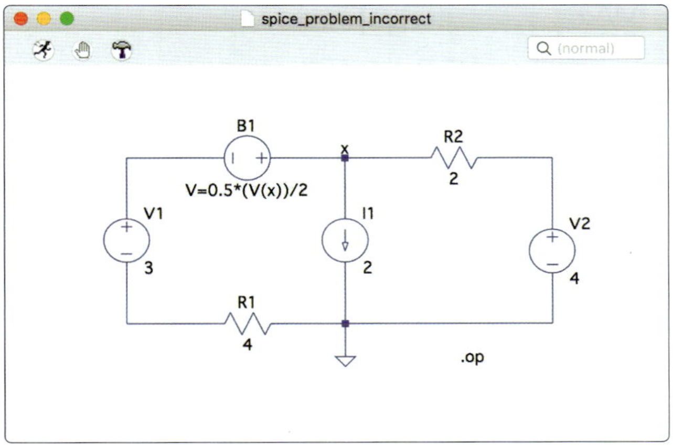

그림 4.85

67. (a) 그림 4.86에서 전압 v_9을 구하기 위한 SPICE용 입력 덱(input deck)을 작성하라. 답을 눈에 띄게 표시한 출력파일을 출력하여 제출하라.

(b) 손으로 계산하여 구한 해를 검증하라.

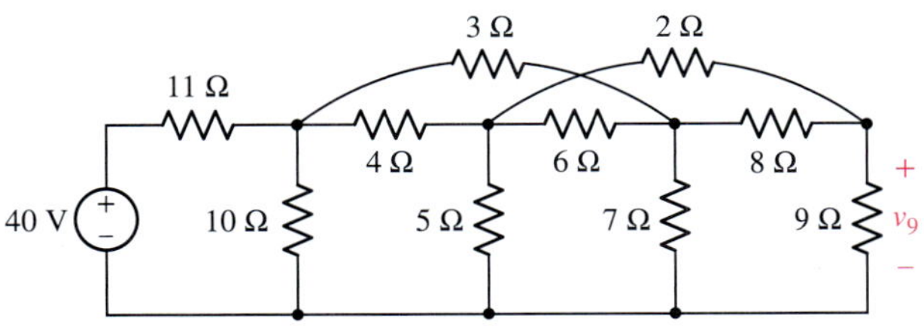

그림 4.86

통합문제

68. 조용한 주거지역에 있는 어떤 집 밖에 여러 색깔의 전등이 달린 장식용 전선이 설치되어 있다. 12 V 교류 어댑터를 전기소켓에 꽂은 후에 집주인은 바로 2개의 전구가 타버린 것을 알았다.

(a) 각 전등이 직렬로 연결되었겠는가 아니면 병렬로 연결되었겠는가? 이유를 설명하라.

(b) 전구가 44개이고 12 V 직류전원장치와 24 AWG 연고체구리전선(soft solid copper wire)을 사용하며 각 전구의 정격이 10 mW라고 한다. 이 전선을 시뮬레이션하기 위한 SPICE 입력 덱을 작성하라. 12 V 전원이 공급하는 전력을 눈에 띄게 표시한 출력파일을 출력하여 제출하라.

(c) 손으로 계산하여 시뮬레이션 결과를 검증하라.

DP **69.** 그림 4.87의 회로에서 마디해석법 또는 메쉬해석법을 적용하여 i_1의 값이 200 mA가 되도록 설계하라. 소자 *A*, *B*, *C*, *D*, *E* 및 *F*는 전압원 또는 전류원이어야 하며 크기는 0이 아니다.

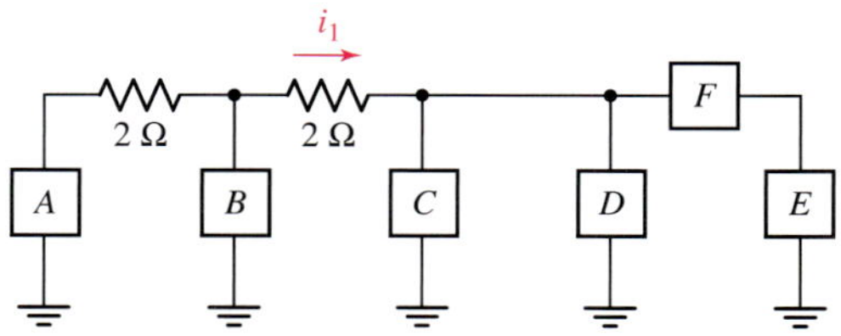

그림 4.87

70. (a) 종속전압원이 있을 때 어떤 상태이면 마디해석법을 적용하기가 특히 용이한가? 설명하라.

(b) 종속전류원이 있을 때 어떤 상태이면 메쉬해석법을 적용하기가 특히 용이한가? 설명하라.

(c) 마디해석법은 어떤 기본적인 물리 법칙에 기반을 두고 있는가?

(d) 메쉬해석법은 어떤 기본적인 물리 법칙에 기반을 두고 있는가?

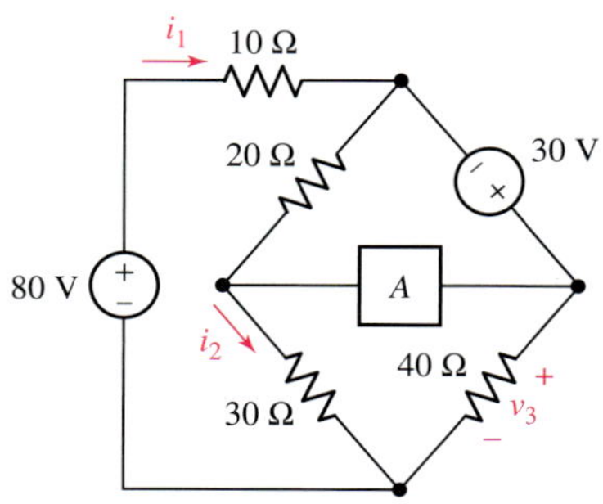

그림 4.88

71. 그림 4.88의 회로에서

(a) i_2를 구하기 위해서는 마디해석법과 메쉬해석법 중 어느 것이 더 적절한가? 소자 *A*를 단락회로로 대체하고 해석하라.

(b) 적당한 LTspice 시뮬레이션 도구를 사용하여 해석 결과를 검증하라. 적절히 표시하고 답을 눈에 띄게 표시한 결과를 제출하라.

72. 그림 4.89에 나타낸 것처럼 적색, 녹색 및 청색 LED를 포함하는 LED 회로를 고려하자. LED는 회로에서 전압원과 매우 유사하게 동작하며 각 LED의 광출력은 LED를 통해 흐르는 전류와 비례한다.

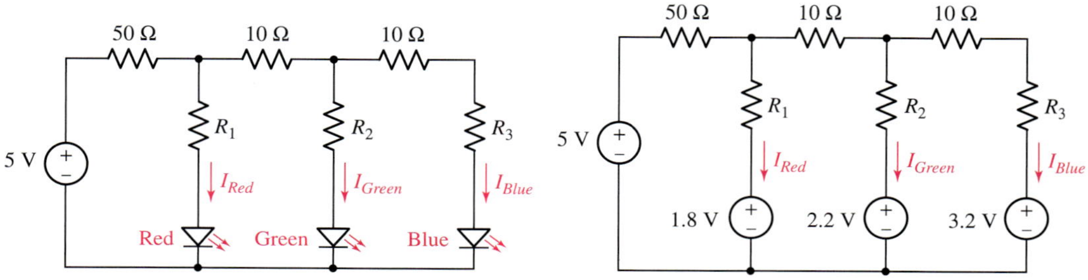

그림 4.89

(a) $R_1 = R_2 = R_3 = 100\ \Omega$인 경우 각 LED에 흐르는 전류를 구하라.

(b) 각 LED에 4 mA 전류가 흐르게 하는 데 필요한 저항값 R_1, R_2 및 R_3를 구하라.

73. 그림 4.89의 LED 회로는 RGB 색상 표에 원하는 색상을 얻기 위해 색상을 혼합하는데 사용된다. LTspice와 LED를 전압원으로 나타내는 회로 모델을 사용하여, 저항 $R_2 = R_3 = 100\ \Omega$으로 고정한 상태에서 저항 R_1을 100 kΩ에서 1 kΩ으로 변경하는 것이 색상에 어떤 영향을 미치는지 확인한다. 저항 R_1 값에 **{rvariable}** 같은 변수를 정의하여 파라미터 스위프 문(parameter sweep statement)을 사용하여 이 작업을 수행할 수 있다. 그런 다음 **.step parameter rvariable 100 1k 20**과 같은 SPICE 지시문을 사용하여 변수를 100에서 1000까지 20 증가분으로 단계화한다.

(a) 3개 모든 LED의 전류를 저항 R_1의 함수로 그리고 그 결과를 설명하라.

(b) RGB 색상표를 찾고 저항 R_1이 100 Ω에서 1 kΩ으로 증가하면 색상이 어떻게 변화하는지 설명하라.

(c) RGB 16진 코드 C2BBD23, RGB(194, 189, 35)에 가까운 카키색을 얻기 위해 사용할 수 있는 저항 R_1 값을 구하라.

74. 그림 4.90의 광 감지 회로는 빛에 따라 저항값이 변화하는 저항(포토 레지스터, R_{light})과 가변 저항(전위차계, R_{pot})을 포함한다. 회로는 휘트스톤 브리지(Wheatstone bridge) 구조이므로 "균형(balanced)" 조건으로 인해 입사광의 정의된 값과 R_{light}에 대응되는 값에 대하여 $V_{out} = 0$이 된다.

(a) R_S, R_1, R_2, R_{light}, R_{pot}의 관점에서 V_{out}에 대한 대수 표현을 도출하라.

(b) 회로에서 주어진 수치를 사용하여 $R_{light} = 200\ \Omega$, 500룩스(lux)에서 회로 균형을 맞추기 위해 필요한 R_{pot}의 값을 계산하라.

(c) 600룩스까지 빛을 증가시켜 포토 레지스터의 저항이 2% 감소한다면(빛에 대한 저항 변화가 선형이라고 가정), $V_{out} = 150$ mV인 경우의 빛 레벨을 계산하라.

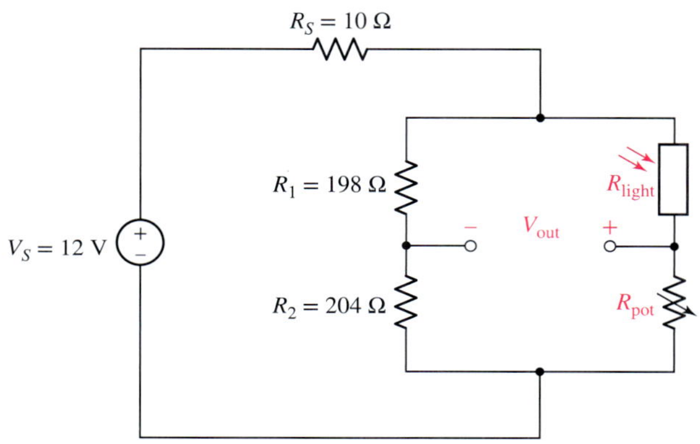

그림 4.90

75. SPICE를 사용하여 다음을 수행하여 연습문제 74에서의 회로를 분석하라.

(a) 500룩스, $R_{light} = 200\ \Omega$에서 회로 균형을 맞추기 위해 R_{pot} 값을 다르게 하며 회로를 시뮬레이션하라. R_{pot}의 값에 **{potentiometer}**와 같은 변수를 정의하고 **.step param potentiometer 150 250 2**와 같은 SPICE 지시문을 사용하여 변수를 150에서 250까지 2 증가분으로 단계화하는 파라미터 스위프를 사용하면 유용하다.

(b) 600룩스까지 빛 증가로 포토 레지스터의 저항이 2% 감소하는 경우, SPICE 사용하여 출력 전압 V_{out}을 계산하라.

5 편리한 회로 해석 기법

Design elements: Cockpit: ©Purestock/SuperStock; Wind Turbins: ©Russell Illig/Getty Images; Circuit Board: ©Shutterstock

서론

4장에서 설명한 마디해석법과 메쉬해석법은 신뢰할 수 있고 아주 강력한 해석기법이다. 그러나 이 두 기법은 회로 내에서 어떤 한 소자에서의 전류, 전압 또는 전력 하나만을 구하는 경우에도 그 회로를 나타내는 완전한 방정식을 모두 세워야 한다. 이 장에서는 해석을 간단하게 하기 위해 회로의 특정 부분을 분리시킬 수 있는 몇 가지 기법을 알아본다. 이러한 기법들을 익힌 후에는 여러 방법 중에서 어떤 방법을 선택할 것인지에 중점을 둔다.

중요한 개념

- 각 전원이 개별적으로 미치는 영향을 파악하기 위한 수단으로서의 중첩정리
- 복잡한 회로를 간단하게 만드는데 적용하는 전원 변환
- 테브난의 정리
- 노턴의 정리
- 테브난 등가회로와 노턴 등가회로
- 최대전력전달
- Δ결선 저항과 Y결선 저항 사이의 변환
- 해석 기법의 선택
- DC 스위프 시뮬레이션

5.1 선형성과 중첩정리

우리가 해석하려고 하는 회로는 모두 **선형회로**로 분류할 수 있는데, 먼저 이 선형이라는 말의 의미를 정확하게 규정할 필요가 있다. 선형성의 의미가 분명해지면 선형성의 결과인 **중첩정리**를 이해할 수 있다. 이 중첩정리는 매우 기본적인 법칙이며, 선형회로 해석에 계속해서 나타난다. 사실상 비선형회로는 중첩정리를 적용할 수 없기 때문에 해석이 매우 어렵다.

중첩정리는 2개 이상의 독립전원이 있는 회로에서의 응답(구하려고 하는 전압이나 전류)은 각 독립전원이 하나만 있을 때의 응답들의 합으로 구해질 수 있다는 것이다.

선형소자와 선형회로

먼저 **선형소자**를 전압-전류 관계가 선형적인 수동소자로 정의하자. 여기서 선형적인 전압-전류 관계라는 것은 소자를 통해 흐르는 전류에 상수 K를 곱하면 소자의 양단에 걸리는 전압에 동일한 상수 K를 곱한 것이

종속전압원 $v_s = 0.6i_1 - 14v_2$은 선형이지만 $v_s = 0.6i_1^2$과 $v_s = 0.6i_1v_2$는 선형이 아니다.

된다는 의미이다. 이제까지 정의된 수동소자는 저항 하나뿐이며 저항의 전압-전류 관계는

$$v(t) = Ri(t)$$

이어서 분명히 선형적이다. 실제로 $v(t)$를 $i(t)$의 함수로 그리면 직선이 된다.

선형 종속전원은 그 크기가 회로 내에 지정되어 있는 전류 또는 전압(또는 이들의 합)에 일차적으로만 비례하는 종속전류원 또는 종속전압원으로 정의된다.

모든 소자가 독립전원, 선형 종속전원 및 선형소자로 구성된 회로를 **선형회로**라고 정의한다. 이 정의에 의하면 '회로의 응답은 전원에 비례한다' 또는 '독립전원의 전압과 전류에 상수 K를 곱하면 그 회로의 응답은 모든 전류 및 전압(종속전원의 전압 또는 전류 출력 포함)에 상수 K를 곱한 것과 같다'는 것을 증명할 수 있다.[1]

중첩정리

선형성의 가장 중요한 결과가 **중첩정리**이다.

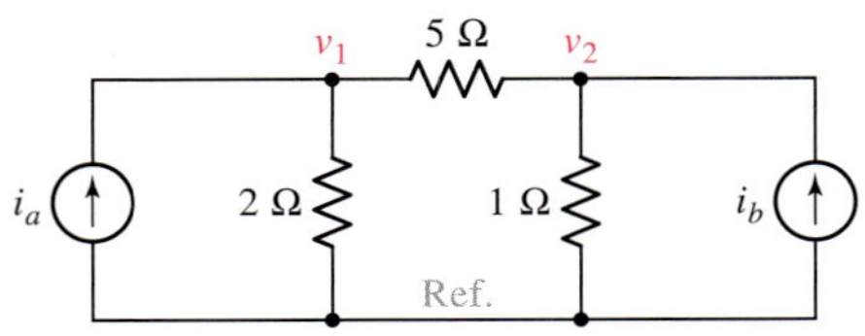

그림 5.1 2개의 독립전류원이 있는 회로.

먼저 그림 5.1의 회로를 예로 들어 중첩정리를 알아보자. 이 회로에는 2개의 독립전류원이 있어서 회로 내에 전류 i_a와 i_b가 흐르도록 한다. 이러한 이유로 전원을 흔히 구동함수(*forcing function*)라고 부른다. 이 전류에 의하여 발생되는 마디전압은 응답함수 또는 간단히 응답이라고 한다. 이 구동함수 및 응답은 시간의 함수일 수 있다. 이 회로에 대한 2개의 마디방정식은 다음과 같다.

$$0.7v_1 - 0.2v_2 = i_a \qquad [1]$$
$$-0.2v_1 + 1.2v_2 = i_b \qquad [2]$$

이제 실험을 해보자. 두 구동함수를 i_{ax}와 i_{bx}로 바꾸면, 미지의 두 전압도 달라질 것이므로 이것들을 v_{1x}와 v_{2x}라 하면 다음 식을 얻는다.

$$0.7v_{1x} - 0.2v_{2x} = i_{ax} \qquad [3]$$
$$-0.2v_{1x} + 1.2v_{2x} = i_{bx} \qquad [4]$$

다음으로 전원전류를 i_{ay}와 i_{by}로 바꾸어 실험한다. 이에 대한 응답을 각각 v_{1y}와 v_{2y}라 하면 다음을 얻는다.

$$0.7v_{1y} - 0.2v_{2y} = i_{ay} \qquad [5]$$
$$-0.2v_{1y} + 1.2v_{2y} = i_{by} \qquad [6]$$

이 3세트의 방정식은 동일한 회로에 대하여 3개의 서로 다른 전원전류값에 따른 방정식이다. 이 중에서 마지막 2세트의 방정식을 합산 또는 중첩시켜 보기로 한다. 즉, 식 [3]과 [5]를 합하면

1 선형회로에 마디해석법을 적용하면 다음과 같은 형태의 선형방정식이 얻어진다.

$$a_1v_1 + a_2v_2 + \cdots + a_Nv_N = b$$

여기서 a_i는 상수(저항 또는 컨덕턴스 값의 조합, 종속전원 표현에 나타나는 상수, 0, 또는 −1)이고 v_i는 미지의 마디전압(응답)이며 b는 독립전원의 값 또는 이들의 합이다. 이러한 식에서 모든 b에 K를 곱하면 이에 대응되는 새로운 방정식의 해는 마디전압 $Kv_1, Kv_2, \ldots, Kv_N$이 된다.

$$(0.7\,v_{1x} + 0.7\,v_{1y}) \;-\; (0.2\,v_{2x} + 0.2\,v_{2y}) \;=\; i_{ax} + i_{ay} \qquad [7]$$
$$0.7\,v_1 \;-\; 0.2\,v_2 \;=\; i_a \qquad [1]$$

이고, 식 [4]와 [6]을 합하면 다음 식이 된다.

$$-(0.2\,v_{1x} + 0.2\,v_{1y}) \;+\; (1.2\,v_{2x} + 1.2\,v_{2y}) \;=\; i_{bx} + i_{by} \qquad [8]$$
$$-0.2\,v_1 \;+\; 1.2\,v_2 \;=\; i_b \qquad [2]$$

여기서 쉽게 비교할 수 있도록 식 [1]은 식 [7]의 바로 밑에, 그리고 식 [2]는 식 [8]의 바로 밑에 다시 한 번 더 써 놓았다.

이들 방정식은 모두 선형이므로 식 [7]은 식 [1]과, 또 식 [8]은 식 [2]와 비교하여 흥미로운 결론을 끌어 낼 수 있다. 만일 i_{ax}와 i_{ay}의 합이 i_a가 되도록 i_{ax}와 i_{ay}를 선택하고, i_{bx}와 i_{by}의 합이 i_b가 되도록 i_{bx}와 i_{by}를 선택한다면 구하려고 하는 응답 v_1은 v_{1x}와 v_{1y}의 합 그리고 응답 v_2는 v_{2x}와 v_{2y}의 합으로 구할 수도 있다는 사실이다. 다시 말하면 첫 번째 실험을 수행하여 응답을 기록하고, 다음 실험을 수행하고 응답을 기록한 다음, 마지막으로 두 응답을 더하면 된다. 이러한 사실로부터 중첩정리에 포함된 근본적인 개념에 도달하게 된다. 각 독립전원에 의한 응답을 구할 때에는 다른 독립전원의 크기를 모두 0으로 놓아야 한다.

전압원을 0 V로 크기를 줄여버리면 그림 5.2*a*에서와 같이 실질적으로 단락회로가 되며, 전압원을 0 A로 크기를 줄이면 그림 5.2*b*와 같이 개방회로가 된다. 따라서 **중첩정리**는 다음과 같이 기술할 수 있다.

> 모든 선형 저항성 회로망에서 어떤 저항의 양단에 걸리는 전압 또는 이에 흐르는 전류는 다른 모든 독립전압원을 단락시키고 다른 모든 **독립**전류원을 개방시킨 상태에서 개별전원에 의한 개개의 전압 또는 전류를 모두 대수적으로 합하여 구할 수 있다.

따라서 N개의 독립전원이 있다면 N번 계산하여야 하며, 각각의 계산에서는 단 하나의 독립전원만 남기고 나머지는 모두 비활성화하거나 제거해야 한다. 다만 종속전원은 항상 있는 그대로 두어야 한다.

중첩정리를 적용할 때 독립전원의 크기를 주어진 값이나 0으로만 간주할 이유도 없다. 독립전원의 값을 여럿으로 나누더라도 이 값들의 합이 원래의 값과 같으면 된다. 그러나 전원의 값을 0으로 간주하여 비활성화시키면 회로가 좀 더 간단해진다.

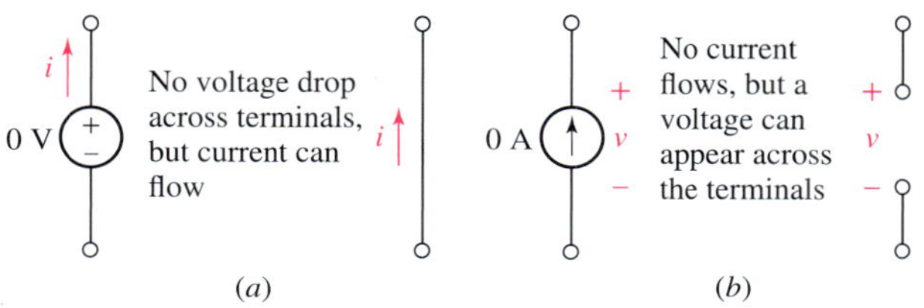

그림 5.2 (*a*) 전압원을 0 V로 놓으면 단락회로처럼 동작한다. (*b*) 전류원을 0 A로 놓으면 개방회로처럼 동작한다. 각각의 경우, 우측의 등가 표현은 회로분석에 도움을 주기 위해 회로도에 대체될 수 있다.

좀 더 강력하게 중첩정리를 적용할 수도 있다. 원한다면 독립전원을 **그룹**으로 묶어서 중첩정리를 적용할 수 있다. 예를 들어, 독립전원이 3개 있는 회로를 생각해보자. 중첩정리를 적용하면 먼저 세 전원이 각각 단독으로 동작할 때의 응답을 구한 다음에 이 세 응답을 더해 최종 응답을 구한다. 이 방법 대신에 먼저 첫째 전원과 둘째 전원이 같이 동작할 때의 응답을 구하고, 이 응답에 셋째 전원이 단독으로 동작할 때의 응답을 더해서 최종 응답을 구할 수도 있다.

예제 5.1

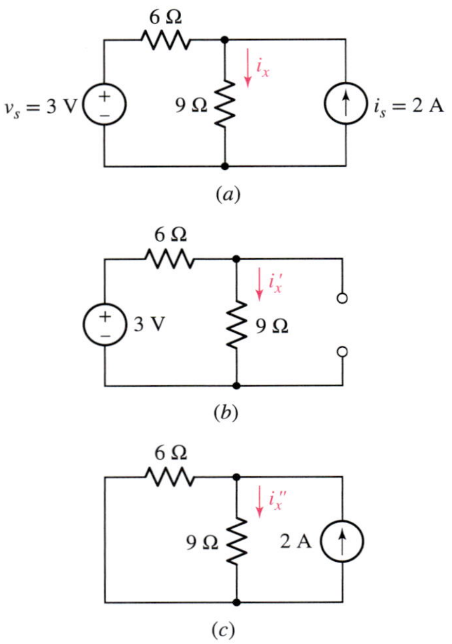

그림 5.3 (*a*) 2개의 독립전원이 있는 회로. (*b*) 전류원을 개방한 회로. (*c*) 전압원을 단락시킨 회로.

그림 5.3*a*의 회로에서 중첩정리를 적용하여 미지의 가지전류 i_x를 구하라.

먼저 전류원을 0으로 만들기 위해서 개방하면 그림 5.3*b*가 된다. 여기서 비활성화된 전류원은 개방회로로 표시된다.

전압원에 의한 i_x의 응답을 혼돈을 피하기 위해 i_x'라고 표시하고 이를 계산하면 i_x'는 0.2 A이다. 다음으로 그림 5.3*a*의 회로에서 전압원을 0으로 설정하면 그림 5.3*c*의 회로가 얻어진다. 비활성화된 전압원은 개략도에서 단락회로로 대체된다. 전류분배법칙에 의하여 i_x''(2 A 전류원에 의한 i_x의 응답부분)는 0.8 A이다.

이제 구하려는 전체 전류 i_x는 다음과 같이 각 성분의 합으로 구해진다.

$$i_x = i_{x|3\,\text{V}} + i_{x|2\,\text{A}} = i_x' + i_x''$$

또는

$$i_x = \frac{3}{6+9} + 2\left(\frac{6}{6+9}\right) = 0.2 + 0.8 = 1.0\ \text{A}$$

익힘문제 5.1

그림 5.4의 회로에서 중첩정리를 적용하여 전류 i_x를 구하라.

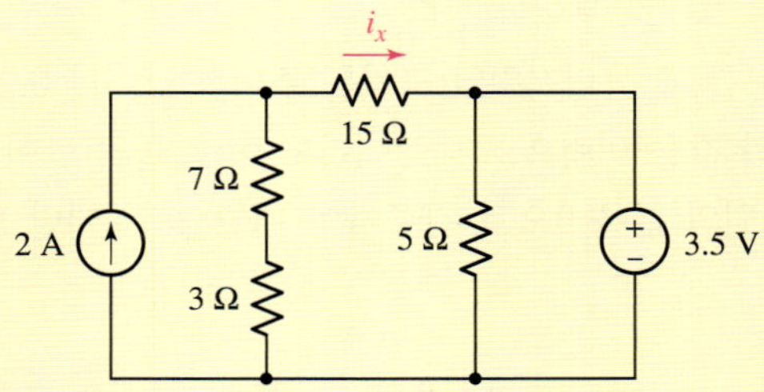

그림 5.4

답: 660 mA.

다른 관점에서 이 예제를 보면, 3 V 전원과 2 A 전원은 이 회로에 별개로 작용하여 9 Ω 저항에 전류 i_x를 흐르게 한다. 즉, *3 V* 전원이 i_x에 기여하는 전류는 *2 A* 전원이 i_x에 기여하는 전류와 무관하며, 또 반대로 *2 A* 전원이 i_x에 기여하는 전류는 *3 V* 전원에 의한 전류와 무관하다. 예를 들어 전류원의 크기를 2 A에서 두 배인 4 A로 하면 이 전류원에 의해 9 Ω 저항에 흐르는 전류 i_x는 1.6 A가 된다. 그러나 3 V 전압원에 의해 9 Ω 저항에 흐르는 전류는 여전히 0.2 A이다. 따라서 이때 9 Ω 저항에 흐르는 총 전류는 0.2 + 1.6 = 1.8 A이다.

일반적으로 중첩정리는 어떤 특정 회로를 해석할 때 작업부담을 감소시켜주는 것은 아니다. 그 이유는 중첩정리를 사용하면 원하는 응답을 얻기 위해 여러 개의 새로운 회로를 해석해야 하기 때문이다. 그러나 좀 더 복잡한 회로에서 몇몇 부분이 갖는 중요성을 파악하는 데 특히 유용하게 사용할 수 있다. 그리고 10장에서 설명할 페이저 해석의 기본이 되기도 한다.

예제 5.2

그림 5.5*a*의 회로에서 어떤 저항도 전력정격을 초과하여 과열되지 않도록 전원 I_x가 공급할 수 있는 양의 값의 최대 전류를 계산하라.

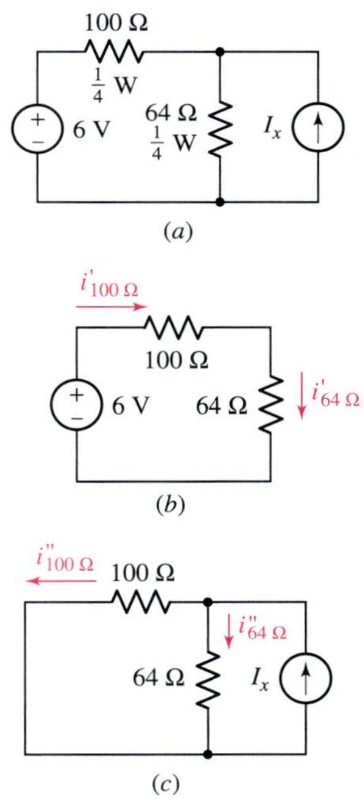

그림 5.5 (*a*) 정격 전력이 $\frac{1}{4}$ W인 두 저항을 가진 회로. (*b*) 6 V 전압원만 활성화된 회로. (*c*) 전류원 I_x만 활성화된 회로.

문제의 목표를 확인한다.

각 저항의 허용 최대 전력은 250 mW이다. 만일 이 값을 초과하면(각 저항에 전류가 지나치게 흐르게 하면) 과다한 열이 발생되고 사고를 초래할 가능성이 있다. 6 V 전원의 값은 변동이 없으므로 I_x를 포함한 식을 세우고 각 저항에 흐를 수 있는 최대 전류를 구한다.

알고 있는 정보를 모두 수집한다.

정격전력이 250 mW이므로 100 Ω 저항이 감당할 수 있는 최대 전류는

$$\sqrt{\frac{P_{\max}}{R}} = \sqrt{\frac{0.250}{100}} = 50 \text{ mA}$$

이고, 64 Ω 저항에 흐르는 전류는 62.5 mA 미만이어야 한다.

어떤 방법이 이 문제에 가장 효과적인지 결정한다.

이 문제를 풀이하는 데는 마디해석법이나 메쉬해석법을 적용할 수 있다. 그러나 근본적으로 전류원의 영향을 알아보아야 하므로 중첩정리에 약간의 강점이 있다.

적절한 방정식을 세운다.

중첩정리를 적용하기 위해 회로를 다시 그리면 그림 5.5*b*와 같다. 6 V 전압원에 의해서 100 Ω 저항에 흐르는 전류를 구하면

$$i'_{100\,\Omega} = \frac{6}{100 + 64} = 36.59 \text{ mA}$$

이다. 64 Ω 저항이 100 Ω 저항과 직렬로 연결되어 있으므로 64 Ω 저항에 흐르는 전류도 $i'_{64\,\Omega} = 36.59$ mA이다.

그림 5.5c에서 전류분배를 고려해 보면 $i''_{64\,\Omega}$은 $i'_{64\,\Omega}$에 더해지는 방향이지만, $i''_{100\,\Omega}$은 $i'_{100\,\Omega}$과 반대 방향이다. 따라서 I_x가 64 Ω 저항에 안전하게 흘릴 수 있는 전류는 62.5 − 36.59 = 25.91 mA이고 100 Ω 저항의 경우에는 50 − (−36.59) = 86.59 mA이다.

그러므로 100 Ω 저항에서는 다음과 같이 I_x에 관한 조건이

$$I_x < (86.59 \times 10^{-3})\left(\frac{100 + 64}{64}\right)$$

이고, 64 Ω 저항에 대한 조건은 다음과 같다.

$$I_x < (25.91 \times 10^{-3})\left(\frac{100 + 64}{100}\right)$$

풀이를 시도한다.

먼저 100 Ω 저항에서의 조건식을 살펴보면 I_x는 $I_x < 221.9$ mA로 제한된다. 64 Ω 저항에서는 I_x가 $I_x < 42.49$ mA로 제한된다. 두 조건을 모두 만족시키려면 I_x가 42.49 mA 미만이어야 한다. 만일 이 값이 증가되면 100 Ω 저항이 과열되기 훨씬 전에 64 Ω 저항이 먼저 과열될 것이다.

해가 타당한지 또는 기대했던 결과인지 검토한다.

이 결과를 검증하는 한 가지 유용한 방법은 다음 예제 다음에 있는 LTspice의 dc 스위프 해석을 수행하는 것이다. 그러나 64 Ω 저항이 먼저 과열될 것이라고 예상했었는지는 의문이다.

원래 저항에 흘릴 수 있는 최대 전류값은 100 Ω 저항이 더 작았으므로 이 저항에 의해 I_x값이 제한될 것으로 예상하는 것이 타당할 수 있다. 그러나 100 Ω 저항에서는 6 V 전원에 의한 전류가 I_x에 의한 전류와 반대 방향이지만 64 Ω 저항에서는 더해지는 방향이므로 일반적인 예상과는 달리 64 Ω 저항에 의해 I_x값이 제한된 것이다.

예제 5.3

그림 5.6a의 회로에서 중첩정리를 사용하여 전류 i_x의 값을 구하라.

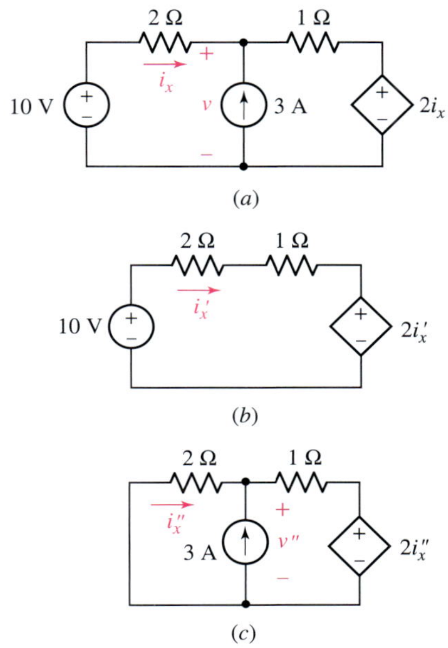

그림 5.6 (a) 독립전원 2개와 종속전원 1개가 있는 회로. (b) 3 A 전원을 개방시킨 회로. (c) 10 V 전원을 단락시킨 회로.

먼저 3 A 전원을 개방시키면 그림 5.6b와 같다. 메쉬방정식이

$$-10 + 2i'_x + i'_x + 2i'_x = 0$$

뿐이므로 아래의 결과를 얻는다.

$$i'_x = 2 \text{ A}$$

다음에는 10 V 전압원을 단락시키면 그림 5.6c와 같다. 마디방정식이

$$\frac{v''}{2} + \frac{v'' - 2i''_x}{1} = 3$$

로 하나이다. 종속전원의 제어변수 i''_x와 v''의 관계는 다음과 같다.

$$v'' = 2(-i''_x)$$

따라서 독립전류원에 의한 전류를 구하면

$$i''_x = -0.6 \text{ A}$$

이다. 전류 i_x는 다음과 같이 두 전류의 합으로 구해진다.

$$i_x = i'_x + i''_x = 2 + (-0.6) = 1.4 \text{ A}$$

일부 전원을 비활성화시키고 회로를 다시 그릴 때 사용하는 기호는 원래 회로의 것과는 다른 것을 사용함에 항상 유의하여야 한다. 이렇게 하면 개별 결과를 더할 때 발생할 수 있는 오류를 예방할 수 있다.

익힘문제 5.2

그림 5.7의 회로에서 중첩정리를 사용하여 각 전류원의 양단에 걸리는 전압을 구하라.

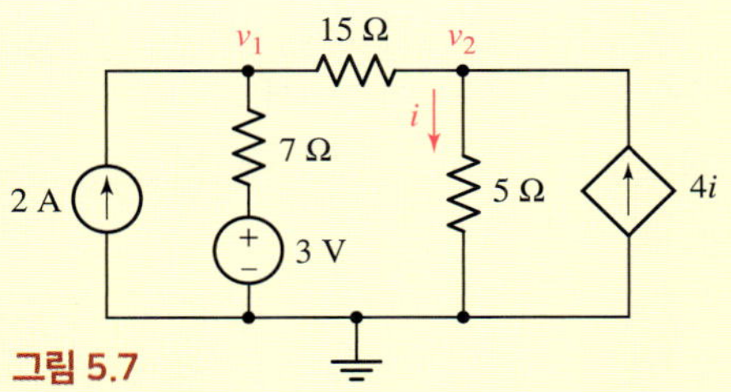

그림 5.7

답: $v_{1|_{2A}} = 9.180$ V; $v_{2|_{2A}} = -1.148$ V; $v_{1|_{3V}} = 1.967$ V; $v_{2|_{3V}} = -0.246$ V; $v_1 = 11.147$ V; $v_2 = -1.394$ V.

기본적인 중첩정리 적용 절차의 요약

1. **독립전원 중 하나를 선택하고 나머지 다른 독립전원은 모두 0으로 놓는다.** 이것은 전압원은 단락시키고 전류원은 개방시킴을 의미한다. 종속전원은 그대로 둔다.
2. **적절한 기호를 사용하여 전압과 전류를 다시 표시한다**(e.g., v', i_2''). 혼란을 피하기 위하여 종속전원의 제어변수는 반드시 다시 표시한다.
3. **간략화된 회로를 해석하여 필요한 전압 및/또는 전류를 구한다.**
4. **각 독립전원을 모두 고려할 때까지 1단계부터 3단계까지를 반복한다.**
5. **개별 해석으로부터 구해진 전압과 전류를 더한다.** 더할 때 전압의 극성과 전류의 방향에 특히 주의하여야 한다.
6. **전력은 더해서는 안 된다.** 만일 전력을 구해야 한다면 개별 해석에서 구한 전압 및/또는 전류를 합산한 후에 계산하여야 한다.

위 절차에서 1단계는 여러 방법으로 대체할 수 있다. 첫째, 독립전원을 그룹으로 묶어서 해석이 간편해진다면 독립전원들을 개별적으로 다루지 않고 그룹으로 묶어서 다루어도 된다. 이때 보조회로에 한 번도 포함되지 않은 독립전원이 있어서는 안 된다. 둘째, 거의 대부분의 경우에 좋은 방법은 아니지만 기술적으로는 전원을 0으로 놓을 필요는 없다. 예를 들어 3 V 전원을 두 보조회로에 1.5 V로 놓아도 된다. 그 이유는 0 + 3 = 3 V나 1.5 + 1.5 = 3 V나 똑같이 3 V이기 때문이다. 그러나 이 방법은 해석을 간편하게 할 만한 방법은 아니므로 익힐 필요는 별로 없다.

컴퓨터를 이용한 해석

LTspice는 회로를 해석한 결과를 검증하는 데 유용할 뿐만 아니라 각 전원이 특정한 응답에 미치는 영향을 조사하는 경우에도 도움을 줄 수 있다. 이러한 용도로 사용하기 위해 *dc parameter sweep*으로 알려져 있는 것을 사용한다.

예제 5.2에서 다루었던 회로를 고려한다. 이 예제는 회로에 있는 두 저항의 전력정격을 초과하지 않는 범위에서 전류원이 내보낼 수 있는 양의 값의 최대 전류를 구하는 것이었다. Window 환경에서 LTspice schematic capture 도구를 사용하여 이 회로를 다시 그리면 그림 5.8과 같다. 전류원에는 어떤 값도 지정하지 않은 상태임을 유의해야 한다.

회로를 그림 5.8과 같이 개략도로 만들어 저장한 후에 dc 스위프(sweep) 파라미터를 규정한다. 이 선택 기능은 전압원 또는 전류원(현재의 경우에는 전류원 I_x)을 특정한 값이 아니라 값의 범위로 규정할 수 있도록 한다. **Edit**에서 **SPICE Analysis**를 선택하면 그림 5.9와 같은 대화 상자가 제공된다.

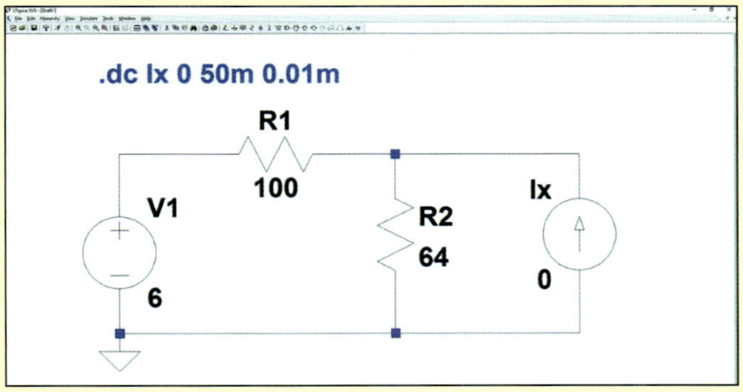

그림 5.8 예제 5.2의 회로

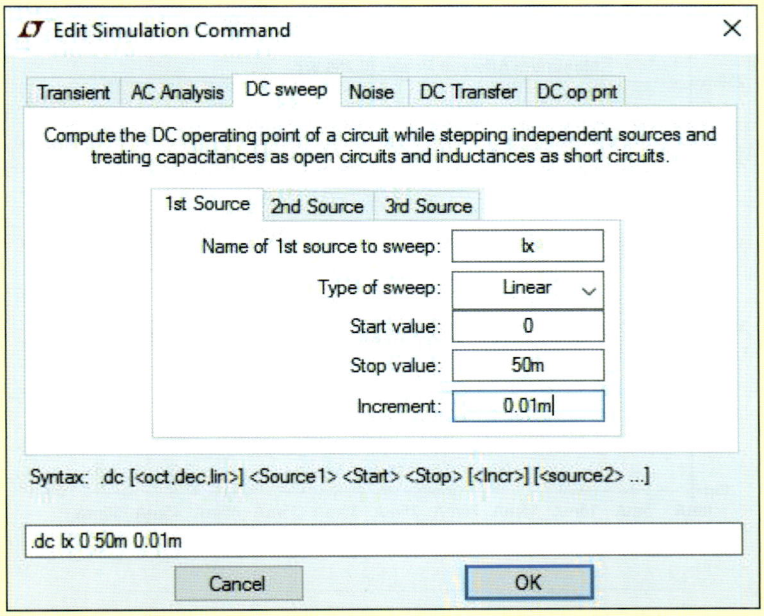

그림 5.9 I_x가 전원으로 선택된 상태로 표시된 dc 스위프(sweep) 대화상자. 'm'은 milli 혹은 10^{-3}승을 나타낸다.

DC sweep을 선택하고 **1st Source** 지정한 다음에 **Name of 1st source to sweep** 상자에 I_x를 입력한다. **Sweep type**에는 **Linear, Octave, Decade** 및 **List**가 있다. 마지막으로 선택할 사항은 I_x로 지정할 각 값을 규정하는 일이다. 매끄러운 그래프를 얻기 위해서 **Linear** 스위프를 지정하고 **Start Value**로 0 mA, **End Value**로 50 mA 그리고 **Increment**로 0.01 mA를 입력한다. Windows가 아닌 환경에서는 메뉴 시스템을 사용하지 못할 수 있다. 이 경우 SPICE 지시문(.dc로 시작하는 줄)이 개략도에 직접 추가된다.

이제 **Simulate** 메뉴에서 **Run**을 선택할 준비가 되었다. 그래프 창(plot window)이 열릴 때에 수평축은 변수 I_x를 나타내지만 수직축 변수는 지정해 주어야 한다. **Plot Settings** 메뉴에서 **Add Trace**를 선택하고 **I(R1)**을 클릭한 후 **Expression(s) to add** 상자에 *를 입력한다. 또 **I(R1)**을 다시 한 번 더 클릭하고 *를 입력한다. 그리고 마지막에는 100을 입력한다. 이와 같이 하면 출력창에 100 Ω 저항에서 소모하는 전력이 나타난다. 마찬가지로 64 Ω에 대해서도 동일한 절차를 반복하면 여기서 소모하는 전력에 대해 그림 5.10*a*와 유사한 그래프를 얻을 수 있다. 250 mW의 수평 기준선은 **Plot Settings** 메뉴에서 **Add Trace**를 선택하고 **Expression(s) to add** 상자에 0.250을 입력하면 얻어진다. 2개의 *y*축이 있음에 주목한다. 왼쪽에 있는 것은 250 mW

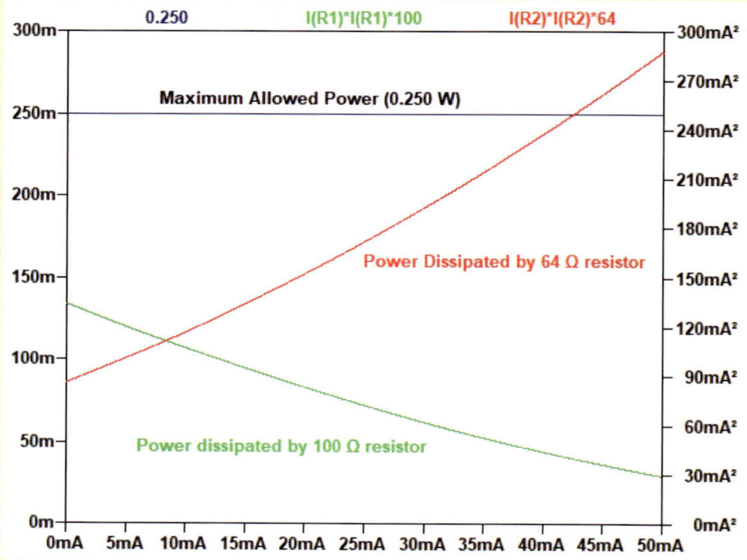

(*a*)

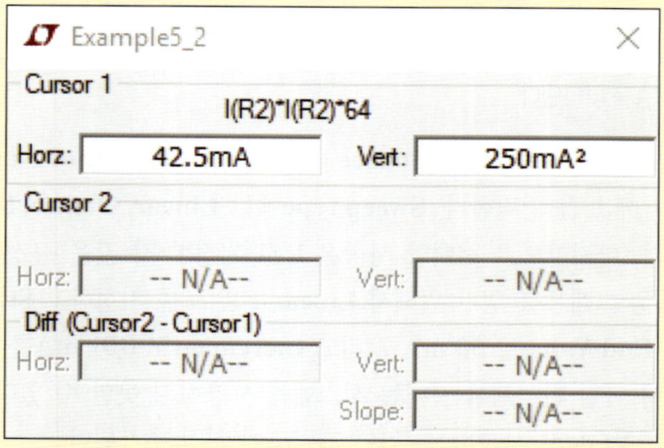

(*b*)

그림 5.10 (*a*) 출력창에는 두 저항에서 소모되는 전력을 구분하여 나타낸다. 250 mW의 수평선은 명확성을 위해 그려진 것이다. (*b*) 커서의 대화상자.

기준선에 해당하며 오른쪽 축의 눈금에 부합하도록 한계를 수동으로 조정해야 한다. 오른쪽 축에서의 단위는 표현식에서 2개의 전류가 곱해졌기 때문에 mA^2의 단위로 기본 설정된다.

이 그래프를 보면 64 Ω 저항은 I_x = 43 mA 부근에서 250 mW의 정격전력을 초과한다. 이와는 대조적으로 전류 I_x의 값(0~50 mA 범위의 값)에 무관하게 100 Ω 저항은 250 mW 이상의 전력을 소모하는 경우가 없다. 실제로 100 Ω 저항은 I_x 전류원의 값이 증가하면 그 소모 전력은 점점 감소한다. 만일 더 정밀한 수치를 원한다면 메뉴에 있는 그래프 창 상단의 수식을 선택하여 호출되는 커서를 사용할 수 있다. 그림 5.10*b*는 커서를 42.5 mA까지 드래그한 결과를 나타낸다. 여기서 64 Ω 저항은 250 mW의 최대 정격전력에서 동작하고 있다. 정밀도를 더 높이려면 dc 스위프에서 사용되는 증가분(increment)의 값을 감소시키면 된다.

유감스럽게도 하나 또는 그 이상의 종속전원이 포함되어 있는 회로에 중첩정리를 적용하여 해석하면 해석시간이 절약되는 경우가 별로 없다. 그 이유는 부분회로에서도 최소한 2개의 전원(독립전원 하나와 기타 모든 종속전원)이 동작하기 때문이다.

중첩정리를 적용할 때는 언제나 그 한계를 기억해야 한다. 중첩정리는 선형회로에만 적용 가능하며, 따라서 가장 흔한 비선형 응답인 전력에는 중첩정리를 적용할 수 없다. 예를 들어 직렬 연결된 2개의 1 V 건전지를 1 Ω 저항에 직렬로 연결한다고 하자. 이때 이 저항에 공급되는 전력은 4 W임은 분명하다. 그러나 실수로 중첩정리를 적용하면 각 건전지 하나는 1 V이므로 저항에 1 W의 전력을 공급할 수 있으므로 총 2 W의 전력을 공급한다는 결과를 얻게 된다. 이 결과는 틀린 것이지만 놀랍게도 저지르기 쉬운 실수이다.

5.2 전원의 변환

실제의 전압원

이제까지는 이상적인 전압원이 있는 회로만을 다루었다. 이상적인 전압원에서는 단자전압이 전압원을 통해 흐르는 전류와 무관하다. 이러한 사실과 관련된 것을 알아보기 위해 1 Ω 저항에 (이상적인) 9 V의 독립전원이 접속되어 있는 간단한 회로를 고려해보자. 9 V 전원은 1 Ω 저항을 통해 9 A의 전류(아마도 충분히 합리적인 값으로 보인다.)가 흐르도록 하지만 같은 전원이라도 저항값이 1 μΩ이라면 명백하게 9,000,000 A(합리적인 값이 아닌 것으로 보인다)의 전류가 흐르도록 할 것이다. 이론적으로는 저항값을 계속하여 0 V까지 줄이지 못할 이유가 없다. 그러나 0 Ω

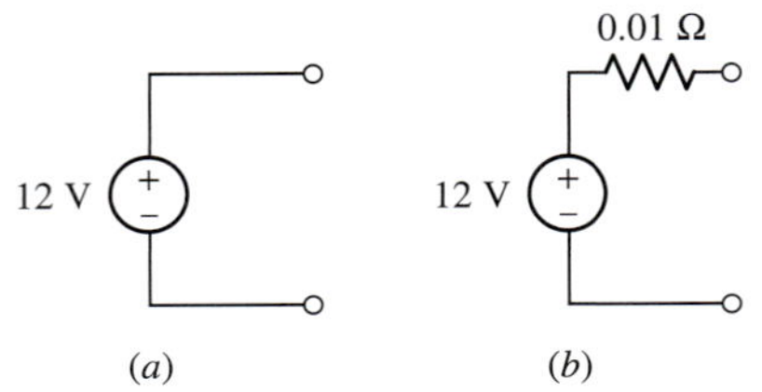

그림 5.11 (*a*) 자동차 배터리를 모델링하는데 사용한 이상적인 12 V 직류전압원. (*b*) 큰 전류가 흐를 때 관측되는 단자전압 강하를 고려한 좀 더 정밀한 모델. 배터리가 사용되지 않는 경우 배터리의 직렬 저항이 크게 증가되므로 개방회로에서 이상적 전압이 측정되지만 시동회로에 의해 배터리가 사용되는 경우 작은 단자전압이 측정된다.

이 되면 모순이 발생한다. 전원이 단락상태인 저항의 양단전압을 9 V로 유지하려고 하면 옴의 법칙이 성립하지 않는다($V = 9 = RI = 0$?).

실제에 있어서 이런 형태의 실험을 한다면 어떤 일이 발생할까? 예를 들어 전조등을 켠 채 자동차 시동을 걸면 전조등이 어두워지는 것을 느낄 것이다. 이는 배터리가 전조등에 흐르는 전류와 병렬로 흐르는 (~100 A 또는 그 이상의) 큰 시동전류를 흘려주어야 하기 때문이다. 만일 12 V 배터리를 그림 5.11*a*와 같이 이상적인 12 V 전원으로 모델링한다면 실제의 현상을 설명할 수 없다. 이를 달리 말하면 전원으로부터 부하로 큰 전류가 흐를 때에는 그림 5.11*a*의 모델이 성립하지 않는다고 할 수 있다.

실제 배터리의 동작을 더 정확하게 나타내기 위해서는 이상적인 전압원은 큰 전류가 흘러나갈 때 단자전압이 낮아지는 것을 설명할 수 있도록 수정되어야만 한다. 자동차 배터리에 대해서 실험한 결과 전류가 0일 때에는 단자전압이 12 V이고, 100 A 전류가 흘러나갈 때에는 단자전압이 11 V로 감소하였다고 하자. 이러한 특성을 어떻게 모델링할 수 있을까? 이 경우 12 V의 이상적인 전압원에 직렬로 1개의 저항을 연결하고 이 저항은 100 A 전류가 흐를 때 저항 양단전압이 1 V가 되도록 값을 선택한다. 이러한 조건을 만족할 저항은 1 V/100 A = 0.01 Ω임을 쉽게 계산할 수 있다. 이 0.01 Ω 저항과 12 V 이상적인 전압원의 직렬 형태로 **실제 전압원**을 구성한다(그림 5.11*b*). 따라서 실제의 전압원을 모델링하기 위해서 1개의 독립전압원과 1개의 저항, 2개의 이상적인 회로소자가 직렬로 접속되어 있는 것을 사용한다.

물론 자동차의 배터리 내부에서 이러한 이상적인 소자들을 찾기는 어렵다. 실제 장치라면 어느 것이라도 장치의 단자에서 본 전압-전류 관계로 특성지어진다. 그러므로 최소한 사용 가능한 범위의 전류, 전압 또는 전력에 대해서는 유사한 전압-전류 특성을 가지도록 이상적인 소자들을 조합하여 사용한다.

그림 5.12*a*는 부하 저항 R_L에 연결된 자동차 배터리의 실제적 모델로서, 두 소자로 구성되어 있다. 실제 전원의 단자전압은 R_L에 걸리는 전압이며 V_L로 표시되어 있다.[2] 그림 5.12*b*는 이 실제 전원에서 부하 전압 V_L을 부하전류 I_L의 함수로 나타낸 그래프이다. 그림 5.12*a*의 회로에 대한 KVL 방정식은 다음과 같이 I_L과 V_L의 항으로 나타내진다.

$$12 = 0.01\, I_L + V_L$$

따라서

$$V_L = -0.01\, I_L + 12$$

이 식은 I_L과 V_L에 대한 선형 방정식이며 그래프는 그림 5.12*b*와 같이 직선이다. 이 직선 상의 각 점은 서로 다른 R_L값에 대응된다. 예를 들어, 이 직선의 중간

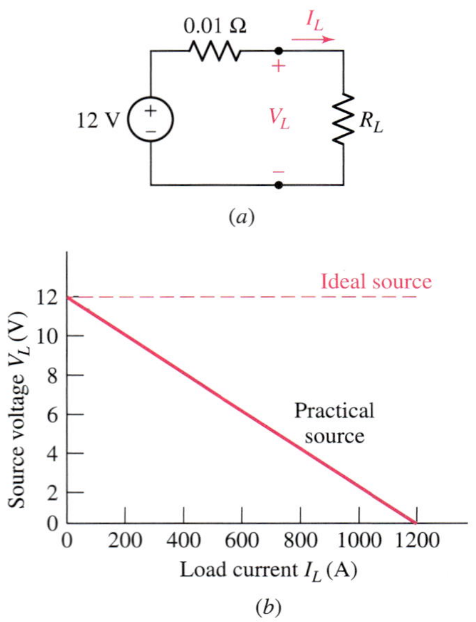

그림 5.12 (*a*) 12 V 자동차 배터리의 동작을 나타낸 실제 전원이 부하 저항 R_L에 접속되어 있다. (*b*) I_L과 V_L 간의 관계는 선형이다.

2 이후로는 직류 변수를 나타내기 위해서는 대문자를 사용하고 소문자는 시간에 따라 변화하는 값을 나타내는 데 사용하기로 한다. 그러나 직류나 교류 모두에 적용되는 일반적인 정리를 설명하는 경우에는 그 개념의 일반적 성격을 강조하기 위해서 계속 소문자를 사용하기로 한다.

점은 부하 저항의 값이 실제 전원의 내부저항 $R_L = 0.01\ \Omega$와 동일할 때 얻어진다. 여기서 부하 전압은 이상적인 전원 전압의 1/2과 정확히 일치한다.

$R_L = \infty$이어서 부하에 전류가 흐르지 않을 때 실제 전원은 개방회로가 되며, 그 단자전압은 개방회로 전압이 되어 $V_{Loc} = 12$ V이다. 반면에 $R_L = 0$이 되어 부하가 단락되면 부하전류는 단락회로 전류가 되며 $I_{Lsc} = 1200$ A가 흐르게 될 것이다. (이러한 실험을 실제로 수행한다면 단락회로, 배터리 및 측정장치가 파괴될 것이다!)

V_L을 I_L에 대해 그래프로 나타내면 실제 전압원인 경우 직선이므로 V_{Loc}와 I_{Lsc}의 값만으로 V_L–I_L곡선을 결정할 수 있다.

그림 5.12*b*에서 수평 방향의 점선은 이상적인 전압원의 V_L–I_L 그래프이며, 부하 전류값이 얼마이든 단자전압이 일정하다. 실제 전압원의 단자전압값은 부하전류가 작은 경우에 한하여 이상적인 전압원의 값에 가깝다.

이제 그림 5.13*a*에 나타낸 것과 같이 일반적인 실제 전압원을 생각해보자. 이상적인 전압원의 전압 v_s와 저항 R_s(내부저항 또는 출력저항이라고 한다)가 직렬로 접속되어 있다. 다시 말하지만 이 저항은 별개의 소자로 실제 존재하는 것이 아니며, 단지 부하전류가 증가하면 단자전압이 줄어드는 특성을 나타내기 위한 것이다. 이 저항을 사용하면 실제 전압원의 동작을 좀 더 유사하게 모델링할 수 있다.

v_L과 i_L 사이의 선형적인 관계는

$$v_L = v_s - R_s i_L \qquad [9]$$

이며, 그리면 그림 5.13*b*와 같다. 개방회로 전압($R_L = \infty$이므로 $i_L = 0$)은

$$v_{Loc} = v_s \qquad [10]$$

이며, 단락회로($R_L = 0$ 이므로 $V_L = 0$) 전류는 다음과 같다.

$$i_{Lsc} = \frac{v_s}{R_s} \qquad [11]$$

다시 한 번 말하지만 이 값들은 그림 5.13*b*의 직선이 좌표축과 만나는 점이며, 따라서 두 값만으로 특성을 나타내는 직선을 그릴 수 있다.

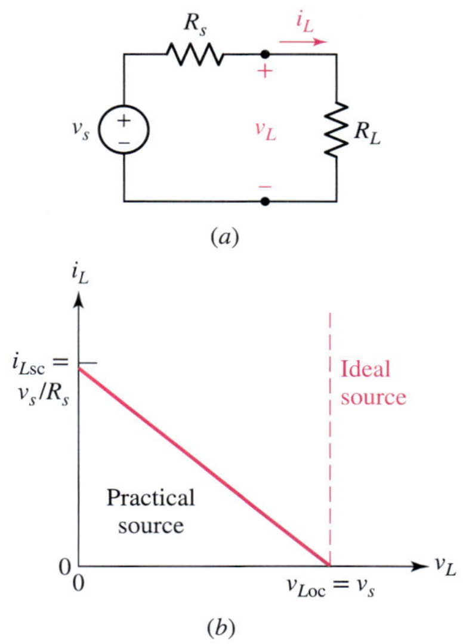

그림 5.13 (*a*) 부하저항 R_L에 접속되어 있는 일반적인 실제 전압원. (*b*) 실제 전압원의 단자전압은 i_L이 증가함에 따라 감소하며, 이에 따라 $R_L = V_L/i_L$값도 감소한다. 이상적인 전압원의 단자전압(그림에서 점선으로 표시)은 부하에 흐르는 전류에 무관하게 항상 동일하다.

실제의 전류원

이상적인 전류원도 실제로는 존재하지 않는다. 전류원에 접속되어 있는 부하저항 또는 전류원의 양단전압에 영향을 받지 않고 일정한 전류를 공급하는 물리적인 전류원은 어디에도 없다. 어떤 특별한 종류의 트랜지스터 회로는 넓은 범위의 부하 저항에 대해 일정한 전류를 공급할 수 있지만 부하 저항을 충분히 크게 하면 부하전류는 매우 작아진다. 불행하게도 전력을 무한히 공급하기는 불가능하다.

실제의 전류원은 내부저항 R_p와 병렬로 연결된 이상적인 전류원으로 정의된다. 이러한 실제 전류원은 그림 5.14*a*와 같으며, 부하 저항 R_L과 관련된 전류 i_L과 전압 v_L을 표시하였다. KCL을 적용하면 다음 식을 얻는다.

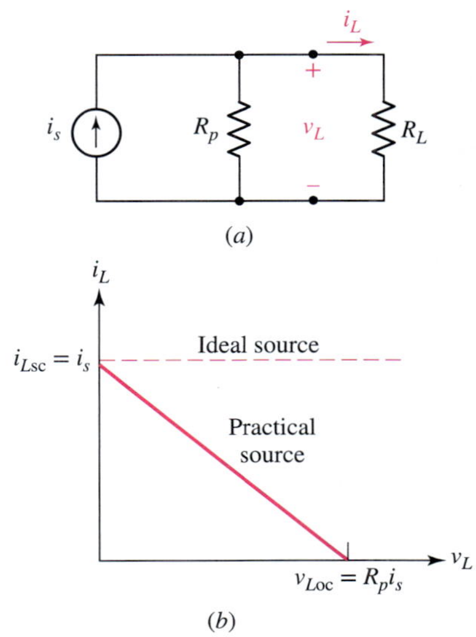

그림 5.14 (*a*) 부하저항 R_L에 접속되어 있는 일반적인 실제 전류원. (*b*) 실제 전류원에서 공급하는 부하전류는 부하전압의 함수로 나타난다.

$$i_L = i_s - \frac{v_L}{R_p} \tag{12}$$

이 식은 선형 관계를 나타낸다. 개방회로 전압과 단락회로 전류는 각각

$$v_{Loc} = R_p i_s \tag{13}$$

와

$$i_{Lsc} = i_s \tag{14}$$

이다.

그림 5.14*b*와 같은 부하전압의 변화에 따른 부하전류의 변화는 R_L의 값을 변화시키면 구해진다. 부하저항 R_L을 0 Ω에서부터 무한대의 크기로 증가시키면 단락회로에서 개방회로가 되므로 이 직선은 i_{Lsc}와 v_{Loc}를 가로지르는 직선이 된다. 직선에서의 중간점은 $R_L = R_p$일 때이다. 부하전류 i_L은 부하전압이 매우 작을 때에만 이상적인 전류원의 전류와 비슷해지는데, 이때 R_L의 값은 R_p에 비해 아주 작다.

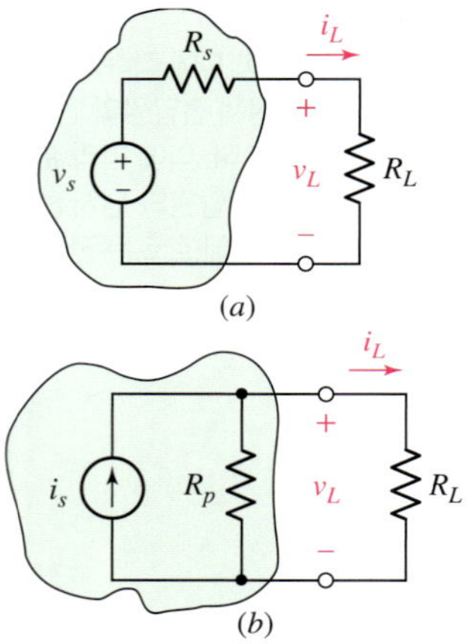

그림 5.15 (*a*) 부하 R_L에 접속되어 있는 주어진 실제 전압원. (*b*) 동일 부하 R_L에 접속되어 있는 등가인 실제 전류원.

등가인 실제 전원

모델들의 정밀도를 높일 수 있다. 현재 우리는 실제적인 전압원 모델을 가지고 있고 실제적인 전류원 모델도 가지고 있다. 그러나 진도를 더 나가기 전에 잠시 그림 5.13*b*와 그림 5.14*b*를 비교해보자. 두 그림 중 하나는 전압원이 있는 회로에 대한 그림이고 다른 하나는 전류원이 있는 회로에 대한 그림인데 **두 그림을 식별할 수가 없다!**

이것은 우연의 일치가 아니다. 사실상 이것은 실제적인 전압원을 전기적으로 등가인 실제적인 전류원으로 등가화할 수 있음을 보여주는 것으로서, 부하저항 R_L이 두 회로 중 어느 회로에 접속되어 있든 부하저항에서의 V_L과 i_L이 동일함을 말해준다. 이것은 한 실제 전원을 다른 실제 전원으로 대체해도 회로의 나머지 부분에서는 차이가 없을 것임을 의미한다.

그림 5.15*a*에 나타낸 실제 전압원과 저항 R_L로 구성된 회로와 그림 5.16*b*에 나타낸 실제 전류원과 저항 R_L로 구성된 회로를 고려해보자. 그림 5.15*a*에서 R_L에 걸리는 전압을 계산하면 다음과 같다.

$$v_L = v_s \frac{R_L}{R_s + R_L} \tag{15}$$

마찬가지로 그림 5.15*b*에서 부하 R_L의 전압을 계산하면

$$v_L = \left(i_s \frac{R_p}{R_p + R_L} \right) \cdot R_L$$

이다. 이때 다음의 두 식이 성립하면 두 실제전원은 전기적으로 등가이다.

$$R_s = R_p \tag{16}$$

$$v_s = R_p i_s = R_s i_s \tag{17}$$

여기서 R_s는 실제 전압원 또는 실제 전류원의 내부저항을 나타낸다.

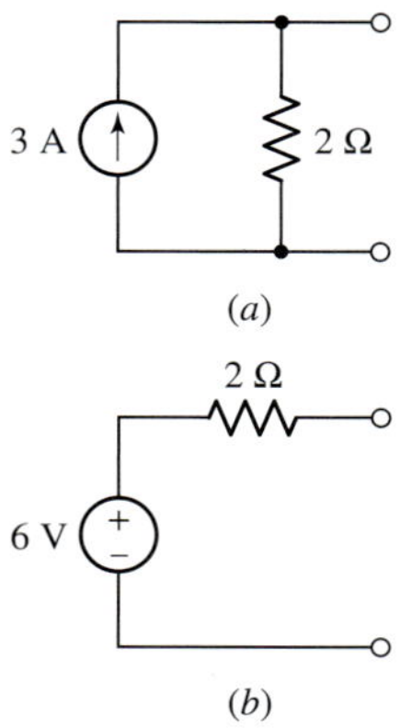

그림 5.16 (*a*) 주어진 실제 전류원. (*b*) 이와 등가인 실제 전압원.

이것을 그림 5.16*a*에 있는 실제 전류원을 가지고 생각해보자. 전류원의 내부 저항이 2 Ω이므로 이와 등가인 실제 전압원의 내부 저항도 2 Ω이고, 실제 전압원의 내부에 있는 이상적인 전압원의 전압은 (2)(3) = 6 V이다. 등가인 실제 전압원을 그림 5.16*b*에 나타내었다.

이 두 회로가 등가인지 확인하기 위하여 4 Ω 저항을 두 전원에 접속해보자. 두 경우 모두 4 Ω 저항에는 전류가 1 A이고, 전압은 4 V이며 전력은 4 W이다. 그러나 주의 깊게 살펴보면 이상적인 전류원은 12 W의 전력을 공급하지만 이상적인 전압원은 6 W의 전력을 공급한다는 것을 알 수 있다. 더구나 실제 전류원의 내부저항은 8 W의 전력을 소모하는 반면에 실제 전압원의 내부저항은 2 W의 전력만을 소모한다. 따라서 두 실제 전원은 부하 단자에 대해서만 등가이고 전원 내부적으로는 등가가 아님을 알 수 있다.

예제 5.4

그림 5.17*a*에서 9 mA인 전류원을 등가 전압원으로 변환한 후에 4.7 kV 저항에 흐르는 전류를 계산하라.

문제가 되고 있는 9 mA 전류원만이 아니라 이 전류원과 병렬로 접속되어 있는 5 kΩ 저항도 고려해야 한다. 이 두 소자를 떼어내 2단자 회로를 구성한다. 그러면 이 회로가 5 kΩ인 저항과 직렬인 전압원으로 대체된다. 전압원의 값은 (0.009)(5000) = 45 V이어야 한다.

회로를 그림 5.17*b*와 같이 다시 그리고 KVL 방정식을 세우면 다음과 같다.

$$-45 + 5000I + 4700I + 3000I + 3 = 0$$

이 식을 풀면 전류는 $I = 3.307$ mA이다.

물론 마디해석법이나 메쉬해석법을 사용하여 그림 5.17*a*의 회로를 해석하여 구한 답을 검증할 수 있다.

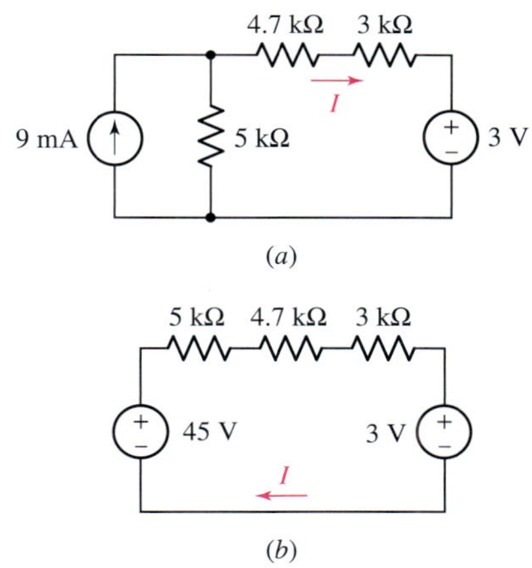

그림 5.17 (*a*) 전압원과 전류원이 둘 다 있는 회로. (*b*) 9 mA 전류원을 등가 전압원으로 변환한 회로.

익힘문제 5.3

그림 5.18의 회로에서 먼저 전압원을 등가 전류원으로 변환하고 47 kΩ 저항에 흐르는 전류 I_x를 계산하라.

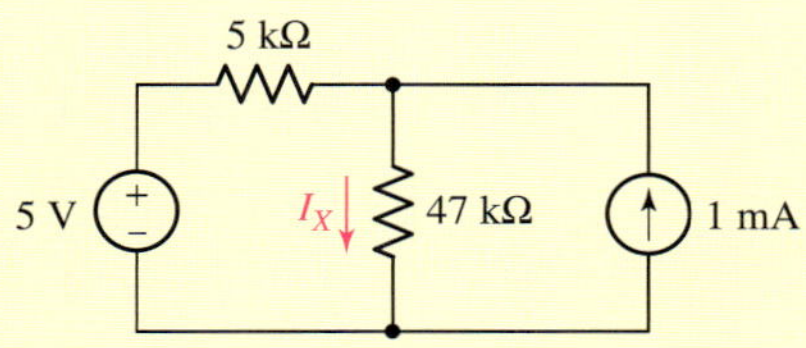

그림 5.18

답: 192 μA.

예제 5.5

그림 5.19*a*에서 먼저 전원을 변환하여 회로를 간단히 한 후에 2 Ω 저항에 흐르는 전류를 구하라.

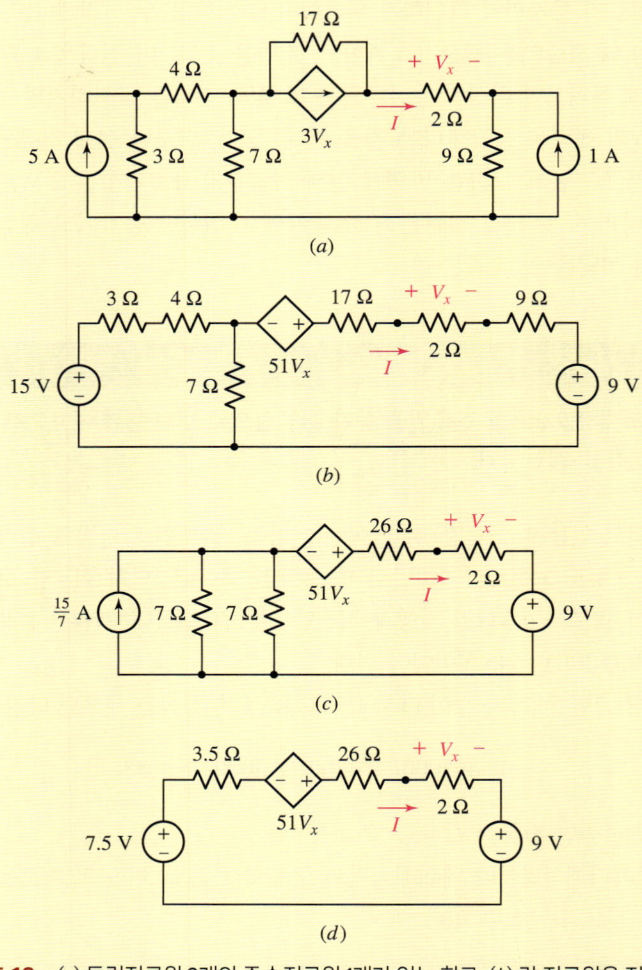

그림 5.19 (*a*) 독립전류원 2개와 종속전류원 1개가 있는 회로. (*b*) 각 전류원을 전압원으로 변환한 회로. (*c*) 더 단순화시킨 회로. (*d*) 최종적인 단일 루프 회로.

회로를 루프가 하나인 회로로 바꾸기 위해 먼저 그림 5.19*b*와 같이 각 전류원을 전압원으로 변환시킨다.

이때 2 Ω 저항은 그대로 두어야 한다. 그 이유는 첫째 종속전원의 제어변수가 이 저항에 걸리는 전압과 관계가 있기 때문이고, 둘째는 이 저항에 흐르는 전류를 구해야 하기 때문이다. 그러나 17 Ω 저항과 9 Ω 저항은 직렬이므로 조합할 수 있다. 또한 3 Ω과 4 Ω 저항도 합하여 7 Ω 저항으로 나타낼 수 있으며, 이 저항을 사용하여 그림 5.19*c*에서와 같이 15 V 전압원을 15/7 A의 전류원으로 변환시킨다.

마지막으로 다시 2개의 7 Ω 저항을 하나의 3.5 Ω 저항으로 조합하고, 이 저항을 사용하여 15/7 A 전류원을 7.5 V 전압원으로 변환하면 회로가 간단해진다. 이 결과로 그림 5.19*d*와 같이 루프가 1개인 회로를 얻게 된다.

전류 I를 구하기 위해 KVL을 적용하면

$$-7.5 + 3.5I - 51V_x + 28I + 9 = 0$$

이다. 여기서

$$V_x = 2I$$

이므로

$$I = 21.28 \text{ mA}$$

이다.

익힘문제 5.4

그림 5.20의 회로에서 전원변환을 반복 적용하여 1 MΩ 저항의 양단에 걸리는 전압 V를 계산하라.

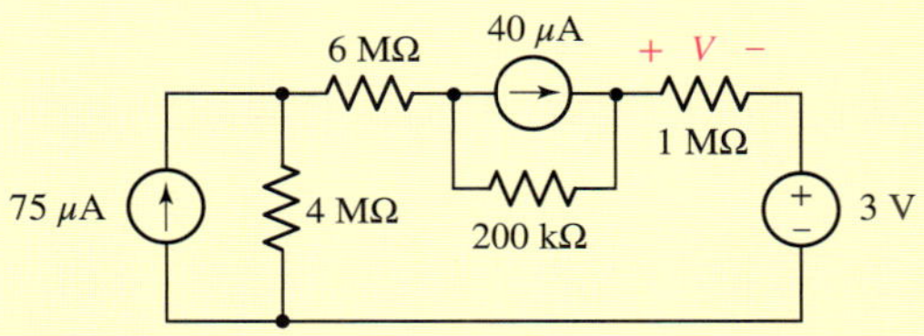

그림 5.20

답: 27.2 V.

주요 사항

실제 전원과 전원 변환을 좀 더 자세히 살펴본다. 전압원을 변환할 때는 먼저 이 전원이 고려 중인 저항과 실제로 **직렬로** 접속되어 있는지를 확인하여야 한다. 예를 들어 그림 5.21의 회로에서 전압원과 10 Ω 저항이 직렬로 접속되어 있으므로 이 저항을 사용하여 전압원을 전원 변환할 수 있다. 그러나 60 V 전원과 30 Ω 저항을 사용하여 전원변환을 하려고 하는 것은 틀린 것으로서 아주 흔하게 저지를 수 있는 잘못이다.

마찬가지로 전류원과 저항의 조합을 변환할 때에는 이 둘이 실제로 **병렬로** 접속되어 있는지를 확인하여야 한다. 그림 5.22*a*에 있는 전류원을 생각해보자. 전류원과 3 Ω 저항이 병렬로 접속되어 있으므로 이 둘을 사용하여 전원 변환을 할 수 있다. 그러나 변환한 후에 저항의 위치가 약간 애매할 수 있다. 이럴 때에는 먼저

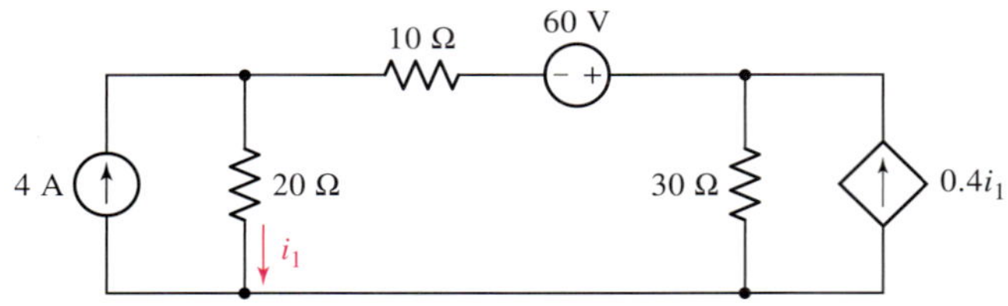

그림 5.21 전원변환 가능 여부를 결정하는 방법을 설명하기 위한 회로.

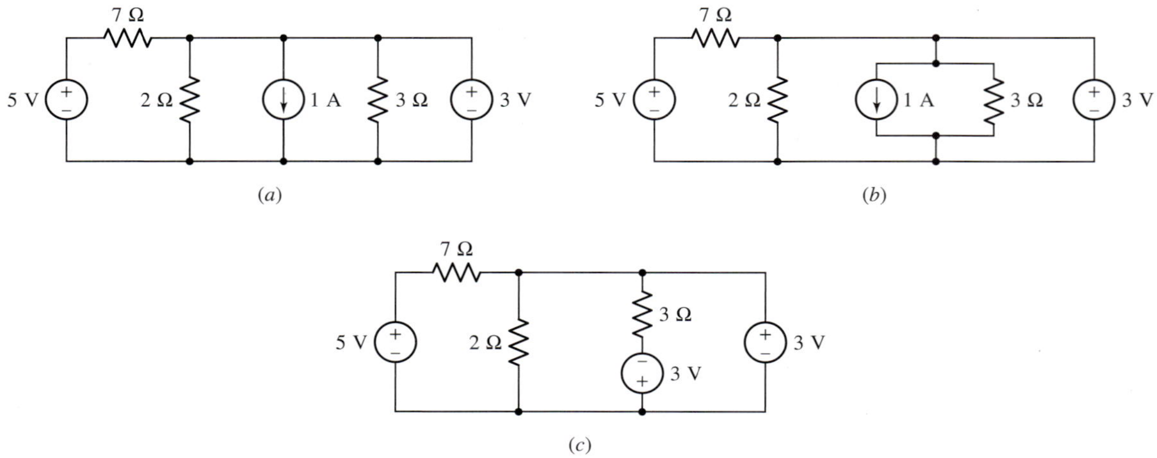

그림 5.22 (*a*) 전압원으로 변환될 수 있는 전류원을 가진 회로. (*b*) 착오를 피하기 위해 다시 그린 회로. (*c*) 변환된 전원과 저항의 조합.

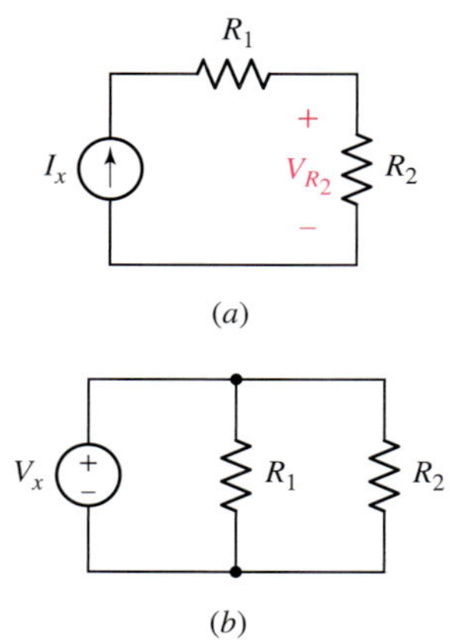

그림 5.23 (*a*) 전류원과 직렬로 접속되어 있는 저항 R_1을 가진 회로. (*b*) 2개의 저항과 병렬로 접속되어 있는 전압원.

변환시킬 두 소자를 그림 5.22*b*와 같이 다시 그리는 것이 좋다. 그러면 5.22*c*와 같이 저항과 직렬로 접속되어 있는 전압원으로 정확하게 변환할 수 있다. 저항은 전압원의 위에 있어도 좋고 아래에 있어도 좋다.

흔한 경우는 아니지만 저항과 직렬로 접속되어 있는 전류원의 경우와 이것과 쌍대 관계인 저항과 병렬로 접속되어 있는 전압원의 경우도 살펴볼 필요가 있다. 그림 5.23*a*의 간단한 회로를 가지고 시작해보자. 여기서 관심의 대상이 되는 것은 R_2로 표시되어 있는 저항에 걸리는 전압뿐이다. 이 회로에서 저항 R_2에 걸리는 전압은 저항 R_1의 값에 관계없이 $V_{R2} = I_x R_2$임을 알 수 있다. 전류원과 R_1이 직렬로 접속되어 있는 이러한 회로에서 전류원을 전압원으로 변환시키려고 해서는 안 된다. 그리고 저항 R_1이 관심의 대상이 아닌 한 **이 저항을 제거해도 된다.** R_1을 제거하여 단락시켜도 관심의 대상인 R_2의 양단전압은 변하지 않는다. 유사한 상황이 그림 5.23*b*와 같이 저항과 병렬로 접속되어 있는 전압원에서 발생한다. 이 회로에서도 저항 R_2와 관련된 전기량들만 관심의 대상이라고 하자. 전압원과 저항 R_1이 병렬로 접속되어 있으므로 전압원을 전류원으로 변환하려고 해서는 안 된다. 실제에 있어서 저항 R_2만 관심의 대상인 한 저항 R_1을 제거해도 된다. 이 저항을 제거하여 개방시켜도 저항 R_2에서의 전압, 전류 또는 소모전력 어느 것도 달라지지 않는다.

전원변환 요약

1. **일반적으로 전원을 변환하는 것은 회로 내의 모든 전원을 모두 전류원으로 만들거나 또는 모두 전압원으로 만들기 위한 것이다.** 이렇게 한 종류의 전원으로 통일시키면 마디해석법이나 메쉬해석법을 적용할 때 아주 편리하다.
2. **전원을 반복하여 변환시키면 저항과 전원이 조합되므로 회로가 간단해진다.**
3. **전원을 변환할 때 저항의 값은 바뀌지 않는다.** 그러나 변환 후의 저항은 변환 전의 저항과 동일한 저항이 아니다. 이것은 전원을 변환하고 나면 원래의 저항과 관련된 전압이나 전류가 바뀜을 의미한다.
4. **특정한 저항의 전압 또는 전류가 종속전원의 제어변수로 사용되었다면 전원을 변환할 때 이 저항을 포함해서는 안 된다.** 이 저항은 반드시 최종 회로에 원형 그대로 유지되어야 한다.
5. **특정한 소자의 전압 또는 전류가 관심의 대상인 경우, 전원을 변환할 때 이 소자를 포함해서는 안 된다.** 이 소자는 반드시 최종 회로에 원형 그대로 유지되어야 한다.
6. **전원변환에서 전류원의 화살표 머리는 전압원의 '+' 단자와 일치시켜야 한다.**
7. **전류원과 저항에서 전원변환을 하기 위해서는 두 소자가 병렬로 접속되어 있어야 한다.**
8. **전압원과 저항에서 전원변환을 하기 위해서는 두 소자가 직렬로 접속되어 있어야 한다.**

5.3 테브난의 등가회로와 노턴의 등가회로

지금까지 전원변환과 중첩정리를 설명하였다. 이제 이것들을 기반으로 하여 많은 선형회로를 아주 간단하게 해석할 수 있게 해주는 두 기법을 더 개발할 수 있다. 이 중 하나는 전신 기술자인 프랑스인 테브난(M. L. Thévenin)이 1883년 발표한 이론이고, 다른 하나는 벨 전화연구소의 과학자인 노턴(E. L. Norton)이 고안한 이론이다.

어떤 회로에서 한 부분만을 해석할 필요가 있다고 가정하자. 예를 들어 그림 5.24*a*에서 1개의 '부하' 저항에 대한 전류, 전압 및 전력을 계산할 필요가 있다고 하자. 이 값들은 회로의 나머지 부분에 의해 영향을 받으며, 많은 전원과 저항이 포함되어 있을 수 있다. 아니면 부하 저항의 값이 다른 값이 되었을 경우에 대한 응답을 구하려고 할 수도 있다. 테브난의 정리에 의하면 부하 저항을 제외한 회로의 나머지 모두를 1개의 독립전압원과 1개의 저항의 직렬연결로 대체할 수 있으며, 이때 부하 저항에서 측정한 응답은 동일하다는 것이다(그림 5.24*b*). 노턴의 정리를 적용하면 독립전류원과 저항이 병렬로 접속되어 있는 등가회로를 얻을 수 있다(그림 5.24*c*).

이와 같이 테브난의 정리와 노턴의 정리는 회로에서 복잡하며 관심 없는 부분을 아주 간단한 등가회로로 대체하는 데 주로 사용한다. 이 테브난의 정리 또는 노

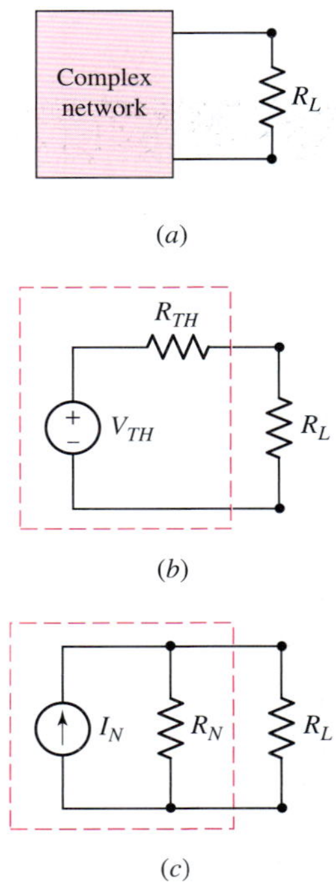

그림 5.24 (*a*) 부하저항 R_L을 포함하는 복잡한 회로. (*b*) 부하저항 R_L에 대한 테브난의 등가회로. (*c*) 부하저항 R_L에 대한 노턴의 등가회로.

턴 정리에 의한 등가회로를 사용하면 회로가 간단해지므로 원래의 회로가 부하에 공급하는 전류, 전압 및 전력을 신속하게 계산할 수 있다. 또, 이 부하 저항에서 가장 적합한 저항값을 선택하는 데도 도움이 된다. 예를 들면 트랜지스터 전력증폭기에서 테브난의 등가회로 또는 노턴의 등가회로를 사용하면 이 증폭기에서 스피커로 공급하는 최대전력을 계산할 수 있다.

예제 5.6

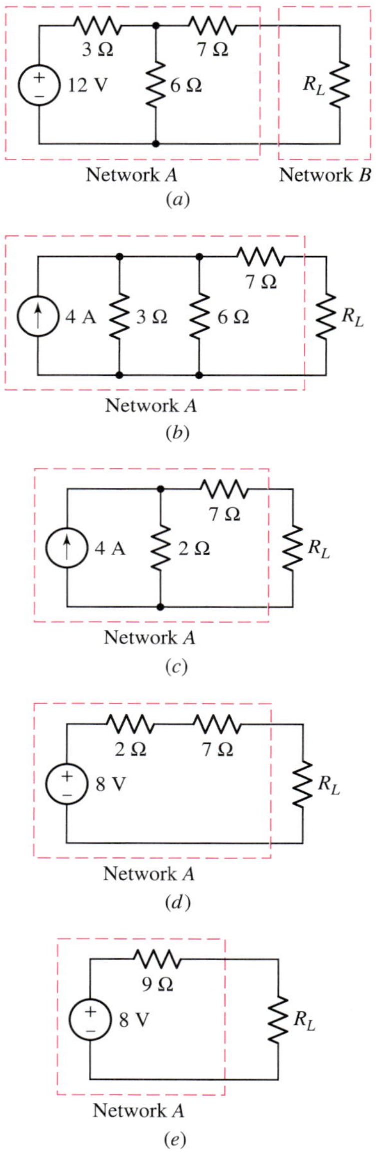

그림 5.25 (*a*) 둘로 분리된 회로. (*b*)~(*d*) 회로 *A*를 단순화하는 중간 과정들. (*e*) 테브난의 등가회로.

그림 5.25*a*의 회로에서 회로 A에 대한 테브난의 등가회로를 구하고 부하저항 R_L에 전달되는 전력을 계산하라.

회로에서 점선을 사용하여 회로 *A*와 회로 *B*를 구분하였다. 주된 관심은 회로 *B*인데, 이 회로는 부하저항 R_L뿐이다. 회로 *A*는 전원변환을 여러 번 반복하여 단순화시킬 수 있다.

먼저 12 V 전원과 3 Ω 저항을 실제 전압원으로 보고 3 Ω 저항과 4 A 전류원이 병렬인 실제 전류원으로 대체한다(그림 5.25*b*). 이제 병렬인 두 저항을 조합하면 2 Ω이 된다(그림 5.25*c*). 그리고 실제 전류원을 다시 실제 전압원으로 변환하면 8 V 전압원과 직렬인 2 Ω 저항을 얻는다(그림 5.25*d*). 마지막으로 2 Ω과 7 Ω 저항을 조합하면 그림 5.25*e*와 같다.

부하저항 R_L에서 보면 이 등가회로(테브난의 등가회로) *A*는 원래의 회로와 동일하다. 그러나 회로 해석의 입장에서 보면 이 등가회로는 훨씬 간단해졌으며, 따라서 부하에 전달되는 전력을 다음과 같이 쉽게 계산할 수 있다.

$$P_L = \left(\frac{8}{9 + R_L}\right)^2 R_L$$

더구나 이 등가회로로부터 부하 R_L에 걸릴 수 있는 최대 전압이 8 V이며, 이것은 $R_L = \infty$임을 알 수 있다. 이 테브난의 등가회로를 노턴의 등가회로로 변환하면 부하에 전달될 수 있는 최대 전류가 8/9 A이며, 이것은 $R_L = 0$일 때임을 알 수 있다. 이러한 사실은 원래의 회로를 그냥 해석해서는 쉽게 알 수 있는 것이 아니다.

익힘문제 5.5

전원변환을 반복하여 그림 5.26의 회로에서 점선으로 표시한 부분에 대한 노턴의 등가회로를 구하라.

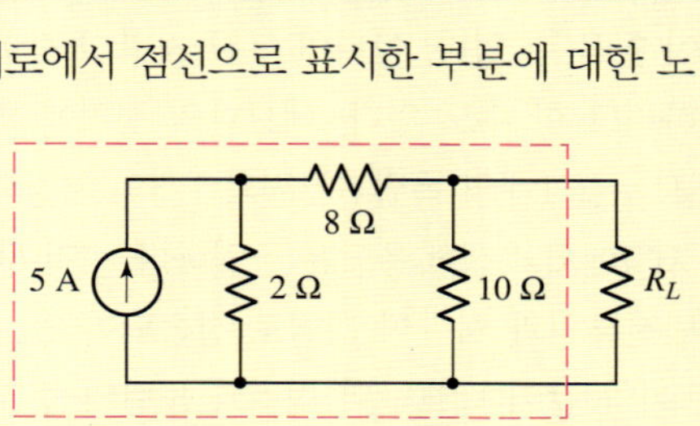

그림 5.26

답: 1 A; 5 Ω.

테브난의 정리

테브난의 등가회로 또는 노턴의 등가회로를 구하기 위해 전원변환 기법을 사용하는 것은 예제 5.6에서 충분히 설명하였다. 그러나 종속전원이 있거나 소자의 수가 많은 회로에서는 전원변환 기법을 사용하는 것이 비현실적이다. 이 경우에는 전원변환 기법 대신에 테브난의 정리(또는 노턴의 정리)를 적용하는 것이 바람직하다. 이 테브난의 정리[3]를 일반적인 절차에 따라 설명한 후에 상황에 따라 실제로 적용하는 여러 방법을 알아본다.

테브난의 정리 설명

1. **주어진 임의의 선형회로에서 2개의 회로 A와 B가 2개의 도선으로 연결되는 형태로 재정돈한다.** 회로 A는 간단하게 정리할 회로이고 회로 B는 건드리지 말고 그대로 두어야 할 회로이다.
2. **회로 B를 분리시킨다.** 회로 A의 단자 양단에 나타나는 전압을 v_{oc}로 정의한다.
3. **회로 A 내의 모든 독립전원을 제거하거나 0으로 만들어 비활성 회로를 구성한다.** 이때 종속전원은 그대로 남겨 둔다.
4. **이 비활성 회로에 v_{oc}의 값을 갖는 독립전압원을 직렬로 연결한다.** 회로를 완성하지 말고 두 단자를 개방된 상태로 남겨둔다.
5. **새로운 회로 A의 단자에 회로 B를 연결한다.** 회로 B 내의 모든 전압과 전류는 변하지 않고 그대로 유지된다.

두 회로 중 어느 회로에라도 종속전원이 있다면 이 종속전원의 제어변수는 반드시 동일한 회로 내에 있어야 한다.

그림 5.25에서 고려했던 회로에 테브난의 정리를 성공적으로 적용할 수 있는지 알아보자. 이미 예제 5.6에서 부하 저항 R_L에 대한 테브난의 등가회로를 구하였지만, 여기서는 동일한 결과를 얻는 데 더 쉬운 방법이 있는지 알아보고자 한다.

예제 5.7

테브난의 정리를 사용하여 그림 5.25a의 회로에서 R_L의 왼편에 있는 회로에 대한 테브난의 등가회로를 구하라.

먼저 R_L을 떼어내면 그림 5.27a와 같은 부분회로가 되어 7 Ω 저항에 전류가 흐르지 않는다. 7 Ω 저항에 전류가 흐르지 않으므로 이 저항에서의 전압강하가 없기 때문에 V_{oc}가 6 Ω 저항의 양단에 걸린다. 전압분배법칙을 사용하여

3 이제껏 설명하던 방식으로 테브난의 정리를 증명하면 좀 길어지므로 부록 3에 수록하여 관심 있는 사람이 읽을 수 있도록 한다.

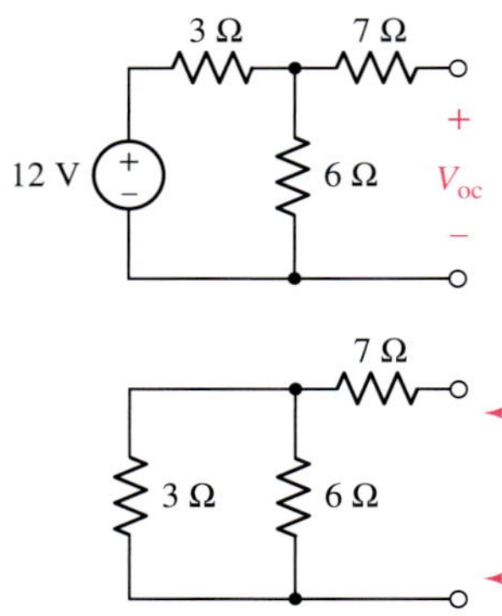

그림 5.27 (*a*) 그림 5.25a의 회로에서 회로 B(저항 R_L)를 분리시키고 접속단자의 양단전압을 V_{OC}로 표시한 회로. (*b*) 그림 5.25a의 회로에서 독립전원을 비활성화 시킨 후에 회로 *A*의 등가저항을 구하기 위해 회로 *B*가 접속되어 있던 단자에서 들여다 본 회로.

V_{oc}를 구하면 다음과 같다.

$$V_{oc} = 12\left(\frac{6}{3+6}\right) = 8 \text{ V}$$

회로 *A*를 비활성화시키고(즉, 12 V 전원을 단락시키고) 개방된 단자에서 왼편으로 들여다보면 3 Ω과 6 Ω의 병렬 조합에 7 Ω 저항이 직렬로 접속되어 있다(그림 5.27*b*).

결국 이 죽은 회로 *A*를 9 Ω 저항으로 대체할 수 있는데, 이 저항을 회로 *A*의 테브난의 등가저항이라고 한다. 따라서 테브난의 등가회로는 9 Ω 저항과 직렬로 접속된 V_{oc}가 되는데 이 결과는 예제 5.6의 결과와 일치한다.

익힘문제 5.6

그림 5.28의 회로에 테브난의 정리를 사용하여 2 Ω 저항에 흐르는 전류를 구하라. (**힌트**: 2 Ω 저항을 회로 *B*로 생각할 것.)

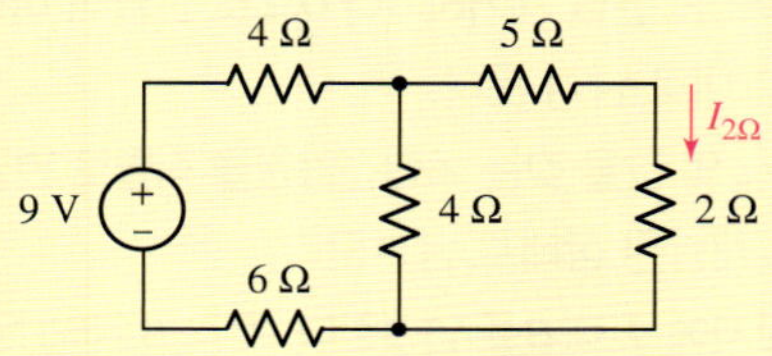

그림 5.28

답: $V_{TH} = 2.571$ V; $R_{TH} = 7.857\ \Omega$; $I_{2\Omega} = 260.8$ mA.

주요 사항

이제까지 구하는 방법을 배운 등가회로는 회로 *B*와 완전히 독립적이다. 이것은 먼저 회로 *B*를 제거한 후에 회로 *A*에 의한 개방회로 전압을 구하기 때문이며, 테브난의 등가회로는 회로 *B*와 관계가 없다. 회로 *B*는 회로 *A*에 어떤 배열의 소자가 접속되어 있든 상관없이 회로 *A*에 대한 등가회로를 구할 때에만 언급되어 있을 뿐이다. 회로 *B*는 일반적인 회로이다.

테브난의 정리에서 몇 가지 유의해야 할 점이 있다.

- 회로 *A* 또는 *B*에 대한 유일한 제한 사항은 회로 *A*에 속한 모든 종속전원은 그 제어 변수가 회로 *A*에 포함되어 있어야 한다는 것이다. 회로 *B*에 대해서도 동일한 제한이 적용된다.
- 회로 *A* 또는 *B*의 복잡한 정도에는 제한이 없다. 즉, 회로 *A*와 *B*는 독립전압원, 독립전류원, 선형 종속전압원, 선형 종속전류원, 저항, 또는 모든 종류의 선형 소자의 조합도 허용된다.

- 비활성화된 회로 A는 단 1개의 등가저항 R_{TH}로 나타낼 수 있으며, 이 등가저항을 테브난의 등가저항이라고 부른다. 이때 비활성화된 회로 A에 종속전원이 있든 없든 상관없다.
- 테브난의 등가회로는 2개의 소자로 구성된다. 하나는 전압원이고 또 하나는 전압원과 직렬로 접속된 저항이다. 드문 일이기는 하지만 이 둘 중 어느 하나가 0일 수도 있다.

노턴의 정리

노턴의 정리는 테브난의 정리와 닮은 점이 많으며 다음과 같이 설명할 수 있다.

노턴의 정리 설명

1. **주어진 임의의 선형회로에서 2개의 회로 A와 B가 2개의 도선으로 연결되는 형태로 재정돈한다.** 회로 A는 간단하게 정리해야 할 회로이고 회로 B는 건드리지 말고 그대로 두어야 할 회로이다. 앞에서도 말했지만 둘 중 어느 회로이든 종속전원이 포함되어 있다면 이 종속전원의 제어 변수는 반드시 동일한 회로 내에 있어야 한다.
2. **회로 B를 분리시키고 회로 A의 단자를 단락시킨다.** 회로 A의 단락된 단자에 흐르는 전류를 단락전류 i_{sc}로 정의한다.
3. **회로 A 내의 모든 독립전원을 제거하거나 0으로 만들어 비활성 회로를 구성한다.** 이때 종속전원은 그대로 남겨 둔다.
4. **이 비활성 회로에 i_{sc}의 값을 갖는 독립전류원을 병렬로 연결한다.** 회로를 완성하지 말고 두 단자를 개방된 상태로 남겨 둔다.
5. **새로운 회로 A의 단자에 회로 B를 연결한다.** 회로 B 내의 모든 전압과 전류는 변하지 않고 그대로 유지된다.

선형회로에 대한 노턴의 등가회로는 테브난 저항 R_{TH}와 병렬인 노턴 전류원 i_{sc}이다. 따라서 사실상 테브난의 등가회로를 전원변환하면 노턴의 등가회로를 얻을 수 있다. v_{oc}, i_{sc}, R_{TH} 사이의 직접적인 관계는 다음과 같다.

$$\boxed{v_{oc} = R_{TH} i_{sc}} \qquad [18]$$

종속전원을 포함하는 회로에서는 개방회로 전압 v_{oc}와 단락회로 전류 i_{sc}를 모두 구하고 $R_{TH} = v_{oc}/i_{sc}$로 등가저항을 구하여 테브난의 등가회로나 노턴의 등가회로를 구하는 것이 더 편한 경우가 많다. 간단한 회로의 경우라고 해도 개방회로 전압과 단락회로 전류를 구하는 데 익숙해질 필요가 있다. 만일 테브난의 등가회로와 노턴의 등가회로를 각각 별도로 구한다면 식 [18]을 사용하여 결과를 검증할 수 있다.

다음에는 테브난의 등가회로 또는 노턴의 등가회로를 구하는 3개의 예제를 다룬다.

예제 5.8

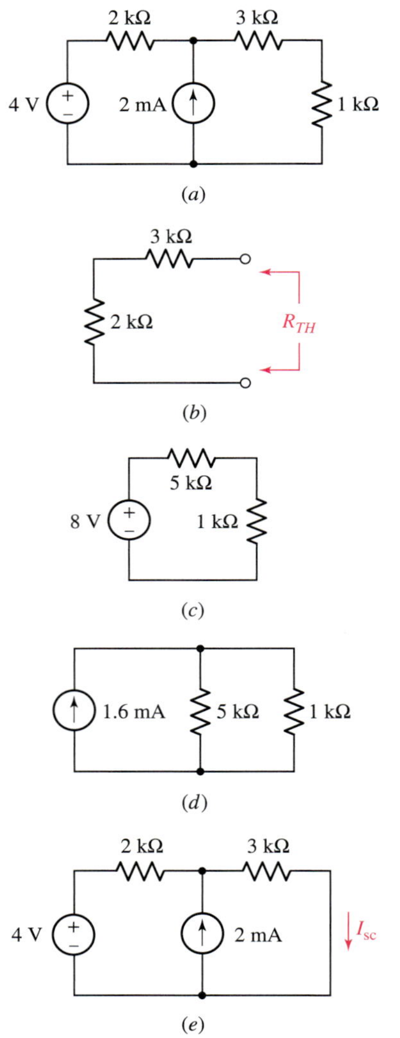

그림 5.29 (a) 1 kΩ 저항을 회로 B로 구별한 회로. (b) 모든 독립전원을 비활성화 시킨 회로 A. (c) 회로 A의 테브난의 등가회로. (d) 회로 A의 노턴 등가회로. (e) 전류 I_{sc}를 구하기 위한 회로.

그림 5.29*a*에서 1 kΩ 저항에 대한 테브난의 등가회로와 노턴의 등가회로를 구하라.

문제에서 말했듯이 회로 *B*는 1 kΩ 저항이고 따라서 나머지가 회로 *A*이다.

먼저 회로 *A*의 테브난의 등가회로를 구하기 위해 중첩정리를 적용한다. 이 때 일단 회로 *B*를 분리하고 나면 3 kΩ 저항에는 전류가 흐르지 않음에 유의한다. 전류원의 값을 0으로 놓으면 $V_{oc|4V} = 4$ V이고 전압원의 값을 0으로 놓으면 $V_{oc|2\,mA} = (0.002)(2000) = 4$ V이다. 따라서 $V_{oc} = 4 + 4 = 8$ V이다.

R_{TH}를 구하기 위해 그림 5.29*b*처럼 두 전원을 모두 0으로 놓으면 바로 $R_{TH} = 2$ kΩ + 3 kΩ = 5 kΩ임을 알 수 있다. 완전한 테브난 등가회로를 회로 *B*와 다시 연결하면 그림 5.29*c*와 같다.

노턴의 등가회로는 테브난의 등가회로를 전원변환하면 쉽게 구할 수 있으며, 그림 5.29*d*와 같이 8/5000 = 1.6 mA인 전류원과 5 kΩ의 저항이 병렬로 접속되어 있는 회로가 된다.

검증: 그림 5.29*a*에서 직접 노턴의 등가회로를 구한다. 먼저 그림 5.29*e*와 같이 1 kΩ 저항을 제거하고 회로 *A*의 두 단자를 단락시킨 후에 중첩정리와 전류분배법칙을 사용하여 I_{sc}를 구하면

$$
\begin{aligned}
I_{sc} = I_{sc|_{4V}} + I_{sc|_{2mA}} &= \frac{4}{2+3} + (2)\frac{2}{2+3} \\
&= 0.8 + 0.8 = 1.6 \text{ mA}
\end{aligned}
$$

을 얻는다. 이 결과는 위의 노턴 등가회로의 전류원의 값과 일치한다.

익힘문제 5.7

그림 5.30의 회로에 대한 테브난의 등가회로와 노턴의 등가회로를 구하라.

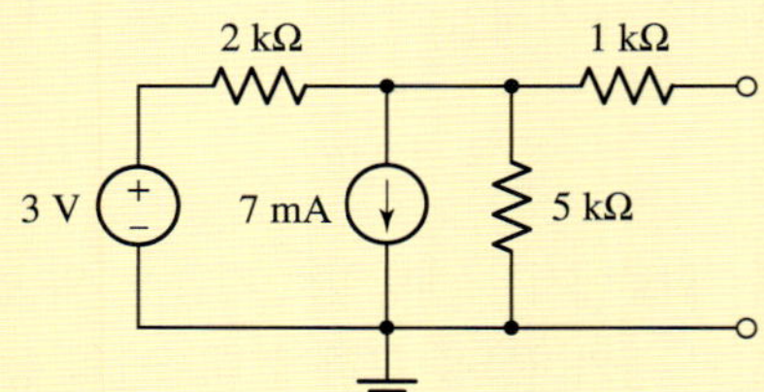

그림 5.30

답: −7.857 V; −3.235 mA; 2.429 kΩ.

회로에 종속전원이 있을 경우

기술적으로 말하면 테브난의 정리나 노턴의 정리를 적용할 때 언제나 '회로 B'가 있어야 하는 것은 아니다. 대신에 아직 다른 회로에 접속되지 않은 두 단자에 대해서 회로의 등가회로를 구해야 할 때가 있다. 만일 간략화 과정에 포함시키고 싶지 않은 회로 B가 있다면 이 회로에 종속전원이 포함되어 있는 경우에는 조심하여야 한다. 이러한 상황에서는 제어변수 및 이와 관련된 소자는 반드시 회로 B에 포함되어 회로 A에서 배제되어야 한다. 그렇지 않으면 제어량을 잃게 되어 최종 회로를 해석할 방법이 없게 된다.

만일 회로 A에 종속전원이 포함되어 있다면 제어변수 및 이와 관련된 소자가 회로 B에 없는지 다시 확인하여야 한다. 지금까지는 저항과 독립전원이 있는 회로만 고려하였다. 테브난의 등가회로나 노턴의 등가회로를 구성할 때 종속전원을 '비활성 회로'에 남겨두는 것이 기술적으로는 맞는 것이지만 실제에 있어서 이렇게 하면 회로를 간략화하는 데 전혀 도움이 되지 않는다. 실제로 우리가 구하려고 하는 것은 저항 하나와 직렬인 독립전압원 또는 저항 하나와 병렬인 독립전류원으로서 2개의 소자로 구성된 등가회로이다. 다음의 예제에서는 종속전원과 저항을 가진 회로를 하나의 저항으로 줄이는 여러 방법을 다룬다.

예제 5.9

그림 5.31a의 회로에 대한 테브난의 등가회로를 구하라.

$v_x = V_{oc}$이며 3 kΩ 저항에 전류가 흐를 수 없으므로 종속전류원의 전류가 2 kΩ 저항을 통해 흐른다는 점에 유의하면서 V_{oc}를 구한다. 외곽 루프를 따라 시계방향으로 KVL을 적용하면

$$-4 + 2 \times 10^3\left(-\frac{v_x}{4000}\right) + 3 \times 10^3(0) + v_x = 0$$

이며 이를 풀면

$$v_x = 8\text{ V} = V_{oc}$$

를 얻는다.

테브난의 정리에 의하면 등가회로를 그림 5.31b와 같이 8 V와 직렬로 연결된 비활성 회로 A로 구성할 수 있다. 이 등가회로가 테브난의 등가회로이기는 하지만 간단하지도 않고 별로 도움이 되지도 않는다. 선형 저항성 회로에서는 비활성 회로 A 대신에 테브난 등가저항 R_{TH}를 사용하여 훨씬 더 간단한 등가회로를 구할 필요가 있다.

종속전원이 있으면 비활성 회로에서 저항을 조합하여 직접 R_{TH}를 구할 수 없다. 따라서 이런 경우에는 I_{sc}를 계산할 필요가 있다. 그림 5.31a에서 출력단자를 단락시키면 $V_x = 0$가 되고 따라서 종속전류원은 동작하지 않는다.

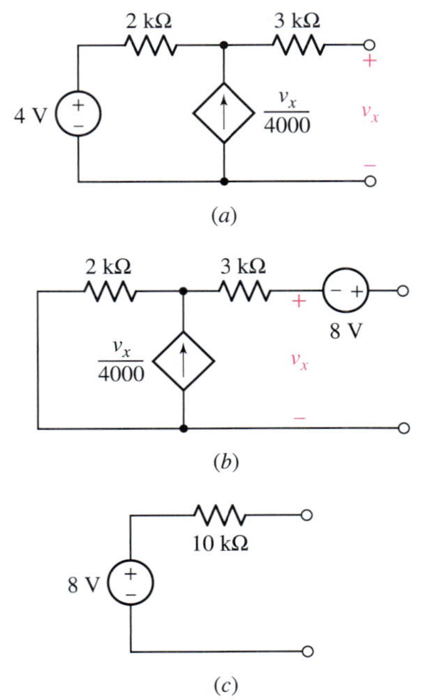

그림 5.31 (a) 테브난의 등가회로를 구하기 위한 회로. (b) 가능하기는 하지만 별로 쓸모없는 형태의 테브난의 등가회로. (c) 최선의 테브난 등가회로.

그러므로 $I_{sc} = 4/(5 \times 10^3) = 0.8$ mA이다. 이 결과로부터 테브난 등가저항을 계산하면

$$R_{TH} = \frac{V_{oc}}{I_{sc}} = \frac{8}{0.8 \times 10^{-3}} = 10\ \text{k}\Omega$$

이며, 그림 5.31c와 같이 유용한 테브난의 등가회로가 구해진다.

익힘문제 5.8

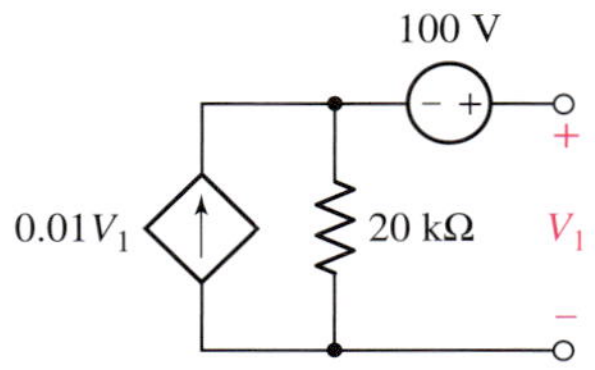

그림 5.32

그림 5.32의 회로에서 테브난의 등가회로를 구하라. (힌트: 종속전원을 전원변환하면 도움이 된다.)

답: −502.5 mV; −100.5 Ω.

주: 음의 값인 저항이 이상해 보일 수 있지만 존재한다. 예를 들어 전자회로의 일부를 설계할 때 그림 5.32에 나타낸 종속전류원과 같이 동작하는 것을 고안하기 위한 경우라면 물리적으로 가능하다.

다른 예로서 독립전원은 없고 종속전원만 있는 회로를 살펴본다.

예제 5.10

그림 5.33a의 회로에 대한 테브난의 등가회로를 구하라.

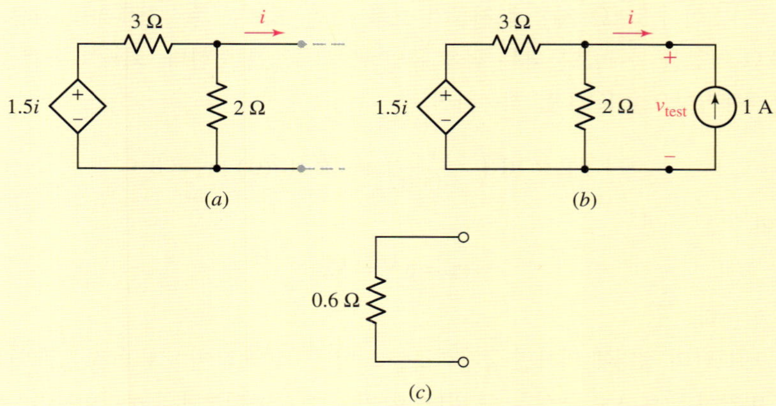

그림 5.33 (a) 독립전원이 없는 회로. (b) R_{TH}를 구하기 위한 가상의 측정회로. (c) 본래의 회로에 대한 테브난 등가회로.

회로의 오른쪽 단자가 이미 개방되어 있으므로 $i = 0$이다. 결국 종속전원은 비활성 상태가 되며 $v_{oc} = 0$이다.

다음에는 이 2단자 회로를 나타내는 R_{TH}의 값을 구해야 한다. 그런데 회로 내에 독립전원이 없어서 v_{oc}와 i_{sc} 둘 다 0이므로 v_{oc} 및 i_{sc}와 이들의 비율인 R_{TH}

를 구할 수 없다. 그러므로 약간 다른 방법을 사용한다.

외부에서 1 A의 전류를 이 회로에 공급하고 그 결과로 생기는 전압을 v_{test}라 할 때 등가 저항은 $R_{TH} = v_{\text{test}}/1$로 구할 수 있게 된다. 그림 5.33*b*에서 $i = -1$ A 이므로 마디해석법을 적용하면

$$\frac{v_{\text{test}} - 1.5(-1)}{3} + \frac{v_{\text{test}}}{2} = 1$$

이 되며, 결과로

$$v_{\text{test}} = 0.6 \text{ V}$$

를 얻는다. 따라서

$$R_{TH} = 0.6\ \Omega$$

그러므로 테브난의 등가회로는 그림 5.33*c*와 같다.

등가회로를 구하는 절차의 요약

이제까지 테브난의 등가회로와 노턴의 등가회로를 구하는 예제 3개를 다루었다. 첫 번째 예제인 그림 5.29의 회로는 독립전원과 저항만 포함하고 있으므로 여러 가지 해법을 적용하였다. 그 중 한 방법은 비활성 회로에서 R_{TH}를 계산한 후에 활성 회로에서 V_{oc}를 구하는 것이었다. 이 방법 외에도 R_{TH}와 I_{sc}를 계산하여 등가회로를 구하거나 V_{oc}와 I_{sc}를 계산하여 등가회로를 구할 수도 있었다.

두 번째 예제(그림 5.31 참조)에서는 독립전원과 종속전원이 모두 있는 회로를 다루었다. 여기서는 V_{oc}와 I_{sc}를 구하는 방법을 사용하였다. 종속전원을 비활성화할 수 없으므로 비활성 회로에서 R_{TH}를 구할 수 없었다.

마지막 예제는 독립전원이 없는 경우이며, 따라서 테브난의 등가회로와 노턴의 등가회로에 독립전원이 없다. 예제에서는 1 A의 시험전류를 인가하고 $v_{\text{test}} = 1 \times R_{TH}$를 계산하여 R_{TH}를 구하였다. 예제와는 달리 1 V의 시험전압을 인가하고 $i = 1/R_{TH}$를 계산하여 R_{TH}를 구할 수도 있다. 서로 관련이 있는 이 두 기법은 먼저 모든 **독립전원을 0으로 설정한 상태라면 종속전원이 있는 모든 회로에 적용할 수 있다.**

다음의 두 가지 방법은 위에서 언급한 세 가지 종류의 회로에 모두 다 적용할 수 있는 또 다른 방법이다. 먼저 회로 *B*를 무조건 전압원 v_s로 대체하고 이 전원의 (+)단자에서 흘러나가는 전류를 *i*로 정의한다. 그런 다음에 회로 *A*를 해석하여 전류 *i*를 v_s의 함수로 구한다. 그리고 방정식을 $v_s = ai + b$라고 놓으면 $a = R_{TH}$이고 $b = v_{oc}$가 된다.

전류원 i_s를 인가해서 구할 수도 있다. 전류원을 인가하고 회로를 해석하여 전류원의 양단전압 *v*를 i_s의 함수로 구한다. 그런 다음에 $i_s = cv - d$로 정리하면 $c = 1/R_{TH}$이고 $d = i_{sc}$이다. 마지막의 두 방법은 모두 모든 경우에 적용할 수 있지만 일반적으로 다른 방법이 더 쉽고 빠르게 적용할 수 있다.

실제 문제에의 적용

디지털 멀티미터

가장 널리 사용되는 전기 측정기 중의 하나는 디지털 멀티미터 DMM이다(그림 5.34). 이 측정기는 전압, 전류 및 저항값을 측정하기 위해 고안되었다.

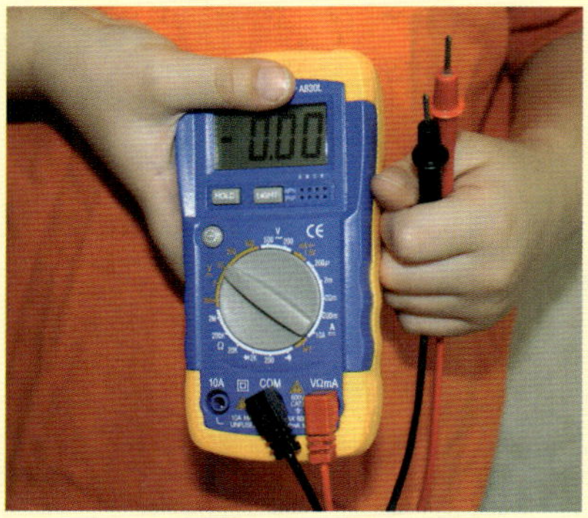

그림 5.34 휴대용 디지털 멀티미터.
(©Steve Durbin)

전압을 측정하려면 DMM의 두 리드선을 그림 5.35와 같이 측정하려고 하는 소자의 양단에 접촉시킨다. 측정기의 '+' 단자는 보통 'V/Ω'라고 표시되어 있고 '−' 단자(공통 단자라고도 함)는 보통 'COM'이라 표시되어 있다. 일반적으로 '+' 기준단자는 빨간색 리드선을 사용하고 '−' 기준단자는 검정색 리드선을 사용한다.

테브난의 등가회로와 노턴의 등가회로에 관한 설명에 따르면 DMM 자체의 저항을 테브난의 등가저항으로 볼 수 있다. 이 테브난의 등가저항은 소자와 병렬이 되며, 이 값이 측정에 영향을 줄 수 있다(그림 5.36 참조). DMM은 전압을 측정하려고 하는 회로에 전력을 공급하지 않는다. 따라서 DMM의 테브난 등가회로는 저항만으로 구성되며, 이를 R_{DMM}이라고 하였다.

고급 DMM의 입력저항은 대체로 10 MΩ 또는 그 이상이다. 따라서 측정된 전압 V는 1 kΩ‖10 MΩ = 999.9 Ω의 양단에 걸리는 전압이다. 전압분배법칙을 적용하여 구하면 V = 4.4998 V이다. 이 값은 예상한 전압 4.5 V보다 약간 작은 값이다. 이와 같이 전압계의 입력저항이 유한한 값이므로 측정한 값에 약간의 오차가 발생한다.

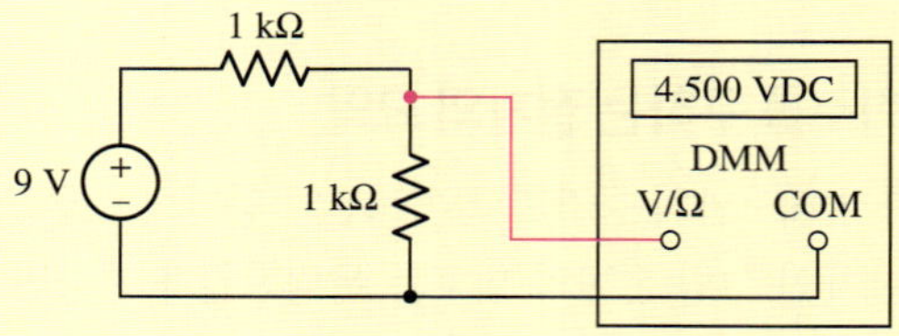

그림 5.35 전압을 측정하기 위해 접촉시킨 DMM.

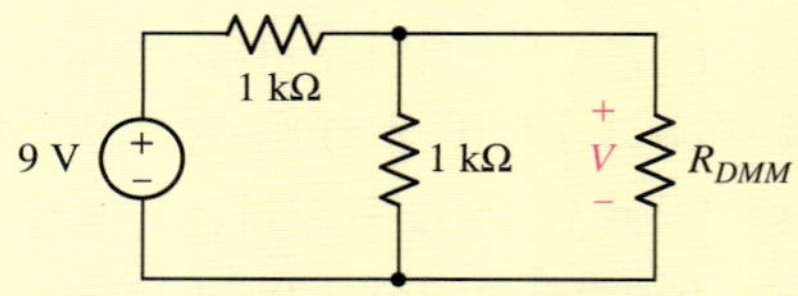

그림 5.36 그림 5.35의 DMM을 테브난 등가저항 R_{DMM}으로 표시한 회로.

현재 선형회로의 해석이 주된 관심사이지만 테브난의 정리와 노턴의 정리는 둘 다 회로 B가 비선형인 경우에도 적용할 수 있다. 이 정리들은 회로 A만 선형이면 된다.

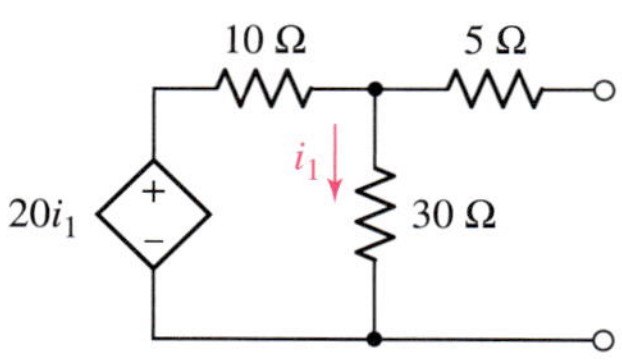

그림 5.39

익힘문제 5.9

그림 5.39의 회로에 대한 테브난의 등가회로를 구하라. (힌트: 1 V의 시험 전원을 사용할 것.)

답: I_{test} = 50 mA 따라서 R_{TH} = 20 Ω.

전류를 측정하려면 DMM을 회로소자와 직렬로 연결해야 하므로 그림 5.37과 같이 도선을 절단해야 한다. DMM의 리드선 하나는 COM단자에 접속시키고 다른 리드선은 전류 측정을 의미하는 'A'라고 표시된 곳에 접속시킨다. 이 경우에도 DMM은 회로에 전력을 공급하지 않는다.

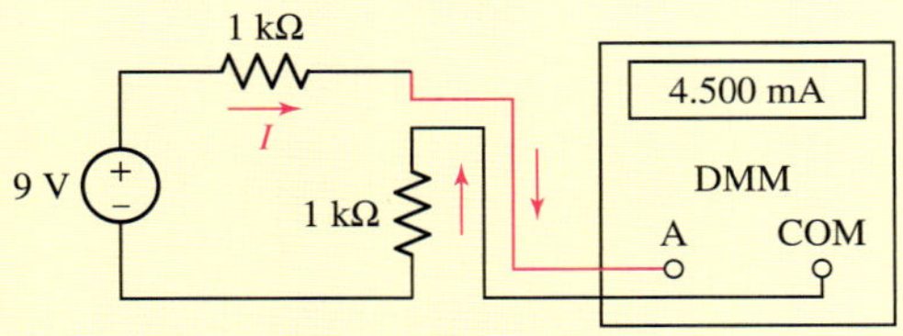

그림 5.37 전류를 측정하기 위해 접촉시킨 DMM.

이 그림을 보면 DMM의 테브난 등가저항(R_{DMM})이 회로와 직렬로 연결되어 있다. 따라서 이 저항값이 측정에 영향을 줄 수 있다. 루프를 따라 KVL 방정식을 세우면 다음과 같다.

$$-9 + 1000I + R_{\text{DMM}}I + 1000I = 0$$

전류를 측정하기 위해 계측기를 재배열하였으므로 테브난의 등가저항이 전압측정을 위한 배열일 때의 등가저항과 같지 않다는 점에 유의할 필요가 있다. 사실상 이상적인 경우라면 전류측정을 위해서는 R_{DMM}이 0이고 전압측정을 위해서는 ∞이어야 한다. 만일 $R_{\text{DMM}} = 0.1\ \Omega$이라면 측정된 전류 I는 4.4998 mA이다. 이 값은 예상했던 4.5 mA보다 약간 작은 값이다. 계측기가 나타낼 수 있는 자릿수에 따라서는 DMM의 등가저항이 0이 아니기 때문에 나타나는 영향을 알아채지 못할 수도 있다.

측정하는 동안 아무런 독립전원도 동작하지 않는다면 이 계측기를 사용하여 저항을 측정할 수 있다. 미터의 내부에서는 측정하고자 하는 저항에 아는 크기의 전류를 흐르게 하고 전압계 회로는 이 저항에 걸리는 전압을 측정한다. DMM을 노턴의 등가회로(이 회로는 미리 정해진 전류를 흐르게 하도록 활성화된 독립전류원을 포함한다)로 대체하면 그림 5.38과 같이 R_{DMM}이 미지의 저항 R과 병렬임을 알 수 있다.

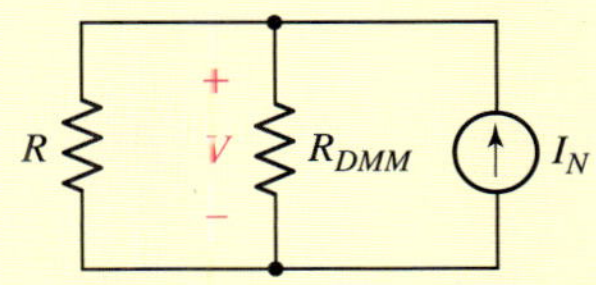

그림 5.38 저항을 측정하기 위한 DMM을 노턴의 등가회로로 대체하였다. 측정할 미지의 저항 R과 R_{DMM}이 병렬로 접속되어 있다.

결과적으로 DMM이 실제로 측정한 것은 $R \| R_{\text{DMM}}$의 값이다. 만일 $R_{\text{DMM}} = 10\ \text{M}\Omega$이고 $R = 10\ \Omega$이면 $R_{\text{measured}} = 9.99999\ \Omega$인데 이것은 대부분의 경우에 충분히 정확한 값이다. 그러나 만일 $R = 10\ \text{M}\Omega$이면 $R_{\text{measured}} = 5\ \text{M}\Omega$이 된다. 따라서 DMM의 입력저항은 실제로 측정할 수 있는 저항값의 최대값을 한정하는 역할을 한다. 이 값보다 더 큰 저항을 측정하려면 특별한 기법을 적용해야 한다. 만일 디지털 멀티미터를 R_{DMM}의 값을 알면서 프로그램할 수 있다면 보상이 가능하고 더 큰 저항도 측정할 수 있다.

5.4 최대전력전달

실제의 전압원 및 전류원에 대하여 매우 유용한 전력 이론을 전개할 수 있다. 그림 5.40의 실제 전압원에서 부하 R_L에 전달되는 전력은

$$p_L = i_L^2 R_L = \frac{v_s^2 R_L}{(R_s + R_L)^2} \qquad [19]$$

이다. 주어진 실제 전원으로부터 최대전력을 공급받을 수 있는 R_L을 구하기 위해 식 [19]를 R_L에 대하여 미분하면 다음과 같다.

$$\frac{dp_L}{dR_L} = \frac{(R_s + R_L)^2 v_s^2 - v_s^2 R_L(2)(R_s + R_L)}{(R_s + R_L)^4}$$

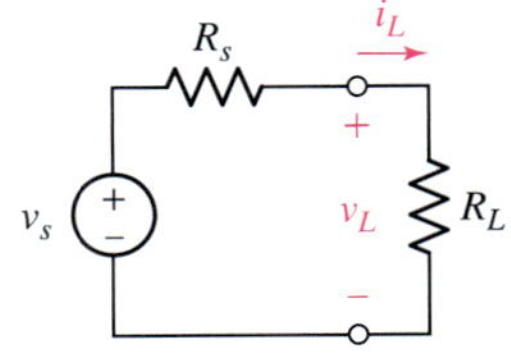

그림 5.40 부하저항 R_L에 접속되어 있는 실제 전압원.

이 미분값을 0으로 놓으면 다음을 얻는다.

$$2R_L(R_s + R_L) = (R_s + R_L)^2$$

그러므로

$$R_s = R_L$$

$R_L = 0$ 및 $R_L = \infty$이면 최소전력($p_L = 0$)이 전달되고 이미 실제 전압원과 전류원 사이의 전원변환을 다루었으므로 다음과 같은 **최대전력전달 정리**를 얻는다.

> 저항 R_s와 직렬 연결된 독립전압원 또는 저항 R_s와 병렬 연결된 독립전류원은 $R_L = R_s$일 때 부하저항 R_L에 최대전력을 전달한다.

또 다른 방법으로 회로의 테브난 등가저항을 사용해도 최대전력전달 정리를 설명할 수 있다.

> 어떤 회로가 부하저항 R_L에 최대전력을 공급하는 것은 R_L값이 이 회로의 테브난 등가저항과 같을 때이다.

따라서 최대전력전달 정리에 의하면 그림 5.16에서는 2 Ω의 부하저항이 실제의 전원(두 경우 모두 해당)으로부터 최대전력 4.5 W를 공급받으며, 그림 5.11의 경우에는 부하저항 0.01 Ω이 최대전력 3.6 kW를 공급받는다.

전원으로부터 최대전력을 내보낸다는 것과 부하에 최대전력이 전달된다는 것 사이에는 뚜렷한 차이가 있다. 만일 부하의 테브난 저항이 부하에 접속된 회로의 테브난 저항과 같은 경우라면 부하는 그 회로로부터 최대전력을 전달받게 된다. 부하의 저항값이 변하면 부하에 전달되는 전력은 감소한다. 그러나 이 회로의 테브난 등가회로 자체를 생각해보자. 전압원으로부터 가능한 최대전류를 흘려 내보낼 때 최대전력을 내보내는 것이 된다. 최대전류를 흘리려면 전압원의 두 단자를 단락시키면 된다! 그러나 이 극단적인 예에서 부하에 전달되는 전력은 0이다. 이 경우의 부하는 단자가 단락된 부하이어서 $R = 0$이므로 $p = i^2R$에서 전달되는 전력이 0임을 알 수 있다.

식 [19]에 최대전력이 전달되는 조건인 $R_L = R_s = R_{TH}$을 대입하여 부하에 전달되는 최대전력을 구하면 다음과 같다.

$$p_{\max|\text{delivered to load}} = \frac{v_s^2}{4R_s} = \frac{v_{TH}^2}{4R_{TH}}$$

여기서 v_{TH}와 R_{TH}는 그림 5.40의 실제 전압원을 어떤 특정한 전원의 테브난 등가회로로 보았을 때의 값도 된다.

최대전력전달 정리가 잘못 해석되는 것은 드문 일은 아니다. 최대전력전달 정리는 소비전력을 최대로 하기 위해 최적의 부하를 선정하기 위한 것이다. 그러나 만일 부하저항이 이미 정해져 있다면 최대전력전달 정리가 도움이 되지 않는다. 만일 부하에 접속되어 있는 회로에서 테브난의 등가저항 값을 조정할 수 있어서 이 등가저항을 부하저항과 같은 값으로 선정하여도 이미 정해진 부하에 최대전력이 전달된다는 보장이 없다. 이것은 실제 전원의 경우에 테브난 등가저항을 구성하는 저항들에서 소비되는 전력을 고려해야 되기 때문이다.

예제 5.11

그림 5.41에 나타낸 회로는 공통 이미터 트랜지스터 증폭기의 모델이다. 이 증폭기로부터 최대전력을 전달받을 수 있는 부하 저항을 구하고 실제 소모되는 전력을 계산하라.

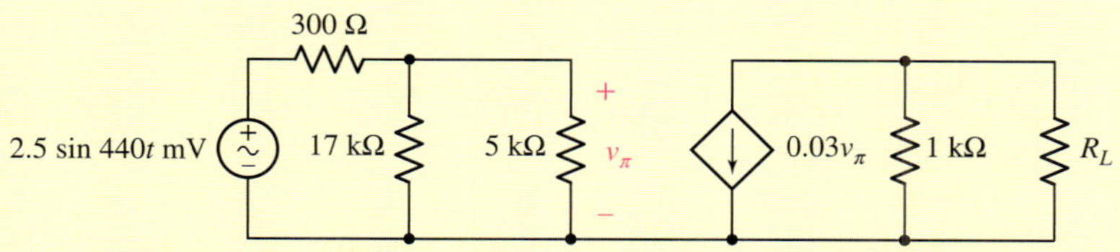

그림 5.41 규정되지 않은 부하저항을 가진 공통 이미터 증폭기의 소신호 모델

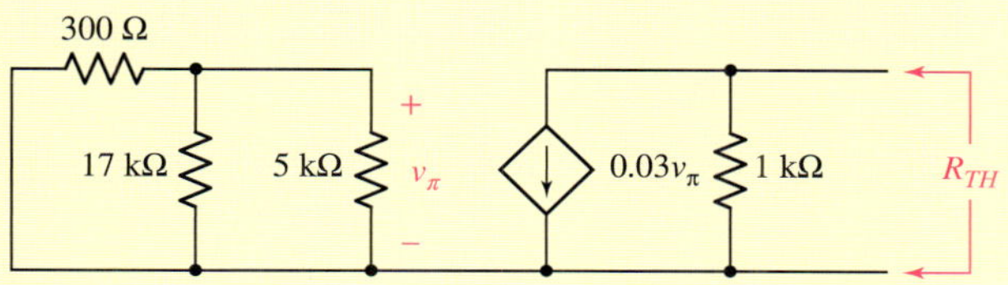

(*a*)

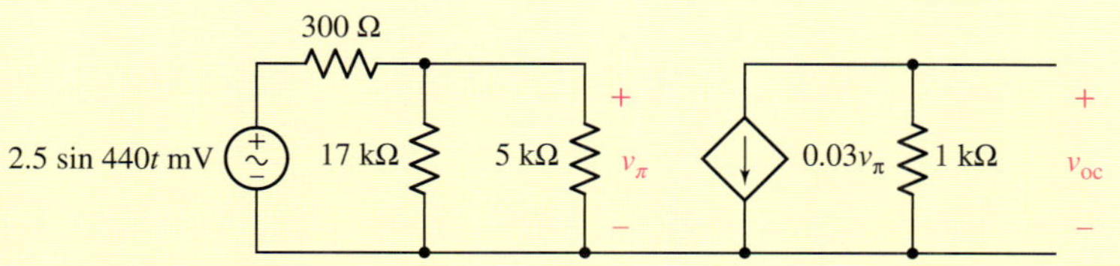

(*b*)

그림 5.42 (*a*) R_L이 제거되고 독립전원이 단락된 회로. (*b*) v_{TH}를 구하기 위한 회로.

구해야 하는 것이 부하 저항이므로 최대전력 전달정리를 적용한다. 첫 번째 단계는 나머지 회로에 대해 테브난의 등가회로를 구하는 것이다.

먼저 테브난의 등가저항을 구하기 위해 그림 5.42*a*처럼 R_L을 제거하고 독립전원을 단락시킨다.

$v_\pi = 0$이므로 종속전류원이 개방회로가 되며, 따라서 $R_{TH} = 1\ \text{k}\Omega$이다. 이 결과는 1 kΩ의 저항 양단에 1 A의 독립전류원을 접속하여 검증할 수 있다. 이때 v_π는 여전히 0이므로 종속전원은 비활성화 상태이며, 따라서 R_{TH}에 아무런 영향도 주지 않는다.

부하 R_L에 최대전력이 전달되려면 $R_{TH} = 1\ \text{k}\Omega$이 되어야 한다.

v_{TH}를 구하기 위해 그림 5.41에서 R_L을 제거한 그림 5.42b의 회로에서 다음과 같은 식을 세울 수 있다.

$$v_{oc} = -0.03\,v_\pi(1000) = -30\,v_\pi$$

여기서 병렬로 접속되어 있는 17 kΩ과 5 kΩ의 등가저항이 3864 kΩ이므로 전압 v_π는 전압분배법칙을 적용하면

$$v_\pi = (2.5 \times 10^{-3} \sin 440t)\left(\frac{3864}{300 + 3864}\right)$$

이므로 테브난의 등가회로는 1 kΩ의 저항과 직렬로 접속된 $-69.6 \sin 440t$ mV인 전압원이 된다.

최대전력은 다음과 같다.

$$p_{\max} = \frac{v_{TH}^2}{4R_{TH}} = 1.211 \sin^2 440t\,\mu\text{W}$$

익힘문제 5.10

그림 5.43의 회로에서

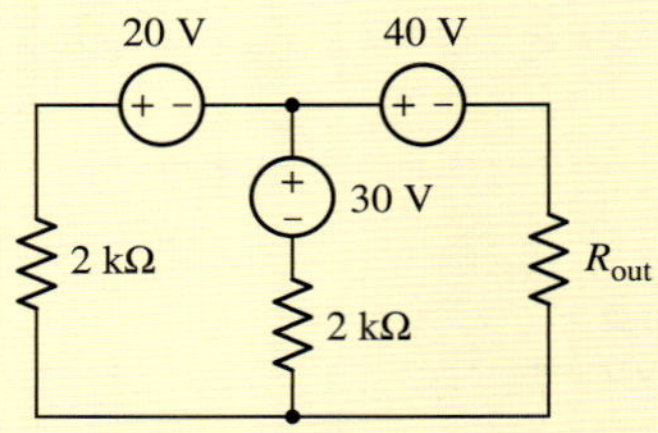

그림 5.43

(a) R_{out}에 전달될 수 있는 최대전력은 얼마인가?

(b) $R_{out} = 3\ \text{k}\Omega$일 때 이 저항에 전달되는 전력을 구하라.

(c) 20 mW를 전달받기 위한 R_{out}의 값 2개를 계산하라.

답: 306 mW; 230 mW; 59.2 kΩ과 16.88 Ω.

5.5 Δ-Y(델타-와이) 변환

우리는 앞에서 저항의 직렬연결과 병렬연결을 식별할 수 있으면 이들을 조합하여 복잡한 회로를 간단하게 할 수 있음을 알았다. 이러한 조합이 없는 경우에는 전원 변환을 사용하여 회로를 간단하게 할 수도 있다. 여기에 **Δ–*Y*(델타–와이) 변환**이라고 부르는 또 다른 유용한 기법이 있다.

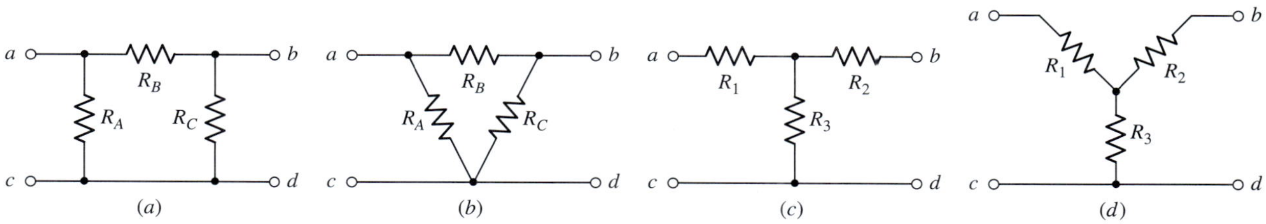

그림 5.44 (a) 3개의 저항으로 구성된 Π형 회로. (b) Δ회로로 다시 그린 회로. (c) 3개의 저항으로 구성된 T형 회로. (d) Y회로로 다시 그린 회로.

그림 5.44에 있는 회로들을 생각해보자. 그림에서 5.44*a*와 5.44*b*는 동일한 회로이며, 마찬가지로 5.44*c*와 5.44*d*도 동일한 회로이다. 이 회로들에는 직렬조합이나 병렬조합이 없으므로 어느 회로도 더 이상 간단하게 할 수 없다. 그리고 전원도 없으므로 전원을 변환할 수도 없다. 그러나 이러한 두 종류의 회로는 서로 변환이 가능하다.

우선 그림 5.45에 나타낸 것과 같이 2개의 전압 v_{ac} 및 v_{bc}와 3개의 전류 i_1, i_2 및 i_3을 정의한다. 만일 두 회로가 등가라면 단자전압과 전류가 반드시 같아야 한다(T형 회로에는 전류 i_2가 없다). R_A, R_B, R_C와 R_1, R_2, R_3 사이의 관계는 메쉬해석법을 적용하면 간단하게 구할 수 있다. 예를 들어, 그림 5.45*a*의 회로에서 다음과 같이 메쉬방정식을 세울 수 있다.

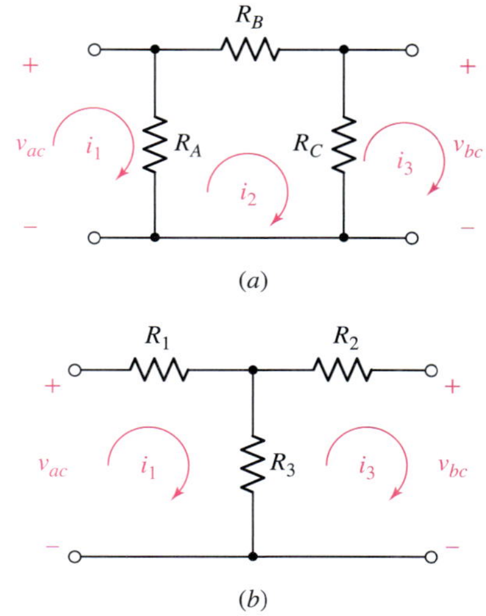

그림 5.45 (a) Π형 회로. (b) T형 회로.

$$R_A i_1 - R_A i_2 = v_{ac} \quad [20]$$

$$-R_A i_1 + (R_A + R_B + R_C) i_2 - R_C i_3 = 0 \quad [21]$$

$$-R_C i_2 + R_C i_3 = -v_{bc} \quad [22]$$

그리고 그림 5.45*b*의 회로에서 다음을 구할 수 있다.

$$(R_1 + R_3) i_1 - R_3 i_3 = v_{ac} \quad [23]$$

$$-R_3 i_1 + (R_2 + R_3) i_3 = -v_{bc} \quad [24]$$

다음으로 식 [21]에서 i_2를 구하여 식 [20]과 식 [22]에 대입하면 i_2가 제거된 다음의 두 식을 얻을 수 있다.

$$\left(R_A - \frac{R_A^2}{R_A + R_B + R_C}\right) i_1 - \frac{R_A R_C}{R_A + R_B + R_C} i_3 = v_{ac} \quad [25]$$

$$-\frac{R_A R_C}{R_A + R_B + R_C} i_1 + \left(\frac{R_C - R_C^2}{R_A + R_B + R_C}\right) i_3 = -v_{bc} \quad [26]$$

식 [25]와 식 [23]에서 항을 비교하면 다음이 성립함을 알 수 있다.

$$R_3 = \frac{R_A R_C}{R_A + R_B + R_C}$$

유사한 방법으로 R_1과 R_2를 R_A, R_B, R_C의 항으로 표현할 수 있으며, 마찬가지로 R_A, R_B, R_C를 R_1, R_2, R_3의 항으로 표현할 수 있다. 나머지 유도는 독자들에게 숙제로 남겨둔다. 따라서 Y회로를 Δ회로로 변환하려면 다음 식을 사용하여 새로운 저항값을 구하면 된다.

$$R_A = \frac{R_1 R_2 + R_2 R_3 + R_3 R_1}{R_2}$$
$$R_B = \frac{R_1 R_2 + R_2 R_3 + R_3 R_1}{R_3}$$
$$R_C = \frac{R_1 R_2 + R_2 R_3 + R_3 R_1}{R_1}$$

그리고 Δ회로를 Y회로로 변환할 때에는 다음 식을 사용한다.

$$R_1 = \frac{R_A R_B}{R_A + R_B + R_C}$$
$$R_2 = \frac{R_B R_C}{R_A + R_B + R_C}$$
$$R_3 = \frac{R_C R_A}{R_A + R_B + R_C}$$

이 식을 적용하는 것은 간단한 일이지만 실제 회로에서 Y회로나 Δ회로를 식별하는 데에는 조금 주의를 기울여야 한다.

예제 5.12

그림 5.46*a*의 회로에서 Δ-Y 변환기법을 사용하여 테브난의 등가저항을 구하라.

그림 5.46***a***의 회로에는 3 Ω 저항을 공유하고 있는 2개의 회로가 들어 있다. 여기서 2개의 Δ회로를 한꺼번에 Y회로로 변환하지 않도록 주의해야 한다. 그 이유는 1 Ω, 4 Ω, 3 Ω의 세 저항으로 구성된 위의 회로를 그림 5.46*b*와 같은 Y회로로 변환하고 나면 분명해진다.

위의 Δ회로를 Y회로로 변환하면 3 Ω 저항이 없어짐에 유의하여야 한다. 따라서 2 Ω, 5 Ω, 3 Ω의 세 저항으로 구성된 원래의 Δ회로를 Y회로로 변환할 수가 없다.

계속해서 직렬로 접속되어 있는 $\frac{3}{8}$ Ω과 2 Ω 그리고 $\frac{3}{2}$ Ω과 5 Ω의 등가저항을 구하면 그림 5.46*c*와 같이 된다. 이제 $\frac{19}{8}$ Ω 저항과 $\frac{13}{2}$ Ω 저항이 병렬 연결이 되고, 이 병렬 조합과 $\frac{1}{2}$ Ω 저항이 직렬 연결 상태가 된다. 따라서 그림 5.46*a*의 원래 회로를 그림 5.46*d*와 같이 $\frac{159}{71}$ Ω인 저항 하나로 대체할 수 있다.

익힘문제 5.11

그림 5.47의 회로에서 Y-Δ 변환기법을 사용하여 테브난의 등가저항을 구하라.

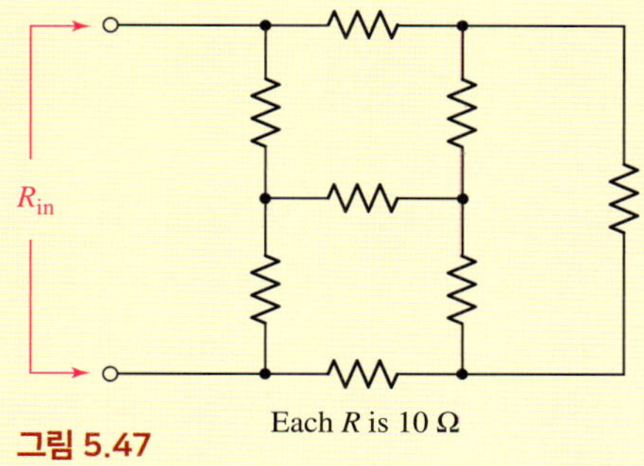

그림 5.47

답: 11.43 Ω.

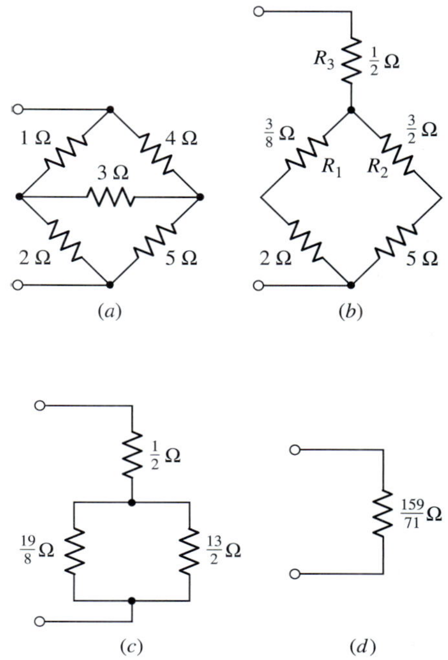

그림 5.46 (a) 입력 저항을 구하기 위해 주어진 회로. (b) 위쪽의 Δ회로를 등가인 Y회로로 대체한 회로. (c, d) 직렬조합과 병렬조합을 사용하여 단순화시킨 회로.

5.6 해법의 선택: 여러 기법의 요약

제3장에서는 KVL과 KCL을 설명하였다. 이 두 법칙은 이제까지 우리가 다룬 어떤 회로에도 적용할 수 있다. 그 이유는 이 KCL과 KVL은 각각 전하와 에너지 보존(이들은 가장 근본적인 원리)을 기반으로 하고 있기 때문이다. KCL를 기반으로 하여 매우 강력한 회로 해석법인 마디해석법이 개발되었다. 그리고 KVL을 기반으로 메쉬해석법(불행히도 평면회로에만 적용 가능)을 개발하였는데, 이 방법도 유용한 회로 해석 기법이다.

이 책에서는 대부분 선형회로에 적용할 수 있는 해석법을 개발하는 데 주력하였다. 회로가 **선형소자**(즉, 모든 전압 및 전류 사이의 관계가 선형적)로만 구성되어 있다면 마디해석법 또는 메쉬해석법을 적용하기 전에 먼저 그 회로를 간단하게 만들 수 있다. 아마도 선형회로와 관련해서 가장 중요한 결과는 **중첩정리가 적용된다**는 것이다. 이 정리에 의하면 어떤 선형회로에 여러 개의 독립전원이 있더라도 이에 대한 회로의 응답은 각 독립전원이 단독으로 존재할 때의 응답을 합하여 구할 수 있다. 이 중첩정리는 공학 전 분야에서 광범위하게 응용되고 있으며 흔히 접하게 된다. 실제로 많은 경우에 여러 개의 전원이 동시에 한 시스템에 작용하기는 하지만 대개는 그 중에서 어느 1개가 전체 응답에 지배적인 영향을 미치게 된다. 중첩정리는 어떤 시스템의 선형 모델이 상당히 정확하다는 조건하에서는 어느 전원이 가장 지배적 영향을 주는지 신속히 파악하는 데 도움이 된다.

그러나 회로 해석의 입장에서 보면 어느 특정 응답에 어느 전원이 지배적인지를 가려내야 할 경우가 아니라면 마디해석법이나 메쉬해석법을 직접 적용하여 회로를 해석하는 것이 보다 효과적인 전략이 될 수 있다. 그 이유는 예를 들어 12개의 독립전원이 있는 회로에 중첩정리를 적용한다면 원래의 회로를 12번 다시 그리고 각 부분회로에 마디해석법이나 메쉬해석법을 적용해야 하기 때문이다.

반면에 회로를 해석할 때 전원변환 기법이 매우 유용할 수 있다. 전원을 변환하면 원래의 회로에서 직렬연결 또는 병렬연결이 아닌 저항이나 전원을 정리할 수 있다. 또한 전원을 변환하면 원래의 회로에 있는 모든 전원 혹은 대다수의 전원을 같은 종류의 전원(모두 전압원이거나 전류원)으로 변환할 수 있으므로 보다 쉽게 마디해석법 또는 메쉬해석법을 적용할 수 있다.

테브난의 정리는 여러 가지 면에서 대단히 중요하다. 전자회로를 다룰 때에는 회로의 일부에 대한 테브난 등가회로, 특히 증폭단의 입력저항 및 출력저항을 알아야 한다. 그 이유는 저항을 정합시키는(matching) 것이 흔히 주어진 회로의 성능을 최적으로 만드는 최상의 방법이기 때문이다. 최대전력전달 정리를 설명하면서 이미 약간이나마 언급하였다. 최대전력전달 정리에 의하면 부하 저항은 이 부하가 접속되는 회로의 테브난 등가저항과 정합되도록 선정하여야 한다. 그러나 회로를 해석할 때마다 매번 일부 회로를 테브난의 등가회로나 노턴의 등가회로로 변환하는 것은 그 회로 전체를 해석하는 것과 거의 같은 노력이 필요한 경우가 많다. 그러므로 중첩정리의 경우와 마찬가지로, 테브난의 정리와 노턴의 정리는 회로에서 어떤 일부분에 대한 특별한 정보가 필요할 때만 적용한다.

요약 및 복습

4장에서 마디해석법과 메쉬해석법을 사용하면 (저항에서의 옴의 법칙과 같이 수동소자에 대한 전압과 전류를 관계 짓는 수단이 있는 한) 우리가 접하는 어떤 회로라도 충분히 해석할 수 있다고 말했지만, 실제로는 모든 전압 또는 모든 전류가 필요하지 않은 경우가 자주 있다. 때로는 단순히 하나의 소자 또는 큰 회로의 작은 일부만 관심의 대상이 된다. 형편에 따라서는 특정 소자의 최종값에 불확실성이 있어서 회로가 예상치 범위에 걸쳐 어떻게 동작하는지를 알아보고 싶은 경우도 있다. 이러한 경우, 우리가 다루고 있는 회로가 선형회로에 한정된다는 사실을 이용할 수 있다. 선형회로로 한정한다면 **중첩정리**(개별 전원이 어떤 소자에 미치는 영향의 합은 전체 전원이 그 소자에 미치는 영향과 같다), **전원변환**(저항과 직렬로 접속되어 있는 전압원을 저항과 병렬로 접속되어 있는 전류원으로 대체할 수 있다.)과 **테브난의 등가회로 및 노턴의 등가회로**와 같은 강력한 해석법을 활용할 수 있다.

다른 흥미로운 것으로는 **최대전력전달정리**가 있다. (임의의 복잡한) 회로를 하나의 능동회로와 하나의 수동회로의 두 회로로 나타낼 수 있다고 가정하면 수동회로의 테브난 저항이 능동회로의 테브난 저항과 같을 때 최대전력이 수동회로로 전달된다. 마지막으로 델타-와이(Δ-Y) 변환을 설명하였다. 이 방법을 사용하면 일반적인 직병렬 조합기법으로는 간단하게 할 수 없는 저항회로를 단순하게 처리할 수 있다.

여전히 "나는 어떤 기법을 사용하여 회로를 해석해야 하나?"라는 의문에 직면한다. 일반적으로 해답은 회로에 필요한 정보의 형태에 달려 있다. 때에 따라서는 경험이 도움이 될 수는 있지만 최상의 방법이 하나는 아니라는 것이다. 확실하게 주목해야 할 점은 하나 또는 그 이상의 소자가 변할 수 있느냐는 것이다. 이에 따라 중첩정리, 테브난의 등가회로 또는 전원의 변환이나 델타-와이 변환을 사용하여 일부라도 회로를 간단하게 하는 것이 가장 실제적인 방법이다.

이 장의 주요한 점을 해당 예제와 함께 정리하며 이 장을 마무리한다.

- 중첩정리에 의하면 선형회로에서는 개별 독립전원이 단독으로 작용할 때의 개별 응답을 합하여 전체 회로의 응답을 구할 수 있다. (예제 5.1, 5.2, 5.3)
- 중첩정리는 각 전원이 어느 특별한 응답에 얼마나 기여하는지를 파악하는 데 가장 많이 사용된다. (예제 5.2, 5.3)
- 실제 전압원에 대한 실질적인 모델은 이상적인 독립전압원과 직렬로 접속되어 있는 저항이다. 실제 전류원에 대한 실질적 모델은 이상적인 독립전류원과 병렬로 접속되어 있는 저항이다.
- 전원을 변환하면 실제 전압원을 실제 전류원으로 변환할 수 있다. 그 반대도 성립한다. (예제 5.4)
- 전원과 저항을 조합할 수 있어서 전원의 변환을 반복하면 회로의 해석이 대폭 간단해질 수 있다. (예제 5.5)
- 테브난의 등가회로는 독립전압원 1개와 직렬로 접속된 1개의 저항이다. 노턴의 등가회로는 1개의 독립전류원과 병렬로 접속된 1개의 저항이다. 이때 두 등가회로에서의 저항은 같다. (예제 5.6)
- 테브난의 등가저항을 구하는 방법은 여러 가지이며, 회로 내에 종속전원이 있는지의 여부에 따라 달라진다. (예제 5.7, 5.8, 5.9, 5.10)
- 부하저항은 이 저항이 접속되는 회로의 테브난 등가저항과 정합일 때 최대전력을 전달받는다. (예제 5.11)
- Δ결선된 저항회로는 쉽게 Y결선 회로로 변환된다. 이렇게 하면 해석하기 전에 회로를 간단하게 할 수 있다. 반대로 Y결선 저항회로도 Δ결선 회로로 변환하여 회로를 간단하게 하는 데 쓰일 수 있다. (예제 5.12)

추천 도서

다음은 배터리 기술에 대한 도서이며, 내부 저항의 특성이 포함되어 있다.

T. B. Reddy, ed., *Linden's Handbook of Batteries*, 4th ed. New York: McGraw-Hill Education, 2010.

다음의 도서에는 특이한 경우가 잘 설명되어 있으며, 여러 가지 회로 해석에 관한 정리들이 수록되어 있다.

R. A. DeCarlo and P. M. Lin, *Linear Circuit Analysis*, 3rd ed. Dubuque, IA: Kendall Hunt Publishing, 2009.

연습문제

5.1 선형성과 중첩정리

1. 선형시스템은 다루기 쉬워서 엔지니어들은 종종 실제의 (비선형) 시스템을 선형으로 모델링한다. 이러한 모델이 제한된 범위에서는 종종 놀랄 만큼 정확하다. 이러한 예로서 간단한 지수함수 e^x를 고려해 보자. 이 함수를 테일러급수로 나타내면 다음과 같다.

$$e^x \approx 1 + x + \frac{x^2}{2} + \frac{x^3}{6} + \cdots$$

(a) 이 테일러급수 전개에서 선형 항 이후의 항을 모두 잘라버린 선형 모델을 구성하라.

(b) 이 선형 모델에서 $x = 0.000005$, 0.005, 0.05, 0.5 및 5.0에 대한 값을 계산하라.

(c) 이 모델에서 어느 x에서의 값이 e^x의 근사값으로 합당한가? 합당하다고 보는 이유를 설명하라.

2. 함수 $y(t) = 4 \sin 2t$를 선형으로 근사화하라.

(a) $t = 0$, 0.001, 0.01, 0.1 및 1.0에서의 근사값을 계산하라.

(b) 이 모델에서 어느 t에서의 값이 실제 (비선형) 함수 $y(t)$의 근사값으로 합당한가? 합당하다고 보는 이유를 설명하라.

3. 그림 5.48의 회로에 중첩정리를 적용하여 두 독립전원에 의해 발생하는 i_8의 두 성분을 각각 구하라.

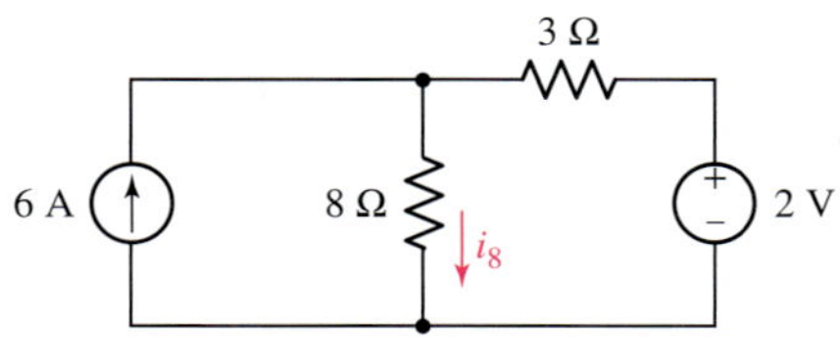

그림 5.48

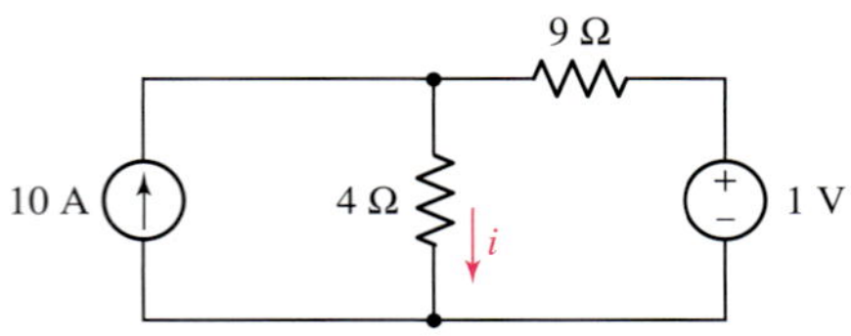

그림 5.49

4. (a) 그림 5.49의 회로에 중첩정리를 적용하여 전류 i를 구하라.

(b) 1 V 전원에 의한 전류의 크기가 총 전류 i의 몇 퍼센트인가?

(c) 그림 5.49의 회로에서 10 A 전원의 크기만을 조정하여 두 전원이 총 전류 i에 미치는 영향이 같도록 하라.

5. (a) 그림 5.50의 회로에서 중첩정리를 사용하여 전류 i_x를 구하라.

(b) 각 전원에서 발생하는 전류 i_x의 비율을 결정하라.

(c) 전류원의 크기만을 조정하여 i_x를 두 배로 만들기 위한 회로로 변경하라.

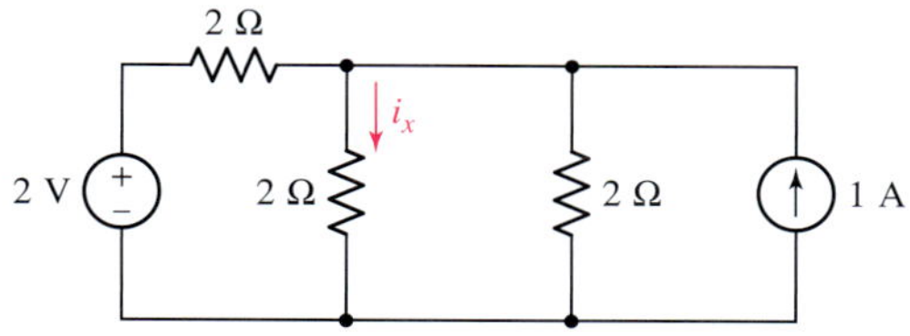

그림 5.50

6. (a) 그림 5.51의 회로에서 두 전류원에 의한 마디전압 v_1 각각을 구하라.

(b) 1 Ω 저항에서 소비되는 전력을 구하라.

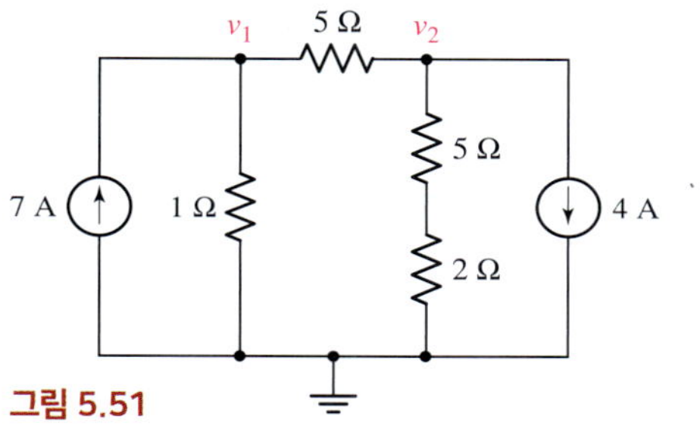

그림 5.51

7. (a) 그림 5.52의 회로에서 두 전류원에 의한 마디전압 v_2 각각을 구하라.

(b) 시뮬레이션을 두 번 별도로 시행하는 대신에 dc 스위프를 한 번 시행하여 답을 검증하라. 필요한 것을 표시한 개략도와 관련 그래프 출력을 제출하고 결과를 간략하게 설명하라.

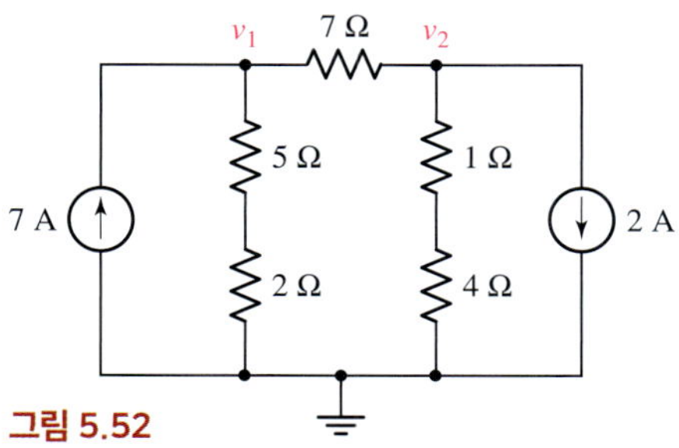

그림 5.52

8. 그림 5.53의 회로에서 다음을 만족하도록 두 전압원의 값을 바꾸어라.

(a) i_1의 크기가 현재의 2배

(b) i_1의 크기는 동일하나 방향이 현재와 반대방향

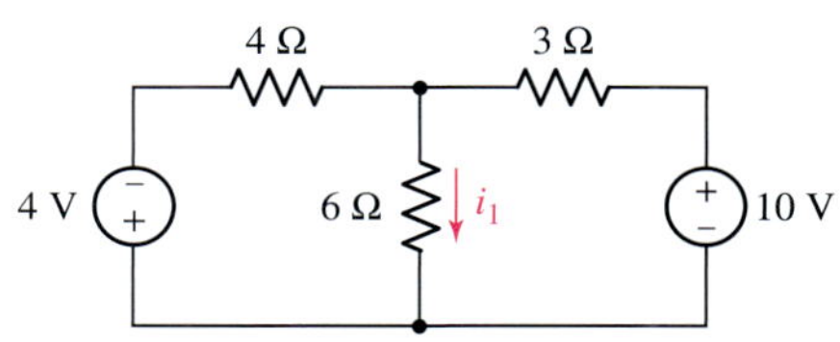

그림 5.53

9. 그림 5.54에 있는 세 회로를 해석하고 $V_x = V_x' + V_x''$이 성립함을 보여라. (좀 더 정확히 말하면 중첩정리를 적용할 때는 하나의 전원을 제외하고 나머지 전원의 값을 0으로 놓을 때 가장 유용하지만, 실제에 있어서 이 정리는 훨씬 더 일반적이어서 반드시 전원의 값을 0으로 놓아야 하는 것은 아니다.)

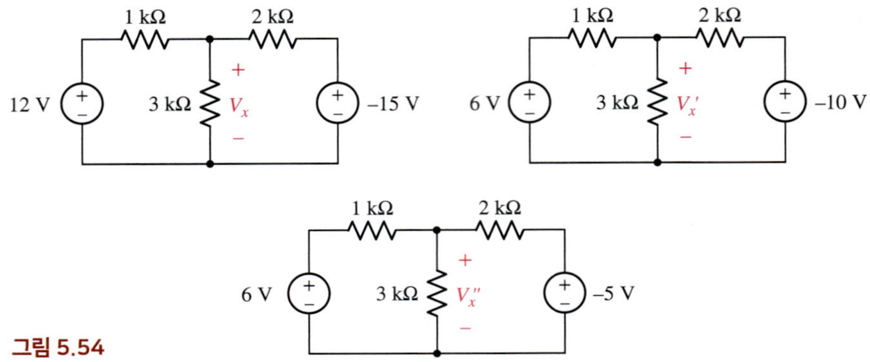

그림 5.54

10. (a) 그림 5.55의 회로에 중첩정리를 적용하여 전압 v_x를 구하라.

(b) v_x를 10% 줄이려면 2 A 전원의 크기를 얼마로 바꾸어야 하는가?

(c) dc 스위프를 (각 전원에 대해 한 번씩) 세 번 시행하여 해답을 검증하라. 필요한 것을 표시한 회로도와 관련 그래프 출력을 제출하고 결과를 간략하게 설명하라.

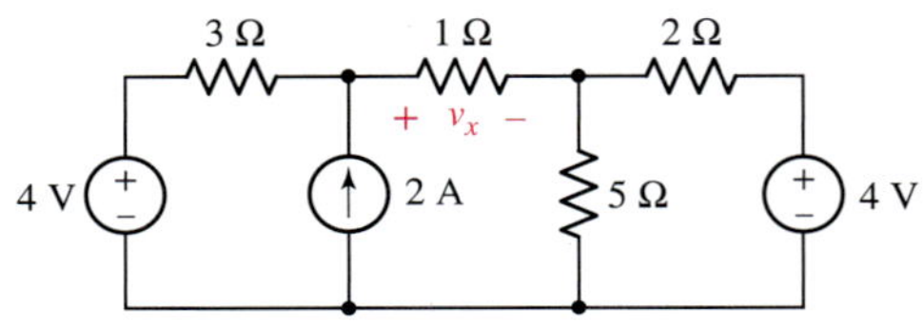

그림 5.55

11. 그림 5.56의 회로에 중첩정리를 적용하여 전류 I_x의 값을 구하라.

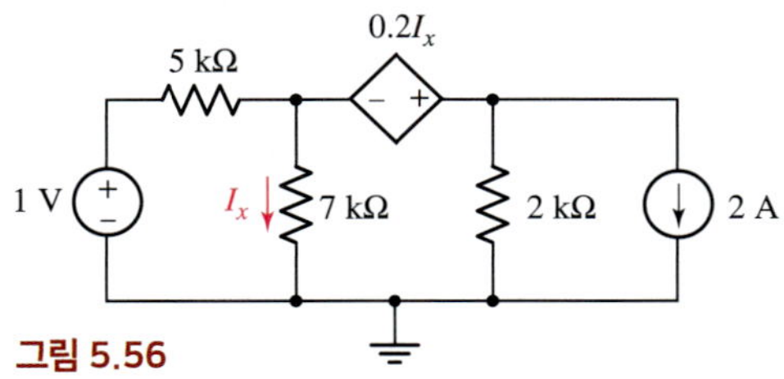

그림 5.56

12. (a) 그림 5.57의 회로에 중첩정리를 적용하여 각 독립전원에 의한 전류 i_x 각각을 구하라.

(b) 1 Ω 저항에서 소비되는 전력을 계산하라.

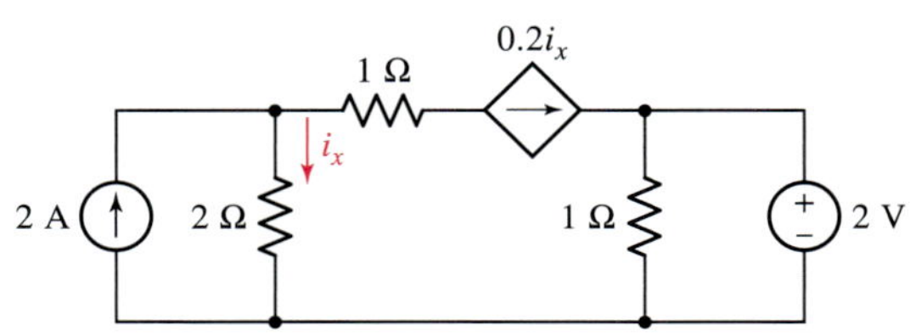

그림 5.57

5.2 전원의 변환

13. 그림 5.58의 각 회로에서 전원을 적절히 변환하라. 단, 각 최종회로에 4 Ω 저항이 남아 있어야 한다.

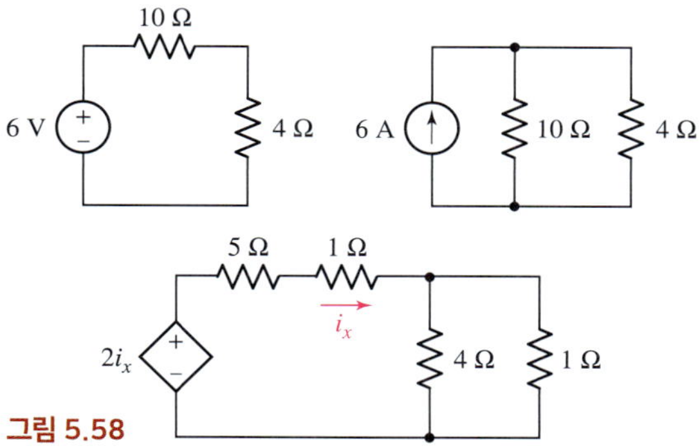

그림 5.58

14. (a) 그림 5.59의 회로에서 $0 \le R \le \infty$ 범위에 대응하는 v_L–i_L 그래프를 그려라.

(b) (a)번과 동일한 저항 범위에서 저항 R에 공급되는 전력을 그려라.

(c) 먼저 전원변환을 수행한 후 (b)번 과정을 반복하라.

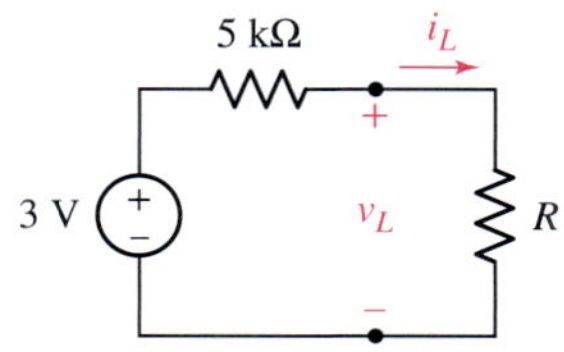

그림 5.59

15. 그림 5.60의 회로에서 먼저 전원변환과 직병렬 조합을 시행하여 회로를 3개 소자만의 회로로 만든 다음에 전류 I를 구하라.

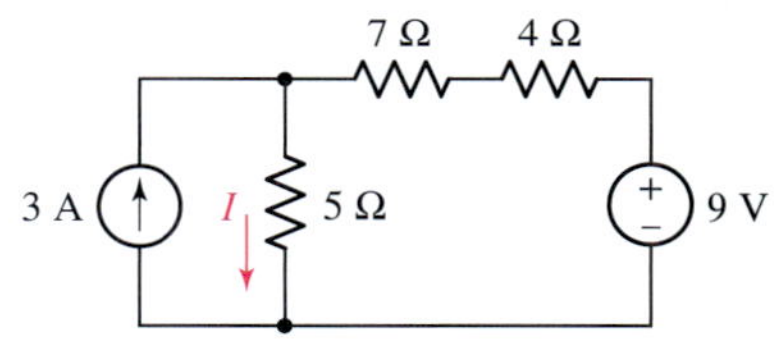

그림 5.60

16. 그림 5.22*a*의 7 Ω 저항에서 소비되는 전력이 회로를 그림 5.22*c*와 같이 전원변환한 후에도 동일함을 검증하라.

17. (a) 그림 5.61의 회로에서 먼저 회로를 저항들과 전압원들만의 회로로 변환한 후에 전류 i를 구하라.

(b) 각 회로를 시뮬레이션하여 전류 i가 동일함을 검증하라.

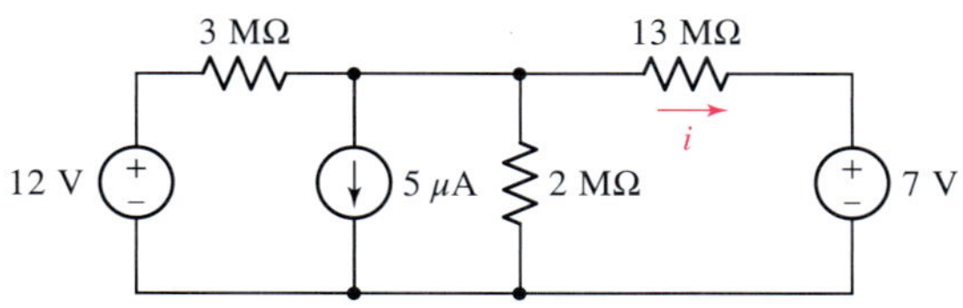

그림 5.61

18. (a) 전원변환을 반복하여 그림 5.62의 회로를 하나의 저항과 직렬로 접속된 하나의 전압원으로 간략화하라. 두 소자 모두 6 MΩ 저항과 직렬로 접속되어야 한다.

(b) 간략화한 회로를 사용하여 6 MΩ 저항에서 소비되는 전력을 계산하라.

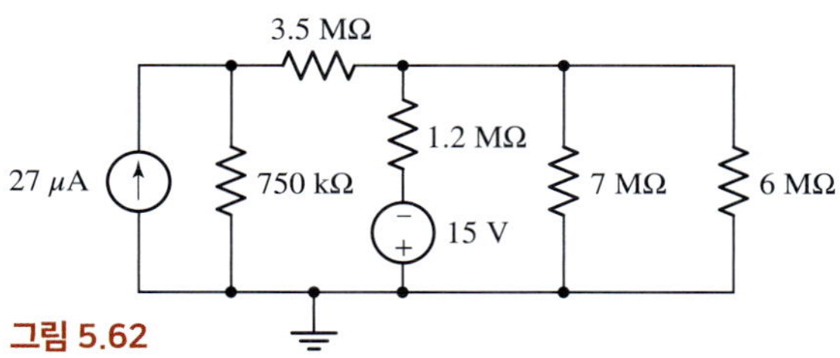

그림 5.62

19. (a) 그림 5.63의 회로에서 전원변환과 소자조합 기법을 필요한 만큼 사용하여 7 V 전원, 저항 하나 및 다른 전압원 하나만으로 구성되는 회로로 간략화하라.

(b) 두 회로에서 7 V 전원이 공급하는 전력량이 동일함을 검증하라.

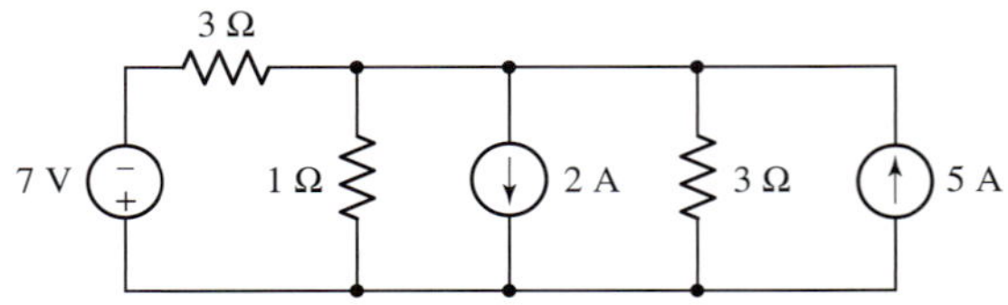

그림 5.63

20. (a) 전원변환을 반복하여 그림 5.64의 회로를 전압원 하나, 17 Ω 저항 및 다른 저항 하나로 구성된 회로로 간략화하라.

(b) 17 Ω 저항에서 소비되는 전력을 계산하라.

(c) 두 회로를 시뮬레이션하여 답을 검증하라.

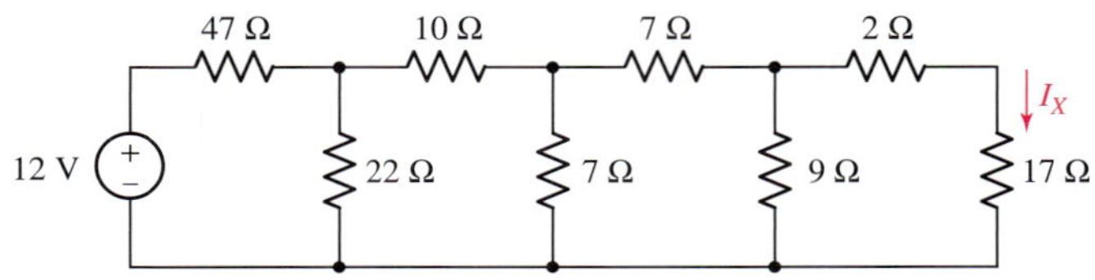

그림 5.64

21. 그림 5.65의 회로에서 먼저 세 전원 모두를 전압원으로 변환한 후에 가능한 한 회로를 간략화하고 4 Ω 저항에 걸리는 전압 V_x를 계산하라. 간략화된 회로를 그리고 필요한 것을 표기하라.

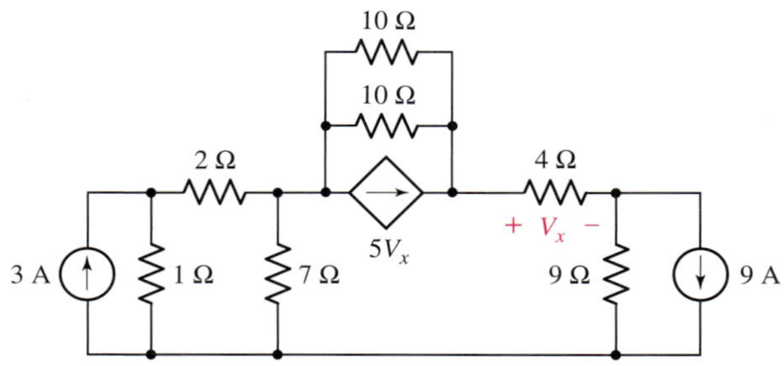

그림 5.65

22. (a) 전원변환을 사용하여 그림 5.66의 회로에서 2개 전압원을 적절한 전류원으로 바꾸어라.

(b) 새로운 회로를 사용하여 7 Ω 저항에서 소비되는 전력을 계산하라.

(c) 두 회로를 시뮬레이션하여 답을 검증하라.

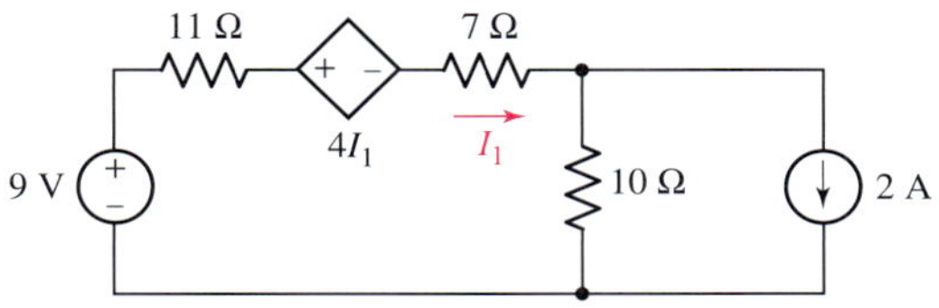

그림 5.66

23. 그림 5.67의 회로에 있는 모든 독립전원을 전류원으로 변환한 후에 I_B에 대한 표현식을 구하라.

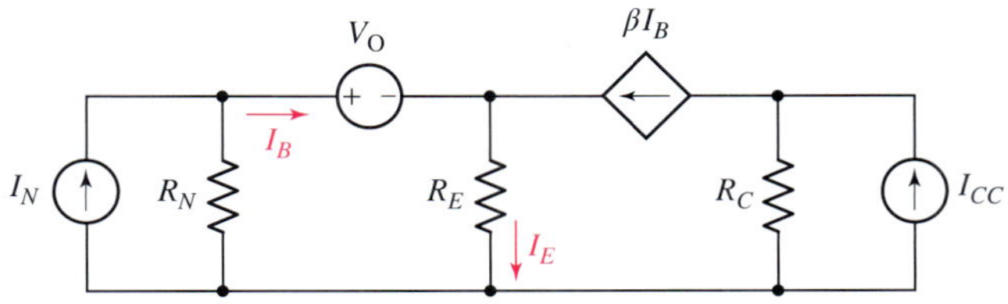

그림 5.67

24. 그림 5.68의 회로에서 먼저 두 전압원을 전류원으로 변환한 후에 가능한 한 소자의 수를 줄이고 전압 v_3를 계산하라.

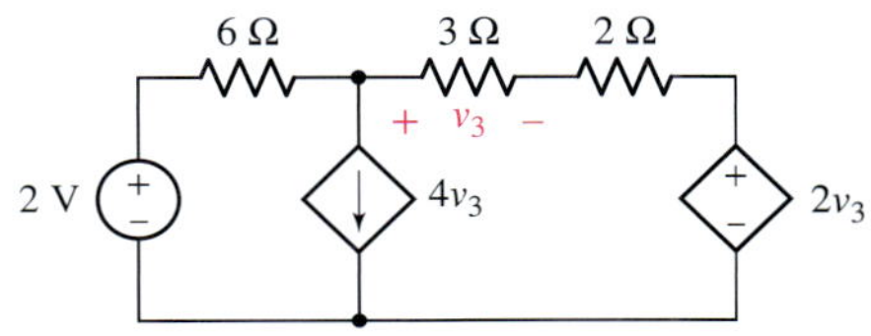

그림 5.68

5.3 테브난의 등가회로와 노턴의 등가회로

25. (a) 그림 5.69의 회로에서 R_L에 대한 테브난의 등가회로를 구하라.
    (b) $R_L = 1\ \Omega$, $3.5\ \Omega$, $6.257\ \Omega$ 및 $9.8\ \Omega$일 때의 V_L을 구하라.

26. (a) 그림 5.69의 회로에서 R_L에 대한 노턴의 등가회로를 구하라.
    (b) $0 < R_L < 5\ \Omega$ 범위에서 R_L에서 소비되는 전력을 i_L의 함수로 그려라.
    (c) 위에서 구한 그래프를 사용하여 소비전력이 최대일 때의 R_L값을 추정하라.

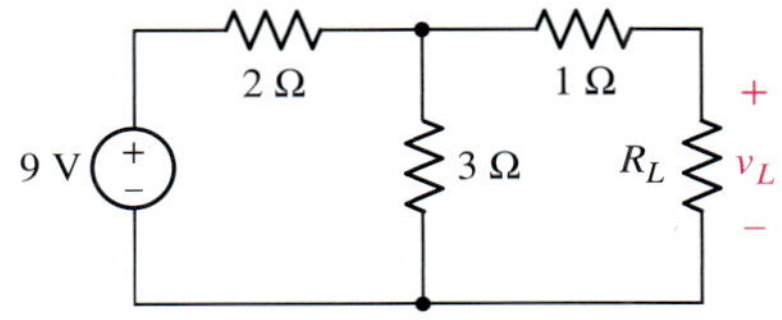

그림 5.69

27. (a) 그림 5.70의 회로에서 R_L에 대한 노턴의 등가회로를 구하라.
    (b) 그림 5.70의 회로에서 R_L에 대한 테브난의 등가회로를 구하라.
    (c) $R_L = 0\ \Omega$, $1\ \Omega$, $2\ \Omega$, $5\ \Omega$ 및 $10\ \Omega$일 때 R_L에서 소비되는 전력을 구하라.

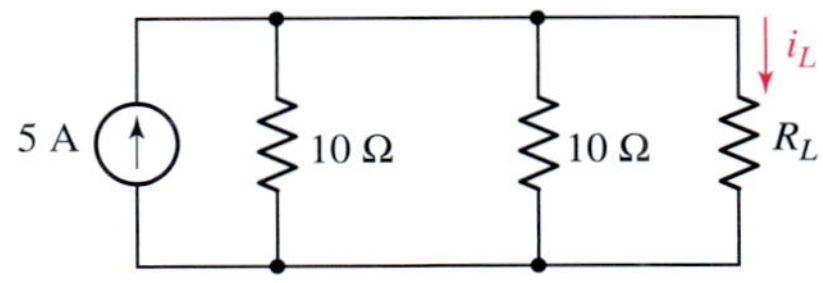

그림 5.70

28. (a) 그림 5.71의 회로에서 먼저 V_{oc} 및 I_{sc}를 구한 후에 테브난의 등가회로를 구하라. (I_{sc}가 V_{oc}의 (+) 단자로 흘러 들어가도록 하라.)
    (b) 구한 등가회로의 개방단자에 4.7 kΩ 저항을 접속하고 이 저항에서 소비되는 전력을 구하라.

29. 그림 5.71의 회로에서
    (a) 먼저 V_{oc} 및 I_{sc}를 구한 후에 노턴의 등가회로를 구하라. (I_{sc}가 V_{oc}의 (+) 단자로 흘러 들어가도록 하라.)
    (b) 구한 등가회로의 개방단자에 1.7 kΩ 저항을 접속하고 이 저항에 공급되는 전력을 구하라.

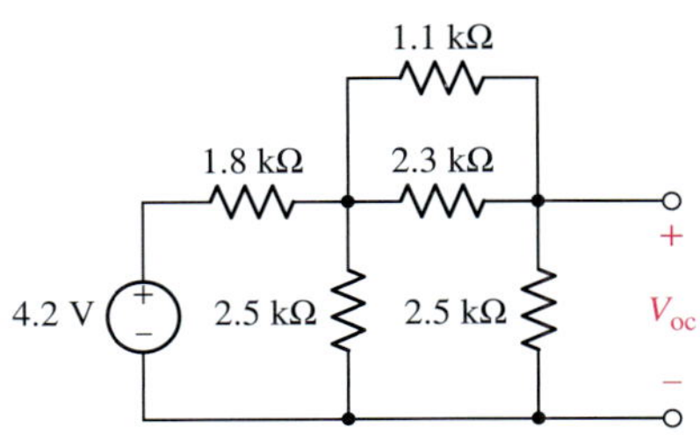

그림 5.71

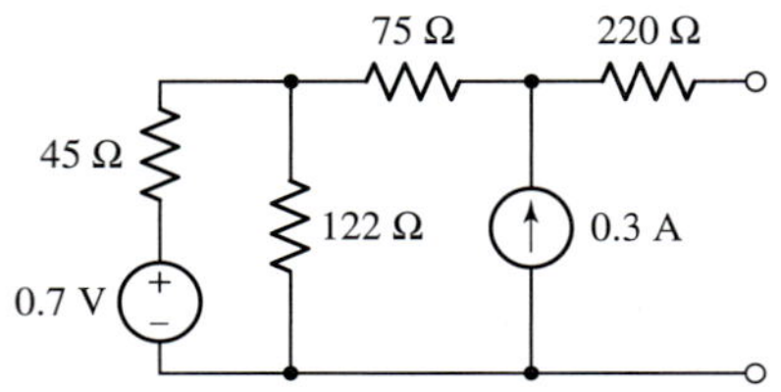

그림 5.72

30. (a) 그림 5.72의 회로에 테브난 정리를 적용하여 두 소자만으로 구성된 간단한 등가회로를 구하라.

(b) 구한 등가회로의 개방단자에 100 Ω 저항을 접속하고 이 저항에 전달되는 전력을 구하라.

(c) 원래 회로의 개방단자에 동일한 100 Ω 저항을 접속하고 해석하여 (b)에서 구한 답을 검증하라.

31. (a) 그림 5.73의 회로에 테브난 정리를 적용하여 두 소자만으로 구성된 등가회로를 구하라.

(b) 회로의 개방단자에 1 Ω 저항을 접속하고 이 저항에 공급된 전력을 구하라.

(c) 원래 회로와 간략화된 등가회로를 시뮬레이션하여 구한 답을 검증하라.

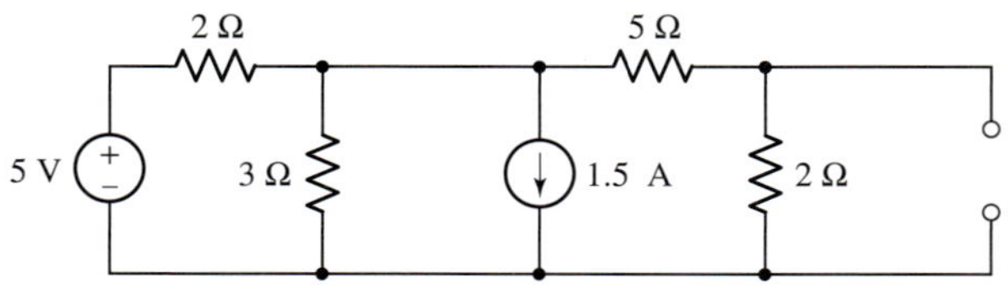

그림 5.73

32. 그림 5.74의 회로에서 두 개방단자에서 본 테브난의 등가회로를 구하라.

33. (a) 그림 5.74의 회로에서 두 개방단자에서 본 노턴의 등가회로를 구하라.

(b) 개방단자에 5 Ω 저항을 접속하고 이 저항에서 소비되는 전력을 계산하라.

(c) 두 개방단자를 단락시키고 여기에 흐르는 전류를 계산하라.

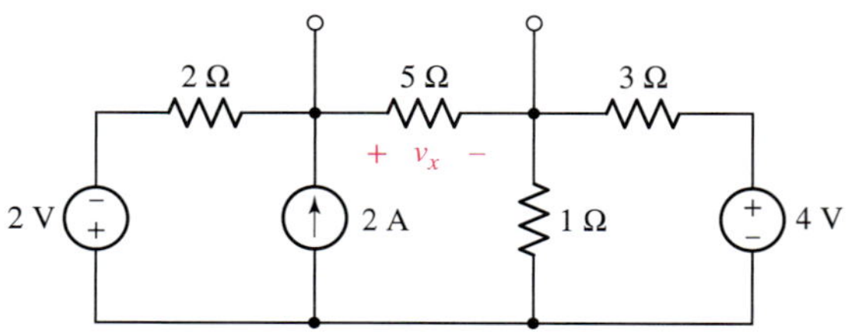

그림 5.74

34. 그림 5.75의 회로에서

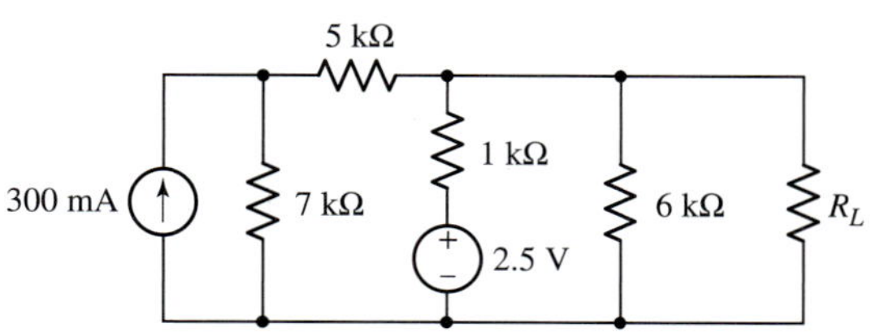

그림 5.75

(a) 노턴의 정리를 적용하여 R_L에 접속되어 있는 회로를 두 소자만으로 구성된 회로로 간략화하라.

(b) R_L이 3.3 kΩ 저항일 때 이 저항을 통해 위에서 아래로 흐르는 전류를 구하라.

(c) 두 회로를 시뮬레이션하여 구한 답을 검증하라.

35. (a) 그림 5.76의 회로에서 먼저 V_{oc} 및 I_{sc}를 구한 후에 개방단자에서 본 테브난의 등가저항값을 구하라.

(b) 원래의 회로에서 전압원을 단락시킨 후에 개방단자에 1 A의 시험전원을 접속하고, 이를 이용하여 R_{TH}를 구하라.

(c) 원래의 회로에서 2 V 전압원을 다시 단락시킨 후에 개방단자에 1 V의 시험전원을 접속하고, 이를 이용하여 R_{TH}를 구하라.

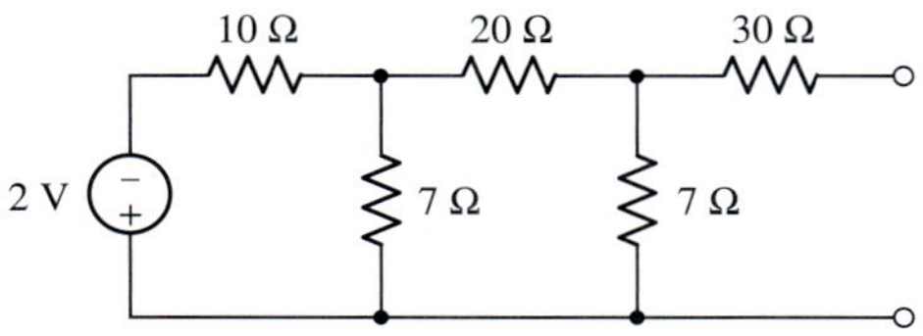

그림 5.76

36. 그림 5.77의 회로에서

(a) 먼저 V_{oc} 및 I_{sc}를 구한 후에 개방단자에서 본 테브난의 등가저항값을 구하라.

(b) 원래의 회로에서 다른 전류원을 비활성화한 후에 개방단자에 1 A의 시험전원을 접속하고, 이를 이용하여 R_{TH}를 구하라.

(c) 원래의 회로에서 원래 있던 전원의 값을 0으로 만든 후에 개방단자에 1 V의 시험전원을 접속하고, 이를 이용하여 R_{TH}를 구하라.

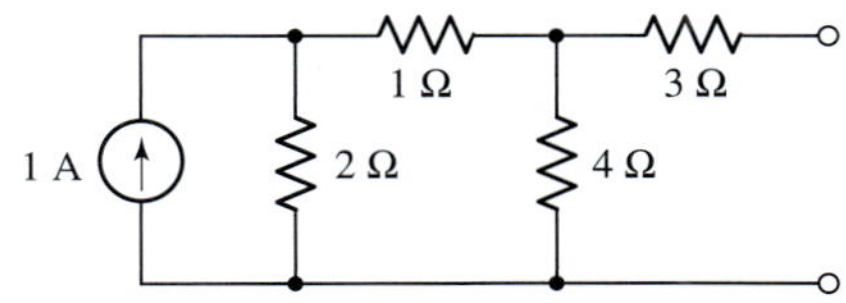

그림 5.77

37. 그림 5.78의 회로에서 다음의 세 방법으로 개방단자에서 본 테브난의 등가저항값을 구하라.

(a) 먼저 V_{oc} 및 I_{sc}를 구한 후에 이들의 비율을 사용하여 구하라.

(b) 모든 독립전원을 0으로 놓고 저항을 조합하여 구하라.

(c) 미지의 전류원을 개방단자에 접속하고 다른 모든 전원을 비활성화한 후에 전원의 양단에 걸리는 전압에 대한 수식을 구하고 두 양의 비율을 사용하여 구하라.

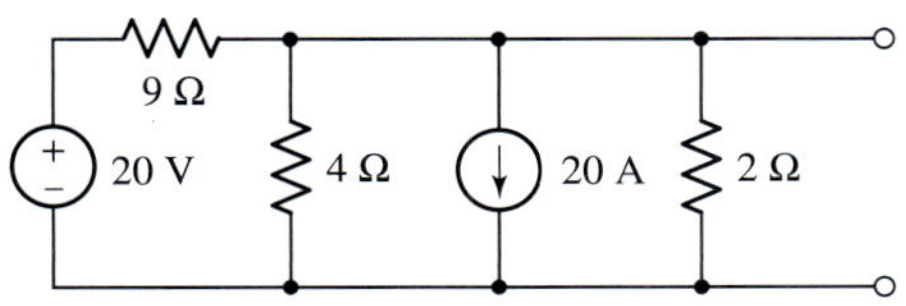

그림 5.78

38. 그림 5.79의 회로에서 다음의 두 단자에서 본 테브난의 등가저항값을 구하라.
   (a) a와 b
   (b) a와 c
   (c) b와 c
   (d) 적절한 회로 시뮬레이션을 사용하여 구한 답들을 검증하라. (힌트: 문제의 단자에 시험전원을 접속하여 구하라.)

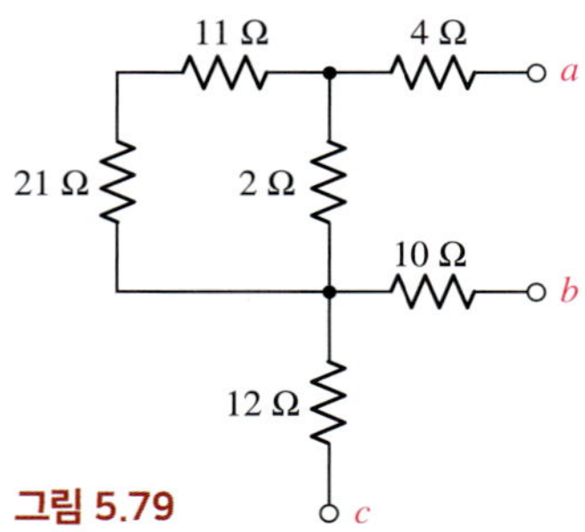

그림 5.79

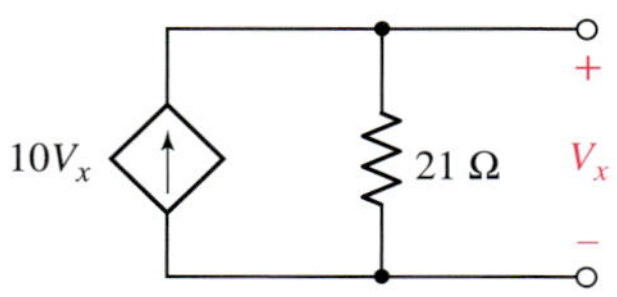

그림 5.80

39. 그림 5.80의 회로에서 개방단자에서 본 테브난의 등가회로와 노턴의 등가회로를 구하라. (구한 등가회로에 종속전원이 없어야 한다.)

40. 그림 5.81의 회로에서 단자 a와 b에서 본 노턴의 등가회로를 구하라. (구한 등가회로에 종속전원이 없어야 한다.)

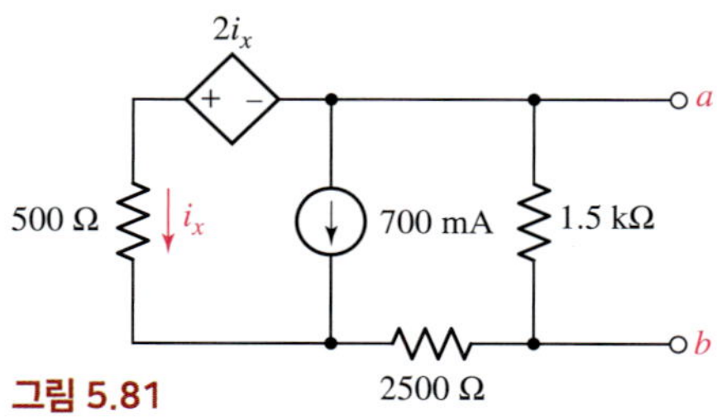

그림 5.81

41. 그림 5.82의 회로에서 단자 a와 b 사이에 다음의 저항이 접속될 때 이 저항에서 소비되는 전력을 구하라.
   (a) 1 kΩ
   (b) 4.7 kΩ
   (c) 10.54 kΩ

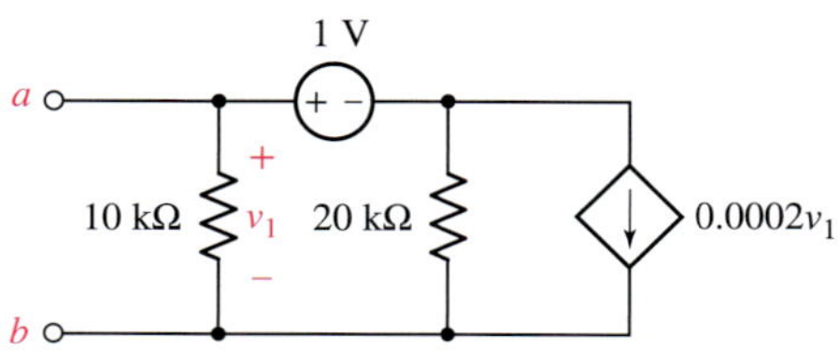

그림 5.82

42. 그림 5.83의 회로에서 단자 a와 b에서 본 테브난의 등가회로와 노턴의 등가회로를 구하라.

43. 그림 5.84의 회로에서 점선에서 본 오른쪽 회로의 테브난 등가저항을 구하라. 이 회로는 공통전원 트랜지스터 증폭기이며, 구한 값이 이 증폭기의 입력저항이 된다.

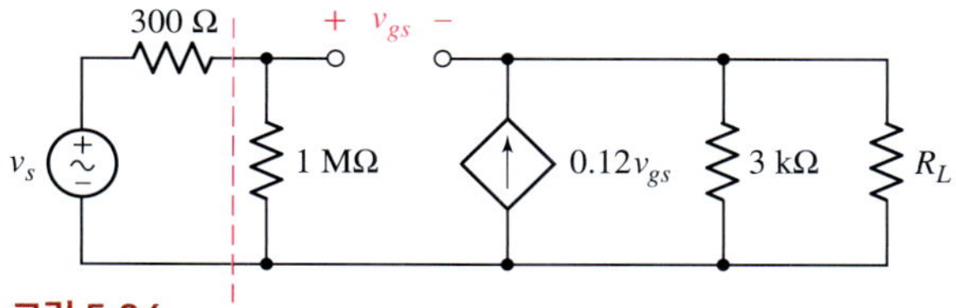

그림 5.84

44. 그림 5.85의 회로에서 점선에서 본 오른쪽 회로의 테브난 등가저항을 구하라. 이 회로는 공통 콜렉터 트랜지스터 증폭기이며, 구한 값이 이 증폭기의 입력저항이 된다.

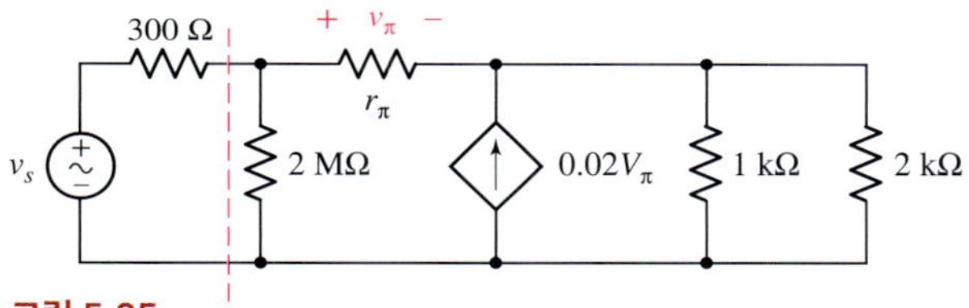

그림 5.85

45. 그림 5.86의 회로는 연산증폭기의 모델로서 상당히 정확한 모델이다. 이 회로에서 R_i와 A가 매우 크고 $R_o \sim 0$이며, (스피커와 같은) 저항성 부하를 v_{out} 단자와 접지점 사이에 접속하면 이 부하에 입력신호 v_{in}보다 $-R_f/R_1$배 큰 전압이 나타난다. v_{out} 단자에서 본 테브난의 등가회로를 구하라.

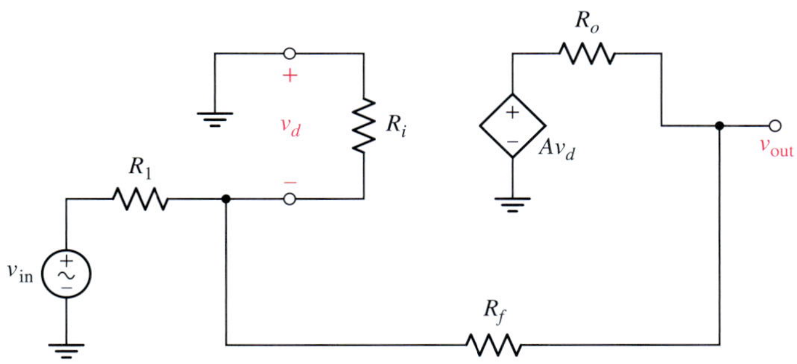

그림 5.86

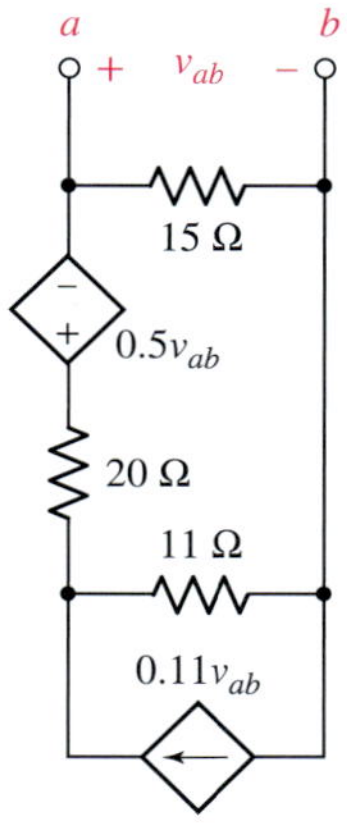

그림 5.83

5.4 최대전력 전달

46. (a) 그림 5.87의 회로에서 저항 R_L에 연결된 테브난 등가회로를 구하라.

(b) R_L에서 소비되는 전력을 $0 \le R_L \le 10\ \text{k}\Omega$ 범위에서 R_L의 함수로 그려라.

(c) 회로에서 최대전력이 전송되는 R_L 값을 구하라.

(d) (c)에서 전력의 50%를 초래하는 R_L 값을 구하라.

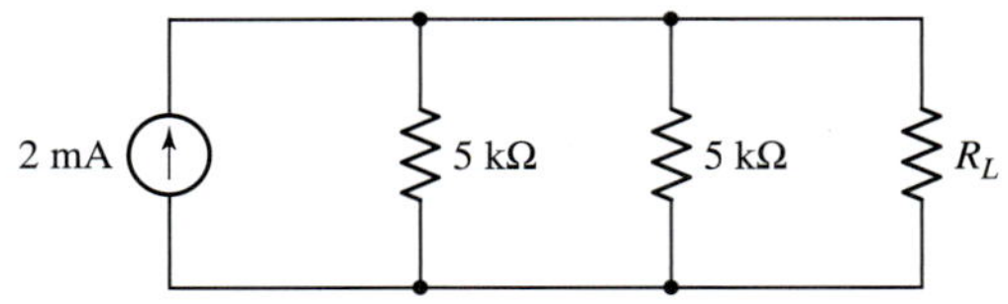

그림 5.87

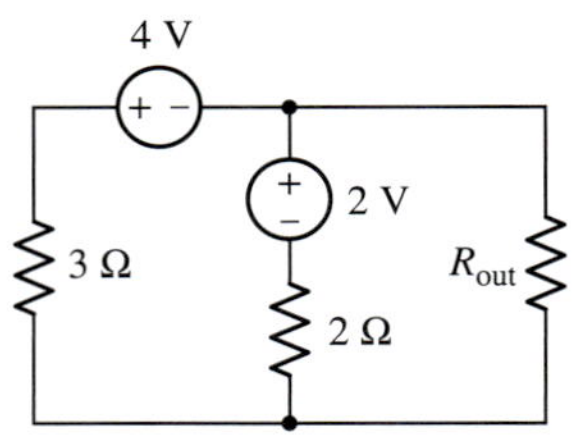

그림 5.88

47. 그림 5.88의 회로에서

(a) 저항 R_{out}에서 본 테브난의 등가회로를 구하라.

(b) R_{out}에 최대전력이 전달되도록 R_{out}을 선정하라.

48. 그림 5.89의 회로에서

(a) 저항 R_{out}에서 본 노턴의 등가회로를 구하라.

(b) R_{out}에 최대전력이 전달되도록 R_{out}값을 선정하라.

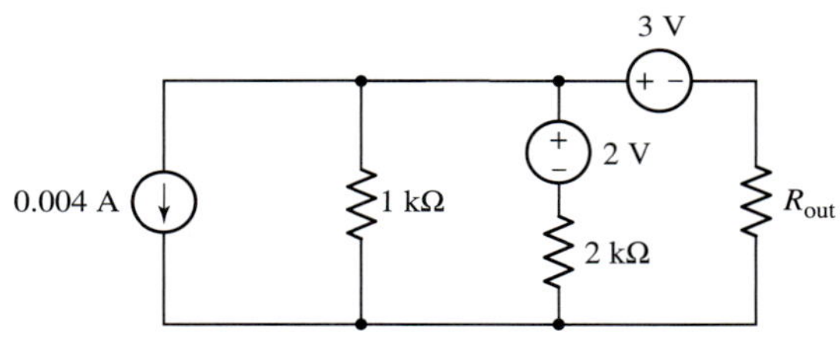

그림 5.89

49. 가정에 있는 벽면 소켓에서의 테브난 등가저항을 구할 수 있다고 가정하면 토스터, 전자레인지 및 TV를 제작할 때 각 기기의 테브난 등가저항을 이 값에 맞추지 않는 이유가 무엇일까? 전력회사에서 가정용 기기에 최대전력을 전달할 수 없는 것일까?

50. 그림 5.90의 회로에서 R_L값이 얼마일 때 최대전력을 소비할 수 있을까?

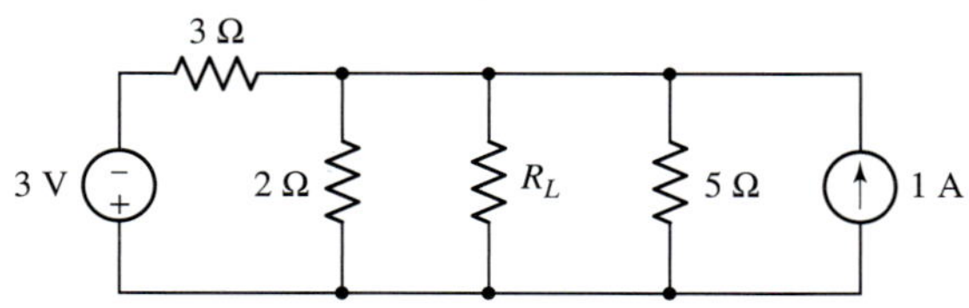

그림 5.90

51. 그림 5.91의 회로에서

(a) 단자 a와 b로 정의되는 회로에서 테브난의 등가회로를 구하라.

(b) 노턴의 등가회로를 구하라.

(c) 최대전력이 전달되도록 개방 단자 사이에 저항을 연결하라.

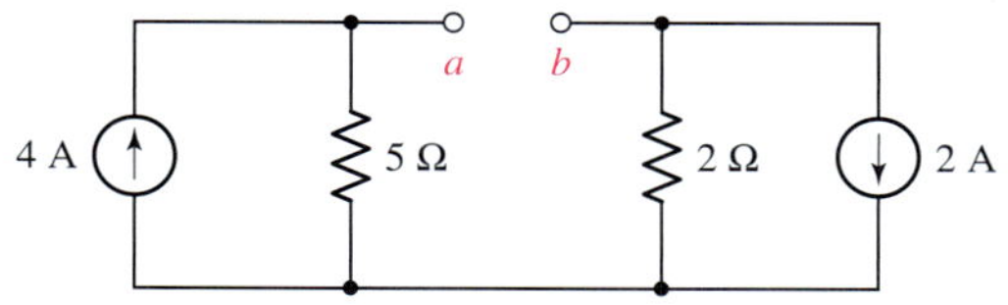

그림 5.91

52. 그림 5.92의 회로에서

(a) 3.3 Ω 저항에서 소비되는 전력을 계산하라.

(b) 3.3 Ω 저항을 다른 저항으로 대체하여 새 저항이 최대전력을 소비하도록 하라.

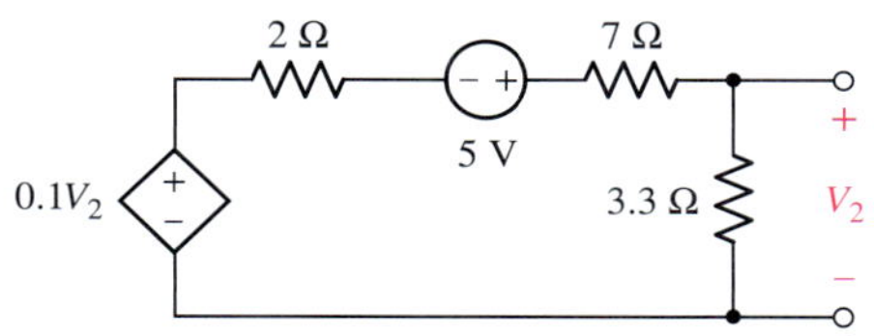

그림 5.92

53. 그림 5.93의 회로에서 최대전력을 소비할 수 있는 R_L값을 선정하라.

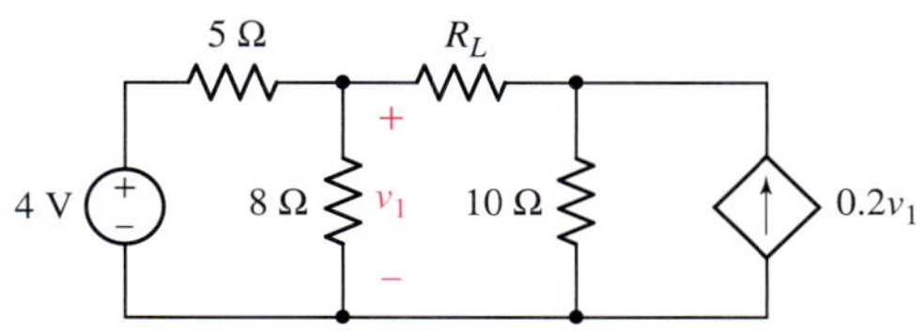

그림 5.93

54. 그림 5.94의 회로에서 단자 a와 b에 어떤 값의 저항을 접속하면 최대전력을 소비할 수 있는지 말하라.

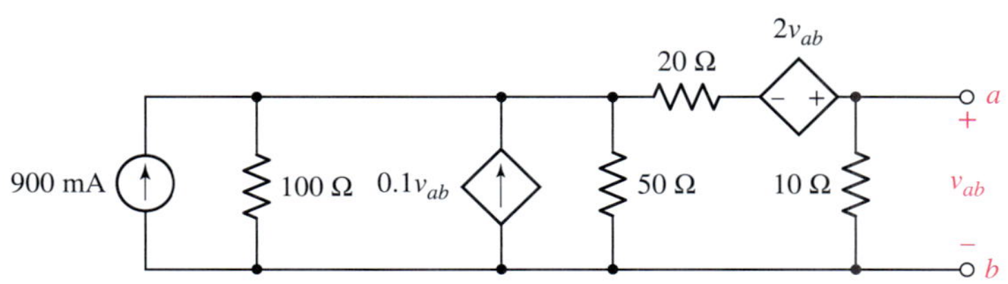

그림 5.94

5.5 Δ-Y(델타-와이) 변환

55. Y결선회로를 Δ결선회로로 변환하는 데 필요한 수식을 유도하라.

56. 그림 5.95에 있는 Δ(또는 Π)결선회로를 Y결선회로로 변환하라.

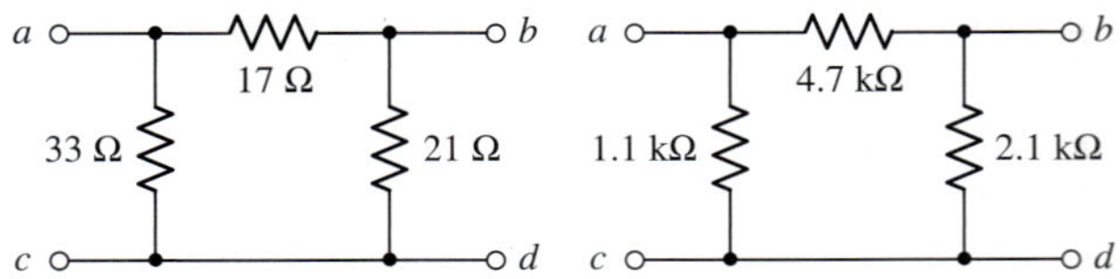

그림 5.95

57. 그림 5.96에 있는 Y(또는 T)결선회로를 Δ결선회로로 변환하라.

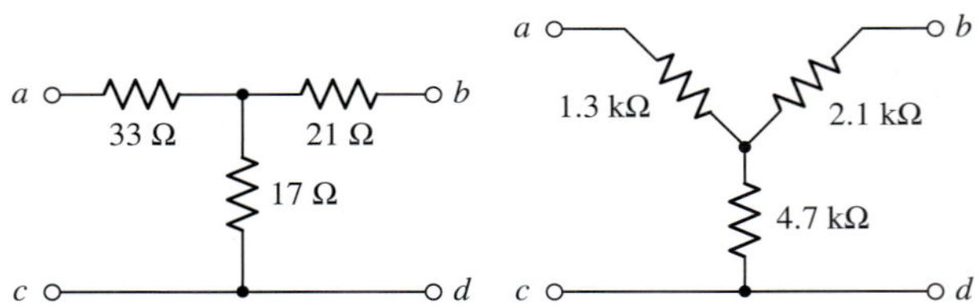

그림 5.96

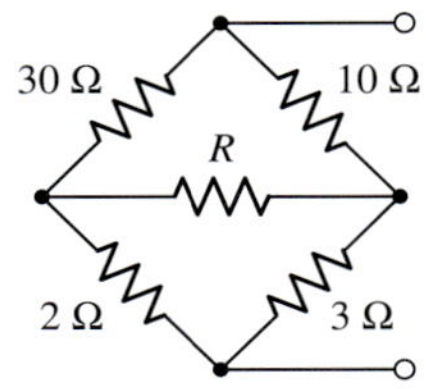

그림 5.97

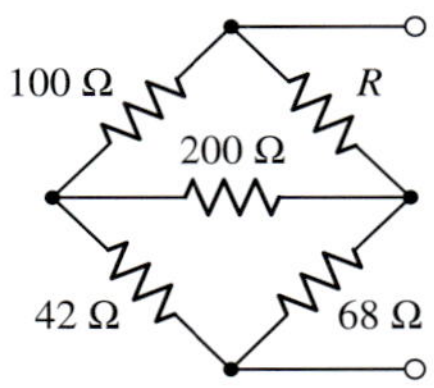

그림 5.98

58. 그림 5.97에서 두 개방단자에서 본 등가저항이 9 Ω이 되도록 R값을 선정하라. 유효숫자 두 자리로 답하라.

59. 그림 5.98에서 두 개방단자에서 본 등가저항이 70.6 Ω이 되도록 R값을 선정하라.

60. 그림 5.99의 회로에서 저항 R_{in}을 구하라.

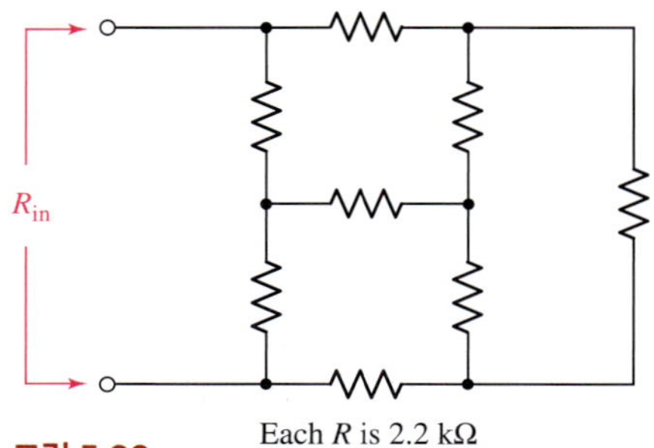

그림 5.99

61. 그림 5.100에 있는 R_{in}을 계산하라.

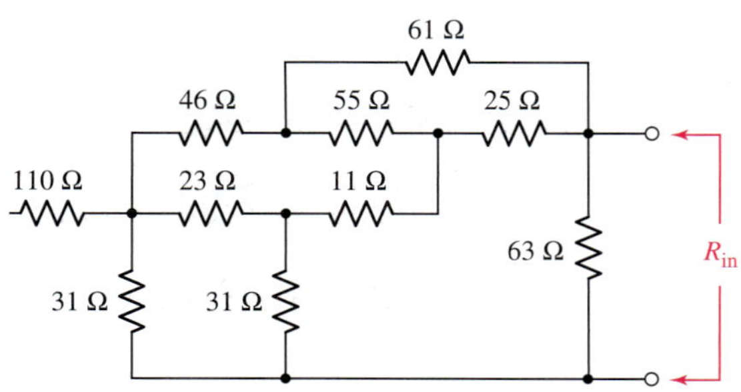

그림 5.100

62. 그림 5.101의 회로에 Δ-Y 변환기법을 적절히 적용하여 R_{in}을 구하라.

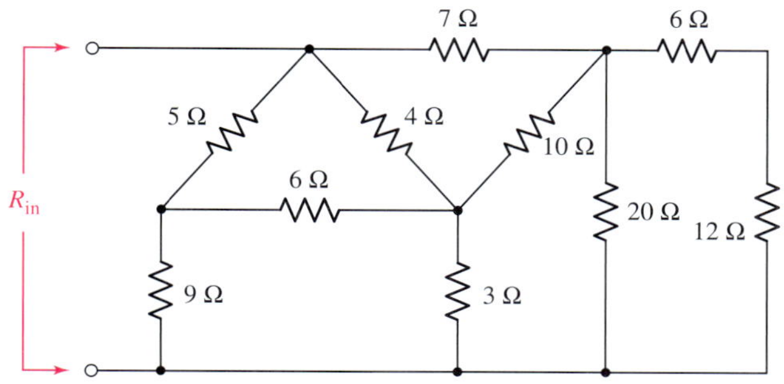

그림 5.101

63. (a) 그림 5.102의 회로에서 두 소자로 구성된 테브난의 등가회로를 구하라.
(b) 개방단자에 1 Ω 저항을 연결했을 때 이 저항에서 소비되는 전력을 계산하라.

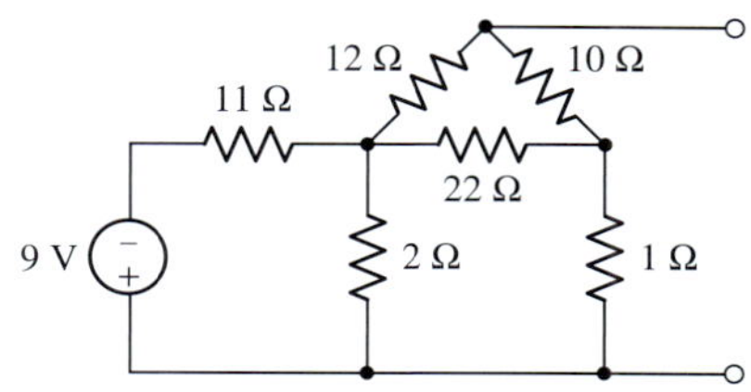

그림 5.102

64. (a) 그림 5.103의 회로에 적절한 기법을 사용하여 테브난의 등가회로와 노턴의 등가회로를 둘 다 구하라.
(b) 원래의 회로와 두 등가회로의 세 회로 각각의 개방단자에 1 Ω 저항을 접속하고 시뮬레이션하여 결과를 검증하라.

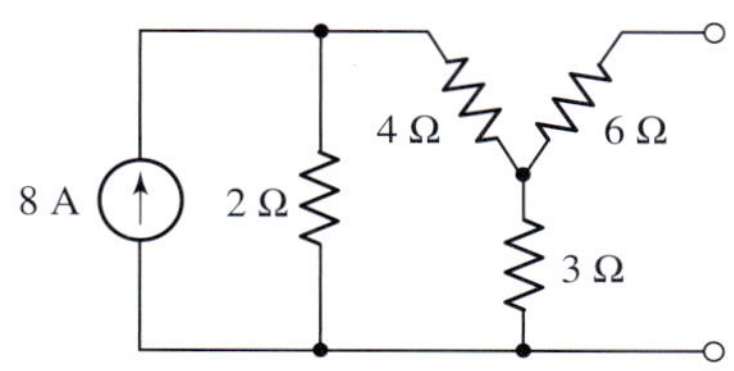

그림 5.103

65. (a) 그림 5.104의 회로에서 가장 왼쪽의 Δ 회로를 T 회로로 변환시켜라.
(b) 컴퓨터 시뮬레이션을 수행하여 구한 답이 실제로 등가인지 검증하라. (힌트: 부하저항을 추가하여 검증하라.)

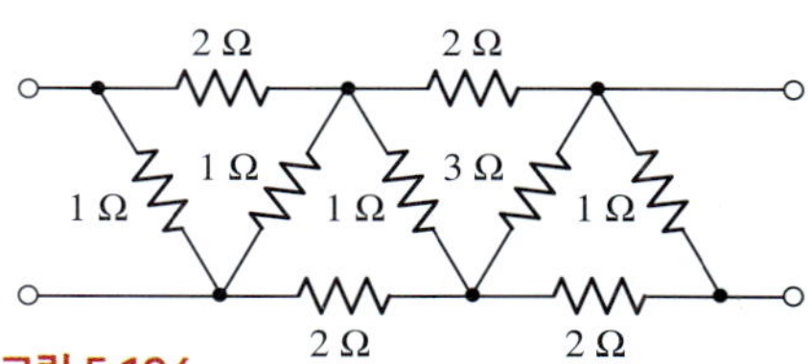

그림 5.104

5.6 해법의 선택: 여러 기법의 요약

66. 그림 5.105의 회로에서 개방단자에 다음의 저항이 접속될 때 이 저항에서 소비되는 전력을 구하라.

(a) 1 Ω (b) 100 Ω (c) 2.65 kΩ (d) 1.13 MΩ

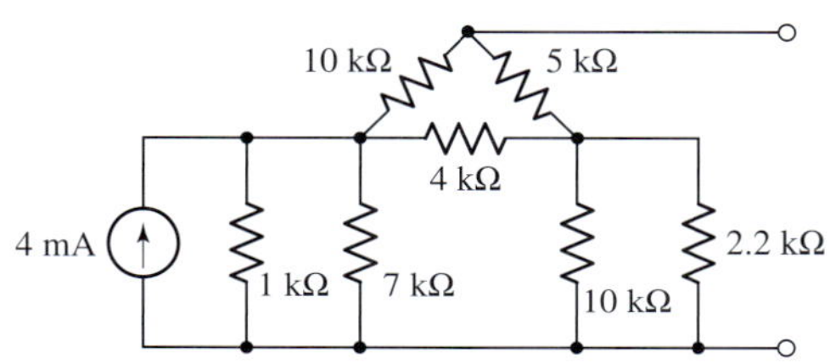

그림 5.105

67. 그림 5.106의 회로에서 단자 a와 b 사이에 부하저항이 접속되어 있다고 한다.

(a) 25 V 전원의 값을 변화시켜 두 전압원이 부하저항에 전달하는 전력이 같도록 하라. 이때 부하저항은 최대전력을 소비하고 있다고 한다.

(b) 부하저항의 값을 계산하라.

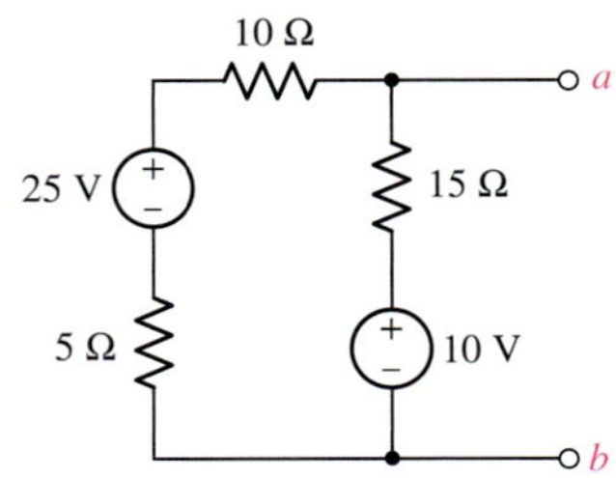

그림 5.106

68. 그림 5.106의 회로에서 단자 a와 b 사이에 2.57 Ω인 부하를 연결하였다. 그러나 부하에 전달되는 전력이 필요한 양의 50%에 불과하다. 전압원만을 변경시켜 필요한 전력이 전달되고 두 전원이 같은 양의 전력을 공급하도록 하라.

69. 그림 5.107의 회로에서 개방단자 사이에 부하저항이 접속되어 있으며 부하저항은 최대전력을 전달받고 있다고 한다.

(a) 부하저항값은 얼마인가?

(b) 부하저항에서 소비되는 전력이 필요한 양의 세 배라고 할 때 최대전력전달 조건을 유지하면서 필요한 양만큼만 전력을 전달받을 수 있도록 회로를 수정하라.

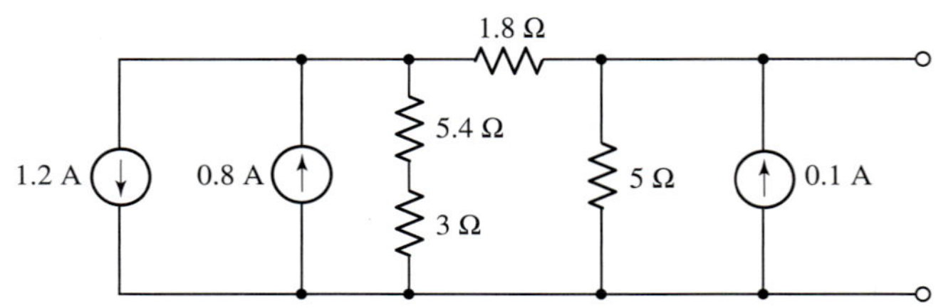

그림 5.107

70. 그림 5.107의 회로에서 개방단자에 무엇이 접속될지 또는 접속되는 것이 선형 소자인지 알 수가 없다고 한다. 만일 간단한 배터리가 접속된다면 배터리의 무부하 전압(개방회로 전압)은 얼마이어야 하는가? 또한 배터리에서 허용 가능한 내부저항의 최대값은 얼마일까?

통합문제

71. 3개의 120 V, 45 W짜리 전구가 Y회로 형태로 결선되어 있다. 이 회로에서 세 전구가 공통으로 접속되어 있는 점은 사용하지 않았으며, 나머지 세 단자 중 두 단자를 접속한 단자와 나머지 단자에 120 V의 교류전원을 접속하여 전력을 공급하였다. 각 전구의 밝기는 전구에 전달된 전력에 비례한다고 한다. 이 회로를 Δ회로로 결선을 바꾸고 각 전구의 밝기가 원래의 Y회로일 때의 밝기와 동일하게 하고 싶다. 120 V의 교류전원과 적절한 저항을 사용하여 새로운 교류회로를 설계하라. 그리고 LTspice를 사용하여 설계 결과를 검증하라. 이때 새로 설계한 회로에서 각 전구에 전달되는 전력을 원래의 Y회로에서 각 전구에 전달된 전력과 비교하여 검증하라.

72. (a) 회로를 해석하기 전에 회로를 간략화하기 위해 전원을 변환하는 방법을 설명하라.

(b) 비록 전원을 변환하면 어떤 특정한 회로를 크게 간략화시킬 수 있더라도 전원변환을 할 필요가 없는 경우가 있다. 언제인가?

(c) 회로에 있는 모든 독립전원을 같은 비율로 증가시키면 다른 전압 및 전류 모두 동일한 비율로 증가한다. 그런데 종속전원은 같은 비율로 증가시키지 않는다. 그 이유를 설명하라.

(d) 일반적인 회로에서 독립전압원을 0으로 놓으면 어떤 전류가 전압원을 통해 흐르는가?

(e) 일반적인 회로에서 독립전류원을 0으로 놓으면 전류원 양단에는 어떤 전압이 나타나는가?

73. 그림 5.108에서 부하저항은 과열되지 않고 안전하게 1 W까지 소비할 수 있다. 회로에 있는 표시등은 1 A 이하의 전류가 흐르면 10.6 Ω으로 취급할 수 있고 1 A 이상의 전류에서는 15 Ω으로 볼 수 있다. 이 회로가 안전하게 동작하기 위해 허용할 수 있는 I_s의 최대값은 얼마인가? 적절한 컴퓨터 시뮬레이션을 사용하여 결과를 검증하라.

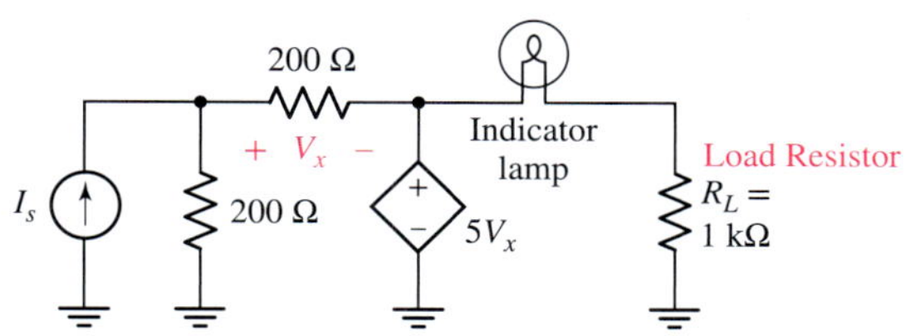

그림 5.108

74. 어떤 적색 LED의 전류정격이 35 mA이며, 전류가 이 값을 초과하면 과열되어 결정적인 사고가 발생하게 된다. 이 LED의 저항은 여기에 흐르는 전류에 대해 비선형 함수이지만 제조회사는 최소저항 47 Ω, 최대저항 117 Ω을 보증한다. LED에 전력을 공급하는데 9 V 건전지만 사용할 수 있다. LED를 손상시키지 않으면서 LED에 최대전력을 공급할 수 있는 적절한 회로를 설계하라. 이때 이 책의 겉표지 뒷면에 주어진 표준저항의 값만을 사용해야 한다.

75. 보안시스템의 일부로 아주 얇은 100 Ω의 도선을 부도체 에폭시를 사용하여 유리창에 부착하려고 한다. 재충전이 가능한 1.5 V AAA 건전지 12개, 1 Ω 저항 1000개, 6 V에서 15 mA(최대 전류 등급)가 흐르는 2.9 kHz 압전 버저 1개만 주어져 있다. 창문이 깨져서 이 얇은 도선이 파손되면 버저가 울리는 회로를 설계하라. 이 버저가 동작하려면 최소한 6 V(최대 28 V)의 직류전압이 필요하다고 한다.

76. 그림 5.90의 회로에 대하여,

(a) 저항 R_L에 연결된 테브난 등가회로를 구하라.

(b) 전원 변환을 사용하여 노턴의 등가회로를 구하라.

(c) 두 회로를 사용하여 저항 R_L이 테브난 등가 저항의 절반과 동일한 경우, R_L에 공급되는 전력을 계산하라.

6 연산증폭기

Design elements: Cockpit: ©Purestock/SuperStock; Wind Turbins: ©Russell Illig/Getty Images; Circuit Board: ©Shutterstock

서론

현재까지 회로를 해석할 수 있는 훌륭한 방법들을 배웠지만 전원과 저항 혹은 전자 흐름을 직접 제어할 없는 **수동소자**만으로 구성된 어느 정도 일반적인 회로에 초점이 맞추어져 있었다. 전자 장치는 컴퓨팅에서의 입력/출력 관계 혹은 오디오 신호의 증폭 같은 전기적 입력을 사용하여 전자 흐름을 제어하는 기능을 필요로 한다. 전자 흐름을 제어할 수 있는 능동 소자는 일반적으로 비선형적이지만 종종 선형 모델을 사용하여 효과적으로 취급될 수 있다. 본 장에서는 이런 소자 중 하나인 **연산증폭기**(*operational amplifier*, 약어로 op amp)를 배운다. 연산증폭기는 센서 회로, 제어, 신호처리 및 증폭기와 같은 응용에서 일상적으로 사용되는 가장 다용도 소자 중 하나이다.

중요한 개념

- 이상적인 연산증폭기의 특성
- 반전 증폭기와 비반전 증폭기
- 합산 증폭기와 차동 증폭기
- 연산증폭기의 종속접속
- 전압이득과 궤환
- 비교기와 슈미트 트리거
- 계측 증폭기
- 연산증폭기의 비이상적인 특성

6.1 배경

연산증폭기의 기원은 1940년대로 거슬러 올라간다. 그 당시 덧셈, 뺄셈, 곱셈, 나눗셈, 미분 및 적분과 같은 수학적인 연산을 하기 위해 진공관으로 구성한 기초적인 회로가 구성되었다. 이 회로를 기반으로 하여 복잡한 미분방정식을 풀기 위한 아날로그(디지털의 반대 개념) 컴퓨터를 구성할 수 있었다. 대체로 K2-W 소자를 처음으로 상품화된 연산증폭기로 보고 있는데, 이 소자는 1952년경부터 1970년대 초까지 보스턴에 있던 Philbrick Researches사가 제작하였다(그림 6.1*a* 참조). 이 초창기의 진공관 소자는 무게가 85 g이고 부피가 3.8 cm × 5.4 cm × 10.4 cm이었으며 대략 US$22에 판매되었다. 이에 비해 LMx58 계열 같은 집적회로(IC) 연산증폭기는 무게가 500 mg 미만이고 부피는 5.7 mm × 4.9 mm

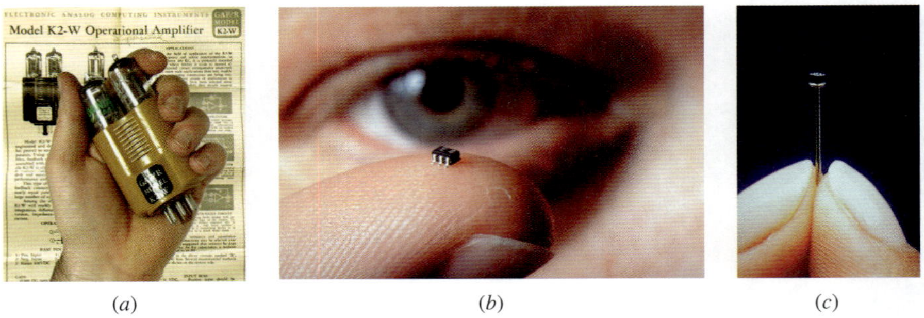

그림 6.1 (*a*) 12AX7A 진공관 한 쌍으로 구성된 Philbrick사의 K2-W 연산증폭기. (*b*) 전화기와 게임기에 다양하게 사용되는 LMV321 연산증폭기. (*c*) LMC6035 연산증폭기. 패키지 하나에 114개의 트랜지스터가 들어 있지만 크기는 핀의 머리 정도로 작다. (*a*: ©Steve Durbin; *b–c*: Courtesy of Texas Instruments)

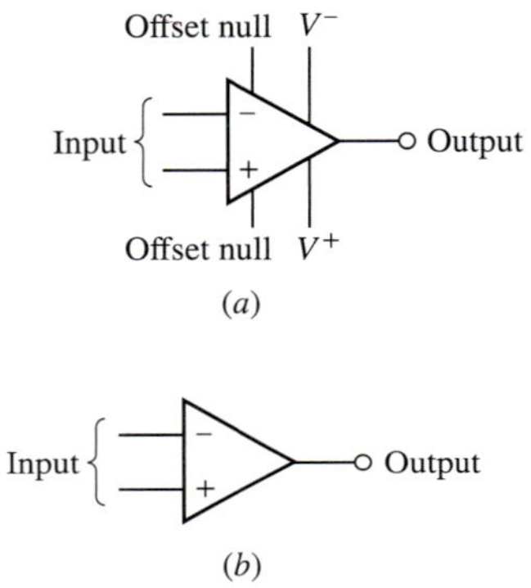

그림 6.2 (*a*) 연산증폭기의 전기적 기호. (*b*) 회로 구성을 나타내는 데 최소한으로 필요한 단자.

× 1.8 mm이며, 대략 미화 0.22달러에 판매된다.

진공관 기반의 연산증폭기와는 달리 현대의 집적회로 연산증폭기는 원하는 동작 특성을 얻기 위해 필요한 저항과 커패시터 뿐만 아니라 25개 혹은 그 이상의 트랜지스터 모두를 사용하여 동일한 실리콘 칩에 만들어진다. 그 결과 IC 연산증폭기는 훨씬 낮은 직류 전압(예를 들어 K2-W가 ±300 V에서 동작하던 것과 달리 ±18 V 혹은 더 낮은)에서 동작하고 신뢰성이 높으며 상당히 작다(그림 6.1*b* 및 그림 6.1*c* 참조). 대부분의 경우에 IC는 여러 개의 연산증폭기를 포함한다.

연산증폭기는 2개의 입력과 1개의 출력을 갖는 전압 증폭기이다. 2개의 입력 단자는 '+' 기호의 **비반전 입력**(noninverting input)과 '−' 기호의 **반전 입력**(inverting input)으로 표시된다. 출력 단자와 2개의 입력단자 외에도 집적회로안의 트랜지스터를 동작시키는 데 필요한 전력을 공급해주는 단자가 있고 연산증폭기를 평형시키고 보상하기 위해 필요한 조정용 단자가 있다(모든 연산증폭기에 항상 존재하는 것은 아니다). 연산증폭기를 나타내기 위해 일반적으로 사용되는 기호는 그림 6.2*a*와 같다. 이 시점에서 우리는 연산증폭기의 내부 회로에는 관심을 두지 않으며 입력단자와 출력단자 사이에 존재하는 전류-전압 관계에만 관심을 둔다. 따라서 당분간 그림 6.2*b*와 같은 간단한 기호만을 사용한다.

6.2 이상적인 연산증폭기

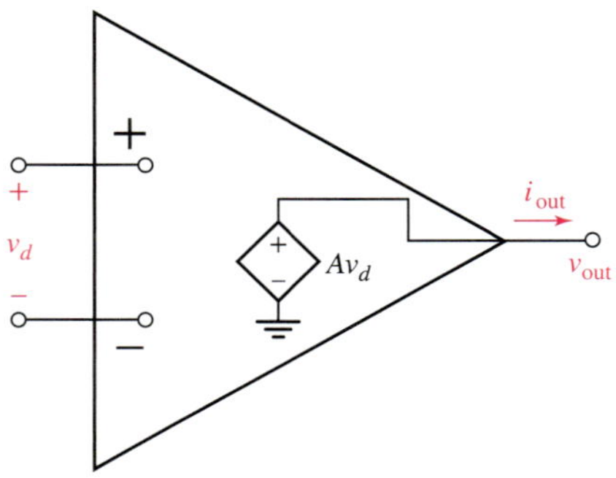

그림 6.3 이상적인 연산증폭기의 등가 회로.

실제로 대부분의 연산증폭기는 성능이 우수하여 **이상적인 연산증폭기**라고 생각해도 별 문제가 없다. 이상적인 연산증폭기의 특성은 그림 6.3의 등가 회로에 의해 설명된다. 이 회로에서 연산증폭기는 단순히 전압 제어 전압원에 의해 기술되는 전압 증폭기임을 알 수 있다. 얼핏 보면 연산증폭기가 우리가 이미 분석한 종속 전원을 가진 회로와 어떻게 다르거나 특별한지 궁금할 것이다. 동작을 변화시키는 주된 차이점은 전압 이득(그림 6.3의 파라미터 A)이 매우 크다는 것이다. 이상적인 연산증폭기의 경우 전압 이득은 무한하다고 가정한다. 무한 이득은 전압 출력이 무한함을 의미하거나 또는 입력 단자간의 전압 차이가 0이라는 것을 의미한다.

그림 6.3의 등가 회로와 무한 이득의 가정은 이상적인 연산증폭기 회로를 분석하는 두 가지 기본 규칙의 기초를 형성한다.

이상적인 연산증폭기의 규칙

1. 두 입력단자 중 어느 단자에도 전류가 흐르지 않는다(출력단자에는 전류가 흐를 수 있다).
2. 두 입력단자 사이에는 전위차가 없다.

실제의 연산증폭기에서는 입력단자로 아주 적은 누설전류(대략 40×10^{-15} A)가 흘러 들어간다. 또한 두 입력단자 양단에도 아주 작은 전압이 존재할 수 있다. 그러나 대부분의 회로에 존재하는 다른 전압 및 전류와 비교하면 연산증폭기의 입력단자에 존재하는 전류와 전압은 매우 작기 때문에 실제 회로 해석에서 결과에 별 영향을 주지 못한다.

연산증폭기 회로를 해석할 때 반드시 기억해야 하는 것이 있다. 지금까지 다루었던 회로와는 다르게 연산증폭기 회로의 출력은 입력의 형태에 따라 좌우된다는 점이다. 따라서 연산증폭기를 해석하는 목표는 출력을 입력의 함수로 표현하는 것이다. 연산증폭기의 해석은 대체로 입력단자에서 시작해서 차례로 풀어 나가는 것이 좋다.

그림 6.4에 나타낸 회로는 **반전 증폭기**(inverting amplifier)로 알려져 있다. 입력 전압원에서 시작하여 KVL을 적용하여 회로를 해석한다. 이상적인 연산증폭기의 규칙 1에 따르면 반전 입력단자에는 전류가 흐르지 않으므로 회로에서 i로 표시한 전류는 저항 R_1과 R_f만을 통해서 흐른다. 따라서 다음과 같은 KVL 방정식을 세울 수 있다.

$$-v_{in} + R_1 i + R_f i + v_{out} = 0$$

이 식을 정리하면 출력을 입력에 대해 나타낼 수 있다.

$$v_{out} = v_{in} - (R_1 + R_f)\, i \qquad [1]$$

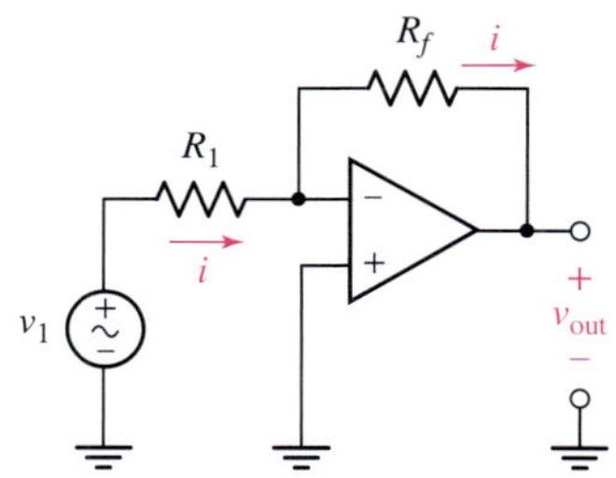

그림 6.4 반전 증폭기 회로를 구성하기 위해 사용된 연산증폭기. 전류 i는 연산 증폭기의 출력단자를 통해 접지점으로 흐른다.

두 번째 방정식은 아직 사용하지 않은 연산증폭기의 규칙 2를 사용하여 구한다. 비반전 단자는 접지되어 있으므로 전압이 0 V이다. 이상적인 연산증폭기 규칙 2에 의하면 두 입력단자 사이에는 전위차가 없으므로 반전 입력단자의 전압도 0 V이다! 그러나 이것이 두 입력단자가 물리적으로 서로 단락되었음을 의미하는 것은 아니므로 이렇게 가정하지 않도록 주의해야 한다. 그보다는 오히려 두 입력전압이 서로를 따라간다고 보아야 한다. 따라서 두 입력단자 중 어느 한 단자의 전압을 변경시키면 나머지 단자의 전압이 내부회로의 동작에 의해 같은 값으로 따라가게 된다.

이러한 형태의 회로에서 반전 입력단자의 전압도 0 V가 되며, 이것을 흔히 '가상접지(virtual ground)'라고 한다. 그러나 이것이 반전 입력단자가 실제로 접지되어 있음을 의미하는 것이 아니며, 가끔 혼동을 불러일으키기도 한다. 연산증폭기에서는 두 입력단자 사이에 전압 차이가 발생하지 않도록 내부회로에 의해 조정되는 것이다. 두 입력단자는 서로 단락되어 있는 것이 아니다.

두 번째 규칙에 따른 방정식을 세우면 다음과 같다.

$$-v_{\text{in}} + R_1 i + 0 = 0$$

또는

$$i = \frac{v_{\text{in}}}{R_1} \qquad [2]$$

식 [2]를 식 [1]에 대입하여 정리하면 출력전압 v_{out}을 입력전압 v_{in}으로 나타낼 수 있다.

$$v_{\text{out}} = -\frac{R_f}{R_1} v_{\text{in}} \qquad [3]$$

결과 응답은 출력 v_{out}이 인자 $(-R_f/R_1)$에 의해 입력 v_{in}에 비례함을 나타내거나 저항 값으로 정의된 음의 상수로 입력을 증폭함을 알 수 있다. 이 식에 $v_{\text{in}} = 5 \sin 3t$ mV, $R_1 = 4.7$ kΩ 및 $R_f = 47$ kΩ을 대입하면 다음과 같다.

$$v_{\text{out}} = -50 \sin 3t \text{ mV}$$

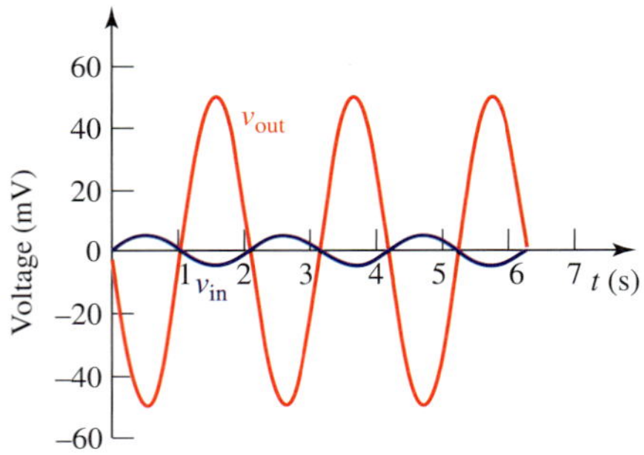

그림 6.5 반전 증폭기 회로의 입력 파형과 출력 파형.

$R_f > R_1$이므로 이 회로가 입력전압 신호 v_{in}을 증폭시킨다. 만일 $R_f < R_1$인 값을 사용하면 신호가 감쇠된다. 또한 출력전압의 부호가 입력전압과 반대임[1]을 알 수 있다. 따라서 반전증폭기라고 부른다. 비교하기 위해 출력을 입력과 함께 나타내면 그림 6.5와 같다.

주목할 점은 이상적인 연산증폭기가 KCL에 위배되는 것처럼 보인다는 것이다. 특히 위의 회로에서 두 입력단자로 흘러 들어가거나 흘러 나오는 전류는 없지만 어쩐 일인지 출력단자로는 전류가 통해서 흐를 수 있다. 이것은 언뜻 보기에는 연산증폭기가 전자를 생성해 내든지 아니면 전자를 영원히 저장하는 것(전류의 방향에 따라 좌우됨)처럼 보인다. 이것은 불가능한 일이다. 이러한 모순은 우리가 연산증폭기를 마치 저항과 같은 수동소자를 취급하듯 해석하는 데서 생기는 문제이다. 실제에 있어서 연산증폭기는 외부의 전원에 접속하지 않으면 동작하지도 않는다. 이 외부 전원을 통해서 전류가 출력단자에서 흐르게 되는 것이다.

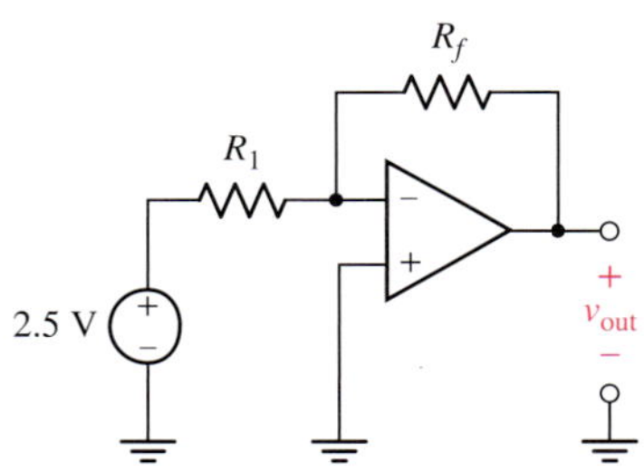

그림 6.6 입력이 직류 2.5 V인 반전 증폭기 회로.

그림 6.4의 회로에서는 반전 증폭기가 교류신호(이 경우에는 주파수가 3 rad/s이고 크기가 5 mV인 정현파)를 증폭하였는데, 이 증폭기는 직류입력도 증폭시킨다. 그림 6.6의 회로에서 R_1값과 R_f값을 적절하게 선정하면 −10 V의 출력전압을 얻을 수 있다.

이 회로는 그림 6.4의 회로와 같으나 입력이 직류 2.5 V이다. 다른 것이 변한 것은 없으므로 이 회로에도 식 [3]을 적용할 수 있다. 원하는 출력전압을 얻기 위해 R_1에 대한 R_f의 비율을 구하면 4이다. 여기서 중요한 것은 비율뿐이므로 먼저 하나의 저항값을 정할 필요가 있다. 그러면 다른 저항값도 결정된다. 예를 들어, R_1을 100 Ω으로 선정하면 R_f는 400 Ω이 되고, 심지어 R_f를 8 MΩ으로 선정하면 R_1은

1 또는 출력은 입력에 대해 180도의 위상차를 갖는다. 이 표현이 더 실제적인 느낌을 준다.

2 MΩ이 된다. 실제에 있어서는 바이어스 전류와 같은 다른 조건에 의해 선정할 수 있는 저항값의 범위가 제한될 수 있다.

그러므로 이러한 형태의 회로는 전압 증폭기(R_f/R_1값이 1보다 작으면 **감쇠기**)로 사용하기에 편하다. 그러나 이 회로는 입력전압의 부호가 바뀌는 불편한 특성이 있다. 이의 대안으로 쉽게 해석할 수 있는 회로가 있는데, 그것은 그림 6.7에 나타낸 비반전 증폭기(noninverting amplifier)이다. 다음 예제에서 이 회로를 살펴보자.

예제 6.1

그림 6.7*a*에 있는 비반전 증폭기 회로의 출력 파형을 그려라. 여기서 $v_{in} = 5 \sin 3t$ mV, $R_1 = 4.7$ kΩ, $R_f = 47$ kΩ이다.

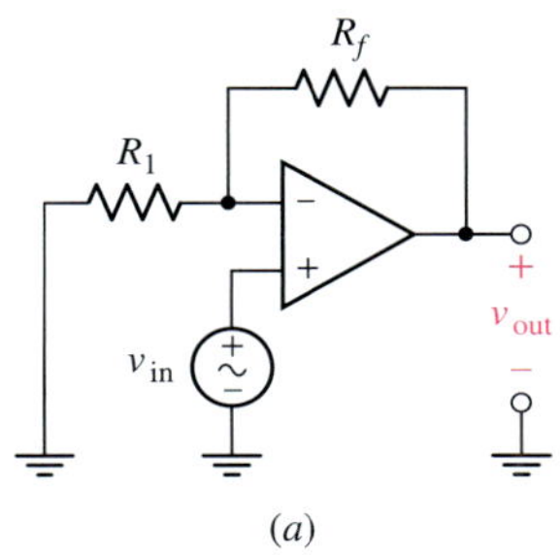

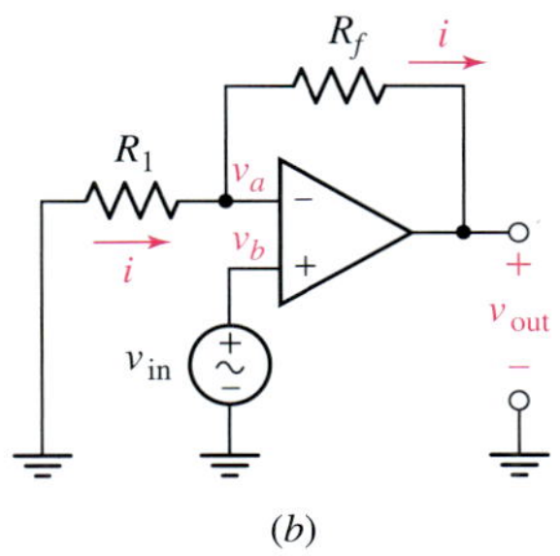

그림 6.7 (*a*) 연산증폭기를 사용하여 구성한 비반전 증폭기 회로. (*b*) 두 입력단자전압과 R_1 및 R_f에 흐르는 전류를 표시한 회로.

문제의 목표를 확인한다.

이미 알고 있는 값인 v_{in}, R_1 및 R_f만을 사용하여 v_{out}에 대한 수식을 구한다.

알고 있는 정보를 모두 수집한다.

저항값과 입력 파형이 주어져 있으므로 그림 6.7*b*에 나타낸 것과 같이 먼저 전류 i와 두 입력단자 전압을 지정한다. 연산증폭기는 이상적이라고 가정한다.

어떤 방법이 가장 효과적인지 결정한다.

메쉬해석법이 매력적인 기법이기는 하지만 연산증폭기 회로에서는 증폭기의 출력측에 흐르는 전류를 직접 구할 방법이 없기 때문에 대부분 마디해석법을 적용하는 것이 더 실제적이다.

적절한 수의 방정식을 세운다.

이상적인 연산증폭기의 규칙 1을 적용하여 두 저항 R_1과 R_f에 흐르는 전류를 동일하게 정의한다. 이는 반전 입력단자에 전류가 흐르지 않기 때문이다. 마디해석법을 적용하여 v_{out}을 v_{in}으로 표현하면 다음과 같다.

마디 a에서

$$0 = \frac{v_a}{R_1} + \frac{v_a - v_{out}}{R_f} \qquad [4]$$

마디 b에서

$$v_b = v_{in} \qquad [5]$$

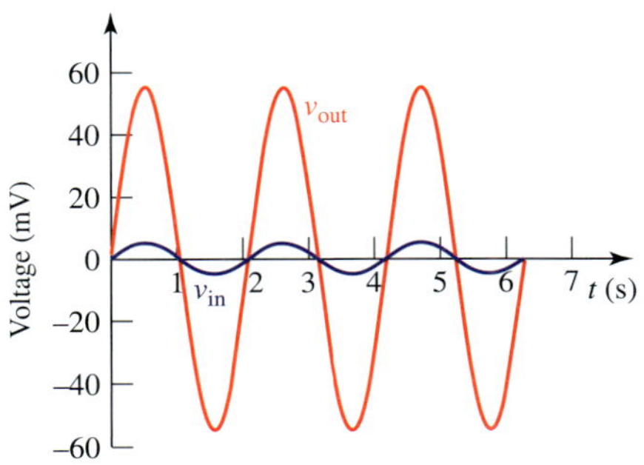

그림 6.8 비반전 증폭기 회로의 입력 및 출력 파형.

추가로 필요한 정보가 있는지 결정한다.

문제의 목표는 출력전압과 입력전압 사이의 관계를 나타내는 수식을 구하는 것인데, 식 [4]나 식 [5]는 그렇지 못하다. 그러나 이상적인 연산증폭기의 규칙 2를 아직 사용하지 않았다. 거의 모든 연산증폭기 회로에서 이 두 규칙을 적용하여 수식을 얻는다.

따라서 규칙 2에 따라 $v_a = v_b = v_{in}$이므로 식 [4]는 다음과 같이 된다.

$$0 = \frac{v_{in}}{R_1} + \frac{v_{in} - v_{out}}{R_f}$$

해를 구한다.

식을 다시 정리하면 다음과 같이 출력전압을 입력전압 v_{in}의 항으로 나타낸 수식을 얻는다.

$$v_{out} = \left(1 + \frac{R_f}{R_1}\right)v_{in} = 11\,v_{in} = 55\ \sin 3t\ \text{mV}$$

해가 타당한지 또는 기대했던 결과인지 검토한다.

출력파형을 입력파형과 비교하기 위해 함께 그리면 그림 6.8과 같다. 이 그림을 보면 반전 증폭기와는 대조적으로 비반전 증폭기에서는 입력과 출력의 위상이 같다. 이것은 예상되었던 결과이다. 이 결과는 전혀 예상하지 못했던 결과가 아니며, '비반전 증폭기'라는 이름에서 암시하고 있는 것이다.

익힘문제 6.1

그림 6.9의 회로에서 출력 v_{out}을 입력 v_{in}의 항으로 나타내라.

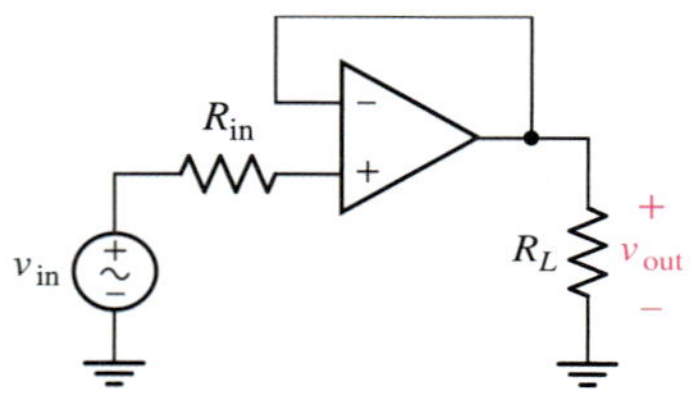

그림 6.9

답: $v_{out} = v_{in}$. 이 회로는 출력전압이 입력전압을 **추종**하기 때문에 **전압 팔로워**(voltage follower)로 알려져 있다.

반전 증폭기와 마찬가지로 비반전 증폭기도 교류입력뿐만 아니라 직류입력에서도 동작하지만 전압 이득이 $v_{out}/v_{in} = 1 + (R_f/R_1)$이다. 따라서 $R_f = 9\ \Omega$이고 $R_1 = 1\ \Omega$이면 입력전압 v_{in}보다 10배 큰 출력전압 v_{out}을 얻는다. 반전 증폭기와는 달리 비반전 증폭기에서는 입력과 출력의 부호가 항상 같고 출력전압이 입력전압보다 작을 수 없으며 최소 이득이 1이다. 증폭기를 선택할 때에는 사용처를 고려해서 선택한다.

그림 6.9에 나타낸 전압 팔로워(voltage follower) 회로는 특별한 경우로서 비반전 증폭기에서 R_1을 ∞로 하고 R_f를 0으로 놓은 것이며 입력과 출력의 부호와 크기가 모두 같다. 이것은 일반적인 형태의 회로로는 좀 의미가 없어 보이지만 **전압 팔로워의 입력단에 전류가 흐르지 않음에 주목하여야 한다**(이상적인 경우). 그러므로 이 회로는 입력전압 v_{in}과 연산증폭기의 출력단에 접속되는 저항성 부하 R_L 사이에서 **버퍼**(buffer)로 작용할 수 있다.

앞에서도 말했듯이 '연산증폭기'라는 이름은 아날로그 신호에서 산술연산을 수행하던 소자에서 유래된 것이다. 다음의 두 회로에서 알게 되겠지만 연산증폭기를 사용하여 덧셈과 뺄셈을 모두 할 수 있다.

예제 6.2

합산 증폭기(summing amplifier)로도 알려져 있는 그림 6.10의 연산증폭기 회로에서 v_{out}을 v_1, v_2 및 v_3의 항으로 나타내라.

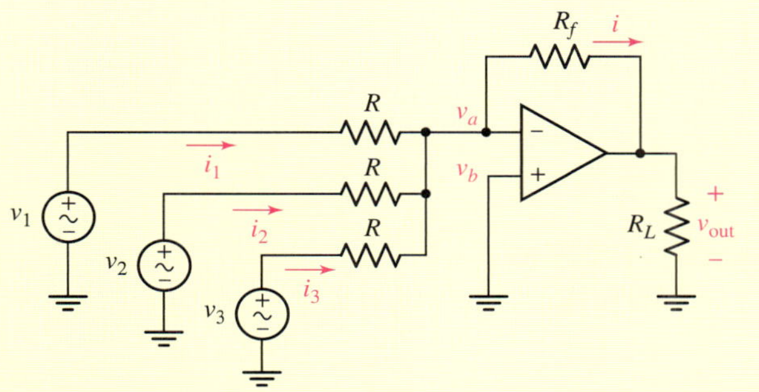

그림 6.10 입력이 3개인 합산 증폭기 회로.

먼저 이 회로가 그림 6.4에 있는 반전 증폭기 회로와 유사함에 유의한다. 다시 말하지만 이 예제의 목표는 v_{out}(여기서는 부하저항 R_L의 양단에 나타나는 전압)을 입력전압들(v_1, v_2 및 v_3)의 항으로 나타내는 것이다.

반전 입력단자로는 전류가 흘러 들어가지 않으므로 KCL을 적용하면

$$i_1 + i_2 + i_3 = i$$

따라서 v_a가 표시되어 있는 마디에서 다음 식을 얻는다.

$$\frac{v_1 - v_a}{R} + \frac{v_2 - v_a}{R} + \frac{v_3 - v_a}{R} = \frac{v_a - v_{out}}{R_f}$$

이 식에는 v_{out}과 세 입력전압이 포함되어 있지만 미지수인 마디전압 v_a도 포함되어 있다. 식에서 이 미지수를 제거하려면 v_a를 v_{out}, 입력전압, R_f 및/또는 R로 나타내는 수식을 하나 더 세울 필요가 있다. 아직까지 이상적인 연산증폭기의 규칙 2를 사용하지 않았는데, 연산증폭기 회로를 해석할 때에는 대개 두 규칙을 모두 사용한다. 규칙 2를 적용하면 $v_a = v_b = 0$이므로 위의 식은 다음과 같이 된다.

$$\frac{v_1}{R} + \frac{v_2}{R} + \frac{v_3}{R} = -\frac{v_{out}}{R_f}$$

이 식을 v_{out}에 대해 다시 정리하면 다음과 같다.

$$v_{out} = -\frac{R_f}{R}(v_1 + v_2 + v_3) \qquad [6]$$

$v_2 = v_3 = 0$인 특별한 경우에는 위의 결과가 식 [3]과 일치함을 알 수 있는데, 이것은 위의 식이 본질적으로 동일한 회로에서 유도되었음을 의미한다.

익힘문제 6.2

차동 증폭기(difference amplifier)로도 알려져 있는 그림 6.11의 회로에서 v_{out}을 v_1과 v_2의 항으로 나타내라.

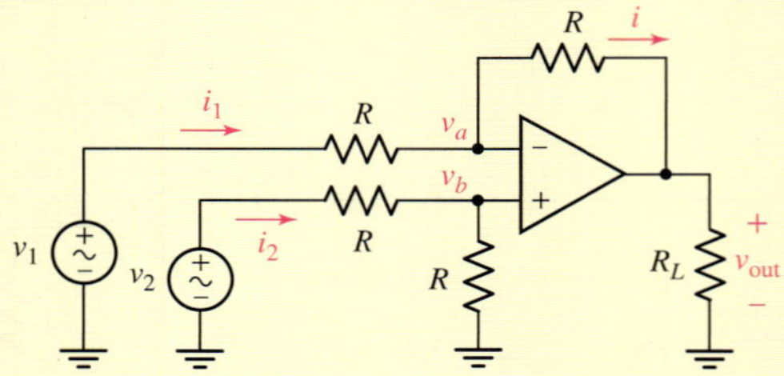

그림 6.11

답: $v_{out} = v_2 - v_1$. **힌트**: 전압분배법칙을 사용하여 v_b를 구할 것.

방금 유도한 결과에는 몇 가지 흥미로운 특징이 있다. 먼저 R_f값을 R값과 같게 선정하면 출력이 세 입력신호 v_1, v_2 및 v_3의 합(부호는 바뀜)이 된다. 게다가 R_f/R의 값을 증가시키면 이 합도 그 비율만큼 증가한다.

또한 마지막 수식에 R_L이 보이지 않는다. R_L값이 아주 작은 값이 아닌 한 회로의 동작에는 영향을 미치지 않는다. 현재 다루고 있는 연산증폭기의 모델은 이러한 상황 발생을 예측할 만큼 상세한 모델이 아니다. 이 저항은 증폭기의 출력을 감시하는데 사용되는 장치의 테브난 등가저항이 된다. 만일 출력단 장치가 단순히 전압계라면 R_L은 전압계의 단자에서 전압계를 들여다 본 테브난의 등가저항(대부분 10 MΩ 이상)이 된다. 출력단 장치가 스피커(일반적으로 8 Ω)일 수도 있는데 이때 우리는 별개의 세 음원으로부터 나온 소리의 합을 듣게 된다. 이 경우 v_1, v_2 및 v_3는 마이크가 된다.

주의 한 마디: 그림 6.10에서 i로 표시되어 있는 전류가 R_f뿐만 아니라 R_L로도 흐른다고 생각하기 쉬운데 사실은 그렇지 않다. 연산증폭기의 출력단자에는 전류가 흐를 수 있으므로 **R_f에 흐르는 전류와 R_L에 흐르는 전류는 동일한 전류가 아니다.** 이러한 이유 때문에 거의 대부분의 경우 연산증폭기의 출력단자에서는 KCL 방정식을 세우지 않으며, 대부분의 연산증폭기 회로를 해석할 때에는 메쉬해석법보다 마디해석법을 적용하게 된다.

편의상 일반적인 연산증폭기 회로를 표 6.1에 요약하였다.

표 6.1 기본적인 연산증폭기 회로의 요약.

Name	Circuit Schematic	Input-Output Relation
Inverting Amplifier	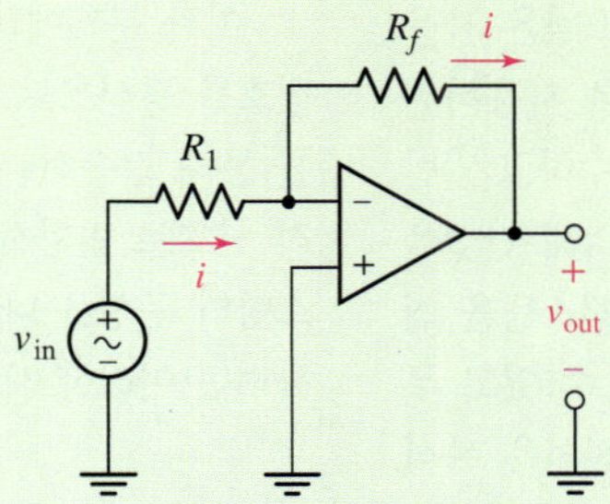	$v_{out} = -\frac{R_f}{R_1} v_{in}$
Noninverting Amplifier	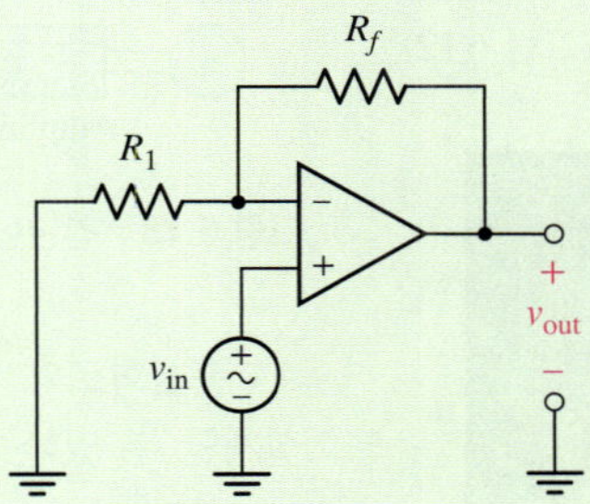	$v_{out} = \left(1 + \frac{R_f}{R_1}\right) v_{in}$
Voltage Follower (also known as a Unity Gain Amplifier)	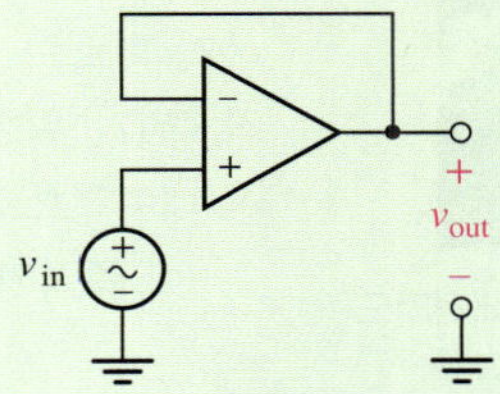	$v_{out} = v_{in}$
Summing Amplifier	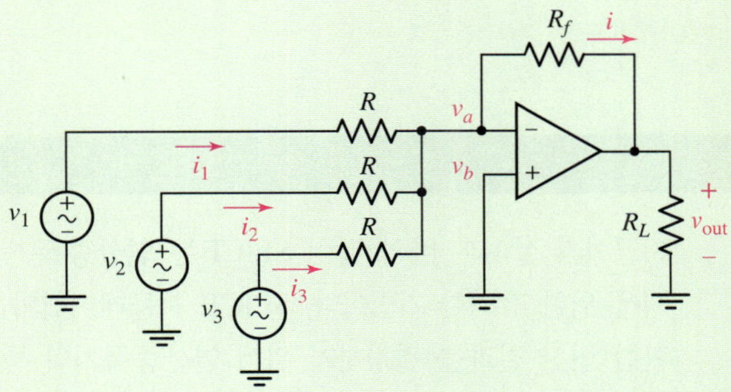	$v_{out} = -\frac{R_f}{R}(v_1 + v_2 + v_3)$
Difference Amplifier	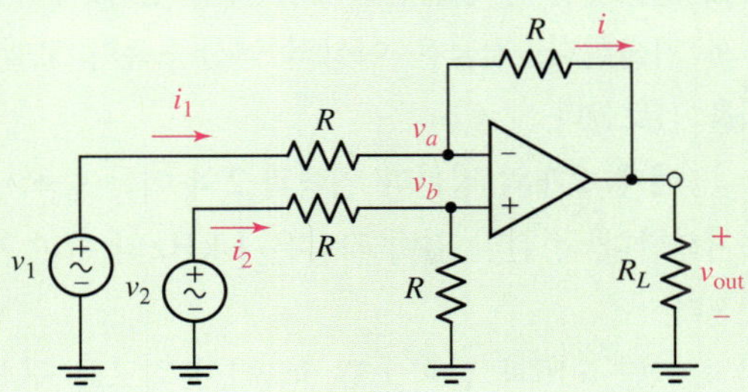	$v_{out} = v_2 + v_1$

실제 문제에의 적용

광섬유 인터컴 시스템

지점-대-지점 인터컴(point-to-point intercom) 시스템은 사용하고자 하는 장소의 환경에 따라 여러 가지 방법을 사용하여 구성할 수 있다. 저출력 무선 시스템은 성능이 우수하고 일반적으로 비용효율이 높지만 다른 무선 발생원에 의해 간섭을 받기 쉽고 도청에도 취약하다. 대신에 두 인터컴 시스템을 연결하기 위해 전선을 사용하면 프라이버시를 높일 수 있고 무선 전파 간섭을 상당량 제거할 수 있다. 그러나 전선은 부식하기 쉽고 절연 피복이 닳으면 단락될 수 있으며 항공기와 같은 곳에 사용하면 전선의 무게가 문제될 수도 있다(그림 6.12).

그림 6.12 사용하는 장소의 환경에 의해 설계에 제한이 가해지기도 한다. (© Michael Melford/Riser/Getty Images.)

이런 문제에 대한 한 가지 대안은 마이크에서 나온 전기신호를 광신호로 변환하여 얇은(직경이 50 μm 이하) 광섬유를 통해 전송하는 것이다. 이처럼 전송된 광신호는 다시 전기적 신호로 변환하고 증폭하여 스피커에 공급한다. 이러한 시스템의 구성을 나타내면 그림 6.13과 같다. 두 방향으로 통신하려면 이러한 시스템 2개가 필요하다.

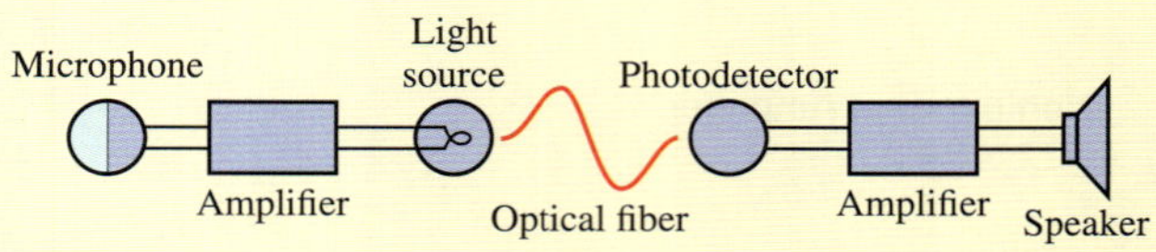

그림 6.13 간단한 광섬유 인터컴의 단일 방향 시스템의 구성도.

송신회로와 수신회로는 전기적으로 독립적이므로 따로 설계할 수 있다. 그림 6.14는 간단한 신호발생회로로서 마이크, 발광 다이오드(LED), LED를 구동하기 위한 비반전 증폭기 회로로 구성되어 있다. 회로에는 연산증폭기 자체를 동작시키기 위한 전원선은 나타나 있지 않다. LED의 광 출력은 대체적으로 LED에 흐르는 전류에 비례한다.

이 증폭기의 이득은 이미 알고 있듯이 다음과 같다.

컴퓨터를 이용한 해석

지금까지 살펴본 바와 같이 SPICE는 연산증폭기 회로를 포함하는 회로 분석을 위한 강력한 기법이다. SPICE 시뮬레이션의 강력한 기능 중 하나는 정확한 연산 결과를 결정하기 위해 연산증폭기의 특정 성능 특성을 정의할 수 있다는 것이다. 연산증폭기의 특정 성능 특성에 대한 자세한 내용은 6.5절에서 기술한다. 지금은 이상적 연산증폭기 모델을 가정한 SPICE 시뮬레이션을 검토한다.

예제: 2개의 정현파 입력과 2의 이득(증폭)을 갖는 합산 증폭기를 시뮬레이션한다. 정현파 입력 각각은 1 kHz의 주파수와 1 V 및 0.5 V의 진폭을 가진다.

그림 6.16과 같이 LTspice에서 회로를 구성할 수 있다. 이상적인 연산증폭기는 구성요소 **opamp**를 삽입하여 나타낸다. LTspice에 내장된 연산증폭

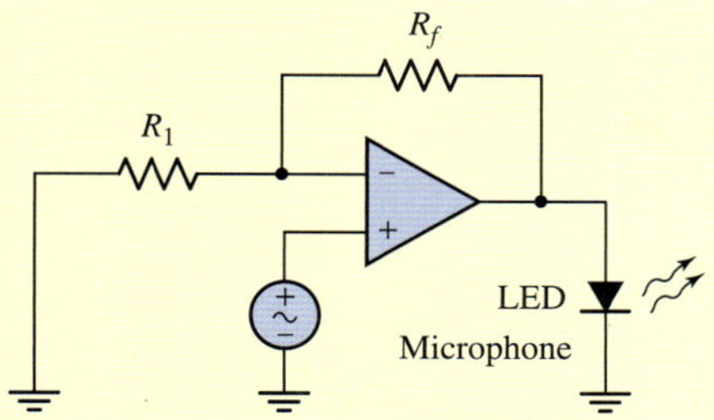

그림 6.14 마이크에서 나온 전기적 신호를 광섬유를 통해 전송하기 위해 광신호로 변환하는 회로.

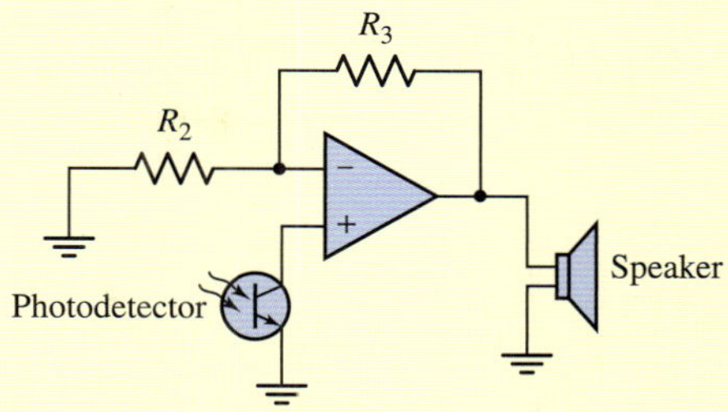

그림 6.15 광신호를 음성신호로 변환하는 데 사용되는 수신기 회로.

$$\frac{v_{out}}{v_{in}} = 1 + \frac{R_f}{R_1}$$

위의 식은 LED의 저항과 무관하다. Rf와 R_1의 값을 선정하려면 마이크에서 나오는 입력전압과 LED 구동에 필요한 출력전압을 알아야 한다. 사람이 보통 크기의 소리로 말할 때 마이크 출력단의 전압을 재보면 첨두값이 대략 40 mV이다. LED 제작자가 추천하는 LED 동작전압이 대략 1.6 V이므로 전압이득을 1.6/0.04 = 40으로 설계한다. 임의로 R_1 = 1 kΩ으로 선정하면 필요한 R_f 값은 39 kΩ이 된다.

그림 6.15의 회로는 한 방향으로 통신이 되는 인터컴 시스템의 수신기 부분이다. 이 회로는 광섬유를 통해 전달된 광신호를 전기적 신호로 변환하며, 이 신호를 증폭하여 스피커에서 알아들을 수 있는 크기의 소리가 나도록 한다.

광섬유에 송신기 회로의 LED 출력을 결합시키면 대략 10 mV 정도인 신호가 광검출기에서 측정된다. 스피커는 최대 100 mW이고 등가저항이 8 Ω이다. 이 값들을 사용하여 스피커에 걸리는 최대 전압을 계산하면 894 mV이므로 이득이 894/10 = 89.4가 되도록 R_2와 R_3의 값을 선정할 필요가 있다. 임의로 R_2 = 10 kΩ으로 선정하면 R_3값이 884 kΩ이 되며, 이것으로 설계가 완성된다.

실제로 이 회로는 LED의 비선형 특성 때문에 소리가 찌그러지기는 하지만 제대로 동작한다. 이것을 개선하기 위한 문제는 고급 수준의 과제로 남겨 두기로 한다.

기 모델이 여러 개 있으며, **opamp** 모델은 2개의 입력단자와 출력단자(전원 공급 장치 또는 오프셋 조정 핀 없음)만 포함한다. 이상적 연산증폭기의 기능을 통합하려면 연산증폭기의 속성을 정의하기 위해 SPICE 지시문을 포함해야 한다. 이것은 지시문 **.lib opamp.sub**에 의해 추가된 부분회로(subcircuit) **.sub** 파일을 추가함으로써 달성된다. 정현파 전압원은 표준 전압원을 사용하여 정의된다. 전원 값을 정의할 때 **Advanced**를 클릭하고 시간 영역 기능에서 **SINE**을 선택한 다음 원하는 진폭(0.5 V 또는 1 V)과 주파수(1 kHz)를 입력한다. 저항 값들은 임의로 선택 가능하나 원하는 이득 2를 얻기 위해 R_f/R의 비율을 고려한다(R = 1 kΩ, R_f = 2 kΩ). 시변 분석이므로 SPICE 지시문 **.tran**을 추가하여 과도 분석을 실행한다. 이 예제에서는 **.tran 0 0.005** 명령을 사용하여 0초에서 5 ms(1 kHz 입력신호의 5주기) 범위에서 분석을 실행한다.

결과 출력은 그림 6.16과 같다. 출력전압이 두 정현파 입력의 반전 합으로

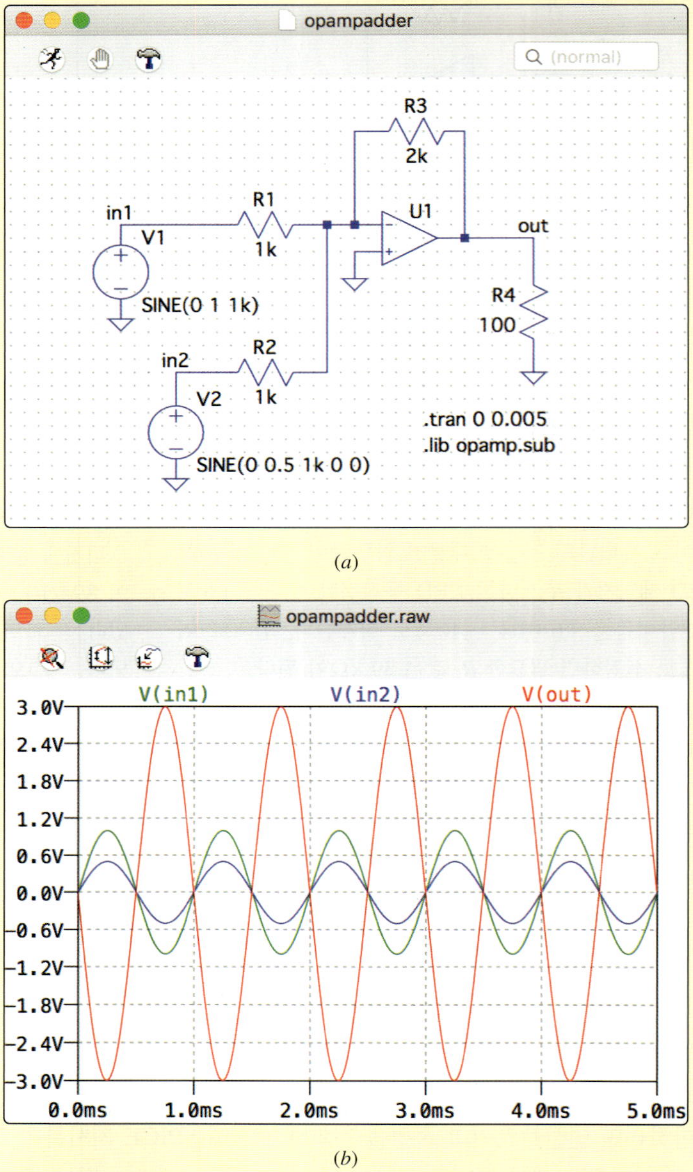

그림 6.16 (*a*) 회로도. (*b*) LTspice 시뮬레이션을 통한 합산 증폭기 회로의 출력.

표현되는 합산 증폭기 구조의 예상 동작을 확인할 수 있다. 출력 진폭은 3 V 이며, 0.5 V와 1 V의 입력 진폭 합이 R_f/R의 비율로 설정된 2배로 증폭된다. 이 분석은 상대적으로 간단한 합산 증폭기 회로를 보여주지만, SPICE는 매우 복잡한 연산증폭기 회로를 분석할 수 있는 강력한 도구를 제공한다.

6.3 연산증폭기의 종속접속

연산증폭기는 용도가 아주 넓은 소자이기는 하지만 단일 연산증폭기로는 충분하지 못한 경우가 허다하다. 이러한 경우에는 동일한 회로 내에 여러 개의 개별 연산증폭기를 종속시켜 필요한 요건을 충족시킬 수 있다. 이러한 예 중의 하나를 그림 6.17에 나타내었는데, 이 회로는 입력 전원이 2개뿐인 그림 6.10의 가산 증폭기 회로와 이 회로의 출력을 받아 동작하는 반전 증폭기로 구성되어 있다. 그 결과가 2단 연산증폭기 회로이다.

이미 이들 두 연산증폭기 회로 각각을 해석하였었다. 앞서의 경험을 바탕으로 2개의 연산증폭기 회로가 분리되어 있다면 각 증폭기의 이득은 다음과 같다.

$$v_x = -\frac{R_f}{R}(v_1 + v_2) \qquad [7]$$

그리고

$$v_{\text{out}} = -\frac{R_2}{R_1}v_x \qquad [8]$$

사실상 두 회로가 한 점에서 접속되어 있고 전압 v_x가 이러한 접속에 의해 영향을 받지 않으므로 식 [7]을 식 [8]에 대입하면 다음을 얻을 수 있다.

$$v_{\text{out}} = \frac{R_2}{R_1}\frac{R_f}{R}(v_1 + v_2) \qquad [9]$$

이 식은 그림 6.17에 나타낸 회로의 입출력 특성이다. 그러나 이러한 회로를 항상 우리가 익히 알고 있는 회로로 간단하게 할 수는 없으므로 그림 6.17의 2단 회로를 전체적으로 해석할 수 있는 방법을 알아둘 필요가 있다.

종속으로 접속된 회로를 해석할 때는 마지막 단의 회로부터 시작해서 입력단 쪽으로 거꾸로 해석해 나가면 편하다. 이상적인 연산증폭기의 규칙 1에 의해서 저항 R_1과 R_2에는 동일한 전류가 흐른다. v_c가 표시되어 있는 마디에서 마디방정식을 세우면 다음과 같다.

$$\frac{v_c - v_x}{R_1} + \frac{v_c - v_{\text{out}}}{R_2} = 0 \qquad [10]$$

이상적인 연산증폭기의 규칙 2를 적용하면 $v_c = 0$이므로 식 [10]은 다음과 같이 된다.

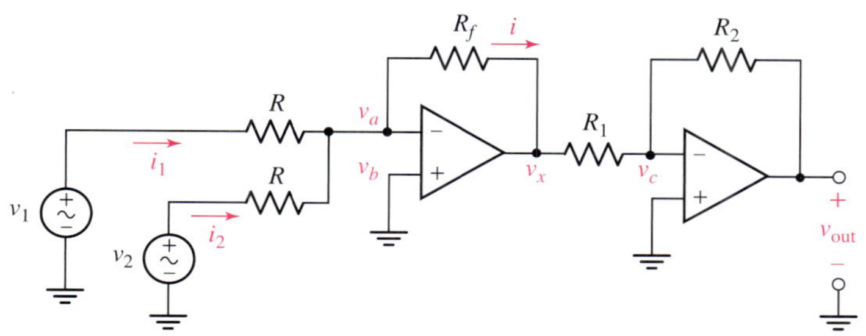

그림 6.17 반전 증폭기 회로에 종속접속되어 있는 합산 증폭기로 구성된 2단 연산증폭기 회로.

$$\frac{v_x}{R_1} + \frac{v_{out}}{R_2} = 0 \quad [11]$$

문제의 목표가 v_{out}을 입력전압 v_1과 v_2의 항으로 나타내는 것이므로 앞쪽에 있는 연산증폭기를 해석하여 v_x를 두 입력전압으로 나타낸 식을 구해야 한다.

앞쪽에 있는 연산증폭기의 반전 입력단자에 이상적인 연산증폭기의 규칙 1을 적용하면 다음 식을 얻는다.

$$\frac{v_a - v_x}{R_f} + \frac{v_a - v_1}{R} + \frac{v_a - v_2}{R} = 0 \quad [12]$$

이상적인 연산증폭기의 규칙 2에 의하여 $v_a = v_b = 0$ 이므로 식 [12]에서 v_a를 0으로 놓으면 다음과 같이 된다.

$$\frac{v_x}{R_f} + \frac{v_1}{R} + \frac{v_2}{R} = 0 \quad [13]$$

이제 v_{out}을 v_x로 나타낼 수 있는 식 [11]과 v_x를 v_1 및 v_2로 나타낼 수 있는 식 [13]을 얻었다. 이 식들은 각각 식 [7] 및 식 [8]과 동일한데, 이것은 그림 6.17에서와 같이 2개의 별개 회로를 종속접속하여도 각 증폭기의 입출력 관계에 영향을 주지 않았음을 의미한다. 식 [11]과 식 [13]을 조합하여 종속접속되어 있는 연산증폭기 회로의 입출력 관계를 구하면 다음과 같으며, 식 [9]와 동일하다.

$$v_{out} = \frac{R_2}{R_1}\frac{R_f}{R}(v_1 + v_2) \quad [14]$$

따라서 종속접속된 이 회로는 합산 증폭기로 동작하면서도 입력과 출력의 위상이 바뀌지 않는다. 저항값을 적절하게 선정하면 두 입력전압의 합을 증폭시키거나 감쇠시킬 수 있다. 만일 $R_2 = R_1$과 $R_f = R$이 되도록 저항값을 선정하면 $v_{out} = v_1 + v_2$인 증폭기 회로도 구성할 수 있다.

예제 6.3

© ullstein bild/Getty Images.

달의 궤도를 공전하는 소형 위성에 다중 탱크 가스 추진연료 시스템이 설치되어 있다. 가스탱크의 압력(psia)[2]을 측정하여 탱크 안에 남아 있는 연료의 양을 감시한다. 센서의 압력 및 전압 범위와 탱크 용량에 대한 기술적 세부사항은 표 6.2와 같다. 탱크에 남아 있는 연료량에 비례하는 직류 전압 신호를 발생하는 회로를 설계하라. 이때 직류 전압은 양의 값으로서 연료탱크가 100% 꽉 차 있을 때 1 V가 되도록 한다.

표 6.2를 보면 가스탱크가 3개이므로 센서도 3개가 필요하다. 각 센서는 12,500 psia까지 측정할 수 있으며, 이때의 출력은 5 V이다. 따라서 1번 탱크가 가득 차 있으면 이 탱크의 센서는 5 × (10,000/12,500) = 4 V의 전압신호를 낸다.

2 Pounds per square inch, absolute의 약자로서, 진공을 기준으로 한 차동압력 측정값이다.

표 6.2 탱크압력 감시장치의 기술 자료.

Tank 1 Capacity	10,000 psia
Tank 2 Capacity	10,000 psia
Tank 3 Capacity	2000 psia
Sensor Pressure Range	0 to 12,500 psia
Sensor Voltage Output	0 to 5 Vdc

2번 탱크의 센서도 최대 4 V의 전압신호를 내지만 3번 탱크에 부착한 센서는 최대 크기가 5 × (2,000/12,500) = 800 mV인 전압신호만을 낸다.

한 가지 해결 가능한 회로를 그림 6.18*a*에 나타내었다. 이 회로는 세 센서의 출력을 나타내는 v_1, v_2 및 v_3를 입력으로 하는 합산 증폭기에 전압의 부호와 크기를 조정하기 위한 반전 증폭기를 종속접속시킨 회로이다. 센서의 출력저항이 주어져 있지 않으므로 각 센서에 그림 6.18*b*와 같은 버퍼를 설치하였다. 이렇게 하면(이상적인 경우에) 센서로부터 전류가 흘러나오지 않으므로 센서의 저항에 의해 영향을 받지 않는다.

가능한 한 간단하게 설계하기 위해 R_1, R_2, R_3 및 R_4의 값을 1 kΩ으로 선정한다. 4개의 저항값을 모두 같은 값으로만 설정하면 되는데, 이때 합산 증폭기의 출력은 다음과 같다.

$$v_x = -(v_1 + v_2 + v_3)$$

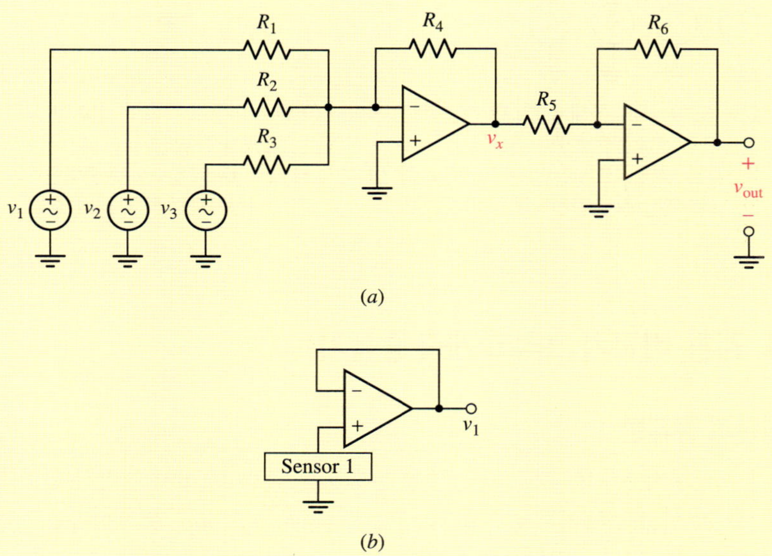

그림 6.18 (*a*) 남아 있는 연료의 총 양을 읽어내기 위해 제안한 회로. (*b*) 센서의 내부저항에 의한 오류를 방지하기 위한 버퍼 설계. 각 센서에 이러한 버퍼가 하나씩 사용되며, 이 버퍼의 출력 v_1, v_2 및 v_3가 합산 증폭기의 입력이 된다.

반전 증폭기는 이 전압의 부호를 바꾸고 3개의 탱크가 모두 가득 차있을 때 출력전압이 1 V가 되도록 설계되어야 한다. 세 탱크에 가스가 가득 차 있으면 $v_x = -(4 + 4 + 0.8) = -8.8$ V이므로 $R_6/R_5 = 1/8.8$이 되어야 한다. 임의로 $R_6 = 1$ kΩ으로 선정하면 R_5값은 8.8 kΩ이 되어 설계가 완료된다.

익힘문제 6.3

역사적으로 중요한 다리가 노후화의 기미를 보이고 있다. 이 다리가 보수될 때까지 중량이 1,600 kg 미만인 자동차만 통과시키기로 결정되었다. 이를 감시하기 위해 받침대가 4개인 계량 시스템을 설계하려고 한다. 각 바퀴 받침대로부터 하나씩 모두 4개의 독립적인 전압신호가 나오는데 1 mV = 1 kg이다. DMM(digital multimeter)에 표시될 수 있는 (+)값인 전압신호를 발생하는 회로를 설계하라. 이 전압신호는 자동차의 총 중량을 나타내어야 하고 1 mV = 1 kg이어야 한다. 바퀴 받침대에서 나오는 전압신호를 완충시킬 필요는 없다.

답: 그림 6.19 참조.

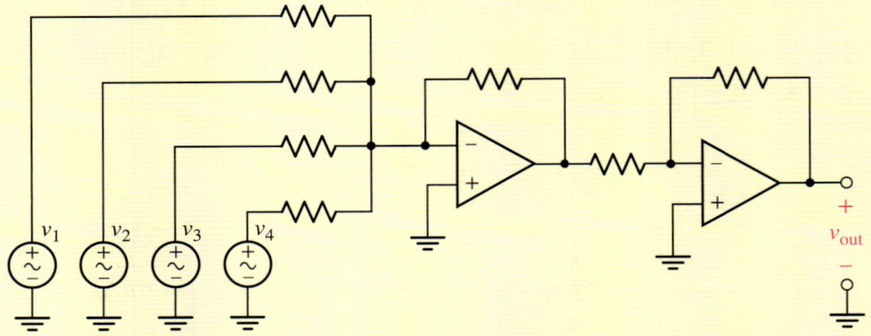

그림 6.19 익힘문제 6.3의 한 해법. 모든 저항은 (어떤 값이든 모두 같은 값이면 상관없으므로) 10 kΩ으로 한다. 입력전압 v_1, v_2, v_3 및 v_4는 4개의 바퀴 받침대에 설치되어 있는 센서로부터 나오는 전압 신호이며, v_{out}은 DMM의 (+) 입력단자에 접속되는 출력신호이다. 5개의 전압 모두 접지되어 있으며, DMM의 공통단자도 마찬가지로 접지시켜야 한다.

6.4 궤환, 비교기 그리고 계측 증폭기

부궤환과 정궤환

우리가 지금까지 논의한 모든 연산증폭기 회로는 출력 핀(pin)과 반전 입력 핀 사이의 전기적 연결을 특징으로 한다. 이를 폐루프(*closed-loop*) 동작이라고 한다. 출력 단자와 입력 단자 사이의 전기적 연결 또는 **궤환**(feedback)은 항상 반전 입력 핀을 사용함에 주의한다. 왜 그럴까? 그리고 만약 비반전 입력 핀을 사용하면 어떻게 될까? 그림 6.20과 같이 반전 입력 단자와 비반전 입력 단자 사이에 궤환이 제공되는 두 가지 경우에서 전압 팔로워 회로를 검사한다고 가정하자.

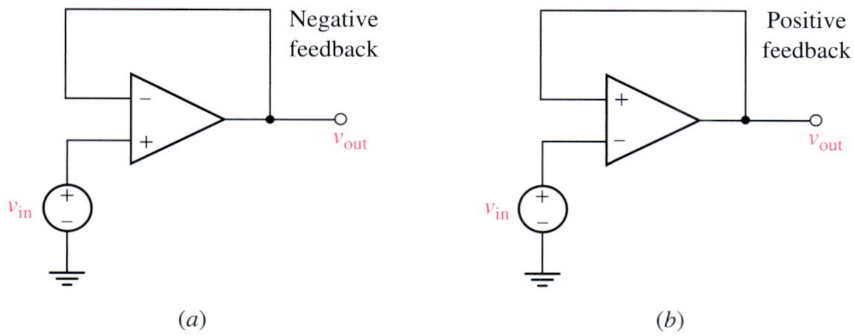

그림 6.20 (*a*) 부궤환을 갖는 전압 팔로워 연산 증폭기 회로. (*b*) 정궤환을 갖는 전압 팔로워 연산 증폭기 회로.

부궤환의 경우에 출력 전압은 다음과 같다.

$$v_{out} = A\,v_d = A(v_{in} - v_{out})$$

A는 연산증폭기의 매우 큰 전압 이득(이상적인 경우에 무한하다고 가정함)이다. 출력전압은 입력과 출력 사이의 전압 차이에 의해 결정되며 다시 입력으로 공급된다. $v_{in} > v_{out}$인 초기 상태를 가정하자. 입력 단자 간의 차이는 $v_d = v_{in} - v_{out} > 0$이므로 v_{out}은 증가한다. v_{out}의 증가는 연산증폭기의 반전 단자로 궤환되고 v_d의 크기는 감소할 것이다. 출력으로부터의 궤환이 입력 값을 감소시키는 구조를 **부궤환**(negative feedback)이라고 한다.

$v_d < 0$을 야기시키는 $v_{in} < v_{out}$인 초기 상태에 대한 유사한 분석에서 v_{out}은 감소되고 v_d의 크기를 다시 감소시킨다. 두 가지 초기 상태 모두에서 결과적으로 연산증폭기와 부궤환 구조는 출력 전압이 입력 전압과 거의 동일한 **안정 상태**(stable state)의 출력을 만들어낸다.

수학적으로 설명하기 위해 방정식을 다음과 같이 재배열할 수 있다.

$$v_{out} = \left(\frac{A}{A+1}\right) v_{in}$$

여기서 우리는 출력이 입력보다 약간 더 작아질 것이고, 그리고 나서 연산증폭기의 반전 단자로 다시 공급됨을 알 수 있다. 큰 전압 이득에서 출력은 $v_{out} \approx v_{in}$으로 안정화된다.

정궤환의 경우에 출력전압은 다음과 같다.

$$v_{out} = A\,v_d = A\,(v_{out} - v_{in})$$

$v_{in} < v_{out}$인 초기 상태는 $v_d = v_{out} - v_{in} > 0$을 야기시키므로 v_{out}이 증가한다. v_{out}의 증가는 연산증폭기의 비반전 단자로 다시 입력되고 v_d의 크기는 계속 증가할 것이다. 출력으로부터의 궤환이 입력 값을 증가시키는 구조를 **정궤환**(positive feedback)이라고 한다. $v_d < 0$을 야기시키는 $v_{in} > v_{out}$인 초기 상태에 대한 유사한 분석에서 v_{out}은 감소되고 v_d의 크기를 음으로 증가시킨다. 두 가지 초기 상태 모두에서 결과적으로 연산증폭기와 정궤환 구조는 출력 전압이 양 또는 음의 무한대로 향하는 **불안정 폭주 상태**(unstable runaway state)의 출력을 만들어낸다. 실제로는 연산증폭기의 출력은 연산증폭기를 동작시키기 위한 전원 공급장치가 공

급하는 전압보다 클 수 없다(그림 6.2*a*의 전원 공급 핀을 상기하라). 출력이 전원 공급장치가 공급하는 전압에 의해 제한되는 경우 연산증폭기가 **포화**(saturation) 되었다고 한다.

수학적으로 설명하기 위해 방정식을 다음처럼 재배열할 수 있다.

$$v_{\text{out}} = \left(\frac{A}{A-1}\right) v_{\text{in}}$$

여기서 출력이 입력보다 약간 더 커질 것이고, 그리고 나서 연산증폭기의 비반전 단자로 다시 공급됨을 알 수 있다.

요약하면 **부궤환**은 출력의 일부분을 입력 측으로 보내서 입력이 감소하도록 하는 과정이고 **정궤환**은 출력신호의 일부분을 입력 쪽으로 되돌려 보내 입력신호에 더해지도록 하는 과정이다. 부궤환의 경우, 어떤 변화에 의해 증폭기의 특성이 변하여 출력이 증가하려고 하면 입력이 동시에 감소하게 된다. 부궤환이 지나치면 제대로 증폭할 수 없게 되지만 작은 양이라면 안정도가 높아진다. 부궤환의 한 예로는 손을 불 가까이 가져갔을 때 느끼는 불쾌한 감각이다. 손을 불 가까이 가져가면 갈수록 손으로부터 보내지는 거부 반응이 점점 더 커진다. 그러나 부궤환의 비율이 지나쳐서 열을 거부하게 되면 결국에는 얼어 죽게 된다. 대조적으로 정궤환은 일반적으로 불안정한 시스템을 초래한다. 흔한 예로는 마이크가 스피커 쪽으로 향하게 되면 발생하는 현상이 있는데, 매우 부드러운 소리가 증폭되고 증폭되어 마침내 귀를 찢는 큰 소리로 변하게 된다.

지금까지 설명한 이상적인 연산증폭기 규칙 및 회로 분석 기법은 부궤환 구조에 적용된다. 규칙이 정궤환을 갖는 연산증폭기 회로에 반드시 적용되는 것은 아니다.

비교기

폐루프 동작은 연산증폭기를 증폭기로 사용할 때 선호하는 방식으로서, 온도 변화 또는 제작상의 차이로 인하여 발생하는 개루프 이득의 변화가 회로 성능에 영향을 미치지 못하도록 막아준다. 그러나 연산증폭기를 개루프 형태로 사용하는 것이 이로운 경우도 많다. 이러한 용도로 사용되는 연산증폭기를 **비교기**(comparator)라고 하는데, 비교기는 **개루프** 동작시의 속도를 높이기 위해 보통의 연산증폭기와는 약간 다르게 설계된다.

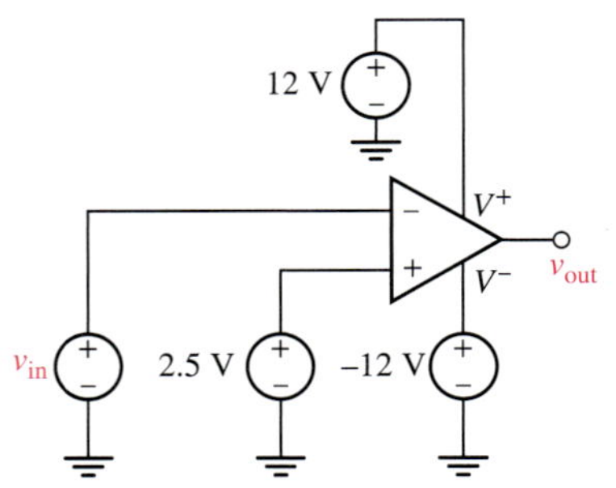

그림 6.21 기준 전압이 2.5 V인 비교기 회로의 예.

그림 6.21의 회로는 2.5 V의 기준전압이 비반전 입력단자에 접속되어 있고 비교되는 전압 v_{in}이 반전 입력단자에 접속되어 있는 간단한 비교기 회로이다. 연산증폭기의 개루프 이득 *A*가 매우 크므로 두 입력단자 사이의 전압차가 크지 않아도 연산증폭기를 포화영역에서 동작시킬 수 있다. 따라서 출력이 12 V이면 입력전압이 기준전압보다 낮고 −12 V이면 입력전압이 기준전압보다 높음을 나타내는 것이다. 이와는 다르게 기준전압을 반전 입력단자에 접속하면 출력이 반대로 된다.

$$v_{\text{out}} = \begin{cases} 12\ V, & v_{\text{in}} < 2.5\ V \\ -12\ V, & v_{\text{in}} > 2.5\ V \end{cases}$$

컴퓨터를 이용한 해석

SPICE를 사용하여 그림 6.21에 표시된 비교기 회로를 시뮬레이션 해보자. 이상적인 연산증폭기의 표현 대신 연산증폭기에 연결된 전원 공급장치를 정의하는 SPICE 모델을 사용한다. 이 경우 연산증폭기를 설명하기 위해 **Universal OpAmp2** 구성요소 사용할 것이며 그 회로도를 그림 6.22*a*에 나타내었다. v_{in}에 대한 v_{out}의 종속성은 dc 스위프 명령을 사용하여 시뮬레이션 할 수 있다. SPICE 지시문 **.dc Vin 0 5 0.01**은 전압원 **Vin**의 dc 스위프를 0 V에서 시작

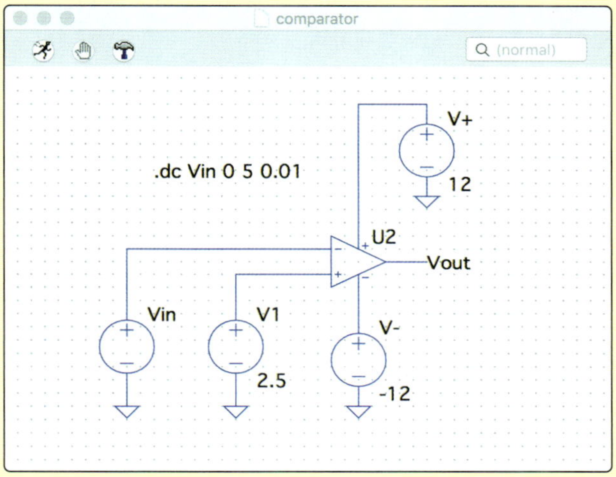

(*a*)

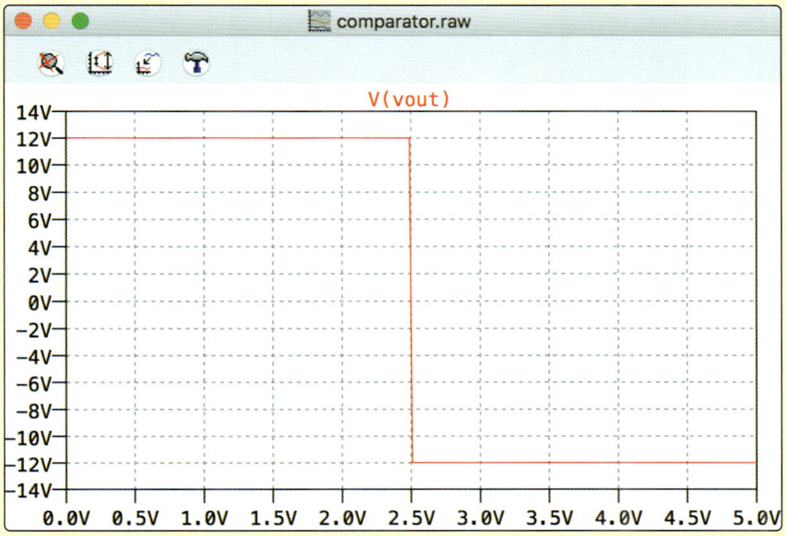

(*b*)

그림 6.22 (*a*) 기준 전압이 2.5 V인 비교기 회로의 회로도. (*b*) 입력-출력 특성 그래프.

하여 5 V까지 0.01 V 증가분으로 정의한다.

그림 6.35*b*에 나타낸 비교기 회로의 출력을 보면 구별이 뚜렷한데, 응답이 (+) 포화영역과 (−) 포화영역을 왔다 갔다 하며 근본적으로 선형적으로 증폭되는 영역은 없다. 출력결과는 위의 분석 및 수식과 명확하게 일치한다.

예제 6.4

어떤 신호의 전압이 3 V 미만이면 '논리 1'을 나타내는 5 V 출력을 내고 3 V 이상이면 0 V 출력을 내는 회로를 설계하라.

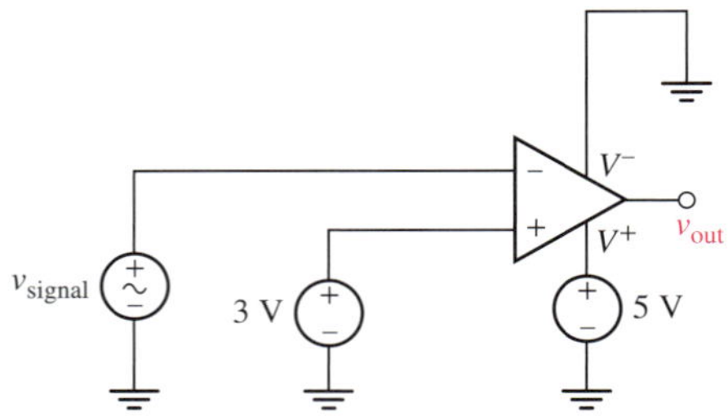

그림 6.23 조건을 충족하는 설계 중 하나.

비교기의 출력이 0 V와 5 V이어야 하므로 그림 6.23에 나타낸 것과 같이 +5 V 전원 하나만을 접속시킨 연산증폭기를 사용한다. +3 V의 기준전압을 비반전 입력단자에 접속하였는데, 이 기준전압은 1.5 V짜리 건전지 2개를 사용하거나 적절한 제너 다이오드 기준회로를 사용하여 얻을 수 있다. 그리고 입력신호 v_{signal}은 반전 입력단자에 접속한다. 실제로는 비교기 회로의 포화전압 범위가 전원전압의 범위보다 약간 좁다. 따라서 시뮬레이션을 하거나 실험을 통해 약간 조정할 필요가 있을 수 있다.

익힘문제 6.4

어떤 전압 v_{signal}이 0 V를 초과하면 12 V 출력을 내고 0 V 이하이면 −2 V 출력을 내는 회로를 설계하라.

답: 해 중에 하나를 그림 6.24에 나타내었다.

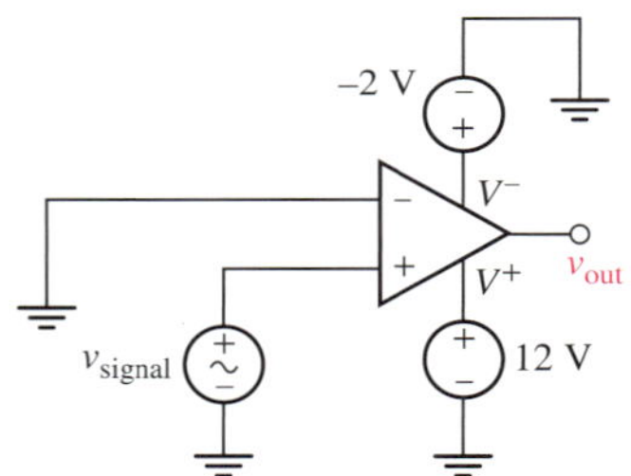

그림 6.24 익힘문제 6.4의 해 중의 하나.

비교기 회로는 그림 6.25*a*와 같은 정궤환 구조에서도 사용할 수 있다. 정궤환 및 비교기 회로에 대한 이전 논의와 마찬가지로 출력전압 V_{out}은 V_x와 V_{in} 사이의 전압차 부호에 따라 전원전압 V^+ 또는 V^-로 강제된다. 비반전 입력의 전압 V_x는 전압분배에 의해 다음처럼 주어진다.

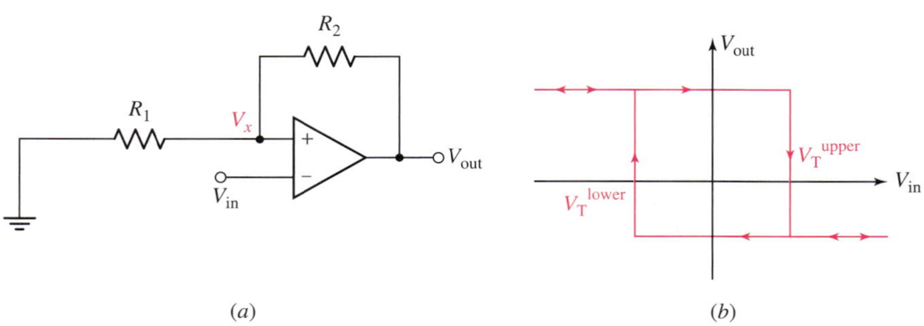

그림 6.25 (*a*) 반전 비교기 슈미트 트리거 회로. (*b*) 히스테리시스를 보여주는 전압 출력.

$$V_x = \frac{R_1}{R_1 + R_2} V_{\text{out}}$$

높은 상태($V_{\text{out}} = V^+$)의 출력전압으로 시작한다고 가정할 때, V_{in}이 V_x를 초과할 때까지 출력은 높은 상태로 유지되고, 이로 인해 연산증폭기 단자에서 음의 전압차($V_x - V_{\text{in}}$)가 발생된다. 그러면 연산증폭기 입력에서 음의 전압차가 출력을 낮은 상태($V_{\text{out}} = V^-$)로 만든다. 따라서 출력은 다음과 같이 주어진 두 임계 입력전압 $V_T{}^{\text{upper}}$와 $V_T{}^{\text{lower}}$에서 전환된다.

$$V_{\text{in}} = V_T{}^{\text{upper}} = \frac{R_1}{R_1 + R_2} V^+$$

$$V_{\text{in}} = V_T{}^{\text{lower}} = \frac{R_1}{R_1 + R_2} V^-$$

회로 동작은 V_{out}의 현재 상태에 좌우되며 그러므로 **메모리**(memory) 특성을 지닌다. 출력응답은 그림 6.25*b*에 나타나있다. 현재 상태에 따라 두 임계 값을 전환하는 동작을 **히스테리시스**(hysteresis)라고 한다. 히스테리시스를 갖는 비교기 회로를 **슈미트 트리거**(Schmitt trigger)라고 하며, 제어 및 신호 조절을 위한 응용에 주로 사용된다. 단일 비교기 전압에 비하여 히스테리시스 "윈도우(window)"의 주된 장점은 노이즈가 많은 신호에 대한 감도를 제거하거나 줄일 수 있다는 점이다.

그림 6.25*a*의 회로 출력은 V_{in}이 상한 임계 전압 $V_T{}^{\text{upper}}$를 초과할 때까지 높은 상태를 유지한다. 이때 회로는 낮은 상태로의 전환을 유발시킨다. 출력이 낮으면 V_{in}이 낮은 임계 전압 $V_T{}^{\text{lower}}$ 아래로 내려갈 때까지 낮은 상태를 유지한다. 슈미트 트리거의 동작은 온도를 제어하는 데 사용되는 온도 조절 기기와 매우 유사하다. 예를 들어 출력전압을 전열기에 대한 신호로 간주하면 입력전압은 온도를 나타낸다. 슈미트 트리거의 하한 및 상한 임계 값은 원하는 온도 구간을 정의하는데 사용될 수 있다. 온도가 상한 임계 값을 초과하면 전열기가 꺼진다. 온도가 하한 임계 값 아래로 내려가면 전열기가 다시 켜진다. 임계 값 설정에 의해 정의된 온도 구간은 노이즈를 줄이는데 매우 유용하다. 목표 설정 지점 온도 근처에 0.1도 정도의 미세한 변동이 있다고 가정한다. 이러한 작은 변동으로 인해 난방 시스템은 빠르고 불필요하게 켜지거나 꺼진다. 슈미트 트리거의 히스테리시스 구간은 켜짐 및 꺼짐 상태에 대해 별도의 임계 값을 정의하여 온도 변동에 대한 민감도를 줄인다. 에어컨과 같은 냉각 장치의 온도 제어에 유사하게 사용될 수 있는 비반전 구성은 다음 예제에 나타나 있다. 온도 제어는 대중적인 예이지만, 슈미트 트리거와 히스테리시스를 갖는 관련 회로는 디지털 회로에 대한 신호 조절을 포함한 많은 응용에서 매우 유용하다.

예제 6.5

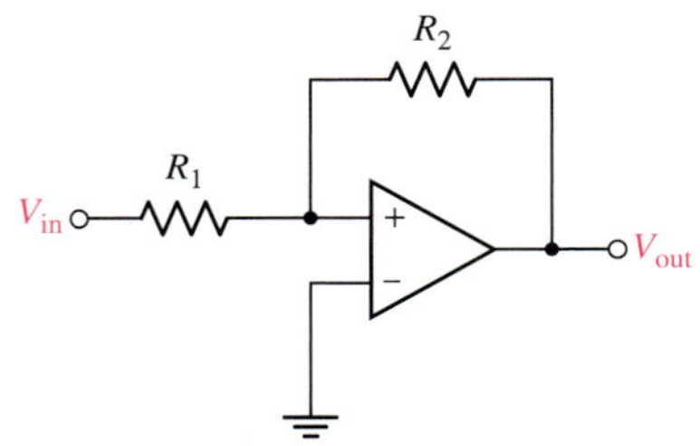

그림 6.26 비반전 비교기 슈미트 트리거 회로.

그림 6.26의 회로는 비교기 슈미트 트리거의 비반전 구성을 나타낸다. R_1 = 400 Ω, R_2 = 1.2 kΩ, V^+ = 15 V 및 V^- = −12 V인 경우 회로 출력을 유발시키는 임계 전압을 결정하고 V_{in} 축에 대하여 V_{out}을 그려라.

연산증폭기의 비반전 단자에 KCL을 적용하여 입력 및 출력을 연관시킨 마디 방정식을 세운다(마디전압을 V_x로 지정한다).

$$\frac{(V_x - V_{in})}{R_1} + \frac{(V_x - V_{out})}{R_2} = 0$$

V_x에 대해 정리하면 다음과 같다.

$$V_x = \frac{R_2}{R_1 + R_2} V_{in} + \frac{R_1}{R_1 + R_2} V_{out}$$

스위칭/트리거링을 위한 임계 값은 연산증폭기의 반전 및 비반전 단자 간 전압 차가 0, 즉 $V_x = 0$일 때 발생한다. $V_x = 0$을 설정하고 V_{in}을 풀이하면 다음과 같다.

$$V_{in} = -\left[\left(\frac{R_1}{R_1 + R_2}\right)\Big/\left(\frac{R_2}{R_1 + R_2}\right)\right] V_{out} = -\frac{R_1}{R_2} V_{out}$$

2개의 출력 전압은 전원 공급 장치의 V^+ 및 V^-에 의해 결정되며 트리거링을 위한 하한 임계 전압과 상한 임계 전압은 다음과 같다.

$$V_{in} = V_T^{lower} = -\frac{R_1}{R_2} V^+$$

$$V_{in} = V_T^{upper} = -\frac{R_1}{R_2} V^-$$

$V_{out} = V^-$인 낮은 상태에서 회로가 시작될 때 출력은 연산증폭기의 비반전 단자가 양이 될 때까지(연산증폭기의 비반전 및 반전 단자 간에 양의 전압 차를 제공) 낮은 상태를 유지한다($V_{in} > V_T^{upper}$). 그러면 출력전압 $V_{out} = V^+$이 유발된다. 높은 상태는 $V_{in} < V_T^{lower}$가 될 때까지 유지되어 출력전압 $V_{out} = V^-$을 유발한다. 회로에 수치 값을 적용하면 다음과 같은 값과 그림 6.27에 표시된 응답을 얻을 수 있다.

$$V_{out} = \begin{cases} -12\text{ V}, & low\ state \\ 15\text{ V}, & high\ state \end{cases}$$

$$V_T^{lower} = -\frac{400}{1,200} 15 = -5\text{ V}$$

$$V_T^{upper} = -\frac{400}{1,200}(-12) = 4\text{ V}$$

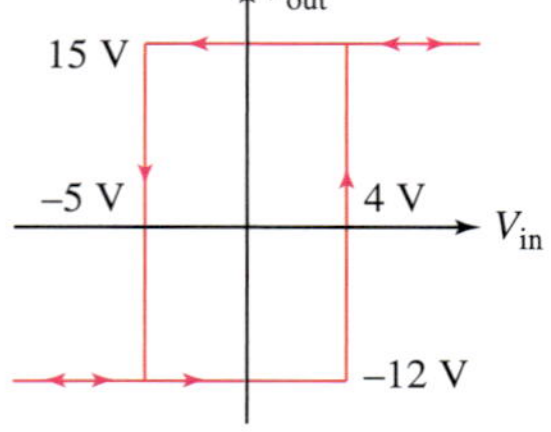

그림 6.27 비반전 비교기 슈미트 트리거 회로의 전압 출력.

익힘문제 6.5

임계전압이 ±2 V일 때 ±5 V를 출력하는 비반전 슈미트 트리거를 설계하라.

답: 그림 6.26의 비반전 구성을 사용하면 $V^+ = 5$ V, $V^- = -5$ V, $R_1/R_2 = 2/5$.

계측 증폭기

기본적인 비교기 회로는 소자의 두 입력단자 사이의 전압차에 의해 동작한다. 그러나 출력이 입력에 비례하지 않기 때문에 기술적으로는 신호를 증폭하는 것이 아니다. 그림 6.11의 차동증폭기도 반전 입력단자와 비반전 입력단자 사이의 전압차에 의해 동작하지만, 이 증폭기에서는 포화되지 않도록 주의하면 두 입력단자 사이의 전압차에 직접 비례하는 출력이 나온다. 그러나 입력전압이 아주 작은 경우에는 **계측 증폭기**(instrumentation amplifier)로 알려진 소자를 사용하는 것이 더 나은데, 이 증폭기는 실은 연산증폭기 소자 3개가 하나의 패키지 안에 들어있는 것이다.

그림 6.28*a*에 나타낸 것은 일반적인 계측 증폭기 형태의 한 예이며, 계측 증폭기의 기호는 그림 6.28*b*와 같다. 각 입력은 전압 팔로워에 직접 가해지며 두 전압 팔로워의 출력이 차동 증폭기에 가해진다. 특히, 계측 증폭기는 열전쌍(thermocouple)이나 스트레인 게이지(strain gauge)에 의해 발생되는 전압과 같이 입력 전압신호가 아주 작은 경우(예를 들면 수 mV 정도)와 수 V 크기의 의미 있는 공통모드 잡음신호가 존재하는 경우에 아주 적합하다.

만약 계측 증폭기를 구성하는 모든 부품이 동일한 실리콘 칩 위에 제작된 것이라면 좋은 소자 특성을 얻을 수 있고 두 세트의 저항에 대한 정확한 비율을 맞출 수 있다. 계측 증폭기의 공통모드 신호 제거를 최대화하려면 $R_4/R_3 = R_2/R_1$이어서 입력신호의 공통모드 성분이 같은 비율로 증폭되어야 한다. 이것을 좀 더 알아보기 위해 위에 있는 전압 팔로워의 출력단 전압을 'v_-'라고 하고 아래에 있는 전압 팔로워의 출력단 전압을 'v_+'라고 하자. 3개의 연산증폭기가 모두 이상적이라고 가정하고 차동증폭기의 두 입력전압을 v_x라고 하면 다음과 같은 마디방정식을 세울 수 있다.

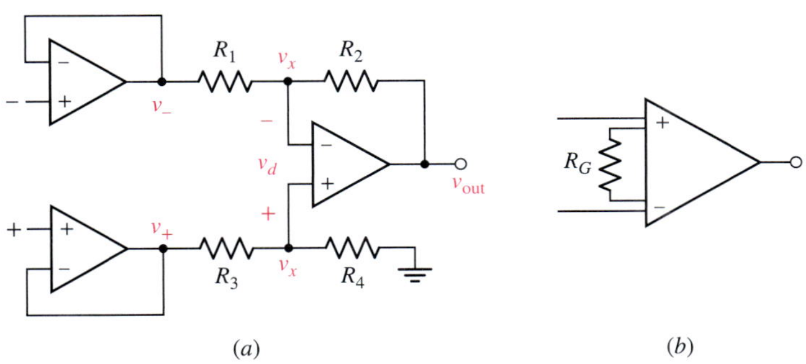

그림 6.28 (*a*) 기본적인 계측 증폭기. (*b*) 일반적으로 사용되는 기호.

실제 문제에의 적용

심전도 시스템

심혈관계 시스템은 몸 전체의 세포에 산소가 함유된 혈액을 전달하는 복잡하고 우아한 시스템이다. 혈액 순환은 전기 회로와 많은 유사점을 가지고 있다. 심장(전원 공급장치)은 혈액(전기)을 혈관(전선)을 통해 체내 세포(저항성 부하)로 보낸다. 우리는 우리 심장의 근육 수축을 조절하는 것에 대해 의식적으로 생각하지 않는다. 그럼 그것은 어떻게 작동할까? 심장은 그림 6.29*a*와 같이 근육 수축을 유발하는 전기 신호를 사용하여 심박수와 리듬을 제어하는 자체 내장 전기 시스템을 가지고 있다. 심장의 심방 및 심실의 규칙적 수축은 원하는 혈류 순서를 제공하며 동방결절로 불리는 심장의 심장 박동 조절기에 의해 제어된다. 동방결절에 의해 생성된 전기 신호는 심장 근육을 자극하기 위해 규칙적이고 리듬적 방식으로 전파된다. 심장의 전기 시스템에 의해 생성된 전압 변화는 피부에서 측정할 수 있다. 심전도(ECG)는 이러한 전기 신호를 측정하는 것으로 그림 6.29*c*에 표시된 것처럼 심장의 전기적 활동에 의해 생성된 파형은 심장 문제를 감지할 수 있는 비외과적인 수단을 제공한다.

심전도 측정을 위해 심장박동에 따라 전기 신호가 이동할 때 전압 차이를 비교할 수 있도록 신체에 전극들을 배치한다. 전극 배치의 수와 위치는 12-lead ECG가 일반적이긴 하나 달라질 수 있다. 모든 경우 두 전극 사이의 전압 차이가 측정되며 여기서 심전도 파형의 진폭은 대략 1 mV이다. 심전도 측정을 정확하게 하려면 높은 입력 저항, 높은 이득 및 높은 공통모드 제거비(CMRR, 6.5절에서 설명)의 차동 증폭기가 필요하다. 이번 장에서 보았듯이 그림 6.29*b*에 나타낸 계측 증폭기는 이 응용에 이상적으로 적합하며 실제 심전도 응용에 일반적으로 사용된다. 심전도 응용을 위한 일반적 사양은 10 MΩ 이상의 입력저항, 1000의 이득 및 10^5의 CMRR 특성을 포함한다.

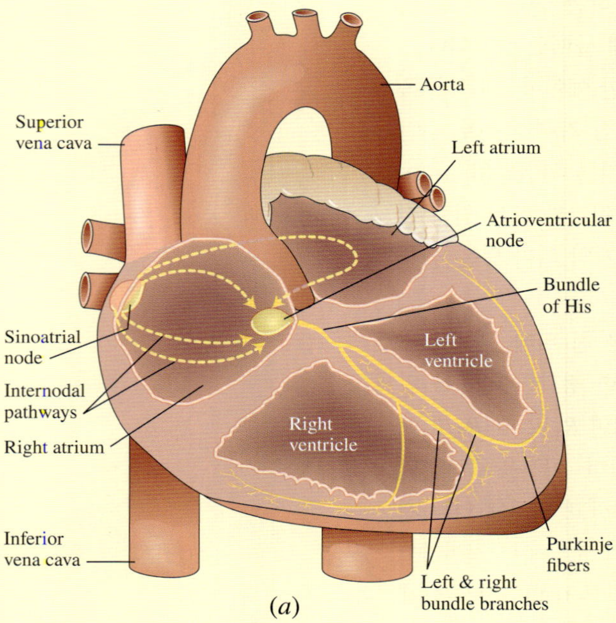

(*a*)

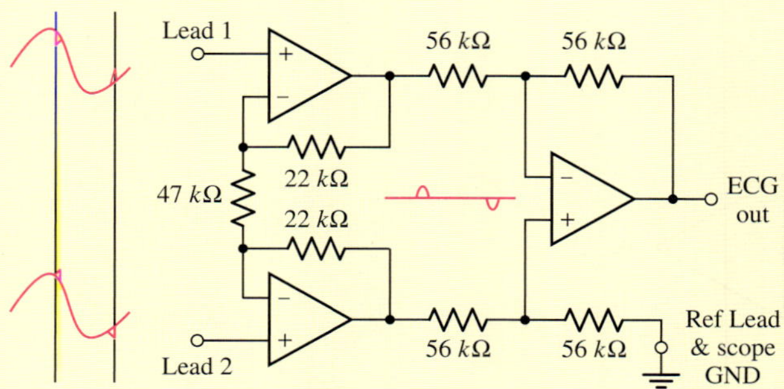

(*b*)

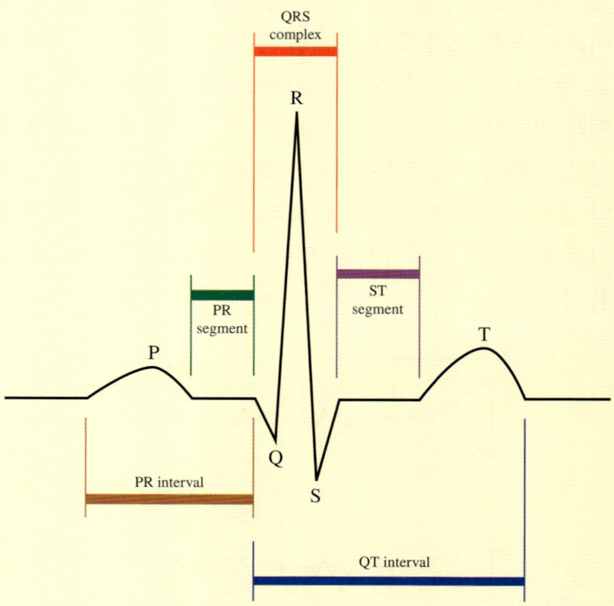

(*c*)

그림 6.29 (*a*) 심장의 전기 시스템. (*b*) 계측 증폭기 기반의 3-리드 심전도 회로의 개략도. (*c*) 정상리듬을 위한 심전도 신호.
(*a*: ©McGraw-Hill Education)

$$\frac{v_x - v_-}{R_1} + \frac{v_x - v_{\text{out}}}{R_2} = 0 \qquad [15]$$

그리고

$$\frac{v_x - v_+}{R_3} + \frac{v_x}{R_4} = 0 \qquad [16]$$

식 [16]에서 v_x를 구하면

$$v_x = \frac{v_+}{1 + R_3/R_4} \qquad [17]$$

이고, 이 식을 식 [15]에 대입하면 다음과 같이 v_{out}을 입력의 항으로 나타낼 수 있다.

$$v_{\text{out}} = \frac{R_4}{R_3}\left(\frac{1 + R_2/R_1}{1 + R_4/R_3}\right)v_+ - \frac{R_2}{R_1}v_- \qquad [18]$$

식 [18]에서 일반적인 경우에 두 입력단자에 가해진 공통모드 성분이 증폭됨을 확인할 수 있다. 그러나 $R_4/R_3 = R_2/R_1 = K$인 특정한 경우에는 식 [18]이 $v_{\text{out}} = K(v_+ - v_-) = Kv_d$가 되어 (이상적인 연산증폭기라고 가정하면) 전압 차이만 증폭되며 이득은 저항들의 비율로 정해진다. 이 저항들이 계측 증폭기의 내부에 있어서 사용자가 저항들의 비율을 조정할 수 없으므로 AD622와 같은 소자에서는 두 단자 사이에 (그림 6.28*b*에 R_G로 표시한) 외부 저항을 접속하여 이득을 1~1000 범위 내에서 설정할 수 있도록 되어 있다.

6.5 실제적인 고려 사항

연산증폭기의 상세 모델

6.2절에서 논의한 바와 같이 연산증폭기는 전압제어 종속전압원으로 간주할 수 있다. 이 종속전압원은 연산증폭기의 출력을 내며, 종속전압원의 크기를 제어하는 전압은 입력단자에 가해지는 전압이다. 실제 연산증폭기에 대한 합리적인 모델의 개략도는 그림 6.30과 같다. 이 모델은 전압이득이 A인 종속전압원, 출력저항 R_o와 입력저항 R_i를 포함한다. 표 6.3에는 상업적으로 판매되는 몇 가지 연산증폭기에 대한 대표적인 파라미터 값이 수록되어 있다.

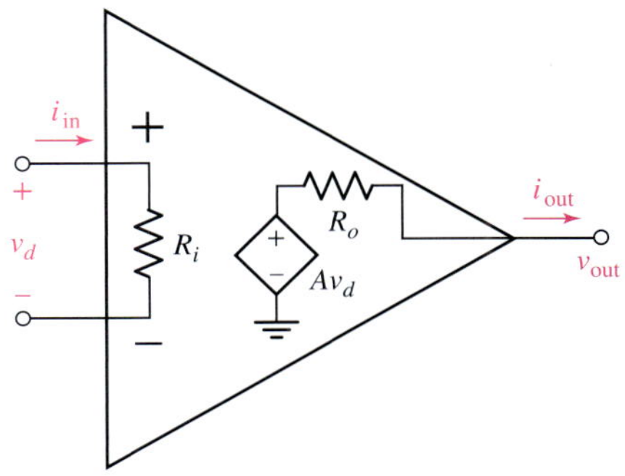

그림 6.30 연산증폭기의 상세 모델.

파라미터 A는 연산증폭기의 **개루프 전압이득**(open-loop voltage gain)이라고 하며 보통 10^5에서 10^6 범위의 값을 가진다. 표 6.3에 수록되어 있는 연산증폭기는 모두 개루프 전압이득이 아주 크다. 특히 예제 6.1에 있는 비반전 증폭기 회로에서의 이득 11과 비교하면 실로 엄청난 이득임을 알 수 있다. 연산증폭기 자체의 개루프 전압이득과 특정한 연산증폭기 회로를 특성 짓는 **폐루프 전압이득**(closed-loop voltage gain) 사이의 차이를 반드시 기억하고 있어야 한다. 여기서의 '루프'는 출력단자와 입력단자를 연결하는 연산증폭기 외부의 경로를 말하며, 경로는 용도에 따라 도선이나 저항 또는 다른 형태의 소자일 수 있다.

표 6.3 몇 가지 연산증폭기에 대한 대표적인 파라미터 값.

Part Number	μA741	LM324	LT1001	LF411	AD549K
Description	General purpose	Low-power quad	Precision	Low-offset, low-drift JFET input	Ultralow input bias current
Open-loop gain *A*	2×10^5 V/V	10^5 V/V	8×10^5 V/V	2×10^5 V/V	10^6 V/V
Input resistance	2 MΩ	*	100 MΩ	1 TΩ	10 TΩ
Output resistance	75 Ω	*	*	~1 Ω	~15 Ω
Input bias current	80 nA	45 nA	0.5 nA	50 pA	75 fA
Input offset voltage	1.0 mV	2.0 mV	7 μV	0.8 mV	0.150 mV
CMRR	90 dB	85 dB	110 dB	100 dB	100 dB

* Not provided by manufacturer.

μA741은 가장 보편적인 연산증폭기로서 원래 Fairchild사에서 1968년에 제조한 것이다. 이 소자는 모든 연산증폭기의 시초로 간주되었으며 수십 년 동안 아주 흔하게 사용되었다. 그 이후 μA741의 성공으로 인해 표 6.3에 나와 있는 것과 같은 특정 응용에 대해 더 높은 성능을 제공하는 수많은 다른 소자들이 생성되었다. 이 소자의 개루프 전압이득은 200,000, 입력저항은 2 MΩ, 출력저항은 75 Ω이다. 연산증폭기의 이상적인 모델이 특정한 이 소자의 동작을 얼마나 잘 근사화하고 있는지를 평가하기 위해 그림 6.4의 반전 증폭기 회로를 다시 살펴보자.

예제 6.6

그림 6.30의 모델에 연산증폭기 μA741의 파라미터 값들을 사용하여 그림 6.4의 반전 증폭기 회로를 다시 해석하라.

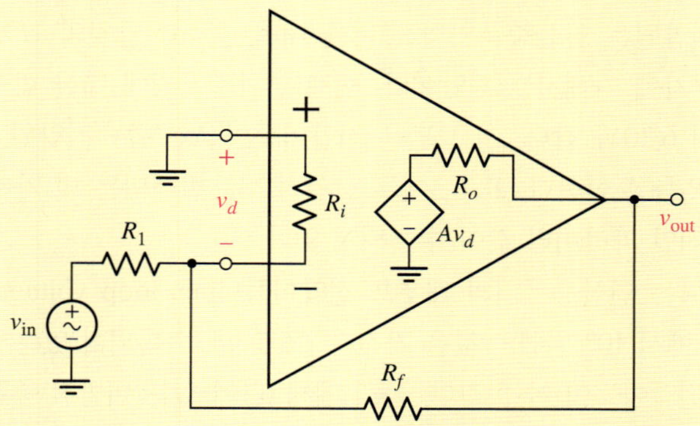

그림 6.31 연산증폭기의 상세 모델을 사용하여 다시 그린 반전 증폭기 회로.

먼저 그림 6.4의 회로에서 이상적인 연산증폭기 기호를 연산증폭기의 상세 모델로 대체하고 다시 그리면 그림 6.31의 회로와 같다.

여기서는 이상적인 연산증폭기 모델을 사용하지 않으므로 이제는 이상적인 연산증폭기의 규칙을 적용할 수가 없다. 따라서 반전 입력단자와 출력단자에서 2개의 마디방정식을 세우면

$$\frac{-v_d - v_{\text{in}}}{R_1} + \frac{-v_d - v_{\text{out}}}{R_f} + \frac{-v_d}{R_i} = 0$$

$$\frac{v_{\text{out}} + v_d}{R_f} + \frac{v_{\text{out}} - A v_d}{R_o} = 0$$

이 두 식을 정리하여 v_d를 소거하면 다음과 같이 v_{out}을 v_{in}의 항으로 나타낼 수 있다.

$$v_{\text{out}} = \left[\frac{R_o + R_f}{R_o - AR_f}\left(\frac{1}{R_1} + \frac{1}{R_f} + \frac{1}{R_i}\right) - \frac{1}{R_f}\right]^{-1} \frac{v_{\text{in}}}{R_1} \qquad [19]$$

$v_{\text{in}} = 5 \sin 3t$ mV, $R_1 = 4.7$ kΩ, $R_f = 47$ kΩ, $R_o = 75$ Ω, $R_i = 2$ MΩ 및 $A = 2 \times 10^5$를 대입하면 다음과 같다.

$$v_{\text{out}} = -9.999448\ v_{\text{in}} = -49.99724 \sin 3t \text{ mV}$$

이 결과를 연산증폭기가 이상적이라고 가정했을 때의 결과($v_{\text{out}} = -10v_{\text{in}} = -50 \sin 3t$ mV)와 비교하면 연산증폭기의 이상적인 모델이 상당히 정확한 모델임을 알 수 있다. 더군다나 연산증폭기가 이상적이라고 가정하면 회로를 해석하는데 필요한 연산이 대폭 줄어든다. 그림 6.31의 회로에서 $A \to \infty$, $R_o \to 0$ 및 $R_i \to \infty$이면 식 [19]가 대폭 간단해져서

$$v_{\text{out}} = -\frac{R_f}{R_1} v_{\text{in}}$$

이 되는데, 이 결과는 연산증폭기가 이상적이라고 가정하고 반전 증폭기를 해석하여 유도한 결과와 일치한다.

익힘문제 6.6

개루프 이득 A가 유한한 값이고 입력저항 R_i가 유한한 값이며 출력저항 R_o가 0이라고 가정했을 때, 그림 6.4의 연산증폭기 회로에서 v_{out}을 v_{in}으로 표현한 식을 유도하라.

답: $v_{\text{out}}/v_{\text{in}} = -AR_f R_i/[(1 + A)R_1 R_i + R_1 R_f + R_f R_i]$.

이상적 연산증폭기의 규칙 유도

연산증폭기의 이상적인 모델이 실제 연산증폭기의 동작을 아주 정확하게 모델링한 것임을 알았다. 그러나 이상적인 연산증폭기의 두 규칙은 개루프 이득이 무한대이고 입력저항이 무한대이며 출력저항이 0인 상세 모델을 사용하여 유도하는 것

이 아주 편하다.

그림 6.30을 참고로 하면 실제적인 연산증폭기의 개방회로 출력전압은 다음과 같다.

$$v_{\text{out}} = A\, v_d \qquad [20]$$

이 식을 다시 정리하면 **차동 입력전압**(differential input voltage)이라고 부르는 v_d를 얻는다.

$$v_d = \frac{v_{\text{out}}}{A} \qquad [21]$$

우리가 예상하는 바와 같이 실제의 연산증폭기에서 얻을 수 있는 출력전압 v_{out}에는 실질적인 한계가 있다. 다음 절에서 설명하겠지만 연산증폭기의 내부 회로에 전력을 공급하기 위해 연산증폭기를 외부의 직류전압원에 접속시켜야 한다. 이 외부 전압원이 v_{out}의 최대값이 되는데, 보통 5~24 V 정도이다. 이 24 V를 μA741의 개루프 이득 (2×10^5)으로 나누면 $v_d = 120\ \mu$V이다. 이 값은 0은 아니지만 출력전압 24 V에 비하면 사실상 0 V나 마찬가지이다. 이상적인 연산증폭기는 개루프 이득이 이어서 v_{out}과는 관계없이 $v_d = 0$ V가 된다. 이 결과로 이상적인 연산증폭기의 규칙 2를 얻는다.

이상적인 연산증폭기의 규칙 1은 '두 입력단자 중 어느 단자에도 전류가 흐르지 않는다.'는 것이다. 그림 6.23을 보면 연산증폭기의 입력전류는

$$i_{\text{in}} = \frac{v_d}{R_i}$$

방금 전에 v_d는 대개 매우 작은 전압임을 알았다. 표 6.3에서 알 수 있듯이 전형적인 연산증폭기의 입력저항은 매우 큰 값이며 메가 옴에서 테라 옴 정도의 값을 가진다. 위에서 구한 값인 $v_d = 120\ \mu$V와 $R_i = 2$ MΩ을 사용하여 입력전류를 구하면 60 pA이다. 이 전류는 극히 작은 값이며, 이를 측정하려면 (피코전류계(picoammeter)로 알려져 있는) 특수한 전류계가 필요하다. 표 6.3을 보면 μA741의 대표적인 입력전류[더 정확하게 말하면 **입력 바이어스 전류**(input bias current)]는 80 nA인데, 이 값은 우리가 산정한 값보다 103배 정도나 큰 값이다. 이것이 우리가 사용하고 있는 연산증폭기 모델의 단점인데, 입력 바이어스 전류가 정확한 값을 갖도록 연산증폭기를 설계하지는 않는다. 그러나 연산증폭기 회로에 흐르는 다른 전류와 비교해 보면 어느 값이든 0이나 마찬가지이다. (AD549와 같이) 최근에 개발된 연산증폭기의 입력 바이어스 전류는 훨씬 더 작은 값이다. 따라서 이상적인 연산증폭기의 규칙 1은 아주 합당한 가정이라고 할 수 있다.

이상과 같이 이상적인 연산증폭기는 개루프 전압이득이 무한대이고 입력저항도 무한대의 크기이다. 그러나 아직 연산증폭기의 출력저항과 이것이 회로에 미칠 수 있는 영향을 검토하지 않았다. 그림 6.30에서 다음을 알 수 있다.

$$v_{\text{out}} = A\, v_d - R_o\, i_{\text{out}}$$

여기서 i_{out}은 연산증폭기의 출력단자로부터 흘러나오는 전류이다. 따라서 R_o가 0이 아니면 출력전압을 감소시키며 출력전류가 증가함에 따라 더 큰 영향을 미치게 된다. 이런 이유 때문에 이상적인 연산증폭기는 출력 저항이 0 Ω이다. μA741의 출력저항이 가장 큰데 75 Ω이다. AD549와 같은 최신 소자들의 출력저항은 훨씬 더 낮은 값이다.

공통모드 제거

연산증폭기는 가끔 **차동 증폭기**(*difference amplifier*)라고도 한다. 왜냐하면 출력이 두 입력단자의 전압 차이에 비례하기 때문이다. 따라서 만일 두 입력단자에 동일한 전압을 가하면 출력전압이 0이 되어야 한다. 연산증폭기의 이러한 특성은 가장 중요한 특성 중의 하나이며 **공통모드 제거**(common-mode rejection)로 알려져 있다. 그림 6.32에 나타낸 회로는 다음과 같은 출력전압을 낸다.

$$v_{\text{out}} = v_2 - v_1$$

만일 $v_1 = 2 + 3 \sin 3t$ V이고 $v_2 = 2$ V이면 출력전압이 $-3 \sin 3t$ V이어야 하며, v_1과 v_2에 공통인 2 V 성분은 증폭되지도 않고 출력에도 나타나지 않아야 한다.

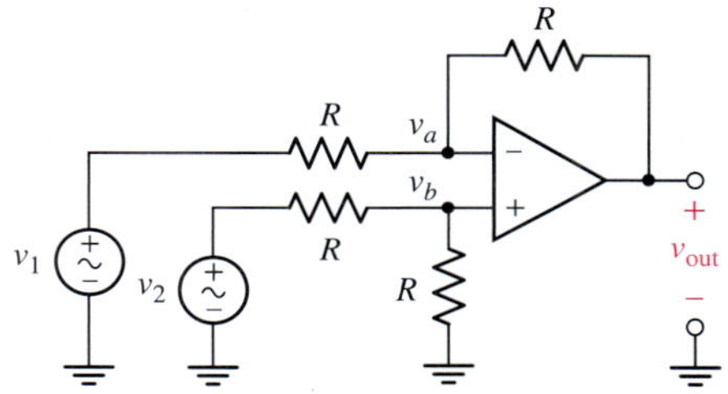

그림 6.32 차동 증폭기로 접속되어 있는 연산증폭기.

실제의 연산증폭기에서는 공통모드 신호에 의한 응답이 출력에 약간 나타남을 알 수 있다. 한 형태의 연산증폭기를 다른 형태의 연산증폭기와 비교하려면 공통모드 신호를 제거하는 연산증폭기의 능력을 **CMRR**(common mode rejection ratio, 공통모드 제거비)로 알려져 있는 파라미터로 나타내면 도움이 되기도 한다. 두 입력이 $v_1 = v_2 = v_{\text{CM}}$으로 같을 때 얻어지는 출력을 v_{oCM}으로 정의하면 연산증폭기의 공통모드 이득 A_{CM}을 다음과 같이 구할 수 있다.

$$A_{\text{CM}} = \left|\frac{v_{\text{oCM}}}{v_{\text{CM}}}\right|$$

다음에는 CMRR을 공통모드 이득 A_{CM}에 대한 차동모드 이득 A의 비율로 정의한다.

$$\text{CMRR} \equiv \left|\frac{A}{A_{\text{CM}}}\right| \qquad [22]$$

이 값을 다음과 같이 대수 눈금인 데시벨(dB)로 나타내기도 한다.

$$\text{CMRR}_{(\text{dB})} \equiv 20 \log_{10}\left|\frac{A}{A_{\text{CM}}}\right| \quad \text{dB} \qquad [23]$$

몇 가지 연산증폭기의 대표적인 값이 표 6.3에 수록되어 있다. 100 dB의 값은 A_{CM}에 대한 A의 비율이 10^5임을 말한다.

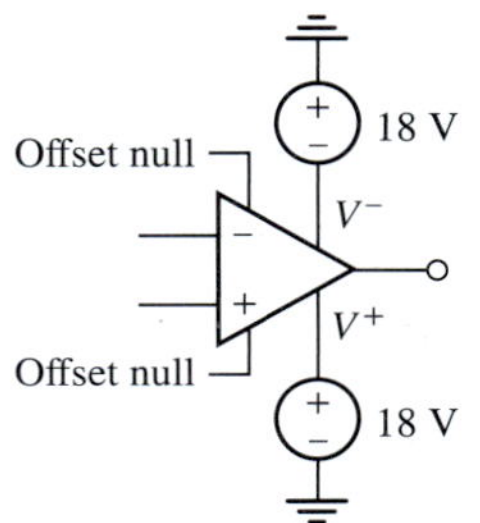

그림 6.33 (+) 전압원과 (−) 전압원이 접속되어 있는 연산증폭기. 18 V의 두 전원은 예로서 사용된 것이다. 각 전원의 극성에 유의하라.

포화

지금까지 연산증폭기는 그 특성이 회로에 접속되는 방법과는 무관하다는 가정 하에서 순수한 선형소자로 취급하였다. 실제로는 그림 6.33과 같이 연산증폭기의 내부 회로를 동작시키기 위해 연산증폭기에 전력을 공급할 필요가 있다. (+)전원은 대개 직류 5~24 V인데 V^+라고 표시된 단자에 접속하고 같은 크기의 (−)전원은 V^-라고 표시된 단자에 접속한다. 전원을 인가하는 방법은 여러 가지가 있는데 두 전원의 전압 크기가 같지 않을 수도 있고 전압원 하나만을 사용하는 경우도 있다. 일반적으로 연산증폭기 제작자는 전원의 최대 전압을 규정하는데, 이 값을 초과하면 증폭기의 내부에 있는 트랜지스터가 손상을 입게 된다.

연산증폭기 회로를 설계할 때 전원의 전압 크기를 선택하는 것은 매우 중요한 일이다. 그 이유는 이 전압이 연산증폭기가 낼 수 있는 출력전압의 최대값[3]이 되기 때문이다. 예를 들어 그림 6.32의 연산증폭기가 이득이 10인 비반전 증폭기로 접속되어 있는 회로를 생각해 보자. 그림 6.34의 SPICE 시뮬레이션 결과를 살펴보면 이 연산증폭기가 실제로 선형적으로 동작함을 알 수 있는데, 이러한 선형 동작은 입력전압이 ±1.71 V 이내의 범위일 때뿐이다. 이 범위를 벗어나면 출력전압이 더 이상 입력전압에 비례하지 않고 최대 크기인 17.6 V에 도달한다. 이러한 비선형적인 결과는 포화(saturation)라고 하는 중요한 특성으로서, 이는 입력전압을 더 증가시켜도 출력전압에는 변화를 주지 못함을 의미한다. 이러한 현상은 실제 연산증폭기의 출력은 전원전압보다 클 수 없다는 사실을 말해준다. 예를 들어 전원전압이 +9 V와 −5 V인 연산증폭기를 동작시키면 출력전압이 −5 V ~ +9 V 범위로 제한되게 된다. 연산증폭기의 출력은 (+) 포화영역과 (−) 포화영역 사이에서만 선형적으로 응답한다. 따라서 연산증폭기 회로를 설계할 때에는 우발적으로 이 포화영역에서 동작하지 않도록 하는 것이 일반적이다. 이러한 요건을 만족시키려면 개루프 이득과 예상되는 최대 입력전압을 주의 깊게 고려하여 동작전압을 선정하여야 한다.

입력 오프셋 전압

알고 있는 바와 같이 연산증폭기를 사용할 때 기억하고 있어야 할 몇 가지 실제적인 고려사항이 있다. 한 가지 언급할 만한 특이한 비이상적인 상태는 실제 연산증폭기에서 두 입력단자를 단락시켜도 출력전압이 0이 아니라는 것이다. 이러한 상황일 때의 출력값을 오프셋 전압(offset voltage)라고 하며, 이때 출력전압을 0으로 만드는 데 필요한 입력전압을 **입력 오프셋 전압**(input offset voltage)이라고 한다. 표 6.3을 보면 입력 오프셋 전압은 일반적으로 수 밀리볼트 또는 그보다 낮은 값임을 알 수 있다.

대부분의 연산증폭기에는 'offset null' 또는 'balance'라고 표시된 2개의 단자가 있다. 이들 단자를 가변 저항에 연결하는 방법으로 출력전압을 조정할 수 있다. 이러한 용도로 사용되는 저항은 라디오에 있는 볼륨 저항과 같이 3단자 소자가 일반적이다. 이 소자에는 노브(knob)가 있어서 이것을 돌려 실제로 원하는 저항값을 선택할 수 있으며, 단자가 3개이다. 이 가변저항을 끝에 있는 두 단자만 사

3 실제에 있어서 최대 출력전압은 전원전압보다 1 V 정도 낮은 값을 가진다.

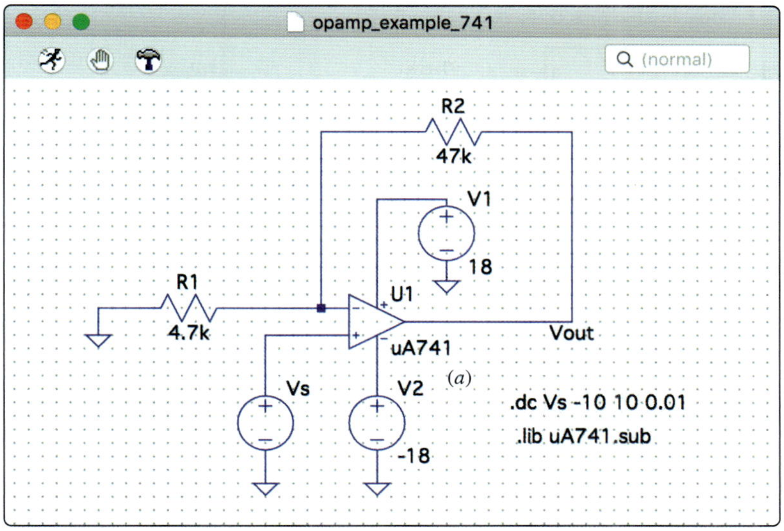

(a)

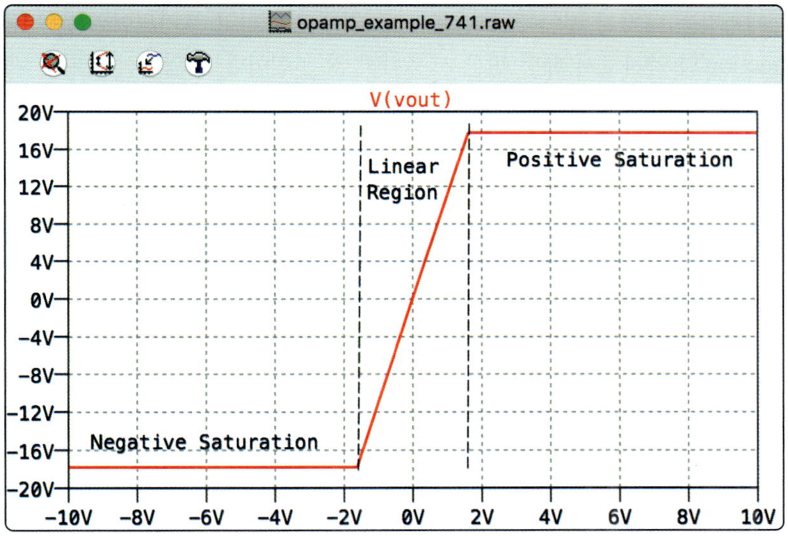

(b)

그림 6.34 이득이 10인 비반전 증폭기로 접속되어 있고 ±18 V의 전원으로부터 전력을 공급받는 μA741의 입출력 특성을 시뮬레이션한 결과. (*a*) 회로도 (*b*) 출력전압.

용하여 접속하면 저항값은 노브의 위치에 관계없이 일정한 값으로 고정된다. 그러나 가운데 있는 단자와 끝에 있는 단자 중 하나를 사용하면 저항값이 노브의 위치에 따라 달라지는 저항이 된다. 그림 6.35는 연산증폭기의 출력전압을 조정하는 데 사용하는 대표적인 회로를 나타낸 것이다. 제작자가 제공하는 데이터 시트에 특정 소자에 대해 이러한 용도로 사용될 수 있는 다른 회로가 수록되어 있을 때도 있다.

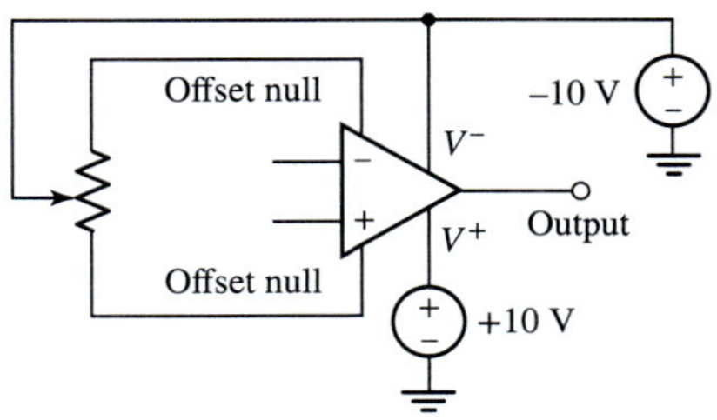

그림 6.35 출력전압을 0 V로 만들기 위해 제안된 외부 회로. ±10 V인 전원은 하나의 예로 사용된 것이며 최종 회로에 사용하는 실제 전원의 전압은 각 경우에 알맞게 선택해야 한다.

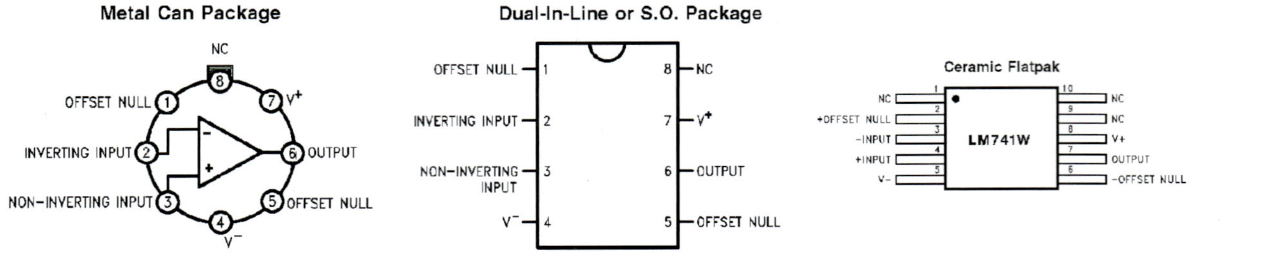

(a) (b) (c)

그림 6.36 LM741 연산증폭기의 여러 가지 패키지 형태. (*a*) 금속 원통 패키지. (*b*) 2중 인라인 패키지. (*c*) 세라믹 평판팩. (Copyright © 2011 National Semiconductor Corporation (www.national.com). All rights reserved. Used with permission.)

패키징

현재 이용할 수 있는 연산증폭기는 여러 가지 다양한 형태의 패키지로 되어 있다. 어떤 패키지는 높은 온도에 적합하며 집적회로를 인쇄회로기판에 설치하는 방법도 다양하다. 그림 6.36은 National Semiconductor사의 LM741 연산증폭기의 여러 가지 패키지를 나타낸 것이다. 그림에서 핀 옆에 'NC'라고 표기되어 있는 것은 'no connection'의 약자로서 해당 핀은 사용하지 않는 핀이다. 그림에서 나타낸 패키지 형태는 표준형이며 여러 종류의 집적회로에서 사용되고 있다. 가끔 필요한 숫자보다 많은 핀을 갖는 패키지도 있다.

컴퓨터를 이용한 해석

이제는 알고 있지만 SPICE는 연산증폭기 회로의 출력을 예측하는 데 큰 도움을 줄 수 있으며, 특히 입력이 시간에 따라 변하는 경우에는 더 그러하다. 그러나 이상적인 연산증폭기 모델을 사용한 결과는 일반적으로 SPICE로 시뮬레이션한 결과와 아주 잘 일치한다.

SPICE로 연산증폭기 회로를 시뮬레이션할 때 주의할 점은 (+) 직류전원과 (−) 직류전원을 반드시 연산증폭기에 연결해 주어야 한다는 점이다(LM324는 예외이다. 이 소자는 단일 전원을 사용하도록 설계되어 있다). 모델에는 출력 전압을 0으로 만드는 데 사용하는 오프셋 널 핀이 있을 수 있지만 SPICE에는 오프셋이 없으므로 이들 핀은 (접속하지 않고) 그대로 두어야 한다.

LTspice의 구성요소 **UniversalOpAmp2**는 전원 공급장치를 포함하는 우수한 일반 모델을 제공한다. 그러나 특정 연산증폭기의 출력을 보다 정확하게 시뮬레이션해야 하는 경우도 있다. 이런 경우 적어도 두 가지의 사용 가능한 옵션이 있다.

1) LTspice 라이브러리(당연히 Linear Technologies의 모든 구성요소들)에 이미 내장된 구성요소를 선택한다. LTspice 라이브러리에 포함할 자체 구성요소를 직접 생성할 수도 있다(구성요소의 생성은 우리 교재에서 다루지

않는다).

2) **OpAmp2** 구성요소를 선택하고 SPICE 모델을 사용하여 동작을 설명한다. SPICE 모델은 구성요소 제조업체가 제공하는 텍스트 파일이며 LTspice 라이브러리에 저장되어야 한다(예: LTspice를 실행하는 Mac에서는 ~/library/Application Support/LTspice/lib). 예를 들어 SPICE 모델 uA741.sub는 그림 6.34의 시뮬레이션에 사용되었다. 그런 다음 **OpAmp2** 구성요소는 **SpiceModel Value**(예: uA741.sub) 아래에서 원하는 파일을 마우스 오른쪽 버튼으로 클릭하고 입력하여 원하는 SPICE 모델을 명시해야 한다. 시뮬레이션은 지시문 **.lib**을 사용하여 모델에 대한 SPICE 지침을 포함해야 하며, 명령 **.lib uA741.sub**가 그림 6.34의 시뮬레이션을 위해 사용되었다.

예제 6.7

LT1001 정밀 연산증폭기를 사용하여 LTspice로 그림 6.4의 회로를 시뮬레이션하라. ±15 V인 직류전원을 사용하여 소자에 전력을 공급할 때 포화되기 시작하는 점을 구하라. LTspice로 계산한 이득을 이상적인 연산증폭기 모델을 사용하여 예측한 결과와 비교하라.

먼저 schematic capture를 사용하여 그림 6.4의 반전 증폭기 회로를 그리면 그림 6.37과 같다. 연산증폭기에 전력을 공급하기 위해 15 V 직류전원 2개가 필요하다.

앞에서 이상적인 연산증폭기 모델을 사용하여 해석한 이득은 −10이었다.

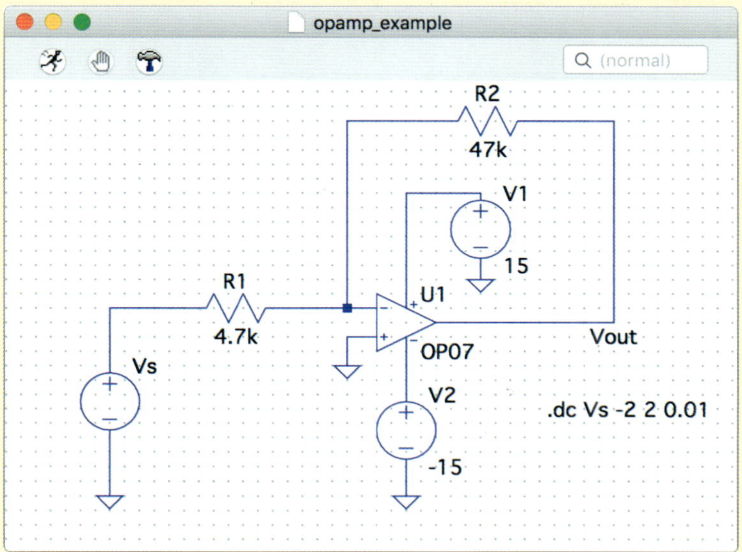

그림 6.37 *LT1001* 연산증폭기를 사용하여 그린 그림 6.4의 반전 증폭기.

입력이 5 sin 3*t* mV이면 출력은 −50 sin 3*t* mV가 되었다. 그러나 이 해석에서는 입력의 전압 크기가 얼마이든지 −10배로 증폭된다는 가정이 적용되었다. 실제적인 면을 고려하면 입력전압이 작을 때에는 이 가정이 사실이지만 결국에는 출력전압이 포화되어 회로에 사용한 전원의 전압에 필적하는 크기의 값이 될 것이다.

SPICE 지시문 **.dc Vs −2 2 0.01**을 사용하여 −2 V에서 +2 V까지 dc 스위프 하였다. 이 범위는 전원의 전압을 이득으로 나눈 값보다 약간 큰 값을 포함하는 범위이며, 따라서 시뮬레이션 결과에는 (+) 포화영역과 (−) 포화영역이 포함될 것이다.

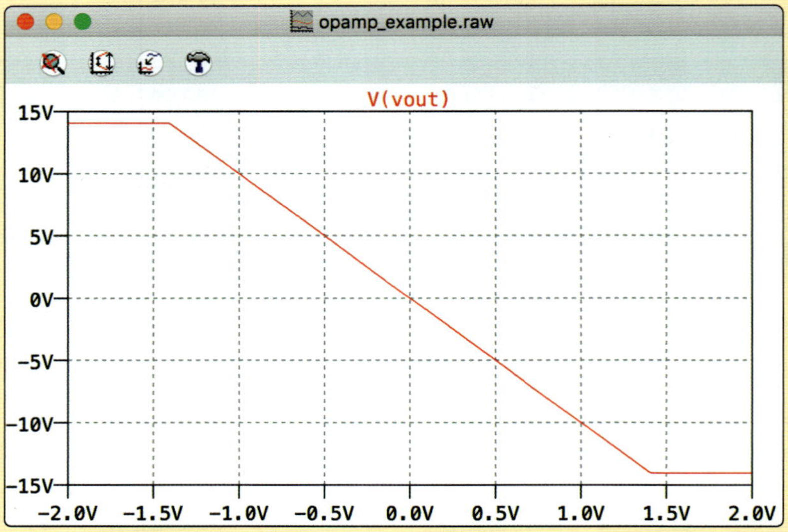

(*a*)

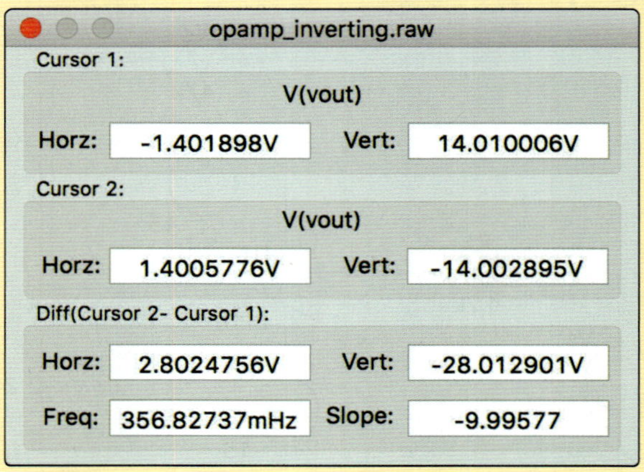

(*b*)

그림 6.38 (*a*) 반전 증폭기의 출력전압. 포화가 시작되는 점에 커서가 맞추어져 있다. (*b*) 커서 창을 확대한 그림.

출력을 검사하는 간단한 방법은 커서를 사용하는 것이다. 파형 화면 상단의 출력변수(이 경우 **V(vout)**)를 클릭하면 십자선이 추가되고 십자선에 대한 데이터 지점이 표시되는 팝업 창이 나타난다. 그런 다음 십자선을 클릭하고 드레그(drag)하면 관심있는 데이터 지점을 검사할 수 있다. 출력변수를 다시 클릭하면 또 다른 십자선이 추가된다. 그림 6.38*a*에 나타낸 시뮬레이션 결과에 커서 도구를 사용하여 확인해 보면 대략 −1.40 V < **Vs** < +1.40 V(그림 6.38*b* 참조)의 넓은 입력 범위에서 증폭기의 입출력 특성이 실제로 선형적이다. 이 범위는 양과 음의 전원전압을 이득으로 나누어 정의한 범위보다 약간 좁다. 입력이 이 범위를 벗어나면 연산증폭기의 출력은 포화되어 입력전압이 변동되어도 약간만 변할 뿐이다. 따라서 두 포화영역에서는 회로가 선형 증폭기로 동작하지 않는다. **Vs** = 1.0 V의 입력전압에서 출력전압이 −9.9998522 V임을 알 수 있다. 이 값은 이상적인 연산증폭기 모델을 사용하여 얻은 −10보다 약간 작은 값이며 예제 6.6에서 μA741 연산증폭기의 분석 모델을 사용하여 구한 −9.999448과는 약간 다른 값이다. SPICE 모델에 의해 예측되는 결과는 앞에서 얻은 두 결과와 비교할 때 수 만분의 1 정도의 차이를 보일 뿐이다. 이와 같은 사실로부터 이상적인 연산증폭기 모델이 최근의 연산증폭기 집적회로를 상당히 정확하게 근사화한 모델임을 알 수 있다.

익힘문제 6.7

2 V의 입력과 ±12 V의 전원을 사용하는 LT1001 연산증폭기를 사용하여 SPICE로 전압 팔로워를 시뮬레이션하라. 출력전압의 값은 2 V의 이상적인 값에 얼마나 가까운가?

답: 1.9999965 V; 3.5 microvolt 차이.

요약 및 복습

이 장에서는 새로운 회로소자를 설명하였다. 이 소자는 3단자 소자로서 연산증폭기라고 부른다. 회로를 해석할 때 많은 경우에 연산증폭기를 이상적인 소자로 근사화하며, 두 가지 규칙을 적용한다. 이득이 R_f/R_1인 **반전 증폭기**, 이득이 $1 + R_f/R_1$인 **비반전 증폭기** 및 **합산 증폭기**와 같은 몇 가지 연산증폭기 회로를 자세하게 다루었다. 또한 **전압 팔로워**와 **차동 증폭기**도 설명하였는데, 이 두 회로의 해석은 독자들에게 남겨 두었다. 종속접속의 개념을 사용하면 회로를 별개의 단위회로로 나누어 설계할 수 있으므로 특히 유용하며, 각 단위회로는 각기 고유의 특성을 가진다.

반전 및 비반전 연산증폭기 회로 그리고 합산 및 차동 증폭기와 같은 수리적 동작들은 **부궤환**과 원하는 회로 이득/증폭을 정의하기 위한 저항값을 갖는 회로설계를 필요로 한다. **정궤환**은 회로 동작을 불안정하게 하고 **포화상태**에 이르게 할 수 있다. 포화상태에서의 동작은 입력에 따라 출력 신호를 높은 출력 값과 낮은 출력 값으로 변환하는 **비교기** 및 **메모리**와 **히스테리시스** 특성을 나타내는 비교기 회로인 **슈미트 트리거**를 비롯한 유용한 회로를 제공할 수 있다. 두 입력 단자의 전압 차이를 비교하는 **연산증폭기**의 특별한 경우는 매우 작은 전압을 증폭하는 데 일상적으로 사용되는 계측 증폭기이다.

종속전원에 기반을 둔 보다 상세한 모델을 선택하여 해석한 결과에 따르면 현대의 연산증폭기는 거의 이상적인 특성을 가지고 있다. 그러나 아직도 비선형성을 고려해야 할 경우가 종종 있으므로 온도 및 제작과 관련된 다양한 파라미터의 변동, **공통모드 제거**와 **포화**의 영향을 줄이기 위해 **부궤환**을 고려하였다.

이제 한숨 돌리고 몇 가지 요점을 정리할 시점이다. 독자들의 이해를 돕기 위해 관련 예제를 강조한 요점은 다음과 같다.

- 이상적인 연산증폭기 회로를 해석할 때 적용해야 하는 두 가지 기본적인 규칙은 다음과 같다(예제 6.1).
  1. 두 입력단자 중 어느 단자에도 전류가 흐르지 않는다.
  2. 두 입력단자 사이에는 전위차가 없다.
- 연산증폭기 회로는 보통 출력전압이 입력량의 항으로 나타나도록 해석한다. (예제 6.1, 6.2)
- 연산증폭기 회로 해석에는 마디해석법을 적용하는 것이 제일 좋으며, 입력단에서 시작하여 출력단 쪽으로 해석해 나가는 것이 좋다. (예제 6.1, 6.2)
- 연산증폭기의 출력전류는 가정할 수 없다. 이 전류는 출력전압을 독립적으로 구한 다음에 계산해야 한다. (예제 6.2)
- 종속접속된 회로는 한 번에 한 회로씩 해석하여 입력과 출력의 관계를 구할 수 있다. (예제 6.3)
- 대부분의 연산증폭기 회로에서는 저항을 사용하여 출력단자와 반전 입력단자를 연결하는데, 이것은 출력을 부궤환하여 회로의 안정도를 높이기 위한 것이다. (6.4절)
- 비교기는 포화상태에서 구동되도록 설계된 연산증폭기 회로이다. 이 회로는 개루프로 동작하며, 따라서 궤환용 외부저항이 없다. (예제 6.4, 6.5)
- 이상적인 연산증폭기 모델은 개루프 이득 A를 무한대로, 입력저항 R_i를 무한대로, 출력저항 R_o를 0으로 근사화한 것에 기초를 두고 있다. (예제 6.6)
- 실제 연산증폭기의 출력전압 범위는 소자에 전력을 공급하기 위해 사용되는 전원의 전압에 의해 제한된다. (예제 6.7)

추천 도서

다양한 연산증폭기의 응용을 다룬 두 권의 읽을 만한 도서를 소개하면 다음과 같다.

R. Mancini(ed.), *Op Amps Are For Everyone*, 2nd ed. Amsterdam: Newnes, 2003. Also available on the Texas Instruments website (www.ti.com).

W. G. Jung, *Op Amp Cookbook*, 3rd ed. Upper Saddle River, N. J.: Prentice Hall, 1997.

'연산증폭기'의 구현에 관한 첫 번째 보고서 중의 하나가 다음 도서에 수록되어 있다.

J. R. Ragazzini, R. M. Randall, and F. A. Russell, "Analysis of problems in dynamics by electronic circuits," *Proceedings of the IRE* **35**(5), 1947, pp. 444-452.

연산증폭기를 사용하기 위한 초기의 적용지침서를 Analog Devices사의 웹사이트(www.analog.com)에서 찾아볼 수 있다.

George A. Philbrick Researches, Inc., *Applications Manual for Computing Amplifiers for Modelling, Measuring, Manipulating & Much Else*. Norwood, Mass.: Analog Devices, 1998.

연습문제

6.2 이상적인 연산증폭기

1. 그림 6.39의 연산증폭기 회로에서 다음의 각 경우에 대해 v_{out}을 계산하라.

(a) $R_1 = R_2 = 100\ \Omega$, $v_{in} = 5$ V인 경우.

(b) $R_2 = 200R_1$, $v_{in} = 1$ V인 경우.

(c) $R_1 = 4.7\ \text{k}\Omega$, $R_2 = 47\ \text{k}\Omega$, $v_{in} = 20 \sin 5t$ V인 경우.

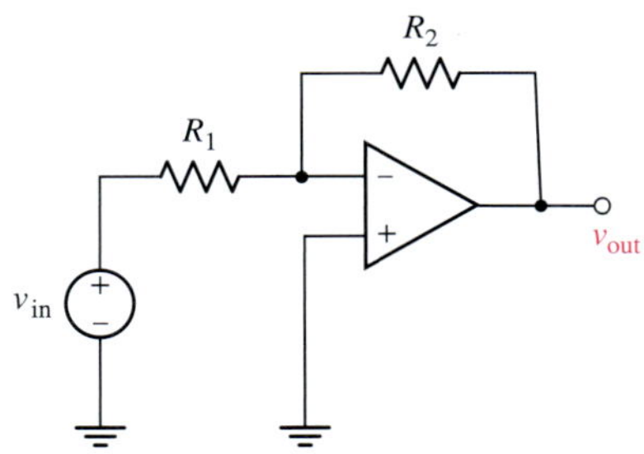

그림 6.39

2. 그림 6.39의 연산증폭기 회로에서 $v_{in} = 4$ V이고 출력단자와 접지점 사이에 100 Ω 저항을 접속하였을 때, 이 100 Ω 저항에서 소비되는 전력을 다음의 각 경우에 대해 구하라.

(a) $R_1 = 2R_2$인 경우.

(b) $R_1 = 1\ \text{k}\Omega$, $R_2 = 22\ \text{k}\Omega$인 경우.

(c) $R_1 = 100\ \Omega$, $R_2 = 101\ \Omega$인 경우.

3. 그림 6.40의 회로에서 다음의 각 경우에 대해 v_{out}을 계산하라.

(a) $R_1 = R_2 = 100\ \text{k}\Omega$, $R_L = 100\ \Omega$, $v_{in} = 5$ V인 경우.

(b) $R_1 = 0.1R_2$, $R_L = \infty$, $v_{in} = 2$ V인 경우.

(c) $R_1 = 1\ \text{k}\Omega$, $R_2 = 0$, $R_L = 1\ \Omega$, $v_{in} = 43.5$ V인 경우.

4. 그림 6.40의 회로에서 $R_1 = 500\ \Omega$, $R_2 = 100\ \Omega$ 및 $R_L = 50\ \Omega$인 경우 연산증폭기의 모든 단자에서 전류 값을 구하라.

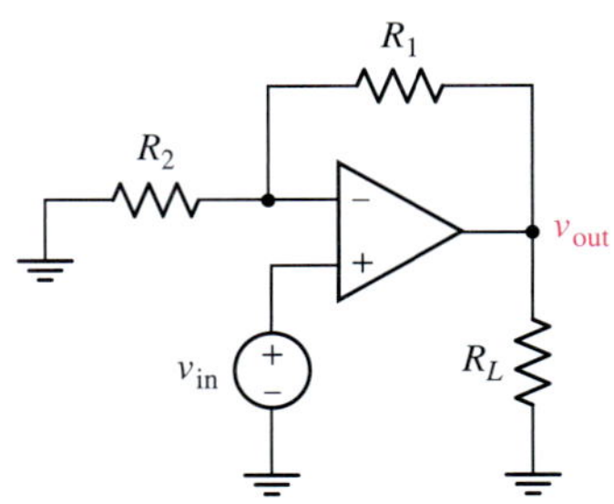

그림 6.40

DP **5.** (a) 9 cos 5t V인 전압 $v_1(t)$를 −4 cos 5t V로 변환하는 회로를 설계하라.

(b) 최종 회로를 해석하여 설계결과를 검증하라.

DP **6.** 어떤 부하저항에 5 V로 일정한 직류전압을 공급할 필요가 있다. 그런데 이 부하의 저항값이 온도에 따라 변한다. 9 V인 배터리와 허용오차가 10%인 저항들만을 사용하여 필요한 전압을 공급하는 회로를 설계하라.

7. 그림 6.40의 회로에서 $R_1 = R_L = 50\ \Omega$이다. v_{in}이 다음과 같을 때 R_L에 5 W를 전달하는 데 필요한 R_2의 값을 계산하라.

(a) 5 V일 때.

(b) 1.5 V일 때.

(c) R_L이 22 Ω으로 감소하였을 때 (a)와 (b)를 반복하라.

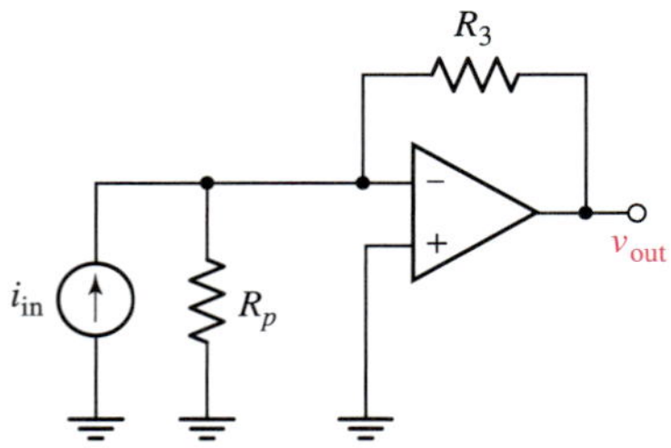

그림 6.41

8. 그림 6.41의 회로에서 다음의 각 경우에 대해 v_{out}을 계산하라.

(a) $i_{\text{in}} = 1$ mA, $R_p = 2.2$ kΩ, $R_3 = 1$ kΩ인 경우.

(b) $i_{\text{in}} = 2$ A, $R_p = 1.1\ \Omega$, $R_3 = 8.5\ \Omega$인 경우.

(c) 각 경우에 대해 회로가 비반전 증폭기인지 반전 증폭기인지 말하라. 그리고 이유를 설명하라.

DP **9.** (a) 연산증폭기 하나를 사용하여 출력전압이 두 전압 v_1과 v_2를 더한 값의 2배가 되는 회로를 설계하라. (즉, $|v_{\text{out}}| = 2v_1 + 2v_2$)

(b) 최종 회로를 해석하여 설계결과를 검증하라.

DP **10.** (a) 출력전류의 크기가 세 입력전압 v_1, v_2 및 v_3의 합의 크기와 같이 되는 회로를 설계하라. (V와 A의 크기를 비교하라.)

(b) 최종 회로를 해석하여 설계결과를 검증하라.

DP **11.** (a) 출력전압 v_{out}이 두 전압 v_2과 v_1의 차이와 같이 되는 회로를 설계하라. (즉, $v_{\text{out}} = v_2 - v_1$) 가지고 있는 저항은 1.5 kΩ 저항 2개, 6 kΩ 저항 4개, 500 Ω 저항 3개뿐이라고 한다.

(b) 최종 회로를 해석하여 설계결과를 검증하라.

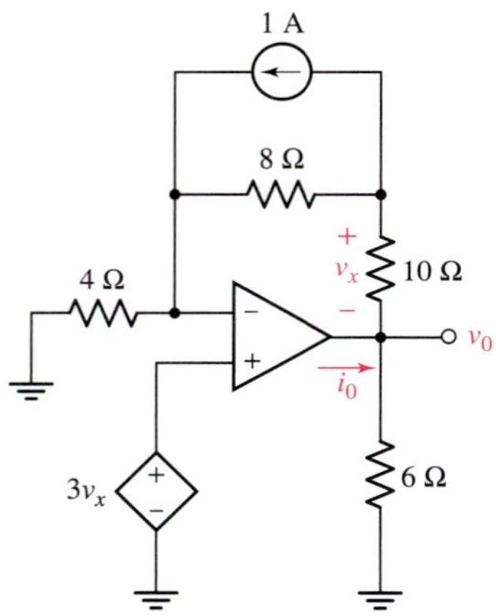

그림 6.42

12. 그림 6.42의 회로에서 전압 v_0와 전류 i_0를 구하라.

13. 그림 6.43의 회로를 해석하여 V_1의 값을 구하라. V_1은 접지점을 기준으로 한 전압이다.

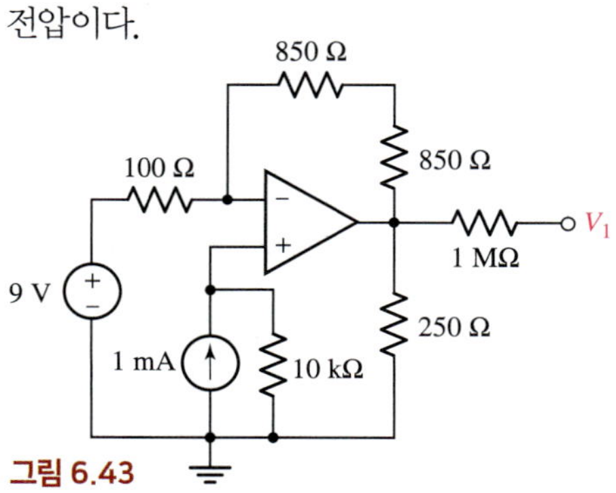

그림 6.43

14. 그림 6.44의 회로에서 v_{out}을 v_1및 v_2의 함수로 나타낸 식을 유도하라.

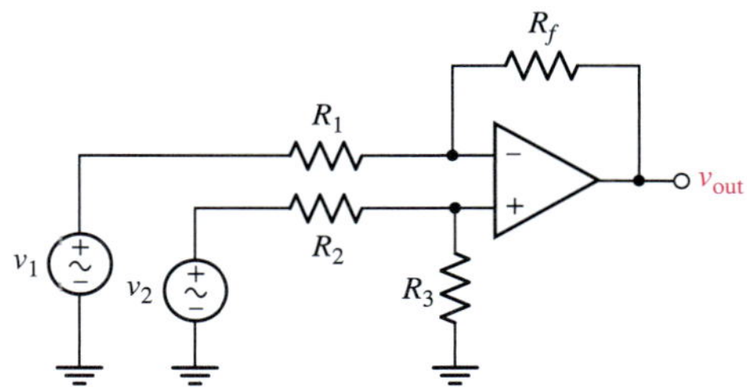

그림 6.44

15. 그림 6.45의 각 회로에서 무엇이 잘못되었는지를 설명하라. 회로에서 연산증폭기는 완전히 이상적인 소자라고 한다.

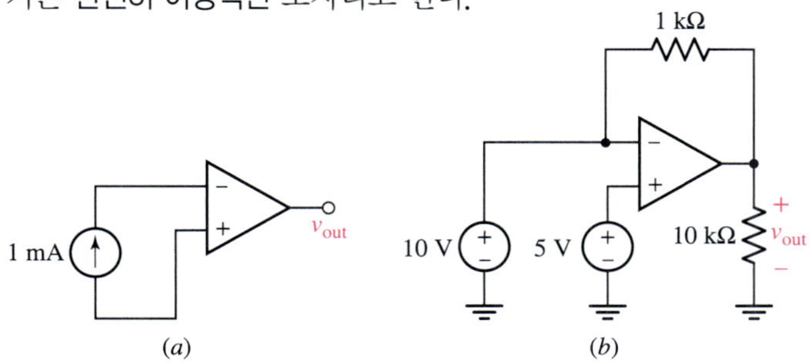

그림 6.45

16. 그림 6.46의 회로에서 $I_S = 2$ mA, $R_Y = 4.7$ kΩ, $R_X = 1$ kΩ, $R_f = 500$ Ω일 때 v_{out}을 계산하라.

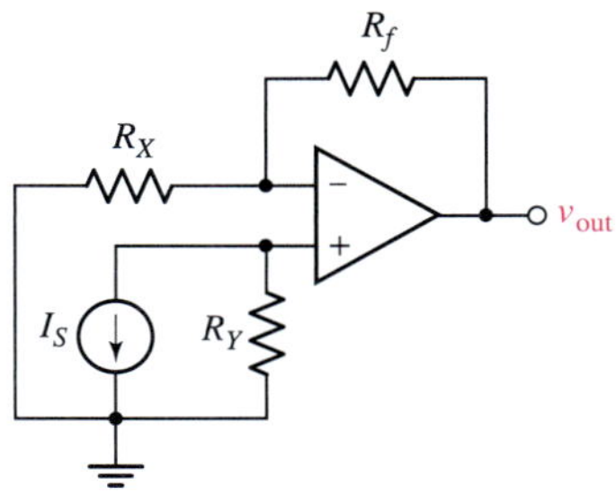

그림 6.46

17. 그림 6.46의 회로에서 $I_S = -5/3$ mA, $R_Y = 2R_X = 500$ Ω일 때 $v_{out} = 2$ V이려면 R_f의 값이 얼마이어야 하는가?

18. 그림 6.47의 회로에서 v_s가 다음과 같을 때 v_{out}을 계산하라.

(a) $2 \cos 100t$ mV일 때.

(b) $2 \sin (4t + 19°)$ V일 때.

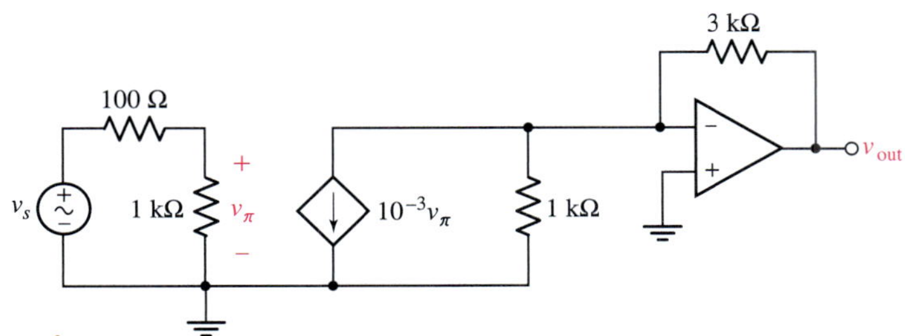

그림 6.47

6.3 연산증폭기의 종속접속

19. 그림 6.48의 회로에서 $R_x = 1$ kΩ일 때 v_{out}을 구하라.

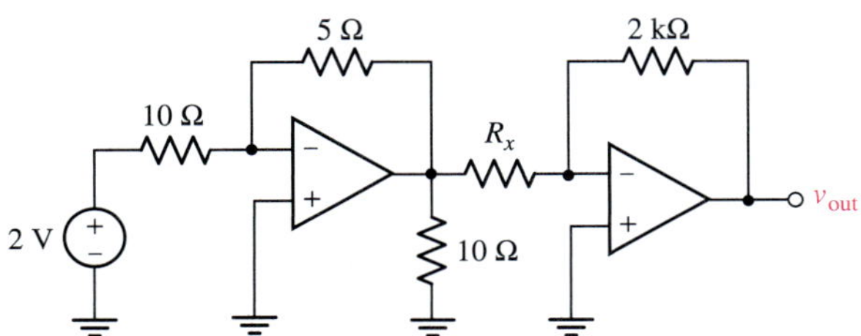

그림 6.48

20. 그림 6.48의 회로에서 $v_{out} = 10$ V가 되기 위한 R_x의 값을 구하라.

21. 그림 6.49의 회로에서 v_{out}을 다음 함수로 그려라.

(a) $R_4 = 2\ \text{k}\Omega$일 때 $-2\ \text{V} \le v_{in} \le +2\ \text{V}$ 범위의 v_{in}에 대해.

(b) $v_{in} = 300\ \text{mV}$일 때 $1\ \text{k}\Omega \le R_4 \le 10\ \text{k}\Omega$ 범위의 R_4에 대해.

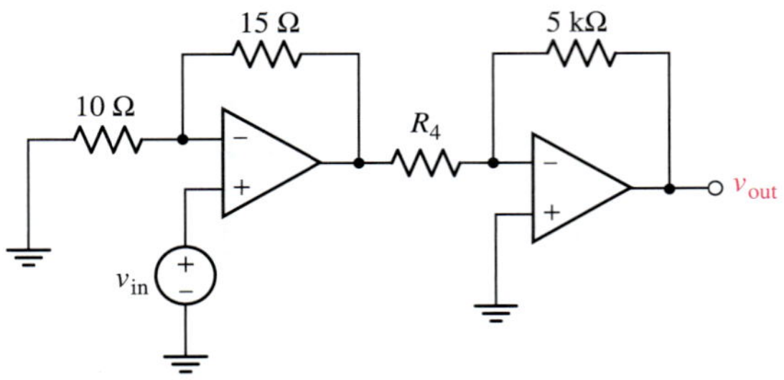

그림 6.49

22. SPICE의 파라미터 스위프를 사용하여 연습문제 21을 반복하라.

23. 그림 6.50의 회로에서 v_1이 다음과 같을 때 v_{out}을 구하라.

(a) 0 V일 때.

(b) 1 V일 때.

(c) −5 V일 때.

(d) $2 \sin 100t$ V일 때.

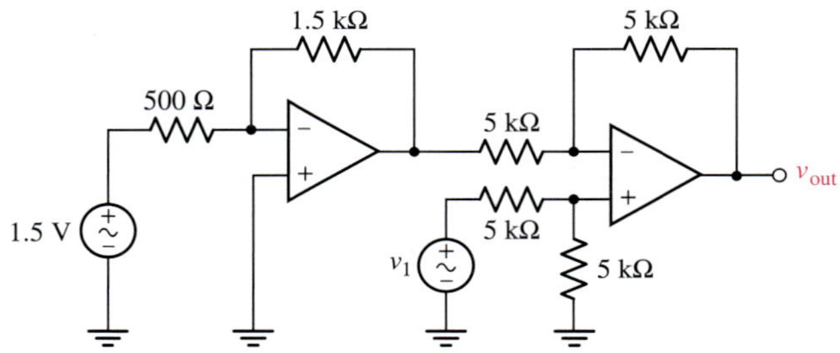

그림 6.50

24. 그림 6.50의 회로에서 1.5 V 전원을 떼어내고 대신에 그림 6.49의 출력을 500 Ω 저항의 왼쪽 단자에 접속하였다. $R_4 = 2\ \text{k}\Omega$일 때 다음의 각 경우에 대해 v_{out}을 구하라.

(a) $v_{in} = 2$ V이고 $v_1 = 1$ V인 경우.

(b) $v_{in} = 1$ V이고 $v_1 = 0$ V인 경우.

(c) $v_{in} = 1$ V이고 $v_1 = -1$ V인 경우.

25. 그림 6.51의 회로에서 다음의 각 경우에 대해 v_{out}을 구하라.

(a) $v_1 = 2v_2 = 0.5v_3 = 2.2$ V이고 $R_1 = R_2 = R_3 = 50\ \text{k}\Omega$인 경우.

(b) $v_1 = 0$ V, $v_2 = -8$ V, $v_3 = 9$ V이고 $R_1 = 0.5R_2 = 0.4R_3 = 100\ \text{k}\Omega$인 경우.

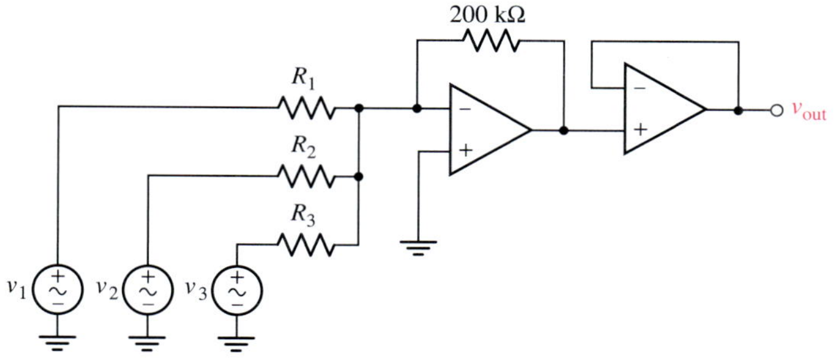

그림 6.51

26. (a) 3개의 기압센서에 의해 발생하는 전압을 합산하는 회로를 설계하라. 각 센서의 출력전압 범위는 $0 \le v_{sensor} \le 5$ V이며, 합산회로의 출력은 세 전압의 합에 선형적으로 비례하는 (+)인 값으로서 3개의 센서 출력전압이 모두 0이면 $v_{out} = 0$이고 모두 최대값이면 $v_{out} = 2$ V이다.
(b) 최종 회로를 해석하여 설계결과를 검증하라.

27. (a) (+)값인 두 전압 v_1과 v_2의 차이에 비례하는 출력전압 v_{out}을 내는 회로를 설계하라. 회로에서 두 전압이 같을 때는 $v_{out} = 0$이고 $v_1 - v_2 = 1$ V일 때는 $v_{out} = 10$ V이어야 한다.
(b) 최종 회로를 해석하여 설계결과를 검증하라.

28. (a) 압력에 민감한 3개의 센서를 사용하여 장거리 제트 여객기의 현가장치로부터 얻어진 중량 값을 재확인하고자 한다. 각 센서는 1 kg일 때 10 μV가 되도록 조정되어 있다. 세 전압신호를 합하여 비행기의 최대 이륙 중량인 400,000 kg일 때 10 V의 출력전압을 발생하는 회로를 설계하라.
(b) 최종 회로를 해석하여 설계결과를 검증하라.

29. (a) 어떤 둥근 모양의 잠수장치에 있는 산소 공급기가 4개의 산소 탱크로 구성되어 있으며, 각 탱크에 부착되어 있는 센서는 0 bar(0 V로 대응)~500 bar(5 V로 대응) 범위를 측정할 수 있다. 모든 탱크의 총 압력에 비례하는 전압을 내는 회로를 설계하라. 회로의 출력은 0 bar일 때 1.5 V이고 2000 bar일 때 3 V이어야 한다.
(b) 최종 회로를 해석하여 설계결과를 검증하라.

30. 그림 6.52의 회로에서 $v_{in} = 8$ V일 때 $v_{out} = 4$ V가 되도록 R_1, R_2 및 R_3의 값을 선정하라.

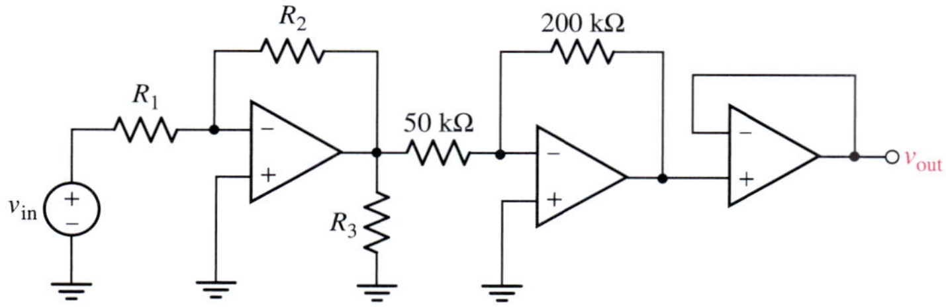

그림 6.52

31. 그림 6.53의 회로에서 v_{out}을 v_{in}의 항으로 나타낸 식을 유도하라.

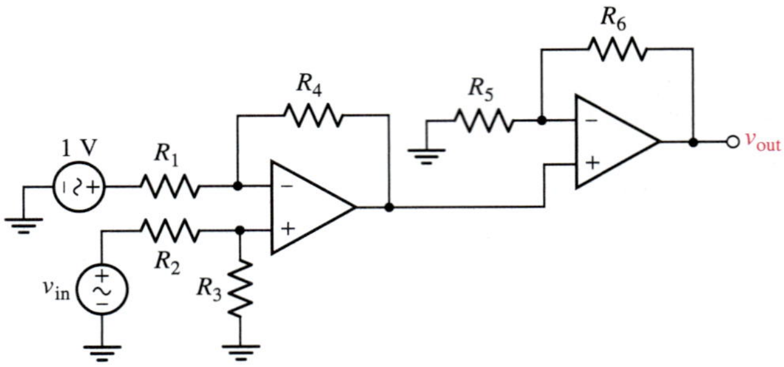

그림 6.53

32. 그림 6.54의 회로에서 v_{out}을 구하라.

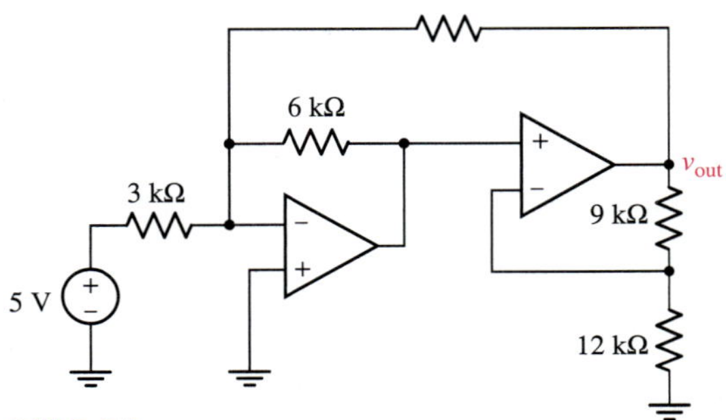

그림 6.54

33. 그림 6.55의 회로에서 V_0를 구하라.

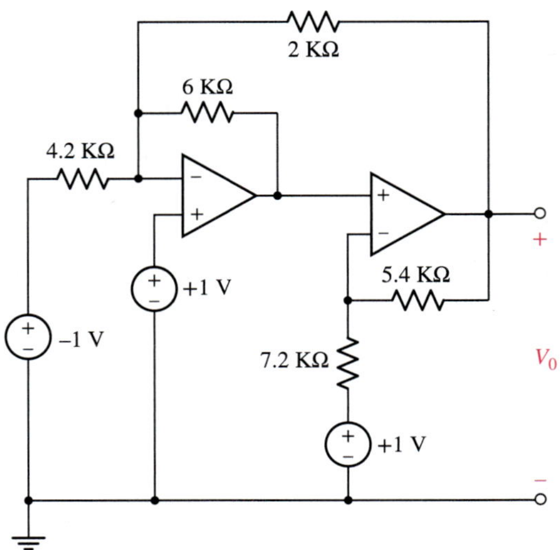

그림 6.55

6.4 궤환, 비교기 및 계측 증폭기

34. 사람의 피부는 전기적으로 도체일 수 있는데 특히 습기가 차서 촉촉할 때 그러하다. 손가락 끝으로 두 단자를 겹쳐 누르면 10 MΩ 미만의 저항으로 볼 수 있다고 가정했을 때, 이 기계적이 아닌 스위치가 '닫혀 있을 때' +1 V의 출력을 내고 '열려 있을 때' −1 V의 출력을 내는 회로를 설계하라.

35. 그림 6.56의 온도 경보 회로는 $R = 80[1 + \alpha(T - 25)]$ Ω에 따라 저항이 변하는 온도 센서를 사용한다. 여기서 T는 섭씨 온도이고 α는 0.004/C°의 온도감도이다. 출력 v_{out}을 온도의 함수로 결정하라.

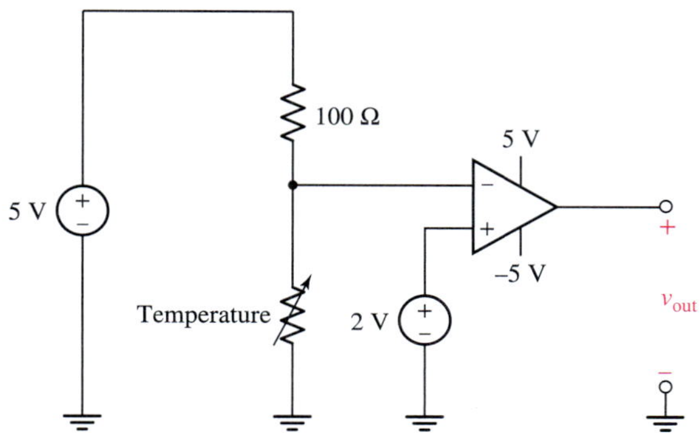

그림 6.56

36. 전압 v_{in}의 상태에 따라 다음과 같은 전압 v_{out}을 출력하는 회로를 설계하라.

$$v_{out}\begin{cases} 2.5\ \text{V} & v_{in} > 1\ \text{V} \\ 1.2\ \text{V} & \text{otherwise} \end{cases}$$

37. 그림 6.57의 회로에서 v_{ref}가 다음과 같을 때 $-5\ \text{V} \le v_{active} \le +5\ \text{V}$의 범위에서 출력전압 v_{out}을 v_{active}의 함수로 그려라.

(a) −3 V

(b) +3 V

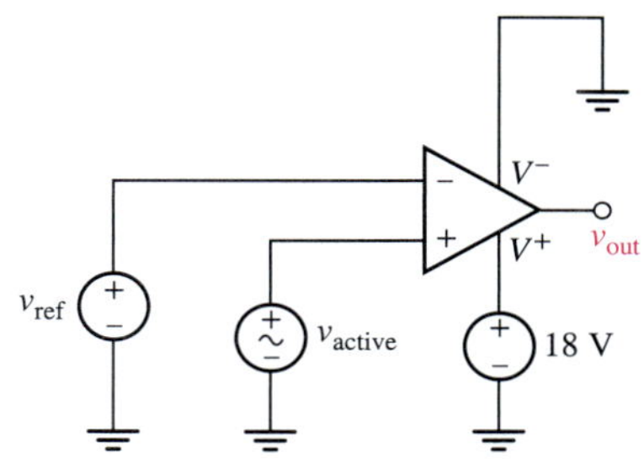

그림 6.57

38. 그림 6.58의 회로에서

(a) $v_2 = +2$ V일 때 $-5\ \text{V} \le v_1 \le +5\ \text{V}$의 범위에 대해 출력전압 v_{out}을 v_1의 함수로 그려라.

(b) $v_1 = +2$ V일 때 $-5\ \text{V} \le v_2 \le +5\ \text{V}$의 범위에 대해 출력전압 v_{out}을 v_2의 함수로 그려라.

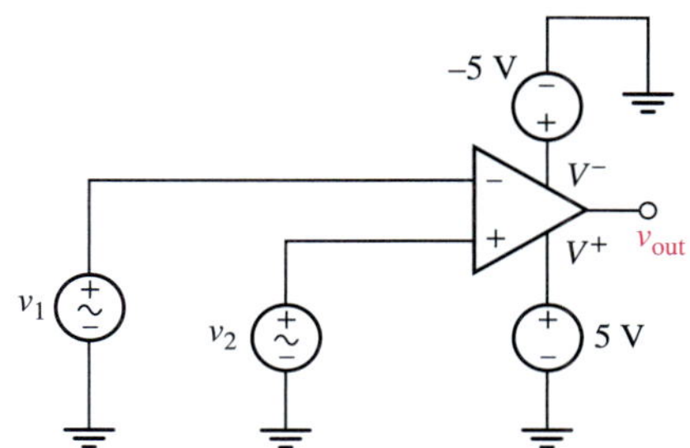

그림 6.58

39. 그림 6.59의 회로에서 $-2\ \text{V} \le v_{active} \le +2\ \text{V}$일 때 출력전압 v_{out}을 v_{active}의 함수로 그려라. 원하는 연산증폭기 모델을 사용하여 SPICE에서 결과를 검증하라(모델에 전원 공급 단자가 있는지 확인한다). 결과와 함께 적절히 표기된 회로도를 제출하라.

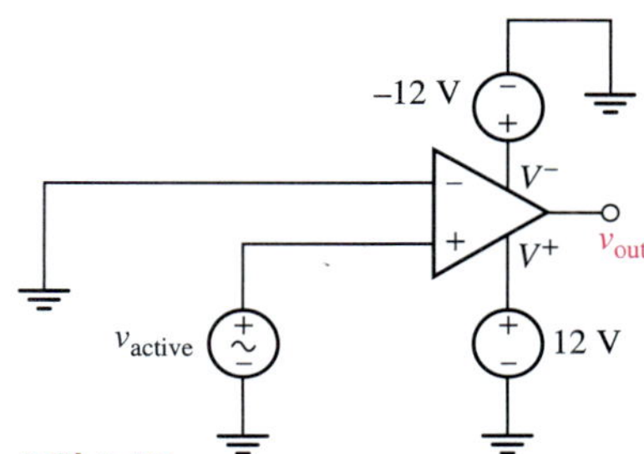

그림 6.59

40. 디지털 논리회로에서 +5 V는 논리 '1' 상태를 의미하고 0 V 신호는 논리 '0' 상태를 의미한다. 디지털컴퓨터를 사용하는 실사회 정보를 처리하기 위해 여러 종류의 신호변환장치가 필요하다. 이 신호변환장치에는 보통 A/D변환기(Analog-to-Digital Converter)가 포함되어 있는데, 이 변환기는 아날로그 신호를 디지털 신호로 변환해 준다. 1.5 V 미만의 신호는 논리 '0'이 되고 1.5 V 이상의 신호는 논리 '1'이 되는 간단한 1비트짜리 A/D 변환기로 동작하는 회로를 설계하라.

41. 연습문제 35번 회로의 온도 센서를 사용하여 온도가 100°C를 초과하면 +5 V, 온도가 10°C 이하로 내려갈 때 −5 V의 전압을 출력하는 온도 경보 회로를 설계하라. (힌트: (+) 및 (−) 전원 공급 장치를 모두 사용하는 저항 회로에 온도 센서를 배치하는 것이 유리하다.)

42. 입력 전압 v_{in}, 기준 전압 v_{ref} 및 단일 전원 공급 V_s를 포함하는 그림 6.60의 비교기 슈미트 트리거 회로를 검사한다. 회로 변수의 관점에서 트리거 전압을 결정하고 v_{in}에 대한 v_{out}의 출력 특성을 그려라.

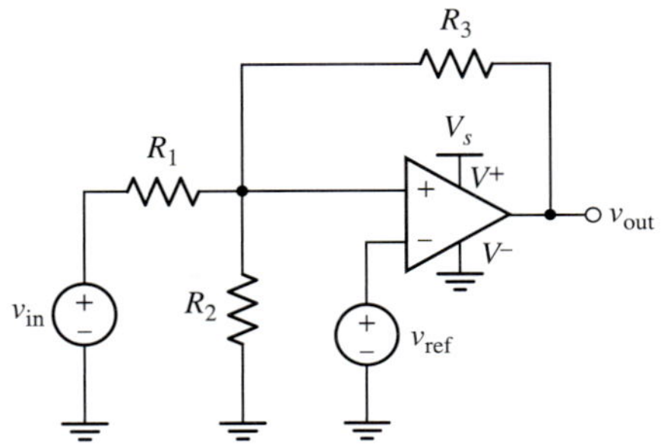

그림 6.60

43. 0 V 또는 5 V의 전압 출력, 1 V와 4 V 사이의 메모리 윈도우(memory window) 특성을 얻기 위해 그림 6.60의 단일 전원 비교기 슈미트 트리거의 회로값을 설계하라. **.dc** 스위프 명령을 사용하여 SPICE로 회로를 시뮬레이션하라. 2개의 별도 스위프를 수행해야 한다. 하나는 전압 증가를 위한 것이고 다른 하나는 전압 감소를 위한 것이다.

44. 드론이 제대로 비행할 때 +5 V의 전압 출력을 제공하고 센서가 사양을 벗어나는 경우 0 V의 전압 출력을 제공하는 드론용 강력한 센서 회로를 설계했다. 그러나 출력에는 진폭 2 V의 정현파 잡음 신호가 존재한다. 잡음 신호를 잡음 없는 0 V 또는 5 V 출력으로 변환하는 슈미트 트리거를 설계하라.

45. 연습문제 44번의 목표를 달성하는 슈미트 트리거 회로를 검증하기 위해 SPICE로 시뮬레이션하라. DC 및 AC 성분의 전원을 정의하기 위해 LTspice의 **bv** 구성요소 같은 동작 전원을 사용하는 것이 유용할 수 있다.

46. 그림 6.28a에 나타낸 계측 증폭기의 경우 3개의 내부 연산증폭기가 이상적이라고 가정하고 다음의 각 경우에 대해 회로의 CMRR을 구하라.

(a) $R_1 = R_3$, $R_2 = R_4$인 경우.

(b) 4개의 저항 모두 다른 값을 갖는 경우.

DP **47.** 계측 증폭기는 일반적으로 저항성 스트레인 게이지(strain gauge) 회로의 전압을 측정하는 데 사용된다. 스트레인 센서는 제2장의 식 [6]에서와 같이 기하학적 왜곡으로부터 발생하는 저항값의 변화를 감지하여 동작한다. 이 센서는 보통 그림 6.61a에 나타낸 것과 같이 브리지 회로의 일부가 되며, 회로에서 스트레인 게이지가 R_{Gauge}로 표시되어 있다.

(a) $V_{\text{out}} = V_{\text{in}}\left[\frac{R_2}{R_1 + R_2} - \frac{R_3}{R_3 + R_{\text{Gauge}}}\right]$임을 증명하라.

(b) 3개의 고정 저항 R_1, R_2, R_3의 값이 모두 스트레인이 없을 때의 게이지 저항 R_{Gauge}와 같을 때 $V_{\text{out}} = 0$임을 증명하라.

(c) 어떤 용도로 선택한 게이지가 스트레인이 없을 때 5 kΩ의 저항값을 가지며, 이 저항값은 최대 50 mΩ 더 커질 수 있다. 오직 ±12 V 전원만 사용할 수 있다. 그림 6.61b의 계측 증폭기를 사용하여 스트레인 게이지가 최대 부하(loading) 상태일 때 +1 V의 전압신호를 내는 회로를 설계하라.

AD622 Specifications

Amplifier gain G can be varied from 2 to 1000 by connecting a resistor between pins 1 and 8 with a value calculated by $R = \frac{50.5}{G - 1}$ kΩ.

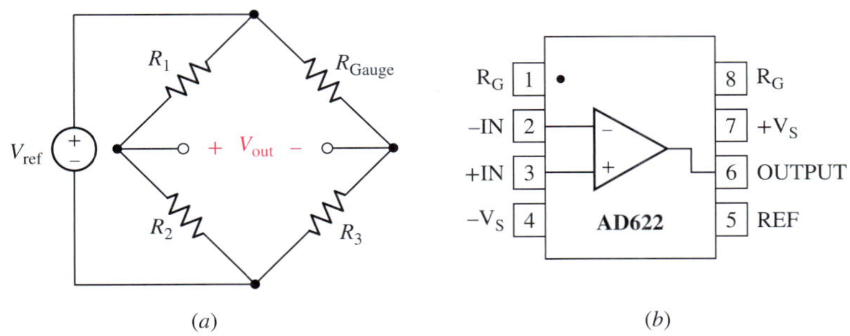

그림 6.61

6.5 실제적인 고려사항

48. (a) 표 6.3에 수록되어 있는 μA741 연산증폭기의 파라미터를 적용하여 그림 6.62의 회로를 해석하고 v_{out}값을 계산하라.

(b) 계산결과를 이상적인 연산증폭기 모델을 사용하여 구한 값과 비교하라.

49. 그림 6.62의 회로가 (이상적인 연산증폭기 모델과 반대되는) 연산증폭기의 상세 모델을 사용하여 분석되는 경우, 이상적인 값의 2% 이내에서 폐루프 이득을 달성하는데 필요한 개루프 이득 A 값을 계산하라.

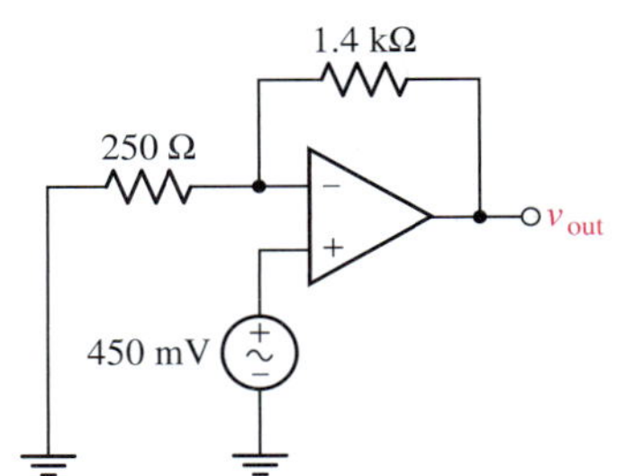

그림 6.62

50. 그림 6.62의 회로에서 연산증폭기가 다음과 같은 경우, 차동 입력 전압과 입력 바이어스 전류를 계산하라.
   (a) μA741
   (b) LF411
   (c) AD549K

51. (a) 표 6.3에 수록되어 있는 μA741 연산증폭기의 파라미터를 적용하여 그림 6.11의 회로를 해석하라. 회로에서 $R = 1.5\ \text{k}\Omega$, $v_1 = 2$ V이고 $v_2 = 5$ V이다.
   (b) 계산결과를 이상적인 연산증폭기 모델을 사용하여 구한 값과 비교하라.

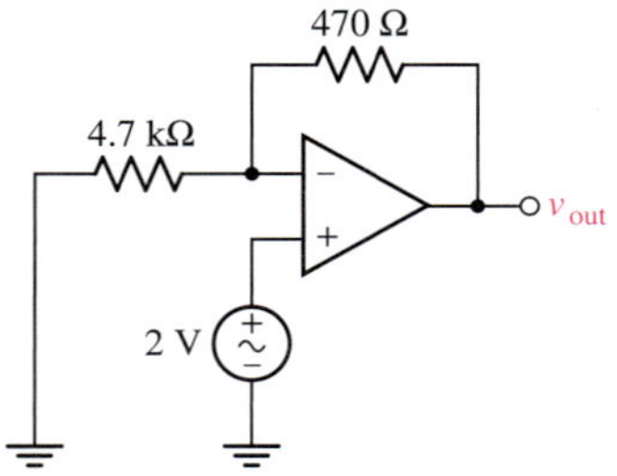

그림 6.63

52. 그림 6.63의 회로에서 470 Ω 저항을 단락시키고 다음을 사용하여 v_{out}을 계산하라.
   (a) 이상적인 연산증폭기 모델.
   (b) 표 6.3에 파라미터가 수록되어 있는 μA741 연산증폭기.
   (c) 적절한 SPICE 시뮬레이션.
   (d) 위의 (a)와 (c)에서 구한 값을 비교하고 모순이 발생했다면 그 이유를 말하라.

53. (a) 그림 6.63의 회로에서 연산증폭기(LT1001)가 9 V 전원 공급으로 작동하는 경우, 포화 효과가 나타나기 전에 470 Ω 저항을 증가시킬 수 있는 최대값을 계산하라.
   (b) 계산결과를 적절한 시뮬레이션으로 검증하라.

54. 그림 6.32의 차동 증폭기 회로는 최대 5 V까지 변할 수 있는 공통모드 신호를 가지고 있다. 공통모드 입력의 이러한 변화가 μA741, LM324 및 LT1001 연산증폭기를 사용하는 경우의 출력 전압을 어떻게 변경시키는가?

통합문제

55. 그림 6.64는 Howland 전류원으로 알려진 회로이다. v_{out}과 I_L을 V_1과 V_2의 함수로 나타낸 식을 각각 유도하라.

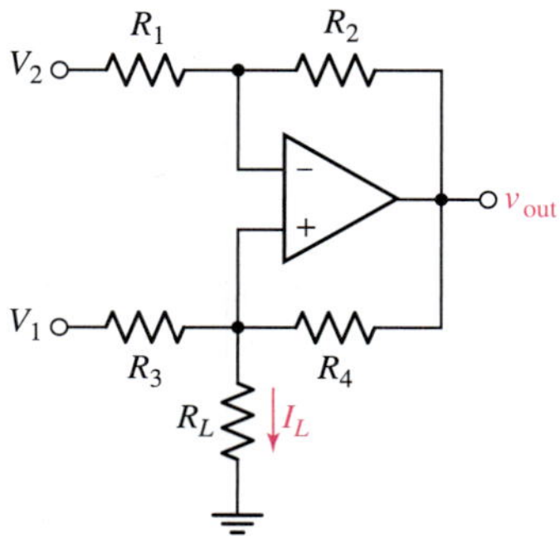

그림 6.64

56. Howland 전류원으로 알려진 그림 6.64의 회로에서 $V_2 = 0$ V, $R_1 = R_3$ 및 $R_2 = R_4$이다. $R_1 = 2R_2 = 1$ kΩ, $R_L = 100$ Ω일 때 전류 I_L을 구하라.

DP 57. (a) 닫으려면 1 mA에서 5 V가 필요한 전자스위치가 있다. 이 스위치는 입력단에 전압이 없으면 열려 있다. 250 mV의 피크전압을 내는 마이크만을 사용하여 누군가 마이크에 대고 말을 할 때 스위치가 닫히도록 하는 회로를 설계하라. 보통 정도 음성의 음량 레벨은 마이크의 피크전압과 같지 않을 수 있음에 유의하라.

(b) 회로를 구현할 때 언급할 필요가 있을 수 있는 사항이 있다면 말하라.

DP 58. 반대에도 불구하고 밴드를 조직하였다. 실제로 이 밴드는 리드싱어가 약간 음치라는 것을 제외하고는 아주 훌륭한 밴드이다. 그런데 리드싱어가 드럼 세트, 마이크 장치와 밴드 단원들이 연습할 수 있는 장소를 가지고 있어서 그를 제외시킬 수가 없다. 밴드가 사용하는 5개의 마이크 각각에서 나오는 출력전압을 합하여 오디오 앰프로 보내는 단일 전압신호를 발생시키는 회로를 설계하라. 각 마이크에서 나오는 전압을 모두 같은 비율로 증폭시킬 필요는 없다. 마이크의 출력 중에서 하나는 그 피크전압이 다른 마이크에서 나오는 피크전압의 10%가 되도록 약하게 해야 한다.

DP 59. CdS(Cadmium sulfide)는 표면에 비추는 빛의 강도에 따라 값이 변하는 저항을 만드는데 많이 사용된다. 그림 6.65에서 CdS 광전지가 궤환저항 R_f로 사용되고 있다. 이것의 저항값은 완전히 깜깜할 때는 100 kΩ이고 빛의 밝기가 6칸델라(candela) 이하에서는 10 kΩ이다. 그림에서 R_L은 양단에 1.5 V 이하의 전압이 인가될 때 동작하는 회로를 나타낸 것이다. R_L로 나타낸 회로가 2 칸델라 이상의 빛에서 동작하도록 R_1과 V_s의 값을 선정하라.

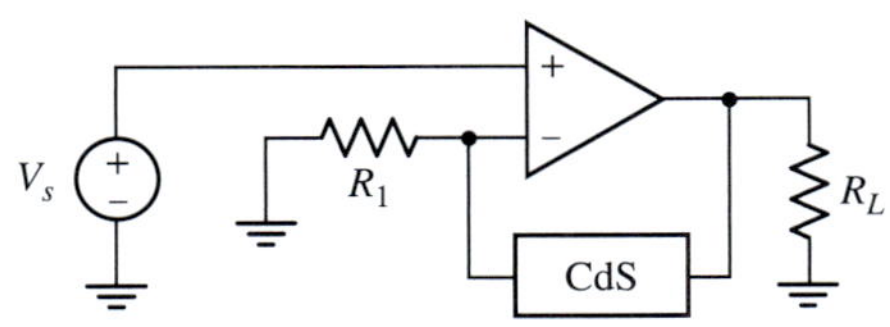

그림 6.65

DP 60. 황혼/새벽 광 센서를 사용하여 실외 조명을 자동으로 켜고 있지만 주변 불빛과 자동차의 헤드라이트는 약 500룩스의 밝기에서 조명을 끄는 잘못된 경보를 내린다. 조명을 제어하는 전압 출력을 제공하기 위해 광 센서 출력을 사용하는 연산증폭기 회로를 사용하여 황혼/새벽 센서를 설계하라. 광 센서는 $R = 2000e^{-x/500}$ Ω의 저항이며 여기서 x는 밝기(룩스)이다. 회로는 황혼에 밝기가 200룩스 이하로 내려가면 켜지고 새벽 근처에 밝기가 1000룩스를 초과할 때까지 켜진 상태를 유지해야 한다.

61. 디지털 신호의 잡음을 제거할 수 있는 5 V 전원의 슈미트 트리거 회로를 설계하라. 이 회로는 1 V 및 3.5 V의 임계 값에 맞게 설계되어야 하고 0 V 또는 5 V를 출력해야 한다. 잡음이 포함된 구형파 입력을 사용하는 과도 응답 시뮬레이션을 통해 SPICE에서 결과를 검증하고 그래프로 표시하라. LTspice에서 입력 형식은 **sgn**(부호), **sin** 및 **white**(백색잡음) 기능을 사용하여 동작전압 전원 구성요소 **bv**를 사용하여 정의할 수 있다. 예를 들어 **V = 2.5*(sgn(2*pi*time*500) + 1) + 5*(white(5e5*time))** 기능을 사용하면 백색 잡음을 가지는 500 Hz 주파수 및 5 V 진폭의 구형파 신호를 표현할 수 있다.

62. 어떤 사무용 건물 바깥에 설치되어 있는 분수대가 출수율이 초당 100리터일 때 물줄기의 높이가 최대 5 m가 되도록 설계되어 있다. 분수대에 물을 공급하는 급수관에 설치되어 있는 가변 밸브는 전기적으로 제어되는데, 0 V가 인가되면 밸브가 완전히 열리고 5 V가 인가되면 밸브가 닫힌다. 바람이 불면 분수의 최대 높이를 조절할 필요가 있다. 만일 풍속이 50 km/h를 초과하면 분수의 높이가 2 m를 초과하지 말아야 한다. 풍속이 25 km/h일 때 1 V의 전압이 출력되도록 조정되어 있는 풍속 센서를 사용할 수 있다. 이 속도 센서를 사용하여 분수가 규정에 따라 제어되도록 하는 회로를 설계하라.

63. SPICE를 사용하여 그림 6.28의 계측 증폭기를 시뮬레이션하라. 여기서 $R_1 = R_3 = 1\ \text{k}\Omega$, $R_2 = R_4 = 100\ \text{k}\Omega$이고, 입력신호는 0~5 V 범위의 dc 전압과 1 mV의 진폭을 갖는 차동 정현파 ac 신호를 가진다. LT1001과 같은 고정밀 연산증폭기 모델을 사용한 회로의 성능을 범용 μA741 연산증폭기와 비교하라. 입력과 출력에 대한 적절한 그래프를 제공하고, 특히 공통모드 제거의 차이점에 대해 논의하라.

64. 그림 6.44의 회로에서 모든 저항이 5 kΩ으로 같다고 한다. 다음의 각 경우에 대해 v_{out}을 시간의 함수로 그려라.

(a) $v_1 = 5 \sin 5t$ V이고 $v_2 = 5 \cos 5t$ V인 경우.

(b) $v_1 = 4e^{-t}$ V이고 $v_2 = 5e^{-2t}$ V인 경우.

(c) $v_1 = 2$ V이고 $v_2 = e^{-t}$ V인 경우.

7 커패시터와 인덕터

Design elements: Cockpit: ©Purestock/SuperStock; Wind Turbins: ©Russell Illig/Getty Images; Circuit Board: ©Shutterstock

서론

이 장에서는 2개의 새로운 수동 회로 소자인 **커패시터**와 **인덕터**를 소개한다. 각 소자는 유한 양의 에너지를 저장하고 전달할 수 있다. 이 소자들을 선형 소자로 분류되지만 이 소자들에서의 전압-전류 관계는 시간 종속적이고, 다양한 형태의 회로를 얻을 수 있다. 우리가 접할 수 있는 커패시턴스와 인덕턴스 값의 범위는 넓을 수 있고, 그래서 이것들은 어떤 경우에는 회로 동작에 큰 영향을 줄 수도 있지만 어떤 경우에는 실제적으로 별다른 영향을 주지 않을 수도 있다. 특히 컴퓨터와 통신시스템가 더 높은 동작 주파수와 소자 밀도로 점점 이동하는 추세이므로 이와 같은 사안은 계속적으로 현대 회로 응용과 관련이 있다.

중요한 개념

- 이상적인 커패시터에서 전압-전류의 관계
- 이상적인 인덕터에서 전압-전류의 관계
- 인덕터와 커패시터에 저장된 에너지의 계산
- 시변 파형에 대한 커패시터와 인덕터 응답
- 직렬/병렬 결합
- 커패시터를 사용한 연산증폭기 회로
- 에너지 저장 소자의 컴퓨터 모델링

7.1 커패시터

이상적인 커패시터 모델

지금까지 종속전원과 독립전원을 능동소자로 불렀고, 선형저항을 수동소자로 불렀다. 능동과 수동에 대한 정의가 아직 애매하고 더 명확하게 초점을 맞출 필요가 있지만, 우리는 **능동소자**를 외부장치에 공급하는 평균전력이 0보다 큰 소자로 정의하며, 여기서 평균은 무한 시간 구간에 대해 구해진다. 이상전원은 능동소자들이며 연산 증폭기도 능동소자이다. **수동소자**는 무한대 시간 동안 0보다 큰 평균전력을 공급할 수 없는 소자로 정의된다. 저항은 수동소자에 속하며 저항은 에너지를 받아 열로 변환하고 에너지를 공급하지 못한다.

커패시터(*capacitor*)는 수동소자이며, 다음 전압-전류 관계식으로 커패시턴스(capacitance) C를 정의한다.

$$i = C\frac{dv}{dt} \qquad [1]$$

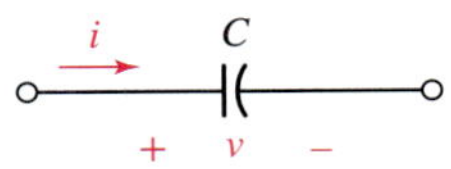

그림 7.1 커패시터의 회로 기호와 전류-전압 관계.

여기서 v와 i는 그림 7.1에서 보여진 것 같이 수동소자에 대한 규약을 만족한다. 이때 v와 i는 시간에 관한 함수라는 것을 주목해야 하며 수식에서 v와 i 대신에 $v(t)$와 $i(t)$를 쓸 수 있다. 식 [1]로부터 커패시턴스의 단위를 단위 볼트당 암페어-시간 혹은 단위 볼트당 쿨롬(coulomb)으로 규정할 수 있다. 여기서 단위 볼트당 단위 쿨롬(coulomb)을 **패러드**(farad, F)[1]로 정의하며 커패시턴스의 단위로 사용한다.

식 [1]에 의해 정의되는 이상적인 커패시터는 실제적인 장치의 수학적 모델일 뿐이다. 커패시터는 전하를 저장할 있는 2개의 도체판으로 구성되며 매우 큰 저항을 갖고 있는 절연체에 의해 분리되어 있다. 만약 저항이 무한대까지 충분히 크다고 가정한다면 커패시터 양극에 있는 같거나 반대되는 전하들은 영원히 재결합되지 않는다. 그림 7.1에 물리적인 장치의 회로 기호를 보여 준다.

외부 장비에 연결되어 있는 한 도체판에서 다른 한 도체판으로 흘러가면서 양의 전류를 생성하는 커패시터를 생각해보자. 한 도체판에 전류가 흘러 들어가고 다른 도체판으로부터 전류가 흘러 나간다. 이제 커패시터의 내부를 한번 살펴보면 커패시터의 도체판에 유입한 양의 전하는 커패시터의 내부를 통과하지 못하므로 도체판에 축적되며 이때 전류와 증가하는 전하의 관계는 다음과 같다.

$$i = \frac{dq}{dt}$$

커패시터의 도체판을 하나의 마디로 해서 키르히호프의 전류법칙을 적용하면 도체판을 향하여 외부로부터 전류가 흘러 들어오지만 도체판의 내부로 전류가 흘러 들어가지 않기 때문에 키르히호프의 전류법칙이 성립하지 않는다. 이와 같은 난제는 1세기 이전에 유명한 스코틀랜드의 과학자 제임스 클럭 맥스웰(James Clerk Maxwell)을 당황하게 만들었다. 후에 그는 통합전자장 이론, 즉 현재의 전장과 전압이 시간에 따라 변한다는 '변위전류(displacement current)'의 가설을 세웠다. 커패시터 두 도체판 내부로 흐르는 변위전류는 커패시터에 접속된 도선에 흐르는 전도전류와 같다. 그러므로 전도전류와 변위전류를 포함하면 키르히호프의 전류법칙은 만족된다. 비록 회로 해석에서 내부 변위전류는 다루지 않지만 맥스웰(Maxwell)의 가설은 전도전류와 커패시터에 걸리는 변동 전압과 관련지을 수 있다.

면적이 A인 2개의 평행 도체판으로 구성된 커패시터가 d 만큼의 거리로 떨어져 있다면 커패시턴스 $C = \varepsilon A/d$이다. 여기서 ε은 유전율이며 도체판 사이 절연체의 절연상수이다. 여기서 도체판의 면적이 d보다 매우 크다고 가정한다. 공기 혹은 진공에서 $\varepsilon = \varepsilon_0 = 8.854$ pF/m이다. 대부분의 커패시터에서 장치의 크기를 작게 하기 위하여 공기보다 훨씬 큰 유전율을 가진 얇은 유전체를 사용한다. 일반적으

1 19세기 영국 과학자인 마이클 패러데이(Michael Faraday)를 기념하며 명명.

(a) (b) (c)

그림 7.2 일반적으로 상용하는 커패시터의 몇 가지 유형. (a) 왼쪽에서 오른쪽: 270 pF 세라믹, 20 μF 탄탈, 15 nF 폴리에스테르. (b) 왼쪽: 2000 μF 40 VDC급의 전해질, 25,000 μF 35 VDC급의 전해질. (c) 제일 작은 것부터 시계방향으로: 100 μF 63 VDC급의 전해질, 2200 μF 50 VDC급의 전해질, 55 F 2.5 VDC급의 전해질, 4800 μF 50 VDC급의 전해질. 일반적으로 더 큰 용량값이 더 큰 패키지를 요구한다는 것을 주목하라.

로 사용하는 여러 유형의 커패시터의 예를 그림 7.2에서 보였다. 서로 직접 접촉되어 있지 않은 2개의 도체표면은 0이 아닌 작은 값의 커패시턴스에 의해 특성 지어질 수 있다. 또한 몇 백 **마이크로 패러드**(*microfarads*, μF)는 매우 '큰 것'으로 간주됨을 주의해야 한다.

새로운 수학적 모델의 몇 가지 중요한 성질을 정의 식으로부터 발견할 수 있다. 커패시터에 일정한 전압이 걸리면 전류는 0이므로 직류에 대해서 개방회로로 동작한다. 이것은 커패시터 기호에서 그려놓은 바와 같다. 또 커패시터의 전압이 불연속적으로 급격히 변하려면 무한대의 전류가 흘러야 한다. 이것이 물리적으로 불가능하기 때문에 이로부터 커패시터에 걸리는 전압이 0인 시간에 변하는 것을 허용하지 않는다.

예제 7.1

C = 2 F인 경우, 그림 7.3의 2개의 전압 파형에 대해서 그림 7.1의 커패시터를 통해 흐르는 전류 i를 구하라.

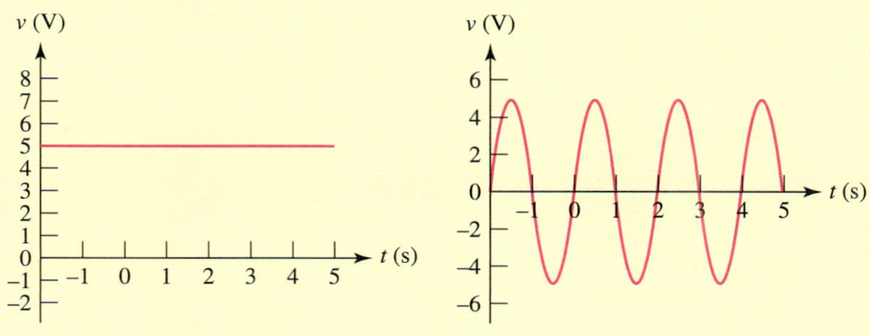

(a) (b)

그림 7.3 (a) 직류 전압을 커패시터 단자에 인가한다. (b) 정현파 모양의 전압 파형을 커패시터 단자에 인가한다.

여기서 전류 i는 식 [1]에서 커패시터에 걸리는 전압 v와 관계가 있다.

$$i = C\frac{dv}{dt}$$

그림 7.3a의 전압 파형에 대해 $dv/dt = 0$일 때 $i = 0$, 결과는 그림 7.4a에 나타나 있다. 그림 7.3b의 정현파 모양의 파형의 경우 코사인 전류 파형을 얻게 되며, ($C = 2$ F이기 때문에) 주파수는 같고 2배의 크기를 가진다. 이 결과는 그림 7.4b의 그래프로 그려진다.

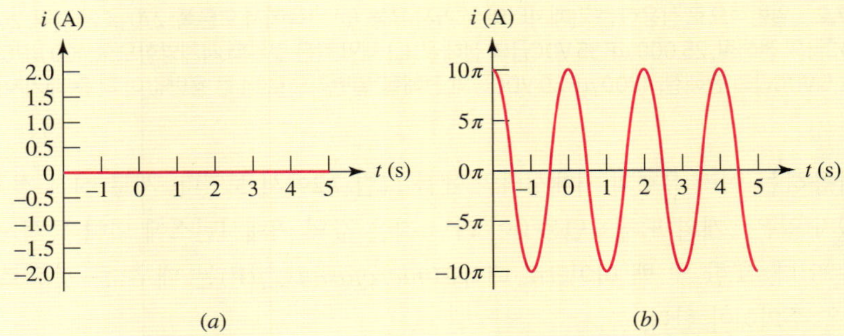

그림 7.4 (a) 인가전압이 직류일 때 $i = 0$. (b) 정현파 전압에 대한 응답전류는 코사인 형태를 가진다.

익힘문제 7.1

다음과 같은 전압 v가 인가될 때 5 mF 커패시터에 흐르는 전류를 각각 구하라.

(a) −20 V (b) $2e^{-5t}$ V

답: (a) 0 A; (b) $-50e^{-5t}$ mA.

전류-전압의 적분 관계

커패시터 전압은 식 [1]을 적분을 적분함으로써 전류의 항으로 나타낼 수 있다. 우선 다음 식을 얻고

$$dv = \frac{1}{C}i(t)\ dt$$

이것을 시간 t_0와 t까지, 이에 대응하는 전압을 $v(t_0)$에서 $v(t)$까지 적분[2]하면 다음과 같다.

$$\boxed{v(t) = \frac{1}{C}\int_{t_0}^{t} i(t')\,dt' + v(t_0)} \qquad [2]$$

2 적분변수 t 또한 극한인 경우 수학적으로 적절하게 **임시변수** t'를 정의하는 과정을 사용한다.

식 [2]는 또한 적분상수를 포함하는 부정적분으로 나타낼 수 있다.

$$v(t) = \frac{1}{C}\int i\,dt + k$$

마지막으로 많은 실제적 문제에서 커패시터의 초기 전압 $v(t0)$를 구한다. 이러한 경우 수학적으로 편리하게 $t_0 = -\infty$로, $v(-\infty) = 0$으로 설정하면 다음과 같이 된다.

$$v(t) = \frac{1}{C}\int_{-\infty}^{t} i\;dt'$$

어떤 시간에 걸친 전류의 적분은 그동안 커패시터 도체판에 축적되는 전하이므로 커패시턴스를 다음과 같이 정의할 수도 있다.

$$q(t) = Cv(t)$$

여기서 $q(t)$와 $v(t)$는 도체판에서 전하의 순간값과 도체판 사이에 걸리는 전압을 각기 나타낸다.

예제 **7.2**

그림 7.5*a*에 보여진 전류와 관련된 커패시터 전압을 구하라. 커패시턴스의 값은 5 μF이다.

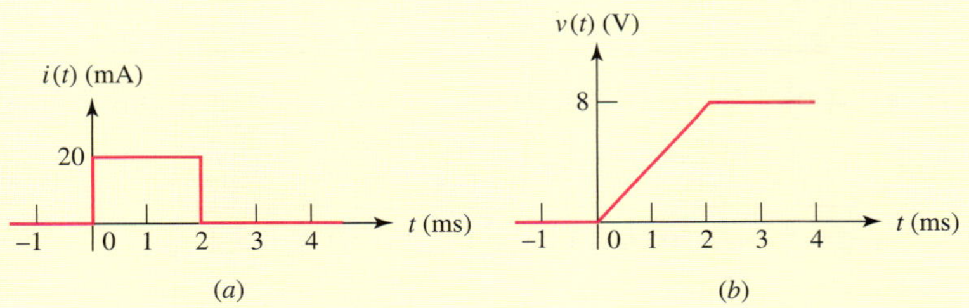

그림 7.5 (*a*) 5 μF 커패시터에 인가한 전류 파형. (*b*) 그래프적 적분에 의해 얻은 전압 파형.

여기서, 식 [2]는 적절한 방정식이다:

$$v(t) = \frac{1}{C}\int_{t_0}^{t} i(t')\,dt' + v(t_0)$$

그러나 도해적으로 해석할 필요가 있다. 이와 같이 하기 위해 시간 t와 t_0 사이에서 전압 차는 동일한 시구간에 의해 정의되는 전류곡선의 하부 면적에 비례함을 주목하라. 이때 비례상수는 $1/C$이다.

그림 7.5*a*로부터 3개의 분리된 시구간, 즉 $t \le 0$, $0 \le t \le 2$ ms 그리고 $t \ge 2$ ms이 존재함을 알 수 있다. 첫 번째 구간을 $-\infty$와 0 사이로 세분하면 $t_0 = -\infty$가 정의되고, 전류는 $t = 0$까지 항상 0이라는 사실과 더불어 2개의 사실에 주목하라. 첫째는 다음과 같다.

$$v(t_0) = v(-\infty) = 0$$

둘째는 $i = 0$이기 때문에 $t_0 = -\infty$와 0 사이를 적분하면 쉽게 0을 얻는다. 따라서 다음과 같다.

$$v(t) = 0 + v(-\infty) \qquad -\infty \le t \le 0$$

또는

$$v(t) = 0 \qquad t \le 0$$

이다. 직사각형 펄스에 의해 나타낸 시간 구간을 고려하면 다음을 얻는다.

$$v(t) = \frac{1}{5 \times 10^{-6}} \int_0^t 20 \times 10^{-3} dt' + v(0)$$

$v(0) = 0$이기 때문에, 다음과 같이 된다.

$$v(t) = 4000t \qquad 0 \le t \le 2 \text{ ms}$$

직사각형 펄스 다음의 무한 구간에서 $i(t)$의 적분이 다시 0으로 된다. 그러므로 다음과 같이 된다.

$$v(t) = 8 \qquad t \ge 2 \text{ ms}$$

도해적인 결과는 그림 7.5*b*에 보여진다.

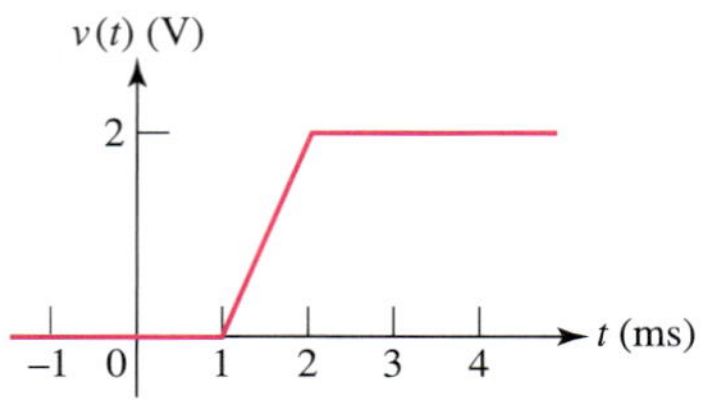

그림 7.6

익힘문제 7.2

그림 7.6에서 주어진 것처럼 전압이 시간의 함수로 주어질 때 100 pF 커패시터에 흐르는 전류를 구하라.

답: 0 A, $-\infty \le t \le 1$ ms; 200 nA, 1 ms $\le t \le 2$ ms; 0 A, $t \ge 2$ ms.

에너지 저장

커패시터의 전기장에 저장되는 에너지를 구하기 위해, 커패시터에 전달되는 전력에서부터 시작한다.

$$p = vi = Cv\frac{dv}{dt}$$

전체 구간에 대해 단순히 적분하면 다음과 같이 된다.

$$\int_{t_0}^{t} p\ dt' = C\int_{t_0}^{t} v\frac{dv}{dt'}dt' = C\int_{v(t_0)}^{v(t)} v'\,dv' = \frac{1}{2}C\left\{ [v(t)]^2 - [v(t_0)]^2 \right\}$$

그러므로,

$$w_C(t) - w_C(t_0) = \frac{1}{2}C\left\{ [v(t)]^2 - [v(t_0)]^2 \right\} \qquad [3]$$

여기서 저장된 에너지는 w_C이고 단위는 (J)이며 t_0일 때 전압은 $v(t_0)$이다. 만일 t_0일 때의 에너지가 0, 즉 커패시터 전압이 0이라 하면 이때의 저장되는 에너지는 다음과 같다.

$$w_C(t) = \frac{1}{2}Cv^2 \qquad [4]$$

간단한 예로서, 그림 7.7에 보인 바와 같이 1 MΩ 저항과 20 μF 커패시터의 병렬회로에 정현파 전압원을 인가한 경우를 생각하기로 한다. 병렬저항은 실용 커패시터 도체판 사이의 저항을 나타낸다(이상적인 커패시터는 무한대의 저항을 가진다).

예제 7.3

그림 7.7에서 커패시터에 저장되는 최대 에너지와 $0 < t < 0.5$ s의 구간에서 저항에 의해 소비되는 에너지를 구하라.

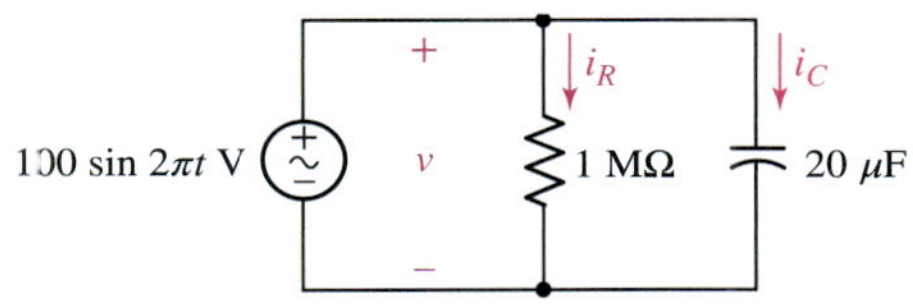

그림 7.7 정현파 전압원을 인가한 *RC* 병렬회로. 1 MΩ 저항은 커패시터 절연층의 무한 저항을 나타낸다.

문제의 목표를 확인한다.

커패시터에 저장되어 있는 에너지는 시간에 따라 변한다. 우리는 특정한 시간 구간 동안에서의 **최대치**를 구해야 하며 또 그 시간에 저항에서 소모되는 **전체** 에너지를 구해야 한다. 이것은 실제로 완전히 다른 2개의 문제이다.

알고 있는 정보를 수집한다.

회로에서 유일한 에너지 원은 100 sin $2\pi t$ V인 독립 전압원이다. 그러나 시간 구간 $0 < t < 0.5$ s만이 관심사이다. 회로에 적절히 표기한다.

계획을 수립한다.

전압을 계산하고 식 [4]를 이용하여 커패시터의 에너지를 구한다. 동일한 시간구간 동안 저항에서 소모되는 에너지를 구하기 위하여 소모되는 전력 $p_R = i_R^2 \cdot R$을 적분한다.

적절한 방정식들을 구성한다.

커패시터에 저장된 에너지는 다음과 같다.

$$w_C(t) = \frac{1}{2}Cv^2 = 0.1 \sin^2 2\pi t \text{ J}$$

다음과 같은 전류 i_R의 항으로

$$i_R = \frac{v}{R} = 10^{-4} \sin 2\pi t \text{ A}$$

저항에 의해 소모되는 전력에 대한 방정식은 다음과 같이 구해진다.

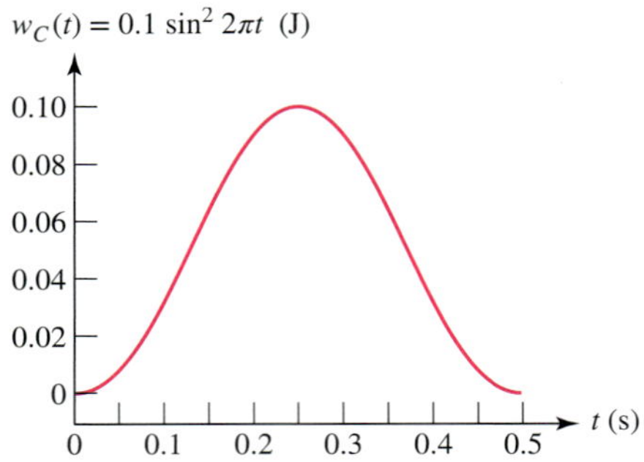

그림 7.8 커패시터에 축적된 에너지를 시간 함수로 그린 그림.

$$p_R = i_R^2 R = (10^{-4})^2(10^6) \sin^2 2\pi t$$

그러므로 0부터 0.5 s 사이에 저항에 의해 소모되는 에너지는 다음과 같다.

$$w_R = \int_0^{0.5} p_R dt = \int_0^{0.5} 10^{-2} \sin^2 2\pi t \; dt \text{ J}$$

다른 정보들이 필요한지 결정한다.

커패시터에 저장되어 있는 에너지를 구하는 수식을 구하고 그림 7.8에 나타내었다. 저항에서 소모되는 에너지를 구하는 수식은 다른 알려지지 않은 양은 포함하지 않으며, 이것은 이미 계산되어질 수 있다.

해답을 구한다.

커패시터에 저장된 에너지에 대한 그림에서 보면 $t = 0$에서부터 증가하여 $t = 1/4$ s에서는 최대치 100 mJ에 도달하고 다시 $t = 1/4$ s에서부터 나머지 1/4 s 동안 0으로 감소한다. 그러므로 $wc_{\max} = 100$ mJ이다. 다른 적분식에서 저항에서 소모되는 에너지를 구하면 $w_R = 2.5$ mJ이다.

예상된 결과인지 해답을 검증한다.

개략적인 그림에서 보이는 것처럼 음의 저장 에너지를 기대하지 않는다. 더욱이 $\sin 2\pi t$의 최대값은 1이므로 예상되는 최대 에너지는 $(1/2)(20 \times 10^{-6})(100)^2 = 100$ mJ이다.

커패시터가 0에서 500 ms 사이에서 최대 100 mJ를 한 순간에 저장했더라도 저항은 2.5 mJ를 소비한다. 나머지 97.5 mJ는 어떻게 되었는가? 커패시터 전류를 계산하면 다음과 같다.

$$i_C = 20 \times 10^{-6} \frac{dv}{dt} = 0.004\pi \cos 2\pi t$$

그리고 전류 i_s를 전압전원에 흐르는 전류로 정의하면,

$$i_s = -i_C - i_R$$

이며, 이것은 그림 7.9에 나타나 있다. 저항에 흐르는 전류는 전원의 작은 부분임을 알 수 있다. 1 MΩ은 상대적으로 큰 저항값이라는 것은 놀라운 일이 아니다. 전원에서 전류가 흐를 때, 작은 양의 흐름은 저항으로 돌리고 나머지는 커패시터 안으로 흐르며 충전이 일어난다. 시간 $t = 250$ ms 이후에는 전원 전류의 부호가 바뀌고 전류는 커패시터에서 다시 전원 쪽으로 흐른다. 커패시터에 저장된 에너지의 대부분은 저항에서 소비된 작은 양을 제외하고 이상적인 전압전원으로 모두 돌려보내진다.

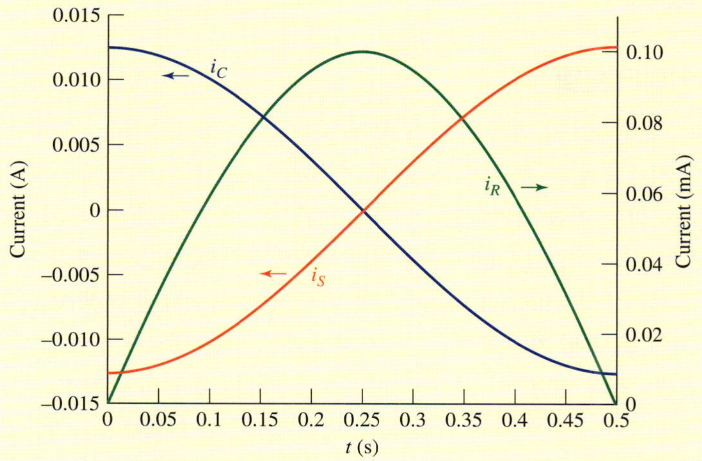

그림 7.9 간격 0에서 500 ms 사이 저항, 커패시터, 전원전류의 그래프. 전원의 양극 단자로 흐르는 전류로 정의한다.

익힘문제 7.3

1000 μF 커패시터에 1.5 cos $10^5 t$ V의 전압이 걸려 있을 때 $t = 50$ μs에서 커패시터에 저장되는 에너지를 구하라.

답: 90.52 mJ.

이상적인 커패시터의 중요한 성질

1. 커패시터 양단에 걸리는 전압이 시간에 따라 변하지 않으면 커패시터에 흐르는 전류는 0이다. 따라서 커패시터는 *직류에 대해서 개방회로*로 동작한다.
2. 커패시터 양단에 걸려 있는 전압이 일정한 경우, 커패시터에 전류가 흐르지 않아도 유한한 에너지가 커패시터에 저장될 수 있다.
3. 커패시터 양단에 걸린 전압은 순간적으로 변할 수 없다. 그러기 위해서는 커패시터에 무한대의 전류가 흘러야 하기 때문이다. 커패시터는 커패시터 양단에 걸린 전압의 순간적인 변화에 저항한다. 이것은 마치 스프링이 변위의 순간적인 변화에 저항하는 것과 같다.
4. 이상적인 커패시터는 에너지를 저장할 뿐 소모하지 않는다. 이것은 *수학적인 모델*에서 정확하지만 *실제* 커패시터에서는 유전체와 관련된 유한한 저항 때문에 정확하지 않다. 그러므로, 실제로 커패시터는 전력원과 연결이 끊어지면 결국 방전된다.

7.2 인덕터

이상적 인덕터 모델

1800년대 초 덴마크의 과학자 한스 크리스티안 외르스테드(Hans Christian Ørsted)는 도선에 전류가 흐르면 자계(전류가 흐르는 도선 주위의 자침에 영향을 준다)가 발생한다는 것을 발견하였다. 그후 자계는 도체에 흐르는 전류에 비례한다는 사실이 프랑스의 앙페르(Ampère)에 의해 밝혀졌다. 그보다 20년 후에 영국의 실험가 마이클 패러데이(Michael Faraday)와 미국의 발명가 요셉 헨리(Joseph Henry)에 의해 거의 동시에[3] 자계의 변화는 그 자계 내에 있는 회로에 전압을 유기한다는 사실이 발견되었다. 또한 이 전압은 자계를 발생하는 전류의 시간적 변화율에 비례한다는 사실도 그들에 의해 밝혀졌다. 이 비례상수를 **인덕턴스**(inductance)라고 하고 L로 표시하며 이 관계를 식으로 표시하면 다음과 같다.

$$v = L\frac{di}{dt} \qquad [5]$$

여기서 v와 i는 모두 시간 함수라는 것을 알아야 한다. 이를 강조하고자 할 경우에는 $v(t)$와 $i(t)$의 기호를 사용한다.

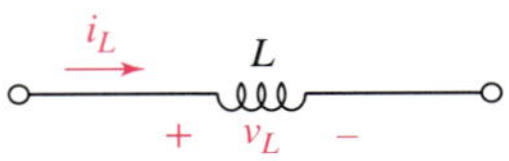

그림 7.10 인덕터의 회로 기호와 전류-전압 관계.

인덕터의 회로 기호는 그림 7.10과 같으며, 저항과 커패시터의 경우와 같이 수동 부호 규약을 사용함을 주지하라. 인덕턴스의 단위는 **헨리**(henry, H)이다. 정의식으로부터 헨리는 볼트-초/암페어로 표현됨을 알 수 있다.

식 [5]로 정의된 인덕터는 수학적인 모델이며, 실제 장치와 근사한 성질을 나타내는 이상 소자이다. 실제의 인덕터는 도선을 감아 코일을 만들면 된다. 이와 같이 도선을 감으면 자계를 발생하는 전류를 증가시키는 것과 같은 효과를 나타내며 또 동시에 패러데이 전압이 유기되는 이웃 회로 수를 증가시키는 효과를 나타내기 때문에 코일의 인덕턴스는 코일을 구성하는 도선의 감은 수의 제곱에 비례한다. 예를 들어, 좁은 간격으로 빽빽하게 감은 나선형의 인덕터, 즉 코일의 인덕턴스는 $\mu N^2 A/s$의 값을 가진다. 여기서 A는 코일의 단면적, s는 코일 축의 길이, N는 감은 수, μ는 코일 내부재료의 투자율(permeability)이다. 진공(공기 중에서도 비슷함)에서 $\mu = \mu_0 = 4\pi \times 10^{-7}$ H/m $= 4\pi$ nH/cm이다. 상용되는 인덕턴스의 몇가지 예를 그림 7.11에 보여준다.

인덕터의 전기적 특성을 공부하기 위하여 식 [5]를 자세히 살펴보기로 하자. 식 [5]로부터 인덕터의 전압은 거기에 흐르는 전류의 시간적 변화율에 비례함을 알 수 있다. 특히 전류가 변하지 않을 때에는 거기에 흐르는 전류의 크기에 관계없이 전압은 0이 된다. 따라서 인덕터는 직류에 대해서는 **단락회로**로 동작한다.

또 식 [5]로부터 알 수 있는 바와 같이 인덕터 전류가 불연속적으로 변하면 변

3 패러데이가 먼저 발견함.

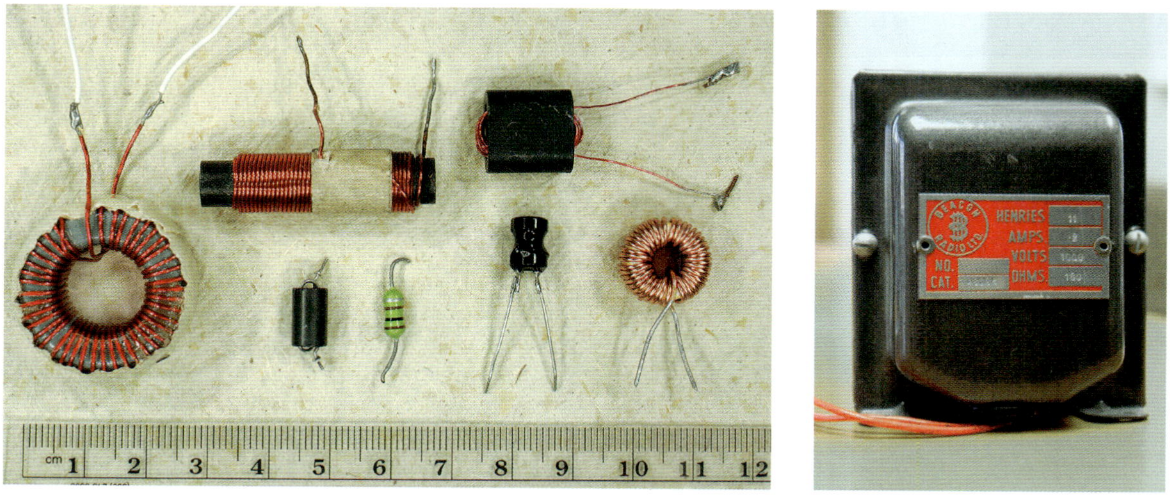

(*a*) (*b*)

그림 7.11 (*a*) 여러 가지 다른 형태의 상업적으로 이용되는 인덕터(보통 '초크'라고 부른다) 가장 왼쪽에서부터 시계방향으로: VHF 주파수를 위해 고안한 287 μH 페라이트 코어 도넛형 인덕터, 266 μH 페라이트 코어 원통형 인덕터, 215 μH 페라이트 코어 인덕터, RF 서프레션을 위해 사용하는 85 μH 아이론 분말 코어 도넛형 인덕터, 10 μH 보빈형 인덕터, 100 μH 납축 인덕터, 7 μㅓ 로시코어 인덕터. (*b*) 10 cm(높이) × 8 cm(넓이) × 8 cm(깊이)의 11 H 인덕터.

화율이 무한대가 되어 인덕터에는 무한대의 전압이 유기된다. 다시 말하면, 인덕터 전류를 불연속적으로 변하고자 한다면 무한대의 전압을 인가해 주어야 한다. 전압이 무한대인 구동함수가 이론적으로는 존재하지만 실제적인 장치에서 발생할 수 없다. 인덕터에서 급격한(불연속적인) 전류 변화는 인덕터에 저장된 에너지의 급격한(불연속적인) 변화를 요구하며 이 급격한 에너지 변화는 무한대의 전력을 의미한다. 무한대의 전압, 전력을 공급하지 않는 한 인덕터 전류는 **불연속적**으로 변할 수 없는 것이다.

일정한 전류가 흐르고 있는 인덕터를 개방하면 스위치 양단에 불꽃 방전(arc)이 발생한다. 점화코일을 통해 흐르는 전류가 분배기에 의해 차단되면 점화 플러그에 불꽃 방전이 발생하는데, 이와 같은 현상은 자동차의 점화 시스템에서 이용 가능하다. 이런 현상이 순간적으로 발생하는 것은 아니지만 매우 짧은 시간에 발생하며 매우 큰 전압을 생성한다. 짧은 거리 양단에 큰 전압이 존재하면 매우 큰 전계를 발생시킬 수 있다. 저장된 에너지는 불꽃 방전의 경로에서 공기를 이온화 하는 데 소비된다.

예제 7.4에서 보는 바와 같이 식 [5]는 도식적인 방법으로 설명되거나 해석될 수 있다.

예제 7.4

3 H 인덕터에 흐르는 전류가 그림 7.12*a*와 같을 때 인덕터 전압을 구하고 이를 그려라.

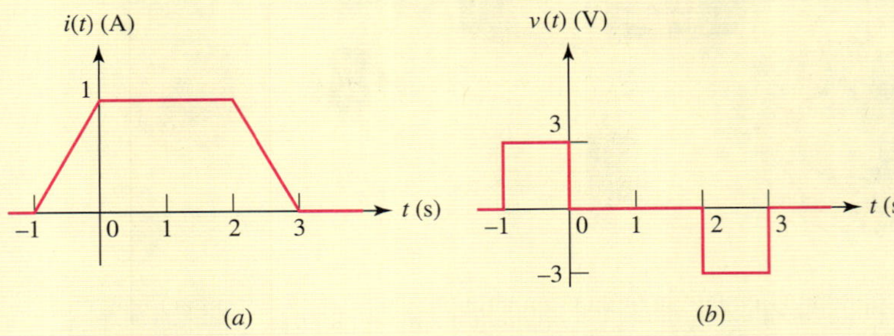

그림 7.12 (*a*) 3 H 인덕터에 흐르는 전류파형. (*b*) 대응하는 전압파형, $v = 3\ di/dt$.

전압 v와 전류 i는 수동부호규약에 만족하도록 정의하고, 식 [5]를 사용해서 그림 7.12*a*에서 v를 얻을 수 있다.

$$v = 3\frac{di}{dt}$$

$t < -1$ s에서 전류는 0이므로 이 구간에서 전압은 0이다. 전류는 1 A/s의 비율로 증가하기 시작하므로 일정 전압 $L\ di/dt = 3$ V가 발생한다. 다음 2초 동안은 전류가 일정하므로 전압은 0이다. 마지막 단계에서 전류가 다시 $di/dt = -1$ A/s로 감소하므로 $v = -3$ V가 발생한다. $t > 3$초일 때 $i(t)$는 0에서 변하지 않으므로 $v(t) = 0$이다. 완전한 전압파형은 그림 7.12*b*에 그려진다.

익힘문제 7.4

그림 7.13은 200 mH의 인덕터에 흐르는 전류를 나타낸 것이다. 수동부호규약을 가정하여, 다음과 같은 시간에서 인덕터 전압 $v_L(t)$를 구하라.

(a) 0 (b) 2 ms (c) 6 ms

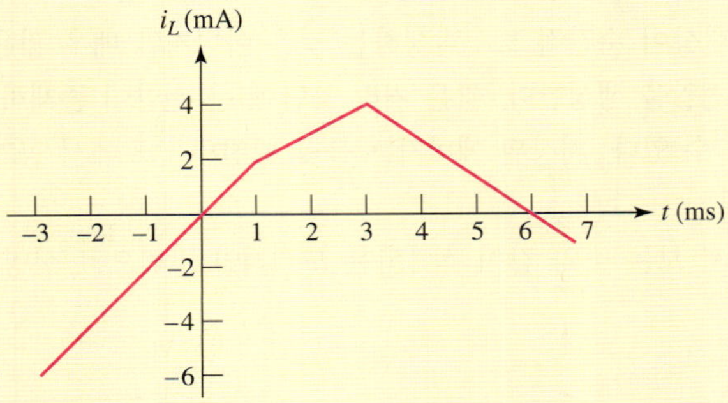

그림 7.13

답: 0.4 V; 0.2 V; −0.267 V.

이제 전류가 0과 1 A 사이에서 전류의 더 급속한 상승과 감소의 효과를 알아 보자.

예제 **7.5**

예제 7.4의 인덕터에 그림 7.14*a*에 보여진 전류를 인가할 때 인덕터 전압을 구하라.

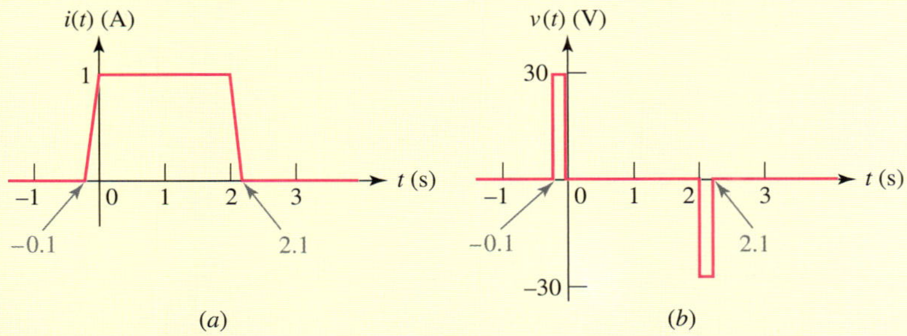

그림 7.14 (*a*) 그림 7.12*a*의 전류가 0에서 1로, 1에서 0으로 변하는 데 필요한 시간은 1/10로 감소된다. (*b*) 결과 전압 파형. 펄스폭이 명확히 확대된다.

그림 7.14*a*와 *b*에서 보인 것처럼 상승 및 하강 시간이 0.1초로 감소한 점을 주목 하라. 미분계수의 크기는 10배로 증가되어 유기전압도 10배가 된다. 그림 7.12*b*와 그림 7.14*b*의 전압 파형으로부터, 각각의 전압 펄스의 면적은 3 V·s로 일정함을 알 수 있다.

이와 같은 맥락에서 계속하면 2개의 시간 간격에서 전류가 더 빨리 변화할 때 더욱 큰 전압이 발생하며 그 시간 간격에서만 전류가 증가하거나 감소한다. 전류의 순간적인 변화는 무한대의 전압 '충격'(3 V·s의 간격)을 유기하며 그림 7.15*a*와 *b*에서 나타냈다. 비슷하나 상반되는 관점에서 보면 무한대의 전압 충격(spike)은 전류의 순간적인 변화를 요구한다.

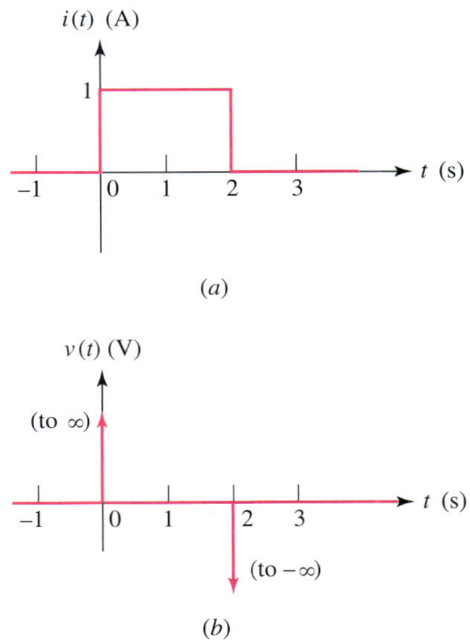

그림 7.15 (*a*) 그림 7.14*a*의 전류가 0에서 1로, 1에서 0으로 변하는 데 필요한 시간은 1/10로 감소되어 상승과 하강이 급격하다. (*b*) 3 H 인덕터에 걸리는 전압은 양수와 음수의 무한대 충격파로 구성되어 있다.

익힘문제 7.5

그림 7.14*a*의 전류 파형은 동일한 상승 및 하강 시간을 가지며 0.1 s(100 ms)이다. 상승 및 하강 시간이 각기 다음과 같은 경우 동일한 인덕터 양단의 최대 양과 음의 전압을 계산하라.

(a) 1 ms, 1 ms; (b) 12 μs, 64 μs; (c) 1 s, 1 ns

답: 3 kV, −3 kV; 250 kV, −46.88 kV; 3 V, −3 GV.

전압-전류의 적분 관계

우리는 인덕턴스를 다음과 같은 간단한 미분방정식

$$v = L\frac{di}{dt}$$

에 의해 정의하였으며, 이 관계로부터 인덕터의 특성에 관하여 몇 가지 결론을 얻을 수 있었다. 예를 들어, 직류에 대해 인덕터는 단락회로라 생각할 수 있고, 인덕터에 무한대의 전압과 에너지가 생성되기 때문에 인덕터를 흐르는 전류가 한 값에서 다른 한 값으로 순간적으로 변할 수 없다. 인덕턴스의 정의 식으로부터 이 외에도 또 다른 정보를 얻을 수 있다. 좀 다른 형태로 다시 쓰면 다음과 같고

$$di = \frac{1}{L}v\ dt$$

이 식은 적분을 유도한다. 먼저 두 적분상의 극한을 고려하자. 전류 i가 시간 t에 요구된다면 이 양은 수식의 왼쪽과 오른쪽 적분 상한을 형성하며 하한은 일반적으로 t_0에서 전류가 $i(t_0)$이라고 가정한다. 그러면 다음과 같이 된다.

$$\int_{i(t_0)}^{i(t)} di' = \frac{1}{L}\int_{t_0}^{t} v(t')\,dt'$$

이 식은 다음 식을 유도한다.

$$i(t) - i(t_0) = \frac{1}{L}\int_{t_0}^{t} v\,dt'$$

혹은

$$\boxed{i(t) = \frac{1}{L}\int_{t_0}^{t} v\,dt' + i(t_0)} \qquad [6]$$

이다. 식 [5]는 인덕터의 전압을 전류로 나타내는 반면에, 식 [6]는 전류를 전압으로 나타내고 있다. 후자의 방정식에 대한 다른 형태의 식도 가능하다. 우리는 적분을 적분상수 k를 포함하는 무한 구간에서의 적분으로 쓸 수 있다.

$$\boxed{i(t) = \frac{1}{L}\int v\,dt + k} \qquad [7]$$

만약 실제 문제를 푼다면 t_0가 $-\infty$일 때 인덕터의 전류와 에너지가 0이 될 것이다. 즉 $i(t_0) = i(-\infty) = 0$이므로 다음과 같이 된다.

$$\boxed{i(t) = \frac{1}{L}\int_{-\infty}^{t} v\,dt'} \qquad [8]$$

인덕터에 걸리는 전압이 정해진 간단한 예제를 다루어 이들 몇 가지 적분식의 사용을 살펴보자.

예제 7.6

2 H 인덕터에 걸리는 전압이 6 cos 5*t* V라면 $i(t = -\pi/2) = 1$ A일 때 인덕터를 흐르는 전류를 구하라.

식 [6]으로부터, 다음과 같이 된다.

$$i(t) = \frac{1}{2}\int_{t_0}^{t} 6\cos 5t'\,dt' + i(t_0)$$

혹은

$$\begin{aligned} i(t) &= \frac{1}{2}\left(\frac{6}{5}\right)\sin 5t - \frac{1}{2}\left(\frac{6}{5}\right)\sin 5t_0 + i(t_0) \\ &= 0.6\sin 5t - 0.6\sin 5t_0 + i(t_0) \end{aligned}$$

이다. 첫 번째 항은 인덕터 전류가 정현적으로 변함을 나타내고 있다. 두 번째와 세 번째 항은 어떤 시점의 전류값이 주어지면 결정되는 상수이다. 위에서 $t = -\pi/2$ s일 때 전류가 1 A임을 이용하면 t_0가 $-\pi/2$이고, $i(t_0) = 1$이다. 그러므로 다음과 같이 된다.

$$i(t) = 0.6\sin 5t - 0.6\sin(-2.5\pi) + 1$$

또는

$$i(t) = 0.6\sin 5t + 1.6$$

이다. 그렇지 않으면, 식 [6]으로부터 다음 결과를 얻을 수 있다.

$$i(t) = 0.6\sin 5t + k$$

그리고 $t = -\pi/2$일 때 전류가 1 A가 되어야 함을 적용하여 k의 수치적 값을 구할 수 있다. 즉,

$$1 = 0.6\sin(-2.5\pi) + k$$

또는

$$k = 1 + 0.6 = 1.6$$

이다. 따라서 다음과 같이 된다.

$$i(t) = 0.6\sin 5t + 1.6$$

식 [8]은 이 특별한 전압에서 어려움을 겪게 한다. 우리는 $t = -\infty$에서 전류가 0이라는 가정하에서 방정식을 유도하였다. 실제는 그렇게 되지만 우리는 지금 수학적인 모델을 다루고 있기 때문에 소자 및 구동함수는 모두 이상적인 것이다. 어려움은 식 [7]을 적분하여

$$i(t) = 0.6\sin 5t'\Big|_{-\infty}^{t}$$

를 얻고, 하한에서 적분값을 계산하고자 할 때 발생한다. 즉, 다음과 같이 된다.

$$i(t) = 0.6 \sin 5t - 0.6 \sin(-\infty)$$

$\pm\infty$에서 정현함수의 값은 확정할 수 없으므로 식 [8]의 값을 계산할 수 없다. 식 [8]은 $t \to -\infty$로 감에 따라 0에 접근할 때에만 유용하다.

익힘문제 7.6

100 mH 인덕터는 양단자에 전압 $v_L = 2e^{-3t}$ V를 가진다. $i_L(-0.5) = 1$ A인 경우 인덕터 전류를 구하라.

답: $-\frac{20}{3} e^{-3t} + 30.9$ A.

어쨌든 식 [6], [7], [8]만 보고 어떤 식을 사용할 것인지 속단해서는 안 된다. 각 식은 문제 및 용도에 따라 각각의 장점이 있기 때문이다. 식 [6]은 길지만 일반적인 방법이며 적분상수는 전류를 나타낸다. 식 [7]은 식 [6]의 보다 간결한 표현이지만 적분상수의 성질을 나타내지 못한다. 식 [8]은 상수가 없어서 편리한 식이지만 $t = -\infty$일 때 전류가 0이거나 전류에 대한 해석적 수식이 결정될 때에만 적용 가능하다.

에너지 저장

이제 전력과 에너지에 관해 생각해 보기로 한다. 흡수전력은 전압과 전류의 곱으로 주어진다. 즉,

$$p = vi = Li\frac{di}{dt}$$

인덕터가 받은 에너지 w_L은 에너지는 코일 주위의 자계에 저장된다. 이 에너지의 변화는 원하는 시간 구간에 대한 전력의 적분으로 표현되며 다음과 같다.

$$\begin{aligned} \int_{t_0}^{t} p\, dt' &= L\int_{t_0}^{t} i\frac{di}{dt'}dt' = L\int_{i(t_0)}^{i(t)} i'\, di' \\ &= \frac{1}{2}L\left\{\left[i(t)\right]^2 - \left[i(t_0)\right]^2\right\} \end{aligned}$$

따라서, 다음과 같이 된다.

$$w_L(t) - w_L(t_0) = \frac{1}{2}L\left\{[i(t)]^2 - [i(t_0)]^2\right\} \qquad [9]$$

여기서 시간 t_0에서의 전류는 $i(t_0)$라고 다시 가정하였다. 에너지 식을 사용할 때 t_0의 값은 전류 값이 0일 때로 선정하고 이때의 에너지도 0으로 하는 것이 관례이다. 따라서 에너지는 간단하게 다음과 같이 된다.

$$w_L(t) = \frac{1}{2}Li^2 \qquad [10]$$

인덕터 전류가 0일 때 에너지도 0이다. 즉 전류가 0일 때 코일에 저장된 에너지도 0이다. 전류가 0이 아닐 때는 전류의 방향에 관계없이 에너지가 인덕턴스에 저장된다. 그러므로 어떤 기간에는 인덕터에 전력이 전달되어야 하며 그 후 인덕터로부터 다시 빼낼 수가 있다. 저장된 모든 에너지는 이상적인 인덕터에서 되찾을 수 있다. 그러나 실제의 인덕터는 전선으로 만든 것이어서 약간의 저항이 있기 때문에 에너지를 손실 없이 저장하거나 되찾을 수는 없다.

간단한 예를 들어 이 개념을 설명하기로 한다. 그림 7.16에서 3 H의 인덕턴스는 0.1 Ω의 저항 및 $i_s = 12 \sin \frac{\pi t}{6}$ A의 정현 전류원과 직렬로 연결되어 있다. 여기서 저항은 코일의 저항이라고 생각해도 무방하다.

예제 7.7

그림 7.16의 인덕터에 저장되어 있는 최대 에너지를 구하고 에너지가 인덕터에 저장되었다가 반환되는 동안 저항에서 소비되는 에너지를 구하라.

인덕터에 저장되어 있는 에너지는 다음과 같다.

$$w_L = \frac{1}{2}Li^2 = 216 \sin^2 \frac{\pi t}{6} \text{ J}$$

그리고 에너지는 $t = 0$에서 0이었던 것이 $t = 3$초에는 216 J로 증가한다. 따라서, 인덕터에 저장된 최대 에너지는 216 J이다.

$t = 3$초에서 최대값에 도달한 후 에너지는 인덕터에서 완전히 소멸된다. 코일에서 6초 동안에 216 J의 에너지를 저장하거나 이동시키는 데 치루는 대가에 대하여 알아보자. 이때 저항에서 소비되는 전력은 다음과 같다.

$$p_R = i^2R = 14.4 \sin^2 \frac{\pi t}{6} \text{ W}$$

그러므로 6초 동안에 저항에서 열로 소비되는 에너지는 다음과 같다.

$$w_R = \int_0^6 p_R dt = \int_0^6 14.4 \sin^2 \frac{\pi}{6} t \, dt$$

혹은

$$w_R = \int_0^6 14.4 \left(\frac{1}{2}\right)\left(1 - \cos \frac{\pi}{3} t\right) dt = 43.2 \text{ J}$$

그러므로 6초 동안 저장하고 되찾는 과정에서 43.2 J의 에너지를 소비한다. 이것은 최대 저장 에너지의 20%이며 이렇게 큰 인덕턴스를 갖는 코일에서는 적당하다. 약 100 μH 인덕턴스에서는 2% 혹은 3% 정도에 가까운 수치가 예상된다.

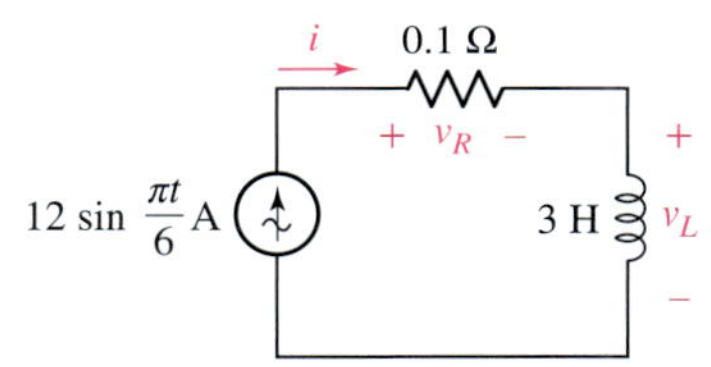

그림 7.16 정현 전류가 *RL* 직렬회로의 구동함수로 인가된다. 여기서 0.1 Ω은 인덕터의 고유저항이다.

실제 문제에의 적용

실종 소자를 찾아서

지금까지 3개의 다른 2단자 수동소자, 즉 저항, 커패시터 그리고 인덕터를 소개하였다. 각 소자들은 소자들의 전류-전압 관계 ($v = Ri$, $i = C\ dv/dt$ 그리고 $v = L\ di/dt$) 항으로 정의되었다. 그러나 좀 더 기본적인 관점에서 3개의 소자들은 4개의 기본적인 양, 즉 전하 q, 전류 i, 전압 v, 자속 쇄교수 φ와 관련한 더 큰 그림의 일부로 볼 수 있다. 전하, 전류 및 전압은 2장에서 논의하였다. 자속 쇄교수는 자속과 자속과 쇄교하는 도선 권선 수의 곱이고, $\varphi = \int v\ dt$ 혹은 $v = d\varphi/dt$와 같이 코일 양단에 걸리는 전압 v의 항으로 나타낼 수 있다.

그림 7.17은 이 4개의 양들의 상호 관계를 도해적으로 나타낸다. 우선 회로소자와 이들의 특성은 별개로, (2장에서) $dq = i\ dt$이고, 지금 $d\varphi = v\ dt$이다. 커패시터의 경우 $C = dq/dy$ 혹은 $dq = C\ dv$이므로, 전하는 전압과 관련된다. 저항으로 불리우는 소자는 전압과 전압 사이의 직접적인 관계를 제공하며, 일치성을 위해 $dv = R\ di$로 나타낼 수 있다. 그림 7.17의 둘레를 반시계 방향으로 이동하면서 수식을 재배열하면 $v\ dt = L\ di$가 되고 $d\varphi = L\ di$이므로, 인덕터와 관련된 전압과 전류를 연결하는 원래 방정식은 전류 i와 자속 쇄

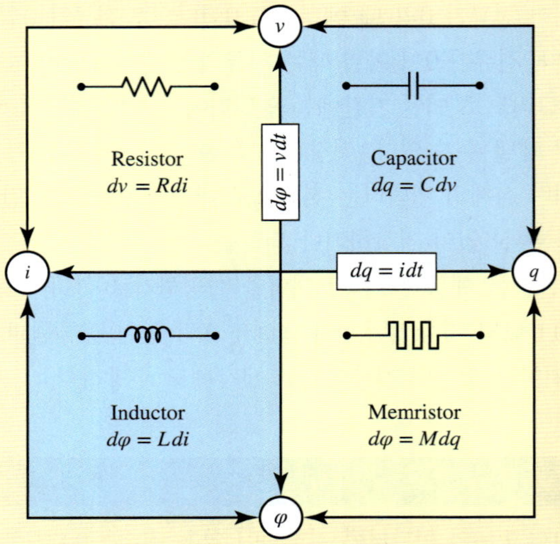

그림 7.17 4개의 기본 수동소자(저항, 커패시터, 인덕터 그리고 멤리스터)의 도해적 표현과 상호 관계. 자속 쇄교수는 자속과 구별하기 위해 흔히 그리스 문자 λ로 나타낸다. 그러면 $\lambda = N\varphi$이고 여기서 N은 권선 수, φ는 자속이다(Macmillan Publishers Ltd. Nature Publishing Group의 허가를 얻어 2008년 Nature의 453권에 게재된 "Electronics: The Fourth Element"논문을 복사).

익힘문제 7.7

그림 7.10에서 인덕터는 $L = 25$ mH이다. (a) $i_L = 10te^{-100t}$ A일 때 $t = 12$ ms에서 v_L를 구하라. (b) $v_L = 6e^{-12t}$ V, $i_L(0) = 10$ A일 때 $t = 0.1$ s에서의 i_L를 구하라. $i_L = 8(1 - e^{-40t})$ mA일 때 (c) $t = 50$ ms에서 인덕터에 공급되는 전력, (d) $t = 40$ ms에서 인덕터에 저장된 에너지.

답: −15.06 mV; 24.0 A; 7.49 μW; 0.510 μJ.

인덕턴스의 정의식 $v = L\ di/dt$로부터 도출되는 여러 가지 성질을 요약하면 다음과 같다.

이상적인 인덕터의 중요한 성질

1. 인덕터는 전류가 시간에 따라 변하지 않으면 전압은 걸리지 않는다. 즉 인덕터는 *직류에 대해서 단락회로*로 동작한다.
2. 일정한 전류가 흐를 때 전압이 0이지만 일정량의 에너지가 저장된다.

교수 φ의 항으로 기술할 수 있음에 주목하라.

지금까지 커패시터를 사용하여 q로부터 v까지, 저항을 사용하여 v로부터 i까지, 그리고 인덕터를 사용하여 i로부터 ϕ까지 이동하였다. 그러나 대칭성으로 인해 φ와 q를 연결하는 소자가 가능해야 하지만 아직까지 이와 같은 소자를 사용하지 않았다. 1970년대 초에 레온 추아(Leon Chua)는 이러한 방법으로 생각하는 자신을 발견하고 새로운 디바이스, 즉 실종된 2단자 회로소자를 가정하고 **멤리스터**(memristor)[1]로 명명하였다. 그는 계속해서 멤리스터의 전기적 특성은 비선형이고 소자 이력에 의존해야 한다는 것, 달리 말하면 멤리스터는 소자의 이름처럼 메모리를 갖는다는 것에 의해 특징 지워질 수 있다는 것을 보이고자 하였다. 그의 연구와는 별개로 다른 연구자들은 실제 회로에서의 실제적 사용보다는 디바이스 모델링과 신호처리에서의 잠재성을 위해 유사한 소자를 제안하였다.

그 후, 이 가상소자에 대한 언급은 거의 없었으나, 2008년에 팔로알토(Palo Alto)에 위치한 HP 연구소에 근무하는 드미트리 스트루코프(Dmitri Strukov)와 그의 동료들은 멤리스터를 발견했다고 주장하는 짧은 논문을 발표하였다.[2] 그들은 소자의 일반적 형태를 구현하는 데 4세기의 시간이 걸린 이유를 설명하였다. 1971년에 추아는 가설을 세웠으나 가장 흥미로운 것은 크기와 관계가 있다. 원형 멤리스터를 제조하는 데 나노 기술은 핵심적인 역할을 하며, **나노기술**은 하나의 크기가 사람 머리카락의 지름의 약 1%에 해당하는 1000 nm 미만인 소자를 제조하는 기술이다. 백금 전극 사이에 끼워져 있는 5 nm 두께의 산화물 층으로 전체 소자를 구성한다. 이 원형소자의 비선형 전기적 특성은 즉각적으로 특히 집적회로에서의 잠재적 적용을 위해 많은 흥미를 유발하였으며, 디바이스들은 이미 가장 작은 실제 크기에 접근하고 많은 사람들은 디바이스의 새로운 형태들이 집적회로 밀도 및 기능을 더 확장하는 데 필요하다고 생각한다. 다양한 소자 구조 및 현재 상용 제품의 사례에 대한 많은 보고에도 불구하고, 멤리스터 기술이 보편화되기 전에 해결해야 될 많은 문제들이 남아있다.

1) L.O. Chua, "Memristor-The missing element," *IEEE Transactions on Circuit Theory* **CT-18(5)**, 1971, p. 507.
2) D. B. Strukov, G.S. Snider, D. R. Stwart, and R. S. Williams, "The missing memristor found," *Nature* **453**, 2008, p. 80.

3. 인덕터의 전류가 순간적으로 변하면 전압이 무한대가 되어야 하므로 전류를 순간적으로 변화시킬 수 없다. 인덕터는 인덕터를 흐르는 전류의 순간적인 변화에 저항한다. 어떤 의미에서는 물체가 속도의 순간적인 변화에 저항하는 것과 같다.
4. 인덕터는 에너지를 저장하지만 소비하지 않는다. 이것은 *수학적* 모델인 이상적인 소자에서만 성립하지만, *실제* 인덕터는 직렬저항을 가지므로 성립하지 않는다. 초전도 선재를 사용하여 인덕터를 제작하면 흥미로운 예외가 발생한다.

위의 4개의 서술을 7.6절의 쌍대 관계를 갖는 단어들로 대체하여 다시 읽게 되면, 7.6절의 **쌍대성**(duality) 논의가 흥미롭게 기대된다. 만약 커패시터와 인덕터, 커패시턴스와 인덕턴스, 전압과 전류, 걸린다와 흐른다, 개방회로와 단락회로, 스프링과 질량, 변위와 속도를 서로 바꿔 놓으면 커패시터에 대해 이미 주어진 4개의 서술이 얻어진다.

7.3 인덕턴스와 커패시턴스의 결합

인덕터와 커패시터를 수동회로 소자 목록에 추가하였고, 저항회로 해석에 사용한 방법들이 인덕터와 커패시터에도 여전히 유효한지를 알아보기로 하자. 3장에서 저항을 다루었듯이 먼저 이들 소자를 직렬 또는 병렬결합하였을 때 간단한 등가회로로 대치하는 방법을 공부하기로 한다.

먼저 키르히호프의 두 법칙을 주목하여 보면 두 법칙은 모두 공리적인 것이다. 우리가 이 두 법칙에 대하여 가설을 세울 때 회로를 구성하는 소자의 종류에 대하여 제한하지 않았기 때문에 이 두 법칙은 여전히 성립한다.

인덕터의 직렬결합

먼저 그림 7.18*a*에서처럼 직렬로 연결된 N개의 인덕터에 인가된 이상 전압원을 고려하자. 인덕터의 직렬결합을 바꾸어 놓아도 전류 $i(t)$가 변하지 않는 하나의 등가 인덕터 L_{eq}를 구해야 한다. 그림 7.18*b*는 그 등가회로를 보인 것이다. 원래 회로에 KVL을 적용하면, 다음과 같이 된다.

$$\begin{aligned} v_s &= v_1 + v_2 + \cdots + v_N \\ &= L_1\frac{di}{dt} + L_2\frac{di}{dt} + \cdots + L_N\frac{di}{dt} \\ &= (L_1 + L_2 + \cdots + L_N)\frac{di}{dt} \end{aligned}$$

이를 더 간결하게 쓰면 다음과 같이 된다.

$$v_s = \sum_{n=1}^{N} v_n = \sum_{n=1}^{N} L_n\frac{di}{dt} = \frac{di}{dt}\sum_{n=1}^{N} L_n$$

그런데 등가회로에서는 다음과 같이 된다.

$$v_s = L_{eq}\frac{di}{dt}$$

그러므로 등가 인덕턴스는 다음과 같이 된다.

$$L_{eq} = L_1 + L_2 + \cdots + L_N$$

또는

$$L_{eq} = \sum_{n=1}^{N} L_n \qquad [11]$$

이다. 여러 개의 인덕턴스를 직렬로 연결하였을 때의 등가 인덕턴스는 각 직렬 인덕턴스의 합이다. 이것은 저항의 직렬결합 때와 같은 결과이다.

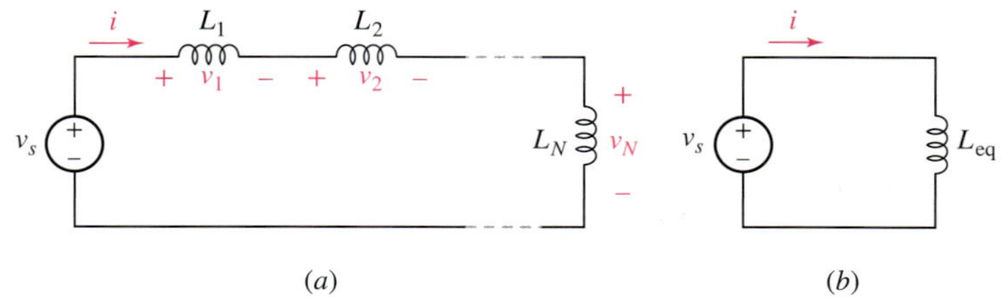

그림 7.18 (*a*) N개 인덕터가 직렬로 연결된 회로. (*b*) 등가회로. 여기서 $L_{eq} = L_1 + L_2 + \cdots + L_N$.

인덕터의 병렬결합

인덕터를 병렬결합할 때 등가 인덕턴스는 그림 7.19a에 보인 회로에 하나의 마디방정식을 세움으로써 구할 수 있다.

$$i_s = \sum_{n=1}^{N} i_n = \sum_{n=1}^{N}\left[\frac{1}{L_n}\int_{t_0}^{t} v\,dt' + i_n(t_0)\right]$$
$$= \left(\sum_{n=1}^{N}\frac{1}{L_n}\right)\int_{t_0}^{t} v\,dt' + \sum_{n=1}^{N} i_n(t_0)$$

이것을 그림 7.19b의 등가회로와 비교하면, 다음과 같이 된다.

$$i_s = \frac{1}{L_{eq}}\int_{t_0}^{t} v\,dt' + i_s(t_0)$$

키르히호프의 전류법칙에 의해 $i_s(t_0)$는 t_0에서의 가지 전류의 합과 같으며, 따라서 두 적분항도 같아야 된다. 그러므로, 다음과 같이 된다.

$$L_{eq} = \frac{1}{1/L_1 + 1/L_2 + \cdots + 1/L_N} \qquad [12]$$

두 인덕터의 병렬결합일 경우는 다음과 같다.

$$L_{eq} = \frac{L_1 L_2}{L_1 + L_2} \qquad [13]$$

인덕터의 병렬결합도 저항의 병렬결합과 완전히 같음을 알 수 있다.

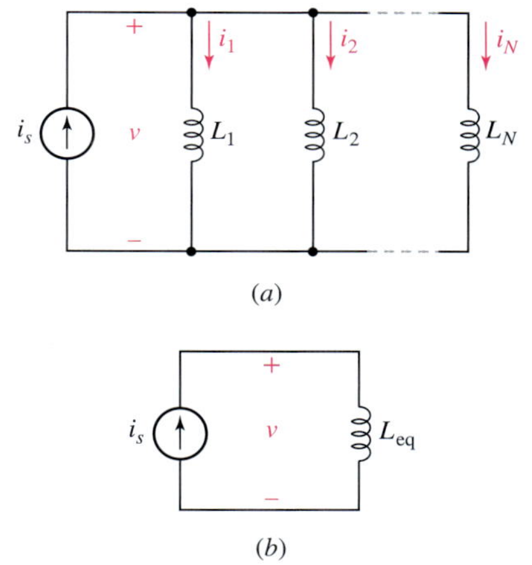

그림 7.19 (a) N개 인덕터들의 병렬결합. (b) 등가회로. 여기서 $L_{eq} = [1/L_1 + 1/L_2 + \cdots + 1/L_N]^{-1}$.

커패시터의 직렬결합

직렬로 연결된 N개 커패시터의 등가 커패시턴스를 구하기 위해, 그림 7.20a의 회로와 그림 7.20b의 등가회로를 사용하면 다음과 같이 쓸 수 있다.

$$v_s = \sum_{n=1}^{N} v_n = \sum_{n=1}^{N}\left[\frac{1}{C_n}\int_{t_0}^{t} i\,dt' + v_n(t_0)\right]$$
$$= \left(\sum_{n=1}^{N}\frac{1}{C_n}\right)\int_{t_0}^{t} i\,dt' + \sum_{n=1}^{N} v_n(t_0)$$

그리고, 다음과 같이 된다.

$$v_s = \frac{1}{C_{eq}}\int_{t_0}^{t} i\,dt' + v_s(t_0)$$

키르히호프의 전압법칙에 의해 $v_s(t_0)$는 t_0에서의 커패시터 전압의 합과 같다. 따라서, 다음과 같이 된다.

$$C_{eq} = \frac{1}{1/C_1 + 1/C_2 + \cdots + 1/C_N} \qquad [14]$$

즉 커패시터를 직렬결합하면 저항을 병렬결합하였을 때와 같은 결과를 얻는다. 커패시터가 2개인 경우는 다음과 같은 식을 얻는다.

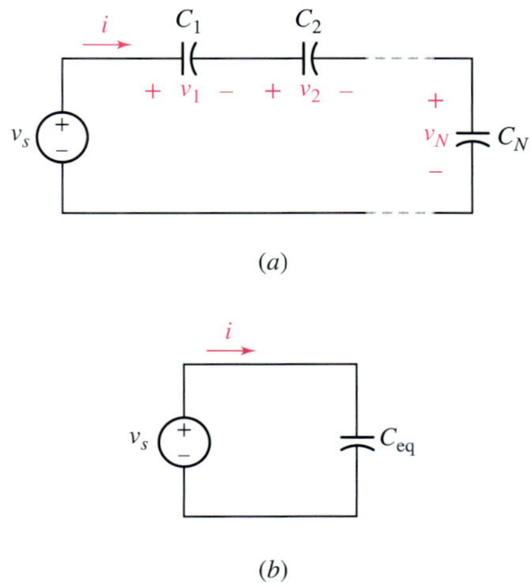

그림 7.20 (a) N개 커패시터가 직렬로 연결된 회로. (b) 등가회로. 여기서 $C_{eq} = [1/C_1 + 1/C_2 + \cdots + 1/C_N]^{-1}$.

$$C_{\text{eq}} = \frac{C_1 C_2}{C_1 + C_2} \qquad [15]$$

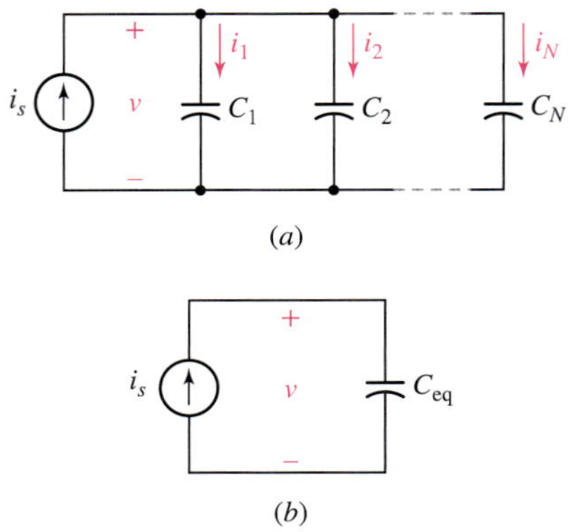

그림 7.21 (a) N개 커패시터의 병렬결합. (b) 등가 회로. 여기서 $C_{\text{eq}} = C_1 + C_2 + \cdots + C_N$.

커패시터의 병렬결합

마지막으로 그림 7.21의 회로로부터 N개의 커패시터를 병렬결합하였을 때의 등가 커패시턴스는 다음과 같이 된다.

$$C_{\text{eq}} = C_1 + C_2 + \cdots + C_N \qquad [16]$$

놀랍게도 커패시터의 병렬결합은 저항의 직렬결합과 같은 형태이며, 각각의 커패시턴스를 더하면 된다.

이러한 공식들은 잘 기억해둘 필요가 있다. 인덕터 직렬결합과 병렬결합에 적용된 공식들은 저항에서와 같기 때문에 일반적으로 이해하기 쉽다. 그러나 커패시터의 직렬결합과 병렬결합에 대응되는 공식들은 저항과 인덕터의 경우와 반대되므로 경솔하게 계산하면 틀릴 수 있기 때문에 조심해야 한다.

예제 7.8

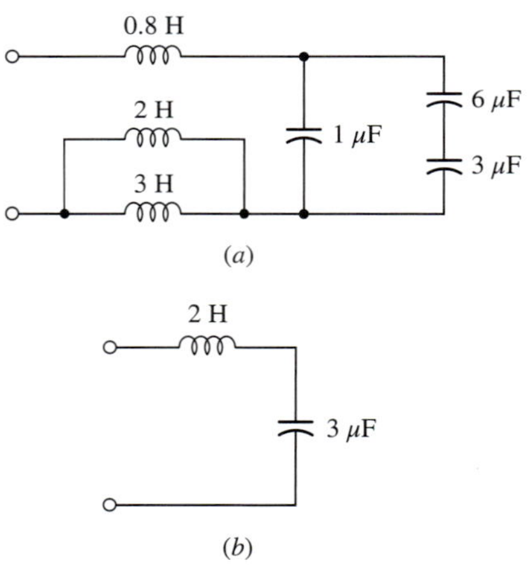

그림 7.22 (a) 주어진 LC 회로. (b) 간단한 등가 회로.

직렬-병렬 결합을 이용하여 그림 7.22a의 회로를 간단히 하라.

우선 6 μF와 3 μF를 직렬 결합하면 2 μF가 되고 이 2 μF의 등가 커패시터는 1 μF와 병렬로 연결되어 있으므로 등가 커패시턴스는 3 μF이다. 3 H 인덕터와 2 H 인덕터는 1.2 H 등가 인덕터로 대체될 수 있으며, 직렬로 연결된 0.8 H의 인덕터를 더하면 총적인 등가 인덕턴스는 2 H가 된다. 위의 결과로부터 그림 7.22b와 같은 더 간단한(더 값싼) 등가회로를 얻는다.

익힘문제 7.8

그림 7.23의 회로에서 C_{eq}를 구하라.

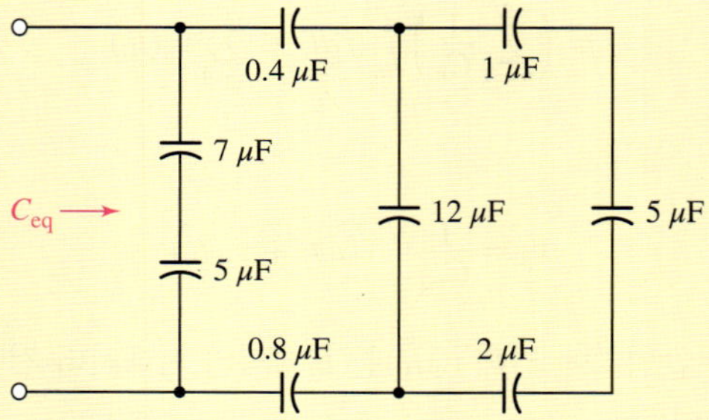

그림 7.23

답: 3.18 μF.

그림 7.24의 회로에서 3개의 인덕터와 3개의 커패시터가 있으나 각 인덕터와 커패시터를 직렬 또는 병렬로 결합할 수 없으므로 이 회로는 여기서 제시한 방법을 사용하여 더 간단히 할 수 없다.

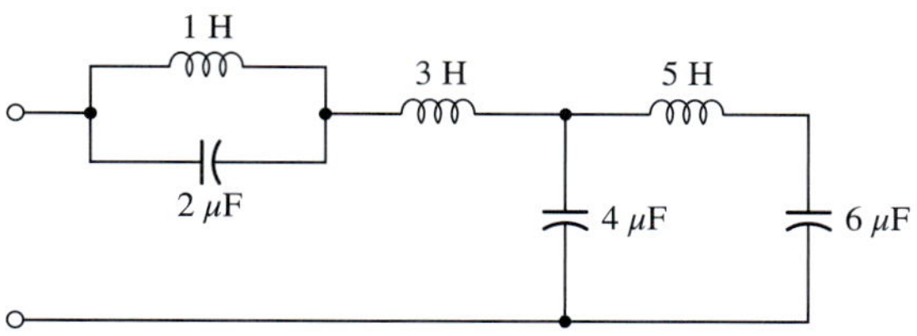

그림 7.24 인덕터와 커패시터의 직렬/병렬 결합이 불가능한 *LC* 회로.

7.4 선형성과 그 중요성

다음은 마디와 메쉬해석에 대해 고려한다. 키르히호프 법칙을 적용할 것을 이미 알기 때문에 독립적인 충분한 방정식을 작성하는 데 별 어려움은 없다. 그 방정식들은 일정 계수를 갖는 선형 미적분방정식이 된다. 결과적으로 우리는 *RLC* 회로에서 키르히호프 법칙을 익숙하게 사용하기 위해 다음 장에서 간단한 경우의 해답을 논의할 것이다.

예제 7.9

그림 7.25의 회로에 적당한 마디방정식을 기술하라.

마디 전압을 선정하여 중심 마디를 출발하는 전류들의 합을 구한다.

$$\frac{1}{L}\int_{t_0}^{t}(v_1 - v_s)\,dt' + i_L(t_0) + \frac{v_1 - v_2}{R} + C_2\frac{dv_1}{dt} = 0$$

여기서 $i_L(t_0)$는 적분이 시작하는 시점에서의 인덕터 전류의 값이다. 오른편 마디에서는 다음과 같이 된다.

$$C_1\frac{d(v_2 - v_s)}{dt} + \frac{v_2 - v_1}{R} - i_s = 0$$

두 방정식을 다시 쓰면 다음을 얻을 수 있다.

$$\frac{v_1}{R} + C_2\frac{dv_1}{dt} + \frac{1}{L}\int_{t_0}^{t} v_1\,dt' - \frac{v_2}{R} = \frac{1}{L}\int_{t_0}^{t} v_s\,dt' - i_L(t_0)$$

$$-\frac{v_1}{R} + \frac{v_2}{R} + C_1\frac{dv_2}{dt} = C_1\frac{dv_s}{dt} + i_s$$

이것들은 이미 예견된 미적분 방정식이다. 그리고 이 방정식들에 대해 몇

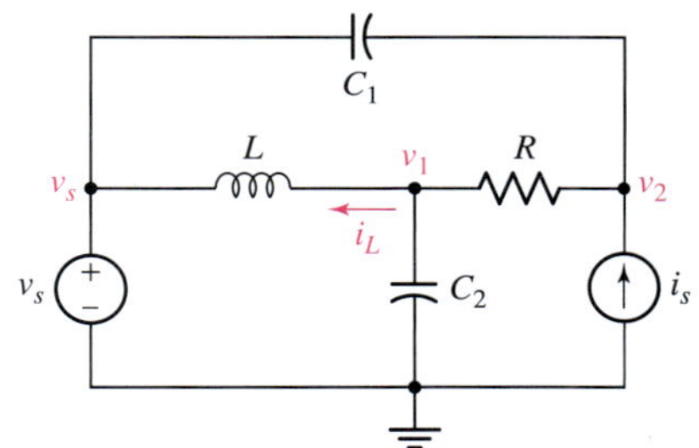

그림 7.25 정해진 마디 전압을 가진 4-마디 *RLC* 회로.

몇 재미있는 점을 알 수 있다. 첫 번째, 전원 전압인 v_s가 수식에 단순히 v_s가 아닌 적분과 도함수로서 삽입된다. 두 전원은 모든 시간에 지정되기 때문에 우리는 미분이나 적분을 계산할 수 있어야 한다. 두 번째, 인덕터 전류의 초기값인 $i_L(t_0)$은 중심 마디에서 일정한 전원 전류처럼 동작한다.

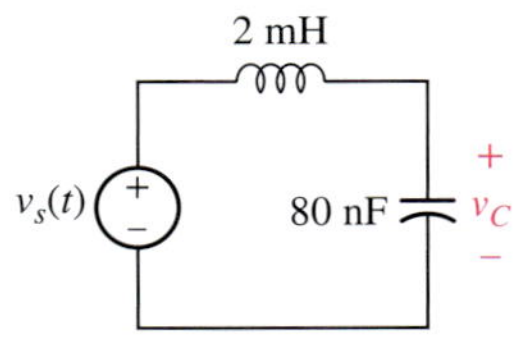

그림 7.26

익힘문제 7.9

만약 그림 7.26의 회로에서 $v_C(t) = 4 \cos 10^5 t$ V인 경우 $v_s(t)$를 구하라.

답: $-2.4 \cos 10^5 t$ V.

이 시점에서 미적분방정식의 답을 구하려고 하지 않을 것이다. 그러나 전압 구동함수가 시간의 정현 함수일 때 전압 구동함수는 각각 3개의 수동적인 단자에 대해 전압-전류 비(**임피던스**) 혹은 전류-전압 비(**어드미턴스**)로 정의가 가능하다.

앞선 방정식에서 두 마디 전압에 적용되는 인자는 단순한 곱셈 인자가 된다. 그리고 그 방정식은 다시 선형 대수 방정식이 된다. 또한 RLC 회로에 선형성의 장점을 적용하고자 한다. 선형 회로에 대한 이전의 정의에 따라 인덕터와 커패시터를 위한 전압-전류 관계가 선형이기 때문에 이 회로들 또한 선형 관계가 된다. 인덕터에 대해 다음과 같다.

$$v = L\frac{di}{dt}$$

그리고 어떤 상수 K를 전류에 곱하면 전압은 인자 K에 의해 더 커진다. 적분 형식을 보면 다음과 같다.

$$i(t) = \frac{1}{L}\int_{t_0}^{t} v\,dt' + i(t_0)$$

커패시터에 대해서도 선형이다. 따라서 독립전원, 선형 종속전원 그리고 선형 저항, 인덕터, 그리고 커패시터로 구성되는 회로는 선형회로이다.

선형회로에서 응답은 구동 함수에 비례하는 값이다. 이것은 미적분방정식을 일반적인 시스템에 사용함으로써 증명된다. 모든 항들을 각각 방정식의 왼쪽 편에서 Ri, $L\,di/dt$, 그리고 $1/C \int i\,dt$의 형식을 갖게 둔다. 그리고 오른쪽에는 독립전원 전압을 유지한다. 단순한 예로서, 어떤 방정식은 다음과 같은 형식을 가질 수 있다.

$$Ri + L\frac{di}{dt} + \frac{1}{C}\int_{t_0}^{t} i\,dt' + v_C(t_0) = v_s$$

만약 모든 독립전원이 인자 K에 의해 증가하고 있다면 각 방정식의 오른쪽은 인자 K에 의해 더 커진다. 지금 오른쪽에서 각 항은 루프전류를 수반하는 선형 항이거나 초기 커패시터 전압이 된다. 인자 K에 의해 모든 응답(루프 전류)이 증가하기 위해선 인자 K에 의해 초기 커패시터 전압을 증가시켜야 한다. 즉 초기 커패시터 전압을 독립 전원 전압으로 다루고, 또한 인자 K에 의해 증가해야 한다. 유사한 방법으로 초기 인덕터 전류는 마디 해석에서 독립 전원전류로 나타낸다.

전원과 응답 사이의 비례성 원리는 일반적인 RLC 회로로 확장될 수 있고, 또한 중첩의 원리 또한 적용할 수 있다. 중첩의 원리를 적용하는 경우에 초기 인덕터 전류와 커패시터 전압는 독립전원으로 취급되어야 하고, 각 초기값은 교대로 동작하지 않는 상태로 두어야 함을 주지해야 한다. 5장에서 중첩의 원리가 저항 회로의 선형성의 당연한 결과라고 배웠다. 저항 중첩회로는 저항에 대해 전압-전류의 관계가 선형이고, 키르히호프 법칙도 선형이기 때문에 선형이다.

그러나 RLC 회로에 중첩의 원리를 적용하기 전에 단지 1개의 독립 전원이 존재할 때 이 회로들을 설명할 수 있는 방정식을 푸는 방법을 알아야 한다. 여기서 선형 회로는 크기가 전원의 크기에 비례하는 응답을 가져야 한다. 또한 중첩의 원리를 적용할 때 $t = t_0$일 때 정해진 커패시터 전압이나 인덕터 전류를 고려해야 한다.

테브난과 노턴의 이론은 초기 회로의 선형성, 키르히호프의 적용 가능성 그리고 중첩의 원리에 기반한다. 일반적인 RLC 회로는 이와 같은 필요 요건들을 완전히 따르므로 독립 전압 및 전류 전원, 선형 종속 전압 및 전류 전원 그리고 선형 저항, 인덕터 그리고 커패시터의 어떠한 결합을 갖는 모든 선형 회로들은 원한다면 이 두 이론, 즉 테브난과 노턴의 이론을 이용하여 해석할 수 있다.

7.5 커패시터를 갖는 간단한 연산 증폭기 회로

6장에서 이상적인 연산증폭기를 기반으로 한 증폭기 회로의 다른 형태들을 소개하였다. 거의 모든 경우에 있어서 출력은 어떤 저항 비율의 결합에 의해 입력전압에 관련되어 있다는 것을 발견할 수 있다. 이 저항들을 하나 혹은 그 이상의 커패시터로 대체한다면, 출력이 입력전압의 적분이나 미분에 비례하는 회로를 얻을 수 있다. 이러한 회로는 실질적으로 넓게 사용되고 있으며, 예를 들어, 속력 센서는 가속기에 비례하는 신호를 공급하는 연산증폭기 회로에 연결될 수 있다. 혹은 정해진 주기 시간 동안 측정된 전류를 적분함으로써 금속 전극에 입사된 전체 전하량을 나타내는 출력신호를 얻을 수 있다.

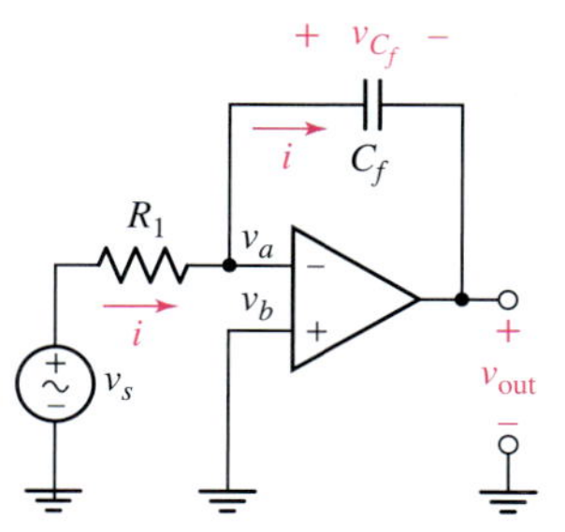

그림 7.27 적분기로서 연결된 이상적인 연산 증폭기.

이상적인 연산증폭기 회로를 사용하여 적분기를 만들어내기 위해서는 비반전 입력을 접지시키고, 반전 입력으로 돌아가는 궤환(feedback) 소자로 이상적인 커패시터를 장착하고, 그림 7.27에서 나타낸 것처럼 신호원 v_s를 이상적인 저항을 통해 반전 입력에 연결한다. 반전 입력에서 마디 해석을 적용하면, 다음과 같이 된다.

$$0 = \frac{v_a - v_s}{R_1} + i$$

전류 i를 커패시터에 걸리는 전압과 관련시킬 수 있다.

$$i = C_f \frac{dv_{C_f}}{dt}$$

결과적으로 다음과 같이 된다.

$$0 = \frac{v_a - v_s}{R_1} + C_f \frac{dv_{C_f}}{dt}$$

이상적인 연산증폭기 규칙 2에 의하면 $v_a = v_b = 0$이므로, 다음과 같이 된다.

$$0 = -\frac{v_s}{R_1} + C_f \frac{dv_{C_f}}{dt}$$

적분하여 v_{out}에 대해 풀면, 다음과 같이 된다.

$$v_{C_f} = v_a - v_{\text{out}} = 0 - v_{\text{out}} = \frac{1}{R_1 C_f} \int_0^t v_s \, dt' + v_{C_f}(0)$$

혹은

$$v_{\text{out}} = -\frac{1}{R_1 C_f} \int_0^t v_s \, dt' - v_{C_f}(0) \qquad [17]$$

그러므로 적분기를 구성하기 위해서 연산증폭기와 커패시터, 저항을 결합하였다. 첫 번째 출력항은 $t' = 0$에서 t까지 입력값의 적분의 음수에 $1/RC$ 배를 한 값이다. 그리고 두 번째 항은 v_{Cf}의 초기값의 음수이다. 만약 $R = 1\ \text{M}\Omega$, $C = 1\ \mu\text{F}$를 선택하면 $(RC)^{-1}$값은 1이 된다. 예를 들어, 다른 선택은 출력전압을 증가시키거나 감소시킬 수 있다.

적분 회로를 마치기 전에 탐구심이 풍부한 독자로부터 다음 질문을 미리 예상할 수 있다. **커패시터 대신 인덕터를 사용하여 미분기를 얻을 수 있습니까?** 실제로 회로 설계자는 인덕터의 크기와 무게, 가격, 외에도 저항과 커패시턴스가 관련되어 있기 때문에 가능한 인덕터의 사용을 피하고 있다. 대신에 그림 7.27에서 저항과 커패시턴스의 위치를 서로 바꿈으로써 미분기를 얻을 수 있다.

예제 7.10

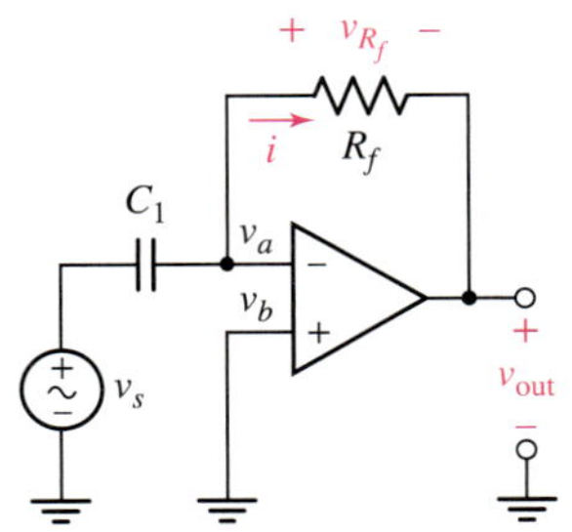

그림 7.28 미분기로서 연결된 이상적인 연산 증폭기.

그림 7.28에 보여진 연산증폭기 회로의 출력 전압에 대한 방정식을 유도하라.

$v_{C_1} \triangleq v_a - v_s$과 함께 반전 입력 핀에서 마디방정식을 기술하면 다음과 같다.

$$0 = C_1 \frac{dv_{C_1}}{dt} + \frac{v_a - v_{\text{out}}}{R_f}$$

이상적인 연산증폭기 법칙 2, $v_a = v_b = 0$을 적용하면, 다음과 같이 된다.

$$C_1 \frac{dv_{C_1}}{dt} = \frac{v_{\text{out}}}{R_f}$$

v_{out}에 대해 풀면, 다음과 같이 된다.

$$v_{out} = R_f C_1 \frac{dv_{C_1}}{dt}$$

$v_{C1} = v_a - v_s = -v_s$이므로, 다음과 같이 된다.

$$v_{out} = -R_f C_1 \frac{dv_s}{dt}$$

그림 7.27의 회로에서 저항와 커패시터를 교환함으로써 적분기 대신에 미분기를 얻을 수 있다.

익힘문제 7.10

그림 7.29에 보여진 회로에 대해 v_s의 항으로 v_{out}에 대한 방정식을 구하라.

답: $v_{out} = -L_f/R_1\ dv_s/dt$

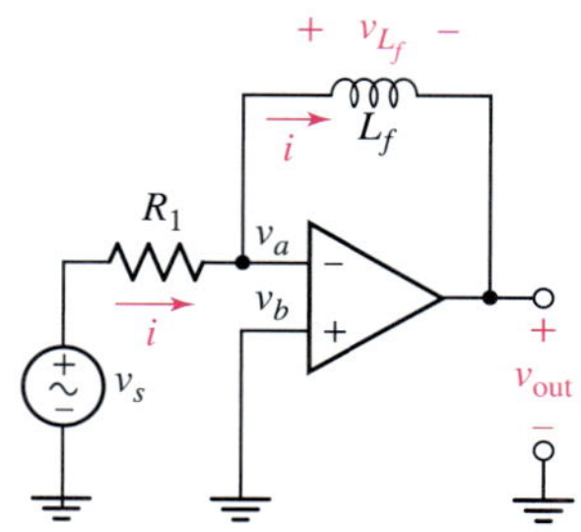

그림 7.29

7.6 쌍대성

쌍대성의 개념은 많은 기초적인 공학 개념에 적용된다. 이 절에서는 쌍대성을 회로 방정식의 관점에서 정의하기로 한다. 한 회로의 메쉬방정식이 다른 회로의 마디방정식과 **수학적인 형태가 동일**할 때 두 회로는 쌍대관계에 있다고 말한다. 만일 한 회로의 메쉬방정식이 다른 회로의 마디 방정식과 수치까지도 완전히 같으면 두 회로는 완전 쌍대관계에 있다고 말한다. 물론 전압과 전류변수 그 자체가 같은 것은 아니다. 쌍대성은 단지 쌍대회로가 나타내는 성질에 관한 개념일 뿐이다.

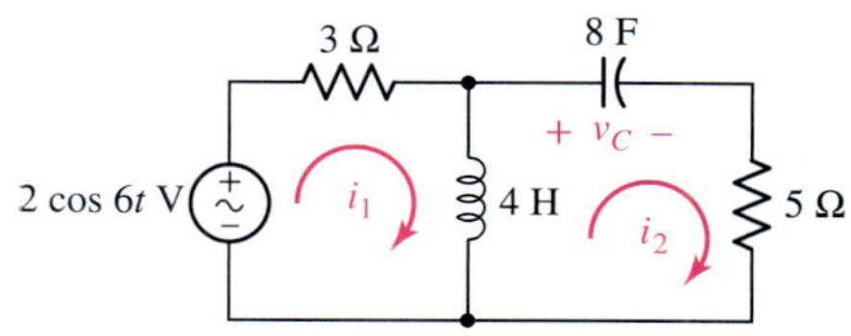

그림 7.30 쌍대성의 정의를 적용하기 위한 쌍대회로 $v_C(0) = 10$ V.

그림 7.30에서 보여진 회로에 대해 2개의 메쉬방정식을 기술함으로써 완전 쌍대회로를 구성하기 위한 정의를 사용하자. 두 메쉬 전류 i_1, i_2를 지정하면 메쉬방정식은 다음과 같다.

$$3i_1 + 4\frac{di_1}{dt} - 4\frac{di_2}{dt} = 2\cos 6t \qquad [18]$$

$$-4\frac{di_1}{dt} + 4\frac{di_2}{dt} + \frac{1}{8}\int_0^t i_2\,dt' + 5i_2 = -10 \qquad [19]$$

정확한 쌍대회로를 나타내는 2개의 방정식을 지금 설정할 수 있다. 이것이 마디방정식이기를 원하면, 우선 식 [18]과 [19]에서의 i_1, i_2를 각기 마디 전압 v_1, v_2로 바꾼다. 그러면 다음을 얻는다.

$$3v_1 + 4\frac{dv_1}{dt} - 4\frac{dv_2}{dt} = 2\cos 6t \qquad [20]$$

$$-4\frac{dv_1}{dt} + 4\frac{dv_2}{dt} + \frac{1}{8}\int_0^t v_2\,dt' + 5v_2 = -10 \qquad [21]$$

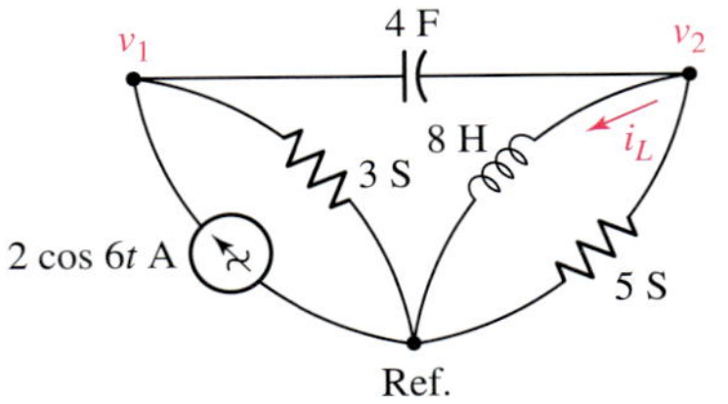

그림 7.31 그림 7.30에 대한 정확한 쌍대성 회로.

이 2개의 마디방정식에 의해 나타나는 회로를 구하면 된다.

먼저 기준마디를 나타내는 선을 그린 다음 v_1, v_2에 대응하는 2개의 마디를 정한다. 식 [20]은 2 cos 6t의 전류원이 마디 1과 기준마디 사이에 연결되어 마디 1로 전류가 흘러 들어감을 나타낸다. 이 식으로부터 3 S의 컨덕턴스가 마디 1과 기준마디 사이에 연결되어 있는 것을 알 수 있다. 이제 식 [21]에 눈을 돌리고 우선 식 [20]과 [21]에 공통으로 들어 있지 않은 항을 고려한다. 8 H의 인덕터와 5 S 컨덕턴스가 병렬로 마디 2와 기준마디 사이에 결합됨을 알 수 있다. 식 [20]과 [21]에 공통으로 들어있는 항은 상호 커패시터를 마디 1과 2 사이에 결합할 4 F 커패시터를 나타낸다. 식 [21]의 오른쪽 상수는 $t = 0$에서의 인덕터 전류 $i_L(0) = 10$ A를 나타낸다. 쌍대회로는 그림 7.31에 보여진다. 이때 각 방정식은 수치까지 똑같기 때문에 이 두 회로는 완전 쌍대관계에 있다.

방정식을 이용하지 않고 더 간단한 방법으로 쌍대회로를 구할 수 있다. 주어진 회로의 쌍대회로를 구성하기 위하여 그 회로의 메쉬방정식을 생각하면서 각 메쉬에 기준마디가 아닌 마디를 하나씩 대응시키고, 외부 메쉬에는 기준마디를 대응시킨다. 달리 말하면 주어진 회로도에 있어서 각 메쉬의 중심에 마디를 배치하고 회로망 가까이, 즉 회로도의(외부 메쉬에) 기준마디를 배치한다. 두 메쉬에 공통소자는 상호소자로서 대응하는 2개의 방정식 부호만 다르게 나타나는 공통항이다. 이것은 2개의 대응하는 마디방정식에서 쌍대항을 나타낼 수 있는 소자로 대치해야 할 것이며, 이 쌍대소자는 상호소자를 공유하는 메쉬 안에 배치한 2개의 마디 사이를 직접 연결해야 한다.

쌍대 소자의 성질은 쉽게 결정되며 인덕턴스를 커패시턴스로, 커패시턴스를 인덕턴스로, 컨덕턴스를 저항으로, 저항을 컨덕턴스로 바꾸기만 하면 방정식의 수학적 형태는 같게 될 것이다. 따라서 그림 7.30에 보인 회로의 메쉬 1과 2 사이의 공통 소자인 4 H 인덕터는 쌍대회로에서 마디 1과 2 사이를 직접 연결하는 4 F의 커패시터가 된다. 하나의 메쉬에만 나타나는 소자들은 그 메쉬에 대응하는 마디와 기준마디 사이에 쌍대 소자를 가져야 한다. 그림 7.30에서 2 cos 6t V의 전압원은 오직 메쉬 1에만 나타나므로 그 쌍대소자는 2 cos 6t A의 전류원에 해당하며 마디 1과는 기준마디 사이에만 연결한다. 전압원은 시계방향으로 전압상승이 있기 때문에 전류원은 기준마디에서 반대쪽으로 향한다. 끝으로, 주어진 회로의 8 F 커패시터에 걸리는 초기전압의 쌍대에 대해서도 대책을 마련해야 한다. 방정식으로부터 커패시터 초기전압의 쌍대량은 쌍대회로에서 인덕터의 초기전류에 해당하며 값은 같게 된다. 초기 전류의 부호는 주어진 회로의 초기전압과 쌍대회로의 초기전류를 전원으로 생각하면 쉽게 구할 수 있다. 주어진 회로에서 v_C를 전원으로 취급하면 메쉬방정식의 오른편에 $-v_C$로 나타난다. 쌍대회로에서 i_L을 전원으로 취급하면 마디방정식의 오른편에 $-i_L$로 나타난다. 전원으로 취급하면 양쪽에서 다 같은 부호를 갖기 때문에 $v_C(0) = 10$ V이면 $i_L(0)$은 10 A이어야 한다.

그림 7.30의 회로는 그림 7.32에서 반복되고 회로도 위에 완전 쌍대회로를 그

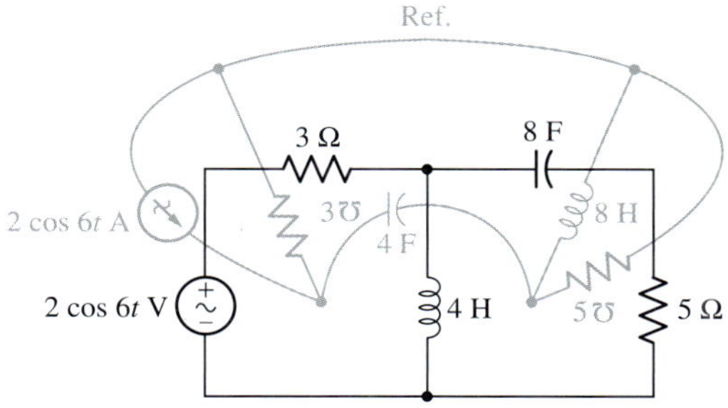

그림 7.32 그림 7.30에 대한 쌍대 회로가 회로 다이어그램으로 직접 구성된다.

린 것이다. 주어진 소자를 공통으로 하는 두 망로 안에 배치한 마디를 주어진 소자의 쌍대소자로 연결하기만 하면 된다. 이 쌍대회로를 더 표준적인 회로도로 다시 그린 것이 그림 7.31이다.

그림 7.33*a*와 *b*는 쌍대회로를 구성하는 또 다른 예를 보인 것이다. 쌍대회로의 소자값이 주어져 있지 않기 때문에 두 회로는 쌍대회로이지만 완전 쌍대회로라고는 할 수 없다. 그림 7.33*b*에서 5개의 각 메쉬에 마디를 배치하고 같은 방법을 되풀이함으로써 원래의 회로를 복원할 수 있다.

회로 해석 또는 회로동작을 기술하는 언어에도 쌍대성의 개념이 이용된다. 예를 들어, 커패시터와 전압원의 직렬회로에서 다음과 같이 말할 수 있다. "전압원은 커패시터에 전류를 흐르게 한다." 쌍대적인 표현은 "전류원은 인덕터에 전압이 걸리게 한다."이다. "전류가 직렬회로를 돌고 돌아 흐른다."와 같은 부주의하고 애매한 문장의 쌍대 표현은 다소 독창적인 표현이 요구될 수 있다.[4]

언어 표현에 대한 쌍대관계의 실례로서 테브난의 정리에서 노턴의 정리를 얻을 수 있다.

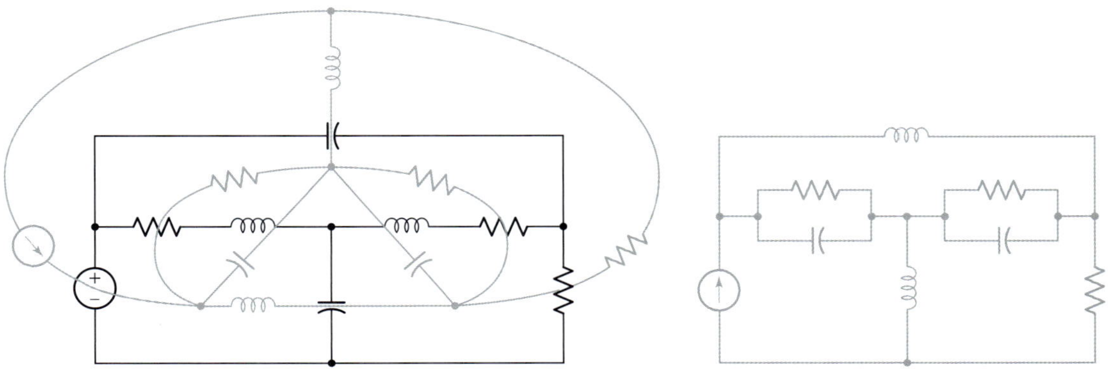

그림 7.33 (*a*) 주어진 회로(검은색)에 쌍대성(회색)을 주어 구성된 쌍대 회로. (*b*) 원래 회로와 비교하기 위하여 좀 더 관례적인 형태로 구성한 쌍대 회로.

4 혹자는 "전압이 병렬회로의 모든 소자에 걸린다."라고 제시할 수 있다.

지금까지는 쌍대소자, 쌍대용어, 쌍대회로에 대하여 논의하였다. 이번에는 쌍대회로망에 대해서 생각하여 보자. 저항 R과 인덕터 L의 직렬회로의 쌍대는 어떻게 될까? 이 2단자망의 쌍대회로망도 존재하며 주어진 회로망에 하나의 이상전원을 결합하면 쉽게 구할 수 있다. 이때 쌍대회로는 컨덕턴스 G(R과 같은 크기를 가지는)와 커패시턴스 C(L과 같은 크기를 가지는)를 쌍대전원과 병렬로 연결하면 얻어진다. 쌍대전원에 연결된 2단자망을 쌍대회로망으로 볼 때, 즉 이것은 G와 C가 병렬로 연결된 2단자 회로망이다.

쌍대성은 메쉬방정식 또는 마디방정식을 바탕으로 하여 정의되었음을 주의하여야 한다. 비평면회로는 메쉬방정식으로 표현할 수 없기 때문에 비평면회로는 쌍대회로를 가질 수 없다. 쌍대원리는 주로 간단하고 기본적인 회로의 해석에서 작업 시간을 줄이는 데 사용된다. 만일 직렬 RL 회로를 이미 해석하였다면 병렬 RC 회로는 처음부터 다시 계산할 필요 없이 쌍대관계를 이용하여 쉽게 결과를 얻을 수 있다.

익힘문제 7.11

그림 7.34a의 회로에 단일 마디방정식을 기술하고 직접 대입함으로써 $v = -80e^{-10^6 t}$ mV가 해임을 보여라. 이것을 알고 있을 때 그림 7.34b의 회로에 대해 다음을 구하라.

(a) v_1 (b) v_2 (c) i

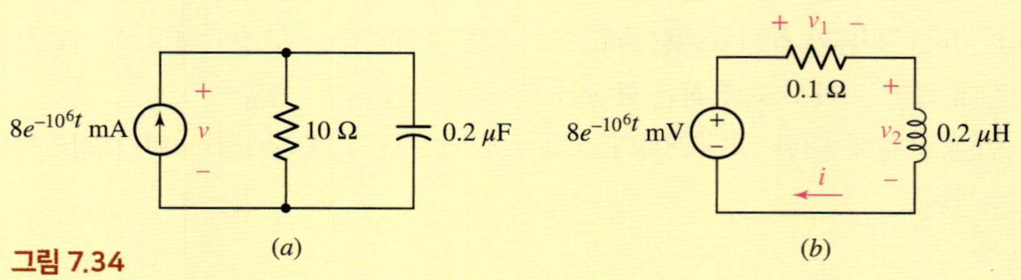

그림 7.34

답: $-8e^{-10^6 t}$ mV; $16e^{-10^6 t}$ mV; $-80e^{-10^6 t}$ mA

7.7 커패시터와 인덕터 회로의 컴퓨터 모델링

인덕터와 커패시터를 포함한 회로를 소프트웨어를 이용해서 분석할 때 각 단자, 즉 $v_C(0)$, $i_L(0)$의 초기 상태를 정확하게 정할 필요성이 있다. 특정 소프트웨어의 패키지에 따라 이를 달성하기 위해 현재 사용되는 몇 가지 방법이 있다. LTspice에서는, 커패시터가 부착된 마디 또는 인덕터를 통하는 전류에서 전압을 지정함으로써 얻을 수 있다. 그림 7.35에서처럼, **SPICE Directive** 명령문을 사용하여(**Edit** 메뉴에 있음) **.ic**라는 명령어를 사용하여 작업을 수행할 수 있다. 대화상자를 닫을 때, 텍스트는 회로도의 어느 곳에나 배치될 수 있다.

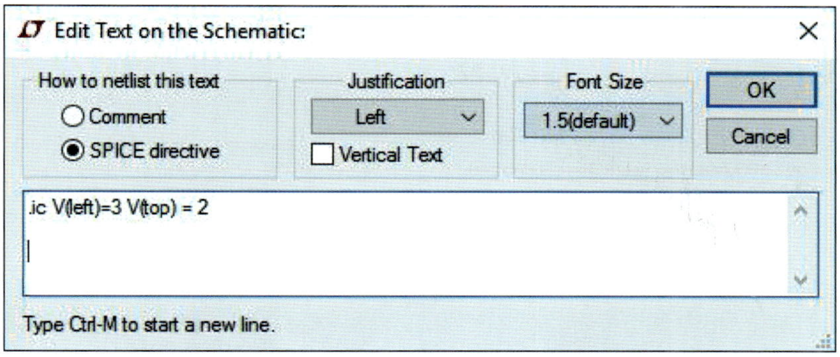

그림 7.35 *left*로 명명된 마디와 *top*로 명명된 마디 사이에 연결된 커패시터의 초기 조건을 입력하는 데 사용된 텍스트 편집 대화 상자. 커패시터 양단의 초기 전압은 1 V이며, *left*로 명명된 마디가 양의 접지이다.

예제 7.11

만약 $v_s = 1.5 \sin 100t$ V, $R_1 = 10$ kΩ, $C_f = 4.7$ μF, $v_C(0) = 2$ V일 때, 그림 7.36에 회로의 출력 전압 파형을 시뮬레이션 하라.

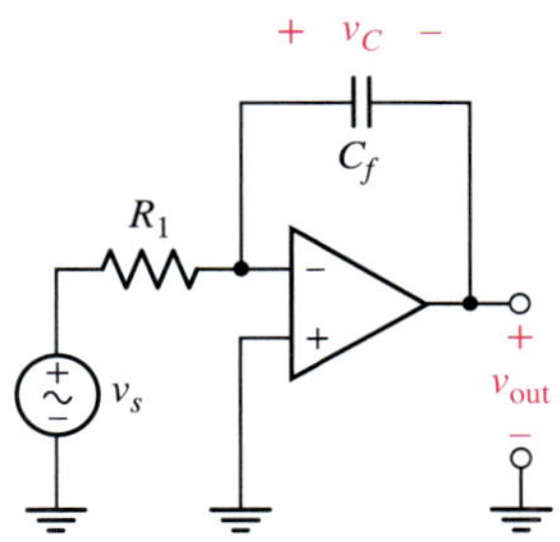

그림 7.36 적분 연산기 증폭 회로.

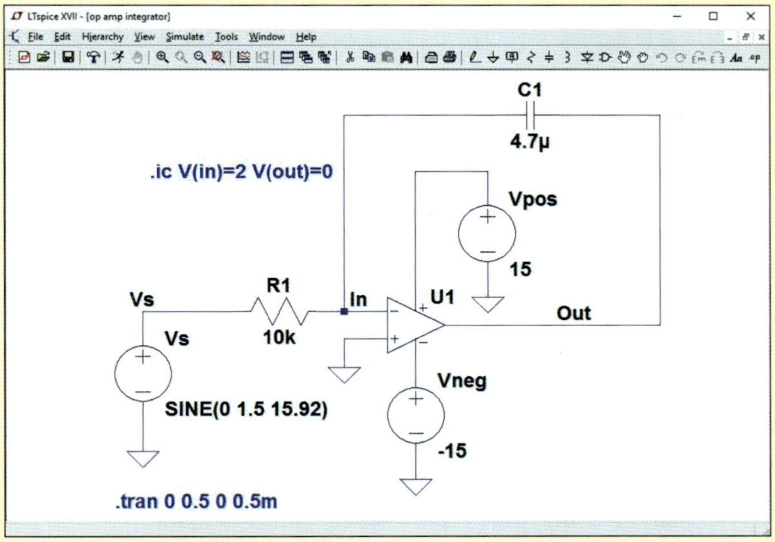

그림 7.37 .ic 명령어를 이용하여 2 V로 설정된 초기 커패시터 전압을 갖는 그림 7.36에 보여진 회로의 개념도.

그림 7.37의 커패시터에 걸리는 초기 전압을 정하기 위해 회로도를 그린다. 주파수를 100 rad/s에서 $100/2\pi = 15.92$ Hz로 변환해야 한다. 단순화를 위해, 윈도우 버전 LTspice에서 Edit 아래의 **Label Net** 함수를 이용하여 3개의 마디(Vs, In, Out)를 명명한다(또는 Mac Os 버전 **Draft** 아래의 **Net Name** 함수). ac 파라미터는 전압 Vs를 우 클릭하여 설정하며, 그림 7.38의 메뉴에 접근하기 위해 **Advanced**를 선택한다.

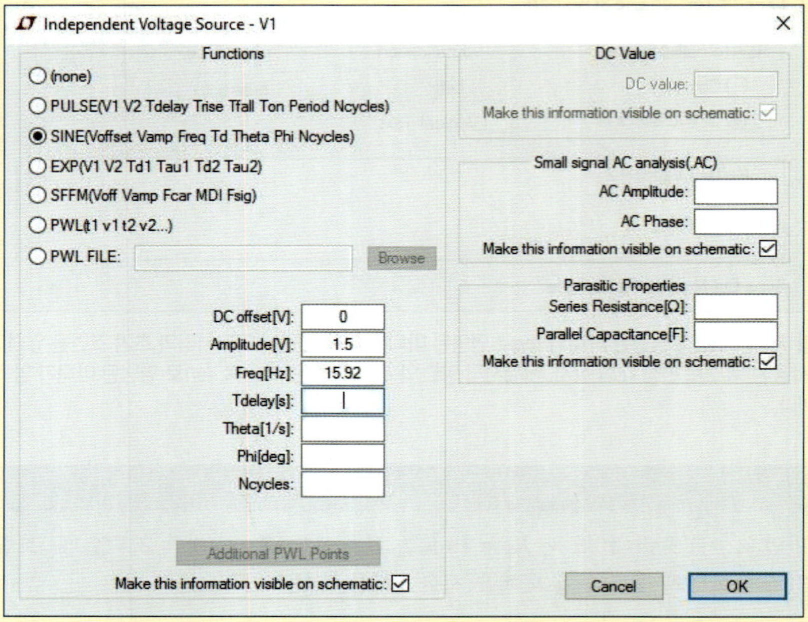

그림 7.38 윈도우 버전 LTspice의 정현파 소스 파라미터 설정을 위한 대화상자. Mac OS 버전의 고급 설정을 편집할 때는 약간 다른 그래픽 디스플레이가 나타난다.

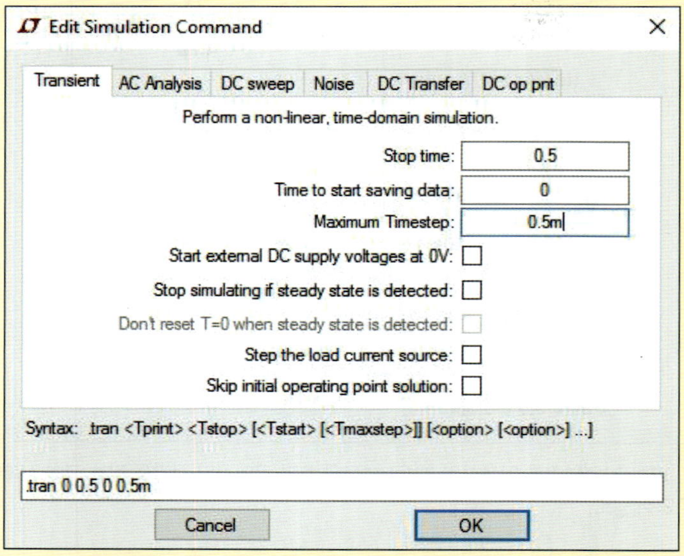

그림 7.39 과도상태 해석 설정을 위한 대화상자. 출력 파형의 여러 주기를 얻기 위해 최종 시간을 0.5로 선택한다(1/15.92 ≈ 0.06 s).

시간에 따라 변하는 전압 및 전류를 얻기 위해, **과도상태** 해석이 필요하다. **Edit** 메뉴에서, **SPICE Analysis**를 선택하면 그림 7.39의 대화 상자가 다시 나타난다. **Stop time**은 시뮬레이션이 종료되는 시간을 나타낸다. LTspice는 다양한 전압 및 전류를 계산할 자체 이산 시간을 선택한다. 과도 상태의 해답이 수렴하지 않을 때 에러 메시지를 나타내며, 또한 출력 파형은 원하는 대로 매끄럽게 나타나지 않는다. 이러한 상태에서는, **Maximun Timestep** 크기를 설정하는 것이 유용하며, 이 예제에서는 0.5 ms로 설정한다. 또는, **SPICE directive**는 텍스트 **.tran 0 0.5 0 0.5m**를 사용하여 회로도에 직접 입력할 수 있다. SPICE directive의 텍스트 입력은 **SPICE Analysis** 메뉴 옵션을 제공하지 않는 Mac OS 버전에 필요하다.

이전의 해석과 식 [17]로부터, 우리는 그림 7.40에서 보듯이 입력 파형에 음의 적분에 비례하는 출력을 기대한다. 즉 $v_{\text{out}} = 0.319 \cos 100t - 2.319$ V. 커패시터에 걸리는 2 V의 초기 상태는 평균이 0인 입력과 달리 출력에 대한 0이 아닌 평균값에서 적분의 결과로부터 상수항과 함께 결합되었다.

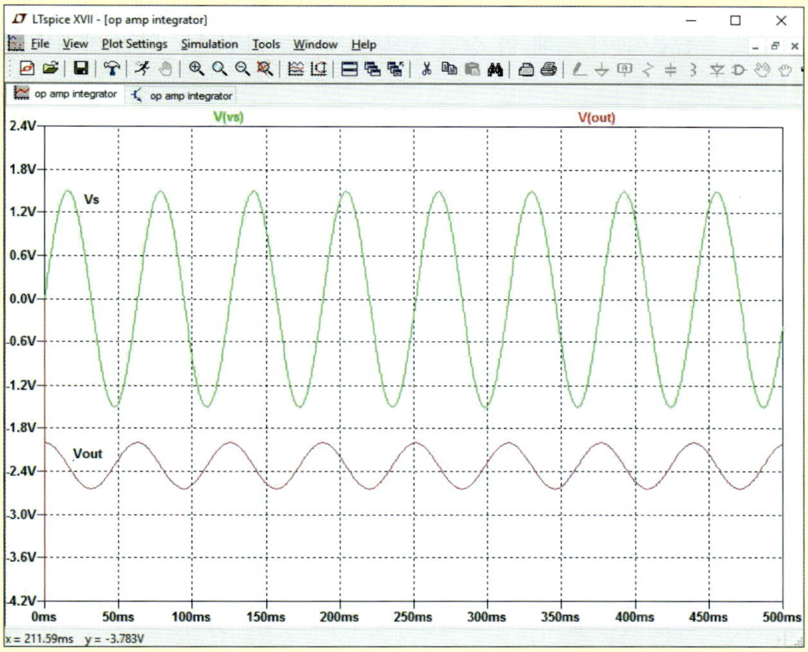

그림 7.40 비교를 위해 입력 파형과 함께 시뮬레이션 된 적분기 회로 출력.

요약 및 복습

다수의 실제 회로들은 오직 저항들과 전압/전류 전원만을 사용하여 효율적으로 모델링될 수 있다. 그러나 매우 흥미로운 사실은 일상의 일은 어떻게든 시간에 따라 변하는 문제를 포함하고, 이 경우에는 실제의 커패시턴스와 인덕턴스 모두 혹은 이 중 하나가 중요해질 수 있다는 것이다. 또한 주파수 선택 필터, 커패시터 뱅크 및 전기자동차의 전동기 설계에 이와 같은 에너지 저장소자를 사용한다.

이상적인 커패시터는 무한대의 분류저항과 단자전압의 시간변화율에 의존하는 전류를 갖는 소자로 모델링될 수 있다. 커패시턴스는 **패러드**(F) 단위로 측정된다. 반면에 인덕터는 0인 직렬저항과 전류의 시간변화율에 의존하는 단자전압을 갖는 소자로 모델링될 수 있다. 인덕턴스는 **헨리**(H) 단위로 측정된다. 각 소자는 **에너지를 저장**할 수 있으며, 커패시터에 존재하는, 즉 전계에 저장되는 에너지의 양은 단자전압의 제곱에 비례하고, 인덕터에 존재하는, 즉 자계에 저장되는 에너지의 양은 전류의 제곱에 비례한다.

저항의 경우와 마찬가지로 직렬/병렬 결합을 사용하여 커패시터(혹은 인덕터)의 결합을 간단하게 할 수 있다. KCL과 KVL을 적용하면 이와 같은 등가회로의 타당성을 알 수 있다. 일단(관심의 전류와 전압을 정의하기 위해 사용한 회로요소들을 떨어지게 결합하지 않도록 주의하면서) 회로를 가능한 간단하게 하면, 커패시턴스와 인덕턴스를 갖는 회로에 마디와 메쉬해석을 적용할 수 있다.

추가로 복습을 돕기 위해 이 장의 중요한 개념을 나열하고 관련 예제를 표시한다.

- ❑ 커패시터를 통해 흐르는 전류는 $i = C\,dv/dt$. (예제 7.1)
- ❑ 커패시터에 걸리는 전압은 다음 식에서 전류와 관련된다.

$$v(t) = \frac{1}{C}\int_{t_0}^{t} i(t')\,dt' + v(t_0)$$

  (예제 7.2)
- ❑ 커패시터는 직류 전류에 **개방회로**이다. (예제 7.1)
- ❑ 인덕터에 걸리는 전압은 $v = L\,di/dt$로 주어진다. (예제 7.4, 7.5)
- ❑ 인덕터를 통한 전류는 다음 식에서 전압과 관련된다.

$$i(t) = \frac{1}{L}\int_{t_0}^{t} v\,dt' + i(t_0)$$

  (예제 7.6)
- ❑ 인덕터는 직류 전류에 대해 **단락회로**이다. (예제 7.4, 7.5)
- ❑ 커패시터에 현재 저장된 에너지는 $\frac{1}{2}Cv^2$이고, 인덕터에 현재 저장된 에너지는 $\frac{1}{2}Li^2$이며, 에너지가 저장되지 않는 시간에서는 양쪽 모두 접지된다. (예제 7.3, 7.7)
- ❑ 인덕터의 직렬과 병렬 결합은 저항과 같은 방법으로 결합한다. (예제 7.8)
- ❑ 커패시터의 직렬과 병렬 결합은 저항과 **반대**의 방식으로 동작한다. (예제 7.8)
- ❑ 커패시터와 인덕터는 선형 단자이기 때문에 KVL, KCL, 중첩의 원리, 테브난과 노턴의 정리, 마디와 메쉬해석은 이들의 회로에 잘 적용된다. (예제 7.9)
- ❑ 반전 연산증폭기에서 피드백 단자인 커패시터는 입력 전압의 적분에 비례하는 출력전압을 유도한다. 입력 저항과 피드백 커패시터의 교환은 입력 전압의 미분에 비례하는 출력전압을 유도한다. (예제 7.10)

❑ LTspice를 사용하여 커패시터에 걸리는 초기 전압과 인덕터를 통해 흐르는 초기 전류를 설정하는 것이 가능하다. 과도상태 해석은 이러한 소자들을 포함하는 회로의 시간 종속 응답에 대한 회로의 세부 사항을 제공한다. (예제 7.11)

추천 도서

인덕터 유형과 다양한 커패시터의 특성 및 선택에 대한 자세한 가이드는 다음에 있다.

H. B. Drexler, *Passive Electronic Component Handbook*, 2nd ed., C.A. Harper, ed. New York; McGraw-Hill, 2003, pp. 69-203.

C.J. Kaiser, *The inductor Handbook*, 2nd ed. Olathe, Kans.: C.J. Publishing, 1996.

커패시터 기반 연산증폭기 회로를 설명한 두 권의 책이 있다.

B. Carter, *Op Amps Are for Everyone*, 4th ed. Boston: Newnes, 2013.

W. G. Jung, *Op Amp Cookbook*, 3rd ed. Upper Saddle River, N.J.: Prentice Hall, 1997.

멤리스터 기반 기술에 더 많은 정보를 얻기 위한 여러 리소스가 제공된다. 예를 들면,

R. Tetzlaff, ed., *Memristors and Memristive Systems*. Heidelberg, Germany: Springer, 2016.

연습문제

7.1 커패시터

1. 다음 커패시터 전압이 주어진 경우 수동부호규약을 이용하여 $t \geq 0$에서 100 pF 커패시터를 통해 흐르는 전류를 계산하라.
   (a) 5 V　　(b) $10e^{-t}$ V;
   (c) $2 \sin 0.01t$ V　　(d) $-5 + 2 \sin 0.01t$ V

2. $t \geq 0$일 때 그림 7.41의 파형에서 10 nF 커패시터를 통해 흐르는 전류를 그려라. 이때 수동부호규약을 가정한다.

3. (a) 그림 7.42에 나타낸 전압파형이 1 μF 전해질(electrolytic) 커패시터의 양단에 인가된 경우 결과의 전류그래프를 그려라. 이때 수동 부호규약을 가정한다.
   (b) 커패시터를 20 nF 크기의 커패시터로 대체한 경우 (a)의 과정을 반복하라.

4. 커패시터는 2개의 동판으로 만들어지며, 각 동판의 크기는 2.5 mm × 2.5 mm이고 두께는 300 μm이다. 두 동판은 서로 마주보게 배치하며 25 μm 간격으로 분리되어 있다. 다음 경우에 대한 결과의 커패시턴스를 계산하라.
   (a) 중간유전체가 $15\varepsilon_0$의 유전율을 갖는 경우
   (b) 중간유전체가 $1.5\varepsilon_0$의 유전율을 갖는 경우

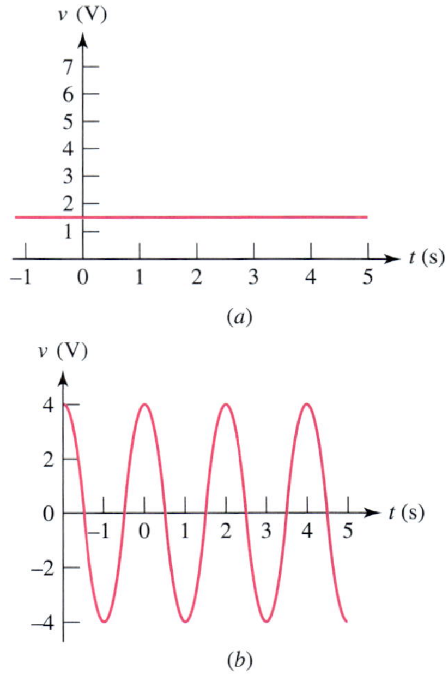

그림 7.41

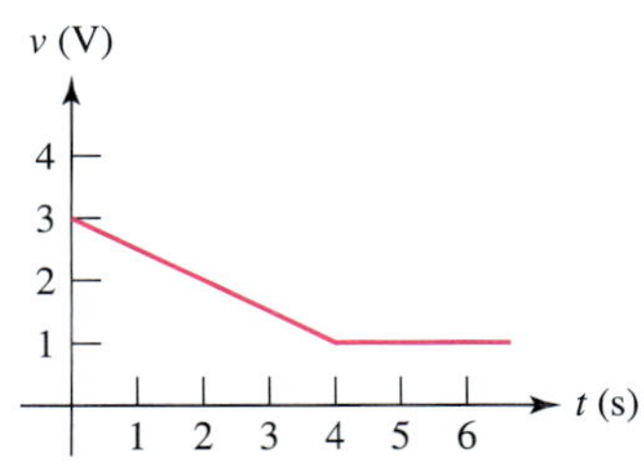

그림 7.42

(c) 동판 분리 간격이 2배만큼 증가되고, 간격이 공기로 채워진 경우

(d) 동판 면적이 2배만큼 증가되고, 간격이 공기로 채워진 경우

5. 지름 25 mm의 2개의 전도성 금속 판은 0.1 mm의 일정한 간격으로 서로 마주보게 배치된다. 다음 물질로 간격이 채워질 경우 커패시턴스를 계산하라.

(a) 공기　　(b) 마일러　　(c) SiO_2(실리콘 이산화물)

DP **6.** 1 m 두께의 금박을 사용하여 100 nF 커패시터를 설계하라. 이때 커패시터의 체적은 표준형 AAA 건전지 체적 이하로 하고, 이용 가능한 유일한 유전체는 $3.1\varepsilon_0$ 유전율을 가진다.

DP **7.** 커패시터의 커패시턴스가 간단한 선형동작으로 100 pF와 200 pF 값의 범위를 기계적으로 가변할 수 있는 커패시터를 설계하라.

DP **8.** 커패시터의 커패시턴스가 250 pF와 500pF 값의 범위를 기계적으로 가변할 수 있는 커패시터를 설계하라. 이때 0.1 mm를 넘지 않아야 한다.

9. 실리콘 *pn* 접합 다이오드는 다음과 같이 정의된 접합 커패시턴스에 의해 특성화된다.

$$C_j = \frac{K_s \varepsilon_0 A}{W}$$

여기서 실리콘의 경우 $K_s = 11.8$, ε_0는 진공유전율, A는 접합의 단면적이고 W는 접합의 공핍 폭으로 알려져 있다. 폭 W는 다이오드 제조 방법과 두 단자에 인가되는 전압에 의존하며, 이것은 다음 식을 이용하여 계산될 수 있다.

$$W = \sqrt{\frac{2K_s\varepsilon_0}{qN}(V_{bi} - V_A)}$$

따라서 다이오드는 전압제어 커패시터로 간주될 수 있으므로, 전자회로에서 자주 사용된다. $N = 5.0 \times 10^{18}\ cm^{-3}$, $V_{bi} = 0.62$ V로 가정하고, $q = 1.6 \times 10^{-19}$ C을 사용하여 $V_A = -1$, -3 그리고 -10 V의 전압이 인가될 경우, 단면적 $A = 2\ \mu m^2$를 갖는 다이오드의 커패시턴스를 계산하라.

10. 그림 7.43에 보여진 전류파형의 응답으로 2 F 커패시터 양단에 발생한 전압을 그려라. 이때 수동부호규약을 가정한다.

11. 1 mF 커패시터를 통해 흐르는 전류의 그래프가 그림 7.44에서 보여진다.

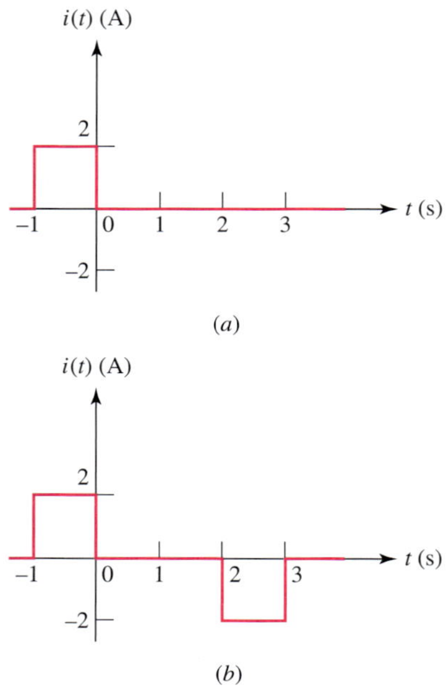

그림 7.43

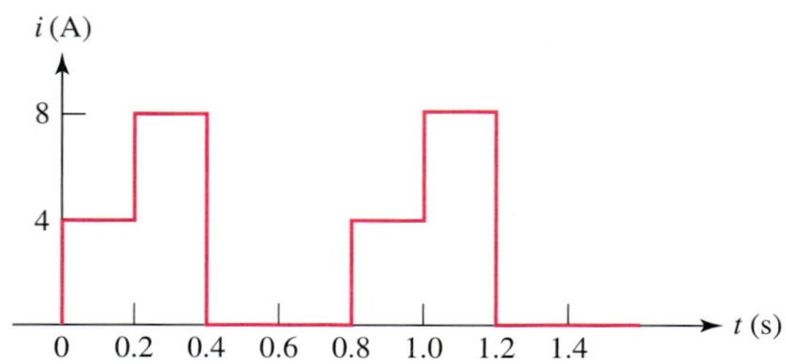

그림 7.44

(a) 수동부호규약을 가정하여 디바이스 양단의 결과 전압 파형을 개략적으로 그려라.

(b) 200 ms, 600 ms 및 1.2 s에서의 전압을 계산하라.

12. 다음과 같은 경우 $t = 1$ s일 때 커패시터에 저장되는 에너지를 계산하라.

(a) $t > 0$에서 $C = 1.4$ F와 $= 8$ V

(b) $t > 0$에서 $C = 22$ pF와 $= 0.8$ V

(c) $C = 18$ nF, $v_C(1) = 12$ V, $v_C(0) = 2$ V 및 $w_C(0) = 295$ nJ

13. 150 pF가 t_0에서 $v_C(t) = 12e^{-2t}$ V, $t < 0$에서 $v_C(t) = 12$ V인 전압원에 연결되어 있다. 시간 t가 다음과 같은 경우, 커패시터에 축적되는 에너지를 계산하라.

(a) 0 (b) 200 ms (c) 500 ms (d) 1 s

14. 40 V 저항에서 소비되는 전력과 그림 7.45에서 보여준 회로에 각기 v_C로 표기된 전압을 계산하라.

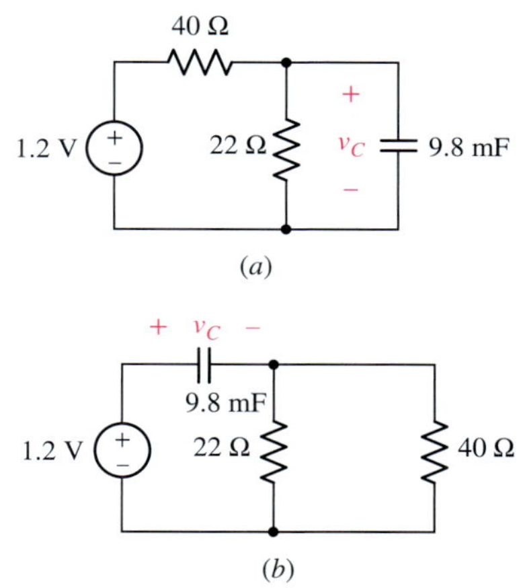

그림 7.45

15. 그림 7.46에 보여진 각 회로에 대해 v_C로 표기된 전압을 계산하라.

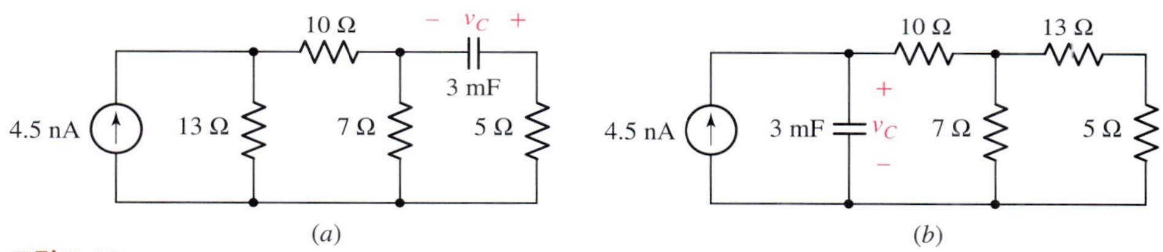

그림 7.46

7.2 인덕터

DP **16.** 28 AWG 규격의 순수 연동선을 사용하여 30 nH 인덕터를 설계하라. 설계개략도를 그리고, 확실히 하기 위해 기하학적 파라미터들을 표기하라. 전선은 오직 공기로만 채워진다고 가정한다.

17. 75 mH 인덕터를 통해 흐르는 전류가 그림 7.47에 보여진 파형을 가지는 경우 다음에 답하라.

(a) $t \geq 0$에 인덕터 양단자 사이에 발생하는 전압을 그려라. 이때 수동부호규약을 가정한다.

(b) $t = 1$ s, 2.9 s 및 3.1 s에서 전압을 계산하라.

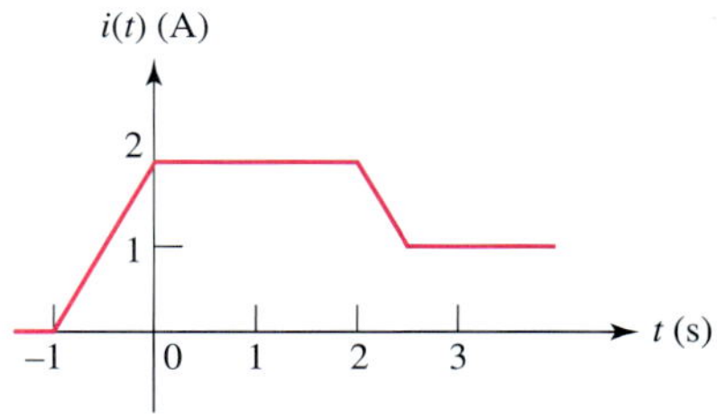

그림 7.47

18. 17 nH 알루미늄 인덕터를 통해 흐르는 전류는 그림 7.48과 같다. $t \geq 0$에서 결과의 전압파형을 그려라. 이때 수동부호규약을 가정한다.

19. 전류가 다음과 같은 경우, $t \geq 0$에서 4 mH 인덕터의 양단자 사이에 발생하는 전압을 계산하라. 이때 전류는 수동부호규약에 따라 정의된다.

(a) -10 mA (b) $3 \sin 6t$ A (c) $11 + 115\sqrt{2}\cos(100\pi t - 9°)$ A

(d) $15e^{-t}$ nA (e) $3 + te^{-10t}$ A.

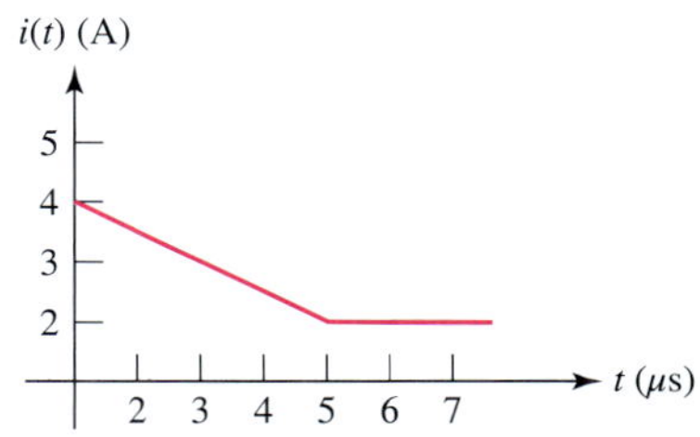

그림 7.48

20. 전류가 다음과 같은 경우, $t \geq 0$에서 8 pH 인덕터의 양단자 사이에 발생하는 전압을 계산하라. 이때 전류는 수동부호규약에 따라 정의된다.

(a) 8 mA (b) 800 mA (c) 8 A

(d) $4e^{-t}$ A (e) $-3 + te^{-t}$ A

21. $i_s = 1$ mA이고 $v_s = 2$ V일 때, 그림 7.49에 보여진 각 회로에서 v_L과 i_L을 계산하라.

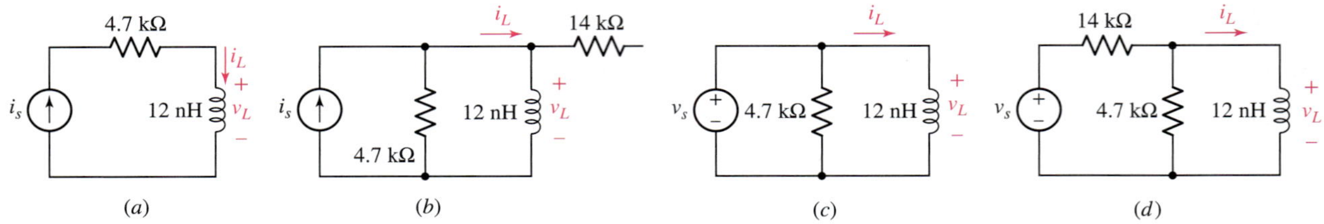

그림 7.49

22. 그림 7.14에 보여진 전류 파형은 0.1 s(100 ms)의 상승시간과 동일한 지속기간의 하강시간을 가진다. 전류가 "+" 전압기준단자에 인가되고 상승시간과 하강시간을 각기 다음과 같이 변경할 경우, 전압 파형을 그려라.

(a) 200 ms, 200 ms (b) 10 ms, 50 ms

23. 다음과 같은 t에서 그림 7.50에서 보여진 전류 파형에 의한 인덕터 전압을 구하라. 이때 수동부호규약을 가정하며, $L = 1$ H이다.

(a) −1 s (b) 0 s (c) 1.5 s (d) 2.5 s (e) 4 s (f) 5 s

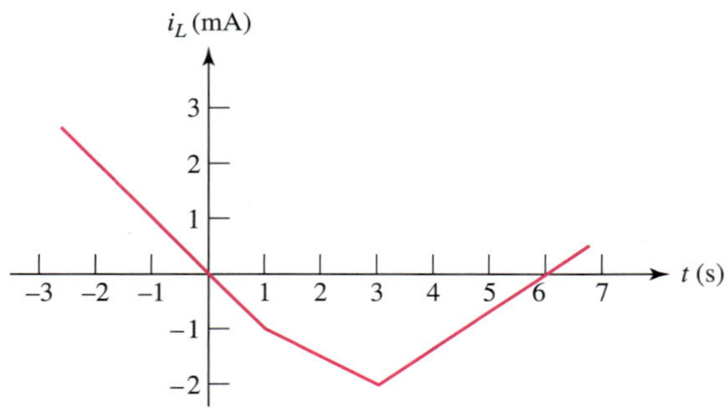

그림 7.50

24. 수동부호규약에 따라 정의된 전압이 다음과 같이 주어진 경우 6 mH 인덕터를 통해 흐르는 전류를 구하라.

(a) 5 V (b) $t \geq 0$에서 $100 \sin 120\pi t$이고 $t < 0$에서는 0

25. 인덕터의 양단 전압은 $v_L = 4t$로 주어진다. $i_L(-0.1) = 100\ \mu$A인 경우, 다음과 같은 시간 t에서 흐르는 전류를 계산하라.

(a) 0 (b) 1.5 ms (c) 45 ms

26. 1 nH 인덕터를 통해 흐르는 전류가 다음과 같은 경우 인덕터에 저장되는 에너지를 계산하라.

(a) 0 mA (b) 1 mA (c) 20 A (d) $5 \sin 6t$ mA, $t > 0$

27. 다음과 같이 i_L이 주어진 경우, $t = 1$에서 33 mH 인덕터에 저장되는 에너지를 구하라.

(a) 7 A (b) $3 - 9e^{-103t}$ mA

28. 그림 7.51의 회로들이 오랜 시간 연결되어 있다고 가정할 경우, i_x로 표기된 전류값을 각각 구하라.

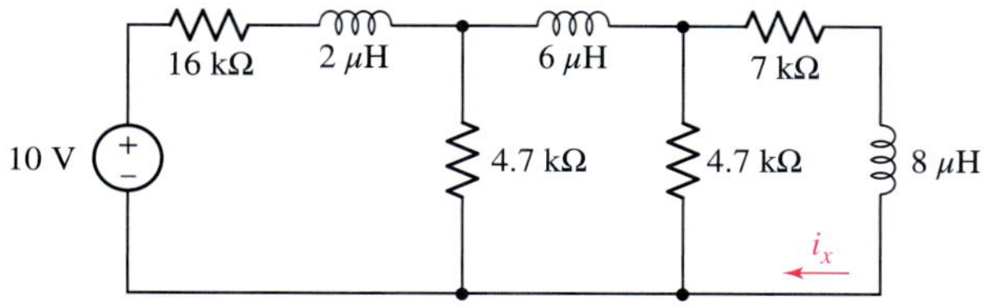

(a)

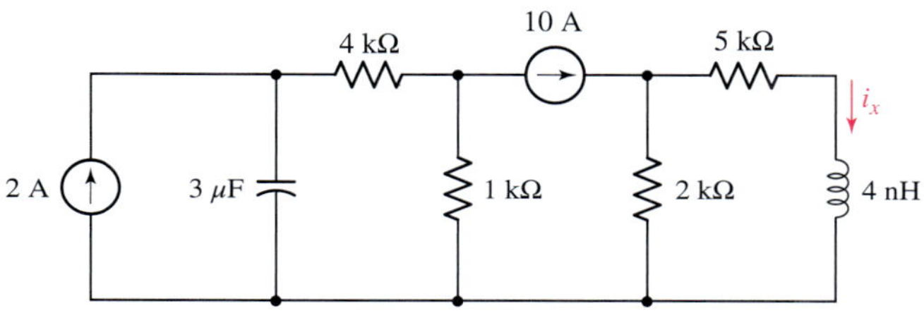

(b)

그림 7.51

29. 주어진 회로가 매우 긴 시간 동안 작동되었다고 가정하고, 다음과 같은 경우에 그림 7.52에서 v_x로 표기된 전압을 계산하라.

(a) 10 Ω 저항이 단자 x와 y 사이에 연결된 경우

(b) 1 H 인덕터가 단자 x와 y 사이에 연결된 경우

(c) 1 F 커패시터가 단자 x와 y 사이에 연결된 경우

(d) 1 V 저항과 병렬인 4 H 인덕터가 단자 x와 y 사이에 연결된 경우

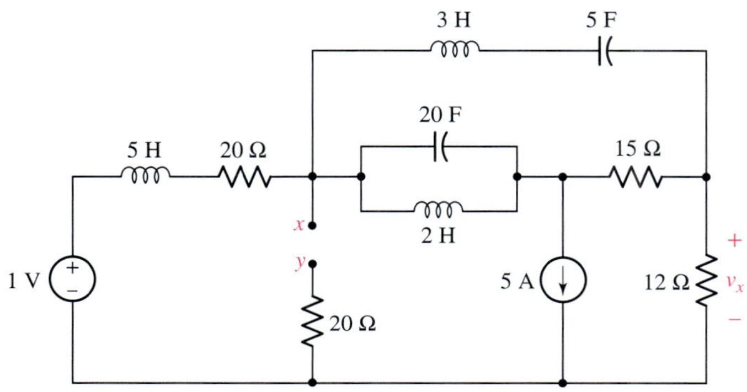

그림 7.52

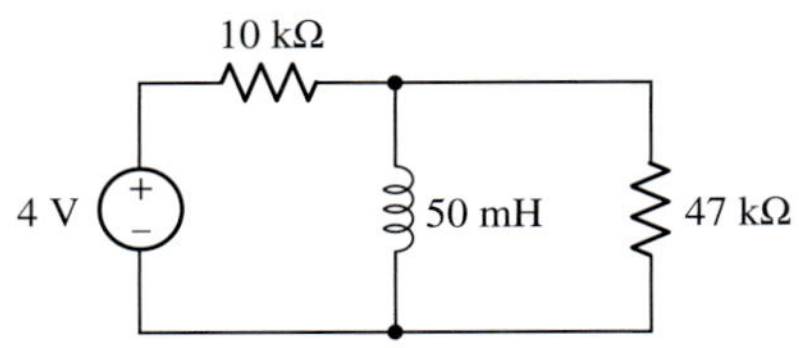

그림 7.53

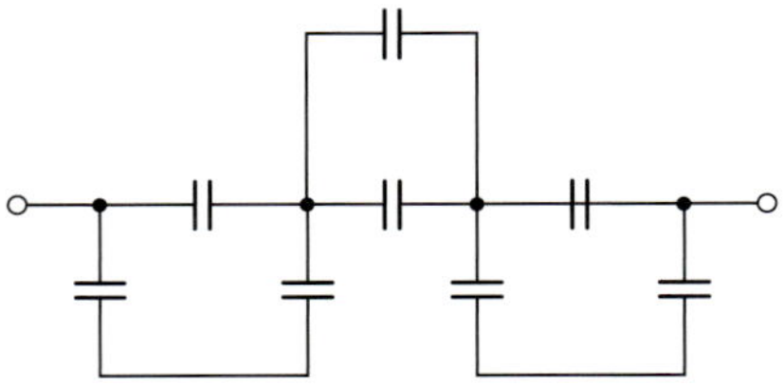

그림 7.54

30. 그림 7.53에 보여진 회로에 대해 다음을 계산하라.
   (a) 인덕터에서 바라 본 테브난 등가회로
   (b) 2개의 저항에 의해 소모된 전력
   (c) 인덕터에 저장되는 에너지

7.3 인덕턴스와 커패시터 결합

31. 각 커패시터가 1 F의 값을 가지는 경우 그림 7.54에 보여진 망의 등가 인덕턴스를 구하라.

32. 각 인덕터의 값이 L인 경우 그림 7.55에 보여진 회로에 대해 등가 인덕턴스를 구하라.

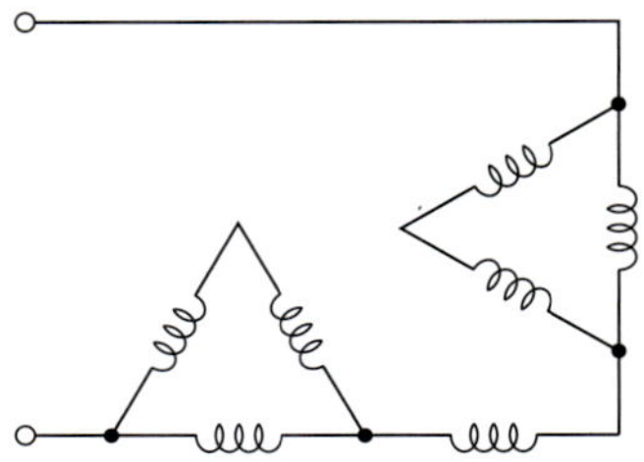

그림 7.55

DP 33. 1 nH 인덕터를 원하는 만큼 사용하여 2개의 망을 설계하라. 이때 각 망의 등가 인덕턴스는 1.25 nH가 되게 하라.

34. 그림 7.56에 표기된 등가 커패시턴스 C_{eq}를 계산하라.

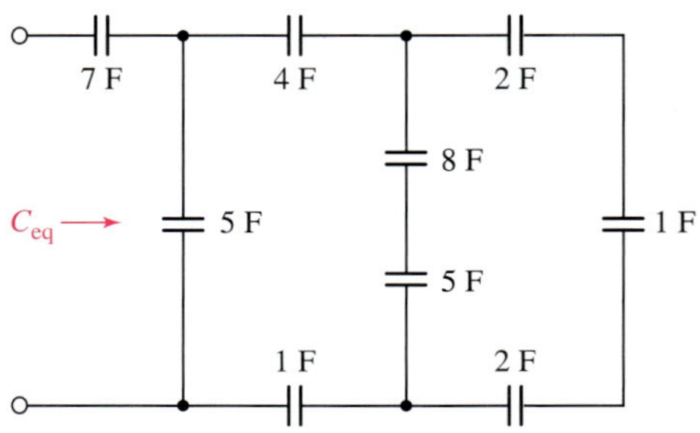

그림 7.56

35. 그림 7.57에 보여진 망의 등가 커패시턴스 C_{eq}를 구하라.

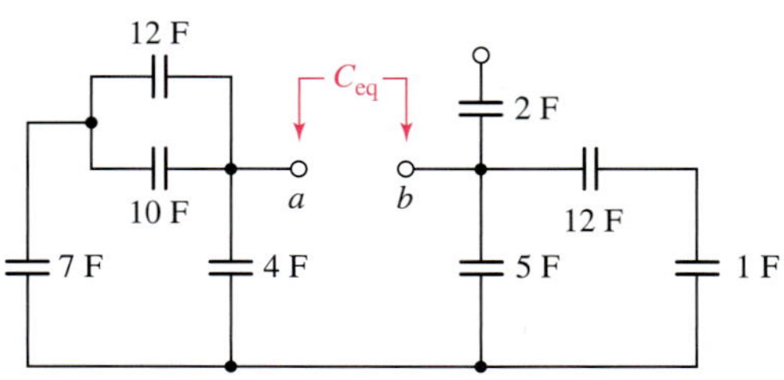

그림 7.57

36. 그림 7.58에 표기된 등가 인덕턴스 L_{eq}의 값을 구하기 위해 결합 규칙을 적절히 적용하라.

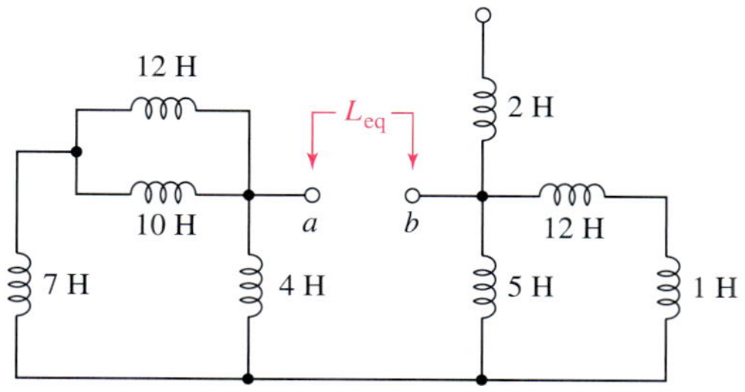

그림 7.58

37. 가능한 적은 수의 소자를 갖도록 그림 7.59에서 보여진 회로를 줄여라. 전압 v_x가 중요하다는 것을 주목하라.

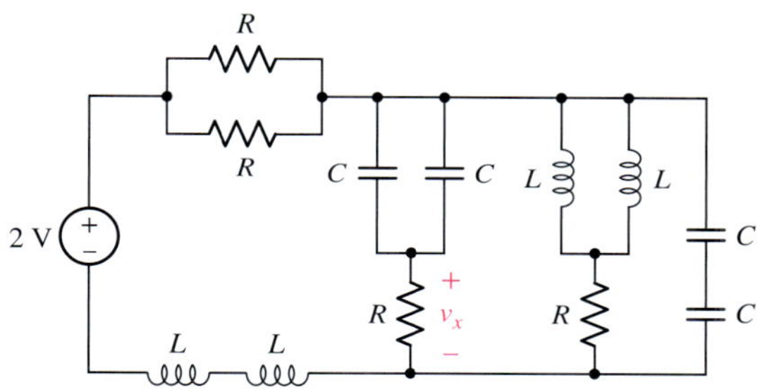

그림 7.59

38. 그림 7.60에 보여진 회로를 참조하여 다음을 구하라.

(a) 각 소자가 10 Ω 저항인 경우 R_{eq}

(b) 각 소자가 10 H 인덕터인 경우 L_{eq}

(c) 각 소자가 10 F 커패시터인 경우 C_{eq}

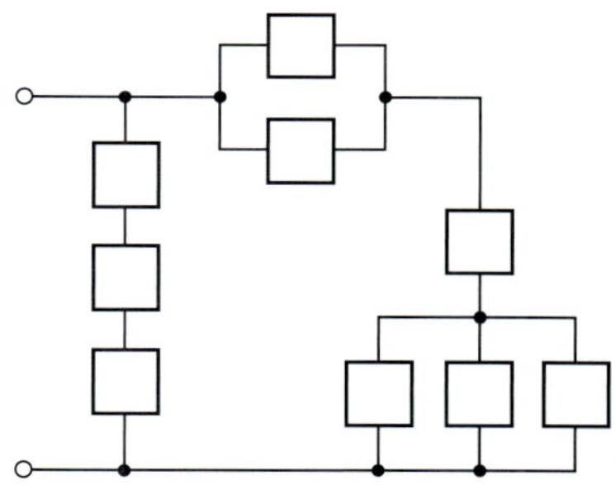

그림 7.60

39. 그림 7.61에 나타낸 망에서 a와 b로 표기된 단자를 바라보며 보여진 등가 인덕턴스를 구하라.

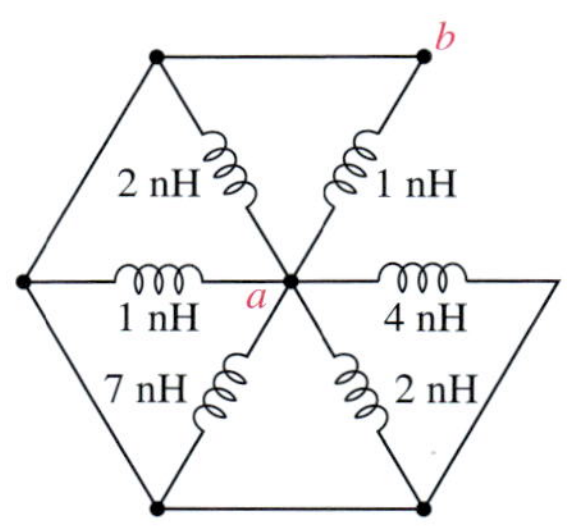

그림 7.61

40. 그림 7.62에 나타낸 회로를 가능한 최소개의 부품을 갖는 회로로 축소하라.

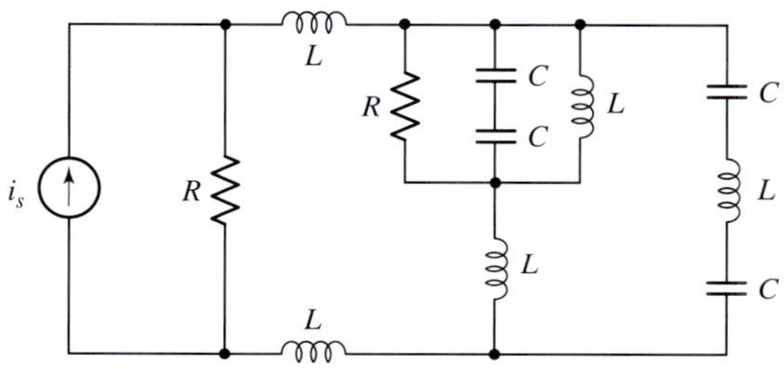

그림 7.62

41. 각 인덕터가 2 nH이고 커패시터가 2 nF인 경우 그림 7.63에 나타낸 회로를 가능한 최소개의 부품을 갖는 회로로 축소하라.

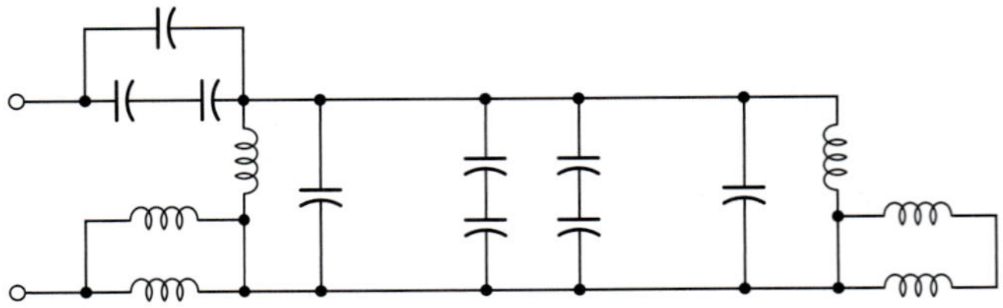

그림 7.63

42. 그림 7.64의 망에서 $L_1 = 1$ H, $L_2 = L_3 = 2$ H, $L_4 = L_5 = L_6 = 3$ H이다.

(a) 등가 인덕턴스를 구하라.

(b) 단계 N은 N개의 인덕터들로 구성되며 각 인덕터는 N H 인덕턱스를 가진다고 가정할 때, N개의 단계를 갖는 이와 같은 형태의 일반적인 망에 대한 방정식을 유도하라.

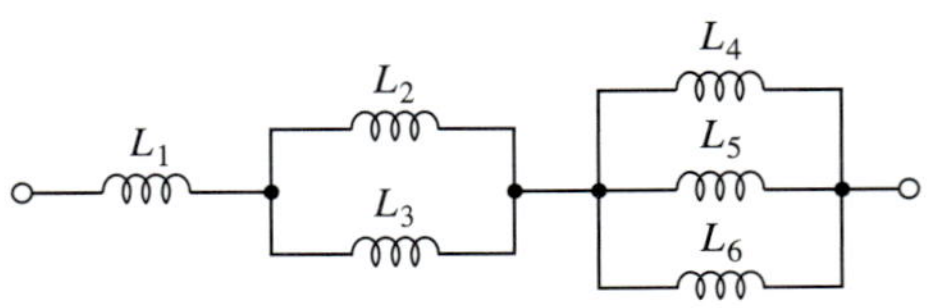

그림 7.64

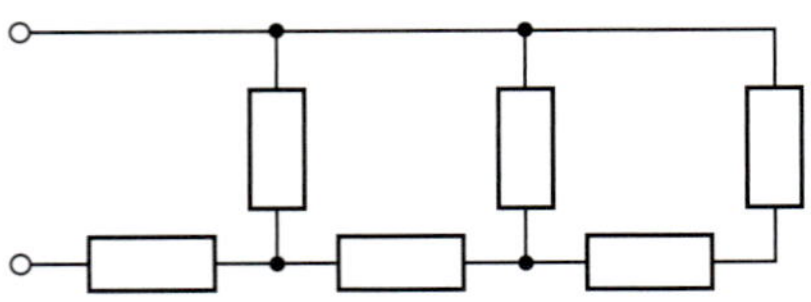

그림 7.65

43. 각 소자가 10 F 커패시터인 경우, 그림 7.65의 망을 간단하게 하라.

44. 각 소자가 10 H 인덕터인 경우, 그림 7.65의 망을 간단하게 하라.

7.4 선형성과 그 중요성

45. 그림 7.66에 나타낸 회로에 대해 다음에 답하라.

(a) 완전한 마디방정식을 기술하라.

(b) 완전한 메쉬방정식을 기술하라.

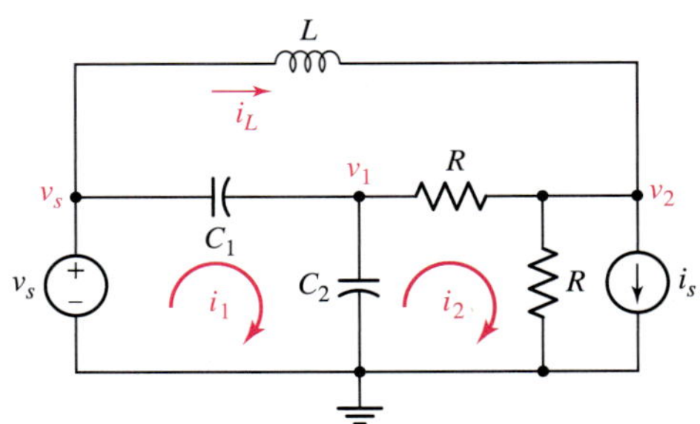

그림 7.66

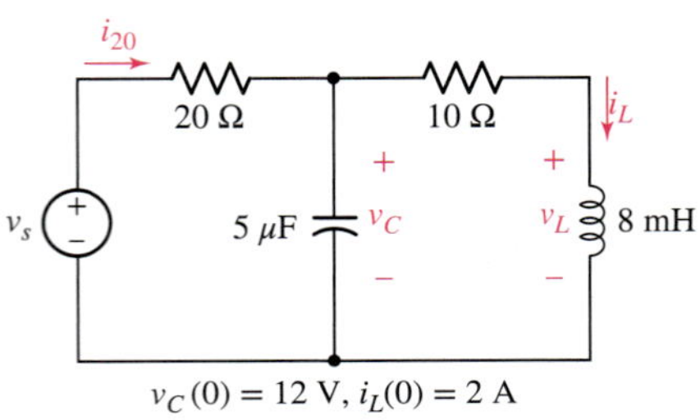

그림 7.67

46. 그림 7.67의 회로에 대한 메쉬방정식을 기술하라.

47. 그림 7.68에 보여진 회로에서, $i_s = 60e^{-200t}$ mA, $i_1(0) = 20$ mA라 하자.

(a) 모든 t에서 $v(t)$를 구하라.

(b) $t \geq 0$에서 $i_1(t)$를 구하라.

(c) $t \geq 0$에서 $i_2(t)$를 구하라.

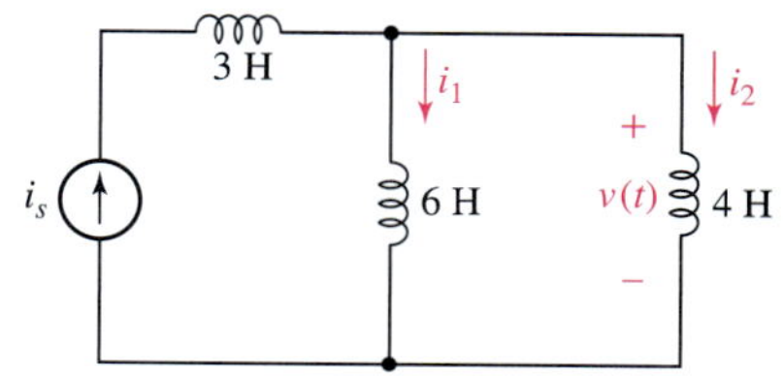

그림 7.68

48. 그림 7.69의 회로에서 $v_s = 100e^{-80t}$ V이며 초기 저장된 에너지는 없다고 가정한다.

(a) 모든 t에서 $i(t)$를 구하라.

(b) $t \geq 0$에서 $v_1(t)$를 구하라.

(c) $t \geq 0$에서 $v_2(t)$를 구하라.

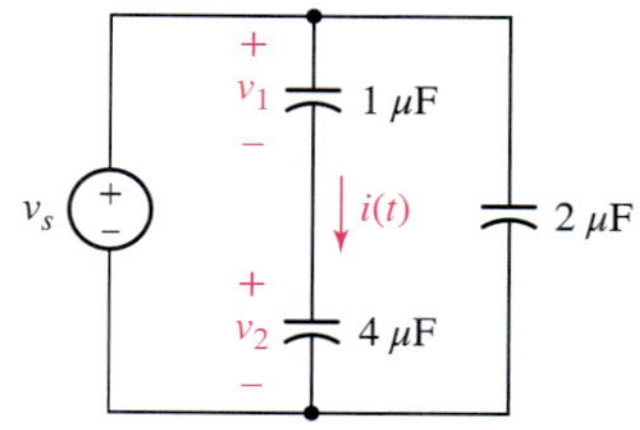

그림 7.69

49. 그림 7.70의 모든 전원들이 연결되어 매우 오랜 시간 운전되고 있다고 가정하고, $v_C(t)$와 $v_L(t)$를 구하기 위해 중첩원리를 사용하라.

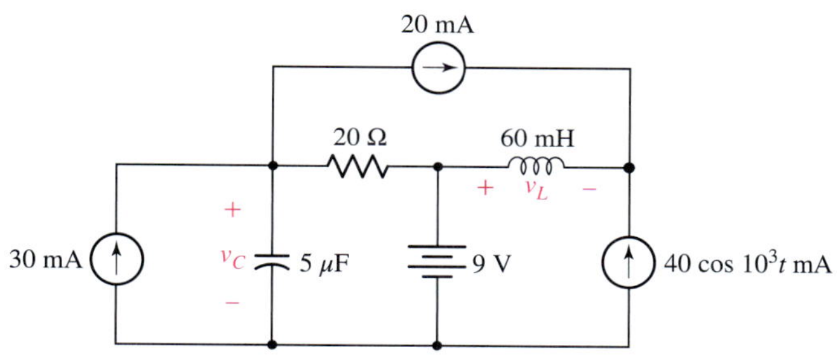

그림 7.70

50. 그림 7.71의 회로에 대해 $t = 0$에서 저장된 에너지가 없다고 가정하고, 완전한 마디방정식을 기술하라.

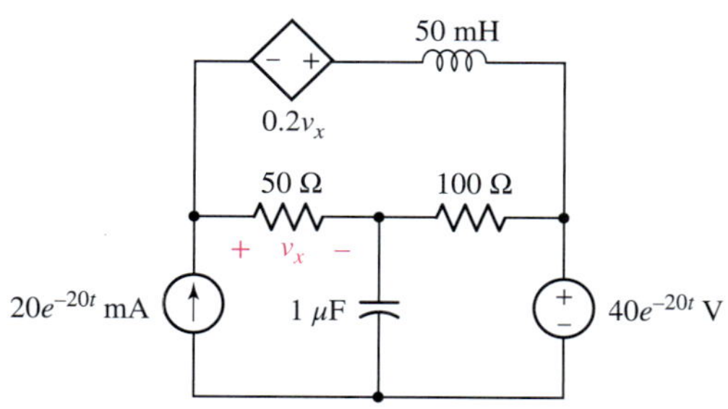

그림 7.71

7.5 커패시터를 갖는 간단한 연산증폭기 회로

51. 그림 7.27의 회로에서 R_1과 C_f의 위치를 서로 바꾸고 연산증폭기에 대해 $R_1 = \infty$, $R_o = 0$, $A = \infty$라고 가정한다. $v_s(t)$의 함수로서 v_{out}를 구하라.

52. 그림 7.27의 적분기 증폭회로에서 $R_1 = 100$ kΩ, $C_f = 500$ μF 및 $v_s = 20 \sin 540t$ mV이다. v_{out}을 구하라.

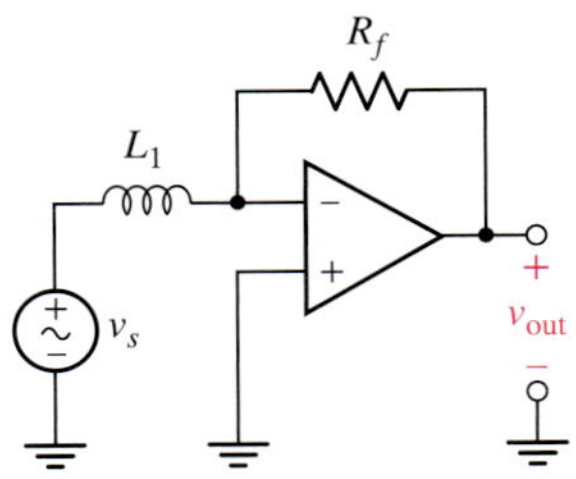

그림 7.72

53. 그림 7.72에 보여진 증폭기회로에서 v_s의 항으로 v_{out}에 대한 방정식을 유도하라.

54. 그림 7.73의 회로에서 커패시터 초기에 에너지가 저장되어 있지 않다고 가정할 때, 다음 v_s에 따른 v_{out}을 구하라.
   (a) 5 sin $20t$ mV
   (b) $2e^{-t}$ V

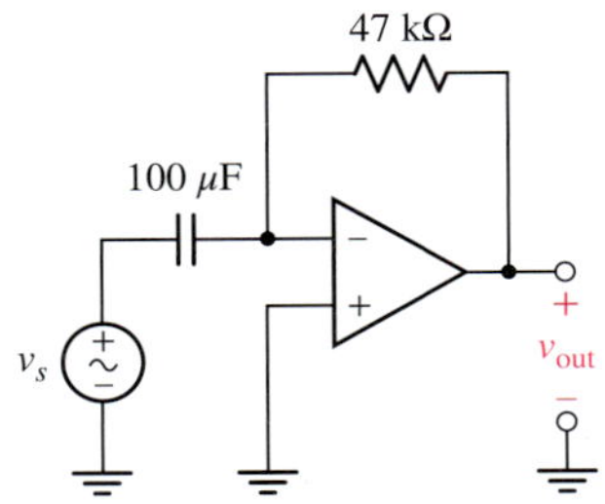

그림 7.73

DP 55. 녹은 원료로부터 수정을 생산하기 위해 설계된 새로운 설비는 금이 간 제품과 같은 많은 불량 제품을 생산하고 있다. 생산관리자는 냉각속도가 이 문제와 관련이 있는지 여부를 알아보기 위해 냉각속도를 관찰하기를 원한다. 시스템은 2개의 가능한 출력단자를 가지며, 두 단자 사이의 전압은 30 mV에 30°C, 1 V는 1000°C에 대응하는 도가니 온도에 선형적으로 비례한다. 전압출력이 냉각속도를 나타내는 회로를 설계하라. 이때 설계된 회로는 1 V = 1°C/s으로 보정한다.

DP 56. 기상 관측선의 고도 센서는 1 mV = 1 m(해발)로 보정된 전압을 제공한다. 1 mV가 1 m/s 상승 속도에 해당하는 상승 비율(양) 또는 하강 비율(음)에 비례하는 전압 신호를 제공하는 회로를 설계하라. 최대 고도는 1000 m이다.

DP 57. 인공위성이 갖는 문제 중 하나는 고에너지 입자에 노출되어 있다는 것이며 이것은 민감한 전자장치와 전력을 공급하기 위해 사용되는 태양전지판의 고장원인이 될 수 있다. 새로운 통신위성은 1 cm × 1 cm 크기의 고에너지 양성자 검출기를 장착하고 있다. 이것은 초당 위성 표면에 부딪치는 양성자의 개수와 동일한 전류를 공급한다. 출력전압이 양성자가 부딪치는 개수의 누계를 제공하는 회로를 설계하라. 이때 1 V = 1 million hits로 보정하라.

DP 58. 민감한 이동식 장치에 부착된 속도센서의 출력은 10 mV가 1 m/s에서의 선형운동에 대응하는 신호를 제공하도록 보정되었다. 장치가 갑작스러운 충격에 영향을 받게 되면 고장이 발생할 수도 있다. 힘 = 질량 × 가속도이므로 속도 변화율을 추적감시하면 장치가 부적절하게 이동되었는지 여부를 결정할 수 있다.
   (a) 10 mV = 1 m/V^{2}와 같이 선형가속도에 비례하는 전압을 제공하는 회로를 설계하라.
   (b) 이와 같은 적용을 위해 얼마나 많은 센서-회로 조합이 필요한가?

DP **59.** 어떤 연료통의 부유센서는 연료가 가득 채워진 경우(100리터)는 1 Ω, 연료가 없는 경우에는 10 Ω에 대응하는 가변저항기(종종 위치감지기로 불리움)에 연결되어 있다.

(a) 연료의 잔류량을 출력전압을 통해 나타내는 회로를 설계하라. 이때 1 V = 연료가 없는 경우, 5 V = 연료가 가득 찬 경우가 되게 한다.

(b) 1 V = 1 l/s가 되도록 보정된 출력을 제공함으로써 연료소비율을 나타내는 회로를 설계하라.

7.6 쌍대성

60. (a) $I_s = 3 \sin t$ A일 때, 그림 7.74에 나타낸 회로의 완전 쌍대회로를 그려라.

(b) 새로운(쌍대) 변수를 표기하라.

(c) 두 회로에 대한 마디방정식을 기술하라.

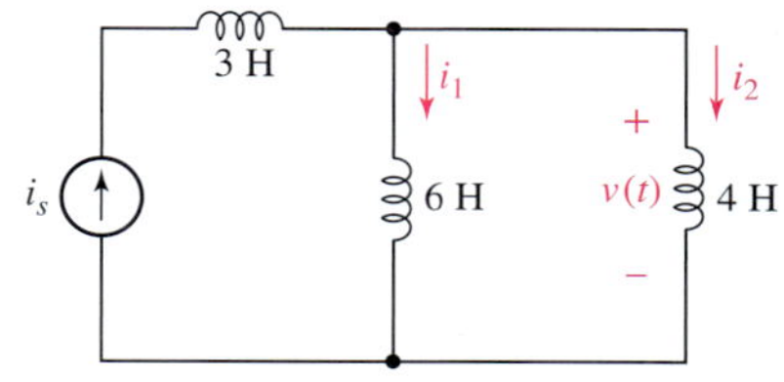

그림 7.74

61. (a) 그림 7.75에 보여진 간단한 회로의 완전 쌍대회로를 그려라.

(b) 새로운(쌍대) 변수를 표기하라.

(c) 두 회로에 대한 메쉬방정식을 기술하라.

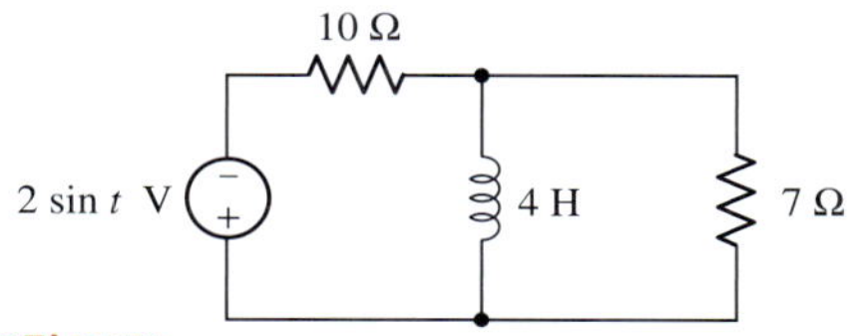

그림 7.75

62. (a) 그림 7.76에 보여진 간단한 회로의 완전 쌍대회로를 그리고, $v_s = 2 \sin t$ V일 때 새로운(쌍대) 변수를 표기하라.

(b) 두 회로에 대한 마디방정식을 기술하라.

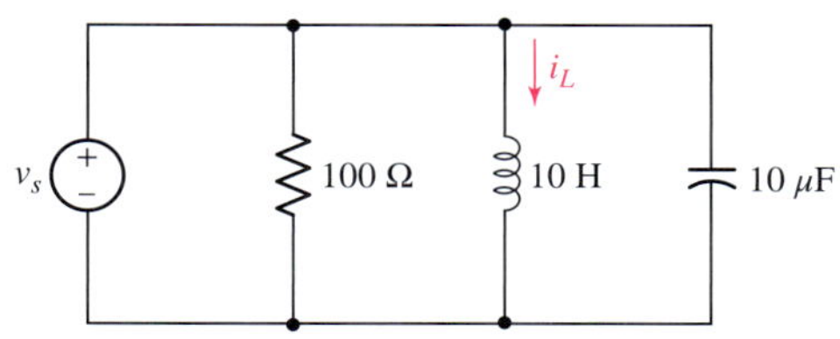

그림 7.76

63. (a) 그림 7.77에 보여진 간단한 회로의 완전 쌍대회로를 그려라.

(b) 새로운(쌍대) 변수를 표기하라.

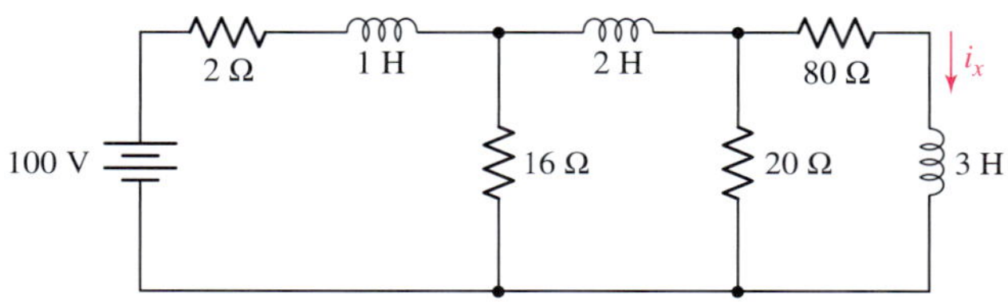

그림 7.77

64. 그림 7.78에 보여진 회로의 완전 쌍대회로를 그려라.

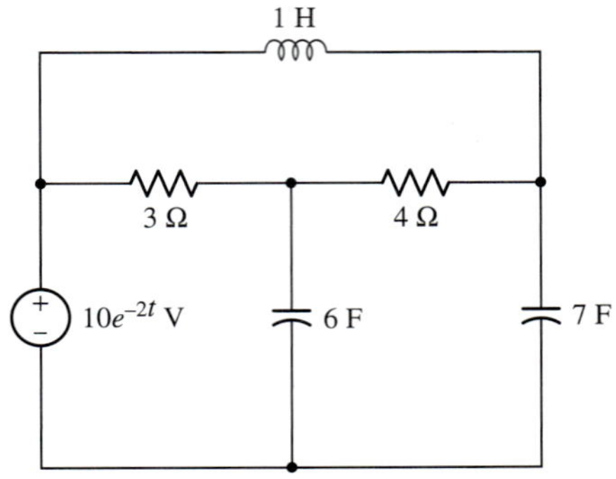

그림 7.78

7.7 컴퓨터를 이용한 커패시터와 인덕터 회로 모델링

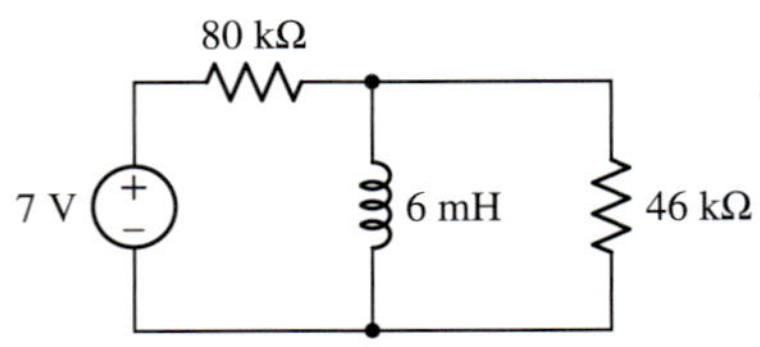

그림 7.79

65. 그림 7.79의 회로에서 하부마디를 기준단자로 할 경우, 다음에 답하라.
   (a) 인덕터를 통해 흐르는 전류를 계산하라.
   (b) 46 kΩ 저항에 의해 소비되는 전력을 계산하라.
   (c) 적절한 시뮬레이션을 이용하여 구한 답들을 검증하라.

66. 그림 7.80에 보여진 4소자 회로에 대해 다음에 답하라.
   (a) 각 저항에 흡수되는 전력을 계산하라.
   (b) 커패시터 양단에 걸리는 전압을 구하라.
   (c) 커패시터에 저장되는 에너지를 계산하라.
   (d) 적절한 시뮬레이션을 이용하여 구한 답들을 검증하라(다중 추적 및 연산자를 이용하여 계산할 수 있음을 상기하라).

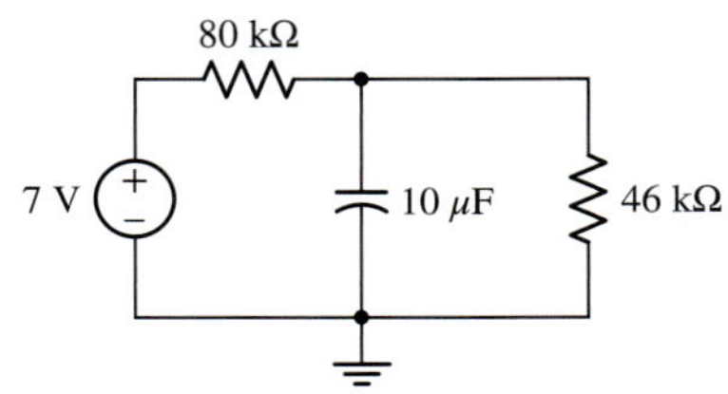

그림 7.80

67. (a) 그림 7.81에서 나타낸 i_L과 v_s를 계산하라.
   (b) 인덕터와 커패시터에 저장되는 에너지를 구하라.
   (c) 적절한 시뮬레이션을 이용하여 구한 답들을 검증하라.

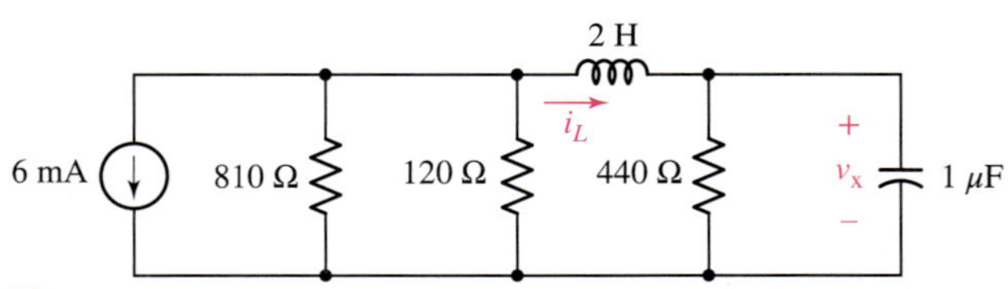

그림 7.81

68. 그림 7.82에 나타낸 회로에서 $i_L(0)$의 값은 1 mA이다.

(a) $t = 0$에서 회로요소에 저장된 에너지를 계산하라.

(b) $0 \le t \le 500$ ns 범위에 대해 과도상태 시뮬레이션을 수행하라.

(c) $t = 130$ ns에서 얼마만큼의 초기 에너지가 인덕터에 남아있는가? $t = 500$ ns에서는?

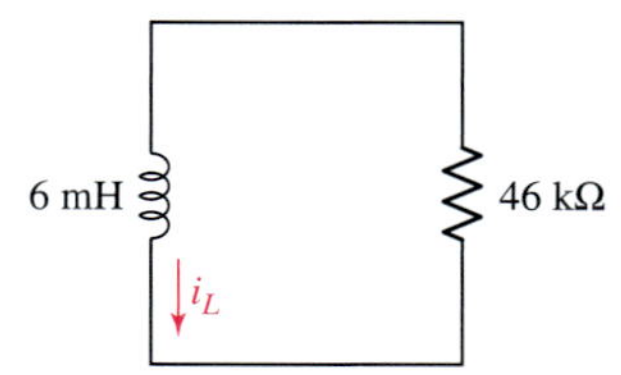

그림 7.82

69. 그림 7.83에 보여진 10 μF 커패시터 양단의 초기전압은 9 V로 가정하자. 즉 $v(0) = 9$ V이다.

(a) 커패시터에 저장된 초기에너지를 계산하라.

(b) $t > 0$에서 커패시터에 에너지가 남아있다고 기대하는가? 이를 설명하라.

(c) $0 \le t \le 2.5$ s 범위에 대해 과도상태 시뮬레이션을 수행하라. 그리고 $t = 460$ ms, 920 ms, 2.3 s에서 $v(t)$를 구하라.

(d) $t = 460$ ms에서 얼마만큼의 초기에너지가 커패시터에 남아있는가? $t = 2.3$ s 에서는?

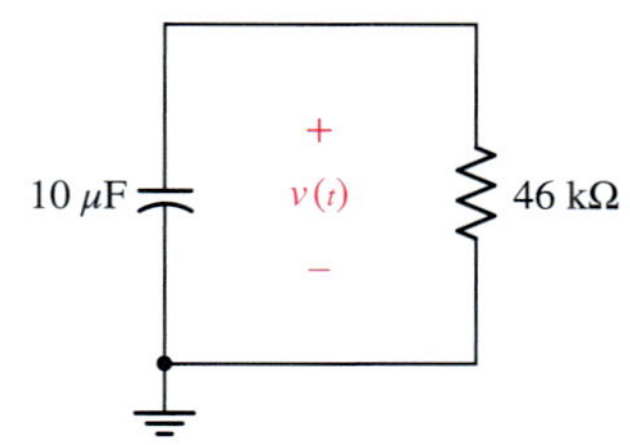

그림 7.83

70. 그림 7.84의 회로를 참조하여, 다음에 답하라.

(a) 각 에너지 저장요소에 저장된 에너지를 계산하라.

(b) 적절한 시뮬레이션을 이용하여 구한 답들을 검증하라.

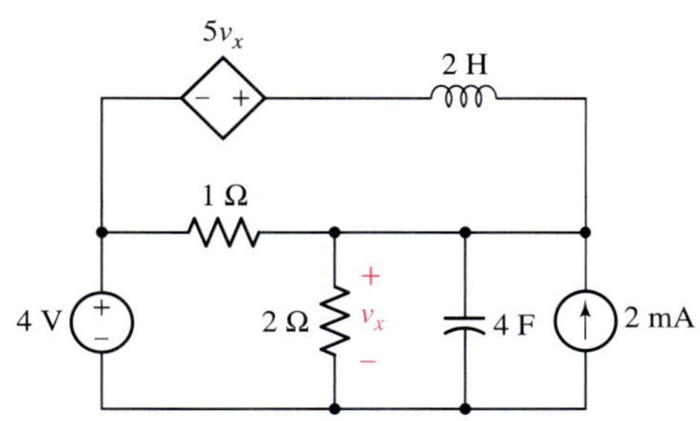

그림 7.84

7장 통합문제

71. 그림 7.28의 회로에 대하여, 다음에 답하라.

(a) $R_f = 1$ kΩ, $C_1 = 1$ nF 그리고 $v_s = 2$ V의 첨두 전압을 갖는 1 kHz 정현 전원인 경우, $0 \le t \le 5$ ms 범위에 대한 v_{out}을 그려라.

(b) 연산증폭기에 ±15 V 전원을 사용하여 적절한 과도 상태 시뮬레이션을 진행하고 v_{out}를 플로팅하라.

72. 다음에 답하라.

(a) v_s가 400 mV의 첨두 전압을 갖는 60 Hz 정현 전원이고, R_1은 1 kΩ, 그리고 L_f는 250 mH인 경우, $0 \le t \le 100$ ms 범위에 대한 그림 7.29의 증폭기 회로의 v_{out}을 그려라.

(b) 적절한 과도 상태 시뮬레이션을 진행하여 구한 답을 검증하고 v_s와 v_{out}을 플로팅 하라. (크기가 매우 다르므로, LTspice를 사용하는 경우 **Plot Setting** 메뉴의 **Add Plot Pane**을 사용하면 창당 하나의 결과를 플로팅할 수 있다.)

73. 그림 7.72에 나타낸 변형된 적분기를 고려하자. $R_f = 47\ \Omega$, $L_1 = 100$ mH이다. 전원 v_s는 2 V의 첨두진폭을 갖는 2 kHz 정현 전압이다.

(a) $0 \le t \le 2.5$ ms 범위에 대한 v_{out}을 그려라.

(b) 적절한 과도 응답 시뮬레이션을 진행하여 구한 답을 검증하고 v_s와 v_{out}을 플로팅하라.

8 기본적인 *RL*과 *RC* 회로

서론

7장에서는 인덕턴스와 커패시턴스 모두를 포함하는 몇 개의 회로 응답에 대한 방정식을 기술하였으나 방정식의 해는 구하지 않았다. 이제 우리는 저항과 인덕터만을 혹은 저항과 커패시터만을 포함하는 더 간단한 회로의 해를 계속해서 구할 준비가 되어 있다.

비록 우리가 고려하고자 하는 회로가 매우 기본적인 형태를 가지지만 그것들은 또한 실제적으로 중요하다. 이 형태의 회로망은 전자 증폭기, 자동 제어 시스템, 연산 증폭기, 통신 장비 그리고 많은 다른 응용에서 사용되고 있다. 이 간단한 회로에 익숙해지면 증폭기의 출력이 시간에 따라 빠르게 변하는 입력을 얼마나 정확하게 따라가는지 혹은 전동기의 속도가 계자 전류의 변화에 대응하여 얼마나 빠르게 변하는지를 예측할 수 있다. 또한 간단한 *RL*, *RC* 회로를 이해하게 되면 더 원하는 응답을 얻기 위해 증폭기나 전동기를 변경하는 것을 제안할 수 있게 될 것이다.

중요한 개념

- *RL*과 *RC*의 시상수
- 자연 응답과 강제 응답
- DC 입력에 대한 시간종속 응답의 계산
- 초기조건과 초기조건이 회로 응답에 미치는 영향을 결정하는 방법
- 계단 함수 입력과 스위치를 갖는 회로 해석
- 단위 계단 함수를 사용한 펄스 파형의 구성
- 스위칭된 회로의 응답

8.1 무전원 *RC* 회로

커패시터와 인덕터는 전류-전압 관계가 미분방정식으로 표현되는 에너지 저장 소자이다($i = C\,dv/dt$ 그리고 $v = L\,di/dt$). 이런 요소들의 회로 해석은 전류 및 전압의 순간적인 시간 의존성을 결정하는 미분방정식의 해를 필요로 한다. 회로 응답은 시간에 따라 변하지 않는 **정상상태** 응답(steady-state response)과 시간에 따라 변하는 **과도** 응답(transient response)로 나눌 수 있다. 대안적으로, 회로 응답은 **자연** 응답(natural response)과 **강제** 응답(forced response)으로 나눌 수도 있다. 자연 응답은 외부 전원이 없는 경우의 동작을 설명하며, 회로의 "성질(nature)"에 따

라 달라진다(소자의 종류, 소자의 크기, 소자의 상호 연결). 강제 응답은 외부 전원으로부터의 추가적인 응답을 나타낸다. 완전 응답은 자연 응답과 강제 응답, 또는 자연 응답과 강제 응답의 합이다. 예를 들어, 회로에서 마디 전압에 대한 완전 응답은 다음과 같다.

$$v_{\text{complete}} = v_{\text{steady-state}} + v_{\text{transient}}$$

또는

$$v_{\text{complete}} = v_{\text{natural}} + v_{\text{forced}}$$

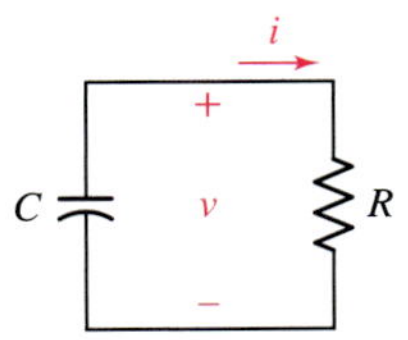

그림 8.1 초기조건 $v(0) = V_0$일 때 $v(t)$를 구하기 위한 *RC* 직렬회로.

전원이 없는 회로에서 시간에 따라 변하는 전압을 논하는 것은 흔한 일이 아닐 수도 있다. $t = 0$으로 지정된 전압만 기억하라. 우리는 그 이전 시간의 전압을 알지 못한다. 같은 맥락에서, $t = 0$ 이전의 회로에 대해서도 알지 못한다. 0이 아닌 전압은 커패시터의 에너지 저장을 의미하며, 그 전원은 어느 시점에 존재했다. 다행히, 회로를 해석하기 위해 $t = 0$ 이전의 세부 사항을 알 필요가 없다.

초기조건이 $v(0) = V_0$인 그림 8.1의 *RC* 회로를 고려하자. 외부 전원이나 강제함수가 없다고 가정하면, 이 **무전원** 회로의 해는 **자연** 응답이 된다. 전압 v에 대한 방정식은 회로 위쪽 마디의 KCL 방정식으로 나타낼 수 있다.

$$C\frac{dv}{dt} + \frac{v}{R} = 0 \qquad [1]$$

우리의 목적은 이 식을 만족하는 $v(t)$를 구하는 것이며, $t = 0$에서의 값은 V_0이다. 여러 다른 방법들에 의해 해를 얻을 수 있다.

직접 적분을 통한 해

미분방정식을 풀이하는 직접적인 방법으로 전압과 시간 변수를 분리하고 방정식의 양변을 적분한다. 전압 변수를 왼쪽에, 시간과 회로 상수 변수를 오른쪽으로 분리하여 정리하면

$$\frac{dv}{v} = -\frac{1}{RC}dt$$

가 되며, 양변을 각각 대응하는 전압과 시간에 대해 적분하면 다음과 같이 얻어진다.

$$\int_{V_0}^{v(t)} \frac{dv'}{v'} = \int_0^t -\frac{1}{RC}dt'$$

$t = 0$에서 초기조건이 V_0이고, $t > 0$일 때 표시된 적분을 수행하면 다음과 같이 된다.

$$\ln v'\Big|_{V_0}^{v(t)} = -\frac{1}{RC}dt'\Big|_0^t$$

또한,

$$\ln v(t) - \ln V_0 = -\frac{1}{RC}(t - 0)$$

양변에 지수함수를 취하고 $v(t)$에 관해 풀면 최종 해는 다음과 같이 얻어진다.

$$v(t) = V_0 e^{-t/RC}$$

예제 8.1

그림 8.2에서, 전압 v가 시간 $t = 0$일때보다 절반으로 감소되는 시간을 구하라. $t = 0$ ($v(0) = V_0$)

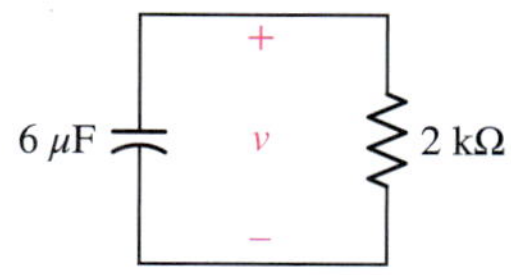

그림 8.2

시간 종속 전압 $v(t) = V_0 e^{-t/RC}$가 주어졌을 때, $v(t) = V_0/2$에서의 시간을 구하는 문제이다.

$$v(t) = V_0 e^{-t/RC} = V_0/2$$

t에 관해 풀면(초기값 V_0가 식에서 사라짐을 주목하라), 다음과 같이 된다.

$$t = -RC \ln\left(\frac{1}{2}\right)$$

$$t = -(2 \times 10^3)(6 \times 10^{-6}) \ln\left(\frac{1}{2}\right)$$

$$t = 8.3178 \times 10^{-3}\,\text{s} = 8.3178\ \text{ms}$$

익힘문제 8.1

그림 8.2의 회로에서, $t > 10$ ms일 때 $v(t) < V_0/10$가 되는 커패시턴스를 구하라.

답: $C < 2.1715\ \mu$F.

일반적인 해법

직접 적분 방식은 무전원 *RC* 회로에는 적합하지만, 변수를 분리할 수 있는 경우로 제한된다. 다른 방법으로는 해를 "추측"하거나 가정하여 검사하는 것이다. 보다 복잡한 회로를 해석하는 데 도움이 되므로, 그림 8.3에서 이 접근 방법을 살펴본다. 회로 해석에서 볼 수 있는 많은 미분 방정식에는 지수함수나 여러 지수함수의 합으로 나타내는 해를 가지는 것이 많다. 지수함수의 형태에 있어서 식 [1]의 해를 가정하면, 다음과 같이 된다.

$$v(t) = Ae^{st}$$

여기서, A와 s는 미지의 상수이다. 이것을 식 [1]에 대입하면, 다음이 얻어진다.

$$C\frac{d(Ae^{st})}{dt} + \frac{Ae^{st}}{R} = 0$$

$$sCAe^{st} + \frac{(Ae^{st})}{R} = 0$$

$$\left(sC + \frac{1}{R}\right)Ae^{st} = 0$$

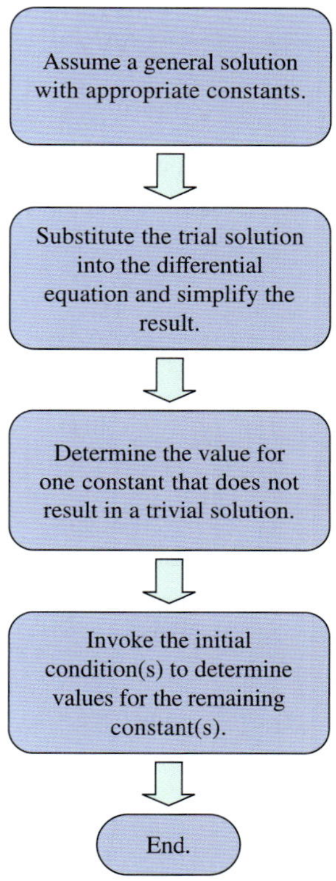

그림 8.3 경험상 해의 형태를 추측할 수 있는 1차 미분방정식의 해를 구하기 위한 일반 접근법에 대한 흐름도.

모든 시간 값에 대해 이 식을 만족하려면, $A = 0$, $s = -\infty$, 또는 $(sC + 1/R) = 0$이 된다. $A = 0$ 또는 $s = -\infty$인 경우, 이 문제의 해가 될 수 없다. 그러므로, 다음과 같이 된다.

$$\left(sC + \frac{1}{R}\right) = 0$$

$$s = -\frac{1}{RC}$$

값을 가정된 해에 대입하면, 다음과 같이 된다.

$$v(t) = Ae^{-t/RC}$$

남아있는 임의의 상수 A는 초기조건 $t = 0$, $v(0) = V_0$를 통해 알 수 있으며, 결과적으로 다음과 같이 된다.

$$v(t) = V_0 e^{-t/RC} \qquad [2]$$

예제 8.2

그림 8.4*a* 회로에서 $t = 200\ \mu s$일 때 전압 v를 구하라.

요구한 전압을 구하기 위해서는 2개의 분리된 회로를 해석하는 것이 필요하다. 스위치가 열리기 전 회로(그림 8.4*b*), 스위치가 열린 후 회로(그림 8.4*c*)이다.

그림 8.4*b* 회로에서는 초기 커패시턴스 전압을 얻는다. 이 경우 순수한 직류 회로를 가정하고 커패시터나 4 Ω 저항에 흐르는 전류는 없다고 가정한다.

$$v(0) = 9\ \text{V} \qquad [3]$$

다음으로,

$$\tau = RC = (2+4)(10 \times 10^{-6}) = 60 \times 10^{-6}\ \text{s}$$

을 인지하고, 그림 8.4*c*의 회로를 살펴보자.

그러면 식 [2]로부터, 다음과 같이 된다.

$$v(t) = v(0)e^{-t/RC} = v(0)e^{-t/60\times10^{-6}} \qquad [4]$$

여기서 $t = 0$에서 커패시터 전압은 양쪽 회로에서 모두 같아야 한다. 식 [3]을 식 [4]에 대입하면, 다음을 얻을 수 있고

$$v(t) = 9e^{-t/60\times10^{-6}}\ \text{V}$$

따라서 $v(200 \times 10^{-6}) = 321.1$ mV(최대값의 4% 이하)가 된다.

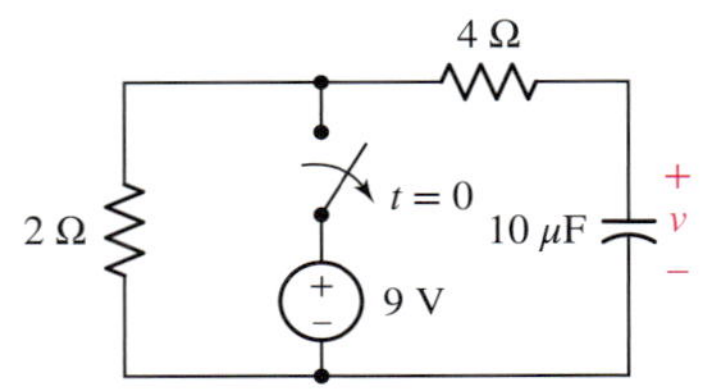

(*a*)

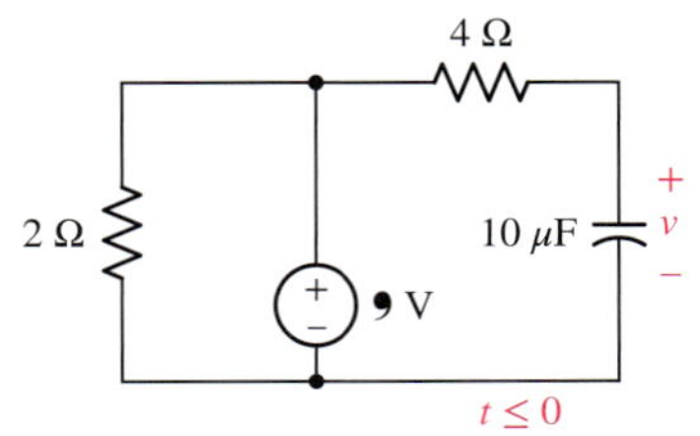

(*b*)

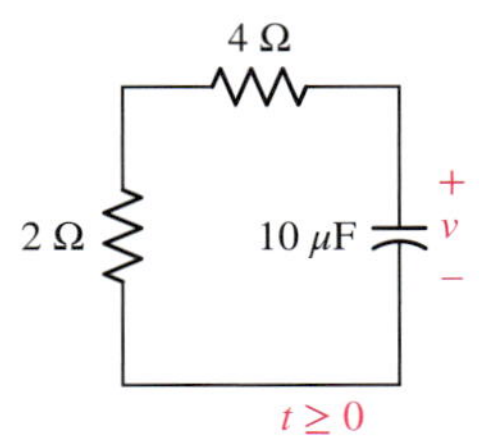

(*c*)

그림 8.4 (*a*) $t = 0$일 때 스위치를 개방하는 *RL* 회로. (*b*) $t = 0$ 이전에 존재하는 회로. (*c*) 스위치 개방 후 9 V의 전원이 제거된 회로.

익힘문제 8.2

그림 8.5의 회로에서 일단 스위치가 전환되면 회로가 어떻게 변하는지를 주의 깊게 주목하면서, $t = 0$와 $t = 160\ \mu s$에서 $v(t)$를 구하라.

답: 50 V, 18.39 V.

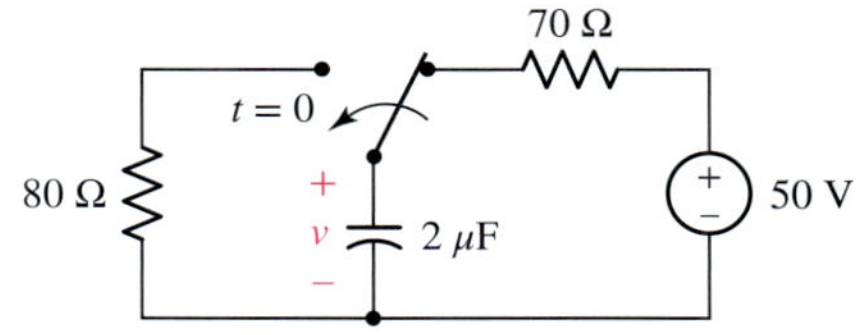

그림 8.5

에너지 계산

응답의 해석에 주의를 기울이기 전에, 그림 8.1의 회로에서 전력과 에너지의 관계를 점검하자. 저항에서 소비되는 전력은 다음과 같다.

$$p_R = \frac{v^2}{R} = \frac{V_0^2}{R} e^{-2t/RC}$$

그리고 저항에서 열로 전환된 총에너지는 시간 0에서 무한대까지 적분하여 얻는다.

$$\begin{aligned} w_R &= \int_0^{\infty} p_R\, dt = \frac{(V_0)^2}{R} \int_0^{\infty} e^{-2t/RC} dt \\ &= \frac{(V_0)^2}{R}\left(\frac{-RC}{2}\right) e^{-2t/RC}\Big|_0^{\infty} = \frac{1}{2} C (V_0)^2 \end{aligned}$$

이것은 기대한 결과로서 초기에 커패시터에 저장된 총 에너지 $\frac{1}{2}C(V_0)^2$이고, 전압은 결국 0이 되기 때문에 무한대 시간에 커패시터에 저장된 에너지는 없다. 따라서 모든 초기 에너지는 저항에서 소비된 것으로 간주한다.

8.2 지수함수 응답의 성질

RC 직렬 회로의 자연 응답 특성을 생각해 보면 커패시터 전압은 다음 식과 같이 표시된다.

$$v(t) = V_0 e^{-t/RC}$$

$t = 0$에서 전압은 V_0이고 시간이 증가함에 따라 전압는 감소하여 0에 접근한다. 그림 8.6은 t에 대한 $v(t)/V_0$를 그린 그림이며, 감소하는 지수함수의 모양을 보인다. 지수 함수는 단위가 없기 때문에, RC의 값은 단위를 시간에 대한 단위를 가진다. 이 시간에 대한 단위를 **시상수**(*time constant*)라 부른다. 시상수는 그리스 문자 τ(타우)로 표시한다.

$$\tau = RC$$

곡선의 함수가 $e^{-t/RC}$를 나타내므로 만약 RC가 변하지 않으면 곡선도 변하지 않는다. 모든 직렬 RC 회로를 위해 같은 곡선을 얻기 위해서는 RC나 시상수가 같아야 한다.

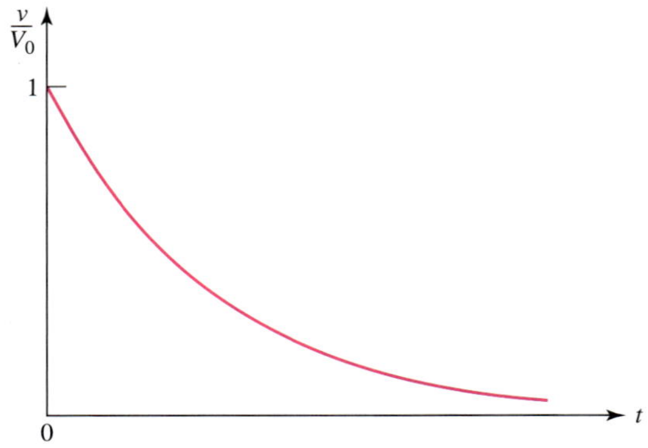

그림 8.6 시간 t에 대한 $e^{-t/RC}$의 도표.

시상수는 초기값으로부터 대략적인 감쇠 시간을 나타낸다. 수학적으로, 시상수는 **초기 감소율과 동일한 비율로 감소하는 경우** 전압이 0이 되는 시간을 의미한다. 전압 응답에 대한 감소 비율(기울기)은 다음과 같이 주어진다.

$$\frac{d}{dt}\frac{v}{V_0}\bigg|_{t=0} = -\frac{1}{RC}e^{-\frac{t}{RC}}\bigg|_{t=0} = -\frac{1}{RC}$$

이러한 지속적인 감소 비율은 $t = RC = \tau$인 시간축과 만나는 점이 될 것이다.

그림 8.7은 직렬 *RC* 회로에서 시상수를 그래프로 보여준다; $t = 0$에서의 응답 곡선에 접선을 그려 시간축과 만나는 점을 결정하는 것이 필요하다. 이 방법을 이용하면 오실로스코프의 화면으로부터 시상수를 편리하게 근사화할 수 있다.

시상수 τ에 못지않게 중요한 것은 $t = \tau$일 때 $v(t)/V_0$의 값을 구하는 일이다.

$$\frac{v(\tau)}{V_0} = e^{-1} = 0.3679 \quad \text{또는} \quad v(\tau) = 0.3679\,V_0$$

그러므로 $t = \tau$에서의 응답은 초기값이 36.8%로 떨어지는데, 이 사실로부터 그림 8.8에 나타낸 것과 같이 τ의 값을 도식적으로 구할 수 있다. 시상수 τ의 간격으

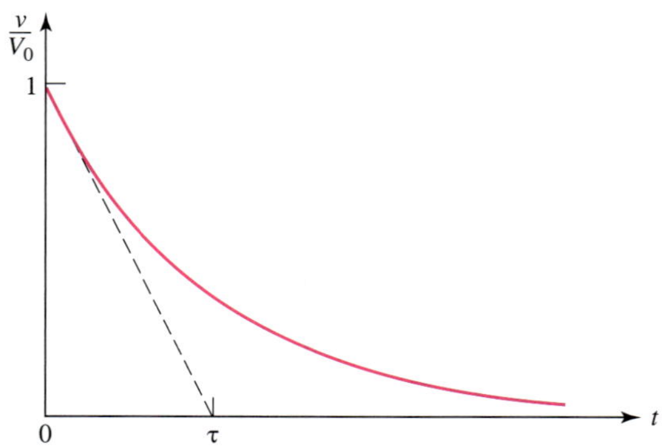

그림 8.7 *RC* 직렬 회로의 경우 시상수 τ는 *RC*이다. 시상수는 응답곡선이 초기 감소율과 동일한 일정 비율로 감소하는 경우 0으로 하강하는 데 필요한 시간이다.

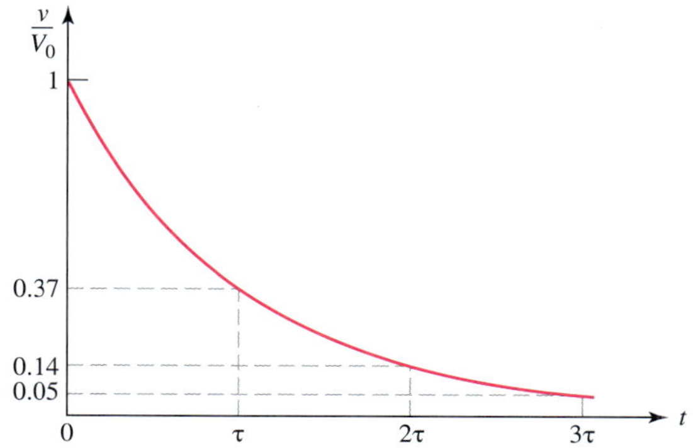

그림 8.8 *RC* 직렬회로의 전류는 $t = \tau$에서 초기값의 37%, $t = 2\tau$에서 14%, $t = 3\tau$에서 5%까지 감소한다.

로 전압이 감소하는 것을 측정하는 것은 편리하고, 음의 지수함수가 보여주는 표나 계산기를 이용하면 $v(t)/V_0$ 값은 $t = \tau$일 때 0.3679, $t = 2\tau$일 때 0.1353, $t = 3\tau$일 때 0.04979, $t = 4\tau$일 때 0.01832, $t = 5\tau$일 때 0.006738이 되고, 대략 3τ 내지 5τ 이후에 전압은 초기값에 비해 무시할 수 있을 정도로 작아진다. 전압이 0으로 감소하는 시간은 얼마나 걸리는가? 라는 질문을 한다면 약 5τ가 되며 이 시점에서 전압은 원래의 값 1% 미만으로 감소한다.

예제 8.3

직렬 RC 회로에서 시상수가 τ_0라 한다. 시상수가 4배 증가한다고 할 때, $t = 2\tau_0$에서의 전압은 어떻게 바뀌게 되는가?

$$v(t) = V_0 e^{-t/\tau}$$

서로 다른 두 시상수에 대한 전압 비는, 다음과 같다.

$$\frac{V_0 e^{-2\tau_0/\tau_0}}{V_0 e^{-2\tau_0/4\tau_0}} = \frac{e^{-2}}{e^{-1/2}} = 0.2231$$

시상수의 4배 증가는 전압 응답의 더 빠른 감소를 가져오며, $t = 2\tau_0$일 때 초기 값의 대략 22.3%까지 감소한다.

익힘문제 8.3

무전원 직렬 *RC* 회로에서 다음 비율의 수치를 구하라.

(a) $v(2\tau)/v(\tau)$ (b) $v(0.5\tau)/v(0)$

(c) $v(t)/v(0) = 0.2$인 경우 t/τ (d) $v(0) - v(t) = v(0) \ln 2$인 경우 t/τ

답: 0.368; 0.607; 1.609; 1.181.

컴퓨터를 이용한 해석

무전원 회로의 응답을 고려할 때 LTspice의 과도상태 해석 능력은 매우 유용하다. 다른 시뮬레이션에서 직류 전압을 변경하는 방법과 유사하게 이 예제에서는 부품 파라미터를 바꿀 수 있는 특징을 이용한다. SPICE의 명령어 **.step param**을 이용하여 이 작업을 수행한다. 그림 8.9에 완성된 *RC*회로가 보여지며, 초기 전압이 5 V인 10 μF 커패시터와 값을 바꿀 수 있는 저항이 주어져 있다. 이 예제에서는 10, 100, 그리고 1 kΩ 저항을 선택한다. 과도 응답은 다음 단계에 의해 시뮬레이션 할 수 있다.

1. **회로의 초기 조건을 설정한다.** 먼저, **Net Name**(이 예제에서 Cap_voltage)을 이용하여 커패시터 마디에 이름을 붙인다. **SPICE 명령어** *.ic V (Cap_voltage)* = 5를 이용하여 이 마디에 초기 조건 5 V를 설정한다.
2. **저항 값을 정의한다.** 저항 구성 요소의 저항 값에 문자 *{Resistance}*를 입력하면 숫자 값이 변수로 바뀐다. **SPICE 명령어** *.step param Resistance list 10 100 1k*를 사용하여 시뮬레이션 값을 정의한다. 해석을 위해, 이 명령어를 제공된 숫자 목록에 따라 저항 파라미터를 단계별로 실행한다.
3. **시뮬레이션을 설정한다.** 과도 응답을 수행하기 위해, **SPICE 명령어** *.tran <Tstop>*,를 사용한다. 여기서 *<Tstop>*는 시뮬레이션을 종료하고자 하는 시간이다. 이 예제에서는, 5 ms로 선택한다.

그림 8.9는 SPICE 명령어가 표시된 결과 회로도를 보여준다.

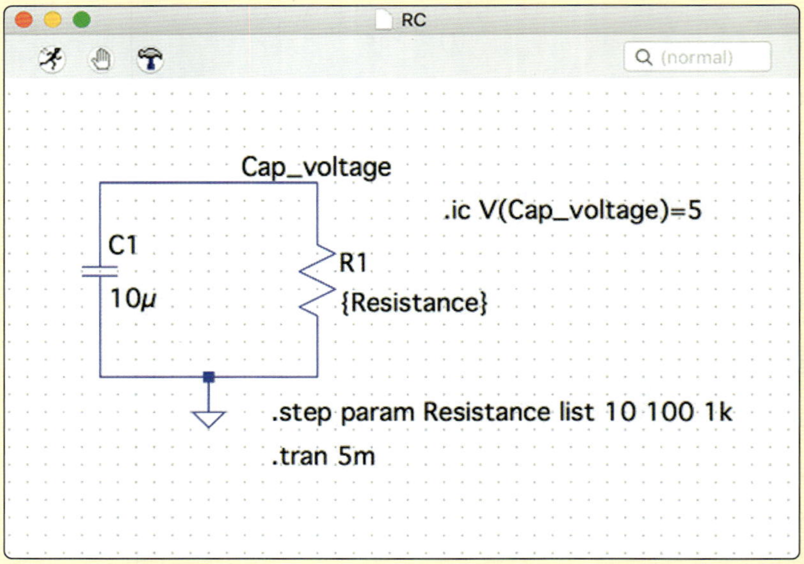

그림 8.9 LTspice를 이용한 간단한 *RC* 회로.

시뮬레이션을 실행하면, **Waveform Data** 창이 열린다. 과도 응답을 보기 위해서, **Add Traces** 명령어를 사용하여 *Cap_voltage* 마디를 선택하거나, 회로도에서 마디를 직접 클릭한다. 결과는 그림 8.10과 같이 Waveform Data 창에 보여진다.

시상수 *RC*의 값이 클수록 응답 곡선이 느린 이유는 무엇일까? 각 요소의 효과를 고려해보자. 시상수 τ의 관점에서, 직렬 *RC* 회로의 응답은 다음과 같다.

$$v(t) = V_0 e^{-t/\tau}$$

*C*의 증가는 동일한 초기 전압일 때 더 큰 에너지를 저장하며, 이 더 큰 에너지는 저항에서 소비되는 데 더 긴 시간이 요구된다. 또한, *R*을 증가시켜 *RC*를 증가시킬 수도 있다. 이 경우, 저항에 유입되는 전력은 동일한 초기 전압에서 더 크다. 다시 말해서, 저장된 에너지를 낭비하는 데 더 많은 시간이 필요하다. 이 효과는 그림 8.10의 시뮬레이션 결과에서 더욱 명확하게 나타난다.

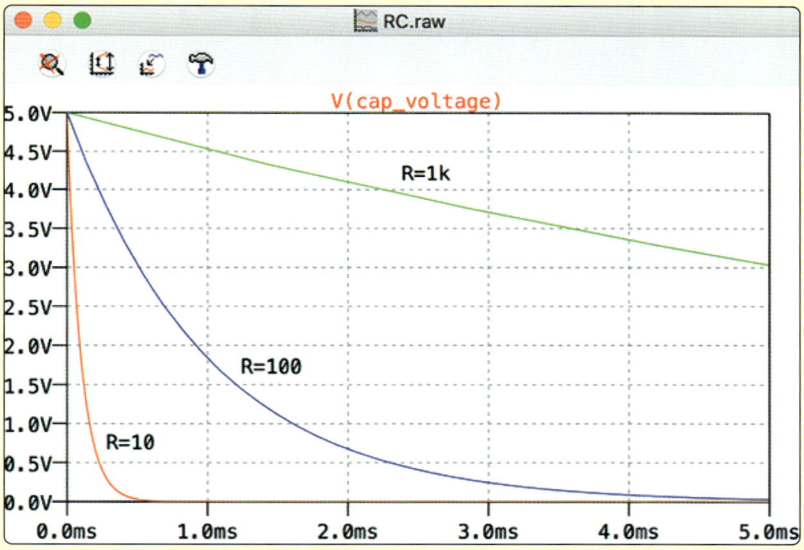

그림 8.10 3개의 저항 값에 대한 *Cap_voltage* 마디의 프로브 출력.

8.3 무전원 *RL* 회로

인덕터는 커패시터와 유사하게 에너지를 저장하며, 회로에서 유사한 시간 종속적인 응답을 보인다. 그림 8.11에 나타난 병렬(또는 직렬?) *RL* 회로의 해석이 *RC* 회로의 해석과 얼마나 밀접하게 연관되어 있는지 알아본다.

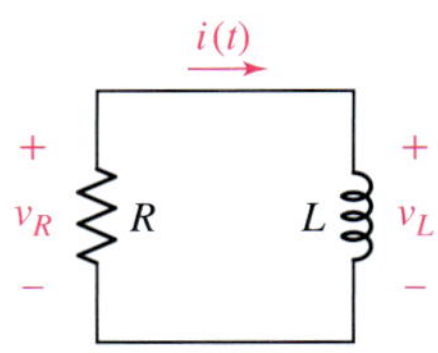

그림 8.11 초기조건 $i(0) = I_0$일 때 $i(t)$를 구하기 위한 직렬 *RL* 회로.

시변 전류 $i(t)$를 지정하자; $t = 0$에서 초기 값은 $i(0) = I_0$이다. KVL을 회로에 적용하면, 알 수 없는 전류에 대한 방정식을 얻을 수 있다.

$$Ri + v_L = Ri + L\frac{di}{dt} = 0$$

또는

$$\frac{di}{dt} + \frac{R}{L}i = 0$$

미분 방정식은 친숙한 형태이다. 다음 식과 비교하면

$$\frac{dv}{dt} + \frac{v}{RC} = 0$$

v를 i로, RC를 L/R로 대치하면, 이전과 동일한 방정식을 얻는다. RL 회로는 앞에 나온 RC 회로의 쌍대회로이므로 당연히 그렇게 되어야 한다. 이 쌍대성에 의하여 한 회로의 저항이 다른 회로의 저항의 역수와 같고 L과 C의 값이 같으면 RC 회로의 $v(t)$와 RL 회로의 $i(t)$는 동일하게 된다. 그러므로, RC 회로의 응답은 다음과 같다.

$$v(t) = v(0)\,e^{-t/RC} = V_0\,e^{-t/RC}$$

RL 회로에 대해 다음과 같이 쓸 수 있다.

$$i(t) = i(0)\,e^{-tR/L} = I_0\,e^{-tR/L} \qquad [5]$$

직렬 RC회로를 위해 8.1절에서 다룬 미분방정식 풀이를 직접 사용하면 동일한 결과를 얻을 수 있다.

RL 회로의 전류 응답인 식 [5]의 물리적 특성을 논해보자. $t = 0$에서 값은 초기 조건과 일치하며, t가 무한히 증가함에 따라 전류는 0이된다. 이것은 인덕터에 전류가 저장되어 있는 동안 에너지는 계속 저항으로 흘러 열로 소비됨을 나타낸다. 따라서 마지막 전류는 0이 된다. RC 회로의 시상수와 쌍대 관계의 표현으로부터, 또는 응답이 초기 값의 37%가 되는 시간으로부터 RL 회로의 시상수를 구할 수 있다.

$$i(t) = I_0\,e^{-tR/L} = I_0\,e^{-t/\tau}$$

따라서, 다음과 같이 된다.

$$\boxed{\tau = L/R} \qquad [6]$$

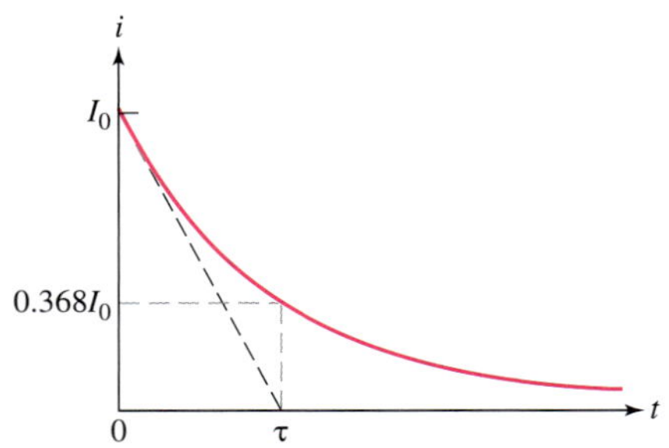

그림 8.12 병렬 *RL* 회로에 대한 인덕터 전류 $i(t)$가 시간에 대한 함수로 그려져있다. $i(t)$의 초기 값은 I_0이다.

그림 8.12에서 시상수의 의미를 응답 곡선으로 쉽게 스케치할 수 있고 음의 지수함수로 표현된다. L의 값이 크거나 R의 값이 작을 수록 시상수는 커지고 저장된 에너지는 천천히 소비된다. 저항이 작으면 전류가 흐르는 동안 더 작은 전력이 소비되므로 저장된 에너지를 열로 변환하는 데 더 많은 시간이 소요된다. 인덕턴스가 클수록 더 큰 에너지를 저장하며, 다시 이 초기 에너지를 소비하는 데 더 많은 시간이 걸린다.

예제 8.4

그림 8.13의 인덕터가 $t = 0$에서 전류 $i_L = 2$ A를 가질 경우, $t > 0$에서 유효한 $i_L(t)$에 대한 방정식을 구하고, 또한 $t = 200\ \mu s$일 때 이 값을 계산하라.

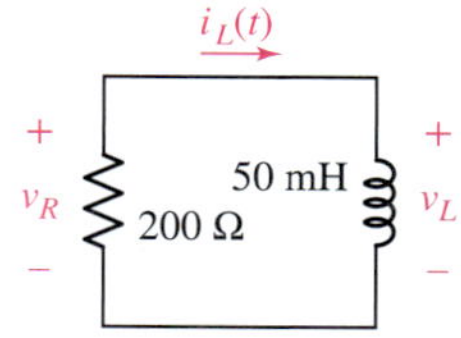

그림 8.13 $t = 0$에서 인덕터에 에너지가 저장된 간단한 *RL* 회로.

이 회로는 위에서 논의한 회로와 동일하다. 따라서 다음과 같은 형태의 인덕터 전류를 예상할 수 있다.

$$i_L = I_0 e^{-Rt/L}$$

여기서 $R = 200\ \Omega$, $L = 50$ mH이고 I_0는 $t = 0$에서 인덕터에 흐르는 초기 전류이다.

$$i_L(t) = 2e^{-4000t}$$

$t = 200 \times 10^{-6}$ s를 대입하면 $i_L(t) = 898.7$ mA로서 초기 값의 절반 수준이다.

익힘문제 8.4

$i_R(0) = 6$ A일 때, $t = 1$ ns에서 그림 8.14의 저항을 통해서 흐르는 전류 i_R을 구하라.

답: 812 mA.

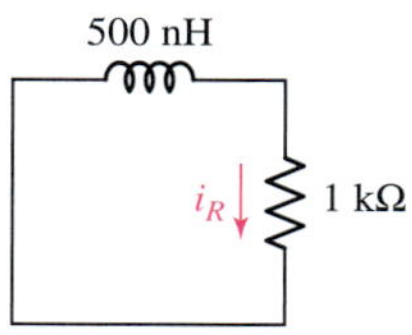

그림 8.14 익힘문제 8.4에 대한 회로.

예제 8.5

그림 8.15a의 회로에서 $t = 200$ ms일 때 v로 표기된 전압을 구하라.

문제의 목적을 확인하라.

그림 8.15a는 실제로 2개의 다른 회로를 나타내고 있다. 즉 하나는 스위치가 닫혀 있고(그림 8.15b), 하나는 열려 있다(그림 8.15c). 우리는 그림 8.15c에 보여진 회로에 대해 $v(0.2)$를 구해야 한다.

알고 있는 정보를 수집하라.

2개의 새로운 회로를 그리고 정확히 표기하라. 다음으로 그림 8.15b의 회로는 오랜 시간동안 연결되어 있어서 어떠한 과도상태도 소멸되었다고 가정한다. 달리 설명되어있지 않으면 우리는 이와 같은 가정을 일반적인 법칙으로 만들 수 있다. 이 회로는 $i_L(0)$를 결정한다.

계획을 수립하라.

그림 8.15c의 회로는 KVL 방정식를 기술함으로써 해석될 수 있다. 궁극적으

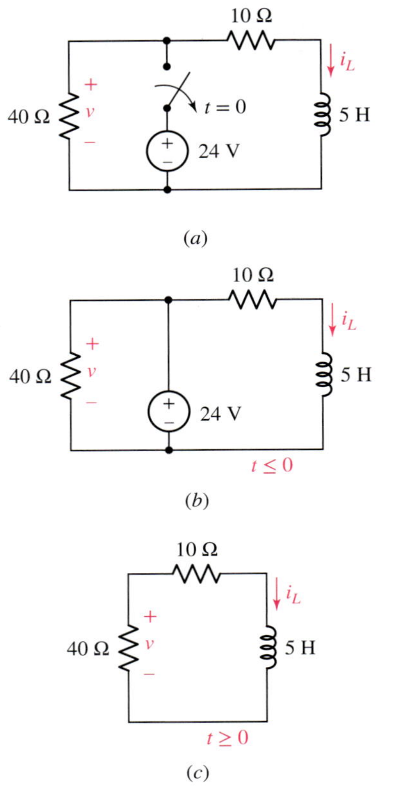

그림 8.15 (*a*) $t = 0$일 때 스위치를 개방하는 *RL* 회로. (*b*) $t = 0$ 이전에 존재하는 회로. (*c*) 스위치 개방 후 24 V의 전원이 제거된 회로.

로 우리는 v와 t만을 변수로 하는 미분방정식을 원하고, 미분방정식을 $v(t)$에 대해 풀 것이다.

적절한 방정식들을 구성하라.

그림 8.15*c*를 보면, 다음과 같이 된다.

$$-v + 10i_L + 5\frac{di_L}{dt} = 0$$

$i_L = -v/40$으로 바꾸면, 다음과 같이 된다.

$$\frac{5}{40}\frac{dv}{dt} + \left(\frac{10}{40} + 1\right)v = 0$$

더 간단히 하면, 다음과 같이 된다.

$$\frac{dv}{dt} + 10v = 0 \qquad [7]$$

추가 정보가 필요한지 결정한다.

앞에서 살펴본 것처럼 v를 완전하게 표현하려면 특정한 시점(편의상 $t = 0$)에서 v의 값을 알아야 한다. 그림 8.15*b*의 경우, $v(0) = 24$ V(스위치가 열리기 바로 직전 상태)이다. 그러나 스위치가 열리는 순간 저항전압은 다른 값으로 바뀔 수 있다. 이 경우 인덕터 전류는 변동이 없다.

그림 8.15*b*의 회로에서 인덕터는 DC 전류에 대해 단락회로로 동작하므로, $i_L = 24/10 = 2.4$ A가 된다. 따라서 그림 8.15*c*의 회로에서 $i_L(0) = 2.4$ A가 되고, $v(0) = (40)(-2.4) = -96$ V이다.

해답을 구한다.

세 가지 기본 해법 중 어떠한 방법도 집중할 수 있는데, 식 [7]에 대응하는 특성방정식을 기술함으로써 시작해보자.

$$s + 10 = 0$$

위 식을 풀면 $s = -10$이다. 따라서 다음과 같이 된다.

$$v(t) = Ae^{-10t} \qquad [8]$$

식 [7]에 대입하면, 다음과 같이 된다.

$$-10Ae^{-10t} + 10Ae^{-10t} = 0$$

한편 $v(0) = -96$ V이므로 식 [8]에서 $t = 0$일 때 다음 식과 같다.

$$v(t) = -96e^{-10t} \qquad [9]$$

따라서 $v(0.2) = -12.99$ V로서 최대 -96 V 이하 값을 갖는다.

타당하거나 기대한 결과인지 해를 검증한다.

v의 미분방정식을 기술하는 대신에 i_L의 항으로 미분방정식을 다음과 같이 쓸 수 있다.

$$40\,i_L + 10\,i_L + 5\frac{di_L}{dt} = 0$$

혹은

$$\frac{di_L}{dt} + 10\,i_L = 0$$

위 식의 해는 $i_L = Be^{-10t}$이다. $i_L(0) = 2.4$를 사용하면 $i_L(t) = 2.4e^{-10t}$이다. $v = -40i_L$이므로 식 [9]을 다시 얻을 수 있다. 인덕터 전류와 저항 전압이 동일하게 지수적 상호 영향을 미치는 것은 **우연의 일치가 아님을** 주목하라.

익힘문제 8.5

그림 8.16의 회로에서 $t > 0$에 대해 인덕터 전압 v를 구하라.

답: $-25e^{-2t}$ V.

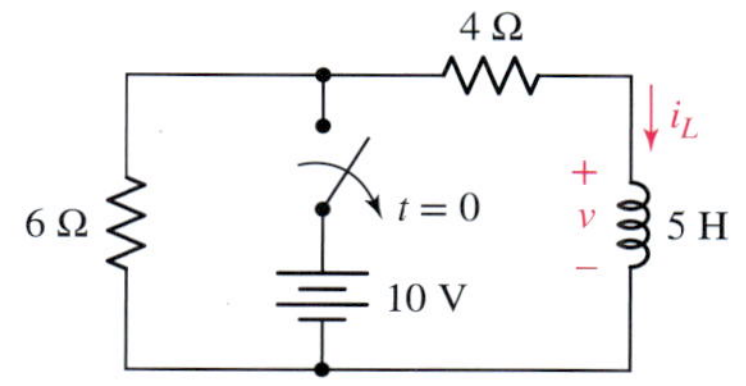

그림 8.16 익힘문제 8.5의 회로.

8.4 더 일반적인 해석방법

예제 8.2와 8.5에서 간접적으로 본 바와 같이, 오직 1개의 에너지 저장 소자만이 존재하는 경우에는 회로에 포함된 저항의 개수와는 별개로 하나의 시상수($\tau = L/R$ 혹은 $\tau = RC$)를 구한다. R에 대해 필요한 값은 실제로 에너지 저장 소자에서 바라본 테브난 등가 저항임을 인지함으로써 이를 공식화할 수 있다. (이상하게 보일지는 몰라도, 심지어는 종속전원을 포함하는 회로에 대해 시상수를 계산하는 것도 가능하다!)

자연 응답을 구하고자 하는 많은 RC 또는 RL 회로에는 하나 이상의 저항 및 커패시터/인덕터를 포함한다. 하나의 커패시터 또는 인덕터와 여러 개의 저항이 있는 회로를 가정한다. 커패시터 또는 인덕터의 양단에 위치한 2단자 저항회로는 하나의 등가저항으로 대체할 수 있고, 그러면 RC와 RL 회로는 다음과 같이 주어지는 유효 시상수를 가진다.

$$\tau = R_{eq}C$$

또는

$$\tau = L/R_{eq}$$

만약 회로가 1개 이상의 커패시터(또는 인덕터)를 가지고 있고, 직렬 또는 병렬조합을 사용하여 대체할 수 있으면, 하나의 시상수를 가지는 C_{eq} (또는 L_{eq})로 일반화할 수 있다. 그러나 이것은 커패시터나 인덕터를 단 하나의 C_{eq} 또는 L_{eq}와 결합할 수 있는 경우에만 유효하다. 그렇지 않으면 회로는 여러 시상수를 가지게 된다.

커패시터 전압이나 인덕터 전류의 지수함수적 시간 의존성에 기초하여, **회로의 모든 다른 전압 및 전류는 같은 함수의 거동을 따른다.** 이것은 커패시터가 저항 회로에 인가되는 전압원으로 간주함으로써 명확해진다. 저항 회로가 옴의 법칙 $v = iR$에 따라 전원의 모든 변화에 즉각적으로 응답하므로 저항 회로의 모든 전류 및 전압은 전원과 동일한 시간 의존성을 갖게 된다.

$e^{-t/\tau}$와 같은 시간 의존성을 이용하여, 하나의 에너지 저장 요소를 가진 회로에서 전류나 전압을 풀기 위한 일반적인 과정을 사용할 수 있다. 이와 같은 기술은 인덕터와 여러 개의 저항을 갖는 회로에 적용하고, 또한 2개나 3개의 인덕터와 저항을 포함한 특별한 회로는 1개의 인덕터와 하나의 저항으로 결합한 저항 및 인덕턴스에 의해 단순화할 수 있다.

단일 에너지 저장 요소를 갖는 무전원 *RC* 및 *RL* 회로

1. 테브난 등가 회로를 이용하여 시상수를 결정하라.
2. 관심 변수의 초기 조건을 구하라.
3. 다음과 같은 해를 구한다.

$$\boxed{v(t) = v(0^+)\,e^{-t/\tau}}$$

또는

$$\boxed{i(t) = i(0^+)\,e^{-t/\tau}}$$

초기 조건: $t = 0^+$와 $t = 0^-$

초기 조건을 구하는 것이 일반적인 *RC* 및 *RL* 회로를 해결하는 가장 까다로운 부분일 수 있으며 오류의 큰 원인 중 하나일 수 있다. 이전 과정에서는, 왜 단순히 (0)이 아닌 (0^+)란 표기를 사용했을까? 커패시터의 경우, 커패시터의 전압은 순간적으로 변할 수는 없지만, 전류는 순간적으로 변할 수 있다! 예를 들어, 커패시터에 전압이 주어지고 정상상태를 유지한다면, 전류는 0이다. 이 커패시터가 $t = 0$에서 저항 회로에 스위칭 되면, 전류는 $i = 0$에서 0이 아닌 전류로 순간적으로 변하여 회로를 통해 방전된다. 즉, 스위칭 직전과 직후의 전압은 $v(0^-) = v(0^+)$로 동일하지만, 전류는 같지 않을 것이다. 즉, $i(0^-) \neq i(0^+)$이다. 반대로, $i = (0^-) = i(0^+)$ 및 $v(0^-) \neq v(0^+)$와 같이 인덕터를 관통하는 전류는 순간적으로 변하지 않을 것이지만, 인덕터 양단의 전압은 순간적으로 변할 수 있다.

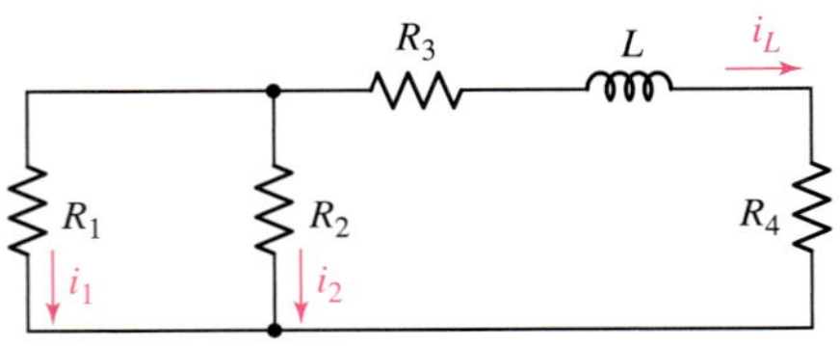

그림 8.17 하나의 인덕터와 여러 개의 저항이 포함된 회로는 무전원 시상수 $\tau = L/R_{eq}$를 결정함으로써 해석된다.

그러므로, *RC* 또는 *RL* 회로의 초기 조건을 구하려면 시간 응답(예: 스위치)을 인가하는 순간의 직전과 직후에 회로를 해석해야 한다. 한 예로서, 그림 8.17에 표시된 회로에서 전류를 구하는 문제에서, $t = 0$에서 $i_L(0) = I_0$가 되도록 유한 에너지가 인덕터에 저장되어 있다고 가정한다.

인덕터가 바라본 등가저항은 다음과 같다.

$$R_{eq} = R_3 + R_4 + \frac{R_1 R_2}{R_1 + R_2}$$

따라서 시상수는 다음과 같이 된다.

$$\tau = \frac{L}{R_{eq}}$$

$i_L(0^+) = I_0$와 관련된 초기 조건이 필요하며, 전류 분배를 이용하면 다음과 같이 된다.

$$i_2(0^+) = -\frac{R_1}{R_1 + R_2} I_0$$

최종적인 해는 다음과 같다.

$$i_2(t) = i_2(0^+)\, e^{-t/\tau} = -\frac{R_1}{R_1 + R_2} I_0 e^{-t/\tau}$$

예제 8.6

$v(0^-) = V_0$인 경우 그림 8.18a에 보여진 회로에서 $v(0^+)$와 $i_1(0^+)$를 구하라.

그림 8.18a의 회로를 그림 8.18b로 간단히 하면, 다음과 같이 된다.

$$v = V_0 e^{-t/R_{eq}C}$$

여기서

$$v(0^+) = v(0^-) = V_0 \quad \text{그리고} \quad R_{eq} = R_2 + \frac{R_1 R_3}{R_1 + R_3}$$

회로의 저항 성분이 있는 모든 전류와 전압의 형태는 $Ae^{-t/R_{eq}C}$이다. 여기서 A는 전류나 전압의 초기값이다. 따라서 예를 들어 R_1에서의 전류는 다음과 같이 나타낼 수 있다.

$$i_1 = i_1(0^+)\, e^{-t/\tau}$$

여기서

$$\tau = \left(R_2 + \frac{R_1 R_3}{R_1 + R_3}\right)C$$

이다. 그리고 $i_1(0^+)$는 초기조건으로부터 결정된다. $t = 0^+$일 때 회로에 흐르는 어떠한 전류도 커패시터로부터 와야 한다. 그러므로 v는 순간적으로 변할 수 없으므로, $v(0^+) = v(0^-) = V_0$와

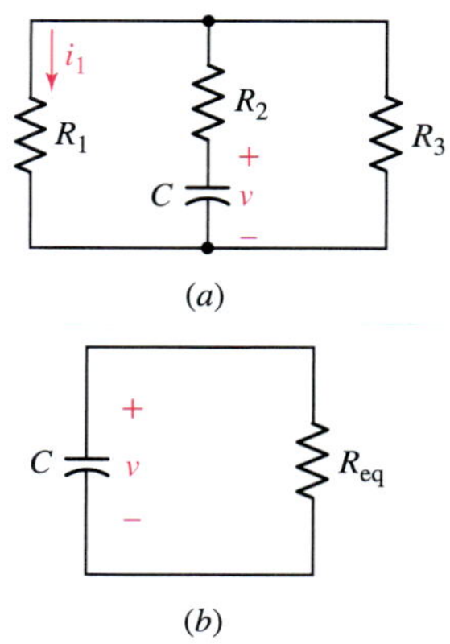

그림 8.18 (a) 하나의 커패시터와 여러 저항을 포함한 회로. (b) 저항은 등가저항으로 대체한다. 시상수는 $\tau = R_{eq}C$이다.

$$i_1(0^+) = \frac{V_0}{R_2 + R_1R_3/(R_1+R_3)}\frac{R_3}{R_1+R_3}$$

가 된다.

익힘문제 8.6

그림 8.19의 회로에서 t가 다음과 같을 때 v_C와 v_o를 구하라.

(a) 0^-

(b) 0^+

(c) 1.3 ms

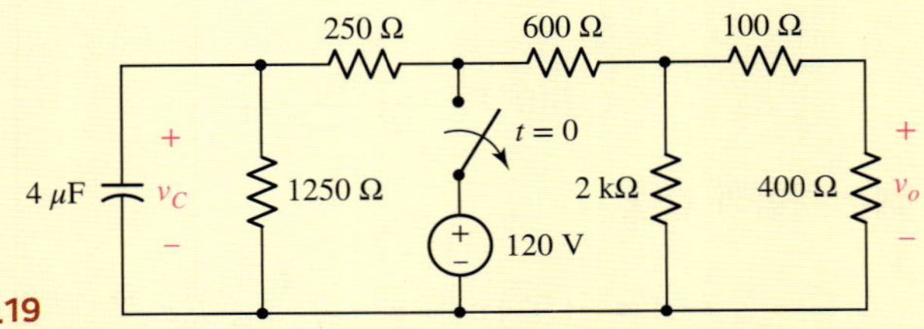

그림 8.19

답: 100 V, 38.4 V; 100 V, 25.6 V; 59.5 V, 15.22 V.

익힘문제 8.7

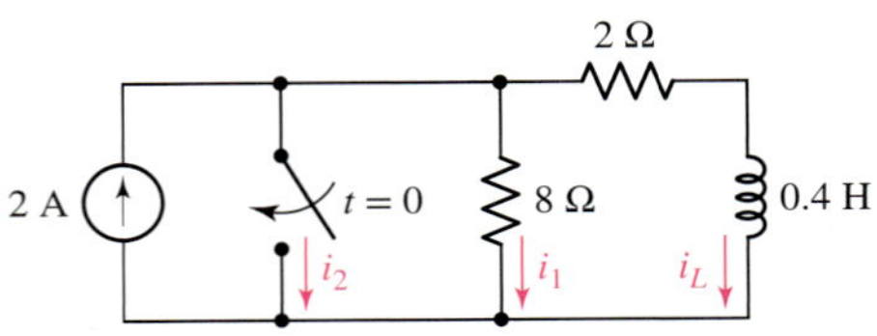

그림 8.20

t = 0.15 s일 때 회로가 그림 8.20일 때, 다음을 구하라.

(a) i_L (b) i_1 (c) i_2

답: 0.756 A; 0; 1.244 A

에너지 저장 소자에 연결된 회로를 나타내기 위해 테브난 등가 회로를 사용한다는 것을 주목하라. 테브난 등가 회로에 대한 이전 논의를 상기해보면, 이들 또한 **종속 전원**을 포함할 수 있다. RC 및 RL 회로를 검사하기 위한 과정도 종속 전원이 있는 것을 포함한 테브난 등가 회로에서 제공하는 모든 회로에서 유사하게 적용된다. 다음 예제와 사례를 검토해 보자.

예제 8.7

그림 8.21a의 회로에 대해 $v_C(0^-)$ = 2 V인 경우 $t > 0$에서 v_C로 표기된 전압을 구하라.

종속전원은 커패시터 전압이나 전류에 의해 제어되지 않기 때문에 커패시터 왼쪽 회로에 대한 테브난 등가회로를 얻을 수 있다. 그림 8.21b에서처럼 1 A의 기준전원을 연결하면 다음과 같이 된다.

$$\frac{V_x}{30} + 1.5i_1 = 1$$

여기서

$$i_1 = \frac{V_x}{30}$$

이 식을 정리하면 $V_x = 12$ V을 얻는다. 여기서 테브난 등가저항은 12 Ω이다. 따라서 회로는 다음 시상수를 가진다.

$$\tau = 12(1 \times 10^{-6}) = 12\ \mu\text{s}$$

초기 조건은 $v_C(0^+) = v_C(0^-) = 2$ V이다. 그러므로, 다음과 같이 된다.

$$v_C(t) = 2e^{-t/12 \times 10^{-6}}\ \text{V} \qquad [10]$$

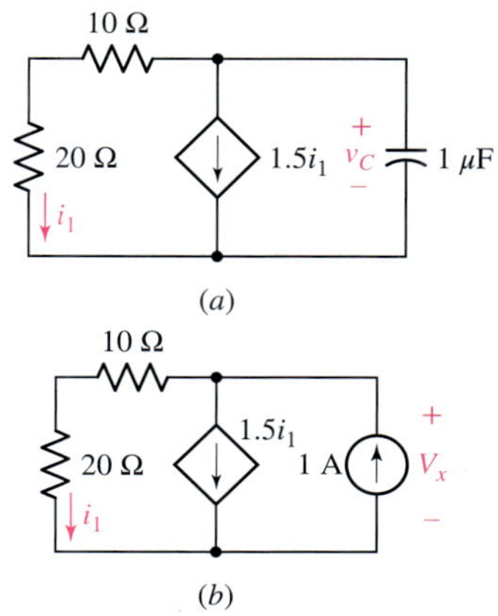

그림 8.21 (*a*) 커패시터 전압 또는 전류에 제어되지 않는 종속전원을 포함한 *RC* 회로. (*b*) 커패시터에 연결된 회로의 테브난 등가를 발견하기 위한 회로.

익힘문제 8.8

그림 8.22 회로에서 (a) $t > 0$에 대해 $v_c(0^-) = 11$ V일 때 전압 $v_c(t)$를 구하라. (b) 이 경우 회로는 안정한가?

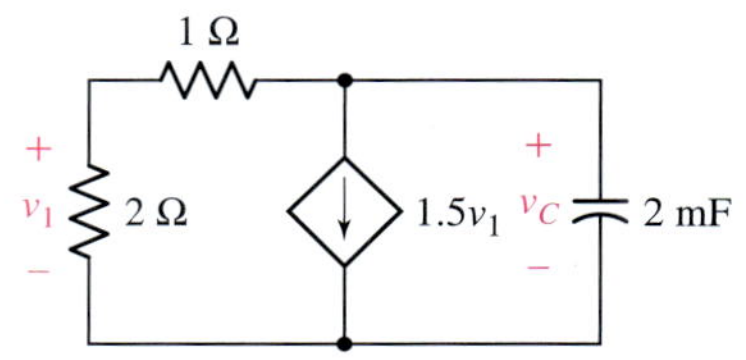

그림 8.22 익힘문제 8.8에 대한 회로.

답: (a) $v_C(t) = 11e^{-2\times10^3 t/3}$ V, $t > 0$. (b) 그렇다. 시간에 따라 증가하기보다는 (지수적으로) 감소한다.

저항과 커패시터를 여러 개 포함한 회로는 단지 하나의 저항과 커패시터를 포함한 등가회로로 대체할 수 있다. 원래 회로가 2개 부분(하나는 모두 저항, 다른 하나는 모두 커패시터)이 단지 2개의 이상적인 도체에 의해 연결되도록 2개 부분으로 나눠질 수 있어야 하는 것이 필수적이다. 이것은 일반적인 경우는 아니지만 여러 개의 저항과 커패시터를 갖는 회로를 설명하기 위해서는 여러 개의 시상수를 필요로 한다(가능한 한 많이 감소된 후 회로에 남아있는 각 에너지 저장 요소에 대한 하나의 시상수).

예제 8.8

$t > 0$에 대해 그림 8.23*a*에 보여진 회로에서 i_1과 i_L을 결정하라.

$t = 0$ 이후, 전원 전압이 그림 8.23*b*에서처럼 연결되지 않았을 때 쉽게 등가 인덕턴스를 계산한다.

$$L_{eq} = \frac{2 \times 3}{2 + 3} + 1 = 2.2\ \text{mH}$$

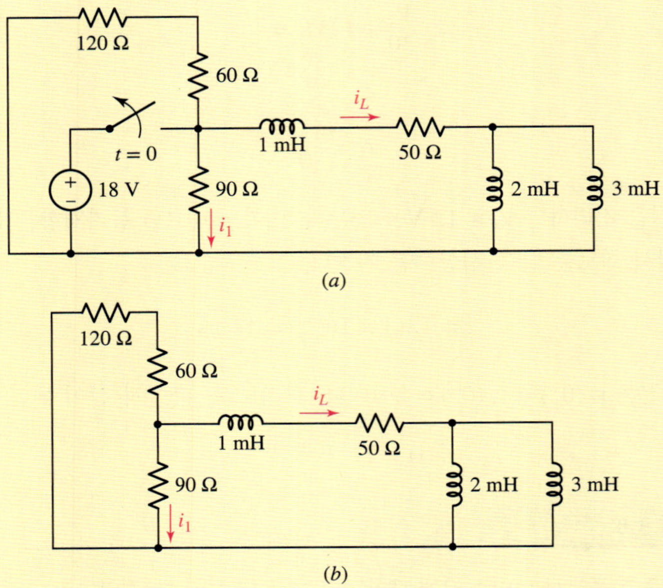

그림 8.23 (*a*) 여러 저항과 인덕터를 가진 회로. (*b*) $t = 0$ 이후, $L_{eq} = 2.2$ mH와 직렬로 연결된 110 Ω의 등가 저항회로.

등가저항을 등가 인덕턴스에 대입하면, 다음과 같이 된다.

$$R_{eq} = \frac{90(60 + 120)}{90 + 180} + 50 = 110\ \Omega$$

시상수는 다음과 같다.

$$\tau = \frac{L_{eq}}{R_{eq}} = \frac{2.2 \times 10^{-3}}{110} = 20\ \mu s$$

따라서 자연 응답의 형태는 $Ke^{-50,000t}$이며, K는 미지의 상수이다. 스위치가 열리기 직전인 $t = 0^-$에서 회로를 고려하면, $i_L = 18/50$ A이다. $i_L(0^+) = i_L(0^-)$이기 때문에, $t = 0^+$일 때 i_L은 18/50 A 또는 360 mA가 된다. 따라서,

$$i_L = \begin{cases} 360 \text{ mA} & t < 0 \\ 360\, e^{-50,000t} \text{ mA} & t \geq 0 \end{cases}$$

이다. $t = 0$에서 i_1이 순간적으로 변하는데 제한은 없기 때문에, $t = 0^-$에서의 값(18/90 A 또는 200 A)은 $t > 0$에서 i_1을 찾는 것과 관련이 없다. 대신에, $i_L(0^+)$을 통하여 $i_1(0^+)$을 구해야 한다. 전류 분배를 이용하면, 다음과 같이 된다.

$$i_1(0^+) = -i_L(0^+)\frac{120 + 60}{120 + 60 + 90} = -240 \text{ mA}$$

따라서

$$i_1 = \begin{cases} 200 \text{ mA} & t < 0 \\ -240\, e^{-50,000t} \text{ mA} & t \geq 0 \end{cases}$$

이다. 언급된 내용의 일부로, 갑자기 서로 연결되는 이상적 소자를 포함하는 특정 상황에 주의해야 한다. 예를 들어, $t = 0$ 이전에 동일하지 않은 전압을 갖는 2개의 이상적인 커패시터를 직렬로 연결하는 것을 상상해 볼 수 있다. 이는 이상적인 커패시터의 수학적 모델에서는 문제를 일으킨다. 하지만 실제 커패시터는 에너지를 소비할 수 있는 저항이 존재한다.

8.5 단위 계단 함수

전원이나 구동 전원이 없을 때의 RC와 RL의 응답에 대해 살펴보았다. 이 응답 파형은 단지 회로의 자연 고유한 성질에 의존하기 때문에 **자연 응답**이라 부른다. 자연 응답은 회로에서 커패시터나 인덕터의 초기 저장에너지가 남아있어 그와 같은 응답을 얻을 수 있다. 전원과 스위치를 포함한 회로를 만날 수 있다. 회로에서 모든 전원을 **제거하기** 위해서 $t = 0$일 때 어떤 스위치가 작동하여 여기 저기 저장된 에너지가 소멸되는 것을 알 수 있다. 말하면 저장된 에너지가 회로로부터 갑자기 차단될 때 문제를 풀고자 한다. 지금 우리는 회로에 갑자기 에너지 전원을 인가하는 경우 나타나는 응답을 구하려고 한다.

갑자기 인가된 에너지 전원이 DC 전원일 때의 응답에 초점을 맞춘다. 모든 전기 장치는 전원을 인가해서 사용하기 마련이고, 대부분의 장치들은 사용기간 동안 이러한 전원의 단속을 수없이 되풀이하므로 이러한 지식은 많은 실제 문제에 응용될 것이다. 직류 전원을 인가하는 경우에 국한한다 하여도 물리적인 장치의 작동을 관련된 수많은 예제가 있다. 예를 들어, 우리가 해석하고자 하는 첫 번째 회로는 직류 전동기가 기동하였을 때 전류의 축적을 나타낼 수 있다. 마이크로프로세서에서 수나 명령을 나타내는 데 사용하는 직사각형 전압 펄스나 전자 또는 트랜지스터 회로 분야에 있어서도 많은 사용 예를 들 수 있다. 이와 유사한 회로는 TV 수상기의 동기 및 스위프 회로, 펄스 변조를 사용하는 통신 시스템, 레이다 시스템 등 많은 응용 예를 볼 수 있다.

전원을 갑자기 인가한다는 말은 시간이 걸리지 않고 순간적으로 인가한다는 것을 의미한다.[1] 전지와 직렬로 연결된 스위치를 닫는 동작은 스위치가 닫히는 순간까지는 0이고 그 후부터는 전지 전압과 동일한 값을 가지는 강제 함수에 해당된다. 강제 함수는 스위치를 닫는 순간 불연속이 된다. 어떤 특이한 강제 함수는 함수가 불연속점을 가질 때 또는 그 도함수가 불연속점을 가질 때 **특이 함수**(singularity function)라 한다. 특이 함수 중 가장 중요한 것으로는 **단위 계단 함수**(unit step function)와 **단위 임펄스 함수**(unit impulse function)가 있다.

단위 계단 함수는 그 함수가 음일 때는 0이고 인수가 양일 때는 1인 함수이

1 물론, 이것은 물리적으로 가능하지 않다. 그러나 이와 같은 상황이 발생하는 시간이 회로 동작을 나타내는 다른 관련 시간들에 비해 매우 짧으면 이것은 근사적으로 성립하고 수학적으로 편리하다.

다. 단위 계단 함수 $u(t-t_0)$는 $t < t_0$일 때 0이고, $t > t_0$일 때 1이다. $t = t_0$에서 $u(t-t_0)$가 0에서 1로 불연속적으로 변한다. $t = t_0$에서의 값은 정의되지 않았지만 $t = t_0$ 근방의 모든 점에서의 값은 정의되어 있다. 흔히 이 사실을 $u(t_0^-) = 0$, $u(t_0^+) = 1$이라 표기한다. 단위 계단 함수는 다음과 같이 수학적으로 간결하게 정의한다.

$$u(t-t_0) = \begin{cases} 0 & t < t_0 \\ 1 & t > t_0 \end{cases}$$

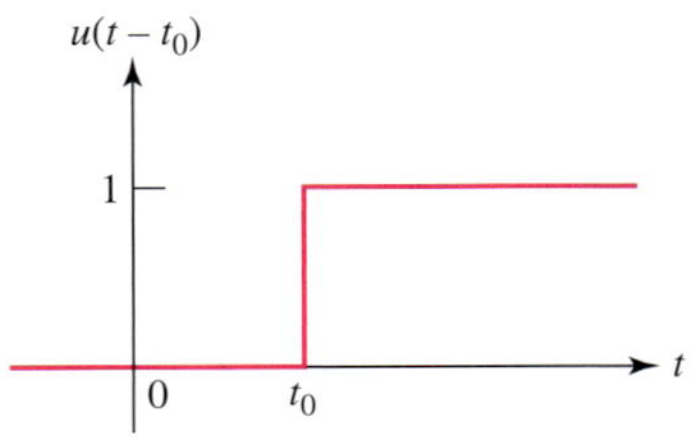

그림 8.24 단위 계단 구동함수 $u(t-t_0)$.

단위 계단 함수는 그림 8.24에서 도식적으로 보여주고 있다. 단위 길이의 수직선이 $t = t_0$에서 보여진다. 비록 수직 상승이 단위 계단의 정의 부분이라고 엄밀히 말할 수는 없으나 이것은 보통 포함하여 나타낸다.

또한 단위 계단이 꼭 시간의 함수일 필요는 없다. 예를 들어, $u(x-x_0)$는 x의 함수이며 x는 거리를 나타내는 경우도 있고 주파수를 나타낼 수도 있다.

회로 해석에 있어서 불연속성 혹은 스위칭 동작은 $t = 0$이라고 정의된 순간에서 발생하는 경우가 매우 종종 있다. 이와 같은 경우에는 $t_0 = 0$이 되고 단위 계단 함수는 $u(t-0)$, 더 간단히 쓰면 $u(t)$가 되며 그림 8.25은 이것을 나타낸 것이다.

$$u(t) = \begin{cases} 0 & t < 0 \\ 1 & t > 0 \end{cases}$$

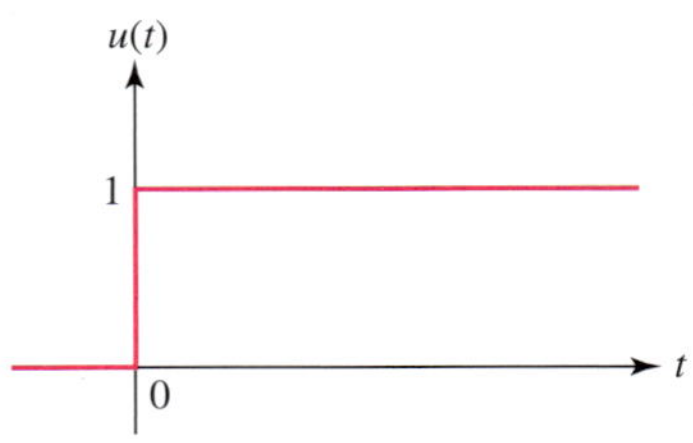

그림 8.25 단위 계단 구동함수 $u(t)$는 t의 함수로 표시된다.

따라서 단위 계단 강제 함수 그 자체는 단위가 없다. 만일 어떤 전압을 나타내고자 할 때에는 $u(t-t_0)$에 상수 전압 5 V를 곱하면 된다. 따라서 $v(t) = 5u(t-0.2)$ V는 $t = 0.2$ s 이전에는 0이고 $t = 0.2$ s 이후에는 그 전압이 5 V인 이상적인 전압원이다. 그림 8.26*a*는 이 구동 함수를 일반 회로망에 연결한 것이다.

물리적 전원 및 단위 계단 함수

이러한 불연속적인 구동 함수가 실제로 어떤 전원을 나타내고 있는지 알아보기로 한다. 등가회로는 두 회로의 전압, 전류 특성이 동일한 경우이다. 등가란 두 회로망의 전압, 전류 특성이 동일하다는 것이다. 그림 8.26*a*에 보인 계단 전압원의 경우에 전압 전류 특성은 매우 단순해서 $t = 0.2$ s 이전에 전압은 0이며 $t = 0.2$ s 이후에는 5 V이다. 그리고 0.2 s 전과 후의 양 구간에서 전류는 임의의 유한값을 가질 수 있다. 얼핏 그림 8.26*b* 표시한 회로가 등가회로라 할 수 있을 것 같지만 이 회로

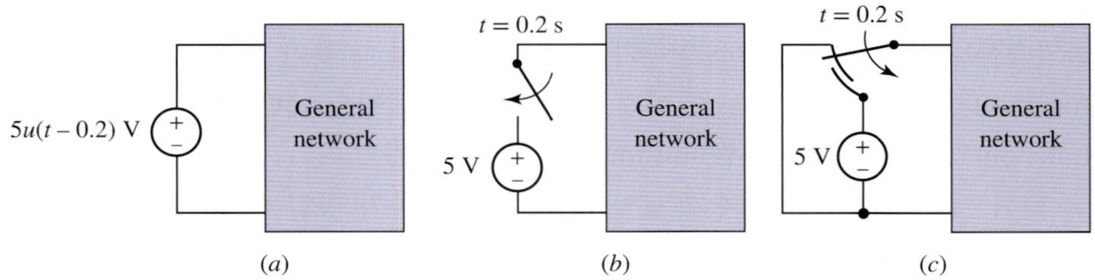

그림 8.26 (*a*) 일반 회로망을 구동하는 계단 전압 구동 함수. (*b*) (*a*)의 완전 등가회로는 아니지만 많은 경우 등가회로로 사용할 수 있는 단순한 회로. (*c*) (*a*)의 완전 등가회로.

는 $t < 0.2$ s에 대해 등가가 아니다. 왜냐하면 전지와 스위치 사이에 걸리는 전압이 $t = 0.2$ s에서 규정되지 않았기 때문이다. 이때는 개방 회로이기 때문에 거기에 걸리는 전압은 임의값을 가질 수 있다. $t = 0.2$ s 이후에 대해서 등가 그림 8.26b는 그림 8.26a에 유용한 등가회로가 된다.

계단전압 구동 함수에 대한 완전 등가회로를 얻으려면 단극 쌍투 스위치(single pole double-throw switch)를 이용하면 된다. $t = 0.2$ s 이후에는 일정한 입력 전압 5 V를 공급하게 된다. 그림 8.26c는 그림 8.26a의 완전 등가회로를 나타낸다.

그림 8.27a는 일반 회로망을 구동하는 계단 전류함수를 보인 것이다. 이 직류 전원과 스위치($t = t_0$에서 열리는)를 병렬 접속으로 대체할 경우 $t = t_0$ 이후에 대해서는 회로는 등가이기는 하지만 그 응답은 초기조건이 동일할 때에 한해서 일치한다는 사실을 기억하여야 한다. 그림 8.27b의 회로는 $t < t_0$에서 전류 전원 단자를 통과하는 전압이 존재하지 않는다는 것을 의미한다. 그림 8.27a의 회로의 경우에서도 존재하지 않는다. 그러나 그림 8.27a와 b의 회로는 종종 호환성 있게 사용된다. 그림 8.27a의 정확한 등가는 그림 8.27c 회로의 쌍대이다. 그림 8.27b의 정확한 등가는 전류와 전압 계단 구동 함수를 단독으로 구성할 수 없다.[2]

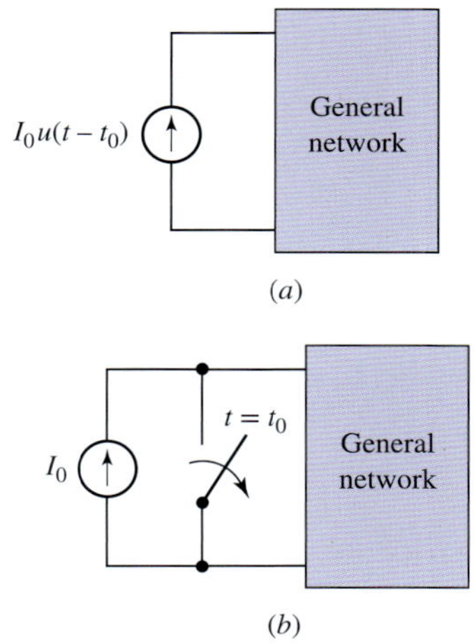

그림 8.27 (*a*) 일반 회로망에 인가한 계단 전류 구동 함수. (*b*) (*a*)의 등가회로로 사용할 수 있는 간단한 회로.

직사각형 펄스 함수

단위 계단함수를 조정하여 여러 가지 매우 유용한 강제 함수를 얻을 수 있다. 그림 8.28에 보여진 직사각형 펄스는 다음과 같은 조건들에 의해 정의된다.

$$u(t) = \begin{cases} 0 & t < t_0 \\ V_0 & t_0 < t < t_1 \\ 0 & t > t_1 \end{cases}$$

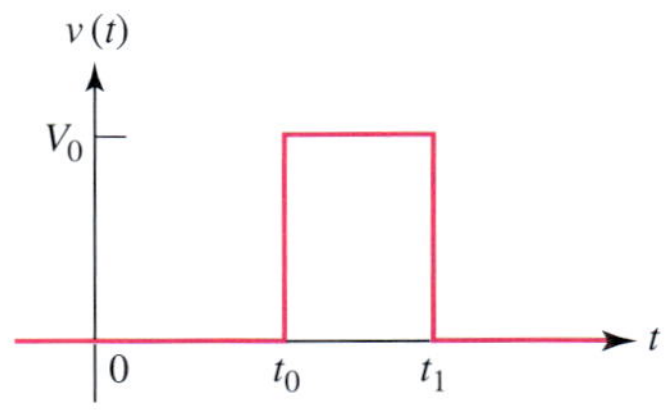

그림 8.28 구동 함수로서의 직사각형 전압 함수.

이 펄스를 단위 계단 강제 함수로 표현해 보자. 두 단위 계단 함수의 차, $u(t - t_0) - u(t - t_1)$은 그림 8.29a로부터 알 수 있는 바와 같이 이 직사각형 펄스가 되며 그림 8.29b는 구하는 전원 $V_0u(t - t_0) - V_0u(t - t_1)$을 나타낸다.

정현파 전압원 $V_m \sin \omega_t$를 $t = t_0$에서 회로망에 인가하였을 때 그에 적합한 전압 구동 함수는 $v(t) = V_m u(t - t_0) \sin \omega t$로 표현할 수 있다. 만약 47 MHz(295 Mrad/s)에서 동작하는 라디오 제어자동차의 송신기로부터의 돌발에너지를 나타내려고 하면 단위구동함수에 의해 70 ns 동안 정현파 전원을 꺼야 한다.[3] 따라서 전압펄스는

$$v(t) = V_m[u(t - t_0) - u(t - t_0 - 7 \times 10^{-8})]\sin(295 \times 10^6 t)$$

이다. 이러한 구동함수는 그림 8.30에 표시된다.

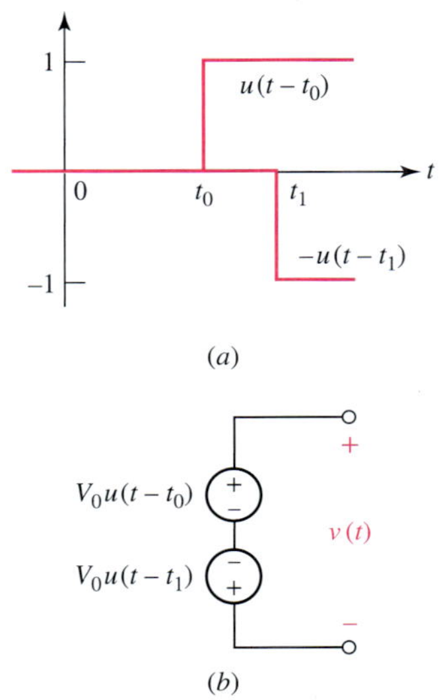

그림 8.29 (*a*) 단위 계단 $u(t-t_0)$와 $-u(t-t_1)$. (*b*) 그림 8.28의 직사각형 전압펄스를 발생하는 전원.

2 $t = t_0$ 이전에 스위치를 통해 흐르는 전류를 알고 있다면 등가회로를 그릴 수 있다.

3 우리는 이 자동차를 제어하는 데 매우 능숙하다고 한다. 그러면 70 ns의 반응시간은?

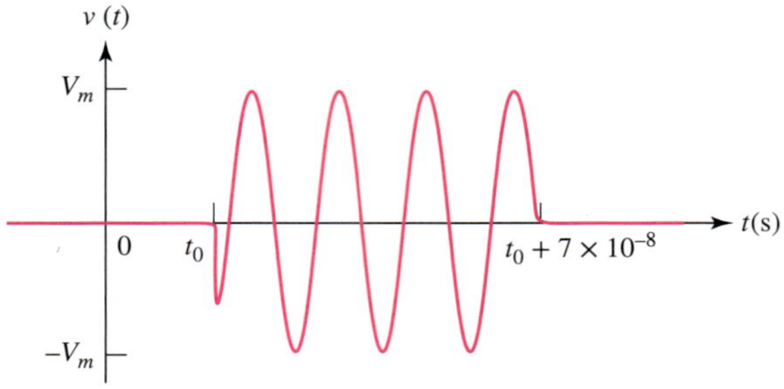

그림 8.30 $v(t) = V_m[u(t - t_0) - u(t - t_0 - 7 \times 10^{-8})] \sin(295 \times 10^6 t)$에 의해 표시된 47 MHZ 라디오 주파수 펄스.

익힘문제 8.9

$t = 0.8$일 때 각각 다음을 계산하라.

(a) $3u(t) - 2u(-t) + 0.8u(1 - t)$

(b) $[4u(t)]u(-t)$

(c) $2u(t) \sin \pi t$

답: 3.8; 0; 1.176.

8.6 *RC* 구동회로

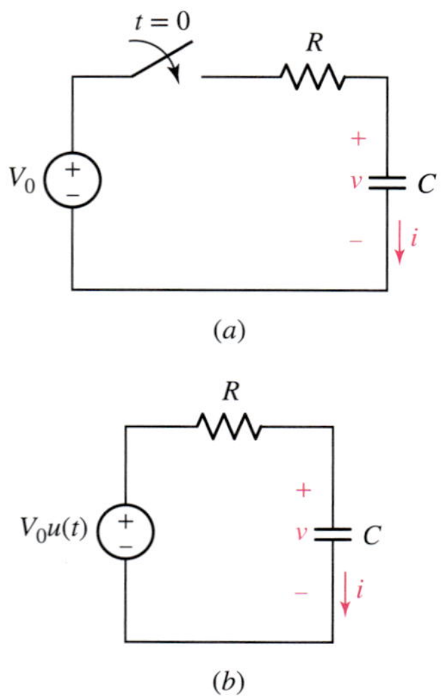

그림 8.31 (*a*) 주어진 회로. (*b*) 초기 방전된 커패시터의 동일한 응답 $v(t)$를 가진 등가회로.

간단한 회로에 갑자기 직류 전원을 인가하였을 때의 회로 응답을 구해보자. 회로는 8.31에 보인 바와 같이 전압원 V_0와 스위치, 그리고 저항 R과 커패시터 C가 직렬로 연결되어 있고 스위치는 $t = 0$에서 닫는다고 한다. $t = 0$에서 전류 $i(t)$는 0이고 $t = 0$ 이전에 커패시터는 충전되지 않았다고 가정하면 $v(t)$ 또한 0이다. 전압원과 스위치를 계단전압 구동함수 $V_0u(t)$로 대체할 수 있다. 그러므로 그림 8.31*a*와 *b*는 $t = 0$ 이후에는 동일하므로 어떤 회로에서 구하든 $v(t)$는 같은 결과를 얻는다.

적절한 회로 방정식을 세우고 미분방정식을 풀어 $v(t)$를 구한다. 저항 및 커패시터 전류에 KCL을 적용하면 다음과 같이 된다.

$$C\frac{dv}{dt} + \frac{v - V_0}{R} = 0 \text{ (for } t > 0)$$

구동 함수 부분을 우변으로 이항하고 R을 곱하여 다시 정리하면 다음과 같이 된다.

$$RC\frac{dv}{dt} + v = V_0 \qquad [11]$$

8.1절에서 설명한 것처럼, 완전 응답은 자연 응답과 강제 응답의 합으로 설명할 수 있다.

$$v = v_n + v_f$$

여기서 v는 완전 응답, v_n은 자연 응답, 그리고 v_f는 강제 응답이다.

완전 응답은 **자연 응답**과 **강제 응답**의 두 부분으로 구성된다. 자연 응답은 전원이 아니라 회로 자체의 특성을 나타낸다. 이 응답의 형태는 무전원 회로를 고려하여 구할 수 있고, 진폭은 전원의 초기 진폭과 초기 에너지 저장에 의해 결정된다. 강제 응답은 구동함수의 특성을 가지는데, 이것은 모든 스위치를 오랜 시간 전에 전환해 놓은 것처럼 하여 구해진다. 우리는 현재 스위치와 직류회로에 대해 다루기 때문에 강제 응답은 단지 간단한 직류회로 문제의 해일뿐이다.

자연 응답

자연 응답은 전원이 없거나 강제 함수가 없는 경우의 응답이다. 식 [11]에서 전원 부분을 제외하면, 다음과 같이 된다.

$$RC\frac{dv}{dt} + v = 0$$

지금까지 *RC*(또는 *RL*) 회로에 대한 해석은 모두 무전원 회로이었으므로, 이미 자연 응답을 구한 것이다.

$$v_n = A\,e^{-t/RC}$$

완전 해는 자연 응답과 강제 응답에 모두 의존하므로 진폭 A는 초기 값과 같지 않을 수 있다. 우리는 완전 해를 구하고 초기 조건을 회로에 적용한 후에 미지의 상수 A를 결정해야 한다.

강제 응답

8.1절의 일반적인 해법과 유사한 접근법으로 강제 응답을 구할 수 있다. 이 접근법에서 우리는 해를 가정하거나 "추측"함으로써 미분방정식에 적용한다. 이 경우, 상수인 강제 함수가 있으므로 강제 응답도 상수라고 가정한다.

$$v_f = K$$

미분방정식 식 [11]에 대입하면, 다음과 같이 된다.

$$RC\frac{d(K)}{dt} + K = V_0$$

상수 K는 시간에 독립적이므로, 다음과 같다.

$$v_f = K = V_0$$

무한 시간에 대해 강제 응답은 완전한 응답이어야하기 때문에, 강제 응답은 미분 방정식을 계산하지 않고 획득되었음을 알아야 한다. 따라서 강제 응답은 자연 응답이 사라진 후 최종 회로를 검사하여 얻을 수 있다. 그러나 기술된 방법은 시간 종속성을 가질 수 있는 보다 복잡한 강제 함수에 적용될 수 있다.

완전 응답의 결정

완전 응답은 자연 응답과 강제 응답의 합으로 구할 수 있으며, 초기 조건을 적용하여 미지 상수를 결정한다. 완전 응답은 다음과 같다.

$$v = v_n + v_f = A\,e^{-t/RC} + V_0 \qquad [12]$$

$t < 0$인 경우, 전압원은 0이고, 해당 커패시터 전압은 $v(0^-) = 0$이다. 커패시터 전압은 순간적으로 변할 수 없기 때문에, $v(0^+) = v(0^-) = 0$이다. $t > 0$에서 완전 응답에 대입하면 다음과 같이 된다.

$$v(0^+) = A\,e^{-(0)/RC} + V_0 = 0$$

$$A = -V_0$$

A 값을 식 [12]에 대입하면, 다음과 같이 된다.

$$v = -V_0 e^{-t/RC} + V_0$$

또는 재배열하면 다음과 같이 된다.

$$v = V_0(1 - e^{-t/RC})$$

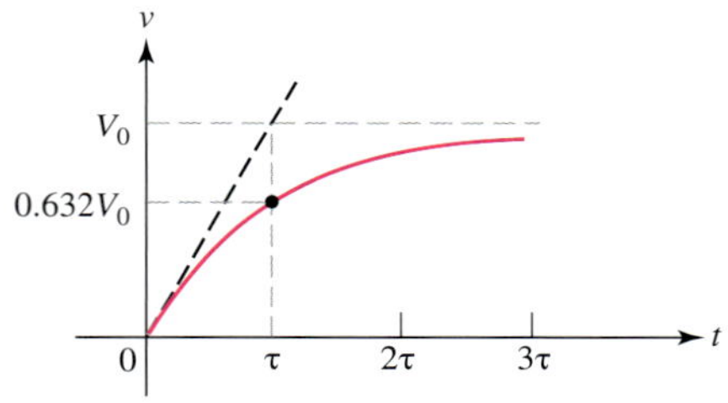

그림 8.32 그림 8.31의 인덕터에 흐르는 전류를 도표로 보여준다. 초기 기울기를 연장한 직선은 $t=\tau$에서 강제 응답과 만난다.

그림 8.32는 결과를 보여주며, 여기서 커패시터 전압은 0의 초기값에서 V_0의 최종값 까지, 시간 응답 $t = RC$를 갖는 과도 응답을 구성된다. 천이는 시간 3τ 이내에 효율적으로 끝나게 된다. 한 시상수 이내에서 전압은 최종값의 63.2%에 이르게 된다.

이전 회로의 커패시터가 0이 아닌 초기값을 가지고 있다고 가정하면, 그림 8.33과 같이 시간 $t = 0$에서 더 큰 값으로 전환된다. 이 경우 커패시터는 2개의 서로 다른 전압원 사이를 전환한다. 수학적으로 이 회로는 $2 + 3u(t)$ V의 단일 전압원으로 기술될 수 있다. 물리적 직관은 커패시터가 초기값 $v(0^+) = v(0^-) = 2$ V로 시작하고 시상수에 따라 $v(\infty) = 5$ V인 최종값으로 충전된다는 것을 알려준다. 이것을 수학적으로 확인해보자.

우리는 위와 동일한 절차를 사용하여 해를 구할 수 있지만, $v(0^+)$와 $v(\infty)$와 같이 더 일반적인 항으로 변수를 기술함으로써 해를 구할 수 있다. 자연 응답은 이전과 같이 동일하며, 다음과 같다.

$$v_n = Ae^{-t/RC}$$

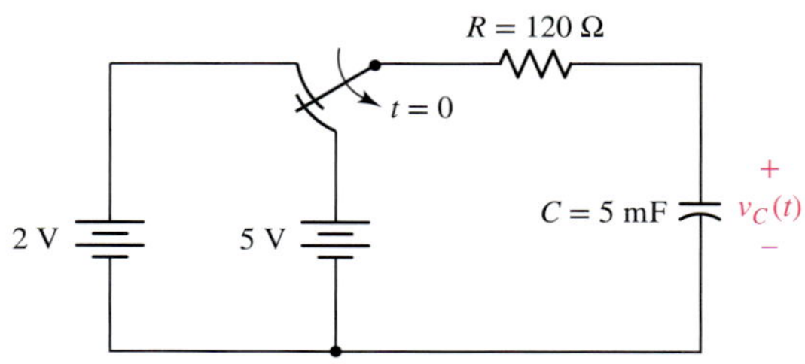

그림 8.33 두 다른 전압원을 전환하는 커패시터 회로.

반면에 강제 응답은 다음과 같이 더 일반적으로 쓸 수 있다.

$$v_f = v(\infty)$$

자연 응답이 소멸된 후 최종 전압을 나타낸다.

완전 응답은 다음과 같다.

$$v = v_n + v_f = A e^{-t/RC} + v(\infty)$$

초기 조건에 따라 미지의 상수 A를 다시 구해야 한다. $t = 0^+$에서 계산하면,

$$v(0^+) = A e^{-(0)/RC} + v(\infty) = A + v(\infty)$$

이 된다. 그러므로, 다음과 같이 된다.

$$A = v(0^+) - v(\infty)$$

그리고, 다음과 같이 된다.

$$v = \left[v(0^+) - v(\infty)\right] e^{-t/RC} + v(\infty)$$

수치적으로 대입하면, 다음을 얻게 된다.

$$v = [2 - 5]\, e^{-t/(120\times5\times10^{-3})} + 5 = 5 - 3\, e^{-t/(0.6\text{ s})}\ \text{V}$$

그림 8.34는 이 회로에 대한 전압 응답을 보여준다. $t = 0$일 때 커패시터 전압은 2 V에서 시상수 $\tau = RC = 0.6$ s 초의 지수함수 관계에 따라 최종값 5 V까지 증가한다.

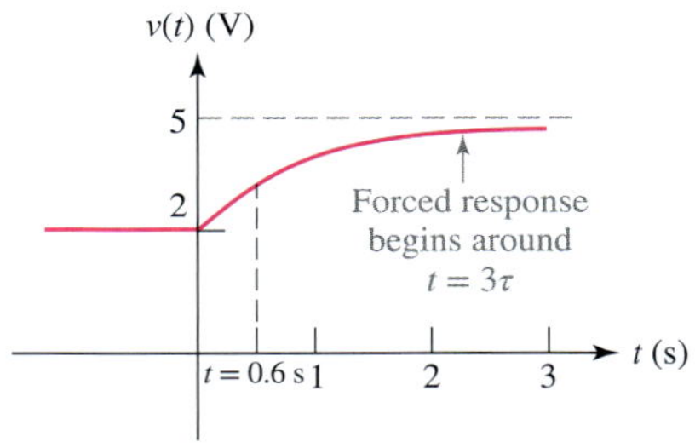

그림 8.34 예제 8.33 회로의 전압 응답.

단일 커패시터(또는 등가 커패시턴스 C_{eq})를 갖는 회로는 회로 전체의 **모든 전압 및 전류가 동일한 기능적 동작을 따라야 함을 상기해야 한다.** 따라서 *RC* 회로의 계단 응답을 위해 어디에서나—미분방정식을 반복적으로 풀이하지 않고—전류 및 전압을 구할 수 있는 일반적인 과정을 사용할 수 있다.

RC 회로의 계단 응답을 구하는 절차

1. 모든 독립 전원을 제거하고 R_{eq}, C_{eq} 및 시상수 $\tau_{eq} = R_{eq}C_{eq}$를 구하기 위해 회로를 간단히 하라.
2. 초기 조건 $v(0^+)$ 또는 $i(0^+)$를 결정하라[$v_c(0^-) = v_c(0^+)$를 상기하라].
3. 최종 조건 $v(\infty)$ 또는 $i(\infty)$를 결정하라.
4. 최종 응답은 다음과 같이 주어진다.

$$\boxed{v = v(\infty) + \left[v(0^+) - v(\infty)\right] e^{-t/\tau}}$$

또는

$$\boxed{i = i(\infty) + \left[i(0^+) - i(\infty)\right] e^{-t/\tau}}$$

예제 8.9

그림 8.35의 회로에서 모든 시간에 대한 커패시터 전압 $v_C(t)$와 200 Ω 저항에 흐르는 전류 $i(t)$를 구하라.

R_{eq}와 C_{eq} 그리고 시상수를 구하기 위해 $t > 0$에 대한 회로를 검사하는 것으로 시작하자. 우리는 $C = 50$ mF으로 주어진 단일 커패시터만 가지고 있다. 50 V 전원을 단락 회로로 대체하고 시상수를 찾기 위해 등가 저항을 계산하면 (커패시터가 바라본 테브난 등가 저항) 다음과 같이 된다.

$$R_{eq} = \frac{1}{\frac{1}{50} + \frac{1}{200} + \frac{1}{60}} = 24\ \Omega$$

그리고

$$\tau = R_{eq}C = (24)(0.050) = 1.2\ \text{s}$$

이다. 초기 조건을 결정하기 위해, 그림 8.35*b*에 나타낸 바와 같이 $t < 0$에서 스위치 *a*에 해당하는 회로를 고려한다. 과도 응답이 없다고 가정하면, 120 V 전원으로 인한 강제 응답만이 $v_c(0^-)$를 구하는 것과 관련된다. 간단한 전압 분배는 초기 전압을 제공한다.

$$v_C(0) = \frac{50}{50 + 10}(120) = 100\ \text{V}$$

커패시터 전압은 순간적으로 변할 수 없으므로 $t = 0^-$와 $t = 0^+$에서 동일하게 유효하다.

$t > 0$에 해당하는 회로가 그림 8.35*c*에 나타나 있다. 스위치가 점 *b*에 있을 때 강제 응답을 계산하기 위해서 전압과 전류의 변화가 멈출 때까지 기다린다. 여기서 커패시터를 개방회로로 다루고 한 번 더 전압분배를 사용한다.

$$v_C(\infty) = 50\left(\frac{200 \parallel 50}{60 + 200 \parallel 50}\right)$$
$$= 50\left(\frac{(50)(200)/250}{60 + (50)(200)/(250)}\right) = 20\ \text{V}$$

따라서

$$v_C = v_C(\infty) + [v_C(0^+) - v_C(\infty)]\,e^{-t/\tau}$$
$$v_C = v_C = 20 + (100 - 20)\,e^{-t/1.2} \qquad \text{V}$$

또는

$$v_C = 20 + 80\,e^{-t/1.2} \qquad \text{V} \qquad t \geq 0$$

그리고

$$v_C = 100\ \text{V} \qquad t < 0$$

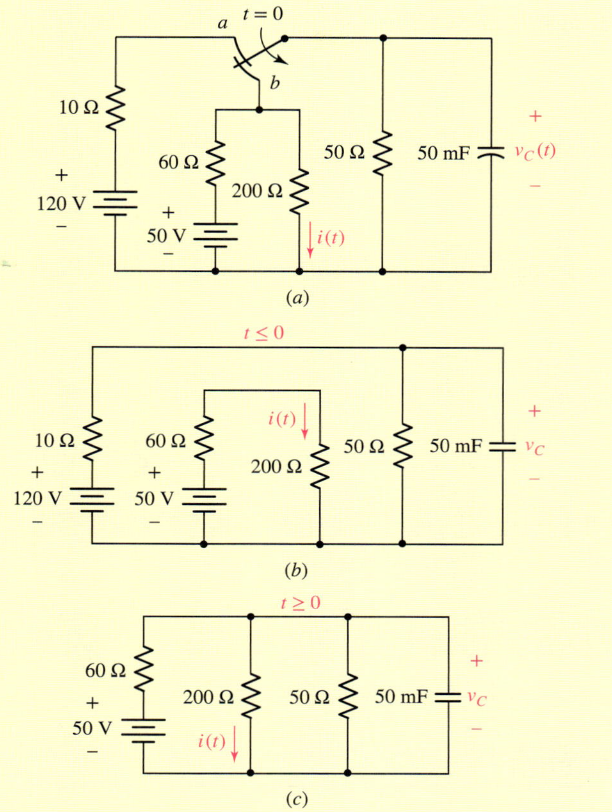

그림 8.35 (*a*) 강제 응답과 자연 응답을 더함으로써 완전 응답 v_C와 i가 얻어지는 *RC* 회로. (*b*) $t \le 0$에서의 회로. (*c*) $t \ge 0$에서의 회로.

이다. 그림 8.36은 이 응답을 나타낸다. 자연 응답은 초기 응답에서 마지막 응답으로 천이하는 것을 다시 볼 수 있다.

다음은 $i(t)$를 구해보자. 이 응답은 스위치 순간에 전류값이 변한다. 접점이 a에 있을 때는 $i(0^-) = 50/260 = 192.3$ mA이다. 접점이 b의 위치로 전환할 때도 $i(0^+)$를 알아야 한다. 이 위치는 에너지 저장 소자(커패시터)에 주의를 고정하면 찾을 수 있다. 스위치 간격이 $t = 0^+$에서 다른 전류와 전압을 설정하는 동안 v_c는 100 V를 유지해야 한다. $v_c(0^+) = 100$ V이고 커패시터가 200 Ω 저항과 병렬이기 때문에, $i(0^+) = 0.5$ 암페어를 알 수 있다. 스위치가 지점 b로 옮겨질 때 강제 응답은 다음과 같다.

$$i(\infty) = \frac{50}{60 + (50)(200)/(50+200)}\left(\frac{50}{50+200}\right) = 0.1 \text{ A}$$

강제와 자연 응답을 결합하면 다음을 얻을 수 있다.

$$i = i(\infty) + [i(0^+) - i(\infty)]\, e^{-t/\tau} \text{ A}$$

$$i = 0.1 + [0.5 - 0.1]\, e^{-t/1.2} \text{ A}$$

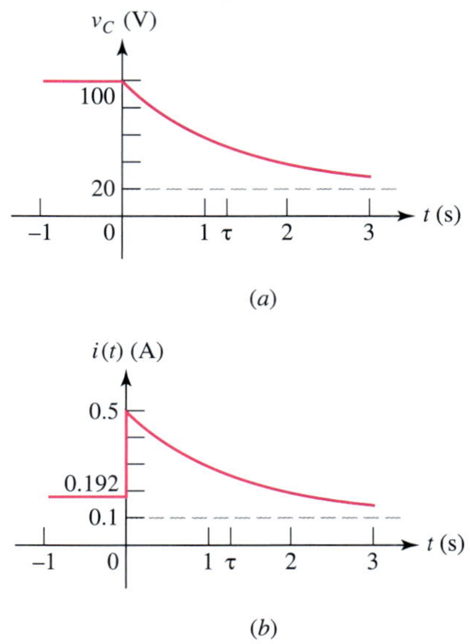

그림 8.36 응답 (*a*) v_C, (*b*) i는 그림 8.35의 회로에서 시간 함수로서 그려져 있다.

그러므로,

$$i(t) = 0.1923 \text{ A} \qquad t < 0$$
$$i(t) = 0.1 + 0.4e^{-t/1.2} \text{ A} \qquad t > 0$$

또는

$$i(t) = 0.1923 + (-0.0923 + 0.4e^{-t/1.2})u(t) \text{ A}$$

이다. 마지막 식은 모든 시간 t에 대해 성립한다.

모든 시간에 대해 성립하는 완전 응답은 또한 $u(-t)$를 사용하여 간편하게 표현할 수 있다. $u(t)$는 $t < 0$일 때는 1이고, $t > 0$일 때는 0인 단위 계단 함수이다. 따라서

$$i(t) = 0.1923u(-t) + (0.1 + 0.4e^{-t/1.2})u(t) \text{ A}$$

이다. 그림 8.36*b*는 이 응답을 그린 것이다. 다음의 4개의 숫자는 단일 에너지 저장 단자회로에서 응답의 함수 형태를 기술하거나 그림을 그리기 위해 꼭 필요하다. 스위칭 전(0.1923 암페어)의 초기 상수값, 스위칭 후(0.5 암페어) 순간값, 일정한 강제 응답(0.1 암페어), 그리고 시상수(1.2 s)이다. 그러면 적절한 음의 지수 함수가 쉽게 작성되거나 그려진다.

익힘문제 8.10

그림 8.37의 회로에 대해 다음 시각 t에 대한 $vc(t)$를 구하라.

(a) 0^- (b) 0^+ (c) ∞ (d) 0.08 s

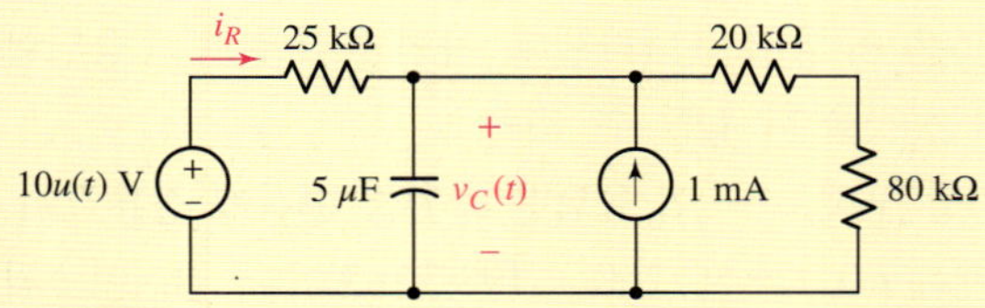

그림 8.37

답: 20 V; 20 V; 28 V; 24.4 V.

직관적 이해 개발

강제 응답과 자연 응답의 두 응답이 존재하는 이유를 물리적인 측면에서 고찰하여 볼 수 있다. 회로는 궁극적으로 강제 응답을 나타내게 된다. 그러나 스위치를 넣은 순간의 커패시터 전압(또는, *RL* 회로에서 인덕터를 통해 흐르는 전류)은 이들 소자에 저장된 초기 에너지에 의해서만 결정된다. 이들 전류 또는 전압은 강제 응답의 전류 및 전압과 동일할 것으로 기대되지 않는다. 따라서 전류와 전압이 주어진

초기값에서 최종값으로 천이하는 응답 부분이 존재해야 한다. 초기값에서 최종값으로 천이에 해당하는 부분을 자연 응답이라 한다(앞에서 살펴본 것처럼 **과도 응답**이라고도 함). 이 용어를 이용하여 간단한 무전원 *RC* 회로의 응답은 또 다음과 같이 말할 수 있다. 즉 자연 응답은 저장 에너지에 의해 발생하는 초기 응답을 그 값이 0인 강제 응답과 연결시켜 준다.

이러한 설명은 자연 응답이 궁극적으로 소멸되는 회로에 한해서만 적합한 것이다. 시간이 무한대가 되어도 자연 응답이 소멸되지 않는 비정상적인 회로도 있다. 인덕터 루프에 갇힌(trapped) 전류, 직렬 커패시터에 갇힌 전압이 그 예이다.

8.7 *RL* 구동회로

RL 회로의 완전 응답은 *RC* 회로에서 자세히 설명한 것과 거의 동일한 과정을 사용하여 구할 수 있다. *RC* 및 *RL* 회로에 대한 비강제적인 풀이와 마찬가지로 주요 차이점은 시상수와 $i_L(0^-) = i_L(0^+)$인 인덕터 조건의 차이이다. 일반적인 과정은 다음과 같이 요약될 수 있다.

RL 회로의 계단 응답을 구하는 절차

1. 모든 독립 전원을 제거하고, R_{eq}, L_{eq} 및 시상수 $\tau_{eq} = L_{eq}/R_{eq}$를 구하기 위해 회로를 간단히 하라.
2. 초기 조건 $v(0^+)$ 또는 $i(0^+)$를 결정하라[$i_L(0^-) = i_L(0^+)$를 상기하라].
3. 최종 조건 $v(\infty)$ 또는 $i(\infty)$를 결정하라.
4. 최종 응답은 다음과 같이 주어진다.

$$v = v(\infty) + [v(0^+) - v(\infty)]e^{-t/\tau}$$

또는

$$i = i(\infty) + [i(0^+) - i(\infty)]e^{-t/\tau}$$

예제 **8.10**

그림 8.38의 회로에서 모든 시간에 대해 $i(t)$를 구하라.

회로는 직류 전압원 및 계단 전압원을 포함하고 있다. 인덕터 왼편의 회로부분을 테브난의 등가회로로 대치하여 풀 수 있다. 단지 그 등가회로의 구조가 하나의 전압원과 저항의 직렬회로로 된다는 것을 인식해야 한다. 이 회로는 에너지 저장소자인 인덕터가 하나만 있으므로 시상수는 다음과 같다.

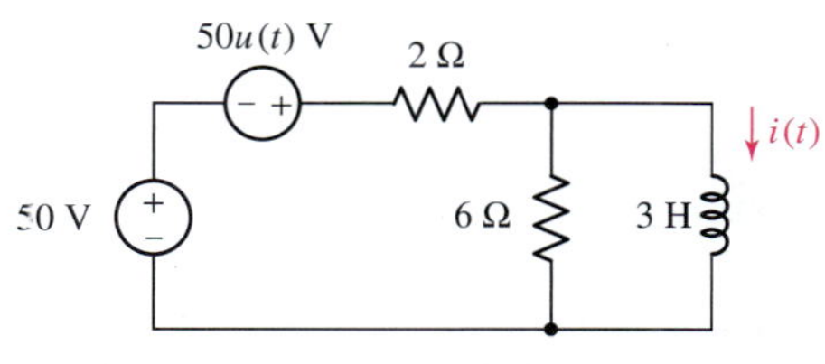

그림 8.38 예제 8.10을 위한 회로.

$$\tau = \frac{L}{R_{eq}} = \frac{3}{1.5} = 2 \text{ s}$$

$t = 0$ 이전에는 50 V 전원이 2 Ω 저항에 의해 강하한다(6 Ω 저항은 인덕터에 의해 단락된다). 그 결과 인덕터를 통과하는 전류는 $i(0) = 25$ A이며 순간적으로 변할 수 없다. 마찬가지로, 오랜 시간이 지난 후 강제 응답은 2 Ω 저항에서 100 V의 총 전압강하가 발생하여 $i(\infty) = 50$ A가 된다.

$$i = i(\infty) + [i(0^+) - i(\infty)]e^{-t/\tau}$$

$$i = 50 + (25 - 50)e^{-0.5t} \text{ A} \qquad t > 0$$

또는

$$i = 50 - 25e^{-0.5t} \text{ A} \qquad t > 0$$

이다. 완전한 해를 구하기 위해 다음을 고려하면 다음과 같다.

$$i = 25 \text{ A} \qquad t < 0$$

또는 모든 t에 대해 유효한 단일 표현식으로 나타내면 다음과 같다.

$$i = 25 + 25(1 - e^{-0.5t})u(t) \text{ A}$$

그림 8.39은 이 완전 응답을 그린 것이다. 자연 응답이 $t < 0$에 대한 응답과 직류 강제 응답을 연결해 주는 역할을 하고 있다.

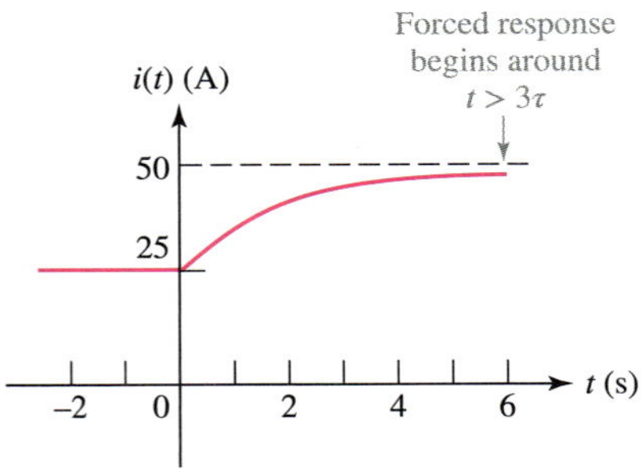

그림 8.39 그림 8.38에서 보인 회로의 응답 $i(t)$는 0보다 작거나 큰 시간값을 그린 것이다.

익힘문제 8.11

전압 전원, 즉 $v_s = 20u(t)$ V는 200 Ω 저항과 4 H 인덕터와 직렬로 연결되어 있다. 다음의 시간에서 각각 인덕터 전류의 크기를 구하라.

(a) 0^- (b) 0^+ (c) 8 ms (d) 15 ms

답: 0; 0; 32.97 mA; 52.76 mA.

예제 8.11

그림 8.40의 회로에 대해 전원값이 변한 후 $t = \infty$, 3^-, 3^+ 및 100 μs에서 전류 $i(t)$를 구하라.

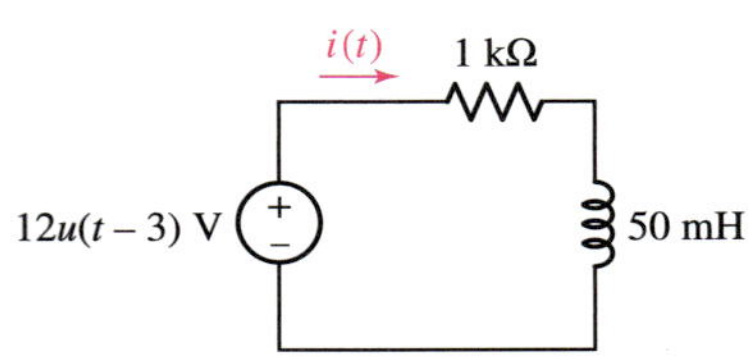

그림 8.40 전압계단 구동함수에 의한 간단한 *RL* 회로.

충분한 천이 상태가 지난 후($t \to \infty$) 회로는 12 V 전압전원에 의해 구동되는 단순한 직류 회로가 된다. 여기서 인덕터는 단락회로가 되므로, 다음과 같이 된다.

$$i(\infty) = \frac{12}{1000} = 12 \text{ mA}$$

그러면 $i(3^-)$의 의미는 무엇인가? 이것은 전압전원의 값이 변하기 직전의 순간을 나타내는 개념이다. 즉 $t < 3$에서 $u(t-3) = 0$, 따라서 $i(3^-) = 0$이다.

$t = 3^+$에서 구동함수 $12u(t-3) = 12$ V이다. 그러나 인덕터 전류는 0시간에 변하지 않으므로 $i(3^+) = i(3^-) = 0$이다. 한편 $t > 3$ s에서 회로를 해석하는 가장 직접적인 방법은 식을 다음과 같이 기술하는 것이다.

$$i(t') = \left(\frac{V_0}{R} - \frac{V_0}{R}e^{-Rt'/L}\right)u(t')$$

여기서 t'는 다음과 같이 시간축을 이동시키는 변수이다.

$$t' = t - 3$$

따라서 $V_0/R = 12$ mA 및 $R/L = 20{,}000\ \text{s}^{-1}$일 때

$$i(t-3) = (12 - 12e^{-20{,}000(t-3)})\ u(t-3)\ \text{mA} \qquad [13]$$

이고, 간단하게 정리하면, 다음과 같이 된다.

$$i(t) = (12 - 12e^{-20{,}000(t-3)})\ u(t-3)\ \text{mA} \qquad [14]$$

여기서 단위 계단 함수는 $t < 3$에서 0 값을 가지므로 $t = 3.0001$ s를 식 [13]과 [14]에 대입하면 시간 100 μs에서 전원값이 변한 후 $i = 10.38$ mA임을 알 수 있다.

익힘문제 8.12

50 mH의 인덕터, 10 Ω의 저항 그리고 $60 - 40u(t)$ V의 전압원이 직렬로 접속되어 있다. 다음 각 t에 대해 인덕터 전류와 전압의 크기를 구하라.

(a) 0^- (b) 0^+ (c) ∞ (d) 3 ms

답: 6 A, 0 V; 6 A, 40 V; 2 A, 0 V; 4.20 A, 22.0 V.

익힘문제 8.13

그림 8.41의 회로는 매우 오랫동안 보여진 형태이다. 스위치는 $t = 0$에서 열린다. 다음 각 시간에서 i_R을 구하라.

(a) 0^- (b) 0^+ (c) ∞ (d) 1.5 ms

답: 0; 10 mA; 4 mA; 5.34 mA.

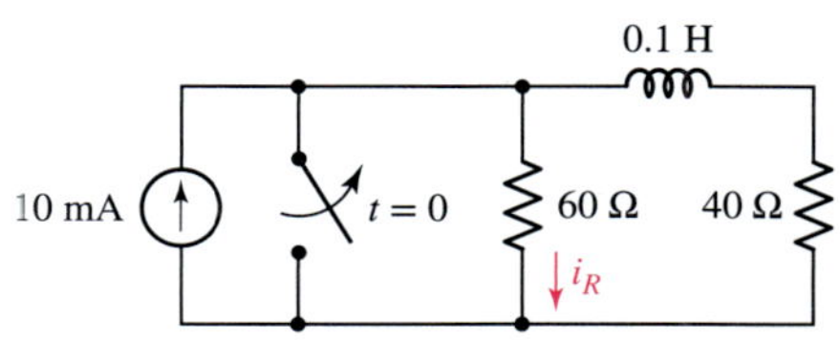

그림 8.41

8.8 연속 스위칭된 회로 응답의 예측

예제 8.11에서 펄스파형에 대한 *RL* 회로의 응답을 간단히 고려하였고, 여기서 전원은 효율적으로 회로의 내부로 전환되고 연속적으로 회로 내부로 전환되었다. 소수의 회로들이 오직 한 번만 전원과 연결되도록 설계되는 것(예를 들어, 승용차 에어백 트리거 회로)과 같이 이와 같은 상황은 실제로 흔하다. 펄스와 연속적인 펄스에 의해 여기되는 간단한 *RL*과 *RC* 회로는 종종 **연속 스위칭된 회로**(sequentially switched circuit)라 불리는데, 펄스 열을 정의하는 다양한 시간에 대한 회로 시상수의 상대적 크기가 이들 회로의 응답을 예측하는 데 매우 중요하다. 에너지 저장 소자가 펄스가 종료되기 전에 완전히 충전될 시간을 가지는지 여부와 다음 펄스가 시작되기 전에 완전히 방전될 시간을 가지는지 여부가 회로 해석의 기본적 원칙이다.

그림 8.42*a*에 보여진 회로를 고려하자. 회로는 그림 8.42*b*에서 정의된 7개의 별개 파라미터들에 의해 나타나는 펄스 전원과 연결되어 있다. 파형의 범위는 2개의 값 **V1**과 **V2**에 의해 제한된다. **V1**에서 **V2**로 변하는 데 필요한 시간 t_r은 **상승 시간(TR)**이라 불리며, V2에서 V1로 변하는 데 필요한 시간 t_f는 **하강 시간(TF)**이라 불린다. 펄스의 지속 시간 W_p는 **펄스폭(Ton)**으로 불리고, **파형의 주기(Tperiod)**는 펄스가 반복되는 데 소요되는 시간이다. 또한 SPICE가 펄스 열이 시작되기 전에 시간 지연**(TD)**을 허용함을 주목하라. 이것은 어떤 회로 구성에서 초기 과도 응답을 소멸하게 하는 데 매우 유용할 수 있다. **사이클 수(Ncycles)** 또한 지정될 수 있다. 전압원에서 이 변수를 편집하려면, 전원에서 마우스 오른쪽 버튼을 클릭하고 **고급** 버튼을 클릭한 다음 시간 영역 함수에서 **PUSLE** 스타일을 선택하라. 그림 8.42*c*는 전압원을 지정하는 창을 보여준다.

이것을 논하기 위해 시간지연을 0, V1 = 0 그리고 V2 = 9V로 설정한다. 회로 시상수는 $\tau = RC = 1$ ms이어서, 상승 및 하강 시간은 1 ns로 설정한다. 비록 SPICE는 전압이 0인 시간에 변하는 것을 허용하지 않지만 이산시간 간격을 사용하여 미분방정식을 풀기 때문에 회로 시상수와 비교해 볼 때 1 ns는 '순간'에 대한 합리적인 근사이다.

우리는 표 8.1에 요약한 네 가지 기본 경우들을 고려할 것이다. 처음 2개의 경우에서 펄스폭 W_p는 회로 시상수 τ에 비해 매우 길어서 펄스가 종료되기 전에 펄스의 시작에 기인한 과도응답들이 소멸될 것을 예상된다. 마지막 2개의 경우에서는 반대 현상이 성립한다. 즉 펄스폭이 짧아서 커패시터는 펄스가 종료되기 전에 완전히 충전할 시간을 가지지 못한다. 펄스들 사이의 시간이 $(T - W_p)$ 회로 시상수에 비해 짧거나(경우 II) 혹은 긴 경우(경우 III)에 회로 응답을 고려할 때 유사한 문제가 발생한다.

우리는 그림 8.43에 네 가지 경우의 각각에 대한 회로 응답을 정성적으로 그리며, 임의의 전압 혹은 전류는 동일한 시간 의존성을 가질 것이 예상되므로 임

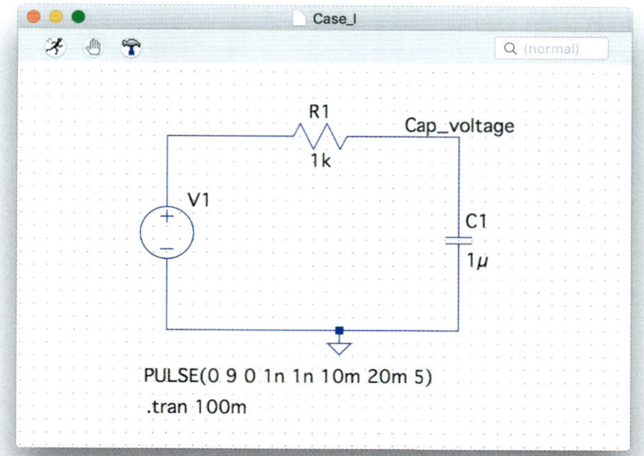

(a)

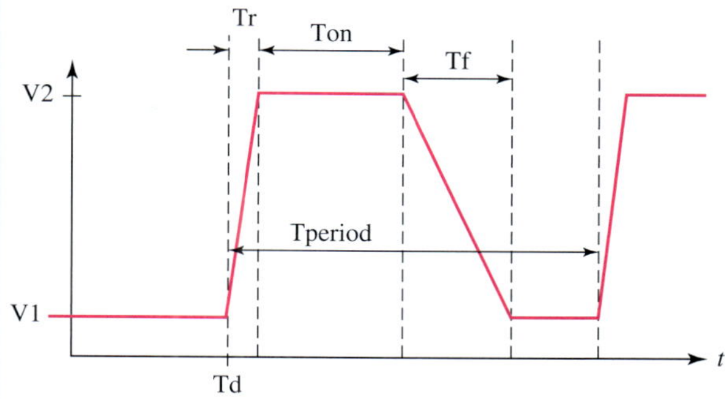

(b)

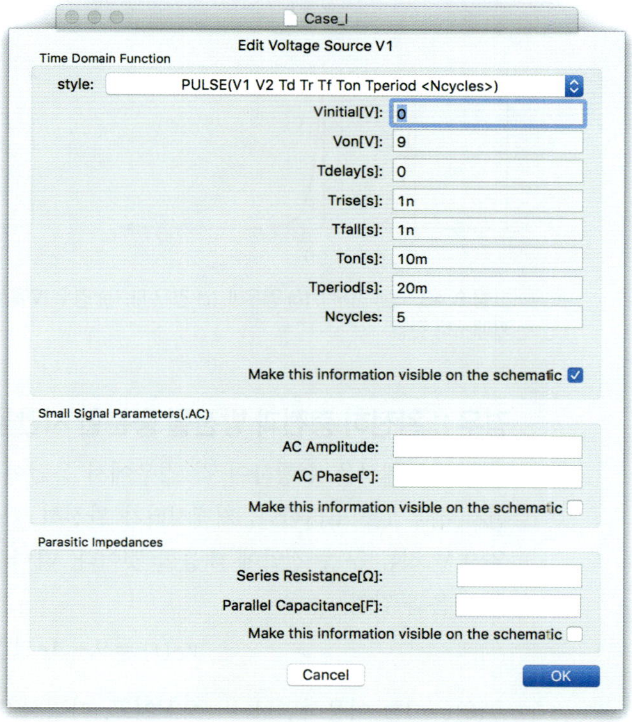

(c)

그림 8.42 (*a*) 펄스 전압파형에 연결된 간단한 *RC* 회로의 회로도. (*b*) SPICE **PLUSE** 파라미터 정의 다이어그램. (*c*) LTspice 에서 **PLUSE** 전압원 정의.

의로 커패시터 전압을 관심 대상으로 선정한다. 경우 I(그림 8.43*a*)에서 커패시터는 완전히 충전과 방전될 시간을 가지는 반면, 경우 II(그림 8.43*b*)에서는 펄스 사이의 시간이 감소될 때 더 이상 완전히 방전할 시간을 가지지 못한다. 반대로 경우 III(그림 8.43*c*) 혹은 경우 IV(그림 8.43*d*)에서 커패시터는 완전히 충전할 시간을 가지지 못한다.

표 8.1 1 ms의 시상수와 관련된 네 가지 경우들의 펄스폭과 주기.

Case	Pulse Width W_p	Period T
I	10 ms ($\tau \ll W_p$)	20 ms ($\tau \ll T - W_p$)
II	10 ms ($\tau \ll W_p$)	10.1 ms ($\tau \gg T - W_p$)
III	0.1 ms ($\tau \gg W_p$)	10.1 ms ($\tau \ll T - W_p$)
IV	0.1 ms ($\tau \gg W_p$)	0.2 ms ($\tau \gg T - W_p$)

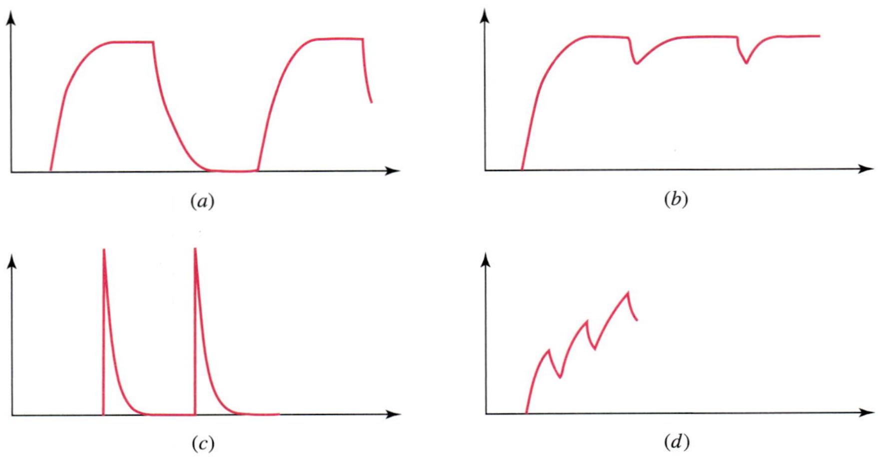

그림 8.43 (*a*) 경우 I. (*b*) 경우 II. (*c*) 경우 III. (*d*) 경우 IV에서와 같은 펄스폭과 주기를 갖는 *RC* 회로의 커패시터 전압.

경우 I: 완전히 충전과 방전될 충분한 시간을 갖는 경우

연속적인 해석을 수행하여 각 경우에서 응답에 대한 정확한 값을 구할 수 있다. 먼저 경우 I을 고려한다. 커패시터가 완전히 충전될 시간을 가지므로, 강제 응답은 9 V 직류 구동 전압에 대응할 것이다. 따라서 첫 번째 펄스에 대한 완전 응답은 다음과 같다.

$$v_C(t) = 9 + Ae^{-1000t}\ \text{V}$$

$v_C(0) = 0$를 이용하면 $A = -9$ V이고, 따라서 $0 < t < 10$ ms에서 다음과 같다.

$$v_C(t) = 9\left(1 - e^{-1000t}\right)\ \text{V} \qquad [15]$$

$t = 10$ ms에서 전원은 갑자기 0 V로 하강하고 커패시터는 저항을 통해 방전되기 시작한다. 이 시간 간격에서 간단한 무전원 *RC* 회로를 가지게 되므로 응답은 다음과 같이 쓸 수 있다.

$$v_C(t) = Be^{-1000(t-0.01)} \qquad 10 < t < 20\ \text{ms} \qquad [16]$$

여기서 t = 10 ms를 식 [15]에 대입하여 B = 8.99959 V를 구하게 되는데 이 값을 반올림하면 9 V가 된다. 계산된 값은 펄스가 종료되기 전에 초기 과도 응답들은 소멸된다는 가정과 일치한다.

t = 20 ms에서 전압원은 즉각적으로 9 V로 상승하여 되돌아 온다. 이런 현상 바로 직전에 커패시터 전압은 t = 20 ms를 식 [16]에 대입함으로써 주어지며, v_C (20 ms) = 408.6 μV가 되는데, 첨두값인 9 V에 비하면 사실상 0이다.

4자리 유효숫자로 반올림하는 관례를 따르면 두 번째 펄스가 시작될 때 커패시터 전압은 0이며, 이것은 시작점에서의 결과와 같다. 따라서 식 [15]와 [16]은 모든 연속된 펄스에 대한 응답의 기반을 형성하며 다음과 같이 쓸 수 있다.

$$v_C(t) = \begin{cases} 9(1 - e^{-1000t})\ \text{V} & 0 \le t \le 10\ \text{ms} \\ 9e^{-1000(t-0.01)}\ \text{V} & 10 < t \le 20\ \text{ms} \\ 9(1 - e^{-1000(t-0.02)})\ \text{V} & 20 < t \le 30\ \text{ms} \\ 9e^{-1000(t-0.03)}\ \text{V} & 30 < t \le 40\ \text{ms} \end{cases}$$

경우 II: 완전히 충전될 충분한 시간을 가지나 완전히 방전될 시간을 갖지 못하는 경우

다음으로 커패시터가 완전히 방전할 수 없는 경우(경우 II)에 어떤 일이 발생하는지를 고려해 보자. 식 [15]는 아직도 $0 < t < 10$ ms 범위에서의 상황을 나타내고 있고, 식 [16]은 펄스 사이의 간격에서의 커패시터 전압을 나타내는데 이것은 $10 < t < 10.1$ ms의 범위로 축소된다.

t = 10.1 ms에서 두 번째 펄스의 시작 바로 이전에 v_C는 지금 8.144 V이다. 커패시터는 오직 0.1 ms 동안 방전하였고, 따라서 커패시터는 다음 펄스가 시작될 때 최대 에너지의 82%를 아직도 가지고 있다. 따라서 다음 시간 간격에서는 다음과 같다.

$$v_C(t) = 9 + Ce^{-1000(t-10.1\times10^{-3})}\ \text{V} \qquad 10.1 < t < 20.1\ \text{ms}$$

여기서 v_C(10.1 ms) = 9 + C = 8.144 V이므로 C = −0.856 V이고,

$$v_C(t) = 9 - 0.856e^{-1000(t-10.1\times10^{-3})}\ \text{V} \qquad 10.1 < t < 20.1\ \text{ms}$$

이며, 이것은 이전 펄스에 대한 응답 보다 훨씬 더 빨리 첨두값인 9 V에 도달한다.

경우 III: 완전히 충전될 시간을 갖지 못하나 완전히 방전될 시간을 갖는 경우

전압 펄스가 종료되기 전에 과도상태가 소멸되는 것이 명확하지 않으면 어떻게 될까? 사실 이와 같은 상황은 경우 III에서 발생한다. 경우 I에 대해 기술한 것과 마찬가지로

$$v_C(t) = 9 + Ae^{-1000t} \text{ V} \tag{17}$$

은 아직도 이 상황에 적용하나 오직 $0 < t < 0.1$ ms의 시간 간격에서만 적용한다. 초기조건은 변하지 않아서 이전처럼 $A = -9$ V이다. 그러나 $t = 0.1$ ms에서 첫 번째 펄스가 종료되기 바로 전에 $v_C = 0.8565$ V를 구한다. 이 값은 커패시터에게 완전히 충전할 시간이 주어진다면 가능한 9 V의 최대값에는 훨씬 미치지 못하는 값이고, 오직 회로 시상수의 1/10 동안 지속되는 펄스의 직접적인 결과이다.

커패시터는 방전을 시작하여 다음과 같이 주어진다.

$$v_C(t) = Be^{-1000(t-1\times10^{-4})} \quad \text{V} \qquad 0.1 < t < 10.1 \text{ ms} \tag{18}$$

$v_C(0.1^- \text{ ms}) = 0.8565$ V가 이미 결정되어서 $v_C(0.1^+ \text{ ms}) = 0.8565$ V이고 식 [18]에 대입하면 $B = 0.8565$ V가 된다. $t = 10.1$ ms에서 두 번째 펄스가 종료되기 바로 직전에 커패시터 전압은 사실상 0 V로 소멸되고, 이것은 두 번째 펄스의 시작에서 초기조건이어서 식 [17]은 대응 응답을 나타내기 위해 다음과 같이 다시 쓸 수 있다.

$$v_C(t) = 9 - 9e^{-1000(t-10.1\times10^{-3})} \quad \text{V} \qquad 10.1 < t < 10.2 \text{ ms} \tag{19}$$

경우 IV: 완전히 충전될 시간을 갖지 못하나 혹은 심지어 완전히 방전될 시간도 갖지 못하는 경우

마지막 경우에서 펄스폭과 주기가 너무 짧아서 커패시터가 어떤 한 주기에서도 완전히 충전하거나 방전할 수 없는 상황을 고려한다. 경험상 다음과 같이 쓸 수 있다.

$$v_C(t) = 9 - 9e^{-1000t} \text{ V} \qquad 0 < t < 0.1 \text{ ms} \tag{20}$$

$$v_C(t) = 0.8565\,e^{-1000(t-1\times10^{-4})} \text{ V} \qquad 0.1 < t < 0.2 \text{ ms} \tag{21}$$

$$v_C(t) = 9 + C_e^{-1000(t-2\times10^{-4})} \text{ V} \qquad 0.2 < t < 0.3 \text{ ms} \tag{22}$$

$$v_C(t) = D_e^{-1000(t-3\times10^{-4})} \text{ V} \qquad 0.3 < t < 0.4 \text{ ms} \tag{23}$$

$t = 0.2$ ms에서 두 번째 펄스가 종료되기 바로 직전에 커패시터 전압은 $v_C = 0.7750$ V로 소멸되고, 완전히 방전할 충분한 시간을 가지지 못해 초기에 저장된 작은 에너지의 대부분을 보유한다. $0.2 < t < 0.3$ ms의 시간 간격에 대해 $v_C(0.2^+) = v_C(0.2^-) = 0.7750$ V를 식 [22]에 대입하면 $C = -8.225$ V가 된다. 계속해서 $t = 0.3$ ms에서 식 [22]를 계산하면 두 번째 펄스가 종료되기 바로 직전에 $v_C = 1.558$ V가 된다. 따라서 $D = 1.558$ V이고, 커패시터는 여러 펄스 동안에 펄스 레벨을 증가하기 위해 서서히 충전을 하게 된다. 이 단계에서 자세한 응답을 도시하면 유용할 수 있어서 경우 I에서부터 경우 IV의 LTspice 시뮬레이션 결과를 그림 8.44에 보인

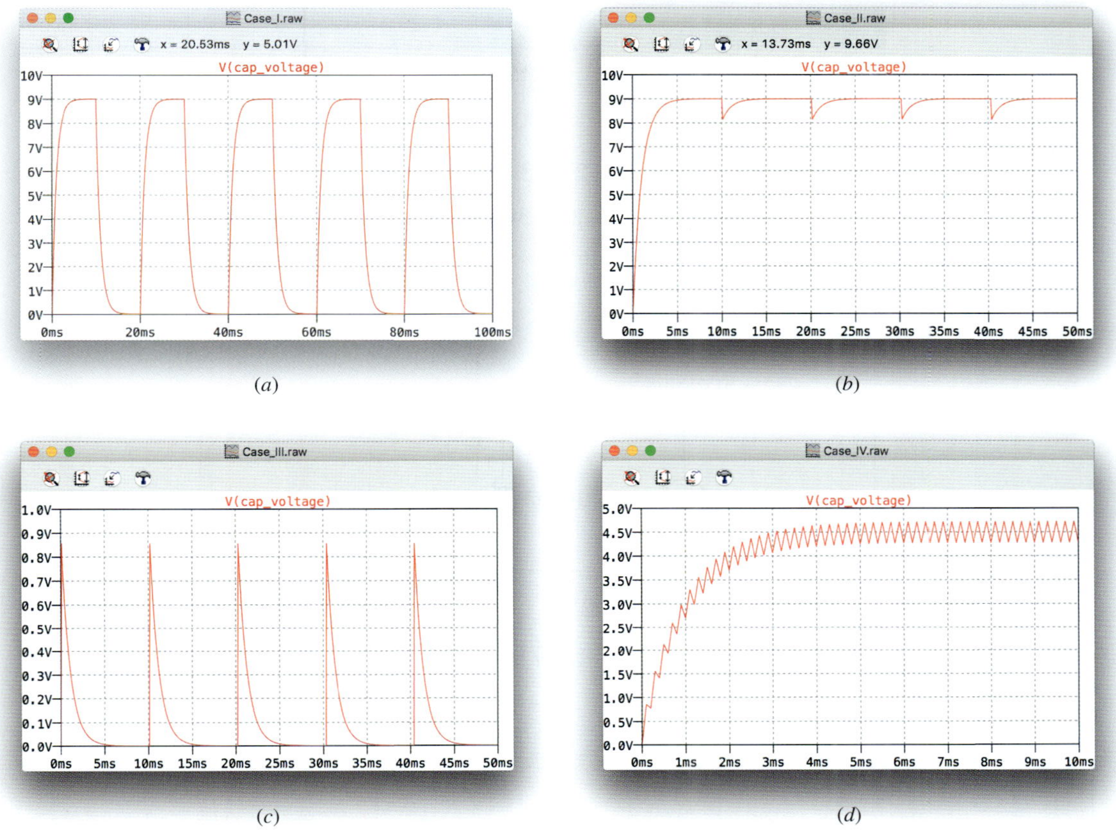

그림 8.44 (*a*) 경우 I. (*b*) 경우 II. (*c*) 경우 III. (*d*) 경우 IV에 대응하는 LTspice 시뮬레이션 결과.

다. 특히 그림 8.44*d*에서 그림 8.44*a*-*c*에 보여진 응답의 형태와 유사한 작은 충전/방전 과도응답이 $(1 - e^{-t/\tau})$ 형태의 충전형 응답에 겹쳐지는 것을 주목하라. 따라서 한 주기 동안에 완전히 충전되거나 방전될 수 없는 상황에서 커패시터가 최대값까지 충전되기 위해서는 약 3배 내지 5배의 회로 시상수가 소요된다!

특히 매우 긴 펄스 열을 한 번에 고려할 필요가 없다면 우리는 회로 응답의 특성을 예측하는 것에 관심이 있을 수도 있지만, $t \gg 5\tau$에 대한 응답 특성을 예측하는 것은 다루지 않았다. 그림 8.44*d*의 응답이 4 ms 이후에 4.50 V의 **평균값**을 가짐을 주목하라. 이 값은 전압원의 펄스폭이 커패시터를 완전히 충전시키기에 충분한 경우 예상되는 값의 1/2이다. 사실 이러한 긴 구간에 대한 평균값은 직류 커패시터 전압에 펄스폭 대 주기의 비를 곱함으로써 계산될 수 있다.

익힘문제 8.14

그림 8.45*a*에 대해 다음 전원이 주어진 경우 $0 < t < 6$ s의 시간 간격에서 $i_L(t)$를 그려라.

(a) $v_S(t) = 3u(t) - 3u(t-2) + 3u(t-4) - 3u(t-6) + \cdots$;

(b) $v_S(t) = 3u(t) - 3u(t-2) + 3u(t-2.1) - 3u(t-4.1) + \cdots$.

답: 그림 8.45*b*를 보라; 그림 8.45*c*를 보라.

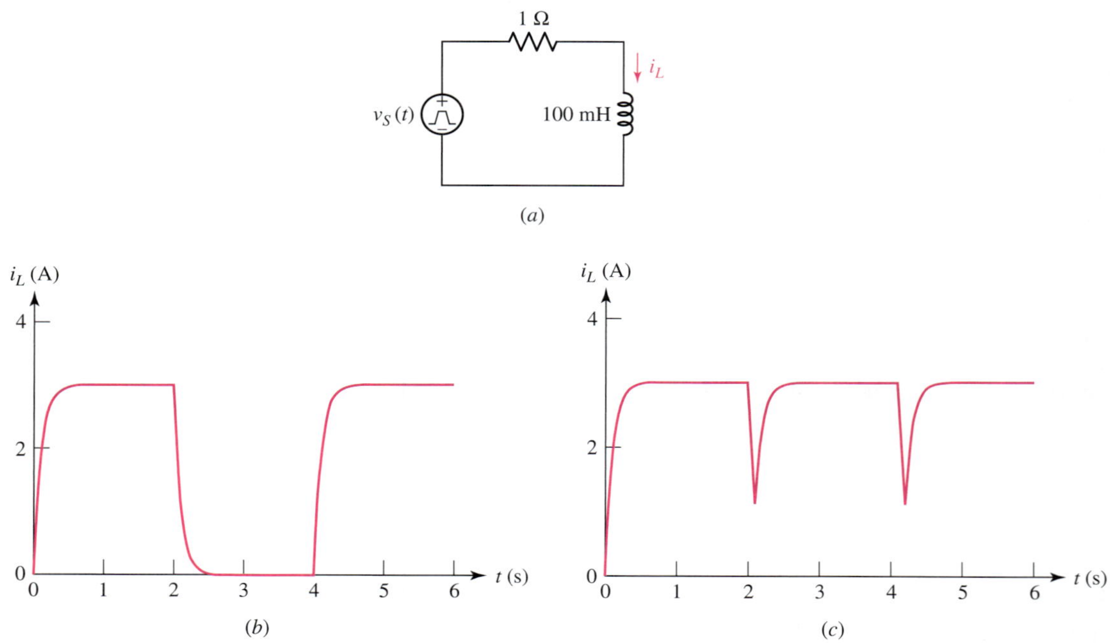

그림 8.45 (*a*) 익힘문제 8.14의 회로. (*b*) (*a*)의 답. (*c*) (*b*)의 답.

시변 강제 응답

방금 설명한 스위칭 응답과 유사하게, 상수가 아닌 강제 함수에 따라 *RC* 또는 *RL* 회로의 응답을 어떻게 결정할 수 있을까? 우리는 회로의 강제 응답과 유사한 과정을 사용할 수 있지만, 이제는 강제 응답은 시간에 따라 변한다. 다음은 이러한 유형의 상황에 대한 예제 및 실제 문제이다.

실제 문제에의 적용

디지털 집적회로에서의 주파수 제한

프로그램 가능 배열 논리(programmable array logic, PAL)와 마이크로프로세서(그림 8.46)와 같은 현대의 디지털 집적회로는 **게이트**(*gate*)로 알려진 상호 연결된 트랜지스터로 구성된다.

디지털 신호는 0과 1들의 조합에 의해 기호적으로 나타내지며 이것은 데이터 혹은 (가산과 감산과 같은) 명령일 수 있다. 전기적으로 높은 전압에 의해 논리 '1'을 그리고 낮은 전압에 의해 논리 '0'을 나타낸다. 실제로 각각에 대응하는 전압의 범위가 있다. 예를 들어 TTL 논리 집적회로의 경우 2 V와 5 V 사이의 전압은 논리 '1'로, 0 V와 0.8 V 사이의 전압은 논리 '0'으로 해석된다. 0.8 V와 2 V 사이의 전압들은 그림 8.47에 보여진 것과 같이 어떠한 논리에도 대응하지 않는다.

디지털회로에서 중요한 파라미터는 우리가 효율적으로 사용할 수 있는 속도이다. 이와 같은 맥락에서 속도는 얼마나 빠르게 게이트를 하나의 논리 상태에서 다른 논리 상태로 (즉, 논리 '0'에서 논리 '1'로 등과 같이) 전환할 수 있는가와 한 게이트의 출력을 다음 게이트의 입력으로 전송하는 데 소요되는 시간지연과 관련된다. 트랜지스터가 전환 속도에 영향을 주는 내장 커패시터를 포함하고 있지만, 이것은 현재 가장 빠른 디지털 집적회로의 속도를 제한하는 **상호연결 경로**이다. (현대 설계에서 소자 크기가 계속 작아짐에 따라 더 세밀한 모델이 회로 특성을 정확하게 예측하기 위해 필요하지만) 두 논리 게이트 사이의 상호연결 경로는 간단한 *RC* 회로를 사용하여 모델링할 수 있다. 예를 들어, 길이가 2000 μm이고 폭이 2 μm인 경로를 고려하자. 전형적인 실리콘 기반 집적회로에서 이 경로는 그림 8.48에서 개략적으로 보여진 것과 같이 100 Ω 저항과 0.5 pF 커패시턴스를 갖는 회로로 모델링될 수 있다.

그림 8.46 여러 개의 동일한 금형을 갖는 실리콘 웨이퍼. 각 금형은 미국 1센트 동전보다 작다. (Photograper's Choice/Getty Images로부터 복사 허가 받음)

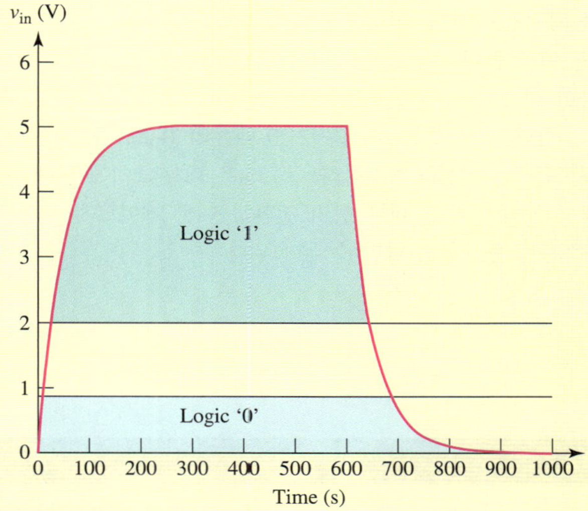

그림 8.47 논리 '1'과 논리 '0'에 대한 TTL 전압 범위를 식별하는 경로 커패시턴스의 충전/방전 특성.

전압 v_{out}은 논리 '0' 상태를 논리 '1' 상태로 변하게 하는 게이트의 전압을 나타낸다고 가정하자. 전압 v_{in}은 두 번째 게이트 입력 양단에 나타나고, 우리는 전압 v_{in}이 전압 v_{out}과 같은 값에 도달하는 데 소요되는 시간에 관심을 가진다.

상호 연결 경로를 특징짓는 0.5 pF 커패시턴스는 초기에 방전되었고(즉, $v_{in}(0) = 0$), 경로에 대한 *RC* 시상수를 $\tau = RC = 50$ ps로 계산하고, $t = 0$를 v_{out}이 변하는 시간으로 정의하면 다음과 같은 식을 얻는다.

$$v_{in}(t) = Ae^{-t/\tau} + v_{out}(0)$$

$v_{in}(0) = 0$로 설정하면 $A = -v_{out}(0)$이므로, 다음과 같이 된다.

$$v_{in}(t) = v_{out}(0)\,[1 - e^{-t/\tau}]$$

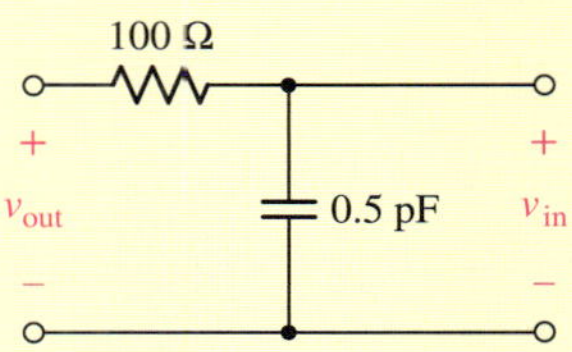

그림 8.48 직접회로 경로를 위한 회로 모델.

이 방정식을 조사하면 v_{in}은 5τ 혹은 250 ps 후에 v_{out}의 값에 도달함을 알 수 있다. 전압 v_{out}이 천이 시간 주기가 넘기 전에 다시 변하면 커패시터는 완전히 충전할 충분한 시간을 가지지 못한다. 이러한 경우에 v_{in}은 $v_{out}(0)$ 보다 작게 된다. 예를 들어 $v_{out}(0)$이 논리 '1'의 최소 전압과 같다고 가정하면 이것은 v_{in}이 논리 '1'에 대응하지 못하게 된다는 것을 의미한다. 만약에 v_{out}이 갑자기 0 V(논리 '0')로 변한다면 커패시턴스는 방전하기 시작하므로 v_{in}은 더 감소하게 된다. 따라서 논리 상태를 너무 빨리 전환하면 한 게이트에서 다른 게이트로 정보를 전달할 수 없게 된다.

따라서 논리상태를 변하게 할 수 있는 가장 빠른 속도는 $(5\tau)^{-1}$이다. 이것은 최대 동작 주파수의 항으로 나타낼 수 있다.

$$f_{max} = \frac{1}{2(5\tau)} = 2\ \text{GHz}$$

여기서 인자 2는 충전/방전 주기를 나타낸다. 집적회로를 더 높은 주파수에서 동작하여 계산을 더 빨리 수행하기를 원하면 상호 연결 커패시턴스와 상호 연결 저항 모두 혹은 어느 하나를 감소시켜야 한다.

예제 8.12

그림 8.49의 회로에 $t > 0$에 대해 유효한 $v(t)$에 대한 방정식을 구하라.

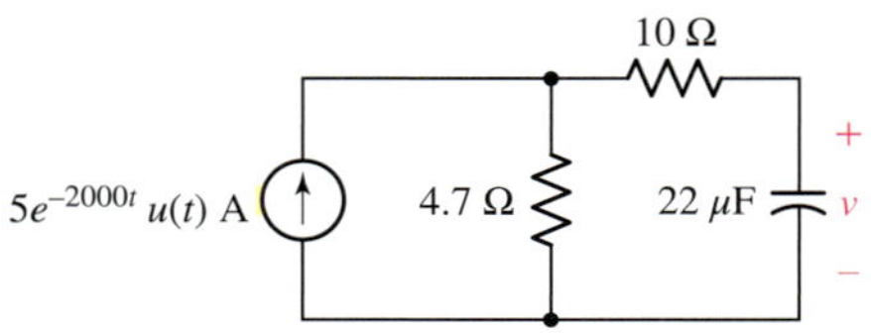

그림 8.49 지수함수적으로 감소하는 구동함수에 의한 간단한 *RC* 회로.

완전 응답은 다음 형태를 가진다.

$$v(t) = v_f + v_n$$

여기서 v_f는 구동함수이고 v_n은 $Ae^{-t/\tau}$ 형태를 가진다. 회로의 시상수 τ는 무엇인가? 전원을 개방회로로 대치하고 커패시터와 병렬인 테브난 등가저항을 구하면 다음과 같이 된다.

$$R_{eq} = 4.7 + 10 = 14.7\ \Omega$$

따라서 시상수 $\tau = R_{eq}C = 323.4\ \mu s$ 또는 등가적으로 $1/\tau = 3.092 \times 10^3\ s^{-1}$이다.

계속 진행하기 위해서는 전압원 $23.5e^{-2000t}\,u(t)$ V이 14.7 Ω과 22 μF에 직렬로 연결되게 하는 전원 변환 방법을 수행하는 것이 아마 가장 간단하지만, 몇 가지 다른 방법들이 있다. (이것은 시상수를 변하게 하지는 않는다는 것을 주목하라.)

$t > 0$에 대해 KVL 방정식을 쓰면 다음과 같다.

$$23.5e^{-2000t} = (14.7)(22 \times 10^{-6})\frac{dv}{dt} + v$$

식을 정리하면 다음과 같이 된다.

$$\frac{dv}{dt} + 3.092 \times 10^3 v = 72.67 \times 10^3\ e^{-2000t} \qquad [24]$$

자연 응답은 시상수 τ에 대한 지수함수로 주어진다.

$$v_n(t) = A\,e^{-t/\tau} = Ae^{-3092t}.$$

강제 응답은 다음 지수함수 시간 응답 $v_f(t) = Ke^{-2000t}$을 따른다. 강제 응답을 식 [24]에 대입하고 K를 풀면, 다음과 같이 된다.

$$v_f(t) = 66.55e^{-2000t}$$

자연 응답과 강제 응답을 합하면 다음과 같다.

$$v(t) = 66.55e^{-2000t} + Ae^{-3092t}\ \text{V} \qquad [25]$$

하나의 전원은 $t < 0$에 대해 0의 값을 갖는 계단함수에 의해 제어된다. 따라서 $v(0^-) = 0$. 여기서 v는 커패시터 전압이므로 $v(0^+) = v(0^-)$이며 초기 조건 $v(0) = 0$이다. 이것을 식 [25]에 대입하면 $A = -66.55$ V을 얻고 다음과 같이 된다.

$$v(t) = 66.55(e^{-2000t} - e^{-3092t})\ \text{V} \qquad t > 0$$

익힘문제 8.15

그림 8.50의 회로에서 $t > 0$일 때, 커패시터 전압 v를 구하라.

답: $23.5 \cos 3t + 22.8 \times 10^{-3} \sin 3t - 23.5e^{-3092t}$ V.

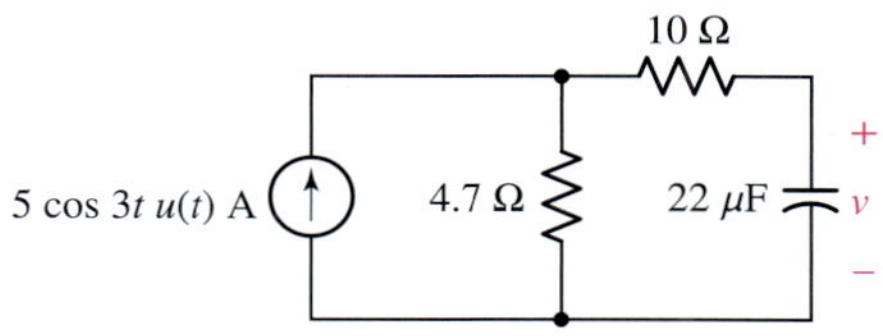

그림 8.50 정현파 구동함수에 의한 간단한 *RC* 회로.

요약 및 복습

이 장에서는 에너지 저장소자인 인덕터와 커패시터 중 하나만을 포함하는 회로가 특성시간 척도, 즉 **회로 시상수**(인덕터의 경우 $\tau = L/R$, 커패시터의 경우 $\tau = RC$)에 의해 설명될 수 있다는 것을 학습하였다. 소자에 저장되는 에너지의 양을 변화시키고자 한다면, 즉 충전 혹은 방전시키고자 한다면, 회로의 **모든 전압 및 전류는** $e^{-t/\tau}$ 형태의 지수 항을 포함하게 된다. 저장된 에너지의 양을 변화시킨 순간부터 약 **5배의 시상수 후에 과도응답은 사실상 소멸되고** $t > 0$에서 회로를 구동하는 독립전원에 의한 **강제응답**만 남게 된다. 순수 직류회로에서 강제응답을 결정할 때 인덕터는 단락회로 그리고 커패시터는 개방회로로 취급할 수 있다.

불필요한 혼란 없이 시상수 개념을 소개하기 위해 소위 무전원 회로를 사용하여 시작하였으며, 이와 같은 회로들은 영인 강제응답과 오직 $t = 0$에서 저장된 에너지에 의해서만 유도되는 과도응답을 가진다. 우리는 커패시터가 0인 시간에 커패시터 전압을 변하게 할 수 없는 이유, 달리 말하여 무한대의 전류를 발생할 수 없는 이유를 밝혔고, 이를 $v_C(0^+) = v_C(0^-)$로 표기하여 나타내었다. 마찬가지로, 인덕터에 흐르는 전류는 0인 시간에 변할 수 없고, $i_L(0^+) = i_L(0^-)$로 표기한다. 완전

응답은 항상 과도응답과 강제응답의 합이다. 초기조건을 완전응답에 적용하여 과도 항에 곱해지는 미정 상수를 결정할 수 있다.

우리는 해석적으로 또한 SPICE의 맥락에서 스위치를 모델링하는 데 적은 시간을 할애하였다. 공통적인 수학적 표현은 단위 계단함수 $u(t-t_0)$를 이용하는 데 이 함수는 $t<t_0$에서는 0, $t>t_0$에서는 1의 값을 가지며 $t=t_0$에서는 함수값이 정의되지 않는다. 단위 계단함수는 정해진 시간과 그 이후의 t 값에 대해 (전원들을 연결하여 전류가 흐를 수 있게 하며) 회로를 활성화할 수 있다. 계단 함수들을 조합함으로써 펄스와 더 복잡한 파형을 만들 수 있다. 전원이 반복적으로 연결되고 차단되는 연속 스위치 회로의 경우, 회로 동작이 회로 시상수에 비해 펄스폭과 주기에 의해 강하게 영향 받음을 알 수 있었다.

이제 관련 예제들과 함께 복습을 위한 중요한 개념을 강조하며 표시한다.

- 인덕터와 커패시턴스를 포함하는 회로에서 스위치의 급격한 변환에 따른 전원을 갖는 회로의 응답은 항상 두 부분, 즉 **자연** 응답과 **강제** 응답으로 구성된다.
- 자연 응답의 형태(또한 **과도 응답**이라고도 말한다)는 소자의 값과 서로 연결되는 방법에 의존한다. (예제 8.1, 8.2, 8.4)
- 하나의 등가 커패시턴스 C와 하나의 등가 저항 R에 의해 간단하게 된 회로는 $v(t)=V_0e^{-t/\tau}$에 의해 주어진 자연 응답을 가지며, 여기서 $\tau=RC$는 회로 시상수이다. (예제 8.1, 8.2, 8.3)
- 하나의 등가 인덕턴스 L과 하나의 등가 저항 R에 의해 간단하게 된 회로는 $i(t)=I_0e^{-t/\tau}$에 의해 주어진 자연 응답을 가지며, 여기서 $\tau=L/R$은 회로 시상수이다. (예제 8.4, 8.5)
- 종속전원을 갖는 회로는 테브난 과정을 사용하여 하나의 저항에 의해 나타낼 수 있다. (예제 8.6, 8.7, 8.8)
- 단위 계단 함수는 초기 상태를 고려하면 스위치의 열림과 닫힘을 모델화하기 위해 유용한 방법이다. (예제 8.10)
- 강제 응답의 형태는 구동 함수의 형태를 반영한다. 그러므로 직류 구동 함수는 항상 일정한 강제 응답을 이끌어 낸다. (예제 8.9, 8.10)
- 직류 전원에 의해 여기 상태가 되는 *RL*이나 *RC* 회로의 **완전** 응답은 $f(t)=f(\infty)+[f(0^+)-f(\infty)]e^{-t/\tau}$의 형태를 갖거나 혹은 전체 응답 = 최종값 + (초기값 − 최종값)$e^{-t/\tau}$. (예제 8.9, 8.10과 8.11)
- *RL* 또는 *RC* 회로에 대한 완전응답은 하나의 미분방정식을 사용하여 문제를 해결한다. (예제 8.12)
- 연속 스위칭된 회로 혹은 펄스파형에 연결된 회로를 취급할 때, 관련된 문제는 회로의 시상수를 측정할 때처럼 에너지 저장소자가 완전한 충전과 방전을 위한 충분한 시간을 가지는 것이다.

추천 도서

미분방정식을 위한 해법 안내는 아래의 자료를 참고하라.

W. E. Boyce and R. C. Diprime, *Elementary Differential Equations and Boundary Value Problems*, 7th ed. New York: Wiley, 2002.

전기회로의 과도기 현상에 대한 상세한 설명은 아래의 자료를 참고하라.

E. Weber, *Linear Transient Analysis Volume I*. New York: Wiley, 1954. (절판되었으나 많은 대학도서관에 있다.)

연습문제

8.1 무전원 *RC* 회로

1. 무전원 RC 회로에서 $R = 4\ \text{k}\Omega$, $C = 22\ \mu\text{F}$이고 $v(0) = 5\ \text{V}$일 때, 다음에 답하라.

(a) $t > 0$에서 유효한 $v(t)$를 구하라.

(b) $t = 0$, $t = 50$ ms 및 $t = 500$ ms에서 $v(t)$를 구하라.

(c) $t = 0$, $t = 50$ ms에서 커패시터에 저장된 에너지를 구하라.

2. 무전원 RC 회로에서 $v(0) = 12\ \text{V}$, $R = 100\ \Omega$일 때, 다음에 답하라.

(a) $v(250\ \mu\text{s}) = 5.215\ \text{V}$가 되는 C를 선정하라.

(b) $t = 0$, $t = 250\ \mu\text{s}$, $t = 500\ \mu\text{s}$ 및 $t = 1$ ms에서 커패시터에 저장된 에너지를 계산하라.

3. 그림 8.51의 회로에서 저항은 3.1 nF 커패시터의 평판을 분리하는 유전체 층을 모델링하는 데 포함되며 55 MΩ의 값을 가진다. 커패시터는 $t = 0$ 바로 이전에 이미 200 mJ의 에너지를 저장하고 있다. 다음에 답하라.

(a) $t \geq 0$에 대해 유효한 $v(t)$에 대한 방정식을 기술하라.

(b) $t = 170$ ms에서 커패시터에 남아 있는 에너지를 계산하라.

(c) $0 < t < 850$ ms의 범위에 대한 $v(t)$의 그래프를 도시하고, $t = 2\tau$일 때 $v(t)$의 값을 구하라.

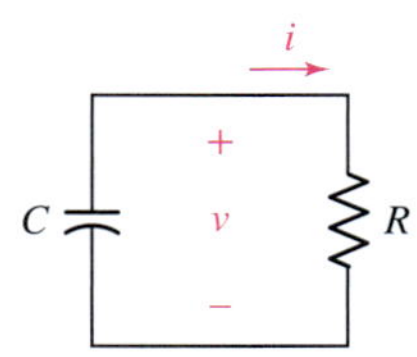

그림 8.51

4. 그림 8.51의 회로에서의 저항은 1 Ω이며, 22 mF 커패시터와 연결되어 있다. 커패시터의 유전체는 무한대의 저항을 가지고 있으며, $t = 0$ 바로 이전에 891 mJ의 에너지를 저장하고 있다.

(a) $t \geq 0$에 대해 유효한 $v(t)$에 대한 방정식을 기술하라.

(b) $t = 11$ ms 및 33 ms에서 커패시터에 남아 있는 에너지를 구하라.

(c) 커패시터 유전체가 예상보다 더 많이 누설되고 저항의 값이 100 kΩ 정도로 낮은 경우, (a)와 (b)를 반복하라.

5. 그림 8.51의 회로에서 $C = 10$ mF이고 R은 다음과 같을 때 시상수를 계산하라.
   (a) 1 Ω
   (b) 10 Ω
   (c) 100 Ω
   (d) 파라미터를 연속적으로 변화하는 적절한 시뮬레이션을 사용하여 구한 답을 검증하라(힌트: 커서 도구는 도움이 될 수 있으며, 시상수는 커패시터에 걸리는 초기 전압에 영향을 받지 않는다).

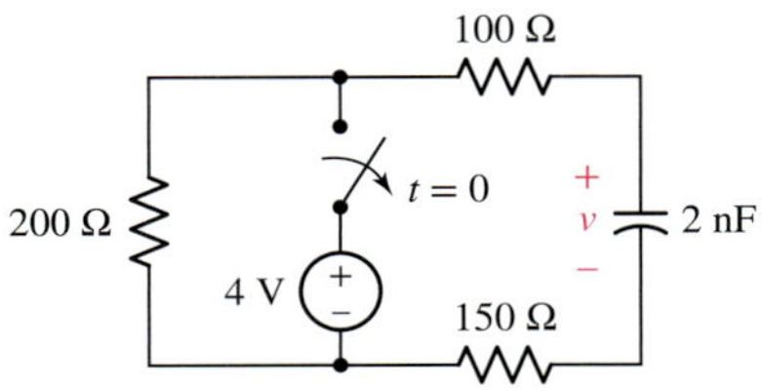

그림 8.52

6. 그림 8.52의 회로에 그려진 스위치는 전압 전원과의 첫 번째 연결로 인해 발생할 수 있는 어떠한 과도 상태가 소멸되어지도록 오랜 시간 동안 닫혀 있었다. 다음에 답하라.
   (a) 회로 시상수를 결정하라.
   (b) $t = \tau$, 2τ 및 5τ에서 전압 $v(t)$를 구하라.

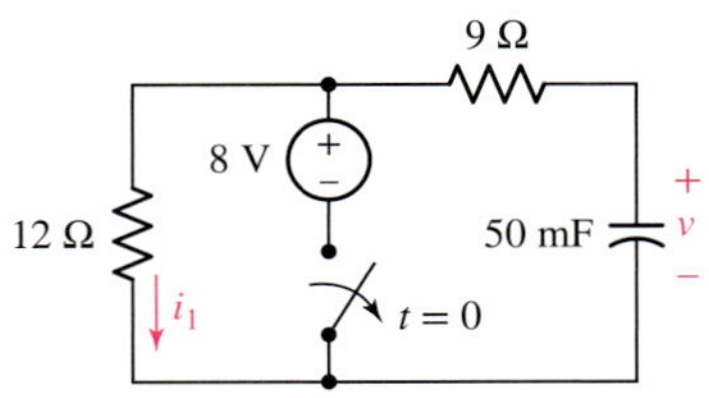

그림 8.53

7. 그림 8.53의 회로는 $t = 0$에서 개방되기 전까지 오랜 시간 동안 닫혀 있었다고 가정한다. 다음에 답하라.
   (a) 회로 시상수를 구하라.
   (b) $t > 0$에서 유효한 $i_1(t)$에 대한 방정식을 기술하라.
   (c) $t = 500$ ms에서 12 Ω 저항에 의해 소비되는 전력을 구하라.

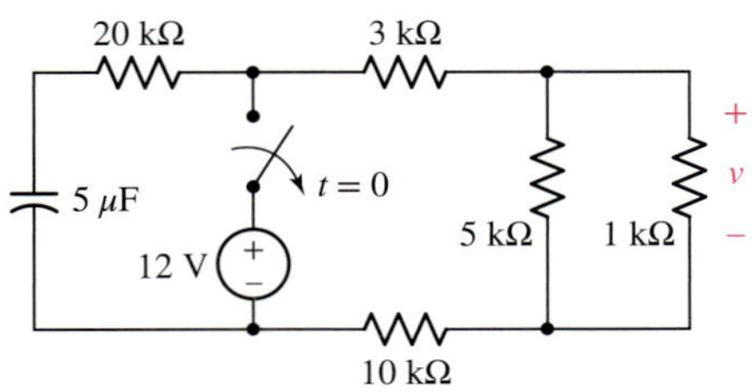

그림 8.54

8. 그림 8.54에서 12 V 전원 위에 있는 스위치는 바퀴가 고안된 이후부터 오랜 시간 동안 닫혀 있었다. $t = 0$에 드디어 개방되었다. 다음에 답하라.
   (a) 회로 시상수를 구하라.
   (b) $t > 0$에서 유효한 $v(t)$에 대한 방정식을 기술하라.
   (c) 스위치가 개방된 이후 170 ms에서 커패시터에 저장된 에너지를 계산하라.

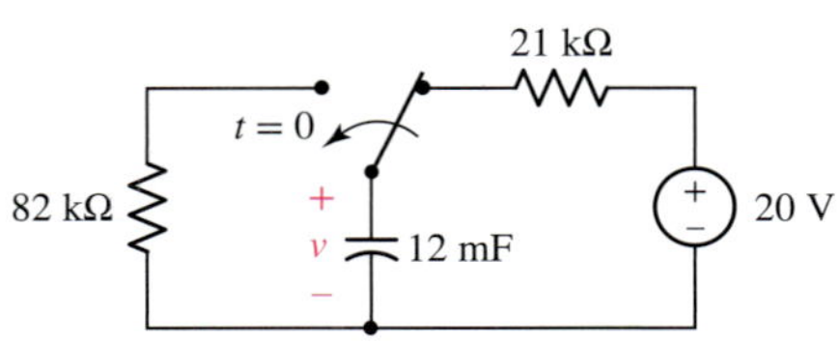

그림 8.55

9. 그림 8.55에서 개략적으로 나타낸 회로에 대해 다음에 답하라.
   (a) $t = 0$, 984 s 및 1236 s에서 $v(t)$를 계산하라.
   (b) $t = 100$ s에서 커패시터에 저장되어 있는 에너지를 계산하라.

10. 그림 8.56에 그려진 스위치는 아주 오랜 시간 동안 닫힌 후 $t = 0$ 직전에 열렸다. 다음에 답하라.
   (a) $t > 0$에서 $v(t)$와 $i(t)$를 구하라.
   (b) $t = 1$ ms일 때 v와 i값을 구하라.

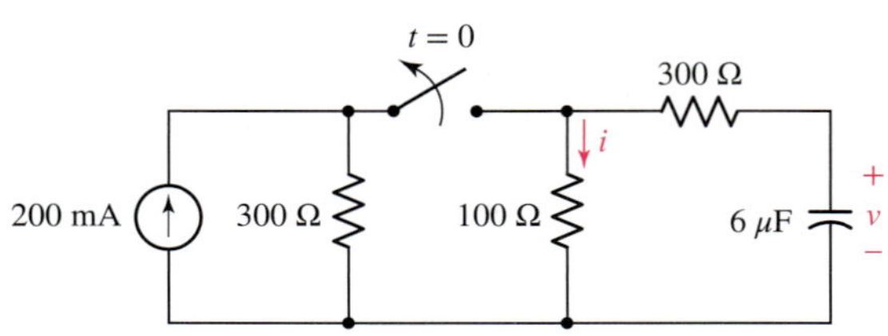

그림 8.56

11. 그림 8.56의 회로에서 다음에 답하라.

(a) 스위치가 개방되기 전에 커패시터에 저장된 총 에너지를 구하라.

(b) $t > 0$에서 커패시터에 저장된 에너지와 커패시터에 의해 공급된 전력에 관한 식을 구하라.

(c) 적절한 시간 범위를 선택하여 $w(t)$와 $p(t)$에 대한 결과를 그래프로 도시하라.

DP **12.** 다음 사양을 동시에 만족하는 커패시터기반 회로를 설계하라.

(a) $t = 0$에서 9 V 초기 전압.

(b) $t = 2$ ms에서 1.2 V의 전압.

(c) $t > 0$일 때, 최대 전류폭(절대값) 1 mA.

(d) $t > 100$ ns일 때, 최대 전류폭 0.4 mA.

회로도를 그리고 각 요소에 이름을 지정하라.

8.2 지수함수 응답의 성질

13. 다음에 답하라.

(a) x축과 y축에 대해 선형눈금을 사용하여 $0 \leq t \leq 2.5$ s의 범위에서 함수 $f(t) = 10e^{-2t}$의 그래프를 그려라.

(b) y축에 대해 대수눈금을 사용하여 다시 그려라[힌트: 여기서 함수 *semilogy()*가 유용할 수 있다].

(c) 지수 인수에 있는 2의 단위는 무엇인가?

(d) 함수가 9, 8, 1의 값에 도달할 때의 시간은 언제인가?

14. 1 kΩ 저항을 통해 흐르는 전류 $i(t)$는 $t \geq 0$에서 $i(t) = 5e^{-10t}$ mA로 주어진다. 다음에 답하라.

(a) 저항전압 크기가 5 V, 2.5 V, 0.5 V, 5 mV일 때의 시간 t의 값을 결정하라.

(b) 두 축 모두에 대해 선형눈금을 사용하여 $0 \leq t \leq 1$ s의 범위에서 함수를 그려라.

(c) $t = 0$에서 곡선에 접선을 그리고 접선과 시간축이 교차하는 점을 결정하라.

15. 방사성 탄소 연대 측정은 우리의 회로와 비슷한 지수함수 시간 관계를 가진다. 살아있는 물체는 주변과 동일한 비율의 방사성 ^{14}C를 포함하지만, 죽은 후에는 더 이상 ^{14}C 원소를 얻을 수 없으며 ^{12}C로 붕괴된다. 관계식은 다음과 같다.

$$N = N_0 e^{-\lambda t}$$

여기서 N_0는 죽은 당시의 ^{14}C의 농도이고, N은 죽은 후의 농도, λ는 상수이다. ^{14}C의 반감기가 5700년일 때($N/N_0 = 1/2$) 다음에 답하라.

(a) 상수 λ의 값(및 단위)를 구하라.

(b) 16 g의 ^{14}C를 가지는 외계 화석의 대략적인 나이와 42 g일 때 초기 농도.

16. 그림 8.4의 회로에서 4 Ω 저항이 다음과 같이 대체될 때, 시상수를 구하라.

(a) 단락 회로

(b) 1 Ω 저항

(c) 2개 5 Ω 저항의 직렬연결

(d) 100 Ω 저항

(e) 파라미터를 연속적으로 변화하는 적절한 시뮬레이션을 사용하여 구한 답을 검증하라.

DP **17.** 초기 시간에 1 mA 전류와 5초 후에 368 μA 전류를 제공하는 회로를 설계하라. 당신은 초기 인덕터 전류가 어떻게 발생하는지 보이지 않고 이를 명시할 수 있다.

8.3 무전원 *RL* 회로

18. 그림 8.11에 나타낸 회로에서 $R = 1$ kΩ와 $L = 1$ nH로 설정하고 $i(0) = -3$ mA일 때, 다음에 답하라.

(a) $t \geq 0$에서 유효한 $i(t)$에 대한 방정식을 기술하라.

(b) $t = 0$, 1 ps, 2 ps 및 5 ps에서 $i(t)$를 계산하라.

(c) $t = 0$, 1 ps 및 5 ps에서 인덕터에 저장되는 에너지를 계산하라.

19. 그림 8.11의 회로에 대해 $i(0) = 1$ A, $R = 100$ Ω인 경우, 다음에 답하라.

(a) $i(50\text{ ms}) = 368$ mA가 되기 위한 L을 선택하라.

(b) $t = 0$, 50 ms, 100 ms 및 150 ms일 때, 인덕터에 저장되는 에너지를 구하라.

20. 그림 8.11에 보여진 회로를 참고하여 $L/R = 1$, $i(0) = -5$ A, $v_R(0) = 10$ V가 되게 하는 소자들의 값을 선정하라. 그리고 다음에 답하라.

(a) $t = 0$, 1, 2, 3, 4 및 5 s에서 $v_R(t)$를 계산하라.

(b) $t = 0$, 1 s 및 5 s일 때, 저항에서 소비되는 전력을 구하라.

(c) $t = 5$ s에서 인덕터에 저장된 에너지는 초기에너지의 몇 퍼센트인가?

21. 그림 8.11에서 보여진 회로는 소자값은 미정인 소자들로 구성된다. 만약 초기에 6 μA의 전류 $i(0)$가 인덕터를 통해 처음 흐르고, $i(1\text{ ms}) = 2.207$ μA인 경우, L에 대한 R의 비를 계산하라.

22. 그림 8.57의 회로에서 스위치가 긴 시간 동안 닫혀있다고 가정할 때, 다음과 같은 시각에서 $i_L(t)$를 계산하라.

(a) 스위치가 열리기 직전

(b) 스위치가 열린 직후

(c) $t = 15.8$ μs

(d) $t = 31.5$ μs

(e) $t = 78.8$ μs

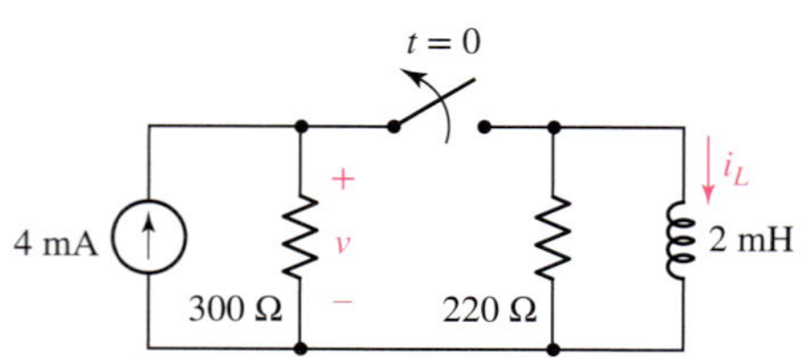

그림 8.57

23. Catfish Hunter가 New York Yankees 팀을 위해 마지막 등판한 이후, 그림 8.57의 스위치는 닫혀있다. 다음과 같은 시각에 v로 표기된 전압과 인덕터에 저장된 에너지를 계산하라.

(a) 스위치가 열리기 직전

(b) 스위치가 열린 직후

(c) $t = 8\ \mu s$

(d) $t = 80\ \mu s$

24. 그림 8.58의 회로에서 스위치는 $t = 0$에서 갑자기 열리기 전까지 오랜 시간 동안 닫혀있었다.

(a) $t \geq 0$일 때 유효한 그림 8.55의 회로의 i_L과 v에 대한 방정식을 기술하라.

(b) 스위치가 열리기 직전, 스위치가 열린 직후 그리고 $t = 470\ \mu s$일 때 $i_L(t)$와 $v(t)$를 계산하라.

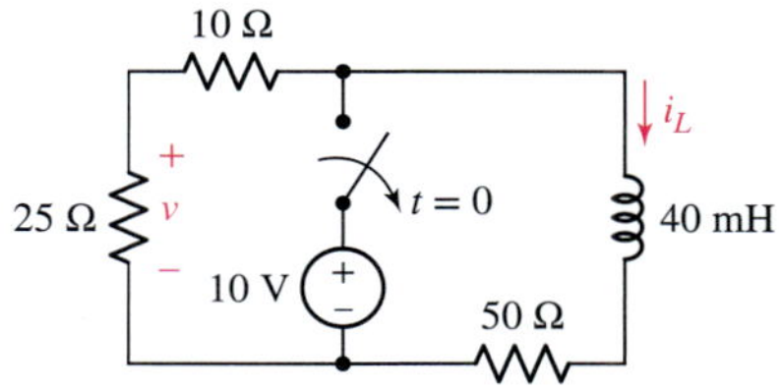

그림 8.58

25. 스위치가 실제로 오랜 시간 동안 열려있었다고 가정하고, 다음에 답하라.

(a) $t \geq 0$일 때 유효한 그림 8.59의 회로의 i_W에 대한 방정식을 구하라.

(b) $t = 0$ 및 1.3 ns일 때, i_W를 계산하라.

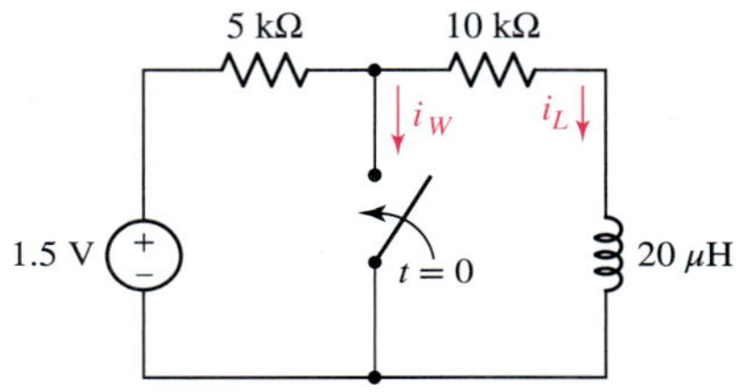

그림 8.59

8.4 더 일반적인 관점

26. 다음에 답하라.

(a) 그림 8.60의 회로에서 $t > 0$에서 유효한 저항 R_3 양단에 나타나는 전압 $v(t)$에 대한 방정식을 기술하라.

(b) $R_1 = 2R_2 = 3R_3 = 4R_4 = 1.2\ \text{k}\Omega$, $L = 1\ \text{mH}$, $i_L(0^-) = 3\ \text{mA}$일 때, $v(t = 500\ \text{ns})$를 계산하라.

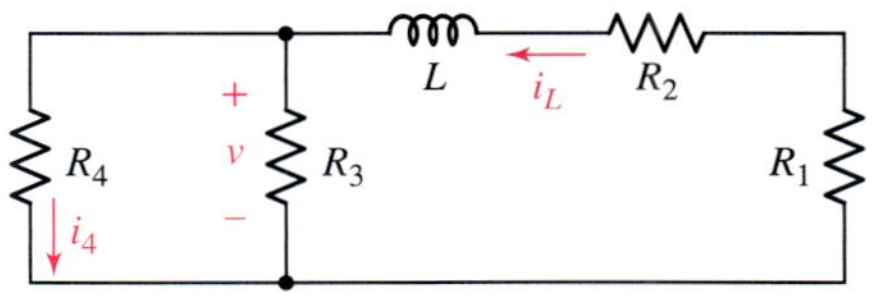

그림 8.60

27. 그림 8.61의 회로에 대해 t가 다음과 같을 때 i_x, i_L, v_L을 결정하라.

(a) $t = 0^-$

(b) $t = 0^+$

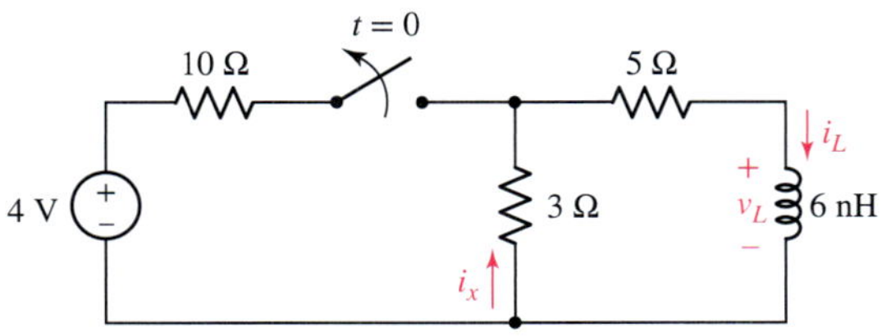

그림 8.61

28. 그림 8.62에서 보여진 스위치는 $t = 0$에서 스위치가 열리기 전까지 6년 동안 닫혀 있었다. t가 다음과 같을 때 i_L, v_L, v_R을 결정하라.

(a) 0^- (b) 0^+

(c) 1 μs (d) 10 μs

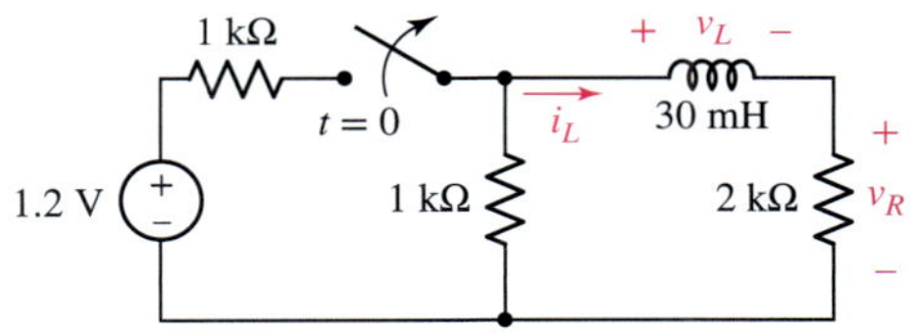

그림 8.62

29. $t > 0$에서 유효한 그림 8.63에서 표기된 $i_1(t)$와 $i_L(t)$ 모두에 대한 방정식을 구하라.

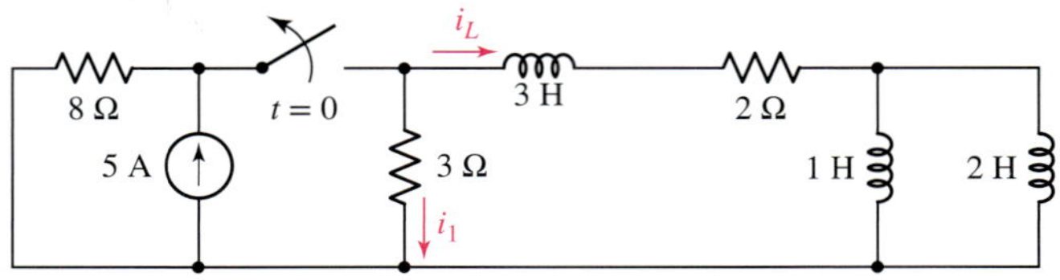

그림 8.63

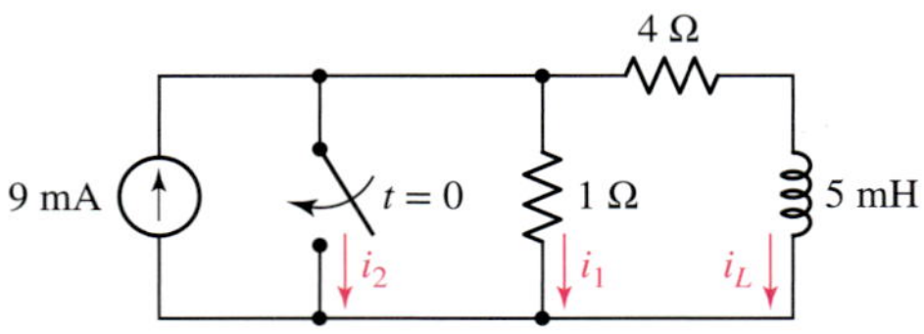

그림 8.64

30. 간단한 무전원 *RL* 회로에서 저항에 걸리는 전압이 $t > 0$에서 $5e^{-90t}$ V로 주어진다. 인덕터의 값은 미정이다. 다음에 답하라.

(a) 인덕터 전압이 최대값에서 정확히 1/2이 되는 시점은 언제인가?

(b) 인덕터 전류가 최대값에서 10%에 도달하는 시점은 언제인가?

31. 그림 8.64를 참고하여 t가 다음과 같을 때 전류 i_1, i_2를 계산하라.

(a) 1 ms (b) 3 ms

32. 다음에 답하라.

(a) 그림 8.65에 표기된 v_x에 대한 방정식을 구하라.

(b) $t = 5$ ms에서 v_x를 계산하라.

(c) 적절한 SPICE 시뮬레이션을 사용하여 구한 답을 검증하라. (힌트: .ic SPICE 명령어를 이용하여 $t > 0$에서 초기값을 지정하라.)

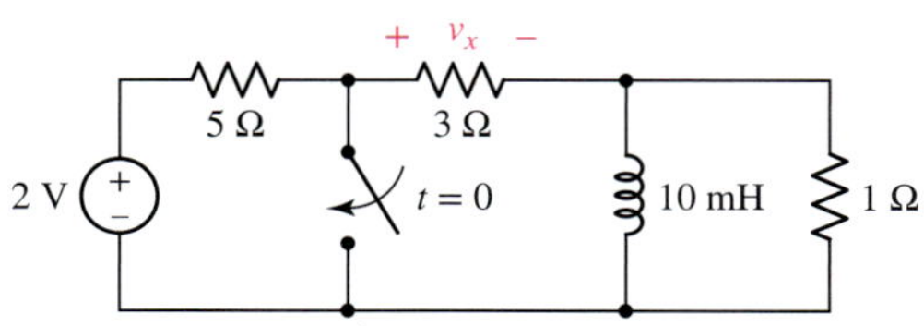

그림 8.65

33. 각기 a, b로 표시된 두 단자 사이의 전압 v_{ab}를 $t = 0^-$에서 $v_{ab} = 5$ V이고, $t = 1$ s에서 $v_{ab} = 2$ V, $t = 5$에서 $v_{ab} = 60$ mV 이하가 되도록 하는 완전한 회로를 설계하라. 또한 적절한 SPICE 시뮬레이션을 사용하여 설계한 회로를 검증하라. (힌트: .ic SPICE 명령어를 이용하여 $t > 0$에서 초기값을 지정하라.)

34. $v_C(0.65) = 5.22$ V, $v_C(2.21) = 1$ V가 되도록 그림 8.66의 회로에서 저항 R_0, R_1의 값을 선정하라.

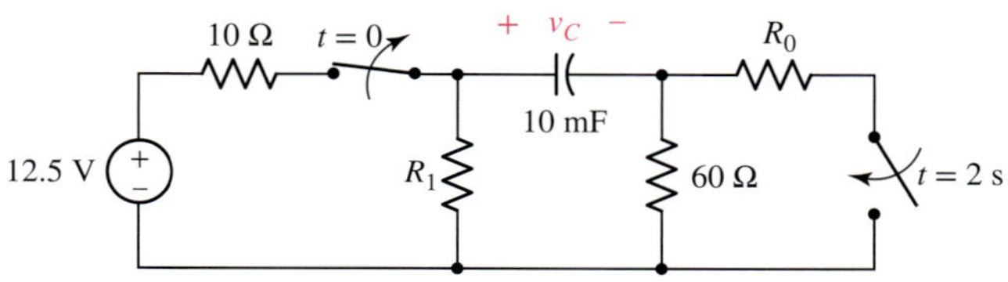

그림 8.66

35. 그림 8.67의 회로에서 커패시터 전압 v_C의 측정값이 $t = 0^-$에서 2.5 V로 나타났다. 다음에 답하라.

(a) $v_C(0^+)$, $i_1(0^+)$, $v(0^+)$를 구하라.

(b) 회로 시상수가 14 s가 되기 위한 C의 값을 선택하라.

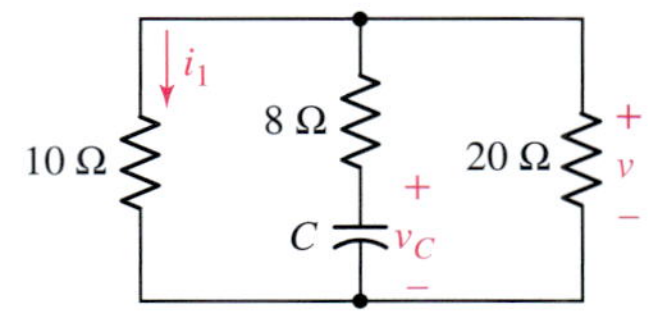

그림 8.67

36. 그림 8.68에 보여진 회로에서 t가 다음과 같을 때, 표기된 $v_C(t)$와 $v_o(t)$를 결정하라.

(a) 0^- (b) 0^+ (c) 10 ms (d) 12 ms

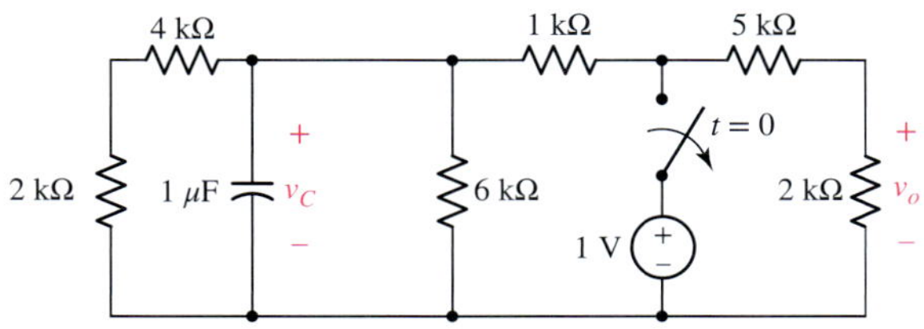

그림 8.68

37. 그림 8.69에서 보여진 회로에 대해 다음을 결정하라.

(a) $v_C(0^-)$ (b) $v_C(0^+)$ (c) 회로 시상수 (d) $v_C(3 \text{ ms})$

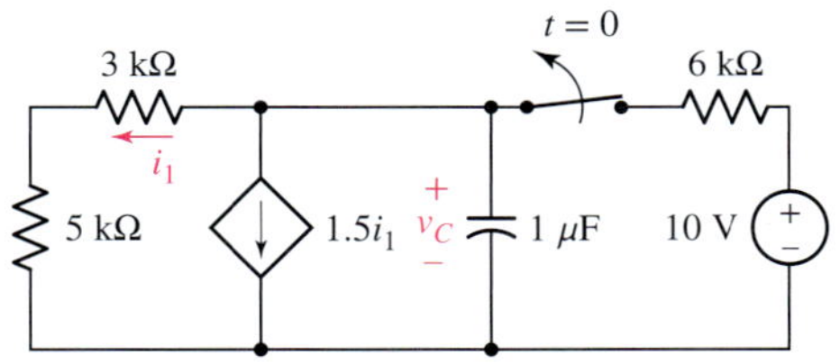

그림 8.69

38. 그림 8.70에서의 스위치는 오랜 시간 동안 A에 머문 후에 $t = 0$에서 A에서 B로 이동한다. 이것은 2개의 커패시터를 직렬로 배치하고, 커패시터들에 걸리는 전압을 크기가 같고 극성은 반대가 되게 한다. 다음에 답하라.

(a) $v_1(0^-)$, $v_2(0^-)$, $v_R(0^-)$를 구하라.

(b) $v_1(0^+)$, $v_2(0^+)$, $v_R(0^+)$를 구하라.

(c) $v_R(t)$의 시상수를 결정하라.

(d) $t > 0$에서 $v_R(t)$를 구하라.

(e) $i(t)$를 구하라.

(f) $i(t)$로부터 $v_1(t)$와 $v_2(t)$, 초기값을 구하라.

(g) $t = \infty$일 때 저장된 에너지와 20 kΩ에서 소비된 에너지의 합은 $t = 0$에서 커패시터에 저장된 에너지와 같음을 보여라.

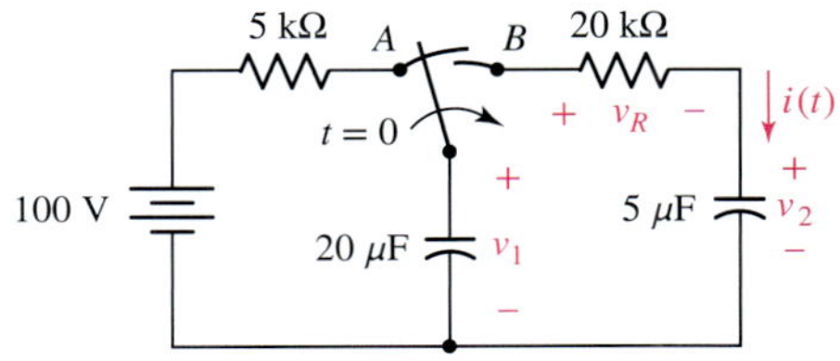

그림 8.70

39. 그림 8.71의 인덕터는 $t = 0^-$에서 54 nJ을 저장하고 있다. t가 다음과 같을 때 남은 에너지를 구하라.

(a) 0^+ (b) 1 ms (c) 5 ms

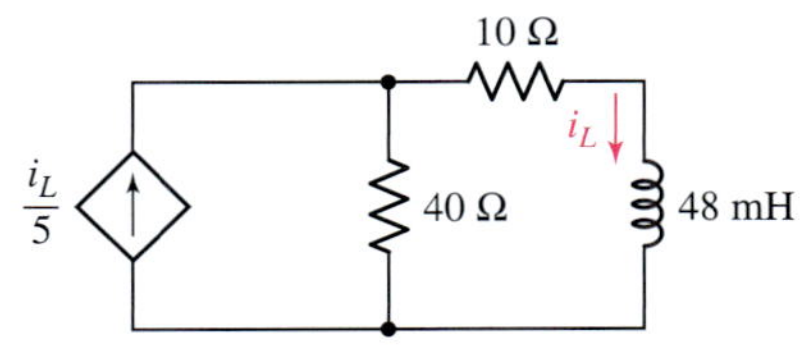

그림 8.71

8.5 단위계단함수

40. $t = -2$, 0^+, 및 $+2$에서 다음 함수를 계산하라.

(a) $f(t) = 3u(t)$ (b) $g(t) = 5u(-t) + 3$

(c) $h(t) = 5u(t - 3)$ (d) $z(t) = 7u(1 - t) + 4u(t + 3)$

41. $t = -1$, 0 및 $+3$에서 다음 함수를 계산하라. 이때 $u(0) = 1$으로 가정한다.

(a) $f(t) = \mathrm{tu}(1 - \mathrm{t})$

(b) $g(t) = 8 + 2u(2 - t)$

(c) $h(t) = u(t + 1) - u(t - 1) + u(t + 2) - u(t - 4)$

(d) $z(t) = 1 + u(3 - t) + u(t - 2)$

42. $-3 \le t \le 3$의 범위에서 다음 함수를 그려라.

(a) $v(t) = 3 - u(2 - t) - 2u(t)$ V

(b) $i(t) = u(t) - u(t - 0.5) + u(t - 1) - u(t - 1.5) + u(t - 2) - u(t - 2.5)$ A

(c) $q(t) = 8u(-t)$ C

43. 단위 계단함수를 사용하여 그림 8.72에 그려진 파형으로 나타내는 방정식을 구성하라.

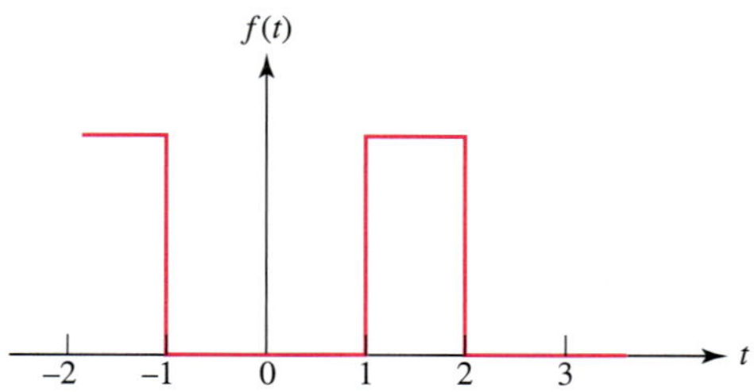

그림 8.72

44. 계단함수를 적절히 사용하여 그림 8.73에 그래프로 보여진 전압 파형을 나타내라.

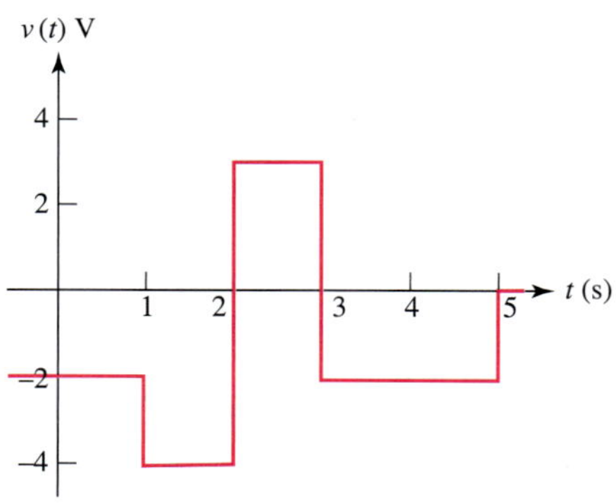

그림 8.73

45. MATLAB함수 *heaviside*(*x*)를 이용하여 단위 계단함수를 사용할 수 있다. MATLAB에서 그림 8.30의 함수를 그려라.

8.6 *RC* 구동회로

46. 그림 8.74에 보여진 간단한 회로를 참고하여, t가 다음과 같을 때 $v(t)$를 구하라.

(a) $t = 0^-$ (b) $t = 0^+$ (c) $t = 2$ ms (d) $t = 5$ ms

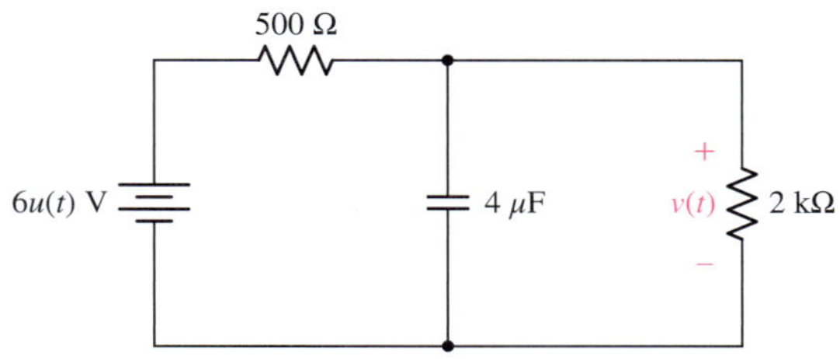

그림 8.74

47. 그림 8.75에서 주어진 회로에 대해 다음에 답하라.

(a) $v_C(0^-)$, $v_C(0^+)$, $i_C(0^-)$ 그리고 $i_C(0^+)$를 구하라.

(b) $v_C(20$ ms$)$ 및 $i_C(20$ ms$)$를 계산하라.

(c) 적절한 SPICE 시뮬레이션를 사용하여 (b)에서 구한 답을 검증하라.

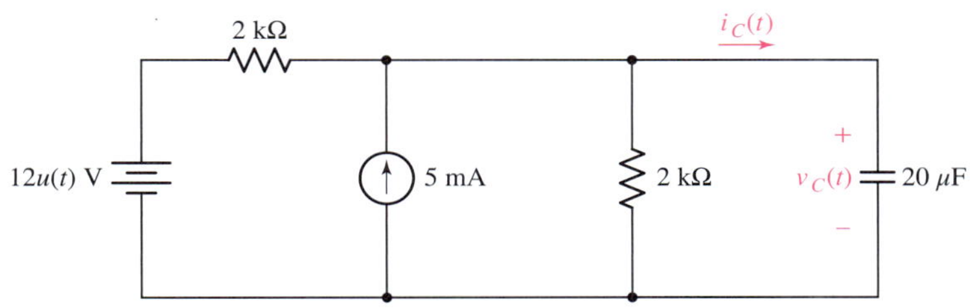

그림 8.75

48. 그림 8.76에 보여진 회로에서 다음에 답하라.

(a) 모든 t에 대해 유효한 $v_C(t)$에 대한 방정식을 구하라.

(b) $0 \leq t \leq 4$ μs의 범위에서, $v_C(t)$를 구하라.

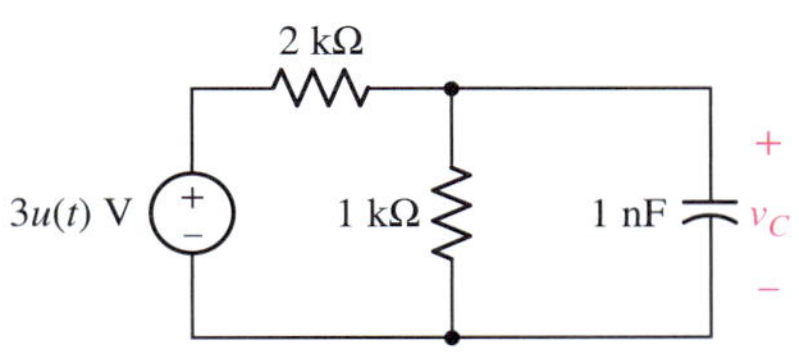

그림 8.76

49. 그림 8.77에 보여진 회로에서 $-1 \leq t \leq 5$ ms의 범위에 대한 i_A의 방정식을 구하여라.

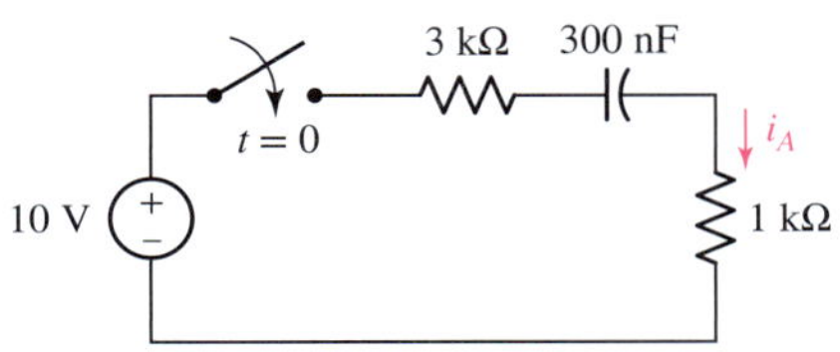

그림 8.77

50. 슈퍼 커패시터와 100 mA 및 3 V를 제공하는 태양 전지로 구성된 휴대용 태양열 충전 회로를 설계한다. 직렬 저항이 10 Ω이고 슈퍼 커패시터가 50 F인 경우 다음에 답하라.

(a) 커패시터에 저장될 수 있는 총 에너지.

(b) 최대 용량의 95%까지 충전하는 데 걸리는 시간.

51. 그림 8.78의 회로에서 스위치는 $t = 0$에서 열리기 전까지 오랜 시간 동안 닫혀 있었다. 다음에 답하라.

(a) $t = 70$ ms에서 i_x로 표시된 전류를 구하라.

(b) 적절한 SPICE 시뮬레이션를 사용하여 구한 답을 검증하라.

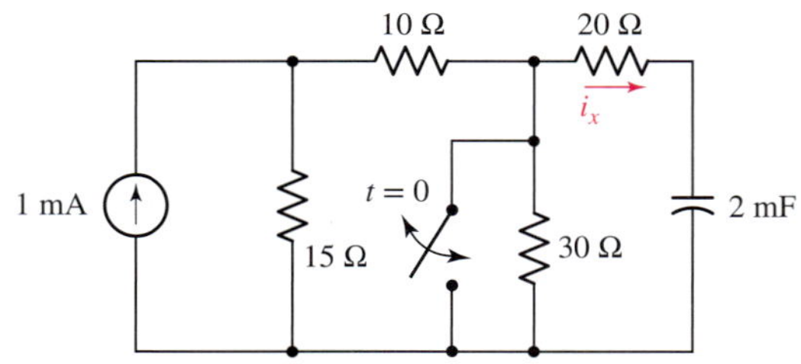

그림 8.78

52. 그림 8.78의 회로에서 스위치는 $t = 0$에서 닫히기 전까지 오랜 시간 동안 열려 있었다. 다음에 답하라.

(a) $t = 70$ ms에서 i_x로 표기된 전류를 계산하라.

(b) 적절한 SPICE 시뮬레이션를 사용하여 구한 답을 검증하라.

53. 그림 8.79의 회로에서 보여진 메이크 전 브레이크(make-before-break) 스위치는 *Jonny Quet*의 첫 번째 에피소드가 텔레비전에 방영될 때부터 위치 a에 있었다. 그리고 $t = 0$에서 위치 b로 이동한다. 다음에 답하라.

(a) 모든 t의 값에 대해 유효한 $i(t)$와 $v_C(t)$에 대한 방정식을 구하라.

(b) $t = 33$ μs에서 커패시터에 남아 있는 에너지를 결정하라.

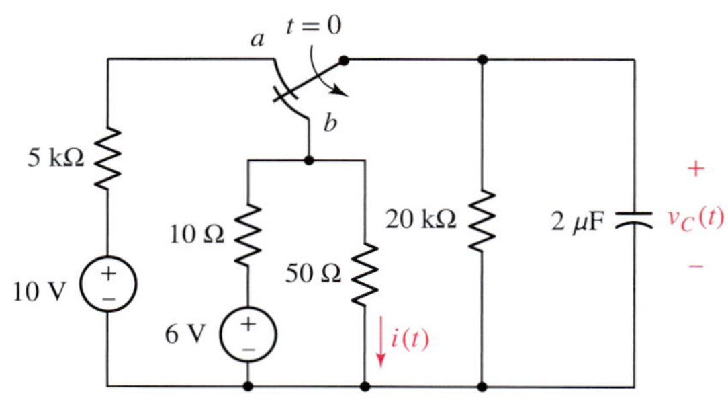

그림 8.79

54. 그림 8.80의 회로에서의 스위치는 스위칭 동작 동안 유연한 전기적 변환을 확실히 하기 위해 잠시 동안 회로의 두 부분에 접점을 만들기 때문에 **메이크 전 브레이크** 스위치로 불린다. 이 스위치는 전원이 켜짐으로 인한 모든 초기 과도

응답이 소멸되기 충분한 오랜 시간 동안 위치 a에 있은 후 $t = 0$에서 위치 b로 이동한다. 다음에 답하라.

(a) $t = 0^-$에서 5 Ω 저항에 의해 소비되는 전력을 계산하라.

(b) $t = 2$ ms에서 3 Ω 저항에 의해 소비되는 전력을 계산하라.

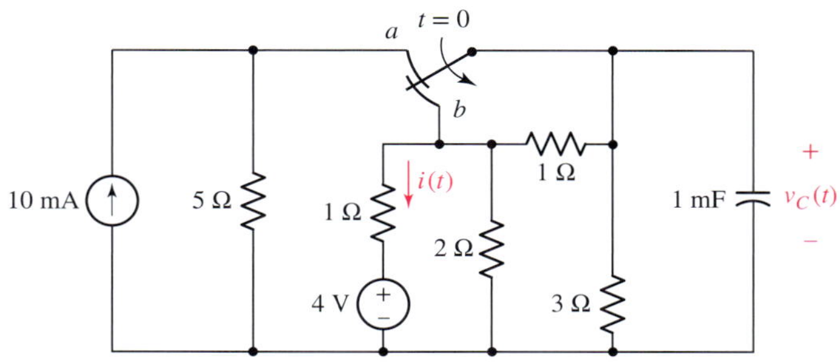

그림 8.80

55. 그림 8.81에서 나타낸 회로를 참고하여 다음에 답하라.

(a) 모든 t의 값에 대해 유효한 v_C에 대한 방정식을 구하라.

(b) $t = 0^+$, 25 μs, 150 μs에서 커패시터에 남아있는 에너지를 계산하라.

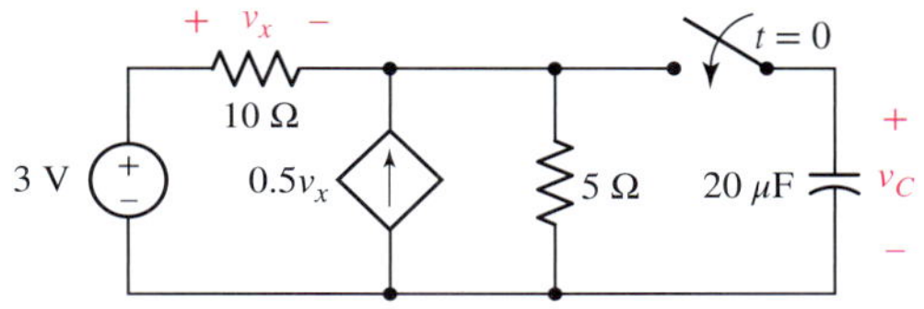

그림 8.81

56. 그림 8.81에 보여진 종속전원은 제조하는 동안 불행히도 상하가 거꾸로 장착되어, 화살표 머리에 대응하는 단자가 실제로 전압전원의 음의 기준 단자에 전선으로 연결되었다. 이 결함은 품질보증팀에 의해 검출되지 않아서 잘못 결선되어 출고되었다. 초기에 커패시터는 방전되었다. 5 Ω 저항의 정격전력이 2 W인 경우 회로가 고장날 수 있는 시간 t는?

57. 그림 8.82에서 보여진 회로에 대해 다음에 답하라.

(a) 모든 시간에 대해 유효한 v에 대한 방정식을 구하라.

(b) $0 \leq t \leq 3$ s 범위에서 구한 결과를 도시하라.

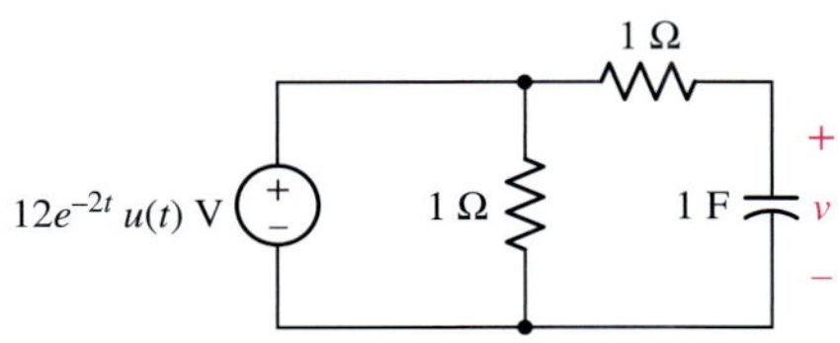

그림 8.82

58. 그림 8.83의 연산기 증폭회로에서 표기된 전압 v_x에 대한 방정식을 구하라.

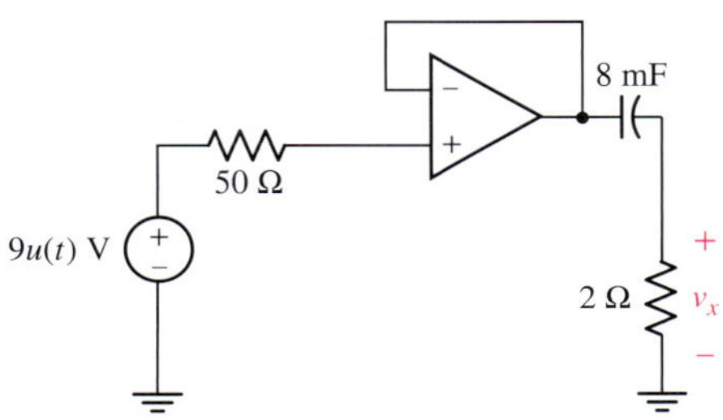

그림 8.83

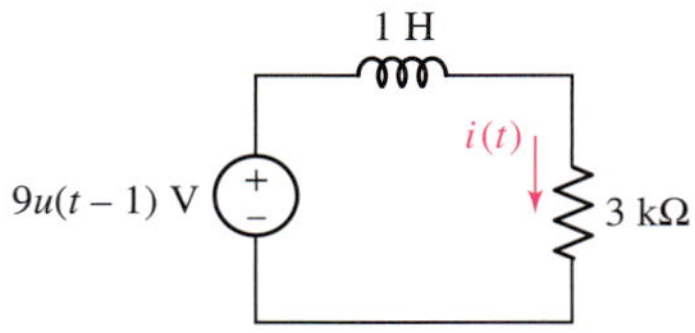

그림 8.84

8.7 구동 *RL* 회로

59. 그림 8.84에 보여진 간단한 회로를 참고하여, t가 다음과 같을 때 $i(t)$를 구하라.

(a) $t = 0^-$ (b) $t = 0^+$ (c) $t = 1^-$

(d) $t = 1^+$ (e) $t = 2$ ms

60. 그림 8.85에서 주어진 회로에 대해 다음에 답하라.

(a) $v_L(0^-)$, $v_L(0^+)$, $i_L(0^-)$ 그리고 $i_L(0^+)$를 구하라.

(b) $i_L(150\text{ ns})$를 계산하라.

(c) 적절한 SPICE 시뮬레이션를 사용하여 (b)에서 구한 답을 검증하라.

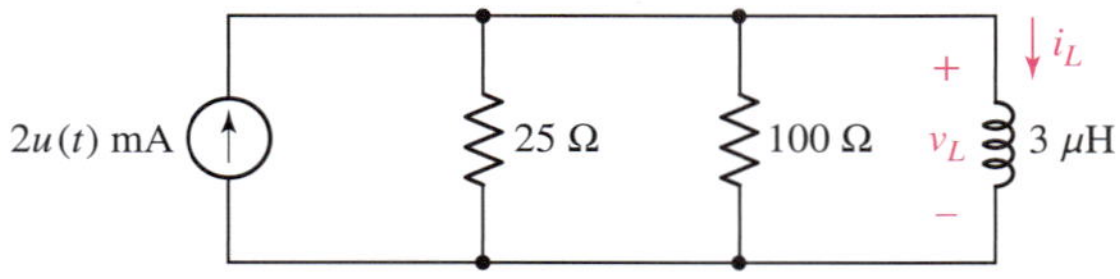

그림 8.85

61. 그림 8.86에 보여진 회로는 다음에 답하라.

(a) 모든 t에 대해 유효한 $i_L(t)$에 대한 방정식을 구하라.

(b) $t = 10\ \mu$s, $20\ \mu$s 및 $50\ \mu$s일 때, $i_L(t)$를 구하라.

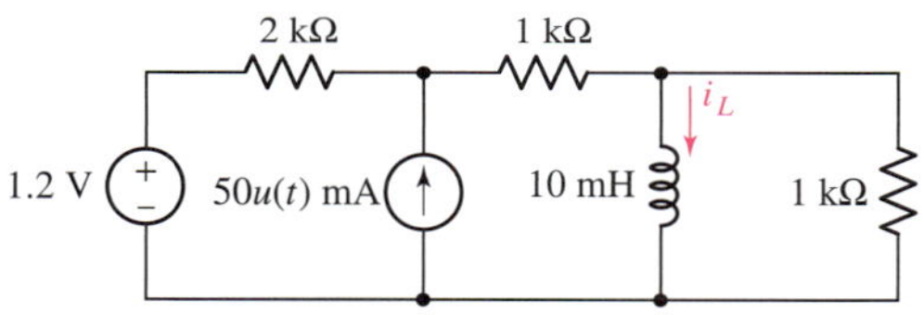

그림 8.86

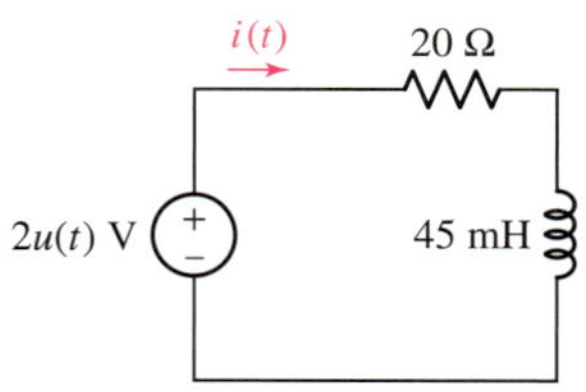

그림 8.87

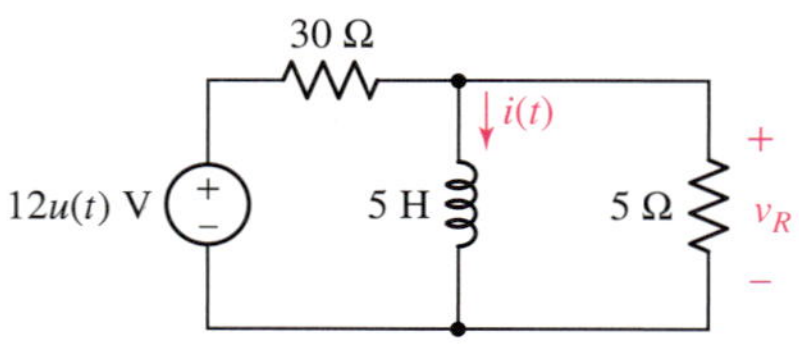

그림 8.88

62. 그림 8.87에 보여진 회로는 $t < 0$에서 동작하지 않는 전원에 의해 작동된다. 다음에 답하라.

(a) 모든 t에 대해 유효한 $i(t)$에 대한 방정식을 구하라.

(b) $-1\text{ ms} \leq t \leq 10\text{ ms}$의 범위에 대해 구한 답의 그래프를 그려라.

63. 그림 8.88의 회로에서 다음에 답하라.

(a) 모든 시간에 대해 유효한 $i(t)$에 대한 방정식을 구하라.

(b) 모든 시간에 대해 유효한 $v_R(t)$에 대한 방정식을 구하라.

(c) $-1\text{ s} \leq t \leq 6\text{ s}$의 범위에 대해 $i(t)$와 $v_R(t)$의 그래프를 그려라.

64. 0 V~5 V 전압과 10 Ω 저항의 직렬 *RL* 회로가 있다. t = 2 ms에서 인덕터 전류 흐름이 어떻게 영향을 미치는지 시각화하고자 한다. SPICE를 사용하여 1 mH~100 mH 범위의 인덕터에 대해 t = 2 ms의 전류를 시뮬레이션하라. **.step dec param inductance 1m 100m 10**과 같은 SPICE 명령어로 로그 단위를 사용할 수 있다. **.save I(L1); .meas tran out find I(L1) AT=2m; .option plotwinsize=1 numdgt=15**와 같은 명령어를 사용하여 데이터를 저장하고

측정할 수 있다. SPICE 오류 로그를 마우스 오른쪽 버튼으로 클릭하고 **plot .step'ed .meas data**를 선택하여 데이터를 LTspice에 그릴 수 있다.

65. 그림 8.89의 2개의 전원을 갖는 회로에서 하나의 전원은 항상 켜져 있다. 다음에 답하라.

(a) 모든 시간에 대해 유효한 $i(t)$에 대한 방정식을 구하라.

(b) 인덕터에 저장된 에너지가 최대값의 99%에 도달하는 시간을 구하라.

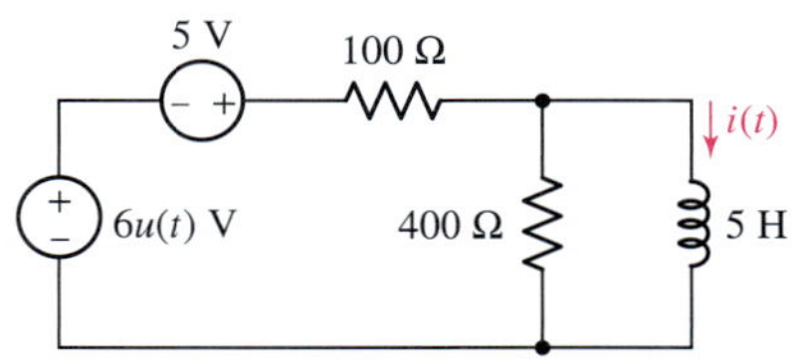

그림 8.89

66. 다음에 답하라.

(a) 모든 t의 값에 대해 유효한 그림 8.90에서 표기된 i_L에 대한 방정식을 구하라.

(b) $-1\text{ ms} \le t \le 3\text{ ms}$ 범위에 대해 구한 결과를 그려라.

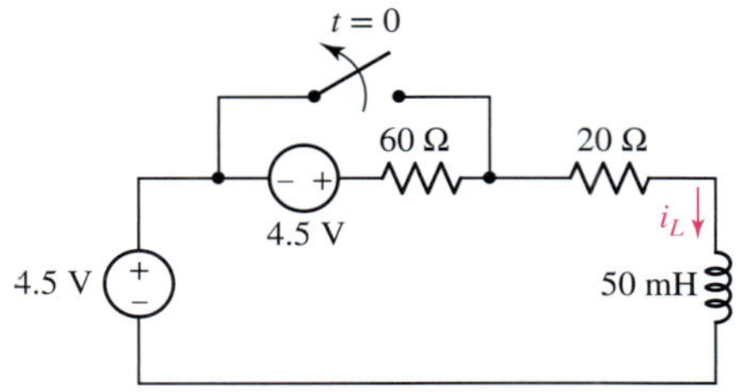

그림 8.90

67. 그림 8.91의 회로에서 표기된 $i(t)$에 대한 방정식을 구하라. 그리고 $t = 2.5$ ms에서 40 Ω 저항에 의해 소비되는 전력을 결정하라.

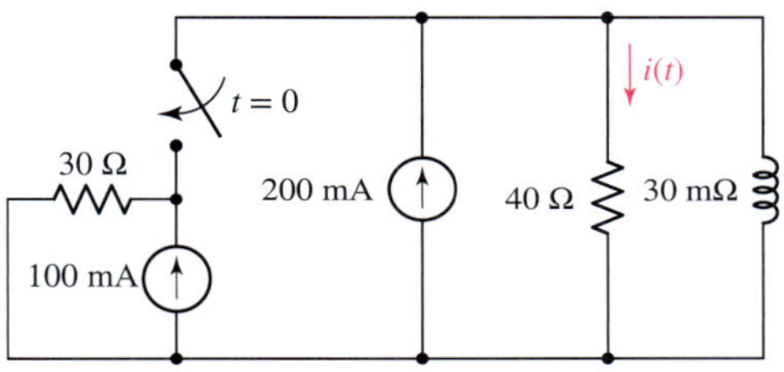

그림 8.91

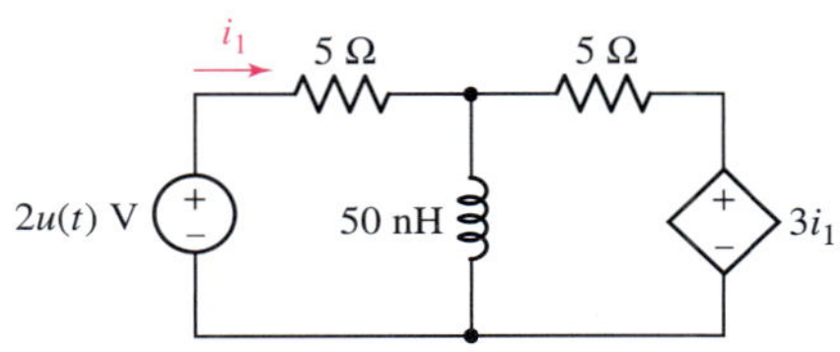

그림 8.92

68. 모든 t의 값에 대해 유효한 그림 8.92에 표기된 i_1에 대한 방정식을 구하라.

69. 다음과 같이 주어진 경우, 그림 8.93에서의 전류 $i(t)$를 그려라.

(a) $R = 10\ \Omega$

(b) $R = 1\ \Omega$ 어느 경우에 인덕터는 (일시적으로) 가장 많은 에너지를 저장하는가? 설명하라.

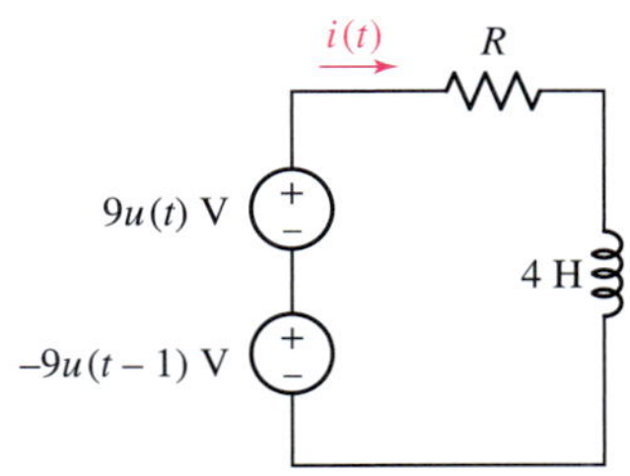

그림 8.93

70. 직류 전동기는 직렬 RL 회로로 모델링할 수 있으며(역기전력이 추가되지만 이 문제에서는 무시한다), 회전 속도는 회로에 흐르는 전류에 비례한다. $R = 10\ \Omega$ 및 $L = 20$ mH인 모터는 2.5 V의 전압을 가지며 갑자기 5 V로 증가한다. 모터가 최고 속도의 95%에 도달하는 데 걸리는 시간을 구하라.

8.8 연속 스위칭된 회로 응답의 예측

71. 그림 8.45a의 회로에서 100 mH 인덕터가 1 mH 인덕터로 대체되고 다음과 같은 파형 $v_s(t)$가 주어진 경우, 전류 i_L의 그래프를 그려라.

(a) $5u(t) - 5u(t - 10^{-9}) + 5u(t - 2 \times 10^{-9})$ V, $0 \le t \le 4$ ns

(b) $9u(t) - 5u(t - 10^{-8}) + 5u(t - 2 \times 10^{-8})$ V, $0 \le t \le 40$ ns

72. 그림 8.45a의 회로에서 100 mH 인덕터는 1 H 인덕터로 대체된다. 전원 $v_s(t)$가 다음과 같을 경우, 인덕터 전류 i_L의 그래프를 그려라.

(a) $5u(t) - 5u(t - 0.01) + 5u(t - 0.02)$ V, $0 \le t \le 40$ ms

(b) $5u(t) - 5u(t - 10) + 5u(t - 10.1)$ V, $0 \le t \le 11$ s

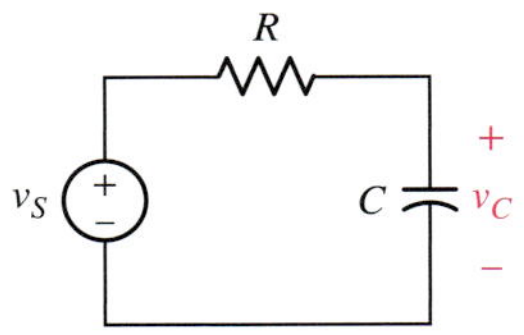

그림 8.94

73. 그림 8.94의 회로에서 $R = 1\ \Omega$, $C = 1$ F이고, $v_s(t)$가 다음과 같은 펄스파형인 경우 적어도 3주기에 대한 커패시터 양단에 걸리는 전압 v_C의 그래프를 그려라.

(a) 최소값: 0 V, 최대값: 2 V이며 상승/하강시간: 1 ms, 펄스폭: 10 s, 주기: 20 s

(b) 최소값: 0 V, 최대값: 2 V이며 상승/하강시간: 1 ms, 펄스폭: 10 ms, 주기: 20 m

(c) 적절한 SPICE 시뮬레이션를 사용하여 구한 답을 검증하라.

74. $R = 1\ \Omega$, $C = 1$ F이고, $v_s(t)$가 다음과 같은 펄스파형인 경우, 적어도 3주기에 대한 그림 8.94의 커패시터 양단에 걸리는 전압 v_C의 그래프를 그려라.

(a) 최소값: 0 V, 최대값: 2 V, 상승/하강시간: 1 ms, 펄스폭: 10 s, 주기: 10.01 s

(b) 최소값: 0 V, 최대값: 2 V, 상승/하강시간: 1 ms, 펄스폭: 10 ms, 주기가 10 s

(c) 적절한 SPICE 시뮬레이션를 사용하여 구한 답을 검증하라.

75. $R = 200\ \Omega$, $C = 50\ \mu$F인 직렬 *RC* 연속 스위칭 회로에서, 입력은 55 ms 펄스폭 주기의 5 V 펄스 전압이며(펄스 외부의 전원은 0) 상승 및 하강시간은 없다. 3개의 전체 구간 동안 커패시터 전압을 계산하고 MATLAB을 이용하여 그려라.

8장 통합문제

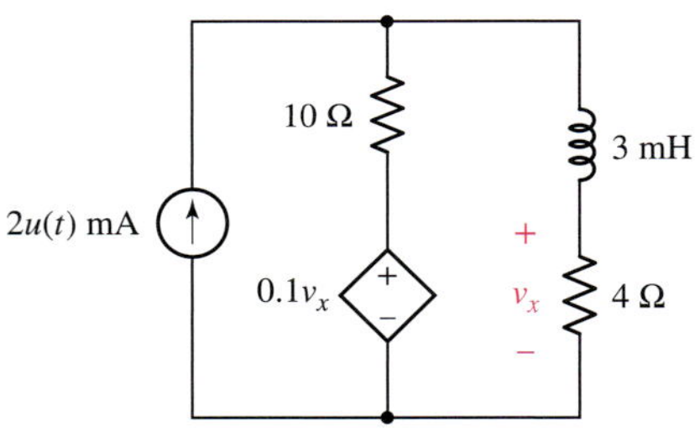

그림 8.95

76. 2개의 저항과 전압제어 종속 전압전원을 갖는 그림 8.95의 회로를 참고하여 다음에 답하라.

(a) 회로 시상수를 구하라.

(b) 모든 t에 대해 유효한 v_x에 대한 방정식을 구하라.

(c) 시상수의 6배가 되는 범위에 대해 4 Ω 저항에서 소비되는 전력을 계산하라.

(d) 종속전원이 상하가 거꾸로 장착된 경우, (a), (c)를 반복하라.

(e) 두 회로 모두 안정한가? 이유를 설명하라.

77. 그림 8.95의 회로에서 인덕터 대신에 3 mF 커패시터가 실수로 장착되었다. 불행하게도 이것이 마지막 실수가 아니며, 그 후에 실제 커패시터가 이상적인 커패시터에 의해 잘못 모델링된 사실이 밝혀졌고 (이상적인 커패시터에 병렬로 연결되었다고 볼 수 있는) 유전체는 10 kΩ의 저항값을 가진다. 다음에 답하라.

(a) 유전체 저항을 고려한 경우와 고려하지 않은 경우에 회로 시상수를 계산하라. 유전체가 얼마만큼 구한 해를 다르게 하는가?

(b) $t = 200$ ms에서 v_x를 계산하라. 유전체가 구한 해에 중요한 영향을 미치는가?

78. 그림 8.96의 회로에 대해, 이상적인 연산증폭기를 가정하고 v_s가 다음과 같을 때, $v_o(t)$에 대한 방정식을 구하라.

(a) $4u(t)$ V　　　(b) $4e^{-130,000t}u(t)$ V

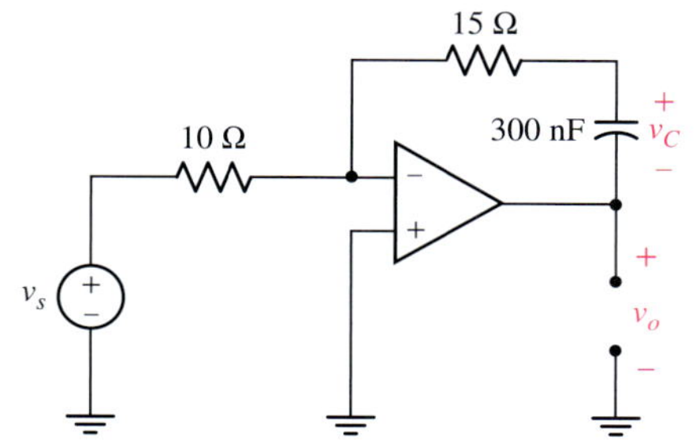

그림 8.96

DP 79. 커패시터에 저장된 에너지는 직렬과 병렬 구성을 순차적으로 전환하여 전압 공급장치에 전압을 높이는 데 사용할 수 있다. 회로의 유효 시상수가 스위칭 주파수보다 긴 경우 효과적으로 스위칭 커패시터 회로라고하는 DC-DC 부스트 컨버터로 사용할 수 있다. 그림 8.97에 나타낸 배(double) 전압 스위칭 커패시터 회로의 경우, C_1 및 C_2의 값은 (1) 0.2 ms의 최대 충전 사이클 시간, (2) V_{out} 전압은 연결이 유지되는 0.5 ms 동안 9.5 V 이상을 유지한다. 0.2 ms의 충전 사이클과 0.5 ms의 방전 사이클을 가정하여 커패시터의 전압을 검증하고 그려라.

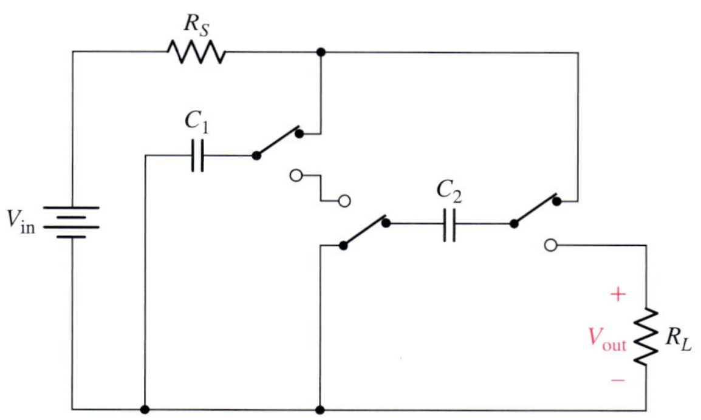

그림 8.97

9 RLC 회로

Design elements: Cockpit: ©Purestock/SuperStock; Wind Turbins: ©Russell Illig/Getty Images; Circuit Board: ©Shutterstock

서론

8장에서는 커패시터나 인덕터가 충전/방전하는 데 걸리는 시간을 부분적으로 결정하는 수동 회로망과 결합된 오직 **하나**의 에너지 저장 소자만을 포함하는 회로를 공부하였다. 해석의 결과로 얻어진 미분방정식은 항상 1차였다. 이 장에서는 커패시터와 인덕터 모두를 포함하는 더 복잡한 회로들을 고려한다. 이 회로들의 해석을 통해 얻어지는 결과는 관심의 전압과 전류에 대한 **2차** 미분방정식이다. 각 미분방정식을 풀기 위해 **2개**의 초기 조건이 필요하지만 8장에서 학습한 내용은 소위 *RLC* 회로에 쉽게 확장된다. 이와 같은 회로들은 오실레이터와 주파수 필터를 포함하는 광범위한 적용에서 흔히 찾아 볼 수 있다. *RLC* 회로는 자동차 완충시스템, 온도제어기 그리고 심지어는 승강타와 보조날개의 위치 변화에 대한 비행기의 응답과 같은 많은 실제 상황을 모델링하는 데 유용하다.

중요한 개념

- 직렬과 병렬 *RLC* 회로의 공진 주파수와 감쇠인자
- 과도감쇠 응답
- 임계감쇠 응답
- 과소감쇠 응답
- 2개의 초기 조건 사용
- RLC 회로의 완전응답 (자연응답 + 강제응답)
- 연산증폭기를 사용한 미분방정식의 표현

9.1 무전원 병렬회로

RLC 회로는 두 가지 형태가 있는데 병렬연결 *RLC* 회로와 직렬연결 *RLC* 회로이다. 두 가지 회로 중에 어느 한 회로에 대해 고려할 수 있으나 임의로 병렬 *RLC* 회로를 먼저 고려한다. 이상적 소자들의 특정한 조합은 많은 통신망의 구성 부분에 대한 모델로서 적합하다. 이것은 라디오의 전자 증폭기의 중요한 부분을 나타내며 증폭기가 신호 주파수의 협대역에서 큰 전압 증폭(그리고 이외의 주파수대역에서는 거의 0인 증폭)을 발생하는 것을 가능하게 한다.

이와 같은 주파수 선택성을 이용하여 원하는 방송국의 신호만을 선택해서 청취하고 그 외의 다른 방송국에서 오는 신호는 제거할 수 있는 것

이다. 다른 응용에서도 다중화와 고조파 억제 필터에서의 *RLC* 병렬회로를 포함한다. 이러한 원리를 공부하기 위해서는 **공진**, **주파수 응답**, **임피던스** 등에 대한 이해가 요구된다. 이후에 통신 회로망의 연구와 필터 설계뿐만 아니라 다른 응용을 다루기 위해서는 병렬 *RLC* 회로의 고유 응답 특성을 이해하는 것이 매우 중요하다.

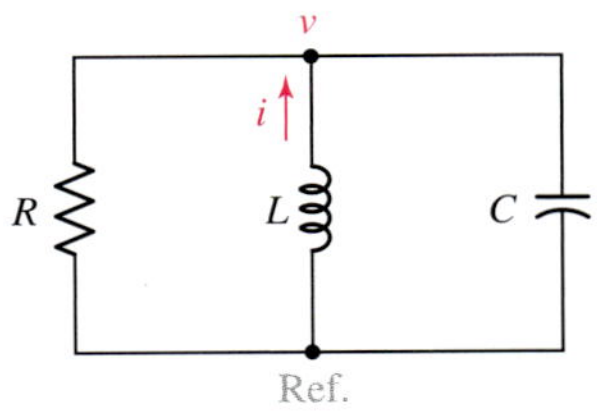

그림 9.1 무전원 병렬 *RLC* 회로.

유한 저항이 포함된 실제 커패시터가 인덕터와 함께 병렬로 연결되면 결과적으로 회로는 그림 9.1에 보여진 바와 같이 등가 회로 모델로 나타낼 수 있다. 이러한 저항의 존재는 커패시터의 에너지 손실을 모델화하는 데 사용될 수 있다. 회로와 연결이 끊어져 있어도 시간이 흐름에 따라 커패시터는 방전될 것이다. 인덕터에서의 에너지 손실은 이상적인 인덕터와 직렬로 연결된 이상적인 저항을 추가함으로써 고려될 수 있다. 그러나 여기서는 본질적으로 손실이 있는(leaky) 커패시터와 병렬인 이상적인 인덕터의 경우로 한정한다.

RL 회로와 *RC* 회로에서와 같이 우선 *RLC* 회로의 자연 응답을 고려하고, 이 회로에서 하나 혹은 2개의 에너지 저장 소자는 0이 아닌 초기 에너지를 가지고 있다(당분간은 이것의 시점은 중요하지 않다). 이것은 인덕터 전류와 커패시터 전압에 의해 나타내고 이 모두 $t = 0^+$에서 정해진다. *RLC* 회로 해석의 이 부분이 수월해지면 회로에 직류 전원, 스위치 혹은 스텝 전원을 쉽게 포함시킬 수 있다. 그러면 전체 응답을 구하게 되며 전체 응답은 자연 응답과 강제 응답의 합이 될 것이다.

물리적 직관-어떻게 될까?

방정식을 풀기 전에, 회로가 어떻게 동작하는지를 생각해 보자. 충전된 커패시터와 인덕터를 통해 흐르는 전류가 0으로 가정한다. 8장에서 우리의 직감으로는 커패시터가 방전되기 시작하고, 전류가 저항과 인덕터 모두에 흐를 것이다. 인덕터를 통해 전류가 흐르면 에너지를 저장하고 전류 흐름을 유지하려고 한다. 에너지는 커패시터와 인덕터 사이에서 계속 전달되어 **진동**하게 된다. 저항은 에너지 일부분을 소비하거나 진동을 **감쇠시킨다**. 이런 동작은 스프링이 진동을 발생하고 외부의 마찰과 같은 힘이 진동을 완화하는 질량 스프링 시스템과 유사하며(수학적으로는, 미분방정식이 매우 유사하게 된다), 시간에 종속적으로 또는 진동수 및 진동의 크기에 의해 결정된다. 감쇠가 없는 경우, 진동은 무한히 계속되고, 반면에 큰 감쇠 효과는 진동을 저지할 수 있다.

그림 9.2와 같은 회로에서 에너지 전달 과정을 따라가 보자.

1. 커패시터 방전, 인덕터에 저장된 에너지, 양의 v, 음의 i
2. 인덕터의 에너지 방출, 커패시터에 저장된 에너지, 음의 v, 음의 i
3. 커패시터 충전, 인덕터에 저장된 에너지, 음의 v, 양의 i
4. 인덕터의 에너지 방출, 커패시터에 저장된 에너지, 양의 v, 양의 i

에너지 전달을 통해 에너지가 저항에서 소비된다. 에너지가 커패시터/인덕터 소자 사이에서 전달되기 전에 소비되면 진동은 없을 것이다. 이와 같은 정성적인 서

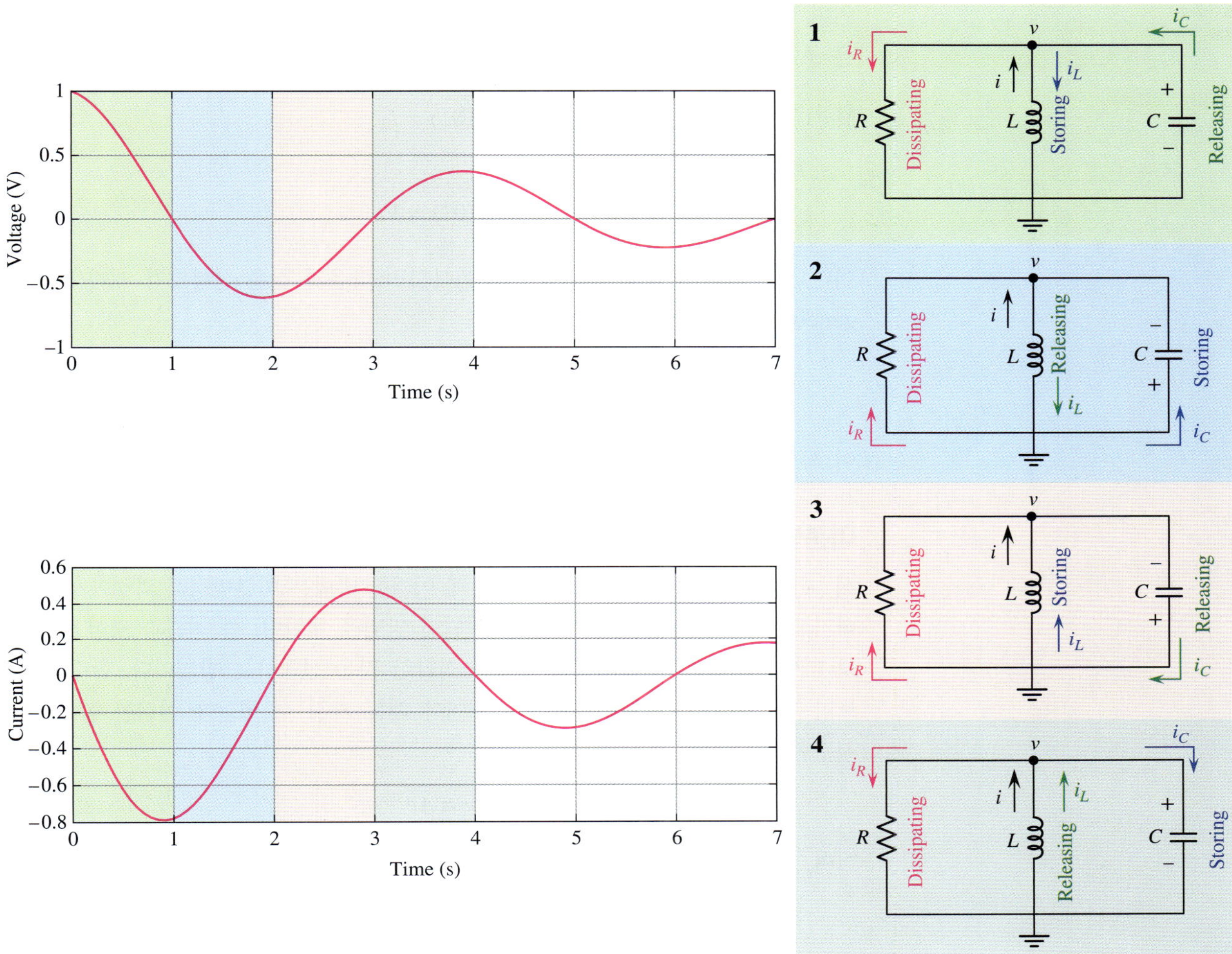

그림 9.2 RLC 병렬회로의 일반적인 에너지 전달, 진동 및 감쇠 특성.

술은 RLC 회로에서 에너지 전달에 대한 일반적인 직관을 제공하지만(그리고 감쇠가 없는 경우에도 엄격하게 적용되지만), 인덕터와 커패시터 둘 다 회로에서 에너지를 방출할 수 있는 감쇠 회로에 대한 진동에 시간 요소가 있음을 알 수 있다. 결과적으로, 진동 전압과 전류 파형에 노드/앤티노드(antinode)의 직접적인 상관 관계가 항상 존재하지는 않는다. 이제 수학적으로 해석해 보자.

병렬 *RLC* 회로에서의 미분방정식

다음 해석에서는 인덕터와 커패시터에 초기 에너지가 축적되어 있다고 가정하자. 즉 인덕터와 커패시터의 전압이 0이 아닌 초기값이 존재한다. 그림 9.1의 회로로부터 마디방정식을 쓰면

$$\frac{v}{R} + \frac{1}{L}\int_{t_0}^{t} v\, dt' - i(t_0) + C\frac{dv}{dt} = 0 \qquad [1]$$

이며, 음의 부호는 전류 i의 방향을 그림과 같이 반영하였기 때문이다. 다음과 같은 초기조건을 만족하도록 식 [1]을 풀어야 한다.

$$i(0^+) = I_0 \tag{2}$$

그리고,

$$v(0^+) = V_0 \tag{3}$$

이다. 식 [1]의 양변을 시간에 관해 미분하면 다음과 같은 선형 2차 제차(homogeneous) 미분방정식이 된다.

$$C\frac{d^2 v}{dt^2} + \frac{1}{R}\frac{dv}{dt} + \frac{1}{L}v = 0 \tag{4}$$

이 식을 풀면 고유 응답 $v(t)$를 구할 수 있다.

미분방정식의 해

식 [4]를 푸는 여러 가지 방법이 있는데 이러한 방법은 미분방정식 과정에서 공부하기로 하고 여기서는 가장 빠르고 간단한 방법을 택한다. 즉 직관과 경험을 토대로 하여 여러 가지 가능한 해 중에서 적합한 것을 선택하는 방법이다. 함수와 그 도함수가 동일한 형태를 갖는 함수이어야 해를 가질 수 있는데 이러한 함수로는 지수함수가 있다. 즉,

$$v = Ae^{st} \tag{5}$$

이며, 일반적으로 A와 s는 복소수이다. 식 [5]를 식 [4]에 대입하면 다음과 같다.

$$CAs^2 e^{st} + \frac{1}{R}Ase^{st} + \frac{1}{L}Ae^{st} = 0$$

혹은

$$Ae^{st}\left(Cs^2 + \frac{1}{R}s + \frac{1}{L}\right) = 0$$

이 방정식이 모든 시간에 만족하려면 세 가지 요소 중 적어도 1개는 0이 되어야 한다. A 또는 e^{st}가 0이면 $v(t)$가 0이 된다. 이것은 그 미분방정식의 자명한(trivial) 해로서 이들 해는 주어진 초기조건을 만족하지 못하는 무의미한 해이다. 결국 남은 마지막 요소가 0이 된다.

$$Cs^2 + \frac{1}{R}s + \frac{1}{L} = 0 \tag{6}$$

이 방정식은 8.1절에서 논의된 바와 같이 흔히 **보조방정식** 또는 **특성방정식**이라 불리운다. 식 [6]이 만족될 수 있으면 우리가 가정한 해는 타당하다. 이것은 2차 방정식이므로 2개의 해를 가지며, 이들을 s_1, s_2라 하면

$$s_1 = -\frac{1}{2RC} + \sqrt{\left(\frac{1}{2RC}\right)^2 - \frac{1}{LC}} \tag{7}$$

$$s_2 = -\frac{1}{2RC} - \sqrt{\left(\frac{1}{2RC}\right)^2 - \frac{1}{LC}} \qquad [8]$$

가 된다. 가정한 식 [5]의 s에 이들 값을 대입하면 그 해는 주어진 미분방정식을 만족할 것이며 이것은 결국 미분방정식의 해가 된다.

식 [5]에서 s에 s_1을 대입하면 다음을 얻을 수 있고

$$v_1 = A_1 e^{s_1 t}$$

같은 방법으로, 대입하면 다음을 얻을 수 있다.

$$v_2 = A_2 e^{s_2 t}$$

전자는 다음 미분방정식을 만족하고

$$C\frac{d^2 v_1}{dt^2} + \frac{1}{R}\frac{dv_1}{dt} + \frac{1}{L}v_1 = 0$$

후자는 다음 미분방정식을 만족한다.

$$C\frac{d^2 v_2}{dt^2} + \frac{1}{R}\frac{dv_2}{dt} + \frac{1}{L}v_2 = 0$$

이 두 미분방정식을 합하고 동류항끼리 묶어 주면 다음 미분방정식을 얻을 수 있다.

$$C\frac{d^2(v_1 + v_2)}{dt^2} + \frac{1}{R}\frac{d(v_1 + v_2)}{dt} + \frac{1}{L}(v_1 + v_2) = 0$$

선형성의 결과, 두 해의 합도 역시 해가 된다. 따라서 고유 응답은 다음과 같다.

$$v(t) = A_1 e^{s_1 t} + A_2 e^{s_2 t} \qquad [9]$$

여기서 s_1, s_2는 식 [7], [8]에 의해 주어진다. A_1, A_2는 2개의 주어진 초기조건을 만족하도록 선택되어질 임의의 상수 값이다.

주파수 용어의 정의

식 [9]에서 주어진 것과 같이 자연응답의 형태는 $v(t)$를 시간의 함수로 플로팅하면 얻을 수 있는 곡선의 성질을 이해할 수 있게 한다. 예를 들어, A_1과 A_2의 상대적 진폭은 확실히 응답 곡선의 모양을 결정하는 데 있어 중요하다. 더욱이 상수 s_1과 s_2는 주어진 회로망에서 R, L 및 C의 값에 따라 실수이거나 켤레 복소수일 수 있다. 이 두 경우는 근본적으로 다른 응답 형태를 제공할 것이다. 따라서 식 [9]에서 단순화 하는 약간의 대체 기호를 만드는 것도 도움이 될 것이다.

지수 $s_1 t$와 $s_2 t$는 무차원이어야 하므로, s_1와 s_2는 무차원 수의 단위(1/초)를 가져야 한다. 식 [7]과 [8]로부터, $1/2RC$와 $1/\sqrt{LC}$의 단위 또한 s^{-1}(즉, 'seconds^{-1}') 이 되어야 함을 알 수 있다. 이런 형태의 단위를 **주파수**라 부른다.

새로운 용어 ω_0를 정의하면

$$\omega_0 = \frac{1}{\sqrt{LC}} \qquad [10]$$

가 되며, 이를 **공진 주파수**라 한다. 한편 $1/2RC$를 **네퍼**(neper) **주파수** 또는 **지수 감쇠 계수**라고 하며, α로 표시한다.

$$\alpha = \frac{1}{2RC} \qquad [11]$$

α는 자연 응답이 얼마나 빨리 정상 상태 최종값(통상 영)으로 감소 혹은 감쇠하는 가의 정도를 나타내는 척도이므로, 이 마지막 수식이 사용된다. 마지막으로 s, s_1, s_2는 이후에 학습할 작업의 기초가 되는 값들로서 **복소 주파수**라고 부른다.

s_1, s_2, α 그리고 ω_0는 *RLC* 회로에 관한 논의를 단순화하기 위해서 도입된 기호일 뿐 어떤 새로운 특성을 나타내는 것은 아니다. 예를 들어, 2*RC*의 역수라 하는 것보다 'α'라고 하는 것이 더욱 편하다.

이상과 같은 결과를 종합하자. 병렬 *RLC* 회로에서 고유 응답은

$$v(t) = A_1 e^{s_1 t} + A_2 e^{s_2 t} \qquad [9]$$

이며, 여기서

$$s_1 = -\alpha + \sqrt{\alpha^2 - \omega_0^2} \qquad [10]$$

$$s_2 = -\alpha - \sqrt{\alpha^2 - \omega_0^2} \qquad [11]$$

$$\alpha = \frac{1}{2RC} \qquad [12]$$

$$\omega_0 = \frac{1}{\sqrt{LC}} \qquad [13]$$

ω_0에 대한 α의 비율은 제어 시스템에서 *감쇠비*(damping ratio)라고 하며 ζ(zeta)로표시한다.

과도감쇠: $\alpha > \omega_0$
임계감쇠: $\alpha = \omega_0$
과소감쇠: $\alpha < \omega_0$

이다. 그리고 A_1, A_2는 주어진 초기조건을 적용하여 결정한다.

여기서 식 [10]과 [11]에서 가능한 2개의 기본적인 시나리오를 주목하면 2개의 식은 α와 ω_0의 상대적인 크기에 의존하고 있다(R, L, C 값에 의해 결정된다). 만약 $\alpha > \omega_0$이면 s_1, 및 s_2는 모두 실수가 되며 **과도감쇠응답**이 된다. 반대의 경우 $\alpha < \omega_0$이면 s_1과 s_2 모두 제로가 아닌 허수성분을 가지며 **과소감쇠응답**이 된다. 한편, $\alpha = \omega_0$가 되는 특별한 경우 임계감쇠응답이 된다. 식 [9]에서 [13]에 의해 구성되는 일반적인 응답은 *RLC* 병렬회로 내의 전압과 3개의 지로전류를 기술한다. 물론 상수 A_1과 A_2는 서로 다른 값을 가진다.

예제 9.1

10 mH 인덕턴스와 100 μF 커패시턴스를 가진 *RLC* 병렬회로에서 과도감쇠 및 과소감쇠 응답을 나타내는 저항값을 구하라.

먼저 회로의 공진 주파수를 구한다.

$$\omega_0 = \sqrt{\frac{1}{LC}} = \sqrt{\frac{1}{(10 \times 10^{-3})(100 \times 10^{-6})}} = 10^3 \text{ rad/s}$$

만약 $\alpha > \omega_0$이면 **과도감쇠**이고 $\alpha < \omega_0$이면 **과소감쇠응답**을 나타낼 것이다. 따라서

$$\frac{1}{2RC} > 10^3$$

그리고

$$R < \frac{1}{(2000)(100 \times 10^{-6})}$$

또는 $R < 5\ \Omega$에서 과도감쇠응답을 나타내고, $R > 5\ \Omega$에서 과소감쇠응답을 나타낸다.

익힘문제 9.1

RLC 병렬회로가 $R = 100\ \Omega$, $\omega = 800$ rad/s 그리고 $\alpha = 1000\ \text{s}^{-1}$의 값을 가지고 있을 때 다음 값을 구하라.

(a) C (b) L (c) s_1 (d) s_2

답: (a) 5 μF, (b) 312.5 mH, (c) $-400\ \text{s}^{-1}$, (d) $-1600\ \text{s}^{-1}$.

9.2 과도감쇠 *RLC* 병렬회로

식 [12]와 [13]을 비교하면 $LC > 4R^2C^2$일 때 $s_1 > s_2$임을 보인다. 이 경우 s_1, s_2는 실수가 되고, 다음 부등식이 성립한다.

$$\alpha > \sqrt{\alpha^2 - \omega_0^2}$$
$$\left(-\alpha - \sqrt{\alpha^2 - \omega_0^2}\right) < \left(-\alpha + \sqrt{\alpha^2 - \omega_0^2}\right) < 0$$

이것을 식 [10]과 [11]에 적용하면 s_1, s_2가 음의 실수가 된다. 따라서 $v(t)$의 응답은 시간이 무한히 증가하면 0으로 수렴하는 두 감쇠 지수함수의 합으로 표현되어진다. s_2의 절대값은 s_1의 값보다 크므로 s_2을 포함하는 항은 더 빠른 비율로 감소하며 t가 크게 증가함에 따라 다음과 같이 된다.

$$t \to \infty\text{에 따라 } v(t) \to A_1 e^{s_1 t} \to 0$$

다음 과정은 초기조건을 만족하도록 임의의 상수 A_1, A_2를 결정하는 방법을 공부하고 응답 곡선을 그려보도록 한다. *RLC* 병렬회로에서 $R = 6\ \Omega$, $L = 7$ H, $C = \frac{1}{42}$F로 하고 초기조건은 그림 9.3에서 보인 것처럼 초기 인덕터 전류를 $i(0) = 10$ A, 초기 커패시터 전압을 $v(0) = 0$이라 한다.

각 파라미터 값을 다음과 같이 쉽게 계산할 수 있다.

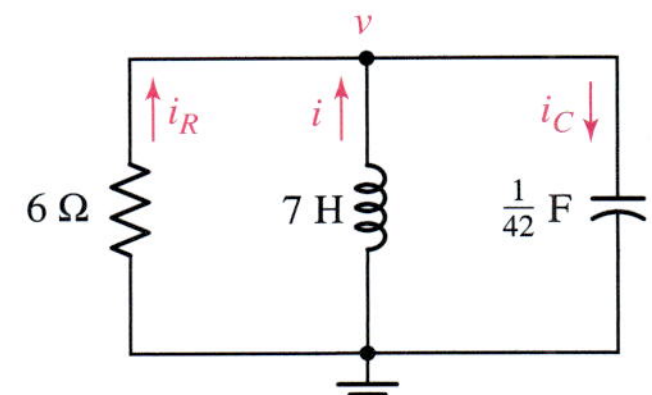

그림 9.3 과도감쇠의 경우 *RLC* 병렬회로.

$$\alpha = 3.5 \qquad \omega_0 = \sqrt{6} \qquad (\text{모두 } s^{-1})$$
$$s_1 = -1 \qquad s_2 = -6$$

따라서 고유 응답의 일반형은 다음과 같다.

$$v(t) = A_1 e^{-t} + A_2 e^{-6t} \qquad [14]$$

A_1과 A_2 값의 결정

이제 두 상수 A_1과 A_2를 구하는 일이 남아 있다. 만약 상이한 두 시점에서의 응답 $v(t)$를 알면 이 두 상수의 값은 식 [14]에 대입하여 쉽게 구할 수 있을 것이다. 그러나 $v(t)$의 초기값만을 알고 있으며

$$v(0) = 0$$

이를 식 [14]에 대입하면,

$$0 = A_1 + A_2 \qquad [15]$$

가 되며, A_1과 A_2에 대한 또 하나의 방정식은 식 [14]에서 $v(t)$의 도함수를 구한 다음 초기조건 $i(0) = 10$을 이용하면 얻을 수 있다. 식 [14]의 도함수를 구하면

$$\frac{dv}{dt} = -A_1 e^{-t} - 6A_2 e^{-6t}$$

RLC 회로들에 관하여 토론의 나머지 부분은 완전한 응답을 구하기 위해 2개의 초기조건을 요구할 것이다. 첫 번째 조건은 $t = 0$에서 전류 또는 전압 어느 쪽이든 매우 쉽게 적용된다. 두 번째 조건은 보통 약간의 어려움을 준다. 우리가 초기전류와 초기전압을 가지고 있지만 이들 중 1개는 우리가 가정한 해결책의 도함수를 통해서 간접적으로 적용시킬 수 필요가 있다.

가 되며, $t = 0$에서의 도함수를 구하면

$$\left.\frac{dv}{dt}\right|_{t=0} = -A_1 - 6A_2$$

가 된다. 여기서 도함수의 초기값을 구하는 문제를 생각하기로 하자. 이것을 해결하는 방법은 도함수 그 자체에 있다.

$$i_C = C\frac{dv}{dt}$$

이므로, 수식 dv/dt는 커패시터 전류를 제시한다.

키르히호프의 전류법칙을 이용하면,

$$-i_C(0) + i(0) + i_R(0) = 0$$

가 되며, 커패시터 전류와 C로 나눈 값은 다음과 같다.

$$\left.\frac{dv}{dt}\right|_{t=0} = \frac{i_C(0)}{C} = \frac{i(0) + i_R(0)}{C} = \frac{i(0)}{C} = 420 \text{ V/s}$$

그래서 두 번째 방정식은 다음과 같다.

$$420 = -A_1 - 6A_2 \qquad [16]$$

식 [15]와 [16]을 연립하여 풀면 $A_1 = 84$와 $A_2 = -84$를 얻을 수 있다. 따라서 이

회로의 고유 응답은 다음과 같다.

$$v(t) = 84(e^{-t} - e^{-6t})\ \text{V} \qquad [17]$$

예제 9.2

그림 9.4*a*의 회로에서 $t > 0$에서 $v_C(t)$를 구하라.

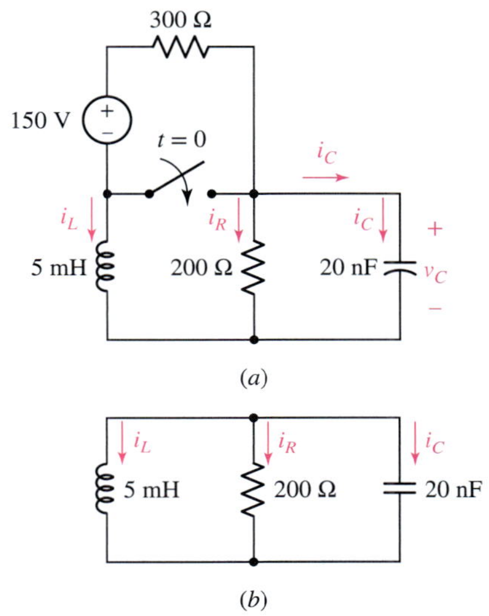

그림 9.4 (*a*) $t = 0$에서 무전원이 되는 *RLC* 회로. (*b*) $t > 0$에서 150 V 전원과 300 Ω 저항이 스위치에 의해 단락된 상태.

문제의 목표를 확인한다.

스위치가 전환된 후 커패시터 전압을 찾아야 한다. 이것은 인덕터나 커패시터에 연결된 전원이 남아있지 않다는 것이다.

알려진 지식을 수집한다.

스위치가 전환된 후 커패시터는 200 Ω 저항과 5 mH 인덕터와 병렬상태에 연결된다(그림 9.4*b*). 따라서 $\alpha = 1/2RC = 125{,}000\ \text{s}^{-1}$, $\omega_0 = 1/\sqrt{LC} = 100{,}000$ rad/s, $s_1 = -\alpha + \sqrt{\alpha^2 - \omega_0^2} = -50{,}000\ \text{s}^{-1}$ 및 $s_2 = -\alpha - \sqrt{\alpha^2 - \omega_0^2} = -200{,}000\ \text{s}^{-1}$이다.

계획을 세운다.

$\alpha > \omega_0$이므로, 회로는 과도감쇠이어서 다음 형태의 커패시터 전압이 예상된다.

$$v_C(t) = A_1 e^{s_1 t} + A_2 e^{s_2 t}$$

여기서 s_1과 s_2는 알고 있고 A_1, A_2을 결정하려면 2개의 초기조건을 알아야 한다. $t = 0^-$에서 그림 9.5*a* 회로를 해석하여 $i_L(0^-)$와 $v_C(0^-)$를 구한다. 또한 2개의 값이 변하지 않는다는 가정하에 $t = 0^+$에서 회로를 해석한다.

적절한 방정식들을 구성한다.

그림 9.5*a*에서 인덕터는 단락회로로 대체되고 커패시터는 개방회로로 대체된다. 따라서

$$i_L(0^-) = -\frac{150}{200 + 300} = -300\ \text{mA}$$

그리고

$$v_C(0^-) = 150\frac{200}{200 + 300} = 60\ \text{V}$$

이다. 그림 9.5*b*에서 $t = 0^+$ 상태 회로는 인덕터 전류와 커패시터 전압을 단순한 이상적인 전원으로 나타낸다. 이들은 모두 0시간에서 변동이 없으므로 $v_C(0^+) = 60$ V이다.

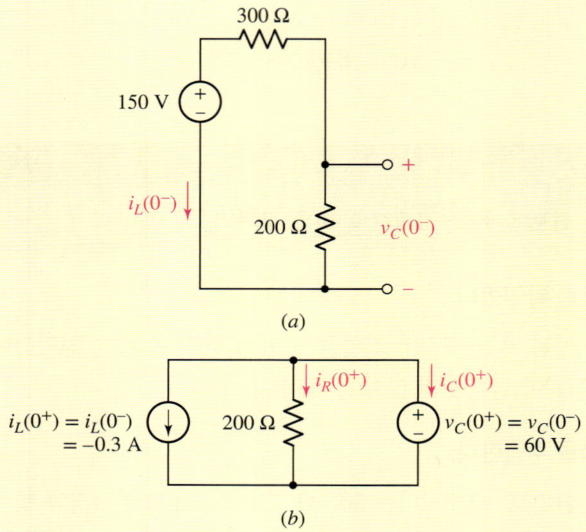

그림 9.5 (a) $t = 0^-$에서 등가회로. (b) $t = 0^+$에서 등가회로. 여기서 이상적 전원은 초기 인덕터 전류와 초기 커패시터 전압을 나타낸다.

추가정보가 필요한지 정한다.

커패시터 전압방정식은 $v_C(t) = A_1e^{-50{,}000t} + A_2e^{-200{,}000t}$이다. 그런데 $v_C(0) = 60$ V이므로 제3의 방정식이 필요하다. 커패시터 전압방정식을 미분하면 다음을 구한다.

$$\frac{dv_C}{dt} = -50{,}000A_1e^{-50{,}000t} - 200{,}000A_2e^{-200{,}000t}$$

이 식에 의해 커패시터 전류를 $i_C = C(dv_C/dt)$를 구할 수 있다. 그림 9.5*b*로 돌아가면 KCL에 의해 다음과 같이 된다.

$$i_C(0^+) = -i_L(0^+) - i_R(0^+) = 0.3 - [v_C(0^+)/200] = 0$$

해답을 구한다.

첫 번째 초기조건에 의해

$$v_C(0) = A_1 + A_2 = 60$$

이 된다. 두 번째 초기조건에 의해

$$i_C(0) = -20 \times 10^{-9}(50{,}000A_1 + 200{,}000A_2) = 0$$

이 된다. 이를 풀면, $A_1 = 80$ V과 $A_2 = -20$ V이 되므로 다음과 같이 된다.

$$v_C(t) = 80e^{-50{,}000t} - 20e^{-200{,}000t} \text{ V}, \qquad t > 0$$

해답이 합리적인지 기대치인지 검증한다.

$t = 0$일 때 계산을 통해 $v_C(0) = 60$ V임을 검증하기 위해 해답을 확인할 수

있다. 먼저 미분하고 20×10^{-9}을 곱함으로써 $i_C(0) = 0$임을 알 수 있다. 또한 $t > 0$에서 무전원 회로이므로 t가 ∞로 감에 따라 $v_C(t)$는 결국 0으로 감쇠해야 함이 예상되고, 앞서 구한 해도 역시 그러하다.

익힘문제 9.2

오랜 시간동안 스위치가 열린 상태에 있다가 $t = 0$일 때 그림 9.6에서 스위치가 닫힐 경우 다음을 구하라.

(a) $i_L(0^-)$ (b) $v_C(0^-)$ (c) $i_R(0^+)$ (d) $i_C(0^+)$ (e) $v_C(0.2)$

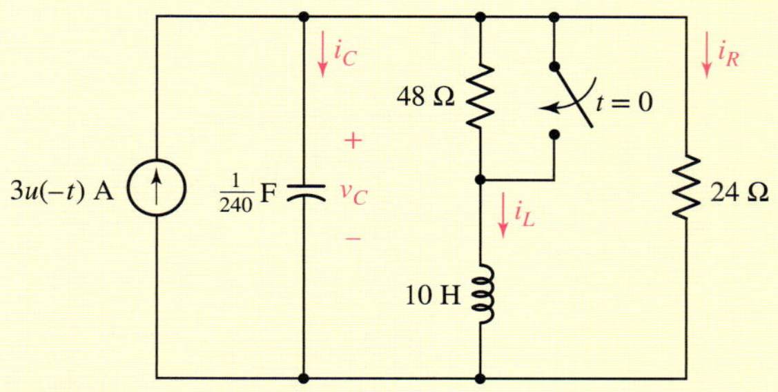

그림 9.6

답: 1 A; 48 V; 2 A; −3 A; −17.54 V.

앞에서 언급한 것처럼 과도감쇠 응답형태를 전압 또는 전류량에 인가한다(예제 9.3 참조).

예제 9.3

그림 9.7a의 회로는 $t = 0$ 이후 간단한 병렬 RLC 회로로 축소된다. 모든 시간에 대해 유효한 저항 전류 i_R에 대한 방정식을 구하라.

$t > 0$에 대해 RLC 회로는 $R = 30$ kΩ, $L = 12$ mH, 그리고 $C = 2$ pF의 값을 가지고 있다. 따라서 $\alpha = 8.333 \times 10^6$ s^{-1}과 $\omega_0 = 6.455 \times 10^6$ rad/s이다. 과도감쇠를 예상할 때, $s_1 = -3.063 \times 10^6$ s^{-1}과 $s_2 = -13.60 \times 10^6$ s^{-1}이어서 다음과 같이 된다.

$$i_R(t) = A_1 e^{s_1 t} + A_2 e^{s_2 1}, \qquad t > 0 \qquad [18]$$

상수 A_1, A_2를 구하기 위하여 그림 9.7b처럼 $t = 0^-$에서 회로를 해석하면 $i_L(0^-) = i_R(0^-) = 4/32 \times 10^3 = 125$ μA, $v_C(0^-) = 4 \times 30/32 = 3.75$ V이다.

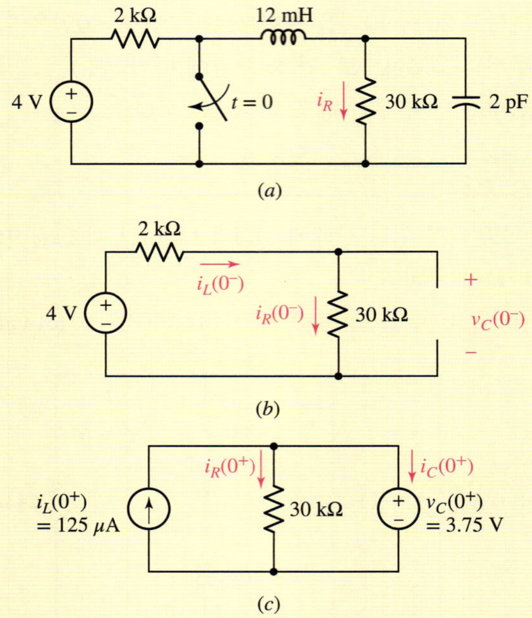

그림 9.7 (*a*) i_R이 요구되는 회로. (*b*) $t = 0^-$에 대한 등가회로. (*c*) $t = 0^+$에 대한 등가회로.

그림 9.7*c*처럼 $t = 0^+$인 경우 $i_L(0^+) = 125\ \mu\text{A}$, $v_C(0^+) = 3.75$ V임을 알 수 있다. 그러나 옴(Ohm)의 법칙에 의해 첫 번째 초기조건인 $i_R(0^+) = 3.75/30 \times 10^3 = 125\ \mu\text{A}$를 구할 수 있다. 따라서,

$$i_R(0) = A_1 + A_2 = 125 \times 10^{-6}\ \text{A} \qquad [19]$$

이 된다. 우리는 어떻게 두 번째 초기조건을 얻을 수 있을까? 만약 식 [18]에 30×10^3을 곱한다면 $v_C(t)$의 표현을 얻을 수 있다. 미분을 취하고 2 pF를 곱한다면 $i_C(t)$를 얻을 수 있다.

$$i_C = C\frac{dv_C}{dt} = (2 \times 10^{-12})(30 \times 10^3)(A_1 s_1 e^{s_1 t} + A_2 s_2 e^{s_2 t})$$

KCL에 의하여

$$i_C(0^+) = i_L(0^+) - i_R(0^+) = 0$$

이 된다. 따라서

$$-(2 \times 10^{-12})(30 \times 10^3)(3.063 \times 10^6 A_1 + 13.60 \times 10^6 A_2) = 0 \qquad [20]$$

이 된다. 식 [19]와 [20]을 풀면 $A_1 = 161.3\ \mu\text{A}$와 $A_2 = -36.34\ \mu\text{A}$를 얻는다. 따라서, 다음과 같이 된다.

$$i_R = \begin{cases} 125\ \mu\text{A} & t < 0 \\ 161.3\, e^{-3.063 \times 10^6 t} - 36.34\, e^{-13.6 \times 10^6 t}\ \mu\text{A} & t > 0 \end{cases}$$

익힘문제 9.3

만약 $i_L(0^-) = 6$ A, $v_C(0^+) = 0$ V라면 $t > 0$에서 그림 9.8의 저항에 흐르는 i_R를 구하라. $t = 0$ 이전에는 회로의 구성은 모른다.

답: $i_R(t) = 2.437(e^{-7.823 \times 10^{10}t} - e^{-0.511 \times 10^{10}t})$ A

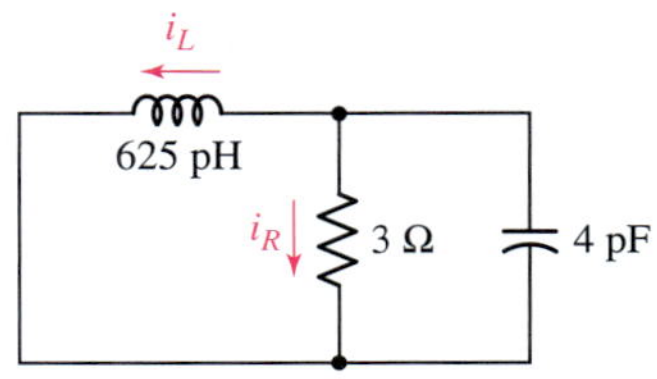

그림 9.8 익힘문제 9.3을 위한 회로.

과도감쇠 응답의 도식적 표현

식 [17]로 돌아가 이 회로에 대해서 정의할 수 있는 추가적인 사항을 살펴보자. $v(t)$는 $t = 0$인 시점에서 0이 되어 우리가 가정한 초기값과 일치한다. 그리고 첫 번째 지수 항의 시상수는 1 s이고 두 번째 항의 시상수는 $\frac{1}{6}$ s이다. 각 항은 동일한 진폭 1로 시작하지만 두 번째 항이 더 빨리 감소하므로 $v(t)$는 절대로 음수가 될 수 없다. 시간이 무한대로 진행해 감에 따라 각 항은 0에 접근하며 응답은 감소 소멸된다. 그러므로 응답 곡선은 $t = 0$와 $t = \infty$에서 0이 되고 절대로 음수일 수 없다. 이 응답 곡선이 모든 곳에서 0은 아니므로 적어도 하나의 극대값을 갖는다. 이것은 다음과 같이 구할 수 있다. 응답을 미분하면

$$\frac{dv}{dt} = 84(-e^{-t} + 6e^{-6t})$$

이 된다. 전압이 극대가 되는 지점의 시간 t_m을 구하기 위해서 도함수를 0이라 놓으면

$$0 = -e^{-t_m} + 6e^{-6t_m}$$

이 된다. 이를 정리하면

$$e^{5t_m} = 6$$

이 되며, 다음을 얻는다.

$$t_m = 0.358 \text{ s}$$

그리고

$$v(t_m) = 48.9 \text{ V}$$

응답 파형은 두 지수항 $84e^{-t}$와 $84e^{-6t}$를 그려서 그 차를 구하면 된다. 이 방법을 이용하여 그림 9.8로 나타낼 수 있다. 각 지수함수는 밝은 선으로 표시되고 전체 응답 $v(t)$는 색선으로 표시되어 있다. 또 t가 매우 큰 경우, 곡선 $v(t)$의 동작은 s_1, s_2 중에서 그 절대값이 작은 지수항 $84e^{-t}$에 의해 결정된다는 예측을 뒷받침하고 있다.

과도응답이 소멸하여 없어지는 데 걸리는 시간은 회로망 응답을 판단하는 또 하나의 기준이다. 실제로 이 과도응답을 되도록 빨리 소멸시키는 것, 즉 **정착 시간**(settling time) t_s를 최소화하는 것이 좋다. 물론 이론상으로는 유한 시간에 과도

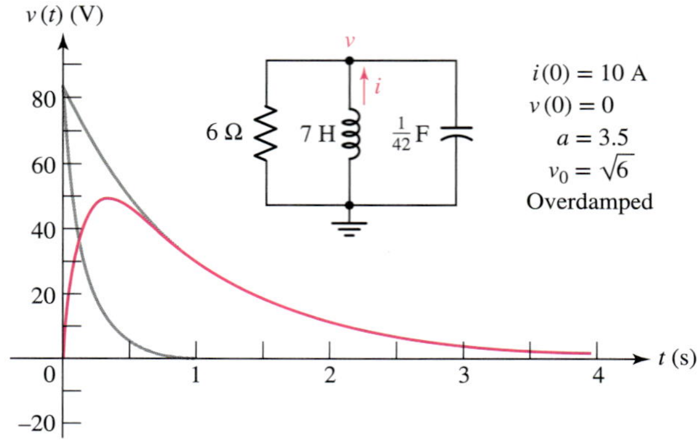

그림 9.9 그림 9.3 회로의 응답 $v(t) = 84(e^{-t} - e^{-6t})$.

응답이 완전히 소멸하지는 않으므로 t_s는 무한대이다. 그러나 일반적으로 회로망 응답의 크기가 최대 절대값의 1% 이하가 되면 잔류 응답은 무시할 수 있으며 이 값에 도달하는 데 걸리는 시간을 정착 시간이라 한다. 앞의 예에서 최대 절대값이 $|v_m| = v_m = 48.9$ V이므로 정착 시간은 응답이 0.489 V로 떨어질 때까지 걸리는 시간이다. 이 값을 식 [17]에 대입하고 두 번째 지수항을 무시하면 정착시간은 5.15 s가 된다.

예제 9.4

무전원 *RLC* 병렬회로의 커패시터 전류는 $i_C(t) = 2e^{-2t} - 4e^{-t}$ A이다. $0 < t < 5$ s의 범위에서 전류를 스케치하고 안정되는 데 걸리는 시간을 구하라.

그림 9.10에 보인 것처럼 먼저 2개의 성분을 그린다. 그 다음에 $i_C(t)$을 구하기 위해 두 성분의 차이를 구한다. 최대치는 $|-2| = 2$ A이다. 따라서 $|i_C|$이 20 mA까지 감소하는 시간을 구해야 한다.

$$2e^{-2t_s} - 4e^{-t_s} = -0.02 \qquad [21]$$

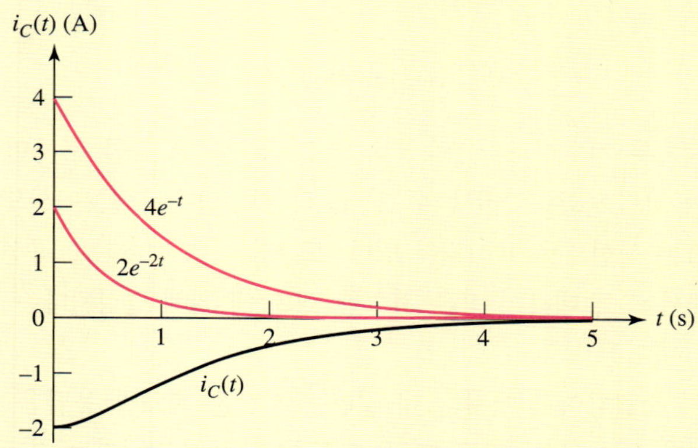

그림 9.10 전류응답 $i_C(t) = 2e^{-2t} - 4e^{-t}$ A.

이 방정식은 계산기를 사용하여 반복과정을 수행함으로써 $t_s = 5.296$ s을 얻는다. 이 같은 선택이 어려운 경우에는 $t \geq t_s$에 대해 식 [21]의 근사치를 구할 수 있다.

$$-4e^{-t_s} = -0.02 \tag{22}$$

이 식을 풀면

$$t_s = -\ln\left(\frac{0.02}{4}\right) = 5.298 \text{ s} \tag{23}$$

가 되며, 이 결과는 정확한 해답에 매우 근사하다(0.1% 정확도보다 더 양호하다).

익힘문제 9.4

(a) 범위 $0 < t < 5$ s에서 전압 $v_R(t) = 2e^{-t} - 4e^{-3t}$ V를 그려라.

(b) 안정에 걸리는 시간을 계산하라.

(c) 양(+)의 최대값과 발생하는 시간을 구하라.

답: (a) 그림 9.11을 보라. (b) 5.9 s; (c) 544 mV, 896 ms.

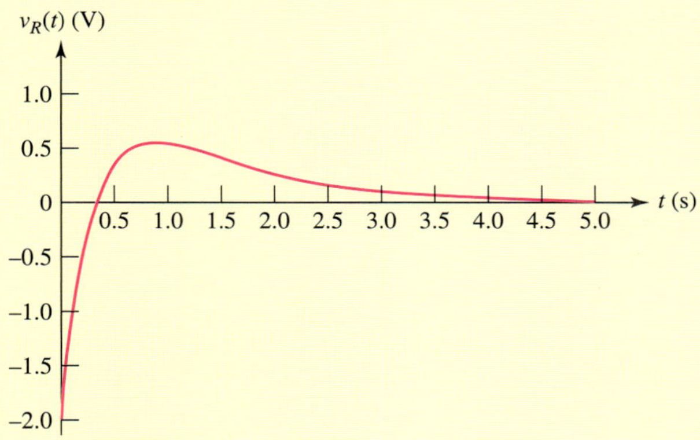

그림 9.11 익힘문제 9.4a에 대한 응답 스케치.

9.3 임계감쇠

과도감쇠의 경우

$$\alpha > \omega_0$$

또는

$$LC > 4R^2C^2$$

이고 s_1, s_2는 음의 실수가 되며 응답은 두 음수 지수함수의 합으로 표현된다.

α와 ω_0가 같도록 소자의 값을 조절하여 **임계감쇠**(critical damping)의 경우가

'불가능'이란 매우 강한 언어이다. 이와 같이 말하는 것은 실제로 정해진 값의 1퍼센트 보다 더 가까운 부품을 구하는 것은 보기 드문 일이기 때문이다. 따라서 $4R^2C$와 *정확히* 같은 L을 구하는 것은 이론적으로 가능하지만, 회로를 구성하는 정확한 부품을 구할 때까지 회로를 측정한다고 하더라도 가능한 일이 아니다.

되도록 하자. 임계감쇠가 발생하도록 병렬 *RLC* 회로를 만들 경우 α와 ω_0가 정확히 같도록 할 수 없으므로 이 같은 일은 불가능한 일이다. 이 같은 결과는 다음 절에서 논의할 과도감쇠 회로와 과소감쇠 회로의 결과이다.

임계감쇠는 다음과 같을 때 발생된다.

$$\left.\begin{aligned} \alpha &= \omega_0 \\ LC &= 4R^2C^2 \\ L &= 4R^2C \end{aligned}\right\} \text{임계 감쇠}$$

위의 계산 예에서 3개 소자 중 어느 것이든 그 소자의 값을 변화시킴으로써 임계감쇠가 발생하도록 할 수 있다. R의 값은 임계감쇠가 얻어질 때까지의 값을 증가시켜 선택하고 ω_0는 그대로 둔다. R의 값은 $7\sqrt{6}/2\ \Omega$, L은 여전히 7 H, C는 $\frac{1}{42}$ F이다. 그래서 다음과 같은 값을 얻을 수 있다.

$$\begin{aligned} \alpha &= \omega_0 = \sqrt{6}\ \text{s}^{-1} \\ s_1 &= s_2 = -\sqrt{6}\ \text{s}^{-1} \end{aligned}$$

여기서 초기조건 $v(0) = 0$, $i(0) = 10$ A임을 기억하라.

임계감쇠 응답의 형태

두 지수함수의 합으로 다음과 같이 응답을 구성해 보면

$$v(t) \stackrel{?}{=} A_1 e^{-\sqrt{6}t} + A_2 e^{-\sqrt{6}t}$$

이것은 다음과 같이 쓸 수 있다.

$$v(t) \stackrel{?}{=} A_3 e^{-\sqrt{6}t}$$

이런 방식은 무언가 잘못되었다고 생각될 것이다. 이 응답에는 하나의 임의 상수밖에 없으며 이 하나의 상수로는 2개의 초기조건 $v(0) = 0$와 $i(0) = 10$ A를 만족시킬 수 없다. $A_3 = 0$이면 초기 커패시터 전압과 같은 $v(t) = 0$를 얻는다. 그러나 시간 $t = 0^+$일 때 커패시터에 에너지가 없음에도 불구하고 인덕터에는 초기 에너지가 350 J 존재한다. 이것은 인덕터 밖으로 일시적인 전류의 흐름을 만든다. 이것은 세 소자에 0이 아닌 전압 값을 발생시킨다. 이것은 우리가 제안한 방법과 상이한 결과를 가진다.

계산을 잘못한 일이 없다면 처음 가정이 잘못된 것이다. 이는 처음에 미분방정식은 지수해로써 풀 수 있다고 가정하였는데 이것은 이 임계감쇠의 경우에는 옳지 않다는 것을 나타낸다. $\alpha = \omega_0$일 때 미분방정식은

$$\frac{d^2v}{dt^2} + 2\alpha\frac{dv}{dt} + \alpha^2 v = 0$$

가 되며, 이 방정식의 해를 구하는 것은 어려운 것이 아니며 이것은 보통의 미분방정식 교과서에서 볼 수 있는 형태이기에 과정을 생략하고 결과만 쓰면 다음과 같다.

$$v = e^{-\alpha t}(A_1 t + A_2) \qquad [24]$$

이 해도 역시 2개의 항의 합으로 표시되며 한 항은 앞에서 나온 음의 지수함수이고 두 번째 항은 음의 지수함수에 t를 곱한 값이다. 그래서 2개의 임의 상수를 포함하는 일반 해를 얻는다.

A_1과 A_2의 값 결정

다시 계산식으로 돌아가서 식 [24]에 α를 대입하면,

$$v = A_1 t e^{-\sqrt{6}t} + A_2 e^{-\sqrt{6}t}$$

가 되며, A_1과 A_2의 값을 결정하기 위해서 먼저 $v(0) = 0$를 적용하면 $A_2 = 0$이 된다. 이런 간단한 결과는 응답의 초기값 $v(t)$이 0으로 정해졌기 때문에 발생한다. 더욱 일반적인 경우는 두 방정식의 해를 동시에 요구할 것이다. 두 번째 초기조건은 과도감쇠의 경우에서처럼 도함수 dv/dt에 적용한다. 결국 $A_2 = 0$이라 하고 미분하면

$$\frac{dv}{dt} = A_1 t(-\sqrt{6})e^{-\sqrt{6}t} + A_1 e^{-\sqrt{6}t}$$

이 되고, $t = 0$일 때 계산하면

$$\left.\frac{dv}{dt}\right|_{t=0} = A_1$$

이 된다. 또한 도함수의 값을 커패시터의 초기 전류로 표시하면,

$$\left.\frac{dv}{dt}\right|_{t=0} = \frac{i_C(0)}{C} = \frac{i_R(0)}{C} + \frac{i(0)}{C}$$

이 되고 i_C, i_R과 i에 대한 기준 방향은 그림 9.3에서 정의된다. 따라서

$$A_1 = 420 \text{ V}$$

이 되며, 결국 응답은 다음과 같이 주어진다.

$$v(t) = 420te^{-2.45t} \text{ V} \qquad [25]$$

임계감쇠 응답의 도식적 표현

이 파형을 그리기 전에 파형을 예측해 보도록 하자. 주어진 초기값은 0이며 식 [25]와 일치한다. t가 무한히 증가할 때 응답이 0이 될 것인지 여부는 직관적으로 분명하지 않다. 왜냐하면 $te^{-2.45t}$가 정해지지 않은 형태이기 때문이다. 그러나 이와 같은 문제는 로피탈의 법칙을 이용하면 쉽게 해결된다. 즉,

$$\lim_{t\to\infty} v(t) = 420 \lim_{t\to\infty} \frac{t}{e^{2.45t}} = 420 \lim_{t\to\infty} \frac{1}{2.45e^{2.45t}} = 0$$

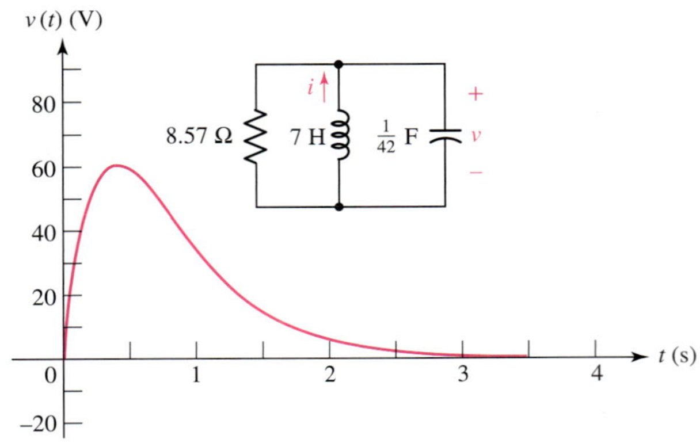

그림 9.12 그림 9.3의 회로에서 임계감쇠가 되도록 *R*을 변화 시켰을 때의 응답 $v(t) = 420te^{-2.45t}$.

따라서 이 경우에도 0에서 시작하고 0으로 끝나며 그 외의 모든 시간에 양의 값을 가지는 응답이 된다. 시간 t_m에서 최대값 v_m이 발생한다. 예를 들어,

$$t_m = 0.408 \text{ s} \quad \text{그리고} \quad v_m = 63.1 \text{ V}$$

이 최대값은 과도감쇠의 경우에 얻은 것보다 큰 값이며 저항이 클수록 손실이 작으므로 당연한 결과이다. 최대 응답은 과도감쇠의 경우보다 약간 늦다. 정착 시간은 다음 식을 풀어 구한다.

$$\frac{v_m}{100} = 420\, t_s e^{-2.45 t_s}$$

시행착오법이나 계산기의 SOLVE 루틴에 의해서 t_s를 계산하면 다음과 같이 된다.

$$t_s = 3.12 \text{ s}$$

이 값은 과도감쇠의 경우(5.15 s) 보다 더욱 작은 값이다. 사실 이것은 *L*, *C*의 값이 주어졌을 때 임계감쇠의 경우가 과도감쇠보다 언제나 정착 시간이 짧다. 또 임계감쇠의 저항보다 저항값을 약간 더 증가시킴으로써 정착 시간을 감소시킬 수 있다. 즉 약간 과소감쇠 되도록 하면 응답이 소멸하기 전에 횡축을 따라가면서 정착 시간은 최소로 된다.

그림 9.12에 임계감쇠의 응답 곡선을 그린 것이며 이것은 그림 9.17의 과도감쇠 및 과소감쇠의 경우와 비교할 수 있다.

예제 9.5

그림 9.13의 회로에서 $t > 0$에서 임계감쇠가 발생하도록 R_1을 구하라. 또한 $v(0) = 2$ V가 되도록 R_2값을 구하라.

여기서 $t = 0^-$에서 전류원이 ON되고 인덕터는 단락회로가 될 수 있다. 따라서 $v(0^-)$는 R_2에 나타나며 다음 식을 얻는다.

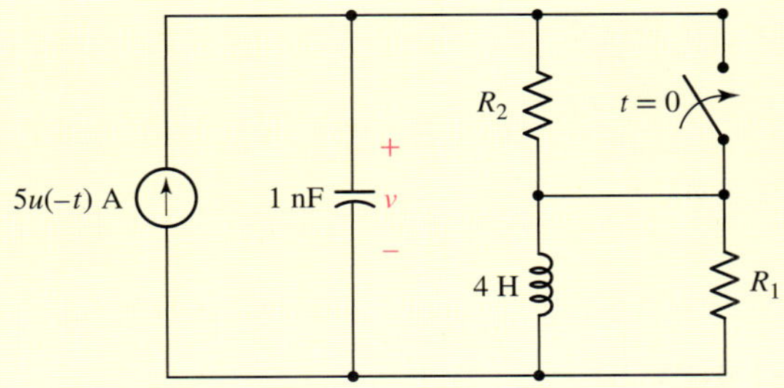

그림 9.13 스위치가 전환된 후 *RLC* 병렬회로가 되는 회로.

$$v(0^-) = 5R_2$$

그리고 $v(0) = 2$ V를 얻기 위해 400 mΩ은 R_2값으로 선정한다.

스위치가 전환된 후 전류원은 사라지고 R_2는 단락상태가 된다. 따라서 *RLC* 병렬회로에는 R_1, 4 H 인덕터 및 1 nF 커패시터만 남게 된다.

$t > 0$에 대해 다음을 구한다.

$$\alpha = \frac{1}{2RC} = \frac{1}{2 \times 10^{-9} R_1}$$

그리고

$$\omega_0 = \frac{1}{\sqrt{LC}} = \frac{1}{\sqrt{4 \times 10^{-9}}} = 15{,}810 \text{ rad/s}$$

그러므로 $t > 0$에서 회로의 임계감쇠응답을 확증하려면 $R_1 = 31.63$ kΩ으로 정해야 한다.

주: 4자리 유효 숫자로 반올림하였기 때문에, 현학적인 사람은 이것은 아직도 정확한 임계감쇠응답이 아니라고 주장할 수 있으나 흔한 주장은 아니다.

익힘문제 9.5

(a) 그림 9.14의 회로에서 $t = 0$ 이후의 응답이 임계감쇠가 되도록 R_1을 선택하라.

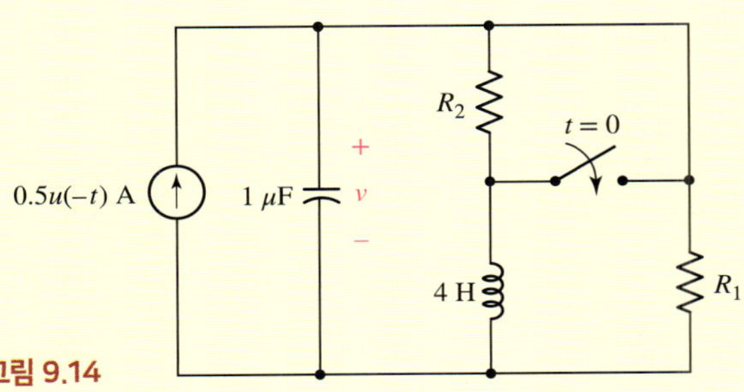

그림 9.14

(b) $v(0) = 100$ V가 되도록 R_2를 선택하라.
(c) $t = 1$ ms에서 $v(t)$를 구하라.

답: 1 kΩ, 250 Ω, −212 V.

9.4 과소감쇠 병렬 *RLC* 회로

앞 절의 회로에서 저항 R을 증가시킴에 따라 **과소감쇠** 응답을 얻을 수 있다. 저항 R을 증가시키면 감쇠 계수 α는 감소하지만, ω_0는 고정되어 있으므로 α^2은 $\omega_0{}^2$보다 작게 되어 s_1, s_2 표현하는 근호 속의 숫자는 음수가 된다. 복소수의 사용으로 복소지수 함수는 **감쇠된 정현파 응답**이 되고 이것은 지금까지와 전혀 다른 특징의 응답 파형을 얻는 것이다. 이 응답은 실수로 되어 있고, 복소수는 미분에서 필요하게 된다.[1]

과소감쇠 응답의 형태

지수형으로 시작하면, 다음과 같다.

$$v(t) = A_1 e^{s_1 t} + A_2 e^{s_2 t}$$

여기서

$$s_{1,2} = -\alpha \pm \sqrt{\alpha^2 - \omega_0^2}$$

이다. 그리고

$$\sqrt{\alpha^2 - \omega_0^2} = \sqrt{-1}\sqrt{\omega_0^2 - \alpha^2} = j\sqrt{\omega_0^2 - \alpha^2}$$

전기 공학도는 전류와 혼동을 피하기 위해 $\sqrt{-1}$을 'i' 대신 'j'로 사용한다.

이며, 여기서 $j \equiv \sqrt{-1}$이다.

우리는 새로운 무리식을 얻을 수 있다. 과소감쇠의 경우에 실수이고 이것을 **자연 공진주파수**(natural resonant frequency) ω_d라고 한다.

$$\omega_d = \sqrt{\omega_0^2 - \alpha^2}$$

응답 $v(t)$는 다음과 같이 쓸 수 있으며,

$$v(t) = e^{-\alpha t}(A_1 e^{j\omega_d t} + A_2 e^{-j\omega_d t}) \qquad [26]$$

혹은 등가 형태로 다음과 같이 쓸 수 있다.

$$v(t) = e^{-\alpha t}\left\{(A_1 + A_2)\left[\frac{e^{j\omega_d t} + e^{-j\omega_d t}}{2}\right] + j(A_1 - A_2)\left[\frac{e^{j\omega_d t} - e^{-j\omega_d t}}{j2}\right]\right\}$$

1 복소수에 대한 내용은 부록 5에 수록되어 있다.

부록 5에 기술한 항등식을 적용하면, 앞 식의 첫 번째 네모괄호 항은 $\cos \omega_d t$와 같고, 두번째 네모괄호 항은 $\sin \omega_d t$과 같다. 따라서, 다음과 같이 되며

$$v(t) = e^{-\alpha t}[(A_1 + A_2)\cos\omega_d t + j(A_1 - A_2)\ \sin\ \omega_d t]$$

곱셈 인수를 다음과 같이 새로운 기호로 지정할 수 있으며,

$$v(t) = e^{-\alpha t}(B_1 \cos\omega_d t + B_2\ \sin\ \omega_d t) \qquad [27]$$

식 [26]과 [27]은 동일하다.

방정식이 원래는 복소성분을 가지는 것 같이 보이나, 현재는 오직 실수인 것이 약간 이상하게 보일 수 있다. A_1과 A_2 뿐만 아니라 s_1과 s_2가 원래 복소수일 수 있음을 상기해야 한다. 아무튼, 우리가 과소감쇠 경우를 다룬다면 복소수는 잠시 남겨두기로 한다. α, ω_d와 t는 실수 양이기 때문에 이것은 성립해야 하고, 따라서 $v(t)$도 (오실로스코프, 전압계, 또는 모눈종이 시트에 보여질 수 있는) 실수 양이어야 한다). 식 [27]은 과소감쇠일 때 원하는 함수의 형태이며, 그것의 정당성은 원래의 미분방정식에 대체함으로써 점검할 수 있다. 2개의 실수 B_1, B_2는 주어진 초기조건에 적합하도록 선택된다.

그림 9.3의 간단한 *RLC* 병렬회로($R = 6\ \Omega$, $C = 1/42$ F, $L = 7$ H)로 다시 돌아가서 저항값을 10.5 Ω로 증가시킨다. 그러면, 다음과 같고

$$\alpha = \frac{1}{2RC} = 2\ \text{s}^{-1}$$

$$\omega_0 = \frac{1}{\text{RLC}} = \sqrt{6}\ \text{s}^{-1}$$

그리고

$$\omega_d = \sqrt{\omega_0^2 - \alpha^2} = \sqrt{2}\ \text{rad/s}$$

이다. 임의의 상수값을 제외하면 응답 $v(t)$는 다음과 같다.

$$v(t) = e^{-2t}(B_1 \cos\sqrt{2}\,t + B_2\ \sin\sqrt{2}\,t)$$

B_1, B_2의 값 계산

임의 상수를 계산하는 방법은 앞에서의 과정과 같으며 $v(0) = 0$, $i(0) = 10$이라 하면 B_1은 0이 된다. 따라서

$$v(t) = B_2 e^{-2t}\sin\sqrt{2}\,t$$

이고, 도함수는

$$\frac{dv}{dt} = \sqrt{2}\,B_2 e^{-2t}\cos\sqrt{2}\,t - 2B_2 e^{-2t}\ \sin\sqrt{2}\,t$$

이며, $t = 0$일 때

$$\left.\frac{dv}{dt}\right|_{t=0} = \sqrt{2}\,B_2 = \frac{i_C(0)}{C} = 420$$

이다. 이때 i_C는 그림 9.3에 정의되어 있다. 따라서 다음과 같이 된다.

$$v(t) = 210\sqrt{2}\, e^{-2t} \sin \sqrt{2}\, t$$

과소감쇠 응답의 도식적 표현

이 응답 함수도 앞서의 경우와 마찬가지로 초기 전압 조건을 만족하도록 $t = 0$에서 그 값이 0이고, 또 t가 큰 값에서는 지수함수가 0에 가까워지므로 최종값도 0이 된다. t가 0으로부터 양의 값으로 조금씩 증가할 때 t가 비교적 작은 동안에는 지수 함수 항은 거의 1의 값을 유지하므로 $v(t)$는 $210\sqrt{2} \sin \sqrt{2}\, t$에 따라 증가한다. 임의의 시간 t_m에서 지수함수는 $\sin \sqrt{2}\, t$가 증가하는 것보다 더 빨리 감소하기 시작하므로 결국, $v(t)$는 최대값 v_m에 도달한 후 감소하기 시작한다. t_m은 $\sin \sqrt{2}\, t$가 최대가 되는 시간이 아니고 그보다 약간 앞서게 된다는 것에 주의해야 한다.

$t = \pi/\sqrt{2}$일 때 $v(t)$는 0이고 $\pi/\sqrt{2} < t < \sqrt{2}\pi$의 구간에서 응답은 음이 되었다가 $t = \sqrt{2}\pi$에서 다시 0이 된다. 이리하여 $v(t)$는 진동 함수로서 $t = n\pi/\sqrt{2}$ 마다 시간 축과 만난다. 이때 n은 임의의 양의 정수이다. 그러나 앞의 예에서는 매우 근소한 과소감쇠의 경우여서 지수함수가 매우 빨리 감소하기 때문에 횡축에서 만나는 점이 분명치 않다.

α가 감소함에 따라 응답의 진동 특성은 더욱 두드러지게 나타난다. α가 0이 되면 저항이 무한대가 되어 $v(t)$는 일정한 진폭으로 진동하는 비감쇠 정현파(undamped sinusoidal)가 된다. $v(t)$가 이것의 최대값의 1퍼센트 이하로 떨어지고 유지하는 것은 존재하지 않는다. 즉 정착 시간이 무한하다. 이것이 영구 운동은 아니다. 회로에서 초기 에너지만을 가정하고 이 에너지를 소비하는 어떠한 수단도 주지 않는다. 그 에너지는 인덕터의 초기 위치로부터 커패시터로 전달되고 그 다음에 다시 인덕터로 반송되는 과정을 영원히 반복한다.

유한 저항의 역할

병렬 *RLC* 회로에서 유한 저항은 전기적 전송의 주체와 같이 동작한다. 매 시간 에너지는 L에서 C로, C에서 L로 전송되고 저항은 권한을 위임한다. 오래지 않아 모든 에너지는 소비된다. 즉 L과 C 모두 전압이나 전류가 없게 된다. 실제로 병렬 *RLC* 회로는 추가적인 에너지의 공급없이 오랫 동안 자연 비감쇠 정현파(natural undamped sinusoidal) 응답이 유지될 수 있을 만큼의 매우 큰 R의 값을 만들어 줄 수 있다.

앞의 계산 예로 돌아가서 $v(t)$를 미분하고 최초의 극대점을 구하면 $t_{m_1} = 0.435$ s에서 다음 식과 같다.

$$v_{m_1} = 71.8 \text{ V}$$

뒤에 따르는 극소점은 $t_{m_2} = 2.66$ s에서 다음 식과 같다.

$$v_{m_2} = -0.845 \text{ V}$$

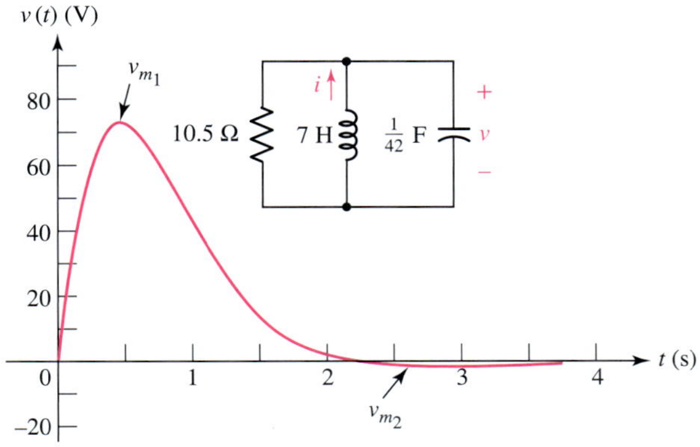

그림 9.15 과소감쇠응답을 만들기 위해 *R*을 증가시킨 그림 9.3 회로의 응답 $v(t) = 210\sqrt{2}e^{-2t}\sin\sqrt{2}t$.

응답 곡선은 그림 9.15와 같다. 증가 형태의 과소감쇠 회로의 추가 응답 곡선은 그림 9.16에 나타나 있다.

정착 시간은 시행 착오법에 의해 구할 수 있는데 $R = 10.5\ \Omega$에 해 2.92 s가 걸리고 이것은 임계감쇠에 비해 작다. v_{m_2}의 크기는 v_{m_1} 크기의 1퍼센트보다 크므로 t_s는 t_{m_2}보다 커야 한다. *R*의 미세한 감소는 감쇠 곡선의 크기를 감소시키며, t_s는 t_{m_2}보다 작아질 것이다.

그림 9.17의 회로에서 과도감쇠, 임계감쇠 그리고 과소감쇠응답은 LTspice에 의해 모의실험한 결과를 나타내고 있다. 이 3개의 곡선을 비교하면 다음과 같은 일반적인 결론을 얻을 수 있다.

- 병렬저항의 증가에 의해 감쇠가 변화될 때 감쇠가 적을수록 응답의 최대 진폭은 크게 되고 감쇠 정도는 감소한다.
- 과소감쇠의 경우 응답은 진동하게 되며 미세한 과소감쇠에 대한 최소 정착 시간을 얻을 수 있다.

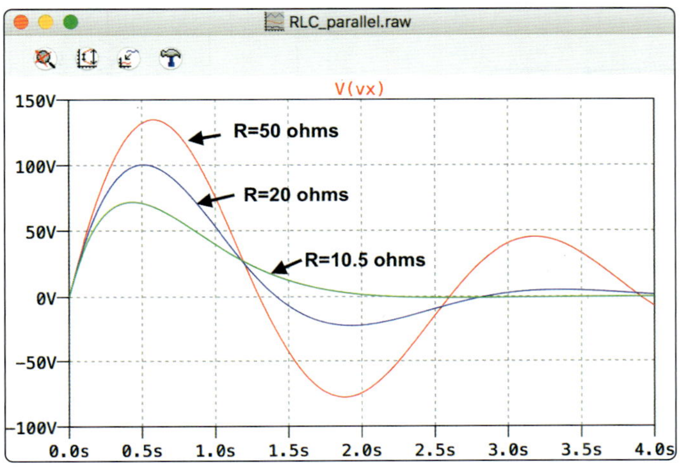

그림 9.16 3개의 서로 다른 저항값에 따른 과소감쇠 전압응답. 이것은 저항이 증가함에 따라 진동 또한 두드러진다.

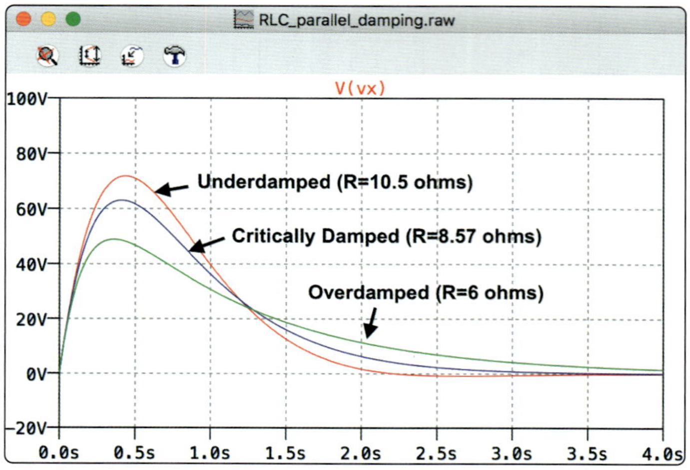

그림 9.17 병렬 저항 R의 값을 변화시키며 얻어진 과도감쇠, 임계감쇠, 그리고 과소감쇠의 전압 응답.

예제 9.6

그림 9.18a의 회로에서 $i_L(t)$을 구하고 파형을 그려라.

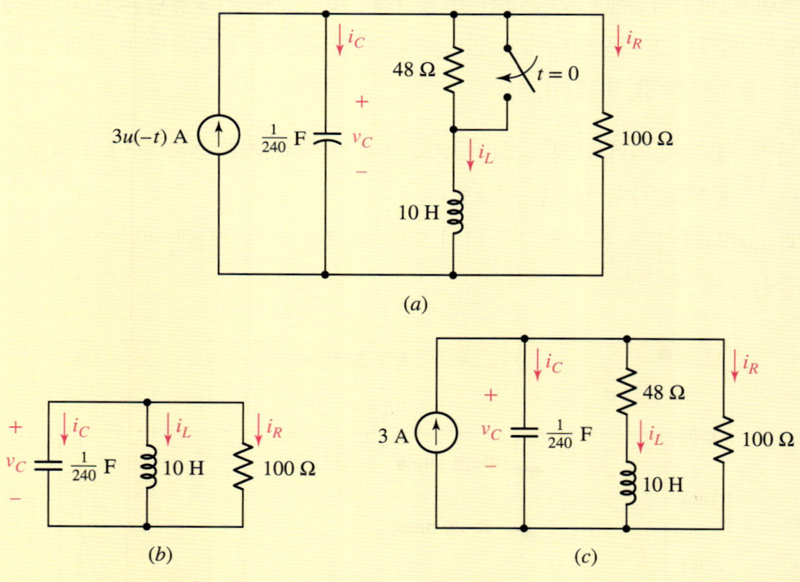

그림 9.18 (a) 전류 $i_L(t)$을 구하기 위한 RLC 병렬회로. (b) $t \geq 0$에서의 회로. (c) 초기 상태를 결정하기 위한 회로.

$t = 0$에서 3 A의 전류원이 제거되고 스위치가 개방되면서 48 Ω의 저항 또한 제거된다. 이러한 회로가 그림 9.18b이다. 다음 과정은 α와 ω_0를 구하고 회로가 과도감쇠, 임계감쇠 또는 과소감쇠인지를 결정한다. $\alpha = 1.2\ \text{s}^{-1}$, $\omega_0 =$

4.899 rad/s이고

$\alpha < \omega_0$이므로 과소감쇠회로이며, 응답은 다음과 같다.

$$i_L(t) = e^{-\alpha t}(B_1 \cos \omega_d t + B_2 \sin \omega_d t) \qquad [28]$$

여기서 $\omega_d = \sqrt{\omega_0^2 - \alpha^2} = 4.750$ rad/s이고 나머지 과정은 상수 B_1, B_2를 결정하기 위해 초기조건을 사용하는 것이다.

그림 9.18*c*는 $t = 0^-$에서 존재하는 회로를 나타낸다. 인덕터를 단락회로로, 커패시터를 개방회로로 대치하면 $v_C(0^-) = 97.30$ V와 $i_L(0^-) = 2.027$ A이다. 어떤 값도 0시간에 변동이 없으므로 $v_C(0^+) = 97.30$ V와 $i_L(0^+) = 2.027$ A가 된다.

식 [28]에 $i_L(0)$를 대입하면 $B_1 = 2.027$ A이다. 다른 하나의 상수를 결정하기 위해서 식 [28]을 미분하면

$$\frac{di_L}{dt} = e^{-\alpha t}(-B_1 \omega_d \sin \omega_d t + B_2 \omega_d \cos \omega_d t) - \alpha e^{-\alpha t}(B_1 \cos \omega_d t + B_2 \sin \omega_d t) \qquad [29]$$

이 되고, 여기서 $v_L(t) = L(di_L/dt)$이다. 그림 9.17b 회로를 참조하면 $v_L(0^+) = v_C(0^+) = 97.3$ V이다. 식 [29]에 $L = 10$ H를 곱하고 $t = 0$을 대입하면 다음과 같으며

$$v_L(0) = 10(B_2 \omega_d) - 10\alpha B_1 = 97.3$$

이것을 풀면 $B_2 = 2.561$ A이다. 따라서 다음과 같이 된다.

$$i_L = e^{-1.2t}(2.027 \cos 4.75t + 2.561 \sin 4.75t) \text{ A}$$

이 식을 그림 9.19에 그린 것이다.

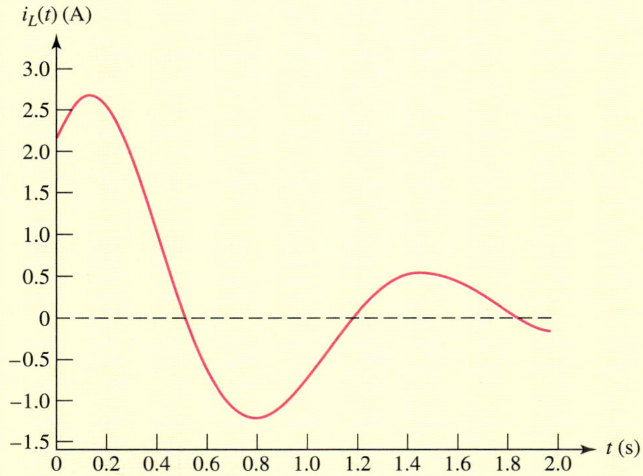

그림 9.19 감소감쇠응답을 나타내는 $i_L(t)$ 도면.

익힘문제 9.6

그림 9.20 회로의 스위치를 오랜 시간 동안 왼쪽에 두고 $t = 0$일 때 오른쪽으로 옮긴다. 다음을 구하라. (a) $t = 0^+$일 때 dv/dt. (b) $t = 1$ ms일 때 v. (c) t_0, 즉 $v = 0$일 때 처음으로 t가 0보다 큰 값.

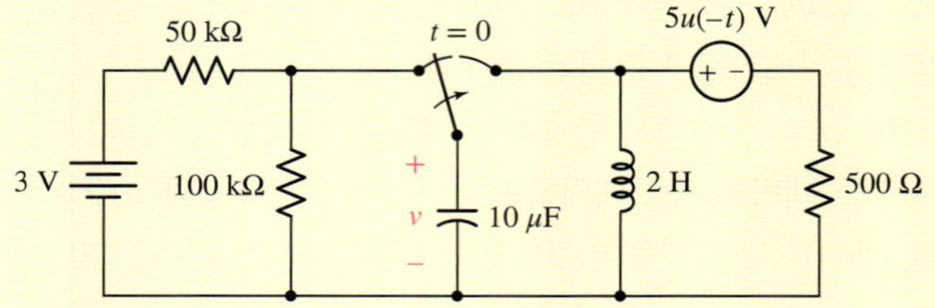

그림 9.20

답: −1400 V/s; 0.695 V; 1.609 ms.

컴퓨터를 이용한 해석

SPICE의 유용한 특징은 시뮬레이션으로부터 얻은 전압과 전류상에서 수학적 동작을 수행하는 능력이다. 이 예제에서는 병렬 *RLC* 회로에서 초기에 일정한 에너지(1.25 μJ)를 저장한 커패시터로부터 초기 에너지가 없는 인덕터로 에너지를 전달하는 능력을 보이고자 한다.

100 nF 커패시터와 7 μH 인덕터를 선택하면 바로 우리는 $\omega_0 = 1.195 \times 10^6$ s^{-1}인 것을 쉽게 구할 수 있다. 과도감쇠, 임계감쇠, 과소감쇠에 대해 고려하기 위해서는 $\alpha > \omega_0$ (과도감쇠 시), $\alpha = \omega_0$ (임계감쇠 시), $\alpha < \omega_0$ (과소감쇠 시)가 되도록 병렬 저항을 선택해야 한다. 이전 결론으로부터 병렬 *RLC* 회로에서 $\alpha = (2RC)^{-1}$임을 알 수 있다. α가 ω_0와 같게 하는 것은 불가능하지만 임계감쇠에 근사값이 되도록 $R = 4.1833\ \Omega$을 선택한다. 만약 저항을 증가시키면 다른 두 요소에 저장된 에너지는 더욱 천천히 없어져서 결국엔 과소감쇠응답이 된다. 이 회로에 잘 맞도록 $R = 100\ \Omega$을 이용한다. 그리고 과도감쇠응답을 얻기 위해서는 $R = 1\ \Omega$을 이용한다.

그래서 각각의 3개의 실험들 사이에 저항 R만 변화시켜 실행해 본다. 커패시터에 초기에 저장되어 있는 에너지 1.25 μJ은 초기전압 5 V와 같고 그래서 커패시터의 초기조건을 적절히 조절한다. 2차 회로이기 때문에, 인덕터가 처음에는 에너지를 저장하지 않는 것 또는 전류가 0이라는 초기조건이 필요하다.

그림 9.21*a*는 LTspice에서 그려지는 회로의 개략도를 나타낸다. 커패시터의 전압과 인덕터를 통해 흐르는 전류의 초기 조건은 SPICE 명령어 **.ic V(Vx)**

= 5 I(L1) = 0를 통해, 여기서 **Vx**는 커패시터의 마디 전압의 이름이다. 3 마이크로 초의 종료 시간에 대한 과도 응답 시뮬레이션은 SPICE 지시문 **.tran 3u**(감소감쇠의 경우 진동을 설명하기 위해 30 마이크로초로 시뮬레이션 된다)를 이용한다.

파형 창에서 **Add Trace(s)**를 클릭한다. 인덕터와 커패시터에 저장된 에너지를 시간의 함수로 그리고자 한다. 커패시터의 경우, $w = \frac{1}{2}C\,v^2$이므로 **Expression(s) to Add to Plot** 영역에 식을 입력한다. **0.5*100E-9*V(Vx)*V(Vx)**를 입력한 후 **OK**를 클릭한다. 인덕터에 저장된 에너지를 얻기 위해 100E-9 대신 7E-6을 사용하고 **V(Vx)** 대신 **I(L1)**을 정의한다.

각각 3가지 실험의 출력 파형은 그림 9.21에 그려져 있다. 패러드와 헨리의 단위가 아닌 커패시턴스와 인덕턴스에 대한 단위가 없는 상수가 사용되었기 때문에, 출력 단위는 줄이 아닌 V^2과 A^2으로 표시된다. 그림 9.21*b*에서, 회로에 남아있는 에너지는 (결국) 저항에 의해 완전히 소비될 때까지 커패시터와 인덕터 사이에서 계속적으로 전환된다는 것을 알 수 있다. 저항이 4.1833 Ω까지

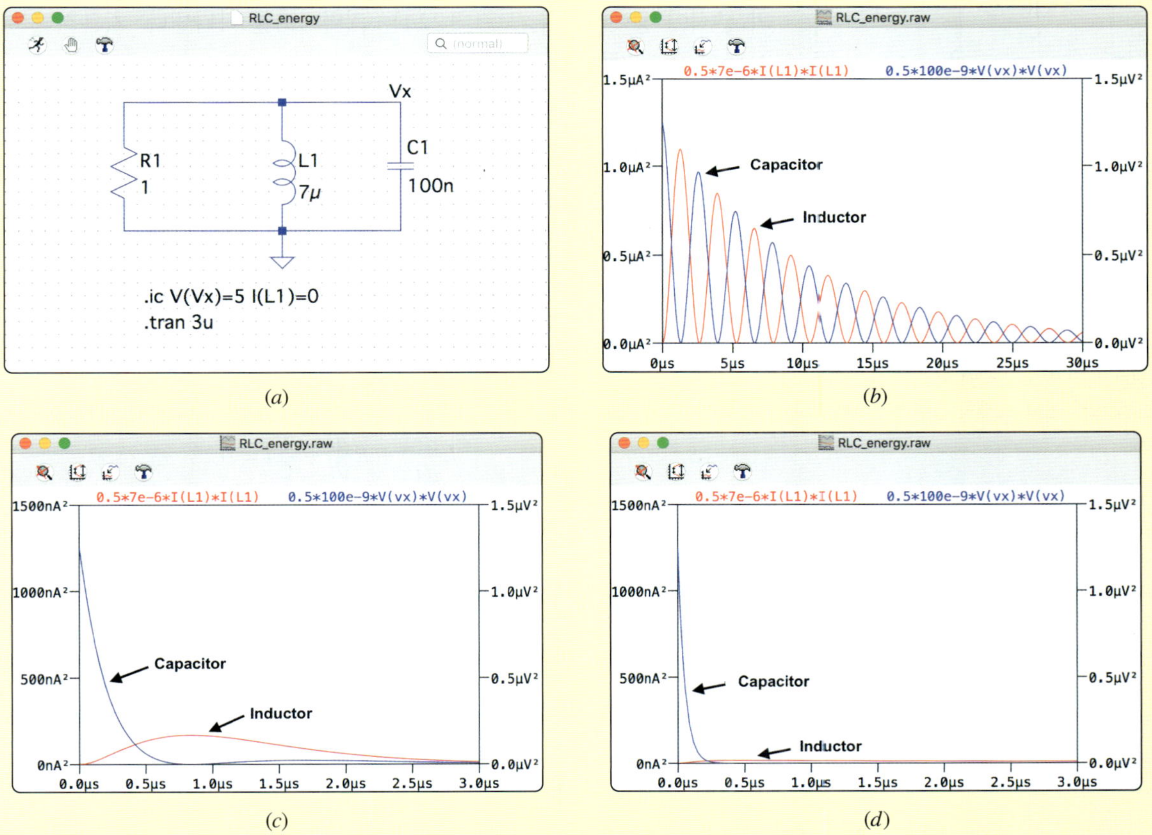

그림 9.21 (*a*) *RLC* 병렬회로에서의 에너지 전달. (*b*) *R* = 100 Ω (과소감쇠). (*c*) *R* = 4.1833 Ω (임계감쇠). (*d*) *R* = 1 Ω (과도감쇠).

감소하는 것은 임계감쇠 회로를 의미하며 에너지 파형은 그림 9.21*c*에서 보인다. 커패시터와 인덕터 사이의 에너지 전달이 극적으로 감소되었다. 인덕터로 전달된 에너지는 약 0.8 μs에서 최대가 된 다음 0으로 떨어진다. 그림 9.21*d*는 과도감쇠 응답을 보여준다. 과도감쇠응답은 에너지가 훨씬 더 빨리 소비되고, 매우 적은 에너지가 인덕터에 전달됨을 유의해야 한다. 그 이유는 에너지의 대부분이 저항에서 소비되기 때문이다.

9.5 무전원 *RLC* 직렬회로

이제 이상적인 저항, 인덕터 및 커패시터를 직렬로 접속한 회로의 자연 응답을 알아보자. 이상적인 저항은 직렬 *LC* 또는 *RLC* 회로에 연결된 실제 저항일 수도 있고 인덕터에서의 저항 손실 및 자성 코어에서의 손실 또는 이들 전부를 포함하여 다른 에너지 흡수 장치를 나타낼 수 있다.

직렬 *RLC* 회로는 병렬 *RLC* 회로의 쌍대(*dual*)이다. 이 하나의 사실로도 회로의 분석이 용이해진다. 그림 9.22*a*는 직렬회로를 나타낸다. 기본적인 미적분방정식은 다음과 같다.

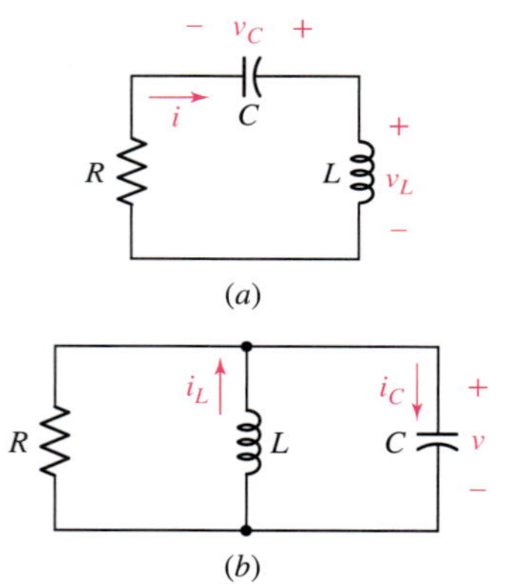

그림 9.22 (*a*) (*b*)와 쌍대인 직렬 *RLC* 회로. (*b*) 병렬 *RLC* 회로. 두 회로에서 소자의 값은 물론 동일하지 않다.

$$L\frac{di}{dt} + Ri + \frac{1}{C}\int_{t_0}^{t} i\,dt' - v_C(t_0) = 0$$

위 식과 비교되는 그림 9.22*b*의 *RLC* 병렬회로의 쌍대방정식은

$$C\frac{dv}{dt} + \frac{1}{R}v + \frac{1}{L}\int_{t_0}^{t} v\,dt' - i_L(t_0) = 0$$

이며, 이 식들을 시간에 대해 미분하면 다음과 같이 역시 쌍대 2차 미분방정식을 얻는다.

$$L\frac{d^2 i}{dt^2} + R\frac{di}{dt} + \frac{1}{C}i = 0 \qquad [30]$$

$$C\frac{d^2 v}{dt^2} + \frac{1}{R}\frac{dv}{dt} + \frac{1}{L}v = 0 \qquad [31]$$

이전의 *RLC* 병렬회로에 관한 모든 논의는 *RLC* 직렬회로에 직접 적용할 수 있다. 병렬회로의 커패시터 전압과 인덕터 전류의 초기조건은 직렬회로의 인덕터 전류, 커패시터 전압의 초기조건에 대응되며, 전압응답은 전류응답에 대응된다.

따라서 쌍대언어를 사용하여 이전 4개 절의 내용을 다시 읽고 직렬 *RLC* 회로를 완전하게 표현하는 것은 가능하다. 그러나 이 과정은 첫 몇 단락 후에는 약간 신경이 쓰이게 되지만, 실제로 필요하지 않은 것 같다.

직렬회로 응답의 간단한 정리

그림 9.22*a* 회로에서 과도감쇠응답은 다음 식과 같다.

$$i(t) = A_1 e^{s_1 t} + A_2 e^{s_2 t}$$

여기서

$$s_{1,2} = -\frac{R}{2L} \pm \sqrt{\left(\frac{R}{2L}\right)^2 - \frac{1}{LC}} = -\alpha \pm \sqrt{\alpha^2 - \omega_0^2}$$

이다. 따라서

$$\alpha = \frac{R}{2L}$$

$$\omega_0 = \frac{1}{\sqrt{LC}}$$

이다. 임계감쇠응답은

$$i(t) = e^{-\alpha t}(A_1 t + A_2)$$

이다. 과소감쇠응답은

$$i(t) = e^{-\alpha t}(B_1 \cos \omega_d t + B_2 \sin \omega_d t)$$

이며, 여기서

$$\omega_d = \sqrt{\omega_0^2 - \alpha^2}$$

이다. 파라미터 α, ω_0 및 ω_d를 사용하면 두 회로에 대한 응답의 수학적 표현은 동일하다. 직렬 또는 병렬회로에서 ω_0를 상수로 하고 α의 증가는 과도감쇠응답이 되는 경향이 있다. 여기에서 한 가지 주의해야 할 일은 α를 계산하는 데 있어서 병렬일 경우에는 $1/2\,RC$이고 직렬일 경우에는 $R/2L$이므로 직렬 저항을 증가시키면 α가 증가하고 병렬저항을 증가하면 α가 감소한다는 점이다. 병렬과 직렬 *RLC* 회로에 대한 핵심방정식은 편의상 표 9.1에 요약되어 있다.

표 9.1 무전원 *RLC* 회로에 대한 관련 방정식의 요약.

Condition	Criteria	α	ω_0	Response
Overdamped	$\alpha > \omega_0$	$\frac{1}{2RC}$ (parallel) $\frac{R}{2L}$ (series)	$\frac{1}{\sqrt{LC}}$	$A_1 e^{s_1 t} + A_2 e^{s_2 t}$, where $s_{1,2} = -\alpha \pm \sqrt{\alpha^2 - \omega_0^2}$
Critically damped	$\alpha = \omega_0$	$\frac{1}{2RC}$ (parallel) $\frac{R}{2L}$ (series)	$\frac{1}{\sqrt{LC}}$	$e^{-\alpha t}(A_1 t + A_2)$
Underdamped	$\alpha < \omega_0$	$\frac{1}{2RC}$ (parallel) $\frac{R}{2L}$ (series)	$\frac{1}{\sqrt{LC}}$	$e^{-\alpha t}(B_1 \cos \omega_d t + B_2 \sin \omega_d t)$, where $\omega_d = \sqrt{\omega_0^2 - \alpha^2}$

예제 9.7

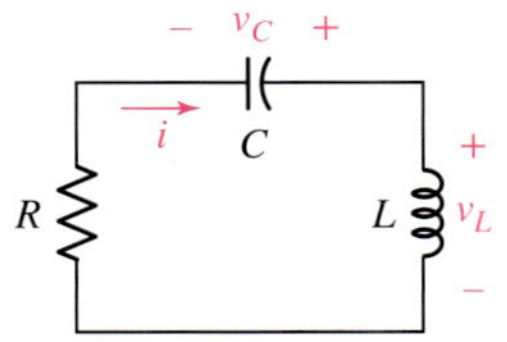

그림 9.23 $t = 0$일 때 인덕터와 커패시터에 에너지가 저장되어 있는 무전원 *RLC* 회로.

L = 1 H, R = 2 kΩ, C = 1/401 μF, $i(0)$ = 2 mA, $v_C(0)$ = 2 V인 그림 9.23의 *RLC* 직렬회로가 있다. $i(t)$를 구해서 그려라($t > 0$).

주어진 값에 의해 $\alpha = R/2L = 1000\ \text{s}^{-1}$, $\omega_0 = 1/\sqrt{LC} = 20{,}025$ rad/s가 되어 과소감쇠응답을 나타낸다. 따라서 $\omega_d = 20{,}000$ rad/s을 얻는다.

따라서 임의의 두 상수 계산을 제외한 응답은 다음과 같다.

$$i(t) = e^{-1000t}(B_1 \cos 20{,}000t + B_2 \sin 20{,}000t)$$

초기 전류 $i(0) = 2$ mA를 윗식에 대입하면

$$B_1 = 0.002\ \text{A}$$

이 된다. 따라서 다음과 같이 된다.

$$i(t) = e^{-1000t}\left(0.002\ \cos 20{,}000t + B_2 \sin 20{,}000t\right)\ \text{A}$$

전압의 초기조건을 적용하기 위해 도함수를 구하면

$$\frac{di}{dt} = e^{-1000t}(-40 \sin 20{,}000t + 20{,}000 B_2\ \cos 20{,}000t \\ - 2\ \cos 20{,}000t - 1000 B_2 \sin 20{,}000t)$$

그리고

$$\left.\frac{di}{dt}\right|_{t=0} = 20{,}000 B_2 - 2 = \frac{v_L(0)}{L} \\ = \frac{v_C(0) - Ri(0)}{L} \\ = \frac{2 - 2000(0.002)}{1} = -2\ \text{A/s}$$

이 된다. 따라서

$$B_2 = 0$$

가 되고, 구하고자 하는 응답은 다음과 같다.

$$i(t) = 2e^{-1000t} \cos 20{,}000t\ \ \text{mA}$$

매끄러운 응답 곡선을 그리려면 먼저 그림 9.24의 점선으로 표시한 바와 같이 $2e^{-1000t}$ mA와 $-2e^{-1000t}$ mA의 2개의 지수 포락선(*envelope*)을 그린다. 그리고 정현파의 1/4 지점인 $20{,}000t = 0, \pi/2, \pi, \ldots$, 즉 $t = 0.07854\ k$ ms, $k = 0, 1, 2, \ldots$를 시간축 상에 표시함으로써 진동 곡선을 쉽게 그릴 수 있다.

정착 시간(settling time)은 포락선의 윗부분을 사용하여 쉽게 구할 수 있다. 즉 $2e^{-1000t_s}$ mA이 최대값(2 mA)의 1%라 하면 보통 사용하는 근사값으로 $e^{-1000t_s} = 0.01$과 $t_s = 4.61$ ms을 얻는다.

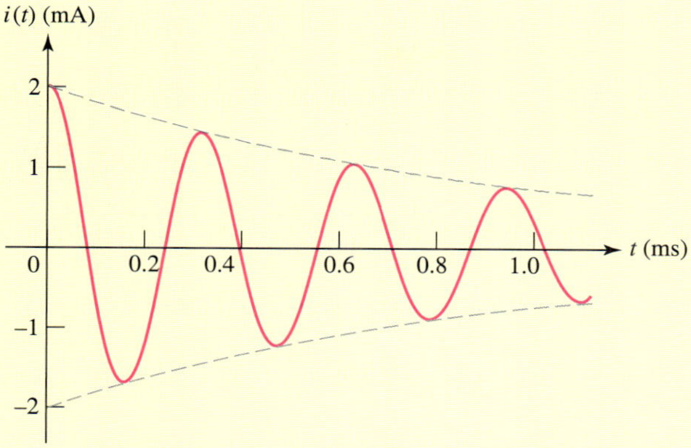

그림 9.24 과소응답을 보이는 직렬 *RLC* 회로의 전류응답. $\alpha = 1000\ \mathrm{s}^{-1}$, $\omega_0 = 20{,}000\ \mathrm{s}^{-1}$, $i(0) = 2$ mA, $v_C(0) = 2$ V.

익힘문제 9.7

그림 9.25에 대해 다음을 구하라.

(a) α (b) ω_0 (c) $i(0^+)$ (d) $di/dt|_{t=0^+}$ (e) $i(12\text{ ms})$

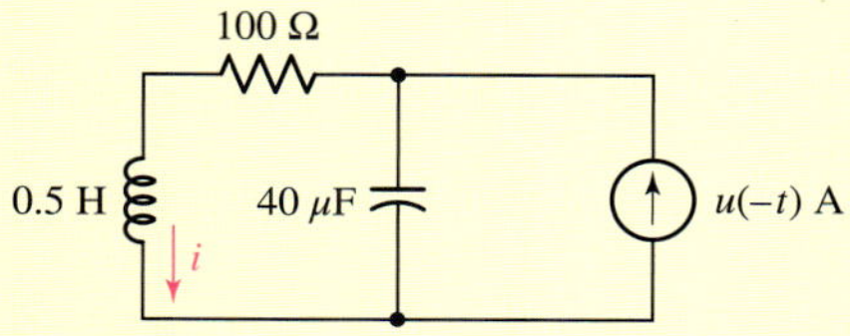

그림 9.25

답: $100\ \mathrm{s}^{-1}$; 224 rad/s; 1 A; 0; −0.1204 A.

마지막 예로서, 회로가 종속전원을 포함하는 상황을 생각해 보자. 만약 종속전원과 관련된 제어전류 혹은 전압이 없다면 인덕터와 커패시터에 연결된 테브난 등가회로를 구할 수 있다. 그렇지 않으면 적당한 미적분방정식을 사용해야 하기 때문에 미분을 취하여 얻어지는 미분방정식을 풀어야 한다.

예제 **9.8**

그림 9.26*a*의 회로에서 $t > 0$에서 유효한 $v_C(t)$에 대한 방정식을 구하라.

우리는 $v_C(t)$에 관심을 가지고 있기 때문에 $t = 0^+$에서 인덕터와 커패시터와 직렬로 연결된 테브난 등가저항을 찾아야 한다. 그림 9.26*b*에서와 같이 1 A 전원을 연결하면 다음과 같이 추론할 수 있다.

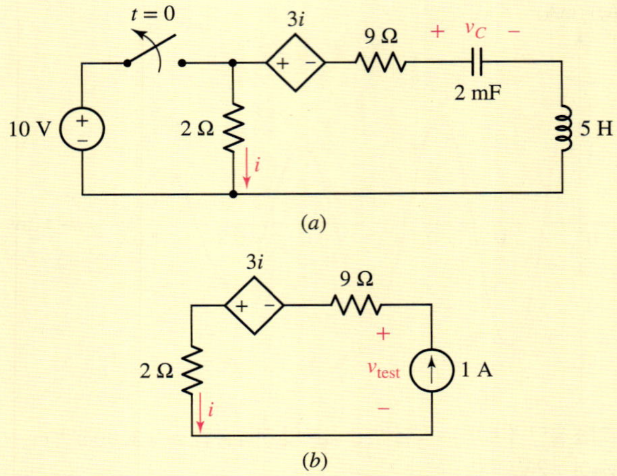

그림 9.26 (a) 종속전원을 포함하는 RLC 회로. (b) R_{eq}를 찾기 위한 회로.

$$v_{test} = 11i - 3i = 8i = 8(1) = 8 \text{ V}$$

따라서 $R_{eq} = 8\ \Omega$, $\alpha = R/2L = 0.8\ \text{s}^{-1}$ 그리고 $\omega_0 = 1/\sqrt{LC} = 10$ rad/s 이고, 이것은 $\omega_d = 9.968$ rad/s을 갖는 감소감쇠 응답을 의미한다.

$$v_C(t) = e^{-0.8t}(B_1 \cos 9.968t + B_2 \sin 9.968t) \qquad [32]$$

$t = 0^-$에서 회로를 생각하면 커패시터의 존재로 인해 $i_L(0^-) = 0$가 된다. 옴의 법칙에 따라 $i(0^-) = 5$ A이다. 따라서

$$v_C(0^+) = v_C(0^-) = 10 - 3i = 10 - 15 = -5 \text{ V}$$

이며, 이 마지막 조건을 식 [32]에 대입하면 $B_1 = -5$ V를 얻는다. 식 [32]를 미분하여 $t = 0$일 때 계산하면 다음과 같다.

$$\left.\frac{dv_C}{dt}\right|_{t=0} = -0.8B_1 + 9.968B_2 = 4 + 9.968B_2 \qquad [33]$$

그림 9.26a으로부터

$$i = -C\frac{dv_C}{dt}$$

가 된다. 식 [33]에서 $i(0^+) = i_L(0^-) = 0$을 이용하면 $B_2 = -0.4013$ V를 얻는다.

$$v_C(t) = -e^{-0.8t}(5\ \cos 9.968t + 0.4013 \sin 9.968t)\ \text{V} \qquad t > 0$$

그림 9.27에서 보인 회로의 SPICE 시뮬레이션은 이상의 해석을 확증하고 있다.

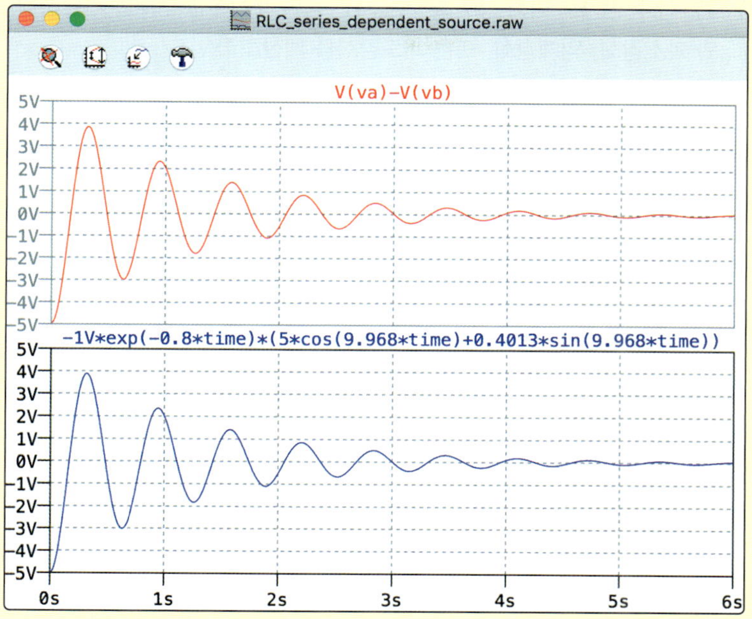

그림 9.27 그림 9.26*a* 회로의 SPICE 모의실험 시뮬레이션 결과는 [**V(va)−V(vb)**로 정의된] 커패시터 양단의 접압을 그리고 해석적 결과와 비교한다. LTspice에서 파형의 제어판 설정에서 "**Use radian measure in waveform expression**"을 체크하거나 정현파 인수들을 각도로 변환한다.

익힘문제 9.8

그림 9.28의 회로를 보고 $t > 0$에서 $v_C(0^-) = 10$ V, $i_L(0^-) = 0$인 경우 $i_L(t)$를 구하라.

주: 이 경우에는 테브난 방법을 적용하는 것이 도움이 되지는 않으나 종속 전원의 동작은 1차 선형 미분방정식이 되도록 v_C와 i_L을 연결함을 주지하라.

답: $i_L(t) = -30e^{-300t}$A, $t > 0$.

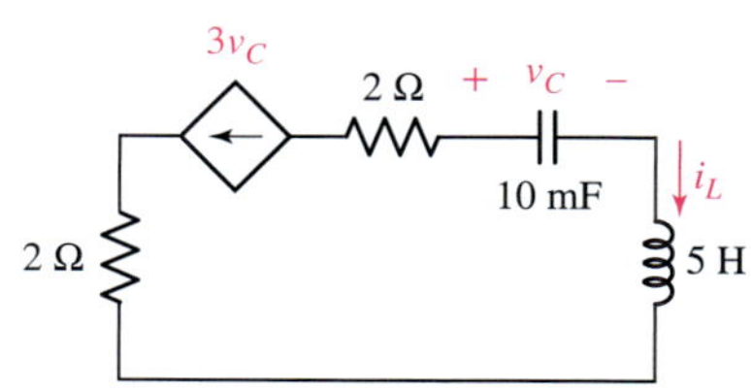

그림 9.28 익힘문제 9.8에 대한 회로.

9.6 *RLC* 회로의 완전응답

이제 *RLC* 회로에 직류 전원을 인가함으로써 강제 응답이 발생하는 경우를 생각해 보자. 일반 해는 *RL* 또는 *RC* 회로에서와 같은 절차에 의해 구해진다. (반드시 이 순서를 따르지 않아도 되지만) 기본적인 단계는 다음과 같다.

RLC 회로를 풀기 위한 절차 요약

1. 초기조건을 결정하라.
2. 강제응답에 대한 수치적 해를 구하라.

3. 필요한 개수 만큼의 미정 상수를 갖는 자연 응답의 적절한 형태를 기술하라. α, ω_0와 과소감쇠, 임계감쇠, 또는 과도감쇠를 계산하라.
4. 완전응답을 구성하기 위해 강제 응답과 자연 응답을 더하라.
5. $t = 0$에서 응답과 응답의 도함수를 계산하고 미지의 상수값을 구하기 위해 초기조건들을 이용하라.

초기조건을 충분히 활용하기 위해 회로는 $t = 0$에서 신중하게 계산되어야 하기 때문에 **일반적으로 학생들에게 가장 큰 어려움을 주는 것은 이 마지막 단계임을 주목하라.** 결과적으로 직류 전원을 포함한 회로에 대한 초기 조건 문제의 결정은 이미 자세하게 다루었던 무전원 회로에 대한 문제와 다르지 않지만 예제에서는 여기에 중점을 두어 설명하기로 한다.

초기조건을 결정하고 적용하는 문제가 까다롭게 여겨지는 가장 큰 이유는 일반적이고 확실한 규칙이 없기 때문이다. 회로를 해석할 때 특별한 문제에 대한 다소 독특한 사고력이 포함되어야 하는 상황이 발생한다. 이 부분이 어려움의 가장 큰 이유이다.

쉬운 부분

2차 시스템의 **완전**응답(전압 응답이라 가정)은 강제 응답과 자연 응답의 합으로 구성된다. 직류 여기에 대해 **강제** 응답이 상수이고,

$$v_f(t) = V_f$$

자연 응답은

$$v_n(t) = A e^{s_1 t} + B e^{s_2 t}$$

이다. 따라서 완전응답은 다음과 같이 된다.

$$v(t) = V_f + A e^{s_1 t} + B e^{s_2 t}$$

이제 s_1, s_2 및 V_f는 이미 회로와 주어진 강제 함수로부터 구하였다고 가정하면 A와 B를 결정하는 일이 남는다. 최종 방정식은 A, B, v 및 t 사이의 함수적 상호 의존 관계를 나타내며 $t = 0^+$에서 v의 값을 대입하면 A와 B 사이의 관계식 $v(0^+) = V_f + A + B$를 얻는다. **이 부분이 쉬운 부분이다.**

다른 부분

A와 B 사이의 다른 또 하나의 관계식이 필요한데 이것은 응답의 도함수

$$\frac{dv}{dt} = 0 + s_1 A e^{s_1 t} + s_2 B e^{s_2 t}$$

를 취한 다음, $t = 0^+$에서 dv/dt 값을 대입하여 구한다. A와 B 사이의 2개의 관계

식을 풀어 상수 A, B를 구한다.

이제 남은 문제는 $t = 0^+$에서의 v와 dv/dt 값을 결정하는 것이다. v를 커패시터 전압 v_C라 가정하면 $i_C = C\ dv_C/dt$이므로 dv/dt의 초기값은 커패시터 전류의 초기값과 관계가 있음을 인지해야 된다. 즉 커패시터 전류의 초기값을 알면 dv/dt의 초기값을 바로 계산할 수 있다. 학생들은 쉽게 $v(0^+)$ 값을 구할 수 있지만 dv/dt의 초기값을 구하는 데 어려워하는 경향이 있다. 만일 인덕터 전류 i_L을 응답으로 선택하였다면 di_L/dt의 초기값과 인덕터 전압의 초기값과의 관계식을 이용해야 한다. 커패시터 전압과 인덕터 전류 이외의 변수는 그들의 초기값으로 표현되고, 그들 도함수의 초기값은 대응되는 v_C 및 i_L의 값으로 표현된다.

그림 9.29의 회로를 해석해 가면서 이들 값을 결정해 가는 과정을 설명하기로 한다. 계산을 간단히 하기 위해 커패시터는 비현실적으로 큰 값이 사용된다.

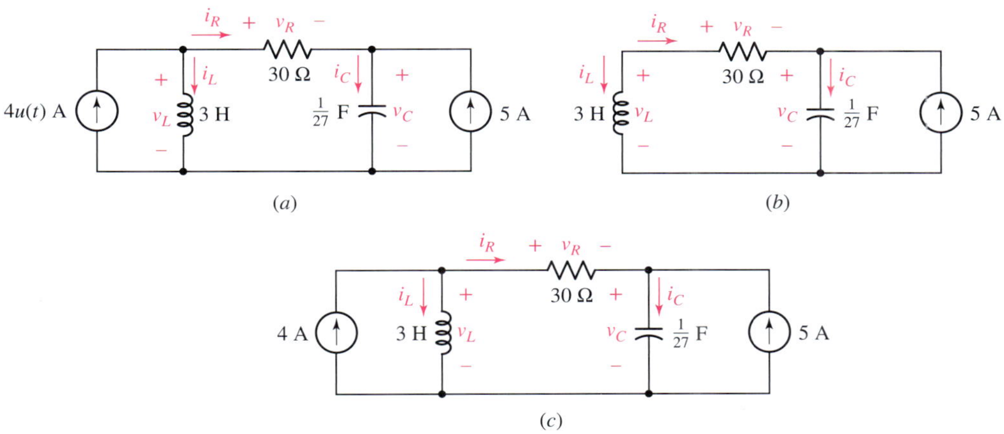

그림 9.29 (a) 초기조건을 구하기 위한 *RLC* 회로, 여기서 구하고자 하는 응답은 $v_C(t)$이다. (b) $t = 0^-$. (c) $t > 0$.

예제 **9.9**

그림 9.29a에는 3개의 수동 소자가 있고, 각 전압과 전류를 표시하였다. $t = 0^-$와 $t = 0^+$에서 이들 6개의 값을 구하라.

이 문제의 목적은 $t = 0^-$와 $t = 0^+$에서 각 전압과 전류를 구하는 것이다. 일단 이들의 값을 알면 도함수의 초기값도 쉽게 구할 수 있다.

1. $t = 0^-$ 그림 9.29b에서처럼 $t = 0^-$에서는 단지 우측 전류원만이 작동된다. 회로는 이와 같은 상태로 오래 있었기 때문에 모든 전류와 전압은 일정하다. 따라서 인덕터에 직류 전류가 흐를 때에는 인덕터에 걸리는 전압은 0이 되고,

$$v_L(0^-) = 0$$

커패시터에 직류 전압($-v_R$)이 걸릴 때에는 커패시터에 흐르는 전류는 0이 된다.

$$i_C(0^-) = 0$$

다음으로 우측 마디에 KCL을 적용하면

$$i_R(0^-) = -5 \text{ A}$$

가 된다. 따라서 다음과 같이 된다.

$$v_R(0^-) = -150 \text{ V}$$

왼쪽 메쉬에 KVL을 적용하면 다음과 같이 된다.

$$v_C(0^-) = 150 \text{ V}$$

또는 KCL에 의해 인덕터 전류를 구하면 다음과 같이 된다.

$$i_L(0^-) = 5 \text{ A}$$

2. $t = 0^+$ 시간 간격 $t = 0^-$와 $t = 0^+$ 동안에 왼쪽 전류원이 작동하게 되고 $t = 0^-$에서 각 전류 및 전압값 중 대부분이 급격히 변한다. 이 동작이 그림 9.29*c*에 나타난다. 그러나 우리는 **변할 수 없는 커패시터 전압, 인덕터 전류에 초점을 맞추어 문제를 해결한다.** 커패시터 전압과 인덕터 전류는 급격히 변할 수 없어서 스위칭 기간에 일정한 값을 유지하므로

$$i_L(0^+) = 5 \text{ A} \qquad \text{그리고} \qquad v_C(0^+) = 150 \text{ V}$$

이다. 두 전류는 왼쪽 마디에서 알 수 있으므로

$$i_R(0^+) = -1 \text{ A} \qquad \text{그리고} \qquad v_R(0^+) = -30 \text{ V}$$

이다. 따라서 다음과 같이 된다.

$$i_C(0^+) = 4 \text{ A} \qquad \text{그리고} \qquad v_L(0^+) = 120 \text{ V}$$

이렇게 해서 $t = 0^-$에서 6개의 초기값과 $t = 0^+$에서 6개의 초기값을 구하였다. 후자의 6개의 값 중에서 커패시터 전압과 인덕터 전류만이 $t = 0^-$일 때의 값과 동일한 값을 가진다.

이제 약간 다른 방법으로 $t = 0^-$와 $t = 0^+$에서 이들 모든 전류와 전압을 구하기로 한다. 스위치가 작동하기 전에는 회로에 직류 전류와 직류 전압만 있으므로 인덕터는 단락회로로, 커패시터는 개방회로로 대체할 수 있다. 이런 방식으로 그림 9.29*a*을 다시 그린 것이 그림 9.30*a*이다. 오른편에서는 단지 전류원만이 작동하고 5 A가 저항과 인덕터에 흐른다. 그러므로 $i_R(0^-) = -5$ A, $v_R(0^-) = -150$ V, $i_L(0^-) = 5$ A, $v_L(0^-) = 0$, $i_C(0^-) = 0$ 그리고 $v_C(0^-) = 150$ V의 값들을 얻으며 앞에서 구한 값들과 같다.

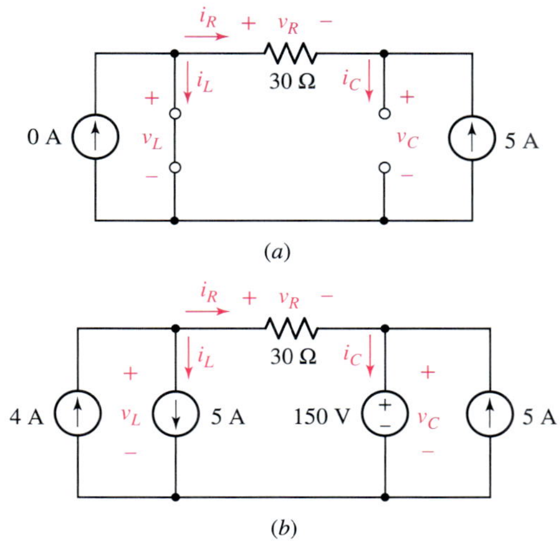

그림 9.30 (*a*) $t = 0^-$에서 그림 9.29*a*와 등가회로. (*b*) $t = 0^+$에서 값이 정의된 등가회로.

이제 $t = 0^+$에 적용할 등가회로를 그리는 문제를 설명한다. 각 커패시터 전압과 인덕터 전류는 스위칭 기간에 변하지 않고 일정한 값을 유지하여야 하므로 인덕터는 전류원으로, 커패시터는 전압원으로 대치할 수 있다. 각 전원은 불연속 스위칭 동작 중에 응답을 일정한 값으로 유지하는 역할을 한다. 그림 9.30*b*는 등가 회로를 나타낸 것이다. 그림 9.30*b*의 회로는 단지 0^-와 0^+ 사이에서만 유효하다.

$t = 0^+$에 있어서 전압, 전류의 값은 이 직류 회로를 해석함으로써 얻어진다. 그 해를 구하는 것은 어렵지 않지만 회로에 많은 전원이 존재하기 때문에 좀 색다르게 보인다. 그러나 이러한 문제는 3장에서 다루었으므로 어려움은 없을 것이다. 먼저 전류를 구해보자. 왼편 위쪽 마디에서 $i_R(0^+) = 4 - 5 = -1$ A을 얻는다. 오른쪽 위 마디에서는 $i_C(0^+) = -1 + 5 = 4$ A을 얻는다. 그리고 $i_L(0^+) = 5$ A이다.

다음에는 전압을 생각해보자. 옴의 법칙을 사용하면 $v_R(0^+) = 30(-1) = -30$ V을 얻는다. 인덕터 전압은 KVL을 사용하여 $v_R(0^+) = -30 + 150 = 120$ V을 얻는다. 이렇게 해서 마지막으로 $v_C(0^+) = 150$ V을 포함해서 $t = 0^+$에 있어서의 모든 값을 얻는다.

익힘문제 9.9

그림 9.31에서 $i_s = 10u(-t) - 20u(t)$ A일 때 다음을 구하라.

(a) $i_L(0^-)$ (b) $v_C(0^+)$ (c) $v_R(0^+)$

(d) $i_L(\infty)$ (e) $i_L(0.1 \text{ ms})$

답: 10 A; 200 V; 200 V; −20 A; 2.07 A.

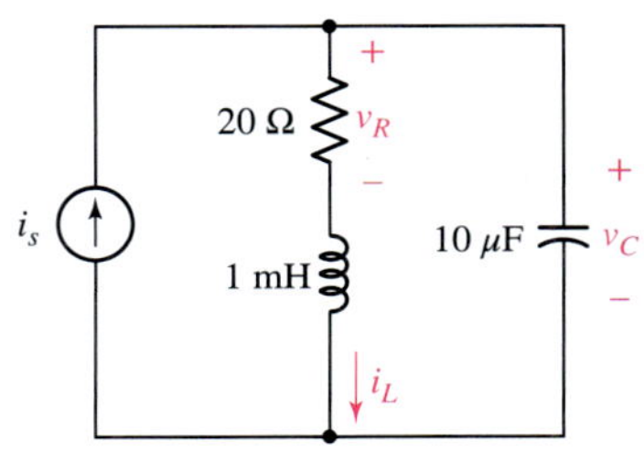

그림 9.31

예제 9.10

그림 9.29의 회로에 대해서 $t = 0^+$에서 3개의 전압과 3개의 전류의 일차 도함수의 값을 구함으로써 그림 9.32에서의 초기조건 결정하라.

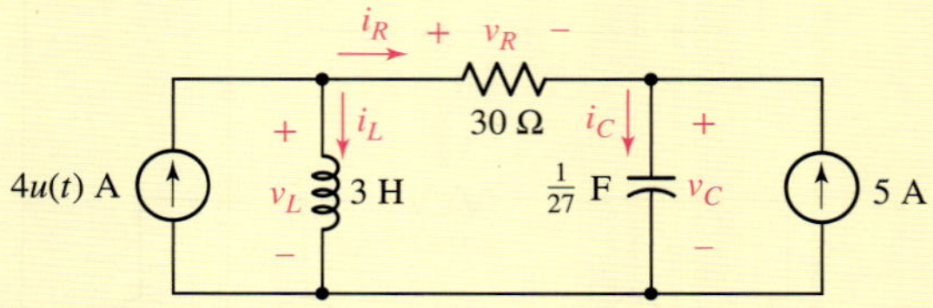

그림 9.32 예제 9.10를 위해 다시 그린 그림 9.29의 회로.

두 에너지 저장 소자로부터 시작한다. 인덕터에 대해, 다음과 같다.

$$v_L = L\frac{di_L}{dt}$$

특히

$$v_L(0^+) = L\left.\frac{di_L}{dt}\right|_{t=0^+}$$

이다. 따라서 다음과 같이 된다.

$$\left.\frac{di_L}{dt}\right|_{t=0^+} = \frac{v_L(0^+)}{L} = \frac{120}{3} = 40 \text{ A/s}$$

같은 방법으로, 다음을 얻는다.

$$\left.\frac{dv_C}{dt}\right|_{t=0^+} = \frac{i_C(0^+)}{C} = \frac{4}{1/27} = 108 \text{ V/s}$$

KCL 및 KVL 방정식을 이용함으로써 다른 4개 변수의 도함수를 구할 수 있다. 예를 들면, 그림 9.32의 왼쪽 마디에서

$$4 - i_L - i_R = 0 \qquad t > 0$$

이며, 따라서

$$0 - \frac{di_L}{dt} - \frac{di_R}{dt} = 0 \qquad t > 0$$

이다. 그러므로 다음과 같이 된다.

$$\left.\frac{di_R}{dt}\right|_{t=0^+} = -40 \text{ A/s}$$

도함수의 나머지 3개의 초기값은 다음과 같이 얻어진다.

$$\left.\frac{dv_R}{dt}\right|_{t=0^+} = -1200 \text{ V/s}$$

$$\left.\frac{dv_L}{dt}\right|_{t=0^+} = -1092 \text{ V/s}$$

그리고

$$\left.\frac{di_C}{dt}\right|_{t=0^+} = -40 \text{ A/s}$$

필요한 초기값을 결정하는 문제를 끝내기 전에 다른 강력한 방법이 생략되었다는 것을 알아야 한다. 생략된 방법은 마디방정식과 루프방정식을 이용하는 것이다. 이 방정식에서 $t = 0^-$에서 이미 알고 있는 인덕터 전압과 커패시터 전류의 값을 대입하면 이 식으로부터 다른 변수의 값을 쉽게 구할 수 있다. $t = 0^+$에서도 같은 방법의 해석이 가능하다. 이 방법은 중요한 방법으로 회로가 복잡하여 앞에서 공부한 단계적인 방법을 적용할 수 없는 경우에 적용할 수 있다.

이제 그림 9.32의 원래 회로에서의 응답 $v_C(t)$을 구하는 문제를 완결하기로 하자. 두 전원을 모두 제거하면 이 회로는 직렬 *RLC* 회로가 되고 s_1, s_2는 각각 −1, −9가 된다. 강제 응답은 직관에 의해서 또는 필요하다면 그림 9.30*a*와 비슷한 직류 등가 회로를 그리고 4 A 전류원을 첨가함으로써 구할 수 있다. 강제 응답은 150 V이다.

$$v_C(t) = 150 + Ae^{-t} + Be^{-9t}$$

이며, 따라서

$$v_C(0^+) = 150 = 150 + A + B$$

이다. 그리고

$$A + B = 0$$

혹은

$$\frac{dv_C}{dt} = -Ae^{-t} - 9Be^{-9t}$$

이다. 다시

$$\left.\frac{dv_C}{dt}\right|_{t=0^+} = 108 = -A - 9B$$

이다. 마지막으로, 다음을 얻게 된다.

$$A = 13.5 \qquad B = -13.5$$

그리고

$$v_C(t) = 150 + 13.5(e^{-t} - e^{-9t}) \text{ V}$$

풀이 과정의 간단한 요약

이상을 요약하면 다음과 같다. 간단한 3소자로 된 *RLC* 회로의 과도기 응답을 구하고자 할 때는 첫째로 직렬회로인가 병렬회로인가를 가리고 α에 대한 올바른 관계식을 사용하도록 해야 한다. 두 식은 다음과 같다.

$$\alpha = \frac{1}{2RC} \quad (\text{병렬 } RLC)$$

$$\alpha = \frac{R}{2L} \quad (\text{직렬 } RLC)$$

두 번째로 α를 다음 식으로 주어지는 ω_0와 비교하는 것이다.

$$\omega_0 = \frac{1}{\sqrt{LC}}$$

만일 $\alpha > \omega_0$이면 회로는 **과도감쇠**이고 자연 응답은 다음과 같은 형태가 된다.

$$f_n(t) = A_1 e^{s_1 t} + A_2 e^{s_2 t}$$

여기서

$$s_{1,2} = -\alpha \pm \sqrt{\alpha^2 - \omega_0^2}$$

이다. 만일 $\alpha = \omega_0$이면 회로는 **임계감쇠**의 경우이고, 다음과 같은 응답 형태를 갖는다.

$$f_n(t) = e^{-\alpha t}(A_1 t + A_2)$$

마지막으로 $\alpha < \omega_0$이면 **과소감쇠**이고, 응답 형태는 다음과 같다.

$$f_n(t) = e^{-\alpha t}(A_1 \cos \omega_d t + A_2 \sin \omega_d t)$$

여기서

$$\omega_d = \sqrt{\omega_0^2 - \alpha^2}$$

우리의 마지막 결정은 독립전원에 의존한다. 스위치 전환 혹은 불연속이 완료된 후 회로에서 동작하는 독립전원이 없으면 회로는 무전원이고, 자연 응답은 완전응답이 된다. 독립 전원이 아직도 존재하면 회로는 구동되고, 강제응답은 결정되어야 한다. 그러면 완전응답은 다음과 같은 합으로 나타내진다.

$$f(t) = f_f(t) + f_n(t)$$

이것은 회로의 어떠한 전류 혹은 전압에도 적용 가능하다. 마지막 단계는 주어진 초기조건에서 미지의 상수들을 구하는 것이다.

실제 문제에의 적용

자동제세동기

심장박동이 갑자기 멈추는 심장마비는 생명을 위협하는 긴급 사태로, 몇 분 안에 치료를 받지 않으면 사망에 이르게 된다. 갑작스러운 심장 정지의 주요 원인 중 하나는 심실 세동이며, 실실이 혈액 순환을 멈추고 심장의 전기적 박동이 끊어지게된다. 전기적 충격을 줌으로써 심장 박동을 회복하여 생명을 구할 수 있다. 많은 공공장소에서 현재 비상 대응용 자동제세동기(AEDs)를 제공한다. AED에는 심장 박동을 확인하고 필요한 경우 필요한 경우 전기충격을 주는 장치가 있다. 전기충격은 심장의 전기 시스템과 심장 근육을 "재설정"하기 위해 심장에 전기를 전달한다. AED는 어떻게 작동할까?

전원 공급장치나 배터리를 이용하여 적절한 전기량으로 커패시터를 충전한다. 일반적으로 DC 컨버터 또는 변압기를 이용하여 약 5 kV의 전압이 사용된다. 커패시터를 통해 방전되는 전기는 가슴과 접촉되는 패드를 통해 환자에게 전달된다. 전류는 밀리 초 정도 효율적으로 유지되어야 한다. 이 전류를 유지하기 위해 일반적으로 회로에 인덕턴스가 포함된다. 환자로 흐르는 전기는 조직을 통한 전류 전도 및 패드의 접촉을 포함하는 저항을 가지며, 직렬 *RLC* 회로가 된다. 회로 소자의 일반적인 값은 $C = 50\ \mu\text{F}$, $L = 50\ \text{mH}$, $R = 50\ \Omega$이다. 5 kV의 충전 전압에서 약 6 ms 동안 전기 충격이 발생한다.

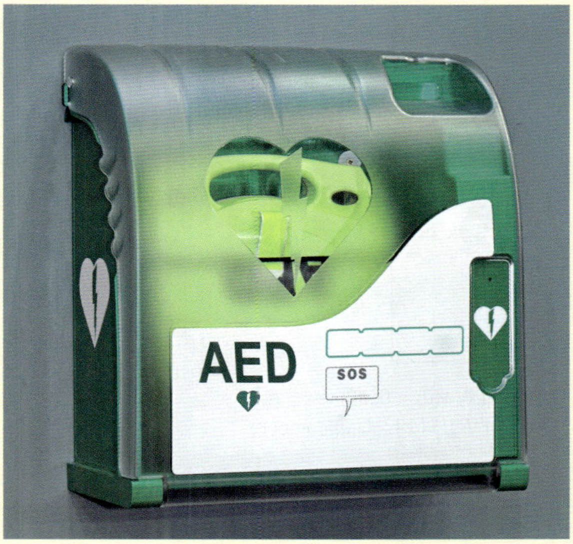

(*a*)

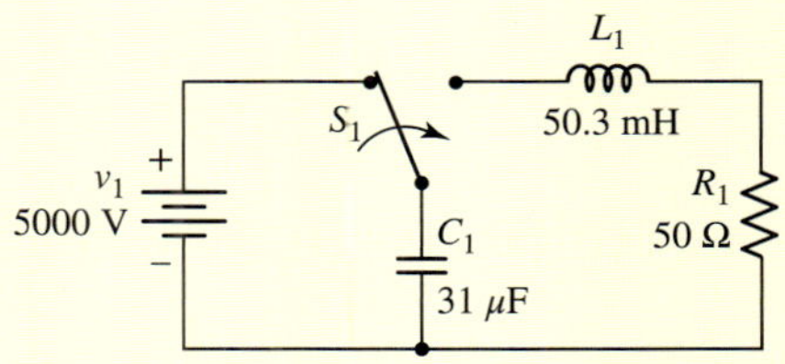

(*b*)

그림 9.33 (*a*) 심장 박동을 회복하기 위해 빌딩 등에 설치된 AED 장치. (*b*) AED 장치에 사용되는 회로의 예.

익힘문제 9.10

그림 9.34회로에서 $v_s = 10 + 20u(t)$ V일 때 다음을 구하라.

(a) $i_L(0)$ (b) $v_C(0)$ (c) $i_{L,f}$ (d) $i_L(0.1\ \text{s})$

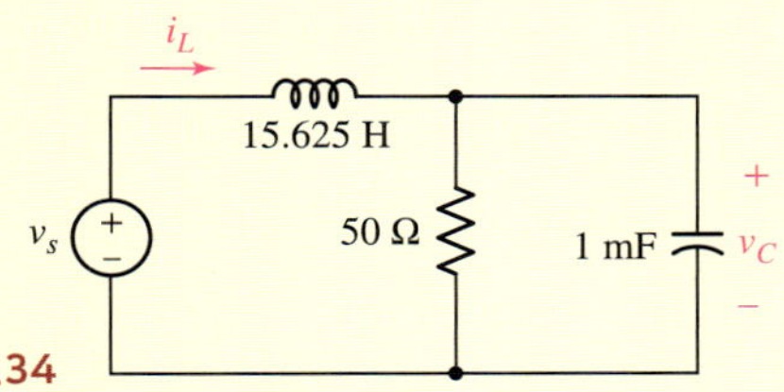

그림 9.34

답: 0.2 A; 10 V; 0.6 A; 0.319 V.

9.7 무손실 *LC* 회로

무전원 *RLC* 회로를 고려할 때 저항은 회로에서 저장된 최초 에너지를 소비하기 위해 사용되었다. 회로 해석의 어느 시점에서 저항을 제거하면 어떤 현상이 발생할 수 있는지에 대해 알아볼 수도 있다. 저항값이 병렬 *RLC* 회로에서 무한대가 되거나 직렬 *RLC* 회로에서 0이 되면 단순한 *LC* 루프가 되며, 그 응답은 영원히 감쇠하지 않는 지속 진동 응답이 된다. 이런 회로의 간단한 예를 공부한 다음 인덕턴스를 사용하지 않고도 똑같은 응답을 얻을 수 있는 방법에 대해 알아보자.

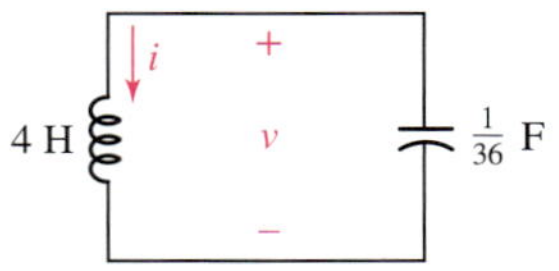

그림 9.35 무손실 회로. $v(0) = 0$, $i(0) = -\frac{1}{6}$ A일 때 응답은 $v = 2 \sin 3t$ V 값의 비감쇠(undamped) 응답이다.

그림 9.35의 무전원 회로를 보자. $L = 4$ H, $C = \frac{1}{36}$ F의 큰 값을 사용한 이유는 계산을 간단하게 하기 위한 것이다. 초기조건은 $i(0) = -\frac{1}{6}$ A, $v(0) = 0$이라 하자. 이 회로에서 $\alpha = 0$ 그리고 $\omega_0^2 = 9\ \text{s}^{-2}$이므로 $\omega_d = 3$ rad/s이다. 지수 감쇠가 없다면 전압 v는 다음과 같다.

$$v = A\ \cos 3t + B \sin 3t$$

$v(0) = 0$이기 때문에 $A = 0$이고,

$$\left.\frac{dv}{dt}\right|_{t=0} = 3B = -\frac{i(0)}{1/36}$$

이다. 그런데 $i(0) = -\frac{1}{6}$ A이므로 $t = 0$에서 $dv/dt = 6$ V/s가 되어 $B = 2$ V를 얻는다. 따라서

$$v = 2 \sin 3t\ \ \text{V}$$

이며, 이것은 비감쇠(undamped) 정현파 응답이다. 다른 말로 전압은 감쇠하지 않는다.

예제 9.11

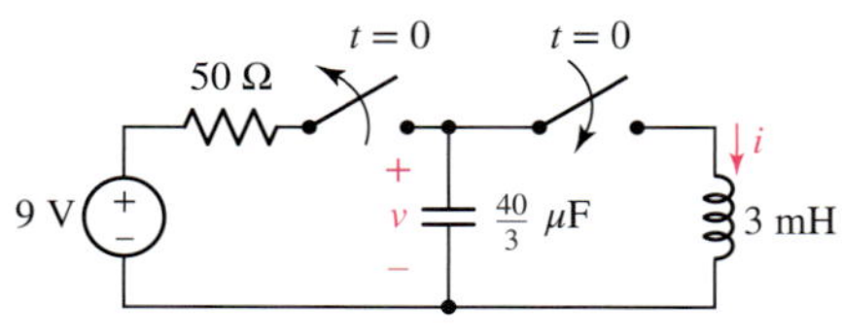

그림 9.36 예제 9.11을 위한 회로.

그림 9.36의 회로에서 $t > 0$일 때 $i(t)$를 구하라.

$t < 0$인 경우, 커패시터는 초기에 $v(0) = 9$ V의 전압으로 충전되고 인덕터 전류 $i(0) = 0$이다. $t > 0$일 때, 커패시터는 충전 상태에서 전압원이 차단되어, 순간적으로 인덕터에 연결된다. *LC* 회로 구성의 경우, $\alpha = 0$, $\omega_0^2 = 1/\left((3 \times 10^{-3})(40/3 \times 1 \times 10^{-6})\right)\ \text{s}^{-2}$을 알 수 있으며, 따라서 $\omega_d = 5000$ rad/s이다.

$$i = A \cos(5000t) + B \sin(5000t)$$

$i(0) = 0$, $A = 0$이며, $t = 0^+$에서 초기값을 이용하여 전류의 미분값을 구하면,

$$\left.\frac{di}{dt}\right|_{t=0^+} = 5000B = \frac{v(0^+)}{L}$$

이 된다. $v(0^+) = 9$ V이므로, $t = 0^+$에서 $di/dt = 3000$ A/s이다. 따라서 B는 0.6 A이다.

$t > 0$에서 전류는 다음과 같이 된다.

$$i = 0.6\sin(5000t)\ \text{A}$$

익힘문제 9.11

그림 9.36의 커패시터 값과 전압원을 1 kHz의 주파수에서 0.96 mJ의 총 에너지로 진동하도록 바꾸어라.

답: 8.44 μF; 15.1 V

이제 *LC* 회로를 사용하지 않고 이와 같은 전압을 얻는 방법에 대해 알아보자. 먼저 v가 만족하는 미분방정식을 기술한 다음 이 방정식의 해를 산출하는 연산 증폭기(op amps) 회로를 구성하려 한다. 지금 특정한 예를 다루고 있지만 이것은 일반적인 방법이어서 임의의 선형 제차 미분방정식(linear homogeneous differential equation)을 푸는 데 사용할 수 있다.

그림 9.35의 *LC* 회로에서 v를 변수로 정하고, 아래 방향인 인덕터와 커패시터 전류의 합을 0이라 놓으면

$$i + C\frac{dv}{dt} = \frac{1}{L}\int v\,dt + C\frac{dv}{dt} = 0$$

가 된다. 위 식을 미분하면

$$\frac{1}{L}v + C\frac{d^2v}{dt^2} = 0$$

또는

$$\frac{d^2v}{dt^2} = -\frac{1}{LC}v$$

가 된다. 계산된 값을 대입하면 다음과 같이 된다.

$$\frac{d^2v}{dt^2} = -9v$$

이 미분방정식의 해답은 적분을 두번하여 구할 수 있다. 우리가 같은 진동 회로 결과를 구하려고 하지만, 인덕터(흔히 구하기 어렵고 값이 비싸며 직적 회로에서 찾기가 쉽지 않음)를 사용하지 않는다고 가정해보자. 또는, 연산 증폭기가 적분기로 동작할 수 있음을 알고 있다. 2개의 직렬 연결된 적분기가 동일한 결과를 얻을 수 있다!

이 방정식을 풀기 위해 연산 증폭기를 적분기로 사용하고자 한다. 미분방정식

에서 나오는 최고차 도함수, 여기서는 d^2v/dt^2이 연산 증폭기 회로의 임의의 점 A에 있다고 가정하자. 이제 7.5절에서 공부한 $RC = 1$인 적분기를 이용하고자 한다. 입력은 d^2v/dt^2이고, 출력은 $-dv/dt$이다. 부호의 변화는 반전 증폭기(inverting amplifier) 때문이다. 음의 첫째 도함수(dv/dt)가 두 번째 적분기의 입력이 된다. 그러므로 그것의 출력은 $v(t)$가 되고 초기값 $v(0) = 0$이 된다. 이제 v에 -9를 곱하기만 하면 점 A에 있다고 가정한 2차 도함수를 얻는다. 이것은 9배로 증폭하고, 부호를 반전하면 되므로 반전 증폭기로 구현할 수 있다.

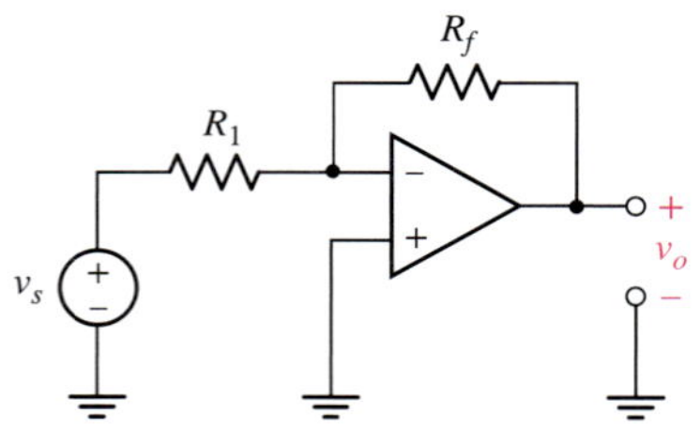

그림 9.37 반전 연산 증폭기 회로이득 $v_o/v_s = -R_f/R_1$.

그림 9.37은 반전 증폭기를 나타낸다. 이상적인 연산 증폭기의 입력 전류와 입력 전압은 모두 0이다. 그래서 R_1을 통해 오른쪽으로 흐르는 전류는 v_s/R_1이 되고, R_f를 통해 왼쪽으로 흐르는 전류는 v_o/R_f가 된다. 이 둘의 합이 0이 되어야 하므로, 다음과 같이 된다.

$$\frac{v_0}{v_s} = -\frac{R_f}{R_1}$$

그래서 예를 들어 $R_f = 90\ \text{k}\Omega$, $R_1 = 10\ \text{k}\Omega$로 설정하면 이득 -9를 얻을 수 있다.

만일 각 적분기에서 $R = 1\ \text{M}\Omega$, $C = 1\ \mu\text{F}$로 하면,

$$v_o = -\int_0^t v_s\, dt' + v_o(0)$$

가 된다. 이제 반전 증폭기의 출력이 점 A에서 가정한 입력을 형성한다. 이렇게 함으로써 그림 9.38과 같은 연산 증폭기 회로를 얻는다. 초기 조건은 커패시터에 저장되며, LC 회로의 경우와 일치해야 한다. LC 회로는 $v = 0$인 영(zero) 에너지가 저장된 커패시터에서 $i(0) = -1/6$ A에 따라 인덕터로 에너지 저장을 정의한다. 마찬가지로 $t = 0$에서 스위치로 연결된 전압원 또는 단락 회로에 의한 커패시터의 초기 전압을 정의할 수 있다. $t = 0$에서 회로를 해석하면 출력에서 $v = 2$ V의 전압이 필

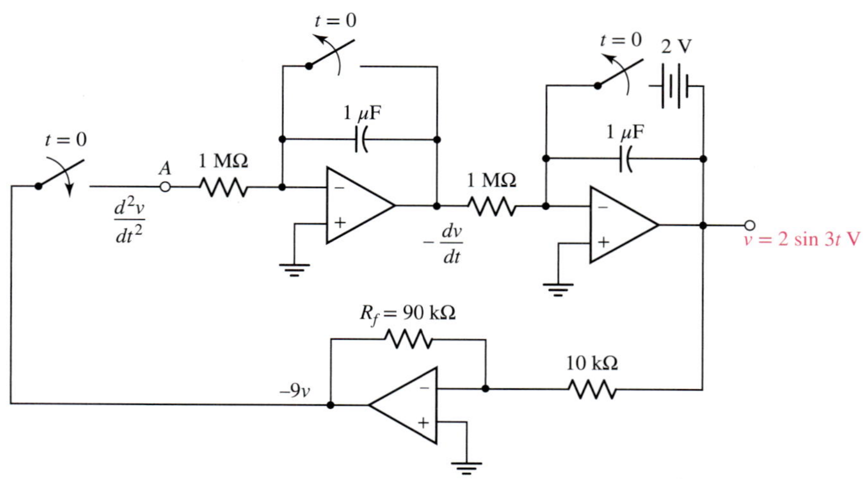

그림 9.38 미분방정식 $d^2v/dt^2 = -9v$의 해를 구하는 연산 증폭기 회로. 1개의 반전 증폭기와 2개의 적분기 사용.

요하고, 오른쪽 커패시터 양단 전압(왼쪽의 커패시터를 가로지르는 단락 회로)에서도 유사하게 나타난다. 만일 $t = 0$에서 왼쪽 스위치가 닫혀있고 동시에 두 초기 스위치가 열려 있다면 두 번째 적분기의 출력은 비감쇠 정현파 $v = 2 \sin 3t$ V가 된다.

그림 9.35의 LC 회로나 그림 9.38의 연산 증폭기 회로는 모두 동일한 출력을 내지만 연산 증폭기 회로는 인덕터를 포함하지 않는다. 이것은 출력 단자와 접지 사이의 적절한 정현파 전압을 부여함으로써 마치 인덕터를 포함하고 있는 것처럼 동작할 뿐이다. 이것은 실제 회로를 설계하는 데 연산 증폭기를 사용함으로써 얻어지는 이익이다. 왜냐하면 가격면에서 인덕터가 커패시터보다 훨씬 비싸고 또한 많은 손실을 갖기 때문이다(그러므로 이상적인 모델에 의해 근사화 되지는 않는다).

익힘문제 9.12

그림 9.38 회로에서 출력이 전압 $v(t)$를 나타낸다면 그림 9.39 회로에서 R_f와 두 초기 전압을 구하라.

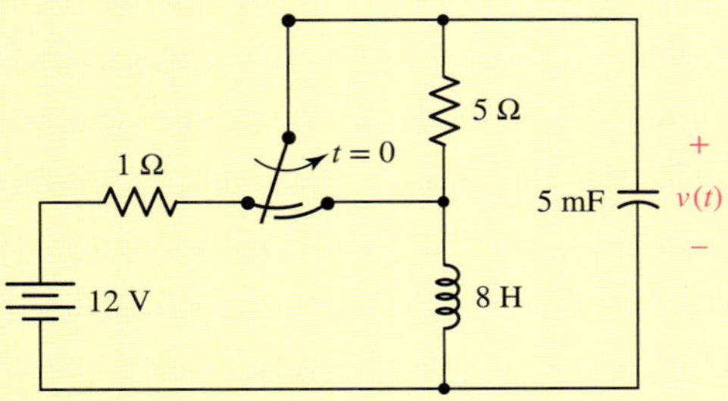

그림 9.39

답: 250 kΩ; 400 V; 10 V.

요약 및 복습

8장에서 검토된 간단한 RL과 RC 회로는 사실상 스위치 개폐에 의한 결과로서 두 가지 동작, 즉 **충전**과 **방전**을 하였다. 어떤 한 동작은 에너지 저장소자의 초기 충전 상태에 의해 결정된다. 이 장에서는 2개의 에너지 저장소자(커패시터와 인덕터)를 갖는 회로들을 다루었고 매우 흥미롭다는 사실을 알았다. 이와 같은 RLC 회로는 2개의 기본적 구성, 즉 **병렬**연결과 **직렬**연결을 가진다. 이와 같은 회로를 해석하면 별개의 에너지 저장소자의 개수와 일치하는 2차 편미분방정식을 얻게 된다. 회로가 오직 저항과 커패시터만을 사용하여 커패시터들이 직렬/병렬 방법을 사용하여 결합될 수 없으면, 결국에는 2차 편미분방정식을 얻게 된다.

에너지 저장소자에 연결된 저항 값에 따라 RLC 회로의 과도응답은 실제로 구현하기 어려운 임계감쇠라는 특별한 경우와 함께 (지수적으로 감소하는) **과도감쇠**

혹은 (감소하며 진동하는) **과소감쇠**가 될 수 있다. 예를 들어, 진동은 무선 네트워크에서의 정보전달에서와 같이 유용할 수 있으며, 또한 콘서트에서 증폭기와 마이크로폰 사이의 돌발적인 궤환 포화 상태와 같이 유용하지 않을 수도 있다. 우리가 다룬 회로들에서 진동이 존재하지 않는다고 하더라도 우리는 적어도 진동들을 마음대로 만들고 이를 원하면 특정한 동작주파수에 대해 설계하는 하나의 방법을 알아 보았다. α를 제외하고는 방정식이 동일하므로 즉, 과도상태의 특성을 결정하는 2개의 미정 상수를 구하기 위해 초기조건들을 사용하는 방법에서 오직 약간의 수정만이 필요하기 때문에 우리는 직렬연결된 *RLC* 회로에 많은 시간을 소비하지는 않았다. 이와 같은 방법으로 말하자면 우리가 접한 2개의 비법이 있었다. 하나는 2차 초기조건을 이용하는 방법이고, 응답방정식를 미분해야 한다. 두 번째 방법은 이 초기조건을 이용하기 위해 KCL 혹은 KVL를 사용하던 간에 초기에 $t = 0$으로 설정함으로써 이것이 방정식을 극적으로 간단하게 한다는 것을 알게 되며 $t = 0$의 시점에서 이와 같이 한다.

완전 응답과 8장에서 다룬 내용과 크게 다르지 않은 방법을 고려하며 이 장을 마무리 하였다. 언젠가는 우리에게 발생할 수 있는 주제, 즉(병렬저항을 ∞로 혹은 직렬저항을 0으로 설정함으로써) 저항손실을 완전히 제거할 때 발생할 수 있는 상황에 대한 소절로 마무리를 지었다. *LC* 회로로 종결하고 연산증폭기를 사용하여 이러한 회로를 근사화할 수 있다는 것을 알았다.

지금 독자들은 이 장의 중요한 사항들의 복습을 마칠 준비가 된 것 같아서 책의 대응 예제와 함께 중요한 사항들을 나열한다.

- 병렬/직렬 조합으로 구성될 수 없는 2개의 에너지 저장 소자를 포함한 회로는 2차 미분방정식으로 표현될 수 있다.
- 직렬과 병렬 *RLC* 회로는 *R*, *L*, *C*의 상대적인 값에 따라 세 종류의 회로 중 하나가 된다.

과도감쇠(Overdamped)	$\alpha > \omega_0$
임계감쇠(Critically damped)	$\alpha = \omega_0$
과소감쇠(Underdamped)	$\alpha < \omega_0$

  (예제 9.1)
- *RLC* 직렬회로에서 $\alpha = 1/2RL$, $\omega_0 = 1/\sqrt{LC}$. (예제 9.1)
- *RLC* 병렬회로에서 $\alpha = R/2L$, $\omega_0 = 1/\sqrt{LC}$. (예제 9.7)
- 과도감쇠응답의 전형적인 형태는 한 함수가 다른 함수보다 빠르게 감소하는 2개의 지수함수의 합이다. (예, $A_1e^{-t} + A_2e^{-6t}$) (예제 9.2, 9.3, 9.4)
- 임계감쇠응답의 전형적인 형태는 $e^{-\alpha t}(A_1t + A_2)$ (예제 9.5)
- 과소감쇠응답의 전형적인 형태는 지수적으로 감소하는 정현파의 형태이다. [예, $e^{-\alpha t}(B_1 \cos \omega_d t + B_2 \sin \omega_d t)$] (예제 9.6, 9.7, 9.8)

- ❑ *RLC* 회로의 과도 응답기간 동안 에너지는 회로 내의 저항 성분이 허용하는 한도 내에서 에너지 저장 소자들 사이를 옮겨 다닌다. 저항 소자는 초기 에너지를 소비하는 소자이다. ('컴퓨터를 이용한 해석' 절을 보라.)
- ❑ 완전응답은 강제응답과 자연응답의 합이다. 이 경우에 전체 응답은 상수에 대한 풀이 전에 결정되어야 한다. (예제 9.9, 9.10)
- ❑ 감쇠가 없는 RLC 회로는 영원히 유지될 수 있는 진동을 발생할 수 있다. 이는 (실제로는 유한 저항이 항상 발생하지만) LC 회로 또는 적절히 설계된 커패시터를 포함하는 연산 증폭기 회로에서 가능하다. (예제 9.11)

추천 도서

유사한 회로망에 대한 상세한 기술은 다음 자료의 3장에 수록되어 있다.

E. Weber, *Linear Transient Analysis Volume I*. New York; Wiley, 1954.
(절판됨, 많은 대학 도서관에서 찾아보라.)

연습문제

9.1 무전원 병렬회로

1. 무전원 병렬 *RLC* 회로에 대해 회로응답이 과도감쇠 되도록 $R = 1\ k\Omega$, $C = 3\ \mu F$로 한다. 다음 질문에 답하라.
   (a) L의 값을 결정하라.
   (b) $v(0^-) = 9$ V, $dv/dt|_{t=0^+} = 2$ V/s인 경우, 저항에 걸리는 전압 v에 대한 방정식을 기술하라.
2. 10 mF, 2 nH의 회로소자값이 간단한 무전원 병렬 *RLC* 회로의 설계에 사용된다.
   (a) 회로가 과도감쇠가 되는 순간의 R을 구하라.
   (b) 초기값이 $i_R(0^+) = 13$ pA, $di_E/dt|_{t=0^+} = 1$ nA/s인 경우, 저항 전류에 대한 방정식을 기술하라.
3. 병렬 *RLC* 회로가 $C = 16$ mF, $L = 1$ mH로 구성될 때 회로가 다음의 상태가 되기 위한 R을 선택하라.
   (a) 과도감쇠가 되는 순간
   (b) 과소감쇠가 되는 순간
   (c) 임계감쇠
   (d) 저항 오차가 1%일 때와 10%일 때 (a)의 변화는?

(e) (c)의 감소 계수를 20%까지 증가시켜라. 회로는 과소감쇠인가, 과도감쇠인가, 여전히 임계감쇠인가? 이를 설명하라.

4. 무전원 병렬 *RLC* 회로에서 다음과 같이 주어진 경우 α, ω_0, s_1 그리고 s_2를 계산하라.

(a) $R = 4\ \Omega$, $L = 2.22$ H, $C = 12.5$ mF

(b) $L = 1$ nH, $C = 1$ pF, R은 1% 과소감쇠

(c) (a)와 (b)의 회로에 대한 감쇠비를 계산하라.

5. 문제 1에서 회로를 구성하고자 하는데 1 kΩ 저항만은 구할 수 없다. 사실, 커패시터와 인덕터과 함께 추가적으로 배치할 수 있는 것은 규격이 24 AWG인 1미터 길이의 연동선이다. 이 연동선을 구한 2개의 부품들에 병렬로 연결하여 α, ω_0, s_1 그리고 s_2를 계산하고 회로가 여전히 과도감쇠임을 검증하라.

6. 인덕턴스가 2 mH이고 저항이 50 Ω인 병렬 *RLC* 회로에서, 커패시터가 10 nF에서 10 μF의 값을 가지는 경우 다음에 답하라

(a) 로그-로그 함수에서 커패시턴스에 대한 α 및 ω_0 (과도감쇠와 과소감쇠 응답을 나타냄)

(b) 임계 감쇠에서 C, α 및 ω_0을 구하라.

7. $R = 500\ \Omega$, $C = 10\ \mu$F, L로 구성된 병렬 *RLC* 회로는 임계감쇠이다. 다음에 답하라.

(a) L을 결정하라. 이 값은 PCB에 고정한 부품으로 큰가 혹은 작은가?

(b) 감쇠비가 10이 되도록 현재의 소자에 저항을 병렬로 추가하라.

(c) 증가하는 감쇠비는 더 과도감쇠, 임계감쇠, 혹은 과소감쇠가 되게 하는가? 이를 설명하라.

9.2 과도감쇠된 병렬 *RLC* 회로

8. $R = 1$ kΩ, $L = 50$ mH, $C = 2$ nF인 *RLC* 병렬회로에서, 커패시터가 처음에 4 V로 충전되고 인덕터 전류가 초기에 50 mA(병렬 연결의 양극 마디로 유입)인 경우, 회로에 대한 전압 응답을 찾고 $t = 5\ \mu$s에서 값을 구하라.

9. 커패시터 양단의 전압은 $v_C(t) = 10e^{-10t} - 5e^{-4t}$ V로 주어진다. 다음에 답하라.

(a) $0 \le t \le 1.5$ s의 범위에서 두 가지 요소를 각각 그려라.

(b) 같은 시간의 범위에서 커패시터 전압의 그래프를 그려라.

10. 어떤 인덕터를 통해 흐르는 전류는 $i_L(t) = 0.20e^{-2t} - 0.6e^{-3t}$ V로 주어진다. 다음에 답하라.

(a) $0 \le t \le 1.5$ s의 범위에서 두 가지 요소를 각각 그려라.

(b) 같은 시간의 범위에서 인덕터 전류의 그래프를 그려라.

(c) $0 \le t \le 1.5$ s에서 인덕터에 남아 있는 에너지의 그래프를 그려라.

11. 무전원 병렬 RLC 회로의 5 Ω의 저항을 통해 흐르는 전류는 $i_R(t) = 2e^{-t} - 3e^{-8t}$ V로 결정된다. 다음을 결정하라.

(a) 최대 전류와 최대 전류가 발생한 시간

(b) 정착 시간

(c) 저항이 2.5 W 전력을 소비하는 시간 t

12. 그림 9.40의 회로에서 모든 시간 $t > 0$에 대해 유효한 $v_C(t)$의 방정식을 구하라.

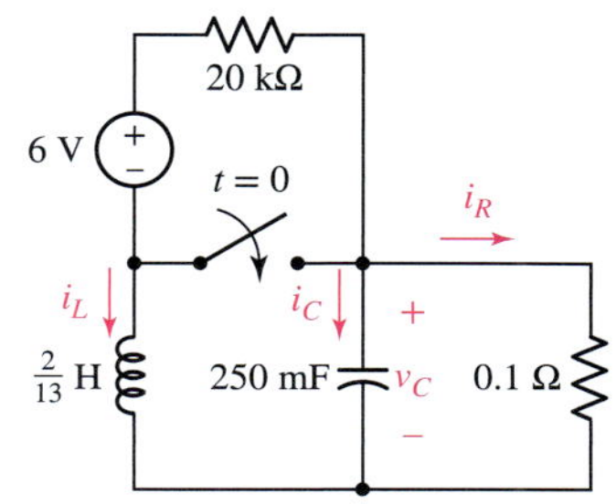

그림 9.40

13. 그림 9.40에 그려진 회로를 고려하여 다음에 답하라.

(a) 모든 시간 $t > 0$에 대해 유효한 $i_L(t)$의 방정식을 구하라.

(b) 모든 시간 $t > 0$에 대해 유효한 $i_R(t)$의 방정식을 구하라.

(c) i_L과 i_R에 대한 정착 시간을 결정하라.

14. 그림 9.41에 나타낸 회로에 대해 다음을 결정하라.

(a) $i_C(0^-)$ (b) $i_L(0^-)$ (c) $i_R(0^-)$ (d) $v_C(0^-)$

(e) $i_C(0^+)$ (f) $i_L(0^+)$ (g) $i_R(0^+)$ (h) $v_C(0^+)$

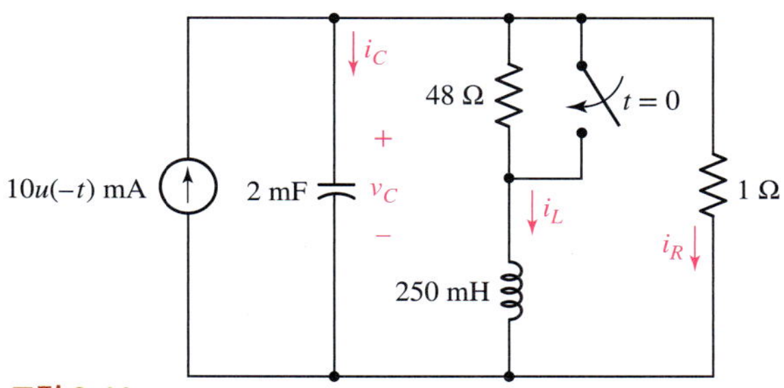

그림 9.41

15. (a) 수동부호규약을 가정하고, 모든 시간 $t > 0$에서 유효한 그림 9.41의 회로의 1 Ω 저항에 걸리는 전압에 대한 방정식을 구하라.

(b) 저항전압의 정착시간을 결정하라.

16. 그림 9.42에 표현된 회로에 대해 다음에 답하라.

(a) 모든 시간 $t > 0$에서 유효한 $v(t)$에 대한 방정식을 구하라.

(b) 최대 인덕터 전류와 이것이 발생하는 시간을 계산하라.

(c) 정착 시간을 결정하라.

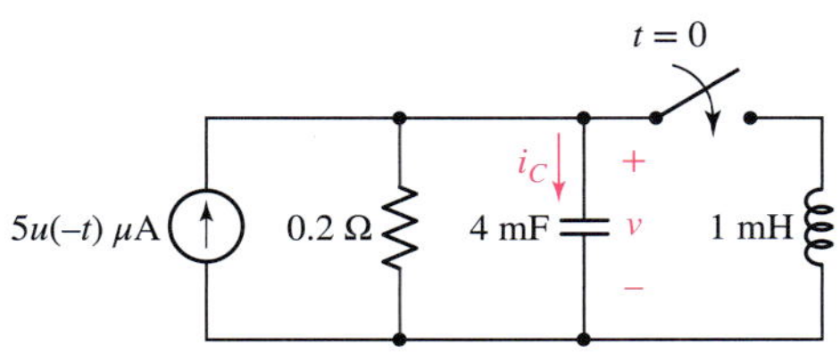

그림 9.42

17. 모든 시간 $t > 0$에서 유효한 그림 9.43에 표기된 전류 $i(t)$와 전압 $v(t)$에 대한 방정식을 구하라.

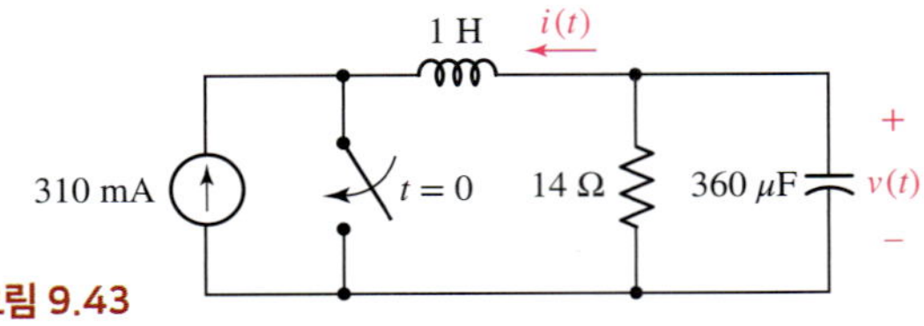

그림 9.43

18. 그림 9.43의 회로에서 14 Ω의 저항을 1 Ω으로 대체하고 다음에 답하라.

(a) 시간의 함수로 $t > 0$에 커패시터에 저장되는 에너지에 대한 방정식을 구하라.

(b) 커패시터의 에너지가 최대값의 1/2로 감소하는 시간을 결정하라.

(c) SPICE 시뮬레이션을 사용하여 구한 답을 확인하라.

19. 정착시간은 1 s, 감쇠비는 15의 과도감쇠 응답을 갖는 무전원 병렬 *RLC* 회로를 설계하라.

20. 그림 9.44의 회로에서 두 저항이 각각 $R_1 = 0.752\ \Omega$, $R_2 = 1.268\ \Omega$을 갖는 경우 다음에 답하라.

(a) 모든 시간 $t > 0$에 대해 유효한 커패시터에 저장되는 에너지에 대한 수식을 구하라.

(b) i_A로 표기된 전류의 정착시간을 구하라.

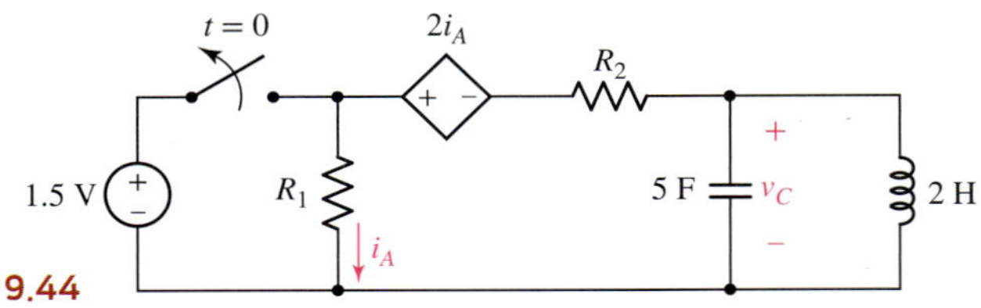

그림 9.44

9.3 임계감쇠

21. 8 H 인덕턴스를 갖는 전동기 코일은 2 μF 커패시터와 미지의 값을 갖는 저항과 병렬로 연결되어 있다. 병렬결합의 응답은 임계감쇠로 결정된다. 다음에 답하라.

(a) 저항값을 결정하라.

(b) α를 계산하라.

(c) 상부마디는 v로 표기되고, 하부마디는 접지되었다. $v = R_{ir}$인 경우 저항을 통해 흐르는 전류에 대한 방정식을 기술하라.

(d) 당신의 방정식이 회로 미분방정식의 해임을 검증하라.

$$\frac{di_r}{dt} + 2\alpha\frac{di_r}{dt} + \alpha^2 i_r = 0$$

22. *RLC* 회로에서 임계감쇠에 대한 조건은 공진주파수 ω_0와 지수 감쇠인자 α가 같다는 것이다. 이것은 $L = 4R^2C$의 관계가 성립하게 하며, $1\ \text{H} = 1\ \Omega^2 \cdot \text{F}$을 의미한다. 3개의 단위 각각을 기본 SI 단위로 분리함으로써 이 항등식을 검증하라(2장을 참조하라).

23. 임계감쇠 병렬 RLC 회로는 각각 40 Ω, 8 nF, 51.2 μH의 소자값으로 구성된다. 다음에 답하라.

(a) 회로가 실제로 임계감쇠 회로임을 검증하라.

(b) 실제로 제조된 회로가 엄밀히 임계감쇠가 아닐 수 있는 이유를 설명하라.

(c) 커패시터가 초기에 방전되는 동안 인덕터는 초기에 1 mJ의 에너지를 저장한다. t = 500 ns에서 커패시터 전압의 크기, 최대 절대 커패시터 전압 및 정착시간을 결정하라.

DP **24.** 무전원 병렬 RLC 회로의 초기 커패시터전압은 9 V, 인덕터 전류는 0이다. 20 μs 이상의 시간에서 전압 진동이 100 mV 미만으로 전달되는 임계감쇠 회로를 설계하라. 저항은 10 Ω에서 1 kΩ이다.

25. 임계감쇠 병렬 RLC 회로는 40 Ω, 2 pF의 소자값으로 구성된다. 다음에 답하라.

(a) 과도로 근사화하지 말고 L의 값을 결정하라.

(b) 실제로 제조된 회로가 엄밀히 임계감쇠가 아닌 것 같은 이유를 설명하라.

(c) 커패시터가 초기에 10 pJ을 저장하는 동안 인덕터는 에너지를 저장하지 않는다. t = 2 ns에서 저항에 의해 소비된 전력을 구하라.

26. 그림 9.45의 회로에서 $i_s(t) = 30u(-t)$ mA인 경우 다음에 답하라.

(a) $v(0^+)$ = 6 V이 되기 위한 R_1을 선택하라.

(b) v(2 ms)를 계산하라.

(c) 커패시터 전압의 정착시간을 결정하라.

(d) 인덕터 정류의 정착시간이 (c)에서 구한 답과 동일한가?

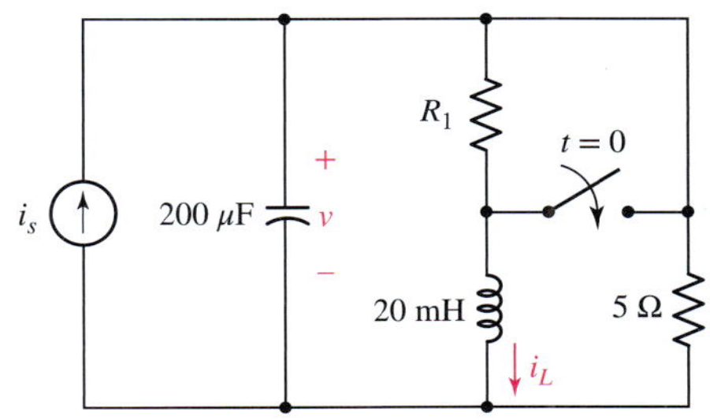

그림 9.45

27. 그림 9.43 회로에서 회로 응답이 지금 임계감쇠가 되도록 인덕터를 바꾼다. 다음에 답하라.

(a) 새로운 인덕터의 값을 결정하라.

(b) t = 10 ms에서 인덕터와 커패시터 모두에 저장되는 에너지를 계산하라.

28. 그림 9.44의 회로를 종속 전원을 제어하는 양이 $-60i_A$, 2 μF 커패시터가 대신 사용되고 $R_1 = R_2$ = 10 Ω이 되도록 재구성한다. 다음에 답하라.

(a) 임계감쇠 응답을 얻는 인덕터 값을 계산하라.

(b) t = 300 μs에서 R_2에 의해 흡수되는 전력을 결정하라.

9.4 과소감쇠 병렬 RLC 회로

29. 다음에 답하라.

(a) 병렬 RLC 회로에 대해 응답이 과소감쇠 되기 위한 R에 대한 수식을 C와 L의 항으로 유도하라.

(b) C = 1 nF이고, L = 10 mH일 때 바로 과소응답이 되는 R을 선택하라.

(c) 감쇠비가 증가하면 회로는 더 혹은 덜 과소감쇠가 되는가? 설명하라.

(d) (b)에서 선택한 R값에 대한 α와 ω_d을 계산하라.

30. 그림 9.1의 회로는 10 kΩ, 72 μH, 18 pF의 소자값을 사용하여 구성된다. 다음에 답하라.

(a) α, ω_d, ω_0를 계산하라. 회로는 과도감쇠, 임계감쇠 혹은 과소감쇠인가?

(b) 커패시터 전압의 자연응답 $v(t)$의 형태를 기술하라.

(c) 커패시터가 초기에 1 nJ의 에너지를 저장한다면 t = 300 ns일 때 v를 계산하라.

31. 그림 9.1에 나타낸 무전원 회로는 10 mH 인덕터, 1 mF 커패시터 그리고 1.5 kΩ 저항을 사용하여 구성된다. 다음에 답하라.

(a) α, ω_d, ω_0를 계산하라.

(b) $t > 0$에서 전류 i를 나타내는 방정식을 기술하라.

(c) 인덕터는 초기에 저장 에너지가 없고 $v(0^-) = 9$ V라면, i의 최대값과 최대값이 발생하는 시간을 결정하라.

32. 다음에 답하라.

(a) 문제 31에 나타낸 회로에서 저항값이 1.5 kΩ, 15 kΩ, 150 kΩ인 경우 전류 i의 그래프를 그려라. 3개의 별도 그래프를 그리고 각 경우에서 대응 시간축을 정착시간으로 확장하라.

(b) 대응 정착시간을 결정하라.

33. R이 다음과 같을 때 $t > 0$에서 $v(t)$를 구하기 위해 문제 31에 그려진 회로를 해석하라.

(a) 2 kΩ

(b) 2 Ω

(c) $0 \le t \le 60$ ms에서의 2개 응답의 그래프를 그려라.

(d) 적절한 SPICE 시뮬레이션을 사용하여 구한 답을 검증하라.

34. 무전원 병렬 *RLC* 회로의 5 μF의 커패시터와 10 mH의 인덕터로 구성된다. SPICE를 이용하여 저항이 50 Ω에서 200 Ω로 변할 때 10 Ω 간격으로 시뮬레이션하라. 이 범위 내에서 3 ms 이상의 시간 동안 진동이 ±200 mV 미만이 되도록하는 저항을 구하라. step 명령 외에, **.meas tran output max abs(V(Vx)) trig at=3m** 명령을 이용하여 3 ms 이상의 시간에서 최대 전압 **Vx**를 구할 수 있다. SPICE 로그 파일에 데이터를 저장하려면 **.save** 명령을 호출해야 한다.

35. 그림 9.46의 회로에서 다음을 결정하라.

(a) $i_C(0^-)$　(b) $i_L(0^-)$　(c) $i_R(0^-)$　(d) $v_C(0^-)$

(e) $i_C(0^+)$　(f) $i_L(0^+)$　(g) $i_R(0^+)$　(h) $v_C(0^+)$

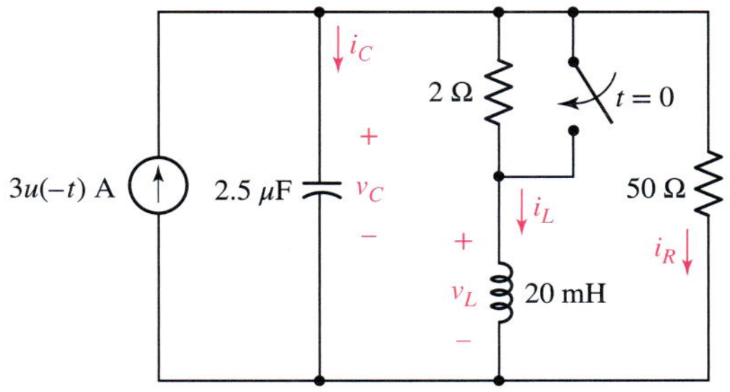

그림 9.46

36. $t > 0$일 때, 그림 9.46의 회로에서 $v_L(t)$에 대한 방정식을 구하라. 파형을 그리고 정착시간을 확인하라.

37. 그림 9.47의 회로에 대해 다음을 결정하라.

(a) $v(t) = 0$일 때의 처음 시간 $t > 0$

(b) 정착시간

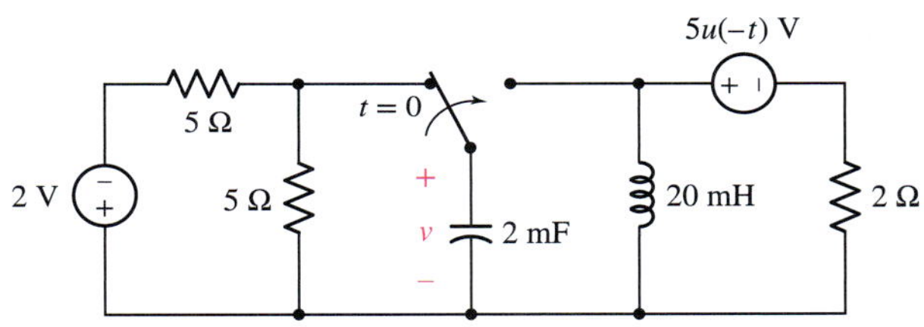

그림 9.47

38. 다음에 답하라.

(a) 100 rad/s의 주파수로 진동하고, $t = 0$에서 10 V의 최대값을 가지며 두 번째 및 세 번째 최대값이 6 V 이상인 커패시터 전압을 발생하는 병렬 RLC 회로를 설계하라.

(b) 적절한 SPICE 시뮬레이션을 사용하여 구한 답을 검증하라.

39. 그림 9.48에 그려진 회로는 간신히 과소감쇠가 된다. 다음에 답하라.

(a) α와 ω_d를 계산하라.

(b) $t > 0$에서 $i_L(t)$에 대한 방정식을 구하라.

(c) $t = 200$ ms에서 커패시터와 인덕터에 저장되는 에너지를 결정하라.

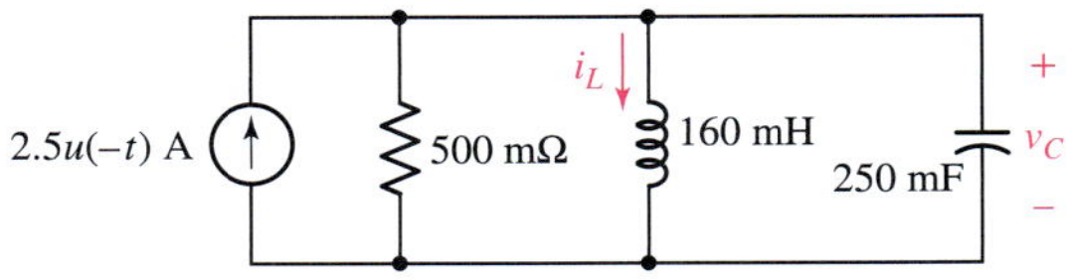

그림 9.48

40. 그림 9.48의 회로를 구성할 때 우연히 실수로 500 MΩ 저항을 장착하였다. 다음에 답하라.
(a) α와 ω_d를 계산하라.
(b) $t > 0$에서 유효한 $i_L(t)$에 대한 방정식을 구하라.
(c) 인덕터에 저장된 에너지가 최대값의 10%가 될때까지 걸리는 시간을 결정하라.

9.5 무전원 직렬 *RLC* 회로

41. 그림 9.22*a*의 회로는 160 mF 커패시터와 250 mH 인덕터를 사용하여 구성된다. 다음을 구하기 위해 필요한 *R*의 값을 결정하라.
(a) 임계감쇠 응답
(b) 바로 간신히 과소감쇠 된 응답
(c) 회로가 병렬 *RLC* 회로인 경우, (a)와 (b)에서 구한 답들을 비교하라.

42. $R = 2\ \Omega$, $C = 1$ mF, $L = 2$ mH의 소자값들이 그림 9.22*a*에 나타낸 회로를 구성하기 위해 사용된다. $v_C(0^-) = 1$ V이고, 초기에 인덕터를 통해 흐르는 전류가 없다면 $t = 1$ ms, 2 ms, 3 ms에서의 i(t)를 계산하라.

43. 무전원 *RC* 회로는 150 Ω 저항과 25 mH 인덕터, 그리고 50 μF의 커패시터를 사용하여 구성된다. 초기에 전류가 300 mA이고 커패시터가 방전될 때, 회로에 대한 전류 응답을 그리고 $t = 6$ ms에서 값을 구하라.

44. 문제 42의 간단한 3소자 직렬 *RLC* 회로는 같은 소자값을 가지고 구성되나 초기 커패시터 전압 $v_C(0^-) = 2$ V이고 초기 인덕터 전류 $i(0^-) = 1$ mA이다. 다음에 답하라.
(a) 모든 $t > 0$대해 유효한 $i(t)$에 대한 방정식을 구하라.
(b) 적절한 시뮬레이션을 사용하여 구한 답을 검증하라.

45. 그림 9.23의 직렬 *RLC* 회로는 $R = 1$ kΩ, $C = 2$ mF, $L = 1$ mH을 사용하여 구성된다. $t = 0^-$에서 초기 커패시터 전압 v_C는 −4 V이다. 초기에 인덕터를 통해 흐르는 전류는 없다. 다음에 답하라.
(a) $t > 0$에 대한 유효한 $v_C(t)$에 대한 방정식을 구하라.
(b) $0 \le t \le 6\ \mu s$에 대해 개략적으로 작도하라.

46. 그림 9.49에 그려진 회로에 대해 다음을 계산하라.
(a) α (b) ω_0 (c) $i(0^+)$ (d) $di/dt|_{0^+}$ (e) $t = 6$ s에서의 $i(t)$

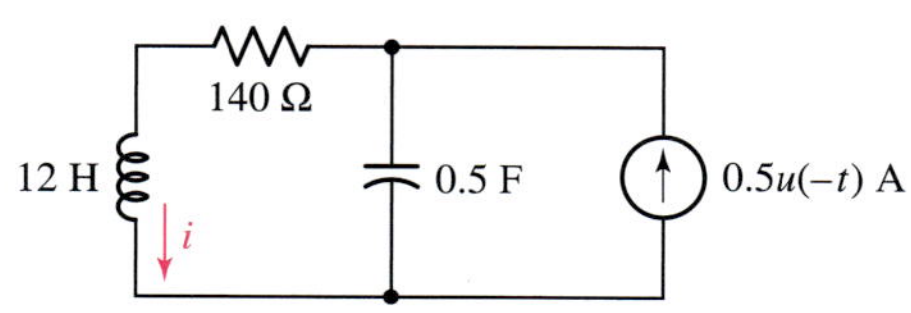

그림 9.49

47. 모든 $t > 0$에서 유효한 그림 9.50의 회로에 표기된 v_C에 대한 방정식을 구하라.

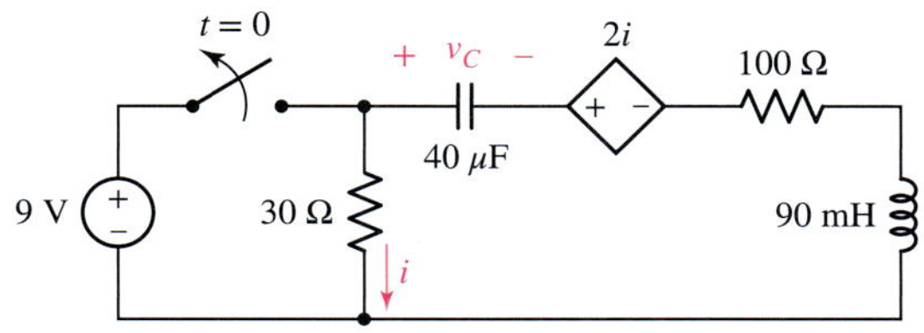

그림 9.50

48. 그림 9.50의 직렬 *RLC* 회로를 참조하여 다음에 답하라.

(a) $t > 0$에서 i에 대한 방정식을 구하라.

(b) i(0.8 ms)와 i(4 ms)를 계산하라.

(c) 적절한 SPICE 시뮬레이션을 사용하여 (b)의 답을 검증하라.

49. 모든 $t > 0$에서 유효한 그림 9.51에 표기된 i_1에 대한 방정식을 구하라.

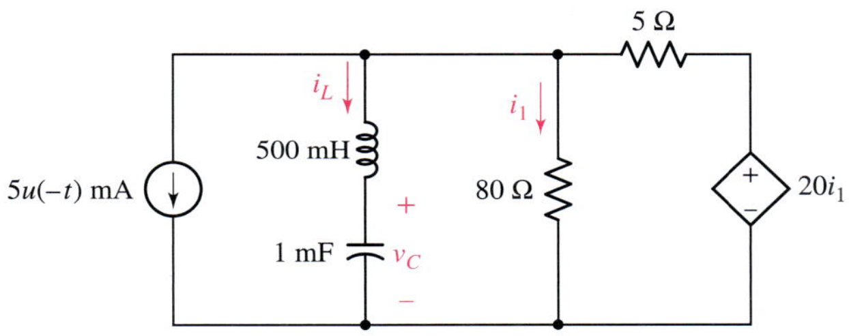

그림 9.51

9.6 *RLC* 회로의 완전응답

50. 그림 9.52의 회로에서, 스위치는 커패시터가 장시간 방전된 상태에서 a의 위치에서, $t = 0$일 때 b로 이동하였다. 커패시터 및 인덕터의 초기 및 최종 조건을 구하라(각 소자의 모든 전류 및 전압).

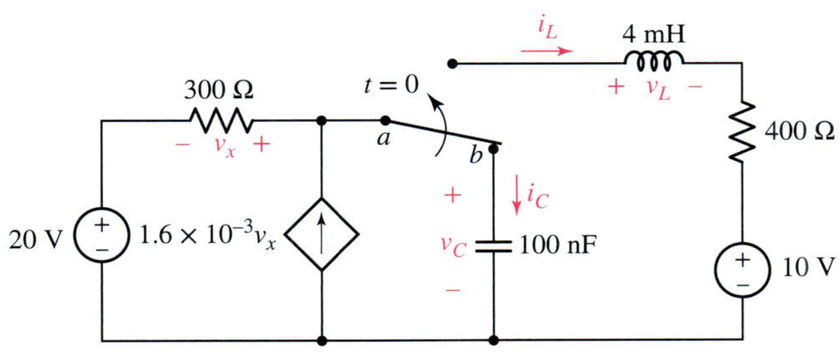

그림 9.52

51. 그림 9.52의 회로에서, $t > 0$에서 커패시터 전압 $v_C(t)$를 구하라.

52. 그림 9.53의 직렬 회로에서 $R = 1\ \Omega$으로 설정하고 다음에 답하라.

(a) α와 ω_0를 계산하라.

(b) $i_s = 3u(-t) + 2u(t)$ mA인 경우, $v_R(0^-)$, $i_L(0^-)$, $v_C(0^-)$, $v_R(0^+)$, $i_L(0^+)$, $v_C(0^+)$, $i_L(\infty)$, $v_C(\infty)$를 계산하라.

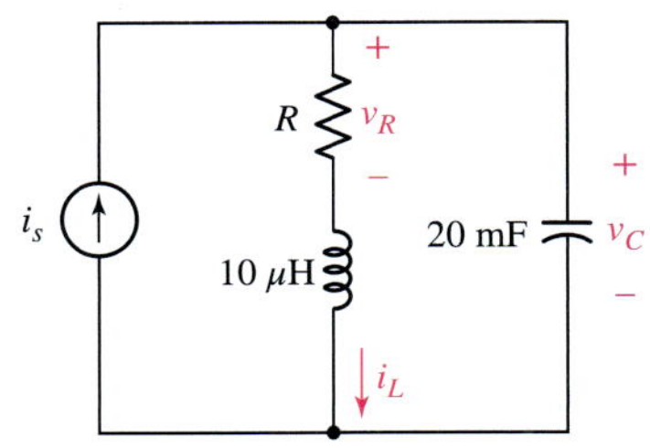

그림 9.53

53. $t = 0^+$에서 그림 9.54에 표기된 각 전압과 전류의 변수의 도함수를 계산하라.

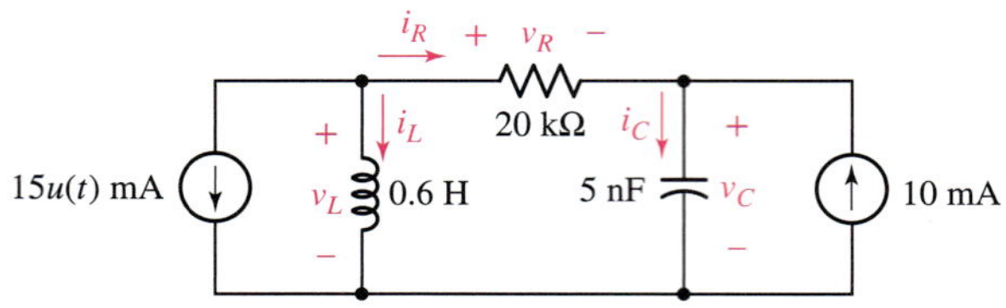

그림 9.54

54. 그림 9.55에 그려진 회로를 고려하라. $v_s(t) = -8 + 2u(t)$ V인 경우 다음을 계산하라.

(a) $v_C(0^+)$ (b) $i_L(0^+)$ (c) $v_C(\infty)$ (d) $v_C(t = 150\text{ ms})$

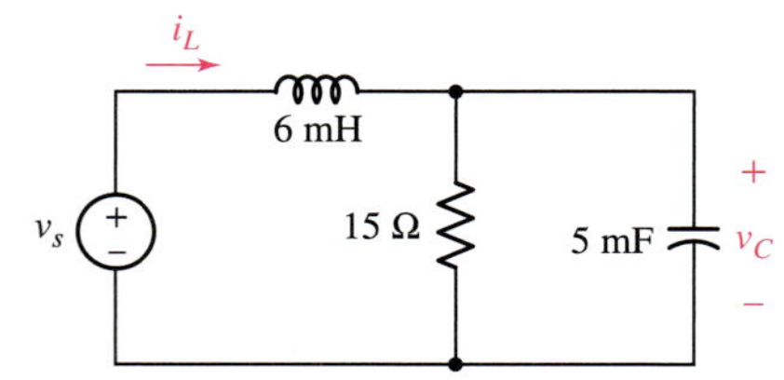

그림 9.55

55. 그림 9.55의 회로에서 15 Ω 저항이 500 mΩ으로 교체된다. 공급 전압이 $v_s = 1 - 2u(t)$로 주어진 경우 다음을 결정하라.

(a) $i_L(0^+)$ (b) $v_C(0^+)$ (c) $i_L(\infty)$ (d) $v_C(4\text{ ms})$

56. 그림 9.56의 회로에서, (a) $i_1 = 8 - 10u(t)$ mA이면 $t > 0$에 대해 유효한 i_L에 대한 식을 구하고, (b) $0 \le t \le 2$ ms에서의 결과를 그래프로 그려라.

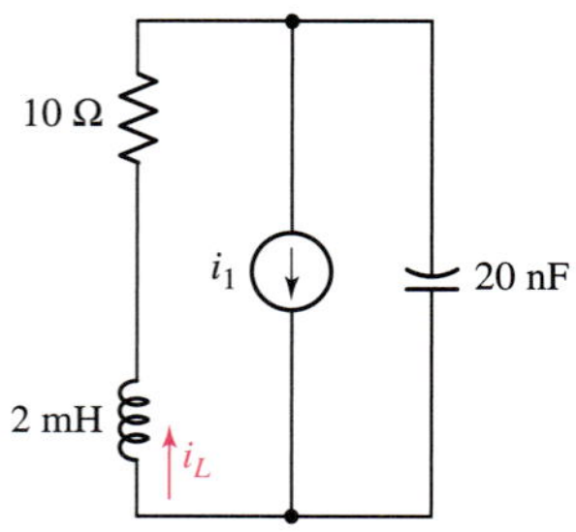

그림 9.56

57. 그림 9.56의 직렬 *RLC* 회로의 10 Ω 저항이 1 kΩ 저항으로 교체된다. 전원은 $i_1 = 5u(t) - 4$ mA이다. 모든 $t > 0$에 대해 유효한 i_L에 대한 방정식을 구하라.

58. 그림 9.57에 나타낸 회로에 대해 다음에 답하라.

(a) 모든 $t > 0$에 대해 유효한 $v_C(t)$에 대한 방정식을 구하라.

(b) $t = 10$ ms와 $t = 600$ ms에서 v_C를 결정하라.

(c) 적절한 SPICE 시뮬레이션을 사용하여 (b)의 답을 검증하라.

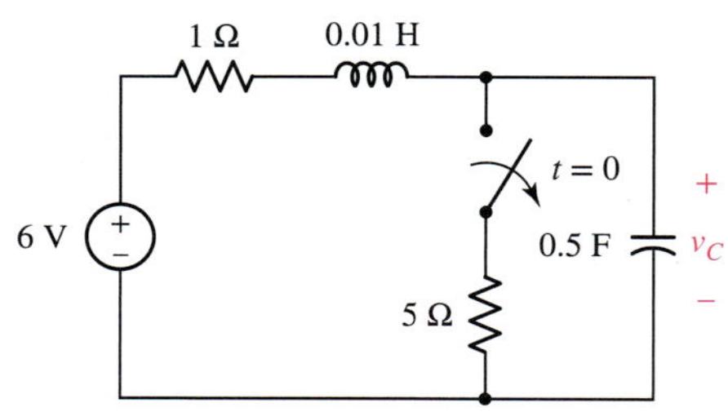

그림 9.57

59. 그림 9.57의 1 Ω 저항은 100 mΩ으로 교체하고, 5 Ω 저항은 200 mΩ 저항으로 교체하라. 수동부호규약을 가정하고, (a) $t > 0$에서 유효한 커패시터 전류에 대한 방정식을 구하고, (b) $0 \le t \le 2$ s에서 그래프를 그려라.

DP 60. 2 μH 인덕터, 500 nF 커패시터 및 50 Ω의 저항을 가지는 회로가 있다. 이 값으로 직렬 또는 병렬회로를 엄격하게 구성하여 사용하면 바람직하지 않은 진동이 있거나 또는 너무 빠른 과도 현상이 발생한다. 50 μs에서 최종 값의 절반에 도달하는 전압 응답 회로를 설계하라. 주어진 소자를 이용해야지만 저항을 추가할 수는 있다.

61. 다음에 답하라.

(a) 바로 과도감쇠가 되는 응답을 얻기 위해 그림 9.58의 회로에서 나타낸 3 Ω 저항의 값을 조절하라.

(b) $t > 0$에서 $v_C(t)$와 $i_L(t)$을 구하라.

(c) $t > 0$에서 커패시터와인덕터 각각에 해당하는 에너지의 그래프를 구하라.

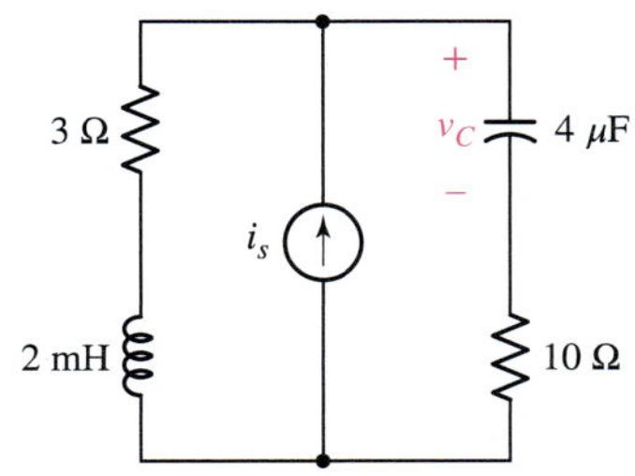

그림 9.58

62. 그림 9.59에서 다음의 시간에 따른 $v_C(t)$와 $i_L(t)$을 구하라.

(a) $0 < t < 2\ \mu s$

(b) $t > 2\ \mu s$

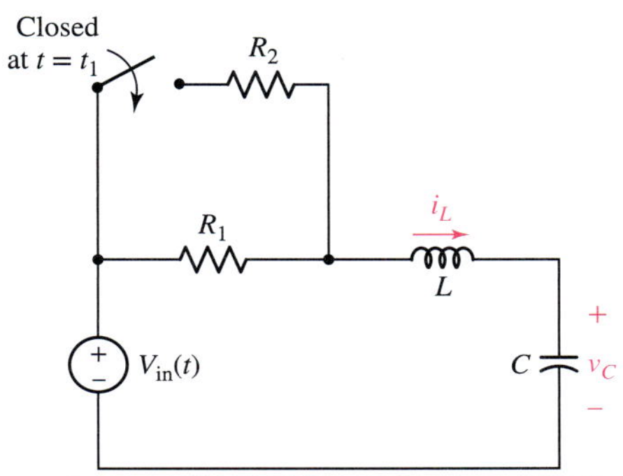

$L = 1\mu H$; $C = 1\mu F$; $R_1 = 2\ \Omega$; $R_2 = 1.5454\ \Omega$;
$V_{in}(t) = [u(t) + 2u(t - t_1)]V$; $t_1 = 2\ \mu s$

그림 9.59

9.7 무손실 LC 회로

63. 그림 9.60에 보여진 LC 회로의 $t = 0$에서 커패시터는 20 pJ의 초기 에너지를 가지고 있으며, 인덕터는 에너지를 저장하고 있지 않는다.

(a) $t > 0$에서 커패시터의 전압과 전류를 구하라.

(b) $0 < t < 5$ ns에서 커패시터와 인덕터에 저장된 에너지를시간의 함수로 나타내어라.

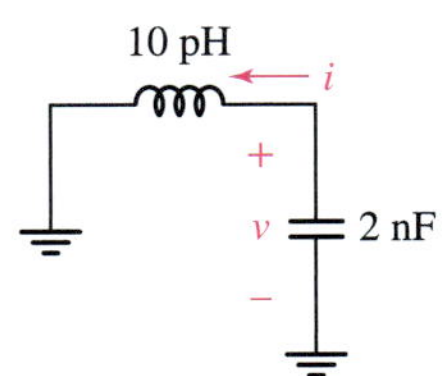

그림 9.60

DP **64.** 그림 9.60에 보여진 LC 회로의 전압 응답을 모델링하기 위한 연산증폭기 회로를 설계하라.

DP **65.** 그림 9.61을 참고하고 $t > 0$에 대해 출력이 $i(t)$가 되는 연산증폭기 회로를 설계하라.

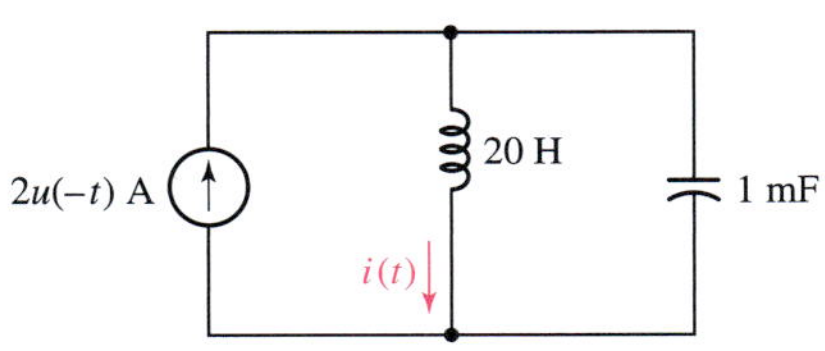

그림 9.61

66. 그림 9.62의 회로에서 스위치가 오랫동안 닫혀 있다고 가정한다. $t = 0$에서 스위치가 열리고 $t = t_1 = 2\pi$ s에서 다시 닫힌다.

(a) $0 < t < t_1$ 및 $t > t_1$에서 $v(t)$에 대한 식을 구하라.

(b) 그래프를 그려라.

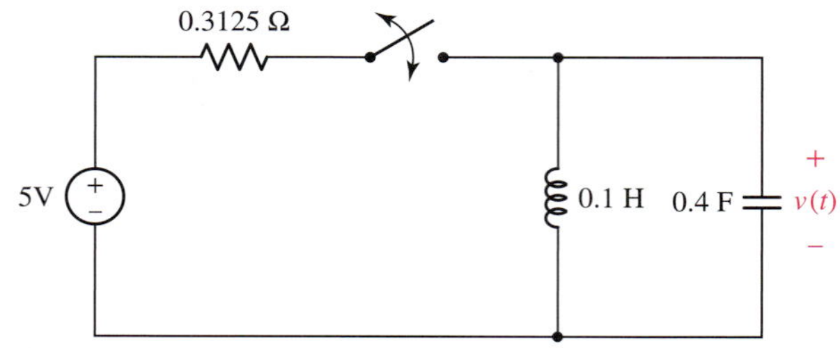

그림 9.62

9장 통합문제

67. 그림 9.63 회로의 커패시터는 1 F로 설정한다. 다음의 t에 대해 $v_C(t)$를 결정하라.

(a) $t = -1$ s (b) $t = 0^+$ (c) $t = 20$ s

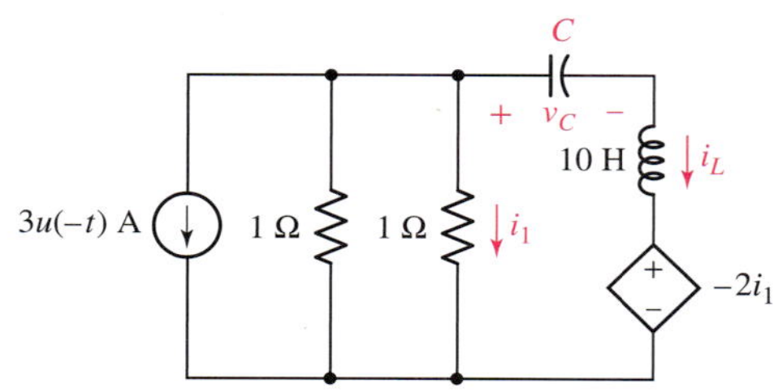

그림 9.63

68. 특정 로봇 팔은 동작을 시작하기 위해 전류 펄스 인가가 필요하다. 1 ms 에서 500 mA의 진폭으로 50 Ω 부하에 전류 펄스를 제공하고 1 ms 이상일 때 250 mA 이상의 전류를 유지하는 RLC 회로를 설계하라. 전류 펄스는 $t > 15$ ms 에서 50 mA 이하로 감소해야 한다. MATLAB 또는 SPICE를 이용하여 결과를 그리고 분석하여 검증하라.

69. 스파크 발생기는 10 kV에서 짧은 전압 펄스를 필요로한다. 5 μs에서 10 kV의 진폭으로 1 kΩ 부하에 전압 펄스를 제공하고, 5 μs 이상일 때 5 kV 이상의 전압을 유지하는 *RLC* 회로를 설계하라. 전압 펄스는 $t > 50$ μs에서 500 V 이하로 감소해야 한다. MATLAB 또는 SPICE를 이용하여 결과를 그리고 분석하여 검증하라(회로를 구성하기 전에 회로 소자가 높은 전압에서 작동할 수 있는지 확인하라).

70. 자동차 서스펜션 시스템의 물리적 특성은 *RLC* 회로와 유사하다. 미분방정식은 다음과 같다.

$$m\frac{d^2p(t)}{dt^2} + \mu_f\frac{dp(t)}{dt} + Kp(t) = 0$$

여기서 $p(t)$는 충격 흡수기 실린더 내의 피스톤의 위치 변수이고, m은 바퀴의 질량, μ_f는 마찰계수, K는 스프링 상수이다. 그림 9.64는 등가회로를 나타낸다. 서스펜션은 $t = 0$ ($p(0) = 0$)에서 초기위치에 있다고 가정하지만, dp/dt가 $t = 0$에서 $\frac{1}{15}$ ms와 같은 충돌을 경험하게 된다. 등가 회로 해석과 MATLAB 또는 SPICE를 이용하여 $\mu_f = 300$, 750 및 1500 N·s/m인 경우 $p(t)$를 그려라. 이 시스템의 스프링 상수 $K = 22$ kN/m이고, 바퀴 질량 $m = 30$ kg이다.

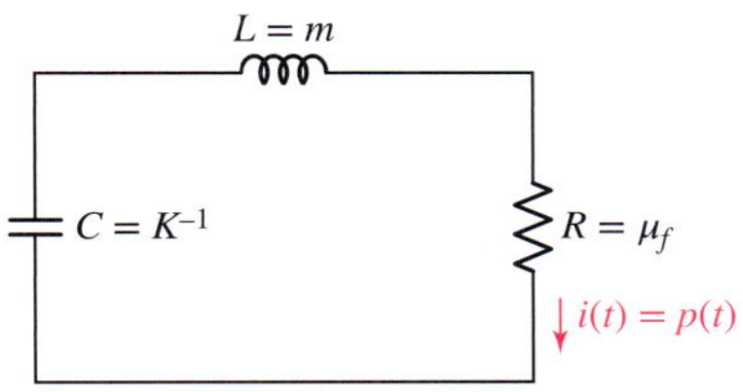

그림 9.64

71. 무손실 LC 회로를 이용하여 제어된 주파수 발진을 제공함으로써 무선통신을 위한 주파수를 생성할 수 있다.

(a) 진폭 5 V 및 주파수 400 kHz의 LC 회로를 설계하라. 가능한 가장 큰 인덕터는 400 nH이다. LC 발진기와 직렬로 0.2 mΩ의 저항이 필요하다고 가정해보라.

(b) 저항으로 주파수가 변하는지, 얼마나 되는지를 결정하라.

(c) 전압 진폭이 4.8 V로 떨어지기 전에 발진기가 작동할 수 있는 최대 시간을 결정하라.

(d) 이 기간 동안의 에너지 손실을 결정하라(MATLAB과 같은 소프트웨어를 사용하면 계산하는 데 유용하다).

10 정현파의 정상상태 해석

Design elements: Cockpit: ©Purestock/SuperStock; Wind Turbins: ©Russell Illig/Getty Images; Circuit Board: ©Shutterstock

서론

선형 전기회로의 완전응답(complete response)은 자연응답(*natural* response)과 강제응답(*forced* response)의 두 부분으로 구성된다. 자연응답은 어떤 조건의 갑작스러운 변화에 대한 회로의 짧은 순간의 과도 응답이다. 강제응답은 주어진 독립전원 소자에 대한 긴 시간 동안의 회로의 정상상태 응답이다. 지금까지는 직류전압원에 기인한 강제응답만이 고려되었다. 또 다른 형태의 매우 일반적인 구동함수가 있는데, 이는 정현함수이다. 이 함수는 주택가나 산업단지에 연결된 전력선의 전압은 물론이고 가정용 전기 소켓에서도 얻을 수 있는 전압 형태를 나타낸다.

이 장에서는 과도 응답이 없다고 가정하고 정현 전압이나 전류가 인가된 회로(전화 충전기, 토스터, 전력 분배망 등)의 정상상태 응답에 대하여 언급한다. 우리는 미적분방정식을 대수방정식으로 변환시키는 강력한 기법을 사용하여 이러한 회로를 해석할 것이다. 이것을 학습하기 전에, 이 장의 전체에 걸쳐서 모든 전류와 전압 식으로 표현될 일반적인 정현파에 대한 몇 가지 중요한 속성들을 간략히 복습하는 것은 매우 유용하다.

중요한 개념

- 정현함수의 특성
- 정현파의 페이저 표현
- 시간과 주파수 영역 사이의 변환
- 임피던스와 어드미턴스
- 주파수 영역에서 직렬과 병렬의 조합
- 리액턴스와 서셉턴스
- 페이저를 이용한 강제응답의 결정
- 주파수 영역에서 회로 해석법의 적용

10.1 정현파의 특성

다음과 같이 정현적으로 변하는 전압에 대해 생각해보자.

$$v(t) = V_m \sin \omega t$$

그림 10.1*a*와 *b*에서 그래프로 나타내고 있다. V_m은 정현파의 **진폭**(*amplitude*), ωt는 그 파라미터, ω는 라디안 **주파수**(*radian frequency*) 또는 **각주파수**(*angular frequency*)라고 한다. 그림 10.1*a*에서 $V_m \sin \omega t$는 파라미터 ωt의 함수로 그려져 있으며 정현파의 주기적인 성질이 명백

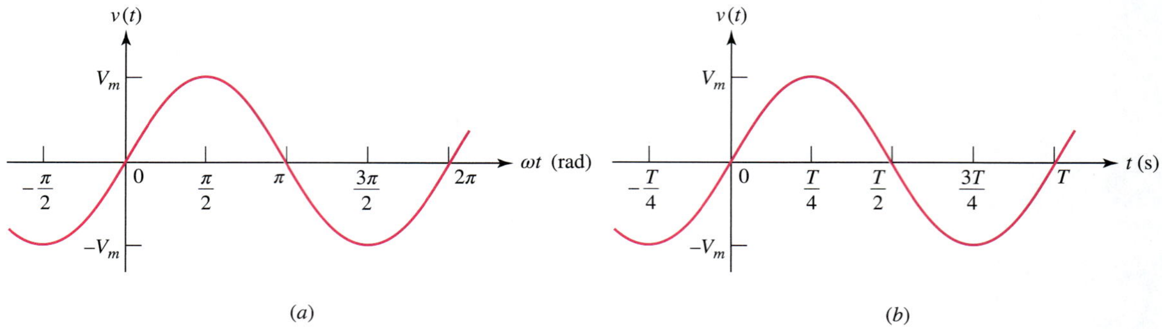

그림 10.1 정현파 함수 $v(t) = V_m \sin \omega t$의 파형. (*a*) ωt의 함수. (*b*) t의 함수.

히 나타나 있다. 이 함수는 2π마다 같은 파형을 반복하므로 **주기**(*period*)는 2π 라디안이다. 그림 10.1*b*에서 $V_m \sin \omega t$는 시간 t의 함수로 그 주기는 T이다. 주기가 T인 정현파의 **주파수**(*frequency*) f는 $1/T$ Hz이다. 따라서

$$f = \frac{1}{T}$$

그리고

$$\omega T = 2\pi$$

이므로, 주파수와 각주파수 사이에 다음 관계식을 얻을 수 있다.

$$\boxed{\omega = 2\pi f}$$

위상의 뒤짐과 앞섬

정현파의 더 일반적인 형태는

$$v(t) = V_m \sin(\omega t + \theta) \qquad [1]$$

로 파라미터에는 위상각(*phase angle*) θ이 포함되어 있다. 그림 10.2는 식 [1]을 ωt의 함수로 그린 것이다. 위상각은 점선으로 나타낸 원래의 정현파(초록색으로 그림에 표시되어 있음)가 왼쪽으로 이동한 각도(단위는 라디안)이며 시각적으로 앞서 있음을 나타낸다. 정현파 $V_m \sin(\omega t + \theta)$ 상에 대응하는 각 점들이 θ 라디안 또는 θ/ω초만큼 앞서서 나타나므로 $V_m \sin(\omega t + \theta)$는 $V_m \sin(\omega t + \theta)$보다 θ만큼 **앞선다**

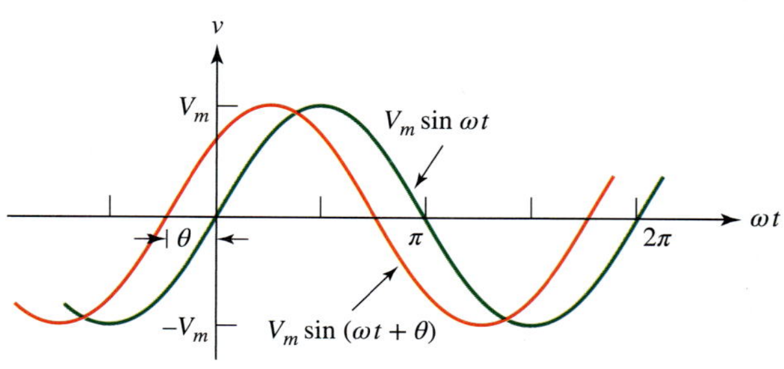

그림 10.2 정현파의 위상 관계. $V_m \sin(\omega t + \theta)$가 $V_m \sin \omega t$보다 θ 라디안만큼 위상이 앞선다.

(*leading*)고 말한다. 따라서 $\sin \omega t$는 $\sin(\omega t + \theta)$보다 θ만큼 **뒤진다**(*lagging*)라고 하거나 $\sin(\omega t - \theta)$보다 θ만큼 앞선다고 말한다.

앞섬이나 뒤짐의 경우는 모두 위상이 어긋남(*out-of-phase*)이라고 말하며, 두 정현파의 위상각이 같은 경우에는 동상(*in-phase*)이라고 말한다.

전기공학에서 보통 도(degree)라는 기호를 많이 사용하므로 위상각은 라디안보다 주로 도(degree)로 나타낸다. 따라서 혼동을 피하기 위하여 이 책에서는 항상 도 단위를 기본으로 사용하도록 한다. 즉

라디안을 각도로 바꾸기 위해서는 각도에 $180/\pi$를 곱하여야 한다.

$$v = 100\sin\left(2\pi 1000t - \frac{\pi}{6}\right)$$

와 같이 쓰는 대신에

$$v = 100\sin(2\pi 1000t - 30°)$$

라고 주로 쓰는 것이 상례이다.

예를 들어, $t = 10^{-4}$에서와 같이 특정시간에서의 위의 값을 구하면 $2\pi 1000t$는 0.2π 라디안이 되지만, 그것으로부터 30°를 빼기 전에 0.2π 라디안이 아닌 36°로 표현이 되어야 한다. 한 수식 내에서 여러 단위를 혼용하지 않도록 주의하여야 한다.

위상차를 비교하고자 하는 2개의 정현파는

1. 2개의 파형 모두 반드시 사인 파형으로 쓰여지거나 2개 모두 코사인 파형으로 쓰여져야 한다.
2. 2개의 파형 모두 반드시 양의 진폭값을 갖도록 쓰여져야 한다.
3. 각각은 반드시 같은 주파수를 가져야 한다.

사인을 코사인으로 변환하는 방법

두 정현파는 본질적으로 같은 함수이지만 90°의 위상 차이가 있다. 따라서 $\sin \omega t = \cos(\omega t - 90°)$이다. 정현함수의 파라미터에 360°의 정수배를 더하거나 빼도 그 함수의 값은 변하지 않는다. 따라서 함수 v_1를

주의:
$-\sin \omega t = \sin(\omega t \pm 180°)$
$-\cos \omega t = \cos(\omega t \pm 180°)$
$\mp\sin \omega t = \cos(\omega t \pm 90°)$
$\pm\cos \omega t = \sin(\omega t \pm 90°)$

$$\begin{aligned} v_1 &= V_{m_1}\cos(5t + 10°) \\ &= V_{m_1}\sin(5t + 10° + 90°) \\ &= V_{m_1}\sin(5t + 100°) \end{aligned}$$

라 하고, v_2를

$$v_2 = V_{m_2}\sin(5t - 30°)$$

이라 할 때, v_1은 v_2보다 위상이 130° 앞선다. 또한 이 경우 v_1의 위상은 v_2보다 위상이 230° 뒤진다고 할 수 있으며, v_1을 다음과 같이 쓸 수 있다.

$$v_1 = V_{m_1}\sin(5t - 260°)$$

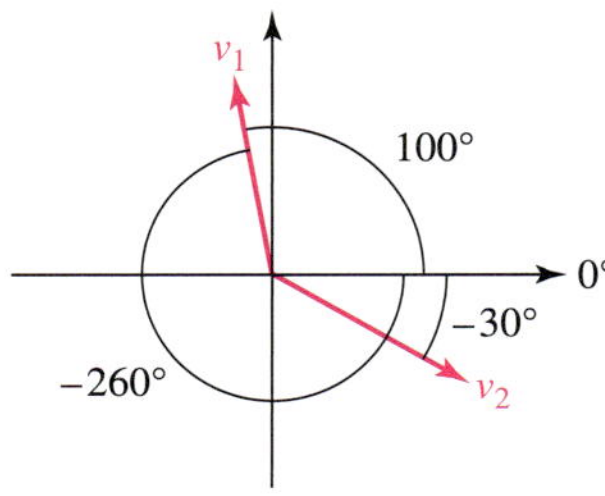

그림 10.3 2개의 정현파 v_1과 v_2의 그래프 표현. 각각의 사인함수의 크기는 해당되는 화살표의 길이에 의해 표시된다. 여기서 위상각은 양(+)의 x축의 방향을 기준으로 하여 표시된다. 위 도형에서 v_1은 v_2를 100° + 30° + 130°만큼 앞서고 있다. 혹은 v_2가 v_1을 230°만큼 앞서고 있다고 할 수 있다. 하지만 위상차는 180° 이하의 값으로 표시하는 것이 일반적이다.

우리는 v_{m_1}과 v_{m_2}를 모두 양의 정수로 가정한다. 그림 10.3에 있는 그래프가 보여주듯이 두 정현파의 주파수는 반드시 같아야 하며(이 경우 둘다 5 rad/s), 서로 주파수가 다른 두 정현파를 비교하는 것은 의미가 없다. 일반적으로 2개의 정현파 사이의 위상차는 180° 이하의 값으로 표현한다.

두 정현파 사이의 앞섬과 뒤짐의 관계에 대한 개념은 광범위하게 사용되는 것이므로, 위상차 관계를 수학적으로 뿐만 아니라 그래프적으로도 잘 인식하고 있어야 한다.

익힘문제 10.1

$v_1 = 120\cos(120\pi t - 40^\circ)$ V이고 i_1이 다음과 같을 때, v_1보다 뒤지는 각을 구하라.

(a) $2.5\cos(120\pi t + 20^\circ)$ A

(b) $1.4\sin(120\pi t - 70^\circ)$ A

(c) $-0.8\cos(120\pi t - 110^\circ)$ A

답: −60°; 120°; −110°.

익힘문제 10.2

$40\cos(100t - 40^\circ) - 20\sin(100t + 170^\circ) = A\cos 100t + B\sin 100t = C\cos(100t + \theta)$일 때, A, B, C 및 θ의 값을 구하라.

답: 27.2; 45.4; 52.9; −59.1°.

10.2 정현함수의 강제응답

이제 정현파의 표시법과 수학적인 특성들을 잘 알게 되었으므로 간단한 회로에 정현 구동함수를 인가하였을 때 강제응답을 구하는 문제에 대해 알아보자. 우선 주어진 회로에 적용되는 미분방정식을 작성한다. 이 방정식의 완전해는 보조해(**자연응답**(*natural response*))와 특수적분(**강제 응답**(*forced response*))의 두 부분으로 구성된다. 이 장에서 하고자 하는 방법은 회로의 짧은 시간 동안에만 존재하는 과도응답이나 자연응답에 관해서가 아니라 긴 시간(long term) 혹은 정상상태 응답에 대해 중점을 둔다.

정현파 정상상태 응답

정상상태 응답(*steady-state response*)은 **강제응답**과 동의어로 쓰이고 이제 분석하려고 하는 회로는 흔히 '**정현파의 정상상태**' 안에 있다고 할 수 있다. **정상상태**를 '시간에 따라 불변하는'의 뜻으로 오해하는 학생도 있는데 이것은 구동함수가 직류일 때는 옳지만 정현파일 경우의 정상상태 응답은 시간에 따라 변하는 것이다. 정상상태란 단순히 과도응답 또는 자연응답이 소멸된 후에 도달되는 상태를 의미한다.

강제응답은 구동함수의 수학적 형태에 모든 도함수(derivative)들과 제일 적분(first integral)을 더한 형태를 가지고 있다. 이러한 지식을 가지고 강제응답을 구할 수 있는 방법 중의 하나는, 이러한 함수들의 합으로 구성된 해를 가정하는 것이다. 여기서 각각의 함수는 미분방정식에서 직접 대입을 통해 결정되는 미지(unknown)의 진폭을 가지고 있다. 이것은 장황한 방법이긴 하지만 개념적으로는 가장 쉬운 방법이며, 향후 더 쉬운 대안을 찾기 위한 충분한 동기부여를 위하여 이 장에서는 이 방법을 사용하기로 한다.

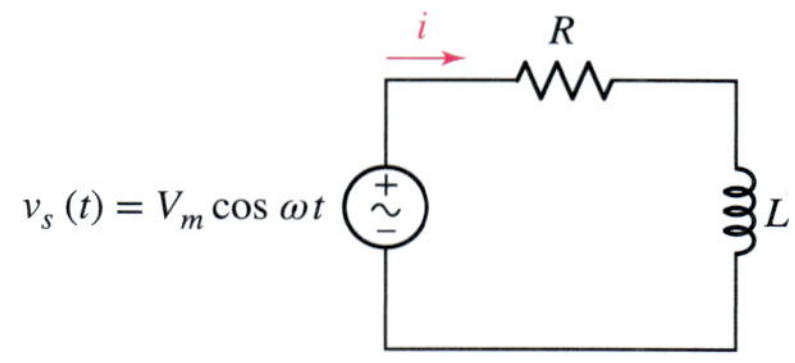

그림 10.4 강제응답을 구하기 위한 *RL* 직렬회로.

그림 10.4에서와 같은 *RL* 직렬회로에 대하여 생각해 보자. 정현파 전원 전압 $v_s = V_m \cos \omega t$가 굉장히 오랜 시간 전에 이 회로에 인가되어서 자연응답은 완전히 소멸되었다고 가정하고 이러한 경우의 강제응답, 즉 정상상태 응답을 구하여 보자. 이 응답은 다음 미분방정식을 만족하여야 한다.

$$L\frac{di}{dt} + Ri = V_m \cos \omega t$$

이 식은 간단한 루프(loop)를 따라 KVL을 적용해서 얻어질 수 있다. 도함수(di/dt)가 0이 되는 순간에는 전류 i가 $\cos \omega t$에 비례(즉, $i \propto \cos \omega t$)하는 형태를 가져야 한다. 이와 유사하게 전류가 0이 되는 순간에는 $\sin \omega t$의 형태의 전류를 의미하는 $\cos \omega t$에 반드시 비례하는 도함수를 가져야만 한다. 따라서 강제응답은 일반적으로 다음과 형태를 가진다.

$$i(t) = I_1 \cos \omega t + I_2 \sin \omega t$$

여기서 I_1과 I_2는 V_m, R, L 그리고 ω에 의해서 결정되는 실상수(real constants)이다. 상수나 지수함수는 위의 강제응답 식에 나타나지 않는다. 이렇게 가정한 해를 미분방정식에 대입하면 다음과 같은 식을 얻는다.

$$L(-I_1 \omega \sin \omega t + I_2 \omega \cos \omega t) + R(I_1 \cos \omega t + I_2 \sin \omega t) = V_m \cos \omega t$$

윗식에서 cos 항과 sin 항을 묶으면 다음 식을 얻을 수 있다.

$$(-LI_1 \omega + RI_2) \sin \omega t + (LI_2 \omega + RI_1 - V_m) \cos \omega t = 0$$

이 방정식이 모든 t의 값에 대해서 성립하기 위해서는 $\cos \omega t$와 $\sin \omega t$의 계수들이 각각 영이 되어야 한다. 즉

$$-\omega L I_1 + R I_2 = 0 \quad \text{그리고} \quad \omega L I_2 + R I_1 - V_m = 0$$

이다. 이를 I_1과 I_2에 관해서 풀면 다음과 같다.

$$I_1 = \frac{R V_m}{R^2 + \omega^2 L^2} \qquad I_2 = \frac{\omega L V_m}{R^2 + \omega^2 L^2}$$

따라서 강제응답은

$$i(t) = \frac{RV_m}{R^2 + \omega^2 L^2}\cos \omega t + \frac{\omega L V_m}{R^2 + \omega^2 L^2}\sin \omega t \qquad [2]$$

로 얻어진다.

보다 간결하고 친숙한 형태

식 [2]는 정확하지만 약간 복잡하다. 그러나 하나의 정현파 또는 같은 위상각을 갈은 2개의 정현파로 응답을 표현함으로써 응답에 대한 더 명확한 형태를 얻을 수 있다. 단일 코사인 함수로 주파수 응답을 표현하면 다음과 같이 된다.

$$i(t) = A\cos(\omega t - \theta) \qquad [3]$$

몇 가지 유용한 삼각함수 공식이 이 책의 뒷부분에 수록되어 있다.

A와 θ를 구하는 방법은 적어도 두 가지를 고려할 수 있다. 그중 하나는 식 [3]을 원래의 미분방정식에 직접 대입하는 것이고 또 다른 하나는 단순히 식 [2]와 [3]을 같다고 놓는 방법이다. 두 번째 방법을 선택해서 $\cos(\omega t - \theta)$ 함수를 전개하면 다음과 같이 된다.

$$A\cos\theta\cos\omega t + A\sin\theta\sin\omega t = \frac{RV_m}{R^2 + \omega^2 L^2}\cos\omega t + \frac{\omega L V_m}{R^2 + \omega^2 L^2}\sin\omega t$$

남은 과제는 항들을 모아서 약간의 대수 연산을 하는 것인데 이것은 독자에게 맡긴다. 그 결과는

$$\theta = \tan^{-1}\frac{\omega L}{R}$$

그리고

$$A = \frac{V_m}{\sqrt{R^2 + \omega^2 L^2}}$$

이 되어, 따라서 강제응답의 또 다른 표현은 다음과 같이 된다.

$$i(t) = \frac{V_m}{\sqrt{R^2 + \omega^2 L^2}}\cos\left(\omega t - \tan^{-1}\frac{\omega L}{R}\right) \qquad [4]$$

옛적에, (기전력에 대한) 부호 E는 전압을 명시하기 위해 사용되었다. 그리고 인덕터 회로에서는 *전압*이 전류보다 위상이 앞서고, 커패시터 회로에서는 전류의 위상이 *전압*에 앞서는 사실을 기억하기 위해, 모든 학생들은 'ELI the ICE man'로 위상 관계식을 배웠다. 현재 우리는 E 대신에 V를 사용한다.

이 형태를 보면 회로 응답의 진폭은 구동함수의 진폭에 비례함을 알 수 있다. 만약 그렇지 않다면 선형성(linearity)이 성립되지 않는다. 응답의 진폭은 또 R, L, ω가 증가함에 따라 감소하지만 꼭 비례해서 감소하는 것은 아니다. 전류는 인가전압보다 $\tan^{-1}(\omega L/R)$만큼 위상이 뒤지며 위상차는 0과 90° 사이의 값이 된다. $\omega = 0$ 혹은 $L = 0$일 때 전류는 전압과 반드시 동상(in phase)이어야 한다. 그 이유는 전자의 경우($\omega = 0$)는 직류 전류이고 후자의 경우($L = 0$)는 저항성 회로가 되어 결과가 이전 장에서 다루었던 경우와 일치하기 때문이다. 만일 $R = 0$이면 전류가 전압보다 90° 뒤진다. 인덕터에서는 수동부호 규약이 만족되면 전류는 전압보다 위상이 정확히 90° 뒤진다. 비슷한 방법으로 커패시터를 흐르는 전류는 커패시터 양단의 전압보다 90° 앞서는 것을 알 수 있다.

전류와 전압 사이의 위상차는 R에 대한 ωL의 비에 의해 결정된다. ωL을 인덕터의 **유도성 리액턴스**(*inductive reactance*)라고 하며 단위는 옴(ohm)이다. 이것은 정현파 전류가 흐를 때에 인덕터가 저항하는 성질을 나타내는 척도이다.

예제 10.1

과도상태가 이미 소멸된 경우 그림 10.5a의 회로에서 전류 i_L을 구하라.

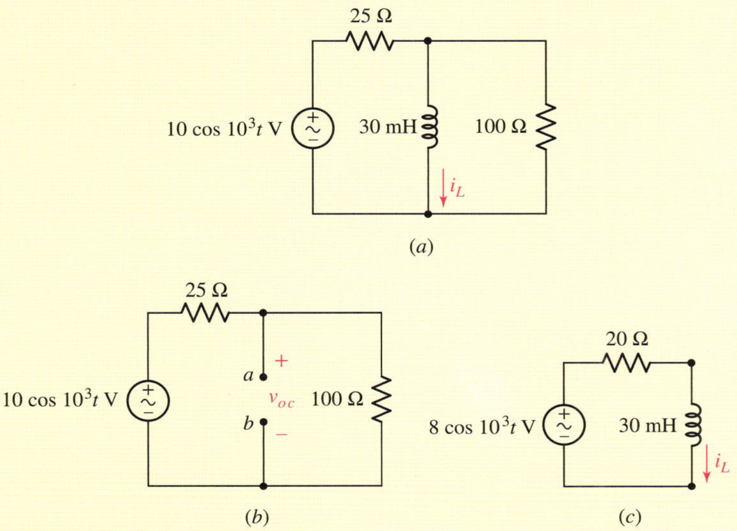

그림 10.5 (a) 전류 i_L을 구하기 위한 예제 10.1의 회로. (b) a, b에서 들여다 본 테브난 등가 회로를 구하기 위한 회로. (c) 단순화된 회로.

이 회로의 전원은 정현파이고 인덕터는 하나이지만 저항이 2개이고 단일 루프가 아니다. 앞서의 해석결과를 적용하려면 그림 10.5b의 단자 a, b에서 관찰한 것과 같이 테브난 등가회로를 구해야 할 필요가 있다.

개방회로 전압 v_{oc}는 다음과 같이 된다.

$$v_{oc} = (10 \cos 10^3 t)\frac{100}{100 + 25} = 8 \cos 10^3 t \text{ V}$$

주어진 회로 내에 종속전원이 존재하지 않으므로 독립전원을 제거하고 수동회로의 저항을 계산하여 R_{th}를 얻는다. 즉 $R_{th} = (25 \times 100)/(25 + 100) = 20\ \Omega$이다.

이제 그림 10.5c에서 보여준 것과 같이 $L = 30$ mH, $R_{th} = 20\ \Omega$, 그리고 전원전압이 $8 \cos 10^3 t$ V인 RL 직렬회로가 되었다. 이렇게 일반적 RL 직렬회로에 대해 유도된 방정식 [4]를 적용하면

$$\begin{aligned} i_L &= \frac{8}{\sqrt{20^2 + (10^3 \times 30 \times 10^{-3})^2}} \cos\left(10^3 t - \tan^{-1}\frac{30}{20}\right) \\ &= 222 \cos(10^3 t - 56.3^\circ) \qquad \text{mA} \end{aligned}$$

이고, 이상의 전압과 전류의 파형은 그림 10.6과 같다.

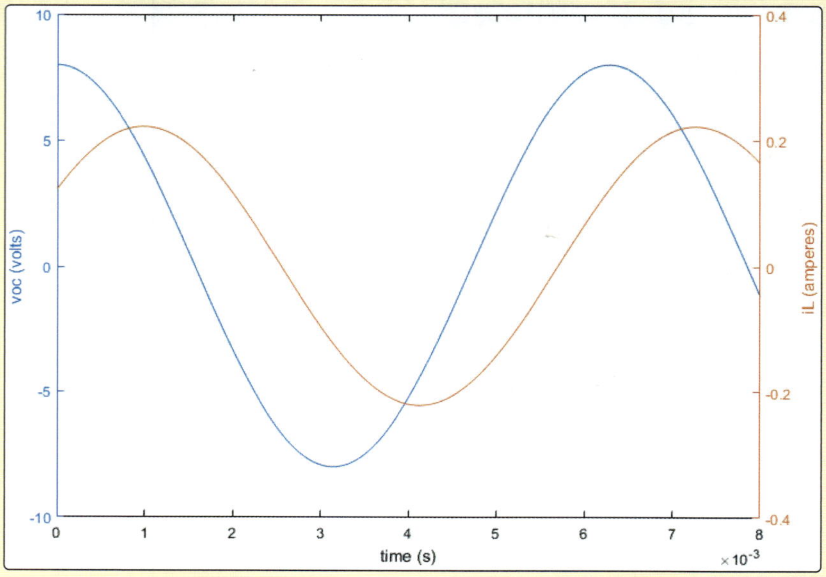

그림 10.6 MATLAB을 사용하여 생성되어 동일 축 상에 그려진, 예제 10.1 회로에 대한 전압과 전류 파형.

```
>> t = linspace(0,8e – 3,1000);
>> v = 8*cos(1000*t);
>> i = 0.222*cos(1000*t – 56.3*pi/180);
>> plotyy(t,v,t,i);
>> xlabel('time (s)');
```

이 그림에서 보면 전압과 전류파형 사이에 위상차가 90°가 아닌 점을 주의하라. 이것은 인덕터 전압을 그리지 않았기 때문이고, 이것은 독자에게 연습문제로 남긴다.

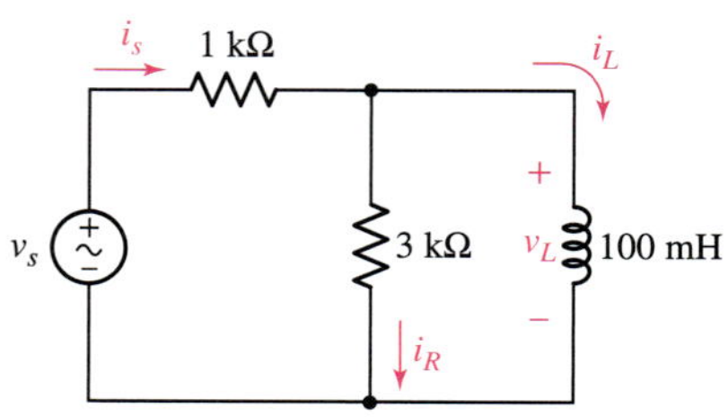

그림 10.7

익힘문제 10.3

그림 10.7의 회로에서 $v_s = 40 \cos 8000t$ V이다. 테브난의 정리를 이용하여 회로를 간단히 한 후, $t = 0$에서 다음 값을 구하라.

(a) i_L (b) v_L (c) i_R (d) i_S

답: 18.71 mA; 15.97 V; 5.32 mA; 24.0 mA.

10.3 복소 구동함수

앞 절에서의 방법을 사용하면 직설적으로 정답이 구해진다. 그러나 이 방법은 특별히 좋은 방법이라고 할 수 없으며, 이 방법을 몇 개의 회로 해석에 적용해 보아도 여전히 처음에 사용할 때처럼 투박하고 번거롭게 느껴질 것이다. 시변(time-varying)

전원이 실제로 문제가 되는 것은 아니다. 순수 저항성 회로응답은 단지 대수방정식으로 표현되므로 정현 전원을 가지고 해석한다고 해서 직류 전원보다 분석이 더 어렵지 않기 때문에, 실제로 문제가 되는 것은 인덕터(혹은 커패시터)이다. 과도응답이 관심의 대상이 아닐 경우에는 임의의 선형 회로의 정상 상태 응답을 구하는 다른 방법이 있다는 사실은 잘 알려져 있다. 이 대체 방법의 뚜렷한 장점은 간단한 대수방정식을 사용하여 임의의 소자와 관련된 전압과 전류의 관계를 설명할 수 있다는 것이다.

그 기본 개념은 정현 함수와 지수 함수가 복소수를 통해 서로 관계가 맺어진다는 것이다. 예를 들어, 오일러의 항등식은 다음과 같다.

부록 5는 복소수와 관련 용어들을 정의하고, 복소 연산을 복습하며 오일러 항등식과 지수 형태와 극좌표 형태 사이의 관계를 나타내준다.

$$e^{j\theta} = \cos\theta + j\sin\theta$$

코사인 함수의 도함수를 구하면 (음의) 사인 함수가 되는 반면에 지수 함수의 도함수는 단지 크기만 조정된 동일한 지수 함수가 된다. 이 시점에서 독자들이 "이 모든 것이 아무리 대단하다고 하여도 내가 구성하고자 하는 임의의 실제 회로에서는 허수가 존재하지 않는다"고 생각할 수 있는데, 이 생각은 맞다고 할 수도 있다. 하지만 허수 전원을 회로에 추가하게 되면 회로 해석 과정을 놀라울 정도로 간단하게 만드는 복소 전원이 된다는 사실을 지금부터 살펴볼 것이다. 처음에는 이 개념이 이상하게 보일 수도 있다. 하지만 앞에서 배운 중첩의 원리에 따르면, 허수 전원을 추가하면 이것은 오직 허수 응답만을 야기시키고, 실수 전원은 오직 실수 응답만이 되게 한다는 사실을 알 수 있다. 따라서 우리는 어떤 경우에도 임의의 복소 전압 혹은 전류의 실수부를 선택하는 것만으로 이 2개의 응답을 분리할 수 있어야 한다.

그림 10.8에서 다음의 정현파 전원이 일반적인 회로에 연결되어 있다.

$$V_m\cos(\omega t + \theta) \qquad [5]$$

이때 회로 해석의 간략화를 위하여, 주어진 회로망 내에는 오직 수동소자들만 포함(독립전원조차도 없음)되어 있다고 가정한다. 회로망 내의 필요한 어떤 가지(branch)에서의 전류응답이 구해질 수 있고, 식 [5]에서의 파라미터들 값은 모두 실수이다.

일반적인 코사인 함수에 의한 전류응답은 다음 식으로 표현될 수 있다.

$$I_m\cos(\omega t + \phi) \qquad [6]$$

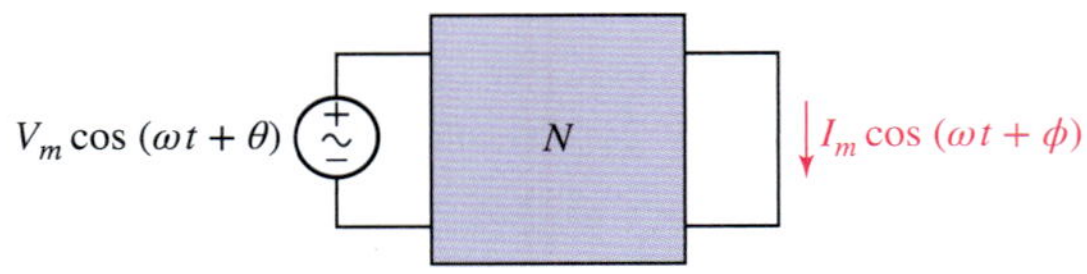

그림 10.8 정현구동함수 $V_m \cos(\omega t + \theta)$를 인가하여 정현파 정상상태응답 $I_m \cos(\omega t + \phi)$을 얻는 회로.

즉, 선형회로 내에서는 정현 구동함수를 인가하면 동일 주파수를 갖는 정현 강제 응답이 항상 얻어진다.

이제 구동함수의 위상각을 90° 이동시키거나 $t = 0$인 순간을 변화시켜서 시간 축을 이동시켜 보면, 구동함수는 다음 식과 같이 되고

$$V_m \cos(\omega t + \theta - 90^\circ) = V_m \sin(\omega t + \phi) \qquad [7]$$

이를 동일 회로망에 적용시켜 볼 때, 대응되는 응답은 다음 식과 같이 얻어진다.

$$I_m \cos(\omega t + \phi - 90^\circ) = I_m \sin(\omega t + \phi) \qquad [8]$$

다음으로 실제 물리계와는 동떨어진 허수 구동함수를 회로망에 인가해보자. 이 허수 구동함수는 실험실 내에서 인가할 수는 없지만 수학적으로는 가능한데, 이러한 시도에 대한 가치를 지금부터 살펴보자.

허수응답을 얻어내는 허수전원

허수전원을 아주 간단하게 구성해보자. 이를 위해서 식 [7]에 허수 연산자 j를 곱하기만 하면, 다음 식과 같은 허수 전원이 된다.

$$j V_m \sin(\omega t + \theta) \qquad [9]$$

이를 앞의 회로망에 인가했을 때 그 응답은 어떻게 될까? 전원이 두 배가 되면 선형성의 원리에 의하여 응답도 두 배가 될 것이며 구동함수를 상수 k배 하면 응답도 상수 k배가 된다. 이 상수가 $\sqrt{-1}$이라 해도 이 관계는 성립한다. 따라서 식 [9]의 허수 전원에 대한 응답은 다음과 같이 된다.

$$j I_m \sin(\omega t + \phi) \qquad [10]$$

허수 전원과 그 허수응답을 그림 10.9에 표시하였다.

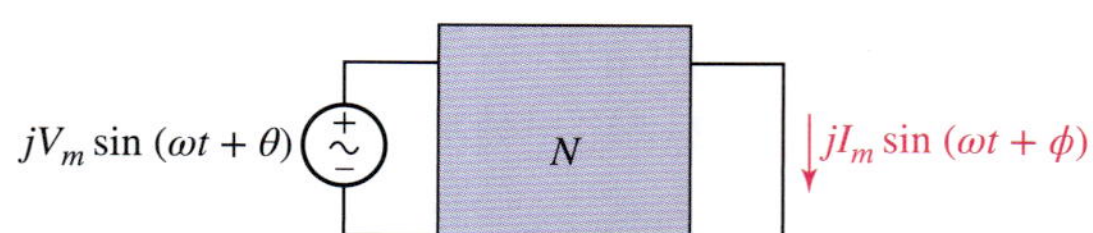

그림 10.9 그림 10.8의 회로에서 허수 정현 구동함수 $jV_m \sin(\omega t + \theta)$를 인가하여 허수 정현 응답 $jI_m \sin(\omega t + \phi)$을 얻는 회로.

복소 구동함수의 적용

실수 전원(*real source*)을 인가하면 **실수**(*real*) 응답을 얻고 **허수 전원**(*imaginary* source)을 인가하면 **허수**(*imaginary*) 응답을 얻을 수 있었다. 지금 우리는 **선형회로**를 다루고 있기 때문에, 중첩의 원리를 적용하여 실수 및 허수 구동함수의 합으로 되어 있는 복소 구동함수에 대한 응답을 구할 수 있다. 따라서 식 [5]와 [9]의 구동함수의 합

$$V_m \cos(\omega t + \theta) + j V_m \sin(\omega t + \theta) \qquad [11]$$

를 인가하면, 응답은 식 [6]과 [10]의 합으로 다음과 같이 얻어진다.

$$I_m \cos(\omega t + \phi) + j I_m \sin(\omega t + \phi) \qquad [12]$$

복소 전원과 응답을 $\cos(\omega t + \theta) + j\ \sin(\omega t + \theta) = e^{j(\omega t + \theta)}$로 표현되는 오일러 공식을 적용하여 식 [11]의 전원을 좀 더 간단히 표현하면 다음과 같은 형태로 다시 쓸 수 있다.

$$V_m e^{j(\omega t+\theta)} \qquad [13]$$

따라서, 식 [12]의 응답은

$$I_m e^{j(\omega t+\phi)} \qquad [14]$$

가 된다. 이들 복소 전원과 응답을 그림 10.10에 나타내었다.

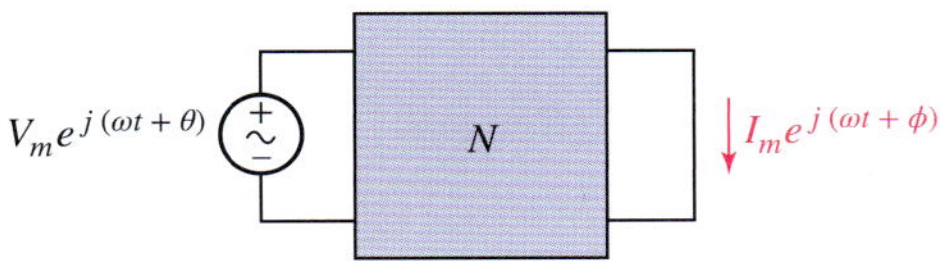

그림 10.10 그림 10.8의 회로에서 복소 구동함수 $V_m e^{j(\omega t+\theta)}$를 인가하여 복소응답 $I_m e^{j(\omega t+\theta)}$를 얻는 회로.

복소 응답의 **실수** 부분은 복소 구동함수의 **실수** 부분에 의해 생성되고, 응답의 **허수부**는 복소 구동함수의 **허수부**에 의해 생성된다는 사실을 다시 한번 선형성을 통해 확인할 수 있었다. 이제 우리의 계획은, 원하는 실수 응답을 구하기 위해 실수 구동함수를 인가하는 대신에 주어진 실수 구동함수를 실수 부분으로 하는 복소 구동함수를 원래 입력전원 자리에 대입하는 것이다. 그럼으로써 원하는 실수 응답을 실수 부분으로 하는 복소 응답이 구해질 것이 예상된다. 이 원리를 이용하면 회로의 정상 상태 응답을 나타내는 미적분방정식이 간단한 대수방정식으로 변환될 수 있다는 장점을 가진다.

미분방정식의 대수방정식으로의 변화

그림 10.11의 간단한 RL 직렬회로에 이 개념을 적용하여 보자. 실수전원 $V_m \cos \omega t$를 인가하였을 때, 원하는 실수 응답 $i(t)$를 구하고자 한다.

$$V_m \cos \omega t = \text{Re}\{V_m \cos \omega t + j\ V_m \sin \omega t\} = \text{Re}\{V_m e^{j\omega t}\}$$

이므로, 필요한 복소전원은

$$V_m e^{j\omega t}$$

이 되고, 그 복소응답을 미지의 진폭 I_m과 미지의 위상각 ϕ를 사용하여 표시하면 다음과 같이 표현된다.

$$I_m e^{j(\omega t+\phi)}$$

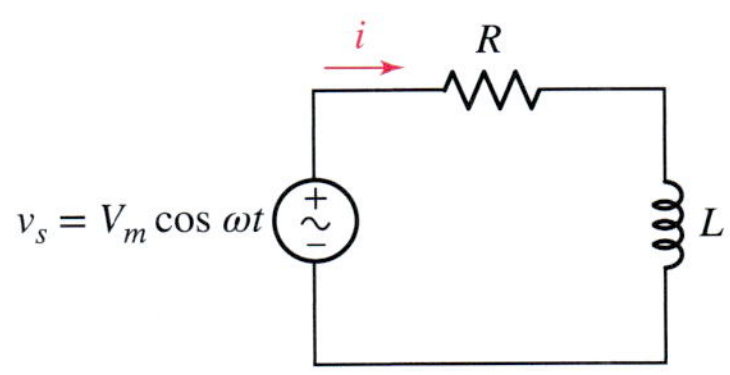

그림 10.11 복소 구동함수를 응용하여 정현파 정상상태를 분석하기 위한 간단한 회로.

이 회로에 대한 미분방정식을 쓰면

$$Ri + L\frac{di}{dt} = v_s$$

가 되고, 이 식에 v_s와 i의 복소수 표현식을 대입하면

$$RI_m e^{j(\omega t+\phi)} + L\frac{d}{dt}(I_m e^{j(\omega t+\phi)}) = V_m e^{j\omega t}$$

가 되며, 이 식 내의 도함수를 계산하면

$$RI_m e^{j(\omega t+\phi)} + j\omega L I_m e^{j(\omega t+\phi)} = V_m e^{j\omega t}$$

와 같이 복소 **대수**방정식을 얻는다. I_m와 ϕ의 값을 결정하기 위하여, 양변을 $e^{j\omega t}$로 나누면

$$RI_m e^{j\phi} + j\omega L I_m e^{j\phi} = V_m$$

가 되며, 그 좌변은

$$I_m e^{j\phi}(R + j\omega L) = V_m$$

가 되어, 이를 다시 정리하면

$$I_m e^{j\phi} = \frac{V_m}{R + j\omega L}$$

가 된다. 이 식의 우변을 지수 형태나 극좌표 형태로 나타냄으로써 I_m과 ϕ를 구할 수 있다.

$$I_m e^{j\phi} = \frac{V_m}{\sqrt{R^2 + \omega^2 L^2}} e^{j[-\tan^{-1}(\omega L/R)]} \qquad [15]$$

즉,

$$I_m = \frac{V_m}{\sqrt{R^2 + \omega^2 L^2}}$$

그리고

$$\phi = -\tan^{-1}\frac{\omega L}{R}$$

가 된다. 이것을 극좌표 형태로 다시 표시하면

$$I_m \underline{/\phi}$$

혹은

$$V_m / \sqrt{R^2 + \omega^2 L^2} \, \underline{/-\tan^{-1}(\omega L/R)}$$

이 된다.

복소 응답은 식 [15]에 의해 주어진다. 앞에서 I_m과 ϕ가 이미 구해졌기 때문에 $i(t)$에 대한 표현식들도 바로 쓸 수 있다. 그러나 좀 더 엄격한 접근 방식을 원한다면, 식 [15]의 좌우항에 $e^{j\omega t}$를 다시 첨가하고 그 실수 부분을 취해서 실수 응답 $i(t)$를 얻을 수 있다.

그렇게 하면

$$i(t) = I_m \cos(\omega t + \phi) = \frac{V_m}{\sqrt{R^2 + \omega^2 L^2}} \cos\left(\omega t - \tan^{-1}\frac{\omega L}{R}\right)$$

이 되어, 동일한 회로에 대해 식 [4]에서 얻은 응답과 일치하는 결과를 얻게 된다.

예제 10.2

그림 10.12a의 간단한 RC 회로에 대해 적절한 복소 전원을 대입하여 사용함으로써 정상상태 커패시터 전압을 구하라.

실수 전원이 $3\cos 5t$이므로, 이것을 $3e^{j5t}$인 복소 전원으로 '대치'한다. 새로운 커패시터 전압을 v_{C_2}라 하고 수동부호규약이 성립하는 커패시터 전류 i_{C_2}를 정의한다(그림 10.12b).

간단히 KVL을 적용하면 다음과 같은 미분방정식을 구할 수 있다.

$$-3e^{j5t} + 1\,i_{C_2} + v_{C_2} = 0$$

또는

$$-3e^{j5t} + 2\frac{dv_{C_2}}{dt} + v_{C_2} = 0$$

주어진 복소 전원과 같은 형태의 정상상태 응답을 예견할 수 있다. 달리 말하면,

$$v_{C_2} = V_m e^{j5t}$$

이다. 윗식을 구해진 미분방정식에 대입하여 정렬하면 다음과 같이 된다.

$$j\,10\,V_m e^{j5t} + V_m e^{j5t} = 3\,e^{j5t}$$

지수 항을 상쇄하면 다음이 구해지고,

$$V_m = \frac{3}{1 + j10} = \frac{3}{\sqrt{1 + 10^2}}\,\underline{/-\tan^{-1}(10/1)}\text{ V}$$

정상상태 커패시터 전압이 다음과 같이 주어진다.

$$\text{Re}\{v_{C_2}\} = \text{Re}\{298.5\,e^{-j84.3^\circ}e^{j5t}\text{ mV}\} = 298.5\cos(5t - 84.3^\circ)\text{ mV}$$

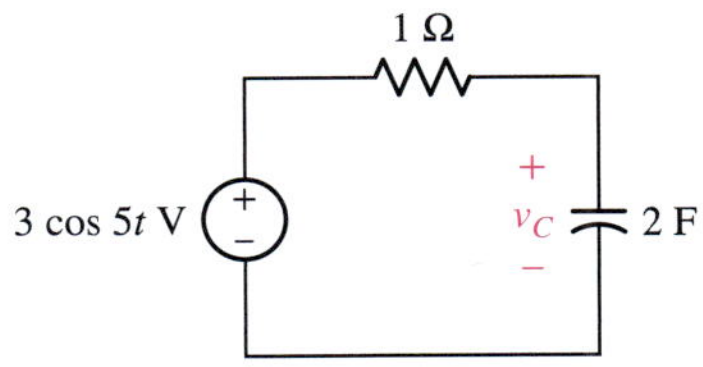

(a)

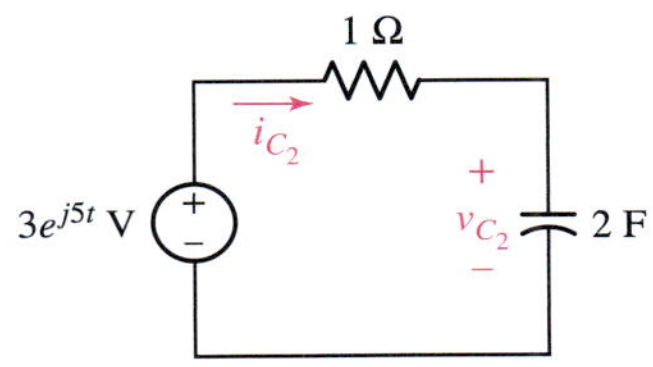

(b)

그림 10.12 (a) 정상 상태 커패시터 전압을 구하기 위한 RC 회로. (b) 실수 전원이 복소 전원으로 대치된 수정 회로.

익힘문제 10.4

다음 값들을 각각 계산하여 직각좌표 형태로 나타내라.

(a) $[(2\underline{/30^\circ})(5\underline{/-110^\circ})](1 + j2)$

(b) $(5\underline{/-200^\circ}) + 4\underline{/20^\circ}$. 다음 값들을 각각 계산하여 극좌표 형태로 나타내라.

(c) $(2 - j7)/(3 - j)$

(d) $8 - j4 + [(5\underline{/80^\circ})/(2\underline{/20^\circ})]$

답: $21.4 - j6.38$; $-0.940 + j3.08$; $2.30\,\underline{/-55.6^\circ}$; $9.43\,\underline{/-11.22^\circ}$

(이 익힘 문제를 푸는 것이 어려우면 부록 5를 참조하라.)

익힘문제 10.5

수동부호규약을 사용한다고 가정하고 다음을 구하라.

(a) 1 mF 커패시터와 2 Ω 저항의 직렬회로에 복소전류 $4e^{j800t}$ A를 인가할 때의 복소전압을 구하라.

(b) 10 mH 인덕터와 50 Ω 저항의 병렬회로에 복소전압 $100e^{j2000t}$ V를 인가할 때의 복소전류를 구하라.

답: $9.43e^{j(800t-32.0°)}$ V; $5.39e^{j(2000t-68.2°)}$ A

10.4 페이저

앞의 마지막 절에서, 허수 정현 전원을 추가함으로써 회로의 정현 정상 상태 응답을 나타내는 대수 방정식을 구할 수 있음을 살펴보았다. 이 해석의 중간 단계는 복소 지수항을 '제거'하는 것이었다. 일단 이 복소지수항의 도함수(즉 미분)를 취하면 응답의 실수 형태를 구하기 전까지는 이것을 더 이상 사용하지 않았다. 그렇다고 하더라도 이 해석으로부터 직접 크기와 위상각을 구하는 것이 가능하였고, 그래서 명백하게 실수부를 구하는 단계는 생략한다. 이것을 바라보는 다른 방법은 주어진 회로내의 모든 전압과 전류는 동일한 인자 $e^{j\omega t}$를 포함하고 있으며 그 주파수 성분은 회로 해석과 관련은 있지만 회로 내의 어디에서도 주파수 값은 **변하지 않는**다는 것이다. 그렇다면 이것을 계속 논하는 것은 일종의 시간 낭비이다.

예제 10.2를 되돌아 보면 전원은 다음과 같이 나타낼 수 있었다.

$e^{j0} = \cos 0 + j \sin 0 = 1$

$$3\,e^{j0°}\ \text{V} \quad (\text{혹은 단지 } 3\ \text{V})$$

그리고 커패시터 전압은 $V_m e^{j\phi}$로 나타내고, 구한 답은 $0.02985e^{-j84.3°}$ V이다. 여기서 암시적으로 우리가 주파수를 알고 있다는 사실이 내포되어 있고, 만일 주파수를 모른다면 어떠한 전압과 전류도 재구성해낼 수가 없게 된다. 추가적인 시간과 노력을 약간 절약하기 위해 이 복소량은 일반적으로 지수 형태보다는 극좌표 형태로 기술된다.

우리가 다루는 정상상태 회로는 구동 전원의 주파수 이외에서는 응답하지 않으므로 ω의 값은 항상 알고 있다는 사실을 기억하라.

예를 들어, 전원 전압이

$$v(t) = V_m \cos\omega t = V_m \cos(\omega t + 0°)$$

일 때, 이를 다음과 같은 복소수 형태로 나타내고

$$V_m \underline{/0°}$$

전류 응답

$$i(t) = I_m \cos(\omega t + \phi)$$

은 다음과 같이 된다.

$$I_m \angle \phi$$

이 간략화된 복소수 표현를 **페이저**(*phasor*)라고 한다.[1]

이제 실수 정현전압 또는 전류를 페이저로 변환하는 절차를 다시 한번 살펴보자. 그리고 나면 페이저의 정의가 훨씬 의미있게 될 것이며 페이지를 표현하는 심볼의 할당이 수월하게 될 것이다.

실수 정현파 전류

$$i(t) = I_m \cos(\omega t + \phi)$$

는 오일러의 공식에 의해서 복소량의 실수 부분으로 나타낼 수 있다.

$$i(t) = \mathrm{Re}\{I_m e^{j(\omega t+\phi)}\}$$

이제 위 전류 식에서 Re{ }를 지움으로써 전류를 복소량으로 나타낸다. 이렇게 하면 전류의 실수성분에 어떤 영향도 주지 않고 허수 부분이 추가된다. 인자 $e^{j\omega t}$를 생략하면 전류의 표현은 다음과 같이 더욱 간단해진다.

$$\mathbf{I} = I_m e^{j\phi}$$

그리고 이를 극좌표 형태로 쓰면

$$\mathbf{I} = I_m \angle \phi$$

가 된다.

이 간략화된 복소 표기가 **페이저 표현**(*phasor representation*)이다. 페이저는 복소량이어서 이 책에서는 굵은 문자로 쓴다. 페이저는 순간 시간함수가 아니고 단지 진폭과 위상 정보만을 포함하고 있으므로 전기량의 페이저 표현에서는 대문자가 사용된다. 예로서 $i(t)$를 **시간 영역 표현**(*time-domain representation*), 페이저 **I**를 **주파수 영역 표현**(*frequency-domain representation*)으로 사용함으로써 그 관점의 차이를 인식할 수 있다. 전류과 전압의 주파수 영역 표현은 명확하게 주파수를 포함하고 있지는 않음을 주목해야 한다. 주파수 영역으로부터 시간 영역으로 되돌아오는 과정은 정확히 이전 순서의 반대이다. 따라서 페이저 전압이 다음과 같이 주어지고

$$\mathbf{V} = 115 \angle -45^\circ \text{ volts}$$

$\omega = 500$ rad/s임을 알면, 시간 영역 등가 전압은 다음과 같이 바로 쓸 수 있다.

$$v(t) = 115 \cos(500t - 45^\circ) \text{ volts}$$

만일 사인 파형을 원하면 $v(t)$는 다음과 같이도 쓸 수 있다.

$$v(t) = 115 \sin(500t + 45^\circ) \text{ volts}$$

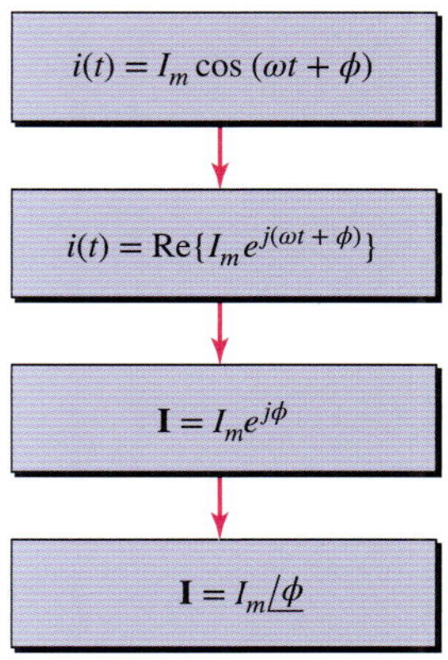

시간 영역의 $i(t)$를 주파수 영역의 **I**로 바꾸어 주는 *페이저 변환* 과정.

1 유명 텔레비전 시리즈(스타트렉)에서 등장하는 흥미로운 무기인 **페이저**(*phaser*)와 혼동하지 마라.

익힘문제 10.6

ω = 2000 rad/s 이고 t = 1 ms일 때, 다음의 각 전류들의 순간 값을 페이저 형태로 구하라.

(a) $j10$ A (b) $20 + j10$ A (c) $20 + j(10\,\underline{/20^\circ})$ A

답: −9.09 A; −17.42 A; −15.44 A.

예제 10.3

시간 영역의 전압 $v(t)$ = 100 cos(400t − 30°) volts를 주파수 영역의 전압으로 변환하라.

시간 영역의 표기는 위상각을 가지고 있는 코사인 파형의 형태이다. 따라서 ω = 400 rad/s를 제거하면

$$\mathbf{V} = 100\,\underline{/-30^\circ} \text{ volts}$$

가 되는데, 이 수식을 직접 기술하기 위한 몇 단계들을 생략하였다. 이러한 페이저 표현식이 시간영역 전압 $v(t)$와 똑같은 것이 아니라는 사실을 잊기 때문에, 종종 이 부분이 학생들을 혼란스럽게 한다. 정확히 말하자면, 이 페이저 표현식은 실수함수 $v(t)$에 허수 성분을 추가함으로써 만들어진 복소함수의 간략화된 형태이다.

몇 가지 유용한 삼각함수 공식이 교과서 마지막 쪽에 수록되어 있다.

익힘문제 10.7

다음의 시간함수들을 각각 페이저 형태로 변환하라.

(a) −5 sin(580t − 110°)

(b) 3 cos 600t − 5 sin(600t + 110°)

(c) 8 cos(4t − 30°) + 4 sin(4t − 100°)

(**힌트**: 처음에는 양(+)의 크기(magnitude)를 갖는 하나의 코사인 함수로 변환하라.)

답: $5\,\underline{/-20^\circ}$; $2.41\,\underline{/-134.8^\circ}$; $4.46\,\underline{/-47.9^\circ}$.

페이저 기반 해석 방법의 진짜 장점은 저항만의 회로 해석 경우에서 전압과 전류 사이의 관계식 정의에서와 동일한 형태로, 인덕터와 커패시터 포함 회로에 대해서도 전압과 전류 사이의 대수 관계식으로 정의하는 것이 가능하다는데 있다. 이는 시간영역에서 주파수 영역으로 또는 주파수 영역에서 시간영역으로의 변환을 가능케 하기 때문에, 저항과 인덕터와 커패시터의 세 가지 수동소자에 대한 각각

의 페이저 전압과 전류 사이의 관계를 수립함으로써 정현파 정상상태 해석을 간략화할 수 있다.

저항기

저항은 가장 간단한 경우이다. 그림 10.13*a*의 저항 회로에 나타난 시간 영역에서의 전압과 전류의 관계식은 다음과 같다.

$$v(t) = Ri(t)$$

이 회로에 복소전압

$$v(t) = V_m e^{j(\omega t+\theta)} = V_m \cos(\omega t + \theta) + jV_m \sin(\omega t + \theta) \quad [16]$$

를 인가하고 그때의 복소전류 응답을

$$i(t) = I_m e^{j(\omega t+\phi)} = I_m \cos(\omega t + \phi) + jI_m \sin(\omega t + \phi) \quad [17]$$

라고 가정하면, 다음과 같은 관계식을 얻는다.

$$V_m e^{j(\omega t+\theta)} = Ri(t) = RI_m e^{j(\omega t+\phi)}$$

윗식의 양변을 $e^{j\omega t}$로 나누면, 다음 식을 얻을 수 있다.

$$V_m e^{j\theta} = RI_m e^{j\phi}$$

이를 극좌표 형식으로 표현하면

$$V_m \underline{/\theta} = RI_m \underline{/\phi}$$

가 된다. 그런데 $V_m \underline{/\theta}$과 $I_m \underline{/\phi}$는 단지 일반적인 전압페이저 **V**와 전류페이저 **I**를 나타낸다. 따라서

$$\mathbf{V} = R\mathbf{I} \quad [18]$$

를 얻는다. 저항소자에 대한 페이저 형태의 전압과 전류 사이의 관계는 시간 영역의 전압과 전류관계와 동일한 형태를 갖는다. 그림 10.13*b*는 이 페이저 형태로 정의된 방정식을 나타내는 회로도이다. 위상각 θ와 ϕ는 같으므로 전류와 전압은 항상 동상(in-phase)이다.

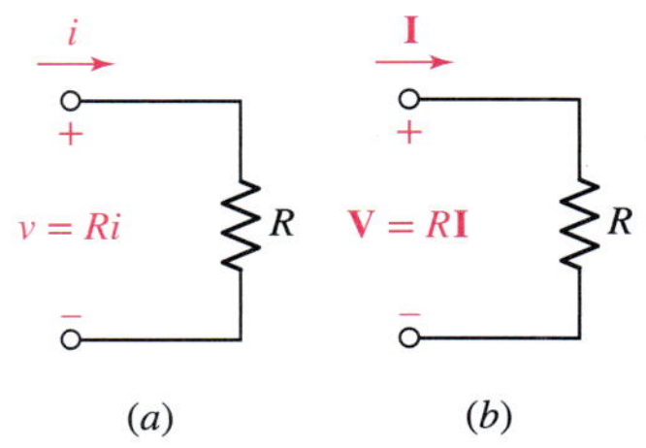

그림 10.13 저항기 양단의 전압과 저항기를 통해 흐르는 전류의 관계 (*a*) 시간 영역에서는 $v = Ri$ (*b*) 주파수 영역에서는 $\mathbf{V} = R\mathbf{I}$.

옴의 법칙은 시간 영역과 주파수 영역 모두에서 성립한다. 달리 말하면 저항에 걸리는 전압은 항상 소자를 통해 흐르는 전류에 저항값이 곱해져서 주어진다.

시간 영역과 주파수 영역과의 관계를 이용하는 예로서, 4 Ω의 저항양단에 8 cos (100*t* − 50°) V의 전압을 인가하였다고 하면 시간 영역의 전류는

$$i(t) = \frac{v(t)}{R} = 2\cos(100t - 50^\circ) \text{ A}$$

로 얻어지고, 이 전압의 페이저 표현식은 $8\underline{/-50^\circ}$ V이므로

$$\mathbf{I} = \frac{\mathbf{V}}{R} = 2\underline{/-50^\circ} \text{ A}$$

가 된다. 이 답을 시간 영역으로 다시 변환하면 원래의 전류를 얻게 됨을 확실히 알

수 있다. 결론적으로 저항회로의 경우에는 주파수 영역에서의 해석이 시간이나 수고를 덜어주지 못함을 알 수 있다.

인덕터

이제 인덕터의 경우를 생각하여 보자. 그림 10.14a의 인덕터 회로에 나타난 시간 영역에서의 전압과 전류의 관계식은 다음과 같다.

$$v(t) = L\frac{di(t)}{dt} \qquad [19]$$

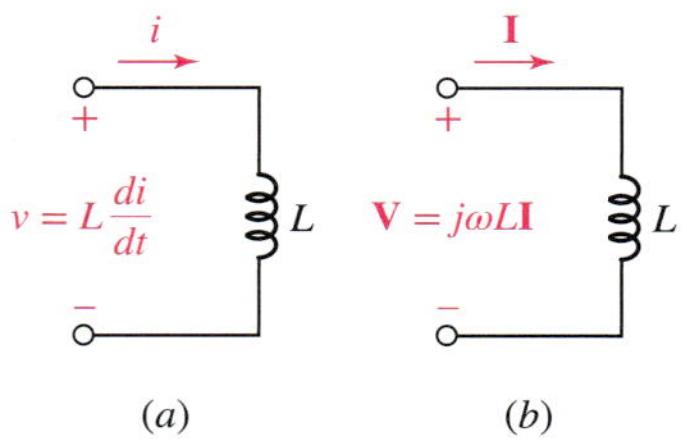

그림 10.14 인덕터 양단의 전압과 인덕터를 통해 흐르는 전류의 관계 (a) 시간 영역에서는 $v = L\,di/dt$ (b) 주파수 영역에서는 $\mathbf{V} = j\omega L\mathbf{I}$.

식 [19]에 식 [16]의 복소전압 방정식과 식 [17]의 복소전류 방정식을 대입하면

$$V_m e^{j(\omega t+\theta)} = L\frac{d}{dt}I_m e^{j(\omega t+\phi)}$$

가 되고, 위 식에 표시된 미분을 수행하면

$$V_m e^{j(\omega t+\theta)} = j\omega L I_m e^{j(\omega t+\phi)}$$

가 된다. 또한 윗식의 양변을 $e^{j\omega t}$로 나누면

$$V_m e^{j\theta} = j\omega L I_m e^{j\phi}$$

가 되어, 인덕터 소자에 대한 전압과 전류의 페이저 관계식을 다음과 같이 얻는다.

$$\boxed{\mathbf{V} = j\omega L\mathbf{I}} \qquad [20]$$

시간 영역 미분방정식 [19]는 주파수 영역에서 식 [20]과 같은 대수방정식이 된다. 페이저 관계는 그림 10.14b에 표시하였다. 인자 $j\omega L$의 각은 정확히 +90°이며 인덕터에서의 전류 $\mathbf{I}$는 전압 $\mathbf{V}$보다 90° 위상이 늦음에 주의하라.

예제 10.4

주파수 ω = 100 rad/s에서 4 H 인덕터 양단에 전압 $8\underline{/-50^\circ}$ V를 인가하였을 때 페이저 전류와 시간 영역 전류를 구하라.

위에서 얻어진 인덕터 페이저 해석 방법을 이용하여, 인덕터를 통해 흐르는 페이저 전류는

$$\mathbf{I} = \frac{\mathbf{V}}{j\omega L} = \frac{8\underline{/-50^\circ}}{j100(4)} = -j0.02\underline{/-50^\circ} = (1\underline{/-90^\circ})(0.02\ -50^\circ)$$

또는

$$\mathbf{I} = 0.02\underline{/-140^\circ} \quad \text{A}$$

를 얻는다. 이를 시간 영역에서의 전류식으로 표기하면,

$$i(t) = 0.02\cos(100t - 140^\circ)\text{ A} = 20\cos(100t - 140^\circ)\text{ mA}$$

과 같이 된다.

커패시터

마지막 소자인 커패시터에 관해서 생각해보자. 시간 영역의 전류, 전압관계식은

$$i(t) = C\frac{dv(t)}{dt}$$

가 되어, 이에 대한 주파수 영역에서의 등가 표현은 $v(t)$와 $i(t)$를 한번 더 식 [16], [17]의 복소량으로 놓은 후, 미분을 취하고, $e^{j\omega t}$를 생략한 다음 페이저 $\mathbf{V}$와 $\mathbf{I}$로 나타냄으로써 구해진다. 이와 같은 과정을 거쳐 다음 식을 얻는다.

$$\mathbf{I} = j\omega C\mathbf{V} \qquad [21]$$

따라서 커패시터에서는 전류 $\mathbf{I}$가 전압 $\mathbf{V}$보다 위상이 90° 앞섬을 알 수 있다. 이것은 물론 전압을 인가하기도 전에 한 주기의 1/4만큼 앞서 전류응답이 존재한다는 것을 의미하지는 않는다. 우리는 정상상태 응답을 다루고 있으며, 전압 최대값이 발생하는 시점보다 90° 앞서서 발생하는 전압 증가에 의해 전류가 최대값이 된다는 것이다.

시간 영역과 주파수 영역에 있어서의 표현을 그림 10.15*a*와 *b*에서 비교하였다. 지금까지 우리는 3개의 수동소자에 대한 $\mathbf{V}$와 $\mathbf{I}$ 관계식을 얻어내었다. 이들 결과는 표 10.1에 요약되어 있다. 여기서 시간 영역에서의 $v-i$ 표현과 주파수 영역 $\mathbf{V}-\mathbf{I}$ 관계식을 옆에 나란히 위치시켜 3개의 회로소자에 대해 시간 및 주파수 영역에서의 관계를 비교하고 있다. 모든 페이저 방정식은 대수방정식이다. 각각은 또한 선형이고 인덕턴스와 커패시턴스와 연관된 소자 방정식들도 저항에서의 옴의 법칙과 매우 유사하다. 사실 그 식들은 옴의 법칙을 사용할 때처럼 사용하게 될 것이다.

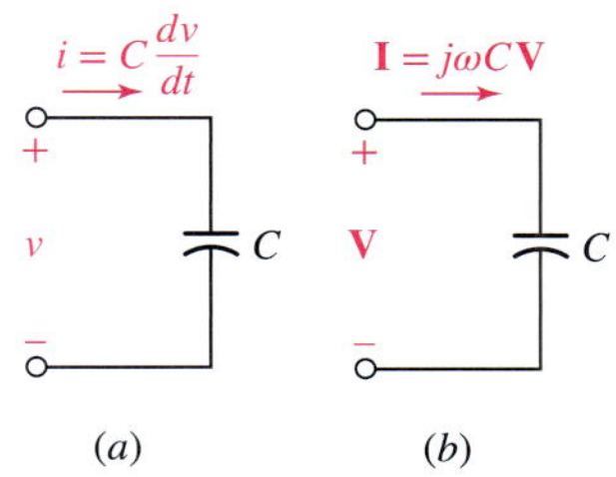

그림 10.15 커패시터 양단의 전압과 커패시터를 통해 흐르는 전류의 관계 (*a*) 시간 영역 관계 (*b*) 주파수 영역 관계.

표 10.1 시간 영역과 주파수 영역에서의 전압-전류의 표현.

Time Domain		Frequency Domain	
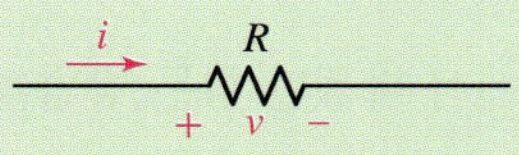	$v = Ri$	$\mathbf{V} = R\mathbf{I}$	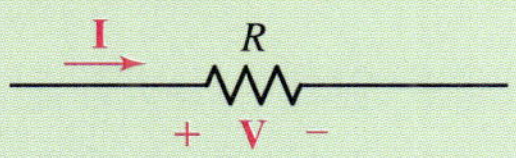
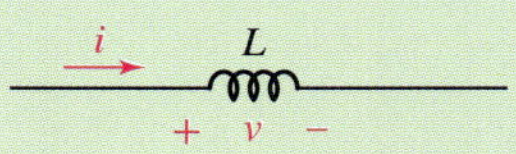	$v = L\frac{di}{dt}$	$\mathbf{V} = j\omega L\mathbf{I}$	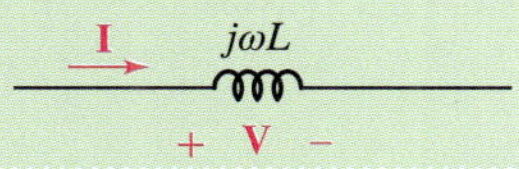
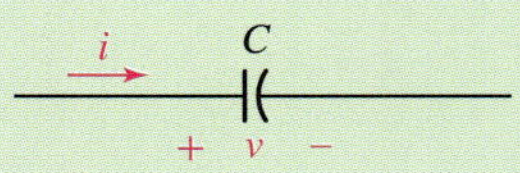	$v = \frac{1}{C}\int i\,dt$	$\mathbf{V} = \frac{1}{j\omega C}\mathbf{I}$	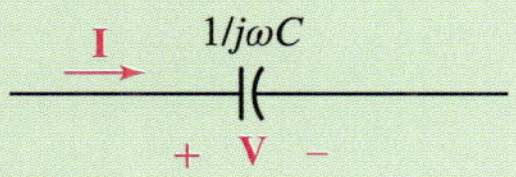

페이저를 사용한 키르히호프의 법칙

시간 영역에서의 키르히호프의 전압법칙은

$$v_1(t) + v_2(t) + \cdots + v_N(t) = 0$$

이다. 윗식에서 오일러 공식을 사용하여 각각의 실수 전압 v_i를 똑같은 실수 부분을 갖는 복소전압으로 대체하고 $e^{j\omega t}$를 생략하면, 다음과 같은 식을 얻는다.

$$\mathbf{V}_1 + \mathbf{V}_2 + \cdots + \mathbf{V}_N = 0$$

따라서 키르히호프의 전압법칙을 시간 영역에서와 같이 페이저 전압에 적용할 수 있다. 페이저 전류에 대하여 키르히호프의 전류법칙이 성립하는 것도 같은 방법으로 입증할 수 있다.

앞에서 여러 번 고려했던 RL 직렬회로를 간단히 다시 살펴보자. 그림 10.16의 회로에서 전류와 2개의 전압을 페이저로 표시하였다. 구하려는 응답, 즉 시간 영역전류는 우선 페이저 전류를 구함으로써 얻을 수 있다. 키르히호프의 전압 법칙으로부터

$$\mathbf{V}_R + \mathbf{V}_L = \mathbf{V}_s$$

가 되고, 각 소자들에 대하여 앞에서 다뤘던 **V**–**I** 관계식들을 이용하여 다음을 얻는다.

$$R\mathbf{I} + j\omega L\mathbf{I} = \mathbf{V}_s$$

페이저 전류는 다음과 같이 전원전압 $\mathbf{V}_s$의 함수로 얻어진다.

$$\mathbf{I} = \frac{\mathbf{V}_s}{R + j\omega L}$$

전원전압의 크기가 V_m, 위상각이 0°라고 하면

$$\mathbf{I} = \frac{\mathbf{V}_m \angle 0^\circ}{R + j\omega L}$$

가 되고, 이것을 시간 영역 전류로 변환하기 위해서는 먼저 위의 결과를 극좌표 형태로 다음과 같이 변환할 수 있다.

$$\mathbf{I} = \frac{V_m}{\sqrt{R^2 + \omega^2 L^2}} \angle [-\tan^{-1}(\omega L/R)]$$

다음은 앞에서 설명한 단계를 따라하면, 이 장의 앞부분에서 다뤘던 힘든 방법을 사용하여 얻었던 것과 동일한 결과를 매우 간단하게 얻는다.

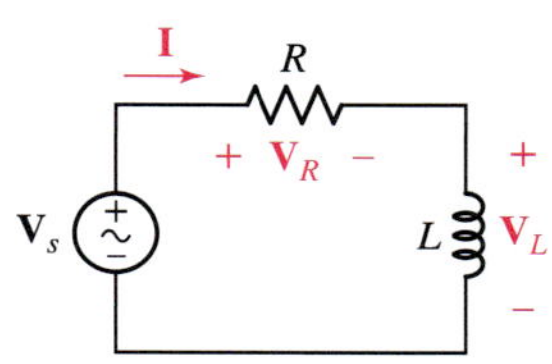

그림 10.16 페이저 전압이 인가된 *RL* 직렬회로.

예제 10.5

그림 10.17의 *RLC* 회로에 대해 2개의 전원이 $\omega = 2$ rad/s에서 동작하고, $\mathbf{I}_C = 2\angle 28^\circ$ A인 경우에 $\mathbf{I}_s$와 $i_s(t)$를 구하라.

$\mathbf{I}_C$가 주어지고 $\mathbf{I}_s$를 구하는 경우, KCL의 적용을 고려할 필요가 있음이 직관적으로 떠올려진다. 수동부호규약과 일치하게 커패시터 전압을 $\mathbf{V}_C$로 표기하면

$$\mathbf{V}_C = \frac{1}{j\omega C}\mathbf{I}_C = \frac{-j}{2}\mathbf{I}_C = \frac{-j}{2}(2\angle 28^\circ) = (0.5\angle -90^\circ)(2\angle 28^\circ) = 1\angle -62^\circ \text{ V}$$

가 되고, 이 전압은 2 Ω 저항 양단의 전압도 되므로, 이 가지를 통해 아래로 흐르는 전류 $\mathbf{I}_{R_2}$는 다음과 같다.

$$\mathbf{I}_{R_2} = \frac{1}{2}\mathbf{V}_C = \frac{1}{2}\angle -62^\circ \text{ A}$$

KCL을 적용하면,

$$\mathbf{I}_s = \mathbf{I}_{R_2} + \mathbf{I}_C = \frac{1}{2}\angle -62^\circ + 2\angle -28^\circ = 2.06\angle 14^\circ \text{ A}$$

가 된다. 따라서 $\mathbf{I}_s$와 ω의 값을 알고 있으므로 $i_s(t)$는 다음과 같이 직접 쓸 수 있다.

$$i_s(t) = 2.06\cos(2t + 14^\circ) \text{ A}$$

익힘문제 10.8

그림 10.17의 회로에서 두 전원들은 $\omega = 1$ rad/s에서 동작한다. $\mathbf{I}_C = 2\angle 28^\circ$ A이고 $\mathbf{I}_L = 3\angle 53^\circ$ A일 때, 다음을 구하라.

(a) $\mathbf{I}_s$ (b) $\mathbf{V}_s$ (c) $i_{R_1}(t)$

답: (a) $3\angle -62^\circ$ A; (b) $3.71\angle -4.5^\circ$ V; (c) $3.22\cos(t - 4.5^\circ)$ A.

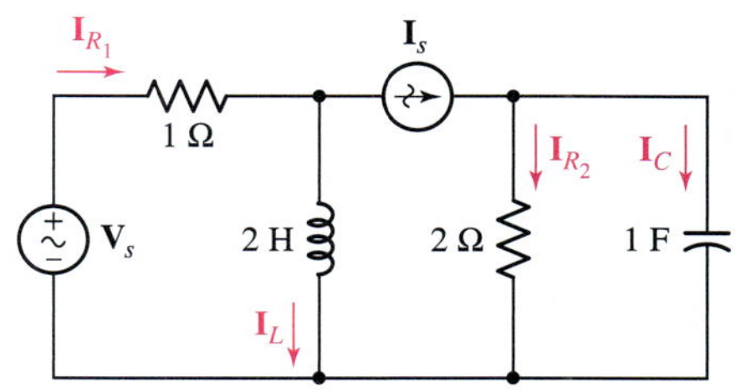

그림 10.17 각 전원이 동일 주파수 ω에서 동작하는 3개의 메쉬를 갖는 회로.

10.5 임피던스와 어드미턴스

주파수 영역에서 세 수동소자에 대한 전류-전압관계는 다음과 같다(수동부호 규약을 만족한다고 가정한다).

$$\mathbf{V} = R\mathbf{I} \qquad \mathbf{V} = j\omega L\mathbf{I} \qquad \mathbf{V} = \frac{\mathbf{I}}{j\omega C}$$

만약 위의 식들을 페이저 전류와 페이저 전압의 비로 쓰면

$$\frac{\mathbf{V}}{\mathbf{I}} = R \qquad \frac{\mathbf{V}}{\mathbf{I}} = j\omega L \qquad \frac{\mathbf{V}}{\mathbf{I}} = \frac{1}{j\omega C}$$

가 되고, 이러한 비들은 소자값들에 좌우되는 간단한 양들이고, 인덕턴스나 커패시턴스의 경우에는 주파수 부분도 아울러 포함된다. 단지 이들은 복소량이라는 사실을 명심하고 이들 비를 저항과 동일한 방법으로 취급한다.

페이저 전류와 페이저 전압의 비를 **임피던스**(*impedance*)라고 하고 **Z**로 표현한다. 임피던스는 옴(ohm)의 차원을 가지는 복소량이다. 임피던스는 페이저가 아니므로, $e^{j\omega t}$를 곱하고 실수부분을 취하여 시간 영역으로 변환할 수 있는 것이 아니다. 그 대신에 인덕터는 시간 영역에서는 인덕턴스 L로 표현하고, 주파수 영역에서는 임피던스 $j\omega L$로 나타낸다. 마찬가지로 커패시터는 시간 영역에서는 커패시턴스 C로 표시하고, 주파수 영역에서는 임피던스 $1/j\omega C$로 나타낸다. 임피던스는 주파수 영역에서 정의되는 부분이며 시간 영역의 개념은 아니다.

$\mathbf{Z}_R = R$
$\mathbf{Z}_L = j\omega L$
$\mathbf{Z}_C = \dfrac{1}{j\omega C}$

직렬 임피던스 결합

주파수 영역에서의 키르히호프 전류 및 전압 법칙들은 이미 저항에 대해 다루었던 것과 동일한 방법을 사용하여 임피던스들이 직렬, 병렬로 결합된 경우에도 쉽게 입증할 수 있다. 예를 들면 직렬로 접속된 5 mH 인덕터와 100 μF의 커패시터는 $\omega = 10 \times 10^3$ rad/s에서 다음과 같이 각 임피던스를 합한 것과 같은 하나의 임피던스로 대체할 수 있다. 인덕터의 임피던스는

$$\mathbf{Z}_L = j\omega L = j\,50\ \Omega$$

이고, 커패시터의 임피던스는

Recall that $\frac{1}{j} = -j$.

$$\mathbf{Z}_C = \frac{1}{j\omega C} = \frac{-j}{\omega C} = -j\,1\ \Omega$$

이다. 따라서 직렬 결합된 임피던스는 다음과 같이 된다.

$$\mathbf{Z}_{\text{eq}} = \mathbf{Z}_L + \mathbf{Z}_C = j\,50 - j\,1 = j\,49\ \Omega$$

인덕터와 커패시터의 임피던스는 주파수의 함수이므로 이 등가 임피던스는 단일 주파수에서만 적용되며, 여기서는 $\omega = 10{,}000$ rad/s에서 계산된 결과를 나타낸다. 만일 예로서 주파수를 $\omega = 5000$ rad/s로 바꾸면 $\mathbf{Z}_{\text{eq}} = j23\ \Omega$가 된다.

병렬 임피던스 결합

$\omega = 10{,}000$ rad/s에서 5 mH의 인덕터와 100 mF 커패시터가 병렬 결합된 등가임피던스는 병렬 저항에서 계산된 것과 같이 아주 똑같은 방식으로 다음과 같이 계산된다.

$$\mathbf{Z}_{\text{eq}} = \frac{(j50)(-j1)}{j50 - j1} = \frac{50}{j49} = -j1.020\ \Omega$$

이때 $\omega = 5{,}000$ rad/s에서의 병렬 등가 임피던스는 $-j2.17\ \Omega$이다.

리액턴스

물론 임피던스를 **직각좌표**(*rectangular*) 형태인 $\mathbf{Z} = R + jX$이나 **극좌표**(*polar*) 형태인 $\mathbf{Z} = |\mathbf{Z}|\underline{/\theta}$로 나타낼 수 있다. 직각좌표 형태에서는 오직 실수 저항만에 의해 발생되는 실수부와 에너지 저장 소자에 의해 발생되는 **리액턴스**(*reactance*)라고 불리는 허수부를 명확히 구분하여 볼 수 있다. 저항과 리액턴스 모두 옴(ohm) 단위를 가지나, 리액턴스는 항상 주파수 함수가 된다. 이상적인 저항은 0인 리액턴스 값을 가지는 반면에 이상적인 커패시터와 인덕터는 순수 무효성(reactive)으로서, 이들은 0인 저항성분을 가진다. 한편 직렬 혹은 병렬결합이 커패시터와 인덕터를 모두 포함하면서 0인 리액턴스 값을 가질 수 있을까? 물론 가능하다. 1 Ω 저항, 1 F 커패시터 그리고 1 H 인덕터의 세 소자들이 직렬 연결된 회로가 $\omega = 1$ rad/s에서 구동되는 경우를 고려해보자. 이 주어진 주파수에서의 등가 임피던스는 $\mathbf{Z}_{eq} = 1 - j(1)(1) + j(1)(1) = 1\ \Omega$, 즉 단순히 1 Ω가 된다. 그러나 주파수가 $\omega = 1$을 약간이라도 벗어나면 0이 아닌 리액턴스 값을 가지게 된다.

예제 10.6

그림 10.18*a*의 회로망이 5 rad/s의 주파수에서 구동될 때, 이 회로망의 등가 임피던스를 구하라.

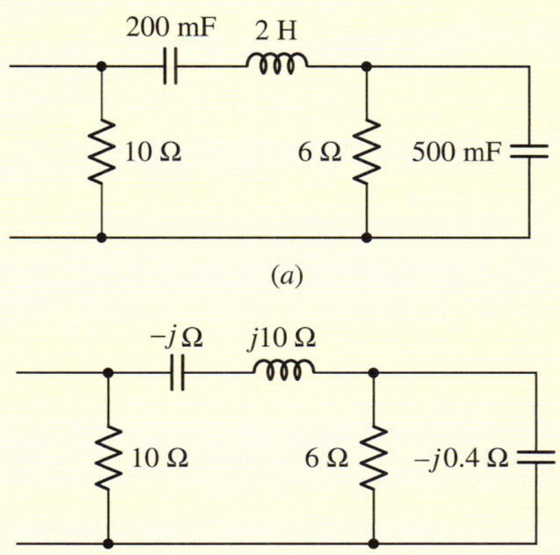

(*b*)

그림 10.18 (*a*) 하나의 등가 임피던스로 대체될 수 있는 회로망. (*b*) $\omega = 5$ rad/s에서 (*a*)의 회로망 내의 각각의 소자 값들이 임피던스들로 대체된 회로.

먼저 저항과 커패시터와 인덕터를 그림 10.18*b*에서와 같이 각각 대응되는 임피던스들로 변환해보자.

이렇게 변환된 회로망을 살펴보면, 6 Ω의 임피던스는 $-j0.4\ \Omega$와 병렬 관계에 있음을 알 수 있다. 이 등가회로는 다음과 같다.

$$\frac{(6)(-j0.4)}{6 - j0.4} = 0.02655 - j0.3982\ \Omega$$

앞의 결과는 $-j\ \Omega$ 및 $j10\ \Omega$과 직렬 연결되어 있으며 이때의 등가 임피던스는 다음과 같다.

$$0.0265 - j0.3982 - j + j10 = 0.02655 + j8.602\ \Omega$$

이 새로운 임피던스는 10 Ω과 병렬연결이 되어있어서, 이 회로망의 등가 임피던스는 다음 식과 같이 구해진다.

$$10 \parallel (0.02655 + j8.602) = \frac{10(0.02655 + j8.602)}{10 + 0.02655 + j8.602}$$

$$= 4.255 + j4.929\ \Omega$$

이 결과를 극좌표 형태로 표시하면 $6.511\underline{/49.20^\circ}\ \Omega$이 된다.

익힘문제 10.9

그림 10.19의 회로망에서, 다음 단자들 사이에서 측정되는 입력임피던스 $\mathbf{Z}_{\text{in}}$를 구하라.

(a) a와 g (b) b와 g (c) a와 b

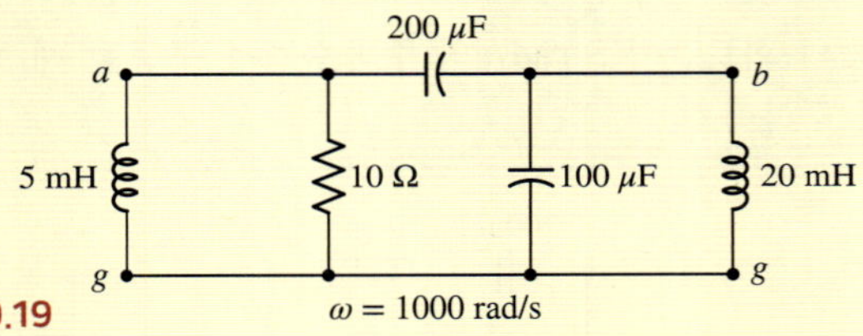

그림 10.19

답: $2.81 + j4.49\ \Omega$; $1.798 - j1.124\ \Omega$; $0.1124 - j3.82\ \Omega$.

임피던스의 저항 성분이 회로에 존재하는 저항기의 저항값과 반드시 같게 되는 것은 아니라는 사실에 유념하는 것이 중요하다. 예를 들어 10 Ω의 저항과 5 H의 인덕터를 직렬연결하면 $\omega = 4$ rad/s일 때 등가 임피던스는 $\mathbf{Z} = 10 + j20\ \Omega$이며 극 좌표형식으로는 $22.4\underline{/63.4^\circ}\ \Omega$이다. 이 경우 임피던스의 저항 성분은 직렬 저항의 값과 같다. 그러나 두 소자가 병렬로 연결 되면 등가 임피던스는 $10(j20)/(10 + j20)\ \Omega$ 혹은 $8 + j4\ \Omega$이 된다. 이 경우에는 임피던스의 저항 성분은 8 Ω이다.

예제 10.7

그림 10.20*a*의 회로에서 전류 $i(t)$를 구하라.

주어진 문제의 목표를 확인하라.

3000 rad/s의 전압전원에 기인해서 1.5 kΩ의 저항기를 통해 흐르는 정현파 정상상태 전류를 구할 필요가 있다.

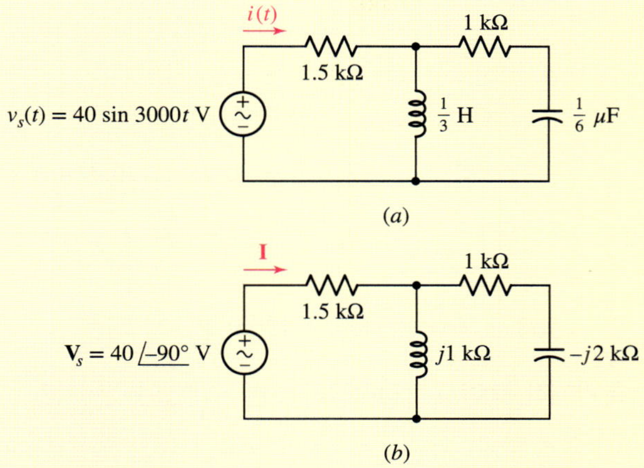

그림 10.20 (*a*) 정현강제응답 $i(t)$를 구하기 위한 *RLC* 회로. (*b*) $\omega = 3000$ rad/s에서 주어진 회로의 주파수 영역 등가회로.

알려진 정보를 수집하라.

주파수 영역 회로를 그리는 것부터 시작한다. 전원은 주파수 영역 표현법인 $40\angle{-90^\circ}$ V으로 변환되고, 그 주파수 영역 응답은 $\mathbf{I}$로 표기된다. 그리고 $\omega = 3{,}000$ rad/s에서 결정되는 인덕터와 커패시터의 임피던스들은 각각 j kΩ, $-j2$ kΩ이다. 이에 대응되는 주파수 영역 회로가 그림 10.20*b*에 나타나 있다.

계획을 세운다.

페이저 $\mathbf{I}$를 얻기 위하여 그림 10.20*b*의 회로를 해석한다. 즉, 임피던스들을 결합하고 옴의 법칙 인용하는 것은 하나의 가능한 접근 방법이다. $\omega = 3{,}000$ rad/s에서 $\mathbf{I}$를 시간 영역 표현식으로 변환할 수 있음을 이용한다.

적절한 형태의 방정식을 구성한다.

$$\begin{aligned}\mathbf{Z}_{\text{eq}} &= 1.5 + \frac{(j)(1-2j)}{j+1-2j} = 1.5 + \frac{2+j}{1-j} \\ &= 1.5 + \frac{2+j}{1-j}\frac{1+j}{1+j} = 1.5 + \frac{1+j3}{2} \\ &= 2 + j1.5 = 2.5\angle{36.87^\circ}\ \text{k}\Omega\end{aligned}$$

페이저 전류는 간략히 다음과 같이 된다.

$$\mathbf{I} = \frac{\mathbf{V}_s}{\mathbf{Z}_{\text{eq}}}$$

만약 추가정보가 요구되는지를 결정하라.

알고 있는 값을 대입하면 $\omega = 3{,}000$ rad/s에서

$$\mathbf{I} = \frac{40\angle{-90^\circ}}{2.5\angle{36.87^\circ}}\ \text{mA}$$

가 되며, 이 식은 $i(t)$를 계산하는 데 충분하다.

문제를 풀어라.

앞의 복소수 표현은 단일 극좌표 형태의 복소수로 다음과 같이 쉽게 간략화 된다.

$$\mathbf{I} = \frac{40}{2.5}\underline{/-90^\circ - 36.87^\circ}\,\text{mA} = 16.00\underline{/-126.9^\circ}\,\text{mA}$$

페이저 전류를 시간 영역 전류식으로 변환하면 구하는 응답은 다음과 같이 얻어진다.

$$i(t) = 16\cos(3{,}000t - 126.9^\circ) \qquad \text{mA}$$

문제풀이를 확인해라. 풀이가 합리적인가 또는 기대했던 것인가?

전원에 연결된 유효 임피던스는 각도 +36.87°을 가지고 있는데, 이는 회로가 유도성(inductive)의 성격을 갖고 있어서 전류가 전압보다 위상이 뒤지고 있음을 나타낸다. 전원전압이 위상각 −90°(일단 코사인 전원으로 전환된 상태)를 가지고 있으므로 구해진 해답은 일관성이 있음을 알 수 있다.

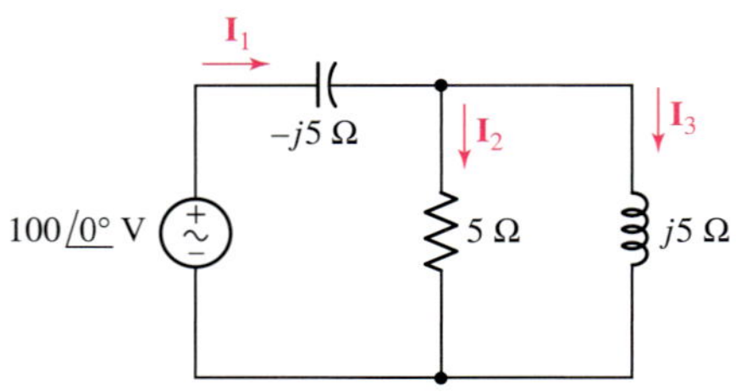

그림 10.21

익힘문제 10.10

그림 10.21의 주파수 영역 회로에서 다음을 구하라.

(a) $\mathbf{I}_1$ (b) $\mathbf{I}_2$ (c) $\mathbf{I}_3$

답: $28.3\underline{/45^\circ}$ A; $20\underline{/90^\circ}$ A; $20\underline{/0^\circ}$ A.

시간 영역 또는 주파수 영역에서 많은 수의 방정식을 세우기 전에, 방정식들을 부분적으로는 시간 영역에서 세우고 다른 한 부분적으로는 주파수 영역에서 세우게 되면 전체적으로 부정확한 구조가 되는 실수가 발생한다는 사실을 아는 것이 매우 중요하다. 이런 형태의 실책이 행해졌음을 인지할 수 있는 하나의 단서로는, 한 방정식 내에 복소수와 시간 t가 동시에 존재하는 것을 발견할 때이다. 인자 $e^{j\omega t}$은 예외인데, 이 인자는 적용할 때보다는 유도과정에서 더 큰 역할을 하기 때문에 더는 최종 결과식에는 나타나지 않게 된다. 따라서 j와 t가 동시에 포함되거나 ∠와 t가 동시에 포함되는 결과 식이 만들어졌다면, 그 답은 틀린 답이라고 생각하는 것이 좋다.

예를 들어, 이전에 보았던 올바른 식들은 다음과 같은 형태가 된다.

$$\mathbf{I} = \frac{\mathbf{V}_s}{\mathbf{Z}_{\text{eq}}} = \frac{40\underline{/-90^\circ}}{2.5\underline{/36.9^\circ}} = 16\underline{/-126.9^\circ}\,\text{mA}$$

복소수와 시간함수가 뒤섞인 다음과 같은 형태의 답을 얻어내지 않도록 노력하기를 바란다.

$$i(t) \not= \frac{40\sin 3000t}{2.5\underline{/36.9^\circ}} \quad \text{혹은} \quad i(t) \not= \frac{40\sin 3000t}{2 + j1.5}$$

어드미턴스

임피던스 개념은 매우 유용하고 저항과 관련된 경험을 기반으로 하여 어느 정도 친숙하지만, 임피던스의 역수도 종종 그만큼의 가치가 있다. 이 양을 회로소자 혹은 수동 회로망의 **어드미턴스**(*admittance*) **Y**로 정의하고, 이것은 간단히 전압 대 전류의 비가 된다.

임피던스와 어드미턴스를 합하여 *이미턴스*(immitance)라는 일반적(무단위) 용어를 가끔 사용 하나 매우 흔하지는 않다.

어드미턴스의 실수부는 **컨덕턴스**(*conductance*) G이고, 허수부는 **서셉턴스**(*susceptance*) B이다. 따라서,

$$\mathbf{Y} = G + jB = \frac{1}{\mathbf{Z}} = \frac{1}{R + jX} \quad [22]$$

$$\mathbf{Y}_R = \frac{1}{R}$$
$$\mathbf{Y}_L = \frac{1}{j\omega L}$$
$$\mathbf{Y}_C = j\omega C$$

3개의 모든 양($\mathbf{Y}$, G, B)은 지멘스(simens) 단위로 측정된다.

식 [22]를 주의 깊게 살펴보아야 한다. 일반적으로 어드미턴스의 실수부는 임피던스의 실수부의 역수와 같지 않고 어드미턴스의 허수부는 임피던스의 허수부의 역수와 같지 않음에 유의할 필요가 있다.

익힘문제 10.11

다음의 각 문제에서 직각좌표 형태로 어드미턴스를 구하라.

(a) $\mathbf{Z} = 1000 + j400\ \Omega$

(b) $\omega = 1$ Mrad/s일 때, 800 Ω 저항기, 1 mH 인덕터, 2 nF 커패시터가 병렬로 연결된 회로망

(c) $\omega = 1$ Mrad/s일 때, 800 Ω 저항기, 1 mH 인덕터, 2 nF 커패시터가 직렬로 연결된 회로망

답: $0.862 - j0.345$ mS; $1.25 + j1$ mS; $0.899 - j0.562$ mS.

10.6 마디해석법과 메쉬해석법

우리는 이전에 마디해석법(nodal analysis)과 메쉬해석법(mesh analysis)을 사용하여 많은 회로를 해석하였다. 그리고 정현파 정상상태에 대해서도 페이저와 임피던스의 함수로써 이와 유사한 해석법이 성립 가능한지를 질문해 볼 필요가 있다. 우리는 이미 두 가지 키르히호프의 법칙(전류 및 전압 법칙)가 페이저에 대해서도 유효하다는 것을 알고 있다. 또한 수동소자들에 대해서도 옴의 법칙과 유사한 $\mathbf{V} = \mathbf{ZI}$가 성립함을 알게 되었다. 따라서 정현파 정상상태에서도 마디해석법을 이용하여 회로를 해석할 수 있다. 마찬가지로 메쉬해석법도 유효하며 때때로 유용하게 활용될 수 있음을 확신할 수 있다.

예제 10.8

그림 10.22의 회로에서 시간 영역에서의 마디 전압 $v_1(t)$과 $v_2(t)$를 구하라.

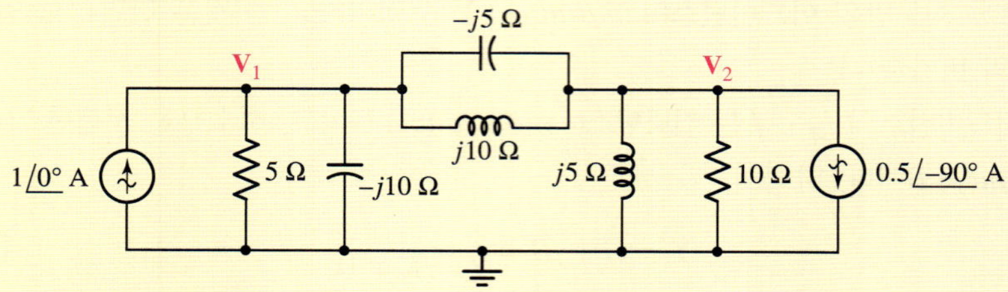

그림 10.22 마디전압이 $\mathbf{V}_1$, $\mathbf{V}_2$일 때의 주파수 영역 회로.

두 전류 전원은 페이저로 주어졌고 마디전압 $\mathbf{V}_1$과 $\mathbf{V}_2$도 페이저로 표시되어 있다. 왼쪽 마디에서 KCL을 적용하면 다음 식을 얻는다.

$$\frac{\mathbf{V}_1}{5}+\frac{\mathbf{V}_1}{-j10}+\frac{\mathbf{V}_1-\mathbf{V}_2}{-j5}+\frac{\mathbf{V}_1-\mathbf{V}_2}{j10}=1\angle 0^\circ=1+j0$$

오른쪽 마디에서 얻어진 식은 다음과 같다.

$$\frac{\mathbf{V}_2-\mathbf{V}_1}{-j5}+\frac{\mathbf{V}_2-\mathbf{V}_1}{j10}+\frac{\mathbf{V}_2}{j5}+\frac{\mathbf{V}_2}{10}=-(0.5\angle -90^\circ)=j0.5$$

위의 두 식을 간단히 정리하면 아래와 같다.

$$(0.2+j0.2)\mathbf{V}_1-j0.1\mathbf{V}_2=1$$
$$-j0.1\mathbf{V}_1+(0.1-j0.1)\mathbf{V}_2=j0.5$$

윗식들은 대부분의 공학용 계산기로 쉽게 풀 수 있고, 그 결과는 다음과 같다.

$$\mathbf{V}_1=1-j2\text{ V}\quad \text{그리고}\quad \mathbf{V}_2=-2+j4\text{ V}$$

시간 영역 해들은 위의 $\mathbf{V}_1$과 $\mathbf{V}_2$를 다음과 같이 극좌표 형태로 표현함으로써 얻어진다.

$$\mathbf{V}_1=2.24\angle -63.4^\circ$$
$$\mathbf{V}_2=4.47\angle 116.6^\circ$$

위의 극좌표 형태로 표현된 해들을 시간 영역으로 변환하면

$$v_1(t)=2.24\cos(\omega t-63.4^\circ)\quad \text{V}$$
$$v_2(t)=4.47\cos(\omega t+116.6^\circ)\quad \text{V}$$

를 얻는다. 주어진 회로도의 임피던스값들을 구하기 위해서는 ω값이 반드시 주어져야하고 또한 두 전원은 반드시 동일한 주파수에서 동작해야 함에 유의해야 한다.

익힘문제 10.12

그림 10.23의 회로에서 전압 $\mathbf{V}_1$과 $\mathbf{V}_2$를 마디해석법을 이용해서 구하라.

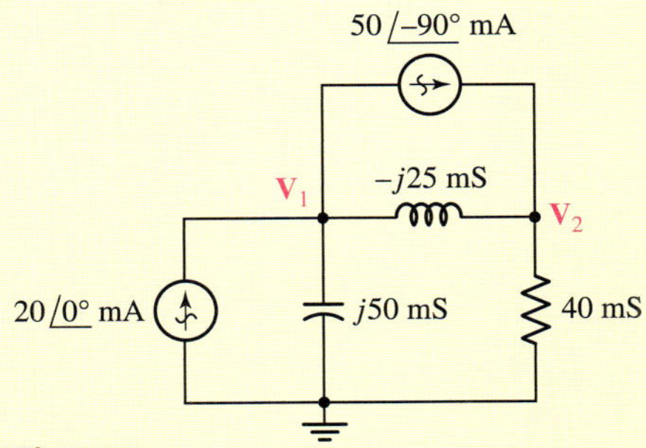

그림 10.23

답: $1.062\angle 23.3°$ V; $1.593\angle -50.0°$ V.

이제 모든 전원들이 동일 주파수에서 동작해야 한다는 것을 염두에 두고 메쉬 해석법의 예를 살펴보자. 그렇지 않으면 주어진 회로에서 리액턴스에 대한 수치를 구하는 것은 불가능하다. 다음 절에서는 중첩의 원리를 이용하여 이러한 문제점을 해결하는 방법을 살펴본다.

예제 10.9

그림 10.24*a*의 회로에서 전류 i_1과 i_2를 시간 영역에서 표현하라.

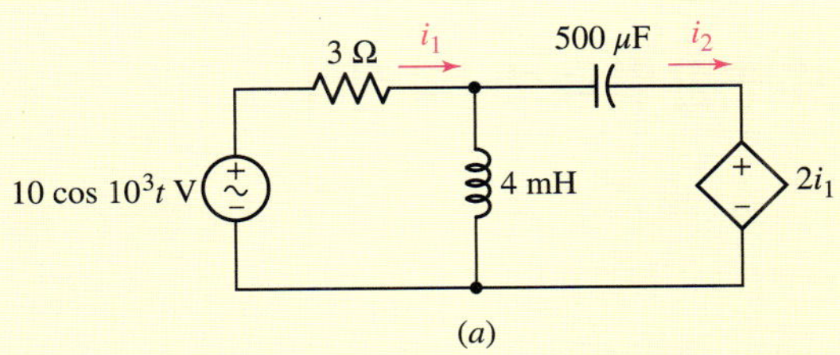

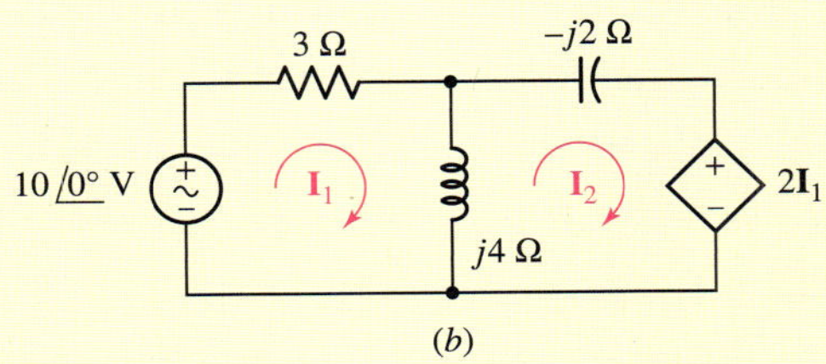

그림 10.24 (*a*) 종속 전원을 포함한 시간 영역 회로 (*b*) (*a*)에 대응하는 주파수 영역 회로.

왼쪽 전원의 주파수는 $\omega = 10^3$ rad/s이고, 그림 10.24*b*는 그것의 주파수 영역 회로이다. 그리고 메쉬 전류는 $\mathbf{I}_1$, $\mathbf{I}_2$라고 하자. 메쉬 1에서

$$3\mathbf{I}_1 + j4(\mathbf{I}_1 - \mathbf{I}_2) = 10\underline{/0^\circ}$$

또는

$$(3 + j4)\mathbf{I}_1 - j4\mathbf{I}_2 = 10$$

이 되고, 메쉬 2에서는

$$j4(\mathbf{I}_2 - \mathbf{I}_1) - j2\mathbf{I}_2 + 2\mathbf{I}_1 = 0$$

또는

$$(2 - j4)\mathbf{I}_1 + j2\mathbf{I}_2 = 0$$

이 얻어진다. 이것을 풀어보면

$$\mathbf{I}_1 = \frac{14 + j8}{13} = 1.24\underline{/29.7^\circ}\text{ A}$$
$$\mathbf{I}_2 = \frac{20 + j30}{13} = 2.77\underline{/56.3^\circ}\text{ A}$$

가 되고, 따라서

$$\mathbf{I}_1(t) = 1.24\cos(10^3 t + 29.7^\circ)\text{ A}$$
$$\mathbf{I}_2(t) = 2.77\cos(10^3 t + 56.3^\circ)\text{ A}$$

가 된다.

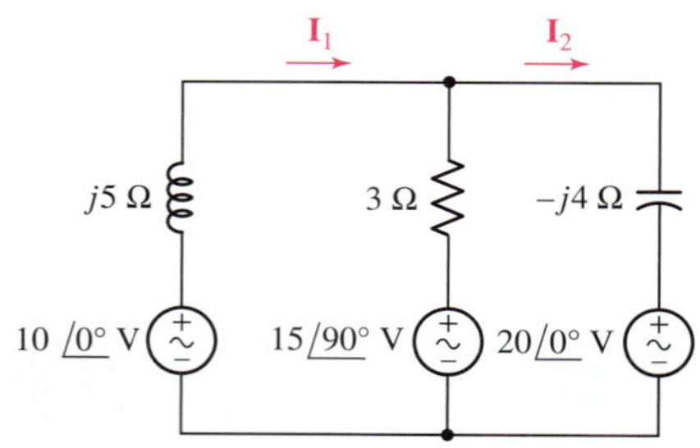

그림 10.25

익힘문제 10.13

그림 10.25의 회로에서 전류 $\mathbf{I}_1$과 $\mathbf{I}_2$를 메쉬해석법을 이용해서 구하라.

답: $4.87\underline{/-164.6^\circ}$ A; $7.17\underline{/-144.9^\circ}$ A.

10.7 중첩, 전원변환 및 테브난의 정리

7장에서 인덕터와 커패시터가 소개된 후, 우리는 이들 선형소자들을 포함하는 회로가 선형이므로 선형성의 이점을 활용할 수 있다는 것을 알았다. 중첩의 원리(superposition principle), 테브난과 노턴의 정리(Thevenin's and Norton's theorems) 그리고 전원 변환(source transformation)이 이런 이점에 포함된다. 이들 기법들이 우리가 이제 다루려는 회로에 적용될 것이고, 정현파 전원이 인가된 강제응답만을 구하는데 큰 문제가 되지 않는다. 또한 주어진 회로들이 여전히 선형회로이므로, 페이저들의 함수로 회로를 분석하는 데도 문제가 없다. 우리는 또한 선형성과 중첩의 원리가 복소 전원을 얻기 위해 실수 전원과 허수 전원을 결합할 때 이용됨을 기억할 필요가 있다.

지금까지는 단일 전원 회로나 정확히 같은 주파수에서 모든 전원이 동작하는 여러 개의 전원을 사용하는 회로만으로 우리의 관심을 제한했다. 이것은 유도성(inductive) 소자나 용량성(capacitive) 소자의 임피던스 값들을 구하기 위해 필요

실제 문제에의 적용

트랜지스터 증폭기의 차단 주파수

트랜지스터 기반 증폭기 회로는 근래의 전자기기에서 없어서는 안 될 부분이다. 간단한 예로 휴대전화기(그림 10.26)를 보면 음성 신호는 고주파의 반송파에 실려 온다. 불행하게도 트랜지스터는 사용 가능 주파수가 제한되어 있는 내장 커패시턴스를 가진다. 이 사실은 특정한 응용에서 트랜지스터를 선택할 때 반드시 고려해야 한다.

그림 10.27*a*는 바이폴라 결합 트랜지스터의 **고주파 하이브리드π 모델**을 보여준다. 이 경우에서 비록 트랜지스터는 **비선형** 소자이지만 우리는 간단한 선형 회로가 현실적인 소자 특성을 모델링하는 데 상당히 정확한 방법이라는 것을 알고 있다. 두 커패시터 C_π와 C_μ는 사용되는 특정 트랜지스터의 특성을 나타내는 내부 커패시턴스들을 표현하기 위해 사용된다. 부수적인 커패시터와 저항들은 요구되는 모델의 정확성을 높이기 위해 사용될 수 있다. 그림 10.27*b*는 공통 이미터 증폭기(common emitter amplifier)로 알려진 증폭기 회로에 삽입된 트랜지스터 모델을 보여준다.

그림 10.26 트랜지스터 증폭기는 이동전화를 포함하여 많은 전자장치에서 사용된다. 주파수 함수로서 트랜지스터의 성능 분석을 위하여 선형 회로 모델이 자주 사용된다(© pim pic/Shutterstock).

테브난 등가 $\mathbf{V}_s$와 R_s로 표현되는 정현파 정상상태의 신호를 가정하면, 입력전압 $\mathbf{V}_{\text{in}}$과 출력전압 $\mathbf{V}_{\text{out}}$와의 비가 관심의 대상이다. 내부 트랜지스터 커패시턴스의 존재는 $\mathbf{V}_s$의 주파수가 증가함에 따라 신호증폭을 감소시키는 역할을 한다. 이것은 궁극적으로 회로가 올바르게 동작할 수 있도록 하는 주파수들을 제한하게 된다. 출력단에서 단일 마디방정식을 구하면 아래와 같다.

$$-g_m \mathbf{V}_\pi = \frac{\mathbf{V}_{\text{out}} - \mathbf{V}_{\text{in}}}{1/j\omega C_\mu} + \frac{\mathbf{V}_{\text{out}}}{R_C \parallel R_L}$$

$\mathbf{V}_\pi = \mathbf{V}_{\text{in}}$으로 하고, $\mathbf{V}_{\text{in}}$의 함수로 $\mathbf{V}_{\text{out}}$를 풀면, 다음과 같이 증폭이득을 얻을 수 있다.

$$\frac{\mathbf{V}_{\text{out}}}{\mathbf{V}_{\text{in}}} = \frac{-g_m(R_C \parallel R_L)(1/j\omega C_\mu) + (R_C \parallel R_L)}{(R_C \parallel R_L) + (1/j\omega C_\mu)}$$
$$= \frac{-g_m(R_C \parallel R_L) + j\omega(R_C \parallel R_L)C_\mu}{1 + j\omega(R_C \parallel R_L)C_\mu}$$

전형적인 값들 $g_m = 30$ mS, $R_C = R_L = 2$ kΩ 그리고 $C_\mu = 5$ pF가 주어진 경우, 이득의 크기를 주파수($\omega = 2\pi f$) 함수로써 그릴 수 있다. 그림 10.28*a*는 이에 대한 반로그(semi-logarithmic) 그래프이고 이 그림을 그리기 위해 사용된 MATLAB 스크립트는 그림 10.28*b*에 주어졌다. 증폭이득이 주파수에 좌우되는 것은 흥미롭긴 하나 아주 놀랄만한 것은 아니다. 사실 우리가 원하지 않는 주파수를 걸러내는 수단으로서의 이러한 회로의 사용은 예상할 수 있을 것이다. 그러나 상대적으로 낮은 주파수에서는 그 이득이 본질적으로 입력 전원의 주파수에 전적으로 독립적이다.

증폭기의 특성을 나타낼 때 그 전압이득이 최대값의

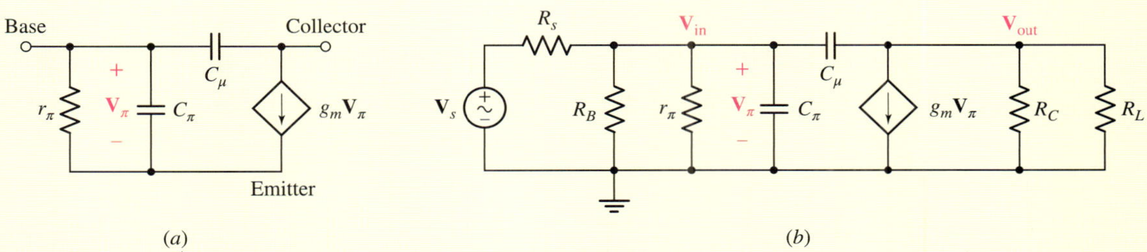

그림 10.27 (*a*) 고주파 하이브리드-π 트랜스지터 모델 (*b*) 하이브리드-π 트랜지스터 모델을 이용한 공통 이미터(common-emitter) 증폭기 회로.

$1/\sqrt{2}$배로 낮아지는 주파수를 고려하는 것이 일반적이다. 그림 10.28*a*에서 최대이득이 30이고 주파수가 약 30 MHz 정도 부근에서 이득이 $30/\sqrt{2} = 21$로 감소하는 것을 볼 수 있다. 이 주파수를 증폭기의 **차단**(*cutoff*) 또는 **절점**(*corner*) 주파수라고 부른다. 만일 더 높은 주파수에서의 동작이 요구된다면 내부 커패시턴스를 감소시키거나(예를 들면, 다른 트랜지스터를 사용함으로써) 또는 회로를 다른 방법으로 재설계 하여야 한다.

입력전압 $\mathbf{V}_{\text{in}}$과 관계된 이득을 정의하는 것이 증폭기의 주파수 의존 특성에 대한 완전한 그림을 나타내지는 않는다는 사실에 유의하여야 한다. 이 사실은 간단히 커패시턴스 C_π를 고려해보면 확실히 드러난다. $\omega \to \infty$이면 $\mathbf{Z}_{C_\pi} \to 0$이 되고 따라서 $\mathbf{V}_{\text{in}} \to 0$이 된다. 이 현상은 우리가 유도한 간단한 방정식으로는 명백하게 증명되지 않는다. 좀 더 포괄적인 접근법으로는 $\mathbf{V}_s$의 함수로 된 $\mathbf{V}_{\text{out}}$에 대한 수식을 유도하는 것이다. 이 경우 두 커패시턴스 모두가 방정식 내에 표현되어 지는데, 이것을 구하기 위해서는 약간의 대수 연산이 더 요구되어진다.

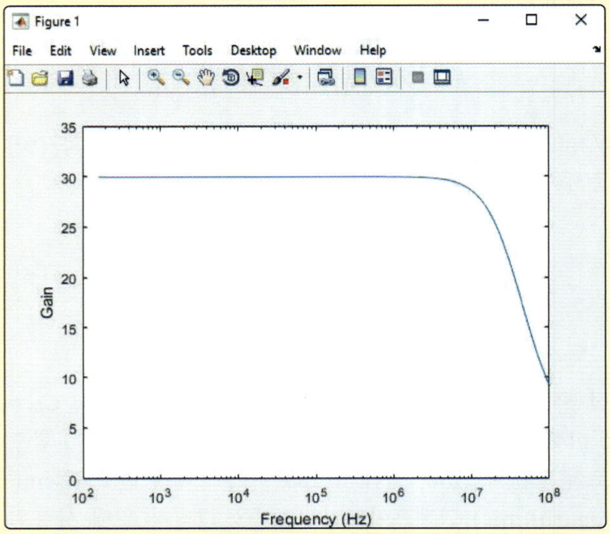

(*a*)

```
>> frequency = logspace(3,9,100);
>> numerator = 30e-3*1000 + i*frequency*1000*5e-12;
>> denominator = 1 + i*frequency*1000*5e-12;
>> for k = 1:100
gain(k) = abs(numerator(k)/denominator(k));
end
>> semilogx(frequency/2/pi,gain);
>> xlabel('Frequency (Hz)');
>> ylabel ('Gain');
>> axis([100 1e8 0 35]);
fx >>
```

(*b*)

그림 10.28 (*a*) 주파수 함수로서 나타낸 증폭기 이득. 고주파 성분에서는 더 이상 효과적인 증폭이 이루어지지 않음을 알 수 있다. (*b*) (*a*)의 그래프를 그리기 위해 사용된 MATLAB 스크립트. 여기서는 허수를 표현하기 위해 '*j*'가 아닌 '*i*'를 사용했음에 유의하라.

하다. 그러나 페이저 해석의 개념은 여러 가지 다른 주파수들에서 동작하는 여러 개의 전원을 갖는 회로들로 확장하기 쉽다. 이러한 예들에서는, 각각의 전원에 기반한 전압과 전류들을 구하기 위해 중첩의 원리를 사용하여서 **시간 영역**에서 그 결과들을 합한다. 만일 여러 개의 전원들이 동일 주파수에서 동작한다면 이 또한 중첩의 원리를 이용해서 동일 시간에 이들 전원들을 다룰 수 있고, 그 결과 얻어지는 응답(들)을 다른 주파수에서 동작하는 다른 전원(들)의 응답에 더할 수 있게 된다.

예제 10.10

편의상 그림 10.22를 다시 그린 그림 10.29*a*의 회로에서 중첩의 원리를 이용하여 v_1을 구하라.

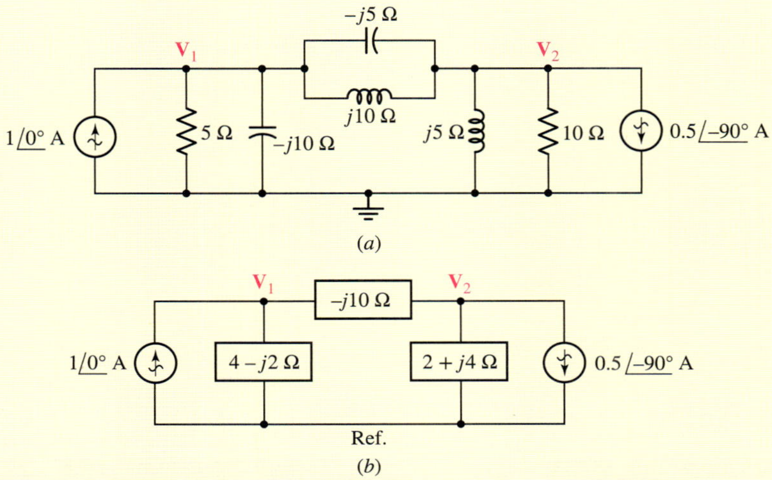

그림 10.29 (*a*) $\mathbf{V}_1$를 구하기 위한 그림 10.22의 회로. (*b*) $\mathbf{V}_1$을 구하기 위해 중첩의 원리를 사용하여 두 전원을 분리하여 얻어지는 페이저 응답들을 사용.

그림 10.29*b*의 회로에서는 병렬 임피던스의 각 쌍이 단일 등가 임피던스로 바뀌었다. 다시 말하면, $5 \parallel -j10\ \Omega$는 $4 - j2\ \Omega$, $j10 \parallel -j5\ \Omega$는 $-j10\ \Omega$ 그리고 $10 \parallel j5$는 $2 + j4\ \Omega$에 동등하다. $\mathbf{V}_1$을 구하기 위해서 먼저 왼쪽의 전원을 작동(오른쪽 전류원은 개방)시키고 부분응답 $\mathbf{V}_{1L}$을 구한다. $1\underline{/0^\circ}$ 전원은 아래와 같은 임피던스와 병렬 연결되어 있다.

$$(4 - j2) \parallel (-j10 + 2 + j4)$$

따라서

$$\mathbf{V}_{1L} = 1\underline{/0^\circ}\frac{(4 - j2)(-j10 + 2 + j4)}{4 - j2 - j10 + 2 + j4}$$

$$= \frac{-4 - j28}{6 - j8} = 2 - j2\ \text{V}$$

가 된다. 다음은 오른쪽 전원만을 동작(왼쪽 전류원은 개방)시키고, 전류 분배와 옴의 법칙을 적용하면 다음을 얻는다.

$$\mathbf{V}_{1R} = (-0.5\underline{/-90^\circ})\left(\frac{2 + j4}{4 - j2 - j10 + 2 + j4}\right)(4 - j2) = -1\ \text{V}$$

이제 두 전압 $\mathbf{V}_{1L}$과 $\mathbf{V}_{1R}$을 더하면

$$\mathbf{V}_1 = \mathbf{V}_{1L} + \mathbf{V}_{1R} = 2 - j2 - 1 = 1 - j2 \quad \text{V}$$

이 되고, 이 값은 예제 10.8에서 구한 결과와 같다.

중첩의 원리는 또한 모든 전원이 동일 주파수에서 동작하지 않는 회로를 다룰 때에도 유용하게 사용될 수 있다.

익힘문제 10.14

그림 10.30의 회로에서 중첩의 원리를 사용하는 경우, (a) $20\angle 0^\circ$ mA의 전원만 동작할 때의 $\mathbf{V}_1$과 (b) $50\angle -90^\circ$ mA의 전원만 동작할 때의 $\mathbf{V}_1$을 각각 구하라.

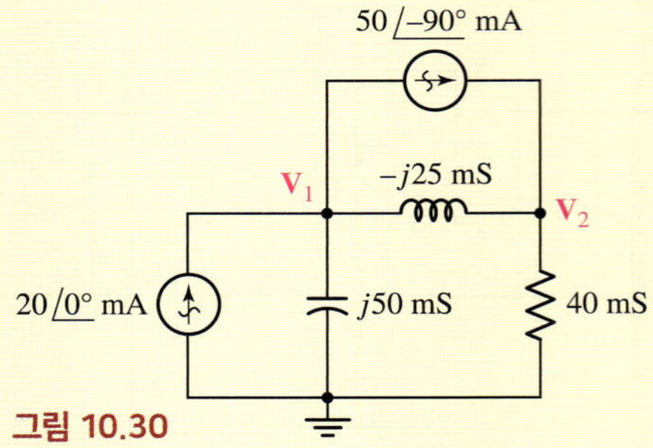

그림 10.30

답: (a) $0.1951 - j\,0.556$ V; (b) $0.780 + j0.976$ V.

예제 10.11

그림 10.31*a*의 회로의 임피던스 $-j10\ \Omega$에서 본 테브난 등가회로를 구하고, 그것을 이용하여 $\mathbf{V}_1$을 구하라.

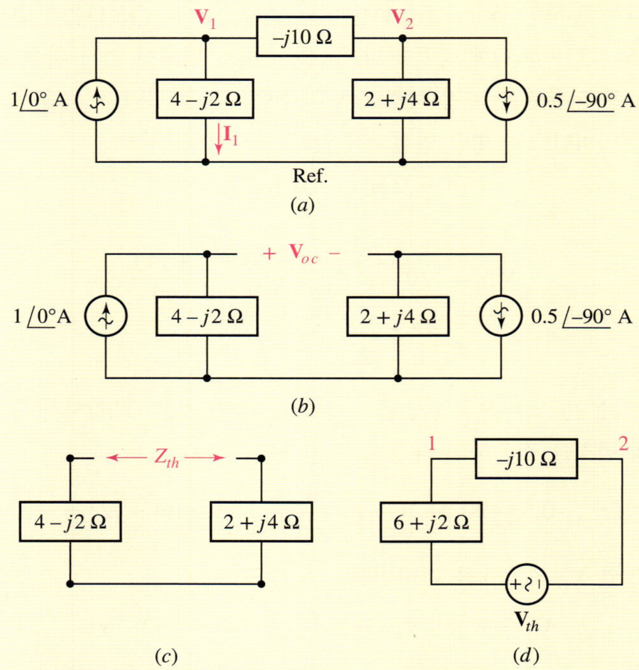

그림 10.31 (*a*) $-j10\ \Omega$ 임피던스에서 들여다 본 테브난 등가회로를 구하기 위한 그림 10.28*b*의 회로. (*b*) $\mathbf{V}_{oc}$의 정의. (*c*) $\mathbf{Z}_{th}$의 정의. (*d*) 테브난 등가회로를 사용하기 다시 그려진 회로.

그림 10.31*b*에서 정의된 개방회로 전압은 아래와 같다.

$$\mathbf{V}_{oc} = 1(\underline{/0^\circ})(4 - j2) - (-0.5\underline{/-90^\circ})(2 + j4)$$
$$= 4 - j2 + 2 - j1 = 6 - j3 \text{ V}$$

그림 10.31*c*의 부하단에서 바라본 비활성 회로의 임피던스는 남은 두 임피던스의 합이다.

$$\mathbf{Z}_{th} = 6 + j2\ \Omega$$

그림 10.31*d*에서처럼 회로를 다시 연결할 때 부하 임피던스 $-j10\ \Omega$를 통하여 마디 1에서 마디 2로 흐르는 전류는 아래와 같다.

$$\mathbf{I}_{12} = \frac{6 - j3}{6 + j2 - j10} = 0.6 + j0.3 \text{ A}$$

그림 10.31*d*의 회로에서는 기준(reference) 마디가 더 이상 존재하지 않기 때문에 이 회로로부터 $\mathbf{V}_1$을 구하는 것은 불가능하다. 따라서 원래의 회로로 돌아와서 왼쪽 전원전류에서 $0.6 + j0.3$ A 전류값을 뺀 다음 $(4 - j2)\ \Omega$의 가지를 통해 아래쪽으로 흐르는 전류를 구할 수 있다.

$$\mathbf{I}_1 = 1 - 0.6 - j0.3 = 0.4 - j0.3 \text{ A}$$

그리고

$$\mathbf{V}_1 = (0.4 - j0.3)(4 - j2) = 1 - j2 \text{ V}$$

이 결과값은 앞의 예제 10.10에서 중첩의 원리를 이용해 얻어진 값과 같다.

$\mathbf{V}_1$을 구하는 것이 주요 목적이라면 그림 10.31*a*의 오른쪽의 세 소자에 대한 노턴의 정리를 사용하는 것이 더 훌륭한 방법이다. 전원변환은 회로를 간단하게 하기위해 반복하여 사용할 수 있다. 따라서 4장과 5장에서 다룬 모든 기법들은 주파수 영역에서의 회로를 해석하는 데에도 유용하게 쓰인다. 약간의 부가적인 복잡성은 복소수 사용의 필요성으로부터 나오는 것이지, 더 복잡한 이론적인 개념이 포함되기 때문이 아니다.

익힘문제 10.15

그림 10.32의 회로에서 다음을 구하라.

(a) 개방회로 전압 $\mathbf{V}_{ab}$

(b) *a*와 *b* 사이의 단락회로에서 아래쪽으로 흐르는 전류

(c) 전류전원에 병렬로 연결된 테브난 등가 임피던스 $\mathbf{Z}_{ab}$

답: $16.77\underline{/-33.4^\circ}$ V; $2.60 + j1.500$ A; $2.5 - j5\ \Omega$.

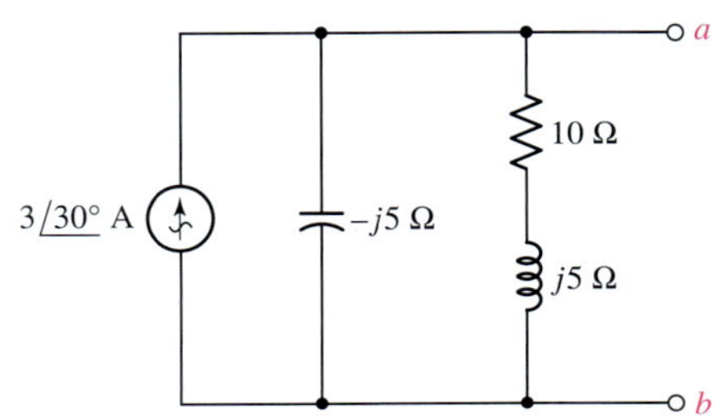

그림 10.32

예제 10.12

그림 10.33a의 회로에서 저항 10 Ω에 의해 소비되는 전력을 구하라.

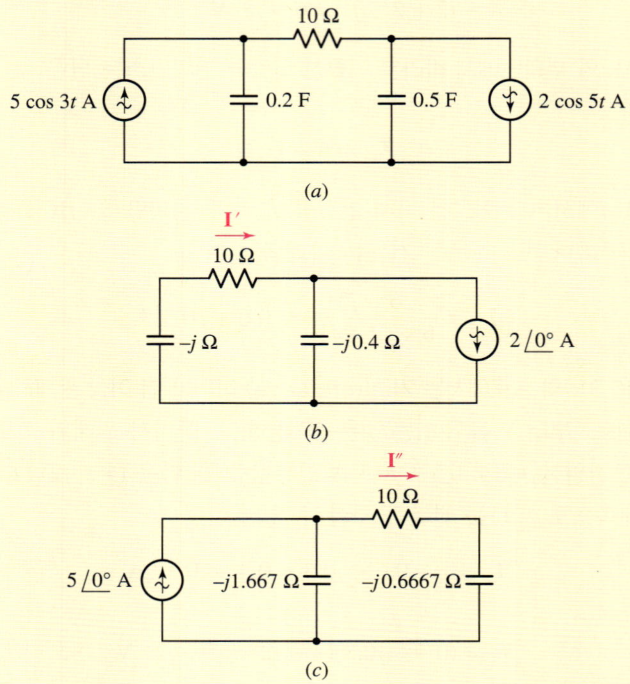

그림 10.33 (a) 서로 다른 주파수에서 동작하는 전원들을 가진 간단한 회로. (b) 왼쪽 전원을 제거한 회로. (c) 오른쪽 전원을 제거한 회로.

신호처리의 미래 연구에서는 프랑스 수학자 Jean-Baptiste Joseph Fourier가 개발한 방법, 즉 임의의 함수를 정현파의 조합으로 표현하는 방법이 도입될 것이다. 선형회로의 경우 일반적인 정현파 구동함수를 인가한 특별한 회로의 응답을 알고 있다면, 푸리에 급수 함수로 표현되는 파형에 대한 회로의 응답을 쉽게 예측할 수 있다(단순히 중첩의 원리를 이용).

우리는 부주의하게 이 회로를 한 번 슬쩍 살펴본 후, 2개의 마디방정식을 쓰거나 전원 변환을 통해 10 Ω 저항 양단에 걸리는 전압을 구하기 쉽다.

하지만 불행하게도 이 회로는 주어진 두 전원이 서로 다른 주파수에서 동작하기 때문에 이런 방법들을 사용하는 것은 불가능하다. 이런 경우에는 회로 내의 어떠한 커패시터나 인덕터의 임피던스도 계산해 낼 수 있는 방법이 없다. 그러면 어떤 주파수를 사용하여야 할까?

이런 곤란한 경우에 쓸 수 있는 유일한 방법은 그림 10.33b와 c에서 보인 것처럼, 동일한 부회로 내에서 같은 주파수를 사용하는 모든 전원을 묶어 중첩의 원리를 사용하는 것이다.

그림 10.33b의 부회로에서, 전류분배법칙을 이용하여 쉽게 전류 $\mathbf{I}'$를 다음과 같이 구할 수 있다.

$$\mathbf{I}' = 2\underline{/0^\circ}\left[\frac{-j0.4}{10 - j - j0.4}\right]$$
$$= 79.23\underline{/-82.03^\circ}\ \text{mA}$$

따라서 구해진 페이저 전류를 시간 영역 전류로 나타내면 다음과 같다.

$$i' = 79.23\cos(5t - 82.03^\circ)\ \text{mA}$$

I″에 대해서도 위에서와 같은 방법을 사용하여 다음과 같이 구한다.

$$\begin{aligned}\mathbf{I}'' &= 5\underline{/0^\circ}\left[\frac{-j1.667}{10 - j0.6667 - j1.667}\right]\\ &= 811.7\underline{/-76.86^\circ}\,\text{mA}\end{aligned}$$

따라서 시간영역 전류는 아래와 같이 된다.

$$i'' = 811.7\cos(3t - 76.86^\circ)\ \text{mA}$$

주의할 점은 그림 10.33*b*와 *c*에서 두 페이저 전류 **I**′와 **I**″를 그대로 페이저 영역에서 더하게 되면 틀린 답을 얻게 된다는 것이다(왜냐하면, 두 전류의 주파수가 서로 다른데도 불구하고 페이저 전류식에서는 이 다른 주파수들이 나타나지 않으므로). 다음 단계로서 그림 10.33*a*에서의 저항 10 Ω에서 소모되는 전력을 구하기 위해서는, 페이저 영역 해석을 거쳐 얻어진 두 시간 영역의 전류를 더한 결과를 제곱한 수에 10을 곱하면 된다.

$$\begin{aligned}p_{10} &= (i' + i'')^2 \times 10\\ &= 10\left[79.23\cos(5t - 82.03^\circ) + 811.7\cos(3t - 76.86^\circ)\right]^2\ \mu\text{W}\end{aligned}$$

익힘문제 10.16

그림 10.34에서 4 Ω 저항기를 통해서 흐르는 전류 i를 구하라.

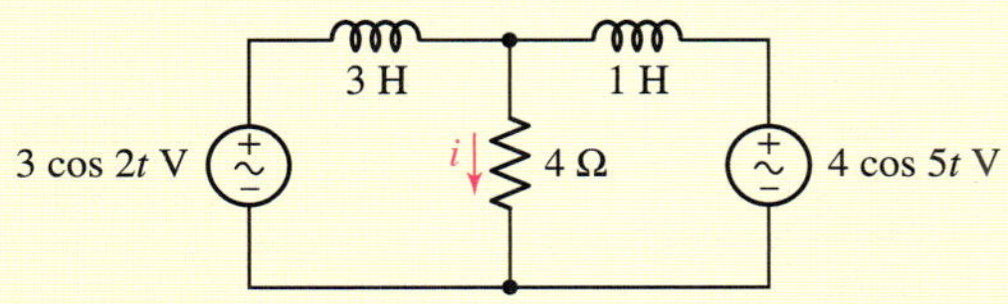

그림 10.34

답: $i = 175.6\cos(2t - 20.55^\circ) + 547.1\cos(5t - 43.16^\circ)$ mA.

컴퓨터를 이용한 해석

정현파 정상상태의 회로 해석을 LTspice에서 수행하기 위해서는 AC 전류원과 전압원에 대한 진폭(magnitude)과 위상(phase) 파라미터들을 정의하여야 한다.

그림 10.20*a* 회로에 대한 컴퓨터 시뮬레이션을 수행하여 보자. 편의상 그림 10.20*a* 회로 그림을 그림 10.35에 다시 그렸다.

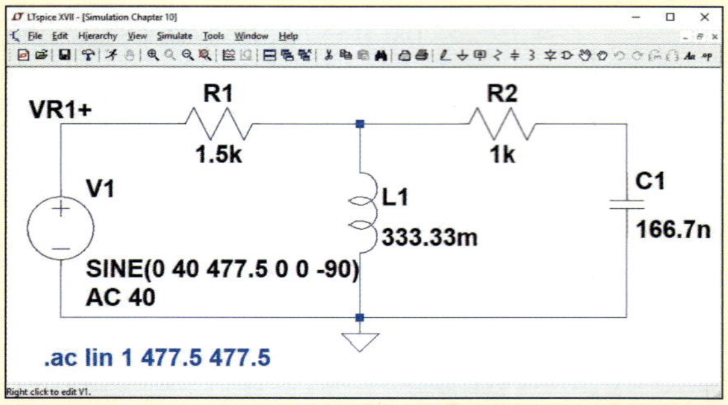

그림 10.35 저항기 1.5 kΩ에 흐르는 전류를 구하기 위한, $\omega = 3000$ rad/s에서 동작하는 그림 10.20a의 회로. 만일 저항기를 위치시킬 때 180° 돌아가게 되면 전류 I(R_1)의 시뮬레이션 결과도 180° 위상천이가 발생되는데, 이는 주어진 소자를 통해 흐르는 전류의 방향이 주어진 회로 그림의 첫 번째 마디(노드)로 들어 오는 것을 기준으로 하기 때문이다.

주어진 회로 내의 전압원 소자의 위에 커서를 놓고 마우스 오른쪽 바튼을 클릭한 후 **Advanced**(그림 10.36)를 선택하면 전원을 위한 파라미터들을 결정할 수 있다. 이 시뮬레이션을 위한 전원의 주파수는 SPICE 분석 대화상자를 통해서 실질적으로 정의된다. 이 대화상자는 개략도 상에 위치된 .ac command를 생성한다(Mac OS 상에서는 SPICE 지령을 직접 입력할 수도 있다). **선형** 스위프(*Linear* sweep)를 선택하고 **Number of Points**를 1로 놓는다. 여기서 우리는 주파수가 3,000 rad/s(477.5 Hz)일 때의 시뮬레이션만 필요하므로, 그림 10.36에 보인 것처럼 **Start 주파수**와 **End 주파수**를 모두 477.5로 놓는다. 표시한 대화상자에 나와 있다.

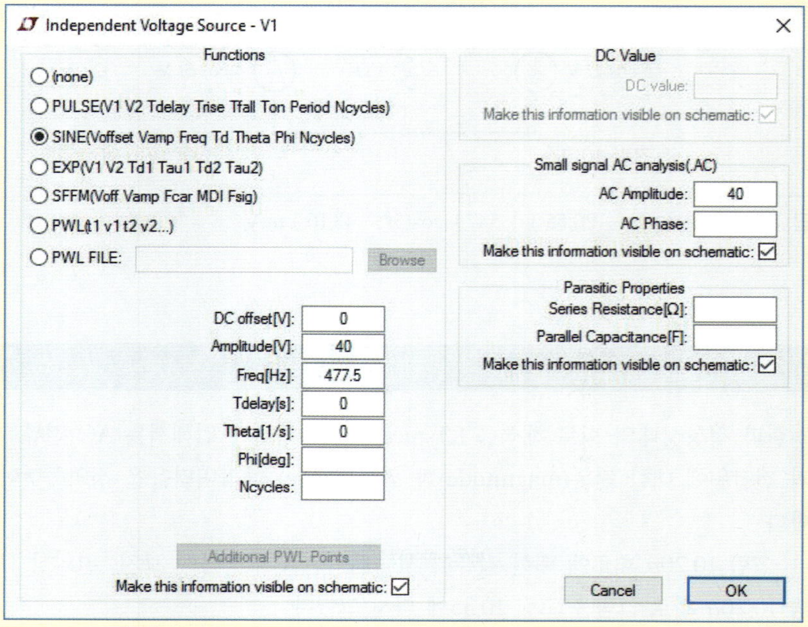

그림 10.36 전원 파라미터들을 정하기 위한 대화상자.

시뮬레이션 결과들은 **Simulate** 아래에 있는 **Run**을 선택하면 나타난다. 이 예에서는 R1 저항기를 통해 흐르는 전류의 크기는 0.0159976 A 또는 16 mA가 되고 위상각은 −36.8671°로 얻어졌다. 따라서 R1 저항기를 통해 흐르는 전류는

$$i = 16 \sin(3000t - 36.9^\circ) \text{ mA}$$

가 된다.

10.8 페이저 다이어그램

페이저 다이어그램(*phasor diagram*)이란 특정 회로의 페이저 전압과 페이저 전류의 관계를 복소평면 위에 그린 것을 말한다. 우리는 이미 복소수들의 덧셈과 뺄셈 연산 결과를 도식적으로 복소평면 상에서 확인하는 데 익숙해 있다. 페이저 전압들과 전류들은 복소수이므로 이들 또한 복소평면 상에서의 점들로 표현될 수 있다. 예를 들어, 페이저 전압 $\mathbf{V}_1 = 6 + j8 = 10\underline{/53.1^\circ}$ V는 그림 10.37과 같이 복소평면상에서 그려진다. x축은 실수 전압 축이고 y축은 허수 전압 축이 된다. 전압 $\mathbf{V}_1$은 원점으로부터 시작되는 화살표로 그려진다. 복소평면상에서는 복소수의 덧셈과 뺄셈이 쉽게 계산되고 표현되기 때문에 페이저 다이어그램 위에서 페이저의 덧셈과 뺄셈을 쉽게 할 수 있다. 곱셈과 나눗셈은 각도의 덧셈과 뺄셈, 크기의 변화의 결과로 나타낸다. 그림 10.38*a*는 페이저 전압 $\mathbf{V}_1$과 두 번째 페이저 전압 $\mathbf{V}_2 = 3 - j4 = 5\underline{/-53.1^\circ}$ V의 덧셈을 보여주고 있고 그림 10.38*b*는 전류 $\mathbf{I}_1$을 보여주는데, 이 전류 $\mathbf{I}_1$는 전압 $\mathbf{V}_1$과 어드미턴스 $\mathbf{Y} = 1 + j1$ S의 곱이다.

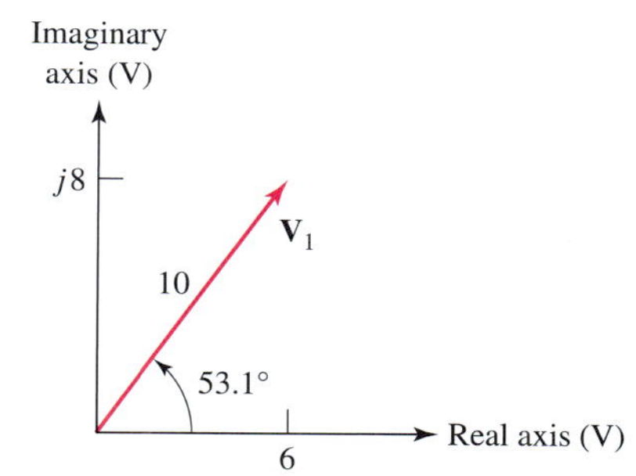

그림 10.37 $\mathbf{V}_1 = 6 + j8 = 10\underline{/53.1^\circ}$ V인 간단한 페이저 다이어그램의 예.

그림 10.38*b*의 페이저 다이어그램은 하나의 복소평면 위에 전류 페이저와 전압 페이저를 함께 보여준다. 전류와 전압은 공통의 각도(angle) 척도를 갖지만 각각 자신만의 진폭(amplitude) 척도를 갖는다. 예를 들어 페이저 전압 1 cm의 길이가 100 V를 나타낼 수 있지만, 페이저 전류 1 cm는 3 mA의 크기를 나타낼 수도 있다. 한 복소평면 상에 2개의 페이저를 동시에 그리게 되면, 위상이 앞선(leading) 파형과 뒤진(lagging) 파형을 쉽게 결정할 수 있다.

또한 페이저 다이어그램은 시간 영역이나 주파수 영역의 관점에서 어디에서도 해석이 가능하므로, 시간 영역에서 주파수 영역으로의 변환을 쉽게 이해할 수 있도록 해준다. 우리는 지금까지는 페이저를 페이저 다이어그램 상에서 적접적으로 보여줌으로써, 페이저를 주파수 영역의 해석법으로 사용하여왔다. 하지만 우리는 이제 그림 10.39*a*에 그려진 페이저 전압 $\mathbf{V} = V_m\underline{/\alpha}$를 먼저 보면서 시간 영역의 관점으로 돌려보자. 전압 $\mathbf{V}$를 시간 영역으로 변환하기 위해서는 먼저 페이저에 $e^{j\omega t}$를 곱하는 과정이 필요하다. 이 결과로 복소전압 $V_m e^{j\alpha} e^{j\omega t} = V_m\underline{/\omega t + \alpha}$를 얻는다. 이 복소전압은 시간에 따라 위상이 선형적으로 증가하는 페이저로 해석된다.

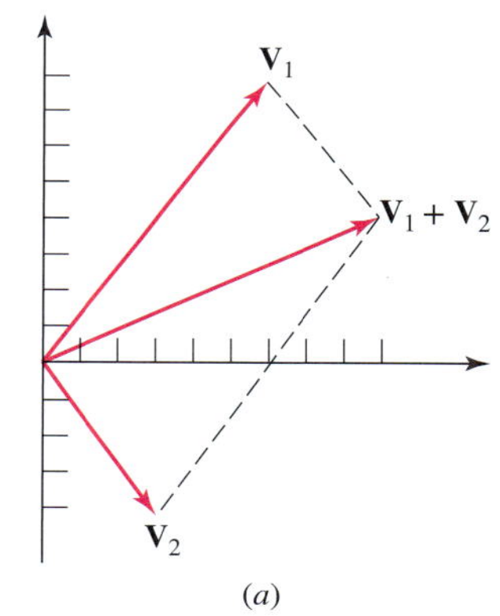

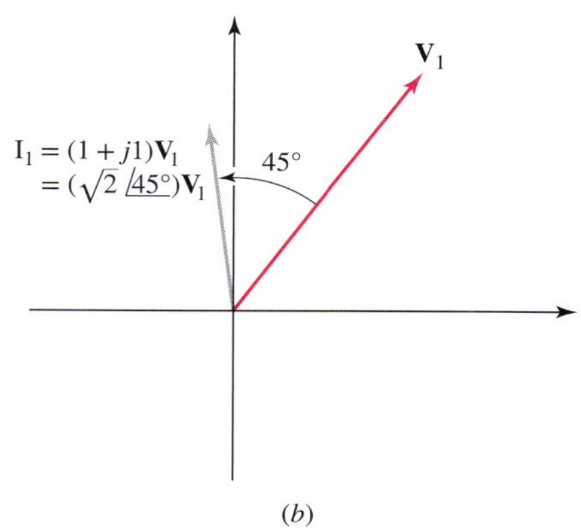

그림 10.38 (*a*) $\mathbf{V}_1 = 6 + j8$ V과 $\mathbf{V}_2 = 3 - j4$ V인 2개의 합이 $\mathbf{V}_1 + \mathbf{V}_2 = 9 + j4$ V $= 9.85\underline{/24.0^\circ}$ V가 되는 것을 보여주는 페이저 다이어그램. (*b*) $\mathbf{I}_1 = \mathbf{YV}_1$과 $\mathbf{Y} = (1 + j1)\text{S} = \sqrt{2}\underline{/45^\circ}$ S인 경우 $\mathbf{V}_1$과 $\mathbf{I}_1$을 나타내는 페이저 다이어그램으로서 전류와 전압의 크기의 비율(scale)은 서로 다를 수 있음.

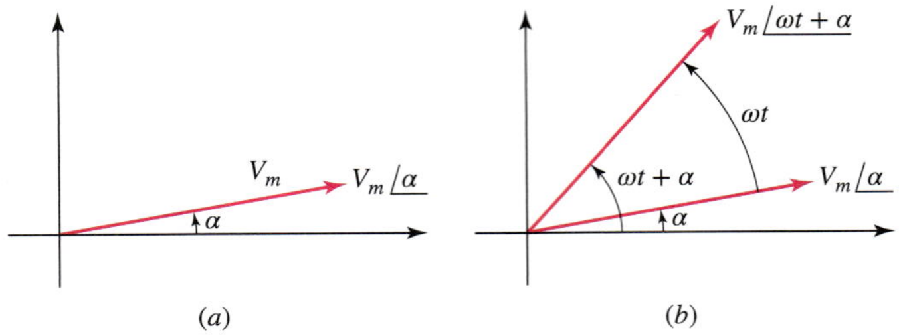

그림 10.39 (a) 페이저 전압 $V_m\underline{/\alpha}$. (b) 특정 시간 순간에서의 페이저를 나타내는 복소 전압 $V_m\underline{/\omega t + \alpha}$. 이 페이저는 $V_m\underline{/\alpha}$보다 ωt 라디안만큼 앞섬.

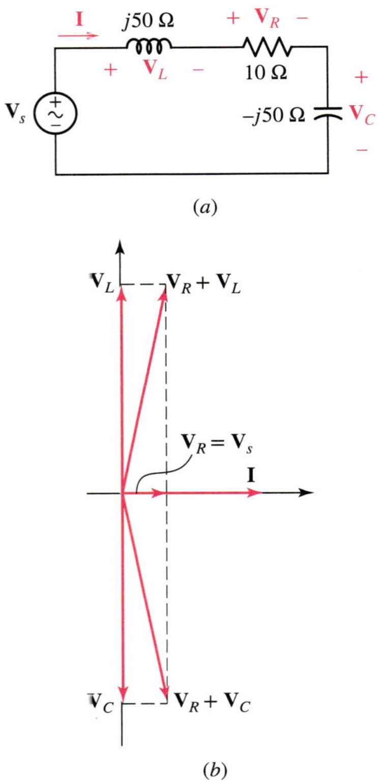

그림 10.40 (a) 직렬 RLC 회로. (b) 이 회로의 페이저 다이어그램으로서, 편의상 전류 I는 기준 페이저로 사용됨.

페이저 다이어그램 상에서 이것은 회전하는 선분을 표현하고 순시 위치는 반시계 방향으로 $V_m\underline{/\alpha}$ 보다 ωt 라디안만큼 앞선다. $V_m\underline{/\alpha}$과 $V_m\underline{/\omega t + \alpha}$는 그림 10.39b의 페이저 다이어그램으로 보여진다.

시간 영역으로의 변환은 $V_m\underline{/\omega t + \alpha}$의 실수부를 취함으로써 완전해진다. 복소량의 실수부는 $V_m\underline{/\omega t + \alpha}$의 실수축으로의 투영, 즉 $V_m \cos(\omega t + \alpha)$이다.

요약하면 주파수 영역의 페이저는 페이저 다이어그램 상에 나타나고, 이를 시간 영역으로 변환하는 것은 페이저를 반시계 방향으로 ω rad/s의 각속도만큼 회전시키고, 실수축으로 투영시키면 된다. 페이저 다이어그램 상에서 페이저 **V**를 표현한 화살표는 $\omega t = 0$에서 찍힌 순간적인 사진 속사(snapshot)로 생각하고, 실수축에 투영된 회전하는 페이저는 순간전압 $v(t)$로 생각하면 이해하는 데 도움이 된다.

이제 몇 개의 간단한 회로들에 대한 페이저 다이어그램을 그려보자. 그림 10.40a에서 보여진 직렬 RLC 회로는 몇 개의 다른 전압들과 하나의 전류를 가진다. 이 회로의 페이저 다이어그램은 이 단일 전류 페이저를 기준(reference) 페이저로서 사용하면 아주 쉽게 그려진다. 임의로 $\mathbf{I} = I_m\underline{/0^\circ}$이라 놓고 그림 10.40b의 페이저 다이어그램의 실수축을 따라 그린다. 저항기, 커패시터, 인덕터 양단의 전압들을 계산하여 복소 평면 상에 페이저 다이어그램으로 그려보면, 90°의 위상 차이들을 갖고 있음이 확실히 드러난다. 이 세 전압의 합은 전원전압이 되고 이 회로에서는 뒤에서 배우게 될 "공진 조건(resonant condition)", 즉 $\mathbf{Z}_C = -\mathbf{Z}_L$을 만족하므로 전원전압은 저항기 양단의 전압과 같게 된다. 저항기와 인덕터 양단의 전체 전압, 또는 저항기와 커패시터 양단의 전체 전압은 그림 10.40b에서와 같은 페이저 다이어그램으로부터 해당 페이저들의 합으로 구할 수 있다.

그림 10.41a는 2개의 마디 사이에 놓여있는 하나의 전압 $\mathbf{V} = 1\underline{/0^\circ}$ V를 기준 페이저로 사용하는 것이 논리에 맞는 간단한 형태의 병렬회로이다. 저항기 전류 $\mathbf{I}_R = 0.2\underline{/0^\circ}$ A는 이 기준 전압과 같은 위상(동상)이고, 커패시터 전류 $\mathbf{I}_C = j0.1$ A는 기준 전압보다 90° 앞선 위상을 가진다. 그림 10.41b에서 보여지는 것과 같이, 이 두 전류는 페이저 다이어그램 상에서 더해져서 그 결과로 전원전류 $\mathbf{I}_s = 0.2 + j0.1$ A가 얻어진다.

만약 전원전류를 편의상 $1\underline{/0^\circ}$ A라고 하고, 마디 전압을 모른다면, 이 마디전압

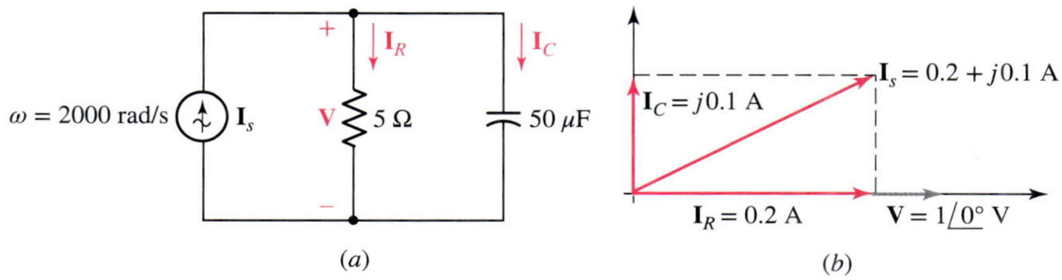

그림 10.41 (*a*) 병렬 *RC* 회로. (*b*) 이 회로의 페이저 다이어그램으로서, 편의상 전압 **V**는 기준 페이저로 사용됨.

을 임의의 값(예를 들어 $\mathbf{V} = 1\angle 0^\circ$ V)으로 가정한 후 이것을 기준 페이저로 하여 페이저 다이어그램을 그리는 것이 편리한 방법이다. 그 다음은 앞에서 한 것과 같이 페이저 다이어그램을 완성하고, 가정했던 마디전압으로 흐르는 전원전류를 계산하면 마찬가지로 $\mathbf{I}_s = 0.2 + j0.1$ A가 된다. 그러나 실제 전원전류는 $1\angle 0^\circ$ A이므로 실제 마디전압은 가정한 마디전압에 $1\angle 0^\circ/(0.2 + j0.1)$을 곱하여 얻어지게 된다. 그 결과 실제 마디전압은 $4 - j2$ V $= \sqrt{20}\angle -26.6^\circ$ V이 된다. 가정한 전압은 척도변화(가정한 다이어그램은 $1/\sqrt{20}$ 배만큼 작음)와 각회전(angular rotation)(가정한 다이어그램은 반시계방향으로 26.6° 회전됨)의 영향으로 인하여 실제 페이저 다이어그램과는 다른 페이저 다이어그램으로 된다.

예제 10.13

그림 10.42의 회로의 $\mathbf{I}_R$, $\mathbf{I}_L$, $\mathbf{I}_C$에 대한 페이저 다이어그램을 구성하고, 이들 전류를 결합함으로써 전원전류 $\mathbf{I}_s$가 $\mathbf{I}_R$, $\mathbf{I}_L$, $\mathbf{I}_x$보다 위상각이 얼마나 앞서는지를 구하라.

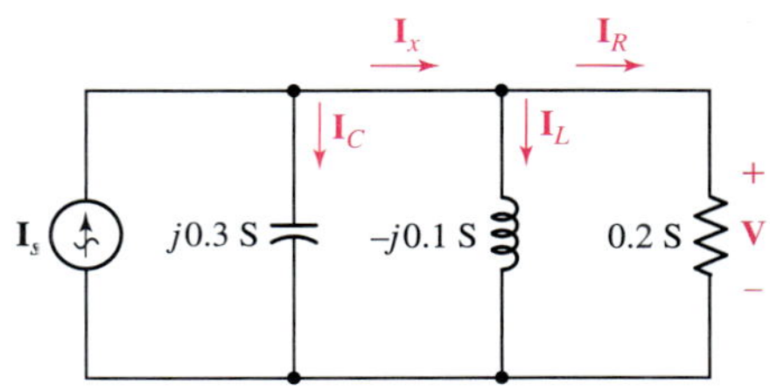

그림 10.42 여러 전류를 구하기 위한 간단한 회로.

먼저 적절한 기준페이저를 선택한다. 회로를 잘 살펴보면서 구해야될 변수들을 결정한다. 일단 **V**를 알고나면 옴의 법칙을 응용하여 $\mathbf{I}_R$, $\mathbf{I}_L$, $\mathbf{I}_C$를 간단히 구할 수 있다. 따라서 간략화를 위하여 기준 페이저로 $\mathbf{V} = 1\angle 0^\circ$V를 선택한 후 계산을 통해 변수 값들을 다음과 같이 얻어낸다.

$$\begin{aligned}
\mathbf{I}_R &= (0.2)\,1\angle 0^\circ &&= 0.2\angle 0^\circ \text{ A}\\
\mathbf{I}_L &= (-j0.1)\,1\angle 0^\circ &&= 0.1\angle -90^\circ \text{ A}\\
\mathbf{I}_C &= (j0.3)\,1\angle 0^\circ &&= 0.3\angle 90^\circ \text{ A}
\end{aligned}$$

위 결과들을 페이저 다이어그램으로 나타낸 것이 그림 10.43*a*에 보여진다. 그리고 페이저 전류 $\mathbf{I}_s$와 $\mathbf{I}_x$를 구할 필요가 있다. 그림 10.43*b*는 $\mathbf{I}_x = \mathbf{I}_L + \mathbf{I}_R = 0.2 - j0.1 = 0.224\angle -26.6^\circ$ A가 됨을 보여준다. 또한 그림 10.43*c*는 $\mathbf{I}_s = \mathbf{I}_C + \mathbf{I}_x = 0.283\angle 45^\circ$ A를 보여준다. 그림 10.43*c*로부터, $\mathbf{I}_s$는 $\mathbf{I}_R$보다 45°, $\mathbf{I}_C$보다 −45°, 그리고 $\mathbf{I}_x$보다 45° + 26.6° = 71.6°만큼 위상이 앞선다는 것을 알 수 있다. 그러나 이 각도는 단지 상대적인 것이다. 정확한 수치적인 값은 $\mathbf{I}_s$에 좌우되고 또한 전압 **V**(여기서는 편의상 $1\angle 0^\circ$ V로 가정)의 실제 값에 따라 달라진다.

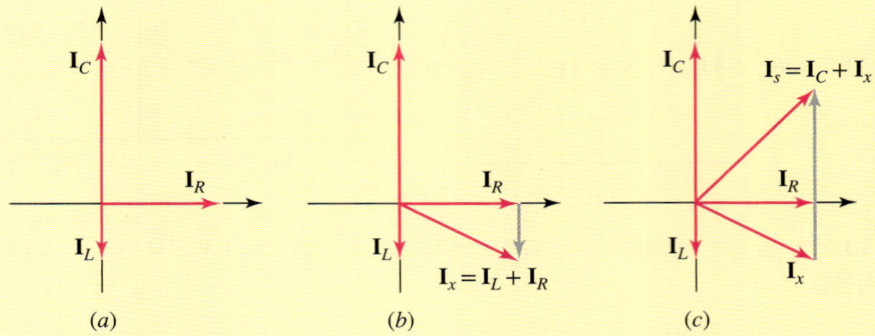

그림 10.43 (a) $\mathbf{V} = 1/0°$를 기준 전압 $\mathbf{V}$으로 사용하여 구성된 페이저 다이어그램. (b) $\mathbf{I}_x = \mathbf{I}_L + \mathbf{I}_R$를 구하기 위한 도식적 방법 (c) $\mathbf{I}_s = \mathbf{I}_C + \mathbf{I}_x$를 구하기 위한 도식적 방법.

익힘문제 10.17

그림 10.44의 회로에서 $\mathbf{I}_C$의 기준 값을 편리한 대로 선택하고 $\mathbf{V}_R$, $\mathbf{V}_2$, $\mathbf{V}_1$, $\mathbf{V}_s$의 페이저 다이어그램을 그려라. 아울러 (a) $\mathbf{V}_1$에 대한 $\mathbf{V}_s$의 길이(크기)의 비(즉, $\mathbf{V}_s/\mathbf{V}_1$), (b) $\mathbf{V}_2$에 대한 $\mathbf{V}_1$의 길이(크기)의 비(즉, $\mathbf{V}_1/\mathbf{V}_2$), (c) $\mathbf{V}_R$에 대한 $\mathbf{V}_s$의 길이(크기)의 비(즉, $\mathbf{V}_s/\mathbf{V}_R$)를 구하라.

답: 1.90; 1.00; 2.12.

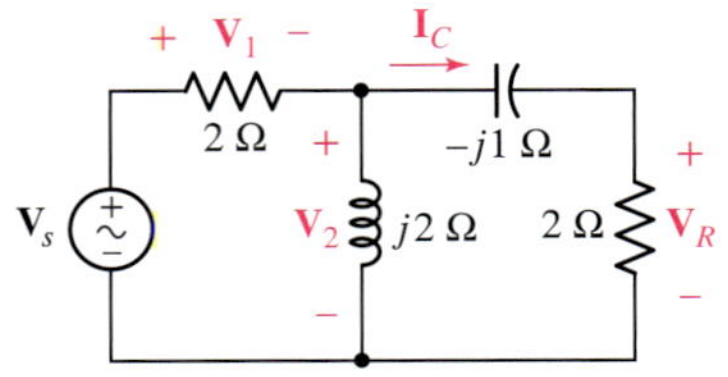

그림 10.44

요약 및 복습

이 장에서는 정현 구동함수에 대한 회로의 정상상태 응답을 다루었다. 이것은 과도 응답을 완전히 무시하였기 때문에 어떤 면에서는 회로의 제한적인 해석이라고 할 수 있다. 하지만 많은 상황 하에서 이러한 접근 방법은 적절 그 이상의 좋은 방법이 되며, 구하고자 하는 회로에 관한 정보량을 축소시켜 줌으로써 해석의 속도가 상당히 빨라지게 만든다.

우리가 학습한 부분의 근간이 되는 아이디어는 **허수**(*imaginary*) 전원이 모든 실수(real) 정현전원에 추가되어 오일러의 항등식을 통해 전원이 복소 지수 형태로 변환되었다는 것이다. 지수함수의 도함수(미분)는 단지 또 다른 지수함수가 되므로, 메쉬 혹은 마디해석을 통해 얻어질 수도 있는 미적분방정식을 **대수방정식**(*algebraic equations*)이 되게 한다.

여기서는 몇가지 새로운 용어들, 즉 **뒤짐**(*lagging*), **앞섬**(*leading*), **임피던스**, **어드미턴스** 그리고 특히 중요한 용어인 **페이저**를 소개하였다. 전류와 전압의 페이저 관계로 부터 임피던스 개념이 생겨났고, 이 임피던스 개념에서 저항기들은 실수(이전에 다룬 것과 같이 저항)값에 의해 나타내지고 인덕터는 $\mathbf{Z} = j\omega L$로 나타내지는 반면 커패시터는 $-j/\omega C$로 나타낸다. 이때 ω는 전원의 동작주파수이다. 이 시점부터는 앞의 3장에서부터 5장까지 학습했던 모든 회로 해석 기법들이 적용된다.

우리가 구한 해의 일부에 허수를 가지는 것이 이상해 보일 수도 있으나 일단 전류나 전압을 극좌표 형태로 나타내면, 이 해석 방법으로부터 시간영역의 해로의 복원이 간단히 된다는 사실을 알았다. 관심대상의 양(quantity)의 크기(amplitude)는 코사인함수의 크기이고, 위상각(phase agnle)은 코사인 항의 위상(phase)이며, 주파수는 원래 회로로부터 구해질 수 있다. 주파수는 회로 해석 중에는 보이지 않지만 해석 중인 회로는 어떠한 방법으로도 주파수를 변화시키지는 않는다. 이 장의 마지막 부분에서는 페이저 다이어그램의 개념을 소개하였다. 저가의 과학용 계산기가 출현하기 이전에는 이와 같은 도구들은 많은 정현회로들을 해석하는 데 매우 유용하게 사용되었다. 이후의 장들에서 보이게 되겠지만 이 도구들은 여전히 교류 전력시스템 해석을 위하여 사용되고 있다.

아래에는 독자의 편의를 위해 이 장의 중요한 사항들이, 관련된 예제의 번호와 함께 간략하게 나열되어 있다.

- 만일 두 사인 파형(또는 코사인 파형)이 양(+)의 크기와 동일 주파수를 가진다면, 그것들의 위상각을 비교함으로써 앞선 파형과 뒤진 파형을 구분할 수 있다.
- 정현파 전압원이나 전류원이 인가된 선형회로의 강제응답은 항상 주어진 정현파 전원과 동일한 주파수를 갖는 하나의 정현파로 나타난다. (예제 10.1)
- 페이저는 크기와 위상각을 모두 가진다. 그 주파수는 회로를 구동시키는 정현파 전원의 주파수이다. (예제 10.2)
- 페이저 변환은 어떠한 정현파 함수에 대해서도 수행 가능하다. 그리고 그 역도 성립한다. 즉 $V_m\cos(\omega t + \phi) \leftrightarrow V_m\angle\phi$. (예제 10.3)
- 시간 영역의 회로가 그에 대응하는 주파수 영역 회로로 변환될 때 저항기, 커패시터, 그리고 인덕터는 임피던스(또는 종종 어드미턴스)로 대체된다. (예제 10.4, 10.6)
  - 저항기의 임피던스는 간단하게 이것의 저항값이 된다.
  - 커패시터의 임피던스는 $1/j\omega C$이 된다.
  - 인덕터의 임피던스는 $j\omega L$이 된다.
- 임피던스는 저항기에서와 같은 규칙을 따라 직렬 및 병렬결합이 된다. (예제 10.6)
- 저항성 회로에서 사용된 이전의 모든 분석 방법은 커패시터나 인덕터와 같은 모든 소자를 주파수 영역의 등가 소자로 대체한 회로에 그대로 적용된다. (예제 10.5, 10.7, 10.8, 10.9, 10.10, 10.11)
- 페이저 해석은 단일 주파수 회로에서만 수행될 수 있다. 전원들이 서로 다른 주파수들을 가지는 경우에는 반드시 중첩의 원리를 사용해야 하며, 그 완전 응답을 얻기 위해서는 시간영역의 부분 응답들이 추가되어야 한다. (예제 10.12)

- 만일 독자가 임의의 편리한 구동함수를 사용하면 그 최종 결과값은 적절하게 크기가 조정된 값으로 나온다는 사실로부터, 페이저 다이어그램이 가지는 강력함이 명확히 드러난다. (예제 10.13)

추천 도서

페이저 해석법에 대한 좋은 참고문헌은 다음과 같다.

R.A. DeCarlo and P.M. Lin, *Linear Circuit Analysis*, 3rd ed. Dubuque, IA: Kendall Hunt Publishing, 2009.

페이저 관점에서 조망한 주파수 종속형 트랜지스터 모델은 아래의 참고문헌 7장에서 다룬다.

W.H. Hayt, Jr. and G.W. Neudeck, *Electronic Circuit Analysis and Design*, 2nd ed. New york: Wiley, 1995.

연습문제

10.1 정현파의 특성

1. 다음을 계산하라.

(a) $t = 0$, 0.01 및 0.1 s에서의 $5 \sin (5t - 9°)$

(b) $t = 0.1$와 1.5 s에서의 $4 \cos 2t$

(c) $t = 0$, 0.01 및 0.1 s에서의 $3.2 \cos (6t + 15°)$

2. (a) 다음 각각의 식들을 단일 코사인 함수로만 나타내라.

$300 \sin 628t$, $4 \sin (3\pi t + 30°)$, $14 \sin (50t - 5°) - 10 \cos 50t$

(b) 다음 각각의 식들을 단일 사인 함수로만 나타내라.

$2 \cos (100t + 45°)$, $3 \cos 4000t$, $5 \cos (2t - 90°) + 10 \sin (2t)$

3. $v_1 = 10 \cos (10t - 45°)$이고 i_1이 다음과 같을 때, v_1이 i_1보다 위상이 얼마나 앞서는지를 구하라.

(a) $5 \cos 10t$ (b) $5 \cos (10t - 80°)$ (c) $5 \cos (10t - 40°)$

(d) $5 \cos (10t + 40°)$ (e) $5 \sin (10t - 19°)$

4. $v_1 = 3\cos (10^4t - 5°)$이고 i_1이 다음과 같을 때, v_1이 i_1보다 위상이 얼마나 뒤지는지를 구하라.

(a) $5 \cos 10^4t$ (b) $5 \cos (10^4t - 14°)$ (c) $5 \cos (10^4t - 23°)$

(d) $5 \cos (10^4t + 23°)$ (e) $5 \sin (10^4t - 390°)$

5. 다음의 두 파형들 중에서 어떤 파형의 위상이 뒤진 파형인지를 구하라.

(a) $\cos 4t$, $\sin 4t$ (b) $\cos (4t - 80°)$, $\cos (4t)$

(c) $\cos (4t + 80°)$, $\cos 4t$ (d) $-\sin 5t$, $\cos (5t + 2°)$

(e) $\sin 5t + \cos 5t$, $\cos (5t - 45°)$

6. 다음의 함수들을 먼저 단일 정현함수로 변환한 후, 해당 함수값이 0이 되는 첫 3개의 순간시간 값들(단, $t > 0$)을 구하라.

(a) $\cos 3t - 7 \sin 3t$ (b) $\cos(10t + 45°)$ (c) $\cos 5t - \sin 5t$

7. (a) 문제 6의 함수들을 먼저 단일 정현함수로 변환한 후, 해당 함수값이 1이 되는 첫 2개의 순간시간 값들(단, $t > 0$)을 구하라.

(b) 적절한 소프트웨어 패키지를 사용하여 각 파형을 그려봄으로써, (a)에서 구한 답들을 검증하라.

8. 푸리에 급수 개념은 서로 다른 주파수를 가지는 정현함수들의 함수로 이루어진 주기 파형을 해석하는 매우 효과적인 도구이다. 예를 들어, 그림 10.45의 삼각파는 다음과 같은 무한급수로 나타낼 수 있다.

$$v(t) = \frac{8}{\pi^2}\left(\sin \pi t - \frac{1}{3^2}\sin 3\pi t + \frac{1}{5^2}\sin 5\pi t - \frac{1}{7^2}\sin 7\pi t + \cdots\right)$$

이때 처음의 몇 개 항들은 실제 충분히 정확한 근사식을 제공한다.

(a) 이 파형의 전체 시간 구간에 대한 방정식을 유도한 다음, $t = 0.25$ s에서의 $v(t)$의 정확한 값을 계산하라.

(b) 오직 푸리에 급수의 첫째 항만 사용하여 $t = 0.25$ s에서의 $v(t)$의 정확한 값을 계산하라.

(c) 푸리에 급수의 처음 3개 항을 사용하여 (b)번을 반복하라.

(d) 오직 첫째 항만 사용하여 $v(t)$를 그려라.

(e) 오직 처음 2개 항만 사용하여 $v(t)$를 그려라.

(f) 오직 처음 3개 항만 사용하여 $v(t)$를 그려라.

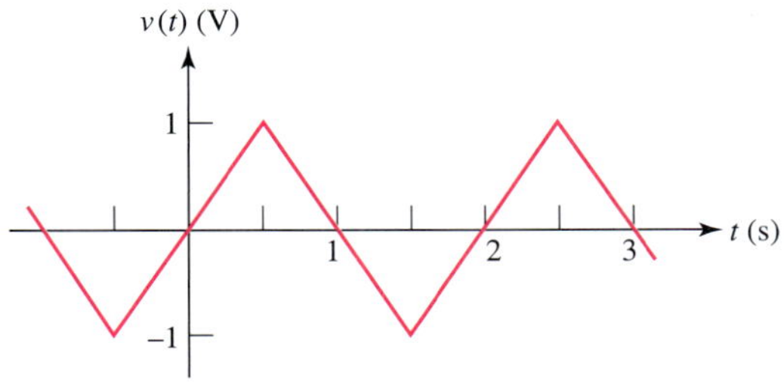

그림 10.45

9. 가정용 전압은 전형적으로 110 V, 115 V 혹은 120 V이다. 그러나 이 전압 값들은 최대 교류전압을 나타내는 것이 아니고, 다음과 같이 정의되는 실효전압(또는 root mean square of the voltage)을 나타낸다.

$$V_{\text{rms}} = \sqrt{\frac{1}{T}\int_0^T V_m^2 \cos^2(\omega t)\, dt}$$

여기서 T는 파형의 주기, V_m은 최대전압, ω는 파형의 주파수(북미지역에서 사용하는 주파수는 $f = 60$ Hz)이다.

(a) 앞의 식에 나타난 적분을 수행하고 정현전압에 대한 다음의 관계를 보여라.

$$\mathbf{V}_{\text{rms}} = \frac{\mathbf{V}_m}{\sqrt{2}}$$

(b) 실효전압 10 V, 115 V 및 120 V에 대응하는 최대전압들을 계산하라.

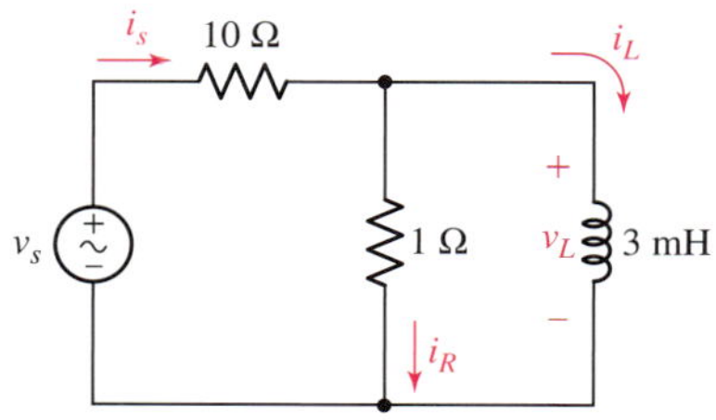

그림 10.46

10.2 정현함수의 강제응답

10. 그림 10.46에서 전원 v_s가 4.53 cos 30t V인 경우,

(a) 과도상태가 존재하지 않는다고 가정하고, $t > 0$에서의 i_L을 구하라.

(b) 과도상태가 존재하지 않는다고 가정하고, $t > 0$의 경우에 유효한 단일 정현함수 $v_L(t)$를 구하라.

11. 어떠한 과도상태도 존재하지 않는다고 가정하고, 그림 10.47의 회로에서 i_L로 표기된 전류를 구하되 단일 정현함수로 나타내라.

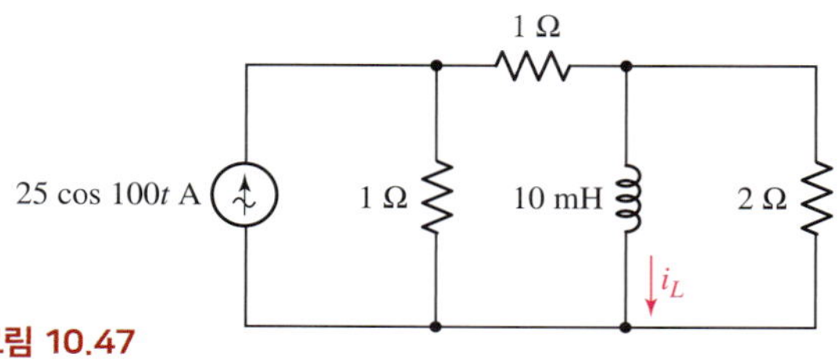

그림 10.47

12. 어떠한 과도상태도 존재하지 않는다고 가정하고, 그림 10.47의 2 Ω 저항기에서 소비되는 전력 식을 계산하되 단일 정현함수로 나타내라.

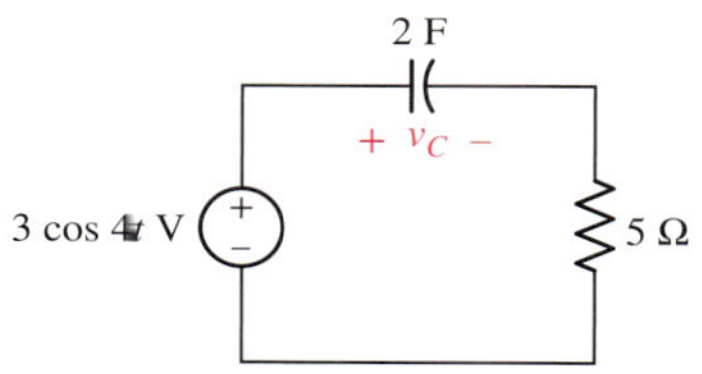

그림 10.48

13. $t = 0$보다 훨씬 이전에 모든 과도응답은 사라졌다고 가정하고, 그림 10.48에 표기된 v_C에 대한 방정식을 구하되 단일 정현함수로 나타내라.

14. 그림 10.48에 나타낸 회로의 커패시터에 t = 78.5 ms와 t = 1.57s에서 저장된 에너지를 계산하라.

15. 과도상태가 존재하지 않는다고 가정하고, 그림 10.49의 10 Ω 저항기에서 소비된 전력에 대한 방정식을 구하라.

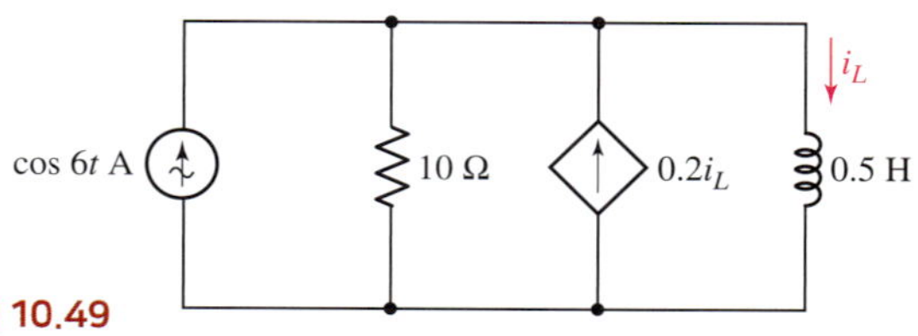

그림 10.49

10.3 복소 구동함수

16. 다음 복소수들을 직각좌표 형태로 나타내라.

(a) $50\angle -75^\circ$ (b) $19e^{j30^\circ}$ (c) $2.5\angle -30^\circ + 0.5\angle 45^\circ$

다음 복소수들을 극좌표 형태로 나타내라.

(d) $(2 + j2)(2 - j2)$ (e) $(2 + j2)(5\angle 22^\circ)$

17. 다음 복소수들을 극좌표 형태로 나타내라.

(a) $1 + e^{j45^\circ}$ (b) $(-j)(j^2)$ (c) 32

다음 복소수들을 직각좌표 형태로 나타내라.

(d) $2 - e^{j45^\circ}$ (e) $-j + 5\angle 0^\circ$

18. 다음을 계산하여 구한 답을 극좌표 형태로 나타내라.

(a) $4(8 - j8)$ (b) $4\angle 5^\circ - 2\angle 15^\circ$

(c) $(2 + j9) - 5\angle 0^\circ$ (d) $\dfrac{-j}{10 + 5j} - 3\angle 40^\circ + 2$

19. 다음을 계산하여 구한 답을 직각좌표 형태로 나타내라.

(a) $3(3\angle 30^\circ)$ (b) $2\angle 25^\circ + 5\angle -10^\circ$

(c) $(12 + j90) - 5\angle 30^\circ$ (d) $\dfrac{10 + 5j}{8 - j} + 2\angle 60^\circ + 1$

20. 다음을 계산하여 구한 답 각각을 직각좌표 형태와 극좌표 형태 두 가지로 나타내라.

(a) $\dfrac{2 + j3}{1 + 8\angle 90^\circ} - 4$ (b) $\left(\dfrac{10\angle 25^\circ}{5\angle -10^\circ} + \dfrac{3\angle 15^\circ}{3 - j5}\right) j2$

(c) $\left[\dfrac{(1 - j)(1 + j) + 1\angle 0^\circ}{-j}\right](3\angle -90^\circ) + \dfrac{j}{1\angle -45^\circ}$

21. 그림 10.50에 나타낸 회로에 적절한 복소전원을 삽입한 후, 이 전원을 $i_C(t)$와 $v_C(t)$에 대한 정상상태 방정식을 구하는 데 사용하라.

22. 그림 10.51의 회로에서 $i_s = 5 \cos 10t$ A인 경우에, 이 전원을 적절한 복소전원으로 대체하여 사용함으로써 $i_L(t)$에 대한 정상상태 방정식을 구하라.

23. 그림 10.51의 회로에서 부하전류 $i_L(t)$가 $i_L(t) = 1.8 \cos (5t + 26.6^\circ)$ A로 수정되는 경우에, $i_s(t)$를 구하라.

24. 그림 10.52의 회로에서 적절한 복소전원을 사용하여 정상상태 전류 i_L을 구하라.

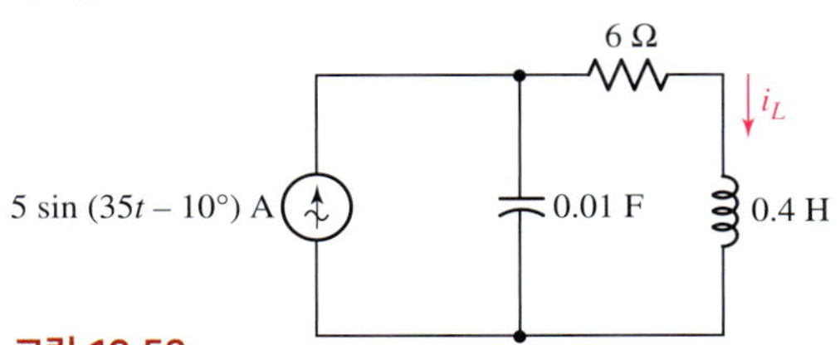

그림 10.52

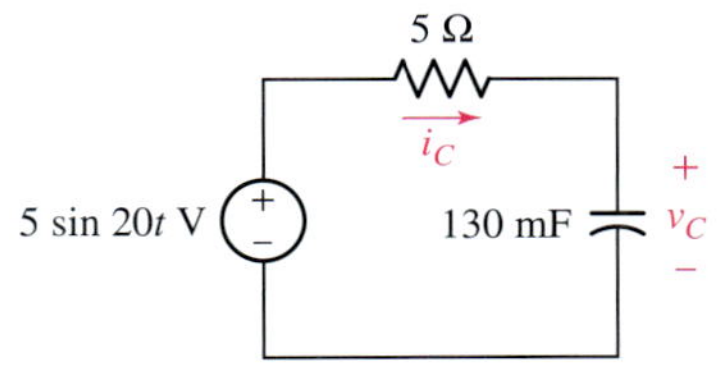

그림 10.50

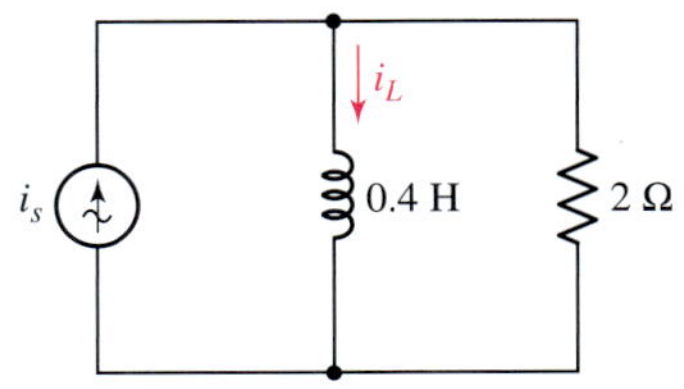

그림 10.51

10.4 페이저

25. 다음의 정현파 시간함수들을 각각 페이저 형태로 변환하라.

(a) $28 \cos(20t)$; (b) $32 \sin(2t - 90°)$

(c) $\sin(9t + 45°)$ (d) $5 \cos 10t + 8 \cos(10t + 45°)$

26. 다음의 정현파 시간함수들을 각각 페이저 형태로 변환하라.

(a) $11 \sin 100t$ (b) $11 \cos 100t$

(c) $11 \cos(100t - 90°)$; (d) $3 \cos 100t - 3 \sin 100t$

27. 동작주파수를 1 kHz로 가정하고, 다음의 페이저 표현식들을 각각 시간영역에서의 단일 코사인 함수로 변환하라.

(a) $9\underline{/65°}$ V (b) $\dfrac{2\underline{/31°}}{4\underline{/25°}}$ A (c) $22\underline{/14°} - 8\underline{/33°}$ V

28. 다음 복소전압들은 직교좌표 형태와 극좌표 형태가 혼합되어 쓰여 있다. 각각을 크기와 위상으로 나타내는 전형적인 극좌표 형태의 페이저 표기를 사용하여 다시 기술하라.

(a) $\dfrac{2 - j}{5\underline{/45°}}$ V (b) $\dfrac{6\underline{/20°}}{1000} - j$ V (c) $(j)(52.5\underline{/-90°})$ V

29. 동작주파수를 50 Hz로 가정하고, 문제 28에서 구해진 페이저 값들에 대한 t = 10 ms와 t = 25 ms에서의 순간 전압을 각각 계산하라.

30. 동작주파수를 50 Hz로 가정하고, 문제 27에서 구해진 시간영역에서의 단일 코사인 함수들에 대한 t = 10 ms와 t = 25 ms에서의 순간 전압을 각각 계산하라.

31. 수동부호규약을 가정하고 동작주파수를 5 rad/s라고 할 때, 페이저 전류 $\mathbf{I} = 2\underline{/0°}$ mA에 의해 다음 소자들의 양단에 발생되는 페이저 전압을 계산하라.

(a) 1 kΩ 저항기 (b) 1 mF 커패시터 (c) 1 nH 인덕터

32. (a) 1 Ω 저항기, 1 F 커패시터와 1 H 인덕터가 순서대로 직렬연결이 되어 있는 회로가 ω = 1 rad/s에서 동작되고 있으며 수동부호규약을 가정할 때, 저항기 양단에 $1\underline{/30°}$ V의 전압을 발생하게 하는 페이저 전류의 크기와 위상각을 구하라.

(b) 커패시터-인덕터 조합 양단의 페이저 전압에 대한 저항기 양단의 페이저 전압 비를 계산하라.

(c) 주파수가 두 배가 될 때, 커패시터-인덕터 조합 양단의 페이저 전압에 대한 저항기 양단의 페이저 전압 비를 다시 계산하라.

33. 수동부호규약을 가정하고 동작주파수를 314 rad/s라고 할 때, 페이저 전류 $\mathbf{I} = 10\underline{/0°}$ mA에 의해 다음 각각의 소자들 양단에 발생되는 페이저 전압을 계산하라.

(a) 2 Ω 저항기　　(b) 1 F 커패시터　　(c) 1 H 인덕터

(d) 2 Ω 저항기와 1 F 커패시터의 직렬 연결

(e) 2 Ω 저항기와 1 H 인덕터의 직렬 연결

(f) 위의 (a)부터 (e)까지에서 얻어진 각 전압의 $t = 0$에서의 순간값을 계산하라.

34. 페이저(주파수) 영역에서 나타낸 그림 10.53의 회로에서 $\mathbf{I}_{10}$값이 $2\angle 42^\circ$ mA로 주어질 때,

(a) 25 Ω 저항기의 오른쪽 부분에 연결 가능한 소자 종류를 결정하라.

(b) 전압원이 1000 rad/s에서 동작하는 경우, 전압원의 값을 결정하라.

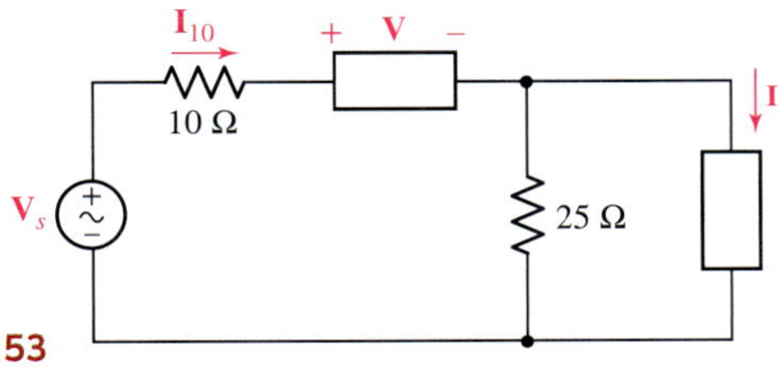

그림 10.53

35. 페이저(주파수) 영역에서 나타낸 그림 10.53의 회로에서, $\mathbf{I}_{10} = 4\angle 35^\circ$ A, $\mathbf{V} = 10\angle 35^\circ$ V, $\mathbf{I} = 2\angle 35^\circ$ A인 경우에 다음에 답하라.

(a) 양단 전압이 **V**가 되는 회로 소자의 종류는 무엇이며, 그 소자값은 얼마인가?

(b) $\mathbf{V}_s$의 값을 결정하라.

10.5 임피던스와 어드미턴스

36. (a) 2 F 커패시터와 직렬 연결된 1 Ω 저항기 조합의 등가 임피던스 $\mathbf{Z}_{eq}$에 대한 방정식을 ω의 함수로 구하라.

(b) $\mathbf{Z}_{eq}$의 크기를 ω의 함수로 그려라($0.1 < \omega < 100$ rad/s)(주파수 축에 대해서는 로그 눈금(logarithmic scale)을 사용하라).

(c) $\mathbf{Z}_{eq}$의 위상각(도 단위 사용)을 ω의 함수로 그려라($0.1 < \omega < 100$ rad/s)(주파수 축에 대해서는 로그 눈금을 사용하라).

[힌트: MATLAB의 *semilogx*()는 유용한 플로팅 함수이다.]

37. 동작주파수 20 rad/s일 때, 다음의 등가 임피던스를 구하라.

(a) 1 mH와 직렬로 연결된 1 kΩ

(b) 1 F과 1 H의 직렬 조합과 병렬로 연결된 10 Ω

38. (a) 10 mH 인덕터와 병렬로 연결된 1 Ω의 저항기 조합의 등가 임피던스 $\mathbf{Z}_{eq}$에 대한 방정식을 ω의 함수로 구하라($0.1 < \omega < 10^5$ rad/s)(주파수 축에 대해서는 로그 눈금(logarithmic scale)을 사용하라).

(b) $\mathbf{Z}_{eq}$의 위상각(도 단위 사용)를 ω의 함수로 그려라($0.1 < \omega < 10^5$ rad/s)(주파수 축에 대해서는 로그 눈금을 사용하라).

[힌트: MATLAB의 *semilogx*()는 유용한 플로팅 함수이다.]

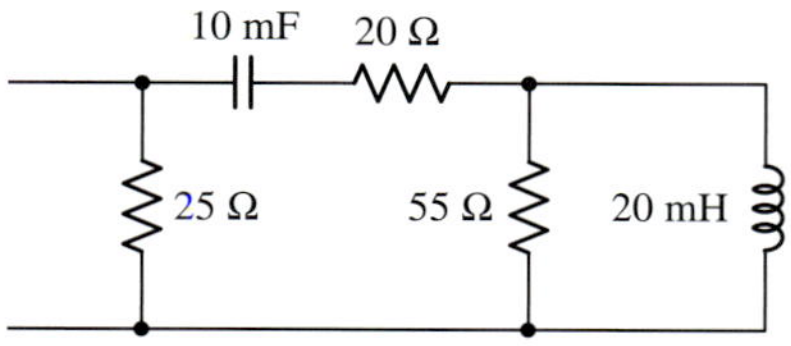

그림 10.54

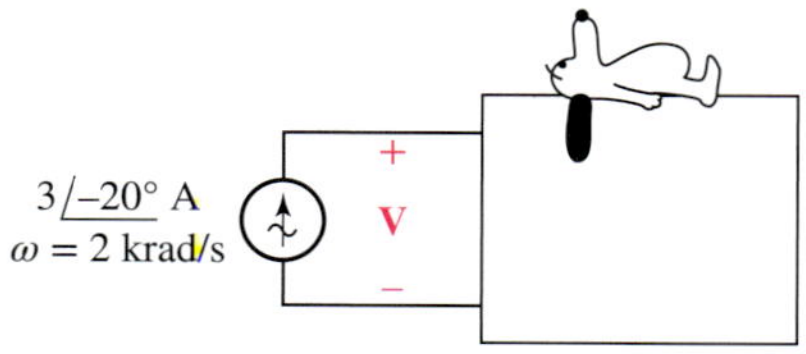

그림 10.55

39. 동작주파수를 1000 rad/s로 가정하고, 다음의 등가 어드미턴스를 구하라.
    (a) 20 mH와 직렬로 연결된 25 Ω
    (b) 20 mH와 병렬로 연결된 25 Ω
    (c) 20 mF과 20 mH의 병렬 조합과 병렬로 연결된 25 Ω

40. 그림 10.54에 나타낸 회로망을 고려할 때, 다음과 같은 각 주파수들의 경우에 대해서 개방 단자들에서 들여다 본 등가 임피던스를 구하라.
    (a) $\omega = 1$ rad/s (b) $\omega = 10$ rad/s (c) $\omega = 100$ rad/s

41. 그림 10.54의 회로망에서 커패시터와 인덕터의 위치를 서로 바꾼 후, $\omega = 25$ rad/s인 경우에 대해서 개방 단자들에서 들여다 본 등가 임피던스를 구하라.

42. 그림 10.55에서 회로 상자가 다음 소자(들)을 포함하는 경우 **V**를 구하라.
    (a) 2 mH와 직렬로 연결된 3 Ω
    (b) 125 mF와 직렬로 연결된 3 Ω
    (c) 3 Ω, 2 mH 및 125 μF가 직렬로 연결
    (d) 3 Ω, 2 mH 및 125 μF가 직렬로 연결되고 $\omega = 4$ krad/s로 변경

43. f가 다음과 같은 경우, 그림 10.56의 회로망의 개방 단자들에서 들여다본 등가 임피던스를 계산하라.
    (a) 1 Hz (b) 1 kHz (c) 1 MHz (d) 1 GHz

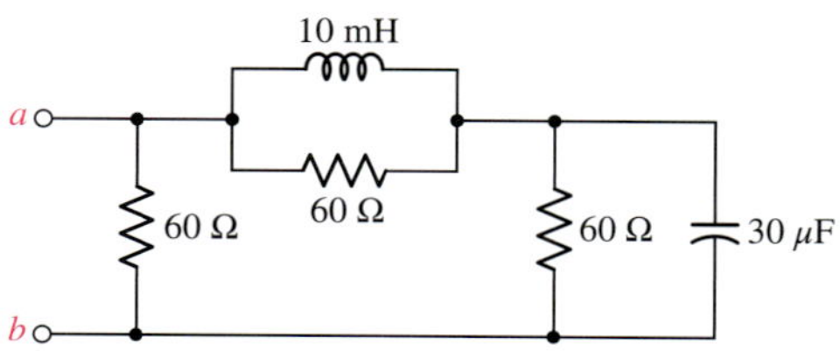

그림 10.56

44. 그림 10.57의 회로에서 페이저 기반 해석 방법을 사용하여 $i(t)$에 대한 방정식을 구하라.

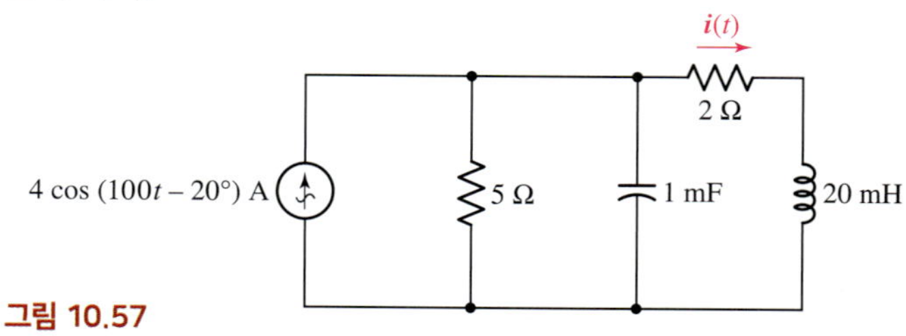

그림 10.57

DP 45. 저항, 커패시터, 그리고/또는 인덕터의 적절한 조합을 사용하여 $\omega = 100$ rad/s에서 다음과 같은 등가 임피던스가 되도록 설계하라.
    (a) 최소한 1개 이상의 인덕터를 사용하여 등가 임피던스가 1 Ω가 되도록
    (b) 등가 임피던스가 $7\underline{/10^\circ}$ Ω가 되도록
    (c) 등가 임피던스가 $3 - j4$ Ω가 되도록

46. 저항, 커패시터, 그리고/또는 인덕터의 적절한 조합을 사용하여 $\omega = 10$ rad/s에서 다음과 같은 등가 어드미턴스가 되도록 설계하라.

(a) 최소한 1개 이상의 커패시터를 사용하여 등가 어드미턴스가 1 S가 되도록

(b) 등가 어드미턴스가 $12\angle -18^\circ$ S가 되도록

(c) 등가 어드미턴스가 $2 + j$ mS가 되도록

10.6 마디해석법과 메쉬해석법

47. 그림 10.58에 나타낸 회로에 대해서 다음에 답하라.

(a) 적절한 페이저와 임피던스 표기법을 사용하여 회로를 다시 그려라.

(b) 마디해석법을 사용하여 2개의 마디전압 $v_1(t)$와 $v_2(t)$를 구하라.

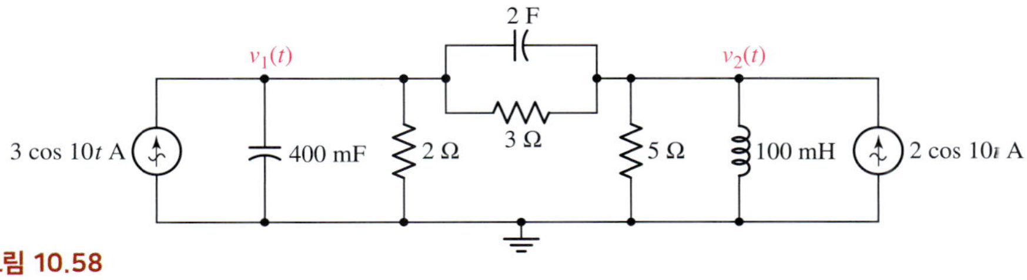

그림 10.58

48. 그림 10.59에 나타낸 회로에 대해서 다음에 답하라.

(a) 적절한 페이저와 임피던스 표기법을 사용하여 회로를 다시 그려라.

(b) 3개의 메쉬전류들의 시간 영역 표현식을 구하라.

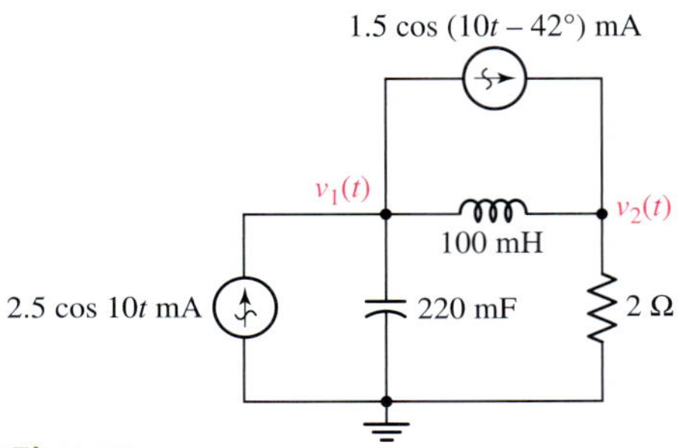

그림 10.59

49. 그림 10.59의 회로로부터, 페이저 기반 해석 방법을 사용하여 2개의 마디 전압들을 구하라.

50. 그림 10.60에 나타낸 페이저 영역 회로에서 $\mathbf{V}_1 = 10\angle -80^\circ$ V, $\mathbf{V}_2 = 4\angle -0^\circ$ V, 그리고 $\mathbf{V}_3 = 2\angle -23^\circ$ V인 경우에, $\mathbf{I}_1$과 $\mathbf{I}_2$를 계산하라.

51. 그림 10.60에 나타낸 2개의 메쉬를 갖는 페이저 영역 회로에서 $\mathbf{V}_1 = 3\angle 0^\circ$ V, $\mathbf{V}_2 = 5.5\angle -130^\circ$ V, 그리고 $\mathbf{V}_3 = 1.5\angle 17^\circ$ V인 경우에, $\mathbf{I}_2$에 대한 $\mathbf{I}_1$의 비를 구하라.

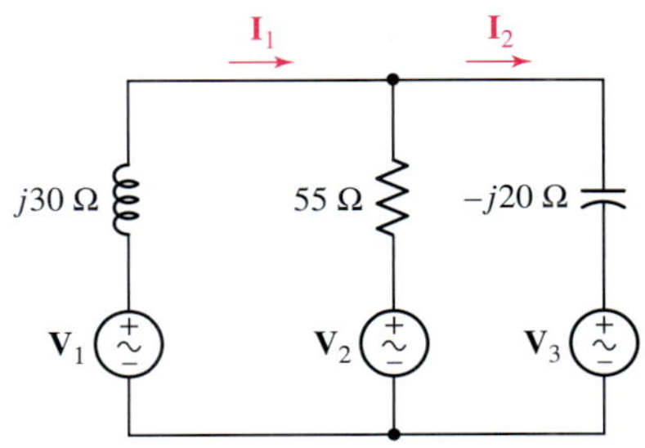

그림 10.60

52. 페이저 해석법을 사용하여 그림 10.61의 2개의 메쉬 전류 i_1과 i_2에 대한 시간영역 표현식을 구하라.

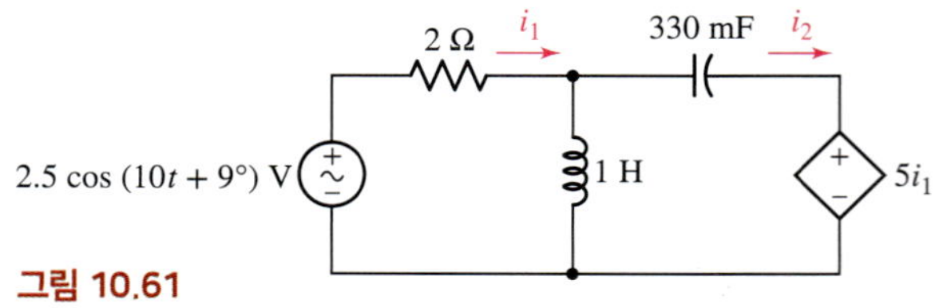

그림 10.61

53. 그림 10.62의 회로에서 $\mathbf{I}_1 = 5\angle{-18^\circ}$ A, $\mathbf{I}_2 = 2\angle{5^\circ}$ A인 경우에 $\mathbf{I}_B$를 구하라.

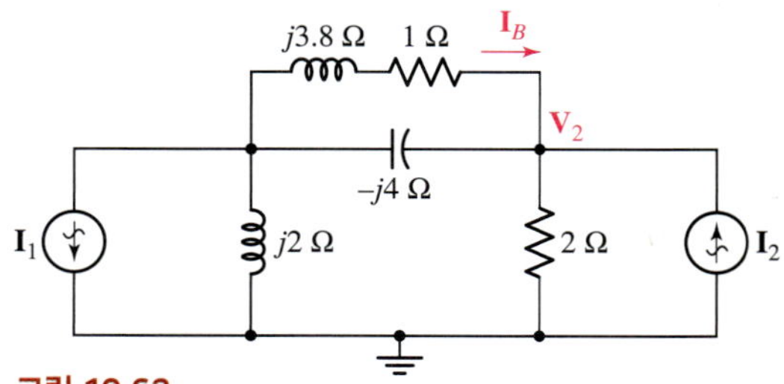

그림 10.62

54. 그림 10.62의 회로에서 $\mathbf{I}_1 = 15\angle{0^\circ}$ A, $\mathbf{I}_2 = 25\angle{131^\circ}$ A인 경우에 $\mathbf{V}_2$를 구하라.

55. 페이저 해석법을 사용하여 그림 10.63의 회로에서의 v_x에 대한 시간영역 표현식을 구하라.

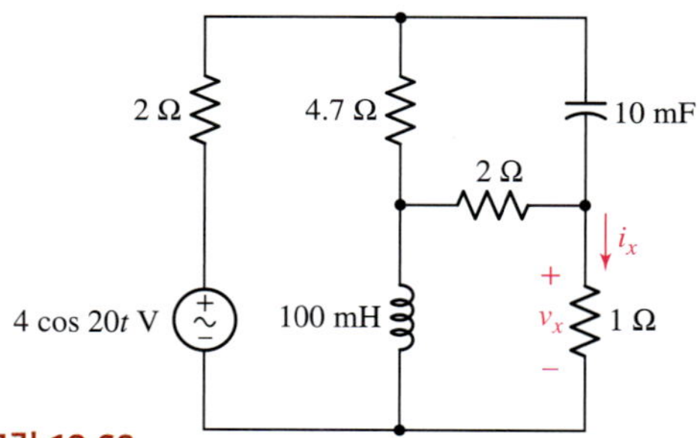

그림 10.63

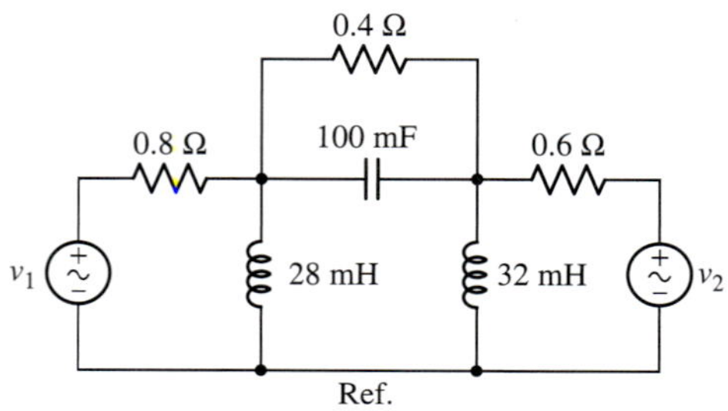

그림 10.64

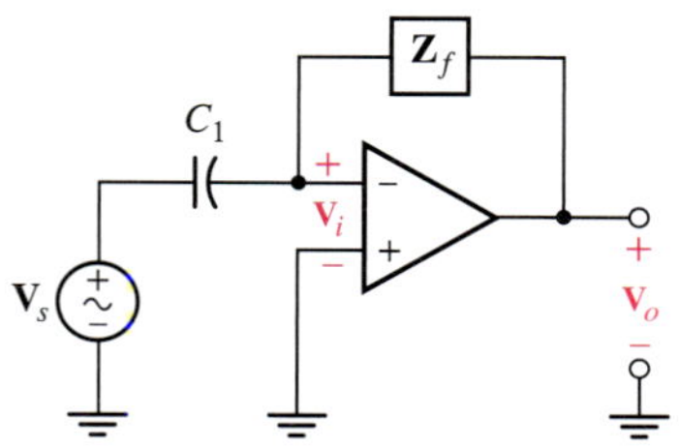

그림 10.65

56. 그림 10.63의 회로에서 전류 i_x를 구하라.

57. 그림 10.64의 회로에서 $v_1 = 133 \cos(14t + 77^\circ)$ V와 $v_2 = 55 \cos(14t + 22^\circ)$ V인 경우에, 4개의 (시계방향) 메쉬전류들을 각각 시간영역 표현식으로 구하라.

58. 그림 10.64의 회로에서 $v_1 = 0.009 \cos(500t + 0.5^\circ)$ V, $v_2 = 0.004 \cos(500t + 1.5^\circ)$ V인 경우, 하부 마디를 기준 마디로 사용하여 마디전압들을 각각 시간영역 표현식으로 구하라.

59. 그림 10.65의 연산증폭기는 입력 임피던스가 무한대이고 출력 임피던스가 0이며 이득 $A = -\mathbf{V}_o/\mathbf{V}_i$는 매우 크지만 유한한 실수값을 가진다.

(a) $\mathbf{Z}_f = R_f$로 설정하여 기본 미분기(differentiator)를 구성하고, $\mathbf{V}_o/\mathbf{V}_s$를 구하라. 또한 $A \to \infty$로 됨에 따라 $\mathbf{V}_o/\mathbf{V}_s \to -j\omega C_1 R_f$가 됨을 보여라.

(b) $\mathbf{Z}_f$가 C_f와 R_f의 병렬 연결이라고 할 때, $\mathbf{V}_o/\mathbf{V}_s$를 구하라. 또한 $A \to \infty$로 됨에 따라 $\mathbf{V}_o/\mathbf{V}_s \to -j\omega C_1 R_f/(1 + j\omega C_f R_f)$가 됨을 보여라.

60. 그림 10.66의 회로에 표기된 4개의 메쉬 전류들 각각에 대한 시간영역 표현식을 구하라.

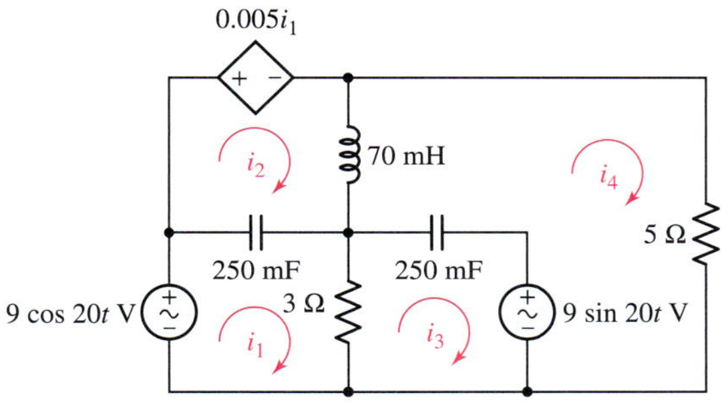

그림 10.66

10.7 중첩, 전원변환 및 테브난 정리

61. 그림 10.67에서 두 전류전원들 중 각각에 의한 2개의 마디전압 $\mathbf{V}_1$과 $\mathbf{V}_2$값들(즉, 각 전류전원이 마디전압 $\mathbf{V}_1$과 $\mathbf{V}_2$에의 기여 정도)을 구하라(중첩의 원리 응용).

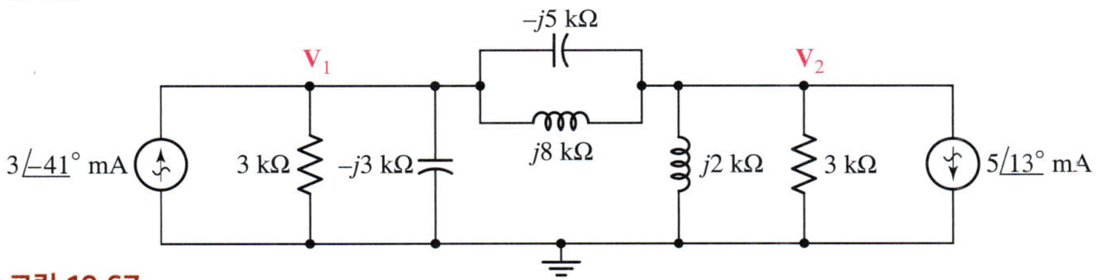

그림 10.67

62. 그림 10.68에서 $\mathbf{I}_1 = 33\underline{/3^\circ}$ mA와 $\mathbf{I}_2 = 51\underline{/-91^\circ}$ mA인 경우, $\mathbf{V}_1$과 $\mathbf{V}_2$를 구하라.

63. 그림 10.68의 페이저 영역회로는 동작주파수가 2.5 rad/s이라고 가정하고 그려졌다. 하지만 두 전류전원이 서로 다른 주파수에서 동작하는 잘못된 제조설비가 장착되어 $i_1(t) = 4\cos 40t$ mA, $i_2(t) = 4\sin 30t$ mA가 되었을 때, $v_1(t)$와 $v_2(t)$를 계산하라.

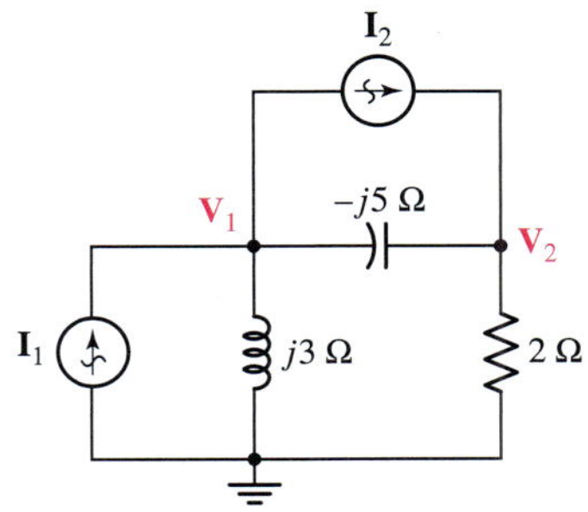

그림 10.68

64. 그림 10.69에서 $(2 - j)\ \Omega$ 임피던스에서 들여다 본 테브난 등가회로를 구하고, 이 결과를 이용하여 전류 $\mathbf{I}_1$을 구하라.

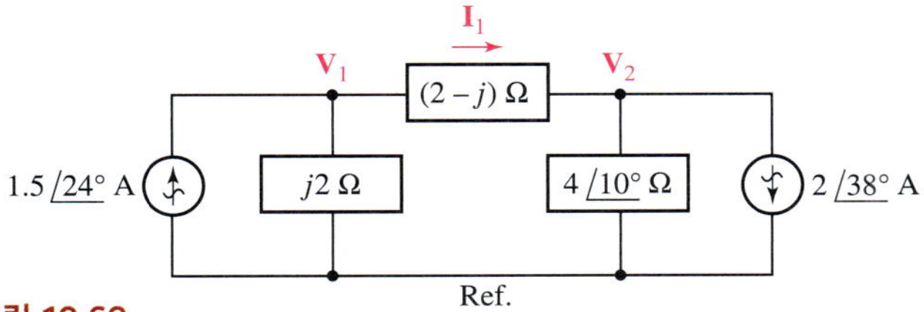

그림 10.69

65. 그림 10.69의 회로에서 $(2 - j)\ \Omega$ 임피던스를 $(1 + j)\ \Omega$ 임피던스로 대체한 후, 각 전원들에 대하여 전원변환을 수행하여 최대한 결과 회로를 간략화하라. 또한 간략화된 이 결과회로를 이용하여 $(1 + j)\ \Omega$ 임피던스를 통해 흐르는 전류를 계산하라.

66. 그림 10.70에 나타낸 회로에 대해서 다음에 답하라.

(a) a와 b로 표시된 단자들에서 들여다 본 테브난 등가회로를 구하라.

(b) a와 b로 표시된 단자들에서 들여다 본 노턴 등가회로를 구하라.

(c) 단자 a, b에 $(7 - j2)\ \Omega$ 임피던스가 연결된 경우, 단자 a에서 단자 b로 흐르는 전류를 계산하라.

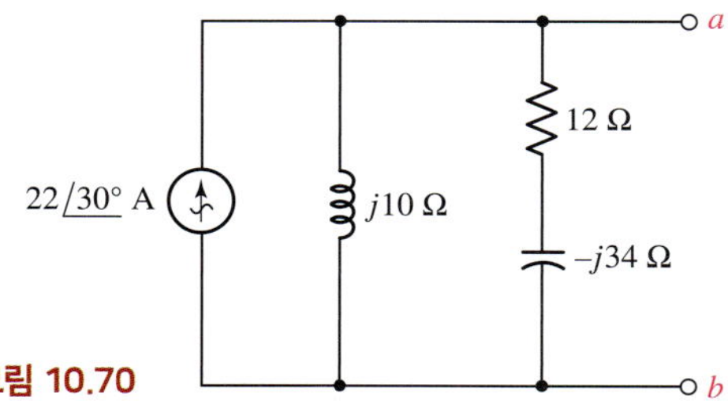

그림 10.70

67. 그림 10.71의 회로에서 $i_{s1} = 8 \cos(4t - 9^\circ)$ A, $i_{s2} = 5 \cos 4t$ 그리고 $v_{s3} = 2 \sin 4t$ V인 경우에, 다음에 답하라.

(a) 페이저 영역에서 이 회로를 다시 그려라.

(b) 전원 변환을 사용하여 다시 그려진 회로를 하나의 전류전원을 갖는 회로로 간략화하라.

(c) $v_L(t)$를 계산하라.

(d) 적절한 컴퓨터 시뮬레이션을 사용하여 구한 답을 검증하라.

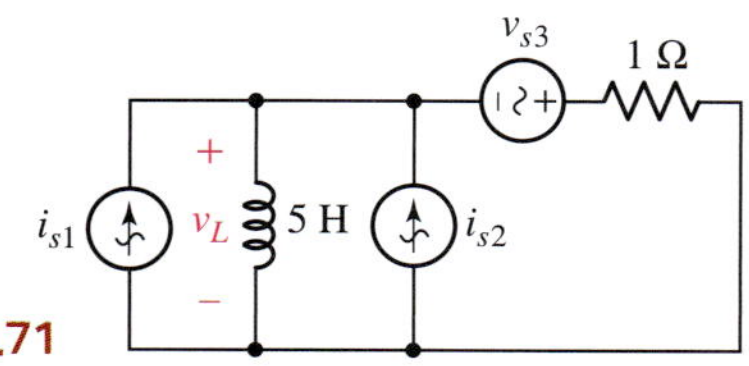

그림 10.71

68. 전압 $v_1(t)$에 대한 그림 10.72의 각 전원의 개별적 기여도(즉, 두 전원들 중 각각에 의한 전압 $v_1(t)$ 값들)를 결정하라(중첩의 원리 응용).

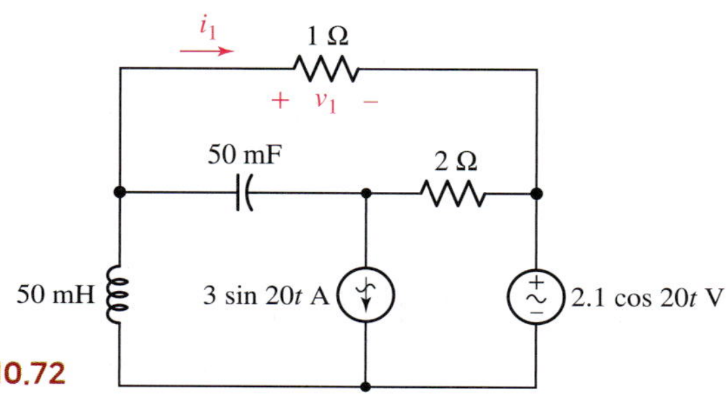

그림 10.72

69. 그림 10.73의 회로에서 1 Ω 저항에 의해 소비되는 전력을 구하라. 또한 적절한 LTSpice 시뮬레이션을 사용하여 구한 답을 검증하라.

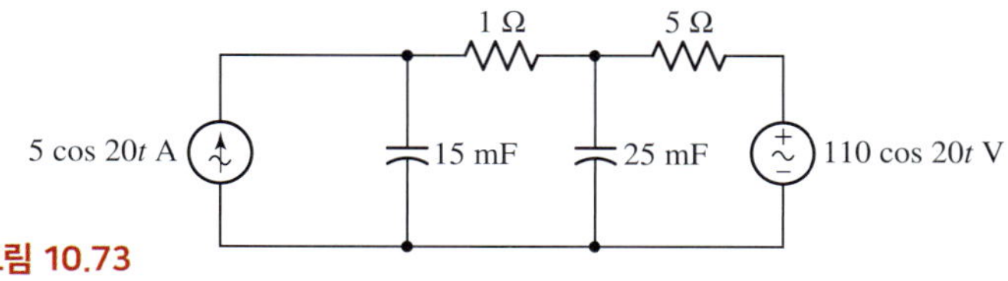

그림 10.73

70. 그림 10.74의 회로망에서 $\omega = 1$ rad/s일 때, 커패시턴스 저항 R_N과 인덕턴스 L_N (또는 커패시턴스 C_N)으로 구성된 등가임피던스와 이 임피던스와 병렬로 연결된 전류전원 $\mathbf{I}_N$으로 이루어진 노턴 등가회로를 구하라.

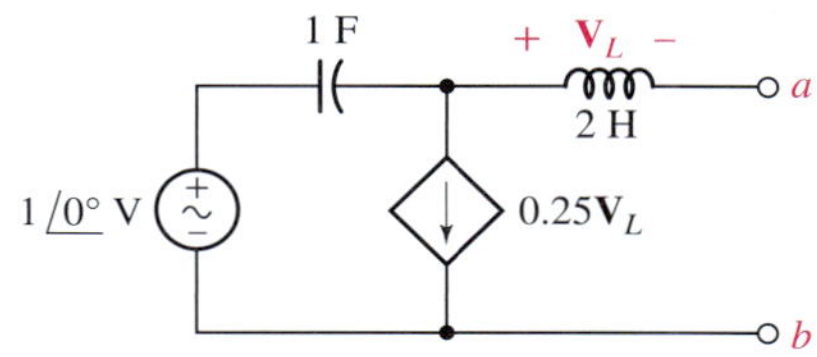

그림 10.74

10.8 페이저 다이어그램

71. 그림 10.75의 회로에서 $\mathbf{V} = 5\underline{/120^\circ}$ V가 되도록 전원 $\mathbf{I}_s$를 선정할 때, 다음에 답하여라.

(a) $\mathbf{I}_R$, $\mathbf{I}_L$ 및 $\mathbf{I}_C$를 보여주는 페이저 다이어그램을 그려라.

(b) 이 다이어그램을 사용하여 $\mathbf{I}_s$가 $\mathbf{I}_R$, $\mathbf{I}_C$, $\mathbf{I}_s$들보다 위상값이 얼마나 앞서는지를 구하라.

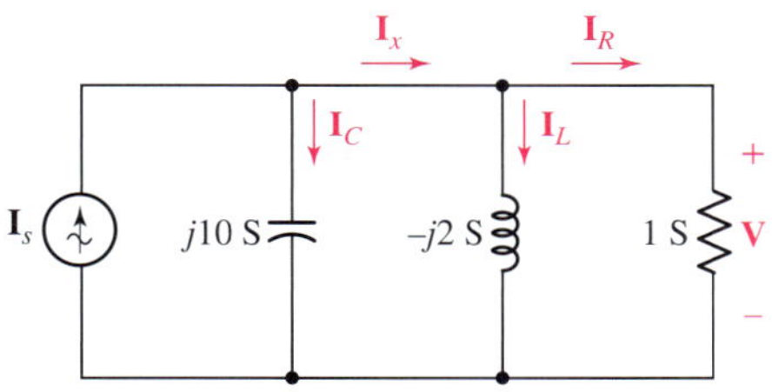

그림 10.75

72. $\mathbf{V}_1 = 100\underline{/0^\circ}$ V, $|\mathbf{V}_2| = 140$ V 그리고 $|\mathbf{V}_1 + \mathbf{V}_2| = 120$ V인 경우, 페이저 다이어그램을 그려서 $\mathbf{V}_2$의 2개의 가능한 위상값들을 구하라.

73. (a) 그림 10.76의 회로에 대해서, $\mathbf{I}_L$, $\mathbf{I}_R$, $\mathbf{I}_C$, $\mathbf{V}_L$, $\mathbf{V}_R$, $\mathbf{V}_C$의 값들을 계산하라.

(b) 50 V를 1인치로, 25 A를 1인치로 하는 눈금을 사용하여 $\mathbf{V}_s$를 포함하는 7개의 모든 값들을 페이저 다이어그램 상에 보이고, $\mathbf{I}_L = \mathbf{I}_R + \mathbf{I}_C$, $\mathbf{V}_s = \mathbf{V}_L + \mathbf{V}_R$임을 나타내라.

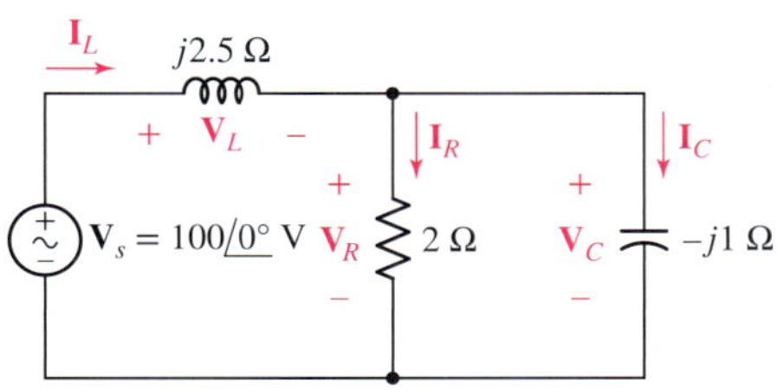

그림 10.76

74. 그림 10.77의 회로에서 다음에 답하라.

(a) $\mathbf{I}_1$, $\mathbf{I}_2$, $\mathbf{I}_3$의 값들을 구하라.

(b) $\mathbf{V}_s$, $\mathbf{I}_1$, $\mathbf{I}_2$, $\mathbf{I}_3$를 페이저 다이어그램 상에 보여라(눈금 크기는 50 V/in, 2 A/in로 한다).

(c) 도식적 방법으로 $\mathbf{I}_s$를 구하여, $\mathbf{I}_s$의 크기와 위상값으로 표시하라.

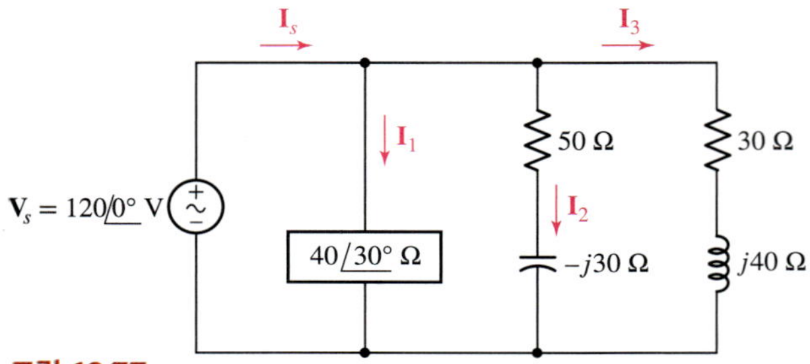

그림 10.77

75. 그림 10.78에서 $\mathbf{I}_C = 1\angle 0^\circ$ A가 되도록 전압전원 $\mathbf{V}_s$를 선정할 때, 다음에 답하라.

(a) $\mathbf{V}_1$, $\mathbf{V}_2$, $\mathbf{V}_s$, $\mathbf{V}_R$을 나타내는 페이저 다이어그램을 그려라.

(b) 이 다이어그램을 사용하여 $\mathbf{V}_1$에 대한 $\mathbf{V}_2$의 비를 구하라.

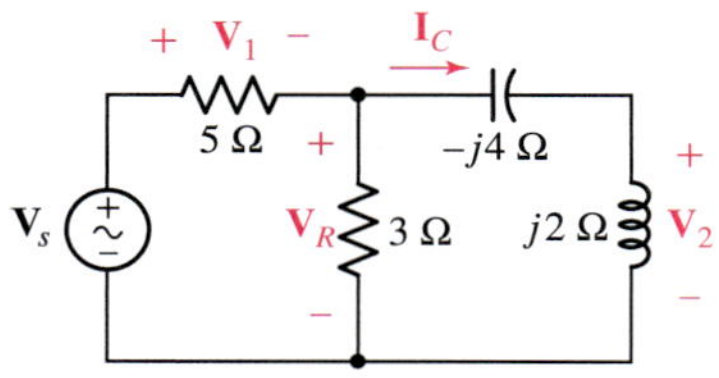

그림 10.78

10장 통합문제

76. 그림 10.79의 회로에 대해서, 다음에 답하라.

(a) 이 회로를 페이저 표현법을 사용하여 다시 그려라.

(b) 커패시터에서 들여다 본 테브난 등가회로를 구하고, 이를 이용하여 $v_C(t)$를 계산하라.

(c) 전압전원의 양(+)의 단자로부터 흘러나오는 전류를 구하라.

(d) 적절한 LTSpice 시뮬레이션을 사용하여 구한 답을 검증하라.

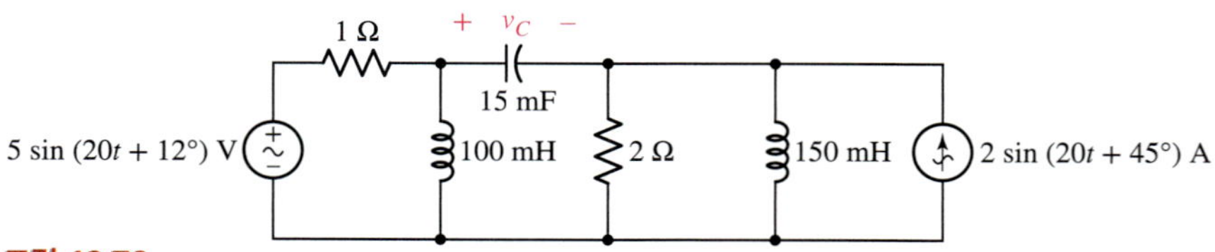

그림 10.79

77. 그림 10.79의 회로에서 전류전원을 위해 지정된 주파수는 오직 19 rad/s인데, 실제로는 이 회로가 지정된 주파수와 다른 주파수에서 작동되고 있다. 실제 커패시터 전압을 계산하고, 이 회로가 정상적으로 동작될 경우의 기대 전압과 비교하라.

78. 그림 10.80의 회로에 대해서, 다음에 답하라.

(a) 이 회로를 페이저 표현법을 사용하여 다시 그려라.

(b) $\mathbf{V}_o/\mathbf{V}_s$에 대한 방정식을 구하라.

(c) 페이저 전압비의 크기인 $|\mathbf{V}_o/\mathbf{V}_s|$를 ω의 함수로 그려라($0.01 \leq \omega \leq 100$ rad/s). 이때 로그(logarithmic) x축을 사용하라.

(d) 회로는 출력 측에 입력 신호의 저주파수 혹은 고주파수 성분 중 어느 부분을 더 효율적으로 전달하는가?

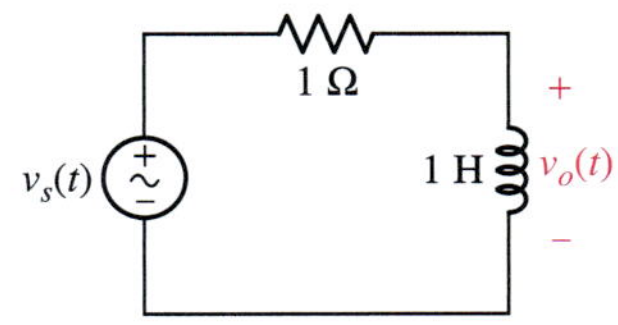

그림 10.80

79. (a) 그림 10.80의 회로에서 인덕터를 1 F 커패시터로 바꾸고 문제 10.78을 반복하라.

(b) 이 회로의 절점주파수(corner frequency)에서 최대값의 $1/\sqrt{2}$배로 출력 전압값이 감소될 때, 절점주파수가 2 kHz가 되도록 회로를 재설계하라.

80. $f = 628$ Hz의 주파수에서 $0.5\underline{/5.7^\circ}\,\Omega$의 임피던스를 갖는 순수 수동회로망을 설계하라(이때의 수동회로망은 오직 저항, 커패시터, 인덕터들만을 포함한다).

11 교류 회로 전력 해석

Design elements: Cockpit: ©Purestock/SuperStock; Wind Turbir s: ©Russell Illig/Getty Images; Circuit Board: ©Shutterstock

서론

회로 해석 식에서의 적분 부분은 회로에 공급되거나 흡수되는 전력을 결정하는 데 사용된다. 이 책의 앞부분에서 사용되었던 간단한 전력 해석 방법으로는 교류전력에 관련된 시스템의 동작 원리에 대한 해석을 제대로 할 수 없다. 따라서 이 장에서는 여러 가지 다른 의미를 갖는 전력 관련 값들(quantities)을 소개하고자 한다.

우리는 먼저 주어진 회로망이나 소자를 통해 흐르는 시간 영역 전류와 그 회로망(또는 소자) 양단의 시간 영역 전압과의 곱으로 표현되는 순간전력(*instantaneous* power)을 고려한다. 실제 사용되는 장치가 안전한 동작 범위를 초과하지 못하도록 최대 전력이 제한될 필요가 있기 때문에, 순간전력은 그 자체만으로도 매우 유용할 때가 있다. 예를 들어, 최대순간전력이 어떤 한계 값을 넘을 경우에는 스피커를 구성하는 트랜지스터와 진공관 전력증폭기들은 왜곡된 출력을 내게 되고 이에 따라 스피커들도 일그러진 음을 내게 된다. 하지만 우리가 순간전력에 큰 관심을 갖는 무엇보다 큰 이유는, 더욱 중요한 양(quantity)인 **평균**전력(*average* power)을 바로 이 순간전력이 제공해 주기 때문이다. 이해를 돕기 위해 유사한 예를 들어본다. 대륙횡단 여행 과정은 평균속도에 의해서 가장 잘 표현될 수 있다. 하지만 순간속도에 대한 우리의 관심은, 안전을 위협할 정도나 고속도로 순찰차를 자극할 만큼의 최대속도를 내지 않도록 하는 선까지로만 제한된다.

앞으로 우리는 외계에서 오는 원격측정신호에서 볼 수 있는 피코 와트 정도의 작은 전력에서부터 성능 좋은 스테레오 시스템의 스피커로 공급되는 수 와트의 오디오 전력 정도까지, 커피포트를 동작시킬 수 있는 수백 와트 정도까지, 또는 대형 댐에서 발생키는 수백만 와트까지의 크기가 각기 다른 평균전력 값들을 실제적으로 다루게 된다. 특별히 전력전

중요한 개념

- 순간전력 계산
- 정현파 전원에 의해 공급되는 평균전력
- Root-Mean-Square(RMS) 값들
- 무효전력
- 복소, 평균 그리고 무효전력 사이의 관계
- 부하의 역률

원과 무효부하들 사이에서 에너지 교환을 하려고 할 때에는, 또한 평균전력의 개념조차도 그 한계를 지니고 있음을 살펴본다. 이 부분은 전력 산업에서 사용되는 매우 일반적인 용어들인 무효전력, 복소전력, 역률에 관한 개념 소개와 함께 어렵지 않게 다루어진다.

11.1 순간전력

임의의 소자에 공급되는 **순간전력**(*instantaneous power*)은 소자 양단에 걸리는 순간전압과 소자를 통해 흐르는 순간전류의 곱으로 주어진다(이때, 수동부호규약(passive sign convention)을 만족한다고 가정한다). 즉[1]

$$p(t) = v(t)\,i(t) \qquad [1]$$

만약 주어진 소자가 저항값이 R인 저항기인 경우라면, 순간전력은 전압이나 전류만의 함수로 다음과 같이 표현될 수 있다.

$$p(t) = v(t)\,i(t) = i^2(t)R = \frac{v^2(t)}{R} \qquad [2]$$

만약 주어진 소자가 인덕터라면 순간전력은 다음과 같이 된다.

$$p(t) = v(t)\,i(t) = Li(t)\frac{di(t)}{dt} = \frac{1}{L}v(t)\int_{-\infty}^{t} v(t')\,dt' \qquad [3]$$

여기서 $t = -\infty$일 때 전압은 0이라고 임의로 가정하였다. 커패시터의 경우에는

$$p(t) = v(t)\,i(t) = Cv(t)\frac{dv(t)}{dt} = \frac{1}{C}i(t)\int_{-\infty}^{t} i(t')\,dt' \qquad [4]$$

가 되며, 여기서 $t = -\infty$일 때 전류는 0이라고 가정하였다.

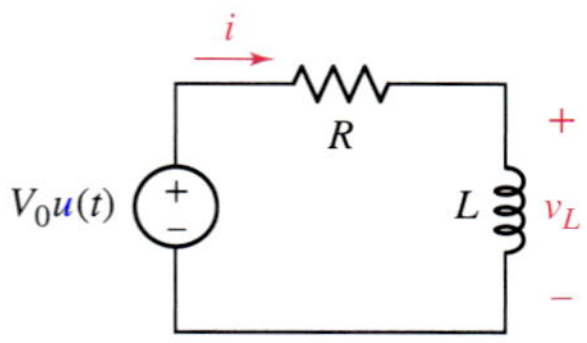

그림 11.1 저항 R에 공급되는 순간전력 $P_R(t) = i^2(t)R = (V_0^2/R)(1 - e^{-Rt/L})^2u(t)$

예를 들어, 그림 11.1과 같은 직렬 RL에 계단전압(step-voltage) $u(t)$을 인가하는 경우를 생각해 보자. 익숙한 전류응답은

$$i(t) = \frac{V_0}{R}(1 - e^{-Rt/L})\,u(t)$$

이며, $v = V_0$이므로 전원이 공급하는 전체전력 또는 수동회로망이 흡수하는 전체전력은

$$p(t) = v(t)\,i(t) = \frac{V_0^2}{R}(1 - e^{-Rt/L})\,u(t)$$

이다.

1 앞서 우리는 이탤릭체 소문자 변수는 시간의 함수로 이해했다는 사실에 동의했으며, 지금까지 이 개념을 고수해 왔다. 하지만 이 양은 시간의 특정 순간에 계산되어야 한다는 사실을 강조하기 위해, 이 장 전체에 걸쳐 명시적으로 시간 의존성을 나타내게 된다.

저항기에 공급되는 전력은 다음과 같다.

$$p_R(t) = i^2(t)R = \frac{V_0^2}{R}(1 - e^{-Rt/L})^2 u(t)$$

인덕터에 흡수되는 전력을 구하기 위하여, 먼저 인덕터에 걸리는 전압을 구하면 다음과 같다.

$$\begin{aligned} v_L(t) &= L\frac{di(t)}{dt} \\ &= V_0 e^{-Rt/L}u(t) + \frac{LV_0}{R}(1 - e^{-Rt/L})\frac{du(t)}{dt} \\ &= V_0 e^{-Rt/L}u(t) \end{aligned}$$

여기서 $du(t)/dt$는 $t > 0$일 때 0이며 $(1 - e^{-Rt/L})$는 $t = 0$에서 0이다. 따라서 인덕터에서 흡수하는 전력은 다음과 같다.

$$p_L(t) = v_L(t)i(t) = \frac{V_0^2}{R}e^{-Rt/L}(1 - e^{-Rt/L})u(t)$$

이제 몇 가지 간단한 대수적 조작을 통해 다음 식이 보여지며,

$$p(t) = p_R(t) + p_L(t)$$

이로부터 우리가 행한 작업이 정확했음이 확인된다. 이 결과들은 그림 11.2에 나타나 있다.

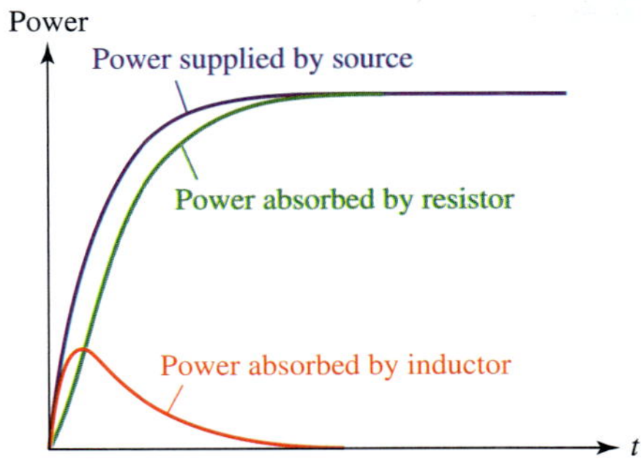

그림 11.2 $p(t)$, $p_R(t)$ 그리고 $p_L(t)$의 그림. 과도상태는 없어지므로 회로에는 정상상태 동작만 남아 있다. 회로에 남아있는 전원은 오직 직류이므로 인덕터는 단락회로에서와 같이 작용하고 따라서 0 전력을 흡수한다.

정현파 전원에 의한 전력

그림 11.1의 회로에서 전압전원을 정현파 전원 $V_m \cos\omega t$로 바꾼다면, 익숙한 시간 영역의 정상상태 응답이 다음과 같이 얻어진다.

$$i(t) = I_m \cos(\omega t + \phi)$$

여기서

$$I_m = \frac{V_m}{\sqrt{R^2 + \omega^2 L^2}} \quad \text{그리고} \quad \phi = -\tan^{-1}\frac{\omega L}{R}$$

이다. 따라서 정현파 정상상태일 때 회로 전체에 공급되는 순간전력은

$$p(t) = v(t)i(t) = V_m I_m \cos(\omega t + \phi)\cos\omega t$$

가 되며, 삼각함수 공식을 사용하여 다시 정리하면

$$\begin{aligned} p(t) &= \frac{V_m I_m}{2}[\cos(2\omega t + \phi) + \cos\phi] \\ &= \underbrace{\frac{V_m I_m}{2}\cos\phi}_{\text{constant}} + \underbrace{\frac{V_m I_m}{2}\cos(2\omega t + \phi)}_{\text{periodic with frequency } 2\omega} \end{aligned}$$

가 된다. 윗식은 정현파 정상상태의 회로에서 일반적으로 성립하는 몇 가지 특성을 가지고 있다. 첫째 항은 시간의 함수가 아니며, 둘째 항은 인가된 전원주파수의 두 배가되는 주파수로 변동하고 있다. 둘째 항은 코사인파이고 이와 같은 정현파는 한 주기 동안에 걸쳐 평균하면 0이 되므로 **평균**전력은 $\frac{1}{2}V_m I_m \cos\phi$가 됨을 알 수 있다. 이 결과는 항상 성립하게 됨을 곧 알게 될 것이다.

예제 11.1

40 + 60$u(t)$ V인 전압원이 5 μF 커패시터 및 200 Ω 저항기와 직렬로 연결되어 있다. t = 1.2 ms일 때 커패시터와 저항기에 흡수되는 전력을 구하라.

$t = 0^-$일 때는 전류가 흐르지 않으므로 커패시터 양단에 40 V 전압이 걸린다. $t = 0^+$에서는 커패시터와 저항기의 직렬 조합의 양단에 걸리는 전압이 100 V로 갑자기 증가된다. 커패시터 양단의 전압은 순간적으로 바뀔 수가 없으므로 $t = 0^+$에서의 저항 양단의 전압은 60 V이다. 그러므로 $t = 0^+$에서 3개의 직렬 연결된 소자들을 통하여 흐르는 전류는 60/200 = 300 mA이다.

또한 $t > 0$인 경우의 전류 $i(t)$는 다음과 같이 주어진다.

$$i(t) = 300\,e^{-t/\tau}\ \text{mA}$$

여기서 $\tau = RC = 1$ ms이다. 따라서 $t = 1.2$ ms인 순간에 회로를 통해 흐르는 전류는 90.36 mA이고, 그 순간에 저항기에 흡수되는 전력은

$$i^2(t)R = 1.633\ \text{W}$$

가 된다. 커패시터에 흡수된 순간전력은 $i(t)v_C(t)$이다. $t > 0$인 동안 두 소자 양단에 걸리는 전체 전압은 항상 100 V가 되며 저항기 양단의 전압은 $60e^{-t/\tau}$로 주어진다는 사실로부터,

$$v_C(t) = 100 - 60\,e^{-t/\tau}\ \text{V}$$

가 되어, $v_C(1.2\text{ ms}) = 100 - 60e^{-1.2} = 81.93$ V로 구해진다. 그러므로 t = 1.2 ms에서 커패시터에 흡수되는 전력은 (90.36 mA)(81.39 V) = 7.403 W가 된다.

익힘문제 11.1

12 cos 2000t A인 전류원, 200 Ω 저항기 및 0.2 H 인덕터가 병렬로 연결되어 있다. 정상상태 조건이 성립된다고 가정하고, t = 1 ms일 때 (a) 저항기, (b) 인덕터, (c) 정현파 전원에 흡수되는 전력을 각각 구하라.

답: 13.98 kW; −5.63 kW; −8.35 kW.

11.2 평균전력

순간전력에 대한 평균값을 말할 때는 평균값을 계산하는 구간이 명백히 지정되어야 한다. 우선 일반적인 시간 구간을 $t_1 \sim t_2$로 하자. 순간전력 $p(t)$를 t_1에서 t_2까지 적분하고 그 결과 값을 시간구간 $t_2 - t_1$으로 나누면 평균전력 값이 얻어진다. 즉

$$P = \frac{1}{t_2 - t_1}\int_{t_1}^{t_2} p(t)\ dt \qquad [5]$$

가 되며, 평균전력 값은 시간의 함수가 아니므로 대문자 P로 나타내고 대개는 어떠한 첨자도 붙이지 않는다. P는 시간의 함수는 아니지만 적분구간을 정의하는 두 순간 시간 t_1과 t_2의 함수이다. 만약 $p(t)$가 주기함수인 경우에는 특정 시간간격에 따르는 P의 종속성은 더욱 간단히 표현될 수 있다. 우리는 중요한 이 주기함수인 경우를 우선적으로 살펴보기로 하자.

주기적인 파형에 대한 평균전력

구동함수와 회로의 응답이 모두 주기함수이고, 비록 정상상태 조건이 반드시 필요하지는 않지만 정상상태에 도달하였다고 가정하자. **주기**(*periodic*)**함수** $f(t)$는 다음과 같이 수학적으로 정의될 수 있다.

$$f(t) = f(t + T) \qquad [6]$$

여기서 T는 주기이다. 이제 우리는 식 [5]와 같이 표현되는 순간전력의 평균값은 시작점을 임의로 취한 한 주기에 대하여 계산하여 얻어지게 된다는 것을 살펴보도록 한다.

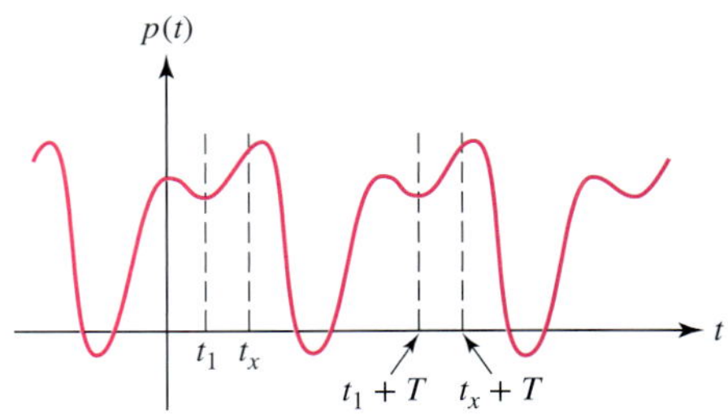

그림 11.3 주기함수 $p(t)$의 평균값 P는 주기 T가 어떤 구간이든지 같다.

그림 11.3은 일반적인 주기함수 $p(t)$의 파형을 보인 것이다. 먼저 시간 t_1에서 t_2까지($t_2 = t_1 + T$)의 한 주기 동안 적분하여 평균전력을 다음과 같이 구할 수 있다.

$$P_1 = \frac{1}{T}\int_{t_1}^{t_1+T} p(t)\ dt$$

또 이어서 다른 시간 t_x에서 $t_x + T$까지 적분하면 다음과 같은 식을 얻는다.

$$P_x = \frac{1}{T}\int_{t_x}^{t_x+T} p(t)\ dt$$

P_1과 P_x 값은 적분의 도식적 해석을 통해 볼 때 명백히 동일해야 한다. 즉 그림 11.3의 곡선의 주기적 특성상 두 영역의 면적이 동일하도록 되어있다. 따라서 한 주기가 되는 어떤 구간에서든 순간전력을 적분한 후 그 값을 주기로 나누면 **평균전력**(*average power*)이 계산될 수 있다. 즉

$$P = \frac{1}{T}\int_{t_x}^{t_x+T} p(t)\ dt \qquad [7]$$

마찬가지로 여러 주기에 걸쳐 적분하고 그 주기의 수만큼으로 나누어도 동일한 결과를 얻을 수 있음에 유의하는 것이 중요하다. 이 결과를 확장하여 주기가 무한 개수가 되는 극한값을 취하면, 다음과 같이 무한대인 연속변수 τ의 함수로 적분식이 바뀐 결과를 얻는다.

$$P = \lim_{\tau\to\infty}\frac{1}{\tau}\int_{-\tau/2}^{\tau/2} p(t)\ dt \qquad [8]$$

우리는 이후 여러 가지 경우로부터, 주기함수를 이러한 '무한 주기'로 적분하는 것이 편리하다는 것을 알게 될 것이다.

정현파 정상상태에서의 평균전력

정현파 정상상태에 대한 일반적인 결과 식을 구하여 보자. 주어진 소자 양단에 걸리는 일반적 정현파 전압을

$$v(t) = V_m\cos(\omega t + \theta)$$

로 가정하고, 그 소자를 통해 흐르는 전류를

$$i(t) = I_m\cos(\omega t + \phi)$$

라고 하면 순간전력은 다음과 같이 된다.

$$p(t) = V_m I_m\cos(\omega t + \theta)\cos(\omega t + \phi)$$

$T = \frac{1}{f} = \frac{2\pi}{\omega}$
관계식을 상기하라.

위의 식을 삼각함수 공식을 써서 다시 정리하면

$$p(t) = \underbrace{\frac{1}{2}V_m I_m\cos\left(\theta - \phi\right)}_{\text{constant}} + \underbrace{\frac{1}{2}V_m I_m\cos\left(2\omega t + \theta + \phi\right)}_{\text{periodic with frequency } 2\omega} \qquad [9]$$

가 된다. 첫째 항은 t에 관계없는 상수이고 둘째 항은 코사인함수이다. 따라서 $p(t)$는 주기함수이며 그 주기는 $\frac{1}{2}T$이다. 주기 T는 주어진 전류와 전압의 주기이지 전력의 주기는 아니며 전력함수의 주기는 $\frac{1}{2}T$임을 주의해야 한다. 하지만 평균값을 구할 때에는 T라는 구간에 대하여 적분을 하여도 되며 이때에는 T로 다시 나누어 주기만 하면 된다. 코사인함수와 사인함수의 한 주기에 걸친 평균값은 0이므로 식 [9]를 적분할 필요도 없이 직관적으로 주기 T(또는 $\frac{1}{2}T$) 상에서의 둘째 항의 평균값은 0이 되며, 상수인 첫째 항의 평균값은 그 자체 상수값이 된다. 따라서 평균전력은

$$\boxed{P = \frac{1}{2}V_m I_m\cos\left(\theta - \phi\right)} \qquad [10]$$

이다. 이것은 이미 특정한 회로에 대해서 앞 절에서 소개된 것으로서, 정현파 정상상태에서 적용되는 매우 일반적이고 중요한 결과식이다. 평균전력은 전압의 최대진폭, 전류의 최대진폭 그리고 전압과 전류 사이의 위상차의 코사인을 곱한 값의 반이 된다. 전압과 전류 사이의 위상의 앞섬과 뒤짐은 평균전력에 영향을 주지 않는

다. 평균전력은 다음과 같이 페이저 표기법으로도 쓸 수 있다.

$$P = \frac{1}{2} Re\{\mathbf{VI}^*\}$$

이상적인 저항기에 공급되는 평균전력과 이상적인 리액터(reactor)(커패시터와 인덕터만으로 구성된 조합)에 공급되는 평균전력에 관한 경우들은 특별히 분리해서 고려해 볼 가치가 있다.

I* 기호는 복소수 **I**의 **켤레복소수**를 지칭한다. 이는 모든 "j"를 "$-j$"로 대체함으로써 얻어진다. 더 자세한 사항은 부록 5를 보라.

예제 **11.2**

주어진 시간 영역 전압 $v = 4\cos(\pi t/6)$ V에 대응하는 페이저 전압 $\mathbf{V} = 4\underline{/0°}$ V이 임피던스 $\mathbf{Z} = 2\underline{/60°}\ \Omega$ 양단에 인가될 때, 평균전력과 순간전력 표현식을 구하라.

페이저 전류는 $\mathbf{V}/\mathbf{Z} = 2\underline{/-60°}$ A가 되며 평균전력은

$$P = \frac{1}{2}(4)(2)\cos 60° = 2\ \text{W}$$

가 된다. 시간 영역 전압은 다음과 같이 쓸 수 있다.

$$v(t) = 4\cos\frac{\pi t}{6}\ \text{V}$$

또한 시간 영역 전류는 다음과 같이 얻어진다.

$$i(t) = 2\cos\left(\frac{\pi t}{6} - 60°\right)\ \text{A}$$

따라서 순간전력은 이들 두 시간 영역 전압과 전류의 곱으로 다음과 같이 주어진다.

$$\begin{aligned} p(t) &= 8\cos\frac{\pi t}{6}\cos\left(\frac{\pi t}{6} - 60°\right) \\ &= 2 + 4\cos\left(\frac{\pi t}{3} - 60°\right)\ \text{W} \end{aligned}$$

그림 11.4는 이들 3개의 양들(quantities)을 동일 시간축 상에 그린 것이다.

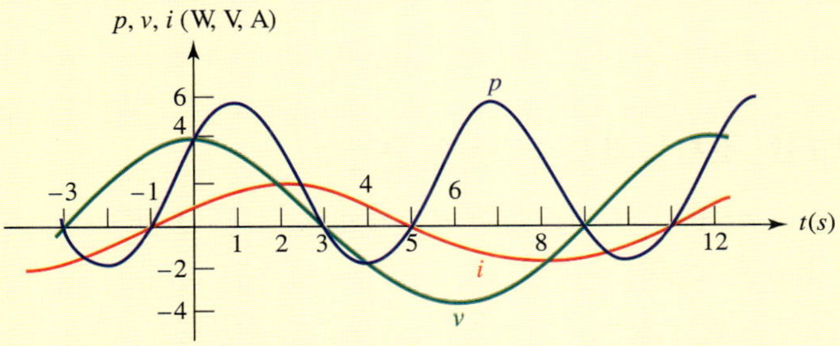

그림 11.4 $\omega = \pi/6$ rad/s일 때 임피던스 $\mathbf{Z} = 2\underline{/60°}\ \Omega$인 회로에 페이저 전압 $\mathbf{V} = 4\underline{/0°}$ V를 인가할 때 $v(t)$, $i(t)$, $p(t)$의 그래프.

전력의 평균값은 2 W이고 순간전력의 주기는 전류나 전압주기의 1/2인 6 s임을 확실히 알 수 있다. 이 전류나 전압이 0이 되는 순간에서의 순간전력도 0이 되는 것을 쉽게 알 수 있다.

익힘문제 11.2

임피던스 $\mathbf{Z} = 16.26\underline{/19.3^\circ}\ \Omega$ 양단에 페이저 전압 $\mathbf{V} = 115\sqrt{2}\underline{/45^\circ}$ V이 주어졌을 때, 순간전력 표현식을 구하고 $\omega = 50$ rad/s일 때의 평균전력을 계산하라.

답: 767.5 + 813.2 cos(100t + 70.7°) W; 767.5 W.

이상적인 저항기에 흡수되는 평균전력

순수한 저항기를 통해 흐르는 전류와 그 저항기 양단에 걸리는 전압 간의 위상차는 0이다. 그러므로

$$P_R = \frac{1}{2} V_m I_m \cos 0 = \frac{1}{2} V_m I_m$$

또는

$$P_R = \frac{1}{2} I_m^2 R \qquad [11]$$

또는

$$P_R = \frac{V_m^2}{2R} \qquad [12]$$

정현파 전원에 의해 저항에 공급되는 **평균**전력을 계산할 수 있다는 것을 기억하라. 유사한 형식의 **순간**전력의 양(quantity)과 혼동하지 말라.

이 된다. $\{\mathbf{VI}^*\}$값이 실수가 되어 이에 따라 $P = \frac{1}{2} Re\{\mathbf{VI}^*\} = \frac{1}{2} Re\{(I_m R) I_m \underline{/0^\circ}\} = \frac{1}{2} I_m^2 R$이 되므로, 페이저 형태를 이용해서도 동일한 결과가 얻어진다.

다지막 두 식 [11], [12]는 간단하면서도 중요한 식들이다. 순수 저항에 공급되는 평균전력은 정현파 전류 또는 전압 중 한 가지만 알고 있으면 이 식들을 이용하여 구할 수 있기 때문이다. 그러나 공교롭게도 이 두 식은 잘못 사용되는 경우가 자주 있다. 가장 일반적인 실수는 식 [12]에 있는 전압이 저항기 양단에 걸리는 전압이 아닌 경우에 이들 수식을 적용하는 것이다. 만약 식 [11]에서의 전류가 저항기를 통해 흐르는 전류이고 식 [12]에서의 전압이 저항기 양단에 걸리는 전압이라면 만족스러운 연산이 보증된다. 또한 $\frac{1}{2}$인 계수도 잊어서는 안 된다.

순수한 리액티브 소자들에 흡수되는 평균전력

순수한 리액티브 소자(즉 저항기가 전혀 포함되지 않은 유도성 또는 용량성 소자)에 공급되는 평균전력은 0이 되어야 한다. 즉 전류와 전압 사이의 위상차가 항상 90°이므로 $\cos(\theta - \phi) = \cos \pm 90^\circ = 0$ (또는 페이저 표기법에서 $\mathbf{VI}^*$가 허수임)이 되어

$$P_X = 0$$

이 되기 때문이다. 이상적인 인덕터들과 커패시터들만으로 구성된 회로망에 공급되는 **평균**전력은 0이 되지만, **순간**전력은 어느 특정 순간에서만 0이 된다. 따라서 리액티브 소자들만으로 구성된 회로망으로 한 사이클 동안 공급된 전력은 또 다른 한 사이클의 구간 동안에 그대로 전원으로 반환되어 결과적으로 전력의 손실은 전혀 없게 된다. 무효 소자로 구성된 회로망으로 한 사이클 동안 공급된 전력은 또 다른 사이클의 구간 동안에 다시 전력의 손실이 전혀 **없이** 그대로 전원으로 반환된다.

예제 11.3

임피던스 $\mathbf{Z}_L = 8 - j11\ \Omega$을 통해 $\mathbf{I} = 5\underline{/20°}$ A가 흐를 때, 이 임피던스에 공급되는 평균전력을 구하라.

우리는 식 [11]을 사용하여 매우 빠르게 그 해를 구할 수 있다. $j11\ \Omega$ 소자는 평균전력을 전혀 흡수하지 않으므로 오직 8 Ω 저항에 대해서만 **평균**전력을 계산한다. 그러므로

$$P = \frac{1}{2}(5)^2 8 = 100\ \text{W}$$

를 얻는다. 우리는 또한 직접적으로 페이저를 사용해서도 문제를 풀 수 있는데, 이 방법을 위해서는 다음과 같은 다소 복잡한 계산과정이 요구된다.

$$\mathbf{I} = 5\underline{/20°} = 4.6985 + j1.7101\ A$$

$$\mathbf{V} = \mathbf{I}\mathbf{Z}_L = (4.6985 + j1.7101)(8 - j11) = 56.3988 - j38.0023\ \text{V}$$

$$P = \frac{1}{2}\text{Re}\{\mathbf{V}\mathbf{I}^*\} = \frac{1}{2}\text{Re}\{(56.3988 - j38.0023)(4.6985 - 1.7101)\}$$

$$P = 100\ W$$

익힘문제 11.3

주어진 임피던스 $6\ \underline{/25°}\ \Omega$를 통해 $\mathbf{I} = 2 + j5$ A가 흐를 때, 이 임피던스에 공급되는 평균전력을 구하라.

답: 78.85 W.

예제 11.4

그림 11.5에서 3개의 수동소자에 각각 공급되는 평균전력과 각 전원이 공급하는 평균전력을 구하라.

이미 우리는 회로를 해석할 필요도 없이 2개의 리액턴스 소자들에 흡수되는 평균전력은 0이라는 사실을 알고 있다.

메쉬해석, 마디해석, 또는 중첩원리 등의 여러 가지 방법 중 어떠한 것을 사

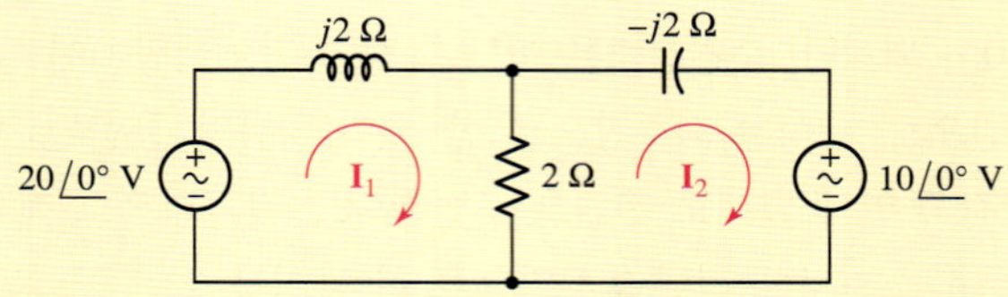

그림 11.5 정현파 정상상태에서 각 리액티브 소자에 공급되는 평균전력은 0이다.

용하더라도, $\mathbf{I}_1$과 $\mathbf{I}_2$ 값들에 대하여 다음과 같은 동일한 결과를 얻을 수 있다.

$$\mathbf{I}_1 = 5 - j10 = 11.18\underline{/-63.43°}\text{ A}$$
$$\mathbf{I}_2 = 5 - j5 = 7.071\underline{/-45°}\text{ A}$$

2 Ω 저항기를 통해 아래쪽으로 흐르는 전류는

$$\mathbf{I}_1 - \mathbf{I}_2 = -j5 = 5\underline{/-90°}\text{ A}$$

가 되므로 $I_m = 5$ A이 되고, 저항기에 흡수되는 평균전력은 식 [11]에 의해서 아주 쉽게 다음과 같이 구해진다.

$$P_R = \frac{1}{2}I_m^2 R = \frac{1}{2}(5)^2 2 = 25 \text{ W}$$

이 결과는 식 [10] 또는 식 [12]를 이용하여 확인할 수 있다. 다음은 왼쪽 전압원으로 눈을 돌려본다. 이 전압은 $20\underline{/0°}$ V이고 전류 $\mathbf{I}_1 = 11.18\underline{/-63.43°}$ A는 능동부호규약을 만족하며, 따라서 이 전압원에 의해 **공급**되는 전력은

$$P_{\text{left}} = \frac{1}{2}(20)(11.18)\cos[0° - (-63.43°)] = 50 \text{ W}$$

이 된다. 유사한 방법으로 수동부호규약을 따라, 오른쪽 전원에 의해 **흡수**되는 전력은

$$P_{\text{right}} = \frac{1}{2}(10)(7.071)\cos(0° + 45°) = 25 \text{ W}$$

이 된다. 50 = 25 + 25이므로, 전력보존법칙이 성립됨이 확인된다.

익힘문제 11.4

그림 11.6의 회로에 포함된 수동소자들 각각에 공급되는 평균전력을 계산하고, 2개의 전원에 의해 공급되는 전력들을 계산하여 구해진 답을 검증하라.

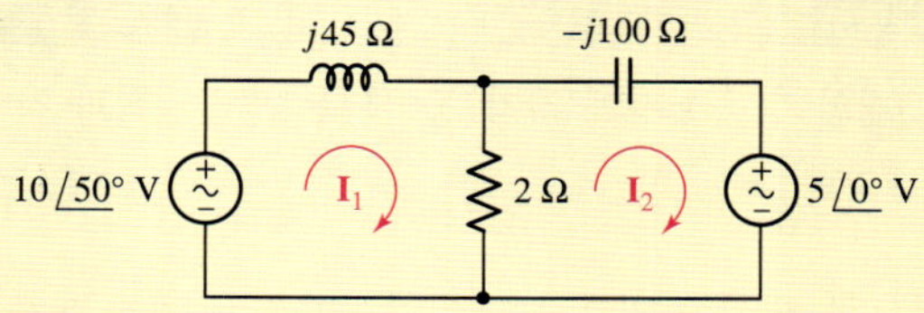

그림 11.6

답: 0; 37.6 mW; 0; 42.0 mW; −4.4 mW.

비주기 함수에 대한 평균전력

우리는 비주기(*nonperiodic*) 함수에 관심을 가져야 할 때가 있다. 평균전력값이 요구되는 비주기 전력함수에 대한 실질적인 한 가지 예로서, 우주공간의 별들로부터 도래하는 전파의 수집을 위한 지향성 전파망원경(radio telescope)의 출력전력을 들 수 있다. 또 다른 예는 서로 다른 주기를 가지는 여러 개의 주기함수들의 합이 될 수 있는데, 이렇게 결합되어 얻어진 새로운 함수는 공통된 주기를 갖지 않게 된다. 예를 들면 다음과 같은 전류

$$i(t) = \sin t + \sin \pi t \qquad [13]$$

는 2개의 정현파형의 주기들의 비(ratio)가 무리수가 되기 때문에 비주기 함수가 된다. $t = 0$ 순간에서 위 함수의 2개 항은 모두 0이고 증가추세를 가진다. 그러나 첫 번째 항은 $t = 2\pi n$ (여기서 n은 정수임) 일때만 값이 0이 되고 증가추세를 가진다. 또한 주기함수가 되기 위해서는 πt나 $\pi(2\pi n)$이 $2\pi m$(여기서 m은 정수임)과 같아져야 한다는 요구조건이 따른다. 하지만 이 식에서는 m과 n 모두에 대한 정수 부분이 되는 해가 존재하지 않는다. 식 [13]의 비주기성 표현식을 다음의 주기함수와 비교하여 설명해 볼 수 있다.

$$i(t) = \sin t + \sin 3.14t \qquad [14]$$

여기서 3.14는 정확한 소수값으로서, $\pi = 3.141592...$가 아님에 유의한다. 약간의 수고를 거쳐[2] 위의 전류함수의 주기가 100π 초임을 알 수 있다.

식 [14]와 같은 주기 전류나 식 [13]과 같은 비주기 전류가 1 Ω 저항기에 공급하는 평균전력값은 무한구간에 걸쳐 적분을 수행함으로써 구할 수 있다. 우리는 간단한 함수들의 평균값에 대한 정보를 잘 알고 있으므로, 많은 경우에 있어서 적분을 실제 수행치 않고도 평균전력 값을 구할 수 있다. 따라서 식 [13]의 전류가 공급하는 평균전력은 식 [8]을 적용하여 다음 식과 같이 구해진다.

$$P = \lim_{\tau\to\infty} \frac{1}{\tau} \int_{-\tau/2}^{\tau/2} (\sin^2 t + \sin^2 \pi t + 2\sin t \ \sin \pi t)\, dt$$

이제 위의 3개의 평균값들의 합으로서 P를 고려한다. 무한 구간에 걸친 $\sin^2 t$의 평균값은 $\sin^2 t$를 $(\frac{1}{2} - \frac{1}{2}\cos 2t)$로 대체함으로써 구해지며 그 평균값은 간단히 $\frac{1}{2}$가 된다. 유사하게 $\sin^2 \pi t$의 평균값 또한 $\frac{1}{2}$이 되고, 마지막 항은 삼각함수 공식에 의해 2개의 코사인 함수의 합으로 표현될 수 있어서 이들 각각의 평균값은 0이 된다. 따라서

$$P = \frac{1}{2} + \frac{1}{2} = 1 \text{ W}$$

---

2 $T_1 = 2\pi$과 $T_2 = 2\pi/3.14$이다. 따라서, 우리는 $2\pi n = 2\pi m/3.14$, 또는 $3.14n = m$, 또는 $\frac{314}{100}n = m$ 또는 $157n = 50m$을 만족하는 m과 n의 정수값을 찾는다. 따라서, n과 m의 최소 정수값은 $n = 50$과 $m = 157$이다. 그러므로 주기는 $T = 2\pi n = 100\pi$ 또는 $T = 2\pi(157/3.14) = 100\pi$ s이다.

가 된다. 식 [14]의 주기 전류에 대해서도 동일한 결과가 얻어진다. 다음과 같이 서로 **다른 주기**와 임의의 진폭값을 가지는 여러 개의 정현파들의 합으로 이루어진 전류함수

$$i(t) = I_{m1}\cos\omega_1 t + I_{m2}\cos\omega_2 t + \cdots + I_{mN}\cos\omega_N t \qquad [15]$$

에 위와 동일한 방법을 적용하면 저항 R에 공급되는 평균전력은 다음과 같이 된다.

$$P = \frac{1}{2}\left(I_{m1}^2 + I_{m2}^2 + \cdots + I_{mN}^2\right)R \qquad [16]$$

만일 주어진 전류의 각 성분이 임의의 위상각을 가지는 경우에도 그 결과값에는 변화가 없다. 전류함수를 제곱해서 적분한 후 극한값을 취하는 유도과정이 요구되는 단계들을 생각해 볼 때, 이 결과는 중요하면서도 놀라울 정도로 간단하다. 이 결과는 또한 "식 [15]와 같이 각 항마다 서로 다른 주파수 성분을 가지는 특별한 경우의 전류에 있어서도, 전력을 구할 때 중첩의 원리가 적용가능하다"는 사실을 보여주고 있어, 또 다시 우리를 놀라게 한다. 전력을 구할 때의 중첩의 원리는 2개의 직류전류들의 합으로 이루어진 전류에 대해서는 **적용가능하지 않을 뿐 아니라** 동일주파수를 가지는 2개의 정현파의 합으로 이루어진 전류에 대해서도 **적용가능하지 않다.**

예제 11.5

전류원 $i_1 = 2\cos 10t - 3\cos 20t$ A에 의해 4 Ω 저항기에 공급되는 평균전력을 구하라.

2개의 코사인 항들이 서로 다른 주파수를 가지므로, 두 평균전력값들을 분리해서 계산한 후 합칠 수 있다. 따라서 이 전류원은 4 Ω 저항기에 $\frac{1}{2}(2^2)4 + \frac{1}{2}(3^2)4 = 8 + 18 = 26$ W의 평균전력을 공급한다.

예제 11.6

전류원 $i_2 = 2\cos 10t - 3\cos 10t$ A에 의해 4 Ω 저항기에 공급되는 평균전력을 구하라.

여기서는 전류원이 동일한 주파수에서 2개의 정현파 성분을 가진다. 따라서 이들은 그 동일 주파수에서 하나의 정현파로 먼저 결합되어야 한다. 따라서 $i_2 = 2\cos 10t - 3\cos 10t = -\cos 10t$의 전류원이 단지 $\frac{1}{2}(1^2)4 = 2$ W의 평균전력을 4 Ω 저항기에 공급한다.

익힘문제 11.5

전압원 v_s가 4 Ω 저항기 양단에 연결되어 있다. 만일 v_s가 다음과 같을 때 저항기에 흡수되는 평균전력을 각각 구하라.

(a) 8 sin 200t V (b) 8 sin 200t − 6 cos(200t − 45°) V

(c) 8 sin 200t − 4 sin 100t V

(d) 8 sin 200t − 6 cos(200t − 45°) − 5 sin 100t + 4 V.

답: 8.00W; 4.01W; 10.00W; 11.14W.

11.3 최대전력전달

우리는 앞에서 최대전달정리를 저항성 부하와 저항성 전원 임피던스에 적용하는 것으로 고려하였다. 여기서는 테브난 전압원 $\mathbf{V}_{TH}$, 임피던스 $\mathbf{Z}_{TH} = R_{TH} + jX_{TH}$가 부하 $\mathbf{Z}_L = R_L + jX_L$에 연결되어 있을 때에는 $R_L = R_{TH}$, $X_L = -X_{TH}$일 때, 즉 $\mathbf{Z}_L = \mathbf{Z}^*_{TH}$일 때 부하에 공급되는 평균전력이 최대가 된다는 사실이 보여진다. 이 결과는 종종 정현파 정상상태에서의 최대전력전달 정리(*maximum power transfer theorem for the sinusoidal steady state*)라고 불린다.

임피던스 $\mathbf{Z}_{TH}$와 **직렬**로 연결되어 있는 독립전압원 또는 $\mathbf{Z}_{TH}$와 **병렬**로 연결되어 있는 독립전류원은 부하 임피던스 $\mathbf{Z}_L$이 $\mathbf{Z}_{TH}$의 켤레, 즉 $\mathbf{Z}_L = \mathbf{Z}^*_{TH}$일 때 부하 $\mathbf{Z}_L$에 최대평균전력(maximum average power)을 공급한다.

부하에 공급되는 평균전력

최대전력전달에 관한 상세한 증명은 독자 스스로 해보도록 남겨 두었지만 기본적인 방법은 그림 11.7의 간단한 폐회로의 부하에 공급되는 평균전력을 고려함으로써 이해될 수 있다. 테브난 등가임피던스 $\mathbf{Z}_{TH}$는 두 요소의 합 $R_{TH} + jX_{TH}$로 쓸 수 있고 이와 유사한 형태로 부하 임피던스 $\mathbf{Z}_L$는 $R_L + jX_L$로 쓸 수 있다. 폐회로를 통하여 흐르는 전류는 다음과 같다.

$$\mathbf{I}_L = \frac{\mathbf{V}_{TH}}{\mathbf{Z}_{TH} + \mathbf{Z}_L}$$
$$= \frac{\mathbf{V}_{TH}}{R_{TH} + jX_{TH} + R_L + jX_L} = \frac{\mathbf{V}_{TH}}{R_{TH} + R_L + j(X_{TH} + X_L)}$$

그리고 부하 양단에 걸리는 전압은

$$\mathbf{V}_L = \mathbf{V}_{TH}\frac{\mathbf{Z}_L}{\mathbf{Z}_{TH} + \mathbf{Z}_L}$$
$$= \mathbf{V}_{TH}\frac{R_L + jX_L}{R_{TH} + jX_{TH} + R_L + jX_L} = \mathbf{V}_{TH}\frac{R_L + jX_L}{R_{TH} + R_L + j(X_{TH} + X_L)}$$

가 되므로,

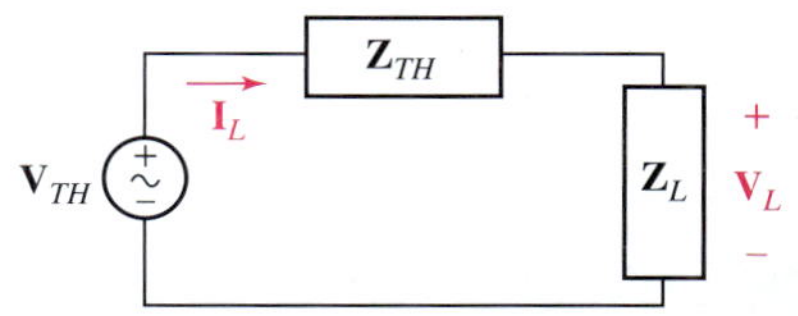

그림 11.7 최대전력전달정리 유도를 설명하는 데 사용되는 간단한 루프회로. 정현파 정상상태에서 동작하는 회로에 적용.

$\mathbf{I}_L$의 크기는

$$\frac{|\mathbf{V}_{TH}|}{\sqrt{(R_{TH}+R_L)^2+(X_{TH}+X_L)^2}}$$

이고, 위상각은

$$\angle\mathbf{V}_{TH} - \tan^{-1}\left(\frac{X_{TH}+X_L}{R_{TH}+R_L}\right)$$

가 된다. 이와 유사하게 $\mathbf{V}_L$의 크기는

$$\frac{|\mathbf{V}_{TH}|\sqrt{R_L^2+X_L^2}}{\sqrt{(R_{TH}+R_L)^2+(X_{TH}+X_L)^2}}$$

가 되며, 위상각은

$$\angle\mathbf{V}_{TH} + \tan^{-1}\left(\frac{X_L}{R_L}\right) - \tan^{-1}\left(\frac{X_{TH}+X_L}{R_{TH}+R_L}\right)$$

가 된다. 식 [10]을 참고로 하여, 부하 임피던스 $\mathbf{Z}_L$에 공급되는 평균전력 P에 대한 수식을 구하면 다음과 같다.

$$P = \frac{\frac{1}{2}|\mathbf{V}_{TH}|^2\sqrt{R_L^2+X_L^2}}{(R_{TH}+R_L)^2+(X_{TH}+X_L)^2}\cos\left(\tan^{-1}\left(\frac{X_L}{R_L}\right)\right) \qquad [17]$$

$\mathbf{Z}_L = \mathbf{Z}_{TH}^*$일 때 부하에 정말로 최대평균전력이 공급되는 것을 증명하기 위해 분리된 2개의 단계를 실행해야 한다. 첫째로, R_L에 대한 식 [17]의 미분을 반드시 0으로 놓아야 한다. 두 번째로, X_L에 대한 식 [17]의 미분도 반드시 0으로 놓아야 한다. 나머지 상세한 사항은 열정적 독자를 위하여 연습문제에 남겨 놓았다.

예제 11.7

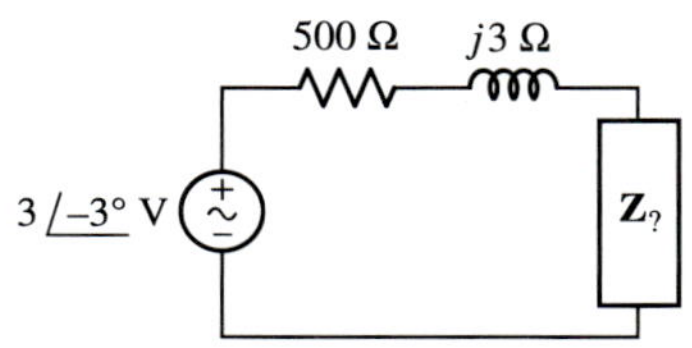

그림 11.8 정현파 전압원, 저항기, 인덕터와 미지의 임피던스로 구성된 간단한 직렬회로의 페이저 표현.

어떤 회로가 정현파 전압원 3 cos (100t − 3°) V, 500 Ω 저항기, 30 mH 인덕터와 미지의 임피던스의 직렬조합으로 구성되어 있다. 만약 전압원이 미지의 임피던스에 최대평균전력을 공급하는 것이 확실하다면 그 최대평균전력 값은 얼마인가?

주어진 회로의 페이저 표현은 그림 11.8에서 나타내었다. 이 회로는 미지의 임피던스 $\mathbf{Z}_?$이 테브난 등가 전원 $3\angle{-3^\circ}$ V과 테브난 임피던스 $500 + j3\ \Omega$와 직렬로 연결되어 있음을 쉽게 보여주고 있다.

그림 11.8의 회로는 최대평균전력전달 정리를 이용하기 위해 요구되는 형태를 이미 갖추었기 때문에, 최대평균전력은 $\mathbf{Z}_{TH}$의 켤레복소수와 같은 임피던스 즉,

$$\mathbf{Z}_? = \mathbf{Z}_{TH}^* = 500 - j3\ \Omega$$

에 전달된다는 것을 알 수 있다.

이 임피던스는 몇 가지 방법으로 구성될 수 있다. 가장 간단한 방법은 임피던스 $-j3\ \Omega$을 가진 커패시터와 500 Ω 저항기를 직렬로 연결하는 것이다. 회로의 동작주파수가 100 rad/s이므로 이에 대응하는 커패시터의 값은 3.333 mF이다.

익힘문제 11.6

만일 예제 11.7의 30 mH 인덕터가 10 mF 커패시터로 대체되고 $\mathbf{Z}_?$가 최대전력을 흡수한다는 것을 알고 있다면, 미지의 임피던스 $\mathbf{Z}_?$의 유도성(inductive) 요소의 값은 얼마인가?

답: 10 H.

임피던스 정합

우리는 부하저항이 전력을 전달하는 회로의 직렬저항 값과 같아지거나 또는 간단히 말해서 부하 임피던스가 전력전달 회로 임피던스의 켤레복소수가 될 때 최대전력전달이 일어난다는 사실을 알고 있다. 하지만 전력전달회로는 전형적으로 부하와는 다른 임피던스를 가지고 있고 실제로 이렇게 되는 것이 바람직하다. 예를 들어, 스피커의 부하로서의 역할, 기계적 응답 등으로 인하여 전력증폭기의 출력저항은 스피커의 저항값보다 작아야 한다. 그러면 이런 경우에 있어서는 어떻게 우리는 최대로 전력을 부하에 전달할 수 있을까? 정현파 입력에 대해서는 그림 11.9에서와 같이 전원과 부하 사이에 켤레복소수가 되는 임피던스인 **임피던스 정합**(*impedance matching*) 회로를 고려할 수 있다. 임피던스 정합은 특히 매우 약한 신호를 다루는 분야나 조그마한 전력손실도 큰 문제가 되는 응용분야들에서 특히 중요하다. 예를 들어, 라디오나 핸드폰에서 사용되는 안테나에 대한 임피던스 정합은 통신범위와 배터리 수명을 결정하는 중요한 부분이 될 것이다.

50 Ω 안테나에 전력을 공급하는 전원으로 작용하는 100 Ω의 출력저항을 가진 31.83 MHz 주파수의 전력증폭기를 고려해 보자. 여기에 50 pF의 커패시터를 병렬로 연결하면 부하임피던스가 다음과 같이 된다.

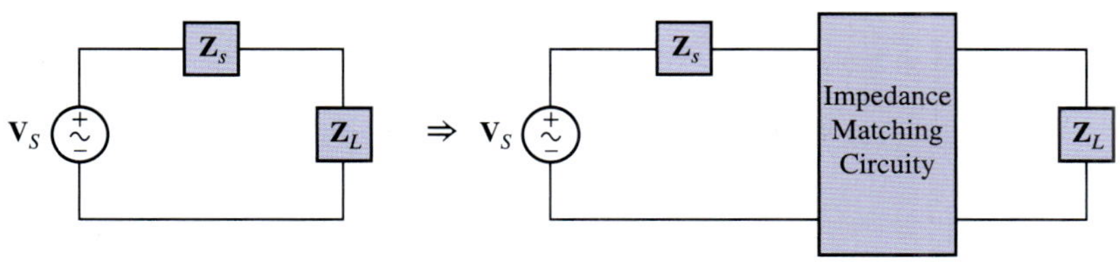

그림 11.9 부하에 최대전력 전달을 하기 위한 임피던스 정합회로 형태.

$$\mathbf{Z}_C = \frac{1}{j\omega C} = \frac{1}{j(2\pi \times 31.83 \times 10^6)(50 \times 10^{-12})} = -j100$$

따라서 부하에서 바라본 임피던스는 다음과 같다.

$$\mathbf{Z}_{eq} = \frac{R_S \mathbf{Z}_C}{R_S + \mathbf{Z}_C} = \frac{(100)(-j100)}{100 - j100} = 50 - j50$$

원래의 증폭기에 병렬로 커패시터를 더해줌으로써, 이제 실수성분 값이 50 Ω이 되는 임피던스를 가지는 전원으로 증폭기 전원이 바뀌었다. 등가임피던스가 $50 - j50$으로 바뀌는 반면에 테브난의 등가전원은 다음과 같이

$$\mathbf{V}_{TH} = \frac{(-j100)}{100 - j100}\mathbf{V}_S = \left(\frac{1}{2} - j\frac{1}{2}\right)\mathbf{V}_S = \frac{\mathbf{V}_S}{\sqrt{2}} \angle -45°$$

으로 주어짐에 유의해야 한다.

임피던스 정합을 완성시키기 위해서는, 부하에서 들여다 본 임피던스의 허수성분이 없어지도록 만들어주는 소자를 덧붙일 필요가 있다. 부하에서 들여다 본 회로에 임피던스가 $j\omega L$이 되는 인덕턴스를 직렬로 연결해 줄 수 있다. 이때 $j\omega L$의 값은 $+j50$이 되도록 $L = 50/(2\pi \times 31.83 \times 10^6) = 250$ nH가 되어야만 한다. 드디어 부하에 최대전력을 전달하는 임피던스 정합회로망이 완성되었다. 병렬 커패시터와 직렬 인덕터의 추가 회로는 *L* 정합회로망(*matching network*)으로 알려져 있다. 정합을 위한 요구조건들을 변화시킴으로써 *Pi* 회로망, *T* 회로망 등과 같은 다른 많은

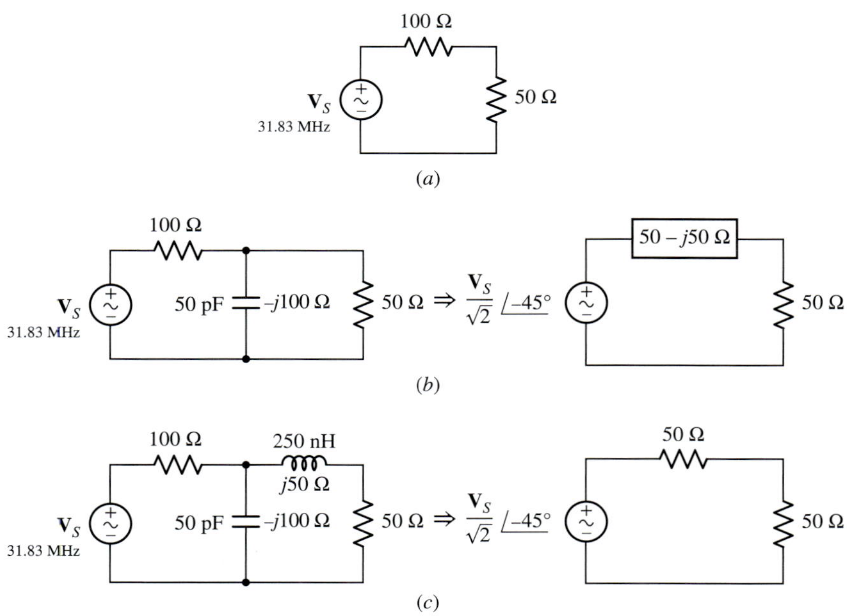

그림 11.10 정현파 입력 전원과 부하저항들이 같지 않은 회로에 대한 임피던스 정합 예제 (*a*) 원래 회로 (*b*) 커패시터의 병렬연결 (*c*) 정의된 정현파 전원의 주파수에 대한 임피던스 정합 조건을 제공하기 위한 커패시터의 병렬연결 및 인덕터의 직렬연결.

형태의 정합 회로망들이 구성된다. 이 주제에 관련된 심화학습은 이 장의 연습문제 끝부분에 남겨두었다. 앞선 예제에서는 전원과 부하 모두에 대해서 순수 저항성 임피던스의 경우를 살펴보았지만, 임피던스 정합의 개념은 복소 임피던스에 대해서도 역시 적용 가능하다(이 경우에는 더욱 복잡한 대수적 계산 형태가 예상된다).

예제 11.8

그림 11.10에 있는 세 가지 회로 구성에 대해서, 부하에 전달되는 평균전력을 계산하고 비교하라(이때 전원은 최대진폭 $V_m = 5$ V를 가짐).

(*a*)와 같이 정합회로가 없는 첫 번째 경우에 대해서는, 전류의 진폭은 $I_m = 5/(100 + 50) = 1/30$ A이다. 부하에서 소비되는 전력은

$$P = \frac{1}{2} I_m^2 R = \frac{1}{2}\left(\frac{1}{30}\right)^2 (50) = 27.78 \text{ mW}$$

이 된다.

(*b*)에 있는 회로에 대해서는, 부하에 병렬로 추가 연결된 커패시터의 영향으로 인해 부하에 흐르는 전류가 변화된다. (*b*)의 오른편에 보이는 등가임피던스로부터

$$\mathbf{I}_L = \frac{5\left(\frac{1}{2} - j\frac{1}{2}\right)}{100 - j50} = 0.03 - j0.01 = 0.03162\underline{/-18.435°}\ A$$

이 되고, 이를 이용하여 부하에서 소비되는 평균전력은 다음과 같이 얻는다.

$$P = \frac{1}{2}(0.03162)^2 (50) = 25.00 \text{ mW}$$

(*c*)에 있는 완전한 정합회로에 대해서 앞의 절차를 반복하면, 부하에 흐르는 전류와 부하에서 소비되는 평균전력을 다음과 같이 얻는다.

$$\mathbf{I}_L = \frac{5\left(\frac{1}{2} - j\frac{1}{2}\right)}{100} = 0.025 - j0.025 = 0.03536\underline{/-45°}\ A$$

$$P = \frac{1}{2}(0.03536)^2 (50) = 31.26 \text{ mW}$$

여기서 알 수 있듯이 정합회로는 부하에 공급되는 전력의 실질적인 개선을 가져다 준다. 전원 임피던스의 실수부분의 정합을 제공하기 위한 병렬 커패시터의 단독 결합은 실제적으로 부하에 공급되는 전력의 감소를 가져왔음에 유의하여야 한다. 부하에 최대전력공급을 위해서는 ((*c*)에서와 같이) 임피던스의 허수 부분(즉 리액티브 부분)을 제거하기 위한 유도성 소자의 결합이 필요함을 알 수 있다.

익힘문제 11.7

그림 11.10a의 회로에 대해서, 만일 전원주파수가 100 MHz로 변화된다면 임피던스 정합을 실현시키기 위한 커패시터와 인덕터 값을 계산하라.

답: 15.915 pF과 79.58 nH.

11.4 전류와 전압의 실효값

북미지역에서 사용되는 대부분 전원 콘센트에는 주파수 60 Hz, '전압값' 115 V를 가지는 정현파 전압이 전달된다(다른 지역에서는 50 Hz와 240 V가 일반적으로 사용된다). 이때 '115 V'라는 것은 무엇을 의미하는가? 이것은 전압이 항상 일정한 것이 아니기 때문에 전압의 순간값을 말하는 것은 분명히 아니다. 또한 115 V라는 값은 V_m으로 표시되는 최대값도 아니다. 우리가 사용하는 교류 콘센트의 출력 전압 파형을 눈금이 있는 오실로스코프로 관찰하면 파형의 최대값이 $115\sqrt{2}$ 또는 162.6 V로 보정된 값으로 화면에 나타남을 알 수 있다. 또한 정현파의 평균값은 0이기 때문에 평균값의 개념을 115 V에 맞출 수도 없다. 양 또는 음의 반주기에 대하여 평균값을 취하면 115 V에 좀 더 근접한 값인 103.5 V가 정류형 전압계를 통해 측정될 수 있다. 어쨌든 115 V는 정현파 전압의 **실효값**(*effective value*)이라고 판명되며, 이 값은 전압원이 저항성 부하에 전력을 공급하는 전압원의 효율성을 나타내는 척도이다.

주기적인 파형의 실효값

임의로 전류파형의 함수로서 실효값을 정의하여 보자. 전압에 대해서도 동일한 방법으로 구할 수 있다. 어떤 주기 전류의 실효값(*effective value*)은 이 주기전류가 R 옴 저항기에 공급하는 것과 같은 전력을 보내게 하는 직류전류의 값과 동일하다.

다시 말하면, 주어진 주기전류를 임의의 저항기 R에 흘릴 때 순간전력은 $i^2 R$이 되며, $i^2 R$을 한 주기 동안 평균하면 평균전력을 얻는다. 이제 동일한 저항기에 직류전류를 흐르게 해서 평균전력이 동일하도록 전류의 값을 조정하면 이 직류전류의 값이 주어진 주기전류의 실효값이 된다는 뜻이다. 그림 11.11은 이 개념을 설명하기 위한 것이다.

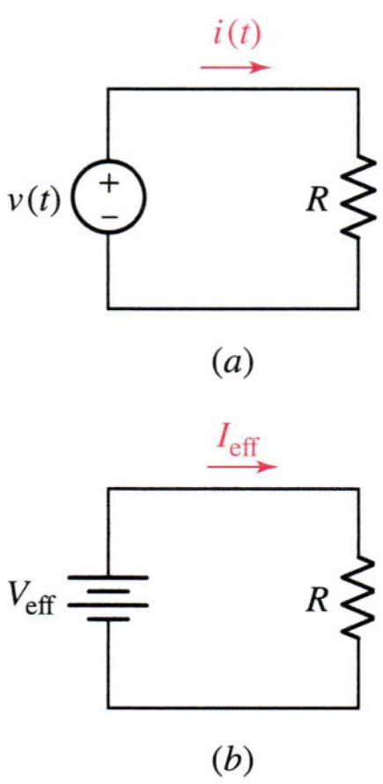

그림 11.11 (a)와 (b)에서 저항이 동일한 평균전력을 흡수하면 $i(t)$의 실효값은 I_{eff}와 같고 $v(t)$의 실효값은 V_{eff}와 같다.

이제 전류 $i(t)$의 실효값에 대한 일반적인 수학적 표현은 쉽게 얻어질 수 있다. 주기가 T인 주기전류 $i(t)$에 의해 저항기에 공급되는 평균전력은 다음과 같다.

$$P = \frac{1}{T}\int_0^T i^2 R\, dt = \frac{R}{T}\int_0^T i^2\, dt$$

직류전류에 의해 공급되는 전력은 다음과 같다.

$$P = I_{\text{eff}}^2 R$$

위 두 개의 식을 같다고 놓고 I_{eff}를 구하면 다음과 같이 된다.

$$\boxed{I_{\text{eff}} = \sqrt{\frac{1}{T}\int_0^T i^2\, dt}} \qquad [18]$$

이 결과는 저항 R과는 무관하며, 효용 가치가 있는 개념을 우리에게 제공한다. i, I_{eff}를 v, V_{eff}로 각각 바꾸어 놓으면 주기전압의 경우에도 유사한 형태의 실효값에 대한 표현식을 얻는다.

실효값은 주어진 시간 함수를 제곱해서 한 주기의 평균값을 구하고 다시 그 제곱근을 취하여 얻어짐에 유의해야 한다. 다시 말하면 실효값은 **제곱의 평균 제곱근**이다. 이런 이유로 실효값을 **root-mean-square** 값 또는 간단하게 **rms** 값이라고도 한다.

정현파의 실효(RMS)값

가장 중요시 되는 특별한 경우는 정현파형의 실효값이다. 주기 $T = \frac{2\pi}{\omega}$인 다음과 같은 정현파 전류를 택하여,

$$i(t) = I_m \cos(\omega t + \phi)$$

이 파형의 실효값을 얻기 위하여 식 [18]에 대입하면 다음을 얻는다.

$$\begin{aligned} I_{\text{eff}} &= \sqrt{\frac{1}{T}\int_0^T I_m^2 \cos^2(\omega t + \phi) dt} \\ &= I_m \sqrt{\frac{\omega}{2\pi}\int_0^{2\pi/\omega} \left[\frac{1}{2} + \frac{1}{2}\cos(2\omega t + 2\phi)\right] dt} \\ &= I_m \sqrt{\frac{\omega}{4\pi}[t]_0^{2\pi/\omega}} \\ &= \frac{I_m}{\sqrt{2}} \end{aligned}$$

따라서 정현파 전류의 실효값은 위상각과는 관계가 없는 실수값을 가지며, 전류의 최대 진폭값의 $1/\sqrt{2} = 0.707$배임을 알 수 있다. 그러므로 전류 $\sqrt{2}\cos(\omega t + \phi)$ A의 실효값은 1 A이 되며 1 A의 **직류**전류와 **동일한** 전력을 저항에 공급하게 된다.

주기전류의 실효값에 대한 최대값의 비가 $\sqrt{2}$가 되는 것은 주기함수가 정현파인 경우뿐이라는 사실에 특히 주의하여야 한다. 예를 들어 톱니파인 경우 실효값은 최대값을 $\sqrt{3}$으로 나눈 값이 된다. 실효값을 얻기 위하여 최대값을 나누는 계수는 주어진 주기함수의 수학적인 형태에 좌우되는데, 이것은 주어진 함수의 본질에 따라 유리수가 되거나 무리수가 될 수 있다.

평균전력을 계산하기 위한 실효(RMS)값의 사용

실효값을 사용하면 정현파 전류나 전압에 의해 공급되는 평균전력의 표현에서 $\frac{1}{2}$이라는 계수가 나타나지 않으므로 식이 다소 간단해 진다. 예를 들면, 정현파 전류가 R 옴 저항기에 공급하는 평균전력은

$$P = \frac{1}{2} I_m^2 R$$

인데, $I_{\text{eff}} = I_m/\sqrt{2}$이므로 평균전력은 다음과 같이 된다.

$$P = I_{\text{eff}}^2 R \tag{19}$$

자주 사용하는 또 다른 전력표시로 실효값을 사용하여 다음과 같이 쓸 수도 있다.

$$P = V_{\text{eff}} I_{\text{eff}} \cos(\theta - \phi) \tag{20}$$

$$P = \frac{V_{\text{eff}}^2}{R} \tag{21}$$

정현 신호의 실효값이 등가 직류의 양(quantity)으로 정의된다는 사실은 저항 회로에 대한 평균 전력 공식이 직류회로 해석에서 사용된 평균 전력 공식과 완전히 일치하는 결과를 제공해준다.

비록 평균전력 관계식들로부터 실효치의 사용으로 인해 계수를 없애는 데는 성공했지만, 정량적인 정현파를 표현할 때 진폭을 실효값으로 사용할지 최대값을 사용할 지에 있어서 주의를 기울여야 한다. 실제적으로, 실효값은 주로 전력송전이나 배전 그리고 회전기기 분야에 널리 사용된다. 전자나 통신 분야에서는 최대값 진폭이 좀 더 많이 사용된다. 특별히 'rms'라는 용어가 진폭에 명시적으로 사용되지 않으면 진폭의 최대값이 사용되는 것으로 가정한다.

정현파 정상상태에서 페이저 전압과 페이저 전류는 실효값이나 최대값 두 가지를 다 사용하는데, 이 두 가지 표현 사이에는 $\sqrt{2}$배만큼의 차이가 있다. 최대값을 사용한 전압 $50\underline{/30°}$ V을 실효값을 사용하여 동일한 전압 표현을 얻으려면 $35.4\underline{/30°}$ V rms로 해야만 한다.

다중 주파수 회로의 실효값

여러 가지 다른 주파수들을 가지는 다수의 정현파의 합으로 구성된 주기파형 혹은 비주기파형의 실효값을 구하기 위해서 앞의 11.2절에서 얻어진 평균전력 관계식 [16]을 다수의 실효값들로 이루어진 식으로 바꾸어 적절하게 이용하면, 다음 식과 같이 된다.

$$P = (I_{1\text{eff}}^2 + I_{2\text{eff}}^2 + \cdots + I_{N\text{eff}}^2)R \tag{22}$$

따라서 주파수가 서로 다른 다양한 정현파로 구성된 전류의 실효값은 다음과 같이 표현될 수 있다.

$$I_{\text{eff}} = \sqrt{I_{1\text{eff}}^2 + I_{2\text{eff}}^2 + \cdots + I_{N\text{eff}}^2} \tag{23}$$

실효값이 등가 직류의 양(quantity)의 함수로 정의된다는 것은 직류 해석에서 사용된 것과 동일한 저항성 회로에 대한 평균전력 공식과 동일한 식이 제공된다는

것을 의미한다.

이 결과들은 만일 60 Hz에서 5 A rms 정현파 전류가 2 Ω 저항기를 통해서 흐른다면 평균전력 $5^2(2) = 50$ W이 저항에 의해 흡수된다는 것을 가리킨다. 만일 120 Hz에서 3 A rms가 흐르는 두 번째 전류가 아울러 존재한다고 예를 들면, 흡수되는 전력은 $3^2(2) + 50 = 68$ W가 된다. 이 대신에 식 [23]를 사용하여 구한 60 Hz와 120 Hz의 합성 실효값은 5.831 A가 된다. 그러므로 $P = 5.831^2(2) = 68$ W가 앞에서 구한 값과 같게 된다. 그러나 만일 두 번째 전류 또한 60 Hz에서 흐른다면, 2개의 60 Hz 전류의 합성 실효값은 2 A와 8 A 사이의 값이 될 것이다. 따라서 이와 같은 경우에 흡수되는 전력은 2개의 전류 성분의 상대적인 위상각에 따라 8 W와 128 W 사이의 어떤 값이 될 것이다.

익힘문제 11.8

다음과 같이 주어진 각각의 주기 전압의 실효값을 계산하라.

(a) $6 \cos 25t$ (b) $6 \cos 25t + 4 \sin (25t + 30°)$

(c) $6 \cos 25t + 5 \cos^2(25t)$ (d) $6 \cos 25t + 5 \sin 30t + 4$ V

답: 4.24 V; 6.16 V; 5.23 V; 6.82 V.

직류 양(quantity) K의 실효값은 $\frac{K}{\sqrt{2}}$가 아닌 K인 것에 주의해야 한다.

컴퓨터를 이용한 해석

SPICE를 통해 전력량의 계산을 위한 여러 가지 유용한 기법들의 적용이 가능하다. 특별히, 내장(built-in) 함수들은 순간전력에 대한 그래프와 평균전력의 계산 수행을 가능하도록 해준다. 예를 들어, 그림 11.12의 간단한 전압분

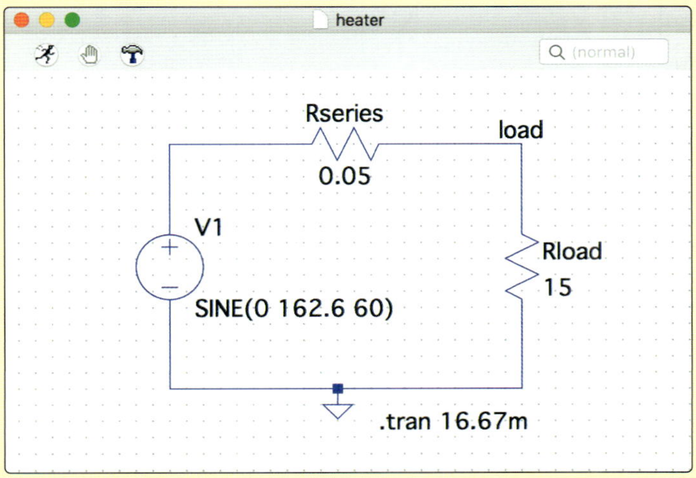

그림 11.12 60 Hz에서 동작하는 115 V rms 전원에 의해 구동되는 간단한 전압 분배회로.

배 회로를 고려해 보자. 이것은 $115\sqrt{2}$ V인 진폭 최대값을 가지는 60 Hz 주파수의 정현파 전압에 의해 구동되고 있다. 회로도는 벽면에 부착된 플러그에서 나오는 전형적인 전원에 직렬로 연결된 내부저항, 그리고 15옴 저항을 가지는 전열기 등의 부하를 표현하고 있다. 우리는 주어진 전압파형의 한 주기인 $\frac{1}{60}$ s (즉, 16.67 ms)로 과도상태 시뮬레이션부터 수행한다.

회로 소자에 대한 전류파형을 그리는 방법과 유사하게 순간전력도 시뮬레이션을 돌린 후에 'schematic'에서 필요한 소자 위에 클릭을 함으로써 그려질 수 있다. LTspice로 순간전력의 그림을 그리기 위해서는 'alt'를 누르고 원하는 소자 위에 클릭을 한다(회로 소자 위에 커서를 놓았을 때 전류 프로브 대신 온도계 아이콘이 나타나게 된다). 전력 파형 또한 전력 표현식(예로서 **V(load)*I(Rload)**)을 입력시킴으로써 다른 소자에서의 전력 파형과 함께 그려질 수 있다. 저항기 Rseries와 Rloard에서 소모되는 순간전력들에 대한 파형은 그림 11.3에서와 같이 그려진다.

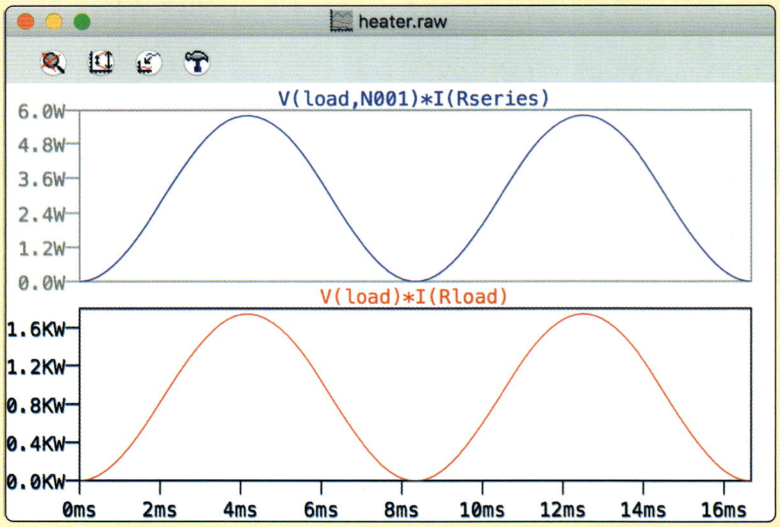

그림 11.13 그림 11.12의 저항기 Rseries와 Rload와 관련된 순간전력.

LTspice에서 평균전력을 구하는 쉬운 방법은 파형창에서 **Ctrl**을 누르고 변수 설명(variable expression)을 클릭하는 것이다. 평균전력값(Rload에 대해서는 875.4 W, Rseries에 대해서는 2.918 W) 등의 데이터 요약이 그림 11.14에서처럼 뜨게 된다. 이 결과는 Rload에서 소모되는 평균전력의 예측치인 $\frac{1}{2}(162.6\frac{15}{15+0.05})(162.\frac{6}{15.05}) = 875$ W와 일치한다. Rseries에서의 평균전력도 이와 유사한 방법으로 검증이 가능하다. 요약하면, 부하는 약 875 W의 평균전력을 소모하고 있고 반면에 원하지 않는 저항성분 Rseries은 약 3 W의

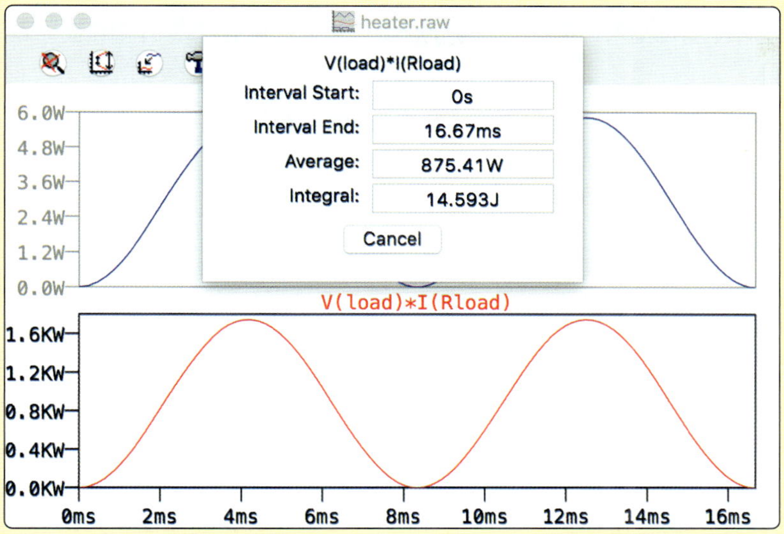

그림 11.14 저항기 Rseries에 대한 평균전력을 나타내는 윈도우.

평균전력을 소비함을 알 수 있다. 이 예제는 손으로도 계산될 수 있는 전압분배법칙의 상대적으로 간단한 경우이지만, 더욱 복잡한 회로에서의 전력 해석을 위해서 SPICE를 사용하게 되면 그 유용성이 훨씬 돋보이게 된다.

11.5 피상전력과 역률

역사적으로 피상전력과 역률의 개념은 전력산업에서부터 나왔다고 할 수 있다. 많은 양의 전기에너지를 한 지점에서 다른 지점으로 송전할 때 효율이 나쁘면 전기에너지의 가격은 높아지며, 이 비용은 궁극적으로는 소비자가가 부담하게 된다. 상대적으로 낮은 전송 효율을 가지는 부하를 제공하는 소비자들은 자동적으로 수전받고 사용한 전기에너지에 대해 더 높은 단가(단위는 **kilowatt hour** (kWh))를 지불해야 한다. 이와 유사하게 전력회사에 의해 송전과 배전 장치 비용을 요구 당하는 소비자들은, 전력회사측이 호의적이고 재정낭비를 즐기는 곳이 아닌 이상은 실제 자신들이 사용한 전기량보다 더 많은 돈을 지불해야 한다.

먼저 **피상전력**(*apparent power*)과 **역률**(*power factor*)을 정의한 다음 이들이 실제 경제적인 측면과 어떤 관계가 있는가를 간단히 살펴보기로 하자. 정현파 전압

$$v = V_m \cos(\omega t + \theta)$$

를 어떤 회로에 인가하였을 때 이 회로를 통해 흐르는 정현파 전류를

$$i = I_m \cos(\omega t + \phi)$$

라고 하면, 전압이 전류보다 앞서는 위상각은 $(\theta - \phi)$이다. 이때 이 회로에 공급되는 평균전력은 입력 단자에서 수동부호규약을 적용하여 다음과 같이 최대값들로 표현되거나

$$P = \frac{1}{2} V_m I_m \cos(\theta - \phi)$$

다음과 같이 실효값들로 표현된다.

$$P = V_{\text{eff}} I_{\text{eff}} \cos(\theta - \phi)$$

피상전력은 정현파 구동함수와 응답만에 제한되는 개념이 아니다. 이것은 전류와 전압의 실효값의 곱을 취함으로써 어떠한 전류나 전압파형에 대해서도 구해질 수 있다.

만약 인가전압과 응답전류가 직류라면, 회로에 공급되는 평균전력은 단순히 전압과 전류의 곱으로 표시될 것이다. 이와 같은 직류 해석기법을 그대로 정현파 문제에 적용하면 회로에 흡수되는 전력은 '피상적'으로는 $V_{\text{eff}}\ I_{\text{eff}}$로 얻어져야만 한다. 하지만 이러한 전압과 전류의 실효값들의 곱은 평균전력이 아니며 이것을 **피상전력**(*apparent power*)이라고 정의한다. 피상전력의 차원은 실제 전력과 단위가 같아야 하지만($\cos(\theta - \phi)$는 무차원이다), 혼동을 피하기 위해서 피상전력의 단위를 **볼트-암페어**(*volt-amperes*) 또는 VA로 표시한다. $\cos(\theta - \phi)$는 1보다 클 수 없으므로 평균전력(또는 실수전력)의 크기는 결코 피상전력의 크기보다 클 수 없다.

피상전력에 대한 평균전력의 비를 **역률**(*power factor*)이라고 하며 간단히 줄여서 PF라고 쓴다. 즉

$$\text{PF} = \frac{\text{average power}}{\text{apparent power}} = \frac{P}{V_{\text{eff}} I_{\text{eff}}}$$

정현파의 경우, 역률은 간단히 $\cos(\theta - \phi)$가 되는데 이때 $(\theta - \phi)$는 전압이 전류보다 앞서는 각이며 이를 **역률각**(*PF angle*)이라고 한다.

순수한 저항성 부하에서는 전압과 전류는 동상, 즉 $(\theta - \phi)$는 0이고 역률은 1이 되어 피상전력과 평균전력은 같다. 인덕터와 커패시터가 포함되어 있는 부하라 할지라도 이들 소자의 값과 동작주파수가 입력 임피던스의 위상각이 0이 되도록 주의깊게 선택되어졌다면 역률은 역시 1이 된다. 순수 리액턴스 부하, 즉 저항성분이 없는 경우에는 전압과 전류의 위상차가 90°가 될 것이며 따라서 역률은 0이 된다.

이 두 극단적인 경우의 사이에 속하는 일반적인 회로에서는 역률은 0부터 1사이의 값이 된다. 예를 들어 역률이 0.5라는 말은 위상각이 60° 혹은 60°인 입력임피던스를 가지는 부하를 지칭하는 것이다. 전자는 전압이 전류보다 60° 앞서므로 유도성(inductive) 부하의 경우이고 후자는 용량성(capacitive) 부하의 경우이다. 이러한 애매한 두 가지 경우를 정확히 구분하기 위하여, **앞선**(*leading*) PF 또는 **뒤진**(*lagging*) PF라는 용어를 사용한다. 여기서 앞선 PF, 뒤진 PF라 하는 것은 전압의 위상을 기준으로 하여 이보다 전류의 위상이 앞서면 앞선 PF, 뒤지면 뒤진 PF가 된다. 그러므로 유도성 부하는 뒤진 PF를 가지며 용량성 부하는 앞선 PF를 가진다.

예제 11.9

2개의 부하를 가지는 그림 11.15의 회로에서 각 부하에 공급되는 평균전력, 전원에 의해 공급되는 피상전력, 그리고 합성 부하의 역률을 구하라.

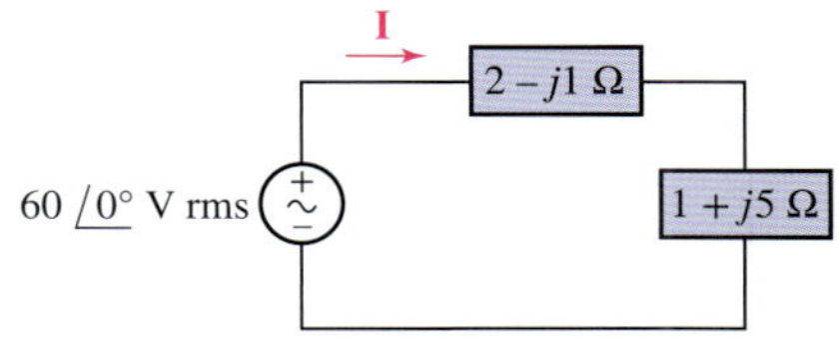

그림 11.15 각 소자에 공급되는 평균전력, 전원이 공급하는 전력, 합성부하의 역률을 구하기 위한 회로.

문제의 목표를 확인한다.

평균전력은 부하소자 중 저항성분에 의한 전력으로 언급된다. 피상전력은 합성부하 양단의 전압 실효값과 합성부하를 통해 흐르는 전류 실효값을 곱한 것이다.

알고 있는 정보를 모두 수집한다.

전압 실효값은 60 V rms이고 다음의 합성 부하의 양단에 걸린다.

$$2 - j + 1 + j5 = 3 + j4\ \Omega$$

계획을 세운다.

간단한 페이저 해석을 이용하여 전류를 구한다. 전압과 전류를 알게 된다면 평균전력과 피상전력의 계산이 가능하게 될 것이다. 그리고 이 평균전력과 피상전력 값들은 역률을 구하는 데 사용될 수 있다.

적절한 수의 방정식을 구성한다.

부하에 공급되는 평균전력 P는

$$P = I_{\text{eff}}^2 R$$

로 주어진다. 여기서 R은 부하 임피던스의 실수 부분이다. 전원에 의해 공급되는 피상전력은 $V_{\text{eff}}\, I_{\text{eff}}$이고 여기서 $V_{\text{eff}} = 60$ V rms이다.
역률은 이들의 정량적인 비로 다음과 같이 계산된다.

$$\text{PF} = \frac{\text{average power}}{\text{apparent power}} = \frac{P}{V_{\text{eff}} I_{\text{eff}}}$$

추가로 필요한 정보가 있는지 결정한다.

I_{eff}가 필요하며 다음과 같이 구해진다.

$$\mathbf{I} = \frac{60\angle 0^\circ}{3 + j4} = 12\angle -53.13^\circ \text{ A rms}$$

따라서 $I_{\text{eff}} = 12$ A rms이고 angle ($\mathbf{I}$) = $-53.13°$이다.

해를 구한다.

위쪽 부하에 공급되는 평균전력은 다음과 같고

$$P_{\text{upper}} = I_{\text{eff}}^2 R_{\text{top}} = (12)^2(2) = 288\ \text{W}$$

오른쪽 부하에 공급되는 평균전력은 다음과 같이 주어진다.

$$P_{\text{lower}} = I_{\text{eff}}^2 R_{\text{right}} = (12)^2(1) = 144\ \text{W}$$

전원 자체에서는 $V_{\text{eff}}\, I_{\text{eff}} = (60)(12) = 720$ VA의 피상전력을 공급한다.

마지막으로 합성 부하의 역률은 합성된 부하와 관련된 전압과 전류를 고려하여 찾을 수 있다. 물론 이 역률은 이 전원에 대한 역률과 동일하다. 따라서

$$\text{PF} = \frac{P}{V_{\text{eff}} I_{\text{eff}}} = \frac{432}{60(12)} = 0.6 \text{ lagging}$$

이 되는데 이는 합성부하가 유도성이기 때문이다.

해가 타당한지 또는 기대했던 결과인지 검토한다.

위쪽 부하에 공급되는 평균전력과 오른쪽 부하에 공급되는 평균전력의 합은 288 + 144 = 432 W이다. 전원에 의해 공급되는 평균전력은

$$P = V_{\text{eff}} I_{\text{eff}} \cos(\text{angle }(\text{V}) - \text{angle }(\text{I})) = (60)(12)\cos(0 + 53.13°)$$
$$= 432\ \text{W}$$

이 된다. 그러므로 전원에서 공급하는 것은 432 W이고, 288 W는 위쪽부하에 144 W는 오른쪽 부하로 분배된다. 따라서 공급전력과 소모전력이 평형이 되므로 맞는 답이다.

또한 합성 부하 임피던스를 $5/53.1°\ \Omega$으로 쓸 수 있고 역률각이 53.1°와 같으므로 PF는 cos 53.1° = 0.6 *lagging*이 된다.

익힘문제 11.9

그림 11.16 회로에서 $Z_L = 10\ \Omega$일 때, 합성 부하의 역률을 구하라.

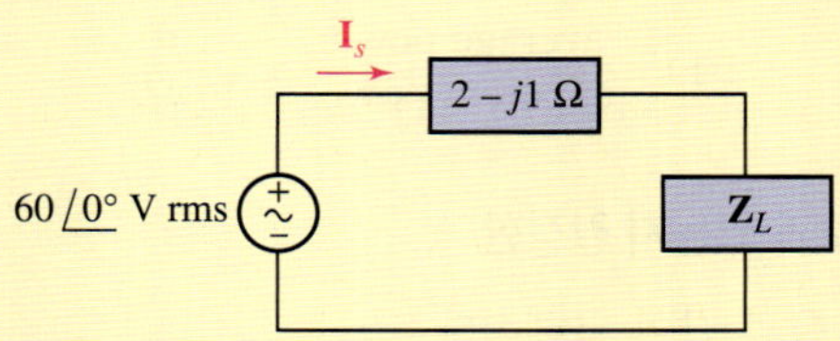

그림 11.16

답: 0.9966 leading.

11.6 복소전력

10장에서 보았듯이 '복소수'의 분석은 실제로는 복잡하지 않다. '실수'와 '허수' 부분의 연속적 계산을 거쳐 결합된 두 가지 정보에 의해서 복잡한 계산을 종종 아주 단순화할 수 있다. 이것은 전력을 구하는 경우에도 특별히 가능한데, 그 이유는 일반적인 부하가 저항성분뿐만 아니라 유도성, 용량성 소자들을 가지고 있기 때문이다. 이 절에서는 전체전력에 대하여 명확하고 효율적인 방식으로 다양한 기여를 계산할 수 있도록 **복소전력**(*complex power*)을 정의한다. 복소전력의 크기(magnitude)는 단순히 피상전력(apparent power)이 된다. 전력을 복소량으로 취급하면 전력 계산이 간단해지는 경우가 있다. 복소전력의 크기는 피상전력, 복소전력의 실수부는 평균전력(average power)이 되며, 복소전력의 허수부는 **무효전력**(*reactive power*)이라 부른다. 이들에 대해서는 곧 살펴보게 되겠지만, 무효전력은 인덕터나 커패시터와 같은 무효성(reactive) 부하소자로 들어가거나 나오는 에너지 전달율을 의미한다.

2단자 회로망 양단에 인가되는 일반적인 정현파 전압 $\mathbf{V}_{\text{eff}} = V_{\text{eff}}\underline{/\theta}$과 수동부호규약을 만족하도록 이 회로망을 통해 흐르는 일반적인 정현파 전압 $\mathbf{I}_{\text{eff}} = I_{\text{eff}}\underline{/\phi}$을 기준으로 하여 복소전력이 정의된다. 따라서 2단자 회로망에 공급되는 평균전력 P는 다음과 같다.

$$P = V_{\text{eff}} I_{\text{eff}} \cos(\theta - \phi)$$

다음으로는 페이저를 소개했을 때와 같은 방법으로 오일러 공식를 사용함으로써 복소 명명법이 소개된다. 그러면 P는 다음과 같이 표현되거나

$$P = V_{\text{eff}} I_{\text{eff}} \text{Re}\{e^{j(\theta-\phi)}\}$$

다음 식으로 쓸 수 있다.

$$P = \text{Re}\{V_{\text{eff}} e^{j\theta} I_{\text{eff}} e^{-j\phi}\}$$

앞 식에서의 페이저 전압은 괄호 안의 첫 번째 두 계수로서 인식되지만 두 번째 두 계수는 위상각이 −부호를 포함하고 있으므로 페이저 전류에 대응되지 않는다. 다시 말해서 페이저 전류는

$$\mathbf{I}_{\text{eff}} = I_{\text{eff}} e^{j\phi}$$

이 되어야 하는데 −부호의 위상각을 가진 것은 페이저 전류에 대한 표현이 아니기 때문이다. 따라서 우리는 반드시 다음과 같이 켤레 표기법을 사용해야 한다.

$$\mathbf{I}^*_{\text{eff}} = I_{\text{eff}} e^{-j\phi}$$

그러므로

$$P = \text{Re}\{\mathbf{V}_{\text{eff}} \mathbf{I}^*_{\text{eff}}\}$$

이 되며, 이제 우리는 다음과 같이 **복소전력 S**를 정의하게 되면, 전력을 복소량으로 취급할 수 있게 된다.

$$\mathbf{S} = \mathbf{V}_{\text{eff}}\mathbf{I}^*_{\text{eff}} \tag{24}$$

먼저 복소전력의 극좌표 형태 또는 지수함수 형식을 살펴보면 다음과 같이 된다.

$$\mathbf{S} = V_{\text{eff}}I_{\text{eff}}e^{j(\theta-\phi)}$$

여기서 **S**의 크기 $V_{\text{eff}}I_{\text{eff}}$는 피상전력임을 알 수 있고, **S**의 각 $(\theta - \phi)$는 역률각(PF angle)이며 이 각만큼 전압이 전류보다 앞서게 된다.

복소전력을 직각좌표 형식으로 표현하면 다음과 같다.

$$\mathbf{S} = P + jQ \tag{25}$$

여기서 P는 앞에서 언급한 바와 같이 평균전력이며, 복소전력의 허수부인 Q는 **무효전력**이라고 한다. Q의 차원은 물론 평균전력(또는 실수전력) P, 복소전력 **S** 및 피상전력 |**S**|의 차원과 같지만 이들 양과의 혼동을 피하기 위해서 Q의 단위는 **볼트-암페어**(*volt-ampere reactive*(VAR))로 정의한다. 식 [24]와 [25]로부터 Q는 다음과 같이 쓸 수 있다.

$$Q = V_{\text{eff}}I_{\text{eff}}\sin(\theta - \phi) \tag{26}$$

V_{eff}와 I_{eff}가 주어졌을 때 무효전력의 부호는 수동부하의 성질과 관계가 있다. 만약 부하가 유도성이라면 $(\theta - \phi)$는 0°에서 90° 사이의 각이 되며 이 각의 사인은 양이므로 무효전력은 **양**이다. 용량성 부하에서 무효전력은 **음**이 된다.

무효전력의 물리적인 해석은 전원(예를 들어 전력회사)과 부하의 리액티브 소자들(즉, 인덕터와 커패시터) 사이의 에너지의 흐름에 대한 시간율이 된다. 이 소자들은 교대로 충전과 방전을 수행하면서 전원으로부터 전류가 흘러나오거나 전원으로 전류가 흘러들어가도록 만든다.

편의상 복소전력과 관련된 양들을 표 11.1에 요약하였다.

표 11.1 복소전력과 관련된 양들(quantities) 요약.

Quantity	Symbol	Formula	Units
Average power	P	$V_{\text{eff}}I_{\text{eff}}\cos(\theta-\phi)$	watt (W)
Reactive power	Q	$V_{\text{eff}}I_{\text{eff}}\sin(\theta-\phi)$	volt-ampere-reactive (VAR)
Complex power	**S**	$P + jQ$	
		$V_{\text{eff}}I_{\text{eff}}\underline{/\theta-\phi}$	volt-ampere (VA)
		$\mathbf{V}_{\text{eff}}\mathbf{I}^*_{\text{eff}}$	
Apparent power	|**S**|	$V_{\text{eff}}I_{\text{eff}}$	volt-ampere (VA)

전력 삼각형

복소전력의 일반적인 도식적 표현은 **전력 삼각형**(*power triangle*)으로 알려져 있고, 그림 11.17에 나타나 있다. 이 다이어그램은 3개의 전력량 중 오직 2개가 필요하고 3번째는 삼각함수 관계식에 의해 얻을 수 있음을 보여준다. 만약 전력 삼각형이 1사분면($\theta - \phi > 0$)에 놓여 있다면 역률은 **뒤짐**(*lagging*)(즉, 유도성 부하에 대응)이 되고, 만약 전력 삼각형이 4사분면($\theta - \phi < 0$)에 놓여 있다면 역률은 **앞섬**(leading)(즉, 용량성 부하에 대응)이 된다. 그러므로 우리는 전력 삼각형으로부터 한꺼번에 부하에 관한 많은 정보를 얻어낼 수 있다.

무효전력의 또 다른 해석방법은 그림 11.18에서 보이는 것처럼 $\mathbf{V}_{\text{eff}}$와 $\mathbf{I}_{\text{eff}}$를 포함하는 페이저도(phasor diagram)를 구성하여 살펴보는 것이다. 만일 전류 페이저를 전압 페이저와 동상인 성분 $\mathbf{I}_{\text{eff}}\cos(\theta - \phi)$와 전압 페이저와 직교하는 성분 $\mathbf{I}_{\text{eff}}\sin|\theta - \phi|$로 분해하면, 실수전력 P는 전압 페이저의 크기 $\mathbf{V}_{\text{eff}}$와 이 전압과 동상인 페이저 전류성분 $\mathbf{I}_{\text{eff}}\cos(\theta - \phi)$와의 곱이 되고, 무효전력 Q는 전압 페이저의 크기 $\mathbf{V}_{\text{eff}}$와 이 전압과 90° 위상이 어긋난 페이저 전류성분 $\mathbf{V}_{\text{eff}}\mathbf{I}_{\text{eff}}\sin(\theta - \phi)$와의 곱이 되는 것은 자명하다. 주어진 페이저 성분이 어떤 다른 페이저와 90° 위상이 어긋난 경우를 지칭할 때 우리는 보통 **직교위상성분**(*quadrature component*)이라고 부른다. 따라서 Q는 **직교전력**(*quadrature power*)이라고도 알려져 있다.

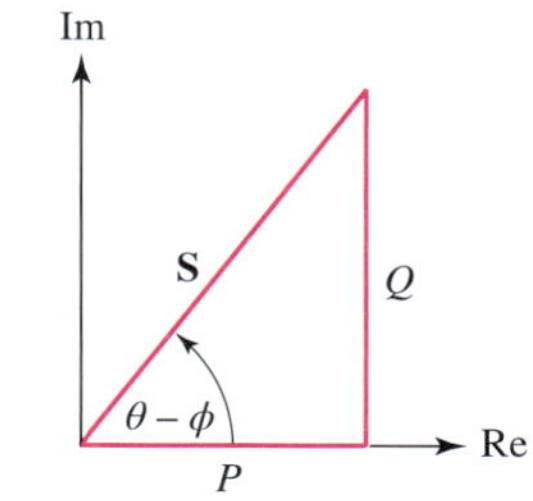

그림 11.17 복소전력의 전력 삼각형 표현.

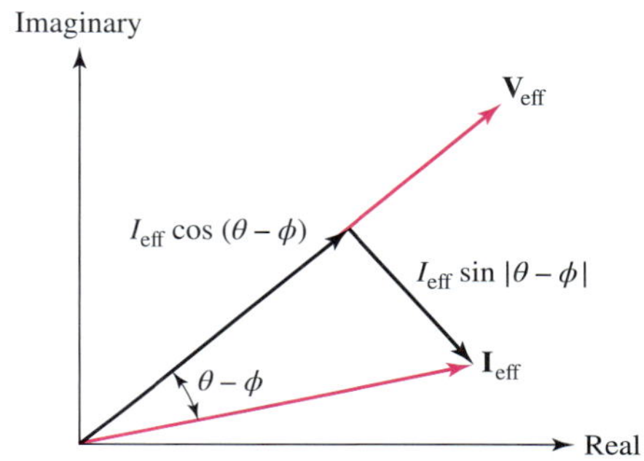

그림 11.18 전류페이저 $\mathbf{I}_{\text{eff}}$를 전압페이저 $\mathbf{V}_{\text{eff}}$의 동상성분과 직교성분으로 분해하여 표시하였다.

전력 측정

정확하게 말하면 전력(량)계(wattmeter)는 부하가 소모하는 평균유효전력 P를 측정하는 것이고, 무효전력(량)계(varmeter)는 부하가 당겨쓰는 평균무효전력 Q를 측정하는 것이다. 그러나 일반적으로 두 계기 모두 P와 Q의 두 가지 양을 측정 가능하다는 공통점을 가지며, 종종 피상전력과 역률 측정도 가능하다(그림 11.19).

여러 개의 부하가 결합된 회로에 있어서 그 합성부하에 공급되는 복소전력은

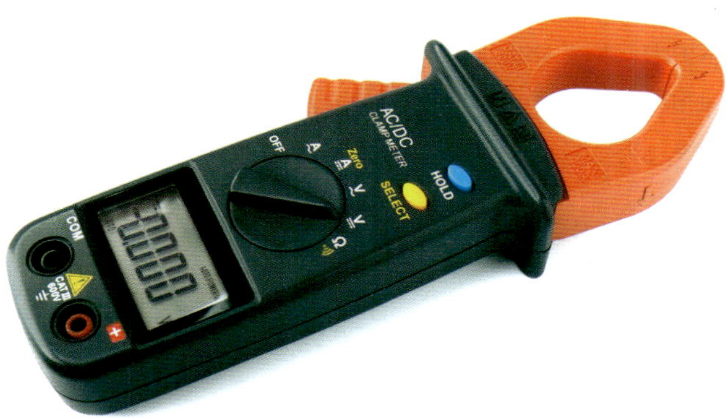

그림 11.19 교류전류와 전압의 측정이 가능한 clamp-on 디지털 전력(량)계 (©KhotenkoVolodymyr/Getty Images).

실제 문제에의 적용

역률 보정(Power Factor Correction)

전력회사는 대용량 산업체 소비자에게 전력을 공급할 때에 종종 전기요금 가격표에 역률 항목을 포함시킨다. 이 항목에 의해 추가되는 요금은, 역률이 어떤 정해진 값(보통은 약 0.85 뒤짐(lagging))보다 떨어질 때마다 소비자에게 부과된다. 전형적인 산업용 부하의 특성상, 앞서는 역률을 가지고 산업용 전력을 소모하는 경우는 매우 드물다. 전력회사가 낮은 역률에 대한 추가적인 요금을 소비자에게 부담시키는 몇몇 이유가 있다. 첫 번째 이유는, 일정한 전력과 일정한 전압이 유지되는 상태에서 상대적으로 낮은 역률을 가진 부하로 공급되는 전류는 상대적으로 더 커져야 하고 이에 따른 대용량의 전류 운반이 가능한 발전기들을 구축하여야 하기 때문이다. 또 다른 이유는 송전과 배전 시스템에서 손실이 증가된다는 사실 때문이다.

이러한 손실들을 보상하는 동시에 소비자들에게 높은 역률에서의 기기 운용을 독려하기 위한 노력의 일환으로서, 어떤 전기회사는 평균전력 수요값 P를 0.62배 하여 계산된 값을 기준(benchmark) 값으로 하여 그 이상이 되는 각 kVAR에 대해서 \$0.22/kVAR 벌금을 부가하기도 한다.

$$\mathbf{S} = P + jQ = P + j0.62P = P(1 + j0.62)$$
$$= P\left(1.177\underline{/31.8^\circ}\right)$$

이 기준은 뒤진 역률 0.85를 목표치로 한다. 즉 $\cos 31.8° = 0.85$이고 Q는 양수(+)이며, 이것이 그림 11.20에 도식적으로 표현되어 있다. 이 기준값보다 더 작은 역률을 가지는 소비자들에게는 벌금을 부과하기로 하고 있다.

일반적으로 무효전력 요구조건은 부하(통상 소비자의 설비 외부에 위치한 부시스템)와 병렬로 놓이게 되는 보정 커패시터(compensation capacitor) 설치를 통하여 조절된다. 이는 앞의 11.3절에서 설명된 임피던스 정합회로와 유사하다. 요구되는 커패시턴스의 값은 다음과 같이 된다.

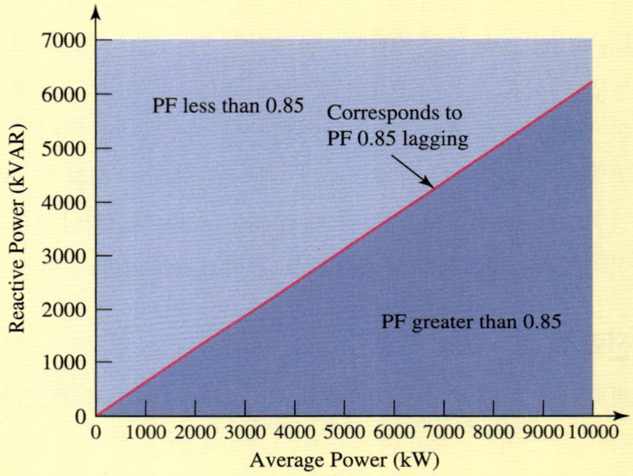

그림 11.20 0.85 뒤짐(lagging)의 역률 기준값에 대한 평균전력과 무효전력의 수용가능 비를 보여주는 그림.

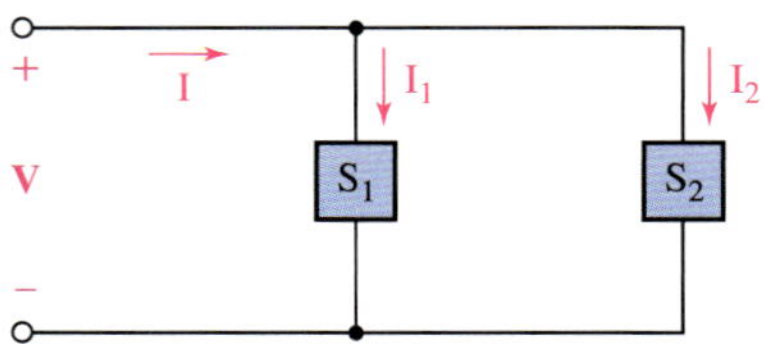

그림 11.22 2개의 병렬부하가 흡수하는 복소전력은 각 부하가 흡수하는 복소전력의 합이 된다는 것을 보여주는 회로.

각 부하에 공급되는 복소전력의 합이 된다. 예를 들어, 그림 11.22에서 병렬로 연결된 2개의 부하에 대하여 생각해 보자. rms값을 가정할 때, 결합된 부하에 공급되는 복소전력은 다음과 같다.

$$\mathbf{S} = \mathbf{V}\mathbf{I}^* = \mathbf{V}(\mathbf{I}_1 + \mathbf{I}_2)^* = \mathbf{V}(\mathbf{I}_1^* + \mathbf{I}_2^*)$$

따라서

$$\mathbf{S} = \mathbf{V}\mathbf{I}_1^* + \mathbf{V}\mathbf{I}_2^*$$

가 되어, 앞서 설명한 바와 같은 결과가 된다.

$$C = \frac{P(\tan\theta_{old} - \tan\theta_{new})}{\omega V_{rms}^2} \qquad [27]$$

여기서 ω는 주파수, θ_{old}는 현재의 역률각, unew는 목표 역률각이다. 그러나 보정 커패시터 군(banks)은 편의상 용량 단위로 kVAR가 사용되며 특정한 용량 증가에 따른 등급들을 가지도록 만들어진다. 이들 보정커패시터 설비 예가 그림 11.21에서 보여진다.

이제 예제를 고려해 보자. 어떤 산업용 기기 공장은 매달 5000 kW의 최대전력이 요구되고, 매달 무효전력의 요구조건은 6000 kVAR이다. 위의 가격표를 사용할 때 이 전기 소비자에게 역률 벌금과 관련하여 부과되는 연간 비용은 얼마가 될까? 만약 무효전력이 1000 kVAR 증가할 때마다 $2390, 그리고 2000 kVAR 증가당 $3130 가격으로 전력회사를 통한 보정이 가능하다면, 이 소비자에게 가장 효과적인 가격 해법은 어떻게 될까?

그림 11.21 보상 커패시터 설비(©Kitja Chavanavech/123RF).

이 설비의 역률은 복소전력 **S**의 각(angle)이다. 이 경우 복소전력은 5000 − j6000 kVA이다. 그러므로 그 각은 $\tan^{-1}$(6000/5000) = 50.19°이고 역률은 0.64 뒤진다. 최대요구전력의 0.62배로 계산된 기준 무효전력값은 0.62(5000) = 3100 kVAR이다. 따라서 이 공장은 전력회사가 벌금없이 허용 가능한 무효전력 보다 6000 − 3100 = 2900 kVAR 만큼 더 많은 무효전력을 끌어 쓰고 있다. 이것은 정기적인 전기요금 외에도 지불해야 될 연간 부과액이 12(2900)(0.22) = $7656 만큼 된다는 것을 나타내고 있다.

만약 소비자가 1000 kVAR 용량의 보정 커패시터를 설치 (설치비용은 $2390)를 선택한다면, 초과되는 무효전력 사용량은 2900 − 1000 = 1900 kVAR로 줄어든다. 따라서 연간 벌금액은 이제 12(1900)(0.22) = $5016가 되어, 당해 연도 총비용은 $5016 + $2390 = $7406이 되고 $250가 절약된다. 만약 소비자가 2000 kVAR의 보정설비 (설치비용은 $3130)를 선택한다면 초과되는 무효전력 사용량은 2900 − 2000 = 900 kVAR로 줄어든다. 따라서 연간 벌금액은 이제 12(900)(0.22) = $2376이 되어 금년의 총비용은 $2376 + $3130 = $5506이 되고 을 첫해 만에 $2150가 절약된다. 하지만 만약 소비자가 극단적으로 벌금이 부과되는 것을 막기 위해서 3000 kVAR의 보정 커패시터를 설치한다면, 이 경우에는 2000 kVAR을 설치했을 때보다 설치 첫해에는 $14의 비용이 더 들게 된다.

예제 **11.10**

어떤 산업체 소비자가 50 kW(67.1마력)의 유도전동기를 뒤진(lagging) 역률 0.8로 운전하고 있으며 이때의 전원 전압이 230 V rms라고 할 때, 전기요금을 더 적게 내기 위해서 이 소비자는 역률을 0.95 뒤짐(lagging)으로 높이려고 한다. 이를 위한 적절한 해법을 제시하라.

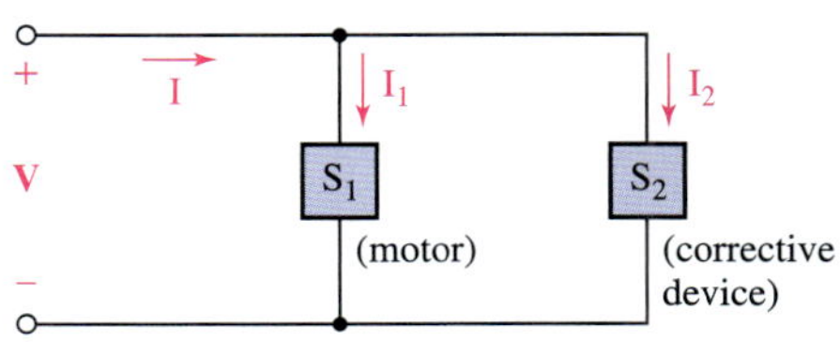

그림 11.23

무효전력을 그대로 유지하고 유효전력을 증가시키면 역률은 증가하겠지만 이것은 전력요금을 줄이는 것이 아니기 때문에 소비자 입장에서는 흥미를 끌 만한 해결책이 되지 못한다. 이때는 순수 무효성(purely reactive) 부하를 이 전동기에 병렬로 연결하여야 하는데, 이렇게 병렬 연결해야 유도전동기에 걸리는 공급 전압이 변하지 않기 때문이다. $\mathbf{S}_1$을 유도전동기의 복소전력, $\mathbf{S}_2$를 역률 개선용 소자의 복소전력이라고 하면 그림 11.23의 회로를 그대로 이용할 수 있다.

유도전동기에 공급되는 복소전력은 실수부가 50 kW이고 그 각이 $\cos^{-1}(0.8)$, 또는 36.9°이므로 다음과 같이 된다.

$$\mathbf{S}_1 = \frac{50\underline{/36.9^\circ}}{0.8} = 50 + j37.5 \text{ kVA}$$

역률이 0.95가 되기 위해서는 전체 복소전력은 다음 식과 같이 되어야 한다.

$$\mathbf{S} = \mathbf{S}_1 + \mathbf{S}_2 = \frac{50}{0.95}\underline{/\cos^{-1}(0.95)} = 50 + j16.43 \text{ kVA}$$

따라서 병렬로 삽입한 부하가 흡수하는 복소전력은 다음과 같이 된다.

$$\mathbf{S}_2 = -j21.07 \text{ kVA}$$

필요한 부하의 임피던스 $\mathbf{Z}_2$는 쉽게 구할 수 있다. $\mathbf{Z}_2$에 흐르는 전류는 다음과 같다.

$$\mathbf{I}_2^* = \frac{\mathbf{S}_2}{\mathbf{V}} = \frac{-j21,070}{230} = -j91.6 \text{ A}$$

혹은

$$\mathbf{I}_2 = j91.6 \text{ A}$$

따라서

$$\mathbf{Z}_2 = \frac{\mathbf{V}}{\mathbf{I}_2} = \frac{230}{j91.6} = -j2.51 \ \Omega$$

만약 동작주파수가 60 Hz라면 이 부하는 모터와 병렬로 접속된 1056 μF의 커패시터가 된다. 그러나 초기비용, 유지보수비, 감가상각비는 전기요금의 할인으로 보상된다.

익힘문제 11.10

그림 11.24의 회로에 대해서 다음 소자에 흡수되는 복소전력을 구하라.

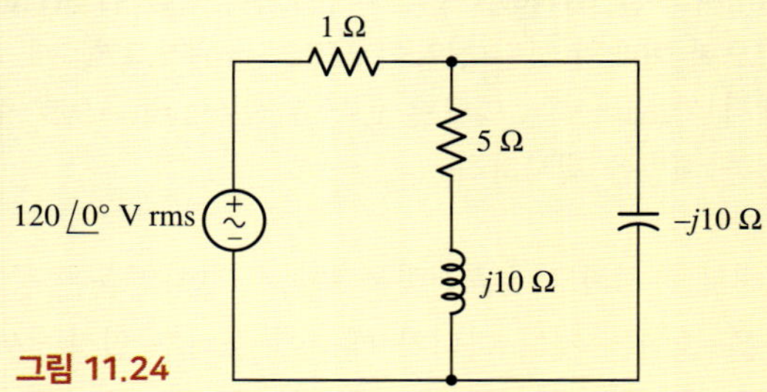

그림 11.24

(a) 1 Ω 저항기 (b) $-j10$ Ω 커패시터 (c) $5 + j10$ Ω 임피던스 (d) 전원

답: $26.6 + j0$ VA; $0 - j1331$ VA; $532 + j1065$ VA; $-559 + j266$ VA.

익힘문제 11.11

440 V rms인 전원은 전체 저항이 1.5 V인 송전선을 통해서 부하 $Z_L = 10 + j2\ \Omega$에 전력을 공급하고 있다. 이때 다음을 구하라.

(a) 부하에 공급되는 평균전력과 피상전력

(b) 송전선에서 손실되는 평균전력과 피상전력

(c) 전원이 공급하는 평균전력과 피상전력

(d) 전원이 동작할 때의 역률

답: 14.21 kW, 14.49 kVA; 2.131 kW, 2.131 kVA; 16.34 kW, 16.59 kVA; 0.985 lag.

요약 및 복습

이 장에서는 상당히 많은 수의 새로운 전력관련 전문용어에 대해 소개하였는데(표 11.2에 이들 용어가 요약되어 있음), 지금까지 **와트**(*watts*)만 가지고 잘 해온 사람들에게 약간의 놀라움을 가져다주었을 수도 있다.

이들 새로운 용어는 주로 교류(AC) 전력시스템과 관련되어 있는데, 여기서 전압과 전류는 주로 정현파로 간주된다 (하지만 많은 컴퓨터 시스템에서 사용되는 스위치 모드 전력 공급 장치가 주류를 이루게 되면 이런 상황은 변경될 수 있으며, 더 고차원의 전력공학 관련 교재들이 필요하게 된다). 우리는 순간전력의 이해를 명확히 한 후에 평균전력 P의 개념을 논의하였다. 이 양(quantity)은 시간의 함수가 아니라 정현파 전압파형과 전류파형 사이의 위상차의 함수이다.

전원과 부하임피던스가 켤레복소수가 될 때에 전원으로부터 부하에 **최대전력**

표 11.2 교류 전력 용어 요약.

Term	Symbol	Unit	Description
Instantaneous power	$p(t)$	W	$p(t) = v(t)i(t)$. It is the value of the power at a specific instant in time. It is *not* the product of the voltage and current phasors!
Average power	P	W	In the sinusoidal steady state, $P = \frac{1}{2}V_m I_m \cos(\theta - \phi)$, where θ is the angle of the voltage and ϕ is the angle of the current. Reactances do not contribute to P.
Effective or rms value	V_{rms} or I_{rms}	V or A	Defined, e.g., as $I_{\text{eff}} = \sqrt{\frac{1}{T}\int_0^T i^2\,dt}$; if $i(t)$ is sinusoidal, then $I_{\text{eff}} = I_m/\sqrt{2}$.
Apparent power	$\lvert\mathbf{S}\rvert$	VA	$\lvert\mathbf{S}\rvert = V_{\text{eff}} I_{\text{eff}}$, and is the maximum value the average power can be; $P = \lvert\mathbf{S}\rvert$ only for purely resistive loads.
Power factor	PF	None	Ratio of the average power to the apparent power. The PF is unity for a purely resistive load, and zero for a purely reactive load.
Reactive power	Q	VAR	A means of measuring the energy flow rate to and from reactive loads.
Complex power	$\mathbf{S}$	VA	A convenient complex quantity that contains both the average power P and the reactive power Q: $\mathbf{S} = P + jQ$.

전달(*maximum power transfer*)이 된다는 것을 알게 되었고, 이 최대전력전달 조건을 제공하는 **임피던스 정합**(*impedance matching*) 회로가 전원과 부하 사이에서 소개될 수 있다는 사실도 알게 되었다. 순수한 인덕터와 커패시터와 같은 리액티브 소자들은 평균전력을 **전혀 흡수하지 않는다**(*zero average power*). 하지만 이러한 소자는 전원과 부하 사이에 흐르는 전류의 세기를 증가시키기 때문에, 다음의 2개의 새로운 용어(즉, **피상전력**(*apparent power*)과 **역률**(*power factor*))는 일반적으로 사용된다. 전압과 전류가 동상(in phase)일 때(즉, 순수한 저항성 부하에 연결된 경우), 평균전력과 피상전력은 동일한 값이 된다. 역률(PF)은 주어진 특정 부하가 얼마나 리액티브(즉, 용량성 또는 유도성) 특성을 가지는지에 대한 수치적 게이지를 제공한다. 즉, PF가 1이라면 주어진 부하가 순수한 저항성이라는 것을 의미한다(만일 부하가 유도기를 포함하고 있더라도 적절한 커패시턴스에 의해 이 유도성이 상쇄되어 없어져 버림). 또한 PF가 0이 된다면 이는 순수한 리액티브 부하를 의미하고 각도의 사인(− 또는 +)은 부하가 용량성(capacitive)인지 또는 유도성(inductive)인지를 나타낸다. 이와 같은 모든 개념들을 한꺼번에 모아서 아주 간결하게 표현한 것이 복소전력(complex power) $\mathbf{S}$이다. 복소전력 $\mathbf{S}$의 크기(magnitude)는 피상전력이 되며, 평균전력 P는 $\mathbf{S}$의 실수 부분이고, 무효전력 Q(저항성 부하에 대해서는 Q가 0이 됨)은 $\mathbf{S}$의 허수 부분이 된다.

이쯤에서 전류나 전압의 실효값(effective values; 종종 rms 값이라고 간주되기도 함)의 개념을 살펴보았다. 특정 전압이나 전류의 크기가 최대값이 되는지 실효값이 되는지에 따라 오차가 40%가량 날 수 있으므로 사용할 때 각별한 주의를 요한다. 우리는 또한 앞의 5장에서 다루었던 최대전력 정리가 확장된 이론 (즉, 주어진 회로망에 대한 테브난의 등가 임피던스의 **켤레복소수**가 되는 임피던스 $\mathbf{Z}_L$인 부하에 최대 평균전력이 전달된다는 것)을 흥미롭게 살펴보았다.

아래에는 독자의 편의를 위해 이 장의 중요한 사항들이, 관련된 예제의 번호와 함께 간략하게 나열되어 있다.

- ❑ 소자에 흡수되는 순간전력은 $p(t) = v(t)\,i(t)$의 표현식으로 주어진다. (예제 11.1, 11.2)
- ❑ 정현파 전원에 의해 임피던스에 공급되는 평균전력은 $\frac{1}{2}V_m I_m \cos(\theta - \phi)$이 된다. 이때 θ전압의 위상각이고, ϕ전류의 위상각이다. (예제 11.2)
- ❑ 부하의 저항(resistive) 성분만이 평균전력을 0이 아닌 값이 되도록 한다. 부하의 리액티브 (용량성 또는 유도성) 성분에 공급되는 평균전력은 0이 된다. (예제 11.3, 11.4, 11.5, 11.6)
- ❑ 최대 평균전력 전달은 $\mathbf{Z}_L = \mathbf{Z}^*_{TH}$의 조건이 만족될 때 발생된다. (예제 11.7)
- ❑ 부하에 공급되는 전력은 정합 회로망을 이용하여 개선될 수 있다. (예제 11.8)
- ❑ 정현파형의 실효값 또는 rms 값은 그 크기(최대값으로 표현)을 $\sqrt{2}$로 나눔으로써 얻어진다. (예제 11.9)

- 부하의 역률(PF)은 피상전력에 대한 소모되는 평균전력의 비(ratio)가 된다. (예제 11.9)
- 순수 저항성(resistive) 부하는 역률이 1이 되고, 순수 무효성(용량성 또는 유도성) 부하는 0의 역률을 가진다. (예제 11.10)
- 복소전력은 $\mathbf{S} = P + jQ$ 또는 $\mathbf{S} = \mathbf{V}_{\text{eff}}\mathbf{I}^*_{\text{eff}}$로 정의되고, 이것은 볼트-암페어(VA)의 측정단위를 가진다. (예제 11.10)
- 무효전력 Q는 복소전력의 허수 성분이고, 부하의 리액티브(용량성 또는 유도성) 성분의 에너지의 입력 또는 출력 흐름의 척도이다. 무효전력의 단위는 볼트-암페어-리액티브(VAR)이다. (예제 11.10)
- 커패시터는 전력회사로부터 요구되는 무효전력을 최소화하여 산업용 부하들의 역률(PF)을 개선하기 위하여 일반적으로 사용된다. (예제 11.10)

추천 도서

AC 전력 개념에 대한 좋은 개관은 다음 책의 2장에 나타나 있다:

B. M. Weedy, B. J. Cory, N. Jenkins, Janaka B. Ekanayake, Goran Strbac, *Electric Power Systems*, 5th ed. Chichester, England: Wiley, 2012.

AC 전력 시스템과 관계된 최신의 결과물들은 다음의 논문들에 나타나 있다:

International Journal of Electrical Power & Energy Systems. Guildford, England: IPC Science and Technology Press, 1979-.ISSN:0142-0615.

연습문제

11.1 순간전력

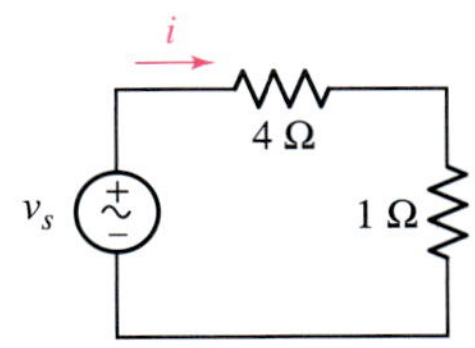

그림 11.25

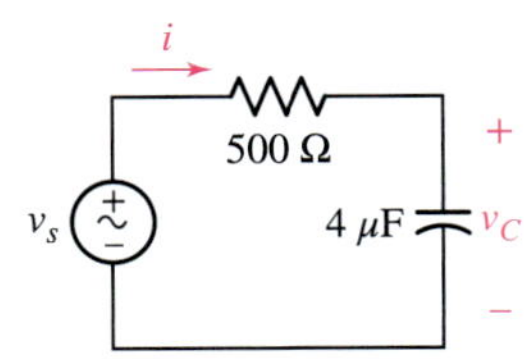

그림 11.26

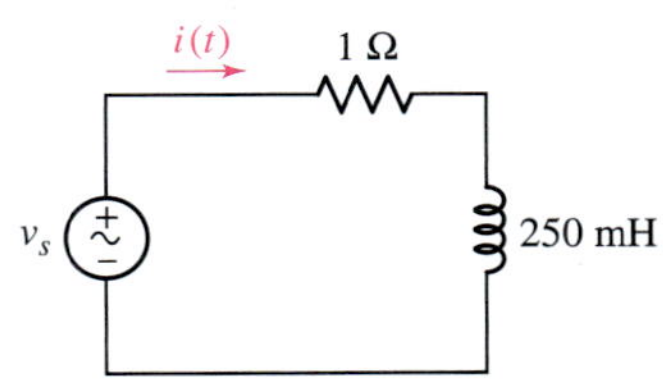

그림 11.27

1. 그림 11.25에서 v_s가 다음과 같을 때, $t = 0$, $t = 1$ s 그리고 $t = 2$ s에서 1 V 저항기에 공급되는 순간전력을 구하라.

(a) 9 V (b) $9 \sin 2t$ V

(c) $9 \sin(2t + 13°)$ V (d) $9e^{-t}$ V

2. 그림 11.26 회로에서 v_s가 다음과 같을 때, $t = 1.5$ ms에서 세 가지 소자의 각각에 흡수되는 전력을 구하라.

(a) $30u(-t)$ V (b) $10 + 20u(t)$ V

3. 그림 11.27의 회로에서 v_s가 다음과 같을 때, $t = 0$, $t = 0$ 그리고 $t = 200$ ms에서 각각의 소자에 흡수되는 전력을 계산하라.

(a) $-10u(-t)$ V (b) $20 + 5u(t)$ V

4. 1 kΩ 저항기, 15 mH 인덕터, 100 cos(2 × $10^5 t$) 정현파 전원이 병렬로 연결되어 있다. 과도현상이 소멸되고 회로가 정상상태로 동작된다. t = 10 μs일 때 각 소자에 흡수되는 전력을 구하라.

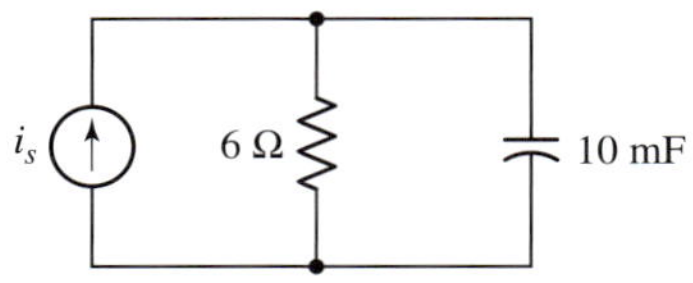

그림 11.28

5. $i_s = 4u(-t)$ A인 그림 11.28의 회로에서
   (a) $t > 0$일 때, 저항기에 흡수되는 순간전력이 커패시터에 흡수되는 순간전력의 크기(magnitude)는 같으나 부호가 반대임을 보이라.
   (b) t = 60 ms일 때, 저항기에 흡수되는 전력을 구하라.

6. $i_s = 8 - 7u(t)$ A인 전류원을 가진 그림 11.28의 회로에서, $t = 0^-$, $t = 0^+$, t = 75 ms일 때 세 가지 소자에 흡수되는 전력을 계산하라.

7. 과도현상이 존재하지 않는다고 가정하고, 그림 11.29의 회로에서 $t = 0$, $t = 10$, 그리고 20 ms일 때 각각의 소자에 흡수되는 전력을 계산하라.

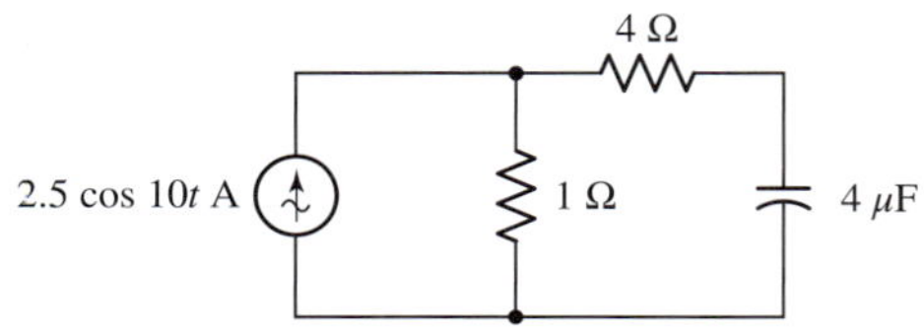

그림 11.29

8. $v_s = 10u(t)$ V인 그림 11.30에서, $t = 0$ 그리고 $t = 1$ s일 때 인덕터에 흡수되는 전력을 계산하라.

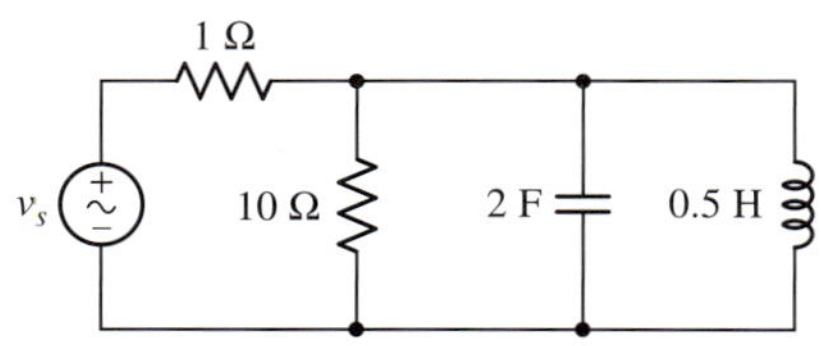

그림 11.30

9. SPICE 시뮬레이션을 이용하여 그림 11.30의 회로에서의 각 회로 소자에 대한 순간전력의 그래프를 $0 < -t < -10$ 범위에서 그려라.

10. 30 kA의 전류를 띤 낙뢰가 150 μs동안 지속될 때 다음을 구하라.
    (a) 낙뢰 동안 저항 1.2 mΩ를 가지는 구리 접지봉에 공급되는 순간전력
    (b) 접지봉에 공급된 전체 에너지

11.2 평균전력

11. 페이저 전류 $\mathbf{I} = 9\underline{/15^\circ}$ mA(45 rad/s에서 동작되는 정현파에 대응하는 페이저)가 18 kΩ 저항기와 1 mF 커패시터의 직렬조합 회로에 인가될 때 다음의 표현식을 구하라.
    (a) 순간전력
    (b) 직렬조합된 부하에 흡수되는 평균전력

12. 페이저 전압 $\mathbf{V} = 100\angle 45°$ V(155 rad/s에서 동작되는 정현파에 대응하는 페이저)가 1 Ω 저항기와 1 mH 인덕터의 병렬조합 회로에 인가될 때
   (a) 각 수동 소자에 흡수되는 평균전력 표현식을 구하라.
   (b) 각 소자에 흡수되는 순간전력의 그래프를 각각 그리고, 병렬조합된 부하에 공급되는 순간전력의 그래프도 그려라(한 그래프 내에 3가지 전력 그림을 모두 표현).

13. $4 - j2$ A 전류원에 의해 다음에 공급되는 평균전력을 구하라.
   (a) $\mathbf{Z} = 9$ V　(b) $\mathbf{Z} = -j1000$ V　(c) $\mathbf{Z} = 1 - j2 + j3$ V
   (d) $\mathbf{Z} = 6\angle 32°$　(e) $\mathbf{Z} = \frac{1.5\angle -19°}{2 + j}$ kΩ

14. 그림 11.31의 2개의 메쉬를 가지는 회로에서, 각 수동소자에 흡수되는 평균전력과 각 전원에서 공급하는 평균전력을 각각 구하고, 총 공급평균전력 = 총 흡수평균전력임을 확인하라.

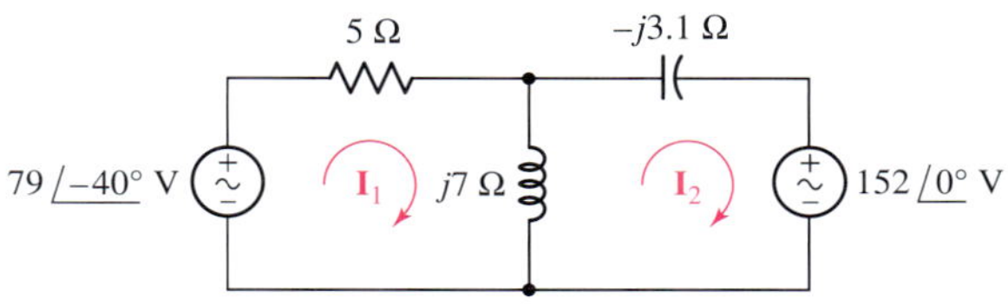

그림 11.31

15. 그림 11.32의 회로에서 각 소자에 대한 평균전력을 구하라.

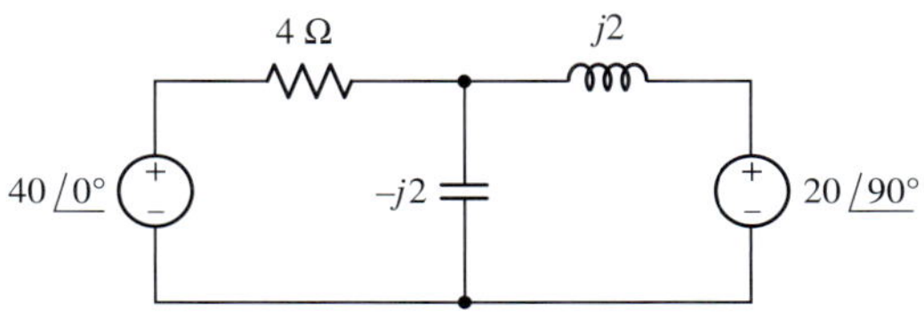

그림 11.32

16. (a) 그림 11.33의 회로에서 각 수동소자에 흡수되는 평균전력을 계산하고, 그 총합이 전원에서 공급하는 평균전력과 같음을 확인하라.
   (b) 적절한 SPICE 시뮬레이션을 이용하여 답을 확인하라.

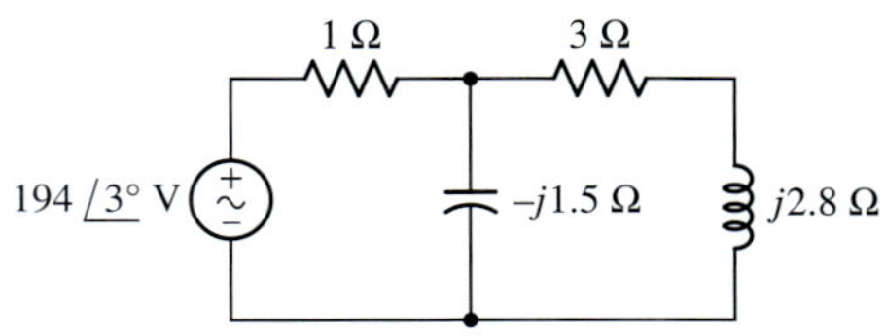

그림 11.33

17. 그림 11.34의 회로에서 종속전원에 의해 공급되는 평균전력을 구하라.

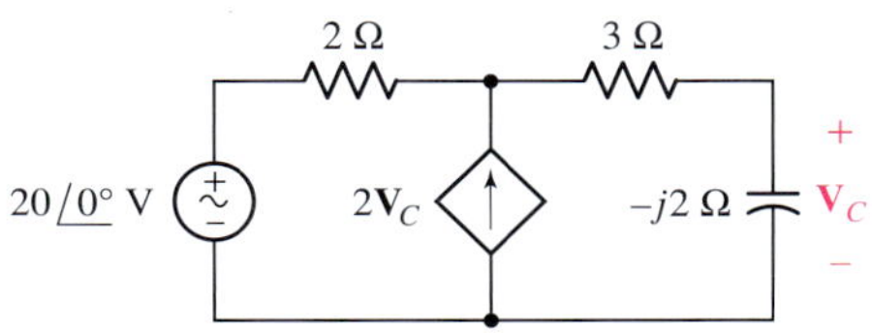

그림 11.34

18. (a) 그림 11.35의 회로에서 각 수동소자에 공급되는 평균전력을 계산하라.
    (b) 각 전원에 의해 공급되는 전력을 구하라.
    (c) 회로의 나머지 부분으로부터 최대평균전력을 얻어낼 수 있는 임피던스로 주어진 저항성 부하 8 Ω을 바꾸어라.

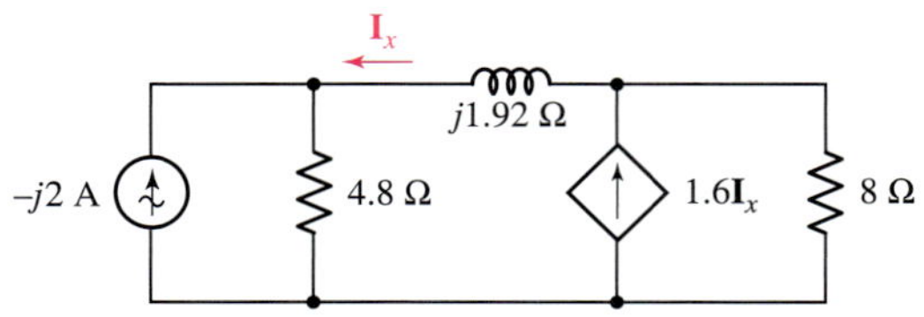

그림 11.35

19. 다음의 전압 v_s들에 의해 2.2 Ω 부하로 공급되는 평균전력을 구하라.
    (a) 5 V
    (b) $4 \cos 80t - 8 \sin 80t$ V
    (c) $10 \cos 100t + 12.5 \cos (100t + 19°)$ V

11.3 최대전력전달

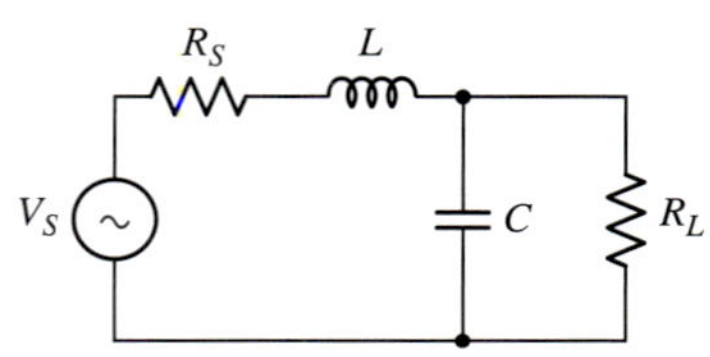

그림 11.36

20. 직렬저항 $R_s = 50\ \Omega$과 부하저항 $R_L = 82\ \Omega$을 가지는 그림 11.36의 회로에서 만일 인덕터의 임피던스가 $j40\ \Omega$이라면, R_L에 최대전력전달을 보장해주기 위해서는 커패시터의 임피던스값은 얼마가 되어야 하는가?

21. 그림 11.36의 회로에서, $R_L = 250\ \Omega$의 부하에 전력을 공급하는 60Hz 전원이 직렬저항 $R_S = 50\ \Omega$ 가지고 있으며 이 전원은 또한 $L = 265.3$ mH인 유도성 소자를 가지고 있다. R_L과 C의 병렬조합에 최대전력전달을 제공하기 위한 커패시턴스 C값을 계산하라.

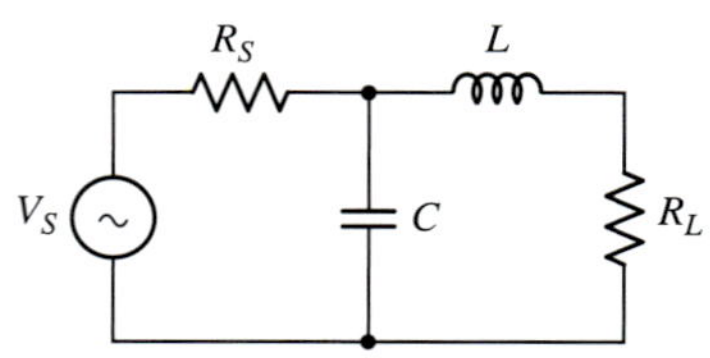

그림 11.37

22. 그림 11.37의 회로는 8 Ω 스피커들 세트(즉 $R_L = 8\ \Omega$)에 전력을 공급하기 위하여 사용되고 있다. 만일 전원 임피던스가 $R_S = 136\ \Omega$이고 커패시턴스 $C = 936.2$ nF이라면, 스피커들에 최대전력이 전달되기 위한 주파수(f [Hz])와 인덕턴스 L값을 계산하라.

23. 그림 11.37의 회로가 300 MHz의 주파수에서 안테나에 전력을 공급하는 데 사용되고 있다. 만일 전원 임피던스 $R_S = 136\ \Omega$, 커패시턴스 $C = 2.653$ pF, 인덕턴스 $L = 84.88$ nH라면, 안테나에 최대전력이 전달되게 하기 위한 부하저항 R_L을 계산하라.

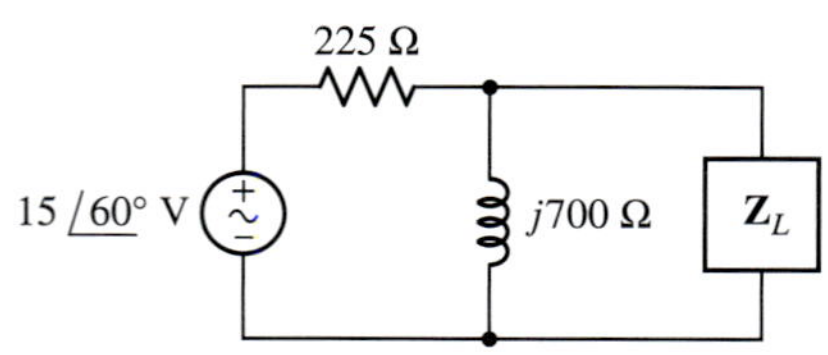

그림 11.38

24. (a) 그림 11.38의 회로에서, 전원으로부터 최대평균전력을 부하에 전달하기 위해서는 부하임피던스 ZL는 얼마가 되어야 하는가?
    (b) 부하에 공급되는 최대평균전력을 계산하라.

25. 그림 11.38의 인덕턴스를 임피던스 $9 - j8$ kΩ으로 바꾼 후에 문제 24를 반복하라.

11.4 전류와 전압의 실효값

26. 다음 파형들의 실효값을 구하라.

(a) $7 \sin 30t$ V (b) $100 \cos 80t$ mA

(c) $120\sqrt{2}\cos(5000t - 45°)$ V (d) $\frac{100}{\sqrt{2}} \sin(2t + 72°)$ A

27. 다음 파형들의 실효값을 구하라.

(a) $62.5 \cos 100t$ mV (b) $1.95 \cos 2t$ A

(c) $208\sqrt{2}\cos(100\pi t + 29°)$ V (d) $\frac{400}{\sqrt{2}} \sin(2000t - 14°)$ A

28. 다음의 실효값을 구하라.

(a) $i(t) = 3 \sin 4t$ A (b) $v(t) = 4 \sin 20t \cos 10t$

(c) $i(t) = 2 - \sin 10t$ mA (d) 그림 11.39 파형

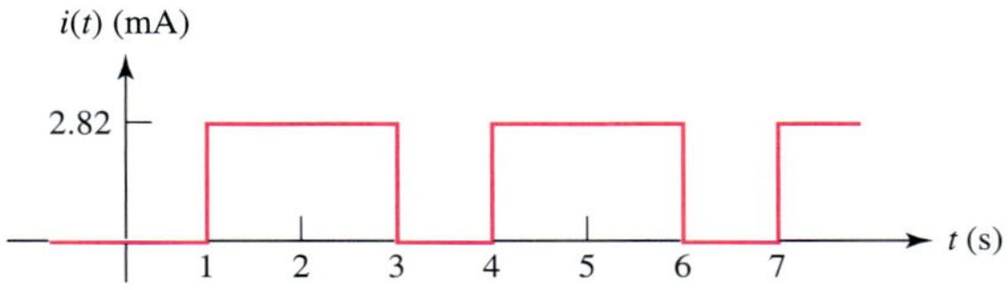

그림 11.39

29. 그림 11.40에 그려진 각각의 파형에 대하여, 주파수, 주기, 그리고 rms 값을 구하라.

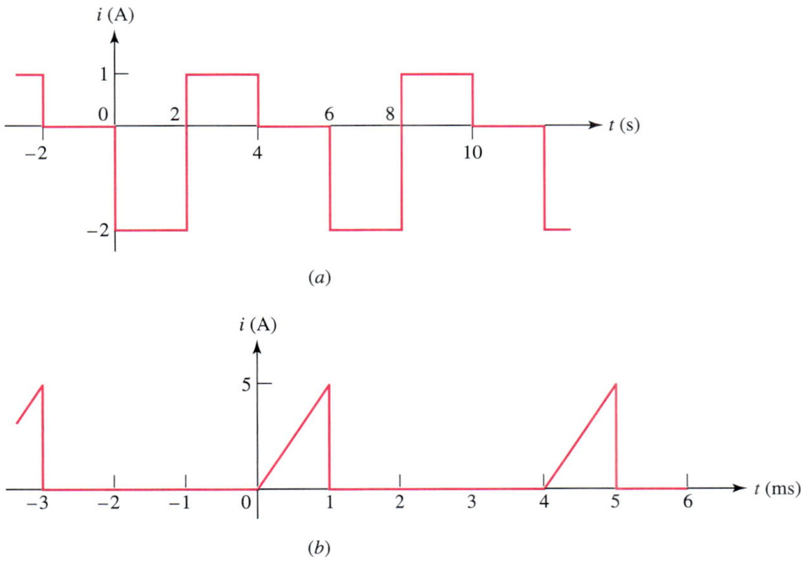

그림 11.40

30. 그림 11.29의 회로에 있는 커패시턴스 값을 40 mF을 바꾼 후, 각 소자에 대하여 실효전류와 실효전압을 구하라.

31. 1 kΩ 저항기와 2 H 인덕터의 직렬조합은 어떤 순간에도 250 mW 이상의 전력을 소비 되어서는 안된다. 이 직렬조합의 부하를 통해 흐르는 전류가 ω = 500 rad/s의 정현파 전류라고 가정한다면 허용 가능한 최대 rms 전류값이 얼마가 되는지를 구하라.

32. 다음 각각의 파형에서 주기, 주파수와 실효값을 구하라.

(a) 5 V (b) $2 \sin 80t - 7 \cos 20t + 5$ V

(c) $5 \cos 50t - 3 \sin 50t$ V (d) $8 \cos^2 90t$ mA

(e) 적절한 시뮬레이션을 이용하여 앞에서 구한 답들을 확인하라.

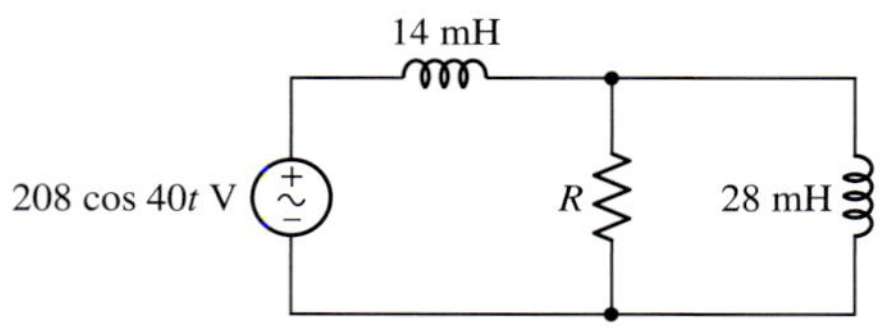

그림 11.41

33. 그림 11.41의 회로에서 순수 저항 R이 14 mH 인덕터 양단에 걸리는 rms 전압과 저항기 R 양단에 걸리는 rms 전압을 갖도록 만들어 주는지 그렇지 않은지를 결정하라. 만약 그렇다면, R 값과 R 양단에 걸리는 rms 전압을 구하라. 만약 그렇지 않다면, 왜 그렇지 않은지를 설명하라.

34. (a) 그림 11.42에 그려진 파형의 평균값과 rms 값을 구하라.

(b) 적절한 SPICE 시뮬레이션을 이용하여 답을 확인하라(힌트: 두 펄스 파형이 함께 더해진 형태를 고려할 수 있다).

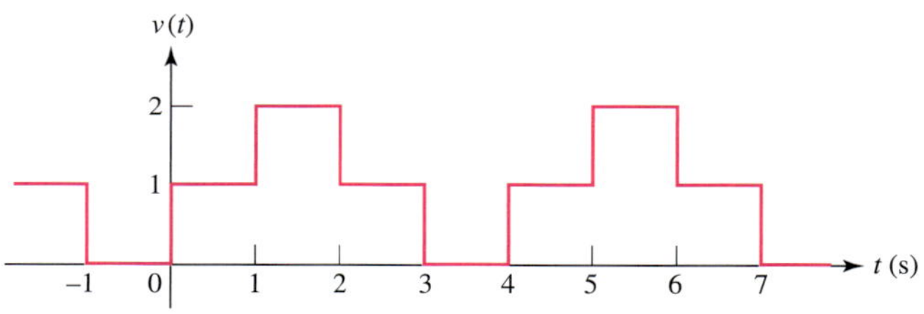

그림 11.42

11.5 피상전력과 역률

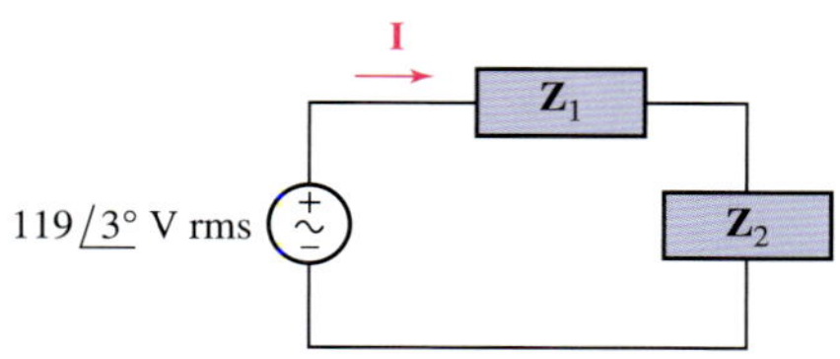

그림 11.43

35. 그림 11.43의 회로에서의 부하 임피던스들이 다음과 같다면, 각 부하에 공급되는 평균전력, 전원에서 공급되는 피상전력과 조합된 부하의 역률을 구하라.

(a) $\mathbf{Z}_1 = 14\underline{/32°}$ Ω과 $\mathbf{Z}_2 = 22$ Ω

(b) $\mathbf{Z}_1 = 2\underline{/0°}$ Ω과 $\mathbf{Z}_2 = 6 - j$ Ω

(c) $\mathbf{Z}_1 = 100\underline{/70°}$ Ω과 $\mathbf{Z}_2 = 75\underline{/90°}$ Ω

36. 그림 11.43의 회로에서의 부하들이 다음과 같다면, 조합된 부하의 역률을 구하라.

(a) 두 부하가 순수한 저항성일 때

(b) 두 부하가 순수한 유도성이고 ω = 100 rad/s 일 때

(c) 두 부하가 순수한 용량성이고 ω = 200 rad/s 일 때

(d) $\mathbf{Z}_1 = 2\mathbf{Z}_2 = 5 - j8$ Ω

37. 주어진 부하는 교류전력시스템에 연결된다. 만일 부하가 저항 성분과 함께 유도성 또는 용량성 리액턴스 성분 중 한 가지(둘 다는 아님)를 가지거나 전혀 리액턴스 성분을 가지지 않는다면, 만일 다음과 같이 역률이 측정된 경우에 부하가 어떤 형태의 리액턴스 성분을 가지는지를 구하라.

(a) 1　　(b) 0.85 뒤짐
(c) 0.221 앞섬　　(d) $\cos(-90°)$

38. 알 수 없는 부하가 유럽 표준의 가정용 콘센트(240 V rms, 50 Hz)에 연결된다. 다음의 경우들에 대하여, 전압과 전류의 위상차를 구하고 전압의 위상이 전류보다 앞서는지 뒤지는지도 밝히라.

(a) $\mathbf{V} = 240\underline{/243°}$ V rms 그리고 $\mathbf{I} = 3\underline{/9°}$ A rms
(b) 부하 역률이 0.55 뒤짐
(c) 부하 역률이 0.685 앞섬
(d) 평균전력이 100 W이고 피상전력이 500 VA인 용량성 부하

DP **39.** (a) 북미 표준의 가정용 콘센트(120 V rms, 60 Hz)에서 0.88의 앞선 역률과 25 W의 평균 전력을 나타내는 부하를 설계하라.
(b) 일본의 가정용 콘센트(110 V rms, 50 Hz)에서 150 W의 평균전력과 25 W의 피상전력을 나타내는 용량성이 없는 부하를 설계하라.

40. 그림 11.44의 회로에서 40 rad/s의 동작 주파수와 $50\underline{/-100°}$ Ω의 임피던스 부하를 가정하고 다음을 계산하라.

(a) $t = 20$ ms일 때 부하와 1 kV 션트(shunt) 저항에 각각 공급되는 순간전력
(b) 두 수동소자에 공급되는 평균전압
(c) 부하에 공급되는 피상전력
(d) 전원이 동작하고 있을 때의 역률

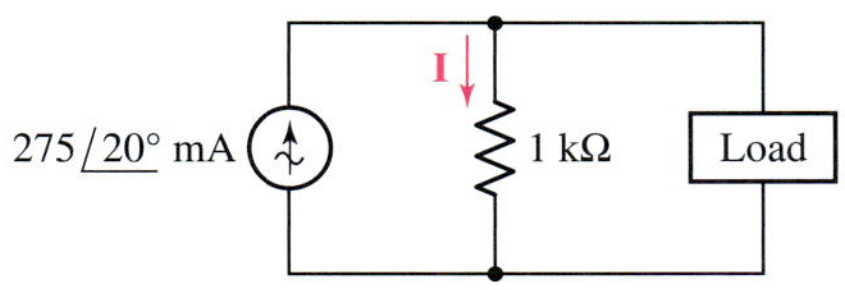

그림 11.44

41. 그림 11.44의 회로에서 전원이 동작하고 있을 때 다음과 같은 부하에서의 역률을 구하라.

(a) 순수 저항성　　(b) $1000 + j900$ Ω　　(c) $500\underline{/-5°}$ Ω

42. 그림 11.44의 회로에서 전원이 다음과 같은 역률에서 동작할 때 임피던스 부하를 구하라.

(a) 0.95 앞섬　　(b) 1　　(c) 0.45 뒤짐

43. 그림 11.45의 회로에서 임피던스들이 다음과 같을 때, 각 부하에 공급되는 피상전력과 전원이 동작할 때의 역률을 구하라.

(a) $\mathbf{Z}_A = 5 - 2j\ \Omega$, $\mathbf{Z}_B = 3\ \Omega$, $\mathbf{Z}_C = 8 + j4\ \Omega$ 그리고 $\mathbf{Z}_D = 15\underline{/-30°}\ \Omega$

(b) $\mathbf{Z}_A = 2\underline{/-15°}\ \Omega$, $\mathbf{Z}_B = 1\ \Omega$, $\mathbf{Z}_C = 2 + j\ \Omega$ 그리고 $\mathbf{Z}_D = 4\underline{/45°}\ \Omega$

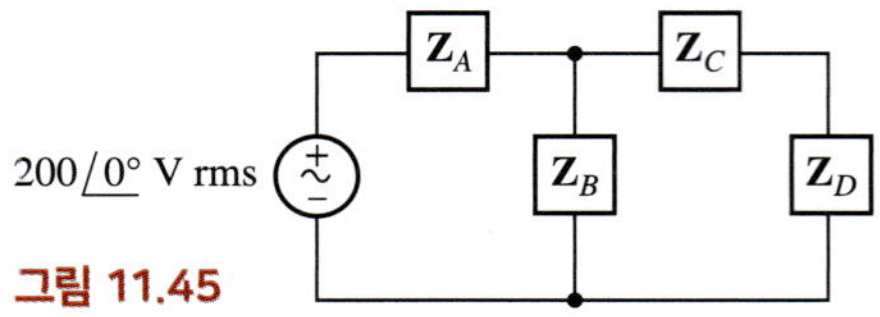

그림 11.45

11.6 복소전력

44. 특정 부하에 대해 다음과 같은 정보들을 알고 있을 때, 해당 부하에 나타나는 복소전력 **S**를 극좌표형태로 구하라.

(a) 0.75 뒤진 역률에서의 평균전력 100 W

(b) 전류 $\mathbf{I} = 9 + j5$ A rms를 전압 $120\underline{/32°}$ V rms에 연결하는 경우

(c) 앞선 역률에서의 평균전력 1000 W와 무효전력 10 VAR

(d) 0.65의 뒤진 역률에서의 피상전력 450 W

45. 부하가 나타내는 복소 전력 **S**가 다음과 같을 때 해당 부하와 관련된 피상전력, 역률, 무효전력을 구하라.

(a) $1 + j0.5$ kVA　　(b) 400 VA

(c) $150\underline{/-21°}$ VA　　(d) $75\underline{/25°}$ VA

46. 그림 11.46의 각 전력삼각형에 대하여 복소전력 **S**(극좌표형태로)와 PF를 구하라.

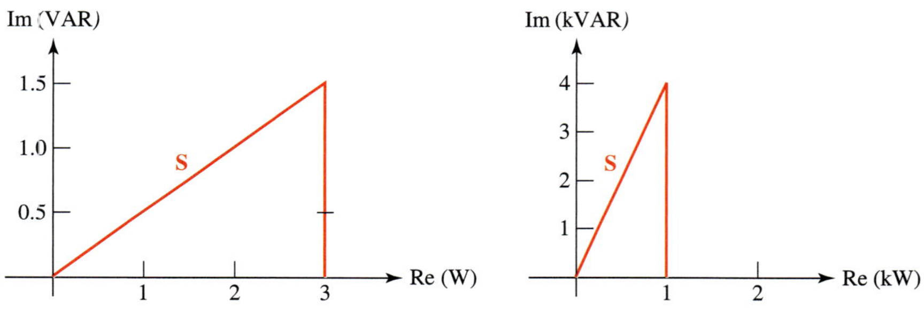

그림 11.46　(*a*)　(*b*)

47. 그림 11.23의 회로망을 참조하여, 만약 전동기나 나타내는 복소전력이 $150\underline{/24°}$ VA이면

(a) 전원이 동작하고 있을 때의 PF를 구하라.

(b) 0.98 뒤진 전원의 역률로 변화시키는 데 필요한 교정장치의 임피던스를 구하라.

(c) 전원을 위한 앞선 역률을 얻는 것이 물리적으로 실현 가능한지 그렇지 않은지를 밝히고 그 이유를 설명하라.

48. 그림 11.47의 회로에서 각각의 수동소자에 흡수되는 복소전력과 전원이 동작하고 있을 때의 역률을 구하라.

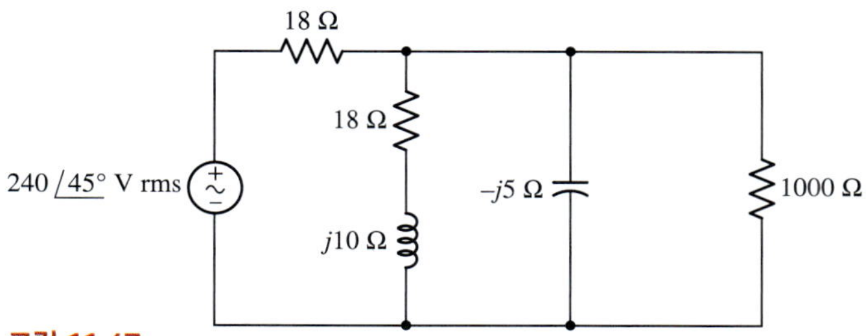

그림 11.47

49. 그림 11.48에서 50 HZ일 때, 전원의 역률을 0.95로 증가시키기 위해 10 Ω 저항기에 병렬로 더해야 하는 커패시턴스 값을 구하라.

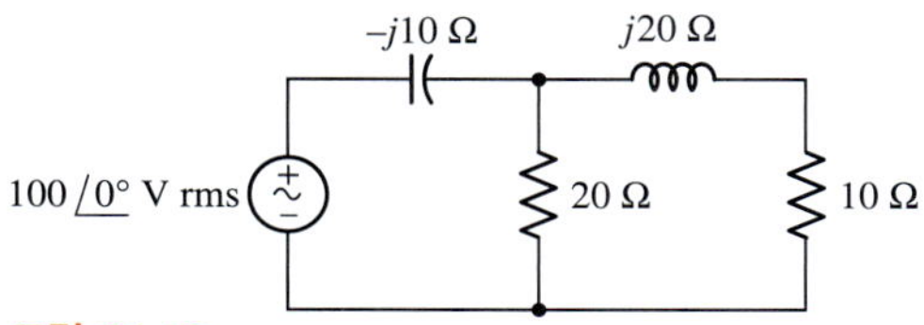

그림 11.48

50. 어떤 목재저장소에서의 가마작업을 하는 데 필요한 월평균 전력 수요는 175 kW이지만, 205 kVAR의 무효전력을 발생시킨다. 만약 목재저장소의 전기회사에서 기준값(최대 평균전력 수요를 0.7배 한 값)을 상회하는 무효전력에 대해 $0.15/kVAR의 벌금을 부과한다면

(a) 위의 세율을 적용하여 연간 벌금 비용을 구하라.

(b) 만약 100 kVAR을 보상해주는 커패시터를 하나당 $75에 구매, 설치할 수 있다면 첫 번째 연도와 두 번째 연도에 절약되는 비용을 계산하라.

51. 그림 11.49의 회로에서 각 수동소자에 공급되는 복소전력과 전원의 역률을 구하라.

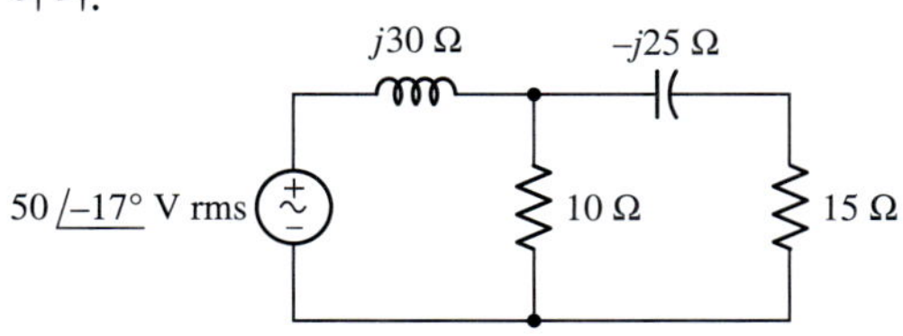

그림 11.49

52. 그림 11.49의 회로에서 10 Ω 저항기를 200 mH 인덕터로 교체하고 10 rad/s의 주파수로 동작한다고 가정한다면, 다음을 구하라.

(a) 전원의 PF (b) 전원이 공급하는 피상전력

(c) 전원이 공급하는 무효전력

53. 그림 11.49에서 커패시터를 포함하는 대신 각각 $j30\ \Omega$의 임피던스를 가지는 동일한 2개의 인덕턴스(50 Hz 주파수에서 동작 가정)를 사용해 회로를 잘못 구성하였다면,

(a) 각각의 수동소자에 공급되는 복소전력을 구하라.

(b) 전원이 공급하는 복소전력을 구하여 위의 답을 확인하라.

(c) 전원이 동작하고 있을 때의 역률을 구하라.

54. 예제 11.9에서 사용된 일반적인 전략법을 사용하여, 커패시턴스 교정 값을 일반적 동작 주파수에 대해 계산 가능하도록 해주는 식 [27]을 유도하라.

11장 통합문제

55. 50 Hz에서 동작되는 1200 V rms 공급장치에 부하를 연결할 때, 이 부하를 통해 10 A rms 전류가 흐른다. 만약 이 전원이 0.9 뒤진 역률에서 동작하고 있다면 다음을 구하라.

(a) 최대전압의 크기

(b) $t = 1$ ms일 때 부하에 흡수되는 순간전력

(c) 전원에 의해 공급되는 피상전력

(d) 부하에 공급되는 무효전력

(e) 부하 임피던스

(f) 전원에 의해 공급되는 복소전력(극좌표형태로)

56. 그림 11.50의 회로에 대해 100 rad/s의 주파수에서 동작하는 전원으로 가정할 때

(a) 전원이 동작하고 있을 때의 역률을 구하라.

(b) 3개의 수동 소자들 각각에서 흡수되는 피상전력을 구하라.

(c) 전원에 의해 공급되는 평균전력을 구하라.

(d) 단자 a와 b에서 바라본 테브난 등가회로를 구하고, 단자 a와 b 사이를 연결하는 100 Ω 저항에 공급되는 평균전력을 구하라.

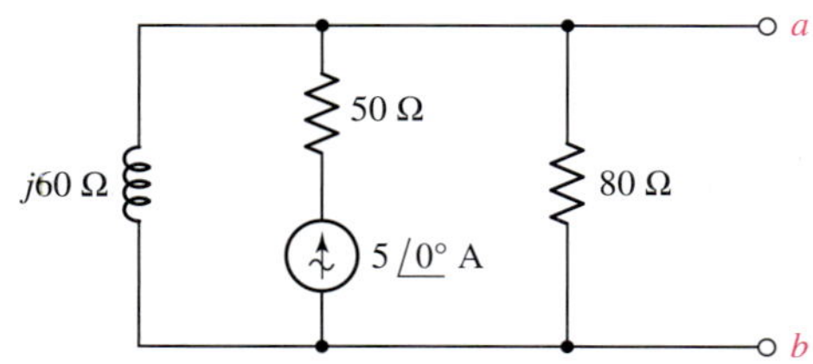

그림 11.50

57. 그림 11.50의 회로에서 50 Ω 저항기를 제거한 후, 50 Hz의 주파수에서 동작하며 a와 b 단자 사이에 100 Ω 부하 저항을 연결한다고 가정하면

(a) 부하가 동작하고 있을 때의 역률을 구하라.

(b) 전원에 의해 공급되는 평균전력을 구하라.

(c) t = 2 ms일 때 인덕턴스에 의해 흡수되는 순간전력을 구하라.

(d) 전원의 역률을 0.95로 증가하기 위하여 단자 a와 b 사이에 연결시켜야 할 커패시턴스 값을 구하라.

58. 45 sin 32t V의 전원에 5 Ω 저항기와 20 mH 인덕터가 직렬로 연결되어 있다.

(a) 전원에 의해 공급되는 무효전력을 구하라.

(b) 3개의 소자 각각에 흡수되는 피상전력을 구하라.

(c) 각 소자에 흡수되는 복소전력 **S**를 구하라.

(d) 전원이 동작하고 있을 때의 역률을 구하라.

59. 그림 11.40의 회로에 대해서

(a) 전원에 의해 공급되는 복소전력의 표현식을 알 수 없는 저항 R의 함수로 유도하라.

(b) R = 2 Ω의 경우 PF 1을 달성하기 위해서, 28 mH 인덕터에 병렬로 추가해야 할 커패시턴스 값을 구하라.

60. 그림 11.51의 회로는 최대전력전달을 하기 위하여 전원과 부하 사이에 임피던스 정합을 위한 Pi 회로망을 사용하고 있다. 60 Hz 전원이 직렬 임피던스 50 + j5 Ω를 가지고 있다. C_S = 70.1 μF, C_L = 39.8 μF, L = 0.225 H을 가진 Pi 회로망이 최대전력전달을 실현시키기 위해 필요한 부하임피던스를 구하라.

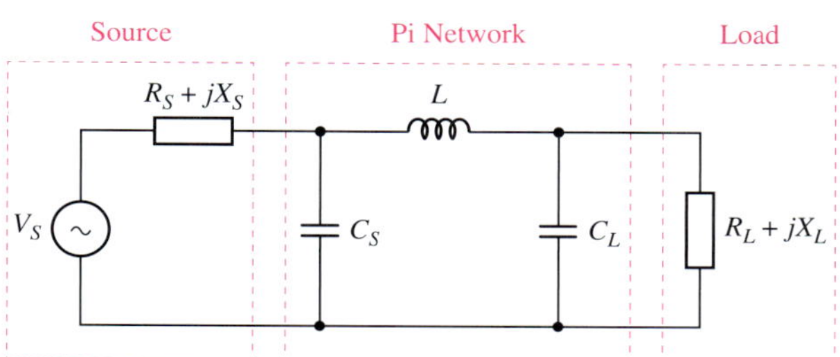

그림 11.51

61. 그림 11.51의 회로는 최대전력전달을 하기 위하여 전원과 부하 사이에 임피던스 정합을 위한 Pi 회로망을 사용하고 있다. 1 kHz 전원이 직렬 임피던스 50 + j4 Ω를 가지고 있다. C_S = 506 nF, C_L = 970 nF을 가진 Pi 회로망이 499 + j23 Ω의 부하에 최대전력전달을 실현시키기 위해 요구되는 인덕턴스 값을 구하라.

62. 그림 11.52의 회로는 최대전력전달을 하기 위하여 전원과 부하 사이에 임피던스 정합을 위한 T 회로망을 사용하고 있다. 60 Hz 전원이 직렬 임피던스 50 + $j5$ Ω를 가지고 있다. L_S = 0.385 H, C = 25.4 μF, L_L = 0.566 H을 가진 T 회로망이 최대전력전달을 실현시키기 위해 필요한 부하임피던스를 구하라.

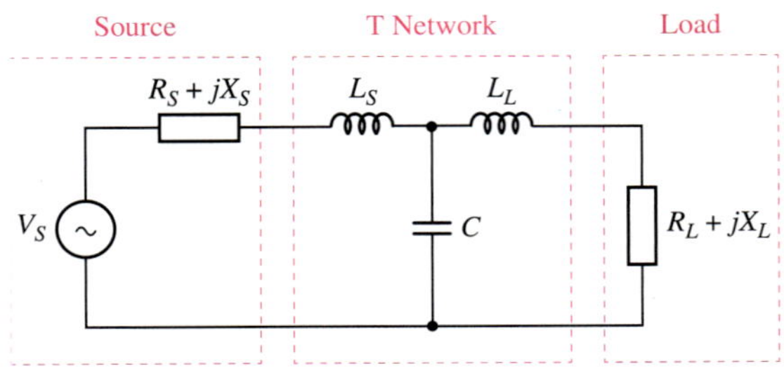

그림 11.52

63. 그림 11.52의 회로는 최대전력전달을 하기 위하여 전원과 부하 사이에 임피던스 정합을 위한 Pi 회로망을 사용하고 있다. 1 kHz 전원이 직렬 임피던스 50 + $j4$ Ω를 가지고 있다. L_S = L_L = 20.4 mH을 가진 T 회로망이 40 − $j8$ Ω의 부하에 최대전력전달을 실현시키기 위해 요구되는 커패시턴스 값을 구하라.

64. 100 MHz에서 VHF 통신을 위한 50... 안테나에 최대전력 전달을 하기를 원한다. 전원은 이 주파수에서 임피던스 10 + $j5$ Ω를 가지고 있다. 최대전력전달을 위한 T 또는 Pi 정합회로망을 설계하라(그림 11.51 및 11.52 참조). SPICE 시뮬레이션을 이용하여 디자인을 수행한 후, 적절한 변수를 사용하여 최대전력전달을 확인하라.

12 다상 회로

Design elements: Cockpit: ©Purestock/SuperStock; Wind Turbins: ©Russell Illig/Getty Images; Circuit Board: ©Shutterstock

서론

대부분의 전력은 전압 및 전류가 정현파의 형태로 소비자에게 공급되며, 일반적으로 교류전류(alternating current) 또는 간단히 **교류**(AC)로 표현된다. 그러나 예외도 있다. 예를 들어 기차 모터들 중 몇 가지가 그에 해당된다. 대부분 장비들은 50 또는 60 Hz에서 동작되도록 설계되어 있다. 대부분의 60 Hz 시스템은 현재 120 V에서 표준화되어 작동하는 반면에 50 Hz 시스템은 일반적으로 240 V에서 운용되도록 되어 있다(두 경우 모두 전압값은 rms 단위 사용). 사용되는 기기로 전달되는 실제 전압값은 이들 값에서 다소 변화될 수 있다. 그리고 배전 시스템은 전류와 케이블 크기를 최소화하기 위해서 상당히 높은 전압을 사용한다. 토마스 에디슨(Thomas Edison)이 직류회로의 해석에 요구되는 간단한 수식을 선호하였기 때문이라는 소문도 있지만, 어쨌든 그는 최초로 직류회로망을 통한 전력분배를 옹호하며 제안하였다. 하지만 전기분야의 다른 2명의 개척자 니콜라 테슬라(Nikola Tesla)와 조지 웨스팅하우스(George Westinghouse)는 획기적으로 전력손실을 낮출 수 있다는 관점에서 교류분배시스템을 제안하였다. 이론적인 근거를 토대로 한 에디슨 측의 주장에도 불구하고 궁극적으로 이 두 사람의 주장은 더 설득력을 얻게 되었다.

대부분의 기기들은 연속적으로 운전할 때보다 처음 시동을 걸 때 더 많은 전류를 필요로 하므로 교류전력시스템의 과도응답은 최대전력 요구량을 결정할 때 중요하다. 하지만 대부분의 경우에는 정상상태 운전이 가장 중요하므로 페이저 해석을 통한 정상상태 응답 분석방법이 간단하면서 효과적이라는 우리의 경험이 쉽게 입증 될 것이다. 이 장에서는 3선이나 4선 Y구성 또는 3선 Δ구성으로 결선될 수 있는 새로운 형태의 전압원, 즉 3상 전원(three-phase source) 3상 전원과 새로운 형태의 전압원이 소개된다. 아울러 응용분야에 따라 부하 또한 Y 또는 Δ결선을 할 수 있음을 보인다.

중요한 개념

- 단상전력 시스템
- 3상전력 시스템
- 3상전원
- 선간 대 상전압
- 선간 대 상전류
- Y결선 회로
- Δ결선 회로
- 평형부하
- 각상 분석
- 3상 시스템에서의 전력 측정

12.1 다상 시스템

이 장에서 우리는 **다상**(*polyphase*) 전원의 개념을 특별히 3상 시스템에 초점을 맞추어 소개한다. 단상 전력보다는 3상 전력을 생성하기 위하여 회전기기를 사용할 때는 이에 따른 확실한 이익들이 있다. 3상 시스템에서의 전력 전송을 함으로써 경제적인 이득을 얻게 된다. 특별히 거대한 냉동시스템과 기계설비에서 사용되는 모터들은 종종 3상 전력을 위한 결선이 이루어진다. 앞으로 다루게 될 많은 응용들을 통해 일단 다상 시스템의 기본에 익숙해지면, 다상 시스템의 단일 가지(leg)에 연결하는 것만으로도 단상 전력을 간단히 얻어낼 수 있음을 알게 될 것이다.

먼저 가장 많이 사용하는 평형 3상 시스템(balanced three-phase system)에 대해서 간단히 살펴보자. 이 전원은 3개의 단자(**접지선**(*ground*) 또는 **중성선**(*neutral*)은 단자 숫자로 세지 않음)를 가지고 있으며 전압계로 임의의 두 단자 사이의 전압을 측정하면 동일한 진폭값을 가지지만 위상은 같지 않은 정현파 전압들이 얻어진다. 각 단자 간의 전압은 나머지 두 쌍의 단자 간의 전압과 120°씩 위상차가 있으며 위상의 부호는 전압의 방향과 관계가 있다. 발생 가능성 있는 단자 간 전압 조합의 일례가 그림 12.1에서 보여진다. **평형부하**(*balanced load*)일 경우 각 상이 공급하는 전력은 똑같지만 전압 중 하나가 순간적으로 0이 되면 나머지 2개는 각각 절반의 크기를 가진다. **또한 부하에 흡수되는 순간전력이 0이 되는 때는 없으며 사실상 일정한 전체 순간전력 값을 가진다.** 바로 이 점이 회전기기용으로서 큰 장점이다. 3상 전원은 단상 전원에 비해서 회전자의 회전력을 훨씬 더 일정하게 유지시켜 주기 때문에 회전기기의 진동이 적어진다.

6상이나 12상 시스템과 같이 몇 개의 위상수를 더하여 다상 시스템이 사용할 것인가는 **정류기**(*rectifiers*)에 얼마나 많은 전력을 공급해야 하느냐에 따라 거의

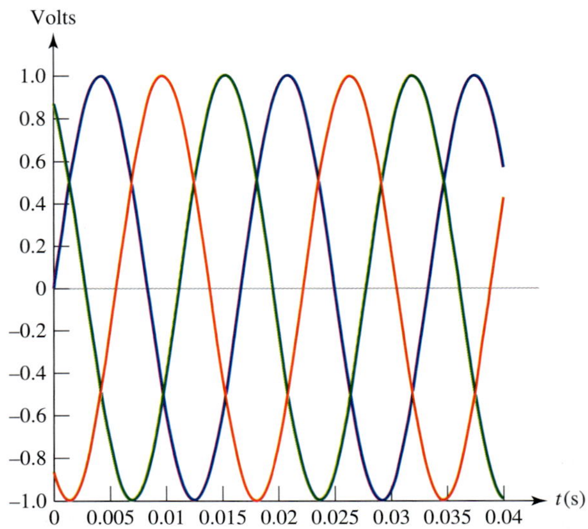

그림 12.1 세 전압이 하나의 세트로 구성된 예로서 각 전압은 나머지 2개의 전압과 120°씩 위상차가 있음. 그림에서 볼 수 있듯이 이들 전압 중 하나만이 어떤 특정 순간에 0이 됨.

전적으로 그 한계가 결정된다. 정류기는 부하를 통해 흐르는 전류가 단지 한 방향으로만 흐르도록 교류를 직류로 바꾸는 장치로서, 부하양단에 걸리는 전압의 부호가 동일하게 되도록 한다. 정류기의 출력은 직류에 적은 맥동성분, 즉 맥류(ripple)가 더해진 형태로 나오는데, 맥류는 다상 시스템의 위상수가 증가할수록 감소한다.

거의 예외 없이, 실제의 다상 시스템에 포함된 전원은 이상적인 전압원이거나 이상적인 전압원에 직렬로 연결된 아주 작은 내부 임피던스로 되어있다. 3상 전류원은 극히 드물게 존재한다.

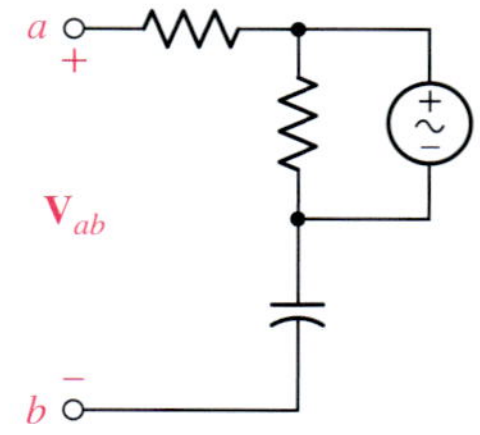

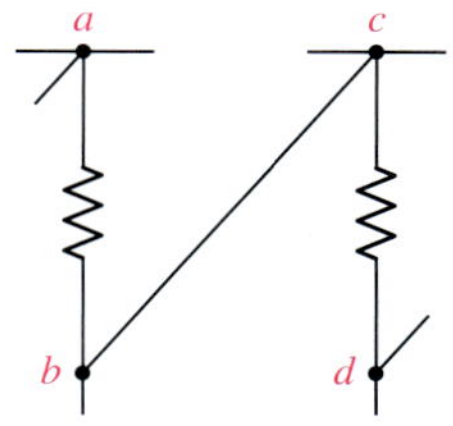

그림 12.2 (a) 전압 V_{ab}의 정의. (b) $V_{ad} = V_{ab} + V_{bc} + V_{cd} = V_{ab} + V_{cd}$.

이중아래첨자 기호규약

다상 전압, 전류는 **이중아래첨자 기호규약**(*double-subscript notation*)을 사용하여 표시하면 편리하다. 이러한 표시 방법으로 전압, 전류를 각각 $\mathbf{V}_{ab}$, $\mathbf{I}_{aA}$로 하면 단순히 $\mathbf{V}_3$ 혹은 $\mathbf{I}_x$로 표시하는 것보다 더 많은 의미를 가지게 된다.

$\mathbf{V}_{ab}$는 점 b에 대한 점 a의 전압이다. 즉 그림 12.2a와 같이 양의 부호는 점 a에 있게 되어 이중첨자는 양과 음의 부호를 붙이는 것과 등가이다. 따라서 이중첨자를 사용하거나 양과 음의 부호를 붙이는 두 가지 중에서 하나만 사용해도 무방하다. 예를 들어, 그림 12.2b에서 $\mathbf{V}_{ad} = \mathbf{V}_{ab} + \mathbf{V}_{cd}$가 됨을 알 수 있다. 키르히호프 전압법칙은 점들 사이에 선택된 경로에 관계없이 두 점 사이의 전압이 같아지도록 요구한다는 사실 속에 이중첨자 표시의 이득이 존재한다. 따라서 $\mathbf{V}_{ad} = \mathbf{V}_{ab} + \mathbf{V}_{bd} = \mathbf{V}_{ac} + \mathbf{V}_{cd} = \mathbf{V}_{ab} + \mathbf{V}_{bc} + \mathbf{V}_{cd}$ 등이 된다. 이 이득이란 회로도에 표시된 점들이 없어도 KVL이 만족될 수 있다는 것이다. 즉, 비록 회로도 상에 표시되어 있지 않은 점 또는 첨자가 하나가 KVL 방정식에 포함되어 있다고 하더라도 그 식이 정확한 식으로 간주되어질 수 있다는 것이다. 예를 들어 회로 상에서 우리가 관심있는 임의의 점의 위치를 선택하여 x라고 한다면, $\mathbf{V}_{ad} = \mathbf{V}_{ax} + \mathbf{V}_{xd}$로 쓸 수 있다.

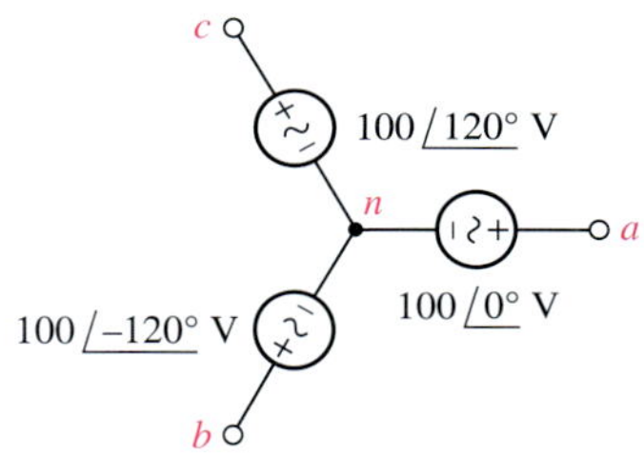

그림 12.3 이중아래첨자 전압규약의 예제로서 수치가 포함되어 사용된 회로망.

그림 12.3은 하나의 3상 전압 시스템의 가능한 형태 중 하나를 나타내고 있다.[1] 전압 $\mathbf{V}_{an}$, $\mathbf{V}_{bn}$ 그리고 $\mathbf{V}_{cn}$이 다음과 같이 주어졌다고 가정하자.

$$\begin{aligned}\mathbf{V}_{an} &= 100\underline{/0^\circ}\ \text{V}\\ \mathbf{V}_{bn} &= 100\underline{/-120^\circ}\ \text{V}\\ \mathbf{V}_{cn} &= 100\underline{/-240^\circ}\ \text{V}\end{aligned}$$

첨자들을 눈으로 따라가며 전압 $\mathbf{V}_{ab}$를 구하면 다음과 같이 얻어질 수 있다.

$$\begin{aligned}\mathbf{V}_{ab} &= \mathbf{V}_{an} + \mathbf{V}_{nb} = \mathbf{V}_{an} - \mathbf{V}_{bn}\\ &= 100\underline{/0^\circ} - 100\underline{/-120^\circ}\ \text{V}\\ &= 100 - (-50 - j86.6)\ \text{V}\\ &= 173.2\underline{/30^\circ}\ \text{V}\end{aligned}$$

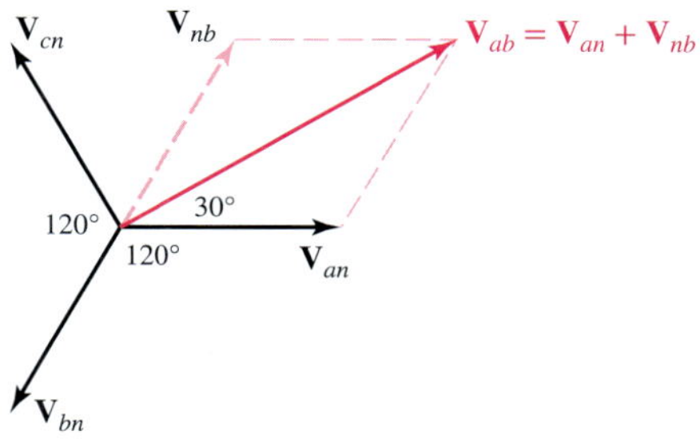

그림 12.4 이 페이저도는 그림 12.3의 회로망에서 $\mathbf{V}_{ab}$를 얻기 위한 이중아래첨자 전압변환의 도식적 사용을 설명하고 있음.

1 이 장에서는 전력 산업계의 관습에 따라 전압과 전류값들은 rms 값을 암묵적으로 사용한다.

이미 주어진 3개의 전압과 구해진 $\mathbf{V}_{ab}$의 페이저를 그림 12.4의 페이저도에 나타내었다.

이중아래첨자 기호규약은 물론 전류들에도 적용할 수 있다. 직접적인 경로를 통하여 점 a에서 b로 흐르는 전류를 전류 $\mathbf{I}_{ab}$로 정의한다. 우리가 다루는 모든 회로에는 점 a와 점 b간에 적어도 2개 이상의 가능한 경로가 있는데, 한쪽 경로가 훨씬 짧거나 더 직접적이라는 것이 명백한 경우가 아니라면 이중아래첨자 기호규약을 쓰지 않기로 한다. 대개 이 경로는 단일소자를 통해 형성된다. 그러므로 그림 12.5에서 $\mathbf{I}_{ab}$는 옳게 표시되어 있음을 알 수 있다. 사실상 이 전류에 대해서 이야기할 때는 화살표 방향 조차도 필요치 않은데, 아래 첨자 자체가 전류의 방향을 우리에게 알려주고 있기 때문이다. 그러나 그림 12.5 회로에 대한 전류 $\mathbf{I}_{cd}$ 표시는 이것이 어떤 소자를 통해 흐르는 전류인지 혼동을 주고 있다.

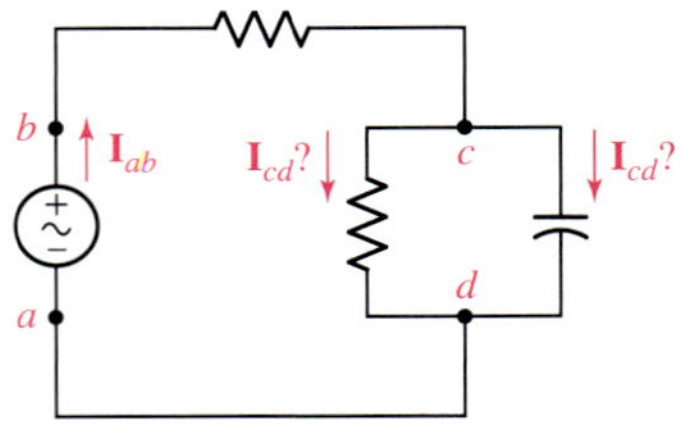

그림 12.5 전류표기를 위한 이중아래첨자 변환에 대한 사용과 오용의 설명.

익힘문제 12.1

$\mathbf{V}_{ab} = 100\underline{/0^\circ}$ V, $\mathbf{V}_{bd} = 40\underline{/80^\circ}$ V, $\mathbf{V}_{ca} = 70\underline{/200^\circ}$ V일 때, 다음을 구하라.

(a) $\mathbf{V}_{ab}$ (b) $\mathbf{V}_{bc}$ (c) $\mathbf{V}_{cd}$

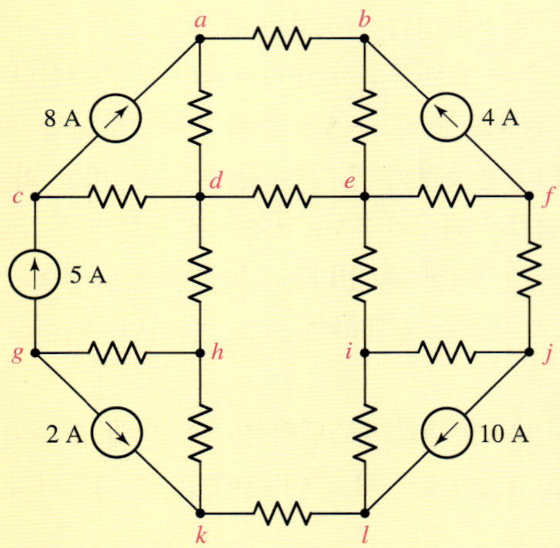

그림 12.6

답: $114.0\underline{/20.2^\circ}$ V; $41.8\underline{/145.0^\circ}$ V; $44.0\underline{/20.6^\circ}$ V

익힘문제 12.2

그림 12.6에서 $\mathbf{I}_{fj} = 3$ A, $\mathbf{I}_{de} = 2$ A, $\mathbf{I}_{hd} = -6$ A일 때, 다음을 구하라.

(a) $\mathbf{I}_{cd}$ (b) $\mathbf{I}_{ef}$ (c) $\mathbf{I}_{ij}$

답: −3 A; 7 A; 7 A.

12.2 단상 3선 시스템

다상 시스템을 자세히 공부하기 전에 간단한 단상 3선 시스템을 먼저 보면 도움이 될 수 있다. **단상 3선 전원**(*single-phase three-wire source*)은 그림 12.7*a*에서의 *a*, *n*, *b*와 같은 3개의 출력 단자를 가지며 페이저 전압 $\mathbf{V}_{an}$과 $\mathbf{V}_{nb}$이 같게 되는 전원으로 정의된다. 따라서 이 전원은 그림 12.7*b*에서 보는 바와 같이 2개의 동일한 전압원 $\mathbf{V}_{an} = \mathbf{V}_{nb} = \mathbf{V}_1$을 결합한 것으로 표현될 수 있다. $\mathbf{V}_{an} = 2\mathbf{V}_{an} = 2\mathbf{V}_{nb}$이므로 두 가지 상이한 전압($\mathbf{V}_1$ 또는 $\mathbf{V}_{ab}$)에서 동작하는 부하들을 연결할 수 있는 전원을 가진다. 북미지역의 일반 가정용 시스템은 단상 3선 시스템으로서 110 V와 220 V의 가전기기를 겸용할 수 있도록 되어 있다. 더 높은 전압의 전기기기는 일반적으로 대전력용인데 동일한 전력을 소비하는 전기기기의 경우 전압을 2배로 하면 전류는 반으로 줄일 수 있다. 이에 따라 가전기기, 가정용 배전 시스템, 그리고 전력회사의 배전 시스템 내의 전선들을 더욱 가는 것들로 사용하여도 안전이 보장될 수 있다. 반면에 가전기기를 흐르는 전류가 커질수록 전선의 저항에 기인하여 생성되는 열을 감소시키기 위하여 더 굵은 전선을 사용하여야 되므로 비용의 증가를 초래한다.

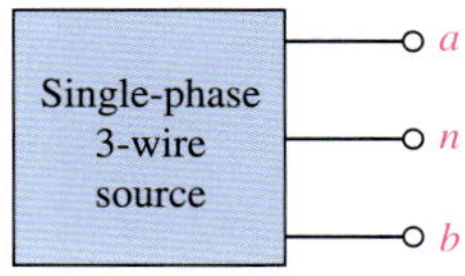

(*a*)

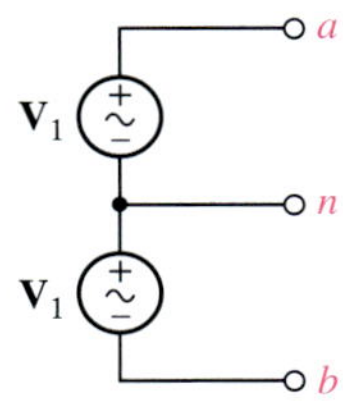

(*b*)

그림 12.7 (*a*) 단상 3선 전원. (*b*) 2개의 동일한 전압원에 의한 단상 3선 전원의 표현.

$\mathbf{V}_{an}$과 $\mathbf{V}_{nb}$는 서로 크기가 같고 위상도 같기 때문에 **단상**(*single-phase*)이라고 한다. 그러나 다른 관점에서 보면 2개의 바깥선과 **중성선**(*neutral*)이라 불리는 중앙선 간의 전압은 정확하게 180° 위상차가 있다. 즉 $\mathbf{V}_{an} = -\mathbf{V}_{bn}$이며 $\mathbf{V}_{an} + \mathbf{V}_{bn} = 0$이 된다. 나중에 공부하겠지만 평형 다상 시스템(balanced polyphase systems)은 크기가 같고 페이저(phasor)의 합이 0이 되는 여러 전압들의 조합으로 이루어진다는 특성을 가진다. 이러한 관점에서 보면 단상 3선 시스템은 확실한 평형 2상 시스템이다. 하지만 서로 90°의 위상차를 가지는 두 전압원을 이용하는 상대적으로 덜 중요한 불평형 시스템(unbalanced system)을 전통적으로 **2상**(*two-phase*) 시스템이라고 부른다.

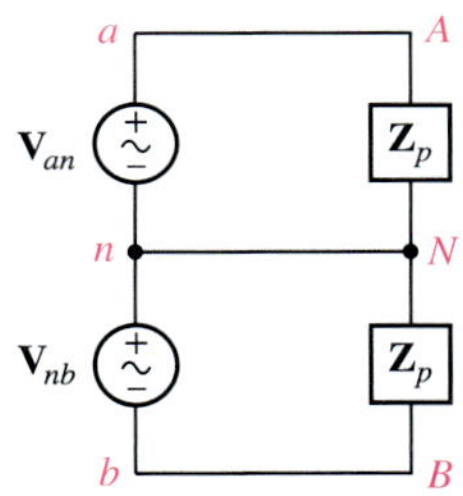

그림 12.8 간단한 단상 3선 시스템. 2개의 부하는 동일하며, 중성선 전류는 0임.

이제 그림 12.8과 같이 각 바깥선과 중성선 사이에 동일한 부하 $\mathbf{Z}_p$들이 연결되어 있는 단상 3선 시스템에 대하여 알아보자. 우선 전원에서 부하에 연결된 전선은 완전 도체라고 가정한다. 따라서

$$\mathbf{V}_{an} = \mathbf{V}_{nb}$$

이므로

$$\mathbf{I}_{aA} = \frac{\mathbf{V}_{an}}{\mathbf{Z}_p} = \mathbf{I}_{Bb} = \frac{\mathbf{V}_{nb}}{\mathbf{Z}_p}$$

이다. 그러므로

$$\mathbf{I}_{nN} = \mathbf{I}_{Bb} + \mathbf{I}_{Aa} = \mathbf{I}_{Bb} - \mathbf{I}_{aA} = 0$$

이다. 따라서 중성선에 흐르는 전류는 0이고 중성선을 제거하여도 시스템 내의 어떠한 전류나 전압도 변화되지 않는다. 이 결과는 2개 전원과 2개 부하의 동등성(equality)을 통해 이루어진다.

유한 전선 임피던스의 영향

다음으로는 각 전선의 유한 임피던스 영향에 대해 고려해 보자. 만약 선 aA와 bB 각각이 같은 임피던스를 가진다면 이 임피던스는 $\mathbf{Z}_p$와 더해져서 다시 한번 동일한 2개의 부하가 되는 결과가 되며, 중성선 전류는 0이 된다. 지금부터는 중성선이 임피던스 $\mathbf{Z}_n$을 가지는 경우에 대하여 살펴본다. 어떠한 상세한 분석을 실행할 필요도 없이, 회로의 대칭성이 중성선 전류를 0으로 만든다는 사실을 중첩의 원리를 통해 알 수 있다. 더욱이 바깥선 하나로부터 다른 바깥선까지 직접 아무런 임피던스라도 직접 연결하면 이 또한 대칭회로가 되며 중성선 전류는 0이 된다. 그러므로 중성선 전류가 0이 되는 것은 평형 또는 대칭인 부하에 의한 결과이고, 중성선에 0이 아닌 임피던스가 존재하더라도 이것이 대칭성을 파괴하지 않는다.

가장 일반적인 단상 3선 시스템에서는 값이 다른 2개의 부하가 바깥선과 중성선 간에 각각 연결되어 있고 또 다른 부하가 두 바깥선 간에 직접 연결되어 있는데, 두 바깥선의 임피던스들은 거의 같고 중성선의 임피던스는 약간 크다. 이와 같은 시스템에서 불평형 부하에 전송하는 전력의 전체효율뿐만 아니라 중성선을 통해 흐르는 전류가 특별한 관심사인 경우의 예를 고려해 보자.

예제 12.1

그림 12.9의 시스템을 분석하고 각각의 두 선과 중성선에서 소비되는 전력뿐만 아니라 3개의 부하 각각에 전달되는 전력을 구하라.

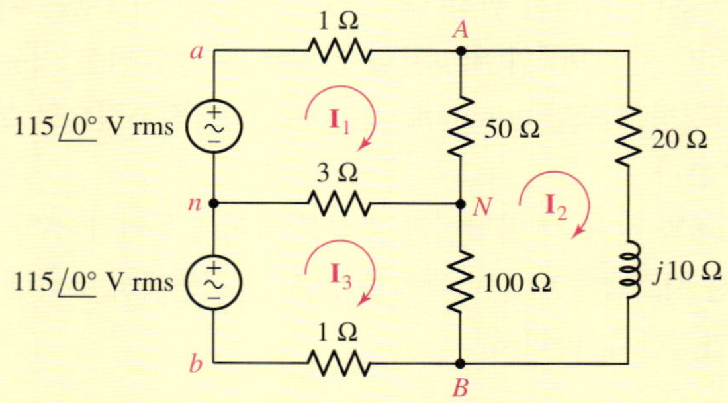

그림 12.9 전형적인 단상 3선 시스템.

문제의 목표를 확인한다.

주어진 회로에는 50 Ω 저항기, 100 Ω 저항기, 그리고 $20 + j10$ Ω 임피던스의 3개의 부하가 있다. 두 선의 각각은 1 Ω 저항을 가지고 중성선은 3 Ω의 저항을 가진다. 전력을 구하기 위하여 이들 각각을 통해 흐르는 전류가 필요하다.

알고 있는 정보를 모두 수집한다.

주어진 회로는 단상 3선 시스템으로서, 그림 12.9의 회로도에 잘 표현되어 있다. 계산되어지는 전류는 rms 단위를 가지게 될 것이다.

계획을 세운다.

이 회로는 확실히 정의되는 3개의 메쉬를 가지고 있어 메쉬해석을 하는 것이 좋다. 해석결과는 메쉬전류의 집합이 될 것이며, 이들은 소비전력을 계산하는데 사용될 수 있다.

적절한 수의 방정식을 구성한다.

3개의 메쉬 방정식은 다음과 같이 얻어진다.

$$\begin{aligned}
-115\underline{/0^\circ} + \mathbf{I}_1 + 50(\mathbf{I}_1 - \mathbf{I}_2) + 3(\mathbf{I}_1 - \mathbf{I}_3) &= 0 \\
(20 + j10)\mathbf{I}_2 + 100(\mathbf{I}_2 - \mathbf{I}_3) + 50(\mathbf{I}_2 - \mathbf{I}_1) &= 0 \\
-115\underline{/0^\circ} + 3(\mathbf{I}_3 - \mathbf{I}_1) + 100(\mathbf{I}_3 - \mathbf{I}_2) + \mathbf{I}_3 &= 0
\end{aligned}$$

이들을 재배열하여 다음의 3개 방정식을 얻어낼 수 있다.

$$\begin{aligned}
54\mathbf{I}_1 \quad\quad -50\mathbf{I}_2 - 3\mathbf{I}_3 &= 115\underline{/0^\circ} \\
-50\mathbf{I}_1 + (170 + j10)\mathbf{I}_2 - 100\mathbf{I}_3 &= 0 \\
-3\mathbf{I}_1 \quad\quad -100\mathbf{I}_2 + 100\mathbf{I}_3 &= 115\underline{/0^\circ}
\end{aligned}$$

추가로 필요한 정보가 있는지 결정한다.

3개의 미지수를 위한 3개의 방정식이 세워졌으므로 문제를 푸는 것이 가능하다.

해를 구한다.

과학용 계산기를 사용하여 페이저 전류 $\mathbf{I}_1$, $\mathbf{I}_2$ 그리고 $\mathbf{I}_3$에 대하여 수식을 풀면 다음을 얻는다.

$$\begin{aligned}
\mathbf{I}_1 &= 11.24\underline{/-19.83^\circ}\ \text{A} \\
\mathbf{I}_2 &= 9.389\underline{/-24.47^\circ}\ \text{A} \\
\mathbf{I}_3 &= 10.37\underline{/-21.80^\circ}\ \text{A}
\end{aligned}$$

따라서 바깥선의 전류들은

$$\mathbf{I}_{aA} = \mathbf{I}_1 = 11.24\underline{/-19.83^\circ}\ \text{A}$$

과

$$\mathbf{I}_{bB} = \mathbf{I}_3 = 10.37\underline{/158.20^\circ}\ \text{A}$$

이 되고, 중성선 전류는 다음과 같이 되는데 바깥선 전류들에 비해 더 작은 값을 가진다.

$$\mathbf{I}_{nN} = \mathbf{I}_3 - \mathbf{I}_1 = 0.9459\underline{/-177.7^\circ}\ \text{A}$$

그러므로 각 부하에서 소비되는 평균전력은 다음과 같이 얻어진다.

rms 전류값들을 사용하기 때문에 전력계산 시 $\frac{1}{2}$을 포함시킬 필요가 없다.

2개의 100 W 전구에서 발생되는 열을 상상해 보라. 이 정도의 전력이 이들 바깥선들에서 소비되고 있으므로, 이들의 온도를 낮추기 위하여 반드시 더 넓은 표면적을 갖는 전선들의 사용이 필수적이다.

$$P_{50} = |\mathbf{I}_1 - \mathbf{I}_2|^2(50) = 206 \text{ W}$$
$$P_{100} = |\mathbf{I}_3 - \mathbf{I}_2|^2(100) = 117 \text{ W}$$
$$P_{20+j10} = |\mathbf{I}_2|^2(20) = 1763 \text{ W}$$

전체 부하전력은 2086 W이다. 각 선로에서의 손실은 다음과 같이 구해진다.

$$P_{aA} = |\mathbf{I}_1|^2(1) = 126 \text{ W}$$
$$P_{bB} = |\mathbf{I}_3|^2(1) = 108 \text{ W}$$
$$P_{nN} = |\mathbf{I}_{nN}|^2(3) = 3 \text{ W}$$

전체 선로손실은 237 W이다. 분명히 전선은 꽤 길 것이다. 그렇지 않다면 2개의 바깥선에서 발생되는 상대적으로 높은 전력손실은 위험한 온도상승을 불러일으킬 우려가 있다.

해가 타당한지 또는 기대했던 결과인지 검토한다.

전체 소비전력은 206 + 117 + 1763 + 237, 즉 2323 W이다. 이것은 각 전압원에 의해 공급된 전력을 다음과 같이 구함으로써 확인할 수 있다.

$$P_{an} = 115(11.24)\cos 19.83^\circ = 1216 \text{ W}$$
$$P_{bn} = 115(10.37)\cos 21.80^\circ = 1107 \text{ W}$$

즉 이들의 합이 2323 W이다. 이 시스템의 전달효율(transmission efficiency)은 다음과 같다.

$$\eta = \frac{\text{부하에 전달된 전체 전력}}{\text{전체 발생전력}} = \frac{2086}{2086 + 237} = 89.8\%$$

이 값은 증기기관이나 내연기관에 비하면 매우 높은 효율이지만 잘 설계된 배전 시스템이라고 하기에는 효율이 너무 낮다. 따라서 이 경우에 전원과 부하 사이를 더 가까이 위치시키지 못한다면 더 굵은 전선을 사용하여야만 한다.

그림 12.10은 2개의 전압원, 바깥선들의 전류들, 그리고 중성선의 전류를 나타내는 페이저도이다. $\mathbf{I}_{aA} = \mathbf{I}_{bB} = \mathbf{I}_{nN} = 0$이라는 사실이 그림에 명확히 나타나 있다.

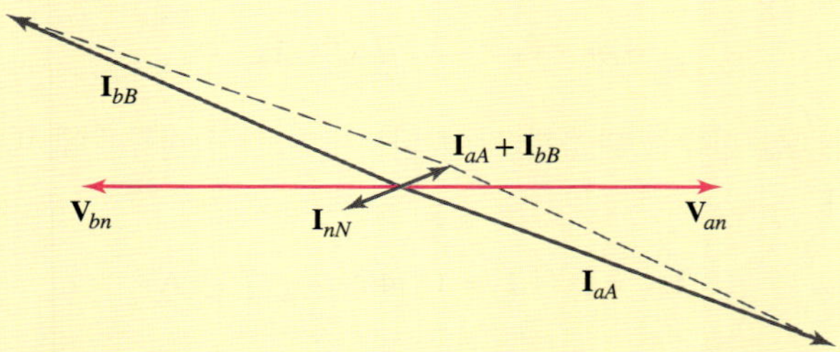

그림 12.10 그림 12.9의 회로에서의 3개의 전압원과 3개의 전류의 페이저도. $\mathbf{I}_{aA} + \mathbf{I}_{bB} + \mathbf{I}_{nN} = 0$임을 주의할 것.

익힘문제 12.3

그림 12.9의 회로를 2개의 바깥선 각각에 1.5 Ω 저항을 더하고 중성선에는 2.5 Ω 저항을 더한 회로로 수정한 후, 3개의 부하들 각각에 전달되는 평균전력을 구하라.

답: 153.1 W; 95.8 W; 1374 W.

12.3 3상 Y-Y 결선

3상 전원은 **선단자**(*line* terminals)라고 불리는 3개의 단자를 갖고 있으며, 제4의 단자인 **중성선** 연결은 있을 수도 있고 없을 수도 있다. 먼저 중성선 연결을 가지고 있는 3상 전원에 대하여 생각해 보자. 이것은 그림 12.11에서 보는 바와 같이 3개의 이상적인 전압원들을 Y형으로 연결한 것이며 단자 *a*, *b*, *c* 및 *n*이 있다. 우리는 평형 3상 전원(balanced three-phase sources)만을 다루기로 한다. 평형 3상에서는 다음과 같은 관계들이 성립한다.

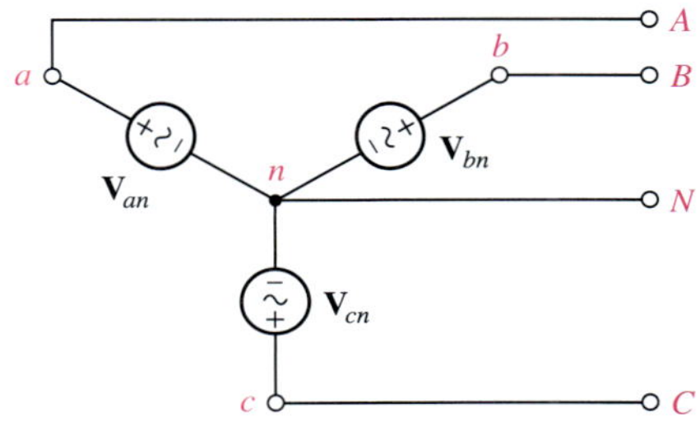

그림 12.11 Y-결선된 3상 4선 전원.

$$|\mathbf{V}_{an}| = |\mathbf{V}_{bn}| = |\mathbf{V}_{cn}|$$

그리고

$$\mathbf{V}_{an} + \mathbf{V}_{bn} + \mathbf{V}_{cn} = 0$$

각 선과 중성선 사이에 걸리는 이들 세 전압은 **상전압**(*phase voltages*)이라고 불린다. 만약 $\mathbf{V}_{an}$을 기준 페이저 전압으로 임의로 다음과 같이 잡는다면

$$\mathbf{V}_{an} = V_p\underline{/0^\circ}$$

여기서 V_p는 이후 모든 경우에 상전압의 실효 **진폭**(rms *amplitude*)을 표현하는 데 사용될 것이며, 따라서 3상 전원의 정의는 다음과 같이 나타낸다.

$$\mathbf{V}_{bn} = V_p\underline{/-120^\circ} \quad \text{그리고} \quad \mathbf{V}_{cn} = V_p\underline{/-240^\circ}$$

또는

$$\mathbf{V}_{bn} = V_p\underline{/120^\circ} \quad \text{그리고} \quad \mathbf{V}_{cn} = V_p\underline{/240^\circ}$$

전자의 식들을 **정상순**(*positive phase sequence*) 혹은 ***abc* 상순**(*abc phase sequence*)이라고 부르며, 이를 그림 12.12*a*에 페이저도로 나타내었다. 후자의 식들을 **역상순**(*negative phase sequence*) 혹은 ***cba* 상순**(*cba phase sequence*)이라고 지칭하며 그림 12.12*b*에 페이저도로 표시하였다.

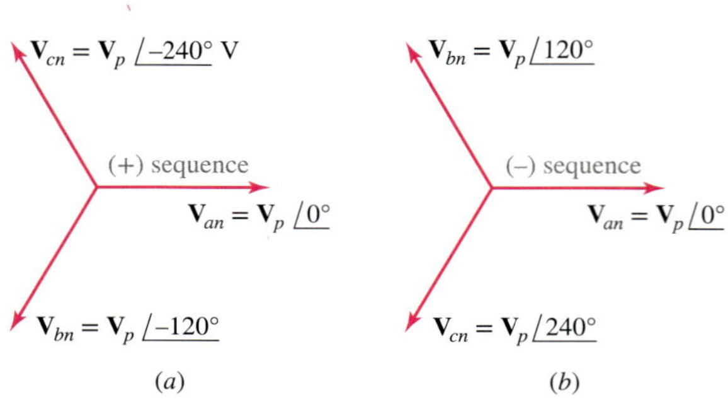

그림 12.12 (*a*) 정 혹은 *abc* 상순. (*b*) 역 혹은 *cba* 상순.

a, *b*, *c*라고 쓰여진 3개의 단자들을 임의로 어떻게 결정하느냐에 따라 물리적인 3상 전원의 실제 상순은 좌우된다. 그것들은 항상 정상순으로 선택되어질 수 있으므로, 이후 우리가 고려하는 대부분의 시스템들은 정상순의 시스템이라고 가정할 것이다.

선간전압

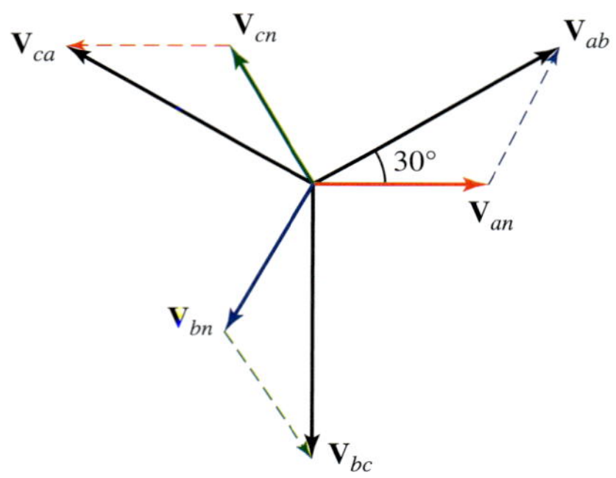

그림 12.13 주어진 상전압들로부터 선전압들을 결정하기 위해 사용되는 페이저도 또는 대수적으로 $\mathbf{V}_{ab} = \mathbf{V}_{an} - \mathbf{V}_{bn} = V_p\angle 0^\circ - V_p\angle -120^\circ = V_p - V_p\cos(-120^\circ) - jV_p\sin(-120^\circ) = V_p\left(1+\frac{1}{2}+j\sqrt{3}/2\right) = \sqrt{3}V_p\angle 30^\circ$

다음으로는, 상전압들이 그림 12.12*a*와 같을 때 존재하는 **선간전압**(*line-to-line voltages*)(또는 간단하게 선전압(line voltages)이라고도 불림)을 구하여 보자. 모든 각이 30°의 정수배이므로 페이저도를 이용하면 아주 편리하며 그림 12.13으로부터 다음의 결과들을 얻을 수 있다.

$$\mathbf{V}_{ab} = \sqrt{3}\,V_p\angle 30^\circ \qquad [1]$$

$$\mathbf{V}_{bc} = \sqrt{3}\,V_p\angle -90^\circ \qquad [2]$$

$$\mathbf{V}_{ca} = \sqrt{3}\,V_p\angle -210^\circ \qquad [3]$$

키르히호프의 전압법칙에 의해 이들 세 전압의 합은 0이 되어야 하는데, 그 검증은 독자들이 하도록 연습문제로 남겨두었다.

각 선전압의 실효 진폭(또는 크기)를 V_L로 표시하면, Y-결선 3상 전원의 중요한 특성 중의 하나가 다음과 같은 식으로 표현될 수 있다는 것이다.

$$\boxed{V_L = \sqrt{3}\,V_p}$$

정상순에서 $\mathbf{V}_{an}$는 $\mathbf{V}_{bn}$보다 $\mathbf{V}_{bn}$은 $\mathbf{V}_{cn}$보다 각각 120° 앞서며, $\mathbf{V}_{ab}$는 $\mathbf{V}_{bc}$보다 $\mathbf{V}_{bc}$는 $\mathbf{V}_{ca}$보다 120° 앞서게 되며, 역상순에서는 '앞선다'는 말을 '뒤진다'는 말로 바꾸면 마찬가지로 성립함에 주목해야 한다.

이제 그림 12.14와 같이 평형 Y-결선 3상 부하를 3선과 하나의 중성선을 사용하여 전원에 연결하여 보자. 부하는 각 선과 중성선 간의 임피던스 $\mathbf{Z}_p$로 나타낸다. 주어진 회로는 한 선이 공통(common)인 3개의 단상회로가 되기 때문에 세 선의

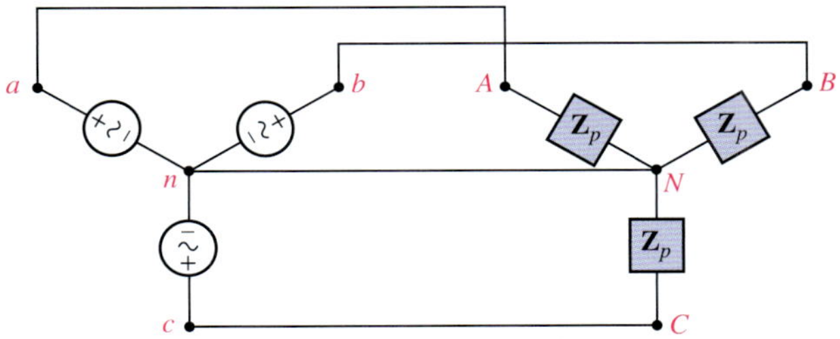

그림 12.14 Y-Y 결선이며 중성선이 포함된 평형 3상 시스템.

전류들을 다음과 같이 쉽게 구할 수가 있다.[2]

$$\mathbf{I}_{aA} = \frac{\mathbf{V}_{an}}{\mathbf{Z}_p}$$

$$\mathbf{I}_{bB} = \frac{\mathbf{V}_{bn}}{\mathbf{Z}_p} = \frac{\mathbf{V}_{an}\underline{/-120^\circ}}{\mathbf{Z}_p} = \mathbf{I}_{aA}\underline{/-120^\circ}$$

$$\mathbf{I}_{cC} = \mathbf{I}_{aA}\underline{/-240^\circ}$$

그러므로

$$\mathbf{I}_{Nn} = \mathbf{I}_{aA} + \mathbf{I}_{bB} + \mathbf{I}_{cC} = 0$$

이다. 따라서 만일 전원과 부하가 모두 평형이고 네 선의 임피던스가 0이면 중성선에는 전류가 흐르지 않게 된다. 이제 임피던스 $\mathbf{Z}_L$을 3개의 선에 각각 직렬로 삽입하고 또 임피던스 $\mathbf{Z}_n$을 중성선에 직렬로 삽입하는 경우에 어떠한 변화가 있을 것인가를 살펴보자. 이들 선 임피던스를 각각의 부하 임피던스와 합한 실효 부하도 역시 평형을 유지하게 될 것이며 따라서 중성선 전류는 역시 0이 되어 중성선을 제거하여도 무방할 것이다. 이와 같이 n과 N 간을 개방하거나 또는 단락하여도 시스템에 아무 변화가 없다면 중성선에 어떠한 임피던스를 삽입하여도 중선선의 전류는 그대로 0이 될 것이다.

그러므로 전원도, 부하도, 선 임피던스도 모두 평형으로 되어 있다면, 어떠한 임피던스를 가지는 중성선은 개방회로 또는 단락회로를 포함하는 임의의 다른 임피던스로 대치할 수 있다. 즉, 이러한 대치는 시스템의 전압이나 전류에 전혀 영향을 미치지 않음을 의미한다. 중성선이 실제 존재하든 그렇지 않든 상관없이 중성선 양단의 두 점 사이가 단락되었다고 보는 것이 편리할 때가 많다. 이때 3상 회로는 3개의 단상회로로 문제가 간략화 되며 각 전원 사이에 일정한 위상차가 있다는 것만이 다를 뿐이다. 따라서 문제를 '상당(per-phase)' 기반으로 풀 수 있게 된다.

2 이것은 각 상에서 한 번에 하나씩 바라본 후 중첩을 적용하면 옳은 결과임을 알 수 있다.

예제 12.2

그림 12.15의 회로에 대하여, 이 회로 전체에 있어서의 상전류들과 선전류들, 그리고 상전압들과 선전압들을 구하라. 아울러 부하에서 소비되는 전체전력을 계산하라.

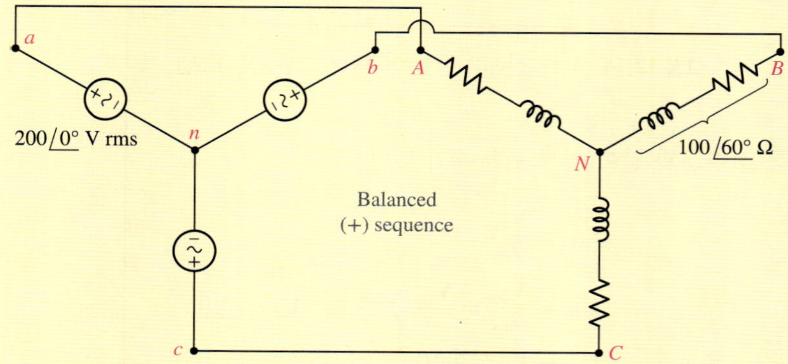

그림 12.15 평형 3상 3선 Y-Y 결선 시스템.

상전압들 중 하나는 그림에 주어져 있으므로, 정(+)상순이라 가정한다면 3개의 상전압들은 다음과 같다.

$$\mathbf{V}_{an} = 200\underline{/0^\circ}\ \text{V} \qquad \mathbf{V}_{bn} = 200\underline{/-120^\circ}\ \text{V} \qquad \mathbf{V}_{cn} = 200\underline{/-240^\circ}\ \text{V}$$

선전압은 $200\sqrt{3} = 346$ V이고 각 선전압의 위상각은 그림 12.13에 대해서 이전에 행했던 것처럼 페이저도를 그려서 구할 수 있다(사실 그림 12.13의 페이저도를 여기서도 그대로 적용할 수 있다). 과학용 계산기를 사용하여 상전압들을 빼거나 수식 [1]에서 [3]을 적용하면 $\mathbf{V}_{ab} = 346\underline{/30^\circ}$ V, $\mathbf{V}_{bc} = 346\underline{/-90^\circ}$ V, $\mathbf{V}_{ca} = 346\underline{/-210^\circ}$ V가 구해진다.

상 A에 대한 선전류는

$$\mathbf{I}_{aA} = \frac{\mathbf{V}_{an}}{\mathbf{Z}_p} = \frac{200\underline{/0^\circ}}{100\underline{/60^\circ}} = 2\underline{/-60^\circ}\ \text{A}$$

가 되며, 우리는 이 시스템이 평형 3상 시스템이란 것을 알고 있으므로 $\mathbf{I}_{aA}$를 기반으로 하여 나머지 선전류들을 다음과 같이 구할 수 있다.

$$\begin{aligned}\mathbf{I}_{bB} &= 2\underline{/(-60^\circ - 120^\circ)} = 2\underline{/-180^\circ}\ \text{A}\\ \mathbf{I}_{cC} &= 2\underline{/(-60^\circ - 240^\circ)} = 2\underline{/-300^\circ}\ \text{A}\end{aligned}$$

마지막으로, 상 A에서 흡수하는 평균전력은 $\text{Re}\{\mathbf{V}_{an}\mathbf{I}^*_{aA}\}$ 또는

$$P_{AN} = 200(2)\cos(0^\circ + 60^\circ) = 200\ \text{W}$$

가 된다. 따라서 3상 부하에서 흡수하는 전체 평균전력은 600 W가 된다.

이 회로에 대한 페이저도는 그림 12.16에서 보여진다. 일단 어떤 선전압과 선전류의 크기를 안다면 3개의 모든 전압과 3개의 모든 전류의 위상각은 페이저도를 읽음으로써 쉽게 얻을 수 있다.

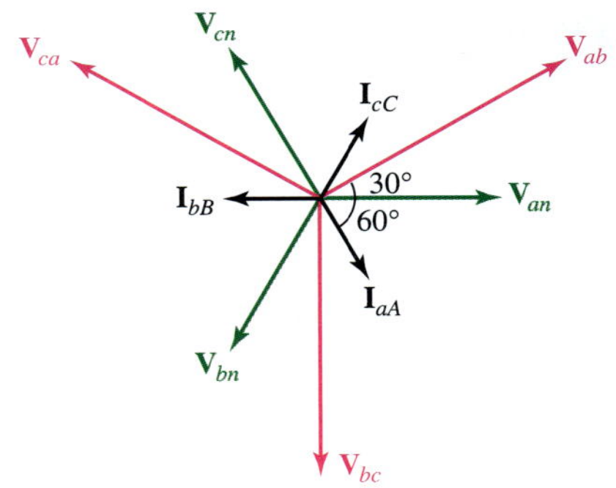

그림 12.16 그림 12.15의 회로에 적용되는 페이저도.

익힘문제 12.4

평형 3상 3선 시스템이 Y-결선부하를 가지고 있고, 각각의 상은 $-j100\ \Omega$, $100\ \Omega$, $50 + j50\ \Omega$ 3개의 부하의 병렬연결을 포함하고 있다. $\mathbf{V}_{ab} = 400\underline{/0^\circ}$ V이고 정상순임을 가정할 때, 다음을 구하라.

(a) $\mathbf{V}_{an}$ (b) $\mathbf{I}_{aA}$ (c) 부하에 흡수되는 전체전력

답: $231\underline{/-30^\circ}$ V; $4.62\underline{/-30^\circ}$ A; 3200 W.

다른 예제를 풀기 전에, 비록 상전압과 전류가 어떤 특정 순간(북미 지역에서는 매 1/120초)마다 0이 된다고 할지라도 전체부하에 전달되는 순간전력은 결코 0이 되지 않는다는 사실은 12.1절에서 언급했던 사항을 빠르게 이용할 수 있는 좋은 기회를 제공해 줄 수 있음을 살펴본다. 상전압과 전류를 시간영역에서 다음과 같이 쓴 상태에서 예제 12.2에서의 상 A를 다시 한번 고려해 보자.

▌ rms 값으로부터 변환하는 데 $\sqrt{2}$가 필요하다.

$$v_{AN} = 200\sqrt{2}\cos(120\pi t + 0^\circ)\ \text{V}$$

그리고

$$i_{AN} = 2\sqrt{2}\cos(120\pi t + 60^\circ)\ \text{A}$$

따라서 상 A에 흡수되는 순시전력은

$$\begin{aligned} p_A(t) = v_{AN}i_{AN} &= 800\cos(120\pi t)\cos(120\pi t - 60^\circ) \\ &= 400[\cos(-60^\circ) + \cos(240\pi t - 60^\circ)] \\ &= 200 + 400\cos(240\pi t - 60^\circ)\ \text{W} \end{aligned}$$

이 되고, 유사한 형태로

$$p_B(t) = 200 + 400\cos(240\pi t - 300^\circ)\ \text{W}$$

그리고

$$p_C(t) = 200 + 400\cos(240\pi t - 180^\circ)\ \text{W}$$

가 된다. 그러므로 전체부하에 흡수되는 순시전력은 시간과 무관한

$$p(t) = p_A(t) + p_B(t) + p_C(t) = 600\ \text{W}$$

이 되는데, 이것은 예제 12.2에서 계산되었던 평균전력과 같은 값임을 알 수 있다.

예제 12.3

선전압이 300 V인 평형 3상 시스템이 평형 Y-결선 부하에 공급하는 전력이 0.8 앞선 역률에서 1200 W일 때, 선전류와 상당(per-phase) 부하 임피던스를 구하라.

상전압은 $300/\sqrt{3}$ V이고 상당 전력이 1200/3 = 400 W이므로 선전류를 다음과 같은 전력관계식으로부터 구할 수 있다.

$$400 = \frac{300}{\sqrt{3}}(I_L)(0.8)$$

그러므로 선전류는 2.89 A이 된다. 상 임피던스 크기는 다음과 같이 주어진다.

$$|\mathbf{Z}_P| = \frac{V_p}{I_L} = \frac{300/\sqrt{3}}{2.89} = 60\ \Omega$$

역률이 0.8 앞서므로 임피던스 위상각은 −36.9°가 된다. 따라서 $\mathbf{Z}_p = 60\underline{/-36.9^\circ}$ Ω가 된다.

익힘문제 12.5

평형 3상 3선 시스템은 500 V인 선전압을 가지고 있다. 2개의 평형 Y-결선 부하가 존재하는데 하나는 상당 $7 - j2$ Ω인 용량성 부하이고 다른 하나는 상당 $4 + j2$ Ω인 유도성 부하이다. 이때 다음을 구하라.

(a) 상전압 (b) 선전류 (c) 부하에 공급되는 전체전력
(d) 전원이 동작 중인 상태에서의 역률

답: 289 V; 97.5 A; 83.0 kW; 0.983 lagging.

예제 12.4

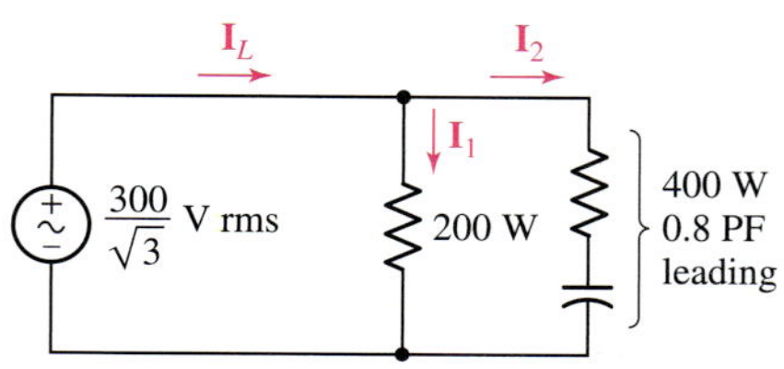

그림 12.17 평형 3상 예를 해석하기 위해 사용된 상당(per-phase) 회로.

예제 12.3의 시스템에서 평형 600 W 전등부하가 병렬로 추가되었을 때, 새로운 선전류를 구하라.

이 경우 그림 12.17에서 보여주듯이 먼저 적절한 상당(per-phase) 회로를 그려야 한다. 600 W 부하는 평형 부하로서 3상 사이에 균등하게 분배되는 것으로 가정하면, 그 결과 각각의 상에서 추가로 200 W의 전력이 소비된다.

전등 전류($\mathbf{I}_1$)의 크기는 다음과 같이 구해진다.

$$200 = \frac{300}{\sqrt{3}}|\mathbf{I}_1|\cos 0^\circ$$

따라서

$$|\mathbf{I}_1| = 1.155\ \text{A}$$

이 된다. 이와 유사한 방법으로, 용량성 부하 양단에 걸리는 전압이 앞에서와 같은 값을 유지하기 때문에 용량성 부하 전류의 크기($\mathbf{I}_2$)는 이전에 구한 값과 같은 다음과 같은 값이 됨을 알 수 있다.

$$|\mathbf{I}_2| = 2.89 \text{ A}$$

우리가 작업 중인 상이 위상각 08인 상전압을 가지고 있다고 가정하면, $\cos^{-1}(0.8) = 36.9°$이 되므로,

$$\mathbf{I}_1 = 1.155\underline{/0°} \text{ A} \qquad \mathbf{I}_2 = 2.89\underline{/+36.9°} \text{ A}$$

이 되고, 선전류는

$$\mathbf{I}_L = \mathbf{I}_1 + \mathbf{I}_2 = 3.87\underline{/+26.6°} \text{ A}$$

이 된다. 이 전원의 상에 의해 생성된 전력을 다음과 같이 계산해 보면 우리가 구한 결과를 확인할 수 있다.

$$P_p = \frac{300}{\sqrt{3}} 3.87 \cos(+26.6°) = 600 \text{ W}$$

여기서 각각의 상은 기존의 부하에 공급하는 전력 400 W뿐만 아니라 새로운 전등부하에 200 W의 전력을 공급한다는 사실을 알 수 있다.

익힘문제 12.6

3개의 평형 Y-결선 부하들이 평형 3상 4선 시스템에 연결되어 있다. 부하 1은 역률 1에서 6 kW의 전력을 소비하고 있고, 부하 2는 뒤진 역률 0.96에서 10 kVA의 전력이 요구되며, 부하 3은 뒤진 역률 0.85에서 7 kW가 필요하다. 만약 부하에서의 상전압이 135 V이고, 각각의 선저항이 0.1 Ω이며 중성선 저항이 1 Ω이라면, 다음을 구하라.

(a) 부하에 의해 소비되는 전체전력
(b) 부하의 종합역률
(c) 4선에서 손실되는 전체전력
(d) 전원에서의 상전압
(e) 전원이 동작되고 있을 때의 역률

답: 22.6 kW; 0.954 lag; 1027 W; 140.6 V; 0.957 lagging.

만일 **불평형** Y-결선부하가 평형 3상 시스템에 존재한다고 하더라도, 중성선이 존재하며 그의 임피던스가 0라는 **조건** 하에서는 역시 상당법을 기반으로 한 회로해석이 가능하다. 만약 이러한 조건 중 하나라도 성립되지 않을 때에는 메쉬나 마디해석과 같은 형태의 방법을 사용해야 한다. 하지만 불평형 3상 **시스템**에서의 **대칭요소**(*symmetrical components*)를 활용하면 시간을 획기적으로 절약할 수 있다

는 것을 알게 될 것이다. 이 주제는 더 전문화된 관련 교재를 참고하도록 하고 이 책에서는 다루지 않는다.

12.4 델타(Δ) 결선

Y-결선 부하에 대한 대안적인 구성은 Δ-결선 형태로서 그림 12.18에서 보여진다. 이 구성은 매우 일반적이고 중성선 연결을 가지지 않는다.

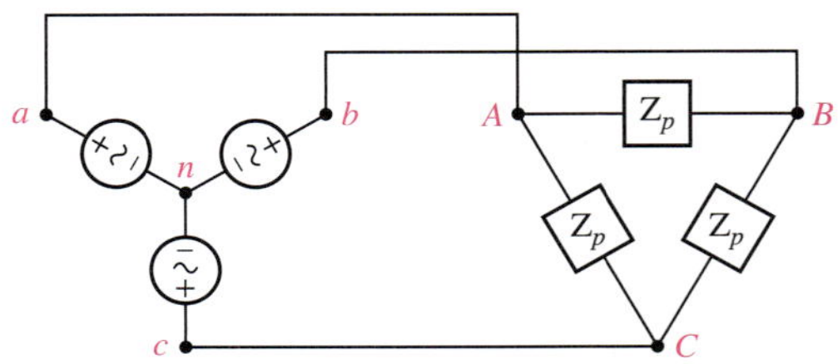

그림 12.18 3상 3선 시스템상에 결선된 평형 Δ-결선 부하. 전원은 Y-결선의 예임.

먼저 각 선의 쌍 간에 삽입된 임피던스 $\mathbf{Z}_p$로 구성된 평형 Δ-결선 부하에 대하여 알아보자. 그림 12.18의 회로에서 다음과 같이 선전압을 알고 있다고 가정하거나

$$V_L = |\mathbf{V}_{ab}| = |\mathbf{V}_{bc}| = |\mathbf{V}_{ca}|$$

또는 상전압을 다음과 같이 알고 있다고 하면

$$V_P = |\mathbf{V}_{an}| = |\mathbf{V}_{bn}| = |\mathbf{V}_{cn}|$$

여기서 이미 알고 있는 바와 같이

$$V_L = \sqrt{3}\,V_p \qquad \text{그리고} \qquad \mathbf{V}_{ab} = \sqrt{3}\,V_p\underline{/30^\circ}$$

의 관계가 성립한다. Δ-결선의 각 가지 양단의 전압을 알고 있으므로 **상전류들**(*phase currents*)을 다음과 같이 쉽게 구할 수 있다.

$$\mathbf{I}_{AB} = \frac{\mathbf{V}_{ab}}{\mathbf{Z}_p} \qquad \mathbf{I}_{BC} = \frac{\mathbf{V}_{bc}}{\mathbf{Z}_p} \qquad \mathbf{I}_{CA} = \frac{\mathbf{V}_{ca}}{\mathbf{Z}_p}$$

그리고 각 전류들의 차로써 선전류들을 다음과 같이 구할 수 있다.

$$\mathbf{I}_{aA} = \mathbf{I}_{AB} - \mathbf{I}_{CA}$$

우리는 평형 부하를 다루고 있으므로, 3개의 상전류들의 그 크기가 같음을 안다. 즉

$$I_p = |\mathbf{I}_{AB}| = |\mathbf{I}_{BC}| = |\mathbf{I}_{CA}|$$

또한 선전류들도 그 크기들이 같으며, 대칭성이 그림 12.19의 페이저도에 명백히 나

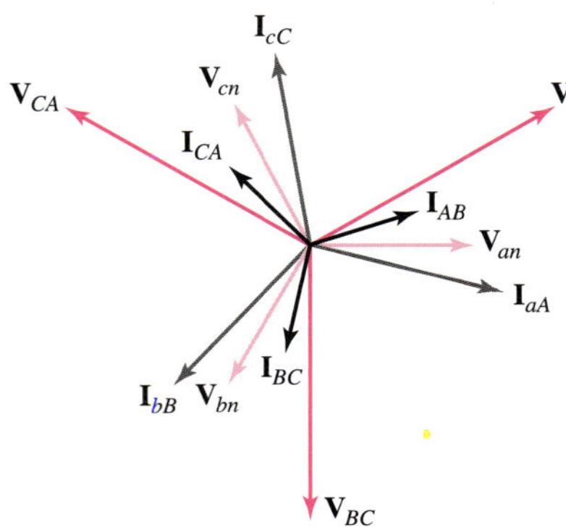

그림 12.19 $\mathbf{Z}_p$가 유도성 상 임피던스일 때 그림 12.18의 회로에 적용되는 페이저도.

타난다. 따라서 선전류들은

$$I_L = |\mathbf{I}_{aA}| = |\mathbf{I}_{bB}| = |\mathbf{I}_{cC}|$$

그리고

$$I_L = \sqrt{3}\, I_p$$

이 된다.

잠시 동안 전원을 무시하고 평형 부하에 대해서만 생각하여 보기로 하자. 만일 부하가 Δ-결선이라면 상전압과 선전압은 동일하게 된다. 하지만 선전류는 상전류보다 $\sqrt{3}$ 배 크다. 그러나 Y-결선 부하에서는 상전류와 선전류가 같고 선전압이 상전압보다 $\sqrt{3}$ 배 크게 된다.

예제 **12.5**

선전압 300 V의 3상 시스템에서 Δ-결선 부하에 뒤진 역률 0.8인 상태로 1200 W의 전력을 공급할 때, 선전류의 크기와 상의 임피던스를 구하라.

단상에 대하여 다시 한번 고려해 보자. 300 V 선전압에서 400 W 전력을 소비하고 뒤진 역률(lagging PF) 0.8이기 때문에

$$400 = 300(I_p)(0.8)$$

이 되어, 따라서

$$I_p = 1.667 \text{ A}$$

이고, 상전류와 선전류의 관계로부터

$$I_L = \sqrt{3}(1.667) = 2.89 \text{ A}$$

이 된다.

다음은, 부하의 위상각은 $\cos^{-1}(0.8) = 36.9°$이 되므로 각 상의 임피던스는 다음과 같아야 한다.

$$\mathbf{Z}_p = \frac{300}{1.667}\underline{/36.9°} = 180\underline{/36.9°}\ \Omega$$

모든 전압과 전류값은 실효치(rms) 값으로 가정한다는 사실을 다시 한번 기억하라.

익힘문제 12.7

평형 3상 Δ-결선 부하의 각각의 상은 5 μF 커패시터와 200 V 저항과의 병렬 조합에 200 mH 인덕터를 직렬 연결한 형태로 구성되어 있다. $\omega = 400$ rad/s에서 200 V의 상전압과 0인 선저항을 가정할 때, 다음을 구하라.

(a) 상전류 (b) 선전류 (c) 부하에 흡수되는 전체 전력

답: 1.158 A; 2.01 A; 693 W.

예제 12.6

선전압 300 V의 3상 시스템에서 Y-결선 부하에 뒤진 역률 0.8인 상태로 1200 W를 공급할 때, 선전류의 크기를 구하라(*이 회로는 예제 12.5에서와 같은 회로이지만 대신 Y-결선 부하에 연결된 것만 다르다*).

상전압은 $300/\sqrt{3}$, 전력은 400 W, 뒤진 역률 0.8이 주어진 상태에서 상당법을 이용해서 해를 구하면

$$400 = \frac{300}{\sqrt{3}}(I_p)(0.8)$$

이 되고, 따라서

$$I_p = 2.89 \qquad (\text{그리고 } I_L = 2.89\ \text{A})$$

이다.

부하의 위상각은 다시 36.9°이 되고, 따라서 Y-연결 부하의 각 상의 임피던스는 다음과 같이 된다.

$$\mathbf{Z}_p = \frac{300/\sqrt{3}}{2.89}\underline{/36.9^\circ} = 60\underline{/36.9^\circ}\ \Omega$$

$\sqrt{3}$이라는 계수는 상과 선의 관계를 형성할 뿐만 아니라 평형 3상 부하에 공급되는 전체 전력을 표현하는 유용한 식에도 등장한다. 만일 θ인 역률각을 가지는 Y-결선 부하를 가정하면, 임의의 한 상이 흡수하는 전력은 다음과 같이 된다.

$$P_p = V_p I_p \cos\theta = V_p I_L \cos\theta = \frac{V_L}{\sqrt{3}} I_L \cos\theta$$

그리고 전체 전력은

$$P = 3P_p = \sqrt{3}\, V_L I_L \cos\theta$$

이 된다.

유사한 방법으로, Δ-결선 부하의 각 상에 공급되는 전력은

$$P_p = V_p I_p \cos\theta = V_L I_P \cos\theta = V_L \frac{I_L}{\sqrt{3}} \cos\theta$$

이다. 그리고 전체 전력은

$$P = 3P_p = \sqrt{3}\, V_L I_L \cos\theta \qquad [4]$$

이 된다.

따라서 부하가 Y-결선이거나 Δ-결선이냐에 상관없이, 부하 임피던스(또는 어드미턴스)의 위상각과 선전압의 크기와 선전류의 크기를 알고 있다면, 식 [4]를 이용하여 평형 부하에 공급되는 전체 전력을 계산할 수 있다.

익힘문제 12.8

평형 3상 3선 시스템이 병렬 연결된 2개의 Δ-결선 부하와 연결되어 있다. 부하 1은 뒤진 역률 0.8에서 40 kVA 전력을 소비하고, 부하 2는 앞선 역률 0.9에서 24 kW 전력을 소비한다. 선저항 값은 0이고 $\mathbf{V}_{ab} = 440\underline{/30^\circ}$ V라고 가정할 때, 다음을 구하라.

(a) 부하에서 소비되는 전체전력 (b) 뒤진 부하에 대한 상전류 $\mathbf{I}_{AB_1}$

(c) $\mathbf{I}_{AB_2}$ (d) $\mathbf{I}_{aA}$

답: 56.0 kW; $30.3\underline{/-6.87^\circ}$ A; $20.2\underline{/55.8^\circ}$ A; $75.3\underline{/-12.46^\circ}$ A.

예제 12.5와 12.6에서의 선전류는 두 가지의 간단한 단계를 거쳐 다음과 같이 얻을 수 있다.

$$1200 = \sqrt{3}(300)(I_L)(0.8)$$

그러므로

$$I_L = \frac{5}{\sqrt{3}} = 2.89 \text{ A}$$

Y-결선 3상 전원에 의해 전력을 공급받는 Y-결선 부하와 Δ-결선 부하들에 대하여, 상전압과 선전압, 상전류과 선전류 사이의 간단한 비교를 표 12.1에 나타내었다.

표 12.1 Y-결선과 Δ-결선된 3상 부하의 비교. V_p는 Y-결선된 전원의 상전압의 크기를 나타냄.

Load	Phase Voltage	Line Voltage	Phase Current	Line Current	Power per Phase
Y	$\mathbf{V}_{AN} = V_P\underline{/0^\circ}$ $\mathbf{V}_{BN} = V_P\underline{/-120^\circ}$ $\mathbf{V}_{CN} = V_P\underline{/-240^\circ}$	$\mathbf{V}_{AB} = \mathbf{V}_{ab} = (\sqrt{3}\underline{/30^\circ})\mathbf{V}_{AN} = \sqrt{3}\,V_P\underline{/30^\circ}$ $\mathbf{V}_{BC} = \mathbf{V}_{bc} = (\sqrt{3}\underline{/30^\circ})\mathbf{V}_{BN} = \sqrt{3}\,V_P\underline{/-90^\circ}$ $\mathbf{V}_{CA} = \mathbf{V}_{ca} = (\sqrt{3}\underline{/30^\circ})\mathbf{V}_{CN} = \sqrt{3}\,V_P\underline{/-210^\circ}$	$\mathbf{I}_{aA} = \mathbf{I}_{AN} = \frac{\mathbf{V}_{AN}}{\mathbf{Z}_P}$ $\mathbf{I}_{bB} = \mathbf{I}_{BN} = \frac{\mathbf{V}_{BN}}{\mathbf{Z}_P}$ $\mathbf{I}_{cC} = \mathbf{I}_{CN} = \frac{\mathbf{V}_{CN}}{\mathbf{Z}_P}$	$\mathbf{I}_{aA} = \mathbf{I}_{AN} = \frac{\mathbf{V}_{AN}}{\mathbf{Z}_P}$ $\mathbf{I}_{bB} = \mathbf{I}_{BN} = \frac{\mathbf{V}_{BN}}{\mathbf{Z}_P}$ $\mathbf{I}_{cC} = \mathbf{I}_{CN} = \frac{\mathbf{V}_{CN}}{\mathbf{Z}_P}$	$V_L \frac{I_L}{\sqrt{3}} \cos\theta$
Δ	$\mathbf{V}_{AB} = \mathbf{V}_{ab} = \sqrt{3}\,V_P\underline{/30^\circ}$ $\mathbf{V}_{BC} = \mathbf{V}_{bc} = \sqrt{3}\,V_P\underline{/-90^\circ}$ $\mathbf{V}_{CA} = \mathbf{V}_{ca} = \sqrt{3}\,V_P\underline{/-120^\circ}$	$\mathbf{V}_{AB} = \mathbf{V}_{ab} = \sqrt{3}\,V_P\underline{/30^\circ}$ $\mathbf{V}_{BC} = \mathbf{V}_{bc} = \sqrt{3}\,V_P\underline{/-90^\circ}$ $\mathbf{V}_{CA} = \mathbf{V}_{ca} = \sqrt{3}\,V_P\underline{/-120^\circ}$	$\mathbf{I}_{AB} = \frac{\mathbf{V}_{AB}}{\mathbf{Z}_P}$ $\mathbf{I}_{BC} = \frac{\mathbf{V}_{BC}}{\mathbf{Z}_P}$ $\mathbf{I}_{CA} = \frac{\mathbf{V}_{CA}}{\mathbf{Z}_P}$	$\mathbf{I}_{aA} = (\sqrt{3}\underline{/-30^\circ})\frac{\mathbf{V}_{AB}}{\mathbf{Z}_P}$ $\mathbf{I}_{bB} = (\sqrt{3}\underline{/-30^\circ})\frac{\mathbf{V}_{BC}}{\mathbf{Z}_P}$ $\mathbf{I}_{cC} = (\sqrt{3}\underline{/-30^\circ})\frac{\mathbf{V}_{CA}}{\mathbf{Z}_P}$	$V_L \frac{I_L}{\sqrt{3}} \cos\theta$

실제 문제에의 적용

전력 발전 시스템들

오늘날 전력은 폭넓고 다양한 기술들을 이용하여 생성되고 있다. 예를 들면 광전지(태양전지) 기술을 사용하여 태양에너지를 직접 전기적 에너지로 직접 변환시키면 직류 전력이 생산되게 된다. 하지만 이 기술은 매우 환경 친화적인 기술임에도 불구하고 현재는 광전지 기반 설치비가 다른 전기 생산 방식에 비해 비싸기도 하고 직류전력을 교류전력으로 변환시키기 위한 인버터의 사용도 필요하기 때문에, 풍력 터빈, 지열, 유체역학, 핵, 화석연료 등과 같은 다른 기술들을 바탕으로 한 발전기를 사용하는 것이 경제적인 면에서 훨씬 유리한 상황이다. 이러한 시스템들에서는 프로펠러를 돌리는 바람이나 터빈 날개를 움직이는 물이나 스팀처럼 **원동기**(*prime mover*)의 동작을 통해 축이 회전하게 된다(그림 12.20).

일단 원동기를 동력으로 하여 축이 회전운동을 하도록 만들면, 이 과정에서 생성된 기계적 에너지를 전기적 에너지로 변환시키는 여러 가지 수단이 존재한다. 한 가지 예로서 그림 12.21에 있는 **동기 발전기**(*synchronous generator*)를 들 수 있다. 이들 기기들은 2개의 주요 부분으로 구성되어 있다. 고정되어 있는 부분은 **고정자**(*stator*)라고 부르며, 회전하는 부분은 **회전자**(*rotor*)라고 한다.

회전자에 감겨져 있는 권선 코일에 직류전류를 공급하게 되면 회전자 주변으로 자계가 형성되고, 원동기의 동작을 통해 회전자는 회전하게 된다. 그러면 일련의 3상 전압들이 고정자를 감싸고 있는 권선들에 유도된다. 동기 발전기라는 이름은 생성되는 교류전압의 주파수가 회전자의 기계적 회전속도에 동기화된다는 사실로부터 붙여진 이름이다.

독립형 발전기에 대한 실제 요구조건은 공기조정장치 사용, 조명 점등 또는 소등, 기타 등등과 같은 다양한 부하들이 추가되거나 또는 제거됨에 따라 크게 변화될 수 있다.

발전기의 출력전압은 이론적으로는 부하와 독립적이 되어야 하지만 실제는 그렇지 않다. 주어진 고정자의 상(phase)에 유도된 전압 $\mathbf{E}_A$는 종종 **내부발전전압**(*internal generated voltage*)이라고 불리며, 그 크기(magnitude)는 다음과 같이 주어진다.

$$E_A = K\phi\omega$$

여기서 K는 기계적인 상수이고, ϕ는 회전자의 계자권선에 의해서 생성된 자속(magnetic flux)이며, ω는 회전속도로서 발전기에 부착된 부하에는 좌우되지 않고 단지 원동기에 좌

그림 12.20 캘리포니아 주 알타몬트 파스에 설치되어 있으며 7000개 이상의 산업용 풍차로 구성되어 있는 풍력 하베스팅 설비. (©Digital Vision/PunchStock RF)

그림 12.21 동기 발전기의 예(Photo courtesy Dr. Wade Enright, Te Kura Pukaha Vira O Te Whare Wananga O Waitaha, Aotearoa).

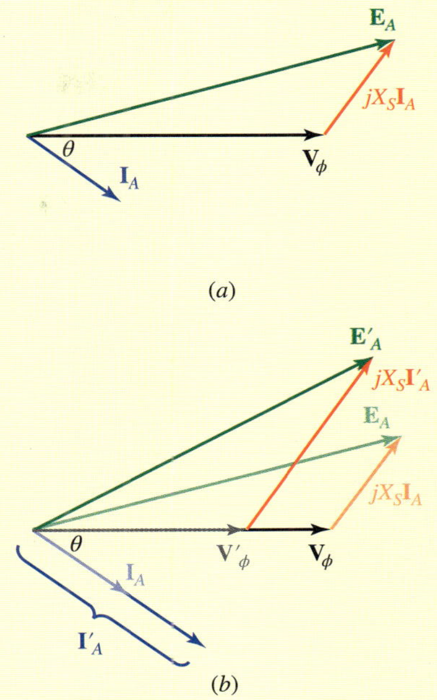

그림 12.22 독립 동기 발전기의 부하효과를 설명하는 페이저도 (*a*) cos θ의 뒤진 역률을 가진 부하에 연결되어 있는 발전기. (*b*) 역률의 변화 없이 추가된 부하. 출력전류가 증가하더라도 내부 발생전압 $\mathbf{E}_A$의 크기는 일정하게 유지되므로, 따라서 출력전압 $\mathbf{V}_\phi$는 감소함.

우되는 변수이다. 그러므로 부하의 변화는 $\mathbf{E}_A$의 크기에 영향을 미치지 못한다. 내부발전전압은 상전압 $\mathbf{V}_\phi$와 상전류 $\mathbf{I}_A$와 관계가 있으며 다음과 같이 표시된다.

$$\mathbf{E}_A = \mathbf{V}_\phi + jX_S\mathbf{I}_A$$

여기서 X_S는 발전기의 **동기 리액턴스**(*synchronous reactance*)이다. 만일 부하가 증가하면 더 큰 전류 $\mathbf{I}'_A$는 발전기로부터 나오게 될 것이다. 만일 역률이 변화되지 않으면(즉, $\mathbf{V}_\phi$와 $\mathbf{I}_A$사이의 위상차가 일정하게 유지되면), $\mathbf{E}_A$가 변화할 수 없기 때문에 $\mathbf{V}_\phi$는 감소하게 될 것이다.

예를 들어, 그림 12.22*a*의 페이저도를 고려하여 보자. 이것은 cos θ의 뒤진 역률을 가지는 부하에 연결된 발전기의 단상 전압-전류 출력을 나타내고 있다. 여기서 내부발전전압 $\mathbf{E}_A$도 보여준다. 만일 역률을 변화시키지 않도록 추가적인 부하가 더해진다면, 그림 12.22*b*에서 표현되는 것처럼 공급된 전류 $\mathbf{I}_A$가 $\mathbf{I}'_A$로 증가된다. 하지만 두 페이저 $jXS\mathbf{I}'_A$와 $\mathbf{V}'_\phi$의 합의 형태인 내부발전전압의 크기는 변화되지 않고 그대로 유지되어야만 한다. 따라서 $\mathbf{E}'_A = \mathbf{E}_A$가 되어 발전기의 전압 출력($\mathbf{V}'_\phi$)은 그림 12.22*b*에 나타난 것처럼 약간 줄어들게 된다.

발전기의 **전압변동률**(*voltage regulation*)은 다음과 같이 정의된다.

$$\%\ \text{regulation} = \frac{V_{\text{no load}} - V_{\text{full load}}}{V_{\text{full load}}} \times 100$$

이 변동률은 가능하면 0에 가깝게 유지되어야 하는 것이 이상적이지만 실제는 부하의 조건이 변경되는 것을 보상하기 위해서 계자권선 주위의 자속 ϕ를 조절하는 데 사용되는 직류전류가 변화될 때에만 변동률 0이 달성될 수 있다. 이렇게 하는 것은 엄청나게 부담스러운 일이 된다. 따라서 실제로는 전력생산설비를 설계할 때 최대 부하를 다룰 수 있을 만큼 여러 개의 작은 발전기들을 병렬로 연결하여 사용하는 것을 큰 하나의 발전기를 사용하는 것보다 일반적으로 선호한다. 각각의 발전기는 전부하(full load)에서나 전부하 근방에서의 운전이 가능하므로 전압 출력은 근본적으로 일정하고, 요구 조건에 따라 원래 시스템으로부터 개별 발전기들을 추가하거나 제거할 수 있다.

Δ-결선 전원

전원도 Δ-결선 형태로 할 수 있으나 이 경우 전원의 위상이 약간만 평형에서 벗어나도 Δ 루프에 큰 전류가 흐를 수가 있어서, 일반적으로는 사용되지 않는다. 예를 들어 3개의 단상전원을 $\mathbf{V}_{ab}$, $\mathbf{V}_{bc}$, $\mathbf{V}_{cd}$라고 하자. d와 a를 연결하여 Δ 결선을 완결하기 전에 $\mathbf{V}_{ab} + \mathbf{V}_{bc} + \mathbf{V}_{ca}$ 합을 측정하여 불평형이 되는지의 여부를 확인해 본다. 만일 그 합이 선전압의 1%밖에 되지 않는다고 하여도 순환되는 전류는 선전압을 전원의 내부임피던스로 나눈 값의 약 $\frac{1}{3}$%가 될 것이다. 전원의 내부임피던스는 얼마나 커야 적당할 것인가를 살펴보면, 단자 전압 내에서 떨어지는 전압이 무시될 만한 정도로 전원이 공급하는 전류값에 내부임피던스가 작아야만 한다. 만약 이 최대전류가 내부임피던스를 통과하면서 단자 전압을 1% 감소시킨다고 가정하면 순환전류는 그 최대전류의 $\frac{1}{3}$이 된다. 이와 같이 순환전류는 전원의 사용가능 전류용량을 감소시키며 따라서 시스템 내의 손실을 증가시키게 된다.

평형 3상 전원은 부하전류나 부하전압에 아무런 영향을 미치지 않고 Y에서 Δ로, 또는 Δ에서 Y로 그 결선을 바꿀 수 있음에 또한 유의하여야 한다. 이때의 선전압들과 상전압들 사이에 필요한 관계가 그림 12.13에 나와 있다. 이때 $\mathbf{V}_{an}$은 기준 위상각 0°를 가진다. 이와 같이 전원의 등가변환은 부하에서 얻어지는 응답의 오류를 발생시키지 않고 선호하는 전원 결선을 택할 수 있게 해준다. 물론 실제의 결선 관련 정보를 모른다면 전원 내의 전압이나 전류에 대해서는 밝혀낼 수가 없다. 평형 3상 부하는 다음의 관계식을 이용해서 Y-결선과 Δ-결선 사이의 구성 변환을 수행할 수 있으며, 이 식은 기억해 놓을 만한 가치가 있다.

$$Z_Y = \frac{Z_\Delta}{3}$$

12.5 3상 시스템에서의 전력측정

전력계의 사용

대규모의 전력 시스템에서는 중요한 부분의 전압과 전류를 알아내야 할 필요가 있을 뿐만 아니라 높은 품질정도의 직접적인 증명을 위한 전력 측정이 자주 요구된다. 이러한 전력의 측정은 일반적으로 **전력계**(*wattmeter*)로 알려진 장치를 사용하여 수행된다. 전력계는 전원이나 부하, 또는 두 가지 모두에 관련된 전압과 전류를 구하는 기능도 가지고 있어야만 한다. 최신 장치들은 디지털 멀티미터와 아주 유사해서 측정되는 전류와 전압 값을 수치적으로 보여준다. 전류가 자기장을 형성하는데, 우리는 형성되는 자기장을 회로를 부수지 않고도 측정가능하다는 사실을 이러한 장치들은 종종 이용한다. 하지만 아직도 우리는 현장에서 아날로그 버전의 멀티미터들을 접할 수 있는데 이들은 디지털 버전의 멀티미터가 가지지 못하는 몇 가지 장점을 가지고 있다. 예를 들어 아날로그 멀티미터는 배터리와 같은 별도의 전원이 없이도 기능을 수행할 있고, 값들이 랜덤하게 변화하는 것처럼 숫자로 화면상에 표시되는 디지털 멀티미터와는 달리 아날로그 멀티미터를 이용하면 바늘의 움직임을 관찰하면서 부가적 정보를 취득할 수도 있다. 필요시 아날로그 장치를 디지털 장치로 전환하는 것은 간단하므로, 따라서 이 절에서는 전통적인 아날로그 미터를 사용한 전력 측정에 초점을 맞춘다. 3상 시스템에서의 전력 측정을 위해 사용되는 전문화된 기술들에 대한 토의를 시작하기 전에, 단상 회로에서 **전력계**(*wattmeter*)가 어떻게 사용되는지를 간단하게 살펴보는 것이 우리에게 도움이 될 것이다.

전력측정은 2개의 분리된 코일을 포함하고 있는 전력계의 사용을 통하여 수백 Hz 미만의 주파수에서 대부분 이루어진다. 이 코일들 중 하나는 무게가 많이 나가는 철사로 만들어지고 매우 낮은 저항을 가지며 **전류 코일**(*curretn coil*)이라고 불린다. 두 번째 코일은 많은 회전수를 가진 가는 철사로 구성되어 있고 상대적으로 높은 저항을 가지며 **전위 코일**(*potential coil*) 또는 **전압 코일**(*voltage coil*)이라고 명명된다. 전위 코일과 직렬로 연결되는 추가적인 저항을 외부나 내부에서 삽입할 수 있다. 바늘과 이동 시스템에 적용되는 토크는 2개의 코일을 통해 흐르는 전류들의 순간치 곱에 비례한다. 그러나 이동 시스템의 기계적인 관성은 이 토크의 **평균**값에 비례하는 편향을 야기 시킨다.

전력계는 다음과 같은 방법으로 회로망에 연결하여 사용될 수 있다. 즉, 전류 코일을 통해 흐르는 전류는 회로망으로 흘러가는 전류이고 전위 코일 양단에 걸리는 전압은 회로망 단자 양단에 걸리는 전압이 된다. 따라서 전위 코일의 전류는 입력 전압을 전위 코일의 저항으로 나눈 값이 된다.

전력계는 이용 가능한 4개의 단자를 가지고 있으며, 미터 상에서 정확한 측정치를 얻기 위해서는 이들 단자에 정확한 결선이 이루어져야만 한다. 구체적으로 살펴보기 위해 수동 회로망에 흡수되는 전력을 측정한다고 가정하자. 그림 12.23*a*에서 보인 바와 같이 전류 코일이 부하에 연결된 2개의 도체 중 하나에 직렬로 삽입되고 전위 코일은 2개의 도체 사이(즉, 전류 코일의 "부하 측")에 설치되어 있는데, 종종 전위 코일의 단자들은 화살표로 표시된다. 각각의 코일은 2개의 단자를 가지고 있으며 전류와 전압 사이의 적절한 관계가 유지되어야만 한다. 각 코일의 한쪽 끝은 일반적으로 (+)로 표시되는데, 만일 양(+)의 전류가 전류 코일의 (+)끝 쪽으로 흐를 때 전위 코일의 (+)단자가 표시되지 않은 다른 끝에 비해 양(+)의 값을 가진다면 전력계의 바늘이 증가하는 방향(upscale)으로의 정확한 판독이 이루어질 수 있다. 그러므로 그림 12.23*a* 회로망에 있는 전력계는 그 오른쪽의 회로망이 전력을 흡수하고 있을 때 올바른(upscale) 편향을 준다. 두 코일 중 어느 한쪽만 극성을 반대로 연결하게 되면 미터는 반대방향(downscale)으로 바늘의 편향을 시도하게 된다. 하지만 2개 코일의 극성을 모두 반대로 연결하게 되면 올바른 쪽(upscale)으로 편향이 일어나 판독값에 영향을 주지 않게 된다.

평균전력의 측정을 위한 전력계의 사용 예로서, 그림 12.23*b*에서와 같은 회로를 고려하자. 이것은 주어진 전력계의 오른쪽에 있는 회로(즉, 오른쪽 전원)에 흡

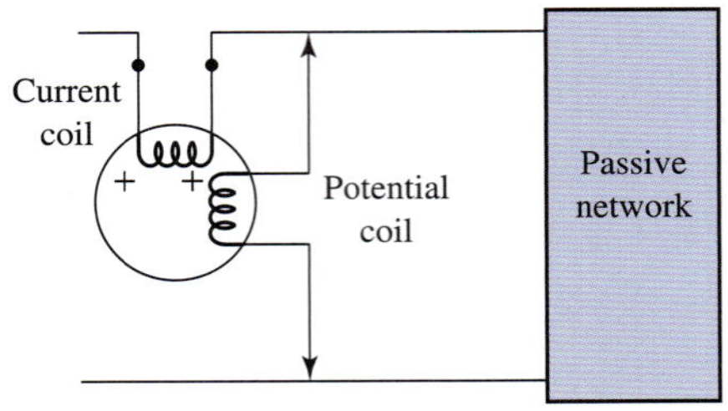

(*a*)

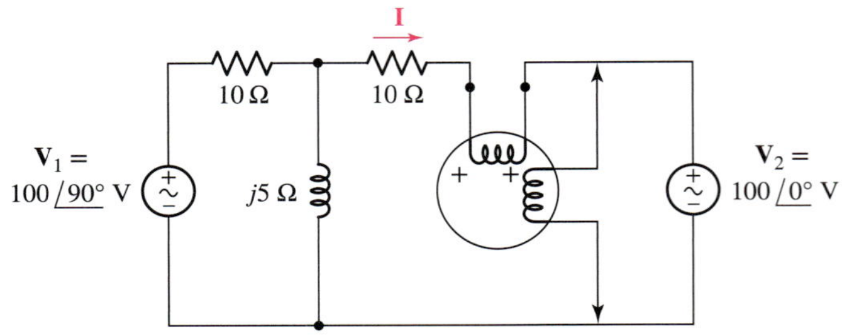

(*b*)

그림 12.23 (*a*) 수동 회로망에 흡수되는 전력 값을 올바로 판독하도록 전력계 눈금이 지시할 수 있게 한 전력계의 연결. (*b*) 오른쪽 전원에 의해 흡수되는 전력 값을 올바로 판독하도록 전력계 눈금이 지시할 수 있게 한 전력계 연결 예.

수되는 양(+)의 전력을 구하기 위한 전력계의 올바른(upscale) 연결 방법으로 가정한 것이다. 이 전원에 흡수되는 전력은 다음과 같이 주어진다.

$$P = |\mathbf{V}_2|\,|\mathbf{I}|\cos(ang\ \mathbf{V}_2 - ang\ \mathbf{I})$$

중첩이나 메쉬 해석방법을 이용하여 전류를 다음과 같이 구할 수 있다.

$$\mathbf{I} = 11.18\underline{/153.4^\circ}\ \text{A}$$

따라서 전원에 흡수되는 전력을 구하면

$$P = (100)(11.18)\cos(0^\circ - 153.4^\circ) = -1000\ \text{W}$$

이 된다.

즉 바늘은 반대방향(downscale)으로 움직이며 정지하게 되는데, 이는 전원이 전력을 흡수하는 것이 아니고 전력을 생성하여 왼쪽의 회로 쪽으로 공급하고 있음을 나타낸다. 실제 전력계는 전위 코일을 전류 코일보다 극성을 더 쉽게 바꾸어 줄 수 있으므로, 이 경우 전위 코일의 극성만을 반전시키면 전원이 공급하는 올바른 양(+)의 판독값 1000 W가 전력계의 바늘이 올바른 방향(upscale)으로 움직이면서 읽혀진다.

익힘문제 12.9

그림 12.24에 주어진 전력계의 (+)단자가 다음에 연결되어 있을 때,

(a) x (b) y (c) z

위의 각 연결에 대하여 전력계를 이용한 전력값을 구하고, 전위 코일의 극성이 전력계 바늘의 증가방향(upscale)의 전력을 얻기 위한 형태로 연결되어 있는지 아닌지를 말하고, 소자(또는 소자들)이 구해진 전력값을 흡수하는지 생성하는지를 밝혀라.

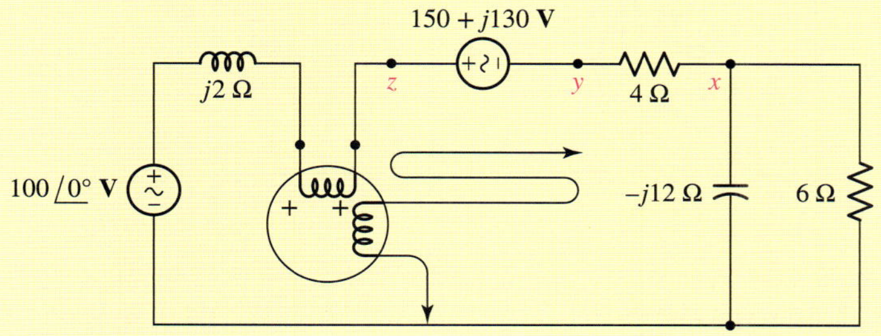

그림 12.24

답: $P_{6\Omega}$(흡수), 1200 W; $P_{4\Omega} + P_{6\Omega}$ (흡수), 2200 W; 100 V에서 생산되는 전력은 500 W.

3상 시스템에서의 전력계

3상 부하에 흡수되는 전력을 측정하는 것은 첫눈에 간단한 문제로 보인다. 3상의 각각에 1개씩의 전력계를 연결한 후 구해지는 그 각 결과 값을 모두 더하면 된다. Y-결선 부하에 대한 적절한 전력계 연결을 그림 12.25*a*에서 일예로서 보여주고 있다. 각각의 전력계는 부하의 한 상에 삽입된 전류 코일 및 그 부하의 끝과 중성선 사이에 연결된 전위 코일을 가지고 있다. 이와 유사한 방법으로, Δ-결선 부하에 대해 전체 전력을 측정하기 위한 3개 전력계의 결선 예를 그림 12.25*b*에서 보여주고 있다. 하지만 이 방법들은 이론적으로 정확할지 몰라도, 실제로는 Y의 중성선을 항상 이용할 수 있는 것이 아니고 Δ의 위상 정보들이 제공되지 않기 때문에 실제적으로 무용지물이 될 수 있다. 예를 들어, 3상 회전기기는 이용 가능한 단자들이 *A*, *B*, *C*라고 불리는 단지 3개뿐이다.

따라서 이처럼 오직 3개의 이용 가능한 단자를 가지고 있는 3상 부하에 흡수되는 전체 전력을 측정하는 다른 방법이 필요하다. 전력의 측정이 "부하" 쪽에서가 아니라 "선" 쪽에서 이루어지게 하면 된다. 이러한 방법은 이용 가능하며, **불평형**(*unbalanced*) 전원에 의해 **불평형**(*unbalanced*) 부하로 공급되는 전력의 측정이 가능하다. 그림 12.26에 보이는 것과 같이, 하나의 선에 전류 코일을 가지고 그 선과 어떤 공통점(common point) x 사이에 전압 코일을 가지도록 3상 부하의 각 부하에 전력계를 하나씩 연결하는 형태의 3개의 전력계 연결법을 알아본다. 여기서

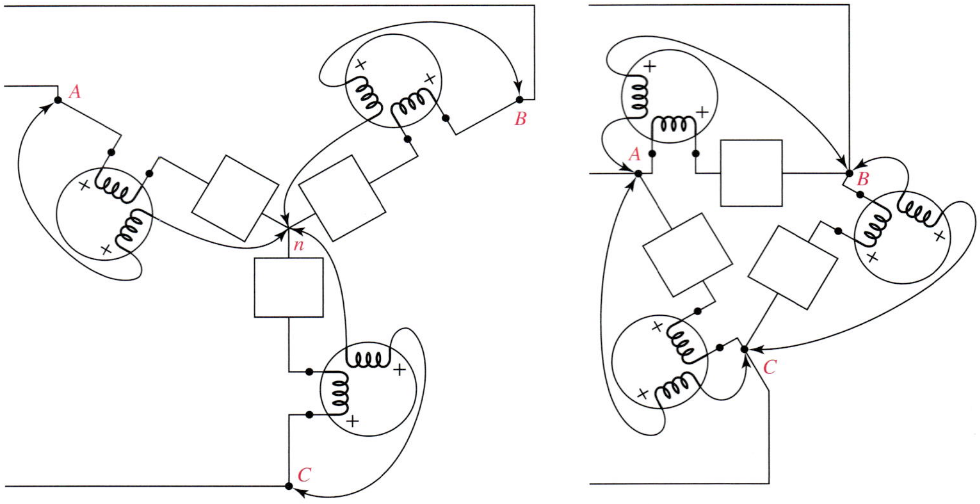

(a) (b)

그림 12.25 한 전력계당 3상 부하의 한 상에 흡수되는 전력을 판독할 수 있도록 결선되어 있는 3개의 전력계. 이때 판독의 합이 전체 전력이 됨. (*a*) Y-결선 부하 (*b*) Δ-결선 부하. 부하와 전원 어떤 것도 평형이 될 필요가 없음.

는 비록 Y-결선 부하를 가지는 시스템에 대한 사항들을 다루지만, 이것들은 Δ-결선 부하에 대해서도 똑같이 유효하다. x점은 주어진 3상 시스템에서의 불특정한 어떠한 점이 될 수도 있고, 3개의 전위 코일들이 가지는 공통마디(common node)를 가지는 공간상의 한 점이 될 수도 있다. 전력계 A에 표시되는 평균전력은 다음과 같이 되어야 한다.

$$P_A = \frac{1}{T}\int_0^T v_{Ax}\, i_{aA}\, dt$$

여기서 T는 모든 전원 전압의 주기이다. 나머지 2개의 전력계 상에 나타나는 전력들도 유사한 표현식에 의해 주어지므로, 따라서 부하에서 소비되는 전체 평균전력은

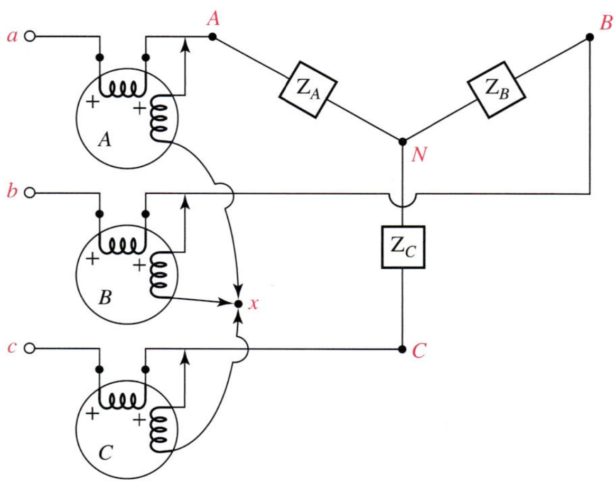

그림 12.26 3상 부하에 흡수되는 전체 전력 측정을 위해 3개의 전력계를 결선하는 방법. 오직 부하의 세 단자에만 연결 가능함.

$$P = P_A + P_B + P_C = \frac{1}{T}\int_0^T (v_{Ax}i_{aA} + v_{Bx}i_{bB} + v_{Cx}i_{cC})\,dt$$

이 된다.

윗식 내의 3개 전압들 각각은 x점과 중성선 사이의 전압과 상전압의 함수로 다음과 같이 쓰여질 수 있다.

$$\begin{aligned} v_{Ax} &= v_{AN} + v_{Nx} \\ v_{Bx} &= v_{BN} + v_{Nx} \\ v_{Cx} &= v_{CN} + v_{Nx} \end{aligned}$$

그러므로

$$\begin{aligned} P &= \frac{1}{T}\int_0^T (v_{AN}i_{aA} + v_{BN}i_{bB} + v_{CN}i_{cC})\,dt \\ &\quad + \frac{1}{T}\int_0^T v_{Nx}(i_{aA} + i_{bB} + i_{cC})\,dt \end{aligned}$$

이 된다.

하지만 전체 3상 부하는 하나의 초마디(supernode)로 간주될 수 있고, 다음과 같이 키르히호프 전류법칙이 적용되어야 한다.

$$i_{aA} + i_{bB} + i_{cC} = 0$$

따라서

$$P = \frac{1}{T}\int_0^T (v_{AN}i_{aA} + v_{BN}i_{bB} + v_{CN}i_{cC})\,dt$$

이 된다.

회로도를 기준으로 위의 식을 살펴보면, 이 전력 합은 부하의 각 상에 의해서 소비되는 평균전력의 합인 것을 알 수 있고, 이에 따라 3개 전력계로부터의 판독값들의 합은 전체 부하에 의해 소비되는 전체 평균전력을 나타냄을 알 수 있다.

3개의 전력계 중 하나가 정말로 불필요하여 2개의 전력계만으로도 3상 부하의 전체 전력을 구할 수 있는지에 대해 논의하기 전에, 수치를 대입한 예를 통해 지금까지 배운 과정을 살펴보다. 평형 전원이 주어진 경우를 다음과 같이 가정한다.

$$\begin{aligned} \mathbf{V}_{ab} &= 100\underline{/0^\circ}\ \text{V} \\ \mathbf{V}_{bc} &= 100\underline{/-120^\circ}\ \text{V} \\ \mathbf{V}_{ca} &= 100\underline{/-240^\circ}\ \text{V} \end{aligned}$$

또는

$$\begin{aligned} \mathbf{V}_{an} &= \frac{100}{\sqrt{3}}\underline{/-30^\circ}\ \text{V} \\ \mathbf{V}_{bn} &= \frac{100}{\sqrt{3}}\underline{/-150^\circ}\ \text{V} \\ \mathbf{V}_{cn} &= \frac{100}{\sqrt{3}}\underline{/-270^\circ}\ \text{V} \end{aligned}$$

또한 불평형 부하는

$$\mathbf{Z}_A = -j10\ \Omega$$
$$\mathbf{Z}_B = j10\ \Omega$$
$$\mathbf{Z}_C = 10\ \Omega$$

로 놓는다.

그림 12.26에서처럼 이상적인 전력계들이 전원 n의 중성선에 위치하는 x점에 연결되어 있다고 가정하자. 3개의 선전류를 메쉬해석기법에 의해 다음과 같이 구할 수 있다.

$$\mathbf{I}_{aA} = 19.32\underline{/15^\circ}\ \mathrm{A}$$
$$\mathbf{I}_{bB} = 19.32\underline{/165^\circ}\ \mathrm{A}$$
$$\mathbf{I}_{cC} = 10\underline{/-90^\circ}\ \mathrm{A}$$

중성선들 사이의 전압은

$$\mathbf{V}_{nN} = \mathbf{V}_{nb} + \mathbf{V}_{BN} = \mathbf{V}_{nb} + \mathbf{V}_{bB}(j10) = 157.7\underline{/-90^\circ}\ \mathrm{V}$$

이 된다.

각각의 전력계가 가리키는 평균전력은 다음과 같이 계산될 수 있다.

> 전력계들 중 하나의 판독값은 음수(−)이다. 전력계의 기본적 사용에 관해 다루었던 이전의 내용에 따라 이 음수 전력값이 나오는 전력계의 전력 코일이나 전류 코일 중 하나의 극성을 반전시키면 양수(+)의 판독값을 얻을 수 있다.

$$P_A = V_p I_{aA}\cos(ang\ \mathbf{V}_{an} - ang\ \mathbf{I}_{aA})$$
$$= \frac{100}{\sqrt{3}}19.32\cos\left(-30^\circ - 15^\circ\right) = 788.7\ \mathrm{W}$$
$$P_B = \frac{100}{\sqrt{3}}19.32\cos\left(-150^\circ - 165^\circ\right) = 788.7\ \mathrm{W}$$
$$P_C = \frac{100}{\sqrt{3}}10\cos\left(-270^\circ + 90^\circ\right) = -577.4\ \mathrm{W}$$

또는 전체 전력은 1 kW가 된다. 실효전류 10 A가 저항성 부하를 통해 흐르고 있기 때문에, 이 부하에 흡수되는 전체 전력은

$$P = 10^2(10) = 1\ \mathrm{kW}$$

이 되어, 두 가지 방법을 통해 얻은 결과가 일치함을 알 수 있다.

2전력계법

앞에서 우리는 3개의 전위 코일들의 공통 연결 점인 점 x는 3개의 전력계 판독값들의 대수적인 합에 전혀 영향을 주지 않으면서 우리가 원하는 장소에 위치시킬 수 있음을 증명하였다. 이제 3개 전력계의 공통 연결점인 점 x를 선들 중 하나에 직접 위치시키는 효과에 대해서 고려해보자. 예를 들어, 만일 각 전위 코일의 한쪽 끝이 점 B로 돌아간다면 전력계 B의 전위 코일 양단에 걸리는 전압은 0이 되고 이 전력계가 읽는 판독값은 반드시 0이 되어야 한다. 그러므로 이 전력계는 제거될 수 있고 남아있는 2개의 전력계 판독값들의 대수적인 합은 여전히 부하에 의해 소비되는 전체 전력이 된다. 이와 같은 방법으로 점 x의 위치가 선택될 때의 전력 측정 방법을 **2전력계법**(*two-wattmeter*)이라고 부른다. (1) 부하 불평형, (2) 전원 불평형, (3) 두

전력계의 차이, 그리고 (4) 주기적인 전원의 파형에 관계없이, 판독값들의 합은 전체 전력을 가리킨다. 우리가 했던 유일한 가정은 전력계 보정치들이 무시할 수 있을 만큼 충분히 작다는 것이다. 예를 들어 그림 12.26에서 각 전력계의 전류 코일에는 전류가 흐르는데, 이 전류는 부하에 의해 소비되는 선전류와 전위 코일에 의해 소비되는 전류가 합쳐진 것이다. 후자의 전류는 일반적으로 매우 적으므로, 이 전류의 효과는 전위 코일의 저항값과 그 코일 양단에 걸리는 전압 정보로부터 예측될 수 있다. 이 두 가지 양(전위 코일의 저항값과 그 코일 양단에 걸리는 전압)은 전위 코일에서 소비되는 전력을 가장 잘 예측할 수 있도록 해준다.

앞에서 다루었던 수치를 대입한 예에서, 2개의 전력계가 사용된다고 가정하자. 하나는 선 A에 전류 코일을 가지고 있고 선 A와 B 사이에 전위 코일을 가지고 있는 것이며, 다른 하나의 전력계는 선 C에 전류 코일을 가지고 있고 C와 B 사이에 전위 코일을 가지고 있다. 첫 번째 전력계를 읽으면

$$\begin{aligned} P_1 &= V_{AB} I_{aA} \cos(ang\ V_{AB} - ang\ I_{aA}) \\ &= 100(19.32)\cos(0^\circ - 15^\circ) \\ &= 1866\ \text{W} \end{aligned}$$

이고, 두 번째 전력계는

$$\begin{aligned} P_2 &= V_{CB} I_{cC} \cos(ang\ V_{CB} - ang\ I_{cC}) \\ &= 100(10)\cos(60^\circ + 90^\circ) \\ &= -866\ \text{W} \end{aligned}$$

인 판독값을 나타낸다.

따라서 전체 전력은

$$P = P_1 + P_2 = 1866 - 866 = 1000\ \text{W}$$

이 되어, 이 회로에 대한 최근의 경험을 통해 우리가 기대했던 결과와 일치한다.

평형부하인 경우에는, 2전력계법을 이용하여 부하에 흡수되는 전체 전력뿐만 아니라 역률(PF)각까지도 구할 수 있다.

부하 임피던스가 위상각 θ을 가지고 있다고 가정한다. 또한 Y-결선이나 Δ-결선 중 어떤 것도 사용가능하지만 우리는 그림 12.27에 보이듯이 Δ-결선을 가정한다. 그림 12.19와 같은 표준 페이저도의 구성은 여러 개의 선전압과 선전류 사이의 적절한 위상각을 구할 수 있도록 해준다. 그러므로 두 전력계의 판독 전력값이 다음과 같이 구해진다.

$$\begin{aligned} P_1 &= |\mathbf{V}_{AB}|\,|\mathbf{I}_{aA}| \cos(ang\ \mathbf{V}_{AB} - ang\ \mathbf{I}_{aA}) \\ &= V_L I_L \cos(30^\circ + \theta) \end{aligned}$$

그리고

$$\begin{aligned} P_2 &= |\mathbf{V}_{CB}|\,|\mathbf{I}_{cC}| \cos(ang\ \mathbf{V}_{CB} - ang\ \mathbf{I}_{cC}) \\ &= V_L I_L \cos(30^\circ - \theta) \end{aligned}$$

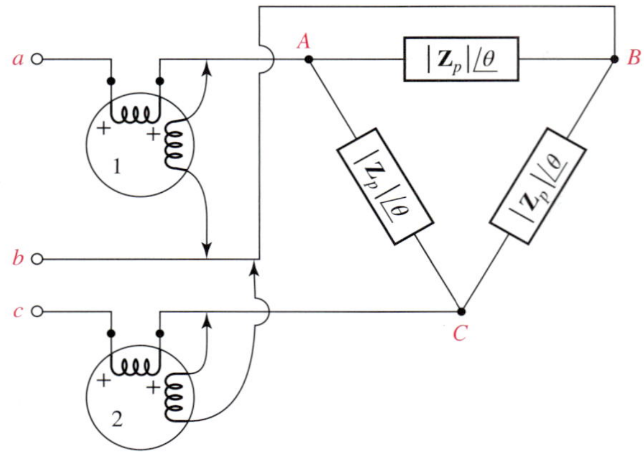

그림 12.27 평형 3상 부하에 흡수되는 전체 전력을 판독하기 위해 결선된 2개의 전력계.

2개의 판독 전력값의 비는

$$\frac{P_1}{P_2} = \frac{\cos(30^\circ + \theta)}{\cos(30^\circ - \theta)} \qquad [5]$$

이며, 만일 코사인 항들을 전개하면 이 수식은 tan θ에 대해서 다음과 같이 쉽게 구해진다.

$$\tan\theta = \sqrt{3}\,\frac{P_2 - P_1}{P_2 + P_1} \qquad [6]$$

그러므로 2개의 전력계 판독값들이 동일하게 나왔다면 역률이 1인 부하인 것을 의미한다. 판독값들은 같고 서로 반대되는 부호라면 부하가 순수한 리액티브 부하임을 의미한다. P_1보다 큰 P_2의 판독값을 가지면 부하가 유도성 임피던스임을 나타내고, P_1보다 적은 P_2의 판독값은 부하가 용량성임을 의미한다. 그러면 어떤 전력계가 P_1의 판독값을 가지며 어떤 것이 P_2의 판독값을 가지는지를 어떻게 구분할 수 있을까?

P_1은 선 A에 있고 P_2는 선 C에 있으며 정상순(positive phase-sequence) 시스템은 $\mathbf{V}_{an}$을 $\mathbf{V}_{cn}$보다 뒤지게 만드는 것이 확실하다. 이것은 두 전력계 사이를 구분할 수 있는 충분한 정보이기는 하지만 실제 이의 적용에는 혼란이 따른다. 비록 이 둘 사이를 확실히 구분할 수는 없었다고 하더라도 위상각의 크기는 알고 있다. 하지만 그것의 부호는 모른다. 종종 이 정도만으로도 충분한 정보가 된다. 만일 부하가 유도 전동기라면 그 각은 양수가 되어야 하며 따라서 어떤 것이 어떤 전력계로 부터의 판독값인지를 결정하기 위한 어떠한 테스트도 할 필요가 없다. 만일 부하에 대한 사전 정보가 없다고 가정하면, 그 불확실성을 해결할 여러 가지 방법들이 있다.

만약 부하가 유도 전동기라면 각은 양이며 판독을 하기 위한 어떤 시도를 할 필요가 없다. 아마도 가장 간단한 방법은 미지의 부하 양단에 소위 3상 커패시터라고 불리는 고 임피던스(high-impedance) 리액티브 부하를 추가하는 것이다. 그러면 부하는 용량성이 더욱 심화되어야만 한다. 그러므로 만일 tan θ의 크기(또는 θ

의 크기)가 감소되면 부하는 유도성이 되고, 반면에 tan θ의 크기가 증가하면 부하는 원래의 용량성 임피던스를 나타내게 된다.

예제 12.7

그림 12.28의 평형부하는 $\mathbf{V}_{ab} = 230\underline{/0^\circ}$ V rms이고 정상순을 가지는 평형 3상 시스템에 의해 구동된다. 각각의 전력계의 판독값을 구하고, 부하에 의해 소비되는 전체 전력을 구하라.

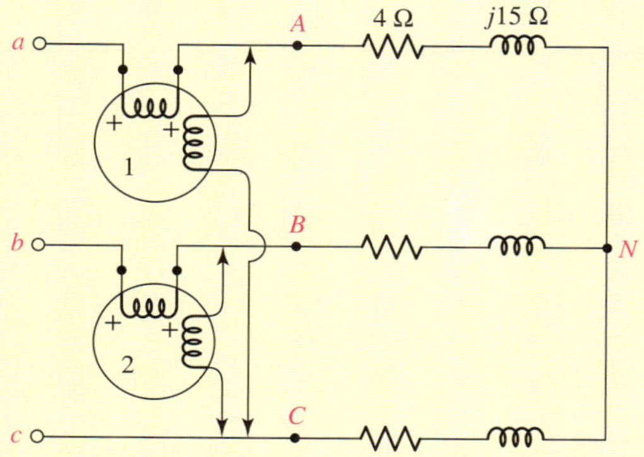

그림 12.28 평형 3상 부하에 결선된 평형 3상 시스템. 이 부하의 전력은 2전력계법을 사용하여 측정되고 있음.

전력계 #1의 전위 코일은 전압 $\mathbf{V}_{ac}$를 측정하기 위해 연결되어있고 그 전력계의 전류 코일은 상전류 $\mathbf{I}_{aA}$를 측정하고 있다. 정상순을 사용한다는 것을 알고 있기 때문에 선전압은

$$\mathbf{V}_{ab} = 230\underline{/0^\circ}\text{ V}$$
$$\mathbf{V}_{bc} = 230\underline{/-120^\circ}\text{ V}$$
$$\mathbf{V}_{ca} = 230\underline{/120^\circ}\text{ V}$$

이 된다. $\mathbf{V}_{ac} = -\mathbf{V}_{ca} = 230\underline{/-60^\circ}$ V인 것을 주의해야 한다.

상전류 $\mathbf{I}_{aA}$는 상전압 $\mathbf{V}_{an}$을 상 임피던스 4 + j15 Ω로 나눈 값으로 주어진다.

$$\mathbf{I}_{aA} = \frac{\mathbf{V}_{an}}{4+j15} = \frac{(230/\sqrt{3})\underline{/-30^\circ}}{4+j15}\text{ A}$$
$$= 8.554\underline{/-105.1^\circ}\text{ A}$$

1번 전력계에 의해 측정되는 전력을 계산하면 다음과 같다.

$$P_1 = |\mathbf{V}_{ac}|\,|\mathbf{I}_{aA}|\cos(ang\ \mathbf{V}_{ac} - ang\ \mathbf{I}_{aA})$$
$$= (230)(8.554)\cos\left(-60^\circ + 105.1^\circ\right)\text{ W}$$
$$= 1389\text{ W}$$

이 측정은 전력계를 감소방향(downscale)으로 연결한 결과일 수 있으므로, 코일 중 하나의 극성을 반전시켜서 판독값이 양(+)이 되도록 바로 잡을 수 있다.

유사한 형태로, 2번 전력계에 의해 측정되는 전력을 계산하면 다음과 같다.

$$
\begin{aligned}
P_2 &= |\mathbf{V}_{bc}|\,|\mathbf{I}_{bB}|\cos(ang\ \mathbf{V}_{bc} - ang\ \mathbf{I}_{bB}) \\
&= (230)(8.554)\cos\left(-120^\circ - 134.9^\circ\right)\ \text{W} \\
&= -512.5\ \text{W}
\end{aligned}
$$

그러므로 부하에 흡수되는 평균전력은

$$P = P_1 + P_2 = 876.5\ \text{W}$$

익힘문제 12.10

그림 12.26의 회로에서 부하들을 $\mathbf{Z}_A = 25\underline{/60^\circ}\,\Omega$, $\mathbf{Z}_B = 50\underline{/-60^\circ}\,\Omega$, $\mathbf{Z}_C = 50\underline{/60^\circ}\,\Omega$, 전압은 정상순을 가지는 $\mathbf{V}_{AB} = 600\underline{/0^\circ}$ V rms이며 정상순이라고 하고, 그리고 x점이 C에 놓여있다고 할 때, 다음을 구하라.

(a) P_A (b) P_B (c) P_C

답: 0; 7200 W; 0.

요약 및 복습

모든 사용자들이 다상회로를 직접 접하게 되지는 않지만, 거의 모든 대형 건물 설비의 일부에서는 다상회로가 사용된다. 이 장에서 우리는 각 120°씩 다른 위상차를 가지는 3개의 전압이 어떻게 단일 발전기로부터 공급될 수 있으며 (또한 따라서 이들 전압이 동일한 주파수를 가지며) 3개의 구성요소를 가지는 부하에 연결될 수 있는지를 학습하였다. 이를 위해 우리는 일반적으로 사용되는 이중아래첨자 기호규약을 소개하였다. 3상 시스템은 적어도 3개의 단자를 가져야만 한다. 중성선 연결은 필수는 아니지만 적어도 전원에 대해서는 일반적으로 존재한다. Δ-결선 부하를 사용한다면 부하에 연결되는 중성선은 없다. 중성선이 존재하는 경우, 우리는 각 상(a, b, 또는 c)과 중성선 사이의 **상전압** $\mathbf{V}_{an}$, $\mathbf{V}_{bn}$, 그리고 $\mathbf{V}_{cn}$을 정의할 수 있다.

이들 상전압들의 각들과 관련된 정상순이냐 역상순이냐에 상관없이, 키르히호프의 전압법칙에 의해서 이들 3개의 상전압의 합은 0이 되어야 한다. 상 사이의 **선전압**과 **상전압**은 직접적 관련이 있다고 할 수 있는데, Δ-결선 부하에 대해서는 이 둘은 동일하다. 유사한 형태로, **선전류**와 **상전류**는 직접적 관련이 있다고 할 수 있으며, Y-결선 부하에 대해서는 이 둘은 동일하다.

종종 우리는 회로의 대칭성을 활용하서 상당(per-phase) 기반의 해석방법을 수행할 수 있게 되어, 우리의 계산을 상당히 간소화 시켜준다.

아래에는 이 장의 중요한 사항들이, 독자의 편의를 위해 관련된 예제의 번호와 함께 간략하게 나열되어 있다.

- 대부분의 전기 제품들은 3상 전력의 형태로 되어있다.
- 북미지역의 주거용 전기의 대부분은 60 Hz 주파수에서의 단상 교류 형태로 되어있고 실효 전압값은 115~120 V이다. 북미 지역 이외의 지역에서는 50 Hz, 230~240 V 실효값이 가장 일반적으로 사용된다. 일본에서는 100 V 전압을 사용하지만 주파수는 지방마다 차이가 있다.
- 이중아래첨자 기호규약은 전압 및 전류에 대하여 공통으로 전력 시스템에서 사용되고 있다. (예제 12.1)
- 3상 전원은 Y-결선 또는 Δ-결선으로 할 수 있다. 이들 두 가지 형태의 전원들은 모두 3개의 단자를 가지는데 각 상마다 하나씩의 단자가 있다. Y-결선 전원은 중성선을 아울러 가진다. (예제 12.2)
- 평형 3상 시스템에서의 상전압 각각은 동일한 크기(magnitude)를 가지지만 각 상전압간의 위상차는 120°씩이 된다. (예제 12.2)
- 3상 시스템에서의 부하는 Y-결선 또는 Δ-결선이 된다.
- 정상순("*abc*")을 갖는 평형 Y-결선 전원에서의 선전압들은 다음과 같이 된다.

$$\mathbf{V}_{ab} = \sqrt{3}\,V_p\underline{/30^\circ} \qquad \mathbf{V}_{bc} = \sqrt{3}\,V_p\underline{/-90^\circ}$$
$$\mathbf{V}_{ca} = \sqrt{3}\,V_p\underline{/-210^\circ}$$

  여기서 상전압들은 다음과 같다.

$$\mathbf{V}_{an} = V_p\underline{/0^\circ} \qquad \mathbf{V}_{bn} = V_p\underline{/-120^\circ} \qquad \mathbf{V}_{cn} = V_p\underline{/-240^\circ}$$

  (예제 12.2)

- Y-결선 부하를 갖는 시스템에서의 선전류는 상전류와 같다(예제 12.3, 12.4, 12.6).
- Δ-결선 부하에서의 선전압은 상전압과 같다. (예제 12.5)
- 평형 Δ-결선 부하와 정상순을 갖는 평형 시스템에서의 선전류들은 다음과 같이 된다.

$$\mathbf{I}_a = \mathbf{I}_{AB}\sqrt{3}\underline{/-30^\circ} \qquad \mathbf{I}_b = \mathbf{I}_{BC}\sqrt{3}\underline{/-150^\circ} \qquad \mathbf{I}_c = \mathbf{I}_{CA}\sqrt{3}\underline{/+90^\circ}$$

  여기서 상전류들은 다음과 같다.

$$\mathbf{I}_{AB} = \frac{\mathbf{V}_{AB}}{\mathbf{Z}_\Delta} = \frac{\mathbf{V}_{ab}}{\mathbf{Z}_\Delta} \qquad \mathbf{I}_{BC} = \frac{\mathbf{V}_{BC}}{\mathbf{Z}_\Delta} = \frac{\mathbf{V}_{bc}}{\mathbf{Z}_\Delta} \qquad \mathbf{I}_{CA} = \frac{\mathbf{V}_{CA}}{\mathbf{Z}_\Delta} = \frac{\mathbf{V}_{ca}}{\mathbf{Z}_\Delta}$$

  (예제 12.5)

- 대부분의 전력계산은 평형 시스템이라는 가정 하에 상당법(per-phase)을 기반으로 하여 실행된다. 평형시스템이 아닌 경우에도 마디/메쉬 해석은 언제나 유용한 방법이다. (예제 12.3, 12.4, 12.5)
- 3상 시스템(평형 또는 불평형)에서의 전력은 단지 2개의 전력계만으로도 측정될 수 있다. (예제 12.7)
- 어떠한 평형 3상 시스템에서도 그 순간전력은 일정한 값이 된다.

추천 도서

AC 전력 개념에 대한 좋은 개관은 다음 책의 2장에 나타나 있다:

B. M. Weedy, B. J. Cory, N. Jenkins, J. B. Ekanayake, and G. Strbac, *Electric Power Systems*, 5th ed. Chichester, England: Wiley, 2012.

AC 전력 시스템과 관계된 최신의 결과물들은 다음의 논문들에 나타나 있다:

International Journal of Electrical Power & Energy Systems. Elsevier, 1979–. ISSN: 0142-0615.

연습문제

12.1 다상 시스템

1. b, c, e로 표시된 3개의 단자를 가지는 미지의 전기장치가 특정한 회로에 설치되었을 때, 전압의 측정치가 $V_{ec} = -9$ V와 $V_{eb} = -0.65$ V로 얻어졌다면
   (a) V_{cb}를 구하라.
   (b) b로 표시된 단자를 통해 흐르는 전류 I_b가 1 μA와 같다면 연결단자 b, e에서 소비되는 전력을 구하라.
2. 일반적 형태의 트랜지스터 중 MESFET로 알려져 있는 트랜지스터는 금속-반도체 전계 효과 트랜지스터의 약자이다. 이것은 gate (g), source (s), drain (d)의 3개 단자를 가지고 있다. 예를 들어, 회로 내에서 동작하는 어떤 특정 MESFET가 $V_{sg} = 0.2$ V와 $V_{ds} = 3$ V인 전압을 가질 때
   (a) V_{gs}와 V_{dg}를 구하라.
   (b) 만약 게이트 전류 $I_g = 100$ pA가 게이트 단자로 흐르고 있다면, 게이트-전원 연결 단자에서 소비되는 전력을 구하라.
3. Y-결선된 3상 전압에 대해서 $\mathbf{V}_{an} = 400\underline{/33^\circ}$ V, $\mathbf{V}_{bn} = 400\underline{/153^\circ}$ V, $\mathbf{V}_{cx} = 160\underline{/208^\circ}$ V일 때, 다음을 구하라.
   (a) $\mathbf{V}_{cn}$ (b) $\mathbf{V}_{an} - \mathbf{V}_{bn}$ (c) $\mathbf{V}_{ax}$ (d) $\mathbf{V}_{bx}$

4. '다상(polyphase)' 전원이 무엇을 의미하는지를 설명하라. 다상전원이 단상전원에 비하여 추가적 복잡함이 더해질 수 있음에도 불구하고, 단상전원에 비해 가지는 장점을 한 가지만 말하라. 아울러 '평형(balanced)'과 '불평형(unbalanced)' 전원의 차이점을 설명하라.

5. 특정회로에서 얻어진 전압들이 $\mathbf{V}_{12} = 9\underline{/30^\circ}$ V, $\mathbf{V}_{32} = 3\underline{/130^\circ}$ V, $\mathbf{V}_{14} = 2\underline{/10^\circ}$ V로 주어질 때, $\mathbf{V}_{21}$, $\mathbf{V}_{13}$, $\mathbf{V}_{34}$, ,$\mathbf{V}_{24}$를 구하라.

6. 주어진 회로의 마디 전압들이 $\mathbf{V}_{14} = 9 - j$ V, $\mathbf{V}_{24} = 3 + j3$ V, 그리고 $\mathbf{V}_{34} = 8$ V으로 표현될 때, $\mathbf{V}_{12}$, $\mathbf{V}_{32}$, $\mathbf{V}_{13}$을 계산하여 페이저 형태로 나타내라.

7. 그림 12.29 회로에 주어진 저항 값들은 모르지만, $I_{ad} = 1$ A을 포함한 몇 개의 가지 전류 값들은 알려져 있을 때
   (a) I_{ab}, I_{cd}, I_{de}, I_{fe}, I_{be}를 계산하라.
   (b) 만일 $V_{ba} = 125$ V라면 마디 a와 b를 연결하는 저항값을 구하라.

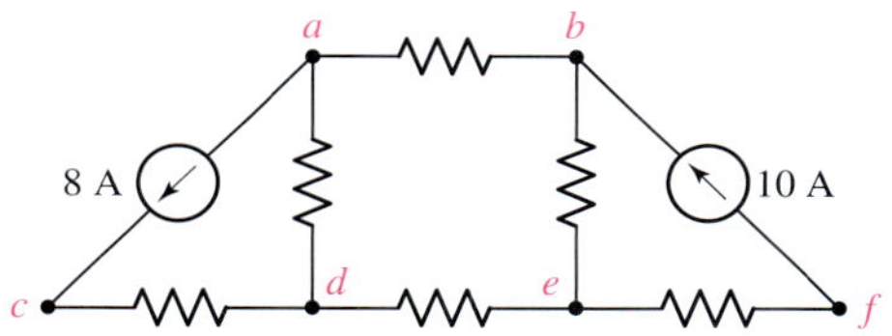

그림 12.29

8. 그림 12.30 회로에 대하여
   (a) I_{gh}, I_{cd}, I_{dh}를 구하라.
   (b) I_{ed}, I_{ei}, I_{jf}를 계산하라.
   (c) 만일 회로 내의 모든 저항기들이 각각 1 Ω의 값을 가진다면, 시계방향으로 흐르는 3개의 메쉬 전류를 구하라.

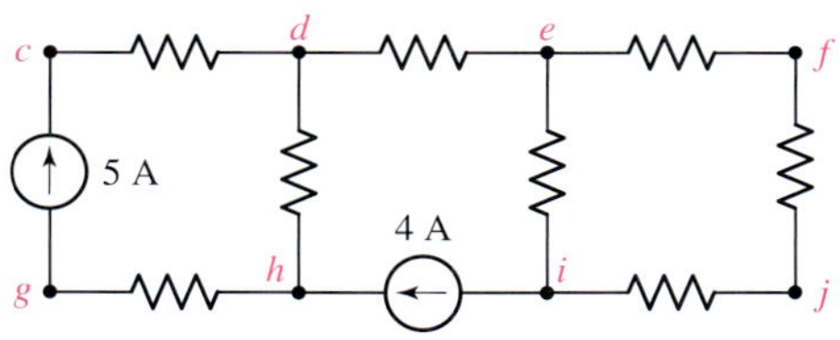

그림 12.30

9. 그림 12.30 회로의 단자 d와 e 사이, 그리고 단자 f와 j 사이에 병렬로 각각 저항기를 추가할 때
   (a) 이중아래첨자 기호규약을 사용하여 표현 가능한 전압들을 모두 구하라.
   (b) 이중아래첨자 기호규약을 사용하여 표현 가능한 선전류들을 모두 구하라.

12.2 단상 3선 시스템

10. 대부분의 가전제품은 110 V 콘센트에 의해 전원을 공급받지만, 몇 가지 형태의 제품들(예로서 의류 건조기 등)은 220 V 콘센트로부터 전력을 얻고 있다. 일반적으로 공급 전압이 낮을수록 인체에 더 안전하다. 그렇다면 제조사들이 이들 몇몇 제품에 대해서 220 V에서 동작되도록 설계하는 이유는 무엇인가?

11. 그림 12.31의 단상 3선 시스템은 3개의 별도 부하 임피던스를 가지고 있다. 만일 전원이 평형이며 전압 $\mathbf{V}_{an} = 110 + j0$ V rms이라면
    (a) $\mathbf{V}_{an}$과 $\mathbf{V}_{bn}$을 페이저 표현법으로 나타내라.
    (b) 임피던스 $\mathbf{Z}_3$ 양단에 걸리는 페이저 전압을 구하라.
    (c) 만일 $\mathbf{Z}_1 = 50 + j0\ \Omega$, $\mathbf{Z}_2 = 100 - j45\ \Omega$, $\mathbf{Z}_3 = 100 - j90\ \Omega$라면, 2개의 전원으로 부터 공급되는 평균전력을 구하라.
    (d) 부하 $\mathbf{Z}_3$를 두 전원 소자에 직렬로 각각 놓은 후, 이 전원들이 60 Hz에서 동작하는 경우 각각의 전원 값을 구하라.

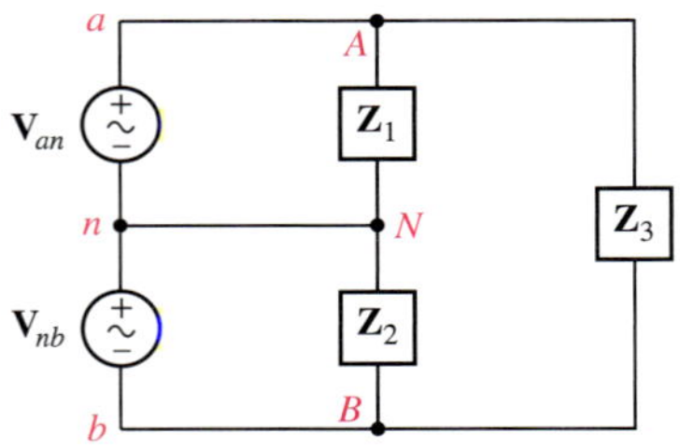

그림 12.31

12. 그림 12.32의 시스템에서, 중성선에서의 저항의 손실을 무시할 수 있을 정도로 작아서 단락회로로 모델링할 수 있을 때
    (a) 저항 값이 0이 아닌 두 선에서 소실되는 전력을 구하라.
    (b) 부하에 전달되는 평균전력을 구하라.
    (c) 전체 부하의 역률을 구하라.

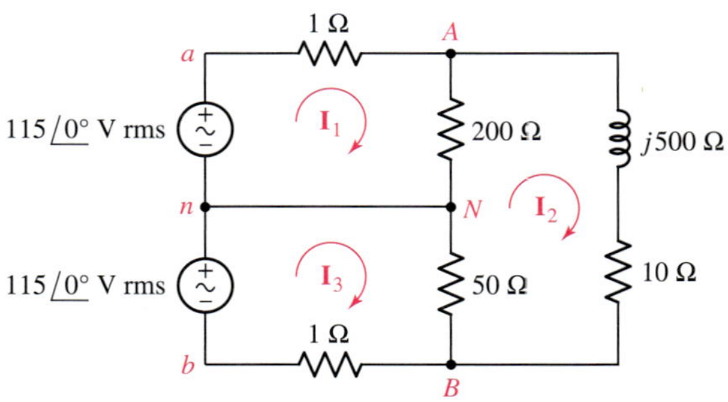

그림 12.32

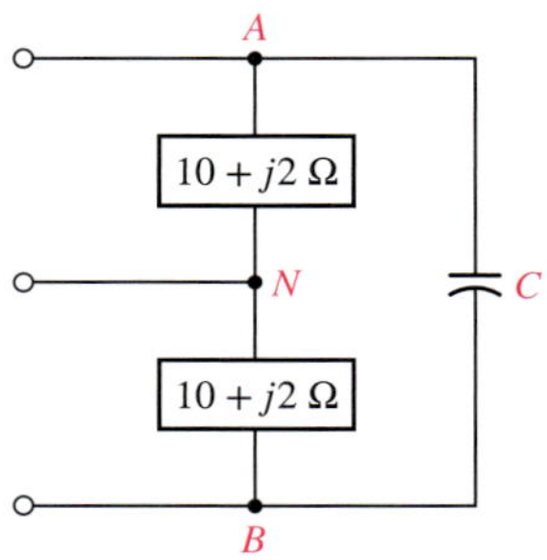

그림 12.33

13. 그림 12.33에 보이는 평형부하가, 50 Hz에서 동작하는 $V_{AN} = 115$ V의 3선 평형 전원에 연결되어 있을 때
    (a) 커패시터가 생략된 경우에 부하의 역률을 구하라.
    (b) 전체 부하에 대한 역률이 1이 되도록 하기위한 커패시턴스 C 값을 구하라.

14. 그림 12.32의 3선 시스템에서
    (a) 200 Ω의 저항을 50 Ω으로 바꾼 후 중성선을 통해서 흐르는 전류를 계산하라.
    (b) 중성선 전류 크기가 선전류 $\mathbf{I}_{aA}$의 25%가 되기 위해서, 50 Ω 저항 대신 필요한 새로운 저항값을 구하라.

12.3 3상 Y-Y 결선

15. (a) 만일 $\mathbf{V}_{an} = 400\underline{/33^\circ}$ V, $\mathbf{V}_{bn} = 400\underline{/-87^\circ}$ V, $\mathbf{V}_{cn} = 400\underline{/-207^\circ}$ V이면 $\mathbf{V}_{an} + \mathbf{V}_{bn} + \mathbf{V}_{cn} = 0$이 되는 것을 보여라.

(b) (a)에서의 전압들이 정상순인지 또는 역상순인지를 그 이유와 함께 밝혀라.

16. 50 Hz에서 동작하며 평형 부하를 가지는 간단한 정상순인 3상 3선 시스템에서 240 V의 각각의 상전압이 50 Ω과 500 mH의 직렬연결로 구성된 부하 양단에 연결되어 있을 때, 다음을 구하라.

(a) 각 선전류

(b) 부하의 역률

(c) 3상 전원에서 공급되는 전체 전력

17. 그림 12.34의 시스템이 평형이고, $R_w = 0$, $\mathbf{V}_{an} = 208\underline{/0^\circ}$ V, 정상순이 인가된다고 가정할 때, $\mathbf{Z}_p$가 다음과 같은 경우에 모든 상전류들과 선전류들, 그리고 모든 상전압들과 선전압들을 구하라.

(a) 1 kΩ (b) $100 + j48$ Ω (c) $100 - j48$ Ω

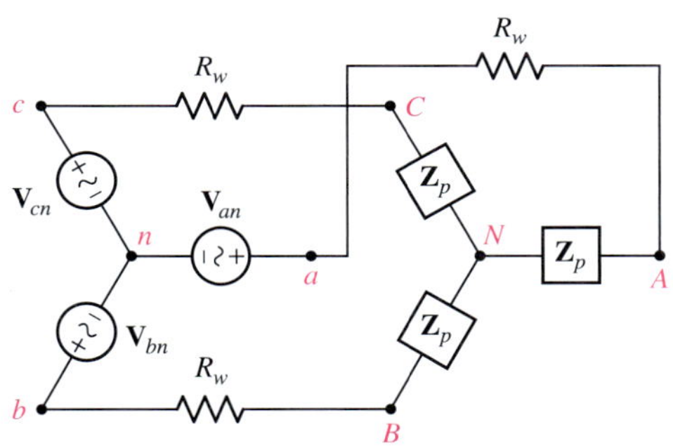

그림 12.34

18. 연습문제 17번에서 $R_w = 10$ Ω로 바꾼 후 반복해서 문제를 풀어라. 또한 동작주파수가 동작 주파수가 60 Hz일 경우 적절한 시뮬레이션을 이용하여 답을 검증하라.

19. 그림 12.34의 평형 3상 시스템에서 각 임피던스 $\mathbf{Z}_p$는 1 mF 커패시턴스, 100 mH 인덕턴스, 10 Ω 저항의 병렬 조합을 사용하여 구성되어 있다. 전원은 정상순을 가지고 50 Hz에서 동작한다. $\mathbf{V}_{ab} = 208\underline{/0^\circ}$ V, $R_w = 0$일 경우에 다음을 계산하라.

(a) 모든 상전압들

(b) 모든 선전압들

(c) 3개의 모든 선전류들

(d) 부하에 공급되는 전체 전력

20. 그림 12.34의 3상 시스템은 평형이며 100 V의 선전압을 가지고 있다고 가정한다. $R_w = 0$일 때 부하가 다음과 같은 각 형태의 부하에 대해서 선전류와 임피던스 부하를 계산하라.
   (a) 0.85의 뒤진 역률에서 1 kW 소모
   (b) 0.92의 앞선 역률에서 상당(per-phase) 300 W 소모

21. 그림 12.34의 평형 3상 시스템은 정상순이고 300 V의 선전압인 특성을 가지며 $\mathbf{Z}_p$가 용량성 부하 $5 - j3\ \Omega$와 유도성 부하 $9 + j2\ \Omega$의 병렬 결합으로 주어져 있다. $R_w = 0$일 때 다음을 계산하라.
   (a) 전원의 역률
   (b) 전원에 의해 공급되는 전체 전력
   (c) $R_w = 1\ \Omega$일 때 (a)와 (b)를 반복하라.

22. 평형 3상 전원에 $100 + j50\ \Omega$의 평형 Y-결선 부하가 연결되어 있다. 만일 선전류가 42 A이고 전원이 12 kW를 공급한다면 다음을 구하라.
   (a) 선전압 (b) 상전압

23. 350 Hz에서 동작하고 210 V의 선전압을 가지는 평형 Y-결선 전원으로 구성된 3상 시스템에서, 평형 부하의 각 상이 0.75의 앞선 역률에서 130 W의 전력을 소비할 때
   (a) 선전류와 부하에 공급되는 전체 전력을 구하라.
   (b) 만일 1 Ω의 순수한 저항성 부하가 기존의 모든 부하에 각각 병렬로 연결된다면, 새로운 선전류 및 부하에 공급되는 전체 전력을 구하라.
   (c) 적절한 시뮬레이션을 이용하여 답을 검증하라.

24. 연습문제 21번의 평형 3상 시스템에서, $R_w = 0\ \Omega$와 $R_w = 1\ \Omega$인 두 가지 부하에 공급되는 복소 전력을 각각 구하라.

25. 그림 12.34의 회로에서 각 부하가 100 μF 커패시터, 1 kΩ 저항기, 1.5 H 인덕터의 병렬 연결된 형태로 구성되어 있고 저항 $R_w = 0\ \Omega$이라면, $f = 60$ Hz에서 $\mathbf{V}_{ab} = 115\underline{/0^\circ}$ V인 정상순을 사용하여 선전류의 실효값(rms)과 부하에 전달되는 전체 전력을 구하라. 또한 적절한 시뮬레이션을 이용하여 답을 검증하라.

12.4 델타(Δ) 결선

26. 0.7의 앞선 역률에서 10 kW의 전력을 Δ-결선 부하에 공급하는 평형 3상 시스템의 상전압이 208 V이고 전원이 50 V에서 동작할 때
   (a) 선전류를 계산하라.
   (b) 상 임피던스를 구하라.
   (c) 만일 2.5 H 인덕터가 기존 부하의 각 상에 병렬로 연결된다면, 새로운 역률 및 부하에 공급되는 전체 전력을 구하라.

27. 평형 Δ-결선 부하에 있는 3개의 상들 각각은 470 Ω 저항기와 4 mH 인덕터의 직렬연결 조합과 10 mF 커패시터가 병렬로 연결된 구성을 가지며, 50 Hz에서 상전압이 400 V라고 가정할 때 다음을 구하라.

(a) 상전류 (b) 선전류

(c) 선전압 (d) 전원이 동작할 때의 역률

(e) 부하에 전달되는 전체 전력

28. 50 Hz에서 동작하면서 400 V의 상전압을 가지는 3선 3상 Y-결선 전원이 3상 부하에 전원을 공급하고 있고, 부하의 각 상은 500 Ω 저항기, 10 mH 인덕터, 1 mF 커패시터의 병렬 구성으로 되어 있다.

(a) 부하도 Y-결선되어 있을 때 선전류, 선전압, 상전류, 부하의 역률을 계산하라.

(b) 부하가 Δ-결선되어 있을 때 선전류, 선전압, 상전류, 부하의 역률을 계산하라.

29. 연습문제 28에서의 두 가지 상황에 대해서, 두 부하 각각에 전달되는 전체 전력을 구하라.

30. 평형 Y-결선 시스템이 서로 병렬 연결된 2개의 Δ-결선 부하에 전력을 공급하고 있다. 두 부하 중 소형은 0.75의 뒤진 역률에서 10 kVA의 전력을 흡수하고 큰 부하는 0.8의 앞선 역률에서 25 kVA의 전력을 흡수하며, 선전압이 400 V일 때 다음을 계산하라.

(a) 전원이 동작할 때의 역률 (b) 두 부하에 흡수되는 전체 전력

(c) 각 부하의 상전류

31. 그림 12.35의 평형 3상 시스템의 각 선에서 손실되는 전력은 100 W이다. 만일 전원의 상전압이 400 V이고 부하는 0.83의 뒤진 역률에서 12 kW의 전력을 소비한다면, 선저항 R_w를 구하라.

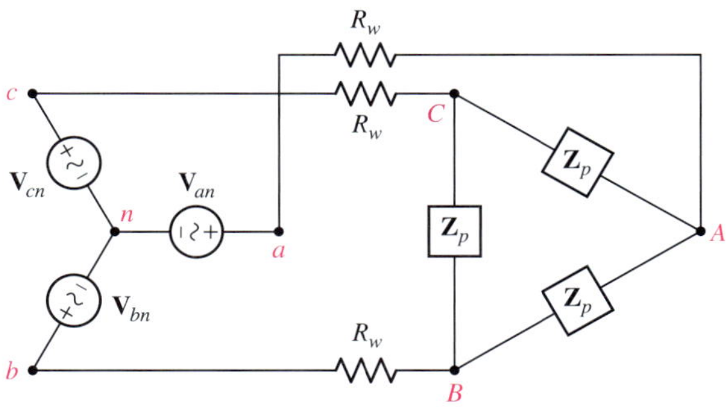

그림 12.35

32. 그림 12.35의 평형 Δ-결선 부하는 0.91의 뒤진 역률에서 10 kVA의 전력을 요구한다. 선 손실들이 무시될 수 있고 $\mathbf{V}_{ca} = 160\underline{/30^\circ}$ V이며 전원전압이 정상순을 사용한다고 할 때, $\mathbf{I}_{bB}$와 $\mathbf{V}_{an}$을 계산하라.

33. 연습문제 32에서 선저항을 $R_w = 1\ \Omega$로 바꾼 후 반복해서 문제를 풀어라. 또한 적절한 시뮬레이션을 이용하여 답을 검증하라.

34. 그림 12.35의 Δ-결선 부하가 전체 복소 전력 1800 + j700 W를 흡수하고, R_w = 1.2 Ω이며 전원이 복소 전력 1850 + j700 W을 생성할 때 $\mathbf{I}_{aA}$, $\mathbf{I}_{AB}$, $\mathbf{V}_{an}$를 계산하라.

35. 240 V rms의 선전압을 가지는 평형 3상 시스템이, 각 상마다 12 + j kΩ의 임피던스로 된 Δ-결선 부하와 함께 각 상마다 5 + j3 kΩ의 임피던스로 된 Y-결선 부하를 포함하고 있다. 선전류와 복합 부하에서 흡수되는 전력, 그리고 부하의 역률을 구하라.

12.5 3상 시스템에서의 전력 측정

36. 그림 12.36의 회로에서 단자 A, B가 다음과 같은 점들에 각각 연결될 때, 전력계 판독값을 구하라 (이때 리드선이 얻어진 전력값을 위해 바로 연결되었는지 반대로 연결되었는지도 밝힐 것).

(a) x와 y

(b) x와 z

(c) y와 z

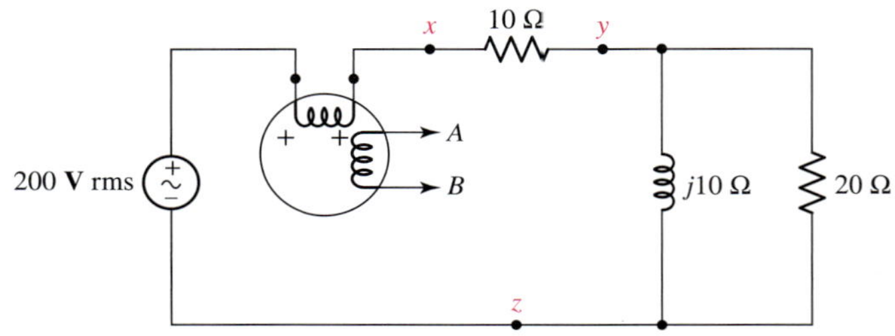

그림 12.36

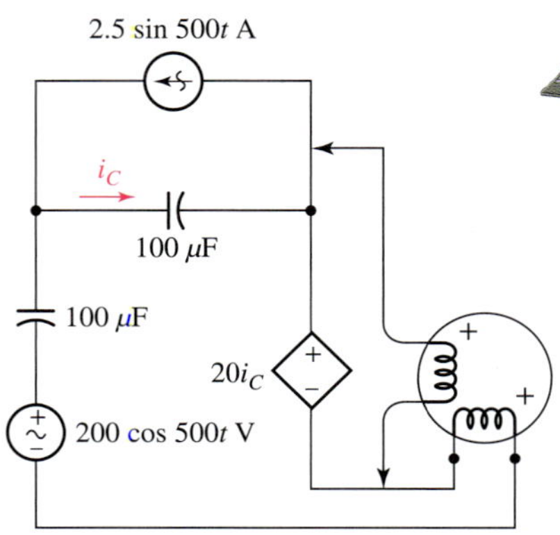

그림 12.38

37. 그림 12.37의 회로에 전력계를 결선하되 $\mathbf{I}_1$는 전류코일의 (+)단자 쪽으로 흘러 들어가도록 하고 $\mathbf{V}_2$는 전위코일 양단에 걸리는 전압이 되도록 할 때, 전력계 판독값을 구하고, 적절한 시뮬레이션을 사용하여 답을 검증하라.

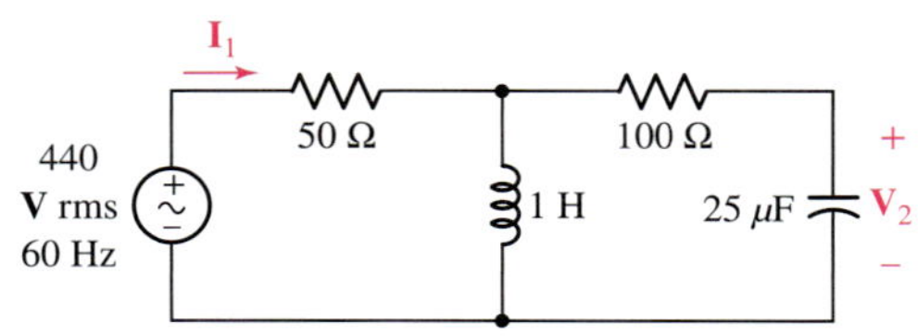

그림 12.37

38. 그림 12.38의 회로에 결선되어 있는 전력계 판독값을 구하라.

39. (a) 그림 12.39에서 만일 $\mathbf{V}_A = 100\underline{/0^\circ}$ V rms, $\mathbf{V}_B = 50\underline{/90^\circ}$ V rms, $\mathbf{Z}_A$ = 10 − j10 Ω, $\mathbf{Z}_B$ = 8 + j6 Ω, 그리고 $\mathbf{Z}_C$ = 30 + j10 Ω라면, 두 전력계 판독값들을 구하라.

(b) 이들 판독 전력값의 합이 3개의 부하에 흡수되는 전체 전력과 같은가? 적절한 시뮬레이션을 사용하여 답을 검증하라.

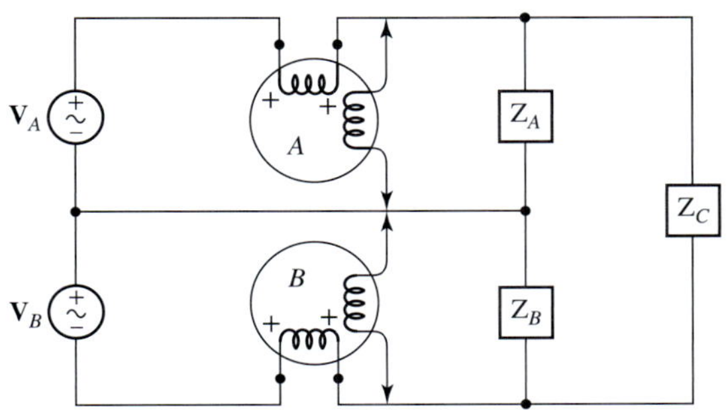

그림 12.39

40. 그림 12.40의 회로에서 만일 $\mathbf{V}_{ab} = 200\underline{/0^\circ}$ V rms, $\mathbf{V}_{bc} = 200\underline{/120^\circ}$ V rms, $\mathbf{V}_{ca} = 200/240^\circ$ V rms, $\mathbf{Z}_4 = \mathbf{Z}_5 = \mathbf{Z}_6 = 25\underline{/30^\circ}\ \Omega$, $\mathbf{Z}_1 = \mathbf{Z}_2 = \mathbf{Z}_3 = 50\underline{/-60^\circ}\ \Omega$ 라면, 각 전력계의 판독값을 구하라.

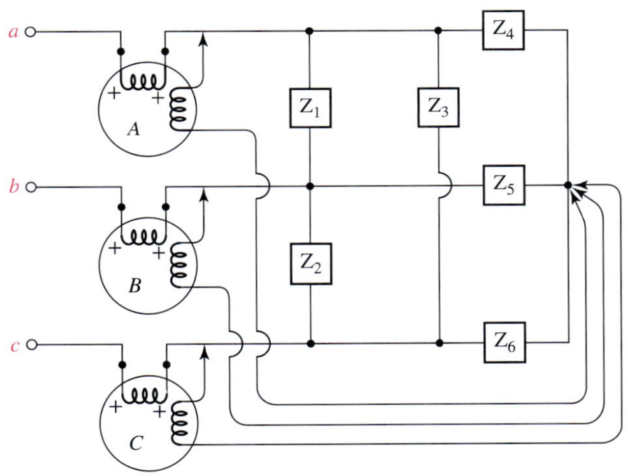

그림 12.40

12장 통합문제

41. Δ-결선 부하와 Y-결선 부하가 동일한 평균전력과 복수 전력을 흡수한다고 할 때, Δ-결선 부하가 Y-결선 부하보다 사용하기에 유리한 환경이 어떤 경우인지를 설명하라.

42. 어떤 208 V, 60 Hz의 3상 전원이 Y-결선되어 있고 정상순으로 되어 있으며, 평형 부하의 각 상은 0.2 Ω 저항 성분과 580 mH 인덕턴스가 직렬 연결된 형태로 가장 잘 모델링되는 코일로 구성되어 있을 때

(a) 부하가 Δ-결선되어 있는 경우에 선전압들과 상전류들을 구하라.

(b) 부하가 Y-결선되어 있는 경우에 선전압들과 상전류들을 구하라.

43. (a) 그림 12.41의 부하는 3상 부하라고 할 수 있는지를 그 이유와 함께 밝혀라.

(b) $\mathbf{Z}_{AN} = 1 - j7\ \Omega$, $\mathbf{Z}_{BN} = 3\underline{/22^\circ}\ \Omega$, $\mathbf{Z}_{AB} = 2 + j\ \Omega$이며 120 VAC의 중성선 전압의 상(두 상들은 180°의 위상차 가짐)을 가정할 때, 모든 상전류들과 선전류들, 상전압들과 선전압들을 계산하라.

(c) 어떤 상황 하에서 중성선에 전류가 흐르게 되는지를 설명하라.

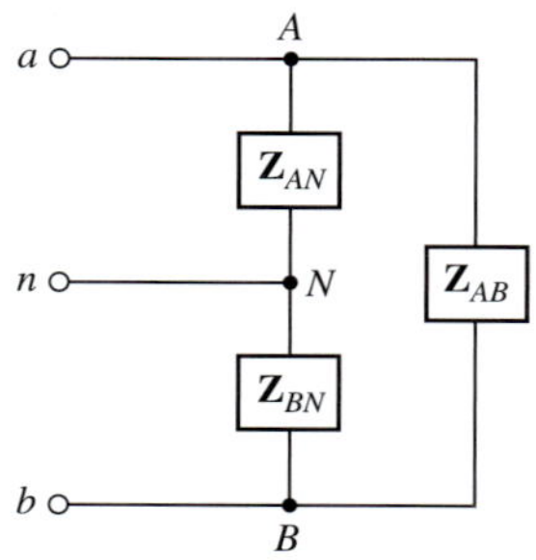

그림 12.41

44. 한 중소 제조 공장의 모든 컴퓨터 장비들은 120 VAC의 표준전압에서 동작되지만, 주어진 사용가능 전원은 208 VAC의 3상 전원밖에 없을 경우에, 이 전원에 컴퓨터 장비를 연결할 수 있는 방법을 설명하라.

13 자기 결합 회로

Design elements: Cockpit: ©Purestock/SuperStock; Wind Turbirs: ©Russell Illig/Getty Images; Circuit Board: ©Shutterstock

서론

도체를 통하여 교류 혹은 직류 전류가 흐르게 되면 그 도체 주위에는 항상 자기장이 발생한다. 회로에서는 도선 루프를 관통하는 **자속**(*magnetic flux*)에 대해 다루는데, 이는 루프로부터 나오는 자기장 밀도의 평균 수직성분에 루프의 단면적을 곱한 것을 의미한다. 어느 한 루프에서 발생한 시간에 따라 변하는 자기장이 또 다른 루프를 관통하면, 해당 도선의 양 끝 사이에 전압이 유기된다. 이 현상과 앞에서 언급한 '인덕턴스(좀 더 정확히 표현하면 자기 인덕턴스(self-inductacne))'와 구별하기 위하여 새로운 용어인 **상호 인덕턴스**(*mutual inductance*)를 정의한다.

'상호 인덕터'라는 소자는 없지만 이 원리는 매우 중요한 소자인 **변압기**(*transformer*)의 기본 원리가 된다. 변압기는 약간의 거리를 둔 2개의 코일로 구성되며 교류 전압을 필요에 따라 높은 전압 혹은 낮은 전압으로 변환하는데 흔히 이용된다. 직류를 공급받아야 하는 모든 전기기기들은, 벽에 붙어 있는 교류 콘센트로부터 교류를 받아 변압기를 이용하여 전압의 크기를 조절한 이후, 다이오드를 이용하여 직류로 변환한다. 다이오드를 통해 직류를 교류로 바꾸는 과정을 **정류**(*rectification*)라고 하고, 대부분의 기초전자공학 교과서에 소개되어 있다.

중요한 개념

- 상호 인덕턴스
- 자기 인덕턴스
- 점표시 규약
- 반사 임피던스
- T 및 Π 등가 회로망
- 이상적인 변압기
- 이상적인 변압기의 권선비
- 임피던스 정합
- 전압 크기 조정
- 변압기를 포함하는 회로의 SPICE 해석

13.1 상호 인덕턴스

7장에서 인덕턴스를 정의할 때, 수동부호규약(passive sign convention)을 가정하면 단자 전압과 전류 사이에는 다음과 같은 관계가 있음을 알았다.

$$v(t) = L\frac{di(t)}{dt}$$

이러한 전류-전압 특성의 물리적 기초는 다음의 두 가지 사실에 근거한다.

1. 선형 인덕터에서 전류에 의해 발생하는 **자속**(*magnetic flux*)의 세기는 전류에 비례한다.
2. 시간에 따라 변하는 자기장에 의해서 생기는 전압의 크기는 자속 혹은 자기장의 시간에 따른 변화율에 비례한다.

상호 인덕턴스의 계수

상호 인덕턴스 개념은 상기 언급한 선형 인덕터와 상당히 유사하다. 하나의 코일에 흐르는 전류는 그 코일 주위에 자속을 만들며 이 자속은 근처의 다른 두 번째 코일도 지나게 된다. 두 번째 코일 주위의 시간에 따라 변화하는 자속은 두 번째 코일의 양 단자 간에 전압을 발생시키며, 이 전압은 첫 번째 코일에 흐르는 전류의 시간에 따른 변화율에 비례한다. 그림 13.1*a*에 두 코일 L_1과 L_2로 구성된 간단한 모델을 나타내었다. 이 두 코일은 충분히 가까워서 L_1을 통하여 흐르는 전류 $i_1(t)$에 의해 생긴 자속은 L_2의 양 단자 사이에 개방회로 전압 $v_2(t)$를 발생시킨다. 이 시점에서는 부호는 고려하지 않고 상호 인덕턴스의 계수, 즉 **상호 인덕턴스** M_{21}을 정의한다.

$$v_2(t) = M_{21}\frac{di_1(t)}{dt} \qquad [1]$$

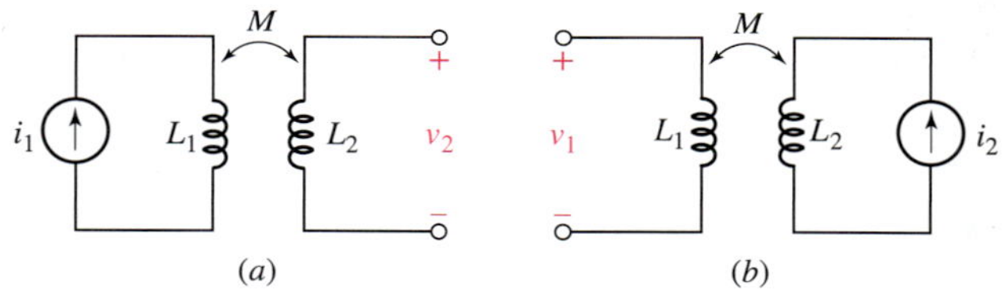

그림 13.1 (*a*) L_1을 통하여 흐르는 전류 i_1은 L_2 양단에 개방 회로 전압 v_2를 발생시킨다. (*b*) L_2를 통하여 흐르는 전류 i_2는 L_1 양단에 개방 회로 전압 v_1을 발생시킨다.

M_{21}에서 아래 첨자의 순서는 L_1에서의 전류에 의해 L_2에 전압이 생긴다는 것을 의미한다. 그림 13.1*b*에 보인 바와 같이 시스템이 반대로 이루어졌다면 다음 식이 성립한다.

$$v_1(t) = M_{12}\frac{di_2(t)}{dt} \qquad [2]$$

그러나 상호 인덕턴스를 나타내기 위하여 2개의 계수(M_{12}와 M_{21})가 모두 필요하지 않다. 나중에 에너지 관계식을 이용하여 M_{12}와 M_{21}이 서로 같다는 것을 결국 증명할 것이다. 즉 $M_{12} = M_{21} = M$이다. 두 코일 사이의 상호 결합의 존재는 그림 13.1*a* 및 *b*에 보인 바와 같이 양방향 화살표로 표시한다.

상호 인덕턴스의 단위는 헨리(henry)이며 저항, 인덕턴스, 커패시턴스처럼 양의 값을 가진다.[1] 그러나 전압 $M\,di/dt$는 어느 순간에 전류의 값이 증가하는 중이

1 상호 인덕턴스는 모든 경우에 양의 값으로 가정해야 하는 것은 아니다. 특히 3개 혹은 그 이상의 코일들이 서로 상호 관계를 가질 때는 상호 인덕턴스와 그 부호를 함께 고려하는 것이 편리하다. 여기서는 간단하지만 더욱 중요한 경우인 두 코일이 있는 경우에 대해서만 한정하여 생각하기로 하자.

었는가 혹은 감소하는 중이었는가에 따라 양의 값이 될 수도 있고 음의 값이 될 수도 있다.

점표시 규약

인덕터는 2단자 소자이다. 전압 $L\,di/dt$ 혹은 $j\omega L\mathbf{I}$의 정확한 부호를 결정하기 위해서 수동 부호 규약을 이용할 수 있다. 전류가 양 전압 부호가 있는 단자로 흘러 들어가면, 양 부호를 이용하면 된다. 그러나 상호 인덕턴스의 경우에는 4개의 단자가 관련되어 있기 때문에 이와 같은 방법으로 다룰 수 없다. 정확한 부호는 '**점표시 규약**'을 이용한 여러 가지 가능성 중의 한 가지를 사용하거나 혹은 각 코일의 감긴 방향을 고려하여 결정한다. 이 책에서는 점표시 규약을 이용하기로 하며, 아울러 코일의 물리적 구조를 간단히 살펴보기로 한다. 2개의 코일만이 서로 결합된다면 다른 특별한 기호를 사용할 필요는 없다.

점표시 규약(dot convention)은 상호 결합된 2개의 각 코일 어느 한 끝에 굵은 점으로 표시하는 방법이다. 코일을 통하여 유도된 전압의 부호는 다음과 같이 결정한다.

> 어느 한 코일의 **점이** 표시된 단자로 흘러 들어가는 전류는 다른 코일에 개방회로 전압을 발생시키는데 이때 **점이** 표시된 단자 쪽이 **양** 전압이다.

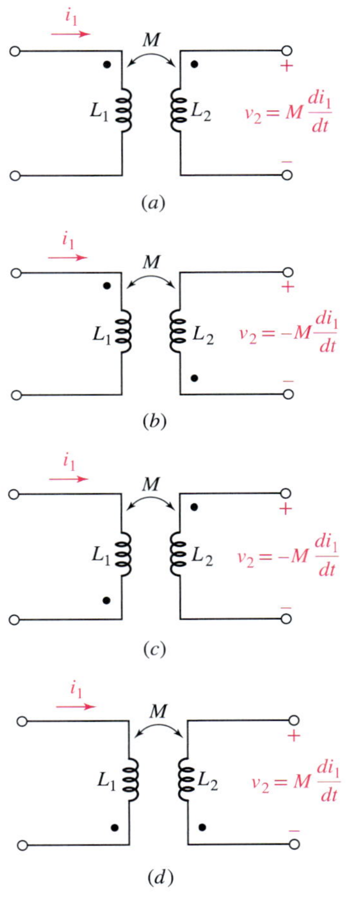

그림 13.2 어느 한 코일의 점이 있는 단자로 흘러 들어가는 전류는 두 번째 코일의 점이 있는 단자가 양인 전압을 발생시킨다. 어느 한 코일의 점이 없는 단자로 흘러 들어가는 전류는 두 번째 코일의 점이 없는 단자가 양인 전압을 발생시킨다.

그림 13.2*a*에서 i_1은 L_1의 점이 있는 단자로 흘러 들어간다. v_2는 L_2의 점이 있는 단자 쪽이 양 전압이고, 그 값은 $v_2 = M\,di_1/dt$이다. 앞에서도 보았듯이 수동 부호 규칙을 이용하여 회로 내의 어디에서든지 만족스럽도록 전압 혹은 전류를 선택한다는 것이 종종 가능하지 않을 수도 있다. 이러한 일이 상호 결합에서도 나타난다. 예를 들어 그림 13.2*b*에서 보인 바와 같이 점이 없는 단자를 양의 전압으로 하여 v_2를 표현하는 것이 더욱 편리하며, $v_2 = -M\,di_1/dt$이다. 그림 13.2*c*와 *d*에 보인 것처럼 전류는 항상 점이 있는 단자로 흘러들어 가는 것은 아니다. 다음과 같이 말할 수 있다.

> 전류가 어느 한 코일의 **점이 없는** 단자로 흘러 들어갈 때, 전압은 다른 코일의 **점이 없는** 단자가 **양** 전압이 된다.

앞에서의 설명들에는 i_2가 0이 아닐 때 생길 수 있는 자기 유도(self-induction) 현상에 의한 전압을 고려하지 않았다. 이런 중요한 현상들은 앞으로 다룰 예정이다.

예제 13.1

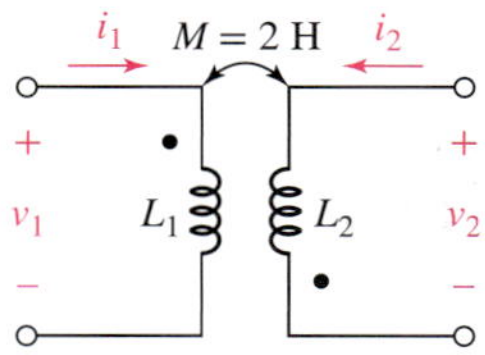

그림 13.3 점표시 규약을 이용하여 어느 한 코일에서 전류가 흘러 들어가는 단자와 다른 코일에서 양 전압인 단자 사이의 관계를 알 수 있다.

그림 13.3에 보인 회로에서 (a) $i_2 = 5 \sin 45t$ A이고 $i_1 = 0$일 때, v_1을 구하라. (b) $i_1 = -8e^{-t}$ A이고 $i_2 = 0$일 때, v_2를 구하라.

(a) 전류 i_2는 오른쪽 코일의 **점이 없는** 단자로 흘러 들어가므로, 왼쪽 코일에 유기되는 전압은 점이 없는 단자가 양 전압이 된다. 따라서 개방회로 전압은 다음과 같다.

$$v_1 = -(2)(45)(5 \cos 45t) = -450 \cos 45t \text{ V}$$

이 전압은 오른쪽 코일에 흐르는 i_2에 의해 시간에 따라 변하는 자속이 생겨서 그 결과로 왼쪽 코일의 단자 사이에 생기는 것이다. 왼쪽 코일을 통하여 흐르는 전류가 없으므로 v_1에 자기 유도에 의한 성분은 없다.

(b) **점이 있는** 단자로 전류가 흘러 들어간다. 그러나 v_2는 **점이 없는** 단자를 양 전압으로 잡았다. 따라서, 다음과 같이 된다.

$$v_2 = -(2)(-1)(-8e^{-t}) = -16e^{-t} \text{ V}$$

익힘문제 13.1

$M = 10$ H이고 코일 L_2가 개방회로이며, $i_1 = -2e^{-5t}$ A라고 가정할 때 다음의 경우에 대하여 v_2를 구하라. (a) 그림 13.2*a*, (b) 그림 13.2*b*.

답: $100e^{-5t}$ V; $-100e^{-5t}$ V.

상호 유도전압과 자기 유도전압의 결합

지금까지는 **개방된** 코일 회로에 유기되는 상호 전압에 대해서만 고려하였다. 일반적으로는 두 코일 각각에 전류가 흐르고 각 코일에는 상호 전압이 나타나는데 그 이유는 상대 코일에 흐르는 전류 때문이다. **이 상호 전압은 독립적으로 존재하면서 자기 유도 전압에 더해져서 나타난다.** 다시 말하면, L_1의 양 단자에 걸리는 전압은 2개의 항으로 이루어져 있는데 $L_1\, di_1/dt$와 $M\, di_2/dt$이며 각각의 부호는 전류의 방향, 전압의 극성, 그리고 두 점의 위치 등에 따라 결정된다. 어느 회로의 일부분인 그림 13.4의 회로에서는 i_1과 i_2가 각각 점이 있는 단자로 흘러 들어간다. L_1에 걸리는 전압은 다음의 두 부분으로 이루어진다.

$$v_1 = L_1 \frac{di_1}{dt} + M \frac{di_2}{dt}$$

L_2에 걸리는 전압은 다음과 같다.

$$v_2 = L_2 \frac{di_2}{dt} + M \frac{di_1}{dt}$$

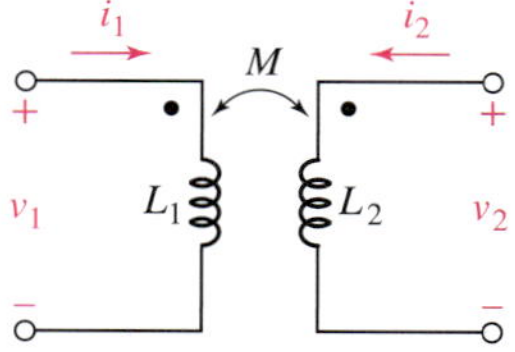

그림 13.4 v_1, i_1 및 v_2, i_2 쌍은 각각 수동 부호 규약을 만족시키므로, 자기 유도(self-induction) 전압은 모두 양이다. i_1과 i_2는 각각 점이 있는 단자로 흘러 들어가고, v_1과 v_2는 점이 있는 단자가 양 전압이므로 상호 유도 전압 또한 모두 양이다.

그림 13.5에서는 v_1과 v_2가 양의 값이 되도록 전류와 전압이 선택되지는 않았다. 여기서는 i_1과 v_1의 부호의 기준점을 살펴볼 때, 수동 부호 규약을 따르지 않으므로 $L_1\ di_1/dt$의 부호는 음이 되어야 한다. $L_2\ di_2/dt$에 대해서도 같은 결론을 내릴 수 있다. v_2의 상호 항의 부호는 i_1과 v_2의 방향을 살펴보고 붙인다. i_1은 점이 있는 단자로 흘러 들어가고, v_2는 점이 있는 단자 쪽이 양이므로 $M\ di_1/dt$의 부호는 양이다. 마지막으로 i_2는 L_2의 점이 없는 단자로 흘러 들어가고, v_1은 L_1의 점이 없는 단자 쪽이 양이므로 v_1의 상호 성분인 $M\ di_2/dt$는 양이어야 한다. 따라서 다음 식을 얻을 수 있다.

$$v_1 = -L_1\frac{di_1}{dt} + M\frac{di_2}{dt} \qquad v_2 = -L_2\frac{di_2}{dt} + M\frac{di_1}{dt}$$

동일한 방법으로 주파수가 ω인 정현파 전원일 때의 관계식을 다음과 같이 얻을 수 있다.

$$\mathbf{V}_1 = -j\omega L_1\mathbf{I}_1 + j\omega M\mathbf{I}_2 \qquad \mathbf{V}_2 = -j\omega L_2\mathbf{I}_2 + j\omega M\mathbf{I}_1$$

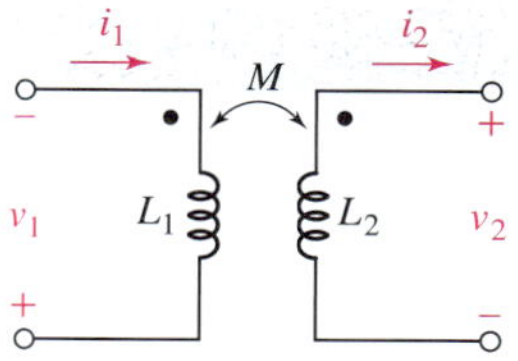

그림 13.5 v_1, i_1 및 v_2, i_2 쌍은 각각 수동 부호 규약을 따르지 않으므로 자기 유도 전압은 모두 음이다. i_1은 점이 있는 단자로 흘러 들어가고, v_2는 점이 있는 단자가 양 전압이므로 v_2의 상호 항은 양이다. 그리고 i_2는 점이 없는 단자로 흘러 들어가고, v_1은 점이 없는 단자가 양 전압이므로 v_1의 상호 항 역시 양이다.

점표시 규약의 물리적 기초

물리적인 현상을 살펴보면 점표시 규약에 대해서 좀 더 완전히 이해할 수 있다. 점의 의미는 **자속**으로 설명할 수 있다. 그림 13.6에 보인 것처럼 2개의 코일이 하나의 원통에 감겨 있으며, 그림에서 코일이 감긴 방향을 확실히 알 수 있다. 양의 전류 i_1이 시간에 따라 증가한다고 하자. 원통 내에 i_1에 의해서 생기는 자속의 방향은 오른손의 법칙에 의해서 알 수 있다. 오른손으로 손가락의 방향이 전류의 방향이 되도록 코일을 감싸 쥐면 엄지가 가리키는 방향이 코일 내에서의 자속의 방향이 된다. 따라서 i_1에 의해서 생기는 자속은 아래 방향이 되고, 시간에 따라 전류가 증가하므로 i_1에 비례하는 자속도 시간에 따라 증가하게 된다. 둘째 코일에 흐르는 전류 i_2도 양의 전류이고, 시간에 따라 증가한다고 가정하면, 오른손 법칙에 의해서 i_2에 의한 자속도 아래 방향이고 시간에 따라 증가하게 된다. 다시 말하면, 전류 i_1과 i_2에 의한 자속은 서로 **더해지는** 자속이다.

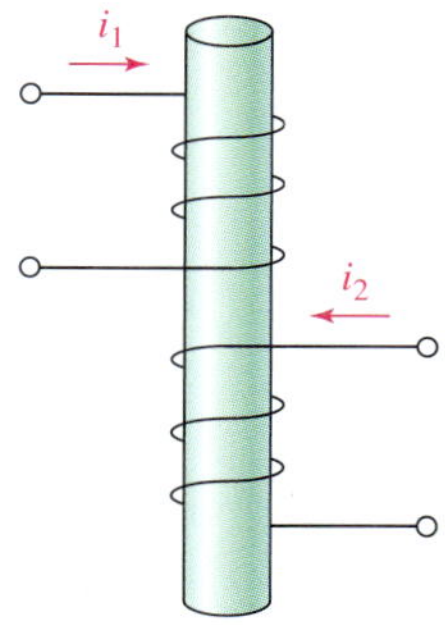

그림 13.6 상호 결합된 두 코일의 물리적인 구조. 각 코일에 의해서 만들어지는 자속의 방향을 고려할 때, 점은 각 코일의 위쪽 단자에 위치하거나 혹은 각 코일의 아래쪽 단자에 위치하면 된다.

각 코일의 단자 간에 걸리는 전압은 코일 내부의 자속의 시간 변화율에 의해 결정된다. i_2가 있으면 첫째 코일의 단자 간의 전압은 i_2가 0인 경우보다 더욱 큰 전압이 걸리게 된다. 그 이유는 i_2가 첫째 코일에 전압을 유기하고 있으며, 이와 해당 코일의 자기 유도 전압은 같은 극성을 띠고 있기 때문이다. 자기 유도 전압의 부호는 수동 부호 규약에 따라 알 수 있으며, 따라서 상호 전압의 부호도 알 수 있게 된다.

점표시 규약은 물리적 구조를 직접 고려하지 않고도, 각 코일의 점이 있는 단자로 전류가 흘러 들어가면 자속은 서로 더해지는 방향이 되도록 점을 붙이기로 약속을 한 것이다. 따라서 점을 붙이는 방법은 결국 두 가지라고 할 수 있는데, 두 점을 각 코일의 반대편에 옮겨 붙이더라도 자속은 여전히 서로 더해지는 자속이 되기 때문이다.

예제 13.2

그림 13.7a의 회로에서 전원 전압에 대한 400 Ω 저항에 걸리는 출력 전압의 비를 페이저 표현방법을 이용하여 구하라.

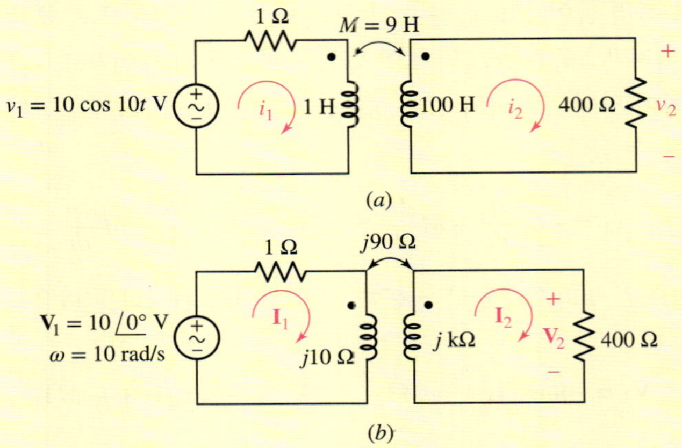

그림 13.7 (a) 전압의 비가 $\mathbf{V}_2/\mathbf{V}_1$이 되도록 상호 인덕턴스를 포함한 회로. (b) 자기 인덕턴스 및 상호 인덕턴스를 그에 해당하는 임피던스로 나타낸 회로.

문제의 목표를 확인한다.

$\mathbf{V}_2$의 값을 구하여 $10\underline{/0^\circ}$ V로 나눈다.

알고 있는 정보를 모두 수집한다.

1 H와 100 H를 임피던스로 나타내면 각각 $j10\ \Omega$ 및 $j\ \mathrm{k\Omega}$이다(그림 13.7b). 9 H 상호 인덕턴스는 $j\omega M = j90\ \Omega$으로 나타낼 수 있다.

계획을 세운다.

회로가 2개의 메쉬를 갖고 있으므로, 메쉬해석방법이 가장 좋은 접근 방식이 될 수 있다. $\mathbf{I}_2$를 먼저 구하면 $\mathbf{V}_2$는 $400\mathbf{I}_2$이다.

적절한 수의 방정식을 만든다.

왼쪽 메쉬에서 상호 항의 부호는 점표시 규약을 적용하여 결정한다. $\mathbf{I}_2$가 L_2의 점이 없는 단자로 흘러 들어가므로 L_1에 걸리는 상호 전압은 점이 없는 단자가 양 전압이 된다. 따라서, 다음과 같이 된다.

$$(1 + j10)\mathbf{I}_1 - j90\mathbf{I}_2 = 10\underline{/0^\circ}$$

$\mathbf{I}_1$이 점이 있는 단자로 흘러 들어가므로 오른쪽 메쉬에서는 100 H 인덕터의 점이 있는 단자에서 상호 항이 양이 된다. 따라서 다음 식이 성립한다.

$$(400 + j1000)\mathbf{I}_2 - j90\mathbf{I}_1 = 0$$

추가로 필요한 정보가 있는지 결정한다.

2개의 미지수 $\mathbf{I}_1$과 $\mathbf{I}_2$가 있으며, 식이 2개이므로 먼저 두 전류에 대해서 풀면 출력 전압 $\mathbf{V}_2$는 $\mathbf{I}_2$에 400 Ω을 곱하여 얻을 수 있다.

해를 구한다.

계산기로 두 방정식을 풀면 다음의 결과를 얻을 수 있다.

$$\mathbf{I}_2 = 0.172\underline{/-16.70^\circ}\ \text{A}$$

따라서, 다음과 같이 된다.

$$\frac{\mathbf{V}_2}{\mathbf{V}_1} = \frac{400(0.172\underline{/-16.70^\circ})}{10\underline{/0^\circ}} = 6.880\underline{/-16.70^\circ}$$

해가 타당한지 또는 기대했던 결과인지 검토한다.

출력 전압 $\mathbf{V}_2$는 입력 전압 $\mathbf{V}_1$보다 그 크기가 더 크다. 이런 결과를 늘 기대할 수 있는가? 답은 '아니다'이다. 다음 절에서 보게 되겠지만, 변압기는 전압을 낮추도록 만들 수도 있고 높이도록 만들 수도 있다. 답은 대략적으로 추정할 수 있는데 적어도 답의 상한과 하한은 구할 수 있다. 400 Ω 저항 대신 단락회로로 만들면 $\mathbf{V}_2 = 0$이 된다. 400 Ω 저항 대신 개방회로로 만들면 $\mathbf{I}_2 = 0$이 되고 따라서, 다음 식을 얻을 수 있다.

$$\mathbf{V}_1 = (1 + j\omega L_1)\mathbf{I}_1$$
$$\mathbf{V}_2 = j\omega M\mathbf{I}_1$$

두 식을 풀면, $\mathbf{V}_2/\mathbf{V}_1$에 대해서 기대할 수 있는 최대값 $8.955\underline{/5.711^\circ}$를 구할 수 있다. 위에서 구한 답이 이 범위 안에 들어가므로 적어도 합리적이라고 할 수는 있다.

그림 13.7*a*의 회로에서 출력 전압은 그 크기가 입력 전압보다 크므로, 이런 형태의 회로를 이용하면 전압 이득을 얻는 것이 가능하다. 그리고 전압의 비가 ω의 함수라는 것도 흥미로운 일이다.

이 회로에서 $\mathbf{I}_2(\mathrm{j}\omega)$를 구하기 위해 각 주파수가 임의의 값 ω일 때 메쉬방정식을 세우면 다음과 같다.

$$(1 + j\omega)\mathbf{I}_1 \qquad\qquad - j\omega 9\,\mathbf{I}_2 = 10\underline{/0^\circ}$$

그리고

$$-j\omega 9\,\mathbf{I}_1 + (400 + j\omega 100)\mathbf{I}_2 = 0$$

대입하여 풀면 다음을 얻을 수 있다.

$$\mathbf{I}_2 = \frac{j90\omega}{400 + j500\omega - 19\omega^2}$$

따라서, ω의 함수인 입력 전압에 대한 출력 전압의 비를 구하면

$$\frac{\mathbf{V}_2}{\mathbf{V}_1} = \frac{400\,\mathbf{I}_2}{10}$$
$$= \frac{j\omega 3600}{400 + j500\omega - 19\omega^2}$$

해당 전압비는 때때로 **회로 전달 함수**(*circuit transfer function*)라고 불리운다. 그림 13.8에 보여진 바와 같이 4.6 rad/s의 주파수에서 그 피크 값의 크기가 약 7이다. 그러나 매우 낮은 주파수 혹은 매우 높은 주파수에서는 전달 함수의 크기가 1보다 작다.

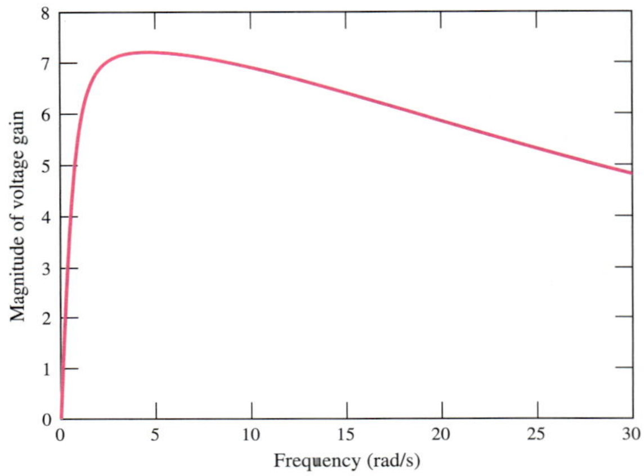

그림 13.8 그림 13.7*a*에 보인 회로의 전압 이득 $|\mathbf{V}_2/\mathbf{V}_1|$을 다음 MATLAB 프로그램을 이용하여 ω의 함수로 그릴 수 있다.

```
≫ w = linspace(0,30,1000);
≫ num = j*w*3600;
≫ for indx = 1:1000
den = 400 + j*500*w(indx) −19*w(indx)*w(indx);
gain(indx) = num(indx)/den;
end
≫ plot(w, abs(gain));
≫ xlabel('Frequency (rad/s)');
≫ ylabel('Magnitude of Voltage Gain');
```

이 회로는 전압원을 제외하고는 수동 소자로 이루어져 있으므로 **전압 이득을 전력 이득**으로 이해하는 우를 범해서는 안 된다. ω = 10 rad/s에서 전압 이득은 6.88이지만, 단자전압이 10 V인 이상적인(ideal) 전압원은 총 전력 8.07 W를 공급하며, 그 중에서 400 Ω 저항에는 5.94 W만이 전달된다. 따라서 **전력 이득**(*power gain*)이라고 불리는, 전원 전력에 대한 출력 전력의 비는 0.736이다.

익힘문제 13.2

그림 13.9의 회로에 대해서 $v_s = 20e^{-1000t}$ V일 때, 왼쪽 메쉬와 오른쪽 메쉬에 대한 방정식을 세워라.

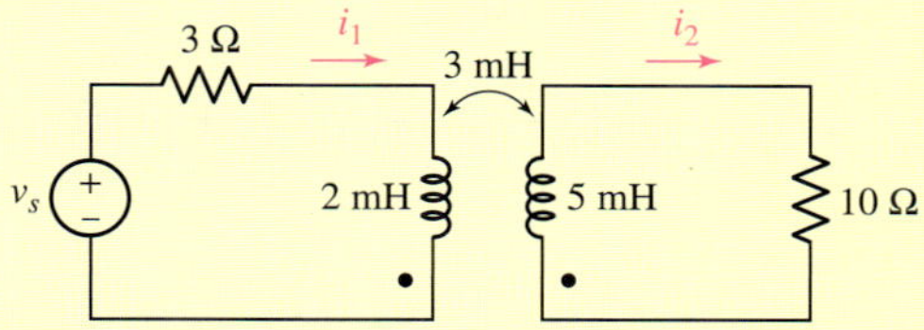

그림 13.9

답: $20e^{-1000t} = 3i_1 + 0.002\, di_1/dt - 0.003\, di_2/dt$; $10i_2 + 0.005\, di_2/dt - 0.003\, di_1/dt = 0$.

예제 13.3

그림 13.10a의 회로에 대한 페이저 메쉬방정식을 세워라.

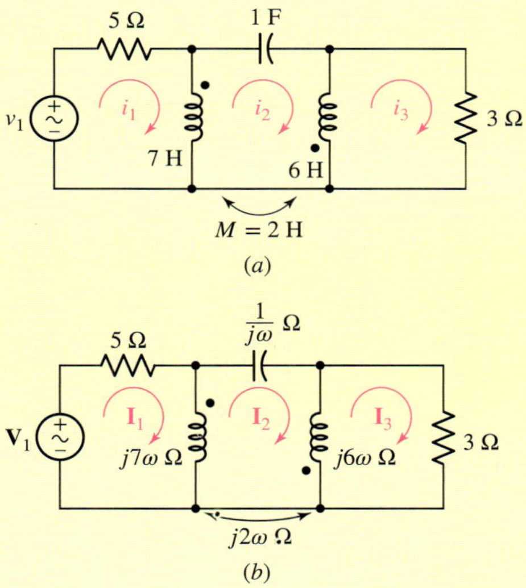

그림 13.10 (a) 상호 결합을 갖는 3개의 메쉬로 이루어진 회로. (b) 1 F의 커패시턴스는 물론 자기 인덕턴스와 상호 인덕턴스도 그에 해당하는 임피던스로 나타낸 회로.

먼저 해야 할 일은 상호 인덕턴스와 2개의 자기 인덕턴스를 그림 13.10b에 보인 바와 같이 임피던스 값으로 바꾸는 것이다. 첫째 메쉬에 키르히호프의 전압 법칙을 적용하고 둘째 코일에 흐르는 전류를 $(\mathbf{I}_3 - \mathbf{I}_2)$라 하면 상호 항의 부호는 양이 된다. 따라서,

$$5\mathbf{I}_1 + 7j\omega(\mathbf{I}_1 - \mathbf{I}_2) + 2j\omega(\mathbf{I}_3 - \mathbf{I}_2) = \mathbf{V}_1$$

또는

$$(5 + 7j\omega)\mathbf{I}_1 - 9j\omega\,\mathbf{I}_2 + 2j\omega\,\mathbf{I}_3 = \mathbf{V}_1 \qquad [3]$$

둘째 메쉬에는 2개의 자기 인덕턴스 항과 2개의 상호 인덕턴스 항이 있다. 점의 위치에 주의하여 다음과 같은 식을 세운다.

$$7j\omega(\mathbf{I}_2 - \mathbf{I}_1) + 2j\omega(\mathbf{I}_2 - \mathbf{I}_3) + \frac{1}{j\omega}\mathbf{I}_2 + 6j\omega(\mathbf{I}_2 - \mathbf{I}_3) + 2j\omega(\mathbf{I}_2 - \mathbf{I}_1) = 0$$

혹은

$$-9j\omega\,\mathbf{I}_1 + \left(17j\omega + \frac{1}{j\omega}\right)\mathbf{I}_2 - 8j\omega\,\mathbf{I}_3 = 0 \qquad [4]$$

마지막으로 셋째 메쉬에 대해 식을 세우면 다음과 같이 된다.

$$6j\omega(\mathbf{I}_3 - \mathbf{I}_2) + 2j\omega(\mathbf{I}_1 - \mathbf{I}_2) + 3\,\mathbf{I}_3 = 0$$

혹은

$$2j\omega\,\mathbf{I}_1 - 8j\omega\,\mathbf{I}_2 + (3 + 6j\omega)\mathbf{I}_3 = 0 \qquad [5]$$

식 [3]-[5]는 일반적인 연립방정식 해법으로 풀 수 있다.

익힘문제 13.3

그림 13.11의 회로에서 다음 메쉬에 대해 페이저 전류 $\mathbf{I}_1$ 및 $\mathbf{I}_2$를 이용하여 적당한 메쉬방정식을 세워라. (a) 왼쪽 메쉬. (b) 오른쪽 메쉬.

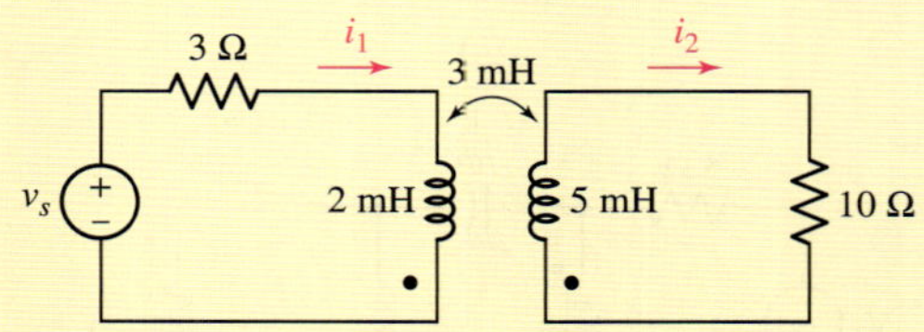

그림 13.11

답: $\mathbf{V}_s = (3 + j10)\mathbf{I}_1 - j15\mathbf{I}_2$; $0 = -j15\mathbf{I}_1 + (10 + j25)\mathbf{I}_2$.

13.2 에너지에 대한 이해

상호 결합 인덕터 쌍에 저장되는 에너지를 고려해 보기로 한다. 그 결과는 여러 경우에 유용하다. 앞서 $M_{12} = M_{21}$이라고 가정했던 것이 옳다는 것을 먼저 밝히고, 주어진 두 인덕터 사이의 상호 인덕턴스의 가능한 최대값을 결정한다.

M_{12}와 M_{21}의 등가성

그림 13.12에 보인 바와 같이 결합된 코일에 전류, 전압, 극성을 나타내는 점이 표

시되어 있다. $M_{12} = M_{21}$임을 보이기 위해서 모든 전류와 전압을 0이라고 하면 회로에 저장되어 있는 초기 에너지도 0이다. 오른쪽 단자를 개방시킨 상태에서 i_1을 0에서부터 증가시키기 시작하여 $t = t_1$ 시간에 I_1의 상수값(직류)을 갖도록 한다. 어느 순간에 왼쪽으로부터 회로에 공급된 전력은 다음과 같다.

$$v_1 i_1 = L_1 \frac{di_1}{dt} i_1$$

$i_2 = 0$이므로 오른쪽으로부터 들어온 전력은 다음과 같다.

$$v_2 i_2 = 0$$

$i_1 = I_1$일 때, 회로 내에 저장되는 에너지는 다음과 같다.

$$\int_0^{t_1} v_1 i_1 \, dt = \int_0^{I_1} L_1 i_1 \, di_1 = \frac{1}{2} L_1 I_1^2$$

i_1을 $(i_1 = I_1)$으로 상수로 유지하면서 i_2를 $t = t_1$일 때 0으로부터 $t = t_2$에서 어떤 상수값 I_2가 되도록 변화시킨다. 오른쪽 전원으로부터 공급되는 에너지는

$$\int_{t_1}^{t_2} v_2 i_2 \, dt = \int_0^{I_2} L_2 i_2 \, di_2 = \frac{1}{2} L_2 I_2^2$$

그러나 i_1의 값이 상수로 유지되더라도 왼쪽 전원이 이 시간 동안 공급하는 에너지는 다음과 같다.

$$\int_{t_1}^{t_2} v_1 i_1 \, dt = \int_{t_1}^{t_2} M_{12} \frac{di_2}{dt} i_1 \, dt = M_{12} I_1 \int_0^{I_2} di_2 = M_{12} I_1 I_2$$

i_1과 i_2가 상수값에 도달할 때, 회로에 저장되는 총 에너지는 다음과 같다.

$$W_{\text{total}} = \frac{1}{2} L_1 I_1^2 + \frac{1}{2} L_2 I_2^2 + M_{12} I_1 I_2$$

역순으로도 전류가 위와 같은 최종적인 값들을 갖도록 할 수 있다. 즉 먼저 i_2를 0에서 I_2까지 증가시키고, i_2를 그 값으로 유지한 상태에서 이번에는 i_1을 0에서 I_1까지 증가시킨다. 이 실험에서 저장되는 총 에너지를 계산하면 다음과 같다.

$$W_{\text{total}} = \frac{1}{2} L_1 I_1^2 + \frac{1}{2} L_2 I_2^2 + M_{12} I_1 I_2$$

상기 두 결과식의 차이는 상호 인덕턴스 M_{21}과 M_{12}가 서로 바뀐 것뿐이다. 회로에서 초기 조건과 최종 조건이 완벽히 같기 때문에, 저장된 에너지의 두 값은 서로 같아야 한다. 따라서, 다음과 같이 된다.

$$M_{12} = M_{21} = M$$

그리고

$$W = \frac{1}{2} L_1 I_1^2 + \frac{1}{2} L_2 I_2^2 + M I_1 I_2 \qquad [6]$$

만약 한 전류가 점이 있는 단자로 흘러 들어가는데 다른 한 전류는 점이 있는 단자로부터 흘러 나온다면 상호 에너지 항의 부호는 바뀐다.

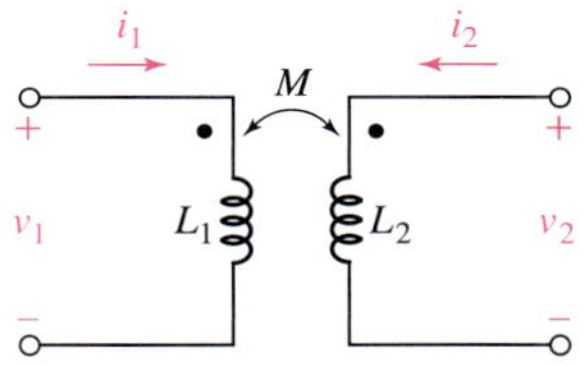

그림 13.12 상호 인덕턴스 $M_{12} = M_{21} = M$으로 결합된 코일 쌍.

$$W = \frac{1}{2}L_1 I_1^2 + \frac{1}{2}L_2 I_2^2 - M I_1 I_2 \qquad [7]$$

식 [6]과 [7]은 두 전류의 최종값을 상수라고 가정하고 구했지만 이 '상수'는 어떠한 값도 가질 수 있는 상수(즉 변수로 취급)이므로 저장된 에너지를 나타내는 위 식들은 i_1과 i_2의 **순간값**이 각각 I_1과 I_2일 때의 저장된 에너지를 나타내는 식이다. 다시 말하면 소문자를 사용해도 된다.

$$w(t) = \frac{1}{2}L_1[i_1(t)]^2 + \frac{1}{2}L_2[i_2(t)]^2 \pm M[i_1(t)][i_2(t)] \qquad [8]$$

식 [8]에서 사용하고 있는 가정은 두 전류가 모두 0일 때, 에너지는 0이라는 것 뿐이다.

M에 대한 상한 설정

식 [8]을 이용하여 M의 값의 상한(upper limit)을 결정할 수 있다. $w(t)$는 **수동** 회로 내에 저장된 에너지를 나타내므로 i_1, i_2, L_1, L_2 혹은 M이 어떠한 값을 갖더라도 음수일 수는 없다. 먼저 i_1과 i_2가 모두 양수이거나 혹은 모두 음수라고 가정하면 두 전류의 곱은 양수가 된다. 식 [8]로부터 에너지가 음수일 수 있는 경우는 다음의 경우 뿐이다.

$$w = \frac{1}{2}L_1 i_1^2 + \frac{1}{2}L_2 i_2^2 - M i_1 i_2$$

이 식을 완전 제곱의 형태로 바꾸면 다음과 같다.

$$w = \frac{1}{2}\left(\sqrt{L_1}\, i_1 - \sqrt{L_2}\, i_2\right)^2 + \sqrt{L_1 L_2}\, i_1 i_2 - M i_1 i_2$$

실제로 에너지는 음수일 수 없으므로 이 식의 오른쪽은 음수일 수 없다. 첫 항은 아무리 작더라도 0이므로 마지막 두 항의 합이 음수일 수 없다는 조건을 얻을 수 있다. 따라서, 다음과 같이 된다.

$$\sqrt{L_1 L_2} \geq M$$

혹은

$$M \leq \sqrt{L_1 L_2} \qquad [9]$$

그러므로 상호 인덕턴스의 크기가 가질 수 있는 값에는 상한이 있게 된다. 상호 인덕턴스는 그 사이에 상호 인덕턴스가 존재하는 두 코일의 인덕턴스의 기하 평균값보다 클 수 없다. i_1과 i_2의 부호가 서로 같다고 가정하고 이 부등식을 유도하였지만 부호가 다르다 하더라도 식 [8]에서 양의 부호를 선택하는 것을 제외하고는 비슷한 방법으로 상기 부등식을 유도할 수 있다.

부등식 [9]가 옳다는 것은 자기 결합의 물리적인 성질에서도 알아낼 수 있다. i_2는 0이고, 전류 i_1이 L_1과 L_2를 자속으로 연결시킨다면 L_2 내의 자속이 L_1 내의 자속보다 더 클 수 없다는 것은 명백하므로, 주어진 2개의 인덕터 사이에서 가능한 상호 인덕턴스의 크기는 상한이 있게 된다.

결합 계수

M의 값이 그것이 가질 수 있는 최대값에 비해서 얼마나 큰지를 나타내는 척도로 **결합 계수**(*coupling coefficient*)를 사용하며, 다음과 같이 정의한다.

$$k = \frac{M}{\sqrt{L_1 L_2}} \qquad [10]$$

$M \le \sqrt{L_1 L_2}$이므로, 다음과 같이 된다.

$$0 \le k \le 1$$

결합 계수의 값이 크다는 것은 코일들이 물리적으로 가까이 있다는 것을 의미하는데 이는 공통의 자속이 많도록 코일을 감거나 배치하고, 혹은 자속이 모일 수 있는 물질(투자율이 높은 물질)이 각 자속의 공통의 통로가 될 수 있도록 하면 된다. 결합계수가 1에 가까운 코일들은 밀접하게 결합(*tightly coupled*) 되어 있다고 말한다.

예제 13.4

그림 13.13에서 L_1 = 0.4 H, L_2 = 2.5 H, k = 0.6 그리고 $i_1 = 4i_2$ = 20 cos(500t − 20°) mA이다. t = 0일 때, $v_1(0)$ 및 시스템에 저장된 총 에너지를 구하라.

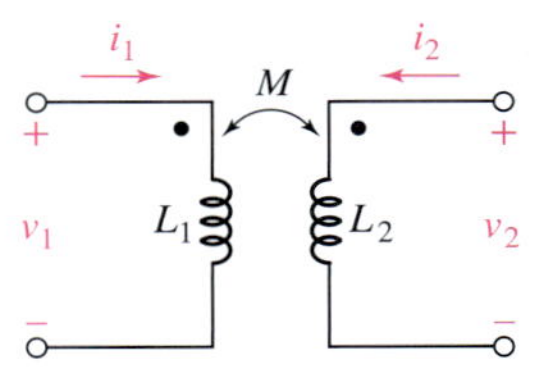

그림 13.13 L_1 = 0.4 H, L_2 = 2.5 H이고 결합 계수가 0.6인 두 코일.

v_1의 값을 결정하기 위해서 코일 1의 자기 인덕턴스와 상호 인덕턴스로부터의 영향을 모두 고려해야 할 필요가 있다. 점표시 규약을 따르면,

$$v_1(t) = L_1 \frac{di_1}{dt} + M\frac{di_2}{dt}$$

이를 계산하기 위해서 M의 값이 필요한데 이 값은 식 [10]으로부터 얻을 수 있다.

$$M = k\sqrt{L_1 L_2} = 0.6\sqrt{(0.4)(2.5)} = 0.6 \text{ H}$$

따라서, $v_1(0) = 0.4[-10 \sin(-20°)] + 0.6[-2.5 \sin(-20°)] = 1.881$ V이다.

총 에너지는 각 인덕터에 저장된 에너지를 합하면 된다. 두 코일이 자기적으로 결합되어 있으므로 3개의 독립된 성분이 있다. 두 전류는 모두 점이 있는 단자로 흘러 들어가므로 다음과 같이 된다.

$$w(t) = \frac{1}{2}L_1[i_1(t)]^2 + \frac{1}{2}L_2[i_2(t)]^2 + M[i_1(t)][i_2(t)]$$

$i_1(0) = 20 \cos(-20°) = 18.79$ mA이고, $i_2(0) = 0.25 i_1(0) = 4.698$ mA이므로, t = 0에서 두 코일에 저장된 총 에너지는 151.2 μJ이다.

익힘문제 13.4

그림 13.14의 회로에서 i_s = 2 cos 10t A이다. k = 0.6일 때, t = 0에서 회로에 저장된 총 에너지를 다음의 경우들에 대하여 구하라: x와 y단자가 (a) 개방됨; (b) 단락됨.

답: 0.8 J; 0.512 J.

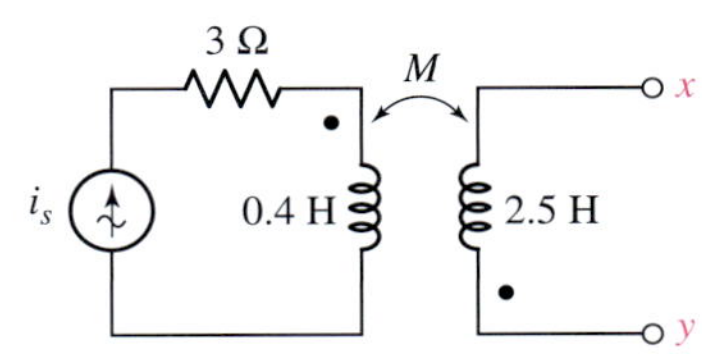

그림 13.14

13.3 선형 변압기

자기 결합에 대한 지식을 특정한 두 가지 실제 장치를 설명하는 데 적용하고자 한다. 각각은 상호 인덕턴스를 포함하는 모델에 의해 나타낼 수 있다. 이 장치들은 변압기(transformer)인데, 의도적으로 자기 결합된 2개 혹은 그 이상의 코일들이 포함된 회로로 정의할 수 있다(그림 13.15). 이 절에서는 선형 변압기(linear transformer)를 다루고자 한다. 선형 변압기는 라디오 주파수 혹은 그보다 더 높은 주파수에서 사용되는 실제 변압기에 대한 좋은 모델이라 할 수 있다. 13.4절에서는 이상적인 변압기에 대해서 다룰 예정인데 이는 코어(core)가 보통 철 합금 등의 자성 재료로 만들어진 선형 변압기에 대한 이상적인 완전 결합 모델이다.

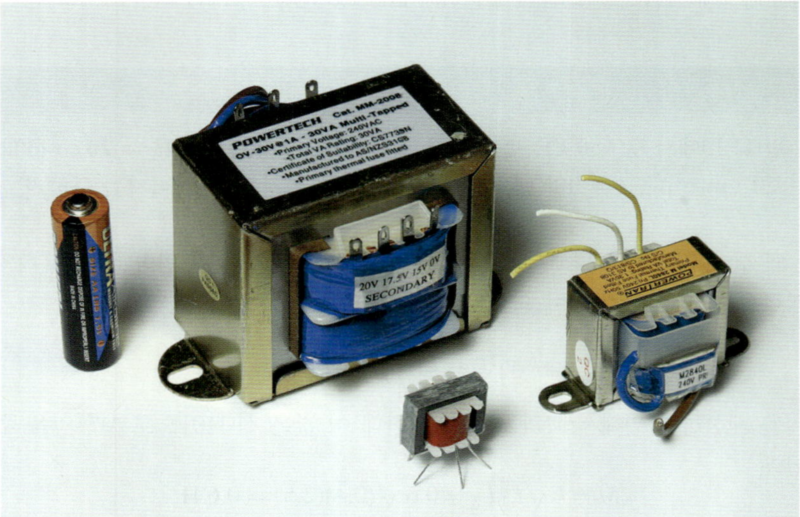

그림 13.15 전자 장치에서 사용되는 작은 변압기들. 크기를 비교하기 위해서 AA 건전지를 보였다. (©Steve Durbin)

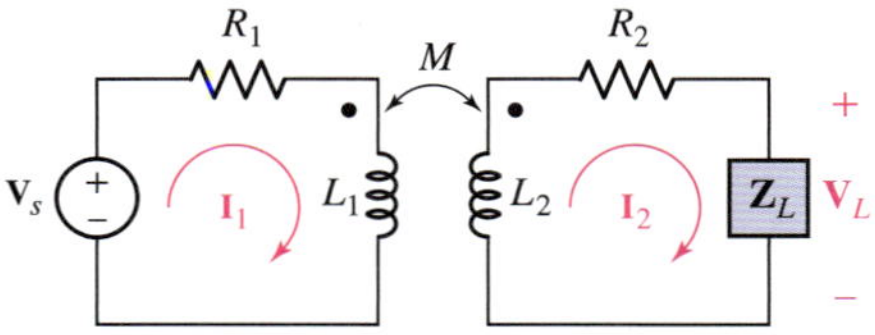

그림 13.16 1차 회로에 전원을 포함하고 2차 회로에 부하를 포함하는 선형 변압기. 저항은 1차 및 2차 회로 모두에 포함시킨다.

그림 13.16에서 두 메쉬 전류를 표시한 변압기를 나타내었다. 보통 전원을 포함하는 첫째 메쉬를 **1차**(*primary*)라고 부르고, 보통 부하를 포함하는 둘째 메쉬를 **2차**(*secondary*)라고 부른다. L_1 및 L_2로 표시된 인덕터들은 각각 변압기의 1차 및 2차 코일의 인덕턴스를 나타낸다. 앞으로 변압기는 선형(*linear*)이라고 가정한다. 즉 변압기에 자성 재료가 사용되지 않았다고 가정한다[자성재료를 사용하면 자속과 전류의 관계가 비선형(*nonlinear*)이 된다]. 그러나 이런 재료를 사용하지 않는다면 0.2 혹은 0.3 정도보다 더 큰 결합 계수를 얻기 어렵다. 두 저항은 1차 및 2차 코일에 감긴 도선의 내부 저항과 그 외의 손실들을 나타낸다.

반사 임피던스

1차 회로의 단자에서 입력 임피던스를 고려한다. 두 메쉬방정식은 다음과 같다.

$$\mathbf{V}_s = (R_1 + j\omega L_1)\mathbf{I}_1 - j\omega M\mathbf{I}_2 \qquad [11]$$

그리고

$$0 = -j\omega M\mathbf{I}_1 + (R_2 + j\omega L_2 + \mathbf{Z}_L)\mathbf{I}_2 \qquad [12]$$

간략하게 하기 위해서 다음과 같이 정의한다.

$$\mathbf{Z_{11}} = R_1 + j\omega L_1 \quad \text{그리고} \quad \mathbf{Z_{22}} = R_2 + j\omega L_2 + Z_L = R_{22} + jX_{22}$$

그러므로 다음과 같이 된다.

$$\mathbf{V}_s = \mathbf{Z}_{11}\mathbf{I}_1 - j\omega M\mathbf{I}_2 \qquad [13]$$

$$0 = -j\omega M\mathbf{I}_1 + \mathbf{Z}_{22}\mathbf{I}_2 \qquad [14]$$

둘째 식으로부터 $\mathbf{I}_2$를 구하여 첫째 식에 넣으면, 다음과 같이 입력 임피던스를 구할 수 있다.

$\mathbf{Z}_{\text{in}}$은 전원에서 변압기의 1차 코일 쪽으로 들여다 본 임피던스이다.

$$\mathbf{Z}_{\text{in}} = \frac{\mathbf{V}_s}{\mathbf{I}_1} = \mathbf{Z}_{11} - \frac{(j\omega)^2 M^2}{\mathbf{Z}_{22}} \qquad [15]$$

이 표현식을 더 전개해 나가기 전에 이 식으로부터 몇 가지 중요한 결론을 이끌어 낼 수 있다. 첫째, 이 결과는 각 코일의 점의 위치와 관계가 없다는 것이다. 각 점이 코일의 반대편으로 간다면 식 [11]에서 [14]까지의 M의 부호가 반대가 될 것이다. 그런데 각 식에 M 대신 $(-M)$을 대입하더라도 식 [15]로 표현된 입력 임피던스는 변화가 없다. 결합이 0으로 줄어든다면 식 [15]의 입력 임피던스는 단순히 $\mathbf{Z}_{11}$으로 나타낼 수 있다. 결합이 0으로부터 증가한다면 입력 임피던스는 $\mathbf{Z}_{11}$으로부터 $\omega^2M^2/\mathbf{Z}_{22}$ 만큼 달라지는데 이를 **반사 임피던스**(*reflected impedance*)라고 한다. 이 변화는 다음 식을 전개하면 좀 더 확실히 알 수 있다.

$$\mathbf{Z}_{\text{in}} = \mathbf{Z}_{11} + \underbrace{\frac{\omega^2 M^2}{R_{22} + jX_{22}}}_{\text{Reflected impedance}}$$

반사 임피던스를 유리화하면 다음과 같이 된다.

$$\mathbf{Z}_{\text{in}} = \mathbf{Z}_{11} + \underbrace{\frac{\omega^2 M^2 R_{22}}{R_{22}^2 + X_{22}^2} - j\frac{\omega^2 M^2 X_{22}}{R_{22}^2 + X_{22}^2}}_{\text{Reflected impedance}}$$

$\omega^2 M^2 R_{22}/(R_{22}^2 + X_{22}^2)$는 항상 양수이므로, 2차측이 있으면 1차 회로에서는 손실이 증가한다. 다시 말하면, 2차측의 존재는 1차측에서 R_1의 값이 증가하는 것으로 설명할 수 있다. 그리고 2차측의 리액턴스가 1차측에 나타날 때는 2차측 루프의 실제 리액턴스인 X_{22}의 부호와 반대가 된다. 이 리액턴스 X_{22}는 ωL_2와 X_L의 합인데 유도성 부하($X_L > 0$)에 대해서는 항상 양수이지만, 용량성 부하($X_L < 0$)에 대해서는 부하의 리액턴스의 크기에 따라 양수일 수도 음수일 수도 있다.

예제 13.5

어떤 선형 변압기의 소자값들이 다음과 같다. $R_1 = R_2 = 2\ \Omega$, $L_1 = 4$ mH, $L_2 = 8$ mH, 그리고 $Z_L = 10\ \Omega$. 회로가 $\omega = 5000$ rad/s로 동작할 때 $\mathbf{Z}_{\text{in}}$이 실수 값을 가지기 위한 M을 구하라.

입력 임피던스 $\mathbf{Z}_{\text{in}}$이 실수이기 위해서는 해당 허수 성분이 0이 되어야만 하며, X_{11}과 반사 임피던스의 허수부가 동일해야 한다.

$$X_{11} = \omega L_1 = \frac{\omega^2 M^2 X_{22}}{R_{22}^2 + X_{22}^2}$$

따라서 M에 대하여 식을 정리해 보면, 다음과 같이 된다.

$$M = \sqrt{\frac{L_1(R_{22}^2 + X_{22}^2)}{\omega X_{22}}}$$

문제에 주어진 소자 값($R_{22} = 2 + 10 = 12\ \Omega$ 그리고 $X_{22} = \omega L_2 = 40\ \Omega$)을 해당 식에 대입하면 다음의 결과값을 얻을 수 있다.

$$M = \sqrt{\frac{(4 \times 10^{-3})(12^2 + 40^2)}{(5 \times 10^3)(40)}} = 5.906 \text{ mH}$$

익힘문제 13.5

어떤 선형 변압기의 소자값들이 다음과 같다. $R_1 = 3\ \Omega$, $R_2 = 6\ \Omega$, $L_1 = 2$ mH, $L_2 = 10$ mH, $M = 4$ mH. $\omega = 5000$ rad/s이고 Z_L이 다음과 같을 때, $\mathbf{Z}_{\text{in}}$을 구하라.

(a) $10\ \Omega$ (b) $j20\ \Omega$ (c) $10 + j20\ \Omega$ (d) $-j20\ \Omega$

답: $5.32 + j2.74\ \Omega$; $3.49 + j4.33\ \Omega$; $4.24 + j4.57\ \Omega$; $5.56 - j2.82\ \Omega$.

T와 Π 등가 회로망

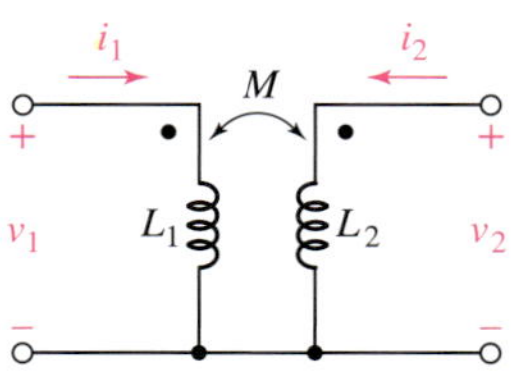

그림 13.17 등가의 Π 혹은 T 회로망으로 대치하게 될 변압기.

종종 변압기를 T 혹은 Π형의 등가회로로 대치하는 것이 편리한 경우가 있다. 변압기로부터 1차측 및 2차측의 저항을 떼어내면 그림 13.17에 보인 바와 같이 상호 결합된 인덕터 한 쌍이 남는다. 변압기의 아래 두 단자를 서로 연결하면 3단자(three-terminal) 회로망이 된다. 이렇게 하는 것은 두 등가 회로망이 모두 3단자 회로망이기 때문이다. 이 회로에 대한 미분방정식을 세우면 다음과 같다.

$$v_1 = L_1 \frac{di_1}{dt} + M \frac{di_2}{dt} \qquad [16]$$

그리고

$$v_2 = M \frac{di_1}{dt} + L_2 \frac{di_2}{dt} \qquad [17]$$

이 두 방정식의 형태는 메쉬 해석에서 자주 나오던 수식이므로 친숙하고, 아울러 쉽게 설명될 수 있다. i_1을 시계 방향으로 잡고, i_2를 반시계 방향으로 잡으면, i_1과 i_2는 그림 13.17에 보인 바와 같은 전류로 나타낼 수 있다. 식 [16]의 $M\, di_2/dt$ 항과 식 [17]의 $M\, di_1/dt$ 항은 두 메쉬가 공통의 자기 인덕턴스 M을 가져야 한다는 것을 나타낸다. 결과적인 등가회로는 그림 13.18에 보인 바와 같이 자기 인덕턴스 $L_1 - M$, M, 그리고 $L_2 - M$으로 구성된다. 등가성은 두 회로에 대해서 v_1, i_1, v_2 및 i_2의 관계를 표현하는 방정식 쌍에 의해 증명될 수 있다.

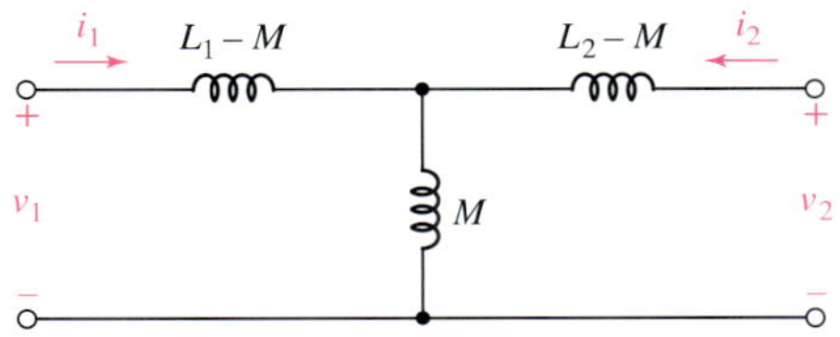

그림 13.18 그림 13.17에 보인 변압기의 T 등가회로.

주어진 변압기에 권선에서 각 점이 각 코일의 서로 반대쪽에 위치하면 식 [16] 및 [17]의 상호 항의 부호는 음이 된다. 이는 M을 $-M$으로 대치하는 것과 같다. 그리고 그림 13.18의 회로에서 이렇게 대치하면 3개의 자기 인덕턴스는 $L_1 + M$, $-M$, $L_2 + M$이 된다.

T 등가회로에서의 인덕턴스들은 모두 자기 인덕턴스이며 상호 인덕턴스는 없다. 등가회로에서의 인덕턴스는 음의 값도 가질 수도 있다. 그렇지만 이는 수학적인 해석에서나 있을 수 있는 일이고, 음의 값을 갖는 인덕턴스를 포함하는 실제의 회로는 만들 수 없다. 그러나 원하는 전달 함수를 얻기 위하여 회로를 합성하는 과정에서는 음의 인덕턴스를 갖는 T 회로가 포함될 수 있으며, 이 회로는 적당한 선형 변압기를 이용하여 구현할 수 있다.

예제 13.6

그림 13.19*a*에 보인 선형 변압기의 T 등가회로를 구하라.

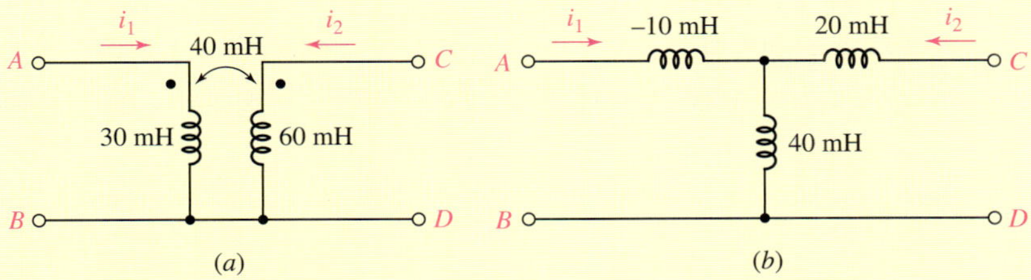

그림 13.19 (*a*) 예제에 이용된 선형 변압기. (*b*) 변압기의 T 등가회로.

$L_1 = 30$ mH, $L_2 = 60$ mH, $M = 40$ mH이고 그림 13.17의 기본 회로에서처럼 점은 모두 단자의 위쪽에 있다.

그러므로 $L_1 - M = -10$ mH가 위 왼쪽 가지에 있고, $L_2 - M = 20$ mH가 위 오른쪽 가지에 있으며 가운데의 가지에는 $M = 40$ mH가 있다. 완전한 T 등가회로는 그림 13.19*b*에 보인 바와 같다.

등가임을 보이기 위해서 단자 C와 D를 개방시키고, $v_{AB} = 10 \cos 100t$ V를 그림 13.19*a*의 입력에 인가하면 다음을 얻을 수 있다.

$$i_1 = \frac{1}{30 \times 10^{-3}} \int 10 \cos(100t)dt = 3.33 \sin 100t \text{ A}$$

그리고

$$\begin{aligned} v_{CD} &= M\frac{di_1}{dt} = 40 \times 10^{-3} \times 3.33 \times 100 \cos 100t \\ &= 13.33 \cos 100t \text{ V} \end{aligned}$$

같은 전압을 T 등가회로에 인가하면, 다음과 같이 된다.

$$i_1 = \frac{1}{(-10 + 40) \times 10^{-3}} \int 10 \cos(100t)dt = 3.33 \sin 100t \text{ A}$$

또한 C와 D 사이의 전압은 40 mH 인덕터에 걸리는 전압과 같다. 즉, 다음과 같이 된다.

$$v_{CD} = 40 \times 10^{-3} \times 3.33 \times 100 \cos 100t = 13.33 \cos 100t \text{ V}$$

따라서 두 회로로부터 같은 결과를 얻을 수 있음을 알 수 있다.

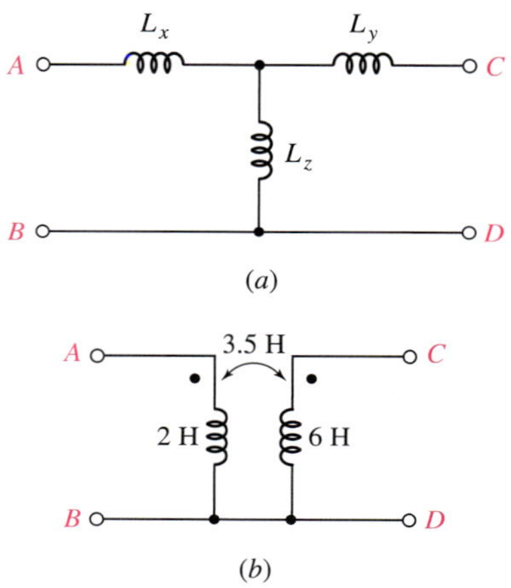

그림 13.20

익힘문제 13.6

(a) 그림 13.20에 보인 두 회로가 서로 등가일 때 L_x, L_y 및 L_z를 구하라.

(b) 그림 13.20*b*의 2차측에서 점이 코일의 아래쪽에 있을 때 위 문제를 반복하라.

답: −1.5, 2.5, 3.5 H; 5.5, 9.5, −3.5 H.

등가의 Π 회로망은 쉽게 얻어지지 않는다. 좀 더 복잡하기도 하고 많이 쓰이지도 않는다. 등가 회로망은 마디 방정식의 쌍으로 설명할 수 있으며, 계단함수(step-function) 전류원을 적당한 초기 조건을 위해서 각 마디에 넣어야 한다. 각 적분에 곱해지는 인수는 어떤 등가 인덕턴스의 역수의 일반적인 형태이다. 따라서 등가의 Π 회로망은 그림 13.21처럼 나타낼 수 있다. 이때 L_A, L_B, L_C 항은 다음과 같이 구해진다.

$$L_A = \frac{L_1 L_2 - M^2}{L_2 - M}$$

$$L_B = \frac{L_1 L_2 - M^2}{M}$$

그리고

$$L_C = \frac{L_1 L_2 - M^2}{L_1 - M}$$

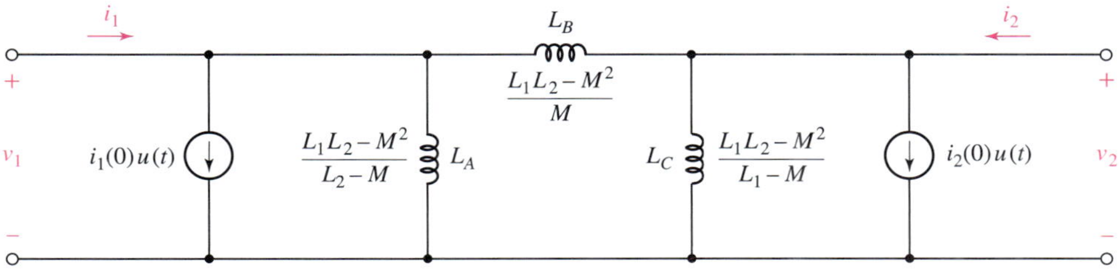

그림 13.21 그림 13.17에 보인 변압기와 등가인 Π 회로망.

등가 Π 회로망 내에서는 인덕터 사이에 자기 결합이 없고, 세 자기 인덕턴스에서 초기 전류는 0이다. 주어진 변압기에서 점의 위치가 바뀐다면 등가 회로망에서 단순히 M의 부호를 바꾸는 것만으로도 보상이 가능하다. 그리고 등가 T 회로망에서 그랬던 것처럼 등가 Π 회로망 내에서도 음의 자기 인덕턴스가 나타날 수 있다.

예제 13.7

초기 전류가 0이라 가정하고, 그림 13.19*a*에 보인 변압기의 등가 Π 회로망을 구하라.

$L_1L_2 - M^2$ 항은 L_A, L_B 및 L_C에 공통이므로 다음을 계산하는 것으로부터 시작한다.

$$30\times10^{-3}\times60\times10^{-3}-(40\times10^{-3})^2=2\times10^{-4}\ \text{H}^2$$

따라서,

$$L_A=\frac{L_1L_2-M^2}{L_2-M}=\frac{2\times10^{-4}}{20\times10^{-3}}=10\ \text{mH}$$

$$L_C=\frac{L_1L_2-M^2}{L_1-M}=-20\ \text{mH}$$

그리고

$$L_B=\frac{L_1L_2-M^2}{M}=5\ \text{mH}$$

따라서 등가 Π 회로망은 그림 13.22와 같이 그릴수 있다.

위 결과들을 검산하기 위해 단자 C-D가 개방 회로이고 $v_{AB} = 10\cos 100t$ V라고 두면, 출력 전압은 전압분배 법칙에 의해 다음과 같이 쉽게 얻을 수 있다.

$$v_{CD}=\frac{-20\times10^{-3}}{5\times10^{-3}-20\times10^{-3}}10\cos 100t=13.33\cos 100t\ \text{V}$$

이 값은 앞에서 이미 얻었던 값이다. 따라서 그림 13.22의 회로는 전기적으로 그림 13.19*a* 및 *b*의 회로와 등가이다.

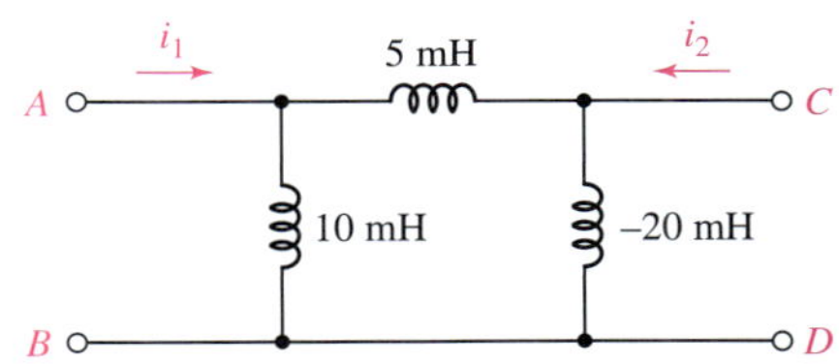

그림 13.22 그림 13.19*a*에 보인 선형 변압기의 Π 등가 회로망. $i_1(0) = 0$이고, $i_2(0) = 0$이라고 가정하였다.

익힘문제 13.7

그림 13.23의 회로가 등가일 때, L_A, L_B 및 L_C의 값(mH)을 구하라.

답: $L_A = 169.2$ mH; $L_B = 129.4$ mH; $L_C = -314.3$ mH.

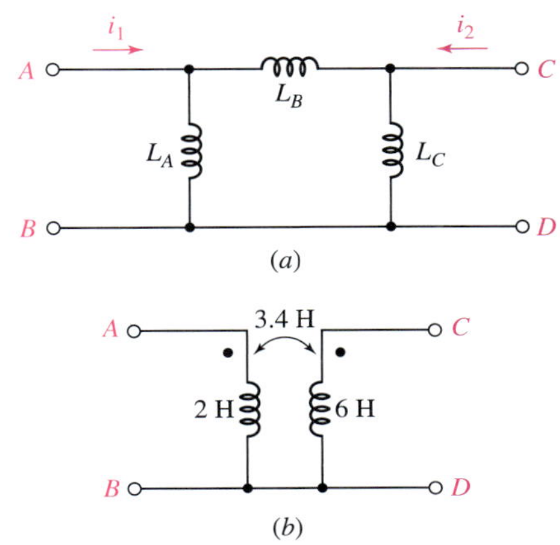

그림 13.23

컴퓨터를 이용한 해석

자기 결합 인덕턴스를 포함하는 회로를 시뮬레이션 하는 능력은 특히 회로의 크기가 지속적으로 작아지는 요즈음 유용한 경우가 많다. 회로의 설계 기술이 발달하면서 여러 루프 그리고 도체의 부분적인 루프의 거리가 점점 가까워져서 서로 영향을 미치지 말아야 하는 것들이 자기장을 통하여 결합되고, 혹은 서로 영향을 미치는 경우가 있다. LTspice에서는 SPICE 명령어(SPICE directive)인 **K statement**를 이용하여 인덕터 쌍의 상호간의 영향을 결합계수 k $(0 \le k \le 1)$로 모델링할 수 있다.

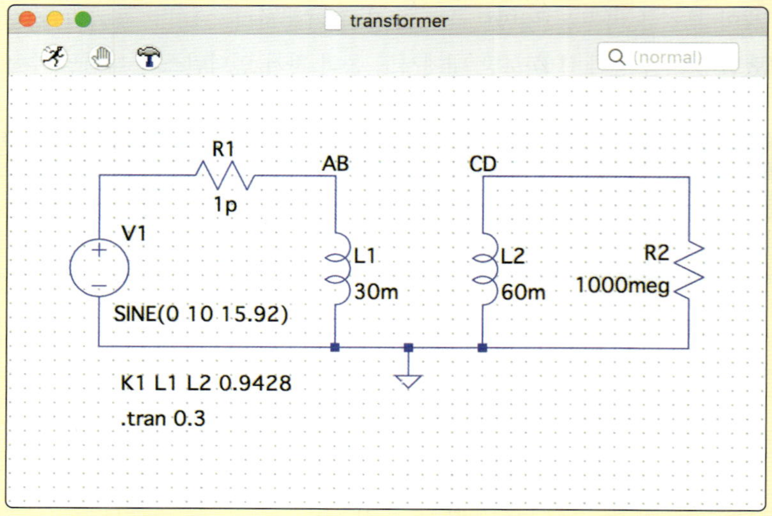

(*a*)

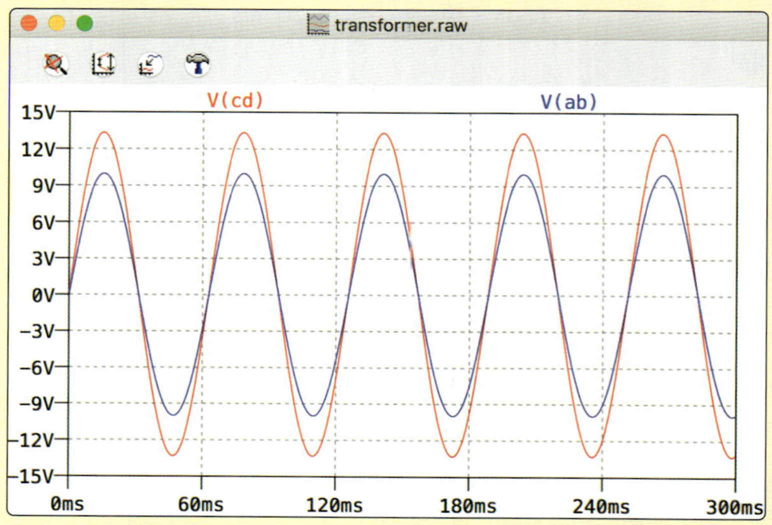

(*b*)

그림 13.24 (*a*) 시뮬레이션 요구조건을 충족시키기 위해 수정된 그림 13.19*a* 회로. (*b*) V_{AB}와 V_{CD}의 전압 파형을 보여주는 시뮬레이션 출력 화면.

예를 들어 상호 인덕턴스가 $M = 40$ mH이고, 결합계수가 $k = 0.9428$인 2개의 코일로 이루어진 그림 13.19*a*와 같은 회로를 시뮬레이션 한다고 하자. 기본적인 회로는 그림 13.24*a*와 같다. 결합된 두 인덕터 **L1** 및 **L2**에 관한 결합계수 등의 특성은 SPICE 명령어인 **K1 L1 L2 0.9428**을 통해 지정 할 수 있다. 이 명령어는 두 인덕터 **L1** 및 **L2** 사이의 결합 **K1**을 결합 계수 $k = 0.9428$를 통해 정의 하는 것이다.

이 회로는 100 rad/s (15.92 Hz) 정현파 전압원에 연결되어 있으며, 단일 주파수 교류 스위핑을 한다. 그리고 오류 메시지 없이 LTspice를 이용하여 시뮬레이션 하려면 그림에 2개의 저항을 넣을 필요가 있다. 먼저 작은 직렬 저항을 전압원과 L1 사이에 넣는데, 이것의 영향을 최소화 하려면 1 pΩ 정도의 저항을 넣는다. 그리고 1000 MΩ(실제로는 무한대)의 저항을 L2에 연결한다. 시뮬레이션의 결과는 전압의 크기가 13.33 V이고, 위상각은 0(동상을 이룸)이므로, 예제 13.6에서 손으로 계산한 값과 일치한다.

13.4 이상적인 변압기

이상적인 변압기(*ideal transformer*)는 아주 강하게 결합된 무손실 선형 변압기이다. 다시 말하면, 소자 내 저항 손실이 없고 자기 결합시 자속의 누수가 전혀 없는 (즉, $k = 1$) 이상적인 선형 변압기를 말한다. 이상적인 변압기는 결합 계수는 1에 가깝고, 1차측 및 2차측의 인덕티브 리액턴스가 몹시 큰 경우에 유용한 근사화 방법이다. 이러한 특성은 넓은 주파수대에 걸쳐서 아주 잘 설계된 철심 변압기의 특성에 가깝다. 철심 변압기가 포함된 회로를 근사적으로 해석하고자 할 때, 이 변압기를 이상적인 변압기로 대치하고 해석하여도 무방하다.

이상적인 변압기의 권선비

이상적인 변압기에서 도입되는 새로운 개념은 **권선비**(*turns ratio*) *a*이다. 코일의 자기 인덕턴스는 도선이 감긴 횟수의 제곱에 비례한다. 이러한 관계는 코일에 흐르는 전류에 의한 모든 자속이 모든 권선에 관련이 있을 때 성립한다. 좀 더 정량적인 결과를 얻기 위해서는 회로 해석의 주제를 벗어나지만 자기장의 개념을 이용할 필요가 있는데, 여기서는 정성적인 해석으로도 충분하다. *N*번 감긴 코일을 통해서 전류 *i*가 흐르면, 한번 감긴 코일에 의해서 생기는 자속의 *N*배 만큼의 자속이 생긴다. 전류와 자속이 시간에 따라 변하면, 각 권선에는 1개의 권선에 생기는 전압의 *N*배 되는 전압이 유기된다. 그러므로 *N*번 감긴 코일에 생기는 전압은 한번 감긴 경우의 전압의 N^2배가 된다. 이로부터 인덕턴스와 권선의 제곱 사이의 다음과 같은 비례식을 얻을 수 있다.

$$\frac{L_2}{L_1} = \frac{N_2^2}{N_1^2} = a^2 \qquad [18]$$

혹은

$$\boxed{a = \frac{N_2}{N_1}} \qquad [19]$$

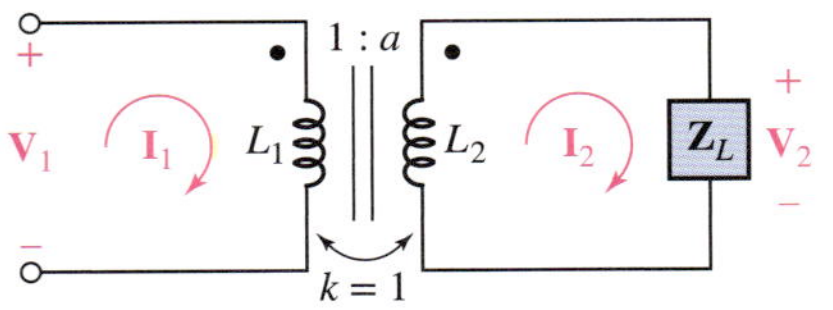

그림 13.25 이상적인 변압기에 일반적인 부하 임피던스가 연결되어 있다.

그림 13.25는 2차측에 부하가 연결된 경우의 이상적인 변압기이다. 변압기의 이상적인 특성은 여러 가지 규칙으로 나타낸다. 두 코일 사이의 수직선들은 많은 철심 변압기에서 철심의 적층을 나타내며 결합 계수가 1이라는 것을 나타내고, 1:a는 N_2에 대한 N_1의 권선비를 나타낸다.

변압기를 정현파 정상 상태에서 해석하면 다음과 같다. 두 메쉬방정식을 세우면 다음과 같다.

$$\mathbf{V}_1 = j\omega L_1 \mathbf{I}_1 - j\omega M \mathbf{I}_2 \qquad [20]$$

$$0 = -j\omega M \mathbf{I}_1 + (\mathbf{Z}_L + j\omega L_2)\mathbf{I}_2 \qquad [21]$$

먼저 이상적인 변압기의 입력 임피던스를 구한다. 식 [21]을 $\mathbf{I}_2$에 대해서 풀고, 이를 식 [20]에 대입하면 다음 식을 얻을 수 있다.

$$\mathbf{V}_1 = \mathbf{I}_1 j\omega L_1 + \mathbf{I}_1 \frac{\omega^2 M^2}{\mathbf{Z}_L + j\omega L_2}$$

그리고

$$\mathbf{Z}_{\text{in}} = \frac{\mathbf{V}_1}{\mathbf{I}_1} = j\omega L_1 + \frac{\omega^2 M^2}{\mathbf{Z}_L + j\omega L_2}$$

$k = 1$, $M^2 = L_1 L_2$이므로, 다음과 같이 된다.

$$\mathbf{Z}_{\text{in}} = j\omega L_1 + \frac{\omega^2 L_1 L_2}{\mathbf{Z}_L + j\omega L_2}$$

마지막으로 $L_2 = a^2 L_1$을 대입하면, 다음과 같이 된다.

$$\mathbf{Z}_{\text{in}} = j\omega L_1 + \frac{\omega^2 a^2 L_1^2}{\mathbf{Z}_L + j\omega a^2 L_1}$$

결합계수가 1이라는 것 이외에도, 이상적인 변압기의 다른 특성은 동작 주파수와 관계없이 1차 및 2차 코일의 임피던스가 몹시 크다는 것이다. 이는 이상적인 경우에는 L_1 및 L_2가 무한히 크다는 것을 의미한다. L_1을 무한대라고 하면 위 식의 오른쪽 항들은 무한대가 되므로 값을 구할 수 없다. 따라서, 두 항을 하나의 분수로 나타내면 다음과 같다.

$$\mathbf{Z}_{\text{in}} = \frac{j\omega L_1 \mathbf{Z}_L}{\mathbf{Z}_L + j\omega a^2 L_1} = \frac{\mathbf{Z}_L}{(\mathbf{Z}_L / j\omega L_1) + a^2}$$

$L_1 \to \infty$이면, 유한한 $\mathbf{Z}_L$에 대해서 $\mathbf{Z}_{\text{in}}$은 다음과 같다.

$$\mathbf{Z}_{\text{in}} = \frac{\mathbf{Z}_L}{a^2}$$

이 결과는 몇 가지 흥미 있는 내용을 포함하고 있다. 이상적인 변압기의 가장 중요한 특성은 임피던스의 크기 혹은 임피던스의 레벨을 바꿀 수 있다는 것이다. 1차측이 100번 감기고, 2차측이 10,000번 감긴 이상적인 변압기의 권선비는 10,000/100 혹은 100이다. 그러므로 2차측의 어떤 임피던스는 1차측에서는 $1/100^2$ 혹은 1/10,000의 크기로 작아져서 나타난다. 즉 20,000 Ω의 저항은 2 Ω처럼 보이고, 200 mH의 인덕터는 20 μH처럼 보이며, 100 pF의 커패시터는 1 μF로 보이게 된다. 1차 및 2차의 권선이 서로 바뀌면 $a = 0.01$이 되므로 부하 임피던스는 그 크기가 커져서 나타난다. 실제로 크기에서의 이러한 정확한 변화는 늘 일어나지는 않는데, 유도 과정에서 보듯이 L_1, L_2 모두 무한히 커야 하고, $j\omega L_2$에 비해서 $\mathbf{Z}_L$이 무시할 정도가 되어야 하기 때문이다. L_2는 결코 무한히 클 수 없기 때문에 이상적인 변압기 모델은 부하 임피던스가 큰 경우에는 사용할 수 없다.

임피던스 매칭을 위한 변압기의 사용

임피던스 레벨을 바꾸는 소자로서 철심 변압기가 사용된 실제의 예로 음향 증폭기와 스피커 시스템을 연결하는 경우를 들 수 있다. 최대 전력 전달을 위해서는 부하의 저항이 전원의 내부 저항과 같아야 한다는 것을 이미 알고 있다. 증폭기의 내부 저항은 수천 옴 정도인데 반하여, 스피커의 임피던스(종종 저항으로 가정한다)의 크기는 보통 수 옴 정도이다. 따라서 $N_2 < N_1$인 이상적인 변압기가 필요하다. 예를 들어 증폭기 내부 저항이 4000 Ω이고, 스피커의 임피던스는 8 Ω이라면 다음과 같은 식을 얻을 수 있다.

$$\mathbf{Z}_{\text{in}} = 4000 = \frac{\mathbf{Z}_L}{a^2} = \frac{8}{a^2}$$

따라서 a에 대해 정리하면, 다음과 같이 된다.

$$a = \frac{N_2}{N_1} = \frac{1}{22.36}$$

전류 조정을 위한 변압기의 사용

이상적인 변압기에서 1차 전류 $\mathbf{I}_1$과 2차 전류 $\mathbf{I}_2$의 관계식은 간단하다. 식 [21]으로부터, 다음과 같이 된다.

$$\frac{\mathbf{I}_2}{\mathbf{I}_1} = \frac{j\omega M}{\mathbf{Z}_L + j\omega L_2}$$

다시 한번 L_2를 무한히 크게 하면, 다음과 같이 된다.

$$\frac{\mathbf{I}_2}{\mathbf{I}_1} = \frac{j\omega M}{j\omega L_2} = \sqrt{\frac{L_1}{L_2}}$$

혹은

$$\boxed{\frac{\mathbf{I}_2}{\mathbf{I}_1} = \frac{1}{a}} \qquad [22]$$

따라서 1차 전류와 2차 전류의 비는 권선비이다. $N_2 > N_1$이면, $a > 1$이고, 적게 감긴 쪽에 더 큰 전류가 흐르게 된다. 다시 말하면,

$$N_1 \mathbf{I}_1 = N_2 \mathbf{I}_2$$

이다. 전류의 방향이 반대이거나 혹은 점의 위치가 바뀌면 전류의 비는 권선비의 크기를 가지면서 음수가 된다.

상기 예시에서 스피커를 증폭기에 효과적으로 매치시키려면 이상적인 변압기를 사용하여 임피던스 레벨을 바꾸어야 한다. 즉 1차측에 1000 Hz이면서 50 mA의 실효치를 갖는 전류가 흐른다면 2차측에는 1000 Hz이면서 1.12 A의 실효치를 갖는 전류가 흐르게 된다. 스피커에 전달되는 전력은 $(1.12)^2(8)$, 즉 10 W이고, 증폭기에 의해서 변압기에 전달되는 전력은 $(0.05)^2(4000)$, 즉 10 W이다. 이 결과는 에너지 보존법칙에 부합하며, 이상적인 변압기는 전력을 발생시키는 능동 소자를 포함하고 있지도 않지만 전력을 소비하는 저항도 포함하고 있지 않기 때문이다.

전압 레벨 조정을 위한 변압기의 사용

이상적인 변압기에 전달되는 전력은 부하에 전달되는 전력과 같고 1차 전류와 2차 전류는 권선비와 관계가 있으므로, 따라서 1차 전압과 2차 전압 또한 권선비와 관계가 있어야 한다. 2차 전압, 혹은 부하 전압은 다음과 같이 정의된다.

$$\mathbf{V}_2 = \mathbf{I}_2 \mathbf{Z}_L$$

따라서, L_1에 걸리는 1차 전압은

$$\mathbf{V}_1 = \mathbf{I}_1 \mathbf{Z}_{\text{in}} = \mathbf{I}_1 \frac{\mathbf{Z}_L}{a^2}$$

그러므로 두 전압의 비는 다음과 같다.

$$\frac{\mathbf{V}_2}{\mathbf{V}_1} = a^2 \frac{\mathbf{I}_2}{\mathbf{I}_1}$$

혹은

$$\boxed{\frac{\mathbf{V}_2}{\mathbf{V}_1} = a = \frac{N_2}{N_1}} \qquad [23]$$

1차 전압에 대한 2차 전압의 비는 권선비와 같다. 이 식은 식 [22]와 반대인 것을 주의 깊게 살펴보기 바란다. 전압의 극성이 바뀌거나 점의 위치가 바뀌면 이 비율은 음수가 된다.

권선비를 적당히 선택하면 어떤 교류 전압을 다른 교류 전압으로 바꿀 수 있다. $a > 1$이면 2차 전압이 1차 전압보다 커지고, 이를 **승압 변압기**(*step-up transformer*)라 한다. $a < 1$이면 2차 전압이 1차 전압보다 작아지고, 이를 **강압 변압기**(*step-down transformer*)라 한다. 전력 회사에서의 발전 전압은 보통 12 kV에서 25 kV 범위이다. 이 전압도 낮은 전압은 아니지만 승압 변압기(그림 13.26*a*)를 이용하여 수십만 볼트로 승압하여 전력을 보내면 장거리에 걸친 송전 손실을 줄일 수 있다. 이 전압은 변전소에서 강압 변압기(그림 13.26*b*)를 이용하여 수만 볼트로 내린 후 지역에 공급하게 된다. 그리고는 건물 밖의 강압 변압기를 이용하여 전자기기들을 동작시키는 데 필요한 110 V 혹은 220 V로 다시 낮춘다(그림 13.26*c*).

전압과 전류의 비로부터 즉 식 [22] 및 [23]으로부터, 다음 식이 성립한다.

(a) (b) (c)

그림 13.26 (a) 송전을 위해 발전기의 출력 전압을 증가시키는 데 이용된 승압 변압기. (b) 송전 전압 레벨인 220 kV로부터 지역 배전을 위해 수십 킬로 볼트로 전압을 낮추는 데 사용된 변전소의 변압기. (c) 건물 등에서 전력 사용을 위해 240 V로 전압을 낮추는 데 사용된 강압 변압기(사진은 Dr. Wade Enright 제공).

$$\mathbf{V}_2\mathbf{I}_2 = \mathbf{V}_1\mathbf{I}_1$$

즉, 1차측 및 2차측의 복소 전력(complex voltamperes)이 서로 같음을 알 수 있다. 변압기의 최대 전력 허용값은 보통 이 곱의 크기로 나타낸다.

예제 13.8

그림 13.27의 회로에서 10 kΩ 저항에서 소비되는 평균 전력을 구하라.

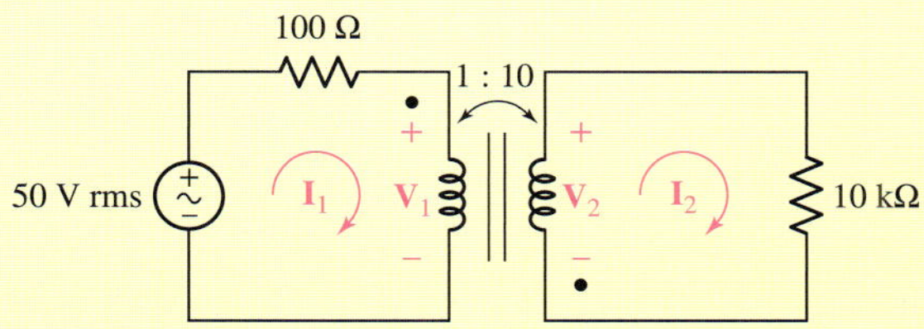

그림 13.27 간단한 이상적인 변압기 회로.

10 kΩ 저항에서 소비되는 평균 전력은 다음과 같다.

$$P = 10,000\,|\mathbf{I}_2|^2$$

50 V rms 전원에서 '바라본' 변압기의 입력 임피던스는 $\mathbf{Z}_L/a^2$ 혹은 100 Ω 이다. 따라서,

$$\mathbf{I}_1 = \frac{50}{100+100} = 250 \text{ mA rms}$$

식 [22]로부터 $\mathbf{I}_2 = (1/a)\mathbf{I}_1 = 25$ mA rms이므로 10 kΩ 저항에서는 6.25 W가 소비된다.

익힘문제 13.8

소비 전력의 계산에 전압을 이용하여 예제 13.8을 반복하라.

답: 6.25 W.

시간 영역에서의 전압 관계

이상적인 변압기의 주요 특징은 페이저 분석을 통해 파악할 수 있다. 해당 결과는 정현파 정상상태 분석에서는 유효하지만, **완전**응답(자연응답과 강제응답의 합)이라고 단정 지을 수 없다. 실제로 이상적인 변압기의 완전응답을 구하는 것은 앞서 수행한 페이저 분석을 통하지 않더라도 시간 영역 분석을 통해 쉽게 할 수 있다. 시간 영역에서 이상적인 변압기의 v_1과 v_2가 어떤 관계를 갖는지 알아보기로 한다. 그림 13.17에 보인 회로로 돌아가서 이를 나타내는 식 [16]과 [17]을 이용한다. 둘째 식을 di_2/dt에 대해서 풀고 이를 첫째 식에 대입하면 다음과 같다.

$$v_1 = L_1\frac{di_1}{dt} + \frac{M}{L_2}v_2 - \frac{M^2}{L_2}\frac{di_1}{dt}$$

결합 계수가 1일 때, $M^2 = L_1L_2$이므로 다음과 같이 된다.

$$v_1 = \frac{M}{L_2}v_2 = \sqrt{\frac{L_1}{L_2}}v_2 = \frac{1}{a}v_2$$

1차 전압 및 2차 전압의 관계식은 시간 영역의 완전 응답을 적용하여 얻는다.

시간 영역에서 1차 전류 및 2차 전류의 관계를 나타내는 표현식은 식 [16]을 L_1으로 나누어서 얻을 수 있다.

$$\frac{v_1}{L_1} = \frac{di_1}{dt} + \frac{M}{L_1}\frac{di_2}{dt} = \frac{di_1}{dt} + a\frac{di_2}{dt}$$

해당 식으로부터 이상적인 변압기에서 L_1은 무한대이어야 한다는 가설을 이끌어 낼 수 있다. 만약 v_1이 무한대가 아니라고 가정하면 다음과 같이 된다.

$$\frac{di_1}{dt} = -a\frac{di_2}{dt}$$

양변을 적분하면 다음과 같이 된다.

$$i_1 = -a i_2 + A$$

여기서 A는 시간에 따라 변하지 않는 적분 상수이다. 따라서, 두 권선에 흐르는 직류를 무시하고 응답에서 시간에 따라 변하는 부분에 대해서만 관심을 갖는다면 다음과 같이 된다.

$$i_1 = -a i_2$$

음의 부호는 그림 13.17에서 점의 위치와 전류의 방향으로부터 생긴다.

직류 성분을 무시한다면 이전에 주파수(페이저) 영역에서 얻었던 것과 같은 전류와 전압의 관계식을 시간 영역에서도 얻을 수 있다. 시간 영역에서는 좀 더 일반적인 결과를 얻을 수 있지만, 구하는 과정에서 얻을 수 있는 정보가 많지 않다.

등가회로

이상적인 변압기의 특성을 이용하면 이상적인 변압기가 포함된 회로를 간단하게 할 수 있다. 설명을 위해서 1차측 단자의 왼쪽을 테브난 등가회로로 대치하고, 2차

실제 문제에의 적용

초전도 변압기

우리는 지금까지 대부분의 경우에 변압기에 나타나는 여러 가지의 손실들을 무시하였다. 그러나 커다란 전력용 변압기를 다룰 때는 효율이 보통 97퍼센트 이상이긴 하지만 손실들에 각별한 관심을 기울일 필요가 있다. 이렇게 높은 효율값은 거의 이상적인 값이지만 변압기에 흐르는 전류가 수천 암페어라면 에너지의 손실도 아주 커진다. 보통 i^2R("i-제곱-R"이라고 함)이라 불리는 손실은 열로 방출되는 전력인데 이 열은 변압기 코일의 온도를 높이며, 온도가 올라가면 도선의 저항은 증가하고, 이에 따라 코일의 온도는 더욱 상승한다. 또한 높은 온도는 도선의 절연을 약화시켜서 변압기의 수명을 단축시킨다. 따라서 최근의 대부분의 전력용 변압기들은 변압기 코일의 과열을 막기 위해서 액체 상태의 기름을 넣은 통을 이용한다. 그러나 이러한 접근 방식은 많은 단점을 가진다. 시간이 오래 되면 녹이 슬어서 기름이 샐 수도 있고, 이러한 경우에는 환경에 심각한 해를 끼칠 수도 있고, 화재가 발생할 수도 있다(그림 13.28).

그림 13.28 인디애나 주에서 2004년 발생한 340,000 V를 사용하는 변전소의 화재(©Greg Swiercz/ South Bend Tribune/AP Images)

이러한 변압기의 성능을 개선하는 한 가지 방법으로는 변압기의 저항이 있는 도선 대신에 초전도체를 사용하는 것이다. 초전도체는 높은 온도에서는 저항을 갖는 물질이지만 온도가 어느 임계값 이하로 떨어지면 갑자기 저항이 없어진다. 대부분의 소자의 경우, 이러한 임계 온도는 절대 온도 0도 근처인데 이러한 극저온 냉각을 위해서는 값비싼 액체 헬륨이 필요하다. 그러나 1980년대에 임계 온도가 90 K(−183°C) 혹은 그보다 높은 물질인 세라믹 초전도체가 발견됨에 따라 헬륨 장비를 값이 저렴한 액체 질소를 사용한 장비로 대체할 수 있게 되었다.

그림 13.29에 캔터베리 대학교(the University of Canterbury)에서 개발 중에 있는 초전도 변압기 시제품을 보였다. 이 변압기는 냉각을 위하여 기름을 넣은 통 대신 친환경적인 액체질소를 사용하고, 같은 정격의 변압기에 비해서 크기도 많이 작다. 결과적으로 전체 변압기의 효율도 많이 개선되므로 비용을 많이 절약할 수 있다.

그러나 모든 설계에는 장점이 있으면 그에 걸맞는 단점도 있게 마련이다. 초전도 변압기의 설계도 예외는 아니다. 현재 가장 커다란 장애물은 구리 도선을 만드는 비용과 비교할 때, 수 킬로미터에 달하는 초전도 도선을 만들려면 상대적으

그림 13.29 15 kVA의 전력용 초전도 변압기 시제품. (사진은 Canterbury 대학교 전기 및 컴퓨터공학과 제공.)

로 아주 많은 비용이 든다. 세라믹 재료로 긴 도선을 만든다는 것은 많은 비용이 드는 일이다. 냉각장치가 고장 났을 때 전류가 흐를 수 있도록 저저항의 통로를 은(silver) 튜브로 만들어 초전도체를 둘러싸야 하는데 이 또한 비용이 많이 드는 일이다. 물론 비싼 은 대신 구리로 만들 수도 있지만 구리는 세라믹과 반응하므로 실용적이지 못하다. 초전도 변압기가 오랜 기간(변압기의 수명은 30년 정도) 동안의 유지비는 저렴하지만 보통의 저항성 변압기에 비해 초기 비용이 훨씬 많이 든다. 현재 대부분 회사들은 단기 자금 회수에는 관심이 많지만 장기적으로 이익을 내는 대규모 투자에는 관심을 두지 않는 경우가 많다.

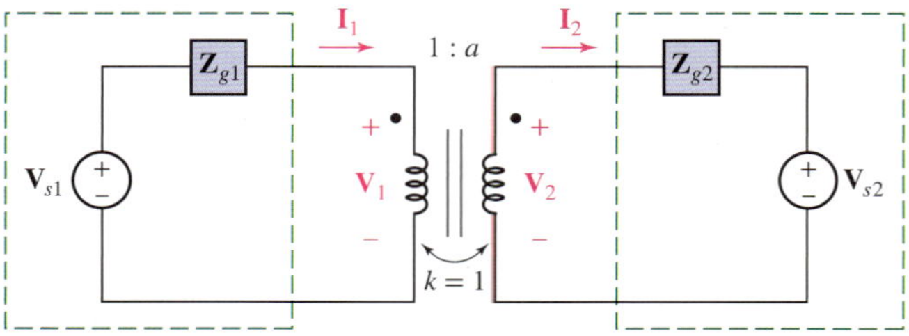

그림 13.30 이상적인 변압기의 1차 및 2차 단자에 연결된 회로망을 테브난 등가회로로 표현하였다.

측 단자의 오른쪽도 같은 방법으로 하면 그림 13.30에 보인 바와 같이 된다. 전원의 주파수는 ω라고 가정한다.

변압기를 포함하지 않는 등가회로를 얻기 위해서 테브난 혹은 노턴의 정리를 이용할 수 있다. 예를 들어 2차측 단자의 왼쪽 회로에 대한 테브난 등가회로를 구하기로 하자. 2차측을 개방하면 $\mathbf{I}_2 = 0$이고, 따라서 $\mathbf{I}_1 = 0$이다(L_1이 무한대임을 기억하기 바란다). $\mathbf{Z}_{g1}$에 전압이 걸리지 않으므로 $\mathbf{V}_1 = \mathbf{V}_{s1}$이고, $\mathbf{V}_{2\text{oc}} = a\mathbf{V}_{s1}$이다. 테브난 임피던스는 $\mathbf{V}_{s1}$을 0으로 하고 권선비의 제곱을 이용하여 구하는데 2차측 단자에서 바라보기 때문에 권선비의 역수를 이용하는 데 주의를 기울여야 한다. 따라서, $\mathbf{Z}_{TH2} = \mathbf{Z}_{g1}a^2$이다.

등가회로에 대한 검산을 위해서 2차측의 단락 회로 전류 $\mathbf{I}_{2sc}$를 구한다. 2차측은 단락하면 1차측의 전원에서 본 임피던스는 $\mathbf{Z}_{g1}$이고 따라서, $\mathbf{I}_1 = \mathbf{V}_{s1}/\mathbf{Z}_{g1}$이 된다. 그러므로 $\mathbf{I}_{2sc} = \mathbf{V}_{s1}/a\mathbf{Z}_{g1}$이다. 단락 회로 전류에 대한 개방 회로 전압의 비는 당연히 $a^2\mathbf{Z}_{g1}$이 된다. 변압기와 1차 회로의 테브난 등가회로는 그림 13.31의 회로와 같다.

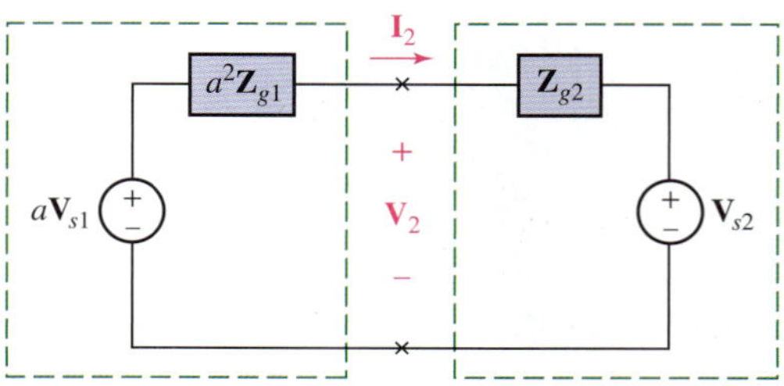

그림 13.31 그림 13.30의 2차 단자의 왼쪽에 대한 테브난 등가회로는 이 회로를 간단하게 하는 데 이용된다.

1차 전압은 권선비를 곱하고 1차 전류는 권선비로 나누고, 1차 임피던스는 권선비의 제곱을 곱하여 수정된 전압, 전류, 임피던스를 이용하여 변압기와 함께 주어진 전압, 전류, 임피던스를 대신한다. 점의 위치가 바뀌면 권선비의 부호를 바꾸어서 사용하면 된다.

그림 13.31에서 설명한 등가성은 1차측의 두 단자와 2차측의 두 단자에 연결된 회로망을 테브난 등가회로로 바꿀 수 있을 때만 가능하다. 즉, 각 회로망이 2단자 회로망이어야 한다. 예를 들어 변압기의 1차측의 두 선을 잘랐을 때, 회로는 2개의 독립된 회로로 나뉘어야 한다. 다시 말해 변압기의 1차측과 2차측을 연결하는 어떠한 소자도 있어서는 안 된다.

변압기와 2차측 회로에 비슷한 해석 방법을 이용하면 1차측 단자의 오른쪽의 모든 회로도 변압기가 없는 회로로 대신할 수 있다. 즉 각 전압은 a로 나누고, 각 전류는 a를 곱하며 각 임피던스는 a^2으로 나눈다. 권선의 감기는 방향이 반대이면 $-a$의 권선비를 사용한다.

예제 **13.9**

그림 13.32의 회로에서 변압기와 2차측 회로를 대신할 등가회로를 구하고, 또한 변압기와 1차측 회로를 대신할 등가회로도 구하라.

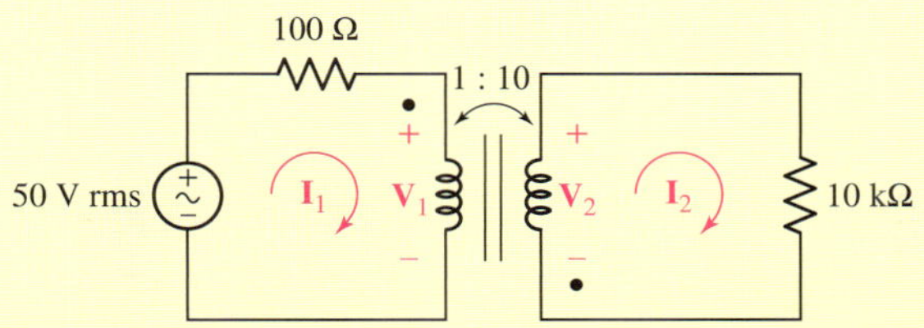

그림 13.32 저항 부하가 이상적인 변압기를 통하여 전원 임피던스와 매치되도록 하는 간단한 회로.

이 회로는 예제 13.8의 회로와 같은 회로이다. 앞에서 처럼, 입력 임피던스는 $10{,}000/(10)^2$ 혹은 100 Ω이고, 따라서 $|\mathbf{I}_1| = 250$ mA rms이다. 1차 코일에 걸리는 전압을 계산하면 다음과 같다.

$$|\mathbf{V}_1| = |50 - 100\,\mathbf{I}_1| = 25 \text{ V rms}$$

따라서 전원이 공급하는 전력은 $(250 \times 10^{-3})(50) = 12.5$ W이고, 그 중에서 $(250 \times 10^{-3})^2(100) = 6.25$ W는 전원의 내부 저항에서 소비되고, $12.5 - 6.25 = 6.25$ W가 부하로 전달된다. 해당 회로는 이상적인 변압기를 통해 부하에 대한 최대 전력 전달 조건을 잘 만족하고 있다.

2차 회로와 이상적인 변압기를 테브난 등가회로로 대치하면 50 V 전원과 100 Ω 저항에서 본 100 Ω의 임피던스가 되며, 이를 그림으로 표시하면 그림 13.33a와 같다. 1차 전압과 전류는 쉽게 확인할 수 있다.

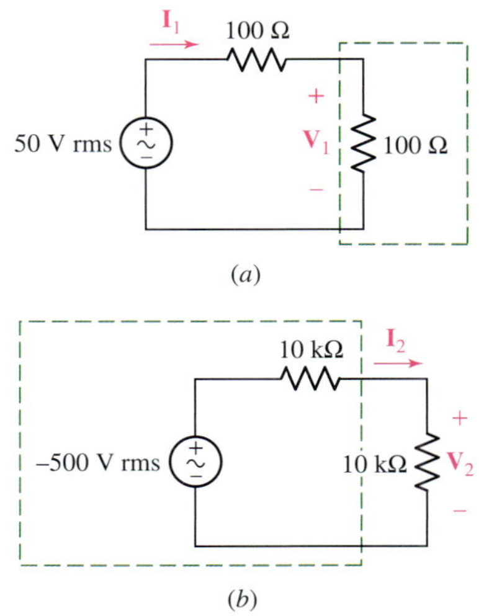

그림 13.33 그림 13.32의 회로를 (a) 변압기와 2차측을 테브난 등가회로로 대신하여 간략화시킨 회로 혹은 (b) 변압기와 1차측을 테브난 등가회로로 더신하여 간략화시킨 회로.

대신 2차측의 왼쪽을 테브난 등가회로로 대신하면 (점의 위치를 고려하여) 다음을 얻을 수 있다. $\mathbf{V}_{TH} = -10(50) = -500$ V rms이고, $\mathbf{Z}_{TH} = (-10)^2(100) = 10\ \text{k}\Omega$이며 결과적인 회로는 그림 13.33*b*에 보인 바와 같다.

익힘문제 13.9

그림 13.34에 보인 이상적인 변압기에서 $N_1 = 1000$이고, $N_2 = 5000$이다. $\mathbf{Z}_L = 500 - j400\ \Omega$일 때, 다음 각 경우에 $\mathbf{Z}_L$에서 소비되는 평균 전력을 구하라.

(a) $\mathbf{I}_2 = 1.4\angle 20^\circ$ A rms (b) $\mathbf{V}_2 = 900\angle 40^\circ$ V rms

(c) $\mathbf{V}_1 = 80\angle 100^\circ$ V rms (d) $\mathbf{I}_1 = 6\angle 45^\circ$ A rms

(e) $\mathbf{V}_s = 200\angle 0^\circ$ V rms

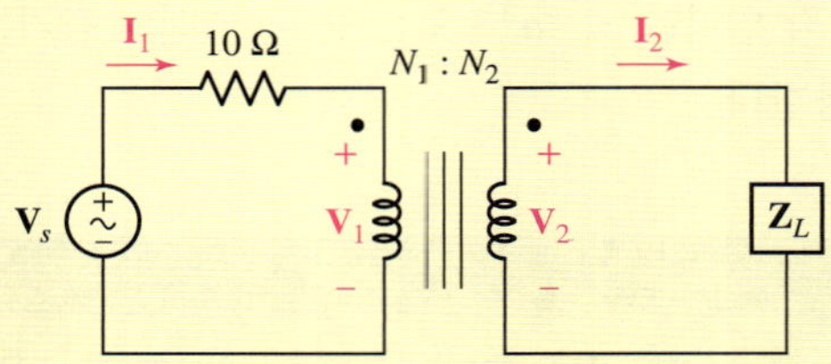

그림 13.34

답: 980 W; 988 W; 195.1 W; 720 W; 692 W.

요약 및 복습

변압기는 전력산업에서 아주 중요한 역할을 한다. 즉 송전을 위하여 전압을 높게 하거나, 혹은 산업현장에서 쓰이는 각 기기에 맞는 전압을 공급할 수 있도록 전압을 낮추는 데 이용된다. 이 장에서는 변압기를 전류의 변화에 따라 발생하는 자속이 회로 내의 둘 혹은 그 이상의 소자들 사이를 연결시키는 자기결합회로를 다루었다. 이는 7장에서 다룬 인덕턴스 개념을 상호인덕턴스(단위는 역시 H)로 확장하면 쉽게 이해할 수 있다. 상호인덕턴스의 계수 M은 결합된 두 인덕턴스의 기하평균보다 작다는 것을 알았고(즉, $M \le \sqrt{L_1 L_2}$), 한 인덕턴스에 흐르는 전류가 다른 인덕턴스에 유기하는 전압의 극성은 점표시 규약에 의해서 결정된다는 것도 알았다. 두 인덕턴스가 매우 가깝지 않다면 M의 값은 아주 작지만 아주 잘 설계된 변압기에서는 최대값에 가까운 값을 가진다. 이런 상황을 잘 설명하기 위해서 결합계수 k의 개념을 도입하였다. 선형변압기는 T 등가회로(혹은 덜 자주 쓰이지만 Π 등가회로)를 이용하면 좀 더 쉽게 해석할 수 있으나, 회로 해석에서 다루는 변압기들은 대부분 이상적인 변압기라는 가정하에 다룬다. 이 경우 M이나 k는 이미 그 의미가 없고, 권선비 a만 알면 되므로 1차 코일과 2차 코일에 걸리는 전압과 흐르는 전류의 관계는 이 파라미터에 의해서 결정된다. 해당 근사화 방법은 해석과 설계 모두에 매우 유용하다. 이 장의 마지막 부분에서는 이상적인 변압기를 포함하는 회로에 테브난 정리를 어떻게 적용할 수 있는지 살펴보았다.

이미 다루었던 중요한 개념들을 예제에 따라 정리한다.

- 상호 인덕턴스를 2차 코일에 의해서 발생된 자기장에 의해서 1차 코일의 양단에 유기되는 전압으로 설명한다. (예제 13.1)
- 점표시 규약을 이용하여 상호 인덕턴스 항의 부호를 결정한다. (예제 13.1)
- 점표시 규약에 따르면 어느 한 코일의 점이 있는 단자에 전류가 흘러들어 가면 둘째 코일의 점이 있는 단자가 양전압인 개방 전압이 발생한다. (예제 13.1, 13.2, 13.3)
- 결합된 코일 쌍에 저장된 총 에너지는 3개의 항으로 표현된다. 각 자기 인덕턴스에 저장된 에너지($\frac{1}{2}Li^2$)와 상호 인덕턴스에 저장된 에너지(Mi_1i_2)이다. (예제 13.4)
- 결합계수는 $k = M/\sqrt{L_1L_2}$ 이고, 0과 1 사이의 값을 가진다. (예제 13.4)
- 선형 변압기는 2개의 결합된 코일로 구성되는데 1차 권선과 2차 권선이다. (예제 13.5, 13.6, 13.7)
- 이상적인 변압기는 실제의 철심 변압기의 유용한 근사적 모델이다. 결합계수는 1이고, 모든 인덕턴스의 값은 무한대이다. (예제 13.8, 13.9)
- 이상적인 변압기의 권선비 $a = N_2/N_1$을 이용하면, 1차측 전압과 2차측 전압의 관계식은 다음과 같다. $\mathbf{V}_2 = a\mathbf{V}_1$. (예제 13.9)
- 권선비 a를 이용하면 1차측과 2차측의 전류의 관계식은 다음과 같다. $\mathbf{I}_1 = a\mathbf{I}_2$. (예제 13.8, 13.9)

추천 도서

변압기에 관한 거의 모든 내용을 다루고 있는 문헌:

M. Heathcote, *J & P Transformer Book*, 13th ed. Oxford: Reed Educational and Professional Publishing Ltd., 2007.

변압기에 관한 종합적인 내용을 다루고 있는 다른 문헌:

W. T. McLyman, *Transformer and Inductor Design Handbook*, 4th ed. New York: Marcel Dekker, 2011.

경제적인 변압기를 다루고 있는 문헌:

B. K. Kennedy, *Energy Efficient Transformers*, New York: McGraw-Hill, 1998.

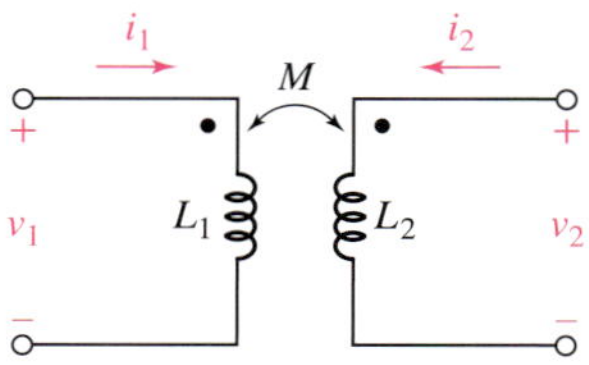

그림 13.35

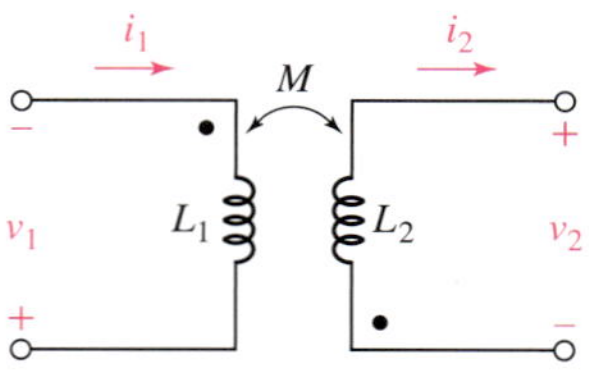

그림 13.36

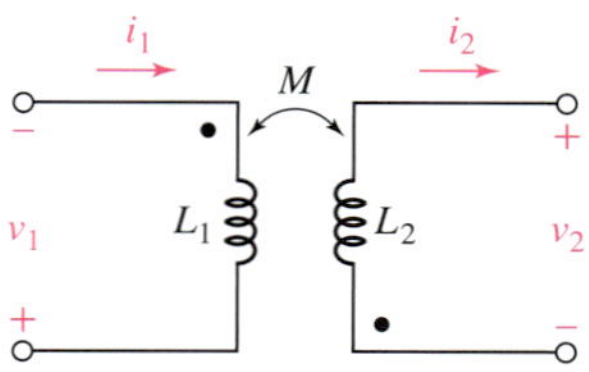

그림 13.37

연습문제

13.1 상호 인덕턴스

1. 그림 13.35에서 L_1 = 10 mH, L_2 = 5 mH, M = 1 mH이다. 정상상태에서 다음을 구하라.
   (a) $i_1 = 0$이고 $i_2 = 5 \cos 8t$ A일 때, v_1
   (b) $i_1 = 3 \sin 100t$ A이고 $i_2 = 0$일 때, v_2
   (c) $i_1 = 5 \cos (8t - 40^\circ)$ A이고 $i_2 = 4 \sin 8\mathrm{t}$ A일 때, v_2

2. 그림 13.36의 회로에서 L_1 = 500 mH, L_2 = 250 mH, M = 20 mH이다. 정상상태에서 다음을 구하라.
   (a) $i_1 = 0$이고 $i_2 = 3 \cos 80t$ A일 때, v_1
   (b) $i_1 = 4 \cos(30t - 15^\circ)$ A이고 $i_2 = 0$일 때, v_2
   (c) M이 200 mH로 증가하였을 때 (a) 및 (b)를 반복하라.

3. 그림 13.36의 회로에서 정현파 입력인 $\mathbf{I}_1 = 2\angle 30^\circ$ A, ω = 2,000 rad/s를 1차회로에 연결하고, 100 Ω의 저항을 2차회로의 부하(양단에 걸리는 전압은 v_2)에 연결한다. L_1 = 400 mH, L_2 = 100 mH, M = 50 mH일 경우에, $\mathbf{V}_1$, $\mathbf{I}_2$, 그리고 $\mathbf{V}_2$를 페이저 형태로 구하라.

4. 그림 13.37의 회로에서 L_1 = 1 μH, L_2 = 2 μH, M = 150 nH이다. 정상상태에서 다음을 구하라.
   (a) $i_2 = -\cos 70t$ mA이고, $i_1 = 0$일 때, v_1
   (b) $i_1 = 55 \cos (5t - 30^\circ)$ A일 때, v_2
   (c) $i_1 = 6 \sin 5t$ A이고, $i_2 = 3 \sin 5t$ A일 때, v_2

5. 그림 13.38의 회로에서 $L_1 = 0.5L_2$ = 1 mH, $M = 0.85\sqrt{L_1L_2}$이다. 다음의 경우에 $v_2(t)$를 구하라.
   (a) $i_2 = 0$이고, $i_1 = 5e^{-t}$ mA
   (b) $i_2 = 0$이고, $i_1 = 5 \cos 10t$ mA
   (c) $i_2 = 5 \cos 70t$ mA이고, $i_1 = 0.5i_2$

6. 그림 13.38의 회로가 정현파 입력인 $\mathbf{I}_1 = 3\angle 45^\circ$ A, ω = 1,000 rad/s를 1차 회로에 연결하고, 100 Ω의 저항을 2차회로의 부하(양단에 걸리는 전압은 v_2)에 연결한다. L_1 = 50 mH, L_2 = 250 mH, $M = 0.75\sqrt{L_1L_2}$일 경우에, $\mathbf{V}_1$, $\mathbf{I}_2$, 그리고 $\mathbf{V}_2$를 페이저 형태로 구하라.

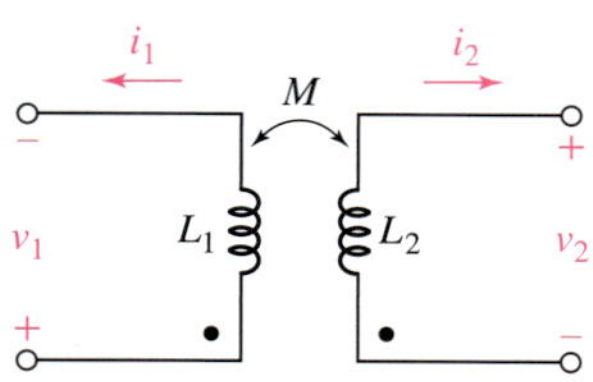

그림 13.38

7. 그림 13.39에 결합 코일 세 쌍을 보였다. 각 쌍의 코일에 대해서 두 점을 결정하는 두 가지 서로 다른 방법이 있다. 이 방법들을 보여라.

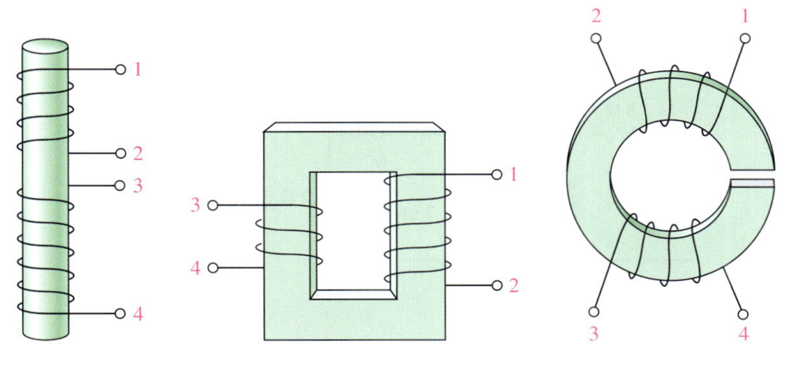

(a) (b) (c)

그림 13.39

8. 그림 13.40의 회로에서 $i_1 = 5 \sin(100t - 80°)$ mA, $L_1 = 1$ H, $L_2 = 2$ H이다. $v_2 = 250 \sin(100t - 80°)$ mV일 때, M을 구하라.

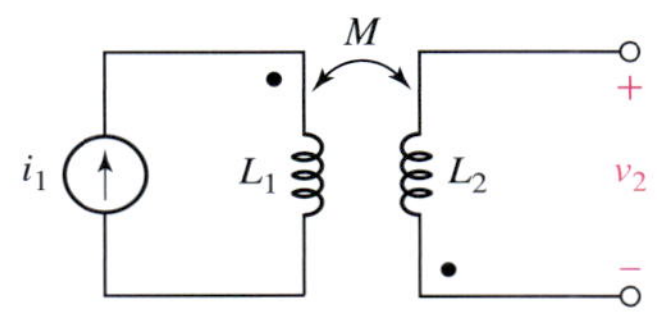

그림 13.40

9. 그림 13.40의 회로에서 $v_2(t) = 4 \cos 5t$ V, $L_1 = 1$ mH, $L_2 = 4$ mH, $M = 1.5$ mH일 때, i_1을 구하라.

10. $i_1 = 5 \sin 40t$ mA, $i_2 = 5 \cos 40t$ mA, $L_1 = 1$ mH, $L_2 = 3$ mH, $M = 0.5$ mH이다. 다음의 경우에 v_1 및 v_2를 구하라.

(a) 그림 13.37 그림 13.38

11. $i_1 = 3 \cos(2000t + 13°)$ mA, $i_2 = 5 \sin 400t$ mA, $L_1 = 1$ mH, $L_2 = 3$ mH, $M = 200$ nH이다. 다음의 경우에 v_1 및 v_2를 구하라.

(a) 그림 13.35 그림 13.36

12. 그림 13.41의 회로에 대해서 $\mathbf{I}_1$, $\mathbf{I}_2$, $\mathbf{V}_2/\mathbf{V}_1$ 및 $\mathbf{I}_2/\mathbf{I}_1$을 구하라.

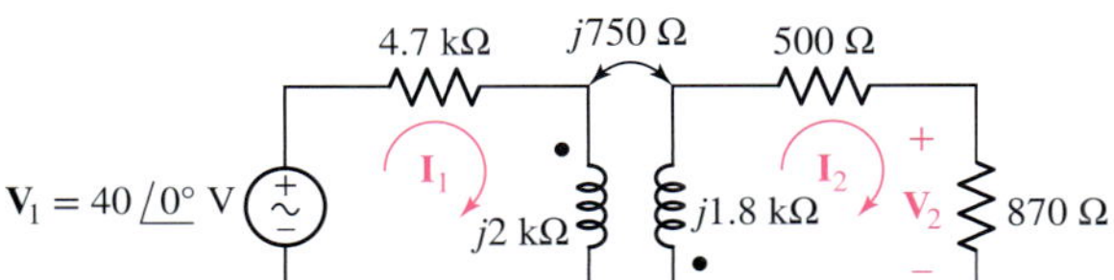

그림 13.41

13. 그림 13.42의 회로에 대해서 $0 \le \omega \le 2$ rad/s의 범위에서 주파수 ω의 함수로 $\mathbf{V}_2/\mathbf{V}_1$의 크기를 그림으로 나타내라.

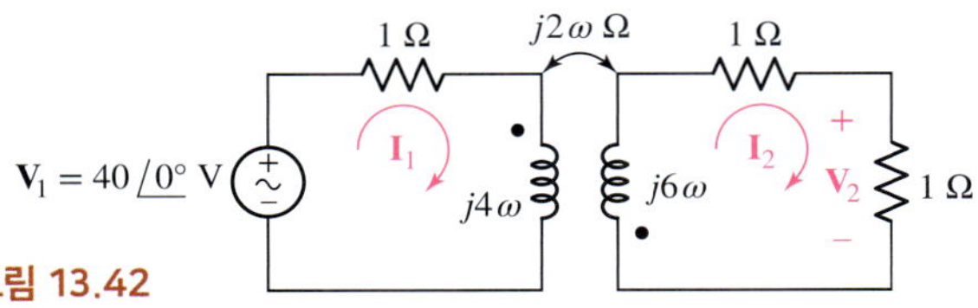

그림 13.42

14. 그림 13.43의 회로에 대해서

(a) 페이저를 그림으로 나타내라.

(b) 메쉬방정식을 세워라.

(c) $v_1(t) = 8 \sin 720t$ V일 때, $i_2(t)$를 구하라.

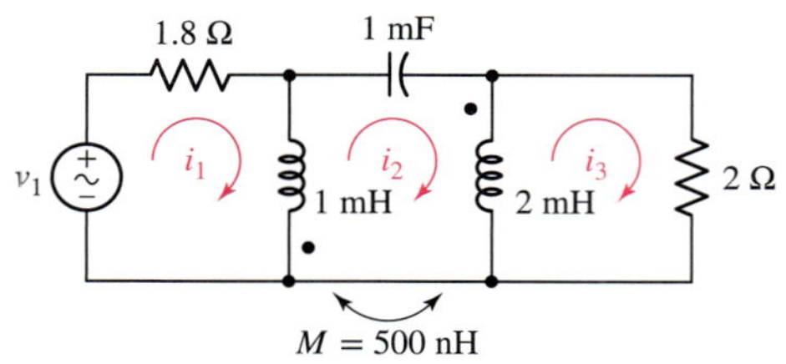

그림 13.43

15. 그림 13.43의 회로에서 M이 10분의 1로 감소하고, $v_1 = 10 \cos (800t - 20°)$ V일 때, i_3를 구하라.

16. 그림 13.44의 회로에서 다음의 각 소자의 평균소비전력을 구하라.

(a) 전원 (b) 각 저항 (c) 각 인덕턴스 (d) 상호 인덕턴스

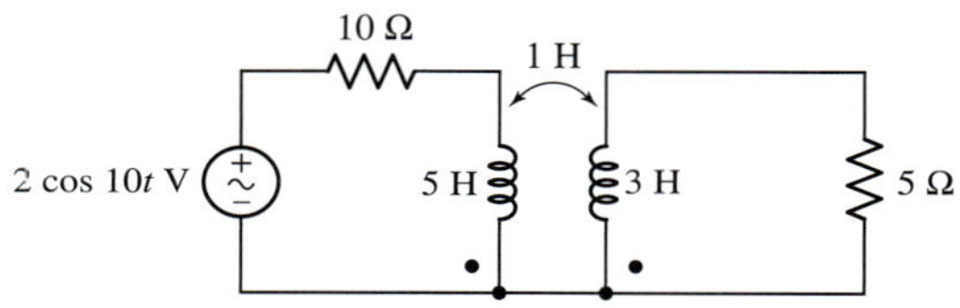

그림 13.44

17. 그림 13.45의 회로는 간단한 8 Ω 스피커를 구동시키기 위하여 설계되었다. 스피커에 전달되는 평균 전력이 1 W일 때, M의 값은 얼마인가?

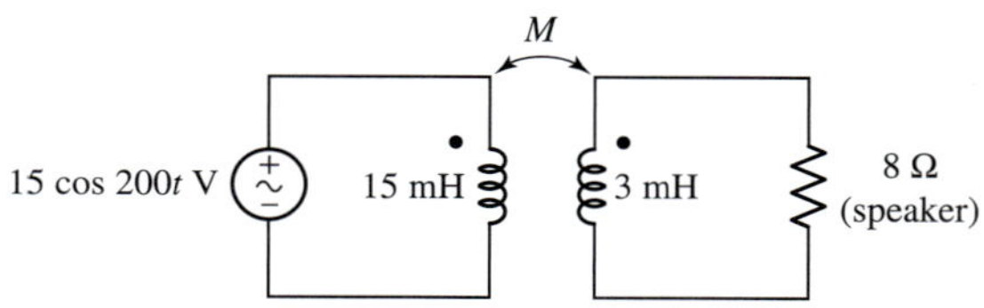

그림 13.45

18. 그림 13.46의 회로에서 $v_s(t) = 10t^2u(t)/(t^2 + 0.01)$ V이다. $t > 0$에서 $i_C(t)$를 구하라.

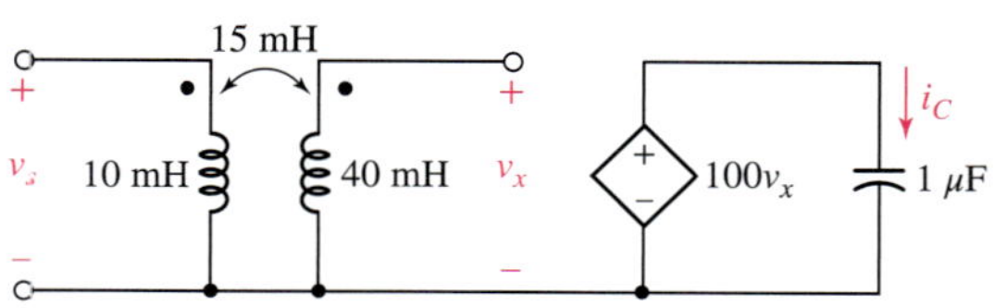

그림 13.46

19. 그림 13.47a의 결합된 인덕터 회로에서 $L_1 = 20$ mH, $L_2 = 30$ mH, $M = 10$ mH이다. 다음의 각 경우에 대하여 v_A 및 v_B를 표현하는 식을 구하라.

(a) $i_1 = 0$, $i_2 = 5 \sin 10t$ mA

(b) $i_1 = 5 \cos 20t$ mA, $i_2 = 2 \cos (20t - 100°)$ mA

(c) 그림 13.47b의 회로에서 $\mathbf{V}_1$ 및 $\mathbf{V}_2$를, $\mathbf{I}_A$ 및 $\mathbf{I}_B$의 함수로 표현하라.

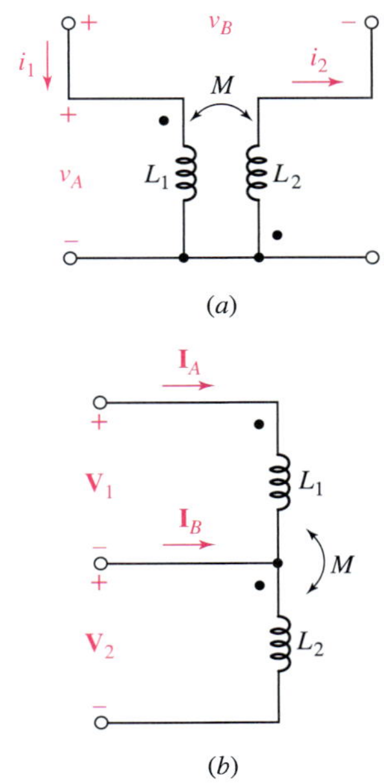

그림 13.47

20. 그림 13.48의 회로에서 5 H와 6 H 인덕터 사이에는 상호 결합이 없다.

(a) $\mathbf{I}_1(j\omega)$, $\mathbf{I}_2(j\omega)$ 및 $\mathbf{I}_3(j\omega)$를 구하기 위한 식을 세워라.

(b) $\omega = 2$ rad/s일 때, $\mathbf{I}_3(j\omega)$를 구하라.

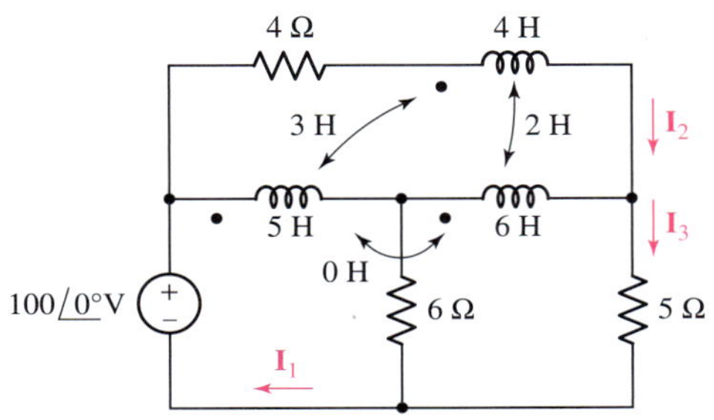

그림 13.48

21. 그림 13.49의 각 회로에 대해서 $\mathbf{V}_1(j\omega)$ 및 $\mathbf{V}_2(j\omega)$를, $\mathbf{I}_1(j\omega)$ 및 $\mathbf{I}_2(j\omega)$를 이용하여 표현하라.

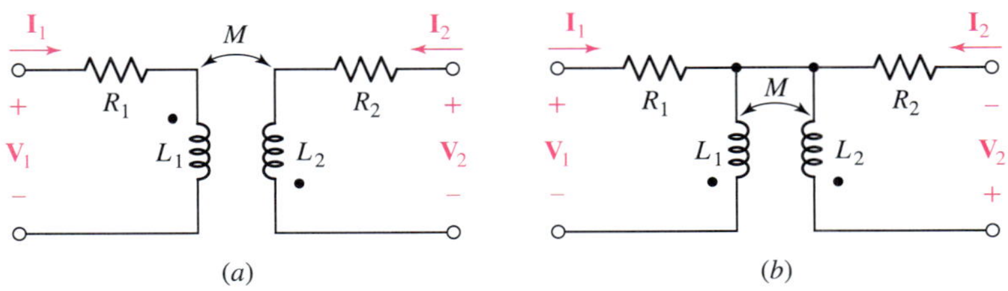

그림 13.49

22. (a) 그림 13.50의 회로에서 $\mathbf{Z}_{in}(j\omega)$를 구하라.

(b) $0 \leq \omega \leq 1000$ rad/s의 주파수 범위에서 $\mathbf{Z}_{in}$을 그림으로 나타내라.

(c) $\omega = 50$ rad/s일 때, $\mathbf{Z}_{in}(j\omega)$를 구하라.

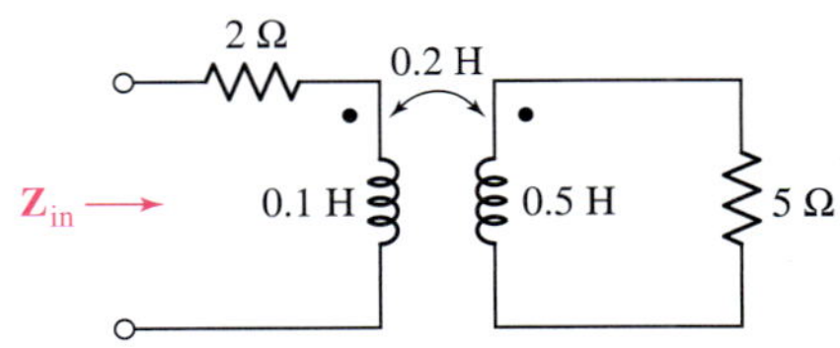

그림 13.50

13.2 에너지에 대한 이해

23. 그림 13.51의 결합된 코일에 대해서 $L_1 = L_2 = 10$ H이고, M은 가능한 최대값이다.

(a) 결합 계수 k를 구하라.

(b) $i_1 = 10 \cos 4t$ mA이고, $i_2 = 2 \cos 4t$ mA이다. $t = 200$ ms에서 두 코일을 결합하는 자속에 저장되는 에너지를 구하라.

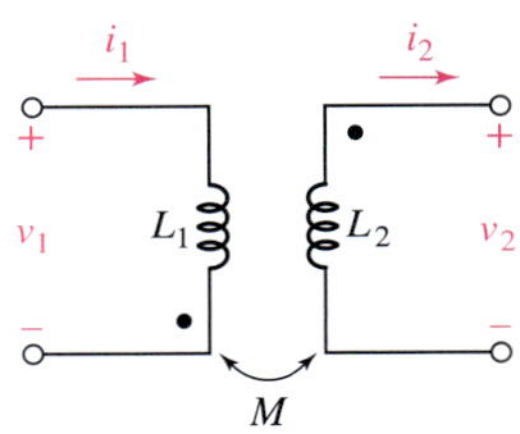

그림 13.51

24. 그림 13.51의 결합 인덕터 회로에서 $L_1 = 10$ mH, $L_2 = 5$ mH, $k = 0.75$이다.
   (a) M을 계산하라.
   (b) $i_1 = 100 \sin 40t$ mA이고, $i_2 = 0$이다. $t = 2$ ms일 때, 상호 결합 인덕터 쌍에 저장되는 총 에너지를 계산하라.
   (c) $i_2 = 75 \cos 40t$ mA일 때 (b)를 반복하라.

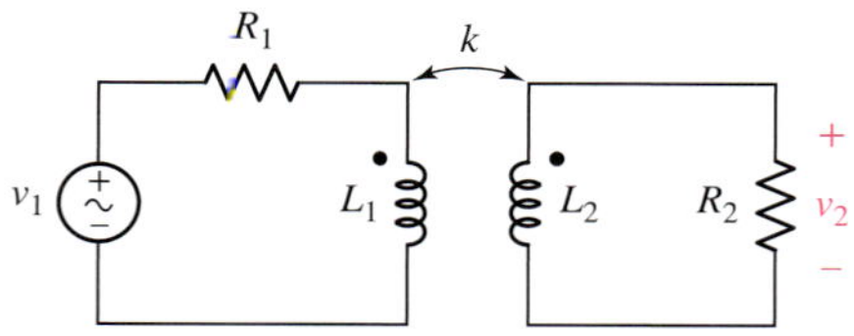

그림 13.52

25. 그림 13.52의 회로에서 $L_1 = 4$ mH, $L_2 = 12$ mH, $R_1 = 1\ \Omega$, $R_2 = 10\ \Omega$, 그리고 $v_1 = \cos 8t$ V이다.
   (a) 페이저 $\mathbf{V}_2$를 k를 비롯한 회로 소자값으로 표현하라.
   (b) $\mathbf{V}_2$의 크기와 위상각을 k의 함수로 그림으로 나타내라.

26. 그림 13.51의 오른쪽 단자에 부하 $\mathbf{Z}_L = 5\underline{/33^\circ}\ \Omega$을 연결하였다. $L_1 = 1.5$ mH, $L_2 = 3$ mH, $k = 0.55$일 때, 왼쪽 단자 쪽으로 들여다 본 입력 임피던스를 $f = 100$ Hz에서 구하라.

27. 그림 13.53와 같은 회로가 있다. 결합계수는 $k = 0.75$이다. $i_s = 5 \cos 200t$ mA일 때, 다음의 경우에 $t = 0$에서 그리고 $t = 5$ ms에서 저장된 총 에너지를 계산하라.
   (a) a와 b 사이가 보인 바와 같이 개방 회로
   (b) a와 b 사이가 단락 회로

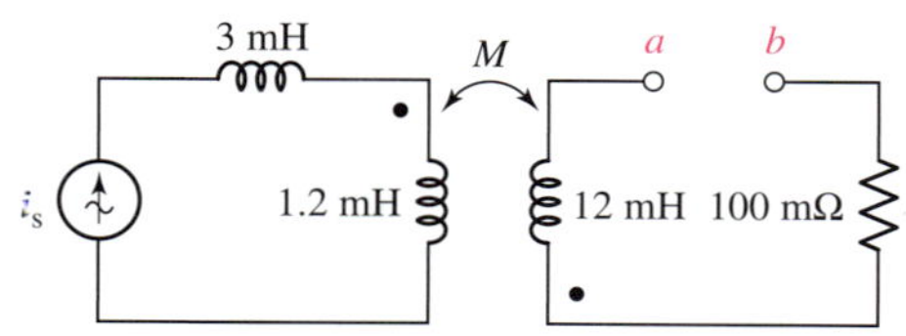

그림 13.53

28. 그림 13.54의 회로에서 v_1 및 v_2를 구한 후, 각 저항에서 소비되는 평균 전력을 구하라.

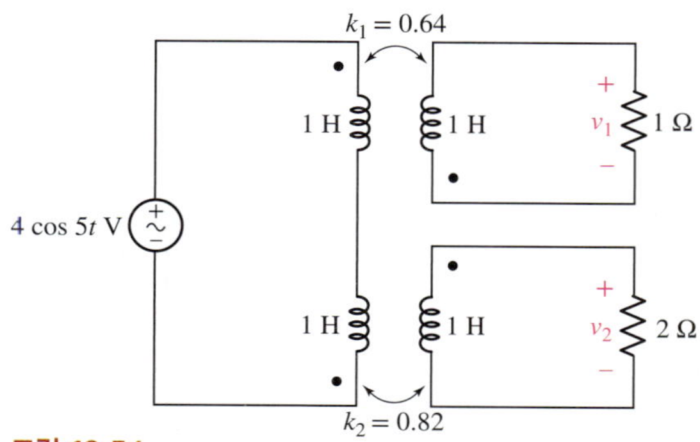

그림 13.54

13.3 선형 변압기

29. 그림 13.16의 회로에서 각 소자의 값들이 다음과 같다. $R_1 = R_2 = 5\ \Omega$, $L_1 = 2\ \mu\text{H}$, $L_2 = 1\ \mu\text{H}$, $M = 800$ nH이다. $\omega = 10^7$ rad/s이고 $\mathbf{Z}_L$이 다음과 같을 때, 입력 임피던스를 구하라.

(a) $1\ \Omega$ (b) $j\ \Omega$ (c) $-j\ \Omega$ (d) $5\underline{/33^\circ}\ \Omega$

30. 그림 13.55에 보인 선형 변압기의 T 등가회로를 구하라(그림으로 그리고 각 소자의 값을 표시한다).

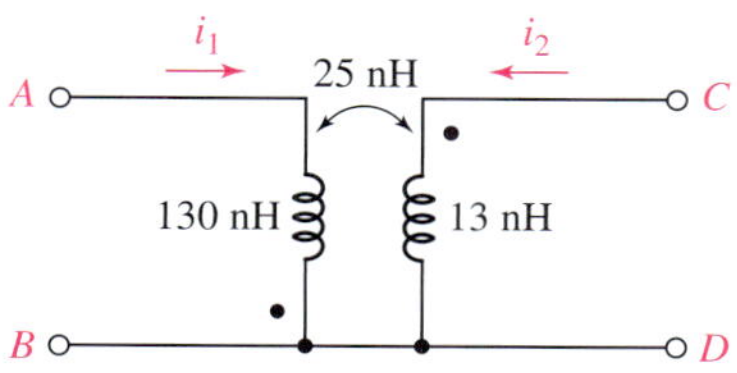

그림 13.55

31. (a) 그림 13.56에 보인 선형 변압기의 T 등가회로를 그리고 각 소자의 값을 표시하라.

(b) 전압원 $\mathbf{V_{AB}} = 5\underline{/45^\circ}$ V (60 Hz 주파수로 동작)를 연결할 때 개방회로전압의 페이저 $\mathbf{V_{CD}}$를 구하라.

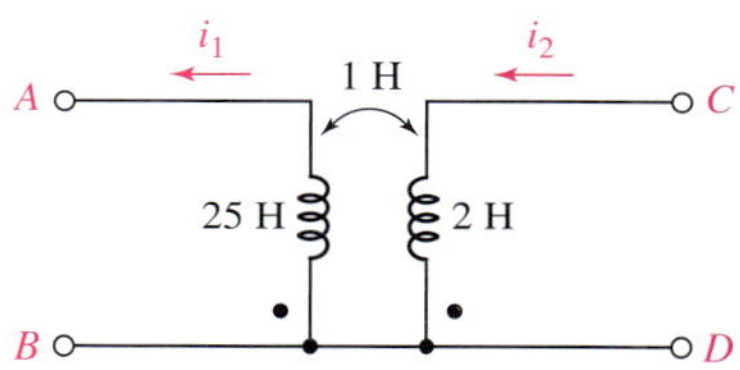

그림 13.56

32. 그림 13.57에 보인 T 회로의 소자값이 각각 다음과 같을 때, 이를 등가의 선형 변압기로 나타내라.

(a) $L_x = 1$ H, $L_y = 2$ H, $L_z = 4$ H

(b) $L_x = 10$ mH, $L_y = 50$ mH, $L_z = 22$ mH

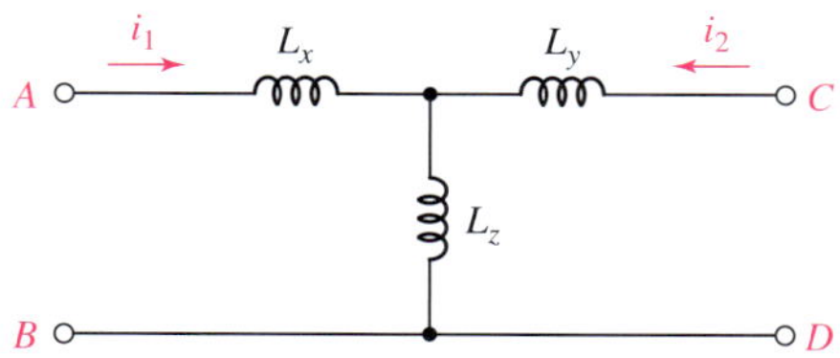

그림 13.57

33. 초기 전류가 0일 때, 그림 13.55에 보인 변압기의 Π 등가회로를 구하라.

34. (a) 초기 전류가 0일 때, 그림 13.56에 보인 선형 변압기의 Π 등가회로를 그리고 각 소자의 값을 구하라.

(b) 적당한 방법으로 두 회로가 등가임을 증명하라.

35. 그림 13.58에 보인 Π 회로의 소자값이 각각 다음과 같을 때, 이를 등가의 선형 변압기로 나타내라. 단, 초기 전류는 0이다.

(a) $L_A = 1$ H, $L_B = 2$ H, $L_C = 4$ H

(b) $L_A = 10$ mH, $L_B = 50$ mH, $L_C = 22$ mH

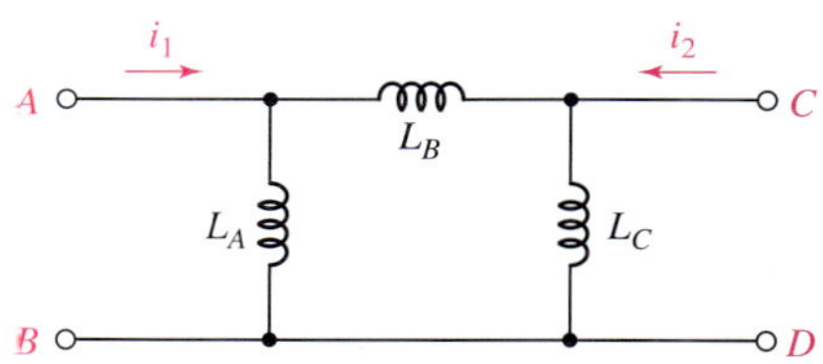

그림 13.58

36. 그림 13.59의 회로에 대해서 다음을 구하라.

(a) $\mathbf{I}_L/\mathbf{V}_s$ (b) $\mathbf{V}_1/\mathbf{V}_s$

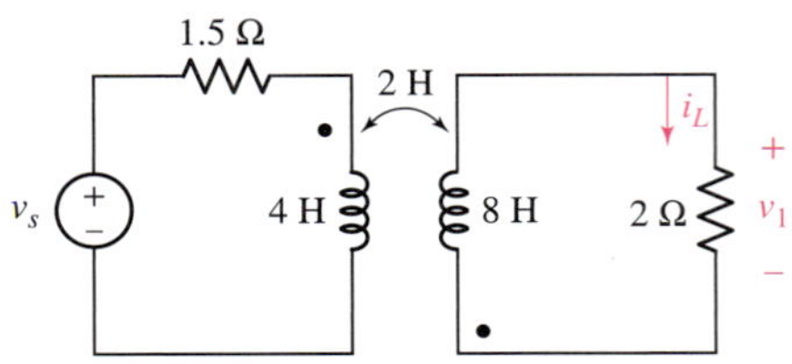

그림 13.59

37. (a) 그림 13.60의 회로에서 $v_s = 8 \cos 1000t$ V일 때, v_o를 구하라.

(b) LTspice시뮬레이션을 통하여 답이 옳은지 확인하라.

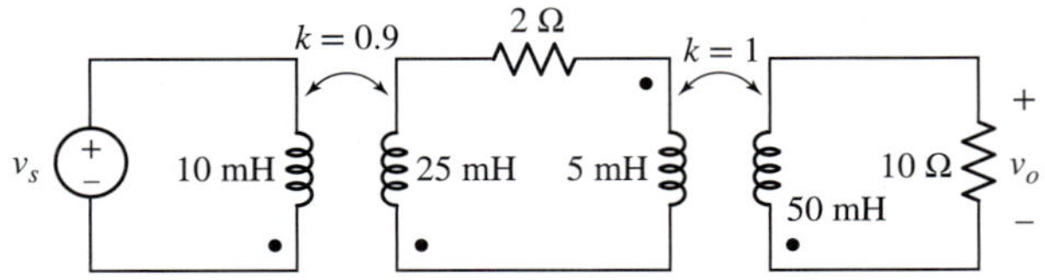

그림 13.60

38. 그림 13.60의 회로에 대해 T 등가회로를 그려라. 또한 $v_s = 12 \sin 500t$ V일 때 v_o을 구하라.

13.4 이상적인 변압기

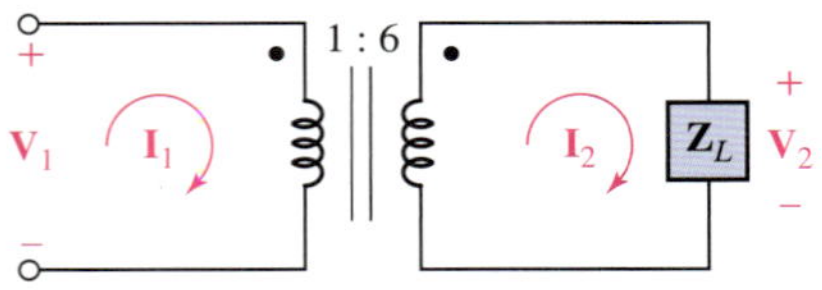

그림 13.61

39. 그림 13.61의 이상적인 변압기 회로에서 다음의 경우에 각각 $\mathbf{I}_2$ 및 $\mathbf{V}_2$를 구하라.

(a) $\mathbf{V}_1 = 4\underline{/32^\circ}$ V, $\mathbf{Z}_L = 1 - j\ \Omega$

(b) $\mathbf{V}_1 = 4\underline{/32^\circ}$ V, $\mathbf{Z}_L = 0$

(c) $\mathbf{V}_1 = 2\underline{/118^\circ}$ V, $\mathbf{Z}_L = 1.5\underline{/10^\circ}\ \Omega$

40. 그림 13.61의 이상적인 변압기에서 다음의 경우에 $\mathbf{I}_2$ 및 $\mathbf{V}_2$를 구하라.

(a) $\mathbf{I}_1 = 244\underline{/0^\circ}$ mA, $\mathbf{Z}_L = 5 - j2\ \Omega$

(b) $\mathbf{I}_1 = 100\underline{/10^\circ}$ mA, $\mathbf{Z}_L = j2\ \Omega$

41. 그림 13.62의 회로에서 400 mΩ과 21 Ω 저항에서 소비되는 평균전력을 각각 구하라.

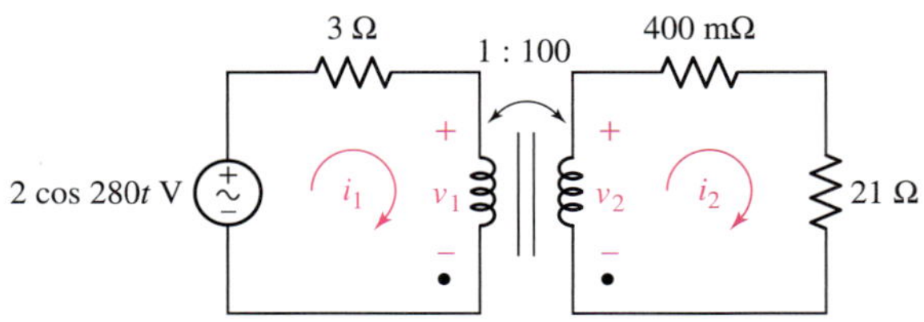

그림 13.62

42. 그림 13.62의 이상적인 변압기에서 다음의 경우에 등가회로를 구하라.

(a) $\mathbf{V}_2$와 $\mathbf{I}_2$가 변하지 않도록 하는 변압기와 1차측 회로의 등가회로

(b) $\mathbf{V}_1$과 $\mathbf{I}_1$이 변하지 않도록 하는 변압기와 2차측 회로의 등가회로

43. 그림 13.63의 회로에서 각 저항에서 소비되는 평균전력을 구하라.

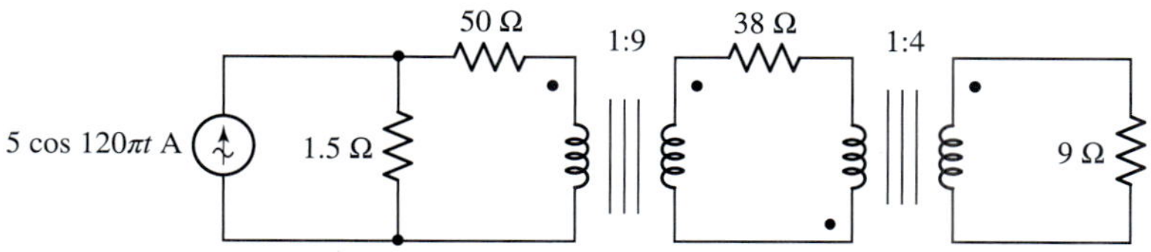

그림 13.63

44. 그림 13.64의 회로에서

(a) 전압 v_1 및 v_2를 구하라.

(b) 각 저항에서 소비되는 평균전력을 구하라.

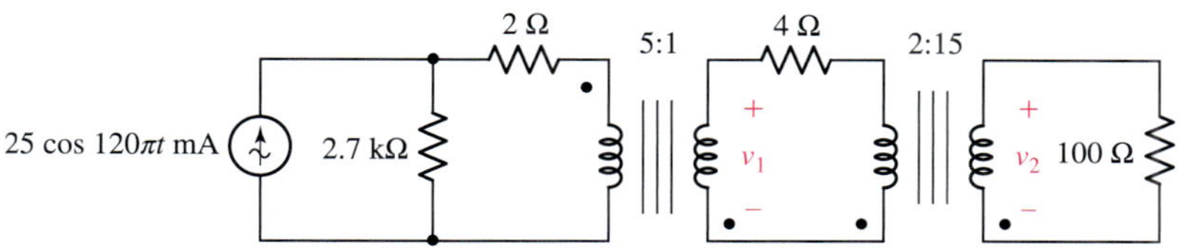

그림 13.64

45. 그림 13.65의 회로에서 $v_s = 117 \sin 500t$ V이다. 단자 a와 b 사이가 다음과 같을 때 v_2를 구하라.

(a) 개방회로 (b) 단락회로 (c) 2 Ω 저항으로 연결

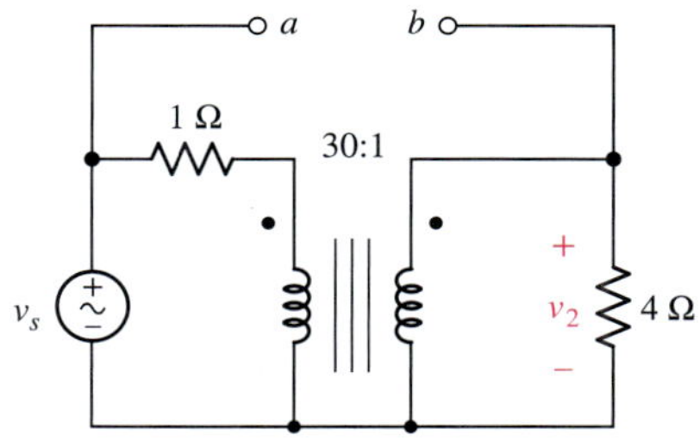

그림 13.65

46. 그림 13.65에서 이상적인 변압기의 권선비가 30:1에서 1:3이 되고, $v_s = 720 \cos 120\pi\, t$ V이다. 단자 a와 b 사이가 다음과 같을 때 v_2를 구하라.

(a) 단락회로 (b) 10 Ω 저항으로 연결 (c) 1 MΩ 저항으로 연결

DP **47.** 그림 13.66의 회로에서 $R_1 = 1\ \Omega$, $R_2 = 4\ \Omega$, $R_L = 1\ \Omega$이다. R_L에 걸리는 전압의 최대값은 200 mV가 되도록 a와 b를 구하라.

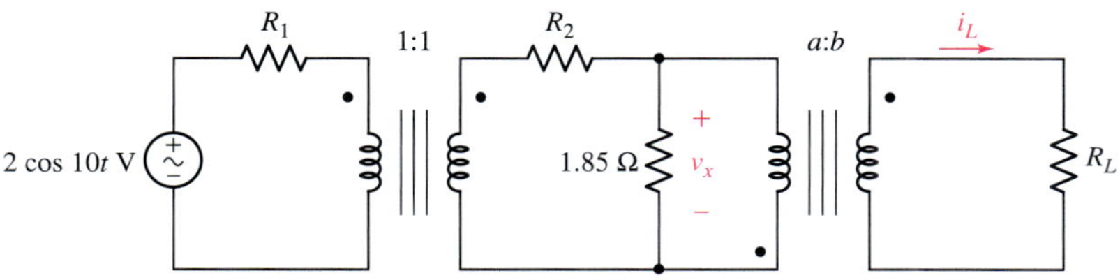

그림 13.66

48. 그림 13.66의 회로에서 $a = 0.01$, $b = 1$, $R_1 = 300\ \Omega$, $R_2 = 14\ \Omega$, $R_L = 1\ \text{k}\Omega$일 때, v_x를 구하라.

49. (a) 그림 13.66의 이상적인 변압기 회로에서 $b = 0.25$, $a = 1$, $R_1 = 2.2\ \Omega$, $R_2 = 3.1\ \Omega$, $R_L = 200\ \Omega$일 때, i_L을 구하라.

(b) LTspice 시뮬레이션을 이용하여 답이 옳은지 확인하라.

50. 그림 13.67의 회로에서 단자 a와 b에서 들여다 본 등가 임피던스를 구하라. 또한 해당 회로를 벽면의 콘센트(120 V rms/60 Hz)에 연결 할 경우, 회로에 흐르는 전류 $\mathbf{I}_x$를 구하라.

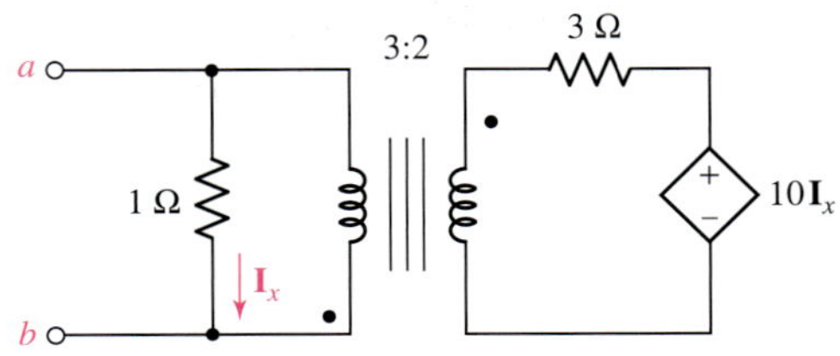

그림 13.67

13장 통합문제

51. 규격표에 2300/230 V, 25 kVA 라고 씌어 있는 변압기는 1차 전압이 2300 V rms, 2차 전압이 230 V rms이고, 2차 권선으로부터 25 kVA를 공급할 수 있는 곳에서 사용할 수 있다. 이 변압기에 2300 V rms가 공급되고, 2차측에는 PF가 1이면서 8 kW가 필요한 부하와 PF가 뒤진 0.8이면서 15 kVA가 필요한 부하가 연결되어 있다.

(a) 1차측의 전류는 얼마인가?

(b) PF가 뒤진 0.95로 동작하는 부하에는 몇 kW의 전력을 더 공급할 수 있는가?

52. 친구가 독일의 Warnemünde 여행에서 돌아오면서 오래된 스테레오 시스템을 가져왔는데 이 시스템은 보통 미국에서 사용되는 가정용 전압의 두 배 전압인 240 VAC에서 동작하도록 설계되었다. 친구가 미국에서 스테레오 시스템을 사용할 수 있으려면 어떤 회로를 설계해야 하는가? 단, 동작 주파수의 차이(독일에서는 50 Hz, 미국에서는 60 Hz 사용)는 무시한다.

53. 한 지역 밴드의 리드 보컬인 당신은 지역 봄 축제에서 연주를 하기로 되어 있다. 사운드 시스템을 구성하던 중, 전력증폭기의 출력 (50 V 최대값)이 70.7 V rms와 50 Ω으로 표시되어 있는 승압 변압기가 포함되어 있고, 출력단에는 3개의 스피커가 병렬로 연결되어 있음을 알게 되었다. 2개의 스피커에는 8 Ω 그리고 나머지 하나의 스피커에는 4 Ω으로 표시되어 있고, 각 스피커에는 강압 변압기가 같이 달려 있다.

(a) 변압기의 구성에 대하여 설명하라.

(b) 상기 오디오 회로의 도면을 그려라. 이 도면에는 모든 승압/강압 변압기의 권선비가 반드시 표시되어 있어야 함을 유의하라.

54. 그림 13.68의 회로에서 다음의 경우에 $\mathbf{V}_2/\mathbf{V}_s$를 구하라.

(a) $L_1 = 100$ mH, $L_2 = 500$ mH이고 M은 가능한 최대값이다.

(b) $L_1 = 5L_2 = 1.4$ H이고 k는 가능한 최대값의 87%이다.

(c) 두 코일은 이상적인 변압기이고, 왼쪽 코일의 권선수는 500이고, 오른쪽 코일의 권선수는 10,000이다.

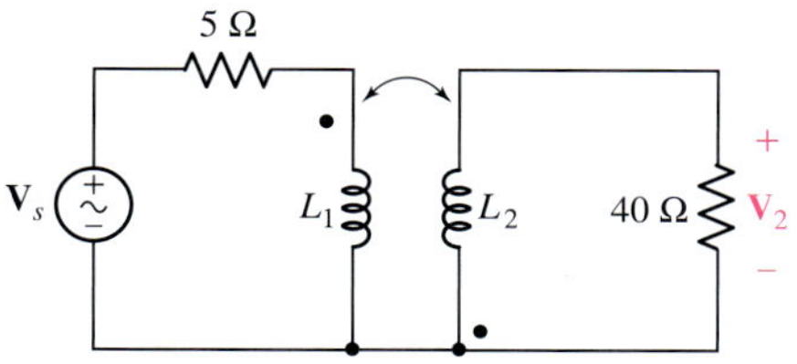

그림 13.68

55. 당신의 이웃이 당신 집으로 들어오는 전력선에 인접하여 커다란 코일을 설치하였다.

(a) 당신 이웃이 그렇게 한 그럴듯한 이유는 무엇인가?

(b) 그 목적은 성공할 것 같은가? 설명하라.

(c) 문제가 생겼을 때 당신의 이웃이 당신의 어떠한 물건에도 어떠한 방법으로도 접촉한 적이 없으므로 재산상의 손해를 입히지 않았다고 주장한다면 이는 옳은 것인가 그른 것인가? 설명하라.

14 s-영역에서의 회로 해석

Design elements: Cockpit: ©Purestock/SuperStock; Wind Turbins: ©Russell Illig/Getty Images; Circuit Board: ©Shutterstock

서론

시간에 따라 변하는 전원이나 스위치가 포함된 회로는 여러 가지 해석 방법을 이용하여 다룰 수 있다. 7장에서 9장까지는 직접 미분방정식을 이용해서 해석하였는데 이런 방법은 스위치가 열고 닫히는 과정에서 생기는 과도현상을 해석하기 유용하다. 10장에서 13장까지는 정현파 전원이 있는 경우를 다루었는데 과도현상에는 거의 관심을 두지 않았다. 불행하게도 모든 전원이 정현파는 아니다. 그리고 정상상태응답 및 과도상태응답 모두 필요한 경우도 있다. 이런 경우 라플라스 변환은 매우 가치 있는 도구이다.

많은 교과서가 라플라스 변환 적분을 바로 다루기 시작하는데 이러한 접근법으로는 직관적인 이해가 힘들다. 따라서 여기서는 좀 생소한 개념이기는 하지만 먼저 '복소' 주파수의 개념부터 다루고자 한다. 복소 주파수는 주기적으로 혹은 비주기적으로 시간에 따라 변하는 양을 아주 쉽게 다룰 수 있도록 해준다. 이 장에서 기본적인 개념을 이해하고 이를 회로 해석에 이용할 것이다.

중요한 개념

- 복소 주파수
- 라플라스 변환과 역변환
- 변환표의 이용
- 나머지 정리
- 초기값 정리와 최종값 정리
- **s**-영역에서 임피던스의 개념
- 초기조건을 가진 이상적인 전원의 모델링
- **s**-영역에서 회로 해석
- 회로전달함수에서 영점과 극점의 확인
- 회로의 임펄스 응답
- 시스템 응답을 결정하기 위한 콘벌루션의 사용

14.1 복소 주파수

다음과 같이 표현되는 지수 감쇠 정현파 함수를 이용하여 **복소 주파수**(*complex frequency*)를 표현한다.

$$v(t) = V_m e^{\sigma t} \cos(\omega t + \theta) \qquad [1]$$

여기서 σ(sigma)는 실수이며 보통 음수이다. 이 함수를 감쇠 함수라고 부르기는 하지만 경우에 따라서 정현파의 진폭은 커질 수도 있다. 즉 $\sigma > 0$이면 진폭이 커진다(9장에서 보았던 것처럼 *RLC* 회로의 자연 응답을 구하면 지수 감쇠 계수 σ는 음의 값을 가진다).

식 [1]에서 $\sigma = \omega = 0$이라 하면 다음 식에서 보이는 바와 같이 전압은 상수가 된다.

$$v(t) = V_m \cos(\theta) = V_0 \qquad [2]$$

σ만 0으로 놓으면 일반적인 정현파 전압을 얻을 수 있다.

$$v(t) = V_m \cos(\omega t + \theta) \qquad [3]$$

$\omega = 0$이라면 전압은 다음과 같이 지수 전압이 된다.

$$v(t) = V_m \cos\theta \ e^{\sigma t} = V_0 e^{\sigma t} \qquad [4]$$

따라서 식 [2]의 직류, 식 [3]의 정현파, 그리고 식 [4]의 지수 함수는 식 [1]의 감쇠 정현파의 특수한 경우라고 할 수 있다.

식 [4]의 지수 함수와 0도 위상각을 갖는 정현 함수의 복소수 표현을 비교하면 σ의 몇 가지 중요한 점을 알 수 있다.

$$v(t) = V_0 e^{j\omega t} \qquad [5]$$

네퍼(neper)는 스코틀랜드의 철학자이며 수학자인 John Napier(1550-1617)와 그의 napierian logarithm 체계의 이름을 딴 것이다. 흥미롭게도 이름의 철자가 역사적으로 분명하지 않다(H. A. Wheeler, *IRE Transactions on Circuit Theory* 2, 1955, P. 219 참고).

식 [4]와 [5]의 두 함수는 여러 가지 공통점을 가지고 있다. 차이점은 식 [4]의 지수는 실수이지만 식 [5]의 지수는 허수라는 점이다. σ를 '주파수'라고 한다면 두 함수는 아주 비슷하다고 할 수 있다. 용어의 선택에 대해서는 나중에 다시 자세히 다루겠지만, 현재로서는 σ가 복소 주파수의 실수 부분이라고 보면 된다. 그러나 **'실제 주파수'**라고 불러서는 안 된다. f(혹은 폭넓게 ω)를 실제 주파수라고 부르는 것이 옳다. σ를 **네퍼 주파수**(*neper frequency*)라고 부르며 그 이름은 e의 지수의 무차원 단위로부터 온 것이다. 예를 들어 e^{7t}라 하면 $7t$의 차원은 **네퍼**(*nepers*, Np)이고, 7은 네퍼 주파수(nepers per second)이다.

일반적 형태

식 [1]로 표현되는 일반적인 구동 함수에 대한 회로의 강제 응답은 페이저 해석 방법에서 사용된 것과 같은 방법으로 간단히 얻을 수 있다. 이러한 감쇠 정현파에 대한 강제 응답을 얻으면 직류 전압, 지수 전압, 그리고 정현파 전압에 대한 강제 응답 또한 얻을 수 있게 된다. 먼저 σ와 ω를 복소 주파수의 실수부와 허수부로 고려하는 방법을 알아보기로 한다.

다음과 같이 표현되는 어떠한 함수에 대해 알아본다.

$$f(t) = \mathbf{K} e^{\mathbf{s}t} \qquad [6]$$

여기서 복소 상수(시간의 함수가 아님)인 $\mathbf{K}$와 $\mathbf{s}$는 복소 주파수 $\mathbf{s}$에 의해 그 특성이 결정된다. 그러므로 복소 주파수 $\mathbf{s}$는 복소 지수 표현에서 t에 곱해진 단순한 인수라 할 수 있다. 주어진 함수의 복소 주파수를 결정할 수 있을 때까지 그 함수는 식 [6]에 보인 형태로 쓰기로 한다.

직류의 경우

먼저 가장 익숙한 구동 함수에 적용해 본다. 예를 들면 직류 전압

$$v(t) = V_0$$

은 다음과 같은 형태로 표현할 수 있다.

$$v(t) = V_0 e^{(0)t}$$

그러므로 직류 전압 혹은 전류의 복소 주파수는 0(즉, $\mathbf{s} = 0$)이다.

지수의 경우

다음으로 간단한 예는 지수 함수이다.

$$v(t) = V_0 e^{\sigma t}$$

이 전압의 복소 주파수는 σ(즉, $\mathbf{s} = \sigma + j0$)이다.

정현파의 경우

다음은 정현파 전압을 고려하는데, 약간 다른 방법을 이용한다. 다음과 같은 정현파 전압이 있다.

$$v(t) = V_m \cos(\omega t + \theta)$$

이를 복소 지수의 형태로 표현할 필요성이 있다. 앞에서 배운 오일러의 공식을 이용하면 정현파는 다음과 같이 표현할 수 있다.

$$\cos(\omega t + \theta) = \frac{1}{2}\left[e^{j(\omega t+\theta)} + e^{-j(\omega t+\theta)}\right]$$

따라서

$$\begin{aligned} v(t) &= \frac{1}{2}V_m\left[e^{j(\omega t+\theta)} + e^{-j(\omega t+\theta)}\right] \\ &= \left(\frac{1}{2}V_m e^{j\theta}\right)e^{j\omega t} + \left(\frac{1}{2}V_m e^{-j\theta}\right)e^{-j\omega t} \end{aligned}$$

혹은

$$v(t) = \mathbf{K}_1 e^{\mathbf{s}_1 t} + \mathbf{K}_2 e^{\mathbf{s}_2 t}$$

결국 정현파는 2개의 복소 지수 함수의 합으로 표현되며 각 항은 복소 주파수를 가진다. 첫 항의 복소 주파수는 $\mathbf{s} = \mathbf{s}_1 = j\omega$이고, 둘째 항의 복소 주파수는 $\mathbf{s} = \mathbf{s}_2 = -j\omega$이다. $\mathbf{s}$의 두 값은 서로 **켤레**(*conjugate*) 복소수이며, $\mathbf{s}_2 = \mathbf{s}_1^*$으로 표현한다. $\mathbf{K}$의 두 값 역시 켤레 복소수이며, $\mathbf{K}_1 = \frac{1}{2}V_m e^{j\theta}$이고 $\mathbf{K}_2 = \mathbf{K}_1^* = \frac{1}{2}V_m e^{-j\theta}$이다. 첫째 항 전체와 둘째 항 전체도 켤레 복소수이므로 두 항의 합인 $v(t)$는 실수가 되어야 한다.

어떤 수의 켤레 복소수는 'j'를 '$-j$'로 대신하면 된다. 이러한 개념은 우리가 $j = +\sqrt{-1}$라고 선택하였기 때문인데, 음의 제곱근을 선택하여도 된다. 여기서 켤레 복소수의 개념이 나왔다.

지수 감쇠 정현파의 경우

마지막으로 식 [1]과 같이 표현되는 지수 감쇠 정현파 함수의 복소 주파수를 다룬

다. 복소 지수로 표현하기 위해서 다시 오일러의 공식을 이용한다.

$$\begin{aligned} v(t) &= V_m e^{\sigma t}\cos(\omega t + \theta) \\ &= \frac{1}{2} V_m e^{\sigma t}\left[e^{j(\omega t+\theta)} + e^{-j(\omega t+\theta)}\right] \end{aligned}$$

따라서

$$v(t) = \frac{1}{2} V_m e^{j\theta} e^{j(\sigma + j\omega)t} + \frac{1}{2} V_m e^{-j\theta} e^{j(\sigma - j\omega)t}$$

켤레 복소 주파수 쌍인 $\mathbf{s}_1 = \sigma + j\omega$와 $\mathbf{s}_2 = \mathbf{s}_1^* = \sigma - j\omega$는 지수 감쇠 정현파를 설명하는 데 필요하다. 일반적으로 σ, ω 모두 0이 아니며, 지수적으로 변하는 정현파가 일반적인 경우에 해당한다. 상수, 정현파, 그리고 지수 파형은 특별한 경우에 해당한다.

실제와 s와의 관계

예를 들어, $\mathbf{s} = 5 + j0$과 같이 $\mathbf{s}$가 양의 실수값을 가진다면 지수적으로 증가하는 함수 $\mathbf{K}e^{+5t}$가 된다. 여기서 이 함수가 실제적인 함수라면 $\mathbf{K}$는 실수이어야 한다. $\mathbf{s} = -5 + j0$과 같이 $\mathbf{s}$가 음의 실수값을 가진다면 지수적으로 감소하는 함수 $\mathbf{K}e^{-5t}$가 된다.

$\mathbf{s}$가 $j10$과 같이 순 허수라면 함수는 $\mathbf{K}e^{j10t}$와 같이 표현되고 $\mathbf{K}(\cos 10t + j \sin 10t)$와 같이 표현할 수도 있는데, 이 경우 실수부와 허수부가 동시에 있으며 각각은 정현파이다. 실수 함수를 만들기 위해서 $\mathbf{s}_{1,2} = \pm j10$처럼 $\mathbf{s}$의 켤레값을 고려할 필요가 있으며 아울러 $\mathbf{K}$의 켤레값 또한 고려하여야 한다. 대략적으로 말하자면, 복소 주파수 $\mathbf{s}_1 = +j\ 10$ 혹은 $\mathbf{s}_2 = -j\ 10$의 어느 하나를 10 rad/s의 각주파수를 갖는 정현파 전압의 주파수라 할 수 있으며 이로써 켤레 복소 주파수의 존재를 이해할 수 있다. 정현파 전압의 진폭과 위상각은 두 주파수에 대한 $\mathbf{K}$의 값에 의해 정해진다. 따라서 $\mathbf{s}_1 = j\ 10$과 $\mathbf{K}_1 = 6 - j8$을 선택하면 전압은 다음과 같다. 그리고

$|6 - j8| = 10$이므로 $V_m = 2|\mathbf{K}| = 20$. 그리고 $ang(6 - j8) = -53.13°$.

$$v(t) = \mathbf{K}_1 e^{\mathbf{s}_1 t} + \mathbf{K}_2 e^{\mathbf{s}_2 t} \qquad \mathbf{s}_2 = \mathbf{s}_1^* \qquad \text{그리고} \qquad \mathbf{K}_2 = \mathbf{K}_1^*$$

이로부터 실수 정현파 $20 \cos(10t - 53.1°)$를 얻을 수 있다.

비슷한 맥락에서, $3 - j5$와 같은 일반적인 복소수 $\mathbf{s}$는 그것의 켤레 복소수 $(3 + j5)$와 함께 고려되어야만 실수 양과 관련지을 수 있다. 대략적으로 말하면 $e^{3t} \cos 5t$와 같이 지수적으로 증가하는 정현파 함수를 설명하기 위해서 이러한 두 켤레 주파수 중 하나를 이용할 수 있다. 진폭과 위상각은 $\mathbf{K}$의 켤레 복소수값에 달려 있다.

이제 복소 주파수 $\mathbf{s}$의 물리적인 성질에 대한 이해가 필요하다. 복소 주파수 $\mathbf{s}$는 지수적으로 변하는 정현파를 표현하는 데 이용할 수 있다. $\mathbf{s}$의 실수부는 지수적인 변화를 나타내는데 음수이면 시간의 증가에 따라 감소하고, 양수이면 시간의 증가에 따라 증가하는 함수가 된다. 0이면 정현파의 진폭이 일정한 것을 나타낸다. $\mathbf{s}$의 실수부의 크기가 크면 클수록 지수적으로 증가하거나 감소하는 속도가 점점 커진다. $\mathbf{s}$의 허수부는 정현적 변화를 나타내며 라디안 주파수라고 한다. $\mathbf{s}$의 허수부의

s의 실수부, **s**의 허수부, 혹은 **s**의 크기가 큰 값을 가지면 빨리 변하는 함수라는 것을 의미한다.

크기가 크면 클수록 시간에 따라 좀 더 빨리 변하는 함수가 된다.

보통 **s**의 실수부는 σ로, 허수부는 ω($j\omega$가 아님)로 표현한다.

$$\boxed{\mathbf{s} = \sigma + j\omega} \qquad [7]$$

때때로 라디안 주파수를 '실제 주파수'라고 하기도 한다. 이 용어는 아주 혼란스러운 경우가 있는데 '실제 주파수는 복소 주파수의 허수부'라고 표현하는 것이 정확한 표현일 것이다. 앞으로 **s**는 복소 주파수, σ는 네퍼 주파수, ω는 라디안 주파수, $f = \omega/2\pi$는 순환(cyclic) 주파수라고 부르기로 한다. 그냥 주파수라는 용어를 사용하면 이 네 가지 중의 어느 것을 말하는지 혼동될 수 있으므로 이를 피하도록 한다. **네퍼 주파수**의 단위는 nepers/sec이고 **라디안 주파수**의 단위는 radians/sec이며 **복소 주파수 s**의 단위는 초당 복소 네퍼(complex nepers per second) 혹은 초당 복소 라디안(complex radians per second)이 된다.

익힘문제 14.1

다음 실수 시간 함수가 나타내는 모든 복소 주파수를 밝혀라.

(a) $(2e^{-100t} + e^{-200t}) \sin 2000t$ (b) $(2 - e^{-10t}) \cos(4t + \phi)$

(c) $e^{-10t} \cos 10t \sin 40t$

답: $-100 + j2000$, $-100 - j2000$, $-200 + j2000$, $-200 - j2000$ s^{-1}, $j4$, $-j4$, $-10 + j4$, $-10 - j4$ s^{-1}, $-10 + j30$, $-10 - j30$, $-10 + j50$, $-10 - j50$ s^{-1}.

익힘문제 14.2

실수인 상수 A, B, C, ϕ 등을 이용하여 다음의 주파수 성분을 갖는 전류에 대해서 실수 시간 함수의 일반적인 형태로 표현하라.

(a) 0, 10, -10 s^{-1} (b) -5, $j8$, $-5 - j8$ s^{-1}

(c) -20, 20, $-20 + j20$, $20 - j20$ s^{-1}

답: $A + Be^{10t} + Ce^{-10t}$, $Ae^{-5t} + B\cos(8t + \phi_1) + Ce^{-5t} \times \cos(8t + \phi_2)$, $Ae^{-20t} + Be^{20t} + Ce^{-20t}\cos(20t + \phi_1) + De^{20t}\cos(20t + \phi_2)$.

14.2 라플라스 변환의 정의

에너지 저장 소자(인덕터와 커패시터)가 포함된 회로에 구동 함수를 인가한 직후의 응답을 구한다고 하자. 구동 함수로 정현파를 사용하게 되면 미적분방정식을 풀기 위해서 시간도 많이 걸릴뿐더러 계산도 아주 복잡하므로 좀 더 쉬운 방법을 찾게 되었다. 페이저 변환법은 그러한 노력의 결과라 할 수 있는데 이 방법에서는 $V_0 e^{j\theta} e^{j\omega t}$ 형태의 복소 구동 함수를 이용한다. 결론적으로 말하자면 t가 포함된 항은 떼어버리고 $V_0 e^{j\theta}$만을 이용한다. 즉 **주파수 영역**에서 문제를 다루게 된다.

좀 더 확장하면 $V_0e^{j\theta}\ e^{(\sigma+j\omega)t}$ 형태의 구동 함수를 고려할 수 있으며 복소 주파수 $\mathbf{s}$의 개념을 도입할 수 있다. 이렇게 하면 지금까지 다루어진 함수의 형태들은 $V_0e^{j\theta}\ e^{(\sigma+j\omega)t}$ 형태의 특수한 경우라고 할 수 있다. 즉 직류는 $\mathbf{s} = 0$인 경우이고, 지수 함수는 $\mathbf{s} = \sigma$인 경우이며, 정현파는 $\mathbf{s} = j\omega$인 경우에 해당하고 마지막으로 지수 정현파는 $\mathbf{s} = \sigma + j\omega$인 경우라 할 수 있다. 페이저의 경우에서와 같이 t를 포함하는 인수 항은 생략하고, 주파수 영역에서 해석하여 답을 얻는다.

라플라스 변환

정현 구동 함수의 응답은 정현파라는 것을 이미 알고 있으며 지수 구동 함수의 응답은 지수 함수라는 것도 이미 알고 있다. 그러나 실제로 다루는 많은 파형들은 사각파, 톱니파, 혹은 임의의 시간에 시작하는 펄스 등으로 정현파도 지수 함수도 아니다. 이러한 구동 함수를 선형 회로에 인가하면 응답은 인가한 파형의 형태와 비슷하지도 않고 그렇다고 지수 함수의 형태도 아니다. 결과적으로 주파수 영역 응답의 형태를 만들기 위해서 t를 포함하는 항을 생략할 수도 없다. 즉 주파수 영역에서 문제를 쉽게 다루는 즐거움을 더 이상 누리지 못하게 된다.

한 가지 해결 방법은 어느 함수를 복소 주파수가 각각 다른 지수 함수들의 **합**으로 표현하여 이용하는 방법이다. 선형 시스템에서는 회로의 총 응답은 중첩의 원리에 의해 각 지수 파형의 개별적인 응답을 합해서도 얻을 수 있다. 각 지수 파형을 다루면서 t를 포함한 항을 무시하고 대신 **주파수** 영역에서 응답을 구할 수 있다. 그런데 불행히도 일반적인 시간 함수를 정확히 표현하려면 무한개의 지수 함수가 있어야 하므로 중첩으로 다루기 어렵다. 따라서 적분을 통해서 이러한 함수들을 주파수 영역 함수로 바꾼다.

이러한 접근 방식을 **라플라스 변환**(*Laplace transform*)이라고 하며 일반적인 함수 $f(t)$에 대한 라플라스 변환은 다음과 같이 정의된다.

$$\mathbf{F}(\mathbf{s}) = \int_{-\infty}^{\infty} e^{-\mathbf{s}t} f(t)dt \qquad [8]$$

이러한 적분식을 수학적으로 유도하기 위해서는 17장에서 다루게 될 푸리에 급수와 푸리에 변환을 이해해야 할 필요가 있다. 그러나 라플라스 변환에 대한 기본적인 개념은 복소 주파수, 페이저, 그리고 시간 영역과 주파수 영역에 대한 지식을 이용하여 이해할 수 있다. 라플라스 변환의 목적은 정확히 표현하자면, 일반적인 시간 영역 함수 $f(t)$를 주파수 영역 표현인 $\mathbf{F}(\mathbf{s})$로 변환하는 것이다.

$f(t)$에 대한 **양쪽**(*two-sided*) 혹은 **양방향**(*bilateral*) 라플라스 변환은 식 [8]로 정의된다. 양쪽 혹은 양방향이라는 말은 적분 구간에 t의 양수값 및 음수값이 모두 포함된다는 것을 강조하기 위해서 사용되었다. 역 라플라스 변환(inverse Laplace transform)은 다음과 같은 적분 식으로 정의된다.[1]

1 $1/2\pi j$를 무시하고 적분을 $f(t) \propto \Sigma[\mathbf{F}(\mathbf{s})\ d\mathbf{s}]e^{\mathbf{s}t}$처럼 모든 주파수에 대한 더하기의 관점에서 본다면, 이는 $f(t)$를 $\mathbf{F}(\mathbf{s})$에 비례하는 크기를 갖는 복소 주파수 항들의 합으로 설명할 수 있다.

$$f(t) = \frac{1}{2\pi j}\int_{\sigma_0 - j\infty}^{\sigma_0 + j\infty} e^{st}\mathbf{F}(\mathbf{s})ds \qquad [9]$$

여기서 실수 상수 σ_0는 적분의 수렴 영역 경계를 표현하는 식에 포함된다. 식 [8]과 [9]는 양쪽 라플라스 변환 쌍을 이룬다. 회로 해석을 공부하면서 식 [9]를 직접 다루지 않아도 된다는 것은 다행스러운 일이며, 같은 내용을 빠르면서도 쉬운 다른 방법으로 다루게 된다.

한쪽 라플라스 변환

많은 회로 해석 문제에서 구동 함수와 응답 함수가 모든 시간에 대해서 항상 존재하는 것은 아니며 보통 $t = 0$과 같이 어떤 특정한 순간에 시작한다. 따라서 $t < 0$에서 존재하지 않거나 혹은 $t < 0$에서는 의미가 없는 시간 함수들에 대해서는 시간 영역 표현을 $v(t)u(t)$와 같이 할 수 있다. 이 경우 적분 구간의 하한은 $t = 0^-$를 취하는데 이는 임펄스처럼 $t = 0$에서의 어떠한 불연속적 영향도 포함시키기 위함이다. 이 경우의 라플라스 변환은

$$\mathbf{F}(\mathbf{s}) = \int_{-\infty}^{\infty} e^{-st}f(t)u(t)dt = \int_{0^-}^{\infty} e^{-st}f(t)dt$$

이를 $f(t)$의 **한쪽** 라플라스 변환 혹은 단순히 $f(t)$의 **라플라스 변환**이라고 한다. (따라서 식 [8]은 **양쪽** 라플라스 변환이라고 한다.)

역변환의 식은 그대로인데 계산할 때 $t > 0$에 대해서만 계산하면 된다. 따라서 지금부터 사용하게 될 라플라스 변환 쌍은 다음과 같다.

$$\boxed{\mathbf{F}(\mathbf{s}) = \int_{0^-}^{\infty} e^{-st}f(t)dt} \qquad [10]$$

$$\boxed{\begin{aligned} f(t) &= \frac{1}{2\pi j}\int_{\sigma_0 - j\infty}^{\sigma_0 + j\infty} e^{st}\mathbf{F}(\mathbf{s})ds \\ f(t) &\Leftrightarrow \mathbf{F}(\mathbf{s}) \end{aligned}} \qquad [11]$$

기호 $\mathscr{L}$은 다음과 같이 라플라스 변환 혹은 역 라플라스 변환을 나타내는 데 사용된다.

$$\mathbf{F}(\mathbf{s}) = \mathscr{L}\{f(t)\} \quad \text{그리고} \quad f(t) = \mathscr{L}^{-1}\{\mathbf{F}(\mathbf{s})\}$$

예제 **14.1**

함수 $f(t) = 2u(t - 3)$의 라플라스 변환을 구하라.

$f(t) = 2u(t - 3)$의 한쪽 라플라스 변환을 구하기 위해서는 다음 적분식을 계산하여야 한다.

$$\mathbf{F(s)} = \int_{0^-}^{\infty} e^{-\mathbf{s}t} f(t)dt$$
$$= \int_{0^-}^{\infty} e^{-\mathbf{s}t} 2u(t-3)dt$$
$$= 2\int_{3}^{\infty} e^{-\mathbf{s}t} dt$$

그러므로

$$\mathbf{F(s)} = -\frac{2}{\mathbf{s}}e^{-\mathbf{s}t}\Big|_3^{\infty} = -\frac{2}{\mathbf{s}}\left(0 - e^{-3\mathbf{s}}\right) = \frac{2}{\mathbf{s}}e^{-3\mathbf{s}}$$

익힘문제 14.3

$f(t) = -6e^{-2t}\,[u(t+3) - u(t-2)]$이다.

(a) 양쪽 **F(s)**를 구하라. (b) 한쪽 **F(s)**를 구하라.

답: $\frac{6}{2+\mathbf{s}}\,[e^{-4-2\mathbf{s}} - e^{6+3\mathbf{s}}]$; $\frac{6}{2+\mathbf{s}}\,[e^{-4-2\mathbf{s}} - 1]$.

14.3 간단한 시간 함수의 라플라스 변환

이 절에서는 회로 해석에서 자주 이용되는 시간 함수에 대한 라플라스 변환표를 만든다. 다루어지는 시간 함수는 어떠한 것이라도 좋지만 여기서는 편의상 전압 함수라고 가정한다. 표를 만들기 위해서 다음의 정의식을 이용한다.

$$\mathbf{V(s)} = \int_{0^-}^{\infty} e^{-\mathbf{s}t} v(t)dt = \mathscr{L}\{v(t)\}$$

역변환 식은 다음과 같다.

$$v(t) = \frac{1}{2\pi j}\int_{\sigma_0 - j\infty}^{\sigma_0 + j\infty} e^{\mathbf{s}t}\mathbf{V(s)}d\mathbf{s} = \mathscr{L}^{-1}\{\mathbf{V(s)}\}$$

이 두 식으로부터 구해진 $v(t)$와 **V(s)**는 1 대 1로 대응한다. 즉 **V(s)**가 존재하는 모든 $v(t)$에 대해서 그에 해당하는 유일한 **V(s)**가 존재한다. 이 시점에서 역변환 식을 보면 아주 어려울 것 같아 보이기도 하지만 너무 걱정할 필요는 없다. **라플라스 변환을 처음 공부할 때는 이 적분식을 실제로 적용할 일은 없을 것이다.** 시간 영역에서 주파수 영역으로 넘어갈 때 이미 언급한 변환의 유일성의 장점을 살려서 변환 쌍의 표를 만들어서 이용한다. 널리 쓰이는 거의 모든 시간 함수에 대한 변환 쌍의 표가 만들어져 있으므로 이를 이용하여 역변환을 구하면 된다.

어떤 $v(t)$에 대해서는 변환이 존재하지 않을 수도 있다. 라플라스 적분이 $\mathrm{Re}\{\mathbf{s}\} > \sigma_0$인 범위에서 언제나 수렴하는 충분 조건은 다음과 같다.

1. 함수 $v(t)$는 모든 유한 구간 $t_1 < t < t_2$에서 적분 가능하다. 여기서 $0 \le t_1 < t_2 < \infty$이다.
2. 어떤 σ_0 값에 대해서도 $\lim_{t\to\infty} e^{-\sigma_0 t}|v(t)|$가 존재한다.

이 조건들을 만족하지 않는 시간 함수들은 회로 해석에서 거의 나오지 않는다.[2]

단위 계단 함수 $u(t)$

먼저 단위 계단 함수 $u(t)$의 라플라스 변환을 다룬다. 조건 2를 만족시키려면 $\text{Re}\{\mathbf{s}\} > 0$이고, 정의에 따라 라플라스 변환은 다음과 같다.

$$\begin{aligned}\mathscr{L}\{u(t)\} &= \int_{0^-}^{\infty} e^{-\mathbf{s}t}u(t)dt = \int_{0}^{\infty} e^{-\mathbf{s}t}dt \\ &= -\frac{1}{\mathbf{s}}e^{-\mathbf{s}t}\Big|_0^{\infty} = \frac{1}{\mathbf{s}}\end{aligned}$$

따라서

$$u(t) \Leftrightarrow \frac{1}{\mathbf{s}} \qquad [12]$$

이중 화살표 기호는 라플라스 변환 쌍을 나타내는 데 보통 사용된다.

위와 같이 단위 계단 함수의 라플라스 변환 쌍은 쉽게 얻을 수 있다.

단위 임펄스 함수 $\delta(t - t_0)$

단위 임펄스 함수 $\delta(t - t_0)$는 다른 특이 함수인데 이 함수의 변환은 자주 이용된다. 그림 14.1에 보인 이 함수는 처음에는 오히려 이상해 보이지만 실제로는 아주 유용하다. 단위 임펄스 함수는 그 넓이가 1인데 다음의 성질을 가진다.

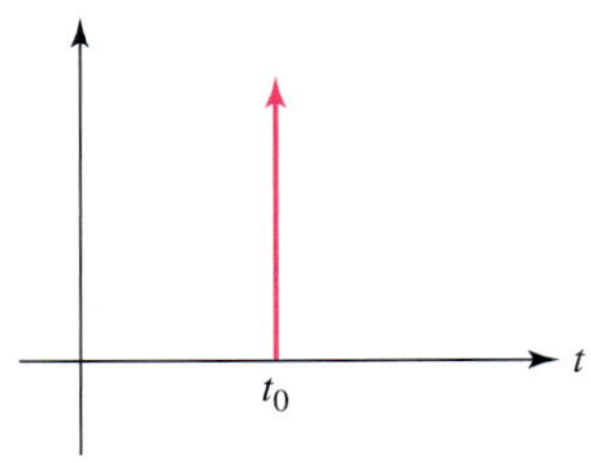

그림 14.1 단위 임펄수 함수 $\delta(t-t_0)$. 이 함수는 종종 회로의 시상수보다 매우 짧은 신호 펄스를 나타내는 데 사용된다.

$$\delta(t - t_0) = 0 \qquad t \neq t_0$$

$$\int_{t_0-\varepsilon}^{t_0+\varepsilon} \delta(t - t_0)\,dt = 1$$

여기서 ε은 작은 상수이다. 이 '함수'(순수 수학자들은 함수라고 부르는 것을 싫어하겠지만)는 t_0의 순간에만 0이 아닌 값을 갖는다. $t_0 > 0^-$에 대해서 라플라스 변환을 구하면

$$\begin{aligned}\mathscr{L}\{\delta(t - t_0)\} &= \int_{0^-}^{\infty} e^{-\mathbf{s}t}\delta(t - t_0)\,dt = e^{-\mathbf{s}t_0} \\ &= \delta(t - t_0) \Leftrightarrow e^{-\mathbf{s}t_0}\end{aligned} \qquad [13]$$

특히 $t_0 = 0$이면 다음과 같이 쓸 수 있다.

$$\delta(t) \Leftrightarrow 1 \qquad [14]$$

단위 임펄스 함수의 한 가지 흥미로운 특성은 **시프팅 성질**(*sifting property*)이다. 임의의 함수 $f(t)$와 임펄스 함수와 곱한 것을 적분하면 다음과 같이 된다.

$$\int_{-\infty}^{\infty} f(t)\delta(t - t_0)dt$$

함수 $\delta(t - t_0)$는 $t = t_0$를 제외하고는 어디서나 0이므로, 이 적분의 값은 단순히

2 이러한 함수들의 예로는 e^{t^2}과 e^{e^t} 등이 있다. 그러나 t^n 혹은 n^t는 이러한 함수가 아니다. 라플라스 변환과 응용에 대해서 좀 더 자세히 알고 싶으면 다음을 참고하기 바란다. Clare D. McGillem and George R. Cooper, *Continuous and Discrete Signal and System Analysis*, 3rd ed., Oxford University Press, North Carolina, 1991, Chap. 5.

$f(t_0)$이다. 이 특성은 단위 임펄스 함수를 포함하는 적분 표현을 간단히 하는 데 매우 유용하다.

지수 함수 $e^{-\alpha t}$

지금까지 많이 다루어졌던 지수 함수의 변환은 다음과 같다.

$$\mathscr{L}\{e^{-\alpha t}u(t)\} = \int_{0^-}^{\infty} e^{-\alpha t}e^{-\mathbf{s}t}\,dt$$
$$= -\frac{1}{\mathbf{s}+\alpha}e^{-(\mathbf{s}+\alpha)t}\Big|_0^{\infty} = \frac{1}{\mathbf{s}+\alpha}$$

따라서

$$e^{-\alpha t}u(t) \Leftrightarrow \frac{1}{\mathbf{s}+\alpha} \qquad [15]$$

여기서 Re{**s**} > $-\alpha$이어야 한다.

램프 함수 $tu(t)$

마지막 예로 램프 함수 $tu(t)$의 변환은 부분 적분에 의해 직접 구하거나 적분표로부터 구할 수 있다.

$$\mathscr{L}\{tu(t)\} = \int_{0^-}^{\infty} te^{-\mathbf{s}t}\,dt = \frac{1}{\mathbf{s}^2}$$
$$tu(t) \Leftrightarrow \frac{1}{\mathbf{s}^2} \qquad [16]$$

함수 $te^{-\alpha t}u(t)$의 변환이 다음과 같음을 독자들 스스로 유도해 보기 바란다.

$$te^{-\alpha t}\mu(t) \Leftrightarrow \frac{1}{(\mathbf{s}+\alpha)^2} \qquad [17]$$

중요한 시간 함수가 몇 가지가 더 남아있지만 나중에 다루기로 하고, 여기서는 먼저 변환의 역과정인 역 라플라스 변환을 다루기로 한다.

익힘문제 14.4

$v(t)$가 다음과 같을 때 **V(s)**를 구하라.

(a) $4\delta(t) - 3u(t)$ (b) $4\delta(t-2) - 3tu(t)$ (c) $[u(t)][u(t-2)]$

답: $(4\mathbf{s}-3)/\mathbf{s}$, $4e^{-2\mathbf{s}} - (3/\mathbf{s}^2)$, $e^{-2\mathbf{s}}/\mathbf{s}$.

익힘문제 14.5

V(s)가 다음과 같을 때 $v(t)$를 구하라.

(a) 10 (b) $10/\mathbf{s}$ (c) $10/\mathbf{s}^2$ (d) $10/[\mathbf{s}(\mathbf{s}+10)]$ (e) $10\mathbf{s}/(\mathbf{s}+10)$

답: $10\delta(t)$, $10u(t)$, $10tu(t)$, $u(t) - e^{-10t}u(t)$, $10\delta(t) - 100e^{-10t}u(t)$.

14.4 역변환 방법

선형 정리

식 [9]를 이용하여 **s**-영역 표현을 시간 영역 표현으로 바꿀 수 있지만 이 식을 이용하는 것보다는 라플라스 변환 쌍의 유일성(uniqueness)을 이용하는 것이 오히려 쉽다. 이를 이용하기 위해서는 몇 가지 유용하면서도 잘 알려진 라플라스 변환 정리 중의 하나인 **선형 정리**(*the linearity theorem*)를 먼저 다루어야 한다. 선형 정리는 둘 또는 그 이상의 시간 함수의 합에 대한 라플라스 변환은 각 시간 함수의 라플라스 변환의 합과 같다는 것이다. 두 시간 함수에 대해서 다음과 같은 식을 얻을 수 있다.

$$\begin{aligned}\mathscr{L}\{f_1(t)+f_2(t)\} &= \int_{0^-}^{\infty} e^{-st}[f_1(t)+f_2(t)]dt \\ &= \int_{0^-}^{\infty} e^{-st}f_1(t)dt + \int_{0^-}^{\infty} e^{-st}f_2(t)dt \\ &= \mathbf{F}_1(\mathbf{s}) + \mathbf{F}_2(\mathbf{s})\end{aligned}$$

이것은 라플라스 변환의 '가법성(additive property)'으로 알려져 있다.

이 정리를 사용하는 예로 라플라스 변환이 $\mathbf{V}(\mathbf{s})$일 때, 그에 해당하는 시간 함수 $v(t)$를 구하는 경우를 생각 해보자. 종종 $\mathbf{V}(\mathbf{s})$는 둘 또는 그 이상의 함수의 합으로 표현될 수 있다. 여기서는 $\mathbf{V}_1(\mathbf{s})$와 $\mathbf{V}_2(\mathbf{s})$의 합으로 표현된다고 하고, 이것의 역변환은 이미 표를 통해서 $v_1(t)$ 및 $v_2(t)$임을 안다고 하자. 선형 정리를 이용하면 간단하게 $v(t)$를 구할 수 있다.

$$\begin{aligned}v(t) &= \mathscr{L}^{-1}\{\mathbf{V}(\mathbf{s})\} = \mathscr{L}^{-1}\{\mathbf{V}_1(\mathbf{s})+\mathbf{V}_2(\mathbf{s})\} \\ &= \mathscr{L}^{-1}\{\mathbf{V}_1(\mathbf{s})\} + \mathscr{L}^{-1}\{\mathbf{V}_2(\mathbf{s})\} = v_1(t)+v_2(t)\end{aligned}$$

선형 정리의 다른 중요한 특성은 라플라스 변환의 정의로부터 명백히 알 수 있다. 함수에 상수를 곱한 것의 라플라스 변환은 함수의 라플라스 변환에 상수를 곱한 것과 같다. 다시 말하면

$$\mathscr{L}\{kv(t)\} = k\mathscr{L}\{v(t)\}$$

혹은

$$kv(t) \Leftrightarrow k\mathbf{V}(\mathbf{s})$$

이것은 라플라스 변환의 '동질성(homogeneity property)'으로 알려져 있다.

여기서 k는 비례 상수이다. 이 결과는 앞으로 많이 보게 되겠지만 회로를 해석하는 많은 경우에 아주 유용하게 쓰일 것이다.

예제 14.2

함수 G(s) = (7/s) − 31/(s + 17)의 역 라플라스 변환 $g(t)$를 구하라.

주어진 **s**-영역 함수는 두 항 7/**s** 및 −31/(s + 17)의 합으로 구성되어 있다. 선형 정리를 이용하면 $g(t)$는 각 **s**-영역 항의 역 라플라스 변환의 합으로 표현될 것이다.

$$g(t) = \mathscr{L}^{-1}\left\{\frac{7}{\mathbf{s}}\right\} - \mathscr{L}^{-1}\left\{\frac{31}{\mathbf{s}+17}\right\}$$

라플라스 변환의 동질성을 이용하면 첫 항은 다음과 같다.

$$\mathscr{L}^{-1}\left\{\frac{7}{\mathbf{s}}\right\} = 7\,\mathscr{L}^{-1}\left\{\frac{1}{\mathbf{s}}\right\} = 7u(t)$$

따라서 이미 알고 있는 변환 쌍인 $u(t) \Leftrightarrow 1/\mathbf{s}$와 동질성을 이용하여 $g(t)$의 첫 항을 구할 수 있다. 같은 방법으로 $\mathscr{L}^{-1}\left\{\frac{31}{\mathbf{s}+17}\right\} = 31e^{-17t}u(t)$를 구할 수 있다. 두 항을 합하면 다음과 같이 된다.

$$g(t) = \left[7 - 31e^{-17t}\right]u(t)$$

익힘문제 14.6

함수 $\mathbf{H(s)} = \frac{2}{\mathbf{s}} - \frac{4}{\mathbf{s}^2} + \frac{3.5}{(\mathbf{s}+10)(\mathbf{s}+10)}$의 역 라플라스 변환 $h(t)$를 구하라.

답: $h(t) = [2 - 4t + 3.5te^{-10t}]u(t)$.

유리 함수에 대한 역변환 방법

여러 개의 에너지 저장 소자가 있는 회로의 해석에서 다음과 같이 **s**-다항식의 비로 표현되는 **s**-영역 표현을 종종 보게 된다.

$$\mathbf{V(s)} = \frac{\mathbf{N(s)}}{\mathbf{D(s)}}$$

여기서 **N(s)**와 **D(s)**는 **s**의 다항식이다. **N(s)** = 0으로 하는 **s**의 값을 **V(s)**의 **영점**(*zeros*)이라 하며, **D(s)** = 0으로 하는 **s**의 값을 **V(s)**의 **극점**(*poles*)이라 한다.

실제로 이 장에서 다루어지는 여러 방법을 잘 이용하면 회로 해석에서 식 [9]을 이용하여 역 변환을 할 경우는 거의 없다.

역변환이 필요할 때 언제나 식 [9]를 이용하여 구한다는 것은 아주 힘든 일이기 때문에 변환을 구하고자 하는 식을 이미 그 변환을 알고 있는 몇 개의 간단한 항으로 나누어서, 각각에 대한 변환을 구하는 나머지(residue) 방법이라 불리는 방법으로 역변환을 구하기도 한다. 그러기 위해서는 **V(s)**는 **유리 함수**(*rational function*)이어야 하며, 분자 **N(s)**의 차수가 분모 **D(s)**의 차수보다 낮아야 한다. 그렇지 않다면 다음 예제에서 보인 바와 같이 먼저 나누기를 해야만 하는 과정이 필요하다. 나누기를 하면 그 결과는 하나의 임펄스 함수(분모의 차수와 분자의 차수가 같을 때)와 하나의 유리 함수의 합으로 표현될 것이다. 임펄스 함수의 역변환은 간단하게 얻을 수 있고, 나머지라 할 수 있는 유리 함수의 역변환은 그 역변환이 알려져 있지 않은 경우에라도 나머지의 정리를 직접 적용하면 된다.

예제 **14.3**

$\mathbf{F(s)} = 2\frac{\mathbf{s}+2}{\mathbf{s}}$의 역변환을 구하라.

분자의 차수와 분모의 차수가 같으므로 **F(s)**는 유리 함수가 아니다. 따라서 나누기를 하면 다음과 같이 된다.

$$\mathbf{F(s)} = \mathbf{s}\overline{\smash{)}2\mathbf{s}+4}^{\;2} \quad \begin{array}{r} 2\mathbf{s} \\ \hline 4 \end{array}$$

따라서 $\mathbf{F(s)} = 2 + (4/\mathbf{s})$이다. 선형 정리를 적용하면 다음과 같이 된다.

$$\mathscr{L}^{-1}\left\{\mathbf{F(s)}\right\} = \mathscr{L}^{-1}\left\{2\right\} + L^{-1}\left\{\frac{4}{\mathbf{s}}\right\} = 2\delta(t) + 4u(t)$$

(이러한 특별한 함수는 나누기를 하지 않더라도 간단하게 할 수 있다. 그럼에도 불구하고 여기서 이러한 과정을 보인 것은 기본적인 예를 들기 위함이다.)

익힘문제 14.7

$\mathbf{Q(s)} = \frac{3\mathbf{s}^2 - 4}{\mathbf{s}^2}$일 때, $q(t)$를 구하라.

답: $q(t) = 3\delta(t) - 4tu(t)$.

나머지 정리를 적용하기 위해서는 **V(s)**를 부분 분수 전개(partial fraction expansion)해야 하는데 이를 위해서는 분모의 근을 구하는 것이 중요하다. 그러기 위해서는 먼저 **s**-다항식인 **D(s)**를 인수분해 할 필요가 있다. **D(s)**의 근은 중근일 수도 있으며 서로 다른 실수일 수도 있고, 복소수일 수도 있다. **D(s)**의 계수가 실수일 때 근이 복소수라면 근은 항상 켤레 복소수의 쌍이 된다.

서로 다른 극점들 및 나머지의 정리

특수한 예제로 다음 함수의 역 라플라스 변환을 구한다.

$$\mathbf{V(s)} = \frac{1}{(\mathbf{s}+\alpha)(\mathbf{s}+\beta)}$$

분모는 서로 다른 두 근 $-\alpha$와 $-\beta$로 인수분해 된다. 이 식을 이용하여 직접 역변환을 구할 수도 있지만 선형 정리를 사용하는 것이 훨씬 쉽다. 부분 분수 전개 방법을 이용하면 주어진 식을 간단한 2개의 식의 합으로 표현할 수 있다.

$$\mathbf{V(s)} = \frac{A}{\mathbf{s}+\alpha} + \frac{B}{\mathbf{s}+\beta}$$

여기서 A와 B는 여러 가지 방법으로 구할 수 있다. 아마도 가장 빠른 방법은 다음 방법일 것이다.

이 식에서 **V(s)**의 간단한 분수 형태(즉, 전개된 형태가 아닌)를 이용한다.

$$
\begin{aligned}
A &= \lim_{\mathbf{s}\to-\alpha}\left[(\mathbf{s}+\alpha)\mathbf{V}(\mathbf{s})-\frac{(\mathbf{s}+\alpha)}{(\mathbf{s}+\beta)}B\right] \\
&= \lim_{\mathbf{s}\to-\alpha}\left[\frac{1}{\mathbf{s}+\beta}-0\right]=\frac{1}{\beta-\alpha}
\end{aligned}
$$

둘째 항은 언제나 0이므로, 다음과 같이 간단히 쓸 수 있다.

$$A = (\mathbf{s}+\alpha)\mathbf{V}(\mathbf{s})\big|_{\mathbf{s}=-\alpha}$$

같은 방법으로

$$B = (\mathbf{s}+\beta)\mathbf{V}(\mathbf{s})\big|_{\mathbf{s}=-\beta} = \frac{1}{\alpha-\beta}$$

따라서

$$\mathbf{V}(\mathbf{s}) = \frac{1/(\beta-\alpha)}{\mathbf{s}+\alpha} + \frac{1/(\alpha-\beta)}{\mathbf{s}+\beta}$$

이 식의 역변환을 계산하면 다음과 같다.

$$
\begin{aligned}
v(t) &= \frac{1}{\beta-\alpha}e^{-\alpha t}u(t) + \frac{1}{\alpha-\beta}e^{-\beta t}u(t) \\
&= \frac{1}{\beta-\alpha}\left(e^{-\alpha t}-e^{-\beta t}\right)u(t)
\end{aligned}
$$

따라서 라플라스 변환 쌍을 다음과 같이 쓸 수 있다.

$$\frac{1}{\beta-\alpha}\left(e^{-\alpha t}-e^{-\beta t}\right)u(t) \Leftrightarrow \frac{1}{(\mathbf{s}+\alpha)(\mathbf{s}+\beta)}$$

이러한 방법은 분모가 고차의 **s**-다항식일 때도 시간은 좀 걸리지만 적용할 수 있다. 상수 A와 B는 꼭 실수이어야 하는 것은 아니다. 그러나 α와 β가 복소수일 때 α와 β는 켤레 복소수가 된다(수학적으로 꼭 그럴 필요가 있는 것은 아니지만 실제의 회로에서는 그럴 필요가 있다). 이 경우 $A = B^*$인데 다시 말하자면 계수 역시 켤레 복소수가 된다는 것이다.

예제 14.4

$\mathbf{P}(\mathbf{s}) = \dfrac{7\mathbf{s}+5}{\mathbf{s}^2+\mathbf{s}}$의 역변환을 구하라.

분자는 1차식이고 분모는 2차식이므로 **P(s)**는 유리 함수이다. 따라서 분모를 인수 분해하는 것으로부터 시작하여 전체 식을 부분 분수로 나타내면 다음과 같다.

$$\mathbf{P}(\mathbf{s}) = \frac{7\mathbf{s}+5}{\mathbf{s}(\mathbf{s}+1)} = \frac{a}{\mathbf{s}} + \frac{b}{\mathbf{s}+1}$$

여기서 a 및 b는 다음과 같이 구할 수 있다. 나머지의 정리를 적용하면 다음과 같이 된다.

$$a = \frac{7\mathbf{s}+5}{\mathbf{s}+1}\bigg|_{\mathbf{s}=0} = 5 \quad \text{그리고} \quad b = \frac{7\mathbf{s}+5}{\mathbf{s}}\bigg|_{\mathbf{s}=-1} = 2$$

따라서 $\mathbf{P}(\mathbf{s})$는 다음과 같이 쓸 수 있고, 다음과 같이 된다.

$$\mathbf{P}(\mathbf{s}) = \frac{5}{\mathbf{s}} + \frac{2}{\mathbf{s}+1}$$

간단하게 역변환 $p(t) = [5 + 2e^{-t}]u(t)$를 구할 수 있다.

익힘문제 14.8

$\mathbf{Q}(\mathbf{s}) = \dfrac{11\mathbf{s}+30}{\mathbf{s}^2+3\mathbf{s}}$일 때, $q(t)$를 구하라.

답: $q(t) = [10 + e^{-3t}]u(t)$.

겹치는 극점들

다른 경우는 극점들이 서로 겹치는 경우이다. 다음과 같은 함수를 고려한다.

$$\mathbf{V}(\mathbf{s}) = \frac{\mathbf{N}(\mathbf{s})}{(\mathbf{s}-p)^n}$$

이 식은 다음과 같이 전개할 수 있다.

$$\mathbf{V}(\mathbf{s}) = \frac{a_n}{(\mathbf{s}-p)^n} + \frac{a_{n-1}}{(\mathbf{s}-p)^{n-1}} + \cdots + \frac{a_1}{(\mathbf{s}-p)}$$

각 상수를 결정하기 위해서 전개되기 전의 $\mathbf{V}(\mathbf{s})$에 $(\mathbf{s}-p)^n$을 곱한다. 상수 a_n은 $\mathbf{s} = p$에서 결과식을 계산하면 구할 수 있다. 나머지 다른 상수들은 $(\mathbf{s}-p)^n\mathbf{V}(\mathbf{s})$를 적당한 횟수만큼 미분하여 $\mathbf{s} = p$에서 값을 계산하고 적당한 인수항(factorial term)으로 나누어주면 된다. 미분을 통해서 이미 구한 상수들을 없애고 $\mathbf{s} = p$를 대입하여 남은 상수들을 없앤다.

예를 들면, a_{n-2}는 다음과 같이 구하고

$$\frac{1}{2!}\frac{d^2}{d\mathbf{s}^2}[(\mathbf{s}-p)^n\mathbf{V}(\mathbf{s})]_{\mathbf{s}=p}$$

a_{n-k}는 다음과 같이 구한다.

$$\frac{1}{k!}\frac{d^k}{d\mathbf{s}^k}[(\mathbf{s}-p)^n\mathbf{V}(\mathbf{s})]_{\mathbf{s}=p}$$

기본적인 과정을 설명하기 위해서 두 경우가 같이 있는, 즉 $\mathbf{s} = 0$에 극점이 하나 있고 $\mathbf{s} = -6$에 2개의 극점이 있는 함수의 역 라플라스 변환을 구해 보도록 한다.

예제 14.5

다음 함수의 역 라플라스 변환을 구하라.

$$\mathbf{V(s)} = \frac{2}{\mathbf{s}^3 + 12\mathbf{s}^2 + 36\mathbf{s}}$$

분모는 쉽게 인수분해가 되므로 다음과 같이 쓸 수 있다.

$$\mathbf{V(s)} = \frac{2}{\mathbf{s}(\mathbf{s}+6)(\mathbf{s}+6)} = \frac{2}{\mathbf{s}(\mathbf{s}+6)^2}$$

$\mathbf{s} = 0$에 하나의 극점, 그리고 $\mathbf{s} = -6$에 2개의 극점이 있으므로 총 3개의 극점이 있음을 알 수 있다. 이 함수는 다음과 같은 부분 분수로 전개가 가능하다.

$$\mathbf{V(s)} = \frac{a_1}{(\mathbf{s}+6)^2} + \frac{a_2}{(\mathbf{s}+6)} + \frac{a_3}{\mathbf{s}}$$

여기서 a_1, a_2 그리고 a_3을 구하기 위하여 앞에서 언급한 방법을 이용한다. 따라서

$$a_1 = \left[(\mathbf{s}+6)^2 \frac{2}{\mathbf{s}(\mathbf{s}+6)^2}\right]_{\mathbf{s}=-6} = \frac{2}{\mathbf{s}}\bigg|_{\mathbf{s}=-6} = -\frac{1}{3}$$

그리고

$$a_2 = \frac{d}{ds}\left[(\mathbf{s}+6)^2 \frac{2}{\mathbf{s}(\mathbf{s}+6)^2}\right]_{\mathbf{s}=-6} = \frac{d}{ds}\left(\frac{2}{\mathbf{s}}\right)\bigg|_{\mathbf{s}=-6} = -\frac{2}{\mathbf{s}^2}\bigg|_{\mathbf{s}=-6} = -\frac{1}{18}$$

a_3는 서로 다른 극점에 적용했던 방법을 이용하여 구한다.

$$a_3 = \mathbf{s}\frac{2}{\mathbf{s}(\mathbf{s}+6)^2}\bigg|_{\mathbf{s}=0} = \frac{2}{6^2} = \frac{1}{18}$$

$\mathbf{V(s)}$를 다시 쓰면 다음과 같이 된다.

$$\mathbf{V(s)} = \frac{-\frac{1}{3}}{(\mathbf{s}+6)^2} + \frac{-\frac{1}{18}}{(\mathbf{s}+6)} + \frac{\frac{1}{18}}{\mathbf{s}}$$

선형 정리를 이용하면 $\mathbf{V(s)}$의 역변환은 세 항의 역변환을 각각 구하여 더하면 되므로 간단히 구할 수 있다. 오른쪽의 첫 항은 다음의 형태이므로 다음과 같이 된다.

$$\frac{\mathbf{K}}{(\mathbf{s}+\alpha)^2}$$

식 [17]을 이용하면 역변환은 $-\frac{1}{3}te^{-6t}u(t)$가 된다. 같은 방법으로 둘째 항의 역변환은 $-\frac{1}{18}e^{-6t}u(t)$이고, 셋째 항의 역변환은 $\frac{1}{18}u(t)$가 된다. 따라서

$$v(t) = -\frac{1}{3}te^{-6t}u(t) - \frac{1}{18}e^{-6t}u(t) + \frac{1}{18}u(t)$$

혹은 좀 더 간단히 쓰면 다음과 같이 된다.

$$v(t) = \frac{1}{18}\left[1 - (1+6t)e^{-6t}\right]u(t)$$

익힘문제 14.9

$\mathbf{G(s)} = \dfrac{3}{\mathbf{s}^3 + 5\mathbf{s}^2 + 8\mathbf{s} + 4}$일 때, $g(t)$를 구하라.

답: $g(t) = 3[e^{-t} - te^{-2t} - e^{-2t}]u(t)$.

컴퓨터를 이용한 해석

매우 강력한 수치 해석 패키지인 MATLAB은 시간에 따라 변하는 전원을 갖는 회로를 여러 가지 방법으로 해석하는 데 이용될 수 있다. 보통의 미분방정식(ordinary differential equation, ODE)을 풀기 위하여 *ode*23()과 *ode*45()를 이용할 수 있다. 이 두 가지는 미분방정식을 푸는 수치 해석적 방법을 기초로 한 것인데 *ode*45()가 좀더 정확도가 높다. 답은 이산점에서만 구할 수 있으므로 시간의 모든 값에서 답을 구할 수 있는 것은 아니다. 하지만 대부분의 응용 분야에서는 충분히 가까운 이산점에서 답을 구하기만 하면 충분하다.

라플라스 변환 기법은 미분방정식의 정확한 해를 구하는 데 좋은 수단이며, 수치 해석적인 방법인 ODE를 이용하여 해를 구하는 것보다 여러 가지 장점이 있다. 라플라스 변환의 다른 장점은 특히 분모 다항식을 인수 분해할 수 있다는 것 등인데 앞으로 **s**-영역 표현을 공부하면서 알게 될 것이다.

이미 앞에서 보았던 것처럼 라플라스 변환을 다룰 때 분모 다항식의 차수가 높으면 나머지 방법으로는 다소 지루한 과정을 거쳐야 변환을 구할 수 있는데, 조견표(lookup table)를 이용하면 아주 쉽게 구할 수 있다는 것을 알 수 있었다. 이처럼 다항식을 전개하거나 할 때도 MATLAB에 포함된 여러 가지 함수들이 유용하게 쓰일 수 있다.

MATLAB에서 다항식

$$p(x) = a_n x^n + a_{n-1} x^{n-1} + \cdots + a_1 x + a_0$$

는 다음과 같은 벡터 $[a_n \; a_{n-1} \; \ldots \; a_1 \; a_0]$로 저장된다. 따라서 $\mathbf{N(s)} = 2$이고 $\mathbf{D(s)} = \mathbf{s}^3 + 12\mathbf{s}^2 + 36\mathbf{s}$인 다항식은 다음과 같이 쓸 수 있다.

```
≫ N = [2];
≫ D = [1 12 36 0];
```

p가 다항식의 계수를 포함하고 있는 벡터라면 각 다항식의 근은 함수 *roots*(**p**)를 이용해서 구할 수 있다. 예를 들면,

```
≫ q = [1 8 16];
≫ roots (q)
```

로부터 다음과 같은 답을 얻을 수 있다.

```
ans =
   -4
   -4
```

MATLAB의 함수 *residue*()를 이용하여 유리 함수 **N(s)/D(s)**의 나머지도 구할 수 있다. 예를 들면

```
≫ [r p y] = residue (N, D);
```

로부터 겹치는 극점이 없는 경우에 다음과 같은 세 벡터 **r**, **p** 및 **y**를 구할 수 있다.

$$\frac{\mathbf{N(s)}}{\mathbf{D(s)}} = \frac{r_1}{x - p_1} + \frac{r_2}{x - p_2} + \cdots + \frac{r_n}{x - p_n} + \mathbf{y(s)}$$

n개의 극점이 겹치는 경우에는 세 벡터 **r**, **p** 및 **y**는 다음과 같다.

$$\frac{\mathbf{N(s)}}{\mathbf{D(s)}} = \frac{r_1}{(x - p)} + \frac{r_2}{(x - p)^2} + \cdots + \frac{r_n}{(x - p)^n} + \mathbf{y(s)}$$

분자 다항식의 차수가 분모 다항식의 차수보다 작으면 벡터 **y(s)**는 항상 공벡터(empty vector)가 된다.

세미콜론 없이 명령을 수행하면 출력은 다음과 같다.

```
r =
  -0.0556
  -0.3333
   0.0556
p =
  -6
  -6
   0
y =
  [ ]
```

이 결과는 예제 14.5에서 얻은 답과 같다.

14.5 라플라스 변환을 위한 기본 정리

지금까지 배운 것을 기초로 하여 회로 이론에서 라플라스 변환의 존재 이유(*raison d'être*)를 알 수 있는 두 가지 기본 정리인 시간에 대한 미분 및 적분 정리를 다루기로 한다. 이 정리들을 이용하면 시간 영역의 회로방정식들에 나타나는 미분과 적분을 변환할 수 있다.

시간 미분 정리

먼저 어느 시간 함수 $v(t)$의 라플라스 변환이 $\mathbf{V(s)}$라는 것을 이미 알고 있을 때, 이 함수의 시간 미분에 대해 살펴본다. $v(t)$의 1차 미분의 변환을 구한다.

$$\mathscr{L}\left\{\frac{dv}{dt}\right\} = \int_{0^-}^{\infty} e^{-\mathbf{s}t}\frac{dv}{dt}dt$$

부분 적분을 하기 위하여 다음과 같이 두면

$$U = e^{-\mathbf{s}t} \qquad dV = \frac{dv}{dt}dt$$

결과는 다음과 같다.

$$\mathscr{L}\left\{\frac{dv}{dt}\right\} = v(t)e^{-\mathbf{s}t}\Big|_{0^-}^{\infty} + \mathbf{s}\int_{0^-}^{\infty} e^{-\mathbf{s}t}v(t)dt$$

오른쪽의 첫 항은 t가 증가함에 따라 0에 가까워진다. 만약 그렇지 않다면 $\mathbf{V(s)}$는 존재하지 않을 것이다. 따라서

$$\mathscr{L}\left\{\frac{dv}{dt}\right\} = 0 - v(0^-) + \mathbf{sV(s)}$$

가 된다. 다시 표현하면 다음과 같이 된다.

$$\frac{dv}{dt} \Leftrightarrow \mathbf{sV(s)} - v(0^-)$$

고차 미분에 대해서도 비슷한 방법을 이용하면 다음과 같은 결과를 얻을 수 있다.

$$\frac{d^2v}{dt^2} \Leftrightarrow \mathbf{s}^2\mathbf{V(s)} - \mathbf{s}v(0^-) - v'(0^-) \qquad [18]$$

$$\frac{d^3v}{dt^3} \Leftrightarrow \mathbf{s}^3\mathbf{V(s)} - \mathbf{s}^2v(0^-) - \mathbf{s}v'(0^-) - v''(0^-) \qquad [19]$$

여기서 $v'(0^-)$는 $v(t)$의 1차 미분을 $t = 0^-$에서 계산한 값이고, $v''(0^-)$는 $v(t)$의 2차 미분의 초기값이다. 모든 초기 조건이 0일 때, 시간 영역에서 시간에 대해 한 번 미분한다는 것은 주파수 영역에서 $\mathbf{s}$를 곱해 준다는 것과 같고, 시간에 대해서 두 번 미분한다는 것은 주파수 영역에서 $\mathbf{s}^2$을 곱해 준다는 것과 같으며 그 이후에도 같은 방법이라는 것을 알 수 있다. 그러므로 **시간 영역에서의 미분은 주파수 영역에서의 곱하기와 같다.** 이를 이용하면 미분을 간단히 처리할 수 있다. 초기 조건이 0이 아니더라도 이를 설명할 수 있는 방법들이 있다.

예제 **14.6**

그림 14.2에 보인 직렬 *RL* 회로에서 4 Ω 저항에 흐르는 전류를 구하라. 단 여기서 전류의 초기 조건은 문제에 주어져 있음을 유의하라.

문제의 목표를 확인한다.

전류 $i(t)$의 식을 구한다.

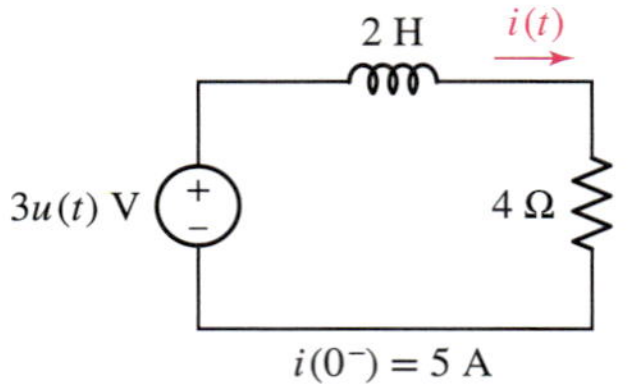

그림 14.2 미분방정식 $2\,di/dt + 4i = 3u(t)$를 $2[\mathbf{sI(s)} - i(0^-)] + 4\mathbf{I(s)} = 3/\mathbf{s}$로 변환하여 해석할 수 있는 회로.

알고 있는 정보를 모두 수집한다.

회로의 전원은 계단 전압이며 $t = 0^-$에서의 전류의 초기값은 5 A이다.

계획을 세운다.

이 회로에 KVL을 적용하면 $i(t)$를 미지수로 하는 미분방정식을 얻을 수 있다. 이 방정식의 양변에 라플라스 변환을 취하면 미분방정식은 **s**-영역의 식으로 변환된다. 대수방정식을 풀어서 $\mathbf{I(s)}$를 구한 후, 역 라플라스 변환을 취하면 $i(t)$를 구할 수 있다.

적절한 수의 방정식을 만든다.

KVL을 이용하여 시간 영역에서 단일 루프에 대한 식을 세우면 다음과 같다.

$$2\frac{di}{dt} + 4i = 3u(t)$$

각 항에 대해 라플라스 변환을 취하면

$$2[\mathbf{sI(s)} - i(0^-)] + 4\mathbf{I(s)} = \frac{3}{\mathbf{s}}$$

추가로 필요한 정보가 있는지 결정한다.

문제의 목적인 $i(t)$의 주파수 영역 표현인 $\mathbf{I(s)}$에 관한 풀릴 수 있는 식이 있으므로 정보가 더 필요하지 않다.

해를 구한다.

$\mathbf{I(s)}$를 구한 후 $i(0^-) = 5$를 대입한다.

$$(2\mathbf{s} + 4)\mathbf{I(s)} = \frac{3}{\mathbf{s}} + 10$$

따라서

$$\mathbf{I(s)} = \frac{1.5}{\mathbf{s(s+2)}} + \frac{5}{\mathbf{s}+2}$$

나머지의 정리를 적용하면

$$\left.\frac{1.5}{\mathbf{s}+2}\right|_{\mathbf{s}=0} = 0.75 \quad \text{그리고} \quad \left.\frac{1.5}{\mathbf{s}}\right|_{\mathbf{s}=-2} = -0.75$$

이다.

따라서 $\mathbf{I(s)}$는 다음과 같다.

$$\mathbf{I(s)} = \frac{0.75}{\mathbf{s}} + \frac{4.25}{\mathbf{s}+2}$$

이미 알고 있는 변환 쌍을 이용하여 역변환하면 다음과 같이 된다.

$$\begin{aligned} i(t) &= 0.75u(t) + 4.25e^{-2t}u(t) \\ &= \left(0.75 + 4.25e^{-2t}\right)u(t)\ \text{A} \end{aligned}$$

해가 타당한지 또는 기대했던 결과인지 검토한다.

이러한 종류의 회로에 대한 앞에서의 경험을 기초로 하여 직류 강제 응답과 지수적으로 감소하는 자연 응답의 합을 생각한다. $t = 0$에서 $i(0) = 5$ A이고, $t \to \infty$일 때, $i(t) \to \frac{3}{4}$ A이라는 답이 기대된다.

그러므로 우리가 구한 $i(t)$는 완전 응답이라고 볼 수 있다. 강제 응답 $0.75u(t)$와 자연 응답 $4.25e^{-2t}u(t)$가 존재하며 초기 조건은 자동적으로 답에 포함되어 있다. 이 방법을 이용하면 많은 미분방정식의 완전 해를 쉽게 구할 수 있다.

익힘문제 14.10

그림 14.3의 회로에서 라플라스 변환 방법으로 $i(t)$를 구하라.

답: $(0.25 + 4.75e^{-20t})u(t)$ A.

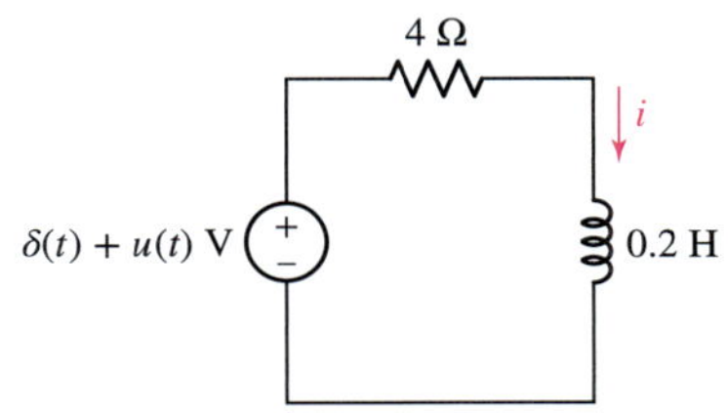

그림 14.3

시간 적분 정리

회로방정식에서 시간에 대해 적분하는 경우에도 비슷한 방법으로 간단히 할 수 있다. 시간 함수 $\int_{0^-}^{t} v(x)dx$의 라플라스 변환을 구한다.

$$\mathscr{L}\left\{\int_{0^-}^{t} v(x)dx\right\} = \int_{0^-}^{\infty} e^{-st}\left[\int_{0^-}^{t} v(x)dx\right]dt$$

부분 적분을 행하기 위해서 다음과 같이 둔다.

$$u = \int_{0^-}^{t} v(x)dx \qquad dv = e^{-st}dt$$

$$du = v(t)dt \qquad v = -\frac{1}{\mathbf{s}}e^{-st}$$

부분 적분을 하면 다음 식을 얻을 수 있다.

$$\mathscr{L}\left\{\int_{0^-}^{t} v(x)dx\right\} = \left\{\left[\int_{0^-}^{t} v(x)dx\right]\left[-\frac{1}{\mathbf{s}}e^{-st}\right]\right\}_{t=0^-}^{t=\infty} - \int_{0^-}^{\infty} -\frac{1}{\mathbf{s}}e^{-st}v(t)dt$$

$$= \left[-\frac{1}{\mathbf{s}}e^{-st}\int_{0^-}^{t} v(x)dx\right]_{0^-}^{\infty} + \frac{1}{\mathbf{s}}\mathbf{V}(\mathbf{s})$$

그러나 $t \to \infty$일 때, $e^{-st} \to 0$이므로 오른쪽의 첫 항은 상한에서 사라지며 이 항의 적분은 $t \to 0^-$에서 0이 된다. 그러므로 $\mathbf{V}(\mathbf{s})/\mathbf{s}$항만 남게 된다. 따라서 다음과 같이 된다.

$$\int_{0^-}^{t} v(x)dx \Leftrightarrow \frac{\mathbf{V}(\mathbf{s})}{\mathbf{s}} \qquad [20]$$

그러므로 시간 영역에서의 적분은 주파수 영역에서는 **s**로 나눈 것과 같다. 시간 영역에서 상대적으로 복잡한 미적분 계산은 주파수 영역에서는 대수 계산으로 단순화된다.

예제 14.7

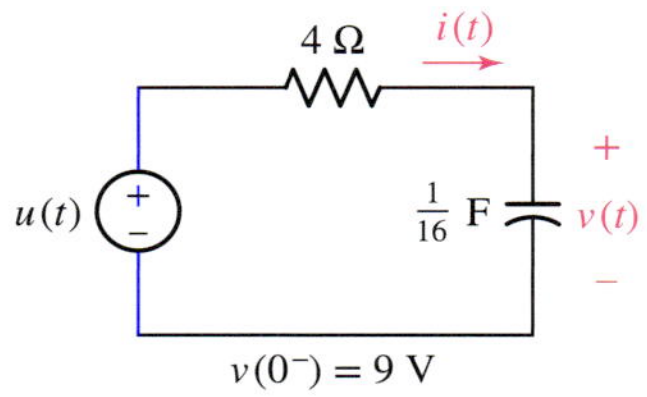

그림 14.4 라플라스 변환쌍 $\int_{0^-}^{t} i(t')dt' \Leftrightarrow \frac{1}{\mathbf{s}}\mathbf{I}(\mathbf{s})$을 이용하여 표현 가능한 회로.

그림 14.4에 보인 직렬 *RC* 회로에서 $t > 0$에서의 $i(t)$를 구하라.

먼저 단일 루프 방정식을 세우면 다음과 같다.

$$u(t) = 4i(t) + 16\int_{-\infty}^{t} i(t')dt'$$

시간 적분 정리를 적용하기 위해서 적분의 하한을 0^-로 해야 한다. 따라서

$$16\int_{-\infty}^{t} i(t')dt' = 16\int_{-\infty}^{0^-} i(t')dt' + 16\int_{0^-}^{t} i(t')dt'$$

$$= v(0^-) + 16\int_{0^-}^{t} i(t')dt'$$

그러므로 다음과 같이 된다.

$$u(t) = 4i(t) + v(0^-) + 16\int_{0^-}^{t} i(t')dt'$$

다음에 이 식의 양변에 대한 라플라스 변환을 구한다. 한쪽 라플라스 변환을 이용하므로 $\mathscr{L}\{v(0^-)\}$는 $\mathscr{L}\{v(0^-)u(t)\}$와 같이 쓸 수 있다. 그러므로

$$\frac{1}{\mathbf{s}} = 4\mathbf{I}(\mathbf{s}) + \frac{9}{\mathbf{s}} + \frac{16}{\mathbf{s}}\mathbf{I}(\mathbf{s})$$

$\mathbf{I}(\mathbf{s})$에 대해 풀면

$$\mathbf{I}(\mathbf{s}) = -\frac{2}{\mathbf{s}+4}$$

이다. 따라서 역변환을 하면 원하는 답은 다음과 같다.

$$i(t) = -2e^{-4t}u(t) \text{ A}$$

예제 14.8

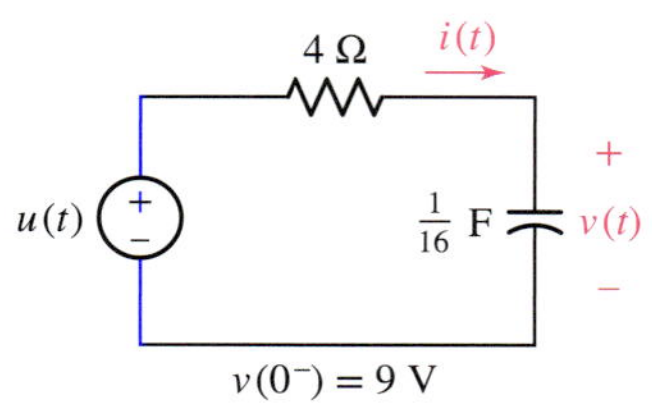

그림 14.5 그림 14.4와 같은 회로. 여기서는 전압 $v(t)$를 구한다.

그림 14.5에 보인, 위 예제와 같은 회로에서 $v(t)$를 구하라.

이번에는 단일 마디방정식을 세운다.

$$\frac{v(t) - u(t)}{4} + \frac{1}{16}\frac{dv}{dt} = 0$$

라플라스 변환을 취하면 다음과 같이 된다.

$$\frac{\mathbf{V}(\mathbf{s})}{4} - \frac{1}{4\mathbf{s}} + \frac{1}{16}\mathbf{s}\mathbf{V}(\mathbf{s}) - \frac{v(0^-)}{16} = 0$$

혹은

$$\mathbf{V}(\mathbf{s})\left(1 + \frac{\mathbf{s}}{4}\right) = \frac{1}{\mathbf{s}} + \frac{9}{4}$$

따라서 다음과 같이 된다.

$$\mathbf{V}(\mathbf{s}) = \frac{4}{\mathbf{s}(\mathbf{s}+4)} + \frac{9}{\mathbf{s}+4}$$

$$= \frac{1}{\mathbf{s}} - \frac{1}{\mathbf{s}+4} + \frac{9}{\mathbf{s}+4}$$

$$= \frac{1}{\mathbf{s}} + \frac{8}{\mathbf{s}+4}$$

역변환을 취하면 다음과 같이 된다.

$$v(t) = \left(1 + 8\,e^{-4t}\right)u(t)\ \text{V}$$

검산을 위해서 $(\frac{1}{16})dv/dt$를 계산하여 먼저 예제에서 얻은 $i(t)$를 얻을 수 있는지 확인한다. $t > 0$에서

$$\frac{1}{16}\frac{dv}{dt} = \frac{1}{16}(-32)e^{-4t} = -2\,e^{-4t}$$

이는 예제 14.7에서 얻은 결과와 일치한다.

익힘문제 14.11

그림 14.6의 회로에서 $t = 800$ ms일 때, $v(t)$를 구하라.

답: 802 mV.

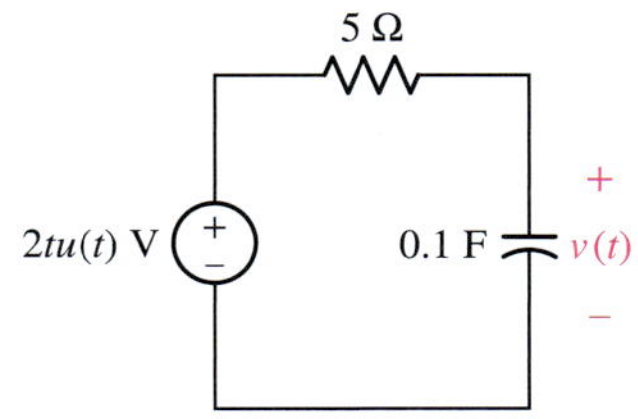

그림 14.6

정현파의 라플라스 변환

선형 정리 및 시간 미분 정리를 설명하기 위해서 $\sin \omega t\, u(t)$의 라플라스 변환을 구한다. 부분 적분을 이용할 수도 있는데 이렇게 하면 불필요하게 어려워지므로 다음 관계식을 이용한다.

$$\sin \omega t = \frac{1}{2j}\left(e^{j\omega t} - e^{-j\omega t}\right)$$

두 항의 합의 변환은 변환의 합과 같으며 각 항은 이미 변환을 알고 있는 지수 함수이다. 따라서 다음과 같이 쓸 수 있다.

$$\mathscr{L}\{\sin \omega t\, u(t)\} = \frac{1}{2j}\left(\frac{1}{\mathbf{s} - j\omega} - \frac{1}{\mathbf{s} + j\omega}\right) = \frac{\omega}{\mathbf{s}^2 + \omega^2}$$

$$\sin \omega t\, u(t) \Leftrightarrow \frac{\omega}{\mathbf{s}^2 + \omega^2} \qquad [21]$$

다음에는 $\sin\, \omega t$의 미분에 비례하는 $\cos\, \omega t\, u(t)$의 변환을 구하기 위해서 시간 미분 정리를 사용한다.

$$\mathscr{L}\{\cos \omega t\, u(t)\} = \mathscr{L}\left\{\frac{1}{\omega}\frac{d}{dt}[\sin \omega t\, u(t)]\right\} = \frac{1}{\omega}\mathbf{s}\frac{\omega}{\mathbf{s}^2 + \omega^2}$$

$$\cos \omega t\, u(t) \Leftrightarrow \frac{\mathbf{s}}{\mathbf{s}^2 + \omega^2} \qquad [22]$$

$\sin \omega t|_{t=0} = 0$이라는 사실을 이용하였다.

시간 이동 정리

앞에서 나온 몇몇의 과도 현상 문제에서 다루어진 것처럼 모든 구동 함수는 꼭 $t = 0$에서 시작하는 것은 아니다. 어느 시간 함수에 얼마만큼의 시간 이동이 일어났을 때 이 함수의 변환은 어떻게 되는가? 특히 함수 $f(t)u(t)$의 변환이 $\mathbf{F}(\mathbf{s})$라는 것을 알고 있을 때, 시간 함수가 a초만큼 지연되어 $f(t - a)\mathrm{u}(t - a)$가 되었다면 ($t < a$에서

는 값이 존재하지 않는다) 이 함수의 변환은 무엇이 되어야 하는가? 라플라스 변환의 정의로부터 직접 구하면 $t \geq a^-$에서 다음과 같다.

$$\begin{aligned}\mathscr{L}\{f(t-a)u(t-a)\} &= \int_{0^-}^{\infty} e^{-st} f(t-a)u(t-a)dt \\ &= \int_{a^-}^{\infty} e^{-st} f(t-a)dt\end{aligned}$$

새로운 적분 변수를 $\tau = t - a$라 하면 다음 식을 얻을 수 있다.

$$\mathscr{L}\{f(t-a)u(t-a)\} = \int_{0^-}^{\infty} e^{-s(\tau+a)} f(\tau)d\tau = e^{-as}\mathbf{F(s)}$$

그러므로 다음과 같이 된다.

$$f(t-a)u(t-a) \Leftrightarrow e^{-as}\mathbf{F(s)} \qquad (a \geq 0) \tag{23}$$

이 결과는 시간 이동 정리(*time-shift theorem*)로 알려져 있으며, 즉 어느 시간 함수가 시간 영역에서 a만큼 시간이 지연되면 주파수 영역에서는 e^{-as}를 곱하면 결과를 얻을 수 있다는 뜻이다.

예제 14.9

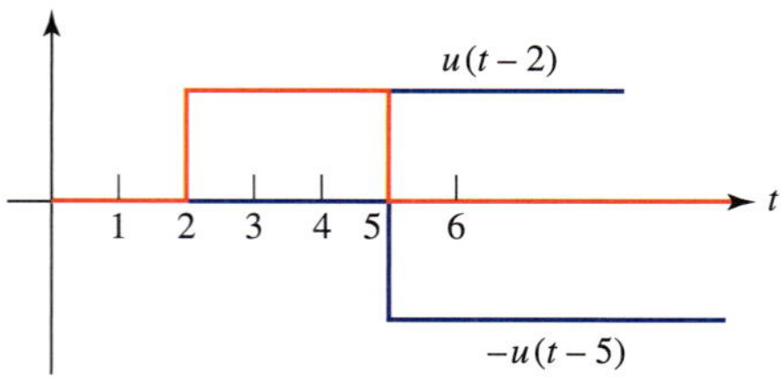

그림 14.7 $u(t-2) - u(t-5)$의 그림.

사각 펄스 $v(t) = u(t-2) - u(t-5)$의 변환을 구하라.

그림 14.7에 보인 이 펄스는 $2 < t < 5$ 구간에서는 1의 값을 갖고 나머지 구간에서는 0의 값을 가진다. $u(t)$의 변환이 $1/\mathbf{s}$이라는 것은 이미 알고 있으며, $u(t-2)$는 단순히 $u(t)$를 2초만큼 지연시킨 것이므로 이 지연된 함수의 변환은 $e^{-2\mathbf{s}}/\mathbf{s}$이다. 같은 방법으로 $u(t-5)$의 변환은 $e^{-5\mathbf{s}}/\mathbf{s}$이다. 따라서 구하고자 하는 변환은 다음과 같다.

$$\mathbf{V(s)} = \frac{e^{-2\mathbf{s}}}{\mathbf{s}} - \frac{e^{-5\mathbf{s}}}{\mathbf{s}} = \frac{e^{-2\mathbf{s}} - e^{-5\mathbf{s}}}{\mathbf{s}}$$

여기서 꼭 라플라스 변환의 정의를 이용하지 않더라도 $\mathbf{V(s)}$를 구할 수 있음을 알 수 있다.

익힘문제 14.12

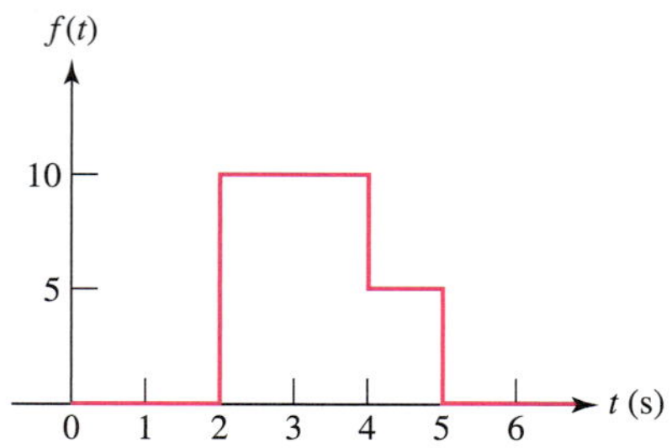

그림 14.8

그림 14.8에 보인 시간 함수의 라플라스 변환을 구하라.

답: $(5/\mathbf{s})(2e^{-2\mathbf{s}} - e^{-4\mathbf{s}} - e^{-5\mathbf{s}})$.

이 시점에서 앞에서 만들기로 했던 라플라스 변환 쌍의 표를 만든다. 이 표에는 임펄스 함수, 계단 함수, 지수 함수, 램프 함수, 사인 함수, 코사인 함수 그리고 두 지수 함수의 합 등을 포함한다. 그밖에 시간 영역에서의 더하기, 상수의 곱하기, 미분, 적분 등이 **s**-영역에서 어떤 결과를 가져오는지도 포함한다. 이러한 결과들을 표 14.1과 14.2에 나타내었고, 부록 7에서 설명한 여러 가지 다른 것들도 포함시켰다.

표 14.1 라플라스 변환 쌍.

$f(t) = \mathscr{L}^{-1}\{\mathbf{F}(\mathbf{s})\}$	$\mathbf{F}(\mathbf{s}) = \mathscr{L}\{f(t)\}$	$f(t) = \mathscr{L}^{-1}\{\mathbf{F}(\mathbf{s})\}$	$\mathbf{F}(\mathbf{s}) = \mathscr{L}\{f(t)\}$
$\delta(t)$	1	$\frac{1}{\beta - \alpha}(e^{-\alpha t} - e^{-\beta t})u(t)$	$\frac{1}{(\mathbf{s}+\alpha)(\mathbf{s}+\beta)}$
$u(t)$	$\frac{1}{\mathbf{s}}$	$\sin \omega t\, u(t)$	$\frac{\omega}{\mathbf{s}^2+\omega^2}$
$tu(t)$	$\frac{1}{\mathbf{s}^2}$	$\cos \omega t\, u(t)$	$\frac{\mathbf{s}}{\mathbf{s}^2+\omega^2}$
$\frac{t^{n-1}}{(n-1)!}u(t), n = 1, 2, \ldots$	$\frac{1}{\mathbf{s}^n}$	$\sin(\omega t + \theta)\, u(t)$	$\frac{\mathbf{s}\sin\theta + \omega\cos\theta}{\mathbf{s}^2+\omega^2}$
$e^{-\alpha t}u(t)$	$\frac{1}{\mathbf{s}+\alpha}$	$\cos(\omega t + \theta)\, u(t)$	$\frac{\mathbf{s}\cos\theta - \omega\sin\theta}{\mathbf{s}^2+\omega^2}$
$te^{-\alpha t}u(t)$	$\frac{1}{(\mathbf{s}+\alpha)^2}$	$e^{-\alpha t}\sin \omega t\, u(t)$	$\frac{\omega}{(\mathbf{s}+\alpha)^2+\omega^2}$
$\frac{t^{n-1}}{(n-1)!}e^{-\alpha t}u(t), n = 1, 2, \ldots$	$\frac{1}{(\mathbf{s}+\alpha)^n}$	$e^{-\alpha t}\cos \omega t\, u(t)$	$\frac{\mathbf{s}+\alpha}{(\mathbf{s}+\alpha)^2+\omega^2}$

표 14.2 라플라스 변환 연산.

Operation	$f(t)$	$\mathbf{F}(\mathbf{s})$
Addition	$f_1(t) \pm f_2(t)$	$\mathbf{F}_1(\mathbf{s}) \pm \mathbf{F}_2(\mathbf{s})$
Scalar multiplication	$kf(t)$	$k\mathbf{F}(\mathbf{s})$
Time differentiation	$\frac{df}{dt}$	$\mathbf{s}\mathbf{F}(\mathbf{s}) - f(0^-)$
	$\frac{d^2f}{dt^2}$	$\mathbf{s}^2\mathbf{F}(\mathbf{s}) - \mathbf{s}f(0^-) - f'(0^-)$
	$\frac{d^3f}{dt^3}$	$\mathbf{s}^3\mathbf{F}(\mathbf{s}) - \mathbf{s}^2f(0^-) - \mathbf{s}f'(0^-) - f''(0^-)$
Time integration	$\int_{0^-}^{t} f(t)dt$	$\frac{1}{\mathbf{s}}\mathbf{F}(\mathbf{s})$
	$\int_{-\infty}^{t} f(t)dt$	$\frac{1}{\mathbf{s}}F(\mathbf{s}) + \frac{1}{\mathbf{s}}\int_{-\infty}^{0^-} f(t)dt$
Convolution	$f_1(t) * f_2(t)$	$\mathbf{F}_1(\mathbf{s})\mathbf{F}_2(\mathbf{s})$
Time shift	$f(t-a)u(t-a), a \geq 0$	$e^{-a\mathbf{s}}\mathbf{F}(\mathbf{s})$
Frequency shift	$f(t)e^{-at}$	$\mathbf{F}(\mathbf{s} + a)$
Frequency differentiation	$tf(t)$	$-\frac{d\mathbf{F}(\mathbf{s})}{d\mathbf{s}}$
Frequency integration	$\frac{f(t)}{t}$	$\int_{\mathbf{s}}^{\infty} \mathbf{F}(\mathbf{s})\, d\mathbf{s}$
Scaling	$f(at), a \geq 0$	$\frac{1}{a}\mathbf{F}\left(\frac{\mathbf{s}}{a}\right)$
Initial value	$f(0^+)$	$\lim_{\mathbf{s}\to\infty} \mathbf{s}\mathbf{F}(\mathbf{s})$
Final value	$f(\infty)$	$\lim_{\mathbf{s}\to 0} \mathbf{s}\mathbf{F}(\mathbf{s})$, all poles of $\mathbf{s}\mathbf{F}(\mathbf{s})$ in LHP
Time periodicity	$f(t) = f(t + nT)$, $n = 1, 2, \ldots$	$\frac{1}{1 - e^{-T\mathbf{s}}}\mathbf{F}_1(\mathbf{s})$, where $\mathbf{F}_1(\mathbf{s}) = \int_{0^-}^{T} f(t)e^{-\mathbf{s}t}\, dt$

14.6 초기값 정리와 최종값 정리

마지막으로 다룰 두 가지 기본적인 정리는 초기값 정리와 최종값 정리로 알려진 정리이다. 이 정리를 이용하면 **sF(s)**의 극한값을 이용하여 $f(0^+)$와 $f(\infty)$를 구할 수 있다. 역변환을 구하기 위해서는 많은 시간이 필요한 경우가 많은데, 다루고자 하는 어떤 함수의 초기값 혹은 최종값만 필요한 경우에는 초기값의 정리와 최종값의 정리를 이용하면 역변환을 구하지 않고도 쉽게 초기값 혹은 최종값을 구할 수 있으므로 많은 시간을 절약할 수 있다.

초기값 정리

초기값 정리를 유도하기 위해서 미분에 대한 라플라스 변환을 다시 한번 고려한다.

$$\mathscr{L}\left\{\frac{df}{dt}\right\} = \mathbf{sF(s)} - f(0^-) = \int_{0^-}^{\infty} e^{-\mathbf{s}t}\frac{df}{dt}dt$$

s를 무한대로 가게 하고 적분을 두 부분으로 나누면 다음과 같다.

$$\lim_{\mathbf{s}\to\infty}[\mathbf{sF(s)} - f(0^-)] = \lim_{\mathbf{s}\to\infty}\left(\int_{0^-}^{0^+} e^{0}\frac{df}{dt}dt + \int_{0^+}^{\infty} e^{-\mathbf{s}t}\frac{df}{dt}dt\right)$$

극한값에 가까이 가면 둘째 적분은 0에 가까이 가게 된다(피적분 함수 자체가 0으로 수렴). 그리고 $f(0^-)$는 **s**의 함수가 아니므로 왼쪽 극한에서 떼어낼 수 있다. 그러므로 다음과 같이 쓸 수 있다.

$$\begin{aligned}-f(0^-) + \lim_{\mathbf{s}\to\infty}[\mathbf{sF(s)}] &= \lim_{\mathbf{s}\to\infty}\int_{0^-}^{0^+} df = \lim_{\mathbf{s}\to\infty}[f(0^+) - f(0^-)] \\ &= f(0^+) - f(0^-)\end{aligned}$$

정리하면

$$f(0^+) = \lim_{\mathbf{s}\to\infty}[\mathbf{sF(s)}]$$

혹은

$$\lim_{t\to 0^+} f(t) = \lim_{\mathbf{s}\to\infty}[\mathbf{sF(s)}] \qquad [24]$$

이 식이 **초기값 정리**에 대한 수학적인 표현이다. 즉 시간 함수 $f(t)$의 초기값은 라플라스 변환 **F(s)**에 **s**를 곱한 후, **s**를 무한대로 가게 했을 때 얻을 수 있는 값과 같다. 여기서 $f(t)$의 초기값은 시간 원점의 오른쪽으로부터의 극한값이다.

초기값 정리는 잠시 후에 다루게 될 최종값 정리와 함께 변환과 역변환의 결과를 검산할 때 유용하게 쓰인다. 예를 들면, $\cos(\omega_0 t)u(t)$ 변환을 구하면 $\mathbf{s}/(\mathbf{s}^2 + \omega_0^2)$이 된다. $f(0^+) = 1$이므로 변환이 맞는지 아닌지 부분적으로 검산하기 위하여 초기값 정리를 적용해 보면 다음과 같다.

$$\lim_{\mathbf{s}\to\infty}\left(\mathbf{s}\frac{\mathbf{s}}{\mathbf{s}^2 + \omega_0^2}\right) = 1$$

따라서 검산을 통해 계산이 맞음을 알 수 있다.

최종값 정리

특정한 종류의 변환에서만 이용되는 **최종값 정리**는 초기값 정리만큼 유용하게 쓰이지는 않는다. 어떤 변환이 이런 종류에 해당되는지 결정하기 위해서 $\mathbf{F(s)}$의 분모를 0으로 하는 모든 $\mathbf{s}$의 값을 구해야 하는데, 이를 $\mathbf{F(s)}$의 **극점**(*pole*)이라 부른다. 단순 근이 $\mathbf{s} = 0$에 있는 경우를 제외하고는 $\mathbf{F(s)}$의 모든 극점이 $\mathbf{s}$평면의 왼쪽 반평면 내에 있는 (즉, $\sigma < 0$) 변환만이 최종값 정리를 적용하기에 적당한 변환의 종류이다. df/dt의 라플라스 변환을 다시 고려하면 다음과 같다.

$$\int_{0^-}^{\infty} e^{-\mathbf{s}t}\frac{df}{dt}dt = \mathbf{sF(s)} - f(0^-)$$

이번 경우에는 $\mathbf{s}$가 0에 가까이 가는 극한을 고려한다.

$$\lim_{\mathbf{s}\to 0}\int_{0^-}^{\infty} e^{-\mathbf{s}t}\frac{df}{dt}dt = \lim_{\mathbf{s}\to 0}[\mathbf{sF(s)} - f(0^-)] = \int_{0^-}^{\infty}\frac{df}{dt}dt$$

여기서 $f(t)$와 이 함수의 일차 미분 함수가 변환이 가능하다고 가정한다. 이 식의 마지막 항은 극한을 이용하여 다음과 같이 표현할 수 있다.

$$\begin{aligned}\int_{0^-}^{\infty}\frac{df}{dt}dt &= \lim_{t\to\infty}\int_{0^-}^{t}\frac{df}{dt}dt \\ &= \lim_{t\to\infty}[f(t) - f(0^-)]\end{aligned}$$

$f(0^-)$는 상수이므로 마지막 두 식으로부터 다음 식을 얻을 수 있다.

$$\lim_{t\to\infty} f(t) = \lim_{\mathbf{s}\to 0}[\mathbf{sF(s)}]$$

이 식이 **최종값 정리**이다. 이 정리를 적용하려면 t가 무한히 커질 때 $f(t)$의 극한값인 $f(\infty)$가 존재하는지 혹은 원점에 존재하는 $\mathbf{F(s)}$의 단순 근을 제외하고는 $\mathbf{F(s)}$의 나머지 모든 근이 $\mathbf{s}$평면상의 왼쪽 반평면 내에 있는지 알 필요가 있다. 그래야만 $\mathbf{sF(s)}$의 모든 극점은 왼쪽 반평면 내에 있게 된다.

예제 14.10

최종값 정리를 이용하여 $a > 0$에 대해서 함수 $(1 - e^{-at})u(t)$의 $f(\infty)$를 구하라.

최종값 정리를 이용하지 않더라도 $f(\infty) = 1$임을 쉽게 알 수 있다. $f(t)$의 변환은 다음과 같다.

$$\begin{aligned}\mathbf{F(s)} &= \frac{1}{\mathbf{s}} - \frac{1}{\mathbf{s}+a} \\ &= \frac{a}{\mathbf{s}(\mathbf{s}+a)}\end{aligned}$$

$\mathbf{F(s)}$의 극점은 $\mathbf{s} = 0$ 및 $\mathbf{s} = -a$이다. 따라서 $\mathbf{F(s)}$의 0이 아닌 극점은 $a > 0$이므로 $\mathbf{s}$-평면의 왼쪽 반평면에 있고, 따라서 이 함수에 최종값 정리를 적용

할 수 있다. 양변에 **s**를 곱하고 **s**를 0에 가까이 가게 하면 다음 식을 얻을 수 있다.

$$\lim_{\mathbf{s}\to 0}[\mathbf{sF(s)}] = \lim_{\mathbf{s}\to 0}\frac{a}{\mathbf{s}+a} = 1$$

이는 $f(\infty)$의 값과 같다.

그러나 만약 $f(t)$가 정현파라면 **F(s)**가 $j\omega$축 상에 극점을 갖는데, 이 경우에 무작정 최종값 정리를 적용하여 최종값을 구하면 최종값은 0이 될 것이다. 하지만 $\sin \omega_0 t$나 $\cos \omega_0 t$의 최종값이 결정될 수 없음을 이미 알고 있다. 따라서 $j\omega$축 상의 극점들은 항상 주의해야 한다.

익힘문제 14.13

다음의 각 변환에 대하여 $f(t)$를 구하지 말고, $f(0^+)$와 $f(\infty)$를 구하라.

(a) $4e^{-2\mathbf{s}}(\mathbf{s}+50)/\mathbf{s}$ (b) $(\mathbf{s}^2+6)/(\mathbf{s}^2+7)$

(c) $(5\mathbf{s}^2+10)/[2\mathbf{s}(\mathbf{s}^2+3\mathbf{s}+5)]$

답: 0, 200; ∞, 부정(indeterminate)(극점들이 $j\omega$축 상에 있다); 2.5, 1.

14.7 임피던스와 어드미턴스

복잡한 주파수의 개념과 라플라스 변환 기술에 대하여 알아 보았기에, 이제 우리는 **s**-영역의 회로 분석이 실제로 어떻게 작용하는지에 대한 자세한 내용을 볼 준비가 되었다. 특히 10장을 공부했다면 실제 각각의 손쉬운 방법들을 응용할 수 있는지 생각해 볼 수 있다. 이 중 첫 번째는 커패시터와 인덕터를 보는 새로운 방법을 만드는 것이고, 이것을 통해 **s**-영역의 마디 및 메쉬방정식을 직접 만들 수 있다. 이 방법의 일환으로 우리는 초기 조건에 대한 해석을 주의하는 방법을 배우게 된다. 또다른 손쉬운 회로 해석을 위해, 회로 전달 함수의 개념을 소개한다. 이 일반화된 함수를 다양한 입력에 대한 회로의 응답, 회로의 안정성, 주파수-선택 응답을 예상하는 데 이용할 수 있다.

정현파 정상상태 회로 해석에서 페이저를 유용하게 만드는 중요한 개념은 저항, 커패시터, 인덕터를 **임피던스**로 변환하는 것이다. 그런 다음 테브난 또는 노턴 등가회로뿐만 아니라 마디 또는 메쉬해석, 중첩, 전원변환의 기초적인 기술을 사용하여 회로 해석을 시작한다. 우리가 이미 알고 있듯이 이 개념은 정현파 정상상태에서 특히 간단하고 **s**-영역으로 확장될 수 있다($\sigma = 0$에서).

주파수 영역에서의 저항

가장 쉬운 조건으로 전압원 $v(t)$에 연결된 저항을 고려하여 보자. 옴의 법칙으로 나타내면

$$v(t) = Ri(t)$$

양변을 라플라스 변환하면 다음과 같이 된다.

$$\mathbf{V(s)} = R\mathbf{I(s)}$$

이와 같이, 전류의 주파수 영역 표현에 대한 전압의 주파수 영역 표현의 비는 간단하게 저항 R로 표시된다. 주파수 영역에 대해 공부하고 있으므로 이 저항은 **임피던스**로 간주되지만 아직까지 이것은 옴(Ω)의 단위로 표시된다.

$$\mathbf{Z(s)} \equiv \frac{\mathbf{V(s)}}{\mathbf{I(s)}} = R \qquad [25]$$

정현파 정상상태에서 페이저를 다룰 때처럼 저항 임피던스는 주파수에 영향받지 않는다. $\mathbf{V(s)}$에 대한 $\mathbf{I(s)}$의 비로 정의된 저항 **어드미턴스** $\mathbf{Y(s)}$는 간단하게 $1/R$로 표시되고 그 단위는 지멘스(S)이다.

주파수 영역에서의 인덕터

시변 전압원 $v(t)$에 연결된 인덕터를 고려하면 그림 14.9a와 같다.

$$v(t) = L\frac{di}{dt}$$

이 방정식의 양변을 라플라스 변환하면 다음과 같이 된다.

$$\mathbf{V(s)} = L[\mathbf{sI(s)} - i(0^-)] \qquad [26]$$

$\mathbf{s}L\mathbf{I(s)}$와 $Li(0^-)$, 두 가지 항목을 가진다. 여기서 인덕터에 저장된 초기 에너지가 0 (즉, $i(0^-) = 0$)이라면 다음의 관계식을 만족한다.

$$\mathbf{V(s)} = \mathbf{s}L\mathbf{I(s)}$$

그러므로

$$\mathbf{Z(s)} \equiv \frac{\mathbf{V(s)}}{\mathbf{I(s)}} = \mathbf{s}L \qquad [27]$$

식 [27]은 정현파 정상상태 응답을 고려하면 더욱 간단해질 것이다. 이것은 과도응답 특성에 영향을 미치는 초기조건들을 무시할 수 있다. 그러므로 $\mathbf{s} = j\omega$로 치환하고 구하면 다음과 같이 된다.

$$\mathbf{Z}(j\omega) = j\omega L$$

이것은 이미 10장에서 얻은 결과와 동일하다.

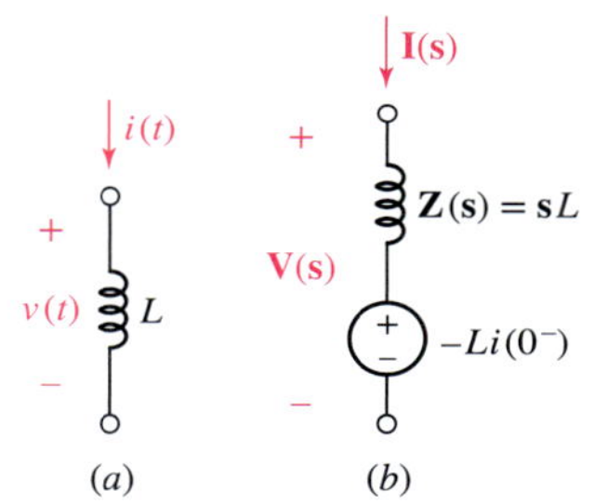

그림 14.9 (a) 시간 영역에서의 인덕터. (b) 소자에 0이 아닌 초기조건 효과를 포함하는 전압원 $-Li(0^-)$와 임피던스 $\mathbf{s}L$로 구성되는 주파수 영역에서의 완전한 인덕터 모델.

주파수 영역에서의 인덕터 모델링

식 [27]의 양은 인덕터의 임피던스로 언급되지만 초기조건을 0으로 가정함으로써 얻어진다. $t = 0^-$에서 인덕터에 에너지가 저장되어져 있는 일반적인 상황(즉, 초기조건이 0이 아님)에서 이 양은 주파수 영역에서 인덕터를 표현하는 데 충분하지 못하다. 다행히 이것은 전압원이나 전류원과 결합하는 임피던스로서 인덕터를 모델링하여 초기조건을 포함하는 것이 가능하다. 이것을 표현하기 위하여 식 [26]를 다시 쓰면 다음과 같이 된다.

$$\mathbf{V(s)} = \mathbf{s}L\mathbf{I(s)} - Li(0^-) \qquad [28]$$

상기 식 우변의 2번째 항은 상수이다. 이는 인덕턴스 L과 초기전류 $i(0^-)$를 곱한 것이다. 그 결과는 주파수 종속 항 $\mathbf{s}L\mathbf{I(s)}$로부터 감산된 일정전압 항이다. 이 시점에서 그림 14.9*b*에 보여준 두 가지 구성 주파수 영역 요소로써 단일 인덕터 L를 모델링할 수 있다.

그림 14.9*b*에 보여준 주파수 영역 인덕터 모델은 임피던스 $\mathbf{s}L$과 전압원 $Li(0^-)$으로 구성된다. 임피던스 $\mathbf{s}L$의 양단전압은 옴의 법칙에 의해 $\mathbf{s}L\mathbf{I(s)}$로 주어진다. 그림 14.9*b*의 두 가지 구성 주파수 영역 요소가 선형이기 때문에 이전에 보았던 모든 회로 해석기법은 s-영역에도 역시 사용될 수 있다. 예를 들어 이것은 전류원 $[-Li(0^-)]/\mathbf{s}L = -i(0^-)/\mathbf{s}$와 병렬로 연결된 임피던스 $\mathbf{s}L$을 얻기 위한 모델의 전원변환이 가능하게 된다. 이것은 식 [28]에 의해 증명되고 $\mathbf{I(s)}$를 풀면 다음과 같이 된다.

$$\mathbf{I(s)} = \frac{\mathbf{V(s)} + Li(0^-)}{\mathbf{s}L} = \frac{\mathbf{V(s)}}{\mathbf{s}L} + \frac{i(0^-)}{\mathbf{s}} \qquad [29]$$

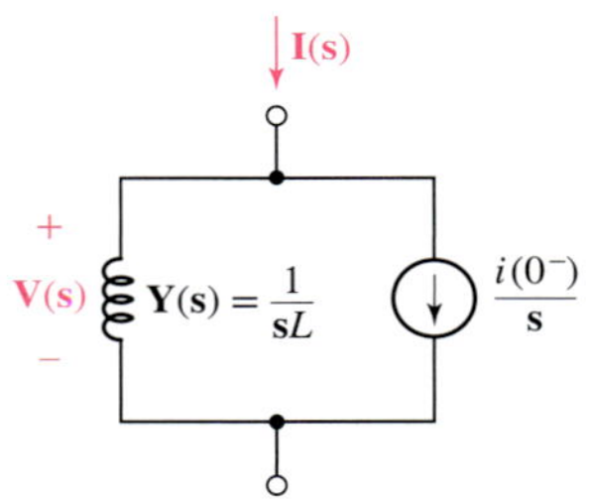

그림 14.10 어드미턴스 $1/\mathbf{s}L$과 전류원 $i(0^-)/\mathbf{s}$로 구성된 인덕터의 또다른 주파수 영역 모델.

다시 2개의 항이 남아 있다. 오른쪽의 첫 번째 항은 어드미턴스 $1/\mathbf{s}L$과 전압 $\mathbf{V(s)}$를 간단하게 곱한 것이다. 오른쪽의 두 번째 항은 암페어-시간 단위를 가지긴 하지만 전류이다. 그러므로 2개의 분리된 구성요소(어드미턴스 $1/\mathbf{s}L$과 병렬로 연결된 전류원$(i(0^-)/\mathbf{s})$로 이 방정식을 모델링할 수 있다. 그 결과는 그림 14.10에 보여진다. 그림 14.9*b*의 모델을 사용할 것인지 또는 그림 14.10의 모델을 사용할 것인지를 결정하는 것은 어떤 것이 더 단순한 방정식으로 표현되는지에 달려 있다. 그림 14.10에서 어드미턴스 $\mathbf{Y(s)} = 1/\mathbf{s}L$로 명명된 인덕터 기호를 나타내고 있지만, 이것은 또한 임피던스 $\mathbf{Z(s)} = \mathbf{s}L$로 보여질 수 있다. 다시 말하면 어떤 것을 사용할 것인지를 결정하는 것은 일반적으로 개인적인 성향에 따라 달라진다.

단위들에 대한 간단한 설명이 필요하다. 전류 $i(t)$에 대해 라플라스 변환을 하려면 시간에 대해서 적분이 필요하다. 그러므로 $\mathbf{I(s)}$의 단위는 암페어-시간이고 이와 유사하게 $\mathbf{V(s)}$의 단위는 볼트-시간이다. 그러나 시간을 분리하는 것이 관례이므로 $\mathbf{I(s)}$의 단위는 암페어로 나타내지고 $\mathbf{V(s)}$는 볼트로 나타낸다. 이 규정은 식 [29]와 같은 방정식을 자세히 살펴보지 않는 한 어떠한 문제들도 나타나지 않으며 $\mathbf{I(s)}$ 왼쪽편의 단위들과 겉으로는 상충하는 $i(0^-)/\mathbf{s}$와 같은 항을 보여준다. 이들의 페이저 양을 계속적으로 '암페어'나 '볼트'로 측정할지라도, 대수적인 증명을 위해 수식의 단위를 점검할 때는 반드시 시간 항이 포함되어 있음을 기억해야 한다.

예제 14.11

그림 14.11*a*에서 전압 *v*(*t*)를 계산하라. 주어진 초기전류 $i(0^-) = 1$ A이다.

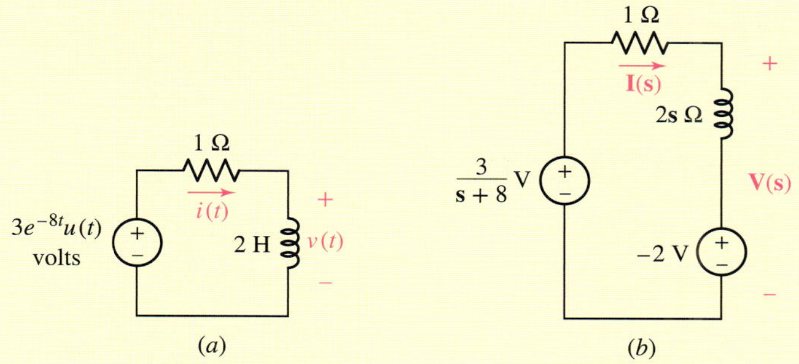

그림 14.11 (*a*) 전압원 *v*(*t*)를 구하기 위한 간단한 전압-인덕터 회로. (*b*) 직렬 전압원 $-Li(0^-)$의 사용을 통하여 인덕터에 초기에 흐르는 전류를 포함하는 등가 주파수 영역 회로.

주파수 영역 등가로 그림 14.11*a* 회로를 변환하면 그림 14.11*b*로 나타낼 수 있다. 지수함수 전압원은 주파수 영역 전압원으로 변환되고 인덕터는 2개의 구성요소 모델로 대치된다. 임피던스 $\mathbf{s}L = 2\mathbf{s}\ \Omega$이고 독립전압원 $-Li(0^-) = -2$ V.

V(**s**)의 양을 구해보자. 역변환의 결과는 *v*(*t*)이다. **V**(**s**)는 단일 임피던스 소자가 아닌 전체 인덕터 모델 양단에 나타나는 것에 주의해야 한다. 이 회로를 풀기 위해 여러 가지 회로 해석 기법을 가져올 것이다. 정해진 순서에 따라 쓰면

$$\mathbf{I(s)} = \frac{\dfrac{3}{\mathbf{s}+8} + 2}{1 + 2\mathbf{s}} = \frac{\mathbf{s} + 9.5}{(\mathbf{s}+8)(\mathbf{s}+0.5)}$$

이고

$$\mathbf{V(s)} = 2\mathbf{s}\,\mathbf{I(s)} - 2$$

그러므로

$$\mathbf{V(s)} = \frac{2\mathbf{s}(\mathbf{s}+9.5)}{(\mathbf{s}+8)(\mathbf{s}+0.5)} - 2$$

이다. 이 표현의 라플라스 역변환을 시도하기 전에 시간과 노력을 줄이기 위해 먼저 이것을 간단하게 해야 한다. 그러므로

$$\mathbf{V(s)} = \frac{2\mathbf{s} - 8}{(\mathbf{s}+8)(\mathbf{s}+0.5)}$$

이다. (직접 손으로 하거나 MATLAB의 도움을 받아서) 부분분수 전개 기법을 사용하면 다음 식을 구할 수 있다.

$$\mathbf{V(s)} = \frac{3.2}{\mathbf{s}+8} - \frac{1.2}{\mathbf{s}+0.5}$$

표 14.1을 참고하여 역변환을 수행하면 다음과 같다.

$$v(t) = [3.2e^{-8t} - 1.2e^{-0.5t}]u(t) \quad \text{V}$$

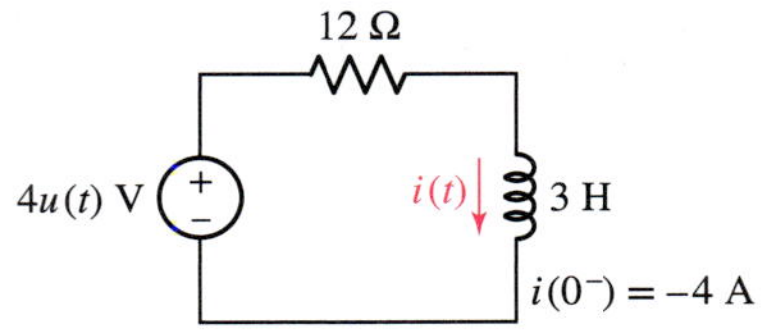

그림 14.12

익힘문제 14.14

그림 14.12의 회로에서 전류 $i(t)$를 구하라.

답: $\frac{1}{3}[1 - 13e^{-4t}]u(t)$ A.

s-영역에서의 커패시터 모델링

동일한 개념들이 **s**-영역에서 커패시터에 적용된다. 그림 14.13*a*에 나와있는대로 수동부호규약를 만족하는 커패시터에 대한 수식은 다음과 같다.

$$i = C\frac{dv}{dt}$$

양변을 라플라스 변환하면 다음과 같이 된다.

$$\mathbf{I(s)} = C[\mathbf{sV(s)} - v(0^-)]$$

또는

$$\mathbf{I(s)} = \mathbf{s}C\mathbf{V(s)} - Cv(0^-) \qquad [30]$$

상기 식으로부터 커패시터는 그림 14.13*b*에서 보여지는 것처럼 전류원 $Cv(0^-)$와 병렬인 어드미턴스 $\mathbf{s}C$로 모델링될 수 있다. 이 회로에 대한 전원변환 실행은 전압원 $v(0^-)/\mathbf{s}$과 임피던스 $1/\mathbf{s}C$를 직렬로 구성하는 커패시터에 대한 등가모델을 유도되고, 이를 그림 14.13*c*에서 나타내었다.

s-영역 등가에 대해 공부하고 있으므로 독립전원이 초기조건을 포함하여 사용하는 것에 대해 혼동되지 않도록 주의해야 한다. 인덕터에 대한 초기조건은 $i(0^-)$로 주어진다. 이 항은 전류원이나 전압원의 형태로 나타나고 선택된 모델에 의해 결정된다. 커패시터의 초기조건은 $v(0^-)$로 주어진다. 이 항도 전압원이나 전류원의 형태로 나타난다. 처음으로 **s**-영역 해석에 대해 공부하는 학생들의 가장 일반적인 실수는 인덕터를 다룰 때 모델의 전압원 요소에 대해 언제나 $v(0^-)$를 사용하는 것이다.

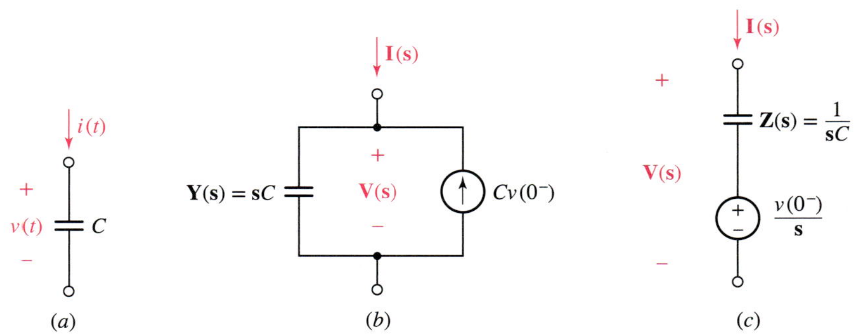

그림 14.13 (*a*) $v(t)$와 $i(t)$로 명명된 시간 영역 커패시터. (*b*) 초기전압 $v(0^-)$를 가지는 커패시터의 주파수 영역 모델. (*c*) 전원 변환 실행에 의해 얻어진 등가모델.

예제 14.12

그림 14.14*a*의 회로에서 $v_C(t)$를 구하라. 초기 전압값 $v_C(0^-) = -2$ V이다.

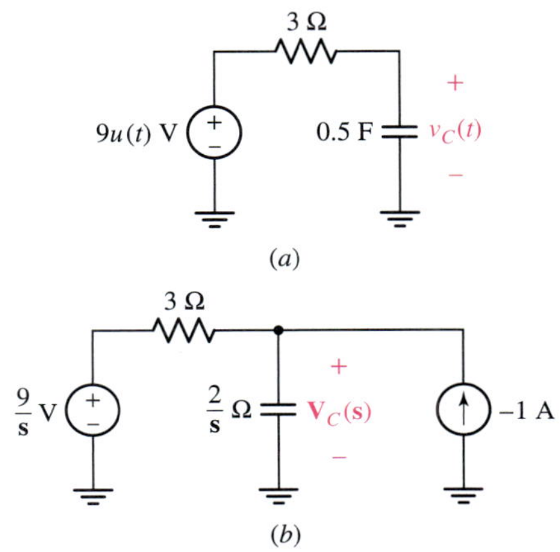

그림 14.14 (*a*) 전류 $v_C(t)$를 구하기 위한 회로. (*b*) 커패시터 초기조건을 설명하기 위해 전류원 기초 모델을 고려한 주파수 영역 등가회로.

문제의 목표를 확인한다.

커패시터 전압, $v_C(t)$에 대한 수식.

알고 있는 정보를 모두 수집한다.

문제는 −2 V인 초기 커패시터 전압을 나타낸다.

요점을 정리한다.

첫 번째 단계는 등가 **s**-영역 회로를 그린다. 그런 다음 2개의 가능한 커패시터 모델들 사이에서 하나를 선택한다. 어떤 모델이 좋은지 분명치 않을 경우 그림 14.14*b*와 같은 전류원을 기준으로 한 모델을 선택한다.

적절한 수의 방정식을 만든다.

하나의 마디 방정식을 사용하여 해석을 진행한다.

$$-1 = \frac{\mathbf{V}_C}{2/\mathbf{s}} + \frac{\mathbf{V}_C - 9/\mathbf{s}}{3}$$

추가로 필요한 정보가 있는지 결정한다.

원하는 커패시터 전압의 주파수 영역 표현에는 하나의 방정식과 하나의 미지수를 가진다.

해를 구한다.

$\mathbf{V}_C$에 대해서 풀면 다음을 구할 수 있다.

$$\mathbf{V}_C = \frac{18/\mathbf{s} - 6}{3\mathbf{s} + 2} = -2\frac{\mathbf{s} - 3}{\mathbf{s}(\mathbf{s} + 2/3)}$$

부분분수 확장을 시도하면 다음과 같이 된다.

$$\mathbf{V}_C = \frac{9}{\mathbf{s}} - \frac{11}{\mathbf{s} + 2/3}$$

이 표현의 역 라플라스 변환을 시행하면 $v_C(t)$를 얻는다. 그 결과는

$$v_C(t) = 9u(t) - 11e^{-2t/3}u(t) \text{ V}$$

또는 더 정확하게

$$v_C(t) = \left[9 - 11e^{-2t/3}\right]u(t) \text{ V}$$

이다.

해가 타당한지 또는 기대했던 결과인지 검토한다.

$t = 0$에 대해 $v_C(t) = -2$ V로 산출된다. 이것은 초기조건에 대한 정보를 기준으로 한 것이다. 또한 과도현상이 사라진 이후에는 그림 14.14*a*으로부터 쉽게 예상할 수 있듯이 $t \to \infty$일 때 $v_C(t) \to 9$ V가 된다.

익힘문제 14.15

커패시터 모델 기준 전압원을 사용하여 예제 14.12를 반복하라.

답: $[9 - 11e^{-2t/3}]u(t)$ V.

이 절의 결론들은 표 14.3으로 요약된다. 각각의 경우 전압의 극성과 전류의 방향에 대해서는 수동부호규약을 가정하였다.

표 14.3 시간과 주파수 영역에서 표현된 소자의 요약

Time Domain	Frequency Domain	
Resistor $v(t) = Ri(t)$ 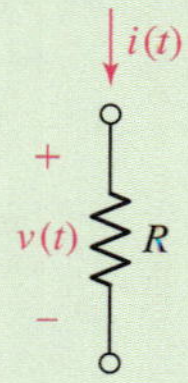	$\mathbf{V}(\mathbf{s}) = R\mathbf{I}(\mathbf{s})$ 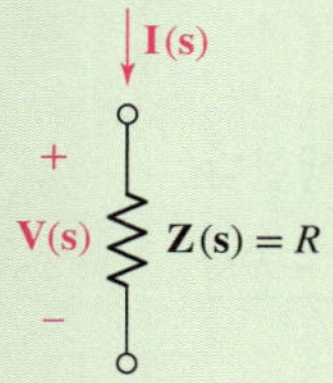	$\mathbf{I}(\mathbf{s}) = \frac{1}{R}\mathbf{V}(\mathbf{s})$ 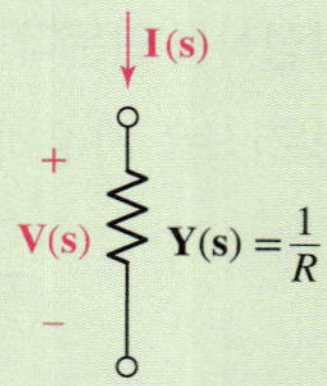
Inductor $v(t) = L\frac{di}{dt}$ 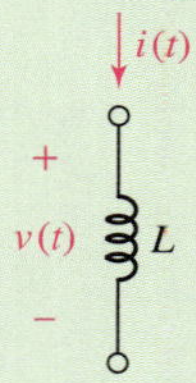	$\mathbf{V}(\mathbf{s}) = \mathbf{s}L\mathbf{I}(\mathbf{s}) - Li(0^-)$ 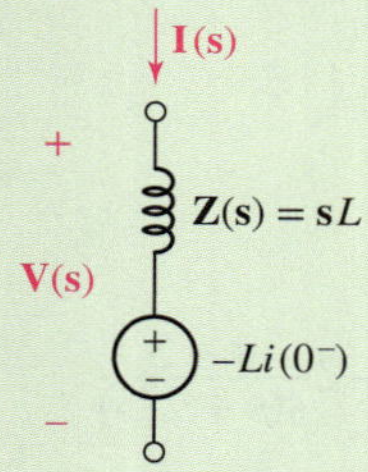	$\mathbf{I}(\mathbf{s}) = \frac{\mathbf{V}(\mathbf{s})}{\mathbf{s}L} + \frac{i(0^-)}{\mathbf{s}}$ 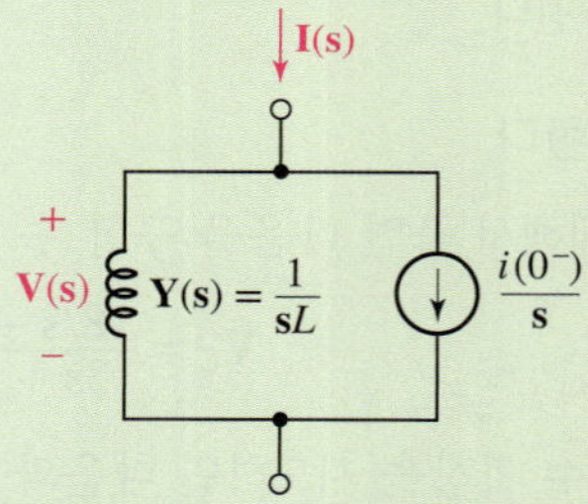
Capacitor $i(t) = C\frac{dv}{dt}$ 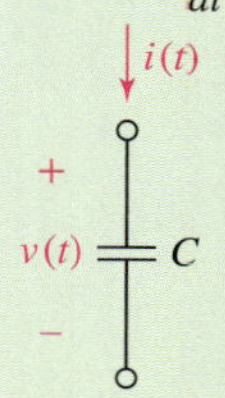	$\mathbf{V}(\mathbf{s}) = \frac{\mathbf{I}(\mathbf{s})}{\mathbf{s}C} + \frac{v(0^-)}{\mathbf{s}}$ 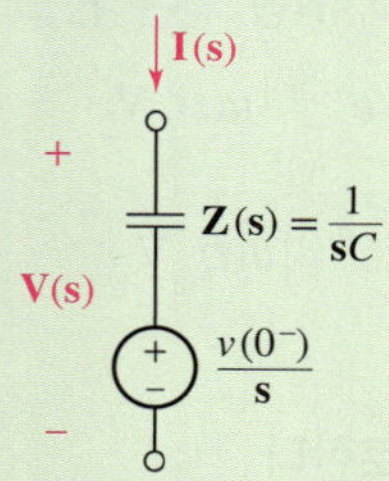	$\mathbf{I}(\mathbf{s}) = \mathbf{s}C\mathbf{V}(\mathbf{s}) - Cv(0^-)$ 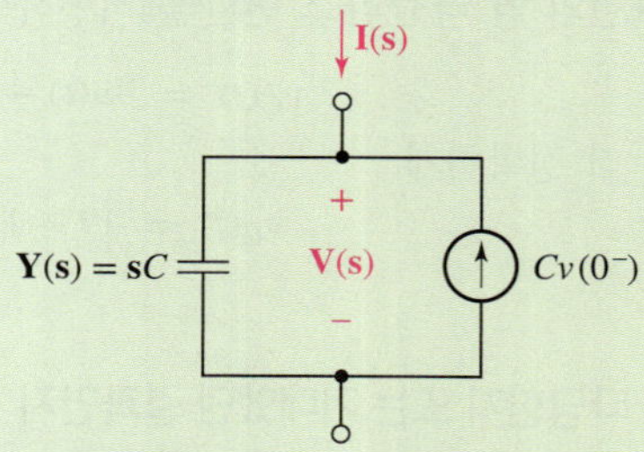

14.8 s-영역에서의 마디와 메쉬해석

10장에서 정현파 전원에 의해 동작되는 시간 영역 회로들이 어떻게 주파수 영역 등가로 변환되는지 배웠다. 이 변환의 장점은 더 이상 미적분 방정식을 풀 필요없이 바로 등가 변환할 수 있는 것이다. 정상상태 응답을 구하기 위해 제한된 회로의 마디와 메쉬해석은 $j\omega$항의 대수식으로 표현된다. 여기서 ω는 전원 주파수이다.

이제 우리는 임피던스 개념의 더 일반적인 경우인 복소 주파수($\mathbf{s} = \sigma + j\omega$)로 확장하려 한다. 시간 영역에서 주파수 영역으로 회로를 변환하면 실행 중인 마디 또는 메쉬해석은 완전한 대수식으로 다시 표현되며, 이것은 복소 주파수 **s**항으로 나타난다. 방정식들의 해법으로는 기호대수조작을 할 수 있는 소프트웨어(예를 들어 MATLAB)나 크레머의 규칙, 변수 치환이 사용된다. 이 절에서는 이들의 핵심을 좀 더 자세하게 설명하기 위해서 더 복잡한 두 가지 예제를 준비하였다. 우선 이런 노력을 통해 MATLAB이 우리를 도와주기 위해 어떻게 사용되는지 잠시 다루어 보자.

컴퓨터를 이용한 해석

14.4절에서 좀 더 쉽고 효과적인 역 라플라스 변환과정을 위해 **s**-영역에서 유리함수의 나머지를 구하는 MATLAB 예제를 보았다. 그러나 해당 소프트웨어 패키지는 실제로 더욱 효과적이며 대수식 조작에 대한 많은 내장 루틴을 가지고 있다. 사실상 이 예제에서 볼 수 있듯이, MATLAB은 회로분석을 통하여 얻었던 유리함수에 대해 역 라플라스 변환을 직접적으로 실행할 수 있다.

MATLAB이 어떻게 대수식을 다룰 때 사용되는지 살펴보자. 기본적으로 MATLAB에서는 대수식 정의시 어포스트로피(')를 사용하며, 해당식을 문자열로 저장된다. 예를 들어 이미 표현된 다항식 $\mathbf{p}(\mathbf{s}) = \mathbf{s}^3 - 12\mathbf{s} + 6$를 벡터로 표현하면,

```
>> p = [1  0  –12  6];
```

이미, 이것을 기호를 사용하여 다시 표현하면

```
>> p = 's^3 – 12*s + 6';
```

이다. 이 두 가지 표현들은 MATLAB에서는 같지 않다. 이 두 가지는 별도의 개념이다. **기호를 사용한** 대수식으로 처리하려고 할 때 두 번째 표현이 필요하다. 이 방법은 최근 예제 문제들의 결과로서 발생했던 연립방정식을 공부하는 데 특히 유효하다.

일련의 방정식을 고려하면

$$(3\mathbf{s}+10)\mathbf{I}_1 - 10\mathbf{I}_2 = \frac{4}{\mathbf{s}+2}$$
$$-10\mathbf{I}_1 + (4\mathbf{s}+10)\mathbf{I}_2 = -\frac{2}{\mathbf{s}+1}$$

MATLAB 기호 표시법을 사용하여 2개의 문자열 변수를 다음과 같이 정의한다.

```
≫ eqn1 = '(3*s + 10)*I1 – 10*I2 = 4/(s + 2)';
≫ eqn2 = '–10*I1 + (4*s + 10)*I2 = –2/(s + 1)';
```

완전한 방정식은 각각의 문자열을 포함하고 있다. 우리의 목적은 변수 I1과 I2에 대한 2개의 방정식을 푸는 것이다. MATLAB은 방정식을 다룰 수 있는 특별한 함수인 *solve*()를 제공한다. 이것은 미지수의 목록에 따라 각 방정식의 목록을 발생시킨다.

```
≫ solution = solve(eqn1, eqn2, 'I1', 'I2');
```

정답은 비록 기대하지 않은 형태이긴 하지만 변수 *solution*에 저장된다. MATLAB은 C 프로그램과 유사한 구조를 보여준다. 그러나 이번 단계에서는 어떻게 정답을 도출하는지 알 필요가 있다. 만약 다음과 같이 타이핑한다면

```
≫ I1 = solution.I1
```

응답은

```
I1 = (2 * (4 * s + 9))/((6 * s + 35) * (s + 1) * (s + 2))
```

변수 I1에 대해 **s**-다항식으로 할당되는 것을 나타낸다. 좀 더 보기 좋은 형태로 결과식을 나타내기 위하여 *pretty*()라는 함수를 다음과 같이 사용할 수 있다.

```
≫ pretty (I1)
(4 s + 9) 2
– – – – – – – – – – – – – – – – – – – – – – – – – – – –
(6 s + 35) (s + 1) (s + 2)
```

변수 I2에 대해서도 유사한 연산이 사용된다.

이제 우리는 *ilaplace*() 함수를 사용하여 역 라플라스 변환을 결정할 순서이다.

```
≫ i1 = ilaplace (I1)
≫ i1 = (10 * exp (–t))/29 – (2 * exp (–2 * t))/23 – (172 * exp (–(35 * t)/6))/667
```

이 방법은 마디 또는 메쉬해석으로부터 발생되는 연립방정식의 해법을 빨리 얻을 수 있다. 그리고 또한 역 라플라스 변환도 얻을 수 있다. *ezplot*(i1) 명령어는 해가 어떤 형태를 가졌는지 보여준다. 복잡한 수식은 때때로 MATLAB

을 혼란스럽게 만든다. 이럴 경우 *ilaplace*()는 유효한 정답을 돌려주지 못한다.

몇 개의 관련된 함수를 언급할 필요가 있는데, 손으로 직접 풀어서 얻은 정답을 빨리 검증하기 위해 사용될 수 있다. 함수 *numden*()은 유리함수를 2개의 분리된 변수로 변환할 수 있다. 하나는 분자를 갖고 있고 나머지 하나는 분모를 가진다. 예를 들어,

```
≫ [N,D] = numden (I1)
```

N과 D로 저장된 두 가지 대수식으로 돌려준다. 각각

```
≫ [N, D] = numden (I1)
N =
8 * s + 18
D =
(6 * s + 35) * (s + 1) * (s + 2)
```

함수 *residue*()로 이전의 경험을 적용하기 위해 다항식의 계수를 포함하고 있는 벡터에 대한 각각의 기호 수식(문자열)을 전환할 필요가 있다. 이것은 명령어 *sym2poly*()를 사용하여 이룰 수 있다.

```
≫ n = sym2poly (N)
n =
8 18
그리고
≫ d = sym2poly (D)
d =
6 53 117 70
```

그런 다음 나머지 부분을 결정해야 한다.

```
≫ [r p y] = residue (n, d)
r =
−0.2579
−0.0870
0.3448
p =
−5.8333
−2.0000
−1.0000
y =
[ ]
```

이것은 *ilaplace*()를 사용하여 얻은 것과 일치한다.

새로운 MATLAB 기술들을 사용하여(크레머의 규칙이나 직접치환과 같은 접근방법을 시도할 수도 있겠지만), 몇 개의 회로들에 대한 분석을 하고자 한다.

예제 14.13

그림 14.15*a*의 회로에 2개 메쉬전류 i_1과 i_2를 결정하라. 회로에 초기에 저장된 에너지는 없다.

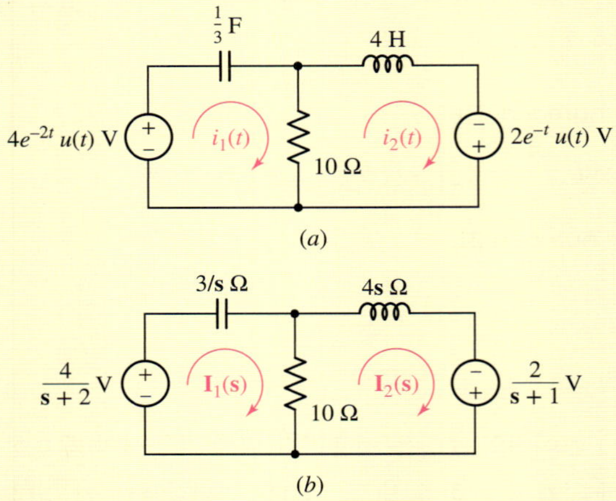

그림 14.15 (*a*) 각각의 메쉬전류가 고려된 2개의 메쉬전류. (*b*) 주파수 영역 등가회로.

언제나 첫 번째 단계는 적합한 주파수 영역 등가회로를 그리는 것이다. $t = 0^-$에서 회로에 저장된 에너지는 0이기 때문에, 그림 14.15*b*에 보여진 것처럼 4 H 인덕터에 대해 $4\mathbf{s}\ \Omega$ 임피던스로, $\frac{1}{3}$ **F** 커패시터에 대해 $3/\mathbf{s}\ \Omega$ 임피던스로 대치한다.

다음으로 2개의 메쉬방정식을 기술한다.

$$-\frac{4}{\mathbf{s}+2} + \frac{3}{\mathbf{s}}\mathbf{I}_1 + 10\mathbf{I}_1 - 10\mathbf{I}_2 = 0$$

또는

$$\left(\frac{3}{\mathbf{s}} + 10\right)\mathbf{I}_1 - 10\mathbf{I}_2 = \frac{4}{\mathbf{s}+2} \qquad \text{(mesh 1)}$$

그리고

$$\frac{-2}{\mathbf{s}+1} + 10\mathbf{I}_2 - 10\mathbf{I}_1 + 4\mathbf{s}\mathbf{I}_2 = 0$$

또는

$$-10\mathbf{I}_1 + (4\mathbf{s}+10)\mathbf{I}_2 = \frac{2}{\mathbf{s}+1} \qquad \text{(mesh 2)}$$

$\mathbf{I}_1$과 $\mathbf{I}_2$를 풀면 다음과 같은 해를 구할 수 있다.

$$\mathbf{I}_1 = \frac{2\mathbf{s}(4\mathbf{s}^2 + 19\mathbf{s} + 20)}{20\mathbf{s}^4 + 66\mathbf{s}^3 + 73\mathbf{s}^2 + 57\mathbf{s} + 30}\ \text{A}$$

그리고

$$\mathbf{I}_2 = \frac{30\mathbf{s}^2 + 43\mathbf{s} + 6}{(\mathbf{s}+2)(20\mathbf{s}^3 + 26\mathbf{s}^2 + 21\mathbf{s} + 15)}\ \text{A}$$

각각의 함수에 대해 역 라플라스 변환을 한다.

$$i_1(t) = -96.39\,e^{-2t} - 344.8\,e^{-t} + 841.2\,e^{-0.15t}\cos 0.8529t$$
$$= +\,197.7\,e^{-0.15t}\sin 0.8529t \quad \text{mA}$$

그리고

$$i_2(t) = -481.9\,e^{-2t} - 241.4\,e^{-t} + 723.3\,e^{-0.15t}\cos 0.8529t$$
$$= +\,472.8\,e^{-0.15t}\sin 0.8529t \quad \text{mA}$$

이다.

$t = 0^-$에서 인덕터에 흐르는 전류는 없다고 가정하였다. 그래서 $i_2(0^-) = 0$, $i_2(0^+) = 0$이 되어야 한다. 이 결과가 우리의 답에서도 적용되는가?

익힘문제 14.16

그림 14.16의 회로에서 메쉬전류 i_1과 i_2를 구하라. $t = 0^-$에서 회로에 저장된 에너지는 없다고 가정한다.

답: $i_1 = e^{-2t/3}\cos\left(\frac{4}{3}\sqrt{2}t\right) + (\sqrt{2}/8)\,e^{-2t/3}\sin\left(\frac{4}{3}\sqrt{2}t\right)$ A;
$i_2 = -\frac{2}{3} + \frac{2}{3}e^{-2t/3}\cos\left(\frac{4}{3}\sqrt{2}t\right) + (13\sqrt{2}/24)e^{-2t/3}\sin\left(\frac{4}{3}\sqrt{2}t\right)$ A.

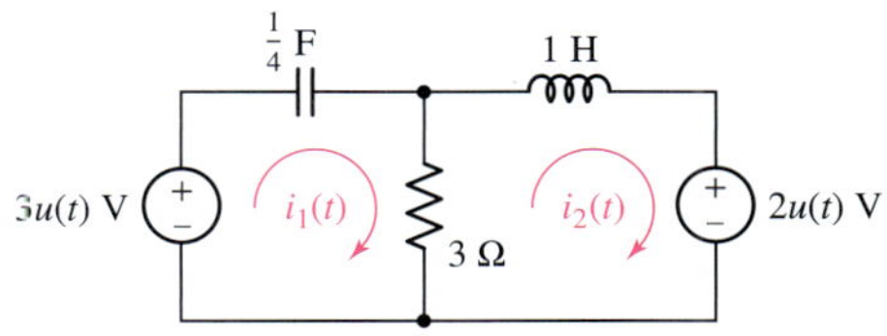

그림 14.16

예제 14.14

그림 14.17의 회로에서 마디해석법을 사용하여 전압 v_x을 구하라.

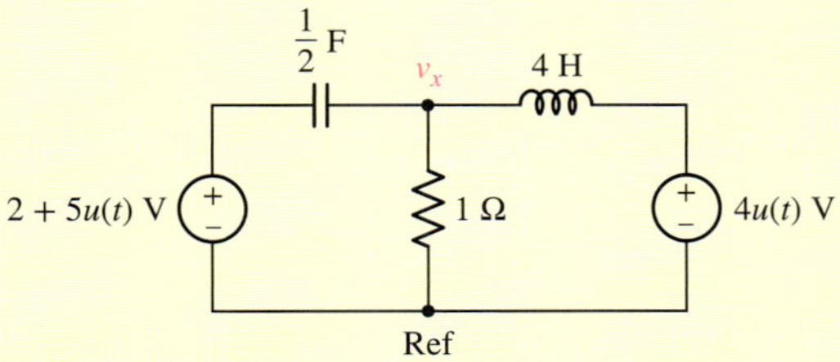

그림 14.17 2개의 에너지 저장 소자를 가지고 있는 간단한 4마디 회로.

첫 번째 단계는 적합한 **s**-영역회로를 그리는 것이다. 우리는 $\frac{1}{2}$ **F** 커패시터가 $t = 0^-$에서 2 V의 초기전압이 걸리는 것을 알 수 있으므로 그림 14.13의 두 가지 모델 중 하나를 선택해야 한다. 마디해석방법을 사용하므로 그림 14.13*b*의 회로를 선택하는 것이 좀 더 낫고, 이 결과를 나타낸 것이 그림 14.18이다.

이것을 하나의 마디방정식으로 나타내면 다음과 같이 된다.

$$-1 = \frac{\mathbf{V}_x - 7/\mathbf{s}}{2/\mathbf{s}} + \mathbf{V}_x + \frac{\mathbf{V}_x - 4/\mathbf{s}}{4\mathbf{s}}$$

다시 나타내면 다음과 같이 된다.

$$\mathbf{V}_x = \frac{10\mathbf{s}^2 + 4}{\mathbf{s}(2\mathbf{s}^2 + 4\mathbf{s} + 1)} = \frac{5\mathbf{s}^2 + 2}{\mathbf{s}\left(\mathbf{s} + 1 + \frac{\sqrt{2}}{2}\right)\left(\mathbf{s} + 1 - \frac{\sqrt{2}}{2}\right)}$$

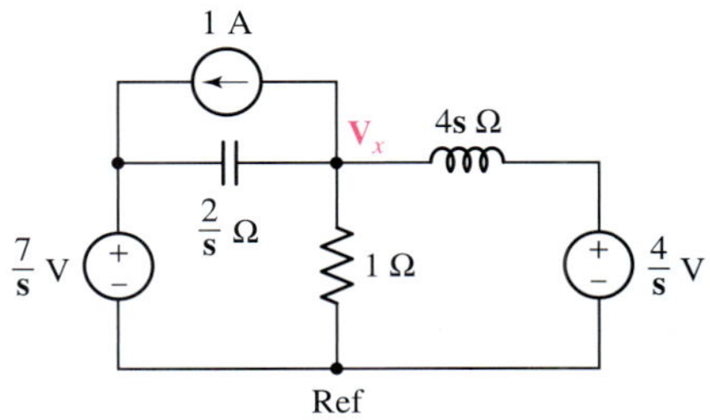

그림 14.18 그림 14.17의 **s**-영역 등가회로.

마디전압 v_x는 역 라플라스 변환에 의해 구해진다.

$$v_x = \left[4 + 6.864\,e^{+1.707t} - 5.864\,e^{-0.2929t}\right]u(t)$$

또는

$$v_x = \left[4 - e^{-t}\left(9\sqrt{2}\sinh\frac{\sqrt{2}}{2}t - \cosh\frac{\sqrt{2}}{2}t\right)\right]u(t)$$

이 답이 정확한가? 점검하는 하나의 방법은 $t = 0$일 때의 커패시터 전압을 평가하는 것이다. 우리가 알고 있듯이 해당 값은 2 V이므로 다음과 같이 된다.

$$\mathbf{V}_C = \frac{7}{\mathbf{s}} - \mathbf{V}_x = \frac{4\mathbf{s}^2 + 28\mathbf{s} + 3}{\mathbf{s}(2\mathbf{s}^2 + 4\mathbf{s} + 1)}$$

$\mathbf{V}_C$에 $\mathbf{s}$를 곱한 다음 $\mathbf{s} \to \infty$일때의 극한값(초기값 정리)을 구하면 예상한 값이 나옴을 확인 할 수 있다.

$$v_c(0^+) = \lim_{\mathbf{s}\to\infty}\left[\frac{4\mathbf{s}^2 + 28\mathbf{s} + 3}{2\mathbf{s}^2 + 4\mathbf{s} + 1}\right] = 2\text{ V}$$

익힘문제 14.17

그림 14.19의 회로에서 마디해석을 이용하여 전압 $v_x(t)$을 구하라.

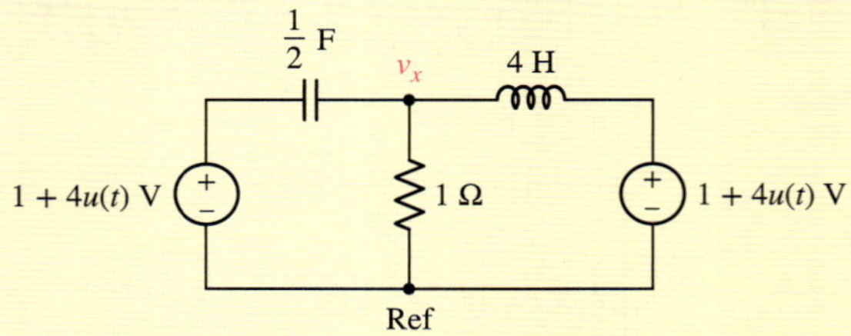

그림 14.19 익힘문제 14.17를 위한 그림.

답: $[5 + 5.657(e^{-1.707t} - e^{-0.2929t})]u(t)$.

예제 14.15

그림 14.20a의 회로에서 전압 v_1, v_2, v_3를 결정하기 위해 마디해석을 사용한다. $t = 0^-$에서 회로에 저장된 에너지는 없다.

이 회로는 3개의 분리된 에너지 저장 소자로 구성되어 있고, $t = 0^-$에서 저장된 에너지는 전혀 없다. 그러므로 각각의 소자는 그림 14.20b에서 보여지는 것과 같이 각각에 대응하는 임피던스로 대치된다. 또한 마디 전압 $v_2(t)$에 의해 조절되는 종속전류원의 존재도 주의해야 한다.

마디 1에서 시작하면 다음 방정식을 쓸 수 있다.

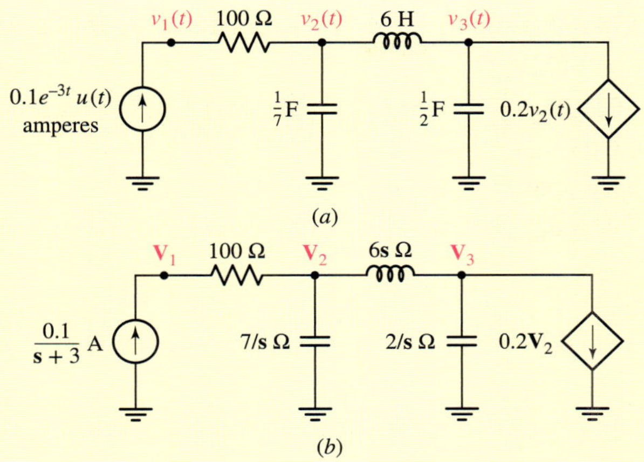

그림 14.20 (a) $t=0^-$에서 저장되는 에너지가 없고 2개의 커패시터와 하나의 인덕터를 가지고 있는 4개 마디 회로. (b) 주파수 영역 등가회로.

$$\frac{0.1}{\mathbf{s}+3} = \frac{\mathbf{V}_1 - \mathbf{V}_2}{100}$$

또는

$$\frac{10}{\mathbf{s}+3} = \mathbf{V}_1 - \mathbf{V}_2 \qquad \text{(마디 1)}$$

이다. 그리고 마디 2에서

$$0 = \frac{\mathbf{V}_2 - \mathbf{V}_1}{100} + \frac{\mathbf{V}_2}{7/\mathbf{s}} + \frac{\mathbf{V}_2 - \mathbf{V}_3}{6\mathbf{s}}$$

또는

$$-42\mathbf{s}\mathbf{V}_1 + \left(600\mathbf{s}^2 + 42\mathbf{s} + 700\right)\mathbf{V}_2 - 700\mathbf{V}_3 = 0 \qquad \text{(마디 2)}$$

이다. 그리고 마지막으로 마디 3에서

$$-0.2\mathbf{V}_2 = \frac{\mathbf{V}_3 - \mathbf{V}_2}{6\mathbf{s}} + \frac{\mathbf{V}_3}{2/\mathbf{s}}$$

또는

$$(1.2\mathbf{s} - 1)\mathbf{V}_2 + \left(3\mathbf{s}^2 + 1\right)\mathbf{V}_3 = 0$$

이다. 마디 전압들에 대한 연립방정식을 풀면 다음의 해를 얻을 수 있다.

$$\mathbf{V}_1 = 3\frac{100\mathbf{s}^3 + 7\mathbf{s}^2 + 150\mathbf{s} + 49}{(\mathbf{s}+3)\left(30\mathbf{s}^3 + 45\mathbf{s} + 14\right)}$$

$$\mathbf{V}_2 = 7\frac{3\mathbf{s}^2 + 1}{(\mathbf{s}+3)\left(30\mathbf{s}^3 + 45\mathbf{s} + 14\right)}$$

$$\mathbf{V}_3 = -1.4\frac{6\mathbf{s} - 5}{(\mathbf{s}+3)\left(30\mathbf{s}^3 + 45\mathbf{s} + 14\right)}$$

남아있는 단계는 $t > 0$에서 각 전압의 역 라플라스 변환을 시작하는 것이다.

$$
\begin{aligned}
v_1(t) &= 9.789\,e^{-3t} + 0.06173\,e^{-0.2941t} + 0.1488\,e^{0.1471t}\cos(1.251t) \\
&\quad + 0.05172\,e^{0.1471t}\sin(1.251t)\ \text{V} \\
v_2(t) &= -0.2105\,e^{-3t} + 0.06173\,e^{-0.2941t} + 0.1488\,e^{0.1471t}\cos(1.251t) \\
&\quad + 0.05172\,e^{0.1471t}\sin(1.251t)\ \text{V} \\
v_3(t) &= -0.03459\,e^{-3t} + 0.06631\,e^{-0.2941t} - 0.03172\,e^{0.1471t}\cos(1.251t) \\
&\quad - 0.06362\,e^{0.1471t}\sin(1.251t)\ \text{V}
\end{aligned}
$$

응답은 종속전류원 작용의 결과로서 지수적으로 변하는 것에 주의해야 한다. 본질적으로 회로가 "폭주" 한다는 것은 몇 개의 성분이 녹거나 폭발하거나, 고장난 것을 가리킨다. 그런 회로들을 해석하는 것은 많은 노력이 필요하지만 **s**-영역에서 쉽게 분석할 수 있다. 반면에 시간 영역에서 해석을 실행하는 것은 심사숙고해야 한다.

익힘문제 14.18

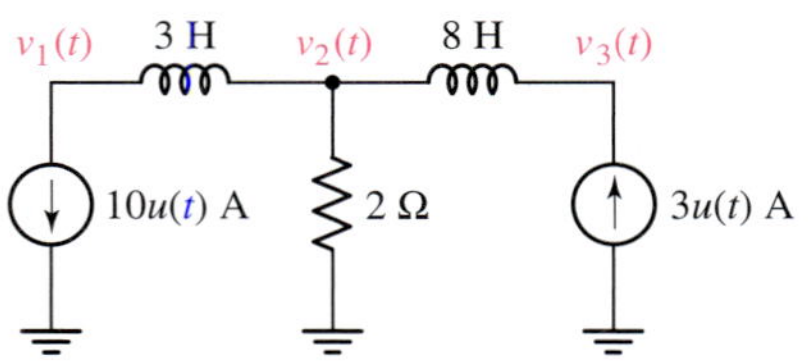

그림 14.21

그림 14.21의 회로에서 전압 v_1, v_2, v_3를 결정하기 위해 마디 해석을 사용하라. $t = 0^-$에서 인덕터에 저장된 에너지는 0이라고 가정한다.

답: $v_1(t) = -30\delta(t) - 14u(t)$ V; $v_2(t) = -14u(t)$ V; $v_3(t) = 24\delta(t) - 14u(t)$ V.

14.9 부수적인 회로 해석 기술들

특정한 회로에 대해서는 해석 기술들을 신중히 선택함으로써 간단하게 해석할 수 있다. 예를 들어, 215개의 독립전원을 가지고 있는 회로에 대해 중첩 원리를 적용하는 것은 드물며, 그런 방법은 215개 각각의 회로를 해석해야 한다. 인덕터와 커패시터와 같은 수동소자들은 임피던스로 다루기 때문에, **s**-영역 등가 변환된 회로에 대해 3, 4, 그리고 5장에서 공부한 회로 해석 기술 중 여러 가지를 사용할 수 있다.

그러므로 중첩원리, 전원변환, 테브난 정리, 그리고 노턴 정리 등의 모든 회로 해석 기술을 그대로 **s**-영역에 적용 가능하다.

예제 14.16

전원 변환을 사용하여 그림 14.22*a*의 회로를 간단하게 하고 전압 *v*(*t*)에 대한 수식을 구하라.

이 회로 해석을 시작하기 전에 대응되는 주파수 영역 회로에 대해 변환하여야 한다. 초기 전류와 전압들은 주어지지 않고 $u(t)$를 전압원에 곱하며 회로에 저장된 초기 에너지는 없다. 그러므로 주파수 영역 회로를 그리면 그림 14.22*b*와 같다.

우리의 목표는 2개의 $2/\mathbf{s}\ \Omega$ 임피던스와 $10\ \Omega$을 조합하기 위하여 몇 번의 전원변환을 수행하는 것이다. 단 여기서 주의할 점은 $\mathbf{V(s)}$가 양단에 걸리는 $9\mathbf{s}\ \Omega$ 임피던스는 별도로 남겨 두어야 한다. 먼저 전류원에 대해 맨 왼쪽의 $2/\mathbf{s}\ \Omega$ 임피던스와 전압원을 변환시킨다.

$$\mathbf{I(s)} = \left(\frac{2\mathbf{s}}{\mathbf{s}^2+9}\right)\left(\frac{\mathbf{s}}{2}\right) = \frac{\mathbf{s}^2}{\mathbf{s}^2+9}\quad \text{A}$$

이는 $2/\mathbf{s}\ \Omega$ 임피던스와 병렬로 연결된다.

이 변환 후 전류원과 마주보고 있는 임피던스 $\mathbf{Z}1 \equiv (2/\mathbf{s})\|10 = 20/(10\mathbf{s} + 2)\ \Omega$를 구할 수 있다(그림 14.23*a*). 또 다른 전원변환을 실행하면 다음과 같은 전압원 $\mathbf{V}_2\mathbf{(s)}$을 얻을 수 있다.

$$\mathbf{V}_2\mathbf{(s)} = \left(\frac{\mathbf{s}^2}{\mathbf{s}^2+9}\right)\left(\frac{20}{10\mathbf{s}+2}\right)$$

이 전압원은 $\mathbf{Z}_1$과 남아있는 $2/\mathbf{s}$ 임피던스와 직렬로 연결되어 있다. 새로운 임피던스 $\mathbf{Z}_2$에 대한 $\mathbf{Z}_1$과 $2/\mathbf{s}$의 조합은 다음과 같다.

$$\mathbf{Z}_2 = \frac{20}{10\mathbf{s}+2} + \frac{2}{\mathbf{s}} = \frac{40\mathbf{s}+4}{\mathbf{s}(10\mathbf{s}+2)}\quad \Omega$$

결과 회로는 그림 14.23*b*에 보여진다. 이 시점에서 간단한 전압 분배법칙을 사용하여 전압 $\mathbf{V(s)}$에 대한 식을 얻을 수 있다.

$$\mathbf{V(s)} = \left(\frac{\mathbf{s}^2}{\mathbf{s}^2+9}\right)\left(\frac{20}{10\mathbf{s}+2}\right)\frac{9\mathbf{s}}{9\mathbf{s}+\left[\dfrac{40\mathbf{s}\ +\ 4}{\mathbf{s}(10\mathbf{s}\ +\ 2)}\right]}$$

$$= \frac{180\mathbf{s}^4}{(\mathbf{s}^2+9)(90\mathbf{s}^3+18\mathbf{s}^2+40\mathbf{s}+4)}$$

분모의 양쪽 항은 복소근을 가지고 있다. MATLAB을 사용하여 분모를 전개하고 나머지를 구하면

```
>> syms s;
>> d1=s^2 + 9;
>> d2=90*s^3 +  18*s^2 + 40*s + 4;
>> d=d1*d2;
>> denominator=expand(d)
>> den=sym2poly(denom)
den =
90 18 850 166 360 36
>> num=[180 0 0 0  0];
>> [r p y]=residue(num,den);
```

그러면

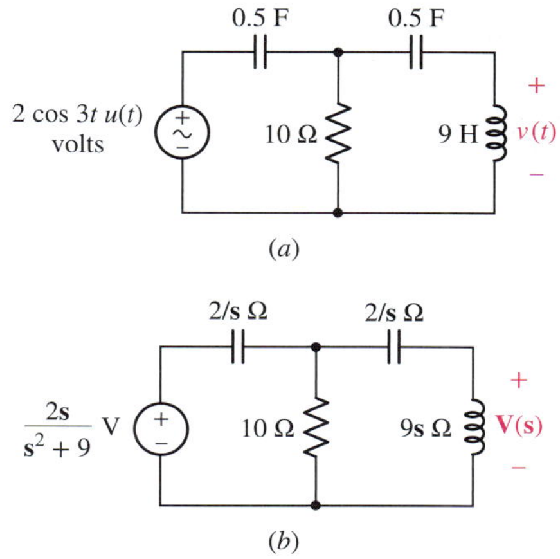

그림 14.22 (*a*) 전원변환을 통해 간단해진 회로. (*b*) 주파수 영역 표현.

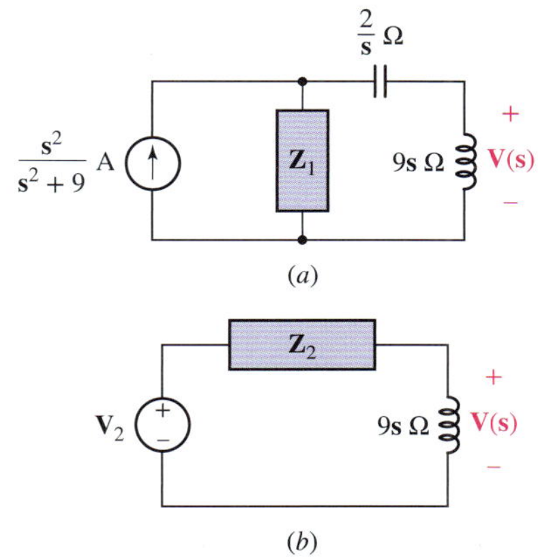

그림 14.23 (*a*) 첫 번째 전원 변환 후 회로. (*b*) $\mathbf{V(s)}$에 대해 해석되어진 최종 회로.

복소 극점을 갖는 각각의 항은 복소 평면에 있는 쌍을 가진다. 실제 시스템에서는 복소 극점들은 항상 복소 쌍으로 나타난다.

$$\mathbf{V(s)} = \frac{1.047 + j0.0716}{\mathbf{s} - j3} + \frac{1.047 - j0.0716}{\mathbf{s} + j3} - \frac{0.0471 + j0.0191}{\mathbf{s} + 0.04885 - j0.6573}$$
$$= \frac{0.0471 - j0.0191}{\mathbf{s} + 0.04885 + j0.6573} + \frac{5.590 \times 10^{-5}}{\mathbf{s} + 0.1023}$$

이다. 각 항에 대해 역변환을 하면 $1.047 + j0.0716$는 $1.049e^{j3.912°}$로, 그리고 $0.0471 + j0.0191$은 $0.05083e^{j157.9°}$로 쓰고 결론적으로

$$\begin{aligned} v(t) = \; & 1.049\, e^{j3.912°} e^{j3t} u(t) + 1.049\, e^{-j3.912°} e^{-j3t} u(t) \\ & + 0.05083\, e^{-j157.9°} e^{-0.04885t} e^{-j0.6573t} u(t) \\ & + 0.05083\, e^{+j157.9°} e^{-0.04885t} e^{+j0.6573t} u(t) \\ & + 5.590 \times 10^{-5} e^{-0.1023t} u(t) \end{aligned}$$

이다. 오일러 공식을 이용하여 복소 지수함수를 정현함수로 변환하면, 전압에 대해 간단한 수식으로 쓸 수 있다.

$$\begin{aligned} v(t) = \; & \left[5.590 \times 10^{-5} e^{-0.1023t} + 2.098 \cos(3t + 3.912°)\right] \\ & \left[+0.1017\, e^{-0.04885t} \cos(0.6573t + 157.9°)\right] u(t) \qquad \text{V} \end{aligned}$$

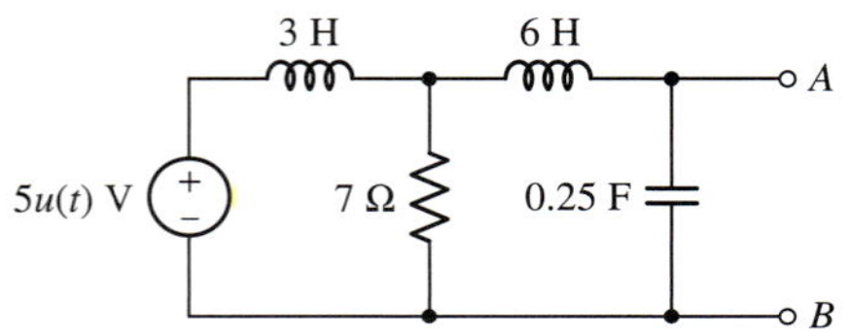

그림 14.24

익힘문제 14.19

전원변환 방법을 사용하여, 그림 14.24를 하나의 임피던스($\mathbf{Z}_s$)와 병렬 연결된 하나의 전류원($\mathbf{I}_s$)으로 구성된 **s**-영역 등가회로를 구하라.

답: $\mathbf{I}_s = \frac{35}{\mathbf{s}^2(18\mathbf{s} + 63)}$ A, $\mathbf{Z}_s = \frac{72\mathbf{s}^2 + 252\mathbf{s}}{18\mathbf{s}^3 + 63\mathbf{s}^2 + 12\mathbf{s} + 28}$ Ω.

예제 14.17

이 특별한 회로는 베이스 접지 증폭기로 알려진 싱글 트랜지스터 회로의 특별한 형태로 'hybrid π'로 알려졌다. 2개의 커패시터 C_π와 C_μ는 트랜지스터의 내부 커패시턴스로 표시되고 일반적으로 수 pF 수준이다. 이 회로의 저항 R_L은 출력장치의 테브난 등가저항으로 표현되고, 스피커 또는 반도체 레이저 등이 될 수 있다. 전압원 v_s와 저항 R_s은 입력장치 테브난 등가회로로 표현되고 마이크, 광 센싱 가변저항, 또는 라디오 안테나로 사용될 수 있다.

그림 14.25*a*에 나와있는 점선으로 표시된 회로망의 주파수 영역 테브난 등가회로를 구하라.

입력장치에 연결된 회로의 테브난 등가회로를 구할 수 있다. 그 양은 종종 증폭기 회로의 **입력 임피던스**(*input impedance*)라고 불리운다. 해당 입력 임피던스를 구하기 위해 먼저 주파수-영역으로 등가 회로를 변환한 후, 그림 14.25*b*와 같이 1 A 시험전원으로 입력장치(v_s와 R_s)를 대치한다. 입력 임피던스 $\mathbf{Z}_{\text{in}}$은

$$\mathbf{Z}_{\text{in}} = \frac{\mathbf{V}_{\text{in}}}{1}$$

이다. 또는 간단하게 $\mathbf{V}_{\text{in}}$으로 표시된다. 해당 값을 1 A 전원, 저항, 커패시터 그리고/또는 독립전원 변수 g 항에 대한 수식으로 구할 수 있다.

입력 부분에서 하나의 마디 방정식을 세우면

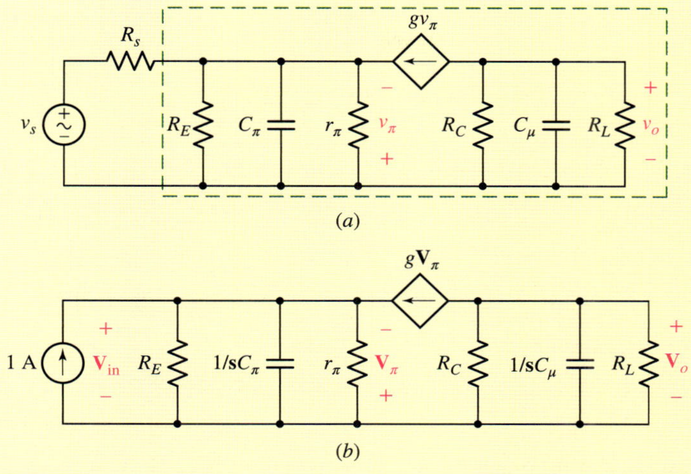

그림 14.25 (a) '공통 베이스' 트랜지스터 연산증폭기를 위한 등가회로. (b) v_s와 R_s로 표현되는 입력전원 대신 1 A 테스트 전원을 가지고 있는 주파수 영역 등가회로.

$$1 + g\mathbf{V}_\pi = \frac{\mathbf{V}_{\text{in}}}{\mathbf{Z}_{\text{eq}}}$$

이며, 여기서

$$\mathbf{Z}_{\text{eq}} \equiv R_E \left\| \frac{1}{\mathbf{s}C_\pi} \right\| r_\pi = \frac{R_E r_\pi}{r_\pi + R_E + \mathbf{s}R_E r_\pi C_\pi}$$

이다. 그림 14.25b에서 알 수 있듯이 $\mathbf{V}\pi = -\mathbf{V}_{\text{in}}$이므로, 다음과 같이 된다.

$$\mathbf{Z}_{\text{in}} = \mathbf{V}_{\text{in}} = \frac{R_E r_\pi}{r_\pi + R_E + \mathbf{s}R_E r_\pi C_\pi + gR_E r_\pi}$$

익힘문제 14.20

s-영역에서 그림 14.26의 회로에서 1 Ω에 연결된 노턴 등가회로를 구하라.

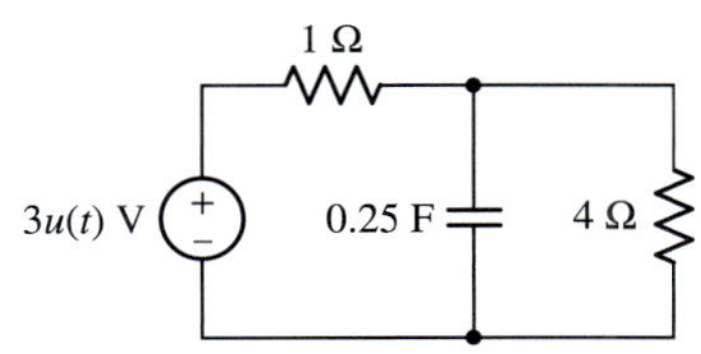

그림 14.26

답: $\mathbf{I}_{sc} = 3(\mathbf{s} + 1)/4\mathbf{s}$ A; $\mathbf{Z}_{th} = 4/(\mathbf{s} + 1)$ Ω.

14.10 극, 영점 그리고 전달함수

이 절에서는 (회로 뿐만 아니라 다양한 전기, 전자, 제어 영역에서) 시스템 응답을 구하는 데 있어서 매우 유용한 **극점**(*poles*), **영점**(*zeros*) 그리고 **전달함수**(*transfer function*)의 개념을 소개한다.

그림 14.27a의 간단한 회로를 고려하면 **s**-영역 등가회로는 그림 14.27b로 주어진다. 그리고 마디 해석을 하면 다음과 같다.

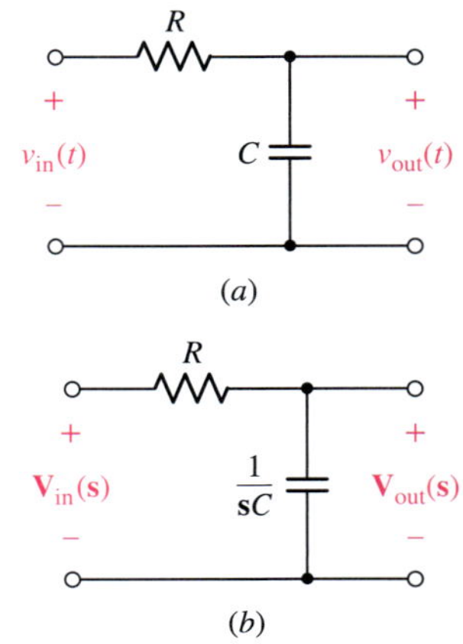

그림 14.27 (a) 입력전압과 출력전압으로 분류된 간단한 저항-커패시터 회로. (b) **s**-영역 등가회로.

$$0 = \frac{\mathbf{V}_{\text{out}}}{1/\mathbf{s}C} + \frac{\mathbf{V}_{\text{out}} - \mathbf{V}_{\text{in}}}{R}$$

$\mathbf{V}_{\text{out}}$에 대해 풀면, 다음과 같이 된다.

$$\mathbf{V}_{\text{out}} = \frac{\mathbf{V}_{\text{in}}}{1 + \mathbf{s}RC}$$

또는

$$\mathbf{H}(\mathbf{s}) \equiv \frac{\mathbf{V}_{\text{out}}}{\mathbf{V}_{\text{in}}} = \frac{1}{1 + \mathbf{s}RC} \qquad [31]$$

여기서 **H(s)**는 회로의 **전달함수**(*transfer function*)이고, 입력에 대한 출력의 비로 정의된다. 우리는 동일한 회로에 대해 입력 또는 출력 전류량으로 다른 전달함수를 정의하여 회로를 표현할 수 있다. 회로 구성도들은 일반적으로 왼쪽에서 오른쪽으로 읽는다. 그래서 회로 설계자들은 종종 구성도의 왼쪽에 회로의 입력을 오른쪽에 출력단자를 배치한다.

전달함수의 개념은 매우 중요하고 공학의 회로 해석뿐만 아니라 다른 영역으로 사용된다. 이것에 대해서는 두 가지 이유가 있다. 첫째, 특별한 회로의 전달함수를 알고 있다면 어떤 입력으로부터 유도되는 출력을 쉽게 구할 수 있다. 우리가 출력을 알아내기 위한 필요로 하는 작업은 **s**-영역 입력 신호를 **H(s)**에 곱하고, 출력 수식을 역변환하는 것이다. 두 번째, 전달함수의 형태는 특별한 회로 또는 시스템에 대한 많은 정보를 가지고 있다.

우리가 시스템의 안정도를 평가하기 위해, 전달함수 **H(s)**의 극점과 영점들을 구할 필요가 있다. 방정식 [31]은 다음과 같이 쓰여진다.

$$\mathbf{H}(\mathbf{s}) = \frac{1/RC}{\mathbf{s} + 1/RC} \qquad [32]$$

전달 함수의 크기를 계산할 때 $+\infty$와 $-\infty$를 동일한 주파수로 간주하는 것이 일반적이다. 그러나 양과 음의 매우 큰 값의 ω에서의 위상각이 같을 필요는 없다.

이 함수의 크기는 $\mathbf{s} \to \infty$로 갈 때 **영**(*zero*)으로 접근한다. 그러므로 $\mathbf{s} = \infty$일 때 **H(s)**는 0이라고 말할 수 있다. 이 함수는 $\mathbf{s} = -1/RC$일 때 무한대로 접근하므로 **H(s)**는 $\mathbf{s} = -1/RC$일 때 **극점**(*pole*)을 가진다고 말할 수 있다. 이 주파수들은 **임계 주파수**(*critical frequencies*)로 불리어 진다.

극-영점 분포

시스템 안정성 정보를 얻을 수 있도록 전달 함수의 극점과 영점을 시각화 해주는 유용한 방법이 있다. 바닥 위에 넓은 고무판을 깔았다고 상상하여 **s**평면을 시각화 해보자. 이제 모든 극점과 영점에 대해 각 영점에서는 고무판을 압핀으로 마루에 고정하고 각 극점에는 수직봉으로 고무판을 받쳐 올린다. 무한대에 있는 영점과 극점에서는 각각 지름이 큰 고정고리 또는 높은 원형담장으로 처리하면 된다. 만일 무한히 넓고 무게가 없는 완전탄성체판을 사용하고 무한히 작은 핀으로 고정하며 지름이 0이고 무한히 긴 막대로 받친다고 가정하면 고무판은 응답의 진폭에 비례하는 높이를 나타내게 될 것이다.

이제 임피던스 **Z(s)**와 같은 주파수 함수의 모든 임계 주파수를 **s**평면에 나타낸 **극-영점분포도**(*pole-zero constellation*)라고 불리우는 극점과 영점들의 배치를 생각해 보자. 그림 14.28는 어떤 임피던스 **Z(s)**의 극-영점분포도를 보인 것이다. 이에 대응해서 영점인 $\mathbf{s} = -2 + j0$을 압핀으로 고정하고 극 $\mathbf{s} = -1 + j5$와 $\mathbf{s} = -1 - j5$

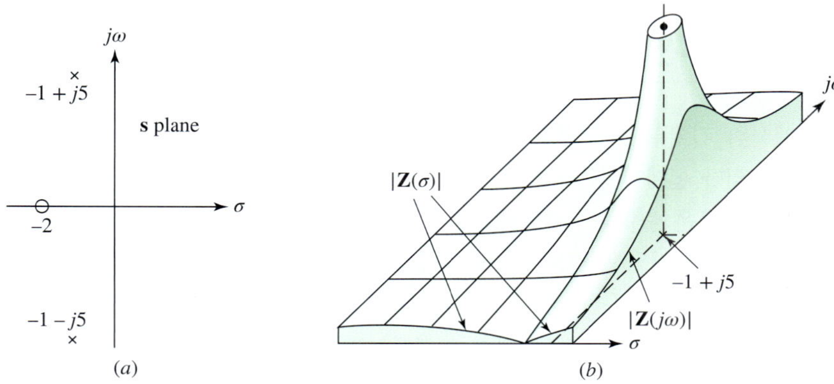

그림 14.28 (*a*) 어떤 임피던스 **Z**(**s**)의 극-영점 분포. (*b*) **Z**(**s**)의 고무판 모델의 일부분.

에서 막대를 받친 고무판 모델을 그리면 2개의 산과 하나의 분화구를 가지는 모양이 될 것이다. 그림 14.28*b*는 이 모델의 좌반평면의 상측 부분을 나타낸 것이다.

다음에는 이 극-영점분포를 가지는 **Z**(**s**)의 식을 구해보자. 분자에는 영인자 ($\mathbf{s}+2$), 그리고 분모에는 2개의 극인자 ($\mathbf{s}+1-j5$)와 ($\mathbf{s}+1+j5$)가 있어야 한다. 그러면 비례상수 k를 제외한 **Z**(**s**)의 형태가 다음과 같이 결정된다.

$$\mathbf{Z}(\mathbf{s}) = k\frac{\mathbf{s}+2}{(\mathbf{s}+1-j5)(\mathbf{s}+1+j5)}$$

또는

$$\mathbf{Z}(\mathbf{s}) = k\frac{\mathbf{s}+2}{\mathbf{s}^2+2\mathbf{s}+26} \qquad [33]$$

Z(**s**)에 관한 다른 또 하나의 정보만 주면 k도 결정된다. 예를 들어 $\mathbf{Z}(0) = 1$이라 하면 이를 식 [33]에 대입함으로써 $k = 13$을 얻으며, **Z**(**s**)는 다음과 같이 구해진다.

$$\mathbf{Z}(\mathbf{s}) = 13\frac{\mathbf{s}+2}{\mathbf{s}^2+2\mathbf{s}+26} \qquad [34]$$

σ에 대한 $|\mathbf{Z}(\sigma)|$ 곡선과 ω에 대한 $|\mathbf{Z}(j\omega)|$ 곡선을 정확히 그리려면 식 [34]을 사용해야겠지만, 함수의 일반형태는 극-영점분포도 및 고무판 모델로부터 알 수 있다. 이들 두 곡선의 일부가 그림 14.28*b*에 보인 모델의 절단면에 나타나 있다.

익힘문제 14.21

40 μF와 5 Ω의 병렬회로와 0.25 mH와 5 Ω의 병렬회로가 직렬로 연결되어 있다.

(a) 이 회로의 입력 임피던스 $\mathbf{Z}_{\text{in}}(\mathbf{s})$을 구하라.
(b) $\mathbf{Z}_{\text{in}}(\mathbf{s})$의 모든 영점을 구하라.
(c) $\mathbf{Z}_{\text{in}}(\mathbf{s})$의 모든 극점을 구하라.
(d) 극-영점 분포를 그려라.

답: $5(\mathbf{s}^2 + 10{,}000\mathbf{s} + 10^8)/(\mathbf{s}^2 + 25{,}000\mathbf{s} + 10^8)$ Ω; $-5 \pm j8.66$ krad/s; -5, -20 krad/s.

14.11 콘벌루션

s-영역에서의 기술들은 특별한 회로의 전류와 전압응답을 결정하는 데 매우 유용하다. 그러나 실제에서는 임의의 소자로 구성된 회로를 보통 다루게 되기에, 매 시간 마다 새로운 출력을 결정하는 효율적인 방법이 필요하다. 이는 **시스템 함수**(*system function*)라고 불리는 전달함수에 의해 기본적인 회로를 기술함으로써 쉽게 출력을 구할 수 있다.

분석방법은 일반적으로는 주파수 영역에서 더 유용하지만, 시간 영역 또는 주파수 영역에서 모두 사용될 수 있다. 이것은 간단한 4단계 과정을 거친다.

1. 회로 시스템 함수를 구한다(만약 알지 못한다면).
2. 적용될 수 있는 구동함수의 라플라스 변환을 구한다.
3. 이 함수와 시스템 함수를 곱한다.
4. 출력을 구하기 위해 3번 단계의 곱에 대해 역변환을 수행한다.

이 방법을 통해 상대적으로 복잡한 적분식을 **s**에 대한 함수로 간단히 하고, 미적분의 계산을 대수적 곱셈과 나눗셈으로 대치할 수 있다.

임펄스 응답

초기에 저장된 에너지는 없고 구동 함수 $x(t)$가 인가된 선형 전기망(linear electrical network) N을 살펴보자. 이 회로의 어떠한 지점에서 응답 함수 $y(t)$가 나타난다. 그림 14.29a에서 전체적인 시간 함수의 개요 함께 블록도가 나타나 있다. 구동함수는 $a < t < b$ 사이에 존재한다. 그러므로 $y(t)$는 $t > a$인 경우에 존재한다.

우리가 구하려고 하는 문제는 다음과 같다. **"만약 우리가 $x(t)$ 형태를 알고 있다면 $y(t)$를 어떻게 설명할 것인가?"** 이 질문의 해답을 얻기 위하여 선형 전기망 N에 대한 어떠한 정보(가령 구동함수가 단위 임펄스 $\delta(t)$일 때의 응답)를 알아낼 필요가 있다. 즉, 그림 14.29b에서 보여주듯이 $t = 0$에서 단위 임펄스가 구동함수로 제공될 때 유도된 응답 함수 $h(t)$를 알 수 있다. 함수 $h(t)$는 일반적으로 단위 임펄스응답 함수 또는 **임펄스 응답**(*impulse response*)이라 한다.

라플라스 변환에 대한 우리의 지식을 바탕으로 약간 다른 관점으로 이것을 볼 수 있다. $x(t)$를 $\mathbf{X(s)}$로 그리고 $y(t)$를 $\mathbf{Y(s)}$로 변환하면 시스템 전달함수 $\mathbf{H(s)}$를 아래와 같이 정의한다.

$$\mathbf{H(s)} \equiv \frac{\mathbf{Y(s)}}{\mathbf{X(s)}}$$

만약 $x(t) = \delta(t)$라면 표 14.1에 따라서 $\mathbf{X(s)} = 1$이다. 그러므로 $\mathbf{H(s)} = \mathbf{Y(s)}$이고 이 예에서는 $h(t) = y(t)$이다.

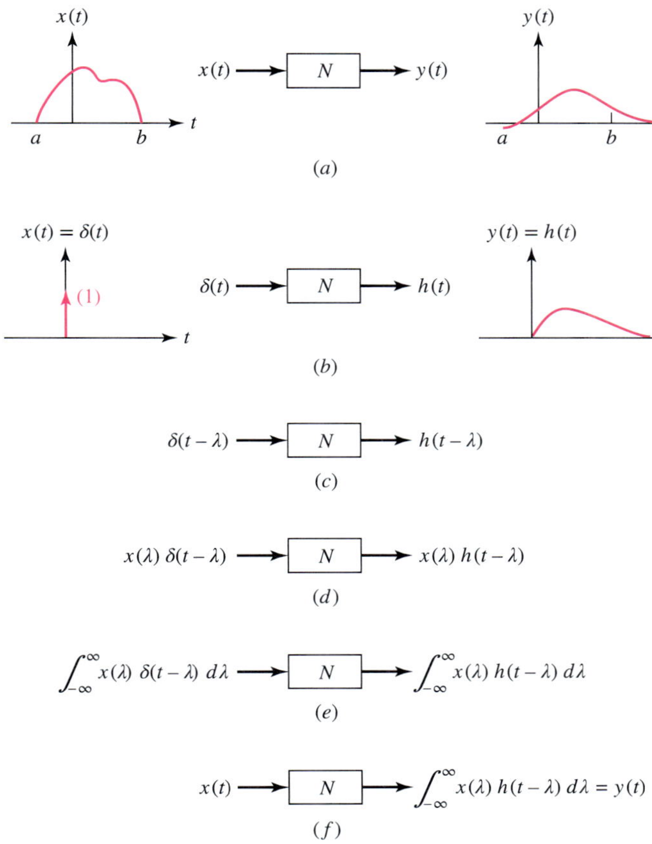

그림 14.29 콘벌루션 적분에 대한 개념적인 발전.

$t = 0$인 시간에 단위 임펄스를 적용하는 대신에 $t = \lambda$인 시간에 적용한다고 가정하자. 그러면 출력의 유일한 변화는 시간 지연인 것을 알 수 있다. 그러므로 그림 14.29*c*에서 보여주듯이 입력이 $\delta(t - \lambda)$일 때 출력은 $h(t - \lambda)$가 된다. 다음으로 입력 임펄스의 세기가 1이 아닌 경우, 특히 임펄스의 세기가 $t = \lambda$일 때의 $x(t)$값과 같은 경우를 생각하자. $x(\lambda)$값은 상수이므로 입력이 $x(\lambda)\delta(t - \lambda)$로 바뀐다면, 그림 14.29*d*에서 보여주듯이 응답은 $x(\lambda)h(t - \lambda)$가 된다.

이제 λ의 모든 가능한 값에 대한 입력을 합하고 선형 전기망 *N*에 대한 구동함수로서 이 결과를 사용하자. 출력에 대한 선형 법칙은 λ의 모든 가능한 값들의 사용으로부터 발생되는 응답의 합과 같아야 한다. 간단히 말하면 그림 14.29*e*에서 보여주듯이 입력의 적분은 출력의 적분을 만들어 낸다. 그러나 여기서 입력은 무엇인가? 단위 임펄스의 시프팅 특성[3]에 의해서 입력은 간단하게 원래의 입력인 $x(t)$이다. 그러므로 그림 14.29*e*는 그림 14.29*f*로 표현될 수 있다.

3 임펄스의 시프팅 특성은 14.5절에서 언급한 대로 $\int_{-\infty}^{\infty} f(t)\delta(t-t_0)dt = f(t_0)$이다.

콘벌루션 적분

만약 시스템 N에 대한 입력이 구동함수 $x(t)$라면 그림 14.29a에서 보여주듯이 출력은 $y(t)$ 함수이다. 그러므로 그림 14.29f로부터 다음과 같이 된다.

$$y(t) = \int_{-\infty}^{\infty} x(\lambda)h(t-\lambda)d\lambda \qquad [35]$$

이것은 중요한 관계식이며 **콘벌루션 적분**(*convolution integral*)으로 널리 알려져 있다. 한마디로 말해, 이 마지막 수식은 출력은 입력과 임펄스응답의 콘벌루션 적분 결과값이라는 것을 나타낸다. 이것은 종종 아래와 같은 수식으로 간략화 된다.

$$y(t) = x(t) * h(t)$$

▌ 새 표기('*')와 곱셈 표기를 혼동하지 말라.

여기서 *는 '콘벌루션'이라 읽는다.

식 [35]는 때때로 약간 다른 등가 형태로 표현된다. 만약 $z = t - \lambda$라고 놓으면 $d\lambda = -dz$이고, $y(t)$는

$$y(t) = \int_{\infty}^{-\infty} -x(t-z)h(z)dz = \int_{-\infty}^{\infty} x(t-z)h(z)dz$$

이고, 적분변수로 사용하는 기호는 바꾸어도 되므로 아래와 같이 쓸 수 있다.

$$\begin{aligned} y(t) = x(t) * h(t) &= \int_{-\infty}^{\infty} x(z)h(t-z)dz \\ &= \int_{-\infty}^{\infty} x(t-z)h(z)dz \end{aligned} \qquad [36]$$

콘벌루션과 실현가능한 시스템

식 [36]은 매우 일반적인 관계식이어서 모든 선형 시스템에 적용 가능하다. 그러나 우리는 실존하거나 또는 물리적으로 **실현가능한 시스템**(*physically realizable systems*)에 관심이 있는데 그러한 시스템에 있어서는 콘벌루션 적분을 약간 수정할 수 있다. 이러한 시스템에서는 구동함수를 인가하기 전에 응답이 있을 수는 없다. 특별히 $h(t)$는 $t = 0$일 때 단위임펄스를 인가하였을 경우의 시스템 응답이므로 $h(t)$는 $t < 0$에서는 존재하지 않는다. 따라서 식 [36]의 두 번째 적분식에서 $z < 0$일 때 적분은 0이고, 첫 번째 적분식에서는 $(t - z)$가 음수, 다시 말해서 $z > t$일 때 적분은 0이 된다. 그러므로 실현가능한 시스템에 대해서는 콘벌루션 적분에서 적분한계가 다음과 같이 간단히 된다.

$$\boxed{\begin{aligned} y(t) = x(t) * h(t) &= \int_{-\infty}^{t} x(z)h(t-z)dz \\ &= \int_{0}^{\infty} x(t-z)h(z)dz \end{aligned}} \qquad [37]$$

식 [36]과 [37]은 둘 다 유용하지만 실현가능한 선형시스템에 대해서는 식 [37]이 더 적합하다.

콘벌루션의 도식적인 방법

임펄스 응답의 중요성을 더 논하기 전에, 콘벌루션 적분의 계산법에 대한 예시를 살펴 보자. 수식은 간단하지만 정적분의 계산, 특히 적분한계를 정하는 문제가 좀 까다롭다.

입력의 크기가 1 **V**이고 1 s 동안 지속되며 $t = 0$에서 시작하는 장방형 전압펄스라고 가정하면

$$x(t) = v_i(t) = u(t) - u(t-1)$$

이다. 또한 이 회로의 임펄스응답이 다음과 같은 지수함수로 가정하자.

$$h(t) = 2e^{-t}u(t)$$

출력전압 $v_o(t)$는 적분형으로 다음과 같이 쓸 수 있다.

$$\begin{aligned} y(t) &= v_o(t) = v_i(t) * h(t) = \int_0^{\infty} v_i(t-z)h(z)dz \\ &= \int_0^{\infty} [u(t-z) - u(t-z-1)][2e^{-z}u(z)]dz \end{aligned}$$

$v_o(t)$를 구하는 것이 어렵지는 않지만 단위계단함수가 많아 복잡하다. 피적분함수가 0인 적분 범위를 주의하여 구해야 한다.

콘벌루션 적분이 무엇인지 이해하도록 도와주는 몇 개의 도식적인 방법을 사용하여 보자. 그림 14.30과 같이 여러 개의 z축을 그린다. $v_i(t)$가 주어지면 $v_i(z)$도 역시 알게 되며 이것을 그림 14.30a에 그렸다. 함수 $v_i(-z)$는 $v_i(z)$를 세로축에 대해 회전한 것으로 그림 14.30b에 이것을 보였다. 다음으로 $v_i(t-z)$를 나타내고 싶은데 이것은 그림 14.30c와 같이 $v_i(-z)$를 $z = t$만큼 오른쪽으로 옮긴 것이다. 다음에는 그림 14.30d와 같이 임펄스응답 $h(z) = 2e^{-z}u(z)$을 그렸다.

마지막으로 두 함수 $v_i(t-z)$와 $h(z)$의 곱을 그림 14.30e에 보였다. $h(z)$는 $t = 0$ 이전에는 존재하지 않고 $v_i(t-z)$는 $z > t$인 경우에는 존재하지 않으므로 이들 두 함수의 곱은 $t < 1$인 경우에는 $0 < z < t$인 기간 동안에만 0이 아닌 값을 갖고, $t > 1$일 경우에는 $t - 1 < z < t$인 동안 0이 아닌 값을 가진다. 곱의 곡선 아래의 넓이(그림에서 빗금친 부분)는 그림 14.30c에서 선택된 t의 특정값에 대응하는 v_0가 된다. t가 0에서 1까지 증가함에 따라 곱의 곡선 아래의 넓이는 계속 증가하고 따라서 $v_o(t)$도 상승한다. 그러나 $t = 1$보다 큰 경우는 t가 증가함에 따라 곱의 곡선 아래의 넓이 $v_o(t)$는 감소하기 시작하여 0에 접근한다. $t < 0$에 대해서는 $v_i(t-z)$와 $h(z)$를 나타내는 곡선이 전혀 겹치지 않으므로 곱의 곡선 아래의 넓이는 분명히 0이다. $v_o(t)$를 나타내는 식을 구하기 위하여 도식적인 개념을 이용하여 보자.

0과 1 사이에 있는 t에 대해서는 $z = 0$부터 $z = t$까지 적분하여야 하고 t가 1보다 클 때는 적분범위는 $t - 1 < z < t$이다. 따라서 아래와 같이 쓸 수 있다.

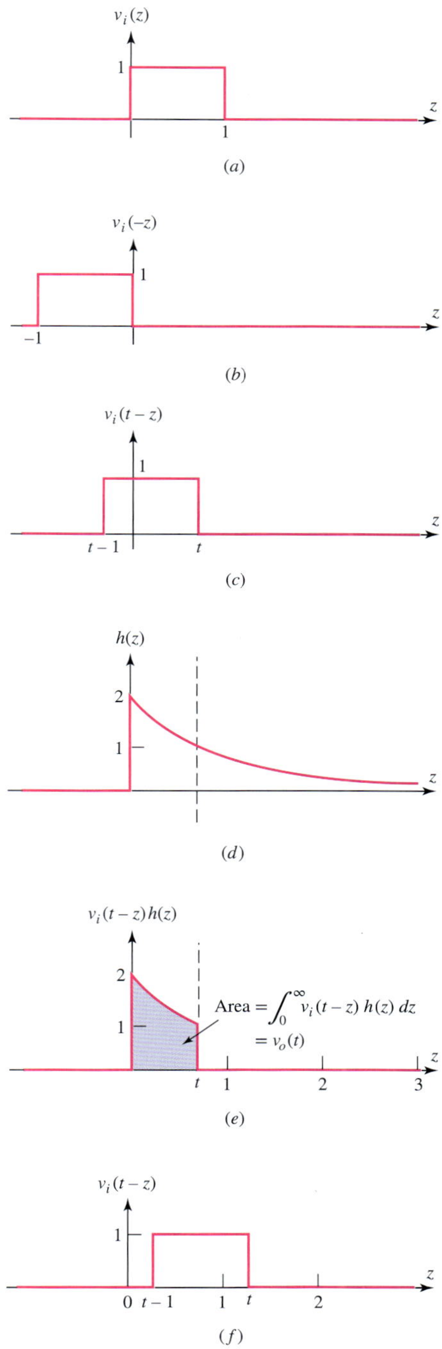

그림 14.30 콘벌루션 적분을 평가하는 도식적인 개념.

$$v_0(t) = \begin{cases} 0 & t < 0 \\ \int_0^t 2e^{-z}dz = 2(1-e^{-t}) & 0 \le t \le 1 \\ \int_{t-1}^t 2e^{-z}dz = 2(e-1)e^{-t} & t > 1 \end{cases}$$

그림 14.31는 이 함수를 그린 것이며, 이로서 해답을 구하는 것이 완료되었다.

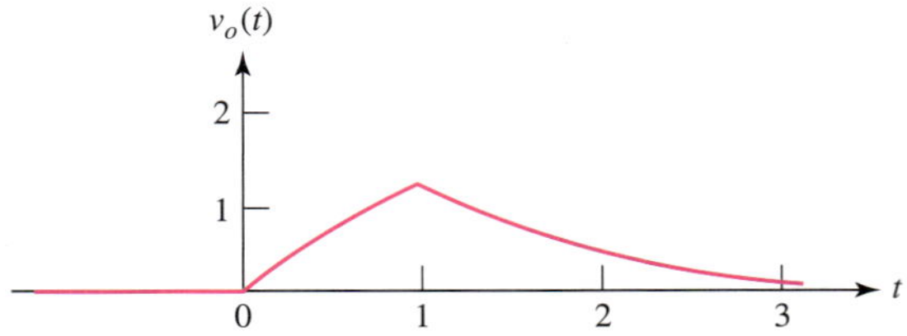

그림 14.31 도식적인 콘벌루션에 의해 얻어진 출력 함수 v_o.

예제 14.18

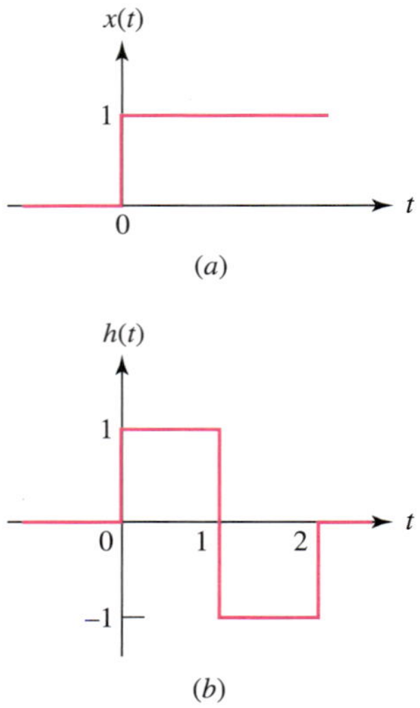

그림 14.32 선형시스템에서 (a) 입력신호 $x(t) = u(t)$. (b) 단위 임펄스응답 $h(t) = u(t) - 2u(t-1) + u(t-2)$에 대한 그림.

임펄스 응답이 $h(t) = u(t) - 2u(t-1) + u(t-2)$인 시스템에 입력으로서 단위 계단함수 $x(t) = u(t)$를 인가하고 대응대는 출력 $y(t) = x(t)*h(t)$를 구하라.

첫 번째 단계는 그림 14.32에서 보여주듯이 $x(t)$와 $h(t)$를 그린다.

임의로 식 [37]의 첫 번째 적분을 계산해 보자.

$$y(t) = \int_{-\infty}^{t} x(z)h(t-z)dz$$

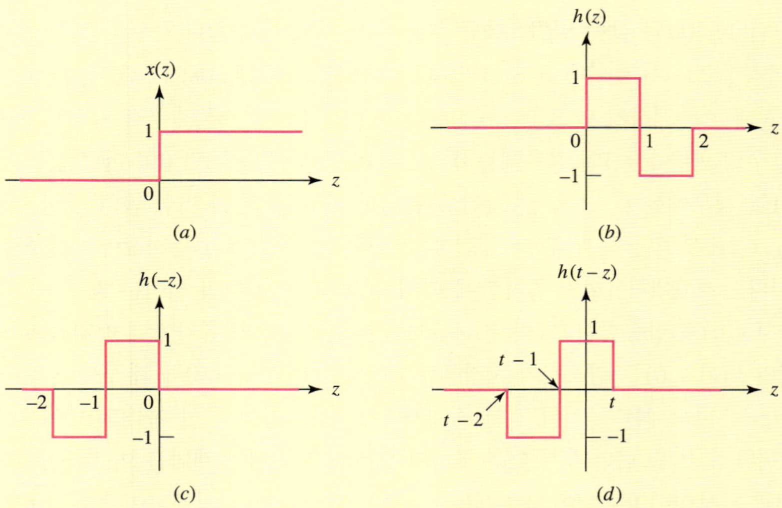

그림 14.33 z의 함수로서 표현된 (a) 입력 신호. (b) 임펄스응답. (c) 수직축에 대해 $h(z)$ 조작으로 인해 얻어진 $h(-z)$. (d) $h(-z)$가 오른쪽으로 t단위 만큼 이동될 때 $h(t-z)$의 결과.

적분 범위를 바르게 택할 수 있도록 일련의 그림을 준비하기로 한다. 그림 14.33은 이런 함수를 차례대로 보인 것이다. z의 함수로서 입력 $x(z)$, 임펄스응답 $h(z)$, $h(z)$를 수직축에 대하여 회전시킨 $h(-z)$, $h(-z)$를 오른쪽으로 t 단위만큼 이동시킨 $h(t-z)$. 여기에서 t의 범위는 $0 < t < 1$로 하였다.

이제 여러 가지 t의 값에 대한 첫 번째 그림 $x(z)$와 마지막 그림 $h(t-z)$의 곱을 알아보는 것이 가능해졌다. t가 0보다 작을 때에는 겹치는 부분이 없으므로

$$y(t) = 0 \qquad t < 0$$

가 된다. 그림 14.33d는 곡선이 $z = 0$에서 $z = t$까지 겹치는 경우를 보인 것이며 각 곡선의 값은 1이므로

$$y(t) = \int_0^t (1 \times 1)dz = t \qquad 0 < t < 1$$

이 된다. t가 1과 2 사이에 있는 경우에는 $h(t-z)$가 충분히 오른쪽으로 와 있어서 $z = 0$에서 $z = t - 1$까지 까지의 음의 구형파 부분이 계단함수 아래에 오게 된다.

$$y(t) = \int_0^{t-1} [1 \times (-1)]dz + \int_{t-1}^t (1 \times 1)dz = -z\Big|_{z=0}^{z=t-1} + z\Big|_{z=t-1}^{z=t}$$

그러므로

$$y(t) = -(t-1) + t - (t-1) = 2 - t \qquad 1 < t < 2$$

이다. 마지막으로 t가 2보다 크게 되면 $h(t-z)$는 모두 $z = 0$ 오른쪽에 있게 되므로 단위계단함수와 완전히 겹치게 되어 다음과 같이 된다.

$$y(t) = \int_{t-2}^{t-1} [1 \times (-1)]dz + \int_{t-1}^t (1 \times 1)dz = -z\Big|_{z=t-2}^{z=t-1} + z\Big|_{z=t-1}^{z=t}$$

또는

$$y(t) = -(t-1) + (t-2) + t - (t-1) = 0 \qquad t > 2$$

이들 네 부분의 $y(t)$를 모아서 만든 연속적인 곡선이 그림 14.34이다.

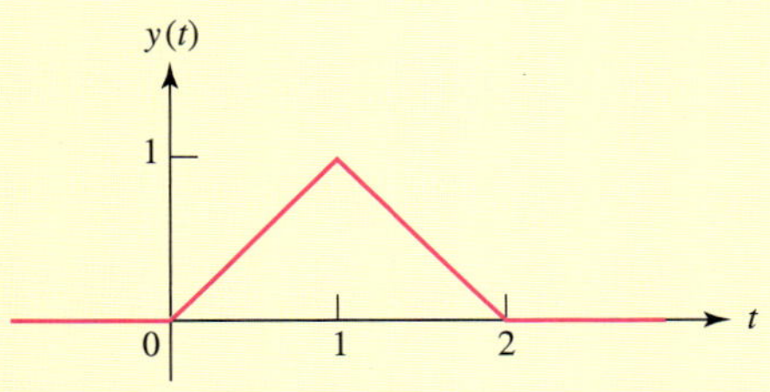

그림 14.34 그림 14.32에서 보여준 $x(t)$와 $h(t)$를 콘벌루션한 결과.

익힘문제 14.22

식 [37]의 두 번째 적분을 사용하여 예제 14.18을 반복하라.

익힘문제 14.23

어떤 망의 임펄스응답이 $h(t) = 5u(t - 1)$로 주어지고 입력 신호 $x(t) = 2[u(t) - u(t - 3)]$이 인가했을 때 다음 시간에서의 $y(t)$를 구하라. t는

(a) -0.5 (b) 0.5 (c) 2.5 (d) 3.5

답: 0, 0, 15, 25.

콘벌루션과 라플라스 변환

콘벌루션은 선형회로 해석뿐만 아니라 영상 처리, 통신 그리고 반도체 전송이론 등의 넓고 다양한 분야에 응용된다. 그러므로 비록 식 [36]과 식 [37]의 적분표현이 언제나 최적의 해석이 아닐지라도 기본적인 진행에 대한 도식적인 관점을 가지게 해 줄 것이다. 이 장에서는 콘벌루션에 대해서 소개하고 있지만 매우 강력한 대안 방법 중 하나는 라플라스 변환의 성질을 사용하는 것이다.

$\mathbf{F}_1(\mathbf{s})$와 $\mathbf{F}_2(\mathbf{s})$를 $f_1(t)$와 $f_2(t)$의 라플라스 변환이라고 할 때 $f_1(t)*f_2(t)$의 라플라스 변환을 나타내면 다음과 같이 된다.

$$\mathscr{L}\{f_1(t) * f_2(t)\} = L\left\{\int_{-\infty}^{\infty} f_1(\lambda)f_2(t-\lambda)d\lambda\right\}$$

일반적으로 이들 시간함수 중 하나는 선형회로의 입력단자에 인가되는 구동함수이고 다른 하나는 이 회로의 단위 임펄스응답이다. 즉 선형회로의 응답은 바로 입력과 임펄스응답의 콘벌루션 적분이다.

$t = 0^-$ 이전에는 시간함수는 존재하지 않는 것으로 취급하고 있기 때문에(라플라스 변환의 정의식에서는 이것을 가정하고 있다) 적분의 하한은 0^-으로 바꿀 수 있다. 그리고 라플라스 변환의 정의에 따라 다음과 같이 된다.

$$\mathscr{L}\{f_1(t) * f_2(t)\} = \int_{0^-}^{\infty} e^{-st}\left[\int_{0^-}^{\infty} f_1(\lambda)f_2(t-\lambda)d\lambda\right]dt$$

e^{-st}는 λ와는 관계가 없으므로 이것을 내부적분 안으로 옮길 수 있다. 이렇게 하고서 적분순서를 바꾸면 다음과 같이 된다.

$$\mathscr{L}\{f_1(t) * f_2(t)\} = \int_{0^-}^{\infty}\left[\int_{0^-}^{\infty} e^{-st} f_1(\lambda)f_2(t-\lambda)dt\right]d\lambda$$

똑같은 방법을 계속하면 $f_1(\lambda)$는 t와는 관계가 없으므로 그것을 내부적분 밖으로 옮길 수 있다.

$$\mathscr{L}\{f_1(t) * f_2(t)\} = \int_{0^-}^{\infty} f_1(\lambda)\left[\int_{0^-}^{\infty} e^{-\mathbf{s}t} f_2(t-\lambda)dt\right]d\lambda$$

그리고 $x = t - \lambda$를 괄호 안의 적분(λ를 상수 취급 가능)에 대입하면 다음과 같이 된다.

$$\begin{aligned}\mathscr{L}\{f_1(t) * f_2(t)\} &= \int_{0^-}^{\infty} f_1(\lambda)\left[\int_{-\lambda}^{\infty} e^{-\mathbf{s}(x+\lambda)} f_2(x)dx\right]d\lambda \\ &= \int_{0^-}^{\infty} f_1(\lambda)e^{-\mathbf{s}\lambda}\left[\int_{-\lambda}^{\infty} e^{-\mathbf{s}x} f_2(x)dx\right]d\lambda \\ &= \int_{0^-}^{\infty} f_1(\lambda)e^{-\mathbf{s}\lambda}[\mathbf{F}_2(\mathbf{s})]d\lambda \\ &= \mathbf{F}_2(\mathbf{s})\int_{0^-}^{\infty} f_1(\lambda)e^{-\mathbf{s}\lambda}d\lambda\end{aligned}$$

나머지 적분항은 라플라스 변환 $\mathbf{F}_1(\mathbf{s})$이므로 구하고자 하는 결과는 다음과 같다.

$$\boxed{\mathscr{L}\{f_1(t) * f_2(t)\} = \mathbf{F}_1(\mathbf{s}) \cdot \mathbf{F}_2(\mathbf{s})} \qquad [38]$$

약간 다르게 표현한다면, 두 변환의 곱의 역변환은 각 역변환의 콘벌루션 적분이라고 할 수 있다. 이것은 역변환을 구하는 데도 유용하게 쓰인다.

예제 14.19

$\mathbf{V}(\mathbf{s})$ $1/[(\mathbf{s}+\alpha)(\mathbf{s}+\beta)]$일 때 콘벌루션 정리를 이용하여 $v(t)$를 구하라.

14.4절에서 사용한 부분분수로 전개하여 역변환을 구한다. 이제 2개 변환들의 곱으로 $\mathbf{V}(\mathbf{s})$를 나타내면

$$\mathbf{V}_1(\mathbf{s}) = \frac{1}{\mathbf{s}+\alpha}$$

그리고

$$\mathbf{V}_2(\mathbf{s}) = \frac{1}{\mathbf{s}+\beta}$$

이다. 여기서

$$v_1(t) = e^{-\alpha t}u(t)$$

그리고

$$v_2(t) = e^{-\beta t}u(t)$$

이다. $v(t)$는 콘벌루션 정리에 의해

$$\begin{aligned}v(t) &= \mathscr{L}^{-1}\{\mathbf{V}_1(\mathbf{s})\mathbf{V}_2(\mathbf{s})\} = v_1(t) * v_2(t) = \int_{0^-}^{\infty} v_1(\lambda)v_2(t-\lambda)d\lambda \\ &= \int_{0^-}^{\infty} e^{-\alpha\lambda}u(\lambda)e^{-\beta(t-\lambda)}u(t-\lambda)d\lambda = \int_{0^-}^{t} e^{-\alpha\lambda}e^{-\beta t}e^{\beta\lambda}\,d\lambda \\ &= e^{-\beta t}\int_{0^-}^{t} e^{(\beta-\alpha)\lambda}d\lambda = e^{-\beta t}\frac{e^{(\beta-\alpha)t}-1}{\beta-\alpha}u(t)\end{aligned}$$

이다. 좀 더 간단하게 표현하면

이런 방법으로 결과를 구하는게 쉬운가? 콘벌루션 적분에 많은 애착이 있지 않은 이상 그렇지 않다! 부분 분수 전개 방법이 대부분의 경우 더 간단하다. 그러나 **s**-영역에서는 곱셈만 하면 되므로 콘벌루션이 쉽다.

$$v(t) = \frac{1}{\beta - \alpha}\left(e^{-\alpha t} - e^{-\beta t}\right)u(t)$$

이 된다. 이것은 부분분수 전개를 이용하여 구한 결과와 똑같다. 모든 (한쪽) 라플라스 변환은 음수가 아닌 시간에 대해서만 유효하므로 이 결과에 단위계단함수 $u(t)$를 삽입해야 함을 주목해야 한다.

익힘문제 14.24

s-영역에서 콘벌루션을 실행하여 예제 14.18를 반복하라.

전달함수에 대한 추가 설명

앞에서도 여러 번 언급하였듯이, 선형회로의 어떤 지점에서의 출력 $v_o(t)$는 입력 $v_i(t)$에 단위 임펄스응답 $h(t)$를 콘벌루션 적분함으로써 얻을 수 있다. 그런데 임펄스응답은 $t = 0$에서 모든 초기조건이 0일 때 단위임펄스를 인가함으로써 얻는 응답이라는 것을 기억해야 한다. 이러한 조건하에서 출력의 라플라스 변환은

$$\mathscr{L}\{v_o(t)\} = \mathbf{V}_0(\mathbf{s}) = \mathscr{L}\{v_i(t) * h(t)\} = \mathbf{V}_i(\mathbf{s})[\mathscr{L}\{h(t)\}]$$

따라서 $\mathbf{V}_o(\mathbf{s})/\mathbf{V}_i(\mathbf{s})$의 비는 임펄스응답의 변환과 같고 이것을 $\mathbf{H}(\mathbf{s})$로 표시하면

$$\mathscr{L}\{h(t)\} = \mathbf{H}(\mathbf{s}) = \frac{\mathbf{V}_o(\mathbf{s})}{\mathbf{V}_i(\mathbf{s})} \qquad [39]$$

이며, 식 [39]로부터 임펄스응답과 전달함수는 서로 라플라스 변환 쌍임을 알 수 있다. 즉

$$h(t) \Leftrightarrow \mathbf{H}(\mathbf{s})$$

이다.

예제 14.20

그림 14.35a의 회로에서 임펄스 응답을 구하고, 이것을 사용하여 입력 $v_{in}(t) = 6e^{-t}u(t)$ V일 때 강제응답 $v_o(t)$를 구하라.

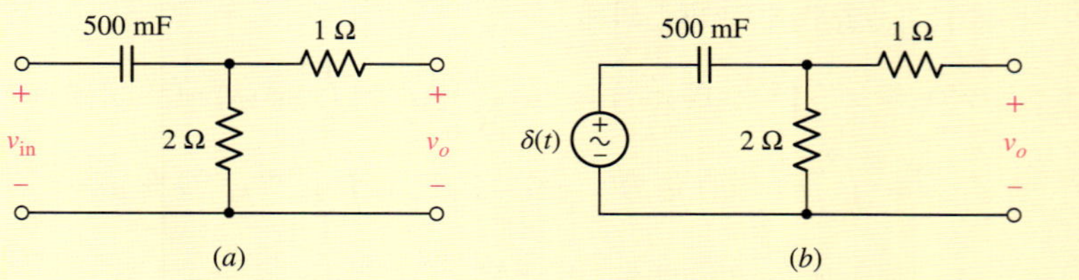

그림 14.35 (a) 지수적인 입력이 $t = 0$일 때 적용되는 간단한 회로. (b) $h(t)$를 구하기 위해 사용된 회로.

우리는 그림 14.35*b*에서 보여주듯이 회로에 임펄스 전압 펄스 $\delta(t)$ V를 연결한다. 비록 우리가 ($h(t)$와 함께) 시간 영역이나 ($\mathbf{H}(\mathbf{s})$와 함께) **s**-영역에서 회로 해석이 모두 가능하지만, 여기에서는 그림 14.36에 나타난 것과 같이 그림 14.35*b*의 **s**-영역 표현을 고려한다.

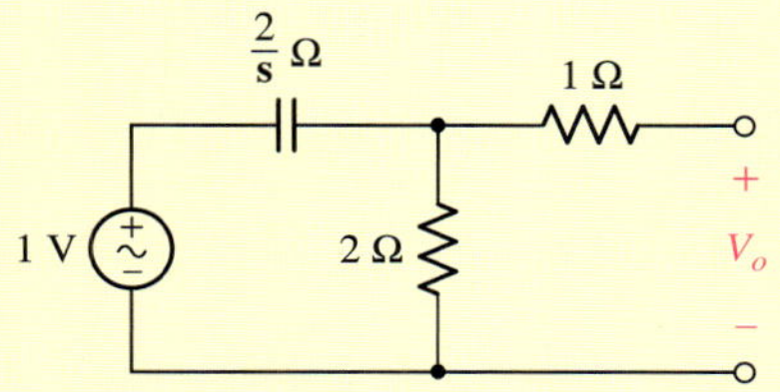

그림 14.36 H(s)를 구하기 위해 사용된 회로.

임펄스응답의 **s**-영역 표현인 $\mathbf{H}(\mathbf{s})$는 다음과 같이 주어진다.

$$\mathbf{H}(\mathbf{s}) = \frac{\mathbf{V}_o}{1}$$

일시적인 목적은 $\mathbf{V}_o$를 구하는 것이다. 이 작업은 간단한 전압분배에 의해 수행된다.

$$\mathbf{V}_o\big|_{v_{\text{in}} = \partial(t)} = \frac{2}{2/\mathbf{s}+2} = \frac{\mathbf{s}}{\mathbf{s}+1} = \mathbf{H}(\mathbf{s})$$

우리는 콘벌루션 정리를 사용하여 $v_{\text{in}} = 6e^{-t}\,u(t)$일 때 $v_o(t)$를 다음과 같이 구한다.

$$v_{\text{in}} = \mathscr{L}^{-1}\{\mathbf{V}_{\text{in}}(\mathbf{s}) \cdot \mathbf{H}(\mathbf{s})\}$$

$\mathbf{V}_{\text{in}}(\mathbf{s}) = 6/(\mathbf{s}+1)$이므로, 다음과 같이 된다.

$$\mathbf{V}_o = \frac{6\mathbf{s}}{(\mathbf{s}+1)^2} = \frac{6}{\mathbf{s}+1} - \frac{6}{(\mathbf{s}+1)^2}$$

역 라플라스 변환을 수행하면 다음과 같다.

$$v_o(t) = 6e^{-t}(1-t)u(t) \quad \text{V}$$

익힘문제 14.25

그림 14.35*a*의 회로에서 콘벌루션을 사용하여 $v_{\text{in}} = tu(t)$ V일 때 $v_o(t)$를 구하라.

답: $v_o(t) = (1 - e^{-t})u(t)$ V.

14.12 전압비 $\mathbf{H(s)} = \mathbf{V}_{out}/\mathbf{V}_{in}$의 합성법

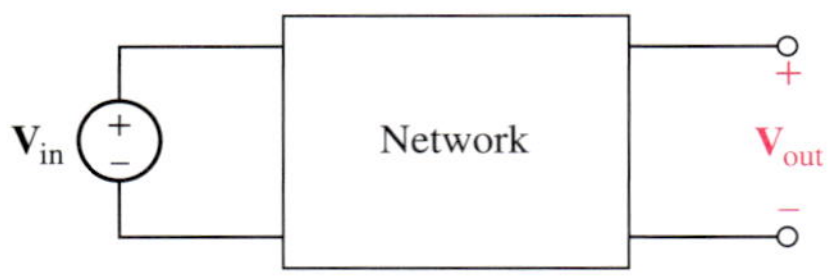

그림 14.37 $\mathbf{H(s)} = \mathbf{V}_{out}/\mathbf{V}_{in}$이 주어지면 회로망의 확실한 $\mathbf{H(s)}$를 구할 수 있다.

이 장에서 공부한 내용 중 많은 것이 전달함수의 극-영점과 관계있는 것들이었다. 임의의 전달함수가 주어졌을 때, 이를 달성하기 위한 회로를 설계하는 방법을 공부하기로 하자. 일반적인 문제를 다루는 것은 피하고 그림 14.37에 나타난 $\mathbf{H(s)} = \mathbf{V}_{out}(\mathbf{s})/\mathbf{V}_{in}(\mathbf{s})$를 다룸으로써 회로합성을 살펴보기로 한다. 문제를 간단히 하기 위하여 $\mathbf{H(s)}$는 그 임계 주파수가 음의 σ축(원점을 포함) 위에 존재하는 경우만을 생각한다. 그러면 전달함수는 다음과 같다.

$$\mathbf{H}_1(\mathbf{s}) = \frac{10(\mathbf{s}+2)}{\mathbf{s}+5}$$

또는

$$\mathbf{H}_2(\mathbf{s}) = \frac{-5\mathbf{s}}{(\mathbf{s}+8)^2}$$

또는

$$\mathbf{H}_3(\mathbf{s}) = 0.1\mathbf{s}(\mathbf{s}+2)$$

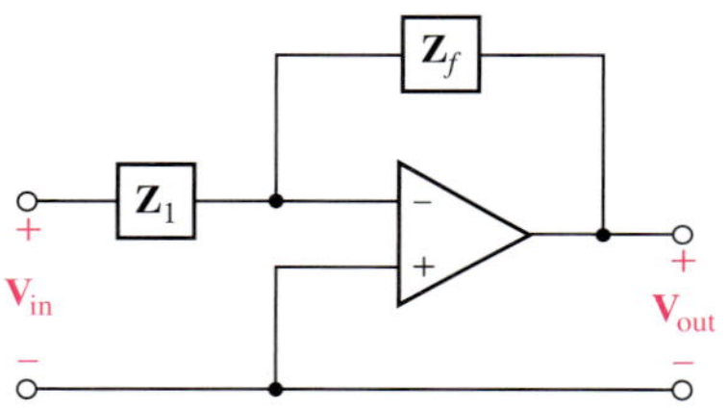

그림 14.38 이상적인 연산 증폭기인 경우, $\mathbf{H(s)} = \mathbf{V}_{out}/\mathbf{V}_{in} = -\mathbf{Z}_f/\mathbf{Z}_1$.

먼저 이상적인 연산 증폭기를 가지는 그림 14.38의 회로망에서 전압이득을 구하기로 한다. 연산 증폭기의 두 입력 단자간의 전압은 0이고, 또 연산 증폭기의 입력 임피던스는 무한대이므로 반전 입력단자에 유입하는 전류의 합을 0이라 놓을 수 있다.

$$\frac{\mathbf{V}_{in}}{\mathbf{Z}_1} + \frac{\mathbf{V}_{out}}{\mathbf{Z}_f} = 0$$

또는

$$\frac{\mathbf{V}_{out}}{\mathbf{V}_{in}} = -\frac{\mathbf{Z}_f}{\mathbf{Z}_1}$$

$\mathbf{Z}_1$, $\mathbf{Z}_f$가 모두 저항기이면 이 회로는 반전 연산증폭기 또는 **감쇠기**(*attenuator*)로서 동작한다. 여기에서는 이들 임피던스 중에 하나는 저항이고 다른 하나는 RC 회로망인 경우를 다루기로 한다.

그림 14.39*a*는 $\mathbf{Z}_1$은 저항 R_1이고, $\mathbf{Z}_f$는 R_f와 C_f가 병렬 결합된 이상적인 연산 증폭기를 나타낸 것이다. 그러므로

$$\mathbf{Z}_f = \frac{R_f/\mathbf{s}C_f}{R_f + (1+\mathbf{s}C_f)} = \frac{R_f}{1+\mathbf{s}C_f R_f} = \frac{1/C_f}{\mathbf{s}+(1/R_f C_f)}$$

그리고

$$\mathbf{H(s)} = \frac{\mathbf{V}_{out}}{\mathbf{V}_{in}} = -\frac{\mathbf{Z}_f}{\mathbf{Z}_1} = -\frac{1/R_1 C_f}{\mathbf{s}+(1/R_f C_f)}$$

이다. 이것은 단일 (유한) 임계 주파수를 가지는(즉, $\mathbf{s} = -1/R_f C_f$에 하나의 극점을 가지는) 전달함수이다.

그림 14.39*b*는 $\mathbf{Z}_f$가 저항이고, $\mathbf{Z}_1$이 RC 병렬회로인 경우이다. 그러므로

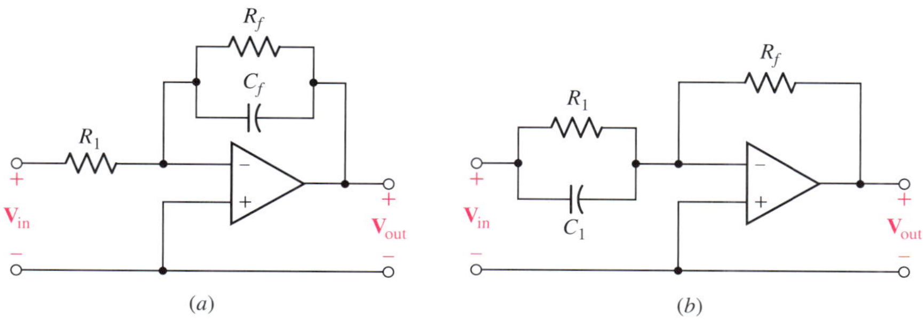

그림 14.39 (a) 전달함수 $\mathbf{H(s)} = \mathbf{V}_{out}/\mathbf{V}_{in}$은 $\mathbf{s} = -1/R_fC_f$에서 극을 가진다. (b) $\mathbf{s} = -1/R_1C_1$에서 영점을 가진다.

$$\mathbf{Z}_1 = \frac{1/C_1}{\mathbf{s} + (1/R_1 C_1)}$$

그리고

$$\mathbf{H(s)} = \frac{\mathbf{V}_{out}}{\mathbf{V}_{in}} = -\frac{\mathbf{Z}_f}{\mathbf{Z}_1} = -R_f C_1\left(\mathbf{s} + \frac{1}{R_1 C_1}\right)$$

이다. 이 전달함수의 (유한) 임계 주파수는 $\mathbf{s} = -1/R_1C_1$에 있는 영점 하나뿐이다.

이상적인 연산 증폭기의 출력 임피던스, 즉 테브난 임피던스는 0이어서 $\mathbf{V}_{out}$ 및 $\mathbf{V}_{out}/\mathbf{V}_{in}$은 출력단자에 접속하는 부하 $\mathbf{Z}_L$에 영향을 받지 않는다. 다른 연산 증폭기의 입력 단자를 접속하는 경우도 마찬가지로 아무런 영향도 받지 않는다. 그러므로 필요한 극과 영점을 가지는 회로들을 **종속**(*cascade*)으로 접속할 수 있게 된다. 이와 같이 한 연산 증폭기의 출력을 직접 다음 연산 증폭기의 입력에 연결함으로써 임의의 원하는 전달함수를 만들어 낼 수 있다.

예제 14.21

다음의 전달함수 $\mathbf{H(s)} = \mathbf{V}_{out}/\mathbf{V}_{in} = 10(\mathbf{s} + 2)/(\mathbf{s} + 5)$를 갖는 회로를 합성하라.

$\mathbf{s} = -5$의 극점은 그림 14.39*a*와 같은 회로망에 의해서 실현할 수 있다. 이 회로망을 *A*라 하면 다음의 관계식 $1/R_{fA}C_{fA} = 5$를 얻는다. 임의로 $R_{fA} = 100\ \text{k}\Omega$을 택하면 $C_{fA} = 2\ \mu\text{F}$이 된다. 이 부분회로의 전달함수는

$$\mathbf{H}_A(\mathbf{s}) = -\frac{1/R_{1A} C_{fA}}{\mathbf{s} + (1/R_{fA} C_{fA})} = \frac{5 \times 10^5/R_{1A}}{\mathbf{s} + 5}$$

이다. 다음에 $\mathbf{s} = -2$ 영점을 생각해 보자. 그림 14.39*b*로부터 $1/R_{1B}C_{1B} = 2$이므로 $R_{1B} = 100\ \text{k}\Omega$을 택하면 $C_{1B} = 5\ \mu\text{F}$를 얻는다. 그러므로

$$\begin{aligned}\mathbf{H}_B(\mathbf{s}) &= -R_{fB} C_{1B}\left(\mathbf{s} + \frac{1}{R_{1B} C_{1B}}\right) \\ &= -5 \times 10^{-6} R_{fB}(\mathbf{s} + 2)\end{aligned}$$

그리고

$$\mathbf{H}(\mathbf{s}) = \mathbf{H}_A(\mathbf{s})\mathbf{H}_B(\mathbf{s}) = 2.5\frac{R_{fB}}{R_{1A}}\frac{\mathbf{s}+2}{\mathbf{s}+5}$$

이다. $R_{fB} = 100\ \text{k}\Omega$, $R_{1A} = 25\ \text{k}\Omega$으로 택하면 설계는 완성되며, 그 결과를 보인 것이 그림 14.40이다. 이 회로의 커패시턴스가 꽤 크게 되어 있는데 이것은 **H(s)**의 극과 영점으로 낮은 주파수를 택했기 때문이고 만일 **H(s)**가 10(**s** + 2000)/(**s** + 5000)이라고 하면 커패시턴스는 2 nF, 5 nF인 것을 사용할 수 있게 된다.

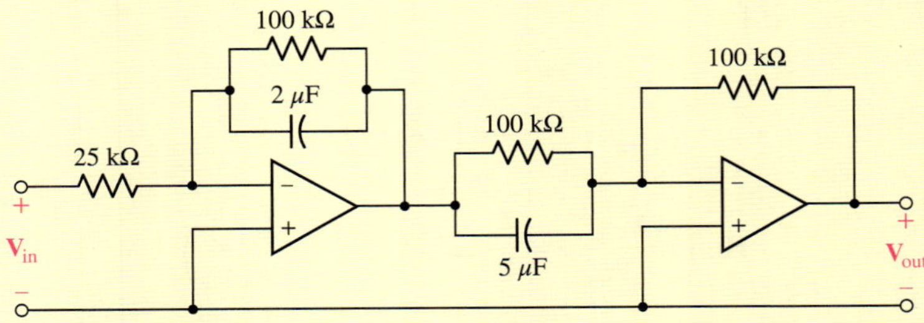

그림 14.40 2개의 이상적인 연산증폭기를 사용하여 전압 전달함수. $\mathbf{H}(\mathbf{s}) = \mathbf{V}_{out}/\mathbf{V}_{in} = 10(\mathbf{s}+2)(\mathbf{s}+5)$를 실현한 회로.

익힘문제 14.26

전달함수 $\mathbf{H}(\mathbf{s}) = -20\mathbf{s}^2/(\mathbf{s} + 1000)$을 실현하는 3계 종속회로에서 각 계의 소자값 $\mathbf{Z}_1$, $\mathbf{Z}_f$들을 구하라.

답: 1 μF∥∞, 1 MΩ; 1 μF∥∞, 1 MΩ; 100 kΩ∥10 nF, 5 MΩ.

실제 문제에의 적용

발진회로의 설계

이 책의 여러 곳에서 정현파에 대응하는 여러 가지 회로들의 특성을 조사하였다. 필요한 정현파의 발생은 그 자체만으로도 매우 흥미로운 주제이다. 크기가 큰 정현파 전압과 전류를 만들기 위해서는 전선의 회전코일과 자석을 사용하는 것이 수월하다. 그러나 그런 방법은 작은 크기 파형으로 쉽게 줄이지 못한다. 저전류를 응용할 경우 좋은 방법은 적당한 증폭회로를 사용하여 **전방향 피드백**(*positive feedback*) 개념을 이용하는 **발진기**(*oscillator*)를 이용하는 것이다. 발진회로는 그림 14.41의 터치 스크린과 같은 많은 소비자 제품에서 없어서는 안 될 요소이다. 이러한 터치 스크린은 정전식 감응(capacitive sensing) 기술을 사용하며, 이는 스크린을 만질 때 발진회로의 교류 결합을 변화시켜 결국 발진 주파수를 변화시키는 원리를 이용한다.

간단하지만 유용한 발진회로는 그림 14.42에서 보여지는 **빈 브리지 발진회로**이다.

이 회로는 비반전 연산증폭기와 비슷한데 반전 입력 핀과 대지사이에 연결된 저항 R_1과 출력과 반전 입력 핀 사이에 연결된 저항 R_f로 구성된다. 저항 R_f 이것은 반전 입력에

그림 14.41 GPS 수신기와 같은 많은 소비자 전자제품들은 기준 주파수를 제공하기 위해 발진회로에 의지한다. (©Aleksandra Suzi/Shutterstock)

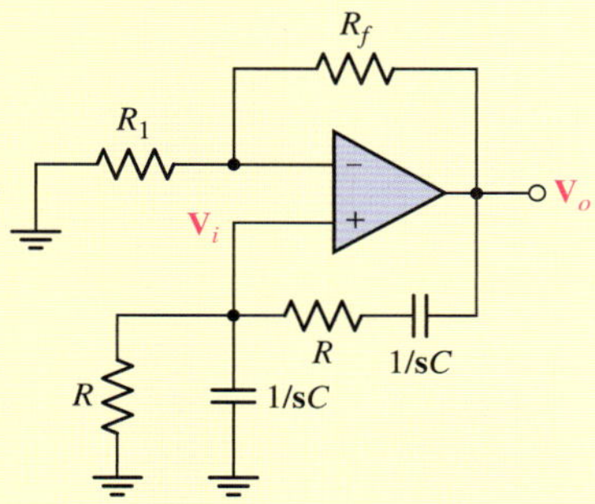

그림 14.42 빈 브리지 발진회로.

대한 증폭기의 출력을 연결하기 때문에 **역방향 피드백 경로**(*negative feedback path*)로 언급되는 어떤 것을 공급한다. 출력의 증가 $\Delta\mathbf{V}_o$는 입력의 감소를 이끌고 피드백 된 것은 조금 더 작은 출력으로 이끈다. 이 과정은 출력전압 $\mathbf{V}_o$의 안정성을 증가시킨다. 연산증폭기의 **이득**(*gain*)은 $\mathbf{V}_i$에 대한 $\mathbf{V}_o$의 비로 정의되고 R_1과 R_f의 상대적인 크기에 의해 결정된다.

전방향 피드백 루프는 $\mathbf{Z}_s = R + 1/\mathbf{s}C$과 $\mathbf{Z}_p = R \| (1/\mathbf{s}C)$로 정의되는 2개의 분리된 저항-커패시터 조합으로 구성된다. 발진기를 설계하기 위해 R과 C에 대해 우리가 선택한 값은 특별한 주파수를 가진다(연산증폭기 자체의 내부 커패시턴스는 얻을 수 있는 최대 주파수를 제한한다). R, C와 발진 주파수와의 관계를 결정하기 위해 증폭기 이득 수식 $\mathbf{V}_o/\mathbf{V}_i$을 구해야 한다.

6장에서 설명한 2개의 이상적인 연산증폭기를 불러오고 그림 14.42의 회로에서 면밀하게 살펴보자. $\mathbf{Z}_p$와 $\mathbf{Z}_s$는 다음과 같은 전압분배의 형태란 것을 인식해야 한다.

$$\mathbf{V}_i = \mathbf{V}_o \frac{\mathbf{Z}_p}{\mathbf{Z}_p + \mathbf{Z}_s} \qquad [40]$$

수식을 간단하게 하기 위해 $\mathbf{Z}_p = R \| (1/\mathbf{s}C) = R/(1 + \mathbf{s}RC)$이고 $\mathbf{Z}_s = R + 1/\mathbf{s}C = (1 + \mathbf{s}RC)/\mathbf{s}C$를 적용하면

$$\frac{\mathbf{V}_i}{\mathbf{V}_o} = \frac{\dfrac{R}{1 + \mathbf{s}RC}}{\dfrac{1 + \mathbf{s}RC}{\mathbf{s}C} + \dfrac{R}{1 + \mathbf{s}RC}} = \frac{\mathbf{s}RC}{1 + 3\mathbf{s}RC + \mathbf{s}^2R^2C^2} \qquad [41]$$

이다. 우리는 증폭기의 정현파 정상상태 운전에 대해서 관심을 갖고 있기 때문에 $\mathbf{s}$를 $j\omega$로 대치한다. 그러면

$$\frac{\mathbf{V}_i}{\mathbf{V}_o} = \frac{j\omega RC}{1 + 3j\omega RC + (j\omega)^2R^2C^2} = \frac{j\omega RC}{1 - \omega^2R^2C^2 + 3j\omega RC} \qquad [42]$$

이다. 이 식의 이득은 $\omega = 1/RC$일 때만 유효하다. 그러므로 R과 C의 값을 선택하여 특별한 주파수 $f = \omega/2\pi = 1/2\pi RC$에서 운전할 수 있도록 증폭기를 설계해야 한다.

예를 들어 음향영역에서 일반적으로 받아들이는 저주파수인 20 Hz의 주파수에서 정현파 신호를 발생시키기 위한 빈 브리지 발진기를 설계하여 보자. 주파수는 $\omega = 2\pi f = (6.28)(20) = 125.6$ rad/s이다. R값을 분명히 하기위해서 필요한 C값이 알려진다. 우리가 1 μF 커패시터를 유용하게 가진다고 가정하면 필요한 저항 $R = 7962\ \Omega$을 계산한다. 이것은 표준 저항 값이 아니므로 필요한 값을 얻기 위해 몇 개의 저항들을 직렬 또는 병렬르 조합해서 사용해야 한다. SPICE를 사용하여 회로를 시뮬레이션하기 위한 준비는 그림 14.42의 뒤쪽을 참조해야 한다. 하여튼 R_f와 R_1을 위한 값들은 일정하지 않다는 것을 주의해야 한다.

비록 식 [40]이 $\mathbf{V}_o$와 $\mathbf{V}_i$ 사이의 관계를 분명히 명시한다고 해도 우리는 이들 양에 대한 관계를 다른 방정식으로 쓸 수 있다.

$$0 = \frac{\mathbf{V}_i}{R_1} + \frac{\mathbf{V}_i - \mathbf{V}_o}{R_f}$$

여기서 다시 쓰면

$$\frac{\mathbf{V}_o}{\mathbf{V}_i} = 1 + \frac{R_f}{R_1} \qquad [43]$$

이다. 식 [42]에서 $\omega = 1/RC$라고 정하면 결과는 다음과 같다.

$$\frac{\mathbf{V}_i}{\mathbf{V}_o} = \frac{1}{3}$$

그러므로 $R_f/R_1 = 2$와 같은 R_1과 R_f의 값을 구할 필요가 있다. 불행하게도 $R_f = 2\ \text{k}\Omega$이고 $R_1 = 1\ \text{k}\Omega$을 선택한 회로에

서 과도적인 SPICE 해석을 진행한다면 결과에 아마 실망하게 될 것이다. 회로가 정말로 불안전(발진을 시작하기 위한 필요조건)하다는 것을 증명하기 위하여 R_f/R_1는 2보다 약간 클 필요가 있다. 최종설계(R = 7962 Ω, C = 1 μF, R_f = 2.01 kΩ, R_1 = 1 kΩ)의 시뮬레이션 출력이 그림 14.43에 보여진다. 발진의 크기는 그림에서 증가되고 있다는 것에 주의해야 한다. 실제로 비선형 전류소자들은 회로의 전압크기를 실제적으로 안정화 시키기 위하여 필요하다.

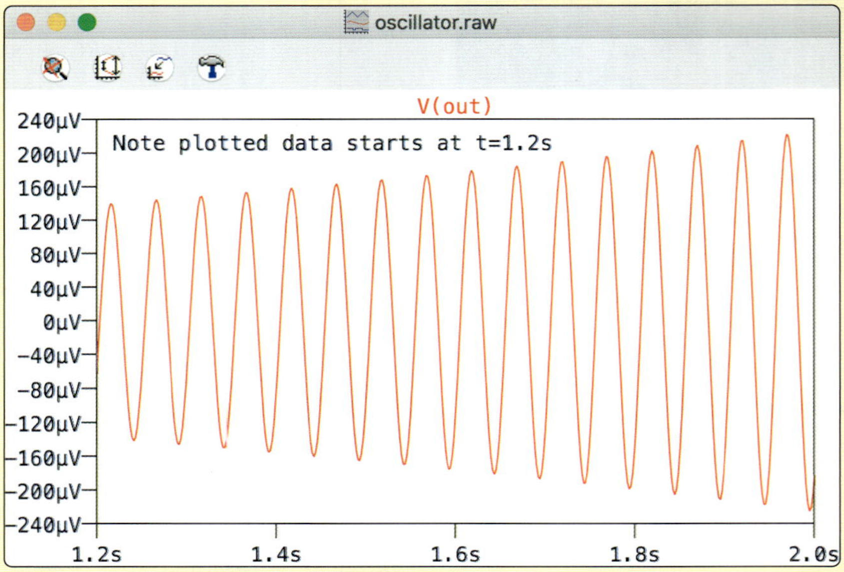

그림 14.43 시뮬레이션 된 발진회로 출력.

요약 및 복습

이 장의 가장 중요한 주제는 라플라스 변환이다. 이 변환은 자주 쓰이는 시간 영역 함수를 주파수 영역 표현으로 바꾸는 데 아주 유용하게 쓰이는 수학적 수단이다. 변환을 다루기 전에 먼저 **s**로 표현되는 복소 주파수를 고려하였다. 복소 주파수는 실수(σ) 부분과 허수(ω) 부분으로 구성되어 있으며 $\mathbf{s} = \sigma + j\omega$라고 쓴다.

라플라스 변환 적분과 역 적분을 직접 하지 않고도 회로 해석을 할 수 있다는 것은 놀랄만한 일이다. 그 대신 조견표를 이용하고 회로 해석을 **s**-영역에서 하면서 구한 **s**-다항식을 좀 더 이해하기 쉬운 작은 항으로 인수분해하면 된다. 그렇게 해도 되는 것은 라플라스 변환 쌍이 유일하기 때문이다. 라플라스 변환과 관련하여 선형 정리, 시간 미분 정리, 시간 적분 정리, 시간 이동 정리, 초기값 정리, 최종값 정리 등 자주 쓰이는 정리들이 있다.

우리는 궁극적으로 커패시터와 인덕터를 적절한 **s**-영역의 임피던스(초기 조건이 포함)로 대체함으로써 앞에서 소개한 다양한 정리들을 활용하고자 한다. 임피던스의 개념(또는 어드미턴스)은 우리가 직접 미적분 방정식의 각 항에 라플라스 변환을 적용하지 않더라도 마디 전압을 설명하는 **s**-영역 방정식, 메쉬 전류 등을 구성할 수 있다.

또한 시스템 전달함수의 개념을 도입하여, 네트워크의 입력을 쉽게 변경하고 그에 따른 새로운 출력을 예측할 수 있었다. 이 방법이 **s**-영역에서 작동한다는 것을 자연스럽게 입증할 수 있었고, 두 시간 영역 함수의 컨볼루션이 **s**-영역에서의 함수값을 곱하여 쉽게 수행되는 것을 보았다.

우리가 모든 **s**-영역 표현식을 그래픽으로 만들 수 있는 복소 주파수 평면도 살펴보았다. 특히, 그것은 쉽게 극과 영점을 파악하는 편리한 수단을 제공한다. 회로에 연결된 전원은 과도 응답 자체의 형태가 아니라 크기를 결정한다. **s**-영역 해석을 통해 네트워크의 자연응답뿐만 아니라 강제응답에 대한 자세한 내용을 확인할 수 있는 것을 알게 되었다.

이 주제는 신호 해석의 향후 학습에서 다시 논의하게 될 것이다. 특히 컨볼루션의 개념은 광범위한 다양한 응용에서 적용된다. 그러나 이 단계에서 독자가 핵심 문제에 집중하고 우리가 공부한 것의 관련 예제를 찾아서 복습을 해야 할 것이다.

- ❑ 복소 주파수 $\mathbf{s} = \sigma + j\omega$는 일반적인 경우이다. 직류($\mathbf{s} = 0$), 지수 함수($\omega = 0$), 그리고 정현파($\sigma = 0$) 함수는 특별한 경우이다.
- ❑ 회로 해석 문제에서 시간 영역 함수를 다음과 같은 한쪽 라플라스 변환을 이용하여 주파수 영역으로 바꾼다:

  $\mathbf{F}(\mathbf{s}) = \int_{0^-}^{\infty} e^{-\mathbf{s}t} f(t)dt$. (예제 14.1)
- ❑ 단위 임펄스 함수로는 회로의 시상수보다 아주 좁은 폭을 갖는 펄스를 이용한다. 단위 임펄스 함수는 한 순간에만 그 값이 0이 아니지만, 그 넓이는 1이다.
- ❑ $\mathscr{L}\{f_1(t) + f_2(t)\} = \mathscr{L}\{f_1(t)\} + \mathscr{L}\{f_2(t)\}$ (가법성)
- ❑ $\mathscr{L}\{kf(t)\} = k\mathscr{L}\{f(t)\}$, k = 상수 (동질성)
- ❑ **s**-영역의 함수들을 표 14.1 같은 변환표에 있는 것처럼 간단히 표현할 수 있는 몇 가지 연산(표 14.2)과 함께 부분 분수 전개 기법을 이용하면 역변환을 구할 수 있다. (예제 14.3, 14.4, 14.5, 14.9)
- ❑ 미분 및 적분 정리를 이용하면 시간 영역의 미적분방정식을 주파수 영역의 간단한 대수방정식으로 바꿀 수 있다. (예제 14.6, 14.7, 14.8)
- ❑ 초기값 정리 및 최종값 정리는 특정한 값 $f(t = 0^+)$ 또는 $f(t \to \infty)$이 필요할 때 유용하다. (예제 14.10)
- ❑ 저항들은 주파수 영역에서 같은 크기를 가지는 임피던스로 표현될 수 있다. (예제 14.11)
- ❑ 인덕터들은 주파수 영역에서 임피던스 $\mathbf{s}L$로 표현될 수 있다. 만약 초기전류가 0이 아니면 임피던스는 전압원 $-Li(0^-)$와 직렬로 또는 전류원 $i(0^-)/\mathbf{s}$와 병렬로 연결된다. (예제 14.11)

- 커패시터들은 주파수 영역에서 임피던스 1/**s**C로 표현될 수 있다. 만약 초기전압이 0이 아니면 전압원 $v(0^-)$/**s**와 직렬로 또는 전류원 $Cv(0^-)$와 병렬로 연결된다. (예제 14.12)
- 회로들은 소스가 없는 회로의 과도 응답을 정하기 위해 **s**-영역 기법을 사용하여 회로를 해석할 수 있다. (예제 14.11, 14.12, 14.13, 14.14, 14.15, 14.16)
- **s**-영역에서의 마디와 메쉬해석은 **s**-다항식 항으로 연립방정식을 이끌어 낸다. MATLAB는 그런 시스템 방정식을 푸는 데 특히 유용한 도구이다. (예제 14.13, 14.14, 14.15)
- **s**-영역에서 중첩, 전원변환, 그리고 테브난과 노튼 정리는 모두 적용된다. (예제 14.16, 14.17)
- 회로 전달함수 **H**(**s**)는 **s**-영역 출력과 **s**-영역 입력의 비로서 정의된다. 이때 입력 또는 출력은 전압이나 전류 모두 가능하다. (예제 14.18, 14.20)
- **H**(**s**)의 영점들은 전달함수의 크기를 0으로 만드는 값들이다. **H**(**s**)의 극점들은 전달함수의 크기를 무한대로 만들어 내는 값들이다.
- 콘벌루션은 임펄스응답 $h(t)$로부터 회로의 출력을 결정하기 위한 분석적이고 도식적인 방법을 제공한다. (예제 14.18, 14.19, 14.20)
- 극과 영점들의 항으로 **s**-영역 표현들을 표현할 수 있는 몇 가지의 도식적인 접근들이 있다. 그런 그림들은 원하는 응답을 얻기 위한 회로의 합성으로 사용될 수 있다. (예제 14.21)
- 단일 연산 증폭기 단계의 영점 또는 극 중 하나를 갖는 전달함수를 합성하는 데 사용할 수 있다. 좀 더 복잡한 함수는 여러 단계를 계단식으로 합성할 수 있다. (예제 14.21)

추천 도서

라플라스 변환에 관하여 쉽게 쓴 문헌이며, 특히 4장에서는 라플라스 변환의 중요한 개념을 설명하였다.

A. Pinkus and S. Zafrany, *Fourier Series and Integral Transforms*, Cambridge, United Kingdom: Cambridge University Press, 1997.

적분 변환을 아주 상세히 다룬 문헌이며, 과학 및 공학 문제에 대한 응용 방법도 다루었다.

B. Davies, *Integral Transforms and Their Applications*, 3rd ed. New York: Springer-Verlag, 2002.

안정도 및 루스 테스트 방법을 다음 문헌의 5장에서 다루었다.

K. Ogata, *Modern Control Engineering*, 4th ed. Englewood Cliffs, N.J.: Prentice-Hall, 2002.

전달함수의 성질과 라플라스 변환 사용, 시스템의 **s**-영역에 관한 좀 더 상세한 관점은 다음에서 구할 수 있다.

K. Ogata, *Modern Control Engineering*, 4th ed. Englewood Cliffs, N.J.: Prentice-Hall, 2002.

발진회로의 다양한 형태에 대한 좋은 논의는 다음에서 구할 수 있다.

R. Mancini, *Op Amps for Everyone*, 2nd ed.Amsterdam:Newnes, 2003.

그리고

G. Clayton and S.Winder, *Operational Amplifiers*, 5th ed. Amsterdam: Newnes, 2003.

연습문제

14.1 복소 주파수

1. 다음 복소수의 켤레 복소수를 구하라.

(a) $8 - j$ (b) $8e^{-9t}$ (c) 22.5 (d) $4e^{j9}$ (e) $j2e^{-j11}$

2. 다음 각 표현의 켤레 복소수를 구하라.

(a) -1 (b) $\dfrac{-j}{5\angle 20^\circ}$ (c) $5e^{-j5} + 2e^{j3}$ (d) $(2 + j)(8\angle 30^\circ)e^{j2t}$

3. 종이에 실수 전압값을 적어 놓았는데 커피를 엎지르는 바람에 반을 알아볼 수 없게 되었다. 보이는 부분이 다음과 같을 때 전압은 얼마인가? 전압의 단위는 V이다.

(a) $5e^{-j50t}$ (b) $(2 + j)e^{j9t}$ (c) $(1 - j)e^{j78t}$ (d) $-je^{-5t}$

4. 다음 각 함수와 관련된 복소 주파수를 구하라.

(a) $f(t) = \sin 100t$ (b) $f(t) = 10$ (c) $g(t) = 5e^{-7t}\cos 80t$

(d) $f(t) = 5e^{8t}$ (e) $g(t) = (4e^{-2t} - e^{-t})\cos(4t - 95^\circ)$

5. 다음 각 함수에 대해서 복소 주파수 **s** 및 **s***를 구하라.

(a) $7e^{-9t}\sin(100t + 9^\circ)$ (b) $\cos 9t$

(c) $2\sin 45t$ (d) $e^{7t}\cos 7t$

6. 실수 상수 A, B, θ, ϕ 등을 이용하여 다음 주파수 성분을 나타내는 실수 시간 함수의 일반적인 형태를 표현하라.

(a) $10 - j3\ \text{s}^{-1}$ (b) $0.25\ \text{s}^{-1}$ (c) $0,\ 1,\ -j,\ 1 + j$ (모두 s^{-1})

7. $Ae^{Bt}\cos(Ct + \theta)$인 전압원이 280 Ω 저항에 연결되어 있다. 수동 부호 규약을 가정하고, $t = 0,\ 0.1,\ 0.5$ s일 때 다음 각 경우의 전류를 구하라.

(a) $A = 1$ V, $B = 0.2$ Hz, $C = 0$, $\theta = 45^\circ$

(b) $A = 285$ mV, $B = -1$ Hz, $C = 2$ rad/s, $\theta = -45^\circ$

8. 이웃집에서 휴대폰을 쓰고 있으면 당신의 랩탑 컴퓨터의 스피커에 간섭이 생긴다. 당신의 컴퓨터 출력 잭에 오실로스코프를 연결하였더니 복소 주파수 $\mathbf{s} = -1 + j200\pi\ \mathrm{s}^{-1}$인 전압 파형을 관찰할 수 있었다.
   (a) 이웃의 움직임에 대해서 어떤 결론을 내릴 수 있는가?
   (b) 복소 주파수의 허수 부분이 갑자기 감소하기 시작하였다. 위에서 내린 결론을 어떻게 바꾸면 되는가?

9. 다음 각 복소 함수의 실수 부분을 구하라.
   (a) $\mathbf{v}(t) = 9e^{-j4t}$ V (b) $\mathbf{v}(t) = 12 - j9$ V
   (c) $5 \cos 100t - j43 \sin 100t$ V (d) $(2 + j)e^{j3t}$ V

10. 어떤 테스트 장치로부터 오는 신호를 측정하니 $v(t) = \mathbf{V}_x\, e^{(-2 + j60)t}$이었다. 여기서 $\mathbf{V}_x = 8 - j100$ V이다.
   (a) 누락된 항이 있다. 누락된 항은 무엇이며, 왜 그것이 누락되었다고 할 수 있는가?
   (b) 신호의 복소 주파수는 얼마인가?
   (c) $\mathrm{Im}\{\mathbf{V}_x\} > \mathrm{Re}\{\mathbf{V}_x\}$라는 사실이 갖는 의미는 무엇인가?
   (d) $|\mathrm{Re}\{\mathbf{s}\}| < |\mathrm{Im}\{\mathbf{s}\}|$라는 사실이 갖는 의미는 무엇인가?

14.2 라플라스 변환의 정의

11. 식 [10]를 이용하여 다음 함수들에 대한 라플라스 변환을 구하는 과정을 보여라.
   (a) $2.1u(t)$ (b) $2u(t - 1)$
   (c) $5u(t - 2) - 2u(t)$ (d) $3u(t - b)$, 여기서 $b > 0$

12. 한쪽 라플라스 변환식을 이용하여 다음 함수들의 s-영역 표현을 구하라.
   (a) $5u(t - 6)$ (b) $2e^{-t}\, u(t)$
   (c) $2e^{-t}\, u(t - 1)$ (d) $e^{-2t} \sin 5t\, u(t)$

13. 식 [10]를 이용하여 다음 함수들에 대한 한쪽 라플라스 변환을 구하는 과정을 보여라.
   (a) $(t - 1)u(t - 1)$ (b) $t^2u(t)$
   (c) $\sin 2t\, u(t)$ (d) $\cos 100t\, u(t)$

14. $\mathscr{L}\{f(t)\} = \mathbf{F}(\mathbf{s})$라 하면 $tf(t)$의 라플라스 변환은 $-\frac{d}{ds}\mathbf{F}(\mathbf{s})$이다. 다음 함수들에 대해 위 관계식을 이용하여 구한 라플라스 변환과 직접 구한 라플라스 변환과 서로 같은지 확인하라.
   (a) $tu(t)$ (b) $t^2u(t)$ (c) $t^3u(t)$ (d) $te^{-t}u(t)$

14.3 간단한 시간 함수의 라플라스 변환

15. 다음 함수들에 대하여 한쪽 라플라스 변환이 존재하는 σ_0의 범위를 구하라.

(a) $t + 4$ (b) $(t + 1)(t - 2)$

(c) $e^{-t/2}u(t)$ (d) $\sin 10t\, u(t + 1)$

16. 식 [10]을 이용하여 $\mathscr{L}\{f(t) + g(t) + h(t)\} = \mathscr{L}\{f(t)\} + \mathscr{L}\{g(t)\} + \mathscr{L}\{h(t)\}$임을 보여라.

17. $f(t)$가 다음과 같을 때, $\mathbf{F(s)}$를 구하라.

(a) $3u(t - 2)$ (b) $3e^{-2t}u(t) + 5u(t)$

(c) $\delta(t) + u(t) - tu(t)$ (d) $5\delta(t)$

18. $g(t)$가 다음과 같을 때, $\mathbf{G(s)}$를 구하라.

(a) $[5u(t)]^2 - u(t)$ (b) $2u(t) - 2u(t - 2)$ (c) $tu(2t)$

19. $\mathbf{F(s)}$가 다음과 같을 때, 식 [11]을 이용하지 말고 $f(t)$를 구하라.

(a) $\frac{1}{\mathbf{s}}$ (b) $11.55 - \frac{2}{\mathbf{s}}$ (c) $\frac{1}{\mathbf{s} + 1.5}$ (d) $\frac{5}{\mathbf{s}^2} + \frac{5}{\mathbf{s}} + 5$

20. $\mathbf{G(s)}$가 다음과 같을 때, 역 라플라스 변환 적분을 사용하지 말고 $g(t)$를 구하라.

(a) $\frac{1.5}{(\mathbf{s} + 9)^2}$ (b) $\frac{2}{\mathbf{s}} - 0$ (c) π (d) $\frac{a}{(\mathbf{s} + 1)^2} - a,\ a > 0$

21. 다음 값을 구하라.

(a) $\delta(t),\ t = 1$ (b) $5\delta(t + 1) + u(t + 1),\ t = 0$

(c) $\int_{-1}^{2} \delta(t)dt$ (d) $3 - \int_{-1}^{2} 2\delta(t)dt$

22. 다음 값을 구하라.

(a) $[\delta(2t)]^2,\ t = 1$ (b) $2\delta(t - 1) + u(-t + 1),\ t = 0$

(c) $\frac{1}{3}\int_{-0.001}^{0.003} \delta(t)dt$ (d) $\frac{1}{2}\left[\int_{-\infty}^{\infty} \delta(t - 1)dt\right]^2$

23. $t = 0$일 때, 다음 값을 구하라.

(a) $\int_{-\infty}^{+\infty} 2\delta(t - 1)dt$ (b) $\frac{\int_{-\infty}^{+\infty} \delta(t + 1)dt}{u(t + 1)}$

(b) $\frac{\sqrt{3\int_{-\infty}^{+\infty} \delta(t - 2)dt}}{[u(1 - t)]^3} - \sqrt{u(t + 2)}$ (d) $\left[\frac{\int_{-\infty}^{+\infty} \delta(t - 1)dt}{\int_{-\infty}^{+\infty} \delta(t + 1)dt}\right]^2$

24. 다음 값을 구하라.

(a) $\int_{-\infty}^{+\infty} e^{-100}\delta\left(t - \frac{1}{5}\right)dt$ (b) $\int_{-\infty}^{+\infty} 4t\delta(t - 2)dt$

(c) $\int_{-\infty}^{+\infty} 4t^2\delta(t - 1.5)dt$ (d) $\frac{\int_{-\infty}^{+\infty} (4 - t)\delta(t - 1)dt}{\int_{-\infty}^{+\infty} (4 - t)\delta(t + 1)dt}$

14.4 역변환 방법

25. **F(s)**가 다음과 같을 때, 역변환을 구하라.

(a) $5+\frac{5}{s^2}-\frac{5}{(s+1)}$

(b) $\frac{1}{s}+\frac{5}{(0.1s+4)}-3$

(c) $-\frac{1}{2s}+\frac{1}{(0.5s)^2}+\frac{4}{(s+5)(s+5)}+2$

(d) $\frac{4}{(s+5)(s+5)}+\frac{2}{s+1}+\frac{1}{s+3}$

26. **G(s)**가 다음과 같을 때, $g(t)$를 구하라.

(a) $\frac{3(s+1)}{(s+1)^2}+\frac{2s}{s^2}-\frac{1}{(s+2)^2}$

(b) $-\frac{10}{(s+3)^3}$

(c) $19-\frac{8}{(s+3)^2}+\frac{18}{s^2+6s+9}$

27. 변환이 다음과 같을 때, 시간 영역 함수를 구하라.

(a) $\frac{s}{s(s+2)}$

(b) 1

(c) $3\frac{s+2}{(s^2+2s+4)}$

(d) $4\frac{s}{2s+3}$

28. **V(s)**가 다음과 같을 때, 역변환을 구하라.

(a) $\frac{s+2}{2s}$

(b) $\frac{s+8}{s}+\frac{2}{s^2}$

(c) $\frac{s+1}{s(s+2)}+\frac{2s^2-1}{s^2}$

(d) $\frac{s^2+4s+4}{s}$

29. s-영역 함수가 다음과 같을 때, 시간 영역 표현을 구하라.

(a) $2\frac{3s+\frac{1}{2}}{s^2+3s}$

(b) $7-\frac{s+\frac{1}{2}}{s^2+3s+2}$

(c) $\frac{2}{s^2}$

(d) $\frac{2}{(s+1)(s+1)}$

(e) $\frac{14}{(s+1)(s+4)(s+5)}$

30. 역 라플라스 변환을 구하라.

(a) $\frac{1}{s^2+9s+20}$

(b) $\frac{4}{s^3+18s^2+17s}$

(c) $\frac{3}{s(s+1)(s+4)(s+5)(s+2)}$

(d) 답을 MATLAB을 이용하여 증명하라.

31. 다음의 **s**-영역 표현에 대한 역 라플라스 변환을 구하라.

(a) $\dfrac{1}{(\mathbf{s}+2)^2(\mathbf{s}+1)}$ (b) $\dfrac{\mathbf{s}}{(\mathbf{s}^2+4\mathbf{s}+4)(\mathbf{s}+2)}$

(c) $\dfrac{1}{\mathbf{s}^2+8\mathbf{s}+7}$ (d) 답을 MATLAB을 이용하여 증명하라.

32. **s**-영역에서의 표현이 다음과 같을 때, 시간 영역 함수를 구하라.

(a) $\dfrac{1}{3\mathbf{s}}-\dfrac{1}{2\mathbf{s}+1}+\dfrac{3}{\mathbf{s}^3+8\mathbf{s}^2+16\mathbf{s}}-1$

(b) $\dfrac{1}{(3\mathbf{s}+5)^2}$ (c) $\dfrac{2\mathbf{s}}{(\mathbf{s}+a)^2}$

33. **G**(**s**)가 다음과 같을 때, $\mathscr{L}^{-1}\{\mathbf{G}(\mathbf{s})\}$를 구하라.

(a) $\dfrac{3\mathbf{s}}{(\mathbf{s}/2+2)^2(\mathbf{s}+2)}$ (b) $3-3\dfrac{\mathbf{s}}{(2\mathbf{s}^2+24\mathbf{s}+70)(\mathbf{s}+5)}$

(b) $2-\dfrac{1}{\mathbf{s}+100}+\dfrac{\mathbf{s}}{\mathbf{s}^2+100}$ (d) $\mathscr{L}\{tu(2t)\}$

34. **s**-영역 함수가 다음과 같을 때, 시간 영역 표현을 구하라.

(a) $\dfrac{1}{(\mathbf{s}+2)^2}$ (b) $\dfrac{4}{(\mathbf{s}+1)^2}$ (c) $\dfrac{1}{\mathbf{s}(\mathbf{s}+4)(\mathbf{s}+6)}$

(d) 답을 MATLAB을 이용하여 증명하라.

14.5 라플라스 변환을 위한 기본 정리

35. 이 식의 라플라스 변환을 구하라.

(a) $5\,di/dt - 7\,d^2i/dt^2 + 9i = 4$

(b) $m\dfrac{d^2p}{dt^2}+\mu_f\dfrac{dp}{dt}+kp(t)=0$, 외부에서 힘을 가하지 않았을 경우에 간단한 현가장치(shock absorber system)의 동작은 이 식으로 표현된다.

(c) $\dfrac{d\Delta n_p}{dt}=-\dfrac{\Delta n_p}{\tau}+G_L$, τ = 상수. 이 식은 조명이 있을 때 p-형 실리콘 반도체에서 과다 전자(Δn_p)의 재결합률을 나타낸다(G_L은 빛의 세기에 비례하는 상수이다).

36. 그림 14.44의 회로에서 커패시터의 초기 전압은 $v(0^-)$ = 1.5 V이고, 전류원은 $\mathbf{i}_s = 700u(t)$ mA이다.

(a) 마디 전압 $v(t)$의 항으로 KCL을 이용하여 미분방정식을 세워라.

(b) 미분 방정식의 라플라스 변환을 구하라.

(c) 마디 전압의 주파수 영역 표현을 구하라.

(d) 시간 영역 전압 $v(t)$를 구하라.

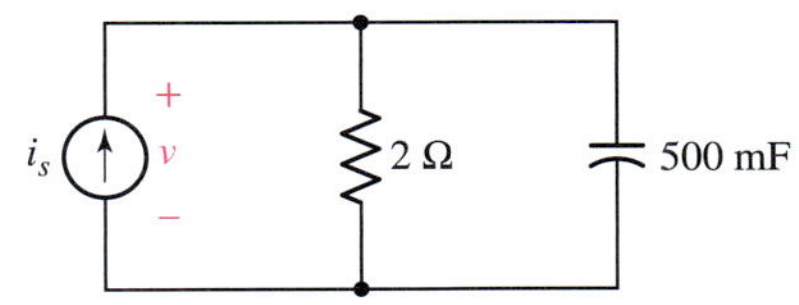

그림 14.44

37. 그림 14.44의 회로에서 $\mathbf{I_s} = \dfrac{2}{\mathbf{s}+1}$ mA이다.

(a) $v(t)$의 항으로 시간 영역 마디 방정식을 세워라.

(b) $\mathbf{V(s)}$를 구하라.

(c) 시간 영역 전압 $v(t)$를 구하라.

38. 그림 14.3의 회로에서 전압원이 **s**-영역으로 표현했을 때의 전압이 $\dfrac{2}{\mathbf{s}} - \dfrac{1}{\mathbf{s}+1}$ V인 전압원으로 대치되었다. 초기 조건은 변하지 않았을 때,

(a) $\mathbf{I(s)}$의 항으로 **s**-영역 KVL을 세워라.

(b) $i(t)$를 구하라.

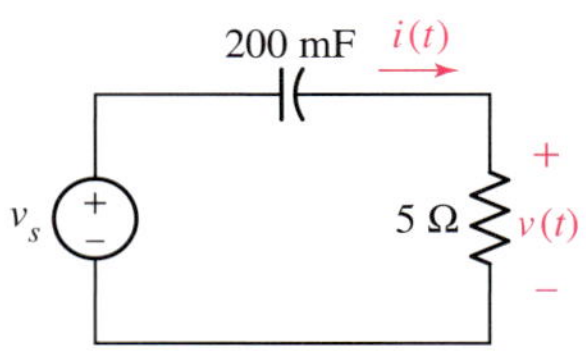

그림 14.45

39. 그림 14.45의 회로에서 $v_s(t) = 2u(t)$ V이고, 커패시터의 초기에너지는 0이다.

(a) 전류 $i(t)$의 항으로 시간 영역 루프 방정식을 세워라.

(b) 이 적분식의 **s**-영역 표현을 구하라.

(c) $i(t)$를 구하라.

40. 그림 14.45에서 전압원의 **s**-영역 표현은 $\mathbf{V_s(s)} = \dfrac{2}{\mathbf{s}+1}$ V이다. 전류 i의 관점에서 수동 부호 규약을 따르면 커패시터에 걸린 초기 전압은 4.5 V이다.

(a) KVL을 적용했을 때 시간 영역 적분 방정식을 세워라.

(b) 먼저 $\mathbf{I(s)}$를 구하고, 시간 영역 전류 $i(t)$를 구하라.

41. 그림 14.46에서 전류원은 $450u(t)$ mA이고, $i_x(0) = 150$ mA이다. **s**-영역에서 풀이를 시작하여 $t > 0$에서 $v(t)$를 구하라.

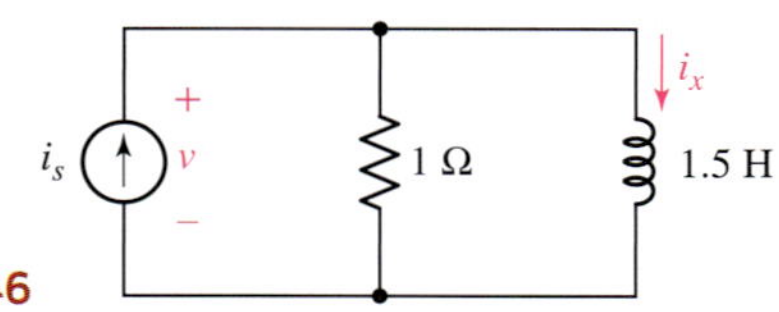

그림 14.46

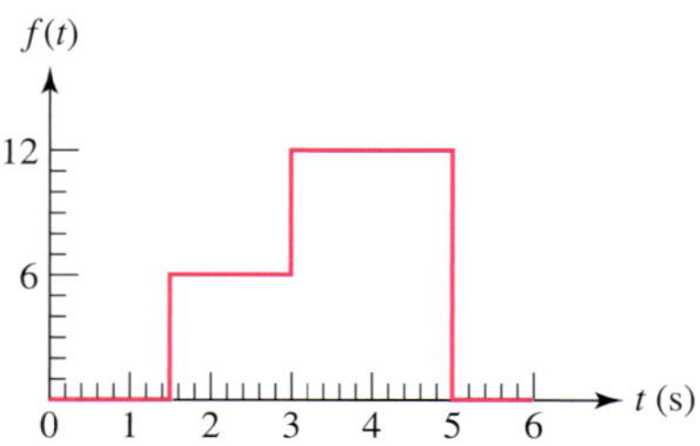

그림 14.47

42. 적당한 방법으로 그림 14.47의 시간 영역 파형에 대한 **s**-영역 표현을 구하라.

14.6 초기값 정리와 최종값 정리

43. 초기값 정리를 이용하여 다음 각 시간 함수의 초기값을 구하라.

(a) $2u(t)$ (b) $2e^{-t}\,u(t)$ (c) $u(t-6)$ (d) $\cos 5t\, u(t)$

44. 초기값 정리를 이용하여 다음 각 시간 함수의 초기값을 구하라.

(a) $u(t-3)$ (b) $2e^{-(t-2)}u(t-2)$

(c) $\dfrac{u(t-2)+[u(t)]^2}{2}$ (d) $\sin 5t\, e^{-2t}u(t)$

45. 최종값 정리를 이용하여 $f(\infty)$를 구하라.

(a) $\dfrac{1}{\mathbf{s}+2} - \dfrac{2}{\mathbf{s}}$ (b) $\dfrac{2\mathbf{s}}{(\mathbf{s}+2)(\mathbf{s}+1)}$

(c) $\dfrac{1}{(\mathbf{s}+2)(\mathbf{s}+4)} + \dfrac{2}{\mathbf{s}}$ (d) $\dfrac{1}{(\mathbf{s}^2+\mathbf{s}-6)(\mathbf{s}+9)}$

46. 다음 **s**-영역 표현에 대해 $f(t)$를 통하지 않고 $f(0^+)$ 및 $f(\infty)$를 구하라(혹은 존재하지 않음을 보여라).

(a) $\dfrac{1}{\mathbf{s}+18}$ (b) $10\left(\dfrac{1}{\mathbf{s}^2}+\dfrac{3}{\mathbf{s}}\right)$

(c) $\dfrac{\mathbf{s}^2-4}{\mathbf{s}^3+8\mathbf{s}^2+4\mathbf{s}}$ (d) $\dfrac{\mathbf{s}^2+2}{\mathbf{s}^3+3\mathbf{s}^2+5\mathbf{s}}$

47. 초기값 정리 혹은 최종값 정리를 이용하여 $f(0^+)$ 및 $f(\infty)$를 구하라.

(a) $\dfrac{\mathbf{s}+2}{\mathbf{s}^2+8\mathbf{s}+4}$ (b) $\dfrac{1}{\mathbf{s}^2(\mathbf{s}+4)^2(\mathbf{s}+6)^3}$

(c) $\dfrac{4\mathbf{s}^2+1}{(\mathbf{s}+1)^2(\mathbf{s}+2)^2}$

48. 다음 함수 중에서 최종값 정리를 적용할 수 있는 것은 어느 것인가?

(a) $\dfrac{1}{(\mathbf{s}-1)}$ (b) $\dfrac{10}{\mathbf{s}^2-4\mathbf{s}+4}$

(c) $\dfrac{13}{\mathbf{s}^3-5\mathbf{s}^2+8\mathbf{s}-6}$ (d) $\dfrac{3}{2\mathbf{s}^3-10\mathbf{s}^2+16\mathbf{s}-12}$

14.7 임피던스 Z(s)와 어드미턴스 Y(S)

49. 그림 14.48의 회로에서 전압 $v(t)$를 구하고, **s**-영역 등가회로를 그려라(힌트: 소스를 생략할 수 있지만 무시하지 않는다).

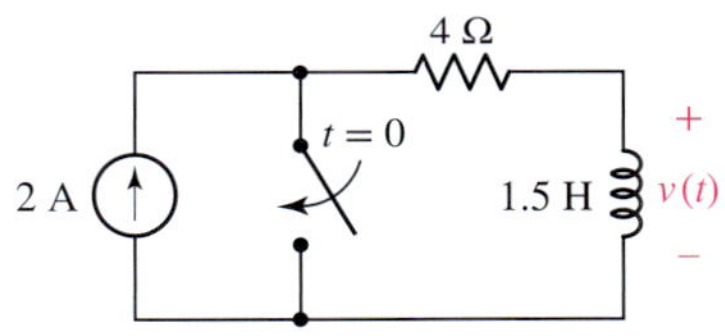

그림 14.48

50. 그림 14.49의 회로에서 **s**-영역 등가를 그리고 $i(0)$가 각각 (a) 0와 (b) −2 A일 경우의 $i(t)$의 값을 구하라.

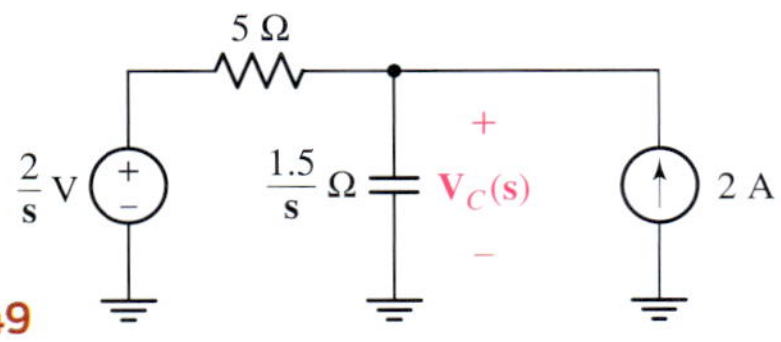

그림 14.49

51. 그림 14.49의 회로에서 **s**-영역 등가를 그리고 $i(0)$가 각각 (a) 0와 (b) 3 A일 경우의 $v(t)$의 값을 구하라.

52. 그림 14.50에 그려진 **s**-영역 회로에서 다음을 구하라.

(a) $\mathbf{V}_C(\mathbf{s})$를 구하라.

(b) $v_C(t)$가 $t > 0$인지 확인하라.

(c) 시간 영역에서의 회로를 그려라.

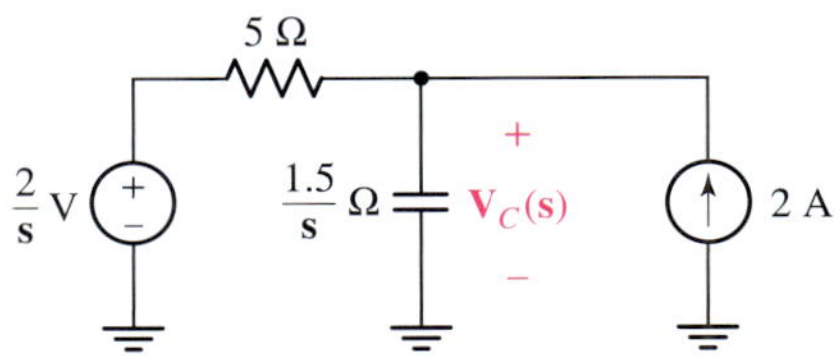

그림 14.50

53. 그림 14.51에 그려진 회로의 $v(t)$, $t > 0$를 구하라.

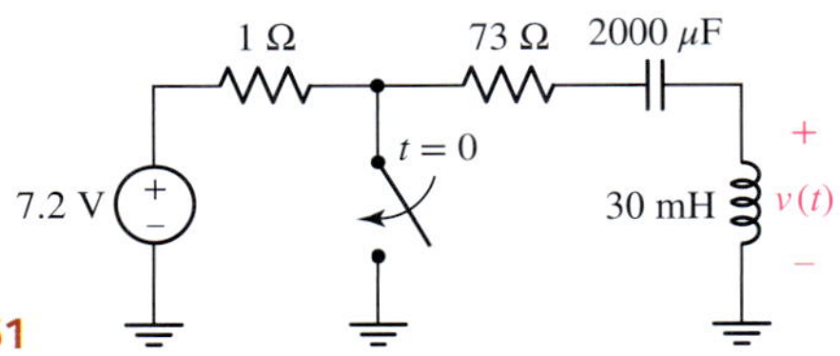

그림 14.51

54. 입력 임피던스 $\mathbf{Z}_{in}(\mathbf{s})$이 그림 14.52에 그려진 네트워크의 단자로 보는지 확인하라. 두 **s**-다항식의 비로서 표현하라.

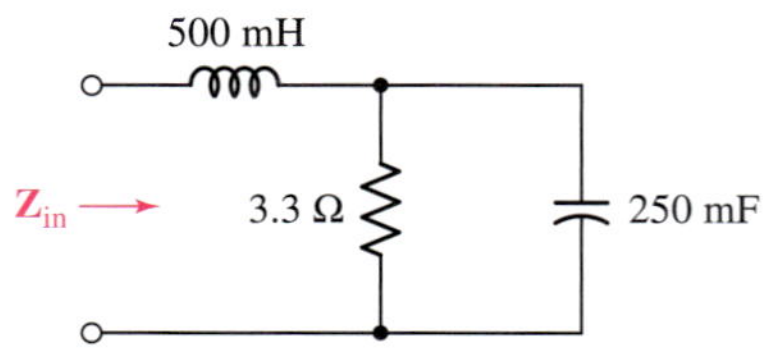

그림 14.52

55. 그림 14.53의 네트워크에서 입력 어드미턴스 $\mathbf{Y}(\mathbf{s})$를 분류하여 구하라. 두 **s**-다항식의 비로서 표현하라.

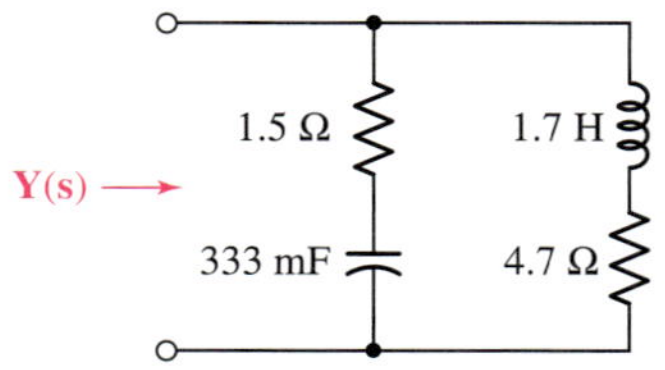

그림 14.53

56. 그림 14.54에서

(a) **s**-영역의 등가회로를 모두 그려라.

(b) 하나를 선택하여 $\mathbf{V}(\mathbf{s})$를 구하라.

(c) $v(t)$를 구하라.

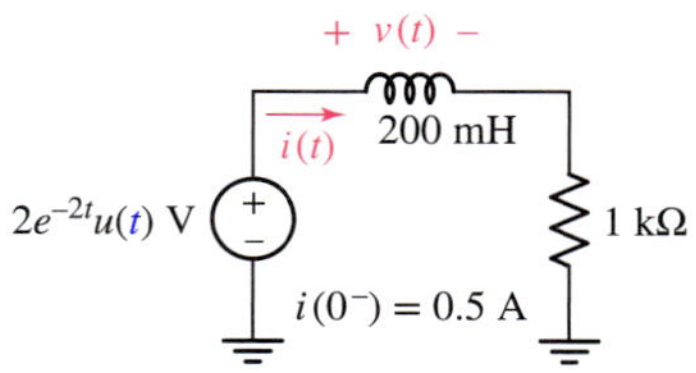

그림 14.54

14.8 s-영역에서의 마디와 메쉬해석

57. 그림 14.55에서

(a) **s**-영역 등가를 그려라.

(b) 3개의 **s**-영역 메쉬방정식을 만들어라.

(c) i_1, i_2, 그리고 i_3를 구하라.

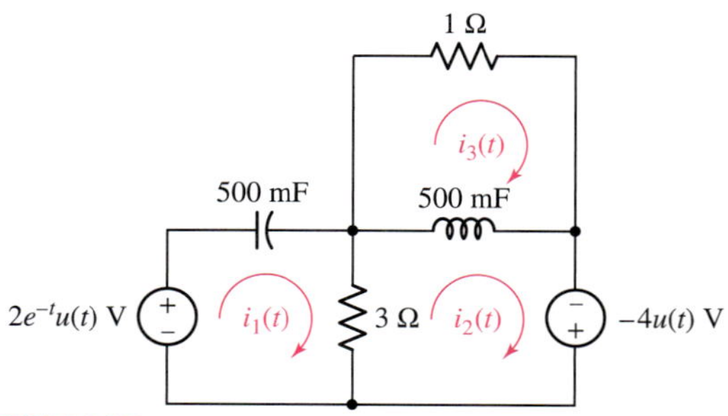

그림 14.55

58. 그림 14.56에서

(a) $\mathbf{V}_x(\mathbf{s})$를 위한 **s**-영역 마디방정식을 만들어라.

(b) $v_x(t)$를 구하라.

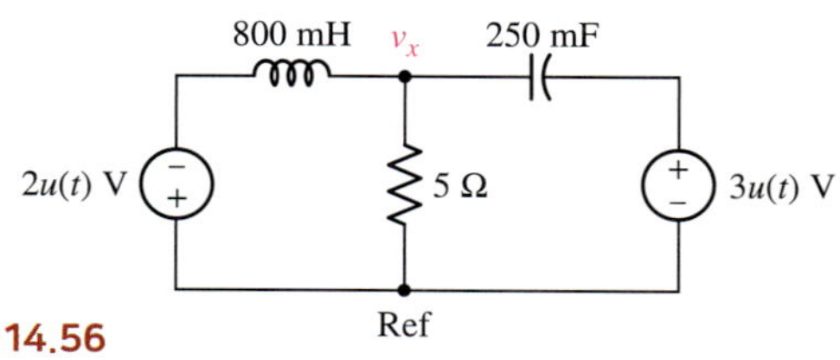

그림 14.56

59. 그림 14.57의 회로에서 **s**-영역의 마디해석을 사용하여 v_1과 v_2를 구하라.

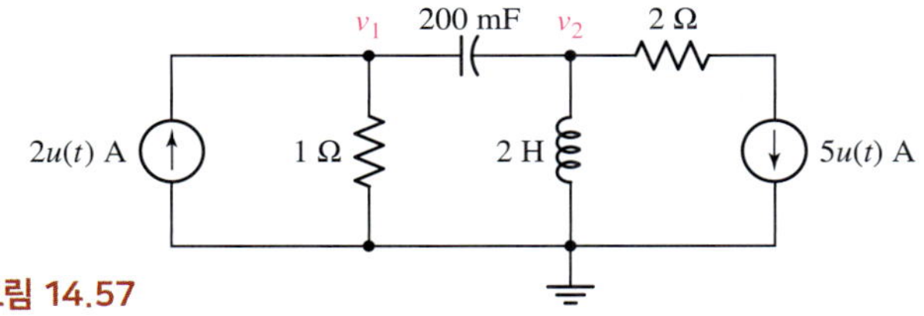

그림 14.57

60. 그림 14.57의 $2u(t)$ A를 $4e^{-t}u(t)$ A로 바꾸고, 하나의 저항에 의한 **s**-영역 해석을 이용하여 소비 전력을 구하라.

61. 그림 14.58에서 $i_{s1} = 3u(t)$ A 그리고 $i_{s2} = 5 \sin 2t$ A이라면 **s**-영역에서 초기 동작하는 $v_x(\mathrm{t})$의 값을 구하라.

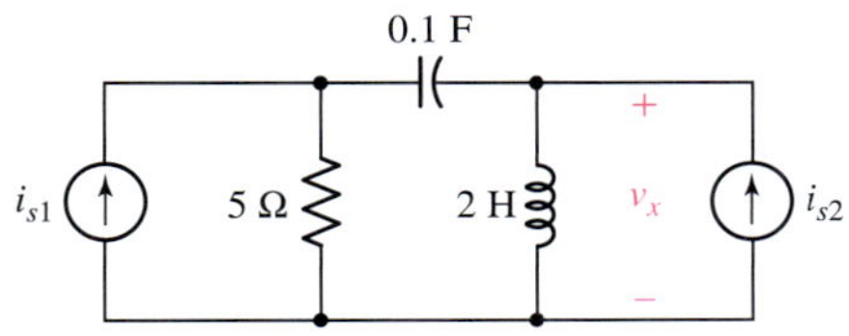

그림 14.58

62. 그림 14.59에서 1 mH의 인덕터에 흐르는 전류$(i_2 - i_4)$가 $t = 0^-$에서 1 A이면 그림에서 $i_1(t)$와 $i_2(t)$를 구하라.

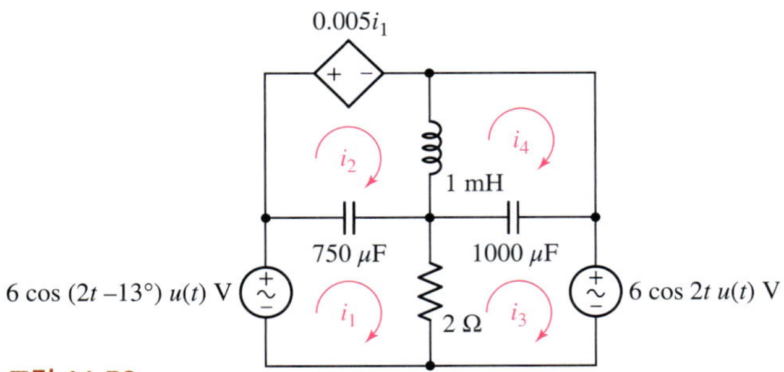

그림 14.59

63. 그림 14.60의 회로에서 초기에 저장된 에너지가 없다고 가정한다면 t가 다음과 같을 때 v_2를 구하라.

(a) 1 ms (b) 100 ms (c) 10 s

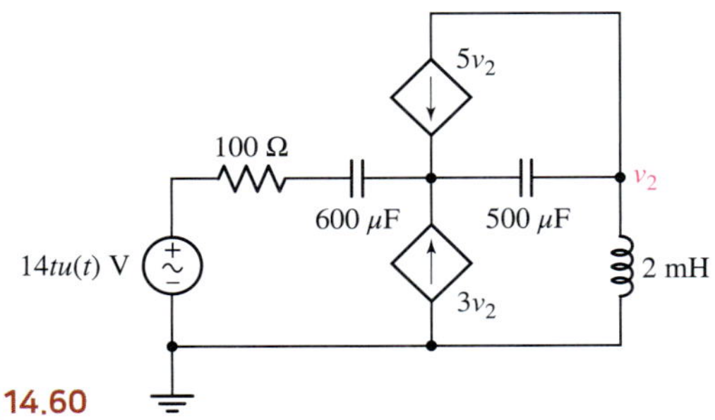

그림 14.60

14.9 부수적인 회로 해석 기술들

64. 반복되는 소스 변환을 사용하여 그림 14.61의 **Z**요소에서 바라본 테브난 등가에 대한 **s**-영역 표현식을 구하라.

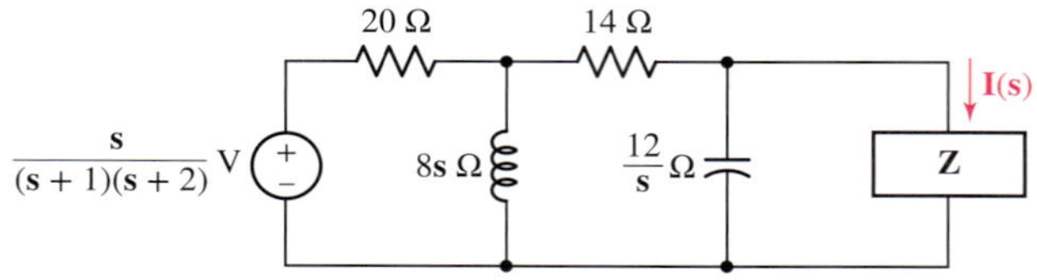

그림 14.61

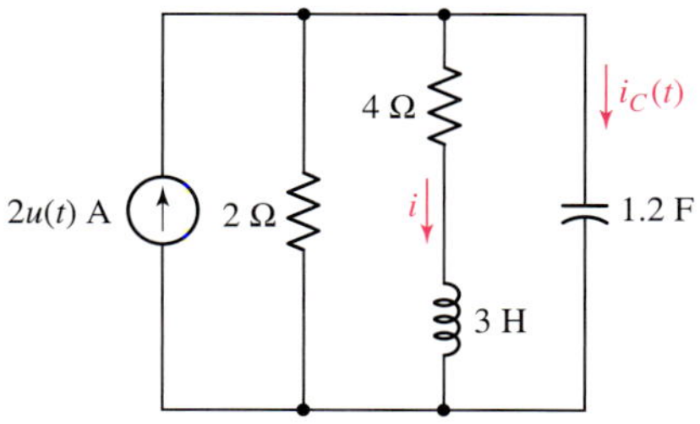

그림 14.62

65. 그림 14.62의 회로에서 각각 소자에서 바라본 **s**-영역의 테브난 등가를 구하라.

(a) 2 Ω 저항 (b) 4 Ω 저항 (c) 1.2 F 커패시터 (d) 전류원

66. 그림 14.62의 회로에서 커패시터에 흐르는 전류 $iC(t)$를 **s**-영역 기술들과 MATLAB을 활용하여 구하라. 서로 다른 MATLAB 함수들 residue()와 ilaplace()를 이용하였을 경우 얻는 각각의 결과를 비교하라.

67. 그림 14.63의 회로에서 $i_s(t) = 5u(t)$ A이다.

(a) 10 Ω의 저항에서 바라 본 테브난 등가를 구하라.

(b) 인덕터 전류 $i_L(t)$를 구하라.

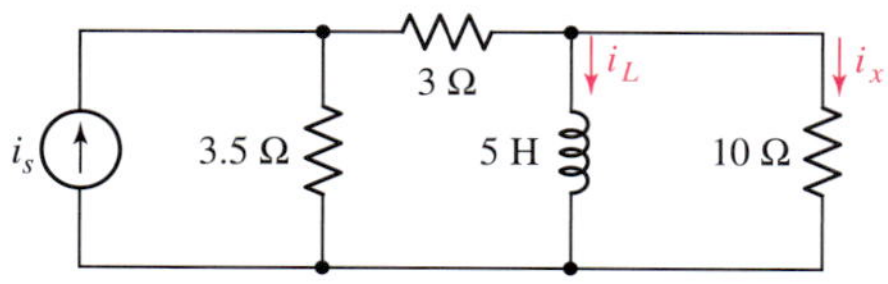

그림 14.63

68. 그림 14.64의 **s**-영역 회로에서 a, b 단자로부터 바라본 테브난 등가를 구하라.

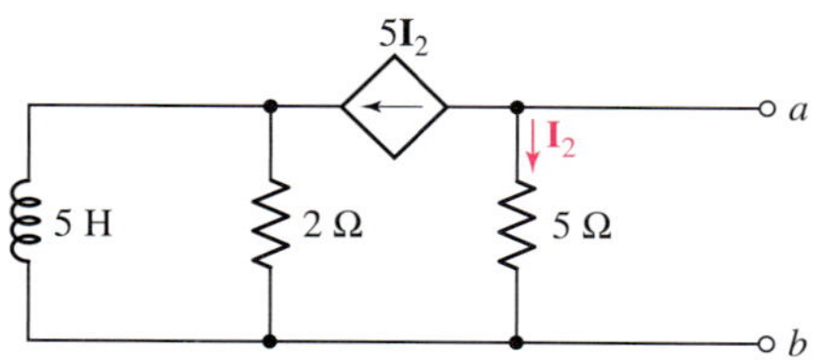

그림 14.64

14.10 극, 영점, 그리고 전달함수

69. 다음 **s**-영역의 함수의 극점과 영점을 구하라.

(a) $\dfrac{\mathbf{s}}{\mathbf{s} + 12.5}$ (b) $\dfrac{\mathbf{s}(\mathbf{s} + 1)}{(\mathbf{s} + 5)(\mathbf{s} + 3)}$

(c) $\dfrac{\mathbf{s} + 4}{\mathbf{s}^2 + 8\mathbf{s} + 7}$ (d) $\dfrac{\mathbf{s}^2 - \mathbf{s} - 2}{3\mathbf{s}^3 + 24\mathbf{s}^2 + 21\mathbf{s}}$

70. 다음 전달함수의 극점과 영점을 구하라.

(a) $\mathbf{s} + 4$ (b) $\dfrac{2\mathbf{s}}{\mathbf{s}^2 - 8\mathbf{s} + 16}$

(c) $\dfrac{4}{\mathbf{s}^2 + 8\mathbf{s} + 7}$ (d) $\dfrac{\mathbf{s} - 5}{\mathbf{s}^3 - 7\mathbf{s} + 6}$

71. 다음의 전달함수의 임계주파수를 구하라.

(a) $5 + \mathbf{s}^{-1}$ (b) $\dfrac{\mathbf{s}(\mathbf{s} + 1)(\mathbf{s} + 4)}{(\mathbf{s} + 5)(\mathbf{s} + 3)^2}$

(c) $\dfrac{1}{\mathbf{s}^2 + 4}$ (d) $\dfrac{0.5\mathbf{s}^2 - 18}{\mathbf{s}^2 + 1}$

72. 그림 14.65에 표시된 회로망에서

(a) 전달함수 $\mathbf{H(s)} \equiv \mathbf{V}_{out}(\mathbf{s})/\mathbf{V}_{in}(\mathbf{s})$를 구하라.

(b) $\mathbf{H(s)}$의 극점과 영점을 구하라.

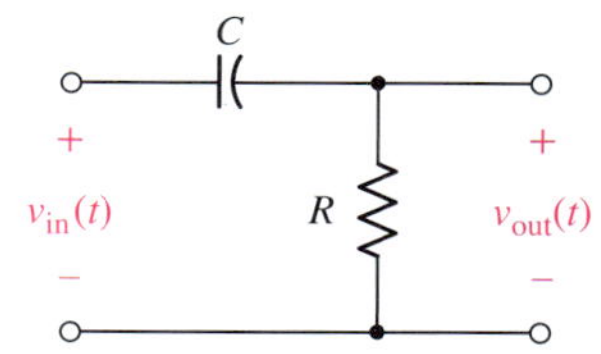

그림 14.65

73. 그림 14.66의 두 회로망에 대하여

(a) 전달함수 $\mathbf{H(s)} \equiv \mathbf{V}_{out}(\mathbf{s})/\mathbf{V}_{in}(\mathbf{s})$를 구하라.

(b) $\mathbf{H(s)}$의 극점과 영점을 구하라.

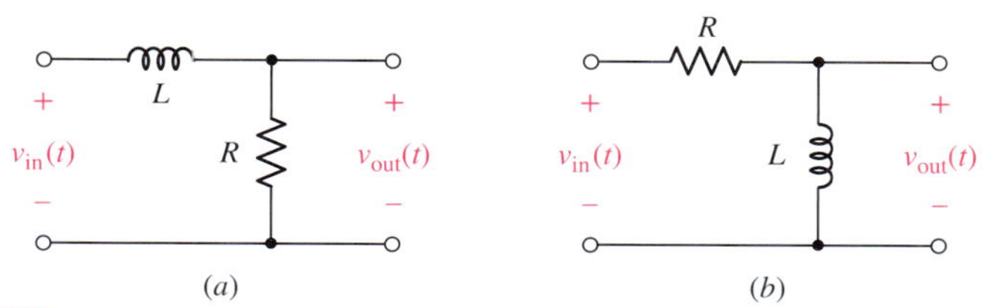

그림 14.66

74. 그림 14.53에서 $\mathbf{Y(s)}$의 극점과 영점을 구하라.

75. 회로망이 전달함수 $\mathbf{H(s)} = \dfrac{\mathbf{s}}{\mathbf{s}^2 + 8\mathbf{s} + 7}$을 가지고 있는 경우 입력이 다음과 같을 때 **s**-영역에서 출력전압을 구하라.

(a) $3u(t)$ V (b) $25e^{-2t}u(t)$ V (c) $4u(t + 1)$ V; (d) $2 \sin 5t\, u(t)$ V

14.11 콘벌루션

76. 그림 14.67에서 등식 [36]을 참고하여 $x(t) * y(t)$를 구하라.

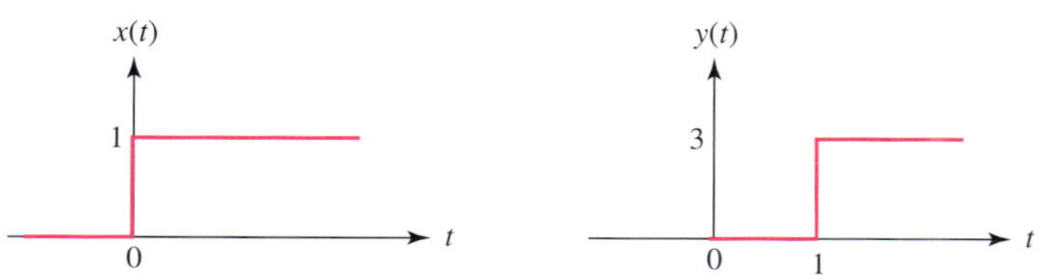

그림 14.67

77. 그림 14.67의 함수 $x(t)$와 $y(t)$에 대하여 식 [36]을 사용하여 다음을 구하라.

(a) $x(t) * x(t)$ (b) $y(t) * \delta(t)$

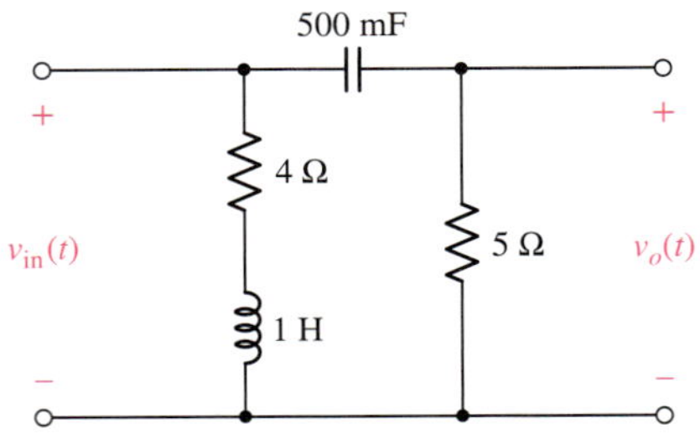

그림 14.68

78. $f(t) = 5u(t)$와 $g(t) = 2u(t) - 2u(t-2) + 2u(t-4) - 2u(t-6)$일 경우 그래픽 콘벌루션 기법을 사용하여 $f * g$의 값을 구하라.

79. $h(t) = 2e^{-3t}u(t)$와 $x(t) = u(t) - \delta(t)$일 경우 $y(t) = h(t) * x(t)$에서

(a) 시간 영역에서 콘벌루션을 사용하여 구하라.

(b) $\mathbf{H(s)}$와 $\mathbf{X(s)}$를 구한 후 $\mathscr{L}^{-1}\{\mathbf{H(s)X(s)}\}$를 구하라.

80. (a) 그림 14.68에 표시된 회로망의 임펄스응답 $h(t)$를 구하라.

(b) $v_{in}(t) = 8u(t)$ V일 경우 콘벌루션을 사용하여 $v_o(t)$를 구하라.

14.12 전압비 $\mathbf{H(s)} = \mathbf{V}_{out}/\mathbf{V}_{in}$의 합성법

81. 다음의 전달함수 $\mathbf{H(s)} = \mathbf{V}_{out}/\mathbf{V}_{in}$을 만드는 회로를 설계하라.

(a) $5(\mathbf{s}+1)$ (b) $\dfrac{5}{(\mathbf{s}+1)}$ (c) $5\dfrac{\mathbf{s}+1}{\mathbf{s}+2}$

82. 다음의 전달함수 $\mathbf{H(s)} = \mathbf{V}_{out}/\mathbf{V}_{in}$을 만드는 회로를 설계하라.

(a) $2(\mathbf{s}+1)^2$ (b) $\dfrac{3}{(\mathbf{s}+500)(\mathbf{s}+100)}$

83. 다음의 전달함수를 가진 회로를 설계하라.

$$\mathbf{H(s)} = \frac{\mathbf{V}_{out}}{\mathbf{V}_{in}} = 3\frac{\mathbf{s}+50}{(\mathbf{s}+75)^2}.$$

84. 그림 14.38의 연산증폭기 회로에서 임피던스가 다음과 같이 주어졌을 경우(단위는 Ω) $\mathbf{H(s)} = \mathbf{V}_{out}/\mathbf{V}_{in}$을 $\mathbf{s}$의 다항식의 비로 나타내라.

(a) $\mathbf{Z}_1(\mathbf{s}) = 10^3 + (10^8/\mathbf{s})$, $\mathbf{Z}_f(\mathbf{s}) = 5000$

(b) $\mathbf{Z}_1(\mathbf{s}) = 5000$, $\mathbf{Z}_f(\mathbf{s}) = 10^3 + (10^8/\mathbf{s})$;

(c) $\mathbf{Z}_1(\mathbf{s}) = 10^3 + (10^8/\mathbf{s})$, $\mathbf{Z}_f(\mathbf{s}) = 10^4 + (10^8/\mathbf{s})$

14장 통합문제

85. 인간의 청각 범위 내에 16 Hz의 주파수를 제공하는 회로를 설계하라. 적절한 시뮬레이션을 사용하여 설계를 확인하라.

86. 1477 Hz 신호와 852 Hz 신호로 이루어진 전압 출력은 숫자 9에 해당하는 이중 톤 다중 주파수(DTMF) 신호를 제공하는 회로를 설계하라.

87. 부분적으로 청각을 상실한 고령자와 같은 많은 사람들이 표준 화재경보기를 감지하는 데 어려움이 있다. 대안으로 약 261.6 Hz로 주파수를 낮춘다. 해당 신호를 제공하는 회로를 설계하라.

15 주파수 응답

서론

회로의 특성이 동작 주파수에 따라 달라진다는 주파수 응답의 거념을 이미 도입하였다. 이 장에서는 좀 더 자세히 다루고자 하며, 특정한 주파수 응답을 위해 설계된 단순한 회로일지라도 우리 주변에서 아주 유용하게 쓰인다는 것을 보일 것이다. 실제로 우리가 인식하지는 못하더라도 주파수 선택 회로를 하루 종일 사용하고 있는 셈이다. 예를 들어, 라디오를 켜서 어느 방송을 듣는다는 것은 아주 좁은 주파수 대역의 신호를 선택하여 증폭한다는 것이고, 텔레비전을 보면서 혹은 휴대전화를 쓰면서 전자레인지를 이용하여 팝콘을 튀길 수 있다는 것은 각 장치가 서로 영향을 미치지 않기 때문이다. 주파수 응답 및 필터를 공부하면 이미 존재하는 회로를 해석할 수도 있고, 혹은 어떤 특정한 목적의 복잡한 회로를 설계할 수도 있다. 필터 혹은 에너지 저장 소자를 포함한 어떠한 회로에서도 중요한 개념인 **공진**, **손실**, **양호도**, **대역폭** 등을 공부하면서 이 장을 시작한다.

중요한 개념

- 인덕터와 커패시터가 포함된 회로의 공진 주파수
- 전달함수
- 보드 다이어그램 기법
- 양호도
- 대역폭
- 주파수 및 크기 스케일링
- 저역 및 고역 통과 필터
- 대역 통과 필터 설계
- 능동 필터
- 버터워스 필터 설계

15.1 전달함수

회로망의 특성이 서로 다른 주파수에서 크게 달라질 수 있음을 확인했다. 예를 들어, 커패시터는 저주파에서 개방 회로(높은 임피던스)처럼 보이고 고주파수에서는 단락 회로(낮은 임피던스)처럼 보인다. 회로망의 주파수 응답을 설명하는 중요한 방법은 제14장에서 논의 된 것처럼 복소수 **s**의 함수로서 회로망의 출력을 입력으로 나누는 형태의 **전달함수**(*transfer function*) **H(s)**를 이용하는 것이다. 주파수에 따른 회로망의 의존성을 연구하는 데 관심이 있기 때문에 $\mathbf{s} = j\omega$에 초점을 맞출 것이다. 따라서 전달 함수 $\mathbf{H(s)} = \mathbf{H}(j\omega)$인 경우만 볼 것이다. 회로망의 입력은 전압 또는 전류가 될 수 있으며, 그런 경우 대응되는 전달 함수는 전압 이득, 전류 이득, 임피던스 또는 어드미턴스로 정의할 수 있다. 따라서 전달 함수는 다음 형식 중 하나가 될 것이다.

$$\mathbf{H}(j\omega) = \frac{\mathbf{V}_{\text{out}}(j\omega)}{\mathbf{V}_{\text{in}}(j\omega)} = \text{전압 이득}$$

$$\mathbf{H}(j\omega) = \frac{\mathbf{I}_{\text{out}}(j\omega)}{\mathbf{I}_{\text{in}}(j\omega)} = \text{전류 이득}$$

$$\mathbf{H}(j\omega) = \frac{\mathbf{V}_{\text{out}}(j\omega)}{\mathbf{I}_{\text{in}}(j\omega)} = \text{임피던스}$$

$$\mathbf{H}(j\omega) = \frac{\mathbf{I}_{\text{out}}(j\omega)}{\mathbf{V}_{\text{in}}(j\omega)} = \text{어드미턴스}$$

전달 함수는 모든 입력에 대해 회로망 출력을 설명하는 방법을 제공하므로 매우 유용하다. 주파수 응답의 경우, 전달 함수는 페이저 형식인 $\mathbf{H}(j\omega) = H(j\omega)\underline{/\phi(j\omega)}$으로 나타낼 수 있다. 여기서 $H(j\omega)$와 $\phi(j\omega)$는 주파수에 따른 크기 및 위상이다. 크기 및 위상 주파수 응답으로 회로망의 특성을 정의할 것이다.

예제 15.1

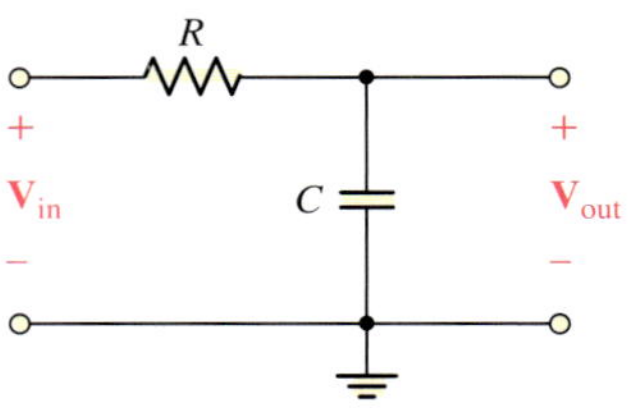

그림 15.1 RC 회로의 예, 전달 함수가 관심 대상이다.

그림 15.1의 *RC* 회로의 전달 함수를 $\mathbf{H} = \mathbf{V}_{\text{out}}/\mathbf{V}_{\text{in}}$으로 정의한다. 주파수에 대한 크기와 위상의 함수를 그려라.

그림 14.27의 회로에서 볼 수 있듯이, 이 회로는 다음과 같은 전달 함수를 갖는 전압 분배기이다.

$$\mathbf{H}(j\omega) = \frac{\mathbf{V}_{\text{out}}(j\omega)}{\mathbf{V}_{\text{in}}(j\omega)} = \frac{\frac{1}{j\omega C}}{R + \frac{1}{j\omega C}} = \frac{1}{1 + j\omega CR}$$

이 회로는 $\omega = j/CR$에 극점이 있으며, 고유 주파수 $\omega_0 = 1/CR$이다. 전달 함수를 ω_0에 대해서 작성하는 것이 유용하다.

$$\mathbf{H}(j\omega) = \frac{1}{1 + j\omega/\omega_0}$$

크기와 위상은 다음과 같다.

$$H = \frac{1}{\sqrt{1 + (\omega/\omega_0)^2}}$$

와

$$\phi = -\tan^{-1}\left(\frac{\omega}{\omega_0}\right)$$

그림 15.2는 아래의 코드를 사용하여 MATLAB에서 구한 크기와 위상이다.

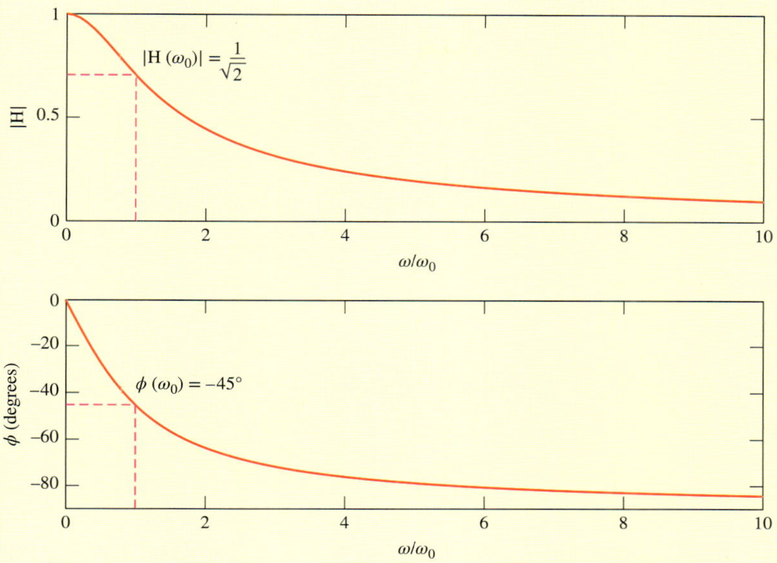

그림 15.2 RC회로의 주파수 응답의 크기와 위상.

```
omega=linspace(0,10,100); % define frequency vector omega
for i=1:100;  % step through all points in frequency
   H(i)=1/sqrt(1+omega(i)^2);
   phi(i)=-atan(omega(i))*180/pi;
end
```

콘덴서는 매우 높은 임피던스를 가지고 개방 회로처럼 동작하기 때문에 전달 함수의 크기는 1이며 위상은 저주파에서 0이다. 주파수가 증가함에 따라 커패시터 임피던스는 감소하고 결국 전달 함수 크기와 위상이 각각 0과 $-90°$가 되는 단락 회로 상태가 된다. 관심을 가져야 하는 점은 고유 진동수 ω_0이며, ω_0에서 전달 함수의 크기 및 위상은 각각 $1/\sqrt{2}$와 $-45°$이다.

익힘문제 15.1

$\mathbf{V}_{\text{out}}$이 저항 양단의 전압 강하가 되도록 저항과 커패시터의 위치를 바꾼 후, 그림 15.1에서 *RC* 회로의 전달 함수에 대한 표현식을 작성하라. $\omega = 0$, $\omega = \omega_0 = 1/CR$ 및 $\omega = \infty$에서 평가하라.

답: $j\omega CR/(j\omega CR + 1)$. $\omega = 0$에서 $H = 0$, $\phi = 90°$. $\omega = \omega_0$에서 $H = 1/\sqrt{(2)}$, $\phi = 45°$. $\omega = \infty$에서 $H = 1$, $\phi = 0$.

15.2 보드 다이어그램

이 절에서는 ω의 함수로 주어진 전달 함수의 크기와 위상의 변화에 대한 **대략적인** 그림을 빨리 그리는 방법을 설명한다. 물론 정확한 곡선은 프로그램이 가능한 계산기로 값을 계산하여 그릴 수 있으며, 컴퓨터를 이용하여 곡선을 직접 그릴 수도 있다. 여기서의 목적은 많은 계산을 하지 않고도 극점-영점 분포도를 보는 것보다 응답을 좀 더 쉽게 이해할 수 있는 그림을 얻는 것이다.

데시벨(dB) 눈금

데시벨(decibel)은 Alexander Graham Bell에 경의를 표하기 위하여 그의 이름을 따서 붙였다.

여기서 그리는 근사적 응답 곡선을 점근 선도 또는 **보드 선도**(*Bode plot*), 혹은 **보드 다이어그램**(*Bode diagram*)이라고 부른다. 이 이름은 이 그림을 처음 도입한 벨 전화 연구소에서 전기공학자 및 수학자로 일한 Hendrik W. Bode의 이름을 따서 붙였다. 크기 및 위상 곡선의 가로축은 로그 주파수 눈금으로 그리고, 크기를 나타내는 종축은 **데시벨**(*decibels*, dB)이라고 부르는 로그 눈금으로 표현한다. $|\mathbf{H}(j\omega)|$의 값을 dB로 표현하면 다음과 같다.

$$H_{\mathrm{dB}} = 20 \log |\mathbf{H}(j\omega)|$$

여기서 상용로그(밑수 10)를 사용한다. (전력 전달 함수의 경우에는 곱하는 수를 20 대신 10을 쓰는데, 여기서 필요하지는 않다.) 역 연산은 다음과 같다.

$$|\mathbf{H}(j\omega)| = 10^{H_{\mathrm{dB}}/20}$$

보드 다이어그램을 그리기 위한 기법에 대해 자세한 얘기를 하기 전에, 데시벨 단위의 크기에 대한 어느정도 감을 가지는 것과 몇몇 데시벨 값들을 배우는 것 그리고 몇몇 로그의 성질을 상기한 것이 도움이 된다. $\log 1 = 0$, $\log 2 = 0.30103$, 그리고 $\log 10 = 1$이므로 다음과 같은 식이 성립한다.

$$\begin{aligned}
|\mathbf{H}(j\omega)| &= 1 \Leftrightarrow H_{\mathrm{dB}} = 0 \\
|\mathbf{H}(j\omega)| &= 2 \Leftrightarrow H_{\mathrm{dB}} \approx 6\,\mathrm{dB} \\
|\mathbf{H}(j\omega)| &= 10 \Leftrightarrow H_{\mathrm{dB}} = 20\,\mathrm{dB}
\end{aligned}$$

$|\mathbf{H}(j\omega)|$가 10배 증가하면 H_{dB}는 20 dB 증가한다. $\log 10^n = n$이므로, $10^n \Leftrightarrow 20n$ dB이다. 따라서 1000은 60 dB에 해당하고, 0.01은 −40 dB에 해당한다. 이미 주어진 값들을 이용하면 $20 \log 5 = 20 \log \frac{10}{2} = 20 \log 10 - 20 \log 2 = 20 - 6 = 14$ dB이므로, $5 \Leftrightarrow 14$ dB이다. 또한 $\log \sqrt{x} = \frac{1}{2} \log x$이므로 $\sqrt{2} \Leftrightarrow 3$ dB이고, $1/\sqrt{2} \Leftrightarrow -3$ dB이다.[1]

---

1 여기서 6.02 dB가 아닌 $20 \log 2 = 6$ dB를 사용하여 약간 차이가 있다. 그러나 $\sqrt{2}$를 3 dB로 표현하는 것이 일반적이며, dB 단위는 원래 로그이므로, 작은 차이는 거의 의미가 없다.

크기와 위상각을 알고 있다면 $\mathbf{s} = j\omega$를 대입하여 $\mathbf{s}$의 함수인 전달 함수를 구한다. 필요하다면, 특정 지점에서 크기를 dB로 나타낼 수도 있다.

익힘문제 15.2

$\omega = 146$ rad/s에서 $\mathbf{H(s)}$가 다음과 같을 때, H_{dB}를 구하라.

(a) $20/(\mathbf{s} + 100)$ (b) $20(\mathbf{s} + 100)$ (c) $20\mathbf{s}$

H_{dB}가 다음과 같을 때, $|\mathbf{H}(j\omega)|$를 구하라.

(d) 29.2 dB (e) −15.6 dB (f) −0.318 dB

답: −18.94 dB; 71.0 dB; 69.3 dB; 28.8; 0.1660; 0.964.

점근선의 결정

다음 단계는 $\mathbf{H(s)}$를 극점과 영점들로 나타내기 위해 $\mathbf{H(s)}$를 인수분해 하는 것이다. 먼저 아래와 같은 표준형태를 가지는 $\mathbf{s} = -a$에서의 영점에 대해서 알아본다.

$$\mathbf{H(s)} = 1 + \frac{\mathbf{s}}{a} \qquad [1]$$

이 함수의 보드 다이어그램은 ω가 매우 클때와 매우 작을 때 H_{dB}가 점근하는 2개의 점근선으로 이루어진다. 먼저 크기를 구하면, 다음과 같다.

$$|\mathbf{H}(j\omega)| = \left|1 + \frac{j\omega}{a}\right| = \sqrt{1 + \frac{\omega^2}{a^2}}$$

따라서 다음과 같이 된다.

$$H_{\mathrm{dB}} = 20 \log \left|1 + \frac{j\omega}{a}\right| = 20 \log \sqrt{1 + \frac{\omega^2}{a^2}}$$

$\omega \ll a$일 때, 다음과 같이 된다.

$$H_{\mathrm{dB}} \approx 20 \log 1 = 0 \qquad (\omega \ll a)$$

이 간단한 점근선은 그림 15.3과 같다. $\omega < a$에서는 실선이고, $\omega > a$에서는 점선이다.

$\omega \gg a$일 때, 다음과 같이 된다.

$$H_{\mathrm{dB}} \approx 20 \log \frac{\omega}{a} \qquad (\omega \gg a)$$

$\omega = a$에서 $H_{\mathrm{dB}} = 0$, $\omega = 10a$에서 $H_{\mathrm{dB}} = 20$ dB, $\omega = 100a$에서 $H_{\mathrm{dB}} = 40$ dB. 따라서 주파수가 10배가 될 때마다 H_{dB}의 값은 20 dB 증가하므로, 점근선의 기울기는 20 dB/decade이다. ω가 두 배가 되면, H_{dB}는 6 dB 증가하므로, 기울기는 6 dB/octave라고 달리 표현할 수도 있다. 높은 주파수에서의 점근선은 그림 15.3에 보인 바와 같은데 $\omega > a$에서는 실선이고, $\omega < a$에서는 점선이다. 두 점근선은 영점의 주파수인 $\omega = a$에서 만나는데 이 주파수를 **코너**(*corner*) **주파수**, **절점**(*break*) **주파수**, **3 dB 주파수** 혹은 **반전력**(*half-power*) **주파수**라고도 부른다.

디케이드(decade)는 3 Hz에서 30 Hz, 혹은 12.5 MHz에서 125 MHz처럼 주파수를 10배 단위로 정의하는 데 이용한다. **옥타브**(octave)는 주파수를 7 GHz에서 14 GHz처럼 2배 단위로 정의하는 데 이용한다.

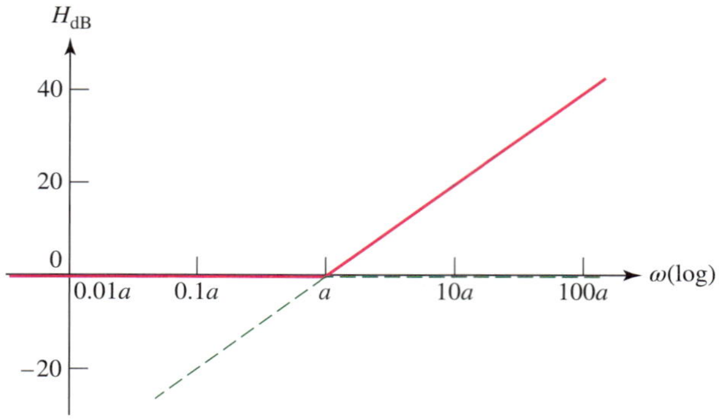

그림 15.3 $\mathbf{H(s)} = 1 + \mathbf{s}/a$에 대한 크기 보드 선도는 점선으로 표시된 저주파와 고주파 점근선으로 구성된다. 두 점근선은 횡축의 절점주파수에서 교차한다. 보드 선도는 두 점근선을 이용하여 응답을 나타내는데 둘 다 직선이므로 그리기 쉽다.

보드 선도의 평활화

점근선 응답 곡선이 얼마나 큰 오차를 보이는지 알아보도록 한다. 절점 주파수($\omega = a$)에서 점근선의 값은 0 dB이지만, 실제값은 다음과 같다.

$$H_{dB} = 20 \log \sqrt{1 + \frac{a^2}{a^2}} = 3 \text{ dB}$$

$\omega = 0.5a$에서의 값은

$$H_{dB} = 20 \log \sqrt{1.25} \approx 1 \text{ dB}$$

앞으로 $\sqrt{2}$를 3 dB라고 하기로 한다.

따라서 정확한 응답은 $\omega = a$에서는 점근선 응답보다 3 dB 위에, $\omega = 0.5a$에서는 (그리고 $\omega = 2a$에서도) 점근선 응답보다 1 dB 위를 지나는 완만한 곡선으로 표현된다. 이러한 사실은 좀 더 정확한 결과가 필요할 때, 절점에서 곡선을 매끈하게 하기 위해서 사용된다.

여러 개의 항이 있는 경우

대부분의 전달 함수들은 1개의 영점(혹은 1개의 극점)보다 많은 것으로 구성된다. 그러나 로그를 활용하기 때문에 이러한 복잡한 전달 함수들도 보드 선도를 이용하여 쉽게 다룰 수 있다. 예를 들어, 다음과 같은 함수가 있다고 하자.

$$\mathbf{H(s)} = K\left(1 + \frac{\mathbf{s}}{s_1}\right)\left(1 + \frac{\mathbf{s}}{s_2}\right)$$

여기서 K는 상수이고, $-s_1$및 $-s_2$는 $\mathbf{H(s)}$의 두 영점을 나타낸다. 이 함수에 대한 H_{dB}는 다음과 같다.

$$\begin{aligned} H_{dB} &= 20 \log \left| K\left(1 + \frac{j\omega}{s_1}\right)\left(1 + \frac{j\omega}{s_2}\right) \right| \\ &= 20 \log \left[K\sqrt{1 + \left(\frac{\omega}{s_1}\right)^2}\sqrt{1 + \left(\frac{\omega}{s_2}\right)^2} \right] \end{aligned}$$

혹은

$$H_{\text{dB}} = 20 \log K + 20 \log \sqrt{1 + \left(\frac{\omega}{s_1}\right)^2} + 20 \log \sqrt{1 + \left(\frac{\omega}{s_2}\right)^2}$$

이것은 (주파수와 상관없는) 상수 항인 20 log K와 앞에서 이미 설명한 2개의 간단한 영점 항의 단순한 합이다. 다시 말하면 각 항이 나타내는 보드 선도를 그림으로 보면서 단순히 합하면 H_{dB}의 보드 선도를 얻을 수 있다. 다음 예제에서 이러한 예를 다룬다.

예제 15.2

그림 15.4에 보인 회로의 입력 임피던스의 보드 선도를 그려라.

입력 임피던스는 다음과 같다.

$$\mathbf{Z}_{\text{in}}(\mathbf{s}) = \mathbf{H}(\mathbf{s}) = 20 + 0.2\mathbf{s}$$

이를 표준 형태로 고치면 다음과 같다.

$$\mathbf{H}(\mathbf{s}) = 20\left(1 + \frac{\mathbf{s}}{100}\right)$$

따라서 $\mathbf{H}(\mathbf{s})$는 $\mathbf{s} = -100$에서 영점을 가지므로 $\omega = 100$ rad/s가 절점 주파수가 되며, 상수는 20 log 20 = 26 dB이다. 이 두 가지를 그림으로 표현하면 그림 15.5a와 같다. $|\mathbf{H}(j\omega)|$의 로그를 다루므로 이 두 가지 내용을 적당히 합하여 보드 선도를 그리면 그림 15.5b와 같다. $\omega = 100$ rad/s에서 +3 dB만큼의 오차를 수정하여 곡선을 완만하게 하는 것을 보이지는 않았지만 쉽게 할 수 있으므로 직접 해보기 바란다.

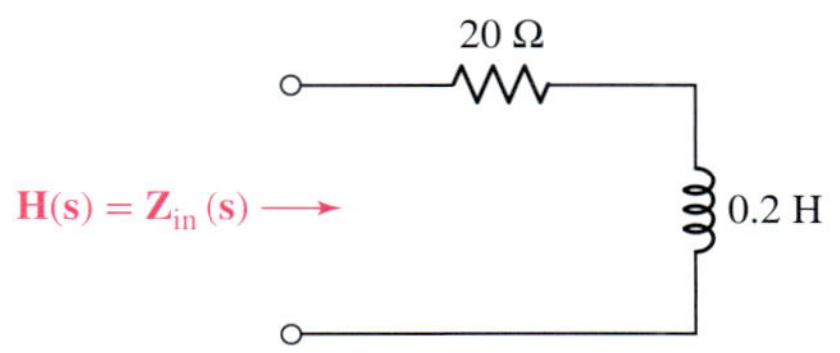

그림 15.4 이 회로에 대해 $\mathbf{H}(\mathbf{s})$가 $\mathbf{Z}_{\text{in}}(\mathbf{s})$라면, H_{dB}에 대한 보드 선도는 그림 15.5와 같다.

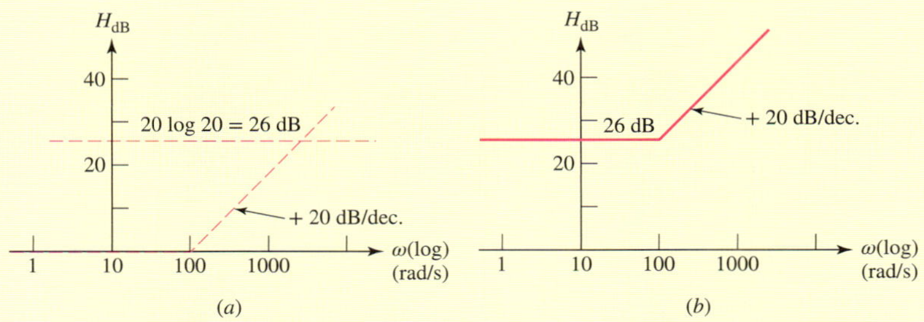

그림 15.5 (a) $\mathbf{H}(\mathbf{s}) = 20(1 + \mathbf{s}/100)$의 인수에 대한 보드 선도는 개별적으로 그려진다. (b) 전체 보드 선도는 (a)의 선도의 합으로 표시된다.

익힘문제 15.3

$\mathbf{H}(\mathbf{s}) = 50 + \mathbf{s}$의 크기에 대한 보드 선도를 그려라.

답: 34 dB, $\omega < 50$ rad/s; 기울기 = + 20 dB/decade, $\omega > 50$ rad/s.

위상 응답

식 [1]의 전달 함수로 되돌아가서 단일 영점의 **위상 응답**(*phase response*)을 구하면 다음과 같이 된다.

$$\text{ang }\mathbf{H}(j\omega) = \text{ang}\left(1 + \frac{j\omega}{a}\right) = \tan^{-1}\frac{\omega}{a}$$

이 수식은 3개의 직선 성분이 필요하지만 이 경우에도 점근선으로 표현할 수 있다. $\omega \ll a$이면, ang $\mathbf{H}(j\omega) \approx 0°$이므로, 이를 $\omega < 0.1a$일 때의 점근선으로 사용한다.

$$\text{ang }\mathbf{H}(j\omega) = 0° \qquad (\omega < 0.1a)$$

높은 주파수, 즉 $\omega \gg a$에서는 ang $\mathbf{H}(j\omega) \approx 90°$이므로, 이를 $\omega = 10a$보다 클 경우의 점근선으로 사용한다.

$$\text{ang }\mathbf{H}(j\omega) = 90° \qquad (\omega > 10a)$$

$\omega = a$에서는 각도가 45°이므로 $\omega = 0.1a$일 때 0°에서 출발하여 $\omega = a$일 때 45°를 통과하고, $\omega = 10a$일 때 90°를 지나는 직선 점근선을 긋는다. 이 직선의 기울기는 45°/decade이다. 이 점근선을 그림 15.6에 실선이고 점선은 정확한 위상 응답을 나타낸다. 점근선과 실제값의 최대 차이는 $\omega = 0.1a$ 및 $10a$에서 ±5.71°이다. $\omega = 0.394a$ 및 $2.54a$에서의 오차는 ∓5.29°이며, $\omega = 0.159a$, a, 그리고 $6.31a$에서의 오차는 0이다. 위상각의 그림은 그림 15.6에 점선으로 보인 것과 비슷한 방법으로 매끄러운 곡선으로 그릴 수도 있지만 보통은 대략적인 직선 그림으로 표현한다.

여기서 잠시 위상 그림이 무엇을 의미하는지 생각해 보기로 한다. $\mathbf{s} = a$에서 단일 영점이 있는 경우 절점 주파수보다 아주 작은 주파수들에서 응답 함수의 위상은 0°이며, 높은 주파수(즉, $\omega \gg a$)에서 위상은 90°이다. 절점 주파수 근처에서는 전달 함수의 위상은 다소 급격히 변한다. 응답에 대한 실제의 위상각은 회로의 설계 과정에서 적당히 결정할(즉, a의 결정) 수 있다.

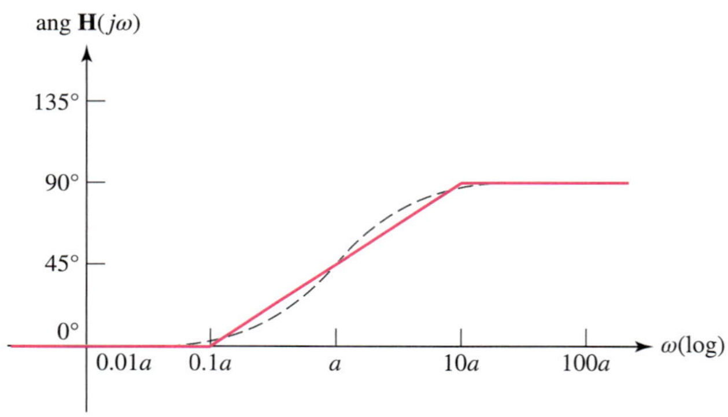

그림 15.6 $\mathbf{H(s)} = 1 + \mathbf{s}/a$에 대한 점근적인 위상 응답은 빨간색 실선인 세 직선으로 표시된다. 램프의 양끝점은 $0.1a$에서는 0°이고, $10a$에서는 90°이며, 점선은 보다 정확한 (매끄러운) 응답을 나타낸다.

익힘문제 15.4

예제 15.2의 전달 함수에 대해서 보드 위상 선도를 그려라.

답: 0°, $\omega \leq 10$; 90°, $\omega \geq 1000$; 45°, $\omega = 100$; 45°/dec slope, $10 < \omega < 1000$. (ω의 단위는 rad/s)

보드 선도 작성시 추가 고려 사항

이제 예제 15.1의 RC 회로와 유사한 단일 극점을 살펴보자.

$$\mathbf{H}(\mathbf{s}) = \frac{1}{1 + \mathbf{s}/a} \qquad [2]$$

이는 영점의 역수이므로, 로그연산에 의하면 앞에서 얻은 결과에 음의 부호를 붙여서 보드 선도에 적용하면 된다. $\omega = a$까지는 크기가 0 dB이고, $\omega > a$에서는 기울기가 −20 dB/decade이다. 각 그림은 $\omega < 0.1a$에서는 0°이고, $\omega > 10a$에서는 −90°이며, $\omega = a$에서는 −45°이다. 그리고 $0.1a < \omega < 10a$에서의 기울기는 −45°/decade이다. 식 [2]의 보드 선도를 직접 그려보기 바란다.

H(s)에서 종종 나타나는 항은 분자나 분모의 **s**이다. **H(s)** = **s**이면, 다음과 같이 된다.

$$H_{\text{dB}} = 20 \log |\omega|$$

이 경우에는 그림 15.7a와 같이 $\omega = 1$에서 0 dB를 지나고 기울기가 20 dB/decade인 무한 직선으로 표현된다. **s**가 분모에 있으면 그림 15.7b와 같이 $\omega = 1$에서 0 dB를 지나고, 기울기는 −20 dB/decade인 무한 직선으로 나타낼 수 있다.

H(s)에서 나타나는 또 다른 항은 곱하기 상수 K이다. 이 상수의 보드 선도는 횡축 위쪽으로 20 log $|K|$ dB되는 곳의 수평 직선이다. $|K| < 1$이면 횡축 아래에 나타난다.

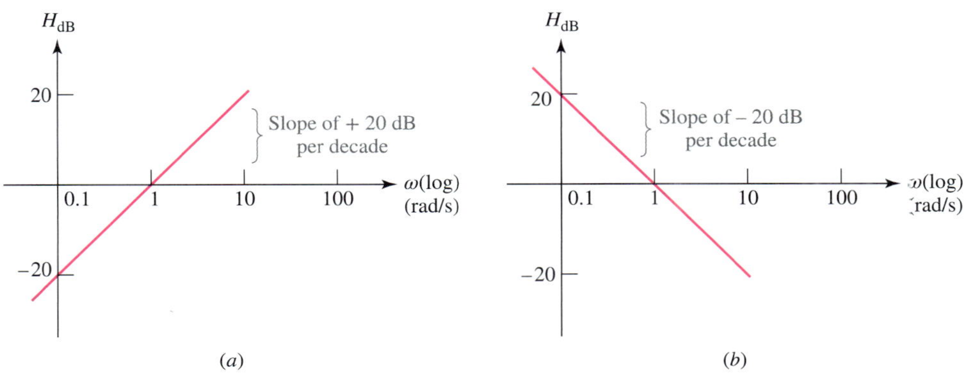

그림 15.7 (a) **H(s)** = **s** 및 (b) **H(s)** = 1/**s**에 대한 점근 선도. 둘 다 $\omega = 1$에서 0 dB를 통과하고 ±20 dB/decade의 기울기를 갖는 무한히 긴 직선이다.

예제 15.3

그림 15.8에 보인 회로의 이득에 대한 보드 선도를 그려라.

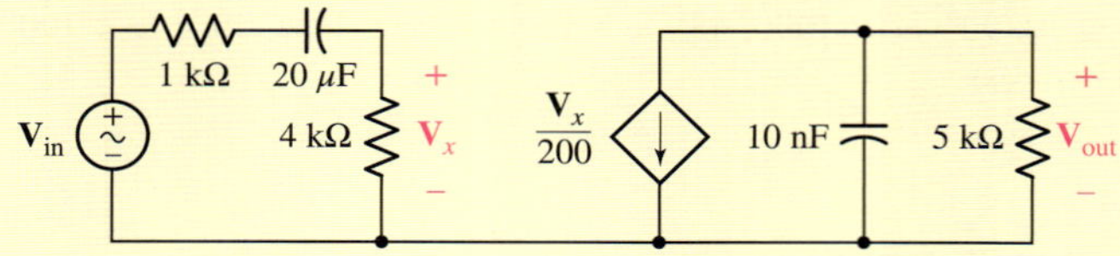

그림 15.8 $\mathbf{H(s)} = \mathbf{V}_{out}/\mathbf{V}_{in}$인 경우에, 이 증폭기의 크기 보드 선도는 그림 15.9b와 같으며, 위상선도는 그림 15.10과 같다.

회로의 왼쪽에서부터 오른쪽으로 전압이득에 대한 수식을 구하면 다음과 같다.

$$\mathbf{H(s)} = \frac{\mathbf{V}_{out}}{\mathbf{V}_{in}} = \frac{4000}{5000 + 10^6/20\mathbf{s}}\left(-\frac{1}{200}\right)\frac{5000(10^8/\mathbf{s})}{5000 + 10^8/\mathbf{s}}$$

이를 간단히 하면 다음과 같이 된다.

$$\mathbf{H(s)} = \frac{-2\mathbf{s}}{(1 + \mathbf{s}/10)(1 + \mathbf{s}/20,000)} \qquad [3]$$

이 식에는 상수 $20 \log |-2| = 6$ dB, $\omega = 10$ rad/s와 $\omega = 20{,}000$ rad/s에서 절점, 그리고 선형 요소 **s**가 포함되어 있다. 각각을 그림으로 표현하면 그림 15.9*a*와 같고, 네 가지 그림을 모두 더하여 크기의 보드 선도를 그리면 그림 15.9*b*와 같다.

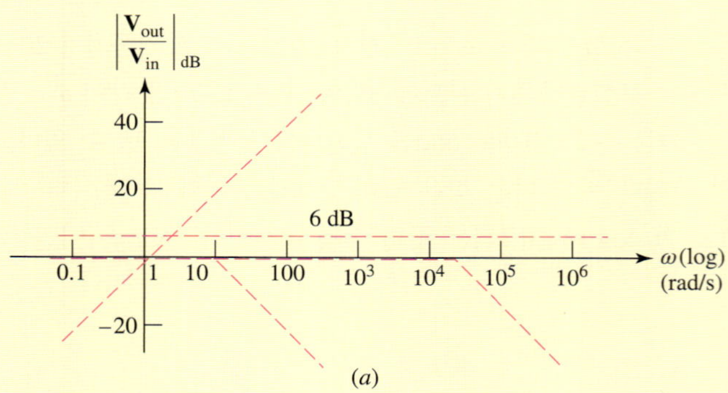

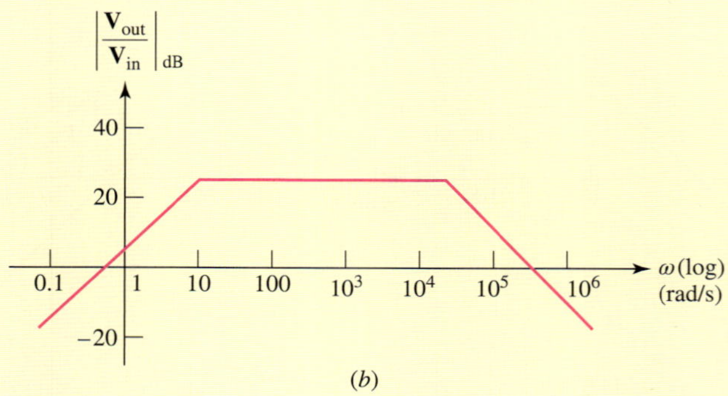

그림 15.9 (*a*) (−2), (**s**), $(1 + \mathbf{s}/10) - 1$, $(1 + \mathbf{s}/20{,}000)$에 대한 각각의 크기 보드 선도. (*b*) (*a*)의 4개의 개별 선도를 합하면 그림 15.8의 증폭기에 대한 크기 보드 선도.

익힘문제 15.5

H(s)가 다음과 같을 때, 크기의 보드 선도를 그려라.

(a) 50/(**s** + 100); (b) (**s** + 10)/(**s** + 100); (c) (**s** + 10)/**s**

답: (a) −6 dB, $\omega < 100$; −20 dB/decade, $\omega > 100$ (b) −20 dB, $\omega < 10$; +20 dB/decade, $10 < \omega < 100$; 0 dB, $\omega > 100$ (c) 0 dB, $\omega > 10$; −20 dB/decade, $\omega < 10$. 모든 ω의 단위는 rad/s

그림 15.8의 증폭기에 대한 위상 선도를 그리기 전에, 크기 선도에 대한 자세한 내용들을 살펴보기로 한다.

먼저 각각의 크기 선도를 그림 상에서 더하는 방법을 너무 의존하지 않는 것이 좋다. 그 대신, 합쳐진 크기 선도의 정확한 값은 어느 선택된 점에서 H(s)의 각 인자의 점근선 값을 고려하여 쉽게 구할 수 있다. 예를 들면 그림 15.9*a*에서 $\omega = 10$과 $\omega = 20{,}000$ 사이의 평평한 구간은 $\omega = 20{,}000$에 있는 절점의 아래 부분이므로 (1 + **s**/20,000)은 1로 나타내고, $\omega = 10$에서는 (1 + **s**/10)은 $\omega/10$으로 나타낸다. 그러므로 다음과 같이 된다.

$$\begin{aligned} H_{\text{dB}} &= 20\log\left|\frac{-2\omega}{(\omega/10)(1)}\right| \\ &= 20\log 20 = 26\,\text{dB} \qquad (10 < \omega < 20{,}000) \end{aligned}$$

종종 점근선 응답이 위쪽의 어느 주파수에서 좌표축의 횡축과 만나는지 알아야 할 경우가 있다. $\omega/10$과 $\omega/20{,}000$을 이용하여 표현하면 다음과 같이 된다.

$$H_{\text{dB}} = 20\log\left|\frac{-2\omega}{(\omega/10)(\omega/20{,}000)}\right| = 20\log\left|\frac{400{,}000}{\omega}\right|$$

횡축과 만나는 점에서 $H_{\text{dB}} = 0$이므로 $400{,}000/\omega = 1$이고, 따라서 $\omega = 400{,}000$ rad/s이다.

대부분의 경우에 반로그 모눈 종이에 그린 정확한 보드 선도가 필요하지는 않다. 그 대신 일반적으로 줄이 쳐져 있는 종이에 대략적으로 로그 눈금 주파수 축을 그리면 된다. 10배씩의 구간을 설정한 후, 즉 $\omega = \omega_1$에서 $\omega = 10\omega_1$까지의 거리를 L이라 하고 (보통 ω_1은 10의 정수배 승이 되는 값) $x/L = \log(\omega/\omega_1)$이 되도록 ω는 ω_1의 오른쪽에 x되는 거리에 잡는다. 특히 $\omega = 2\omega_1$이면 $x = 0.3L$이고, $\omega = 4\omega_1$이면 $x = 0.6L$이며, $\omega = 5\omega_1$이면 $x = 0.7L$이다.

예제 15.4

식 [3]에 주어진 전달 함수 H(s) = −2s/[(1 + s/10)(1 + s/20,000)]의 위상 선도를 그려라.

다음의 $\mathbf{H}(j\omega)$로부터 시작한다.

$$\mathbf{H}(j\omega) = \frac{-j2\omega}{(1 + j\omega/10)(1 + j\omega/20{,}000)} \qquad [4]$$

분자의 각은 상수로 −90°이다.

나머지 인수들은 절점 $\omega = 10$ 및 $\omega = 20{,}000$에서 기여하는 각도의 합으로 표현된다. 이러한 세 항들은 그림 15.10의 점선으로 표시된 점근 곡선으로 나타나며 이들을 합하면 실선이 된다. 곡선이 위쪽으로 360° 이동하여도 결국 같은 내용의 표현이라고 할 수 있다.

점근적인 위상 응답에 대한 정확한 값을 얻을 수도 있다. 예를 들면 $\omega =$ 104 rad/s에서 그림 15.10의 각도는 식 [4]의 분모 및 분자의 항으로부터 얻을 수 있다. 분자 각도는 −90°이다. ω가 절점 주파수의 10배보다 크므로 $\omega =$ 10에서 극점에 대한 각도는 −90°이다. 주파수가 절점 주파수의 0.1배에서 10배인 구간에서는 단일 극점에 대한 기울기는 −45°/deacde이다. 20,000 rad/s의 절점에서 각도를 계산하면 $-45°\log(\omega/0.1a) = -45°\log[10{,}000/(0.1 \times 20{,}000)] = -31.5°$이다.

이러한 세 가지가 기여하는 바를 산술적으로 더하면 −90° − 90° − 31.5° = −211.5°이며, 이 값은 그림 15.10의 점근선 위상 곡선에서 나타나는 값과 비슷하다.

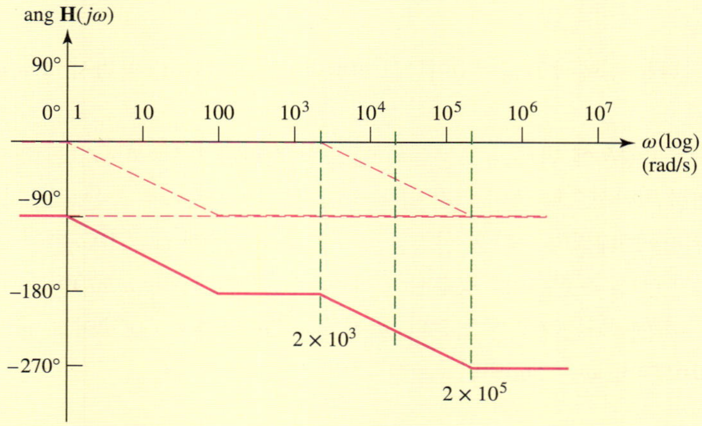

그림 15.10 실선은 그림 15.8의 증폭기에 대한 점근적인 위상 응답을 나타낸다.

익힘문제 15.6

H(s)가 다음과 같을 때 보드 위상 선도를 그려라.

(a) $50/(\mathbf{s} + 100)$ (b) $(\mathbf{s} + 10)/(\mathbf{s} + 100)$ (c) $(\mathbf{s} + 10)/\mathbf{s}$

답: (a) $0°$, $\omega < 10$; $-45°$/decade, $10 < \omega < 1000$; $-90°$, $\omega > 1000$ (b) $0°$, $\omega < 1$; $+45°$/decade, $1 < \omega < 10$; $45°$, $10 < \omega < 100$; $-45°$/decade, $100 < \omega < 1000$; $0°$, $\omega > 1000$ (c) $-90°$, $\omega < 1$; $+45°$/decade, $1 < \omega < 100$; $0°$, $\omega > 100$.

고차 항

지금까지 다루어 온 영점과 극점은 $\mathbf{s}^{\pm 1}$, $(1 + 0.2\mathbf{s})^{\pm 1}$ 등과 같이 모두 1차 항들이었다. 그러나 고차의 극점이나 영점을 해석하는 것도 어렵지 않다. $\mathbf{s}^{\pm n}$은 크기 응답이 $\pm 20n$ dB/decade의 기울기를 가지면서 $\omega = 1$을 통과하며, 위상 응답은 $\pm 90n°$의 일정한 각이다. $(1 + \mathbf{s}/a)^n$에서처럼 다중 영점의 경우, 단일 영점의 크기 응답 곡선 및 위상 응답 곡선의 n배의 크기 및 위상으로 나타난다. 따라서 $\omega < a$일 때 점근선 크기 선도는 0 dB이고, $\omega < a$일 때의 기울기는 $20n$ dB/decade이다. $\omega = a$에서의 오차는 $-3n$ dB이고, $\omega = 0.5a$와 $2a$에서는 $-n$ dB이다. $\omega < 0.1a$에서의 위상 선도는 $0°$이고, $\omega > 10a$에서는 $90n°$, $\omega = a$에서는 $45n°$이다. $0.1a < \omega < 10a$에서는 기울기가 $45n°$/decade인 직선이고 두 주파수에서의 오차는 $\pm 5.71n°$만큼 크다.

$(1 + \mathbf{s}/20)^{-3}$과 같은 경우의 점근선 크기 및 위상 곡선은 쉽게 그릴 수 있지만 차수가 높아질수록 오차가 상대적으로 커진다는 것을 꼭 기억해야 한다.

켤레 복소수 쌍

우리가 다루고자 하는 마지막 형태는 켤레 복소수 쌍으로 나타나는 극점 혹은 영점이다. 다음과 같은 영점에 관한 표준적인 식을 고려하기로 한다.

$$\mathbf{H}(\mathbf{s}) = 1 + 2\zeta\left(\frac{\mathbf{s}}{\omega_0}\right) + \left(\frac{\mathbf{s}}{\omega_0}\right)^2$$

한 쌍으로 된 복소수 영점 또는 극점은 회로에서의 공진 특성을 나타내며, 이 장의 다음 절에서 다룰 것이다. ζ는 감쇠인자(damping factor)이며, ω_0는 점근선 응답의 절점 주파수라는 것을 곧 알게 될 것이다. 감쇠인자는 9장의 *RLC* 회로에서 다룬 감쇠 계수와 유사하다. 시스템 이론 또는 자동 제어 이론 분야에서는, 일반적으로 무차원 파라미터 ζ(제타)와 특성 방정식을 이용하는 형태에서 댐핑을 설명한다.

$$\mathbf{s}^2 + 2\zeta\omega_0\mathbf{s} + \omega_0^2$$

$\zeta = 1$이면, $\mathbf{H}(\mathbf{s}) = 1 + 2(\mathbf{s}/\omega_0) + (\mathbf{s}/\omega_0)^2 = (1 + \mathbf{s}/\omega_0)^2$이므로 2차의 영점이 된다. $\zeta > 1$이면 $\mathbf{H}(\mathbf{s})$는 2개의 단일 근으로 인수 분해된다. 즉 $\zeta = 1.25$이면, $\mathbf{H}(\mathbf{s}) = 1 + 2.5(\mathbf{s}/\omega_0) + (\mathbf{s}/\omega_0)^2 = (1 + \mathbf{s}/2\omega_0)(1 + \mathbf{s}/0.5\omega_0)$이므로, 지금까지 보아왔

던 비슷한 경우이다.

새로운 경우는 $0 \le \zeta \le 1$일 때 생긴다. 이 경우 켤레 복소수 쌍인 근을 찾으려고 노력할 필요가 없다. 대신에 크기 응답과 위상 응답에 대해서 낮은 주파수와 높은 주파수 점근값을 구하고, ζ의 값에 따라 적당히 수정을 하면 된다.

크기 응답은 다음과 같다.

$$H_{\text{dB}} = 20 \log \left|\mathbf{H}(j\omega)\right| = 20 \log \left|1 + j2\zeta\left(\frac{\omega}{\omega_0}\right) - \left(\frac{\omega}{\omega_0}\right)^2\right| \qquad [5]$$

$\omega \ll \omega_0$일 때, $\mathbf{H}_{\text{dB}} = 20 \log |1| = 0$ dB이다. 이 값이 낮은 주파수에서의 점근값이다. 다음으로 $\omega \gg \omega_0$이면 제곱의 항이 중요해지며 다음과 같다. $\mathbf{H}_{\text{dB}} = 20 \log |-(\omega/\omega_0)^2| = 40 \log(\omega/\omega_0)$. 그리고 기울기는 +40 dB/decade이다. 이 값이 높은 주파수에서의 점근값이며 두 점근선은 $\omega = \omega_0$, 0 dB에서 교차한다. 그림 15.11의 실선은 크기 응답의 점근선을 나타낸다. 그러나 절점 주파수 주위에서 수정을 가해야만 한다. 식 [5]에서 $\omega = \omega_0$라고 하면 다음을 얻을 수 있다.

$$H_{\text{dB}} = 20 \log \left|j2\zeta\left(\frac{\omega}{\omega_0}\right)\right| = 20 \log(2\zeta) \qquad [6]$$

극단적인 경우로 $\zeta = 1$이면 +6 dB만큼 수정해야 하고, $\zeta = 0.5$이면 수정을 할 필요가 없고, $\zeta = 0.1$이면 −14 dB만큼 수정해야 한다. 이들 값 정도를 알고 있으면 만족스러운 점근적 크기 응답을 그릴 수 있는 경우가 많다. 그림 15.11에는 $\zeta = 1$, 0.5, 0.25, 그리고 0.1일 때, 식 [5]을 이용하여 계산한 좀 더 정확한 곡선을 보였다. 예를 들어, $\zeta = 0.25$이면 $\omega = 0.5\omega_0$에서 H_{dB}의 정확한 값은 다음과 같다.

$$H_{\text{dB}} = 20 \log|1 + j0.25 - 0.25| = 20 \log \sqrt{0.75^2 + 0.25^2} = -2.0 \text{ dB}$$

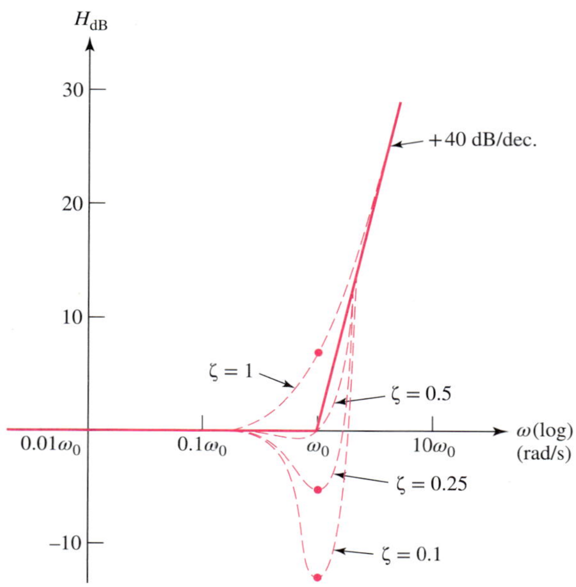

그림 15.11 다양한 감쇠도 ζ값에 대해 $\mathbf{H}(\mathbf{s}) = 1 + 2\zeta(\mathbf{s}/\omega_0) + (\mathbf{s}/\omega_0)^2$의 크기 보드 선도.

음의 피크는 $\zeta = 0.5$의 곡선에서 볼 수 있는 것처럼 $\omega = \omega_0$에서 정확히 최소값을 나타내지는 않는다. 항상 조금 낮은 주파수에서 최소값이 된다.

만약 $\zeta = 0$이면 $\mathbf{H}(j\omega_0) = 0$이고, $H_{\text{dB}} = -\infty$이다. 보통 이런 상황에서는 보드 선도를 그리지 않는다.

마지막으로 해야 할 일은 $\mathbf{H}(j\omega) = 1 + j2\zeta(\omega/\omega_0) - (\omega/\omega_0)^2$의 점근적인 위상 응답을 그리는 것이다. $\omega = 0.1\omega_0$ 아래에서는, $\text{ang}\,\mathbf{H}(j\omega) = 0°$이고, $\omega = 10\omega_0$ 위에서는 $\text{ang}\,\mathbf{H}(j\omega) = \text{ang}[-(\omega/\omega_0)^2] = 180°$이다. 절점 주파수에서는 $\text{ang}\,\mathbf{H}(j\omega_0) = \text{ang}(j2\zeta) = 90°$이다. $0.1\omega_0 < \omega < 10\omega_0$ 구간에서는 그림 15.12에 보인 바와 같이 실선으로 표시된 직선에서 시작한다. $(0.1\omega_0, 0°)$에서 시작하여 $(\omega_0, 90°)$를 지나서 $(10\omega_0, 180°)$에서 마치며 기울기는 90°/decade이다.

이러한 기본적인 곡선을 ζ값에 따라 적절히 수정해야 한다. 식 [5]으로부터 다음을 얻을 수 있다.

$$\text{ang}\,\mathbf{H}(j\omega) = \tan^{-1}\frac{2\zeta(\omega/\omega_0)}{1-(\omega/\omega_0)^2}$$

$\omega = \omega_0$보다 높은 어느 한 주파수에서 값을 정확히 알고, $\omega = \omega_0$보다 낮은 어느 한 주파수에서 값을 정확히 안다면 곡선의 대략적인 모습을 그리는 것은 어렵지 않다. $\omega = 0.5\omega_0$일 때 $\text{ang}\,\mathbf{H}(j0.5\omega_0) = \tan^{-1}(4\zeta/3)$이고, $\omega = 2\omega_0$일 때 각은 $180° - \tan^{-1}(4\zeta/3)$이다. $\zeta = 1, 0.5, 0.25, 0.1$일 때의 위상 곡선을 그림 15.12에 점선으로 나타내었다. 큰 점들은 $\omega = 0.5\omega_0$ 그리고 $\omega = 2\omega_0$일 때의 정확한 값을 나타낸다.

2차 항이 분모에 있게 되면 크기와 위상은 지금까지 다루던 것과 부호가 반대가 된다. 결론적으로 1차 항과 2차 항을 동시에 포함하는 예제를 다루어 보기로 한다.

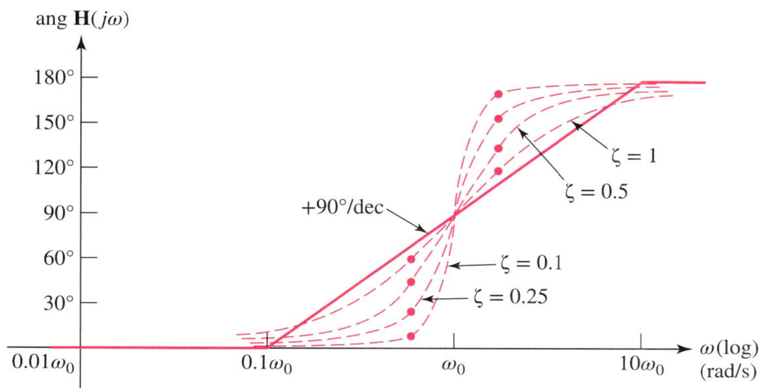

그림 15.12 $\mathbf{H}(j\omega) = 1 + j2\zeta(\omega/\omega_0) - (\omega/\omega_0)^2$에 대한 위상 특성에 대한 직선 근사가 실선으로 나타나고, 점선은 $\zeta = 1, 0.5, 0.25, 0.1$일 때의 정확한 위상응답이다.

예제 15.5

전달 함수 $\mathbf{H(s)} = 100{,}000\mathbf{s}/[(\mathbf{s} + 1)(10{,}000 + 20\mathbf{s} + \mathbf{s}^2)]$의 보드 선도를 그려라.

먼저 2차 항을 고려하기로 하고, ζ값을 알 수 있도록 식의 형태를 바꾼다. 2차 항을 상수 항인 10,000으로 나누면 다음과 같다.

$$\mathbf{H(s)} = \frac{10\mathbf{s}}{(1 + \mathbf{s})(1 + 0.002\mathbf{s} + 0.0001\,\mathbf{s}^2)}$$

$\mathbf{s}^2$ 항을 살펴보면 $\omega_0 = \sqrt{1/0.0001} = 100$임을 알 수 있다. 2차 식의 선형 항은 2와 $(\mathbf{s}/\omega_0)$와 ζ의 곱으로 표시할 수 있다. 즉 다음과 같이 된다.

$$\mathbf{H(s)} = \frac{10\mathbf{s}}{(1 + \mathbf{s})[1 + (2)(0.1)(\mathbf{s}/100) + (\mathbf{s}/100)^2]}$$

여기서 $\zeta = 0.1$임을 알 수 있다.

크기 응답 곡선의 점근선을 그림 15.13에 보였다. 인수 10으로부터 20 dB, 인수 **s**로부터 +20 dB/decade의 기울기로 $\omega = 1$을 통과하는 무한 직선, 단일 극점으로부터 $\omega = 1$에서의 절점, 분모의 2차 항으로부터 −40 dB/decade의 기울기를 갖는 $\omega = 100$에서의 절점이 있다. 이러한 4개의 곡선에 2차 항의 효과인 +14 dB의 수정을 가하면 그림 15.13에 보인 굵은 실선을 얻을 수 있다.

위상 응답은 세 요소를 포함한다. 인수 **s**로부터 +90°, 단일 근으로부터 $\omega < 0.1$에서 0°이고, $\omega > 10$에서 −90°이면서 −45°/decade, 2차 항으로부터 $\omega < 10$에서 0°이고, $\omega > 1000$에서 −180°이면서 −90°/decade. 이 세 점근선을 더하고 $\zeta = 0.1$의 효과를 더해주면 그림 15.14의 실선을 얻을 수 있다.

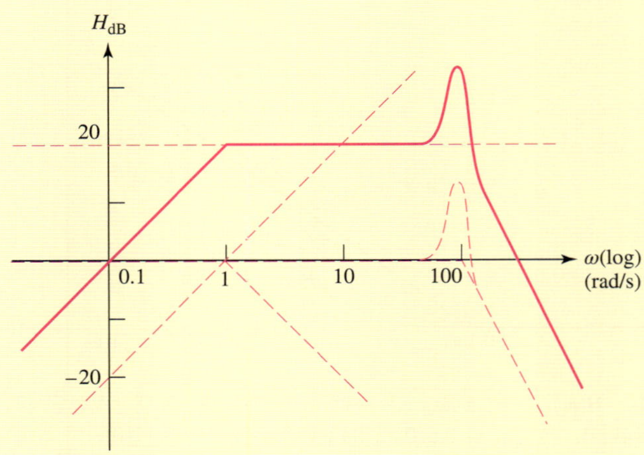

그림 15.13 전달 함수 $\mathbf{H(s)} = \dfrac{100{,}000\mathbf{s}}{(\mathbf{s} + 1)(10{,}000 + 20\mathbf{s} + \mathbf{s}^2)}$의 크기 보드 선도.

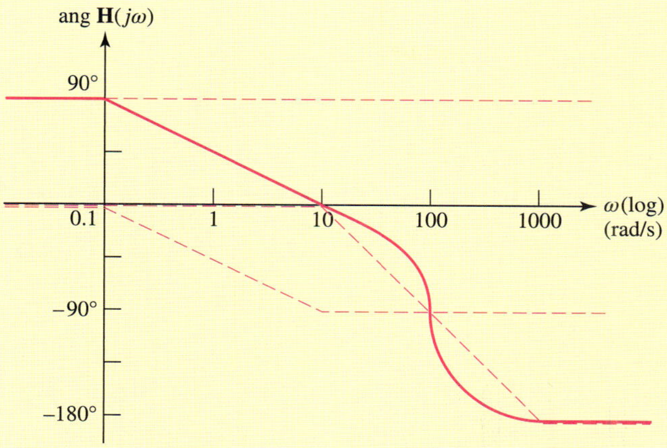

그림 15.14 전달 함수 $\mathbf{H(s)} = \dfrac{100{,}000\mathbf{s}}{(\mathbf{s}+1)(10{,}000+20\mathbf{s}+\mathbf{s}^2)}$의 위상 보드 선도.

익힘문제 15.7

$\mathbf{H(s)} = 1000\mathbf{s}^2/(\mathbf{s}^2 + 5\mathbf{s} + 100)$일 때, 크기 보드 선도를 그리고 다음 값을 계산하라.

(a) $H_{dB} = 0$일 때, ω (b) $\omega = 1$에서의 H_{dB} (c) $\omega \to \infty$일 때, H_{dB}

답: 0.316 rad/s; 20 dB; 60 dB.

컴퓨터를 이용한 해석

보드 선도를 그리는 방법은 매우 가치 있는 것이다. 빠른 시간 내에 근사적인 그림을 그리는 것이 필요할 때도 있고(즉 시험이나, 특수한 응용 분야에 쓰이는 특별한 회로 토폴로지를 계산하는 경우 등), 단순히 응답의 일반적인 모양을 알고자 하는 때도 있다. 그리고 보드 선도가 필터를 설계할 때 계수값이나 인수 등을 결정할 수 있도록 해주므로 매우 중요한 경우도 있다.

정확한 응답 곡선이 필요한 경우에는(예를 들어, 마지막 회로 설계를 검증할 때) 컴퓨터를 이용하여 구할 수 있는 여러 가지 방법들이 있다. 여기서 다루고자 하는 첫 번째 방법은 주파수 응답 곡선을 구하기 위하여 MATLAB을 이용하는 것이다. 이 방법을 이용하기 위해서는 먼저 회로를 해석하여 올바른 전달 함수를 구해야 한다. 그러나 인수 분해를 하거나 표현을 간단히 할 필요는 없다.

그림 15.8의 회로를 고려한다. 이 회로에 대한 전달 함수가 다음과 같이 표현된다는 것을 이미 알고 있다.

$$\mathbf{H(s)} = \frac{-2\mathbf{s}}{(1+\mathbf{s}/10)(1+\mathbf{s}/20{,}000)}$$

이 함수의 자세한 그림을 100 mrad/s에서 1 Mrad/s의 주파수 범위에서 구하기로 한다. 최종적인 그래프는 로그 눈금으로 그릴 것이므로, 이산 주파수를 등간격으로 나눌 필요는 없다. 그 대신 주파수 벡터를 발생시키기 위해서 *logspace*()라는 MATLAB 함수를 사용한다. 이 함수의 처음 2개의 변수는 주파수 축의 시작과 끝의 값을 10의 몇 제곱인가로 나타내고(이 예제에서는 차례로 −1과 6이다), 셋째 변수는 원하는 점의 수가 총 몇 개인가를 나타낸다. 따라서 MATLAB을 이용하여 작성하면 다음과 같고

```
>> w = logspace(−1,6,100);
>> denom = (1 + j*w/10) .* (1 + j*w/20000);
>> H = −2*j*w ./ denom;
>> Hdb = 20*log10(abs(H));
>> semi logx (w,Hdb)
>> xlabel('frequency (rad/s)')
>> ylabel ('|H(jw)| (dB)')
```

이를 수행하면 그림 15.15를 얻을 수 있다.

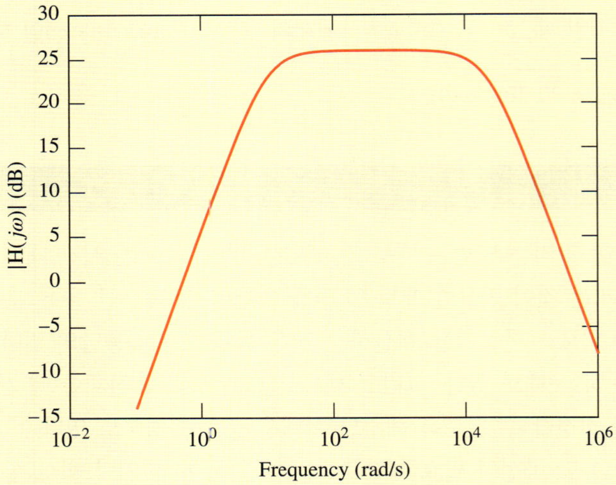

그림 15.15 MATLAB을 사용하여 생성된 H_{dB} 선도.

MATLAB 코드에 대해서 몇 가지 설명을 덧붙인다. 첫째, **H(s)**에서 **s** = $j\omega$를 대입하였다. 또한 MATLAB에서 변수 ω는 벡터, 혹은 1차원 행렬로 여겨진다. MATLAB은 어떠한 표현에도 행렬 대수 법칙을 적용하려 하기 때문에, 분모를 다루는데 이 변수 때문에 어려움이 생기게 된다. 따라서 **H**($j\omega$)의 분모는 다른 라인에서 계산되며, 두 항을 곱하고자 할 때, 연산 '*' 대신에 '.*'이 필요하다. 이 새로운 연산은 다음과 같은 MATLAB 코드와 같은 역할을 한다.

```
≫ for k = 1:100
denom = (1 + j*w(k)/10) * (1 + j*w(k)/20000);
end
```

비슷한 방법으로 새로운 연산 './'은 다음 코드 라인에서 이용된다. 이 결과는 dB로 표현되면 좋으므로, 함수 *log*10()을 이용한다. MATLAB에서 *log*()는 자연 대수를 나타낸다. 마지막으로 그림을 그리는 명령 *semilogx*()는 *x*축이 로그 눈금을 갖는 그래프를 그리는 데 이용된다. 이러한 명령어 등을 이용하여 앞의 예제에 대한 정확한 곡선을 그리고 이를 이미 얻은 보드 선도와 비교해 보기 바란다.

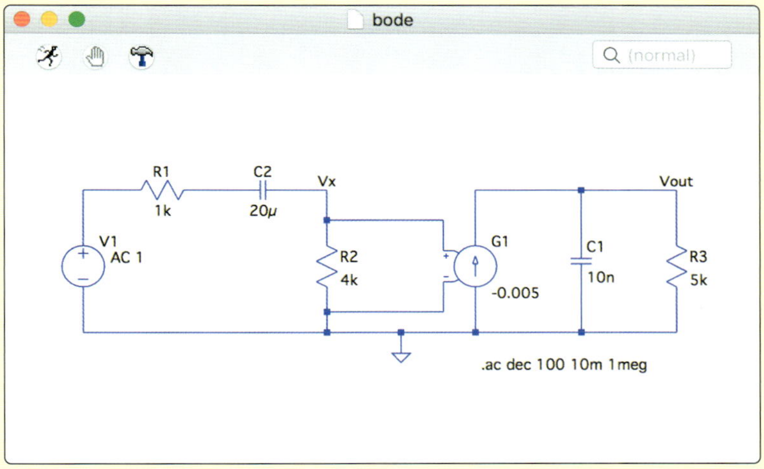

(*a*)

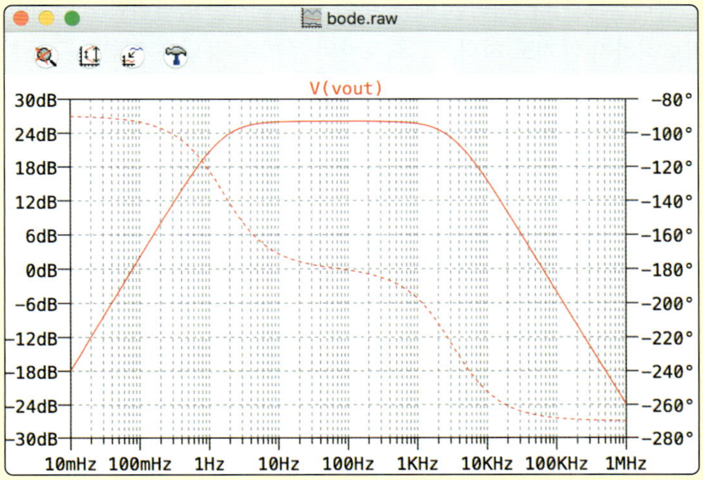

(*b*)

그림 15.16 (*a*) 그림 15.8의 회로. (*b*) 전달 함수 크기 (실선, dB 단위의 축) 및 위상 각 (점선, °단위의 축)에 대한 회로의 주파수 응답.

LTspice도 또한 주파수 응답 곡선을 생성할때와 최종 설계를 평가할 때 주로 사용된다. 그림 15.16*a*는 그림 15.8의 회로를 다시 그린 것이며, 출력전압은 저항 R3에 걸리는 전압이다. 전원 V1은 1 V의 크기를 갖는 AC이다(1의 AC 크기를 가지는 **Small Signal Parameters(.AC)**를 정의하기 위해 전압원을 편집). 결론적으로 Vout은 입력을 1 V로 선택하였기 때문에 전달 함수가 된다. 회로의 주파수 응답을 결정하려면 ac 스윕(sweep) 시뮬레이션이 필요하다. 그림 15.16*b*는 SPICE 명령어 **.ac dec 100 10m 1meg**를 사용하여 10 mHz에서 1 MHz 범위의 10단계 스케일에서 100 포인트를 사용하여 생성되었다. (시뮬레이션은 rad/s가 아닌 Hz 단위로 수행되었다.)

15.3 병렬 공진

10에서 100 Hz 범위 내의 주파수를 갖는 정현파 성분을 포함하는 어떤 구동 함수가 있다고 가정하자. 그리고 0에서 200 Hz의 주파수를 갖는 정현 전압이 입력에 인가되었을 때, 출력에서 크기는 2배가 되고 위상각은 변화가 없는 특성을 갖는 회로망에 이러한 정현파 구동 함수를 인가하였다고 하자. 그렇다면 출력 함수는 크기는 2배가 되지만 왜곡이 없는 입력 함수의 모양과 같은 모양의 함수가 될 것이다. 그러나 회로망의 10에서 50 Hz까지의 정현파 입력에 대한 크기의 배수와 50에서 100 Hz까지의 정현파 입력에 대한 크기의 배수가 서로 다르다면 일반적으로 출력은 왜곡될 것이다. 즉 더 이상 출력은 입력과 크기만 다르고 모양은 같은 것이 아니고 모양도 달라질 것이다. 이러한 왜곡은 어느 경우에는 바람직한 것이지만 다른 경우에는 바람직하지 않기도 하다. 즉 회로망의 주파수 응답은 **일부러** 구동함수의 어느 주파수 성분을 제거하도록 선택되기도 하고, 혹은 강조하도록 선택되기도 한다.

나중에 다루게 되겠지만 동조회로 혹은 공진회로는 이러한 특성을 가진다. 주파수 응답과 관련하여 지금까지 다룬 모든 방법을 공진을 다루는 데 적용할 수 있을 것이다.

공진

이 절에서 인덕터와 커패시터를 모두 포함하는 회로에서 발생할 수 있는 매우 중요한 현상에 대해서 다루기 시작할 것이다. 이러한 현상을 **공진**(*resonance*)이라 부르는데 간단히 설명하자면 어느 물리적 시스템에서 일정한 크기의 정현파 구동 함수에 대한 응답이 그 시스템이 가질 수 있는 최대 크기일 때 그 시스템은 공진의 조건을 만족하고 있다고 말할 수 있다. 그러나 구동 함수가 정현파가 아닌 경우에 일어나는 현상도 종종 공진이라 부른다. 공진 시스템은 전기, 기계, 수력, 음향 혹은 어떤 다른 종류일 수 있지만 여기서는 주로 전기적인 시스템을 다루기로 한다.

공진은 매우 익숙한 현상이다. 예를 들어 자동차의 범퍼 위에서 적당한 주기(1초에 한 번 정도)로 점프를 계속할 때 충격 흡수기(shock absorber)가 낡은 자동차라면 자동차는 점점 더 크게 진동한다. 그러나 점프 주파수가 증가하거나 혹은 감소하면 자동차의 진동은 이전보다 현저하게 줄어들 것이다. 오페라 가수가 적절한 주파수로 소리를 내어 크리스탈 술잔을 부수어 버릴 수 있는 것도 이러한 예 중의 하나이다. 이러한 예에서 보면 공진이 발생하도록 주파수를 적당히 조절할 수 있고, 또한 진동이 일어나도록 물체의 크기, 모양, 재질 등을 결정할 수 있다. 그렇지만 이러한 일들은 물리적으로 쉬운 일은 아니다. 공진의 조건은 그 물리적 시스템이 어디에 사용되느냐에 따라 바람직할 수도 있고 그렇지 않을 수도 있다. 자동차에서 큰 진폭의 진동은 범퍼를 떨어져 나가게 할 수 있다. 그러나 시속 65마일(105 km)에서는 그렇지 않을 수도 있다.

공진을 좀 더 자세히 살펴보도록 하자. 인덕터와 커패시터를 최소한 하나씩 포함하는 2단자 전기 회로망에서 회로망의 입력 임피던스가 순수 저항성일 때, 공진의 조건이 성립한다. 따라서

> 회로망의 입력단자에서 전압과 전류가 같은 위상일 때, 회로망은 공진 상태에 있다.

회로망의 응답이 최대 크기 응답이면 회로망은 공진 상태에 있다고도 말할 수 있다.

먼저 그림 15.17에 보인 바와 같이 입력이 정현파 전류원일 때, *RLC* 병렬 회로에 공진의 정의를 적용해 보기로 한다. 실제로도 이와 아주 비슷한 회로를 실험실에서 꾸밀 수 있다. 인덕터와 커패시터를 병렬로 연결하고 여기에 매우 높은 출력 임피던스를 갖는 에너지원을 병렬로 연결한다. 이상적인 전류원에서 본 정상 상태 어드미턴스는 다음과 같다.

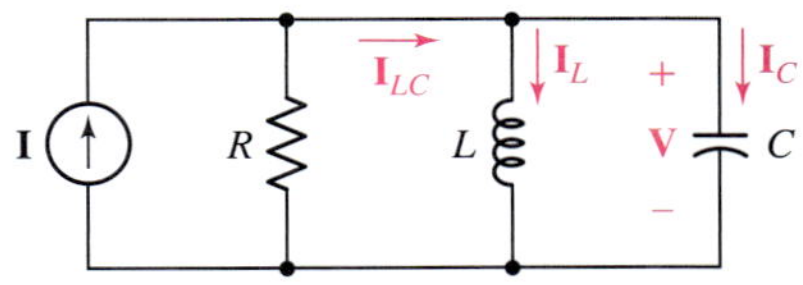

그림 15.17 저항, 인덕터 및 커패시터의 병렬 연결은 종종 *병렬 공진 회로*로 간주된다.

$$\mathbf{Y} = \frac{1}{R} + j\left(\omega C - \frac{1}{\omega L}\right) \qquad [7]$$

입력 단자에서 전압과 전류가 같은 위상이면 공진이 발생한다. 이는 어드미턴스가 순수 저항성이라는 말과 같으며, 그렇기 위한 필요 조건은

$$\omega C - \frac{1}{\omega L} = 0$$

공진 조건은 L, C 혹은 ω를 조절해서 얻을 수 있다. 여기서는 ω를 변화시키는 경우에 대해 다룬다. 공진 주파수를 ω_0라 하면

$$\omega_0 = \frac{1}{\sqrt{LC}} \qquad \text{rad/s} \qquad [8]$$

혹은

$$f_0 = \frac{1}{2\pi\sqrt{LC}} \qquad \text{Hz} \qquad [9]$$

공진 주파수 ω_0는 9장의 식 [10]에서 정의한 공진 주파수와 같다.

어드미턴스 함수의 극점-영점 분포를 이용할 수도 있다. **Y(s)**가 주어지면

$$\mathbf{Y(s)} = \frac{1}{R} + \frac{1}{\mathbf{s}L} + \mathbf{s}C$$

혹은

$$\mathbf{Y(s)} = C\,\frac{\mathbf{s}^2 + \mathbf{s}/RC + 1/LC}{\mathbf{s}} \qquad [10]$$

Y(s)의 분자를 인수 분해하면 다음과 같이 쓸 수 있다.

$$\mathbf{Y(s)} = C\frac{(\mathbf{s} + \alpha - j\omega_d)(\mathbf{s} + \alpha + j\omega_d)}{\mathbf{s}}$$

여기서 α와 ω_d는 9.4 절에서 *RLC* 병렬 회로의 자연 응답에서 구했던 것과 같은 값들이다. 즉 α는 **지수 감쇠 계수**(exponential damping coefficient)이고,

$$\alpha = \frac{1}{2RC}$$

ω_d는 **고유 공진 주파수**(natural resonant frequency) (공진 주파수 ω_0가 아님)이다.

$$\omega_d = \sqrt{\omega_0^2 - \alpha^2}$$

그림 15.18*a*에 보인 바와 같은 극점-영점 분포는 인수 분해한 식에서 얻을 수 있다.

α, ω_d 및 ω_0의 관계를 살펴보면, **s** 평면상의 원점에서 어드미턴스 영점들 중 어느 한 점까지의 거리는 ω_0의 값과 같음을 알 수 있다. 극점-영점 분포가 주어지면 공진 주파수는 다음과 같이 그림을 이용하여 구할 수도 있다. **s** 평면의 원점을 중심으로 영점 중의 하나를 지나도록 원을 그리면 이 원과 양의 $j\omega$축이 만나는 점이 $\mathbf{s} = j\omega_0$점이다. ω_0가 고유 공진 주파수 ω_d보다 조금 크지만, α에 대한 ω_d의 비율이 증가함에 따라 그 비율은 1에 가까워진다.

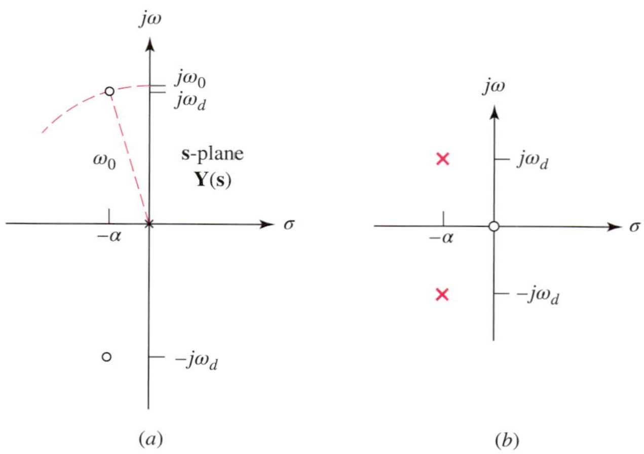

그림 15.18 (*a*) **s**-평면상의 병렬 공진회로의 입력 어드미턴스의 극점-영점의 분포; $\omega_0^2 = \alpha^2 + \omega_d^2$. (*b*) 입력 임피던스의 극점-영점의 분포.

공진과 전압 응답

다음에는 구동 함수의 주파수 ω의 변화에 따른 그림 15.17에 있는 전압 $\mathbf{V(s)}$, 즉 응답의 크기의 변화를 살펴보기로 한다. 정현파 전류원의 진폭이 일정하다고 할 때 전압 응답은 입력 임피던스에 비례한다. 이 응답은 그림 15.18b의 임피던스의 극점-영점 분포도로부터 얻을 수도 있다.

$$\mathbf{Z(s)} = \frac{\mathbf{s}/C}{(\mathbf{s}+\alpha - j\omega_d)(\mathbf{s}+\alpha + j\omega_d)}$$

응답의 크기는 영점에서 0의 값으로 시작해서 고유 진동 주파수 근처에 이르면 최대값을 갖고, ω가 커지면 점점 감소하다가 ω가 무한대의 값에 이르면 0이 된다. 그림 15.19에 주파수 응답을 보였다. 응답의 최대값은 R에 전류원에서 흘러나오는 전류의 진폭을 곱한 값인데 이는 회로 임피던스의 최대 크기가 R이라는 의미이기도 하다. 그리고 응답의 최대값은 정확히 공진 주파수 ω_0에서 생기는 것을 알 수 있다. 두 주파수 ω_1과 ω_2는 나중에 응답 곡선의 대역폭을 설명할 때 사용될 것이다. 먼저 최대 임피던스의 크기는 R이며, 공진일 때 이 최대값을 가진다는 것을 보인다.

식 [7]에서 보인 어드미턴스는 공진에서 상수인 컨덕턴스 값과 최소 크기(여기서는 0)의 서셉턴스 값을 가진다. 따라서 공진일 때, 어드미턴스의 값은 최소이며, 그때의 값은 $1/R$이다. 따라서 임피던스의 값의 최대치는 R이며, 이때 공진이 발생한다.

공진 주파수에서 그림 15.17의 병렬 공진 회로에 걸리는 전압은 단순히 $\mathbf{I}R$이고, 전류원에서 흘러나오는 모든 전류 $\mathbf{I}$는 저항을 통해 흐른다. 그러나 L과 C에도 전류는 존재한다. 공진에서 인덕터의 전류는 $\mathbf{I}_{L,0} = \mathbf{V}_{L,0}/j\omega_0 L = \mathbf{I}R/j\omega_0 L$이고, 공진에서 커패시터의 전류는 $\mathbf{I}_{C,0} = (j\omega_0 C)\,\mathbf{V}_{C,0} = j\omega_0 CR\mathbf{I}$이다. 공진에서 $1/\omega_0 C = \omega_0 L$이므로 다음과 같은 식이 성립한다.

$$\mathbf{I}_{C,0} = -\mathbf{I}_{L,0} = j\omega_0 CR\mathbf{I} \qquad [11]$$

그리고

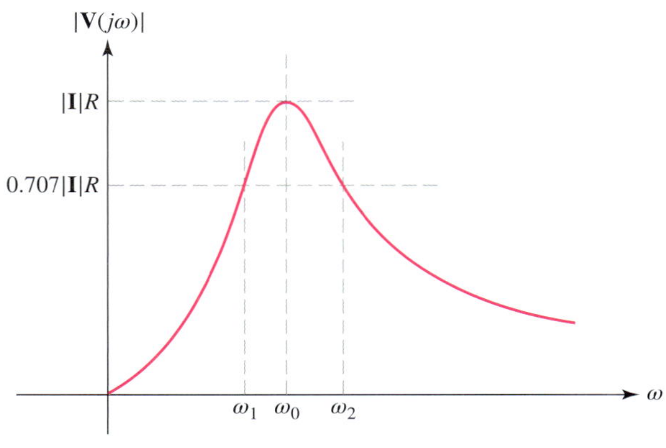

그림 15.19 주파수 함수로 나타낸 병렬 공진 회로의 전압 응답의 크기.

$$\mathbf{I}_{C,0} + \mathbf{I}_{L,0} = \mathbf{I}_{LC} = 0$$

따라서 LC 결합에 흐르는 순(net) 전류는 0이다. 응답 크기의 최대값과 그때의 주파수는 항상 쉽게 구할 수 있는 것은 아니다. 단순한 회로가 아닐 경우, 응답의 실수부와 허수부를 각각 제곱하여 더한다. 그리고 이 값의 제곱근을 구하여 응답의 크기를 구한 후 이를 주파수에 대해서 미분하고, 미분한 식을 0으로 놓고 풀면 이때 얻은 주파수값이 최대 응답일 때의 주파수가 된다. 이 주파수값을 응답의 크기를 나타내는 식에 넣으면 최대 응답의 크기를 구할 수 있다. 이 과정은 이러한 간단한 예에서는 결과를 확실히 하기 위해서 이용될 수도 있지만, 단순한 회로에서는 꼭 이 과정을 거칠 필요는 없다.

양호도

그림 15.19의 응답 곡선의 **높이**는 R값에 의해서만 결정되지만 곡선의 폭 혹은 곡선이 얼마나 가파르게 떨어지는가 하는 것은 나머지 두 소자의 값에 의해서 결정된다. 응답 곡선의 폭은 **대역폭**(bandwidth)과 관련이 있는데 보통 매우 중요한 파라미터인 **양호도**(quality factor) Q로 표시하는 경우가 많다.

양호도는 전하 혹은 무효 전력과 함께 모두 Q로 나타내는데 서로 혼동하지 않도록 주의하여야 한다.

어떤 공진 회로의 응답 곡선이 얼마나 뾰족한가 하는 것은 응답의 한 주기 동안 발산되는 에너지와 비교하여 회로에 저장될 수 있는 최대 에너지의 양에 의해 결정된다.

Q의 정의는 다음과 같다.

$$\boxed{Q = \text{quality factor} \equiv 2\pi \frac{\text{maximum energy stored}}{\text{total energy lost per period}}} \qquad [12]$$

비례 상수 2π는 앞으로 얻게 될 Q에 대한 표현을 좀 더 간단하게 하기 위해서 포함시켰다. 에너지는 인덕터와 커패시터에만 저장될 수 있고 저항에서만 손실될 수 있으므로 Q는 각 무효 소자와 관련된 순시 에너지와 저항에서 발산되는 평균 전력 P_R의 항으로 표현할 수 있다.

$$Q = 2\pi \frac{[w_L(t) + w_C(t)]_{\max}}{P_R T}$$

여기서 T는 Q가 계산되는 정현파 주파수의 주기를 의미한다.

이 정의를 그림 15.17의 병렬 RLC 회로에 적용해서 공진 주파수에서의 Q값을 구한다. 이 Q 값은 Q_0로 표기한다. 다음과 같은 전류 구동 함수를 인가하면

$$i(t) = I_m \cos \omega_0 t$$

공진에서의 전압 응답은 다음과 같다.

$$v(t) = Ri(t) = RI_m \cos \omega_0 t$$

이 경우 커패시터에 저장되는 에너지는 다음과 같으며

$$w_C(t)=\frac{1}{2}Cv^2=\frac{I_m^2R^2C}{2}\cos^2\omega_0 t$$

인덕터에 저장되는 순간 에너지는 다음과 같다.

$$w_L(t)=\frac{1}{2}Li_L^2=\frac{1}{2}L\left(\frac{1}{L}\int v\,dt\right)^2=\frac{1}{2L}\left[\frac{RI_m}{\omega_0}\sin\,\omega_0 t\right]^2$$

이를 다시 쓰면 다음과 같다.

$$w_L(t)=\frac{I_m^2R^2C}{2}\sin^2\omega_0 t$$

그러므로 순간적으로 저장된 총 에너지는 다음과 같이 상수가 된다.

$$w(t)=w_L(t)+w_C(t)=\frac{I_m^2R^2C}{2}$$

그리고 또한 이 상수값은 최대값이어야 한다. 한 주기 동안 저항에서 손실되는 에너지를 구하기 위해서 저항에서 소비되는 평균 전력을 구하면(11.2절 참조), 다음과 같다.

$$P_R=\frac{1}{2}I_m^2R$$

여기에 한 주기를 곱하면 다음 식을 얻는다.

$$P_RT=\frac{1}{2f_0}I_m^2R$$

이를 이용하여 공진에서의 양호도를 구하면 다음과 같다.

$$Q_0=2\pi\frac{I_m^2R^2C/2}{I_m^2R/2f_0}$$

혹은

$$Q_0=2\pi f_0RC=\omega_0RC \qquad [13]$$

식 [14]와 함께 이 식은 그림 15.17의 간단한 병렬 RLC 회로에 대해서만 성립한다. 가끔 더욱 유용하게 쓰이는 Q_0의 다른 표현은 간단한 과정을 거쳐서 다음과 같이 얻을 수 있다.

$$Q_0=R\sqrt{\frac{C}{L}}=\frac{R}{|X_{C,0}|}=\frac{R}{|X_{L,0}|} \qquad [14]$$

따라서 이러한 회로가 공진 주파수에서 동작한다면 다음과 같이 말할 수 있다. 즉 저항의 크기 감소가 Q_0의 감소를 가져온다. 다시 말하면 저항이 작으면 작을수록 소자에서 손실되는 에너지의 양은 커진다. 그리고 커패시터의 크기가 커지면 Q_0는 커지지만 인덕터의 크기가 커지면 반대로 Q_0는 작아진다.

Q에 대한 다른 설명

Q에 대한 또 다른 설명은 식 [11]에서 주어진 바와 같이 공진에서 인덕터와 커패시터를 살펴보면 알 수 있다.

$$\mathbf{I}_{C,0} = -\mathbf{I}_{L,0} = j\omega_0 CR\mathbf{I} = jQ_0\mathbf{I} \tag{15}$$

각각은 전류원의 크기에 Q_0를 곱한 것과 같고 서로 위상이 180° 차이가 난다. Q_0가 50인 병렬 공진 회로에 공진 주파수의 2 mA를 인가하면 저항에는 2 mA가 흐르고, 인덕터와 커패시터에는 100 mA가 흐르는 것을 알 수 있다. 따라서 병렬 공진 회로는 전류 증폭기와 같이 동작한다. 그러나 수동 회로망이므로 전력 증폭기가 될 수는 없다.

정의에 의하면 공진은 강제 응답과 관련이 있다. 왜냐하면 공진은 (순수 저항인) 입력 임피던스의 항으로 정의되기 때문이다. 공진 회로에서 가장 중요한 2개의 파라미터는 아마도 공진 주파수 ω_0와 양호도 Q_0일 것이다. 지수 감쇠 계수와 고유 공진 주파수는 ω_0와 Q_0를 이용하여 나타낼 수 있다.

$$\alpha = \frac{1}{2RC} = \frac{1}{2(Q_0/\omega_0 C)C}$$

혹은

$$\alpha = \frac{\omega_0}{2Q_0} \tag{16}$$

그리고

$$\omega_d = \sqrt{\omega_0^2 - \alpha^2}$$

혹은

$$\omega_d = \omega_0\sqrt{1 - \left(\frac{1}{2Q_0}\right)^2} \tag{17}$$

감쇠인자

ω_0와 Q_0가 포함되는 다른 관계식 하나는 앞으로 많은 도움이 될 것이다. 2차식인 식 [10]의 분자는 다음과 같다.

$$\mathbf{s}^2 + \frac{1}{RC}\mathbf{s} + \frac{1}{LC}$$

이 식을 α와 ω_0를 이용하여 다시 쓰면 다음과 같다.

$$\mathbf{s}^2 + 2\alpha\mathbf{s} + \omega_0^2$$

감쇠인자 ζ(zeta)가 들어간 형식으로 쓰면 다음과 같다.

$$\mathbf{s}^2 + 2\zeta\omega_0\mathbf{s} + \omega_0^2$$

이 식들로부터 ζ와 다른 파라미터과의 관계식은 다음과 같다.

$$\zeta = \frac{\alpha}{\omega_0} = \frac{1}{2Q_0} \qquad [18]$$

예제 15.6

L = 2 mH, Q_0 = 5, C = 10 nF인 *RLC* 병렬 회로가 있다. *R*의 값을 구하고, $0.1\omega_0$, ω_0, $1.1\omega_0$에서 정상 상태 어드미턴스의 크기를 구하라.

이미 에너지 손실과 직접적으로 관련된 파라미터인 Q_0에 대한 여러 가지 표현식을 얻었다. 식 [14]를 다시 쓰면

$$R = Q_0\sqrt{\frac{L}{C}} = 2.236 \text{ k}\Omega$$

다음, 9장에서의 결과를 이용하여 ω_0를 계산하면

$$\omega_0 = \frac{1}{\sqrt{LC}} = 223.6 \text{ krad/s}$$

혹은 다른 방법으로 식 [13]을 이용해도 같은 결과를 얻을 수 있다.

$$\omega_0 = \frac{Q_0}{RC} = 223.6 \text{ krad/s}$$

RLC 병렬 공진 회로의 어드미턴스는 다음과 같다.

$$\mathbf{Y} = \frac{1}{R} + j\omega C + \frac{1}{j\omega L}$$

따라서

$$|\mathbf{Y}| = \frac{1}{R} + j\omega C + \frac{1}{j\omega L}$$

세 주파수에서의 값을 구하면

$$|\mathbf{Y}(0.9\,\omega_0)| = 6.504 \times 10^{-4} \text{ S} \qquad |\mathbf{Y}(\omega_0)| = 4.472 \times 10^{-4} \text{ S}$$
$$|\mathbf{Y}(1.1\,\omega_0)| = 6.182 \times 10^{-4} \text{ S}$$

따라서 공진 주파수에서 최소 임피던스이거나 또는 어떤 특정한 입력 전류에서 최대 전압 응답이 된다. 세 주파수에서의 리액턴스 값을 계산하면 다음과 같다.

$$X(0.9\,\omega_0) = -4.72 \times 10^{-4} \text{ S} \qquad X(1.1\,\omega_0) = 4.72 \times 10^{-4} \text{ S}$$
$$X(\omega_0) = -1.36 \times 10^{-7} \text{ S}$$

반올림 오차의 결과로 $X(\omega_0)$의 값이 0이 되지는 않는다.

익힘문제 15.8

8 kΩ, $L = 50$ mH, $C = 80$ nF로 이루어진 병렬 공진 회로가 있다. 다음을 구하라.

(a) ω_0 (b) Q_0 (c) ω_d (d) α (e) ζ

답: 15.811 krad/s; 10.12; 15.792 krad/s; 781 Np/s; 0.0494.

익힘문제 15.9

병렬 공진 회로에서 공진일 때, $\omega_0 = 1000$ rad/s, $\omega_d = 998$ rad/s, $\mathbf{Y}_{\text{in}} = 1$ mS이다. R, L 및 C의 값을 구하라.

답: 1000 Ω; 126.4 mH; 7.91 μF.

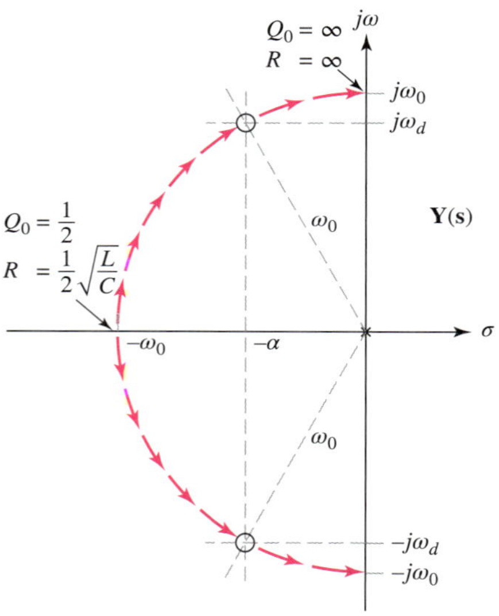

그림 15.20 $\mathbf{s} = -\alpha \pm j\omega_d$에 위치한 어드미턴스 $\mathbf{Y}(\mathbf{s})$의 2개의 영점은 R이 $\frac{1}{2}\sqrt{L/C}$에서 ∞로 증가 함에 따라 반원 궤적을 따라 움직인다.

Q_0를 병렬 RLC 회로의 어드미턴스인 $\mathbf{Y}(\mathbf{s})$의 극점-영점의 위치와 관련하여 설명하면 다음과 같다. L과 C를 상수로 유지하고 R을 변화시키는 방법으로 ω_0를 상수로 유지한다. Q_0를 증가시킴에 따라 α, Q_0 및 ω_0의 관계식으로부터 두 영점은 $j\omega$축에 점점 더 가까워지고 s축으로부터는 동시에 점점 더 멀어짐을 알 수 있다. $j\omega$축 상의 $\mathbf{s} = j\omega_0$점은 원점을 중심으로 한 원을 따라 영점 중의 하나를 통과하여 움직인다. ω_0가 상수값을 유지하므로 반지름은 일정하고, Q_0가 증가함에 따라 영점은 양의 $j\omega$축을 향해 원호를 따라 움직이게 된다.

두 영점은 그림 15.20에 보였으며 R이 증가함에 따라 화살표를 따라 움직이게 된다. R이 무한히 커지면 두 영점의 위치는 $j\omega$축 상의 $\mathbf{s} = \pm j\omega_0$가 된다. R이 감소함에 따라 영점은 원호를 따라 축을 향해 움직이게 되고, $R = \frac{1}{2}\sqrt{L/C}$ 혹은 $Q_0 = \frac{1}{2}$일 때, σ축 상의 $\mathbf{s} = -\omega_0$에서 두 영점이 겹치게 된다. 이러한 조건을 임계감쇠(critical damping) 조건이라고 하며 이때 $\omega_d = 0$이고, $\alpha = \omega_0$이다. R값이 더 작아지면 즉 Q_0값이 더 작아지면, 영점들은 분리되어 음의 σ축 상에서 반대 방향으로 움직인다. 그러나 이러한 작은 값들은 공진 회로에서 일반적으로 나타나는 값이 아니므로 이러한 작은 값들에 의한 현상은 더 이상 다루지 않기로 한다.

나중에 다루겠지만 $Q_0 \geq 5$이면 높은 Q 회로라고 한다. $Q_0 = 5$일 때, 영점은 $\mathbf{s} = -0.1\omega_0 \pm j0.995\omega_0$에 위치하며 ω_0와 ω_d의 값 차이는 0.5퍼센트 정도일 뿐이다.

15.4 대역폭과 높은 양호도 회로

병렬 공진 회로에 대한 반전력 주파수와 대역폭을 정의하고 높은 Q 회로의 대략적인 응답을 얻기 위하여 새로 도입한 이 두 가지 개념을 적용해 보도록 한다. 그림 15.19에 보인 바와 같은 공진 응답 곡선의 “폭(width)”을 좀 더 정확히 정의하고, Q

와의 관계를 알아본다. 먼저 두 반전력 주파수 ω_1과 ω_2를 정의한다. 반전력 주파수에서는 병렬 공진 회로의 입력 어드미턴스의 크기는 공진 주파수에서의 크기에 $\sqrt{2}$배한 것보다 크다. 그림 15.19의 응답 곡선은 주파수의 함수로서 정현파 전류원에 의해 병렬 회로에 걸리는 전압을 나타낸다. 반전력 주파수는 전압 응답의 최대치의 $1/\sqrt{2}$이 되는, 혹은 0.707이 되는 곳에 위치한다. 비슷한 관계식은 임피던스의 크기에 대해서도 성립한다. ω_1을 **하측 반전력 주파수**(*lower half-power frequency*)라 하고, ω_2를 **상측 반전력 주파수**(*upper half-power frequency*)라 한다.

이러한 이름들은 공진 전압의 $1/\sqrt{2}$배가 되는 전압의 전력은 그 제곱이 되므로, 공진에서 전력의 반이 된다는 사실로부터 온 것이다. 따라서 반전력 주파수에서 저항이 흡수하는 전력은 공진에서 저항이 흡수하는 전력의 반이다.

대역폭

공진 회로의 (반전력) **대역폭**(*bandwidth*)은 다음과 같이 두 반전력 주파수의 차이로 정의된다.

$$\mathcal{B} \equiv \omega_2 - \omega_1 \tag{19}$$

응답 곡선이 $\omega = 0$으로부터 $\omega = \infty$까지 걸쳐 있다 하더라도 보통 응답 곡선의 "폭(width)"을 대역폭으로 본다. 좀 더 정확히 말하면, 그림 15.21에 보인 바와 같이 응답 곡선이 최대치의 70.7퍼센트보다 크거나 같은 부분을 반전력 대역폭이라 한다.

대역폭을 Q_0와 공진 주파수의 항으로 표현하면 다음과 같다. 먼저 RLC 병렬 회로의 어드미턴스는 다음과 같다.

$$\mathbf{Y} = \frac{1}{R} + j\left(\omega C - \frac{1}{\omega L}\right)$$

이를 Q_0를 포함하는 식으로 바꾸면 다음과 같다.

$$\mathbf{Y} = \frac{1}{R} + j\frac{1}{R}\left(\frac{\omega\omega_0 CR}{\omega_0} - \frac{\omega_0 R}{\omega\omega_0 L}\right)$$

혹은

$$\mathbf{Y} = \frac{1}{R}\left[1 + jQ_0\left(\frac{\omega}{\omega_0} - \frac{\omega_0}{\omega}\right)\right] \tag{20}$$

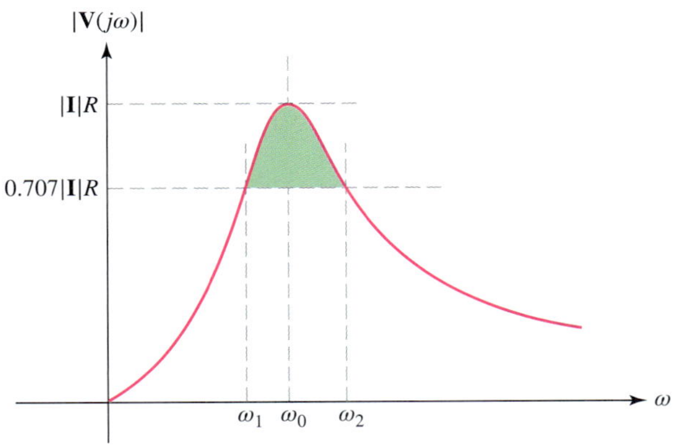

그림 15.21 회로 응답의 대역폭은 녹색으로 강조 표시하였다. 응답 곡선의 최대값의 70.7% 이상 되는 부분이다.

$\omega_1 < \omega_0$이면, $\omega_2 > \omega_0$임을 기억하라.

공진에서 어드미턴스의 크기는 $1/R$이므로 대괄호 안의 허수 부분의 크기가 1이 되는 주파수에서 어드미턴스의 크기는 $\sqrt{2}/R$가 된다. 따라서

$$Q_0\left(\frac{\omega_1}{\omega_0} - \frac{\omega_0}{\omega_1}\right) = -1 \quad \text{그리고} \quad Q_0\left(\frac{\omega_2}{\omega_0} - \frac{\omega_0}{\omega_2}\right) = 1$$

이며 이 식을 풀면 다음과 같이 된다.

$$\omega_1 = \omega_0\left[\sqrt{1 + \left(\frac{1}{2Q_0}\right)^2} - \frac{1}{2Q_0}\right] \qquad [21]$$

$$\omega_2 = \omega_0\left[\sqrt{1 + \left(\frac{1}{2Q_0}\right)^2} + \frac{1}{2Q_0}\right] \qquad [22]$$

이 식들은 쉽게 다루기가 좀 어렵지만 이 식들의 차는 매우 간단한 대역폭의 식이 된다.

$$\mathcal{B} = \omega_2 - \omega_1 = \frac{\omega_0}{Q_0}$$

식 [21]과 [22]를 서로 곱하면 ω_0는 다음과 같이 반전력 주파수의 기하 평균으로 표현된다.

$$\omega_0^2 = \omega_1 \omega_2$$

혹은

$$\omega_0 = \sqrt{\omega_1 \omega_2}$$

높은 Q_0 회로는 좁은 대역폭 혹은 뾰족한 응답 곡선을 가진다. 즉 큰 **주파수 선택도**(*frequency selectivity*) 혹은 높은 양호도를 가진다.

높은 Q 회로에 대한 근사식

많은 공진 회로는 좁은 대역폭과 높은 주파수 선택도라는 장점을 살리기 위해서 일부러 큰 Q_0를 갖도록 설계한다. Q_0가 5보다 클 때 상측 반전력 주파수와 하측 반전력 주파수를 나타내거나 혹은 공진 근처에서의 응답을 나타내는 매우 쓸모 있는 근사식을 만드는 것이 가능하다. Q_0가 5 이상인 높은 Q를 갖는 임의의 회로를 가정한다. Q_0의 값이 약 5인 *RLC* 병렬 회로에 대한 $\mathbf{Y(s)}$의 극점-영점의 위치는 그림 15.22에 보인 바와 같다.

$$\alpha = \frac{\omega_0}{2Q_0}$$

이므로 다음과 같이 표현할 수 있으며

$$\alpha = \frac{1}{2}\mathcal{B}$$

두 영점 $\mathbf{s}_1$ 및 $\mathbf{s}_2$의 위치는 대략적으로 다음과 같다.

$$\begin{aligned} \mathbf{s}_{1,2} &= -\alpha \pm j\omega_d \\ &\approx -\frac{1}{2}\mathcal{B} \pm j\omega_0 \end{aligned}$$

또한, 2개의 반 전력 주파수의 (양의 $j\omega$축 상의) 위치는 다음과 같은 간단한 근사식으로 표현된다.

$$\omega_{1,2} = \omega_0\left[\sqrt{1 + \left(\frac{1}{2Q_0}\right)^2} \mp \frac{1}{2Q_0}\right] \approx \omega_0\left(1 \mp \frac{1}{2Q_0}\right)$$

혹은

$$\omega_{1,2} \approx \omega_0 \mp \frac{1}{2}\mathcal{B} \qquad [23]$$

그러므로 높은 Q 회로에서 각 반전력 주파수는 공진 주파수로부터 대역폭의 약 반만큼 떨어져 있으며, 그림 15.22에 보인 바와 같다.

식 [17]의 ω_1과 ω_2에 대한 근사 관계식을 더하면 높은 Q 회로에서 ω_0가 ω_1과 ω_2의 산술 평균과 대략 같다는 것을 알 수 있다.

$$\omega_0 \approx \frac{1}{2}(\omega_1 + \omega_2)$$

$j\omega$축 상에서 $j\omega_0$보다 조금 위에 있는 측정점에서의 현상을 알아본다. 이 주파수에서의 병렬 RLC 회로의 어드미턴스를 결정하기 위해서 임계 주파수로부터 측정점까지의 세 벡터를 그린다. 측정점이 $j\omega_0$에 가깝다면 극점으로부터의 벡터는 약 $j\omega_0$ 정도이고, 아래 영점으로부터의 벡터는 거의 $j2\omega_0$이다. 따라서 어드미턴스는 대략 다음과 같다.

$$\mathbf{Y}(\mathbf{s}) \approx C\frac{(j2\omega_0)(\mathbf{s} - \mathbf{s}_1)}{j\omega_0} \approx 2C(\mathbf{s} - \mathbf{s}_1) \qquad [24]$$

여기서 C는 식 [10]에 보인 바와 같이 커패시턴스이다. 벡터 $(\mathbf{s} - \mathbf{s}_1)$에 대한 유용한 근사식을 구하기 위해서 영점 $\mathbf{s}_1$ 근처를 확대한 $\mathbf{s}$ 평면 그림을 그린다(그림 15.23).

그림 15.23에서 다음 식을 얻을 수 있다.

$$\mathbf{s} - \mathbf{s}_1 \approx \frac{1}{2}\mathcal{B} + j(\omega - \omega_0)$$

여기서 ω_0를 ω_d로 바꾸면 정확한 식이 된다. 이 식을 식 [24]의 $\mathbf{Y}(\mathbf{s})$에 대입하고 $\frac{1}{2}\mathcal{B}$를 밖으로 꺼내면 다음과 같이 된다.

$$\mathbf{Y}(\mathbf{s}) \approx 2C\left(\frac{1}{2}\mathcal{B}\right)\left(1 + j\frac{\omega - \omega_0}{\frac{1}{2}\mathcal{B}}\right)$$

혹은

$$\mathbf{Y}(\mathbf{s}) \approx \frac{1}{R}\left(1 + j\frac{\omega - \omega_0}{\frac{1}{2}\mathcal{B}}\right)$$

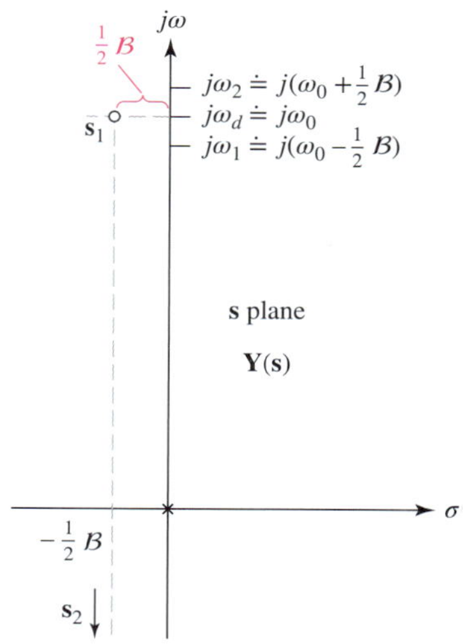

그림 15.22 병렬 RLC 회로에 대한 $\mathbf{Y}(\mathbf{s})$의 극점-영점 분포. 2개의 영점은 정확히 $j\omega$ 축에서 $\frac{1}{2}\mathcal{B}$ **Np/s** (또는 rad/s)만큼 왼쪽에 있고, σ축으로부터는 대략 $j\omega_0$ rad/s (또는 Np/s)되는 곳에 있다. 상부 및 하부 반 전력 주파수는 정확하게 $\mathcal{B}$ rad/s만큼 떨어져 있으며, 각각은 공진 주파수와 및 고유 공진 주파수로부터 약 $\frac{1}{2}\mathcal{B}$ **rad/s**만큼 떨어져 있다.

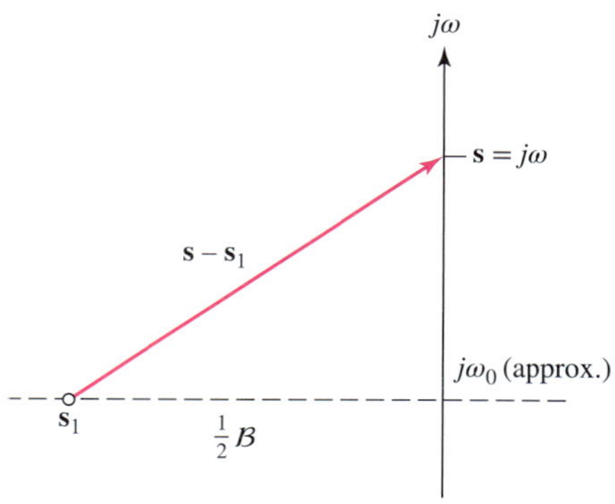

그림 15.23 높은 Q_0 병렬 RLC 회로의 $\mathbf{Y}(\mathbf{s})$에 대한 극점-영점 분포의 부분 확대 그림.

분수 $(\omega - \omega_0)/(\frac{1}{2}\mathcal{B})$는 어느 주파수가 공진 주파수로부터 대역폭의 반의 몇 배만큼 떨어져 있는가를 나타내며, 몇 배인지를 N으로 표시하면 다음과 같이 된다.

$$\mathbf{Y(s)} \approx \frac{1}{R}(1 + jN) \qquad [25]$$

여기서

$$N = \frac{\omega - \omega_0}{\frac{1}{2}\mathcal{B}} \qquad [26]$$

상측 반전력 주파수에서는 $\omega_2 \approx \omega_0 + \frac{1}{2}\mathcal{B}$이고, $N = +1$이며 공진보다 대역폭의 반 단큼 위에 있게 된다. 하측 반전력 주파수에서는 $\omega_1 \approx \omega_0 - \frac{1}{2}\mathcal{B}$이고, $N = -1$이며, 공진보다 대역폭의 반만큼 아래에 있게 된다.

식 [25]의 근사식은 정확한 수식보다 훨씬 사용하기 쉽다. 이 식으로부터 어드미턴스의 크기를 구하면 다음과 같이 된다.

$$|\mathbf{Y}(j\omega)| \approx \frac{1}{R}\sqrt{1 + N^2}$$

$\mathbf{Y}(j\omega)$의 각은 N의 역 탄젠트로 표현된다.

$$\text{ang}\ \mathbf{Y}(j\omega) \approx \tan^{-1} N$$

예제 15.7

R = 40 kΩ, L = 1 H, $C = \frac{1}{64}$ μF인 병렬 RLC 회로에서 전압 응답의 두 반전력 주파수의 위치를 추정하고 동작 주파수가 8200 rad/s일 때, 어드미턴스의 대략적인 값을 구하라.

문제의 목표를 확인한다.

전압 응답의 하측 및 상측 반전력 주파수와 $\mathbf{Y}(\omega_0)$를 구해야 한다. 추정하거나 혹은 근사값을 구하라고 하였으므로 앞으로 증명해야 하겠지만 회로가 높은 Q회로라는 의미이다.

알고 있는 정보를 모은다.

R, L, C의 값이 주어져 있으므로 ω_0와 Q_0를 계산할 수 있다. $Q_0 \geq 5$라면 공진 근처에서 반전력 주파수와 어드미턴스의 대략적인 값을 구할 수 있다. 물론 정확한 값이 필요하다면 정확한 값도 구할 수는 있다.

계획을 세운다.

근사식을 사용하기 위해서 먼저 공진에서의 양호도 Q_0와 대역폭을 구해야 한다. 식 [2]의 공진 주파수 ω_0의 식으로부터 $1/\sqrt{LC}$ = 8 krad/s이다. 따라서

$Q_0 = \omega_0 RC = 5$이고, 대역폭은 $\omega_0/Q_0 = 1.6$ krad/s이다. 이 회로의 Q_0의 값은 높은 Q회로의 근사식을 이용하기에 충분하다.

적당한 식들을 세운다.

대역폭은 다음과 같다.

$$\mathcal{B} = \frac{\omega_0}{Q_0} = 1600 \text{ rad/s}$$

따라서

$$\omega_1 \approx \omega_0 - \frac{\mathcal{B}}{2} = 7200 \text{ rad/s} \qquad \omega_1 \approx \omega_0 + \frac{\mathcal{B}}{2} = 8800 \text{ rad/s}$$

식 [25]는 다음과 같다.

$$\mathbf{Y(s)} \approx \frac{1}{R}(1 + jN)$$

따라서

$$|\mathbf{Y}(j\omega)| \approx \frac{1}{R}\sqrt{1 + N^2} \qquad \text{이고} \qquad \text{ang } \mathbf{Y}(j\omega) \approx \tan^{-1} N$$

이다.

더 많은 정보가 필요한지 결정한다.

공진 주파수 ω_0로부터 얼마만큼 반대역폭이 떨어져 있는지 나타내는 N을 구해야 한다.

$$N = (8.2 - 8)/0.8 = 0.25$$

답을 구한다.

회로의 어드미턴스의 크기와 각을 구하기 위해서 근사식을 이용한다.

$$\text{ang } \mathbf{Y} \approx \tan^{-1} 0.25 = 14.04^\circ$$

그리고

$$|\mathbf{Y}| \approx 25\sqrt{1 + (0.25)^2} = 25.77\ \mu\text{S}$$

답을 증명한다. 답이 이치에 맞는가 혹은 기대되는 답인가?

식 [7]을 이용하여 구한 정확한 어드미턴스는 다음과 같다.

$$\mathbf{Y}(j8200) = 25.75\underline{/13.87^\circ}\ \mu\text{S}$$

따라서 근사적인 방법으로 구한 어드미턴스의 크기와 각은 이 주파수에서 상당히 (2퍼센트 이내로) 정확하다. ω_1 및 ω_2의 정확도는 직접 해보기 바란다.

익힘문제 15.10

아주 높은 Q의 병렬 공진회로에서 $f_0 = 440$ Hz이고, $Q_0 = 6$이다. 식 [21]과 [22]를 이용하여 다음의 정확한 값을 구하라.
(a) f_1. (b) f_2. 식 [23]을 이용하여 다음의 근사값을 구하라. (c) f_1. (d) f_2.

답: 404.9 Hz; 478.2 Hz; 403.3 Hz; 476.7 Hz.

이미 얻은 중요한 내용들을 되돌아보면서 **병렬** 공진 회로에 관하여 결론을 맺는다.

- 공진 주파수 ω_0는 입력 어드미턴스의 허수 부분이 0이 되도록 하는 주파수 이거나 혹은 어드미턴스의 위상각이 0이 되도록 하는 주파수이다. 이 회로에서는 $\omega_0 = 1/\sqrt{LC}$이다.
- Q_0는 각 주기 동안 회로의 에너지 손실에 대한 회로에 저장되는 최대 에너지의 비율에 2π를 곱한 값으로 정의된다. 이 회로에서는 $Q_0 = \omega_0 RC$이다.
- 두 반전력 주파수 ω_1과 ω_2는 어드미턴스의 크기가 최소 어드미턴스의 크기의 $\sqrt{2}$배일 때의 주파수로 정의된다(전압 응답의 크기가 최대 전압 응답의 크기의 70.7퍼센트가 되는 때의 주파수이기도 하다).
- ω_1과 ω_2의 정확한 표현은 다음과 같다.

$$\omega_{1,2} = \omega_0\left[\sqrt{1 + \left(\frac{1}{2Q_0}\right)^2} \mp \frac{1}{2Q_0}\right]$$

- 높은 Q_0를 갖는 회로에서 ω_1과 ω_2에 대한 근사적인 표현은 다음과 같다.

$$\omega_{1,2} \approx \omega_0 \mp \frac{1}{2}\mathcal{B}$$

- 반전력 대역폭 $\mathcal{B}$는 다음과 같다.

$$\mathcal{B} = \omega_2 - \omega_1 = \frac{\omega_0}{Q_0}$$

- 높은 Q 회로에 대해서 입력 어드미턴스의 근사적인 값은 다음과 같다.

$$\mathbf{Y} \approx \frac{1}{R}(1 + jN) = \frac{1}{R}\sqrt{1 + N^2}\underline{/\tan^{-1} N}$$

- 여기서 N은 동작 주파수와 공진 주파수의 차가 반전력 대역폭의 몇 배인가를 의미한다.

$$N = \frac{\omega - \omega_0}{\frac{1}{2}\mathcal{B}}$$

이러한 근사값들은 $0.9\omega_0 \le \omega \le 1.1\omega_0$ 범위 내에서 적용이 가능하다.

15.5 직렬 공진

직렬 RLC 공진 회로는 병렬 RLC 공진 회로에 비해서 쓰임새가 덜하기는 하지만 관심을 가질 만한 가치는 있다. 그림 15.24에 직렬 공진 회로를 보였다. 회로의 각 소자에는 아래 첨자 s가 표시되어 있는데 이는 직렬(series)이라는 의미로 나중에 병렬 공진 회로와 비교할 때 혼동을 피하기 위해서이다.

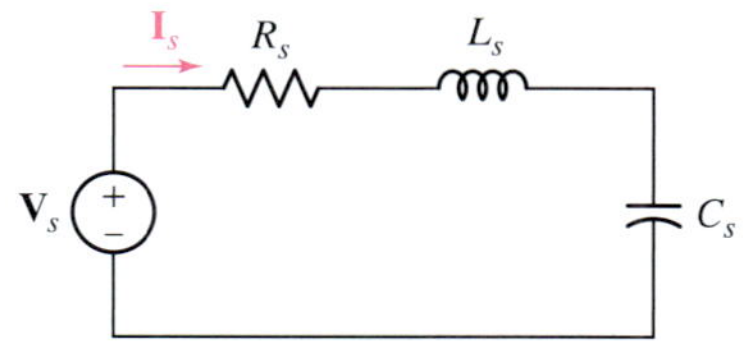

그림 15.24 직렬 공진 회로.

병렬 공진에 대해서는 이미 앞의 두 절에 걸쳐서 충분히 다루었다. 직렬 RLC 회로도 비슷한 방법으로 다룰 수 있기 때문에 비슷한 내용을 반복할 필요가 없고 또 쌍대성의 개념을 이용해도 된다. 간단하게 하기 위해서 전 절의 마지막 문단에서 설명한 병렬 공진에 대한 결론을 살펴보기로 한다. 가장 중요한 결론이 그곳에 포함되어 있는데, 쌍대성을 이용하여 마지막 문단의 내용을 바꾸면 직렬 RLC 회로에 대한 중요한 결론을 이끌어 낼 수 있다.

이 문단은 15.4절의 마지막 문단과 같다. 다만 따옴표 내('~')의 내용에서 쌍대성을 이용하여 병렬 *RLC*라는 말을 직렬 *RLC*라는 말로 바꾸기만 하면 된다.

"이미 얻은 중요한 내용들을 되돌아보면서 **직렬** 공진 회로에 관하여 결론을 맺는다.

- 공진 주파수 ω_0는 입력 임피던스의 허수 부분이 0이 되도록 하는 주파수이거나 혹은 임피던스의 위상각이 0이 되도록 하는 주파수이다. 이 회로에서는 $\omega_0 = 1/\sqrt{C_s L_s}$이다.
- Q_0는 각 주기 동안 회로의 에너지 손실에 대한 회로에 저장되는 최대 에너지의 비율에 2π를 곱한 값으로 정의된다. 이 회로에서는 $Q_0 = \omega_0 L_S/R_S$이다.
- 두 반전력 주파수 ω_1과 ω_2는 임피던스의 크기가 최소 임피던스의 크기의 $\sqrt{2}$ 배일 때의 주파수로 정의된다. (전류 응답의 크기가 최대 전류 응답의 크기의 70.7퍼센트가 되는 때의 주파수이기도 하다.)
- ω_1과 ω_2의 정확한 표현은 다음과 같다.

$$\omega_{1,2} = \omega_0\left[\sqrt{1 + \left(\frac{1}{2Q_0}\right)^2} \mp \frac{1}{2Q_0}\right]$$

- 높은 Q_0를 갖는 회로에서 ω_1과 ω_2에 대한 근사적인 표현은 다음과 같다.

$$\omega_{1,2} \approx \omega_0 \mp \frac{1}{2}\mathcal{B}$$

- 반전력 대역폭 $\mathcal{B}$는 다음과 같다.

$$\mathcal{B} = \omega_2 - \omega_2 = \frac{\omega_0}{Q_0}$$

- 높은 Q 회로에 대해서 입력 어드미턴스의 근사적인 값은 다음과 같다.

$$\mathbf{Y} \approx \frac{1}{R}(1 + jN) = \frac{1}{R}\sqrt{1 + N^2}\,\underline{/\tan^{-1} N}$$

여기서 N은 동작 주파수와 공진 주파수의 차가 반전력 대역폭의 몇 배인가를 의미한다.

$$N = \frac{\omega - \omega_0}{\frac{1}{2}\mathcal{B}}$$

이러한 근사값들은 $0.9\omega_0 \leq \omega \leq 1.1\omega_0$ 범위 내에서 적용이 가능하다."

지금부터는 꼭 필요하다면 모르지만 직렬 공진 회로를 아래 첨자 s를 사용하여 굳이 구분할 필요가 없을 것이다.

예제 15.8

10 Ω의 저항, 200 nF의 커패시터 및 2 mH의 인덕터로 구성된 직렬 공진 회로에 v_s = 100 cos ωt mV인 전압이 인가되어 있다. ω = 48 krad/s일 때, 정확한 방법과 근사적인 방법으로 전류의 진폭을 구하라.

회로의 공진 주파수는 다음과 같다.

$$\omega_0 = \frac{1}{\sqrt{LC}} = \frac{1}{\sqrt{(2 \times 10^{-3})(200 \times 10^{-9})}} = 50 \text{ krad/s}$$

ω_0 = 48 krad/s에서 동작하므로 이는 공진 주파수의 10퍼센트 이내이다. 따라서 높은 Q 회로라면 회로의 등가 임피던스를 구하기 위해서 다음의 근사식을 적용할 수 있다.

$$\mathbf{Z}_{\text{eq}} \approx R\sqrt{1+N^2}\,\underline{/\tan^{-1}N}$$

여기서 Q_0가 결정되면 N을 계산할 수 있다. 직렬 회로이므로 다음과 같이 된다.

$$Q_0 = \frac{\omega_0 L}{R} = \frac{(50 \times 10^3)(2 \times 10^{-3})}{10} = 10$$

따라서 이 회로는 높은 Q 회로이다. 그러므로

$$\mathcal{B} = \frac{\omega_0}{Q_0} = \frac{50 \times 10^3}{10} = 5 \text{ krad/s}$$

이다. 따라서 N을 구하면 다음과 같이 된다.

$$N = \frac{\omega - \omega_0}{\mathcal{B}/2} = \frac{48 - 50}{2.5} = -0.8$$

그러므로

$$\mathbf{Z}_{\text{eq}} \approx R\sqrt{1+N^2}\,\underline{/\tan^{-1}N} = 12.81\underline{/-38.66^\circ}\ \Omega$$

근사적인 전류 크기는 다음과 같다.

$$\frac{|\mathbf{V}_s|}{|\mathbf{Z}_{\text{eq}}|} = \frac{100}{12.81} = 7.806 \text{ mA}$$

정확하게 구하면 $\mathbf{I} = 7.746\underline{/39.24^\circ}$ mA이고, 따라서 크기는 다음과 같이 된다.

$$|\mathbf{I}| = 7.746 \text{ mA}$$

익힘문제 15.11

대역폭이 100 Hz이고, 20 mH의 인덕터와 2 μF의 커패시터를 포함한 직렬 공진 회로가 있다. 다음을 구하라.

(a) f_0 (b) Q_0 (c) 공진에서의 $\mathbf{Z}_{\text{in}}$ (d) f_2

답: 796 Hz; 7.96; 12.57 + j0 Ω; 846 Hz(대략적인 값).

표 15.1 공진의 요약.

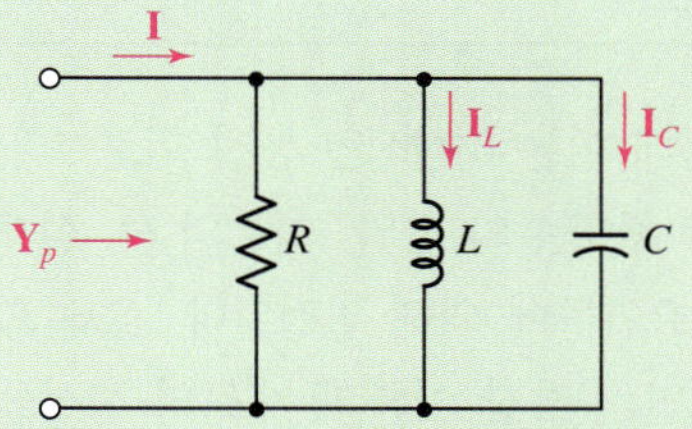

$$Q_0 = \omega_0 RC \qquad \alpha = \frac{1}{2RC}$$

$$|\mathbf{I}_L(j\omega_0)| = |\mathbf{I}_C(j\omega_0)| = Q_0|\mathbf{I}(j\omega_0)|$$

$$\mathbf{Y}_p = \frac{1}{R}\left[1 + jQ_0\left(\frac{\omega}{\omega_0} - \frac{\omega_0}{\omega}\right)\right]$$

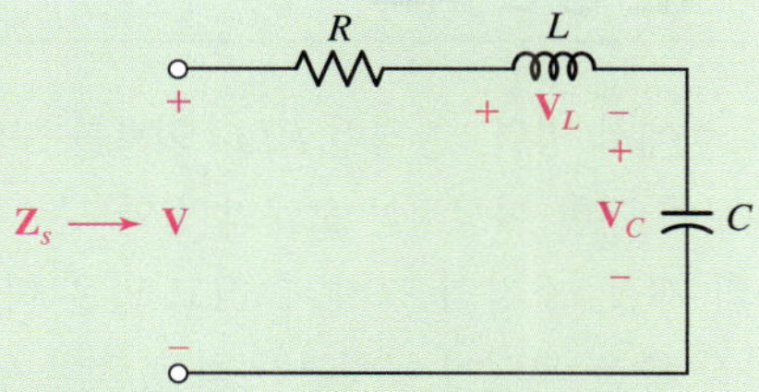

$$Q_0 = \frac{\omega_0 L}{R} \qquad \alpha = \frac{R}{2L}$$

$$|\mathbf{V}_L(j\omega_0)| = |\mathbf{V}_C(j\omega_0)| = Q_0|\mathbf{V}(j\omega_0)|$$

$$\mathbf{Z}_s = R\left[1 + jQ_0\left(\frac{\omega}{\omega_0} - \frac{\omega_0}{\omega}\right)\right]$$

Exact expressions

$$\omega_0 = \frac{1}{\sqrt{LC}} = \sqrt{\omega_1 \omega_2}$$

$$\omega_d = \sqrt{\omega_0^2 - \alpha^2} = \omega_0\sqrt{1 - \left(\frac{1}{2Q_0}\right)^2}$$

$$\omega_{1,2} = \omega_0\left[\sqrt{1 + \left(\frac{1}{2Q_0}\right)^2} \mp \frac{1}{2Q_0}\right]$$

$$N = \frac{\omega - \omega_0}{\frac{1}{2}\mathcal{B}}$$

$$\mathcal{B} = \omega_2 - \omega_1 = \frac{\omega_0}{Q_0} = 2\alpha$$

Approximate expressions

$$(Q_0 \geq 5 \quad 0.9\,\omega_0 \leq \omega \leq 1.1\,\omega_0)$$

$$\omega_d \approx \omega_0$$

$$\omega_{1,2} \approx \omega_0 \mp \frac{1}{2}\mathcal{B}$$

$$\omega_0 \approx \frac{1}{2}(\omega_1 + \omega_2)$$

$$\mathbf{Y}_p \approx \frac{\sqrt{1 + N^2}}{R}\underline{/\tan^{-1} N}$$

$$\mathbf{Z}_s \approx R\sqrt{1 + N^2}\underline{/\tan^{-1} N}$$

병렬 공진 회로에서는 공진에서 임피던스가 최대값을 갖는 반면, 직렬 공진 회로에서는 공진에서 임피던스가 최소값을 가진다. 병렬 공진 회로에서는 공진에서 인덕터 전류와 커패시터 전류가 전원에서 공급되는 전류 크기의 Q_0배가 되지만, 직렬 공진 회로에서는 공진에서 인덕터 전압과 커패시터 전압이 전원 전압의 Q_{0s}배가 된다. 그러므로 직렬 회로는 공진에서 전압 증폭을 한다.

표 15.1에 병렬 공진 회로와 직렬 공진 회로를 비교하면서 정확한 표현과 근사적 표현도 아울러 나타내었다.

15.6 다른 공진 회로

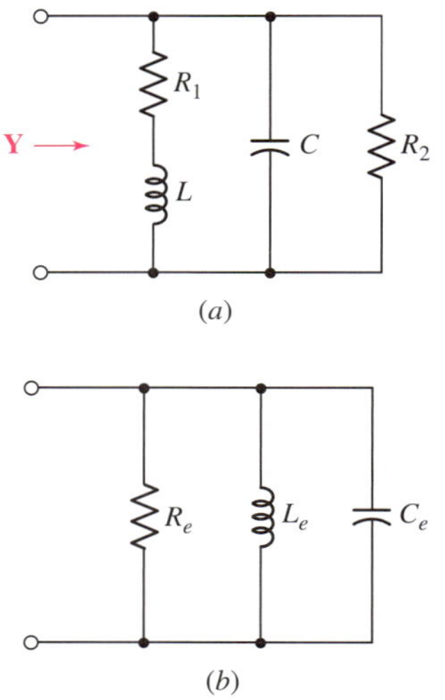

그림 15.25 (*a*) 실제 인덕터, 커패시터 및 저항으로 병렬로 구성된 실제 회로망의 유용한 모델. (*b*) 좁은 주파수 대역에서 (*a*)의 회로망과 등가일 수 있는 회로망.

앞의 두 절에서 병렬 및 직렬 RLC 회로를 보였는데 이는 **이상적인** 공진 회로이다. 실제 회로에 대한 이상적인 모델의 정확도는 동작 주파수의 범위, 회로의 Q, 실제 소자들의 재질, 소자의 크기, 그리고 많은 다른 요인들에 의해 결정된다. **실제** 회로의 가장 좋은 모델이 무엇인가 하는 것을 알려면 전자장 이론과 재료의 성질들에 대한 지식이 필요하기 때문에 여기서 이런 것은 다루지 않는다. 다만 복잡한 모델을 쉽게 다룰 수 있는 두 가지의 간단한 모델 중의 하나로 단순화시키는 것에 관심을 두기로 한다.

그림 15.25*a*에 보인 회로는 실제의 인덕터, 커패시터 그리고 저항으로 이루어진 병렬 회로의 좀 더 정확한 모델이다. R_1으로 표시된 저항은 실제 코일의 옴 저항 및 여러 가지 손실을 설명하기 위한 가상적인 저항이다. 실제 커패시터의 유전체 손실과 RLC 회로의 실제 저항은 R_2로 표시된 저항으로 나타내었다. 소자들을 적당히 연결하여 **모든 주파수**에서 원래의 모델과 등가이면서 이 모델보다 더 간단한 모델을 만들 수 있는 **방법은 없다**. 그러나 관심의 대상이 되는 주파수 대역을 포함하는 충분히 큰 대역에서 사용할 수 있는 등가의 모델은 만들 수 있으며, 이러한 모델을 그림 15.25*b*에 보였다.

이러한 등가회로를 어떻게 만드는지에 대해 다루기 전에 먼저 그림 15.25*a*와 같은 회로를 고려한다. R_1이 충분히 작아서 이 회로의 공진 라디안 주파수가 $1/\sqrt{LC}$에 매우 가깝더라도, 이 회로의 공진 라디안 주파수는 이 값은 아니다. 공진의 정의는 그대로이므로 입력 어드미턴스의 허수부를 0으로 놓으면 공진 주파수를 구할 수 있다.

$$\text{Im}\{\mathbf{Y}(j\omega)\} = \text{Im}\left\{\frac{1}{R_2} + j\omega C + \frac{1}{R_1 + j\omega L}\right\} = 0$$

혹은

$$\begin{aligned}\text{Im}&\left\{\frac{1}{R_2} + j\omega C + \frac{1}{R_1 + j\omega L}\frac{R_1 - j\omega L}{R_1 - j\omega L}\right\}\\ &= \text{Im}\left\{\frac{1}{R^2} + j\omega C + \frac{R_1 - j\omega L}{R_1^2 + \omega^2 L^2}\right\} = 0\end{aligned}$$

따라서 공진 조건은 다음과 같다.

$$C = \frac{L}{R_1^2 + \omega^2 L^2}$$

따라서

$$\omega_0 = \sqrt{\frac{1}{LC} - \left(\frac{R_1}{L}\right)^2} \qquad [27]$$

ω_0는 $1/\sqrt{LC}$보다 작음을 알 수 있다. 그러나 R_1/L의 값이 충분히 작으면, ω_0는 $1/\sqrt{LC}$와 거의 같다.

입력 임피던스의 최대 크기도 고려할 만한 가치가 있다. 이 최대값이 R_2도 아니고, ω_0에서 (혹은 $\omega = 1/\sqrt{LC}$에서) 생기는 것도 아니다. 간단한 내용이지만 증명하기 위해서는 수학적으로 많은 과정을 거쳐야 하므로 증명은 생략하고 예제를 다루는 것으로 만족하기로 한다.

예제 15.9

그림 15.25a에서 R_1 = 2 Ω, L = 1 H, C = 125 mF, R_2 = 3 Ω일 때, 공진 주파수와 공진에서의 임피던스를 구하라.

식 [27]에 적당한 값을 대입하면 다음 값을 얻을 수 있다.

$$\omega_0 = \sqrt{8 - 2^2} = 2 \text{ rad/s}$$

이 값을 이용하여 입력 어드미턴스를 계산하면 다음과 같이 된다.

$$\mathbf{Y} = \frac{1}{3} + j2\left(\frac{1}{8}\right) + \frac{1}{2 + j(2)(1)} = \frac{1}{3} + \frac{1}{4} = 0.583 \text{ S}$$

그러므로 공진에서의 입력 임피던스는 다음과 같다.

$$\mathbf{Z}(j2) = \frac{1}{0.583} = 1.714\ \Omega$$

만약 R_1이 0이라면, 이때 공진 주파수가 되는 다음 주파수에서 다음과 같다.

$$\frac{1}{\sqrt{LC}} = 2.83 \text{ rad/s}$$

입력 임피던스는 다음 값이 될 것이다.

$$\mathbf{Z}(j2.83) = 1.947\underline{/-13.26^\circ}\ \Omega$$

그림 15.26에서 볼 수 있는 것처럼 임피던스의 크기가 최대가 되는 주파수를 ω_m이라 하면 ω_m = 3.26 rad/s가 되며, 임피던스의 최대값은 다음과 같다.

$$\mathbf{Z}(j3.26) = 1.980\underline{/-21.4^\circ}\ \Omega$$

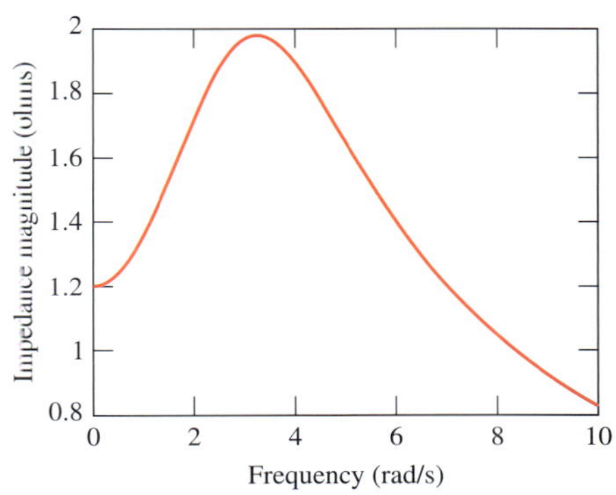

그림 15.26 다음과 같은 MATLAB을 이용하여 그린 ω에 대한 |**Z**| 선도.

```
>> omega = linspace(0,10,100);
>> for i = 1:100
Y(i) = 1/3 + j*omega(i)/8 + 1/(2 +
j*omega(i));
Z(i) = 1/Y(i);
end
>> plot(omega,abs(Z));
>> xlabel('frequency (rad/s)');
>> ylabel('impedance magnitude (ohms)');
```

공진에서 임피던스의 크기와 최대값의 크기는 약 16퍼센트 정도의 차이가 있다. 실제 상황에서 그 정도의 오차는 종종 무시되기도 하는 것이 사실이지만, 이 예제에서는 무시하기에는 너무 큰 값이다. (이 절의 마지막 부분에서 주파수가 2 rad/s일 때, 인덕터와 저항으로 구성된 회로의 Q가 1인 경우를 다루게 되는데 이러한 작은 값에서 16퍼센트의 차이에 대한 설명을 할 것이다.)

익힘문제 15.12

그림 15.25*a*의 회로에서 R_1 = 1 kΩ이고, C = 2.533 pF이다. 공진 주파수가 1 MHz가 되도록 하는데 필요한 인덕턴스의 값을 구하라. (힌트: $\omega = 2\pi f$.)

답: 10 mH.

등가의 직렬 및 병렬 결합

그림 15.25*a*의 회로를 그림 15.25*b*와 같은 형태의 등가회로로 바꾸기 위해서 먼저 저항과 리액터(인덕터 혹은 커패시터)가 간단히 직렬 혹은 병렬로 연결된 회로의 Q에 대해서 알아본다. 먼저 그림 15.27*a*와 같은 직렬 회로를 고려한다. 이 회로의 Q는 앞에서 배운 바와 같이 각 주기당의 에너지 손실에 대한 최대 저장 에너지의 비율에 2π를 곱한 값이다. 그리고 Q는 어떠한 주파수에서나 계산될 수 있다. 다시 말하자면, Q는 ω의 함수이다. Q값은 이러한 직렬 회로가 회로의 일부분으로 포함되어 있는 회로의 공진 주파수에서도 구할 수 있다. 그러나 이런 경우에는 좀 더 완전한 회로를 알 수 있기 전까지는 회로의 공진 주파수를 구할 수는 없다. 그림 15.27*b*와 같은 직렬 회로의 Q는 $|X_s|/R_s$이고, 그림 15.27*b*와 같은 병렬회로의 Q는 $R_p/|X_p|$임을 직접 구해 보기 바란다.

어떤 특정한 주파수에서 그림 15.27*a*의 직렬 회로와 그림 15.27*b*의 병렬 회로가 등가가 되도록 병렬 회로의 R_p 및 X_p의 값을 구하는 과정을 자세히 알아보도록 한다. Y_s와 Y_p를 서로 같다고 하면 다음과 같다.

$$\mathbf{Y}_s = \frac{1}{R_s + jX_s} = \frac{R_s - jX_s}{R_s^2 + X_s^2}$$
$$= Y_p = \frac{1}{R_p} - j\frac{1}{X_p}$$

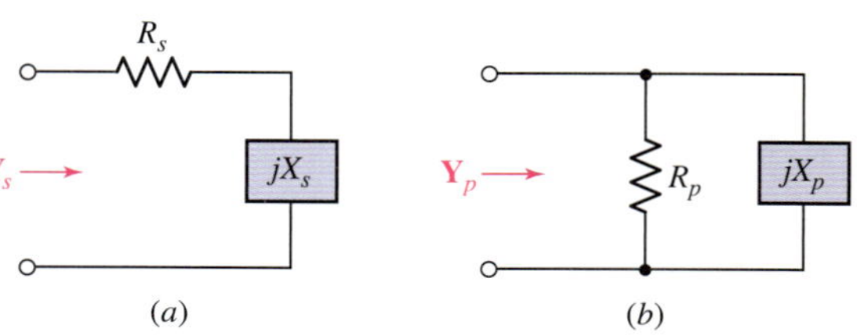

그림 15.27 (*a*) 저항 R_s과 유도성 또는 용량성 리액턴스 X_s로 구성된 직렬 회로망은 어떤 특정한 주파수에서 $\mathbf{Y}_s = \mathbf{Y}_p$가 되는 (*b*)와 같은 병렬 회로망으로 변환 될 수있다. 역변환은 똑같이 가능하다.

그러므로 다음 식을 얻을 수 있다.

$$R_p = \frac{R_s^2 + X_s^2}{R_s}$$

$$X_p = \frac{R_s^2 + X_s^2}{X_s}$$

두 식을 이용하여 나누기를 하면 다음과 같이 된다.

$$\frac{R_p}{X_p} = \frac{X_s}{R_s}$$

직렬 회로와 병렬 회로의 Q는 서로 같음을 알 수 있다.

$$Q_p = Q_s = Q$$

변환식은 다음과 같이 간단히 쓸 수 있다.

$$R_p = R_s(1 + Q^2) \qquad [28]$$

$$X_p = X_s\left(1 + \frac{1}{Q^2}\right) \qquad [29]$$

그러므로 R_p와 X_p를 알면 R_s와 X_s를 구할 수 있으며, 그 반대의 경우도 성립한다.

만약 $Q \geq 5$이면 다음 근사식을 쓰더라도 거의 오차가 발생하지 않는다.

$$R_p \approx Q^2 R_s \qquad [30]$$

$$X_p \approx X_s \quad (C_p \approx C_s \quad \text{or} \quad L_p \approx L_s) \qquad [31]$$

예제 **15.10**

1000 rad/s의 주파수에서 100 mH의 인덕터와 5 Ω의 저항이 직렬로 연결되어 있다. 이 회로의 병렬 등가 회로를 구하라. 여기서 이 직렬 회로가 연결된 회로망의 세부사항은 알 수 없다.

$\omega = 1000$ rad/s에서 $X_s = 1000(100 \times 10^{-3}) = 100\ \Omega$이다. 이 직렬 회로의 Q는

$$Q = \frac{X_s}{R_s} = \frac{100}{5} = 20$$

이다. Q가 충분히 크므로(20은 5보다 훨씬 크다), 식 [30]과 [31]을 사용하면 다음을 얻을 수 있다.

$$R_p \approx Q^2 R_s = 2000\ \Omega \qquad \text{그리고} \qquad L_p \approx L_s = 100\ \text{mH}$$

따라서 1000 rad/s의 주파수에서 100 mH 인덕터와 5 Ω저항을 직렬 연결한 입력 임피던스는 100 mH 인덕터와 2000 Ω저항을 병렬 연결한 입력 임피던스와 같다.

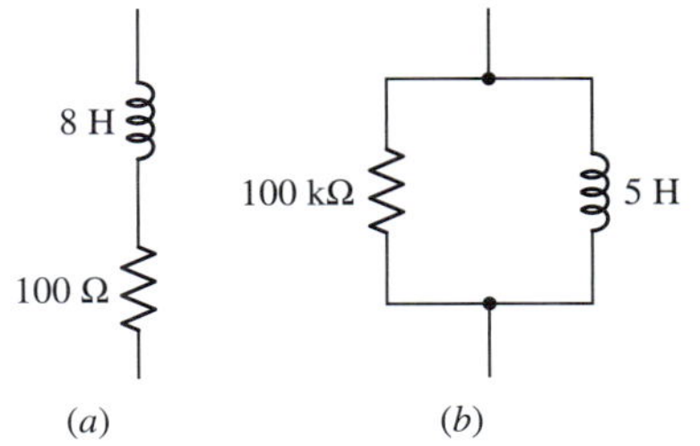

그림 15.28 (*a*) 등가 병렬 회로를(ω = 1000 rad/s에서) 구하고자 하는 직렬 회로. (*b*) 등가 직렬 회로를(ω = 1000 rad/s에서) 구하고자 하는 병렬 회로.

얼마나 정확하게 등가인지 알아보기 위해서 1000 rad/s의 주파수에서 각 회로의 입력 임피던스를 계산하면 다음과 같다.

$$\mathbf{Z}_s(j1000) = 5 + j100 = 100.1\underline{/87.1^\circ}\ \Omega$$

$$\mathbf{Z}_p(j1000) = \frac{2000(j100)}{2000 + j100} = 99.9\underline{/87.1^\circ}\ \Omega$$

그러므로 이 주파수에서 근사식의 정확도는 상당히 높은 것을 알 수 있다. 다음 결과를 보면 900 rad/s에서의 정확도 또한 상당히 높은 것을 알 수 있다.

$$\mathbf{Z}_s(j900) = 90.1\underline{/86.8^\circ}\ \Omega$$

$$\mathbf{Z}_p(j900) = 89.9\underline{/87.4^\circ}\ \Omega$$

익힘문제 15.13

ω = 1000 rad/s일 때, 그림 15.28*a*와 같은 직렬 회로와 등가인 병렬 회로를 구하라.

답: 8 H, 640 kΩ.

익힘문제 15.14

ω = 1000 rad/s일 때, 그림 15.28*b*와 같은 병렬 회로와 등가인 직렬 회로를 구하라.

답: 5 H, 250 Ω.

"이상적인(ideal)"측정기란 측정하고자 하는 회로에 아무런 영향을 미치지 않으면서 측정하고자 하는 특정한 양을 측정하는 도구를 말한다.

좀 더 복잡한 공진 회로를 직렬 혹은 병렬 *RLC* 회로로 대신할 수 있는 예제로 전자 계측에서 생기는 문제를 고려하기로 한다. 그림 15.29*a*의 단순한 직렬 *RLC* 회로에 회로의 공진 주파수와 같은 주파수를 갖는 정현파 전압원이 연결되어 있다. 전원 전압의 실효값은 0.5 V인데, 내부 저항이 100,000 Ω인 전자 전압계(VM)를 이용하여 커패시터에 걸리는 전압의 실효값을 측정하고자 한다. 전압계의 등가적 표현은 이상적인 전압계에 100 kΩ 저항이 병렬로 연결된 것이다.

전압계를 연결하기 전에 몇 가지를 계산하면, 공진 주파수는 105 rad/s이고, Q_0 = 50, 전류는 25 mA, 커패시터 전압의 실효값은 25 V이다. (15.5절의 마지막에서 설명한 것과 같이 이 전압은 입력전압의 Q_0배이다.) 따라서 전압계가 이상적인 전압계라면 커패시터에 걸리는 전압으로 전압계에 25 V가 표시되어야 한다.

그러나 실제로 전압계를 연결하면 회로는 그림 15.29*b*와 같은 회로가 된다. 직렬 *RLC* 회로를 얻기 위해서는 병렬 *RC* 회로를 직렬 *RC* 회로로 바꾸어야 한다. 이 *RC* 회로의 Q가 충분히 커서 등가의 직렬 커패시터가 기존 회로의 병렬 커패시터와 같다고 가정한다. 이러한 가정은 결과적으로 얻은 직렬 *RLC* 회로의 공진 주

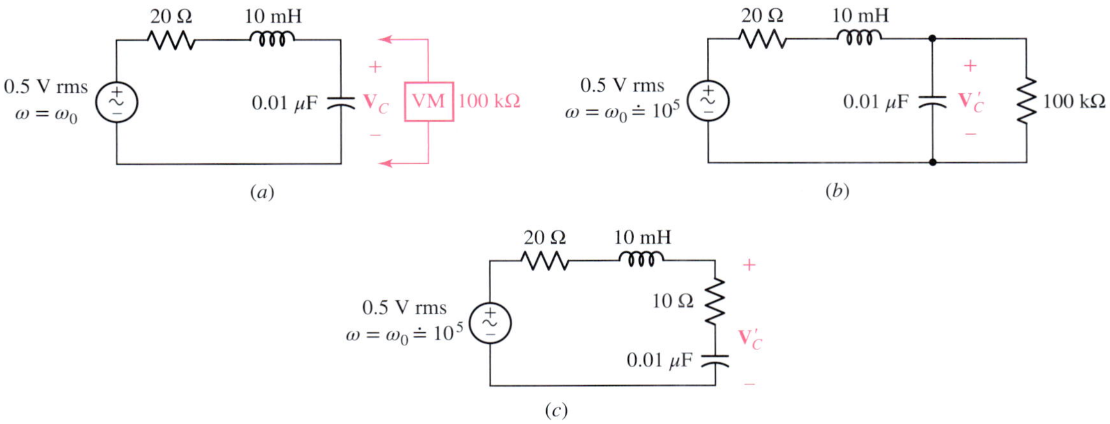

그림 15.29 (*a*) 직렬 공진 회로에 포함된 커패시터의 전압을 이상적이지 않은 전자 전압계로 측정. (*b*) 전압계의 영향은 회로에 포함되며 $\mathbf{V}_C'$로 읽는다. (*c*) (*b*)에서 병렬 *RC* 회로가 10^5 rad/s에서 등가인 직렬 *RC* 회로로 대체하여 얻은 직렬 공진 회로.

파수를 근사적으로 구하기 위해서 한다. 따라서 직렬 *RLC* 회로 또한 0.01 μF의 커패시터를 포함하게 되면, 공진 주파수는 10^5 rad/s가 된다. 이러한 대략적인 공진 주파수의 추정치는 병렬 *RC* 회로의 *Q*를 계산하기 위해서 필요하다. *Q*를 구하면 다음과 같이 된다.

$$Q = \frac{R_p}{|X_p|} = \omega R_p C_p = 10^5(10^5)(10^{-8}) = 100$$

이 값은 5보다 크므로 위의 적당한 가정이 큰 문제가 없음을 알 수 있으며, 등가 직렬 *RC* 회로는 $C_s = 0.01$ μF의 커패시터와 다음의 저항으로 이루어지게 된다.

$$R_s \approx \frac{R_p}{Q^2} = 10\ \Omega$$

결국 그림 15.29*c*의 등가회로를 얻을 수 있다. 이 공진회로의 *Q*는 이제는 33.3에 불과하므로 그림 15.29*c*에 보인 회로의 커패시터에 걸리는 전압은 $16\frac{2}{3}$ V가 된다. 직렬 *RC* 연결에 걸리는 전압의 크기 $|\mathbf{V}_C'|$를 구하면 다음과 같이 된다.

$$|\mathbf{V}_C'| = \frac{0.5}{30}|10 - j1000| = 16.67\ \text{V}$$

10 Ω에 걸리는 전압은 매우 작으므로 커패시터 전압과 $|\mathbf{V}_C'|$는 서로 같다.

마지막 결론은 아주 좋아 보이는 전압계라 할지라도 높은 *Q*의 공진 회로에서는 아주 심각한 영향을 줄 수도 있다는 것이다. 이상적이지 않은 전류계를 회로에 넣을 때도 비슷한 일이 생길 수 있다.

우화를 한 가지 얘기하면서 이 절을 마무리하고자 한다.

옛날 옛적에 신(Sean)이라는 학생이 있었는데 그 학생의 지도 교수는 아벨(Abel) 박사였다.

어느 날 오후 실험실에서 아벨 박사는 신에게 명목상의 값이 20 Ω인 저항 1개,

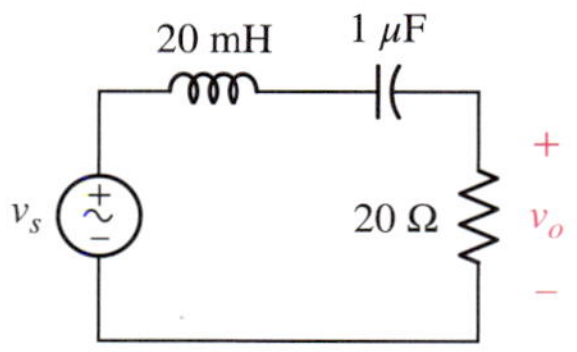

그림 15.30 20 mH 인덕터, 1 μF 커패시터 그리고 20 Ω 저항이 전압원과 직렬로 연결된 첫 모델.

20 mH인 인덕터 1개 그리고 1 μF인 커패시터 1개를 주면서 이 3개의 소자를 직렬로 연결한 회로에 주파수를 변화시킬 수 있는 전압원을 연결하고, 주파수를 변화시키면서 저항에 걸리는 전압을 주파수의 함수로서 측정하여 공진 주파수값과 공진에서의 Q값, 그리고 반전력 대역폭을 계산하는 과제를 주었다. 그리고 실험을 하기 전에 먼저 실험의 결과를 예측해 보라고 하였다.

열정이 넘치는 신은 먼저 그림 15.30와 같은 회로를 그리고 다음 계산을 시작하였다.

$$f_0 = \frac{1}{2\pi\sqrt{LC}} = \frac{1}{2\pi\sqrt{20\times10^{-3}\times10^{-6}}} = 1125 \text{ Hz}$$

$$Q_0 = \frac{\omega_0 L}{R} = 7.07$$

$$\mathcal{B} = \frac{f_0}{Q_0} = 159 \text{ Hz}$$

다음에 신은 아벨 박사가 요구한 실험을 한 후, 실험 결과와 예측한 값을 서로 비교하여 보았다. 그리고 나서 신은 경영학과로 옮기고 싶은 생각이 매우 간절하였다. 결과는 다음과 같았다.

$$f_0 = 1000 \text{ Hz} \quad Q_0 = 0.625 \quad \mathcal{B} = 1600 \text{ Hz}$$

신은 이러한 값의 차이는 공학에서 일반적으로 인정되는 오차의 범위를 벗어날 뿐 아니라 측정기의 오차도 아니라는 사실을 알고 있었다. 할 수 없이 결과를 있는 그대로 교수님께 드릴 수밖에 없었다.

과거의 많은 오류—어떤 오류들은 자신의 실수이기도 했었다—들을 기억하면서 아벨 박사는 웃으면서 친절하게 신을 맞이하였다. 그리고는 실험실에서 가장 잘 설치되어 있는 Q-미터(혹은 임피던스 브리지)를 가리키면서, 이 측정기를 이용하면 공진 주파수(예를 들면 1000 Hz) 근처의 적당한 주파수에서 이러한 실제 회로가 무엇처럼 보이는지 알 수 있을 것이라고 알려 주었다.

이 측정기를 사용하여 측정한 결과 신은 저항값이 18 Ω, 인덕터의 값은 21.4 mH, 인덕터에서의 Q값은 1.2, 커패시터의 값은 1.41 μF이고, 커패시터에서의 발산인자(Q의 역수)값은 0.123임을 알았다.

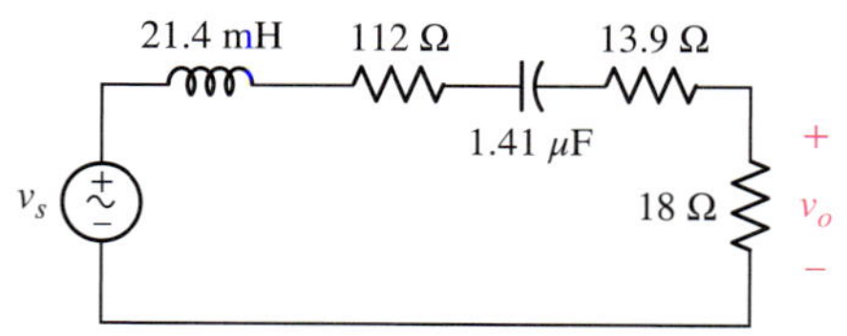

그림 15.31 좀 더 정확한 값과 인덕터 및 커패시터의 손실까지 고려한 개선된 모델.

신은 새로운 모델을 만들 수 있었다. 즉 직렬인 인덕터가 21.4 mH이고, 따라서 $\omega L/Q$ = 112 Ω이며, 직렬인 커퍼시터는 1.41 μF이므로 $1/\omega CQ$ = 13.9 Ω이 된다. 이 수치들을 이용하여 그림 15.31과 같은 새로운 회로 모델을 준비하여 여러 값들을 다시 예측하였다.

$$f_0 = \frac{1}{2\pi\sqrt{21.4\times10^{-3}\times1.41\times10^{-6}}} = 916 \text{ Hz}$$

$$Q_0 = \frac{2\pi\times916\times21.4\times10^{-3}}{143.9} = 0.856$$

$$\mathcal{B} = 916/0.856 = 1070 \text{ Hz}$$

이 값들은 측정치와 많이 가까워졌으므로 신은 기분이 좋아졌다. 그러나 까다로운 아벨 박사는 Q_0값 및 대역폭의 예측치와 측정치의 차이에 대해 얘기하면서, 전압원의 출력 임피던스를 고려했느냐고 물었다. 신은 아직 아니라고 하면서 빠른 걸음으로 실험대로 돌아갔다.

문제의 출력 임피던스가 50 Ω임을 알아내어 이 저항 성분을 회로에 더하여 그림 15.32과 같은 회로 모델을 만들었다. 새로운 등가 저항이 193.9 Ω임을 이용하여 새로운 Q_0값과 $\mathcal{B}$값을 구하니 다음과 같았다.

$$Q_0 = 0.635 \quad \mathcal{B} = 1442 \text{ Hz}$$

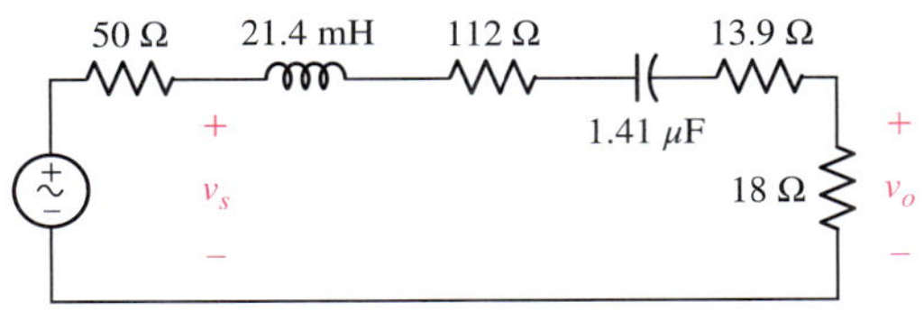

그림 15.32 전압원의 출력 저항도 포함된 최종모델.

결과를 비교하니 이론적인 값과 실험에 의한 측정값이 10퍼센트 이내로 같아져서 아주 기분이 좋아진 신은 믿음직스러운 공학도로 돌아갈 수 있었다. 그리고는 숙제도 일찍 시작하고 예습도 잘하는 학생이 되었다. 아벨 박사는 고개를 끄덕이며 다음과 같이 중얼거렸다.

> 실제 소자를 사용할 때는
> 선택한 모델을 자세히 살펴보아야 할 것이다.
> 계산하기 전에 곰곰히 생각해 보고,
> Z와 Q를 잘 살펴보아야 한다.

익힘문제 15.15

10 Ω과 10 nF가 직렬로 연결되어 있고, 20 Ω과 10 mH가 직렬로 연결되어 있다. 이 두 직렬 회로가 서로 병렬로 연결될 때

(a) 병렬 회로의 공진 주파수의 근사값을 구하라.

(b) RC 가지의 Q 값을 구하라.

(c) RL 가지의 Q 값을 구하라.

(d) 이 회로를 3개의 소자를 이용한 등가회로로 바꾸고자 한다. 이 등가회로를 구하라.

답: 10^5 rad/s; 100; 50; 10 nF ∥ 10 mH ∥ 33.3 kΩ.

15.7 스케일링

지금까지 보아온 예제나 문제들은 수 Ω, 수 H, 수 F 정도의 값들을 갖는 수동 소자들로 이루어진 회로에 대한 것이었다. 사용된 정현파들도 수 rad/s 정도의 주파수를 갖는 것들이었다. 이러한 수치들이 이용되는 이유는 이 수치들이 실제로 널리 쓰이기 때문이 아니고 이 수치들을 사용하지 않으면 10의 몇 승이나 되는 계산을 해야 하기 때문에 계산의 편리성 때문에 사용되었던 것이다. 이 절에서는 스케일링을 이용하여 편하게 계산하면서도 실제 크기의 소자들로 구성된 회로망들을 해석할 수 있는 방법을 다루는데 **크기 스케일링**(*magnitude scaling*)과 **주파수 스케일링**(*frequency scaling*)이 그 방법들이다.

그림 15.33*a*와 같은 병렬 공진 회로를 예로 들어서 설명한다. 비현실적인 소자값들을 이용한 회로의 응답은 그림 15.33*b*와 같이 거의 현실적이지 못하다. 최대 임피던스는 2.5 Ω이고 공진 주파수는 1 rad/s이며 Q_0는 5, 대역폭은 0.2 rad/s이다. 이러한 수치들은 기계적인 시스템을 전기적인 시스템으로 바꾸어서 해석하고자할 때나 가능한 값들이다. 회로 등에서 이런 간단한 수치들을 이용하는 것은 계산을 편리하게 하기 위함이지 실제로 이런 소자값들을 갖는 회로를 구성하기 위해서가 아니다.

이 회로망이 공진 주파수 5×10^6 rad/s, 즉 796 kHz에서 최대 임피던스 값 5000 Ω을 갖도록 스케일링하는 방법을 보인다. 다시 말하면 그림 15.33*b*의 응답 곡선은 그대로 이용하면서 다만 세로좌표의 값을 2000배 하고, 가로좌표의 값을 5×10^6배 하도록 한다. 이렇게 하기 위해서는 다음의 두 가지 문제를 해결해야 한다. (1) 크기를 2000배 하는 스케일링, (2) 주파수를 5×10^6배 하는 스케일링.

세로좌표(ordinate)는 종축을 의미하고 가로 좌표(abscissa)는 횡축을 의미한다.

크기 스케일링은 주파수는 그대로 둔 채 회로의 두 단자 간의 임피던스를 K_m배 하는 과정을 말한다. K_m은 양의 실수이고, 1보다 클 수도 작을 수도 있다. "**회로망에서 크기가 2배가 되었다**"라는 말의 뜻은 어느 주파수에서나 처음 회로망의 임피던스보다 새로운 회로망의 임피던스가 2배가 되었다는 것을 의미한다. 각 수동 소자를 어떻게 스케일링하는지 알아보도록 한다. 회로망의 입력 임피던스를 K_m배만큼 증가시키기 위해서 회로망의 각 소자의 임피던스를 같은 크기만큼 증가시키면 된다. 따라서 저항 R은 K_mR로 대치하면 된다. 각 인덕턴스도 어느 주파수에서나 K_m배 하면 된다. 임피던스 $\mathbf{s}L$을 K_m배 하기 위해서는 $\mathbf{s}$는 그대로 놓아두고 인덕턴스 L만 K_mL로 대치하면 된다. 비슷한 방법으로 각 커패시턴스는 C/K_m으로 대치하면 된다. 요약하면, 다음과 같은 변경 방법을 이용하며 크기가 K_m배 되는 회로망을 만들 수 있다.

$$\left.\begin{aligned} R &\to K_m R \\ L &\to K_m L \\ C &\to \frac{C}{K_m} \end{aligned}\right\} \quad \text{크기 스케일링}$$

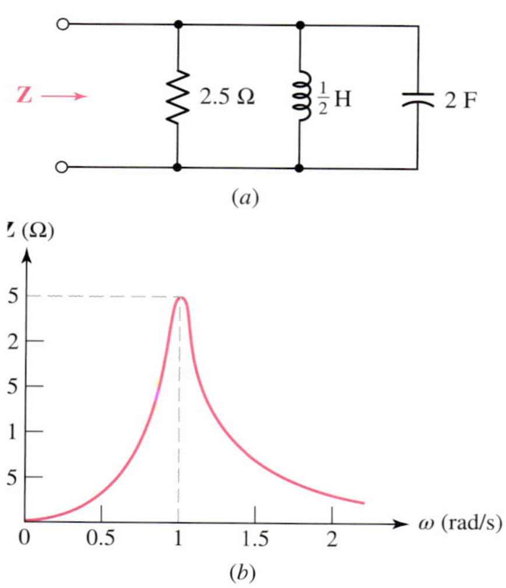

그림 15.33 (*a*) 크기와 주파수 스케일링을 설명하기 위해 예제로 사용 된 병렬 공진 회로. (*b*) 입력 임피던스의 크기는 주파수의 함수로 표시된다.

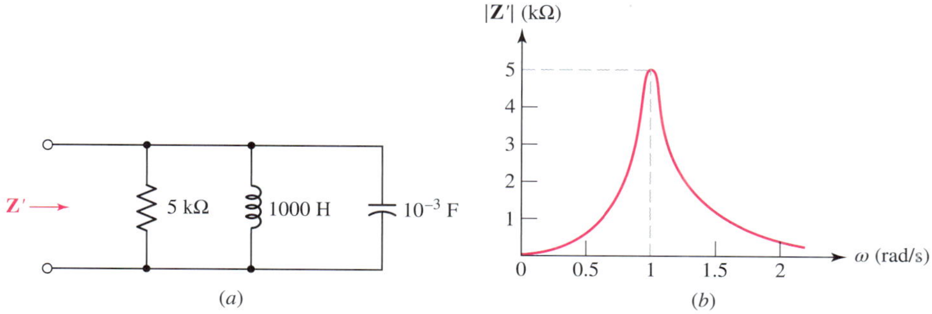

그림 15.34 (a) 그림 15.33a의 회로를 계수 $K_m = 2000$으로 크기 스케일링한 후의 회로. (b) 크기 스케일링된 회로의 응답 곡선.

그림 15.33a의 회로망의 각 소자들을 2000배 스케일링하면 그림 15.34a와 같은 회로망이 된다. 그림 15.34의 응답 곡선은 앞의 그림과 비교하여 볼 때, 다른 부분은 그대로면서 종축의 단위만 달라져 있음을 알 수 있다.

이 새로운 회로망을 이용하여 주파수 스케일링을 행한다. 주파수 스케일링은 어느 주파수에서의 임피던스가 스케일링 후에는 주파수가 K_f배가 될 때 그 임피던스를 가져야 한다는 뜻이다. 다시 말하면 "**회로망에서 주파수가 2배가 되었다**"라는 말의 의미는 주파수가 2배가 되었을 때의 임피던스가 스케일링 전의 임피던스와 같아야 한다는 것을 의미한다. 주파수 스케일링은 주파수에서 각 수동 소자를 스케일링함으로써 얻을 수 있다. 저항은 주파수에 영향을 받지 않는다. 인덕터의 임피던스는 $\mathbf{s}L$이므로 주파수가 K_f배 되었음에도 불구하고 같은 임피던스를 가지려면 인덕턴스 L은 인덕턴스 L/K_f로 대치하면 된다. 비슷한 방법으로 C는 C/K_f로 대치하면 된다. 이렇게 하면 회로망은 주파수에서 K_f만큼 스케일링된다. 각 수동 소자에 대해서 요약하면 다음과 같다.

$$\left.\begin{aligned} R &\rightarrow R \\ L &\rightarrow \frac{L}{K_f} \\ C &\rightarrow \frac{C}{K_f} \end{aligned}\right\} \quad \text{주파수 스케일링}$$

크기가 스케일링된 그림 15.34a의 회로망에서 각 소자를 5×10^6만큼 주파수 스케일링 하면 그림 15.35a와 같은 회로망을 얻을 수 있다. 이에 해당하는 응답 곡선은 그림 15.35b와 같다.

마지막에 보인 회로망을 구성하는 소자의 값들은 실제의 회로들에서 쉽게 볼 수 있는 것들이다. 이 회로망은 실제로 만들 수 있고, 실험도 가능하다. 그림 15.33a의 원래 회로망이 어떤 기계적인 공진 시스템을 해석하기 위해서 이를 전기적인 시스템으로 유사하게 만든 것이라면, 먼저 이 회로망을 실험실에서 다루기 쉽도록 크기 및 주파수 스케일링을 하여 새로운 회로망을 만들어서 해석한다. 스케일링된 회로망을 해석하여 결과를 얻은 후 이를 원래의 기계적인 시스템과 같은 크기를 갖도

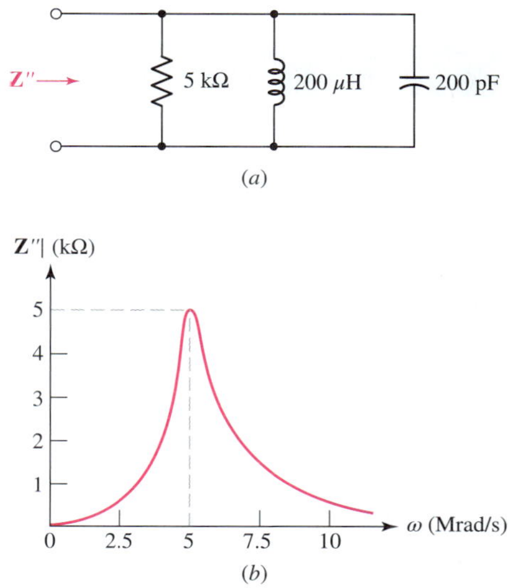

그림 15.35 (a) 그림 15.34a의 회로를 $K_f = 5 \times 10^6$의 계수로 주파수를 스케일링한 후의 회로. (b) 주파수 스케일링된 회로의 응답 곡선.

록 반대로 다시 스케일링하면 된다. 기계적인 시스템은 실험을 하는데 비용도 많이 들고 어려운 점도 많기 때문에 이러한 방법으로 다루기 쉬운 전기적인 시스템으로 바꾸어서 결과를 얻기도 한다.

s의 함수로 주어진 임피던스도 크기 및 주파수 스케일링이 가능하다. 이는 회로를 구성하고 있는 소자들에 대한 특별한 지식이 없어도 가능하다. **Z(s)**를 크기 스케일링하려면 **Z(s)**에 K_m을 곱하기만 하면 된다. 따라서, 크기 스케일링된 회로의 임피던스 **Z′(s)**는

$$\mathbf{Z}'(\mathbf{s}) = K_m \mathbf{Z}(\mathbf{s})$$

다음에 **Z′(s)**를 5×10^6만큼 주파수에서 스케일링하여 **Z″(s)**라 하면, 어느 주파수에서 구한 **Z′(s)**의 값은 이 주파수에 K_f 배를 한 주파수에서 구한 **Z″(s)**와 같은 값이 되어야 한다. 혹은

$$\mathbf{Z}''(\mathbf{s}) = \mathbf{Z}'\left(\frac{\mathbf{s}}{K_f}\right)$$

스케일링은 보통 수동소자에 적용되는 방법이지만 종속 전원에도 크기 및 주파수 스케일링이 적용될 수 있다. 전원의 출력은 보통 $k_x v_x$ 혹은 $k_y i_y$로 표시할 수 있다. 여기서 k_x는 종속 전류원에서는 어드미턴스의 단위를 갖지만 종속 전압원에서는 단위가 없는 값이고, k_y는 종속 전압원에서는 저항의 단위를 갖지만 종속 전류원에서는 단위가 없는 값이다. 종속 전원을 가진 회로를 K_m만큼 크기 스케일링을 하면, 단위에 따라서 적당히 k_x와 k_y를 조정해 주면 된다. 즉 k_x(혹은 k_y)가 단위가 없으면 그대로 내버려두고 어드미턴스이면 K_m으로 나누어주고, 임피던스이면 K_m을 곱해주면 된다. 주파수 스케일링은 종속 전원에 영향을 주지 않는다.

예제 15.11

그림 15.36의 회로망에 대해 $K_m = 20$이고 $K_f = 50$이 되도록 스케일링하라. 그리고 스케일링된 회로망의 $\mathbf{Z}_{\text{in}}(\mathbf{s})$를 구하라.

$K_m = 20$이므로 커패시터에 대한 크기 스케일링은 0.05 F를 20으로 나누어주면 되고, $K_f = 50$이므로 주파수 스케일링은 50으로 나누어주면 된다. 두 가지 연산을 하면 다음과 같이 된다.

$$C_{\text{scaled}} = \frac{0.05}{(20)(50)} = 50\ \mu\text{F}$$

인덕터는 다음과 같이 스케일링된다.

$$L_{\text{scaled}} = \frac{(20)(0.5)}{50} = 200\ \text{mH}$$

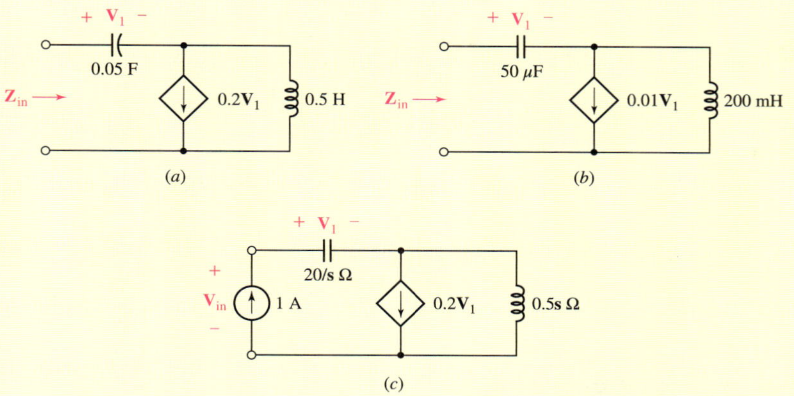

그림 15.36 (*a*) 20으로 크기 스케일링, 50으로 주파수 스케일링하려는 회로. (*b*) 스케일링 된 회로. (*c*) (*a*)에서 스케일링 안 된 회로의 임피던스를 구하기 위해 입력단자에 1 A 시험전류원을 인가하였다.

종속 전원에 대해서는 크기 스케일링만 고려하면 되고, 주파수 스케일링은 종속 전원에 영향을 주지 않는다. 여기서 이용된 종속 전원은 전압 제어 전류원이므로 크기가 0.2이고 단위가 A/V, 혹은 S인 상수를 곱해 주면 된다. 이 상수는 어드미턴스의 단위를 가지므로 K_m으로 나누어 주면 0.01 $\mathbf{V}_1$이 된다. 스케일링된 결과적인 회로망은 그림 15.36*b*와 같다.

새로운 회로망의 임피던스를 구하기 위해서 입력 단자에 1 A의 전원을 연결한다. 두 가지 회로망 모두에 대해서 임피던스를 구해 보기로 한다. 먼저 스케일링 되기 전의 그림 15.36*a*의 회로망에 대한 임피던스를 구하고, 다음에 이 결과를 스케일링한다.

그림 15.36*c*에서

$$\mathbf{V}_{\text{in}} = \mathbf{V}_1 + 0.5\mathbf{s}(1 - 0.2\,\mathbf{V}_1)$$

이다. 또한

$$\mathbf{V}_1 = \frac{20}{\mathbf{s}}(1)$$

이다. 따라서 몇 가지 계산을 하면 다음 결과를 얻을 수 있다.

$$\mathbf{Z}_{\text{in}} = \frac{\mathbf{V}_{\text{in}}}{1} = \frac{\mathbf{s}^2 - 4\mathbf{s} + 40}{2\mathbf{s}}$$

그림 15.36*b*의 회로에 알맞도록 이를 스케일링하면 $K_m = 20$을 곱하고 s를 s/K_f = s/50으로 대치하면 된다. 결과적으로 얻는 값은 다음과 같다.

$$\mathbf{Z}_{\text{in}_{\text{scaled}}} = \frac{0.2\,\mathbf{s}^2 - 40\mathbf{s} + 20{,}000}{\mathbf{s}}$$

익힘문제 15.16

$C = 0.01$ F, $\mathcal{B} = 2.5$ rad/s, 그리고 $\omega_0 = 20$ rad/s인 병렬 공진 회로가 있다. 스케일링이 다음과 같을 때, R과 L의 값을 구하라.

(a) 800만큼의 크기 스케일링 (b) 10^4만큼의 주파수 스케일링

(c) 800만큼의 크기 스케일링과 10^4만큼의 주파수 스케일링

답: 32 kΩ, 200 H; 40 Ω, 25 μH; 32 kΩ, 20 mH.

15.8 기본적인 필터 설계

필터(filter)의 설계는 매우 실제적인 (그리고 흥미 있는) 주제이며, 이 주제만으로도 다른 책을 한 권 쓸만한 가치가 있는 내용이다. 이 절에서는 필터의 기본 개념을 소개하고, 수동 필터 회로와 능동 필터 회로를 다룬다. 이 회로들은 매우 간단할 수도 있어서 커패시터나 인덕터 하나로 구성될 수도 있지만, 어떤 회로에 이런 것이 더해지면 회로의 성능이 많이 개선될 수도 있다. 어떠한 응용 분야에서는 정확한 응답 곡선이 요구되기도 하는데 이런 경우에는 많은 저항, 커패시터, 인덕터, 연산 증폭기 등으로 이루어진 아주 복잡한 회로가 될 수도 있다. 필터는 전원 장치에서 직류를 얻기 위해서, 통신에서 잡음을 제거하기 위해서, 라디오나 텔레비젼에서 안테나로 들어온 혼합된 신호로부터 원하는 채널을 분리하기 위해서, 그리고 차의 스테레오 시스템에서 저음을 키우기 위해서 등 여러 분야의 전자공학에서 사용된다.

필터의 기본 개념은 필터를 이용하여 필터를 통과할 수 있는 주파수를 선택할 수 있다는 것이다. 응용 분야의 특수성에 따라 다양한 종류의 필터가 있다. **저역 통과 필터**(*low-pass filter*)는 차단(cutoff) 주파수보다 낮은 주파수를 통과시키고 차단 주파수보다 높은 주파수는 많이 감쇠시킨다. 이 필터의 응답은 그림 15.37*a*에 보였다. 반면에, **고역 통과 필터**(*high-pass filter*)는 그림 15.37*b*와 같이 반대의 동작을 한다. 필터에서 중요한 점은 차단 주파수에서 응답 곡선이 얼마나 빨리 꺾이느냐 혹은 절점 주파수 근처에서 곡선의 경사가 얼마나 급한가 하는 것이다. 일반적으로 급한 경사를 갖는 응답일수록 좀 더 복잡한 회로를 필요로 한다.

저역 통과 필터와 고역 통과 필터를 결합하면 그림 15.37*c*와 같은 응답 곡선을 갖는 **대역 통과 필터**(*bandpass filter*)를 만들 수 있다. 이런 종류의 필터에서는 두 절점 주파수 사이의 영역을 **통과 대역**(*passband*)이라고 하며, 통과 대역 밖의 영역을 **소거 대역**(*stopband*)이라고 한다. 이 용어들은 그림 15.37*a* 및 *b*의 저역 통과 필터 혹은 고역 통과 필터에도 적용할 수 있다. **대역 소거 필터**(*bandstop filter*)는 높은 주파수와 낮은 주파수는 통과시키고, 두 절점 주파수 사이의 주파수를 갖는 신호는 감쇠시킨다(그림 15.37*d*).

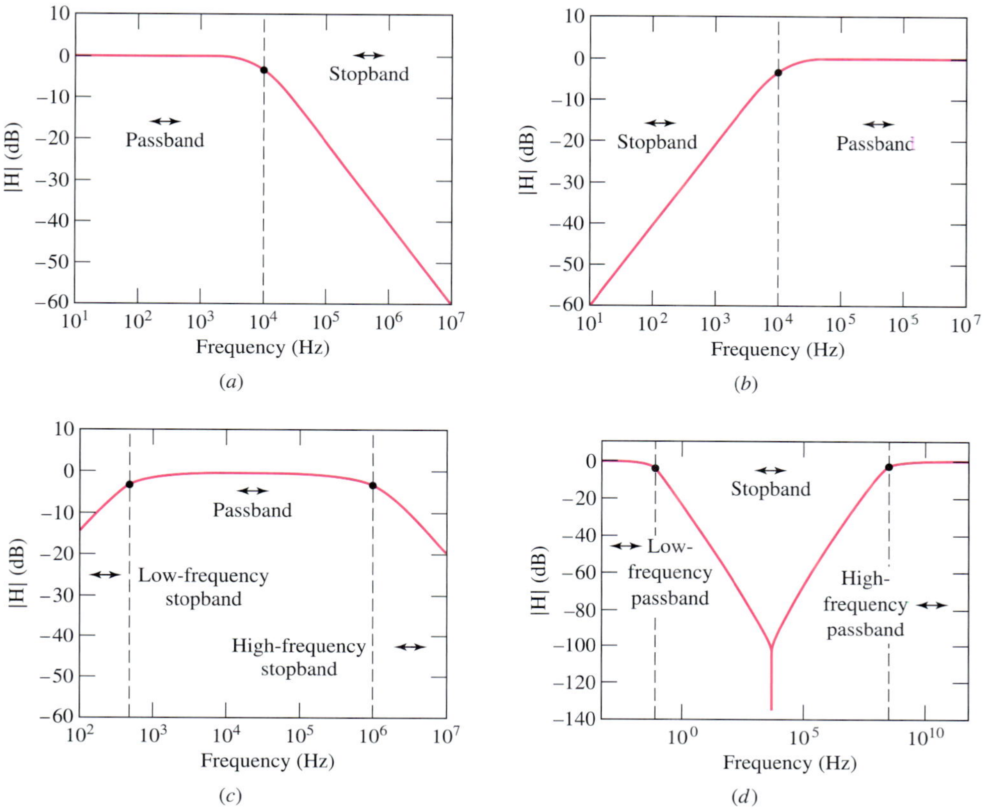

그림 15.37 (*a*) 저역 통과 필터; (*b*) 고역 통과 필터; (*c*) 대역 통과 필터; (*d*) 대역 소거 필터. 각 그림에서 큰 점은 −3 dB를 나타낸다.

노치 필터(*notch filter*)는 특수한 대역 소거 필터인데 신호의 어느 한 주파수 성분만 제거할 수 있는 좁은 응답 특성을 갖도록 설계한다. **다대역 필터**(*Multi-band filter*)도 가능한데, 이는 여러 개의 통과 대역과 소거 대역을 갖는 필터 회로이다. 이러한 필터들의 설계는 이 책의 범위를 벗어나므로 여기서는 다루지 않는다.

수동 저역 통과 필터 및 수동 고역 통과 필터

하나의 커패시터와 하나의 저항을 이용하여 그림 15.38*a*와 같이 간단하게 필터를 만들 수 있다. 이 저역 통과 필터의 전달 함수는 다음과 같다.

$$\mathbf{H}(\mathbf{s}) \equiv \frac{\mathbf{V}_{\text{out}}}{\mathbf{V}_{\text{in}}} = \frac{1}{1 + RC\mathbf{s}} \qquad [32]$$

$\mathbf{H}(\mathbf{s})$는 $\omega = 1/RC$에서 하나의 절점 주파수를 가지며, $\mathbf{s} = \infty$에서는 0이므로 '저역 통과' 필터로 동작한다. 낮은 주파수($\mathbf{s} \to 0$)에서는 $|\mathbf{H}(\mathbf{s})|$는 이의 최대값에 가까운 값(1, 혹은 0 dB)을 갖고, 높은 주파수($\mathbf{s} \to 0$)에서는 $|\mathbf{H}(\mathbf{s})| \to 0$이 된다. 이러한 특성은 커패시터의 임피던스를 고려하면 쉽게 이해할 수 있는데 즉 주파수가 증가하면, 커패시터는 교류 신호에 대해서는 단락 회로와 같이 동작하기 시작하여 출력

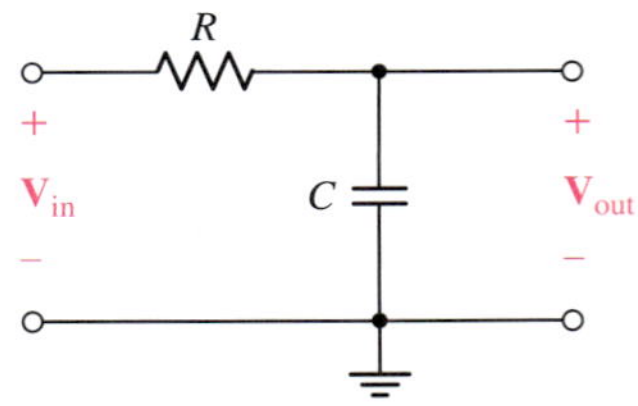

(*a*)

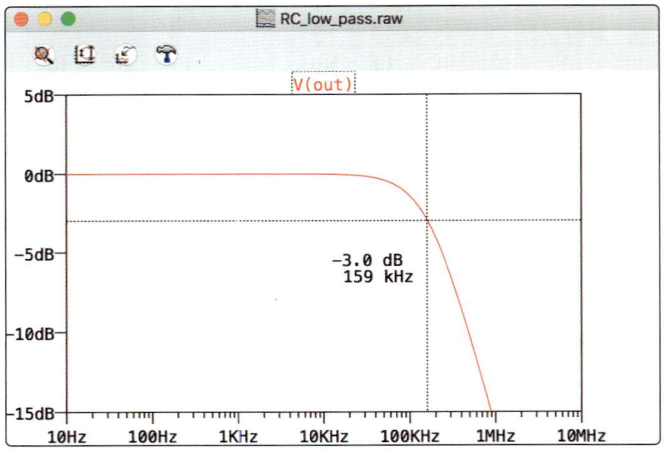

(*b*)

그림 15.38 (*a*) 간단한 저역 통과 RC 필터. (*b*) R = 500 Ω, C = 2 nF에 대한 주파수 응답. 절점 주파수는 159 kHz.

전압을 작게 하는 결과를 가져온다. 예를 들면 그림 15.38*b*에서 $R = 500\ \Omega$, $C = 2$ nF인 회로에 대한 응답 곡선에서 커서를 −3 dB로 옮기면 절점 주파수 159 kHz (1 Mrad/s)를 구할 수 있다. 차단 주파수 근처에서 더욱 빨리 감소하는 응답 곡선을 얻기 위해서는 리액티브 소자(즉, 커패시터나 인덕터)를 더 추가하면 가능하다.

고역 통과 필터는 다음 예제에서 볼 수 있듯이 그림 15.38*a*에서 저항과 커패시터의 위치를 서로 바꾸면 된다.

예제 15.12

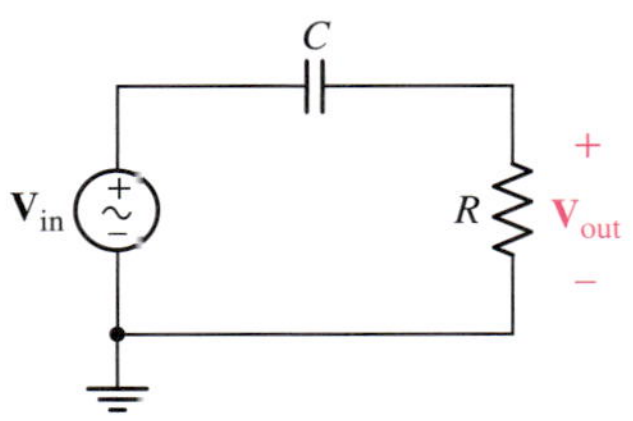

그림 15.39 간단한 고역 통과 필터. 차단 주파수(cutoff frequency)가 3 kHz가 되도록 R과 C값을 선택한다.

절점 주파수가 3 kHz인 고역 통과 필터를 설계하라.

먼저 회로의 토폴로지를 선택한다. 응답 곡선의 경사도에 대해서 아무런 요구가 없으므로, 그림 15.39과 같은 간단한 회로를 선택하기로 한다.

이 회로의 전달 함수는 쉽게 구할 수 있다.

$$\mathbf{H}(\mathbf{s}) \equiv \frac{\mathbf{V}_{\text{out}}}{\mathbf{V}_{\text{in}}} = \frac{RC\mathbf{s}}{1 + RC\mathbf{s}}$$

이 전달 함수의 영점은 $\mathbf{s} = 0$이고 극점은 $\mathbf{s} = -1/RC$이며, 고역 통과 필터의 특성을 갖는다(즉, $\omega \to 0$이면 $|\mathbf{H}| \to 0$이다).

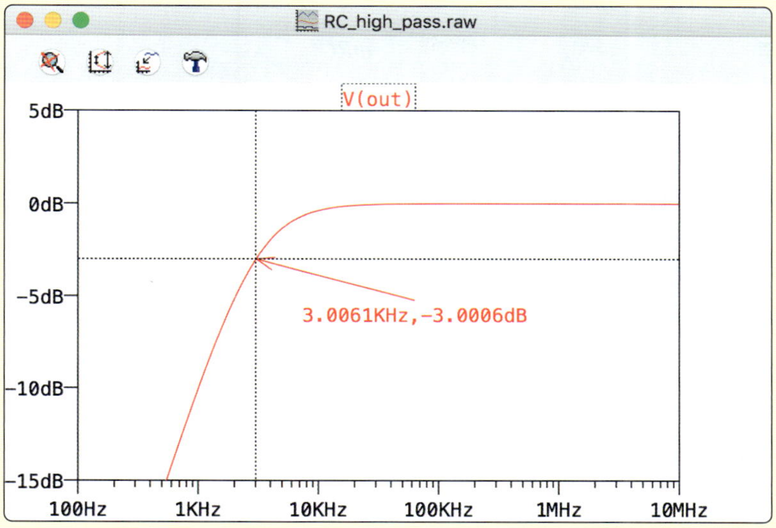

그림 15.40 설계된 필터의 시뮬레이션 주파수 응답. 예상대로 3 kHz의 컷오프 (3dB) 주파수이다.

필터 회로의 절점 주파수는 $\omega_c = 1/RC$이며, 이 값을 구하면 $\omega_c = 2\pi f_c = 2\pi(3000) = 18.85$ krad/s이다. 다음에 R값과 C값을 선택해야 한다. 실제로는 쉽게 구할 수 있는 저항이나 커패시터의 값들에 기초해야 하지만 아직 이런 내용에 대해 언급이 없었으므로 적당한 값으로 선택한다.

R로는 표준 저항인 4.7 kΩ을 선택하면 $C = 11.29$ nF가 된다.

남은 단계는 설계가 잘 되었는지 LTSpice를 이용하여 검증하는 것이다. 예상되는 주파수 응답 곡선은 그림 15.40과 같다.

익힘문제 15.17

차단주파수가 13.56 MHz인 고역 통과 필터를 설계하라. 이 주파수는 보통 쓰이는 RF 전원의 주파수이다.

답: 하나의 예로는 $RC = 1.174 \times 10^{-8}$인 그림 15.39 회로이다. 예로 들은 값은 $C = 2$ pF이고 $R = 5.87$ kΩ이다.

대역 통과 필터

이 장의 앞부분에서 이미 '대역 통과' 필터(예를 들면 그림 15.17과 15.24)라고 할 수 있는 여러 회로들을 다루었다. 그림 15.41의 간단한 회로를 고려한다. 이 회로에서 출력 전압은 저항에 걸리는 전압이다. 이 회로의 전달 함수는 쉽게 구할 수 있다.

$$\mathbf{A}_V = \frac{\mathbf{s}RC}{LC\mathbf{s}^2 + RC\mathbf{s} + 1} \qquad [33]$$

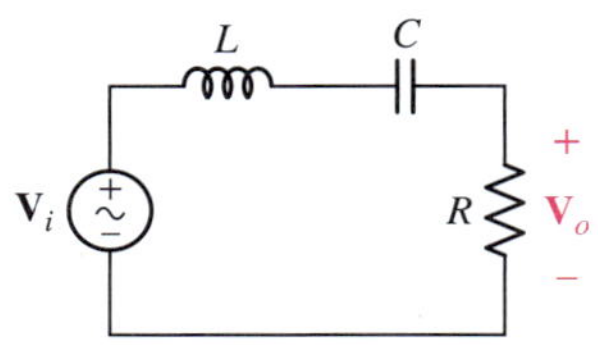

그림 15.41 직렬 RLC 회로를 이용한 간단한 대역 통과 필터.

몇 가지 과정을 거쳐서 얻은 이 함수의 크기는 다음과 같이 된다.

$$|\mathbf{A}_V| = \frac{\omega RC}{\sqrt{(1-\omega^2 LC)^2 + \omega^2 R^2 C^2}} \quad [34]$$

$\omega \to 0$이면 다음과 같은 크기를 갖는다.

$$|\mathbf{A}_V| \approx \omega RC \to 0$$

그리고 $\omega \to \infty$이면 다음과 같이 된다.

$$|\mathbf{A}_V| \approx \frac{R}{\omega L} \to 0$$

식 [33]은 영점 1개와 극점 2개를 갖고 있으므로 보드 선도에 대한 경험에 비추어 보면 3개의 특별한 주파수를 갖고 있음을 알 수 있다. 대역 통과 필터 응답이 최대 1(즉, 0 dB)의 값을 갖도록 한다면, 대역을 결정하는 2개의 특별한 주파수를 구하기 위해서 식 [33]을 인수분해하거나 혹은 식 [34]를 $1/\sqrt{LC}$로 하는 ω의 값을 계산하는 방법이 있다. 먼저 필터의 중심 주파수는 $\omega = 1/\sqrt{LC}$임을 구할 수 있다. 식 [34]를 $1/\sqrt{2}$이라 하면 다음 식을 구할 수 있다.

$$\left(1 - LC\omega_c^2\right)^2 = \omega_c^2 R^2 C^2 \quad [35]$$

양변의 제곱근을 취하여 정리하면 다음과 같이 된다.

$$LC\omega_c^2 + RC\omega_c - 1 = 0$$

2차 방정식의 근을 구하면 다음과 같이 된다.

$$\omega_c = -\frac{R}{2L} \pm \frac{\sqrt{R^2C^2 + 4LC}}{2LC} \quad [36]$$

식 [36]에서 음의 주파수는 물리적으로 의미가 없으므로 버리고, 양의 주파수만 취한다. 위에서 식 [35] 양변의 양의 제곱근만을 취했는데 음의 제곱근을 취할 수도 있으며 이 경우에도 의미있는 답이 나온다. 음의 제곱근을 취하여 근을 구하면 다음과 같다.

$$\omega_c = \frac{R}{2L} \pm \frac{\sqrt{R^2C^2 + 4LC}}{2LC} \quad [37]$$

여기서도 양의 주파수만 의미를 가진다. 식 [36]으로부터 ω_L을 구하고 식 [37]로부터 ω_H를 구한다. $\omega_H - \omega_L = \mathcal{B}$이므로 $\mathcal{B} = R/L$이다.

예제 15.13

대역폭이 1 MHz이고 높은 쪽의 차단 주파수가 1.1 MHz인 대역 통과 필터를 설계하라.

그림 15.41의 토폴로지를 갖는 회로를 이용하며, 절점 주파수를 구하는 것부터 시작한다. 대역폭은 $f_H - f_L$이므로

$$f_L = 1.1 \times 10^6 - 1 \times 10^6 = 100 \text{ kHz}$$

이다. 따라서

$$\omega_L = 2\pi f_L = 628.3 \text{ krad/s}$$

이다. 높은 쪽의 차단 주파수(ω_H)는 6.912 Mrad/s이다.

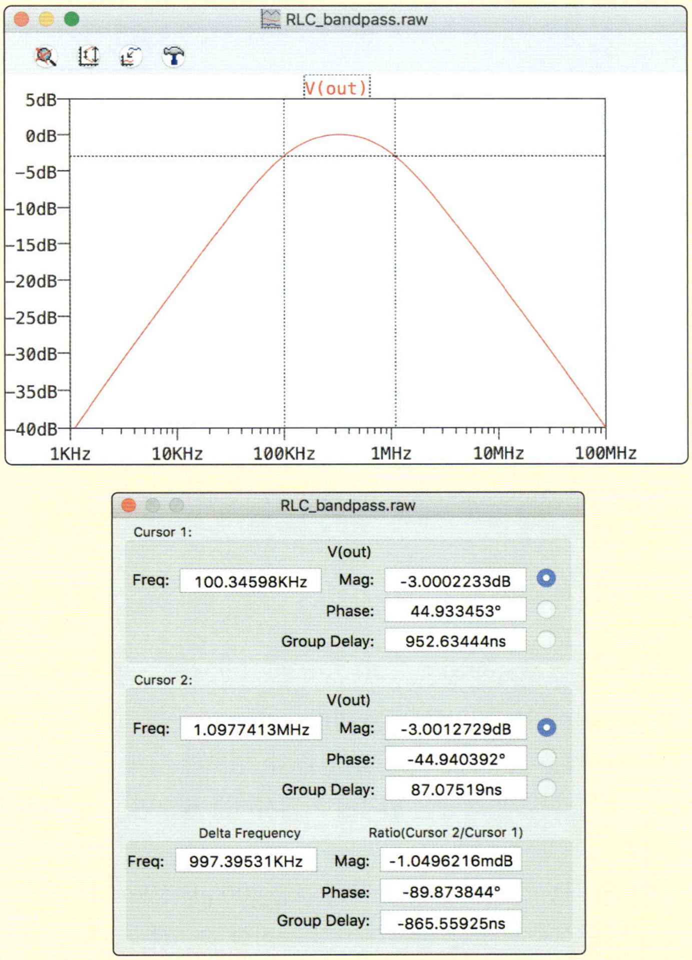

그림 15.42 1 MHz의 대역폭과 상측 절점주파수가 1.1 MHz가 되도록 설계한 대역통과 필터의 응답.

이러한 특성을 갖는 회로를 설계하기 위해서 각 주파수를 변수 R, L 및 C로 나타낼 필요가 있다.

이미 $\mathcal{B} = 2\pi(f_H - f_L) = 6.283 \times 10^6$임을 알고 있으므로, 식 [37]을 $2\pi(1.1 \times 10^6)$라 놓으면 $1/LC$를 구할 수 있다.

$$\frac{1}{2}\mathcal{B} + \left[\frac{1}{4}\mathcal{B}^2 + \frac{1}{LC}\right]^{1/2} = 2\pi(1.1 \times 10^6)$$

이 식을 풀면 $1/LC = 4.343 \times 10^{12}$이다. 임의로 $L = 50$ mH라 하면, $R = 314$ kΩ이고 $C = 4.6$ pF이 된다. 이러한 설계 문제에서는 유일한 답이 있는 것은 아니고 R, L 및 C 값들은 조건에 맞는 적당한 값을 선택할 수 있다.

그림 15.42에 보인 바와 같이 LTspice를 이용하여 설계가 잘 되었는지 확인하였다.

익힘문제 15.18

낮은 쪽 차단 주파수가 100 rad/s이고, 높은 쪽 차단 주파수가 10 krad/s인 대역 통과 필터를 설계하라.

답: 여러 가지 답 중 한 가지 답: $R = 990\ \Omega$, $L = 100$ mH, $C = 10\ \mu$F.

지금까지 다루어 온 형태의 회로들은 수동 소자로만 이루어져서(즉, 트랜지스터, 연산 증폭기, 혹은 다른 '능동' 소자를 사용하지 않음) **수동 필터**(*passive filter*)라고 불린다. 수동 필터는 상대적으로 널리 쓰이지만, 모든 응용분야에 다 잘 들어 맞는 것은 아니다. 수동 필터의 이득(출력 전압을 입력 전압으로 나눈 값)은 원하는 값으로 하기가 어려울 수도 있으며 필터 회로에서는 종종 증폭이 필요한 경우도 있다.

능동 필터

필터의 설계에 연산 증폭기와 같은 능동 소자를 사용하면 수동 필터의 많은 단점을 극복할 수 있다. 이러한 필터를 **능동 필터**(*active filter*)라 한다. 6장에서 본 바와 같이 연산 증폭기를 사용하면 이득을 얻을 수 있도록 쉽게 설계할 수 있다. 연산 증폭기를 이용한 회로의 적당한 위치에 커패시터를 넣으면 인덕터와 같은 동작도 얻을 수 있다.

연산 증폭기의 내부 회로에는 아주 작은(보통 100 pF 정도) 커패시턴스들이 포함되며 이 커패시턴스들이 연산 증폭기가 잘 동작할 수 있는 최대 주파수를 결정하게 된다. 따라서 어떠한 연산 증폭기도 차단 주파수가 보통 20 MHz 혹은 그 이상(이득에 따라 달라짐)인 저역 통과 필터로 동작하게 된다.

예제 15.14

차단 주파수가 10 kHz이고, 전압 이득이 40 dB인 능동 저역 통과 필터를 설계하라.

10 kHz보다 아주 낮은 주파수에 대해서 이득이 40 dB 혹은 100 V/V인 증폭기 회로가 필요하다. 이는 다음과 같은 이득을 갖는 비반전 증폭기(그림 15.43*a*와 같음)를 이용하면 가능하다.

$$\frac{R_f}{R_1} + 1 = 100$$

회로의 절점 주파수를 10 kHz로 하기 위해서는 연산 증폭기의 입력측에 저역 통과 필터가 필요하다(그림 15.43*b*). 이 회로에 대한 전달 함수를 구하기 위해서 먼저 비반전 입력에서 시작하면 다음 식을 얻을 수 있다.

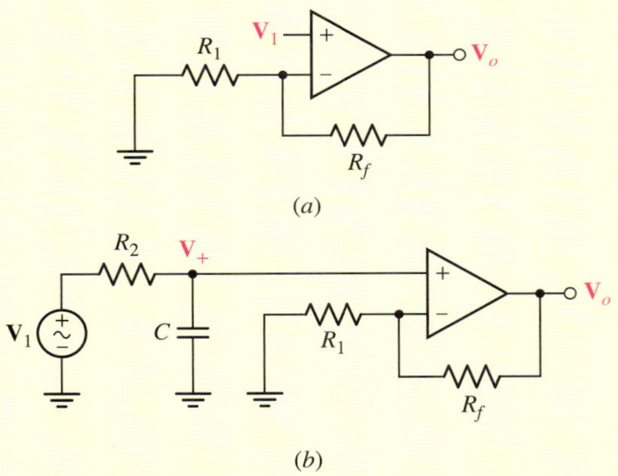

그림 15.43 (*a*) 간단한 비반전 연산 증폭기 회로. (*b*) 입력에 저항 R_2와 커패시터 C를 추가하여 구성한 저역 통과 필터.

$$\mathbf{V}_+ = \mathbf{V}_i \frac{1/\mathbf{s}C}{R_2 + 1/\mathbf{s}C} = \mathbf{V}_i \frac{1}{1 + \mathbf{s}R_2 C}$$

반전 입력에서

$$\frac{\mathbf{V}_o - \mathbf{V}_+}{R_f} = \frac{\mathbf{V}_+}{R_1}$$

이다. 이 두 식을 이용하여 $\mathbf{V}_o$에 대해서 풀면 다음을 얻을 수 있다.

$$\mathbf{V}_o = \mathbf{V}_i \left(\frac{1}{1 + \mathbf{s}R_2 C}\right)\left(1 + \frac{R_f}{R_1}\right)$$

이득 $\mathbf{A}_V = \mathbf{V}_o/\mathbf{V}_i$의 최대값은 $1 + R_f/R_1$이므로, 이 값을 100으로 놓으면 된다. 절점 주파수의 표현식인 $(R_2C)^{-1}$에는 두 저항이 모두 포함되지 않으므로 먼저 어느 한 쪽에 대해 적당한 값을 선택한다. $R_1 = 1\ \text{k}\Omega$을 선택하면 $R_f = 99\ \text{k}\Omega$이 된다.

임의로 $C = 1\ \mu\text{F}$로 선택하면 다음과 같이 된다.

$$R_2 = \frac{1}{2\pi(10 \times 10^3)C} = 15.9\ \Omega$$

이 시점에서 설계가 끝난 것으로 볼 수 있는가? 이 회로에 대한 시뮬레이션을 통해서 그림 15.44a와 같은 주파수 응답을 얻었다.

여기서 보면 설계된 회로는 차단 주파수가 10 kHz가 아님을 알 수 있다. 무엇이 잘못되었는가? 수학적인 계산은 틀린 곳이 없으므로 어디에선가 가정이 잘못되었음을 알 수 있다. 식의 유도 과정에서는 이상적인 연산 증폭기를

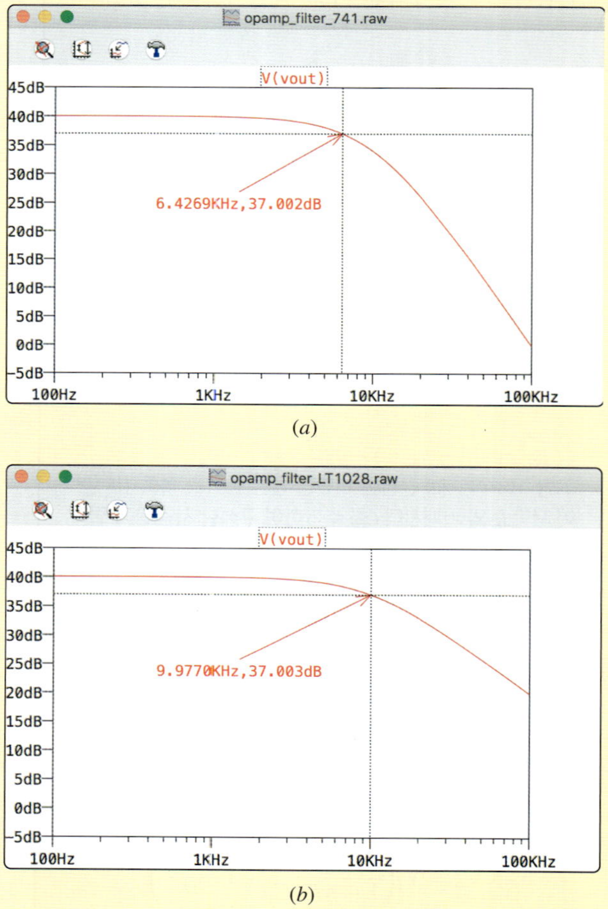

그림 15.44 (a) μA741 연산 증폭기를 사용하는 필터 회로의 주파수 응답, 절점 주파수는 6.4 kHz이다. (b) LT1028 연산 증폭기를 이용한 같은 필터 회로의 주파수 응답. 이 회로의 차단 주파수는 원하는 값인 10 kHz이다.

이용하였지만 이 시뮬레이션에서는 μA741을 이용하였다. 이것이 오류의 근원이다. 같은 회로에 μA741 대신 LF1028 연산 증폭기를 이용한 경우의 차단 주파수는 원하던 것처럼 10 kHz이다. 이에 해당하는 시뮬레이션 결과를 그림 15.44*b*에 보였다.

불행히도 40 dB의 이득을 갖는 μA741 연산 증폭기는 10 kHz 근처에서 절점 주파수를 갖는데 이러한 사실은 이 예에서 무시될 수 없는 특성이다. 그러나 LF1028는 고속/고주파수용으로 설계되었으며, 첫 절점 주파수는 약 75 kHz 정도이므로 이는 10 kHz보다 충분히 크고 따라서 설계에 영향을 미치지 않는다.

익힘문제 15.19

이득이 30 dB이고, 차단 주파수가 1 kHz인 저역 통과 필터 회로를 설계하라.

답: 여러 가지 답 중 한가지, $R_1 = 100\ \text{k}\Omega$, $R_f = 3.062\ \text{M}\Omega$, $R_2 = 79.58\ \Omega$, $C = 2\ \mu\text{F}$.

15.9 고급 필터 설계

지금까지 다루어온 기본적인 필터들은 많은 응용 분야에 적당하긴 하지만 그 특성이 이상적인 계단 함수 비슷한 모양의 크기 응답과는 거리가 멀다. 좀 더 많은 소자가 필요해서 비용이 더 들기는 하지만 고차 필터를 이용하면 좀 더 나은 특성의 필터를 만들 수 있다. 예를 들면, n차의 저역 통과 필터의 전달함수는 다음과 같이 쓸 수 있다.

$$\mathbf{N(s)} = \frac{K a_0}{\mathbf{s}^n + a_{n-1}\mathbf{s}^{n-1} + \cdots + a_1\mathbf{s} + a_0}$$

일반적인 n차의 고역 통과 필터는 다음과 같이 약간의 차이가 있을 뿐이다.

$$\mathbf{N(s)} = \frac{K \mathbf{s}^n}{\mathbf{s}^n + a_{n-1}\mathbf{s}^{n-1} + \cdots + a_1\mathbf{s} + a_0}$$

대역 통과 필터는 분자를 $K\mathbf{s}^{n/2}$으로 바꾸면 되고, 그림 15.37*d*와 같은 대역 소거 필터의 전달 함수는 다음과 같다.

$$\mathbf{N(s)} = \frac{K(\mathbf{s}^2 + \omega_0^2)^{n/2}}{\mathbf{s}^n + a_{n-1}\mathbf{s}^{n-1} + \cdots + a_1\mathbf{s} + a_0}$$

어떤 특정한 필터를 설계한다는 것은 적당한 전달 함수를 택한 후, 각 다항식의 계수인 a_1, a_2 등을 결정한다는 것이다. 이 절에서는 필터 설계에서 가장 널리 쓰

실제 문제에의 적용

저음, 중음, 고음 조절

음향 시스템에서는 비싼 기기가 아니더라도 보통 저음, 중음, 고음을 독립적으로 조절할 수 있어야 한다. 가청 주파수대(적어도 사람의 귀에 대해서)는 보통 20 Hz에서 20 kHz로 보는데 낮은 쪽의 주파수(< 500 Hz 정도)는 저음에 해당하고, 높은 쪽의 주파수(> 5 kHz 정도)는 고음에 해당한다.

그림 15.45와 같은 시스템을 설계하는 데는 좀 더 많은 노력이 들어가기는 하지만 간단한 그래픽 등화기 시스템의 설계는 상대적으로 쉬운 일이다. 많은 휴대용 라디오에 저음, 중음, 고음 등화기(equalizer)가 통상적으로 쓰이는데 주 신호(라디오 수신기 회로 혹은 CD 플레이어에 의해 제공되는)는 대역폭이 약 20 kHz인 넓은 대역의 주파수 스펙트럼으로 구성된다.

이 신호는 입력에 각각 다른 필터가 있는 3개의 다른 연산 증폭기 회로에 보내진다. 저음 조절 회로에는 저역 통과 필터가, 고음 조절 회로에는 고역 통과 필터가, 그리고 중음 조절 회로에는 대역 통과 필터가 필요하다. 각 연산 증폭기 회로의 출력은 합산 증폭기 회로의 입력으로 연결되며, 전체 회로의 블록 선도는 그림 15.46과 같다.

기본적인 회로 블록은 그림 15.47와 같다. 이 회로는 전압 이득이 $1 + R_f/R_1$인 비반전 연산 증폭기 회로와 저항 R_2와 커패시터 C로 이루어진 간단한 저역 통과 필터로 구성되어 있다. 피드백 저항 R_f는 가변 저항(종종 전위차계라고도 함)이며, 회전 손잡이를 돌려서 이득을 조절할 수 있으며, 일반 사람들은 이 저항을 볼륨 조절기라고 부르기도 한다. 연산 증폭기로 구성된 저역 통과 필터의 절점 주파수는 $(R_2C)^{-1}$이다. 사용자가 필터의 절점 주파수를 선택할 수 있도록 할 필요가 있는 경우에는, 회로를 설계하는 사람들은 R_2를 전위차계로 대치하거나 혹은 C를 가변 커패시터로 대치하여 절점 주파수를 조절할 수 있도록 해준다. 입력에 서로 다른 필터를 사용한다는 것 이외에는 나머지는 모두 같은 방법으로 만든다.

저항, 커패시터, 연산 증폭기를 구분하기 위해서 각 소자에 소속된 단(t, m, b)의 적당한 첨자를 붙인다. 고음 단부터 시작하기로 한다. 10 kHz에서 20 kHz범위에서 높은 이득을 얻는데 μA741을 사용하는 것은 문제가 있다고 이미 설명한 바 있다. 따라서 여기서는 LT1028이 더 좋은 선택이다. 고음 차단 주파수로 5 kHz를 선택하면(음향 회로를 설계하는 사람에 따라 좀 다를 수 있다) 다음을 얻을 수 있다.

$$\frac{1}{R_{2t}C_t} = 2\pi(5 \times 10^3) = 3.142 \times 10^4$$

임의로 C_t = 1 μF를 선택하면 R_{2t}의 값은 31.83 Ω이 된다. 저음 차단주파수를 500 Hz라 하고, 마찬가지로 C_b = 1 μF를 선택하면 R_{2b} = 318.3 Ω이 된다. 적당한 대역 통과 필터는 스스로 설계해 보기 바란다.

설계의 다음 단계는 궤환 저항을 포함하여 R_{1t} 및 R_{1b}의

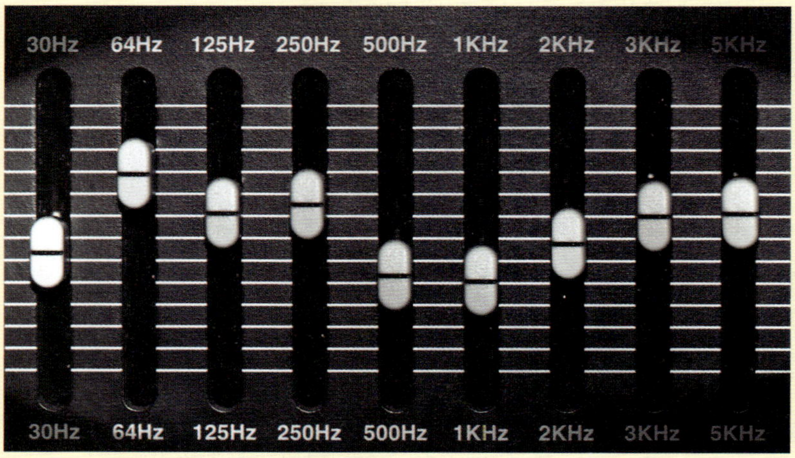

그림 15.45 그래픽 이퀄라이저의 한 예. (©winnond/Shutterstock)

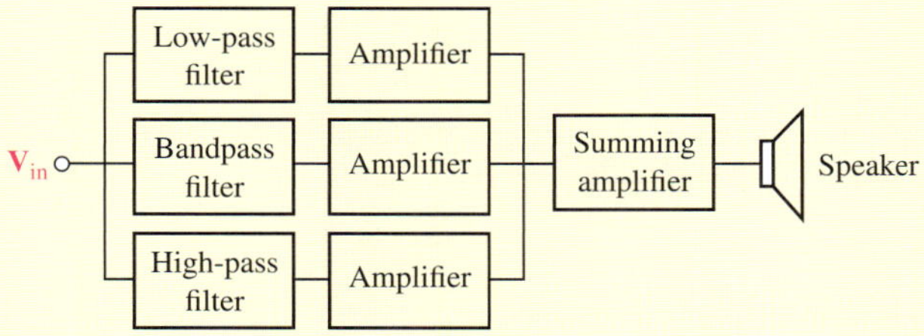

그림 15.46 간단한 그래픽 이퀄라이저 회로의 블록 선도.

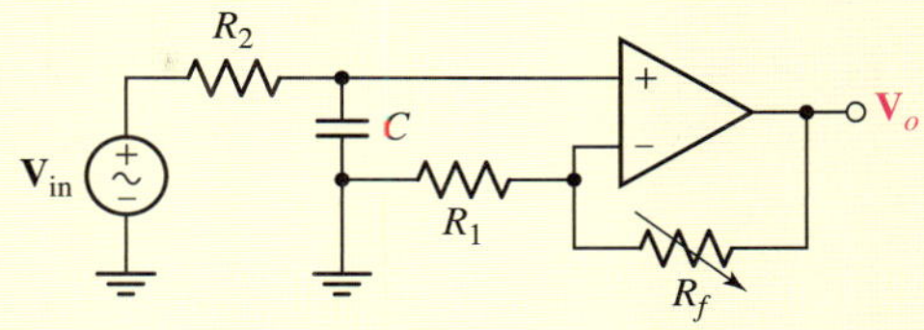

그림 15.47 증폭기 회로의 저음 조정 부분.

적당한 값을 결정하는 일이다. 서로 상반되는 조건이 있는 것이 아니라면 양쪽 단이 서로 같도록 설계하는 것이 가장 간단할 것이다. 그러므로 임의로 R_{1t} 및 R_{1b}를 1 kΩ으로 하고, R_{ft} 및 R_{fb}를 10 kΩ 전위차계(0에서 10 kΩ의 범위를 갖는 가변 저항을 의미)로 한다. 이렇게 하면 어느 한 신호의 볼륨은 다른 신호보다 11배까지 크게 할 수 있다.

이것으로 필터의 설계는 끝난 셈이다. 다음은 신호를 합하는 단의 설계를 하면 된다. 반전 연산 증폭기 결선을 사용하여 필터 연산 증폭기 단의 각 출력을 1 kΩ 저항에 각각 연결한다. 각 1 kΩ 저항의 다른 터미널은 합산 증폭기의 반전 입력에 연결한다. 합산 증폭기 단에서는 포화 상태가 되는 것을 막기 위해서 적당한 전위차계를 선택하여야 하는데 이를 위해서는 입력 전압의 범위와 출력측의 스피커 전력을 모두 알아야 한다. 설계를 설명하기 위해 고역 (저역 통과) 및 저음 (고역 통과) 구성 요소 (중역 대역 통과 필터 없음)가 있는 10의 이득을 갖는 회로의 최종적인 시뮬레이션 결과를 그림 15.48에 보였다.

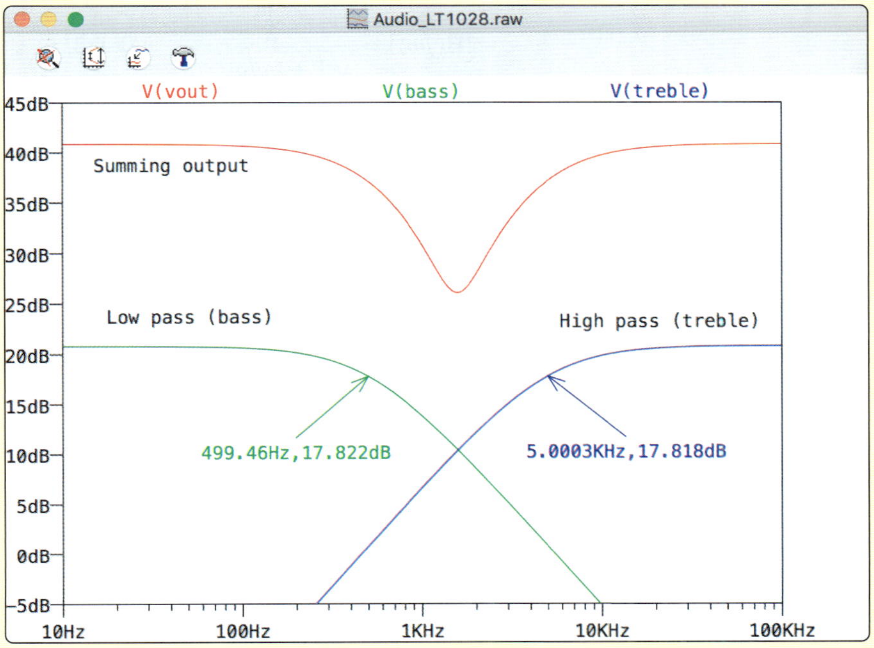

그림 15.48 오디오 이퀄라이저 회로의 저역 통과, 고역 통과 및 합산 출력의 시뮬레이션 된 주파수 응답.

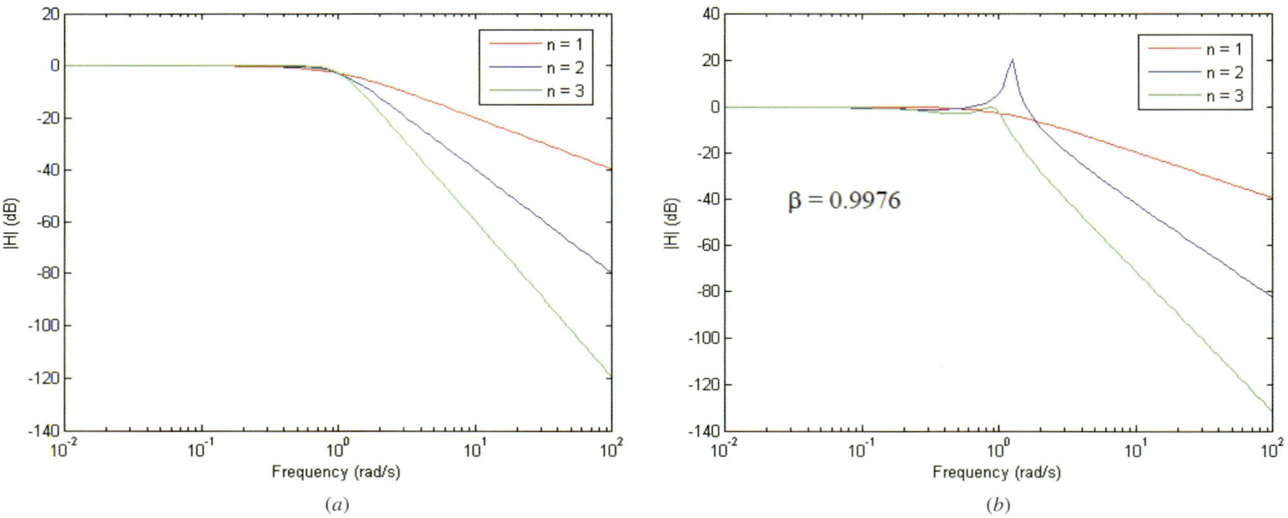

그림 15.49 (*a*) 1차, 2차 및 3차 저역 통과 버터 워스 필터에 대한 $|\mathbf{H}(j\omega)|$의 선도. (*b*) 1차, 2차 및 3차 저역 통과 체비 셰프 필터에 대한 $|\mathbf{H}(j\omega)|$의 선도. 모든 필터의 절점주파수는 1 rad/s로 하였다.

이는 **버터워스 다항식**(*Butterworth polynomials*)와 **체비셰프 다항식**(*Chebyshev polynomials*)에 대해서 다룬다.

저역 통과 버터워스 필터는 가장 널리 알려진 필터 중의 하나로 크기 특성은 다음과 같다.

$$|\mathbf{H}(j\omega)| = \frac{K}{\sqrt{1 + (\omega/\omega_c)^{2n}}} \quad n = 1, 2, 3, \ldots$$

여기서 ω_c는 차단 주파수이고, K는 실수 상수이다. $n = 1,\ 2,\ 3$인 경우의 특성은 그림 15.49a와 같다. 그림에서 보는 것처럼 차수 n이 증가할수록 크기 특성이 점점 계단 함수와 비슷해지는 것을 알 수 있다. 저역 통과 체비셰프 필터는 그림 15.49b에서처럼 통과 대역에 필터의 차수에 비례하는 수의 리플이 존재하는데, 크기 응답은 다음과 같다.

$$|\mathbf{H}(j\omega)| = \frac{K}{\sqrt{1 + \beta^2 C_n^2(\omega/\omega_c)}} \quad n = 1, 2, 3, \ldots$$

여기서 β는 **리플 인자**(*ripple factor*)라 불리는 실수 상수이며 $C_n(\omega/\omega_c)$는 n차의 제1종류(the first kind) 체비셰프 다항식을 나타낸다. 각 다항식의 몇 가지 계수를 표 15.2에 보였다.

샐런-키 증폭기(Sallen-Key Amplifier)

14.12절에서 언급한 것처럼 그림 14.39a와 같은 2개의 회로를 직렬로 연결하여 2개의 극점을 갖는 연산증폭기 필터를 만들 수 있다. 이때 전달 함수는 다음과 같다.

표 15.2 $\omega_c = 1$로 하였을 때의 저역 통과 버터워스 및 체비셰프($\beta = 0.9976$ 또는 3 dB) 필터 함수의 계수.

Butterworth					
n	a_0	a_1	a_2	a_3	a_4
1	1.0000				
2	1.0000	1.4142			
3	1.0000	2.0000	2.0000		
4	1.0000	2.6131	3.4142	2.6131	
5	1.0000	3.2361	5.2361	5.2361	3.2361
Chebyshev ($\beta = 0.9976$)					
n	a_0	a_1	a_2	a_3	a_4
1	1.0024				
2	0.7080	0.6449			
3	0.2506	0.9284	0.5972		
4	0.1770	0.4048	1.1691	0.5816	
5	0.0626	0.4080	0.5489	1.4150	0.5744

$$\mathbf{H(s)} = \frac{(1/R_1 C_f)^2}{\mathbf{s}^2 + 2/R_f C_f + (1/R_f C_f)^2} \qquad [38]$$

기본 접근 방식을 향상하기 위해 그림 15.50의 샐런-키 증폭기를 고려해볼 만하다. 이 회로는 저역 통과 필터로 구성되며, 마디 해석에 의해 이 회로의 해석은 쉽게 할 수 있다. 우선 비반전 증폭기의 이득 G는 다음과 같다.

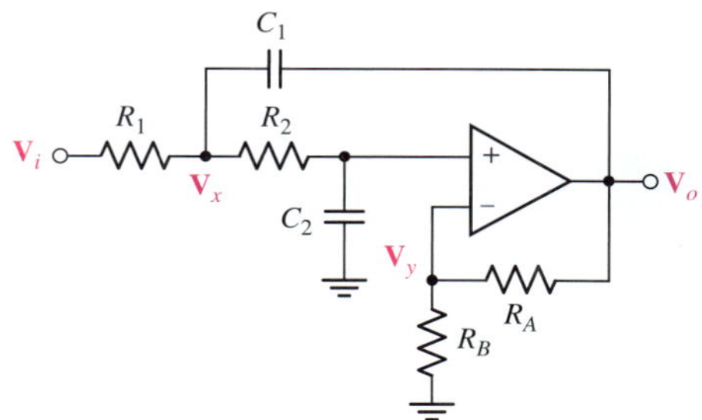

그림 15.50 일반적인 저역 통과 샐런-키 필터 회로.

$$G \equiv \frac{R_A + R_B}{R_B} \qquad [39]$$

전압 분배를 하면 다음과 같이 된다.

$$\mathbf{V}_y = \mathbf{V}_x \frac{1}{1 + R_2 C_2 \mathbf{s}} \qquad [40]$$

마디방정식을 세우면 다음과 같다.

$$0 = \frac{\mathbf{V}_x - \mathbf{V}_i}{R_1} + \frac{\mathbf{V}_x - \mathbf{V}_y}{R_2} + \frac{\mathbf{V}_x - \mathbf{V}_o}{1/\mathbf{s} C_1} \qquad [41]$$

식 [39]와 식 [40]을 식 [41]에 대입하고 약간의 대수 조작을 하면, 다음과 같은 증폭기의 전달 함수를 구할 수 있다.

$$\frac{\mathbf{V}_o}{\mathbf{V}_i} = \frac{G/R_1 R_2 C_1 C_2}{\mathbf{s}^2 + \left[\frac{1}{R_1 C_1} + \frac{1}{R_2 C_1} + \frac{1 - G}{R_2 C_2}\right]\mathbf{s} + \frac{1}{R_1 R_2 C_1 C_2}} \qquad [42]$$

표 15.2의 계수들은 차단주파수가 1 rad/s인 경우의 계수이다. 따라서 15.7절에 설명 된 간단한 스케일링 기법을 적용해야 원하는 필터의 전달함수를 얻을 수 있다. 이제 2차 버터 워스 저역 통과 필터의 설계를 할 준비가 되었다.

샐런-키 모델을 기반으로 하는 고역 통과 필터의 설계도 거의 비슷한 방법이다. 단지 커패시터 C_1 및 C_2를 저항으로, 저항 R_1 및 R_2를 커패시터로 교체하면 된다. 나머지 회로는 변경 없이 그대로 두면 된다. $C_1 = C_2 = C$ 및 $R_1 = R_2 = R$이라 한 후 마디해석법을 이용하면 저역 통과 필터에서 구했던 것처럼 다음과 같다.

$$a_0 = \frac{1}{R^2 C^2} \qquad [43]$$

과

$$a_1 = \frac{3 - G}{RC} \qquad [44]$$

고차 필터는 연산 증폭기 단을 직렬로 연결하여 얻는다. 예를 들어 홀수 차수 (3, 5, . . .)의 버터워스 필터는 $\mathbf{s} = -1$에 극점이 하나 더 필요하다. 따라서 3차 버터워스 필터는 전달함수의 분모 $\mathbf{D(s)}$가

$$\begin{array}{r} \mathbf{s}^2 + \mathbf{s} + 1 \\ (\mathbf{s} + 1)\overline{)\mathbf{s}^3 + 2\mathbf{s}^2 + 2\mathbf{s} + 1} \end{array}$$

또는

$$\mathbf{D(s)} = \mathbf{s}^2 + \mathbf{s} + 1 \qquad [45]$$

과 같은 샐런-키 단에 그림 14.39*a*와 같이 $(\mathbf{s} + 1)$을 나타내는 연산증폭기 단을 직렬로 연결하면 된다.

예제 15.15

절점 주파수가 1400 rad/s이고 이득이 4인 2차 저역 통과 버터워스 필터를 설계하라.

그림 15.50의 샐런-키 필터를 이용한다. 간단하게 하기 위해서 $R_1 = R_2 = R$, $C_1 = C_2 = C$로 놓는다. 2차 버터워스 필터의 분모 다항식은 표 15.2에서 다음과 같다.

$$\mathbf{s}^2 + 1.4142\mathbf{s} + 1$$

식 [44]와 비교하면

$$RC = 1$$

이고

$$\frac{2}{RC} + \frac{1 - G}{RC} = 1.414$$

이다. 따라서,

$$G = \frac{R_A + R_B}{R_B} = 1.586$$

이득 회로망의 두 저항값을 적당히 정한다. 먼저 $R_B = 1\ \mathrm{k\Omega}$이라 하면 $R_A = 586\ \Omega$이 된다.

다음에 $C = 1\ \mu$F라 하면 $R = 1\ \Omega$이 되는데 이는 현실적인 값이 아니다. 따라서 $C' = 1\ \mu$F로 선택하면, 저항값을 10^6으로 스케일링해야 한다. 주파수는 1400 rad/s로 스케일링해야 한다. 따라서,

$$10^{-6}\,\text{F} = \frac{1\,\text{F}}{k_m k_f} = \frac{1\,\text{F}}{1400\,k_m}$$

이고, $k_m = 714\ \Omega$이다. 그러므로 $R' = k_m R = 714\ \Omega$이다.

증폭기 이득은 1.586 혹은 4 dB인데, 문제에서 이득은 4 혹은 12 dB로 요구하였으므로 그림 6.7a와 같은 회로에 설계된 회로의 출력을 넣어야 한다. R_1으로 1 kΩ, R_f로 1.52 kΩ을 사용하면 된다.

익힘문제 15.20

이득이 10 dB이고, 차단 주파수가 1000 Hz인 2차 버터워스 저역 통과 필터를 설계하라.

답: 그림 15.50의 회로의 출력에 비반전 증폭기를 연결한다. 각 소자의 값은 다음과 같다. (1단) $C_1 = C_2 = 1\mu$F, $R_1 = R_2 = 159\ \Omega$, $R_A = 586\ \Omega$, $R_B = 1$ kΩ, (2단) $R_1 = 1$ kΩ, $R_f = 994\ \Omega$.

예제 15.16

전압 이득의 크기가 4이고, 절점 주파수가 2000 rad/s인 3차 저역 통과 버터워스 필터를 설계하라.

그림 15.50의 샐런-키 회로에서 시작한다. 간단하게 하기 위해서 $R_1 = R_2 = R$, $C_1 = C_2 = C$라고 놓는다. 극점을 하나 추가하기 위해서 입력 단에 그림 14.39a에 보인 회로를 연결한다. 기본적인 설계는 그림 15.51와 같다.

식 [41], [42] 및 [43]을 비교하면 다음과 같은 결과를 얻을 수 있다.

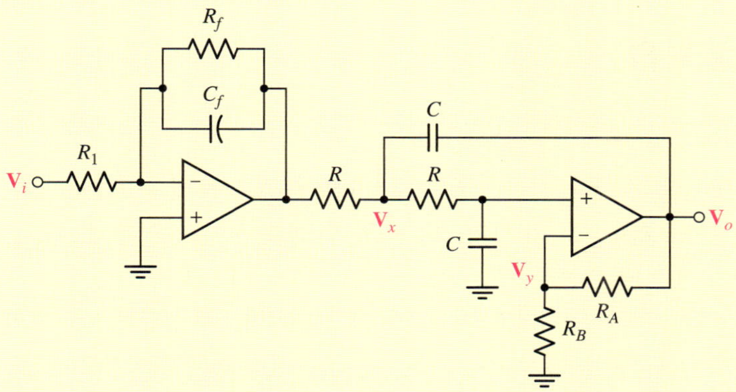

그림 15.51 3차 저역 버터 워스(Butterworth) 필터의 기본 구조.

$$1 = \frac{1}{R^2C^2}$$

그리고

$$1 = \frac{3 - G}{RC}$$

이다. 여기서 $R_C = 1$이고 $G = 4$이다. $R_A = 3\ \mathrm{k\Omega}$로 선택하면 $R_B = 1\ \mathrm{k\Omega}$이 된다. 이 값들은 나중에 2000 rad/s에 맞출 때 스케일링이 필요하다. 하지만 여기서는 DC 이득이 2개의 저항의 비율로 설정되기 때문에 필요없다.

그냥 $R = 1\ \Omega$, $C = 1$ F라 하면 자동적으로 $R_C = 1$이라는 조건을 만족시키기는 하지만 현실적인 값이 아니므로 좀 더 현실적으로 커패시터의 값을 0.1 μF라 하고, 주파수 스케일링 값인 $k_f = 2000$을 고려하면 결과적으로 저항 스케일링 값은 $k_m = 5000$이 된다. 따라서 $R = 5\ \mathrm{k\Omega}$이 된다.

이제는 앞 단의 R_1, R_f 및 C_f를 결정하면 된다. 이 단의 전달함수는 다음과 같다.

$$-\frac{1/R_1C_f}{s + (1/R_fC_f)}$$

$R_f = 1\ \Omega$, $C_f = 1$ F라고 해도 되지만 현실적인 값이 아니므로 스케일링을 고려하여 $R_f = 5\ \mathrm{k\Omega}$, $C_f = 0.1$ F를 선택한다. 이득이 4이지만 이는 이미 샐런-키 단에서 얻었으므로 R_1은 R_f와 같은 값인 5 kΩ으로 하면 된다.

체비셰프 필터의 설계 방식은 리플 인자를 고려해야 하는 것을 제외하고는 버터워스 필터와 비슷하다. 차수가 $n > 2$인 필터를 설계할 때는 여러 단을 직렬로 연결하면 된다. 짝수 차일 때는 샐런-키 단을 여러 개 연결하면 되고, 홀수 차일 때는 적당한 수의 샐런-키 단에 그림 14.39a의 회로를 하나 연결하면 된다. 특정한 전압 이득이 필요하면 저항만을 포함하는 연산 증폭기단을 출력 측에 달아 주면 된다.

요약 및 복습

공진으로부터 이 장을 시작하였다. 기본적인 개념은 여러 가지 예를 통하여 직관적으로 이해할 수 있다. 어린 시절 그네를 타면서 시간에 맞추어 발을 구른다든가, 잘 훈련된 소프라노 가수가 크리스털 잔을 깨뜨리는 비디오를 본다든가, 물결 무늬의 길을 운전할 때 본능적으로 속도를 줄인다든가 하는 일들이다. 선형 회로를 해석할 때, 커패시터와 인덕터로 이루어진 회로에서 전압과 전류가 동위상인 주파수도 알 수 있다(물론 어느 주파수에서는 순수한 저항 회로가 되기도 한다). 회로의 **양호도**(Q)를 알면 회로의 응답이 얼마나 빨리 공진 상태에서 벗어나는지도 알 수 있다. 회로 응답의 **절점 주파수**를 정의하면 **대역폭**의 개념도 도입할 수 있고, 높은 Q ($Q > 5$) 회로에 대해서 여러 가지 표현식들이 단순하게 되는 것도 알 수 있었다. 아울러 공진 근처에서 직렬 회로와 병렬 회로의 차이점도 알 수 있었다.

이 장의 뒷부분에서는 필터 회로의 해석 및 설계를 다루었다. 스케일링에는 **크기 스케일링**과 **주파수 스케일링**이 있는데 이들을 이용하면 설계가 편해지는 것을 알 수 있었다. **보드 선도**를 이용하면 필터 회로의 응답을 주파수의 함수로 손쉽게 그릴 수 있었다. 저역 통과 혹은 고역 통과 필터의 특성을 얻기 위해서 하나의 커패시터를 이용하여 **수동 필터** 혹은 **능동 필터**를 설계하는 방법도 다루었고, 다음에는 **대역 통과 필터**도 다루었다. 다른 방법으로 버터워스 및 체비셰프 다항식을 이용하여 필터를 설계하였고, 복잡해지는 대신 좀 더 좋은 크기 응답 특성을 갖는 고차 필터에 대해서도 다루었다.

- ❑ 전달 함수는 회로의 입력/출력 관계를 설명하며 입력 전류 또는 전압 및 출력 전류 또는 전압의 다양한 조합으로 나타낼 수 있다. (예제 15.1)
- ❑ 보드 선도는 전달 함수의 유용한 표현으로, 크기(dB) 및 위상이 로그 주파수 스케일로 그려진다. 극점과 영점의 위치를 기반으로하는 선형 근사법을 사용하여 전달 함수의 동작을 빠르게 결정하기 위해 보드 선도를 근사화할 수 있다. (예제 15.2-15.5)
- ❑ 공진은 고정 진폭 정현파 구동 함수가 최대 진폭의 응답을 만드는 조건이다. 공진 동작은 품질 인자, 반전력 주파수 및 대역폭으로 정의할 수 있다. (예제 15.6, 15.7, 15.8, 15.9, 15.10)
- ❑ 높은 Q 회로에서 각 반전력 주파수는 공진 주파수로부터 대역폭의 약 반만큼 떨어진 주파수이다. (예제 15.7)
- ❑ 직렬 공진 회로는 공진에서 낮은 임피던스를 갖고, 병렬 공진 회로는 공진에서 높은 임피던스를 가진다. (예제 15.6, 15.8)
- ❑ 비현실적인 소자값들을 이용하면 종종 설계를 쉽게 할 수 있다. 회로망의 전달 함수는 소자의 값을 적당한 값으로 대치함으로써 크기와 주파수를 스케일링할 수 있다. (예제 15.11)
- ❑ 필터의 네 가지 기본적인 형태는 저역 통과, 고역 통과, 대역 통과 그리고 대역 소거이다. (예제 15.12, 15.13)
- ❑ 수동 필터는 저항, 커패시터 그리고 인덕터를 사용한다. 능동 필터는 연산 증폭기나 혹은 다른 능동 소자가 기본이 된다. (예제 15.14)
- ❑ 버터워스 필터 및 체비셰프 필터는 샐런-키 증폭기를 기본으로 하여 설계한다. 필터의 이득은 저항만으로 이루어진 증폭기 회로를 출력에 연결하여 조정할 수 있다. (예제 15.15, 15.16)

추천 도서

많은 종류의 필터를 다룬 좋은 문헌이다.

J. T. Taylor and Q. Huang, eds., *CRC Handbook of Electrical Filters*, Boca Raton, Fla: CRC Press, 1997.

다양한 능동필터와 설계과정을 이해하기 쉽도록 기술한 문헌이다.

D. Lancaster, *Lancaster's Active Filter Cookbook*, 2nd ed. Burlington, Mass.: Newnes, 1996.

필터 참고 문헌으로 좋은 문헌들이다.

D. E. Johnson and J. L. Hilburn, *Rapid Practical Design of Active Filters*, New York: John Wilry & Sons, Inc., 1975.

J. V. Wait, L. P. Huelsman, and G. A. Korn, *Introduction to Operational Amplifier Theory and Applications*, 2nd ed. New York: McGraw-Hill, 1992.

연습문제

15.1 전달 함수

1. 그림 15.52의 RL 회로에서,

(a) $\mathbf{H}(j\omega) = v_{\text{out}}/v_{\text{in}}$으로 정의된 전달 함수를 구하라.

(b) $R = 200\ \Omega$ 및 $L = 5$ mH인 경우, 주파수의 함수로서 크기와 위상의 선도를 구하라.

(c) 10 kHz의 주파수에서 크기와 위상을 구하라.

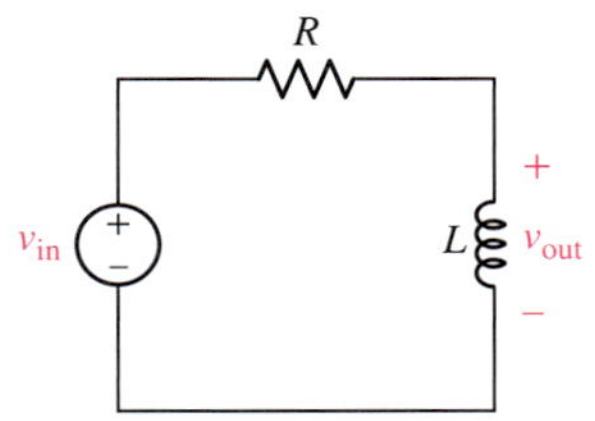

그림 15.52

2. 그림 15.52의 RL 회로에서, 저항과 인덕터의 위치를 전환하여 v_{out}이 저항 양단의 전압 강하가 되도록 하여라.

(a) $\mathbf{H}(j\omega) = v_{\text{out}}/v_{\text{in}}$으로 정의되는 수식 또는 전달 함수를 구하라.

(b) $R = 200\ \Omega$ 및 $L = 5$ mH인 경우, 주파수의 함수로서 크기와 위상의 선도를 구하라.

(c) 10 kHz의 주파수에서 크기와 위상을 구하라.

3. $R = 100\ \Omega$, $L = 5$ mH 및 $C = 2\ \mu$F인 그림 15.53의 직렬 RLC 회로에서, 다음의 각각의 v_{out}에 대해, 주파수가 0, 2 kHz과 ∞에서 전달 함수의 크기 $\mathbf{H}(j\omega) = v_{out}/v_C$를 구하라.
   (a) $v_{out} = v_R$
   (b) $v_{out} = v_L$
   (c) $v_{out} = v_C$

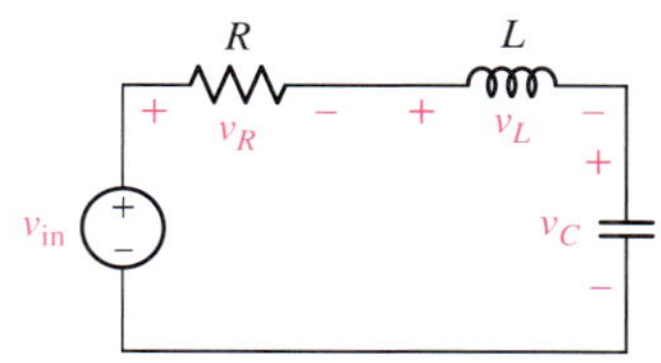

그림 15.53

4. 그림 15.54의 회로에서,
   (a) 회로 구성 요소 R_1, R_2, C_1 및 C_2에 대한 전달 함수 $\mathbf{H}(j\omega) = v_{out}/i_{in}$에 대한 대수식을 구하라.
   (b) $R_1 = 20$ kΩ, $R_2 = 5$ kΩ, $C_1 = 10$ nF, $C_2 = 40$ nF 인 경우 100 Hz, 10 kHz 및 1 MHz의 주파수에서 H 크기를 구하라.

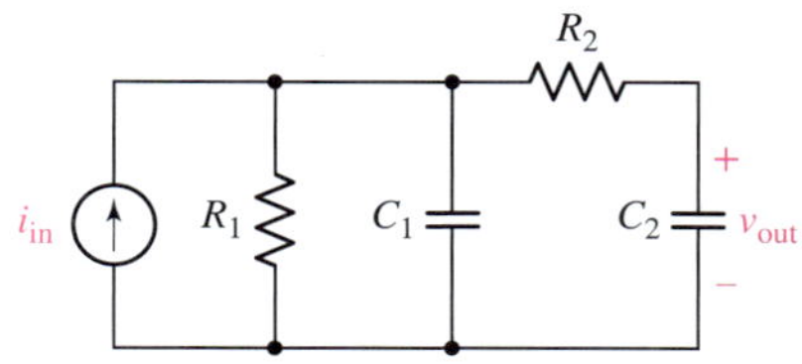

그림 15.54

5. 그림 15.55의 회로에서,
   (a) 회로 구성 요소 R_1, R_2, L_1 및 L_2에 대한 전달 함수 $\mathbf{H}(j\omega) = i_{out}/v_{in}$에 대한 대수식을 구하라.
   (b) $R_1 = 3$ kΩ, $R_2 = 12$ kΩ, $L_1 = 5$ mH, $L_2 = 8$ mH인 경우 10 kHz, 1 MHz 및 100 MHz의 주파수에서 $\mathbf{H}(j\omega)$의 크기를 구하라.
   (c) 정성적으로 전달 함수 크기 주파수 응답의 동작을 설명하라.

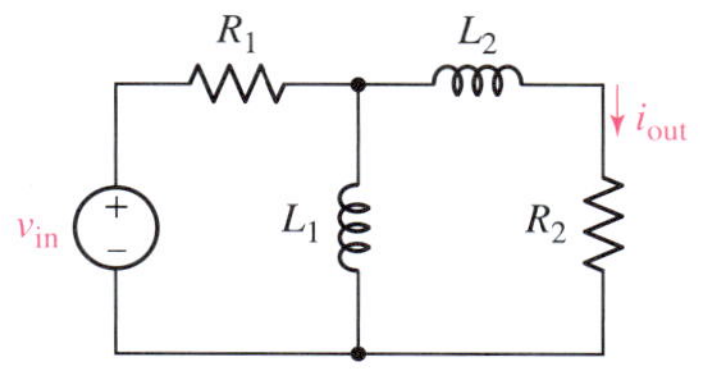

그림 15.55

6. 그림 15.56의 회로에서,
   (a) R_1, R_2 및 C로 전달 함수 $\mathbf{H}(j\omega) = \mathbf{V}_{out}/\mathbf{V}_{in}$을 구하고,
   (b) 회로 값이 $R_1 = 500\ \Omega$, $R_2 = 40$ kΩ, $C = 10$ nF인 경우 $\omega = 0$, 3×10^4 rad/s, $\omega \to \infty$에서 전달 함수의 크기와 위상을 구하라.

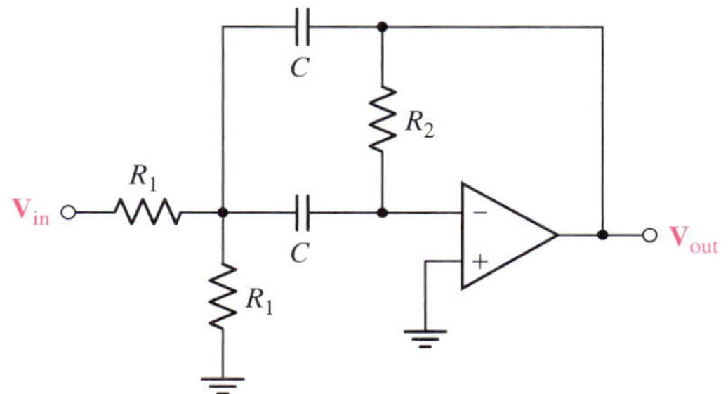

그림 15.56

7. 그림 15.57의 회로의 경우,

(a) R_1, R_2, R_3, L_1 및 L_2로 전달 함수 $\mathbf{H(s)} = \mathbf{V}_{out}/\mathbf{V}_{in}$을 구하라.

(b) 회로 값이 $R_1 = 2\ \text{k}\Omega$, $R_2 = 2\ \text{k}\Omega$, $R_3 = 20\ \text{k}\Omega$, $L_1 = 2\ \text{H}$, $L_2 = 2\ \text{H}$일 때, $\omega = 0$, $\omega = 3 \times 10^3\ \text{rad/s}$, $\omega \rightarrow \infty$에서 전달 함수의 크기와 위상을 구하라.

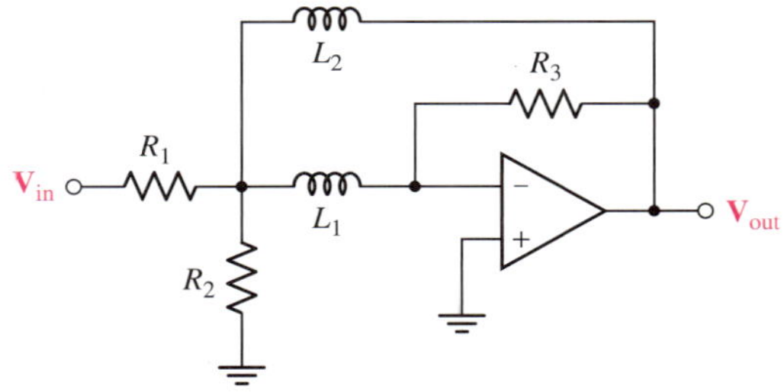

그림 15.57

15.2 보드 다이어그램

8. 다음 함수에 대한 보드 크기 및 위상 선도를 그려라.

(a) $3 + 4\mathbf{s}$

(b) $\dfrac{1}{3 + 4\mathbf{s}}$

9. 다음 함수에 대한 보드 크기 및 위상 선도를 그려라.

(a) $25\left(1 + \dfrac{\mathbf{s}}{3}\right)(5 + \mathbf{s})$

(b) $\dfrac{0.1}{(1 + 5\mathbf{s})(2 + \mathbf{s})}$

10. Bode 접근법을 사용하여 다음 함수들의 크기 보드 선도를 그리고 적절한 MATLAB을 사용하여 구한 해를 검증하라.

(a) $3\dfrac{\mathbf{s}}{\mathbf{s}^2 + 7\mathbf{s} + 10}$

(b) $\dfrac{4}{\mathbf{s}^3 + 7\mathbf{s}^2 + 12\mathbf{s}}$

11. 어느 회로의 전달 함수 $\mathbf{H(s)}$일 때, MATLAB을 사용하여 다음 $\mathbf{H(s)}$의 크기 및 위상 보드 선도를 그려라.

(a) $\dfrac{\mathbf{s} + 300}{\mathbf{s}(5\mathbf{s} + 8)}$

(b) $\dfrac{\mathbf{s}\left(\mathbf{s}^2 + 7\mathbf{s} + 7\right)}{\mathbf{s}(2\mathbf{s} + 4)^2}$

12. MATLAB을 사용하여 다음 전달 함수 각각에 대한 크기 및 위상 보드 선도를 그려라.

(a) $\dfrac{\mathbf{s} + 1}{\mathbf{s}(\mathbf{s} + 2)^2}$

(b) $5\dfrac{\mathbf{s}^2 + \mathbf{s}}{\mathbf{s} + 2}$

13. 다음 전달 함수에 대한 크기 보드 선도을 나타내고, MATLAB을 사용하여 예측한 것과 비교하라.

(a) $\mathbf{s}^2 + 0.2\mathbf{s} + 1$

(b) $\left(\frac{\mathbf{s}}{4}\right)^2 + 0.1\left(\frac{\mathbf{s}}{4}\right) + 1$

14. 다음의 함수 각각에 대한 보드 크기 및 위상 선도를 그려라.

(a) $\frac{3 + 0.1\mathbf{s} + \mathbf{s}^2/3}{\mathbf{s}^2 + 1}$

(b) $2\frac{\mathbf{s}^2 + 9\mathbf{s} + 20}{\mathbf{s}^2(\mathbf{s} + 1)^3}$

15. 그림 15.53의 직렬 RLC 회로에서 $\mathbf{H}(\mathbf{s}) = v_c/v_{\text{in}}$의 전달 함수를 다음과 같이 표현할 수 있다.

$$\mathbf{H}(\mathbf{s}) = \frac{1}{1 + 2\zeta\left(\frac{\mathbf{s}}{\omega_0}\right) + \left(\frac{\mathbf{s}}{\omega_0}\right)^2}$$

(a) 회로 값 R, L, C로 ζ와 ω_0의 값을 구하라.

(b) $R = 50\ \Omega$의 고정 값이며, $\omega_0 = 2 \times 10^3$ rad/s에서 $\zeta = 0.1,\ 0.5,\ 1$가 되기 위한 L과 C에 대한 값을 선택하라.

(c) MATLAB을 사용하여 (b)의 세 가지 경우에 대한 크기 보드 선도를 작성하라.

16. $\mathbf{H}(\mathbf{s}) = v_L/v_{\text{in}}$인 경우 직렬 RLC 회로에 대해 연습 문제 15를 반복하라.

(a) 전달 함수의 새로운 형태를 파라미터 ζ와 ω_0로 결정하고, 각각을 회로 값 R, L, C로 나타내라.

(b) $R = 100\ \Omega$의 고정 값에 대해 $\omega_0 = 5 \times 10^3$ rad/s와 $\zeta = 0.1,\ 0.5,\ 1$가 되기 위한 L 및 C에 대한 값을 선택하라.

(c) MATLAB을 사용하여 (b)의 세 가지 경우에 대한 크기 보드 선도를 작성하라.

17. 그림 15.56의 회로에서 전달 함수 $\mathbf{H}(\mathbf{s}) = \mathbf{V}_{\text{out}}/\mathbf{V}_{\text{in}}$ 및 $R_1 = 500\ \Omega$, $R_2 = 40$ kΩ, $C_1 = 10$ nF의 회로 값에 대한 크기 및 위상 보드 선도를 작성하라.

18. 그림 15.57의 회로와 $R_1 = R_2 = 2$ kΩ, $R_3 = 20$ kΩ, $L_1 = L_2 = 2$ H의 회로 값에 대한 전달 함수 $\mathbf{H}(\mathbf{s}) = \mathbf{V}_{\text{out}}/\mathbf{V}_{\text{in}}$에 대한 크기 및 위상 보드 선도를 작성하라.

19. 그림 15.54에서 LTspice를 사용하여 $R_1 = 20$ kΩ, $R_2 = 5$ kΩ, $C_1 = 10$ nF 및 $C_2 = 40$ nF인 경우의 주파수 응답의 보드 선도를 그리고, 보드선도에서 극점과 영점의 위치를 추정하라.

20. 그림 15.55에서 LTspice를 사용하여 $R_1 = 3\ \text{k}\Omega$, $R_2 = 12\ \text{k}\Omega$, $L_1 = 5\ \text{mH}$ 및 $L_2 = 8\ \text{mH}$인 경우의 주파수 응답의 보드 선도를 그리고, 보드선도에서 극점과 영점의 위치를 추정하라.

15.3 병렬 공진

21. 다음과 같은 RLC 병렬 공진 회로에서 Q_0 및 ζ를 구하라.

(a) $R = 1\ \text{k}\Omega$, $C = 10\ \text{mF}$, $L = 1\ \text{H}$

(b) $R = 1\ \Omega$, $C = 10\ \text{mF}$, $L = 1\ \text{H}$

(c) $R = 1\ \text{k}\Omega$, $C = 1\ \text{F}$, $L = 1\ \text{H}$

(d) $R = 1\ \Omega$, $C = 1\ \text{F}$, $L = 1\ \text{H}$

22. RLC 병렬 회로에서 $L = 50\ \text{mH}$이고, $C = 33\ \text{mF}$이다. $Q_0 = 10$일 때 R 값을 구하고, $2 < \omega < 40\ \text{rad/s}$ 범위에서 임피던스의 크기를 그려라.

23. 어느 RLC 병렬 회로에서 $R = 5\ \Omega$, $L = 100\ \text{mH}$, $C = 1\ \text{mF}$이다.

(a) Q_0를 구하라.

(b) 어느 주파수에서 임피던스의 크기가 최대값의 90%가 되는가?

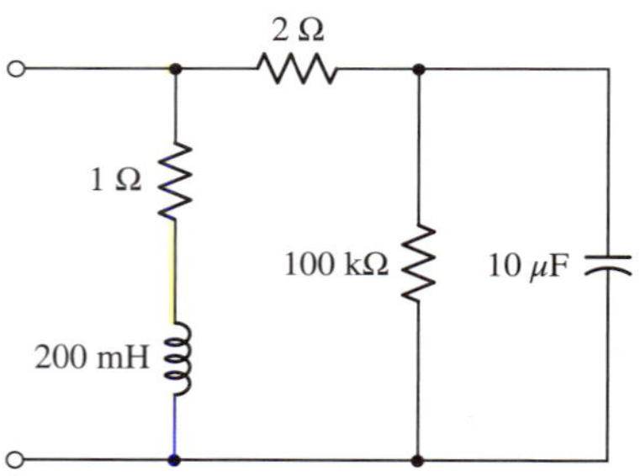

그림 15.58

24. 그림 15.58의 회로에서 입력 임피던스를 나타내는 식을 구하고, 그 크기가 최대가 되는 주파수를 구하라.

25. $0.01\omega_0 < \omega_0 < 100\omega_0$의 범위에서 주파수 축을 로그 스케일로 하여 그림 15.58에 보인 회로의 입력 어드미턴스를 그리고, 공진 주파수 및 대역폭을 구하라.

26. 그림 15.58에서 $2\ \Omega$ 저항을 제거한 후 다음을 구하라.

(a) 공진에서의 입력 임피던스의 크기

(b) 공진 주파수

27. 그림 15.58에서 $1\ \Omega$ 저항을 제거한 후 다음을 구하라.

(a) 공진에서의 입력 임피던스의 크기

(b) 공진 주파수

28. 버랙터(varactor)는 바이어스 전압에 따라 리액턴스가 변화하는 반도체 소자이다. 이 소자의 양호도는 다음과 같이 표현할 수 있다.[2]

$$Q \approx \frac{\omega C_J R_P}{1 + \omega^2 C_J^2 R_P R_S}$$

여기서 C_J는 접합 커패시턴스(소자에 인가되는 전압에 따라 변한다), R_S는 소자의 직렬 저항, 그리고 R_P는 등가 병렬 저항이다.

2 S. M. Sze, *Physics of Semiconductor Devices*, 2d ed. New York: Wiley, 1981, p. 116.

(a) 1.5 Ω에서 $C_J = 3.77$ pF이고, $R_P = 1.5$ MΩ, $R_S = 2.8$ Ω일 때, 양호도를 주파수 ω의 함수로 그림으로 표시하라.

(b) ω_0와 $Q_{\max}$를 얻기 위해서 Q에 대한 식을 미분하라.

15.4 대역폭과 높은 양호도 회로

29. 그림 15.17의 회로에서 $L = 1$ mH이고, $C = 100$ μF이다. $Q_0 = 15$일 때 대역폭을 구하고, 다음 주파수에서 입력 임피던스의 크기 및 위상을 추정하라.

(a) 3162 rad/s

(b) 3000 rad/s

(c) 3200 rad/s

(d) 2000 rad/s

30. 5 mH 인덕터가 포함된 RLC 병렬 회로에서 $Q_0 = 6.5$ 이고, $\omega_0 = 1000$ rad/s이다. 동작 주파수가 다음과 같을 때 입력 임피던스 크기의 대략적인 값을 구하라.

(a) 500 rad/s

(b) 750 rad/s

(c) 900 rad/s

(d) 1100 rad/s

(e) 선형 주파수(rad/s) 축을 이용하여 정확한 값과 함께 추정값을 그려라.

31. 200 μH 인덕터가 포함된 RLC 병렬 회로에서 $Q_0 = 8$이고, $\omega_0 = 5000$ rad/s이다. 동작 주파수가 다음과 같을 때 입력 임피던스 각도의 대략적인 값을 구하라.

(a) 2000 rad/s

(b) 3000 rad/s

(c) 4000 rad/s

(d) 4500 rad/s

(e) 선형 주파수(rad/s) 축을 이용하여 정확한 값과 함께 추정값을 그려라.

32. 그림 15.59에 보인 각 응답 곡선의 대역폭을 구하라.

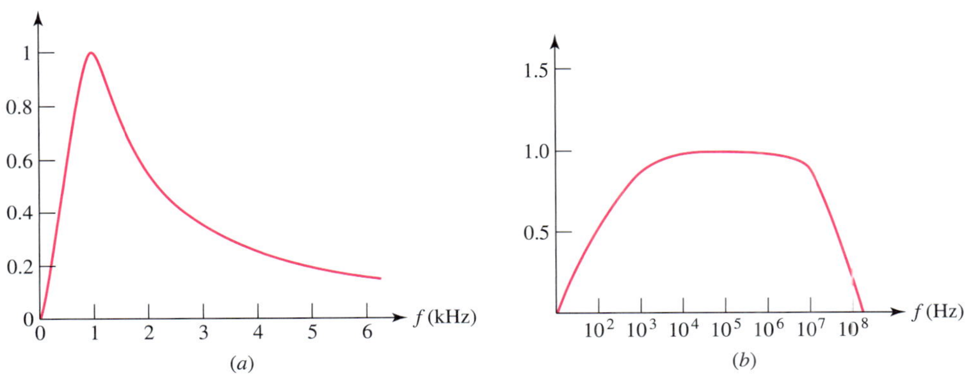

그림 15.59

33. 임피던스 크기의 특성이 그림 15.60와 같은 병렬 *RLC* 회로가 있다.

(a) 저항값을 구하라.

(b) 인덕터의 값이 1 H일 때, 커패시터의 값을 구하라.

(c) 대역폭, Q_0, 하측 반전력 주파수, 상측 반전력 주파수를 구하라.

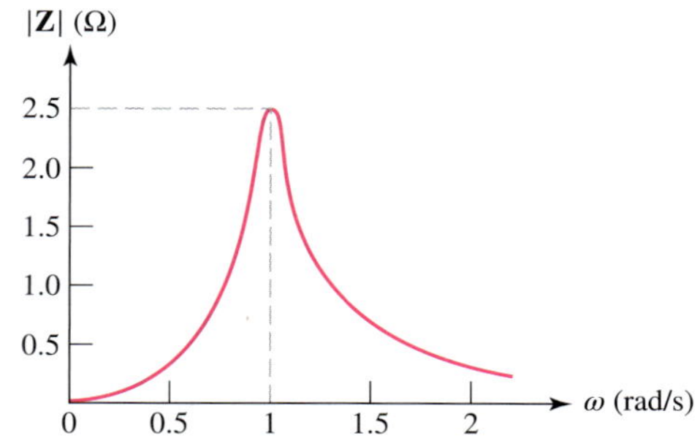

그림 15.60

15.5 직렬 공진

34. 어느 *RLC* 직렬 회로에서 $R = 100\ \Omega$, $L = 1.5$ mH이고, 정현파 전압원 v_s가 연결되어 있다. $Q_0 = 7$일 때, 다음을 구하라.

(a) 500 Mrad/s에서 임피던스의 크기

(b) $v_s = 2.5 \cos(425 \times 10^6 t)$ V일 때 흐르는 전류

35. 연습문제 34의 *RLC* 직렬 회로에서 Q_0가 5가 되도록 저항값을 변경하였다.

(a) 90 krad/s, 100 krad/s, 110 krad/s에서 임피던스의 각도를 추정하라.

(b) 정확한 값에 대한 추정값의 퍼센트 오차는 얼마인가?

36. 어느 *RLC* 회로에서 $R = 5\ \Omega$, $L = 20$ mH, $C = 1$ mF이다. 다음의 각 경우에 대해 Q_0, 대역폭, $0.95\omega_0$에서의 임피던스의 크기를 구하라.

(a) 회로가 병렬 연결

(b) 회로가 직렬 연결

(c) LTspice를 이용하여 답을 검증하라.

37. 전원 전압의 크기를 포함하여 그림 15.61의 회로를 잘 살펴본다. 이 회로가 실험실에서 만들어진 회로라면 커패시터의 양단을 맨손으로 잡아도 되는지 결정해야 한다. ω에 대해서 $|\mathbf{V}_C|$를 그림으로 표시하고 만져도 되는지 판단하라.

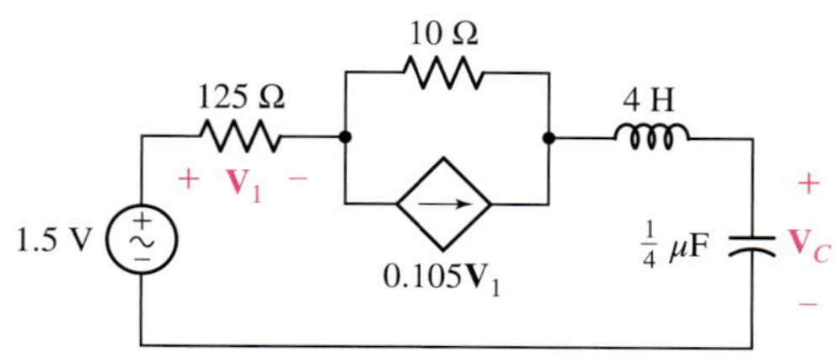

그림 15.61

38. 그림 15.62에서 $\mathbf{Z}_{in}(\mathbf{s})$를 유도한 후 다음을 구하라.

(a) ω_0 (b) Q_0

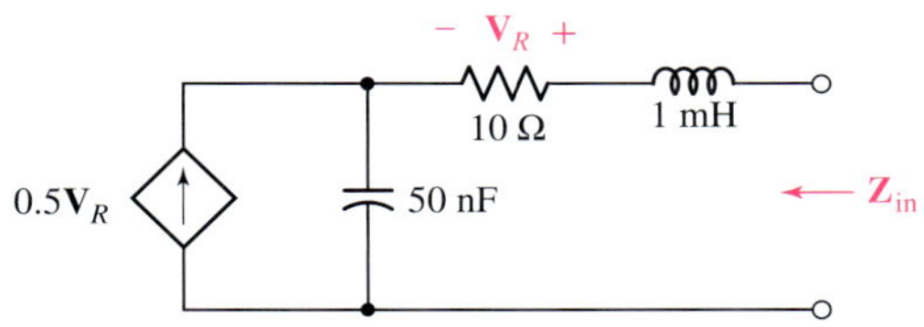

그림 15.62

15.6 다른 공진 회로

39. 그림 15.25*a*의 회로에서 $R_1 = 100\ \Omega$, $R_2 = 150\ \Omega$, $L = 30$ mH이고, C는 $\omega_0 = 750$ rad/s가 되도록 선택한다. 다음 각 주파수에서의 임피던스의 크기를 구하라.

(a) $R_1 = 0$일 때 공진 주파수

(b) 700 rad/s (c) 800 rad/s

40. 동작 주파수가 200 rad/s이고, 500 Ω 저항에 다음 소자들이 병렬로 연결되어 있을 때 그 병렬 회로의 직렬 등가 회로를 구하라.

(a) 1.5 μF 커패시터 (b) 200 mH 인덕터

41. 동작 주파수가 40 rad/s 혹은 80 rad/s이다. 2 Ω 저항에 다음 소자들이 직렬로 연결되어 있을 때 그 직렬 회로의 병렬 등가 회로를 구하라.

(a) 100 mF 커패시터 (b) 3 mH 인덕터

42. 그림 15.63에 보인 회로의 공진 주파수를 구하고 $|\mathbf{Z}_{in}|$을 구하라.

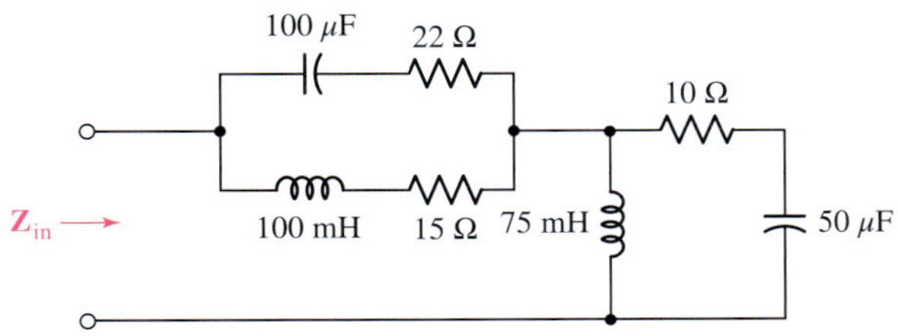

그림 15.63

43. 그림 15.64의 회로에서 전압원의 크기는 1 V이고, 위상각은 0°이다. 공진 주파수 ω_0를 구하고, $0.95\omega_0$에서 $\mathbf{V}_x$의 값을 구하라.

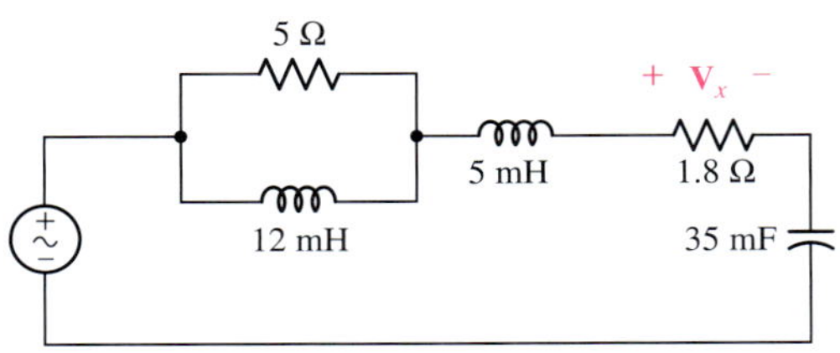

그림 15.64

15.7 스케일링

44. 어느 병렬 RLC 회로에서 $R = 1\ \Omega$, $C = 3$ F, $L = 1/2$ H이다. 다음의 각 경우에 대해 필요한 소자값을 구하라.
   (a) 회로의 공진 주파수가 200 kHz
   (b) 임피던스의 최대값이 500 kΩ
   (c) 공진 주파수가 750 kHz이고, 공진에서 임피던스의 크기가 25 Ω

45. 어느 직렬 RLC 회로에서 $R = 1\ \Omega$, $C = 5$ F, $L = 1/5$ H이다. 다음의 각 경우에 대해 필요한 소자값을 구하라.
   (a) 회로의 공진 주파수가 430 Hz
   (b) 임피던스의 최대값이 100 Ω
   (c) 공진 주파수가 75 kHz이고, 공진에서 임피던스의 크기가 15 kΩ

46. 그림 15.65의 회로를 $K_m = 200$, $K_f = 700$으로 스케일링하고, 새로운 임피던스 $\mathbf{Z}_{in}(\mathbf{s})$를 구하라.

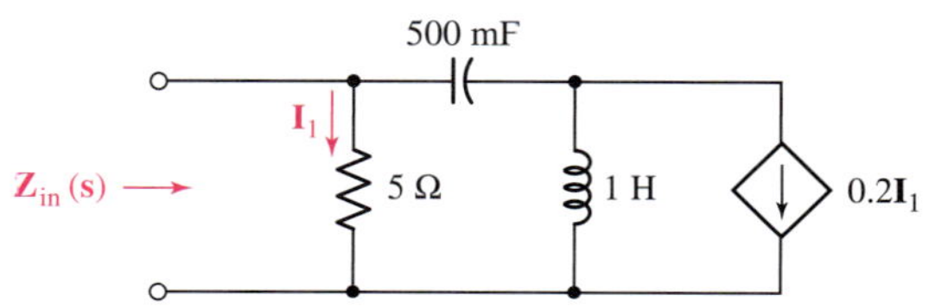

그림 15.65

47. 그림 15.66a에 보인 필터의 응답 곡선은 그림 15.66b와 같다.
   (a) 이 필터가 50 Ω 전원과 50 Ω 부하 사이에서 동작하고, 차단 주파수가 20 kHz가 되도록 필터를 스케일링하라.
   (b) 새로운 응답 곡선을 그려라.

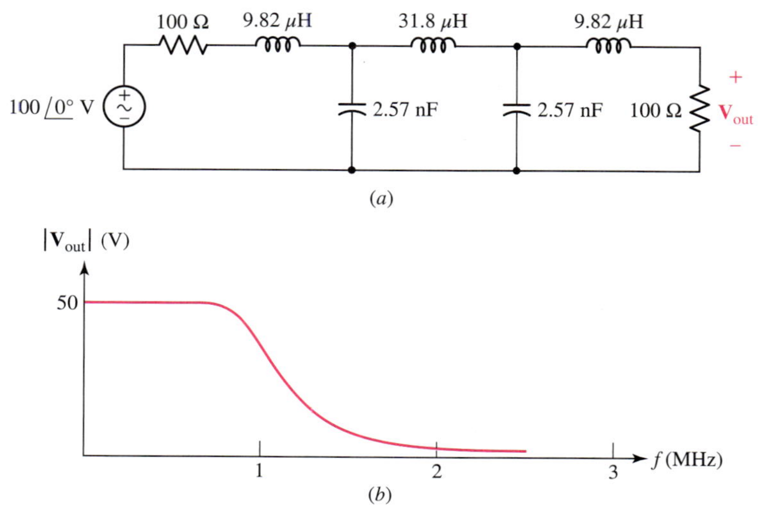

그림 15.66

48. (a) 그림 15.67의 회로를 $K_m = 250$, $K_f = 400$으로 스케일링한 후, 새로운 결선을 그려라.

(b) $\omega = 1$ krad/s일 때, 스케일링된 회로의 테브난 등가회로를 구하라.

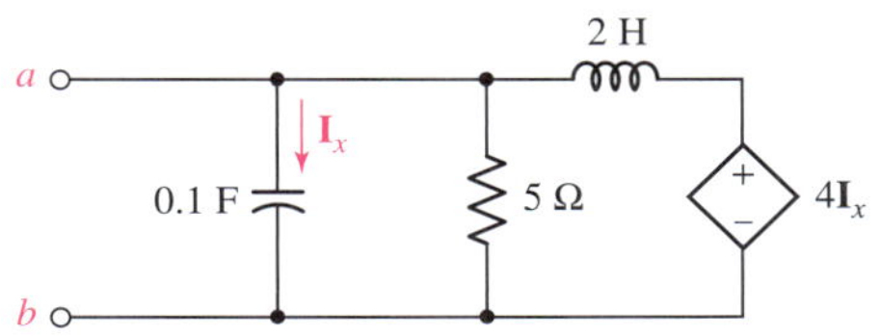

그림 15.67

15.8 기본적인 필터 설계

49. 그림 15.68의 회로에 대한 필터를 검사한다.

(a) 회로의 수학적인 해석을 하지 않고 어떤 종류의 필터인지 판단하라.

(b) 전달 함수 $\mathbf{H}(\mathbf{s}) = v_{out}/v_{in}$에 대한 식을 구하라.

(c) MATLAB을 사용하여 $R_1 = R_2 = 50$ kΩ, $C_1 = 50$ nF, $C_2 = 225$ nF, $L_1 = 563$ μH, $L_2 = 125$ μH에 대한 보드 선도 (Hz 단위의 주파수)를 그려라.

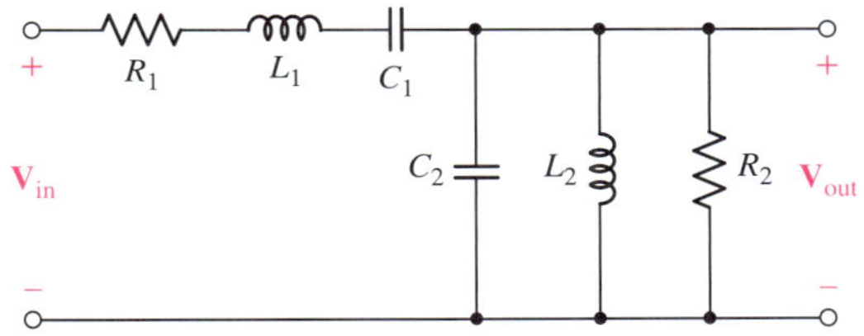

그림 15.68

50. 그림 15.69의 회로에 대한 필터를 검사한다.

(a) 회로의 수학적인 해석을 하지 않고 어떤 종류의 필터인지 판단하라.

(b) 전달 함수 $\mathbf{H}(\mathbf{s}) = v_{out}/v_{in}$에 대한 식을 구하라.

(c) MATLAB을 사용하여 $R_1 = R_2 = 10$ kΩ, $C_1 = 159$ nF, $C_2 = 1.59$ nF에 대한 보드 선도 (Hz 단위의 주파수)를 그려라.

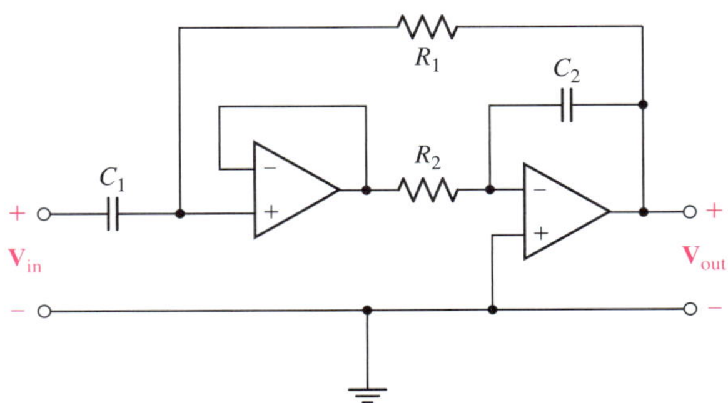

그림 15.69

51. (a) 절점 주파수가 100 rad/s인 고역 통과 필터를 설계하라.
(b) LTspice를 이용하여 설계를 검증하라.

52. (a) 절점 주파수가 1450 rad/s인 저역 통과 필터를 설계하라.
(b) 설계된 필터의 보드 크기 및 위상 선도를 그려라.
(c) 적당한 시뮬레이션 방법으로 설계를 검증하라.

53. (a) 낮은 쪽 절점 주파수가 250 Hz이고, 대역폭은 1000 rad/s인 대역 통과 필터를 설계하라.
(b) LTspice를 이용하여 설계를 검증하라.

54. 그림 15.41의 회로에서 인덕터-커패시터 직렬 연결에 걸쳐 출력을 얻는다. 이 출력 신호에서 전력선의 영향인 60 Hz '잡음'을 제거하는 노치 필터를 설계하라.

55. 전압 이득이 25 dB이고, 차단 주파수가 5000 rad/s인 저역 통과 필터를 설계하라.

56. 전압 이득이 30 dB이고, 차단 주파수가 50 rad/s인 고역 통과 필터를 설계하라.

57. 그림 15.70의 회로는 좁은 범위의 주파수(예를 들어 원하지 않는 공진)를 제거하는 데 사용되는 "노치" 필터로 알려져 있다.
(a) 이 회로의 전달 함수를 구하라.
(b) 이 필터의 Bode 선도를 그려라.
(c) 노치 필터의 중심 주파수와 중심 주파수 크기 감소를 구하라(dB).

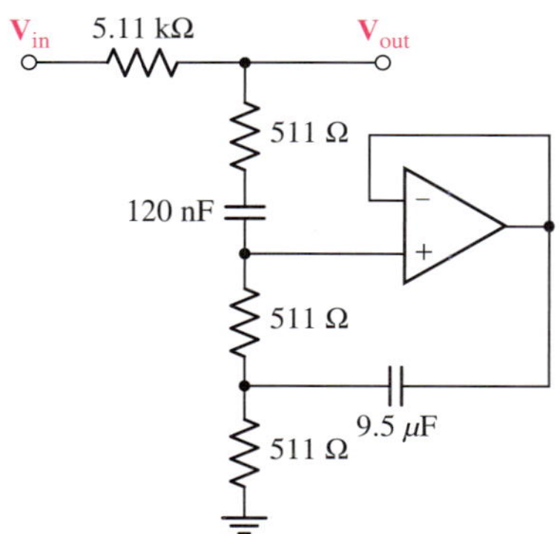

그림 15.70

58. (a) 전압 이득이 20 dB이고, 낮은 쪽 차단 주파수가 100 rad/s, 대역폭이 1000 rad/s인 2단 연산 증폭기 필터를 설계하라.
(b) LTspice를 이용하여 설계를 검증하라.

59. 가청 주파수대(사람의 경우 대략 20 Hz에서 20 kHz)의 모든 신호를 제거하고, 나머지 대역의 모든 신호는 15배 증폭하는 회로를 설계하라.

15.9 고급 필터 설계

60. 그림 15.71의 회로는 저역 통과 버터 워스(Butterworth) 필터로, 매우 평평한 통과 대역을 갖는 것이 주된 장점이다.

(a) 전달 함수를 결정하라. $\mathbf{H(s)} = \mathbf{V}_{out}(\mathbf{s})/\mathbf{V}_{in}(\mathbf{s})$

(b) rad/s가 아닌 Hz 단위의 주파수를 사용하여 Bode 선도를 그려라.

(c) 필터의 컷오프 주파수 및 감쇠량을 구하라(dB/decade 단위).

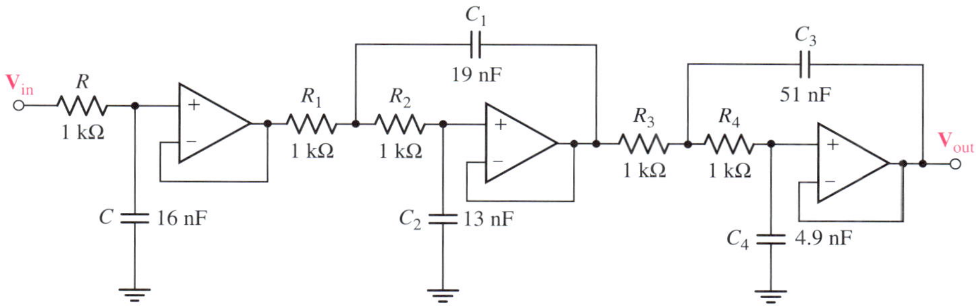

그림 15.71

61. 전압 이득이 5 dB이고, 차단 주파수가 1700 kHz인 다음과 같은 2차 저역 통과 필터를 설계하라.

(a) 버터워스 필터

(b) 리플 인자가 3 dB인 체비셰프 필터

62. 이득이 6 dB이고, 차단 주파수가 350 Hz인 2차 고역 통과 버터워스 필터를 설계하라.

63. (a) 전압 이득이 4.5 dB이고, 차단 주파수가 2000 Hz인 2차 고역 통과 버터워스 필터를 설계하라.

(b) LTspice를 이용하여 검증하라.

64. (a) 이득이 13 dB이고, 차단 주파수가 1800 Hz인 3차 저역 통과 버터워스 필터를 설계하라.

(b) 같은 특성을 갖는 체비셰프 필터와 응답을 비교하라.

65. 최소 이득이 15 dB이고, 차단 주파수가 1100 rad/s인 4차 고역 통과 버터워스 필터를 설계하라.

66. 차단 주파수가 450 rad/s가 되도록 식 [36]로 설명되는 회로의 파라미터를 결정하고, 2차 버터워스 필터와 성능을 비교하라.

67. (a) 절점 주파수가 10 kHz이고 Q가 0.5인 샐런-키 저역 통과 필터를 설계하라.

(b) LTspice를 사용하여 회로의 주파수 응답을 시뮬레이션을 하라.

68. (a) 절점 주파수가 2 kHz이고 Q가 0.5인 샐런-키 하이 패스 필터를 설계하라.

(b) LTspice를 사용하여 회로의 주파수 응답을 시뮬레이션을 하라.

통합문제

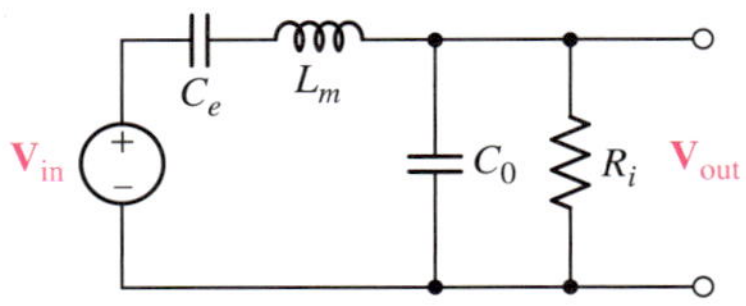

그림 15.72

69. 압전 센서는 그림 15.72와 같은 등가 회로로 나타낸다.

(a) 전달 함수 $\mathbf{H(s)} = \mathbf{V}_{\text{out}}/\mathbf{V}_{\text{in}}$

(b) $C_e = 100$ nF, $C_0 = 200$ nF, $L_m = 20\ \mu$H 및 $R_i = 50$ kΩ의 경우에 대한 주파수 응답(보드 선도)을 그려라.

(c) 센서가 유용하게 쓰일 수 있는 대략적인 주파수 범위와 왜 그런지 설명하라.

70. AM 라디오를 위한 병렬 공진 회로를 설계하라. 이 회로는 가변 인덕터를 이용하여 공진 주파수를 AM 방송 대역인 535 Hz에서 1605 Hz까지 조정할 수 있으며, 대역폭의 한 쪽 끝에서는 $Q_0 = 45$이고 전 대역에서 $Q_0 \le 45$이다. $R =$ 20 kΩ일 때, C, L_{min} 및 L_{max} 값을 구하라.

71. 그림 15.72의 회로를 이용하여 절점 주파수가 1250 rad/s인 저역 통과 필터를 구성하였다. 그러나 이 필터의 성능은 다음 두 가지 점 때문에 적당하지 못하다. (1) 전압 이득이 적어도 2 dB는 되어야 한다. (2) 출력 전압의 크기가 소거 대역에서 충분히 빨리 감소하지 않는다. 하나의 연산 증폭기와 2개의 1 μF 커패시터를 적절히 배치하여 좀 더 나은 성능의 필터를 설계하라.

72. 예제 15.15의 회로에서 각 소자의 값은 소자에 적힌 값의 10% 이내의 오차를 가진다. 설계된 회로에서 허용오차의 영향을 설명하라.

73. 다음 요구 사항을 충족하는 100 및 18 kHz 오디오 주파수 대역의 보청기에 사용할 수 있는 필터 회로를 설계하라. 회로는 적어도 20 dB/decade의 롤오프(roll-off)로 오디오 대역 밖의 주파수를 차단해야 하며, 출력에 대한 전력 공급을 최소화하고 회로는 오디오 범위에서 60 dB의 이득을 제공해야 한다. 또한 회로는 고음 오디오의 선택적 청력 손실을 보완하기 위해 900 Hz에서 18 kHz 범위에서 12 dB의 추가 이득을 제공해야 한다. LTspice를 사용하여 최종 주파수 응답을 나타내라.

74. 15.8절에 설명 된 저음, 고음 및 중음 조정 회로를 참조하라. 이 문제를 시작으로 중음 대역 통과 필터를 포함한 전체 그래픽 이퀄라이저 회로를 설계하라. 설계를 완료한 후, 다음과 같은 경우에 LTspice로 주파수 응답을 시뮬레이트한다(각 필터 출력과 합산 증폭기의 출력을 보여라).

(a) 최대 출력 시 모든 필터

(b) 최대 저음역, 중음역과 고음역은 각각 50%

(c) 최대 중음역, 저음역과 고음역은 각각 50%

(d) 최대 고음역, 저음역과 중음역은 각각 50%

16 2포트 회로망

서론

두 쌍의 단자를 갖는 일반적인 회로망에서 한 쌍의 단자는 '입력 단자(inpout terminals)'라 하고, 다른 한 쌍은 '출력 단자(output terminals)'라고 하는데 이러한 회로망은 전자 시스템, 통신 시스템, 자동제어 시스템, 송배전 시스템, 혹은 입력 단자로 전기 신호나 전기 에너지가 들어가서 회로망을 통과한 후, 출력 단자를 통해서 나오는 다른 시스템에서 매우 중요한 구성 블록이다. 출력 단자 쌍은 다른 회로망의 입력 단자 쌍과 매우 잘 연결될 수 있다. 5장에서 테브난 및 노턴 등가 회로의 개념에 대해 공부했을 때, 어느 회로의 부분에 대한 자세한 동작을 꼭 알아야 하는 것은 아니라는 것을 알았다. 이러한 개념을 선형회로망에 확장하여 적용할 수 있다는 것을 이 장에서 다루고자 한다. 몇 개의 파라미터들을 이용하면 어느 회로망이 다른 회로망과 어떻게 상호 작용을 하는지 예측할 수 있다는 것을 곧 알게 될 것이다.

중요한 개념

- 1포트 회로망과 2포트 회로망
- 어드미턴스(**y**) 정수
- 임피던스(**z**) 정수
- 하이브리드(**h**) 정수
- 전송(**t**) 정수
- **y**, **z**, **h** 및 **t** 정수 간의 변환 방법
- 회로망 정수를 이용한 회로 해석 기법

16.1 1포트 회로망

신호가 회로망으로 들어가기도 하고 나오기도 하는 단자 쌍을 **포트**(*port*)라고 부르며, 이러한 단자 한 쌍을 갖고 있는 회로를 **1포트 회로망**(*one-port network*) 혹은 1포트(*one-port*)라고 부른다. 외부에서 1포트의 내부로 어떠한 연결도 없기 때문에 그림 16.1*a*와 같은 1포트에서 i_a와 i_b는 서로 같아야만 한다. 한 쌍보다 많은 단자가 있으면 이 회로망은 **다포트 회로망**(*multiport network*)이라고 한다. 이 장에서 주로 다루게 될 2포트 회로망(two-port network)은 그림 16.1*b*와 같다. 각 포트에 흐르는 전류는 서로 같으므로 그림 16.1*b*와 같은 2포트 회로망에서는 $i_a = i_b$이고, $i_c = i_d$이다. 이 장의 방법이 사용된다면 전원과 부하는 어느 한 포트의 두 단

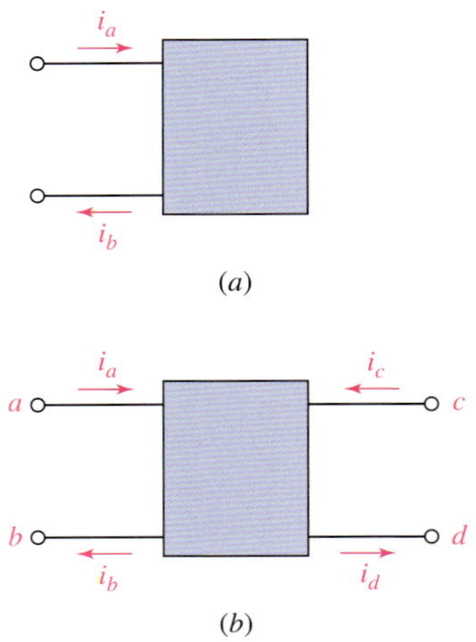

그림 16.1 (*a*) 1포트 회로망. (*b*) 2포트 회로망. 단자 *a*와 *b* 또는 *c*와 *d* 사이의 연결은 허용된다; 예를 들어 *a*와 *c* 사이의 연결이 필요한 경우, 또 다른 해석 기법이 필요하다.

자의 양단에 연결되어야 한다. 다시 말하면, 각 포트는 1포트 회로망에 연결되거나 다른 다포트 회로망의 한 포트에 연결할 수 있다. 예를 들어 어떤 소자도 그림 16.1*b*의 2포트 회로망의 단자 *a*와 단자 *c* 사이에 연결될 수 없다. 만약 그러한 회로를 해석해야 한다면 일반적인 루프 혹은 마디방정식을 세워야 한다.

1포트 회로망과 2포트 회로망을 다루는 데는 부록 2에 설명한 일반적인 회로망 표기법과 행렬식 일람표를 사용하는 것이 좋다. 먼저 어느 수동 회로망의 루프 방정식을 세우면 다음과 같다.

$$\begin{aligned}
\mathbf{Z}_{11}\mathbf{I}_1 + \mathbf{Z}_{12}\mathbf{I}_2 + \mathbf{Z}_{13}\mathbf{I}_3 + \cdots + \mathbf{Z}_{1N}\mathbf{I}_N &= \mathbf{V}_1 \\
\mathbf{Z}_{21}\mathbf{I}_1 + \mathbf{Z}_{22}\mathbf{I}_2 + \mathbf{Z}_{23}\mathbf{I}_3 + \cdots + \mathbf{Z}_{2N}\mathbf{I}_N &= \mathbf{V}_2 \\
\mathbf{Z}_{31}\mathbf{I}_1 + \mathbf{Z}_{32}\mathbf{I}_2 + \mathbf{Z}_{33}\mathbf{I}_3 + \cdots + \mathbf{Z}_{3N}\mathbf{I}_N &= \mathbf{V}_3 \\
\cdots\cdots\cdots\cdots\cdots\cdots\cdots\cdots\cdots\cdots\cdots\cdots \\
\mathbf{Z}_{N1}\mathbf{I}_1 + \mathbf{Z}_{N2}\mathbf{I}_2 + \mathbf{Z}_{N3}\mathbf{I}_3 + \cdots + \mathbf{Z}_{NN}\mathbf{I}_N &= \mathbf{V}_N
\end{aligned} \qquad [1]$$

각 전류의 계수는 임피던스 $\mathbf{Z}_{ij}(\mathbf{s})$가 될 것이고 회로 행렬식, 혹은 계수의 행렬식은 다음과 같다.

$$\Delta_{\mathbf{Z}} = \begin{vmatrix} \mathbf{Z}_{11} & \mathbf{Z}_{12} & \mathbf{Z}_{13} & \cdots & \mathbf{Z}_{1N} \\ \mathbf{Z}_{21} & \mathbf{Z}_{22} & \mathbf{Z}_{23} & \cdots & \mathbf{Z}_{2N} \\ \mathbf{Z}_{31} & \mathbf{Z}_{32} & \mathbf{Z}_{33} & \cdots & \mathbf{Z}_{3N} \\ \cdots & \cdots & \cdots & \cdots & \cdots \\ \mathbf{Z}_{N1} & \mathbf{Z}_{N2} & \mathbf{Z}_{N3} & \cdots & \mathbf{Z}_{NN} \end{vmatrix} \qquad [2]$$

여기서 *N*개의 루프가 있고, 각 방정식에서 전류는 아래 첨자의 순서대로 나타나고, 방정식의 순서는 전류의 순서와 같다고 가정한다. 또한 각 $\mathbf{Z}_{ii}$ 항($\mathbf{Z}_{11}$, $\mathbf{Z}_{22}$, ... , $\mathbf{Z}_{NN}$)의 부호는 양이 되도록 KVL을 적용하고, $\mathbf{Z}_{ij}$ $(i \neq j)$ 혹은 상호 항의 부호는 $\mathbf{I}_i$와 $\mathbf{I}_j$의 기준 방향에 따라 양도 될 수 있고 혹은 음도 될 수 있다.

회로망 내에 종속 전원이 있다면 루프 방정식의 모든 계수가 저항 혹은 임피던스이어야 하는 것은 아니다. 그렇다 하더라도 회로 행렬식을 계속 Δ_Z로 놓는다.

소행렬식 표기법(부록 2)을 이용하면 1포트 회로망 단자에서의 입력 혹은 구동점(Driving-point) 임피던스가 매우 간결하게 표현되도록 할 수 있다. 두 포트의 어느 한쪽이 개방이거나 단락이거나 혹은 수동 임피던스가 연결되어 있는 2포트 회로망에도 이 결과를 적용할 수 있다.

▌ 부록2에 크래머의 법칙을 정리하였다.

그림 16.2의 1포트 회로망이 수동 소자와 종속 전원으로만 구성되어 있는 선형 회로망이라고 가정하자. 이상적인 전압원 $\mathbf{V}_1$이 포트에 연결되어 있고 전원 전류는 루프 1의 전류로 본다. 크래머의 법칙을 적용하면,

$$\mathbf{I}_1 = \frac{\begin{vmatrix} \mathbf{V}_1 & \mathbf{Z}_{12} & \mathbf{Z}_{13} & \cdots & \mathbf{Z}_{1N} \\ 0 & \mathbf{Z}_{22} & \mathbf{Z}_{23} & \cdots & \mathbf{Z}_{2N} \\ 0 & \mathbf{Z}_{32} & \mathbf{Z}_{33} & \cdots & \mathbf{Z}_{3N} \\ \cdots & \cdots & \cdots & \cdots & \cdots \\ 0 & \mathbf{Z}_{N2} & \mathbf{Z}_{N3} & \cdots & \mathbf{Z}_{NN} \end{vmatrix}}{\begin{vmatrix} \mathbf{Z}_{11} & \mathbf{Z}_{12} & \mathbf{Z}_{13} & \cdots & \mathbf{Z}_{1N} \\ \mathbf{Z}_{21} & \mathbf{Z}_{22} & \mathbf{Z}_{23} & \cdots & \mathbf{Z}_{2N} \\ \mathbf{Z}_{31} & \mathbf{Z}_{32} & \mathbf{Z}_{33} & \cdots & \mathbf{Z}_{3N} \\ \cdots & \cdots & \cdots & \cdots & \cdots \\ \mathbf{Z}_{N1} & \mathbf{Z}_{N2} & \mathbf{Z}_{N3} & \cdots & \mathbf{Z}_{NN} \end{vmatrix}}$$

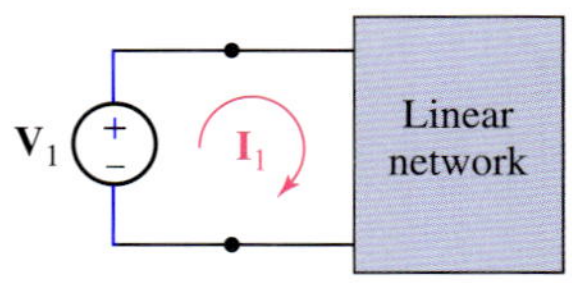

그림 16.2 이상적인 전압원 $\mathbf{V}_1$이 독립 전원을 포함하지 않는 선형 1포트 회로망의 단일 포트에 연결되어 있다. $\mathbf{Z}_{in} = \Delta_{\mathbf{Z}}/\Delta_{11}$

혹은 좀 더 간단하게 다음과 같이 된다.

$$\mathbf{I}_1 = \frac{\mathbf{V}_1 \Delta_{11}}{\Delta_\mathbf{Z}}$$

따라서

$$\mathbf{Z}_{\text{in}} = \frac{\mathbf{V}_1}{\mathbf{I}_1} = \frac{\Delta_\mathbf{Z}}{\Delta_{11}} \qquad [3]$$

이다.

예제 16.1

그림 16.3에 보인 1포트 저항 회로망의 입력 임피던스를 구하라.

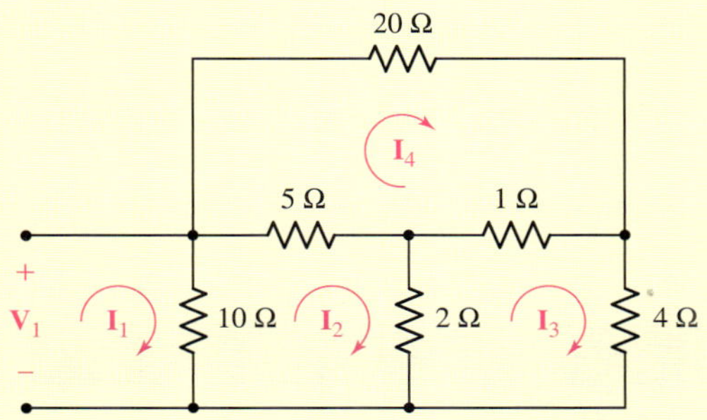

그림 16.3 저항 소자만을 포함한 1포트 회로망.

먼저 그림에 보인 것처럼 4개의 메쉬전류를 정하고 그에 해당하는 메쉬방정식을 세운다.

$$\begin{aligned}
\mathbf{V}_1 &= 10\mathbf{I}_1 - 10\mathbf{I}_2 \\
0 &= -10\mathbf{I}_1 + 17\mathbf{I}_2 - 2\mathbf{I}_3 - 5\mathbf{I}_4 \\
0 &= -2\mathbf{I}_2 + 7\mathbf{I}_3 - \mathbf{I}_4 \\
0 &= -5\mathbf{I}_2 - \mathbf{I}_3 + 26\mathbf{I}_4
\end{aligned}$$

따라서 회로 행렬식은 다음과 같고

$$\Delta_\mathbf{Z} = \begin{vmatrix} 10 & -10 & 0 & 0 \\ -10 & 17 & -2 & -5 \\ 0 & -2 & 7 & -1 \\ 0 & -5 & -1 & 26 \end{vmatrix}$$

행렬식의 값은 9680 Ω^4이다. 첫 행과 첫 열을 소거하면

$$\Delta_{11} = \begin{vmatrix} 17 & -2 & -5 \\ -2 & 7 & -1 \\ -5 & -1 & 26 \end{vmatrix} = 2778\ \Omega^3$$

따라서, 식 [3]을 이용하여 입력 임피던스의 값을 구하면 다음과 같다.

$$\mathbf{Z}_{\text{in}} = \frac{9680}{2778} = 3.485\ \Omega$$

익힘문제 16.1

그림 16.4에 보인 회로망에서 다음의 단자를 끊어서 1포트 회로망을 만들었을 때, 회로망의 입력 임피던스를 구하라.

(a) a와 a' (b) b와 b' (c) c와 c'

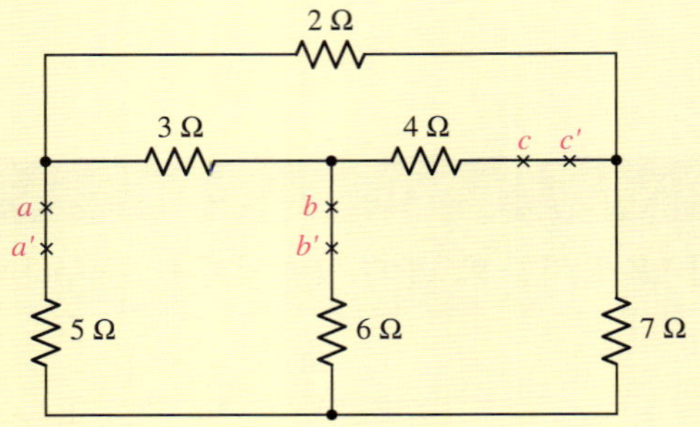

그림 16.4

답: 9.47 Ω; 10.63 Ω; 7.58 Ω.

예제 16.2

그림 16.5에 보인 회로망의 입력 임피던스를 구하라.

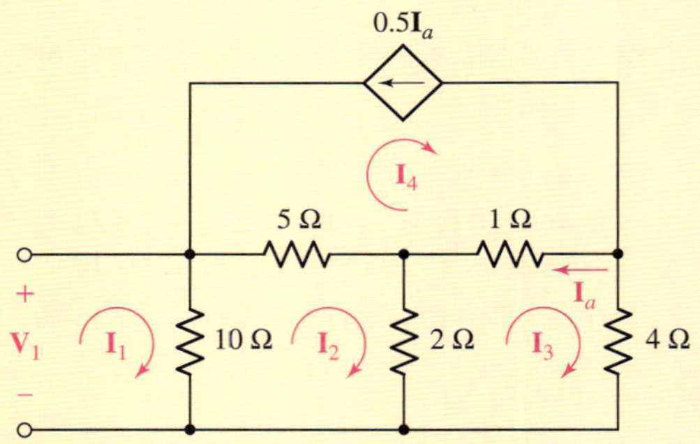

그림 16.5 종속 전원을 포함한 1포트 회로망.

메쉬 전류를 이용하여 4개의 메쉬방정식을 세우면 다음과 같다.

$$\begin{aligned} 10\mathbf{I}_1 - 10\mathbf{I}_2 \qquad\qquad\qquad &= \mathbf{V}_1 \\ -10\mathbf{I}_1 + 17\mathbf{I}_2 - 2\mathbf{I}_3 - 5\mathbf{I}_4 &= 0 \\ -\ 2\mathbf{I}_2 + 7\mathbf{I}_3 - \mathbf{I}_4 &= 0 \end{aligned}$$

그리고

$$\mathbf{I}_4 = -0.5\,\mathbf{I}_a = -0.5(\mathbf{I}_4 - \mathbf{I}_3)$$

혹은

$$-0.5\,\mathbf{I}_3 + 1.5\,\mathbf{I}_4 = 0$$

따라서 다음과 같이 쓸 수 있다.

$$\Delta_\mathbf{Z} = \begin{vmatrix} 10 & -10 & 0 & 0 \\ -10 & 17 & -2 & -5 \\ 0 & -2 & 7 & -1 \\ 0 & 0 & -0.5 & 1.5 \end{vmatrix} = 590\ \Omega^4$$

그리고

$$\Delta_{11} = \begin{vmatrix} 17 & -2 & -5 \\ -2 & 7 & -1 \\ 0 & -0.5 & 1.5 \end{vmatrix} = 159\ \Omega^3$$

이므로, 입력 임피던스는 다음과 같다.

$$\mathbf{Z}_{\text{in}} = \frac{590}{159} = 3.711\ \Omega$$

마디방정식을 세워서 비슷한 과정을 거치면 입력 어드미턴스를 구할 수 있다.

$$\mathbf{Y}_{\text{in}} = \frac{1}{\mathbf{Z}_{\text{in}}} = \frac{\Delta_\mathbf{Y}}{\Delta_{11}} \qquad [4]$$

여기서 Δ_{11}는 $\Delta_\mathbf{Y}$의 소행렬식이다.

익힘문제 16.2

그림 16.6의 회로에 대해서 마디방정식을 세우고, $\Delta_\mathbf{Y}$를 구하라. 그리고 다음 마디 사이에서 본 입력 어드미턴스를 구하라.

(a) 마디 1과 기준 마디 (b) 마디 2와 기준 마디

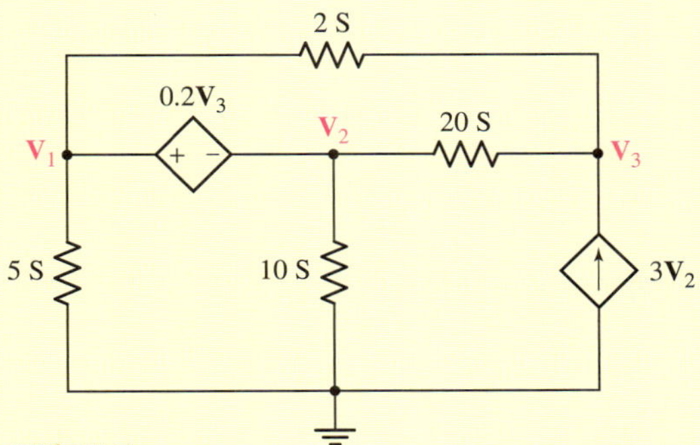

그림 16.6

답: 10.68 S; 13.16 S.

예제 16.3

식 [4]를 이용하여 그림 16.7에 다시 보인, 그림 16.3의 회로망의 입력 임피던스를 구하라.

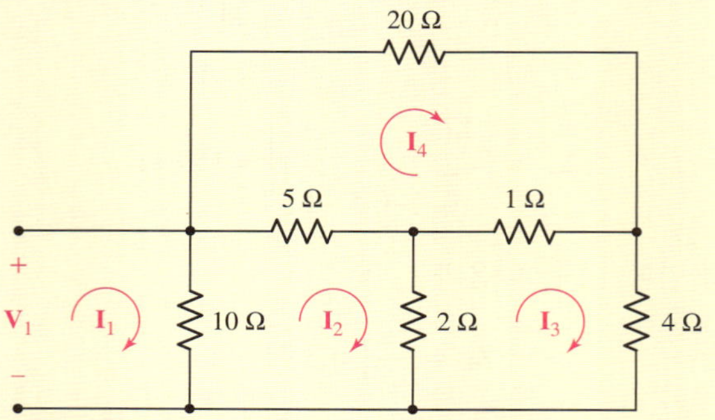

그림 16.7 예제 16.1의 회로. 편의상 다시 보였음.

먼저 왼쪽에서 오른쪽으로 마디 전압 $\mathbf{V}_1$, $\mathbf{V}_2$ 및 $\mathbf{V}_3$라 하고, 기준 마디로는 아래의 마디를 선택한다. 그리고 시스템 어드미턴스 행렬식을 세운다.

$$\Delta_\mathbf{Y} = \begin{vmatrix} 0.35 & -0.2 & -0.05 \\ -0.2 & 1.7 & -1 \\ -0.05 & -1 & 1.3 \end{vmatrix} = 0.3473 \text{ S}^3$$

$$\Delta_{11} = \begin{vmatrix} 1.7 & -1 \\ -1 & 1.3 \end{vmatrix} = 1.21 \text{ S}^2$$

입력 어드미턴스는 다음과 같다.

$$\mathbf{Y}_{\text{in}} = \frac{0.3473}{1.21} = 0.2870 \text{ S}$$

이에 해당하는 입력 임피던스는

$$\mathbf{Z}_{\text{in}} = \frac{1}{0.287} = 3.484\ \Omega$$

이다. 이 값은 앞에서 구한 값과 반올림 오차 범위 내에서 서로 같다(유효 숫자 4자리로 계산하였다).

이 장의 마지막에 있는 연습문제 9와 10은 연산 증폭기를 사용하여 만들 수 있는 1포트 회로에 관한 문제이다. 이 연습 문제에서는 수동 회로 소자와 저항만을 이용하여 음의 저항을 얻는 방법과 저항과 커패시터를 이용하여 인덕터를 얻는 방법을 설명하였다.

16.2 어드미턴스 정수

이제 2포트 회로망을 살펴보기로 한다. 앞으로 다룰 모든 회로망은 선형 소자로 이루어졌다고 가정한다. 독립 전원들은 포함될 수 없지만, 종속 전원들은 포함될 수 있다. 몇 가지 특별한 경우에 대한 조건들은 그때 다시 다루기로 한다.

그림 16.8에 보인 2포트 회로망을 고려한다. 입력 단자에서의 전압과 전류는 $\mathbf{V}_1$과 $\mathbf{I}_1$이고, 출력 포트에서의 전압과 전류는 $\mathbf{V}_2$와 $\mathbf{I}_2$이다. $\mathbf{I}_1$과 $\mathbf{I}_2$의 방향은 위쪽 도체에서 회로망으로 들어가는 방향(아래쪽 도체에서는 나오는 방향)으로 잡는다. 회로망은 선형이고, 독립 전원을 포함하지 않으므로 $\mathbf{I}_1$은 $\mathbf{V}_1$에 의한 성분과 $\mathbf{V}_2$에 의한 성분의 중첩이라고 할 수 있다. $\mathbf{I}_2$에 대해서도 같은 방법을 적용할 수 있으므로 다음 식들을 세울 수 있다.

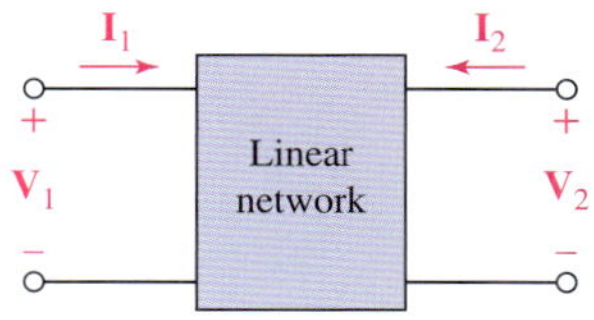

그림 16.8 단자 전압 및 전류를 표시한 일반적인 2포트. 2포트는 선형 소자들로 구성되는데, 종속 전원은 포함되어도 좋지만, 독립 전원은 포함되어서는 안 된다.

$$\mathbf{I}_1 = \mathbf{y}_{11}\mathbf{V}_1 + \mathbf{y}_{12}\mathbf{V}_2 \qquad [5]$$

$$\mathbf{I}_2 = \mathbf{y}_{21}\mathbf{V}_1 + \mathbf{y}_{22}\mathbf{V}_2 \qquad [6]$$

여기서 $\mathbf{y}$들은 비례 상수 혹은 미지의 계수이다. 그러나 이것들의 단위는 A/V, 혹은 S이어야 한다. 이것을 $\mathbf{y}$(혹은 어드미턴스) 정수라고 부르며, 식 [5]와 [6]에 의해서 정의된다.

이 장의 뒤에서 정의할 다른 정수들은 물론 $\mathbf{y}$ 정수도 행렬을 이용하여 간결하게 표현할 수 있다. 여기서 (2 × 1) 열 행렬 $\mathbf{I}$를 정의하고,

$$\mathbf{I} = \begin{bmatrix}\mathbf{I}_1\\ \mathbf{I}_2\end{bmatrix} \qquad [7]$$

$\mathbf{y}$ 정수의 (2 × 2) 정방 행렬을 다음과 같이 정의하며,

$$\mathbf{y} = \begin{bmatrix}\mathbf{y}_{11} & \mathbf{y}_{12}\\ \mathbf{y}_{21} & \mathbf{y}_{22}\end{bmatrix} \qquad [8]$$

그리고 (2 × 1) 열 행렬 $\mathbf{V}$를 다음과 같이 정의한다.

$$\mathbf{V} = \begin{bmatrix}\mathbf{V}_1\\ \mathbf{V}_2\end{bmatrix} \qquad [9]$$

따라서 행렬 방정식을 $\mathbf{I} = \mathbf{yV}$로 쓰거나 혹은 다음과 같이 쓸 수 있다.

$$\begin{bmatrix}\mathbf{I}_1\\ \mathbf{I}_2\end{bmatrix} = \begin{bmatrix}\mathbf{y}_{11} & \mathbf{y}_{12}\\ \mathbf{y}_{21} & \mathbf{y}_{22}\end{bmatrix}\begin{bmatrix}\mathbf{V}_1\\ \mathbf{V}_2\end{bmatrix}$$

그리고 오른쪽의 행렬 곱셈을 하면 다음과 같이 표현할 수 있다.

$$\begin{bmatrix}\mathbf{I}_1\\ \mathbf{I}_2\end{bmatrix} = \begin{bmatrix}\mathbf{y}_{11}\mathbf{V}_1 + \mathbf{y}_{12}\mathbf{V}_2\\ \mathbf{y}_{21}\mathbf{V}_1 + \mathbf{y}_{22}\mathbf{V}_2\end{bmatrix}$$

이 (2 × 1) 행렬은 원소끼리 서로 같으므로, 식 [5]와 [6]에 보인 식을 얻을 수 있다.

> 이 책에서 사용한 행렬에 대한 표현식은 표준형인데, 페이저나 일반적인 복소수를 나타내는 표현식과 혼동될 우려가 있다. 따라서 이러한 표현식들이 나타내는 내용은 문맥 속에서 그 의미를 이해해야 한다.

$\mathbf{y}$ 정수의 중요한 물리적 의미는 식 [5]와 [6]에서 직접 얻을 수 있다. 예를 들

어 식 [5]에서 $\mathbf{V}_2$를 0으로 하면 $\mathbf{y}_{11}$은 $\mathbf{V}_1$에 대한 $\mathbf{I}_1$의 비율이 된다. 따라서 $\mathbf{y}_{11}$은 출력 단자가 단락($\mathbf{V}_2 = 0$)되었을 때, 입력 단자에서 측정한 어드미턴스이다. 어느 단자가 단락되어 있는지 의문의 여지가 없으므로, $\mathbf{y}_{11}$을 **단락 회로 입력 어드미턴스**(short-circuit input admittance)라고 부른다. 또한 $\mathbf{y}_{11}$은 출력 단자를 단락시키고 측정한 입력 임피던스의 역수로 볼 수 있지만 어드미턴스라고 하는 것이 좀 더 직접적인 표현이다. 그렇지만 중요한 것은 이름이 아니고, 식 [5] 혹은 [6]에, 즉 회로망에 적용해야 하는 조건들이다. 조건이 결정되면, 파라미터는 회로의 해석으로부터(혹은 실제의 회로에 대한 실험을 통해서) 직접적으로 얻을 수 있다. $\mathbf{y}$ 파라미터의 각각은 $\mathbf{V}_1 = 0$(입력단자의 단락) 혹은 $\mathbf{V}_2 = 0$ (출력 단자의 단락)일 때, 전류-전압비라고 할 수 있다.

$$\mathbf{y}_{11} = \left.\frac{\mathbf{I}_1}{\mathbf{V}_1}\right|_{\mathbf{V}_2=0} \qquad [10]$$

$$\mathbf{y}_{12} = \left.\frac{\mathbf{I}_1}{\mathbf{V}_2}\right|_{\mathbf{V}_1=0} \qquad [11]$$

$$\mathbf{y}_{21} = \left.\frac{\mathbf{I}_2}{\mathbf{V}_1}\right|_{\mathbf{V}_2=0} \qquad [12]$$

$$\mathbf{y}_{22} = \left.\frac{\mathbf{I}_2}{\mathbf{V}_2}\right|_{\mathbf{V}_1=0} \qquad [13]$$

각 파라미터는 입력 혹은 출력 포트가 단락 회로일 때의 어드미턴스이므로, $\mathbf{y}$ 정수는 **단락 회로 어드미턴스 파라미터**(*short-circuit admittance parameters*)로 알려져 있다. $\mathbf{y}_{11}$의 특별한 이름은 **단락 회로 입력 어드미턴스**(*short-circuit input admittance*), $\mathbf{y}_{22}$는 **단락 회로 출력 어드미턴스**(*short-circuit output admittance*), 그리고 $\mathbf{y}_{12}$ 및 $\mathbf{y}_{21}$은 **단락 회로 전달 어드미턴스**(*short-circuit transfer admittances*)이다.

예제 16.4

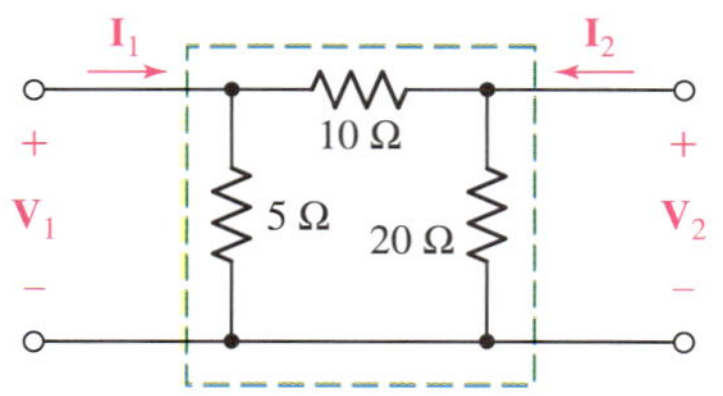

그림 16.9 저항 2포트.

그림 16.9와 같은 저항 2포트 회로망에 대한 4개의 단락 회로 어드미턴스 파라미터를 구하라.

파라미터들의 값은 정의 식 [5]와 [6]으로부터 직접 구한 식 [10]에서 [13]까지의 식들을 이용하여 쉽게 구할 수 있다. $\mathbf{y}_{11}$을 구하기 위해서 출력을 단락시키고, $\mathbf{V}_1$에 대한 $\mathbf{I}_1$의 비율을 구한다. 이 경우 $\mathbf{V}_1 = 1$ V로 두면, $\mathbf{y}_{11} = \mathbf{I}_1$이다. 그림 16.9에서 입력을 1 V로 하고 출력을 단락 시키면 입력 전류는 $\left(\frac{1}{5} + \frac{1}{10}\right)$, 혹은 0.3 A이다. 따라서

$$\mathbf{y}_{11} = 0.3 \text{ S}$$

$\mathbf{y}_{12}$를 구하기 위해서 입력 단자를 단락시키고, 출력 단자에 1 V를 인가한다. 입력 전류는 단락 회로를 통해서 흐르며 $\mathbf{I}_1 = -\frac{1}{10}$ A이다. 따라서

$$\mathbf{y}_{12} = -0.1 \text{ S}$$

비슷한 방법으로

$$\mathbf{y}_{21} = -0.1\ \text{S} \qquad \mathbf{y}_{22} = 0.15\ \text{S}$$

어드미턴스 파라미터로 표현한 2포트의 식은 다음과 같다.

$$\mathbf{I}_1 = 0.3\mathbf{V}_1 - 0.1\ \mathbf{V}_2 \qquad [14]$$
$$\mathbf{I}_2 = -0.1\mathbf{V}_1 + 0.15\mathbf{V}_2 \qquad [15]$$

따라서

$$\mathbf{y} = \begin{bmatrix} 0.3 & -0.1 \\ -0.1 & 0.15 \end{bmatrix} \quad (\text{모두 S})$$

그러나 식 [10]에서 [13]을 이용하여 파라미터를 따로 따로 구할 필요 없이 다음 예제에서 보인 것처럼 모두 한 번에 구할 수 있다.

예제 16.5

그림 16.9의 2포트에서 마디 전압을 $\mathbf{V}_1$ 및 $\mathbf{V}_2$라 할 때, $\mathbf{I}_1$ 및 $\mathbf{I}_2$를 전압을 이용하여 표현하라.

다음 식을 얻을 수 있다.

$$\mathbf{I}_1 = \frac{\mathbf{V}_1}{5} + \frac{\mathbf{V}_1 - \mathbf{V}_2}{10} = 0.3\mathbf{V}_1 - 0.1\mathbf{V}_2$$

그리고

$$\mathbf{I}_2 = \frac{\mathbf{V}_2 - \mathbf{V}_1}{10} + \frac{\mathbf{V}_2}{20} = -0.1\mathbf{V}_1 + 0.15\mathbf{V}_2$$

이 식들은 식 [14] 및 [15]와 같고, 4개의 $\mathbf{y}$ 파라미터는 식들로부터 직접 구할 수 있다.

익힘문제 16.3

그림 16.10의 회로에 1 V 전원을 적당히 인가하고, 적당한 단락 회로를 구성하여 다음을 구하라.

(a) $\mathbf{y}_{11}$ (b) $\mathbf{y}_{21}$ (c) $\mathbf{y}_{22}$ (d) $\mathbf{y}_{12}$.

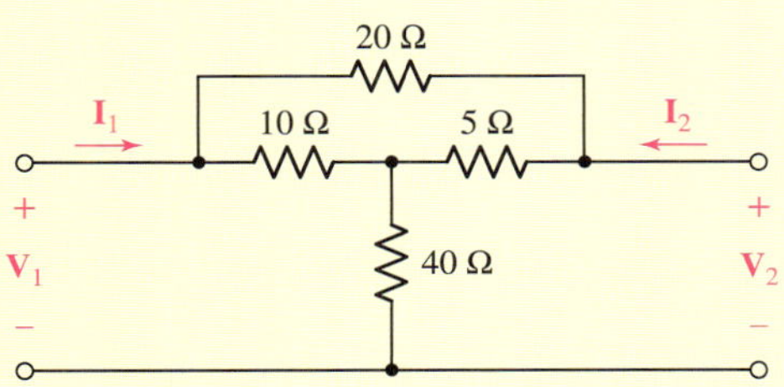

그림 16.10

답: 0.1192 S; −0.1115 S; 0.1269 S; −0.1115 S.

일반적으로 하나의 파라미터만 구할 경우에는 식 [10], [11], [12] 혹은 [13]을 이용하는 것이 더 쉽다. 그러나 모두 구해야 한다면 입력과 출력 마디의 전압을 $\mathbf{V}_1$과 $\mathbf{V}_2$라 하고, 내부 마디의 기준점에 대한 전압을 적당히 정한 후 일반적인 해를 구하는 방법이 더 쉽다.

이러한 식들이 어떻게 쓰이는지 보기 위해서 각 포트에 1포트 회로를 연결해 본다.

예제 16.4의 간단한 2포트 회로망에 실제 전류원을 입력 포트에 연결하고 저항성 부하를 출력 포트에 연결한 그림 16.11에 보인 회로망을 고려한다. 2포트 회로망과 독립인 $\mathbf{V}_1$과 $\mathbf{I}_1$ 사이에 관계식이 성립하여야 한다. 이 관계식은 이 외부 회로로부터 구할 수 있다. 입력에 KCL(혹은 하나의 마디방정식)을 적용하면 다음과 같이 된다.

$$\mathbf{I}_1 = 15 - 0.1\,\mathbf{V}_1$$

출력에서 옴의 법칙을 이용하면 다음과 같이 된다.

$$\mathbf{I}_2 = -0.25\,\mathbf{V}_2$$

식 [14]와 [15]에서 $\mathbf{I}_1$과 $\mathbf{I}_2$에 이 식들을 대입하면 다음 식을 얻을 수 있다.

$$\begin{aligned} 15 &= 0.4\,\mathbf{V}_1 - 0.1\,\mathbf{V}_2 \\ 0 &= -0.1\,\mathbf{V}_1 + 0.4\,\mathbf{V}_2 \end{aligned}$$

이 식들로부터 다음과 같이 된다.

$$\mathbf{V}_1 = 40\text{ V} \qquad \text{V}_2 = 10\text{ V}$$

입력 전류와 출력 전류 역시 쉽게 얻을 수 있다.

$$\mathbf{I}_1 = 11\text{ A} \qquad \mathbf{I}_2 = -2.5\text{ A}$$

그러면 이 저항 2포트의 완전한 단자 특성을 알 수 있다.

2포트 해석의 장점은 이러한 간단한 예에서는 잘 나타나지 않는다. 그러나 좀 더 복잡한 2포트에 대해서 **y** 정수가 한 번 구해지면 다른 단자 조건에 대한 2포트의 동작도 쉽게 구할 수 있다. 입력에서 $\mathbf{V}_1$과 $\mathbf{I}_1$ 그리고 출력에서 $\mathbf{V}_2$와 $\mathbf{I}_2$의 관계만 구하면 된다.

위의 예제에서 $\mathbf{y}_{12}$와 $\mathbf{y}_{21}$은 모두 −0.1 S이었다. 이 Π 회로망이 세 가지 일반적인 임피던스 $\mathbf{Z}_A$, $\mathbf{Z}_B$ 및 $\mathbf{Z}_C$를 포함한다면, 이 등식이 성립하는 것을 쉽게 알 수 있다. 오히려 $\mathbf{y}_{12} = \mathbf{y}_{21}$이기 위해서 필요한 특별한 조건들을 구하는 것이 좀 더 어렵

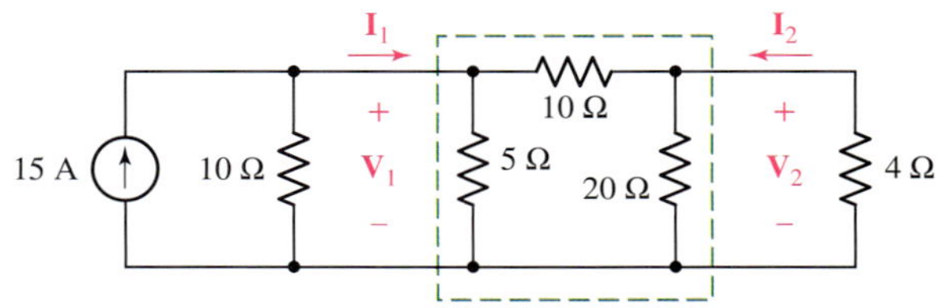

그림 16.11 그림 16.9와 같은 저항 2포트의 양쪽 끝에 특정한 1포트들이 연결되었다.

지만 행렬식 표현을 이용하면 도움이 된다. 식 [10]에서 [13]의 관계식들이 임피던스 행렬식과 이것의 소행렬식으로 표현되는지 살펴보기로 한다.

이 장에서는 2포트를 다루는 것이 목적이지 특별한 회로망에 대해서 다루는 것이 목적은 아니다. $\mathbf{V}_1$과 $\mathbf{V}_2$가 두 이상적인 전압원을 표현한다고 하자. $\mathbf{V}_2 = 0$ (출력을 단락 회로로 한다)이라 하고, 식 [10]을 적용하여 입력 어드미턴스를 구한다. 이렇게 되면 회로망은 단순히 1포트가 되며, 1포트의 입력 임피던스는 16.1 절에서 다룬 바와 같다. 입력 단자를 포함하는 루프를 루프 **1**이라 하고 $\mathbf{I}_1$을 루프 전류라고 한다. 루프 **2**의 전류를 $(-\mathbf{I}_2)$라하고, 나머지 루프 전류는 적당히 정한다. 그러면 다음 식을 얻을 수 있다.

$$\mathbf{Z}_{\text{in}}|_{\mathbf{V}_2=0} = \frac{\Delta_\mathbf{Z}}{\Delta_{11}}$$

그러므로

$$\mathbf{y}_{11} = \frac{\Delta_{11}}{\Delta_\mathbf{Z}}$$

이며, 비슷한 방법으로

$$\mathbf{y}_{22} = \frac{\Delta_{22}}{\Delta_\mathbf{Z}}$$

이다. $\mathbf{y}_{12}$를 구하기 위해서 $\mathbf{V}_1 = 0$ 이라 하고, $\mathbf{I}_1$을 $\mathbf{V}_2$의 함수로 구하면 $\mathbf{I}_1$은 다음과 같은 비로 표현된다.

$$\mathbf{I}_1 = \frac{\begin{vmatrix} 0 & \mathbf{Z}_{12} & \cdots & \mathbf{Z}_{1N} \\ -\mathbf{V}_2 & \mathbf{Z}_{22} & \cdots & \mathbf{Z}_{2N} \\ 0 & \mathbf{Z}_{32} & \cdots & \mathbf{Z}_{3N} \\ \cdots & \cdots & \cdots & \cdots \\ 0 & \mathbf{Z}_{N2} & \cdots & \mathbf{Z}_{NN} \end{vmatrix}}{\begin{vmatrix} \mathbf{Z}_{11} & \mathbf{Z}_{12} & \cdots & \mathbf{Z}_{1N} \\ \mathbf{Z}_{21} & \mathbf{Z}_{22} & \cdots & \mathbf{Z}_{2N} \\ \mathbf{Z}_{31} & \mathbf{Z}_{32} & \cdots & \mathbf{Z}_{3N} \\ \cdots & \cdots & \cdots & \cdots \\ \mathbf{Z}_{N1} & \mathbf{Z}_{N2} & \cdots & \mathbf{Z}_{NN} \end{vmatrix}}$$

따라서

$$\mathbf{I}_1 = -\frac{(-\mathbf{V}_2)\Delta_{21}}{\Delta_\mathbf{Z}}$$

이고,

$$\mathbf{y}_{12} = \frac{\Delta_{21}}{\Delta_\mathbf{Z}}$$

이다. 비슷한 방법으로 다음 식도 얻을 수 있다.

$$\mathbf{y}_{21} = \frac{\Delta_{12}}{\Delta_\mathbf{Z}}$$

$\mathbf{y}_{12}$와 $\mathbf{y}_{21}$이 서로 같으려면 $\Delta_\mathbf{Z}$의 두 소행렬식인 Δ_{12}와 Δ_{21}이 서로 같아야 한다. 이 두 소행렬식은 다음과 같다.

$$\Delta_{21} = \begin{vmatrix} \mathbf{Z}_{12} & \mathbf{Z}_{13} & \mathbf{Z}_{14} & \cdots & \mathbf{Z}_{1N} \\ \mathbf{Z}_{32} & \mathbf{Z}_{33} & \mathbf{Z}_{34} & \cdots & \mathbf{Z}_{3N} \\ \mathbf{Z}_{42} & \mathbf{Z}_{43} & \mathbf{Z}_{44} & \cdots & \mathbf{Z}_{4N} \\ \cdots & \cdots & \cdots & \cdots & \cdots \\ \mathbf{Z}_{N2} & \mathbf{Z}_{N3} & \mathbf{Z}_{N4} & \cdots & \mathbf{Z}_{NN} \end{vmatrix}$$

그리고

$$\Delta_{12} = \begin{vmatrix} \mathbf{Z}_{21} & \mathbf{Z}_{23} & \mathbf{Z}_{24} & \cdots & \mathbf{Z}_{2N} \\ \mathbf{Z}_{31} & \mathbf{Z}_{33} & \mathbf{Z}_{34} & \cdots & \mathbf{Z}_{3N} \\ \mathbf{Z}_{41} & \mathbf{Z}_{43} & \mathbf{Z}_{44} & \cdots & \mathbf{Z}_{4N} \\ \cdots & \cdots & \cdots & \cdots & \cdots \\ \mathbf{Z}_{N1} & \mathbf{Z}_{N3} & \mathbf{Z}_{N4} & \cdots & \mathbf{Z}_{NN} \end{vmatrix}$$

이다. 대학 대수학 서적이 증명하는 유효한 어느 한 소행렬식(예를 들면 Δ_{21})의 행과 열을 서로 바꾸어도 등식은 성립한다. 그리고 각 상호 임피던스 $\mathbf{Z}_{ij}$를 $\mathbf{Z}_{ji}$로 대치한다. 즉 다음과 같이 둔다.

$$\mathbf{Z}_{12} = \mathbf{Z}_{21} \qquad \mathbf{Z}_{23} = \mathbf{Z}_{32} \quad \text{등}$$

$\mathbf{Z}_{ij}$와 $\mathbf{Z}_{ji}$가 서로 같다는 것은 세 가지 수동 소자인 저항, 커패시터 및 인덕터에서 이미 증명한 바가 있으며 상호 인덕턴스에서도 역시 옳다. 그러나 2포트 회로망에 포함시키고자 하는 모든 형태의 소자에서 항상 옳은 것은 아니다. 특히 종속 전원에 대해서는 **일반적으로 옳지 않으며**, 홀 효과(Hall effect) 소자와 페라이트를 포함하는 도파관(waveguide)의 유용한 모델인 자이레이터(gyrator)에서도 옳지 않다. 라디안 주파수의 좁은 범위 내에서 자이레이터는 출력에서 입력으로 신호가 전달될 때, 입력에서 출력으로 신호가 전달될 때보다 위상이 180° 더 변한다. 즉 $\mathbf{y}_{12} = -\mathbf{y}_{21}$이다. $\mathbf{Z}_{ij}$와 $\mathbf{Z}_{ji}$가 서로 다른 수동 소자의 공통점은 그 소자들이 비선형 소자라는 것이다.

$\mathbf{Z}_{ij} = \mathbf{Z}_{ji}$인 소자들은 **양방향 소자**(bilateral element)라고 부르며, 양방향 소자만을 포함하는 회로는 **양방향 회로**라고 부른다. 양방향 2포트의 중요한 특성은 다음과 같다.

$$\mathbf{y}_{12} = \mathbf{y}_{21}$$

그리고 이 특성을 다음과 같이 **상호 정리**(reciprocity theorem)라고 한다.

다른 측면에서 이 정리를 설명하자면 어떠한 수동, 선형, 양방향 회로에서 이상적인 전압원과 이상적인 전류계의 위치를 서로 바꾸어도 전류계의 눈금은 변하지 않는다는 것이다.

> 어떤 수동 선형 양방향 회로망에서 가지 x에 있는 단일 전압원 $\mathbf{V}_x$에 의해서 가지 y에 전류 $\mathbf{I}_y$가 흐른다면, 가지 x로부터 전압원을 떼어내어 가지 y에 연결하면 가지 x에 전류 $\mathbf{I}_y$가 흐른다.

회로의 어드미턴스 행렬식 $\Delta_{\mathbf{Y}}$의 소행렬식 Δ_{21}과 Δ_{12}가 서로 같다면 이중 형태(dual form)의 상호 정리를 얻을 수 있다.

어떤 수동 선형 양방향 회로망에서 마디 x와 x'사이에 있는 단일 전류원 $\mathbf{I}_x$에 의해서 마디 y와 y'사이에 전압 $\mathbf{V}_y$가 걸린다면, 마디 x와 x'으로부터 전류원을 떼어내어 마디 y와 y' 사이에 연결하면 마디 x와 x' 사이에 전압 $\mathbf{V}_y$가 걸린다.

다시 말하면, 어떠한 수동 선형 양방향 회로에서 이상적인 전류원과 이상적인 전압계의 위치를 서로 바꾸어도 전압계의 눈금은 변하지 않는다는 것이다.

다시 말하면, 어떠한 수동 선형 양방향 회로에서 이상적인 전류원과 이상적인 전압계의 위치를 서로 바꾸어도 전압계의 눈금은 변하지 않는다는 것이다.

익힘문제 16.4

그림 16.10의 회로에서 $\mathbf{I}_1$과 $\mathbf{I}_2$는 이상적인 전류원이다. 입력에서의 마디 전압을 $\mathbf{V}_1$, 출력에서의 전압을 $\mathbf{V}_2$, 기준 마디에 대한 가운데 마디의 전압을 $\mathbf{V}_x$라 하기로 한다. 3개의 마디방정식을 세우고 $\mathbf{V}_x$를 소거하여 2개의 방정식으로 만든 후, 식으로부터 4개의 $\mathbf{y}$ 정수를 직접 구할 수 있도록 식 [5]와 [6]의 형태로 재배열하라.

답: $\begin{bmatrix} 0.1192 & -0.1115 \\ -0.1115 & 0.1269 \end{bmatrix}$ (모두 S).

익힘문제 16.5

그림 16.12에 보인 2포트에서 $\mathbf{y}$를 구하라.

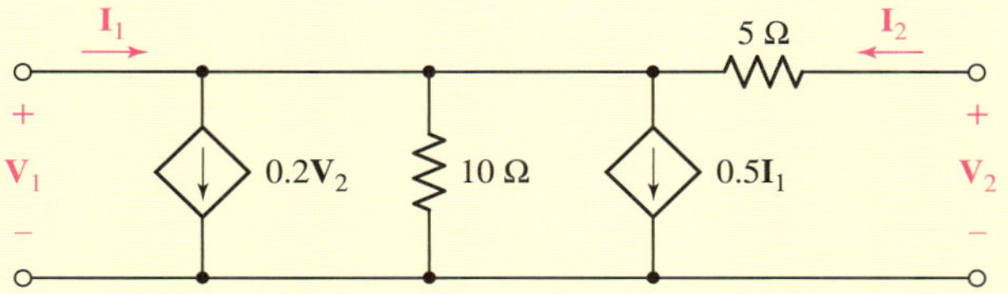

그림 16.12

답: $\begin{bmatrix} 0.6 & 0 \\ -0.2 & 0.2 \end{bmatrix}$ (모두 S).

16.3 등가 회로망

전자 회로를 해석할 때, 능동 소자(그리고 관련된 수동 회로)를 3개 혹은 4개의 임피던스를 갖는 등가의 2포트로 종종 대치할 필요가 있다. 이러한 등가는 신호 크기가 작을 때, 그리고 단일 주파수 혹은 제한된 범위의 주파수에서 타당하다. 또한 등가를 이용하여 비선형 회로를 선형 회로로 근사시킬 수 있다. 그러나 많은 수의 저항, 커패시터 및 인덕터와 2N3823 트랜지스터를 포함하는 회로망을 다루어야 한다면, 지금까지 배운 방법으로는 해석할 수 없다. 6장에서 연산 증폭기를 선형 모델로 대치했던 것처럼 트랜지스터도 먼저 선형 모델로 대치되어야 한다. **y** 정수는 높은 주파수에서 종종 쓰이는 2포트 회로망 모델이라고 할 수 있다. 트랜지스터에 대한 다른 보통의 선형 모델은 16.5절에서 다룬다.

단락 회로 어드미턴스 정수를 구하는 두 방정식은 다음과 같다.

$$\mathbf{I}_1 = \mathbf{y}_{11}\mathbf{V}_1 + \mathbf{y}_{12}\mathbf{V}_2 \qquad [16]$$

$$\mathbf{I}_2 = \mathbf{y}_{21}\mathbf{V}_1 + \mathbf{y}_{22}\mathbf{V}_2 \qquad [17]$$

이 식들은 기준 마디가 아닌 2개의 마디를 포함하는 회로에 대해 세운 마디방정식의 쌍이다. 일반적으로 $\mathbf{y}_{12}$와 $\mathbf{y}_{21}$이 서로 다르면 식 [16] 및 [17]에 해당하는 등가 회로를 구한다는 것은 어려워진다. 같은 상호 계수를 갖는 방정식 쌍을 구하기 위해서 조금 교묘한 방법을 쓰는데 $\mathbf{y}_{12}\mathbf{V}_1$을 더하고 빼는 방법을 사용한다(식 [17]의 오른쪽에서 행한다).

$$\mathbf{I}_2 = \mathbf{y}_{12}\mathbf{V}_1 + \mathbf{y}_{22}\mathbf{V}_2 + (\mathbf{y}_{21} - \mathbf{y}_{12})\mathbf{V}_1 \qquad [18]$$

혹은

$$\mathbf{I}_2 - (\mathbf{y}_{21} - \mathbf{y}_{12})\mathbf{V}_1 = \mathbf{y}_{12}\mathbf{V}_1 + \mathbf{y}_{22}\mathbf{V}_2 \qquad [19]$$

식 [16]과 [19]의 오른쪽은 양방향 회로의 대칭성을 보인다. 식 [19]의 왼쪽은 두 전류원의 대수 합으로 설명될 수 있다. 하나는 마디 2로 들어가는 독립전원 $\mathbf{I}_2$이고, 다른 하나는 마디 2에서 나오는 종속 전원 $(\mathbf{y}_{21} - \mathbf{y}_{12})\mathbf{V}_1$이다.

이제 식 [16]과 [19]에서 등가 회로망을 '읽어' 보도록 한다. 먼저 기준 마디를 정하고 한 마디의 전압을 $\mathbf{V}_1$, 다른 한 마디의 전압을 $\mathbf{V}_2$라 한다. 식 [16]으로부터 마디 1로 전류 $\mathbf{I}_1$이 흘러들어 가도록 하고, 마디 1과 2 사이에 상호 어드미턴스$(-\mathbf{y}_{12})$를 넣고, 마디 1과 기준 마디 사이에 $(\mathbf{y}_{11} + \mathbf{y}_{12})$의 어드미턴스를 넣는다.

$\mathbf{V}_2 = 0$으로 하면 $\mathbf{V}_1$에 대한 $\mathbf{I}_1$의 비는 당연히 $\mathbf{y}_{11}$이 된다. 식 [19]를 살펴보면 전류 $\mathbf{I}_2$는 둘째 마디로 흘러들어 가고, 전류 $(\mathbf{y}_{21} - \mathbf{y}_{12})\mathbf{V}_1$은 마디로부터 흘러나오며, 마디 사이에는 어드미턴스$(-\mathbf{y}_{12})$가 존재한다. 그리고 마디 2로부터 기준 마디에 어드미턴스 $(\mathbf{y}_{22} + \mathbf{y}_{12})$를 넣음으로써 회로는 완성된다. 완전한 회로는 그림 16.13*a*와 같다.

다른 형태의 등가 회로망은 식 [16]에서 $\mathbf{y}_{21}\mathbf{V}_2$를 빼고 더하는 방법으로 얻을 수 있다. 등가 회로는 그림 16.13*b*와 같다. 2포트가 양방향이면 $\mathbf{y}_{12} = \mathbf{y}_{21}$이 되고, 등가 회로는 단순한 수동 Π 회로망이 된다. 종속 전원은 없어진다. 이러한 양방향 2포트의 등가는 그림 16.13*c*와 같다.

이러한 등가 회로는 여러 곳에서 사용된다. 맨 먼저 복잡한 선형 2포트 회로망도 등가 회로가 존재한다는 것을 보일 수 있는데 회로망이 얼마나 많은 마디 혹은 루프를 포함하는지 상관이 없으며, 등가 회로는 그림 16.13의 회로보다 더 복잡하지 않다. 만약 주어진 회로의 단자 특성에만 관심이 있다면 이들 중 어느 하나를 이용하는 것이 주어진 회로를 이용하는 것보다 훨씬 간단할 수 있다.

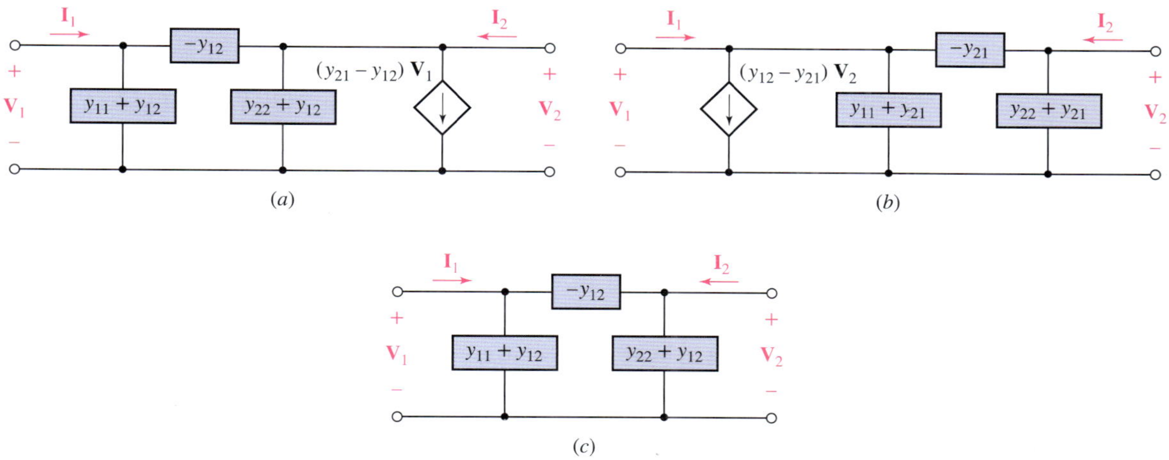

그림 16.13 (*a*, *b*) 일반적인 선형 2포트와 등가인 2포트. (*a*)의 종속 전원은 $\mathbf{V}_1$에 종속이고, (*b*)의 종속 전원은 $\mathbf{V}_2$에 종속이다. (*c*) 양방향 회로망에 대한 등가.

그림 16.14*a*와 같은 3단자 회로망을 종종 임피던스의 Δ결선(회로망)이라 한다. 그리고 그림 16.14*b*와 같은 회로는 Y결선(회로망)이라고 부른다. 임피던스 간에 어떤 특별한 관계식을 만족시키면 한 회로망은 다른 회로망으로 대치할 수 있다. 그리고 이러한 상호 관계식은 **y** 파라미터를 사용하여 세울 수 있다. 다음 식을 얻을 수 있다.

$$\mathbf{y}_{11} = \frac{1}{\mathbf{Z}_A} + \frac{1}{\mathbf{Z}_B} = \frac{1}{\mathbf{Z}_1 + \mathbf{Z}_2\mathbf{Z}_3/(\mathbf{Z}_2 + \mathbf{Z}_3)}$$

$$\mathbf{y}_{12} = \mathbf{y}_{21} = -\frac{1}{\mathbf{Z}_B} = \frac{-\mathbf{Z}_3}{\mathbf{Z}_1\mathbf{Z}_2 + \mathbf{Z}_2\mathbf{Z}_3 + \mathbf{Z}_3\mathbf{Z}_1}$$

$$\mathbf{y}_{22} = \frac{1}{\mathbf{Z}_C} + \frac{1}{\mathbf{Z}_B} = \frac{1}{\mathbf{Z}_2 + \mathbf{Z}_1\mathbf{Z}_3/(\mathbf{Z}_1 + \mathbf{Z}_3)}$$

이 식들을 $\mathbf{Z}_A$, $\mathbf{Z}_B$ 그리고 $\mathbf{Z}_C$에 대해서 풀면 $\mathbf{Z}_1$, $\mathbf{Z}_2$ 그리고 $\mathbf{Z}_3$의 항으로 나타낼 수 있다.

$$\mathbf{Z}_A = \frac{\mathbf{Z}_1\mathbf{Z}_2 + \mathbf{Z}_2\mathbf{Z}_3 + \mathbf{Z}_3\mathbf{Z}_1}{\mathbf{Z}_2} \qquad [20]$$

$$\mathbf{Z}_B = \frac{\mathbf{Z}_1\mathbf{Z}_2 + \mathbf{Z}_2\mathbf{Z}_3 + \mathbf{Z}_3\mathbf{Z}_1}{\mathbf{Z}_3} \qquad [21]$$

$$\mathbf{Z}_C = \frac{\mathbf{Z}_1\mathbf{Z}_2 + \mathbf{Z}_2\mathbf{Z}_3 + \mathbf{Z}_3\mathbf{Z}_1}{\mathbf{Z}_1} \qquad [22]$$

혹은 역의 관계식은 다음과 같다.

5장에서 이러한 유용한 관계식들이 이미 언급되었다.

$$\mathbf{Z}_1 = \frac{\mathbf{Z}_A\mathbf{Z}_B}{\mathbf{Z}_A + \mathbf{Z}_B + \mathbf{Z}_C} \qquad [23]$$

$$\mathbf{Z}_2 = \frac{\mathbf{Z}_B\mathbf{Z}_C}{\mathbf{Z}_A + \mathbf{Z}_B + \mathbf{Z}_C} \qquad [24]$$

$$\mathbf{Z}_3 = \frac{\mathbf{Z}_C\mathbf{Z}_A}{\mathbf{Z}_A + \mathbf{Z}_B + \mathbf{Z}_C} \qquad [25]$$

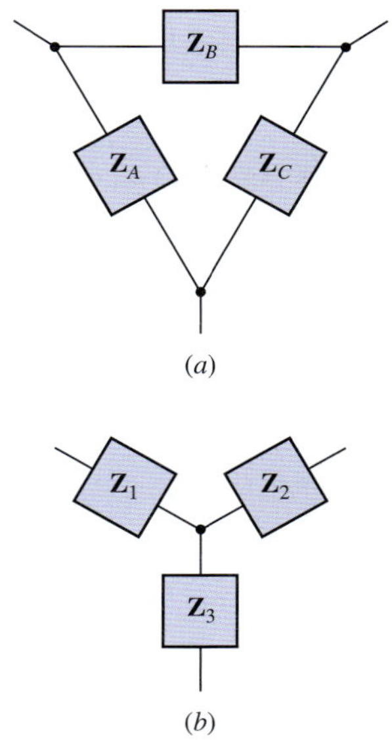

그림 16.14 6개의 임피던스가 식 [20]에서 [25]의 Y-Δ (혹은 Π-T) 변환 조건을 만족한다면, (*a*)의 3단자 Δ 회로망 및 (*b*)의 3단자 Y 회로망은 등가이다.

이 식들을 이용하면 등가 Y 및 Δ 회로망을 서로 쉽게 변환할 수 있다. 이 과정을 Y–Δ 변환(혹은 회로망의 모양을 딴 글자를 이용하여 Π–T 변환)이라고 한다. Y로부터 Δ로 갈 때는 식 [20]에서 [22]를 이용한다. 먼저 Y의 임피던스를 한번에 2개씩 곱한 후 이를 더하여 공통의 분자값을 구한다. Δ의 각 임피던스는 원하는 Δ 소자와 공통의 마디를 갖지 않는 Y의 소자의 임피던스로 분자를 나누어서 구한다. 역으로 Δ가 주어지면 먼저 Δ둘레의 세 임피던스의 합을 구하고, 원하는 Y 소자와 공통의 마디를 갖는 두 Δ 임피던스의 곱을 이미 구한 세 임피던스의 합으로 나눈다.

이러한 변환은 특히 저항 회로망과 같은 수동 회로망을 단순화하여 어떤 메쉬 혹은 마디 해석을 피하고자 할 때 유용하다.

예제 16.6

그림 16.15*a*에 보인 회로의 입력 저항을 구하라.

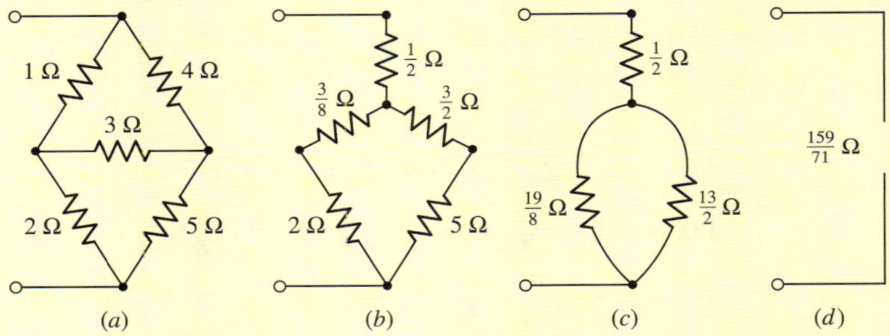

그림 16.15 (*a*) 입력 저항을 구하고자 하는 저항 회로망. 이 예제는 5장에서 다룬 예제의 반복이다. (*b*) 위쪽 Δ를 등가의 Y로 대치하였다. (*c, d*) 직렬 및 병렬 결합을 이용하면 등가 입력 저항은 $\frac{159}{71}$ Ω이다.

먼저 그림 16.15*a*의 위쪽 Δ에서 Δ–Y 변환을 한다. 이 Δ를 구성하는 세 저항의 합은 $1 + 4 + 3 = 8\ \Omega$이다. 위 마디에 연결된 두 저항의 곱은 $1 \times 4 = 4\ \Omega^2$이다. 따라서, **Y**의 위쪽 저항은 $\frac{4}{8}$ 혹은 $\frac{1}{2}$ Ω이다. 다른 두 저항에 대해서 이러한 과정을 반복하면 그림 16.15*b*와 같은 회로망을 얻을 수 있다.

다음에 직렬 및 병렬 결합을 하면, 그림 16.15*c*와 *d*를 차례로 얻을 수 있다. 따라서 그림 16.15*a*에서 회로의 입력 저항은 $\frac{159}{71}$ 혹은 2.24 Ω이 된다.

이제는 그림 16.16과 같은 좀 더 복잡한 예제를 다루어 보기로 한다. 이 회로는 종속 전원을 포함하고 있으므로 Y–Δ 변환을 적용할 수 없다.

예제 16.7

그림 16.16의 회로는 이미터 단자를 공통 마디로 하고, 베이스 단자를 위쪽의 입력 마디로 하며, 콜렉터 단자를 위쪽 출력 마디로 하는 트랜지스터 증폭기의 근사적인 선형 등가회로이다. 특별한 응용을 위해서 콜렉터와 베이스 사이에 2000 Ω 저항을 연결하였는데 이는 회로의 해석을 좀 더 어렵게 한다. 이 회로의 y 파라미터를 구하라.

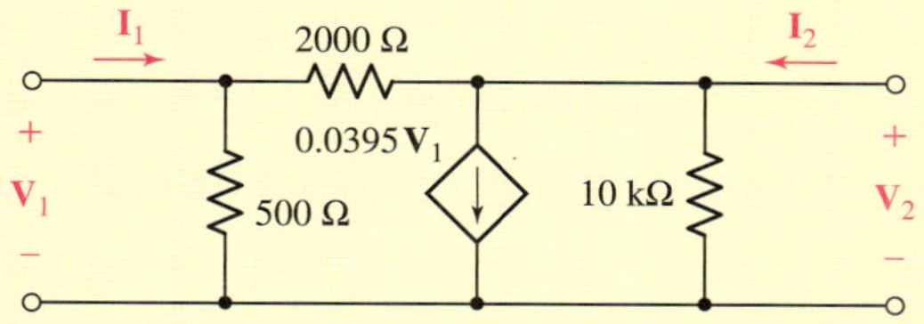

그림 16.16 콜렉터와 베이스 사이에 저항 피드백을 갖는 이미터 공통 결선의 트랜지스터에 대한 선형 등가 회로.

문제의 목표를 확인한다.

2포트 회로망을 표현하기 위하여 **y** 정수를 이용한다.

알고 있는 정보를 모두 수집한다.

그림 16.16은 $\mathbf{V}_1$, $\mathbf{I}_1$, $\mathbf{V}_2$ 및 $\mathbf{I}_2$가 이미 표시되고, 각 소자의 값들이 이미 주어진 2포트 회로망을 나타낸다.

계획을 세운다.

이 회로에 관하여 생각할 수 있는 여러 가지 방법들이 있다. 이 회로를 그림 16.13*a*와 같은 등가 회로의 형태로 인식할 수 있다면 즉각적으로 **y** 정수를 구할 수 있다. 그러나 즉각 인식이 되지 않으면 2포트에 식 [10]에서 [13]의 관계식을 적용하여 **y** 정수를 구할 수 있다. 또한 2포트 해석 방법을 피하고 회로 자체로부터 직접 식을 구할 수도 있다. 이 경우에는 첫째 방법이 가장 좋은 방법으로 보인다.

적절한 수의 방정식을 만든다.

살펴보면 $-\mathbf{y}_{21}$이 2 kΩ 저항의 어드미턴스에 해당하고, $\mathbf{y}_{11} + \mathbf{y}_{12}$가 500Ω 저항의 어드미턴스에 해당하며 종속 전류원의 이득은 $\mathbf{y}_{21} - \mathbf{y}_{12}$에 해당한다. 마지막으로 $\mathbf{y}_{22} + \mathbf{y}_{12}$는 10 kΩ 저항의 어드미턴스에 해당한다. 따라서 다음과 같이 쓸 수 있다.

$$\mathbf{y}_{12} = -\frac{1}{2000}$$

$$\mathbf{y}_{11} = \frac{1}{500} - \mathbf{y}_{12}$$

$$\mathbf{y}_{21} = 0.0395 + \mathbf{y}_{12}$$

$$\mathbf{y}_{22} = \frac{1}{10{,}000} - \mathbf{y}_{12}$$

추가로 필요한 정보가 있는지 결정한다.

구한 수식들로부터 $\mathbf{y}_{12}$가 구해지면, 나머지 $\mathbf{y}$ 파라미터들 또한 구할 수 있다.

해를 구한다.

계산하면 다음과 같은 결과를 얻는다.

$$\mathbf{y}_{12} = -\frac{1}{2000} = -0.5 \text{ mS}$$
$$\mathbf{y}_{11} = \frac{1}{500} - \left(-\frac{1}{2000}\right) = 2.5 \text{ mS}$$
$$\mathbf{y}_{22} = \frac{1}{10,000} - \left(-\frac{1}{2000}\right) = 0.6 \text{ mS}$$

그리고

$$\mathbf{y}_{21} = 0.0395 + \left(-\frac{1}{2000}\right) = 39 \text{ mS}$$

따라서 다음과 같은 식들을 얻을 수 있다.

$$\mathbf{I}_1 = 2.5\mathbf{V}_1 - 0.5\mathbf{V}_2 \qquad [26]$$
$$\mathbf{I}_2 = 39\mathbf{V}_1 + 0.6\mathbf{V}_2 \qquad [27]$$

여기서 단위는 mA, V 그리고 mS 혹은 kΩ을 이용하였다.

해를 검토한다. 타당한가 혹은 기대했던 결과인가?

회로로부터 2개의 마디방정식을 직접 구하면 다음과 같다.

$$\mathbf{I}_1 = \frac{\mathbf{V}_1 - \mathbf{V}_2}{2} + \frac{\mathbf{V}_1}{0.5} \qquad \text{혹은} \qquad \mathbf{I}_1 = 2.5\mathbf{V}_1 - 0.5\mathbf{V}_2$$

그리고

$$-39.5\mathbf{V}_1 + \mathbf{I}_2 = \frac{\mathbf{V}_2 - \mathbf{V}_1}{2} + \frac{\mathbf{V}_2}{10} \qquad \text{혹은} \qquad \mathbf{I}_2 = 39\mathbf{V}_1 + 0.6\mathbf{V}_2$$

이 식들은 $\mathbf{y}$ 파라미터들로부터 직접 구한 식 [26] 및 [27]과 일치한다.

여러 가지 서로 다른 동작 조건에서 그림 16.16에 보인 2포트 회로의 동작을 해석하기 위해서 식 [26]과 [27]을 이용한다. 먼저 입력에 $1\underline{/0^\circ}$ mA의 전류원을 연결하고, 출력에는 0.5 kΩ (2 mS)의 부하를 연결한다. 이렇게 연결되는 회로망은 둘 다 1포트이고, $\mathbf{I}_1$과 $\mathbf{V}_1$ 그리고 $\mathbf{I}_2$와 $\mathbf{V}_2$ 사이에는 다음과 같은 관계식이 성립한다:

$$\mathbf{I}_1 = 1 \text{ (어떠한 } \mathbf{V}_1\text{에 대해서도)} \qquad \mathbf{I}_2 = -2\mathbf{V}_2$$

이렇게 되면 4개의 변수, $\mathbf{V}_1$, $\mathbf{V}_2$, $\mathbf{I}_1$, $\mathbf{I}_2$와 4개의 식이 존재한다. 2개의 1포트 관계식을 식 [26] 및 [27]에 대입하면, $\mathbf{V}_1$과 $\mathbf{V}_2$에 관계되는 2개의 식을 구할 수 있다.

$$1 = 2.5\mathbf{V}_1 - 0.5\mathbf{V}_2 \qquad 0 = 39\mathbf{V}_1 + 2.6\mathbf{V}_2$$

이 식들을 풀면 결과적으로 다음과 같은 값들을 얻을 수 있다.

$$\mathbf{V}_1 = 0.1\text{ V} \quad \mathbf{V}_2 = -1.5\text{ V}$$
$$\mathbf{I}_1 = 1\text{ mA} \quad \mathbf{I}_2 = 3\text{ mA}$$

이러한 4개의 값이 미리 주어진 입력($\mathbf{I}_1 = 1$ mA)과 특정한 부하($R_L = 0.5$ kΩ)에서 동작하는 2포트에 적용된다.

증폭기의 동작은 몇 개의 특정한 값으로 설명할 수 있다. 위와 같이 입력과 출력이 다른 회로로 연결된 2포트에 대해서 이러한 특정한 값들 중 4개의 값을 구하도록 한다. 전압 이득, 전류 이득, 전력 이득, 그리고 입력 임피던스가 이러한 4개의 값인데 이들을 정의하고 계산하고자 한다.

전압 이득(voltage gain) $\mathbf{G}_V$는 다음과 같다.

$$\mathbf{G}_V = \frac{\mathbf{V}_2}{\mathbf{V}_1}$$

위의 결과로부터, $\mathbf{G}_V = -15$임을 쉽게 알 수 있다.

전류 이득(current gain) $\mathbf{G}_I$는 다음과 같이 정의된다.

$$\mathbf{G}_I = \frac{\mathbf{I}_2}{\mathbf{I}_1}$$

따라서

$$\mathbf{G}_I = 3$$

전력 이득(power gain) $\mathbf{G}_P$는 구동 함수가 정현파인 경우에 대해서 정의하기로 한다.

$$\mathbf{G}_P = \frac{P_{\text{out}}}{P_{\text{in}}} = \frac{\text{Re}\left\{-\frac{1}{2}\mathbf{V}_2\mathbf{I}_2^*\right\}}{\text{Re}\left\{\frac{1}{2}\mathbf{V}_1\mathbf{I}_1^*\right\}} = 45$$

이 장치는 모든 이득이 1보다 크므로 전압, 전류, 혹은 전력 증폭기로 사용될 수 있다. 만약 2 kΩ 저항을 떼어내면 전력 이득은 354로 증가한다.

증폭기의 입력 임피던스와 출력 임피던스는 인접한 2포트에 최대전력전달을 하거나 받기 위해서 종종 필요하다. **입력 임피던스**(input impedance) $\mathbf{Z}_{\text{in}}$은 입력 전류에 대한 입력 전압의 비로 정의된다.

$$\mathbf{Z}_{\text{in}} = \frac{\mathbf{V}_1}{\mathbf{I}_1} = 0.1\text{ k}\Omega$$

이는 500 Ω 부하가 출력에 연결되었을 때, 전류원에 필요한 임피던스이다(출력이 단락 회로이면 입력 임피던스는 $1/\mathbf{y}_{11}$, 혹은 400 Ω이어야 한다).

입력 임피던스는 모든 전원을 내부 임피던스로 대체한 후 저항과 컨덕턴스를 결합하는 방법으로는 구할 수 **없다**. 주어진 회로에서 이러한 과정을 거치면 416 Ω이라는 값을 얻을 수 있다. 물론 이런 오류는 **종속** 전원을 **독립** 전원처럼 다루었기 때문에 생긴 것이다. 입력 임피던스가 1 A의 입력 전류에 의해 생기는 입력 전압 값과 같다고 한다면 1 A 전류원을 인가할 때 어떤 입력 전압 $\mathbf{V}_1$이 생기고, 종속 전원의 크기($0.0395\mathbf{V}_1$)는 0일 수 없다. 하나 또는 그 이상의 독립 전원과 함께 종속 전원을 포함하는 회로의 테브난 등가 임피던스를 구할 때, 독립 전원은 단락시키거나 혹은 개방시켜야 하지만 종속 전원은 그렇게 해서는 안 된다. 물론 종속 전원이 종속되는 전압 혹은 전류가 0인 경우라면, 종속 전원은 없는 것으로 하여도 된다. 때때로 이러한 경우를 인지함으로, 회로가 단순화될 수 있다.

$\mathbf{G}_V$, $\mathbf{G}_I$, $\mathbf{G}_P$ 및 $\mathbf{Z}_{\text{in}}$ 이외에도 매우 유용한 다른 정수가 한 가지 더 있는데 **출력 임피던스**(output impedance) $\mathbf{Z}_{\text{out}}$이다. 이 값은 다른 회로 결선에서 구해진다.

출력 임피던스는 부하에서 바라본 회로망의 테브난 등가 회로에서 얻어지는 테브난 임피던스이다. 여기서 다루는 회로는 $1\underline{/0^\circ}$ mA 전류원에 의해서 동작한다고 가정하면, 독립 전원은 개방시키고, 종속 전원은 놓아둔 상태에서 출력 단자(부하는 제거한 상태에서)에서 왼쪽으로 바라본 **입력** 임피던스를 구한다. 따라서 다음과 같이 정의할 수 있다. (모든 독립전원은 비활성화시키고 R_L은 제거함)

$$\mathbf{Z}_{\text{out}} = \mathbf{V}_2 \big|_{\mathbf{I}_2=1 \text{ 모든 독립전원은 비활성화시키고 } R_L\text{은 제거함}}$$

부하 저항을 제거하고, 출력 단자에 $1\underline{/0^\circ}$ mA(여기서 단위는 V, mA, 그리고 kΩ을 사용한다)를 인가한 후 $\mathbf{V}_2$를 구한다. 식 [26]과 [27]을 이용하여 이러한 순서대로 행하면 다음 식들을 얻을 수 있다.

$$0 = 2.5\mathbf{V}_1 - 0.5\mathbf{V}_2 \qquad 1 = 39\mathbf{V}_1 + 0.6\mathbf{V}_2$$

이 식들을 풀면

$$\mathbf{V}_2 = 0.1190 \text{ V}$$

이다. 따라서

$$\mathbf{Z}_{\text{out}} = 0.1190 \text{ k}\Omega$$

이다. 개방 회로 출력 전압과 단락 회로 출력 전류를 구하기 위한 다른 방법도 있다. 즉 테브난 임피던스가 출력 임피던스이다.

$$\mathbf{Z}_{\text{out}} = \mathbf{Z}_{\text{th}} = -\frac{\mathbf{V}_{2oc}}{\mathbf{I}_{2sc}}$$

이러한 과정을 따라 하면서 먼저 $\mathbf{I}_1 = 1$ mA가 되도록 독립 전원을 인가하고, $\mathbf{I}_2 = 0$이 되도록 부하 회로를 개방시키면 다음 식을 얻을 수 있다.

$$1 = 2.5\mathbf{V}_1 - 0.5\mathbf{V}_2 \qquad 0 = 39\mathbf{V}_1 + 0.6\mathbf{V}_2$$

따라서

$$\mathbf{V}_{2oc} = -1.857 \text{ V}$$

이다. 다음에 $\mathbf{V}_2 = 0$으로 하여 단락 회로 조건을 적용하고, 다시 $\mathbf{I}_1 = 1$ mA로 놓으면 다음 식을 얻을 수 있다.

$$\mathbf{I}_1 = 1 = 2.5\,\mathbf{V}_1 - 0 \qquad \mathbf{I}_2 = 39\,\mathbf{V}_1 + 0$$

따라서

$$\mathbf{I}_{2sc} = 15.6 \text{ mA}$$

이다. $\mathbf{V}_2$ 및 $\mathbf{I}_2$의 가정된 방향으로부터 테브난 혹은 출력 임피던스는 다음과 같으며 이는 앞서 구한 것과 같다.

$$\mathbf{Z}_{out} = -\frac{\mathbf{V}_{2oc}}{\mathbf{I}_{2sc}} = -\frac{-1.857}{15.6} = 0.1190 \text{ k}\Omega$$

그림 16.16의 2포트가 $1\underline{/0°}$ mA에 의해서 구동되고, 500 Ω 부하가 연결되어 있을 때 테브난 혹은 노턴 등가 회로를 그릴 수 있을 만큼 충분한 정보를 갖게 되었다. 따라서 부하에서 보는 노턴 등가 회로는 출력 임피던스와 병렬로 단락 회로 전류 $\mathbf{I}_{2sc}$와 같은 전류원을 포함해야 한다. 이 등가 회로를 그림 16.17*a*에 보였다. 또한 $1\underline{/0°}$ mA 전원에서 본 테브난 등가회로는 그림 16.17*b*와 같이 입력 임피던스로만 구성된다.

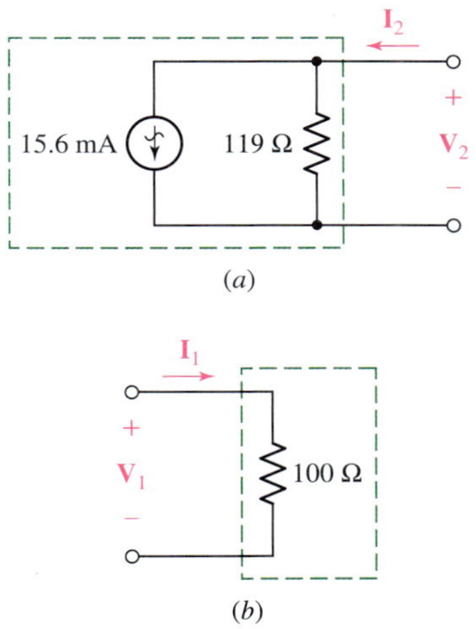

그림 16.17 (*a*) 출력 단자 왼쪽 회로망(그림 16.16)의 노턴 등가 회로, $\mathbf{I}_1 = 1\underline{/0°}$ mA. (*b*) $\mathbf{I}_2 = -2\mathbf{V}_2$ mA일 때, 입력 단자 오른쪽 회로망의 테브난 등가 회로.

y 파라미터를 마무리하기 전에, 그림 16.18와 같은 2포트의 병렬 연결을 설명하는데 이 정수의 유용성이 무엇인지 알아야 한다. 16.1절에서 포트를 정의했을 때 포트의 두 단자에 들어가는 전류와 나오는 전류는 같고, 포트 사이를 서로 연결하는 외부 연결은 없다고 하였다. 그림 16.18과 같은 병렬 연결은 이러한 조건에 어긋난다. 그러나 각 2포트가 입력과 출력에 공통인 기준 마디를 가진다면, 그리고 2포트가 공통의 기준 마디를 갖도록 병렬로 연결된다면 모든 포트는 연결 이후에도 포트로 남게 된다. 따라서 *A* 회로망에 대해서

$$\mathbf{I}_A = \mathbf{y}_A \mathbf{V}_A$$

여기서

$$\mathbf{I}_A = \begin{bmatrix} \mathbf{I}_{A1} \\ \mathbf{I}_{A2} \end{bmatrix} \qquad \text{그리고} \qquad \mathbf{V}_A = \begin{bmatrix} \mathbf{V}_{A1} \\ \mathbf{V}_{A2} \end{bmatrix}$$

이다. 그리고 *B* 회로망에 대해서

$$\mathbf{I}_B = \mathbf{y}_B \mathbf{V}_B$$

이다. 그러나

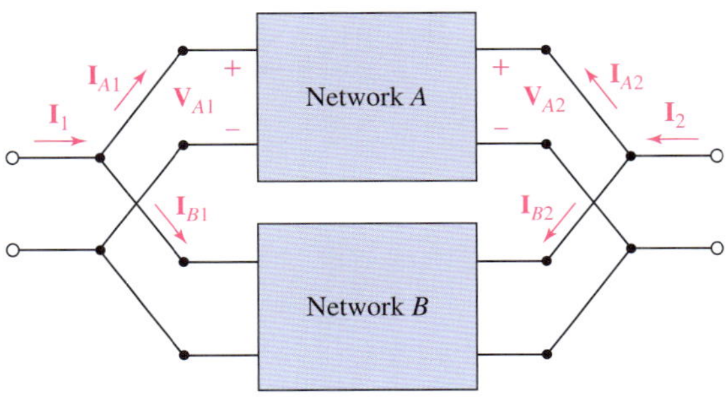

그림 16.18 2개의 2포트의 병렬 연결. 2개의 입력과 출력이 같은 기준 마디를 가진다면 어드미턴스 행렬은 $\mathbf{y} = \mathbf{y}_A + \mathbf{y}_B$.

$$\mathbf{V}_A = \mathbf{V}_B = \mathbf{V} \qquad \text{그리고} \qquad \mathbf{I} = \mathbf{I}_A + \mathbf{I}_B$$

이다. 따라서

$$\mathbf{I} = (\mathbf{y}_A + \mathbf{y}_B)\mathbf{V}$$

이다. 병렬 회로망의 각 **y** 파라미터는 각 회로망의 해당 정수를 합한 것과 같다는 것을 알 수 있다.

$$\mathbf{y} = \mathbf{y}_A + \mathbf{y}_B \qquad [28]$$

이것은 몇 개의 2포트의 병렬 연결에도 확장 적용할 수 있다.

익힘문제 16.6

그림 16.19에 보인 전원과 부하가 있는 2포트의 **y**와 $\mathbf{Z}_{out}$을 구하라.

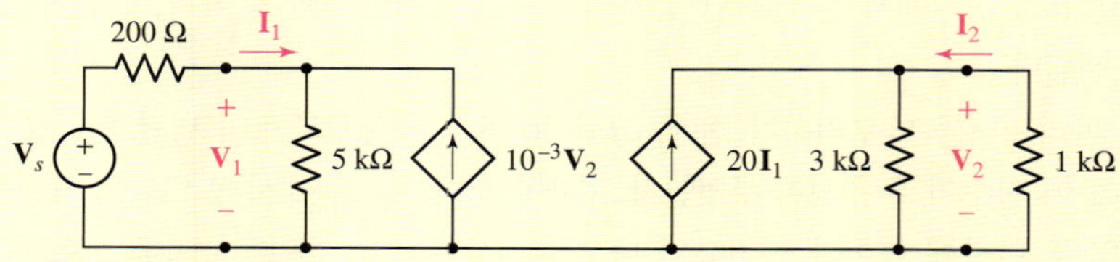

그림 16.19

답: $\begin{bmatrix} 2 \times 10^{-4} & -10^{-3} \\ -4 \times 10^{-3} & 20.3 \times 10^{-3} \end{bmatrix}$ (S); 51.1Ω.

익힘문제 16.7

다음 그림에 보인 회로망에서 Δ–Y 및 Y–Δ 변환을 이용하여 R_{in}을 구하라.
(a) 그림 16.20*a* (b) 그림 16.20*b*

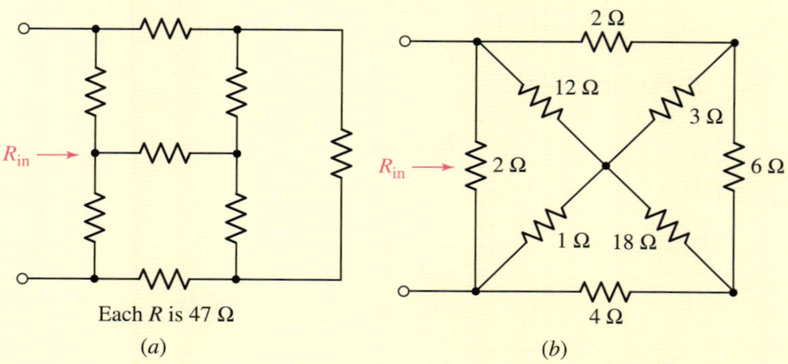

그림 16.20

답: 53.71 Ω; 1.311 Ω.

16.4 임피던스 파라미터

2포트 정수의 개념은 단락 회로 어드미턴스 파라미터의 측면에서 도입되었다. 다른 종류의 정수들도 있는데, 어떤 정수를 이용하였을 때 해석하고자 하는 회로망을 가장 간단하게 해석할 수 있느냐와 관계가 있다. 여기서 세 가지 다른 파라미터들을 언급할 예정인데 이 절에서는 개방 회로 임피던스 파라미터를 다루고, 다음 절에서 하이브리드 정수와 전송 정수를 다룬다.

독립 전원을 포함하지 않는 일반적인 선형 2포트에서 다시 시작한다. 전류 및 전압은 앞(그림 16.8)에서 정한 바와 같다. 두 전류원 $\mathbf{I}_1$과 $\mathbf{I}_2$에 의해서 생기는 응답인 전압 $\mathbf{V}_1$을 고려하기로 한다. $\mathbf{V}_1$에 대해 다음과 같이 쓸 수 있다.

$$\mathbf{V}_1 = \mathbf{z}_{11}\mathbf{I}_1 + \mathbf{z}_{12}\mathbf{I}_2 \qquad [29]$$

$\mathbf{V}_2$에 대해서는

$$\mathbf{V}_2 = \mathbf{z}_{21}\mathbf{I}_1 + \mathbf{z}_{22}\mathbf{I}_2 \qquad [30]$$

이다. 혹은

$$\mathbf{V} = \begin{bmatrix}\mathbf{V}_1\\ \mathbf{V}_2\end{bmatrix} = \mathbf{zI} = \begin{bmatrix}\mathbf{z}_{11} & \mathbf{z}_{12}\\ \mathbf{z}_{21} & \mathbf{z}_{22}\end{bmatrix}\begin{bmatrix}\mathbf{I}_1\\ \mathbf{I}_2\end{bmatrix} \qquad [31]$$

이다. 물론 이러한 식들을 사용하는 데 있어서 $\mathbf{I}_1$과 $\mathbf{I}_2$가 전류원일 필요는 없으며, $\mathbf{V}_1$과 $\mathbf{V}_2$도 전압원일 필요는 없다. 일반적으로 어떠한 회로망도 2포트의 어느 한쪽 끝에 연결될 수 있다. 위 식에서처럼 $\mathbf{V}_1$ 및 $\mathbf{V}_2$를 주어진 양, 혹은 독립 변수들로 생각할 수도 있고, $\mathbf{I}_1$ 및 $\mathbf{I}_2$는 미지수, 혹은 종속 변수들로 생각할 수 있다.

이러한 4개의 양을 관련짓기 위해서 2개의 방정식을 쓰는 방법은 여섯 가지가 있을 수 있는데 각각은 서로 다른 파라미터 시스템을 정의할 수 있다. 여섯 가지 파라미터 시스템 중에서 가장 중요한 네 가지를 다룬다.

식 [29]와 [30]에서 정의된 $\mathbf{z}$ 파라미터의 가장 중요한 내용은 각 전류를 0으로 놓았을 때 얻어진다. 따라서

$$\mathbf{z}_{11} = \left.\frac{\mathbf{V}_1}{\mathbf{I}_1}\right|_{\mathbf{I}_2=0} \qquad [32]$$

$$\mathbf{z}_{12} = \left.\frac{\mathbf{V}_1}{\mathbf{I}_2}\right|_{\mathbf{I}_1=0} \qquad [33]$$

$$\mathbf{z}_{21} = \left.\frac{\mathbf{V}_2}{\mathbf{I}_1}\right|_{\mathbf{I}_2=0} \qquad [34]$$

$$\mathbf{z}_{22} = \left.\frac{\mathbf{V}_2}{\mathbf{I}_2}\right|_{\mathbf{I}_1=0} \qquad [35]$$

전류가 0이 되는 것은 말단이 개방 회로인 경우이므로 $\mathbf{z}$ 파라미터는 **개방 회로 임피던스 파라미터**(open-circuit impedance parameters)로 알려져 있다. 식 [29]와 [30]을 $\mathbf{I}_1$과 $\mathbf{I}_2$에 대해서 풀면 이 정수들은 단락 회로 어드미턴스 파라미터들과 쉽게 관련지을 수 있다.

$$\mathbf{I}_1 = \frac{\begin{vmatrix} \mathbf{V}_1 & \mathbf{z}_{12} \\ \mathbf{V}_2 & \mathbf{z}_{22} \end{vmatrix}}{\begin{vmatrix} \mathbf{z}_{11} & \mathbf{z}_{12} \\ \mathbf{z}_{21} & \mathbf{z}_{22} \end{vmatrix}}$$

혹은

$$\mathbf{I}_1 = \left(\frac{\mathbf{z}_{22}}{\mathbf{z}_{11}\mathbf{z}_{22} - \mathbf{z}_{12}\mathbf{z}_{21}}\right)\mathbf{V}_1 - \left(\frac{\mathbf{z}_{12}}{\mathbf{z}_{11}\mathbf{z}_{22} - \mathbf{z}_{12}\mathbf{z}_{21}}\right)\mathbf{V}_2$$

아래 첨자가 소문자 $\mathbf{z}$라는 것에 주의하면서 행렬식 표현을 이용한다. $\Delta\mathbf{Z} \neq 0$이라고 가정하면 다음 식을 얻을 수 있다.

$$\mathbf{y}_{11} = \frac{\Delta_{11}}{\Delta_\mathbf{z}} = \frac{\mathbf{z}_{22}}{\Delta_\mathbf{z}} \qquad \mathbf{y}_{12} = -\frac{\Delta_{21}}{\Delta_\mathbf{z}} = -\frac{\mathbf{z}_{12}}{\Delta_\mathbf{z}}$$

$\mathbf{I}_2$에 대해서 풀면 다음과 같이 된다.

$$\mathbf{y}_{21} = -\frac{\Delta_{12}}{\Delta_\mathbf{z}} = -\frac{\mathbf{z}_{21}}{\Delta_\mathbf{z}} \qquad \mathbf{y}_{22} = \frac{\Delta_{22}}{\Delta_\mathbf{z}} = \frac{\mathbf{z}_{11}}{\Delta_\mathbf{z}}$$

비슷한 방법으로 $\mathbf{z}$ 파라미터는 어드미턴스 정수의 항으로 표현할 수도 있다. 이러한 특성의 변환은 여러 가지 파라미터 시스템에서도 가능하며, 때로는 유용한 공식을 얻을 수도 있다. $\mathbf{y}$와 $\mathbf{z}$ 파라미터(앞으로 다루게 될 $\mathbf{h}$와 $\mathbf{t}$ 파라미터는 물론) 사이의 변환을 표 16.1에 정리하여 보였다.

2포트가 양방향 회로망이면 상호 관계가 존재하며, 이 경우 $\mathbf{z}_{12}$와 $\mathbf{z}_{21}$이 서로 같음을 보여주는게 쉽다.

표 16.1 **y**, **z**, **h** 및 **t** 파라미터 사이의 변환.

	y		z		h		t	
y	$\mathbf{y}_{11}$	$\mathbf{y}_{12}$	$\frac{\mathbf{z}_{22}}{\Delta_\mathbf{z}}$	$\frac{-\mathbf{z}_{12}}{\Delta_\mathbf{z}}$	$\frac{1}{\mathbf{h}_{11}}$	$\frac{-\mathbf{h}_{12}}{\mathbf{h}_{11}}$	$\frac{\mathbf{t}_{22}}{\mathbf{t}_{12}}$	$\frac{-\Delta_\mathbf{t}}{\mathbf{t}_{12}}$
	$\mathbf{y}_{21}$	$\mathbf{y}_{22}$	$\frac{-\mathbf{z}_{21}}{\Delta_\mathbf{z}}$	$\frac{\mathbf{z}_{11}}{\Delta_\mathbf{z}}$	$\frac{\mathbf{h}_{21}}{\mathbf{h}_{11}}$	$\frac{\Delta_\mathbf{h}}{\mathbf{h}_{11}}$	$\frac{-1}{\mathbf{t}_{12}}$	$\frac{\mathbf{t}_{11}}{\mathbf{t}_{12}}$
z	$\frac{\mathbf{y}_{22}}{\Delta_\mathbf{y}}$	$\frac{-\mathbf{y}_{12}}{\Delta_\mathbf{y}}$	$\mathbf{z}_{11}$	$\mathbf{z}_{12}$	$\frac{\Delta_\mathbf{h}}{\mathbf{h}_{22}}$	$\frac{\mathbf{h}_{12}}{\mathbf{h}_{22}}$	$\frac{\mathbf{t}_{11}}{\mathbf{t}_{21}}$	$\frac{\Delta_\mathbf{t}}{\mathbf{t}_{21}}$
	$\frac{-\mathbf{y}_{21}}{\Delta_\mathbf{y}}$	$\frac{\mathbf{y}_{11}}{\Delta_\mathbf{y}}$	$\mathbf{z}_{21}$	$\mathbf{z}_{22}$	$\frac{-\mathbf{h}_{21}}{\mathbf{h}_{22}}$	$\frac{1}{\mathbf{h}_{22}}$	$\frac{1}{\mathbf{t}_{21}}$	$\frac{\mathbf{t}_{22}}{\mathbf{t}_{21}}$
h	$\frac{1}{\mathbf{y}_{11}}$	$\frac{-\mathbf{y}_{12}}{\mathbf{y}_{11}}$	$\frac{\Delta_\mathbf{z}}{\mathbf{z}_{22}}$	$\frac{\mathbf{z}_{12}}{\mathbf{z}_{22}}$	$\mathbf{h}_{11}$	$\mathbf{h}_{12}$	$\frac{\mathbf{t}_{12}}{\mathbf{t}_{22}}$	$\frac{\Delta_T}{\mathbf{t}_{22}}$
	$\frac{\mathbf{y}_{21}}{\mathbf{y}_{11}}$	$\frac{\Delta_\mathbf{y}}{\mathbf{y}_{11}}$	$\frac{-\mathbf{z}_{21}}{\mathbf{z}_{22}}$	$\frac{1}{\mathbf{z}_{22}}$	$\mathbf{h}_{21}$	$\mathbf{h}_{22}$	$\frac{-1}{\mathbf{t}_{22}}$	$\frac{\mathbf{t}_{21}}{\mathbf{t}_{22}}$
t	$\frac{-\mathbf{y}_{22}}{\mathbf{y}_{21}}$	$\frac{-1}{\mathbf{z}_{21}}$	$\frac{\mathbf{z}_{11}}{\mathbf{z}_{21}}$	$\frac{\Delta_\mathbf{z}}{\mathbf{z}_{21}}$	$\frac{-\Delta_\mathbf{h}}{\mathbf{h}_{21}}$	$\frac{-\mathbf{h}_{11}}{\mathbf{h}_{21}}$	$\mathbf{t}_{11}$	$\mathbf{t}_{12}$
	$\frac{-\Delta_\mathbf{y}}{\mathbf{y}_{21}}$	$\frac{-\mathbf{y}_{11}}{\mathbf{y}_{21}}$	$\frac{1}{\mathbf{z}_{21}}$	$\frac{\mathbf{z}_{22}}{\mathbf{z}_{21}}$	$\frac{-\mathbf{h}_{22}}{\mathbf{h}_{21}}$	$\frac{-1}{\mathbf{h}_{21}}$	$\mathbf{t}_{21}$	$\mathbf{t}_{22}$

For all parameter sets: $\Delta_\mathbf{p} = \mathbf{p}_{11}\mathbf{p}_{22} - \mathbf{p}_{12}\mathbf{p}_{21}$.

식 [29]와 [30]을 살펴보면 등가 회로를 얻을 수 있다. 등가 회로의 구성은 식 [30]에 $\mathbf{z}_{12}\mathbf{I}_1$를 가감하거나 혹은 식 [29]에 $\mathbf{z}_{21}\mathbf{I}_2$를 가감하여 쉽게 얻을 수 있다. 각 등가 회로는 종속 전압원을 포함한다.

일반적인 특성을 갖는 예제를 고려하도록 한다. 출력 단자에서 바라본 2포트의 일반적인 테브난 등가 회로를 구성할 수 있는가? 먼저 특정한 입력 회로 결선을 가정할 필요가 있다. 전원 임피던스 $\mathbf{Z}_g$와 직렬로 연결된 독립 전압원 $\mathbf{V}_s$(윗쪽이 양의 부호)를 선택한다. 이렇게 하면

$$\mathbf{V}_s = \mathbf{V}_1 + \mathbf{I}_1\mathbf{Z}_g$$

이 결과를 식 [29] 및 [30]과 결합하면 $\mathbf{V}_1$과 $\mathbf{I}_1$을 소거할 수 있고, 다음 결과를 얻을 수 있다.

$$\mathbf{V}_2 = \frac{\mathbf{z}_{21}}{\mathbf{z}_{11} + \mathbf{Z}_g}\mathbf{V}_s + \left(\mathbf{z}_{22} - \frac{\mathbf{z}_{12}\mathbf{z}_{21}}{\mathbf{z}_{11} + \mathbf{Z}_g}\right)\mathbf{I}_2$$

테브난 등가 회로는 이 식으로부터 직접 그릴 수 있으며 그림 16.21에 보인 바와 같다. $\mathbf{z}$ 정수의 항으로 표현한 출력 임피던스는 다음과 같다.

$$\mathbf{Z}_{\text{out}} = \mathbf{z}_{22} - \frac{\mathbf{z}_{12}\mathbf{z}_{21}}{\mathbf{z}_{11} + \mathbf{Z}_g}$$

전원 임피던스가 0이라면 식은 다음과 같이 간단해진다.

$$\mathbf{Z}_{\text{out}} = \frac{\mathbf{z}_{11}\mathbf{z}_{22} - \mathbf{z}_{12}\mathbf{z}_{21}}{\mathbf{z}_{11}} = \frac{\Delta_{\mathbf{z}}}{\Delta_{22}} = \frac{1}{\mathbf{y}_{22}} \qquad (\mathbf{z}_g = 0)$$

식 [13]의 기본 관계식에서 보인 바와 같이, 이 특별한 경우에 대해서 출력 어드미턴스는 $\mathbf{y}_{22}$와 같다.

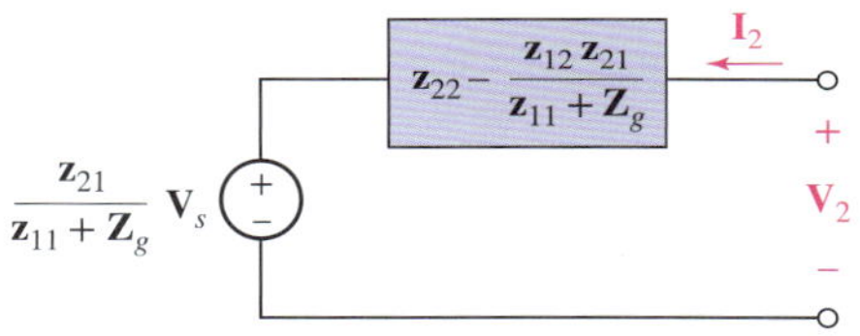

그림 16.21 출력 단자에서 바라보면서 개방 회로 임피던스 정수로 나타낸 일반적인 2포트의 테브난 등가 회로.

예제 16.8

임피던스 파라미터가 다음과 같다.

$$\mathbf{z} = \begin{bmatrix} 10^3 & 10 \\ -10^6 & 10^4 \end{bmatrix} \qquad (\text{모두 } \Omega)$$

이는 이미터 공통 결선으로 동작하는 쌍극 접합 트랜지스터를 나타낸다. 전압 이득, 전류 이득, 전력 이득과 함께 입력 및 출력 임피던스를 구하라. 2포트에는 500 Ω 저항과 직렬로 연결된 이상적인 정현파 전압원 $\mathbf{V}_s$가 인가되고, 10 kΩ의 부하 저항이 연결되어 있다.

2포트는 다음 두 방정식에 의해서 설명된다.

$$\mathbf{V}_1 = 10^3\mathbf{I}_1 + 10\ \mathbf{I}_2 \qquad [36]$$

$$\mathbf{V}_2 = -10^6\mathbf{I}_1 + 10^4\ \mathbf{I}_2 \qquad [37]$$

입력 회로망과 출력 회로망의 특성 방정식은 다음과 같다.

$$\mathbf{V}_s = 500\mathbf{I}_1 + \mathbf{V}_1 \tag{38}$$

$$\mathbf{V}_2 = -10^4\mathbf{I}_2 \tag{39}$$

이러한 4개의 식으로부터, $\mathbf{V}_1$, $\mathbf{I}_1$, $\mathbf{V}_2$ 및 $\mathbf{I}_2$를 $\mathbf{V}_s$의 항으로 나타낼 수 있다.

$$\mathbf{V}_1 = 0.75\mathbf{V}_s \qquad \mathbf{I}_1 = \frac{\mathbf{V}_s}{2000}$$

$$\mathbf{V}_2 = -250\mathbf{V}_s \qquad \mathbf{I}_2 = \frac{\mathbf{V}_s}{40}$$

이러한 정보로부터 전압 이득은 쉽게 구할 수 있다.

$$\mathbf{G_V} = \frac{\mathbf{V}_2}{\mathbf{V}_1} = -333$$

전류 이득은

$$\mathbf{G_I} = \frac{\mathbf{I}_2}{\mathbf{I}_1} = 50$$

이다. 전력 이득은

$$\mathbf{G}_P = \frac{\text{Re}\left\{-\frac{1}{2}\mathbf{V}_2\mathbf{I}_2^*\right\}}{\text{Re}\left\{\frac{1}{2}\mathbf{V}_1\mathbf{I}_1^*\right\}} = 16,670$$

이다. 입력 임피던스는

$$\mathbf{Z}_{\text{in}} = \frac{\mathbf{V}_1}{\mathbf{I}_1} = 1500\ \Omega$$

이다. 그림 16.21을 참조하여 출력 임피던스를 구하면 다음과 같다.

$$\mathbf{Z}_{\text{out}} = \mathbf{z}_{22} - \frac{\mathbf{z}_{12}\mathbf{z}_{21}}{\mathbf{z}_{11} + \mathbf{Z}_g} = 16.67\ \text{k}\Omega$$

최대전력전달 정리에 따르면 전력 이득은 $\mathbf{Z}_L = \mathbf{Z}_{\text{out}}^* = 16.67\ \text{k}\Omega$일 때, 최대가 되며 최대값은 17,045이다.

y 파라미터는 2포트가 병렬로 연결되었을 때 유용하다. 같은 이유로 **z** 정수를 이용하면 그림 16.22와 같이 직렬로 연결된 회로망의 문제를 쉽게 해결할 수 있다. 여기서 직렬(series) 연결은 나중에 다루게 될 전송 정수에서의 종속(cascade) 연결과는 같지 않다. 각 2포트가 입력과 출력에 공통인 기준 마디를 가진다면, 그리고 기준 마디가 그림 16.22와 같이 서로 연결된다면 $\mathbf{I}_1$은 직렬로 연결된 두 회로망의 입력 포트를 통해서 흐른다. $\mathbf{I}_2$에 대해서도 비슷한 말을 할 수 있다. 따라서 연결 후에도 포트는 포트로 남는다. 그러므로 $\mathbf{I} = \mathbf{I}_A = \mathbf{I}_B$이고 다음 식이 성립한다.

$$\begin{aligned}\mathbf{V} &= \mathbf{V}_A + \mathbf{V}_B = \mathbf{z}_A\mathbf{I}_A + \mathbf{z}_B\mathbf{I}_B \\ &= (\mathbf{z}_A + \mathbf{z}_B)\mathbf{I} = \mathbf{z}\mathbf{I}\end{aligned}$$

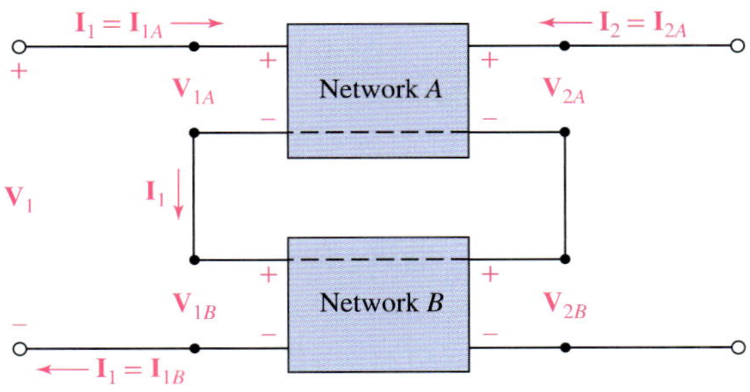

그림 16.22 4개의 공통 마디를 함께 연결하여 2포트 2개를 직렬 연결하였다. $\mathbf{Z} = \mathbf{Z}_A + \mathbf{Z}_B$이다.

여기서

$$\mathbf{z} = \mathbf{z}_A + \mathbf{z}_B$$

따라서 $\mathbf{z}_{11} = \mathbf{z}_{11A} + \mathbf{z}_{11B}$ 등이 성립한다.

익힘문제 16.8

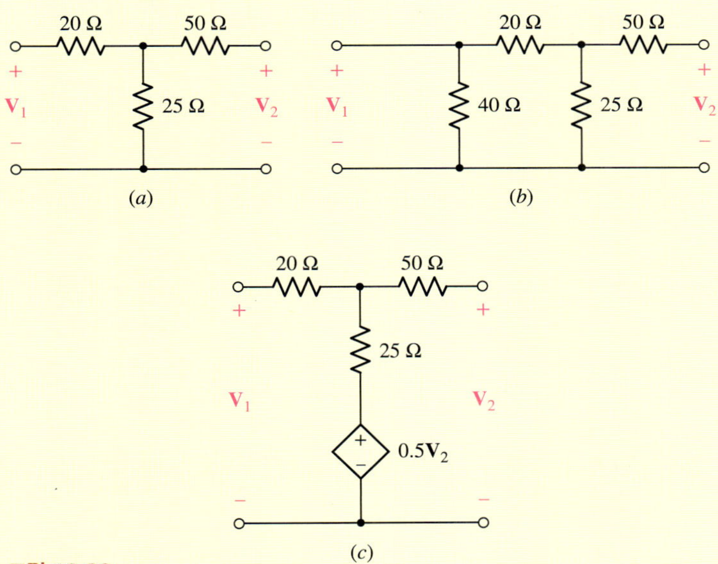

그림 16.23

다음 그림에 보인 2포트에 대해서 **z**를 구하라.
(a) 그림 16.23*a* (b) 그림 16.23*b*

답: $\begin{bmatrix} 45 & 25 \\ 25 & 75 \end{bmatrix}$ (Ω), $\begin{bmatrix} 21.2 & 11.76 \\ 11.76 & 67.6 \end{bmatrix}$ (Ω).

익힘문제 16.9

그림 16.23*c*에 보인 2포트에 대해서 **z**를 구하라.

답: $\begin{bmatrix} 70 & 100 \\ 50 & 150 \end{bmatrix}$ (Ω).

16.5 하이브리드 파라미터

$\mathbf{z}_{21}$처럼 개방 회로 임피던스 파라미터 같은 양을 측정할 때는 어려운 점이 있다. 트랜지스터 회로에서 이미 알고 있는 정현파 전류를 입력 단자에 쉽게 인가할 수 있지만, 트랜지스터 회로의 매우 높은 출력 임피던스 때문에 출력 단자를 개방하면서 필요한 직류 바이어스 전압을 공급하고 정현파 출력 전압을 측정하는 것은 어렵다. 그렇지만 출력 단자에서 단락 회로 전류를 측정하는 것은 아주 간단한 일이다.

$\mathbf{V}_1$과 $\mathbf{I}_2$가 독립 변수라면, $\mathbf{V}_1$, $\mathbf{I}_1$, $\mathbf{V}_2$ 및 $\mathbf{I}_2$를 관련 짓는 방정식 쌍을 세워서 하이브리드 파라미터를 정의할 수 있다.

$$\mathbf{V}_1 = \mathbf{h}_{11}\mathbf{I}_1 + \mathbf{h}_{12}\mathbf{V}_2 \quad [40]$$

$$\mathbf{I}_2 = \mathbf{h}_{21}\mathbf{I}_1 + \mathbf{h}_{22}\mathbf{V}_2 \quad [41]$$

혹은

$$\begin{bmatrix}\mathbf{V}_1\\ \mathbf{I}_2\end{bmatrix} = \mathbf{h}\begin{bmatrix}\mathbf{I}_1\\ \mathbf{V}_2\end{bmatrix} \quad [42]$$

먼저 $\mathbf{V}_2 = 0$으로 놓으면 정수의 특성을 다음과 같이 잘 알 수 있다.

$$\mathbf{h}_{11} = \left.\frac{\mathbf{V}_1}{\mathbf{I}_1}\right|_{\mathbf{V}_2=0} = \text{단락 회로 입력 임피던스}$$

$$\mathbf{h}_{21} = \left.\frac{\mathbf{I}_2}{\mathbf{I}_1}\right|_{\mathbf{V}_2=0} = \text{단락 회로 순방향 전류 이득}$$

$\mathbf{I}_1 = 0$으로 놓으면, 다음을 얻을 수 있다.

$$\mathbf{h}_{12} = \left.\frac{\mathbf{V}_1}{\mathbf{V}_2}\right|_{\mathbf{I}_1=0} = \text{개방 회로 역방향 전압 이득}$$

$$\mathbf{h}_{22} = \left.\frac{\mathbf{I}_2}{\mathbf{V}_2}\right|_{\mathbf{I}_1=0} = \text{개방 회로 출력 어드미턴스}$$

이 정수는 임피던스, 어드미턴스, 전압 이득, 그리고 전류 이득을 나타내므로 '하이브리드(hybrid)' 파라미터라고 부른다.

이 파라미터들을 트랜지스터에 적용할 때는 파라미터의 아래 첨자를 다음과 같이 단순화한다. 즉 $\mathbf{h}_{11}$, $\mathbf{h}_{12}$, $\mathbf{h}_{21}$, 그리고 $\mathbf{h}_{22}$는 각각 $\mathbf{h}_i$, $\mathbf{h}_r$, $\mathbf{h}_f$ 그리고 $\mathbf{h}_o$로 나타내는데 여기서 아래 첨자는 입력, 역방향, 순방향, 그리고 출력을 의미한다.

예제 16.9

그림 16.24에 그려진 양방향 저항 회로에 대해 h를 구하라.

출력을 단락하고($\mathbf{V}_2 = 0$), 1 A의 전원을 입력에 인가하면($\mathbf{I}_1 = 1$ A), 입력 전압은 3.4 V가 된다($\mathbf{V}_1 = 3.4$ V). 따라서 $\mathbf{h}_{11} = 3.4\ \Omega$이다. 같은 조건하에서 전류 분배에 의해서 출력 전류는 쉽게 구할 수 있고, $\mathbf{I}_2 = -0.4$ A이다. 따라서

$\mathbf{h}_{21} = -0.4$이다.

나머지 두 파라미터는 입력을 개방하고($\mathbf{I}_1 = 0$) 구한다. 출력 단자에 1 V의 전압을 인가한다($\mathbf{V}_2 = 1$ V).

입력 단자에서의 응답은 0.4 V이고($\mathbf{V}_1 = 0.4$ V), 따라서 $\mathbf{h}_{12} = 0.4$이다. 이 전원에 의해 출력 단자에 공급되는 전류는 0.1 A이므로($\mathbf{I}_2 = 0.1$ A), $\mathbf{h}_{22} = 0.1$ S이다.

그러므로 $\mathbf{h} = \begin{bmatrix} 3.4\ \Omega & 0.4 \\ -0.4 & 0.1\ \text{S} \end{bmatrix}$이다. 양방향 회로망에서 $\mathbf{h}_{12} = -\mathbf{h}_{21}$이라는 것은 상호 정리에서 얻을 수 있는 결론이다.

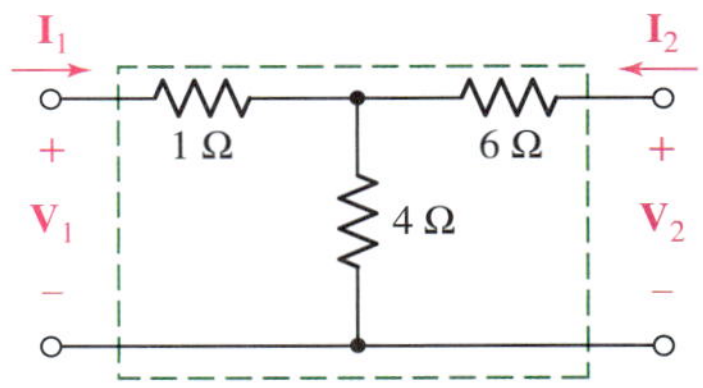

그림 16.24 **h** 정수를 구하고자 하는 양방향 회로망: $\mathbf{h}_{12} = -\mathbf{h}_{21}$.

익힘문제 16.10

다음 그림에 보인 2포트에 대해 **h**를 구하라.

(a) 그림 16.25*a* (b) 그림 16.25*b*

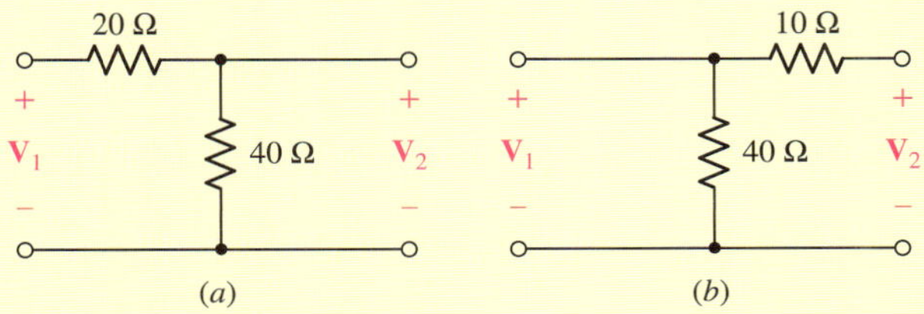

그림 16.25

답: $\begin{bmatrix} 20\Omega & 1 \\ -1 & 25\text{ mS} \end{bmatrix}$; $\begin{bmatrix} 8\Omega & 0.8 \\ -0.8 & 20\text{ mS} \end{bmatrix}$.

익힘문제 16.11

$\mathbf{h} = \begin{bmatrix} 5\ \Omega & 2 \\ -0.5 & 0.1\ \text{S} \end{bmatrix}$일 때, 다음을 구하라. (a) **y**; (b) **z**.

답: $\begin{bmatrix} 0.2 & -0.4 \\ -0.1 & 0.3 \end{bmatrix}$ (S); $\begin{bmatrix} 15 & 20 \\ 5 & 10 \end{bmatrix}$ (Ω)

그림 16.26의 회로는 두 정의식 [40]과 [41]을 직접 그림으로 표현한 것이다. 먼저 식은 입력 루프에 관한 KVL을 나타낸 것이고, 나중 식은 위쪽 출력 마디에서의 KCL로부터 얻은 것이다. 이 회로는 또한 보통의 트랜지스터 등가 회로이기도

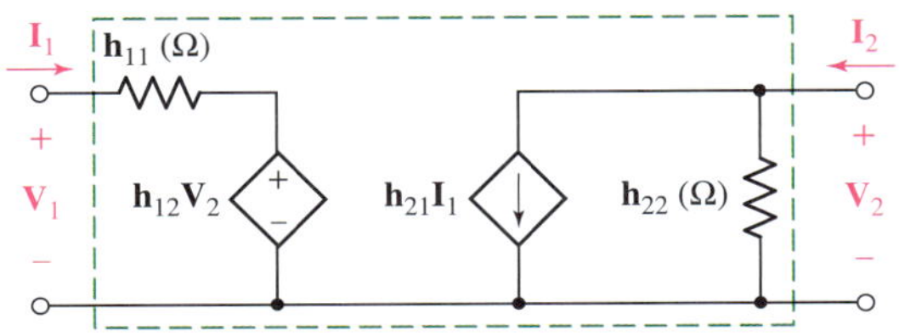

그림 16.26 2포트에 관련된 4개의 **h** 정수. 관련 방정식은 $\mathbf{V}_1 = \mathbf{h}_{11}\mathbf{I}_1 + \mathbf{h}_{12}\mathbf{V}_2$ and $\mathbf{I}_2 = \mathbf{h}_{21}\mathbf{I}_1 + \mathbf{h}_{22}\mathbf{V}_2$이다.

실제 문제에의 적용

트랜지스터의 특성

쌍극 접합 트랜지스터의 파라미터값들은 보통 **h** 파라미터로 나타낸다. 벨 연구소의 연구원들에 의해 1940년대 말에 발명된 트랜지스터는 비선형 3단자 수동 반도체 소자로 거의 모든 증폭기와 디지털 논리 회로의 기본 소자가 된다(그림 16.27).

트랜지스터의 세 단자는 그림 16.28에 보인 바와 같이 베이스(*base: b*), 컬렉터(*collector: c*), 그리고 이미터(*emitter: e*)인데 이 이름들은 소자 내에서 전하의 이동에 대한 각 단자의 역할을 따서 붙인 것이다. 쌍극 접합 트랜지스터의 **h** 파라미터는 이미터 단자를 접지시키고 측정한 것인데 이러한 결선 방식은 **이미터 공통** 결선으로 알려져 있다. 그리고 이 결선에서는 베이스를 입력으로 하고, 컬렉터를 출력으로 한다. 그러나 이미 앞에서 언급한 바와 같이 트랜지스터는 비선형 소자이다. 따라서 모든 전압과 전류에서 타당한 **h** 파라미터의 정의는 가능하지 않다. 그러므로 어떤 특정한 값의 컬렉터 전류 IC와 컬렉터-이미터 전압 V_{CE}에서 **h** 파라미터를 다루는 것이 보통이다. 소자의 비선형성에 기인하는 결론은 교류 **h** 파라미터와 직류 **h** 파라미터의 값이 크게 다르다는 것이다.

어느 특정한 트랜지스터의 **h** 파라미터를 얻는 데 많은 종류의 기기들이 이용될 수 있다. 한 가지 예는 그림 16.2와 같은 반도체 파라미터 분석기(semiconductor parameter analyzer)이다. 이 기기는 어떤 특정한 전압(횡축 상에 그려짐)에서 필요한 전류(종축 상에 그려짐)를 스위핑 한다. 세 번째 파라미터로는 베이스 전류가 자주 이용되는데 몇 개의

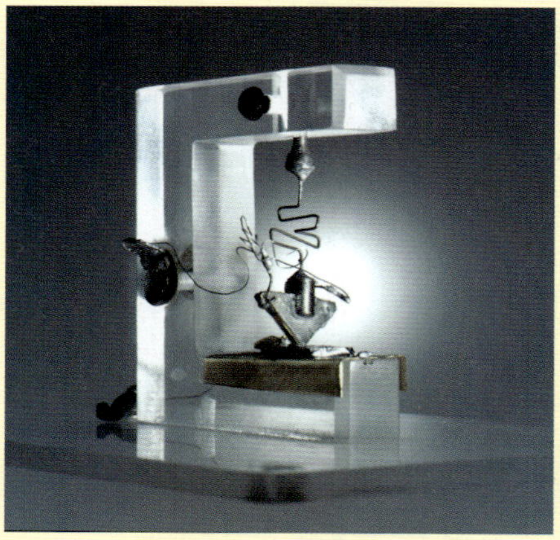

그림 16.27 발명 초기의 쌍극 접합 트랜지스터("Bipolar Junction Transistor": BJT). ©Lucent Technologies Inc./Bell Labs.

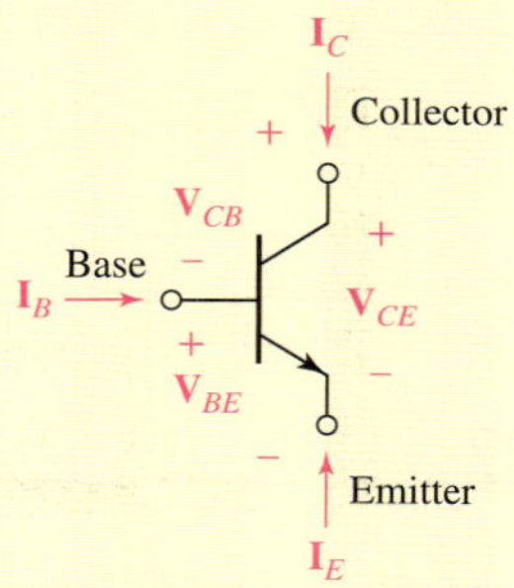

그림 16.28 IEEE 규약에 따라 전류 및 전압을 표시한 쌍극 접합 트랜지스터의 그림 기호.

하다. 공통 이미터 결선에서 합리적인 값을 가정하면 다음과 같다. $\mathbf{h}_{11} = 1200\ \Omega$, $\mathbf{h}_{12} = 2 \times 10^{-4}$, $\mathbf{h}_{21} = 50$, $\mathbf{h}_{22} = 50 \times 10^{-6}$ S, 800 Ω과 직렬로 연결된 $1\underline{/0°}$ mV의 전압원, 그리고 5 kΩ 부하이다. 입력에서 다음과 같이 된다.

$$10^{-3} = (1200 + 800)\mathbf{I}_1 + 2 \times 10^{-4}\mathbf{V}_2$$

그리고 출력에서 다음과 같이 된다.

$$\mathbf{I}_2 = -2 \times 10^{-4}\mathbf{V}_2 = 50\mathbf{I}_1 + 50 \times 10^{-6}\mathbf{V}_2$$

이 식들을 풀면 다음과 같이 된다.

표 16.2 2N3094 AC 파라미터의 요약.

Parameter	Name	Specification	Units
$h_{ie}(h_{11})$	Input impedance	1.0–10	kΩ
$h_{re}(h_{12})$	Voltage feedback ratio	$0.5–8.0 \times 10^{-4}$	–
$h_{fe}(h_{21})$	Small-signal current gain	100–400	–
$h_{oe}(h_{22})$	Output admittance	1.0–40	μS

단계로 변화시켜서 여러 개의 특성곡선을 얻는다. 예를 들면 2N3904 NPN 실리콘 트랜지스터의 제조회사는 표 16.2에 보인 **h** 정수를 제공한다. 트랜지스터를 다루는 엔지니어들은 다른 형태의 정수들(h_{ie}, h_{re} 등)을 사용하기도 한다. 측정은 $I_C = 1.0$ mA, $V_{CE} = 10$ V dc, 그리고 $f = 1.0$ kHz에서 이루어진다.

저자 중의 한 사람과 한 친구가 이러한 정수들을 스스로 측정해 보기로 하고, 실험실의 선반으로부터 값이 싼 소자들을 꺼내어 그림 16.29에 보인 기기를 이용하여 측정해서 다음의 결과를 얻었다.

$$h_{oe} = 3.3\ \mu\text{S} \qquad h_{fe} = 109$$
$$h_{ie} = 3.02\ \text{k}\Omega \qquad h_{re} = 4 \times 10^{-3}$$

처음 세 가지는 최대값보다는 최소값에 가깝기는 하여도 제조업자가 제공한 범위 내에 들어간다. 그러나 h_{re}의 크기는 제조업자가 자료집에서 밝힌 최대값보다 한 차수가 더 크다. 지금까지 잘 되어 온 셈인데, 이런 일이 일어난다는 것은 아주 당황스러운 일이다.

$I_C = 1$ mA보다 작거나 크게 스위핑 하면 측정하는 중에 소자에서는 열이 난다. 불행하게도 트랜지스터의 특성은 온도의 변화에 따라 아주 급격히 변할 수 있다. 제조업자의 값들은 특별히 25°C에서 얻은 값들이다. 소자에서 발생하는 열이 최소가 되도록 스위핑을 하면 h_{re} 값으로 2.0×10^{-4}을 얻을 수도 있다. 선형 회로는 다루기가 매우 쉽지만 비선형 회로는 매우 흥미로울 수도 있다.

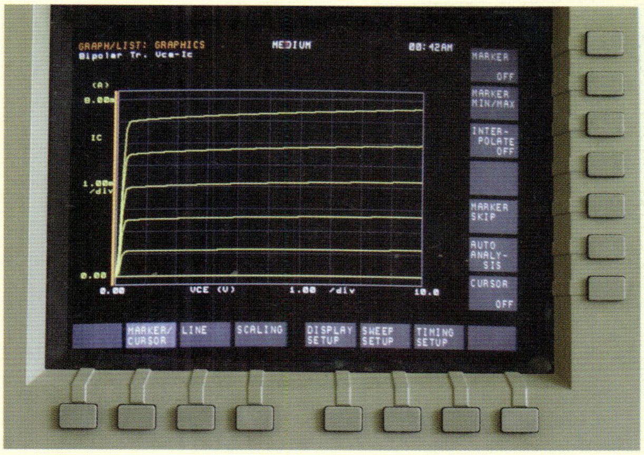

그림 16.29 쌍극 접합 트랜지스터(BJT) 2N3904의 **h** 정수를 측정하기 위하여 사용된 반도체 정수 분석기 HP 4155A의 디스플레이 스냅 사진. ©Steve Durbin.

$$\mathbf{I}_1 = 0.510\ \mu\text{A} \quad \mathbf{V}_1 = 0.592\ \text{mV}$$
$$\mathbf{I}_2 = 20.4\ \mu\text{A} \quad \mathbf{V}_2 = -102\ \text{mV}$$

트랜지스터를 통한 전류 이득은 40, 전압 이득은 −172, 전력 이득은 6880이다. 트랜지스터에 대한 입력 임피던스는 1160 Ω이고, 좀 더 계산하면 출력 임피던스로 22.2 kΩ을 얻을 수 있다.

2포트들이 입력에서는 직렬로 연결되고, 출력에서는 병렬로 연결된다면 하이브리드 정수는 직접 더할 수 있다. 이를 직렬-병렬 내부연결(series-parallel interconnection)이라 부르지만, 자주 이용되지는 않는다.

16.6 전송 파라미터

마지막으로 다룰 2포트 파라미터는 **t 파라미터**, *ABCD* **파라미터**, 혹은 단순히 **전송 파라미터**(*transmission parameters*)라고 부르며 다음과 같이 정의된다.

$$\mathbf{V}_1 = \mathbf{t}_{11}\mathbf{V}_2 - \mathbf{t}_{12}\mathbf{I}_2 \qquad [43]$$

그리고

$$\mathbf{I}_1 = \mathbf{t}_{21}\mathbf{V}_2 - \mathbf{t}_{22}\mathbf{I}_2 \qquad [44]$$

혹은

$$\begin{bmatrix}\mathbf{V}_1\\ \mathbf{I}_1\end{bmatrix} = \mathbf{t}\begin{bmatrix}V_2\\ -\mathbf{I}_2\end{bmatrix} \qquad [45]$$

여기서 $\mathbf{V}_1$, $\mathbf{V}_2$, $\mathbf{I}_1$ 및 $\mathbf{I}_2$는 항상 같은 방법으로 정의한다(그림 16.8). 식 [43] 및 [44]에 있는 음의 부호는 출력 전류($-\mathbf{I}_2$)와 관계가 있다. 따라서 $\mathbf{I}_1$과 $-\mathbf{I}_2$는 에너지 혹은 신호의 전송 방향인 오른쪽을 향한다.

이 파라미터에 대해서 널리 사용하는 다른 표시법은 다음과 같다.

$$\begin{bmatrix}\mathbf{t}_{11} & \mathbf{t}_{12}\\ \mathbf{t}_{21} & \mathbf{t}_{22}\end{bmatrix} = \begin{bmatrix}\mathbf{A} & \mathbf{B}\\ \mathbf{C} & \mathbf{D}\end{bmatrix} \qquad [46]$$

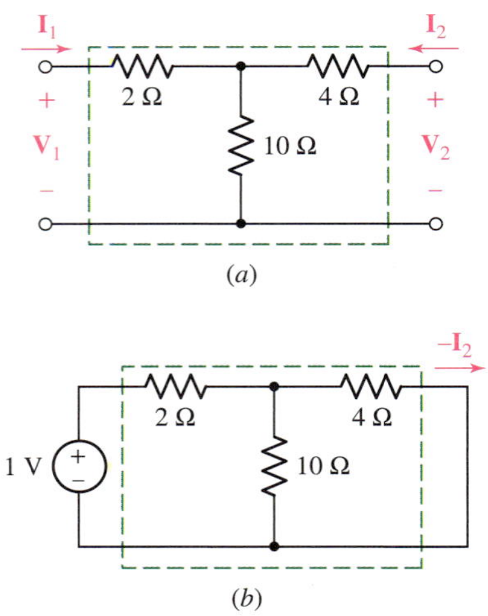

그림 16.30 (*a*) **t** 정수를 구하고자 하는 2포트 저항 회로망. (*b*) $\mathbf{t}_{12}$를 구하기 위하여 $\mathbf{V}_2 = 0$으로 한 상태에서 $\mathbf{V}_1 = 1$ V로 하면, $\mathbf{t}_{12} = 1/(-\mathbf{I}_2) = 6.8\ \Omega$.

t 혹은 **ABCD** 행렬에는 음의 부호가 없음에 주의하기 바란다.

식 [43]에서 [45]까지 다시 보면, 종종 주어진 변수 혹은 독립 변수라고 생각되는 왼쪽의 양들은 입력 전압 및 전류인 $\mathbf{V}_1$과 $\mathbf{I}_1$이고, 종속 변수인 $\mathbf{V}_2$와 $\mathbf{I}_2$는 출력의 양들이다. 따라서 전송 파라미터들은 입력과 출력 사이의 직접적인 관계식을 나타낸다. 이 파라미터는 전송 선로 해석이나 종속 연결 회로망의 해석에 주로 이용된다.

그림 16.30*a*의 양방향 저항 2포트에 대해서 **t** 파라미터를 구하기로 한다. 하나의 파라미터를 구하기 위해서 한 가지 가능한 과정을 설명한다. 다음 식을 고려한다.

$$\mathbf{t}_{12} = \left.\frac{\mathbf{V}_1}{-\mathbf{I}_2}\right|_{\mathbf{V}_2=0}$$

따라서 출력을 단락 회로($\mathbf{V}_2 = 0$)로 하고, 그림 16.30*b*와 같이 $\mathbf{V}_1 = 1$ V로 놓는다. 출력에 1 A 전류원을 넣어서 분모를 1로 할 수는 없다. 이미 출력은 단락 회로로 하였기 때문이다. 1 V 전원에서 바라본 등가 저항은 $R_{eq} = 2 + (4 \parallel 10)\ \Omega$이므로, 전류 분배를 이용하면 다음 식을 얻을 수 있다.

$$-\mathbf{I}_2 = \frac{1}{2 + (4 \parallel 10)} \times \frac{10}{10 + 4} = \frac{5}{34}\ \text{A}$$

따라서

$$\mathbf{t}_{12} = \frac{1}{-\mathbf{I}_2} = \frac{34}{5} = 6.8\ \Omega$$

이다. 4개의 파라미터가 모두 필요하다면 4개 단자의 양인 $\mathbf{V}_1$, $\mathbf{V}_2$, $\mathbf{I}_1$ 및 $\mathbf{I}_2$를 이

용하여 적당한 식의 쌍을 쓸 수 있다. 그림 16.30*a*에서 다음과 같은 2개의 메쉬방정식을 얻을 수 있다.

$$\mathbf{V}_1 = 12\mathbf{I}_1 + 10\mathbf{I}_2 \quad [47]$$

$$\mathbf{V}_2 = 10\mathbf{I}_1 + 14\mathbf{I}_2 \quad [48]$$

식 [48]을 $\mathbf{I}_1$에 대해서 풀면 다음을 얻을 수 있다.

$$\mathbf{I}_1 = 0.1\,\mathbf{V}_2 - 1.4\,\mathbf{I}_2$$

따라서 $\mathbf{t}_{21} = 0.1$ S이고, $\mathbf{t}_{22} = 1.4$이다. $\mathbf{I}_1$에 대한 식을 식 [47]에 대입하면 다음과 같이 된다.

$$\mathbf{V}_1 = 12(0.1\,\mathbf{V}_2 - 1.4\,\mathbf{I}_2) + 10\,\mathbf{I}_2 = 1.2\,\mathbf{V}_2 - 6.8\,\mathbf{I}_2$$

그러므로 $\mathbf{t}_{11} = 1.2$이고, $\mathbf{t}_{12} = 6.8\ \Omega$이다.

역 회로망에서는 $\mathbf{t}$ 행렬의 행렬식이 1과 같다.

$$\Delta_t = \mathbf{t}_{11}\mathbf{t}_{22} - \mathbf{t}_{12}\mathbf{t}_{21} = 1$$

그림 16.30의 저항 예에서 $\Delta_t = 1.2 \times 1.4 - 6.8 \times 0.1 = 1$이다.

그림 16.31과 같이 2개의 2포트를 종속으로 연결한 경우를 설명하면서 2포트에 대한 논의를 마치고자 한다. 단자 전압 및 전류는 각 2포트에 대해 나타내었다. 회로망 *A*에 대한 $\mathbf{t}$ 파라미터의 관계식은 다음과 같다.

$$\begin{bmatrix}\mathbf{V}_1\\ \mathbf{I}_1\end{bmatrix} = \mathbf{t}_A\begin{bmatrix}\mathbf{V}_2\\ -\mathbf{I}_2\end{bmatrix} = \mathbf{t}_A\begin{bmatrix}\mathbf{V}_3\\ \mathbf{I}_3\end{bmatrix}$$

회로망 *B*에 대해서는 다음과 같이 된다.

$$\begin{bmatrix}\mathbf{V}_3\\ \mathbf{I}_3\end{bmatrix} = \mathbf{t}_B\begin{bmatrix}\mathbf{V}_4\\ -\mathbf{I}_4\end{bmatrix}$$

이 결과들을 결합하면 다음과 같이 된다.

$$\begin{bmatrix}\mathbf{V}_1\\ \mathbf{I}_1\end{bmatrix} = \mathbf{t}_A\mathbf{t}_B\begin{bmatrix}\mathbf{V}_4\\ -\mathbf{I}_4\end{bmatrix}$$

그러므로 2포트 회로망이 종속으로 연결된 경우에 $\mathbf{t}$ 파라미터는 두 행렬을 곱하여 얻을 수 있다.

$$\mathbf{t} = \mathbf{t}_A\mathbf{t}_B$$

이 곱은 두 행렬의 해당 원소끼리 곱하여 얻을 수 있는 것이 아니다. 행렬의 곱하기에 대해서는 부록 2를 참고하기 바란다.

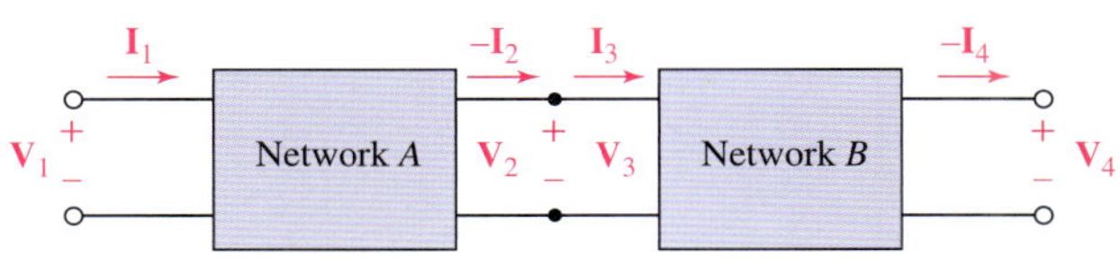

그림 16.31 2포트 회로망 *A* 및 *B*가 종속으로 연결되었을 때 연결된 회로망에 대한 $\mathbf{t}$ 파라미터 행렬은 $\mathbf{t} = \mathbf{t}_A\mathbf{t}_B$와 같이 행렬의 곱이 된다.

예제 16.10

그림 16.32와 같이 종속 연결된 회로망의 t 파라미터를 구하라.

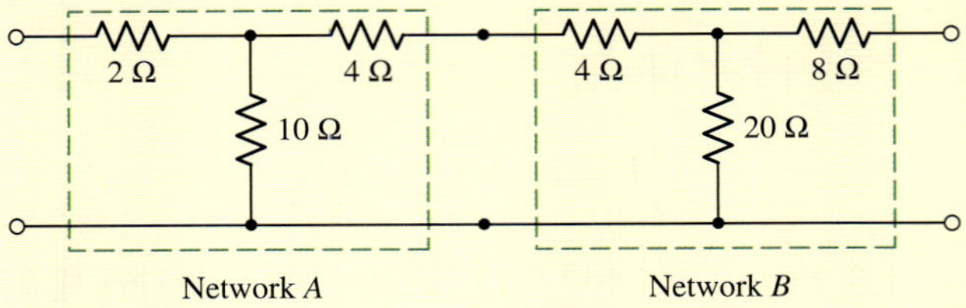

그림 16.32 종속연결.

회로망 A는 그림 16.32의 2포트이므로 다음과 같이 된다.

$$\mathbf{t}_A = \begin{bmatrix} 1.2 & 6.8\ \Omega \\ 0.1\ \text{S} & 1.4 \end{bmatrix}$$

회로망 B는 저항값이 두 배로 커졌으므로 다음과 같이 된다.

$$\mathbf{t}_B = \begin{bmatrix} 1.2 & 13.6\ \Omega \\ 0.05\ \text{S} & 1.4 \end{bmatrix}$$

결합된 회로망에 대해서는 다음과 같이 된다.

$$\begin{aligned} \mathbf{t} = \mathbf{t}_A\mathbf{t}_B &= \begin{bmatrix} 1.2 & 6.8 \\ 0.1 & 1.4 \end{bmatrix}\begin{bmatrix} 1.2 & 13.6 \\ 0.05 & 1.4 \end{bmatrix} \\ &= \begin{bmatrix} 1.2 \times 1.2 + 6.8 \times 0.05 & 1.2 \times 13.6 + 6.8 \times 1.4 \\ 0.1 \times 1.2 \times 1.4 \times 0.05 & 0.1 \times 13.6 + 1.4 \times 1.4 \end{bmatrix} \end{aligned}$$

따라서

$$\mathbf{t} = \begin{bmatrix} 1.78 & 25.84\ \Omega \\ 0.19\ \text{S} & 3.32 \end{bmatrix}$$

이다.

익힘문제 16.12

$\mathbf{t} = \begin{bmatrix} 3.2 & 8\ \Omega \\ 0.2\ \text{S} & 4 \end{bmatrix}$일 때, 다음을 구하라.

(a) **z**, (b) 같은 회로망 2개가 종속으로 연결되었을 때, **t**, (c) 같은 회로망 2개가 종속으로 연결되었을 때, **z**

답: $\begin{bmatrix} 16 & 56 \\ 5 & 20 \end{bmatrix}$ (Ω); $\begin{bmatrix} 11.84 & 57.6\ \Omega \\ 1.44\text{S} & 14.6 \end{bmatrix}$; $\begin{bmatrix} 8.22 & 87.1 \\ 0.694 & 12.22 \end{bmatrix}$ (Ω).

컴퓨터를 이용한 해석

t 파라미터를 이용한 2포트 회로망의 특성은 종속으로 연결된 2포트 회로망을 해석할 때 아주 편리하게 이용될 수 있다는 점에서 잘 나타난다. 이 절에서 이미 보았던 예를 들면, 다음과 같다.

$$\mathbf{t}_A = \begin{bmatrix} 1.2 & 6.8\ \Omega \\ 0.1\ \text{S} & 1.4 \end{bmatrix}$$

그리고

$$\mathbf{t}_B = \begin{bmatrix} 1.2 & 13.6\ \Omega \\ 0.05\ \text{S} & 1.4 \end{bmatrix}$$

이다. 종속으로 연결된 회로망을 특징짓는 **t** 파라미터는 $\mathbf{t}_A$와 $\mathbf{t}_B$를 곱하여 간단히 얻을 수 있다.

$$\mathbf{t} = \mathbf{t}_A \cdot \mathbf{t}_B$$

이러한 행렬 연산은 과학용 계산기나 MATLAB과 같은 소프트웨어를 이용하여 쉽게 가능하다. 예를 들어 MATLAB를 이용하면 다음과 같다.

```
>> tA = [1.2 6.8; 0.1 1.4] ;
>> tB = [1.2 13.6; 0.05 1.4] ;
>> t = tA*tB

t =

    1.7800    25.8400
    0.1900     3.3200
```

이는 예제 16.10에서 구한 결과와 같다.

MATLAB에서 행렬을 이용할 때는 변수의 이름에서 소문자와 대문자를 구별하여야 한다(이 예에서는 tA, tB, 그리고 t). 행렬의 원소는 한 번에 한 행씩 넣어야 한다. 가장 위의 행부터 시작하며 행들은 세미콜론으로 구분한다. 행렬 대수에서는 연산의 순서가 매우 중요하다는 것에 주의해야 한다. 예를 들어, tB*tA는 위에서 얻었던 것과는 전혀 다른 결과를 가져온다.

$$\mathbf{t}_B \cdot \mathbf{t}_A = \begin{bmatrix} 2.8 & 27.2 \\ 0.2 & 2.3 \end{bmatrix}$$

이 예제에서 보는 것과 같은 간단한 행렬에 대해서는 과학용 계산기로 손쉽게 답을 얻을 수 있지만(더 이상 그렇지 않다면), 커다란 종속 연결 회로망은 컴퓨터상에서 다루는 것이 더 쉽고, 모든 행렬을 화면상에서 동시에 보는 것이 더 편리하다.

요약 및 복습

이 장에서 회로망을 표현하는 좀 추상적인 방법을 설명하였다. 회로망이 수동 회로망이거나, 회로망이 다른 회로망에 연결되어 있거나, 혹은 소자의 값이 자주 바뀐다거나 할 때 이 새로운 방법은 특히 유용하다. 테브난 등가 저항(좀 더 일반적으로 말하자면 임피던스)을 구하기만 하면 되는 **1포트 회로망**의 개념에서 시작하여, 2포트 회로망(한 포트를 입력이라 하면 다른 포트는 출력이라 할 수 있다)의 개념을 처음에는 **y** 파라미터라고 부르는 어드미턴스 파라미터를 통하여 설명하였다. 약간의 수학적 과정(단자 전압을 포함하는 백터를 곱함으로써 나타나는 각각의 포트 안의 전류들의 벡터의 행렬이 결과)을 거쳐서 5장에서 나왔던 Δ–Y 등가변환식을 얻을 수 있었다. **y** 파라미터와 대응되는 개념은 **z** 파라미터인데 행렬의 각 요소는 전류에 대한 전압의 비이다. 가끔 **y** 파라미터나 **z** 파라미터를 이용하는 것이 편리하지 않은 경우가 있는데 이런 경우에는 '하이브리드' 혹은 **h** 파라미터나 '전송' 혹은 **t** 파라미터(혹은 *ABCD* 파라미터라고도 함)를 사용하면 된다.

표 16.1에 **y**, **z**, **h** 및 **t** 파라미터 간의 변환 방법을 요약하여 놓았다. 하나의 파라미터를 어떤 특정한 해석에 적합한 다른 파라미터로 완벽하게 바꿀 수 있다.

독자의 편의를 위해, 이 장의 기본적인 개념을 예제와 함께 요약하면 다음과 같다.

- 이 장에서 설명한 해석 방법을 적용하기 위해서는 각 포트는 1포트 회로망이나 혹은 다른 멀티 포트 회로망에만 연결될 수 있다.
- 1포트 (수동) 선형 회로망의 입력 임피던스는 마디해석법 혹은 메쉬해석법을 이용하여 얻을 수 있다. 어떤 경우에는 회로망을 살펴 보면서 계수들을 직접 구할 수도 있다. (예제 16.1, 16.2, 16.3)
- 2포트 회로망을 해석하기 위하여 어드미턴스(**y**) 파라미터로 표현한 정의식은 다음과 같다.

  $$\mathbf{I}_1 = \mathbf{y}_{11}\mathbf{V}_1 + \mathbf{y}_{12}\mathbf{V}_2 \quad \text{그리고} \quad \mathbf{I}_2 = \mathbf{y}_{21}\mathbf{V}_1 + \mathbf{y}_{22}\mathbf{V}_2$$

  여기서

  $$\mathbf{y}_{11} = \left.\frac{\mathbf{I}_1}{\mathbf{V}_1}\right|_{\mathbf{V}_2=0} \qquad \mathbf{y}_{12} = \left.\frac{\mathbf{I}_1}{\mathbf{V}_2}\right|_{\mathbf{V}_1=0}$$

  $$\mathbf{y}_{21} = \left.\frac{\mathbf{I}_2}{\mathbf{V}_1}\right|_{\mathbf{V}_2=0} \quad \text{그리고} \quad \mathbf{y}_{22} = \left.\frac{\mathbf{I}_2}{\mathbf{V}_2}\right|_{\mathbf{V}_1=0}$$

  이다. (예제 16.4, 16.5, 16.7)
- 2포트 회로망을 해석하기 위하여 임피던스(**z**) 파라미터로 표현한 정의식은 다음과 같다.

  $$\mathbf{V}_1 = \mathbf{z}_{11}\mathbf{I}_1 + \mathbf{z}_{12}\mathbf{I}_2 \quad \text{그리고} \quad \mathbf{V}_2 = \mathbf{z}_{21}\mathbf{I}_1 + \mathbf{z}_{22}\mathbf{I}_2$$

  (예제 16.8)

- 2포트 회로망을 해석하기 위하여 하이브리드(**h**) 파라미터로 표현한 정의식은 다음과 같다.

$$\mathbf{V}_1 = \mathbf{h}_{11}\mathbf{I}_1 + \mathbf{h}_{12}\mathbf{V}_2 \qquad \text{그리고} \qquad \mathbf{I}_2 = \mathbf{h}_{21}\mathbf{I}_1 + \mathbf{h}_{22}\mathbf{V}_2$$

(예제 16.9)

- 2포트 회로망을 해석하기 위하여 전송(**t**) 파라미터(**ABCD** 파라미터라고도 함)로 표현한 정의식은 다음과 같다.

$$\mathbf{V}_1 = \mathbf{t}_{11}\mathbf{V}_2 - \mathbf{t}_{12}\mathbf{I}_2 \qquad \text{그리고} \qquad \mathbf{I}_1 = \mathbf{t}_{21}\mathbf{V}_2 - \mathbf{t}_{22}\mathbf{I}_2$$

(예제 16.10)

- **h**, **z**, **t** 및 **y** 파라미터는 회로 해석상의 필요에 따라 직접적으로 상호 변환할 수 있다. 변환은 표 16.1에 요약하였다. (예제 16.6)

추천 도서

회로 해석을 위한 행렬 방법을 자세히 다룬 문헌이다.

R. A. DeCarlo and P. M. Lin, *Linear Circuit Analysis*, 2nd ed. New York: Oxford University Press, 2001.

회로망 정수를 이용한 트랜지스터 회로 해석 방법을 다룬 문헌이다.

W. H. Hayt, Jr. and G. W. Neudeck, *Electronic Circuit Analysis and Design*, 2nd ed. New York: Wiley, 1995.

연습문제

16.1 1포트 회로망

1. 다음과 같은 식이 있다. 이 방정식은 저항 2포트 회로망을 나타낸다.

$$\begin{aligned} 2\mathbf{I}_1 \qquad\quad - \mathbf{I}_3 &= 15 \\ -3\mathbf{I}_1 + 2\mathbf{I}_2 + 7\mathbf{I}_3 &= -2 \\ 4\mathbf{I}_1 - 7\mathbf{I}_2 + 2\mathbf{I}_3 &= 0 \end{aligned}$$

2. 다음과 같은 식이 있다.

$$\begin{aligned} 100\mathbf{V}_1 - 45\mathbf{V}_2 + 30\mathbf{V}_3 &= 0.2 \\ 75\mathbf{V}_1 \qquad\qquad + 80\mathbf{V}_3 &= -0.1 \\ 48\mathbf{V}_1 + 200\mathbf{V}_2 + 42\mathbf{V}_3 &= 0.5 \end{aligned}$$

(a) 행렬형태의 식으로 표현하라.

(b) Δ_Y를 이용하여 $\mathbf{V}_2$를 구하라.

3. 그림 16.33에 보인 수동 회로망이 있다.
   (a) 3개의 메쉬방정식을 구하라.
   (b) $\Delta_{\mathbf{Z}}$를 구하라.
   (c) 입력 임피던스를 구하라.

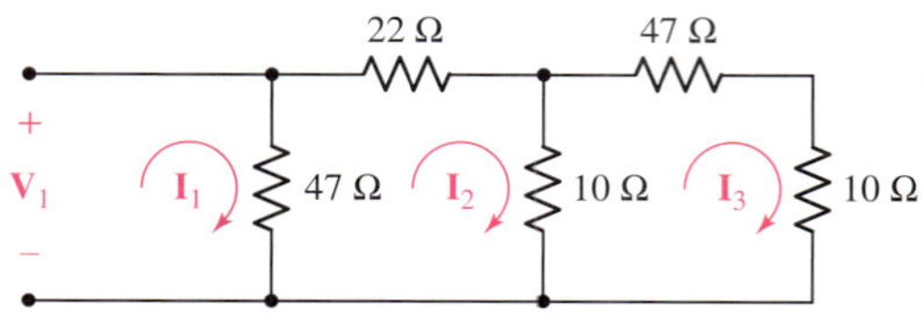

그림 16.33

4. 그림 16.34에 보인 회로망에서 $\Delta_{\mathbf{Z}}$를 구한 후, 입력 임피던스를 구하라.

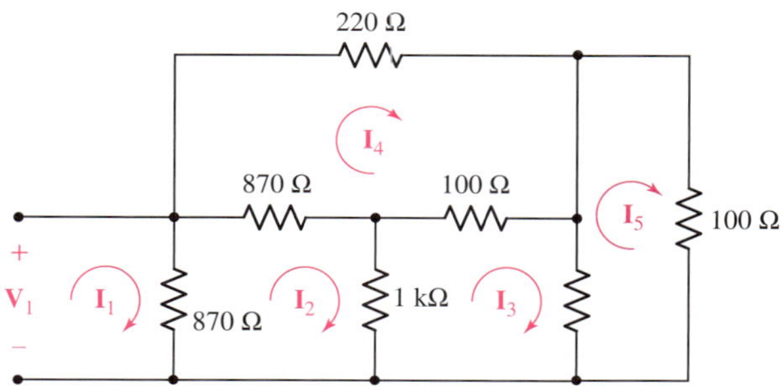

그림 16.34

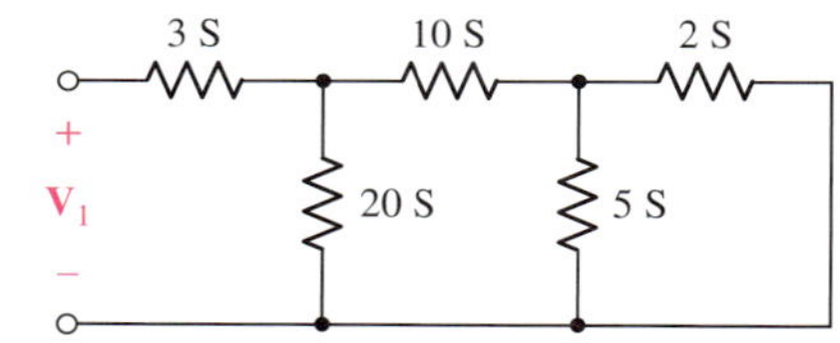

그림 16.35

5. 그림 16.35의 회로에서 아래 마디를 기준 마디로 하고 3, 10, 20 S가 연결된 마디의 전압을 $\mathbf{V}_2$, 나머지 마디의 전압을 $\mathbf{V}_3$라 한다.
   (a) 3개의 마디방정식을 세워라.
   (b) $\Delta_{\mathbf{Y}}$를 구하라.
   (c) 입력 어드미턴스를 구하라.

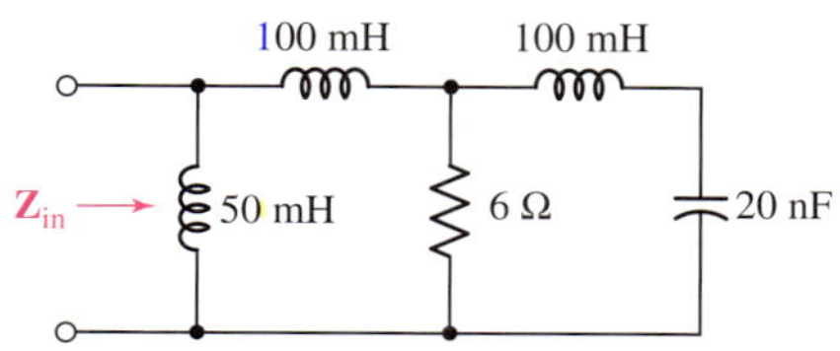

그림 16.36

6. 그림 16.36의 회로에서 ω의 값이 다음과 같을 때, 회로망에 대한 $\Delta_{\mathbf{Z}}$와 $\mathbf{Z}_{\text{in}}$을 구하라.
   (a) 1 rad/s
   (b) 320 krad/s

7. 그림 16.36의 1포트 회로망에서 $\omega = 100\pi$ rad/s이다.
   (a) $\Delta_{\mathbf{Y}}$와 ω에서의 입력 어드미턴스 $\mathbf{Y}_{\text{in}}(\omega)$를 구하라.
   (b) 크기 100 A, 주파수 100π rad/s, 위상이 $0°$인 정현파 전류원이 회로망에 연결되어 있다. 전류원에 걸리는 전압을 구하라(페이저로 표현할 것).

8. 저항 전압에 의해 조절되는 종속 전류원을 포함한 그림 16.37의 1포트 회로망에서

(a) $\Delta_{\mathbf{Z}}$를 구하라.

(b) $\mathbf{Z}_{\text{in}}$을 구하라.

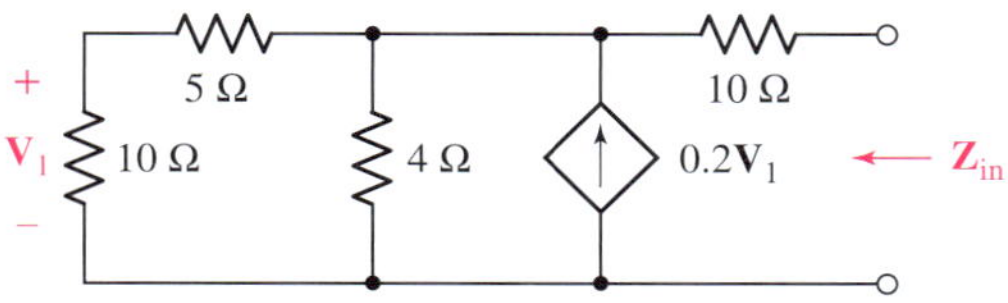

그림 16.37

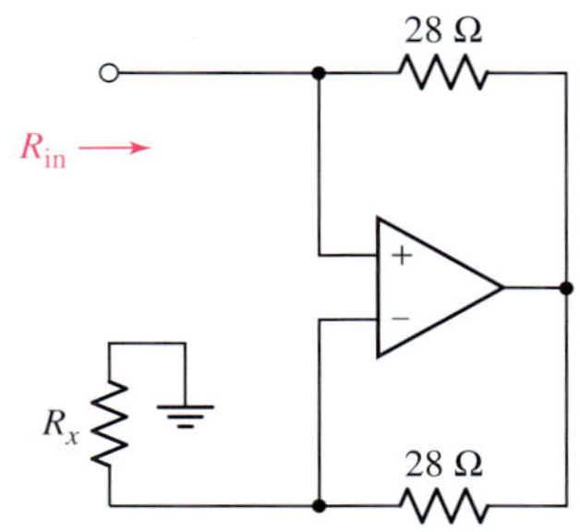

그림 16.38

9. 그림 16.38과 같은 이상적인 연산 증폭기 회로가 있다. 입력 임피던스는 연산 증폭기의 양의 입력 단자와 접지 사이에서 바라본 임피던스이다.

(a) 1포트 회로망에 대해서 적당한 마디 방정식을 세워라.

(b) R_{in}의 표현식을 구하라. 답이 기대하지 않았던 것인가? 그 이유는 무엇인가?

10. (a) 그림 16.39의 회로에서 연산 증폭기가 이상적일 때($R_i = \infty$, $R_o = 0$, $A = \infty$), $\mathbf{Z}_{\text{in}}$을 구하라.

(b) $R_1 = 4\ \text{k}\Omega$, $R_2 = 10\ \text{k}\Omega$, $R_3 = 10\ \text{k}\Omega$, $R_4 = 1\ \text{k}\Omega$, $C = 200\ \text{pF}$이다. $L_{\text{in}} = 0.8\ \text{mH}$일 때, $\mathbf{Z}_{\text{in}} = j\omega L_{\text{in}}$을 구하라.

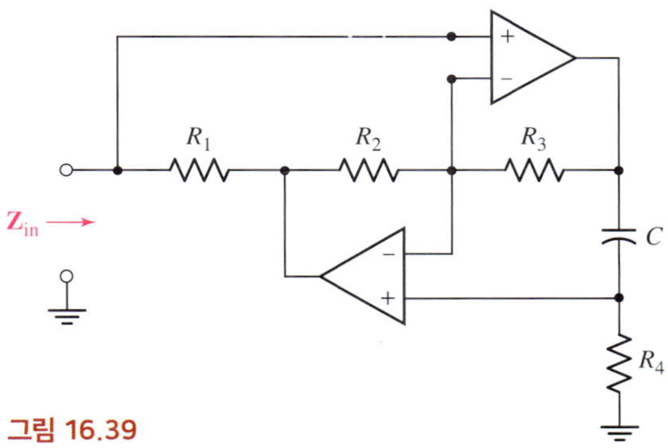

그림 16.39

16.2 어드미턴스 정수

11. 그림 16.40에 보인 2포트 회로망에서 **y** 정수를 모두 구하라.

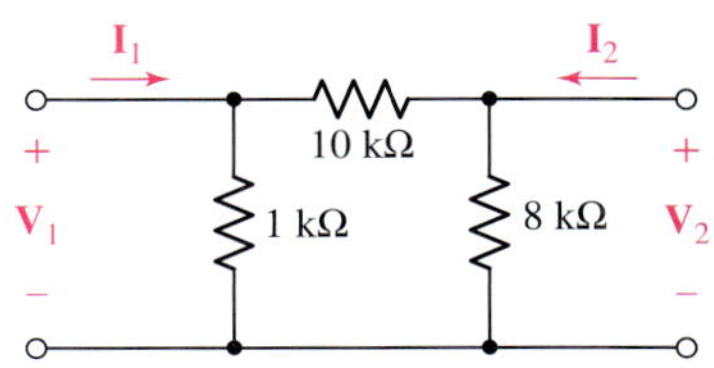

그림 16.40

12. (a) 그림 16.41의 2포트 회로망에서 단락회로 어드미턴스 정수를 구하라.

(b) $\mathbf{V}_1 = 3\ \text{V}$, $\mathbf{V}_2 = -2\ \text{V}$일 때, (a)에서 구한 답을 이용하여 $\mathbf{I}_1$ 및 $\mathbf{I}_2$를 구하라.

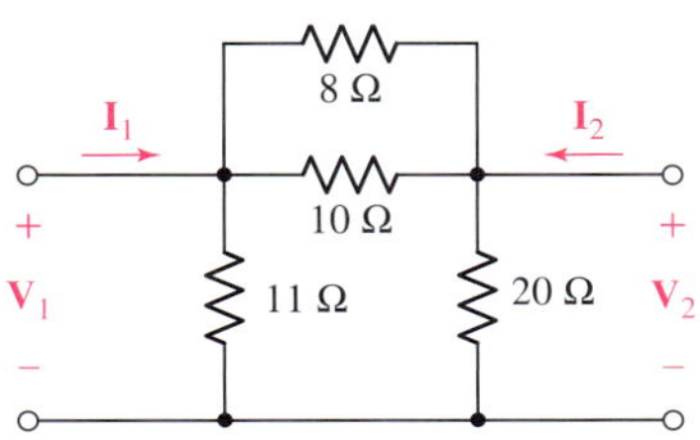

그림 16.41

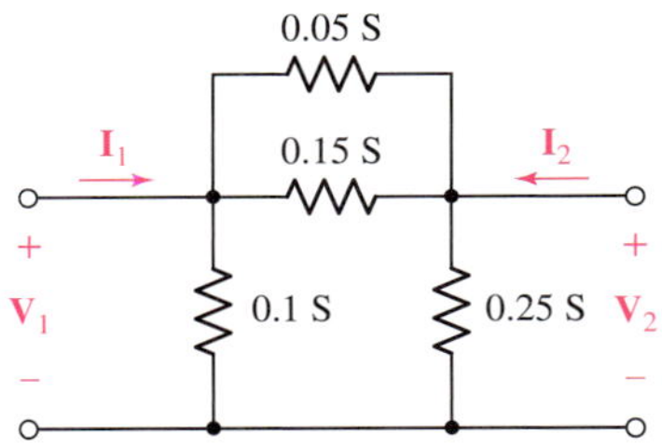

그림 16.42

13. (a) 그림 16.42의 2포트 회로망에서 **y** 파라미터를 구하라.
    (b) 그림 16.42에서 아래 마디를 기준 마디로 할 때, 마디해석법을 적용하여 $\mathbf{I}_1$ 및 $\mathbf{I}_2$를 $\mathbf{V}_1$ 및 $\mathbf{V}_2$의 항으로 나타내어라. 그리고 이 식을 어드미턴스 행렬식으로 표현하라.
    (c) $\mathbf{V}_1 = 2\mathbf{V}_2 = 10$ V일 때, 100 mS 컨덕턴스에서 소비되는 전력을 구하라.

14. 그림 16.43의 2포트 회로망을 나타내는 모든 **y** 파라미터를 구하라.

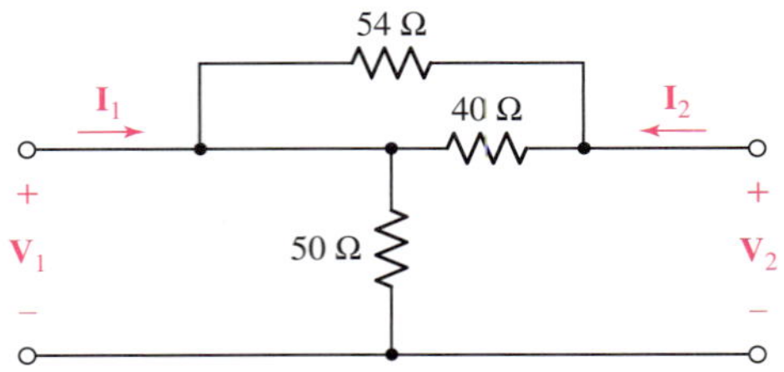

그림 16.43

15. 그림 16.44의 회로는 그림 16.40의 2포트 회로망에 한쪽은 수동 1포트를 연결하고, 다른 한 쪽은 전압원과 저항이 직렬로 연결된 1포트를 연결한 것이다.
    (a) 2포트 회로망을 나타내는 어드미턴스 파라미터를 구하라. (힌트: 2포트를 그리고, 각 포트의 전압 및 전류를 나타내는 변수를 정한다.)
    (b) (a)의 결과를 이용하여 수동 1포트에서 소비되는 전력을 구하라.

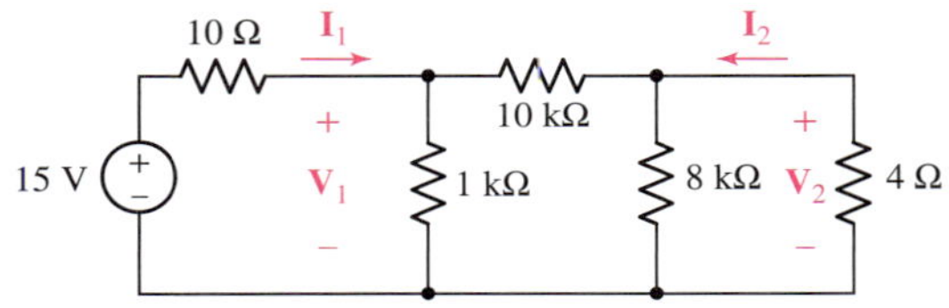

그림 16.44

16. 그림 16.44의 10 Ω 저항을 1 kΩ으로, 15 V 전원을 9 V 전원으로, 4 Ω 저항을 4 kΩ 저항으로 대치한다.
    (a) 1 kΩ, 10 kΩ, 8 kΩ 저항으로 구성된 2포트의 모든 어드미턴스 파라미터를 구하라. (힌트: 2포트를 그리고, 각 포트의 전압 및 전류를 나타내는 변수를 정한다.)
    (b) (a)의 결과를 이용하여 수동 1포트에서 소비되는 전력을 구하라.

17. 그림 16.45의 2포트 회로에 대한 어드미턴스 파라미터를 구하라.

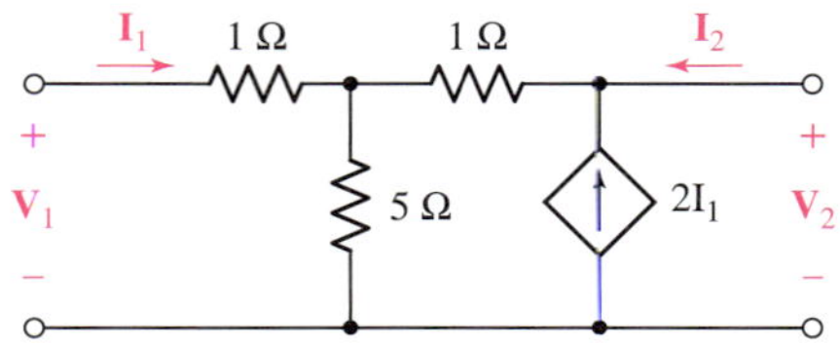

그림 16.45

18. 그림 16.46에 보인 회로망의 **y** 파라미터를 구하고, 이를 이용하여 다음의 각 경우에 $\mathbf{I}_1$ 및 $\mathbf{I}_2$ 를 구하라.

(a) $\mathbf{V}_1 = 0$, $\mathbf{V}_2 = 1$ V

(b) $\mathbf{V}_1 = -8$ V, $\mathbf{V}_2 = 3$ V

(c) $\mathbf{V}_1 = \mathbf{V}_2 = 5$ V

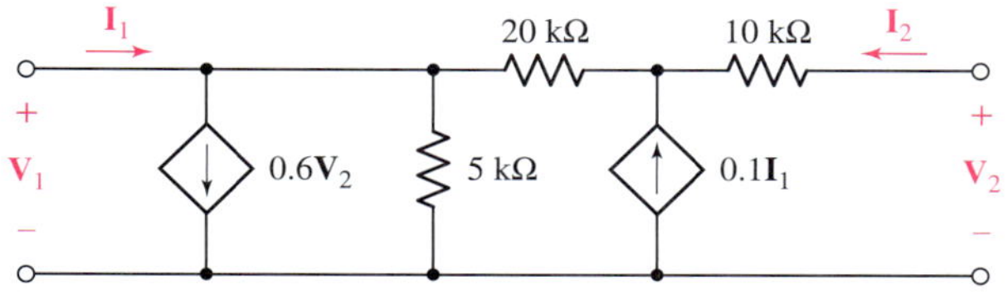

그림 16.46

19. 그림 16.47의 회로망에서 적당한 방법으로 **y** 파라미터를 구하라.

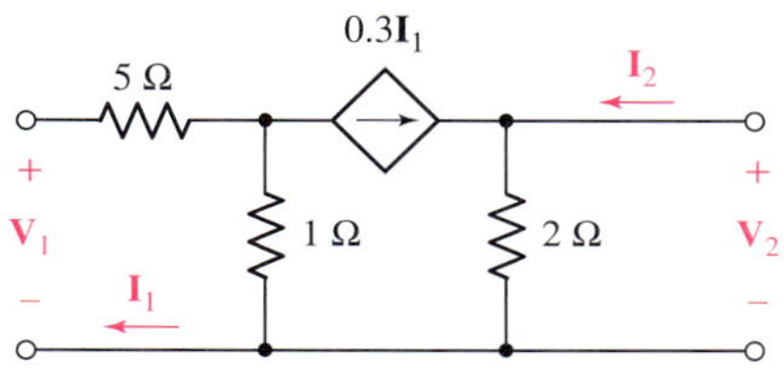

그림 16.47

20. 3단자 비선형 소자인 금속산화 반도체 전계효과 트랜지스터(MOSFET)는 많은 전자공학 응용분야에서 사용되며 **y** 파라미터로 나타내는 경우도 종종 있다. ac 파라미터는 측정조건에 따라 많이 좌우되는데 보통 y_{is}, y_{rs}, y_{fs}, y_{os}로 나타내며 다음과 같이 이용된다.

$$I_g = y_{is}V_{gs} + y_{rs}V_{ds} \qquad [49]$$

$$I_d = y_{fs}V_{gs} + y_{os}V_{ds} \qquad [50]$$

여기서 I_g는 트랜지스터의 게이트 전류이고, I_d는 트랜지스터의 드레인 전류이다. 그리고 셋째 단자인 소스 단자는 측정하는 동안 입력과 출력의 공통 단자가 된다. 따라서 V_{gs}는 게이트와 소스 간의 전압이고, V_{ds}는 드레인과 소스 간의 전압이 된다. MOSFET의 특성을 대략적으로 표현하는데 이용되는 전형적인 고주파수 모델은 그림 16.48과 같다.

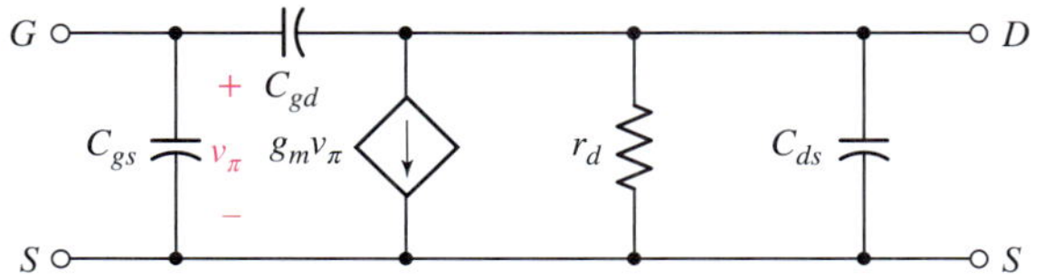

그림 16.48

(a) 위의 설명에 따르면 트랜지스터의 어느 단자가 입력으로 사용되고, 어느 단자가 출력으로 사용되는가?

(b) 식 [49] 및 [50]으로 정의된 파라미터 y_{is}, y_{rs}, y_{fs}, y_{os}를 그림 16.48과 같은 모델의 파라미터 C_{gs}, C_{gd}, g_m, r_d, C_{ds}의 항으로 표현하라.

(c) $g_m = 4.7$ mS, $C_{gs} = 3.4$ pF, $C_{gd} = 1.4$ pF, $C_{ds} = 0.4$ pF, $r_d = 10$ kΩ 일 때, y_{is}, y_{rs}, y_{fs}, y_{os}를 구하라.

16.3 등가 회로망

21. 그림 16.49의 2포트 회로망에서

(a) 입력 저항을 구하라.

(b) 1 A 전류원을 병렬로 연결할 때, 회로망에 의해 소비되는 전력을 구하라.

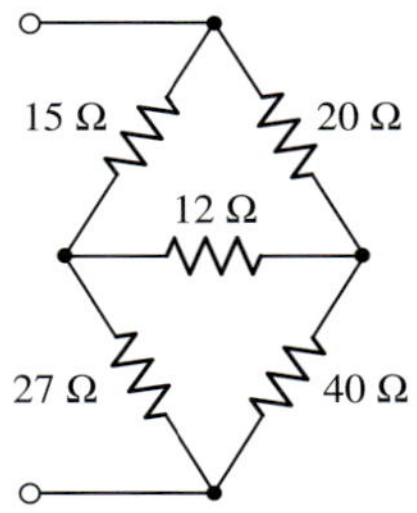

그림 16.49

22. 그림 16.50의 회로망에 대해서 Δ결선은 Y결선으로, Y결선은 Δ결선으로 바꾸라.

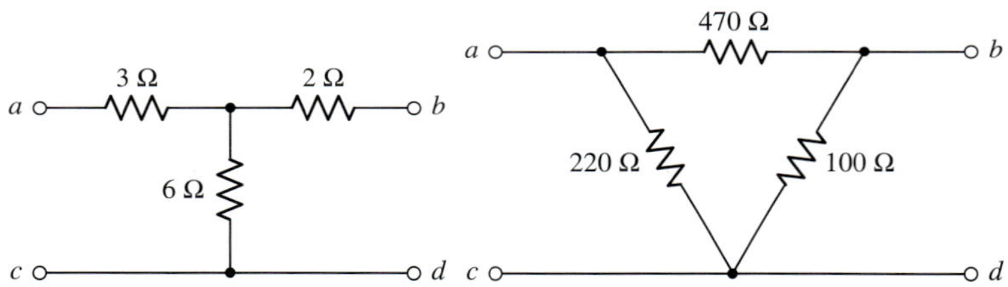

그림 16.50

23. ω가 다음과 같을 때, 그림 16.51에 보인 1포트의 입력 임피던스 $\mathbf{Z}_{in}$을 구하라.

(a) 50 rad/s

(b) 1000 rad/s

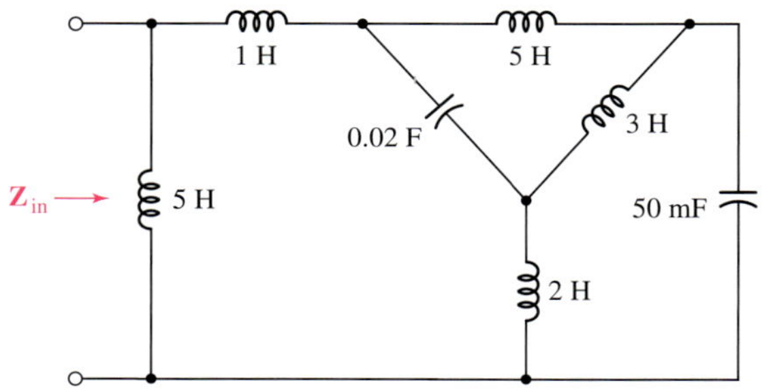

그림 16.51

24. ω가 다음과 같을 때, 그림 16.52에 보인 1포트의 입력 임피던스 $\mathbf{Z}_{in}$을 구하라.

(a) 50 rad/s

(b) 1000 rad/s

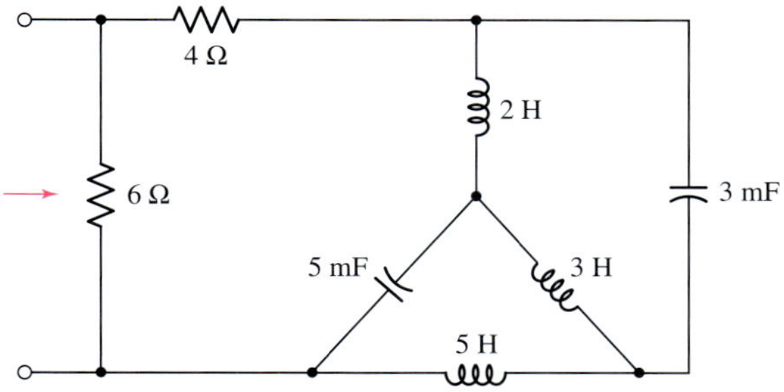

그림 16.52

25. Δ–Y 변환을 이용하여 그림 16.53에 보인 1포트의 입력 저항 R_{in}을 구하라.

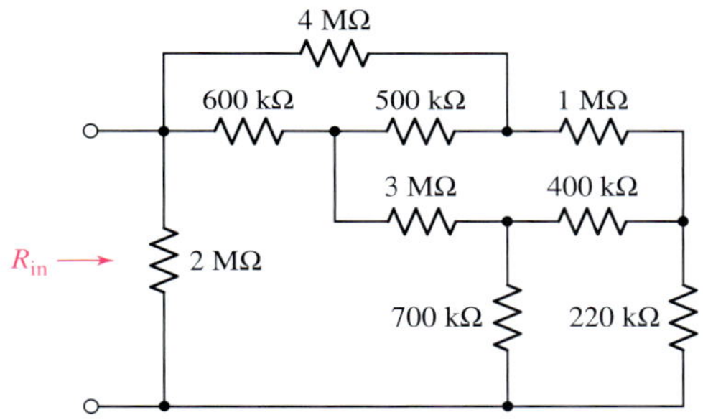

그림 16.53

26. 적당한 방법을 이용하여 그림 16.54의 1포트 회로망의 입력 저항을 구하라.

27. (a) 그림 16.43의 회로망을 그림 16.13*a*와 같은 회로망으로 모델링하고자 한다. 정수값을 구하라.

(b) 각 회로망의 왼쪽 끝에 1 A의 전류원을 달고 오른쪽 끝에 2 Ω의 저항을 연결한 후, 이 저항에서 소비되는 전력을 계산하여 두 회로망이 서로 등가임을 확인하라.

28. (a) 적당한 정수값을 선택하면 그림 16.13*b*의 회로망은 그림 16.43의 회로망과 등가이다. (a) 필요한 정수값을 구하라.

(b) 각 회로망의 왼쪽 끝에 10 mA의 전류원을 달고, 오른쪽 끝($\mathbf{V}_2$ 단자)에 1 Ω의 저항을 연결한 후, $\mathbf{I}_1$, $\mathbf{V}_1$, $\mathbf{I}_2$ 및 $\mathbf{V}_2$가 두 회로망에서 서로 같음을 보여서 두 회로망이 등가임을 증명하라.

29. 그림 16.43의 회로망을 그림 16.13*c*와 같이 모델링하여 등가 회로망을 만들 때, 필요한 3개의 파라미터 값들을 구하라. 적절한 컴퓨터 시뮬레이션을 이용하여 두 회로망이 서로 등가임을 증명하라. (힌트: 적당한 전원과 부하를 연결한다.)

30. 그림 16.13에서 적당한 정수값을 선택하면 그림 16.47에 보인 회로망을 다른 형태의 2포트 회로망으로 만들 수 있다.

(a) 그런 등가 회로망을 만들어라.

(b) 적절한 컴퓨터 시뮬레이션을 이용하여 두 회로망이 서로 등가임을 증명하라. (힌트: 적당한 전원과 부하를 연결한다.)

31. 그림 16.55의 2포트에서 $\mathbf{y} = \begin{bmatrix} 0.1 & -0.05 \\ -0.5 & 0.2 \end{bmatrix}$이다. 다음을 구하라.

(a) $\mathbf{G}_V$ (b) $\mathbf{G}_I$ (c) G_P (d) $\mathbf{Z}_{\text{in}}$ (e) $\mathbf{Z}_{\text{out}}$

(f) $\mathbf{V}_s = 0$으로 하고, R_L을 제거하였을 때의 $\mathbf{V}_1/\mathbf{V}_2$를 역 전압 이득 $G_{v,\text{rev}}$로 정의한다. $G_{v,\text{rev}}$를 구하라.

(g) 삽입 전력 이득 G_{ins}는 2포트의 $P_{5\Omega}$과 점퍼에 의해서 각 입력 단자가 해당 출력 단자에 연결된 2포트의 $P_{5\Omega}$의 비로 정의된다. G_{ins}를 구하라.

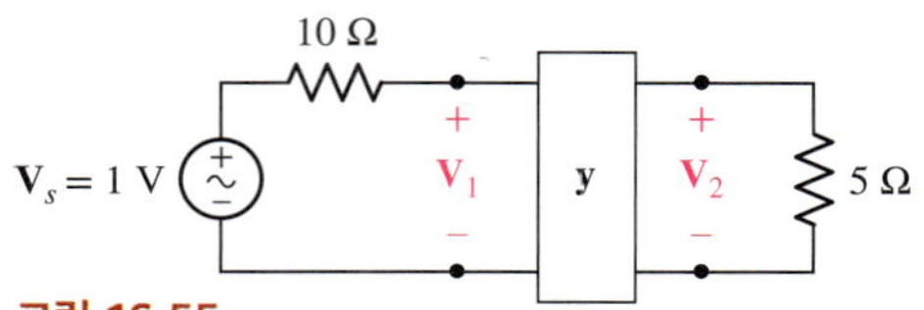

그림 16.55

16.4 임피던스 파라미터

32. 다음 **z** 파라미터를 **y** 파라미터로, **y** 파라미터를 **z** 파라미터로 변환하라.

$$\mathbf{z} = \begin{bmatrix} 2 & 3 \\ 5 & 2 \end{bmatrix} \Omega \quad \mathbf{z} = \begin{bmatrix} 100 & 37 \\ 25 & 90 \end{bmatrix} \Omega$$

$$\mathbf{y} = \begin{bmatrix} 1 & 5 \\ 6 & 3 \end{bmatrix} \text{S} \quad \mathbf{y} = \begin{bmatrix} 1 & 2 \\ -1 & 3 \end{bmatrix} \text{S}$$

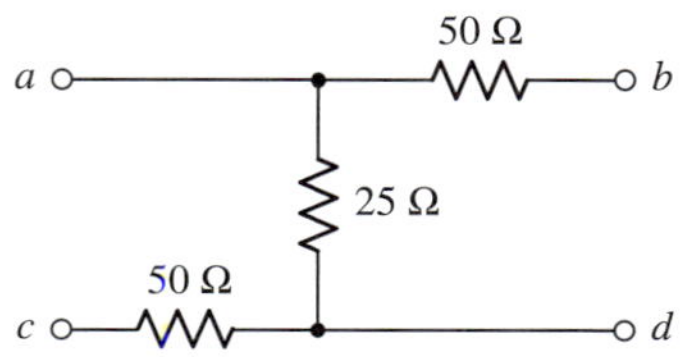

그림 16.56

33. 그림 16.56의 회로망에서 모든 **z** 파라미터를 구하라.

34. 그림 16.56의 회로망에서 단자 b와 d 사이에 10Ω 저항을 연결하였고, 주파수가 100 Hz인 6 mA 정현파 전류원을 50 Ω 저항과 병렬로 하여 단자 a와 c 사이에 연결하였다. 전압, 전류, 전력 이득, 입력 임피던스 및 출력 임피던스를 구하라.

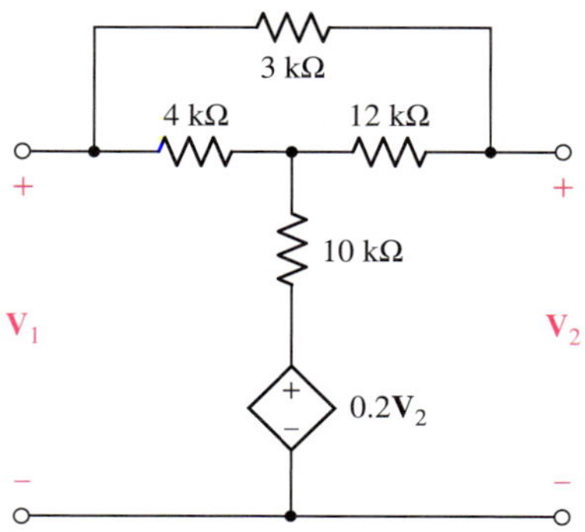

그림 16.57

35. 그림 16.50의 2포트 회로망이 직렬로 연결되어 있다.

(a) 각 회로망의 **z** 파라미터를 먼저 구한 후, 직렬 연결된 회로망의 임피던스 파라미터를 구하라.

(b) 각 회로망이 직렬 대신 병렬로 연결되었다. 각 회로망의 **y** 파라미터를 구한 후, 병렬 연결된 회로망의 어드미턴스 파라미터를 구하라.

(c) (a)의 답과 표 16.1을 이용하여 (b)의 답을 증명하라.

36. (a) 적당한 방법으로 그림 16.57의 회로망을 나타내는 임피던스 파라미터를 구하라.

(b) 1 kΩ과 직렬로 연결된 1 V 전원을 전원의 음의 단자가 회로망의 공통 단자에 연결되도록 왼쪽 단자에 연결하고, 5 kΩ의 부하를 오른쪽 단자에 연결하였다. 전류, 전압, 전력 이득을 구하라.

37. 그림 16.58에 보인 2포트의 임피던스 파라미터를 구하라.

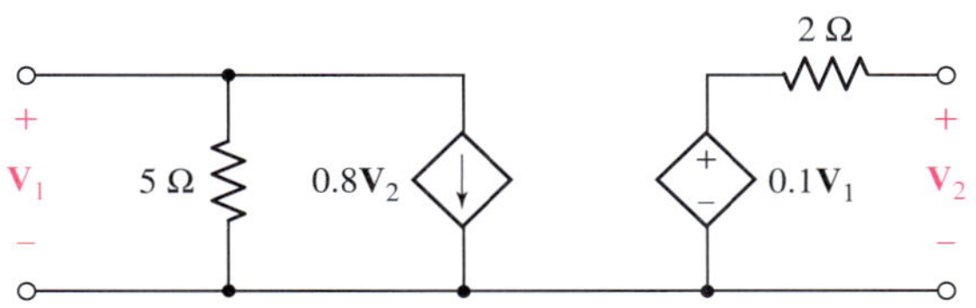

그림 16.58

38. 그림 16.59의 2포트 회로망에 대해서 임피던스 파라미터 및 어드미턴스 파라미터를 구하라.

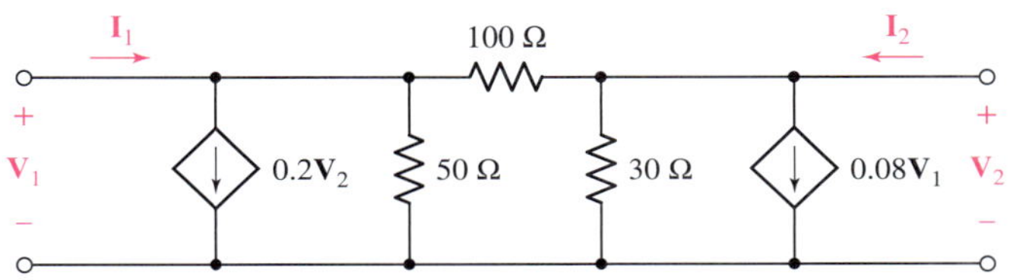

그림 16.59

39. 그림 16.60에 높은 주파수에서의 트랜지스터 등가회로를 보였다. $\omega = 10^8$ rad/s 에서 4개의 **z** 파라미터를 구하라.

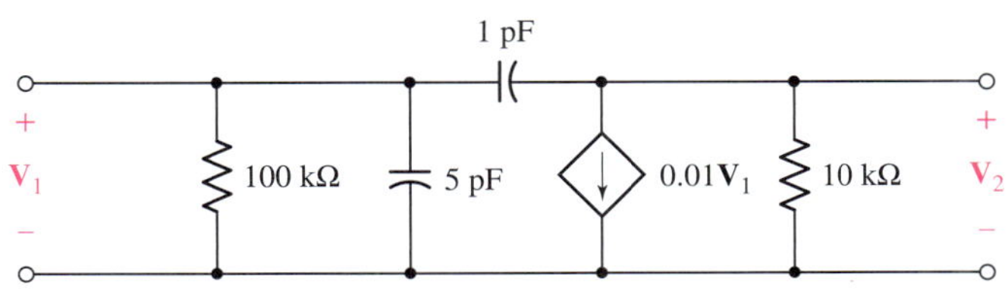

그림 16.60

16.5 하이브리드 파라미터

40. 그림 16.56의 순 저항 회로망에서 적당히 1 V, 1 A를 연결하고 필요한 경우 회로를 단락하여 **h** 파라미터를 구하라.

41. (a) 그림 16.61의 2포트에서 **h** 파라미터를 구하라.

(b) 양쪽의 저항들이 1 Ω일 때, 왼쪽 방향 회로망에 대해서 반복하라.

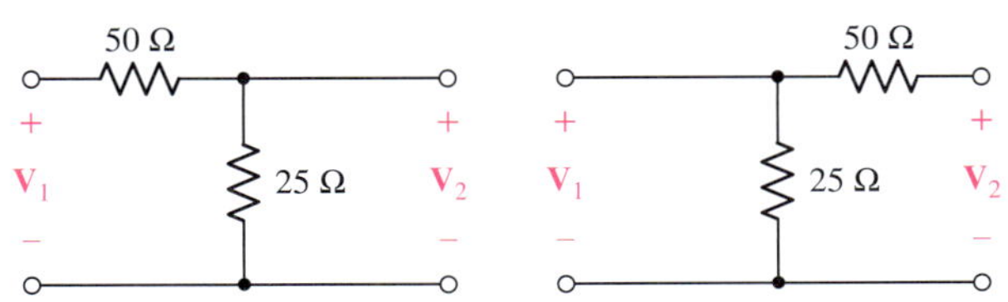

그림 16.61

42. 어떤 2포트의 **h** 파라미터는 $\mathbf{h} = \begin{bmatrix} 2\ \text{k}\Omega & -3 \\ 5 & 0.01\ \text{S} \end{bmatrix}$일 때, 다음을 구하라.

(a) **z** (b) **y**

43. 어느 2포트의 하이브리드 파라미터는 $\mathbf{h} = \begin{bmatrix} 75\ \Omega & -2 \\ 5 & 0.1\ \text{S} \end{bmatrix}$이다. 17 Ω의 저항이 다음의 입력 단자에 병렬로 연결될 때, 새로운 **h** 파라미터를 구하라.

44. 쌍극 접합 트랜지스터가 이미터 공통 결선으로 연결되어 있고 **h** 파라미터는 $\mathbf{h}_{11} = 5\ \text{k}\Omega$, $\mathbf{h}_{12} = 0.55 \times 10^{-4}$, $\mathbf{h}_{21} = 300$, $\mathbf{h}_{22} = 39\ \mu\text{S}$이다.

(a) **h**를 행렬 형식으로 표현하라.

(b) 소신호 전류 이득을 구하라.

(c) 출력 저항은 몇 kΩ인가?

(d) 주파수가 100 rad/s이고 진폭 5 mV인 정현파 전압원을 100 Ω 저항과 직렬로 하여 입력 단자에 연결하였다. 출력 단자 사이에서 나타나는 첨두(peak) 전압을 구하라.

45. 그림 16.62의 회로에서 중심적인 역할을 하는 2포트의 하이브리드 파라미터는 $\mathbf{h} = \begin{bmatrix} 1\ \Omega & -1 \\ 2 & 0.5\ \text{S} \end{bmatrix}$이다. $\mathbf{I}_1$, $\mathbf{I}_2$, $\mathbf{V}_1$ 및 $\mathbf{V}_2$를 구하라.

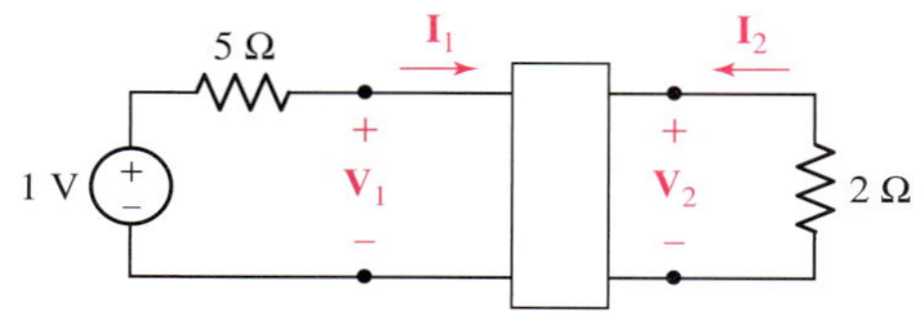

그림 16.62

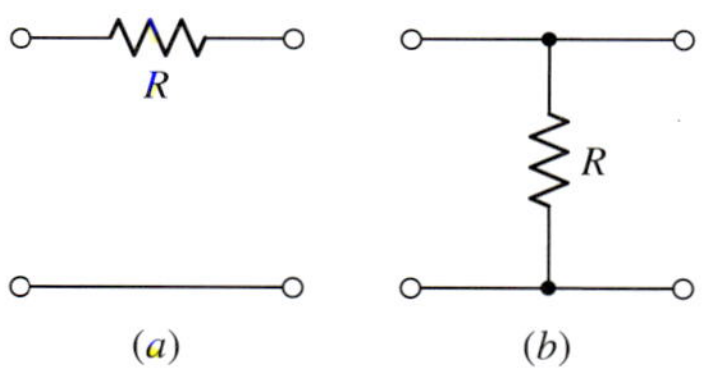

그림 16.63

46. 그림 16.61의 두 회로망이 그림 16.22에 보인 것처럼 직렬 연결되어 있다(그림 16.61의 왼쪽 회로망이 회로망 *A*이다). 이 직렬 연결의 새로운 **h** 파라미터를 구하라.

47. 그림 16.61의 두 회로망이 입력 단자는 입력단자끼리, 출력 단자는 출력 단자끼리 묶여서 병렬로 연결되어 있다. 이 병렬 연결의 새로운 **h** 파라미터를 구하라.

48. 그림 16.63에 보인 2개의 2포트에 대한 **y**, **z**, **h**를 구하라. 만약 어느 정수가 무한대이면 그 파라미터 구하기를 중지하고 다음 파라미터를 구하면 된다.

49. (a) 그림 16.64의 2포트에 대해서 **h**를 구하라.

(b) 입력에 $\mathbf{V}_s$와 $R_s = 200\ \Omega$이 직렬로 연결되었을 때 $\mathbf{Z}_{\text{out}}$을 구하라.

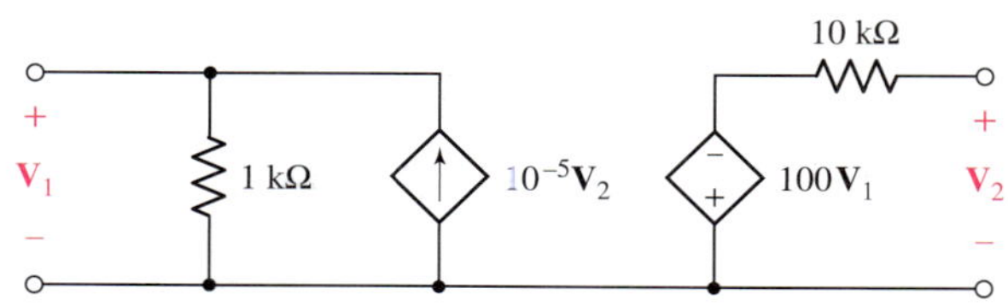

그림 16.64

16.6 전송 파라미터

50. (a) 그림 16.9의 2포트에 대해 적당한 메쉬방정식을 이용하여 *ABCD* 행렬을 구하라.

(b) 구한 답을 **h**로 변환하라.

51. (a) 그림 16.57의 회로망에 대하여 적당한 메쉬방정식을 세워서 **t** 파라미터를 구하라.

(b) 전류 $\mathbf{I}_1$ 및 $\mathbf{I}_2$가 각각 $\mathbf{V}_1$ 및 $\mathbf{V}_2$의 (+) 단자로 흘러 들어간다. $\mathbf{I}_1 = 2\mathbf{I}_2 = 3$ mA일 때, 전압을 구하라.

52. 다음과 같은 행렬이 있을 때, 다음을 구하라.

$$\mathbf{a} = \begin{bmatrix} 5 & 2 \\ 4 & 1 \end{bmatrix} \qquad \mathbf{b} = \begin{bmatrix} 1.5 & 1 \\ 1 & 0.5 \end{bmatrix} \qquad \mathbf{c} = \begin{bmatrix} -4 \\ 2 \end{bmatrix}$$

(a) $\mathbf{a} \cdot \mathbf{b}$ (b) $\mathbf{b} \cdot \mathbf{a}$ (c) $\mathbf{a} \cdot \mathbf{c}$ (d) $\mathbf{b} \cdot \mathbf{c}$ (e) $\mathbf{b} \cdot \mathbf{a} \cdot \mathbf{c}$ (f) $\mathbf{a} \cdot \mathbf{a}$

53. 다음은 두 회로망의 임피던스 행렬이다.

$$\mathbf{z}_1 = \begin{bmatrix} 4 & 5 \\ 8 & 1 \end{bmatrix} \Omega \quad \text{그리고} \quad \mathbf{z}_2 = \begin{bmatrix} 1.1 & 2.2 \\ 0.89 & 1.8 \end{bmatrix} \Omega$$

(a) 회로망 1의 출력에 회로망 2를 종속으로 연결하였을 때 **t** 행렬을 구하라.

(b) 연결 순서를 바꾸었을 때, 새로운 **t** 행렬을 구하라.

54. 그림 16.65의 2포트는 3개의 2포트 *A*, *B* 및 *C*가 종속으로 연결된 것으로 볼 수 있다.

(a) 각 회로망의 **t**를 구하라.

(b) 종속으로 연결된 회로망의 **t**를 구하라.

(c) 가운데 두 마디의 전압을 각각 V_x 및 V_y라 하고 마디방정식을 세워서 마디방정식으로부터 어드미턴스 파라미터를 구하고 표 16.1을 이용해서 **t** 파라미터로 변환하여 답을 검증하라.

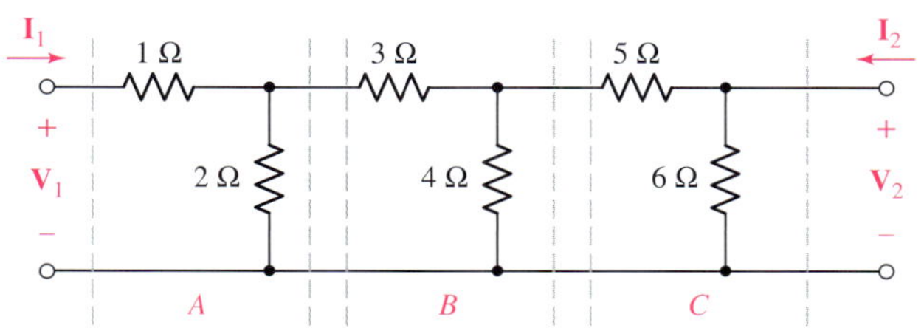

그림 16.65

55. 그림 16.61의 2개의 분리된 2포트를 고려한다. 다음의 경우에 종속으로 연결된 회로망의 *ABCD* 행렬을 구하라.

(a) 왼쪽 회로망의 출력을 오른쪽 회로망의 입력에 연결

(b) 오른쪽 회로망의 출력을 왼쪽 회로망의 입력에 연결

56. (a) 그림 16.58의 2포트에 대해서 **t** 파라미터를 구하라.

(b) 30 Ω 저항이 직렬로 연결된 실제 전압원을 회로망의 입력 단자에 연결하였을 때 $\mathbf{Z}_{\text{out}}$을 구하라.

57. 그림 16.56의 회로망 3개를 종속으로 연결하였다. 결과를 완전히 나타내는 매개변수 **t** 파라미터를 구하라.

58. (a) 그림 16.66*a*, *b* 및 *c*에 보인 회로망에 대해 $\mathbf{t}_a$, $\mathbf{t}_b$ 및 $\mathbf{t}_c$를 구하라.

(b) 2포트를 종속으로 연결하는 법칙을 이용하여 그림 16.66*d*의 회로망에 대한 **t**를 구하라.

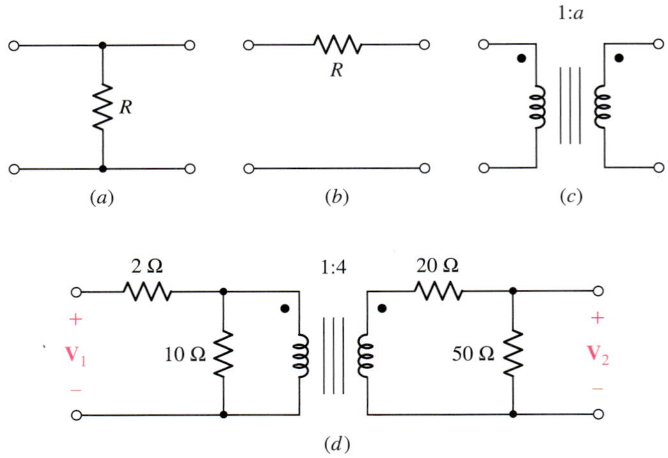

그림 16.66

통합문제

59. (a) 그림 16.67의 회로망에 대하여 적당한 방정식을 세우거나 혹은 메쉬/마디 방정식을 세워서 **y**, **z**, **h** 및 **t** 파라미터를 구하라.

(b) 표 16.1의 관계식을 이용하여 답을 검증하라.

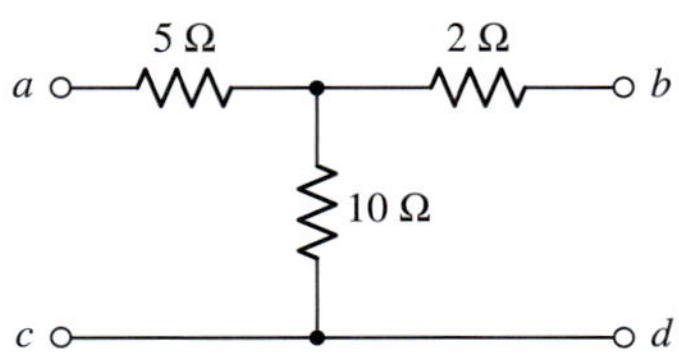

그림 16.67

60. 그림 16.67의 회로망 4개를 *a*는 *a*끼리, *b*는 *b*끼리, *c*는 *c*끼리, *d*는 *d*끼리 연결하였다. 병렬 연결된 회로망의 **y**, **z**, **h** 및 **t** 파라미터를 구하라.

61. 그림 16.67에 보인 2포트 4개를 종속으로 연결하여 12-소자 회로망을 만들었다. 회로망의 **y**, **z**, **h** 및 **t** 파라미터를 구하라.

62. $ABCD$ 행렬의 개념은 전기회로 이외의 시스템에도 적용할 수 있다. 예를 들어 광학 시스템에서 광선 추적 계산에도 이용된다. 빛의 입력 및 출력 평면은 xy 평면이고, 빛의 휨 현상은 z축으로 설명한다. 광선은 θ_{in}의 각도로 광선의 축으로부터 거리 $x = r_{in}$되는 입력 평면을 가로질러 들어온다. 출력 평면을 가로질러 나가는 빛에 대해 정수 r_{out} 및 θ_{out}을 $ABCD$ 파라미터로 표현하면 다음과 같다.

$$\begin{bmatrix} r_{out} \\ \theta_{out} \end{bmatrix} = \begin{bmatrix} A & B \\ C & D \end{bmatrix} \begin{bmatrix} r_{in} \\ \theta_{in} \end{bmatrix}$$

각 광 소자(예를 들면 거울, 렌즈, 자유공간에서의 전달)는 자기 고유의 $ABCD$ 행렬을 갖고 있다. 빛이 여러 소자를 거치면 최종적인 영향은 각 $ABCD$ 행렬을 (적당한 순서로) 종속한 것과 같다.

(a) 식 [32]에서 [35]와 같은 방법으로 A, B, C 및 D에 대한 표현을 구하라.

(b) 평면 거울에서 완전히 반사되는 경우 $ABCD$ 행렬은 $\begin{bmatrix} 1 & 0 \\ 0 & 1 \end{bmatrix}$이다. 거울의 방위를 잘 고려하여 들어가는 빛과 나가는 빛을 따라 시스템을 그려라.

63. 문제 62를 계속하자면 자유 공간에서 거리 d만큼 전달되는 빛의 특성을 $ABCD$ 행렬 $\begin{bmatrix} 1 & d \\ 0 & 1 \end{bmatrix}$로 나타낼 수 있다.

(a) 거리 d인 하나의 $ABCD$ 행렬을 사용하거나, 혹은 거리가 $d/2$인 행렬 2개를 종속으로 연결하거나 같은 (r_{out}, θ_{out})을 얻게 됨을 보여라.

(b) A, B, C 및 D의 단위는 각각 무엇인가?

(c) 얇은 렌즈는 $ABCD$ 행렬 $\begin{bmatrix} 1 & 0 \\ -\frac{1}{f} & 1 \end{bmatrix}$로 적절히 나타낼 수 있다. 들어오는 빛이 $r_{in} = 1$ cm, $\theta_{in} = 12°$, and $f = 10$으로 주어진다면, r_{out} and θ_{out}를 계산하라.

17 푸리에 회로 해석

Design elements: Cockpit: ©Purestock/SuperStock; Wind Turbins: ©Russell Illig/Getty Images; Circuit Board: ©Shutterstock

서론

이 장에서는 시간 및 주파수 영역에서 주기 함수가 회로 해석에 어떻게 이용되는지 계속하여 다룬다. 특히 주기적인 구동 함수를 다루는데 이 함수는 실험실에서 만들 수 있는 함수들의 특징인 어떤 수학적인 제한 조건을 만족시킨다. 이러한 함수들은 고조파의 관계를 갖는 무한 개의 사인 함수와 코사인 함수의 합으로 표현될 수 있다. 그러므로 각 정현파 성분의 강제 응답은 정현파 정상 상태 해석에 의해서 쉽게 결정될 수 있고, 일반적인 주기 구동함수에 대한 선형 회로망의 응답은 부분적인 응답의 중첩으로 얻을 수 있다.

푸리에 급수는 통신을 포함하여 많은 응용 분야에서 몹시 중요한 주제이다. 회로를 해석하는 데 푸리에 방법을 이용하는 것은 오랜 시간에 걸쳐서 하나의 유행처럼 되었다. 요즈음에 와서는 펄스 변조 전원을 이용하는 장치(예를 들면 컴퓨터)가 많이 증가했는데 이러한 전원 장치나 전력 전자에서는 물론 심지어는 커다란 발전소에서도 고조파는 심각한 문제로 대두되었다. 이러한 문제들을 이해하고 가능한 답을 구하는 것은 푸리에 해석을 이용해서만 할 수 있다.

중요한 개념

- 삼각 함수의 합으로 주기 함수 표현
- 고조파 주파수
- 짝 대칭 및 홀 대칭
- 반파 대칭
- 푸리에 급수의 복소수형
- 이산 선 스펙트럼
- 푸리에 변환
- 푸리에 급수 및 푸리에 변환 기법을 이용한 회로 해석
- 주파수 영역에서 시스템 응답과 컨벌루션

17.1 푸리에 급수의 삼각 함수형

임의의 구동 함수에 대한 선형 회로의 완전 응답은 **강제 응답**과 **고유 응답**의 합으로 이루어진다. 고유 응답은 시간 영역에서도 다루었고(7, 8, 9장), 주파수 영역에서도 다루었다(14, 15장). 강제 응답도 이미 여러 가지 방법으로 다루었는데 10장에서의 페이저를 기반으로 한 방법도 포함된다. 이미 배운 바와 같이 어떤 경우에는 고유 응답만 필요한 경우도 있고, 어떤

경우에는 강제 응답만 필요한 경우도 있으며, 또 어떤 경우에는 두 가지 응답이 모두 필요하여 완전 응답이 필요한 경우도 있다. 이 절에서는 정현파 강제 응답에 관심을 두면서 일반적인 주기 함수를 어떻게 정현파들의 합으로 표현할 수 있는지 살펴본다. 그리고 나중에 이러한 방법을 회로 해석에 적용하게 된다.

고조파

일반적인 주기 함수를 사인 함수와 코사인 함수의 무한 급수로 나타낼 수 있는지 알아보기 위해서 다음의 간단한 예를 다루기로 한다. 먼저 라디안 주파수 ω_0인 코사인 함수를 가정한다.

$$v_1(t) = 2\cos\omega_0 t$$

여기서

$$\omega_0 = 2\pi f_0$$

이고, 주기 T는 다음과 같다.

$$T = \frac{1}{f_0} = \frac{2\pi}{\omega_0}$$

T는 기본 주파수(fundamental frequency)의 주기이다. 이 정현파의 **고조파**(*harmonics*)들은 $n\omega_0$의 주파수를 갖는데 여기서 ω_0는 기본 주파수이고 $n = 1, 2, 3, \ldots$이다. 제1고조파의 주파수가 **기본 주파수**이다.

다음에 제3고조파의 전압을 다음과 같이 선택하기로 한다.

$$v_3(t) = \cos 3\omega_0 t$$

기본이 되는 $v_1(t)$와 제3고조파 $v_3(t)$를 합하면 그림 17.1a와 같은 시간의 함수가 되며 합도 주기가 $T = 2\pi/\omega_0$인 주기 함수이다.

제3고조파 성분의 위상 및 크기를 변화시키면 결과적인 주기 함수의 모양이 변함을 알 수 있다. 그림 17.1b는 제3고조파의 크기를 조금 크게 한 다음에 $v_1(t)$를 더한 파형이다.

$$v_3(t) = 2\cos 3\omega_0 t$$

제3고조파의 위상을 90°만큼 이동시키면 다음과 같은 파형을 얻을 수 있고,

$$v_3(t) = \sin 3\omega_0 t$$

기본파에 이를 더하면 그림 17.1c와 같은 파형이 되는데 다른 모양이 되는 것을 알 수 있다. 모든 경우에 결과 파형의 주기는 기본 파형의 주기와 같다. 파형의 특성은 고조파 성분의 크기 및 위상에 달려 있으며, 정현파 함수를 적당히 더하면 오히려 비정현파의 특성을 갖는 파형도 만들 수 있다.

무한 개의 사인 함수와 코사인 함수를 더하여 주기 함수를 표현하는 방법에 익숙해진 후에, 라플라스 변환과 같은 방법을 이용하여 일반적인 비주기 함수의 주파수 영역 표현에 대해서 다루게 된다.

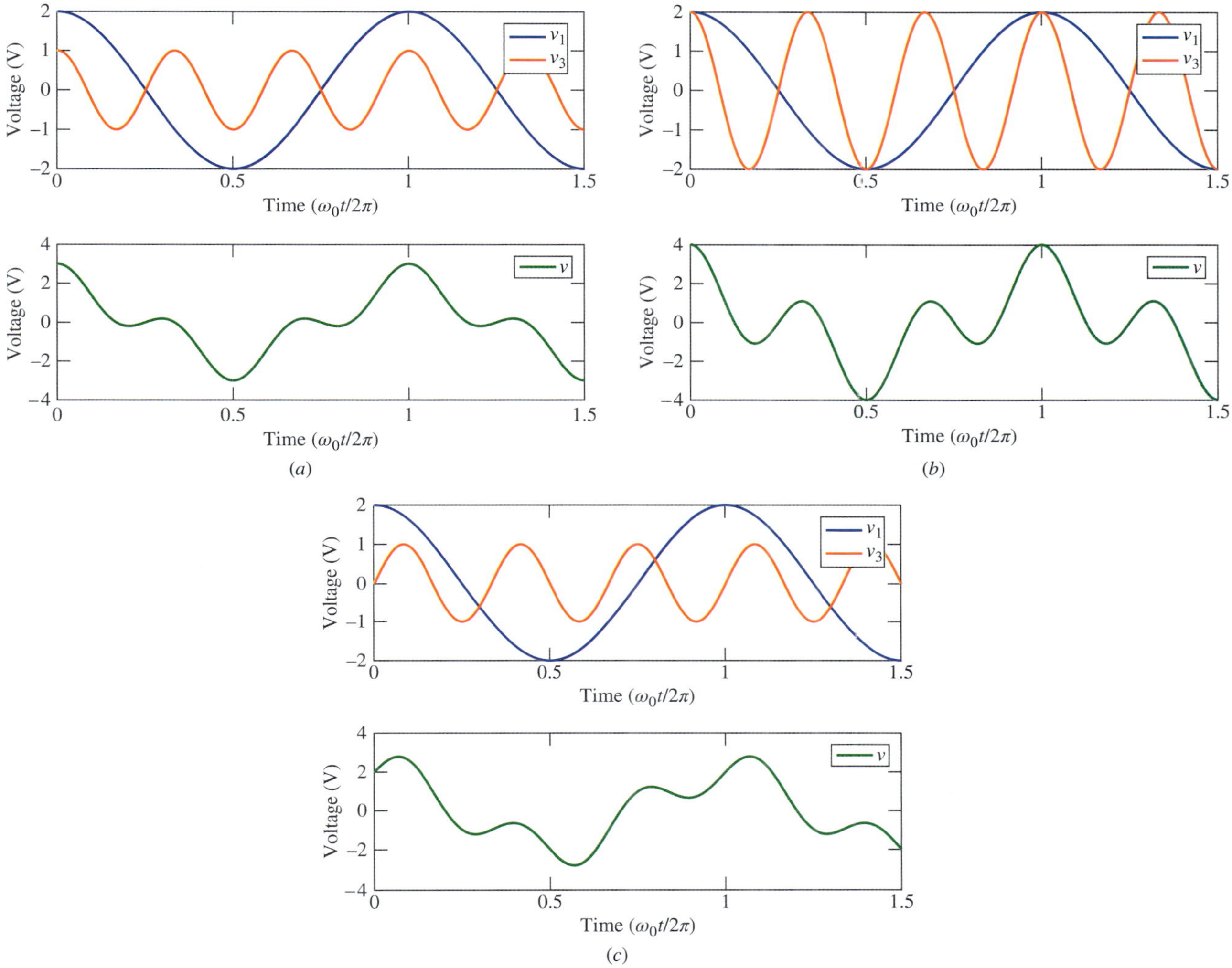

그림 17.1 기본파와 제3고조파를 합하여 얻을 수 있는 다양한 파형들 예. 기본파는 $v_1(t) = 2\cos\omega_0 t$이고, 제3고조파는 다음과 같다. (a) $v_3(t) = \cos 3\omega_0 t$, (b) $v_3(t) = 2\cos 3\omega_0 t$, (c) $v_3(t) = \sin 3\omega_0 t$.

익힘문제 17.1

기본파와 제3고조파를 더해서 $v = 2\cos\omega_0 t + V_{m3}\sin 3\omega_0 t$인데, $V_{m3} = 1$일 때의 파형은 그림 17.1과 같다.

(a) $\omega_0 t = 2\pi/3$에서 $v(t)$의 기울기가 0이 되도록 V_{m3}의 값을 구하라.

(b) $\omega_0 t = 2\pi/3$에서 $v(t)$를 구하라.

답: 0.577; −1.000.

푸리에 급수

다음 함수의 관계식에 의해 11.2절에서 정의한 주기 함수 $f(t)$를 고려한다.

$$f(t) = f(t + T)$$

여기서 T는 주기이다. 그리고 $f(t)$가 다음을 만족한다고 가정한다.

> $f(t)$는 전압이나 전류 파형을 나타내며, 실제로 발생시킬 수 있는 어떠한 전압 혹은 전류 파형도 이러한 네 가지 조건을 만족시켜야 한다. 그러나 어떤 수학적 함수들은 이러한 네 가지 조건을 만족시키지 못하기도 한다.

1. $f(t)$는 어디서나 단일 값을 가진다. 즉 $f(t)$는 함수의 수학적 정의를 만족한다.
2. 어느 t_0에서도 적분 $\int_{t_0}^{t_0+T} |f(t)dt|$가 존재한다(즉, 무한한 값이 아니다).
3. $f(t)$는 어느 한 주기에서 유한 개의 불연속점을 가진다.
4. $f(t)$는 어느 한 주기에서 유한 개의 극대값과 극소값을 가진다.

이러한 주기 함수 $f(t)$가 있을 때, 푸리에 정리에 의하면 $f(t)$는 다음과 같은 무한 급수로 표현될 수 있다.

$$\begin{aligned} f(t) &= a_0 + a_1 \cos \omega_0 t + a_2 \cos 2\omega_0 t + \cdots \\ &\quad + b_1 \sin \omega_0 t + b_2 \sin 2\omega_0 t + \cdots \\ &= a_0 + \sum_{n=1}^{\infty} (a_n \cos n\omega_0 t + b_n \sin n\omega_0 t) \end{aligned} \qquad [1]$$

여기서 기본주파수 ω_0는 주기 T와 다음과 같은 관계가 있고,

$$\omega_0 = \frac{2\pi}{T}$$

여기서 a_0, a_n및 b_n은 n과 $f(t)$에 종속된 상수이다. 식 [1]은 $f(t)$에 대한 **푸리에 급수**(*Fourier series*)의 삼각 함수 형태이며, 상수 a_0, a_n및 b_n의 값을 구하는 과정을 푸리에 해석(Fourier analysis)이라고 한다.

유용한 삼각 함수 적분

푸리에 급수에서 상수의 값을 계산하는 방법을 다루기 전에, 몇 가지 유용한 삼각 함수 적분을 다룬다. n과 k는 1, 2, 3, ...과 같은 정수를 나타낸다. 다음의 적분에서 0과 T는 적분 구간을 나타내며, 어느 한 주기를 선택하여도 상관이 없다.

$$\int_0^T \sin n\omega_0 t \, dt = 0 \qquad [2]$$

$$\int_0^T \cos n\omega_0 t \, dt = 0 \qquad [3]$$

$$\int_0^T \sin k\omega_0 t \cos n\omega_0 t \, dt = 0 \qquad [4]$$

$$\int_0^T \sin k\omega_0 t \sin n\omega_0 t \, dt = 0 \qquad (k \neq n) \qquad [5]$$

$$\int_0^T \cos k\omega_0 t \cos n\omega_0 t \, dt = 0 \qquad (k \neq n) \qquad [6]$$

식 [5]와 [6]에서의 예외인 경우는 다음과 같이 쉽게 구할 수 있다.

$$\int_0^T \sin^2 n\,\omega_0 t \, dt = \frac{T}{2} \qquad [7]$$

$$\int_0^T \cos^2 n\,\omega_0 t \, dt = \frac{T}{2} \qquad [8]$$

푸리에 계수의 계산

푸리에 급수에서 미지의 상수는 다음과 같이 계산하여 얻을 수 있다. 먼저 a_0를 구한다. 식 [1]의 양변을 한 주기에 걸쳐서 적분하면, 다음을 얻을 수 있다.

$$\int_0^T f(t)dt = \int_0^T a_0\,dt + \int_0^T \sum_{n=1}^{\infty} (a_n \cos n\,\omega_0 t + b_n \sin n\,\omega_0 t)dt$$

오른쪽의 더하기 항은 모두 식 [2] 혹은 [3]과 같이 되므로,

$$\int_0^T f(t)dt = a_0 T$$

혹은

$$a_0 = \frac{1}{T}\int_0^T f(t)dt \qquad [9]$$

이며, 이 상수 a_0는 단순히 한 주기 동안의 $f(t)$의 평균값이므로, $f(t)$의 직류 성분이라고 할 수 있다.

$\cos k\omega_0 t$의 계수 a_k를 구하기 위해서 식 [1]의 양변에 $\cos k\omega_0 t$를 곱하고, 한 주기 동안 적분한다.

$$\begin{aligned}\int_0^T f(t)\cos k\,\omega_0 t\,dt = & \int_0^T a_0 \cos k\,\omega_0 t\,dt \\ & + \int_0^T \sum_{n=1}^{\infty} a_n \cos k\,\omega_0 t \cos n\,\omega_0 t\,dt \\ & + \int_0^T \sum_{n=1}^{\infty} b_n \cos k\,\omega_0 t \sin n\,\omega_0 t\,dt\end{aligned}$$

식 [3], [4] 및 [6]으로부터, 이 식의 오른쪽 항들은 $k = n$인 경우의 a_n항을 제외하고는 모두 0이 되는 것을 알 수 있다. 식 [8]을 이용하여 수식 a_k 혹은 a_n을 계산하면

$$a_n = \frac{2}{T}\int_0^T f(t)\cos n\,\omega_0 t\,dt \qquad [10]$$

이며, 이 결과는 $f(t)\cos n\omega_0 t$의 한 주기 동안의 평균값의 2배이다.

같은 방법으로 즉 $\sin k\omega_0 t$를 곱해서 한 주기 동안 적분하고, 오른쪽의 한 항을 제외하고는 모두 0으로 한 후 식 [7]의 적분을 하는 방법으로 b_k를 구할 수 있다.

결과는 다음과 같다.

$$b_n = \frac{2}{T}\int_0^T f(t)\sin n\omega_0 t\, dt \qquad [11]$$

이는 $f(t)$ sin $n\omega_0 t$의 한 주기 동안의 평균값의 2배이다.

식 [9]에서 [11]을 이용하면, 식 [1]로 표현된 푸리에 급수의 a_0와 모든 a_n 및 b_n의 값을 구할 수 있다. 정리하면 다음과 같다.

$$f(t) = a_0 + \sum_{n=1}^{\infty}(a_n \cos n\omega_0 t + b_n \sin n\omega_0 t) \qquad [1]$$

$$\omega_0 = \frac{2\pi}{T} = 2\pi f_0$$

$$a_0 = \frac{1}{T}\int_0^T f(t)\, dt \qquad [9]$$

$$a_n = \frac{2}{T}\int_0^T f(t)\cos n\omega_0 t\, dt \qquad [10]$$

$$b_n = \frac{2}{T}\int_0^T f(t)\sin n\omega_0 t\, dt \qquad [11]$$

예제 17.1

그림 17.2의 '톱니파(sawtooth waveform)'는 디지털 이미징에서 얻은 적분 회로의 주기적 전압 응답을 나타낸다. 이 파형의 푸리에 급수 표현과 $n = 3$, $n = 30$인 경우의 그래프를 그려라.

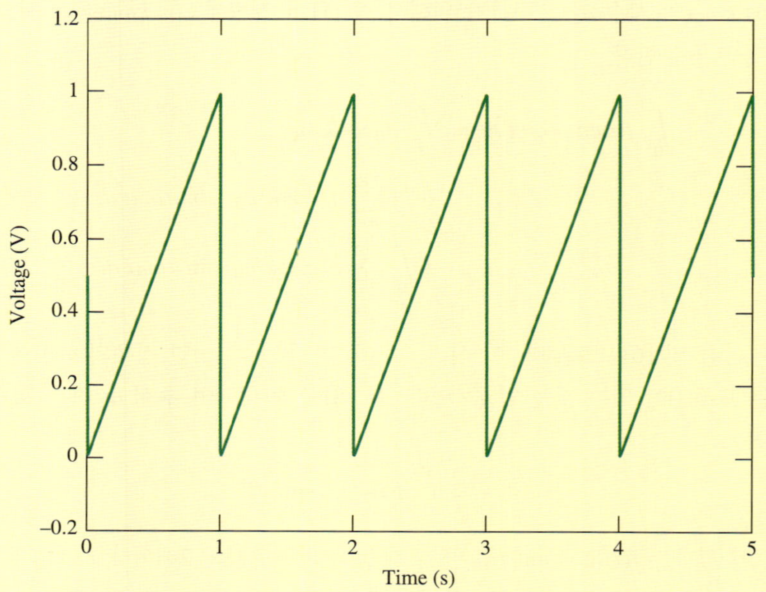

그림 17.2 적분 회로의 주기적인 톱니 함수

문제의 목표를 확인한다.

주기 함수의 푸리에 급수 표현식을 구하고자 한다. 모든 음의 전압이 제거되지 않고 그대로 있다면 문제는 매우 간단해서 1개의 정현파만이 필요할 것이다.

알고 있는 정보를 모두 수집한다.

이 전압을 푸리에 급수로 나타내기 위해서 먼저 주기를 구한 후 시간의 함수로 전압 그림을 나타낸다. 그림으로부터 주기는

$$T = 1\ \text{s}$$

이고

$$\omega_0 = 2\pi\ \text{rad/s}$$

이다.

계획을 세운다.

계수 a_0, a_n및 b_n의 값을 구하기 위해서 식 [9]에서 [11]을 적용하려면 각 주기에서 반복되는 선형함수 $v(t)$를 함수의 형태로 표현해야 한다.

$$v(t) = \frac{t}{T} \qquad 0 \le t \le 1$$

적절한 수의 방정식을 구성한다.

주파수 0(zero-frequency) 즉 직류인 성분은 쉽게 구할 수 있다.

$$a_0 = \frac{1}{T}\int_0^T \frac{t}{T}dt = \frac{1}{T^2}\left(\frac{t^2}{2}\right)\bigg|_0^T = \frac{1}{2}$$

전체 주기에 대한 적분은 그 주기를 $v(t)$의 값에 따라 각 부분 구간으로 나누어서 각 구간 별로 $v(t)$에 대해서 적분을 한다.

일반적인 코사인 항의 진폭은 다음과 같고

$$a_n = \frac{2}{T}\int_0^T \frac{t}{T}\cos(n\omega_0 t)dt$$

$$a_n = \frac{2}{T^2}\left[\frac{1}{(n\omega_0)^2}\cos(n\omega_0 t) + \frac{t}{n\omega_0}\sin(n\omega_0 t)\right]\bigg|_0^T$$

$$a_n = 0!$$

일반적인 사인 항의 진폭은 다음과 같다.

$$b_n = \frac{2}{T}\int_0^T \frac{t}{T}\sin(n\omega_0 t)dt$$

$$b_n = \frac{2}{T^2}\left[-\frac{t}{n\omega_0}\cos(n\omega_0 t) + \frac{1}{(n\omega_0)^2}\sin(n\omega_0 t)\right]\bigg|_0^T$$

$$b_n = -\frac{1}{n\pi}$$

추가로 필요한 정보가 있는지 결정한다.

푸리에 급수 표현식의 계수를 알 수 있다.

해를 구한다.

지금까지 계산한 항들을 조합하면, 다음 결과를 얻을 수 있다.

$$v(t) = \frac{1}{2} - \sum_{n=1}^{\infty} \frac{1}{n\pi} \sin(n\omega_0 t)$$

해가 타당한지 또는 기대했던 결과인지 검토한다.

그림 17.3과 같이 항의 수를 증가하면서 함수의 그래프를 그려봄으로써 위에서 구한 답이 맞는지 확인할 수 있다. 그림에서 볼 수 있는 바와 같이 많은 항을 포함할수록 그래프는 점점 더 그림 17.3에 가까워진다. $n = 3$인 경우, 오직 몇 가지 정현파를 포함하고 있어, 상대적으로 부정확한 톱니 함수로 나타난다. $n = 30$인 경우, 다양한 주기를 가진 정현파의 중첩으로 인해 톱니 신호의 그래프와 비슷하게 나타난다.

```
t=linspace(0,5,1000); % vector for time over 1000 points
T=1; % Period
w0=2*pi/T; % natural frequency
a0=0.5; % constant
for i=1:1000;
   sum=0; % begin sum
   for k=1:3; % loop for n=3
      sum=sum-1/k/pi*sin(k*w0*t(i));
   end
   f3(i)=a0+sum; % function for n=3
   sum=0;
```

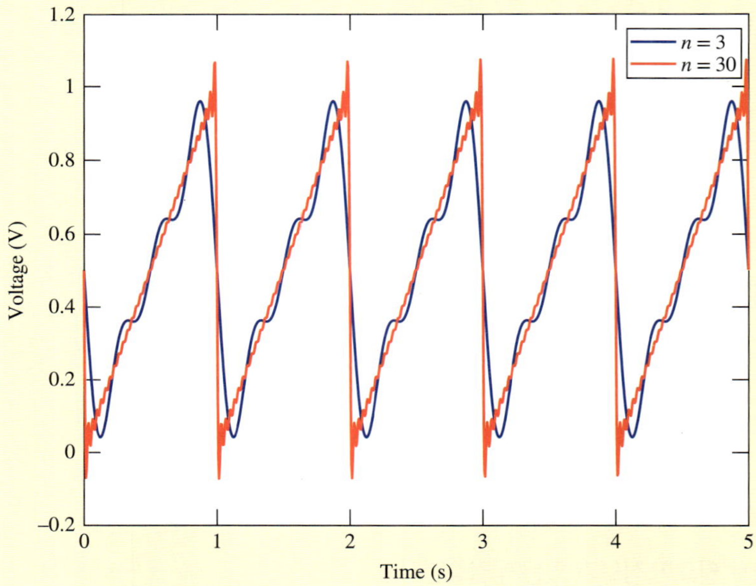

그림 17.3 $n = 3$ 항 이후와 $n = 30$ 항 이후를 잘라냈을 때 톱니파 함수 $v(t)$에 수렴하는 해.

```
    for k=1:30; % loop for n=30
      sum=sum-1/k/pi*sin(k*w0*t(i));
    end
    f30(i)=a0+sum; % function for n=30
end
figure(1)
plot(t,f3,t,f30,'LineWidth',1.0)
xlabel('Time (s)')
ylabel('Voltage (V)')
legend('n=3','n=30')
```

익힘문제 17.2

주기 파형 $f(t)$가 다음과 같다. $f(t) = -4,\ 0 < t < 0.3$; $f(t) = 6,\ 0.3 < t < 0.4$; $f(t) = 0,\ 0.4 < t < 0.5$; $T = 0.5$. 다음을 구하라.

(a) a_0 (b) a_3 (c) b_1

답: −1.200; 1.383; −4.44.

익힘문제 17.3

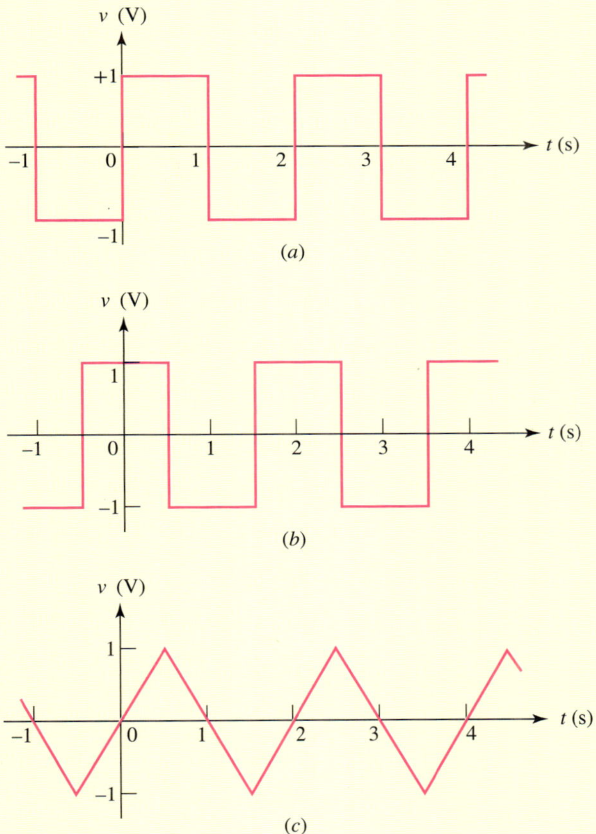

그림 17.4

그림 17.4의 세 가지 전압 파형에 대한 푸리에 급수를 구하라.

답: $(4/\pi)(\sin \pi t + \frac{1}{3}\sin 3\pi t + \frac{1}{5}\sin 5\pi t + \cdots)$V; $(4/\pi)(\cos \pi t - \frac{1}{3}\cos 3\pi t + \frac{1}{5}\cos 5\pi t - \cdots)$V; $(8/\pi^2)(\sin \pi t - \frac{1}{9}\sin 3\pi t + \frac{1}{25}\sin 5\pi t - \cdots)$V.

선 스펙트럼과 위상 스펙트럼

예제 17.1의 함수 $v(t)$는 시간에 대한 그래프와 데이터로 나타냈다. $v(t)$의 푸리에 급수 또한 시간 영역의 표현이지만, 이는 **주파수 영역** 표현으로 바꿀 수 있다. 예를 들어 그림 17.5에서 $v(t)$의 각 주파수 성분의 진폭을 볼 수 있는데 이러한 형태의 그림을 **선 스펙트럼**(*line spectrum*)이라 한다. 각 주파수 성분의 크기 (즉, $|a_0|$, $|b_1|$, 등)는 해당 주파수(ω_0, $2\omega_0$ 등)의 수직 선분의 길이로 나타낸다.

종종 **이산 스펙트럼**이라고 불리는 이 그림은 한 눈에도 알 수 있는 많은 정보를 포함하고 있다. 특히 원래 파형과 대략적으로 같은 파형을 만들기 위해서는 급수에서 몇 개의 항을 더하면 되는지도 알 수 있다. 그림 17.5의 선 스펙트럼에서 제8고조파(20 Hz) 및 제10고조파(25 Hz)는 그 크기가 작기 때문에 더하더라도 큰 영향을 미치지 못한다. 그림 17.3에서 보면 알 수 있는 것처럼 제6고조파 이후는 잘라 버리더라도 아주 쓸만한 근사적인 파형을 얻을 수 있다.

한 가지 주의할 점은 다음과 같다. 위에서 고려한 예제에서는 코사인 항들이 포함되지 않으므로, n번째 고조파의 진폭은 $|b_n|$이다. a_n이 0이 아니라면 주파수 $n\omega_0$에서의 성분의 크기는 $\sqrt{a_n^2 + b_n^2}$이어야 한다. 이것이 선 스펙트럼에서 나타내어야 하는 일반적인 양이다. 푸리에 급수의 복소 형태를 다루게 되면 이 진폭을 좀더 직

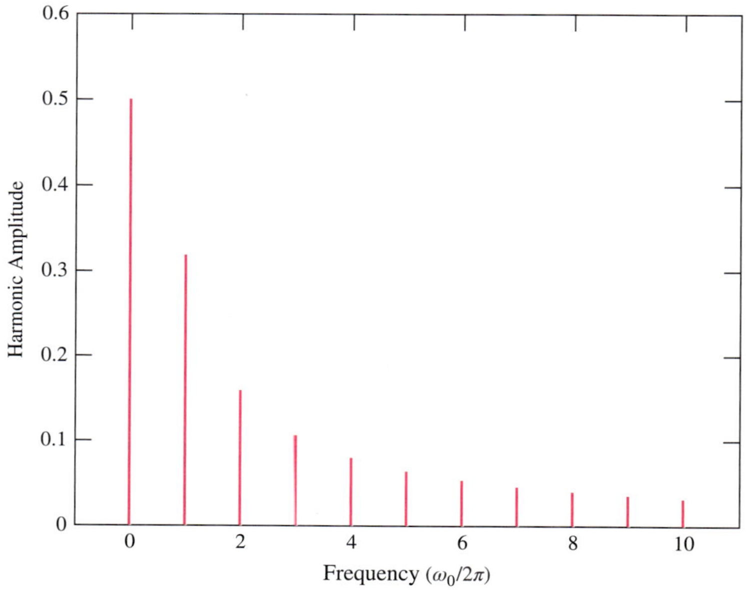

그림 17.5 예제 17.1에서 다루었던 $v(t)$의 이산 선 스펙트럼으로 처음 10개의 주파수 성분을 보임.

접적으로 얻을 수 있는 방법을 알게 될 것이다.

진폭 스펙트럼 외에도 이산 **위상 스펙트럼**(*discrete phase spectrum*)을 구할 수 있다. 어느 주파수 $n\omega_0$에서 코사인 항과 사인 항으로부터 위상각 ϕ_n을 얻을 수 있다.

$$\begin{aligned} a_n \cos n\omega_0 t + b_n \sin n\omega_0 t &= \sqrt{a_n^2 + b_n^2} \cos\left(n\omega_0 t + \tan^{-1}\frac{-b_n}{a_n}\right) \\ &= \sqrt{a_n^2 + b_n^2} \cos(n\omega_0 t + \phi_n) \end{aligned}$$

혹은

$$\phi_n = \tan^{-1}\frac{-b_n}{a_n}$$

이 예시에서 구한 푸리에 급수에는 코사인 항을 포함하지 않는다. 주어진 시간 함수의 대칭성을 살펴보면, 적분 계산을 하기 전에 푸리에 급수에 어떤 항들이 없을 것이라는 것을 예상할 수 있다. 17.2절에서 대칭성을 어떻게 이용하는지 알게 될 것이다.

17.2 대칭성의 이용

짝 대칭과 홀 대칭

대칭의 두 가지 형태는 짝(even) 함수 대칭과 홀(odd) 함수 대칭이다. 간략히 짝 대칭과 홀 대칭이라고도 한다. $f(t)$가 다음의 특성을 가지면 짝 대칭이라고 한다.

$$f(t) = f(-t) \tag{12}$$

t^2, $\cos 3t$, $\ln(\cos t)$, $\sin^2 7t$ 및 상수 C와 같은 함수들은 모두 짝 대칭의 성질을 갖는다. t를 $(-t)$로 바꾸어도 함수값은 변하지 않는다. 이런 형태의 대칭은 그림으로 알 수도 있는데 $f(t) = f(-t)$이면 $f(t)$ 축에 대해서 거울 대칭이 된다. 그림 17.6*a*의 함수는 짝 대칭이다. 그림을 $f(t)$ 축을 따라 접으면 양의 시간 그림과 음의 시간 그림은 정확히 서로 겹친다.

$f(t)$가 다음과 같은 특성을 가지면 홀 대칭이라고 한다.

$$f(t) = -f(-t) \tag{13}$$

다시 말해서 t를 $(-t)$로 바꾸면, 주어진 함수의 음의 함수를 얻는다. 예를 들어, t, $\sin t$, $t \cos 70t$, $t\sqrt{1+t^2}$, 그리고 그림 17.6*b*의 함수는 모두 홀 함수이며, 홀 대칭 특성을 가진다. 홀 함수의 그림 특성은 다음과 같다. $f(t)$의 $t > 0$의 부분을 양의 시간 축을 중심으로 회전시킨 다음, 이를 $f(t)$ 축을 중심으로 다시 회전시키면 두 곡선은 정확히 일치하게 된다. 즉 원점을 중심으로 점대칭이며, 짝 함수에서처럼 $f(t)$ 축에 대칭은 아니다.

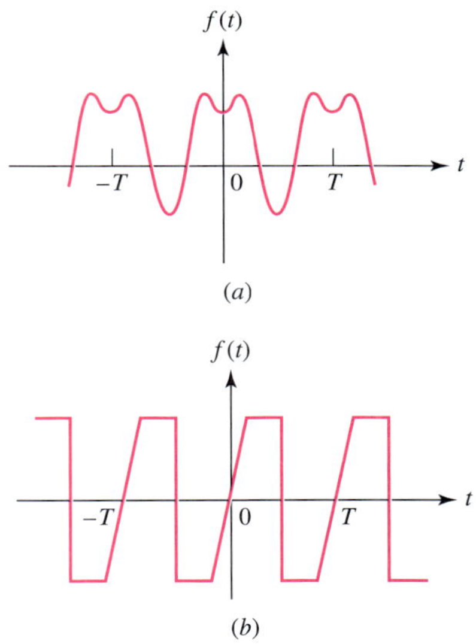

그림 17.6 (*a*) 짝 대칭 파형. (*b*) 홀 대칭 파형.

짝 대칭과 홀 대칭의 정의를 이용하면, 두 짝 대칭 함수의 곱 혹은 두 홀 대칭 함수의 곱은 짝 대칭 함수가 되는 것을 알 수 있다. 또 짝 대칭 함수와 홀 대칭 함수의 곱은 홀 대칭 함수가 되는 것도 알 수 있다.

대칭과 푸리에 급수 항

푸리에 급수에서 짝 대칭의 효과를 알아보기로 한다. 짝 함수 $f(t)$와 사인 함수 및 코사인 함수의 무한 개의 합이 서로 같다고 한다면 이 합은 역시 짝 함수이어야 한다는 것은 명백하다. 그러나 정현파는 홀 함수이므로 **정현파의 합으로는 0(짝 함수이면서 홀 함수)을 제외한 어떠한 짝 함수도 만들어 낼 수 없다.** 따라서 짝 함수의 푸리에 급수는 상수와 코사인 함수로만 구성된다고 할 수 있다. 이제 $b_n = 0$임을 보이고자 한다. 다음 식이 성립한다.

$$\begin{aligned} b_n &= \frac{2}{T}\int_{-T/2}^{T/2} f(t)\sin n\omega_0 t\, dt \\ &= \frac{2}{T}\left[\int_{-T/2}^{0} f(t)\sin n\omega_0 t\, dt + \int_{0}^{T/2} f(t)\sin n\omega_0 t\, dt\right] \end{aligned}$$

첫째 적분의 변수 t를 $-\tau$로 치환하고, 혹은 $\tau = -t$라하고, $f(t) = f(-t) = f(\tau)$라는 사실을 이용하면 다음과 같다.

$$\begin{aligned} b_n &= \frac{2}{T}\left[\int_{T/2}^{0} f(-\tau)\sin(-n\omega_0\tau)(-d\tau) + \int_{0}^{T/2} f(t)\sin n\omega_0 t\, dt\right] \\ &= \frac{2}{T}\left[-\int_{0}^{T/2} f(\tau)\sin\, n\omega_0\tau\, d\tau + \int_{0}^{T/2} f(t)\sin n\omega_0 t\, dt\right] \end{aligned}$$

적분 변수가 적분의 값에 영향을 미치지 않으므로 다음과 같이 쓸 수 있다.

$$\int_{0}^{T/2} f(\tau)\sin n\omega_0\tau\, d\tau = \int_{0}^{T/2} f(t)\sin n\omega_0 t\, dt$$

그러므로

$$b_n = 0 \qquad \text{(짝 대칭)} \qquad [14]$$

이며, 사인 항은 나타나지 않는다. 따라서 $f(t)$가 짝 대칭이면 $b_n = 0$이다. 역으로 $b_n = 0$이면 $f(t)$는 짝 대칭이어야 한다.

비슷한 방법으로 $t = 0$에서 $t = \frac{1}{2}T$까지 반 주기 동안의 적분을 이용하여 a_n에 대한 표현을 구한다.

$$a_n = \frac{4}{T}\int_{0}^{T/2} f(t)\cos n\omega_0 t\, dt \qquad \text{(짝 대칭)} \qquad [15]$$

짝 함수에 대한 a_n은 '반 주기 적분의 2배'를 해서 얻을 수 있다.

홀 대칭 함수는 푸리에 급수에 상수항과 코사인 항을 포함할 수 없다. 코사인 항을 포함할 수 없다는 것을 증명하면 다음과 같다. 다음 식이 성립한다.

$$\begin{aligned} a_n &= \frac{2}{T}\int_{-T/2}^{T/2} f(t)\cos n\omega_0 t\, dt \\ &= \frac{2}{T}\left[\int_{-T/2}^{0} f(t)\cos n\omega_0 t\, dt + \int_{0}^{T/2} f(t)\cos n\omega_0 t\, dt\right] \end{aligned}$$

첫째 적분에서 $t = -\tau$라 하면,

$$a_n = \frac{2}{T}\left[\int_{T/2}^{0} f(-\tau)\cos(-n\omega_0\tau)(-d\tau) + \int_{0}^{T/2} f(t)\cos n\omega_0 t\, dt\right]$$
$$= \frac{2}{T}\left[\int_{0}^{T/2} f(-\tau)\cos n\omega_0\tau\, d\tau + \int_{0}^{T/2} f(t)\cos n\omega_0 t\, dt\right]$$

이다. 그런데 $f(-\tau) = -f(\tau)$이므로,

$$a_n = 0 \qquad \text{(홀 대칭)} \qquad [16]$$

이다. 같은 방법을 이용하면 다음도 얻을 수 있다.

$$a_0 = 0 \qquad \text{(홀 대칭)}$$

따라서 홀 대칭에서는 $a_n = 0$이고, $a_0 = 0$이다. 역으로 $a_n = 0$이고, $a_0 = 0$이면 홀 대칭이다.

b_n의 값은 반 주기동안 적분하여 얻을 수 있다.

$$b_n = \frac{4}{T}\int_{0}^{T/2} f(t)\sin n\omega_0 t\, dt \qquad \text{(홀 대칭)} \qquad [17]$$

반파 대칭

이러한 구형파들의 푸리에 급수는 다른 특성을 갖는데 짝수 고조파(harmonics)를 포함하지 않는다는 것이다.[1] 즉 기본 주파수의 홀수 배 되는 주파수 성분만 포함되어 n이 짝수일 때, a_n과 b_n은 0이 된다. 이 결과는 다른 형태의 대칭성을 보이는데 이를 반파 대칭(half-wave symmetry)이라 한다. $f(t)$가 다음의 특성을 가지면 반파 대칭이라 한다.

$$f(t) = -f\left(f + \frac{1}{2}T\right)$$

혹은

$$f(t) = -f\left(t - \frac{1}{2}T\right)$$

부호가 바뀐 것을 제외하고는 각 반 주기는 인접한 반 주기와 같다. 짝 대칭과 홀 대칭과는 달리 반파 대칭은 $t = 0$의 선택과 아무런 관계가 없다. 따라서 사각파(그림 17.4*a* 혹은 *b*)는 반파 대칭이라고 할 수 있다. 그림 17.6에 보인 어떤 파형도 반파 대칭이 아니지만 그림 17.7에 보인 2개의 비슷한 함수는 반파 대칭이다.

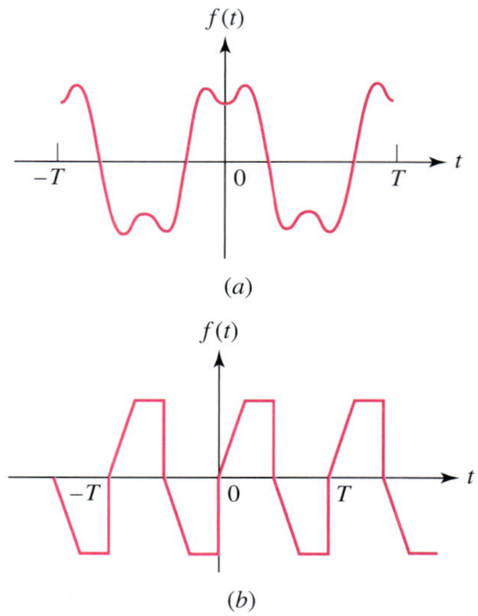

그림 17.7 (*a*) 그림 17.6*a*의 그림과 거의 비슷한 파형이지만 반파 대칭인 파형. (*b*) 그림 17.6*b*의 그림과 거의 비슷한 파형이지만 반파 대칭인 파형.

반파 대칭인 함수의 푸리에 급수도 홀수 고조파만을 가진다. 계수 a_n을 고려하면 다음 식을 얻을 수 있다.

$$a_n = \frac{2}{T}\int_{-T/2}^{T/2} f(t)\cos n\omega_0 t\, dt$$
$$= \frac{2}{T}\left[\int_{-T/2}^{0} f(t)\cos n\omega_0 t\, dt + \int_{0}^{T/2} f(t)\cos n\omega_0 t\, dt\right]$$

1 짝 함수와 짝 고조파 혹은 홀 함수와 홀 고조파 사이에서 혼동을 일으키지 않으려면, 항상 주의 깊게 살펴보아야 한다. 예를 들어 b_{10}은 짝 고조파의 계수이며, $f(t)$가 짝 함수라면 이는 0이 된다.

이 식을 다음과 같이 표현하고

$$a_n = \frac{2}{T}(I_1 + I_2)$$

적분 I_1에 새로운 변수 $\tau = t + \frac{1}{2}T$를 대입하면,

$$\begin{aligned} I_1 &= \int_0^{T/2} f\left(\tau - \frac{1}{2}T\right) \cos n\omega_0\left(\tau - \frac{1}{2}T\right) d\tau \\ &= \int_0^{T/2} -f(\tau)\left(\cos n\omega_0 \tau \cos\frac{n\omega_0 T}{2} + \sin n\omega_0 \tau \sin\frac{n\omega_0 T}{2}\right) d\tau \end{aligned}$$

이다. $\omega_0 T$는 2π이므로, 다음과 같이 된다.

$$\sin\frac{n\omega_0 T}{2} = \sin n\pi = 0$$

따라서

$$I_1 = -\cos n\pi \int_0^{T/2} f(\tau) \cos n\omega_0 \tau \, d\tau$$

이다. 같은 방법으로 I_2를 구하면 결과적으로 다음 식을 얻을 수 있다.

$$a_n = \frac{2}{T}(1 - \cos n\pi) \int_0^{T/2} f(t) \cos n\omega_0 t \, dt$$

인수 $(1 - \cos n\pi)$로부터 n이 짝수이면, a_n이 0임을 알 수 있다. 따라서

$$a_n = \begin{cases} \dfrac{4}{T}\displaystyle\int_0^{T/2} f(t) \cos n\omega_0 t \, dt & \text{홀수 } n \\ 0 & \text{짝수 } n \end{cases} \qquad \text{(반파 대칭)} \qquad [18]$$

이다. 같은 방법으로 모든 짝수 n에 대해서 b_n역시 0임을 알 수 있다. 그러므로

$$b_n = \begin{cases} \dfrac{4}{T}\displaystyle\int_0^{T/2} f(t) \sin n\omega_0 t \, dt & \text{홀수 } n \\ 0 & \text{짝수 } n \end{cases} \qquad \text{(반파 대칭)} \qquad [19]$$

이다. 어느 파형은 반파 대칭이면서 홀 대칭일 수도 있고, 또한 반파 대칭이면서 짝 대칭일 수도 있다. 예를 들어 그림 17.7a의 파형은 짝 대칭이면서 동시에 반파 대칭이다. 어느 파형이 반파 대칭이면서 짝 대칭 혹은 홀 대칭이면, 함수의 4분의 1주기만 알면 전체 함수의 파형을 알 수 있다. a_n혹은 b_n의 값은 어느 4분의 1주기 동안만 적분하면 구할 수 있다. 따라서

$$\left.\begin{aligned} a_n &= \frac{8}{T}\int_0^{T/4} f(t) \cos n\omega_0 t \, dt && \text{홀수 } n \\ a_n &= 0 && \text{짝수 } n \\ b_n &= 0 && \text{모든 } n \end{aligned}\right\} \qquad \text{(반파 대칭 및 짝 대칭)} \qquad [20]$$

$$\left.\begin{aligned} a_n &= 0 && \text{모든 } n \\ b_n &= \frac{8}{T}\int_0^{T/4} f(t)\sin n\omega_0 t\, dt && \text{홀수 } n \\ b_n &= 0 && \text{짝수 } n \end{aligned}\right\} \quad \text{(반파 대칭 및 짝 대칭)} \qquad [21]$$

이다. 표 17.1은 여러 형태의 대칭성에 대한 특징을 요약한 것이다.

푸리에 급수를 구하고자 하는 경우 함수의 대칭성을 알아보는 것은 시간을 투자할만한 가치가 있다.

익힘문제 17.4

다음 각 함수를 그림으로 나타내고 짝 대칭인지, 홀 대칭인지, 그리고 반파 대칭인지 밝힌 후, 주기를 구하라.

(a) $v = 0$, $-2 < t < 0$ 그리고 $2 < t < 4$; $v = 5$, $0 < t < 2$; $v = -5$, $4 < t < 6$

(b) $v = 10$, $1 < t < 3$; $v = 0$, $3 < t < 7$; $v = -10$, $7 < t < 9$

(c) $v = 8t$, $-1 < t < 1$; $v = 0$, $1 < t < 3$

답: 아니다, 아니다, 그렇다, 8; 아니다, 아니다, 아니다, 8; 아니다, 그렇다, 아니다, 4.

표 17.1 푸리에 급수의 대칭성 요약

Symmetry Type	Characteristic	Simplification
Even	$f(t) = -f(t)$	$b_n = 0$
Odd	$f(t) = -f(-t)$	$a_n = 0$
Half-Wave	$f(t) = -f\left(t - \frac{T}{2}\right)$ or $f(t) = -f\left(t + \frac{T}{2}\right)$	$a_n = \begin{cases} \frac{4}{T}\int_0^{T/2} f(t)\cos n\omega_0 t\, dt & n \text{ odd} \\ 0 & n \text{ even} \end{cases}$ $b_n = \begin{cases} \frac{4}{T}\int_0^{T/2} f(t)\sin n\omega_0 t\, dt & n \text{ odd} \\ 0 & n \text{ even} \end{cases}$
Half-Wave and Even	$f(t) = -f\left(t - \frac{T}{2}\right)$ and $f(t) = -f(t)$ or $f(t) = -f\left(t + \frac{T}{2}\right)$ and $f(t) = -f(t)$	$a_n = \begin{cases} \frac{8}{T}\int_0^{T/4} f(t_1)\cos n\omega_0 t\, dt & n \text{ odd} \\ 0 & n \text{ even} \end{cases}$ $b_n = 0 \quad \text{all } n$
Half-Wave and Odd	$f(t) = -f\left(t - \frac{T}{2}\right)$ and $f(t) = -f(-t)$ or $f(t) = -f\left(t + \frac{T}{2}\right)$ and $f(t) = -f(-t)$	$a_n = 0 \quad \text{all } n$ $b_n = \begin{cases} \frac{8}{T}\int_0^{T/4} f(t)\sin n\omega_0 t\, dt & n \text{ odd} \\ 0 & n \text{ even} \end{cases}$

익힘문제 17.5

17.4a 및 b의 파형에 대한 푸리에 급수를 구하라.

답: $\sum_{n=1(\text{odd})}^{\infty} \frac{10}{n\pi}\left(\sin\frac{n\pi}{2}\cos\frac{n\pi t}{4} + \sin\frac{n\pi t}{4}\right)$;

$\sum_{n=1}^{\infty} \frac{10}{n\pi}\left[\left(\sin\frac{3n\pi}{4} - 3\sin\frac{n\pi}{4}\right)\cos\frac{n\pi t}{4} + \left(\cos\frac{n\pi}{4} - \cos\frac{3n\pi}{4}\right)\sin\frac{n\pi t}{4}\right]$

17.3 주기 구동 함수에 대한 완전 응답

푸리에 급수를 이용해서 임의의 주기 구동 함수를 무한 개의 정현파 구동 함수의 합으로 나타낼 수 있다. 이러한 각 함수에 대한 강제 응답은 보통의 정상 상태 해석 방법으로 구할 수 있고, 고유 응답의 형태는 적당한 회로망 전달함수의 극점들로부터 구할 수 있다. 강제 응답의 초기값을 포함한 회로망의 초기 조건으로부터 고유 응답의 크기는 결정된다. 그리고 완전 응답은 강제 응답과 고유 응답의 합이 된다.

예제 17.2

그림 17.8a의 회로에서 $i(0) = 0$일 때, 그림 17.8b의 구동 함수에 대한 주기 응답 $i(t)$를 구하라.

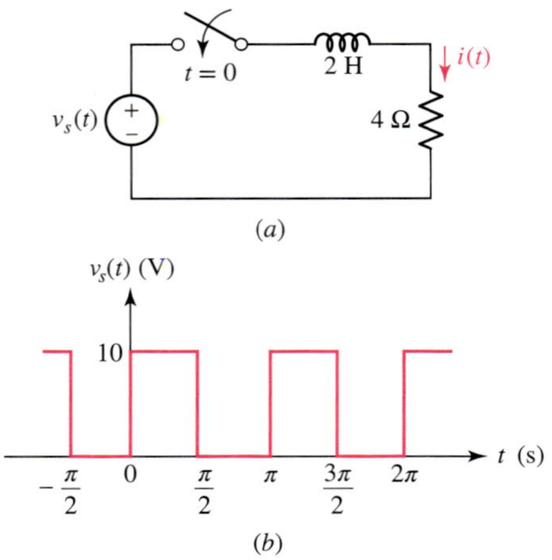

그림 17.8 (a) 주기 구동 함수 $V_s(t)$를 인가한 간단한 직렬 RL 회로. (b) 구동함수의 파형

구동 함수의 기본 주파수는 $\omega_0 = 2$ rad/s이고, 푸리에 급수는 익힘 문제 17.3의 답에서 그림 17.4a의 파형에 대한 푸리에 급수를 이용하여 얻을 수 있다.

$$v_s(t) = 5 + \frac{20}{\pi}\sum_{n=1(\text{odd})}^{\infty}\frac{\sin 2nt}{n}$$

주파수 영역에서 n번째 고조파에 대한 강제 응답을 구하면

$$v_{sn}(t) = \frac{20}{n\pi}\sin 2nt$$

이고,

$$\mathbf{V}_{sn} = \frac{20}{n\pi}\angle{-90^\circ} = -j\frac{20}{n\pi}$$

이다. 이 주파수에서 RL 회로의 임피던스는

$$\mathbf{Z}_n = 4 + j(2n)(2) = 4 + j4n$$

이다. 그러므로 이 주파수에서의 강제 응답 성분은

$$\mathbf{I}_{fn} = \frac{\mathbf{V}_{sn}}{\mathbf{Z}_n} = \frac{-j5}{n\pi(1+jn)}$$

$V_m \sin \omega t$는 $V_m \cos(\omega t - 90°)$와 같으며, 따라서 $V_m\angle{-90°} = -jV_m$이다.

이다. 시간 영역으로 변환하면, 다음과 같이 된다.

$$\begin{aligned} i_{fn} &= \frac{5}{n\pi}\frac{1}{\sqrt{1+n^2}}\cos(2nt - 90° - \tan^{-1} n) \\ &= \frac{5}{\pi(1+n^2)}\left(\frac{\sin 2nt}{n} - \cos 2nt\right) \end{aligned}$$

직류 성분에 대한 응답은 단순히 5 V/4 Ω = 1.25 A이므로, 강제 응답은 다음과 같은 합으로 표현된다.

$$i_f(t) = 1.25 + \frac{5}{\pi}\sum_{n=1(\text{odd})}^{\infty}\left[\frac{\sin 2nt}{n(1+n^2)} - \frac{\cos 2nt}{1+n^2}\right]$$

이 간단한 회로의 고유 응답은 하나의 지수 항[전달함수 $\mathbf{I}_f/\mathbf{V}_s = 1/(4 + 2s)$의 단일 극점으로 나타남]으로 표현된다.

$$i_n(t) = A\,e^{-2t}$$

그러므로 **완전** 응답은 다음과 같이 강제 응답과 고유 응답의 합으로 표시된다.

$$i(t) = i_f(t) + i_n(t)$$

$t = 0$이라 하고, $i(0) = 0$임을 이용하면 A는 다음과 같다.

$$A = -1.25 + \frac{5}{\pi}\sum_{n=1(\text{odd})}^{\infty}\frac{1}{1+n^2}$$

$\Sigma 1/(1+n^2)$의 처음 다섯 항의 합은 0.671이고, 처음 10항의 합은 0.695이며, 처음 20항의 합은 0.708이다. 합계의 정확한 값을 유효 숫자 세 자리까지 나타내면 0.720이 된다. 따라서

$$A = -1.25 + \frac{5}{\pi}(0.720) = -0.104$$

이므로

$$\begin{aligned} i(t) &= -0.104\,e^{-2t} + 1.25 \\ &\quad + \frac{5}{\pi}\sum_{n=1(\text{odd})}^{\infty}\left[\frac{\sin 2nt}{n(1+n^2)} - \frac{\cos 2nt}{1+n^2}\right] \quad \text{amperes} \end{aligned}$$

이다.

이 답을 얻는데 이 책에서 지금까지 도입한 일반적인 개념을 많이 사용하였다. 이 회로가 너무 간단한 회로이기 때문에 사용되지 않아도 좋은 개념들도 일반적인 해석의 관점에서 설명하였다. 이러한 관점에서 이 문제의 풀이 과정은 회로 해석을 공부하는 데 큰 도움이 될 수 있다. 그러나 이러한 좋은 결과에도 불구하고, 예제 17.2에서 해석적 형태로 얻은 완전 응답은 그렇게 큰 가치가 있다고 보기는 어

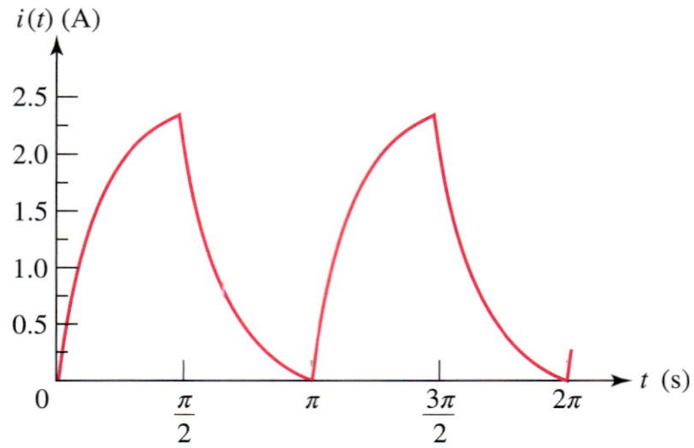

그림 17.9 그림 17.8*a*에 보인 회로에 그림 17.8*b*에 보인 구동 함수를 인가하였을 때, 완전 응답의 초기 부분.

렵다. 왜냐하면 응답의 시간적인 변화를 알기 어렵기 때문이다. 실제로 필요한 것은 시간의 함수로 표현되는 $i(t)$의 그림이라고 할 수 있다. 이 그림은 시간 축의 충분히 많은 점에서 계산을 통해서 얻을 수 있는데 개인용 컴퓨터나 계산기를 이용하면 될 것이다. 대략적인 그림은 고유 응답, 직류 성분 및 처음 몇 개의 고조파를 더해서 얻을 수 있다.

이 문제의 답은 반복적인 과도 해석 방법으로도 얻을 수 있다. 즉 응답의 형태는 $t = 0$으로부터 $t = \pi/2$까지의 구간에서 계산될 수 있는데, 2.5 A를 향해서 증가하는 지수 함수이다. 첫 구간의 마지막 값을 구한 다음, 이를 다음 $\pi/2$ 구간의 초기 조건으로 사용한다. 이 과정을 일반적인 주기 함수의 특성을 보일 때까지 반복한다. 이 방법은 이 예제에 아주 적당한 방법인 데 전류 파형은 계속되는 주기인 $\pi/2 < t < 3\pi/2$와 $3\pi/2 < t < 5\pi/2$에서 거의 변화가 없기 때문이다. 완전 전류 응답을 그림 17.9에 보였다.

익힘문제 17.6

8장에서의 방법을 이용하여 t가 다음 값일 때 그림 17.9의 전류값을 구하라.

(a) $\pi/2$ (b) π (c) $3\pi/2$

답: 2.392 A; 0.1034 A; 2.396 A.

17.4 푸리에 급수의 복소 형태

주파수 스펙트럼에서 각 주파수 성분의 진폭은 a_n과 b_n에 달려 있음을 알았다. 즉 사인 항과 코사인 항 모두 진폭에 영향을 미친다. 진폭의 정확한 표현은 $\sqrt{a_n^2 + b_n^2}$이다. 이 진폭은 각 항이 위상을 갖는 코사인 함수로 표현된 푸리에 급수로부터 직접 구할 수도 있다. 여기서 진폭과 위상각은 $f(t)$ 및 n의 함수이다. 사인과 코사인을 상수가 곱해진 복소 지수 함수로 표현할 수 있다면, 좀 더 편리하고 간결한 형태의 푸리에 급수를 얻을 수 있다.

먼저 삼각함수 형태의 푸리에 급수는 다음과 같이 쓸 수 있다.

$$f(t) = a_0 + \sum_{n=1}^{\infty}(a_n \cos n\omega_0 t + b_n \sin n\omega_0 t)$$

사인과 코사인을 지수 함수 형태로 표현하고, 다시 정리하면 다음과 같다.

$$f(t) = a_0 + \sum_{n=1}^{\infty}\left(e^{jn\omega_0 t}\frac{a_n - jb_n}{2} + e^{-jn\omega_0 t}\frac{a_n + jb_n}{2}\right)$$

복소 상수 $\mathbf{c}_n$을 다음과 같이 정의한다.

$$\mathbf{c}_n = \frac{1}{2}(a_n - jb_n) \qquad (n = 1,\ 2, 3, \ldots) \qquad [22]$$

a_n, b_n 및 $\mathbf{c}_n$의 값은 모두 n과 $f(t)$에 달려 있다. n을 $(-n)$으로 바꾸면 상수값은 어떻게 변할 것인가? 계수 a_n과 b_n은 식 [10] 및 [11]에 의해서 정의되므로 다음이 성립한다.

$$a_{-n} = a_n$$

그러나

$$b_{-n} = -b_n$$

이다. 식 [22]로부터

$$\mathbf{c}_{-n} = \frac{1}{2}(a_n + jb_n) \qquad (n = 1,\ 2, 3, \ldots) \qquad [23]$$

이다. 따라서

$$\mathbf{c}_n = \mathbf{c}_{-n}^*$$

이다. 또한 다음과 같이 두면 다음과 같이 된다.

$$\mathbf{c}_0 = a_0$$

$f(t)$는 다음과 같이 나타낼 수 있다.

$$f(t) = \mathbf{c}_0 + \sum_{n=1}^{\infty}\mathbf{c}_n e^{jn\omega_0 t} + \sum_{n=1}^{\infty}\mathbf{c}_{-n} e^{-jn\omega_0 t}$$

혹은

$$f(t) = \sum_{n=0}^{\infty}\mathbf{c}_n e^{jn\omega_0 t} + \sum_{n=1}^{\infty}\mathbf{c}_{-n} e^{-jn\omega_0 t}$$

마지막으로 둘째 합산을 1부터 ∞까지 양의 정수에 대해서 하는 대신에 −1부터 −∞까지 음의 정수에 대해서 하면 다음과 같다.

$$f(t) = \sum_{n=0}^{\infty}\mathbf{c}_n e^{jn\omega_0 t} + \sum_{n=-1}^{-\infty}\mathbf{c}_n e^{jn\omega_0 t}$$

혹은

$$\boxed{f(t) = \sum_{n=-\infty}^{\infty}\mathbf{c}_n e^{jn\omega_0 t}} \qquad [24]$$

다음 항등식을 이용한다.

$$\sin\alpha = \frac{e^{j\alpha} - e^{-j\alpha}}{j2}$$

$$\cos\alpha = \frac{e^{j\alpha} + e^{-j\alpha}}{2}$$

$-\infty$에서 ∞까지의 합산은 $n = 0$일 때의 항을 포함한다.

식 [24]를 $f(t)$에 대한 푸리에 급수의 복소 형태라 하며, 이 식이 자주 이용되는 중요한 이유는 이 식의 간결함 때문이다. 복소 계수 $\mathbf{c}_n$을 계산하기 위해서 식 [10]과 [11]을 식 [22]에 대입하면 다음과 같다.

$$\mathbf{c}_n = \frac{1}{T}\int_{-T/2}^{T/2} f(t)\cos n\omega_0 t\, dt - j\frac{1}{T}\int_{-T/2}^{T/2} f(t)\sin n\omega_0 t\, dt$$

사인과 코사인의 등가 지수 표현을 이용하면 다음과 같이 간단해진다.

$$\boxed{\mathbf{c}_n = \frac{1}{T}\int_{-T/2}^{T/2} f(t)e^{-jn\omega_0 t}\, dt} \qquad [25]$$

따라서 푸리에 급수를 삼각 함수로 표현하면 2개의 식이 필요하지만 위에서처럼 하나의 간단한 식으로도 표현이 가능하다. 푸리에 계수를 구하기 위해서 두 적분식을 계산하는 대신 한 번의 적분만 하면 된다. 식 [25]의 적분에서는 $1/T$를 곱하는 반면 a_n과 b_n을 위한 적분에서는 $2/T$를 곱해야 한다.

지수 함수 형태로 표현된 푸리에 급수의 두 기본적인 관계식은 다음과 같다.

$$f(t) = \sum_{n=-\infty}^{\infty} \mathbf{c}_n e^{jn\omega_0 t} \qquad [24]$$

$$\mathbf{c}_n = \frac{1}{T}\int_{-T/2}^{T/2} f(t)e^{-jn\omega_0 t}\, dt \qquad [25]$$

여기서 $\omega_0 = 2\pi/T$이다.

$n = 0, \pm1, \pm2, \ldots$일 때, $\omega = n\omega_0$에서 지수형 푸리에 급수의 성분의 크기는 $|\mathbf{c}_n|$이다. $n\omega_0$ 혹은 nf_0에 대해 $|\mathbf{c}_n|$으로 주어지는 이산 주파수 스펙트럼을 그릴 수 있다. 주파수를 나타내는 가로축은 양의 값과 음의 값 모두에 대해 그린다. 이렇게 하면 식 [22] 및 [23]에서 보인 것처럼 $|\mathbf{c}_n| = |\mathbf{c}_{-n}|$이므로 그림은 원점에 대해 대칭이다.

식 [24]와 [25]으로부터 $n = 1, 2, 3, \ldots$일 때, $\omega = n\omega_0$에서 정현파 성분의 크기는 $\sqrt{a_n^2 + b_n^2} = 2|\mathbf{c}_n| = 2|\mathbf{c}_{-n}| = |\mathbf{c}_n| + |\mathbf{c}_{-n}|$이다. 직류 성분은 $a_0 = \mathbf{c}_0$이다.

식 [25]로 나타낸 지수형 푸리에 급수는 $f(t)$의 대칭성에 따라 영향을 받게 된다. 따라서 $\mathbf{c}_n$에 대해서 다음과 같이 표현할 수 있다.

$$\mathbf{c}_n = \frac{2}{T}\int_0^{T/2} f(t)\cos n\omega_0 t\, dt \qquad \text{(짝 대칭)} \qquad [26]$$

$$\mathbf{c}_n = \frac{-j2}{T}\int_0^{T/2} f(t)\sin n\omega_0 t\, dt \qquad \text{(홀 대칭)} \qquad [27]$$

$$\mathbf{c}_n = \begin{cases} \dfrac{2}{T}\displaystyle\int_0^{T/2} f(t)e^{-jn\omega_0 t}\, dt & \text{(홀수 } n\text{, 반파 대칭)} \quad [28a] \\ 0 & \text{(짝수 } n\text{, 반파 대칭)} \quad [28b] \end{cases}$$

$$\mathbf{c}_n = \begin{cases} \dfrac{4}{T}\displaystyle\int_0^{T/4} f(t)\cos n\omega_0 t\,dt & (\text{홀수 } n,\ \text{반파 짝 대칭}) \quad [29a] \\ 0 & (\text{짝수 } n,\ \text{반파 짝 대칭}) \quad [29b] \end{cases}$$

$$\mathbf{c}_n = \begin{cases} \dfrac{-j4}{T}\displaystyle\int_0^{T/4} f(t)\sin n\omega_0 t\,dt & (\text{홀수 } n,\ \text{반파 홀 대칭}) \quad [30a] \\ 0 & (\text{짝수 } n,\ \text{반파 홀 대칭}) \quad [30b] \end{cases}$$

예제 **17.3**

그림 17.10의 구형파에 대해 $\mathbf{c}_n$을 구하라.

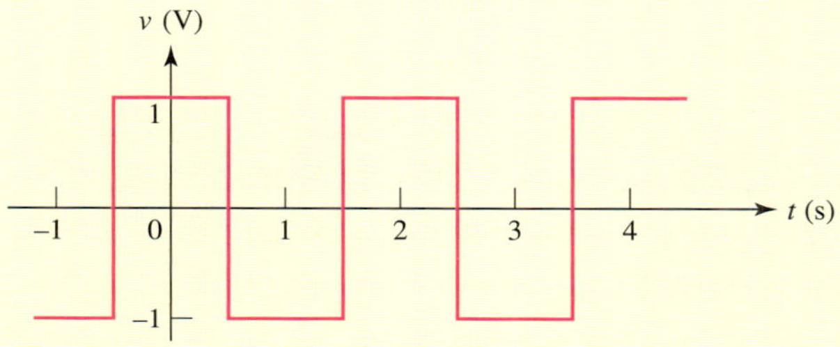

그림 17.10 짝 대칭이면서 반파 대칭인 구형파 함수.

이 구형파는 짝 대칭이면서 반파 대칭이다. 이러한 대칭성을 무시하고 식 [25]의 일반적인 식을 사용하면 $T = 2$, $\omega_0 = 2\pi/2 = \pi$일 때, 다음 식을 얻을 수 있다.

$$\begin{aligned}
\mathbf{c}_n &= \frac{1}{T}\int_{-T/2}^{T/2} f(t)e^{-jn\omega_0 t}\,dt \\
&= \frac{1}{2}\left[\int_{-1}^{-0.5} -e^{-jn\pi t}\,dt + \int_{-0.5}^{0.5} e^{-jn\pi t}\,dt - \int_{0.5}^{1} e^{-jn\pi t}\,dt\right] \\
&= \frac{1}{2}\left[\frac{-1}{-jn\pi}\left(e^{-jn\pi t}\right)\Big|_{-1}^{-0.5} + \frac{1}{-jn\pi}\left(e^{-jn\pi t}\right)\Big|_{-0.5}^{0.5} + \frac{-1}{-jn\pi}\left(e^{-jn\pi t}\right)\Big|_{0.5}^{1}\right] \\
&= \frac{1}{j2n\pi}\left(e^{jn\pi/2} - e^{jn\pi} - e^{-jn\pi/2} + e^{jn\pi/2} + e^{-jn\pi} - e^{-jn\pi/2}\right) \\
&= 2\frac{e^{jn\pi/2} - e^{-jn\pi/2}}{j2n\pi} - \frac{e^{jn\pi} - e^{-jn\pi}}{j2n\pi} \\
&= \frac{1}{n\pi}\left[2\sin\frac{n\pi}{2} - \sin n\pi\right]
\end{aligned}$$

계산하면 $\mathbf{c}_0 = 0$, $\mathbf{c}_1 = 2/\pi$, $\mathbf{c}_2 = 0$, $\mathbf{c}_3 = -2/3\pi$, $\mathbf{c}_4 = 0$, $\mathbf{c}_5 = 2/5\pi$ 등을 얻을 수 있다. 이 값들은 $b_n = 0$일 때, $a_n = 2\mathbf{c}_n$이라는 것을 기억해보면 그림 17.4b에 보인 같은 파형에 대해 익힘문제 17.3에서 얻은 삼각함수 푸리에 급수와 같음을 알 수 있다.

파형의 대칭성(짝 대칭이고 반파 대칭)을 이용하면, 식 [29a] 및 [29b]를 이용하여 간단히 구할 수 있다.

$$\begin{aligned}\mathbf{c}_n &= \frac{4}{T}\int_0^{T/4} f(t)\cos n\omega_0 t\, dt \\ &= \frac{4}{2}\int_0^{0.5} \cos n\pi t\, dt = \frac{2}{n\pi}(\sin n\pi t)\Big|_0^{0.5} \\ &= \begin{cases} \frac{2}{n\pi}\sin\frac{n\pi}{2} & (\text{홀수 } n) \\ 0 & (\text{짝수 } n)\end{cases}\end{aligned}$$

이 결과는 위에서 파형의 대칭성을 고려하지 않고 얻은 결과와 같다.

좀 더 복잡하고 흥미 있는 예제를 다루어 보기로 한다.

예제 17.4

어떤 함수 $f(t)$는 그림 17.11에 보인 바와 같이 진폭이 v_o이고, 지속시간이 τ이며, 주기가 T초인 직사각형 펄스 열이다. $f(t)$에 대한 지수형 푸리에 급수를 구하라.

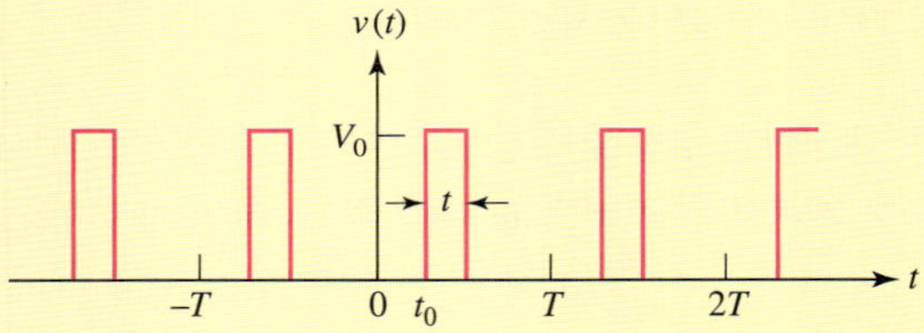

그림 17.11 주기적인 직사각형 펄스 열.

본 주파수는 $f_0 = 1/T$이다. 대칭성이 없으므로 일반적인 복소 계수의 값은 식 [25]으로부터 다음과 같이 구할 수 있다.

$$\begin{aligned}\mathbf{c}_n &= \frac{1}{T}\int_{-T/2}^{T/2} f(t)e^{-jn\omega_0 t}\, dt = \frac{V_0}{T}\int_{t_0}^{t_0+\tau} e^{-jn\omega_0 t}\, dt \\ &= \frac{V_0}{-jn\omega_0 T}\left(e^{-jn\omega_0(t_0+\tau)} - e^{-jn\omega_0 t_0}\right) \\ &= \frac{2V_0}{n\omega_0 T}e^{-jn\omega_0(t_0+\tau/2)}\sin\left(\frac{1}{2}n\omega_0\tau\right) \\ &= \frac{V_0\tau}{T}\frac{\sin\left(\frac{1}{2}n\omega_0\tau\right)}{\frac{1}{2}n\omega_0\tau}e^{-jn\omega_0(t_0+\tau/2)}\end{aligned}$$

그러므로 $\mathbf{c}_n$의 크기는 다음과 같고,

$$|c_n| = \frac{V_0\tau}{T}\left|\frac{\sin\left(\frac{1}{2}n\omega_0\tau\right)}{\frac{1}{2}n\omega_0\tau}\right| \qquad [31]$$

$\mathbf{c}_n$의 위상각은 다음과 같다.

$$\text{ang } \mathbf{c}_n = -n\omega_0\left(t_0 + \frac{\tau}{2}\right) \qquad \text{(possibly plus 180°)} \qquad [32]$$

식 [31]과 [32]은 이 지수형 푸리에 급수 문제에 대한 답이다.

샘플링 함수

식 [31]의 삼각 함수 인수는 현대 통신 이론에 자주 나오며, **샘플링 함수**(*sampling function*)라 한다. '샘플링'은 그림 17.11의 시간 함수와 관련이 있는데 샘플링 함수는 이 그림으로부터 이끌어 낼 수 있다. τ가 작고 $v_o = 1$이라면 이 펄스 열과 다른 함수 $f(t)$와의 곱은 매 T초의 $f(t)$의 샘플을 나타낸다. 다음과 같이 정의한다.

$$\text{Sa}(x) = \frac{\sin x}{x}$$

이 함수는 $f(t)$의 여러 주파수 성분의 크기를 구하는 데 도움이 되므로 이 함수의 중요한 특성을 찾아보기로 한다. 먼저 x가 π의 정수배이면 $\text{Sa}(x)$는 항상 0이 된다. 즉

$$\text{Sa}(n\pi) = 0 \qquad n = 1, 2, 3, \ldots$$

x가 0일 때 함수의 값은 부정이 되는데 다른 방법으로 그 값이 1이라는 것을 쉽게 보일 수 있다.

$$\text{Sa}(0) = 1$$

그러므로 $\text{Sa}(x)$의 값은 $x = 0$에서 1부터 $x = \pi$에서 0까지 감소한다. x가 π로부터 2π로 증가하면, $|\text{Sa}(x)|$는 0으로부터 1보다 작은 최대값으로 증가하다가 다시 0으로 감소한다. x가 계속 증가하면 연속되는 최대값들은 점점 작아지는데 이는 $\text{Sa}(x)$의 분자는 1보다 커질 수 없지만 분모는 계속 증가하기 때문이다. 또한 $\text{Sa}(x)$는 짝 대칭이다.

선 스펙트럼은 다음의 순서로 그린다. 먼저 $|\mathbf{c}_n|$을 고려하는데 식 [31]을 기본 주파수 f_0의 항으로 표현한다.

$$|\mathbf{c}_n| = \frac{V_0\tau}{T}\left|\frac{\sin(n\pi f_0\tau)}{n\pi f_0\tau}\right| \qquad [33]$$

이미 알고 있는 τ값과 $T = 1/f_0$을 이용하여 원하는 $n(n = 0, \pm1, \pm2, \ldots)$에 대한 $\mathbf{c}_n$의 크기를 식 [33]로부터 구할 수 있다. 이러한 이산 주파수에서 식 [33]을 계산하는 대신에 주파수 nf_0를 연속 변수로 고려하여 $|\mathbf{c}_n|$의 포락선(envelope)을 그려보기로 한다. 즉 실제로 nf_0인 f가 고조파 주파수 0, $\pm f_0$, $\pm 2f_0$, $\pm 3f_0$ 등의 이산값을 취할 수 있으므로 연속 변수가 nf_0의 값을 취하는 것으로 볼 수 있다. f가 0이면 $|\mathbf{c}_n|$의 값은 $v_o\tau/T$이고, f가 $1/\tau$까지 증가하면 $|\mathbf{c}_n|$은 0이다. 결과적인 포락선을 그리면 그

림 17.12a와 같다. 선 스펙트럼은 그림에서 보인 것처럼 각 고조파 주파수에서 수직선을 그리기만 하면 간단히 얻을 수 있다. 선 스펙트럼의 크기는 $\mathbf{c}_n$의 크기이다. 그림은 $\tau/T = 1/(1.5\pi) = 0.212$인 특수한 경우이다. 이 예제에서 포락선의 크기가 0이 되는 주파수에서는 고조파가 없다. 혹은 T값이 어떤 값이더라도 마찬가지이다.

그림 17.12b에서 정현파 성분의 진폭은 주파수의 함수로 그려져 있다. $a_0 = \mathbf{c}_0$이고, $\sqrt{a_n^2 + b_n^2} = |\mathbf{c}_n| + |\mathbf{c}_{-n}|$이다.

그림 17.12b의 직사각형 펄스 주기 함수의 선 스펙트럼에 대해서 다음의 몇 가지 결론을 내릴 수 있다. 이산 스펙트럼의 포락선에 관해서 포락선의 '폭(width)'은 T와는 관련이 없고 τ와 관련이 있다. 실제로 포락선의 모양은 T의 함수가 아니다. 주기 펄스를 통과시키도록 설계한 필터의 대역폭은 펄스폭 τ의 함수이며 펄스 주기 T의 함수가 아니다. 그림 17.12b에서 보면 필요한 대역폭은 약 $1/\tau$ Hz임을 알 수 있다. 펄스 주기 T가 증가하면(혹은 펄스의 반복 주파수 f_0가 감소하면) 대역폭 $1/\tau$은 변하지 않지만, 주파수 0에서 $1/\tau$ Hz 사이의 스펙트럼 선의 수는 불연속으로 증가한다. 각 선의 크기는 T에 반비례한다. 마지막으로 시간 원점을 이동시켜도 선 스펙트럼은 변하지 않는다. 즉 $|\mathbf{c}_n|$은 t_0의 함수가 아니다. 주파수 성분의 상대적인 위상은 t_0의 선택에 따라 변한다.

익힘문제 17.7

다음 그림 파형의 복소 푸리에 급수의 일반적인 계수 $\mathbf{c}_n$을 구하라.
(a) 그림 17.4a (b) 그림 17.4c

답: n이 홀수일 때 $-j2/(n\pi)$, n이 짝수일 때 0; 모든 n에 대해서 $-j[4/(n^2\pi^2)]\sin n\pi/2$.

17.5 푸리에 변환의 정의

주기 함수의 푸리에 급수 표현의 기본 개념에 익숙하므로 17.4절에서 다룬 직사각형 펄스 주기 함수의 스펙트럼을 이용하여 푸리에 변환을 정의하기로 한다. 이 스펙트럼은 이산 선 스펙트럼인데 이는 시간 영역에서 주기 함수일 때 항상 얻게 되는 형태이다. 이 스펙트럼은 주파수의 매끄러운 함수 혹은 연속 함수가 아니라는 점에서 이산 스펙트럼이다. 대신 특정한 주파수들에서만 0이 아닌 값을 가진다.

시간의 주기 함수는 아니지만 여러 가지 중요한 구동 함수가 있다. 단일 직사각형 펄스, 계단 함수, 램프 함수 혹은 14장에서 정의되었던 **임펄스 함수** 등이 이러한 함수들이다. 이러한 비주기 함수의 주파수 스펙트럼도 구할 수 있는데 이는 **연속** 스펙트럼으로 0이 아닌 주파수 구간에서 작은 에너지라도 에너지를 가진다.

주기 함수에서 주기를 무한대로 하면 비주기 함수를 얻을 수 있다. 주기 직사각형 펄스의 경험을 이용하면 포락선의 모양은 변화 없이 그 크기는 감소하고, 어느

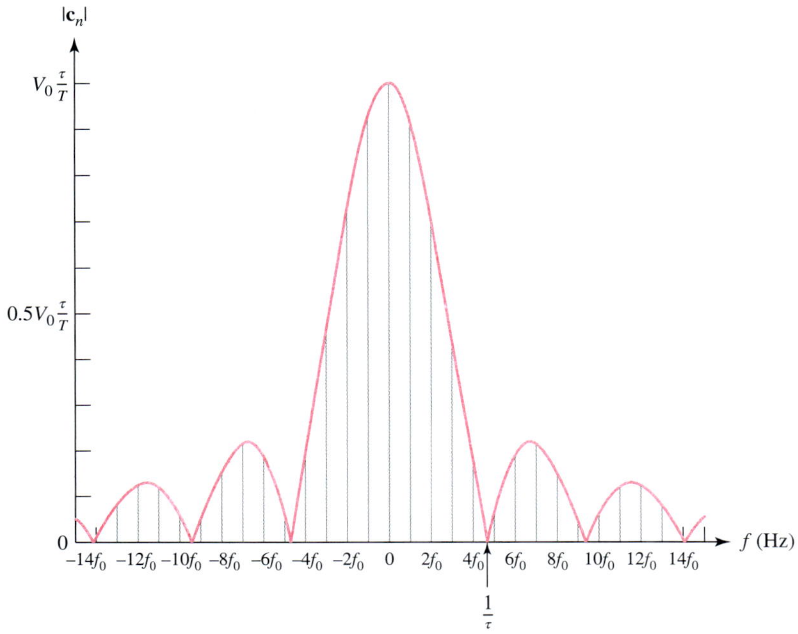

(*a*)

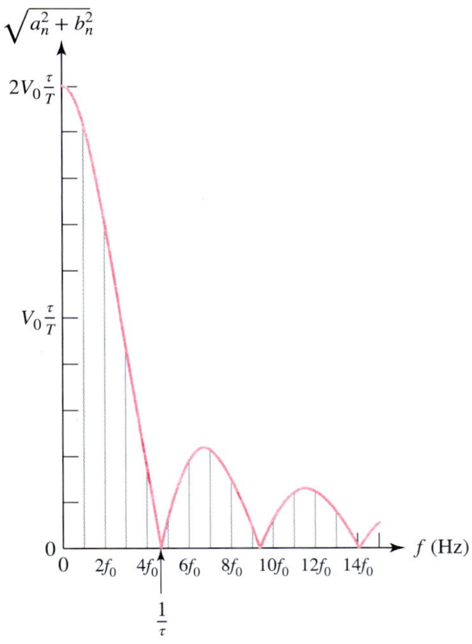

(*b*)

그림 17.12 그림 17.11의 펄스 열에 대응하는 이산 선 스펙트럼. $f = nf_0$, $n = 0, \pm1, \pm2, \ldots$에 대한 $|\mathbf{c}_n|$의 그림. (*b*) 같은 펄스 열의 $f = nf_0$, $n = 0, 1, 2, \ldots$에 대한 $\sqrt{a^2 + b^2}$의 그림.

주파수 구간 내에서 더욱 더 많은 주파수 성분이 나타난다. 극한에 이르면, 포락선의 크기는 매우 작아지고, 매우 작은 주파수 구간도 무한 개의 주파수 성분으로 채워지게 된다. 예를 들면, 0에서 100 Hz 사이의 주파수 성분의 수는 무한 개가 되지만 각 성분의 크기는 0에 가까워진다. 크기가 0인 스펙트럼은 이상한 개념이라 할 수 있다. 주기 구동 함수의 선 스펙트럼은 각 주파수 성분의 크기를 나타낸다. 비주기 구동함수의 크기가 0인 연속 스펙트럼은 무엇을 의미하는가? 이 질문에 대한 답을 다음 절에서 얻을 수 있을 것이다. 여기서는 극한의 과정들을 다루기로 한다.

지수형태의 푸리에 급수로부터 시작한다.

$$f(t) = \sum_{n=-\infty}^{\infty} \mathbf{c}_n e^{jn\omega_0 t} \qquad [34]$$

여기서

$$\mathbf{c}_n = \frac{1}{T}\int_{-T/2}^{T/2} f(t) e^{-jn\omega_0 t}\, dt \qquad [35]$$

이다. 그리고

$$\omega_0 = \frac{2\pi}{T} \qquad [36]$$

이다. 다음과 같이 하면

$$T \rightarrow \infty$$

식 [36]로부터 ω_0는 매우 작아져야 한다. 이 극한을 미분으로 표현하면 다음과 같다.

$$\omega_0 \rightarrow d\omega$$

따라서

$$\frac{1}{T} = \frac{\omega_0}{2\pi} \rightarrow \frac{d\omega}{2\pi} \qquad [37]$$

이다. 마지막으로 어느 '고조파'의 주파수 $n\omega_0$는 연속 주파수를 나타내는 일반적인 주파수 변수가 되어야 한다. 다시 말하면 ω_0가 0에 가까이 가고, n이 무한대가 되면 그 곱은 유한한 값이 된다.

$$n\omega_0 \rightarrow \omega \qquad [38]$$

이 네 가지 극한 연산들을 식 [35]에 적용하면, 앞서 본 것처럼 $\mathbf{c}_n$은 0에 가까이 가야 한다. 식 [35]의 양변에 각각 주기 T를 곱하고 극한을 취하면 중요한 결과를 얻을 수 있다.

$$\mathbf{c}_n T \rightarrow \int_{-\infty}^{\infty} f(t) e^{-j\omega t}\, dt$$

이 표현의 오른쪽은 (t가 아닌) ω의 함수이므로 이를 $\mathbf{F}(j\omega)$로 나타낸다.

$$\mathbf{F}(j\omega) = \int_{-\infty}^{\infty} f(t) e^{-j\omega t}\, dt \qquad [39]$$

식 [34]에 극한 과정을 적용하기로 한다. 먼저 합산에 T를 곱해주고 다시 나누어주면 다음과 같이 된다.

$$f(t) = \sum_{n=-\infty}^{\infty} \mathbf{c}_n T e^{jn\omega_0 t} \frac{1}{T}$$

다음에 $\mathbf{c}_n T$를 새로운 양 $\mathbf{F}(j\omega)$로 대체하고, 식 [37] 및 [38]의 표현을 이용한다. 극한에서 합산은 적분이 되므로

$$f(t) = \frac{1}{2\pi} \int_{-\infty}^{\infty} \mathbf{F}(j\omega) e^{j\omega t}\, d\omega \qquad [40]$$

이다. 식 [39]와 [40]를 **푸리에 변환 쌍**이라고 부른다. 함수 $\mathbf{F}(j\omega)$는 $f(t)$의 **푸리에 변환**이고, $f(t)$는 $\mathbf{F}(j\omega)$의 역 푸리에 변환이다.

이 변환 쌍 관계는 매우 중요하다. 너무 중요해서 그 중요성을 아무리 강조해도 지나치지 않으며 늘 기억하고 있어야 한다. 중요성을 강조하기 위해서 다시 한 번 다음과 같이 정리한다.

$$\mathbf{F}(j\omega) = \int_{-\infty}^{\infty} e^{-j\omega t} f(t) dt \qquad [41a]$$

$$f(t) = \frac{1}{2\pi} \int_{-\infty}^{\infty} e^{j\omega t} \mathbf{F}(j\omega) d\omega \qquad [41b]$$

푸리에 변환과 라플라스 변환은 다소 비슷한 점이 있다. 두 변환의 주된 차이점은 라플라스 변환을 이용하면 초기 에너지 저장이 있는 회로를 쉽게 해석할 수 있지만, 푸리에 변환을 이용하면 쉽지 않다는 점이다. 그리고 여러 가지 시간 함수(예를 들어 증가하는 지수 함수)는 그 함수의 푸리에 변환이 존재하지 않는다. 그러나 과도 현상의 스펙트럼 정보를 알기 원한다면 푸리에 변환을 이용하는 것이 더 좋다.

이 두 식에서 지수 항의 멱지수(exponent)의 부호는 서로 반대이다. 식 [39]에서 보인 것처럼 $f(t)$에 대한 표현식에서 양의 부호를 갖는다.

여기서 한 가지 의문이 생긴다. 식 [41]의 푸리에 변환 관계식을 이용하면, 어떠한 임의의 함수 $f(t)$의 푸리에 변환도 구할 수 있는가? 실제로 다루는 대부분의 전압 혹은 전류에 대해 긍정적인 답변을 할 수 있다. $\mathbf{F}(j\omega)$의 존재성에 대한 충분 조건은 다음과 같다.

$$\int_{-\infty}^{\infty} |f(t)|\, dt < \infty$$

이 조건은 **필요 조건은 아니다.** 이 조건을 만족시키지 못하는 어떤 함수들도 푸리에 변환을 갖는 경우가 있다. 계단 함수는 이러한 함수의 한 가지 예이다. 또 나중에 다루겠지만, 푸리에 변환을 갖기 위해서 $f(t)$가 꼭 비주기 함수일 필요는 없다. 주기 시간 함수에 대한 푸리에 급수 표현은 좀 더 일반적인 푸리에 변환 표현의 특수한 경우이다.

앞서 지적한 바와 같이 푸리에 변환 쌍의 관계는 유일성을 가진다. $f(t)$가 주어지면 하나의 $\mathbf{F}(j\omega)$만 존재하고, $\mathbf{F}(j\omega)$가 주어지면 이에 대한 하나의 $f(t)$가 존재한다.

예제 17.5

푸리에 변환을 이용하여 그림 17.13*a*의 단일 직사각형 펄스의 연속 스펙트럼을 구하라.

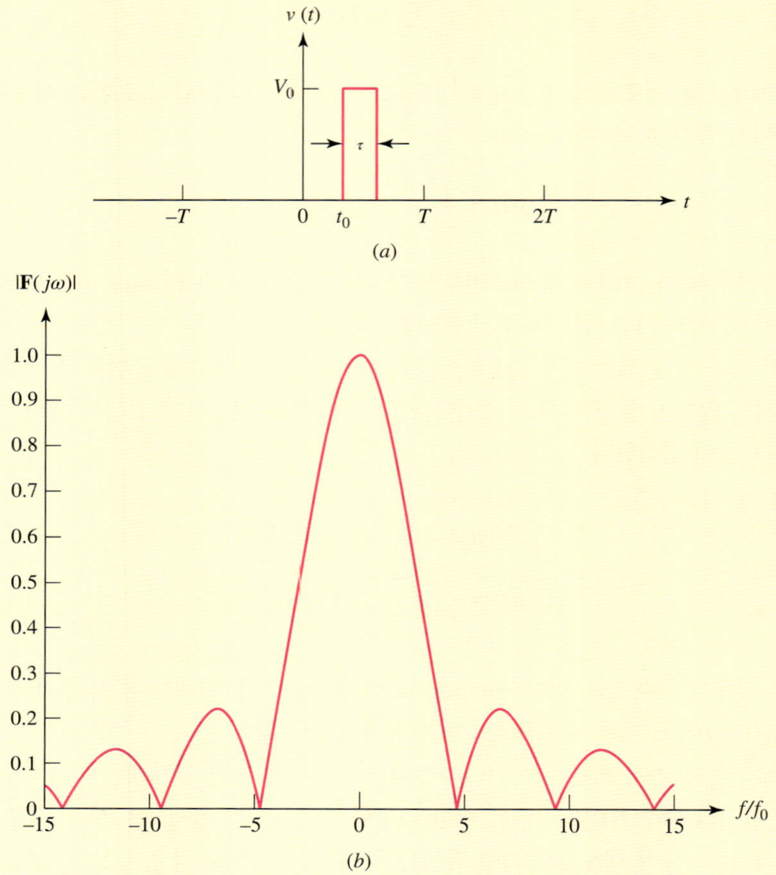

그림 17.13 (*a*) 그림 17.11의 펄스 열과 같은 단일 직사각형 펄스. (*b*) $V_o = 1$, $\tau = 1$, $t_0 = 0$일 때의 펄스에 해당하는 $|\mathbf{F}(j\omega)|$의 그림. 주파수 축은 그림 17.12*a*에 해당하는 $f_0 = 1/1.5\,\pi$로 나누어서 표시하여 두 그림을 비교하기 쉽도록 하였다. f_0는 $\mathbf{F}(j\omega)$에 아무런 의미를 갖지 않는다.

이 펄스는 그림 17.11에 보인 파형을 잘라낸 것으로 다음 식으로 표현된다.

$$f(t) = \begin{cases} V_o & t_0 < t < t_0 + \tau \\ 0 & t < t_0 \text{ and } t > t_0 + \tau \end{cases}$$

식 [41a]로부터 $f(t)$의 푸리에 변환을 얻을 수 있다.

$$\mathbf{F}(j\omega) = \int_{t_0}^{t_0+\tau} V_0 e^{-j\omega t}\, dt$$

이 식을 적분하여 간단히 하면, 다음과 같이 된다.

$$\mathbf{F}(j\omega) = V_0\tau\frac{\sin\frac{1}{2}\omega\tau}{\frac{1}{2}\omega\tau}e^{-j\omega(t_0+\tau/2)}$$

$\mathbf{F}(j\omega)$의 크기는 연속 주파수 스펙트럼이며, 샘플링 함수의 모양을 가진다. $\mathbf{F}(0)$의 값은 $v_o\tau$이다. 스펙트럼의 모양은 그림 17.12*b*의 포락선과 같다. ω의 함수로 그린 $|\mathbf{F}(j\omega)|$의 그림은 어느 주어진 주파수에서의 전압을 나타내지는 않는다. 그렇다면 이것은 무엇을 나타내는가? 식 [40]를 잘 살펴보면 $f(t)$가 전압 파형이라면, $\mathbf{F}(j\omega)$의 단위는 '단위 주파수당 전압(volts per unit frequency)'임을 알 수 있다.

익힘문제 17.8

$f(t) = -10$ V, $-0.2 < t < -0.1$ s, $f(t) = 10$ V, $0.1 < t < 0.2$ s 그리고 모든 다른 t에서는 $f(t) = 0$이다. ω가 다음과 같을 때 $\mathbf{F}(j\omega)$를 계산하라.
(a) 0 (b) 10π rad/s (c) -10π rad/s (d) 15π rad/s (e) -20π rad/s

답: 0; $j1.273$ V/(rad/s); $-j1.273$ V/(rad/s); $-j0.424$ V/(rad/s); 0.

익힘문제 17.9

$-4 < \omega < -2$ rad/s에서 $\mathrm{F}(j\omega) = -10$ V/(rad/s), $2 < \omega < 4$ rad/s에서 +10 V/(rad/s) 그리고 다른 ω에서는 0이다. t가 다음과 같을 때 $f(t)$의 값을 구하라.
(a) 10^{-4} s (b) 10^{-2} s (c) $\pi/4$ s (d) $\pi/2$ s (e) π s

답: $j1.9099 \times 10^{-3}$ V; $j0.1910$ V; $j4.05$ V; $-j4.05$ V; 0.

17.6 푸리에 변환의 특성

이 절의 목적은 푸리에 변환의 여러 가지 수학적 특성을 알아보고, 더욱 중요한 것은 이것의 물리적 의미를 이해하는 것이다. 식 [41a]에서 $e^{-j\omega t}$를 오일러의 항등식(Euler's identity)을 이용하여 표현한다.

$$\mathbf{F}(j\omega) = \int_{-\infty}^{\infty} f(t)\cos\omega t\,dt - j\int_{-\infty}^{\infty} f(t)\sin\omega t\,dt \qquad [42]$$

$f(t)$, $\cos\omega t$ 그리고 $\sin\omega t$는 모두 시간의 실수 함수이므로 식 [42]의 두 적분은 모두 ω의 실수 함수이다. 따라서

$$\mathbf{F}(j\omega) = A(\omega) + jB(\omega) = |\mathbf{F}(j\omega)|e^{j\phi(\omega)} \qquad [43]$$

과 같이 놓으면, 다음 식들을 얻을 수 있다.

$$A(\omega) = -\int_{-\infty}^{\infty} f(t)\cos\omega t\, dt \qquad [44]$$

$$B(\omega) = -\int_{-\infty}^{\infty} f(t)\sin\omega t\, dt \qquad [45]$$

$$|\mathbf{F}(j\omega)| = \sqrt{A^2(\omega) + B^2(\omega)} \qquad [46]$$

$$\phi(\omega) = \tan^{-1}\frac{B(\omega)}{A(\omega)} \qquad [47]$$

ω 대신 $-\omega$를 대입하면 $A(\omega)$와 $|\mathbf{F}(j\omega)|$는 모두 ω의 짝 함수이고, 반면에 $B(\omega)$와 $\phi(\omega)$는 모두 ω의 홀 함수임을 알 수 있다.

$f(t)$가 t의 짝 함수라면 식 [45]의 피적분 함수는 t의 홀 함수가 되고, 대칭성을 이용하면 $B(\omega)$는 0이 된다. 따라서 $f(t)$가 짝 함수이면, 이것의 푸리에 변환 $\mathbf{F}(j\omega)$는 ω의 실수 짝 함수이고, 위상함수 $\phi(\omega)$는 모든 ω에 대해서 0 혹은 π가 된다. 그러나 $f(t)$가 t의 홀 함수이면 $A(\omega) = 0$이고 $\mathbf{F}(j\omega)$는 ω의 홀 함수인 동시에 순허수 함수가 되며 $\phi(\omega)$는 $\pm\pi/2$이다. 그렇지만 일반적으로는 $\mathbf{F}(j\omega)$는 ω의 복소 함수이다.

마지막으로 식 [42]에 ω 대신 $-\omega$를 대입하면, $\mathbf{F}(j\omega)$의 켤레 복소수를 얻을 수 있다. 즉

$$\mathbf{F}(-j\omega) = A(\omega) - jB(\omega) = \mathbf{F}^*(j\omega)$$

이고, 따라서 다음 식을 얻을 수 있다.

$$\mathbf{F}(j\omega)\mathbf{F}(-j\omega) = \mathbf{F}(j\omega)\mathbf{F}^*(j\omega) = A^2(\omega) + B^2(\omega) = |\mathbf{F}(j\omega)|^2$$

푸리에 변환의 물리적 특성

푸리에 변환의 이러한 수학적 특성을 기억하면서 물리적 특성을 고찰해 보기로 한다. $f(t)$를 1 Ω의 저항에 걸린 전압이나 혹은 흐르는 전류라고 가정하면, $f^2(t)$는 $f(t)$에 의해서 1 Ω의 저항에서 소비되는 순간 전력이다. 이 전력을 모든 시간에 걸쳐서 적분하면 $f(t)$에 의해 1 Ω의 저항에 공급되는 총 에너지를 구할 수 있다.

$$W_{1\Omega} = \int_{-\infty}^{\infty} f^2(t)dt \qquad [48]$$

조금 변칙적인 방법을 사용하기로 한다. 식 [48]의 피적분함수를 $f(t)$에 자신을 곱한 것으로 생각하여 식 [41b]의 함수를 대입하면 다음과 같다.

$$W_{1\Omega} = \int_{-\infty}^{\infty} f(t)\left[\frac{1}{2\pi}\int_{-\infty}^{\infty} e^{j\omega t}\mathbf{F}(j\omega)d\omega\right]dt$$

$f(t)$는 적분 변수 ω의 함수가 아니므로 이것을 각 괄호 내의 적분 안으로 옮기고, 적분의 순서를 바꾸면 다음과 같다.

$$W_{1\Omega} = \frac{1}{2\pi}\int_{-\infty}^{\infty}\left[\int_{-\infty}^{\infty}\mathbf{F}(j\omega)e^{j\omega t}f(t)dt\right]d\omega$$

$\mathbf{F}(j\omega)$를 내부 적분의 밖으로 옮기면 적분은 $\mathbf{F}(-j\omega)$가 된다.

$$W_{1\Omega} = \frac{1}{2\pi}\int_{-\infty}^{\infty} \mathbf{F}(j\omega)\mathbf{F}(-j\omega)d\omega = \frac{1}{2\pi}\int_{-\infty}^{\infty} |\mathbf{F}(j\omega)|^2\, d\omega$$

이 결과들을 정리하면, 다음과 같이 된다.

$$\int_{-\infty}^{\infty} f^2(t)dt = \frac{1}{2\pi}\int_{-\infty}^{\infty} |\mathbf{F}(j\omega)|^2\, d\omega \qquad [49]$$

식 [49]는 파시발(Parseval)의 정리로 알려진 매우 유용한 표현식이다. 이 정리는 식 [48]과 함께 $f(t)$의 에너지는 시간 영역에서 모든 시간에 걸쳐서 적분하여 얻을 수도 있지만, 주파수 영역에서 모든 (라디안) 주파수에 걸쳐서 적분을 하고 $1/(2\pi)$를 곱해도 얻을 수 있다는 내용을 말하고 있다.

프랑스의 수학자이기도 하고, 지리학자이기도 하며, 시인이기도 한 Marc antoine Parseval-Deschenes는 Fourier가 이 정리를 발표하기 17년 전인 1805년에 이러한 결과를 발표하였다.

파시발의 정리를 통해 푸리에 변환의 의미를 더 잘 이해할 수 있다. 푸리에 변환이 $\mathbf{F}_v(j\omega)$인 전압 $v(t)$가 1 Ω 저항에 걸렸을 때, 에너지 $W_{1\Omega}$은 다음과 같다.

$$W_{1\Omega} = \int_{-\infty}^{\infty} |\mathbf{F}_v(j\omega)|^2\, df = 2\int_{0}^{\infty} |\mathbf{F}_v(j\omega)|^2\, df$$

여기서 오른쪽의 등식은 $|\mathbf{F}_v(j\omega)|^2$가 ω의 짝 함수이므로 성립한다. $\omega = 2\pi f$이므로, 다음과 같이 쓸 수도 있다.

$$W_{1\Omega} = \frac{1}{2\pi}\int_{-\infty}^{\infty} |\mathbf{F}_v(j\omega)|^2\, d\omega = \frac{1}{\pi}\int_{0}^{\infty} |\mathbf{F}_v(j\omega)|^2\, d\omega \qquad [50]$$

그림 17.14는 ω와 f의 함수로 그린 $|\mathbf{F}_v(j\omega)|^2$의 대표적인 그림이다. 주파수를 아주 작은 증분 df로 나누면 식 [50]에서 폭이 df이면서 $|\mathbf{F}_v(j\omega)|^2$곡선 아래의 미분 조각의 면적은 $|\mathbf{F}_v(j\omega)|^2\, df$임을 알 수 있다. 그림에서 이 면적은 어둡게 표시하였다. f가 음의 무한대에서 양의 무한대까지 변화할 때, 이러한 면적들의 총합은 $v(t)$에 포함된 총 1 V 에너지이다. 따라서 $|\mathbf{F}_v(j\omega)|^2$는 $v(t)$의 (1 Ω) **에너지 밀도**(*energy density*) 혹은 단위 대역폭당 에너지(J/Hz)이다. 그리고 이러한 에너지 밀도는 항상 ω의 실수 함수이고 짝 대칭이며 음수가 아닌 함수이다. 적당한 주파수 구간에서 $|\mathbf{F}_v(j\omega)|^2$를 적분하면, 총 에너지에 대한 선택된 구간 내에서의 에너지의 비를 구할 수 있다. 에너지 밀도는 $\mathbf{F}_v(j\omega)$의 위상의 함수는 아니므로 같은 에너지 밀도 함수를 갖는 무한히 많은 시간 함수와 푸리에 변환이 존재한다.

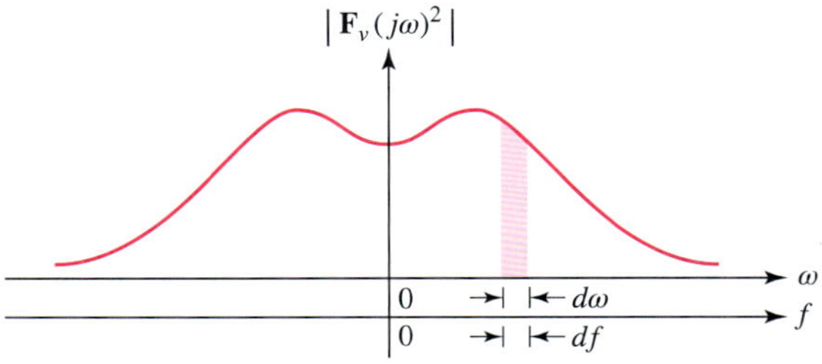

그림 17.14 빗금친 $|\mathbf{F}_v(j\omega)|^2$단면의 면적은 대역폭 df에 있는 $v(t)$와 연관된 1 Ω 에너지이다.

예제 17.6

한 쪽[즉, $t < 0$에서 $v(t) = 0$] 지수 펄스

$$v(t) = 4e^{-3t}u(t) \text{ V}$$

가 이상적인 대역 통과 필터에 인가되었다. 필터의 통과 대역이 $1 < |f| < 2$ Hz일 때, 총 출력 에너지를 구하라.

필터의 출력 전압을 $v_o(t)$라 한다. $v_o(t)$내의 에너지는 $v(t)$의 주파수 성분이 $1 < f < 2$와 $-2 < f < -1$ 구간 내에 있는 주파수 성분의 에너지와 같다. $v(t)$의 푸리에 변환을 구하면 다음과 같다.

$$\begin{aligned}\mathbf{F}_v(j\omega) &= 4\int_{-\infty}^{\infty} e^{-j\omega t} e^{-3t} u(t)dt \\ &= 4\int_{0}^{\infty} e^{-(3+j\omega)t} dt = \frac{4}{3+j\omega}\end{aligned}$$

그리고 입력 신호의 총 1 Ω 에너지를 다음 두 식에 의해서 구할 수 있다.

$$\begin{aligned}W_{1\Omega} &= \frac{1}{2\pi}\int_{-\infty}^{\infty} |\mathbf{F}_v(j\omega)|^2 d\omega \\ &= \frac{8}{\pi}\int_{-\infty}^{\infty} \frac{d\omega}{9+\omega^2} = \frac{16}{\pi}\int_{0}^{\infty} \frac{d\omega}{9+\omega^2} = \frac{8}{3}\text{J}\end{aligned}$$

혹은

$$W_{1\Omega} = \int_{-\infty}^{\infty} v^2(t)dt = 16\int_{0}^{\infty} e^{-6t}\, dt = \frac{8}{3}\text{J}$$

이다. 그러나 $v_o(t)$의 총 에너지는 훨씬 더 작다.

$$\begin{aligned}W_{o1} &= \frac{1}{2\pi}\int_{-4\pi}^{-2\pi} \frac{16\, d\omega}{9+\omega^2} + \frac{1}{2\pi}\int_{2\pi}^{4\pi} \frac{16\, d\omega}{9+\omega^2} \\ &= \frac{16}{\pi}\int_{2\pi}^{4\pi} \frac{d\omega}{9+\omega^2} = \frac{16}{3\pi}\left(\tan^{-1}\frac{4\pi}{3} - \tan^{-1}\frac{2\pi}{3}\right) = 358 \text{ mJ}\end{aligned}$$

일반적으로 이상적인 대역 통과 필터는 미리 정해진 주파수 범위의 에너지는 제거하고, 다른 주파수 범위에 포함되는 에너지는 남긴다. 나중에 푸리에 변환을 이용하여 $v_o(t)$를 표현하는 방법도 알게 되겠지만, 푸리에 변환을 이용하면 $v_o(t)$를 실제로 구하지 않고도 필터의 동작을 양적으로 설명할 수 있다.

익힘문제 17.10

$i(t) = 10e^{20}t[u(t+0.1) - u(t-0.1)]$ A일 때, 다음을 구하라.
(a) $\mathbf{F}i(j0)$ (b) $\mathbf{F}_i(j10)$ (c) $Ai(10)$ (d) $B_i(10)$ (e) $\phi_i(10)$

답: 3.63 A/(rad/s); $\angle -31.7°$ A/(rad/s); 2.83 A/(rad/s); −1.749 A/(rad/s); −31.7°.

익힘문제 17.11

다음 구간에서 전류 $i(t) = 20e^{-10t}\,u(t)$ A의 1 Ω 에너지를 구하라.
(a) $-0.1 < t < 0.1$ s (b) $-10 < \omega < 10$ rad/s (c) $10 < \omega < \infty$ rad/s

답: 17.29 J; 10 J; 5 J.

17.7 간단한 시간 함수의 푸리에 변환 쌍

단위 임펄스 함수

14.3절에서 다룬 단위 임펄스 $\delta(t - t_0)$의 푸리에 변환을 구한다. 즉 이 특이 함수의 스펙트럼 특성 혹은 주파수 영역 표시 방법을 다룬다. $\mathscr{F}\{\ \}$를 '{ }의 푸리에 변환'을 나타내는 기호로 사용한다면 다음과 같은 식이 성립한다.

$$\mathscr{F}\{\delta(t - t_0)\} = \int_{-\infty}^{\infty} e^{-j\omega t}\delta(t - t_0)dt$$

앞서 다루었던 이러한 형태의 적분으로부터 다음 식을 얻을 수 있다.

$$\mathscr{F}\{\delta(t - t_0)\} = e^{-j\omega t_0} = \cos\omega t_0 - j\sin\omega t_0$$

ω의 복소 함수로부터 1 Ω 에너지-밀도 함수를 구하면

$$|\mathscr{F}\{\delta(t - t_0)\}|^2 = \cos^2\omega t_0 + \sin^2\omega t_0 = 1$$

이 주목할 만한 결과는 단위 대역폭당 (1 Ω) 에너지는 **모든 주파수**에서 1이라는 것을 의미하고, 또한 단위 임펄스의 총 에너지는 무한히 크다는 것을 의미한다. 따라서 실험실에서 만드는 것이 가능하지 않다는 점에서 단위 임펄스는 '비현실적(impractical)' 함수이다. 실제로 만들어진다 하더라도 실험실 기기들의 대역폭이 유한하므로 왜곡되어 나타날 것이다.

시간 함수와 푸리에 변환 간의 유일한 1 대 1 대응 관계 때문에, $e^{-j\omega t_0}$의 역 푸리에 변환은 $\delta(t - t_0)$라고 말할 수 있다. 역 변환에 $\mathscr{F}^{-1}\{\ \}$를 사용하면 다음 식을 얻을 수 있다.

$$\mathscr{F}^{-1}\{e^{-j\omega t_0}\} = \delta(t - t_0)$$

따라서 다음의 관계식이 성립하는 것을 알 수 있다.

$$\frac{1}{2\pi}\int_{-\infty}^{\infty} e^{j\omega t}e^{-j\omega t_0}d\omega = \delta(t - t_0)$$

기호를 이용하여 쓰면 다음과 같다.

$$\delta(t - t_0) \Leftrightarrow e^{-j\omega t_0} \qquad [52]$$

여기서 ⇔는 두 함수가 푸리에 변환 쌍을 이룬다는 것을 나타낸다.

단위 임펄스 함수를 좀 더 고려하여 다음과 같은 푸리에 변환을 살펴본다.

$$\mathbf{F}(j\omega) = \delta(\omega - \omega_0)$$

이는 **주파수 영역**에서 $\omega = \omega_0$에 위치하는 단위 임펄스이다. 따라서 $f(t)$는 다음과 같아야 한다.

$$f(t) = \mathscr{F}^{-1}\{\mathbf{F}(j\omega)\} = \frac{1}{2\pi}\int_{-\infty}^{\infty} e^{j\omega t}\delta(\omega - \omega_0)d\omega = \frac{1}{2\pi}e^{j\omega_0 t}$$

여기서 단위 임펄스의 선별특성(sifting property)을 이용하였다. 따라서 다음과 같이 쓸 수 있다.

$$\frac{1}{2\pi}e^{j\omega_0 t} \Leftrightarrow \delta(\omega - \omega_0)$$

혹은

$$e^{j\omega_0 t} \Leftrightarrow 2\pi\delta(\omega - \omega_0) \qquad [52]$$

이다. 또한 부호를 바꾸면 다음 식도 얻을 수 있다.

$$e^{-j\omega_0 t} \Leftrightarrow 2\pi\delta(\omega + \omega_0) \qquad [53]$$

식 [52]와 [53]에서 시간 함수는 명백히 복소수이고, 따라서 실험실과 같은 실제 세계에서는 존재하지 않는다.

그러나 다음 사실을 알고 있다.

$$\cos\omega_0 t = \frac{1}{2}e^{j\omega_0 t} + \frac{1}{2}e^{-j\omega_0 t}$$

그리고 푸리에 변환의 정의로부터 다음 사실도 쉽게 알 수 있다.

$$\mathscr{F}\{f_1(t)\} + \mathscr{F}\{f_2(t)\} = \mathscr{F}\{f_1(t) + f_2(t)\} \qquad [54]$$

그러므로

$$\begin{aligned}\mathscr{F}\{\cos\omega_0 t\} &= \mathscr{F}\left\{\frac{1}{2}e^{j\omega_0 t}\right\} + \mathscr{F}\left\{\frac{1}{2}e^{-j\omega_0 t}\right\} \\ &= \pi\delta(\omega - \omega_0) + \pi\delta(\omega + \omega_0)\end{aligned}$$

이다. 이 식은 cos $\omega_0 t$의 주파수 영역 표현은 $\omega = \pm\omega_0$에 위치하는 임펄스의 쌍임을 나타낸다. 14장에서 복소 주파수에 대해 처음 다룰 때 시간의 정현파 함수는 항상 $\mathbf{s} = \pm j\omega_0$에 위치하는 허수 주파수의 쌍으로 나타내었다. 따라서 다음 식을 얻을 수 있다.

$$\cos\omega_0 t \Leftrightarrow \pi[\delta(\omega + \omega_0) + \delta(\omega - \omega_0)] \qquad [55]$$

상수 구동 함수

시간의 상수 함수 $f(t) = K$의 푸리에 변환을 구하기 위해서 먼저 이 상수를 푸리에 변환의 정의식에 대입하고, 적분을 계산한다. 이렇게 하면 부정(indeterminate)의 표현식을 얻게 된다. 그러나 이 문제에 대한 해답은 식 [58]에서 구할 수 있다.

$$e^{-j\omega_0 t} \Leftrightarrow 2\pi\delta(\omega + \omega_0)$$

이 식에서 $\omega_0 = 0$으로 하면 결과적인 변환 쌍은 다음과 같다.

$$1 \Leftrightarrow 2\pi\delta(\omega) \qquad [56]$$

따라서 다음 식이 성립한다.

$$K \Leftrightarrow 2\pi K\delta(\omega) \qquad [57]$$

이상으로 시간의 상수 함수에 대한 푸리에 변환을 구했다. 시간의 상수 함수의 주파수 스펙트럼은 처음부터 알고 있던 것처럼 $\omega = 0$에서의 성분만으로 구성된다.

시그넘 함수

다른 예로 **시그넘 함수**(*signum function*), $\text{sgn}(t)$로 알려진 특이 함수의 푸리에 변환을 구한다. 시그넘 함수는 다음과 같이 정의된다.

$$\text{sgn}(t) = \begin{cases} -1 & t < 0 \\ 1 & t > 0 \end{cases} \qquad [58]$$

혹은

$$\text{sgn}(t) = u(t) - u(-t)$$

이 식을 푸리에 변환의 정의식에 대입하면 적분의 한계에서 부정의 표현을 얻게 된다. 이런 똑같은 문제점은 $|t|$를 무한대로 접근시킬 때 0으로 수렴하지 않는 시간함수의 푸리에 변환을 구하고자 할 때 항상 나타난다. 그러나 라플라스 변환을 이용하면 이러한 문제를 피해갈 수 있다. 라플라스 변환은 수렴 인수를 포함하고 있으므로 어떤 푸리에 변환을 구할 때 생기는 문제점들에 대한 답을 주는 경우가 많다.

다루고자 하는 시그넘 함수는 다음과 같이 쓸 수도 있다.

$$\text{sgn}(t) = \lim_{a \to 0}\left[e^{-at}u(t) - e^{at}u(-t)\right]$$

각 괄호 안의 표현식은 $|t|$가 매우 커짐에 따라 0에 근접한다. 푸리에 변환의 정의를 이용하면 다음 식을 얻을 수 있다.

$$\begin{aligned}\mathscr{F}\{\text{sgn}(t)\} &= \lim_{a \to 0}\left[\int_0^{\infty} e^{-j\omega t}e^{-at}\,dt - \int_{-\infty}^{0} e^{-j\omega t}e^{at}\,dt\right] \\ &= \lim_{a \to 0}\frac{-j2\omega}{\omega^2 + a^2} = \frac{2}{j\omega}\end{aligned}$$

$\text{sgn}(t)$는 t의 홀 함수이므로 실수 성분은 0이다. 따라서

$$\mathrm{sgn}(t) \Leftrightarrow \frac{2}{j\omega} \qquad [59]$$

이다.

단위 계단 함수

이 절의 마지막 예로 이미 잘 알고 있는 단위 계단 함수 $u(t)$를 다룬다. 위에서 다룬 시그넘 함수를 이용하여 단위 계단 함수를 표현하면,

$$u(t) = \frac{1}{2} + \frac{1}{2}\mathrm{sgn}(t)$$

푸리에 변환 쌍은 다음과 같다.

$$u(t) \Leftrightarrow \left[\pi\delta(\omega) + \frac{1}{j\omega}\right] \qquad [60]$$

표 17.2에는 이 절에서 다룬 예와 여기서 자세히 다루지 않은 몇 가지 다른 푸리에 변환 쌍을 요약하여 나타내었다.

예제 17.7

표 17.2를 이용하여 시간 함수 $3e^{-t}\cos 4t\, u(t)$의 푸리에 변환을 구하라.

표의 아래로부터 둘째의 내용은 다음과 같다.

$$e^{-\alpha t}\cos\omega_d t\, u(t) \Leftrightarrow \frac{\alpha + j\omega}{(\alpha + j\omega)^2 + \omega_d^2}$$

따라서 α를 1로 하고, ω_d를 4로 하면 다음 식을 얻을 수 있다.

$$\mathbf{F}(j\omega) = 3\frac{1 + j\omega}{(1 + j\omega)^2 + 16}$$

익힘문제 17.12

$\omega = 12$에서 다음 시간 함수의 푸리에 변환을 구하라.

(a) $4u(t) - 10\delta(t)$ (b) $5e^{-8t}\,u(t)$ (c) $4\cos 8t u(t)$ (d) $-4\,\mathrm{sgn}(t)$

답: $10.01\,\angle{-178.1^\circ}$; $0.347\,\angle{-56.3^\circ}$; $-j0.6$; $j0.667$.

익힘문제 17.13

$\mathbf{F}(j\omega)$가 다음과 같을 때, $t = 2$에서 $f(t)$를 구하라.

(a) $5e^{-j3\omega} - j(4/\omega)$ (b) $8[\delta(\omega - 3) + \delta(\omega + 3)]$ (c) $(8/\omega)\sin 5\omega$

답: 2.00; 2.45; 4.00.

표 17.2 푸리에 변환 쌍 요약.

$f(t)$	$f(t)$	$\mathscr{F}\{f(t)\} = F(j\omega)$	$\lvert F(j\omega)\rvert$
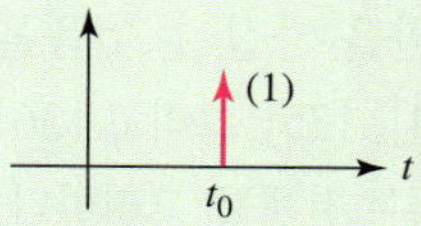	$\delta(t-t_0)$	$e^{-j\omega t_0}$	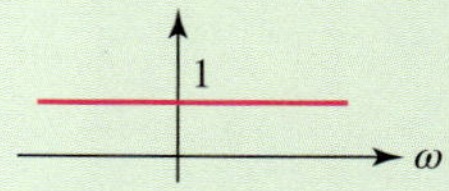
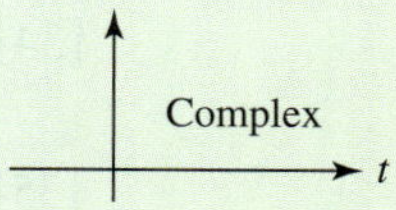	$e^{j\omega_0 t}$	$2\pi\delta(\omega-\omega_0)$	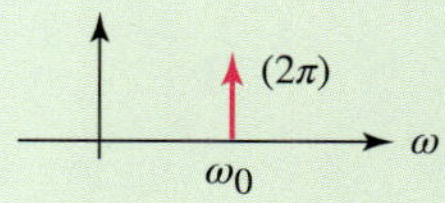
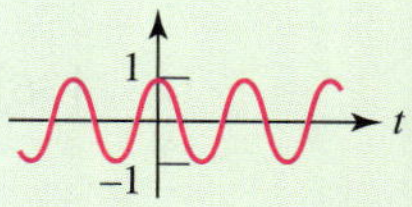	$\cos\omega_0 t$	$\pi[\delta(\omega+\omega_0)+\delta(\omega-\omega_0)]$	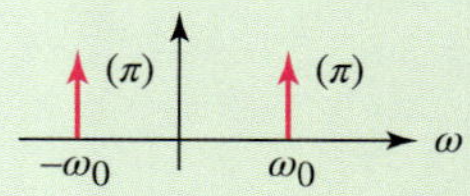
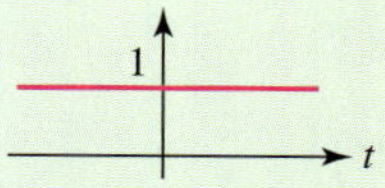	1	$2\pi\delta(\omega)$	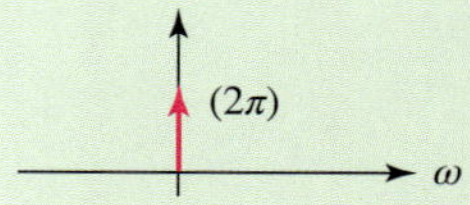
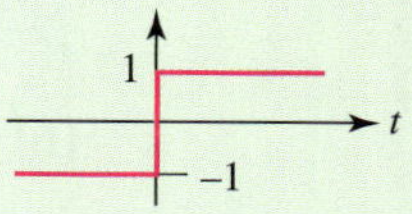	$\mathrm{sgn}(t)$	$\dfrac{2}{j\omega}$	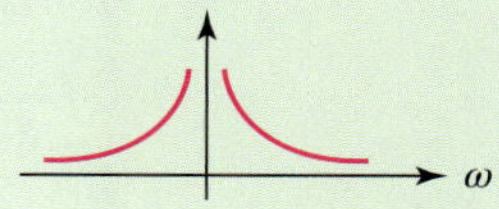
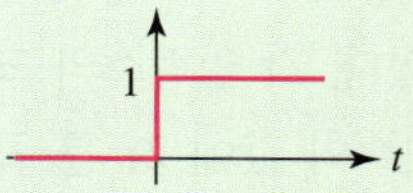	$u(t)$	$\pi\delta(\omega)+\dfrac{1}{j\omega}$	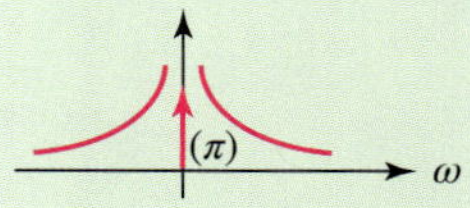
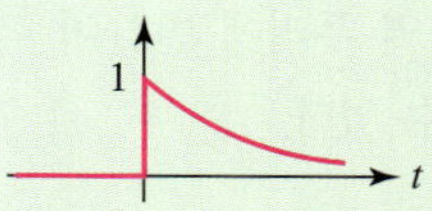	$e^{-\alpha t}u(t)$	$\dfrac{1}{\alpha+j\omega}$	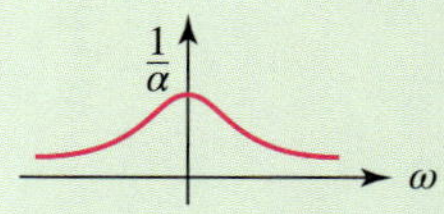
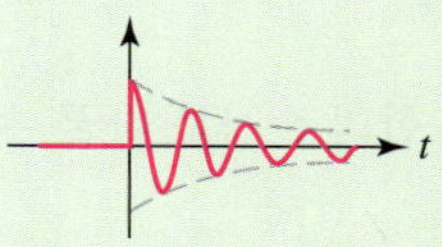	$[e^{-\alpha t}\cos\omega_d t]u(t)$	$\dfrac{\alpha+j\omega}{(\alpha+j\omega)^2+\omega_d^2}$	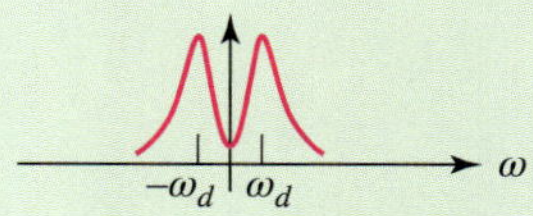
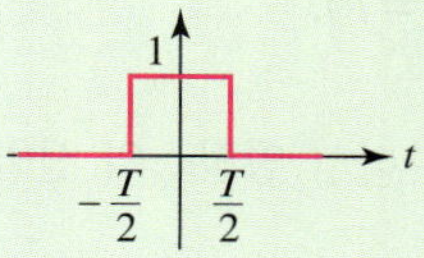	$u\left(t+\frac{1}{2}T\right)-u\left(t-\frac{1}{2}T\right)$	$T\dfrac{\sin\frac{\omega T}{2}}{\frac{\omega T}{2}}$	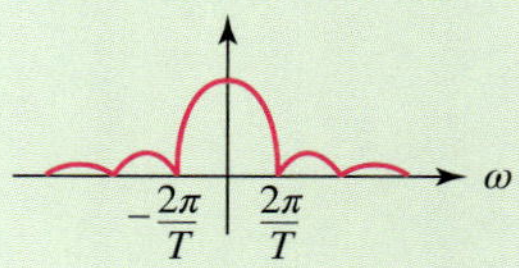

17.8 일반적인 주기 시간 함수의 푸리에 변환

17.5절에서 비주기 함수는 물론, 주기 시간 함수도 푸리에 변환을 가질 수 있음을 언급하였다. 이러한 사실이 옳다는 것을 보이고자 한다. 식 [34], [35] 그리고 [36]을 다시 살펴보면서 주기 T인 주기 시간 함수 $f(t)$와 푸리에 급수 전개를 고려한다.

$$f(t) = \sum_{n=-\infty}^{\infty} \mathbf{c}_n e^{jn\omega_0 t} \qquad [34]$$

$$\mathbf{c}_n = \frac{1}{T}\int_{-T/2}^{T/2} f(t)e^{-jn\omega_0 t}\,dt \qquad [35]$$

그리고

$$\omega_0 = \frac{2\pi}{T} \qquad [36]$$

이다. 합의 푸리에 변환은 각 항의 푸리에 변환의 합과 같다는 것과 $\mathbf{c}_n$이 시간의 함수가 아니라는 것을 기억하면 다음과 같은 식을 쓸 수 있다.

$$\mathscr{F}\{f(t)\} = \mathscr{F}\left\{\sum_{n=-\infty}^{\infty} \mathbf{c}_n e^{jn\omega_0 t}\right\} = \sum_{n=-\infty}^{\infty} \mathbf{c}_n \mathscr{F}\left\{e^{jn\omega_0 t}\right\}$$

식 [57]로부터 $e^{jn\omega_0 t}$의 변환을 구하면 다음 식을 얻을 수 있다.

$$f(t) \Leftrightarrow 2\pi \sum_{n=-\infty}^{\infty} \mathbf{c}_n \delta(\omega - n\omega_0) \qquad [61]$$

이 식으로부터 $n = \ldots, -2, -1, 0, 1, \ldots$.일 때, $f(t)$가 ω축 상의 $\omega = n\omega_0$ 점에서 임펄스로 구성되는 이산 스펙트럼을 가진다는 것을 알 수 있다. 각 임펄스의 크기는 $f(t)$의 푸리에 급수의 복소 형태에서 나타나는 푸리에 계수의 값에 2π를 곱한 값이다.

과정이 옳은지 검산하기 위해서 표현식 [66]의 오른쪽의 역 푸리에 변환이 다시 $f(t)$가 되는지를 확인한다. 이 역 변환은 다음과 같이 쓸 수 있다.

$$\mathscr{F}^{-1}\{\mathbf{F}(j\omega)\} = \frac{1}{2\pi}\int_{-\infty}^{\infty} e^{j\omega t}\left[2\pi \sum_{n=-\infty}^{\infty} \mathbf{c}_n \delta(\omega - n\omega_0)\right]d\omega \stackrel{?}{=} f(t)$$

지수 항은 합의 항에 나오는 n을 포함하지 않으므로, 적분과 합의 순서를 바꿀 수 있다.

$$\mathscr{F}^{-1}\{\mathbf{F}(j\omega)\} = \sum_{n=-\infty}^{\infty}\int_{-\infty}^{\infty} \mathbf{c}_n e^{j\omega t}\delta(\omega - n\omega_0)d\omega \stackrel{?}{=} f(t)$$

$\mathbf{c}_n$은 적분 변수의 함수가 아니므로 상수로 취급할 수 있다. 따라서 임펄스의 선별 특성을 이용하면 다음을 얻을 수 있다.

$$\mathscr{F}^{-1}\{\mathbf{F}(j\omega)\} = \sum_{n=-\infty}^{\infty} \mathbf{c}_n e^{jn\omega_0 t} \stackrel{?}{=} f(t)$$

이는 $f(t)$의 복소 푸리에 급수 전개식인 식 [34]와 정확히 같다. 윗식의 물음표는 떼어낼 수 있으며, 주기 시간 함수에 대한 푸리에 변환의 존재는 성립한다. 앞 절에서 주기성에 대한 직접적인 기준은 세우지 못했지만 주기 함수인 코사인 함수의 푸리에 변환을 구하였고, 변환을 얻기 위해서 애매한 접근 방식을 이용하였다. 그러나 여기서는 변환을 더 직접적으로 얻을 수 있도록 수학적인 방법을 이용한다. 이 과정을 보이기 위해서 $f(t) = \cos\omega_0 t$를 한 번 더 고려한다. 먼저 푸리에 계수 $\mathbf{c}_n$을 구한다.

$$\mathbf{c}_n = \frac{1}{T}\int_{-T/2}^{T/2} \cos\omega_0 t\, e^{-jn\omega_0 t}\, dt = \begin{cases} \frac{1}{2} & n = \pm 1 \\ 0 & \text{otherwise} \end{cases}$$

따라서

$$\mathscr{F}\{f(t)\} = 2\pi \sum_{n=-\infty}^{\infty} \mathbf{c}_n \delta(\omega - n\omega_0)$$

이다. 이 식은 $n = \pm 1$일 때만 0이 아닌 값을 가지며 합계 전체는 다음과 같이 간단하게 표현된다.

$$\mathscr{F}\{\cos\omega_0 t\} = \pi[\delta(\omega - \omega_0) + \delta(\omega + \omega_0)]$$

이 식은 앞에서 구한 바로 그 식이다.

익힘문제 17.14

(a) $\mathscr{F}\{5\sin^2 3t\}$ (b) $\mathscr{F}\{A\sin\omega_0 t\}$ (c) $\mathscr{F}\{6\cos(8t + 0.1\pi)\}$

답: $2.5\pi[2\delta(\omega) - \delta(\omega + 6) - \delta(\omega - 6)]$; $j\pi A[\delta(\omega + \omega_0) - \delta(\omega - \omega_0)]$; $[18.85\angle 18^\circ]\,\delta(\omega - 8) + [18.85\angle -18^\circ]\,\delta(\omega + 8)$.

17.9 주파수 영역에서의 시스템 함수와 응답

14.11절에서 물리적 시스템의 출력을 입력과 임펄스 응답의 항으로 표현하려면 시간 영역에서 컨벌루션 적분(convolution integral)을 이용하면 된다는 것을 알았다. 입력, 출력, 그리고 임펄스 응답은 모두 시간 함수이다. 그 다음에 두 함수의 컨벌루션의 라플라스 변환은 주파수 영역에서는 단순히 각 함수의 곱이므로, 주파수 영역에서 이러한 연산을 하는 것이 좀 더 편리하다. 푸리에 변환에서도 같은 내용이 성립한다는 것을 알 수 있다.

이러한 사실을 확인하기 위해서 시스템 출력의 푸리에 변환을 살펴본다. 임의로 입력과 출력은 전압이라고 가정하고, 푸리에 변환의 기본적인 정의를 적용하여 출력을 컨벌루션 적분으로 나타낸다.

$$\mathscr{F}\{v_0(t)\} = \mathbf{F}_0(j\omega) = \int_{-\infty}^{\infty} e^{-j\omega t}\left[\int_{-\infty}^{\infty} v_i(t - z)h(z)dz\right]dt$$

여기서 초기 에너지 저장은 없는 것으로 가정한다. 이 표현식은 대단히 복잡해 보이지만 놀랄만하게 간단한 결과로 줄일 수 있다. 지수 항은 적분 변수 z를 포함하고 있지 않으므로 내부 적분 안으로 옮길 수 있다. 그리고 적분의 순서를 바꾸면 다음 식을 얻을 수 있다.

$$\mathbf{F}_0(j\omega) = \int_{-\infty}^{\infty}\left[\int_{-\infty}^{\infty} e^{-j\omega t} v_i(t-z)h(z)dt\right]dz$$

$h(z)$는 t의 함수가 아니므로 이를 내부 적분으로부터 밖으로 꺼낼 수 있고, 이렇게 한 후 $t - z = x$로 변수를 바꾸면 t에 관한 적분은 매우 간단해진다.

$$\begin{aligned}\mathbf{F}_0(j\omega) &= \int_{-\infty}^{\infty} h(z)\left[\int_{-\infty}^{\infty} e^{-j\omega(x+z)} v_i(x)dx\right]dz \\ &= \int_{-\infty}^{\infty} e^{-j\omega z} h(z)\left[\int_{-\infty}^{\infty} e^{-j\omega x} v_i(x)dx\right]dz\end{aligned}$$

내부의 적분은 단순히 $v_i(t)$의 푸리에 변환이다. 그리고 이 적분은 z항을 포함하고 있지 않으므로, z를 포함한 적분에서는 상수로 취급할 수 있다. 따라서 이 변환 $\mathbf{F}_i(j\omega)$는 완전하게 적분 부호 밖으로 꺼낼 수 있다. 즉 다음과 같이 된다.

$$\mathbf{F}_0(j\omega) = \mathbf{F}_i(j\omega)\int_{-\infty}^{\infty} e^{-j\omega z} h(z)dz$$

마지막으로 남은 적분을 살펴보면 또 하나의 푸리에 변환임을 알 수 있다. 이 변환은 임펄스 응답의 푸리에 변환이고, 기호 $\mathbf{H}(j\omega)$로 나타낸다. 따라서 지금까지의 과정을 간단한 식으로 표현하면 다음과 같다.

$$\mathbf{F}_0(j\omega) = \mathbf{F}_i(j\omega)\mathbf{H}(j\omega) = \mathbf{F}_i(j\omega)\mathscr{F}\{h(t)\}$$

이것은 또 하나의 중요한 결과이다. 구동 함수의 푸리에 변환에 대한 응답 함수의 푸리에 변환의 비로 **시스템 함수**(system function) $\mathbf{H}(j\omega)$를 정의한다. 시스템 함수와 임펄스 응답은 푸리에 변환 쌍이 된다.

$$h(t) \Leftrightarrow \mathbf{H}(j\omega) \qquad [62]$$

위에서 보인 과정에서 두 함수의 컨벌루션의 푸리에 변환은 그 함수들의 푸리에 변환의 곱이라는 일반적인 사실을 증명한 것이기도 하다.

$$\boxed{\mathscr{F}\{f(t) * g(t)\} = \mathbf{F}_f(j\omega)\mathbf{F}_g(j\omega)} \qquad [63]$$

구동 함수와 임펄스 응답의 푸리에 변환을 안다면, 그 둘을 서로 곱하여 응답 함수의 푸리에 변환을 구할 수 있다. 그리고 그 결과는 주파수 영역에서의 응답 함수이며, 역 푸리에 변환을 하면 응답 함수의 시간 영역 표현을 얻을 수 있다. 따라서 시간 영역에서의 컨벌루션을 구하는 과정은 주파수 영역에서는 상대적으로 간단한 곱셈이 된다.

지금까지 시간 영역에서 많은 설명을 해왔는데 위에 언급한 내용들을 통하여 같은 내용을 주파수 영역에서 다룰 경우 훨씬 쉽게 다룰 수 있음을 알 수 있다. 그러나 항상 기억해야 할 것은 세상엔 공짜가 없다는 것이다. 어느 시인이 **"가장 진지한 우리의 웃음엔 어떤 괴로움이 섞여든다"**라고 말했다.[2] 여기서 괴로움이란 응답 함수의

2 P.B.Shelly, "To a Skylark," 1821".

역 푸리에 변환을 구할 때 수학적인 복잡함 때문에 종종 나타나는 어려움을 의미한다. 한편 보통의 개인용 컴퓨터를 이용해도 두 시간 함수의 컨벌루션을 쉽게 얻을 수 있다. FFT(fast Fourier transform)를 이용하면 더욱 빨리 결과를 얻을 수 있다. 따라서 시간 영역에서의 노력과 주파수 영역에서의 노력 중에서 어느 쪽이 더 좋은지 둘 사이의 장점은 분명하게 말하기 어렵다. 새로운 문제를 다룰 때마다 주어진 정보와 계산기의 능력을 고려하여 매번 결정해야 한다.

다음 형태로 표현되는 구동 함수를 고려한다.

$$v_i(t) = u(t) - u(t-1)$$

그리고 다음 식으로 정의되는 단위 임펄스 응답을 고려한다.

$$h(t) = 2e^{-t}u(t)$$

먼저 푸리에 변환을 구한다. 구동 함수는 두 단위 계단함수의 차이다. 두 함수는 같은 함수인데 다만 시간적으로 1초 차이가 난다. $u(t)$에 의한 응답과 $u(t-1)$에 의한 응답은 시간적으로 1초 늦는다는 것을 제외하고는 같다. 이러한 두 부분 응답의 차이가 $v_i(t)$에 의한 총 응답이 될 것이다.

17.7절에서 구한 $u(t)$의 푸리에 변환은 다음과 같다.

$$\mathscr{F}\{u(t)\} = \pi\delta(\omega) + \frac{1}{j\omega}$$

$h(t)$의 푸리에 변환인 시스템 함수는 표 17.2를 이용하여 얻을 수 있다.

$$\mathscr{F}\{h(t)\} = \mathbf{H}(j\omega) = \mathscr{F}\{2e^{-t}u(t)\} = \frac{2}{1+j\omega}$$

이러한 두 함수의 곱의 역 변환을 통해서 $u(t)$에 의한 $v_o(t)$의 성분을 구할 수 있다.

$$v_{o1}(t) = \mathscr{F}^{-1}\left\{\frac{2\pi\delta(\omega)}{1+j\omega} + \frac{2}{j\omega(1+j\omega)}\right\}$$

단위 임펄스의 선별특성을 이용하면 첫 항의 역 변환은 상수 1이 된다. 따라서

$$v_{o1}(t) = 1 + \mathscr{F}^{-1}\left\{\frac{2}{j\omega(1+j\omega)}\right\}$$

이다. 각 항이 $(\alpha + j\omega)$의 형태로 주어지는 두 항의 곱셈을 분모에 포함하는 둘째 항은 14.4절에서 이미 다룬 부분 분수 전개 방법을 이용하여 쉽게 역 변환을 구할 수 있다. 대부분의 경우에 보통 적용할 수 있는 좀 더 빠른 방법이 있다고 할지라도, 부분 분수 전개 기법의 한 가지 큰 장점은 이 방법을 어느 경우에나 사용할 수 있다는 점이다. 각 부분 분수의 분자에 미지수를 할당한다. 여기서 미지수가 2개이다.

$$\frac{2}{j\omega(1+j\omega)} = \frac{A}{j\omega} + \frac{B}{1+j\omega}$$

그리고 $j\omega$에 간단한 값을 대입한다. 여기서 $j\omega = 1$을 대입한다.

$$1 = A + \frac{B}{2}$$

다음에 $j\omega = -2$를 대입한다.

$$1 = -\frac{A}{2} - B$$

두 식을 풀면 $A = 2$이고, $B = -2$이다. 따라서

$$\mathscr{F}^{-1}\left\{\frac{2}{j\omega(1 + j\omega)}\right\} = \mathscr{F}^{-1}\left\{\frac{2}{j\omega} - \frac{2}{1 + j\omega}\right\} = \text{sgn}(t) - 2e^{-t}u(t)$$

이다. 그러므로

$$\begin{aligned} v_{o1}(t) &= 1 + \text{sgn}(t) - 2e^{-t}u(t) \\ &= 2u(t) - 2e^{-t}u(t) \\ &= 2(1 - e^{-t})u(t) \end{aligned}$$

이다. $u(t - 1)$에 의한 $v_o(t)$의 성분인 $v_{o2}(t)$는 다음과 같다.

$$v_{o2}(t) = 2\left(1 - e^{-(t-1)}\right)u(t - 1)$$

그러므로

$$\begin{aligned} v_o(t) &= v_{o1}(t) - v_{o2}(t) \\ &= 2(1 - e^{-t})u(t) - 2\left(1 - e^{-t+1}\right)u(t - 1) \end{aligned}$$

이다. $t = 0$과 $t = 1$에서 불연속이 있으므로 세 구간으로 나누어서 다음과 같이 쓸 수 있다.

$$v_o(t) = \begin{cases} 0 & t < 0 \\ 2(1 - e^{-t}) & 0 < t < 1 \\ 2(e - 1)e^{-t} & t > 1 \end{cases}$$

익힘문제 17.15

어느 선형 회로의 임펄스 응답이 $h(t) = 6e^{-20t}\, u(t)$이고, 입력 신호는 $3e^{-6t}\, u(t)$ V이다. 다음을 구하라.

(a) $\mathbf{H}(j\omega)$ (b) $\mathbf{V}_i(j\omega)$ (c) $V_o(j\omega)$ (d) $v_o(0.1)$
(e) $v_o(0.3)$ (f) $v_{o,max}$

답: $6/(20 + j\omega)$; $3/(6 + j\omega)$; $18/[(20 + j\omega)(6 + j\omega)]$; 0.532 V; 0.209 V; 0.5372 V.

컴퓨터를 이용한 해석

이 장의 내용은 앞으로 접하게 될 신호처리, 통신, 제어 등 많은 분야의 기초가 된다. 그러나 여기서는 기초적인 회로 이론의 범위 내의 기본적인 개념 몇 가지를 다루고, 이 시점에서는 푸리에 해석에 역량을 집중한다. 첫 예제로 mA741 연산 증폭기를 이용하여 LTSpice로 구성한 그림 17.15의 연산 증폭기 회로를 다룬다.

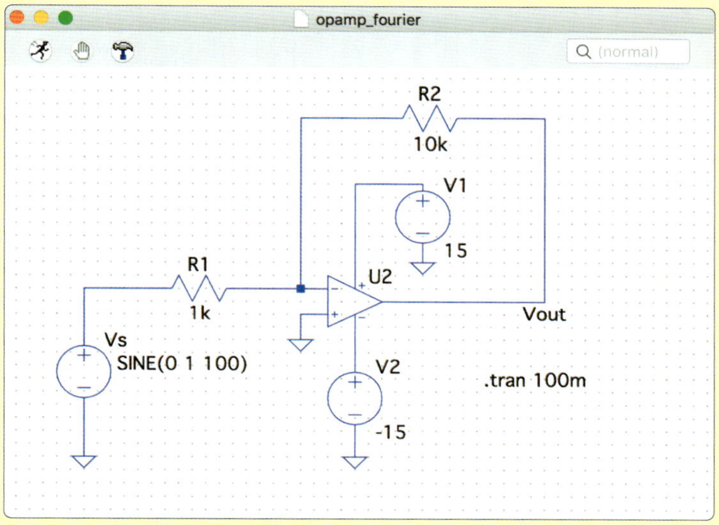

그림 17.15 100 Hz의 정현파 입력이 인가된 전압 이득이 −10인 반전 증폭기 회로.

이 회로의 전압 이득은 −10이므로, 10 V 진폭의 정현파 출력을 기대할 수 있다. 회로의 과도 해석으로부터 그림 17.16의 결과를 얻을 수 있다.

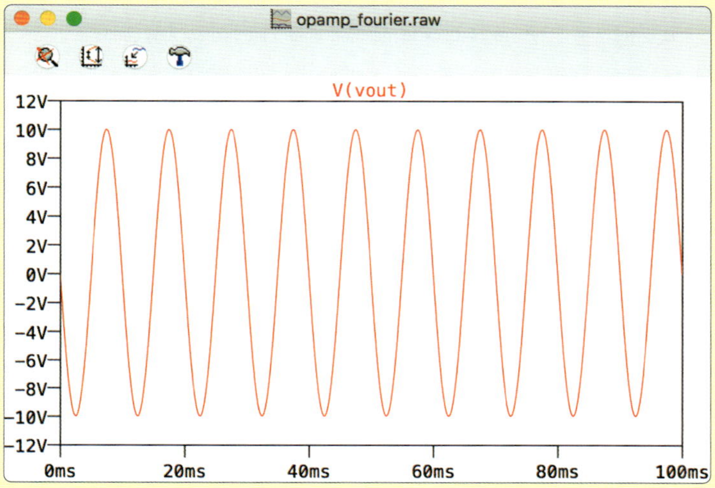

그림 17.16 그림 17.15에 보인 증폭기 회로의 출력 전압.

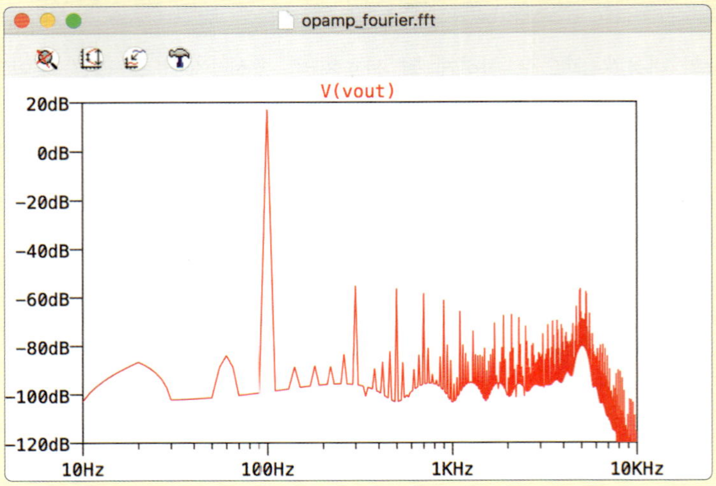

그림 17.17 그림 17.16에 대한 푸리에 변환의 이산 근사값.

LTSpice에서는 고속 푸리에 변환(FFT)을 이용하여 출력 전압의 주파수 스펙트럼을 구할 수 있다. 고속 푸리에 변환은 신호의 정확한 푸리에 변환의 이산 시간 근사값이다.

파형 창(waveform window)에서, 우클릭하고 **View -> FFT**를 선택한다. 결과는 그림 17.17의 그래프와 같다. dB 단위와 log 주파수를 비롯한 여러 조건들이 사용 가능함을 유의해야 한다. 주파수를 dB나 log 단위로 하는 것이 Bode 그래프에서처럼 유용하다. 증폭기의 결과는 100 Hz 주파수에서 크게 작용함을 보여준다. 수치적 분석에 의한 잡음(noise)과 SPICE 모델에 따른 증폭기 응답의 조합 같은 다른 요소들도 확인된다.

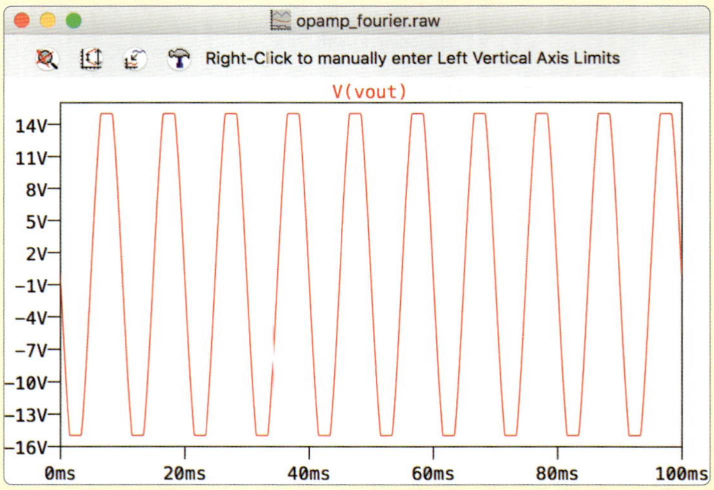

그림 17.18 입력의 진폭이 1.8 V로 증가했을 때의 증폭기 회로의 과도해석 시뮬레이션 결과. 포화의 효과로 파형의 위아래가 잘림.

입력 전압의 크기가 증가함에 따라 출력 전압은 바이어스를 위한 직류 전압원들(이 예에서는 ±15 V)에 의해 결정되는 포화 전압에 가까이 간다. 입력 전압의 크기가 1.8 V인 경우에 이러한 특성을 그림 17.18에서 볼 수 있다.

이 출력 전압 파형은 이미 완전한 정현파가 아니다. 그 결과로 그림 17.19에서 볼 수 있는 것처럼 함수의 주파수 스펙트럼에서 나타나는 고조파 주파수에서 0이 아닌 값을 가질 것이라는 것을 알 수 있다. 이 회로가 포화되어 나타나는 현상은 신호의 왜곡(distortion)이다. 이 신호를 스피커에 연결한다면, '깨끗한' 100 Hz 파형을 들을 수 없다. 그 대신 기본 주파수인 100 Hz 파

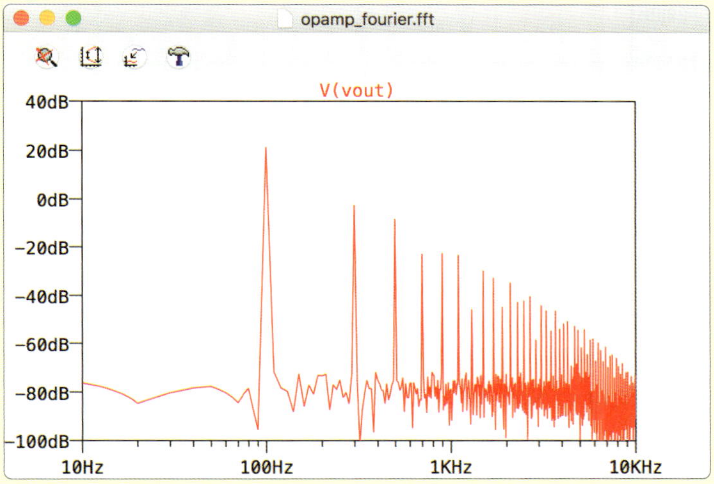

그림 17.19 그림 17.18에 보인 파형의 주파수 스펙트럼. 기본주파수와 여러 개의 고조파가 보임. 스펙트럼이 폭을 가지고 있는데 이는 이산 시간값을 다루면서 생기는 인위적인 것이다.

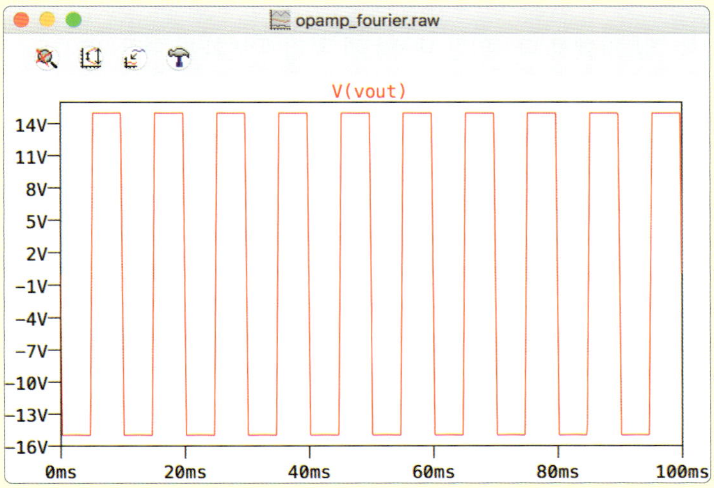

그림 17.20 15 V 정현파 입력에 대한 응답으로 아주 심한 포화 효과를 보이는 응답.

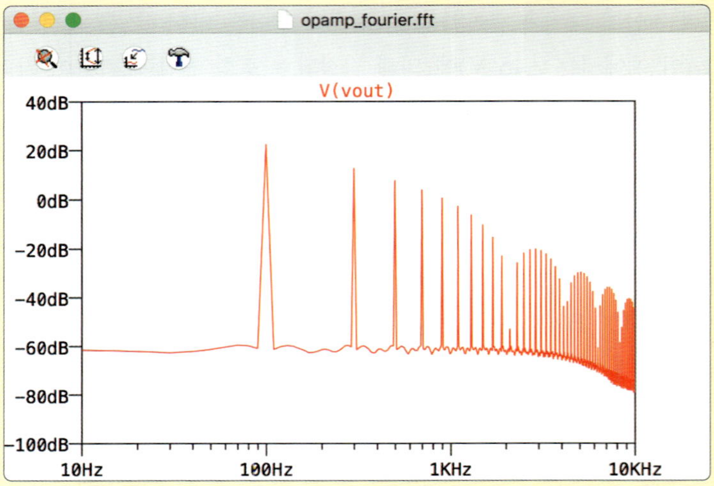

그림 17.21 파형의 FFT. 고조파에 포함된 에너지가 기본 100 Hz의 기본 주파수에 포함된 에너지에 비해서 많이 증가하였다.

형에 고조파 성분인 300 Hz, 500 Hz 등의 파형이 더해진 파형의 소리를 들을 수 있을 것이다. 왜곡이 심해질수록 고조파 주파수 성분의 에너지가 커지므로 높은 주파수의 고조파들의 영향이 더 커진다. 왜곡이 더욱 심한 경우에 대한 시간 영역의 출력 전압을 그림 17.20에 보였는데 이 출력 전압의 주파수 영역 표현은 그림 17.21와 같다. 이 두 그림에서 왜곡이 심할수록 고조파의 크기가 커지는 것을 명확하게 알 수 있다.

17.10 시스템 함수의 물리적 중요성

이 절에서는 앞 장에서 다루었던 내용들과 푸리에 변환을 여러 가지 관점에서 관련지어 보고자 한다.

초기 에너지 저장이 없는 일반적인 선형 2포트 회로망 N이 주어졌을 때, 구동 함수 및 응답 함수가 정현파라고 가정한다. 이 정현파는 그림 17.22와 같이 임의의 전압으로 한다. 입력 전압을 단순히 $A\cos(\omega_x t + \theta)$라 하면, 출력은 일반적인 형태로 다음과 같이 $v_o(t) = B\cos(\omega_x t + \phi)$로 표현할 수 있다. 여기서 진폭 B와 위상각 ϕ는 ω_x의 함수이다. 구동 함수와 응답 함수를 페이저 형식으로 표현하면, $\mathbf{V}_i = Ae^{j\theta}$ 및 $\mathbf{V}_o = Be^{j\phi}$로 쓸 수 있다. 페이저 구동 함수에 대한 페이저 응답 함수의 비는 ω_x의 함수인 복소수이다.

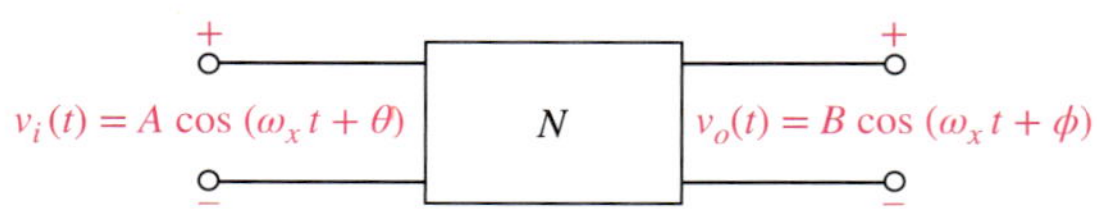

그림 17.22 정현파 해석은 전달함수 $\mathbf{H}(j\omega x) = (B/A)e^{j(\phi-\theta)}$를 구하는 데 이용될 수 있다. 여기서 B와 ϕ는 ω_x의 함수이다.

$$\frac{\mathbf{V}_o}{\mathbf{V}_i} = \mathbf{G}(\omega_x) = \frac{B}{A}e^{j(\phi-\theta)}$$

여기서 B/A는 $\mathbf{G}$의 진폭이고, $\phi - \theta$는 위상각이다. 이 전달함수 $\mathbf{G}(\omega x)$는 ωx를 넓은 범위에서 변화시키면서 각 ω_x의 값에 대해서 진폭 B/A와 위상 $\phi - \theta$를 측정함으로써 실험실에서 구할 수 있다. 이러한 각 파라미터들을 주파수의 함수로 그림을 그린다면 결과적인 곡선 쌍은 전달함수를 완벽하게 설명할 수 있다.

이러한 사실을 잠시 기억 속에 넣어두고 같은 해석 문제의 조금 다른 면을 고려하도록 한다.

그림 17.22의 회로에서 입력과 출력이 정현파일 때, 시스템 함수 $\mathbf{H}(j\omega)$는 무엇인가? 이 질문에 답하기 위해서 $\mathbf{H}(j\omega)$가 출력과 입력의 푸리에 변환의 비라는 정의에서 시작한다. 두 시간 함수는 모두 $\cos(\omega_x t + \beta)$의 함수 모양을 가진다. 그리고 이 함수의 푸리에 변환은 아직 다루지 않았지만 $\cos \omega_x t$는 다룰 수 있다. 필요한 변환은 다음과 같다.

$$\mathscr{F}\{\cos(\omega_x t + \beta)\} = \int_{-\infty}^{\infty} e^{-j\omega t}\cos(\omega_x t + \beta)dt$$

$\omega_x t + \beta = \omega_x \tau$를 대입하면, 다음과 같이 된다.

$$\begin{aligned}
\mathscr{F}\{\cos(\omega_x t + \beta)\} &= \int_{-\infty}^{\infty} e^{-j\omega\tau + j\omega\beta/\omega_x}\cos\omega_x \tau \, d\tau \\
&= e^{j\omega\beta/\omega_x}\mathscr{F}\{\cos\omega_x t\} \\
&= \pi e^{j\omega\beta/\omega_x}[\delta(\omega - \omega_x) + \delta(\omega + \omega_x)]
\end{aligned}$$

이는 새로운 푸리에 변환 쌍이다.

$$\cos(\omega_x t + \beta) \Leftrightarrow \pi e^{j\omega\beta/\omega_x}[\delta(\omega - \omega_x) + \delta(\omega + \omega_x)] \qquad [64]$$

이 변환 쌍을 시스템 함수를 계산하는 데 이용할 수 있다.

$$\begin{aligned}
\mathbf{H}(j\omega) &= \frac{\mathscr{F}\{B\cos(\omega_x t + \phi)\}}{\mathscr{F}\{A\cos(\omega_x t + \theta)\}} \\
&= \frac{\pi B\, e^{j\omega\phi/\omega_x}[\delta(\omega - \omega_x) + \delta(\omega + \omega_x)]}{\pi A\, e^{j\omega\theta/\omega_x}[\delta(\omega - \omega_x) + \delta(\omega + \omega_x)]} \\
&= \frac{B}{A}e^{j\omega(\phi-\theta)/\omega_x}
\end{aligned}$$

$\mathbf{G}(\omega_x)$의 표현식을 다시 쓰면 다음과 같다.

$$\mathbf{G}(\omega_x) = \frac{B}{A}e^{j(\phi-\theta)}$$

여기서 β와 ϕ는 $\omega = \omega_x$에서 계산된다. 그리고 $\omega = \omega_x$에서 $\mathbf{H}(j\omega)$를 계산하면 다음과 같다.

$$\mathbf{H}(\omega_x) = \mathbf{G}(\omega_x) = \frac{B}{A}e^{j(\phi-\theta)}$$

아래 첨자 x는 특별한 의미를 갖고 있지 않으므로 시스템 함수와 전달함수는 서로 같다는 결론을 얻을 수 있다.

$$\mathbf{H}(j\omega) = \mathbf{G}(\omega) \qquad [65]$$

한 독립 변수는 ω이고, 다른 독립 변수는 $j\omega$라는 사실은 임의적인 것이고 중요한 것이 아니다. j는 푸리에 변환과 라플라스 변환의 차이점에서 오는 것일 뿐이다.

식 [65]는 푸리에 변환 기법과 정현파 정상 상태 해석을 좀 더 직접적으로 연결시켜 준다. 페이저를 이용한 정상 상태 정현파 해석을 통하여 이미 얻은 결과는 푸리에 변환 해석의 좀 더 일반적인 기법의 특별한 경우일 뿐이다. '특별'하다는 말을 사용하는 것은 입력과 출력이 정현파라는 점 때문이다. 반면에 푸리에 변환과 시스템 함수는 구동 함수와 응답이 정현파가 아니라도 이용할 수 있다.

따라서 회로망에 대한 시스템 함수 $\mathbf{H}(j\omega)$를 구하기 위해서 ω(혹은 $j\omega$)의 함수로 정현파 전달함수를 구하기만 하면 된다.

예제 17.8

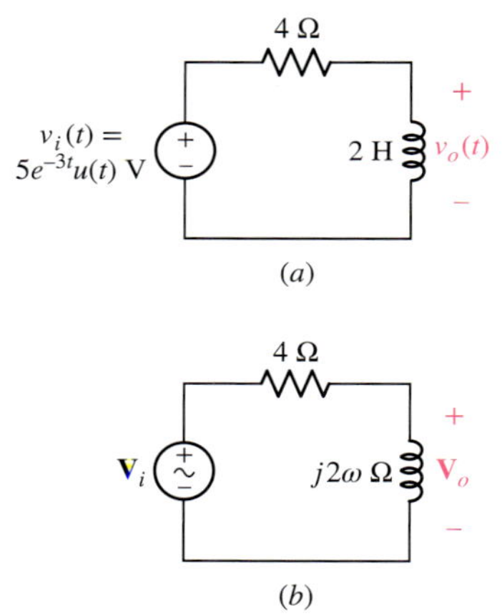

그림 17.23 (a) $v_i(t)$에 의한 응답 $v_o(t)$를 구하고자 한다. (b) 시스템 함수 $\mathbf{H}(j\omega)$는 정현파 정상 상태 해석에 의해서 구할 수 있다: $\mathbf{H}(j\omega) = \mathbf{V}_o/\mathbf{V}_i$.

입력 전압이 단순히 지수적으로 감소하는 펄스일 때, 그림 17.23*a*의 회로에서 인덕터에 걸리는 전압을 구하라.

시스템 함수가 필요하지만 임펄스를 인가하고, 임펄스 응답을 구한 후, 역 변환을 구하는 과정을 할 필요가 없다. 대신 시스템 함수 $\mathbf{H}(j\omega)$를 구하기 위해서 식 [65]를 사용한다. 여기서 입력 전압과 출력 전압이 모두 그림 17.23*b*에 보인 바와 같은 각각의 페이저에 의해 표현되는 정현파라고 가정한다. 전압 분배식을 사용하면,

$$\mathbf{H}(j\omega) = \frac{\mathbf{V}_o}{\mathbf{V}_i} = \frac{j2\omega}{4 + j2\omega}$$

구동 함수의 변환은

$$\mathscr{F}\{v_i(t)\} = \frac{5}{3 + j\omega}$$

이다. 따라서 $v_o(t)$의 변환은 다음과 같다.

$$\begin{aligned}\mathscr{F}\{v_o(t)\} &= \mathbf{H}(j\omega)\mathscr{F}\{v_i(t)\} \\ &= \frac{j2\omega}{4 + j2\omega}\frac{5}{3 + j\omega} \\ &= \frac{15}{3 + j\omega} - \frac{10}{2 + j\omega}\end{aligned}$$

여기서 마지막 단계의 부분 분수는 푸리에 역 변환을 구하는 데 도움이 된다.

$$v_o(t) = \mathscr{F}^{-1}\left\{\frac{15}{3+j\omega} - \frac{10}{2+j\omega}\right\}$$
$$= 15e^{-3t}u(t) - 10e^{-2t}u(t)$$
$$= 5\left(3e^{-3t} - 2e^{-2t}\right)u(t)\ \text{V}$$

이 문제는 컨벌루션 혹은 미분 방정식과 같은 복잡한 과정을 거치지 않고도 답을 구할 수 있음을 알 수 있다.

익힘문제 17.16

그림 17.24의 회로에서 푸리에 변환 기법을 이용하여 i_s가 다음과 같을 때, $t =$ 1.5 ms에서의 $i_1(t)$를 구하라.

(a) $\delta(t)$ A (b) $u(t)$ A (c) cos $500t$ A

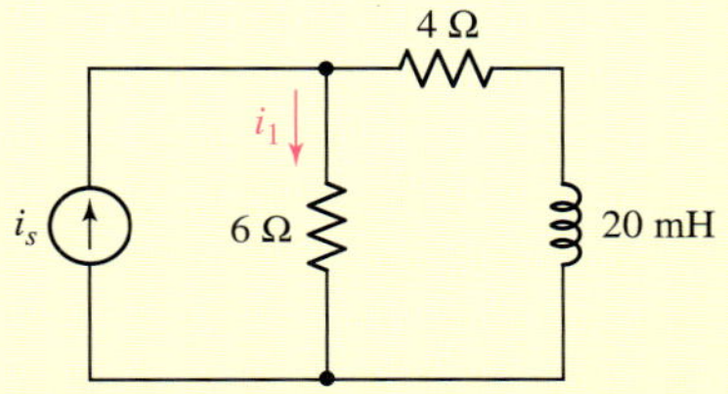

그림 17.24

답: −141.7 A; 0.683 A; 0.308 A.

에필로그

시스템 함수 $\mathbf{H}(j\omega)$와 정현파 정상 상태 전달함수 $G(\omega)$ 사이의 등식인 식 [65]를 다시 살펴보면 시스템 함수는 입력 페이저에 대한 출력 페이저의 비로 볼 수 있다. 입력 페이저의 크기는 1이고, 위상각은 0이라고 가정한다. 그러면 출력 페이저는 $\mathbf{H}(j\omega)$가 된다. 이러한 조건에서 출력의 크기와 위상을 모든 ω에 대해서 ω의 함수로 기록하면, 시스템 함수 $\mathbf{H}(j\omega)$를 모든 ω에 대해서 ω의 함수로 기록한 것이 된다. 크기가 1이고 위상이 0인 무한 개의 정현파를 차례로 입력에 인가한다는 조건하에서 시스템 응답을 살펴보았다. 입력이 하나의 단위 임펄스라 가정하고, 임펄스 응답 $h(t)$를 고찰한다. 지금 살펴보고 있는 내용은 직전에 얻은 것과 무슨 차이가 있는가? 단위 임펄스의 푸리에 변환은 크기가 1인 상수인데 이는 모든 주파수 성분을 다 포함하며 모두 같은 크기이고, 모두 위상이 0이라는 것을 의미한다. 시스템 응답은 이러한 모든 성분에 대한 응답의 합이다. 이 결과는 오실로스코프를 이용하여 눈으로 볼 수 있다. 따라서 시스템 함수와 임펄스 응답 함수는 시스템의 응답과 관련하여 같은 정보를 포함하고 있다는 것을 알 수 있다.

그러므로 일반적인 구동 함수에 대한 시스템의 응답을 나타내는 두 가지 방법

실제 문제에의 적용

영상 처리

근육의 기능에 대해서 거의 완전하게 이해할 수 있다고 말할 수 있을 정도로 많은 발전이 있었지만 아직도 많은 의문점이 남아 있다. 척추동물의 근육을 연구하기 위해서 개구리의 **뒷다리** 근육을 이용하는 경우가 많다(그림 17.25).

많은 과학자들이 분석을 위해서 아주 많이 사용하는 기기 중의 하나는 전자현미경이다. 개구리의 뒷다리 근육 조직의 전자현미경 영상을 그림 17.26에 보였다.

수축 단백질인 섬유조직형태의 **미오신**(myosin)의 규칙적인 배열을 보여주고 있다. 구조 생물학자들은 근육 조직의 넓은 부분이 주기성을 갖고 있는지 아니면 그렇지 못한지에 많은 관심을 기울인다. 이러한 특성을 알아내는 데는 영상들을 자동적으로 처리할 수 있는 수치 해석적 방법을 적용하는 것이 더 좋을 수 있다. 그러나 그림에서 볼 수 있는 것처럼 전자현미경에 의해 만들어진 영상은 배경 잡음이 너무 커서 이러한 잡음이 미오신의 구조를 잘못 인식하게 만들 수 있다.

이러한 문제점을 해결하기 위해서 시변(time-varying) 선형 회로의 해석 방법을 도입하여 접근하면 되는데 이러한 접근 방법을 이용할 때 이 장에서 다룬 푸리에 기법은 매우 강력한 일반적인 방법이 된다. 물론 푸리에 기법은 다른 많은 경우에도 이용될 수 있다. **영상처리** 분야에서는 FFT(fast Fourier Transform)와 관련된 수치해석 방법을 자주 이용한다. 그림 17.26의 영상은 공간 함수 $f(x, y)$로 표현할 수 있으며 흰색 부분은 $f(x, y) = 0$이라 하고, 붉은 부분은 $f(x, y) = 1$이라 한다. 그림 17.27a의 형태를 가지는 필터의 함수를 $h(x, y)$라 하면 컨벌루션의 결과는 다음과 같고,

$$g(x, y) = f(x, y) * h(x, y)$$

그림 17.25 개구리. (©IT Stock/PunchStock/RF)

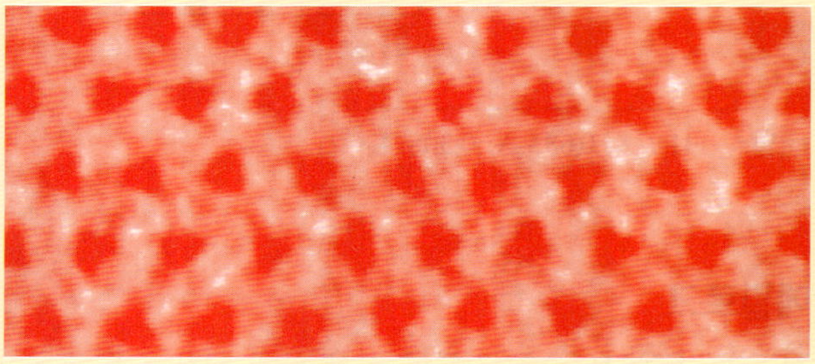

그림 17.26 개구리의 뒷다리 근육 조직의 전자현미경 영상. 좀 더 명확하게 보이기 위해서 염색하였다. (Imperial College, London의 John M. Squire 교수의 호의에 의함)

이 있음을 알 수 있다. 하나는 시간 영역 표현 방법이고, 다른 하나는 주파수 영역 표현 방법이다. 시간 영역에서는 응답 함수를 구하기 위해서 구동 함수와 시스템의 임펄스 응답을 컨벌루션하면 된다. 처음 컨벌루션을 고려하였을 때 보았듯이 이 과정에서 입력은 크기와 시점이 다른 연속적인 임펄스이고, 그 결과로서의 출력은 임펄스 응답이 연속하여 나타나는 것으로 설명할 수 있다.

그러나 주파수 영역에서는 구동 함수의 푸리에 변환과 시스템 함수를 곱해서 응답을 구한다. 이 경우에 구동 함수의 변환은 주파수 스펙트럼 혹은 정현파의 연속체로 설명한다. 이것에 시스템 함수를 곱하면 역시 정현파의 연속체로서의 응답 함수를 얻을 수 있다.

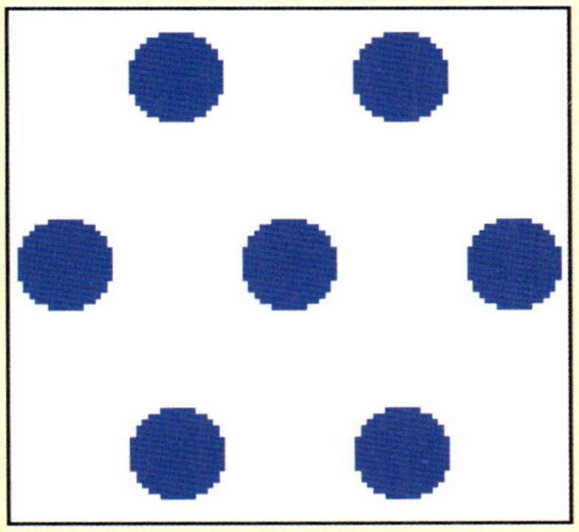

(*a*)

(*b*)

그림 17.27 (*a*) 육각 대칭 특성을 갖는 공간 필터. (*b*) 컨벌루션과 역 이산 푸리에 변환을 마친 후 배경 잡음이 많이 감소한 영상. (Imperial College, London의 John M. Squire 교수의 호익에 의함)

그 결과 영상은 그림 17.27*b*와 같다. 이 그림에서 미오신의 배열을 좀 더 명확하게 알 수 있다.

영상처리는 실제로 주파수 영역에서 이루어진다. 즉 *f*와 *h*의 FFT를 구하고, 결과적인 행렬을 서로 곱한다.

그 다음 역 FFT를 하여 필터를 통과한 그림 17.27*b*의 결과 영상을 얻게 된다. 컨벌루션이 왜 필터 연산인가? 미오신의 구조 배열은 필터 함수 $h(x, y)$의 특성처럼 육각 대칭의 특성을 갖고 있다. 즉 미오신의 배열과 필터는 같은 공간 주파수 특성을 갖고 있다. 즉 *f*와 *h*의 컨벌루션은 원래의 영상이 갖고 있는 육각 모양을 더 명확하게 하고, 육각 대칭의 특성을 갖고 있지 않은 잡음 픽셀은 제거한다. 다음과 같이 설명할 수도 있다. 그림 17.26의 수평 열을 $f(x) = \cos \omega_0 t$의 삼각함수로 모델링한다. 이 삼각함수의 푸리에 변환은 그림 17.28*a*와 같은데 서로 $2\omega_0$만큼 떨어진 임펄스 함수의 쌍이다. 이 함수와 푸리에 변환이 그림 17.28*b*와 같은 필터 함수인 $h(x) = \cos \omega_1 t$를 컨벌르션하면 $\omega_1 \neq \omega_0$일 경우 그 결과 값은 0이 되고, 이는 두 함수의 주파수(즉 주기성)가 서로 다르다는 것을 의미한다. 만약 $f(x)$와 주파수가 서로 같은 필터를 선택하였다면 $\omega = \pm\omega_0$일 때, 컨벌루션 값은 0이 아니다.

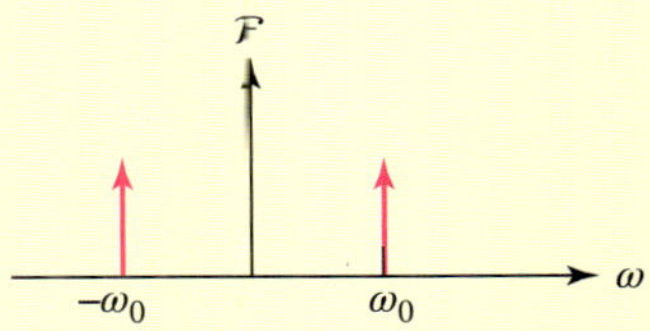

(*a*)

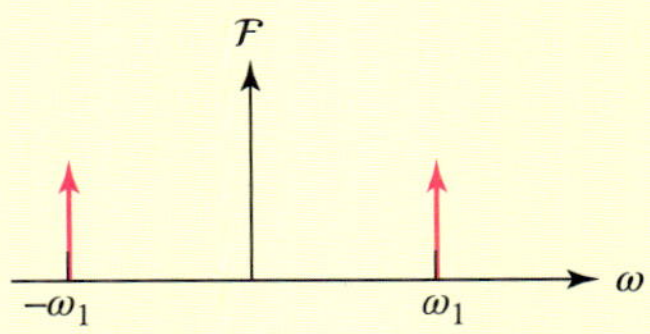

(*b*)

그림 17.28 (*a*) $f(x) = \cos \omega_0 t$의 푸리에 변환. (*b*) $h(x) = \cos \omega_1 t$의 푸리에 변환.

요약 및 복습

출력을 임펄스 응답의 연속체로 생각하거나, 혹은 정현파 응답의 연속체로 생각하거나 회로망의 선형성과 중첩의 원리를 이용하면 모든 주파수에서 더하여 시간 함수로 총 출력을 구할 수 있고(역 푸리에 변환), 혹은 모든 시간에서 더하여 주파수 함수로 총 출력을 구할 수 있다(푸리에 변환).

이 두 가지 방법은 사용하는 데 어려움이 있을 경우도 있고, 제한이 가해지는 경우도 있다. 컨벌루션을 사용할 때 구동 함수나 혹은 임펄스 응답 함수가 복잡하면 적분 자체의 계산이 어려운 경우가 종종 생긴다. 그리고 실험적인 관점에서 보면 실제로 임펄스를 만들 수 없기 때문에 시스템의 임펄스 응답을 구할 수 없는 경우도 있다. 좁고 큰 크기를 갖는 근사적인 펄스를 이용하더라도 시스템이 포화되거나 선형 동작 범위를 벗어 날 수 있다.

주파수 영역의 관점에서 보면 한 가지 절대적인 제한에 부딪히게 되는데 이는 푸리에 변환을 갖지 않는 구동 함수를 이론적으로 쉽게 적용하고자 하는데서 생긴다. 그리고 응답 함수의 시간 영역 표현을 구하려면 역 푸리에 변환을 구해야만 하는데 이러한 역 변환이 몹시 어려운 경우가 있을 수 있다.

마지막으로 이 두 가지 방법은 모두 초기 조건을 다루기에 매우 편한 방법은 아니라는 점이다. 이 점에서는 라플라스 변환이 명백히 더 좋은 방법이다.

푸리에 변환을 사용함으로써 얻을 수 있는 커다란 장점은 신호의 스펙트럼 특성과 관련하여 많은 유용한 정보를 얻을 수 있다는 점이다. 그 중에서도 특히 단위 대역폭당 에너지 혹은 전력은 중요한 정보이다. 이 정보들 중 어떤 것은 라플라스 변환을 이용해서도 쉽게 얻을 수 있다. 좀 더 자세한 것은 고급의 신호 및 시스템 과정에서 다루게 될 것이다.

그러면 이런 좋은 방법을 왜 지금에 와서야 다루게 되었는가? 가장 좋은 대답은 아마도 이러한 강력한 방법이 간단한 문제를 다루기에는 오히려 너무 복잡하고, 간단한 회로의 성능을 물리적으로 설명하는 데 이러한 강력한 방법을 사용하면 오히려 애매해 질 수도 있다는 것이다. 예를 들어 강제 응답만이 필요한데 라플라스 변환을 이용하여 어려운 역 변환 과정을 거쳐서 강제 응답과 고유 응답을 모두 구할 필요는 없을 것이다.

이 장의 내용을 요약하면 다음과 같다.

- ❑ n이 정수일 때 기본 주파수 ω_0를 갖는 정현파의 고조파 주파수는 $n\omega_0$이다. (예제 17.1, 17.2)
- ❑ 푸리에 정리는 어느 함수 $f(t)$가 어떤 중요한 특성을 만족할 때, 이 함수는 다음과 같은 무한 급수로 표현될 수 있다는 것이다. $a_0 + \sum_{n=1}^{\infty}(a_n \cos n\omega_0 t + b_n \sin n\omega_0 t)$ 여기서 $a_0 = (1/T)\int_0^T f(t)dt$, $a_n = (2/T)\int_0^T f(t)\cos n\omega_0 t\, dt$ 그리고 $b_n = (2/T)\int_0^T f(t)\sin n\omega_0 t\, dt$이다. (예제 17.1)
- ❑ $f(t) = f(-t)$이면, 함수 $f(t)$는 짝 대칭이다.
- ❑ $f(t) = -f(-t)$이면, 함수 $f(t)$는 홀 대칭이다.
- ❑ $f(t) = -f\left(t - \frac{1}{2}T\right)$이면, 함수 $f(t)$는 반파 대칭이다.
- ❑ 짝 함수의 푸리에 급수는 상수와 코사인 함수들로 구성된다.
- ❑ 홀 함수의 푸리에 급수는 사인 함수들만으로 구성된다.
- ❑ 반파 대칭인 함수의 푸리에 급수는 홀수 고조파만을 포함한다.
- ❑ 어느 함수의 푸리에 급수는 복소수 혹은 지수 함수의 형태로 표현될 수도 있다. 여기서 $f(t) = \sum_{n=-\infty}^{\infty} c_n e^{jn\omega_0 t}$이고 $\mathbf{c}_n = (1/T)\int_{-T/2}^{T/2} f(t)e^{-jn\omega_0 t}dt$이다. (예제 17.3, 17.4)

- 푸리에 변환은 라플라스 변환에서처럼 시변 함수를 주파수 영역에서 나타내는 데 이용할 수 있다. 정의식은 $\mathbf{F}(j\omega) = \int_{-\infty}^{\infty} e^{-j\omega t} f(t)\,dt$와 $f(t) = (1/2\pi)\int_{-\infty}^{\infty} e^{j\omega t}\mathbf{F}(j\omega)d\omega$이다. (예제 17.5, 17.6, 17.7)
- 저항, 인덕터, 혹은 커패시터로 이루어진 회로를 해석하는 데 라플라스 변환을 이용하여 해석하는 방법을 이미 다루었다. 비슷한 방법으로 푸리에 변환을 이용하여 해석할 수도 있다. (예제 17.8)

추천 도서

푸리에 해석법을 다룬 아주 좋은 문헌이다.

A. Pinkus and S. Zafrany, *Fourier Series and Integral Transforms*. Cambridge: Cambridge University Press, 1977.

전자현미경을 이용한 조직학 등 근육 연구에 관한 문헌이다.

J. Squire, *The Structural Basis of Muscular Contraction*. New York: Plenum Press, 1981.

연습문제

17.1 푸리에 급수의 삼각 함수형

1. 다음 파형의 기본 주파수, 기본 라디안 주파수 및 주기를 구하라.

(a) $5 \sin 9t$ (b) $200 \cos 70t$

(c) $4 \sin(4t - 10°)$ (d) $4 \sin(4t + 10°)$

2. 다음 각 주기 파형의 제1, 제3 및 제5고조파를 같은 그래프 상에 여러 주기를 그려라. (총 3개의 그래프)

(a) $3 \sin t$ (b) $40 \cos 100t$ (c) $2 \cos(10t - 90°)$

3. 다음 함수에 대한 a_0를 구하라.

(a) $4 \sin 4t$ (b) $4 \cos 4t$

(c) $4 + \cos 4t$ (d) $4 \cos(4t + 40°)$

4. 다음 함수에 대한 a_0, a_1 및 b_1을 구하라.

(a) $2 \cos 3t$ (b) $3 \cos 3t$ (c) $4 \sin(4t - 35°)$

5. (a) 다음 주기 함수 $f(t) = 2u(t) - 2u(t+1) + 2u(t+2) - 2u(t+3) + \cdots$에 대한 푸리에 계수 a_0, a_1, a_2, a_3, b_1, b_2 및 b_3를 구하라.

(b) $f(t)$와 $n = 3$ 이후를 잘라낸 푸리에 급수를 3주기 그려라.

6. (a) 그림 17.29에 주기함수 $g(t)$의 일부분을 보였다. 이 함수의 푸리에 계수 a_0, a_1, a_2, a_3, a_4, b_1, b_2, b_3 및 b_4를 구하라.
   (b) $n = 4$ 이후를 잘라낸 푸리에 급수를 이용하여 $g(t)$를 그려라.

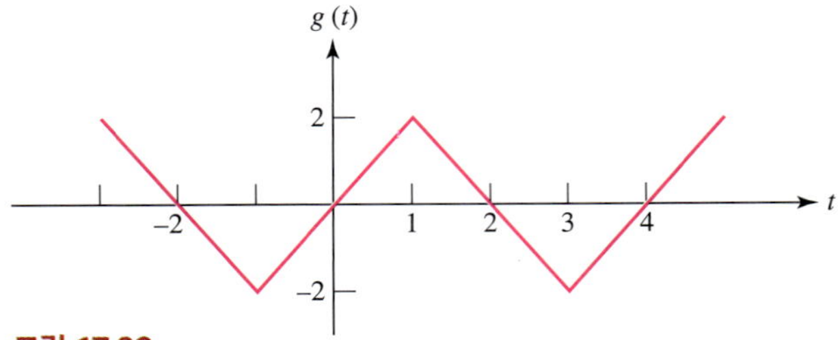

그림 17.29

7. 그림 17.30에 보인 주기 함수 $f(t)$의 a_1, a_2, a_3 및 b_1, b_2, b_3을 구하라.

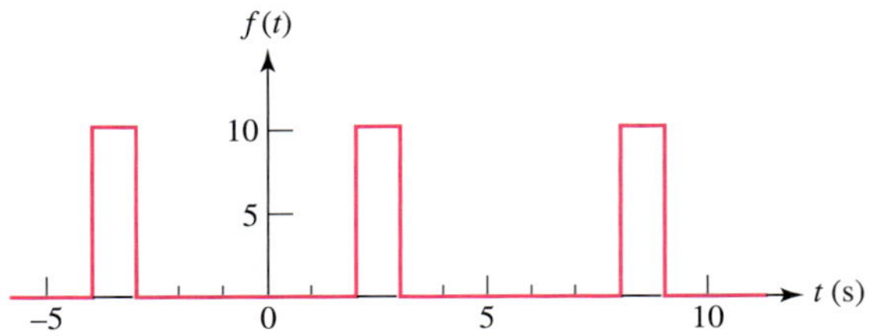

그림 17.30

8. 그림 17.30의 주기 파형 $f(t)$의 푸리에 급수에서 n번째 고조파까지 더한 파형을 $g_n(t)$라고 한다. [예를 들면 $n = 1$일 때, $g_1(t)$는 a_0, a_1 및 b_1으로 이루어진 3개의 항을 포함한다.]
   (a) $f(t)$와 함께 $g_2(t)$, $g_3(t)$ 및 $g_5(t)$를 구하라.
   (b) $f(2.5)$, $g_2(2.5)$, $g_3(2.5)$ 및 $g_5(2.5)$를 구하라.
9. 그림 17.29의 주기 파형 $g(t)$의 푸리에 급수에서 n번째 고조파까지 더한 파형을 $y_n(t)$라고 한다. [예를 들면 $y_2(t)$는 a_0, a_1, a_2, b_1 및 b_2로 이루어진 5개의 항을 포함한다.]
   (a) $g(t)$와 함께 $y_3(t)$ 및 $y_5(t)$를 구하라.
   (b) $y_1(0.5)$, $y_3(0.5)$, $y_3(0.5)$ 및 $g(0.5)$를 구하라.
10. 그림 17.29에 보인 주기 파형이 $g(t)$일 때, 함수 $g(t - 1)$에 대한 a_n 및 b_n의 표현식을 구하라.
11. 그림 17.31의 반사인 파형은 사인형 입력을 직류로 변환하는 데 쓰이는 반파형 정류기의 출력이다. 푸리에 급수를 찾고, $n = 10$에서의 신호와 푸리에 급수를 그려라.
12. 그림 17.4a에 보인 파형의 선 스펙트럼(가장 큰 스펙트럼 6개)을 그려라.
13. 그림 17.4b에 보인 파형의 선 스펙트럼(가장 큰 스펙트럼 5개)을 그려라.
14. 그림 17.4c에 보인 파형의 선 스펙트럼(가장 큰 스펙트럼 5개)을 그려라.

15. 그림 17.31에 보인 파형의 선 스펙트럼을 그려라.

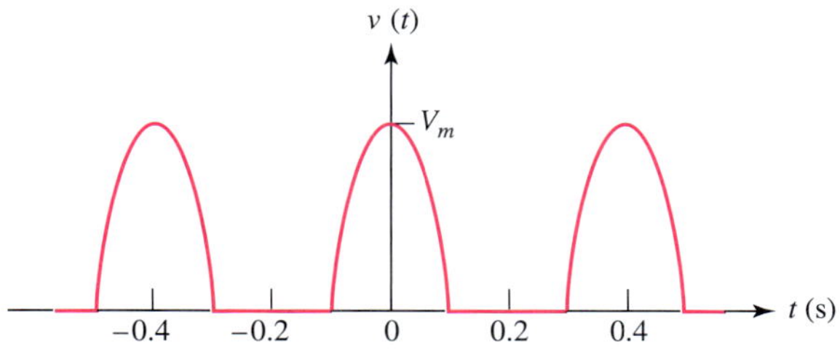

그림 17.31

18.2 대칭성의 이용

16. 다음이 홀 대칭인지, 짝 대칭인지, 그리고 반파 대칭인지 밝혀라.
   (a) $4 \sin 100t$ (b) $4 \cos 100t$ (c) $4 \cos (4t + 70°)$
   (d) $4 \cos 100t + 4$ (e) 그림 17.4의 각 파형

17. 다음이 홀 대칭인지, 짝 대칭인지, 그리고 반파 대칭인지 밝혀라.
   (a) 그림 17.29의 파형
   (b) 그림 17.29의 함수가 $g(t)$일 때, $g(t - 1)$
   (c) 그림 17.29의 함수가 $g(t)$일 때, $g(t + 1)$
   (d) 그림 17.30의 파형

18. $-\pi < t < \pi$에서 $f(t) = t^2$인 주기함수가 있다. 이 함수가 홀 대칭인지 짝 대칭인지 밝히고, $n = 1, 2, 3$에서 푸리에 계수를 구하라.

19. 그림 17.32의 파형 $g(t)$는 비주기이다. $0 < t < 4$ 범위 내에서는 $y(t)$가 $g(t)$와 같다. 주기 $T = 8$이 되도록 하면서 다음과 같은 대칭성을 만족하는 $y(t)$를 만들어라.
   (a) 홀 대칭
   (b) 짝 대칭
   (c) 짝 대칭이면서 반파 대칭
   (d) 홀 대칭이면서 반파 대칭

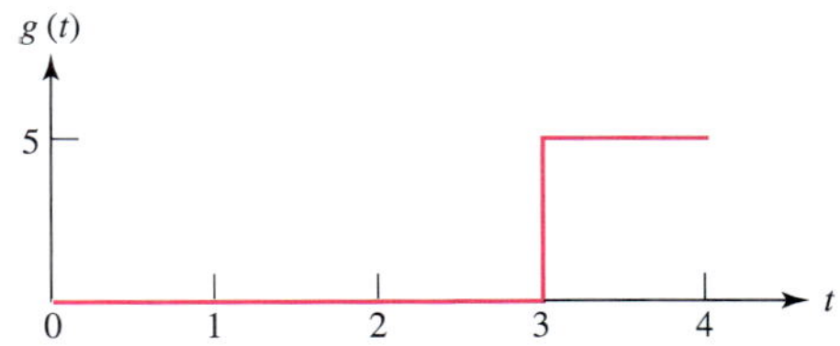

그림 17.32

20. 그림 17.33의 주기 파형 $v(t)$에 대해서 a_0, a_1, a_2, a_3 및 b_1, b_2, b_3를 구하라.

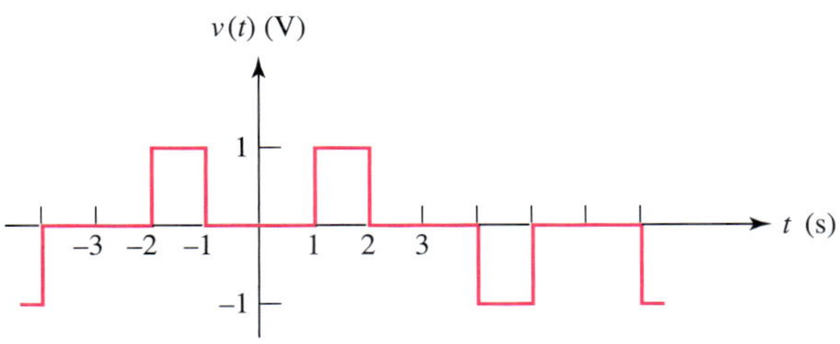

그림 17.33

DP **21.** 첨두값의 크기가 3이고, 주기가 2초이면서 다음의 특성을 만족하는 삼각파형을 만들어라.

(a) 반파 대칭이면서 짝 대칭

(b) 반파 대칭이면서 홀 대칭

22. 그림 17.34에 보인 파형에 대해서 가급적 많은 대칭성을 이용하여 a_0와 a_n 그리고 b_n의 값을 구하라($1 \le n \le 10$).

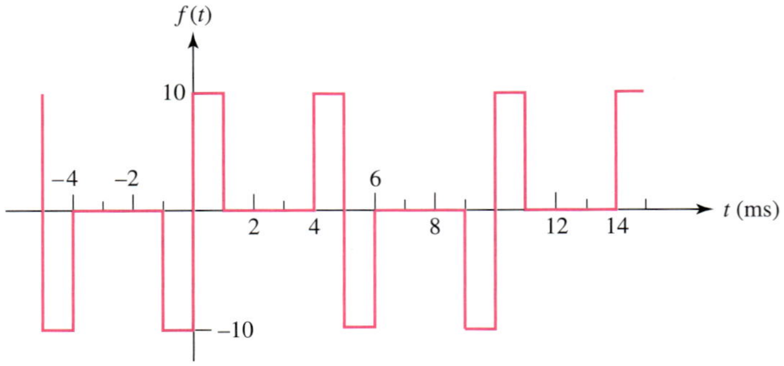

그림 17.34

17.3 주기 구동 함수에 대한 완전 응답

23. 그림 17.35a의 회로에서 $i_s(t)$가 그림 17.35b와 같고, $v(0) = 0$일 때, $v(t)$를 구하라.

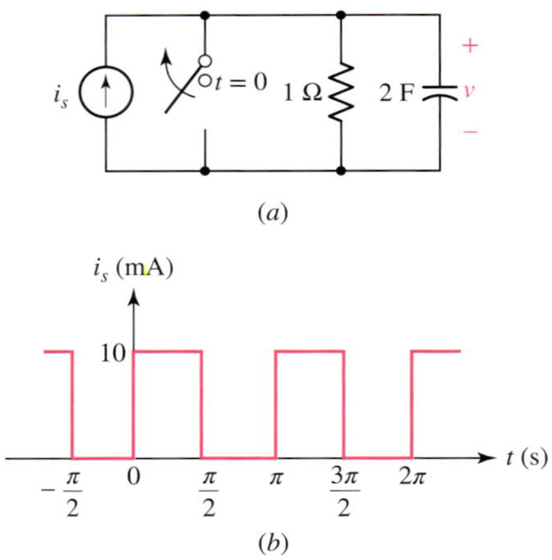

그림 17.35

24. 그림 17.36의 파형이 그림 17.8a의 회로에 인가되었을 때, $i(t)$를 구하라.

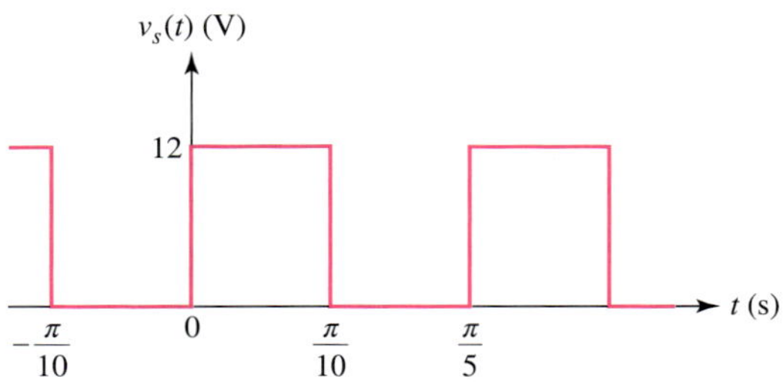

그림 17.36

25. 그림 17.37a의 회로에서 전류원의 파형은 그림 17.37b와 같다. 정상 상태 전압 $v(t)$를 구하라.

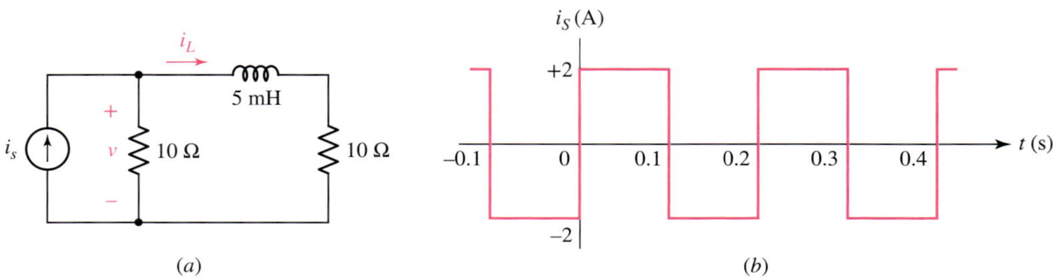

그림 17.37

26. 그림 17.38의 파형을 그림 17.37a의 회로에 인가하였다. 정상 상태 전류 $i_L(t)$를 구하라.

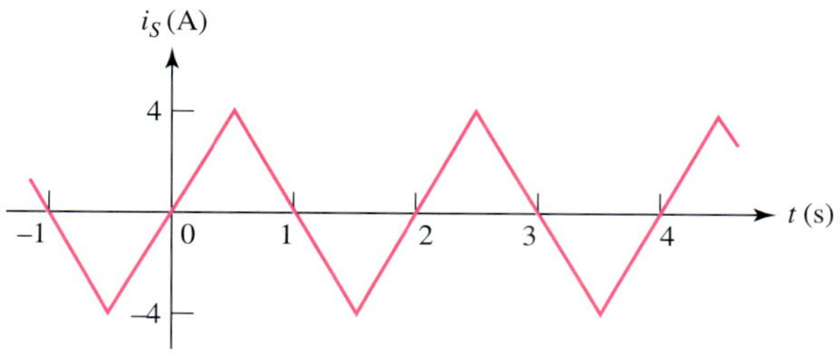

그림 17.38

17.4 푸리에 급수의 복소 형태

27. 함수 $v(t)$가 그림 17.10에 보인 바와 같다. 다음의 경우에 대해 $\mathbf{c}_n$을 구하라.

(a) $v(t + 0.5)$ (b) $v(t - 0.5)$

28. 그림 17.38의 파형에 대해서 $\mathbf{c}_0$, $\mathbf{c}_{\pm 1}$ 및 $\mathbf{c}_{\pm 2}$를 구하라.

29. 그림 17.35b에 보인 파형에 대한 지수형 푸리에 급수의 첫 5항을 구하라.

30. 그림 17.39에 보인 주기 파형에 대해서 다음을 구하라.

(a) 주기 T (b) $\mathbf{c}_0$, $\mathbf{c}_{\pm 1}$, $\mathbf{c}_{\pm 2}$, $\mathbf{c}_{\pm 3}$

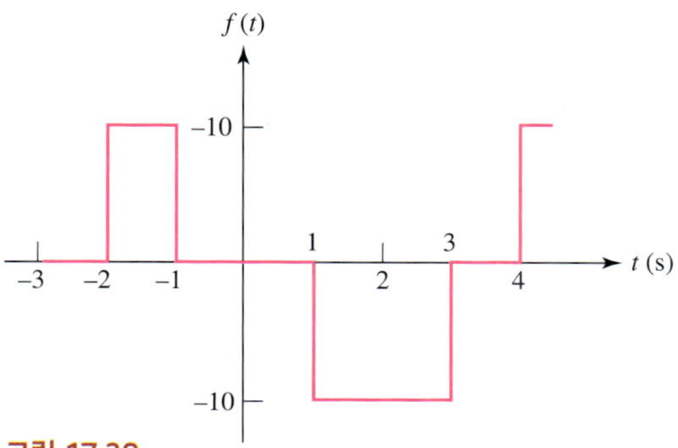

그림 17.39

31. 그림 17.40에 보인 주기 파형에 대해서 다음을 구하라.

(a) 주기 T (b) $\mathbf{c}_1$, $\mathbf{c}_2$

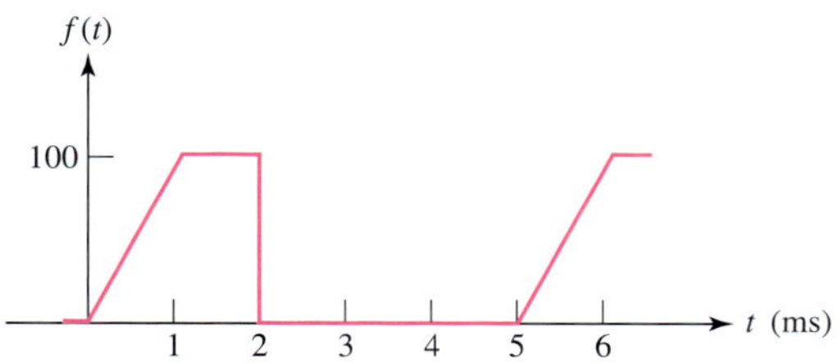

그림 17.40

32. 예제 17.1의 그림 17.2에서 톱니파의 푸리에 계수 $\mathbf{c}_i$를 구하라. $n = 50$에 대한 $v(t)$의 결과를 그려라.

33. 주기 5 μs인 어느 펄스 열의 크기가 $-0.6 < t < 0.4$ μs 및 $0.4 < t < 0.6$ μs 구간에서는 1이고, 주기 내의 나머지 구간에서는 0이다. 이 펄스 열은 디지털 컴퓨터에서 십진법의 3을 2진법의 형태로 보낼 때 표현하는 방법이다.
   (a) $\mathbf{c}_n$을 구하라.
   (b) $\mathbf{c}_4$를 계산하라.
   (c) $\mathbf{c}_0$를 계산하라.
   (d) $|\mathbf{c}_n|_{max}$를 구하라.
   (e) 모든 $n > N$에 대해서 $|\mathbf{c}_n| \leq 0.1\ |\mathbf{c}_n|_{max}$인 N을 구하라.
   (f) 스펙트럼의 이 부분을 보내는 데 필요한 대역폭은 얼마인가?

34. 어느 주기 전압 $v_s(t)$가 $0 < t < \frac{1}{96}$ s에서는 40 V이고, $\frac{1}{96} < t < \frac{1}{16}$ s에서는 0이다. $T = \frac{1}{16}$ s일 때 다음을 구하라.
   (a) $\mathbf{c}_3$
   (b) 그림 17.41의 회로에서 부하에 공급되는 전력

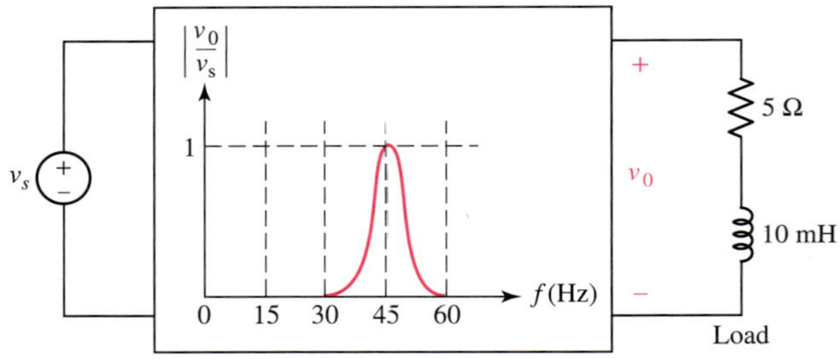

그림 17.41

17.5 푸리에 변환의 정의

35. 다음과 같은 함수가 있다.

$$g(t) = \begin{Bmatrix} 5 & -1 < t < 1 \\ 0 & \text{elsewhere} \end{Bmatrix}$$

   (a) $g(t)$를 그려라. (b) $\mathbf{G}(j\omega)$를 그려라.

36. 함수 $v(t) = 2u(t) - 2u(t+2) + 2u(t+4) - 2u(t+6)$ V에 대해서 다음을 그려라.
   (a) $v(t)$ (b) $\mathbf{V}(j\omega)$

37. 푸리에 급수를 이용하여 $0 < t < T$에서 $v(t) = 5 - 10u(t - \frac{T}{2})$ V인 주기함수의 구형파의 연속적인 스펙트럼을 구하고 그려라.

38. $g(t)$가 다음과 같을 때, 식 [41a]를 이용하여 $\mathbf{G}(j\omega)$를 구하라.

(a) $5e^{-t}u(t)$ (b) $5te^{-t}u(t)$

39. 그림 17.42의 단일 삼각 펄스에 대한 푸리에 변환 $\mathbf{F}(j\omega)$를 구하라.

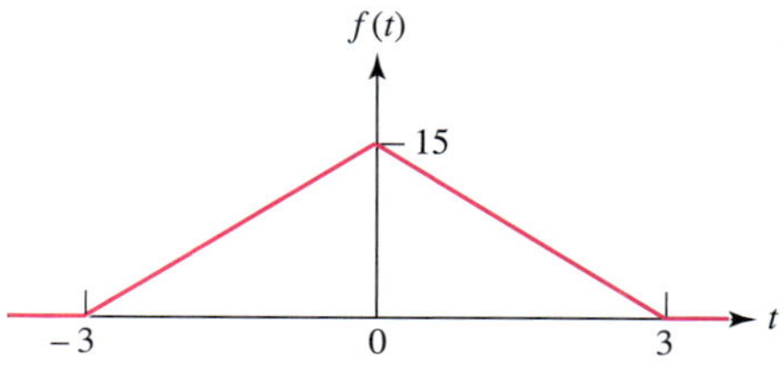

그림 17.42

40. 그림 17.43의 단일 정현파 펄스에 대한 푸리에 변환 $\mathbf{F}(j\omega)$를 구하라.

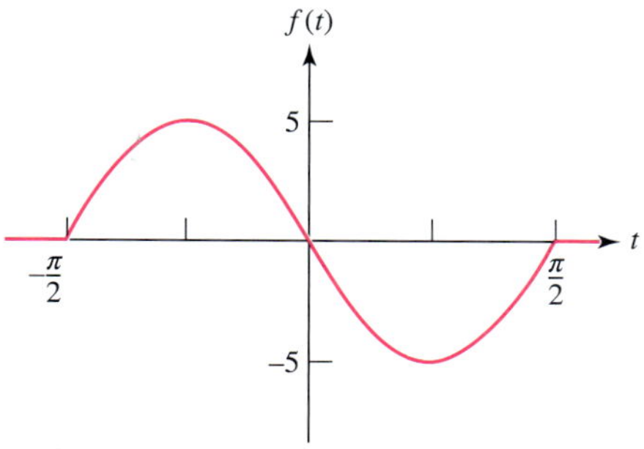

그림 17.43

17.6 푸리에 변환의 특성

41. $g(t) = 3\,e^{-t}u(t)$에 대해서 다음을 구하라.

(a) $\mathbf{G}(j\omega)$

(b) $\phi(\omega)$

42. 전압 펄스 $2e^{-t}u(t)$ V가 이상적인 대역 통과 필터의 입력으로 인가 되었다. 필터의 통과 대역은 $100 < |f| < 500$ Hz이다. 총 출력 에너지를 구하라.

43. $v(t) = 4e^{-|t|}$ V일 때, 1 V 에너지의 85%가 포함되어 있는 주파수 범위를 구하라.

44. $\mathscr{F}\{f(t)\} = \mathbf{F}(j\omega)$라 할 때, 푸리에 변환의 정의를 이용하여 다음을 증명하라.

(a) $\mathscr{F}\{f(t-t_0)\} = e^{-j\omega t_0}\mathscr{F}\{f(t)\}$

(b) $\mathscr{F}\{df(t)/dt\} = j\omega\mathscr{F}\{f(t)\}$

(c) $\mathscr{F}\{f(kt)\} = (1/|k|)\mathbf{F}(j\omega/k)$

(d) $\mathscr{F}\{f(-t)\} = \mathbf{F}(-j\omega)$

(e) $\mathscr{F}\{tf(t)\} = j\,d[\mathbf{F}(j\omega)]/d\omega$

17.7 간단한 시간 함수의 푸리에 변환 쌍

45. 다음의 푸리에 변환을 구하라.

(a) $5u(t) - 2\,\mathrm{sgn}(t)$ (b) $2\cos 3t - 2$ (c) $4e^{-j3t} + 4e^{j3t} + 5u(t)$

46. 다음의 푸리에 변환을 구하라.

(a) $85u(t+2) - 50u(t-2)$

(b) $5\delta(t) - 2\cos 4t$

47. $f(t)$가 다음과 같을 때, $f(t)$ 및 $\mathbf{F}(j\omega)$를 그려라.

(a) $2\cos 10t$ (b) $e^{-4t}u(t)$ (c) $5\ \mathrm{sgn}(t)$

48. $\mathbf{F}(j\omega)$가 다음과 같을 때, $f(t)$를 구하라.

(a) $4\delta(\omega)$ (b) $2/(5000 + j\omega)$ (c) $e^{-j120\omega}$

49. $\mathbf{F}(j\omega)$가 다음과 같을 때, $f(t)$의 표현식을 구하라.

(a) $-j\frac{231}{\omega}$ (b) $\frac{1+j2}{1+j4}$ (c) $5\delta(\omega) + \frac{1}{2+j10}$

17.8 일반적인 주기 시간 함수의 푸리에 변환

50. 다음 함수의 푸리에 변환을 구하라.

(a) $2\cos^2 5t$ (b) $7\sin 4t \cos 3t$ (c) $3\sin(4t - 40°)$

51. $0 < t < 10$ s 구간에서 $g(t) = 2u(t) - 3u(t-4) + 2u(t-8)$인 주기 함수 $g(t)$의 푸리에 변환을 구하라.

52. $\mathbf{F}(j\omega) = 20\sum_{n=1}^{\infty} [1/(|n|!+1)]\delta(\omega - 20n)$일 때, $f(0.05)$의 값을 구하라.

53. 그림 17.44의 주기 파형에 대한 푸리에 변환을 구하라.

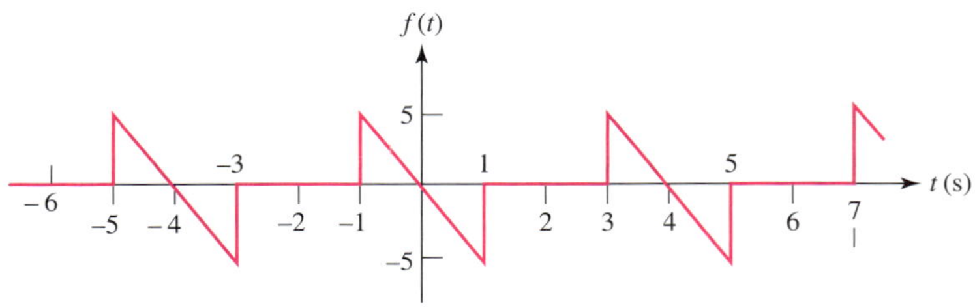

그림 17.44

17.9 주파수 영역에서의 시스템 함수와 응답

54. 어느 시스템의 임펄스 응답은 $h(t) = 2u(t) + 2u(t-1)$이다. 입력이 다음과 같을 때 컨벌루션을 이용하여 시간 영역에서의 출력을 구하라.

(a) $2u(t)$ (b) $2te^{-2t}u(t)$

55. 입력 함수가 $x(t) = 5e^{-5t}u(t)$이다. 시스템의 임펄스 응답 $h(t)$가 다음과 같을 때 컨벌루션을 이용하여 시간영역에서의 출력을 구하라.

(a) $3u(t+1)$ (b) $10te^{-t}u(t)$

56. (a) 이득이 10인 비반전 증폭기를 설계하라. 이 회로를 mA741 연산 증폭기를 이용하여 구성하였고, 전력 공급을 위한 전원은 ±15 V로 하였다. 입력 전압의 주파수는 1 kHz이고, 그 크기는 다음과 같을 때 적당한 시뮬레이션을 통하여 출력의 FFT를 구하라.

(b) 10 mV (c) 1 V (d) 2 V

57. (a) 이득이 5인 반전 증폭기를 설계하라. 이 회로를 mA741 연산 증폭기를 이용하여 구성하였고, 전력 공급을 위한 전원은 ±10 V로 하였다. 입력 전압의 주파수는 10 kHz이고, 그 크기는 다음과 같을 때 적당한 시뮬레이션을 통하여 출력의 FFT를 구하라.
(b) 500 mV (c) 1.8 V (d) 3 V

17.10 시스템 함수의 물리적 중요성

58. 그림 17.45의 회로에서 $v_i(t) = 2te^{-t}u(t)$ V일 때, 푸리에 기법을 이용하여 $v_o(t)$를 구하라.

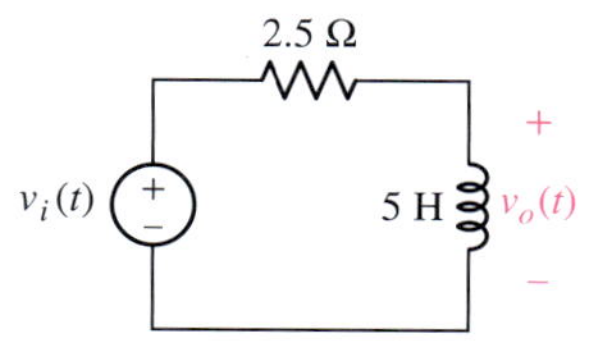

그림 17.45

59. 그림 17.45의 인덕터를 2 F 커패시터로 교체하였다. $v_i(t)$가 다음과 같을 때, 푸리에 기법을 이용하여 $v_o(t)$를 구하라.
(a) $5u(t)$ V (b) $3e^{-4t}u(t)$ V

60. $v_i(t)$가 다음과 같을 때, 그림 17.46에서 푸리에 기법을 이용하여 $v_C(t)$를 구하라.
(a) $2u(t)$ V (b) $2\delta(t)$ V

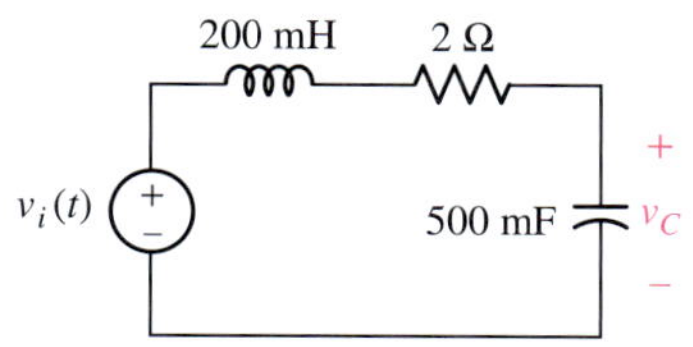

그림 17.46

61. $v_i(t)$가 다음과 같을 때, 그림 17.47에서 푸리에 기법을 이용하여 $v_o(t)$를 구하라.
(a) $5u(t)$ V (b) 3 δ (t) V

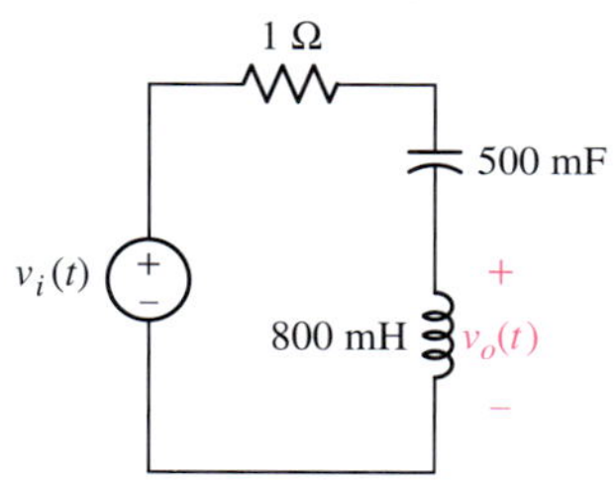

그림 17.47

62. $v_i(t)$가 다음과 같을 때, 그림 17.47에서 푸리에 기법을 이용하여 $v_o(t)$를 구하라.
(a) $5u(t - 1)$ V (b) $2 + 8e^{-t}u(t)$ V

통합문제

63. 그림 17.45의 회로에 그림 17.48*a*의 펄스파형을 입력 전압 $v_i(t)$로 인가하였다. $v_C(t)$를 구하라.

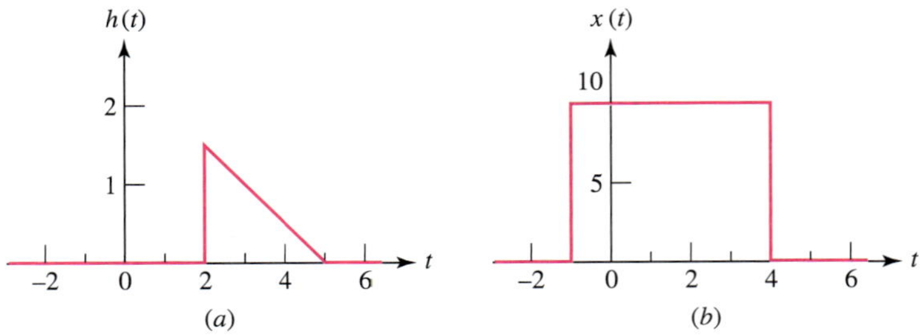

그림 17.48

64. 그림 17.46의 회로에 그림 17.48*b*의 펄스파형을 입력 전압 $v_i(t)$로 인가하였다. $v_C(t)$를 구하라. 이 문제에 MATLAB과 같은 소프트웨어를 사용하면 도움이 될 것이다.

65. 그림 17.47의 회로에 그림 17.48*b*의 펄스파형을 입력 전압 $v_i(t)$로 인가하였다. $v_C(t)$를 구하라. 이 문제에 MATLAB과 같은 소프트웨어를 사용하면 도움이 될 것이다.

66. 전원전압 V_{CC} = ±12 V를 사용하여 이득 10인 오디오 증폭기를 설계하라. 그리고 OP27과 같은 오디오 응용에 적절한 증폭기를 선택하라. 다음과 같은 주파수

(a) 250 Hz (최저 음역)

(b) 1 kHz (중간 음역)

(c) 4 kHz (최고 음역)에서 진폭이 1.2 V인 입력인 경우, $P_{HD} = P_{harmonic} - P_{fundamental}$ (in dB)로 정의된 고조파 일그러짐에서 최대값을 결정하기 위해 SPICE 시뮬레이션을 사용해라.

APPENDIX 1

네트워크 토폴로지의 소개

앞에서 본 많은 회로 문제로부터, 대부분의 회로들은 구성요소의 배열에 대해 많은 공통점을 가지고 있다는 점을 유추할 수 있다. 이 사실로부터 이 부록에서 소개하는 **네트워크 토폴로지**(*network topology*)라는 회로의 더욱 추상적인 개념을 이끌어 낼 수 있다.

A1.1 트리 및 일반적인 마디 해석법

우리가 잘 알고 사용하는 마디해석법을 일반화해보자. 마디해석법을 어떤 회로망에도 적용할 수는 있지만, 모든 종류의 회로 문제를 풀어낼 수 있다고 보장할 수 없다. 그러나 특정한 문제를 간단하게 풀기 위해 마디해석법을 선택할 수 있다.

우리는 먼저 네트워크 토폴로지에 관련된 정의들을 해야 한다. 그림의 어떤 부분도 잘리거나 합쳐지지 않는다는 조건 하에, 그림이 뒤틀리거나 구부러지거나 접히거나 늘어지거나 압축되거나 매듭에 얽매이더라도, 변함없는 기하학적 그림의 특성과 연관된 기하학적 구조의 가지로 **토폴로지**(*topology*) 자체를 정의한다. 구와 정사면체는 정사각형과 원의 경우처럼 위상기하학적으로 동일하다. 전기회로에서도 유사한 접근방식을 적용하여 회로의 특정 소자들에는 관심이 없고 오로지 가지(branch)와 마디(node)를 배치하는 방법에만 관심이 있다. 따라서 소자의 특성을 무시하고 선으로 나타내서 회로를 간단하게 한다. 간단하게 그린 그림은 선형 그래프, 또는 단순히 그래프라고 부른다. 회로와 해당 그래프는 그림 A1.1과 같다. 모든 마디는 그래프에서 굵은 점으로 표시됨에 유의해야 한다.

회로와 그래프는 변형되더라도 위상기하학적 특성은 변하지 않기 때문에 그림 A1.2의 3개의 그래프는 그림 A1.1의 회로 및 그래프와 모두 위상기하학적으로 동일하다.

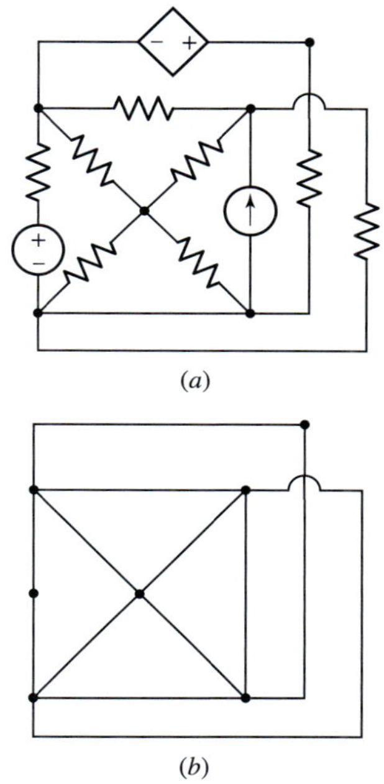

그림 A1.1 (*a*) 주어진 회로. (*b*) 회로의 선형 그래프.

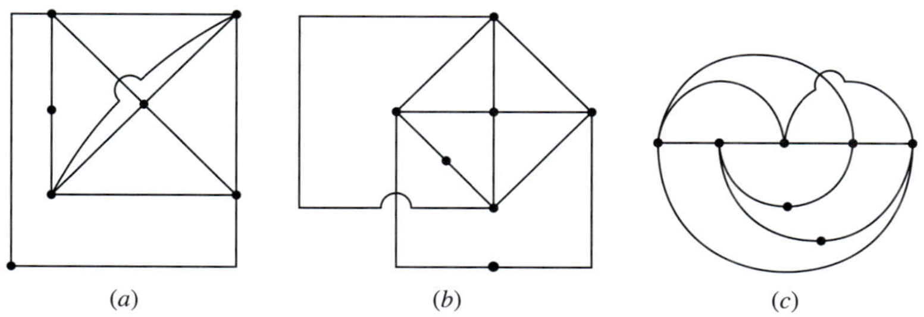

그림 A1.2 (*a*, *b*, *c*) 그림 A1.1 회로의 대체 선형 그래프.

우리가 이미 알고 있거나 정확하게 사용하고 있는 위상기하학적 조건은 다음과 같다.

- 마디(*Node*): 2개 또는 그 이상의 소자가 연결되어 있는 공통 접속점
- 경로(*Path*): 같은 마디를 두 번 통과하지 않고 순서대로 연결된 소자의 집합
- 가지(*Branch*): 하나의 소자를 포함하고 하나의 마디에서 다른 마디로 연결하는 단일 경로
- 루프(*Loop*): 폐회로
- 메쉬(*Mesh*): 폐회로 내에 다른 폐회로를 포함하지 않는 루프
- 평면회로(*Planar circuit*): 특정 가지가 다른 가지의 위 또는 아래로 지나가지 않는 방법으로 평면에 그려진 회로

그림 A1.2의 그래프들은 각각 12개의 가지와 7개의 마디를 가진다.

선형 그래프의 세 가지(*tree*, *cotree*, *link*) 새로운 특징을 정의한다. 트리란 어떤 루프를 포함하지 않고, 모든 마디와 다른 마디를 연결하는 가지들의 집합으로 정의한다. 일반적으로 회로망은 많은 다른 트리들이 있고 이 트리들의 숫자는 회로망 증가의 복잡함에 따라 빠르게 증가한다. 그림 A1.3*a*에 나타난 단순한 그래프는 8개의 트리를 갖고 이 중 4개는 그림 A1.3*b*의 *c*, *d*, *e*에 두꺼운 선으로 보여준다.

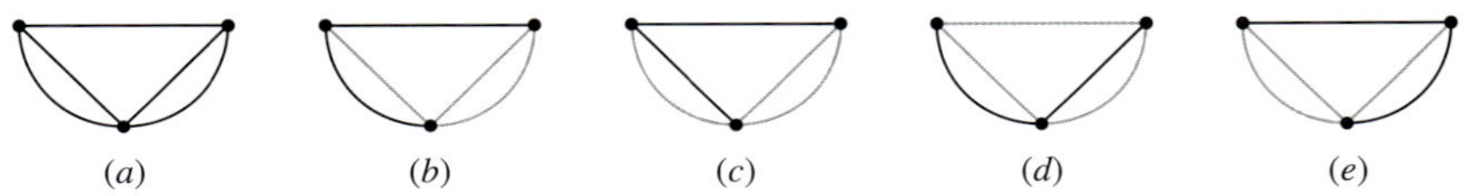

그림 A1.3 (*a*) 3-마디 회로망의 선형 그래프. (*b*, *c*, *d*, *e*) 총 여덟 개의 가능한 트리 중에서 네 개의 트리 형태(굵은 선으로 표시)

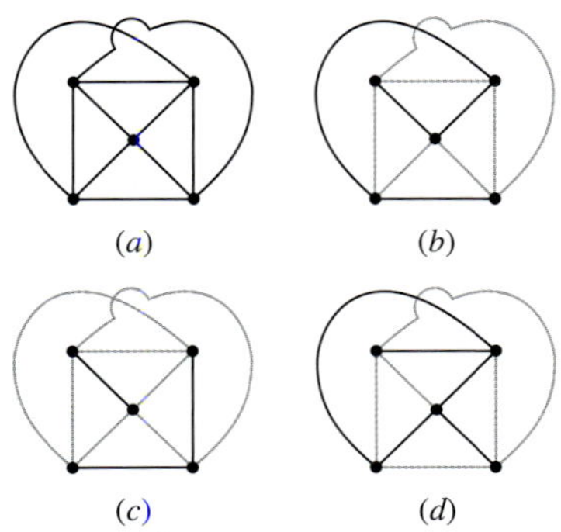

그림 A1.4 (*a*) 선형 그래프. (*b*) 이 그래프에서 가능한 트리. (*c*, *d*) 트리의 정의를 만족하지 못하는 가지들의 형태.

그림 A1.4*a*는 좀 더 복잡한 그래프이다. 그림 A1.4*b*는 가능한 트리 중 하나를 보여준다. 그리고 그림 A1.4*c*와 *d*는 트리의 정의를 만족하지 못하여 트리가 될 수 없는 가지들을 보여준다.

트리가 지정되면 트리를 구성하고 있지 않은 가지들은 **보목**(*cotree*)을 형성하여 트리를 보완한다. 그림 A1.3*b*~*e*에 그려진 얇은 가지는 트리들에 해당하는 보목을 나타낸다.

트리와 보목의 구성에 대해 이해한다면 어떤 보목에 속하는 어떤 가지인 **링크**(*link*)의 개념은 매우 간단하다. 어떤 부분의 가지는 링크이거나 링크가 아님이 분명하다. 이는 선택된 특정 트리에 따라 달라진다.

그래프의 링크 수는 가지와 마디 수에 관계가 있다. 만일 그래프가 *N*개의 마디를 가진다면 트리를 건설하는 데 ($N - 1$)개의 가지가 필요하다. 그 이유는 선택된 첫 번째 가지가 두 마디를 연결하고, 추가적인 가지는 하나의 마디를 포함하고 있기 때문이다.

따라서, B개의 가지와 L개의 링크가 회로에 존재한다면, 다음의 관계식을 항상 만족해야 한다.

$$L = B - (N - 1)$$

또는

$$L = B - N + 1 \qquad [1]$$

이다. 보목에는 L개의 가지가 있고, 트리에는 $(N - 1)$개의 가지가 있다.

그림 A1.3에 나타난 그래프를 통해 3 = 5 − 3 + 1을 알 수 있고 그림 A1.4b를 통해 6 = 10 − 5 + 1을 알 수 있다. 회로망은 안에 끊어진 부분이 있을 수 있다. 그러면 식 [1]을 좀 더 일반적으로 만들기 위해 +1을 +S로 대체해야 한다. 여기서 S는 분리된 부분의 수이다.

그러나 하나의 도체로 2개의 분리된 부분을 연결하는 것이 가능하다. 또한 두 마디가 하나의 마디를 형성하였기 때문에, 해당 도체에는 전류가 흐를 수 없다. 이러한 방식을 분리된 부분을 합할 때 사용할 수 있으며, 이로 인해 $S = 1$이라고 한정 짓더라도 일반성을 전혀 잃지 않는다.

이제 독립적이고 충분한 마디 방정식을 기술하는 방법에 대해 논의할 준비가 되었다. 이 방법을 통해 같은 회로망에서 많은 다른 방정식을 얻을 수 있다. 그리고 모든 방정식은 유용하다. 그러나 이 방법은 우리에게 가능한 모든 방정식을 제공하지 않는다. 먼저 세 가지 예를 통해 절차를 설명한다. 그리고 방정식이 독립적이고 충분한 이유를 설명한다.

임의의 회로망이 주어졌을 때, 우리가 해야 할 일은 다음과 같다:

1. 그래프를 그리고 트리를 확인하라.
2. 모든 전압원을 트리에 둔다.
3. 모든 전류원을 보목에 둔다.
4. 가능한 한, 전압제어 종속전원을 위한 모든 제어-전압 가지를 트리에 둔다.
5. 가능한 한, 전류제어 종속전원을 위한 모든 제어-전류 가지를 보목에 둔다.

위 마지막 네 단계는 트리의 전압과 보목의 전류를 효율적으로 연결하기 위한 과정이다.

이제 트리 내 $(N - 1)$ 가지들 각각에 전압 변수(전압의 +와 − 쌍과 함께)를 지정한다. (종속 혹은 독립) 전압원을 포함하고 있는 가지는 전압원으로 지정된다. 그리고 제어 전압을 포함된 가지는 제어 전압으로 지정된다. 우리가 설명했던 새로운 변수들의 수는 $(N - 1)$로 트리내 가지들의 수와 같다. 해당 변수의 수는 트리내 전압원의 수에 의해 추가적으로 감소될 수 있고, 또한 우리가 트리내에 두었던 제어 전압들의 수에 의해 감소된다. 일례로, 예제 A1.3에서 새롭게 정의해야 하는 변수의 개수가 0이라는 것을 보일 것이다.

변수를 정했다면 이 변수들을 결정하기 충분한 방정식을 세워야 한다. 이 방정식은 KCL의 적용을 통해 얻을 수 있다. 전압원은 이전에 배운 마디해석법을 통해 다루어지고, 각 전압원과 해당 단자의 두 마디는 초마디 또는 초마디의 일부를 구성한다. 키르히호프의 전류법칙은 초마디와 나머지 마디에서 하나를 제외하고 적용한다. 우리는 가지에 연결된 마디에서 나오는 전류의 합은 0과 같다고 설정한다. 여기서 각 전류는 각 마디에 지정된 전압 변수에 의해 표현된다. 앞서 설명한 바와 같이, 하나의 마디는 기준 마디로 정하고 이를 무시할 수도 있다. 마지막으로 전류 제어 종속전원인 경우, 전압 변수에 관련된 각 제어 전류에 대한 방정식을 세워야 한다. 이것은 마디해석법에서의 절차와 크게 다르지 않다.

이 방식으로 그림 A1.5*a*의 회로를 풀어보자. 회로는 4개의 마디와 5개의 가지를 포함하고 있고, 이는 그림 A1.5*b*에 나타낸다.

예제 A1.1

그림 A1.5*a*의 회로에서 v_x를 구하라.

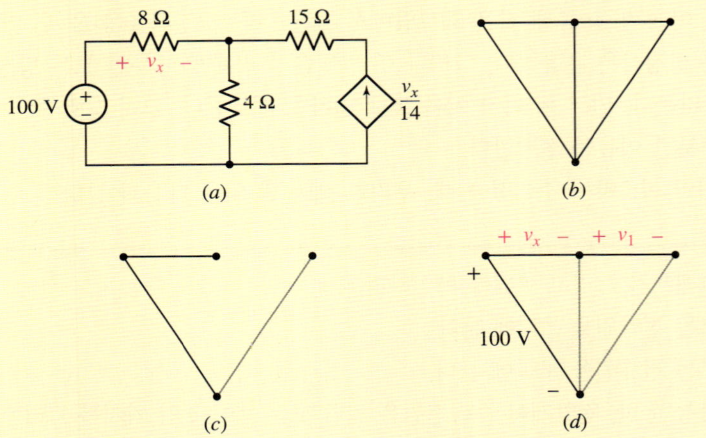

그림 A1.5 (*a*) 일반적인 마디해석법의 예제로 사용되는 회로. (*b*) 주어진 회로의 그래프. (*c*) 전류원이 보목으로 배치되고, 전압원과 제어 전압은 트리에 배치된다. (*d*) 트리가 완성된 이후, 전압을 각 트리 가지에 지정한다.

상기 트리를 그리는 과정의 단계 2와 3에 따라 트리에 전압원을, 보목에 전류원을 배치한다. 이어지는 단계 4에서는, 트리의 정의에 맞지 않는 루프를 형성하지 않기 때문에 v_x 가지 또한 트리에 배치할 수 있다. 그림 A1.5*c*에 보이는 것과 같이, 2개의 가지와 하나의 링크가 존재한다. 그리고 오른쪽 마디는 트리의 가지를 통하는 경로에 의해 연결되어 있지 않기 때문에 트리는 아직 없는 것을 알 수 있다. 트리를 완성하는 유일한 방법은 그림 A1.5*d*에 나타낸다. 100 V 전압원, 제어전압 v_x, 새로운 전압변수 v_1는 그림에서 보이는 것과 같이 3개의 트리 가지에 지정된다.

v_x와 v_1 2개의 미지수를 가지고 있으므로 2개의 방정식이 필요하다. 총 4개의 마디가 있지만 전압원의 존재로 인해 이 중 두 마디가 단일 초마디를 이루게 된다. 키르히호프 전류 법칙은 3개의 나머지 마디 혹은 초마디 중 어떤 두개의 (초)마디에도 적용될 수 있다. 먼저 오른쪽 마디를 푼다. 왼쪽으로 나가는 전류는 $-v_1/15$, 아래로 향하여 나가는 전류는 $-v_x/14$이다. 따라서 첫 번째 방정식은

$$-\frac{v_1}{15}+\frac{-v_x}{14}=0$$

이다. 초마디보다 상단 중앙마디가 간단해 보이므로, 왼쪽으로 흐르는 전류 $(-v_x/8)$와 오른쪽으로 흐르는 전류$(v_1/15)$, 그리고 아래로 흐르는 전류(즉, 4 Ω 저항으로 흐르는 전류)의 합이 0이 된다고 방정식을 세운다. 후자의 전류는 저항에 걸리는 전압을 4 Ω으로 나눈 값이 주어진다. 그러나 그 링크에 전압표시는 없다. 트리가 정의에 따라 구성될 때, 어떤 마디에서 다른 어떤 마디로 통하는 경로가 있다. 트리의 모든 가지는 전압이 지정되어 있기 때문에 트리 가지 전압의 측면에서 어느 링크에 걸리는 전압을 나타낼 수 있다. 그러므로 아래로 향하는 전류는 $(-v_x + 100)/4$, 그리고 두 번째 방정식은

$$-\frac{v_x}{8}+\frac{v_1}{15}+\frac{-v_x+100}{4}=0$$

이다. 상기 2개의 마디방정식을 동시에 만족하는 연립방정식의 해는 다음과 같다.

$$v_1=-60\text{ V}\qquad v_x=56\text{ V}$$

예제 A1.2

그림 A1.6a의 회로에서 v_x와 v_y를 구하라.

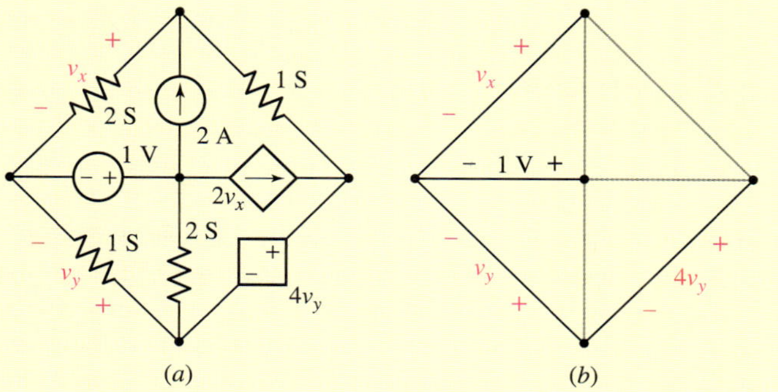

그림 A1.6 (a) 5개의 마디를 가진 회로. (b) 2개의 전압원과 2개의 제어 전압을 트리-가지로 만들기 위한 트리의 형태.

2개의 전압원과 2개의 제어전압을 지정된 변수와 트리-가지전압으로 나타내

기 위해 트리를 그린다. 마침 공교롭게도 4개의 가지는 1개의 트리가 되고, 그림 A1.6*b*처럼 트리-가지 전압은 v_x, 1, v_y, $4v_y$로 선정하였다.

2개의 전압원을 모두 초마디로 정의하고, KCL을 두 번 적용할 수 있다. 상단에 위치한 초마디에서 적용하면 다음과 같다.

$$2v_x + 1(v_x - v_y - 4v_y) = 2$$

오른쪽 마디, 아래 마디, 종속전압원으로 구성된 초마디에서 적용하면 다음과 같다.

$$1v_y + 2(v_y - 1) + 1(4v_y + v_y - v_x) = 2v_x$$

초마디 개념으로 인해 4개의 방정식 대신 2개의 방정식을 세웠고, 이를 동시에 만족하는 해는 다음과 같이 구할 수 있다.

$$v_x = \frac{26}{9}\text{V} \quad \text{그리고} \quad v_y = \frac{4}{3}\text{V}$$

예제 A1.3

그림 A1.7*a*의 회로에서 v_x를 구하라.

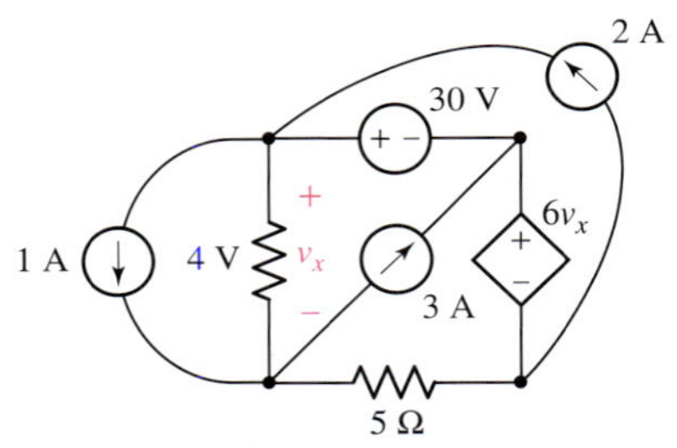

(*a*)

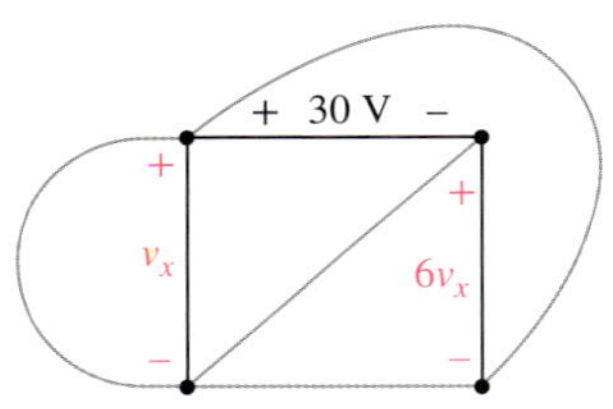

(*b*)

그림 A1.7 (*a*) 단 하나의 일반적인 마디 방정식을 필요로 하는 회로. (*b*) 트리와 트리-가지 전압이 사용된다.

2개의 전압원과 제어전압은 그림 A1.7*b*에 나타난 3개의 가지로 구성된 트리를 구성할 수 있다. 상위 2개의 마디와 오른쪽 아래 마디를 초마디로 형성하면, 단 하나의 KCL 방정식으로 전체 회로 해석이 가능하다. 왼쪽 아래 마디에서 KCL방정식을 세우면

$$-1 - \frac{v_x}{4} + 3 + \frac{-v_x + 30 + 6v_x}{5} = 0$$

이고, $v_x = -\frac{32}{3}$ V이다. 이 회로는 복잡해 보이지만 일반적인 마디 해석을 사용하여 쉽게 풀어냈다. 메쉬전류 또는 기준 마디전압을 이용하면 더 많은 방정식과 노력이 요구될 것이다.

우리는 다음 장에서 최적의 해석 기법을 찾는 문제에 대해 논의할 것이다.

만일 우리가 이전 예제에서 어떤 다른 전압, 전류 또는 전력을 구하고자 한다면, 하나의 추가적 단계가 필요하다. 예를 들어 3 A의 전류원에서 제공하는 전력은 다음과 같다.

$$3\left(-30 - \frac{32}{3}\right) = -122\ \text{W}$$

트리-가지 전압의 충분성(sufficiency)과 마디방정식의 독립성(independence)에 대

해 논의해 보자. 만일 이 트리-가지 전압의 수가 충분하다면, 모든 트리-가지 전압의 관계로부터 트리나 보목 내 모든 가지의 전압을 표현할 수 있어야만 한다. 이것은 트리 내 가지들에 대해 대해서는 당연히 성립하는 사실이고, 그 이유는 다음과 같다. 앞선 정의에 의해 링크는 두 마디를 연결하고 트리 또한 해당 두 마디를 연결한다. 따라서 모든 링크전압 또한 트리-가지 전압으로 나타낼 수 있기 때문이다.

회로 내 모든 가지의 전압을 알고 있는 상황이고, 가지가 전류원으로 구성된다면 주어진 전류값을 사용하여, 저항 가지라면 옴의 법칙을 사용하여, 가지가 전압원으로 구성된다면 KCL 법칙을 사용하여 모든 전류를 찾을 수 있다. 즉 모든 전압들과 전류들이 결정되었고, 이로써 충분성이 증명되었다.

독립성을 증명하기 위해 회로망 내 전원이 모두 독립 전류원인 상황을 가정해 보자. 앞서 언급한대로, 회로 내 독립 전압원이 있다면 적은 수의 방정식을 필요로 하지만, 종속 전원은 일반적으로 많은 수의 방정식을 필요로 한다. 회로 내 독립된 전류원만 포함하고 있다면, $(N-1)$개의 트리-가지 전압으로 표현된 $(N-1)$개의 마디방정식을 세울 수 있다. $(N-1)$개의 방정식이 독립적이라는 것을 보여주기 위해 서로 다른 $(N-1)$ 마디들에 KCL을 각각 적용하였다. 우리가 KCL 방정식을 세울 때마다, 새로운 트리 가지가 관련된다. 즉, 해당 회로 소자가 이전 KCL 방정식에 전혀 나타나지 않았기 때문에, 우리는 독립적인 방정식을 얻었다고 볼 수 있다. 이것은 $(N-1)$의 마디들에 KCL을 적용할 때 매번 성립하므로, 우리는 $(N-1)$개의 독립적인 방정식을 세울 수 있다는 것을 증명할 수 있다.

익힘문제 A1.1

(a) 앞서 언급한 5단계 트리 구성 방법에 따르면, 그림 A1.8의 회로는 몇 개의 트리로 구성되는가?

(b) 2개의 미지수로 2개의 방정식을 세우고 이에 적합한 트리를 그려라. 그리고 i_3를 구하라.

(c) 종속전원에서 공급되는 전력은 얼마인가?

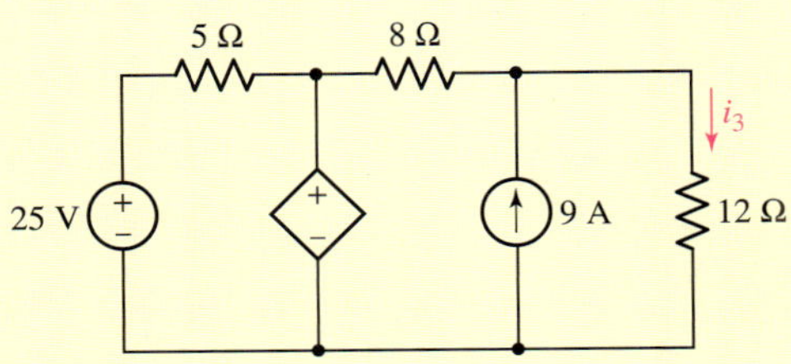

그림 A1.8

답: 1; 7.2 A; 547 W.

A1.2 링크와 루프 해석

여기서는 트리의 사용을 적절한 루프 방정식의 집합을 얻기 위해 이용한다. 한편으로 이것은 마디 방정식을 세우는 쌍대(*dual*)적인 방법이라고 해석 가능하다. 특히 우리가 소개할 방법으로 세운 방정식들은 충분성과 독립성을 보장할 수 있다.

우리는 트리를 먼저 생성하고, 그리고 일반적인 마디 해석을 위한 규칙들을 적용해 볼 것이다. 마디 또는 루프 해석의 목표는 트리의 전압 혹은 보목의 전류를 적절하게 배치하는 것이다. 이것는 전원 및 제어량을 위해 (반드시) 필요하다.

여기서 트리의 각 가지에 전압을 할당하는 대신에, 보목에 포함된 각 회로 소자 혹은 링크에 전류를 할당하기로 해보자. 예를 들어, 회로에 10개의 링크가 존재한다면 정확히 10개의 링크에 전류를 할당할 것이다. 전류원을 포함하는 링크에는 전류원 값을 직접 링크 전류로 할당한다. 링크는 2개의 특정 마디 사이를 확장하고 있고, 또한 트리 내 해당 두 마디 사이를 연결하는 경로가 반드시 존재한다. 따라서, 링크 전류를 루프 전류로 생각할 수 있다. 또한 각 링크와 함께 트리를 통해서 하나의 링크와 고유의 경로를 포함하는 하나의 특정 루프가 연결되어 있으므로, 지정된 전류는 루프 전류 또는 링크 전류 중 하나로 생각할 수 있다.

상기 언급한 링크의 함축된 의미는 각 전류를 정의하는 시점에 가장 도움이 된다. 각 루프에 KVL을 적용하기 때문에 루프 해석은 방정식을 세울 때 더욱 편리하다.

그림 A1.9*a*에 표시된 회로를 고려하여, 링크 전류를 정의하는 과정을 살펴보자. 선택된 트리는 전압원이 트리-가지에 있거나 전류원이 링크에 있는 것 중 하나일 수 있다. 먼저 전류원을 포함하는 링크를 생각해보자. 해당 링크를 포함하는 루프는 왼쪽 메쉬이며, 그래서 우리는 링크 전류의 해당 메쉬 주변(그림 A1.9*b*)에 대해 흐르는 것을 보여준다. 이 링크 전류는 '7 A'로 나타내면 가장 바람직하다. 이외의 다른 전류가 해당 링크로 흐를 수 없기 때문에, 이 링크에서의 전류 값은 반드시 전류원의 값과 같다.

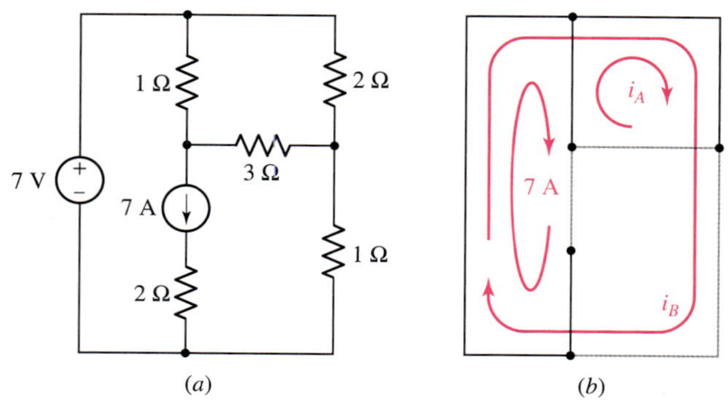

그림 A1.9 (*a*) 간단한 회로. (*b*) 링크에 전류원이 포함되고 전압원은 트리-가지에 속하도록 만든 트리의 형태.

다음으로 3 Ω의 저항이 포함된 링크를 살펴보자. 3 Ω의 저항과 관련된 루프는 오른쪽 상단의 메쉬이며, 이 루프(또는 메쉬)는 전류 i_A로 정의하며 그림 A1.9*b*에 나타나 있다. 남은 링크는 하단에 위치한 1 Ω의 저항이며, 트리 내 해당 두 단자 간의 유일한 경로는 회로의 가장자리 경계이다. 그 링크 전류는 i_B라 하며, 그 경로와 참조 방향을 나타내는 화살표가 그림 A1.9*b*에 나타나 있다. 한편, i_B는 메쉬 전류가 아니다.

현재 각 링크에는 하나의 전류만 지정되어 있다. 하지만 트리-가지에 지정된 전류의 수는 하나에서부터 전체 링크 전류의 개수까지 있을 수 있다. 루프를 표시하는 길고 거의 폐쇄된 화살표가 지시하는 방향은 트리-가지 자신의 기준 방향이다. 이를 통해 특정 루프 전류 흐름을 나타낼 수 있다.

이러한 각 루프에 KVL을 적용하여 방정식을 세워야 한다. 여기서 방정식에 사용되는 변수는 지정된 링크 전류이다. 전류원 양단에 걸친 전압은 전류원의 항으로는 표현할 수 없고, 또한 전류 링크로 지정하는데 이미 전원 전류 값을 이용하였으므로, 전류원이 포함된 루프를 버린다.

예제 A1.4

그림 A1.9의 예를 들어, i_A와 i_B의 값을 구하라.

먼저 i_A 루프에서 왼쪽 아래에서부터 시계방향으로 진행한다. 트리 내에 있는 1 Ω 저항에서 흐르는 전류는 $(i_A - 7)$이고, 2 Ω 저항에서는 $(i_A + i_B)$이다. 그리고 남은 링크에 흐르는 전류는 단순히 i_B이 된다. 따라서

$$1(i_A - 7) + 2(i_A + i_B) + 3i_A = 0$$

이다. i_B 링크에 대해서도 왼쪽 아래부터 시계 방향으로 진행해 보면

$$-7 + 2(i_A + i_B) + 1i_B = 0$$

이다. 7 A 링크로 정의된 루프의 탐색은 필요하지 않다. 상기 방정식을 동시에 만족하는 해를 찾게 되면, $i_A = 0.5$ A, $i_B = 2$ A와 같다. 이는 기존의 방법에 비해 하나 적은 방정식으로 해를 구하였다.

예제 A1.5

그림 A1.10에 나타난 회로에서 i_1을 구하라.

이 회로는 6개의 마디를 포함하고, 해당 트리는 5개의 가지를 가지고 있어야 한다. 회로망에 8개 소자가 있기 때문에 보목에는 3개의 링크가 있다. 트리에 3개의 전압원을 배치하고, 보목에 2개의 전류원과 제어 전류를 배치하면, 그

림 A1.10b에 나타난 트리를 생성할 수 있다. 4 A의 전류원은 그림 A1.10c와 같이 루프를 정의한다.

종속전원은 오른쪽 메쉬 내를 순환하는 전류 $1.5i_1$을 지정하고, 제어 전류 i_1은 회로 외곽을 순환하는 루프 전류로 할당된다. 4 Ω 저항을 통해 흐르는 세 전류를 참고하라.

우리는 하나의 미지수인 i_1만을 가지고 있고, 2개의 전류원에 의해 정의된 루프는 버린다. 그 후 KVL을 회로의 외곽에 적용한다.

$$-30 + 5(-i_1) + 19 + 2(-i_1 - 4) + 4(-i_1 - 4 + 1.5i_1) - 25 = 0$$

3개의 전압원 이외에도 이 루프 안에는 3개의 저항이 있다. 5 Ω 저항에는 하나의 루프 전류를 가지며, 그것 또한 링크이다. 2 Ω 저항은 2개의 루프 전류, 4 Ω 저항은 3개의 루프 전류를 가진다.

루프 전류를 선정할 때 전류를 생략하거나, 여분의 것들을 활용하고 올바른 방향을 선택하는 데 오류를 피할 수 있다면 위의 방정식은 타당하며 이때의 $i_1 = -12$ A이다.

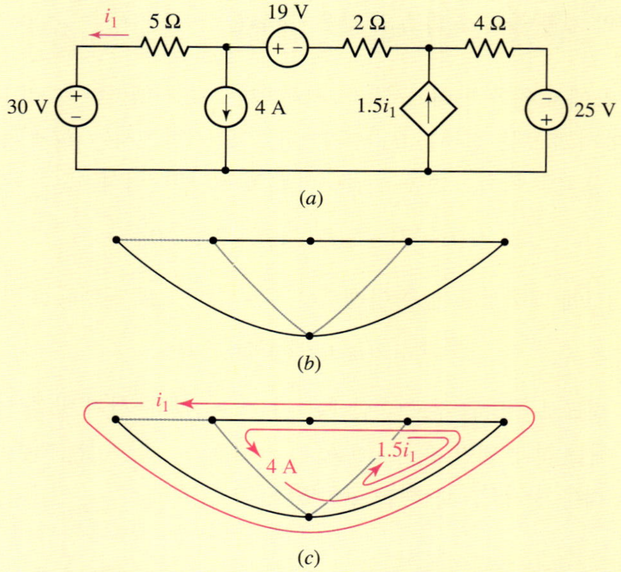

그림 A1.10 (a) 일반적인 루프 분석을 사용하여 하나의 방정식으로 i_1를 찾을 수 있는 회로. (b) A1.1절에서 명시된 규칙을 만족하는 유일한 트리. (c) 3개의 링크 전류들은 루프와 함께 표시된다.

어떻게 충분성을 입증할 수 있을까? 트리를 시각화하자. 이것은 루프를 포함되지 않으며, 적어도 2개의 마디(최소한 하나의 트리-가지가 연결된)를 포함하고 있다. 이 두 가지에 흐르는 각각의 전류는 KCL을 적용하여 찾은 링크 전류에 의해 쉽게 찾을 수 있다. 만일 단 하나의 트리-가지에 연결되는 다른 마디가 있다면 이러한 트리-가지 전류 또한 즉시 구할 수 있다. 따라서, 그림 A1.11 트리에서 우리는 **a**, **b**, **c**, 및 **d** 가지의 전류를 찾는다. 이제 트리의 가지를 따라 움직이면, 트리-가지의 전류 **e**와 **f**를 찾는다. 이 과정은 모든 가지 전류가 결정될 때까지 계속된다. 링크 전류는 따라서 모든 가지 전류를 결정하기에는 충분하다. 그것은 잘못된 '트리'가 루프를 포함하고 있는 상황을 보는 데 도움이 될 것이다. 만일 모든 링크 전류가 0라고 하더라도, 전류는 아직 '트리 루프'에 대해 순환할 수 있다. 따라서 링크 전류는 해당 전류를 결정할 수 없으므로, 충분성을 만족하지 못한다. 이러한 '트리'는 정의에 의해 존재할 수 없다.

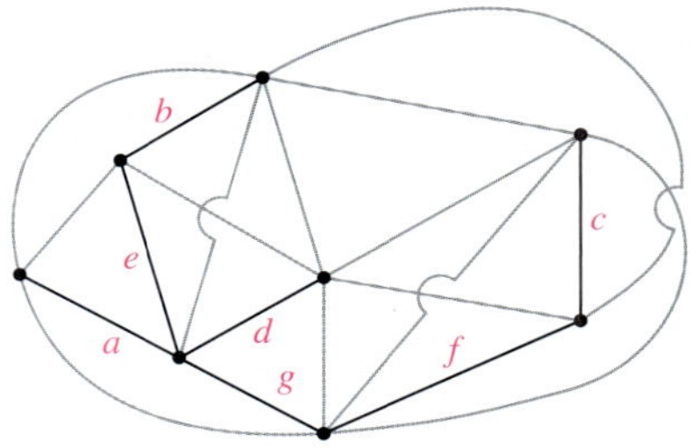

그림 A1.11 링크 전류를 충분히 설명하기 위한 예로 사용되는 트리.

독립성을 입증하기 위해 회로망의 모든 전원은 독립 전압원이라고 가정하자. 앞서 언급한대로, 종속 전원은 일반적으로 많은 수의 방정식이 필요한 반면에, 독립 전류원은 더 적은 수의 방정식을 필요로 한다. 만일 $(B - N + 1)$의 링크 전류 항으로 표현된 $(B - N + 1)$개의 루프 방정식을 정확히 기술할 수 있다. 이 $(B - N + 1)$개의 루프 방정식이 독립적이라는 것을 증명하기 위해서는, 각 루프 방정식이 (다른 방정식에서 나타나지 않은) 하나의 링크를 포함하는 루프에 대한 KVL 방정식이라는 것만 확인하면 된다.

우리는 각 링크에 있는 서로 다른 저항 R_1, R_2, ..., R_{B-N+1}을 시각화할 수 있다. 여기에서는 다른 방정식에서는 나타나지 않는 계수가 하나 이상 포함되어 있으므로, 한 방정식은 결코 다른 방정식에 의해 구해질 수 없다는 것은 명백하다.

따라서, 링크 전류는 완전한 해답을 얻는 데 사용하기 충분하며, 링크 전류를 찾기 위해 사용하는 루프 방정식들은 독립적인 방정식이다.

우리는 일반적인 마디해석과 루프해석을 보았고, 주어진 해석 문제를 해결할 방법을 현명하게 선택할 수 있도록 마디 및 루프 해석 방법의 장단점을 고려해야 한다.

마디 해석법은 일반적으로 $(N - 1)$개의 방정식이 필요하다. 이 방정식의 수는 트리-가지에 있는 종속/독립 전압원 1개마다 하나씩 줄어들고, 링크 전압이나 전류에 의해 제어되는 종속 전원 1개마다 하나씩 늘어난다.

루프 해석법은 기본적으로는 $(B - N + 1)$개의 방정식을 포함한다. 필요한 방정식의 수는 링크에 있는 종속/독립 전류원 하나 마다 하나씩 줄어들고, 트리-가지 전류나 전압에 의해 제어되는 종속 전원 하나마다 하나씩 늘어난다.

이 논의의 대단원으로서 그림 A1.12의 트랜지스터에 대한 T-등가 회로모델을 살펴보자. 이 회로에는 정현파 전원 4 sin 1000t mV와 10 kΩ의 부하가 연결되어 있다.

예제 A1.6

그림의 A1.12 회로에 입력(emitter)전류 i_e와 부하 전압 v_L을 찾아라. 이미터 저항의 일반적인 값인 r_e = 50 Ω, 기본 저항 r_b = 500 Ω, 수집기 저항 r_c = 20 kΩ, 그리고 공통 기준 순방향 전류 전송 비율은 α = 0.99로 가정한다.

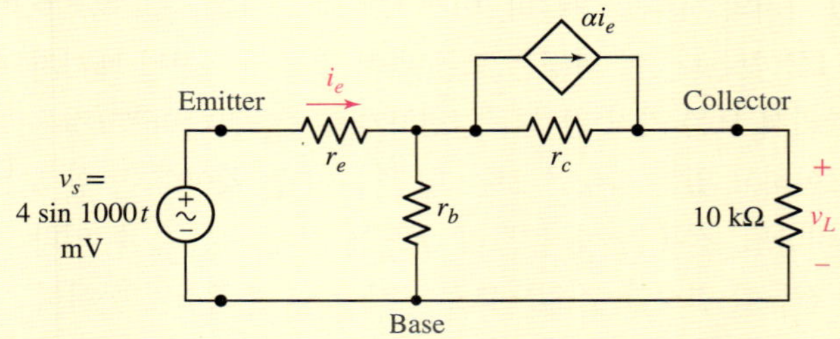

그림 A1.12 정현파 전압원과 10 kΩ 부하는 트랜지스터의 T-등가 회로에 연결되어 있다. 입력과 출력 둘 다 공통 연결 트랜지스터의 기본 터미널에 있으며, 해당 배치는 공통-베이스 형(common-base configuration)이라 부른다.

자세한 내용은 다음과 연습 문제에서 요청하고 있지만, 우리는 이 회로에서 3개의 일반 마디방정식 (N − 1 − 1 + 1) 또는 2개의 루프 방정식 (B − N + 1 − 1)을 필요로 하는 트리를 그림으로써 해당 회로를 해석할 수 있다. 또한 3개의 메쉬 방정식이 기준 마디 전압의 항으로 이루어진 방정식임을 유의하라.

우리가 어떤 방법을 선택하든지 이 회로에 대한 결과는 다음과 같이 얻어진다.

$$i_e = 18.42 \sin 1000t \quad \mu\text{A}$$
$$v_L = 122.6 \sin 1000t \quad \text{mV}$$

따라서 이 트랜지스터 회로는 30.6의 전압 이득(v_L/v_s)을, 0.666의 전류 이득($v_L/10{,}000i_e$), 그리고 전력 이득량 30.6(0.666) = 20.4를 산출한다. 이 트랜지스터를 공통 이미터 구성에서 동작시키면 더 높은 이득을 확보할 수 있다.

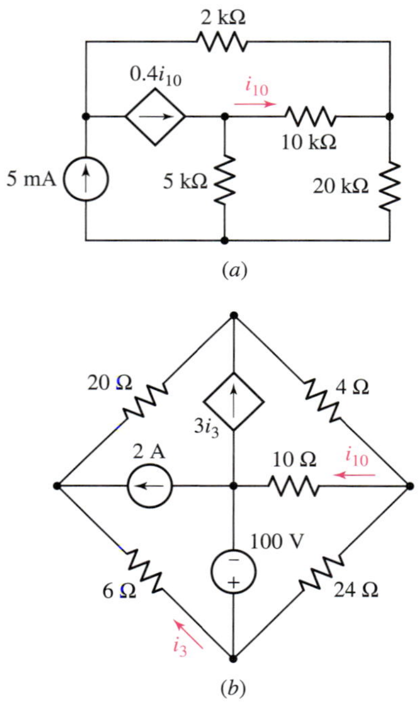

그림 A1.13

익힘문제 A1.2

회로에 적합한 트리를 그리고 일반적인 메쉬 해석법을 사용하여 i_{10}을 구하라.
(a) 그림 A1.13a에서 변수 i_{10}으로 하나의 방정식을 세워서 구하라.
(b) 그림 A1.13b에서 변수 i_{10}과 i_3을 가지고 2개의 방정식을 세워서 구하라.

답: −4.00 mA; 4.69 A.

익힘문제 A1.3

그림 A1.12의 회로와 같은 트랜지스터 증폭기에서 r_e = 50 Ω, r_b = 500 Ω, r_c = 20 kΩ, α = 0.99일 때 회로에 적합한 트리를 그리고 다음을 이용하여 i_e와 v_L을 구하라.

(a) 2개의 루프 방정식
(b) 공통기준마디를 포함한 3개의 마디방정식
(c) 공통기준마디를 포함하지 않는 3개의 마디방정식

답: 18.42 sin 1000t μA; 122.6 sin 1000t mV.

익힘문제 A1.4

익힘문제 A1.3에 주어진 회로값을 이용하여, 그림 A1.12의 10 kΩ의 부하에 대해 다음을 찾고 테브난과 노턴 등가회로를 구하라.

(a) 개방회로 전압 v_L
(b) 단락회로 전류(아래 방향)
(c) 테브난 등가저항

답: 147.6 sin 1000t mV; 72.2 sin 1000t μA; 2.05 kΩ.

2 APPENDIX

연립 방정식의 해

다음의 간단한 연립 방정식을 고려해보자.

$$7v_1 - 3v_2 - 4v_3 = -11 \quad [1]$$

$$-3v_1 + 6v_2 - 2v_3 = 3 \quad [2]$$

$$-4v_1 - 2v_2 + 11v_3 = 25 \quad [3]$$

위의 방정식은 변수를 순차적으로 제거함으로써 해결할 수 있다. 그러나 이러한 절차는 시간이 오래 걸릴 뿐만 아니라, 연립 방정식이 수가 더 많아지고 체계적이지 않은 계산을 수행할 경우 해를 산출하지 못할 수도 있다. 따라서 이번 부록에서 다양한 연립 방정식 해법을 살펴볼 것이다.

공학용 계산기

식 [1]~[3]과 같은 연립 방정식(계수를 정해져 있고 미지수만 알고자 하는 경우)을 푸는 가장 간단한 접근방법은, 현재 시중에 있는 다양한 공학용 계산기 중 하나를 사용하는 것이다. 예를 들어 텍사스 인스트루먼트의 TI-84를 이용해 다항식 수식 계산 응용 프로그램을 사용할 수 있다(TI Connect™을 사용하여 해당 응용 프로그램을 설치할 수 있다). **APPS** 버튼을 누르고 스크롤을 아래로 내리면 **PLYSmlt2**라는 응용 프로그램을 찾을 수 있다. 응용 프로그램을 실행시키고 및 시작 화면이 지나가면, 그림 A2.1*a*와 같이 메인메뉴가 나타난다. 메인메뉴에서 2번 항목을 선택하면 그림 A2.1*b*와 같은 화면이 나오고, 여기서 우리는 3개의 방정

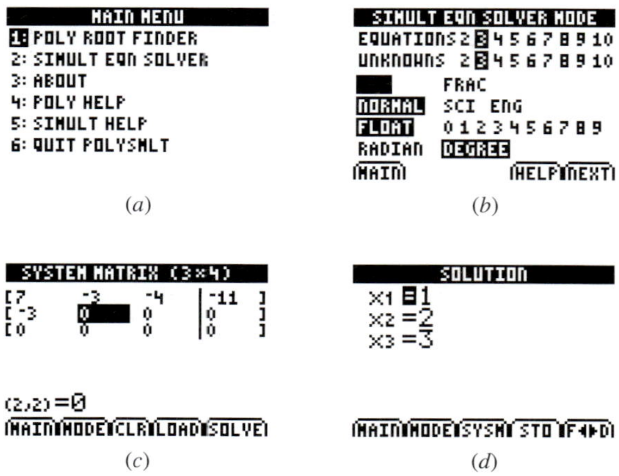

그림 A2.1 TI-84 계산기의 해찾기 응용프로그램을 이용하여 연립 방정식 [1]-[3]의 해를 찾는 과정 및 화면들.

식과 3개의 미지수를 선택한다. **NEXT**를 누르면 그림 A2.1*c*와 비슷한 화면이 나타난다. 모든 계수를 입력하고 나서 **SOLVE** 버튼을 누르면 그림 A2.1*d*와 같이 Solution 화면이 나타나게 된다. 변수의 이름을 별도로 지정하지는 않았으므로 $X_1 = v_1$, $X_2 = v_2$, $X_3 = v_3$ 형식으로 나타난다.

각각의 계산기는 연립 방정식을 해결하는 데 필요한 정보를 입력하는 자체적인 절차를 갖고 있기 때문에 '설명서' 또는 '주의사항'과 같이 표시되어 있는 것은 버리지 않는 것이 좋다.

행렬

연립 방정식을 푸는 또 다른 주요 방법은 행렬의 개념에 근거한다. 상기 방정식 [1], [2]와 [3]의 계수들로 만든 배열을 생각해 보자.

$$\mathbf{G} = \begin{bmatrix} 7 & -3 & -4 \\ -3 & 6 & -2 \\ -4 & -2 & 11 \end{bmatrix}$$

이것을 **행렬**이라고 부른다. 여기서 행렬의 각 원소들이 컨덕턴스 값에 해당하므로 기호 **G**를 선택하였다. 행렬 자체는 아무런 '값'이 없다. 이것은 원소들의 정렬된 배열일 뿐이고, 행렬을 나타내는 굵은 글자체로 문자를 사용하여 나타내고 대괄호를 이용하여 배열자체를 묶는다.

m행과 n열을 갖는 행렬은 $(m \times n)$ (읽을 때는 'm by n') 행렬이라고 한다. 그러므로

$$\mathbf{A} = \begin{bmatrix} 2 & 0 & 5 \\ -1 & 6 & 3 \end{bmatrix}$$

이것은 (2×3) 행렬이며, 예로 들었던 **G** 행렬은 (3×3) 행렬이다. $(n \times n)$ 행렬은 n차 **정사각형 행렬**(혹은 정방 행렬)이라고 한다.

$(m \times 1)$ 행렬은 **열 행렬** 또는 **벡터**라고 부른다. 그러므로

$$\mathbf{V} = \begin{bmatrix} \mathbf{V}_1 \\ \mathbf{V}_2 \end{bmatrix}$$

는 페이저 전압으로 구성된 (2×1) **열 행렬**이다. 그리고

$$\mathbf{I} = \begin{bmatrix} \mathbf{I}_1 \\ \mathbf{I}_2 \end{bmatrix}$$

는 (2×1) 페이저 전류 벡터이다. $(1 \times n)$ 행렬은 **행 벡터**로 알려져 있다.

두 $(m \times n)$ 행렬들의 모든 대응하는 원소가 같은 경우, 우리는 두 행렬이 동일하다고 말한다. 즉, 행렬 **A**의 j행, k열 원소와 행렬 **B**의 j행, k열 원소를 각각 a_{jk}와 b_{jk}로 표시할 때, $a_{jk} = b_{jk}$ $(1 \le j \le m$ 및 $1 \le k \le n)$이라면 $\mathbf{A} = \mathbf{B}$이다. 그러므로

$$\begin{bmatrix} \mathbf{V}_1 \\ \mathbf{V}_2 \end{bmatrix} = \begin{bmatrix} \mathbf{z}_{11}\mathbf{I}_1 + \mathbf{z}_{12}\mathbf{I}_2 \\ \mathbf{z}_{12}\mathbf{I}_1 + \mathbf{z}_{22}\mathbf{I}_2 \end{bmatrix}$$

이면, $\mathbf{V}_1 = \mathbf{z}_{11}\mathbf{I}_1 + \mathbf{z}_{12}\mathbf{I}_2$와 $\mathbf{V}_2 = \mathbf{z}_{21}\mathbf{I}_1 + \mathbf{z}_{22}\mathbf{I}_2$로 나타낼 수 있다.

두 $(m\times n)$ 행렬의 합은 각 행렬에 대응하는 원소들끼리 더하여 나타낸다. 따라서

$$\begin{bmatrix} 2 & 0 & 5 \\ -1 & 6 & 3 \end{bmatrix} + \begin{bmatrix} 1 & 2 & 3 \\ -3 & -2 & -1 \end{bmatrix} = \begin{bmatrix} 3 & 2 & 8 \\ -4 & 4 & 2 \end{bmatrix}$$

이다. 다음으로 행렬의 곱셈 $\mathbf{AB}$를 생각해 보자. 여기서 $\mathbf{A}$는 $(m\times n)$ 행렬이고, $\mathbf{B}$는 $(p\times q)$ 행렬이라고 가정한다. 만약 $n = p$라면 행렬은 등각이라 하고 두 행렬의 곱이 존재한다. 즉 행렬의 곱셈은 첫 번째 행렬의 열 개수와 두 번째 행렬의 행 개수가 동일할 때만 정의할 수 있다.

행렬의 곱셈의 수학적인 정의를 살펴보면 다음과 같다. $(m\times n)$ 행렬 $\mathbf{A}$와 $(n\times q)$ 행렬 $\mathbf{B}$의 곱인 $(m\times q)$ 행렬 $\mathbf{C}$의 원소 c_{jk} $(1 \le j \le m$ 및 $1 \le k \le q)$는 다음과 같이 나타낸다.

$$c_{jk} = a_{j1}b_{1k} + a_{j2}b_{2k} + \cdots + a_{jn}b_{nk}$$

즉 행렬 $\mathbf{C}$의 두 번째 행과 세 번째 열에 위치한 요소는 행렬 $\mathbf{A}$의 두 번째 행과 행렬 $\mathbf{B}$의 세 번째 열의 n개의 원소들을 각각 곱한 후, 해당 값들을 최종적으로 더하여 구한다. 예를 들어 주어진 (2×3) 행렬 $\mathbf{A}$와 (3×2) 행렬 $\mathbf{B}$의 곱은 다음과 같다.

$$\begin{bmatrix} a_{11} & a_{12} & a_{13} \\ a_{21} & a_{22} & a_{23} \end{bmatrix} \begin{bmatrix} b_{11} & b_{12} \\ b_{21} & b_{22} \\ b_{31} & b_{32} \end{bmatrix} =$$

$$\begin{bmatrix} (a_{11}b_{11} + a_{12}b_{21} + a_{13}b_{31}) & (a_{11}b_{12} + a_{12}b_{22} + a_{13}b_{32}) \\ (a_{21}b_{11} + a_{22}b_{21} + a_{23}b_{31}) & (a_{21}b_{12} + a_{22}b_{22} + a_{23}b_{32}) \end{bmatrix}$$

해당 결과는 (2×2) 행렬이다.

예를 들어,

$$\begin{bmatrix} 3 & 2 & 1 \\ -2 & -2 & 4 \end{bmatrix} \begin{bmatrix} 2 & 3 \\ -2 & -1 \\ 4 & -3 \end{bmatrix} = \begin{bmatrix} 6 & 4 \\ 16 & -16 \end{bmatrix}$$

여기서 $6 = (3)(2) + (2)(-2) + (1)(4)$, $4 = (3)(3) + (2)(-1) + (1)(-3)$ 등으로 행렬의 각 원소를 계산하였다.

행렬의 곱셈은 교환법칙이 성립하지 않는다. 예를 들어 (3×2) 행렬 $\mathbf{C}$와 (2×1) 행렬 $\mathbf{D}$가 있을 때, 그들의 곱인 $\mathbf{CD}$는 존재하고 계산 가능하다. 하지만 $\mathbf{DC}$는 (행렬 크기의 문제로) 행렬 곱 조차 정의되지 않는다.

마지막 예로 다음의 두 행렬을 생각해 보자.

$$\mathbf{t}_A = \begin{bmatrix} 2 & 3 \\ -1 & 4 \end{bmatrix}$$

와

$$\mathbf{t}_B = \begin{bmatrix} 3 & 1 \\ 5 & 0 \end{bmatrix}$$

이 두 행렬의 곱 $\mathbf{t}_A\mathbf{t}_B$와 $\mathbf{t}_B\mathbf{t}_A$를 정의해 보면

$$\mathbf{t}_A\mathbf{t}_B = \begin{bmatrix} 21 & 2 \\ 17 & -1 \end{bmatrix}$$

이다. 반면에

$$\mathbf{t}_B\mathbf{t}_A = \begin{bmatrix} 5 & 13 \\ 10 & 15 \end{bmatrix}$$

이다.

익힘문제 A2.1

$\mathbf{A} = \begin{bmatrix} 1 & -3 \\ 3 & 5 \end{bmatrix}$, $\mathbf{B} = \begin{bmatrix} 4 & -1 \\ -2 & 3 \end{bmatrix}$, $\mathbf{C} = \begin{bmatrix} 50 \\ 30 \end{bmatrix}$, 그리고 $\mathbf{V} = \begin{bmatrix} \mathbf{V}_1 \\ \mathbf{V}_2 \end{bmatrix}$가 주어졌을 때,
(a) $\mathbf{A} + \mathbf{B}$ (b) $\mathbf{AB}$ (c) $\mathbf{BA}$ (d) $\mathbf{AV} + \mathbf{BC}$ (e) $\mathbf{A}^2 = \mathbf{AA}$를 구하라.

답: $\begin{bmatrix} 5 & -4 \\ 1 & 8 \end{bmatrix}$; $\begin{bmatrix} 10 & -10 \\ 2 & 12 \end{bmatrix}$; $\begin{bmatrix} 1 & -17 \\ 7 & 21 \end{bmatrix}$; $\begin{bmatrix} V_1 - 3V_2 + 170 \\ 3V_1 + 5V_2 - 10 \end{bmatrix}$; $\begin{bmatrix} -8 & -18 \\ 18 & 16 \end{bmatrix}$.

역행렬

행렬 표기법을 사용하여 연립 방정식을 표현하는 경우,

$$\begin{bmatrix} 7 & -3 & -4 \\ -3 & 6 & -2 \\ -4 & -2 & 11 \end{bmatrix}\begin{bmatrix} v_1 \\ v_2 \\ v_3 \end{bmatrix} = \begin{bmatrix} -11 \\ 3 \\ 25 \end{bmatrix} \qquad [4]$$

이다. 상기 행렬의 양변에 행렬 **G**의 역행렬을 곱하여 전압 벡터를 알아낼 수 있다.

$$\mathbf{G}^{-1}\begin{bmatrix} 7 & -3 & -4 \\ -3 & 6 & -2 \\ -4 & -2 & 11 \end{bmatrix}\begin{bmatrix} v_1 \\ v_2 \\ v_3 \end{bmatrix} = \mathbf{G}^{-1}\begin{bmatrix} -11 \\ 3 \\ 25 \end{bmatrix} \qquad [5]$$

이것은 $\mathbf{G}^{-1}\,\mathbf{G} = \mathbf{I}$의 정의를 이용한다. 여기서 **I**는 단위 행렬이며, **G** 행렬과 같은 크기의 정사각 행렬이다. 또한 단위 행렬의 대각 원소의 값은 모두 1이며, 대각 원소를 제외한 다른 값은 0이다. 그러므로 식 [5]는 다음과 같이 나타난다.

$$\begin{bmatrix} 1 & 0 & 0 \\ 0 & 1 & 0 \\ 0 & 0 & 1 \end{bmatrix}\begin{bmatrix} v_1 \\ v_2 \\ v_3 \end{bmatrix} = \mathbf{G}^{-1}\begin{bmatrix} -11 \\ 3 \\ 25 \end{bmatrix}$$

이는 다음과 같이 더욱 단순화 시킬 수 있다.

$$\begin{bmatrix} v_1 \\ v_2 \\ v_3 \end{bmatrix} = \mathbf{G}^{-1}\begin{bmatrix} -11 \\ 3 \\ 25 \end{bmatrix}$$

어떠한 벡터에 단위 행렬을 곱해도 해당 벡터는 변하지 않는다. 따라서 연립 방정식의 해는 **G**의 역행렬을 구하는 문제로 바뀌게 되었고, 현재 많은 공학용 계산기는 해당 행렬 연산을 수행하는 방법을 제공한다.

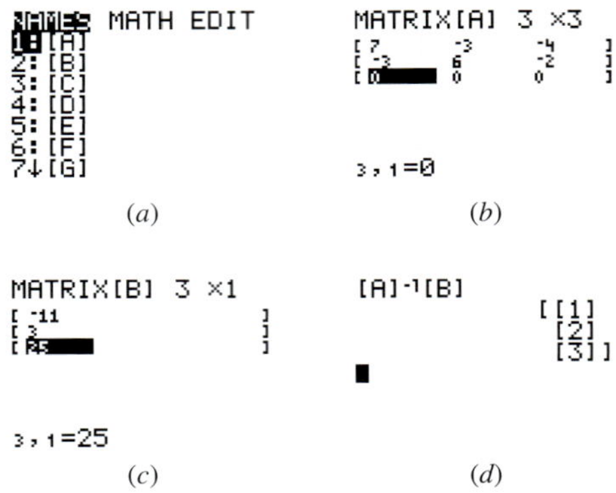

그림 A2.2 행렬 계산을 위한 계산기 화면들. (*a*) 행렬 편집 화면; (*b*) 원소 입력 화면; (*c*) 계산을 위한 벡터 생성; (*d*) 행렬 방정식의 해.

다시 TI-84 계산기로 돌아와서, **2ND**와 **MATRIX** 버튼을 누르면 그림 A2.2*a*에 보이는 화면이 나오게 된다. **EDIT** 키로 가로로 스크롤하고, **ENTER** 키를 눌러 3×3 행렬을 선택하면 그림 A2.2*b*와 같은 화면이 나온다. 행렬에 입력을 완료한 뒤 **2ND**와 **QUIT**를 누른다. 이 후 그림 A2.2*c*와 같이 행렬 편집 화면으로 돌아와서 3×1의 벡터 **B**를 만든다. 이제 문제를 해결할 최종 준비가 되었다. **NAMES** 아래에서 **2ND**와 **MATRIX**를 누른 뒤, **[A]**를 선택하여 **ENTER**를 누르고 x^{-1}키를 누른다. 다음으로 위와 같은 방법으로 **[B]**를 선택한다(**[A]**와 **[B]** 사이에 곱셈 키를 누를 수도 있지만 반드시 필요하지 않다). 마지막으로 그림 A2.2*d*와 같이 계산 결과가 나타난다. 이것은 앞서 살펴본 연습문제의 결과와 동일하다.

행렬식

행렬 **자체**가 "값"을 가지지 않더라도 정사각 행렬의 **행렬식**은 "값"을 가지고 있다. 엄밀히 말하면 행렬의 행렬식 값이 있다고 말해야 하지만, 일반적으로는 배열 자체와 행렬식으로서의 값 모두를 의미한다. Δ에 의해 행렬식을 표현하고, 행렬식을 의미하는 행렬을 나타내기 위해 적절한 첨자를 사용한다. 따라서

$$\Delta_G = \begin{vmatrix} 7 & -3 & -4 \\ -3 & 6 & -2 \\ -4 & -2 & 11 \end{vmatrix}$$

이다. 수직으로 된 두 직선들이 행렬식을 나타내는 데 사용되는 것을 유의하자.

모든 행렬식의 값은 그것의 소행렬식으로 표현 가능하다. 이를 위해, 어떠한 행 j 또는 열 k를 먼저 선택해 보자. 선택한 행 또는 열의 각 원소마다 해당 소행렬식과 $(-1)^{j+k}$을 곱하고 해당 결과 값들을 모두 더한다. 이때 행 j와 열 k에 나타나는 원소들의 소행렬은 행 j와 열 k원소를 모두 제거한 이후 구한 행렬식이며 이것은 Δ_{jk}로 표시한다.

예를 들어 세 번째 열($k = 3$)을 선정하여 ΔG를 표현해 보자. 우선 세 번째 열의 가장 첫 원소인 (−4)와 $(-1)^{1+3} = 1$을 곱하고, 그리고 그것의 소행렬식을 곱한다:

$$(-4)(-1)^{1+3}\begin{vmatrix} -3 & 6 \\ -4 & -2 \end{vmatrix}$$

마찬가지로 세 번째 열에 있는 나머지 두 원소에 대해서도 비슷한 연산을 반복하고, 나온 결과들을 더하면 다음과 같이 행렬식 ΔG을 구할 수 있다.

$$-4\begin{vmatrix} -3 & 6 \\ -4 & -2 \end{vmatrix} + 2\begin{vmatrix} 7 & -3 \\ -4 & -2 \end{vmatrix} + 11\begin{vmatrix} 7 & -3 \\ -3 & 6 \end{vmatrix}$$

소행렬은 오직 두개의 행과 열을 포함한다. 이는 2차 정방 행렬에 대한 행렬식이므로, 하위 소행렬들을 반복적으로 구하여 쉽게 계산해 낼 수 있다. 따라서 첫 번째 (소)행렬식을 구하기 위해 $(-1)^{1+1}$에 (−3)을 곱한 뒤 대각선 아래 방향의 (−2)를 곱한 값과 $(-1)^{2+1}$과 6에 곱에 (−4)를 곱한 값을 서로 더한다. 이는 첫 번째 열을 기준으로 행렬식을 계산한 결과이다.

$$\begin{vmatrix} -3 & 6 \\ -4 & -2 \end{vmatrix} = (-3)(-2) - 4(-6) = 30$$

일반적으로 2차 행렬식을 구하는 공식을 쉽게 기억하려면 다음과 같다. '왼쪽-위 원소 곱하기 오른쪽-아래 원소 빼기 오른쪽-위 성분 곱하기 왼쪽-아래 성분' 이러한 공식을 이용하여, 다음과 같은 행렬식을 최종적으로 얻을 수 있다.

$$\begin{aligned}
\Delta_G &= -4[(-3)(-2) - 6(-4)] \\
&\quad +2[(7)(-2) - (-3)(-4)] \\
&\quad +11[(7)(6) - (-3)(-3)] \\
&= -4(30) + 2(-26) + 11(33) \\
&= 191
\end{aligned}$$

연습을 위해 이번에는 첫 번째 행을 기준으로 행렬식을 구해 보자.

$$\begin{aligned}
\Delta_G &= 7\begin{vmatrix} 6 & -2 \\ -2 & 11 \end{vmatrix} - (-3)\begin{vmatrix} -3 & -2 \\ -4 & 11 \end{vmatrix} + (-4)\begin{vmatrix} -3 & 6 \\ -4 & -2 \end{vmatrix} \\
&= 7(62) + 3(-41) - 4(30) \\
&= 191
\end{aligned}$$

소행렬을 이용한 행렬식을 구하는 공식은, 어떠한 차수의 행렬식을 구할 때도 적용 가능하다.

보다 일반적인 행렬의 행렬식을 구해보자. 이때 주어진 행렬을 **a**라고 가정한다.

$$\mathbf{a} = \begin{bmatrix} a_{11} & a_{12} & \cdots & a_{1N} \\ a_{21} & a_{22} & \cdots & a_{2N} \\ \cdots & \cdots & \cdots & \cdots \\ a_{N1} & a_{N2} & \cdots & a_{NN} \end{bmatrix}$$

Δ_a는 임의의 행 j를 기준으로 소행렬을 통해 구해 보자.

$$\begin{aligned}\Delta_a &= a_{j1}(-1)^{j+1}\Delta_{j1} + a_{j2}(-1)^{j+2}\Delta_{j2} + \cdots + a_{jN}(-1)^{j+N}\Delta_{jN} \\ &= \sum_{n=1}^{N} a_{jn}(-1)^{j+n}\Delta_{jn}\end{aligned}$$

또한 열 k을 기준으로도 다음과 같이 유사하게 Δ_a를 구할 수 있다.

$$\begin{aligned}\Delta_a &= a_{1k}(-1)^{1+k}\Delta_{1k} + a_{2k}(-1)^{2+k}\Delta_{2k} + \cdots + a_{Nk}(-1)^{N+k}\Delta_{Nk} \\ &= \sum_{n=1}^{N} a_{nk}(-1)^{n+k}\Delta_{nk}\end{aligned}$$

행 j와 열 k 모두에 포함된 원소인 여인자 C_{jk}는 소행렬 Δ_{jk}에 간단하게 $(-1)^{j+k}$를 곱하면 구해진다. 따라서 $C_{11} = \Delta_{11}$이지만 $C_{12} = -\Delta_{12}$이다. 이를 수식으로 써보면 다음과 같다.

$$\Delta_a = \sum_{n=1}^{N} a_{jn} C_{jn} = \sum_{n=1}^{N} a_{nk} C_{nk}$$

예를 들어, 4차 (정사각 행렬의) 행렬식을 살펴보자.

$$\Delta = \begin{vmatrix} 2 & -1 & -2 & 0 \\ -1 & 4 & 2 & -3 \\ -2 & -1 & 5 & -1 \\ 0 & -3 & 3 & 2 \end{vmatrix}$$

여기서 다음의 관계식을 구할 수 있다.

$$\Delta_{11} = \begin{vmatrix} 4 & 2 & -3 \\ -1 & 5 & -1 \\ -3 & 3 & 2 \end{vmatrix} = 4(10+3) + 1(4+9) - 3(-2+15) = 26$$

$$\Delta_{12} = \begin{vmatrix} -1 & 2 & -3 \\ -2 & 5 & -1 \\ 0 & 3 & 2 \end{vmatrix} = -1(10+3) + 2(4+9) + 0 = 13$$

그리고 $C_{11} = 26$인 반면에 $C_{12} = -13$이다. 연습을 통해 알게 된 Δ값은

$$\begin{aligned}\Delta &= 2C_{11} + (-1)C_{12} + (-2)C_{13} + 0 \\ &= 2(26) + (-1)(-13) + (-2)(3) + 0 = 59\end{aligned}$$

이다.

크레머 공식

우리는 미지수 값을 알아내기 위해 크레머(Cramer) 공식을 적용해 볼 수 있다. 이는 (계산기 사용 시 혼란을 줄 수 있는 계수가 아직 정해지지 않은 상황에서) 연립 방정식을 푸는 데 매우 유용하다. 다시 연립 방정식 [1]-[3]을 고려해보자. Δ_G의 첫 번째 열을 방정식의 오른쪽에 있는 3개의 상수로 대체하였을 때를 Δ_1의 행렬식으로 정의한다. 그러므로

$$\Delta_1 = \begin{vmatrix} -11 & -3 & -4 \\ 3 & 6 & -2 \\ 25 & -2 & 11 \end{vmatrix}$$

이다. 이는 첫 번째 열을 기준으로 전개하면 다음과 같다.

$$\begin{aligned}\Delta_1 &= -11\begin{vmatrix} 6 & -2 \\ -2 & 11 \end{vmatrix} - 3\begin{vmatrix} -3 & -4 \\ -2 & 11 \end{vmatrix} + 25\begin{vmatrix} -3 & -4 \\ 6 & -2 \end{vmatrix} \\ &= -682 + 123 + 750 = 191\end{aligned}$$

크레머 공식은 다음에 의하면

$$v_1 = \frac{\Delta_1}{\Delta_G} = \frac{191}{191} = 1\text{ V}$$

이다. 그리고

$$v_2 = \frac{\Delta_2}{\Delta_G} = \begin{vmatrix} 7 & -11 & -4 \\ -3 & 3 & -2 \\ -4 & 25 & 11 \end{vmatrix} = \frac{581 - 63 - 136}{191} = 2\text{ V}$$

이다. 마지막으로

$$v_3 = \frac{\Delta_3}{\Delta_G} = \begin{vmatrix} 7 & -3 & -11 \\ -3 & 6 & 3 \\ -4 & -2 & 25 \end{vmatrix} = \frac{1092 - 291 - 228}{191} = 3\text{ V}$$

크레머 공식은 N개의 미지수를 갖는 N개의 연립 방정식에도 적용 가능하다. i번째 변수인 v_i에 대해 일반적 해를 다음과 같이 나타낼 수 있다.

$$v_i = \frac{\Delta_i}{\Delta_G}$$

익힘문제 A2.2

다음의 답을 구하라.

(a) $\begin{vmatrix} 2 & -3 \\ -2 & 5 \end{vmatrix}$, (b) $\begin{vmatrix} 1 & -1 & 0 \\ 4 & 2 & -3 \\ 3 & -2 & 5 \end{vmatrix}$, (c) $\begin{vmatrix} 2 & -3 & 1 & 5 \\ -3 & 1 & -1 & 0 \\ 0 & 4 & 2 & -3 \\ 6 & 3 & -2 & 5 \end{vmatrix}$,

(d) 만약 $5i_1 - 2i_2 - i_3 = 100$, $-2i_1 + 6i_2 - 3i_3 - i_4 = 0$, $-i_1 - 3i_2 + 4i_3 - i_4 = 0$, 그리고 $-i_2 - i_3 = 0$일 때, i_2를 구하라.

답: 4; 33; −411; 1.266.

3 APPENDIX

테브난 정리의 증명

5장의 5.4절에서 설명한 테브난의 정리를 증명한다. 그 정리를 여기에 되풀이하면 다음과 같다.

> 선형회로가 주어지면 2개의 도선으로 연결되는 두 회로 A와 B로 재배열한다(이때 만약 어느 한쪽 회로가 종속전원을 갖고 있으면 그것의 제어변수도 반드시 그쪽 회로에 있어야 한다). A로부터 전류가 흘러나가지 않도록 B를 분리시켰을 때 A의 두 단자 간에 걸리는 개방전압을 v_{oc}라 한다. 만약 A에 있는 모든 독립전압원과 독립전류원을 각각 단락회로와 개방회로로 대치하고, 독립전압원 v_{oc}를 적당한 극성을 가지고 있는 비활성회로 A와 직렬로 연결하면 B의 모든 전류와 전압은 변하지 않는다.

원래 회로 A와 A의 테브난 등가회로 둘 다 회로 B에 같은 전류가 흐르게 한다는 것을 보임으로써 이 정리를 증명하고자 한다. 만약 해당 전류들이 같다면 모든 전압들도 같아야 한다. 다시 말하면, 만약 회로 B에 대해 전류원이라고 생각되는 어떤 전류를 적용하면 전류원과 회로 B는 응답에 대한 분명한 입력전압을 가지는 회로를 구성한다. 그러므로 전류는 전압을 결정한다. 반대로 전압 또한 전류를 결정하는 유일한 방법이므로 B의 단자전압이 변하지 않는 것을 보여줄 수 있다. 만약 회로 B의 입력전압과 전류가 변하지 않는다면, 회로 B를 통하여 흐르는 전압과 전류 또한 변하지 않는다.

먼저 회로 B가 비활성(독립전원이 없는)인 경우에 대하여 이 테브난 정리를 증명하여 보자. 그런 다음 독립전원을 갖고 있는 회로 B에 대해서도 테브난 정리를 증명하기 위해, 중첩의 원리를 사용한다. 만약 각각의 회로가 종속전원을 포함한다면 그것들의 제어변수들도 같은 회로에 있어야 한다.

그림 A.3.1a의 회로 A에서부터 회로 B까지 위쪽 도선을 따라 흐르는 전류 i는 전적으로 회로 A에 있는 독립전원에 의해서 생기는 것이다. 이제 그림 A.3.1b와 같이 i가 흐르는 도선에 테브난 전원이라고 부르는 부가적인 전원전압 v_x를 인가하고, 전류가 0이 되도록 v_x의 시간 변화와 크기를 조정한다고 가정하자. 이때 $i = 0$이므로 A의 두 단자에 걸리는 개방전압은 v_{oc}이다. B는 독립전원을 포함하지 않고, 흘러 들어가는 전류도 없으므로 회로 B의 단자에 걸리는 전압은 0이고, 키르히호프의 전압법칙에 의해 테브난의 전압은 v_{oc}, 즉 $v_x = v_{oc}$가 된다. 또한 테브난 전원과 회로 A의 결합회로는 B에 전류를 흘리지 않고, 회로 A 단독으로는 전류 i를 흘리

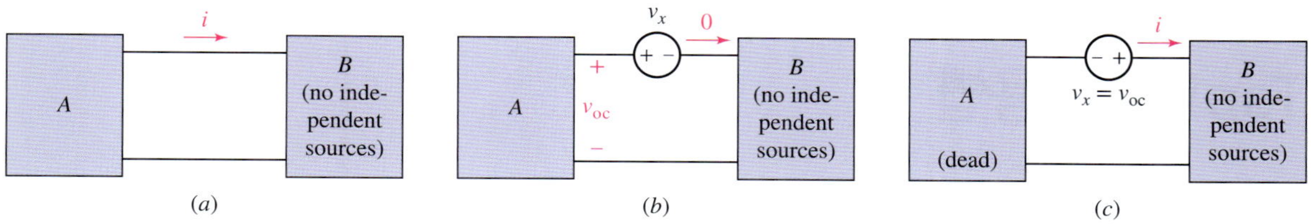

그림 A3.1 (*a*) 일반적인 선형회로 *A* 및 독립전원이 없는 회로 *B*. 종속전원들을 위한 제어변수(전압 혹은 전류)는 회로의 같은 부분에서 나타난다. (*b*) 테브난 전원을 삽입하여 $i = 0$이 되도록 한다. 회로 *B*의 단자전압은 0이므로 $v_x = v_{oc}$가 된다. 따라서 해당 테브난 전원은 $-i$의 전류를 발생시킨다. (*c*) 테브난 전원의 극성을 바꾸고 회로망 *A*를 비활성으로 하면 해당 전류는 *i*가 된다.

기 때문에 중첩의 원리에 의해서 테브난 전원 단독으로 *B*에 $-i$의 전류를 흘리는 것이 분명하다. 그러므로 그림 A3.1*c*에서 보여주는 것처럼 방향이 바뀌어 혼자 동작하는 테브난 전원은 위쪽 도선에 전류 *i*를 흘린다. 그런데 이 상황은 테브난의 정리에 의해서 얻은 결론과 똑같다. 즉 비활성인 회로 *A*와 직렬로 동작하는 테브난 전원 v_{oc}는 주어진 회로와 등가이다.

이제 회로 *B*가 활성회로일 경우를 생각해보자. 위쪽 도선을 통하여 회로 *A*에서 회로 *B*로 흐르는 전류 *i*를 생각하자. 이때 전류 *i*는 *A*만 활성일 때 생기는 전류 i_A와 *B*만 활성일 때 생기는 전류 i_B의 두 부분으로 되어 있다고 생각한다. 이들 두 전류를 구분하는 것은 두 선형회로에 중첩의 원리를 적용한 것이다. 그림 A3.2는 이들 두 부분응답과 완전응답을 보인 것이다.

부분응답 i_A는 이미 구하였다. 즉 만일 회로 *B*가 비활성이면 회로 *A*는 테브난 전원과 비활성 회로 *A*로 치환할 수 있다. 다시 말하면 고려되어야 할 세 가지 전원인 *A*의 전원, *B*의 전원, 그리고 테브난의 전원은 *A*와 *B*가 비활성되고 테브난 전원이 활성화될 때 부분응답 i_A가 생긴다. 중첩의 원리를 사용하기 위하여 *A*는 비활성으로 두고, *B*를 활성화 하고 테브난 전원은 비활성화하면 정의에 의해 부분응답 i_B를 얻는다. 중첩의 원리 결과로서, *A*는 비활성이고 테브난 전원과 *B*가 활성일 때의 응답은 $i_A + i_B$가 된다. 이 합이 원래 전류 *i*이고 테브난 전원과 *B*는 활성이나 *A*는 비활성인 경우의 테브난 등가회로이다. 따라서 활성회로 *A*는 회로 *B*의 상태에 관계없이 그것이 활성이든 비활성이든 *A*회로와 직렬인 테브난 전원으로 대치할 수 있다.

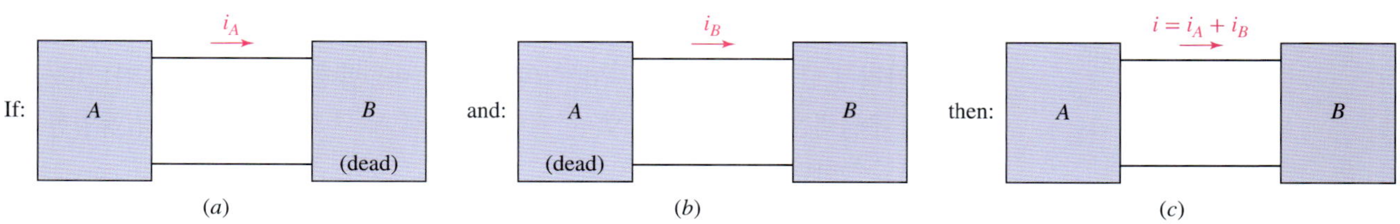

그림 A3.2 중첩원리에 의해서 전류 *i*는 두 부분응답의 합으로 볼 수 있다.

LTspice 사용법

SPICE는 Simulation Program with Integrated Circuit Emphasis의 머리글자를 따서 만든 것이다. 이는 매우 강력한 프로그램으로 다양한 회로 해석 응용을 위해 전 세계적으로 널리 사용되며, 산업용 표준으로도 사용되고 있다. SPICE는 Donald O. Peterson와 그의 UC 버클리 동료들과의 공동작업으로 1970년대 초에 최초로 개발되었다. 흥미롭게도 Peterson은 경제적인 이익보다는 자유롭고 제약받지 않는 지식의 분배를 선호하였다. 현재 많은 컴퓨팅 플랫폼에서 지원하는 다양한 SPICE 버전이 있고, 또한 경쟁 소프트웨어 제품이 있다.

이 부록의 목적은 LTspice(www.linear.com)를 활용하여 컴퓨터 기반 회로 해석의 기본을 간단히 소개하는 것이다. 더 자세히 공부하려면 끝에 적은 참고문헌을 보면 된다. 더불어 학생(그리고 강사)들은 해당 예시에 대해 한계를 느끼지 말았으면 한다. 저자가 예시를 보여주는 몇 가지 이유는, LTspice가 프리웨어이고 윈도우와 MAC OS X를 모두 지원하기 때문이다.

이들 참고문헌에는 예를 들어 부품값의 변동에 따른 출력값의 변동 정도를 나타내는 감도를 구하는 방법, 입력에 따른 출력의 변화를 그래프로 나타내는 방법, 전원 주파수의 함수로서 교류 출력의 주파수 응답을 구하는 방법, 회로에서 노이즈와 왜곡을 해석하는 방법, 전자 장치들의 정확한 비선형 모델을 이용하는 방법, 전자회로의 온도에 의한 영향을 구하는 방법 등이 설명되어 있다. 전통적인 SPICE 분석 기술들의 간단한 사용법은 웹사이트의 교과서를 통해 알 수 있다.

시작하기

첫 번째 단계로 해당 소프트웨어를 다운로드 받고 설치해야 한다. 다운로드 가능한 웹사이트 주소는 http://www.linear.com/designtools/software/#LTspice이다. 해당 웹사이트에는 "시작하기" 메뉴와 MAC OS X를 위한 단축키 정보 등이 포함되어 있다.

MAC OS X 사용자: 사용자 인터페이스가 윈도우 버전에 비해 다소 차이가 난다. 따라서 단축키와 마우스 우클릭의 다양한 사용법에 익숙해질 필요가 있다. 마우스 우클릭은 **Ctrl** + 클릭 혹은 트랙패드에서 두 손가락으로 클릭과 동일한 역할을 수행한다.

컴퓨터를 이용하는 회로 해석은 다음 세 가지 단계로 구성된다. (1) 도면 그리기, (2) 회로의 시뮬레이션, (3) 시뮬레이션 출력값으로부터 원하는 정보획득. LTspice를 실행시키고, **File** 메뉴 아래 **New Schematic**을 선택하면 빈 도면제작 편집기 창이 나타난다. 이 창에서 회로 소자의 배치, 연결, 시뮬레이션 변수 등을

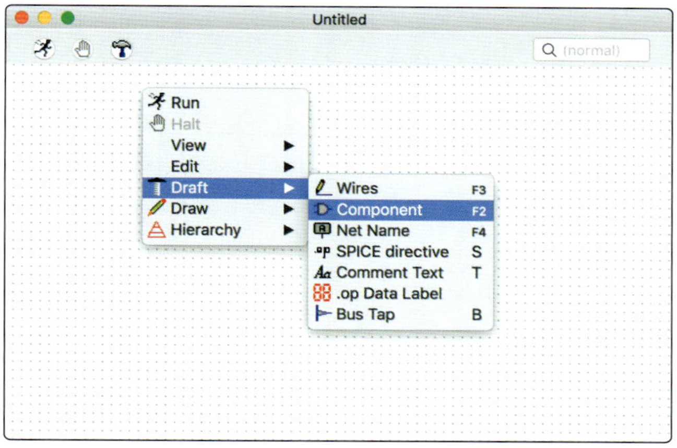

그림 A4.1 LTspice (Mac OS X 버전)의 도면제작 편집기 새 창.

정하게 된다. 회로 소자 또는 도선을 추가하거나 움직이거나 삭제하고 싶을 때는, 도면상에 우클릭을 하여 원하는 선택사항을 고르면 된다(그림 A4.1 참조).

우리는 전압원, 저항, 램프(저항와 동등한 회로를 가진 전구)가 직렬로 연결된 기본 회로를 LTspice로 해석해 보기로 한다. 이것의 목적은 램프를 통해 흐르는 전류와 전압을 알아내는 것이다. 따라서 먼저 새 도면제작 편집기 창을 열고, 아래와 같은 절차로 필요한 회로소자 및 도선을 추가한다.

- **Draft ▶ Component** (Mac OS X 경우) 혹은 **Edit** 메뉴 하단에 적절한 옵션을 선택하여 새로운 회로 소자를 추가한다. 예를 들어 Mac OS X의 경우에는 **전압원**(*voltage*)와 **저항**(*res*)를 선택하고, 윈도우에서는 **Component** 메뉴에서 팝업 메뉴에 *voltage*를 입력하고, 그리고 별도의 단계로 **Edit** 메뉴에서 **Resistor**를 선택한다. 편집기를 활용하여 소자를 이동, 삭제 작업을 한다. 창 내에 있는 어떠한 대상을 회전시키는 단축키는 **Ctrl + R**이다. 여기서 저항의 윗마디는 기본으로 처음 나타날 때 + 기준 단자로 취급된다.
- 접지된 기준 마디를 회로에 추가하려면 **Draft ▶ Net Name**를 활용하면 되고, **GND** (global node 0)를 선택하고 배치하라. 윈도우에서는 화면 상단 메뉴바에서 접지 기호를 선택하거나 **Edit** 메뉴에 속해있는 **Place GND**를 선택하면 된다.
- **Draft ▶ Wires**를 활용하여 회로 소자들 간 도선으로 연결한다. 윈도우에서는 메뉴바에서 연필 기호를 선택하거나, **Edit** 메뉴에 속해있는 **Draw Wire**를 선택하면 된다. 여기서 회로 소자 양단을 도선으로 연결하게 되는 실수를 주의하자.
- 각 소자의 값들을 우클릭을 통하여 설정하고 변경 가능하다.

이 회로를 본격적으로 시뮬레이션하기 전에 **File** 메뉴의 **Save**를 선택함으로써 저장할 수 있다. 우리가 고려하는 회로는 그림 A4.2에 나와있는 회로와 (.op를 제외하고) 거의 동일하다. .op에 대해서는 지금부터 알아보자.

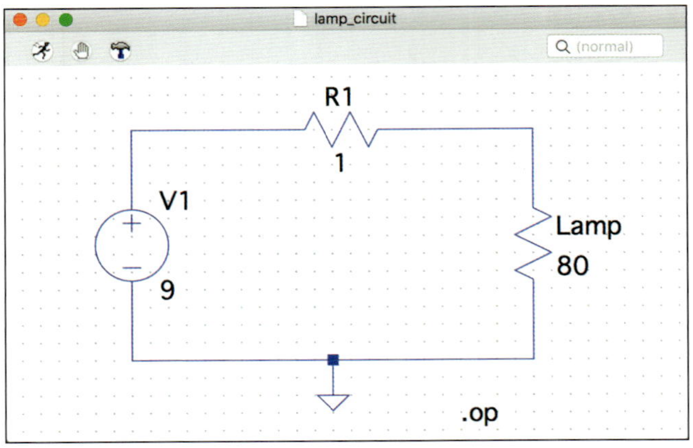

그림 A4.2 LTspice에서 그린 램프가 포함된 직렬회로 도면(램프가 80 Ω 저항으로 표시). 단 여기서 단위는 표시되어 있지 않는다. 또한 십진수나 과학적 표기법 대신에 kilo 대신 k, milli 대신 m, mega 대신 Meg와 같은 접두어를 사용한다.

시뮬레이션을 실행하기 위하여, 우리는 시뮬레이션 유형을 먼저 정해야 한다. 이번 경우는 직류 전압과 전류에 대해서 관심이 있다. 따라서 직류 값을 시뮬레이션을 찾기 위하여 윈도우에서는 **Edit** 메뉴의 **Draft ▶ SPICE Directive**를 클릭한다. 다이얼로크 박스가 나타나면 회로의 직류 동작점을 살펴보게 해주는 **.op** 명령어를 입력한다. 그러면 **.op** 표시가 도면의 한 부분에 나타나게 된다. 총 여섯 가지의 서로 다른 분석 유형을 우리가 선택할 수 있으며, 이는 다음과 같은 각각의 명령어를 가지고 있다.

- **.tran** 과도 응답 해석
- **.ac** 교류 소신호 해석
- **.dc** DC sweep 해석
- **.noise** 잡음
- **.tf** 직류 전달 함수
- **.op** 직류 동작점

이제 우리는 **Run**(상단 메뉴 왼쪽에 위치한 달리는 사람이 그려진 아이콘을 선택하거나, 우클릭후 **Run** 선택)을 클릭하여 시뮬레이션을 실행해 보자! 윈도우에서는 **Simulate** 메뉴에서 **Run**을 선택 할 수 있다.

시뮬레이션이 성공적으로 마치게 되면 새로운 창이 열리면서 파형 데이터를 확인 할 수 있다. 결과 값을 확인하고 싶은 변수를 미리 지정하면, 시뮬레이션 결과 값들이 해당 창에서 보여진다. 결과 변수를 지정하고, 결과값을 파형 데이터 창 및 회로 도면에 직접 표시하기 위한 방법이 적어도 세 가지가 존재한다.

1. 회로 도면에서 **Draft ▶ .op Data Label**을 이용한다. 관심이 있는 마디에 레이블을 표시해 놓으면, 해당 직류 동작점이 표시될 것이다. 여기서 주의할 점은, 이때 마디의 전압은 표시가 되지만, 마디의 전류는 표시되지 않는다. 이것의 하나의 예시는 그림 A4.3에 표시되어 있다.
2. 파형 데이터 창에서는 **Add Trace(s)**를 클릭한다. 그리고 파형 데이터로 확인하고 싶은 변수들을 선택한다. 커서를 회로 도면으로 옮겨보자. 이때 커서가 마디 위에 있으면 "전압 프로브"가 보여지고, 회로소자 위에 있게 되면 "전류 프로브"가 보여질 것이다. 파형 데이터 창에 보고자 하는 값을 클릭을 통해 추가하면 된다. 여기서 파형 데이터 창의 x축은 시간이나 주파수이고, 이것은 과도 응답이나 교류 분석을 할 때 용이하다.
3. 우리는 로그파일에서 (단축키 **Command + L**) 모든 마디 전압과 소자에 흐르는 전류를 확인할 수 있다.

앞서 언급한 세 가지 방법으로 얻은 시뮬레이션 결과들은 그림 A4.3과 같다. 이때 $I_{\text{out}} = 0.1111$ A 그리고 $V_{\text{out}} = 8.8889$ V이다.

운이 좋게도 시뮬레이션은 기대했던 결과범위에서 발생되었다. 전압원으로 제공된 9 V 기전력은 대부분 램프에서 감소되고, 아주 작은 일부의 전압이 1 Ω의 저항에서 강하되는 효과가 발생함을 확인할 수 있다.

본 램프가 포함된 회로의 예시는 LTspice를 이용한 회로 분석을 시작하기 위한 좋은 출발점을 제공해 줄 것이다. 좀 더 복잡한 회로 해석과 함수는 각 장별로 새로운 회로 개념이 소개될 때 컴퓨터를 이용한 해석에서 만나볼 수 있다.

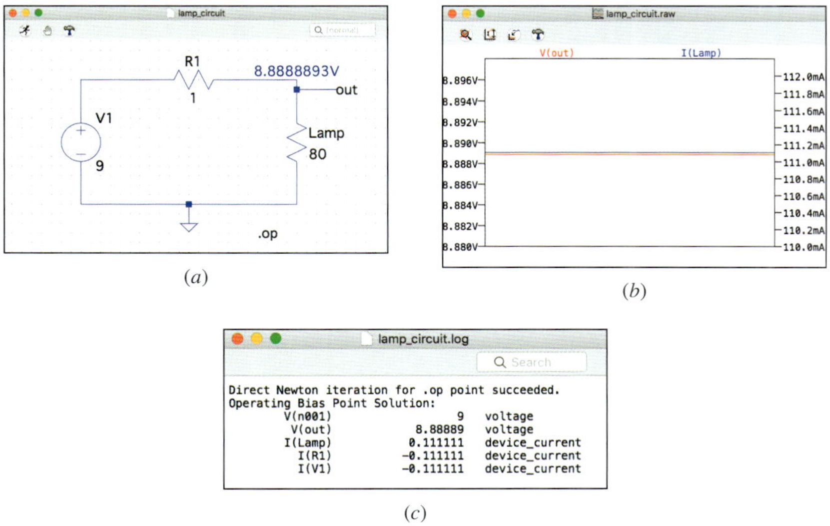

그림 A4.3 세 가지 방법으로 얻은 LTspice 직류 동작점 결과들 (*a*) 회로 도면에 표시된 .op 데이터 레이블. (*b*) 파형 데이터 창. (*c*) 로그 파일.

추천 도서

LTspice 시뮬레이션을 위해 매우 유용한 참고문헌:

The LTwiki online at http://ltwiki.org/?title=Main_Page

Gilles Brocard, *The LTSpice IV Simulator: Manual, Methods and Applications*, Künzelsau: Swiridoff Verlag, 2013.

A. K. Singh and R. Singh, *Electronics Circuit SPICE Simulations with LTspice: A Schematic Based Approach*, CreateSpace Independent Publishing, 2015.

회로 시뮬레이터의 흥미로운 역사뿐만 아니라 Donald Peterson이 공헌한 분야에 대한 정보는 다음의 논문에서 찾을 수 있다.

T. Perry, "Donald O. Peterson [electronic engineering biography]," *IEEE Spectrum* **35**, 1998, pp. 22-27.

복소수

이 부록은 복소수의 정의, 복소수의 기본적인 연산, 오일러 공식, 복소수의 지수 및 극형식(polar forms)를 다루는 부분이 포함되어 있다. 먼저 복소수의 개념을 소개한다.

A5.1 복소수

앞선 수학적 훈련에서는 4, $-\frac{2}{7}$, π와 같은 실수에 대해 주로 다루었다. 그러나 곧 어떤 실수로도 정의할 수 없는 $x^2 = -3$과 같은 대수방정식에 대해 접하였다. 이와 같은 방정식은 j라고 지정한 **허수 단위** 또는 **허수 연산자**를 통해 해결할 수 있다. j는 $j^2 = -1$, $j = \sqrt{-1}$, $j^3 = -j$, $j^4 = 1$ 네 가지로 정의된다. 실수와 **허수**의 곱은 허수이고, 실수와 허수의 합은 **복소수**이다. 즉 $a + jb$ 형태를 가지는 수는 복소수 이다. 여기서 a와 b는 실수이다.

수학자들은 허수 연산자를 기호 i로 정의했다. 그러나 전기공학에서는 전류i와의 혼동을 피하기 위해 j로 사용한다.

우리는 복소수를 $\mathbf{A} = a + jb$와 같이 특별한 기호를 통해 나타낸다. 수의 복소수 부분은 굵은 글씨로 나타난다. 손으로 쓰는 경우에는 일반적으로 글자 위의 줄을 관습적으로 긋는다. 복소수 $\mathbf{A}$는 **실수요소** 또는 **실수부** a와 **허수요소** 또는 **허수부** b로 표현된다. 이는 다음과 같이 수식으로 표현된다.

*허수*와 복소수라는 단어의 선택은 부적당하다. 이 단어들은 수학적 표현에서 수들 간에 종류를 정하는 기술적 용어로 사용된다. 그러나 허수를 현실 세계와 관계없는 것으로, 또는 복소수를 복잡한 것으로 해석하는 것은 정당화할 수도 없고 의도한 바도 아니다.

$$\mathrm{Re}\{\mathbf{A}\} = a$$
$$\mathrm{Im}\{\mathbf{A}\} = b$$

$\mathbf{A}$의 허수부는 jb가 아니다. 허수부는 정의상으로 실수이다.

모든 실수는 허수부가 0인 복소수로 간주될 수도 점에 유의해야 한다. 그러므로 실수는 복소수의 체계 안에 포함되고, 우리는 실수를 복소수의 특별한 경우로 볼 수 있다. 그러므로 복소수의 기본적인 대수연산을 정의할 때, 복소수의 허수부가 0으로 놓고 실수에 대해서도 연산의 정의가 가능하다.

이전의 예의 a, b와 같이 복소수는 실수의 쌍으로 특징지어지기 때문에 우리는 직각(rectangular) 좌표계 또는 카테시안(Cartesian) 좌표계에 도시적으로 복소수를 표현하여 몇 가지 시각적 도움을 얻을 수 있다. 그림 A5.1에서 보여주는 것과 같이 실수축과 허수축으로 구성함으로써 **복소수 평면** 또는 **아간드 도표**(Argand Diagram)에 모든 복소수를 단일 지점으로 표현할 수 있다. 복소수 $\mathbf{M} = 3 + j1$과 $\mathbf{N} = 2 - j2$은 표시된다. 이것은 복소수 평면을 이해하는 데 매우 중요한 시각자료이다. 그러나 복소수가 다음에 오는 평면좌표를 설명하는 수학적 설명에 반드시 필수적인 것은 아니다.

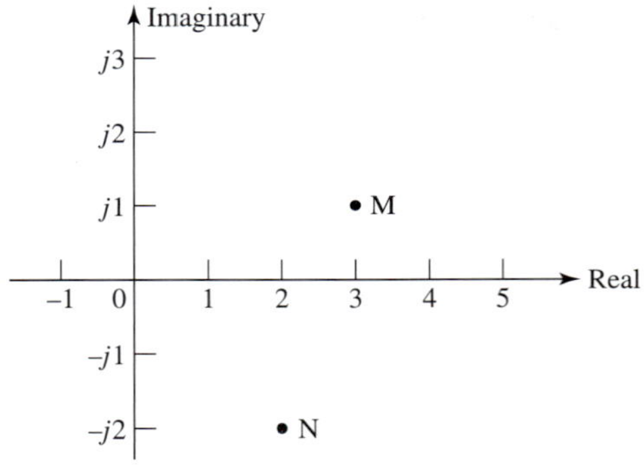

그림 A5.1 복소수 평면에 나타낸 복소수 **M** = 3 + *j*1과 **N** = 2 − *j*2.

만일 우리가 2개의 복소수가 같다고 정의한다면, 두 복소수의 실수부와 허수부는 서로 같다. 좌표상에서는 복소평면의 각각의 점이 1개의 복소수에 대응되고 역으로 각각의 복소수가 복소평면 한 점에 대응된다. 두 복소수가 다음과 같이 주어졌다 가정하자.

$$\mathbf{A} = a + jb \quad \text{그리고} \quad \mathbf{B} = c + jd$$

만일 여기서

$$\mathbf{A} = \mathbf{B}$$

이라면 다음 조건이 성립한다.

$$a = c \quad \text{그리고} \quad b = d$$

복소수는 $\mathbf{A} = a + jb$와 같이 어떤 실수와 허수의 합으로 표현되며 이를 직각(*rectangular*) 혹은 카테시안(*Cartesian*) 좌표형태라 한다. 복소수의 다른 형태도 곧 살펴볼 것이다.

이제 복소수의 덧셈, 뺄셈, 곱셈, 나눗셈에 대해 정의한다. 두 복소수의 덧셈은 복소수의 실수부 합과 허수부의 합으로 정의된다. 즉

$$(a + jb) + (c + jd) = (a + c) + j(b + d)$$

이다. 예를 들어,

$$(3 + j4) + (4 - j2) = 7 + j2$$

이다. 다른 두 복소수의 차도 유사한 방식으로 계산한다. 예를 들어,

$$(3 + j4) - (4 - j2) = -1 + j6$$

이다. 또한 복소수의 합과 차는 복소평면에서 수행할 수 있다. 각 복소수는 벡터 또는 방향 선분(directed line segment)으로 표현된다. 그리고 합은 그림 A5.2*a*와 같이 평행사변형을 이용하거나 그림 A5.2*b*와 같이 벡터의 끝점과 시작점을 잇는 방법으로 구할 수 있다. 그래프를 그리는 것은 정확한 수치 해법을 확인할 때 유용하다.

두 복소수의 곱은 다음과 같이 정의된다.

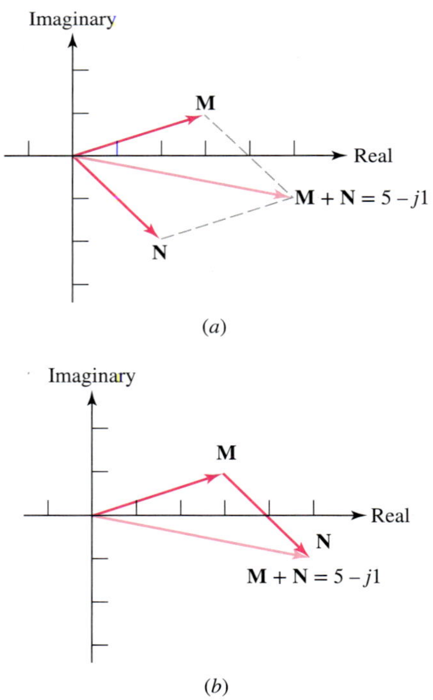

그림 A5.2 (*a*) 평행사변형 법으로 구한 복소수 **M** = 3 + *j*1과 **N** = 2 − *j*2의 합. (*b*) 벡터의 끝점과 시작점을 이어서 구한 복소수 **M** = 3 + *j*1과 **N** = 2 − *j*2의 합.

$$(a + jb)(c + jd) = (ac - bd) + j(bc + ad)$$

이 결과는 실수의 규칙과 $j^2 = -1$이라는 규칙을 이용하여 두 항의 직접적인 곱으로 아마도 쉽게 얻을 수 있다. 예를 들어,

$$\begin{aligned}(3 + j4)(4 - j2) &= 12 - j6 + j16 - 8j^2 \\ &= 12 + j10 + 8 \\ &= 20 + j10\end{aligned}$$

만일 j^2 대신에 -1을 대입한다면 더 쉽게 복소수 곱셈을 할 수 있다.

복소수의 나눗셈에 대한 정의를 하기 이전에 켤레 복소수에 대해 정의해야 한다. $\mathbf{A} = a + jb$의 **켤레 복소수**는 $a - jb$이고 $\mathbf{A}^*$로 표현한다. 어떤 복소수의 켤레 복소수는 복소수의 허수부분의 부호를 변경하여 구해진다. 즉, 만일

$$\mathbf{A} = 5 + j3$$

이라면

$$\mathbf{A}^* = 5 - j3$$

어떤 복잡한 복소수의 켤레복소수는 j를 $-j$로 바꾸는 것과 같이 모든 허수부의 부호를 바꾸어 쉽게 찾을 수 있다.

복소수와 켤레복소수 간의 덧셈, 뺄셈과 곱셈은 다음과 같은 특징을 가진다. 복소수와 켤레 복소수의 합은 실수이다; 복소수와 켤레 복소수의 차는 허수이다; 복소수와 켤레복소수의 곱은 실수이다. 또한 $\mathbf{A}$의 켤레복소수가 $\mathbf{A}^*$라면 $\mathbf{A}^*$의 켤레 복소수는 $\mathbf{A}$이다. 이를 다르게 표현하면 $\mathbf{A} = (\mathbf{A}^*)^*$가 된다. 복소수와 그의 켤레복소수가 **켤레복소수 쌍**을 이룬다고 말한다.

자연계의 많은 문제들에서는 어떻게든 복소수가 켤레복소수를 동반한다.

우리는 지금 두 복소수의 몫에 대해 정의한다.

$$\frac{\mathbf{A}}{\mathbf{B}} = \frac{(\mathbf{A})(\mathbf{B}^*)}{(\mathbf{B})(\mathbf{B}^*)}$$

즉,

$$\frac{a + jb}{c + jd} = \frac{(ac + bd) + j(bc - ad)}{c^2 + d^2}$$

이다. 우리는 분모에 실수를 얻기 위해 분자와 분모에 분모의 켤레복소수를 곱한다; 이 과정을 **분모의 유리화**라고 한다. 예를 들면,

$$\begin{aligned}\frac{3 + j4}{4 - j2} &= \frac{(3 + j4)(4 + j2)}{(4 - j2)(4 + j2)} \\ &= \frac{4 + j22}{16 + 4} = 0.2 + j1.1\end{aligned}$$

이다. 복소평면에 나타난 2개의 복소수의 합과 차는 비교적 간단한다. 그러나 복소평면에서 두 복소수의 곱셈과 나눗셈은 다루기 힘들다. 복소수가 지수형태나 극형식 형태로 주어진다면, 곱셈과 나눗셈의 연산은 좀 더 쉬워진다. 이 두 가지 형태는 A5.3과 A5.4절에서 설명한다.

익힘문제 A5.1

$\mathbf{A} = -4 + j5$, $\mathbf{B} = 3 - j2$, $\mathbf{C} = -6 - j5$일 때 다음을 구하라.

(a) $\mathbf{C} - \mathbf{B}$ (b) $2\mathbf{A} - 3\mathbf{B} + 5\mathbf{C}$

(c) $j^5\mathbf{C}^2(\mathbf{A} + \mathbf{B})$ (d) $\mathbf{B}\ \text{Re}\{\mathbf{A}\} + \mathbf{A}\ \text{Re}\{\mathbf{B}\}$

답: $-9 - j3$; $-47 - j9$; $27 - j191$; $-24 + j23$.

익힘문제 A5.2

A, **B**, **C**가 A5.1과 같을 때 다음을 구하라.

(a) $[(\mathbf{A} - \mathbf{A}^*)(\mathbf{B} + \mathbf{B}^*)^*]^*$ (b) $(1/\mathbf{C}) - (1/\mathbf{B})^*$ (c) $(\mathbf{B} + \mathbf{C})/(2\mathbf{BC})$

답: $-j60$; $-0.329 + j0.236$; $0.0662 + j0.1179$.

A5.2 오일러 공식(항등식)

9장에서 우리는 복소수가 포함된 시간의 함수에 대해 배웠다. 그리고 우리는 실수 변수 t에 대한 이 함수들의 미분과 적분을 살펴보았다. 그 함수들을 시간에 따른 실수 함수에 적용하는 것과 같은 방법으로 t에 관해 미분, 적분한다. 즉 적분 또는 미분 수행시 복소수 상수가 바로 실상수로 처리된다. 만일 $\mathbf{f}(t)$가 다음과 같이 시간에 대한 복소수 함수라면

$$\mathbf{f}(t) = a\cos ct + jb\sin ct$$

이다. 다음과 같이 미분 가능하고

$$\frac{d\mathbf{f}(t)}{dt} = -ac\sin ct + jbc\cos ct$$

그리고 다음과 같이 적분 가능하다.

$$\int \mathbf{f}(t)\,dt = \frac{a}{c}\sin ct - j\frac{b}{c}\cos ct + \mathrm{C}$$

여기서 적분상수 **C**는 일반적으로 복소수이다.

때때로 복소변수함수(function of complex variable)의 복소변수(complex variable)에 대한 적분 또는 미분이 필요하다. 일반적으로 이러한 연산을 성공적으로 수행하기 위해서는 함수에 특정 조건이 요구된다. 우리가 다루는 모든 함수는 해당 조건을 충족하고 있으므로, 복소변수에 대한 적분 또는 미분은 실변수와 동일한 방법을 사용하여 이루어진다.

지금부터 오일러 공식(혹은 항등식)로 알려진 매우 중요한 기본 관계를 이용해야 한다. 우리는 복소수를 직각 좌표형보다 유용하게 나타내기 위해 오일러 공식를 먼저 증명하고자 한다.

이 증명은 $\cos\theta$, $\sin\theta$, e^z의 멱급수확장(the power series expansions)을 기초로 한다.

$$\cos\theta = 1 - \frac{\theta^2}{2!} + \frac{\theta^4}{4!} - \frac{\theta^6}{6!} + \cdots$$

$$\sin\theta = \theta - \frac{\theta^3}{3!} + \frac{\theta^5}{5!} - \frac{\theta^7}{7!} + \cdots$$

또는

$$\cos\theta + j\sin\theta = 1 + j\theta - \frac{\theta^2}{2!} - j\frac{\theta^3}{3!} + \frac{\theta^4}{4!} + j\frac{\theta^5}{5!} - \cdots$$

이다. 그리고

$$e^z = 1 + z + \frac{z^2}{2!} + \frac{z^3}{3!} + \frac{z^4}{4!} + \frac{z^5}{5!} + \cdots$$

이다. 그러므로

$$e^{j\theta} = 1 + j\theta - \frac{\theta^2}{2!} - j\frac{\theta^3}{3!} + \frac{\theta^4}{4!} + \cdots$$

이다. 결론적으로

$$e^{j\theta} = \cos\theta + j\sin\theta \qquad [1]$$

이다. 또는 만일 $z = -j\theta$라면, 다음과 같은 관계식을 얻게 된다.

$$e^{-j\theta} = \cos\theta - j\sin\theta \qquad [2]$$

우리는 식 [1]과 [2]를 더하거나 빼서 다음 2개의 식을 얻을 수 있다. 해당 식은 직병렬 RLC 회로의 과소감쇠응답(underdamped natural response)에서 증명 없이 사용하였다.

$$\cos\theta = \frac{1}{2}(e^{j\theta} + e^{-j\theta}) \qquad [3]$$

$$\sin\theta = -j\frac{1}{2}(e^{j\theta} + e^{-j\theta}) \qquad [4]$$

익힘문제 A5.3

다음을 식 [1]에서 식 [4]를 사용하여 나타내라.

(a) e^{-j1} (b) e^{1-j1} (c) $\cos(-j1)$ (d) $\sin(-j1)$

답: $0.540 - j0.841$; $1.469 - j2.29$; 1.543; $-j1.175$.

익힘문제 A5.4

$t = 0.5$일 때 다음을 계산하라.

(a) $(d/dt)(3\cos 2t - j2\sin 2t)$;

(b) $\int_0^t (3\cos 2t - j2\sin 2t)dt$; $\mathbf{s} = 1 + j2$일 때 다음을 계산하라.

(c) $\int_{\mathbf{s}}^{\infty} \mathbf{s}^{-3} d\mathbf{s}$ (d) $(d/d\mathbf{s})[3/(\mathbf{s} + 2)]$.

답: $-5.05 - j2.16$; $1.262 - j0.460$; $-0.06 - j0.08$; $-0.0888 + j0.213$.

A5.3 지수 형태

오일러 공식을 다시 살펴보자.

$$e^{j\theta} = \cos\theta + j\sin\theta$$

그리고 양변에 양의 실수 C를 곱한다.

$$Ce^{j\theta} = C\cos\theta + jC\sin\theta \qquad [5]$$

식 [5]의 우변은 실수와 허수의 합으로 구성되어 있다. 그리고 복소평면에 복소수로 표현된다. 우리는 이것을 복소수 **A**라고 부른다. 여기서 $\mathbf{A} = a + jb$이다.

실수부는

$$a = C\cos\theta \qquad [6]$$

허수부는

$$b = C\sin\theta \qquad [7]$$

그 다음 식 [6]과 [7]을 제곱하고 더하면 다음과 같이 된다.

$$a^2 + b^2 = C^2$$

또는

$$C = +\sqrt{a^2 + b^2} \qquad [8]$$

그리고 식 [7]을 식 [6]으로 나누면 다음과 같이 된다.

$$\frac{b}{a} = \tan\theta$$

또는

$$\theta = \tan^{-1}\frac{b}{a} \qquad [9]$$

우리는 최종적으로 식 [8]과 [9]의 관계식을 얻을 수 있다. 이는 우리에게 a와 b를 통해 C와 θ를 결정할 수 있게 한다. 예를 들어 만일 $\mathbf{A} = 4 + j2$라면 여기서 a는 4, b는 2이므로 C와 θ를 다음과 같이 결정할 수 있다.

$$C = \sqrt{4^2 + 2^2} = 4.47$$
$$\theta = \tan^{-1}\frac{2}{4} = 26.6^\circ$$

우리는 이 새로운 정보를 다음과 같은 형식으로 **A**를 나타내는 데 사용할 수 있다.

$$\mathbf{A} = 4.47\cos 26.6^\circ + j4.47\sin 26.6^\circ$$

한편 위 식은 식 [5]의 좌변 형태와 동일하고, 이것은 다음과 같이 증명할 수 있다.

$$A = Ce^{j\theta} = 4.47\,e^{j26.6^\circ}$$

이와 같은 방법으로 표현되는 복소수를 **지수형태**라고 말한다. 계수 C는 **진폭** 또는 크기를, 지수에 나타난 θ는 **독립변수**(*argument*) 또는 **각도**(*angle*)로 불리운다. 수학자들은 항상 θ를 라디안으로 나타내므로, 다음과 같이 나타낸다.

$$\mathbf{A} = 4.47\, e^{j0.464}$$

그러나 공학자들은 일반적으로 각도로 쓴다. 지수형태에서 각도 기호(°)의 사용은 혼란스럽다.

요점적으로 만일 우리가 직각형태로 주어진 복소수를 가지고 있다면 다음과 같고

$$\mathbf{A} = a + jb$$

지수형태로 표현하면 다음과 같다.

$$\mathbf{A} = C e^{j\theta}$$

우리는 식 [8]과 [9]에 의해 C와 θ를 구할 수 있다. 만일 우리가 지수형태로 복소수를 받았다면, 우리는 a와 b를 식 [6]과 [7]에 의해 구할 수 있다.

A가 수치로 주어져 있다면, 지수형태(또는 극형식)와 복소평면 간의 변환은 공학용 계산기에 내장된 기능으로 구할 수 있다.

각 θ는 식 [9]의 $\tan^{-1}$ 함수를 이용하여 구할 수 있지만, 이 함수는 다가 함수(multivalued function)이다. 따라서 다양한 가능성으로부터 적정 각도가 선택되어야 한다. 한 가지 방법은 식 [6], 식 [7]로부터 a, b 값을 얻기 위해 sin과 cos의 적절한 기호를 갖는 각도를 선정하도록 하는 것이다.

예를 들어, 다음 복소수를 지수형태로 변환해보자.

$$\mathbf{V} = 4 - j3$$

크기는

$$C = \sqrt{4^2 + (-3)^2} = 5$$

이고 각도는

$$\theta = \tan^{-1}\frac{-3}{4} \qquad [10]$$

이다.

θ값은 양의 값인 $\cos\theta$ ($4 = 5\cos\theta$)와 음의 값인 $\sin\theta$ ($-3 = 5\sin\theta$)에 의해 결정된다. 그러므로 우리는 $\theta = -36.9°$, $323.1°$, $-396.9°$ 등을 얻을 수 있다. 이들 각도는 모두 정답이고, 우리는 일반적으로 이 값들 중 간단한 $-36.9°$를 선택한다. 식 [10]의 다른 해인 $\theta = 143.1°$에 주의해야 한다. 이 값은 $\cos\theta$는 음의 값이고 $\sin\theta$는 양의 값이므로 틀린 값이다.

복소수를 복소수 평면에 나타낸다면, 쉽게 올바른 각도를 선택할 수 있다. 직교좌표의 형태로 주어진 $\mathbf{A} = a + jb$가 그림 A5.3과 같이 복소평면의 제1사분면에 있다. 만일 원점으로부터 복소수가 나타내는 점까지 선을 그린다면 직각 삼각형을 그릴 수 있다. 직각 삼각형의 빗변은 지수형태로 나타낸 복소수의 크기를 나타낸다. 다시 말하면 $C = \sqrt{a^2 + b^2}$이다. 추가적으로 양의 실수축을 기준으로 반시계방향

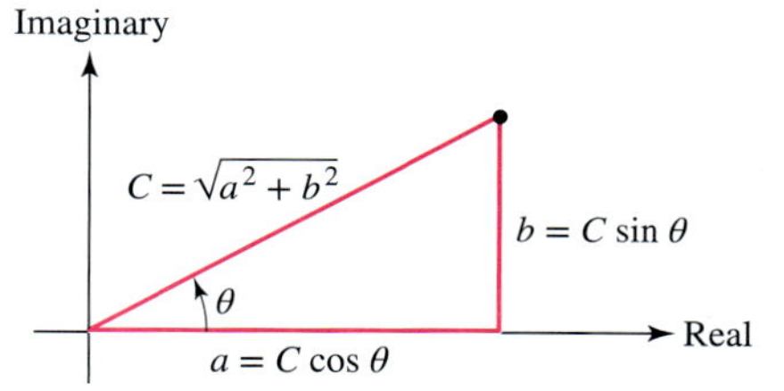

그림 A5.3 복소수는 직교좌표형태의 실수와 허수부 또는 지수형식의 크기와 각도를 통해 복소평면에서 한 점으로 나타난다.

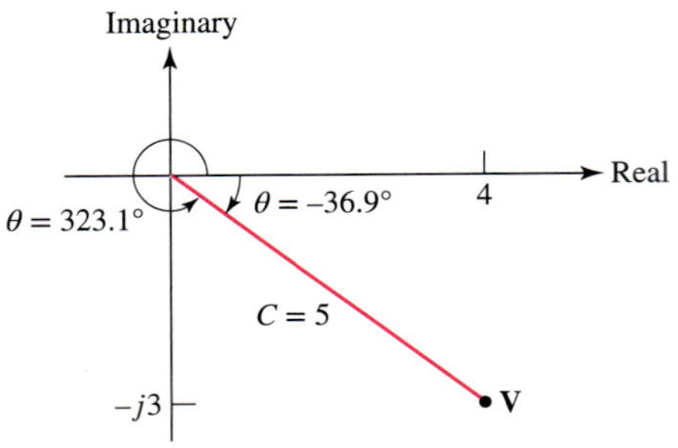

그림 A5.4 복소평면에 나타낸 복소수 $\mathbf{V} = 4 - j3 = 5e^{-j36.9^\circ}$.

의 각도는 $a = C\cos\theta$와 $b = C\sin\theta$이므로 지수형태의 각도 θ가 된다. 예를 들어, 복소수가 그림 A5.4의 $\mathbf{V} = 4 - j3$과 같이 직교좌표의 다른 사분면 내에 위치한 형태로 주어지면 이때 각도는 −36.9° 또는 323.1°가 된다. 해당 그림은 쉽게 시각화 할 수 있으므로, 굳이 그릴 필요는 없다. 복소수의 직교좌표형이 음의 실수부를 가진다면, 복소수에 (−)를 곱하여 더 쉽게 처리할 수 있다. 즉 90°보다 큰 각도를 피할 수 있다. 예를 들어, 다음과 같은 복소수가 주어진다면

$$\mathbf{I} = -5 + j2$$

다음과 같이 나타낼 수 있다.

$$\mathbf{I} = -(5 - j2)$$

그리고 이것을 지수 형태로 변환하면 다음과 같이 되고

$$\mathbf{I} = -Ce^{j\theta}$$

여기서

$$C = \sqrt{29} = 5.39 \quad \text{그리고} \quad \theta = \tan^{-1}\frac{-2}{5} = -21.8^\circ$$

이다. 그러므로 다음과 같다.

$$\mathbf{I} = -5.39\,e^{-j21.8^\circ}$$

복소수의 음의 부호는 복소수 평면에서 보여지는 것과 같이 각도에 180°를 더하거나 빼서 제거할 수 있다. 즉 결론은 다음과 같이 지수형태로 표현된다.

$$\mathbf{I} = 5.39\,e^{j158.2^\circ} \quad \text{또는} \quad \mathbf{I} = 5.39\,e^{-j21.8^\circ}$$

공학용 계산기에서 $\tan^{-1}$에 입력하는 각도의 크기는 90° 미만이어야 함을 명심하라. 즉 $\tan^{-1}[(-3)/4]$와 $\tan^{-1}[3/(-4)]$는 둘 다 −36.9°이다. 그러나 직교좌표에서 극형식으로 변환하는 기능을 제공하는 계산기는 모든 경우에 대해 올바른 각도를 계산해 준다.

지수형태로 나타낸 복소수에 대해 마지막으로 이야기한다. 지수형태로 나타난 두 복소수가 같다면 2개의 크기는 같고, 각도는 등가이여야 한다. 등가인 각도는 서로 360°의 정수배만큼 각도 차이가 날 수 있다. 예를 들어 $\mathbf{A} = Ce^{j\theta}$, $\mathbf{B} = De^{j\phi}$이고, $\mathbf{A} = \mathbf{B}$라면 $\mathbf{C} = \mathbf{D}$, $\theta = \phi \pm (360^\circ)n$가 된다. 여기서 $n = 0, 1, 2, 3, \ldots$이다.

익힘문제 A5.5

아래의 복소수를 각도가 $-180^\circ < \theta \leq 180^\circ$인 지수형태로 나타내라.

(a) $-18.5 - j26.1$ (b) $17.9 - j12.2$ (c) $-21.6 + j31.2$

답: $32.0e^{-j125.3^\circ}$; $21.7e^{-j34.3^\circ}$; $37.9e^{j124.7^\circ}$.

익힘문제 A5.6

다음 복소수를 직교좌표계로 나타내라.

(a) $61.2e^{-j111.1°}$ (b) $-36.2e^{j108°}$ (c) $5e^{-j2.5°}$

답: $-22.0 - j57.1$; $11.19 - j34.4$; $-4.01 - j2.99$.

A5.4 극좌표형태

우리가 복소수를 표현할 수 있는 마지막 형태는 (표시 방법에서 나타나는 차이를 제외하면) 본질적으로 지수형태와 유사하다. 우리는 e^j를 대체하기 위한 각도기호 (∠)를 사용한다. 즉

복소수 **A**를 지수형태로 나타내면 다음과 같이 된다.

$$\mathbf{A} = Ce^{j\theta}$$

이를 다소 간단히 나타내면 다음과 같이 된다.

$$\mathbf{A} = C\underline{/\theta}$$

복소수를 이와 같이 나타낸 형태를 극형태라 하고 극좌표를 이용해 복소평면에 나타난 한 점을 나타낸다.

직교좌표형태에서 극형식으로 또는 극좌표형태에서 직교좌표형태로의 변환은 기본적으로 직교좌표형태와 지수형태의 변환과 같다. C, θ, a와 b 사이에는 같은 관계가 존재한다.

복소수

$$\mathbf{A} = -2 + j5$$

를 지수형태로 표현하면

$$\mathbf{A} = 5.39\,e^{j111.8°}$$

이고 극좌표형태로 표현하면

$$\mathbf{A} = 5.39\,\underline{/111.8°}$$

지수형태와 극좌표형태의 유용성을 알아보기 위해 지수형태와 극형태로 표현된 두 복소수의 곱셈과 나눗셈을 해보자. 만일 다음과 같이 주어진다면

$$\mathbf{A} = 5\underline{/53.1°} \quad \text{그리고} \quad \mathbf{B} = 15\,\underline{/-36.9°}$$

이고 지수형태로 나타내면

$$\mathbf{A} = 5\,e^{j53.1°} \quad \text{그리고} \quad \mathbf{B} = 15\,e^{-j36.9°}$$

이다. 두 복소수를 곱하여 나타낸 복소수는 일반적인 규칙에 따라 크기는 두 복소

수의 크기를 곱하고, 각은 두 복소수의 각의 합으로 나타난다.

$$(\mathbf{A})(\mathbf{B}) = (5)(15)\,e^{j(53.1^\circ - 36.9^\circ)}$$

또는

$$\mathbf{AB} = 75\,e^{j16.2^\circ} = 75\underline{/16.2^\circ}$$

극좌표형태의 정의로부터 다음과 같이 두 복소수의 나눗셈도 계산 가능하다.

$$\frac{\mathbf{A}}{\mathbf{B}} = 0.333\underline{/90^\circ}$$

복소수의 합과 차는 직교형태에서 쉽게 계산된다. 그리고 지수 또는 극좌표형태로 주어진 두 복소수의 합과 차는 직교좌표형태로 변환하여 계산한다. 반대로 직교좌표형태로 주어진 복소수의 곱셈과 나눗셈은 숫자가 간단하지 않는 한, 지수 또는 극형태로 변환하여 계산해야 한다. 예를 들어, $(1 - j3)$에 $(2 + j1)$을 곱할 때, 두 복소수를 직접 곱하면 쉽게 $(5 - j5)$를 얻을 수 있다. 만일 복소수를 쉽게 곱할 수 있다면 이를 극좌표형태로 변환하는 것은 시간 낭비이다.

우리는 복소수를 표현할 수 있는 세 가지 형태에 대해 상호 변환할 수 있도록 해야 한다. 다음은 세 가지 형태의 상호관계를 요약한 것이다.

$$\begin{aligned}\mathbf{A} &= a + jb \\ &= \mathrm{Re}\{\mathbf{A}\} + j\,\mathrm{Im}\{\mathbf{A}\} \\ &= C\,e^{j\theta} \\ &= \sqrt{a^2 + b^2}\,e^{j\tan^{-1}(b/a)} \\ &= \sqrt{a^2 + b^2}\underline{/\tan^{-1}(b/a)}\end{aligned}$$

상호간의 변환은 계산기를 통해 쉽게 가능하고, 많은 계산기들이 복소수의 선형방정식을 푸는 기능을 가지고 있다.

우리는 복소수가 실제 자연현상의 해석을 용이하게 하는 편리한 수학적 방책이라는 것을 알게 될 것이다.

익힘문제 A5.7

다음 복소수의 연산결과를 극형태로 나타내라.

(a) $[2 - (1\underline{/-41^\circ})]/(0.3\underline{/41^\circ})$ (b) $50/(2.87\underline{/83.6^\circ} + 5.16\underline{/63.2^\circ})$

(c) $4\underline{/18^\circ} - 6\underline{/-75^\circ} + 5\underline{/28^\circ}$

답: $4.69179\underline{/-13.2183^\circ}$; $6.31833\underline{/-70.4626^\circ}$; $11.5066\underline{/54.5969^\circ}$.

익힘문제 A5.8

Z를 직교형태로 나타내라.

(a) $\mathbf{Z} + j2 = 3/\mathbf{Z}$ (b) $\mathbf{Z} = 2\ln(2 - j3)$ (c) $\sin\mathbf{Z} = 3$

답: $\pm 1.414 - j1$; $2.56 - j1.966$; $1.571 \pm j1.763$.

간단한 MATLAB 지침서

이 지침서의 내용은 놀랄 정도로 강력한 소프트웨어 패키지인 MATLAB을 사용하기 위해 요구되는 몇 가지 기본 개념에 대해 간단히 설명하는 것이다. 본 교재에서의 MATLAB 사용은 완전히 선택사항이지만, 전기공학의 모든 분야에서 MATLAB은 점점 일반적인 도구가 되어가고 있기 때문에 이 소프트웨어의 특징인 2D와 3D 함수의 그래프 생성, 행렬연산의 수행, 동차방정식의 해석 그리고 대수방정식의 처리를 살펴볼 수 있는 기회를 학생들에게 제공해 줄 필요성이 있었다. 오늘날 많은 기관들이 학생들을 위해 MATLAB의 전체 버전을 제공하고 있지만, 이 글을 작성한 시점에는 가격이 저렴한 학생판 버전도 이용 가능하다. 자세한 정보는 MathWorks 사(http://www.mathworks.com/academia/student-version/)에서 얻을 수 있다.

시작하기

일반적인 MATLAB은 프로그램의 아이콘을 클릭하는 것으로 시작된다. 그림 A6.1은 전형적인 시작화면을 보여주고 있다. 프로그램은 파일을 불러오거나 또는

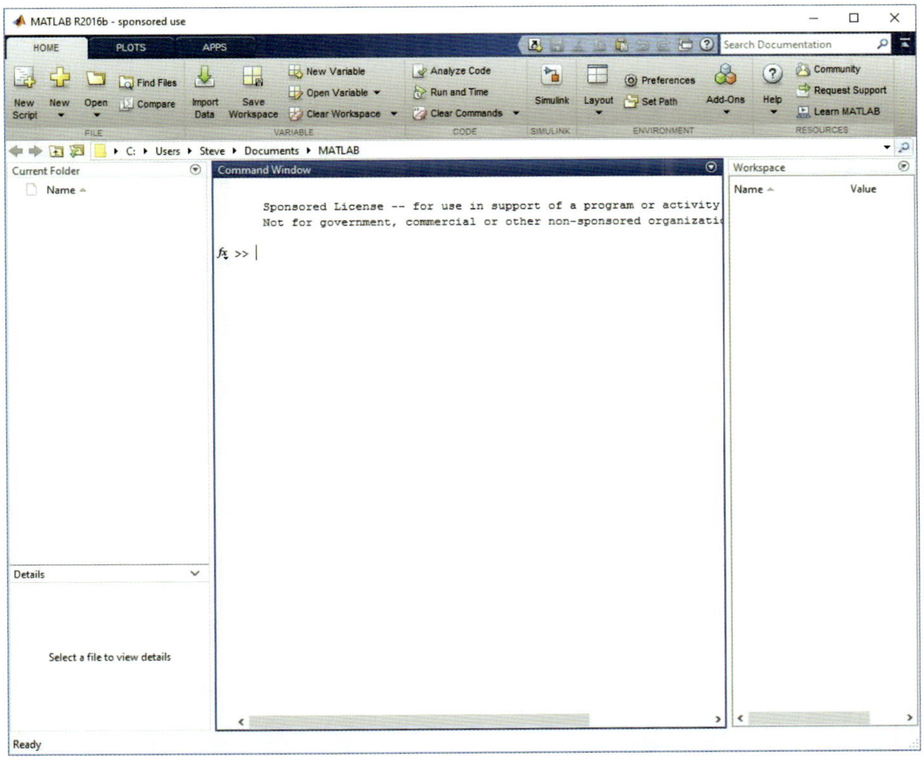

그림 A6.1 MATLAB 실행 시 명령창.

명령 창에 직접 명령어을 입력하는 것으로 동작할 수 있으며, 또한 MATLAB은 초보자나 숙련자 모두 사용할 수 있는 광범위한 온라인 도움말 자료를 가지고 있다. 반드시 그런 것은 아니지만, 일반적으로 MATLAB 프로그램은 C 언어로 작성된 프로그램과 매우 흡사하다.

변수와 수학적 계산

MATLAB을 더 감각적으로 잘 다루기 위해서는, 사용자가 모든 변수는 행렬로 이루어져 있다는 것을 깨닫는 것이 중요하다(심지어는 간단한 1×1 행렬까지도). 변수의 명칭은 19 글자까지 사용할 수 있는데, 프로그램 작성 시 읽기가 편하고 매우 유용하다. 첫 번째 글자는 반드시 문자이어야 하지만, 나머지 글자는 문자, 숫자 모두 가능하며 밑줄 문자(_) 역시 사용 가능하다. MATLAB상에서 변수의 명칭은 대·소문자를 구별한다. MATLAB은 여러 미리 정해진 변수들을 가지고 있다. 이 책에서는 다음의 미리 정해진 변수들이 포함되어 있다.

eps	부동 소수점의 상대적인 정확도
realmin	컴퓨터 계산상에서의 양의 부동 소수점 수의 최소값
realmax	컴퓨터 계산상에서의 부동 소수점 수의 최대값
inf	무한대(1/0의 경우)
NaN	문자 그대로 숫자가 아니며(Not a Number) 0/0 등의 경우를 포함
pi	π (3.14159 ...)
i, j	기본적으로는 $\sqrt{-1}$로 초기 설정. 하지만 사용자마다 다른 지정값으로 사용 가능

현재 정의되어진 변수들의 전체 목록은 '*who*' 명령어에 의해 볼 수 있다. 변수들은 등호(=) 표시를 사용하여 정의할 수 있다. 만일 세미콜론(;)으로 변수 입력을 끝마치는 경우에는 새로운 명령 프롬프트가 생길 것이고, 세미콜론 없이 그냥 변수 입력을 마치는 경우에는(엔터키를 누르는 경우) 변수가 한 번 더 표시된다. 예를 들어,

두 번째 색상은 독자의 편의를 위해 프로그램 및 사용자 생성 텍스트를 구분하는 데 사용되었다. MATLAB의 가장 최근 버전은 텍스트의 다른 유형을 구분하고(함수, 변수 등) 잠재적 오식(typographical errors)을 강조하여 표시한다.

```
>>input_voltage = 5;
>>input_current = 1e – 3
input_current =
1.0000e–003
>>
```

이다. 복소수 변수들은 MATLAB 에서 정의하기 쉽다. 예를 들어

```
>>s = 9 + j*5;
```

이며, 변수 **s**는 9 + *j*5의 값을 가진다.

1×1 행렬이 아닌 이상 괄호를 사용하여 행렬을 정의한다. 예를 들어 다음과 같이 표현되는 행렬 $\mathbf{t} = \begin{bmatrix} 2 & -1 \\ 3 & 0 \end{bmatrix}$은 MATLAB에서는 다음과 같다.

```
≫t = [2 −1;3 0];
```

행렬 요소들을 한 행에 한꺼번에 입력된다는 것을 주의해야 한다. 행 요소는 스페이스에 의해 분리되고, 그리고 각 행들은 세미콜론(;)에 의해 분리된다. 행렬에서도 기본적인 산술 연산자들을 모두 사용 가능하다. 예를 들어, $t + t$는 다음과 같이 구할 수 있다.

```
≫t + t
ans =
  4 −2
  6  0
```

다음과 같은 산술 연산자가 존재한다.

^	제곱	\	좌측으로 우측을 나눔
*	곱셈	+	덧셈
/	우측으로 좌측을 나눔	−	뺄셈

명령의 연산 순서는 중요하다. 우선적인 명령 순서는 제곱, 곱셈, 나눗셈 그리고 덧셈과 뺄셈이다.

```
≫x = 1 + 5 ^ 2 * 3
 x =
 76
```

좌측으로 우측을 나누는 것은 생소한 부분일 것이다. 이상하게 보일 수도 있지만 대수의 행렬에서는 매우 유용하게 사용된다. 예를 들어,

```
≫1/5
ans =
 0.2000
≫1\5
ans =
 5
≫5\1
ans =
 0.2000
```

이다. 그리고 행렬 방정식 $\mathbf{Ax} = \mathbf{B}$의 경우,

$$\mathbf{A} = \begin{bmatrix} 2 & 4 \\ 1 & 6 \end{bmatrix} \quad \text{이고} \quad \mathbf{B} = \begin{bmatrix} -1 \\ 2 \end{bmatrix}$$

일때 $\mathbf{x}$를 구하면 다음과 같다.

```
≫A = [2 4; 1 6];
≫B = [−1; 2];
≫x = A\B
x =

  −1.7500
   0.6250
```

혹은 다른 방법으로 동일한 **x**를 구할 수 있다.

```
≫x = A^ − 1 * B
x =
  −1.7500
  0.6250
```

또는

```
≫inv (A) * B
ans =
 −1.7500
  0.6250
```

이다. 불확실한 경우에는 괄호를 사용하면 큰 도움이 된다.

유용한 함수

MATLAB에 포함된 수많은 함수 중 일부 기본적인 것만 열거하면 다음과 같다.

abs(x)	$\|x\|$	log10(x)	log10x		
exp(x)	e^x	sin(x)	sin x	asin(x)	$\sin^{-1}x$
sqrt(x)	$\sqrt{x}$	cos(x)	cos x	acos(x)	$\cos^{-1}x$
log(x)	In	tan(x)	tan x	atan(x)	$\tan^{-1}x$

복소수 변수를 잘 다루기 위한 유용한 함수는 다음과 같다.

real(s)	Re{s}
imag(s)	Im{s}
abs(s)	$\sqrt{a^2 + b^2}$, where $\mathbf{s} \equiv a + jb$
angle(s)	$\tan^{-1}(b/a)$, where $\mathbf{s} \equiv a + jb$
conj(s)	complex conjugate of **s**

굉장히 유용하게 쓰이는 또 다른 명령어는 **도움말**(*help*)이다. 그래프를 생성하는 작업을 할 때와 같이, 벡터를 생성해야 하는 상황이 종종 생긴다. 이때 명령어 *linspace*(최소값, 최대값, number of points)는 다음 예와 같이 상당히 편리하게 쓸 수 있다.

```
≫frequency = linspace (0, 10, 5)
frequency =
   0  2.5000  5.0000  7.5000  10.0000
```

명령어 *logspace*()와는 비슷한 용도로 사용된다.

그래프 그리기

MATLAB을 이용하여 그래프 그리기는 매우 쉽다. 예를 들어 아래의 MATLAB 프로그램을 실행해보면 그림 A6.2와 같은 결과를 얻을 수 있다.

```
≫x = linspace (0, 2 * pi,100);
≫y = sin (x);
≫plot (x, y);
≫xlabel ('Angle (radians)')
≫ylabel ('f(x)');
```

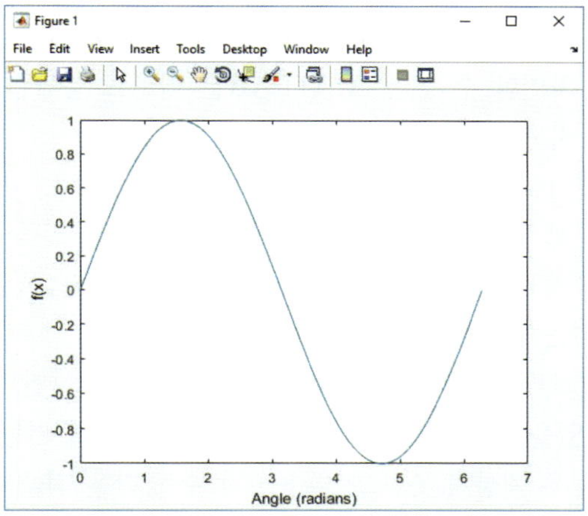

그림 A6.2 MATLAB을 사용하여 예제 그래프 sin(x), $0 < x < 2\pi$를 그린 것이다. 이때 변수 x는 구간을 100개로 균등하게 나눈 값으로 구성된 벡터이다.

프로그램 작성

비록 이 교과서의 MATLAB 예제들이 명령창 안에서 명령어를 직접 한 줄씩 입력하였지만, 계산을 더욱 편리하도록 하기 위해 스크립트 창에서 프로그램을 작성하는 것도 가능하다. 이것은 MATLAB에서 m-파일 항목으로 작성함으로써 이루어질 수 있다. 이것은 m 확장자(예: first_program.m)를 가진 간단한 텍스트 파일로 저장된다. 편집기를 사용하여 **File** 메뉴 아래 **New Script**을 선택하면 m-파일 편집기 창이 열리게 된다. 우리가 편집기에

```
r = input('Hello, World')
```

를 입력할 수 있고, 이는 그림 A6.3에서 보여진다.

다음 순서로 **File Type**에서 MATLAB 파일을 (*.m)을 선택하고 편리한 디

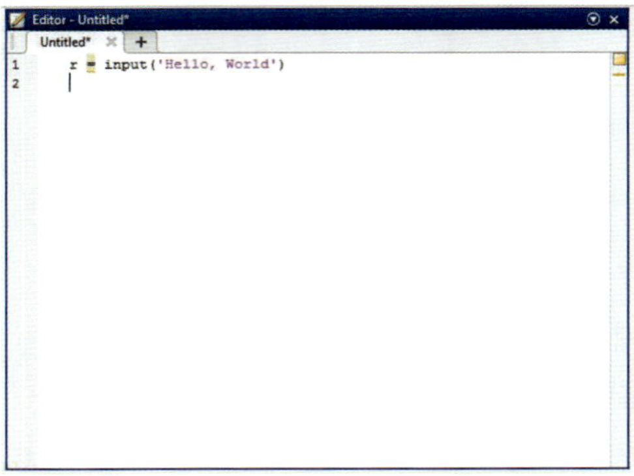

그림 A6.3 m-파일 편집기에 의해 생성된 m-파일 예제.

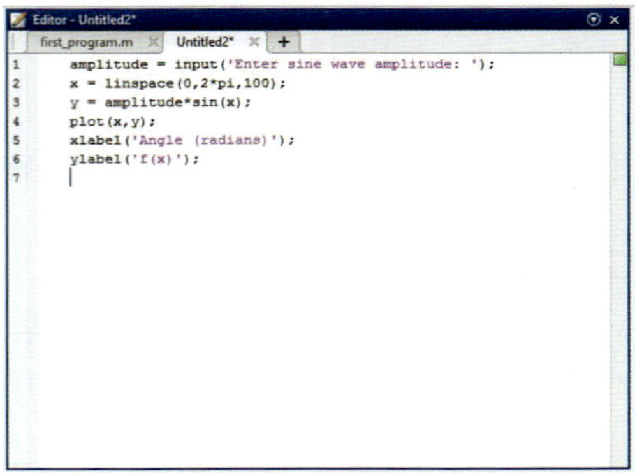

그림 A6.4 정현파 곡선을 만들기 위한 m-파일 예제.

렉토리에 first_program.m으로 저장한다. **Home** 메뉴 아래에 **Open**을 선택하고 first_program.m을 찾는다. 이것은 다시 m-파일 편집기 창을 열게 된다. F5를 누르거나 **Editor** 메뉴 아래의 **Run**을 선택하여 프로그램을 실행시킨다. 명령창에서 우리는 인사말을 확인할 수 있다. MATLAB은 키보드 응답을 기다리는 중이므로, Enter Key를 쳐보자.

그림 A6.4에서처럼, 사용자로부터 파형 크기를 입력받고, 이를 그래프로 그리는 예시를 만들어 보자. 이때 사용자는 명령창에서 임의의 진폭을 입력할 수 있다.

우리는 프로그램/m-파일을 쓰는 것과 명령창에 직접적으로 입력하는 것 중 어떤 것을 선택할 지는 독자에게 판단을 남겨둔다.

MATLAB에 교과서에 있는 예시 코드를 그래도 입력하면, 의도한 바대로 결과를 잘 얻을 수 있을 것이다. 그러나 잘라내기와 붙여넣기 기능으로 전자책에 있는 코드를 옮길 경우 예상치 못한 오류들이 날 수 있다는 점을 명심해야 한다. 예를 들어, 조판의 마이너스 부호는 MATLAB 프로그램의 하이픈 기호와 혼동될 수 있다.

추천 도서

정기적으로 출판되는 신간 서적 중에는 우수한 MATLAB 참조 문헌이 다수 존재한다. 이뿐만 아니라, 온라인에서도 양질의 관련 자료를 얻을 수 있다:

https://www.mathworks.com/help/matlab/

추가적인 라플러스-변환 정리

이 부록에서는 14장에서 설명한 것보다 개선된 상황에서 일반적으로 사용되는 몇 개의 라플라스 변환에 대해 간략하게 설명한다.

주기함수의 변환

시간 추이 정리는 주기함수를 변환하는 데 매우 유용하다. $f(t)$가 $t \geq 0$에 있어서 주기가 T인 주기함수라 가정하자. 알고 있겠지만, $t < 0$일 때의 $f(t)$는 한쪽(one-sided) 라플라스 변환에 아무런 영향을 주지 않는다. 그러므로 $f(t)$는 다음과 같이 쓸 수 있다.

$$f(t) = f(t - nT) \qquad n = 0, 1, 2, \ldots$$

$f(t)$의 첫 주기 동안만 0이 아닌 새로운 시간함수를

$$f_1(t) = [u(t) - u(t - T)]\, f(t)$$

로 정의하면, 함수 $f(t)$는 T의 정수배씩 지연된 무한개 함수의 합으로 표시할 수 있다. 즉

$$\begin{aligned} f(t) &= [u(t) - u(t - T)]\, f(t) \\ &\quad + [u(t - T) - u(t - 2T)]\, f(t) \\ &\quad + [u(t - 2T) - u(t - 3T)]\, f(t) + \cdots \\ &= f_1(t) + f_1(t - T) + f_1(t - 2T) + \cdots \end{aligned}$$

또는

$$f(t) = \sum_{n=0}^{\infty} f_1(t - nT)$$

이다. 이 합의 라플라스 변환은 다음과 같이 변환들의 합이고

$$\mathbf{F(s)} = \sum_{n=0}^{\infty} \mathscr{L}\{f_1(t - nT)\}$$

시간 추이 정리를 적용하면

$$\mathbf{F(s)} = \sum_{n=0}^{\infty} e^{-nTs}\mathbf{F}_1(\mathrm{s})$$

이다. 여기서

$$\mathbf{F}_1(\mathbf{s}) = \mathscr{L}\{f_1(t)\} = \int_{0^-}^{T} e^{-\mathrm{st}} f(t)dt$$

이다. $\mathbf{F}_1(\mathbf{s})$는 n의 함수가 아니므로 덧셈으로부터 제외할 수 있으며 $\mathbf{F(s)}$는 다음과 같이 된다.

$$\mathbf{F(s)} = \mathbf{F}_1\mathbf{(s)}[1 + e^{-Ts} + e^{-2Ts} + \cdots]$$

괄호 안의 식에 이항정리를 적용하면 $1/(1 - e^{-Ts})$로 간단하게 된다. 따라서 주기 T를 갖는 주기함수 $f(t)$의 라플라스 변환은

$$\mathbf{F}(\mathrm{s}) = \frac{\mathbf{F}_1(\mathrm{s})}{1 - e^{-Ts}} \qquad [1]$$

여기서

$$\mathbf{F}_1\mathbf{(s)} = \mathscr{L}\{[u(t) - u(t-T)]\,f(t)\} \qquad [2]$$

이며 주기함수의 첫 주기를 변환한 것이다.

주기함수에 이 변환정리를 설명하는 예로서 그림 A7.1의 직사각형 펄스 열에 해당 정리를 적용해 보자. 이 주기함수는 다음과 같이 나타낼 수 있다.

$$v(t) = \sum_{n=0}^{\infty} V_0[u(t-nT) - u(t-nT-\tau)] \qquad t > 0$$

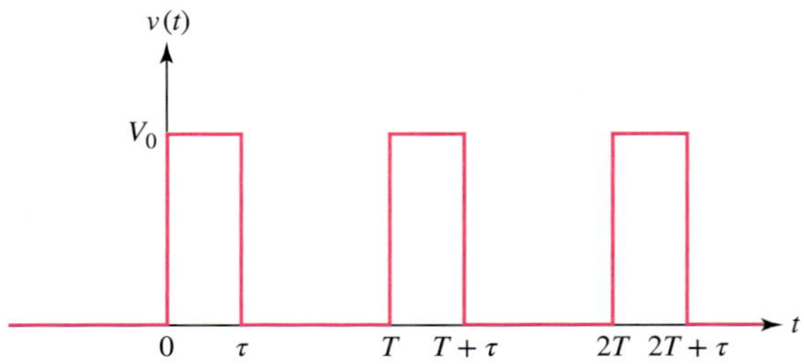

그림 A7.1 $\mathbf{F(s)} = (V_0/\mathbf{s})(1 - e^{-\mathbf{s}\tau})/(1 - e^{-\mathbf{s}T})$인 주기적 직사각형 펄스 열.

함수 $\mathbf{V}_1\mathbf{(s)}$를 간단하게 계산하면 다음과 같이 된다.

$$\mathbf{V}_1(\mathrm{s}) = V_0 \int_{0^-}^{\tau} e^{-\mathrm{s}t} dt = \frac{V_0}{s}(1 - e^{s\tau})$$

이제 원하는 변환식을 구하기 위하여 $(1 - e^{-\mathbf{s}T})$로 나누면 다음과 같이 된다.

$$\mathbf{V}(\mathrm{s}) = \frac{V_0(1 - e^{-s\tau})}{s(1 - e^{-sT})} \qquad [3]$$

식 [3]의 변환시 사용하는 몇 개의 다른 정리들에 대해 설명하고자 한다. 분모에 있는 인수 $(1 - e^{-\mathbf{s}T})$는 함수의 주기성을 반영하고, 분자의 $e^{-\mathbf{s}\tau}$ 항은 펄스를 0으로 만드는 음의 지연펄스에 의해 만들어지며 $V_0/\mathbf{s}$는 $v(t)$를 구성하는 계단함수의 변환식이다.

예제 A7.1

그림 A7.2 주기함수의 라플라스 변환을 구하라.

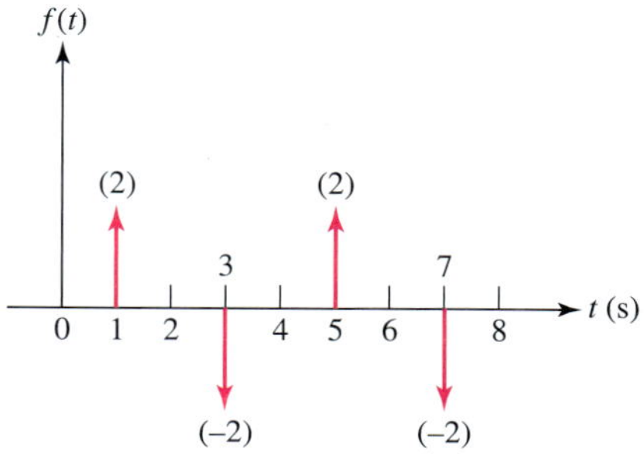

그림 A7.2 단위 임펄스 주기함수.

양과 음의 임펄스 함수로 구성된 함수 $f(t)$를 설명하기 위해 식으로 다시 쓰면

$$f(t) = 2\delta(t-1) - 2\delta(t-3) + 2\delta(t-5) - 2\delta(t-7) + \cdots$$

이고 새로운 함수를 f_1로 정의하고 주기를 $T = 4$ s라고 인식하면 다음과 같이 된다.

$$f_1(t) = 2[\delta(t-1) - \delta(t-3)]$$

표 14.2에 나열된 주기연산을 사용하여 **F(s)**를 구하면 다음과 같이 된다.

$$\mathbf{F(s)} = \frac{1}{1-e^{-T_s}}\mathbf{F}_1\mathbf{(s)} \qquad [4]$$

여기서

$$\mathbf{F}_1\mathbf{(s)} = \int_{0^-}^{T} f(t)e^{-st}\,dt = \int_{0^-}^{4} f_1(t)e^{-st}\,dt$$

이다. 이 적분을 구할 수 있는 몇 가지 방법이 있다. 가장 쉬운 방법은 상한값이 ∞로 증가하면 적분값과 같다는 것을 인정하는 것이다. 이것을 시간 추이 정리로 다시 나타내면

$$\mathbf{F}_1\mathbf{(s)} = 2\left[e^{-s} - e^{-3s}\right] \qquad [5]$$

가 되며, 식 [5]를 식 [4]에 대입시키면 다음과 같이 된다.

$$\mathbf{F(s)} = \frac{2}{1-e^{-4s}}\left(e^{-s} - e^{-3s}\right) = \frac{2e^{-s}}{1+e^{-2s}}$$

익힘문제 A7.1

그림 A7.3에서 보인 주기함수의 라플라스 변환을 구하라.

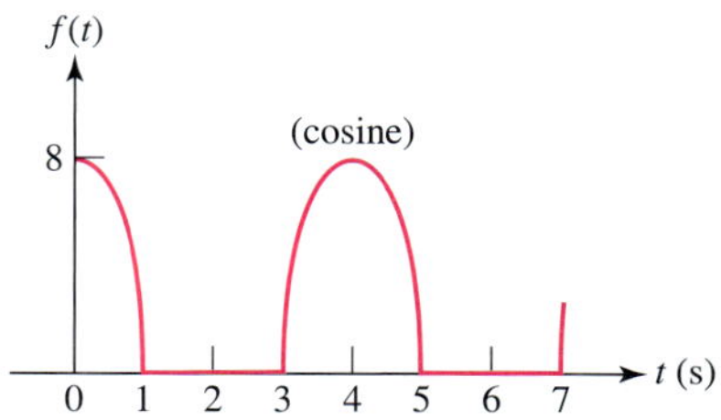

그림 A7.3

답: $\left(\frac{8}{s^2+\pi^2/4}\right)\frac{s+(\pi/2)e^{-s}+(\pi/2)e^{-3s}-se^{-4s}}{1-e^{-4s}}$.

주파수 추이

F(s) = $\mathscr{L}\{f(t)\}$와 **F(s** + a) 사이의 관계를 맺어주는 새로운 정리를 생각해보자. $e^{-at}f(t)$의 라플라스 변환은

$$\mathscr{L}\{e^{-at}f(t)\} = \int_{0^-}^{\infty} e^{-st}e^{-at}f(t)dt = \int_{0^-}^{\infty} e^{-(s+a)t}f(t)dt$$

이다. 이 결과를 자세히 보면, 우변의 적분에서 **s** 대신에 (**s** + a)로 되어 있는 것을 제외하고는 **F(s)**의 정의와 똑같다. 따라서

$$e^{-at}f(t) \Leftrightarrow \mathbf{F}(\mathbf{s}+a) \qquad [6]$$

이다. 그러므로 주파수 영역에서 $\mathbf{s}$ 대신 $(\mathbf{s}+a)$로 바꾼 것은 시간영역에서 e^{-at}를 곱한 것과 같다. 이것을 **주파수 추이** 정리(*frequency-shift* theorem)라 한다. 이 정리는 앞에서 광범위하게 사용하였던 지수 감쇠 코사인 함수의 변환을 구하는 데 곧바로 사용할 수 있다. 이미 알고 있는 코사인 함수의 변환에서 시작하면

$$\mathscr{L}\{\cos\omega_0 t\} = \mathbf{F}(\mathbf{s}) = \frac{\mathbf{s}}{\mathbf{s}^2+\omega_0^2}$$

이며, $e^{-at}\cos\omega_0 t$의 변환은 $\mathbf{F}(\mathbf{s}+a)$가 되므로

$$\mathscr{L}\{e^{-at}\cos\omega_0 t\} = \mathbf{F}(\mathbf{s}+a) = \frac{\mathbf{s}+a}{(\mathbf{s}+a)^2+\omega_0^2} \qquad [7]$$

이다.

익힘문제 A7.2

$\mathscr{L}\{e^{-2t}\sin(5t+0.2\pi)u(t)\}$를 구하라.

답: $(0.588\mathbf{s}+4.05)/(\mathbf{s}^2+4\mathbf{s}+29)$.

주파수 영역에서의 미분

다음으로 $\mathbf{F}(\mathbf{s})$를 $\mathbf{s}$로 미분하면 시간 영역에서 어떻게 반영이 되는지 알아보자.

$$\begin{aligned}\frac{d}{ds}\mathbf{F}(\mathbf{s}) &= \frac{d}{ds}\int_{0^-}^{\infty} e^{-st}f(t)dt \\ &= \int_{0^-}^{\infty} -te^{-st}f(t)dt = \int_{0^-}^{\infty} e^{-st}[-tf(t)]dt\end{aligned}$$

이것은 $[-t\,f(t)]$의 간단한 라플라스 변환이다. 그러므로 주파수 영역에서 $\mathbf{s}$로 미분한 것은 시간 영역에서 $-t$를 곱한 것과 같다. 즉

$$-tf(t) \Leftrightarrow \frac{d}{ds}\mathbf{F}(\mathbf{s}) \qquad [8]$$

이다. $f(t)$를 단위-램프 함수 $tu(t)$라고 가정하면, 이의 라플라스 변환은 $1/\mathbf{s}^2$이다. 새로 배운 주파수 미분 정리를 이용하여 $1/\mathbf{s}^3$의 라플라스 역변환을 구해보면 다음과 같다.

$$\frac{d}{ds}\left(\frac{1}{\mathbf{s}^2}\right) = -\frac{2}{\mathbf{s}^3} \Leftrightarrow -t\mathscr{L}^{-1}\left\{\frac{1}{\mathbf{s}^2}\right\} = -t^2u(t)$$

즉

$$\frac{t^2u(t)}{2} \Leftrightarrow \frac{1}{\mathbf{s}^3} \qquad [9]$$

이다. 똑같은 방법으로

$$\frac{t^3}{3!}u(t) \Leftrightarrow \frac{1}{\mathbf{s}^4} \qquad [10]$$

이다. 그리고 일반적으로 다음과 같이 된다.

$$\frac{t^{(n-1)}}{(n-1)!}u(t) \Leftrightarrow \frac{1}{\mathbf{s}^n} \qquad [11]$$

익힘문제 A7.3

$\mathscr{L}\{t \sin(5t + 0.2\pi)u(t)\}$를 구하라.

답: $(0.588\mathbf{s}^2 + 8.09\mathbf{s} - 14.69)/(\mathbf{s}^2 + 25)^2$.

주파수 영역에서의 적분

$\mathbf{F}(\mathbf{s})$를 $\mathbf{s}$로 적분하면 $f(t)$에는 어떻게 반영되는지 알아보자. 정의로부터 다음과 같이 된다.

$$\mathbf{F}(\mathbf{s}) = \int_{0^-}^{\infty} e^{-\mathbf{s}t} f(t)dt$$

$\mathbf{s}$에서 ∞까지 주파수 적분하면 다음과 같이 된다.

$$\int_{\mathbf{s}}^{\infty} \mathbf{F}(\mathbf{s})d\mathbf{s} = \int_{\mathbf{s}}^{\infty} \left[\int_{0^-}^{\infty} e^{-\mathbf{s}t} f(t)dt\right] d\mathbf{s}$$

적분순서를 바꾸면

$$\int_{\mathbf{s}}^{\infty} \mathbf{F}(\mathbf{s})d\mathbf{s} = \int_{0^-}^{\infty} \left[\int_{\mathbf{s}}^{\infty} e^{-\mathbf{s}t} d\mathbf{s}\right] f(t)dt$$

이 되고 내부에 있는 적분을 수행하면

$$\int_{\mathbf{s}}^{\infty} \mathbf{F}(\mathbf{s})d\mathbf{s} = \int_{0^-}^{\infty} \left[-\frac{1}{t}e^{-\mathbf{s}t}\right]_{\mathbf{s}}^{\infty} f(t)dt = \int_{0^-}^{\infty} \frac{f(t)}{t} e^{-\mathbf{s}t} dt$$

이 된다. 그러므로

$$\frac{f(t)}{t} \Leftrightarrow \int_{\mathbf{s}}^{\infty} \mathbf{F}(\mathbf{s})d\mathbf{s} \qquad [12]$$

이다. 예를 들어, 이미 알고 있는 변환쌍인

$$\sin \omega_0 t\, u(t) \Leftrightarrow \frac{\omega_0}{\mathbf{s}^2 + \omega_0^2}$$

으로부터

$$\mathscr{L}\left\{\frac{\sin \omega_0 t\, u(t)}{t}\right\} = \int_{\mathbf{s}}^{\infty} \frac{\omega_0 d\mathbf{s}}{\mathbf{s}^2 + \omega_0^2} = \tan^{-1}\frac{\mathbf{s}}{\omega_0}\bigg|_{\mathbf{s}}^{\infty}$$

이므로,

$$\frac{\sin \omega_0 t\, u(t)}{t} \Leftrightarrow \frac{\pi}{2} - \tan^{-1}\frac{\mathbf{s}}{\omega_0} \qquad [13]$$

을 얻는다.

익힘문제 A7.4

$\mathscr{L}\{\sin^2 5tu(t)/t\}$를 구하라.

답: $\frac{1}{4}\ln[(\mathbf{s}^2 + 100)/\mathbf{s}^2]\ \ln[(\mathbf{s}^2 + 100)/\mathbf{s}^2]$.

시간 스케일링 정리

다음에는 $\mathscr{L}\{f(t)\}$를 알고 있을 때 $f(at)$의 변환을 구함으로써 라플라스 변환의 시간 스케일링 정리(time-scaling theorem)를 알아보자. 그 과정은 아주 간단하며

$$\mathscr{L}\{f(at)\} = \int_{0^-}^{\infty} e^{-\mathbf{s}t} f(at)\, dt = \frac{1}{a}\int_{0^-}^{\infty} e^{-(\mathbf{s}/a)\lambda} f(\lambda)\, d\lambda$$

인데 여기서 $at = \lambda$로 변수를 변환하였다. 마지막 적분식은 변환식에서 $\mathbf{s}$가 $\mathbf{s}/a$로 대치된 것을 제외하고는 $f(t)$의 라플라스 변환을 $1/a$배 한 것과 같다. 따라서 다음과 같이 된다.

$$f(at) \Leftrightarrow \frac{1}{a}\mathbf{F}\left(\frac{\mathbf{s}}{a}\right) \qquad [14]$$

이 시간 스케일링 정리를 이용한 간단한 예로써 1 kHz 코사인파의 변환을 구하여 보자. 1 rad/s 코사인파의 변환은 이미 알고 있다고 가정한다. 즉

$$\cos t\, u(t) \Leftrightarrow \frac{\mathbf{s}}{\mathbf{s}^2 + 1}$$

이다. 결과는 다음과 같이 된다.

$$\mathscr{L}\{\cos 2000\pi t\, u(t)\} = \frac{1}{2000\pi}\,\frac{\mathbf{s}/2000\pi}{(\mathbf{s}/2000\pi)^2 + 1} = \frac{\mathbf{s}}{\mathbf{s}^2 + (2000\pi)^2}$$

익힘문제 A7.5

$\mathscr{L}\{\sin^2 5t\, u(t)\}$를 구하라.

답: $50/[\mathbf{s}(\mathbf{s}^2 + 100)]$.

복소 주파수 평면

상대적으로 적은 수의 소자로 구성된 회로조차 **s**-영역에서 다소 다루기 힘들게 표현될 수 있다. 이러한 경우에 특정 회로 응답이나 전달함수의 그래픽 표현은 유용한 통찰력을 제공할 수 있다. 이 부록에서 우리는 복소 주파수 평면(그림 A8.1)의 개념을 기반으로 한 방법을 소개한다. 복소 주파수의 두 구성요소를(σ 그리고 ω) 자연스럽게 나타내기 위해 3차원 모델을 사용하여 자연스럽게 나타냈다.

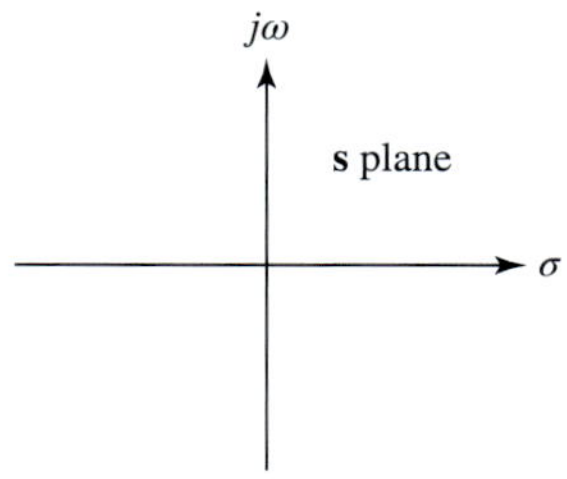

그림 A8.1 복소 주파수 평면, **s**-영역.

ω가 진동하는 함수을 나타내기 때문에 양수와 음수 주파수 사이에 물리적 차이는 없다. 하지만 지수 형태로 표현되는 σ의 경우, 양의 값은 진폭의 증가를 의미하는 반면에 음의 값은 진폭의 감쇠를 의미한다. **s** 평면의 원점은 DC(시간에 따라 변화가 없다.)를 의미한다. 이 개념의 도식적인 개요를 그림 A8.2에 나타내었다.

함수 **F**(**s**)에 대한 적절한 3차원 표현을 구성하기 위해 위상이 그래프에서 알 수 있듯이 복소 주파수에 대해 강한 의존성을 가지고 있겠지만, 우리는 먼저 그것의 진폭을 염두에 두어야 한다. 따라서 **F**(**s**)의 **s**를 $\sigma + j\omega$로 대체하고, |**F**(**s**)|의 표

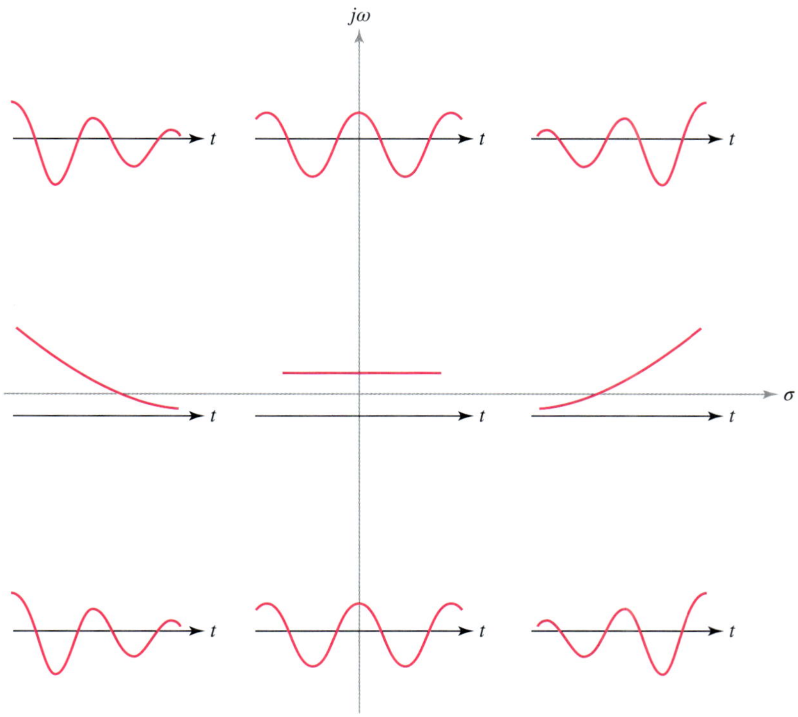

그림 A8.2 그림은 σ와 ω에 대한 양수와 음수값은 물리적 의미의 복소 주파수 평면에 표현된다. 이 경우 $\omega = 0$, 함수는 더 진동하는 구성 요소를 주지 않는다. $\sigma = 0$일 때 함수 ω도 0이 되는 경우를 제외하면 사인 곡선만 나온다.

현식을 결정한다. 그 다음 s평면에 수직인 축을 그리고, 이를 이용하여 각각의 σ, ω에 대한 $|\mathbf{F(s)}|$를 그린다. 기본적인 일련의 과정을 다음 예제에서 살펴볼 것이다.

예제 A8.1

σ와 $j\omega$의 함수로서 1 H 인덕터와 3 Ω 저항의 직렬회로 어드미턴스를 그려라.

이 두 소자의 어드미턴스는

$$\mathbf{Y(s)} = \frac{1}{\mathbf{s}+3}$$

이고 크기를 $\mathbf{s} = \sigma + j\omega$를 통해 σ와 ω로 나타내면, 다음과 같이 된다.

$$|\mathbf{Y(s)}| = \frac{1}{\sqrt{(\sigma+3)^2+\omega^2}}$$

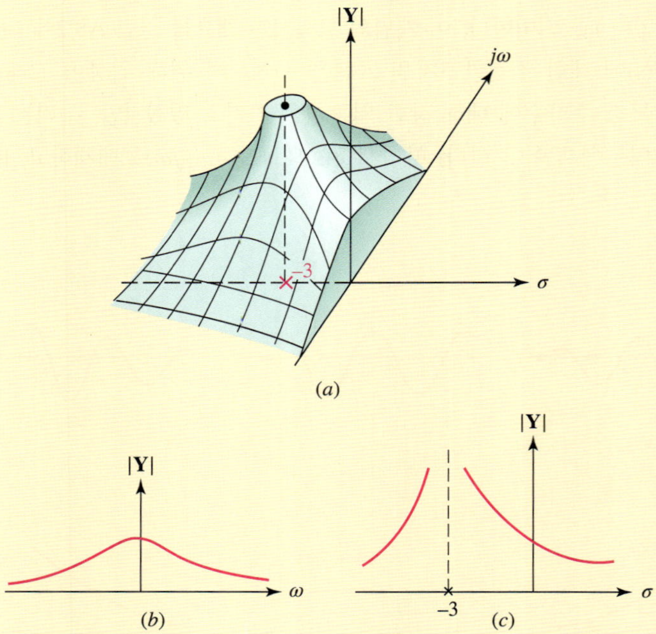

그림 A8.3 (a) 1 H 인덕터와 3 Ω 저항의 직렬 어드미턴스의 크기 $|\mathbf{Y(s)}|$를 나타내는 점토모델의 단면. (b) $|\mathbf{Y(s)}|$ 대 ω곡선. (c) $|\mathbf{Y(s)}|$ 대 σ곡선.

이것은 $\mathbf{s} = -3 + j0$에서 무한대가 되고 s가 무한대일 때 0이 된다. 이리하여 이 점토모델은 점 $(-3 + j0)$에서 높이가 무한대이고 원점에서 무한히 먼 점들에서는 높이가 0이어야 한다. 그림 A8.3a는 이 모델의 한 절단면을 보인 것이다.

일단 모델이 완성되기만 하면 $|\mathbf{Y}|$ 대 $\omega(\sigma = 0)$ 특성곡선은 그 모델을 $j\omega$축을 포함하는 직교평면으로 절단한 면을 보면 된다. 그림 A8.3a에 보인 모델

은 마침 이 평면에 따라 절단한 것이며 구하는 |**Y**| 대 ω곡선이 나타나 있다. 그림 A8.3*b*는 이 곡선을 다시 그린 것이다. 비슷한 방법으로 σ축을 포함하는 직교 평면을 사용하면 |**Y**|대 $\sigma(\omega = 0)$곡선을 얻을 수 있으며 이 곡선을 그린 것이 그림 A8.3*c*이다.

익힘문제 A8.1

σ와 $j\omega$의 함수로서 임피던스 $\mathbf{Z}(\mathbf{s}) = 2 + 5\mathbf{s}$의 크기를 그려라.

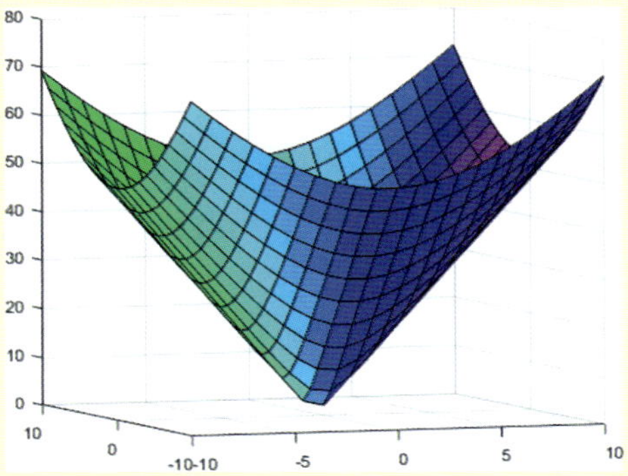

그림 A8.4 익힘문제 A8.1의 풀이. 다음의 코드가 생성된다.

```
>> sigma = linspace( – 10, 10, 21);
>> omega = linspace( – 10, 10,21);
>> [X, Y] = meshgrid(sigma,omega);
>> Z = abs(2 + 5*X + j*5*Y);
>> colormap(hsv);
>> s = [–5 3 8];
>> surfl(X,Y,Z,s);
>> view (–20,5)
```

답: 그림 A8.4 참조.

이러한 개념을 기반으로, 강제응답의 극-영점분포도가 가지고 있는 정보는 대단히 많다. 이 절에서는 초기조건이 주어진다면 이 분포도를 이용하여 고유응답과 강제응답을 더한 **완전**응답을 얻는지 알아볼 것이다. 이 접근법은 임계 주파수의 위치 간의 연결이 더 직관적이고, 원하는 응답과 극-영점분포도를 더 쉽게 시각화 할 수 있다는 점에서 유용하다.

그림 A8.5의 간단한 직렬 *RL* 회로를 예로 들어 이 방법을 설명하기로 한다. $t = 0$에 스위치를 닫으면 전압원 $v_s(t)$에 의해서 회로에는 전류 $i(t)$가 흐른다. $t > 0$에 대한 완전응답 $i(t)$는 고유응답과 강제응답의 합으로 구성되므로, 다음과 같이 된다.

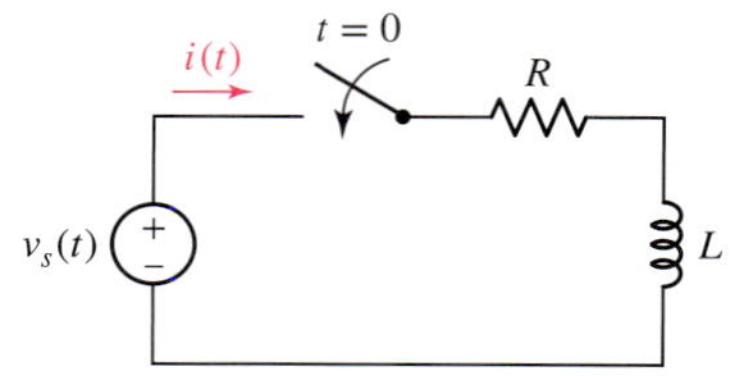

그림 A8.5 전원에 의해 표현된 임피던스의 임계 주파수로부터 완전응답을 구하는 예.

$$i(t) = i_n(t) + i_f(t)$$

강제응답은 주파수 영역에서 계산하여 구할 수 있다. 이것은 물론 $v_s(t)$를 주파수 영역으로 변환할 수 있는 경우이고 예를 들어 $v_s(t)$ $1/(1 + t^2)$와 같은 함수일 경우에는 회로의 미분방정식으로부터 출발하여야 한다. 그림 A8.5의 경우 강제전류 응답은

$$\mathbf{I}_f(\mathbf{s}) = \frac{\mathbf{V}_s}{R + sL}$$

또는

$$\mathbf{I}_f(\mathbf{s}) = \frac{1}{L}\frac{\mathbf{V}_s}{\mathbf{s} + R/L} \qquad [1]$$

이다. 이제 고유응답을 생각해보자. 우리는 이미 시상수 L/R로 감쇠하는 지수함수라는 것을 알고 있지만 이와 같은 사전 지식이 없이 처음으로 그것을 구한다고 가정하자. 고유응답 또는 무전원응답은 강제함수와는 무관한 **파형**이 된다. 그렇지만 강제함수는 초기조건과 더불어 고유응답의 **진폭**에 영향을 미친다. 고유응답파형을 구하기 위해서는 모든 독립전원을 그들의 내부임피던스로 치환한다. 여기서는 $v_s(t)$를 단락회로로 치환한다. 이제 이 고유응답을 강제응답의 한 극한적인 경우로 간주하여 구해 보도록 하자. 주파수 영역 표현식 [1]에서 $\mathbf{V}_s = 0$이라 놓으면 피상적으로는 $\mathbf{I}(\mathbf{s})$도 0이 되어야 하는 것처럼 생각할 수도 있지만, 회로가 만일 $\mathbf{I}(\mathbf{s})$의 극점의 복소 주파수에서 동작하는 경우에는 분자, 분모 모두 0이 될 수 있으므로 $\mathbf{I}(\mathbf{s})$는 반드시 0일 필요는 없다.

복소 주파수에서 '동작'이 의미하는 것은 무엇일까? 실제 실험실에서 그러한 일이 과연 이루어 질 수 있을까? 이 경우에, 복소 주파수가 주파수 ω에 의한 사인함수와 지수함수 $e^{\sigma t}$의 곱으로 구성된다는 것을 기억해야 한다. 이런 신호들은 실제 실험실 장비를 가지고 쉽게 발생시킬 수 있다. 그러므로 우리는 $\mathbf{s} = \sigma + j\omega$에서 '동작'하기 위해 ω의 값과 σ의 값만 결정하면 된다.

이 새로운 개념을 약간 다른 각도에서 살펴 보도록 하자. 구하는 주파수 영역 강제응답과 주파수 영역 강제함수의 비를 전달함수라 하고 보통 $\mathbf{H}(\mathbf{s})$로 표시한다. 여기서는

$$\frac{\mathbf{I}_f(\mathbf{s})}{\mathbf{V}_s} = \mathbf{H}(\mathbf{s}) = \frac{1}{L(s + R/L)}$$

이다. 이 예의 경우 전달함수는 $\mathbf{V}_s$에서 본 입력 어드미턴스이다 $\mathbf{V}_s = 0$일 때의 응답이 고유응답, 즉 무전원 응답인데 $\mathbf{I}_f(\mathbf{s}) = \mathbf{V}_s\mathbf{H}(\mathbf{s})$이므로 $\mathbf{V}_s = 0$일 때 $\mathbf{H}(\mathbf{s})$의 극 주파수에서 동작할 시에만은 0이 아닌 전류를 얻을 수 있다. 그러므로 전달함수의 극점은 매우 중요한 의미를 가지는 것이다.

이 특정한 예시에서 동작 함수의 극점은 $\mathbf{s} = -R/L + j0$이며, 이를 그림 A8.6에 나타내었다. 우리가 이러한 특정한 해당 복소 주파수에서 회로를 작동시킨다면, 유한하고 $\mathbf{s}$-영역에서 상수인(주파수와 관련없는) 전류가 응답으로 나올 것이다. 즉, 이 회로의 고유응답은 다음과 같다.

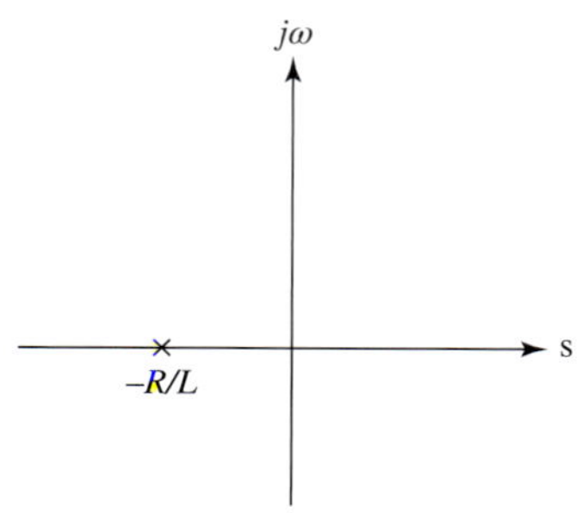

그림 A8.6 전달함수 $\mathbf{H}(\mathbf{s})$ 극-영점 분포도는 $\mathbf{s} = -R/L$에서 하나의 극점을 보여준다.

$$\mathbf{I}\left(\mathbf{s} = -\frac{R}{L} + j0\right) = A$$

여기서 A는 미지의 상수이다. 이런 경우에는 정확한 값이 아닐지라도 라플라스 역변환을 사용해서 $\mathbf{s}$ 값을 구하고 e^{st} 함수의 실수부를 살펴볼 필요가 있다. 그 수식을 나타내면 다음과 같다.

$$i_n(t) = \text{Re}\{A e^{st}\} = \text{Re}\{A e^{-Rt/L}\}$$

또는

$$i_n(t) = A e^{-Rt/L}$$

따라서 완전응답은

$$i(t) = A e^{-Rt/L} + i_f(t)$$

이다. A는 초기조건을 주면 결정할 수 있다. 강제응답 $i_f(t)$는 $\mathbf{I}_f(\mathbf{s})$의 라플라스 역변환을 통해서 얻을 수 있다.

좀 더 일반적으로 보는법

그림 A8.7는 독립전원을 포함하지 않는 회로에 단일전원을 접속한 것이다. 구하는 응답은 어떤 가지에 흐르는 전류 $\mathbf{I}_1(\mathbf{s})$일 수도 있고 어떤 마디쌍에 걸리는 전압 $\mathbf{V}_2(\mathbf{s})$일 수도 있는데 이들 응답은 모든 임계 주파수를 포함하는 전달함수에 의해서 표현할 수 있다. 지금 그림 A8.7a에서 원하는 응답이 $\mathbf{V}_2(\mathbf{s})$라 하면 그 전달함수는 다음과 같이 쓸 수 있다.

$$\frac{\mathbf{V}_2(\mathbf{s})}{\mathbf{V}_s} = \mathbf{H}(\mathbf{s}) = k\frac{(\mathbf{s}-\mathbf{s}_1)(\mathbf{s}-\mathbf{s}_3)\ldots}{(\mathbf{s}-\mathbf{s}_2)(\mathbf{s}-\mathbf{s}_4)\ldots}$$

$\mathbf{H}(\mathbf{s})$의 극점은 $\mathbf{s} = \mathbf{s}_2, \mathbf{s}_4, \ldots$ 일 때 발생하며 전압강제함수 $\mathbf{V}_2(\mathbf{s})$의 주파수가 이들 중의 어느 값을 가지면 $\mathbf{V}_s$가 0일 때도 $\mathbf{V}_2(\mathbf{s})$는 0이 아닌 응답을 가진다. 그러므로 고유응답은 이들 극주파수를 가지는 유한의 전압 파형이 될 것이다. 그러므로 인가전압이 0 V(즉 단락회로)일 때 나타나는 고유응답은 다음과 같은 형태가 된다.

$$v_{2n}(t) = \mathbf{A}_2 e^{\mathbf{s}_2 t} + \mathbf{A}_4 e^{\mathbf{s}_4 t} + \cdots$$

각각의 $\mathbf{A}$는 초기조건 및 입력단자에 인가한 전압원의 초기값에 의해서 결정된다. 그림 A8.7a에서 고유응답 $i_{1n}(t)$의 파형을 구하기 위해서는 전달함수 $\mathbf{H}(\mathbf{s}) = \mathbf{I}_1(\mathbf{s})/\mathbf{V}_s$의 극점을 알아야 한다. 그림 A8.7$b$의 경우 생각할 수 있는 전달함수는 $\mathbf{I}_1(\mathbf{s})/\mathbf{I}_s$ 및 $\mathbf{V}_2(\mathbf{s})/\mathbf{I}_s$이고 이들의 극점이 고유응답 $i_{1n}(t)$ 및 $v_{2n}(t)$를 결정한다.

독립전원이 없는 회로의 고유응답을 구하려면 먼저 하나의 전원 $\mathbf{V}_s$ 또는 $\mathbf{I}_s$를

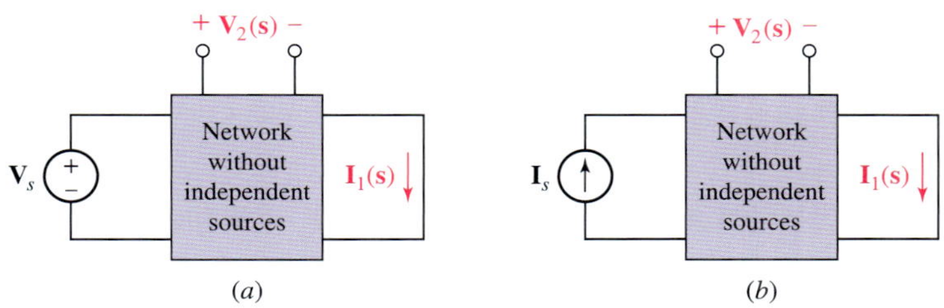

그림 A8.7 응답의 극 $\mathbf{I}_1(\mathbf{s})$ 또는 $\mathbf{V}_2(\mathbf{s})$는 (a)의 전압원 $\mathbf{V}_s$ 또는 (b)의 전류원 $\mathbf{I}_s$에 의해 생성된다. 고유응답의 극점 $i_{1n}(t)$ 또는 $v_{2n}(t)$는 $\mathbf{V}_s$를 단락시키고 $\mathbf{I}_s$를 개방시키며 초기 에너지가 유효할 때 결정된다.

삽입한 다음 그 전원을 불활성화하는 것으로 생각하면 된다. 임의로 편리한 곳에 삽입할 수 있지만 삽입전원을 불활성화 하였을 때 원래 회로가 복원되어야 한다. 다음에 전달함수를 구하면 그 극점이 고유주파수이며 전원을 삽입하는 위치에는 관계없이 동일한 주파수를 얻는다. 회로가 이미 전원을 포함하고 있는 경우 그 전원을 0으로 하고 더 편리한 위치에 다른 전원을 삽입하여도 된다.

특별한 경우

몇 가지 예를 들어 이 방법을 설명하기 전에 완벽을 기하기 위해 특수한 경우를 생각하여 보자. 이것은 그림 A8.7*a* 또는 *b*의 회로가 둘 또는 그 이상의 부분으로 분리되어 있는 경우이다. 예를 들어 세 회로망, 즉 R_1과 C의 직렬, R_2와 L의 직렬 및 하나의 단락회로가 병렬연결 되어있는 경우를 생각하면 R_1, C와 직렬로 들어있는 전압원은 R_2, L에 전류를 흐르게 할 수 없다. 즉 그 전달함수는 0이다. 그러므로 인덕터 전압의 고유응답을 구하기 위해서는 R_2L 회로망에 전압원을 삽입하여야 한다. 이와 같은 회로중에는 전원을 삽입하기 전에 회로를 관찰함으로써 식별할 수 있는 것도 있다. 그러나 식별이 안되는 경우도 실제로 계산하여 보면 전달함수가 0이 될 것이다. $\mathbf{H(s)} = 0$이 되면 거기에서는 고유응답의 주파수를 얻을 수 없으며 다른 적절한 곳에 전원을 삽입하여야 한다.

예제 A8.2

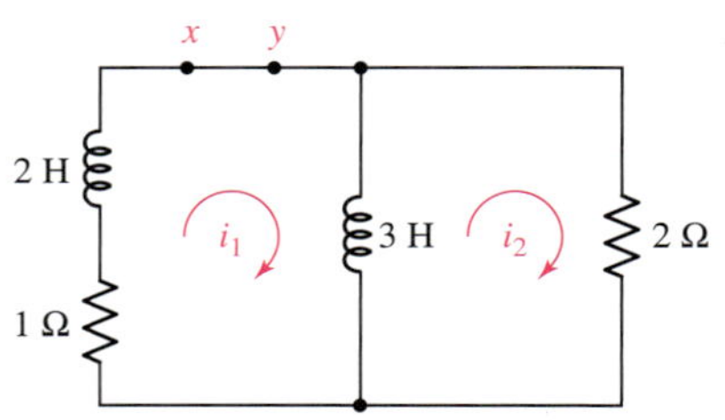

그림 A8.8 고유응답 i_1과 i_2를 구하기 위한 회로.

그림 A8.8의 무전원회로에서 초기조건이 $i_1(0) = i_2(0) = 11$ A일 때 $t > 0$에 대한 i_1 및 i_2를 구하라.

점 x, y 사이에 전압원 $\mathbf{V}_s$를 삽입하고 전달함수 $\mathbf{H(s)} = \mathbf{I}_1\mathbf{(s)}/\mathbf{V}_s$를 구하면 이것은 전압원에서 본 입력 어드미턴스이며 다음과 같이 된다.

$$\mathbf{I}_1(\mathbf{s}) = \frac{\mathbf{V}_s}{2\mathbf{s} + 1 + 6\mathbf{s}/(3\mathbf{s} + 2)} = \frac{(3\mathbf{s} + 2)\mathbf{V}_s}{6\mathbf{s}^2 + 13\mathbf{s} + 2}$$

또는

$$\mathbf{H(s)} = \frac{\mathbf{I}_1(\mathbf{s})}{\mathbf{V}_s} = \frac{\frac{1}{2}\left(\mathbf{s} + \frac{2}{3}\right)}{(\mathbf{s} + 2)\left(\mathbf{s} + \frac{1}{6}\right)}$$

따라서 i_1은 다음과 같은 형태가 된다.

$$i_1(t) = A e^{-2t} + B e^{-t/6}$$

초기조건을 적용하여 A 및 B의 값을 결정하면 해가 구해진다.

$$11 = A + B$$

필요한 또 하나의 식은 회로 주변에 KVL 방정식을 쓰면 다음과 같다.

$$1\,i_1 + 2\frac{d\,i_1}{dt} + 2\,i_2 = 0$$

이를 i_1의 미분에 관해서 풀면,

$$\left.\frac{d\,i_1}{dt}\right|_{t=0} = -\frac{1}{2}[2\,i_2(0) + 1\,i_1(0)] = -\frac{22+11}{2} = -2A - \frac{1}{6}B$$

이다. 그러면 $A = 8$, $B = 3$이 되어 구하는 해는 다음과 같다.

$$i_1(t) = 8e^{-2t} + 3e^{-t/6} \quad \text{amperes}$$

i_2도 고유주파수는 i_1과 같으며 동일한 방법으로 임의의 상수를 구하면 다음과 같이 된다.

$$i_2(t) = 12e^{-2t} - e^{-t/6} \quad \text{amperes}$$

익힘문제 A8.2

그림 A8.9의 a-b에 전류원 $i_1(t) = u(t)$ A가 화살표가 a를 향하도록 접속되어 있을 때 $\mathbf{H(s)} = \mathbf{V}_{cd}/\mathbf{I}_1$을 구하고 $v_{cd}\,(t)$의 고유주파수를 구하라.

답: 120s/(s + 20,000) Ω, −20,000 s^{-1}.

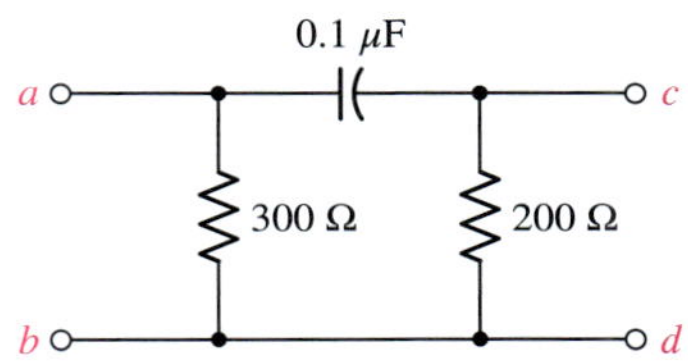

그림 A8.9

찾아보기

ㅅ

ㅇ

ㅊ

ㅋ

C

D

E

F

H

I

J

K

L

M

N

W

Y

Z

기호

저항기 색상 코드

밴드	색상	검은색	갈색	빨간색	주황색	노란색	초록색	파란색	보라색	회색	흰색
숫자 값	0	1	2	3	4	5	6	7	8	9	

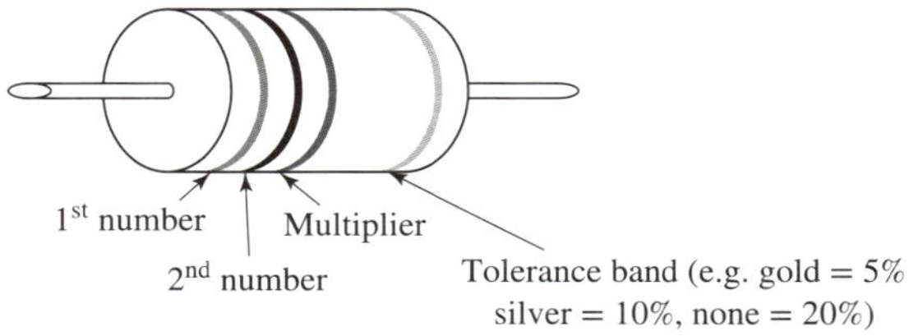

1. 왼쪽 첫 번째 밴드의 숫자를 쓴다.
2. 왼쪽 두 번째 밴드의 숫자를 쓴다.
3. (계수를 나타내는) multiplier 밴드의 숫자만큼 0을 붙인다. 즉, 10을 해당 숫자만큼 곱한다 (예: 검은색 = 0를 추가로 붙이지 않음, 갈색 = 하나의 0을 추가로 붙임). 밴드 색상이 금색과 은색은 각각 0.1과 0.01을 곱하게 된다.
4. Tolerance(오차) 밴드는 정확도를 나타낸다. 예를 들어, 100 Ω 5 % 오차 허용 저항기인 경우 95 Ω에서부터 105 Ω 사이의 어떠한 저항 값을 가질 수 있다.

예시

빨간색 빨간색 주황색 금색 = 22,000 혹은 22×10^3 = 22 KΩ, 5% 허용 오차

파란색 회색 금색 = 6.8 혹은 68×10^{-1} = 6.8 Ω, 20% 허용 오차

5% 오차 허용 표준저항 값

1.0	1.1	1.2	1.3	1.5	1.6	1.8	2.0	2.2	2.4	2.7	3.0	3.3	3.6	3.9	4.3	4.7	5.1	5.6	6.2	6.8	7.5	8.2	9.1	Ω
10.	11.	12.	13.	15.	16.	18.	20.	22.	24.	27.	30.	33.	36.	39.	43.	47.	51.	56.	62.	68.	75.	82.	91.	Ω
100	110	120	130	150	160	180	200	220	240	270	300	330	360	390	430	470	510	560	620	680	750	820	910	Ω
1.0	1.1	1.2	1.3	1.5	1.6	1.8	2.0	2.2	2.4	2.7	3.0	3.3	3.6	3.9	4.3	4.7	5.1	5.6	6.2	6.8	7.5	8.2	9.1	K Ω
10.	11.	12.	13.	15.	16.	18.	20.	22.	24.	27.	30.	33.	36.	39.	43.	47.	51.	56.	62.	68.	75.	82.	91.	K Ω
100	110	120	130	150	160	180	200	220	240	270	300	330	360	390	430	470	510	560	620	680	750	820	910	K Ω
1.0	1.1	1.2	1.3	1.5	1.6	1.8	2.0	2.2	2.4	2.7	3.0	3.3	3.6	3.9	4.3	4.7	5.1	5.6	6.2	6.8	7.5	8.2	9.1	M Ω

표 14.1 라플라스 변환 쌍.

$f(t) = \mathscr{L}^{-1}\{\mathbf{F(s)}\}$	$\mathbf{F(s)} = \mathscr{L}\{f(t)\}$	$f(t) = \mathscr{L}^{-1}\{\mathbf{F(s)}\}$	$\mathbf{F(s)} = \mathscr{L}\{f(t)\}$
$\delta(t)$	1	$\frac{1}{\beta-\alpha}(e^{-\alpha t}-e^{-\beta t})u(t)$	$\frac{1}{(\mathbf{s}+\alpha)(\mathbf{s}+\beta)}$
$u(t)$	$\frac{1}{\mathbf{s}}$	$\sin \omega t\, u(t)$	$\frac{\omega}{\mathbf{s}^2+\omega^2}$
$tu(t)$	$\frac{1}{\mathbf{s}^2}$	$\cos \omega t\, u(t)$	$\frac{\mathbf{s}}{\mathbf{s}^2+\omega^2}$
$\frac{t^{n-1}}{(n-1)!}u(t), n=1,2,\ldots$	$\frac{1}{\mathbf{s}^n}$	$\sin(\omega t+\theta)\, u(t)$	$\frac{\mathbf{s}\sin\theta+\omega\cos\theta}{\mathbf{s}^2+\omega^2}$
$e^{-\alpha t}u(t)$	$\frac{1}{\mathbf{s}+\alpha}$	$\cos(\omega t+\theta)\, u(t)$	$\frac{\mathbf{s}\cos\theta-\omega\sin\theta}{\mathbf{s}^2+\omega^2}$
$te^{-\alpha t}u(t)$	$\frac{1}{(\mathbf{s}+\alpha)^2}$	$e^{-\alpha t}\sin \omega t\, u(t)$	$\frac{\omega}{(\mathbf{s}+\alpha)^2+\omega^2}$
$\frac{t^{n-1}}{(n-1)!}e^{-\alpha t}u(t),\ n=1,2,\ldots$	$\frac{1}{(\mathbf{s}+\alpha)^n}$	$e^{-\alpha t}\cos \omega t\, u(t)$	$\frac{\mathbf{s}+\alpha}{(\mathbf{s}+\alpha)^2+\omega^2}$

표 6.1 기본적인 연산증폭기 회로의 요약.

Name	Circuit Schematic	Input-Output Relation
Inverting Amplifier	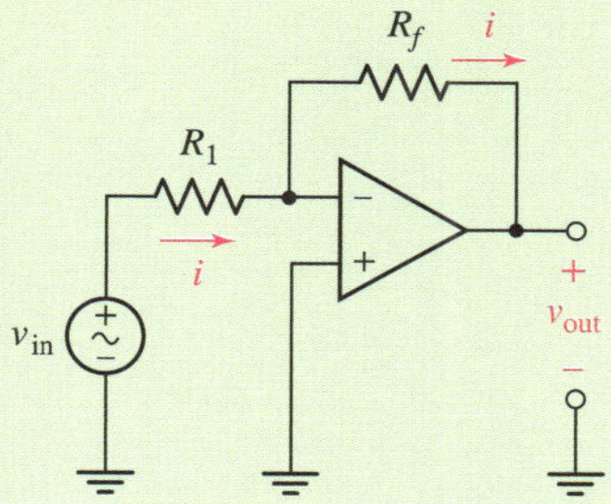	$v_{out} = -\frac{R_f}{R_1} v_{in}$
Noninverting Amplifier	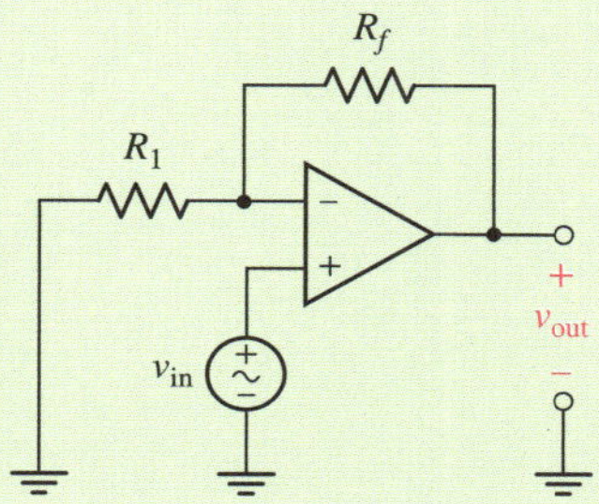	$v_{out} = \left(1 + \frac{R_f}{R_1}\right) v_{in}$
Voltage Follower (also known as a Unity Gain Amplifier)	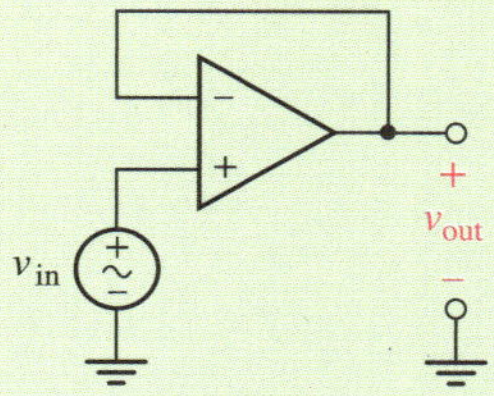	$v_{out} = v_{in}$
Summing Amplifier	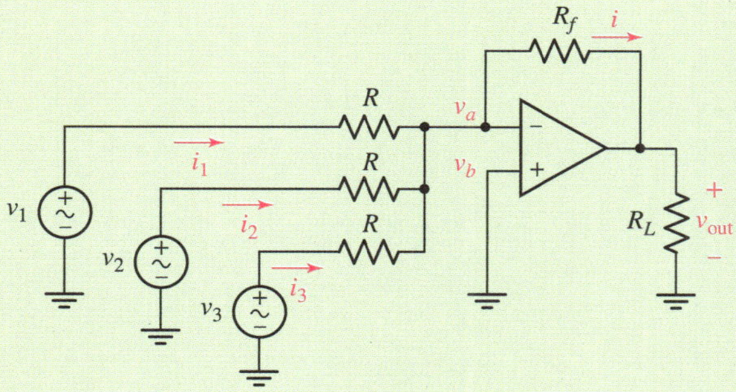	$v_{out} = -\frac{R_f}{R}(v_1 + v_2 + v_3)$
Difference Amplifier	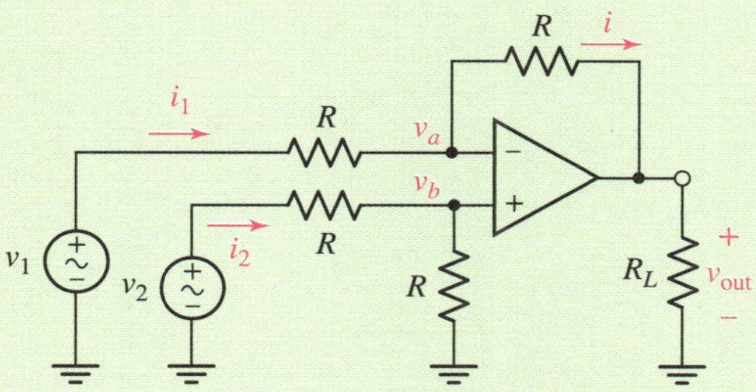	$v_{out} = v_2 - v_1$

A Short Table of Integrals

$$\int \sin^2 ax\, dx = \frac{x}{2} - \frac{\sin 2ax}{4a}$$

$$\int \cos^2 ax\, dx = \frac{x}{2} + \frac{\sin 2ax}{4a}$$

$$\int x \sin ax\, dx = \frac{1}{a^2}(\sin ax - ax \cos ax)$$

$$\int x^2 \sin ax\, dx = \frac{1}{a^3}(2ax \sin ax + 2 \cos ax - a^2x^2 \cos ax)$$

$$\int x \cos ax\, dx = \frac{1}{a^2}(\cos ax + ax \sin ax)$$

$$\int x^2 \cos ax\, dx = \frac{1}{a^3}(2ax \cos ax - 2 \sin ax + a^2x^2 \sin ax)$$

$$\int \sin ax \sin bx\, dx = \frac{\sin(a-b)x}{2(a-b)} - \frac{\sin(a+b)x}{2(a+b)};\ a^2 \neq b^2$$

$$\int \sin ax \cos bx\, dx = -\frac{\cos(a-b)x}{2(a-b)} - \frac{\cos(a+b)x}{2(a+b)};\ a^2 \neq b^2$$

$$\int \cos ax \cos bx\, dx = \frac{\sin(a-b)x}{2(a-b)} + \frac{\sin(a+b)x}{2(a+b)};\ a^2 \neq b^2$$

$$\int xe^{ax}\, dx = \frac{e^{ax}}{a^2}(ax - 1)$$

$$\int x^2e^{ax}\, dx = \frac{e^{ax}}{a^3}(a^2x^2 - 2ax + 2)$$

$$\int e^{ax} \sin bx\, dx = \frac{e^{ax}}{a^2 + b^2}(a \sin bx - b \cos bx)$$

$$\int e^{ax} \cos bx\, dx = \frac{e^{ax}}{a^2 + b^2}(a \cos bx + b \sin bx)$$

$$\int \frac{dx}{a^2 + x^2} = \frac{1}{a} \tan^{-1} \frac{x}{a}$$